Johann Mutschmann †
Fritz Stimmelmayr †

Taschenbuch der Wasserversorgung

Dipl.-Ing. Johann Mutschmann †
Dipl.-Ing. Fritz Stimmelmayr †

Taschenbuch der Wasserversorgung

12., überarbeitete Auflage

bearbeitet von
Dipl.-Ing. Gerhard Brendel
Dipl.-Ing. Manfred Edenhofner
Dipl.-Ing. Helmut Gaschler
Dipl.-Ing. Karl Heinz Köhler
Dipl.-Ing. Erwin Preininger
Prof. Dr.-Ing. Reinhard Weigelt

vieweg

Die Deutsche Bibliothek – CIP-Einheitsaufnahme

Taschenbuch der Wasserversorgung / Johann Mutschmann; Fritz Stimmelmayr. – 12., überarb. Aufl. / bearb. von Gerhard Brendel ... – Braunschweig; Wiesbaden: Vieweg, 1999
ISBN 3-528-12554-3

Der Verlag Vieweg ist ein Unternehmen der Bertelsmann Fachinformation GmbH.

http://www.vieweg.de

Konzeption und Layout des Umschlags: Ulrike Weigel, www.CorporateDesignGroup.de
Druck und buchbinderische Verarbeitung: Lengericher Handelsdruckerei, Lengerich
Gedruckt auf säurefreiem Papier
Printed in Germany

ISBN 3-528-12554-3

Kapitelübersicht

Vorwort zur 1. Auflage

Das Taschenbuch der Wasserversorgung soll allen, die sich in Ausbildung und Beruf mit Fragen der Wasserversorgung zu beschäftigen haben, Unterlagen geben, die sich für die Lösung ihrer vielfältigen Aufgaben bei dem Bau, dem Betrieb und der Verwaltung von Wasserversorgungsanlagen in der Praxis bewährt haben.
Die Verfasser waren dabei bemüht, ein kleines, handliches Taschenbuch des praktischen Wasserversorgungswesens zu schaffen, das im Büro, auf der Baustelle und bei Besprechungen stets mitgeführt werden kann.
Das Taschenbuch richtet sich an den großen Kreis der bei Planung, Bau, Betrieb, Wartung und Verwaltung von Wasserversorgungsanlagen Beteiligten:
an die Techniker, vom Schachtmeister, Rohrmeister bis zum Dipl.-Ing., deren Aufgabe es ist, Wasserversorgungsanlagen zu entwerfen, auszuführen, oder die Ausführung zu leiten und zu überwachen,
an die Gutachter, welche Wasserversorgungsanlagen hinsichtlich des baulichen Zustandes und der Wirtschaftlichkeit zu prüfen haben,
an die Gesundheitsbehörden, welche den hygienischen Zustand der Anlagen beurteilen müssen,
an das Betriebspersonal, vom Wasserwerksmeister bis zum Betriebsleiter mittlerer Werke, aber auch an die Verwaltungsfachleute, Bürgermeister, Stadträte, Gemeinderäte, welche in Werkausschüssen über Baumaßnahmen und Ausgaben der Wasserwerke, über Wasserleitungssatzungen und Gebührenordnungen zu beraten haben.
Möge das Taschenbuch der Wasserversorgung ein Ratgeber und Helfer bei der großen Aufgabe sein, für die Bevölkerung einwandfreie Wasserversorgungsverhältnisse zu schaffen und zu erhalten.

Frühjahr 1956 — Die Verfasser

Vorwort zur 2. bis 10. Auflage

Zwischen 1956 und 1983 lagen 27 Jahre umfangreicher Erkenntnisse und Entwicklungen in der Wasserversorgungstechnik. Außerdem fielen in diese Zeit große und umfangreiche Neubauten, Erweiterungen, Ergänzungen und Modernisierungen in der kommunalen und industriellen Wasserversorgung im Inland, im europäischen Raum und in den Entwicklungsländern. Die große Nachfrage nach dem Taschenbuch und die technische Entwicklung bedingten sieben weitere Auflagen, jeweils in Zeitabständen von drei bis fünf Jahren.
Mit der 8. Auflage wurde 1983 auch das Erscheinungsbild neu gestaltet, ohne jedoch die Zielsetzung zu verändern. Sie ist die gleiche wie seit der 1. Auflage 1956, nämlich:
Das Taschenbuch der Wasserversorgung soll allen, die sich in Ausbildung und Beruf mit Fragen der Wasserversorgung zu beschäftigen haben, Unterlagen geben, die sich für die Lösung der vielfältigen Aufgaben bei dem Bau, dem Betrieb und der Verwaltung von Wasserversorgungsanlagen in der Praxis bewährt haben.
Die Zahl der Auflagen und die starke Nachfrage nach einer Neuauflage sind ein Beweis, daß ein Bedarf nach der Darstellung der Aufgaben der Wasserversorgung in der vorliegenden Form besteht.
Die Fortschritte auf dem Gebiet der Wasserversorgungstechnik und der Rechenhilfsmittel waren Veranlassung, das Taschenbuch völlig neu zu bearbeiten. Der in den früheren Auflagen enthaltende Allgemeine Teil, bestehend aus den Kapiteln Rechengrundlagen, Statik und Festigkeitslehre sowie Vermessung wurde nicht mehr übernommen. Vor allem Taschenrechner, wie auch andere Taschenbücher, z. B. Betonkalender, Tiefbau-Taschenbuch u. a. sind hier einsetzbar. Die im Taschenbuch in einigen Kapiteln aufgeführten Formeln sind mit den heutigen programmierbaren Taschenrechnern unschwer zu handhaben, hierzu sind auch einige Rechenprogramme enthalten.
Mit dem Verlag wurde eine neue Form des Taschenbuchs vereinbart, mit der Absicht, das Taschenbuch handlich und den Inhalt leicht lesbar zu machen. Die überraschend rege Nachfrage nach der völlig neu gestalteten 8. Auflage des Jahres 1983 hat bereits im Jahre 1986 zur 9. Auflage geführt, die insbesondere in den Kapiteln 5 (Wasserförderung), 6 (Wasserspeicherung) und 7 (Wasserverteilung) neu bearbeitet wurde.

Ein weitgehend neues Autorenteam zeichnete für die vollständig überarbeitete und aktualisierte 10. Auflage, die 1991 in erweiterter Stückzahl erschien und auch in den neuen Bundesländern Eingang fand.

Herbst 1991 Die Verfasser

Vorwort zur 11. Auflage

Der gute Absatz des Fachbuches führte bereits 1995 zur 11. Auflage ebenfalls in erweiterter Stückzahl. Für den ausgeschiedenen Autor Prof. Dipl.-Ing. A. Bazan wechselte Dipl.-Ing. M. Edenhofner als Autor ein.

Winter 1995 Die Verfasser

Vorwort zur 12. Auflage

Im Jahre 1997 starb 87jährig der geschätzte Erstautor Dipl.-Ing. J. Mutschmann.
Im Jahre 1998 übernahm der renommierte Verlag Vieweg in Wiesbaden vom bisherigen Franckh-Kosmos Verlag in Stuttgart die Herausgabe dieses Fachbuches.
Nach dem Ausscheiden von Dipl.-Ing. J. Bauer wechselte Dipl.-Ing. K. H. Köhler als Autor ein.
Folgendes Autorenteam hat die vorliegende 12. Auflage in sämtlichen Kapiteln aktualisiert:

Baudirektor Dipl.-Ing. Gerhard Brendel, München
Baudirektor Dipl.-Ing. Manfred Edenhofner, München
Baudirektor Dipl.-Ing. Helmut Gaschler, München
Baudirektor Dipl.-Ing. Karl-Heinz Köhler, München
Ltd. Baudirektor Dipl.-Ing. Erwin Preininger, München **(Schriftleitung)**
Professor Dr.-Ing. Reinhard Weigelt, München

Die Autoren führten das Taschenbuch der Wasserversorgung im Sinne der geschätzten Erstverfasser unter deren Namen weiter. Sie hoffen gemeinsam mit dem neuen Verlag, auch diesmal ein umfassendes, handliches und übersichtliches Werk all denen vorzulegen, die sich in der Ausbildung oder im Beruf mit der Planung, dem Bau, dem Betrieb und der Verwaltung von Wasserversorgungsanlagen befassen.
Für zugehende Anregungen sind die Autoren jederzeit dankbar.

Herbst 1999 Die Verfasser

Bearbeiter der 12. Auflage

1. **Baudirektor Dipl.-Ing. Gerhard Brendel**
   für die Kapitel
   - Wasserverteilung (nur 7.1.3.)
   - Wasserförderung (5)
   - Anhang (14)

   Brendel, der bereits seit der 9. Auflage mitarbeitet, ist im LfW Leiter des Sachgebietes Maschinen- und Elektrotechnik.

2. **Baudirektor Dipl.-Ing. Manfred Edenhofner**
   für die Kapitel
   - Wasserverteilung (7; ausgenommen 7.1.3)
   - Brandschutz (8)
   - Trinkwasserversorgung in Notstandsfällen (9)

- Eigen- und Einzeltrinkwasserversorgung (10)
- Planung und Baudurchführung (11)
- Baukosten von Wasserversorgungsanlagen (12)

Edenhofner ist im LfW Sachgebietsleiter Grundwasserwirtschaft und Wasserversorgung Oberbayern und Schwaben mit der Sonderaufgabe Wasserverteilung.

3. **Baudirektor Dipl.-Ing. Helmut Gaschler**
   für das Kapitel
   - Betrieb, Verwaltung und Überwachung (13)

   Gaschler ist im LfW Leiter des Sachgebietes Überwachen von Grundwasserbenutzungen und Wasserversorgungsanlagen sowie Leiter der Wassermeisterschule Rosenheim und Leiter der Wasserwerksnachbarschaften in Bayern.

4. **Baudirektor Dipl.-Ing. Karl Heinz Köhler**
   für das Kapitel
   - Wassergewinnung (3)

   Köhler ist im Bayerischen Landesamt für Wasserwirtschaft (LfW) in München Referent im regionalen Sachgebiet Grundwasserwirtschaft und Wasserversorgung Franken mit der Sonderaufgabe Wassergewinnung.

5. **Ltd. Baudirektor Dipl.-Ing. Erwin Preininger**
   für die Kapitel
   - Aufgabe der Wasserversorgung (1)
   - Wasserabgabe – Wasserverbrauch – Wasserbedarf (2)
   - Wasserspeicherung (6)

   Preininger war im LfW Leiter des regionalen Sachgebietes Wasserversorgung Niederbayern und Oberpfalz mit der Sonderaufgabe Wasserspeicherung sowie Leiter des Sachgebietes Fachplanung Grundwasserwirtschaft und Wasserversorgung und ist Projektmanager im LfW.
   Bei Preininger liegt gleichzeitig seit 1990 die Schriftleitung dieses Taschenbuches.

6. **Professor Dr.-Ing. Reinhard Weigelt**
   für das Kapitel
   - Wasseraufbereitung (4)

   Weigelt war Chefingenieur und Leiter der Wasserversorgung Dresden und lehrt seit 1985 an der Fachhochschule München Wasserversorgung und ist als Fachgutachter tätig.

Alle Autoren sind in zahlreichen einschlägigen Fachausschüssen der technisch-wissenschaftlichen Vereine und ähnlicher Institutionen tätig, z. B.
- Deutscher Verein des Gas- und Wasserfaches e. V. (DVGW)
- Deutscher Verband für Wasserwirtschaft und Kulturbau e. V. (DVWK)
- Abwassertechnische Vereinigung (ATV)
- Deutsches Institut für Normung (DIN)
- Länderarbeitsgemeinschaft Wasser (LAWA).

Sie haben in zahlreichen Vorträgen und Veröffentlichungen aus ihrem Arbeits- und Wirkungsbereich berichtet.

Wiesbaden 1999 — Der Verlag

Inhaltsverzeichnis

Liste der Abkürzungen

1. Technische Bezeichnungen

Es werden verwendet die Abkürzungen nach GAEB, DIN und sonst übliche Abkürzungen, siehe auch Internationales Einheiten-System (S. 769).

Abkürzung	Bezeichnung
a	Jahr
A	Fläche, Querschnitt
Abb.	Abbildung
AG	Auftraggeber
AL	Anschlußleitung
AN	Auftragnehmer
AZ	Asbestzement
b	Beschleunigung
B	Breite
E	Entwurf
BO	Bauoberleitung
Br	Brunnen, Bohrbrunnen
BÜ	örtliche Bauüberwachung
γ	Wichte
d	Tag
DB	Druckbehälter
DEA	Druckerhöhungsanlage
dH	deutsche Härte
DN	Nenndurchmesser
E	Einwohnerzahl
Einh	Einheit
EP	Einheitspreis
FL	Fernleitung
FZ	Faserzement
g	Erdbeschleunigung
GK	Gerätekosten
GA	Gutachten
GG	Grauguß
GGG	duktiler Guß
GP	Gesamtpreis
GW	Grundwasser
GWSp	Grundwasserspiegel
h	Stunde, Druck-/Förderhöhe
H	Höhe
HB	Hochbehälter
H_{geo}	Höhe NN + m
HL	Hauptleitung
HoriBr	Horizontalfilterbrunnen
IB	Ingenieurbüro
k	Rohrwandrauhigkeit
k_f	Durchlässigkeitswert
K	Kosten
KrP	Kreiselpumpe
l	Liter
L	Länge
LK	Lohnkosten

Fortsetzung Seite XXXVIII

Abkürzung	**Bezeichnung**
m	Meter, Mittel
max	maximal
MH	Maschinenhaus
min	minimal, Minute
Mot	Motor
Mt	Monat
n	Drehzahl
N	Newton
N 1:	Neigung
NN	Normal Null
Nr	Nummer
OZ	Ordnungszahl, Position
p	Belastung, Wasserdruck
PE-HD	Polyethylen hart
PE-LD	Polyethylen weich
PN	Nenndruck
PV	Pumpversuch
PVC-U	Polyvinylchlorid
PW	Pumpwerk
Q	Volumenstrom, Durchfluß
Qu	Quelle
r	Radius
ϱ(rho)	Dichte
R_e	Reynolds'sche-Zahl
RG	Rohrgraben
RL	Rohrleitung
RWSp	Ruhewasserspiegel
s	Sekunde, Absenkung
S.	Seite
Sch	Schacht
SI	Internationales Einheiten-System
SpB	Spannbeton
St	Stahl, Stück
StK	Stoffkosten
StLB	Standardleistungsbuch
Stz	Steinzeug
t	Temperatur, Zeitdauer
T	Transmissivität
Tab.	Tabelle
TB	Tiefbehälter
U	Umfang
UVV	Unfallverhütungsvorschriften
v	Geschwindigkeit
V	Inhalt, Volumen
VE	Vorentwurf
v. H.	vom Hundert (%)
VL	Versorgungsleitung
v. T.	vom Tausend (‰)
W	Wasserdruckkraft
WG	Wassergesetz
Wo	Woche
WS	Wassersäule
WSp	Wasserspiegel

Fortsetzung Seite XXXIX

Abkürzung	Bezeichnung
WT	Wasserturm
WV	Wasserversorgung
Z	Zeile
ZL	Zubringerleitung
ZM	Zementmörtelauskleidung
ZV	Zweckverband

2. Behörden, Verbände, Unternehmen

Abkürzung	Bezeichnung
ATV	Abwassertechnische Vereinigung
BG	Berufsgenossenschaft
BGW	Bundesverband der Deutschen Gas- und Wasserwirtschaft
BfG	Bundesanstalt für Gewässerkunde
DVGW	Deutscher Verein des Gas- und Wasserfaches
DVWK	Deutscher Verband für Wasserwirtschaft und Kulturbau
EVU	Elektrizitäts-Versorgungs-Unternehmen
FIGAWA	Technische Vereinigung der Firmen im Gas- und Wasserfach
GAEB	Gemeinsamer Ausschuß Elektronik im Bauwesen
GUV	Gemeindeunfallversicherung
IWSA	International Water Supply Association
LAWA	Länderarbeitsgemeinschaft Wasser
LfW	Bayer. Landesamt für Wasserwirtschaft
RBV	Rohrleitungsbauverband
TÜV	Technischer Überwachungsverein
VBI	Verein Beratender Ingenieure
VDE	Verband deutscher Elektrotechniker
VDI	Verein deutscher Ingenieure
VKU	Verband kommunaler Unternehmen
WVU	Wasser-Versorgungs-Unternehmen
WWA	Wasserwirtschaftsamt

Technik der Wasserversorgung

1. Aufgabe der Wasserversorgung

bearbeitet von Dipl.-Ing. **Erwin Preininger**

DVGW-Regelwerk, DIN-Normen, Gesetze, Verordnungen, Vorschriften, Richtlinien
siehe Anhang, Kap. 14, S. 767 ff
Literatur siehe S. 10

1.1 Bedeutung des Trinkwassers

Die Bedeutung des Wassers für den Menschen ist in der Europäischen *Wasser-Charta* des Europarates vom 6. Mai 1968 besonders hervorgehoben, deren Grundsätze lauten:

I. Ohne Wasser gibt es kein Leben, Wasser ist ein kostbares, für den Menschen unentbehrliches Gut.
II. Die Vorräte an gutem Wasser sind nicht unerschöpflich. Deshalb wird es immer dringender, sie zu erhalten, sparsam damit umzugehen und, wo immer möglich, zu vermehren.
III. Wasser verschmutzen heißt, den Menschen und allen Lebewesen Schaden zuzufügen.
IV. Die Qualität des Wassers muß den Anforderungen der Volksgesundheit entsprechen und die vorgesehene Nutzung gewährleisten.
V. Verwendetes Wasser ist den Gewässern in einem Zustand wieder zurückzuführen, der ihre weitere Nutzung für den öffentlichen, wie für den privaten Gebrauch nicht beeinträchtigt.
VI. Für die Erhaltung der Wasservorkommen spielt die Pflanzendecke, insbesondere der Wald, eine wesentliche Rolle.
VII. Die Wasservorkommen müssen in ihrem Bestand erfaßt werden.
VIII. Die notwendige Ordnung in der Wasserwirtschaft bedarf der Lenkung durch die zuständigen Stellen.
IX. Der Schutz des Wassers erfordert verstärkte wissenschaftliche Forschung, Ausbildung von Fachleuten und Aufklärung der Öffentlichkeit.
X. Jeder Mensch hat die Pflicht, zum Wohle der Allgemeinheit Wasser sparsam und mit Sorgfalt zu verwenden.
XI. Wasserwirtschaftliche Planungen sollten sich weniger nach den verwaltungstechnischen und politischen Grenzen, als nach den natürlichen Wassereinzugsgebieten ausrichten.
XII. Das Wasser kennt keine Staatsgrenzen, es verlangt eine internationale Zusammenarbeit.

Die *Agenda 21* von Rio de Janeiro ist ein Aktionsprogramm der Vereinigten Nationen vom Juni 1992 für das 21. Jahrhundert mit dem Ziel einer umweltverträglichen nachhaltigen Entwicklung. Das umfangreiche Kapitel 18 ist dem Schutz der Güte und Menge der Süßwasserressourcen gewidmet.
Eine funktionierende öffentliche Trinkwasserversorgung ist unverzichtbarer Bestandteil der Infrastruktur einer modernen Industriegesellschaft. Die Bereitstellung von Wasser in der erforderlichen Qualität und Menge ist Grundlage für menschliche Gesundheit, wirtschaftliche Entwicklung und Wohlstand.
Nach DIN 4046 ist Trinkwasser für menschlichen Genuß und Gebrauch geeignetes Wasser mit Güteeigenschaften nach DIN 2000 – Leitsätze für die zentrale Trinkwasserversorgung – und DIN 2001 – Eigen- und Einzeltrinkwasserversorgung. Demgegenüber ist Betriebswasser ein gewerblichen, industriellen, landwirtschaftlichen oder öffentlichen Zwecken dienendes Wasser mit unterschiedlichen Güteeigenschaften, sofern dafür keine Trinkwassereigenschaft verlangt wird.
Trinkwasser ist das wichtigste Lebensmittel, es kann nicht durch andere Stoffe ersetzt werden. Etwa 2–3 Liter täglich muß der Erwachsene im mitteleuropäischen Klima zu sich nehmen, um leben zu können; dies summiert sich im Laufe eines Lebens zu etwa 65 000 Litern.
Für Trinkwasser sind die chemisch-physikalischen und mikrobiologischen Mindestanforderungen und Grenzwerte in der Verordnung über Trinkwasser und über Wasser für Lebensmittelbetriebe (Trinkwasserverordnung – TrinkwV) verankert (s. Abschn. 4.1.5). Die TrinkwV ist die Umsetzung der EG-Richtlinie über die Qualität von Wasser für den menschlichen Gebrauch (98/83/EG vom 03. 11. 1998) in deutsches Recht. Für Mineral- und Tafelwasser gilt nicht die TrinkwV, sondern die Mineral- und Tafelwasser-Verordnung.

Um die Bedeutung des Trinkwassers jedem von uns ins Bewußtsein zu bringen, starteten im September 1994 die Deutschen Wasserwerke auf Bundes- und Landesebene eine Trinkwasserkampagne, die die Unterzeichnung eines *Wasser-Generationenvertrags* zum Ziel hat. Der Text lautet:

„Gemeinsam für das Wasser Verantwortung tragen

Wasser ist der Ursprung allen Lebens. Ohne Wasser gäbe es auf der Erde keine Pflanzen, Tiere und Menschen.
Wasser macht Felder fruchtbar. Sauberes Wasser erfrischt, löscht den Durst, reinigt und heilt.
Wasser ist durch nichts zu ersetzen. Wasser wird gebraucht, aber nicht verbraucht. Alles Wasser kehrt in den Kreislauf der Natur zurück: Kein Tropfen geht verloren.
Trinkwasser ist das wichtigste Lebensmittel für uns alle: frisch, klar, rein und gesund."

Die Unterzeichnenden dieses Wasser-Generationenvertrags versprechen dabei:

Wir wollen vernünftig und sorgsam mit Trinkwasser umgehen.
Wir wollen alles für Reinheit und Frische des Naturprodukts Trinkwasser tun.
Wir wollen die Gewässer und das Grundwasser schützen.
Wir wollen gemeinsam dafür sorgen, daß sich alle Generationen für den Schutz der Natur und des Wassers einsetzen.
Wir wollen für die Menschen in der Welt, denen es an Wasser mangelt, Mitverantwortung tragen durch Hilfe zur Selbsthilfe.

Die Unterzeichnenden sind im allgemeinen Vertreter aus der Politik, aus Wasserwerken, aus unterschiedlichen Interessenverbänden und schließlich aus unserer Mitte, die über die Medien publikumswirksam den hohen Stellenwert des wertvollen und kostbaren Trinkwassers erhalten oder wiederherstellen wollen.

1.2 Umfang der Aufgaben

Den Umfang und die Zunahme der Aufgaben auf dem Gebiet der Wasserversorgung zeigen die **Tab. 1-1** Stand der Wasserversorgung 1968 (alte BL), 1992, 1997 und die **Tab. 1-2** Investitionen der Wasserversorgung 1968 (alte BL), 1992, 1997 der WVU, die Mitglieder des BGW sind, nach den BGW-Wasserstatistiken.

Tab. 1-1: Stand der Wasserversorgung der WVU 1968, 1992, 1997 nach BGW-Wasserstatistiken

Bezeichnung		1968 (alte BL)	1992	1997
versorgte Einwohner	i.T.	50 260	70 269	67 369
Zahl der Hausanschlüsse	i.T.	7 793	12 484	12 757
Rohrnetz-Länge	km	238 266	393 743	398 802
versorgte Einwohner/km Rohrnetz	E/km	211	178	169
Hausanschlüsse/km Rohrnetz	A/km	32,7	31,7	32,0
Wasserabgabe an Verbraucher	x 10^6 m^3/a	2 878	4 701	4 026
Wasserabgabe/m Rohrnetz	m^3/m	12,1	11,9	10,3

Tab. 1-2: Investitionen der Wasserversorgung der WVU 1968 und 1997 nach BGW-Wasserstatistiken

Bezeichnung	1968 (alte BL)		1997	
	x 10^6 DM	v.H.	x 10^6 DM	v.H.
Wassergewinnung	152,2	16,8	310,8	7,7
Wasseraufbereitung	46,4	5,1	320,7	7,9
Wasserspeicherung	66,4	7,3	234,8	5,8
Wasserverteilung	584,4	64,4	2 546,8	62,6
Zähler, Meßgeräte	12,9	1,4	75,8	1,9
Sonstiges	45,2	5,0	577,4	14,1
Gesamt	907,5	100,0	4 066,3	100,0

1.3 Einordnung der Wasserversorgung in Wasserwirtschaft und Umweltschutz

Wasserwirtschaft und Wasserversorgung sind wichtige Teilbereiche des Umweltschutzes, der eine der großen Aufgaben des Staates und der Gemeinden in Gegenwart und Zukunft ist und in Bayern wie auch in anderen Bundesländern als oberstes Ziel seit langem Verfassungsrang hat. Hohe Summen der umweltwirksamen Maßnahmen entfallen auf Investitionen der Wasserwirtschaft. Sauberes reines Wasser hat einen hohen Stellenwert, wie Umfragen bestätigen.
Die Wasserwirtschaft ist nach DIN 4049 die zielbewußte Ordnung aller menschlichen Einwirkungen auf das ober- und unterirdische Wasser. Diese Ordnung erfordert das Erforschen der wasserwirtschaftlichen Verhältnisse, das Erfassen der Wasservorkommen, den Schutz der Allgemeinheit vor dem Wasser, die Vorsorge, daß das Wasser in ausreichender Menge, in hinreichender Güte, am richtigen Ort und zur richtigen Zeit zur Verfügung steht, sowie den Schutz des Wassers vor dem Menschen, das Reinhalten und Sanieren der ober- und unterirdischen Gewässer. Diese Aufgaben der Wasserwirtschaft sind in der Praxis in folgende Hauptarbeitsgebiete eingeteilt:
1) Gewässerkunde
2) Wasserwirtschaftliche Rahmenplanung
3) Wasserbau und Flußbau, Talsperrenbau, Hochwasserschutz, Gewässerpflege
4) Wasserwirtschaft im ländlichen Raum
5) Wasserversorgung, Grundwasserwirtschaft, Schutz des Grundwassers
6) Schutz der oberirdischen Gewässer mit Abwassersammlung und -behandlung, Reinhaltung und Sanierung der Gewässer
7) Technische Gewässeraufsicht
8) Wasserforschung

Da das Trinkwasser das wichtigste Lebensmittel ist, hat der Teilbereich *Wasserversorgung* vorrangige Bedeutung, so auch für das Aufstellen und Fortschreiben der wasserwirtschaftlichen Rahmenplanung und der nachfolgenden Fachplanung. Bei der Ordnung des Wasserhaushaltes haben die Erschließung, Erhaltung und der Schutz des Wassers nach Menge und Güte Vorrang vor allen konkurrierenden Maßnahmen. Da das Trinkwasser überwiegend aus dem Grundwasser gewonnen wird, hat der vorbeugend wirksame und flächendeckende Grundwasserschutz eine beachtliche Bedeutung erlangt.
Grundlage für Planungen einer Wasserversorgung können vorhandene wasserwirtschaftliche Rahmenpläne bilden, die gemäß § 36 WHG von den Ländern nach bundeseinheitlichen Richtlinien für Flußgebiete oder Wirtschaftsräume oder für Teile davon aufgestellt werden sollen.
Der wasserwirtschaftliche Rahmenplan ist eine großräumige, gesamtwasserwirtschaftliche Untersuchung, die eine Ermittlung der wasserwirtschaftlichen Zusammenhänge und Abhängigkeiten zum Ziel hat.
Ein wasserwirtschaftlicher Rahmenplan muß
- den derzeitigen und den voraussichtlichen künftigen Wasserbedarf angeben,
- das Wasserdargebot und seinen nutzbaren Teil nachweisen,
- die Abflußregelung und den Hochwasserschutz behandeln,
- die Reinhaltung der Gewässer berücksichtigen,
- die Möglichkeiten der Deckung des Wasserbedarfs aus dem Wasserdargebot in Wasserbilanzen aufzeigen.

Zudem wird gefordert, die Bedeutung des Gewässers als Landschaftsbestandteil und Lebensraum zu berücksichtigen.
Die große Bedeutung, die der Wasserversorgung beigemessen wird, zeigt sich daran, daß drei der fünf Grundforderungen an einen wasserwirtschaftlichen Rahmenplan auf Bedarf, Dargebot und Bilanz Bezug nehmen.

1.4 Anforderungen an eine Wasserversorgungsanlage

1.4.1 Allgemeine Forderungen

Eine Wasserversorgungsanlage ist nur dann einwandfrei, wenn sie Trinkwasser in ausreichender Menge, von einwandfreier Beschaffenheit, jederzeit, mit ausreichendem Druck, an jeder Stelle des

Versorgungsgebiets liefern kann. Nach der Verordnung über Allgemeine Bedingungen für die Versorgung mit Wasser (AVBWasserV) ist das Wasserversorgungsunternehmen (WVU) verpflichtet, das Wasser unter dem Druck zu liefern, der für eine einwandfreie Deckung des üblichen Bedarfs in dem betreffenden Versorgungsgebiet erforderlich ist. Im allgemeinen hat das WVU auch Löschwasser im Rahmen der technischen, betrieblichen und wirtschaftlichen Möglichkeiten bereitzustellen.
Unzureichende Bedarfsdeckung verleitet zur Verwendung von gesundheitlich nicht einwandfreiem Wasser, zur ungenügenden Reinigung, zur mangelhaften Ableitung des häuslichen Abwassers und kann Druckminderung bis zum Leerlaufen des Rohrnetzes mit Rücksauggefahr verursachen.
Die wasserwirtschaftlichen Verbände und Behörden haben im Landesentwicklungsplan Bayern 1994 für die Wasserversorgung folgende, auch allgemein gültige Zielvorstellungen festgelegt:

1. Die Wasserversorgung soll so ausgebaut werden, daß die Deckung des gegenwärtigen und künftigen Bedarfes gesichert ist. Auf einen sparsamen Umgang mit Trink- und Brauchwasser soll hingewirkt werden.
2. Für die Trinkwasserversorgung soll vorrangig Grundwasser herangezogen werden.
3. Bei der Nutzung der Grundwasservorkommen und bei Eingriffen, die Veränderungen der Grundwasserbeschaffenheit befürchten lassen, soll der öffentlichen Trinkwasserversorgung Vorrang eingeräumt werden.
4. Ergiebige Grundwasservorkommen und andere Wasservorkommen, die sich für die Trinkwasserversorgung eignen, sollen durch geeignete Schutzmaßnahmen vor anderweitiger Inanspruchnahme gesichert werden.
5. Örtliche Versorgungsanlagen sollen beibehalten bzw. angestrebt werden, soweit damit eine einwandfreie Wasserversorgung mit wirtschaftlich vertretbarem Aufwand gewährleistet werden kann.
6. Der Verbund zwischen Gruppenanlagen soll angestrebt werden, soweit wasserwirtschaftliche oder betriebstechnische Gründe dies erfordern.
7. Für großräumige Wassermangelgebiete und besondere Bedarfsschwerpunkte soll die Deckung des Wasserbedarfes, soweit erforderlich, durch Erweiterung überregionaler Versorgungsanlagen sichergestellt werden.
8. Es soll darauf hingewirkt werden, daß die gewerbliche Wirtschaft ihren Bedarf – soweit keine Trinkwasserqualität gefordert ist – insbesondere in Wassermangelgebieten möglichst aus oberirdischen Gewässern und durch die betriebliche Mehrfachverwendung des Wassers deckt.

1.4.2 Art der Wasserversorgung

Die Wasserversorgung (WV) der Allgemeinheit wird als öffentliche WV bezeichnet, dagegen versorgt die Eigen- und Einzelwasserversorgung nur einen kleinen Verbraucherkreis aus einer eigenen Anlage. Die einwandfreie WV der Allgemeinheit ist i. a. nur durch eine öffentliche, zentrale WV-Anlage erreichbar, d. h. die Mehrzahl der Anwesen eines Ortes, etwa mehr als 80 v. H., werden aus einer WV-Anlage bzw. von einem WVU versorgt, wobei die Anwesen das Anschlußrecht, i. a. auch die Anschlußpflicht haben.
Im folgenden wird unter WV-Anlage eine öffentliche zentrale WV-Anlage verstanden, die von einem WVU betrieben wird. Die an die WV gestellten hohen Anforderungen können nur von einem WVU erfüllt werden, das über hauptberuflich beschäftigtes, befähigtes Fachpersonal verfügt und deshalb groß genug sein muß, um die erforderlichen Personalkosten mit zu erwirtschaften. Ferner erfordern die Raumenge und die Gefährdung der Wasservorkommen durch Umwelteinflüsse aller Art die Verminderung der Vielzahl kleiner und kleinster Wassergewinnungsanlagen – insbesondere wenn sie nicht ausreichend schützbar sind – und die Beschränkung auf die Ausnützung der ergiebigen Wasservorkommen, welche dann auch mit allen Mitteln durch ausreichend große Schutzgebiete auf die Dauer gesichert werden müssen. Gerade bei der Sicherung und ggf. Sanierung von Wasserschutzgebieten zeigt die Erfahrung, daß größere WVU vor Ort eine erfolgreichere Durchsetzungskraft besitzen. Kleine WV-Anlagen sollten daher zu technisch, organisatorisch und wirtschaftlich leistungsfähigen Anlagen zusammengeschlossen werden, z. B. zu Gruppenwasserversorgungsanlagen, Kreiswasserwerken, oder Anschluß an städtische Wasserwerke erhalten. Für die überörtliche Wasserversorgung gibt es je nach Größe und Struktur des Versorgungsgebietes folgende Möglichkeiten:

1. Das Gebiets-WVU baut und betreibt die WV-Anlage insgesamt, d. h. Hauptleitungsnetz und Ortsnetze, und liefert das Wasser bis zum Endabnehmer.
2. Das Gebiets-WVU baut und betreibt das Hauptleitungsnetz und liefert das Wasser an die zu versorgenden Gemeinden bis zur Ortsgrenze; die Gemeinden betreiben ihre Ortsnetze selbst.

3. wie bei 2, jedoch das WVU übernimmt auf vertraglicher Basis die Betriebsleitung ohne oder mit kaufmännischer Geschäftsführung der gemeindlichen WV-Anlagen.

Die besonderen Vorteile solcher Gebietsversorgungen sind:
Beschäftigung von erfahrenen Fachleuten,
bessere Überwachung und Beherrschung der Wasserbeschaffenheit,
optimale Ausnutzung der vorhandenen Wasservorkommen,
besserer Schutz der verwendeten Wasservorkommen,
Verbesserung der Wirtschaftlichkeit,
einheitliche Ausrüstung der Anlagen und Standardisierung in einem größeren Gebiet,
besseres Bewältigen von Schäden und Katastrophen.

1.4.3 Einzel- oder Doppelte Wasserversorgungsnetze

Die öffentliche zentrale WV liefert das Wasser aus einer einzigen WV-Anlage an Haushalte, Gewerbe und Industrie und auch als Löschwasser, unabhängig von den Qualitätsanforderungen an das Wasser. Wegen der Schwierigkeit, geeignete Wasservorkommen für den zunehmend großen Bedarf zu finden, und wegen der hohen Kosten für Aufbereitung und Beileitung wird immer wieder in der Öffentlichkeit erörtert, die Bevölkerung aus zwei WV-Netzen zu versorgen, nämlich aus einem WV-Netz für das Wasser mit gehobenen Anforderungen (Trinkwasserqualität) und aus einem zweiten WV-Netz für das Wasser mit minderen Anforderungen (Nicht-Trinkwasserqualität).

Ausgehend von den Anteilen des Wasserverbrauchs mit und ohne Trinkwasserqualität hat *Möhle* im Auftrag des Bundesministers des Innern Untersuchungen über Theorie und Praxis doppelter WV-Netze (Wasserversorgungsbericht 1982, Materialienband 4) angestellt. Er kommt zu dem Ergebnis, daß die Versorgung der Haushalte aus zwei getrennten Netzen aus folgenden Gründen abzulehnen ist:

In der Hausinstallation müssen die beiden Netze farblich unterschiedlich gekennzeichnet und dürfen nicht unmittelbar miteinander verbunden sein (DIN 1988); trotzdem sind Fehlanschlüsse möglich. Der Verbrauch aus jedem der beiden Netze muß mit Hauswasserzählern gemessen werden; trotzdem kann nicht verhindert werden, daß die Verbraucher Wasser aus dem Trinkwassernetz für andere als für Trinkwasserzwecke entnehmen, so daß dieses Netz überbeansprucht werden kann. Im übrigen erhöhen zwei Rohrnetze insgesamt die Rohrnetzverluste.

Da Wasser für Nicht-Trinkwasserzwecke auch eine Mindestqualität haben muß, besteht die Gefahr des erhöhten Chemikalieneinsatzes bei der Aufbereitung dieses Wassers und bei der Wartung und Unterhaltung dieses zweiten Netzes einschließlich Hausinstallation; eine zusätzliche Gewässerbelastung ist die Folge. Die gesundheitliche Gefährdung der Bevölkerung war auch mit ein Grund, daß bestehende doppelte Rohrnetze in der öffentlichen WV aufgegeben wurden.

Das Herstellen eines zweiten Rohrnetzes in den Straßen ist sehr teuer, in Ortskernen mit dem Vorhandensein von vielen anderen Versorgungseinrichtungen fast unmöglich. Besonders hohe Kosten und Folgekosten verursacht aber das nachträgliche Verlegen von Verbrauchsleitungen für das zweite Netz in bestehenden Häusern. Wegen dieser Kosten und der Beeinträchtigung der Verbraucher ist der Beschluß über die Erstellung eines zweiten Netzes bei den Verantwortlichen, Stadtrat, Gemeinderat, sicherlich nicht durchsetzbar. Zudem würde der kostendeckende Wasserpreis für beide Wasserarten wegen der hohen Fixkosten erheblich ansteigen.

Ein zweites Netz für Nicht-Trinkwasser ist praktisch nur möglich für Löschwasser oder für das Naßreinigen von Straßen; in dieser Weise werden heute die wenigen früheren doppelten Rohrnetze, z. B. in Paris und Amsterdam, verwendet. Doppelte Rohrnetze findet man allenfalls im Gewerbe- und Industriebereich. Für europäische Verhältnisse ist die Versorgung mit Trinkwasser aus einem Netz allein richtig.

Ökologisch und ökonomisch wesentlich zweckmäßiger und sinnvoller als die Wasserbereitstellung über zwei Netze ist die rationelle Wasserverwendung, d. h. der verantwortungsbewußte und sparsame Umgang mit dem Wasser, wie er in der Wasser-Charta und letztlich auch im WHG verankert ist. Durch Änderung des persönlichen Verbraucherverhaltens läßt sich ohne Investition eine beachtliche Wassereinsparung erzielen, z. B. durch Duschen anstatt Wannenbad, durch volle Auslastung von wasserverbrauchenden Haushaltsgeräten wie Spül- und Waschmaschinen sowie durch Verzicht auf häufiges Gartengießen. Beim Kauf neuer Geräte sollte man wassersparende Modelle wählen. Eine wesentliche Wassereinsparung meist ohne Komforteinbuße bringen jedoch wassersparende Einrichtungen und Armaturen wie z. B. WC-Spülkästen mit nur 6-l-Inhalt einschl. Spartaste auf hydraulisch abgestimmte

WC-Becken (DIN 19 542), Urinale mit benutzerabhängigem Spülvorgang, Durchflußbegrenzer, Einhandmischer mit Thermostat für Warmwasser u. a. m. (siehe 2.6).
Die Nutzung von Regenwasser zur Toilettenspülung und ggf. für die Waschmaschine kann nicht uneingeschränkt empfohlen werden – im Gegensatz zur Gartenbewässerung. Der Einsatz von Grauwasser, d. h. Abwasser aus Dusche, Badewanne, Handwaschbecken, zur Toilettenspülung, ist wegen des damit verbundenen hohen hygienischen Risikos abzulehnen.

1.4.4 Keine Verbindung von öffentlichen Wasserversorgungsanlagen mit Eigenanlagen

Unzulässig ist nach DIN 1988 und Trinkwasserverordnung jede direkte Verbindung einer öffentlichen WV-Anlage und deren Anschlußleitungen und Verbrauchsleitungen mit einer eigenen WV-Anlage des Anschlußnehmers. Die Verantwortung des WVU für Betrieb und Wasserbeschaffenheit schließt dies aus. Soweit eine eigene WV-Anlage des Anschlußnehmers im Versorgungsgebiet des WVU zulässig ist, muß nach DIN 1988 eine atmosphärische Trennung (Luftspalt) der beiden WV-Anlagen gewährleistet sein, d. h. es genügt nicht, eine etwaige Rohrverbindung durch Schieber und Rückflußverhinderer abzuschließen.

1.4.5 Fremdwasserbezug

Zunehmend müssen WVU mit eigenen WV-Anlagen zur Deckung eines Fehlbedarfes Zusatzwasser aus anderen Anlagen, meist überörtlichen WVU, beziehen. Neben den Problemen der Wasserbeschaffenheit des Mischwassers müssen bei der Gestaltung des Anschlusses die Betriebssicherheit und die Abgrenzung der Verantwortung für die maßgeblichen Anlageteile berücksichtigt werden. Folgende Möglichkeiten sind gegeben:

1. Der Fremdwasserbezug versorgt eine gesonderte Zone. Betrieblich ist dies die günstigste Lösung.
2. Das Fremdwasser wird direkt in einen Behälter des WVU eingespeist und dort mit dem Eigenwasser des WVU gemischt, gegebenenfalls unter Aufbereitung eines oder beider Wässer oder des Mischwassers. Dies sollte immer angestrebt werden, wenn die obige Lösung ausscheidet.
3. Das Fremdwasser wird in das Netz des WVU eingeleitet. Wenn die eigene Wassergewinnung eingestellt wird, ist dies günstig; betrieblich vorteilhaft ist es aber, wenn auch hier das Fremdwasser nur direkt in einen Behälter eingeleitet wird. Nur in Ausnahmefällen sollte das Fremdwasser in das Netz eines WVU geleitet werden, das auch aus eigenen Wassergewinnungen mitversorgt wird. Die Abgrenzung der Verantwortung über die Drücke im Rohrnetz und die Wasserbeschaffenheit sowie des Betriebes ist hierbei nur schwer zu erreichen.

1.4.6 Leistungsfähigkeit

Eine öffentliche zentrale WV-Anlage soll eine Leistungsreserve haben, d. h. sie soll i. a. den Bedarf der nächsten 10 bis 15 Jahre decken können. Sie soll ferner leicht erweiterungsfähig sein, um den Bedarf der nächsten 25 bis 30 Jahre liefern zu können. Wasservorkommen, welche möglicherweise zur Deckung des Bedarfs in 50 Jahren mit ausgenützt werden müssen, sollten durch Kauf, Schutzgebiete und andere Maßnahmen rechtzeitig gesichert werden. Für den Entwurf von WV-Anlagen ist es zweckmäßig, zum besseren Vergleich mit anderen Planungen und statistischen Erhebungen als Planungsjahre jeweils Fünfer- und Zehnerjahre zu wählen, so z. B.

		Jahr			Jahr
Bauentwurf	1995	(n–5)	Erweiterungsfähig	2030	(n+30)
geplante Inbetriebnahme	2000	n	Sicherung der Wasservorkommen	2050	(n+50)
Bemessungsjahr der Anlageteile (außer Rohrleitungen)	2015	(n+15)			

1.5 Planung einer Wasserversorgungsanlage

Zu einer umfassenden, gut begründeten Planung des Neubaues, Umbaues oder der Erweiterung einer WV-Anlage gehören folgende Bestandteile:

1. Anlaß der Planung
2. Versorgungsgebiet – Abgrenzung des Planungsraumes
3. Vorhandene Abwassersammlung und -behandlung – Beurteilung
4. Vorhandene Wasserversorgung – Beurteilung
5. Wasserbedarf – Bedarfserhebung, Bedarfsanalyse, Zukunftsprognose, Trendlinien
6. Wasserdargebot – Versorgungsbilanz
7. Wertung der Planungsmöglichkeiten (Alternativen)
8. Nutzen-Kosten-Untersuchungen
9. Vorschlag der gewählten Lösung
10. Darstellung der Möglichkeiten der technischen Gestaltung der geplanten Maßnahme
10.1 Wassergewinnung
10.2 Wasseraufbereitung
10.3 Wasserförderung
10.4 Wasserspeicherung
10.5 Wasserverteilung
11. Schätzung der Bau- und Betriebskosten
12. Wirtschaftsplan, Erfolgsplan, Finanzplan
13. Anpassung an wasserwirtschaftliche Rahmenpläne, Fachpläne, Bauleitpläne u. a.
14. Rechts- und Verfahrensfragen – insbesonders wasserrechtliche und baurechtliche Verfahren, Inanspruchnahme fremder Grundstücke, Beeinträchtigung anderer Wassernutzer u. a.

Einzelheiten hierzu sind in den Kapiteln des Taschenbuches ausgeführt. Das Taschenbuch ist dabei auf europäische Verhältnisse ausgerichtet. Planungen für die Länder der Dritten Welt müssen die dort bestehenden anderen Verhältnisse berücksichtigen; siehe Kongresse der International Water Supply Association.

1.6 Beteiligte Fachgebiete

Die Aufgaben auf allen Teilgebieten des Wasserversorgungswesens gestalten sich zunehmend schwieriger, da die leicht erschließ- und schützbaren Wasservorkommen bereits ausgenützt sind. Je nach Art der Aufgabe ist das Einschalten von Spezialisten der verschiedensten Fachgebiete notwendig, wie: Geologie, Hydrologie, Chemie, Bakteriologie, Biologie, Gesundheitswesen, Bauwesen mit den besonderen Bereichen Wasserbau, Tiefbau, Hochbau, Statik, Rohrleitungsbau und Rohrhydraulik, Maschinen- und Elektrowesen, Steuerungs- und Fernmeldetechnik, ferner Wasserrecht, Verwaltung, Finanzierung.

1.7 Anlageteile einer Wasserversorgungsanlage

Die hauptsächlichsten Anlageteile einer WV-Anlage sind:

1) **Wassergewinnung:** Quellfassung mit Schichtquelle, Stauquelle; Grundwasserfassung mit Schachtbrunnen, Bohrbrunnen, Sickerleitung, Horizontalfilterbrunnen; Oberflächenwasserfassung mit Trinkwassertalsperre, Seewasserentnahme, Flußwasserentnahme.
2) **Wasseraufbereitung:** Oxidation, Ozonung, Filterung, Flockung, Klärung, Entsäuerung, Enteisenung, Entmanganung, Arsenentfernung, Enthärtung, Entsalzung, Desinfektion.
3) **Wasserförderung:** Pumpen, Antriebsmaschinen mit Energiezuführung, Fernwirkanlagen.
4) **Wasserspeicherung:** Hochbehälter mit Erdhochbehälter, Wasserturm; Tiefbehälter, Saugbehälter, Druckbehälter, Löschwasserspeicher, Trinkwassertalsperre.
5) **Wasserverteilung:** öffentliche Anlage mit Zubringerleitung, Fernleitung, Rohrnetz mit Hauptleitung, Versorgungsleitung; nichtöffentliche Anlage mit Anschlußleitung, Verbrauchsleitung.

Diese technischen Teilbereiche einer Wasserversorgungsanlage haben, je nach welchen Gesichtspunkten sie betrachtet werden, eine unterschiedliche Wertung. Hinsichtlich der Baukosten und damit des Bauumfangs haben sie im Mittel etwa folgende prozentualen Anteile an der Gesamtanlage, wobei die erstgenannten Zahlen jeweils Mittelwerte von kleinen Anlagen, die zweitgenannten Zahlen solche von großräumigen Gruppenanlagen sind:

Wassergewinnung	8– 3 v. H.
Wasseraufbereitung	7– 2
Wasserförderung	10– 7
Wasserspeicherung	15– 5
Wasserverteilung	60–83

Somit entfällt der weitaus größte Kostenanteil auf die Anlagenteile der Wasserverteilung. Dagegen haben die Anlagenteile der Wassergewinnung wegen der geringen Häufigkeit der für die Trinkwasserversorgung geeigneten Wasservorkommen, der Schwierigkeit der Erkundung, Gewinnung und dauernden Sicherung, sowie die Anlagenteile der Wasseraufbereitung wegen der Sicherung der Wassergüte die größere Bedeutung und Gewichtung und erfordern einen verhältnismäßig großen Planungsaufwand. In den neuen Bundesländern können sich die Investitionsanteile wegen der unterschiedlichen Ausgangssituation erheblich verschieben.

Literatur:

Bericht über die Wasserversorgung in der Bundesrepublik Deutschland (Wasserversorgungsbericht mit Teil B: Materialien, Band 1–5), herausgegeben vom Bundesminister des Innern, Erich Schmidt Verlag, Berlin 1982/83

Grundsatzprogramm der öffentlichen Wasserversorgung, Verfasser: BGW, DVGW, VKU; Bonn 1985

Bericht über die Beschaffenheit des Trinkwassers in der Bundesrepublik Deutschland und Maßnahmen zur Erhaltung einer sicheren Wasserversorgung (LAWA – Wasserversorgungsbericht), Erich Schmidt Verlag, Berlin 1986

2. Wasserabgabe – Wasserverbrauch – Wasserbedarf

bearbeitet von Dipl.-Ing. **Erwin Preininger**

DVGW-Regelwerk, DIN-Normen, Gesetze, Verordnungen, Vorschriften, Richtlinien
siehe Anhang, Kap. 14, S. 767 ff
Literatur siehe S. 42 ff

2.1 Art der Wassergewinnung

Bei der Herkunft des für die öffentliche Wasserversorgung (WV) gewonnenen Wassers sind in den europäischen Ländern auffallende Unterschiede festzustellen **(Abb. 2-1)**.

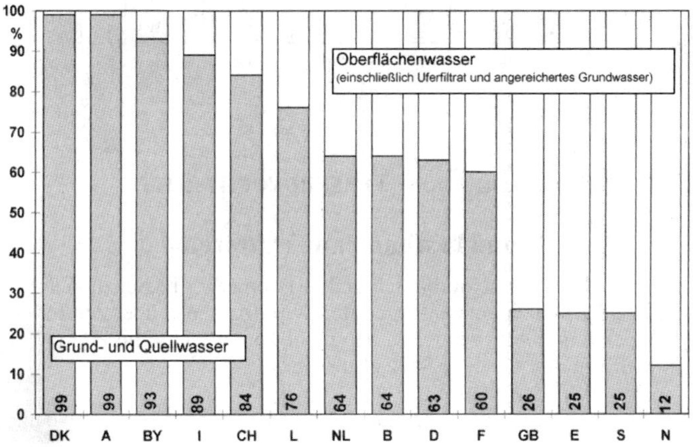

Abb. 2-1: Art der Wassergewinnung im Jahre 1995 in europäischen Ländern (nach IWSA-Internat. Wasserstatistik) und im Freistaat Bayern (BY).

Die geologischen, hydrologischen und klimatischen Voraussetzungen sind dafür ausschlaggebend, zu welchen Anteilen Grund- und Quellwasser oder nur Oberflächenwasser aus Talsperren, Seen und Flüssen sowie uferfiltriertes bzw. angereichertes Grundwasser herangezogen werden kann. Hauptsächlich von Oberflächengewässern abhängig ist die Wasserversorgung in Norwegen und Schweden, wo im Untergrund aus kristallinem Urgestein kaum nutzbares Grundwasser zur Verfügung steht. Traditionell überwiegt auch in Großbritannien die Oberflächenwassergewinnung. Spanien ist aufgrund seines mediterranen Klimas ebenfalls stark auf Oberflächenwasser angewiesen, das dort in etwa 500 Talsperren gesammelt und über weitläufige Ausgleichssysteme in die Verbraucherzentren transportiert werden muß. Länder mit großer landschaftlicher und geologischer Vielfalt – wie Frankreich, Belgien und die Bundesrepublik Deutschland – bevorzugen zwar die Grundwassernutzung, müssen aber dennoch regional auf Oberflächengewässer zurückgreifen. Fast ausschließlich mit Grundwasser versorgt sich dagegen Dänemark, wo oberirdische Gewässer nur wenig ausgeprägt sind. Die gebirgigen Länder wie Österreich, die Schweiz und Italien können ihre Wasserversorgung zum größten Teil aus Grundwasservorräten und Quellwässern sicherstellen. In dieser glücklichen Lage befindet sich auch Bayern, wo 93 % des Trinkwassers aus Grund- und Quellwasser stammen. Damit sind hier die Voraussetzungen für die Gewinnung gut geschützter und naturbelassener Trinkwässer von einwandfreier Beschaffenheit besonders günstig. Dabei muß die Rohwasserqualität durch wirksamen flächendeckenden Grundwasserschutz erhalten oder erforderlichenfalls durch Sanierung wieder verbessert werden.

2.2 Anschlußgrad

Einen Überblick über den Anteil der zentral versorgten Einwohner an der Gesamtbevölkerung im Jahre 1995 in einigen europäischen Ländern einschl. des Freistaates Bayern zeigt **Abb. 2-2.** Der erreichte überwiegend hohe Anschlußgrad wird sich aus wirtschaftlichen und strukturellen Gründen nicht mehr oder nur noch geringfügig erhöhen, so z. B. im Freistaat Bayern nur um max. 1 % überwiegend unter Stillegung von gefährdeten Hausbrunnen.

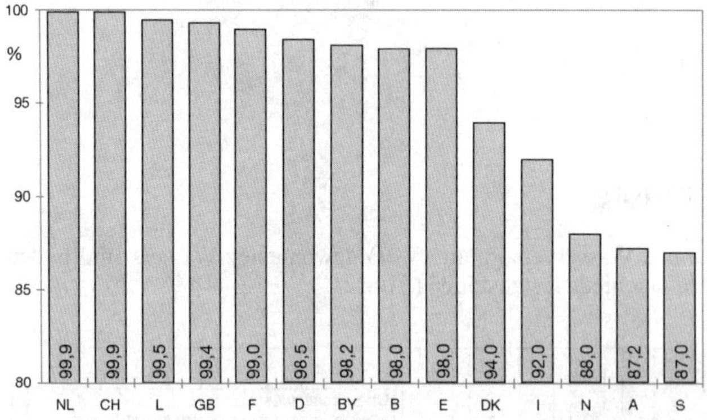

Abb. 2-2: Anschlußgrad an zentrale WV-Anlagen im Jahre 1995 in einigen europäischen Ländern (nach IWSA-Internat. Wasserstatistik) und im Freistaat Bayern (BY).

2.3 Wasserabgabe – Wasserverbrauch

2.3.1 Begriffe und bestimmende Faktoren

Wasserabgabe, Wasserverbrauch und Wasserbedarf beziehen sich hier auf Wasser mit Trinkwasserqualität, das von einem WVU geliefert wird. Angaben über den Industrie-Wasserbedarf sind nur zum Vergleich angeführt; bezüglich des nicht von WVU gelieferten Wassers, z. B. Beregnungen in der Landwirtschaft u. a., siehe Spezialliteratur.

Zur Klarstellung werden folgende übliche Begriffe nach DIN 4046 und UStatG verwendet:

Wasserbedarf
- ist ein Planungswert für die in einer bestimmten Zeitspanne unter Berücksichtigung der örtlichen Verhältnisse und möglichen Einflüsse voraussichtlich benötigte Wassermenge, die von einer WV-Anlage zur ausreichenden künftigen Versorgung zu liefern ist.

Wasserdargebot
- ist die für eine bestimmte Zeiteinheit nutzbare Wassermenge eines Wasservorkommens.

Wasserbereitstellung
- ist die vorhandene größte Wassermenge je Zeit, die ein Wasserwerk unter Berücksichtigung der wasserrechtlichen Genehmigung tatsächlich zur Verfügung stellen kann.

Wasserabgabe
- ist die wirklich vorhandene, gemessene oder geschätzte Wasserlieferung des WVU (Netzeinspeisung); sie besteht aus Abgabe an Letztverbraucher + Wasserwerkseigenverbrauch + Wasserverluste + ggf. Wasserabgabe zur Weiterverteilung.

Wasseraufkommen
- ist die Wassergewinnung + Wasserbezug von anderen WVU; das Wasseraufkommen entspricht mengenmäßig der Wasserabgabe (bezogen auf ein WVU).

Nutzbare Wasserabgabe = Netzeinspeisung (Wasserabgabe) – Wasserwerkseigenverbrauch – Wasserverlust
– ist die gemessene Wasserlieferung an die Verbraucher = Wasserverbrauch.

Wasserabgabe an Letztverbraucher
– setzt sich zusammen aus Abgabe an Haushalte einschließlich Kleingewerbe, an gewerbliche Unternehmen (produzierendes Gewerbe, Handel, Verkehr und Dienstleistungen) und an sonstige, öffentliche Einrichtungen (Krankenhäuser, Bundeswehr, Schulen, usw.).

Wasserverlust
– ist der Anteil der in das Rohrnetz eingespeisten Wassermenge (der Wasserabgabe), dessen Verbleib im einzelnen volumenmäßig nicht erfaßt werden kann. Er besteht aus tatsächlichen Verlusten (Rohrbrüche, Undichtigkeiten usw.) und aus scheinbaren Verlusten (Fehlanzeigen der Meßgeräte, unkontrollierte Entnahmen usw.) und wird auch in v. H. der Wasserabgabe angeführt.

Die Wasserabgabe- bzw. -verbrauchswerte werden durch folgende Faktoren maßgeblich beeinflußt:
1.) Klima – In Gebieten mit geringen Niederschlagshöhen und hohen Sommertemperaturen ist der mittlere Wasserverbrauch höher, besonders hoch sind die Verbrauchsspitzen, mitverursacht durch Rasensprengen, Naßreinigung der öffentlichen Verkehrswege, Kleinklimaanlagen u. a.
2.) Wasserdargebot – Unzureichendes Wasserdargebot führt zum Abwandern von Gewerbe und Industrie, damit zu geringerem Gesamtverbrauch *q l/E d.* Die Verbrauchsspitzen werden nicht gedeckt, so daß sie in Wirklichkeit größer wären als gemessen.
3.) Sonstige Wasserbezugsquellen – Das Vorhandensein von Privatbrunnen, insbesondere Industriebrunnen, bedingt einen geringeren Gesamtverbrauch *q l/E d.*
4.) Wasserbeschaffenheit – Ungünstige Wasserbeschaffenheit hat zur Folge sparsamen Verbrauch, geringe Tendenz zum Ansiedeln von Gewerbe und Industrie, Verwendung von anderem Wasser, z. B. von Regenwasser bei hoher Wasserhärte.
5.) Wasserpreis und Kontrolle der Abnahme – Hoher Wasserpreis wirkt verbrauchsdämpfend. Das Fehlen einer Verbrauchskontrolle durch Wasserzähler und Wasserabgabe nur nach Pauschaltarif führt zu unkontrollierbarer Wasserverschwendung mit großen Spitzenwerten in Trockenzeiten bis zu 100 v. H. und mehr über den normalen Verbrauchswerten. Die außerordentlich hohen Einheitsverbrauchswerte z. B. in osteuropäischen Ländern sind zum großen Teil eine Folge des Fehlens einer Verbrauchskontrolle durch Wasserzähler bei den Abnehmern sowie der nicht kostendeckenden niedrigen Wasserpreise.
6.) Kanalisation – Bei Fehlen einer Kanalisation ist der Wasserverbrauch geringer, besonders bei ungünstigen Vorflutverhältnissen.
7). Wirtschaftsstruktur und Größe des Versorgungsgebietes – Mit der Größe des Versorgungsgebietes und bei stärkerem Anteil an Gewerbe- und Industriebetrieben sowie bei Fremdenverkehr nehmen die Verbrauchswerte zu.
8.) Komfort, soziale Struktur, Besiedlungsart – Die Wasserverbrauchswerte nehmen zu mit Wohnkomfort, technischer Ausstattung der Wohnungen mit wasserverbrauchenden Geräten, Wohnungsgrößen, verbesserten sozialen Verhältnissen, aufgelockerter Bebauung mit hohem Grünflächen- oder Gartenanteil, Fremdenverkehr.
9.) Wasserverluste – Hoher Wasserdruck im Rohrnetz, ungünstige Wasserbeschaffenheit, die häufige Netzspülungen erfordert, überalterte undichte Rohrnetze sowie das nicht rechtzeitige Beheben der Wasserverluste können die Wasserabgabe stark anheben.

Die gemessene Wasserabgabe in das Versorgungsgebiet ist die Grundlage für die Betriebskontrolle und die Auslastung sowie für die Einnahmen- und Ausgabenrechnungen des WVU. Die laufende Feststellung der Wasserabgabe zeigt den Trend an, wie sich die künftige Wasserabgabe entwickeln wird. Zweckmäßig ist auch der Vergleich mit anderen WVU. In den letzten Jahren sind über den Wasserverbrauch mehrere eingehende Untersuchungen durchgeführt worden. Besonders wird hingewiesen auf die BGW-Jahresberichte, die Veröffentlichungen von *Asemann-Wirth* über den Wasserverbrauch der Stadt Frankfurt a. M., auf den Wasserversorgungsbericht des Bundesministers des Innern und auf das Ergebnis des DVGW-Forschungsprogrammes „Ermittlung des Wasserbedarfes“, durchgeführt an Wohngebäuden, Versorgungsgebieten, Schulen, Hotels, Krankenhäusern, landwirtschaftlichen Anwesen und Verwaltungsgebäuden, veröffentlicht 1993 in der DVGW-Schriftenreihe Wasser Nr. 81 und umgesetzt in das DVGW-Merkblatt W410 Wasserbedarfszahlen.

2.3.2 Wasserabgabe im Betrachtungszeitraum

Die Wasserabgabe ist keine einzelne feste Größe, sie ist abhängig von dem gewählten Betrachtungszeitraum und schwankt entsprechend den örtlichen Verhältnissen. Je nach Aufgabenstellung ist der Betrachtungszeitraum zu wählen. Es wird entweder die Wasserabgabe als Gesamtwert für den Betrachtungszeitraum angegeben, m^3/a, m^3/d, l/s oder als Einheitswert je Verbraucher, z. B. in Liter je Einwohner und Tag, l/Ed.

2.3.3 Wasserabgabe/Jahr

2.3.3.1 Größe

Die Wasserabgabe/Jahr (Q_a) wird in m^3/a angegeben. Sie ist maßgebend für die Leistung und Ausstattung sowie für die Jahresbilanz. In **Tab. 2-1** sind anhand der jährlichen BGW-Statistiken die Jahreswasserabgabe und der Wasserverbrauch je Einwohner und Tag in den zurückliegenden Jahren zusammengestellt. Die Abgabe an Verbraucher insgesamt umfaßt die Abgabe an Haushalte einschl. Kleingewerbe sowie an die Industrie und Sonstige. Anzumerken ist, daß die für den Haushalt angegebenen personenbezogenen Verbrauchswerte auch immer den Verbrauch des Kleingewerbes (Bäcker, Metzger, Arzt, Reinigung, Rechtsanwaltspraxis usw.) mit beinhalten, weil das an diese Verbraucher abgegebene Wasser nicht getrennt, sondern nur über den Hauswasserzähler erfaßt werden kann. Der Anteil Kleingewerbe beträgt nach BGW-Untersuchungen durchschnittlich etwa 10 v. H., ist aber stark von der Versorgungsstruktur abhängig.

Tab. 2-1: Wasserabgabe an Verbraucher sowie Wasserverbrauch je Einwohner und Tag nach BGW-Wasserstatistiken

Jahr	Wasserabgabe an Verbraucher $\cdot 10^6$ m^3/a	durchschnittl. tägl. Wasserverbrauch je Einwohner u. Tag (l/Ed) Verbraucher insgesamt	nur Haushalt u. Kleingewerbe
1955	2114	199	86 alte Bundesländer
1960	2456	192	92
1965	2737	209	107
1970	3179	199	118
1975	3419	196	133
1976	3639	203	139
1979	3638	197	139
1983	3751	199	148
1987	3655	193	144
1991	3009	193	145 alte Bundesländer mit B-Ost
1995	4266	168	132 Bundesgebiet
1997	4026	164	130 Bundesgebiet

Am Beispiel der Stadt München soll in **Abb. 2-3** auch einmal die langfristige Entwicklung aufgezeigt werden.
In **Abb. 2-4** sind für einige europäische Länder und zum Vergleich für den Freistaat Bayern die Wasserabgabe öffentlicher Wasserversorgungen insgesamt und die Wasserabgabe an Haushalte (einschl. Kleingewerbe) in l/Ed dargestellt. Deutschland liegt mit seiner rationellen Wasserverwendung im unteren Bereich.

2.3.3.2 Schwankungen Q_a

Die Wasserabgabe/Jahr schwankt relativ gering in Abhängigkeit von den klimatischen Verhältnissen, von nassen oder trockenen Jahren. Diese Verbrauchsschwankungen werden wesentlich geprägt von der Zu- und Abnahme der Verbraucher, von der Verringerung der Haushaltsgröße, von der Ausstattung der Wohnungen mit wasserintensiven und wassersparenden Einrichtungen und Armaturen sowie von der Änderung des Verbraucherverhaltens; siehe auch **Tab. 2-1.**

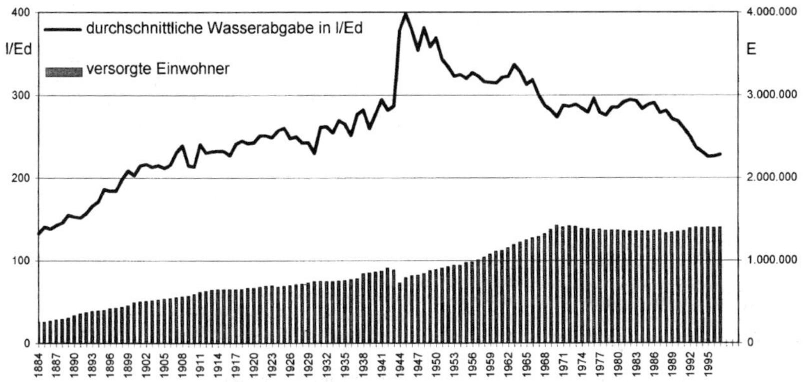

Abb. 2-3: Entwicklung der durchschnittlichen Wasserabgabe in l/Ed einschl. versorgte Einwohner am Beispiel Münchens (Quelle: Stadtwerke München)

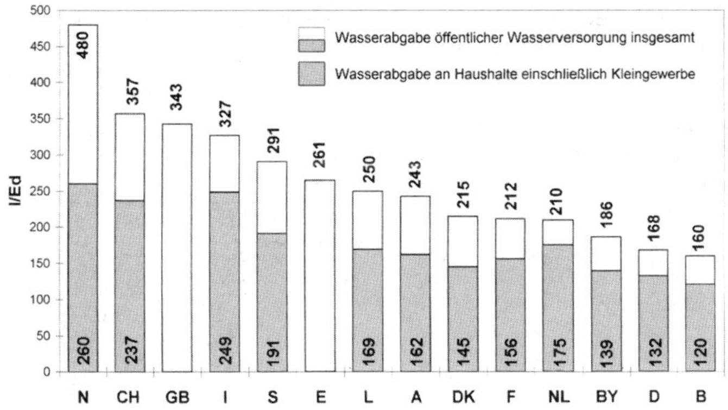

Abb. 2-4: Durchschnittliche Wasserabgabe im Jahre 1995 in Liter je Einwohner und Tag in europäischen Ländern (nach IWSA-Internat. Wasserstatistik) und im Freistaat Bayern (BY).

2.3.4 Wasserabgabe/Monat

2.3.4.1 Größe

Die Wasserabgabe/Monat (Q_{Mt}) ist als Größe für den Betrieb nicht von Bedeutung, wesentlich jedoch deren Schwankung.

2.3.4.2 Schwankung Q_{Mt} im Jahr

Die örtlichen klimatischen Verhältnisse von Winter und Sommer, niederschlagsreiche und -arme Monate, verursachen mehr oder weniger große Schwankungen von Q_{Mt}. Diese Schwankungen sind in Großstädten mit geringem Anteil an Grünflächen und großem Anteil an Industrie und Gewerbe kleiner als in Kleinstädten und Landorten. In **Tab. 2-2** sind Mittelwerte des v. H.-Anteils der Q_{Mt} an Q_a für einen Landort, eine Kleinstadt und für Frankfurt a. M. (nach *Wirth*) angegeben. Hieraus ist ersichtlich: Der Größtwert der Wasserabgabe tritt i. a. im Juli, der Kleinstwert im Januar oder Februar auf, die Wasserabgabe der Monate Mai bis August liegt i. a. über der mittleren Q_{Mt}, so daß in dieser Zeit die Hauptbeanspruchung der WV-Anlagen vorhanden ist. Der Spitzenfaktor $f_{Mt} = Q_{Mt\ max}/Q_{Mt}$ beträgt etwa: Landort 1,5; Kleinstadt 1,3; Großstadt (Frankfurt) 1,1–1,2.
Der Wasserverbrauch im April gibt meist einen gewissen Anhalt für die Schätzung der Wasserabgabe/Jahr, da $Q_{April} \cong Q_{Mt}$.

Tab. 2-2: Mittelwerte der v. H.-Anteile der Q_{Mt} an Q_a für einen Landort, eine Kleinstadt, eine Großstadt (Frankfurt a. M. 1968) nach Wirth

Ort	Jan.	Feb.	März	April	Mai	Juni	Juli	Aug.	Sept.	Okt.	Nov.	Dez.	Mittel
Landort													
v. H.	5	5	6	8	10	12	12.5	12.5	10	8	6	5	8,3
Kleinstadt													
v. H.	6	6	7	8	9	10	11	11	10	9	7	6	8,3
Großstadt													
v. H.	7,8	8,1	8,1	8,3	8,5	8,9	8,9	8,6	8,5	8,5	8,2	7,9	8,3

2.3.5 Wasserabgabe/Tag

2.3.5.1 Größe

Die größte Wasserabgabe/Tag ($Q_{d\,max}$), ist die Grundlage für die Bemessung der Wassergewinnung, der Aufbereitung, der Zuleitung zum Speicher und der Speicherung; die mittlere Wasserabgabe/Tag (Q_d) ist die Grundlage für die Wasserbilanz.

Tab. 2-3 enthält einwohnerbezogene Verbrauchswerte und Spitzenfaktoren $f_d = Q_{d\,max}: Q_d$, die aus der BGW-Statistik errechnet wurden und zwar aus den Abgaben in das Rohrnetz (ohne Weiterverteiler). Die relativ hohen Werte für den Fremdenverkehrsort Garmisch-Partenkirchen ergeben sich daraus, weil die Wasserabgabe nur auf die ortsansässige Bevölkerung und nicht auf Einwohner + Gäste bezogen ist.

Tab. 2-4 zeigt für die 18 Planungsregionen in Bayern die Auswertung der Umweltstatistik.

Tab. 2-3: Versorgte Einwohner i. T, einwohnerbezogene Wasserabgabe in l/Ed und Spitzenfaktor f_d der jeweils größten Stadt der 7 bayer. Regierungsbezirke, einer großen ländlichen und einer stadtnahen Gruppenversorgung und einer typischen Fremdenverkehrsstadt (nach BGW-Statistiken)

	1964	1970	1976	1980	1981	1983	1987	1991
München	1221	1420	1370	1362	1355	1354	1362	1356
	326	272	293	283	289	289	284	255
	1,4	1,3	1,6	1,2	1,3	1,6	1,2	1,3
Landshut	55	52	55	56	56	56	57	60
	236	265	250	263	245	262	258	228
	1,6	1,4	1,6	1,3	1,4	1,3	1,3	1,3
Regensburg	124	131	129	145	145	144	139	137
	202	238	278	206	211	248	251	261
	1,7	1,4	1,7	1,3	1,4	1,5	1,3	1,3
Bamberg	73	69	74	72	71	71	70	75
	233	245	270	236	254	254	243	240
	1,7	1,8	1,8	1,4	1,6	1,8	1,5	1,7
Nürnberg	476	487	494	483	482	508	498	529
	223	235	234	236	241	218	209	212
	1,9	1,6	1,8	1,3	1,5	1,9	1,5	1,6
Würzburg	127	124	120	132	133	139	135	138
	271	247	256	234	225	230	238	233
	1,3	1,6	1,6	1,3	1,4	1,6	1,3	1,5
Augsburg	238	249	261	275	276	275	277	276
	258	248	254	260	269	262	254	262
	1,5	1,3	1,6	1,2	1,3	1,6	1,2	1,2
Rhön-Maintal-	–	–	–	60	64	66	73	76
Gruppe	–	–	–	144	124	117	120	137
	–	–	–	1,1	1,3	1,1	1,6	1,4
Zweckverband	29	30	31	38	38	41	50	53
Freising-Süd	137	264	311	279	279	277	210	201
	2,0	1,5	2,1	1,5	1,5	1,9	1,4	1,5
Garmisch-	27	27	27	27	27	27	27	31
Partenkirchen	333	333	370	407	333	296	333	290
	1,3	1,4	1,4	2,1	1,6	1,6	1,2	1,8

Tab. 2-4: q_d und $q_{d\,max}$ in l/Ed sowie $f_d = Q_{d\,max}/Q_d$ nach der Umweltstatistik 1995 für die 18 Planungsregionen in Bayern.

Nr. Region	Pro-Kopf-Verbrauch in Liter je Einw. und Tag q_d	$q_{d\,max}$	Spitzenfaktor f_d
01 Region Bayerischer Untermain	168	318	1,89
02 Region Würzburg	188	331	1,76
03 Region Main-Rhön	191	341	1,79
04 Region Oberfranken-West	184	303	1,65
05 Region Oberfranken-Ost	215	377	1,75
06 Region Oberpfalz-Nord	206	364	1,77
07 Industriegebiet Mittelfranken	191	368	1,93
08 Region Westmittelfranken	207	(498)	(2,41)
09 Region Augsburg	216	357	1,65
10 Region Ingolstadt	196	369	1,88
11 Region Regensburg	206	387	1,88
12 Region Donau-Wald	213	356	1,67
13 Region Landshut	205	357	1,74
14 Region München	259	381	1,47
15 Region Donau-Iller	232	398	1,72
16 Region Allgäu	287	492	1,71
17 Region Oberland	282	458	1,62
18 Region Südostoberbayern	244	425	1,74
Bayern	222	379	1,71

Anmerkung: der Spitzenfaktor wurde für die Regionen zwar rechnerisch ermittelt, jedoch fand hier die Gleichzeitigkeit des Verbrauches keine Berücksichtigung.

2.3.5.2 Schwankungen Q_d im Jahr

2.3.5.2.1 Größtwert $Q_{d\,max}$

Die tägliche Wasserabgabe schwankt in unterschiedlichen Grenzen, der Größtwert stärker als der Kleinstwert. In einer umfangreichen DVGW-Umfrage, die sich weitgehend auf die Spitzenjahre 1976 und 1983 bezog, ermittelten *Poss* und *Hacker* (s. Literatur) eine stark korrelierende Abhängigkeit (r = 0,99) zwischen max. Tagesabgabe ($Q_{d\,max}$) und Jahresabgabe (Q_a) bzw. Einwohnerzahl (E) des Versorgungsgebietes.
Die mathematischen Gleichungen lauten

$$Q_{d\,max} = 7{,}01892 \cdot Q_a^{0{,}95549} \quad \text{in m}^3/\text{d} \quad \text{mit } Q_a \text{ in } 1000\,\text{m}^3$$
$$= 0{,}30389 \cdot E^{1{,}01939} \quad \text{in m}^3/\text{d}$$

und gelten etwa zwischen 20 000 und 200 Mio m³/a bzw. 400 und 2 Mio E. Um für die Bemessung auf der sicheren Seite zu liegen, wird diese Kurve um den Faktor 1,25 (25 % Zuschlag) angehoben, so daß statistisch betrachtet nunmehr 80 % der um die mittlere Kurve streuenden Fälle abgedeckt sind.
Die Bemessungsgleichungen lauten dann

$$Q_{d\,max} = 8{,}77365 \cdot Q_a^{0{,}95549} \quad \text{in m}^3/\text{d} \quad \text{mit } Q_a \text{ in } 1000\,\text{m}^3$$
$$= 0{,}37986 \cdot E^{1{,}01939} \quad \text{in m}^3/\text{d}.$$

Die einwohnerbezogene max. Tagesabgabe $Q_{d\,max}$ in l/Ed steigt vom kleinen zum großen Versorgungsgebiet an, weil hier die Abgabe an Gewerbe, Industrie sowie an überörtliche zentrale Einrichtungen hinzukommt. Nach einer DVGW-Umfrage ergeben sich nach der mittleren Regression **(Abb. 2-5)** 340 l/Ed bei 500 Einwohnern und 400 l/Ed bei 1,9 Mio. Einwohnern. Für die obere Kurve, die 80 % aller Werte erfaßt, ergeben sich 425 bzw. 500 l/Ed.
Der Tagesspitzenfaktor ist definiert als das Verhältnis der max. Tagesabgabe zur jahresdurchschnittlichen Tagesabgabe

$$f_d = \frac{Q_{d\,max}}{Q_d}$$

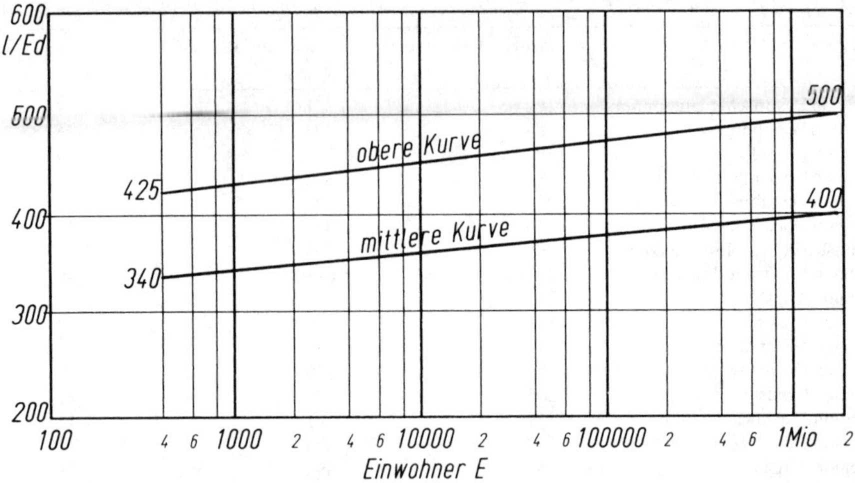

Abb. 2-5: Einwohnerbezogene maximale tägliche Wasserabgabe $Q_{d\ max}$ in l/Ed in Abhängigkeit von der Einwohnerzahl (nach DVGW-Umfragen)

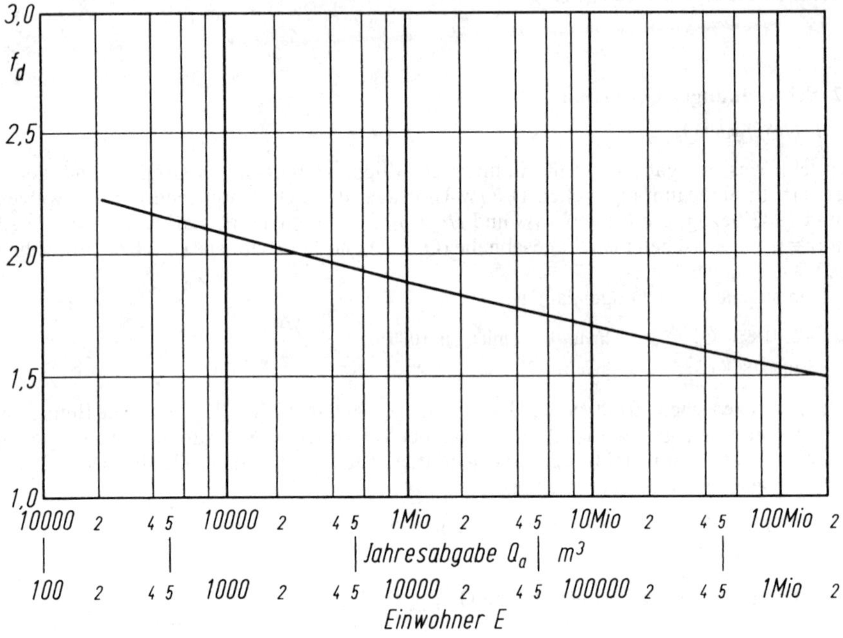

Abb. 2-6: Gemittelter Tagesspitzenfaktor $f_d = Q_{d\ max}/Q_d$ in Abhängigkeit von der Einwohnerzahl bzw. Jahresabgabe (nach DVGW-Umfragen)

Der Tagesspitzenfaktor ist um so größer, je kleiner und je niederschlagsärmer (sogenannte Trokkeninseln) das Versorgungsgebiet, je geringer der gewerbliche und industrielle Anteil und je größer der Anteil der Wasserabgabe an Verbraucher und der klimaabhängige Verbrauch wie Gartengießen, Beregnung, Straßennaßreinigung u. a. ist.

In **Abb. 2-6** ist aufgrund von Messungen und Umfragen innerhalb des DVGW-Forschungsprogrammes der gemittelte Tagesspitzenfaktor f_d in Abhängigkeit von der Anzahl der versorgten Einwohner bzw. von der Jahresabgabe dargestellt. Die Werte stammen im wesentlichen aus den Jahren 1976 und 1983, also aus verbrauchsstarken Jahren. Mit Rücksicht auf eine wirtschaftliche Auslastung wird für Versorgungsgebiete bis 17 000 Einwohner bzw. 1,7 Mio. m^3 Jahresabgabe ein f_d von 2,3 bis 2,0 empfohlen. Zeitlich betrachtet ist der Spitzenfaktor f_d bislang gestiegen, da aus der Abgabe an Letztverbraucher die Anteile Wasserabgabe an Haushalte gestiegen und an Gewerbe sowie an Sonstige und damit auch die dämpfende Wirkung dieser Anteile zurückgegangen sind:

1979:	Q-Haushalt 62 v. H.	Q-Gewerbe 22 v. H.	Q-Sonstige 16 v. H.
1983:	Q-Haushalt 67 v. H.	Q-Gewerbe 18 v. H.	Q-Sonstige 15 v. H.
1987:	Q-Haushalt 71 v. H.	Q-Gewerbe 15 v. H.	Q-Sonstige 14 v. H.
1991:	Q-Haushalt 72 v. H.	Q-Gewerbe 15 v. H.	Q-Sonstige 13 v. H.
1995:	Q-Haushalt 76 v. H.	Q-Gewerbe 16 v. H.	Q-Sonstige 8 v. H.

Die Wasserabgabe an Haushalte ist stärker von den klimatischen Einflüssen abhängig. So liegt der Spitzenfaktor f_d – auf gleiche Versorgungseinheiten bezogen – in niederschlagsarmen Gebieten, z. B. in Nordbayern, merklich höher als z. B. im niederschlagsreicheren Südbayern. Maßgebend ist hier die Niederschlagshöhe Mai bis August, also in Zeiten hohen Verbrauchs.
Insgesamt hängt die tägliche Wasserabgabe ab von der Jahreszeit, vom Wochentag, vom Niederschlag bzw. der Länge einer Trockenperiode und von der Tages- bzw. Zweitagesmitteltemperatur mit einem starken Anstieg ab etwa 19 °C Tagesmitteltemperatur.

2.3.5.2.2 Kleinstwert $Q_{d\,min}$

Der Kleinstwert der Wasserabgabe bezogen auf die mittlere Q_d wird durch den Minimumfaktor dargestellt: $f_{d\,min} = Q_{d\,min}/Q_d$.
Bei Großstädten schwankt dieser i. a. wenig und beträgt etwa 0,7 bis 0,9, bei Kleinstädten 0,5 bis 0,7.

2.3.5.3 Schwankungen Q_d in der Woche

Die tägliche Wasserabgabe Q_d schwankt in der Woche bei gleichbleibenden klimatischen Verhältnissen je nach Struktur des Versorgungsgebiets, verursacht vor allem durch den Rückgang des Verbrauchs am Wochenende infolge Arbeitsruhe der Betriebe, Heimfahrt von Pendlern und Wochenendurlaubern. I. a. wird folgender Verlauf in den Städten festgestellt:

1). *Arbeitstage* mit hohem Verbrauch, besonders hoch am Dienstag (= 1,00),
2.) *Arbeitstage* mit normalem Verbrauch (Mo = 0,98; Mi = 0,99; Do = 0,95; Fr = 0,95),
3.) *Samstage,* geringerer Verbrauch als bei 2., etwa 0,90,
4.) *Sonn- und Feiertage,* wesentlich geringerer Verbrauch als bei 2., etwa 0,80,
5.) *Besondere Festtage,* Ostern, Pfingsten, Weihnachten, erheblich geringerer Verbrauch als bei 2., etwa 0,75.

Die Unterschiede sind um so größer, je größer das Versorgungsgebiet ist, je größer der Anteil an Industrie, Gewerbe und sonstigen Abnehmern ist. Wenn der Verlauf der wöchentlichen Schwankungen hinreichend bekannt ist, kann dies beim Wasserwerksbetrieb ausgenützt werden, z. B. Auffüllen der Speicher am Wochenende, zusätzliches Einspeisen an den beiden Spitzentagen.

2.3.5.4 Wasserabgabe – Ganglinie – Dauerlinie

Die graphische Auftragung der täglichen Q_d in zeitlicher Reihenfolge über 1 Jahr ergibt die Wasserabgabe-Ganglinie. **Abb. 2-7** zeigt die Ganglinie Q_d 1968 des WVU Frankfurt a. M., nach *Wirth.*
Diese Ganglinie ist typisch für die Schwankungen von Q_d in einer Großstadt. Im Sommer tritt der Spitzenwert, im Winter der Minimalwert auf. Im Frühjahr (außer an Ostern) und im Herbst sind die Verbräuche mehr ausgeglichen.
Besonders wichtig ist die graphische Auftragung von Q_d in der Reihenfolge der Größe über 1 Jahr, d. i. die Wasserabgabe-Dauerlinie. **Abb. 2-8 a (Seite 20)** zeigt diese für Frankfurt a. M. 1968 nach *Wirth* und **Abb. 2-8 b für** München 1993.
Zweckmäßig wird dem Vorschlag von Wirth gefolgt, wonach als Spitzenverbrauch bezeichnet wird: Q größer als $0{,}5 \cdot (Q_{d\,max} + Q_d)$. Für das Beispiel der **Abb. 2-8 a** Frankfurt a. M. 1968 ist dies: $Q = 0{,}5 \cdot (271\,000 + 206\,000) = 238\,000\ m^3$.

Aus Ganglinie und Dauerlinie zeigt sich, daß der Spitzenverbrauch verteilt und nur an wenigen Arbeitstagen auftritt. Da die WV-Anlage den Spitzenverbrauch liefern muß, ist es vorteilhaft, wenn durch Ausgleichsspeicherung die außergewöhnlichen Spitzen abgedeckt werden können.
Statt „Bedarf an verbrauchsreichen Tagen" wird besser die Bezeichnung Spitzenwasserverbrauch für den o. a. Bereich verwendet, wobei $Q_{d\ max}$ der absolute Größtwert ist, der praktisch im Jahr nur an einem Tag auftritt.

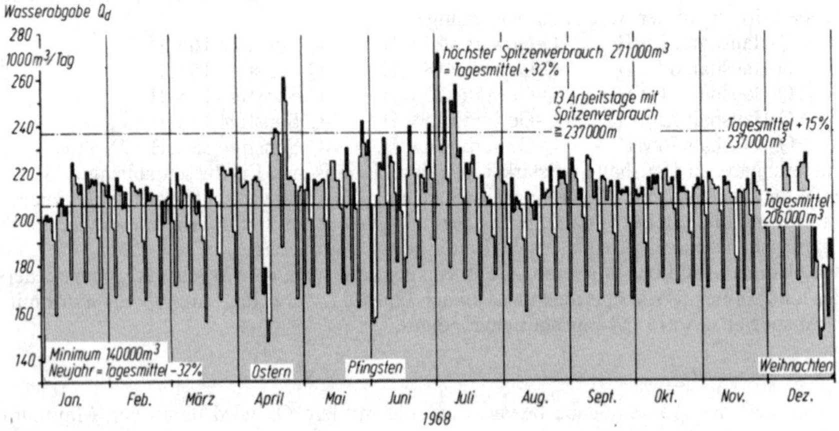

Abb. 2-7: Ganglinie der Wasserabgabe Q_d 1968 des WVU Frankfurt a. M., nach Wirth

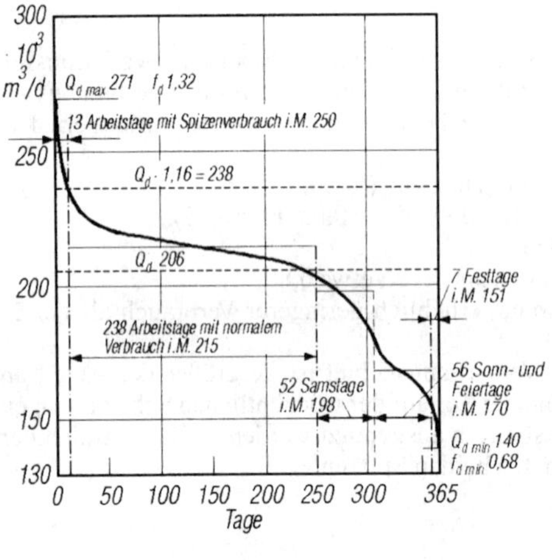

Abb. 2-8 a: Wasserabgabe Dauerlinie
$Q_d \cdot 10^3$ m^3 1968 des WVU Frankfurt a. M., nach Wirth

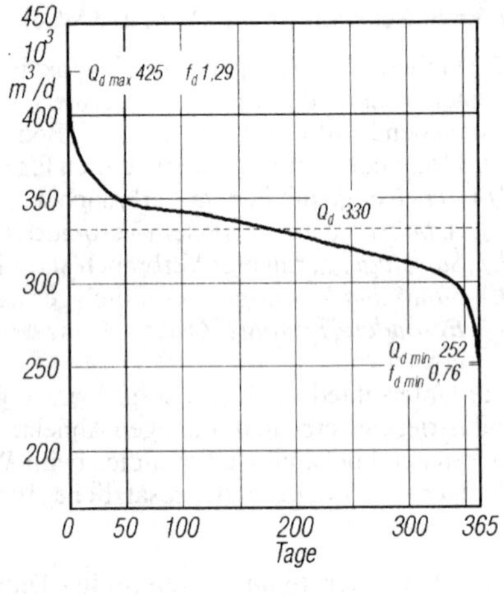

Abb. 2-8 b: Wasserabgabe Dauerlinie
$Q_d \cdot 10^3$ m^3 1993 des WVU Stadtwerke München

Trägt man den jeweiligen Größtwert $Q_{d\ max}$ der einzelnen Jahre auf, so zeigt sich, daß in dieser Jahresreihe nur in größeren Zeitabständen absolute Spitzenverbrauchstage, wie z. B. im heißen Sommer 1976, auftreten. Hier bietet es sich an, einen sogenannten „Normtag" anhand von Einflußgrößen, wie z. B. Temperatur, Niederschlag und Sonnenscheindauer zu definieren. Mit dieser Definition stellt sich die Frage nach der Wahrscheinlichkeit seines Auftretens, die wesentlich von diesen Einflußgrößen bestimmt wird. Die Einbeziehung von Extremwerten führt zu einem hohen maximalen Norm-Tagesbedarf mit geringer Eintrittswahrscheinlichkeit. Neben Erfahrungswerten ist die Entscheidung für die Bemessung von Anlageteilen aber auch unter wirtschaftlichen Gesichtspunkten zu treffen. So ist z. B. zu vertreten, die vielfach praktizierte

Wahrscheinlichkeit für das Eintreten des Norm-Tagesbedarfes -10^{-4}, also einmal in 27,5 Jahren – auf z. B. einmal alle 15 Jahre zu reduzieren und damit erhebliche Investitionseinsparungen zu erreichen.

2.3.6 Wasserabgabe/Stunde

2.3.6.1 Größe

Die größte Wasserabgabe/Stunde am Tag des Spitzenverbrauchs $Q_{h\ max(Qd\ max)}$ ist maßgebend für die Bemessung der Anlageteile, für die kein Ausgleich der stündlichen Verbrauchsschwankungen am Spitzentag durch Speicherung möglich ist, z. B. für Haupt- und Versorgungsleitungen. Der Löschwasserbedarf Q_L (siehe 6.3.4) ist gesondert zu berücksichtigen. Die mittlere Wasserabgabe/Stunde am Tag des Spitzenverbrauchs $Q_{h(Qd\ max)}$ ist maßgebend für die Anlageteile, für die ein Ausgleich durch Speicher gegeben ist, z. B. Wassergewinnung, Wasseraufbereitung, Wasserförderung und Zuleitung zur Wasserspeicherung.

2.3.6.2 Schwankungen Q_h während des Tages

Die Wasserabgabe/Stunde schwankt während des Tages erheblich, um so stärker, je kleiner das Versorgungsgebiet, je größer der Anteil der Haushaltsabgabe, je höher die Tagestemperaturen über 18 °C sind. In **Tab. 2-5** sind übliche Werte Q_h an einem Arbeitstag in v. H. von Q_d für eine Landgemeinde, Kleinstadt, Mittelstadt und Großstadt (Frankfurt a. M., nach *Wirth*) angegeben. Die entsprechenden Ganglinien sind in den **Abb. 2-9, 10, 11** und **12 auf Seite 22** dargestellt. Der Verlauf der Schwankungen Q_h an Samstagen und Sonntagen ist ähnlich, jedoch die Schwankungsbreite nicht so groß, der Anstieg am Morgen (5 bis 7 Uhr) flacher, ebenso der Abfall am Abend (20 bis 23 Uhr).

Tab. 2-5: Verlauf der stündlichen Wasserabgabe Q_h an einem Arbeitstag in v. H. Anteil an Q_d für eine Landgemeinde, Kleinstadt, Mittelstadt, Großstadt.

Uhrzeit	Landgemeinde v. H. Q_d	Kleinstadt v. H. Q_d	Mittelstadt v. H. Q_d	Großstadt v. H. Q_d
0– 1	1,0	2,0	1,5	2,6
1– 2	0,5	1,5	1,5	2,4
2– 3	0,5	1,0	1,5	2,2
3– 4	0,5	0,5	1,5	2,1
4– 5	0,5	0,5	2,0	2,2
5– 6	6,5	1,5	3,0	4,2
6– 7	12,0	2,5	4,5	5,3
7– 8	8,5	3,0	5,5	5,7
8– 9	3,5	3,5	6,0	5,6
9–10	3,0	4,0	5,5	5,4
10–11	3,0	5,0	6,0	5,3
11–12	4,5	7,0	6,0	5,3
12–13	10,0	9,5	5,5	5,2
13–14	9,0	10,0	5,5	5,1
14–15	1,5	8,5	5,5	4,9
15–16	1,5	5,0	6,0	4,5
16–17	2,0	3,5	5,5	4,2
17–18	2,0	3,0	6,0	4,7
18–19	3,0	5,0	5,5	5,0
19–20	5,5	8,0	5,0	5,0
20–21	9,0	6,0	4,0	4,2
21–22	8,5	4,0	3,0	3,3
22–23	3,0	3,0	2,0	2,9
23–24	1,0	2,5	2,0	2,7
	100	100	100	100

Die Wasserabgabe-Ganglinie Q_h oder deren Summenlinie ist die Grundlage für die Berechnung des fluktuierenden Wasservolumens, d. h. des erforderlichen Speichervolumens zum Ausgleich der

Schwankungen Q_h (siehe 6.3.1). Während Q_{hmax} für die Bemessung benötigt wird, ist der Kleinstwert Q_{hmin} wichtig bei der Lecksuche und bei der Ermittlung der örtlich vorhandenen Rohrrauhigkeiten mittels Strömungsversuche. Q_{hmin} tritt allgemein etwa zwischen 1 bis 2 Uhr bzw. 1 bis 4 Uhr auf. Wegen der örtlichen Abhängigkeit des Verlaufs der Wasserabgabe-Ganglinie Q_h ist bei bestehenden WVU immer von den örtlich gemessenen Werten auszugehen; die folgenden Abb. dienen dann nur als Anhalt.

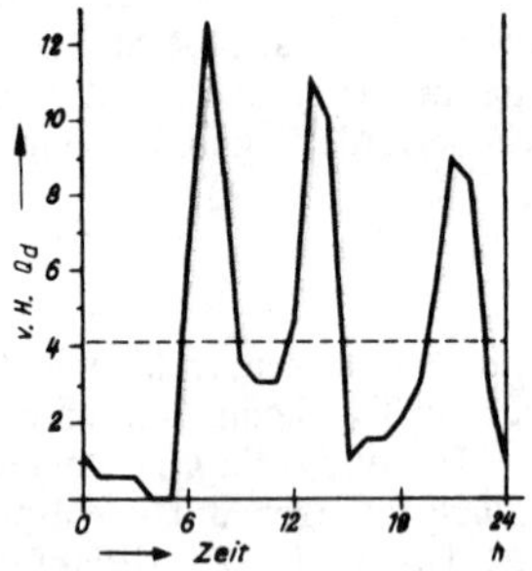

Abb. 2-9: Wasserabgabe-Ganglinie Q_h einer Landgemeinde

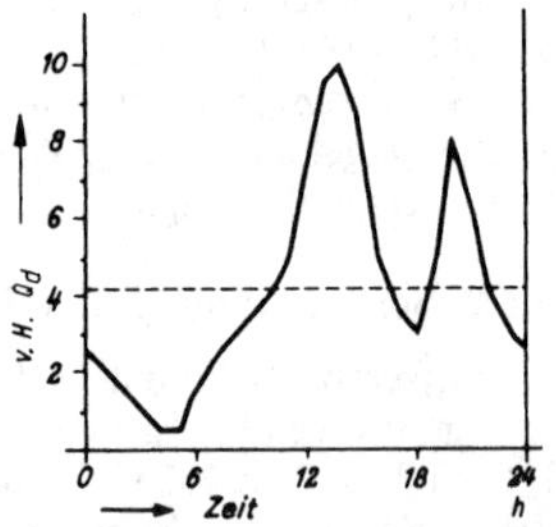

Abb. 2-10: Wasserabgabe-Ganglinie Q_h einer Kleinstadt

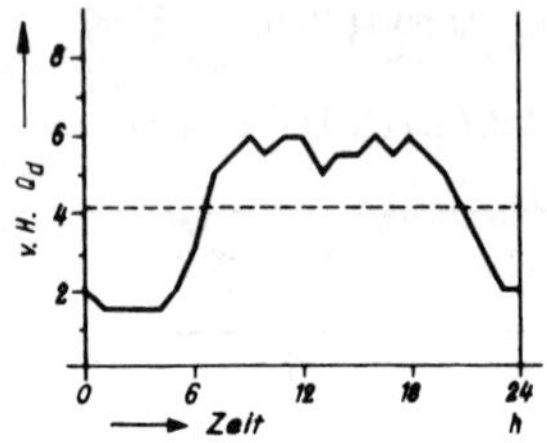

Abb. 2-11: Wasserabgabe-Ganglinie Q_h einer Mittelstadt

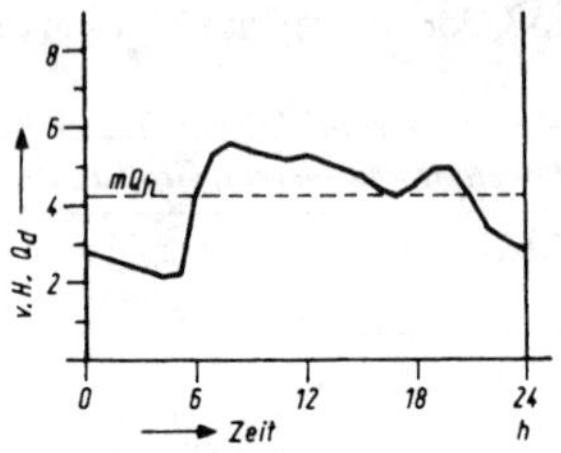

Abb. 2-12: Wasserabgabe-Ganglinie Q_h einer Großstadt

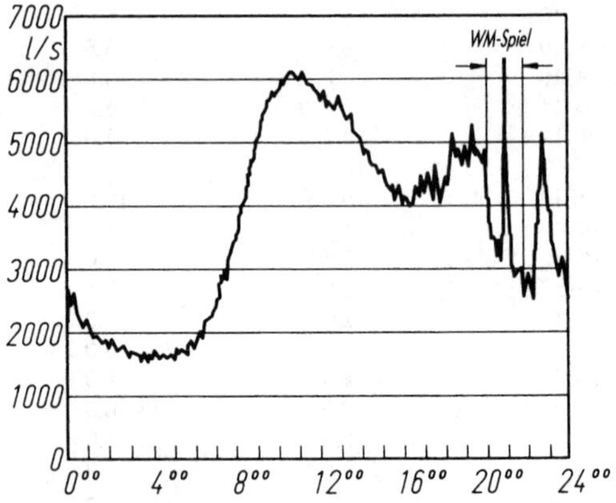

Abb. 2-13: Wasserabgabe-Ganglinie für die Stadt München am 8. Juli 1990, dem Endspieltag der Fußballweltmeisterschaft (Quelle: Stadtwerke München)

In **Abb. 2-13** ist die Wasserabgabe-Ganglinie für die Stadt München am Sonntag, den 8. Juli 1990, dargestellt, dem Endspieltag der Fußballweltmeisterschaft Deutschland gegen Argentinien. Der Spielbeginn um 20.00 Uhr, die Halbzeit von 20.45 bis 21.00 Uhr sowie die an das Spielende anschließende Siegerehrung spiegeln die Spannung und die Druckentlastung in erlösenden Verbrauchsspitzen wider.

2.3.6.3 Größtwert $Q_{h\ max}$

Der Größtwert $Q_{h\ max}$ tritt meistens am Tag mit der maximalen Wasserabgabe $Q_{d\ max}$ auf. *Poss* und *Hacker* ermittelten aus einer DVGW-Umfrage, die sich weitgehend auf die Spitzenjahre 1976 und 1983 bezog, eine stark korrelierende Abhängigkeit (r = 0,99) zwischen max. Stundenabgabe ($Q_{h\ max}$) und max. Tagesabgabe ($Q_{d\ max}$) bzw. Jahresabgabe (Q_a) bzw. Einwohnerzahl (E) des Versorgungsgebietes. Die mathematischen Gleichungen lauten:

$$Q_{h\ max} = 0{,}20746 \cdot Q_{d\ max}^{0{,}89844} \quad \text{in m}^3\text{/h}$$
$$= 1{,}09756 \cdot Q_a^{0{,}86668} \quad \text{in m}^3\text{/h} \qquad \text{mit } Q_a \text{ in } 1000\ \text{m}^3$$
$$= 0{,}0695 \cdot E^{0{,}91717} \quad \text{in m}^3\text{/h.}$$

Um den Streubereich um diese mittlere Kurve und somit 80 % der Werte abzudecken, wird die Kurve um den Faktor 1,25 angehoben, so daß sich folgende Bemessungsgleichungen ergeben:

$$Q_{h\ max} = 0{,}25933 \cdot Q_{d\ max}^{0{,}89844} \quad \text{in m}^3\text{/h}$$
$$= 1{,}37195 \cdot Q_a^{0{,}86668} \quad \text{in m}^3\text{/h} \qquad \text{mit } Q_a \text{ in } 1000\ \text{m}^3$$
$$= 0{,}08688 \cdot E^{0{,}91717} \quad \text{in m}^3\text{/h.}$$

Die einwohnerbezogene maximale Stundenabgabe $q_{h\ max}$ bei maximaler Tagesabgabe $Q_{d\ max}$ fällt vom kleinen zum großen Versorgungsgebiet wegen ausgleichender Mischstruktur mit geringerer Gleichzeitigkeit des Spitzenverbrauches ab. Nach einer DVGW-Umfrage ergeben sich nach der mittleren Regression **(Abb. 2-14)** 42 l/Eh bei 500 Einwohnern und 21 l/Eh bei 1,9 Mio. Einwohnern. Für die obere Kurve, die 80 % der Werte erfaßt, ergeben sich 52 bzw. 26 l/Eh.

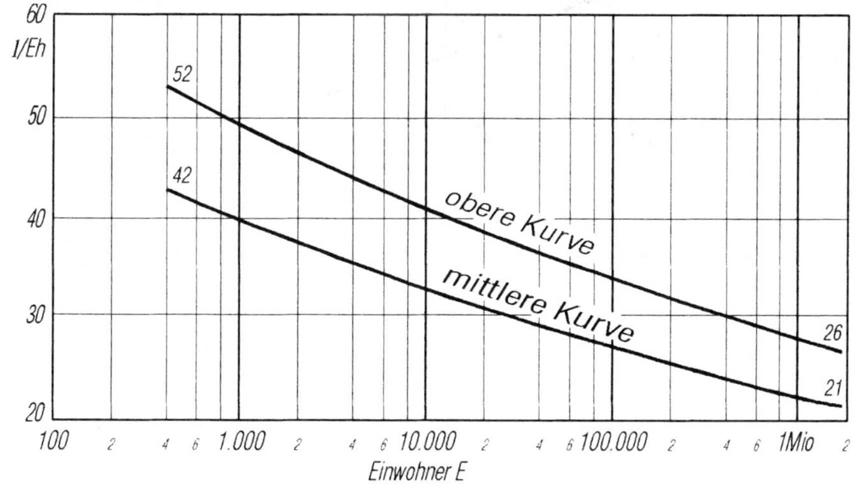

Abb. 2-14: Einwohnerbezogene maximale stündliche Wasserabgabe $q_{h\ max}$ in l/Eh in Abhängigkeit von der Einwohnerzahl (nach DVWG- Umfragen)

Daraus ergibt sich der Bemessungsvorschlag für abgeschlossene Versorgungsgebiete zu
$q_{h\ max}$ = 55–50 l/Eh bei unter 1000 Einwohnern
$q_{h\ max}$ = 50–45 l/Eh bei 1000 bis 5000 Einwohnern
$q_{h\ max}$ = 45 l/Eh bei 5000 bis 15 000 Einwohnern.
Diese Werte können für Knotenpunktsbelastungen im Rahmen von Rohrnetzanalysen herangezogen werden.

Als Stundenspitzenfaktor wird das Verhältnis der maximalen Stundenabgabe bei maximaler Tagesabgabe zur jahresdurchschnittlichen Stundenabgabe definiert, also

$$f_h = \frac{Q_{h\,max}\,(\text{bei } Q_{d\,max})}{Q_h\,(\text{bei } Q_d)}$$

Der Vorteil dieser Definition liegt darin, daß man den Stundenspitzendurchfluß mittels des Stundenspitzenfaktors aus der bekannten Jahresabgabe abschätzen kann. Zuverlässiger sind jedoch eigene Aufzeichnungen.

In **Abb. 2-15** ist aufgrund von Messungen und Umfragen innerhalb des DVGW-Forschungsprogrammes der gemittelte Stundenspitzenfaktor f_h in Abhängigkeit von der Anzahl der versorgten Einwohner bzw. von der Jahresabgabe dargestellt. Die Werte stammen im wesentlichen aus den Jahren 1976 und 1983, also aus verbrauchsstarken Jahren. Auffallend ist die starke Abnahme des Spitzenfaktors bei zunehmender Versorgungsgröße infolge der dämpfenden Wirkung der Mischstruktur. Je nach Lage und Struktur des Versorgungsgebietes streut der Spitzenfaktor mehr oder weniger stark um den ermittelten Spitzenwert (Median).

Mit Rücksicht auf den geringen Auslastungsgrad von Verteilungsnetzen wird bei Versorgungsgebieten bis 17 000 Einwohnern bzw. 1,7 Mio. m^3 Jahresabgabe als Stundenspitzenfaktor $f_h = 5{,}5$ empfohlen.

Völlig getrennt zu betrachten sind die Sonderfälle, bei denen das Versorgungsgebiet extrem klein und gleichmäßig zusammengesetzt ist, z. B. Ferienappartements in Fremdenverkehrsgebieten. Hier können Stundenspitzen (Duschen!) in Höhe bis zu einem Drittel der Tagesabgabe auftreten.

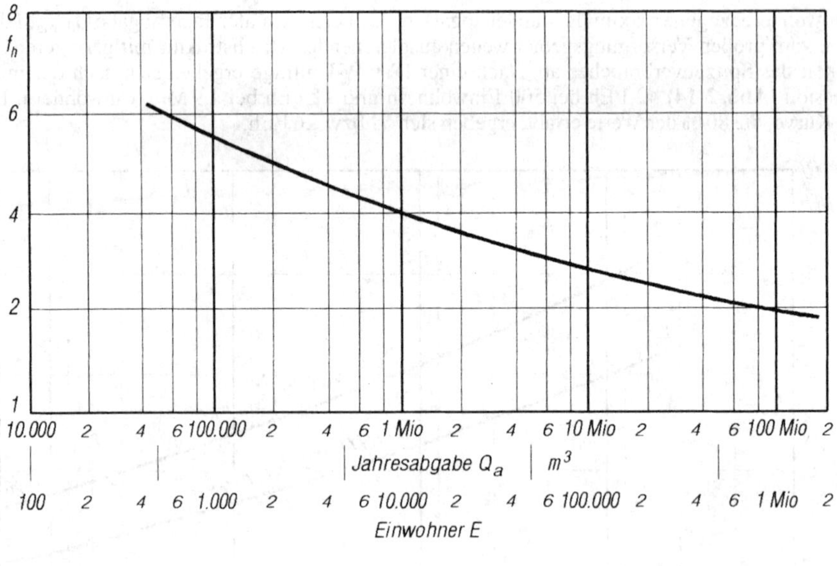

Abb. 2-15: Gemittelter Stundenspitzenfaktor $f_h = Q_{h\,max}/Q_h$ in Abhängigkeit von der Einwohnerzahl bzw. Jahresabgabe (nach DVGW-Messung und Umfragen)

2.3.6.4 Kleinstwert $Q_{h\,min}$

Die einheitsbezogene minimale Stundenabgabe $Q_{h\,min}$ an verbrauchsschwachen Tagen $Q_{d\,min}$ ist in ländlichen Versorgungsgebieten wesentlich kleiner als in städtischen.

Der Minimumfaktor $f_{h\,min} = Q_{h\,min}$ (bei $Q_{d\,min}$)/Q_h (bei Q_d) ergibt sich bei einer

Landgemeinde	zu 0,05–0,06
Kleinstadt	zu 0,06–0,08
Mittelstadt	zu 0,25
Großstadt	zu 0,38.

Aus den Kleinst- und Größtwerten zeigt sich die große Spannweite der stündlichen Wasserabgabe, die ein WVU ohne Minderung der Wasserqualität liefern muß. Diese Spannweite kann bei Landgemeinden bis zu 1:150 und in Großstädten bis zu 1:7 betragen.

2.3.7 Kurzzeitige Wasserabgabe Q_k

2.3.7.1 Wohngebäude und Versorgungsgebiete

Die kurzzeitige Wasserabgabe Q_k in l/s bzw. m^3/h bezeichnet den Spitzendurchfluß für Bezugszeiträume von 1 Stunde und weniger. Q_k wird herangezogen für die Bemessung von Versorgungsleitungen kleiner Gebiete, von Druckerhöhungsanlagen (DEA) mit gestaffelten drehzahlgeregelten Pumpen, von Wasserzählern, insbesondere auch von Anschlußleitungen und von Verbrauchsleitungen in der Hausinstallation.

Die DVGW-Umfragen und vor allem die Ergebnisse des DVGW-Forschungsprogramms 02-WT 956 haben bereits im DVGW-Merkblatt W 403 vom Januar 1988 ihren Niederschlag gefunden. **Abb. 2-16** zeigt den einwohnerbezogenen Spitzendurchfluß in l/Es bzw. l/Eh in Abhängigkeit von der Einwohnerzahl E je Versorgungsbereich, dargestellt im doppeltlogarithmischen Maßstab. Die untere gestrichelte Kurve beschreibt die mittlere Regression und die obere durchgezogene Kurve beinhaltet statistisch 95 % aller Meßwerte. Die Kurve aus den Messungen in Wohngebäuden bis insgesamt 5000 E verläuft stetig in den Bereich der Versorgungsgebiete bis etwa 17 000 E hinüber. Dies verdeutlicht die Richtigkeit der Grundaussage, daß der Mensch die dominierende Einflußgröße für den Spitzendurchfluß ist und nicht etwa irgendwelche Verbrauchseinrichtungen.

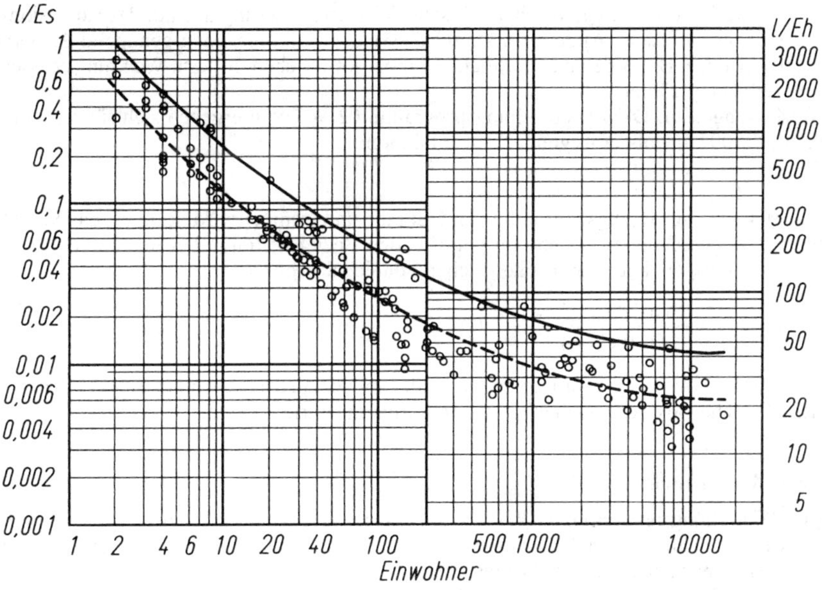

Abb. 2-16: Einwohnerbezogener Spitzendurchfluß q_k in l/Es bzw. l/Eh in Abhängigkeit von der Einwohnerzahl (nach DVGW-Merkblatt W 403)

Der extrem degressive hyperbolische Kurvenverlauf des Spitzendurchflusses zeigt an, daß mit zunehmender Einwohnerzahl die Gleichzeitigkeit der bedienten Wasserentnahmearmaturen stark absinkt. Dies verdeutlicht folgendes Beispiel, wenn man 2,5 E pro Wohneinheit mit einem installierten Summendurchfluß von 1,5 l/s setzt:

Einwohner	Spitzendurchfluß	Summendurchfluß	Gleichzeitigkeit
E	l/s	l/s	%
10	2,5	6	41
100	5,0	60	8
1000	20,0	600	3

d. h. bei 10 E werden in Spitzenverbrauchszeiten 41 % der installierten Entnahmearmaturen gleichzeitig betätigt, bei 1000 E dagegen nur 3 % – ein wesentliches Ergebnis des DVGW-Forschungsprogramms. Die Messungen und Umfragen wurden im gesamten alten Bundesgebiet durchgeführt und

umfassen somit unterschiedliche klimatologische und strukturelle Einflüsse. Gemessen wurde vorwiegend in städtischen Versorgungsgebieten mit nur einer Einspeisung, die somit den Verbrauch im Haushalt einschließlich Kleingewerbe und etwaige Wasserverluste erfaßt. Sonderobjekte wie z. B. Schulen, Hotels, Krankenhäuser, Verwaltungsgebäude wurden ausgeklammert. In den wenigen ausgewählten ländlichen Versorgungsgebieten ist der Wasserverbrauch des Viehs anteilsmäßig über Großvieheinheiten berücksichtigt.
Die Ergebnisse des DVGW-Forschungsprogramms lösen die frühere Bemessung über den Spitzenvolumenstrom aus Belastungswerten (W 308) ab.
Wasserzähler für Wohngebäude werden zwischenzeitlich auf einen Spitzendurchfluß $Q_{k(5min)}$, der an 5 Minuten am Tag – zusammenhängend oder meist in Teilzeiten – auftritt, ausgelegt (siehe 5.4.2.3).
Für *Hausanschlußleitungen* wird der Spitzendurchfluß $Q_{k(1min)}$ mit einer Fließgeschwindigkeit von max 2 m/s empfohlen, um Druckstöße zu vermeiden. Des weiteren soll zur Vermeidung von hohen örtlichen Druckverlusten der Druckabfall auf der gesamten Anschlußleitung höchstens 0,2 bar betragen. Als Bemessungsvorschlag siehe **Abb. 2-17,** Seite 27.
Die Bemessung der *Hausinstallation* nach DIN 1988 wird noch optimiert werden, weil die Berechnung über den installierten Summendurchfluß der Armaturen zu sehr die kurzzeitige Höchstbelastung berücksichtigt und damit bei großen Gebäuden teilweise zur Überdimensionierung führt, während der den Wasserverbrauch verursachende Mensch in den Hintergrund rückt. Eine Überdimensionierung wirkt sich nachteilig auf die hygienisch erwünschte Wassererneuerung und auf das Korrosionsverhalten der Rohrwerkstoffe aus. Andererseits muß die Hausinstallation noch genügend Sicherheit und Reserve aufweisen, z. B. für den nachträglichen Einbau von Sieben, Filtern, Wohnungswasserzählern zusätzlich zum Hauptzähler.
Aus den Messungen im DVGW-Forschungsprogramm 02-WT 956 ergeben sich für Versorgungsgebiete bis ca. 17000 Einwohner folgende Spitzenfaktoren:

$f_d = 2{,}3$	$f_{20\,min} = 6{,}0$	$f_{5\,min} = 6{,}4$
$f_h = 5{,}5$	$f_{10\,min} = 6{,}2$	$f_{1\,min} = 6{,}6$

Als Spitzenfaktor f_k für Bezugszeiträume von 1 Stunde und weniger wird definiert das Verhältnis der auf 1 Stunde umgerechneten Abgabe im betreffenden Bezugszeitraum bei maximaler Tagesabgabe $Q_{d\ max}$ zur zugehörigen jahresdurchschnittlichen Stundenabgabe Q_h,

$$\text{also } f_k = \frac{Q_k\ (\text{in } m^3/h \text{ bei } Q_{d\ max})}{Q_h\ (\text{bei } Q_d)}$$

Je kürzer der Betrachtungszeitraum, desto größer die Spitze und desto geringer die Gleichzeitigkeit der durch den Menschen als Verbraucher betätigten Entnahmeeinrichtungen.

2.3.7.2 Großverbraucher

Das DVGW-Forschungsprogramm 02-WT 956 umfaßte auch Messungen an ausgewählten Sonderobjekten und zwar an Schulen, Hotels, Krankenhäusern, Verwaltungsgebäuden und landwirtschaftlichen Anwesen. Aus der banalen Erkenntnis heraus, daß nicht die installierte Entnahmeeinrichtung, sondern der Mensch – im landwirtschaftlichen Anwesen überwiegend das Tier – den Wasserverbrauch verursacht, wurden die gemessenen zeitabhängigen Durchflüsse auf die entsprechenden Verbraucher bezogen. Bei Hotels und Krankenhäusern sind die Verbraucher (Gäste bzw. Patienten einschließlich Personal) auf Hotelzimmer bzw. Krankenbetten umgerechnet worden. **Abb. 2-17** enthält Vorschläge für die Bemessung von Anschlußleitungen in Abhängigkeit von Verbraucherzahl und Anschlußlänge; ein Löschwasserdurchfluß ist hier nicht berücksichtigt. Die Wasserzählerbemessung basiert auf 5 Min-Spitzendurchflüsse, außer bei Krankenhäusern, wo aus Sicherheitsgründen die 10 Sek-Bezugszeit gewählt wurde.
Für die Bemessung gilt folgendes:
– *Schulen*
Verbraucher V = Schüler (S) + Lehrer (L)
Wasserzählergröße Q_n10 bis 300 (S+L)
Wasserzählergröße DN 50 für 301 bis 3000 (S+L)
Wasserzählergröße DN 65 für 3001 bis 4000 (S+L)
verbraucherbezogener Q_d = 8 l/Sd = 8 l/Ld

Spitzenfaktoren (Median)	$f_d = 1{,}7$;	$f_h = 7{,}5$;	$f_k = 39{,}1$
Streufaktor	$= 1{,}26$;	$= 1{,}73$;	$= 1{,}37$

Abb. 2-17: Bemessung der Anschlußleitungen (DN...) von Wohngebäuden, Schulen, Hotels, Krankenhäusern, Verwaltungsgebäuden und landwirtschaftl. Anwesen in Abhängigkeit von Verbraucherzahl und Länge der Anschlußleitung (ohne Brandschutz) (siehe auch DVGW-Merkblatt W 404).

Wohngebäude	Wohneinheiten	maßgebender Durchfluß (Q_{10s}) [l/s]	[m³/h]	Länge der Anschlußleitung in m (10 – 20 – 30 – 40 – 50)
	1	1,5	5,4	DN 32 (DN 25)
	2	1,8	6,5	DN 40 (DN 32); DN 50 (DN 40)
	3 bis 5	2,2	7,9	
	6 bis 10	2,5	9,0	DN 40
	11 bis 30	3,0	10,8	DN 50
	31 bis 100	3,5	12,6	
	101 bis 200	3,8	13,7	DN 65
Schulen	**Schüler**	**maßgebender Durchfluß [l/s]**	**[m³/h]**	**Länge der Anschlußleitung in m (20 – 40 – 60 – 80 – 100)**
	bis 250	bis 5,8	bis 20,8	DN 65
	251 bis 500	5,8– 6,9	20,8–24,7	
	501 bis 1000	6,9– 8,0	24,7–26,6	DN 80
	1001 bis 2000	8,0– 9,0	26,6–32,5	DN 100
	2001 bis 4000	9,1–10,1	32,5–36,4	
Hotels	**Zimmer**	**maßgebender Durchfluß [l/s]**	**[m³/h]**	**Länge der Anschlußleitung in m (20 – 40 – 60 – 80 – 100)**
	bis 25	bis 3,8	bis 13,8	DN 50
	26– 50	3,8–5,0	13,8–18,1	DN 65
	51–100	5,1–6,3	18,2–22,5	DN 80
	101–200	6,3–7,5	22,5–26,9	DN 100
	201–400	7,5–8,5	26,9–30,5	
Kranken-häuser	**Betten**	**maßgebender Durchfluß [l/s]**	**[m³/h]**	**Länge der Anschlußleitung in m (20 – 40 – 60 – 80 – 100)**
	bis 50	bis 5,9	bis 21,2	DN 50; DN 80
	51–100	5,9–10,1	21,3–36,5	DN 100
	101–200	10,1–14,4	36.5–51,7	
	201–400	14,4–18,6	51,7–66,9	DN 150
	401–800	18,6–22,8	66,9–82,1	
Verwaltungs-gebäude	**Beschäftigte**	**maßgebender Durchfluß [l/s]**	**[m³/h]**	**Länge der Anschlußleitung in m (20 – 40 – 60 – 80 – 100)**
	bis 75	bis 4,0	bis 14,3	DN 50
	76– 150	4,0–5,1	14,3–18,3	DN 65
	151– 300	5,1–6,2	18,3–22,4	DN 80
	301– 600	6,2–7,4	22,4–26,5	
	601–1200	7,4–8,5	26,5–30,6	DN 100
landwirtschaftl. Anwesen	**Verbraucher GVGW**	**maßgebender Durchfluß l/s**	**m³/h**	**Länge in m (20 – 40 – 60 – 80 – 100)**
	bis 50	bis 2,5	bis 9,0	DN 40; DN 50
	51–100	2,5–4,3	9,0–15,5	DN 50; DN 65
	101–150	4,3–6,0	15,5–21,6	DN 80
	151–200	6,0–7,8	21,6–28,1	DN 100

– *Hotels*
Verbraucher V = Hotelzimmer (HZ)
Wasserzählergröße Q_n10 bis 50 HZ
Wasserzählergröße DN 50 für 51 bis 300 HZ
verbraucherbezogener Q_d = 290 l/Vd
Spitzenfaktoren (Median) f_d = 1,4; f_h = 4,4; f_k = 11,1
Streufaktor = 1,17; = 1,47; = 1,8

– *Krankenhäuser*
Verbraucher V = Bettenzahl (BZ)
Wasserzählergröße Q_n 10 bis 50 BZ
Wasserzählergröße DN 50 von 51 bis 75 BZ
Wasserzählergröße DN 65 von 76 bis 150 BZ
Wasserzählergröße DN 80 von 151 bis 700 BZ
Wasserzählergröße DN 100 von 701 bis 1000 BZ
verbraucherbezogener Q_d = 340 l/Vd
Spitzenfaktoren (Median) f_d = 1,3; f_h = 3,2; f_k = 7,6
Streufaktor = 1,11; = 1,30; = 1,67

– *Verwaltungsgebäude*
Verbraucher V = Beschäftigte (B)
Wasserzählergröße Q_n 10 bis 300 B
Wasserzählergröße DN 50 von 301 bis 2000 B
verbraucherbezogener Q_d = 47 l/Vd
Spitzenfaktoren (Median) f_d = 1,8; f_h = 5,6; f_k = 23,8
Streufaktor = 1,2; = 1,6; = 2,4

– *landwirtschaftliche Anwesen*
Verbraucher V = Großvieheinheit (GV) + 2 · Personen (P);
$Q_d = -106{,}5 + 51{,}6\,V$ in l/d
Geltungsbereich von 7 bis 165 GV und von 2 bis 16 P
verbraucherbezogener Q_d = 104 l/Pd = 52 l/GVd
Wasserzählergröße Q_n 2,5 bis 80 V
Wasserzählergröße Q_n 6 von 81 bis 200 V
Wasserzählergröße Q_n 10 von 201 bis 350 V
Spitzenfaktoren (Median) f_d = 1,5; f_h = 7,6; f_k = 29,0
Streufaktor = 1,34; = 1,64; = 2,07

Tab. 2-6: Umrechnungsfaktoren für verschiedene Vieharten in Großvieheinheiten GV (1 GV = 500 kg Lebendgewicht) bei landwirtschaftlichen Anwesen

Vieharten	Faktor	Vieharten	Faktor
Kühe	1,2	Mastbullen bis 350 kg	0,5
Pferde	1,0	Mastbullen 350 bis 550 kg	0,9
weibl. Rinder über 2 a	1,0	Zuchteber	0,3
weibl. Rinder 1-2 a	0,7	Zuchtsauen	0,3
weibl. Rinder unter 1 a	0,3	Zuchtsauen mit Ferkeln	0,5
Fohlen	0,3	Mastschweine 20-110 kg	0,13
Kälber bis ca. 4 Wo.	0,1	Schafe	0,1
Mastkalb bis 100 kg	0,15	Ziegen	0,1
Mastkalb bis 180 kg	0,23	Hühner, Gänse, Enten	0,004

Beispiel: Landwirtschaftliches Anwesen mit 3 Personen, 40 Kühen, 20 Mastschweinen, 10 Kälbern, 50 Hühnern, 40 Enten, 10 Gänsen *(Tab. 2-6)*.
$V = 40 \cdot 1{,}2 + 20 \cdot 0{,}13 + 10 \cdot 0{,}1 + (50 + 40 + 10) \cdot 0{,}004 + 2 \cdot 3 = 58.$ Q_d = 2886 l/d.

Beachte: Bei den Sonderobjekten ist der Brandschutz nicht enthalten; er muß ggf. zusätzlich berücksichtigt werden.

2.4 Wasserverbrauch je Verbrauchseinheit

2.4.1 Berechnungsdurchflüsse von Auslauf-Armaturen

Der Berechnungsdurchfluß von Auslauf-Armaturen wird insbesondere zur Bemessung der Verbrauchsleitungen benötigt. In **Tab. 2-7** ist Q_R für gebräuchliche Auslauf-Armaturen zusammengestellt (vergl. auch Abschn. 7.3.7.4).

Tab. 2-7: Berechnungsdurchfluß Q_R von Auslauf-Armaturen (Richtwerte)

Auslauf-Armatur	DN	l/s	Auslauf-Armatur	DN	l/s
Auslaufventil	DN 15	0,30	Mischbatterie für		
Auslaufventil	DN 20	0,50	Wanne und	DN 15	0,15
Auslaufventil	DN 25	1,00	Brause	DN 15	0,15
Brausekopf	DN 15	0,20	Bidetbatterie	DN 15	0,07
Druckspüler	DN 15	0,70	Magnetventil für		
Druckspüler	DN 20	1,00	Waschmaschine	DN 15	0,25
Druckspüler	DN 25	1,00	und Geschirrspüler	DN 15	0,15
Spülkastenventil	DN 15	0,13	Durchlauferhitzer	DN 15	0,10
Urinalventil	DN 15	0,30			

2.4.2 Wasserverbrauch je Einzelvorgang

In **Tab. 2-8** ist der Wasserverbrauch für übliche Zwecke je Einzelvorgang bei der üblichen Benützungsdauer angegeben.

Tab. 2-8: Wasserverbrauch für übliche Zwecke je Einzelvorgang und üblichen Bereich der Benützungsdauer

Vorgang	Liter
Geschirrspülen von Hand	30– 40
Geschirrspülmaschine, je nach Programm und Alter	20– 50
Küchenwolf	4– 5
Handwaschbecken	2– 5
Dusche	40– 80
Wannenbad (Körperformwanne – Normalwanne)	115–180
Kinderbad	30– 40
Bidet	10– 20
WC mit Spülkasten	6– 12
WC mit Tief-Spülkasten	6– 9
WC mit Druckspüler	6– 12
Reinigen im Haus	20–100
Wäschewaschen 5 kg, Waschmaschine je nach Programm und Alter	50–150
Autowäsche, mit Eimer	20– 40
Autowäsche, mit Schlauch	100–150
private Schwimmbäder, meistens Größenbereich $V = 25$ bis $75\ m^3$	
einmaliges Füllen $= V \cdot 1{,}00$	
tägliches Nachfüllen $= V \cdot 0{,}01–0{,}05$	
Gießen von Hausgärten je m^2	5– 10

2.4.3 Wasserverbrauch l/Ed im Haushalt für einzelne Zwecke

Dieser wird i. a. für Berechnungen nicht benötigt. Die Kenntnis hiervon gibt Ansätze für Wassersparmaßnahmen und ermöglicht die Beurteilung der Einheits-Verbrauchswerte in den verschiedenen Wohngebieten. In **Tab. 2-9** (Seite 30) sind mittlere Werte für moderne Komfortwohnungen bis Einfamilienhäuser in guter Wohnlage, je Haushalt 3 Personen, zusammengestellt.

Tab. 2-9: Wasserverbrauch l/Ed im Haushalt für einzelne Zwecke

Tätigkeiten	l/Ed
Trinken und Kochen	3– 5
Geschirrspülen	10– 15
Körperpflege ohne Baden	10– 15
Duschen und Baden	45– 80
WC	40– 50
Raumreinigen	10– 15
Wäschewaschen	15– 30
Gartengießen und Auto waschen	9– 15
Summe	142–225

2.4.4 Erfahrungswerte des Wasserverbrauchs je Verbrauchereinheit

Die Literaturangaben über den Wasserverbrauch je Verbrauchereinheit sind sehr unterschiedlich und abhängig von den verschiedenen strukturellen und klimatischen Verhältnissen des Versorgungsgebietes. Auch einheitliche Angaben über den Spitzen-Wasserverbrauch sind nicht real, weil die Spitzenfaktoren örtlich verschieden sind. **In Tab. 2-10** werden daher nur Werte des mittleren Einheits-Wasserverbrauchs angegeben. Es ist Aufgabe des Planers, diese Werte entsprechend der Struktur des Versorgungsgebiets und aufgrund von Betriebserfahrungen den örtlichen Verhältnissen anzupassen; eine Bandbreite von ±15 v. H. und mehr ist durchaus möglich. Der Wasserverbrauch an Spitzentagen errechnet sich dann aus dem mittleren Verbrauch · Spitzenfaktor f_d. Die **Tab. 2-10** ist wie die BGW-Statistik in die Verbrauchergruppen eingeteilt.
Anmerkung: A = Angestellter, Beamter, Beschäftigter, Kunde, Pflegepersonal; E = Einwohner; G = Gast, Passagier; GV = Großvieh; H = Haftinsasse; L= Lehrer; Pa = Patient; S = Soldat; St = Schüler, Student

Tab. 2-10: Mittelwerte des Einheits-Wasserverbrauchs

Verbraucher		Einheit	l
1.	*Haushalt einschl. Kleingewerbe*		
1.1	Haushalt, Wohngebäude:		
1.	alte Ein- und Zweifamilienhäuser, einfachste Bauart	l/d	70
2.	einfache Mehrfamilien-WG, Baujahr vor 1940	l/Ed	90
3.	mehrgeschossige WG, mit Sozialwohnungen, Bj. vor 1960	l/Ed	120
4.	neuere Einfamilien-Reihenhäuser, mehrgeschossige WG	l/Ed	150
5.	Appartementhäuser und WG mit Komfortwohnungen	l/Ed	180
6.	Ein- und Zweifamilienhäuser in guter Wohnlage	l/Ed	200
7.	moderne Villen in bester Wohnlage	l/Ed	275
1.2	*Kleingewerbe*		
1.	Bäcker, 1 A/200 E	l/Ad	150
2.	Konditor, 1 A/1000 E	l/Ad	180
3.	Fleischer, 1 A/300 E	l/Ad	250
4.	Friseur, 1 A/300–600 E	l/Ad	30
5.	Kfz-Waschanlage mit Wasserwiederverwendung	l/Pkw	40
6.	gewerbliche Betriebe, stark schmutzend	l/Ad	250
7.	Restaurants, Kantinen	l/(G + A) · d	50
1.3	*Landwirtschaft*		
1.	Großvieh	l/GV · d	50
2.	Großvieh, Schwemmentmistung, einstreulos	l/GV · d	60
3.	Großvieh, Schwemmentmistung, mit Einstreu	l/GV · d	75
4.	Kleinvieh = 1/5 Großvieh		
5.	Milchsammelstelle, je l Milch	l/l	1,5
6.	Erwerbsgärten	l/m² · d	0,8
7.	intensive landwirtschaftliche Beregnung, Gemüseland	l/m² · d	1,0

2.	*Industrie einschl. Großgewerbe*		
2.1	*Industrie*		
1.	Steinkohle	l/kg	12
2.	Steinkohlen-Koks	l/kg	1
3.	Pkw	l/kg	10
4.	Stahl	l/kg	50
5.	Mineralöl	l/kg	0,3
6.	Zellstoff	l/kg	200
7.	Zeitungspapier	l/kg	15
8.	Kunstfasern	l/kg	200
9.	Fleisch- und Wurstwaren	l/kg	2
10.	Früchte- und Gemüsekonserven	l/kg	5
11.	Fischkonserven	l/kg	40
2.2	*Großgewerbe*		
1.	Molkerei, je l Milch	l/l	2
2.	Brauerei, je l Bier	l/l	5
3.	Brennerei, je l Maische	l/l	2
4.	Zuckerfabrik	l/kg	30
5.	Wäscherei, je kg Trockenwäsche	l/kg	40
6.	Kaufhaus, ohne Restaurant	l/Ad	50
	Kaufhaus, mit Restaurant, zusätzlich nach 1.2.7	l/(G + A) · d	100
7.	Hotel, Luxus, A : G ≧ 1	l/(G + A) · d	600
	Hotel, mittel, A : G ≅ 0,5	l/(G + A) · d	375
	Hotel, einfach, A : G ≅ 0,25	l/(G + A) · d	150
3.	*Sonstige Verbraucher, öffentliche Einrichtungen*		
1.	Büro- und Verwaltungsgebäude, einfache, ohne Kantine	l/Ad	40
	wie vor, mittlere, ohne Kantine	l/Ad	50
	mit Kantine, mit allen techn. Einrichtungen, vollklimatisiert	l/Ad	140
2.	Schulen, ohne Duschen, ohne Schwimmbad	l/(St + L) · d	10
	wie vor, mit Duschen	l/(St + L) · d	40
	wie vor, mit Schwimmbad	l/(St + L) · d	50
3.	Universität und Fachschulen		
	Geisteswissenschaft	l/(St + L) . d	150
	Chemie	l/(St + L) · d	1 000
	Physik	l/(St + L) · d	500
	vorklinisches Studium	l/(St + L) · d	350
	Biologie und wasserwirtschaftliche Institute	l/(St + L) · d	400
	Studentenhaus und Verwaltung	l/(St + L) · d	150
4.	Krankenhaus, je Patient und Personal	l/(Pa + A) · d	350
	Spezialkrankenhaus	l/(Pa + A) · d	500
5.	Altenwohnheime, Pflegeheime	l/(Pa + A) · d	180
6.	Hallenbäder	l/G	200
7.	Schlachthof	l/GV	5 000
8.	Markthalle	l/m^2	30
9.	Friedhof	$l/m^2 \cdot d$	0,1
10.	Grünflächen, bewässert	$l/m^2 \cdot d$	0,1
11.	Gemeindl. Reinigungseinrichtungen	l/Ed	3
12.	Justizvollzugsanstalten	l/(H + A) · d	160
13.	Truppenunterkünfte		
	Bundeswehr, Soldaten	l/S · d	350
	Zivilangestellte	l/A · d	80
	Bundeswehrwohnungen	l/Ed	150
	sonst. Streitkräfte, Soldaten	l/S · d	570
	Zivilangestellte	l/A · d	100
	Wohnungen	l/Ed	150
14.	Flughafen	l/Gd	50
15.	Feuerwehr, für Übungen u. einf. Brandfälle i. a. 0,2–0,5 v. H. von Q_a	l/Ed	0,5

16.	Öffentliche Brunnen, ständig laufende werden i. a. nicht mehr aus der öffentl. WV versorgt, sondern mit Umwälzpumpen betrieben. Bedarf vernachlässigbar klein.		
17.	Eigenverbrauch WVU	l/Ed	2

Besondere Bedeutung haben die sehr eingehenden Veröffentlichungen von *Asemann-Wirth* über den gemessenen Wasserverbrauch 1968 und 1969 der verschiedenen Verbrauchergruppen in der Stadt Frankfurt a. M., die Ergebnisse des DVGW-Forschungsprogramms 02-WT 956 und die Untersuchungen von *Möhle* an der TU Hannover.
Die angegebenen Einheits-Verbrauchswerte der Industrie sind nur grobe Anhaltswerte, sie verändern sich häufig durch Veränderungen der Produktion, zunehmende und unterschiedliche Verwendung von Wasser im Kreislauf. Im Einzelfall sind örtliche Erhebungen unerläßlich.

2.4.5 Eigenverbrauch der WVU

Das WVU verbraucht Wasser für Rückspülungen bei Wasseraufbereitungsanlagen, Rohrnetzspülungen, Frostläufe, Reinigen von Wasserkammern und Bauwerken sowie eigenes Bauwasser. Diese Arbeiten werden i. a. an Tagen geringen Wasserverbrauchs ausgeführt, so daß nur der mittlere Verbrauch, nicht aber $Q_{d\ max}$ erhöht wird. Der Wasserverbrauch eines WVU beträgt bei Anlagen mit Aufbereitungsanlagen etwa 1,3 bis 1,5 v. H. Q_a, bei sonstigen Anlagen etwa 1 v. H. Q_a.

2.4.6 Wasserverlust

Als Wasserverlust wird die Differenz zwischen Wasserabgabe in das Rohnetz (Netzeinspeisung) und der gemessenen nutzbaren Wasserabgabe an die Verbraucher einschl. Wasserwerkseigenverbrauch bezeichnet. Der Wasserverlust besteht aus dem scheinbaren Wasserverlust, d. i. Wasserverbrauch, der nicht oder nicht richtig gemessen wird, und dem tatsächlichen Wasserverlust infolge Auslaufens von Wasser an undichten Stellen. In kleinen WV-Anlagen können bei unzureichender Wartung die Wasserverluste erheblich höher sein, insbesondere, wenn Leckstellen nicht rechtzeitig erkannt werden. Die Wasserverluste müssen bei bestehenden WV-Anlagen jeweils eigens erhoben werden. Der Wasserverlust in ordnungsgemäß erstellten Neuanlagen beträgt i. a. weniger als die in **Tab. 2-11** enthaltenen v. H.-Anteile Q_a.

Tab. 2-11: Mittlere Wasserverluste in v. H. der Jahresabgabe Q_a

Anlageteil	Alle Anlageteile ohne Wasserverteilung	Wasserverteilung	Gesamt
Neuanlagen	1	4	5
Altanlagen, gut gewartet	2	8	10

Im DVGW-Merkblatt W 391 – Wasserverluste in Wasserverteilungsanlagen – sind bei der Ermittlung der tatsächlichen und scheinbaren Wasserverluste die Länge des Versorgungsnetzes und die überwiegende Bodenart berücksichtigt (siehe Abschn. 13.3.4.3.3.8).

2.5 Wasserverbrauch der Industrie

Die Angaben über den Wasserverbrauch der Industrie (verarbeitendes Gewerbe sowie Bergbau und gewinnung von Steinen und Erden) dienen nur zum Vergleich mit der Wasserabgabe der WVU. Das Wasseraufkommen der Industrie war nach Statistischem Bundesamt:

Berichtsjahr	1961	63	65	67	69	71	75	79	83	87 (aBl)	91 (D)	95 (D)
$Q_I \cdot 10^9\ m^3$	8,8	9,0	9,6	9,5	10,7	11,5	12,1	12,5	11,2	10,2	12,2	10,0

In **Tab. 2-12** (S. 33) sind vergleichsweise der Anteil der verschiedenen Wirtschaftszweige an der Gesamt-Wassernutzung der Industrie und der jeweilige Nutzungsfaktor (genutztes Wasser: eingesetztes Wasser) für das Bundesgebiet im Jahre 1995 angegeben.
Der Nutzungsfaktor ist durch vermehrten Einsatz der Kreislauf- und Mehrfachnutzung in den beiden letzten Jahrzehnten stetig gestiegen, die gesamte Wassernutzung stetig gefallen. Der Wasserbezug der

Industrie aus dem öffentlichen Netz ist stetig rückläufig. Er erreichte in den letzten Jahren folgende Werte:

1975	$0{,}84 \cdot 10^9\ m^3$	alte Bundesländer
1979	$0{,}75 \cdot 10^9\ m^3$	" "
1983	$0{,}63 \cdot 10^9\ m^3$	" "
1987	$0{,}61 \cdot 10^9\ m^3$	" "
1991	$0{,}71 \cdot 10^9\ m^3$	gesamtes Bundesgebiet
1995	$0{,}50 \cdot 10^9\ m^3$	gesamtes Bundesgebiet

Dieser Anteil von rd. 5 % wird sich kaum mehr verringern.
Die Wassernutzung der Wärmekraftwerke mit rd. 28 Mrd. m^3 pro Jahr erfolgt fast ausschließlich aus dem Oberflächenwasser meist für Kühlzwecke.

Tab. 2-12: Anteil der verschiedenen Wirtschaftszweige an der gesamten Wassernutzung der Industrie in $10^6\ m^3$ und jeweiliger Nutzungsfaktor für Deutschland im Jahr 1995.

Wirtschaftszweig	W.-nutzung in $10^6\ m^3$	Nutzungsfaktor
Bergbau, Gewinnung von Steine und Erden	1 375,4	4,8
Ernährungsgewerbe, Tabakverarbeitung	447,0	3,4
Textil-, Bekleidungs-, Leder-, Holzgewerbe	228,4	1,4
Papier-, Druck-, Gummi-, Glasgewerbe	933,4	4,8
Mineralölverarbeitung	286,4	8,7
Chemische Industrie	3 364,9	3,7
Metallerzeugung und -bearbeitung	1 006,9	7,7
Maschinenbau. Fahrzeugbau	216,4	11,1
Büromaschinen, EDV- und Elektrogeräte	89,4	5,2
Sonstiges	7,9	8,9
Summe	7 965,8	4,8

2.6 Wassersparen

2.6.1 Fachliche Randbedingungen

Unter Wassersparen ist die rationelle Wassernutzung im verantwortungsbewußten Umgang mit dem Naturgut Wasser zu verstehen, um die Wasserressourcen – unabhängig von den natürlichen Gegebenheiten – bestmöglich zu schonen. Der Grundsatz des sparsamen Umgangs mit Wasser ist verankert in der Europäischen Wasser-Charta von 1968, in den fachlichen Zielen der meisten Landesentwicklungsprogramme und letztlich in § 1 a Wasserhaushaltsgesetz (WHG), wonach eine mit Rücksicht auf den Wasserhaushalt gebotene sparsame Verwendung des Wassers zu erzielen ist. Das WVU als verantwortliches und autorisiertes Unternehmen ist verpflichtet, durch Vorbildfunktion und Öffentlichkeitsarbeit die rationelle Wassernutzung zu unterstützen, wobei darauf hingewiesen werden muß, daß ein geringerer Wasserverbrauch aufgrund der hohen Fixkosten in der WV durchaus einen höheren Wasserpreis ergeben kann. Wassereinsparung im Warmwasserverbrauch senkt jedoch gleichzeitig die Energiekosten.
Wassersparen hat dort seine Grenzen, wo eine merkliche Einbuße von Komfort oder gar Hygiene damit verbunden ist, wo z. B. ein geringer Durchsatz oder eine Stagnation zu technischen Problemen (Korrosion) oder gar zu hygienischen Risiken (Aktivierung von Blei-, Kupferionen; Verkeimungen) führt oder wo es durch Problemverlagerung (Einsatz von Reinigungs- oder Desinfektionsmitteln, Inhibitoren und Stabilisatoren in Kühlkreisläufen usw.) zu einer Gefährdung oder gar Verunreinigung der Gewässer kommt. Wassersparmaßnahmen verringern zwar nicht die Schmutzfracht, verbessern aber die Reinigungswirkung von Abwasseranlagen. Maßnahmen zum Wassersparen, die diese ökologischen, versorgungstechnischen und hygienischen Randbedingungen berücksichtigen, sind sinnvoll, zweckmäßig und erforderlich. Wassersparen darf und kann den vorrangigen vorbeugenden und aktiven Gewässerschutz nicht ersetzen, kann ihn allenfalls ergänzen.

2.6.2 Maßnahmen

Folgende Maßnahmen (Aufzählung erweiterbar) tragen zum Wassersparen und zur rationellen Wassernutzung bei:

2.6.2.1 Wasserversorgungsunternehmen

- Rohrnetz auf tatsächliche, echte Wasserverluste überprüfen und ggf. reparieren,
- Laufbrunnen durch Kreislaufbetrieb ersetzen,
- für Zwecke ohne Trinkwasserqualität Oberflächenwasser benutzen, z. B. für Straßen-, Kläranlagenreinigung
- degressive Wassergebühren für Großabnehmer abschaffen, ggf. progressive Wassergebühren einführen.

2.6.2.2 Industrie und verarbeitendes Gewerbe

- Wasser für Nicht-Trinkwasserzwecke durch Oberflächenwasser ersetzen,
- wassersparende Technologien in Produktion und Betrieb einsetzen, jedoch dabei Gewässergefährdung oder gar -verunreinigung vermeiden.

2.6.2.3 Landwirtschaft

- bei pflanzenbedarfs- und zeitgerechter Bewässerung Auswaschung von Nährstoffen und Pflanzenschutzmitteln vermeiden,
- Flüssigmistverfahren durch Festmistverfahren ersetzen.

2.6.2.4 Haushaltsbereich

- Verbraucherverhalten ändern, z. B. duschen anstatt baden, Wasch-/Geschirrspülmaschinen voll auslasten, Wasser bei der Körperreinigung nicht unnötig und ungenutzt laufen lassen, undichte Armaturen reparieren, Rasen in Trockenzeiten nicht oder nur wenig und abends gießen,
- wassersparende Armaturen/Einrichtungen einsetzen, z. B. 6-l-WC-Spülkasten mit Unterbrechertaste und abgestimmtem WC-Becken, Einhebelmischarmaturen, Thermostatarmaturen, Perlatoren, Durchflußbegrenzer, wassersparende Wasch-/Geschirrspülmaschinen, Körperformbadewannen,
- Auto weniger oft waschen und dann in Waschanlage mit Waschwasserwiederverwendung,
- Regenwasser zur Gartenbewässerung nutzen.

Der Wasserspareffekt wird auf rd. 20 l/Ed geschätzt.

NB: Bei Regenwassernutzung im Wohn- und Sanitärbereich, z. B. zur Toilettenspülung und zum Wäschewaschen auf strikte und dauerhafte Trennung von der Trinkwasseranlage achten; Grauwassernutzung (Abwasser aus Badewanne, Dusche, Handwaschbecken ggf. Waschmaschine) zur Toilettenspülung ist wegen hohen hygienischen Risikos und möglicher zusätzlicher Gewässerbelastung durch Reinigungs- und Desinfektionsmittel abzulehnen.

2.6.2.5 Öffentliche Einrichtungen, Hotel- und Gaststättengewerbe

- Vorbild abgeben beim Einsatz wassersparender Einrichtungen/Armaturen (vgl. Haushaltsbereich),
- Urinale mit benutzerabhängiger Steuerung einrichten oder nachrüsten, ggf. bei starker Frequentierung, z. B. in Flughäfen, Trockenurinale einsetzen,
- in öffentlichen Bädern Selbstschlußarmaturen installieren,
- in Hotels den Gast um Mithilfe bitten, daß unnötiges Waschen von Hand-/Badetüchern vermieden wird.

2.6.2.6 Wasserrechtliche Gestattung

- Anträge auf Wasserentnahme im Bedarf prüfbar begründen,
- Wasserbedarf und -verwendung auf Notwendigkeit und Sparsamkeit überprüfen und ggf. wassersparende Auflagen fordern,
- für wasserrechtliche Gestattungen überschaubare Fristen setzen, um Fortschritte in der rationellen Wassernutzung berücksichtigen zu können.

2.7 Wasserbedarf

Der Wasserbedarf ist ein prognostizierter Planungswert. Für die Planung von Neubauten und Erweiterungen von WV-Anlagen und zum Vergleich mit dem gemessenen Wasserverbrauch wird der Wasserbedarf aus der Zahl der Verbraucher · angenommener Einheits-Wasserverbrauchswerte berechnet. Wesentlich ist die richtige Abschätzung der Trends der künftigen Zu- oder Abnahme der Verbraucher und der Veränderung der Einheits-Verbrauchswerte aus den Messungen der vergangenen Jahre des eigenen WVU und anderer WVU mit ähnlicher Struktur, sowie die Berücksichtigung der Bandbreiten entsprechend den örtlichen strukturellen und klimatischen Verhältnissen. Dabei wird der mittlere derzeitige und künftige Wasserbedarf berechnet sowie $Q_{d\,max}$ bzw. $Q_{h\,max}$ unter entsprechendem Ansatz der Spitzenfaktoren.

2.7.1 Bemessungsgrößen des Wasserbedarfs

Je nach Aufgabenstellung werden Werte des Wasserbedarfs für verschiedene Betrachtungszeiträume benötigt:
1. Derzeitiger und künftiger Wasserbedarf Q_a, Q_d, $Q_{d\,max}$ – für wasserwirtschaftliche Planungen, Genehmigungsverfahren, Vergleich mit Wasserdargebot und Wasserbereitstellung.
2. Künftiger Wasserbedarf $Q_{d\,max}$, mittlerer Q_h ($Q_{d\,max}$) – für Bemessung von Wassergewinnung, Wasseraufbereitung, Förderung, Speicherung, Fern- und Zubringerleitungen, wenn ein Ausgleichspeicher vorhanden ist. Bei der Wassergewinnung wird meist eine Reserve von 10 bis 20 v. H. hinzugerechnet, bei den Maschinenanlagen werden Reserveaggregate vorgesehen.
3. Künftiger Wasserbedarf $Q_{h\,max}$ ($Q_{d\,max}$) – für Versorgungsleitungen, ferner für alle Anlageteile des Absatzes 2, wenn kein Ausgleichspeicher vorhanden ist.
4. Spitzendurchfluß Q_k – für Anschlußleitungen, Wasserzähler und Verbrauchsleitungen unter Berücksichtigung moderner sanitärer Ausstattung.
5. Derzeitiger und künftiger Wasserbedarf Q_a – in Abständen von 1 Jahr, für Finanzplan, Erfolgsplan, Einnahmen- und Ausgabenrechnung, Wasserbilanzen.

2.7.2 Bemessungszeitraum

Der Bemessungszeitraum, für den der künftige Wasserbedarf als Grundlage der Bemessung der Anlageteile zu berechnen ist, kann um so kürzer sein, je problemloser die einzelnen Anlageteile ohne Betriebsstörung erweitert werden können, ferner wenn die Anlageteile eine kurze Lebensdauer haben, wenn durch das Überbemessen ein langsames Fließen in Rohrleitungen mit geringer Wassererneuerung zu befürchten ist, wenn Schwierigkeiten in der Finanzierung und Rentabilität vorhanden sind, wenn zu lange totes Kapital verzinst werden muß. Es ist zweckmäßig, als Beginn des Bemessungszeitraumes die voraussichtliche Inbetriebnahme der Baumaßnahme festzulegen. Der Zeitbedarf für Planung und Genehmigungsverfahren, der je nach Tragweite des Projektes mehrere Jahre betragen kann, sowie für Baudurchführung wird zusätzlich vorangestellt. Als Bemessungszeiträume, gemessen ab Betriebsbeginn, sind zweckmäßig:
15 Jahre – für alle Anlageteile, mit Ausnahme der nachstehenden Sonderanlageteile,
30 Jahre – Trinkwassertalsperren, Wasserturm, Fernleitungen unter Berücksichtigung von Einbau von Druckerhöhungspumpwerken, Verteilungsleitungen in geschlossen bebauten Gebieten,
50 Jahre – Sicherung von Wassergewinnungsgebieten, wasserwirtschaftliche Planungen.
Es ist ferner vorteilhaft, die Wasserbedarfsberechnungen auf bestimmte Prognosejahre abzustellen, damit Vergleiche mit anderen Entwicklungsplanungen der Gemeinden, Städte, der Länder möglich sind, z. B.:
Prognosejahre: 2000, 2010, 2020, 2030.

2.7.3 Feststellen der Bemessungsgrundlagen

Folgende Berechnungsgrundlagen sind aufgrund der örtlichen Verhältnisse zu ermitteln.

2.7.3.1 Derzeitige und künftige Zahl der versorgten Einwohner

Wie aus Abschnitt 2.3 ersichtlich, ist der Einheits-Wasserverbrauch l/Ed um so größer, je größer das Versorgungsgebiet ist, dagegen nimmt der Spitzenfaktor f_d ab. Es ist daher notwendig, die Zahl der zu versorgenden Einwohner möglichst genau zu ermitteln. Insgesamt ist die Bevölkerungsentwicklung stark geprägt von der Ausländerpolitik. Für die Schätzung der Bevölkerungsentwicklung sind der Trend der vergangenen 20 Jahre und die Prognosen der Planungsbehörden zu verwenden. Hierbei ist jedes Teil-Versorgungsgebiet selbst zu untersuchen, denn die Bevölkerungsentwicklung kann bereits auf engem Raum sehr unterschiedlich sein. So nehmen z. B. Wohnsiedlungsgemeinden im Bereich des Nahverkehrs der Großstädte noch immer stark zu. Zweckmäßig ist die graphische Auftragung der Einwohnerzahlen, um den Trend sichtbar zu machen. Dabei ist immer eine gewisse Bandbreite zu berücksichtigen.

Solche Bandbreiten weisen heute allgemein auch die regionalen Planungsziele aus; beispielhaft sei hier das im Jahre 1994 fortgeschriebene Landesentwicklungsprogramm Bayern zitiert, das die Entwicklung gemäß **Abb. 2-18** prognostiziert.

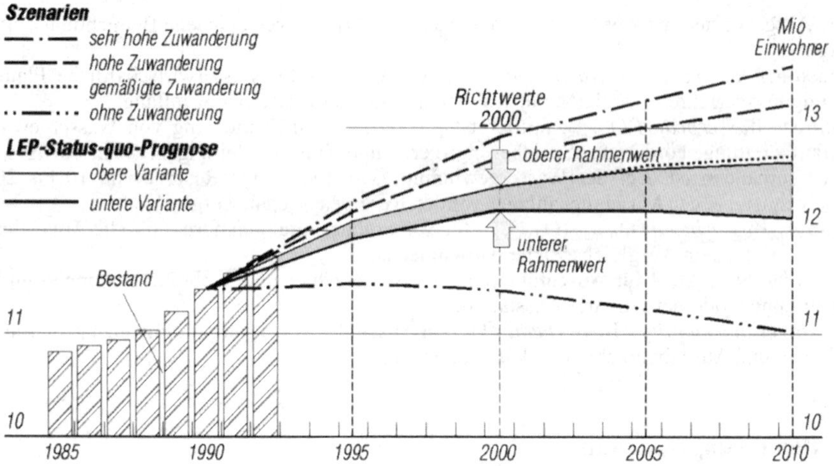

Abb. 2-18: Bevölkerungsentwicklung Bayern 1985–2010 (nach LEP Bayern 1994)

2.7.3.2 Wohndichte

Wenn die Berechnung des Wasserbedarfs ausführlich mit den Werten der **Tab. 2-10** erfolgt, sind die Unterschiede der Gemeindetypen hinreichend berücksichtigt.

Für die Aufteilung des Wasserbedarfs in einem Versorgungsgebiet wird gelegentlich die Wohndichte E/ha benötigt, sie ist in Flächennutzungs- und Bebauungsplänen enthalten. **In Tab. 2-13** ist die Wohndichte für die verschiedenen Bauklassen angegeben.

Tab. 2-13: Wohndichte zur Ermittlung des Wasserbedarfs je Fläche

Klasse	Bebauungsart	Wohndichte E/ha
I	Sehr dicht (alte Stadtkerne)	500–700
II	Dicht (mit Hinterhäusern)	400–600
III	Mitteldicht, geschlossen, mit großen Hof- und Gartenflächen	300–400
IV	Weiträumig, Landorte, Dörfer	150–200
V	Gartenreiche Außenviertel	60–150
IV	Stadtrand und Kleinsiedlungen	
	1. kleine Grundstücke	30– 80
	2. große Grundstücke	10– 40
	gewerbliches Gebiet	10– 40

2.7.3.3 Einwohnerbezogener Bedarf

Der einwohnerbezogene Trinkwasserverbrauch (Pro-Kopf-Verbrauch) in Liter je Einwohner und Tag (l/Ed) errechnet sich aus der von öffentlichen Wasserversorgungen insgesamt abgegebenen Wassermenge an Letztverbraucher-Haushalte, gewerbliche Unternehmen und sonstige Abnehmer – einschließlich des Wasserwerkseigenverbrauchs, ungemessener Mengen und der Wasserverluste, jeweils bezogen auf die Zahl der angeschlossenen (zentral versorgten) Einwohner (siehe Abschn. 2.3.5).
Betrachtet man nur den Wasserverbrauch im „Haushalt einschl. Kleingewerbe“, der jedoch 76 % der Wasserabgabe an Verbraucher abdeckt, so zeigt sich, daß dieser bis etwa 1990 anstieg und seitdem fällt, in den neuen Bundesländern stark, in den alten Bundesländern weniger ausgeprägt **(Abb. 2-19).** Ursachen dafür sind u. a.: bewußter und sparsamerer Umgang mit dem Wasser (z. B. öfter duschen anstatt baden, kein unnötiges Laufenlassen des Wassers); verstärkter Einsatz wassersparender Sanitäreinrichtungen (z. B. 6-Liter-Spülkasten mit Spartaste, Körperformbadewannen), Haushaltsgeräte (z. B. Spülmaschinen, Waschmaschinen), Armaturen (z. B. Einhebelmischer, Durchflußbegrenzer, Luftsprudler, Thermostatventile); Regenwassernutzung; gestiegene Wasser-, Abwasser- und Energiepreise.
Die spezifischen Bedarfskomponenten „Abgabe an gewerbliche Unternehmen“ und „Abgabe an sonstige Abnehmer“ lassen insgesamt nur noch geringe – regional jedoch unterschiedliche – Veränderungen erwarten. Bei der spezifischen Bedarfskomponente „Wasserwerkseigenverbrauch, Wasserverluste und ungemessene Mengen“ wird – insbesondere als Folge der erforderlichen und teils wasserrechtlich geforderten Sanierung von Ortsnetzen – von einer leichten Abnahme auszugehen sein.
Aus der Entwicklung der vergangenen Jahrzehnte und Jahre läßt sich der Bedarf prognostizieren, wenn man durch die gemessenen Verbrauchswerte eine Trendkurve legt und diese bis in die Prognosejahre extrapoliert. Dies ist in **Abb. 2-19** auf der Grundlage der langjährigen BGW-Statistik mit der Wasserabgabe an Haushalte einschl. Kleingewerbe, das einen Anteil von durchschnittlich 10 % hat, geschehen. So läßt sich für das Bundesgebiet ein künftiger Bedarf von etwa 120 l/Ed abschätzen. In einem „Trockenjahr“, wie z. B. 1959, 1976, 1983, wird dieser Wert entsprechend höher liegen (vgl. **Abb. 2-19).**
Solche Trendkurven lassen sich in die Verbrauchswerte anderer Gebiete transformieren und auch dort Prognosewerte abschätzen.

2.7.3.4 Spitzenwerte

In den Abschnitten 2.3.5 und 2.3.6 sind Spitzenwerte und -faktoren dargestellt. Sie können als Bemessungsgrundlage herangezogen werden, wenn keine eigenen Messungen vorliegen.

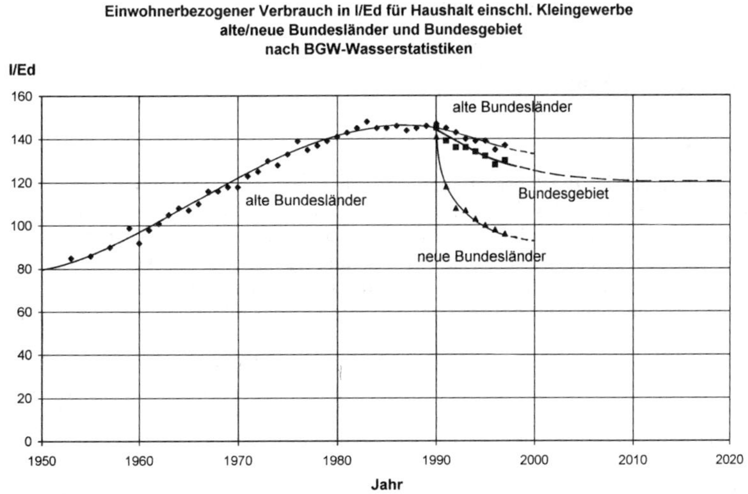

Abb. 2-19: Einwohnerbezogener Verbrauch in l/Ed für Haushalte einschl. Kleingewerbe in Deutschland (nach BGW-Statistik) und Bedarfsprognose

2.7.3.5 Entwicklung des industriellen und sonstigen Wasserbedarfs

Schwierig ist das richtige Abschätzen der Entwicklung des industriellen Wasserbedarfs. Die Zunahme der industriellen Produktion kann den Bedarf erhöhen, Veränderungen in der Produktion und Fertigung sowie Verwendung von Wasser im Kreislauf und steigende Wassergebühren senken den Bedarf beachtlich. So hat der Anteil des industriellen Wasserverbrauchs in den vergangenen Jahrzehnten stark abgenommen. Künftig ist nur noch mit geringen Senkungen oder Stagnation zu rechnen (s. auch Abschn. 2.5).
Der Trend der vergangenen Jahre ist zu berücksichtigen. Bei kleinen Versorgungsgebieten sind Einzelerhebungen unerläßlich.

2.7.3.6 Klimatische Verhältnisse

Fehlender Niederschlag und hohe Lufttemperaturen erhöhen den Wasserverbrauch $Q_{d\ max}$ stärker als Q_d. Nach den Untersuchungen von *Asemann u. Wirth* und anderer Autoren steigt der Wasserverbrauch unterhalb einer Temperaturschwelle sehr langsam mit der Temperatur an, ab dieser Schwelle steigt die gemittelte Verbrauchslinie linear und steiler mit der Temperatur an mit größeren Bandbreiten. In Frankfurt a. M. lag 1965 bis 1969 die Temperaturschwelle bei 19 bis 20 °C, in Wien im Jahre 1983 bereits bei etwa 15 °C. Da in den Monaten Mai bis August sehr hohe Temperaturen immer mit dem Fehlen von Niederschlägen verbunden sind und in dieser Zeit auch die hohen Werte des Wasserverbrauchs liegen, ist es zweckmäßig, den Einfluß der klimatischen Verhältnisse entsprechend den Summen der Niederschlagshöhen der Monate Mai bis einschl. August abzustufen und dabei die Zeiträume ohne Niederschlag mit auszuwerten.
Es ist deshalb notwendig, in jedem Einzelfall die bisher am Ort oder an der nächstgelegenen Meßstelle gemessene kleinste Niederschlagshöhe und kleinste Summe der Niederschlagshöhen Mai bis August festzustellen und dementsprechend den Spitzenfaktor f_d und die Verbrauchswerte zu wählen.

2.7.3.7 Anschlußgrad

Nach der Umweltstatistik 1995 sind 98,6 % der Bevölkerung an zentrale Trinkwasserversorgungsanlagen angeschlossen, wobei allerdings teilweise noch erhebliche qualitative, quantitative oder technische Mängel bestehen. Insgesamt wird sich der Versorgungsgrad nur noch geringfügig – bis zum Jahr 2000 voraussichtlich auf maximal 99 % – erhöhen. Es kann davon ausgegangen werden, daß etwa 1 % der Bevölkerung auch langfristig nicht zentral versorgt zu werden braucht. Insbesondere der Anschluß abgelegener und nur mit unwirtschaftlichem Aufwand anzuschließender Ortsteile und Einzelanwesen, die über eine einwandfreie Eigenversorgung verfügen, ist im Interesse eines wirtschaftlichen Betriebes der öffentlichen Wasserversorgung nicht sinnvoll.

2.7.4 Löschwasserbedarf

2.7.4.1 Allgemein

Der Löschwasserbedarf ist die Gesamtmenge, die für den Brandschutz verfügbar sein muß. Die Löschwasser-Bereitstellung des WVU umfaßt entweder den gesamten Löschwasserbedarf oder auch nur eine Teilmenge. Der Brandschutz ist Aufgabe der Gemeinde; sie hat zu entscheiden, welche Wasservorkommen für Löschzwecke vorhanden sind und wie sie eingesetzt werden sollen, somit auch welchen Anteil das WVU zu übernehmen hat. Es wird unterschieden zwischen dem

- *Grundschutz,* d. h. dem Brandschutz für das Gemeindegebiet ohne erhöhtes Sach- oder Personenrisiko und dem
- *Objektschutz,* d. h. dem über den Grundschutz hinausgehenden, objektbezogenen Brandschutz für Objekte mit erhöhtem Brandrisiko, z. B. Lagerplätze für leicht entzündbare Güter, Parkhäuser u. a., oder für Objekte mit erhöhtem Personenrisiko, wie Versammlungsstätten, Geschäftshäuser, Hotels u. a., oder auch sonstige Einzelobjekte, wie Aussiedlerhöfe, Raststätten u. a.

2.7.4.2 Grundschutz

Die Richtwerte für den Löschwasserbedarf nach DVGW-Arbeitsblatt W 405 sind in **Tab. 2-14** zusammengestellt. Bei kleinen ländlichen Orten mit 2 bis 10 Anwesen ist der Löschwasserbedarf i. a. mit

48 m^3/h anzusetzen. Die angegebenen Löschwassermengen sollen für eine Löschzeit von 2 h zur Verfügung stehen, so daß sich 96 m^3 = rd. 100 m^3 Löschwasservorrat ergeben (siehe auch 6.3.4 und 6.7).

Tab. 2-14: Richtwerte für den Löschwasserbedarf (m^3/h) unter Berücksichtigung der baulichen Nutzung und der Gefahr der Brandausbreitung[6] (nach DVGW-W 405).

Bauliche Nutzung nach § 17 der Baunutzungsverordnung	Kleinsiedlung (WS)[4] Wochenendhausgebiete (SW)[4]	reine Wohngebiete (WR) allgem. Wohngebiete (WA) besondere Wohngebiete (WB); mischgebiete (MI) Dorfgebiete (MD)[1] Gewerbegebiete (GE)		Kerngebiete (MK) Gewerbegebiete (GE)		Industriegebiete (GI)
Zahl der Vollgeschosse	≦ 2	≦ 3	> 3	1	> 1	–
Geschoßflächenzahl[2] (GFZ)	≦ 0,4	≦ 0,3–0,6	0,7–1,2	0,7–1,0	1,0–2,4	–
Baumassenzahl[3] (BMZ)	–	–	–	–	–	≦ 9
Löschwasserbedarf bei unterschiedlicher Gefahr der Brandausbreitung[6]:	m^3/h	m^3/h		m^3/h		m^3/h
klein	24[4]	48		96		96
mittel	48	96		96		192
groß	96	96		192		192

Überwiegende Bauart

- klein: feuerbeständige[5] oder feuerhemmende[5] Umfassungen, harte Bedachungen[6]
- mittel: Umfassungen nicht feuerbeständig oder nicht feuerhemmend, harte Bedachungen oder Umfassungen feuerbeständig oder feuerhemmend, weiche Bedachungen[5]
- groß: Umfassungen nicht feuerbeständig oder nicht feuerhemmend; weiche Bedachungen, Umfassungen aus Holzfachwerk (ausgemauert). Stark behinderte Zugänglichkeit, Häufung von Feuerbrücken usw.

Erläuterungen:

[1] soweit nicht unter Abschnitt 4.2 fallend

[2] Geschoßflächenzahl = Verhältnis $\frac{\text{Geschoßfläche}}{\text{Grundstücksfläche}}$

[3] Baumassenzahl = Verhältnis $\frac{\text{gesamter umbauter Raum}}{\text{Grundstücksfläche}}$

[4] Bei der Planung ist davon auszugehen, daß Kleinsiedlungsgebiete und Wochenendhausgebiete keine hohe Brandempfindlichkeit haben.

[5] Die Begriffe „feuerhemmend" und „feuerbeständig" sowie „harte Bedachung" und „weiche Bedachung" sind baurechtlicher Art; sie sind nicht eindeutig definiert. Zur Erläuterung ihres Sinngehaltes

wird auf DIN 4102 verwiesen. Hiernach entspricht in etwa „feuerhemmend“ der Feuerwiderstandsklasse F 30 bis F 60 und „feuerbeständig“ der Feuerwiderstandsklasse F 90 und darüber.
[6] Begriff nach DIN 14011 Teil 2: „Brandausbreitung ist die räumliche Ausdehnung eines Brandes über die Brandausbruchstelle hinaus in Abhängigkeit von der Zeit“. Die Gefahr der Brandausbreitung wird um so größer, je brandempfindlicher sich die überwiegende Bauart eines Löschbereiches erweist.

2.7.4.3 Objektschutz

Die Löschwassermengen werden in jedem Einzelfall von der zuständigen Behörde festgesetzt.

2.7.4.4 Löschwasser-Bereitstellung durch das WVU

Die vom WVU bereitzustellende Löschwassermenge ist bei kleinen Orten zu begrenzen, wenn sonst die Wasserspeicherung und die Versorgungsleitungen erheblich überdimensioniert werden würden. Bei Ortsgrößen unter 5000 E ist dies immer zu überprüfen.
Der Löschbereich umfaßt alle Löschwasser-Entnahmestellen im Umkreis von 300 m um das Brandobjekt. Für jeden selbständigen Rohrnetzbereich ist nur 1 Brandfall anzunehmen. Für die hydraulische Berechnung des Rohrnetzes ist neben dem Löschwasserbedarf die größte stündliche Wasserabgabe/Tag bei mittlerem Verbrauch $Q_{h\,max}$ (Q_d) zugrunde zu legen.

2.7.5 Wasserbedarf in Notstandsfällen

Vom Bundesgesundheitsrat wurden mit Beschluß v. 05.03.1970 Mindestwerte für die Wasserbereitstellung in Notstandsfällen festgelegt, **Tab. 2-15;** siehe auch Kapitel 9: Trinkwasserversorgung in Notstandsfällen.

Tab. 2-15: Wasserbedarf in Notstandsfällen

		Einheit	Einheitsbedarf
1.	*Haushaltsbedarf*		
1.1	Wenn Notversorgung aus netzunabhängigen Einzelbrunnen	l/Ed	15
1.2	Wenn Notversorgung aus Versorgungsnetz	l/Ed	100
1.3	Mindestbedarf an Trinkwasser 2,5 l/Ed auf die Dauer von 14 Tagen als Bevorratung, z. B. während der Überlebensphase im Schutzraum	l/Ed	2,5
1.4	Wasserbedarf von Krankenanstalten ist gesondert festzulegen, zusätzlich je Krankenbett B.		
1.4.1	normales Krankenhaus	l/Bd	75
1.4.2	chirurgische und Infektionsabteilungen	l/Bd	150
1.4.3	ambulante Kranke	l/Pad	30
1.5	Wasserbedarf für Nutztiere		
1.5.1	Großvieh (bezogen auf 500 kg Lebendgewicht) GV = 1 Pferd oder Rind über 2 a, 2 Pferde oder 2 Rinder < 2 a, 5 Schweine, 10 Schafe	l/GV · d	40
2.	*Lebenswichtige Betriebe* Gesonderte Einzelerhebung erforderlich.		
3.	*Löschwasserbedarf* Dieser ist weitgehend aus netzunabhängigen Löschwasserstellen zu decken		

2.7.6 Beispiel einer Berechnung des Wasserbedarfs

In **Tab. 2-16** ist die Berechnung des Wasserbedarfs für eine neue Wohnsiedlung für 10000 E mit angenommenen Verbrauchszahlen durchgeführt.

Tab. 2-16: Beispiel der Berechnung des Wasserbedarfs einer neuen Siedlung für 10 000 E

	Verbraucher	Einheit	Einheitsbe-darf	Q_d m^3/d	
1.	*Ermittlung des derzeitigen Wasserbedarfs Q_d*				
1.1	*Haushalt und Kleingewerbe Q_H*				
1.1.1	Wohngebäude				
	Reihenhäuser, neu	3000 E	l/Ed	150	450
	Ein- und Zweifamilienhäuser, neu	2000 E	l/Ed	200	400
	Appartementhäuser, Komfortwohnungen	5000 E	l/Ed	180	900
1.1.2	Kleingewerbe				
	Bäcker	50 A	l/Ad	150	7,5
	Konditor	10 A	l/Ad	200	2,0
	Fleischer	30 A	l/Ad	250	7,5
	Friseur	20 A	l/Ad	200	4,0
	sonstige gewerbl. Betriebe	40 A	l/Ad	50	2,0
	3 Restaurants, i. M. 100 G + 15 A=	115 (G + A)	l/(G + A)d	50	6,0
		Summe Q_H			1779
1.2	*Industrie und Großgewerbe Q_G*				
	Kaufhaus, ohne Restaurant	20A	l/Ad	50	1,0
	Wäscherei, Trockenwäsche	100 kg	l/kg	40	4,0
	Hotel, mittleres, A : G ≅ 0,5, G + A=	120 (G + A)	l/(G + A)d	300	36
		Summe Q_G			41
1.3	*Sonstiges, einschl. öffentl. Bedarf Q_s*				
	Verwaltungsgebäude, mittlere, ohne Kantinen	100 A	l/Ad	50	5
	Schulen mit Duschen, Schüler + Lehrer	1 000	l/(St + L)d	40	40
	Altenwohnheim, Patient + Personal	100	l/(Pa + A)d	200	20
	gemeindl. Reinigungseinrichtungen	E =10 000	l/Ed	3	30
	Feuerwehr	E =10 000	l/Ed	0,5	5
	Eigenverbrauch WVU	E =10 000	l/Ed	2	20
		Summe Q_S			120
1.4	*Derzeitiger Wasserbedarf Q_d*				
	$Q_H + Q_G + Qs = Q_d$; E = 10 000				
	1779 + 41 + 120 = 1940				1940
	91,7 + 2,1 + 6,2 = 100 v. H.-Anteil				
	Wasserverlust, unvermeidbar $0{,}08 \cdot Q_d$				155
	Gesamt-Wasserbedarf		m^3/d		2100
	derzeitiger einwohnerbezogener Wasserbedarf q_d		l/Ed	210	

2. *Ermittlung der Bemessungswerte der Prognosejahre*
entsprechend der Struktur der neuen Wohnsiedlung und dem hohen Anteil von 92 v. H. des Haushaltsbedarfs werden die Spitzenfaktoren angenommen zu:
$f_d = 2{,}0$; $f_h = 4{,}0$

Prognosejahre	1995	2000	2010	2020
E	–	5 000	10 000	10 000
q_d (l/Ed)	210	215	215	215
Q_d (m^3/d)	–	1 075	2 150	2 150
$Q_{d\ max} = 2{,}0 \cdot Q_d$ (m^3/d)	–	2 150	4 300	43 00
$Q_h = Q_d/86{,}4$ (l/s)	–	12,4	24,9	24,9
$Q_{h\ max}$ ($Q_{d\ max}$) $= 4{,}0 \cdot Q_h$ (l/s)	–	49,8	99,5	99,5

3. *Bemessungswerte:*

3.1 *Sicherstellung der künftigen Wassergewinnung*
$Q_{d\,max}$ *(2020)* = 4300 m³/d · 1,15 ≅ 5000 m³/d.

3.2 *Bemessung der Anlageteile Wassergewinnung bis Wasserspeicherung*
Q_h ($Q_{d\,max}$) (2020) = 4300/86,4 = 49,8 l/s ≅ 50 l/s

3.3 *Bemessung der Haupt- und Versorgungsleitungen*
$Q_{h\,max}$ ($Q_{d\,max}$) (2020) = 99,5 l/s ≅ 100 l/s

3.4 *Unterlagen für die Jahreseinnahmen und -ausgaben*

	2000	2010	2020
Fördermenge · 10^3 m³/a	392	785	785
nutzbare Wasserabgabe max 10^3 m³/a	350	701	701

Literatur

1. Bücher

Bundesverband der Deutschen Gas- und Wasserwirtschaft e. V. (BGW), Bonn: Wasserstatistik, jährlich

Bundesverband der Deutschen Gas- und Wasserwirtschaft e. V. (BGW), Bonn: Entwicklung der öffentlichen Wasserversorgung 1990–1995

Bundesminister des Innern, Wasserversorgungsbericht, Bericht und Teil B Materialienbände 1–5, Erich Schmidt Verlag, Berlin 1983 (Band 3: Winje D., Iglhaut J.; Wasserbedarfsprognose. Band 4: Möhle K.-A., Wassersparmaßnahmen. Band 5: Winje D., Witt D.; Industrielle Wassernutzung)

Deutscher Verband für Wasserwirtschaft und Kulturbau e. V (DVWK): Ermittlung des Wasserbedarfs als Grundlage für die regionale wasserwirtschaftliche Planung, Materialien 1/1991, Bonn 1991

Deutscher Verein des Gas- und Wasserfaches e. V. (DVGW): Internationales Symposium Wasserbedarf; DVGW-Schriftenreihe Wasser Nr. 44, Eschborn 1984

Deutscher Verein des Gas- und Wasserfaches e. V. (DVGW): Ermittlung des Wasserbedarfes als Planungsgrundlage zur Bemessung von Wasserversorgungsanlagen (DVGW-Forschungsprogramm 02 WT-956), DVGW-Schriftenreihe Wasser, Nr. 81, Eschborn 1993

Grombach, P., Haberer, K., Merkl, G., Trüeb, E. U.: Handbuch der Wasserversorgungstechnik, R. Oldenbourg Verlag, München 1993

International Water Statistics (IWSA): Der zukünftige Wasserbedarf, IWSA-Workshop Basel 1990

International Water Statistics (IWSA) 1970–1986: IWSA-Kommission „Internationale Wasserstatistik“, Raeber Druck AG, Zürich 1988

International Water Statistics (IWSA): Kongresse Kopenhagen 1991, Budapest 1993, Durban 1995, Madrid 1997.

Länderarbeitsgemeinschaft Wasser (LAWA): Maßnahmen zur Verbesserung der rationellen Wassernutzung, 1991

Statistisches Bundesamt, Wiesbaden: Fachserie 19, Umweltstatistiken

Wasserversorgungs- und Abwassertechnik, Handbuch, Vulkan-Verlag, Essen 1989, Köppl, H.: Der Wasserbedarf als Planungsgrundlage für eine wirtschaftliche Dimensionierung der Wasserversorgungsanlagen

2. Aufsätze

Gauweiler, P.
Die Trinkwasserversorgung Europas im Vergleich, bau intern, Lipp GmbH, München 1990, H. 4

Heck, R.
Für die Trinkwassergewinnung nutzbares Wasserdargebot und seine Verflechtungen mit der Umwelt, Neue DELIWA-Zeitschrift (1990), H. 10

Möhle, K.-A., Masannek, R.
Trinkwasserbedarf und Trinkwasserverwendung im Haushalt, gwf – Wasser/Abwasser 130 (1989), H. 1

Möhle, K.-A., Masannek, R.
Wasserbedarf, Wasserverwendung und Wassersparmöglichkeiten in öffentlichen Einrichtungen und im Dienstleistungsbereich, Wasser + Boden (1990), H. 4

Möhle, K.-A., Masannek, R.
Modellversuch: Ausrüstung von Wohnungen mit wassersparenden Armaturen im Stadtgebiet von Hannover, Neue DELIWA-Zeitschrift (1990), H. 4

Poss, C, Hacker, G.
Maximale Tages- und Stundenabgabe an Versorgungsgebiete in der Trinkwasserversorgung der Bundesrepublik Deutschland, gwf – Wasser/Abwasser 132 (1991), H. 11

Roth, U.
Bestimmungsfaktoren für Wasserbedarfsprognosen, gwf – Wasser/Abwasser 139 (1998), H. 2
Stadtfeld, R.
Die Entwicklung der öffentlichen Wasserversorgung 1970–1990, gwf – Wasser/Abwasser 132 (1991), H, 12
Stratenhoff, C.
Auswirkungen von Wassersparmaßnahmen und Regenwassernutzung auf die Kommunale Wasserversorgung, gwf – Wasser/Abwasser 139 (1998), H. 5

3. Wassergewinnung

bearbeitet von Dipl.-Ing. **Karl Heinz Köhler**

DVGW-Regelwerk, DIN-Normen, Gesetze, Verordnungen, Vorschriften, Richtlinien
siehe Anhang, Kap. 14, S. 765 ff
Literatur siehe S. 132 ff

3.1 Hydrologie und Hydrogeologie

3.1.1 Allgemein

Zur Deckung des Wasserbedarfs einer WV-Anlage muß ein nach Menge und Beschaffenheit geeignetes Wasservorkommen vorhanden sein. Besonders zu beachten ist, daß das gewählte Wasservorkommen durch die Entnahme nicht überbeansprucht wird. Die richtige Wahl des Wasservorkommens setzt Kenntnisse der Hydrogeologie voraus.
Hydrologie ist die Wissenschaft, die sich mit dem Wasser auf der Erde, in Flüssen, Strömen, Seen, auf oder unter der Erdoberfläche oder in der Atmosphäre beschäftigt und alle seine Formen, sein Vorkommen und seine Verteilung umfaßt. Für die Fließbewegung des auf der Erdoberfläche befindlichen Wassers ist die Hydraulik der Gewässer, für das unter der Erdoberfläche befindliche Wasser die Hydrogeologie, d. i. die Lehre von der Verbreitung, Mächtigkeit, Lagerung und Beschaffenheit von Grundwasserleitern, also von Aquifer und Grundwasserstauern, sowie die Grundwasser-Hydraulik, d. i. die Lehre vom Fließen des Grundwassers (GW), das zuständige Fachgebiet.
Von dem auf der Erde vorhandenen Wasservorrat kann nur ein sehr kleiner Teil, etwa 0,030 v. H. des gesamten Wassers bzw. 0,036 v. H. des beweglichen Wassers, nutzbar gemacht werden. Die **Tab. 3-1** gibt einen Überblick über die Verteilung des gesamten Wasservorrates der Erde von $1650 \cdot 10^6$ km^3.

Tab. 3-1: Wasservorrat der Erde

	(1000 km^3)	v. H. des Gesamtwasser	v. H. des beweglichen Wassers
Atmosphäre	13	0,0008	0,0009
Hydrosphäre			
Meer	1 372 000	83,51	98,77
Polar- u. Hochgebirgseis	16 790	1,007	1,19
Binnenmeere u. Flüsse	250	0,015	0,018
Grundwasser	250	0,015	0,018
Summe des beweglichen Wassers	1 389 303	94,5478	100
Lithosphäre	257 550	15,45	
Zusammen rd.	1 650 000	100	

3.1.2 Wasserbilanz

3.1.2.1 Wasserhaushaltsgleichung

Grundlage jeder wasserwirtschaftlichen Maßnahme, so auch für die Wasserentnahme zur WV, ist die Wasserhaushaltsgleichung des in Anspruch genommenen Gebiets. Dieses Gebiet wird bestimmt durch das oberirdische Einzugsgebiet F_o und das unterirdische Einzugsgebiet Fu. Die einfachste Form der Wasserhaushaltsgleichung ergibt sich, wenn das Niederschlagsgebiet $F_N = F_o = F_u$ ist:
Niederschlag N = Verdunstung V + Evapotranspiration E + oberirdischer Abfluß A_o + unterirdischer Abfluß A_u.
Nach Keller-Grahmann-Wundt kann in Deutschland überschlägig mit der in **Tab. 3-2** enthaltenen Aufteilung der Niederschläge gerechnet werden.

Tab. 3-2: Anteil von Verdunstung V, Gesamtabfluß A, hiervon unterirdischer Abfluß A_u bei verschiedenen Niederschlagshöhen in mm und einer mittleren Jahrestemperatur von 7,7 °C

N	V	A	A_u
400	310	90	36
500	366	134	54
600	410	190	76
700	433	267	107
800	462	338	138
900	485	415	164
1000	500	500	200

Zu beachten ist, daß das Abflußjahr in Deutschland nach hydrologischen Gesichtspunkten von 1. Nov. bis 31. Okt. reicht, wobei Sommer-Halbjahr 1. Mai bis 31. Okt., Winter-Halbjahr 1. Nov. bis 30. April. In der **Tab. 3-3** sind die Wasserbilanzen von Deutschland für das Jahresmittel der Jahre 1961-1990 **(Abb. 3-1)** und von Bayern für 1961-1990 dargestellt.

Tab. 3-3: Wasserbilanz der Bundesrepublik Deutschland 1961–1990 nach Deutscher Wetterdienst, GF Hydrometereologie | *Wasserbilanz Bayern 1961-1990 nach Bayer. Landesamt für Wasserwirtschaft*

Bezeichnung	1961 bis 1990 mm/a	1961 bis 1990 mm/a
Niederschlag N	779	939
Abfluß $A_o + A_u$	316	390
Zufluß von Oberliegern Z_o	376	351
Verdunstung V	481	549

Bei der Betrachtung kurzer Zeiträume, z. B. Trockenjahr, Naßjahr, muß eine Reserveänderung infolge Speicherung im ungesättigten Bereich S_b und im gesättigten Bereich S_g, ferner ein unterirdischer Zustrom von Grundwasser + A_{GW} = Rücklage oder ein Abstrom = $-A_{GW}$ berücksichtigt werden. Die allgemeine Wasserhaushaltsgleichung lautet dann:

$$N = V + A_o + Au \pm A_{GW} \pm S_b \pm S_g$$

Hieraus ergibt sich die Gleichung für die GW-Neubildung I_G:

$$I_G = A_u \pm A_{GW} \pm S_G.$$

3.1.2.2 Niederschlag

Voraussetzung für den Abfluß ist der Niederschlag, gemessen in Niederschlagshöhe. Der in verschiedenen Erscheinungsformen auftretende Niederschlag, d. i. Kondensation der Luftfeuchtigkeit (z. B. Teneriffa), Tau, Regen, Hagel, Schnee, schwankt örtlich und zeitlich in großen Grenzen, extrem niedrig z. B. in Chile, Atakama Wüste NN 400: N = 20 mm/a, Ägypten, Kairo NN 30: N = 30 mm/a, extrem hoch in den humiden Gebieten, z. B. Hawaii, Insel Kauai NN 1378: N = 12 090 mm/a. Für einige Gebiete in Deutschland gibt Schneider die in **Tab. 3-4** enthaltenen mittleren N/a an.
Im Bundesgebiet betragen nach Deutscher Wetterdienst die mittlere Jahres-Niederschlagshöhe 1961–1990 N = 779 mm pro a, die Jahres-Niederschlagshöhe 1981 N = 1086 mm/a.
Nach Untersuchungen von Knock und Schulz über die Klimaentwicklung in Deutschland in den letzten 200 Jahren haben die mittleren Niederschläge leicht zugenommen, trotz gelegentlich extremer Trokkenjahre. Die örtliche und zeitliche Verteilung der Niederschläge in einem engen Gebiet zeigen die **Abb. 3-2 bis 3-5** (S. 48) über die Niederschlagshöhen der Stationen München-Nymphenburg und Nürnberg. So ist die jährliche Niederschlagshöhe in München um rd. 200 bis 300 mm/a höher als die im

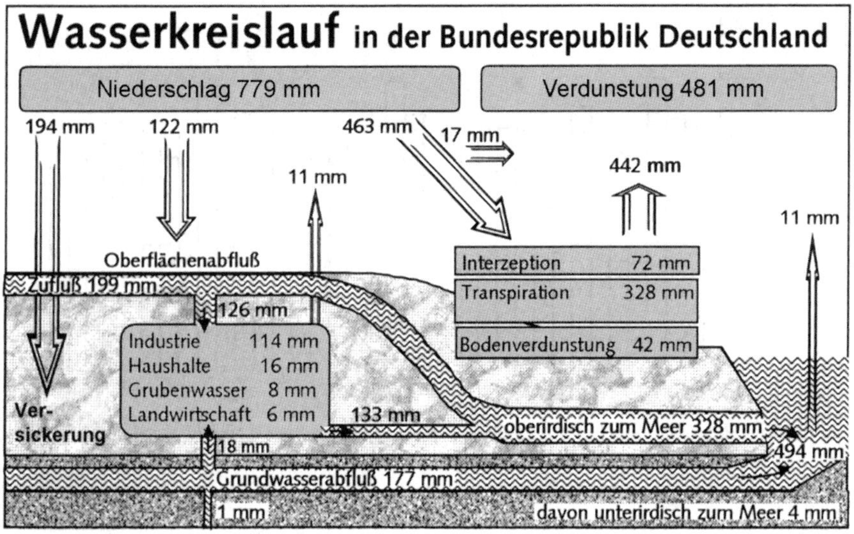

Abb. 3-1: Wasserbilanz der Bundesrepublik Deutschland 1961 bis 1990 (nach Deutscher Wetterdienst, Hydrometeorologie)

Tab. 3-4: Mittlere Jahresniederschläge der Jahresreihen 1881/1930, 1901/1930, 1931/1960, 1951/1980 nach Schneider

Ort	NN + m	mittlere Jahresniederschläge 1881/1930 mm/a	1901/1930 mm/a	1931/1960	1951/1980
Friedrichshafen	410	1003	925	960	994
München	526	905	886	910	920
Karlsruhe	120	753	768	761	742
Frankfurt	103	602	618	677	660
Gütersloh	75	745	774	741	802
Berlin	55	573	583	606	589
Emden	4	737	742	778	759
Kiel	5	697	689	726	753

rd. 180 km nördlich gelegenen Nürnberg. Das Jahr 1964 war für Nürnberg, das Jahr 1972 für München ein besonders niederschlagsarmes Trockenjahr. Die mittleren Jahresniederschläge der Jahresreihen 1961/1990 liegen für die Station München-Nymphenburg bei 958 mm/a, für die Station Nürnberg-Flughafen bei 646 mm/a.

Wegen der großen Unterschiede von N auf engem Raum müssen für die Wasserbilanzen immer die Messungen der nächstgelegenen Regen-Meßstellen zugrunde gelegt werden, diese sind bei den zuständigen Wetterämtern zu erhalten.

3.1.2.3 Verdunstung

Die Verdunstung setzt sich zusammen:

Pflanzenverdunstung – d. i. Wasserabgabe der Pflanze = Transpiration, und Verdunstung der regennassen Pflanze = Evaporation, zus. Evapotranspiration.

Bodenverdunstung = Evaporation

Verdunstung der freien Wasserfläche = Evaporation.

Die Größe der Verdunstung in mm für einen betrachteten Zeitraum ist schwierig zu ermitteln, es gibt folgende Möglichkeiten:

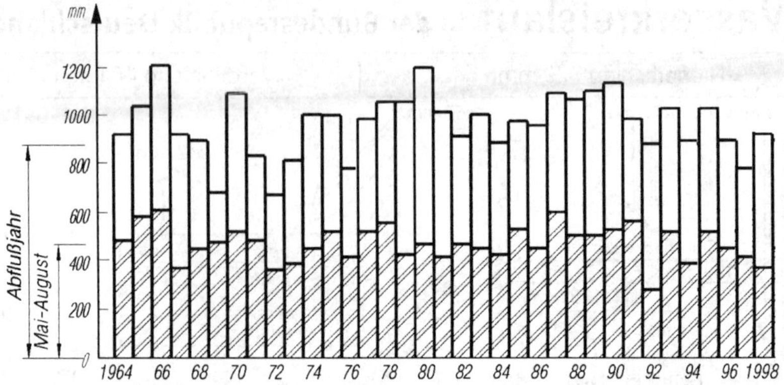

Abb. 3-2: Niederschlagshöhe des Abflußjahres und der Monate Mai bis August einschl. der Abflußjahre 1964 bis 1998 der Station München-Nymphenburg

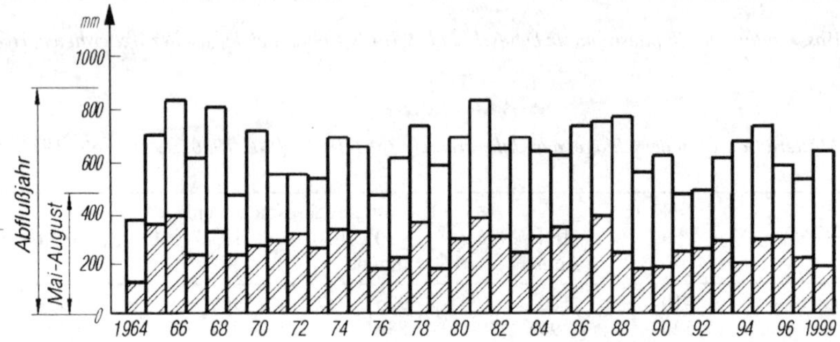

Abb. 3-3: Niederschlagshöhe des Abflußjahres und der Monate Mai bis August einschl. der Abflußjahre 1964 bis 1998 der Station Nürnberg-Flughafen

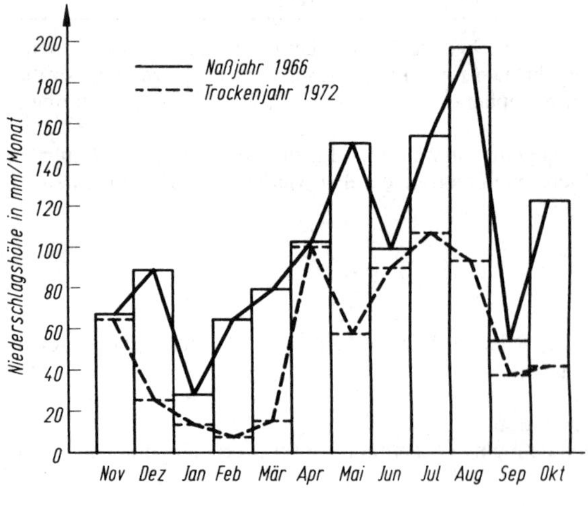

Abb. 3-4: Ganglinie der Monatsniederschlagshöhen der Abflußjahre 1964 und 1972 der Station Station München-Nymphenburg

Abb. 3-5: Ganglinie der Monatsniederschlagshöhen der Abflußjahre 1966 und 1964 der Station Nürnberg-Flughafen

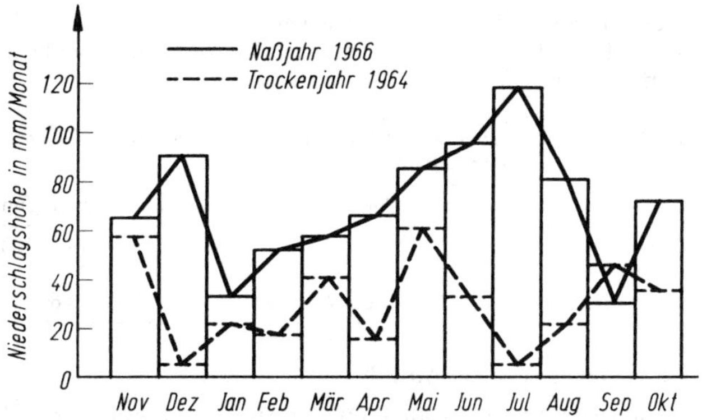

1.) Berechnung mittels der Wasserhaushaltsgleichung: V = N – A. Wenn die Vorratsänderung = 0 ist, was über einen längeren Zeitraum zutrifft, genügen die leichter zu ermittelnden Werte N und A.
2.) Messung mittels Lysimeter
3.) Berechnung mittels empirischer Formeln – geeignet ist die graphische Darstellung von Wundt, mit Verbesserung nach Kern, **Abb. 3-6** und **3-7.**

Abb. 3-7(rechts): Korrekturwerte der nach Abb. 3-6 ermittelten Verdunstungshöhe (nach Kern) ▶

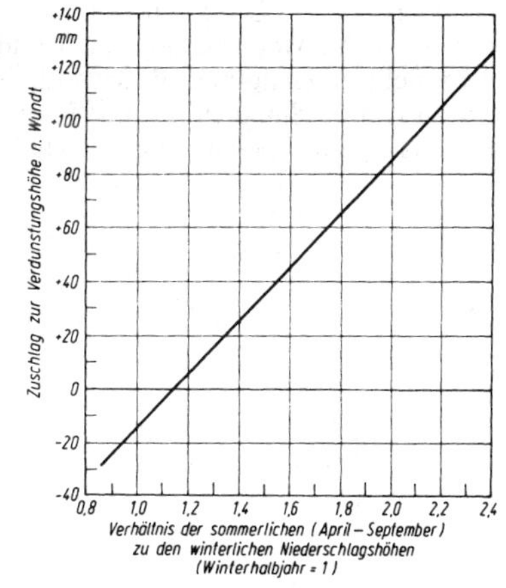

Abb. 3-6 (unten): Zusammenhang zwischen Niederschlag, Jahresmittel der Lufttemperatur und Verdunstung (nach Wundt) ▼

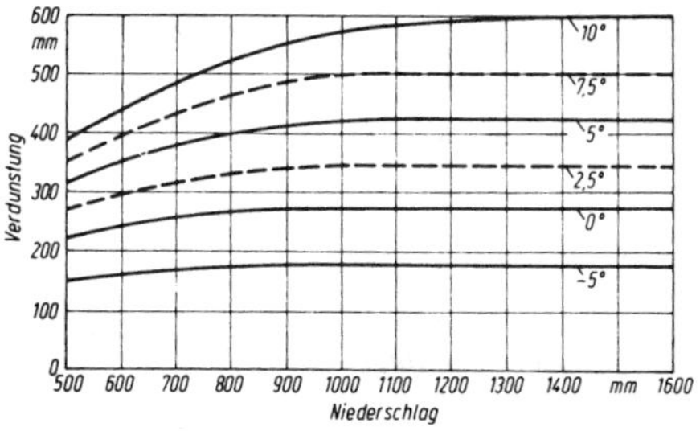

4.) Meteorologische Verdunstungsmessungen – diese erfordern einen großen Aufwand.
5.) Berechnung mittels Näherungsformeln – z. B. nach Haude.
6.) Verwendung von Verdunstungskarten – z. B. nach Dannemann aus der Haude-Formel für die Jahresreihe 1881/1930.
Die Verdunstung ist größer bei höherer Temperatur, geringem Luftdruck, höherem Sättigungsfehlbetrag. Sie ist abhängig von Oberflächengestaltung, Beschaffenheit und Bedeckung des Bodens, **Tab. 3-5.**

Tab. 3-5: Mittelwerte der jährlichen Verdunstung mm/a

Bez.	V mm/a
Deutschland	485
vegetationsfreier Boden	250
kultiviertes Ackerland	450
Grasland	500
Wald	600
Weideland mit hohem Grundwasserstand	> 650
Staubecken in Mitteleuropa, So 74 %, Wi 26 %	< 750
Totes Meer	2400

Nach Koehne entfällt von der Verdunstung etwa 83 v. H. auf das Sommer-Halbjahr und 17 v. H. auf das Winter-Halbjahr, somit steht wenig von den Niederschlägen im Sommer für die GW-Neubildung zur Verfügung, siehe auch **Tab. 3-6.**

Tab. 3-6: Mittlere monatliche Verdunstungshöhe der Jahresreihe 1918 bis 1927 München-Bogenhausen Aufzeichnungen wurden nichtfortgeführt

Zeitraum	Nov	Dez	Jan	Febr	März	Apr	Mai	Juni	Juli	Aug	Sep	Okt	Wi	So
Verdunstung mm/Mt.	7	3	9	14	25	44	113	90	103	100	50	18	102	475
v. H. des Jahres	1,2	0,5	1,6	2,4	4,3	7,6	19.6	15,6	17,9	17,5	8,7	3,1	17,7	82,3

3.1.2.4 Oberirdischer Abfluß

Wasserstand (W) und Abfluß (Q) sind neben der Gewässergüte die wichtigen Merkmale eines Oberflächengewässers. Der Wasserstand wird an ausgewählten Meßstellen (Pegeln) vor Ort gemessen oder automatisch geschrieben, besondere Pegelstände werden ferngemeldet. Der Abfluß wird je nach Größe mittels Gefäß, Meßwehre und Venturikanäle gemessen oder aus Abflußquerschnitt und Messung der Fließgeschwindigkeit mittels Meßflügel, Salz oder Isotopen errechnet.
Der Zusammenhang zwischen Wasserstand und Abfluß an einem Pegel wird graphisch durch die Abflußkurve = Schlüsselkurve in **Abb. 3-8** dargestellt.
Die Werte W und Q werden von den zuständigen Landesämtern in gewässerkundlichen Jahrbüchern veröffentlicht. Wasserstand und Abfluß werden zweckmäßig zur kritischen Beurteilung graphisch dargestellt, als Ganglinien in der zeitlichen Reihenfolge **Abb. 3-9 a,** als Dauerlinie in der Größe **Abb. 3-9 b,** als Abfluß-Summenlinie mit Summierung des Abflusses in der zeitlichen Reihenfolge, z. B. für die Bemessung von Speicherung, Rückhaltebecken, Trinkwassertalsperren, **Abb. 3-9 c.**

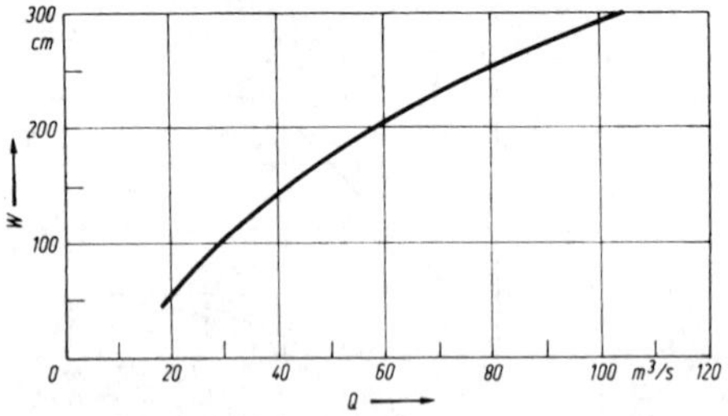

Abb. 3-8: Schema einer Abflußkurve W/Q

Die Grenz- und Mittelwerte von Wasserstand, Abfluß und Abflußspende werden nach DIN 4049 bezeichnet, **Tab. 3-7.**

Tab. 3-7: Kurzzeichen der Grenz- und Mittelwerte des Wasserstandes, Abfluß und Alflußspende nach DIN 4049

Bez.	Zeich.	Einheit	Grenzwert			Mittel		Grenzwert	
			unterster	unterer	mittlerer unterer	arithmetisch.	mittlerer oberer	oberer	oberster
Wasserstand	W	cm	NNW	NW	MNW	MW	MHW	HW	HHW
Abfluß	Q	m^3/s	NNQ	NQ	MNQ	MQ	MHQ	HQ	HHQ
Abflußspende je km^2 Einzugsgebiet	q	l/s	NNq	Nq	MNq	Mq	MHq	Hq	HHq

Hierbei ist es notwendig, anzugeben, in welchen Jahren die Grenzwerte NN, HH aufgetreten sind und für welche Jahresreihen die Mittelwerte gelten. Für die Bemessung von Anlagen werden auch Vorausschätzungen der Grenzwerte benötigt, die über bisher gemessene hinausgehen können, z. B. ein Hochwasser, das nur 1 · in 500 Jahren auftritt, HHW_{500}.

Abb. 3-9 a: Schema der Jahres-Abflußganglinie eines Hochgebirgsflusses

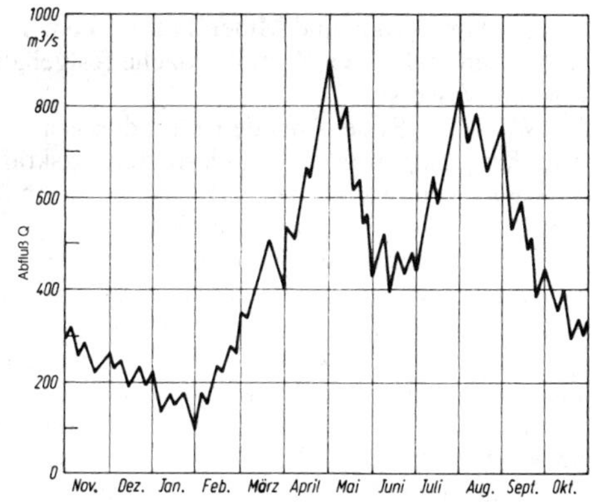

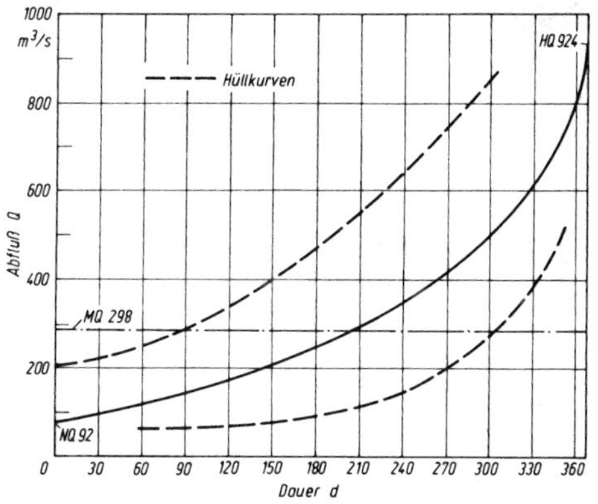

Abb. 3-9 b: Schema einer Jahres-Abflußdauerlinie

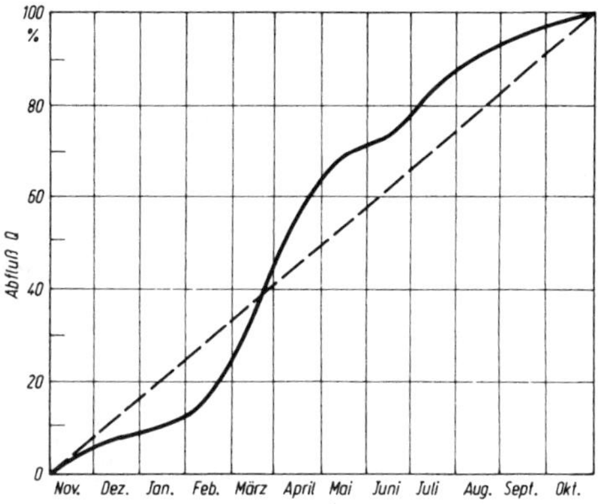

Abb. 3-9 c: Schema einer Jahres-Abflußsummenlinie

3.1.2.5 Unterirdischer Abfluß

3.1.2.5.1 Verteilung des unterirdischen Abflusses im Boden

Für den einfachsten Fall ergibt sich die Verteilung des aus dem Niederschlag versickernden Wassers im Boden nach **Abb. 3-10.**

Je nach Porengröße und Mineralart wird ein Teil des versickernden Wassers verschieden fest in den Kapillaren und an der Kornoberfläche festgehalten. Man unterscheidet folgende Formen des unterirdischen Wassers:
1.) Wasser im Boden über dem Grundwasser.
1.1) Benetzungswasser – durch Anziehungskraft an der Oberfläche der Bodenkörner festgehalten.
1.2) Porensaugwasser = Kapillarwasser – durch Saugspannung in den Poren hochgehoben.
1.3) Haftwasser – im Saugraum in Ruhe.
1.4) Sickerwasser – als Benetzungs- oder Haftwasser in Ruhe, bei Erreichen des Maximalwertes der Feuchtigkeit der Bodenschicht weiteres Absinken und Speisen des Grundwassers. Die vertikale Abstandsgeschwindigkeit in m/Tag ist in **Tab. 3-8** angegeben.
2.) Grundwasser – Das GW füllt zusammenhängend die Hohlräume der Erdrinde aus, das sind die Poren der Lockergesteine, Klüfte und Spalten der Festgesteine und Karsthohlräume. Bodenarten, in welchen GW fließen kann, sind GW-Leiter, der wassergesättigte GW-Leiter wird mit Aquifer bezeichnet. Praktisch undurchlässige Bodenschichten sind GW-Nichtleiter. GW-Stockwerke sind GW-Leiter, die durch GW-Nichtleiter vertikal getrennt sind, **Abb. 3-11.**

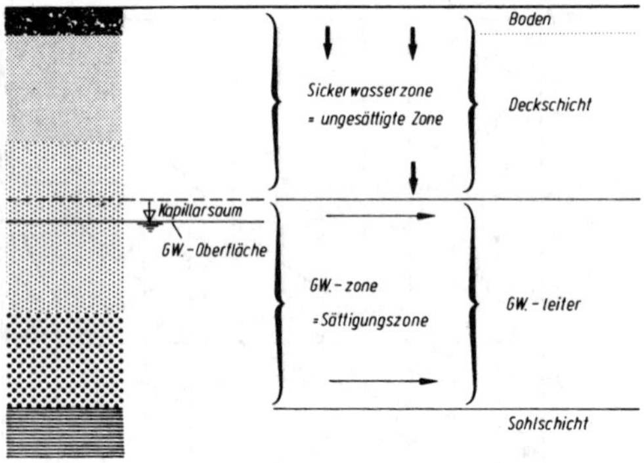

Abb. 3-10: Verteilung des aus dem Niederschlag versickernden Wassers

Tab. 3-8: Vertikale Abstandsgeschwindigkeit v_a (m/d) bei Versickerung im teilgesättigten Boden nach Rehse

Bodenart	v_a m/d	Bodenart	v_a m/d
1. bindig		*3. kiesig-sandig*	
Humus	0,86	schluffiger Kies mit Sand	0,72
Ton ohne Risse	0,026	Kies mit viel Sand	2,52
toniger Schluff	0,16	sauberer Fein-Mittelkies	
Schluff	0,54	reichlich Sand	5,76
2. sandig		*4. kiesig-steinig*	
schluffiger Sand	0,86	sauberer Mittel-Grobkies	
Sand mit wenig Ton	0,54	wenig Sand	57,6
sauberer Fein-Mittel Sand	1,08	Steine, wenig Sand u. Kies	144
sauberer Mittel-Grob-Sand	2,56		
sauberer Grobsand	3,6		

Ein freier oder ungespannter GWSp liegt vor, wenn der GWSp mit Abstand unter der GW-Schirmfläche liegt, ein gespannter GWSp, wenn der GWSp = GW-Druckfläche über der GW-Deckfläche, ein artesischer Auftrieb, wenn die GW-Druckfläche über der Geländeoberfläche liegt. In den GW-Meßstellen wird der GWSp gemessen. Der GWSp wird überlagert von der kapillaren Steighöhe des Wassers, **Tab. 3-9,** die um so größer ist, je kleiner die Poren des Bodens sind.
Die kapillaren Steighöhen sind wichtig für die Landwirtschaft, haben daher auch Bedeutung bei Schadenersatzansprüchen infolge GW-Absenkungen.
I. a. ist das GW fließend, d. h. nach Versickern der Niederschläge fließt das GW entsprechend der Geländeform und geologischem Aufbau der Schwerkraft folgend einem Vorfluter zu. Gelegentlich gibt

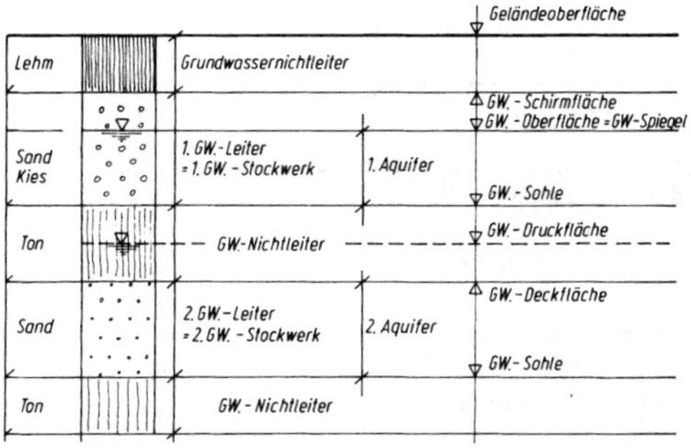

Abb. 3-11: Schema Wechsel von Grundwasserleiter und Grundwassernichtleiter mit den Bezeichnungen nach DIN 4049

Tab. 3-9: Mittlere kapillare Steighöhen des Wassers in verschiedenen Bodenarten

Bodenart	Lagerungsdichte	Steighöhe in cm
Sande	mittel	35–170
lehmige tonige und schluffige Sande	mittel	70–240
Schluffe	mittel	80–270
Lehme	mittel	40–200
Tone	mittel	30–160

es sehr langsam fließendes, meist tiefliegendes GW mit geringer Neubildung und hohem Alter, das deshalb für die WV nicht geeignet ist.
Der GWSp schwankt je nach der jahreszeitlich unterschiedlichen Infiltration und der Entfernung vom Vorfluter. Bei der Angabe der Höhe eines GWSp muß daher immer das Datum der Messung angegeben werden.

3.1.2.5.2 Grundwasser-Neubildung

1.) Infiltration aus Niederschlägen – Das Versickern von Niederschlägen bringt i. a. den Hauptanteil der GW-Neubildung, abhängig von der Bodenart. Reine Sand- und Kiesböden, verkarstetes, klüftiges Festgestein lassen die Niederschläge so rasch versickern, daß auch bei starken Niederschlägen kein oberirdischer Abfluß vorhanden ist. Der Teil des versickernden Wassers, der nicht vom Boden dauernd festgehalten wird, dient der GW-Neubildung. Die Sickergeschwindigkeit im wasserungesättigten Bereich ist je nach Wassergehalt um Zehnerpotenzen kleiner als im gesättigten Bereich (siehe **Abb. 3-10**).
1.1 Grundwasserneubildungsrate – Bezeichnung des Wasservolumens, das dem GW pro Zeit- und Flächeneinheit zugeführt wird, angegeben in l/s je km^2. Es entspricht 1 l/s je km^2 = 31,5 mm/a Niederschlagshöhe. Die GW-Neubildungsrate schwankt entsprechend den örtlichen Verhältnissen in Naß- und Trockenjahren.
1.2 punktförmige Ermittlung – Mittels Lysimeter erfolgt eine direkte Messung, ebenso mittels der Wassergehalts- und Wasserspannungsmessung in der ungesättigten Zone, z. B. durch Markierung des Sickervorganges mittels Isotopen.
1.3 flächenmäßige Ermittlung – Berechnung mittels der Wasserhaushaltsgleichung, Ermittlung aus den Messungen bestehender Wasserwerke, Auswertung des Trockenwetterabflusses nach Wundt. Ein einfaches Verfahren für die Ermittlung der GW-Neubildung wurde von A. Rothascher (s. Literaturverzeichnis) entwickelt. Dabei wird die GW-Neubildung aus den Niedrigwasserabflüssen der oberirdischen Gewässer berechnet.
Einen Anhalt über die Größe der GW-Neubildungsrate gibt die **Tab. 3-10.** Nach Schneider sind die Werte nach Wundt häufig zu niedrig, ebenso wenn sie aus der mittleren Verdunstung errechnet werden. Bessere Werte erhält man, wenn die Versickerungsfaktoren und die Bodenarten berücksichtigt werden und ein Vergleich mit ähnlich gelagerten Wassergewinnungen durchgeführt wird.

Tab. 3-10: Beispiel Rheinebene, mittl. Niederschlagshöhe 663 mm (1931–1960), Gebiet ohne natürlichen oberirdischen Abfluß

Landoberfläche	Verdunstung	Grundwasserneubildung		
	v. H.	v. H.	mm	$l/s/km^2$
dichte Bebauung	20	0	–	–
nackter Boden	40	60	397	12,6
spärliche Vegetation	52	48	318	10,1
Ackerland	65	35	232	7,4
lockere Bebauung	70	30	199	6,3
Grünland	75	25	166	5,3
Strauch-Vegetation	85	15	90	2,9
Wald	90	10	66	2,1
Wasserfläche	100	0	–	–

2.) Infiltration aus Oberflächengewässern – Diese kann auch zur GW-Neubildung beitragen, z. B. wenn durch Erweiterung des Querschnitts des GW-Leiters der GWSp niedriger als der WSp des Oberflächengewässers zu liegen kommt. Dies wird als natürliche GW-Anreicherung bezeichnet, hierzu gehört auch die durch GW-Absenkung, z. B. mittels Brunnen, erzwungene Infiltration. Die künstliche GW-Anreicherung ist dagegen das Versickern von mehr oder weniger gut aufbereitetem Oberflächenwasser mittels künstlicher Anlagen wie Versickerungsbecken, Schluckbrunnen o. ä.

3.1.3 Für die Wasserversorgung nutzbare Oberflächengewässer

3.1.3.1 Niederschlag

Der Niederschlag kann für die WV genutzt werden, z. B. in Notfällen, im Gebirge, mittels Zisternen zum Auffangen des Regenwassers, Schmelzen von Schnee. Bei den Zisternen muß die Jahresniederschlagsmenge eines niederschlagsarmen Jahres ohne Schnee auf der Regenauffangfläche den Jahresbedarf + 20 v. H. Zuschlag für Verluste decken. Diese Versorgungsart hat bei uns praktisch keine Bedeutung mehr.

3.1.3.2 Flußwasser

Abflußganglinie und Abflußsummenlinie, mindestens für 2 aufeinander folgende Trockenjahre, und die Gewässergüte sind die Grundlagen für die Beurteilung der Wasserentnahme aus einem Fluß für Wasserversorgungszwecke. Maßgebend ist ferner, daß durch die Wasserentnahme die Mindestwasserführung nicht unterschritten wird. Wegen der Gefährdung der Wasserbeschaffenheit und der komplizierten Wasseraufbereitung von Flußwasser sind Flußwasserentnahmen für die WV in Deutschland selten, sie werden i. a. nur zur GW-Anreicherung verwendet. Nur sehr große WVU besitzen das erforderliche Fachpersonal, um solche Anlagen zu betreiben.

3.1.3.3 Seewasser, Trinkwassertalsperren

Abflußganglinie, Abflußsummenlinie, Entnahmesummenlinie und die Gewässergüte sind die Grundlagen für die Beurteilung der Entnahme aus einem See oder einer Trinkwassertalsperre. Da Seen und Talsperren meist auch anderen Zwecken dienen, müssen diese mit berücksichtigt werden. Die Wassergewinnung ist hier wegen des Ausgleichs der Abflußschwankungen und der raschen Qualitätsschwankung vorteilhafter als die aus Flüssen. Wasserentnahme und Wasseraufbereitung sind umfangreich und stellen hohe Anforderungen an Betrieb und Wartung, so daß sie nur von großen WVU betrieben werden können.

3.1.4 Für die Wasserversorgung nutzbares Grundwasser

3.1.4.1 Allgemein

Grundwasser kann in jeder Form, natürliches aus Niederschlägen, natürlich oder künstlich angereichertes oder natürlich als Quelle austretendes, für die WV verwendet werden. Nach DIN 4046 wird als nutzbares GW-Dargebot definiert: für eine bestimmte Zeit ermitteltes Wasservolumen aus dem GW-Vorkommen zur Verwendung als Trink- und/oder Betriebswasser.

Ungeeignet für die Trinkwasserversorgung sind in der Regel GW-Vorkommen, wenn sie nur eine geringe Ergiebigkeit der Brunnen zulassen, große Brunnentiefen und große WSp-Absenkungen für die Entnahme erfordern.

3.1.4.2 Arten der Grundwasserleiter

Entsprechend der Bodenart des GW-Leiters werden bezeichnet:
1.) Poren-Grundwasserleiter – Lockergesteine wie Sand, Kies mit hoher nutzbarer Porosität von etwa 10–20 v. H., geringe Fließgeschwindigkeit, mittleres GW-Gefälle, **Tab. 3-11.**

Tab. 3-11: Korngrößenbenennung von Lockergesteinen nach DIN 4022

Bezeichnung		Korngrößenbereich mm		
Ton		< 0,002		
Schluff		0,002	–	0,06
	fein	0,002	–	0,006
	mittel	0,006	–	0,02
	grob	0,02	–	0,06
Sand		0,06	–	2,0
	fein	0,06	–	0,2
	mittel	0,2	–	0,6
	grob	0,6	–	2,0
Kies		2,0	–	63,0
	fein	2,0	–	6,3
	mittel	6,3	–	20,0
	grob	20,0	–	63,0
Steine		> 63,0		

2.) Kluft-Grundwasserleiter – geklüftetes Festgestein, Sandstein, Muschelkalk, u. a. mit geringer Porosität, etwa 1–2 v. H., mittlere Fließgeschwindigkeit, unregelmäßiges Gefälle.
3.) Karst-Grundwasserleiter – Festgestein mit Hohlräumen, z. B. Weißer Jura, unterer Muschelkalk u. a., großes Hohlraumvolumen, sehr hohe Fließgeschwindigkeit als unterirdisches Gerinne, geringes Gefälle, z. T. mit Abstürzen.

3.1.4.3 Grundwasservorkommen in den geologischen Formationen

Die geologischen Formationen unterscheiden sich hinsichtlich der Wasserdurchlässigkeit = Wasserhöffigkeit sehr stark. Auch die gleiche geol. Formation kann je nach den örtlichen Verhältnissen unterschiedlich durchlässig sein, bei Festgestein z. B. infolge unterschiedlicher Kluftbildung durch Verwerfung, Auflösungsvorgänge usw. I. a. können die geol. Formationen nach **Tab. 3-12** beurteilt werden.

Tab. 3-12: Geologische Formationen, Alter, Wasserdurchlässigkeit

Periode	Epoche	Beginn vor Mio. Jahren	Wasserdurchlässigkeit
	Känozoikum = Erd-Neuzeit		
Quartär	*1. Alluvium*		
	Kiese, Sande		sehr gut bis gut
	Lehm, Ton		schlecht bis dicht
	Seeschlick, Torf, Moor		schlecht
	2. Diluvium	1	
	Moräne		mäßig bis schlecht
	Kiese, Sande		sehr gut bis gut
	Seeschlick, Lehm		dicht
	Nagelfluh		mäßig
	Mesozoikum = Erd-Mittelalter		
Tertiär	*1. Pliozän*	10	
	Kies, Sand		gut bis sehr gut

Periode	Epoche	Beginn vor Mio. Jahren	Wasserdurchlässigkeit
	Ton		dicht
	2. Miozän	20	
	Sand		gut
	Mergel, Ton		dicht
	3. Oligozän	30	
	Kies, Sand		gut
	Mergel, Ton		dicht
	4. Eozän	50	
	Mergel, Sandstein		mäßig
	Kalkstein		mäßig
Kreide	*1. Obere Kreide*	130	
	Kalk, Mergelstein		nach Verkarstung mäßig bis gut
	2. Untere Kreide		
	Sandstein, Schieferton		wechselnd, z. T. gut
Jura	*1. Weißer Jura = Malm*	155	
	Plattenkalk, Frankendolomit		gut bis sehr gut
	Mergelkalk, Werkkalk		
	2. Brauner Jura = Dogger		
	Ornatenton		dicht
	Eisensandstein		mäßig
	Opalinuston		dicht
	3. Schwarzer Jura = Lias		
	Mergel-Tone		schlecht bis dicht
	Kalksandstein		mäßig
Trias	*1. Keuper*	185	
	Rät-Sandstein		schlecht
	Zanclodonetten = Feuerletten		dicht
	Burgsandstein		gut bis mäßig
	Blasensandstein		gut bis mäßig
	Lehrbergschichten = bunte Tone		dicht
	oberer Gipskeuper		
	Schilfsandstein		mäßig
	unterer Gipskeuper		gut (Gips)
	Keupersandstein		
	2. Muschelkalk		
	oberer Muschelkalk		gut
	Kalkstein, Mergel		
	mittlerer Muschelkalk		verkarstet gut
	Mergel, Dolomit, Gips		(Gips)
	unterer Muschelkalk = Wellenkalk, Kalkstein		verkarstet gut bis sehr gut
	3. Buntsandstein		
	oberer Buntsandstein		
	Röt, Platten-Sandstein		schlecht
	Fels-Sandstein		
	mittlerer Buntsandstein		gut bis mäßig
	unterer Buntsandstein		mäßig
	Lettenschiefer		schlecht
	4. Alpine Trias		
	Plattenkalk, Hauptdolomiten, Dachsteinkalk,		gut
	Wettersteinkalk		gut
	Raiblerschichten		gut (Gips)
	Paläozoikum = Erd-Altertum		

Periode	Epoche	Beginn vor Mio. Jahren	Wasserdurchlässigkeit
Perm	*1. Zechstein*	210	
	Kalkstein, Dolomit, Gips, Salz		mäßig
	2. Rotliegendes		
	Konglomerat, Sandstein, Schiefer		schlecht
Karbon	*Tonschiefer, Grauwacke*	265	schlecht
Devon	*Kalkstein, Magmengestein*	320	schlecht
Silur	*Kristallin, wie Granit, Gabbro,* Diabas usw.	360	schlecht
Eozoische Gruppe	*Erd- Urzeit*		
	Cambrium, Proterozoikum, Algonkium	1 000	
Azoische Gruppe	*Urgebirge (Erdrinde)*	2 000	
	Flüssiges Erdinneres (Magma)		

Manche geologischen Formationen sind zwar sehr wasserdurchlässig, können aber wegen der ungünstigen Wasserbeschaffenheit nicht für die WV ausgenützt werden, z. B. wegen hohem Salzgehalt, Gipshärte.

3.1.4.4 Grundwasser-Erkundung

3.1.4.4.0 Allgemein

Mit den Methoden der GW-Erkundung werden die hydrogeologischen Grundlagen für die Standortwahl und Ausbauart einer Wasserfassung ermittelt (Abschn. 3.2.4.0). Wegen des hohen Kostenaufwandes einer eingehenden GW-Erkundung ist es zweckmäßig, daß in einer Vorerkundung ein erstes Bild über das zur Nutzung vorgesehene Wasservorkommen geschaffen wird. Topographische Karten, Luftbilder, spezielle geologische und hydrogeologische Karten, Klimakarten, vorhandene Gutachten über ähnliche Wasservorkommen und deren Nutzung sind dafür geeignete Unterlagen.

3.1.4.4.1 Örtliche Verhältnisse

Aufgrund von Topokarte und örtlicher Einsichtnahme sind die örtlichen Verhältnisse zu prüfen (insbesondere auch, ob ein wirksames Wasserschutzgebiet eingerichtet werden kann), ob eine GW-Gewinnung an der gewählten Stelle verwirklicht werden kann und welche besonderen Schwierigkeiten beim Bau und Betrieb einer Wasserfassung zu erwarten sind. Hierzu gehören: Feststellen der gesicherten Zufahrt, Grenzen von Überschwemmungsgebieten, Geländeneigung, Gefahr der Überflutung durch Hangwasser, Nähe von Kiesgruben und Steinbrüchen, Nähe von öffentlichen Straßen, Bahnlinien, Siedlungen, gewerblichen und industriellen Betrieben, Kläranlagen, Altlasten, Deponien.

3.1.4.4.2 Hydrogeologisches Profil

Für die Beurteilung des Standortes einer GW-Entnahme wird das hydrogeologische Profil benötigt. Dieses wird durch folgende Verfahren ermittelt:
1.) Karten – Eine erste grobe Beurteilung ermöglichen geologische Karten, falls vorhanden spezielle hydrogeologische Karten mit Angaben über GW-Leiter und Wasserhöffigkeit. Luftbildaufnahmen können bei Festgesteinen ergänzende Hinweise auf die Klüftigkeit geben.
2.) Profile benachbarter Brunnen und Bohrungen – können Anhaltspunkte geben, jedoch nur, wenn einwandfreie Unterlagen vorliegen.
3.) Versuchsbohrung – Da die Eignung der Untergrundverhältnisse hinsichtlich der Anordnung und des Ausbaues von GW-Entnahmen örtlich oft sehr verschieden sind, insbesondere bei Festgestein, ist es notwendig, wenn keine Brunnen in der Nähe vorhanden sind, durch eine oder mehrere Versuchsbohrungen Angaben über das hydrogeologische Profil in der Nähe der vorgesehenen Standorte der Brunnen zu erhalten. Die Bodenproben werden hinsichtlich der Eignung als GW-Leiter, d. i. Porosität, Siebanalysen, Durchlässigkeitswert k_f, Klüftigkeit, Tongehalt, und der Zuordnung zur geologischen Formation beurteilt.

Versuchsbohrungen, die zu Meßstellen ausgebaut werden sollten, sind auch deshalb erforderlich, um weitere Kenntnisse über den GW-Leiter zu gewinnen (z. B. Fließrichtung, GW-Gefälle). Diese Kenntnisse sind wichtig für die Bemessung des Wasserschutzgebietes. Die Ergebnisse der Versuchsbohrung werden durch das hydrogeologische Profil, Brunnenausbauplan, geologische Schnitte des Wassergewinnungsgebiets, graphische Darstellung der Pumpversuche und allenfalls hydrologische Berechnungen dargestellt **(Abb. 3-15).**

4.) Geophysikalische Methoden

4.1) Allgemein – Bei räumlich großen Wassergewinnungsgebieten für mehrere Brunnen, insbesondere mit großer Tiefe, schwer zu beurteilenden Schichtgrenzen, Wasserdurchlässigkeit und Salzgehalt der verschiedenen GW-Stockwerke kann das Beobachtungsnetz der Versuchsbohrungen wirksam durch geophysikalische Methoden, d. i. Geoelektrik, Seismik und Bohrlochvermessung, sowie Isotopen-Verfahren ergänzt werden. Diese Methoden bedürfen immer der Verbindung mit den hydrogeologischen Verfahren, erfordern also eine enge Zusammenarbeit. Die geophysikalischen Methoden sind kompliziert, so daß deren Anwendung erfahrenen Fachleuten vorbehalten ist. Im folgenden werden nur die Grundlagen der Verfahren angegeben.

4.2) Geoelektrische Methoden – Mit der Widerstandsmethode wird der spezifische elektrische Widerstand des Untergrundes mittels der Vierpunktmethode gemessen. Durch mathematisch-physikalische Berechnung wird daraus die wahre Widerstandsverteilung in Abhängigkeit von der Tiefe ermittelt und daraus die Schichtfolge und die Schichtgrenzen bestimmt. Der spezifische elektrische Widerstand der Gesteine wird durch Wasserführung, k_f-Wert und Salzgehalt wesentlich geändert, so daß das Erkennen der Schichtgrenzen manchmal schwierig ist, z. B. bei Zunahme des Salzgehalts des GW mit der Tiefe – quartäre Talauffüllung im Muschelkalkgebiet. **In Tab. 3-13** (rechts) sind Mittelwerte des spez. elektr. Widerstandes nach Schneider angegeben.

4.3) Seismik – Bei den seismischen Verfahren wird aus den Laufzeitkurven einer von der Erdoberfläche ausgesandten elastischen Welle die Lage der Schichtgrenzen, GWSp, Lockerungszonen in Festgesteinen ermittelt. Die seismischen Wellen werden erzeugt z. B. durch Sprengung oder mit Fallgewichten. **In Tab. 3-13** ist die Longitudinalgeschwindigkeit einiger Gesteine angegeben, i. a. ist sie um so größer, je älter das Gestein ist.

4.4) Bohrlochmessungen – Die Auswertung der Bohrung kann oft durch Bohrlochmessungen verbessert werden, besonders bei Festgesteinen. Die Verfahren sind bei der Erdöl- und Erdgaserkundung entwickelt worden, einige Verfahren sind auch im Bereich der Hydrogeologie anwendbar und vorteilhaft. Durch die vergleichende Beurteilung der einzelnen Verfahren sind Schichtwechsel, Eigenschaft der Formation, Porosität, Eigenschaft als GW-Leiter, nutzbarer Porenraum, Mineralgehalt des GW, Tiefenlage und Menge der GW-Zuflüsse der einzelnen GW-Stockwerke feststellbar. Im verrohrten, verfilterten Bohrloch sind jedoch nur die radioaktiven Messungen und die Flußmessung mittels Flowmeter möglich. Die übrigen Messungen müssen am unverrohrten Bohrloch durchgeführt werden.

4.4.1 Messung des elektrischen Widerstands = R-Messung, die mit einer Sonde gemessenen Widerstandskurven zeigen die Widerstandsänderungen der durchfahrenen Bodenschichten und damit die Schichtgrenzen.

4.4.2 Messung des elektrischen Eigenpotentials = SP-Messung, dient zur Feststellung der durchlässigen und undurchlässigen Schichten.

4.4.3 Messung des spezifischen Widerstandes des dem Bohrloch zufließenden Wassers = RW-Messung, an einer Wasserprobe oder aus der SP-Messung.

4.4.4 Messung der natürlichen Gamma-Strahlungs-Intensität, zur qualitativen Bestimmung des Tongehalts der Bodenschichten.

4.4.5 Neutron-Gamma-Verfahren, mit dem Neutron-log wird der Wassergehalt einer Formation bestimmt und damit die Gesamtporosität. Wegen des hohen Wasseranteils der Tone muß gleichzeitig der Tongehalt festgestellt werden.

4.4.6 Gamma-Gamma-Verfahren = Dichte-log, hierdurch wird die Gesamtdichte der Schichten ermittelt und damit die Schichtenfolge.

4.4.7 Messung der Schallgeschwindigkeit im Gestein – in Verbindung mit dem Widerstandslog und dem Neutron-log wird durch die Messung der Schallgeschwindigkeit die Nutzporosität einer Formation bzw. Klüftigkeit bestimmt.

4.4.8 Kalibermessung – wenn die Messungen im unverrohrten Bohrloch ausgeführt werden, muß der Bohrlochquerschnitt über die ganze Bohrtiefe gemessen werden.

Tab. 3-13: Mittelwerte des spezifischen Widerstandes Ωm und seismische Geschwindigkeit m/s nach Schneider

Bezeichnung	spez. elektr. Widerstand Ωm	seismische Geschwindigkeit m/s
1. Wasser		
totes Meer	0,005–1	
Ozean	0,2	
versalzenes Wasser	1	
brackisches Wasser > 250 mg/l Cl	5	
süßes Wasser < 250 mg/l Cl	> 10	
2. Bodenarten		
Sande und Kiese mit Salzwasser	1–40	1500–2000
Sande und Kiese mit Süßwasser	40–1000	1500–2000
Sande und Kiese trocken	> 1000	300–1000
Mergel fett	2–5	1500-2200
Ton sandig	10–30	2200
Diluvium		1000–4000
Tertiär		1800–4000
Jura		3000–6500
Keuper		2000–4200
Muschelkalk		3000–5500
Buntsandstein		2400–4500
Kalkstein, harter Sandstein	100–1000	2500–5500
Granit	> 2000	4500–6000

4.4.9 Flowmeter – durch die Messung des Wasserflusses im Bohrloch können GW-Zuflüsse festgestellt werden.
Auf das DVGW-Merkblatt W 110 „Geophysikalische Untersuchungen in Bohrlöchern und Brunnen zur Erschließung von Grundwasser" wird hingewiesen.

3.1.4.4.3 Grundwasserspiegel

Besonders wichtig ist die Ermittlung der Höhenlage des GWSp, der z. T. kurzfristig und langfristig in erheblichem Umfang schwanken kann. Anhaltspunkte können in der Nähe gelegene Betriebsbrunnen geben. Für eine Trinkwassergewinnungsanlage ist aber ein Meßnetz mit mindestens 2–3 GW-Meßstellen einzurichten. Damit können die für die Schutzgebietsbemessung erforderlichen Daten gewonnen und die Auswirkungen der GW-Entnahme beurteilt werden.

3.1.4.4.4 Grundwassersohle

Die geologischen Karten geben nur ein grobes Bild des Verlaufs der Schichtgrenzen von GW-Leitern. Für die Beurteilung der GW-Entnahmen und für die GW-hydraulischen Berechnungen ist die Kenntnis der genauen Lage der Schichtgrenze bzw. der GW-Sohle erforderlich. Sie wird an einzelnen Punkten durch GW-Meßstellen, Versuchsbohrungen und Betriebsbrunnen festgestellt, gegebenenfalls ergänzt durch geophysikalische Methoden. Neben den geologischen Profilen gibt der Lageplan mit den Höhenkurven der Schichtgrenzen bzw. GW-Sohle einen Überblick über den flächenmäßigen Verlauf, z. B. Tiefenrinnen, Höhenrücken der GW-Sohle, und damit Hinweise auf günstige Standorte der Betriebsbrunnen.

3.1.4.4.5 Grundwasserhydraulische Verhältnisse

Zur Beurteilung der möglichen Entnahmemenge und der dabei zu erwartenden WSp-Absenkung müssen ermittelt werden: Durchlässigkeitsbeiwert k_f, Mächtigkeit des GW-Leiters H, Breite des GW-Leiters B, GW-Gefälle J, Ergiebigkeit Q/s. Soweit diese Angaben nicht aus dem Betrieb benachbarter Brunnen vorhanden sind, müssen sie durch Pumpversuche, z. B. an Versuchsbohrungen mit einem GW-Meßnetz ermittelt werden. Durch die Ein-Bohrloch-Meßmethode mittels Isotopen können an der Versuchsbohrung Strömungsrichtung und Abstandsgeschwindigkeit gemessen werden.

3.1.4.4.6 Grundwasserneubildung

Für jede geplante GW-Entnahme muß das zugehörende Einzugsgebiet und die GW-Neubildungsrate ermittelt werden, um zu beurteilen, ob durch die geplante GW-Entnahme die nutzbare GW-Neubildung nicht überbeansprucht wird, was zu einer fortschreitenden Absenkung des GWSp führen würde, welches Ausmaß das Schutzgebiet haben muß, welche anderen GW-Nutzer möglicherweise beeinträchtigt werden und welche potentiellen GW-Gefährdungen vorhanden sind bzw. ob sie im Einzugsbereich der Wassergewinnung liegen (z. B. Altlasten). Die Ausdehnung der GW-Absenkung ist auch wichtig bei der Beurteilung, ob dadurch möglicherweise Setzungen an Bauwerken auftreten können.

3.1.4.4.7 Wasserbeschaffenheit

Einen ersten Anhalt geben Untersuchungen der Wasserbeschaffenheit benachbarter Brunnen und die Zuordnung des GW-Leiters zu einer geologischen Formation. Wenn ein Versuchsbrunnen erstellt wird, ist bei den Pumpversuchen die Wasserbeschaffenheit durch chemische Untersuchung festzustellen, je nach hydrogeologischen Verhältnissen auch in mehreren Tiefen des GW-Leiters. Insbesondere ist zu prüfen, ob bei unterschiedlichen Entnahmeraten eine Veränderung der Wasserbeschaffenheit eintritt. Schon zu Beginn eines Pumpversuchs sollte das Wasser chemisch mehrmals analysiert werden. Bis sich ein Beharrungszustand eingestellt hat, kann sich die Wasserbeschaffenheit ändern. Falls eine Aufbereitungsanlage erforderlich ist, kann das für die Bemessung von Bedeutung sein.

3.1.4.4.8 Auswirkungen – Umweltverträglichkeit

Die möglichen Auswirkungen der GW-Entnahme und der damit verbundenen GW-Absenkung sind sorgfältig zu untersuchen. Insbesondere langfristige Auswirkungen auf die Ökologie sind festzustellen und zu bewerten. Die mögliche Beeinflussung ist abhängig von der Lage des GW-Spiegels unter Gelände, von der Bodenart, von der Pflanzenart und von der Ausdehnung der GW-Absenkung. Als grober Anhaltspunkt kann gelten, daß ab einem Flurabstand von etwa 5 m eine Beeinflussung auf die Vegetation von vorneherein ausgeschlossen werden kann. In besonderen Fällen ist eine pflanzensoziologische Beweissicherung notwendig. Insbesondere ist sicherzustellen, daß durch die Entnahme der verbleibende GW-Strom nicht so stark reduziert wird, daß dadurch Grundwasserstrom unterhalb liegende Einrichtungen beeinträchtigt (z. B. Quellaustritte für Fischteichanlagen, andere GW-Entnahmen) oder Niedrigwasserabflüsse von Vorflutern erheblich verringert werden.
Ebenfalls zu untersuchen ist, ob durch die Entnahme Setzungen an Bauwerken hervorgerufen werden können.

3.1.5 Grundwasser-Hydraulik in Poren-Grundwasserleitern

3.1.5.1 Allgemein

Die GW-Hydraulik befaßt sich mit der Messung und Berechnung des Fließens des GW, d. i. Fließrichtung, Gefälle, Fließgeschwindigkeit, Abflußquerschnitt, Abflußmenge, im unbeeinflußten Zustand und im durch GW-Entnahmen beeinflußten Zustand, sowie den Strömungsvorgängen und der Leistung von Brunnen. Theorien und Berechnungsverfahren bis zu Computerprogrammen sind in den letzten Jahren weiterentwickelt worden. Hier werden nur die einfachen und grundlegenden Fälle behandelt.
Bei einem Poren-GW-Leiter ist ein zusammenhängendes System von Porenkanälen vorhanden, die in Form und Querschnitt sehr unregelmäßig sind. Die Fließbewegung eines Wasserteilchens in einem Porenkanal ist daher nicht genau erfaßbar. Im Gesamtquerschnitt des GW-Leiters ergeben sich jedoch ziemlich gleichartige Verhältnisse. Bei den kleinen Fließgeschwindigkeiten ist im ungestörten Bereich das Fließen laminar. Alle technischen und praktischen Fragen des Brunnenbaues werden in Abschn. 3.2 behandelt.

3.1.5.2 Grundwasser-Fließrichtung und Grundwasser-Gefälle

3.1.5.2.1 Grundwasser-Höhenplan

Die GW-Fließrichtung wird durch die Schwerkraft bestimmt und ist in einem GW-Höhenplan dadurch gekennzeichnet, daß sie senkrecht zu den GW-Höhenlinien gerichtet ist. Das GW-Gefälle ist aus dem Höhenunterschied und dem Abstand der GW-Höhenlinien zu errechnen. Im Beispiel **Abb. 3-12** beträgt das GW-Gefälle I bei Mössling I = 1,00 m/400 m = 0,0025 = 2,5 v. T.

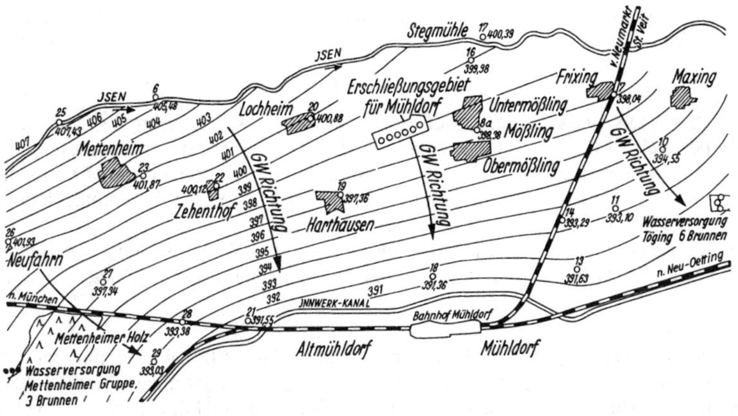

Abb. 3-12: Beispiel eines Grundwasser-Höhenplans, Mühldorf

3.1.5.2.2 Grundwasser-Meßdreieck

Wenn kein GW-Höhenplan vorliegt, wird die GW-Fließrichtung und das Gefälle in einem engen Bereich durch 1 oder mehrere Meßdreiecke ermittelt. Hierfür werden in dem Gebiet 3 GW-Meßstellen an den Ecken eines Dreiecks, zweckmäßig gleichseitig und mit mind. 50 m Seitenlänge, niedergebracht, **Abb. 3-13.**

Die GW-Fließrichtung ist senkrecht zu der GW-Höhenlinie 478 gerichtet. Zur Berechnung des GW-Gefälles J wird durch B eine Senkrechte auf die GW-Höhenlinie 478 gelegt, die Länge dieser Senkrechten bis zum Brunnen „B" mit der Höhe 477,51 beträgt 36,5 m, somit J = (478-477,51)/36,5 = 0,0138.

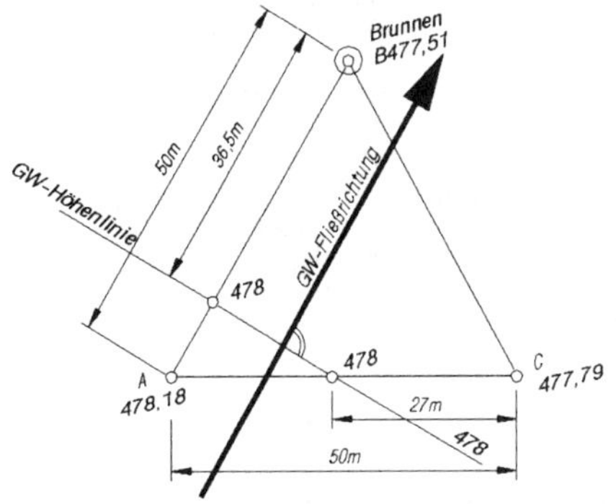

Abb. 3-13: Grundwasser-Meßdreieck

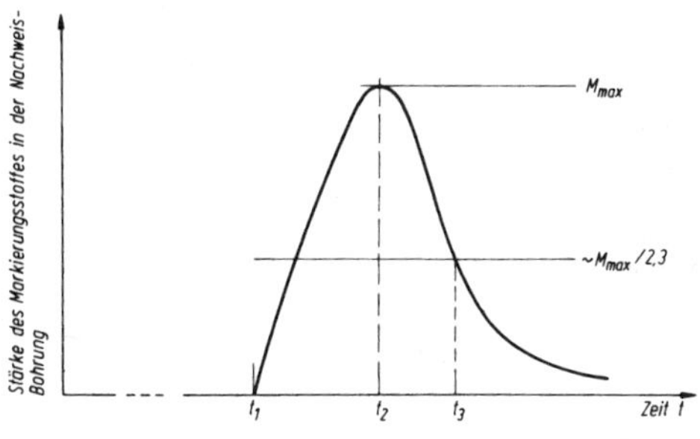

Abb. 3-14: Schema des Durchgangs eines Markierungsstoffes zur Messung der GW-Abstandsgeschwindigkeit

3.1.5.3 Grundwasser-Fließgeschwindigkeit

3.1.5.3.1 Arten der Grundwasser-Fließgeschwindigkeit

1.) Allgemein – Das GW fließt auf sehr krümmungsreichen Bahnen in den Poren der Lockergesteine. Je nach Aufgabenstellung gibt es unterschiedliche Grundlagen der Ermittlung der GW-Fließgeschwindigkeit und damit verschiedene Bezeichnungen. Zur Vermeidung von Verwechslungen muß daher die Art der GW-Fließgeschwinigkeit nach den folgenden **Ziff. 2–5** immer genau bezeichnet werden.

2.) GW-Abstandsgeschwindigkeit v_a – errechnet sich aus dem Abstand L von 2 Punkten einer GW-Stromlinie und der Fließzeit t:

$$v_a = L/t$$

Die Zeit t wird mittels Markierungsstoffen gemessen. Die GW-Fließrichtung und damit die GW-Fließgeschwindigkeit ist nicht genau horizontal, sie hat vielmehr eine horizontale und eine vertikale Komponente. Letztere ist in Poren-GW-Leitern sehr klein und wird daher immer vernachlässigt. Die GW-Abstandsgeschwindigkeit v_a wird benötigt für die Berechnung der Aufenthaltsdauer eines Wasserteilchens, z. B. für die Festlegung von Schutzgebietsgrenzen.

3.) GW-Filtergeschwindigkeit v_f – wird errechnet aus dem GW-Abfluß und dem Querschnitt des Aquifers. Bei den GW-Hydraulischen Berechnungen wird meist mit v_f gerechnet:

$$v_f = Q/A_{Aquifer}$$

4.) GW-Porengeschwindigkeit v_p – wird errechnet aus dem GW-Abfluß und der nutzbaren Porenfläche des Aquifer. Die nutzbare Porenfläche ist schwer abschätzbar, sie ist unterschiedlich kleiner als die reale Porenfläche in Abhängigkeit von der Korngröße des Aquifers. Für die natürlich vorkommenden Lockergesteine kann das reale Porenvolumen p und das nutzbare Porenvolumen p_n nach **Tab. 3-14** angenommen werden.

$$\text{Reales Porenvolumen p (v. H.)} = \frac{(\text{Gesamtvolumen} - \text{Festvolumen})}{\text{Gesamtvolumen}}$$

Wenn die GW-Abstandsgeschwindigkeit nicht gemessen werden kann, wird in der Praxis meist mit $v_a = v_p$ gerechnet, mit $v_p = v_f/p_n$.

5.) GW-Bahngeschwindigkeit v_b – ist die wahre Fließgeschwindigkeit eines Wasserteilchens auf seinem krümmungsreichen Weg. Sie ist größer als die o. a. v, aber schwierig zu ermitteln. Sie wird nur für besondere physikalische, chemische und biologische Berechnungen benötigt.

Tab. 3-14: Reales und nutzbares Porenvolumen von natürlich vorkommenden Lockergesteinen

Bodenart	reales Porenvolumen p v. H.	nutzbares Porenvolumen p_n v. H.
Feinsand	42	14
Mittelsand	40	20
Grobsand	36	25
Feinkies	37	30
Mittelkies	37	30
Grobkies	37	30

3.1.5.3.2 Messung der Grundwasser-Fließgeschwindigkeit

Gemessen wird die GW-Abstandsgeschwindigkeit mittels Eingabe von Markierungsstoffen in das GW. Für die meist üblichen 2-Loch-Verfahren muß die GW-Fließrichtung bekannt sein. Die Meßstrecke L wird in die GW-Fließrichtung gelegt, eine GW-Meßstelle bildet den Anfang der Meßstrecke mit der Eingabe der Markierungsstoffe, am stromabwärts gelegenen Ende der Meßstrecke wird an der 2. GW-Meßstelle der zeitliche Durchgang und die Stärke der Markierungsstoffe festgestellt. In **Abb. 3-14** ist schematisch dargestellt, wie ein Markierungsstoff durch die 2. Nachweisbohrung läuft. Die Spitze des Markierungsstoffes kommt nach der Zeit t_1 an, es folgt ein steiler Anstieg der Konzentration bis zum Maximum bei t_2, dann ein steiler Abfall bis zu einem Wendepunkt, wobei die Konzentration des Markierungsstoffes M = rd. $M_{max.}/2{,}3$ und die Zeit t_3 ist. Maßgebend für die Abstandsgeschwindigkeit ist t_3, somit $v_a = L/t_3$. Häufig wird aber auch vereinfacht mit t_2 gerechnet.

In der **Tab. 3-15** ist zusammengestellt, welche Markierungsstoffe verwendet werden und wie der Nachweis geführt wird.

Tab. 3-15: Markierungsstoffe und deren Nachweis zur Messung der GW-Abstandsgeschwindigkeit

Markierungsstoff-Art	Substanz	Nachweis
Farbstoffe	Eosin, Fluorescin, Uranin	colorimetrisch
Salze	Chloride, Natriumjodit, Dextrose	chemisch
Elektrolyte	NaC1, alle guten Elektrolyten	elektr. Leitfähigkeit
	Lithiumsalze	flammenspektrometrisch
	Deuterium ^2H	massenspektroskopisch
Sporen, Pollen, Detergentien, Geruchsstoffe		biologisch, mikroskopisch-optisch, Geruchssinn
Isotope	^3H (Tritium) ^{51}Cr, ^{60}Co, ^{82}Br, ^{131}J	Aktivitätsmessung

Die Markierungsstoffe dürfen gesundheitlich nicht gefährden. Uranin und Eosin können heute mit Fluoreszenzspektrometer mit einer Verdünnung von $< 1:10^6$ nachgewiesen werden. Die einzugebende Farbmenge richtet sich nach der Verdünnung im GW-Strom. Die Eingabe von Markierungsstoffen unterliegt einer wasserrechtlichen Genehmigung.

3.1.5.3.3 Berechnung der Grundwasser-Fließgeschwindigkeit

1.) Darcy-Filtergesetz: $v_f = k_f \cdot J$, gilt für das laminare Fließen in einem Poren-GW-Leiter, d. h. die GW-Filtergeschwindigkeit ist direkt proportional zum Gefälle. Der Proportionalitätsfaktor k_f (m/s) wird als Durchlässigkeitsbeiwert bezeichnet.

Zu beachten ist, daß die Ablagerungen in einem Poren-GW-Leiter sehr unterschiedlich sein können, so daß die horizontale Durchlässigkeit in verschiedenen Tiefen und verschiedenen Richtungen mehr oder weniger stark wechselt. Die Durchlässigkeit in vertikaler Richtung, z. B. bei der Versickerung, ist meist um Zehnerpotenzen kleiner, verursacht durch die Einlagerung von horizontalen tonigen Schichten von oft nur sehr geringer Dicke. k_f ist abhängig von der Zähigkeit ν des GW und damit auch von der Temperatur:

$$k_f(t_1) = k_f(t_2) \cdot \nu_2 / \nu_1$$

Bei einer Temperaturerhöhung von 10 °C auf 20 °C erhöht sich k_f auf rd. 1,3 k_f. Zu beachten ist ferner, daß k_f in den GW-hydraulischen Gleichungen linear enthalten ist. Bei der Dimension m/s handelt es sich um sehr kleine Größen, aber ein $k_f = 0{,}002$ ist eben doppelt so groß wie $k_f = 0{,}001$. Klarer ist daher die technische Schreibweise, z. B.

$$k_f = 2{,}0 \cdot 10^{-3} \text{ m/s}$$

Vielfach wird auch mit der Transmissivität T gerechnet, wobei: $T = k_f \cdot H$ m²/s und H = Höhe (Mächtigkeit) des Aquifers.

2.) Berechnung von k_f aus der Korngrößenverteilung – mittels Gleichung:

$$k_f = c \cdot d_w^2$$

Hierin ist c eine Konstante und d_w die wirksame Korngröße. Die Schwierigkeit liegt im richtigen Erfassen von c und d_w sowie darin, daß diese Werte nur für den Ort der Probenentnahme gelten. Wegen der unterschiedlichen Korngrößenverteilung in einem Poren-GW-Leiter sind auch die k_f-Werte unterschiedlich. Vereinfachend wird oft der mittlere k_f-Wert als Mittelwert der k_f-Werte der einzelnen Bodenschichten errechnet.

Nach Hazen ist $c = 116 \cdot 10^2$, mit wirksamer Korngröße d_w = Korndurchmesser (m) des Siebdurchganges 10 v. H. Die Gleichung gilt für den Bereich des Ungleichförmigkeitsgrades $u = d_{60}/d_{10} = 5$.

Bayer hat für mittlere natürliche Lagerung der Lockergesteine die c-Werte in Abhängigkeit vom Ungleichförmigkeitsgrad ermittelt

u	=	1	2	3	4	5	6	10	20
c	=	$10^2 \cdot 120$	104	96	90	84	80	75	65

So errechnet sich für $d^{10} = 0{,}4$ mm = 0,004 m und u = 3
k_f Hazen = $116 \cdot 10^2 \cdot 0{,}0004^2 = 1{,}86 \cdot 10^{-3}$ m/s
k_f Bayer = $96 \cdot 10^2 \cdot 0{,}0004^2 = 1{,}54 \cdot 10^{-3}$ m/s

Vorzuziehen ist die Berechnung nach Bayer.
3.) Berechnung von k_f aus Pumpversuchen – Wirklichkeitsnahe Werte von k_f sind nur aus Pumpversuchen zu erhalten, da hier die räumliche Verteilung der Durchlässigkeit und der

Tab. 3-16: Aus Pumpversuchen errechnete k_f Werte verschiedener Grundwasserleiter

Ort	$k_f \cdot 10^{-3}$ *(m/s)*
Sand 4 ... 8 mm ohne andere Teile	35
Sand 2. .. 4 mm ohne andere Teile	25
Grobkies mit Sand, Illertal bei Kempten	20
Alluvium der Mangfall bei Bad Aibling	16
Illertal bei Neu-Ulm	15
Diluvialterrasse der Donau bei Straubing	15
Unteres Mindeltal bei Günzburg	6
Mainalluvium bei Sulzfeld (r. d. M.)	5
Diluvialkies bei Leipzig	5
Diluvialschotter bei Olching westlich München	4
Innhochterrassen bei Mühldorf (Obbay.)	3
Donautal westlich Ingolstadt	2,5
Flußsand bei Münster	2,5
Mainalluvium bei Marksteft (l. d. M.)	1,5
Rednitzalluvium bei Nürnberg	0,8–1,5
Dünensand (Nordsee)	0,2
Tonige Sande im oberen Vilstal (Obbay.)	0,1

GW-Mächtigkeit mit erfaßt werden. Für die Berechnung aus dem stationären Bereich des PV wird die auf die Dupuitsche Brunnengleichung aufgebaute Thiemsche Brunnengleichung verwendet, welche aber Messungen des GWSp in einem GW-Meßnetz, mind. aber an zwei GW-Meßstellen im Absenkungsbereich des Entnahmebrunnens erfordert. Für die Berechnung von k_f aus dem instationären Bereich des PV dienen die Verfahren nach Theis, Jacob u. a. Die Berechnungsverfahren sind in **Ziff. 3.1.5.5.3** Auswertung der Pumpversuche angegeben.
4.) Beispiele von GW-Gefälle und GW-Fließgeschwindigkeiten – Einen Überblick über die Größe der in der Natur vorhandenen GW-Gefälle und GW-Fließgeschwindigkeiten im unbeeinflußten Zustand gibt die **Tab. 3-17.** Zu beachten ist, daß J örtlich und zeitlich, k_f örtlich stark schwanken können, so daß v_a ebenfalls sehr unterschiedlich sein kann. I. a. liegt v_a bei 1–10 m/d, selten bei 10–20 m/d, nur im Karst sehr hoch, z. T. über 1 km/d.

Tab. 3-17: Beobachtete Grundwassergefälle in v. T. und Geschwindigkeiten v_a in m/d

Ort	J v. T.	v_a m/d
Keupersand bei Nürnberg	3	1,5
Neckartal bei Mannheim	1,7	1,2–1,6
Diluvium bei Leipzig	4,5	2,5
Alluvium am Oberrhein	0,6	3–7,8
Illerquartär bei Neu-Ulm	2,5	11
Münchner Schotterebene	3,3	10–20

3.1.5.4 Grundwasserabfluß

Der GW-Abfluß Q, unterirdischer Abfluß, wird aus GW-Filtergeschwindigkeit v_f und Querschnittsfläche des Aquifer berechnet:

$$Q = v_f \cdot A_A = k_f \cdot J \cdot B \cdot H$$

3.1.5.5 Grundwasserentnahme aus Einzelbrunnen

3.1.5.5.1 Allgemein

Die GW-Entnahme verursacht eine Störung des natürlichen GW-Abflusses. Aufgabe der GW-hydraulischen Untersuchungen ist es, die Größe und Auswirkung dieser Störung zu erfassen und die mögliche Entnahmemenge und WSp-Absenkung eines Brunnens zu beurteilen oder zu berechnen. Dies erfordert die Durchführung von Pumpversuchen. Pumpversuche ermöglichen die Leistungscharakteristik von Brunnen sowie die wasserleitenden und wasserspeichernden Eigenschaften des genutzten GW-Leiters zu ermitteln. Allerdings ist für die langfristige Entnahmemenge aus einem GW-Leiter die natürliche GW-Neubildung innerhalb des aktivierten Einzugsgebietes entscheidend. Zusätzlich zum PV sind daher weitergehende hydrogeologische Untersuchungen notwendig, die insbesondere die gesamte GW-Bilanz betrachten (siehe auch DVGW-Arbeitsblatt W 111).

3.1.5.5.2 Pumpversuche

1.) Vorbereiten – Für die einwandfreie Durchführung von PV muß der Entnahmebrunnen geeignet sein, d. h. bei Lockergesteinen provisorisch oder endgültig ausgebaut, die Energiezufuhr muß gesichert sein, damit ohne Unterbrechung der PV abläuft, das geförderte Wasser muß außerhalb des Einzugsbereichs des Entnahmebrunnens abgeleitet werden, die Messung des GWSp und der Entnahme muß genau sein. Die technische Ausführung von PV ist in **Abschn. 3.2.4.4.6** beschrieben.
2.) Beobachtungsnetz – Der Verlauf des Absenkungstrichters infolge der GW-Entnahme, GW-Gefälle, k_f, Mächtigkeit des Aquifer H, Transmissivität T, Speicherkoeffizient S, je nach Aufgabenstellung, sind durch ein Beobachtungsnetz um den Entnahmebrunnen zu ermitteln. Für dieses Beobachtungsnetz werden vorhandene Brunnen verwendet, erforderlichenfalls neue GW-Meßstellen.
In einfachen Fällen, d. i. vollkommener Brunnen mit Ausbau bis zur GW-Sohle, einheitlicher Aufbau des GW-Leiters, werden zweckmäßig je 3 GW-Meßstellen kreuzförmig um den Entnahmebrunnen angeordnet, mit einer Achse etwa in der GW-Fließrichtung, und mit Abständen der GW-Meßstellen vom Brunnen von 15, 50, 100 m.
Weitere GW-Meßstellen sind erforderlich, wenn der Einfluß durch benachbarte Brunnen, Infiltration von Oberflächenwasser, Begrenzung des GW-Leiters zu vermuten ist. Der Standort der Entnahmebrunnen und der GW-Meßstellen ist lage- und höhenmäßig genau einzumessen.
3.) Dauer und Entnahmemenge des PV – Die Bewegung des WSp im Entnahmebrunnen bei einem Pumpversuch mit 1 Entnahmerate erfolgt grob in 5 Phasen:
Phase 1 – rasche Absenkung des WSp unmittelbar nach Pumpbeginn
Phase 2 – langsames Absinken des WSp
Phase 3 – gleichbleibender WSp = Beharrungszustand
Phase 4 – rasches Ansteigen des WSp nach Ende des PV
Phase 5 – langsames Ansteigen des WSp bis zum Erreichen des RuheWSp.
Die Wasserspiegelbewegung kann überlagert werden durch Veränderung der GW-Neubildung, wie Änderung der natürlichen GW-Anreicherung, Niederschläge, allgemeines Absinken des unbeeinflußten GWSp.
Je näher die GW-Meßstelle am Entnahmebrunnen liegt, desto ähnlicher ist dessen GWSp-Bewegung, und die zeitliche Verzögerung ist geringer als bei entfernt gelegenen GW-Meßstellen. Der PV wird mit verschiedenen Entnahmeraten durchgeführt. Die größte Absenkung s des GWSp bei der Entnahme Q sollte i. a. nicht größer als H/3 sein; Ausnahmen sind möglich bei großem Brunnenfassungsvermögen oder entfernter Lage der Brunnen von der Infiltration. Bei Anwendung der modernen Auswerteverfahren für den instationären Bereich der Absenkung ist es nicht erforderlich, den PV über den sonst notwendigen längeren Beharrungszustand durchzuführen, doch sollte möglichst bei jeder Entnahmerate ein quasi-stationärer Beharrungszustand über 24 h erreicht werden.
4.) Messungen und Untersuchungen bei PV
4.1) Allgemein – Alle Messungen sind mit genauem Datum und Zeitpunkt der Messung zu bezeichnen, bei Berechnungen für instationäre Vorgänge in Sekunden. Alle Höhenangaben sind auf NN zu beziehen, Bezugsmeßpunkte genau zu bezeichnen. Meßprogramm und Beobachter sind vor dem PV genau festzulegen.
4.2) Entnahme – Für die Messung sollten wegen der Genauigkeit möglichst nur induktive Durchflußmeßgeräte verwendet werden.
4.3) GWSp – Gemessen wird mit Lichtlot mit cm-Genauigkeit, mit Drucksonden, in Sonderfällen mit Wasserstandsschreiber. Während mind. 3 Tagen vor Beginn und 2 Tagen nach Ende des PV ist das

gesamte Beobachtungsnetz täglich 1 · zu messen, um ein genaues Bild über den ungestörten GWSp zu erhalten. Im ganzen Zeitraum des PV ist der GWSp an einer GW-Meßstelle, die vom PV und von sonstigen Betriebsentnahmen unbeeinflußt ist, 6stündlich zu messen, bei Veränderungen stündlich zur Prüfung der Schwankungen des unbeeinflußten GWSp.
4.4) Oberflächenwasserspiegel – Wenn zu erwarten ist, daß der GWSp durch Infiltration von einem Oberflächengewässer beeinflußt wird, muß der WSp an einem nahegelegenen Flußpegel lfd. gemessen werden.
4.5) Niederschlag – Während des Beobachtungszeitraumes des PV ist die tägliche Niederschlagsmenge zu messen oder von der nächst gelegenen Meßstation zu übernehmen.
4.6) Untersuchungen der Wasserbeschaffenheit – Die Temperatur des Wassers und der Luft ist 6stündlich, etwa um 6, 12, 18, 24 h zu messen. Die chemische Wasserbeschaffenheit am Entnahmebrunnen ist mind. 2 · zu untersuchen, d. i. 2 h nach Beginn des PV mit kleiner Entnahme, 1 h vor Ende des PV mit größter Entnahme. Bei Grundwasser, das voraussichtlich eine technische Aufbereitung erfordert, um es als Trinkwasser verwenden zu können, sollten längere PV und häufigere chemische Analysen während des PV durchgeführt werden, da sich die chemischen Parameter während der Entnahmedauer verändern können.
Eine mikrobiologische Untersuchung des Wassers während eines PV ist nicht aussagekräftig, da Verunreinigungen aus den Brunnenbauarbeiten vorhanden sein können.
5.) Zeichnerische Darstellung – Der PV wird durch geologisches Profil, Brunnenausbauplan, Ganglinien des GWSp im Entnahmebrunnen und ausgewählter GW-Meßstellen, Ganglinie der Entnahmen, Wassertemperatur, Lufttemperatur, Niederschlag und durch die Wasserandrangkurve dargestellt **(Abb. 3-15)**.

3.1.5.5.3 Grundwasser-Absenkungskurve

1.) Allgemein – Aus den hydrogeologischen Erhebungen und den Messungen des PV wird die GW-Absenkungskurve gezeichnet und die für den Br gültige GW-Absenkungsgleichung = Brunnenformel aufgestellt. Die GW-Absenkungsgleichung wird für die Berechnung von k_f und anderen Unbekannten, z. B. Absenkung in anderer Entfernung vom Br, verwendet. I. a. werden die Werte des Beharrungszustandes = stationärer Fließzustand eingesetzt. Grundlage ist die Dupuit-Thiemsche Brunnengleichung. Es zeigt sich, daß sich für verschiedene Entnahmen und verschiedene Entfernungen von der Brunnenachse meist geringfügig unterschiedliche k_f-Werte ergeben. Man begnügt sich damit, Mittelwerte hieraus zu bilden, besonders weil die Berechnungsannahmen nie genau zutreffen, diese sind für die Brunnengleichung: unendlich ausgedehnter, homogener, isotroper Aquifer, gleichbleibende Mächtigkeit H, horizontaler GWSp, konstante Entnahme, vollkommener Brunnen.
Durch die neueren Auswerteverfahren nach Theis ist es möglich, die Auswertung des PV auch mit Werten des nichtstationären Fließzustandes durchzuführen. Im folgenden werden nach dem *Arbeitsblatt 1976 Pumpversuche in Porengrundwasserleitern des MfELU Baden-Württemberg* die rechnerischen und graphischen Auswerteverfahren für gespannte Aquifer vor denen für ungespannte Aquifer aufgeführt, da sie die einfacheren sind, ferner werden die Gleichungen für k_f, $T = k_f \cdot H$ und lg statt ln aufgestellt, da die graphischen Verfahren die halb-lg Einteilung verwenden. Vorteilhaft ist auch die Verwendung der Absenkung s statt $h = H - s$.
2.) Stationärer Fließzustand
2.1) Gespannter Aquifer –Die GW-Absenkungsgleichung nach Thiem lautet:

$$Q = 2 \cdot \pi \cdot k_f \cdot H_0 \cdot (h_2 - h_1)/(\ln r_2 - \ln r_1) \quad (1)$$

oder umgeformt

$$Q = 2 \cdot \pi \cdot T \cdot (s_1 - s_2)/2{,}3\,(\lg r_2 - \lg r_1) \quad (2)$$

Die GW-Absenkungskurve ist in **Abb. 3-16** dargestellt. H_0 = Höhe des Aquifers. r = Abstand der GW-Meßstelle von Br.achse, h = Wasserstand in der GW-Meßstelle s = WSp-Absenkung in der GW-Meßstelle

Beispiel: $Q = 0{,}030\ m^3/s$, H 11 m, r_1 15 m, s_1 0,80 m,
$r_2 = 50$ m, $s_2 = 0{,}25$ m

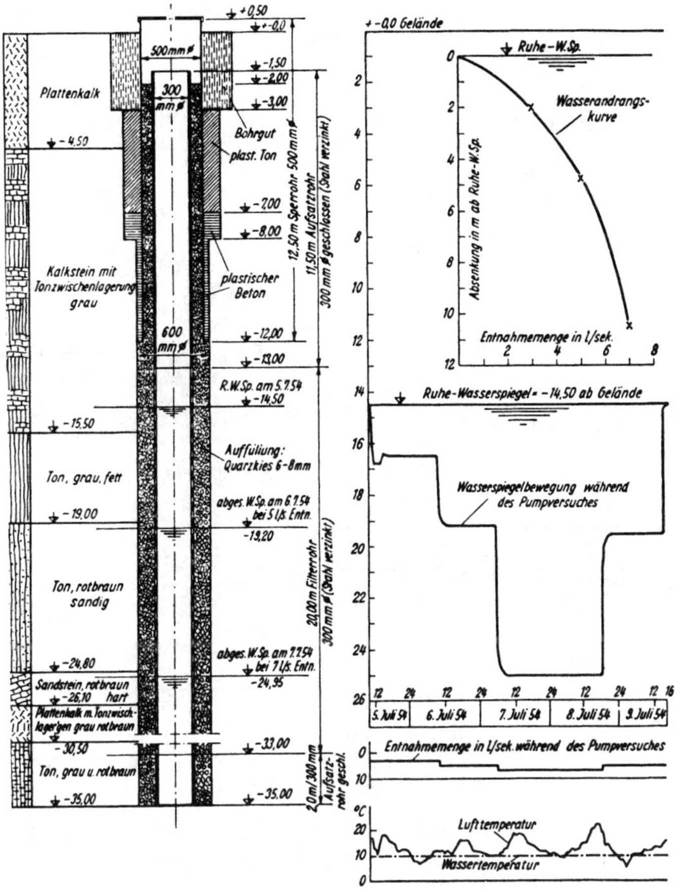

Abb. 3-15: Geologisches Profil, Brunnenausbauplan und grafische Darstellung des Pumpversuchergebnisses (aus Platzgründen sind die Wasserandrangkurve und die Kurve der Wasserspiegelbewegung gedrängt gezeichnet.)

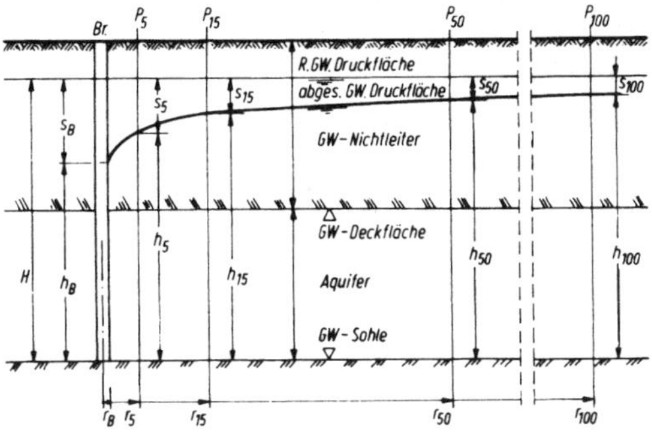

Abb. 3-16: GW-Absenkungskurve des gespannten Aquifers

Nach (2): $0{,}030 = 2 \cdot \pi \cdot T \cdot (0{,}80 - 0{,}25) / 2{,}3\ (\lg 50 - \lg 15)$

$T = 0{,}01044\ m^2/s,\ k_f = 0{,}01044 / 11 = 0{,}949 \cdot 10^{-3}\ m/s$

Bei den graphischen Methoden werden die Absenkungen s linear, die Abstände r der GW-Meßstellen von Brunnenachse lg aufgetragen. Die Verbindungslinie der Schnittpunkte liegt etwa auf der „Absenkungsgeraden". Wenn für das Abstandsintervall lg r eine Zehnerpotenz gewählt wird, dann errechnet sich aus dem gemessenen Absenkungsintervall:

$$T = 2{,}3 \cdot Q/(2 \cdot \pi \cdot \Delta s)$$

Das o. a. Beispiel ist in **Abb. 3-17** dargestellt.

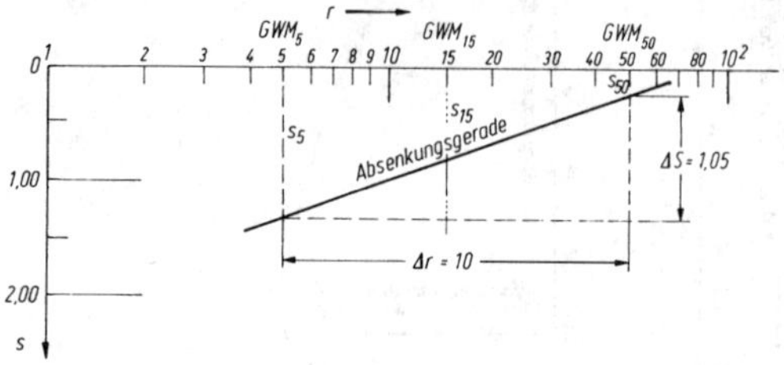

Abb. 3-17: Grafische Ermittlung von T bzw. k_f aus der Absenkungsgeraden

Mit o. a. Beispiel aus **Abb. 3-17** ist:

$$T = 2{,}3 \cdot 0{,}030/2 \cdot \pi \cdot 1{,}051 = 0{,}01044$$

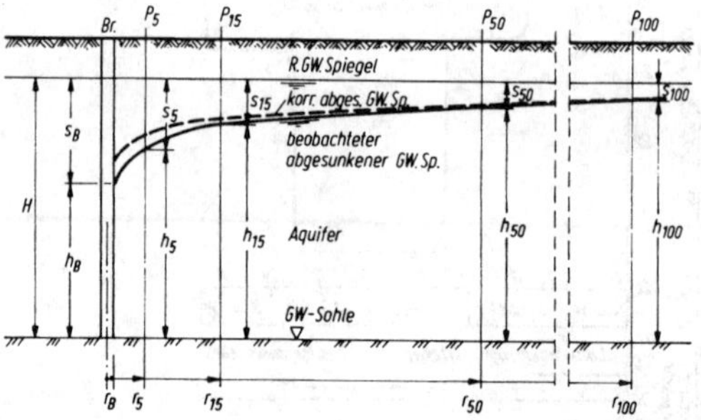

Abb. 3-18: GW-Absenkungskurve im ungespannten Aquifer

Der Verlauf der Absenkungsgeraden und deren Unregelmäßigkeiten gibt ein Bild über die Unterschiede von T bzw. k_f in den verschiedenen Abständen und Richtungen von Br.
2.2) Ungespannter Aquifer – Die GW-Absenkungsgleichung nach Thiem lautet:

$$Q = \pi \cdot k_f \cdot (h_2^2 - h_1^2) / (\ln r^2 - \ln r_1) \quad (3)$$

Wenn diese Gleichung nach $T = k_f \cdot H$, lg und $s_k = s - s^2/2\,H$ umgeformt wird, dann ergibt sich eine ähnliche Gleichung wie für den gespannten Aquifer:

$$Q = 2 \cdot \pi \cdot T \cdot (s_{k_1} - s_{k_2}) / 2{,}3\,(\lg r_2 - \lg r_1) \quad (4)$$

Die GW-Absenkungskurve ist in **Abb. 3-18** dargestellt:

Beispiel: $Q = 0{,}030\ m^3/s$, $H = 16\ m$, $r_1 = 15\ m$, $s_1 = 0{,}70\ m$, $r_2 = 50\ m$, $s_2 = 0{,}55\ m$

Nach (3): $0{,}030 = \pi \cdot k_f \cdot (15{,}45^2 - 15{,}30^2) / (\ln 50 - \ln 15)$
$k_f = 0{,}002493$, $T = k_f = \cdot H = 0{,}03989$

Nach (4): $s_{k_1} = 0{,}70 - 0{,}70^2 / (2 \cdot 16) = 0{,}6846$,
$s_{k_2} = 0{,}55 - 0{,}55^2 / (2 \cdot 16)\ 0{,}5406$,
$0{,}030 = 2 \cdot \pi \cdot T \cdot (0{,}6846 - 0{,}5406) / 2{,}3\,(\lg 50 - \lg 15)$
$T = 0{,}3946$, $k_f = 0{,}00247$

Wenn demnach die im PV gemessenen Absenkungen s um den Betrag $s^2/2\,H$ vermindert werden, kann die Gleichung für den gespannten GWSp verwendet werden, der Verminderungsbetrag entspricht der Sickerstrecke S. Die graphische Auswertung wird wie beim gespannten Aquifer durchgeführt, wobei an Stelle der gemessenen s die s_k-Werte aufgetragen werden.

3.) Instationärer Fließzustand
Es gelten die gleichen Berechnungsannahmen wie vorstehend beschrieben. Ferner ist der Brunneninhalt vernachlässigbar klein, die Vorratsänderung im Aquifer ist proportional der Druckänderung und erfolgt ohne Verzögerung. Für das Auswerteverfahren wird auf die Spezialliteratur verwiesen.
4.) Auswertung des PV ohne GW-Meßstellennetz
4.1) nach Dupuit – die verschiedenen Formen der Dupuit-Gleichung sind:

Gespannter Aquifer:
$$Q = 2 \cdot \pi \cdot k_f \cdot H \cdot (h_0 - h) / \ln R/r_B$$
$$Q_2 - Q_1 = 2 \cdot \pi \cdot k_f \cdot H \cdot (h_1 - h^2) / \ln R/r_B$$

ungespannter Aquifer:
$$Q = \pi \cdot k_f \cdot (H^2 - h^2) / \ln R/r_B$$
$$Q_2 - Q_1 = \pi \cdot k_f \cdot (h_1^2 - h_2^2) / \ln R/r_B$$

Die Gleichungen sind auf dem Darcy-Filtergesetz aufgebaut, das aber in Brunnennähe nicht genau ist. Man erhält aber wenigstens Näherungswerte. Die Bestimmung der Reichweite R ist schwierig. Da R in der Gleichung als ln R eingesetzt ist, genügen für R Näherungswerte. Von den verschiedenen Formeln für R ist die empirische von Sichardt die bekannteste:

$$R = 3\,000 \cdot s \cdot \sqrt{k_f}$$

R kann auch aus der Dupuit-Gleichung errechnet werden, wenn k_f bekannt ist und die übrigen Werte beim PV gemessen werden.
4.2) Auswertung nach Smreker-Holler – Aufgrund von empirischen Ermittlungen wurden Tabellen aufgestellt, aus denen die infolge einer GW-Entnahme Q beanspruchte GW-Breite B eines Aquifers für die gemessenen Werte s und J, unter Berücksichtigung eines Korrekturfaktors a in Abhängigkeit von s/H und für verschiedene Brunnendurchmesser errechnet werden kann, und hieraus:

$$k_f = Q / B \cdot H \cdot J$$

3.1.5.5.4 Wasserandrangkurve

Die Wasserandrangkurve Q/s aus den Messungen beim PV gibt für jede GW-Entnahme Q die zugehörende Absenkung an. Sie ist bei gespanntem GWSp eine Gerade, bei ungespanntem eine nach unten gekrümmte Kurve, **Abb. 3-19.**
Die Wasserandrangkurve wird unregelmäßig verändert, wenn bei Zunahme der Entnahmemenge Stau- oder Anreicherungsgrenzen erreicht werden oder das Brunnenfassungsvermögen überschritten wird **(s. Abschn. 3.1.5.5.5).**
Das Verhältnis Q/s wird auch als spezifische Ergiebigkeit bezeichnet und zum Vergleich mit der Leistung anderer Brunnen benützt. Bei ungespanntem Aquifer ist jedoch Q/s wegen der Krümmung der Wasserandrangkurve nicht überall gleich, es muß somit das jeweilige Q mit angegeben werden, z. B. spez. Ergiebigkeit Q/s = 40/2 = 20 l/s je m Absenkung bei Q 40 l/s.

3.1.5.5.5 Brunnenfassungsvermögen

Für den Eintritt des Wassers aus dem Aquifer in den Brunnen muß eine Mindest-Eintrittsfläche an der Bohrlochwand vorhanden sein, die bestimmt wird durch die Forderung nach Sandfreiheit und durch die erreichbare Eintrittsgeschwindigkeit. In der Praxis zeigt sich das Brunnenfassungsvermögen darin, daß bei Überschreiten einer bestimmten Absenkung die Zunahme der Entnahme bei weiterer Absenkung erheblich geringer wird. Sichardt hat für v_{max} folgenden Erfahrungswert vorgeschlagen:

$$v_{max} = \sqrt{k_f} / 15$$

Hieraus ergibt sich das Brunnenfassungsvermögen zu:

$$Q_F = 2 \cdot r_B \cdot \pi \cdot h \cdot \sqrt{k_f} / 15$$

Beispiel: in **Abb. 3-19** ist für H = 15 m, $k_f = 0{,}6 \cdot 10^{-3}$ m/s, $r_B = 0{,}80$ m die Fassungsvermögen-Gerade eingetragen, welche bei h = H, d. i. s = 0 den Wert 0,123 m³/s hat. Der Schnittpunkt dieser Geraden mit der Q/s-Kurve gibt den Wert Q = 0,080 m³/s und s = 5,30 m, welche zweckmäßig nicht überschritten werden sollten, da bei größerer Absenkung die Entnahme nicht mehr wesentlich zunimmt, die angenommene Q/s-Kurve nicht mehr gültig ist. In der Praxis hat sich daher bewährt, die Absenkung im Dauerbetrieb nicht größer als H/3 zu wählen. Ausnahmen s. Abschn. 3.1.5.5.2.

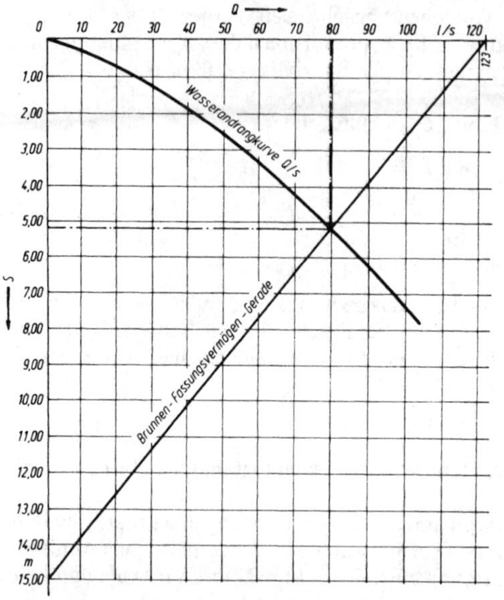

Abb. 3-19: Wasserandrangskurve und Brunnenfassungsvermögen-Gerade

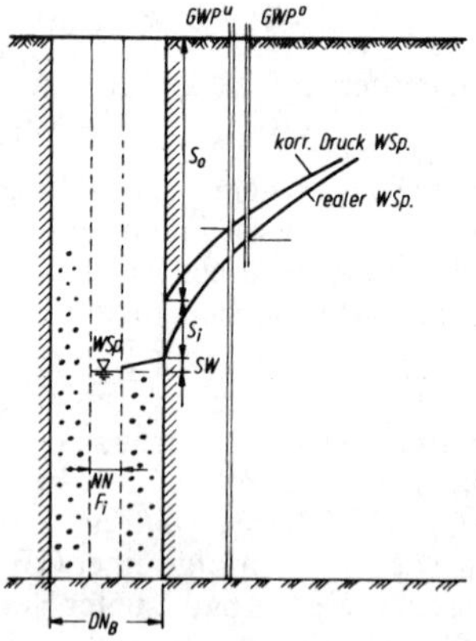

Abb. 3-20: Lage des abgesenkten WSp am Brunnen beim ungespannten Aquifer

3.1.5.5.6 Wasserspiegel am Brunnen bei ungespanntem Aquifer

Die im Filterrohr gemessene Absenkung s_B, **Abb. 3-20,** setzt sich zusammen aus:

s_o = Absenkung des GWSp an der Bohrlochwand
s_i = Sickerstrecke
S_w = Widerstandshöhe im Filterkies und in den Filterrohröffnungen

Die Länge der Sickerstrecke beträgt nach Ehrenberg

$$s_i = s^2 / 2\,H$$

Nahrgang hat dies für den Einschicht-Aquifer bestätigt, jedoch nachgewiesen, daß bei Mehrschicht-Aquifer und je nach Lage der Schicht mit größerem k_f oben oder unten sich etwas andere Werte ergeben. Für die Mehrzahl der Fälle kann in Anbetracht der sonstigen Annahmen mit obigem Wert gerechnet werden.
Die Widerstandshöhe s_w beträgt bei nicht verockertem und inkrustiertem Filterkies und Filterrohr nur wenige cm, meist unter 3 cm, so daß sie bei neuen Brunnen vernachlässigt werden kann. Durch Brunnenalterung vergrößert sich dieser Wert, daher empfiehlt es sich, in der äußeren Filterkiesschicht ein Peilrohr zur Kontrolle einzubauen.

3.1.5.5.7 Strömungsverhältnisse am Brunnen

Es wird i. a. angenommen, daß die Anströmung zu einem Brunnen bei jedem Q über die gesamte Höhe des Aquifers gleichmäßig verteilt erfolgt, wenn k_f über die ganze H gleich groß ist, **Abb. 3-21/1.** Nahrgang hat jedoch darauf hingewiesen, daß beim vollkommenen Brunnen, d. i. Endtiefe = GW-Sohle, in Höhe des abgesenkten GWSp im Filterrohr eine Anströmspitze von rd. dem 3fachen Wert der sonstigen gleichmäßigen Anströmung vorhanden ist, **Abb. 3-21.** Beim unvollkommenen Brunnen treten zusätzlich an der Brunnensohle solche Anströmspitzen auf, **Abb. 3-21/3.** Wegen der Gefahr der Sandführung und der erhöhten Verockerungsmöglichkeit sollen solche Anströmspitzen möglichst vermieden werden, d. h. möglichst Ausbau zum vollkommenen Brunnen und s/H möglichst klein.

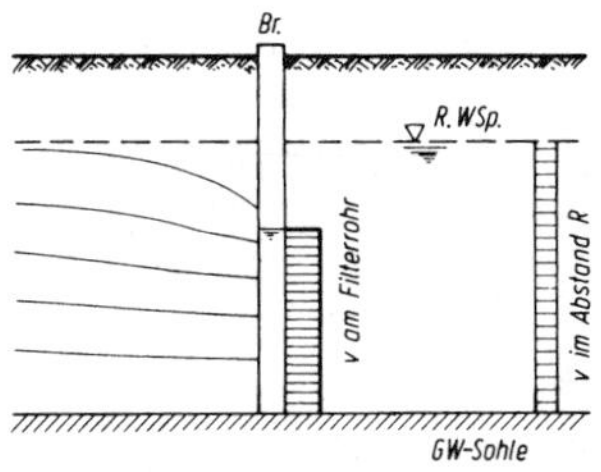

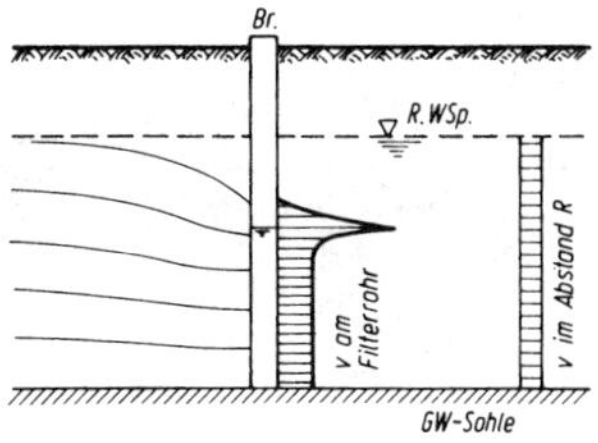

Abb. 3-21: Strömungsverhältnisse am Brunnen
Abb. 3-21/1 (oben links): Gleichmäßige Verteilung

Abb. 3-21/2 (oben rechts): Anströmspitze in Höhe des abgesenkten GWSp

Abb. 3-21/3 (unten rechts): Anströmspitzen beim unvollkommenen Brunnen

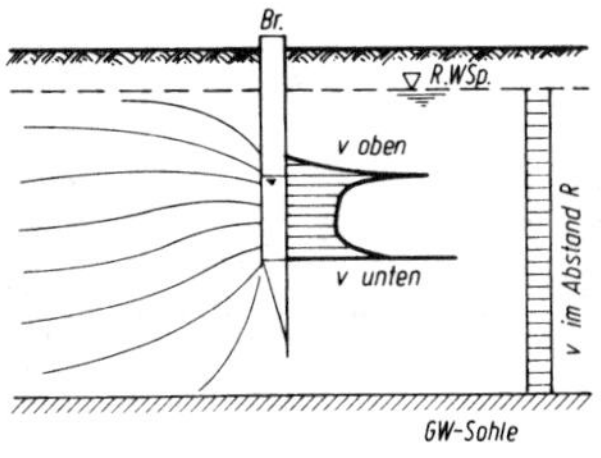

3.1.5.5.8 Auswirkung der GW-Entnahme auf den natürlichen GW-Abfluß

Die GW-Entnahme hat je nach Größe der Entnahme im Verhältnis zum natürlichen GW-Abfluß eine Auswirkung auf den GWSp und GW-Fließrichtung. Mittels eines GW-Meßstellennetzes können die veränderten GW-Höhenlinien gezeichnet und der Entnahmebereich für die jeweilige GW-Entnahme festgelegt werden; letzteres ist z. B. wichtig für die Festlegung der Schutzgebietsgrenzen. Im einfachsten Fall des GW-Vorkommens, d. i. seitlich unbeschränkt, gleichmäßiges Gefälle von GWSp und GW-Sohle, entsteht GW-stromabwärts des Entnahmebrunnens ein unterer Scheitelpunkt, von dem aus oberhalb das Wasser zum Brunnen, unterhalb abwärts weiterfließt. Dieser Scheitelpunkt ist ein Punkt des Entnahmebereichs. Der Abstand vom Brunnen entspricht dem Smekerschen Wirkungskreisradius. Oberhalb des unmittelbaren Absenkungstrichters beträgt die beanspruchte Breite des GW

$$B = Q / (k_f \cdot J \cdot H)$$

Beispiel: $Q = 0{,}030\ m^3 / s$, $k_f = 0{,}6 \cdot 10^{-3}\ m/s$, $J = 10$ v. T., $H = 15\ m$
$B = 0{,}030 / (0{,}6 \cdot 10^{-3} \cdot 0{,}010 \cdot 15) = 333\ m$

Der Abstand r_s des unteren Scheitelpunkts vom Br beträgt:

$$r_s = B/(2 \cdot \pi), \text{ Beispiel: } r_s = 333/(2 \cdot \pi) = 53\ m$$

Wenn kein engeres Beobachtungsnetz vorhanden ist, kann die Kurve des Entnahmebereichs nährungsweise als Halb-Ellipse gezeichnet werden mit:
Halbachse a = Abstand des unteren Scheitelpunkts vom ungestörten Bereich = $r_s + R$, Reichweite des Absenkungstrichters
Halbachse b = B/2
Brunnen im Brennpunkt der Ellipse

Beispiel wie vor: $B = 333\ m$, $r_s = 53\ m$
$b = 333/2 = 166{,}50\ m$,
a wird hier aus der Bedingung 3 mittels der Ellipsenformel berechnet:

$$a = (r_s^2 + b^2) / 2 \cdot r_s = 287\ m$$

Weitere Punkte des Entnahmebereichs werden berechnet mit:

$$y = (B/2\ a) \cdot \sqrt{a^2 - x^2}$$

Mit den Werten des Beispiels ist in **Abb. 3-22** der Entnahmebereich mit den GW-Höhen gezeichnet. Hieraus ist folgendes ersichtlich:

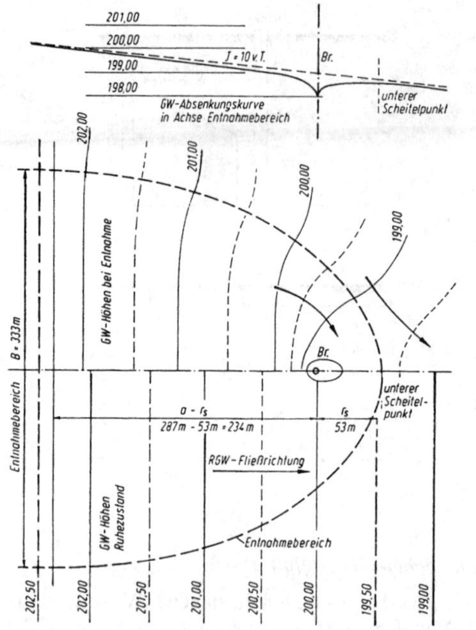

Abb. 3-22: GW-Absenkungskurve in Achse Entnahmebereich und GW-Höhen im Entnahmebereich

1.) Auch unterhalb des Entnahmebereichs eines Brunnens tritt eine Absenkung des GWSp und eine Ablenkung der GW-Fließrichtung infolge der Entnahme ein, nur fließt von dort kein Wasser mehr zum Brunnen.
2.) Unterhalb des unteren Scheitelpunkts tritt eine Senkung des GWSp ein, infolge der Verminderung des GW-Abflusses. Wenn 10 v. H. des unbeeinflußten GW-Abflusses entnommen werden, muß H nach Ausgleich der örtlichen Umlenkungen ebenfalls um 10 v. H. kleiner werden.

3.1.5.5.9 Strömungsverhältnisse bei Uferfiltration

Für den einfachsten Fall der linienförmig gleichmäßigen Infiltration entlang dem Ufer eines Oberflächengewässers und eines unbegrenzten GW-Leiters ohne Zufluß von GW in Richtung Oberflächengewässer können die GW-Höhen ermittelt werden aus der Annahme, daß ein Schluckbrunnen in gleicher Entfernung vom Ufer wie der Entnahmebrunnen, aber entgegengesetzt angeordnet ist, in welchem die gleiche Wassermenge versickert wird, wie die Entnahmemenge des Brunnens. Wenn für die Wasserentnahme eine Brunnenreihe etwa parallel zum Ufer angeordnet ist und die gegenseitigen Brunnenabstände klein gegenüber dem Abstand zum Ufer sind, kann die Brunnenreihe auch als GW-Galerie aufgefaßt werden. In der Praxis sind die Anströmverhältnisse meist viel komplizierter, so daß die wirklichen Anströmverhältnisse besser aus einem Beobachtungsnetz oder mittels Grundwassermodellen ermittelt werden.

3.1.5.6 Grundwasserentnahme mittels Mehrbrunnenanlage

3.1.5.6.1 Gegenseitige Beeinflussung von Brunnen

Wenn 2 Brunnen derart angeordnet werden, daß sich ihre Entnahmebereiche nicht überschneiden, tritt keine gegenseitige Beeinflussung ein, die Anströmverhältnisse und GW-hydraulischen Berechnungen eines jeden Brunnens entsprechen denen von Einzelbrunnen. Wenn sich die Entnahmebereiche jedoch überschneiden, wird für die Wasserentnahme eine um so größere Absenkung benötigt, je näher die Brunnen zusammenrücken, nach Holler als zusätzliches Konzentrationsgefälle bezeichnet. Die erforderliche Absenkung setzt sich zusammen aus:

$s = s_0$ (Absenkung des Einzelbrunnens) + s_z (gegenseitige Beeinflussung)

Beispiel: 2 Brunnen: $Q = 0{,}015\,m^3/s$ $s_0 = 0{,}50\,m$
und $Q = 0{,}030\,m^3/s$ $s_0 = 1{,}30\,m$

bei Brunnenabstand a = B ist $s_{01} = s_{02} = 0{,}50\,m$
bei Brunnenabstand a = 0 ist $Q = Q_1 + Q_2 = 0{,}030\,m^3/s$, $s_0 = 1{,}30\,m$
Die zusätzliche Absenkung beträgt also $s_z = s_{ges} - s_{01} = 1{,}30 - 0{,}50 = 0{,}80\,m$

Wenn somit die beiden Brunnen auf 1 Punkt zusammengerückt werden, beträgt die Mehrabsenkung $s_z = 0{,}80\,m$. Für Abstände zwischen B und 0 kann s_z angenähert als linear veränderlich angenommen werden. Es ist dann:

$$s_i = s_0 + s_z = s_0 + (s_{ges} - s_0) \cdot (B - a_i)/B$$

für o. a. Beispiel und a = 0,5 · B wird:

$$s_i = 0{,}50 + (1{,}30 - 0{,}50) \cdot (B - B/2)/B = 0{,}90$$

3.1.5.6.2 Mehrbrunnengleichung

Die Mehrbrunnengleichung nach Forchheimer lautet:

$$h_1 = \sqrt{H^2 - \frac{1}{\pi \cdot k_f} \cdot \sum_{1}^{n} \cdot Q_1 \cdot \ln R_i/r_i}$$

Hierin ist Q_i die jeweilige Entnahmerate der einzelnen Brunnen, R_i die Reichweite, r_i der Abstand des betrachteten Punktes, für welchen h_i errechnet wird. Die Unsicherheit liegt bei dieser Formel in dem schwierigen Erfassen von R der einzelnen, sich gegenseitig beeinflussenden Brunnen und den oft vorhandenen großen Unterschieden von H und k_f im Brunnenfeld.

3.1.5.6.3 Berechnung der Absenkung einer Mehrbrunnenanlage aus den Messungen der Einzel-Pumpversuche

Praxisnahe Werte der Absenkungen erhält man, wenn für die Mehrbrunnenanlage Einzelpumpversuche durchgeführt werden und dabei die jeweiligen Absenkungen in den anderen Brunnen gemessen werden. Die gemessenen Absenkungen werden jeweils um $s^2/2\,H$ vermindert, an jedem Brunnen die s_k addiert und um $s^2_{(gesamt)}/2\,H$ erhöht.
Beispiel: an 4 Brunnen wurden Einzel-PV mit je $0{,}040\,m^3/s$ durchgeführt und die Absenkungen jeweils in allen Brunnen gemessen. Es errechnet sich die Absenkung in Brunnen 1 bei gleichzeitigem Betrieb aller 4 Brunnen nach **Tab. 3-18** (Stadtwerke Fürth, Fassung I).

Tab. 3-18: Berechnung der Absenkung in einem Brunnen B_1 unter Berücksichtigung der Beeinflussung durch die Entnahme aus 3 weiteren Brunnen

Infolge Entnahme aus	Absenkung s_E in B_1 aus Einzel-PV m	Korrektur $-s_E^2/2\,H$	Absenkung s_0 in B_1 m
B_1	1,96	– 0,12	1,84
B_2	0,62	– 0,01	0,61
B_3	0,64	– 0,01	0,63
B_4	0,58	– 0,01	0,57
		Summe s_0 (B_1)	3,65
		Korrektur + $s_0^2/2\,H$	0,42
		s ges (B_1)	4,07

Gemessen wurde im durchgeführten Sammel-Pumpversuch die Absenkung in Br. 1 mit s = 3,93 m, gegenüber der Rechnung mit s = 4,07 m. Dies ergibt eine gute Übereinstimmung, obwohl erhebliche Unterschiede in den Anströmverhältnissen vorhanden waren.

3.1.5.7 Grundwasserentnahmen aus liegender Fassung

3.1.5.7.1 Grundwasser-Galerie

Die GW-Galerie erfaßt als horizontale Sickerfassung den ganzen GW-Abfluß, wenn sie auf der GW-Sohle angeordnet ist und über die ganze Breite des Aquifers reicht.

1.) freier GWSp – Abflußgleichung nach Darcy-Dupuit je m Breite, einseitiger Zufluß:

$Q = 1/2 \cdot k_f \cdot (H^2 - h^2) / R$ (m³/s) mit $R = 3000 \cdot s \cdot \sqrt{k_f}$ (nach Sichardt)

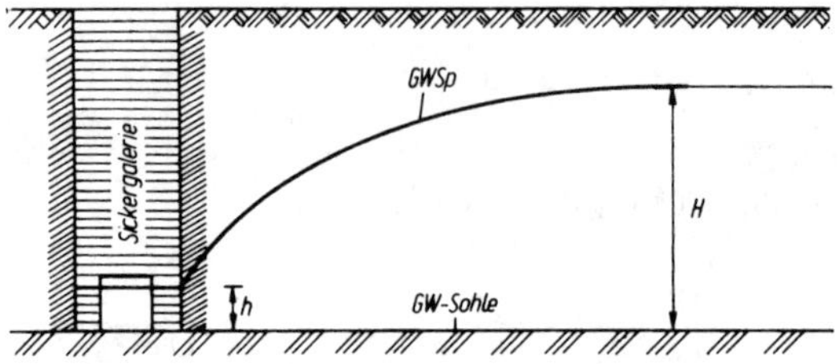

Abb. 3-23 a: Schema der GW-Absenkungskurve bei einer liegenden Wasserfassung und freiem GWSp

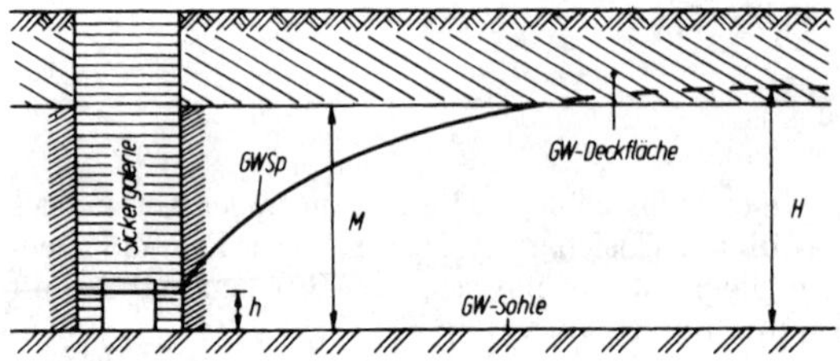

Abb. 3-23 b: Schema der GW-Absenkungskurve bei einer liegenden Wasserfassung und gespanntem GWSp

2.) Gespannter GWSp – Abflußgleichung:
$Q = k_f \cdot M \cdot (H - h)/R$ (m³/s)

3.) GW-Abfluß außerhalb des Absenkungsbereichs:
$Q = k_f \cdot J \cdot H$ je m Breite (m³/s)

3.1.5.7.2 Horizontalfilterbrunnen

Der Horizontalfilterbrunnen (HoriBr) ist GW-hydraulisch eine Kombination von horizontaler und vertikaler GW-Fassung. Die Absenkung im Sammelschacht setzt sich zusammen aus der Absenkung des GWSp und den Druckverlusten in den horizontalen Filterrohrsträngen, die erfahrungsgemäß etwa 4 mal so groß sind wie in Vollrohren. Die GW-Anströmung an einem HoriBr ist abhängig von der Zahl und Anordnung der Filterrohre. Wenn vom Schacht aus nur 2 einander gegenüberliegende Filterstränge ausgehen, dann ist wegen der Anströmspitze in Nähe der Entnahme der größte Wasserzufluß in Schachtnähe am Übergang von Filterrohr zu Vollrohr. Je größer die Zahl der Filterrohre, je kleiner k_f, um so stärker ist die gegenseitige Beeinflussung der Filterstränge und um so stärker rückt der größte Wasserzufluß zu den Filterköpfen. Wenn eine große Breite des GW erfaßt werden muß, kleines k_f und kleines H keine stärkere Erhöhung des GW-Gefälles zulassen, dann ist es vorteilhaft, eine größere Zahl von Filtersträngen und eine größere Länge des Vortriebes zu wählen. Technisch sind zwar große Vortriebslängen erreichbar, z. B. 100 m und mehr, in der Praxis werden aber die Stranglängen auf 30 bis 40 m begrenzt, da bei größeren Stranglängen die mögliche Entnahme nur wenig mehr zunimmt, wegen der gegenseitigen Beeinflussung der Filterstränge und der Zunahme des Druckverlustes in den Filterrohren. Es gibt auch hier eine Begrenzung des Brunnenfassungsvermögens.

Außerhalb des engeren Brunnenbereichs wird der GWSp ähnlich verändert wie durch eine Mehrbrunnenanlage mit Einzelbrunnen an den Filterstrangköpfen. Wegen der komplizierten Strömungsverhältnisse gibt es keine exakte analytische Berechnung. Brauchbar hat sich die aus Modellversuchen entwickelte Formel von Falke erwiesen:

$$Q = ß \cdot \mathrm{tg}\,\alpha \cdot k_f^{1/3} \cdot s$$

Abb. 3-24 a: Bemessungstafel für Horizontalfilterbrunnen für $h_R/H = 0{,}3$ (nach Falke)

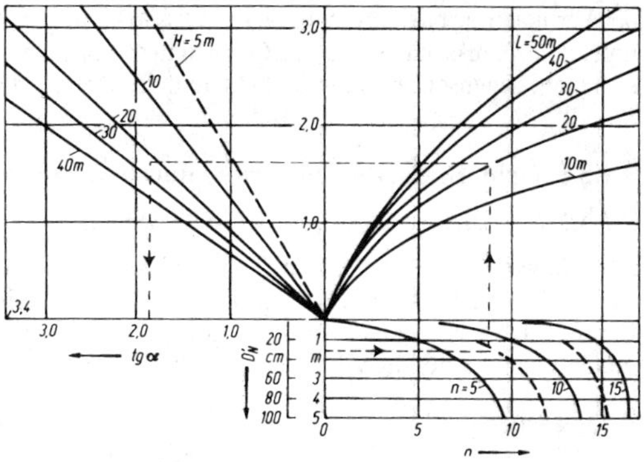

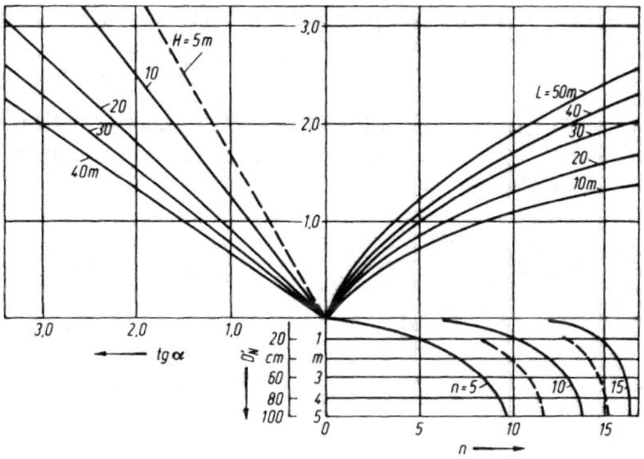

Abb. 3-24 b: Bemessungstafel für Horizontalfilterbrunnen für $h_R/H = 0{,}15$ (nach Falke)

wobei $\beta = 0{,}31 - 0{,}34$ (aus Versuchen), tg α in Abhängigkeit von D'_N = Filterrohrdurchmesser + Entsandungsbereich, n = Zahl der Filterstränge, L = mittlere Filterrohrlänge, H = Mächtigkeit des Aquifers, h_R = Höhenlage des Filterrohres über GW-Sohle. tg α wird aus der Bemessungstafel nach Falke, **Abb. 3-24,** entnommen.

Beispiel: HoriBr, H = 16,30 m, n = 6, L = 20 m, h_R = 5,00 m,
$k_f = 1{,}3 \cdot 10^{-3}$ m/s, s = 1,40 m, D'_N = 30 cm

1. HoriBr

nach Falke: $h_R/H = 5{,}00/16{,}30 = 0{,}6$, somit nach **Abb. 3-24 a**
hieraus $\beta = 0{,}31$, tg $\alpha = 1{,}26$
$Q = 0{,}31 \cdot 1{,}26 \cdot \sqrt[3]{0{,}0013} \cdot 1{,}40 = 0{,}060\ m^3/s$

gemessen wurde $Q = 0{,}060\ m^3/s$, bei s = 1,40 m

2. VertikalBr. an gleicher Stelle. DN 600, s = 3,40 m
nach Sichardt $R = 3000 \cdot 3{,}40 \cdot \sqrt{0{,}0013} = 367{,}8$ m
nach Dupuit $Q = \pi \cdot 0{,}0013\ (16{,}30^2 - 12{,}90^2) / \ln 367{,}8/0{,}60 = 0{,}063\ m^3/s$

gemessen wurde $Q = 0{,}062\ m^3/s$.

3. Nach Nöring: grob angenähert kann die Formel für Einzelbrunnen verwendet werden, wenn
$r_B = 0{,}75 \cdot$ mittlere Stranglänge, hier 30 m, s = 3,40 m
$Q = \pi \cdot 0{,}0013\ (16{,}30^2 - 12{,}90^2) / \ln (367{,}8/0{,}75 \cdot 30) = 0{,}145\ m^3/s$

gemessen wurde $Q = 0{,}150\ m^3/s$ bei s = 3,40 m

Aus dem Beispiel ist ersichtlich, daß bei gleichem Q die Absenkung s beim HoriBr nur rd. $0{,}4 \cdot$ Absenkung des Vertikalbr. ist, bzw. bei gleicher Absenkung s = 3,40 m ist Q des HoriBr rd. das 2,5 fache des Vertikalbr. Je nach örtlichen Verhältnissen können die Unterschiede bis zum 3–4 fachen betragen, immer unter der Voraussetzung, daß die GW-Bilanz stimmt, die Vertikalbr. einen so großen Abstand haben, daß sie sich nicht gegenseitig beeinträchtigen und das Brunnenfassungsvermögen ausreicht.

3.1.5.8 Grundwasseranreicherung durch Versickerung

3.1.5.8.1 Versickerung mittels Schluckbrunnen

Das Sickerwasser wird mittels der Schluckbrunnen direkt in den Aquifer eingebracht. Die GW-hydraulischen Verhältnisse sind dabei umgekehrt wie bei der gleich großen Entnahme. Die Versikkerungskurve ist deshalb das Spiegelbild der Absenkkurve. Mit den in **Abb. 3-25** verwendeten Bezeichnungen lautet die Gleichung für die Berechnung der Sickerwasserrate

bei ungespanntem GWSp:

$$Q_S = \pi \cdot k_f \cdot (2\,H \cdot ü + ü^2) / \ln R/r$$

bei gespanntem GWSp, wobei H_0 = Höhe des Aquifer:

$$Q_S = 2 \cdot \pi \cdot k_f \cdot H_0 \cdot ü / \ln R/r$$

Analog ist die Infiltrationskurve Q_S/ü das Spiegelbild der Wasserandrangkurve Q/s. Aus dem PV für die GW-Entnahme können demnach die Werte für die Versickerung mittels Schluckbrunnen entnommen werden.

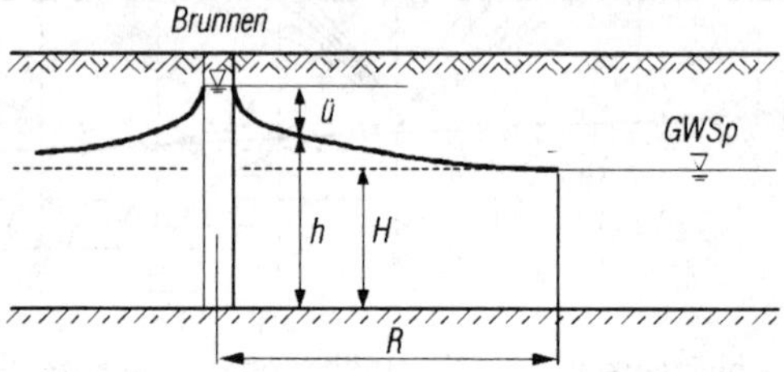

Abb. 3-25: Grundwasserversickerungskurve bei einem Schluckbrunnen

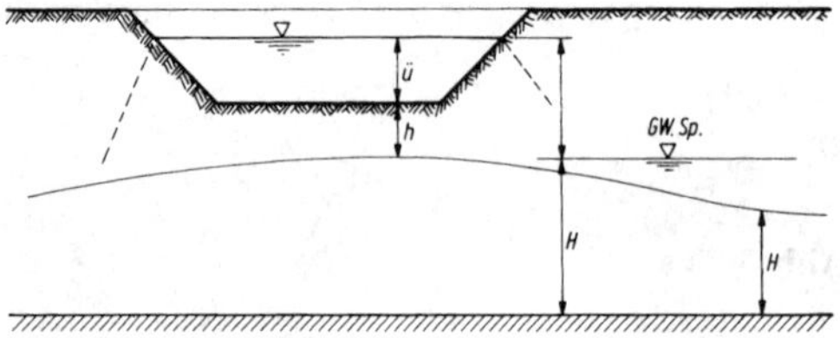

Abb. 3-26: Grundwasser-Versickerungskurve bei einem Sickerbecken

3.1.5.8.2 Versickerung oberhalb des GW mittels Sickerbecken, Sickergräben

Bei der Versickerung oberhalb des GWSp mittels Sickerbecken oder Sickergräben wird das Sickerwasser nicht unmittelbar in den Aquifer eingeleitet. Das Wasser versickert zunächst bis zum GWSp vertikal, zunächst im ungesättigten Bereich. Der GWSp wird mit der Zeit unterhalb der Versikkerungsfläche aufgehöht bis zum Erreichen eines Gleichgewichtszustandes, **Abb. 3-26.** Zunker hat für die Sickergeschwindigkeit angegeben:

$$v_S = k_S \cdot (h + ü)/h$$

Nach Schönwälter beträgt aufgrund von Versuchen: $k_S = 0{,}5 \cdot k_f$.
Wegen der sehr unterschiedlichen Schichtlagerung ist es fast immer notwendig, k_S aus eigenen Schluckversuchen zu ermitteln.
Die Sickerwasserrate errechnet sich aus:

$$Q_S = k_S \cdot F_S \cdot (h + ü)/h$$

Aus der Gleichung ist ersichtlich, daß die mögliche Sickerwasserrate bei gleichem Überstau um so größer ist, je kleiner h ist. Wenn der aufgehöhte GWSp die Sohle der Sickerfläche erreicht hat, wird $h = 0$, die Gleichung ist dann nicht mehr gültig. Hier muß dann mit der Versickerung in das GW gerechnet werden.

3.1.5.9 Grundwassermodelle

Grundsätzlich stellt jede Interpretation einer GW-hydraulischen Situation ein Modell dar. Die in den vorherigen Kapiteln verwendeten Gleichungen sind *analytische Modelle,* die von vereinfachenden Annahmen ausgehen, wie sie in der Natur nicht ganz zutreffen. Wird die GW-hydraulische Situation jedoch durch das Vorliegen z. B. unregelmäßiger hydrogeologischer Berandungen oder mehrerer GW-Stockwerke oder einer vollständig 3-dimensionalen Strömung komplexer, erreichen diese Rechenverfahren schnell ihre Grenzen. Zur Lösung solcher Probleme können *numerische Grundwassermodelle* eingesetzt werden, die sich heute durch benutzerfreundliche Programme und leistungsfähige PC etabliert haben. Eine gute Einführung in die GW-Modellierung mit zugehörigem Computerprogramm sowie weiterführende Literatur finden sich auf S. 132 ff.

Die Klassifikation von GW-Modellen erfolgt häufig nach der Lösungsmethode in *Finite-Differenzen-* sowie *Finite-Elemente-Modelle.* Weitere Unterscheidungsmerkmale sind die Dimensionalität *(1-D, 2-D-horizontal und 2-D-vertikal und 3-D)* sowie physikalische Optionen *(z. B. gespannter/freier Aquifer, Strömung/Transport).* Grundlage all dieser Modelle ist die Diskretisierung eines Untersuchungsgebietes in einer Vielzahl kleiner Teilgebiete (Elemente). Für jedes dieser Elemente muß die Strömungsgleichung aus der Kontinuitätsbedingung sowie dem Gesetz von DARCY (für Porengrundwasserleiter) bestimmt werden.

Die Vorgehensweise bei der Modellierung kann in folgende Arbeitsschritte gegliedert werden:

- Definition der Problemstellung
- Erarbeitung der hydrogeologischen Modellvorstellung (konzeptionelles Modell)
- Wahl der Geometrie und der Ränder
- Eingabe der Daten und Parameter aus Voruntersuchungen
- Kalibrierung des Modells an gemessenen Daten:
  Die Kalibrierung beinhaltet eine gezielte Variation der Parameter, die zugehörige Simulation der GW-Strömung sowie eine anschließende Überprüfung der Übereinstimmung und Plausibilität der berechneten Ergebnisse. Die Kalibrierung ist ein iterativer Prozeß, der ggf. sogar die Überarbeitung der hydrogeologischen Modellvorstellung beinhalten kann.
- Verifizierung des Modells an einem von der Kalibrierung unabhängigen Zustand
- Prognoserechnungen mit dem Modell

Zur Bewertung der Unsicherheiten des GW-Modells gibt es verschiedene Möglichkeiten. Durch Simulation verschiedener Szenarien mit unterschiedlichen Randbedingungen (in hydrogeologisch/geohydraulisch sinnvollen Grenzen) läßt sich die Bandbreite der Ergebnisse abschätzen. Eine Extrembetrachtung (worst case) läßt sich durch eine Kombination ungünstiger Randbedingungen erreichen.

Die GW-Modelle werden im allgemeinen für Porengrundwasserleiter und feinklüftige Festgesteine eingesetzt. Für GW-hydraulische Probleme in grobklüftigen Festgesteinen sind spezielle GW-Modelle erforderlich, deren Ansatz eine Kombination von Matrix und Klüften erlaubt (Doppelkontinuum-Modelle). Zu näheren Einzelheiten sei hier auf die Literatur verwiesen (siehe S. 132 ff.).

In ähnlicher Weise muß bei der Modellierung von stark verkarsteten Grundwasserleitern die Besonderheit großer Karströhren und -höhlen beachtet werden. Eine Modellierung ist nur möglich, wenn Lage und Verlauf dieser Hohlräume bekannt sind. Insbesondere gilt hier das DARCY-Gesetz nicht mehr und muß durch entsprechende Strömungsgleichungen ersetzt werden.

3.1.6 Grundwasser-Hydraulik in Kluft-Grundwasserleitern

Kluft-GW-Leiter haben eine sehr geringe Porosität von etwa 1–2 v. H., die sowohl horizontal wie vertikal meist stark wechselt. Das GW fließt in den Spalten und Klüften der Schwerkraft folgend, es hat somit eine GW-Fließrichtung, GW-Gefälle und GW-Fließgeschwindigkeit, die aber stark wechseln. Die Strömungsvorgänge sind abhängig von der Richtung, Art und Weite der Spalten und Klüfte und dem Verlauf des Kluftsystems. Die allgemeine GW-Fließrichtung wird ferner bestimmt durch die Neigung der geologischen Formation und der Lage des Vorfluters.

Das GW ist in Festgesteinen i. a. auf mehrere GW-Stockwerke verteilt und kann unterschiedlich gespannt und ergiebig sein.
Diese erheblichen Unterschiede gegenüber den Poren-GW-Leitern verhindern, daß die GW-Strömungen in Kluft-GW-Leitern nach den gleichen Strömungsgesetzen wie bei den Poren-GW-Leitern berechnet werden. Es gibt daher ein falsches Bild, wenn für Kluft-GW-Leiter ein k_f angegeben wird. Wichtig ist eine eingehende geologische und klufttektonische Erkundung des vermuteten Einzugsgebiets, evtl. ergänzt durch Kernbohrungen und Markierungsversuche. Die benötigten Werte GWSp, GW-Fließrichtung, GW-Fließgeschwindigkeit, Wasserandrangkurve usw. müssen daher aus Bohrungen, Bohrlochvermessungen, Pumpversuchen, GWSp-Messungen ermittelt werden. GW-Andrangkurve ist meist wegen des gespannten Aquifers eine Gerade. Die spezifische Ergiebigkeit ist erheblich kleiner als bei Poren-GW-Leitern, oft kleiner als 1 l/s je m. Zur Ermittlung der Dauerergiebigkeit muß die Wasserbilanz aufgestellt werden.
Im Bereich von Tälern und in der Nähe von Verwerfungen ist die Klüftigkeit der Festgesteine und damit die Wasserhöffigkeit meist größer als abseits davon.

3.1.7 Grundwasser-Hydraulik in Karst-Grundwasserleitern

Die GW-Strömung in Karst-GW-Leitern ist besonders kompliziert und unregelmäßig, weil das GW in Hohlräumen von ständig wechselndem Querschnitt und Tiefenlage fließt, wobei Kanäle, Abstürze, Becken mit freiem WSp und Druckbereichen sowie Heberstrecken vorhanden sein können. Das GW fließt hierin mit stark wechselnden, oft sehr hohen Geschwindigkeiten, z. B. in der Fränkischen Alb v_a = 10–400 m/d und im Mittl. Muschelkalk v_a = 5–15 m/d.
Zur Ermittlung der Strömungsverhältnisse werden die Verfahren wie bei den Kluft-GW-Leitern verwendet. Häufig werden Farbversuche durchgeführt, da bei den hohen Geschwindigkeiten und der geringen Zurückhaltung der Farbstoffe die Färbung schnell und gut erkennbar ist, was bei den oft unerwarteten Austritten des Wassers vorteilhaft ist.

3.1.8 Quellen

3.1.8.1 Arten

Die Quelle ist ein natürlich zu Tage tretendes GW, somit gelten hierfür alle Ausführungen über das GW in gleicher Weise. Man unterscheidet je nach Austrittsart folgende Hauptarten von Quellen **(Abb. 3-27)**:
1.) Schichtquelle – Die GW-Sohlschicht liegt über dem Vorfluter. Das Tal des Vorfluters hat sich also in undurchlässige Schichten eingetieft. Das GW fließt in dünner Schicht über die Sohlschicht und tritt an mehreren Stellen im Bereich der Vertiefungen der Sohlschicht beim Auskeilen aus.
2.) Stauquelle – Die GW-Sohlschicht liegt unter der Talsohle. Das GW wird durch eine undurchlässige Deckschicht in Spannung gehalten, hat an einer oder mehreren Stellen die Deckschicht durchbrochen und steigt dort artesisch auf.
3.) Überlaufquelle – Die GW-Sohlschicht liegt unter der Talsohle. Das Tal ist mit undurchlässigem Auelehm angefüllt. Das GW läuft am Rande der Talauffüllung über.
Eine weitere Art von Überlaufquellen entsteht, wenn Geländeoberfläche und GW-Sohlschicht zwar entgegengesetzte Neigung haben, das GW aber infolge der Ausdehnung des Einzugsgebietes und der Geländeneigung an dem Ausstreichen der Sohlschicht zum Überlauf kommt.
4.) Verwerfungsquelle – Das GW tritt infolge artesischer Spannung aus tiefer liegenden wasserführenden Schichten in den Spalten der Verwerfung zutage. Es ist dies hauptsächlich bei den Mineralquellen die Entstehungsursache.
5.) Höhlen- oder Karstquellen – Das versickernde Niederschlagswasser sammelt sich in den großen Hohlräumen und fließt als unterirdischer Wasserlauf bis zu dem nächstgelegenen Vorfluter. Kennzeichen sind schnelles Reagieren auf Niederschläge, Trübwerden. Sie kommen hauptsächlich im Weißjura, Karstgebirge vor.
6.) Sekundärquellen – Sie entstehen, wenn ein Oberflächenwasser, Bach- oder Flußwasser in einen Bereich großer Durchlässigkeit kommt, so daß es ganz oder teilweise versickern kann. Bei Verengung des Durchflußquerschnittes der wasserführenden Gesteinsschichten wird das Wasser wieder zutage treten. Diese Art von Quellen ist sowohl in Tälern mit alluvialer Talauffüllung als auch in Karstgebieten möglich. Das bekannteste Beispiel ist die Donauversickerung bei Immendingen.

Karst- und Sekundärquellen scheiden im allgemeinen für die Verwendung zu zentralen Wasserversorgungsanlagen aus.

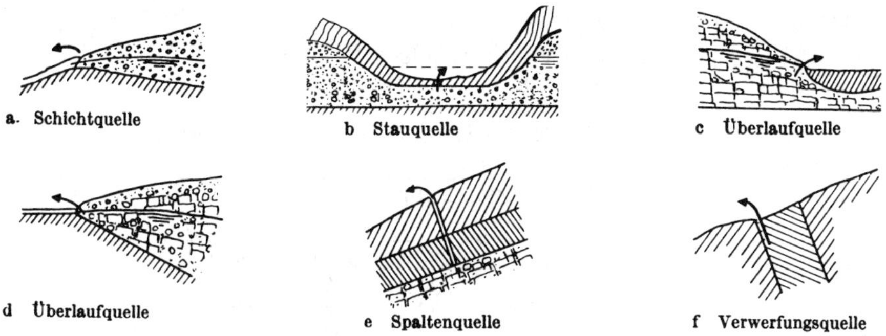

Abb. 3-27: Arten der Quellen

3.1.8.2 Quellen-Erkundung

Die örtliche Lage der Quelle ist bekannt durch Karten, Angaben von Ortsansässigen und Geländebegehungen. Zur Beurteilung der Art der Quelle und damit der geeigneten Quellfassung muß das hydrogeologische Profil des Quellgebietes und das Einzugsgebiet ermittelt werden. Hierfür werden die gleichen Verfahren wie für die GW-Erkundung benützt.

3.1.8.3 Quellen-Hydraulik

3.1.8.3.1 Schichtquelle

Die GW-Fließverhältnisse entsprechen denen eines GW. Am Austrittsort der Quelle liegt die GW-Sohle als „Schichtgrenze" der Quelle fest und damit auch die Höhe des WSp entsprechend dem GW-Abfluß = Quellschüttung. Die Quelle ist eine natürliche horizontale Wasserfassung, welche bereits das gesamte Wasser ihres Einzugsgebietes erfaßt. Eine Erhöhung der Quellschüttung, etwa durch Tieferlegen der Sohle ist nicht möglich. Wenn bei den Fassungsarbeiten Bodenwiderstände beseitigt werden, kann vorübergehend eine Erhöhung der Quellschüttung eintreten, nach Erreichen des Gleichgewichtszustandes geht die Quellschüttung aber wieder auf die alten Werte zurück. Die Höhenlage des WSp schwankt bei Schichtquellen nur wenig. Dagegen sind mehr oder weniger große Schwankungen der Quellschüttung vorhanden, in Abhängigkeit von der GW-Neubildung und der Durchlässigkeit des GW-Leiters. Je größer die Durchlässigkeit ist, um so größer ist die Fließgeschwindigkeit und damit auch die Schwankung der Quellschüttung. Zu beachten ist dabei, daß hier das GW-Gefälle oft sehr stark von einer stark geneigten GW-Sohle beeinflußt wird. Je größer die Schwankungen der Quellschüttung sind, um so größer ist auch die hygienische Gefährdung. Die Schwankungsbreite der Quellschüttung $Q_{min} : Q_{max}$ wird bei 1 : 1–10 mit sehr gut, 1 : 10–20 mit gut, bei 1 : über 50 mit ungünstig beurteilt.
Die Ergiebigkeit der Quelle wird durch Messung der Quellschüttung (z. B. mit Eimer oder Meßwehr) über einen möglichst langen Zeitraum, möglichst mit einem Trockenjahr, festgestellt, Dauer mind. 2 Jahre. Notwendig ist der Vergleich mit nahegelegenen Testquellen, die von den WWA oder benachbarten WVU gemessen werden, um wirklichkeitsnahe Grenzwerte zu erhalten.

3.1.8.3.2 Stauquelle

Die Stauquelle ist der natürliche Aufbruch eines gespannten Aquifers. Die GW-Strömungsverhältnisse entsprechen somit denen eines Brunnens im gespannten Aquifer. Durch Absinken des GWSp ist es hier möglich, eine größere Wasserentnahme zu erreichen als die ursprüngliche Quellschüttung.

3.1.8.3.3 Sonstige Arten der Quellen

Je nach den örtlichen Verhältnissen können die hydraulischen Verhältnisse mehr denen einer Schichtquelle oder denen einer Stauquelle entsprechen; diese müssen örtlich erhoben werden.

3.2 Wasserfassungen

3.2.1 Arten der Wasserfassungen

Die hauptsächlichsten Arten der Fassung von Wasser für WV-Anlagen sind:
1.) Quellfassungen – Schichtquelle, Stauquelle, Stollenfassung

Tab. 3-19: Wasserförderung der öffentlichen Wasserwerke aus Grundwasser, Quellwasser und Oberflächenwasser in Deutschland nach BGW-Statistik

Bezeichnung	1965 (alte BL) $10^6 m^3$	v. H.	1991 (D) $10^6 m^3$	v. H.	1997 (D) $10^6 m^3$	v. H.
echtes Grundwasser	1 713	46,4	3 614	63,0	3 020	64,7
Quellwasser	627	17,0	402	7,0	337	7,2
Uferfiltrat	534	14,5	361	6,3	212	4,5
angereichertes Grundw.	530	14,4	528	9,2	478	10,2
Flußwasser	63	1,7	83	1,4	56	1,2
Seewasser	65	1,7	166	2,9	150	3,2
Talsperrenwasser	158	4,3	586	10,2	421	9,0
Gesamtförderung	3 690	100,0	5 740	100,0	4 674	100,0

2.) Grundwasserfassung – vertikale Fassung: Schlagbrunnen, Schachtbrunnen, Bohrbrunnen. Horizontale Fassung: GW-Galerie, Stollenfassung, Horizontalfilterbrunnen
3.) Oberflächenwasserfassung – Zisterne, Trinkwassertalsperre, Seewasserfassung, Flußwasserfassung

In der **Tab. 3-19** ist die Wassergewinnung der öffentl. Wasserwerke nach den verschiedenen Vorkommen Grundwasser, Quellwasser und Oberflächenwasser dargestellt. (BGW-Statistik)
Der Tabelle kann entnommen werden, daß der Anteil von Quellwasser ständig abgenommen hat. Das hängt auch damit zusammen, daß Quellwasservorkommen häufig oberflächennah und somit bakteriologisch gefährdet sind. Nicht selten treten gerade nach Starkniederschlägen bakteriologische Belastungen auf. Zu dem versauern Quellwässer im alten Gebirge zunehmend und können dadurch vermehrt Aluminium und Schwermetalle lösen. Ohne Aufbereitung können Quellwässer die hygienischen und hydrochemischen Anforderungen der Trinkwasserverordnung immer weniger erfüllen. Dagegen ist aus Brunnen gefördertes GW meist durch gute Deckschichten oder zumindest durch lange vertikale Sickerwege vor bakteriologischen Belastungen und Versauerung ausreichend geschützt.

3.2.2 Wahl der Wasserfassung

Maßgebend für die Wahl der Wassergewinnungsstelle und Art der Wasserfassung sind: benötigte Wassermenge, hydrogeologische Verhältnisse, Wasserbilanz, Wasserbeschaffenheit, Möglichkeit des Einrichtens wirksamer Schutzgebiete, Grundstückserwerbsmöglichkeit, Einordnung in die wasserwirtschaftlichen und sonstigen Planungen, Wirtschaftlichkeit der Erschließung und Beileitung.
Bei der Wahl der Wassergewinnung ist diejenige vorzuziehen, welche die beste Wasserbeschaffenheit und den besten Schutz bietet und ohne oder mit einfacher Aufbereitung ausgenützt werden kann, so daß sich etwa folgende Reihenfolge ergibt:
1.) Grundwasser, Quellen, ohne Aufbereitung
2.) wie vor, mit Aufbereitung
3.) Grundwasser, mit Anreicherung durch Infiltration von aufbereitetem Oberflächenwasser
4.) Trinkwassertalsperren
5.) Seewasserentnahme
6.) Flußwasserentnahme

Zu beachten ist, daß die Wassergewinnungsanlage den größten Tagesbedarf liefern muß, wenn eine Speicherung zum Ausgleich der täglichen Verbrauchsschwankungen vorhanden ist, jedoch den größten Stundenbedarf, wenn kein solcher Speicher verfügbar ist. Zur Vermeidung von Spitzenbelastungen der Wassergewinnungsanlagen sollten möglichst immer Speicher mit eingebaut werden. Im Hinblick auf die Schwierigkeiten bei späteren Erweiterungen der Wassergewinnungsanlage sind bei der Bemessung ausreichende Reserven zu berücksichtigen.

3.2.3 Quellfassungen

3.2.3.1 Vorbereitende Erhebungen

3.2.3.1.1 Austrittsart

Für die Wahl und Aufschürfung von Quellen ist die Art und Ursache des Zutagetretens des GW genau festzustellen, da hiervon die Bauart der Quellfassung wesentlich abhängt. Die Quellen werden nach der Art des Quellaustritts bezeichnet mit: Schichtquelle, Stauquelle, Überlaufquelle, Verwerfungsquelle, Karstquelle, Sekundärquelle. Die Hydrologie der Quellen ist in Abschnitt 3.1.8 dargestellt.

3.2.3.1.2 Wasserdargebot

Zur Feststellung der nutzbaren Quellschüttung wird zunächst die Quellaustrittsstelle vorsichtig freigelegt. In dem Ablaufgraben der Quelle werden in der Nähe der Quelle und in einiger Entfernung (100–200 m) Meßvorrichtungen eingebaut. Die zweite Meßstelle ist notwendig, um auch vorerst noch unsichtbar abfließende Nebenaustritte der Quelle mit zu erfassen. Die Schüttung ist über einen möglichst langen Zeitraum, mindestens über 1 Jahr, in Abständen von 8–14 Tagen zu messen und das Verhalten insbesondere nach starken Niederschlägen, nach der Schneeschmelze und nach längeren Trockenperioden zu beobachten.
Das Meßergebnis ist mit den Niederschlagshöhen graphisch aufzutragen und mit den Ergebnissen benachbarter, bekannter Quellen zu vergleichen. Nur die Messung liefert eine einwandfreie Grundlage. Die Schüttungsschwankungen zwischen Geringst- und Höchstschüttung sollen zwischen 1 : 1 bis 1 : 10 liegen. Größere Schwankungen deuten auf Vorhandensein zahlreicher Spalten hin, so daß hier das Einzugsgebiet genau zu überprüfen ist. Schwankungen über 1 : 50 sind als bedenklich anzusehen, da die Filterwirkung des Bodens zu gering ist.
Die Auswirkungen der Quellableitung auf den Naturhaushalt ist abzuschätzen. Gegebenenfalls ist ein Mindestrestabfluß zu gewährleisten.

3.2.3.1.3 Temperatur

Mit den Schüttungen sind auch laufend Temperaturmessungen des Quellwassers und der Luft durchzuführen. Die Temperaturschwankungen des Wassers innerhalb eines Jahres sollen kleiner als 2 °C sein.

3.2.3.1.4 Wasserbeschaffenheit

Für die Auswahl der für eine Wasserversorgungsanlage vorgesehenen Quellen ist eine chemische Untersuchung des Quellwassers erforderlich. Vor der Probenentnahme muß die Quellaustrittsstelle freigelegt werden. Die chemische Untersuchung sollte nach Möglichkeit nach längeren Niederschlägen wiederholt werden. Hierbei ist auch Farbe, Trübung, Schlamm- und Sandführung zu prüfen. Die mikrobiologische Untersuchung von Quellwasser vor sachgemäßer Fassung gibt kein zuverlässiges Bild wegen der möglichen sekundären Verunreinigung. Unerläßlich ist dagegen die Begutachtung der Lage der Quelle und des Einzugsgebietes – insbesondere im Hinblick auf den wirksamen Schutz des GW-Leiters vor bakteriologischen Verunreinigungen (ausreichende Überdeckung!) und auf die Gefahr der zunehmenden Versauerung hin. In den vergangenen Jahren mußten häufig Quellen wegen wiederholter bakteriologischer Belastung aufgegeben werden. Die Ursachen waren in vielen Fällen in der unzureichenden Überdeckung des GW-Leiters zu suchen.

3.2.3.2 Aufschürfen von Quellen

Für die Fassung der einzelnen Arten von Quellen gibt es zwar verschiedene Regeln und Regelpläne, die bauliche Form der Fassung ist aber fast in jedem Fall verschieden. Sie kann erst endgültig festgelegt werden, wenn die Quelle in ausreichendem Maße bis an die Stelle aufgeschürft und aufgeschlossen ist, an der eine Fassung in hygienisch und technisch einwandfreier Weise möglich ist. Quellen sind mit genügender Überdeckung und ohne Rückstau zu fassen. Bei Quellen mit freiem Wasserspiegel, also Schichtquellen und Überlaufquellen, soll die Überdeckung des Wasserspiegels einige Meter betragen, um einen ausreichenden Schutz vor Verunreinigungen zu gewährleisten.
Bei den Schürfarbeiten wird den Wasseraustrittsstellen nachgegraben, bei hangseitigem Austritt somit durch horizontales Weiterführen des Schlitzgrabens unter möglichster Vermeidung der Verletzung von

undurchlässigen Sohlschichten, bei Aufsteigen des Wassers von unten durch Vertiefen der Schürfgrube unter Wasserhaltung. Über die Schürfarbeiten sind laufend Lageplan- und Höhenplanskizzen mit Eintragung der jeweils vorhandenen Wasseraustrittsstellen anzufertigen. Sie sind eine wichtige Unterlage für den Entwurf der Quellfassung.

3.2.3.3 Schichtquellenfassung

3.2.3.3.1 Aufschürfen einer Quelle

Bei der Fassung von Schichtquellen muß vermieden werden, daß im unmittelbaren Bereich die undurchlässige GW-Sohlschicht verletzt oder gar durchstoßen wird, da sonst die Gefahr des Durchfallens des Wassers besteht. Ein Aufstauen des Wassers ist unter allen Umständen zu vermeiden, damit die Quelle nicht seitlich ausbricht. Die Schürfung wird aus der Sohlschicht so weit in den Hang geführt, bis eine ausreichende Überdeckung erreicht ist.

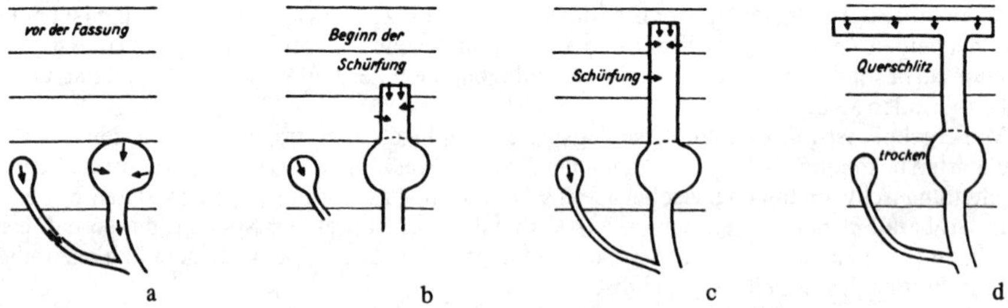

Abb. 3-28: Ablauf der Schürfung einer Schichtquelle

Etwaige seitliche Zutritte bleiben zunächst liegen. Sodann wird der Schürfgraben seitlich geführt, bis die im Stichgraben vorhandenen seitlichen Wasserauftritte im Querschlitz erfaßt sind. In **Abb. 3-28** ist der Ablauf der Schürfung dargestellt.

Die Fassung der Schichtquelle besteht aus der Sickergalerie, dem Ableitungskästchen der Ableitung und dem Übereich und dem Sammelschacht. In **Abb. 3-29** und **Abb. 3-30** ist die Fassung einer Schichtquelle dargestellt.

3.2.3.3.2 Sickergalerie

Das Quellwasser wird in gelochten Rohren zu dem Ableitungskästchen geleitet, von dem aus die Ableitung in dichten Rohren zum Sammelschacht und der Übereichleitung zum Vorfluter führt. Die Sickerrohre werden für die größte Quellschüttung von v = 0,2–0,4 m/s bemessen, ein Rückstau darf nicht eintreten. Mindest-DN der Sickerrohre 100 mm.

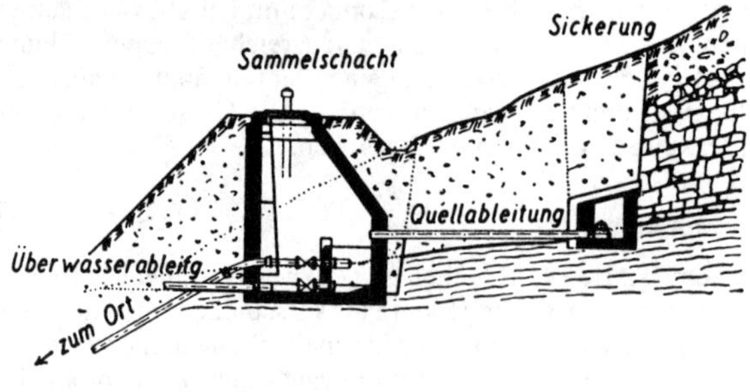

Abb. 3-29: Schichtquellenfassung. Querschnitt durch Sickergalerie und Sammelschacht

Die Übereichleitung muß die höchste bekannte Quellschüttung ohne Rückstau der Quelle abführen können. Die Ableitung zum Sammelschacht wird für die größte, zur Nutzung vorgesehene Quellschüttung bei halbvollem Rohr und v = 0,5 m/s bemessen. Die Sickerrohre werden mit einer Steinpackung umgeben. Zur Verhinderung von Wasserverlusten wird talseits eine Betonmauer auf der Sohlschicht errichtet, die eine weitere Dichtung mit Wasserletten (Ton) erhält. Besonders sorgfältig und mit größter Dicke ist die Dichtung im Bereich des Stichgrabens und des Ableitungsgrabens auszuführen. Zur Verhinderung des Eindringens von Oberflächenwasser wird die Sickergalerie mit einer Beton-, darüber einer Lettendecke abgedeckt, welche gut in den stehenden Boden einzubinden sind. Die Fassung ist mit möglichst undurchlässigem Material aufzufüllen und Rasen anzusäen. Die Lage der Sickergalerie ist durch Markierungssteine zu kennzeichnen. Etwas hangaufwärts der Fassung, meist am Rande des Fassungsbereichs ist ein kleiner Graben zum unmittelbaren Abfangen von Tagwasser anzuordnen.

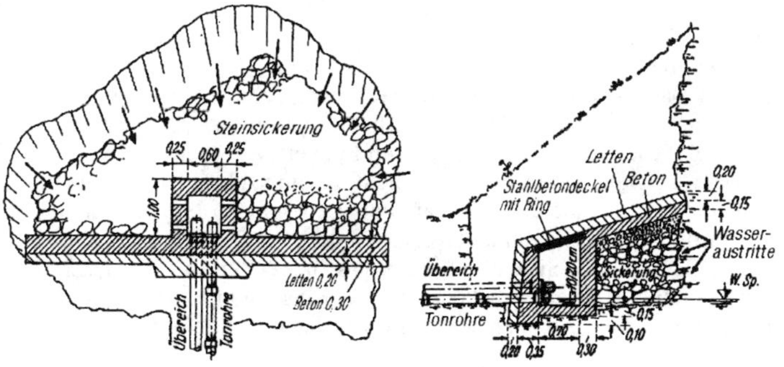

Abb. 3-30: Schichtquellenfassung

3.2.3.3.3 Sammelschacht

Der Sammelschacht dient zur Aufnahme der erforderlichen Armaturen und Bedienungseinrichtungen. Auch beim Zusammenschluß von mehreren Quellen sind solche Sammelschächte erforderlich. Der Einstieg in Quellschächten darf nicht über dem Wasserspiegel liegen. Vom Trockenraum aus müssen die Armaturen leicht bedienbar und die erforderlichen Wassermessungen ausführbar sein. Die Entnahmeleitung soll 0,30–0,50 m über der Sohle liegen. Die Wasserkammern erhalten Entleerungsleitungen mit Schieber. Das Überwasser muß durch die Übereichleitung ohne Rückstau auf die Quellfassung abgeführt werden können. Entleerungs-, Übereich- und Tauwasserleitung des Sammlers werden außerhalb zusammengeführt und in einem Auslaufbauwerk in den Vorfluter geleitet. Der Ablauf ist mit Froschklappe und Gitter überdeckt auszuführen, zur Verhinderung von Beschädigungen und Eindringen von Kleintieren. Für die Schüttungsmessung ist der Einbau eines Überfallmeßwehres zweckmäßig. Bei Sandführung ist ein besonderer Sandfang vorzuschalten, um zu verhindern, daß Sand in das Rohrnetz gelangt (Bemessung s. Abschnitt 4.2.2.1.2). Die Oberkante der Schachtabdeckung soll mindestens 0,25 m über Gelände liegen. Eine Lage des Schachtes im Hochwasserbereich ist zu vermeiden.

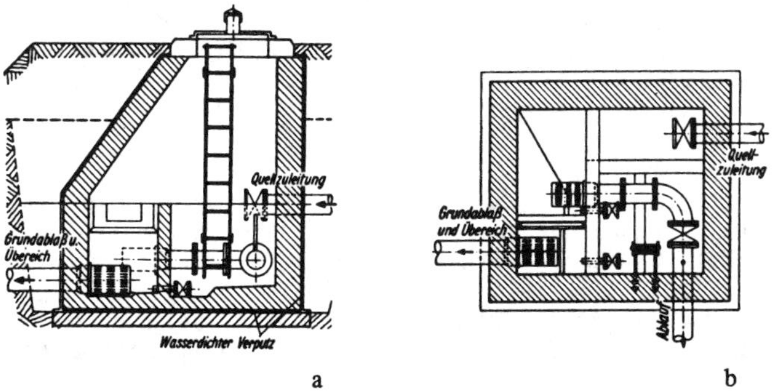

a b *Abb. 3-31: Sammelschacht*

3.2.3.4 Stauquellenfassung

Die Stauquelle muß an der Quellaufbruchstelle gefaßt werden, die Fassung kann nicht wie bei der Schichtquelle in den Hang verschoben werden. Die Austrittsstelle der Quelle (Quelltümpel) wird ausgeräumt und in ausreichender Größe, mindestens aber 2,0 auf 2,0 m, eine Baugrube ausgehoben. Die Tiefe richtet sich nach der Möglichkeit der Wasserhaltung und der Art und Mächtigkeit der undurchlässigen Schicht, durch welche die Quelle durchgebrochen ist. Bei der Fassung muß erreicht werden, daß das Quellwasser nur in den Sammelschacht hochsteigt, wobei außerhalb der Schachtwand über dem WSp eine horizontale Beton- und Lettendecke seitlich bis zur undurchlässigen Deckschicht eingebracht wird. Ein Hochstauen des WSp ist zu vermeiden, da dabei die Ergiebigkeit abnimmt und außerdem die Gefahr des Wasseraufbruches an anderen Stellen besteht. Zweckmäßig ist dagegen ein geringes Absenken des WSp. Wenn aus der Stauquelle die Entnahme mittels Pumpen erfolgen soll, ist wie bei GW-Erschließungen ein Pumpversuch durchzuführen.
Nach Ausräumen der Baugrube wird in der Mitte ein Betonschacht auf Betonformsteine aufgestellt. Die Schachtsohle kann auch offen bleiben und erhält dann eine etwa 30 cm hohe Kiesschicht. Die unterhalb des WSp gelegenen Betonringe werden mit Löchern versehen. Außerhalb des Ringschachtes wird die Quellgrube mit Sickersteinen, erforderlichenfalls mit nach außen abnehmender Korngröße bis über WSp ausgelegt; darüber mit einer Beton- und Lettendecke bis zum undurchlässigen Boden abgedeckt. Die Anordnung einer Fangmauer insbesondere im Bereich der Entnahmeleitungen kann notwendig sein. Der Sammelschacht wird über der Fassung erstellt, wobei der Betonringschacht die Wasserkammer ist. Auch hier ist ein Trockenraum und Einstieg über dem Trockenraum vorzusehen. Die sonstigen Einrichtungen entsprechen dem Sammelschacht der Schichtquelle.

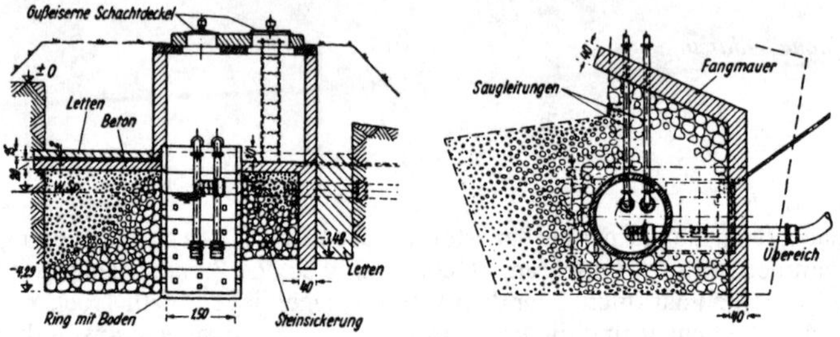

a b

Abb. 3-32: Stauquellenfassung

3.2.4 Grundwasserfassungen

3.2.4.0 Allgemein

Für die Wahl einer GW-Fassung sind folgende Parameter zu beachten:

1.) Geforderte Leistung in l/s, m^3/d, m^3/a
2.) Hydrogeologische Verhältnisse: Art des GW-Leiters, GWSp und dessen Schwankungen, Durchlässigkeitsbeiwert k_f, Mächtigkeit des GW-Leiters H, GW-Stockwerke, GW-Gefälle J, Breite des GW-Stromes B, Einzugsgebiet, Vorfluter und dessen Abflußverhältnisse, Deckschichten, Brunnenleistung Q/s, max Q je Brunnen, Wasserbeschaffenheit
3.) GW-Neubildungsrate, beanspruchtes Einzugsgebiet
4.) Wasserbilanz
5.) Schutzgebiet, mögliche Gefährdungen
6.) Ort der Wiedereinleitung des entnommenen und gebrauchten Wassers, Lage zur Entnahmestelle
7.) Örtliche Verhältnisse: Höhenlage und Lage zum Versorgungsgebiet, Zufahrt, Stromzuführung
8.) Wasserrechtliche und privatrechtliche Belange, Auswirkung auf andere GW-Benutzer, auf Landwirtschaft, auf Ökologie.

Es gibt vertikale und horizontale GW-Fassungen, die vertikalen werden weitaus häufiger ausgeführt, fast ausschließlich als Bohrbrunnen. In Lockergesteinen mit hohem GWSp sind für geringe Entnahmen auch Schlagbrunnen möglich, z. B. für Einzelversorgungen.

3.2.4.1 Schlagbrunnen

Schlagbrunnen sind früher verhältnismäßig häufig für die Versorgung von Einzelanwesen ausgeführt worden. Sie sind heute für Trinkwasserversorgungszwecke abzulehnen und statt dessen Bohrbrunnen mit kleinem Durchmesser zu erstellen.
Die Ausführungen von Schlagbrunnen sind nur in sand-kiesigem Lockergestein mit hochliegendem GWSp in 5–10 m Tiefe möglich. Das mit einer kräftigen Spitze versehene Filterrohr von 40–50 mm DN wird dabei eingerammt. Das Filter- und Aufsatzrohr ist gleichzeitig das Saugrohr für die Pumpe, hierbei muß die oberste Lochreihe des Filterrohres noch unter dem abgesenkten Wasserspiegel liegen. Die Ausführung wird auch als Abessinier oder Nortonbrunnen bezeichnet. Bei Durchfahren von lehmigen und tonigen Schichten werden häufig die Filterrohröffnungen verstopft. Besser ist daher die Ausführung einer Bohrung kleiner DN und Einsetzen des Filters. Dies ist besonders bei GW-Meßstellen immer zu empfehlen und nicht wesentlich teurer als das Einrammen.

3.2.4.2 Spülbrunnen

Besonders einfach und schnell ist das Einbringen von Brunnenrohren kleiner DN (mit DN 50 mm) und geringer Tiefe (meist 10 m) in Sanden und Feinsanden im Spülverfahren (auch mit Spülfilter bezeichnet). Das Verfahren wird angewendet für das Niederbringen von Meßstellen in GW-Erschließungsgebieten, wenn eine größere Zahl solcher Meßstellen benötigt wird, und vor allem für die Wasserhaltung bei Rohrgräben und Schächten. Da die Wasserhaltung häufig Vorteile gegenüber Schalung und Spundung mit offener Wasserhaltung hat und daher im Rohrleitungsbau oft Verwendung findet, werden hierzu einige Angaben nach Bieske gemacht.
Die Spülfilter aus verzinktem Stahl oder häufig aus PVC werden so bemessen, daß die obersten Filterschlitze noch unter dem abgesenkten WSp bleiben, darüber folgen geschlossene Aufsatzrohre. Spülfilter haben an der Stelle der Rammspitze eine Spülspitze mit Kugelventil, in welche für das Einspülen eine 20 mm DN Spüllanze innerhalb des Spülfilters eingeschraubt wird. Mit Druck wird Wasser durch die Spülspitze gedrückt, das Wasser spült den Boden auf und das Spülfilterrohr beginnt einzusinken. Durch leichtes Auf- und Niederbewegen des Rohres wird das Niederbringen des Spülfilters gefördert, dabei darf das Rohr nicht eingepreßt werden. Das Einspülen dauert nur wenige Minuten. Durch das Einspülen bleiben die Filterschlitze frei, was beim Einrammen von Filtern nicht gewährleistet ist.
Für das Einspülen der Spülfilter werden etwa die in der **Tab. 3-20** angegebenen Wasserraten und Spüldrücke benötigt. Der erforderliche Spüldruck hängt wesentlich von der Bodenbeschaffenheit ab.
Die GW-Absenkung mit Spülfiltern ist sowohl als Schwerkraftverfahren (Wellpoint-Verfahren), vorwiegend in Sanden, wie auch als Vacuumverfahren, vorwiegend in Schluff, d. h. in wasserhaltenden Böden einsetzbar.
Im *Schwerkraftverfahren* findet eine Fließbewegung des GW statt, mit WSp-Absenkungen infolge der Wasserentnahme, die mit zunehmendem k_f-Wert flacher werden. Hier genügt häufig das Anordnen von Spülfiltern auf einer Seite des Rohrgrabens, bei größeren Absenkungen des WSp ist oft auch hier eine beidseitige Anordnung von Spülfiltern erforderlich. Die Spülfilter werden meist mit einem Abstand von 1,60 bis 1,25 m gesetzt. Die Spülfilter werden mittels luftdichten Leitungen an die Pumpanlage mit selbstansaugenden Pumpen angeschlossen. Tiefenlage des abgesenkten WSp und Rohrreibungsverluste in den Spülfiltern und in der Saugleitung bestimmen die maximal mögliche Länge der Absenkungsstrecke, meist max. 40 bis 60 m.
In wasserhaltenden Böden findet keine Fließbewegung des Wassers statt. Bei dem *Vacuumverfahren* werden kleine Wassermengen aus den Poren der Bodenschichten durch die Saugwirkung der Pumpe abgesaugt, wodurch der Boden stabilisiert wird. Wegen der geringen Reichweite sind hier fast immer beidseits des Rohrgrabens Spülfilterreihen erforderlich.

Tab. 3-20: Spülwasserraten und Spüldrücke für das Einspülen von Spülfiltern

Bodenarten	Ton		Schluff			Sand				Kies
		fein	mittel	grob	fein	mittel	grob	fein	mittel	grob
Spülwasserrate m^3/h	10	10	15	20	30	40	50	80	–	100
Spüldruck bei lockerer Lagerung bar	3–4	3	–	4	4	–	5	5	–	6
Spüldruck bei fester Lagerung bar	8–12	5	–	6	8	–	10	6	–	8

Die *Fördereinrichtungen* sind beim Schwerkraftverfahren für große Wasserentnahmen und geringe Luftmengen, beim Vakuumverfahren für kleine Wassermengen und große Luftmengen, zur Sicherheit 2 Pumpen mit Luftabscheidekessel, auszulegen. In **Tab. 3-21** sind Anwendungsbereich und Leistung der beiden Verfahren angegeben.

Tab. 3-21: Anwendungsbereich und Leistung der Grundwasserhaltung mittels Spülfilter

Bodenarten nach DIN 4022	Ton	Schluff fein	Schluff mittel	Schluff grob	Sand fein	Sand mittel	Sand grob	Kies fein	Kies mittel	Kies grob
Korndurchmesser mm	< 0,002	0,002 bis 0,006	0,006 bis 0,02	0,02 bis 0,06	0,06 bis 0,2	0,2 bis 0,6	0,6 bis 2,0	2,0 bis 6,0	6,0 bis 20,0	20,0 bis 60,0
Durchlässigkeitswert k_f m/s	$<1 \cdot 10^{-9}$		$1 \cdot 10^{-7} - 1 \cdot 10^{-5}$				$1 \cdot 10^{-4} - 1 \cdot 10^{-2}$			
Anwendungsbereiche der Absenkungsverfahren					Bohrbrunnen					
					Spülfilter-Schwerkraft					
			Spülfilter-Vakuum							
	s									
Pumpenleistung m³/h je m Spülfilterreihe bei Absenkung s in m	1 m			0,9	2,2	4,0	6,0			
	2 m	0,05	0,3	1,0	2,5	4,5	7,0			
	3 m	bis	bis	1,2	2,9	5,2	8,0			
	4 m	0,15	0,6	1,5	3,4	6,1	9,2			
	5 m			2,0	4,0	7,1	10,7			
	6 m			2,6	4,8	8,3	12,5			

3.2.4.3 Schachtbrunnen

Wegen der großen Vorteile der Bohrbrunnen werden Schachtbrunnen kaum mehr ausgeführt. Vereinzelt werden sie bei Einzelanlagen in Lockergesteinen mit hochliegendem GW noch gewählt. Der Schachtdurchmesser beträgt meist 1,0–1,5 m. Die Ausführung erfolgt zum Teil in offener Baugrube, wie bei der Stauquellenfassung, oder durch Absenken der Brunnenringe. Der Wasserzulauf erfolgt durch Sohle und Seitenschlitze, wobei auf die Sohle eine rund 0,30 m hohe Feinkiesschicht aufgebracht wird. Zu beachten ist, daß der Schacht genügend weit in das GW geführt wird, damit nicht bei niedrigen GW-Ständen der Schacht trocken fällt.
Über dem Schachtbrunnen ist ein Vorschacht, ähnlich wie bei der Stauquellenfassung, anzuordnen, wobei der Einstieg nicht über dem WSp liegen darf.

3.2.4.4 Bohrbrunnen

3.2.4.4.1 Allgemein

Die bei Wassergewinnungen vorkommenden Bohrungen werden nach Standardleistungsbuch bezeichnet mit:
Baugrundbohrung – zur Erkundung des Baugrundes
Aufschlußbohrung – zur Erkundung des hydrogeologischen Aufbaues
Beobachtungsbohrung – zur Beobachtung des GWSp, auch mit GW-Meßstelle bezeichnet
Brunnenbohrung – für Brunnen zur Wassergewinnung
Versuchsbohrung – zur Erkundung hydrogeologischer Daten, Durchführung von PV
Die häufigste GW-Fassungsart ist heute der Bohrbrunnen. Durch eine vertikale Bohrung werden die wasserführenden Schichten aufgeschlossen und bei günstigem Ergebnis das Bohrloch zum Brunnen ausgebaut. Bei standfesten Gesteinsarten bleibt gelegentlich das Bohrloch unverrohrt. Für Wasserversorgungsanlagen wird fast ausschließlich der Kiesfilterbrunnen gewählt. Er besteht im wesentlichen aus dem Filterrohr, dem Vollwandrohr mit Aufsatzrohr, Sumpfrohr und Rohrboden, der Filterkiesschicht, dem Sperrrohr, der Abdichtung gegen die Bohrlochwand, dem Brunnenkopf und dem Brunnenvorschacht mit den Entnahme- und Meßeinrichtungen. In **Abb. 3-33** ist das Schema eines Bohrbrunnens in der üblichen Ausführung als Kiesfilterbrunnen dargestellt.

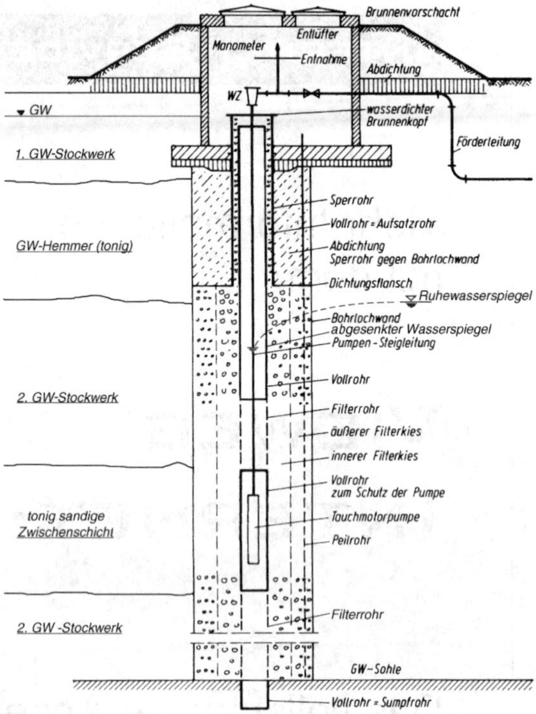

Abb. 3-33: Schema eines Bohrbrunnens in der üblichen Ausführung als Kiesfilterbrunnen

3.2.4.4.2 Planung und Bemessung

Als Grundlage jeder Brunnenplanung soll ein hydrogeologisches Gutachten möglichst folgendes klären: Optimale Lage der Bohrpunkte im Hinblick auf Ergiebigkeit und Geschütztheit, die Mächtigkeit des zur Gewinnung gewählten GW-Leiters, die Tiefe der Bohrung, die natürliche GW-Neubildung und die Ausdehnung des zugehörigen Einzugsgebietes. Bei Kluftgrundwasserleitern und in Gebieten mit nur geringen Kenntnissen über den zur Nutzung vorgesehenen GW-Leiter sind Versuchsbohrungen zu empfehlen. Damit können wichtige Aussagen zur Mächtigkeit und Tiefe des GW-Leiters und seine Ergiebigkeit gewonnen werden. Der Enddurchmesser der Bohrung wird bestimmt durch den notwendigen Durchmesser des Filterrohres und die Dicke der Filterkiesschicht. Bei tiefen Brunnen sind für die Filterdurchmesser die Abmessungen der Entnahmeleitung, der Tauchmotorpumpe, des Saugventils maßgebend. Auch bei kleinen Entnahmen sollte der Durchmesser des Filterrohres mindestens 300 mm, bei Entnahmen von 10 l/s bis 30 l/s mindestens 350 mm betragen. Bei größeren Entnahmen ist der Filterdurchmesser je nach den Entnahmeverhältnissen und Abmessungen der Entnahmevorrichtungen festzulegen, unter Umständen kann unterhalb der Entnahmeleitungen der Durchmesser verringert werden. Die Filterkiesschicht wird meist mit mind. 100 mm Dicke, nur ausnahmsweise im Festgestein mit etwas geringerer Dicke nach DIN 4924 gewählt, so daß der kleinste Enddurchmesser eines Bohrbrunnens beträgt:

$300 + 2 \cdot 100 = 500$ mm.

Wegen des Außendurchmessers der Tauchmotorpumpe und der Flansche der Steigleitung ist es besser, mit $400 + 2 \cdot 100 = 600$ mm zu rechnen.

Bei flachen Bohrungen, besonders in gering mächtigem GW in Lockergesteinen ist demgegenüber für die Bemessung der Filter- und Bohrlochdurchmesser die Filter- und Bohrlocheintrittsfläche maßgebend. Die Bohrlocheintrittsfläche begrenzt das Fassungsvermögen des Brunnens. In Lockergesteinen sind die Mehrkosten für Bohrungen größeren Durchmessers gering, so daß große Abmessungen gewählt werden können, etwa mindestens Enddurchmesser der Bohrung 1000 mm, Filterdurchmesser 400 mm, bis Enddurchmesser der Bohrung 1500–2000 mm, Filterdurchmesser 400–600 mm. Bei den Brunnen im Festgestein sind die Bohrtiefen größer, die Ergiebigkeit Q/s meist erheblich kleiner als bei

Brunnen im Lockergestein, die Entnahme ist kaum durch das Brunnenfassungsvermögen begrenzt, die Bohrkosten sind hoch, insbesondere bei Zunahme des Bohrdurchmessers. Es werden daher i. a. Enddurchmesser der Bohrung von bis 600 mm, selten von 800 mm gewählt.
Auf Grund des hydrogeologischen Gutachtens wird vom Auftraggeber die voraussichtliche Tiefe und der in dieser Tiefe geforderte Enddurchmesser der Bohrung angegeben. Es ist dann Aufgabe der Bohrfirma, entsprechend den zu erwartenden geologischen Verhältnissen und der eigenen Bohrausrüstung und Bohrverfahren das Bohrprogramm, Anfangsdurchmesser, Absetzen des Bohrdurchmessers, Einbau und Absetzen der Bohrrohre festzulegen.

3.2.4.4.3 Herstellen der Bohrung

1 Vorschacht – Bodenarten nach DIN 18300:
Bei der Kalkulation von Erdarbeiten für Baugruben, Brunnenvorschächte und Rohrleitungsanschlüsse sind die „Boden- und Felsklassen" nach Pkt. 2.3 der DIN 18300 anzuwenden:
Klasse 1 Oberboden
Klasse 2 fließende Bodenarten
Klasse 3 leicht lösbare Bodenarten
Klasse 4 mittelschwer lösbare Bodenarten
Klasse 5 schwer lösbare Bodenarten
Klasse 6 leicht lösbarer Fels und vergleichbare Bodenarten
Klasse 7 schwer lösbarer Fels
2 Bohrungen – Einheitliches Benennen und Darstellen der Ergebnisse:
Für die einheitliche Beschreibung der bei Bohrungen durchteuften Boden- und Felsschichten sind die Benennungen, Kurzzeichen und Beschreibungsmerkmale nach DIN 4022, Teil 1, Tabelle 5, Benennen und Beschreiben wichtiger Gesteinsarten, heranzuziehen (s. **Tab. 3-22**).
Ein Schichtenverzeichnis nach Tabelle 6 soll sicherstellen, daß die für die Auswertung notwendigen bohrtechnischen Angaben möglichst vollständig erfaßt und die erbohrten Boden- u. Felsarten sowie die Wasserverhältnisse einheitlich festgehalten werden.
Für die zeichnerische Darstellung der Ergebnisse von Baugrund und Wasserbohrungen ist DIN 4023 maßgeblich.
Für das Aufstellen der Leistungsverzeichnisse bei Bohrarbeiten gilt DIN 18301 und bei Brunnenbauarbeiten DIN 18302. Da beide Leistungen meistens ineinander übergehen, sind immer beide Vorschriften miteinander zu sehen.
3 Bohrverfahren – Bei den im Brunnenbau üblichen Bohrverfahren unterscheidet man:
Schlagbohrverfahren (ohne Flüssigkeitsspülung) und
Drehbohrverfahren (mit Flüssigkeitsspülung).
Die **Tab. 3-23** gibt eine Übersicht über die Bohrverfahren und ihre Haupteinsatzgebiete.
Trockenbohrverfahren – sind schlagende Verfahren, sie benützen keine Spülflüssigkeit, so daß das Bohrloch verrohrt werden muß, wenn es nicht standfest ist, z. B. in Lockergesteinen und zum Nachfall neigenden Festgesteinen. Wegen der Schwierigkeiten beim Einbau und Wiederziehen der Verrohrung muß der Durchmesser der Bohrung entsprechend den Bodenverhältnissen teleskopartig mit Zunahme der Tiefe vermindert werden. Trotz der Bezeichnung des Verfahrens wird nicht im Trockenen gebohrt, sondern wenn im Bohrloch nicht genügend Wasser nachsickert, muß Wasser nachgegossen werden, damit die im Bohrloch gelösten Massen als breiartiger Schlamm mittels Ventilbüchsen und Schlammbüchsen entfernt werden können. In *Lockergesteinen* wird mit Ventilbüchse, Kiespumpe, bei großen Durchmessern der Bohrung auch mit Greifer eines Baggers gearbeitet, wobei bindige Schichten, wie Lehm, Ton, Mergel mit Schappen am Gestänge, festgelagerte Steine mit Krätzen gelockert werden. In *Festgesteinen* werden zum Zerkleinern der Gesteine Flach- und Kreuzmeißel o. ä. verwendet, die durch Freifall eine schlagende Wirkung ausüben müssen. Bei dem Gestänge-Freifallverfahren wird die erforderliche Drehung des Meißels nach jedem Schlag von Hand durchgeführt, für das Entfernen des Bohrschmandes mittels Schlammbüchse muß jeweils das Gestänge des Meißels abmontiert werden. Diese zeitraubende Unterbrechung entfällt *beim Seilschlagverfahren,* wobei der Seildrall das Versetzen des Meißels bewirkt, so daß diese Verfahren bevorzugt werden. In geeigneten Bodenschichten wird statt des Meißels eine Schlagbüchse am Seil verwendet, deren Unterseite zum Zerschlagen der Gesteine hergerichtet ist, und die ohne zusätzlichen Arbeitsgang den Bohrschmand aufnehmen und beim Herausziehen mitnehmen kann. Ohne den Zeitaufwand für das Einbringen der Verrohrung beträgt der Bohrfortschritt bei den Trockenbohrverfahren je nach Härte des Gesteins 1–4 m/Tag, i. a. 2–3 m.

Tab. 3-22.1: DIN 4022, Teil 1, Tabelle 5. **Benennen und Beschreiben wichtiger Gesteinsarten**

	1	2	3	4	5	6	7	8	9	10
	Benennung	Kurzzeichen nach DIN 4023	Körnigkeit	Raumausfüllung	Festigkeit Kornbindung	Härte	Salzsäureversuch	Veränderlichkeit in Wasser	Farbe vorherrschend	sonstige Merkmale
1	Konglomerat Brekzie	Gst	vollkörnig bis teilkörnig	meist porös	mäßig bis gut	keine Angabe	0 bis ++	nicht bis mäßig veränderlich	gelb, grau, braun	Kieskorngröße
2	Sandstein	Sst	vollkörnig	dicht bis porös	meist gut	3 bis 6	0	nicht veränderlich	grau, braun, rot, grün	Feinkies bis Mittelsandgröße Bei kalkigem Bindemittel HCL ++
3	Schluffstein	Ust	nichtkörnig	dicht	gut	3 bis 5	0	meist nicht veränderlich	grau, braun	Korngröße nicht mehr erkennbar; Schnittfläche stumpf
4	Tonstein	Tst	nichtkörnig	dicht	gut	3 bis 5	0	nicht bis mäßig veränderlich	dunkelgrau	Korngröße nicht mehr erkennbar; Schnittfläche glänzend
5	Mergelstein	Mst	nichtkörnig	dicht	gut	3 bis 4	+	mäßig bis nicht veränderlich	grau, braun	Schnittfläche oft glänzend
6	Kalkstein	Kst	nichtkörnig oder vollkörnig	dicht	gut	4	++	nicht veränderlich	weiß, grau, gelb, rot, grün	
7	Dolomitstein	Dst	nichtkörnig oder vollkörnig	dicht bis kavernös	gut	4	0	nicht veränderlich	grau, gelblich	
8	Kreidestein	Krst	nichtkörnig	dicht bis porös	mäßig bis gut	2 bis 3	++	nicht veränderlich	weiß, grau	
9	Kalktuff	Ktst	vollkörnig	porös bis kavernös	überwiegend mäßig	3 bis 4	++	nicht veränderlich	grau, braun	
10	Anhydrit	Ahst	nichtkörnig	dicht	gut	4 bis 5	0	mäßig veränderlich	weiß, grau	
11	Gipsstein	Gyst	nichtkörnig oder vollkörnig	dicht	mäßig	3	0	mäßig veränderlich	weiß, grau	
12	Salzgestein	Sast	nichtkörnig	dicht	mäßig	3	0	veränderlich	weiß, grau, rötlich, bläulich	stumpfes Aussehen
13	Steinkohle	Stk	nichtkörnig oder vollkörnig	dicht	mäßig	2 bis 3	0	nicht veränderlich	schwarz	brennbar
14	Quarzit	Q	nichtkörnig oder vollkörnig	dicht	sehr gut	über 6	0	nicht veränderlich	weiß, grau, braun	muscheliger Bruch
15	Granit	Ma	vollkörnig	dicht	sehr gut	über 5	0	nicht veränderlich	mehrfarbig	meist aus weißen, gelben und glänzenden Bestandteilen
16	Gabbro	Ma	vollkörnig	dicht	sehr gut	über 5	0	nicht veränderlich	dunkelgrau	aus mehreren Bestandteilen
17	Basalt	Ma	meist nichtkörnig	dicht	sehr gut	5	0	nicht veränderlich	dunkelgrau	häufig säulige Formen erkennbar
18	Tuffstein	Vst	teilkörnig oder vollkörnig	porös bis löcherig	gut bis mäßig	3 bis 5	0	nicht veränderlich	grau, dunkelbraun	meist auffallend geringe Wichte
19	Gneis	Ma	vollkörnig	dicht	meist gut	4 bis 6	0	nicht veränderlich	mehrfarbig	parallele Einregelung der Bestandteile
20	Glimmerschiefer	Bl	vollkörnig	dicht	gut bis mäßig	3 bis 4	0	nicht veränderlich	mehrfarbig	zeigt glänzende Bestandteile
21	Phyllit	Bl	nichtkörnig	dicht	gut	4	0	nicht veränderlich	dunkelgrün bis grau	seidig glänzend

Ein Bohrloch kann von Natur aus standfest sein, z. B. in hartem Festgestein. Häufig aber werden nichtstandfeste Gesteinsarten angetroffen, z. B. Lockergesteine, zu Nachfall und Quellen neigendes Festgestein. Bei den Spülbohrverfahren wird das Bohrloch durch die Spülung mittels Wasserüberdruck standfest gehalten, bei den Trockenbohrverfahren ist hierbei eine Verrohrung erforderlich.
Da das Einbringen und Ziehen der Bohrrohre zeitraubend und wegen des Vorhaltens erheblicher Materialmengen auch kostspielig ist, wird eine Verrohrung im Bohrloch nur eingebracht, wenn sie wegen der mangelnden Standfestigkeit des Gesteins notwendig ist. Häufiges Absetzen der Bohrrohrdurchmesser, etwa alle 10 bis 15 m Tiefe, ist notwendig, um die Bohrrohre ohne Schwierigkeit wieder ziehen zu können, **Abb. 3-34.** Das Absetzen ist um so häufiger erforderlich, je größer der Durchmesser der Bohrung und der Tongehalt der Bodenschichten ist. Bei der Festlegung des Bohrprogrammes und des Anfangsdurchmessers der Bohrung ist dies zu beachten. Ein Absetzen des Bohrdurchmessers ist auch bei Wechsel der Bohrschichten zweckmäßig, wenn verhindert werden muß, daß beim Tieferbringen der Bohrrohre tonige Bestandteile mit der Rohrtour in tiefere Schichten gezogen werden, z. B. in quartären Talauffüllungen beim Wechsel der tonigen Schichten zu den wasserflührenden Sanden und Kiesen. Durch das Herabziehen einer Lehmschürze von den Deckschichten in die wasserführenden Schichten wird die Entnahmerate eines Brunnens wesentlich vermindert. Im allgemeinen werden die Bohrrohre während des Brunnenausbaus wieder gezogen.
Die wirksame Abdichtung des Brunnens gegen Eindringen von Oberflächenwasser entlang der beim Bohrvorgang unregelmäßig gelockerten Bohrlochwand ist mittels Sperrohr und Abdichtung besser gewährleistet. Sind jedoch im Bereich der vorgesehenen Abdichtung stark quellende Tone, wie z. B. Feuerletten, dann kann auch durch das Belassen der Bohrrohre eine wirksame Abdichtung erreicht werden, vor allem wenn die Gefahr besteht, daß die Bohrrohre wegen der großen Haftung im Tonbereich beim Ziehen abreißen. Falls Bohrrohre in der Bohrung verbleiben, müssen sie dicht sein, z. B. keine offenen Nietlöcher o. ä. haben.

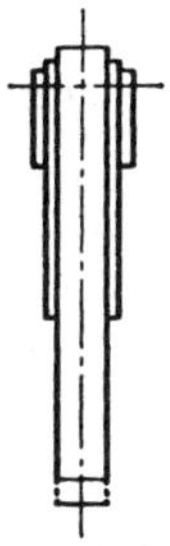

Abb. 3-34: Schema der Verrohrung

Die Bohrrohre werden durch Schrauben, Nieten oder Schweißen miteinander verbunden. Wandstärke und Rohrverbindung müssen den hohen Belastungen entsprechen, es sind Zieh- und Preßbeanspruchungen, zentrische oder einseitige Gebirgsdrücke, Wasserüberdruck zwischen innen und außen.
Hammerbohrverfahren – wird für Aufschluß- und Versuchsbohrungen in sehr hartem Gestein verwendet, wenn Spülbohrungen zu teuer sind und zu geringen Bohrfortschritt haben. Beim Hammerbohren wird ein mit Hartmetall besetzter Schlagbohrmeißel mittels Druckluft bewegt, die Auspuffluft dient als Spülmedium, das Umsetzen des Meißels erfolgt durch eine Drehbohrmaschine am Gestänge. Die im Ringraum zwischen Gestänge und Bohrlochwand nach oben strömende Luft entlastet das im Bohrloch befindliche Wasser, was einem laufenden Pumpversuch entspricht. Das Gestein wird in verhältnismäßig großen Bruchstücken losgeschlagen und in kürzester Zeit nach oben gefördert, so daß schnell und genau Proben beurteilt werden können. Vorteilhaft ist auch, daß die Klüfte nicht verschmiert werden und feine Sande, wie Dolomitasche, mit nach oben gefördert werden. Die Standverrohrung muß wasser- und luftdicht sein, damit keine Luft nach außen dringen kann. Eine Hammerbohrung erfordert einen erheblichen Luftbedarf; wegen der notwendigen Größe der Kompressoranlage liegt der wirtschaftliche Durchmesser der Bohrung bei etwa 300–400 mm. Der Bohrfortschritt beträgt 20 m/d und mehr, entsprechend dem Bohrdurchmesser.
Drehbohrverfahren – sind drehende Verfahren. Mit der kontinuierlich umlaufenden Spülung wird nicht nur kontinuierlich der Bohrschmand entfernt, sondern auch die Bohrlochwand durch inneren Überdruck, z. B. höherer WSp, höheres spezifisches Gewicht der Spülung, ohne Einbringen einer Verrohrung standfest gehalten, so daß wegen des Entfalls des beim Trockenbohrverfahren erforderlichen oftmaligen Herausnehmens des Bohrmeißels und Ein- und Ausführen der Schlammbüchsen der Bohrfortschritt beim Drehbohrverfahren bis 5 mal so groß wie beim Trockenbohrverfahren sein kann und Werte bis zu 20 m im Tag erreicht. Da keine Verrohrung eingebaut werden muß, kann die Bohrung in der ganzen Tiefe mit gleichem Durchmesser durchgeführt werden. Bei den Drehbohrverfahren werden die Bodenschichten mit Flügelmeißel, bei fester Lagerung mit Rollenmeißel gelockert, die an großkalibrigen Bohrgestängen befestigt, mit Schwerstangen zur Erhöhung des Anpreßdruckes beschwert, von dem Drehtisch über Tage aus gedreht werden. Die Drehbohrverfahren eignen sich nicht nur in Lockergesteinen, sondern auch in gewissem Umfang in Festgesteinen. Bei sehr harten Fest-

gesteinen ist die Abnützung der Schneidkronen der Meißel sehr hoch. Bei den Drehbohrverfahren unterscheidet man zwischen Verfahren mit direkter Spülstromrichtung (Druckspülbohren – Rotary Verfahren – Rechtsspülen) und mit inverser Spülstromrichtung (Linksspülen, Saugbohren, Lufthebeverfahren).

Druckspülbohren – Die mit Spülzusätzen spezifisch schwerer gemachte Spülflüssigkeit wird durch das Gestänge abwärts gepumpt, diese steigt im Zwischenraum zwischen Bohrlochwand und Gestänge zusammen mit dem Bohrschmand auf. Spülzusätze sind hier erforderlich, damit die Spülflüssigkeit nicht wegen des höheren Überdrucks z. B. bei tiefliegendem GWSp, in den Untergrund abfließt. Wegen der Gefahr der Verbackung der Bohrlochwand hat sich dieses Verfahren beim Brunnenbau in Lockergesteinen in Deutschland nicht durchgesetzt, dagegen bei sehr tiefen Brunnen mit geringem Durchmesser in Festgesteinen.

Linksspülverfahren – Bei diesem meist angewendeten Verfahren wird Klarwasser in den Zwischenraum zwischen Bohrlochwand und Gestänge gefördert, das mit dem Bohrschmand im Hohlraum des Gestänges nach oben in den Spül-Absetzteich fließt. Der Inhalt dieses Spülteiches soll mind. 2–3 mal so groß wie das Volumen des Bohrloches sein. Von dem Spülteich fließt das durch Absetzen geklärte Wasser wieder in den Zwischenraum zwischen Bohrlochwand und Gestänge, wo der WSp etwa in Höhe des Spülteiches gehalten wird. Wegen des kleinen Durchflußquerschnitts im Gestänge ist die Transportfähigkeit auch für Geröll und einzelne Steinbrocken sehr gut, so daß die Gesteine nicht ganz zermahlt werden müssen.

Saugbohrverfahren – Die Bewegung der Spülflüssigkeit wird mittels einer Schmutzwasserkreiselpumpe bewirkt, die zur Entlüftung mit Vakuumkessel und Vakuumpumpe ausgestattet sein muß. Die Leistung des Saugbohrverfahrens ist durch die manometrische Förderhöhe auf der Saugseite von theoretisch 10 m, unter Berücksichtigung des spezifischen Gewichts der Spülflüssigkeit von 6 bis 8 m begrenzt. Undichtheiten der Leitung und Reibungsverluste des Spülstromes vermindern diese Förderhöhe, so daß die Bohrtiefe bei diesem Verfahren begrenzt ist.

Lufthebeverfahren – Es wird für die Hebung der Spülflüssigkeit eine Mammutpumpe verwendet, deren Einblasstelle sich am unteren Ende des Bohrgestänges befindet. Mit zunehmender Einbautiefe nimmt die Leistungsfähigkeit des Lufthebeverfahrens zu, die des Saugbohrverfahrens dagegen ab.

Der hohe Kostenaufwand für die Baustelleneinrichtung von Spülbohrungen ist wirtschaftlich tragbar bei tiefen Brunnen, und vor allem, wenn mehrere Bohrungen zu erstellen sind. Auch die geringe Bohrzeit kann wirtschaftlich vorteilhaft sein. Nachteilig ist die Schwierigkeit des Gewinnens ungestörter Bodenproben. Wichtig ist, daß die Bohrlochwände nicht durch die Spülflüssigkeit verschlammt oder verunreinigt werden. Es ist daher immer ratsam, für die Spülwassergewinnung einwandfreies Grundwasser zu verwenden, z. B. aus einem provisorisch erstellten Arbeitsbrunnen.

Kernbohrverfahren – Es wird i. a. nur für Untersuchungsbohrungen in Festgesteinen verwendet, um Kenntnis über Vorhandensein und Verlauf von Spalten und Gesteinslagerung zu erhalten. Hier wird ein Hohlzylinder, das Kernrohr, dessen unteres Ende mit Schneidwerkzeugen besetzt ist, mittels Gestänge von einem oberen Drehtisch gedreht und der Bohrschmand mittels Spülflüssigkeit ausgespült. Wenn das Kernrohr gefüllt ist, wird mittels besonderer Vorrichtung die Gesteinssäule abgeknickt und das Kernrohr mit der Gesteinsprobe nach oben gehoben. Der Bohrfortschritt beträgt etwa 15–20 m/d. Die üblichen Durchmesser solcher Kernbohrungen sind 40 bis 200 mm, besonders häufig wird DN 100 gewählt.

Einen Überblick über die zweckmäßigste Anwendung verschiedener Bohrverfahren gibt **Tab. 3-23.**

4 Bohrstelleneinrichtung: Die Bohrgeräte werden durch Bohrmaschinen mittels Elektro- oder Dieselantrieb betrieben. Vorteilhafter ist der elektrische Anschluß, zumal damit auch die erforderlichen Pumpversuche günstig durchgeführt werden. Besonders sorgfältig muß die Lagerung und das Umfüllen von Dieselöl erfolgen, damit nicht das GW verunreinigt wird. Zum Ein- und Ausbau der Bohrwerkzeuge und der Bohrrohre wird über dem Bohrloch ein Bohrgerüst aufgestellt. Als solche werden verwendet Dreiböcke aus Stahl, Vierböcke, Bohrtürme, Bohrkran mit Ausleger, Klapp- und Teleskopmaste, in neuerer Zeit meist fahrbare Arbeitsgeräte.

Besonders muß darauf geachtet werden, daß durch Bohrarbeiten das GW nicht verunreinigt wird. Alle nicht für die Bohrung unmittelbar benötigten Teile der Baustelleneinrichtung, insbesondere die Lagerung von GW-gefährdenden Flüssigkeiten, Dieselöl usw. müssen außerhalb des Einzugsgebietes der Brunnen untergebracht werden. Für das Auffüllen der Arbeitsgeräte mit Treib- und Schmierstoffen sind geeignete Schutzvorrichtungen gegen die Verunreinigung des GW einzurichten. Diese Schutzmaßnahmen sind bereits in der Auftragserteilung für die Brunnenbauarbeiten mit festzulegen.

Tab. 3-23: Übersicht der Bohrverfahren für die Grundwassererschließung und -gewinnung (nach DVGW-Arbeitsblatt W 115, Entwurf 1999)

Verfahrenstyp	DREHBOHRVERFAHREN			SCHLAGBOHRVERFAHREN		
– Lösen des Bohrgutes		**drehend**		**drehend o. schlagend**	**schlagend**	**schlagend z. T. drehschlagend**
– Bohrgutförderung	kontinuierlicher Bohrgutaustrag mit direkter Spülstromrichtung = Rechtsspülung	kontinuierlicher Bohrgutaustrag mit indirekter Spülstromrichtung		diskontinuierlicher Bohrgutaustrag		kontinuierlicher Bohrgutaustrag mit direkter Spülstromrichtung = Rechtsspülung
Bohrverfahren	Druckspülbohren	Saugbohren	Lufthebebohren	Trockenbohren	Seilschlagbohren	Hammerbohren
Beschreibung in W 115	3.3.2.1/Abb. 1	3.3.2.2/Abb. 2 li	3.3.2.2/Abb. 2 re	3.3.3 und 3.4 (5. Abs.)	3.4 (1.–4. Abs.)/Abb. 3	3.4 (8.–10. Abs.)/Abb. 4
Haupteinsatzgebiete	Wassererschließung Wassergewinnung Solebohrungen Thermalsolebohrungen Mineralwasserbohrungen	Wassergewinnung	Wassererschließung Wassergewinnung Großlochbohrungen	Baugrunderkundung Altlasterkundung Wassererschließung Wassergewinnung	Wassererschließung Wassergewinnung Mineralwasserbohrung Solebohrung Thermalwasserbohrung	Wassererschließung Wassergewinnung
Spülungsmedium	Flüssigkeitsspülung	Flüssigkeitsspülung	Flüssigkeitsspülung			Luftspülung
Spülungsförderung	Kolben-, Kreiselpumpe	Kreiselpumpe	Verdichter			Verdichter
Bohrwerkzeuge	Rollenmeißel Hartmetallkronen Diamantkronen Flügelmeißel	Ein- und Mehrstufenmeißel mit Schneidmessern für Lockergebirge Flügelmeißel für Lockergebirge Rollenmeißel für Festgestein	Ein- und Mehrstufenmeißel mit Schneidmessern für Lockergebirge Flügelmeißel für Lockergebirge Rollenmeißel für Festgestein	Schappe Ventilbüchse Kiespumpe Schnecke Krätzer Greifer Meißel Hohlbohrschnecke	Ventilbüchse Blattmeißel Backenmeißel Kreuzmeißel Erweiterungsmeißel	Hartmetallbohrköpfe mit Einfach-, Kreuz- und x-Schneiden sowie Hartmetallstifte
Sicherung der Bohrlochwand	Standrohre Sperrohre sofern erf. Spülung	Standrohre Sperrung sofern. erf. Spülung	Standrohre Sperrohre sofern. erf. Spülung	Bohrrohre Wasserüberdruck	Bohrrohre Wasserüberdruck	Standrohre Sperrohre sofern. erf.
Bohrstrang	Bohrgestänge mit Schraubverbindern	Bohrgestänge mit Flanschverbindern oder Schraubverbindern	Bohrgestänge mit Flanschverbindern oder Schraubverbindern mit eingehängter oder integrierter Luftleitung oder Doppelwandgestänge	Bohrgestänge mit Schnellverbinder, Stahlseil mit oder ohne Schwerstange	Stahlseil mit Schwerstange	Bohrgestänge mit Schraubverbindern
Bohrstrangantrieb u. Antrieb für Hilfswerkzeuge	Drehtisch, Kraftdrehkopf	Drehtisch, Kraftdrehkopf	Drehtisch, Kraftdrehkopf	Seilwinde mit Freifalleinrichtung, Schlämmtrommel, hydraulischer Verrohrungsdrehtisch mit Kraftdrehkopf	Seilwinde mit Freifalleinrichtung, Schlämmtrommel	
Brunnenausbau	Sperrohre, Aufsatzrohre, Filterrohre	Sperrohre, Mantelrohre, Aufsatzrohre, Filterrohre	Sperrohre, Mantelrohre, Aufsatzrohre, Filterrohre	Sperrohre, Mantelrohre, Aufsatzrohre, Filterrohre	Sperrohre, Mantelrohre, Aufsatzrohre, Filterrohre	Sperrohre, Aufsatzrohre, Filterrohre

5 Bohrlochsprengung: Durch die Bohrung selbst wird nur ein schmaler Querschnitt des Gesteinskörpers erfaßt. In manchen Gesteinsarten ist dagegen die Wasserführung auf wenige schmale Spalten beschränkt, die dann nur zufällig von der Bohrung erfaßt werden können. Hier kann eine Bohrlochsprengung durch Schaffung künstlicher Klüfte eine Verbindung mit den wasserführenden Spalten bringen. Die genaue Höhenlage der Sprengung ist abhängig von der geologischen Formation. Sie muß im Bereich von Festgesteinen angeordnet werden. Im tonigen, mergeligen Bereich sind Sprengungen wirkungslos.
Mit Zunahme der Sprengladung von einer bestimmten Größe an wächst der Wirkungshalbmesser nur mehr wenig. Im allgemeinen werden etwa 15–20 kg, selten bis zu 50 kg Sprengstoff für eine Sprengung verwendet, dabei wird ein Wirkungshalbmesser von 10–20 m erreicht. Sprengungen können auch notwendig sein, wenn in ein Bohrloch Gesteinskanten hineinragen, die durch Meißel nicht erfaßt werden. Meist wird hier aber versucht, die Strecke nach Einfüllen von hartem Material nochmals aufzubohren.
6 Bohrachse und Bohrquerschnitt: Wichtige Forderungen im Brunnenbau sind, daß die Bohrachse lotrecht und nicht schräg oder gar geknickt und schraubenlinienförmig ist und daß der Querschnitt der Bohrung kreisrund ist. Wenn diese Forderungen nicht erfüllt sind, ergeben sich erhebliche Schwierigkeiten beim Ein- und Ausbau der Bohrrohre, beim Einbau der Sperrohre, Filter- und Vollrohre, aber auch beim Ein- und Ausbau der Entnahmevorrichtungen, z. B. Tauchmotorkreiselpumpe mit Steigleitung. So wird in den AWWA Standards for Deep Wells 1966 als größte Abweichung von der Senkrechten auf 30 m Tiefe ein Abstand von 2/3 des Durchmessers in diesem Tiefenbereich zugelassen.
Je kleiner der Bohrdurchmesser und je tiefer die Bohrung ist, um so eher ist eine Abweichung möglich. Die Gestänge-Freifallbohrung, die Seil-Freifallbohrung und die Drehbohrverfahren mit inverser Spülung neigen i. a. weniger zu Abweichungen. Messungen der Achsabweichung und Kalibermessungen sind meist teuer und zeitaufwendig. Sie können mit Fernsehuntersuchungen kombiniert werden, wenn das Bohrloch standfest und mit klarem Wasser gefüllt ist. Sie werden meist nur in Sonderfällen, z. B. Streitfällen, durchgeführt.

3.2.4.4.4 Brunnenausbau

1. Filterrohr

1.1 Allgemein – Brunnen für zentrale Wasserversorgungsanlagen sind im Lockergestein immer mit Filterrohren auszubauen, auch im Festgestein ist ein Filter wegen mangelnder Standfestigkeit des Gebirges meistens notwendig. Auch wenn das Gestein standfest erscheint, kann durch Quellvorgänge toniger Bestandteile (z. B. Feuerletten), durch Gebirgsschub, durch Nachfall u. a. das Bohrloch ganz oder zum Teil aufgefüllt werden, so daß Fördereinrichtungen beschädigt oder nicht mehr gezogen werden können. Durch Nachfall und Verlegen wasserführender Schichten kann ferner die Entnahme vermindert werden. Die Wasserführung in den Bodenschichten findet fast immer in den Lockerungszonen statt, so daß besonders diese Schichten zum Nachfall neigen. Die Filterrohre müssen zusammen mit dem dahinterliegenden Filterkies die Standfestigkeit des Gebirges gewährleisten, gleichzeitig muß das Grundwasser möglichst sandfrei und mit geringem Filterwiderstand zufließen. Das Filtermaterial muß ausreichende Festigkeit bei allen Lastfällen (Einbau, Pumpversuche) aufweisen, gegen Verockerung und Korrosion unempfindlich sein und darf das geförderte Rohwasser nicht beeinträchtigen. Beim Entsandungspumpen müssen Feinsande herausgespült werden, ohne daß sie das Filterrohr verlagern, während die gröberen Bestandteile zurückgehalten werden.
Der Filterwiderstand muß möglichst gering sein, er ist abhängig von der Größe und Form der Eintrittsöffnungen und der möglichen Verlagerung durch Filterkies. Diese Forderungen werden dadurch erfüllt, daß die Filterrohre mit Schlitzbrücken, Kiesabweisern, Rillen usw. versehen und die Kanten der Öffnungen abgerundet werden. Vorteilhaft ist, wenn das Filterrohr möglichst viele kleine Öffnungen hat, statt wenige große, und wenn die Filteröffnungen gleichmäßig über die Filterfläche verteilt sind. Das Filterrohrmaterial muß gegen Aggressivität des Wassers geschützt werden. Für die Wahl des Filterrohres muß daher der chemische Befund des Brunnenwassers bekannt sein. Das Filterrohr muß ferner eine ausreichende mechanische Festigkeit haben. Es wird durch das Eigengewicht, auch des darüberliegenden Aufsatzrohres, auf Knickung belastet. Ein unsachgemäßes Einbringen des Filterkieses und schräg einfallende Gesteinsschichten können erhebliche Seitenkräfte verursachen. Beim Einbau entstehen große Zugkräfte, wenn nicht das Filterrohr auf ein Bodenstück abgestützt und am Gestänge eingebracht wird. Um die Filterrohre genau zentrisch in das Bohrloch einzubringen, werden

Zentrierungen angebracht. Eine Übersicht über Nenn- und Schlitzweiten sowie Wanddicken und Baulängen bei Stahl- und PVC-Filterrohren gibt **Tab. 3-24.**

Tab. 3-24: Filterrohre nach DIN 4922 und DIN 4925; Übersicht der Nennweiten und Schlitzweiten

	DIN 4925 Teil 1, 2 und 3					DIN 4922 Teil 2 und 3				
DN	Werkstoff	Verbindung	Schlitzw. mm	Wandd. mm	B. Längen m	Werkstoff	Verbindung	Brückenh. mm	Wandd. mm	B. Längen m
40	PVC	DIN 2999	0,20–2,0	3,5	1–4					
50	PVC	DIN 2999	0,20–2,0	4,0	1–4					
80	PVC	DIN 2999	0,20–2,0	4,0	1–4					
100	PVC	DIN 2999	0,20–2,0	5,0	1–4	St	Gewinde	1–3	3	2–5
125	PVC	DIN 103	0,30–3,0	6,5	2–4					
150	PVC	DIN 103	0,50–3,0	7,5	2–4	St	Gewinde	1–3	3	2–5
200	PVC	DIN 103	0,75–3,0	10,0	2–4	St	Gewinde	1–3	3	2–5
250	PVC	DIN 103	0,75–3,0	12,5	2–4	St	Gewinde	1–3	4	2–5
300	PVC	DIN 103	0,75–3,0	14,5	2–4	St	Gewinde	1–3	4	2–5
350	PVC	DIN 103	1,50–3,0	17,5	2–4					
400	PVC	DIN 103	1,50–3,0	19,5	2–4	St	Gewinde	1–4	5	2–5
500						St	Gew./Fl.	1–4	6	2–3
600						St	Flansch	1–4	6	2–3
800						St	Flansch	1–4	8	2–3
1 000						St	Flansch	1–4	8	2–3

1.2 Stahl-Filterrohre

Abmessungen – Stahlrohre haben eine hohe mechanische Festigkeit, sie werden überwiegend mit Schlitzbrückenlochung nach DIN 4922 ausgeführt. Rundlochung und Langlochung haben gegenüber der Schlitzbrückenlochung die Nachteile, daß die Festigkeit des Filterrohrs erheblich gemindert ist, daß keine Kiesabweisung vorhanden ist und wegen der für den Wassereintritt erforderlichen großen Lochweiten entweder 2–3 fache Kiesschüttung oder Filtergewebe benötigt werden. Sie kommen daher im Brunnenbau selten mehr zur Anwendung.

Schlitzweite, Schlitzbrückenöffnung und Schlitzlänge bestimmen den freien Durchlaß der Filtermantelfläche. Dieser beträgt z. B. bei 7 mm Schlitzbreite, Wanddickenbereich 4–6 mm, Steghöhe 2 mm, 11,8–13,2 v. H., bei Steghöhe 3 mm 17,8–19,9 v. H. der Vollrohrmantelfläche. Die verfügbare Filtereintrittsfläche ist bei einem 2–4 m langen Filterrohr wegen der Blindflächen an den Rohrenden und den Längsnähten nur 90,5–93,1 v. H. der Filtereintrittsfläche. Durch die Kiesabweisung der Schlitzbrücken tritt dagegen keine wesentliche Verminderung des freien Durchflusses ein. Der freie Durchfluß ist bei offener Schlitzlochung wesentlich größer, 25–50 v. H., er wird aber durch die Verlagerung mit Filterkies wesentlich vermindert. Die Größe der Filterkieskörnung bestimmt die Schlitzweite der Filterrohre. Es muß mit Sicherheit verhindert werden, daß der Filterkies durch die Öffnungen in das Innere der Filterrohre fließt, siehe **Abb. 3-35.**

Filterrohr-Verbindungen – Die Verbindung muß einfach, rasch und zuverlässig herstellbar sein und ausreichende Festigkeit gegenüber den beim Transport, Brunnenausbau und Betrieb auftretenden Beanspruchungen haben. Sie soll möglichst den Querschnitt im Inneren des Filterrohrs nicht verringern und den Außendurchmesser wenig überschreiten.

Außenlaschenverbindung – für Schlitzbrücken-Filterrohre ist in DIN 4922 mitgenormt. Die Befestigung wird mit Nieten oder Schrauben durchgeführt. Die Verbindung ist einfach und sicher herstellbar, wenn vermieden wird, daß die Außenlaschen beim Transport verbeult werden. Der Korrosionsschutz der Verbindung ist nicht einfach.

Rundgewindeverbindung – für Schlitzbrückenfilterrohre, siehe **Abb. 3-36,** ist in DIN 4922 mitgenormt. Sie wird in neuerer Zeit am häufigsten gewählt, da sie wegen des starken Gewindeprofils eine hohe Festigkeit hat und schnell und sicher herstellbar ist. Bei Filterrohren mit Korrosionsüberzug muß

darauf geachtet werden, daß die Rohre in alle Gewindegänge eingeschraubt werden können und die gesamte Verbindung korrosionsgeschützt bleibt.
Flanschverbindung – für Schlitzbrückenfilterrohre ist in DIN 4922 mitgenormt. Wegen des großen Nachteils, daß die Flanschen weit in den Filterkiesraum vorstehen und dadurch das ordnungsgemäße Einbringen des Filterkieses behindern, kommt diese Verbindung selten zur Anwendung. Im Anwendungsfall sollte die innere Kiesschüttung in Gewebekörben am Filterrohr befestigt werden.

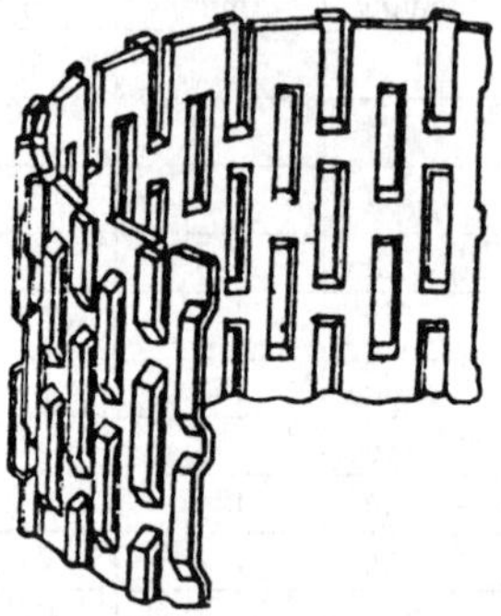

Abb. 3-35: Schlitzbrückenlochung

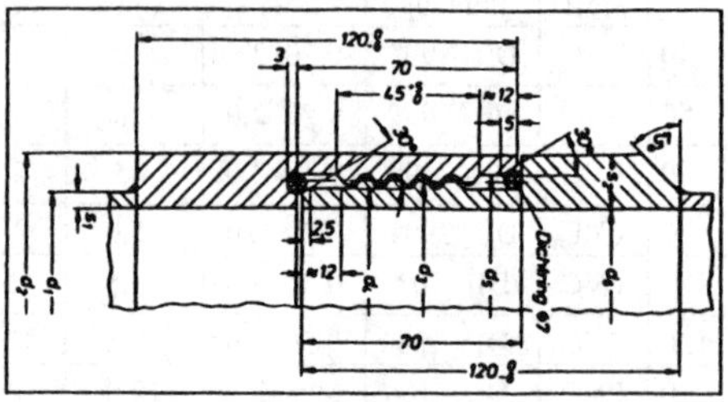

Abb. 3-36: Rundgewindeverbindung mit 2 Dichtringen zur Herstellung dichter Verbindungen (DIN 4922 Teil 2)

Filterrohr-Material – Als Werkstoff wird St. 37-2 nach DIN 4922 verwendet. Diese Stahlsorte kann ohne wirksamen, dauerhaften Korrosionsschutz nicht für endgültige Zwecke eingesetzt werden. Je nach Ausführung wird der Schutz bezeichnet:
rh = roh
zn = verzinkt (im Vollbad)
bt = bitumiert
kb = kunststoffbeschichtet
g = gummibeschichtet

Korrosionsschutz
Verzinkung – bietet keinen ausreichenden Schutz, sie genügt nur für kurzzeitigen Einsatz von Filterrohren.
Bituminierung – Ein 2–3 facher Anstrich wurde früher häufig gewählt. Die Bituminierung ist etwas besser als die Verzinkung, aber kann leicht beim Brunnenausbau und Ein- und Ausbau der Fördereinrichtungen beschädigt werden, meist werden an den Kanten nur ungenügende Schichtdicken erreicht. Die Bituminierung genügt nur für kurzzeitigen Einsatz von Filterrohren.
Einbrennlackierung – Sie hat die gleichen Nachteile wie die Bituminierung.
Kunststoffbeschichtung – ein ausreichender Korrosionsschutz wird erreicht durch Kunststoffüberzüge, sofern diese mit ausreichender Schichtdicke, porenfrei, glatt und hart ausgeführt werden. Wichtig ist der Schutz dieser Rohre gegen intensive Sonnenbestrahlung bei der Lagerung, es darf keine Unterrostung eintreten.
Gummibeschichtung – Sehr wirksam werden Stahlfilterrohre mit den Verfahren der *elektrophoretischen Gummierung* geschützt. Bei diesem Verfahren ist besonders gewährleistet, daß die vor allem gefährdeten Ecken und Kanten der Schlitze durch stärkere Belegung mit Gummierung (infolge der elektrischen Spitzenwirkung) geschützt werden. Die Erfahrungen mit diesen Filtern zeigen, daß an der glatten Oberfläche des Hartgummis die Ausscheidungen des Wassers (Verockerungen) sich nicht festsetzen und das Stahlrohr wegen der chemischen Beständigkeit des Hartgummis weder durch aggressives Wasser noch durch Spülsäure beim Regenerieren von verockerten Brunnen angegriffen wird.
Rostfreier, säurebeständiger Stahl – Keinen zusätzlichen Korrosionsschutz benötigen Stahlfilterrohre, die aus *rostfreiem, säurebeständigem Edelstahl* hergestellt sind. Es sind dies Stähle mit hohem Chromgehalt, bei besonderer Aggressivität des Wassers zusätzlich mit Gehalt an Nickel, Molybdän

und Titan. Wegen der hohen Kosten der Filterrohre aus solch hochwertigem Stahl ist jeweils die Wirtschaftlichkeit zu prüfen.

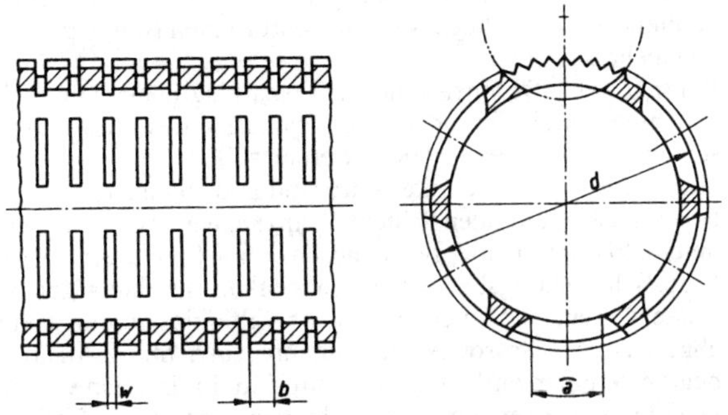

Abb. 3-37: Filterrohre aus weichmacherfreiem Polyvinylchlorid (PVC-U) Rippenrohre mit Querschlitzung mit 6 Schlitzen auf den Umfang (DIN 4925)

Kiesbelag – Wenn Schwierigkeiten für das sachgemäße Einbringen des Filterkieses zu erwarten sind, etwa bei tiefen Bohrbrunnen mit kleinem DN, ist es zweckmäßig, Stahlfilterrohre mit Korrosionsschutz zu verwenden, auf welchen ein Kiesbelag mit einem korrosionsfesten, gummiartigen Bindemittel aufgeklebt ist. Verwendet wird Quarzkies der Körnungen 1–2, 2–3, 3–5 mm mit Filterkiesdicken 18–25 mm.

1.3 Kunststoff-Filterrohre nach DIN 4925 – Es werden vorwiegend solche aus weichmacherfreiem Polyvinylchlorid (PVC-U) verwendet (früher auch „PVC-hart“ genannt). Von besonderem Vorteil ist die Korrosionsfestigkeit und das geringe Gewicht. Die übliche Ausführung DN 40–400 ist mit glatter Oberfläche und Querschlitzen, siehe **Abb. 3-37.** Die Baulängen liegen zwischen 1 000 und 4 000 mm. Die geschlitzten Filterrohre sind als Rippenrohre, die Vollwandrohre als glatte Rohre auszubilden. Die geschlitzten Filterrohre dürfen nach Vereinbarung mit einem Kiesbelag versehen werden. Der freie Durchlaß schwankt je nach Schlitzweite und Nennweite zwischen 3,5 und 11 v. H. der Vollwandfläche. Die Rohrverbindung ist in DIN 4925 mitgenormt, siehe **Abb. 3-38**.

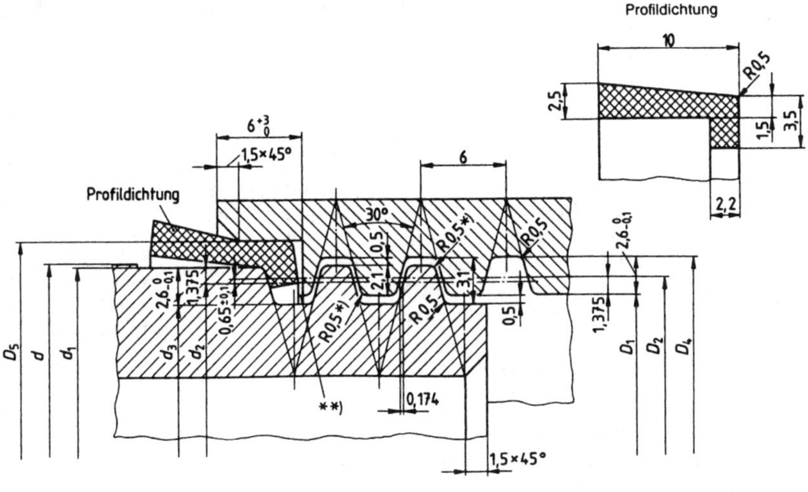

Abb. 3-38: Gewindeverbindung mit Profildichtung zur Herstellung dichter Verbindungen (DIN 4925)

1.4 Bemessen der Filterrohre

Durchmesser – Er wird nach den Abmessungen der Entnahmevorrichtungen, insbesondere dem Außendurchmesser von Tauchmotorpumpe, Saugventilen, Flanschen der Steigleitungen bemessen. Besonders bei großen Entnahmen ist zu beachten, daß noch ein ausreichender Zwischenraum zwischen Pumpe und Filterrohr verbleibt, da sonst unter Umständen die Entnahmerate begrenzt ist. Die lichte

Weite des Filterrohres muß mindestens 100 bis 150 mm größer sein als der größte Durchmesser der Entnahmevorrichtungen, wie Tauchmotorpumpe, Flansch der Pumpensteigleitung usw. Die Fließgeschwindigkeit zwischen Tauchmotorpumpe und Vollrohr sollte kleiner als 0,5 m/s sein. Der Mindestdurchmesser des Filterrohres für Bohrbrunnen ist mit 300 mm, bei Entnahmen über 10 l/s mit 350 mm und mehr zu wählen.
Bei sehr tiefen Brunnen kann aus Ersparnisgründen unterhalb der möglichen tiefsten Einbaustelle der Tauchmotorkreiselpumpe der Durchmesser des Filterrohres vermindert werden, wobei die Fließgeschwindigkeiten nicht zu hoch werden sollen.
Filterrohrlänge – Die Filterrohre sind in dem ganzen Bereich der für die Wassergewinnung vorgesehenen wasserführenden Schichten einzubauen, wobei die Oberkante der Filterrohre möglichst 1 bis 2 m unterhalb des tiefstmöglich abgesenkten WSp bleiben soll, damit nicht Luft aus dem Brunnen in den WSp-Schwankungsbereich des Absenkungstrichters gelangen kann, was zu Inkrustationen in den wasserführenden Schichten und im Filterkies führen kann. Zu beachten ist, daß im Bereich des abgesenkten WSp sowie der Entnahmevorrichtung Anströmspitzen vorhanden sind, so daß i. a. nur begrenzte Filterrohrlängen wirksam sind. Im Bereich von Feinsand und von keinem oder nicht genügend Grundwasser führenden Schichten werden i. a. Vollwandrohre eingebaut, ebenfalls im Bereich der Unterwasserpumpe. Den unteren Abschluß bildet ein etwa 5 m langes, unten geschlossenes Vollwandrohr, auch als Sumpfstück bezeichnet.

2. Vollwandrohre

In dem Bereich von OK-Filterrohr bis Brunnenkopf und in den unter 1.4 erwähnten Strecken werden geschlossene Brunnenrohre, die Aufsatzrohre oder Vollrohre, eingebaut. Auch wenn die Brunnenabdichtung nicht unmittelbar an das Aufsatzrohr, sondern an ein besonderes Sperrohr erfolgt, ist dies zweckmäßig, damit der Filterkies leicht eingebracht und die Entnahmevorrichtungen leicht ein- und ausgebaut werden können. Bei sehr tiefen Brunnen mit tiefliegenden wasserführenden Schichten wird gelegentlich das Filterrohr verloren, ohne Aufsatzrohre eingebaut, wobei der obere Teil des Bohrlochs mit einem Sperrohr geschützt wird, **Abb. 3-39.**
Als Material für die Aufsatzrohre wird meist das gleiche wie das der Filterrohre gewählt. Abmessungen, Wanddicken und Rohrverbindungen sind die gleichen. Wegen des Fehlens der Schlitze sind die Gewichte geringfügig größer als die der Filterrohre.

3. Filterkies und Filtersand

Allgemein – Der Zwischenraum zwischen Filterrohr bzw. Aufsatzrohr und Bohrlochwand wird mit Filterkies ausgefüllt. Der Filterkies reicht somit bei Einbau eines Sperrohres von der Brunnensohle bis Oberkante Aufsatzrohr, so daß Nachfüllung möglich ist (siehe auch Pkt. 4 und **Abb. 3-41** bzw. **Abb. 3-33**). Gelegentlich wird auch der Filterkies nur bis zur Höhe des höchsten Wasserstandes eingebracht und darüber unmittelbar an das Aufsatzrohr gedichtet. Diese Ausführung hat den Nachteil, daß Filterkies nicht nachgefüllt werden kann und das Ziehen der Filterrohre kaum möglich ist.
Material und Dicke der Filterkiesschüttung – Als Filterkies ist sauber gewaschener Quarz-Filterkies mit runder Kornform zu verwenden. Flacher und plattiger Kies verlegt die Filteröffnungen oder fällt durch. Derartiges Kiesmaterial ist daher immer abzulehnen. Die Mindestdicke der Kiesschicht soll bei einfacher Kornabstufung nach DIN 4924 betragen:

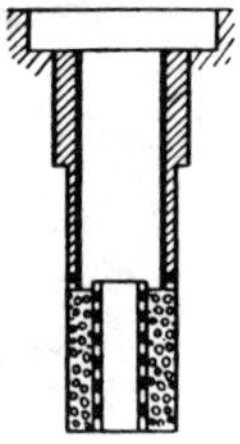

Abb. 3-39: Schema des Brunnenausbaus mit verlorenem Filterrohr

Körnung	mm	0,25–2	>2–8	>8–31,5
Dicke	mm	≥50	≥80	≥100

Im allgemeinen sollte die Dicke der Filterkiesschicht auch wegen der oft nicht ganz zentrischen Lage der Filterrohre im Bohrloch mind. 100–150 mm gewählt werden.
Filterkies-Korngrößen – Sie bemessen sich nach der Korngröße der durchbohrten Gesteinsschichten und der Schlitzweite der Filterrohre. Maßgebend ist dabei, daß die Kiesschüttung nur das gröbere Material zurückhalten soll, dagegen Feinsande beim Entsanden des Brunnens herausgespült werden können, damit sie nicht im Laufe des Betriebes den Filterkies verlegen. Die Korngröße soll etwa 4 mal größer als die Schlitzweite der Filterrohre, die Korngröße einer äußeren Ringschüttung jeweils 1/4 der Korngröße einer inneren Ringschüttung sein. Nach DIN 4924 sind die in **Tab. 3-25** angegebenen Korngrößen zu wählen, wobei die durch Striche miteinander verbundenen Korngruppen bei mehrfachen Schüttungen verwendet werden sollen. Die Durchlässigkeit des Filterkieses ist um so größer und

damit der Filterwiderstand um so kleiner, je gleichmäßiger die Filterkorngröße und je größer das Filterkorn ist. Filterkiese, die einen größeren Bereich der Sieblinie, wie z. B. die Korngruppe 3 bis 7 mm, umfassen, ähneln den Beton-Kieskörnungen, welche ein dichtes Gefüge anstreben, und sind daher ungeeignet, sie sind auch deshalb ungeeignet, weil sich die einzelnen Korngruppen beim Einbringen leicht entmischen und ungleich lagern.

Tab. 3-25: Filterkies-Körnung nach DIN 4924

Bezeichnung	Körnung mm	Zusammengehörige Körnungen bei mehrfacher Abstufung für Brunnenfilter	Zulässiger Höchstanteil in Gew.-% Unter-Korn	Über-Korn	Gewicht je Probe für Siebversuche g
Filtersand	0,25 - 0,5	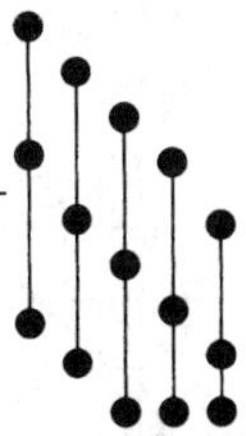	15	15	500
	> 0,5 - 1				500
	> 0,71 - 1,4				1000
	> 1 - 2				1000
Filterkies	> 2 - 3,15		10	10	1000
	> 3,15 - 5,6				1000
	> 5,6 - 8				5000
	> 8 - 16				5000
	> 16 - 31,5				10000

Bei Bohrbrunnen in Festgesteinen genügt meist eine einfache Filterkiesschüttung. Da eine etwaige Feinsandführung in den wasserführenden Spalten und Klüften durch entsprechendes Entsandungspumpen beseitigt werden muß, können hier die größeren Filterkies-Körnungen, meistens 5, 6–8 mm und darüber, verwendet werden.
Bei Lockergesteinen wird die Korngröße der äußeren Schüttung in Abhängigkeit von der Sieblinie der wasserführenden Kiessande gewählt, und zwar derart, daß ein bestimmter Prozentsatz des Kornanteils unter 10 mm Korngröße noch durch den Filterkies bewegt werden kann. Für diesen Korndurchgang sind nur die Körnungen unter 10 mm von Bedeutung. Die Sieblinie A wird daher in Sieblinie A', Sieblinie B in B' umgerechnet. In Anlehnung an den Vorschlag E. Bieske wird die Schüttkorngröße berechnet aus:

$$\text{Schüttkorngröße} = \text{Kennkorngröße} \cdot \text{Filterfaktor}$$

Für den Filterfaktor 4 werden die in **Abb. 3-40** dargestellten Kennkornlinie und Prozentsätze des Durchgangs empfohlen. Von dem vorhandenen Korngemisch wird jeweils nur der Kornanteil unter 10 mm als Sieblinie aufgetragen. Der Schnittpunkt der Sieblinie mit der Kennkornlinie ergibt die Kennkorngröße. Das Verfahren hat sich in der Praxis bewährt.
Für die in **Abb. 3-40** dargestellten Sieblinien A bis D sind die Schüttkorngrößen und die Filterkorngrößen in **Tab. 3-25** ermittelt.
Bei Lockergesteinen ist immer eine Siebanalyse der verschiedenen angetroffenen Bodenschichten durchzuführen. Als Prüfsiebe sind solche nach DIN 4188 zu verwenden. Die sachgemäße Entnahme der Proben, die auch das feine und feinste Material der grundwasserführenden Schichten enthalten und sorgfältig gemischt sein müssen, um wirklichkeitsnahe Mittelwerte zu erhalten, ist besonders wichtig. Für das Aussieben müssen die Proben sorgfältig getrocknet werden. Das Ergebnis der Siebanalyse wird zweckmäßig in Formulare mit halblogarithmischem Maßstab eingetragen.
Filterkies-Einbau – Bei kleinen Wasserentnahmen aus einem Brunnen im Lockergestein genügt eine einfache Schüttung. Bei großen Entnahmen ist es zur Verminderung des Filterwiderstandes zweckmäßig, 2 oder 3 Ringschüttungen einzubringen.
An der Baustelle ist der Filterkies sorgfältig auf dichten Unterlagen zu lagern und mit Folien abzudecken. Vor dem Einbringen ist er mit Chlorwasser mit etwa 20 g Cl/m^3 Wasser zu desinfizieren. Der Filterkies muß mit großer Sorgfalt eingebracht werden, am besten mit einem Schüttrohr. Keinesfalls darf der Kies über mehrere Meter frei fallen, z. B. bei tiefer liegendem WSp. Dadurch könnte die Beschichtung der Rohre, insbesondere an den Flanschen, verletzt werden und korrodieren. Gleichzeitig mit dem Einbringen des Filterkieses werden die Bohrrohre gezogen. Dabei muß sehr sorgfältig gearbeitet werden, damit weder

die Bohrrohre zu hoch über den Filterkies gezogen werden, wodurch Nachfall und Verschmutzung des Filterkieses eintreten könnte, noch der Filterkies zu hoch zwischen Bohrrohr und Filterrohr geschüttet wird, da hierdurch die Gefahr besteht, daß beim Ziehen Verklemmungen auftreten, wobei die Filterrohre infolge Reibung zum Teil mitgezogen werden und dadurch Beschädigungen auftreten. Die Höhe der Filterkieseinfüllung im Vergleich zur Unterkante Bohrrohr muß ständig überprüft werden. Beim Einbringen des Filterkieses muß durch kolbenartiges Bewegen des WSp im Filterrohr erreicht werden, daß sich der Filterkies dicht lagert, da sonst die Gefahr besteht, daß beim Entsandungspumpen oder beim Pumpen im Betrieb ein plötzliches Nachsacken des Filterkieses eintritt, was zu ungleicher Belastung des Filterrohres und Nachfall von Boden in den Filterkies führen kann.

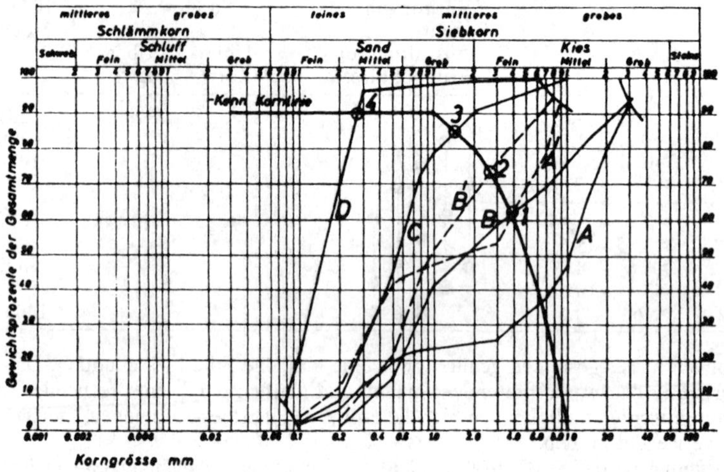

Abb. 3-40: Kennkornlinie nach Bieske und Beispiele von Sieblinien

Tab. 3-26: Beispiele zur Bestimmung der Filterkieskörnung mittels Kennkornlinie nach Abb. 3-40

Herkunft	Kennkorngröße mm	Faktor	Schüttkorn mm	Filterkies mm
Sieblinie A* – Donauquartär Marxheim	4,0	4	16,0	8/16
Sieblinie B* – Mainquartär Marktsteft	2,8	4	11,2	8/16
Sieblinie C* – Tertiärkiessand Nabburg	1,5	4	0,6	3,16
Sieblinie D* – Tertiärfeinsand Postau	0,28	4	1,12	1/1,4

* Der Anteil der Körnung unter 10 mm an dem Gesamtkornaufbau beträgt bei Sieblinie A 48 v. H., bei Sieblinie B 76 v. H.

Bei mehrfacher Ringschüttung wird das Einbringen der inneren Filterkiesschüttung erleichtert, wenn diese mittels Gewebekörben bereits über Tage an das Filterrohr befestigt wird. Bei Verwendung eines Sperrohres wird der Filterkies durchgehend bis in den Brunnenkopf geschüttet. Nachträgliche Filtersetzungen können somit erkannt und nachgebessert werden. (**Abb. 3-41**)

4. Sperrohr und Abdichtung

Zum Schutz gegen Eindringen von Oberflächenwasser entlang der durch die Bohrung unregelmäßig geformten Bohrlochwand muß eine Abdichtung eingebracht werden. Das Belassen von Bohrrohren bringt meist keine sichere Abdichtung. Es ist auch zu kostspielig, die teuren Bohrrohre im Brunnen zu belassen. Es wird deshalb bis in die vom Geologen festzulegende Tiefe ein Sperrohr eingebaut und der Zwischenraum zwischen Sperrohr und Bohrlochwand mit plastischem Beton, Ton oder Spezialabdichtungsmassen abgedichtet. Das Sperrohr dient somit als innere Schalung für die eigentliche Dichtung durch Beton oder Ton. Um zu verhindern, daß Zement- oder Tonschlämme den Filterkies zuschlämmen, wird am unteren Ende des Sperrohres ein äußerer Flansch angebracht, auf den die Dichtung sich abstützen kann. Das Belassen der Bohrrohre als Absperrung ist nur dann ratsam, wenn eine Abdichtung im Bereich von Quelltonen durchzuführen ist. Dabei ist erforderlich, daß die Rohre gut eingepreßt und dann nicht mehr bewegt werden, da sonst keine sichere Abdichtung erreicht wird.

5. Brunnenkopf

Zum hygienisch einwandfreien Abschluß des Brunnens nach oben ist ein wasserdichter Brunnenkopf erforderlich. Bewährt hat sich die Ausflührung nach **Abb. 3-41.**

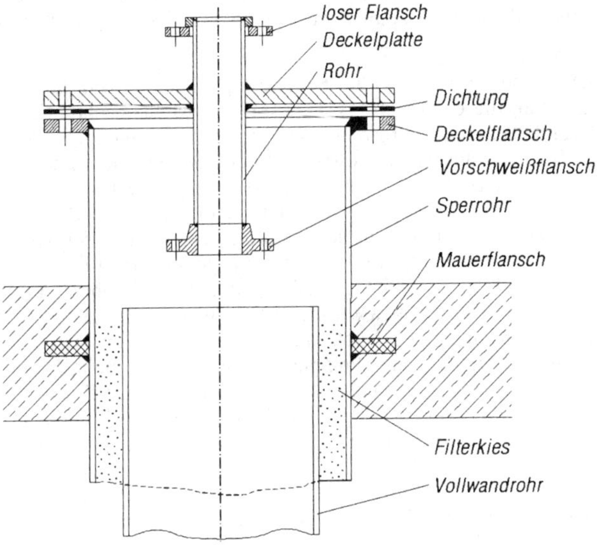

Abb. 3-41: Wasserdichter Brunnenkopf mit Abdichtung gegen das Sperrohr (vergl. auch Abb. 3-15 und Abb. 3-33)

Brunnenkopfrohr mit Flansch und angeschweißtem Mauerflansch zum Einbetonieren in die Sohle des Brunnenvorschachtes.

Brunnenkopfdeckel mit Flansch, in diesem ist in der Mitte der Rohrstutzen eingeschweißt, an welchem unten die Pumpensteigleitung angehängt wird und oben die Rohrleitung des Schachtes anschließt. Der Rohrstutzen hat unten einen Vorschweißflansch und oben einen Bund mit drehbarem Flansch.

Ausrüstung – Im Deckel sind wasserdichte Durchführungen für Kabel, eine verschließbare Öffnung für Wasserstandsmessungen, eine Be- und Entlüftung und 2 Kranösen erforderlich.

Durchmesser des Brunnenkopfdeckels ist so zu bemessen, daß der Deckel noch durch die Montageöffnung des Brunnenvorschachtes ausgebaut werden kann.

Der Deckelflansch wird an das Sperrohr wasserdicht angeschweißt. Wenn ein GWSp über Brunnenkopfdeckel möglich ist, wird am Brunnenkopfrohr seitlich ein Abgangsstutzen mit Schieber angeordnet.

Durch diese Art des Abschlusses des Brunnens wird erreicht, daß Filter- und Aufsatzrohre nicht durch die Tauchmotorpumpe und Steigleitung belastet und erschüttert werden und daß der wasserdichte Abschluß vom Sperrohr über Schachtsohle bis zum Brunnenkopfdeckel reicht. Der Brunnenkopf aus Stahl muß einen Korrosionsschutz erhalten, besser aus rostfreiem Stahl ausgeführt sein.

6. Brunnen-Entnahmevorrichtung

Für die Wasserförderung aus einem Brunnen wird heute fast immer die Tauchmotorpumpe eingesetzt. Diese hängt an der Brunnensteigleitung, diese am Rohrstutzen des Brunnenkopfdeckels. Damit die Pumpe genau mittig im Filterrohr hängt, werden an Pumpe und Steigleitung Zentriervorrichtungen angebracht. Für die Steigleitung werden Stahlrohre, korrosionsgeschützt oder aus rostfreiem Stahl oder aus PVC mit Flansch- oder Gewindeverbindung, verwendet, da im Betrieb ein schneller, leichter Ein- und Ausbau durch das Wasserwerkspersonal möglich sein muß. In den Flanschen sind meist Aussparungen für die Kabel angebracht. Vorteilhaft ist, wenn bei den Flanschdichtungen Gummilappen

herausstehen, um zu verhindern, daß die Flanschen am Filterrohr scheuern. Bei Filterrohren mit geringem DN müssen die Steigleitungen mit Gewindeverbindung ausgeführt werden, der Ein- und Ausbau ist dabei etwas schwieriger. Für die Wahl der DN von Filterrohr und Steigleitung ist zu beachten, daß noch ein ausreichend großer Zwischenraum zwischen Filterrohr und Flansch der Steigleitung für den Wasserdurchfluß vorhanden ist. Zweckmäßig wird der Flanschdurchmesser nicht größer als der Pumpendurchmesser, v kleiner als 0,50 m/s gewählt.
Bei Brunnen, die mehrere GW-Stockwerke erschließen, wird unabhängig von der Einhängetiefe der Pumpe immer ein Mischwasser aus allen verfilterten Aquiferen gefördert. Bei neuen Brunnen soll deshalb ein hydrogeologisch definiertes GW-Stockwerk verfiltert werden. Damit wird verhindert, daß GW-Belastungen von einem GW-Stockwerk ins andere verfrachtet werden können. Zudem ist nur so eine eindeutige Wasserbilanz des genützten GW-Stockwerkes möglich.

7. Brunnenvorschacht
Über jeden Brunnen ist ein Brunnenvorschacht anzuordnen, in welchem die Rohrleitungen, die Armaturen, die elektrische Anlage und die Meßeinrichtungen untergebracht werden. Aus statischen Gründen ist ein kreisförmiger Querschnitt zweckmäßig, lichte Höhe mind. 2,00, li. Durchmesser mind. 2,50 m, Ausführung in wasserundurchlässigem Stahlbeton, Schachtoberteil mit Wärmedämmung. Sofern der Brunnenvorschacht im Bereich von HHW liegt, muß O. K. Schacht mind. 0,20 m über HHW_{500}, der Schacht auftriebssicher sein. Über dem Brunnenkopf ist die Montageöffnung, seitlich davon eine 2. Öffnung für den Zugang. Aus Gründen des Korrosionsschutzes und des Objektschutzes empfiehlt sich die Ausführung der Schachtdeckel in rostfreiem Stahl. Die Einsteigleiter, Material wie vor, jedoch auch verzinkter Stahl, muß herausnehmbar sein. Eine Schachtbelüftung ist vorzusehen. Wenn die Schachtentwässerung in freiem Ablauf zu einem Vorfluter möglich ist, wird ein einwandfreier Abschluß gegen Rückstau und Eindringen von Tieren notwendig. Meist ist jedoch die Entwässerung mittels tragbarer Pumpen vorzusehen. Die Schachtinstallation besteht i. a. aus Wasserzähler, Absperrarmatur, Rückflußverhinderer, selbsttätigem Be- und Entlüftungsventil, Manometer, Entnahmevorrichtung für Wasserproben, Meßvorrichtung für den GWSp, den erforderlichen Rohrleitungen für elektrische Ausrüstung. Bei kleinen Anlagen, bei welchen kein gesondertes Maschinenhaus erforderlich ist, empfiehlt es sich, als Zugang zum Schacht ein kleines Einstieghaus mit Treppe anzuordnen, in welchem die elektrische Ausrüstung besser untergebracht und Arbeitsgeräte gelagert werden können. Die Montageöffnung über dem Brunnenkopf muß außerhalb dieses Einstieghäuschens liegen.
Auf das DVGW-Arbeitsblatt W 122 „Abschlußbauwerke für Brunnen der Wassergewinnung" wird hingewiesen. Darin werden Anforderungen, bauliche Ausführung und Ausrüstung von Abschlußbauwerken ausführlich behandelt. 6 Beispieldarstellungen runden die Ausführungen ab.

3.2.4.4.5 Entsanden und Entschlammen

1. Allgemein
Bei den im Brunnenausbau üblichen Bohrverfahren wird während der Durchführung der Bohrung im allgemeinen der GWSp nicht wesentlich beeinflußt. Damit ist auch ein Transport von Sandteilchen zum Brunnen nicht möglich. Beim Abpumpen des Brunnens wird aber der GWSp stark abgesenkt, wobei in Brunnennähe wesentliche Änderungen der Fließgeschwindigkeit und der Übergang zur turbulenten Strömung eintreten. Entsprechend der möglichen Schleppspannung des Wassers werden dann aus dem umgebenden Gesteinskörper lockere Teilchen zum Brunnen transportiert.
Dieser Vorgang wird auch bei der Bemessung der Filterkieskörnung berücksichtigt, derart, daß ein bestimmter Prozentsatz der Körnung unter 10 mm Korngröße des Gesteinskörpers durch den Filterkies gefördert werden kann.
Die Fließgeschwindigkeit zum Brunnen ist zu Beginn des Abpumpens am größten, da sich der Absenkungstrichter erst langsam ausbildet, so daß zu Beginn des Abpumpens die lockeren Teilchen des Gesteinskörpers leichter bewegt werden und zu Beginn des Abpumpens die Sandführung am größten ist. Trotz eines Dauerpumpversuches kann also eine Sandfreiheit nicht mit Sicherheit erreicht werden, da bei dem im Betrieb meist üblichen stoßweisen Einschalten der Brunnenpumpen vorübergehend eine viel höhere Fließgeschwindigkeit erzielt wird. Bei dem Entsandungs- und Entschlammungspumpen muß diese Stoßbelastung des Brunnens nachgeahmt und auf eine kurze Zeitperiode zusammengedrängt werden. Gemischtkörnige Bodenschichten mit großer Ungleichförmigkeit, wie viele alluviale Bodenschichten, sind leichter zu entsanden als solche mit sehr gleichmäßigem Korn, wie manche tertiäre Sandschichten. Hier muß besonders sorgfältig die beim Entsandungspumpen entnommene

Sandmenge gemessen werden, damit nicht durch zu starkes Entsandungspumpen zuviel Sand herausgepumpt wird, wodurch sonst Hohlräume und in der Folge das Einstürzen von Bodenschichten entstehen können.
Das Entsandungspumpen hat in erster Linie die Aufgabe, eine sandfreie Wasserentnahme aus dem Brunnen im laufenden Betrieb zu gewährleisten. Meist wird im Lockergestein gleichzeitig eine mehr oder weniger große Leistungssteigerung des Brunnens erreicht, verursacht durch die Vergrößerung des wirksamen Bohrdurchmessers. Beim Betrieb soll der Sandgehalt nach DVGW-Arbeitsblatt W 119 je nach Betriebsanforderung an den Brunnen folgende Richtwerte nicht überschreiten:

bei hohen	Anforderungen: Sandgehalt unter 0,01	g/m^3
bei mittleren	Anforderungen: Sandgehalt unter 0,1	g/m^3
bei niedrigen	Anforderungen: Sandgehalt unter 0,3	g/m^3

Sollte sich beim späteren Betrieb zeigen, daß die angestrebte Sandfreiheit nicht erreicht wird, muß das Entsanden wiederholt werden. Manchmal ist einc Sandführung nur während der Anlaufphase der Pumpe zu beobachten, solange, bis ein stationärer Zustand erreicht ist. Hier kann durch ein extrem langsames Öffnen des Schiebers (bis zu mehreren Minuten) nach dem Einschalten der Pumpe die anfängliche Schockbelastung verringert werden und damit auch die mitgerissene Sandmenge.

2. Entsandungspumpen bei Brunnen im Festgestein
Brunnen im Festgestein sind im allgemeinen wenig durch Sandführung gefährdet. Im allgemeinen genügt ein kurzzeitiges, stoßweises Entsandungspumpen mit voller Brunnenhöhe, nur in Ausnahmefällen entsprechend der geologischen Beurteilung wird hier ein abschnittsweises Entsanden notwendig sein. Das Entsandungspumpen wird derart begonnen, daß bei langsamer Steigerung der Entnahmerate die Brunnenergiebigkeit q_s bei etwa 1/3 Absenkung des ursprünglichen Wasserstandes im Brunnen festgestellt wird. Die Zeitdauer hierfür ist mit etwa 2 Stunden anzusetzen. Anschließend ist das eigentliche Entsandungspumpen durchzuführen. Der Brunnen ist hierbei mit der vollen Leistung q_s auf die Dauer von 5 min zu belasten, anschließend folgt ein Stillstand des Brunnens ebenfalls auf die Dauer von 5 min. Diese Schockbelastung des Brunnens, d. h. der stetige Wechsel zwischen Abpumpen und Stillstand jeweils 5 min lang, ist mit einer Gesamtdauer von etwa 6–12 Stunden durchzuführen. Die Meßergebnisse sind in einer Niederschrift einzutragen.
Das Ziel des Entsandungspumpens ist erreicht, wenn bei der Probeentnahme unmittelbar nach dem Einschalten der Pumpe der Sandanteil $\leqq$ 0,1 cm^3/10 l Wasser ist. Wird dieser Grenzwert in der vorerwähnten Zeit nicht erreicht, dann ist erforderlichenfalls ein abschnittsweises Entsandungspumpen nach Ziff. 3 durchzuführen. Nach Abschluß des Entsandungspumpens beginnt der Hauptpumpversuch.

3. Abschnittsweises Entsandungspumpen bei Brunnen im Lockergestein
Allgemein – Das abschnittsweise Entsandungspumpen ist notwendig, wenn bei dem Entsandungspumpen mit voller Filterstrecke keine Sandfreiheit erreicht und wenn besonderer Wert auf möglichst große Brunnenentnahme gelegt wird. Bei Bohrbrunnen geringer Tiefe in quartären Talauffüllungen ist das abschnittsweise Entsandungspumpen immer zweckmäßig. Bei Bohrbrunnen größerer Tiefe in Lockergesteinen, z. B. in tertiären Kiessanden, kann gegebenenfalls das abschnittsweise Entsandungspumpen auf besonders gefährdete und wichtige Bereiche beschränkt werden.
Entsandungsabschnitte – An der Entnahmeeinrichtung, meist Tauchmotorpumpe, ist der Entsandungsabschnitt durch Gummimanschetten oberhalb und unterhalb zuverlässig dicht gegen das Filterrohr abzudichten. Der Entsandungsabschnitt soll etwa 1,0 bis max. 2,0 m betragen, die Eintrittsöffnung der Pumpe soll in der Mitte des Abschnittes liegen.
Entnahme der Wasserproben – Die einwandfreie Prüfung der Sandführung des geförderten Wassers ist nur möglich bei Entnahme aus der vertikalen Brunnensteigleitung, wo in der turbulenten, vertikalen Strömung eine gleichmäßige Verteilung des mitgeführten Sandes zu erwarten ist. Als Entnahmevorrichtung hat sich bewährt ein am Krümmer der Brunnensteigleitung vertikal und mittig in die Steigleitung eingeführtes Rohr DN 40 oder 50, das außerhalb des Krümmers horizontal abgewinkelt und mit einem Abschlußventil mit widerstandsfähigem Durchflußquerschnitt abgesperrt wird.
Für die Messung des Sandgehaltes werden benötigt 2 bis 3 Eimer mit je 10 l Inhalt und 3 bis 4 Meßgläser als Spitzgläser von 2 bis 3 l Inhalt mit Meßeinteilung derart, daß mit einer Genauigkeit von 0,1 cm^3 an der Spitze abgelesen werden kann.

Zur Messung des Sandgehaltes werden am Entnahmehahn 10 l Wasser entnommen, der Sand im Eimer zum Absetzen gebracht, Dauer etwa 5 min, vorsichtig die überstehenden 8 l Wasser entfernt und die verbleibenden 2 l Wasser mit dem abgesetzten Sand in das Meßglas geleert und der Sand hier zum Absetzen, Dauer etwa 5 min, gebracht. An der Meßeinteilung des Spitzglases wird der Sandanteil in cm^3 je 10 l abgelesen.

Feststellen der Brunnenergiebigkeit vor dem Entsanden – Zur Festlegung der Pumpenleistungen für das Entsandungspumpen und zum Vergleich der Wirkung des Entsandens auf die Brunnenergiebigkeit ist vor Beginn des Entsandungspumpens der Brunnen bei voller Filterhöhe mit langsamer Steigerung der Entnahmemenge bis zum Erreichen einer Absenkung von 1/3 des Wasserstandes im Brunnen abzupumpen, die dabei erreichte max. Entnahmerate ist q_s. Die Dauer des Pumpens beträgt etwa 2 Stunden.

Abschnittsweises Entsanden – Das abschnittsweise Entsanden besteht aus dem Vorentsanden und dem stoßweisen Abpumpen des Brunnens mit voller Leistung sowie dem Schocken der einzelnen Entsandungsabschnitte.

Bei dem Vorentsanden wird mit einer Entnahme von $q_s/4$ begonnen, alle 10 min die Sandführung gemessen. Sobald die Sandführung kleiner als $20\,cm^3/10\,l$ ist, wird die Pumpenleistung auf $q_s/2$ gesteigert und ebenfalls so lange gepumpt, bis die Sandführung kleiner als $20\,cm^3/10\,l$ ist, dann in ähnlicher Weise mit $3/4\,q_s$ gepumpt. Mit der vollen Entnahmerate q_s bzw. mit der Entnahmerate, die bei dem obersten Entsandungsabschnitt noch ohne Lufteinsaugen möglich ist, wird so lange gepumpt, bis die Sandführung kleiner als $5\,cm^3/10\,l$ ist.

Anschließend beginnt die Schockbelastung des Brunnens. Der Brunnen wird mit der Entnahmerate q_s bzw. der maximal möglichen Entnahmerate auf die Dauer von 3–5 min abgepumpt, dann die Pumpe auf die Dauer von 3–5 min abgestellt, und dies in fortlaufendem Wechsel. Die Probeentnahme zur Prüfung der Sandführung wird unmittelbar nach dem Einschalten der Pumpe vorgenommen. Das Entsanden des Abschnittes ist beendet, wenn die Sandführung $\leqq 0{,}1\,cm^3/10\,l$ ist.

Anschließend wird in gleicher Weise der nächste Abschnitt entsandet. Erfahrungsgemäß dauert das Entsandungspumpen des 1. Abschnittes am längsten, da gleichzeitig Nachbarabschnitte zum Teil miterfaßt werden.

Nach Beendigung des abschnittweisen Entsandens ist der Brunnensumpf hinsichtlich Sandablagerung zu prüfen und etwaiger Sand durch geeignetes Pumpen oder mittels Ventilbohrer o. ä. zu entfernen.

Die Meßergebnisse sind in einer Niederschrift aufzuschreiben, ein Muster für eine Aufschreibung in Tabellenform ist im DVGW-Merkblatt W 111 enthalten. In den Aufzeichnungen und graphischen Darstellungen der Ergiebigkeit des Bohrbrunnens sind die Meßwerte vor Brunnenausbau (nur bei Brunnen im Festgestein möglich), vor und nach dem Entsanden einzutragen.

4. Entsanden durch Kolben des Brunnens

Beim Kolben wird eine Kolbenplatte im Filterrohr rd. 0,5–1,0 m auf- und abwärts bewegt. In der Kolbenplatte sind Ventilöffnungen angebracht, die sich bei der Aufwärtsbewegung schließen und bei der Abwärtsbewegung öffnen. Bei der Aufwärtsbewegung entsteht an der Kolbenunterseite eine große Saugkraft und damit eine Entsandungswirkung, gleichzeitig an der Oberseite eine Druckkraft durch die Filterschlitze nach außen, wobei mögliche Kornbrücken zerstört werden. Die Kräfte sind um so größer, je schneller die Kolbenbewegung ausgeführt wird. Der mitgerissene Sand fällt in das Sumpfrohr des Brunnens und muß abgepumpt werden. Kolbenplatte, Schwerstange usw. müssen Gummimanschetten erhalten zum Schutz gegen das Anschlagen an das Filterrohr. Das Verfahren ist vor allem bei grobem Lockergestein mit Feinsandanteil kleiner 20 v. H., auch bei Festgestein gut anwendbar, weniger bei gleichkörnigen Feinsanden, Brunnen mit großem Durchmesser und geringer Tiefe, damit auch geringer Entnahmerate, siehe **Abb. 3-42.**

5. Verwendung von chemischen Zusätzen

Beim Niederbringen der Bohrrohre werden gelegentlich lehmig-tonige Bestandteile der oberen Bodenschichten mit in die Tiefe gezogen. Sie verschmieren dort die Bohrlochwand und sind nur schwer ausspülbar. Ein solches Verschmieren kann auch bei Spülbohrungen entstehen. Hier hilft der Zusatz von Dispergierungsmitteln, wodurch die lehmig-tonigen Ablagerungen wieder in wässerige Dispersionen übergeführt werden, so daß sie beim Entsandungspumpen mit entfernt werden können.

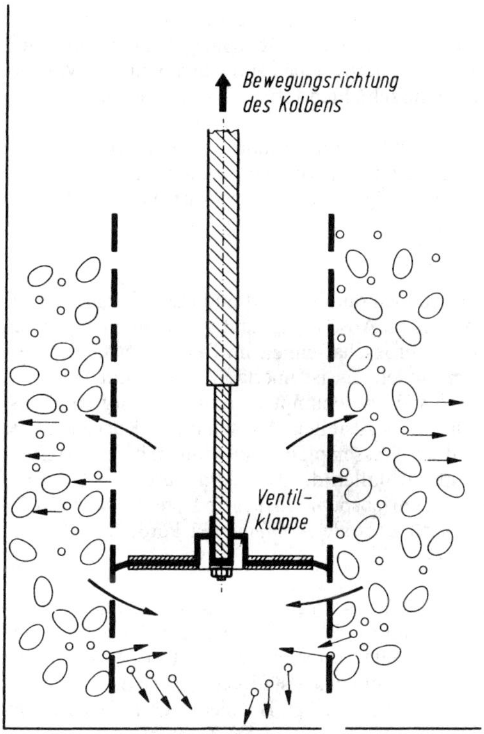

Abb. 3-42: Kolben zum Entsanden der Filterstrecke

3.2.4.4.6 Pumpversuche

1. Allgemein

Für jeden Pumpversuch (PV) ist ein genaues Programm über Dauer, Entnahmeraten, Absenkung, Einbautiefe der Pumpe, Länge und Art der Wasserableitung, Art und Umfang der Messungen, Beobachtungen benachbarter Meßstellen, Quellen und Oberflächengewässer, Entnahme von Wasserproben für die chemische und mikrobiologische Untersuchung usw. aufzustellen.

2. Vorbereitende Arbeiten

Jeder PV muß technisch so vorbereitet sein, daß keine Unterbrechungen des Pumpbetriebs eintreten und die Meßvorrichtungen genaue Messungen ermöglichen. Wenn PV über längere Zeit oder häufig unterbrochen werden, geben sie kein eindeutiges Bild über die Leistungsfähigkeit des Brunnens im Dauerbetrieb. Hauptpumpversuche sind mit Unterwassermotorpumpen mit ausreichendem Förderstrom und entsprechender Förderhöhe durchzuführen, da diese leicht an die beim PV vorhandenen verschiedenen Förderverhältnisse angepaßt werden können. Die beim PV geförderten Wassermengen sind ausreichend weit vom Brunnen in geschlossenen Leitungen, wie Rohren oder Kunststoffschläuchen abzuleiten, damit mit Sicherheit kein Rücklauf in den Absenkungsbereich des Brunnens eintritt, was das PV-Ergebnis verfälschen würde. Die für die Probeentnahme zur Untersuchung der Wasserbeschaffenheit zuständigen Untersuchungsanstalten sind rechtzeitig über den zeitlichen Ablauf des Pumpversuchs zu unterrichten. Nach dem Wasserhaushaltsgesetz in Verbindung mit dem jeweiligen Landeswassergesetz ist für die Entnahme und das Einleiten von Wasser eine wasserrechtliche Erlaubnis erforderlich, nur dann nicht, wenn nur geringe Mengen und nur für vorübergehende Zwecke Wasser entnommen wird. Dies trifft für kurzzeitige PV i. a. zu. Es ist jedoch zweckmäßig, sich immer bei der zuständigen Wasserrechtsbehörde darüber zu erkundigen.

3. Vor- und Zwischenpumpversuche

Die Ergiebigkeit eines jeden Brunnens muß durch PV festgestellt werden. Bereits vor Ausbau der Bohrung ist mindestens 1 PV durchzuführen. Bei Bohrungen in Lockergesteinen müssen dabei Filterrohre mit großen DN eingestellt und die Bohrrohre angehoben werden. Vorzuziehen ist jedoch in

Lockergesteinen, besonders bei flachen Bohrungen, an dem Bohrpunkt die Ergiebigkeit durch eine Versuchsbohrung festzustellen, so daß die Hauptbohrung zusammenhängend ausgebaut werden kann. Bei Bohrungen in Festgesteinen sind oft mehrere Zwischenpumpversuche notwendig, um die Wasserführung und Wasserbeschaffenheit der einzelnen Gesteinsschichten feststellen und die Bohrung bei ausreichender Ergiebigkeit rechtzeitig beenden zu können.

In jedem Brunnen ist vor und nach dem Brunnenausbau ein PV durchzuführen, da gelegentlich durch Ausbaufehler Nachfall, durch ungenügendes Entsanden eine erhebliche Leistungsminderung des Brunnens eintreten kann. Bei Zwischenpumpversuchen genügt oft eine Pumpdauer von 24–48 Stunden, um grob die Brunnenleistung beurteilen zu können.

4. Hauptpumpversuch am Einzelbrunnen

Entnahme

Der Hauptpumpversuch wird am fertig ausgebauten Brunnen durchgeführt und dient damit zur Feststellung der Ergiebigkeit, d. h. dem Verhältnis Entnahme zu Absenkung, und der möglichen größten Entnahme im Dauerbetrieb sowie der chemischen Wasserbeschaffenheit im Betriebszustand. Meist wird damit das Klarpumpen und das Entsanden verbunden. Es ist unerläßlich, daß mit mehreren Entnahmeraten jeweils bis zum Beharrungszustand des WSp gepumpt wird, um die Ergiebigkeitskurve, d. h. das Verhältnis von Absenkung zur Entnahme, festzustellen. Anhand dieser Kurve wird die mögliche Betriebsentnahme festgelegt. Bei dieser soll der Wasserspiegel im Brunnen bei niedrigstem Stand höchstens um 1/3 abgesenkt werden. Ein steiles Abfallen der Ergiebigkeitskurve deutet auf Überschreiten des Brunnenfassungsvermögens hin. Ein Betriebspunkt in diesem Bereich ist wegen der Überbeanspruchung und der unwirtschaftlichen Förderung (große Zunahme der Förderhöhe bei geringer Förderstromsteigerung) zu vermeiden.

Dauer des Pumpversuchs

Der Hauptpumpversuch ist im allgemeinen mit mindestens $5 \cdot 24 = 120$ Stunden Dauer, in besonderen Fällen auch länger, durchzuführen. Für jeden Betriebspunkt des PV soll mindestens ein Beharrungszustand des abgesenkten WSp auf die Dauer von 12 Stunden erreicht werden. Ein PV kann noch ausreichend beurteilt werden, wenn nach 120 Stunden Dauer ein quasi-stationärer Zustand erreicht ist, die Absenkung innerhalb 24 Stunden nur wenige cm (<10 cm) beträgt. Bei niedrigen Beanspruchungen des Brunnens lohnt sich i. a. der Kostenaufwand für die Verlängerung des PV nicht.

Messungen und Untersuchungen

Entnahme – Die beim PV geförderte Entnahme ist immer mit geeichtem Wasserzähler zu messen, damit der momentane und gesamte Förderstrom festgestellt werden kann. Das Meßorgan ist so einzubauen, daß es immer mit Wasser gefüllt ist. Empfehlenswert ist der Einsatz von induktiven Durchflußmeßgeräten.

Wasserspiegel – Die WSp des Pumpversuchsbrunnens, der im Meßprogramm vorgesehenen Beobachtungsbrunnen, der benachbarten, allenfalls beeinflußten Entnahmebrunnen und die Pegelstände benachbarter Oberflächengewässer sind etwa in der angegebenen Zeitenfolge zu messen und graphisch aufzutragen, was für die Beurteilung der Leistungsfähigkeit des Brunnens und der wasserrechtlichen Auswirkung auf andere Wasserbenützer benötigt wird. Die Meßpunkte, von welchen aus die Abstichmasse in Br und GWSp genommen werden, sind auf NN einzumessen. Das Ergebnis der WSp-Messungen zu besonderen Zeitpunkten ist ferner in Lagepläne in Form der GW-Höhengleichen (Isohypsen) und als Linien gleicher GW-Absenkung einzutragen. Zur Kontrolle, ob an den Veränderungen der GWSp auch natürliche Schwankungen des GWSp infolge der Witterungsverhältnisse beteiligt sind, müssen außerhalb des möglichen Absenkungsbereichs des PV-Brunnens Beobachtungsrohre angeordnet werden. Durch Vergleich mit dem GWSp dieser vom PV unbeeinflußten Beobachtungsrohre kann der WSp des Brunnens auf konstantem Ruhewasser GWSp umgerechnet werden.

Die Höhenlage der WSp in den Brunnen wird mit Lichtlot, Schwimmerlot oder elektronischer Tauchsonde gemessen. Bei Großpumpversuchen kann der Einsatz selbstschreibender Geräte an den wichtigsten Beobachtungsstellen notwendig sein. Für die Messung der WSp in Oberflächengewässern sind Pegelmeßvorrichtungen einzurichten und auf das vorhandene Pegelnetz einzumessen, damit Vergleiche mit anderen Flußwasserständen möglich sind.

Wasserbeschaffenheit – Die Temperatur des Wassers und der Luft ist entsprechend der Zeitenfolge der WSp-Messung auf 1/10 °C zu messen. Gegen Ende des Hauptpumpversuchs muß die chemische Untersuchung des Brunnenwassers durchgeführt werden. Mikrobiologische Untersuchungen am Brunnen während des PV haben nur bedingten Wert, da am Brunnen noch Arbeitsverunreinigungen

vorhanden sein können. Die chemische und mikrobiologische Untersuchung muß rechtzeitig vorbereitet werden.
Über den Pumpversuch ist ein Schlußbericht zu fertigen. Dieser soll enthalten:

1. *Beschreibung des Brunnengeländes:* Bodenbedeckung, Geländeneigung, Entfernung von Verkehrswegen und Bauwerken.
2. *Erhebung vor dem Pumpversuch:*
2.1 In der Nähe liegende Brunnen (Umkreis rd. 500 m):
Eigentümer, Entfernung vom Pumpversuchsbrunnen, geologische Verhältnisse, Tiefe, Endlichtweite, Ruhewasserspiegel unter Gelände und über N.N. mit Datum, derzeitige Entnahme, abgesenkter WSp, chem. und mikrobiologischer Befund.
2.2 In der Nähe liegende Quellen:
Eigentümer, Entfernung, geologische Verhältnisse, Zustand der Fassung, Höhenlage des WSp über NN, bekannte Mindestschüttung mit Datum der Messung, derzeitige Schüttung, chem. und mikrobiologischer Befund.
2.3 In der Nähe befindliche Oberflächengewässer:
Bezeichnung, Entfernung, Lage des Wasserspiegels über NN mit Datum, Wasserbeschaffenheit.
2.4 Ausbau des Pumpversuchsbrunnens:
Vorschacht.
Bohrung: Lichtweiten, zugehörende Tiefen.
Filterrohre: Material, Art und Größe der Eintrittsöffnungen, Rohrschutz, DN, Länge, Wanddicke.
Aufsatzrohr: desgl.
Sperrohr: Art, Wanddicke.
Filterkies: Material, Form, Korngröße, Bezugsort, Art der Lagerung auf der Baustelle.
2.5 Höhenkoten:
Gelände am Brunnen NN, Ruhewasserspiegel NN.
2.6 Prüfung der Meßvorrichtung:
Ableitungsgerinne: Länge, Dichtheit.
Wasserzähler: Letzte Eichung, Prüfung durch 2. Meßvorrichtung.
3. *Angabe über die Probeentnahme für die chemische und mikrobiologische Untersuchung*

3.2.4.4.7 Leistungssteigerung bei neuen Bohrbrunnen (Brunnenentwicklung)

1. Allgemein – Während auf dem Erdölsektor häufig besondere Maßnahmen zur Leistungssteigerung neuer Bohrbrunnen durchgeführt werden, ist dies bisher bei Brunnen zur Trinkwasserversorgung verhältnismäßig selten, obwohl solche Maßnahmen auch bei diesen oft sehr zweckmäßig wären. Bei den hohen Kosten der Bohrbrunnen ist eine Leistungssteigerung durchaus erwünscht. Im allgemeinen begnügt man sich meist mit oft unzulänglich durchgeführtem Entsanden.
2. Entsanden – Es werden die in 3.2.4.4.5 genannten Verfahren angewendet. Durch das Entfernen der lockeren Teilchen aus der unmittelbaren Brunnenumgebung wird ein durchlässigerer Gesteinskörper um den Brunnen geschaffen und damit das Brunnenfassungsvermögen vergrößert. Dies ist bei Brunnen in Lockergesteinen oft der Fall. Manchmal ist eine wesentliche Steigerung der Brunnenleistung durch das Entsanden nicht erreichbar. Trotzdem muß, wie ausgeführt, ein solches durchgeführt werden, um vor allem die Sandfreiheit im Betrieb zu gewährleisten.
3. Saugverfahren – Durch starkes Abpumpen, stoßweises Pumpen, Kolben und dergleichen, auch abschnittsweise, wird eine starke Druck- und Saugwirkung erzeugt, wodurch die Klüfte und Poren freigespült werden. Vor allem werden dadurch auch labile Kornbrücken beseitigt. Das Freispülen kann durch Verwendung von Chemikalien, wie Phosphat, Chlor, Säuren und benetzenden Agentien begünstigt werden.
4. Bohrlochsprengung – Durch Sprengladungen von 15–20 kg Stärke werden die Klüfte geöffnet und Verbindungen zu anderen Klüften geschaffen.
5. Vibrationssprengung – Durch Sprengung mit kleinen Ladungen in schneller Folge wird eine Vibrationswirkung auf das Gestein ausgeübt. Dabei wird durch die Explosionsgase eine starke Saugwirkung erzeugt, wodurch sich die Gasblasen ausdehnen und zusammenziehen.
6. Säurebehandlung unter Druck – Große Säuremengen werden mit großem Druck eingepreßt, um eine tiefe Eindringung radial um das Bohrloch zu erreichen. Das Verfahren ist nur bei undurchlässigen Deckschichten möglich, da sonst die Säure nach oben ausweicht. Verwendet wird 15prozentige Salz-

säure. Dabei kommen auch Inhibitoren zur Anwendung, die zum Schutz des Brunnenausbaumaterials eine Verzögerungswirkung haben, dagegen das Auflösungsvermögen von Eisen und Karbonaten nicht beeinträchtigen, ferner gel-bildende Agentien, welche das Fließen erleichtern und die Säurewirkung verzögern, um sie bis zur äußersten Reichweite aufrechtzuerhalten.
7. *Hydraulisches Aufbrechen* – In den Brunnen wird eine Flüssigkeit mit hohem Druck eingepreßt, etwa mit 0,23 bar je m Wassersäule. Damit die so geöffneten Gesteinsklüfte bei Ablassen des Druckes nicht zusammenfallen, wird Sand in die Flüssigkeit gegeben. Hierzu gehört auch das stoßweise Entsanden mittels Preßluft, das vor allem in den USA zum Lockern der beim Dickspülen verklebten Bohrlochwand eingesetzt wird.

3.2.4.4.8 Überwachung der Bohrung

Vor Beginn der Bohrung ist der Bohrfirma der Bohrpunkt genau anzugeben. Bei Verschieben des Bohrpunktes, z. B. wegen Schwierigkeit im Erwerb und Benützen der Grundstücke müssen jeweils die hydrogeologischen Verhältnisse, insbesondere auch die Möglichkeit des Einrichtens der erforderlichen Schutzgebiete neu geprüft werden. Über den Verlauf der Bohrung sind wöchentlich von der Bohrfirma Bohrberichte abzugeben, die Proben der erbohrten Gesteinsschichten sind in Kästchen 10 · 10 cm aufzubewahren. Bei jedem Gesteinswechsel, mindestens jedoch alle 5 m, sind Proben zu entnehmen. Die Bohrproben sind in den Kästchen zur Beweissicherung an Ort und Stelle aufzubewahren. Bei wasserführendem Sand und Kies sind Siebanalysen nach DIN 18 123 anzufertigen und zeichnerisch darzustellen, ebenso ein Schichtenverzeichnis nach DIN 4022. Entsprechend den Bohrberichten, Einsichtnahme der Gesteinsproben und Einordnen in die entsprechende geologische Formation wird der Fortgang der Bohrarbeiten, die Durchführung von PV und der Brunnenausbau bestimmt. Der Brunnenausbau und die PV sind durch eine örtliche Bauaufsicht durch den Auftraggeber zu überwachen.
Nach Durchführung des PV und Absetzen etwaiger Trübungen ist für die Abnahme der ausgebaute Brunnen immer mittels Fernsehkamera hinsichtlich des ordnungsgemäßen Ausbaus zu überprüfen. Hierbei können nicht nur Fehler im Material der Filter und Aufsatzrohre sowie Einbaufehler an den Rohrverbindungen, sondern auch richtige Einbauhöhen und -längen der Filter- und Aufsatzrohre sowie der Verlauf der Brunnenachse festgestellt werden. Die Unterwasserfernsehkamera ist heute so gut entwickelt, daß ihr Einsatz unter Einschalten von Spezialfirmen immer vorteilhaft ist. Wenn sich beim PV und bei dieser Überprüfung keine Mängel zeigen, wird der erstellte Bohrbrunnen an den Auftraggeber übergeben, der damit die weitere Haftung für den Bestand des Brunnens, abgesehen von der vertraglichen Gewährleistung der Bohrfirma, übernimmt.
Wenn möglich, ist sofort im Anschluß an die Brunnenbauarbeiten der Brunnenvorschacht zu erstellen. Andernfalls sind entsprechende Vorkehrungen gegen Beschädigung und Verunreinigung des Bohrbrunnens zu treffen.

3.2.4.5 Brunnenreihen

3.2.4.5.1 Allgemein

Die Anordnung mehrerer Brunnen ist notwendig, wenn die Ergiebigkeit eines Brunnens nicht ausreicht und die GW-Neubildung zusätzliche Entnahmen gestatten. Es ist besser, mit zwei Brunnen möglichst gleichmäßige Entnahmeleistungen zu fahren, als aus vermeintlichen Ersparnisgründen einen einzigen Brunnen übermäßig und mit wiederkehrenden hohen Leistungsschwankungen zu beanspruchen. Bei größeren Anlagen ist es zudem immer ratsam, einen Reservebrunnen mit zu erstellen.

3.2.4.5.2 Standort der Brunnen

1. *Lage zum Vorfluter* – Wenn eine Uferfiltration mit ausgenützt werden soll, wird die Brunnenreihe zweckmäßig etwa parallel zum Ufer des Vorfluters angeordnet. Bei Trinkwasserbrunnen ist dabei aus hygienischen Gründen sicherzustellen, daß das Uferfiltrat mindestens eine Fließzeit von 50 Tagen im Untergrund aufweist.
2. *Lage zur GW-Fließrichtung* – Wenn keine Uferfiltration möglich ist, wird die Brunnenreihe etwa senkrecht zur GW-Fließrichtung angeordnet.
3. *Flächenmäßige Anordnung* – Sie ist vorteilhaft in Erweiterung von 1, seltener von 2, besonders jedoch, wenn der GW-Leiter als GW-Speicher mit ausgenützt werden soll.
4. *Gegenseitiger Brunnenabstand* – verschiedene Faktoren sind zu beachten:

4.1 Bei einer gegebenen GW-Breite und gegebener Entnahme vermindert eine größere Zahl von Brunnen die GW-Absenkung in den Brunnen.
z. B. 1 Brunnen mit Q und Absenkung s, dagegen wird bei 5 gleichmäßig verteilten Brunnen mit je Q/5 s < s/5 (wegen der Krümmung der Absenkungskurve bei freiem GWsp.) Das vorhandene Brunnenfassungsvermögen sowie das Vermeiden von Anströmspitzen können dazu führen, eher mehrere Brunnen zu wählen als die Entnahme auf 1 oder wenige Brunnen zu verlegen.
4.2 Ist der gegenseitige Brunnenabstand kleiner als der Einzugsbreite eines Brunnen entspricht, tritt durch die gegenseitige Beeinflussung eine Mehrabsenkung ein. Ein Zusammenrücken der Brunnen kann aber u. U. die Baukosten verringern.
5. Grundstücksfragen, Bau- und Betriebskosten – Sie sind letztlich ausschlaggebend, wie viele Brunnen und mit welchen Abständen die Brunnenreihen ausgeführt werden. Ein Mittelweg wäre z. B., die Brunnenabstände so zu wählen, daß die Entnahmebereiche bei mittleren Brunnenentnahmen sich gerade berühren, bei größerer Entnahme eine gegenseitige Beeinflussung in Kauf genommen wird. Dabei dürfen die zulässige Absenkung und das Brunnenfassungsvermögen nicht überschritten werden.
6. Heberleitungen – Die früher üblichen Heberleitungen für die Entnahme von Wasser aus einer Brunnenreihe werden nicht mehr gebaut. Heute werden für die Entnahme fast ausschließlich Tauchmotorpumpen verwendet, die den Vorteil haben, daß die Brunnen unabhängig voneinander optimal betrieben und beprobt werden können.

3.2.4.5.3 Pumpversuche

Bei Brunnenreihen sind für jeden Brunnen Einzelpumpversuche und gemeinsam für alle Brunnen ein Sammelpumpversuch durchzuführen. Die Zeitdauer ist so zu wählen, daß beim Abnahme-PV des Einzelbrunnens mindestens bei der gewählten Betriebsentnahme eines jeden Brunnens ein Beharrungszustand des abgesenkten WSp erreicht wird. Bei den Einzel-PV ist jeweils auch die Absenkung an den benachbarten Brunnen oder dort gelegenen GW-Meßstellen zu messen, damit daraus die Absenkung bei gemeinsamem Betrieb aller Brunnen berechnet werden kann. Der Sammel-PV wird mit der vorgesehenen Betriebsentnahme durchgeführt. Er muß so lange dauern, bis etwa ein stationärer Zustand des abgesenkten GWSp erreicht ist, meist erst nach einigen Tagen. Bei sehr großen Entnahmen, bei welchen eine weitreichende Beeinflussung von Beteiligten zu erwarten ist, sind oft Groß-PV mit einer Dauer von 4 Wochen und mehr in den Monaten mit den niedrigsten GW-Ständen erforderlich. Aus dem Vergleich der Ergiebigkeit beim Einzel-PV und Gesamt-PV ist die gegenseitige Beeinflussung zu entnehmen.
Solche Groß-PV können aus Kostengründen oft erst dann durchgeführt werden, wenn die geförderte Wassermenge in das Rohrnetz abgegeben werden kann.

3.2.4.6 Großvertikalfilterbrunnen

Als Sonderform eines Vertikalfilterbrunnens ist der Großvertikalfilterbrunnen nach Ingerle zu bezeichnen, siehe **Abb. 3-43.** Von der Geländeoberfläche aus werden mehrere Vertikalbohrungen mit großem Durchmesser abgeteuft, die sich segmentartig überschneiden. Eine der Bohrungen wird dann wie ein Vertikalbrunnen ausgebaut.
Ein Großvertikalfilterbrunnen ist zweckmäßig und auch wirtschaftlich bei
- geringmächtigem, flächenhaft ausgedehntem Porengrundwasserleiter
- relativ geringem Flurabstand
- mäßiger Durchlässigkeit.

3.2.4.7 Horizontalfilterbrunnen

Eine besondere Art von liegender Fassung ist der Horizontalfilterbrunnen (HoriBr.), nach dem Erfinder auch Ranneybrunnen genannt. Nach dem Vorschlag des amerikanischen Ingenieurs Ranney (1934) werden von einem senkrechten Sammelschacht aus in der gewünschten Tiefe Filterrohre horizontal, strahlenförmig mit hydraulischen Pressen in die wasserführenden Gesteinsschichten vorgetrieben und während des Vortriebes durch einen besonderen Filterkopf und über das Spülgestänge das Feinmaterial der Gesteinsschichten durch den Wasserüberdruck herausgespült. Das Verfahren ist nur in Lockergesteinen anwendbar. Wegen der hohen Kosten des Schachtes ist es auch im allgemeinen nur bei Erschließung größerer Entnahmen (> 100 l/s) und nicht zu großer Tiefe (30–40 m) wirtschaftlich, doch sind in besonderen Fällen auch schon Brunnen mit Tiefen über 50 m ausgeführt worden. Wegen der

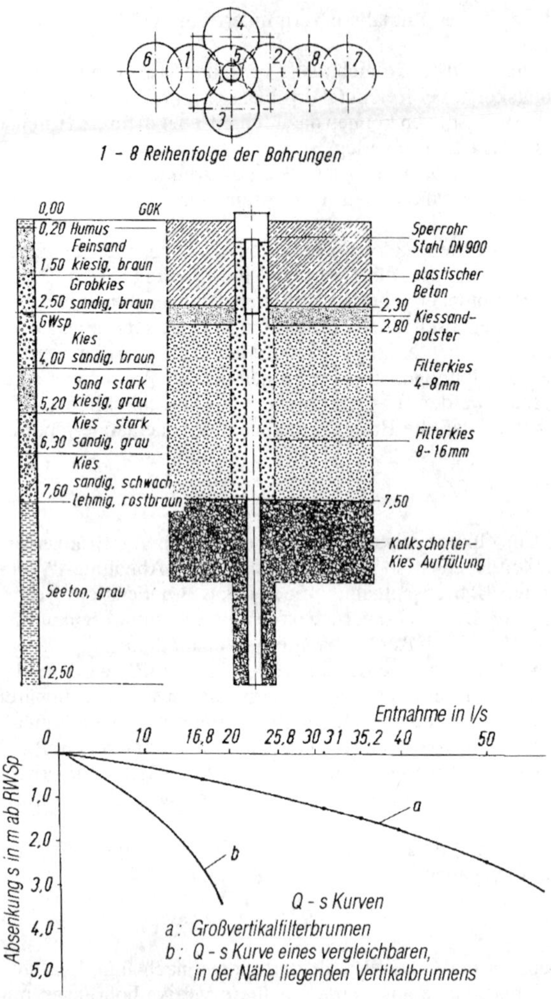

Abb. 3-43: Großvertikalfilterbrunnen der Marktgemeinde Neubeuern

hohen Kosten der früher meist üblichen Ausführung des Schachtes mit etwa 4,00 m Durchmesser in Ortbeton wurden seit 1970 wirtschaftlichere Verfahren entwickelt, z. B. die Ausführung des Schachtes aus Betonfertigteilen mit einem Innen-Durchmesser von 2–3 m, so daß der HoriBr auch für die Erschließung von kleineren Wasserentnahmen, etwa über 50 l/s wirtschaftlich sein kann. Der besondere Vorteil liegt darin, daß die Wasserentnahme in die Gesteinsschicht mit der größten Durchlässigkeit (k_f-Wert) gelegt werden kann, die Deckschichten nicht unmittelbar senkrecht wie bei Brunnenreihen durchstoßen werden, die Fassungsstränge somit unter ungestörtem Boden zu liegen kommen, wobei unmittelbar im Bereich des Schachtes 5–10 m lange, geschlossene Rohre eingesetzt werden, für die Wasserentnahme durch entsprechende Anzahl von Vortrieben eine große Filtereintrittsfläche und damit ein großes Fassungsvermögen zur Verfügung steht, tiefere wasserführende Schichten mit höherem Eisen-, Mangan-, Chloridgehalt und höherer Härte ähnlich wie beim unvollkommenen senkrechten Brunnen ausgespart werden können sowie die Entnahmeeinrichtungen auf ein Bauwerk vereinigt werden können und damit leicht zugänglich werden. Zu beachten ist, daß sich die Absenkung des GWSp im Schacht zusammensetzt aus der Absenkung des GWSp außerhalb des Schachtes, dem Druckverlust für den Wassereintritt in das Filterrohr, dem beträchtlichen Druckverlust für das Fließen im Filterrohr und dem Druckverlust des Absperrorgans des Filterrohrs. Im Mittel ist bei gleichgroßer Absenkung die Wasserentnahme aus einem HoriBr etwa 2,5–4mal größer als die aus einem vertikalen

Bohrbrunnen mit 600 mm DN, sofern das Brunnenfassungsvermögen des Bohrbrunnens dabei noch nicht überschritten ist.
Beispiel eines ausgeführten Horizontalfilterbrunnens siehe **Abb. 3-44.**

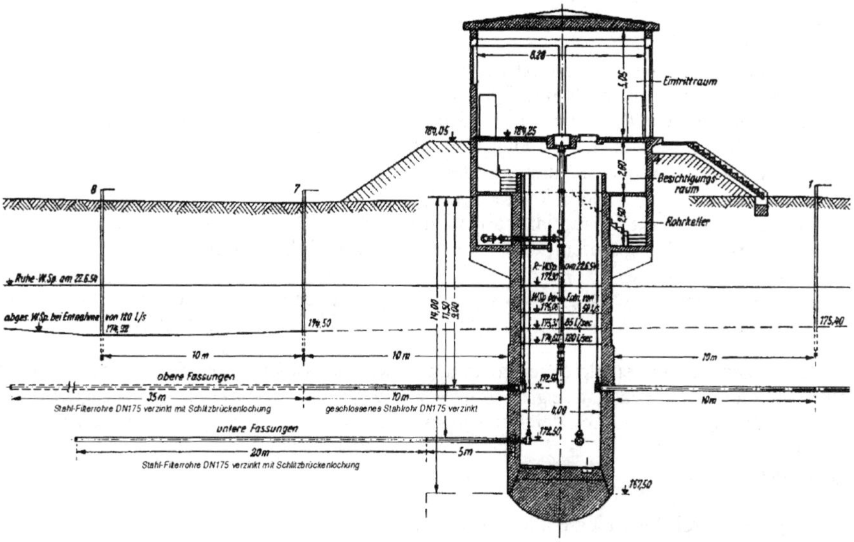

Abb. 3-44: Horizontalfilterbrunnen Marksteft/Main, Bayern

3.2.4.8 Leistungsrückgang bestehender Grundwasserfassungen

3.2.4.8.1 Allgemein

Häufig tritt bei bestehenden Brunnen mit zunehmender Betriebszeit ein Leistungsrückgang ein. Dieser kann durch Änderung der hydrologischen Verhältnisse, aber auch durch das sogenannte Altern der Brunnen verursacht sein. Der Leistungsrückgang durch das Altern tritt um so schneller ein und ist um so größer, je mehr das Wasser zu Ablagerung und Aggressivität neigt und je stärker der Brunnen durch große Absenkung des Wasserspiegels belastet wird. Das Ausmaß dieses Leistungsrückgangs ist ein durch physikalische, chemische und biologische Vorgänge ausgelöstes Zuwachsen der Filterschlitze, des Porenraums der Filterkiesschüttung und des unmittelbar am Brunnen anschließenden GW-Leiters.

3.2.4.8.2 Änderung der hydrologischen Verhältnisse

1. Ursachen – Bei Leistungsrückgang eines Brunnens ist immer zunächst die Lage des RWSp zu prüfen. Eine tiefere Lage des RWSp verursacht eine Verminderung der Ergiebigkeit, d. h. eine größere Absenkung des WSp bei gleicher Entnahme entsprechend den hydrologischen Gesetzen und eine Verminderung der Wasserförderung bei Kreiselpumpen entsprechend der Pumpenkennlinie. Die tiefere Lage des GWSp kann verursacht sein durch natürliche Schwankungen des GWSp oder durch Überbeanspruchung infolge größerer Entnahme als es der natürlichen GW-Erneuerung entspricht. Durch Vergleich mit dem Hauptpumpversuch und Betriebsmessungen ist festzustellen, ob dies die alleinige Ursache des Leistungsrückganges ist.
2. Behebung – Die ursprüngliche Brunnenleistung ist nur dann wieder erreichbar, wenn die ursprüngliche Höhenlage des GWSp wieder hergestellt wird, z. B. durch natürliche Anhebung des GWSp, durch Beseitigung der GW-Überbeanspruchung, durch Stillegung von Brunnen oder durch künstliche GW-Anreicherung.

3.2.4.8.3 Zunahme des Durchflußwiderstandes

1. Ursachen – Gleicher RWSp, aber größere Absenkung des WSp bei gleicher Entnahme wie beim PV ist ein Zeichen für die Zunahme des Durchflußwiderstandes. Ursachen können hierfür sein:

- Versandung
- Korrosion
- Verockerung
- Verschleimung
- Versinterung
- Aluminiumablagerungen

In der Praxis handelt es sich häufig um eine Kombination der genannten Vorgänge.
Meist ist aber die Ursache eine biologische Verockerung durch eisen- und manganspeichernde Bakterien, wobei Ablagerungen in den Filterschlitzen, im Einlaufseiher der Tauchmotorpumpe, aber auch in den Poren des Filterkieses entstehen. Die biologische Brunnenverockerung kann vor allem dann entstehen, wenn folgende Voraussetzungen gegeben sind:

1. Eisen- und manganspeichernde Bakterien,
2. Eisenkonzentration von $> 1{,}6$ mg/l im ruhenden Wasser und $> 0{,}2$ mg/l im bewegten Wasser,
3. ein höheres positives Redoxpotential $E_{oH} = + 10$ mV $\pm$ 20 mV bei pH-Werten von etwa 7,
4. pH-Wert zwischen 5 und 8,
5. Erhöhung der Fließgeschwindigkeit des Wassers gegenüber den natürlichen Verhältnissen zum vermehrten Heranbringen von Eisen und Mangan. Dies ist beim Brunnenbetrieb gegeben.

Diese Voraussetzungen müssen gleichzeitig vorhanden sein, was aber in quartären Talauffüllungen und bei Tiefbrunnen sehr oft der Fall ist. Je größer diese Werte sind, um so stärker ist die Verockerung, daher sind die Verockerungen im Bereich der Anströmspitzen und in der Nähe der Entnahmevorrichtungen am größten.

2. Regenerierung

2.1 Vorarbeiten

Bei Zunahme des Durchflußwiderstandes ist der bauliche Zustand der Fassung zu prüfen, wie Brunnentiefe, Höhe der Filterkiesfüllung, Lichtweite des Filterrohres bis Brunnensohle usw. Vorteilhaft ist die Kontrolle des Inneren von Fassungsanlagen durch Unterwasser-Fernsehkameras. Eine gute Kontrollmöglichkeit ist auch gegeben, wenn Beobachtungsrohre (Peilrohre) unmittelbar außerhalb des Filterkieses und im Filterkies eingebaut sind, so daß jederzeit der Verlauf der Absenkungskurve im Bereich des Filterkieses und damit der Druckverlust im Filterkies und im Filterrohr überprüft werden kann. Mindestens solche Brunnen, deren Wasser aufbereitet werden muß, sollten daher immer mit derartigen Beobachtungsrohren ausgestattet werden.

2.2 Entsanden

Bei Ablagerungen von Sand- und Tonteilchen ist ein abschnittsweises Entsandungspumpen bzw. -kolben durchzuführen. Bei unsachgemäßer Filterkieskörnung kann kein voller Erfolg erreicht werden. Lockerungen können durch Preßluft eingeleitet werden.

2.3 Brunnenreinigung

2.3.1 Mechanische Reinigung

Hierfür werden Bürsten und Scheiben eingesetzt. Durch Auf- und Abwärtsbewegungen an einem Gestänge werden Ablagerungen an den Filterrohrwandungen weitgehend entfernt. Der Filterkies kann mit dieser Methode nicht gereinigt werden. Ergänzt werden kann diese Art der Reinigung durch Hochdruckreiniger. Damit ist es möglich, die Filterschlitze freizuspülen. Eine Intensivierung dieser Methode kann dadurch erreicht werden, wenn einzelne Abschnitte zwischen Packern bearbeitet werden. Die mechanische Reinigung sollte immer vor der chemischen Reinigung durchgeführt werden.

2.3.2 Chemische Reinigung

Meist muß die mechanische Reinigung durch eine chemische Behandlung mit Säuren unterstützt werden. Es werden organische und anorganische Säuren verwendet. Es sollten möglichst geringe Säuremengen in den Brunnen eingebracht werden. Erreicht werden kann dies mit vorhergehender mechanischer Reinigung durch abschnittsweises Bearbeiten und durch Einpressen der Säure in den Filterkies, z. B. mit einer Umwälzanlage.
Die Verwendung organischer Säuren führt häufig zu einer Verkeimung des Brunnens und zu erhöhtem Wachstum der Mikroorganismen (Verschleimung). Da auch daran anschließendes langes Abpumpen und zusätzliche Desinfektion häufig nicht zum dauernden Abklingen der Verkeimung führt, wird empfohlen, nur anorganische Säuren (HCl) in chemisch reiner Form zu verwenden.
Hinweis: Für eine chemische Regenerierung ist eine wasserrechtliche Erlaubnis erforderlich, die vor Beginn der Arbeiten bei der Kreisverwaltungsbehörde zu beantragen ist.
Auf das DVGW-Merkblatt W 130 „Brunnenregenerierungen“ wird hingewiesen.

3.2.5 Grundwasseranreicherung

3.2.5.1 Allgemein

Mit natürlicher GW-Anreicherung, auch Uferfiltration genannt, wird die zusätzliche Einspeisung von Oberflächenwasser in das GW bezeichnet, welche dadurch bewirkt wird, daß infolge der WSp-Absenkung in der GW-Fassung ein Gefälle vom Oberflächenwasser zur Wasserfassung erzeugt wird. Künstliche GW-Anreicherung ist dagegen die Entnahme von Oberflächenwasser und Versickerung in das GW, mit oder ohne vorherige Aufbereitung.

3.2.5.2 Natürliche Grundwasseranreicherung

3.2.5.2.1 Grundlagen

In den quartären Talauffüllungen ist im unbeeinflußten Zustand i. a. ein GWSp-Gefälle zum Vorfluter vorhanden. Bei GW-Entnahmen wird jedoch ein Zufluß vom Vorfluter zur Entnahmestelle erzeugt, wenn der untere Scheitelpunkt bzw. der Entnahmebereich über die Uferlinie des Vorfluters reicht. Da der Abstand Uferlinie – Entnahmestelle gleich bleibt, vergrößern Absenkungen fast linear auch das Gefälle vom Vorfluter her. Es ist daher verständlich, daß große GW-Entnahmen vorwiegend dort möglich sind, wo eine natürliche GW-Anreicherung stattfindet. Die Erhöhung des GW-Dargebots durch Uferfiltration wird auch deshalb angestrebt, weil das herangezogene Oberflächenwasser bei der Bodenpassage die Beschaffenheit eines echten GW (einschl. Temperatur) annehmen soll, so daß eine aufwendige Aufbereitung des Oberflächenwassers entfällt, und weil die üblichen GW-Fassungen verwendet werden können.

3.2.5.2.2 Uferfiltrationsrate

Die mögliche Uferfiltrationsrate ist begrenzt durch die Infiltrationsfläche am Fluß, den Eintrittswiderstand an Flußufer und -sohle, k_f der Bodenpassage und durch das mögliche Gefälle. Während die Werte A, k_f und J für eine bestimmte Entnahme als gleichbleibend angenommen werden können, ist der Eintrittswiderstand am Flußufer mehr oder weniger veränderlich. Im unbeeinflußten GW mit Abfluß zum Vorfluter erfolgt durch den Wasserüberdruck ein Reinigen der Poren des Flußufers. Bei der Uferfiltration tritt dagegen ein Ablagern und Eindringen von festen und ausfallenden Stoffen des Oberflächenwassers in die Poren der Uferformation ein, bezeichnet mit Selbstdichtung der Gewässersohle. Je ungünstiger die Beschaffenheit des Oberflächengewässers ist, je stärker Uferfiltrat herangezogen wird, um so schneller und stärker erfolgt die Selbstabdichtung (Kolmation). Diese kann durch Hochwasser, vorübergehenden Stillstand der Entnahme und damit Umkehr der Fließrichtung des GW ganz oder teilweise beseitigt werden. Selten ist jedoch eine mechanische Reinigung der Gewässersohle möglich.
Der in der Wasserfassung gewonnene Anteil an Uferfiltrat ist i. a. nur angenähert zu ermitteln. Man kann aus einem GWSp-Höhenplan und der Transmissivität den Uferfiltratzufluß errechnen. Wenn die chemische Beschaffenheit und die Temperatur des natürlichen GW verschieden von der des Oberflächenwassers ist, kann aus der Beschaffenheit des Mischwassers auf den Anteil des Uferfiltrats geschlossen werden.

3.2.5.2.3 Wasserbeschaffenheit

Durch die Uferfiltration wird die Beschaffenheit des Oberflächenwassers teilweise verändert. Schwebstoffe und einige gelöste Stoffe werden zurückgehalten oder abgebaut, einige, wie Na, Cl, bleiben in voller Konzentration erhalten. Durch Sekundäreinflüsse kann das Uferfiltrat nochmals verändert werden. Das in der Fassung gewonnene Wasser ist dann eine Mischung aus natürlichem GW und Uferfiltrat, wobei die einzelnen Anteile in Abhängigkeit von den Schwankungen des GWSp und der Entnahme ebenfalls schwanken. Längere Untersuchungsreihen sind daher erforderlich, um den Schwankungsbereich zu erfassen. Für die mikrobiologische Beschaffenheit ist die Aufenthaltszeit des Uferfiltrats maßgebend, gefordert werden i. a. 50 Tage, dementsprechend ist der Abstand der Entnahmebrunnen zu wählen.

3.2.5.3 Künstliche Grundwasseranreicherung

3.2.5.3.1 Allgemein

Die künstliche GW-Anreicherung wird angewendet:
1. zur Vergrößerung der GW-Entnahme aus einem beschränkt entnahmefähigen Gebiet.

2. zur Hebung eines infolge Überbeanspruchung stetig absinkenden GWSp.
3. zur Verhinderung des Zuflusses von Wasser aus tieferen Bodenschichten mit hoher Härte und größerem Salzgehalt.
4. als hydraulische Sperre gegen das Zufließen von Wasser mit ungeeigneter Beschaffenheit, z. B. an Meeresküsten, bei Unfällen mit der Gefahr der Verunreinigung des GW.

Bei der künstlichen GW-Anreicherung wird Oberflächenwasser entnommen, aufbereitet oder nicht aufbereitet, und mittels oberirdischer oder unterirdischer Versickerungsanlagen das GW angereichert. Gegenüber der natürlichen GW-Anreicherung ist von Vorteil:

- Die Anreicherungsmenge ist unabhängig von der möglichen Infiltrationsfläche am Flußufer und von der Selbstdichtung der Gewässersohle sowie von dem möglichen Gefälle zwischen WSp des Gewässers und dem abgesenkten GWSp der Brunnen.
- Die GW-Fassung kann an der günstigsten Stelle in hydrologischer und hygienischer Hinsicht situiert werden. Dabei ist auch hier die Aufenthaltszeit von 50 Tagen im Untergrund einzuhalten.
- Durch die Aufbereitung des Oberflächenwassers kann eine bessere Wasserbeschaffenheit des Mischwassers erreicht werden.

Von Nachteil sind die zusätzlich erforderlichen Anlagen für Oberflächenwasserfassung, Versickerungsanlagen, umfangreiche Aufbereitung und deren hohe Bau- und Betriebskosten. Eine mengenmäßig große GW-Anreicherung ist jedoch i. a. nur durch eine künstliche GW-Anreicherung möglich.

3.2.5.3.2 Oberirdische Versickerungsanlagen

1. Flächenmäßige Überflutung – Den geringsten Aufwand erfordert die GW-Anreicherung mittels flächenmäßiger Überflutung (Polder). Hierbei werden Wiesen oder forstwirtschaftlich genutzte Flächen mit geeigneten Bäumen wie Erlen, Weiden, Pappeln mit mäßig verunreinigtem Wasser etwa 0,20–1,00 m hoch auf die Dauer von 7–10 Tagen überstaut, anschließend folgt eine doppelt so lange Trocknungszeit. Die Sickerleistung ist abhängig von der Überstauhöhe, sie nimmt in der Stauzeit etwa von 3 auf 1 $m^3/m^2 \cdot d$ ab. Im Winter ist die Sickerleistung rd. 0,3–0,4mal der Sommerleistung. Die Reinigung erfolgt vorwiegend in der Humusschicht der überstauten Fläche. Ein Nachlassen der Versickerungsleistung ist bei sachgemäßem Betrieb nicht zu erwarten.
In ähnlicher Weise wirkt auch das Aufbringen des Wassers mittels Beregnung.
2. Versickerungsgräben, Versickerungsbecken – Diese sind für die Versickerung am häufigsten. Voraussetzung für diese Anlagen sind:
Der GW-Leiter muß eine ausreichende Durchlässigkeit auch in vertikaler Richtung haben, er soll möglichst mächtig sein und bis nahe Geländeoberfläche reichen. Die Versickerungsleistung ist bei gleicher Durchlässigkeit um so größer, je größer der Wasserstand im Becken und je kleiner der Abstand des GWSp von der Beckensohle ist.
Sickergräben sind oft wirtschaftlicher als Versickerungsbecken. Der Betrieb kann durch Überdecken der Gräben verbessert werden.
Das verwendete Oberflächenwasser darf nur mäßig verunreinigt sein, es wird meist in Vorfilteranlagen oder Absetzbecken gereinigt. Bei offenen Becken und Gräben sind Maßnahmen gegen die Entwicklung von Algen erforderlich.
Die Versickerungsbecken sind etwa 2 m tief, die Befestigung der Ränder ist abhängig von der anstehenden Bodenformation. Die Sohle erhält eine mind. 0,50 m dicke Sand- oder Feinkiesschicht als Filter. Der Versickerungsbetrieb besteht aus 4 Phasen:
Phase 1 – Beckenfüllung – Einarbeiten des Versickerungsbeckens, hierbei ist zunächst eine hohe Versickerungsleistung bis zu 30 $m^3/m^2 \cdot d$ in Nähe des Zulaufs vorhanden. Die Versickerung wird dann ziemlich rasch kleiner, bis das ganze Becken mit Wasser bedeckt ist.
Phase 2 – Normaler Versickerungsbetrieb – die Versickerung ist gleichmäßig über das ganze Becken versteilt, sie ist meist etwa 2–5 $m^3/m^2 \cdot d$. Entsprechend der Zunahme der Ablagerungen steigt der WSp im Becken an, max. Tiefe etwa 2 m. Dann muß die Versickerungsmenge verringert werden.
Phase 3 – Beckenentleerung – wenn die Versickerungsleistung kleiner als 0,5 $m^3/m^2 \cdot d$ wird, ist der Betrieb nicht mehr wirtschaftlich, das Becken muß dann gereinigt werden. Die Entleerung des Beckens durch Versickerung dauert zu lange, das im Becken stehende Wasser wird deshalb mittels Gefälle oder Pumpen in andere Becken geleitet.
Phase 4 – Reinigung des Beckens – die obersten verschmutzten Sandschichten werden heute meist maschinell abgehoben, zur Sandwäsche gefahren und neuer Sand eingefüllt.

Die Laufzeit von Versickerungsbecken beträgt bei mäßig verschmutztem Wasser etwa 50–60 d, bei vorgefiltertem Wasser etwa 200 d.

3.2.5.3.3 Unterirdische Versickerungsanlagen

Unterirdische Versickerungsanlagen erfordern, daß das verwendete Oberflächenwasser zur Trinkwassergüte aufbereitet ist. Dadurch ist es möglich, daß der Abstand der Entnahmeanlagen von den Versickerungsanlagen nicht von mikrobiologischen, sondern von GW-hydraulischen Forderungen abhängig ist. Horizontale Versickerungsanlagen, Galerien sind dann möglich, wenn die durchlässigen Bodenschichten zusammenhängend bis nahe der Geländeoberfläche reichen, so daß die Versickerungsleitungen nicht zu tief verlegt werden müssen, vorteilhaft ist ein Überstau von 2–3 m. Die hydraulischen Verhältnisse sind dann ähnlich wie bei Versickerungsgräben. Eine Versickerungsleistung von 5–10 $m^3/m^2 \cdot d$ ist möglich. Wenn die oberen Deckschichten zu mächtig sind, werden Bohrbrunnen oder Horizontalfilterbrunnen als Versickerungsbrunnen ausgeführt, wenn es ausreicht, die Versickerung punktförmig über dem GWSp vorzunehmen, und als Schluckbrunnen, die bis zur GW-Sohle reichen, wenn eine große Mantelfläche zum Einströmen in das GW erforderlich ist. Die hydraulischen Verhältnisse sind hier umgekehrt wie bei einem Entnahmebrunnen, so daß die Versikkerungsrate abhängig ist von der möglichen Überstauhöhe, die bei nicht gespanntem GWSp nicht über Gelände reichen darf. Besonders vorteilhaft ist diese Versickerung, wenn sehr große Absenkungstrichter von GW-Fassungen aufgefüllt werden können.

3.2.6 Oberflächenwasserentnahmen

3.2.6.1 Allgemein

Der Anteil an Oberflächenwasser für zentrale Wasserversorgungsanlagen liegt in der Bundesrepublik nach der Wiedervereinigung bei 30 %. Die Verwendung von Oberflächenwasser ist nur bei größeren Wasserwerken empfehlenswert, bei denen das erforderliche Fachpersonal für die Aufbereitung des Wassers vorhanden ist, die bei der oft rasch und stark schwankenden Wasserbeschaffenheit insbesondere des Bach- und Flußwassers, z. B. nach starken Regenfällen, Hochwasser u. dgl. schwierig und kompliziert ist. Bachwasser-Aufbereitungsanlagen kleiner Leistung können für die Praxis nicht empfohlen werden, weil die erforderliche Fachkraft für die Bedienung fehlt. Als Zusatzversorgung für Spitzentage scheiden sie auch deshalb aus, weil nur bei ständigem Betrieb gesicherte Wartung aufgrund der Erfahrung gewährleistet und die Konservierung der Anlage für den Stillstand kaum möglich ist.
Bei Verwendung von Oberflächenwasser sind Entnahmen aus Trinkwassertalsperren und großen Seen den Fluß- und Bachwasserentnahmen vorzuziehen. Künstliche GW-Anreicherung mit und ohne vorherige Aufbereitung ist besser als unmittelbare Verwendung des Oberflächenwassers nach Aufbereitung. Da Oberflächenwasserverwendung bei kleinen und mittleren Anlagen selten ist und jede Anlage unter Einschalten besonderer Spezialisten entworfen und gebaut werden muß, beschränken sich die folgenden Ausführungen nur auf grundsätzliche Fragen.

3.2.6.2 Trinkwassertalsperre

3.2.6.2.1 Allgemein

Eine Trinkwassertalsperre hat von den für die Trinkwasserversorgung genutzten Oberflächengewässern die günstigste Wasserbeschaffenheit, den besten Schutz und den günstigsten Ausgleich zwischen geringstem und größtem Abfluß mit großer Speichermöglichkeit zum Ausgleich der Verbrauchsschwankungen. Der Begriff Talsperre umfaßt das Absperrbauwerk mit Zubehör, das Staubecken, das darin befindliche Wasser und das Ufer. Trinkwassertalsperren werden meist als Mehrzweckanlagen ausgeführt für folgende Zwecke:

1. Trinkwasserversorgung
2. Hochwasserschutz
3. Aufbesserung der Niederwasserführung, für Schiffahrt, Abwasserverdünnung
4. Wasserkraft
5. Bewässerung landwirtschaftlicher Flächen
6. Erholung, nur in beschränktem Umfang und nur bei sehr großen Speichern.

3.2.6.2.2 Standort

Der Standort für eine Trinkwassertalsperre ist so zu wählen, daß mit einem kleinen Sperrenbauwerk ein möglichst großer Sperreninhalt erreicht wird. Wesentlich sind neben den hydrologischen die geologischen Voraussetzungen. Die Gründung muß einfach und der Untergrund möglichst dicht sein. Wirtschaftlich günstig ist es, wenn das Material für den Damm in der Nähe gewonnen werden kann. Das Einzugsgebiet soll nicht oder nur wenig besiedelt sein und nicht von stark befahrenen Straßen und Bahnlinien durchquert werden. Gegebenenfalls müssen diese verlegt werden. Im Speicherbecken sollen keine Kurzschlußströmungen und keine stagnierenden Zonen vorhanden sein. Empfehlenswert ist die Anordnung einer Vorsperre.

3.2.6.2.3 Wassertiefe

Die Wassertiefe bestimmt den Inhalt des Speicherbeckens. Sehr große Wassertiefen sind aber meist wegen der Geländegestaltung oft nicht erreichbar. Für Trinkwassertalsperren sollte die größte Wassertiefe am Sperrenbauwerk mind. 50 m sein, damit je nach Jahreszeit die Entnahme aus der für die Wasserbeschaffenheit und Temperatur günstigen Tiefe möglich und bei dem tiefsten Absenkziel noch ein ausreichender Überstau über der untersten Betriebsentnahme vorhanden ist.

3.2.6.2.4 Speicherinhalt

Für die zur Wahl stehenden Standorte sind die gewässerkundlichen und wasserwirtschaftlichen Verhältnisse zu untersuchen. Es muß die Wasserbilanz ausgeglichen sein, meist über 2 aufeinander folgende Trockenjahre. Der erforderliche Speicherraum zum Ausgleich der Schwankungen des Zu- und Abflusses errechnet sich aus der größten Differenz der Summenlinien. Ein wichtiges Kriterium ist die Speicher-Kennlinie für die möglichen Standorte des Speichers, d. i. die Darstellung des Nutzinhalts und der Speicheroberfläche in Abhängigkeit von der Wassertiefe am Sperrenbauwerk, **Abb. 3-45.**

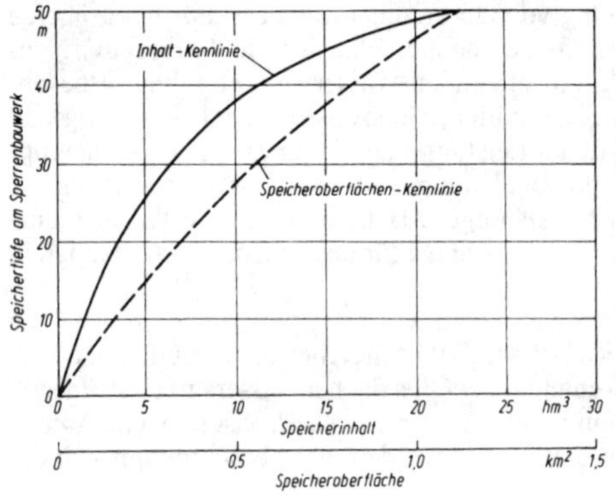

Abb. 3-45: Schema einer Speicherkennlinie

Am Beispiel der Trinkwassertalsperre Mauthaus des ZV Fernwasserversorgung Oberfranken sind die wesentlichen wasserwirtschaftlichen Werte angegeben:

mittlerer Abfluß	0,657 m^3/s	Abflußsumme Normaljahr	20,67 hm^3
beob. kleinster Abfluß	0,010	Abflußsumme Trockenjahr	10,50
beob. größter Abfluß	24,300	Abflußsumme Naßjahr	36,40
berechn. HHQ_{100}	58,0		
berechn. HHQ_{100}	130,0		
Speicherraum	21 hm^3	Seeoberfläche	0,92 km^2
Nutzraum gesamt	19,87	größte Länge	4,4 km
Trinkwasservorrat	18,2	größte Tiefe	51,85 m
..., Normalvorrat	15,2		
..., Notvorrat	3,0		
Hochwasserrückhaltung	1,67		
gesicherte Trinkwasserabg.	15,77 $hm^3/a = 0,5\ m^3/s$		

Abb. 3-46: Trinkwassertalsperre Mauthaus – Höhenlage, Stauziel, Absenkziel, Entnahmen und Grundablaß

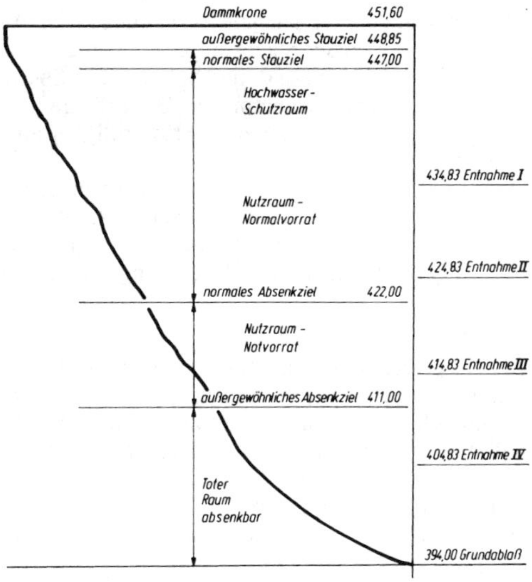

3.2.6.2.5 Speicherbecken

Für die Verwendung als Trinkwassertalsperren ist das Speicherbecken entsprechend vorzubereiten, um eine ausreichende chemische und hygienische Beschaffenheit und damit eine einfache und wirtschaftlich tragbare Aufbereitung zu erreichen. Der Abbau der organischen Stoffe im überstauten Bereich dauert etwa 10 bis 15 Jahre. Während dieser Zeit ist das Talsperrenwasser verstärkt mit Geruch-, Geschmack- und Farbstoffen angereichert. Im ganzen Speicherbeckengebiet sind die Häuser zu entfernen, Bäume und Sträucher sind mit Wurzelwerk zu entfernen. Unkraut und Gras sind zu verbrennen. Morast und sumpfige Stellen sind zu entfernen und durch Sand abzudecken. Die Sohle des Speicherbeckens ist durch Abzugsgräben so zu gestalten, daß das ganze Becken gut entwässert werden kann. Das Entfernen des ganzen Mutterbodens im Staubereich verbessert die Wasserbeschaffenheit und sollte vorgenommen werden, soweit es die Wirtschaftlichkeitsberechnung zuläßt.

3.2.6.2.6 Sperrenbauwerk

Als Sperrenbauwerke üblich sind Erddämme, meist mit Asphaltbetondichtung an der Wasserseite des Dammes oder Kerndichtung, Schwergewichtsbetonmauern, Bogen- und Strebepfeilerbauwerke aus Stahlbeton. Für die Trinkwasserentnahme werden begehbare oder nasse Entnahmetürme angeordnet mit verschiedenen Entnahmetiefen, um die jeweils günstigste Wassertemperatur und Wasserbeschaffenheit auszunützen. Bei Erddämmen ist es zweckmäßig, die Entnahmeeinrichtungen so anzuordnen, daß sie zwar nahe am Damm liegen, aber diesen aus Gründen der Wasserdichtheit des Dammes nicht selbst durchfahren. Die Wassertiefe einer Trinkwassertalsperre soll bei gefülltem Speicher mindestens 50 m betragen. Die untere Entnahme für Trinkwasser soll dann mindestens 10 m über Sohle liegen, um zu verhindern, daß Schwebstoffe und Ablagerungen in den Einlauf gelangen, und um Wasser mit möglichst konstanter niedriger Temperatur und günstiger Wasserbeschaffenheit zu gewinnen. Diese Entnahme wird meist 70 bis 80 v. H. der Gesamtbetriebszeit benützt werden. Die obere Entnahme wird etwa 15 bis 20 m unter normalem Stauziel angeordnet, so daß ein genügend großer Nutzraum darüber noch vorhanden ist. Bei einer maximalen Tiefe von 50 m wird zweckmäßig noch eine mittlere Entnahme dazwischen vorgesehen. Diese Entnahmeöffnungen sollen, wenn sie am Rand des Beckens liegen, einen Mindestabstand von 5 m vom Speicherboden haben. Die mittlere und obere Entnahme werden erst dann in Betrieb genommen, wenn im Sommer durch Absterben von Pflanzen und Algen der Sauerstoffgehalt des Wassers stark abnimmt und Mangangehalt auftritt und ansteigt; dabei sind die tieferen Wasserschichten stärker von der Verschlechterung der Wasserbeschaffenheit betroffen. Welche Entnahmehöhe im Betrieb gewählt wird, hängt von der jeweiligen Temperatur, der chemischen, mikrobiologischen und biologischen Wasserbeschaffenheit und dem Wasserstand im Speicher ab.

Wichtig sind daher Entnahmevorrichtungen für Wasserproben, die es ermöglichen, Wasser aus verschiedenen Tiefen des Speichers, etwa in einem Höhenabstand von 5–10 m, zu entnehmen.
Der bauliche Zustand und die Dichtheit des Sperrenbauwerkes sind durch ein entsprechendes Kontrollsystem laufend zu überprüfen. Bei Erddämmen sind in der Regel Nachdichtungen durch Injektionen von der Dammkrone und vom Kontrollgang aus möglich, ohne daß das Staubecken deshalb geleert werden muß.
Die Aufbereitungsanlage mit Maschinenhaus wird meist so angeordnet, daß das Wasser mit natürlichem Gefälle von der Trinkwassertalsperre zulaufen kann. Die meist mögliche kleine Wasserkraftanlage, ausnutzbar vor allem in Naßjahren, wird häufig getrennt von der Aufbereitung unmittelbar am Sperrenbauwerk angeordnet. Gestaltung des Sperrenbauwerks siehe Spezialliteratur.

3.2.6.2.7 Wasserbeschaffenheit

Bei Talsperren besteht häufig die Gefahr der Eutrophierung, d. h. starkes Algenwachstum und Sauerstoffarmut, besonders, wenn das Einzugsgebiet besiedelt und stark landwirtschaftlich genutzt wird. Beeinträchtigt wird die Wasserbeschaffenheit einer Trinkwassertalsperre vor allem, wenn Abwasser und Abschwemmungen von Düngestoffen in das Speicherbecken gelangen. Dies muß daher weitgehend verhindert werden. In ungünstigen Fällen kann eine Aufbereitung des Wasserzuflusses zur Trinkwassertalsperre notwendig sein. Wesentliche Bedeutung hat daher das Einrichten eines ausreichend großen und wirksamen Schutzgebietes (siehe DVGW-Arbeitsblatt W 102 und Abschn. 3.3.4).

3.2.6.3 Seewasserfassung

Die hydrologischen, chemischen, biologischen und mikrobiologischen Verhältnisse des Seewassers sind zu klären und bei großen Entnahmen die Wasserbilanz zu prüfen. Durch eingehende Versuche ist die günstigste Entnahmestelle und Entnahmetiefe zu ermitteln. Die Entnahme ist möglichst unter der Sprungschicht anzuordnen, also etwa in 30–40 m Tiefe. Flache Ufer, der Bereich von Flußmündungen, Abwassereinleitungen und Bereiche mit starker Seeströmung infolge Wind sind zu meiden.
Der Entnahmekopf wird mit ausreichend großem Eintrittsquerschnitt, $v = 0{,}2$ bis 0,5 m/s, bemessen und mit einem 6 bis 8 mm weiten Sieb gesichert, sowie durch eine Blechhaube gegen absinkendes Material geschützt. Gegen das Eindringen von Fischen sind Vorkehrungen zweckmäßig, z. B. elektr. Fischabweiser. Der Entnahmekopf wird etwa 3 bis 5 m über dem Seeboden, bei tieferer Lage der Entnahme auch 5 bis 8 m angeordnet und wird an einem gut gegründeten Bockgerüst befestigt. Die Rohwasser-Entnahmeleitung wird meist auf dem Seeboden verlegt und erhält dann bewegliche Rohrgelenke. In seltenen Fällen wird die Entnahmeleitung starr auf Böcken verlegt. Unmittelbar am Ufer wird das Entnahme- und Entlastungsbauwerk angeordnet, in dem die Absperrung der Seewasser- bzw. Rohwasserleitung und der Auslauf der Spülleitung untergebracht werden. Der Einbau von Sandfang und Feinrechen ist bei tiefer Entnahme nicht erforderlich. Wegen der schwierigen Zugänglichkeit sind Seewasserfassung und Rohrleitung i. a. zweisträngig auszuführen. In der Nähe der Fassung wird das Rohwasserpumpwerk angeordnet, von dem aus das Wasser, meist mit Transportchlorung zur Verhinderung von Algenwachstum versehen, zur Aufbereitungsanlage und zum Hauptpumpwerk gefördert wird.

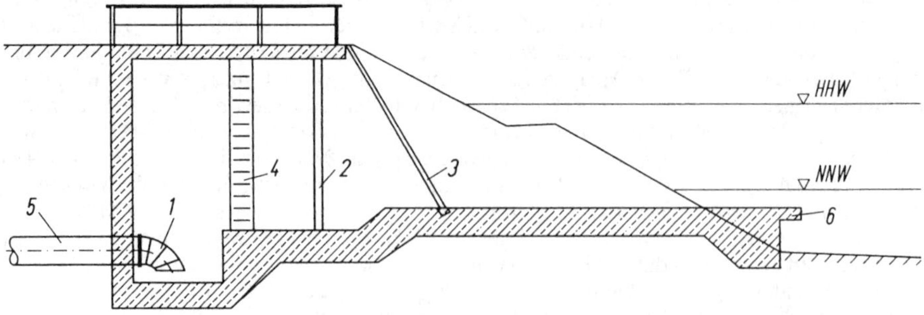

Abb. 3-47: Flußwasserentnahmebauwerk
1 Saugkammer; 2 Dammbalkenverschluß; 3 Grobrechen; 4 Einstieg; 5 Entnahmeleitung; 6 Schwelle

3.2.6.4 Flußwasserfassung

Durch Erhebungen über einen längeren Zeitraum sind zunächst die hydrologischen, chemischen, mikrobiologischen und biologischen Verhältnisse des Flusses eingehend zu klären. Wichtig ist die Kenntnis der Wasserstände, Mittel-, Höchst- und Kleinstwerte, Sink- und Schwebstoffführung, Verhalten des Flusses oberhalb der Entnahmestelle. Da keine Wasserspeicherung vorhanden ist, muß die Wasserbilanz für den kleinsten Abfluß und die größte Entnahme für die Trinkwasserversorgung unter Berücksichtigung des von der zuständigen Gewässeraufsicht geforderten verbleibenden Mindestabflusses aufgestellt werden. Die Entnahmestelle ist dort zu wählen, wo das Flußwasser möglichst rein ist, also an Hohlufern mit ausreichend großer Wassertiefe. Zu vermeiden sind Entnahmestellen im Bereich von Stauanlagen, Badeanstalten, Schiffsliegeplätzen und Hafenanlagen, unterhalb der Einmündung von Abwasserleitungen.
Das Entnahmebauwerk wird, wenn möglich, am Flußufer angeordnet, da es dort am besten zugänglich ist. Das Rohwasserpumpwerk ist außerhalb des HHW-Bereichs anzuordnen, so daß es selten mit dem Entnahmebauwerk vereinigt werden kann. Entnahmebauwerk und Rohwasserleitung sind immer 2strängig auszuführen, damit Spülung, Reinigung und Ausbesserungen ohne Betriebsunterbrechungen möglich sind. Die Einlauföffnungen sind möglichst unter NNW zu legen, damit Schwimmstoffe vorbeifließen, notfalls sind Tauchwände anzubringen. Die Eintrittsgeschwindigkeit ist unter 0,10 bis 0,20 m/s zu halten. Im Einlaufbauwerk werden Grobrechen, Stabweite etwa 40 mm, mit grober mechanischer Rechenreinigung, Verschlüsse der Rohwasserleitungen, Dammbalken- oder ähnliche Notverschlüsse für das Bauwerk, Fischabweiser, z. B. mittels Starkstromstößen, untergebracht. Notwendig ist i. a. auch eine Sicherung gegen Vereisung. Auch Vorkehrungen gegen das Einströmen von Öl aus Unfällen sind erforderlich, z. B. einschwimmbare Sperren aus Luftschläuchen, Druckluftsperren u. ä. Sandfang und Feinrechen, Stabweite etwa 4 mm, mit automatischer umlaufender Rechenreinigung ab etwa 10 cm Durchflußwiderstand am Rechen, werden i. a. im Rohwasserpumpwerk angeordnet, siehe **Abb. 3-47.** In seltenen Fällen, z. B. bei großen Flüssen mit großer Wassertiefe, wird gelegentlich das Entnahmebauwerk in Flußmitte gelegt, wenn dort günstigere technische und hygienische Möglichkeiten der Entnahme vorliegen. Der Entnahmekopf wird dann ähnlich wie bei der Seewasserfassung senkrecht gestellt und an einem Bockgerüst befestigt. Er muß gegen Beschädigung, z. B. durch Schiffsverkehr, Treibgut, sicher geschützt werden. In der Nähe der Fassung wird das Rohwasserpumpwerk angeordnet. Hierbei sind die Höhenlagen HHW und NNW besonders zu beachten. Die Aufbereitungsanlage mit Hauptmaschinenhaus kann meist an günstigerer Stelle erstellt werden. Ein Beispiel einer neuzeitlichen Flußwasser-Entnahme ist die Wasserfassung an der Donau bei Leipheim des Wasserwerks Langenau des ZV. Landeswasserversorgung Stuttgart, siehe diesbezügl. Veröffentlichungen.

3.3 Trinkwasserschutzgebiete

3.3.1 Allgemein

Die Gefährdung und Beeinträchtigung des GW und der Oberflächengewässer nach Menge und Güte durch Umwelteinflüsse aller Art machen es aus Gründen des Gemeinwohls erforderlich, daß Wasserbenutzungen nur unter Genehmigung zulässig sind und die Wasservorkommen und Wasserfassungen, welche der öffentlichen Wasserversorgung dienen, durch Schutzgebiete gesichert werden. Es ist wasserwirtschaftliches Ziel, die Ursachen der Wassergefährdungen zu vermeiden und ihnen vorzubeugen und nicht etwa die entstandenen Folgen, z. B. durch komplizierte Wasseraufbereitung, zu beheben. Grundlage für die rechtlichen Verfahren sind das Wasserhaushaltsgesetz (WHG) des Bundes und die entsprechenden Landes-Wassergesetze. Die fortschreitende Entwicklung führt im gesamten Land vermehrt zu Einrichtungen und Nutzungen, die mit dem Trinkwasserschutz konkurrieren. Es liegt daher im Interesse der WVU und der von ihnen versorgten Bürger, daß ausreichend groß bemessene, wirksame Trinkwasserschutzgebiete rechtwirksam festgesetzt werden. Für das erforderliche wasserrechtliche Verfahren ist ein hydrogeologisches Gutachten Grundlage. Darin werden insbesondere das GW-Einzugsgebiet abgegrenzt, die natürlichen Deckschichten aufgezeigt und die vorhandenen konkurrierenden Nutzungen bewertet (siehe „Leitlinien für die Ermittlung der Einzugsgebiete von Grundwassererschließungen, BLfW-Materialien Nr. 52 vom Dez. 1995).

Für ein Schutzgebiet müssen die Schutzgebietszonen und deren Grenzen eindeutig beschrieben und in Plänen dargestellt werden. In der Schutzgebietsverordnung werden die Verbote, Nutzungsbeschränkungen und etwaige Duldungspflichten festgelegt. Als naturwissenschaftliche Richtlinien für die amtlichen Sachverständigen und sonstigen Gutachter gelten die einschlägen DVGW-Arbeitsblätter.

W 101 Richtlinien für Trinkwasserschutzgebiete, I. Teil: Schutzgebiete für Grundwasser
W 102 Richtlinien für Trinkwasserschutzgebiete II. Teil: Schutzgebiete für Trinkwassertalsperren
W 103 Richtlinien für Trinkwasserschutzgebiete III. Teil: Schutzgebiete für Seen
W 105 Behandlung des Waldes in Schutzgebieten für Trinkwassertalsperren
W 106 Militärische Übungen und Liegenschaften der Streitkräfte in Wasserschutzgebieten

3.3.2 Schutzgebiete für Grundwasserentnahmen im Lockergestein

3.3.2.1 Gefährdungen und Beeinträchtigungen

3.3.2.1.1 Gütemäßig – Das GW kann insbesondere verunreinigt werden durch:
biologische Beeinträchtigungen wie Bakterien, Viren, Parasiten und andere Mikroorganismen, Abfall, Abwasser, Überdüngung; Pestizide und deren Umwandlungsprodukte, Mineralöle und -produkte; Schwermetalle; sonstige anorganische Stoffe; Eintrag von Luftschadstoffen; schwer abbaubare organische Verbindungen insbesondere polycyclische aromatische und halogenierte Kohlenwasserstoffe; radioaktive Stoffe; physikalische Beeinträchtigungen z. B. Wärmeentzug.

3.3.2.1.2 Mengenmäßig – durch Übernutzung der natürlichen GW-Neubildung

3.3.2.2 Reinigungswirkung des Untergrundes

Schutzgebietsgröße und Schutzgebietsverordnung richten sich nach der hydrogeologischen Struktur des der Wassergewinnung zugehörigen Einzugsgebietes, nach der möglichen Reinigungswirkung der Deckschichten, der Reinigungskraft des GW-Leiters, der Einlagerung von Schichten geringer Durchlässigkeit, auch solcher von geringer Höhe, und der Verweildauer.

3.3.2.2.1 Reinigungswirkung

1. *physikalisch* – infolge Verdünnung im GW, Filterwirkung des Aquifers, Adsorption
2. *chemisch* – infolge Oxidation und Reduktion, Jonenaustausch
3. *biologisch* – infolge bakteriellen Abbaus, Aufsaugen durch Pflanzenwurzeln, Absterben von Bakterien durch ausreichende Verweildauer im Untergrund.

Der wesentlichste Teil der Reinigung erfolgt in der belebten Bodenschicht, deshalb ist besonders der flächendeckende möglichst ungestörte Erhalt dieser Schicht im Schutzgebiet besonders wichtig. Auf dem weiteren Fließweg findet eine weitere Reinigung statt, die um so besser ist, je feinkörniger der Aquifer und je geringer die Fließgeschwindigkeit sind, entsprechend der Wirkung eines Langsamsandfilters, und je größer der Sauerstoffgehalt des GW ist. Besonders schlecht ist die Reinigung des GW im Festgestein mit großen Klüften und Spalten und hohen GW-Fließgeschwindigkeiten, wie z. B. im Karst.

3.3.2.2.2 Verweildauer

Die biologische Reinigungswirkung des Untergrundes wird i. a. als ausreichend angesehen, wenn die Verweildauer von mind. 50 d eingehalten wird. Je nach Ort der Einwirkung kann sowohl der vertikale Sickerweg wie auch der horizontale Fließweg in die Berechnung der Verweildauer einbezogen werden. Sicherlich gibt es Bodenarten, bei denen die geforderte Reinigungswirkung bereits in einer kürzeren Verweildauer als 50 d erreicht wird, z. B. bei den künstlichen Langsam-Sandfiltern. Aber eine kürzere Verweildauer als 50 d sollte nur dann und nur ausnahmsweise berücksichtigt werden, wenn im Einzelfall durch eingehende Versuche die ausreichende Reinigungswirkung auch im ungünstigsten Fall nachgewiesen ist und mit Sicherheit im betrachteten Gebiet einheitliche Verhältnisse vorhanden sind.

3.3.2.3 Schutzgebietszonen

3.3.2.3.1 Einteilung

Die Einteilung in Schutzzonen und die Bemessung deren Grenzen werden nach den Erfordernissen der mikrobiologischen Reinigung festgelegt. Manche Stoffe werden dagegen im Untergrund wenig oder gar nicht abgebaut. Die Schutzanordnungen für das Schutzgebiet müssen daher so festgelegt werden, daß eine ausreichende Zeit für Abhilfemaßnahmen bleibt, wenn tatsächlich eine Verunreinigung mit solchen Stoffen eintritt. Entsprechend dem möglichen Grad der Gefährdung und der Verweildauer wird das Schutzgebiet nach W 101 eingeteilt in:

Fassungsbereich	= Zone I
Engere Schutzzone	= Zone II
Weitere Schutzzone	= Zone III, gegebenenfalls mit Unterteilung in A und B.

3.3.2.3.2 Bemessung

Für die Festlegung der Schutzgebietsgrenzen ist grundsätzlich vom Einzugsgebiet der bestehenden oder geplanten Wasserfassung auszugehen unter Berücksichtigung der für den Schutz ungünstigsten Verhältnisse. Dabei sind auch die Flächen mit einzubeziehen, von denen die Niederschläge oberirdisch in den Entnahmebereich fließen können. Aufgrund der hydrologischen Verhältnisse, der PV-Ergebnisse und der GW-Höhenlinien wird das Einzugsgebiet ermittelt, siehe Abschn. 3.1. Meist wird das oberirdische Einzugsgebiet für die Entnahmestelle ermittelt, dem entspricht oft in erster Annäherung das unterirdische Einzugsgebiet. Entsprechend den hydrogeologischen Verhältnissen wird dann das unterirdische Einzugsgebiet genauer begrenzt. Seitlich braucht das Schutzgebiet nicht über die Entnahmebereichsgrenze, grundwasserstromabwärts nicht über den unteren Scheitelpunkt ausgedehnt zu werden, da von dort kein GW-Zufluß möglich ist, damit sind hier Grenzen gegeben. Grundwasserstromaufwärts werden die Grenzen der Schutzgebietszonen in Abhängigkeit von der möglichen Gefährdung, der Beschaffenheit der Deckschichten und des Aquifers, sowie der Verweildauer des GW festgelegt. Für die Verweildauer wird der kürzeste Fließweg und die kürzeste Verweildauer, d. i. grundwasserstromaufwärts für den Strömungsfaden durch Brunnenachse, zugrunde gelegt, wobei die zunehmende GW-Fließgeschwindigkeit im Absenkungstrichter des Brunnens berücksichtigt werden muß. Als GW-Fließgeschwindigkeit ist die Abstandsgeschwindigkeit v_a einzusetzen, wobei $v_a = v_f / p$, oder $v_a = Q/(B \cdot H \cdot p)$. Speziell in Kluftgrundwasserleitern ist es angebracht, die Verweildauer über Makierungsversuche herauszufinden.
Bei der Bemessung der engeren Schutzzone (Zone II) und des Fassungsbereichs (Zone I) ist die Hygieneanforderung einzuhalten, wonach humanpathogene Keime bei Erreichen der Wasserfassung weitestgehend eliminiert sein müssen. In durchschnittlichen Poren-GW-Leitern wird für diese Elimination ein mindestens 50tägiger horizontaler Fließvorgang im Aquifer benötigt, was *Knorr* in den 50er Jahren experimentell ermittelt hat. Dieser Reinigungsmechanismus ist nicht ohne weiteres auf Kluft- und Karst-GW-Leiter übertragbar. Hier herrschen wegen ärmerer Biozönosen und geringerer Grenzflächenwirkung oft schlechtere Bedingungen vor.

1. Fassungsbereich, Zone I

Im Fassungsbereich sind Bodeneingriffe und die Verletzung des Oberbodens verboten. Daher können hier sowohl die Elimination der Mikroorganismen über die vertikale Durchsickerung der GW-Überdeckung einschließlich der Bodenzone als auch über die horizontale Durchsickerung des Aquifers angesetzt werden, d. h. die Verweildauer eines an der Grenze engere Schutzzone/Fassungsbereich versickernden Wasserteilchens auf dem vertikalen Sickerweg bis zum GWSp und von dort bis zur Wasserfassung muß mind. 50 d betragen.
Die Verweildauer der vertikalen und horizontalen Versickerung bei Poren-GW-Leitern kann nach **Abschn. 3.1.5.3** berechnet werden. Zu beachten ist, daß die horizontale GW-Fließgeschwindigkeit innerhalb des unmittelbaren Absenkungstrichters, vereinfachend Smrekerscher Wirkungskreis, rasch zunimmt, so daß die Verweildauer in diesem Bereich besonders für den ungünstigsten Strömungsfaden berechnet werden muß. Nach dem DVGW-Merkblatt W 101 soll die Ausdehnung des Fassungsbereiches im allgemeinen von einem Brunnen allseitig mindestens 10 m, von einer Quellfassung in Richtung des ankommenden GW mindestens 20 m, bei Karstgrundwasserleitern mindestens 30 m betragen. Der Fassungsbereich ist vom Träger der WV zu erwerben und einzuzäunen. Er soll in jedem Fall groß genug sein, daß pathogene Keime aller Art z. B. auch aus Wildtierausscheidungen die Trinkwasserfassung nicht mehr erreichen könne. Wie das folgende Rechenbeispiel zeigt, müßten die Fassungsbereiche aber aus hydrogeologischen Gründen häufig wesentlich größer werden als im W 101 angegeben. Wenn bei solchen ungünstigen Verhältnissen ein sehr großer Fassungsbereich notwendig wird, kann eine Aufteilung in eine eingezäunte zu erwerbende Zone IA und eine Zone IB mit vertretbar reduzierten Anforderungen in Betracht kommen. (z. B. Grünland oder Streuobstwiesennutzung mit Verbot organischer Düngung und Ausschluß von Weidenutzung durch Umgrenzung mit Weidezaun.)

2. Engere Schutzzone, Zone II
Der Umgriff der engeren Schutzzonen bemißt sich in erster Linie an der 50-Tage-Isochrone, die im allgemeinen durch geohydraulische Fließzeitberechnung ermittelt wird.
Dabei müssen im allgemeinen maximale Entnahmebedingungen mit ungünstigen hydrogeologischen Randbedingungen kombiniert werden. Die GW-Überdeckung kann nur soweit angesetzt werden, als eine solche unter Berücksichtigung der in der weiteren Schutzzone zulässigen Bodeneingriffe noch verbleibt. Nach DVGW-Arbeitsblatt W 101 (Anhang 8.2) werden daher die obersten 6 m der GW-Überdeckung nicht berücksichtigt.
Da bei Kluft- u. Karst-GW-Leitern mit hohen Fließgeschwindigkeiten und geringen Filtrations- u. Sorptionswirkungen im Aquifer die horizontale Elimination oft nicht ausreichend ist, erhält hier die vertikale Elimination maßgebliche Bedeutung. Hier muß die GW-Überdeckung durch Eingriffsverbote auch in der weiteren Schutzzone ausreichend wirksam gehalten werden. Bei sehr mächtigen Deckschichten, insbesondere bei gespanntem GWSp, kann eine engere Schutzzone verkleinert werden.
3. Weitere Schutzzone, Zone III
Die weitere Schutzzone umfaßt grundsätzlich das Einzugsgebiet ohne Fassungsbereich und engere Schutzzone. Dies setzt auf der einen Seite einen gegen die Oberfläche optimal abgesperrten Brunnen voraus (Sperrohr) zum anderen ist für Unfälle mit schwer oder gar nicht abbaubaren Stoffen ein ausreichender Reaktionszeitraum einzurichten. Während unterstrom und stromseitig die Begrenzung des Einzugsgebietes (Randstromlinien) mit der des Schutzgebietes weitgehend übereinstimmen, ist dies für die oberstromige Grenze nur erforderlich, wenn dort besonders sensible Untrgrundverhältnisse gegenüber dem allgemeinen GW-Schutz besondere Vorsorgen verlangen oder wenn das GW-Einzugsgebiet relativ klein ist. Die Grenze ist dort zu ziehen, wo eine allgemein erlaubte Handlung oder Einrichtung das praktisch erreichbare Schutzziel in Frage stellt.
Bei heterogener Beschaffenheit von GW-Leitern und GW-Überdeckung kann die Grenze oft entlang der sprunghaften Verschlechterung der hydrogeologischen Verhältnisse gelegt werden.
Bei homogenen Verhältnissen verbleibt die Fließzeit (Reaktionszeit, dispersive Verdünnung) als maßgebliches Kriterium.
Eine großflächig besonders sensible Untergrundbeschaffenheit kann unter Umständen Ausmaße bis zur Grenze des GW-Einzugsgebietes erfordern. Hier müssen die Anforderungen an die Schutzgebietsverordnung in einer Zone IIIA und IIIB nochmals differenziert werden. (Siehe auch „Leitlinien Wasserschutzgebiete für die öffentl. Wasserversorgung“ BLfW Materialien Nr. 55 vom April 1996).

3.3.2.3.3 Beispiel der Bemessung eines Schutzgebiets

für einen Bohrbrunnen im Lockergestein.

$Q = 0{,}030\ m^3/s$, $H = 15\ m$, $s = 3{,}50\ m$, $k_f = 0{,}60 \cdot 10^{-3}\ m/s$, $r_{Br} = 0{,}80\ m$, $J = 0{,}010$, $p_n = 0{,}20$.

1. v_a am Pkt. K. – Vereinfachend wird angenommen, daß am Pkt. K des (Smrekerschen) Wirkungskreises mit $r_s = 53\ m$ Abstand vom Brunnen, d. i. Abstand des unteren Scheitelpunkts vom Brunnen, die Abstandsgeschwindigkeit v_a noch nicht vom Absenkungstrichter wesentlich beeinflußt ist.

$v_{a(k)} = k_f \cdot J/p_n = 0{,}6 \cdot 10^{-3} \cdot 0{,}01/0{,}20 \cdot 86\,400$
$v_a = 2{,}5\ m/d$

2. υ_a an der Bohrlochwand

$v_{a(Br)} = Q/(2 \cdot r_{Br} \cdot \pi \cdot h_{Br} \cdot p_n) \cdot 86\,400$
$v_{a(Br)} = 224{,}2\ m/d$

3. Verweilzeit T innerhalb des Wirkungskreises – Vereinfachend wird angenommen, daß innerhalb des Wirkungskreises v_a berechnet werden kann aus dem gleichmäßigen kreisförmigen Anströmen zum Brunnen.

$v_{a(x)} = Q/(2 \cdot r_x \cdot \pi \cdot h_x \cdot p_n) \cdot 86\,400$

Die Verweildauer T innerhalb des Wirkungskreises wird aus Teilabschnitten r_s (finite Elemente) errechnet, hier $T = 9{,}5\ d$.
4. Abstand Grenze Zone I/II vom Brunnen – Es wird ferner im Beispiel angenommen, daß die Verweildauer der vertikalen Versickerung von Geländeoberfläche bis GWSp 25 d beträgt, es verbleibt

somit von der Grenze engere Schutzzone/Fassungsbereich bis zum Brunnen noch eine Verweildauer von 25 d. Diese teilt sich auf in:
Br bis K = 9,5 d; K bis Zone I/II = 25 d–9,5 d = 15,5 d
Somit beträgt der Abstand der Grenze Fassungsbereich = Zone I/II vom Brunnen:
53 m + 15,5 d · 2,5 m/d ≅ 92 m.
Von diesem Pkt. des mittleren Strömungsfadens verläuft die Grenze Fassungsbereich entlang der GW-Höhenlinie bis zu den beiden Grenzen des Entnahmebereichs.
5. *Abstand der Grenze engere/weitere Schutzzone von der Grenze Fassungsbereich/engere Schutzzone* – Es verbleibt eine Verweildauer von 25 d. Bei v_a = 2,5 m/d errechnet sich der Abstand zu:
25 d · 2,5 m/d = 62,50 m.

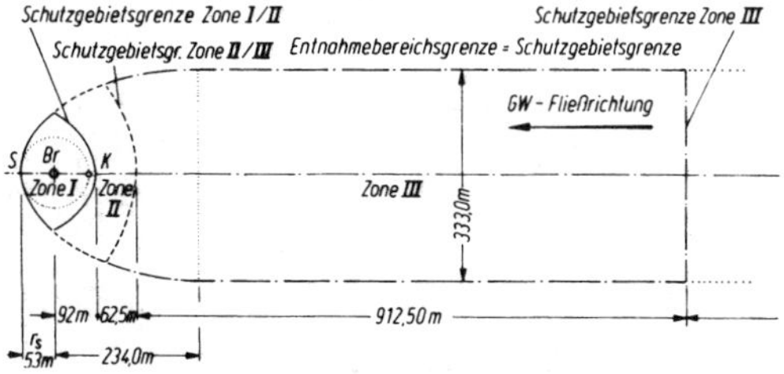

Abb. 3-48: Beispiel der Bemessung von Schutzgebietsgrenzen

Die Grenze verläuft entlang der GW-Höhenlinie bis zu den Grenzen des Entnahmebereichs.
6. *Äußere Grenze der weiteren Schutzzone* – Sie wird hier für eine Verweildauer von 1 Jahr bemessen, der Abstand beträgt dann:
365 d · 2,5 m/d = 912 m.
Die errechneten Schutzzonen sind in **Abb. 3-48** dargestellt, wobei der Entnahmebereich idealisiert für einen unendlich breiten, gleichbleibenden Aquifer angenommen ist. Die Schutzgebietsgrenzen sind möglichst an Grundstücksgrenzen oder sonstige markante Geländelinien zu legen (z. B. Straßen, Oberflächengewässer).
Ein vereinfachtes Bemessungsverfahren für die Bemessung der engeren Schutzzone bei größeren Flurabständen enthält W 101.

3.3.2.4 Schutzgebietsverordnung

Der Fassungsbereich ist besonders schutzbedürftig, er muß daher im Eigentum des WVU stehen und durch einen Zaun gegen unbefugtes Betreten geschützt sein. Nur Maßnahmen für Zwecke der Wasserversorgung sind zulässig. Die Flächen sind möglichst mit einer zusammenhängenden Grasdecke zu versehen, die auch gemäht werden muß.
Manchmal kann es für das WVU vorteilhaft sein, auch die engere Schutzzone zu erwerben, besonders wenn es sich um sehr schutzwürdige große Gebiete handelt und die Überwachung und Einhaltung der Schutzgebietsverordnung schwierig ist. Die folgende Musterverordnung stellt lediglich eine formale Arbeitshilfe dar. Die aufgeführten Verbote und Einschränkungen ergeben sich aus den häufigsten in der Praxis vorkommenden Verhältnissen, dabei wird eine Schutzgebietsbemessung und Gliederung nach aktuellem fachlichen Stand vorausgesetzt.
Es ist in jedem Einzelfall zu prüfen, inwieweit die angegebenen Einschränkungsen den jeweiligen Untergrundverhältnissen gerecht werden oder zu modifizieren bzw. zu ergänzen sind.
Allgemein gilt:
Der Katalog **Tab. 3-27** soll grundsätzlich nur Anforderungen enthalten, die über den allgemeinen GW-Schutz hinausgehen.

Maßnahmen, die eine bereits bestehende GW-Belastung mindern sollen, sind Gegenstand spezieller Sanierungsprogramme. Sie sollten allenfalls zeitlich befristet in der Schutzgbietsverordnung festgeschrieben werden.

Tab. 3-27: Muster einer Schutzgebietsverordnung, Katalog verbotener oder nur beschränkt zulässiger Handlungen im Trinkwasserschutzgebiet (Arbeitshilfe)

Es sind		im Fassungsbereich	in der engeren Schutzzone	in der weiteren Schutzzone A	in der weiteren Schutzzone B
entspricht Zone		I	II	III A	III B
1.	bei landwirtschaftlichen, forstwirtschaftlichen und gärtnerischen Nutzungen				
1.1	Düngen mit Gülle, Jauche, Festmist	verboten		verboten wie Nr. 1.2	
1.2	Düngen mit sonstigen organischen und mineralischen Stickstoffdüngern	verboten	verboten, wenn die Stickstoffdüngung nicht in zeit- und bedarfsgerechten Gaben erfolgt, insbesondere – auf abgeernteten Flächen ohne unmittelbar folgenden Zwischen- oder Hauptfruchtanbau – auf Grünland vom ... bis ... – auf Ackerland vom ... bis ... – auf Brachland verboten auf tiefgefrorenem oder schneebedecktem Boden		
1.3	Lagern und Ausbringen von Klärschlamm, Fäkalschlamm und Kompost aus zentralen Bioabfallanlagen	verboten			
1.4	befestigte Dungstätten zu errichten oder zu erweitern	verboten		verboten, ausgenommen mit Ableitung der Jauche in einen dichten Behälter	
1.5	Anlagen zum Lagern und Abfüllen von Jauch, Gülle, Silosickersaft zu errichten oder zu erweitern	verboten		verboten, ausgenommen mit dichten Behältern, die eine Leckage erkennen lassen. Die Dichtheit der gesamten Anlage, einschließlich Zu- und Ableitungen, ist vor Inbetriebnahme nachzuweisen und regelmäßig, mindestens jedoch alle 5 Jahre wiederkehrend zu überprüfen	
1.6	Lagern von Wirtschaftsdünger oder Mineraldünger auf unbefestigten Flächen	verboten		verboten, sofern nicht gegen Niederschlag dicht abgedeckt	
1.7	ortsfeste Anlagen zur Gärfutterbereitung zu errichten oder zu erweitern	verboten		verboten, ausgenommen mit Ableitung der Gär- und Sickersäfte in dichte Behälter	
1.8	Gärfutterbereitung in ortsveränderlichen Anlagen	verboten			verboten, ausgenommen in dichten Foliensilos bei Siliergut ohne Gärsafterwartung
1.9	Stallungen zu errichten, zu erweitern oder zu betreiben	verboten		verboten, ausgenommen entsprechend Anlage 2 Ziff. 1	

Es sind		im Fassungsbereich	in der engeren Schutzzone	in der weiteren Schutzzone A	in der weiteren Schutzzone B
entspricht Zone		I	II	III A	III B
1.10	Freilandtierhaltung im Sinne von Anlage 2 Ziff. 2	verboten	verboten	– verboten, sofern nicht die Ernährung der Tiere im wesentlichen aus den genutzten Weideflächen erfolgt – verboten, wenn die Grasnarbe flächig verletzt wird	
1.11	Beweidung	verboten	verboten	———	
1.12	Anwendung von Pflanzenschutzmitteln	verboten	verboten, sofern nicht neben den Vorschriften des Pflanzenschutzrechts auch die Gebrauchsanleitung beachtet werden		
1.13	Anwendung von Pflanzenschutzmitteln aus Luftfahrzeugen oder zur Bodenentseuchung	verboten			
1.14	Beregnung landwirtschaftlich oder gärtnerisch genutzter Flächen	verboten	verboten	verboten, sobald die Bodenfeuchte 70 % der nutzbaren Feldkapazität überschreitet	
1.15	Naßkonservieung von Rundholz	verboten			verboten, ausgenommen Beregnung von unbehandeltem Holz in Holzpoltern bis zu ... Festmetern
1.16	Gartenbaubetriebe oder Kleingartenanlagen zu errichten oder zu erweitern	verboten			———
1.17	besondere Nutzungen im Sinne von Anlage 2 Ziff. 3 neu anzulegen oder zu erweitern	verboten			———
1.18	landwirtschaftliche Dräne und zugehörige Vorflutgräben anzulegen oder zu ändern	verboten	verboten ausgenommen Unterhaltungsmaßnahmen		
1.18	Kahlschlag größer als ... 000 m² oder eine in der Wirkung gleichkommende Maßnahme, Rodung, Umbruch von Dauergrünland im Sinne von Anlage 2 Ziff. 4	verboten			
1.20	Winterfurche	verboten	verboten, ausgenommen, wenn fruchtfolgebedingt unvermeidbar, ab ...		
1.21	Ganzjährige Bodenbedeckung durch Zwischen- oder Hauptfrucht	———	erforderlich, soweit fruchtfolge- und witterungsbedingt möglich		

<table>
<tr><th colspan="2">Es sind</th><th>im Fassungsbereich</th><th>in der engeren Schutzzone</th><th>in der weiteren Schutzzone A</th><th>in der weiteren Schutzzone B</th></tr>
<tr><td colspan="2">entspricht Zone</td><td>I</td><td>II</td><td>III A</td><td>III B</td></tr>
<tr><td>2.</td><td colspan="5">bei sonstigen Bodennutzungen (soweit nicht unter den Nrn. 3 bis 6 geregelt)</td></tr>
<tr><td>2.1</td><td>Aufschlüsse oder Veränderungen der Erdoberfläche, selbst wenn Grundwasser nicht aufgedeckt wird, insbesondere Fischleiche, Kies-, Sand- und Tongruben, Steinbrüche, Übertagebergbaue und Torfstiche</td><td>verboten</td><td colspan="2">verboten, ausgenommen Bodenbearbeitung im Rahmen der ordnungsgemäßen land- und forstwirtschaftlichen Nutzung</td><td>verboten, wenn die Schutzfunktion der Deckschichten hierdurch wesentlich gemindert wird</td></tr>
<tr><td>2.2</td><td>Wiederverfüllung von Erdaufschlüssen</td><td colspan="4">verboten</td></tr>
<tr><td>3.</td><td colspan="5">bei Umgang mit wassergefährdenden Stoffen</td></tr>
<tr><td>3.1</td><td>Rohrleitungsanlagen zum Befördern wassergefährdender Stoffe nach § 19 a WHG zu errichten oder zu erweitern</td><td colspan="4">verboten</td></tr>
<tr><td>3.2</td><td>Anlagen nach § 19 g WHG zum Herstellen, Behandeln oder Verwenden von wassergefährden den Stoffen zu errichten oder zu erweitern</td><td colspan="3">verboten</td><td>———</td></tr>
<tr><td>3.3</td><td>Anlagen nach § 19 g WHG zum Lagern, Abfüllen oder Umschlagen von wassergefährdenden Stoffen zu errichten oder zu erweitern</td><td colspan="2">verboten</td><td>verboten, ausgenommen Anlagen im üblichen Rahmen von Haushalt und Landwirtschaft
– bis 20 l für Stoffe der Wassergefährdungsklasse 3
– bis 10 000 l für Stoffe bis Wassergefährdungsklasse 2</td><td>———</td></tr>
<tr><td>3.4</td><td>Umgang mit wassergefährdenden Stoffen nach § 19 g Abs. 5 WHG, auch Pflanzenschutzmittel, außerhalb von Anlagen nach Nrn. 3.2 und 3.3 (ohne Nr. 1.12)</td><td colspan="2">verboten</td><td colspan="2">verboten, ausgenommen kurzfristige Lagerung von Stoffen bis Wassergefährdungsklasse 2 in zugelassenen Transportbehältern bis zu je 50 Litern, deren Dichtheit kontrollierbar ist</td></tr>
</table>

Es sind	im Fassungsbereich	in der engeren Schutzzone	in der weiteren Schutzzone A	in der weiteren Schutzzone B
entspricht Zone	I	II	III A	III B
3.5 Abfall i. S. d. Abfallgesetze und bergbauliche Rückstände zu behandeln, zu lagern oder abzulagern	verboten		verboten, ausgenommen Bereitstellung in geeigneten Behältern oder Verpackungen zur regelmäßigen Abholung (auch Wertstoffhöfe)	
3.6 Betrieb von kerntechnischen Anlagen im Sinne des Atomgesetzes	verboten			
3.7 Genehmigungspflichtiger Umgang mit radioaktiven Stoffen im Sinne des Atomgesetzes und der Strahlenschutzverordnung	verboten			———
4. bei Abwasserbeseitigung und Abwasseranlagen				
4.1 Abwasserbehandlungsanlagen zu errichten oder zu erweitern	verboten			verboten für Teichanlagen ohne künstliche Sohlabdichtung, sofern der natürliche Untergrund Durchlässigkeiten von $k_f > {}^{-8}$ m/s aufweist
4.2 Regen- und Mischwasserentlastungsbauwerke zu errichten oder zu erweitern	verboten			———
4.3 Trockenaborte zu errichten oder zu erweitern	verboten		verboten, ausgenommen vorübergehend und mit dichtem Behälter	———
4.4 Ausbringen von Abwasser	verboten			
4.5 Anlagen zur Versickerung oder Versenkung von Abwasser (einschl. Kühlwasser und Wasser aus Wärmepumpen) zu errichten	verboten			verboten, ausgenommen zur flächenhaften Versickerung von häuslichem Schmutzwasser und kommunalem Abwasser entsprechend Anlage 2 Ziff. 5
4.6 Anlagen zur Versickerung oder Versenkung des von Dachflächen abfließenden Wassers zu errichten oder zu erweitern	verboten		– verboten, ausgenommen zur Versickerung über die belebte Bodenzone – verboten für gewerbliche Anlagen und für Metalldächer	———

Es sind		im Fassungsbereich	in der engeren Schutzzone	in der weiteren Schutzzone A	in der weiteren Schutzzone B
entspricht Zone		I	II	III A	III B
4.7	Anlagen zum Durchleiten oder Ableiten von Abwasser zu errichten oder zu erwitern	verboten		verboten, ausgenommen Entwässerungsanlagen, deren Dichtheit vor Inbetriebnahme durch Druckprobe nachgewiesen und wiederkehrend alle 5 Jahre durch geeignete Verfahren überprüft wird	
5.	bei Verkehrswegen, Plätzen mit besonderer Zweckbestimmung, Untertage-Bergbau				
5.1	Straßen, Wege und sonstige Verkehrsflächen zu errichten oder zu erweitern	verboten	verboten, ausgenommen öffentliche Feld- und Waldwege, beschränkt öffentliche Wege, Eigentümerwege und Privatwege bei breitflächigem Versickern des abfließenden Wassers	verboten, sofern nicht die Richtlinien für bautechnische Maßnahmen an Straßen in Wassergewinnungsgebieten (RiStWag), eingeführt mit iMBeK v. 28. 05. 82 (MABl S. 329), in der jeweils geltenden Fassung beachtet werden; ansonsten verboten wie in Zone II	
5.2	Eisenbahnanlagen zu errichten oder zu erweitern	verboten			verboten bei Rangierbahnhöfen
5.3	zum Straßen-, Wege-, Eisenbahn- u. Wasserbau wassergefährdende auswasch- oder auslaugbare Materialien (z. B. Schlacke, Teer, Imprägniermittel u. ä.) zu verwenden	verboten			
5.4	Bade- und Zeltplätze, einzurichten oder zu erweitern; Camping aller Art	verboten		verboten ohne Abwasserentsorgung über eine dichte Sammelentwässerung unter Beachtung von Nr. 4.7	
5.5	Sportanlagen zu errichten oder zu erweitern	verboten		– verboten ohne Abwasserentsorgung über eine dichte Sammelentwässerung unter Beachtung von Nr. 4.7 – verboten für Tontaubenschießanlagen	———
5.6	Sportveranstaltungen durchzuführen	verboten		– verboten für Großveranstaltungen außerhalb von Sportanlagen – verboten für Motorsport	———
5.7	Friedhöfe zu errichten oder zu erweitern	verboten			———

Es sind	im Fassungsbereich	in der engeren Schutzzone	in der weiteren Schutzzone A	in der weiteren Schutzzone B
entspricht Zone	I	II	III A	III B
5.8 Flugplätze einschl. Sicherheitsflächen, Notabwurfplätze, militärische Anlagegen und Übungsplätze zu errichten oder zu erweitern	verboten			
5.9 Militärische Übungen durchzuführen	verboten	verboten, ausgenommen das Durchfahren auf klassifizierten Straßen		
5.10 Baustelleneinrichtungen, Baustofflager zu errichten oder zu erweitern	verboten		———	
5.11 Untertage-Bergbau, Tunnelbauten	verboten			
5.12 Durchführung von Bohrungen	verboten	verboten, ausgenommen bis zu 1 m Tiefe im Rahmen von Bodenuntersuchungen		
5.13 Anwendung von Pflanzenschutzmitteln auf Freilandflächen ohne landwirtschaftliche, forstwirtschaftliche oder gärtnerische Nutzung sowie zur Unterhaltung von Verkehrswegen	verboten			— (auf das grundsätzliche Verbot nach § 6 Abs. 2 PflSchG wird hingewiesen)
5.14 Düngen mit mineralischen Stickstoffdüngern (ohne Nr. 1.2)	verboten	verboten, wenn nicht die zeit- und bedarfsgerechte Düngung nachprüfbar dokumentiert wird		
5.15 Beregung	verboten wie Nr. 1.1.4			
6. bei baulichen Anlagen allgemein				
6.1 Bauliche Anlagen zu errichten oder zu erweitern	verboten		– verboten, sofern Abwasser nicht in eine dichte Sammelentwässerung eingeleitet wird unter Beachtung von Nr. 4.7 – verboten, sofern Gründungssohle tiefer als 2 m über dem höchsten Grundwasserstand liegt	– verboten, sofern Abwasser nicht in eine dichte Sammelentwässerung eingeleitet wird unter Beachtung von Nr. 4.7 – verboten, sofern Gründungssohle tiefer als der höchste Grundwasserstand liegt
6.2 Ausweisung neuer Baugebiete im Rahmen der Bauleitplanung	verboten			———
7. Betreten	verboten	———		

Die Verbote Nummer 4.6, 6.1 und 7. gelten nicht für die Handlungen im Rahmen der Wassergewinnung und -ableitung des Trägers der öffentlichen Wasserversorgung, die durch diese Verordnung geschützt ist.

Anlage 1 (Lageplan)
Anlage 2

Maßgaben zu § 3 Abs. 1, Nrn. 1 und 4

1. **Stallungen**

1.1 mit Flüssigmistverfahren:
Bei Stallungen für Tierbestände über 40 Dungeinheiten ist das erforderliche Speichervolumen für Gülle auf mindestens zwei Behälter aufzuteilen.
40 Dungeinheiten (= 3 200 kg Stickstoff pro Jahr) fallen bei folgenden Höchststückzahlen für einzelne Tierarten an:

– Milchkühe	40 Stück (1 Stück = 1,0 DE)
– Mastbullen	65 Stück (1 Stück = 0,62 DE)
– Mastkälber, Jungmastrinder	150 Stück (1 Stück = 0,27 DE)
– Mastschweine	300 Stück (1 Stück = 0,13 DE)
– Legehennen, Mastpute,	3 500 Stück (100 Stück = 1,14 DE)
– sonst. Mastgeflügel	10 000 Stück (100 Stück = 0,4 DE)

Der Tierbestand darf 80 Dungeinheiten je Stallung bzw. 120 Dungeinheiten je Hofstelle nicht überschreiten. Bei mehreren Tierarten auf einer Hofstelle sind die entsprechenden Dungeinheiten aufzusummieren.

1.2 mit Festmistverfahren:
Bei Tierbeständen über 60 Dungeinheiten ist das erforderliche Speichervolumen für Jauche auf mindestens zwei Behälter aufzuteilen.
Der Tierbestand daf 80 Dungeinheiten je Stallung bzw. 160 Dungeinheiten je Hofstelle nicht überschreiten. Bei mehreren Tierarten auf einer Hofstelle sind die entsprechenden Dungeinheiten aufzusummieren.

1.3 mit gemischten Entmistungsverfahren:
Die maximalen Tierbestände je Hofstelle sind anteilig entsprechend 1.1 und 1.2 zu ermitteln.

2. **Freilandtierhaltung** liegt vor, wenn die Tiere über längere Zeiträume (ganzjährig oder saisonal) ständig, d. h. Tag und Nacht, auf einer bestimmten Freilandfläche gehalten werden.

3. **Besondere Nutzungen** sind folgende landwirtschaftliche oder erwerbsgärtnerische Nutzungen:
   - Weinbau
   - Obstbau, ausgenommen Streuobst
   - Hopfenanbau
   - Tabakanbau
   - Gemüseanbau
   - Baumschulen und forstliche Pflanzgärten

4. Als **Dauergrünland** gelten Flächen, die nach ihren Standortbedingungen nur für Grünlandnutzung geeignet sind.

5. **Anlagen zur Versickerung von häuslichem Schmutzwasser und kommunalem Abwasser**
   - Das Abwasser ist vor der Versickerung nach strengeren als den Mindestanforderungen gemäß AbwasserV zu reinigen und zur Nachreinigung sowie zur Pufferung von Stoßbelastungen über nachgeschaltete Einrichtungen (z. B. Schönungsteiche, Filter) zu leiten. Kleinkläranlagen, die nicht der AbwasserV unterliegen, sind baulich über die allgemein anerkannten Regeln der Technik hinausgehend auszuführen.
   - Für die Versickerung sind flächige Verfahren unter Ausnutzung der belebten Bodenzone zu wählen. Sofern bei Entwässerung von Einzelanwesen über Kleinkläranlagen letzteres nicht möglich ist, kann bei geeigneten Untergundverhältnissen auf eine großflächige Untergrundverrieselung entsprechend DIN 4261, Teil 1, Nr. 6.3.1 zurückgegriffen werden
   - Zur Versickerung ist die filterwirksame Grundwasserüberdeckung weitestgehend einzubeziehen, wobei eine Mindestmächtigkeit von . . . m vorliegen muß. Zur Feststellung von Ausbildung und Mächtigkeit der Grundwasserüberdeckung sind geeignete Voruntersuchungen durchzuführen.

3.3.3 Schutzgebiet für Grundwasserentnahmen aus Festgestein

Besonders ungünstig sind die Verhältnisse bei Karst- und Kluft-GW-Leitern (Abschn. 3.1.6 und 3.1.7). Nur die bewachsene Bodenzone und die Deckschichten haben hier eine Schutzwirkung.
Entscheidend sind die Kenntnisse über geologische Schichtfolge, Deckschichten, Schichtlagerung, tektonische Beanspruchung, Kluftweite, Streichrichtung und Einfallswinkel des GW. Die Gefährdungen liegen hier vor allem an den Stellen, wo der GW-Leiter durch andere Maßnahmen bereits aufgeschlossen wurde, z. B. durch andere Bohrungen, Steinbrüche u. a.
Im übrigen gelten die Ausführungen im **Abschnitt 3.3.2.**

3.3.4 Schutzgebiet für Trinkwassertalsperren

3.3.4.1 Allgemein

Trinkwassertalsperren als die günstigste Fassungsart von Oberflächenwasser werden an solchen Stellen angelegt, wo das gespeicherte Wasser möglichst wenig gefährdet ist. Trotzdem müssen die Trinkwassertalsperre und ihre Zuflüsse durch ein Schutzgebiet vor Beeinträchtigungen geschützt werden.

3.3.4.2 Gefährdungen und Beeinträchtigungen

Gefährdungen sind gegeben durch das Zufließen von die Gesundheit gefährdenden Stoffen und Organismen, sowie von Stoffen, welche die Beschaffenheit des Wassers beeinträchtigen, z. B. durch Eutrophierung, Algenwuchs. Eine nennenswerte Reinigung in den Zuflüssen und in der Talsperre findet nicht statt, so daß der Schutz durch ein ausreichend großes Schutzgebiet besonders wichtig ist.

3.3.4.3 Schutzgebietszonen

3.3.4.3.1 Einteilung

Das Schutzgebiet einer Trinkwassertalsperre umfaßt das Staubecken und das Einzugsgebiet.
Nach W 102 wird das Schutzgebiet eingeteilt in:
Stauraum und Uferzone = Zone I
engere Schutzzone = Zone II
weitere Schutzone = Zone III
Bei großen Einzugsgebieten kann eine weitere Unterteilung jeder dieser Zonen in A und B zweckmäßig sein.

3.3.4.3.2 Bemessung

1. Stauraum und Uferzone, Zone I
Die Zone I umfaßt das Staubecken einschl. Vorbecken und den an die Stauziellinie angrenzenden Uferstreifen. Der Uferstreifen soll so breit sein, daß die unmittelbare Einwirkung von Fremdpersonen auf das Staubecken verhindert wird und bei Gefährdungen im Nahbereich noch wirksame Schutzmaßnahmen durchgeführt werden können. Der Uferstreifen soll i. a. mind. eine Breite von 100 m haben, gemessen in der Horizontalprojektion.
2. Engere Schutzzone, Zone II
Die engere Schutzzone schließt sich an die Zone I an. Die Grenze von Zone II/III ist abhängig von Geländeform und Geländenutzung. Je steiler die Zone II zum Staubecken hin abfällt, um so größer muß der Abstand von der Zone I sein, i. a. ist ein Abstand von etwa 1 km von der Stauziellinie ausreichend, bzw. es ist die Grenze des Einzugsgebiets, wenn diese einen geringeren Abstand hat. Die Uferstreifen der Talsperrenzuflüsse in einer Breite von 250 m beidseitig und innerhalb der weiteren Schutzzone gehören ebenfalls zur engeren Schutzzone.
3. Weitere Schutzzone, Zone III
Die weitere Schutzzone umfaßt i. a. das gesamte Einzugsgebiet ohne Zone I und II. Bei sehr großen Einzugsgebieten ist dies manchmal unmöglich, so daß besonders der Nahbereich geschützt wird. Der Abstand der äußeren Grenze der weiteren Schutzzone sollte i. a. aber einen Mindestabstand von 5 km von der Stauziellinie haben.

3.3.4.4 Schutzgebietsverordnung

Die Zone I, d. i. Stauraum und Uferzone, ist besonders schutzbedürftig, sie soll daher im Eigentum des Betreibers der Trinkwassertalsperre und nicht für die Öffentlichkeit zugänglich sein, sie ist einzuzäunen oder durch Heckenbepflanzung gegen Betreten zu sichern. Wenn in der Uferzone ein Schutzwald vorgesehen ist, soll ein Mindestabstand der Bäume von 10 m von der Uferlinie eingehalten werden. Nach Möglichkeit sollen die Flächen der Zonen II und III forst- oder landwirtschaftlich genutzt werden, wobei hohe Mineraldüngung zu vermeiden ist. Hierzu siehe auch DVGW-Merkblatt W 105 Behandlung des Waldes in Schutzgebieten für Trinkwassertalsperren. Im übrigen gelten die Verbote oder nur beschränkt zulässigen Handlungen der **Tab. 3-27** sinngemäß.

3.3.5 Schutzgebiet für Seen

Trinkwasserschutzgebiete für Seen sind notwendig, wenn aus natürlichen oder künstlichen Seen, ausgenommen Trinkwassertalsperren nach Abschn. 3.3.3, Wasser für die Trinkwasserversorgung entnommen wird. Nach DVGW-Arbeitsblatt W 103 soll das Schutzgebiet bestehen aus:
Zone I A: Seebereich an der Entnahmestelle, mit etwa 100 m Abstand der Grenze vom Entnahmekopf und beidseitig der Entnahmeleitung.
Zone I B: rd. 100 m breiter Uferstreifen im Nahbereich der Entnahme, beidseitige Uferlänge mind. 1000 m.
Zone II A: gesamte Seefläche einschl. Unterlauf der Zuflüsse, ohne Zone I A.
Zone II B: rd. 100 m breiter Uferstreifen um den ganzen See und den Zuflüssen ohne Zone I B.
Zone III A: rd. 0,5–2,0 km breiter Streifen um Zone I B und Zone II B.
Zone III B: gesamtes Einzugsgebiet des Sees ohne Zone II A.
Die Ausdehnung des Schutzgebiets über das ganze Einzugsgebiet ist praktisch nur bei sehr kleinen Seen möglich. Im allgemeinen kann aber nur der unmittelbare Nahbereich durch ein Schutzgebiet gesichert werden, für das übrige Einzugsgebiet gelten die üblichen gesetzlichen Regelungen des Gewässerschutzes.
Es hängt also sehr stark von den örtlichen Verhältnissen ab, wie groß das Schutzgebiet insgesamt und die einzelnen Zonen ausgedehnt werden können, bzw. müssen. I. a. entsprechen die Schutzanordnungen der **Tab. 3-27** auch denen der landseitigen Zonen II und III des Schutzgebiets für Seewasserentnahme. Die Zone I B entspricht dem Fassungsbereich einer GW-Fassung, sie soll daher im Eigentum des WVU sein. Die Zone I A ist zwar auch Fassungsbereich, wird aber selten käuflich zu erwerben sein. Die Schutzanordnungen des Fassungsbereichs müssen aber rechtlich gesichert werden, die Abgrenzung durch Bojen markiert sein. Wesentlich ist hier das Verbot des Befahrens, Ankerwerfens, Angelns und Schwimmens.

3.3.6 Schutzgebiet für Flußwasserentnahme

Auch bei der Flußwasserentnahme für die Trinkwasserversorgung ist der Nahbereich durch ein Schutzgebiet zu sichern.
Zone I: soll aus einem etwa 10 m breiten Uferstreifen mit einer Länge von etwa 100 m flußaufwärts und 50 m flußabwärts bestehen, die im Eigentum des WVU steht und eingezäunt wird. Ein etwa 5–10 m breiter Bereich im Fluß sollte bei großen Flüssen auf die Länge der Zone 1 durch Bojen markiert werden, in welchem das Befahren verboten ist. Die Schutzanordnungen entsprechen denen des Fassungsbereichs einer GW-Fassung.
Zone II: als engere Schutzzone soll aus einem etwa 20-50 m breiten Uferstreifen von einer Länge von etwa 500 m flußaufwärts und 50 m flußabwärts bestehen. Die Schutzanordnungen entsprechen denen der engeren Schutzzone einer GW-Fassung.
Zone III: als weitere Schutzzone ist der gleichgroße Uferstreifen wie Zone II, jedoch auf der gegenüber der Entnahme liegenden Seite vorzusehen. Die Schutzanordnungen entsprechen denen der Zone III einer GW-Fassung.

Literatur

Bieske E.: Bohrbrunnen, R. Oldenbourg Verlag, München und Wien 1992
Blau, R. V., Höhn, P., Hufschmied P. und Werner, A.: Ermittlung der Grundwasserneubildung aus Niederschlägen, GWA, Nr. 1, 1983

Böke, E. und Dietrich, G.: Ursachen und Auswirkungen der Grundwasserabsenkung im Hessischen Ried, bbr, Heft 8, 1993

DVGW-Information Nr. 35 – 3/93, DVGW-Eschborn, 1993

DVWK-Schriften Nr. 58: Ermittlung des nutzbaren Grundwasserdargebots, Verlag Paul Parey, Hamburg und Berlin, 1982

DVWK-Schriften Nr. 107: Grundwassermeßgeräte, Wirtschafts- und Verlagsgesellschaft Gas und Wasser mbH, Bonn, 1994

Eichhorn, D.: Eine neue Variante der Brunnenregenerierung, bbr, Heft 11, 1989

Etschel, H.: Nachträgliche Abdichtungsmaßnahmen an Bohrbrunnen, bbr, Heft 8, 1986

Grombach, P., Haberer, K., Merkl G., Trüeb E.: Handbuch der Wasserversorgungstechnik, R. Oldenbourg Verlag, München und Wien, 1993

Heath, R. C.: Einführung in die Grundwasserhydrogeologie, R. Oldenbourg Verlag, München, 1988 (übersetzt von Rothascher A. und Veit W.)

Hölting, B.: Hydrogeologie, Stuttgart, 1989

Informationsbericht des Bayer. Landesamtes für Wasserwirtschaft: Trinkwasserschutzgebiete, München,1985

Informationsbericht des Bayer. Landesamtes für Wasserwirtschaft: Grundwasserentnahmen und andere aktuelle Themen der Wasserversorgung, München, 1987

Ingerle, K.: Zur Hydraulik des Groß-Vertikalfilterbrunnens, bbr, Heft 6, 1976

Kern, H.: Mittlere jährliche Abflußhöhen 1931–1960, Karte von Bayern mit Erläuterungen, Bayer. Landesamt für Wasserwirtschaft, München, 1973

Kinzelbach W., Rausch, R.: Grundwassermodellierung, Eine Einführung mit Übungen, Gebr. Borntraeger Verlagsbuchhandlung Berlin, Stuttgart, 1995

Kiraly, L.: FEM 301: A three dimensional model for groundwater flow simulation, NAGRA Technical Report 84–49, Baden/CH, 1984

Kittner, H., Starke, W. und Wissel, D.: Wasserversorgung, Verlag für Bauwesen, Berlin, 1988

Köpf, E., Rothascher, A.: Das natürliche Grundwasserdargebot in Bayern im Vergleich zu den Hauptkomponenten des Wasserkreislaufs, Schriftenreihe des Bayer. Landesamtes für Wasserwirtschaft, München, 1980

Koschel, G., Mangelsdorf, J.: Leitlinien Wasserschutzgebiete für die öffentliche Wasserversorgung. Bayer. Landesamt für Wasserwirtschaft, Materialien Nr. 55, München, 1996

Koschel, G., Mangelsdorf, J., Grebmayer. Th.: Leitlinien für die Ermittlung der Einzugsgebiete von Grundwassererschließungen. Bayer. Landesamt für Wasserwirtschaft, Materialien Nr. 52, München, 1995

Lang, U.: Simulation regionales Strömungs- und transportvorgänge in Karstaquiferen mit Hilfe des Doppelkontinuum-Ansatzes; P.h. D. Thesis, Universität Stuttgart, 1995

McDonald M. G., Harbaugh, A. W.: A modular three-dimensional finite-difference ground-water flow model – Open file report, 83–857, U. S. Geological Survey, 1984

Ministerium für Ernährung, Landwirtschaft und Umwelt, Baden-Württemberg: Pumpversuche in Porengrundwasserleitern, Stuttgart, 1979

Nahrgang, G.: Über die Anströmung von Vertikalbrunnen mit freier Oberfläche in einförmig homogenen sowie im geschichteten Grundwasserleiter, DAW, Heft 6, Bielefeld, 1965

Nahrgang, G.: Schluckbrunnen, Forschungsvorhaben über Spülvorgänge und die Ausbildung der Kiesfilterschüttung, DVGW-Schriftenreihe Wasser Nr. 66, Eschborn, 1989

Paul, K. F.: Instandhaltung von Trink- und Brauchwasserbrunnen, bbr, Heft 6, 1985

Renner, H.: Zur Frage der Berücksichtigung nichtbindiger überdeckter Schichten bei der Bemessung von Wasserschutzgebieten, gwf, Heft 10, 1973

Rothascher, A.: Die Grundwasserneubildung in Bayern, Bayer. Landesamt für Wasserwirtschaft, München, 1987

Schneider, H.: Die Wassererschließung, Vulkan-Verlag, Essen, 1987

Spitz, K.-H., Mehlhorn, H. und Kobus, H.: Ein Beitrag zur Bemessung der engeren Schutzzone in Porengrundwasserleitern, Wasserwirtschaft, Nr. 11, 1980

Valentin, F.: Mitteilungen Nr. 57 des Lehrstuhls für Hydraulik und Gewässerkunde der TU München; Mathematische Grundwassermodelle in Bayern, 1994

Weidler, H.: Die Brunnenalterung, DVGW-Schriftenreihe Wasser Nr. 201, Eschborn, 1989

4. Wasseraufbereitung

bearbeitet von Prof. Dr.-Ing. **Reinhard Weigelt**

DVGW-Regelwerk, DIN-Normen, Gesetze, Verordnungen, Vorschriften, Richtlinien siehe Anhang Kap. 14, S. 765 ff.
Literatur siehe S. 298

4.1 Wasserbeschaffenheit

Vorbemerkung:
Neue Erkenntnisse in der Wasserchemie haben auch zu neuen Bezeichnungen, Maßeinheiten usw. geführt, die in dieser Auflage beachtet werden. Um aber auch Praktikern das Verständnis zu ermöglichen, die mit dieser neuen Terminologie nicht durchgängig vertraut sind, wurden alte und neue Begriffe häufig parallel verwendet. Bei der Wiedergabe älterer Analysenwerte wurde in Übereinstimmung mit der Situation in der Praxis auf eine Umstellung zumeist verzichtet.

4.1.1 Physikalisch-chemische Eigenschaften des reinen Wassers

4.1.1.1 Bestandteile

Wasser ist die flüssige Form der Verbindung H_2O. 1 Raumteil Wasser besteht aus 2 Raumteilen Wasserstoff (H) und 1 Raumteil Sauerstoff (O). 100 Massenteile des chemisch reinen Wassers setzen sich aus 11,09 Massenteilen Wasserstoff und 88,01 Massenteilen Sauerstoff zusammen.

4.1.1.2 Aggregatzustand und Masse

Tab. 4-1: Dichte des Wassers in Abhängigkeit von der Temperatur

Temp. °C	Dichte kg/l	
0	0,9167	Eis
0	0,99987	Wasser
4	1,00000	
8	0,99988	
10	0,99973	
20	0,99821	
50	0,98809	
100	0,95863	

Tab. 4-2: Verdampfungstemperatur des Wassers in Abhängigkeit vom Druck (Luftdruck)

Druck mbar	Verdampfungstemperatur °C
560	85
700	90
800	94
900	97
1 000	100
2 000	121
4 000	144
10 000	180
100 000	311

Reines Wasser hat etwa bei 4 °C und 1 013 mbar (~1 000 mbar) Luftdruck seine größte Dichte von $1 \cdot 10^3$ kg/m^3. Bei Erwärmung über 4 °C dehnt sich Wasser aus, um so mehr, je höher seine Temperatur ist. Bei Abkühlung auf 0 °C geht Wasser vom flüssigen in den festen Zustand (Eis, Schnee) über. Beim Gefrieren dehnt sich Wasser um etwa 1/11 seines Volumens aus. Bei Erwärmung über 100 °C bei 1 013 mbar Luftdruck geht Wasser vom flüssigen in den gasförmigen Zustand über (Wasserdampf). Die Verdampfungstemperatur = Siedetemperatur steigt und fällt mit dem Luftdruck.

Tab. 4-3: Abhängigkeit des Luftdrucks mbar von der Höhe der Ortslage

Höhenlage NN + m	0	500	1 000	1 500	2 000	2 500	3 000	3 500	4 000
Abnahme des Luftdrucks mbar	0	56	118	178	234	288	336	378	410

4.1.1.3 Viskosität

Die Viskosität (Zähigkeit) des Wassers beeinflußt viele Vorgänge, so vor allem das Fließen. Die dynamische Viskosität η wird in Pa · s = Ns/m^2 = kg/m · s, die kinematische Viskosität υ in m^2/s = Pa · sm^3/kg ausgedrückt.
Die Viskosität ist stark temperaturabhängig, **Tab. 4-4.** Der bei natürlichen Wässern ebenfalls vorhandene Einfluß des Gehalts der gelösten Salze ist praktisch vernachlässigbar klein.

Tab. 4-4: Dynamische und kinematische Viskosität

SI-Einheit	Faktor	Temperatur ° C								
		0	5	10	15	20	25	30	40	100
η Pa · s	10^{-3}	1,792	1,519	1,310	1,145	1,009	0,895	0,800	0,653	0,289
υ m^2/s	10^{-6}	1,792	1,519	1,310	1,146	1,010	0,898	0,804	0,658	0,296

Bei der Fließbewegung des Grundwassers $q = k_f \cdot b \cdot h \cdot J$ ändert sich der Durchlässigkeitswert k_f entsprechend der Viskosität

$$k_1 = k_2 \cdot v_2/v_1.$$

Bei der Fließbewegung des Wassers in Rohren ist das Druckgefälle J für gleiches Q und v: bei laminarer Strömung $J_1 = J_2 \cdot v_1/v_2$; bei turbulenter Strömung $J_1 = J_2 \cdot (v_1/v_2)^2$.
Für die Fließbewegung in Rohrleitungen ist die Reynolds-Zahl R_e wichtig, v = Geschwindigkeit, D = Rohrdurchmesser (siehe dazu auch Abschn. 7.3.3)

$$R_e = \mathrm{v} \cdot \mathrm{D}/\upsilon$$

Die Fließbewegung ist laminar, wenn $R_e < 2\,320$, sie ist turbulent, wenn $R_e > 3\,000$ ist. Beispiel: DN 200, v = 0,20 m/s, T = 10 °C

$$R_e = 0{,}20 \cdot 0{,}20/1{,}31 \cdot 10\text{-}6 = 30\,500$$

die Fließbewegung ist turbulent, laminar erst bei v < 2 cm/s. Im Wasserleitungsnetz ist daher fast immer turbulentes Fließen.

4.1.1.4 Spezifische Wärme

Wasser hat von allen bekannten Stoffen die größte spezifische Wärme und kann daher große Wärmemengen aufnehmen, die bei Abkühlung wieder frei werden und daher einen Temperaturausgleich erzeugen (Seeklima). Beim Übergang vom flüssigen in den festen Zustand bei 0 °C werden für 1 g reines Wasser $0{,}092 \cdot 10^{-3}$ kWh frei. Um 1 g Wasser bei 1 013 mbar Luftdruck in Dampf zu überführen, werden $0{,}620 \cdot 10^{-3}$ kWh benötigt. Wasser ist ein schlechter Wärmeleiter.
Für das Erwärmen von 1 kg Wasser um 1 °C (von 14,5 auf 15,5 °C) bei 1 013 mbar Luftdruck wird eine Wärmemenge von $1{,}16 \cdot 10^{-3}$ kWh benötigt. (Umrechnungen in andere Einheiten siehe Abschn. 14.1.6).

4.1.1.5 Zusammendrückbarkeit

Diese (Kompressibilität) ist bei Wasser äußerst gering, so daß im allgemeinen für den praktischen Betrieb das Wasser als nicht elastische und nicht zusammendrückbare Flüssigkeit angenommen werden kann. Die Zusammendrückbarkeit des Wassers ist abhängig von Druck und Temperatur. Bei niedriger Temperatur (0–10 °C) und geringen Drücken (1 bar) kann Wasser um 1/50 000 000 des Volumens zusammengedrückt werden. Der Mittelwert für den Elastizitätsmodul des Wassers ist $2{,}03 \cdot 10^6$ kN/m^2.

4.1.1.6 Chemisches Lösungsvermögen

Wasser hat ein großes Lösungsvermögen, dessen Größe je nach Temperatur und Druck verschieden ist. Im allgemeinen sind Gase reichlicher in kaltem Wasser, feste Stoffe leichter in warmem Wasser löslich. *Löslichkeit von Gasen im Wasser* – Wasser nimmt bei einem Druck von 2 bar das doppelte, bei 3 bar das 3 fache Gasvolumen auf wie bei normalem Luftdruck von 1 bar. Bei Beseitigen des Überdrucks entweicht sofort das überschüssige Gas. Mit Absorptionskoeffizient wird das Volumen eines Gases von 0 °C Temperatur und 1 013 mbar Druck bezeichnet, das von 1 Volumen Wasser bei 1 bar Druck gelöst wird.

Tab. 4-5: Löslichkeit von reinen Gasen in reinem Wasser – m^3 Gas/m^3 Wasser bei 1 bar Druck in Abhängigkeit von der Temperatur

Temp. °C	0	10	20	30	100
Luft	0,0288	0,0226	0,0187	0,0161	0,011
Sauerstoff	0,0493	0,0384	0,0314	0,0267	0,0185
Stickstoff	0,0230	0,0185	0,0155	0,0136	0,0105
Wasserstoff	0,0215	0,0196	0,0182	0,0170	0,018
Kohlendioxyd	1,710	1,190	0,878	0,665	0,260
Schwefelwasserstoff	4,690	3,520	2,670	2,037	0,870
Chlor	4,610	3,100	2,260	1,770	
Ozon	0,641	0,520	0,368	0,233	

Tab. 4-6: Aufnahme von Sauerstoff, Stickstoff und Kohlendioxyd aus der Luft je 1 Wasser in Abhängigkeit von der Wassertemperatur, bei 1 bar Druck und Anteile in der Luft: Sauerstoff 20,4 v. H., Stickstoff 78,0 v. H., Kohlendioxyd 0,03 v. H.

Temperatur °C	Sauerstoff mg/l bei Chloridgehalt 0 mg/l	5 000 mg/l	Stickstoff mg/l	Kohlendioxyd mg/l
0	14,6	13,8	23,7	1,01
4	13,1	12,4	21,5	0,87
8	11,8	11,2	19,6	0,75
10	11,3	10,7	18,7	0,71
12	10,8	10,2	17,9	0,65
15	10,1	9,5	16,9	0,61
20	9,2	8,6	15,4	0,51
30	7,4	7,1	13,6	0,38
60	4,7	4,4	8,1	0,17
90	1,6	1,3	2,9	–

Tab. 4-7: Löslichkeit einiger fester Stoffe im Wasser bei 10 ° C

Gewerbliche Bezeichnung	Chemische Bezeichnung	Chemische Formel	Löslichkeit g/kg
	Eisen III Chlorid	$FeCl_3 \cdot 6\,H_2O$	818
Kochsalz	Natriumchlorid	$NaCl$	359
	Aluminiumsulfat	$Al_2(SO_4)_3 \cdot 18\,H_2O$	338
Soda	Natriumcarbonat	Na_2CO_3	216
Glaubersalz	Natriumsulfat	$Na_2SO_4 \cdot 10\,H_2O$	191
Gips	Calciumsulfat	$CaSO_4 \cdot 2\,H_2O$	2,04
Kalkstein	Calciumcarbonat	$CaCO_3$	0,43

Löslichkeit von festen Stoffen im Wasser – Viele feste Stoffe sind im Wasser löslich, jedoch in stark unterschiedlicher Menge. Die Löslichkeit der festen Stoffe im Wasser ist praktisch unabhängig vom Druck, nimmt i. a. mit der Temperatur zu, **Tab. 4-7.**

4.1.1.7 Folgeerscheinungen

Die phys.-chem. Eigenschaften des Wassers haben Folgeerscheinungen, die bei Wasserversorgungsanlagen von Bedeutung sind.
Infolge des Dichtemaximums bei +4 °C sinkt abgekühltes Wasser nach unten, das wärmere steigt nach oben, bis die Temperatur des ganzen Wassers +4 °C beträgt. Bei weiterer Abkühlung an der Oberfläche bleibt das unter +4 °C abgekühlte Wasser, da nun leichter, an der Oberfläche, das auf +4 °C abgekühlte Wasser, da schwerer, bleibt in der Tiefe. Es findet somit keine Umschichtströmung mehr statt. Wegen der geringen Wärmeleitfähigkeit dringt die Abkühlung nur langsam in größere Tiefen, so daß Oberflächenwasser bei ausreichender Tiefe nicht bis auf den Grund gefriert. Der Temperaturausgleich erfolgt vor allem infolge Durchmischungsvorgängen wie Wellenbewegung, turbulentes Fließen.
Das Wasser hat wegen der Ausdehnung um 9 v. H. seines Volumens beim Gefrieren eine Sprengwirkung, die in der Natur mit zur Verwitterung der Gesteine beiträgt, in der Technik zu Sprengzwecken verwendet wird, bei Wasserversorgungsanlagen besonderen Schutz der Rohrleitungen gegen Einfrieren erfordert.
Salzhaltiges Wasser hat einen niedrigeren Gefrierpunkt als reines Wasser. Bei einem Gehalt von 8 v. H. Kochsalz liegt der Gefrierpunkt bei –4,8 ° C.
Die Masse des in der Natur vorkommenden Wassers ist wegen der Beimengungen häufig verschieden von dem des reinen Wassers. Meerwasser mit einem Salzgehalt von 3,2 v. H. (Nordsee) ist etwa 1,03 mal schwerer als reines Wasser. Daher schwimmt in den oberen Sandschichten der Dünen Süßwasser auf dem versalzten Tiefenwasser. In alluvialen Grundwasserströmen liegt das weichere, eisenfreie Wasser auf dem härteren, so daß es sich empfiehlt, die Bohrbrunnen nur bis 2 m über der wassertragenden Sohlschicht zu führen und die Absenkung nicht zu tief zu treiben.
Wegen der geringen Zusammendrückbarkeit des Wassers kann der Druck in einer Rohrleitung, die nur mit Wasser gefüllt und völlig frei von Luft ist, durch Einpressen einer geringen Wassermenge rasch gesteigert werden. Der Druck geht auch sehr rasch zurück, wenn geringe Entnahmen (Undichtheiten) erfolgen (Druckprüfung von Rohrleitungen). Im Gegensatz hierzu sind Gase und Luft zusammendrückbar. Bei Rohrleitungen, die nicht völlig entlüftet sind, geht während der Druckprüfung bei etwaigen Undichtheiten der Druck nur ganz langsam zurück, daher ist für eine einwandfreie Prüfung die Leitung sorgfältig zu entlüften.
Bei Druckentlastung, z. B. Saugleitungen, Heber, werden die im Wasser gelösten Gase teilweise frei und müssen abgeleitet werden.

4.1.2 Natürliche Rohwässer – Beschaffenheit und Anforderungen

4.1.2.1 Allgemein

Das in der Natur vorkommende Wasser ist chemisch nicht rein. Auf seinem Weg durch die Atmosphäre, durch den Boden und die wasserführenden Gesteinsschichten nimmt das Wasser Bestandteile auf, die jedem Wasser je nach seiner Herkunft ein bestimmtes, eigenes Gepräge geben. So unterscheiden sich bereits natürliche Grundwässer in Abhängigkeit von den geologischen Verhältnissen ihres Vorkommens außerordentlich stark, was sich z. B. in den Parametern pH-Wert, Sauerstoffgehalt, Härte (Summe Erdalkalien), Pufferkapazität, Eisen- und Mangankonzentration äußert (siehe 4.1.2.2). Hinzu kommen leider immer häufiger anthropogene Belastungen, die sich im Oberflächenwasser schon seit langem in dem Gehalt an fäkalischen Keimen, organischen Stoffen aller Art, Nährstoffen u. a. negativ auswirken. Weitestgehend überwunden sind dagegen die Phenol- und Detergentienprobleme vergangener Jahrzehnte, auch haben sich infolge umfangreichen Kläranlagenausbaus und z. T. veränderter Technologien in einzelnen Industriezweigen meßbare Verbesserungen z. B. bei den Parametern CSB und AOX im Rhein ergeben, ohne aber Restrisiken (Stichwort Sandoz-Unfall) völlig auszuräumen.
In neuerer Zeit sind hinzugekommen die Belastungen des Grundwassers mit Nitraten, Pflanzenbehandlungs- und Schädlingsbekämpfungsmitteln, Chlorkohlenwasserstoffen, aber auch mit Arsen und Aluminium (siehe auch 4.1.8), die zwar, mit Ausnahme des Nitrats und evtl. Aluminiums, im kaum noch meßbaren Mikrogramm-Bereich liegen, durch die sehr strengen Vorschriften für Trinkwasser

vielen Wasserversorgungsunternehmen aber große Probleme bereiten und sie zu kostenaufwendigen Verfahren zwingen.
Bei der Auswahl des Rohwassers zur Trinkwasserversorgung gilt die Ziff. 4.4 der DIN 2000: „Wasser, das allen an das Trinkwasser zu stellenden Güteanforderungen ohne Aufbereitung entspricht, und seiner Herkunft nach am wenigsten einer Gefahr durch zivilisatorische Einflüsse ausgesetzt ist, soll jedem anderen Wasser vorgezogen werden."
Die immer aufwendiger werdenden Trinkwasseraufbereitungstechnologien machen deutlich, daß es schwieriger wird, solche unbeeinflußten Wasservorräte zu finden bzw. zu erschließen. Zwingend notwendig ist es, diese anthropogenen Belastungen entscheidend zu reduzieren und die Forderung der Ziff. 4.7 der DIN 2000: „Dem Schutz des Trinkwassers gebührt gegenüber anderen konkurrierenden Interessen der Vorrang" konsequenter durchzusetzen (siehe auch 4.1.8).
Die Sicherstellung der Trinkwasserversorgung erfordert die Kenntnis der Beschaffenheit des jeweils genutzten Rohwassers. Regelungen über Rohwasseruntersuchungen sind deshalb von den Bundesländern entweder in die Landeswassergesetze aufgenommen worden oder auf freiwilliger Basis in Kooperation zwischen den Wasserversorgungsunternehmen und den zuständigen Wasserbehörden oder im Rahmen wasserrechtlicher Genehmigungen festgelegt worden.

4.1.2.2 Grundwasser und Quellwasser

Grundwasser ist unterirdisches Wasser, das die Hohlräume der Erdrinde zusammenhängend ausfüllt und der Schwerkraft gehorcht. Es ist zwar aus versickernden Niederschlägen entstanden, hat aber durch große Sickerwege und lange Verweilzeiten im Untergrund (Grundwasser-Alter) eine Beschaffenheit erlangt, die aus den durchflossenen geologischen Formationen resultiert. In **Tab. 4-8** sind beispielhaft für unterschiedliche geologische Formationen typische Wässer angegeben.
Aus dieser Tabelle, die nur einige Parameter der Wasseranalyse wiedergibt, ist z. B. erkennbar, daß es sich bei dem Rohwasser von Gotteszell um ein sehr weiches (Summe Erdalkalien), nicht gepuffertes (Säurekapazität), deutlich im sauren Bereich (pH-Wert) liegendes Wasser aus dem kristallinen Vorgebirge handelt, das trotz des absolut gesehen geringen Gehalts an gelöstem Kohlenstoffdioxid ohne Aufbereitung korrosionschemisch sehr bedenklich wäre und außerhalb der Zulässigkeit als Trinkwasser läge. Gegenteilig stellt sich das Wasser aus dem Lettenkeuper bei Rothausen dar, das einen hohen Gehalt an Erdalkali-Ionen hat (sehr hart) und gut gepuffert ist, aber trotz des hohen Gehalts an gelöstem Kohlenstoffdioxid stark zu Kalkausscheidungen neigt und somit ohne Aufbereitung erhebliche Inkrustationen im Rohrnetz und besonders in Anlagen zur Wassererwärmung brächte. Bei dem Wasser von Heldmannsberg wäre bei einer Aufbereitung Sauerstoff in das Wasser einzutragen und der Eisengehalt zu reduzieren. Als nahezu ideal kann das Münchener Wasser angesehen werden, das bereits als Rohwasser alle Forderungen der TrinkwV erfüllt und deshalb im Regelfall auch ohne Aufbereitung und Desinfektion an den Verbraucher abgegeben wird.
Die Beschaffenheit des natürlichen Grundwassers ist auch abhängig von der Entnahmetiefe und der Absenkung des Grundwasserspiegels. Beispielsweise stiegen bei einem Versuchsbrunnen der Fernwasserversorgung Franken im Muschelkalk der Gehalt an Erdalkalien (Härte) und Chloriden mit der Entnahmetiefe stark an. Eine größere Absenkung des Grundwasserspiegels kann auch den Zufluß von Oberflächenwasser (Uferfiltrat) erhöhen, was qualitativ meist eine Verschlechterung bedeutet.
Nicht in der **Tab. 4-8** enthalten sind sogenannte Verschmutzungsindikatoren, d. h. Parameter, die anthropogen bedingte Belastungen des natürlichen Wassers zum Ausdruck bringen und bei unbelastetem Wasser nicht bzw. nicht in diesem Umfang auftreten. Dazu gehören vor allen Dingen die Stickstoffverbindungen (Nitrat, Nitrit, Ammonium), die Pflanzenbehandlungs- und Schädlingsbekämpfungsmittel, die chlorierten Kohlenwasserstoffe, z. T. auch Sulfate, Chloride und Aluminium, wenn bei letzterem verstärkte Mobilisierungen im Untergrund durch den sogenannten sauren Regen auftreten. Diese Belastungen stellen eine häufige Gefährdung des Grundwassers dar (siehe 4.1.8).
Besonders anfällig gegen Verunreinigungen ist das Grundwasser im Festgestein, speziell Karstgestein, in dem Fließgeschwindigkeiten bis über 100 m/h auftreten können und Filtration, Adsorption und biologischer Abbau der Schmutzstoffe praktisch nicht mehr gegeben sind.
Im DVGW-Hinweis W 254 wird zur Überwachung der Rohwasserqualität ein dreistufiges Meßprogramm vorgeschlagen **(Tab. 4-9):**

- ein Minimalprogramm (Stufe 1), das mindestens einmal jährlich abzuarbeiten ist,
- ein Programm der Stufe 2, das mindestens alle drei Jahre bzw. bei begründetem Verdacht gemessen werden soll,

Tab. 4-8: Chemische Beschaffenheit von Wässern aus einzelnen geologischen Formationen

	Geologische Formation	Ort	pH	O_2	Fe	Mn	Härte °d	$K_{s4,3}$ mol/m³	Kohlensäure frei	Kohlensäure zugeh.
					[mg/l]				[mg/l]	
Urgebirge	Kristallin	Gotteszell	6,0	10,8	–	–	0,56	0,1	13,2	0
Buntsandstein	Buntsandstein	Fellen	6,2	10,4	0,01	–	2,1	0,7	38,5	0,3
	Buntsandstein	Miltenberg	7,2	9,2	0,06	–	5,6	1,5	20,9	1,5
	Plattensandstein	Hammelburg	7,1	10,2	0,01	–	24	4,8	28,6	30
	Röt	Roden			0,01	–	17	5,7		60,5
Muschelkalk	unterer Muschelk.	Neustadt/Saale	7,2	9,25	0,01	–	21,8	5,6	44,0	52,5
	mittlerer Muschelk.	Höchberg	7,0	3,7	0,08	–	68,8	6,7	76,2	89,4
	oberer Muschelk.	Uffenheim	7,3	3,0	0,04	–	25,5	7,6	52	125
Keuper	Lettenkeuper	Rothausen	7,2	2,3	0,01	–	29,7	8,5	53	170
	Gipskeuper	Aischq. Windsheim					101			
	Gipskeuper	Mainbernheim	7,2	7,6	–	–	53	7,0	59	101
	Schilfsandstein	Neustadt/Aisch	7,3	9,1	0,03	–	27,9	6,1	52,5	67
	Blasensandstein	Ühlfeld	7,3		0,03	–	18,4	5,9	40	60
	Burgsandstein	Theilenhofen	7,2		0,03	–	9,5	3,4	22	11
Jura	Rätsandstein	Lauf	6,5	9,4	–	–	4,3	0,9	26,5	0,5
	Eisensandstein	Heldmannsberg	7,3	0,5	0,3	0,04	18,9	6,3	54	54
	Weißjura	Ranna	7,6	8,5	0,01	–	11,9	4,2	18,5	–
Alpen	Wettersteinkalk	Garmisch		10	Sp.	–	5,6	2,0	2,5	2,2
Tertiär	Tertiär	Reisbach	7,3	<1	0,6	–	18,2	5,9	51,5	60,5
Quartär	Schotteralluvium	München	7,2	10,5	0,01	–	14,3	4,4	19	21,9
im Bereich	Buntsandstein	Erlenbach/a. M.	6,7	9,6	0,01	–	7,6	1,6	25,3	1,4
	mittlerer Muschelk.	Marktsteft	7,1	4,5	Sp.	–	29,5	5,4	35	44
	Keuper	Lauf	7,3	0,04	0,26	–	14,7	4,2	19,5	4,7
	Keuper	Fürth	7,3	0,1	0,05	0,17	13,4	3,3	16,0	8,0

Anmerkung: statt der Angabe der „zugehör." CO_2 enthalten neuere Analysen den pH nach $CaCO_3$-Sättigung bzw. den ΔpH-Wert

– ein erweitertes Meßprogramm, dessen Parameter, insbesondere Pflanzenschutzmittel, bei Verdacht auf Belastung zu analysieren sind.

Die flächendeckende Erfassung der Grundwasserbeschaffenheit soll erreicht werden mittels der Grundwasseruntersuchungen aus einem Landesmeßnetz, der Roh- und Trinkwasseranalysen sowie der Grundwasseruntersuchungen in Vorfeld-Meßstellen der öffentlichen Wasserversorgungsunternehmen, der Analysen weiterer Grundwassernutzer und der Schaffung und des Betriebs von Emittenten-Meßstellen.

Tab. 4-9: 3stufiges Grundwasser-Meßprogramm nach DVGW – W 254

Parameter im Basismeßprogramm (Stufe 1):
Physikalisch-chemische Vollanalyse (Dieses *Minimalprogramm* ist auch zu Kontrollzwecken, z. B. wegen der Erstellung der Ionenbilanz, notwendig.)

			DIN-Verfahren
Farbe, qualitativ			38 404 Teil 1
Trübung, qualitativ			38 404 Teil 2
Geruch, qualitativ			DEV B 1/2
Färbung, Ext. bei 436 nm		m^{-1}	38 404 Teil 1
Temperatur		°C	38 404 Teil 4
Leitfähigkeit (bei 25 °C)		mS/m	38 404 Teil 8
Sauerstoff	(O_2)	mg/l	38 408 Teil 21 bzw. 38 408 Teil 22
pH-Wert			38 404 Teil 5
Säurekapazität bis pH 4,3		mmol/l	38 409 Teil 7
Gesamthärte		mmol/l	38 409 Teil 6
Calcium	(Ca)	mg/l	38 406 Teil 3
Magnesium	(Mg)	mg/l	38 406 Teil 3
Natrium	(Na)	mg/l	DEV E 14
Kalium	(K)	mg/l	DEV E 13
Ammonium	(NH_4)	mg/l	38 406 Teil 5
Eisen, gesamt	(Fe)	mg/l	38 406 Teil 1
Mangan, gesamt	(Mn)	mg/l	38 406 Teil 2
Chlorid	(Cl)	mg/l	38 405 Teil 1
Nitrat	(NO_3)	mg/l	38 405 Teil 9
Nitrit	(NO_2)	mg/l	38 405 Teil 10
Sulfat	(SO_4^2)	mg/l	38 405 Teil 5
DOC	(C)	mg/l	38 409 Teil 3
spektraler Absorptions-koeffizient bei 254 nm		m^{-1}	38 404 Teil 3
POX/AOX	(Cl)	mg/l	38 409 Teil 14
Koloniezahl 20 ± 2 °C		pro ml	DEV K 5
Coliforme		pro 100 ml	DEV K 6
E. Coli		pro 100 ml	DEV K 6

Parameter (Stufe 2)

Aluminium	(Al)	mg/l	38 406 Teil 9
Arsen	(As)	mg/l	38 405 Teil 12 bzw. 38 405 Teil 18
Bor	(B)	mg/l	38 405 Teil 17
Blei	(Pb)	mg/l	38 406 Teil 6
Cadmium	(Cd)	mg/l	38 406 Teil 19

Chrom	(Cr)	mg/l	38 406 Teil 10 bzw. 38 405 Teil 24
Cyanid	(CN)	mg/l	38 405 Teil 13
Fluorid	(F)	mg/l	38 405 Teil 4
Nickel	(Ni)	mg/l	38 406 Teil 21
Quecksilber	(Hg)	mg/l	38 406 Teil 12
Polycycl. arom. KW		mg/l	38 409 Teil 13
leichtflüchtige organische Halogenverbindungen		mg/l	
1,1,1-Trichlorethan	($C_2H_3Cl_3$)	mg/l	
Trichlorethen	(C_2HCl_3)	mg/l	
Tetrachlorethen	(C_2Cl_4)	mg/l	
Dichlormethan	(CH_2Cl_2)	mg/l	
Tetrachlorkohlenstoff	(CCl_4)	mg/l	

Parameter des erweiterten Meßprogramms (Stufe 3)		
Benzol, Toluole, Xylole	µg/l	38 409 Teil 18
Phenol-Index	µg/l	38 409 Teil 16
DOS	µg/l	
organische Einzelstoffe nach GC/MS	µg/l	
Mineralöl	µg/l	38 409 Teil 17
PCB/PCT	µg/l	
Pflanzenschutzmittel	µg/l	

Für den Bereich der bayerischen Wasserwirtschaftsverwaltung gibt es zur Erfassung der Werte der Grundwasser- und auch Trinkwasserbeschaffenheit ein einheitliches Formblatt, das die Verarbeitung der Daten durch EDV erleichtert **(Abb. 4-1)**.

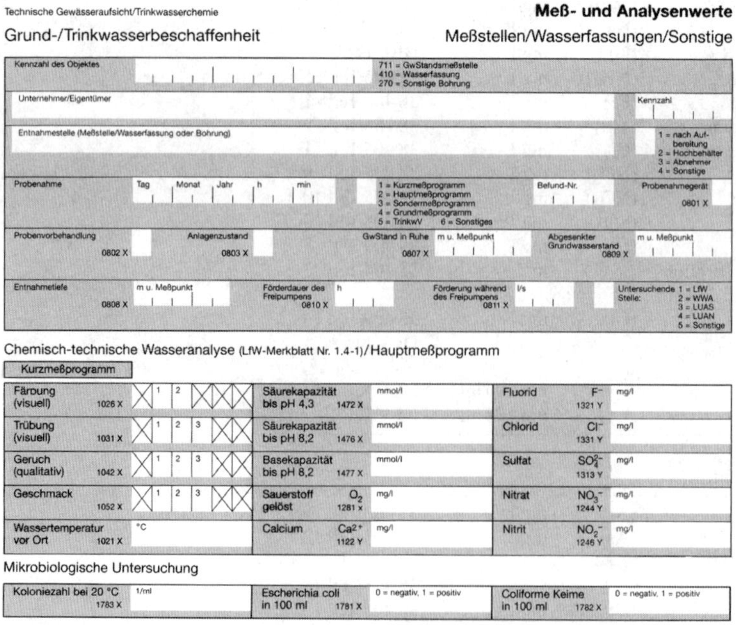
Technische Gewässeraufsicht/Trinkwasserchemie

Meß- und Analysenwerte

Grund-/Trinkwasserbeschaffenheit

Meßstellen/Wasserfassungen/Sonstige

Kennzahl des Objektes — 711 = GwStandsmeßstelle, 410 = Wasserfassung, 270 = Sonstige Bohrung

Unternehmer/Eigentümer — Kennzahl

Entnahmestelle (Meßstelle/Wasserfassung oder Bohrung) — 1 = nach Aufbereitung, 2 = Hochbehälter, 3 = Abnehmer, 4 = Sonstige

Probenahme: Tag, Monat, Jahr, h, min — 1 = Kurzmeßprogramm, 2 = Hauptmeßprogramm, 3 = Sondermeßprogramm, 4 = Grundmeßprogramm, 5 = TrinkwV, 6 = Sonstiges — Befund-Nr. — Probenahmegerät 0801 X

Probenvorbehandlung 0802 X — Anlagenzustand 0803 X — GwStand in Ruhe 0807 X, m u. Meßpunkt — Abgesenkter Grundwasserstand 0809 X, m u. Meßpunkt

Entnahmetiefe 0808 X, m u. Meßpunkt — Förderdauer des Freipumpens 0810 X, h — Förderung während des Freipumpens 0811 X, l/s — Untersuchende Stelle: 1 = LfW, 2 = WWA, 3 = LUAS, 4 = LUAN, 5 = Sonstige

Chemisch-technische Wasseranalyse (LfW-Merkblatt Nr. 1.4-1)/Hauptmeßprogramm

Kurzmeßprogramm

Färbung (visuell) 1026 X	1 2	Säurekapazität bis pH 4,3 1472 X	mmol/l	Fluorid F^- 1321 Y	mg/l
Trübung (visuell) 1031 X	1 2 3	Säurekapazität bis pH 8,2 1476 X	mmol/l	Chlorid Cl^- 1331 Y	mg/l
Geruch (qualitativ) 1042 X	1 2 3	Basekapazität bis pH 8,2 1477 X	mmol/l	Sulfat SO_4^{2-} 1313 Y	mg/l
Geschmack 1052 X	1 2 3	Sauerstoff gelöst O_2 1281 x	mg/l	Nitrat NO_3^- 1244 Y	mg/l
Wassertemperatur vor Ort 1021 X	°C	Calcium Ca^{2+} 1122 Y	mg/l	Nitrit NO_2^- 1246 Y	mg/l

Mikrobiologische Untersuchung

Koloniezahl bei 20 °C 1783 X	1/ml	Escherichia coli in 100 ml 1781 X	0 = negativ, 1 = positiv	Coliforme Keime in 100 ml 1782 X	0 = negativ, 1 = positiv

Abb. 4-1: Eingabeformblatt für Meß- und Analysenwerte des Bayer. Landesamtes für Wasserwirtschaft (Auszug)

In der Bundesrepublik wird für Trinkwasser zu etwa 70 % Grundwasser genutzt, das trotz der wesentlich gestiegenen Belastungen noch immer als am geeignetsten anzusehen ist. Es sind aber verstärkte Anstrengungen im Gewässerschutz, insbesondere in der Vorsorge und bei der Durchsetzung des Verursacherprinzips erforderlich, wenn das auch zukünftig so bleiben soll.
In der DVGW/DVWK-Information Nr. 46 von 5/95 werden erstmalig eine Zustandsbeschreibung eines anthropogen unbelasteten Grundwassers als Maßstab für Grundwasserschutz und Sanierungsnotwendigkeit vorgenommen sowie die relevanten Leitparameter zu Unterscheidung eines natürlichen GW von einem anthropogen beeinflußten angegeben.
Quellwasser ist mit freiem Gefälle zutage tretendes Grundwasser, wobei es sich aber hinsichtlich Bildungsmechanismus, Erscheinungsform und Art der Fassung deutlich vom „echten" GW unterscheidet (s. auch Kap. 3.). Die Beschaffenheit des Quellwassers hängt entscheidend ab von der Beschaffenheit der wasserführenden Schichten, ihrer Überdeckung, der vorhandenen Vegetation und der Nutzung der Flächen. Entstammt das Wasser einem anthropogen unbelasteten, gut filtrierenden Untergrund mit hinreichender Mächtigkeit des Aquifers und schützender Überdeckung, kann seine Qualität der eines guten „echten" GW entsprechen. Quellwasser, das nur eine geringe Überdeckung aufweist, evtl. noch aus Klüften und Spalten austritt, wird besonders bei Starkniederschlägen und Schneeschmelzen leicht durch Oberflächenwasser beeinträchtigt. Es ist deshalb hygienisch bedenklich, was häufig an den Keimzahlen deutlich wird. Ein gewisser Indikator für eine solche Beeinflussung durch Oberflächenwasser ist die Schwankungsziffer, d. h. das Verhältnis von größter und kleinster Schüttung der Quelle. Bendel hat über die Schwankungsziffer eine Bewertung der Quelle vorgenommen **(Tab. 4-10)**, die aber nur eine erste Orientierung sein kann und besonders für eine positive Beurteilung allein keinesfalls ausreichend ist.

Tab. 4-10: Orientierende Bewertung einer Quelle

Bewertung der Quelle (nach Bendel)	Schwankungsziffer Q_{max}/Q_{min}
Ausgezeichnet	1 – 3
Gut	3 – 5
Minder gut	5 – 10
Mäßig	10 – 20
Schlecht	20 – 100
Sehr schlecht	> 100

Auch der ständige Vergleich von Luft- und Wassertemperaturen kann Hinweise geben. Selbstverständlich dürfen die zum „echten" Grundwasser genannten physikalisch-chemischen und mikrobiologischen Untersuchungen auch bei Quellwasser nicht fehlen.
Aufgrund der potentiellen Probleme und Gefährdungen ist die Nutzung von Quellwasser für die Trinkwasserversorgung rückläufig und die Erstellung neuer Quellfassungen eher selten geworden.

4.1.2.3 Oberflächenwasser

Zum Oberflächenwasser, also Wasser aus stehenden und fließenden oberirdischen Gewässern, gehören insbesondere Talsperren-, See- und Flußwasser aber auch Meerwasser. Die Reihenfolge der Nennung stellt dabei bereits eine Wertung bzgl. der Eignung und des Umfangs der Nutzung als Rohwasser für die Trinkwasserversorgung in der Bundesrepublik dar. Die Beschaffenheit des Oberflächenwassers variiert örtlich und auch zeitlich außerordentlich stark, insbesondere in Abhängigkeit von Art und Nutzung des Einzugsgebietes, aber auch beeinflußt von der Jahreszeit. Die **Tab. 4-11** gibt einige Beispiele für die Rohwasserbeschaffenheit von unterschiedlichen Oberflächenwässern. Typisch für viele Oberflächenwässer sind Sink- und Schwebstoffe, starke Temperaturschwankungen (4.1.5.4.5) und höhere Werte bei den organischen Inhaltsstoffen (Oxidierbarkeit) und den mikrobiologischen und biologischen Parametern. Beim Meerwasser ist es der hohe Salzgehalt, der eine Nutzung erst nach sehr kostenaufwendiger Entsalzung möglich macht. Das Oberflächenwasser wird gegenüber dem Grundwasser als hygienisch bedenklicher angesehen, da die Ausweisung und Durchsetzung der Trinkwasserschutzgebiete oft erschwert ist, insbesondere bei Flüssen, und zahlreiche Möglichkeiten für eine direkte Verunreinigung des Rohwassers gegeben sind. Es gibt aber auch Beispiele für gut geschützte Oberflächenwässer, besonders bei Trinkwassertalsperren.

Tab. 4-11: Beispiele für die Rohwasserbeschaffenheit von Oberflächengewässern u. Uferfiltrat

Parameter	Einheit	Flußw. (Rhein)	Talsperre (Wahnbach)	Talsperre (Klingenberg)	Uferfiltrat (Elbe)
Trübung	TE/F	–	0,93	0,3 ... 3,4	0,2
Temperatur	°C	10	4,5	2,3 ... 12,0	n. b.
el. Leitfähigkeit	μS/cm	1162	195	201 ... 260	462
Abdampfrückstand	mg/l	562	154	n. b.	n. b.
Glührückstand	mg/l	440	115	n. b.	n. b.
pH-Wert		7,8	7,3	6,52 ... 7,56	6,8
pH-Wert nach $CaCO_3$-Sättigung		7,5	8,7	8,8 ... 9,35	7,6
Härte (Sum. Erdalk.)	mmol/l	2,7	0,75	0,6 ... 1,0	2,4
Natrium	mg/l	140	8,1	6,0 ... 9,0	33,5
Kalium	mg/l	8,6	2,7	2,4 ... 4,0	28,3
Calcium	mg/l	90	20,9	21,0 ... 30,0	80,0
Magnesium	mg/l	12	5,3	4,3 ... 8,7	14,0
Chlorid	mg/l	235	12,1	8,0 ... 11,0	61,0
Nitrat	mg/l	16,2	19,8	15,0 ... 26,0	16,0
Sulfat	mg/l	79,7	32,6	47,0 ... 57,0	130,0
Silikat (Si)	mg/l	1,6	1,4	n. b.	n. b.
Sauerstoff	mg/l	8,9	10,3	8,0 ... 17,0	3,4
Sauerstoff	% -Sättig.	79	82	n. b.	n. b.
Oxidierbarkeit	mg/l	3,4	2,3	1,4 ... 4,2	8,2
gel. org. geb. Kohlenstoff	mg/l	2,8	1,3	1,5 ... 2,6	n. b.
Arsen	μg/l	1,4	–	0,1 ... 0,5	1,0
Blei	μg/l	<10	–	0 ... 14,0	< 2,0
Cadmium	μg/l	< 1	–	0,1 ... 0,3	< 1,0
Chrom	μg/l	< 5	–	<0,1	< 5,0
Quecksilber	μg/l	< 1	–	<0,1	< 0,1
Selen	μg/l	< 0,5	–	n. b.	< 1,0
Zink	μg/l	13	–	30 ... 165	n. b.
Cyanid	μg/l	< 5	–	n. b.	<10,0
Fluorid	μg/l	253	70	290 ... 460	n. b.
o-Phosphat (P)	μg/l	–	0,9	0 ... 29	56,0
Nitrit	μg/l	299	60	14 ... 9,3	35,0
PAK (als C)	μg/l	0,07	–	0,02 ... 0,13	0,02
Trichlormethan	μg/l	4,4	–	0 ... 0,6	n. n.

Für die Beurteilung der biologischen Beschaffenheit eines Oberflächenwassers wird meist das *„revidierte Saprobiensystem"* nach Liebmann zugrunde gelegt. Entsprechend den im Wasser vorhandenen Leitorganismen sind 4 Güteklassen festgelegt:

1. *oligosaprobe Stufe = Wassergüteklasse I*
   Keimzahl unter 10/ml – Rädertierchen, Schnecken, Kieselalgen, verschiedene Grünalgen u. a.
2. *β-mesosaprobe Stufe = Wassergüteklasse II*
   Keimzahl unter 10 000/ml – Hauptverbreitung der Kieselalgen und Grünalgen, Schnecken, Rädertierchen, Kleinkrebse u. a.
3. *α-mesosaprobe Stufe = Wassergüteklasse III*
   Keimzahl unter 100 000/ml – Blaualgen, Kieselalgen, Grünalgen. Massenentwicklung bestimmter Organismen = Wasserblüten, Krebse und Insektenlarven nur wenige.
4. *polysaprobe Stufe = Wassergüteklasse IV*
   Keimzahlen unter 1 000 000/ml, Massenentwicklung weniger Arten, es fehlen Kieselalgen, Grünalgen, Krebse, Fische

In den Gewässerkarten werden die Wassergüteklassen nach Liebmann wie folgt dargestellt:

Wassergüteklasse I lila	Zwischenstufen mit Schraffur
Wassergüteklasse II grün	Wassergüteklasse I/II blau

Wassergüteklasse III gelb — Wassergüteklasse II/III hellgrün
Wassergüteklasse IV rot — Wassergüteklasse III/IV orange

Für Seen gelten etwa analoge „Trophiestufen“, die von oligotroph bis polytroph reichen.
Reine Bergseen und Gebirgsbäche können Wassergüteklasse I haben, stark abwasserbelastete Flüsse dagegen Wassergüteklasse IV. Biologische Verunreinigungen sind sehr kompliziert, so daß zur Beurteilung ein erfahrener Biologe beizuziehen ist.
Zur Beurteilung der Eignung eines Oberflächenwassers für die Trinkwasserversorgung ist obiges System allein aber keinesfalls ausreichend, ebenso sind eine oder wenige „Maßzahlen“ nicht repräsentativ. Im DVGW-Merkblatt W 251 sind deshalb für zahlreiche Parameter Werte angegeben, die eine Beurteilung der Eignung eines Fließgewässers zur Trinkwasserversorgung ermöglichen. Durch die Unterscheidung in Normal- und Mindestanforderungen wird hier bereits ein Hinweis auf den notwendigen Aufbereitungsaufwand gegeben **(Tab. 4-12).**

Tab. 4-12: Anforderungen an Fließgewässer bei Nutzung zur Trinkwasserversorgung nach DVGW-Merkblatt W 251

Nr.	Parameter	Einheit	Normal-anforderungen (A)	Mindest-anforderungen (B)
1	Allgemeine Gütemerkmale			
1.1	Elektr. Leitfähigkeit (20 °C)	μS/cm	500	1000
1.2	Sauerstoffsättig.-index	%	80	60
1.3	Färbung (SAK 436 nm)	m^{-1}	0,3	1
1.4	Geruchsschwellenwert		5	
1.5	Temperatur	°C	22	25
1.6	pH-Wert (Einzelwert)		6,5–8,5	5,5–9,0
2	Anorganische Inhaltsstoffe			
2.1	**Summenparameter**			
2.1.1	Gesamtgehalt an gel. Stoffen	mg/l	400	800
2.1.2	Suspensierte anorg. Stoffe	mg/l	25	150
2.2	**Einzelsubstanzen**			
2.2.1	Ammonium (NH_4)	mg/l	0,2	0,4
2.2.2	Aluminium (Al), gelöst	mg/l	0,1	0,5
2.2.3	Arsen (As)	mg/l	0,005	0,01
2.2.4	Blei (Pb)	mg/l	0,01	0,02
2.2.5	Bor (B)	mg/l	0,5	1,0
2.2.6	Cadmium (Cd)	mg/l	0,001	0,002
2.2.7	Calcium (Ca), gelöst	mg/l	100	–
2.2.8	Chlorid (Cl^-)	mg/l	100	200
2.2.9	Chrom (Cr), gelöst	mg/l	0,03	0,05
2.2.10	Cyanid (CN^-)	mg/l	0,01	0,05
2.2.11	Eisen (Fe), gelöst	mg/l	0,2	1,0
2.2.12	Fluorid (F^-)	mg/l	1,0	1,0
2.2.13	Kupfer (Cu)	mg/l	0,02	0,05
2.2.14	Magnesium (Mg), gelöst	mg/l	30	–
2.2.15	Mangan (Mn), gelöst	mg/l	0,03	0,25
2.2.16	Natrium (Na)	mg/l	60	120
2.2.17	Nickel (Ni)	mg/l	0,03	0,04
2.2.18	Nitrat (NO_3)	mg/l	25	40
2.2.19	Phosphat (PO_4^{3-}), gelöst	mg/l	0,15	0,5
2.2.20	Quecksilber (Hg)	mg/l	0,0005	0,001
2.2.21	Selen (Se)	mg/l	0,001	0,01
2.2.22	Sulfat (SO_4^{2-})	mg/l	100	150
2.2.23	Zink (Zn), gelöst	mg/l	0,1	0,3
3	Organische Inhaltsstoffe			
3.1	**Summenparameter**			
3.1.1	org. Kohlenstoff (gel.) (DOC)	mg/l	4	8
3.1.2	chem. Sauerstoffbedarf (CSB)	mg/l		

Nr.	Parameter	Einheit	Normal-anforderungen (A)	Mindest-anforderungen (B)
3.1.3	biochem. Sauerstoffbedarf (BSB_5)	mg/l	4	8
3.1.4	Suspendierte org. Stoffe	mg/l	5	25
3.2	**Gruppenparameter in der filtrierten Probe**			
3.2.1	Kohlenwasserstoffe	mg/l	0,05	0,2
3.2.2	Anionische Tenside	mg/l	0,1	0,3
3.2.3	Nichtionische Tenside	mg/l	0,1	0,3
3.2.4	Polycyclische aromatische Kohlenwasserstoffe	mg/l	0,0001	0,0002
3.2.5	Adsorbierbare organ. Halogenverbindungen (AOX)	mg/l	0,03	0,06
3.3	**Einzelsubstanzen**			
3.3.1	Org.-chem. Stoffe zur Pflanzenbehandlung und Schädlingsbekämpfung (gelöst)	mg/l	0,0001	0,0001
3.3.2	Organ. Chlorverbindungen Summe aus: 1,1,1 – Trichlorethan Trichlorethen Tetrachlorethen Dichlormethan insgesamt	mg/l	0,002	0,005
	Tetrachlormethan	mg/l	0,001	0,001
3.3.3	Trihalogenmethane (THM, Haloforme) Summe aus: Trichlormethan (Chloroform) Monobromdichlormethan Dibrommonochlormethan Tribrommethan (Bromoform) insgesamt	mg/l	0,002	0,005
3.3.4	Nitrilotriessigsäure (NTA)	mg/l	0,01	0,02
3.3.5	Ethylendiamintetraessigsäure (EDTA)	mg/l	0,005	0,01
3.4	**Mikrobiologische Parameter**			
3.4.1	Gesamtcoliforme/100 ml		50	–
3.4.2	Fäkalcoliforme/100 ml		20	–
3.4.3	Fäkalstreptokokken/100 ml		20	–

Oberflächenwasser, das die Qualitätsziele der Spalte A einhält, kann allein durch natürliche Gewinnungs- und Aufbereitungsverfahren (z. B. Uferfiltration, Grundwasseranreicherung, Filtration) zu Trinkwasser aufbereitet werden. Bei den höher liegenden Werten B ist zusätzlich der Einsatz der physikalisch-chemischen Verfahren, wie z. B. Oxidation, Adsorption erforderlich; die Sicherheitsreserve ist geringer. Bei den Grenzwerten ist zu berücksichtigen, daß Tagesschwankungen der Wasserbeschaffenheit im Bereich der Aufbereitung ausgeglichen werden können.
Werden in einem Oberflächenwasser die Werte A überschritten, so sind zusätzliche Maßnahmen zur Sanierung des Gewässers erforderlich.
Für das am meisten für die Trinkwasserversorgung genutzte Oberflächenwasser, das Talsperrenwasser, empfiehlt der DVGW-Hinweis W 254 in Anlehnung an die EG-Meßmethoden-Richtlinie 79/869/EWG in drei Gruppen 53 Parameter, auf die dieses Rohwasser zu untersuchen ist. Näheres, auch zur Probenentnahme und Untersuchungshäufigkeit, siehe W 254.
Entscheidend für die Qualität des entnommenen Talsperrenwassers ist es, die Zirkulationsperioden im Frühjahr und Herbst sowie die deutliche Schichtung im Sommer bei Planung und Betrieb der Wasserversorgung zu beachten, u. a. durch veränderliche Entnahmetiefen (siehe auch Kap. 3.).
In Abhängigkeit von Nährstoffeintrag, Sonneneinstrahlung usw. können in Talsperren Eutrophierungen oder massenhaft kritische Algenarten auftreten, die die Rohwasserbeschaffenheit entscheidend

verschlechtern und die Trinkwasserversorgung u. U. empfindlich stören, wie z. B. 1981 in der Dresdener Wasserversorgung durch die Alge Synura uvella geschehen.
Insgesamt erfordert Oberflächenwasser aufgrund seiner Beschaffenheit und der nie ganz ausschließbaren Gefährdungen immer aufwendigere Aufbereitungsanlagen als ein unbelastetes Grundwasser. Die Nutzung von Oberflächenwasser wird sich somit auf die – allerdings zahlreichen – Fälle beschränken, in denen ein geeignetes Grundwasser nicht in ausreichender Menge zur Verfügung steht.

4.1.2.4 Künstlich angereichertes Grundwasser und Uferfiltrat

Künstlich angereichertes Grundwasser
Bei der GW-Anreicherung oder Infiltration wird das Grundwasser durch künstliche Versickerung von Oberflächenwasser über Becken, Schluckbrunnen, horizontale Versickerungsleitungen u. a. angereichert (siehe 3.). Wesentliche Gründe dafür sind die nicht ausreichende Grundwasserneubildung und die Beschaffenheit und Gefährdung des Oberflächenwassers, die eine direkte Aufbereitung zu Trinkwasser problematisch macht. Die Eigenschaften dieses angereicherten Grundwassers sind vorrangig abhängig von der Beschaffenheit des Oberflächenwassers, seiner eventuellen Vorbehandlung vor der Infiltration und der Bodenpassage (Korngrößenzusammensetzung, Porenvolumen, chemische Zusammensetzung der Bodenschichten, Fließweg und Verweilzeit im Untergrund). Die im Oberflächenwasser enthaltenen suspendierten Stoffe werden im Porenraum der Versickerungsanlage und des Bodens zurückgehalten, die organischen Stoffe teilweise biologisch abgebaut, die Keime und auch radioaktive Substanzen deutlich reduziert und die Wassertemperaturen vergleichmäßigt. Ein weiterer Vorteil ist der Konzentrationsausgleich durch Pufferwirkung und die Möglichkeit, aufgrund der Speicherwirkung des Untergrundes die Oberflächenwasserentnahme und Versickerung bei Schadstoffhavarien im Oberflächenwasser, wie im Fall Sandoz im Rhein, ohne Unterbrechung der Trinkwasserversorgung zeitweise einzustellen.
Gegenüber dem Oberflächenwasser kommt es bei der Bodenpassage zu einem Absinken des Sauerstoffgehaltes und gleichzeitig Anstieg der CO_2-Konzentration, wodurch verstärkte Lösung des im Untergrund vorhandenen Eisens und Mangans eintreten kann und sogar Sulfat zu Schwefelwasserstoff und Nitrat zu Nitrit und Ammonium reduziert werden können. Solche anaeroben Verhältnisse sollten vermieden werden, da sie den Aufwand zur Aufbereitung erhöhen. Trotz der mittels Grundwasseranreicherung erreichten Vorreinigung des Oberflächenwassers sind vor der Reinwasserabgabe weitere Verfahrensstufen wie Filtration, Adsorption und Oxidation meist unumgänglich, insbesondere zur Entfernung noch vorhandener Mikroverunreinigungen.
Der DVGW-Hinweis W 254 gibt zu untersuchende Parameter bei direkter Versickerung von nicht aufbereitetem Oberflächenwasser an. Ort, Zahl und Zeitpunkt der Probenahmen sind aus W 254 ersichtlich.
Bei eventuellem Auftreten von Algen-Massenentwicklungen in Anlagen zur Grundwasseranreicherung sind aus dem DVGW-Merkblatt W 132 Möglichkeiten zu ihrer Vermeidung entnehmbar.

Uferfiltrat
Uferfiltrat entsteht durch die natürliche Versickerung des Oberflächenwassers über Böschungs- und Sohlflächen des Gewässers, z. T. verstärkt durch die Absenkung in den benachbarten Gewinnungsanlagen. Das dort entnommene Rohwasser enthält wechselnde Anteile von Uferfiltrat und echtem Grundwasser. Seine Eigenschaften werden somit vorrangig von der Beschaffenheit des anstehenden Grundwassers und vom Oberflächenwasser bestimmt.
Im wesentlichen gelten auch für das Uferfiltrat vorstehende Darlegungen zum künstlich angereicherten Grundwasser. Da aber die Möglichkeit zur Vorreinigung nicht gegeben ist, der Zufluß vom Wasserspiegelgefälle abhängig und dic Speicherwirkung somit gering ist, die Wassereintrittsflächen bei Kolmation (Verdichtung) nur schwer regenerierbar sind, ist eine Steuerung hier nur begrenzt möglich und die Sicherheit im allg. geringer als bei künstlich angereichertem Grundwasser.
Zur Rohwasserüberwachung sind die Parameter in Anlehnung an das Untersuchungsprogramm für Grundwasser auszuwählen, wobei die speziellen Verhältnisse der Oberflächenwasserbeschaffenheit dabei zusätzlich zu berücksichtigen sind. Für Ort, Zahl und Zeitpunkt der Probeentnahmen sind u. a. die hydrogeologischen Verhältnisse und die Verweilzeit des Uferfiltrats (mind. 50 Tage bis Jahre) im Untergrund während der Bodenpassage maßgebend und deshalb für den Einzelfall gesondert festzulegen.

4.1.2.5 Regenwasser

Als Rohwasser für die zentrale Wasserversorgung wird Regenwasser nicht verwendet, bei Einzelwasserversorgungen ist eine Nutzung in Sonderfällen gegeben. Von einigen Wasserversorgungsunternehmen und Kommunen wird die Nutzung von Regenwasser anstelle von Trinkwasser für bestimmte Verwendungszwecke, z. B. Gartenbewässerung und Toilettenspülung, empfohlen und teilweise finanziell gefördert (Hamburg, Frankfurt a. M.). Damit werden begrenzte Trinkwasservorräte geschont. Einer umfassenden Nutzung des Niederschlagswassers stehen aber dessen Beschaffenheit und die Kosten für Speicherung, Aufbereitung usw. entgegen. Das Niederschlagswasser löst aus der Luft Bestandteile, wie Stickstoff, Sauerstoff und Kohlendioxid, aber auch Schmutz- und Schadstoffe, wie Staub, Ruß, Schwefeldioxid, Ammoniak, Salpetersäure, Chloride, radioaktive Stoffe und Keime werden in örtlich unterschiedlichem Maße aufgenommen.

4.1.3 Anforderungen an Trinkwasser – 2. EU-Richtlinie

Wasser, das als Trinkwasser verwendet werden soll, muß bestimmten Anforderungen in hygienischer und sonstiger Hinsicht entsprechen.
Am 3. November 1998 verabschiedete der Rat der EU in Brüssel die neue „Richtlinie über die Qualität von Wasser für den menschlichen Gebrauch“ [18], die von den Mitgliedsstaaten binnen zwei Jahren in nationales Recht umzusetzen ist.
Die EU-Richtlinie gibt Parameterwerte für mikrobiologische und chemische Parameter sowie für Indikatorparameter vor **(Tab. 4-14)**. Bei den Werten handelt es sich um Mindestanforderungen, die von jedem Mitgliedstaat erfüllt werden müssen. Die Werte gelten, soweit nicht anders angegeben, für den Zapfhahn. Während Wert-Überschreitungen der in gesundheitlicher Hinsicht besonders relevanten mikrobiologischen und chemischen Parameter nur sehr begrenzt zugelassen werden dürfen, dienen die Indikatorparameter vorrangig zur Überwachung der Aufbereitung und Verteilung und haben keinen Grenzwertcharakter. Für einige Paramter, z. B. Blei, Bromat und Trihalomethane, läßt die Richtlinie für eine mehrjährige Übergangszeit deutlich höhere Werte als die in Tabelle 4-14 angegeben zu.
Für spezielle technische Verwendungszwecke des Trinkwassers, z. B. als Kesselspeisewasser, ist eine weitere Behandlung oft erforderlich (siehe Spezialliteratur). Für die Verwendungszwecke im Haushalt ist dagegen die Beschaffenheit des vom Wasserversorgungsunternehmen gelieferten Trinkwassers in den allermeisten Fällen voll entsprechend (s. 4.2.8).
Hygienisch bedenklicher können, wie die Praxis zeigt, Eigentrinkwasserversorgungen sein, obwohl auch dafür die Trinkwasserverordnung gültig ist und die DIN 2001 Regeln vorgibt (siehe auch Kapitel 10).

4.1.4 Anforderungen der DIN 2000

In DIN 2000 v. Nov. 1973 sind für die zentrale Trinkwasserversorgung Leitsätze für Anforderungen an Trinkwasser, an Planung, Bau und Betrieb der Anlagen aufgestellt. Die wesentlichsten Forderungen sind:
Geltungsbereich und Zweck
Zentrale Trinkwasserversorgungsanlagen im Sinne der DIN 2000 sind solche Anlagen, die Trinkwasser für einen größeren Verbraucherkreis durch ein Rohrnetz abgeben. Die DIN 2000 gilt auch für größere Einzel-Trinkwasserversorgungen.
Die DIN 2001 gilt dagegen für kleine Einzel-Trinkwasserversorgungsanlagen, die nur wenige Verbraucher in einzelnen Grundstücken mit Trinkwasser versorgen (siehe Kap. 10).
Allgemein
Trinkwasser ist das wichtigste Lebensmittel. Es kann nicht ersetzt werden.
An das Trinkwasser sind im Interesse der Volksgesundheit bestimmte Anforderungen nach Beschaffenheit, Menge und Druck zu stellen. Sie sind nötigenfalls unter Zurückstellung anderer, für die Allgemeinheit weniger lebenswichtiger Interessen mit allen verfügbaren Mitteln zu erfüllen.
Anforderungen an Trinkwasser
1) Trinkwasser muß frei sein von Krankheitserregern und darf keine gesundheitsschädigenden Eigenschaften haben.
An das von Industrie, Gewerbe und Haushalt zur Bereitung von Lebensmitteln und zur Reinigung von damit in Berührung kommenden Geräten und Gefäßen, sowie an das zur Körperpflege verwendete Wasser sind die gleichen Anforderungen zu stellen, wie an das Trinkwasser.

Tab. 4-14: Parameter und Parameterwerte aus der 2. EU-Richtlinie vom 03. 11. 1998 (nach [18])

Mikrobiologische Parameter	Parameterwert
Enterokokken	0/100 ml
Escherichia coli	0/100 ml

Chemische Parameter	Parameterwert
Acrylamid	0,10 µg/l
Aldrin, Dieldrin, Heptachlor, Heptachlorepoxid	0,03 µg/l
Antimon	5,0 µg/l
Arsen	10 µg/l
Benzo-(a)-pyren	0,010 µg/l
Benzol	1,0 µg/l
Blei[1)]	10 µg/l
Bor	1,0 mg/l
Bromat[1)]	10 µg/l
Cadmium	5,0 µg/l
Chrom	50 µg/l
Cyanid	50 µg/l
1,2-Dichlorethan	3,0 µg/l
Epichlorhydrin	0,10 µg/l
Fluorid	1,5 mg/l
Kupfer	2,0 mg/l
Nickel	20 µg/l
Nitrat	50 mg/l
Nitrit[2)]	0,50 mg/l
Pestizide (Summenwerte)	0,50 µg/l
Pestizide (Einzelwerte)	0,10 µg/l
Polyzyklische aromatische Kohlenwasserstoffe (PAK)	0,10 µg/l
Quecksilber	1,0 µg/l
Tetrachlorethen u. Trichlorethen (insgesamt)	10 µg/l
Selen	10 µg/l
Trihalomethane (insgesamt)[1) 3)]	100 µg/l
Vinylchlorid	0,50 µg/l

Indikatorparameter	Parameterwert
Aluminium	200 µg/l
Ammonium	0,50 mg/l
Chlorid	250 mg/l
Clostridia perfringens	0/100 ml
Coliforme Bakterien	0/100 ml
Eisen	200 µg/l
Elektrische Leitfähigkeit	2500 $\mu S/cm^{-1}$
Färbung	für den Verbraucher annehmbar und ohne anormale Veränderung
Geruch	für den Verbraucher annehmbar und ohne anormale Veränderung
Gesamter Organisch gebundener Kohlenstoff (TOC)	ohne anormale Veränderung
Geschmack	für den Verbraucher annehmbar und ohne anormale Veränderung
Koloniezahl	ohne anormale Veränderung
Mangan	50 µg/l
Natrium	200 mg/l
Oxidierbarkeit	5 mg/l O_2
Wasserstoffionen-Konzentration (ph-Wert)[4)]	$> 6{,}5 - < 9{,}5$
Titrium	100 Bq/l
Gesamtrichtdosis	0,10mS_v/Jahr
Sulfat	250 mg/l
Trübung	für den Verbraucher annehmbar und ohne anormale Veränderung

1) Für Übergangsfristen sind höhere Werte zulässig
2) Am Wasserwerks-Ausgang 0,10 mg/l
3) Chloroform, Bromoform, Dibromchlormethan und Bromdichlormethan
4) Das Wasser darf nicht aggressiv sein

2) Trinkwasser muß keimarm sein.
3) Trinkwasser soll seiner Herkunft nach appetitlich sein und nach seiner äußeren Beschaffenheit zum Genuß anregen. Es soll daher farblos, klar, kühl, geruchlos und geschmacklich einwandfrei sein.
4) Der Gehalt an gelösten Stoffen soll sich in gewissen Grenzen halten. Er soll bei bestimmten Stoffen (Eisen-, Mangan-, organischen und Stickstoff-Verbindungen u. a.) so gering wie möglich sein.
5) Trinkwasser soll möglichst keine Korrosion hervorrufen.
6) Trinkwasser soll stets in genügender Menge und mit ausreichendem Druck zur Verfügung stehen.
7) Nach Möglichkeit ist für die Wassergewinnung ein Wasser zu wählen, das von Natur aus den vorstehenden Anforderungen entspricht. Andernfalls ist eine Aufbereitung des Wassers vorzusehen.
8) Dem Schutze des Trinkwassers nach Menge und Beschaffenheit gebührt gegenüber allen anderen konkurrierenden Interessen der Vorrang. Für alle Wassergewinnungsanlagen sind Schutzgebiete einzurichten.
9) Die Wasserversorgungsanlagen sind so zu gestalten, daß die nach der Planung erforderliche Wassermenge zur Verfügung gestellt werden kann und das Wasser auf dem Wege von der Gewinnung bis zum Verbraucher nicht in seiner Beschaffenheit beeinträchtigt wird.
Hinweis:
DIN 2000 Ziff. 4 Planung von zentralen Trinkwasserversorgungsanlagen (siehe Kap. 11)
Ziff. 5 Bauabwicklung ....(siehe Kap. 11)
Ziff. 6 Betrieb ....(siehe Kap. 13)
Ziff. 7 Werkseitige Überwachung ....(siehe Kap. 13)

4.1.5 Anforderungen der Trinkwasserverordnung (TrinkwV)

4.1.5.1 Allgemein

Mit der deutschen „Trinkwasserverordnung" ist die „EU-Richtlinie über die Qualität von Wasser für den menschlichen Gebrauch" in nationales Recht umgesetzt worden.
Zum Zeitpunkt der Drucklegung dieses Buches (1999) ist noch die Trinkwasserverordnung vom 05. 12. 1990 [1] verbindlich, weshalb nachfolgend sowohl die Grenz- und Richtwerte dieser Verordnung genannt, als auch die einzelnen Parameter näher erläutert werden. Da aber vom Rat der EU im November 1998 bereits eine neue 2. EU-Richtlinie [18] verabschiedet worden ist, muß in den nächsten Jahren auch eine Novellierung der deutschen Trinkwasserverordnung erfolgen, die einige wesentliche Veränderungen in den Parametern und ihren Werten gegenüber der jetzigen Verordnung entalten wird (siehe dazu auch Abschn. 4.1.3).
Aus jetziger Sicht sind zu erwarten:
- eine Verschärfung der Grenzwerte für Blei, Kupfer und Nickel mit dem Ziel, einen Eintrag von gesundheitlich problematischen Werkstoffen aus der Hausinstallation in das Trinkwasser zu vermeiden
- die Aufnahme der Parameter Bromat und Trihalomethane zur Begrenzung eventuell bei der Wasseraufbereitung entstehender Desinfektionsnebenprodukte
- die eventuelle Aufnahme weiterer gesundheitlich relevanter chemischer Parameter wie Acrylamid, Benzol, 1,2-Dichlorethan, Epichlorhydrin und Vinylchlorid und die Verschärfung von Grenzwerten für ausgewählte Pestizide, PAK, Benzo-(a)-pyren und Antimon
- die Neuaufnahme von Radioaktivitätsparametern
- der Wegfall zahlreicher Parameter, die ohne gesundheitliche Bedeutung sind.

Es ist deshalb unbedingt empfehlenswert, bezüglich der Anforderungen an Trinkwasser ab sofort neben der derzeit gültigen Trinkwasserverordnung [1] auch bereits die Parameter und Werte der 2. EU-Richtlinie [18] zu beachten und zur gegebenen Zeit die novellierte Trinkwasserverordnung heranzuziehen.

4.1.5.2 Mikrobiologische Parameter

4.1.5.2.1 Allgemein

Bakterien sind fast in jedem Wasser vorhanden, in besonders großer Zahl in Oberflächenwässern. Es sind dies kleinste einzellige pflanzliche Lebewesen, von etwa 1/500 bis 1/1000 mm Größe, welche von der Zersetzung organischer Stoffe leben. Beim Durchsickern der oberen Bodenschichten wird auch zunächst keimarmes Wasser mit Keimen angereichert. In den oberen Bodenschichten sind in 1 mg

Boden mehrere Mio. Bakterien enthalten, in 1 m Tiefe noch Tausende, in 3 m Tiefe fast keine. Bei Böden mit geringer Filterwirkung, z. B. grober Schotter, Formationen mit Klüften und Spalten, gelangt das mit Keimen beladene Wasser auch in wesentlich größere Tiefen. Der Abbau der Mikroorganismen im Boden erfolgt unterschiedlich, etwa in 3 Stufen: Änderung der Mikroflora im belebten Boden, starker Abbau bei der vertikalen Sickerung durch die ungesättigte Bodenzone, weiterer langsamer Abbau in der horizontalen GW-strömung.
Eine sichere Bakterienelimination stellen aber Bodenpassage und auch Langsamfiltration nicht dar, selbst die Bemessungsgrundlage für die Zone II (Engere Schutzzone) von 50 Tagen Fließzeit schließt, wie man aus neueren Untersuchungen weiß, unter ungünstigen Umständen mikrobielle Beeinträchtigung nicht völlig aus.
Die Wachstumsbedingungen für Bakterien sind sehr unterschiedlich. Aerobe Bakterien benötigen Sauerstoff zum Wachstum, anaerobe gedeihen nur ohne diesen. Auch die optimalen Temperaturen sind für die Bakterienarten verschieden.
Man unterscheidet harmlose Bakterien und solche, die pathogen, also krankheitserregend sind. Zu letzteren enthält **Tab. 4-15** einige Beispiele.

Tab. 4-15: Krankheitserregende Bakterien, die durch Trinkwasser übertragen werden können

Bakterien	Krankheit
Salmonella	Typhus, Parathyphus
Shigella	Ruhr
Vibrio cholerae	Cholera
Pseudomonas	Atemwegserkrankung u. a.
Legionella pn.	Lungenentzündung, Pontiacfieber

Die ungenügende Beachtung der hygienischen Erfordernisse bei der Trinkwasserversorgung hat in der Vergangenheit auch in Deutschland mehrfach zu großen Epidemien geführt, die größte Epidemie 1892 in Hamburg mit 8600 Cholera-Todesfällen, die jüngste 1978 in Ismaning mit 2400 Ruhrerkrankungen. Die TrinkwV fordert deshalb, daß Trinkwasser frei sein muß von Krankheitserregern und läßt Ausnahmeregelungen bei den festgesetzten mikrobiologischen Grenzwerten nicht zu, obwohl die für die Routineuntersuchungen vorgegebenen Bakterien Escherichia coli und auch coliforme Keime selbst nicht pathogen sind. Ihr Vorhandensein ist aber ein Indiz für Fäkalverunreinigungen, und damit steigt auch die Gefahr des Auftretens von Krankheitserregern. Die Wasserwerke sollen, u. U. mobile, Desinfektionsanlagen vorhalten, um bei auftretenden Belastungen sofort eine Desinfektion des Trinkwassers vor der Abgabe vornehmen zu können. Werden Chlor oder Chlordioxid zur Desinfektion zugegeben, müssen aus Gründen der hygienischen Sicherheit nach der Aufbereitung noch mind. 0,1 mg freies Chlor je Liter bzw. 0,05 mg Chlordioxid je Liter nachweisbar sein.
Für die Wasserverunreinigung ebenfalls sehr bedeutsam sind die Viren, die noch kleinere Lebewesen als die Bakterien sind und wegen der geringen Größe nicht mehr im Lichtmikroskop nachgewiesen werden können. Viren haben die Eigenschaft, daß sie sich nur in lebenden Zellen vermehren können. Zum Beispiel können durch Viren im Wasser die spinale Kinderlähmung und Leberentzündungen – Gelbsucht – hervorgerufen werden. Wegen der geringen Größe der Viren ist deren Nachweis recht schwierig. Da die relative Häufigkeit der Viren im Abwasser zu Bakt. coli rd. 1:65 000 beträgt, genügt im allg. der Nachweis für Bakt. coli und coliforme Keime.
Neben der Begutachtung der chemischen Beschaffenheit ist die mikrobiologische Beschaffenheit für die Beurteilung eines Wassers auf seine hygienische Eignung für die Trinkwasserversorgung wichtig. Es ist hierbei aber besonders zu beachten, daß jede mikrobiologische Untersuchung immer nur ein Momentanbild gibt. So kann auch bei unzureichendem Schutzgebiet und mangelhafter Fassung ein Wasser in Trockenperioden keimarm und damit mikrobiologisch einwandfrei sein, während bei starken Niederschlägen und bei Hochwasser das gleiche Wasser stark verunreinigt werden kann und damit stark erhöhte Keimzahlen erhält. Besonders bedenklich ist ein stark schwankender Keimgehalt. Für die hygienische Beurteilung eines Wassers ist daher in erster Linie die Ortsbesichtigung durch einen erfahrenen Hygieniker maßgebend. Werden bei der Ortsbesichtigung keine Anzeichen für eine ungünstige Beeinflussung des Wassers gefunden und ergeben die mikrobiologischen Untersuchungen auch zu ungünstigen Zeiten, z. B. nach starken Niederschlägen, einwandfreie Befunde, so kann das Wasser als hygienisch geeignet beurteilt werden. Quell- und Grundwasser, das technisch und hygie-

nisch einwandfrei gefaßt ist und gegen Verunreinigung tierischer und menschlicher Herkunft durch Anlegen ausreichend großer Schutzgebiete gesichert ist, hat eine Koloniezahl von unter 10/ml und kein Bakt. coli in 100 ml.
Außer der hygienischen Überwachung der Wassergewinnung, Aufbereitung und insbesondere Trinkwasserabgabe sind auch Kontrollen zur eventuellen Veränderung der Wasserbeschaffenheit im Verteilungsnetz bis zu den Zapfstellen der Abnehmer erforderlich. Wenn das Wasser noch biologisch abbaubare Stoffe enthält und keine Desinfektion des Wassers mit Depotwirkung erfolgt ist, kann es zu einer (Wieder-) Verkeimung kommen (DVGW-Information Nr. 25 von 8/97). Eine Methode zur Bestimmung der Verkeimungsneigung gibt Werner in Vom Wasser, Bd. 65 [1985] an.
Eine besondere hygienische Aufmerksamkeit erfordern Anlagen, in denen eine Stagnation des Wassers eintreten kann (Wasserspeicher, Endstränge, überdimensionierte Leitungen) sowie aufgetretene Rohrschäden und die Durchführung von Arbeiten am Verteilungsnetz und in den Wasserkammern der Trinkwasserspeicher. Bei Werkstoffen, die mit dem Trinkwasser in Berührung kommen, sollte eine Prüfung auch auf hygienische Eignung erfolgen (DVGW-Arbeitsblatt W 270). Durch Heranziehung von in das Installateurverzeichnis nach AVBWasserV eingetragenen und zugelassenen Firmen ist die fachgerechte, hygienisch unbedenkliche Ausführung von Arbeiten an der Hausinstallation zu sichern und damit das Rückfließen von Wasser in das öffentliche Netz auszuschließen (DIN 1988).
Anfällig für Verkeimungen sind insbesondere auch Anlagen in den Hausinstallationen, wie sie zur Nachbehandlung des Trinkwassers (Enthärtung usw.) Anwendung finden (siehe Abschn. 4.2.8).

4.1.5.2.2 Escherichia coli, coliforme Keime, Koloniezahl

Gemäß TrinkwV ist Trinkwasser grundsätzlich auf o. g. Parameter zu untersuchen. Die Häufigkeit der Untersuchungen ist aus Abschn. 4.1.7 ersichtlich. In 100 ml Trinkwasser dürfen Escherichia coli und coliforme Keime nicht enthalten sein (Grenzwert). Dabei gilt der Grenzwert für coliforme Keime als eingehalten, wenn bei mind. 40 Untersuchungen in mind. 95 % coliforme Keime nicht nachgewiesen werden.
Bei der Koloniezahl soll der Richtwert von 100 je ml Wasser (bei einer Bebrütungstemperatur von 20 °C und 36 °C) und bei desinfiziertem Trinkwasser (nach Abschluß der Aufbereitung) von 20 je ml (bei einer Bebrütungstemperatur von 20 °C) nicht überschritten werden. Eine Meldung gegenüber dem Gesundheitsamt hat vom Leiter oder Inhaber des Wasserversorgungsunternehmens zu erfolgen, wenn sich die Koloniezahl gegenüber bisherigen Werten laufend erhöht. Bei Trinkwasserabgaben über 1000 m^3 pro Jahr ist durch die TrinkwV eine laufende Untersuchung auf Escherichia coli, coliforme Keime und Koloniezahl vorgeschrieben.
Für Trinkwasser aus Eigen- und Einzelwasserversorgungsanlagen sowie aus geschlossenen Behältern gelten gesonderte Bestimmungen, siehe TrinkwV.
Untersuchungsverfahren: TrinkwV, Anlage 1 [1]

4.1.5.2.3 Fäkalstreptokokken, sulfitreduzierende sporenbildende Anaerobier

Die zuständige Gesundheitsbehörde kann anordnen, daß auch auf o. g. Mikroorganismen untersucht wird.
Fäkalstreptokokken sind wie Escherichia coli und coliforme Keime keine pathogenen Erreger, aber Indikatoren für Fäkalverunreinigungen, da sie mit dem Stuhl von Mensch und Tier ausgeschieden werden. Fäkalstreptokokken sind meist resistenter gegenüber der Desinfektion als Escherichia coli und coliforme Keime. In 100 ml Trinkwasser dürfen Fäkalstreptokokken nicht enthalten sein (Grenzwert).
Sulfitreduzierende Anaerobier sind außerordentlich resistent, da sie Sporen bilden können. Sie sind auch unter für sie ungünstigen Bedingungen länger lebensfähig und können eine Wasseraufbereitung überstehen. Unter diesen anaeroben Keimen gibt es auch einige hygienisch bedenkliche. In 20 ml Wasser dürfen sulfitreduzierende sporenbildende Anaerobier nicht enthalten sein. Untersuchungsverfahren: TrinkwV, Anlage 1 [1]

4.1.5.2.4 Legionella pneumophila und andere Mikroorganismen

Legionellen können, wie man seit einer Massenerkrankung 1976 in den USA weiß, besonders bei älteren Menschen mit geschwächtem Immunsystem oder chronischen Schäden der Atmungsorgane ein leichtes (Pontiac-)Fieber, aber auch schwerste Lungenentzündungen mit teilweise tödlichem Ausgang verursachen. Die bisher bekannten 33 Legionellen-Arten kommen nahezu überall in feuchtem bzw.

nassem Milieu in geringer Zahl vor, eine starke Vermehrung tritt vor allem in großen Speicher-Warmwassersystemen, z. B. von Krankenhäusern, Hotels usw., bei Temperaturen von 30 bis 50 °C auf. Die Infektion erfolgt durch das Einatmen des kontaminierten Aerosols, insbesondere beim Versprühen des Wassers durch Dusch- und Brauseköpfe sowie bei Whirlpools. Bei dezentralen Durchlauferhitzern oder Temperaturen ab 60 °C sind Gefährdungen durch Legionellen praktisch ausgeschlossen. Durch Verringerung der Aerosolbildung, Verbesserung der Wasserzirkulation, gleichmäßige Erwärmung, evtl. Begleitheizung, Vermeidung von Schwerkraftzirkulationsanlagen, Vermeidung von Kunststoffen oder kurzzeitige Temperaturerhöhungen kann die Gefährdung auch bei Speichersystemen deutlich reduziert werden (DVGW W 551).
Die zuständige Behörde kann bei speziellem Verdacht anordnen, daß durch mikrobiologische Untersuchungen festzustellen ist, ob Legionella pneumophila im Wasser enthalten ist. Das gilt auch für weitere Mikroorganismen, insbesondere Pseudomonas aeruginosa (Grenzwert für Badewasser), pathogene Staphylokokken, atypische Mykobakterien, Fäkalbakteriophagen und enteropathogene Viren. Wegen der Pathogenität der Keime dürfen obige Untersuchungen nur in Speziallaboratorien durchgeführt werden.

4.1.5.3 Chemische Stoffe nach Anlage 2 der TrinkwV

4.1.5.3.1 Allgemein

Für diese Stoffe sind für das Trinkwasser Grenzwerte bundesweit verbindlich vorgegeben. Nur in Notfällen kann die zuständige Behörde zulassen, daß bei diesen Stoffen von den in **Tab. 4-16** angegebenen Werten zeitlich befristet abgewichen werden kann, wenn dadurch die menschliche Gesundheit nicht gefährdet wird und die Trinkwasserversorgung nicht auf andere Weise sichergestellt werden kann.
Die unter der laufenden Nummer 1 bis 12 aufgeführten chemischen Stoffe sind durch den Inhaber der Wasserversorgungsanlage periodisch zu untersuchen oder untersuchen zu lassen. Umfang und Häufigkeit der Untersuchungen sind in der Anlage 5 der TrinkwV festgelegt und aus Abschn. 4.1.7.2 ersichtlich. Für die Stoffe der Nummern 13 bis 15 sind Untersuchungen nur bei Anordnung der Behörde erforderlich, die dann auch die zeitlichen Abstände festgelegt.

Tab. 4-16: Grenzwerte für chemische Stoffe (nach Anlage 2 der TrinkwV [1])

Abschnitt I (periodische Untersuchungen)

Lfd. Nr.	Bezeichnung	Grenzwert mg/l	berechnet als
a	b	c	d
1	Arsen	0,01	As
2	Blei	0,04	Pb
3	Cadmium	0,005	Cd
4	Chrom	0,05	Cr
5	Cyanid	0,05	CN^-
6	Fluorid	1,5	F^-
7	Nickel	0,05	Ni
8	Nitrat	50	NO_3^-
9	Nitrit	0,1	NO_2^-
10	Quecksilber	0,001	Hg
11	Polycyclische aromatische Kohlenwasserstoffe	insgesamt 0,0002	C
12	Organische Chlorverbindungen	insgesamt 0,01	–
	– 1,1,1-Trichlorethan		
	– Trichlorethen		
	– Tetrachlorethen		
	– Dichlormethan		
	– Tetrachlormethan	0,003	CCl_4

Abschnitt II (besondere Untersuchungen)

Lfd. Nr.	Bezeichnung	Grenzwert mg/l	berechnet als
a	b	c	d
13	a) Organisch-chemische Stoffe zur Pflanzenbehandlung und Schädlingsbekämpfung einschließlich ihrer toxischen Hauptabbauprodukte und	einzelne Substanz 0,0001 insgesamt	–
	b) Polychlorierte, polybromierte Biphenyle und Terphenyle	0,0005	–
14	Antimon	0,01	Sb
15	Selen	0,01	Se

4.1.5.3.2 Arsen (As)

Arsen kommt natürlich in den meisten Böden vor, und Spuren lassen sich praktisch überall nachweisen. Es ist in seinen Verbindungen drei- und fünfwertig. Während das metallische Arsen als weitgehend ungiftig angesehen wird, sind die Oxide toxisch, insbesondere in der dreiwertigen Form (As_2O_3). Zahlreiche Erkrankungen sind in der Literatur dokumentiert, am bekanntesten ist die über arsenhaltiges Trinkwasser verursachte „Reichensteiner Krankheit" in Schlesien (As-Gehalte bis 0,64 mg/l). Hautkrebs wird ebenfalls mit Arsen in Verbindung gebracht.
As-Gehalte im Trinkwasser liegen vorrangig zwischen <0,001 und 0,007 mg/l ([2]-Althaus), wobei aber von kleineren Anlagen in Rheinland-Pfalz auch Werte bis 0,08 mg/l bekannt sind ([4]-Nr. 48). Sehr hohe Konzentrationen liegen teilweise bei Heilquellen vor, bei Bad Dürkheimer Quellen über 1 mg/l.
Hohe Werte sind vorrangig geogen bedingt, wobei neuerdings die schwermetallmobilisierenden sauren Depositionen aus der Atmosphäre besonders bei kalkarmen wenig gepufferten Böden zu gebietsweise gestiegener Konzentration im Wasser geführt haben.
Der mit der TrinkwV von bisher 0,04 mg/l auf 0,01 mg/l verschärfte Grenzwert, der ab 1. Januar 1996 gilt, stellt zahlreiche Wasserversorgungen in den Sandsteinen des Keuper in Mittelfranken und der westlichen Oberpfalz und in Buntsandsteinformationen vor Probleme und macht eine Aufbereitung erforderlich.
Anthropogen bedingte Arsenbelastungen können durch die Emissionen von Metallhütten, Kohlekraftwerken und Glasindustrien entstehen sowie über Deponiesickerwässer, Kampfstoffaltlasten und in der Vergangenheit durch die – nicht mehr zugelassene – Verwendung von arsenhaltigen Schädlingsbekämpfungsmitteln.
Zur Arsenentfernung siehe Kapitel 4.2.5.12.2.

4.1.5.3.3 Blei (Pb)

Blei kommt in der Erdkruste natürlich vor. Blei ist ein chronisches Gift, die regelmäßige Aufnahme auch geringer Mengen kann zu Bleivergiftungen und anderen Schädigungen führen, da das Blei sich in verschiedenen Körperorganen anreichert. Die TrinkwV gibt bisher einen Grenzwert von 0,04 mg/l vor, eine sukzessive Verschärfung auf 0,01 mg/l ist absehbar. Die Konzentration von Bleiionen in natürlichen Rohwässern liegt fast immer unter diesem Wert.
Bei einigen Verfahren der Wasseraufbereitung (Fällung, Ionenaustausch) tritt eine weitere Reduzierung ein.
Deutlich erhöhte Gehalte in Trinkwasser sind zumeist auf Bleirohre zurückzuführen, wie sie bei alten Häusern für Anschlußleitungen und vor allem in der Hausinstallation Anwendung fanden. Bei ungünstigen Randbedingungen, wie langer Standzeit des Wassers, wenig gepuffertem und stark kohlensäurehaltigem Wasser, langen Bleileitungen, sind schon Konzentrationen gemessen worden, die den Grenzwert fast um das 10fache überschritten. Benger gab 1973 folgende Werte an:

Tab. 4-17: Blei im Trinkwasser (erste morgendliche Entnahme)

Baujahr des Hauses	Bleigehalt nach Stagnation (mg/l) Mittel	Max.	Bleigehalt nach 10 min Ablaufen (mg/l) Mittel	Max.
1900–1914	0,10	0,28	0,02	0,05
1920–1939	0,024	0,035	0,016	0,03
1945–1960	0,023	0,05	0,017	0,04
1961–1970	0,025	0,057	0,014	0,026

Für neue Trinkwasserleitungen dürfen deshalb Bleirohre nicht mehr verwendet werden. Bei vorhandenen alten Bleileitungen stellt das Ablaufenlassen des gestandenen Wassers einen – wenn auch bzgl. Wasserverbrauch nicht befriedigenden – Behelf dar. Wasserversorgungsunternehmen mit noch umfangreichen Bleiinstallationen im Versorgungsgebiet sollten darauf achten, daß der pH-Wert des abgegebenen Wassers nicht unter dem der $CaCO_3$-Sättigung liegt (siehe pH-Wert).
Die zentrale oder dezentrale Dosierung von Orthophosphaten dürfte dagegen nur in Sonderfällen in Frage kommen.
Hausanschlußleitungen aus Blei sind von Versorgungsunternehmen bereits in großem Umfang gegen Kunststoffleitungen ausgetauscht worden. Eine Auswechslung aller noch vorhandener Bleileitungen würde Gesamtkosten von mehreren Milliarden Mark verursachen, wobei diese vorrangig von den Hauseigentümern zu tragen wären. Besonders durch Risikogruppen, wie Kleinkinder, Schwangere und Diabetiker, ist die Aufnahme von Wasser mit über dem Grenzwert liegenden Konzentrationen zu vermeiden.

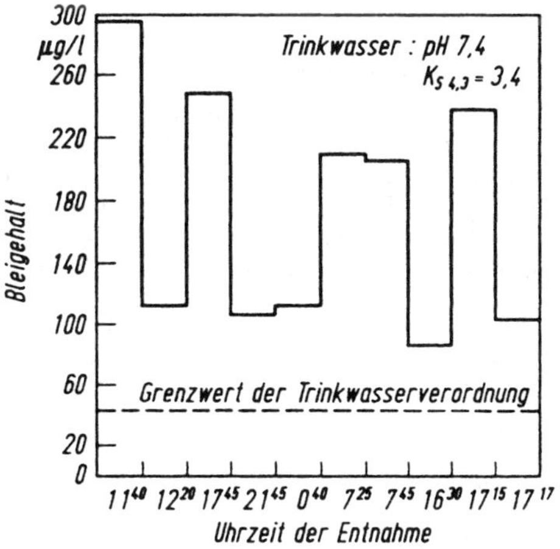

Abb 4-2: Bleikonzentrationen im Trinkwasser aus einer Hausinstallation aus Bleirohren (Meyer, Roßkamp in [2])

4.1.5.3.4 Cadmium (Cd)

Cadmium kann im menschlichen Körper schwere Nierenschädigungen hervorrufen, da es sich dort anreichert. Auch als Prostatacancerogen wird es gesehen. Die TrinkwV enthält deshalb den Grenzwert 0,005 mg/l. Die Zufuhr über das Trinkwasser ist allerdings sehr gering, da dieses Lebensmittel nur einen Anteil von durchschnittlich 4 % an der gesamten Cadmiumzufuhr hat.
In die Gewässer kann Cadmium durch Abwässer der eisenveredelnden Industrie, aus Zinkhütten, Galvanisierbetrieben, Beizereien und Deponien gelangen, wenn die Abwässer nicht ausreichend behandelt worden sind. Aber auch über die Atmosphäre erfolgt ein Eintrag, vor allem aus Feuerungs- und Müllverbrennungsanlagen. Bis zur Begrenzung durch die Klärschlammverordnung trugen auch landwirtschaftlich verwertete Klärschlämme mit erhöhten Cadmiumgehalten zur Belastung bei; derzeit führen saure Depositionen aus der Atmosphäre zu gebietsweise drastischen Zunahmen, da die Löslichkeit des Cadmium bei pH-Werten unter 6 stark zunimmt.

Im Oberflächenwasser sind Konzentrationen zwischen <0,0001 mg/l und 0,003 mg/l gemessen worden ([4]-Nr. 48).
Eine Erhöhung der Konzentration im Trinkwasser kann durch verzinkte Hausinstallationen verursacht werden. Die Zinkschicht durfte bis 1978 bis 0,1 % Cadmium enthalten, was bei ungünstiger Wasserbeschaffenheit zu Konzentrationen über 0,01 mg/l führen kann [14]. Drastische Erhöhungen wie bei Blei sind aber nie festgestellt worden. Jetzt sind in den Zinkbeschichtungen nur noch maximal 0,01 % Cadmium zulässig.

4.1.5.3.5 Chrom (Cr)

Chrom wird als lebenswichtiges Spurenelement angesehen; toxische Wirkungen sind im wesentlichen an die 6wertige Form gebunden [2].
Im Oberflächenwasser sind Konzentrationen bis 0,017 mg/l gemessen worden ([4]-Nr. 48), wobei Abwässer aus der chromverarbeitenden Industrie teilweise verursachend sind.
Der Grenzwert für Trinkwasser ist 0,05 mg/l.

4.1.5.3.6 Cyanid (CN^-)

Cyanid ist das einwertige Anion der Blausäure. Die Verbindung Kaliumcyanid ist als Zyankali bekannt. Cyanide sind stark giftig, ihre Aufnahme führt zu einem sofortigen Stillstand der Zellatmung.
Bisher in Oberflächenwässern gemessene Konzentrationen liegen unter 0,01 mg/l ([4]-Nr. 48), wobei Belastungen auf Abwässer vor allem der Galvanikindustrie hinweisen.
Untersuchungen an Trinkwässern der BRD ergaben in allen Fällen Werte unter 0,01 mg/l. Der Grenzwert für Trinkwasser ist 0,05 mg/l.

4.1.5.3.7 Fluorid (F^-)

Fluorid ist das einwertige Anion der Flußsäure; Fluor kommt in der Erdkruste nicht elementar, sondern vorrangig als Flußspat und Kryolith vor.
Im Grundwasser liegen die Konzentrationen in der Regel unter 0,5 mg/l, bei fluoridhaltigen Mineralien im Untergrund und größerer Entnahmetiefe können aber auch wesentlich höhere Gehalte auftreten. Der Fluoridgehalt der Meere wird mit 1,0 bis 1,4 mg/l angegeben ([2] – Hässelbarth). Erhöhte Gehalte in Oberflächenwässern können Hinweise für Abwassereinleitungen aus Aluminiumhütten und Flußsäurefabriken sein.

Tab. 4-18: Fluorgehalte in Trink- und Heilwässern

Ort	Fluor mg/l	Ort	Fluor mg/l
Aschaffenburg	0–0,25	Nürnberg	0–0,05
Hannover	0,05–0,12	Würzburg	0,25–0,45
Kiel	0,3–0,5	Bad Windsheim Sole	1,35
München	0,05–0,09	Bad Wiessee Jod Schwefelqu.	17,3

Fluoridkonzentrationen im Trinkwasser von ca. 1 mg/l wirken kariesprophylaktisch, weshalb in einigen Ländern eine künstliche Fluorierung des Trinkwassers erfolgt, bis 1991 z. B. auch in Chemnitz.
In der Bundesrepublik ist die Fluoridzugabe in das Trinkwasser nicht zugelassen.
Höhere Konzentrationen, ab ca. 2 mg/l, können aber bereits eine Schädigung der Zähne und die Osteosklerose (Knochen-/Skeletterkrankungen) hervorrufen, weshalb erwünschte Mindestgehalte und maximal zulässige Werte im Trinkwasser eng beieinander liegen.
Da die Fluoridzufuhr auch von den Trinkgewohnheiten und somit den klimatischen Bedingungen abhängt, wird von der Weltgesundheitsorganisation (WHO) die Einhaltung der Werte in **Tab. 4-19** empfohlen.
In der TrinkwV ist ein oberer Grenzwert angegeben (1,5 mg/l).
Eine Reduzierung erhöhter Fluoridgehalte kann selektiv durch Filtration über Aktivtonerde oder in Verbindung mit einer Entsalzung durch Umkehrosmose erfolgen [DVGW 62 -Jekel/Jekel]. Die Fällung mit Aluminiumsulfat ist nur sehr eingeschränkt geeignet.
In Deutschland ist diese Reduzierung allerdings kaum erforderlich.

Tab. 4-19: Von der WHO empfohlene Grenzwerte für Fluorid im Trink-Wasser

Jahresmittelwert der maximalen täglichen Lufttemperatur in °C		Unterer Grenzwert mg/lF^-	Oberer Grenzwert mg/lF^-
10–12	(allgem. anzunehmen für Nordeuropa)	0,9	1,7
12,1–14,6	(allgem. anzunehmen für Mitteleuropa)	0,8	1,5
14,7–17,6		0,8	1,3
17,7–21,4	(allgem. anzunehmen für Südeuropa)	0,7	1,2
21,5–26,2		0,7	1,0

4.1.5.3.8 Nickel (Ni)

Nickel gehört zu den Spurenelementen, die mit der täglichen Nahrung aufgenommen werden und ist ubiquitär nachweisbar. Erhöhte Konzentrationen können Allergien verursachen und besonders bei inhalativer Aufnahme toxisch wirken. Vergiftungen bei oraler Aufnahme sind bisher nicht bekannt [DVGW 48] und wasserlösliche Nickelverbindungen werden als nicht cancerogen angesehen.
Der anthropogene Nickeleintrag in die Umwelt erfolgt vorrangig über Großfeuerungsanlagen, der Eintrag in die Gewässer durch Niederschläge und in Oberflächenwässer durch Abwässer der Galvanikindustrie. In Gewässern gemessene Konzentrationen liegen durchschnittlich bei 15 μg/l ([2] – Roßkamp); in der Bundesrepublik sind Maximalwerte von über 50 μg/l und international bis zu 1000 μg/l gemessen worden. Saure Depositionen aus der Atmosphäre (saurer Regen) führen gebietsweise ebenfalls zu erhöhten Nickelgehalten im Wasser. Im Trinkwasser liegen die Nickelgehalte üblicherweise bei 2 bis 5 μg/l, höhere Werte im Trinkwasser können durch vernickelte bzw. nickelhaltige Stücke der Installation verursacht werden. Der derzeitige Grenzwert ist 0,05 mg/l, eine Verschärfung auf 0,02 mg/l ist absehbar.

4.1.5.3.9 Nitrat (NO_3^-)

Nitrat gehört wie Ammonium und Nitrit zu den Stickstoffverbindungen (siehe auch Ammonium und Nitrit). Nitrat ist die höchste Oxidationsstufe im natürlichen Stickstoffkreislauf **(Tab. 4-20)**.

Tab. 4-20: Stickstoff-Zyklus

Oxidation Stufe		Stoffe	Reduktion		Stufe
Anfangsstufe			Tote organische Substanz Harnstoff, Aminosäuren, Protein u. a.		
	↓	Zersetzung		↑	
1. Stufe	↓		Ammonium NH_4	↑	2. Stufe
	↓	Oxidation		Reduktion ↑	
2. Stufe	↓		Nitrit NO_2	↑	1. Stufe
	↓	Oxidation		Reduktion ↑	
3. Stufe			Nitrat NO_3		Anfangsstufe
		Düngung	Pflanzen-Tierwachstum		
Endstufe		Absterben	Tote organische Substanz		

Dieser Prozeß führt zu einer biogenen Grundlast im Grundwasser und Oberflächenwasser, d. h. Gehalte bis zu ca. 10 mg/l können als natürlich bedingt angesehen werden. Tatsächlich aber sind viele Grundwässer wesentlich stärker belastet (bis über 100 mg/l) und in zahlreichen Oberflächenwässern liegen die durchschnittlichen Konzentrationen bereits über 20 mg/l.
Der Grenzwert der TrinkwV ist 50 mg/l. Mit höheren Konzentrationen im Trinkwasser können folgende Gefährdungen und Probleme verbunden sein:

- Erkrankung von Kleinkindern an Blausucht (Methämoglobinämie)
- Bildung von Nitrit (toxisch) und Nitrosaminen (krebserregend)
- Förderung der Korrosion, insbesondere bei Blei- und verzinkten Leitungen.

Diese Gefährdungen/Probleme müssen bei NO_3-Gehalten über 50 mg/l nicht zwangsläufig eintreten (für Erwachsene werden bis 90 mg/l oft als akzeptabel angesehen), können aber auch nicht ausge-

schlossen werden. Insbesondere Kleinkinder sollten keinesfalls mit höher belastetem Trinkwasser versorgt werden. Dem Nitratgehalt des Trinkwassers kommt bzgl. der NO_3-Gesamtaufnahme des Menschen insofern große Bedeutung zu, als die Aufnahme vorrangig über die Nahrung (hier vor allem Salat, Gemüse) und das Trinkwasser erfolgt.
1982 wurde die Zahl der in der Bundesrepublik mit einem nitratbelasteten Trinkwasser (>50 mg/l) versorgten Einwohner mit über 2,4 Millionen angegeben. 1995 liegen in Bayern 4,2 % des gewonnenen Wassers und in 1,4 % des abgegebenen Trinkwassers die Konzentration über dem Grenzwert. Dabei gibt es starke regionale Unterschiede, in Unterfranken sind es z. B. 20 % des gewonnenen Wassers. Eigenwasserversorgungsanlagen sind, im Verhältnis zur Anzahl der Anlagen, prozentual besonders stark betroffen.
Bei steigenden Nitratbelastungen des Wassers ist fast immer eine intensive landwirtschaftliche Nutzung im Einzugsgebiet vorhanden, und es werden oberflächennahe Grundwässer genutzt. Für die bundesweit angestiegenen Nitratwerte kommen folgende anthropogene Ursachen in Betracht:

- großflächige Nitrateinträge
  - aus Stickstoffdüngung und Güllebeseitigung (meist Hauptursachen)
  - aus Niederschlägen
  - aus infiltriertem Oberflächenwasser
- punktförmige Einträge
  - durch Abwassereinleitung und -versickerung
  - durch Deponiesickerwasser.

Durch die intensive landwirtschaftliche Nutzung ist die Nitratbelastung in den zurückliegenden Jahren stark angestiegen. Die Zunahme des Wassers an Stickstoffverbindungen durch die Düngung ist abhängig von Größe, Art und Zeitpunkt der Düngung, von der Art und Intensität der landwirtschaftlichen Nutzung, von der Art und Durchlässigkeit der Bodenschichten, von der Sickerwassermenge aus Niederschlag und evtl. Beregnung. So ist der Nitrateintrag in das Grundwasser um so größer, je durchlässiger die Bodenschichten sind, je weniger der Boden mit Pflanzen bedeckt ist, je größer die Niederschlagsmenge oder Beregnungswassermenge ist, je mehr Stickstoffdünger in der vegetationslosen Zeit, also nicht unmittelbar verwertbar, aufgebracht wird, z. B. Aufbringung von Gülle im Herbst

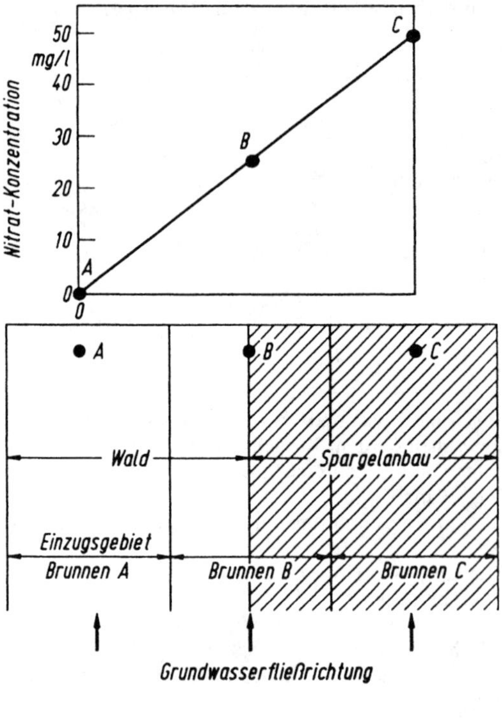

Abb. 4-3: Einfluß der Bodennutzung auf den Nitratgehalt im Brunnenwasser im Raum Bruchsal (nach Sontheimer)

und Winter. Erfahrungsgemäß ist die Nitratkonzentration je nach Bodennutzung in folgender Reihenfolge ansteigend: Wald – Grünland – Ackerland normal genutzt – Ackerland intensiv genutzt – Gemüseanbau – Wein-, Hopfen-, Tabak- und Spargelanbau (siehe **Abb. 4-3**).
Bevor Maßnahmen zur Nitrateliminierung durch Wasseraufbereitung (siehe Abschn. 4.2.5.7) erwogen werden, sollten stets erst die Möglichkeiten zur Unterbindung des Nitrateintrages (Schutzgebietssanierung, verschärfte Düngeauflagen usw.) und der Nutzung von unbelasteten Wasserfassungen bzw. der Vermischung mit nitratarmen Wässern (Verdünnung) ausgeschöpft werden. Evtl. sind auch Verfahren für eine zeitweise Aufbereitung (bbr 41 [1990] – Assmann/Piekel) in Betracht zu ziehen, bis die Sanierungsmaßnahmen greifen. Mit den zuständigen Behörden ist zu klären, inwieweit evtl. von den festgesetzten Grenzwerten der TrinkwV befristet abgewichen werden kann, wenn die Trinkwasserversorgung nicht auf andere Weise sichergestellt werden kann (gemäß § 4 (1) der TrinkwV). Dabei ist die Vorlage eines erfolgversprechenden Sanierungsplanes (siehe Abschn. 4.1.8) durch das Wasserversorgungsunternehmen eine Voraussetzung, und es darf eine Gefährdung der menschlichen Gesundheit nicht eintreten. Kleinkinder sind in jedem Fall mit nitratarmem Trinkwasser (evtl. Mineralwasser) zu versorgen.

4.1.5.3.10 Nitrit (NO_2^-)

Nitrit gehört zu den Stickstoffverbindungen, wie Ammonium und Nitrat (siehe auch dort) und ist somit Bestandteil des Stickstoffkreislaufs.
Nitrit ist toxisch und fördert die Bildung von Nitrosaminen; es belastet den Sauerstoffhaushalt des Wassers und ist ein Fischgift. Der Grenzwert der TrinkwV ist derzeit 0,1 mg/l. Die 2. EU-Richtlinie [18] sieht diesen Wert für den Ausgang des Wasserwerkes vor und gestattet für den Zapfhahn bis 0,5 mg/l.
Nitrit ist im Wasser im allg. nicht oder nur in sehr kleinen Mengen enthalten. Es ist im Wasser nicht stabil, sondern geht entsprechend dem Stickstoffzyklus entweder bei Vorhandensein von Sauerstoff durch Oxidation in Nitrat über oder es findet bei fehlendem Sauerstoff eine Reduktion zu Ammonium statt. Sind dabei mikrobielle Wirkungen entscheidend, sind die Bezeichnungen Nitrifikation bzw. Denitrifikation üblich.
Höhere Gehalte an Nitrit weisen meist auf unvollständige Reduktion oder Oxidation, also Sauerstoffmangel hin. Bei der Aufbereitung solcher Wässer ist eine ausreichende Sauerstoffzufuhr zur Oxidation wichtig (siehe Abschn. 4.2.5.7.3). Auch ungenügend entferntes Ammonium kann nachträglich zur Nitritbildung führen (siehe Ammonium). In seltenen Fällen kann es bei der UV-Bestrahlung des Wasser zur Nitritbildung kommen (siehe Abschnm. 4.2.5.14.5). In [4]-Nr. 48 wird darauf hingewiesen, daß Nitrat mit dem Zinkbelag von Rohren unter Nitritbildung reagieren kann.

4.1.5.3.11 Quecksilber (Hg)

Quecksilber tritt aufgrund seiner Flüchtigkeit in geringen Konzentrationen ubiquitär auf und ist auch in sonst unbelasteten Gewässern in Spuren enthalten (Grundwasser ca. 10 bis 50 ng/l). Mindestens 30 000 Tonnen dampfen jährlich aus der Erdkruste und den Ozeanen ab, die Weltjahresproduktion wurde 1973 mit 10 000 t angegeben, und weitere 10 000 t/a werden weltweit über die Verbrennung anthropogen freigesetzt ([2] – Müller, Ohnesorge). Quecksilber ist toxisch, wobei anorganisches und organisches Quecksilber unterschiedliche gesundheitliche Auswirkungen haben. In Fischen treten teilweise hohe Quecksilberkonzentrationen auf.
Im Oberflächenwasser liegen die Konzentrationen üblicherweise unter 0,2 μg/l, jedoch sind z. B. in der Weser bei Bremen 1979 auch schon 3,8 μg/l gemessen worden [4]-Nr. 48, für Sedimente im Rhein und Hamburger Hafen auch über 10 mg/kg. Erhöhte Werte in Oberflächenwässern können durch Abwasser aus Industrien und Deponien verursacht sein.
Der Grenzwert der TrinkwV beträgt 0,001 mg/l.

4.1.5.3.12 Polycyclische aromatische Kohlenwasserstoffe

Zu den PAK gehören mehrere hundert Verbindungen, deren Grundkörper aus zwei oder mehr Benzolringen besteht. Ein Teil von ihnen wirkt krebserregend. Auf einen Vorschlag von Borneff und Kunte (Arch.Hyg. und Bakt. (153) 1969) zurückgehend, wird zur Bewertung eines Wassers auf 6 Verbindungen untersucht, die relativ leicht nachweisbar sind und von denen mindestens vier Cancerogene sind. Es sind dies:
– Fluoranthen

– Benzo-(b)-Fluoranthen
– Benzo-(k)-Fluoranthen
– Benzo-(a)-Pyren
– Benzo-(ghi)-Perylen
– Indeno-(1,2,3-cd)-Pyren

Die TrinkwV gibt für diese PAK den Grenzwert von insgesamt 0,0002 mg/l vor (berechnet als C).

PAK sind ubiquitär vorhanden, im Grundwasser sind Gehalte von 1 bis 10 ng/l üblich, die aus der Luft als Staub und aus Abgasen in das Wasser gelangen und vor allem bei der unvollständigen Verbrennung organischen Materials entstanden sind. Aus Oberflächenwasser sind Gehalte über 50 μg/l bekannt, die durch Abwassereinleitungen verursacht sind. Im Abwasser selbst sind Konzentrationen bis über 1 mg/l gemessen worden.

98 % der vom Menschen aufgenommenen PAK stammen aus der Nahrung, nur 1 % aus dem Trinkwasser, 1 % aus der Luft [4]-Nr. 48.

Bei der Wasseraufbereitung werden PAK vor allem durch Adsorption an Aktivkohle entfernt, die Bodenpassage eliminiert die einzelnen Verbindungen nur zum Teil.

4.1.5.3.13 Organische Chlorverbindungen

Wenn Kohlenwasserstoffe, z. B. Erdöl, mit Halogenen, z. B. Chlor, umgesetzt werden, entstehen halogenierte Kohlenwasserstoffe, z. B. Chlorkohlenwasserstoffe (CKW). Liegt deren Siedepunkt unter 150 °C, spricht man von leichtflüchtigen Chlorkohlenwasserstoffen. Auf diese Stoffgruppe bezieht sich obiger Parameter der TrinkwV. Zu untersuchen ist dabei auf folgende Einzelstoffe:

– 1,1,1-Trichlorethan
– Trichlorethen
– Tetrachlorethen
– Dichlormethan
– Tetrachlormethan.

Der Grenzwert ist für Tetrachlormethan 0,003 mg/l, für die Summe aller Einzelstoffe 0,01 mg/l. Für Tetrachlormethan gibt es deutliche Hinweise auf ein krebserregendes Potential. Für die anderen Stoffe kann dies entweder nicht sicher ausgeschlossen werden bzw. es sind andere toxische Wirkungen vorhanden.

Die organischen Chlorverbindungen werden umfangreich produziert, allein in der Bundesrepublik jährlich mehrere hunderttausend Tonnen, und vorrangig als Lösungsmittel, z. B. in chemischen Reinigungen und zur Metallentfettung, verwendet. Der größte Teil gelangt dabei in die Atmosphäre, weshalb diese Stoffe in Spuren indessen ubiquitär verbreitet sind.

Der Eintrag in das Grund- und Oberflächenwasser erfolgt vorrangig über Abwassereinleitungen (AOX-Gehalt), belastete Niederschläge, Deponiesickerwässer, unsachgemäßen Umgang mit diesen Stoffen und aus Altlasten. Auch undichte und sogar dichte (Diffusion) Abwasserkanäle können dazu beitragen.

Eine Eliminierung der organischen Chlorverbindungen bei der Trinkwasseraufbereitung ist durch Belüftung des Wassers (Strippen) in gewissem Umfang und durch Adsorption an Aktivkohle, eventuell auch mittels Membran- oder Oxidationsverfahren möglich (siehe „Trinkwasseraufbereitung“). Bei Schadensfällen im Boden wird auch das Bodenluft-Absaugverfahren eingesetzt. (Zu Vorkommen, Wirkung und Eliminierung der Einzelstoffe siehe auch [4]–Nr. 48.)

Zu den organischen Chlorverbindungen gehören auch die Trihalogenmethane, die vor allem bei der Chlorung des Trinkwassers entstehen können und zu den Haloformen zählen. Hauptvertreter ist das Chloroform. Diese Substanz wird als cancerogen angesehen und könnte somit bis in den molekularen Bereich ein Krebsrisiko darstellen. Die entstehenden Konzentrationen hängen ab vom Huminstoffgehalt des Wassers, zugegebener Chlormenge und -art, Temperatur, pH-Wert und Chlorungszeit.

Auch der Einsatz von Ozon zur Trinkwasserbehandlung kann zur Bildung von Trihalogenmethanen führen ([2]–Roßkamp).

Die Begrenzung dieses Stoffes erfolgt in der TrinkwV über die Grenzwerte nach der Trinkwasseraufbereitung mit Zusatzstoffen (Anlage 3 der TrinkwV). Bei der Zugabe von Chlor bzw. Ozon dürfen nach der Aufbereitung maximal 0,01 mg/l Trihalogenmethane im Trinkwasser enthalten sein. Für Ausnahmesituationen, bei ansonsten gegebener mikrobiologischer Gefährdung des Verbrauchers, werden 0,025 mg/l zugelassen. Die neue 2. EU-Richtlinie [18] gibt für den Zapfhahn beim Verbraucher als Maximalwert für THM 0,1 mg/l an, da bei der Wasserverteilung eine Konzentrationszunahme zumeist unvermeidlich ist.

Aufgrund der bekannten Gefährdung haben deshalb in der Bundesrepublik viele Wasserwerke die Chlorung minimiert, große Wasserwerke haben auf Chlordioxid zur Desinfektion umgestellt, bei dessen Zugabe Trihalogenmethane nicht entstehen können.

4.1.5.3.14 Pflanzenbehandlungs- und Schädlingsbekämpfungsmittel (PBSM)

Unter dem Begriff Pflanzenbehandlungs- und Schädlingsbekämpfungsmittel werden ca. 300 (von der Biologischen Bundesanstalt für die Bundesrepublik zugelassene) unterschiedliche Wirkstoffe zusammengefaßt, von denen es wiederum über 1 000 verschiedene Handelsprodukte gibt. Sie kommen vorrangig zum Einsatz zur Unkrautvernichtung (Herbizide), Insektenbekämpfung (Insektizide) und Pilzvernichtung (Fungizide) aber auch gegen Milben (Akarizide), Schnecken (Molluskizide) u. a. Üblich ist für einen Teil der PBSM auch die Sammelbezeichnung Pestizide. Eine Gruppeneinteilung nach der chemischen Struktur in Stickstoffverbindungen (z. B. Atrazin, Simazin), Organophosphorverbindungen (z. B. Parathion), Organochlorverbindungen (z. B. Lindan) usw. ist möglich, läßt aber nicht in jedem Fall auf gleichartige Wirkung bzw. Verwendung schließen.
In der Bundesrepublik wurden jährlich etwa 30 000 t PBSM auf die landwirtschaftlich genutzte Fläche aufgebracht, durchschnittlich 2,5 kg/ha · a, vorrangig zur Unkrautbekämpfung, aber gebietsweise auch Wachstumsregler (z. B. Chlormequat). Entgegen früheren Ansichten weiß man heute, daß viele Wirkstoffe der PBSM und ihre Metaboliten (Abbauprodukte) aufgrund ihrer Persistenz und Mobilität und der hohen Aufbringmengen leicht in das Grundwasser gelangen **(Tab. 4-21)**, besonders bei Karst- und Kluftgrundwasserleitern.
Dabei ist bisher erst etwa die Hälfte der Wirkstoffe in dem interessierenden niedrigen Konzentrationsbereich (<1 μg/l) analytisch sicher erfaßbar; bei den Metaboliten ist die Situation noch ungünstiger. Gut nachweisbar ist Atrazin; bei 1988 in Bayern untersuchten 600 Wasserversorgungsunternehmen wurden in über 50 % der Anlagen Belastungen mit Atrazin und in über 25 % Grenzwertüberschreitungen festgestellt. Im Jahre 1993 wurden in 36 % der 2 500 untersuchten Anlagen PBSM nachgewiesen und in 9 % Grenzwertüberschreitungen festgestellt, 1998 waren es nur noch 4 %.

Tab. 4-21: Gemessene Pflanzenbehandlungs- und Schädlingsbekämpfungsmittel-Konzentration im Grundwasser (nach Schmitz – BGW 1987)

Wirkstoff	Konz. bereich (μg/l) min max
Atrazin	0,01–17,5
Bentazon	0,10–1,00
1,3-Dichlorpropen	0,20–8620
Isoproturon	1,00
Lindan	0,01–0,08
Mecoprop	0,03–1 000
Methabenzhiazuron	0,05–0,33
Propazin	0,02–0,24
Simazin	0,01–1,00
Terbuthylazin	0,01–1,00

Die TrinkwV gibt als Grenzwerte für „Organisch-chemische Stoffe zur Pflanzenbehandlung und Schädlingsbekämpfung einschl. ihrer toxischen Hauptabbauprodukte und polychlorierte, polybromierte Biphenyle und Terphenyle“ für die einzelne Substanz 0,0001 mg/l (= 0,1 μg/l) und für die Summe 0,0005 mg/l (= 0,5 μg/l) vor. Die neu vorgenommene Einengung auf organisch-chemische PBSM schließt anorganische PBSM, wie z. B. Kupfersalze, hier eindeutig aus. Bei den eingeschlossenen polychlor. und -brom. Bi- und Terphenylen handelt es sich um schwerflüchtige CKW, die nicht als PBSM, sondern z. B. in Transformatoren und als Hydrauliköl eingesetzt werden, sich in der Nahrungskette anreichern, aber schwer wasserlöslich sind, deshalb im allg. im Grundwasser nicht auftauchen und nur bei Schadstoffhavarien und Altlasten ein Problem darstellen.
Die verschiedenen Wirkstoffe der PBSM sind hinsichtlich ihrer Toxizität für den Menschen außerordentlich unterschiedlich einzuschätzen. Die vorgegebenen Grenzwerte sind deshalb in vielen Fällen nicht gesundheitlich begründet, sondern haben die Zielstellung, die Gewässer von solchen Stoffen freizuhalten. Einige besonders toxische Wirkstoffe, z. B. DDT, sind seit vielen Jahren in der Anwen-

dung verboten, für weitere Stoffe, darunter Atrazin, ist die Zulassung Ende 1990 ausgelaufen. Es muß aber noch für einige Zeit mit den bereits vorhandenen Belastungen gerechnet werden, da der Abbau nur langsam vonstatten geht (Abklingzeit bis 20 Jahre).
Der unterschiedlichen Grundwassergefährdung durch die PBSM und ihrer Toxizität wird durch die Vorschriften der Pflanzenschutz- und Anwendungsverordnung, der Wasserschutzkennzeichnungsauflagen der Biologischen Bundesanstalt und den Empfehlungen des Bundesgesundheitsamtes zum Vollzug der TrinkwV teilweise Rechnung getragen. Es zeigte sich aber, daß die bisherigen Beschränkungen und Verbote durch die Anwenderverordnung und die Kennzeichnungsauflagen für den Schutz des Grundwassers nicht ausreichend und weitere Maßnahmen erforderlich sind. Im Bundesgesundheitsblatt 7/1989 läßt das Bundesgesundheitsamt unter bestimmten Randbedingungen (keine Gefährdung der menschlichen Gesundheit, Abstellung der Ursachen der Belastung, Vorliegen eines Sanierungsplanes u. a.) für einige PBSM zeitlich befristet Grenzwertüberschreitungen zur Aufrechterhaltung der Wasserversorgung zu. Dabei dürfen dann folgende Konzentrationen nicht überschritten werden:

Kategorie A	(z. B. Alachlor*, Dazomet)	0,001 mg/l
Kategorie B	(z. B. Atrazin, Lindan*, Aldicarb)	0,003 mg/l
Kategorie C	(z. B. Carbetamid*, Mecoprob*, Simazin*, Diurion*, Isoproturon*, Metazachlor*, Propazin*)	0,010 mg/l

Für einige Abbauprodukte vorgenannter Wirkstoffe (*) gelten andere Kategorien bzw. sind teilweise keine Grenzwertüberschreitungen zulässig.
Eine Lösung des PBSM-Problems ist nur über verbesserten Gewässerschutz erreichbar (siehe Abschn. 4.1.8). Eine Entfernung dieser Stoffe mittels Wasseraufbereitung ist nur teilweise durch kostenaufwendige Verfahren wie Adsorption an Aktivkohle (Norman, Haberer, Oehmich in Vom Wasser, 69. Bd.) und evtl. Membranverfahren und Oxidationsverfahren möglich.

4.1.5.3.15 Antimon (Sb)

Antimon ist am Aufbau der Erdkruste prozentual nur sehr gering beteiligt, in seinen drei- und fünfwertigen Verbindungen ist es aber in über 100 Mineralien enthalten.
In Konzentrationen von 0,6 mg/l beeinträchtigt es den Geschmack von Trinkwasser [DVGW 48], die orale Aufnahme größerer Mengen verursacht starken Brechreiz, Vergiftungen treten sehr selten auf.
Untersuchungen des Bayerischen Landesamtes für Wasserwirtschaft an 234 bayerischen Grundwässern ergaben in allen Fällen Antimongehalte unter 1 μg/l. Messungen an Oberflächenwässern überschritten diese Konzentration ebenfalls nur sehr selten. Es kann durch Abwässer antimonverarbeitender Industrie in die Oberflächenwässer gelangen.
Antimon ist in die TrinkwV neu aufgenommen worden, der Grenzwert beträgt 0,01 mg/l. Der Nachweis kann mit der Atom-Absorptions-Spektrometrie (Hydridsystem) erfolgen, wobei ein genormtes Verfahren bisher nicht vorliegt. Zur Eliminierung bei der Trinkwasseraufbereitung ist bisher wenig bekannt [4]–Nr. 62, Jekel/Jekel).

4.1.5.3.16 Selen (Se)

Das Halbmetall gehört zu den selteneren Elementen der Erdkruste. Es kommt häufig gemeinsam mit Schwefel vor und ist wie dieser in seinen Verbindungen zwei-, vier- und sechswertig, wobei nur vier- und sechswertige in Wässern zu finden sind ([4]–Nr. 62, Jekel). Als Spurenelement soll es eine tumorhemmende Wirkung haben. Der tägliche Selenbedarf des Menschen wird mit 0,05 bis 0,2 mg angegeben. Selenmangel wird mit mehreren Krankheiten in Verbindung gebracht [Wasserbuch], Deutschland z. T. als Selenmangelgebiet angesehen. Toxische Wirkungen können eintreten, wenn die Nahrung erhöhte Selengehalte hat (über 1 mg/kg). Die vermutete cancerogene Wirkung hat sich nicht bestätigt.
Bisher in deutschen Oberflächenwässern gemessene Konzentrationen [DVGW 48] liegen in allen Fällen unter dem Grenzwert der TrinkwV von 0,01 mg/l. Belastungen könnten durch staubförmige Emissionen von Kohlekraftwerken und über Abwässer der Elektroindustrie entstehen.
Aus den USA sind geogen bedingte Konzentrationen in Quellwässern bis zu 10 mg/l bekannt [Quentin]. Nach [DVGW 62 – Jekel] ist die Reduzierung bei der Wasseraufbereitung möglich durch Anionenaustausch (bei Se VI) sowie Umkehrosmose und evtl. Elektrodialyse (Se IV, Se VI) und Adsorption an Aktivtonerde (Se IV).

4.1.5.4 Kenngrößen und chemische Stoffe nach Anlage 4 der TrinkwV

4.1.5.4.1 Allgemein

Für diese sensorischen und physikalisch-chemischen Kenngrößen sowie chemischen Stoffe sind Grenzwerte für Trinkwasser durch die TrinkwV vorgegeben **(Tab. 4-22).** Die Landesregierungen können aber durch Rechtsverordnungen andere Werte zulassen, wenn dies gesundheitlich unbedenklich und aufgrund regionaler Gegebenheiten (Geländebeschaffenheit, außergewöhnliche Wetterverhältnisse) erforderlich ist. Untersuchungen auf die Stoffe nach Anlage 4 der TrinkwV und Untersuchungen auf andere als die dort unter 2., 3., 5. und 6. genannten physikalischen und physikalisch-chemischen Kenngrößen sind nur auf Anordnung der zuständigen Behörde erforderlich. Für das neue Bundesgebiet werden die Grenzwerte für Färbung, Trübung und Geruch gemäß Einigungsvertrag erst im Jahr 2000 gültig.

4.1.5.4.2 Färbung

Reines Wasser ist farblos. Die natürliche blaue Eigenfärbung des Wassers wird erst bei großer Sichttiefe erreicht. Gelbes oder bräunlich gefärbtes Wasser hat meist organische Bestandteile, Huminsäure. Ausscheidungen von Eisen und Mangan führen in Rohrleitungen zu starker roter bzw. schwarzbrauner Färbung besonders bei Rohrnetzspülungen.

Tab. 4-22: Kenngrößen und Grenzwerte zur Beurteilung der Beschaffenheit des Trinkwassers (nach Anl. 4 [1]

I. Sensorische Kenngrößen

Bezeichnung	Grenzwert	berechnet als
Färbung *) (spektraler Absorptionskoeff. Hg 436 nm)	0,5 m^{-1}	–
Trübung*)	1,5 Trübungseinheiten/Formazin	–
Geruchsschwellenwert	2 bei 12 °C 3 bei 25 °C	–

*) Kurzzeitige Überschreitungen bleiben außer Betracht.

II. Physikalisch-chemische Kenngrößen

Bezeichnung	Grenzwert	berechnet als
Temperatur	25 °C (gilt nicht für erwärmtes Trinkwasser)	–
pH-Wert (der pH-Wert der Calciumcarbonatsättigung wird durch Berechnung bestimmt; Schwankungen es pH-Wertes des Wassers unter den pH-Wert der Calciumcarbonatsättigung bleiben bis zu 0,2 pH-Einheiten unberücksichtigt)	nicht unter 6,5 und nicht über 9,5 a) bei metallischen oder zementhaltigen Werkstoffen, außer passiven Stählen, darf im pH-Bereich 6,5–8,0 der pH-Wert des angegebenen Wassers nicht unter dem pH-Wert der Calciumcarbonatsättigung liegen; b) bei Faserzementwerkstoffen darf im pH-Bereich 6,5–9,5 der pH-Wert des angegebenen Wassers nicht unter dem pH-Wert der Calciumcarbonatsättigung liegen	–
Leitfähigkeit	2 000 $\mu S\,cm^{-1}$	–
Oxidierbarkeit (mittels Kaliumpermanganat)	5 mg/l	O_2

III. Grenzwerte für chemische Stoffe

Bezeichnung	Grenzwert mg/l	berechnet als
Aluminium	0,2	Al
Ammonium	0,5 (geogen bedingt bis 30 mg/l)	NH_4^+
Barium	1	Ba
Bor	1	B
Calcium	400	Ca
Chlorid	250	Cl
Eisen	0,2	Fe
Kalium	12 (geogen bedingt bis 50 mg/l)	K
Kjeldahlstickstoff	1	N
Magnesium	50 (geogen bedingt bis 120 mg/l)	Mg
Mangan	0,05	Mn
Natrium	150	Na
Phenole (außer natürl. Ph, die nicht mit Chlor reagieren)	0,0005 (bzw. Einhaltung „Geruchsschwellenwert“	Phenol C_6H_5OH
Phosphor	6,7	PO_4^{3-}
	(5,0	P_2O_5)
Silber	0,01	Ag
Sulfat	240 (geogen bedingt bis 500 mg/l)	SO_4^{2-}
Gelöste oder emulgierte Kohlenwasserstoffe; Mineralöle	0,01	
Mit Chloroform extrahierbare Stoffe	1 (bzw. Einhaltung „Oxidierbark.“)	Abdampfrückstand
Oberflächenaktive Stoffe a) anionische b) nichtionische	0,2	a) Methylenblauaktive Substanz b) Bismutaktive Substanz

Gefärbtes Wasser erweckt den Verdacht auf Verunreinigung durch Oberflächenwasser, z. B. nach starken Niederschlägen oder Hochwasser. Durch mikrobiologische, chemische und hydrogeologische Untersuchungen ist zu prüfen, ob die Ursache der Färbung geologisch bedingt und damit in gesundheitlicher Hinsicht harmlos ist.

Die Färbung kann qualitativ visuell bestimmt werden, indem ein mit Wasser gefülltes Klarglasgefäß gegen einen weißen Hintergrund betrachtet wird und die Angaben farblos – schwach – stark verwendet werden. Z. B. schwach gelblichbraun.

Eine Messung kann mit handelsüblichen Spektral- oder Filterphotometern erfolgen. Dabei wird der spektrale Absorptionskoeffizient in m^{-1} gemessen, wobei die Wellenlänge des eingestrahlten Lichts, z. B. Hg 436 nm, anzugeben ist. Letzteres Verfahren fordert die TrinkwV, der Grenzwert ist $0{,}5\ m^{-1}$.

Früher ebenfalls übliche Verfahren, wie Platinfarbgrad und Farbnormenatlas, sind weitgehend durch die Photometer verdrängt worden.

4.1.5.4.3 Trübung

Reines Wasser ist klar. Die Durchsichtigkeit beträgt im reinen subtropischen Meer bis über 50 m, in reinen Gebirgsseen bis 25 m, in trüben Flachlandseen nur wenige Dezimeter.
Trübungen entstehen durch ungelöste feindisperse Stoffe, wie feinen Sand, Ton, Schluff, Eisen, Mangan, organische Stoffe und Abfallstoffe. Auch Zinkablösungen in verzinkten Eisenrohren der Hausinstallation können zu milchig-weißen Trübungen führen. Die relativ häufig auftretende milchige, nach dem Stehen des Wassers schnell verschwindende Trübung ist dagegen durch Übersättigung mit Luft verursacht, z. B. bei Druckbehälteranlagen und mangelhafter Entlüftung und ist hygienisch unbedenklich.
Plötzlich auftretende Trübungen bei Grund- und Quellwasser sind ein Hinweis für das Eindringen von Niederschlagswasser, das ungenügend durch Bodenfiltration gereinigt ist.
Trübstoffe sollen durch Aufbereitung entfernt werden, da auch an sich unbedenkliche Trübstoffe wie Tonteilchen Keime und Viren adsorbieren bzw. umhüllen und so die Sicherheit der Desinfektion herabsetzen bzw. eine erhöhte Zugabe an Desinfektionsmittel erforderlich machen und so die Bildung unerwünschter Desinfektionsnebenprodukte (Trihalomethane, Bromat, Nitrit) verstärken. Die DVGW-Information Nr. 53 von 5/98 empfiehlt deshalb, bei der Filtration von Oberflächenwasser und Karst- u. Kluftwässern im Gesamtfiltrat eine Trübung von 0,1 FNU nicht zu überschreiten.

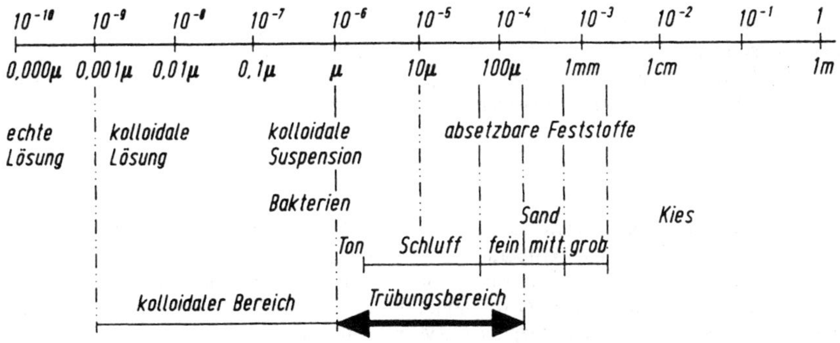

Abb. 4-4: Größenordnung verschiedener Wassserinhaltsstoffe und Trübungsbereich

Eine Messung der Trübung erfolgt mittels optischer Geräte entweder als

- Messung der Schwächung des durchgehenden Lichtes (Durchlicht- oder Absorptionsmessung, angewandt bei starken Trübungen)

oder als

- Messung des Streulichtes (Streulicht- oder nephelometrische Messung, angewandt bei geringen Trübungen).

Die TrinkwV fordert letzteres Verfahren, wobei die Meßgeräte mit einer Formazin-Standardsuspension zu eichen sind. Die Meßwerte der Streulichtmessung sind auch abhängig vom angewandten Meßwinkel, der Wellenlänge des eingestrahlten Lichtes u. a., fallen also für verschiedene Gerätetypen unterschiedlich aus. Die DIN EN 27027 legt den Meßwinkel auf 90 ° und die Wellenlänge auf 860 nm fest; die Ergebnisangabe erfolgt in FNU (Formazin Nephelometric Units).
Der Parameter Trübung wird, da er sich leicht kontinuierlich in Betriebsmeßgeräten messen läßt, als Überwachungs- und Regelgröße bei der Wasseraufbereitung, z. B. Filtration, vorgesehen.

4.1.5.4.4 Geruch

Trinkwasser soll geruchlos sein. Ursachen unangenehmer Geruchs- und Geschmacksstoffe sind vor allem Abbaustoffe organischer Substanzen, lebende und tote Algen, Pilze, Eisen-, Mangan- und metallische Korrosionsprodukte, Industrieabwässer mit vorwiegend Phenolverbindungen, Chlor und Chlorverbindungen. Organische Bestandteile verursachen nach längerer Einwirkung fauligen, modrigen Geruch. Phenolhaltiges Wasser enthält insbesondere bei längerer Einwirkung fauligen, modrigen Geruch und verursacht bei Chlorzusatz stark widerlichen Geruch. Ein Gehalt an Schwefelwasserstoff erzeugt einen unangenehmen, aufdringlichen Geruch nach faulen Eiern.
Die qualitative Bestimmung erfolgt nach dem Schütteln einer halbgefüllten Flasche und die Ergebnisangabe nach:

a) **Intensität**	b) **Art**		c) **Chemisch**	
z. B.				
ohne	erdig	fischig	nach:	
	torfig	fäkalartig	Schwefelwasserstoff	Ammoniak
schwach	muffig	chemisch	Kohlensäure	Phenol
	modrig	aromatisch	Chlor	Chlorphenol
stark	jauchig		Mineralöl	Teer
			Benzin	

Die quantitative Bestimmung, wie sie die TrinkwV vorsieht, erfolgt über den Geruchsschwellenwert. Hier wird das Probewasser (a) mit geruchsfreiem Wasser (b) stufenweise soweit verdünnt, daß der Geruch gerade noch wahrnehmbar ist.

$$\text{Geruchsschwellenwert GSW} = \frac{a+b}{a}$$

Die Empfindlichkeit des menschlichen Geruchssinns macht es möglich, Stoffkonzentrationen wahrzunehmen, die sonst nur mittels Anreicherung bestimmbar wären. Da die Wahrnehmung individuell aber sehr verschieden ist, Raucher haben eine geringere Empfindung als Nichtraucher, sollte eine Untersuchung immer von mehreren Personen durchgeführt werden.

4.1.5.4.5 Temperatur

Die Temperatur des für Trinkwasserzwecke verwendeten Wassers soll möglichst gleichbleibend sein. Erwünscht ist nach DIN 2000 eine Temperatur des Wassers zwischen 5 und 15 °C, der Grenzwert für nicht erwärmtes Trinkwasser ist 25 °C. Wasser mit niedrigerer Temperatur als 5 °C ist gesundheitsschädlich (Magen, Darm, Niere), Wasser mit höherer Temperatur als 15 °C schmeckt fade und bringt keine Abkühlung, es hat geringeres Gaslösungsvermögen, daher bei Temperaturzunahme Gasausscheidungen und fördert die Wiederverkeimung.
1) Quellen und Grundwasser – Die mittleren Jahrestemperaturen von Quellwässern für den 48. Breitengrad in Mitteleuropa (nach Mezger) sind in **Tab. 4-23** angegeben. Die Temperatur des Grundwassers, das im allgemeinen für Trinkwasser verwendet wird, entspricht bei genügend langer Aufenthaltsdauer im Boden etwa den Quelltemperaturen und bleibt ziemlich konstant. Die Temperatur des GW nimmt mit der Tiefe zu, und zwar unterschiedlich je nach geologischem Aufbau des Untergrunds, i. a. etwa 3 °C je 100 m Tiefe. Wenn keine Unterlagen aus benachbarten Brunnen vorliegen, kann die GWtemperatur t_x in der Tiefe T_x geschätzt werden zu:
$t_x = t_m + 1° + 0{,}003\ T_x$
t_m mittlere Jahrestemperatur der Luft, T_x = GWSp und Gelände
Beispiel: T in 200 m Tiefe: $t_{200} = 10° + 1° + 0{,}03° \cdot 200 = 17\,°C$
Wenn die Aufenthaltsdauer des Grundwassers im Boden zu kurz ist, treten größere Temperaturschwankungen auf. Es ergeben sich dann höhere Temperaturen im Sommer-Herbst und niedrigere im Winter-Frühjahr. Je nach Länge der Aufenthaltsdauer des Wassers im Boden tritt eine mehr oder weniger große zeitliche Verschiebung und Minderung der Temperaturhöchstwerte ein. Bei Wassergewinnungsanlagen in der Nähe von Flüssen, bei welchen zeitweise oder dauernd uferfiltriertes Flußwasser gewonnen wird, sind laufende Temperaturmessungen jedes einzelnen Brunnens erforderlich. Für die Brunnenreihe des Schweinfurter Wasserwerks mit einem Abstand von 100–150 m vom Mainufer wurden Temperaturgrenzwerte nach **Tab. 4-24** gemessen:

Tab. 4-23: Mittlere Jahrestemperaturen von Quellwässern

Meereshöhe	Mittlere Jahres-Bodentemperatur im		Mittlere Jahrestemperatur	
	freien Feld	dichten Wald	Quelle	Luft
m	°C	°C	°C	°C
0	12,0	11,3	12,7	11,5
100	11,3	10,3	11,4	10,6
200	10,7	9,5	10,4	9,8
300	10,1	8,9	9,6	9,1
400	9,5	8,3	8,9	8,4
500	9,0	7,8	8,4	7,8
600	8,5	7,3	7,9	7,2
700	8,1	6,9	7,5	6,7
800	7,7	6,5	7,1	6,2
900	7,3	6,1	6,8	5,7
1000	6,8	5,6	6,6	5,1
1500	4,7	3,5	4,5	2,6
2000	2,6	1,4	2,6	0,0

Tab. 4-24: Grundwassertemperaturen im Wasserwerk Schweinfurt

	westliche Fassung	mittlere Fassung	östliche Fassung
Höchsttemp.	13–16,5 °C	18,5–20 °C	17–18,5 °C
Zeitraum	letztes Oktober-drittel	Mitte August bis Mitte September	Mitte August bis Ende September
Niedrigsttemp.	6 °C	2–3 °C	3–4 °C
Zeitraum	letztes Aprildrittel	März	März

Stärkere Temperaturschwankungen eines Grund- oder Quellwassers weisen darauf hin, daß Oberflächenwasser rasch zufließt, z. B. infolge starker Niederschläge, Hochwasser, Überschwemmungen, Schneeschmelze, zu kurzer Filtrationsstrecke bei Uferfiltration.

2) Stehende Gewässer, Seen, Trinkwassertalsperren – Der Wasserverbrauch zwingt dazu, in stärkerem Umfang auch Oberflächenwasser für Wasserversorgungsanlagen zu verwenden. Während aber das Wasser hinsichtlich seiner chemischen und bakteriologischen Beschaffenheit aufbereitet werden kann, muß die Temperatur hingenommen werden, wie sie die Natur bietet. Um auch hier brauchbare Wassertemperaturen zu erhalten, müssen verschiedene Gesichtspunkte beachtet werden.

Das Wasser hat in stehenden Gewässern in den verschiedenen Tiefen große Temperaturunterschiede. In größerer Tiefe ist die Wassertemperatur im Sommer zwischen 5–8 °C, in sehr großer Tiefe während des ganzen Jahres etwa 4 °C. Infolge seiner physikalischen Eigenschaften tritt bei Temperaturen über 4 °C eine dauernde Umschichtung des Wassers bei Abkühlung ein. Unter einer mehrere m mächtigen oberen Wasserschicht mit annähernd gleicher, aber zeitlich wechselnder Temperatur folgt eine wenige m mächtige Schicht, in der die Wassertemperatur um mehrere Grade absinkt, die Sprungschicht **(Abb. 4-5).** Allerdings kann in Seen mit nicht zu großer Tiefe bei langanhaltenden starken Stürmen eine vorübergehende Aufhebung der Sprungschicht erfolgen. Für Seewasserentnahmen müssen die Temperaturlinien, Wassertemperatur in Abhängigkeit von Tiefe für verschiedene Jahreszeiten, ermittelt werden.

Bei höherer Temperatur sinkt die Gaslöslichkeit und damit der Sauerstoffgehalt, dagegen ist der Sauerstoffbedarf der Fische größer. Höhere Temperatur erhöht im allgemeinen die Giftigkeit im Oberflächengewässer, sie begünstigt das Algenwachstum.

3) Fließende Gewässer – haben im allgemeinen wegen der gründlichen Durchmischung fast im ganzen Querschnitt die gleiche Temperatur, die sich im Laufe eines Tages nur wenig mehr als um 1 °C verändert. Die mittlere Flußwassertemperatur stellt sich etwa um 11 Uhr ein. Bei Quellzuflüssen liegt die Flußwassertemperatur im Winter über, im Sommer unter der Lufttemperatur. Flachlandflüsse erwärmen sich meist so hoch, daß die Temperatur während des ganzen Jahres über jener der Luft liegt **(Abb. 4-6).**

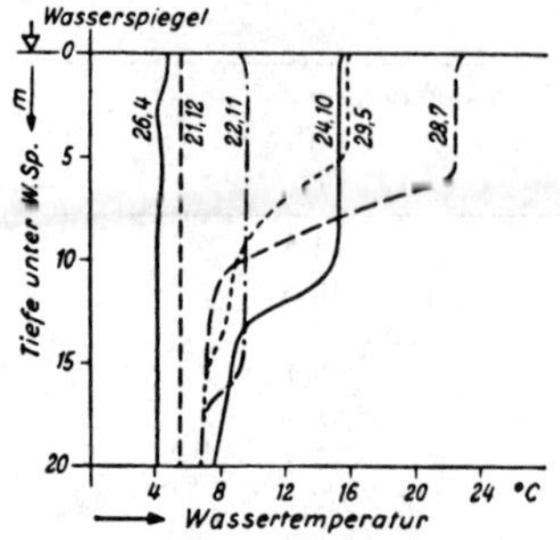

Abb. 4-5: Wassertemperaturen im Wörther See in verschiedener Tiefe (nach Schocklitsch)

Algenwachstum: günstige Temperatur	15–25 °C
grüne Algen	25–30 °C
blaue Algen	30–40 °C

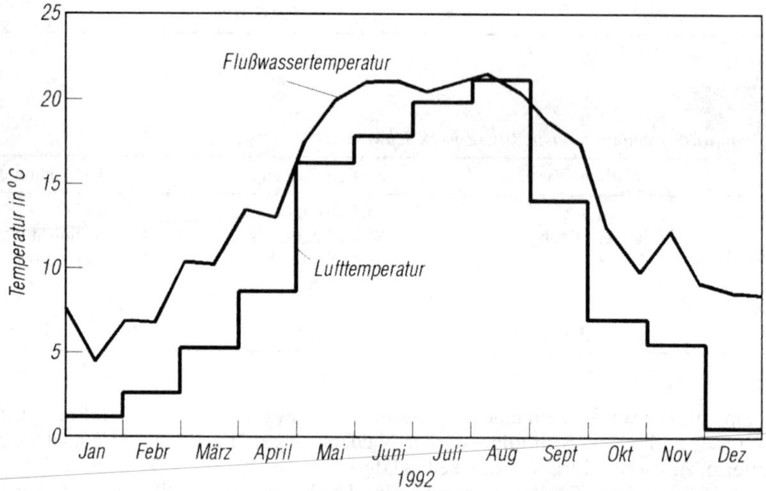

Abb. 4-6: Flußwassertemperatur der Regnitz 1992 bei Forchheim/Bayern

Wenn die Temperaturen des Oberflächenwassers nicht den Anforderungen einer zentralen Wasserversorgungsanlage entsprechen, ist künstliche Grundwasseranreicherung anzustreben, um nach Möglichkeit einen Temperaturausgleich zu erhalten.

Bei der Temperaturmessung (Quecksilberthermometer, Skalenwerte in 0,1 °C) ist der Wert erst abzulesen, wenn sich die Meßwertanzeige nicht mehr ändert.

4.1.5.4.6 pH-Wert, pH-Wert nach Calciumcarbonatsättigung

Der pH-Wert ist definiert als: Negativer dekadischer Logarithmus des Zahlenwertes der Aktivität des Hydroniumions in mol/l; $pH = -lg\ [a(H^+)]$. Die Aktivität der Wasserstoffionen ist aufgrund von Ionenwechselwirkungen etwas geringer als deren Konzentration. Im Sprachgebrauch wird häufig vereinfacht zu: „Negativer dekadischer Logarithmus der Wasserstoffionenkonzentration“ oder noch kürzer: „Maß für die Wasserstoffionenkonzentration“. Die Angabe des negativen Logarithmus statt der Wasserstoffionenkonzentration selbst erfolgt aus Gründen der einfacheren Handhabung, da sich die Konzentration im natürlichen Wasser um Größenordnungen ändern kann, z. B. beim Eintrag der Säurebildner des sauren Regens.

Die Konzentration der H^+- (bzw. OH^-)Ionen hat einen entscheidenden Einfluß auf alle chemischen und biologischen Vorgänge im Wasser. Seine Kontrolle und evtl. Einstellung ist besonders wichtig bei der

Wasseraufbereitung, z. B. Flockung und Desinfektion mittels Chlor, und in korrosionschemischer Hinsicht.

pH-Werte unter 7 werden gemeinhin als sauer und die über 7 als alkalisch bezeichnet. Das ist aber nur bedingt richtig, denn der Neutralpunkt ist temperaturabhängig und liegt nur für reines Wasser von 24 °C bei 7, bei 10 °C dagegen bei 7,27.

Tab. 4-24a: pH-Wert des Neutralpunktes für reines Wasser in Abhängigkeit von der Temperatur

Temperatur °C	0	10	20	30	40	50
pH-Wert f. Neutralpunkt	7,47	7,27	7,08	6,92	6,77	6,63

Die in den zur Trinkwasserversorgung verwendeten Wässern auftretenden Konzentrationen an Wasserstoff- bzw. Hydroxylionen sind direkt für den menschlichen Organismus unbedenklich. Indirekt können aber Gefährdungen dadurch entstehen, daß bei niedrigen pH-Werten Lösung von Schwermetall-Ionen auftreten und bei faserzementhaltigen Werkstoffen Asbest in das Wasser übergehen kann. Hinzu kommen technische Probleme bei der Wassergewinnung, -aufbereitung, -speicherung, -verteilung und -verwendung von Wasser zu niedrigen bzw. zu hohen pH-Wertes, wie Aggressivität gegenüber Kalk und Metall bzw. auftretender Kalkausfall (siehe auch „Kohlensäure" in Abschn. 4.1.5.6.5). Die TrinkwV [1] legt deshalb den für Trinkwasser zulässigen pH-Bereich von 6,5 bis 9,5 fest, wobei zusätzlich die Forderungen gelten:

a) bei metallischen oder zementhaltigen Werkstoffen, außer passiven Stählen, darf im pH-Bereich 6,5–8,0 der pH-Wert des abgegebenen Wassers nicht unter dem pH-Wert der Calciumcarbonatsättigung liegen;
b) bei Faserzementwerkstoffen darf im pH-Bereich 6,5–9,5 der pH-Wert des abgegebenen Wassers nicht unter dem pH-Wert der Calciumcarbonatsättigung liegen

Schwankungen des pH-Wertes des Wassers unter den pH-Wert der Calciumcarbonatsättigung bleiben bis zu 0,2 pH-Einheiten unberücksichtigt.
Ein Wasser befindet sich im Zustand der Calciumcarbonatsättigung, wenn es bei Kontakt mit Calcit, der am häufigsten auftretenden Kristallform des Calciumcarbonats, weder zur Auflösung noch zur Abscheidung von $CaCO_3$ neigt.
Jedes Wasser hat seinen eigenen pH-Wert der Calcitsättigung. Wird dieser Wert unterschritten, wirkt es calcitlösend. Bei einer Überschreitung des pH-Wertes liegt eine Übersättigung an Calciumcarbonat vor, es ist also calcitabscheidend.
Der pH-Wert der Calcitsättigung ist keinesfalls identisch mit dem o. g. „Neutralpunkt" reinen Wassers. Er ist wie dieser wesentlich von der Temperatur beeinflußt, hängt aber zusätzlich stark ab von der Calciumkonzentration, der Säurekapazität und der Chlorid- und Sulfatkonzentration des jeweiligen Wassers. Für sehr genaue Betrachtungen müssen weitere Werte, z. B. für Magnesium, Phosphat, Nitrat und Komplexierungen eingehen.

Die TrinkwV fordert, daß der pH-Wert der Calciumcarbonatsättigung durch Berechnung zu ermitteln ist. Dazu bietet die DIN 38 404 Teil 10 Verfahren an (siehe **Tab. 4-25**). Zwei weitere angegebene Verfahren beinhalten die experimentelle Bestimmung des pH-Wertes nach Calcitsättigung (Marmorlöseversuch) bzw. einen Schnelltest, mit dessen Hilfe qualitativ festgestellt werden kann, ob ein Wasser calcitlösend oder -abscheidend ist. Die Berechnung ergibt zuverlässigere Werte als die experimentelle Bestimmung.
Das Verfahren DIN 38 404 – C 10 – 1 als einfachste Methode zur Bestimmung desjenigen pH-Wertes, bei dessen Unterschreitung das Wasser auf jeden Fall calcitlösend ist, ist in **Tab. 4-26** angegeben. Da bei diesem Berechnungsverfahren die Calciumkonzentation und die Säurekapazität $K_{S4,3}$ für das jeweilige Wasser konstant bleiben, ist es nur anwendbar, wenn der Sättigungs-pH-Wert nur durch Austausch von CO_2 eingestellt wird („Gasaustausch" Abschn. 4.2.2.3) und nicht durch chemische Entsäuerung, bei der sich die Werte o. g. Parameter verändern (siehe „Entsäuerung" Abschn. 4.2.5.2). Zwischenwerte sind zu interpolieren. Die Umrechnung für von 10 °C abweichende Wässer mit der Temperatur t erfolgt nach der Formel $pH_A = pH_{A10} + a$, wobei $a = 0{,}015\ (t_{10} - t)$ ist.
Diese Tabelle ist nicht anwendbar für Wässer mit sehr hohem Salzgehalt. Dies ist der Fall, wenn die elektrische Leitfähigkeit des Wassers (bei 10 °C) den in der Tabelle (jeweils zweite Zeile) angegebenen

Wert der elektrischen Leitfähigkeit des Modellwassers um mehr als das 1,5 fache übersteigt. Weitere, meist erfüllte Voraussetzungen sind aus o. g. DIN zu entnehmen.

Tab. 4-25: Übersicht zu den Verfahren der DIN 38 404, T. 10 zur Bestimmung der Calcitsättigung eines Wassers

Nr. Verfahren nach	Erforderliche Werte für die Ermittlung	Beurteilung der Ergebnisse des Verfahrens
1. Bestimmung nach DIN 38 404-C10-1	Calciumkonzentration Säurekapazität $K_{S4,3}$ elektrische Leitfähigkeit Wassertemperatur	Näherungsverfahren. Ergibt pH-Wert, bei dessen Unterschreitung unbedingt Kalklösung eintritt. Der tatsächliche Sättigungs-pH-Wert kann bis 0,2 höher liegen
2. Berechnung nach DIN 38 404-C10-2	wie bei 1. zzgl. pH-Wert Basekapazität $K_{B8,2}$ gelöstes Gesamtphosphat Sulfatkonzentration	Näherungsverfahren. Ergibt Sättigungs-pH-Wert mit einer maximalen Abweichung von 3,1
3. Berechnung nach DIN 38 404-C10-3	wie bei 1. zzgl. pH-Wert und Stoffmengen- oder Massenkonzentration von Ca, Mg, SO_4, NO_3, Cl, Na, K und PO_4, evtl. $K_{B8,2}$	Erweitertes Verfahren, iterativ. Beachtet Komplexierungen. Ergibt genauen Sättigungs-pH-Wert
4. Versuch nach DIN 38 404-C10-4 (Marmorlöseversuch)	Geräte und Chemikalien gemäß DIN	Störungen durch Inhibitoren bleiben unberücksichtigt. Gemäß DIN ist zusätzlich die Berechnung durchzuführen. Die Differenz weist auf Inhibitoren wie Phosphate oder Huminstoffe hin
5. Schnelltest nach DIN 38 404-C10-5	Geräte und Chemikalien (gefälltes $CaCO_3$ zur Silicatanalyse) gemäß DIN (Untersuchungsgefäß siehe Abb. 4.7)	Zur Betriebskontrolle von Entsäuerungsanlagen. Nur qualitative Aussage, ob das Wasser kalklösend (bei im Test angestiegenem pH-Wert), kalkabscheidend (bei gefallenem pH) bzw. im Zustand der Sättigung ist (pH-Änderung unter 0,1)

Im Zusammenhang mit dem pH-Wert und der Beurteilung eines Wassers bzgl. Kalklösetendenz sind folgende Begriffe üblich:

Sättigungs-pH-Wert: pH-Wert, bei dem ein Wasser mit Calcit gesättigt ist. Er ist abhängig von der Art der pH-Einstellung und liegt z. B. bei Entsäuerung durch Belüftung höher als bei Filtration über Kalkstein. Je nach Ermittlung des Sättigungs-pH-Wertes unterscheidet man:

Sättigungs-pH-Wert nach erfolgter Sättigung mittels Calcit (pH_C)
Dieser kann über den (Marmorlöse-)Versuch direkt gemessen werden oder über das Verfahren DIN 38 404 – C 10 – 3 berechnet werden.

Sättigungs-pH-Wert nach Austausch von CO_2 (pH_A)
Dieser ist nach dem Verfahren DIN 38 404 – C 10 – 1 bestimmt worden.

Sättigungs-pH-Wert nach Strohecker und Langelier (pH_L)
Dieser wird nach dem Verfahren DIN 38 404 – C 10 – 2 bestimmt.
Für ein Wasser, das sich im Zustand der Sättigung befindet, ist $pH = pH_C = pH_A = pH_L$.

Delta-pH-Wert (ΔpH) ist die Abweichung des im Wasser gemessenen pH-Wertes vom Sättigungs-pH-Wert nach Calcitzugabe (pH_C)

$$\Delta pH = pH - pH_C$$

Bei negativem ΔpH ist das Wasser calcitlösend, bei positivem ΔpH calcitabscheidend, bei 0 in der Sättigung.

Tab. 4-26: Tiefstmöglicher pH-Wert der $CaCO_3$-Sättigung (nach DIN-Verfahren 38 404-C10-1) für Wasser bei 10 °C **pH_A**

Ca in mg/l	Ca in mmol/l	Obere Zeile: **Sättigungs-pH-Wert** (bei 10 °C) Untere Zeile: Leitfähigkeit in µS/cm (bei 10 °C)														
		Säurekapazität bis pH 4,3 (≅ m-Wert) in mmol/l														
		0,25	0,5	0,75	1	1,25	1,5	2	2,5	3	3,5	4	5	6	7	8
10	0,25	**9,65**	**9,18**	**8,98**	**8,84**											
		54	59	75	91											
20	0,5	**9,28**	**8,88**	**8,69**	**8,54**	**8,44**	**8,36**	**8,24**								
		112	106	104	119	135	150	181								
40	1,0	**9,00**	**8,61**	**8,41**	**8,27**	**8,17**	**8,08**	**7,96**	**7,87**	**7,80**						
		222	216	210	204	198	204	234	264	294						
50	1.25	**8,92**	**8,53**	**8,32**	**8,19**	**8,08**	**8,00**	**7,88**	**7,78**	**7,71**	**7,65**	**7,60**				
		276	270	264	258	252	246	260	290	319	349	379				
60	1,5	**8,85**	**8,46**	**8,26**	**8,12**	**8,02**	**7,93**	**7,81**	**7,71**	**7,64**	**7,58**	**7,52**	**7,44**			
		330	323	317	311	305	299	286	315	345	374	403	461			
80	2,0	**8,74**	**8,36**	**8,16**	**8,02**	**7,92**	**7,83**	**7,70**	**7,61**	**7,53**	**7,47**	**7,41**	**7,33**	**7,26**	**7,20**	
		423	428	422	416	409	403	390	378	394	423	451	509	566	624	
100	2,5	**8,67**	**8,28**	**8,08**	**7,94**	**7,84**	**7,76**	**7,63**	**7,53**	**7,45**	**7,38**	**7,33**	**7,24**	**7,17**	**7,11**	**7,06**
		538	531	525	518	512	505	492	480	467	470	499	556	612	669	725
120	3			**8,02**	**7,88**	**7,78**	**7,70**	**7,57**	**7,47**	**7,39**	**7,32**	**7,26**	**7,17**	**7,10**	**7,04**	**7,00**
				626	619	613	606	593	580	567	554	545	601	657	713	769
160	4				**7,79**	**7,69**	**7,60**	**7,47**	**7,37**	**7,29**	**7,23**	**7,17**	**7,07**	**7,00**	**6,94**	**6,89**
					818	811	805	791	778	765	751	738	711	745	801	856
200	5						**7,53**	**7,40**	**7,30**	**7,22**	**7,16**	**7,10**	**7,00**	**6,92**	**6,86**	**6,81**
							999	986	972	958	945	931	904	877	885	940
280	7								**7,20**	**7,12**	**7,05**	**7,00**	**690**	**6,82**	**6,75**	**6,70**
									1351	1337	1323	1308	1280	1252	1224	1196

Sättigungs-Index (S_I) ist die Abweichung des im Wasser gemessenen pH-Wertes vom Sättigungs-pH-Wert nach Strohecker und Langelier (pH_L)

$$S_I = pH - pH_L$$

Bei negativem S_I ist das Wasser calcitlösend, bei positivem S_I calcitabscheidend, bei 0 in der Sättigung.
Calcitlösekapazität: Menge an Calcit, die ein calcitlösendes Wasser je Liter zu lösen vermag.
Angabe in mol/m^3 bzw. mmol/l oder g/m^3 bzw. mg/l, wobei 0,1 mmol/1 ≅ 10 mg/l an $CaCO_3$.
$D = 1/2\ (K_{S4,3})$ nach Sättig. $- 1/2\ (K_{S4,3})$ vor Sättig. [mmol/l]

Einstellung des pH-Wertes: Zur pH-Anhebung kommen die Verfahren der physikalischen und chemischen Entsäuerung bei der Wasseraufbereitung zum Einsatz (siehe Entsäuerung in 4.2.5.2). Dabei gilt es zu beachten:

- die Korrosionsforschung weist aus, daß das Korrosionsverhalten metallischer Werkstoffe u. a. von den Wassereigenschaften pH-Wert, Pufferungsintensität, Neutralsalzgehalt und Gehalt an Korrosionsinhibitoren bestimmt wird, die pH-Anhebung wünschenswert ist, aber die Calcitlösekapazität keinen direkten Bezug zur Korrosion metallischer Werkstoffe hat;
- bei Überschreitung des Sättigungs-pH-Wertes können in den Anlagen der Wasseraufbereitung, -speicherung und -verteilung Störungen durch Kalkausfall eintreten;
- die lt. TrinkwV zugelassenen Schwankungen des pH-Wertes des Wassers bis zu 0,2 pH-Einheiten unter den Wert der $CaCO_3$-Sättigung haben in Abhängigkeit vom pH-Wert unterschiedliche Auswirkungen auf die Wasserstoffionenkonzentration und damit auf die eventuelle Aggressivität des Wassers. Deshalb ist als Kriterium zusätzlich die Calcitlösekapazität heranzuziehen, die für $CaCO_3$ max. 12 mg/l betragen darf. (DVGW-W 214, Teil 1).

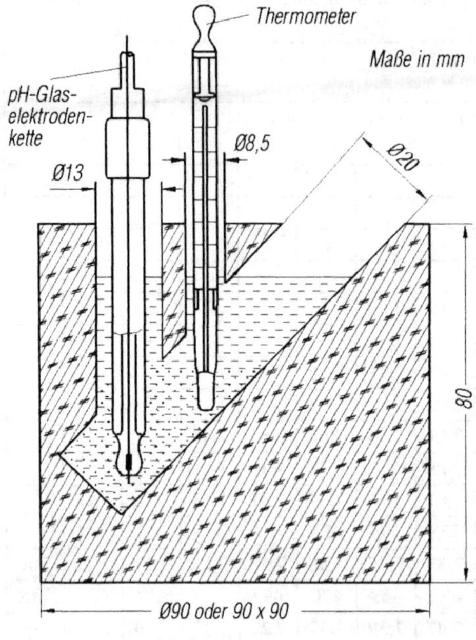

Abb. 4-7: Untersuchungsgefäß zur Bestimmung der Calcitsättigung mittels Schnelltest

4.1.5.4.7 Leitfähigkeit

Die elektrische Leitfähigkeit erfaßt als Summenparameter die im Wasser gelösten Ionen, d. h. die gelösten Salze. Die Leitfähigkeit korreliert mit dem Parameter Abdampfrückstand und hat diesen weitgehend verdrängt, da die Leitfähigkeit wesentlich leichter und auch kontinuierlich gemessen werden kann.
Es besteht der Zusammenhang (Grohmann in [2])

$$K_{25} = 1{,}43 \cdot TS + 5{,}48$$

wobei K_{25} elektr. Leitfähigkeit bei 25 °C in μS/cm
TS Abdampfrückstand (110 °C) in mg/l.

Der Grenzwert der TrinkwV von 2000 μS/cm entspricht einem Abdampfrückstand von 1500 mg/l.
Die Messung der Leitfähigkeit wird bevorzugt zur Kontrolle der Veränderung des Salzgehaltes eines Wassers verwendet, z. B. GW in verschiedenen Tiefen mit zunehmendem Salzgehalt, GW in verschiedenen GWstockwerken, Erkennen von aufsteigendem, versalztem GW bei starker Absenkung im Brunnen, Veränderung der Wasserbeschaffenheit von Oberflächenwasser, Kontrolle der verschiedenen Aufbereitungsstufen.
Die elektrolytische Leitfähigkeit wird ausgedrückt durch den reziproken Wert des elektrischen Widerstandes in Ω(Ohm) eines Wasserwürfels von 1 cm Kantenlänge bei $T = 20$ °C, somit in $1/\Omega = \Omega^{-1} = 1$ Siemens, bzw. wegen der Größenordnung in $10^{-6}\ \Omega^{-1}$/cm = μS/cm. Die Wassertemperatur bei der Messung muß beachtet werden, da die Leitfähigkeit temperaturabhängig ist. Bei einer Temperaturerhöhung um 1 °C steigt die Leitfähigkeit um rd. 2 v. H. Gelegentlich wird als Maß mS/m verwendet, es ist: 1 mS/m = 10 μS/cm.

Beispiele der Leitfähigkeit in μS/cm

destilliertes Wasser	0,04
Regenwasser	5–30
Süßes Grundwasser	30–2000
Meerwasser	45 000–55 000

4.1.5.4.8 Oxidierbarkeit (Permanganat – Index)

Die Oxidierbarkeit, früher auch mit Kaliumpermanganatverbrauch bezeichnet, ist der älteste Summenparameter zur Charakterisierung der organischen Stoffe im Wasser. Er wird in mg/l O_2 angegeben, wobei ein Verbrauch von 4 mg/l des Oxidationsmittels $KMnO_4$ 1 mg/l O_2 entspricht.
Da die Huminstoffe meist den größten Oxidationsanteil liefern, manche org. Stoffe nur unvollständig oxidiert und auch anorg. Stoffe, wie Eisen und Mangan, mitoxidiert werden (theor. für 1 mg/l Eisen 0,143 mg/l O_2 und für 1 mg/l Mangan 0,228 mg/l O_2), ist dieser Parameter als Maß für organische Verunreinigung nur sehr bedingt geeignet. Der nachfolgende Bezug zur Verschmutzung ist deshalb nur durchschnittlich orientierend.

reines Grundwasser	O_2-Verbrauch mg/l 1–2
mäßig verschmutztes Oberflächenwasser	O_2-Verbrauch mg/l 2–6
verschmutztes Oberflächenwasser	O_2-Verbrauch mg/l 6–10
stark verschmutztes Oberflächenwasser	O_2-Verbrauch mg/l >10
Moorwasser	O_2-Verbrauch mg/l >20

Der Parameter Oxidierbarkeit wurde in die TrinkwV übernommen, weil die EG-Richtlinie ihn vorschreibt. Er ist zu unterscheiden von den – nicht in der TrinkwV enthaltenen – Parametern CSB (Chem. Sauerstoffbedarf; Oxidationsmittel ist Kaliumdichromat) und BSB (Biochem. Sauerstoffbedarf, Verbrauch an O_2 durch Mikroorganismen beim biol. Abbau org. Stoffe) (siehe dazu Abschn. 4.1.5.6.6).

4.1.5.4.9 Aluminium (Al)

Das Leichtmetall Al bildet mit Säuren Salze und mit Basen Aluminate. Die im Wasser vorliegende Form ist u. a. pH-abhängig und reicht von Aluminat (bei pH >7,5) über Hydroxide bis zu kationischen Komplexen bei pH-Werten unter 5,5.
Eine gesundheitliche Gefährdung kann bei erhöhter Aluminiumaufnahme und gestörter Nierenfunktion eintreten ([8] – Dieter), für andere, mit Aluminium zusammenhängende Krankheiten wurde ein Einfluß erhöhter Al-Konzentration im Trinkwasser bisher nicht festgestellt ([4]-Nr. 48). Die Festlegung des Grenzwertes für Trinkwasser auf 0,2 mg/l hat vor allem ästhetisch-sensorische Gründe, da für den Verbraucher spürbare Trübungen im Trinkwasser bereits ab 0,1 mg/l auftreten können.
Bis 0,1 mg/l gelten für Fische als nichttoxisch.
Die Aluminiumkonzentration im Wasser ist aufgrund der schlechten Löslichkeit des Al normalerweise gering, im Grundwasser 0,01 bis 0,1 mg/l [DVGW 48], steigt aber bei pH-Werten < 6 und > 8 stark an **(Abb. 4-8).**

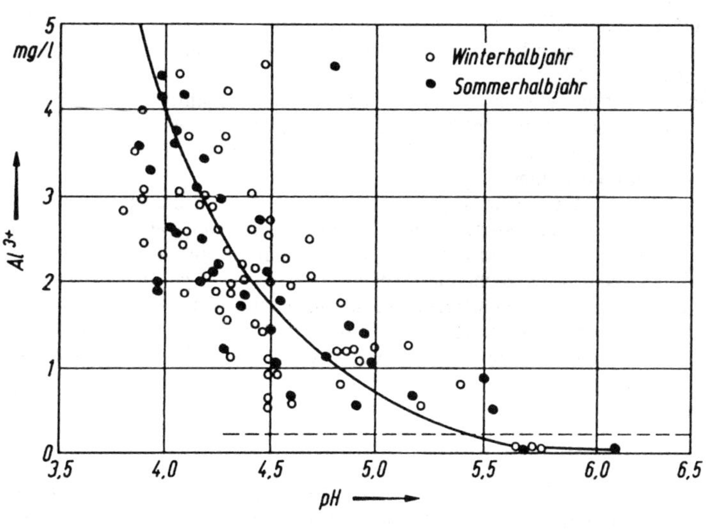

Abb. 4-8: Al-Gehalt in Bachwässern des Hunsrück (nach Krieter und Haberer)

In Quellwässern des Fichtelgebirges wurden 1 bis 2 mg/l Al gemessen (nach Schretzenmayr), im Sennegebiet Nordrhein-Westfalens bis 8 mg/l (nach Lükewille), in Sachsen bis 15 mg/l (nach Uhlmann). Die hohen Konzentrationen in Wässern sind vorrangig die Folge der Auflösung der oxidischen Aluminiumverbindungen des Bodens bei niedrigen pH-Werten. Die zugenommene Gewässerversauerung infolge Schwefel- und Stickoxid belasteter (saurer) Niederschläge führt im Boden zu einer verstärkten Mobilisierung (Lösung) des Aluminiums, wobei besonders gefährdet nicht gepufferte Gewässer in kalkfreien Landschaften mit kristallinen Gesteins- und Bodenformationen sind. Pflanzen- und Fischgiftigkeit sind die ökologischen Folgen, Ablagerungen in Anlagen der Wasserversorgung und Trübungen im Trinkwasser die technischen. Bei Überschreitung des Grenzwertes sind u. U. zusätzliche Aufbereitungsschritte erforderlich, die die Einstellung des pH-Wertes zur Aluminiumhydroxid-Fällung beinhalten müssen (siehe auch DVGW-W 220 von 8/94).
Als nicht zulassungspflichtiger Zusatzstoff werden Aluminiumverbindungen z. B. $Al_2(SO_4)_3 \cdot 18\,H_2O$, zur Trinkwasseraufbereitung eingesetzt (siehe „Flockung"). Dabei sind die Auswirkungen auf pH-Wert sowie Salz- und Al-Gehalt des Trinkwassers zu beachten.

4.1.5.4.10 Ammonium (NH_4^+)

Ammonium gehört wie Nitrit und Nitrat zu den Stickstoffverbindungen (siehe auch: Nitrat). Ammonium ist in unbelastetem Grundwasser im allg. nicht oder nur in geringen Spuren enthalten. In sauerstoffhaltigen Grundwässern sind NH_4-Gehalte über 0,2 mg/l meist ein Hinweis auf anthropogene Verunreinigungen. Es wird anthropogen eingetragen durch Direkteinleitung von häuslichen, landwirtschaftlichen und industriellen Abwässern in die Oberflächenwässer und durch Kläranlagenabläufe, außerdem durch natürliche (Fäkalverunreinigungen) und künstliche Düngung. Auch über den Niederschlag kann lokal ein gewisser Eintrag erfolgen, wenn höhere Konzentrationen im Niederschlag durch Einsatz von Ammoniumdünger oder flüssige, ammoniakhaltige Düngemittel entstanden sind.
In sauerstoffarmen, eisen- und manganhaltigen Grundwässern kann Ammonium durch Reduzierung von Nitrat über Nitrit entstehen. Der Abbau von Huminstoffen aus Wald- und Moorgebieten kann im Grundwasser ebenfalls zur Sauerstoffzehrung und natürlicher Ammoniumbildung führen. Diese reduzierten Grundwässer weisen zumeist auch erhöhte Gehalte an Eisen und Mangan auf. In Tiefengrundwässern des Tertiär sind bis 4 mg/l NH_4^+ in Straubing und Passau, für andere Tiefengrundwässer aber auch schon bis 50 mg/l gemessen worden.
Ammonium ist für den Menschen im allg. nicht gesundheitsschädlich, der Grenzwert der TrinkwV ist 0,5 mg/l, wobei geogen bedingte Überschreitungen bis 30 mg/l zugelassen sind. Dabei bleibt aber für die Wasserwerke das Problem, daß aus Ammonium auch Nitrit (NO_2^-) entstehen kann, das wesentlich toxischer ist und dessen Grenzwert 0,1 mg/l ist.
Bei ausreichend vorhandenem Sauerstoff (pro mg Ammonium ca. 3,6 mg Sauerstoff) wird NH_4 über Nitrit zu Nitrat (NO_3^-) oxidiert. Dabei können ammoniumoxidierende Bakterien (Nitrosomonas und Nitrobacter) mitwirken.
Höhere Ammoniumkonzentrationen ($>$ 0,4 … 0,5 mg/l) sollten durch Wasseraufbereitung beseitigt werden, da andernfalls starke Sauerstoffzehrung, Beeinträchtigung der Chlorung (hohe Chlorzehrung, Bildung von Chloraminen), Verkeimungen im Rohrnetz und in Wasserspeichern sowie evtl. Korrosionsverstärkung eintreten können.
Die Verfahrensfestlegung für die Ammoniumeliminierung durch Trinkwasseraufbereitung sollte die Gesamtbeschaffenheit des Rohwassers beachten, da zumeist auch noch andere Stoffe zu entfernen sind (siehe Abschn. 4.2.5.7.4). Für die biologische Nitrifikation ist eine ausreichende Sauerstoffzufuhr entscheidend. Bei einer sonst entstehenden Anaerobie können, abgesehen vom Rückgang des Wirkungsgrades, auch erhebliche Geruchsbeeinträchtigungen entstehen.
Die früher übliche Knickpunktchlorung ist wegen der Gefahr der Bildung von organischen Halogenverbindungen nicht mehr anzuwenden, die Chlorung gemäß TrinkwV auch nur noch zur Desinfektion zulässig.

4.1.5.4.11 Barium (Ba)

Barium gehört zu den Erdalkalien (Härtebildnern), wobei sein Anteil meist vernachlässigbar gering ist. Lösliche Bariumverbindungen sind giftig, Einnahmen von 2 bis 4 g Bariumchlorid können tödlich sein ([4]Nr. 48). Der neu in die TrinkwV aufgenommene Grenzwert ist 1 mg/l (gemäß EG-Richtlinie).

Im Grund- und Oberflächenwasser gemessene Konzentrationen liegen unter 0,25 mg/l, mit Ausnahme von Wasservorkommen in Unterfranken mit Gehalten bis 6,3 mg/l [DVGW 48]. Ableitungen von Abwässern der bariumverarbeitenden Industrie können den Gehalt im Oberflächenwasser erhöhen. Eine weitestgehende Eliminierung bei der Wasseraufbereitung tritt durch Fällung und Ionenaustausch ein.

4.1.5.4.12 Bor (B)

Bor tritt in der Natur nicht elementar, sondern nur als Oxid auf. Bor wurde mit dem Grenzwert 1 mg/l (gemäß EG-Richtlinie) neu in die TrinkwV aufgenommen, was eigentlich nur mit Zielvorstellungen im Gewässerschutz erklärbar ist. Borkonzentrationen liegen im Trinkwasser (geogen bedingt) im unteren Mikrogrammbereich [Neue Deliwa-Zeitschrift 10/90 – Schmitz], im Oberflächenwasser unter 1 mg/l (Ausnahme Emscher) [DVGW 48], im Meerwasser i. M. 4,6 mg/l.
Beobachtete Zunahmen der Borkonzentration in Gewässern sind teilweise auf dessen steigende industrielle Verwendung und vor allem auf perborathaltige Waschmittel zurückzuführen. Zweckmäßig wäre hier eine Reduzierung/Substitution des Perborateinsatzes in den Waschmitteln bzw. eine Vermeidung seiner Ableitung in die Vorfluter über die Abläufe der Kläranlagen.
Bisher gefundene Konzentrationen wurden toxikologisch als unerheblich bewertet, höhere Aufnahmen führen aber zu Vergiftungen.
Übliche Wasseraufbereitungsverfahren eliminieren Bor nur sehr gering, Destillation, Umkehrosmose und Ionenaustausch werden als mögliche (teure) Verfahren angesehen [DVGW 48].

4.1.5.4.13 Calcium (Ca)

Calcium ist das Kation der Calciumsalze und gehört zu den Erdalkalien. Gemeinsam mit Magnesiumionen verursacht es die Härte des Wassers (Summe Erdalkalien). Calcium ist mit einem Anteil von 3,6 % das dritthäufigste Element der Erdkruste. Es kommt natürlich als Kalkstein und Marmor ($CaCO_3$), Gips ($CaSO_4 \cdot 2H_2O$), Anhydrit ($CaSO_4$), Apatit ($Ca_5(PO_4)_3F$), Dolomit ($CaMg(CO_3)_2$) und Flußspat (CaF_2) vor. Kalk ist in kohlendioxidfreiem Wasser praktisch unlöslich; in dem häufig kohlendioxidhaltigen Grundwasser und z. T. auch im Oberflächenwasser geht Kalk als Calciumhydrogencarbonat in Lösung. Die Löslichkeit ist temperaturabhängig und begrenzt, bei +15 bis 18 °C Wassertemperatur ist eine maximale „Karbonathärte" von ca. 25 °dH zu erwarten (siehe auch Härte und Säurekapazität). Calciumsulfat ist dagegen sehr gut im Wasser löslich (2,036 g/l bei 20 °C), weshalb im Gipskeuper und Muschelkalk („Nichtcarbonat"-) Härten von über 100 °dH auftreten. Bei Erhitzung und Verringerung der Kohlendioxidkonzentration durch Belüftung des Wassers fällt Calcium als Carbonat aus (Steinbildung).
Calcium ist für den menschlichen Körper erforderlich; bei der Wasseraufbereitung enthärtetes Wasser muß gemäß TrinkwV deshalb mind. 60 mg/l enthalten, maximal sind 400 mg/l zugelassen. Werte für Trinkwasser der Bundesrepublik sind mit 1–530 mg/l angegeben worden, der Mittelwert mit 72,8 mg/l (DVGW-Schr. Nr. 48). Ein Mindestgehalt von 20 mg/l wird auch für die Ausbildung der Schutzschicht in metallischen Rohrleitungen als erforderlich angesehen.
Nicht geogen bedingte erhöhte Konzentrationen an Calcium im Wasser können durch calciumhaltige Abwässer (z. B. aus der Kali-Industrie), Düngung mit Calciumsalzen, Gewässerverunreinigung durch Fäkalien und verstärkte Kalklösungen durch erhöhte Kohlendioxidkonzentrationen im Sickerwasser von Müllablagerungen, aber auch aus dem Abbau organischer Substanzen in planktonreichen Oberflächenwässern verursacht sein. Eine erhöhte Calciumkonzentration allein ist noch kein Hinweis auf eingetretene Verunreinigungen. Ein Indiz kann die Verschiebung des Ca-Mg-Verhältnisses sein, das normalerweise ca. 5:1 ist.
Calcium ist in unterschiedlichen Verbindungen als Zusatzstoff zur Trinkwasseraufbereitung durch die TrinkwV zugelassen (siehe Abschn. 4.1.6). Dabei kann eine Erhöhung der Calciumkonzentration (Aufhärtung) im Trinkwasser eintreten, die bei sehr weichem Wasser erwünscht ist. Zur Enthärtung siehe Abschn. 4.2.5.8.

4.1.5.4.14 Chlorid (Cl)

Der Grenzwert für Chlorid ist 250 mg/l.
Chlorid ist in jedem natürlichen Wasser enthalten, z. T. an die Erdalkalien Kalium und Magnesium gebunden, z. T. an Natrium als Kochsalz oder an Kalium als Kalisalz. Im Grundwasser sind Chlorid-

gehalte von < 10 mg/l (aus kristallinem Gestein, aus dem Tertiär und aus Kalkschotter), < 20 mg/l (aus Gipskeuper) bis ca. 50 mg/l (aus Sandstein) üblich. Wegen der guten Löslichkeit können aber bei Salzlagerstöcken im Untergrund Konzentrationen von mehreren 100 mg/l auftreten, z. B. wurden in einem Einzelbrunnen bei Geseke 1972 fast 2000 mg/l gemessen. Solche Brunnen sind zur Trinkwasserversorgung ungeeignet und müssen meist aufgegeben werden. Auch der Einfluß von Meerwasser und aufsteigende Tiefenwässer (mineralreiches Grundwasser mit hohem Chloridgehalt liegt teilweise unter chloridarmem Grundwasser) können zu plötzlich erhöhten Werten führen. Bundesweite Untersuchungen durch die TU München (Bischofsberger, Weigelt, Klebe in [5] – Nr. 63) ergaben bei vielen Wasserfassungen eine Zunahme des Chloridgehaltes über die letzten zwei Jahrzehnte, wobei folgende anthropogene Ursachen wesentlich sind:

a) großflächiger Eintrag
   - landwirtschaftliche Düngung mit KCl
   - Verunreinigung des Niederschlages (bis 10 mg/l Cl)
b) punktueller Eintrag
   - Einsatz von Auftausalzen (NaCl)
   - Einleitung von Grubenwässer in Oberflächenwässer
   - Ableitung von Abwässern aus dem Kalibergbau
   - Ableitung von Sickerwasser aus Abfalldeponien
   - unsachgemäße Lagerung oder Transportverluste von Chemikalien
   - Verwendung von Oberflächenwasser zur künstlichen Grundwasseranreicherung.

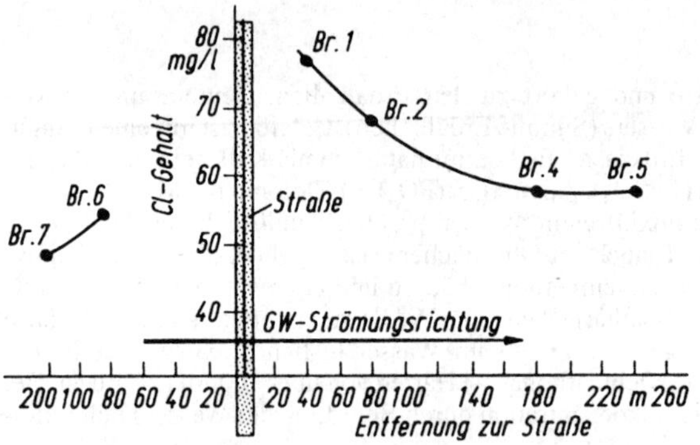

Abb. 4-9: Chloridgehalte in Brunnen mit unterschiedlichem Abstand zur besalzten Straße

Durch Uferfiltration kann sich dabei der hohe Chlorid-Gehalt belasteter Vorfluter (z. B. Weser 1982 1600 mg/l als Maximalwert) auch auf benachbarte Brunnen auswirken.
Häusliche Abwasser enthalten 7 g/E · d Chlorid [DVGW 48].
Anthropogen bedingte höhere Chloridwerte im Grundwasser wurden bis 300 mg/l gemessen. Chlorid wird im Boden teilweise zurückgehalten, aber kaum abgebaut oder verändert. Chloridgehalte über 250 mg/l führen zu einem salzigen Geschmack des Wassers, gesundheitlich bedenklich sind höhere Konzentrationen aber nicht. Bereits ab 100 mg/l kann die Korrosion metallischer Werkstoffe verstärkt werden. Für gewerbliche und industrielle Zwecke werden z. T. wesentlich niedrigere Werte gefordert, z. B. für Milchverarbeitung und Fotoindustrie 20 bis 30 mg/l. Eine Remobilisierung von Cadmium und Quecksilber im Grundwasser bei erhöhten Chloridgehalten wird angegeben (Zahn – GSF).
Die Erniedrigung der Chloridkonzentration im Wasser ist nur mit (aufwendigen) Entsalzungsverfahren möglich. Bei geogenen Ursachen ist auch die Mischung von Rohwässern aus unterschiedlichen Fassungen in Betracht zu ziehen.
Chloridhaltige Stoffe können auch bei der Trinkwasseraufbereitung zugesetzt werden, wodurch deren Gehalt zunehmen kann.

4.1.5.4.15 Eisen (Fe)

Eisen ist in den Bodenschichten reichlich vorhanden, so daß das Grundwasser häufig einen mehr oder weniger großen Gehalt daran hat. Wenn das Wasser ausreichend Sauerstoff besitzt, ist das Eisen zu unlöslichen Verbindungen oxidiert und hat dann keinen gelösten Eisengehalt. Bei geringem Sauerstoffgehalt ist jedoch meist gelöstes Eisen im Wasser vorhanden, oder es kann eine Zunahme des Gehalts eintreten. Grundwässer in quartären Talauffüllungen und sauerstoffarme Tiefenwässer haben meist Eisengehalt, i. a. im Beriech von 0,1–1,0 mg/l, dieser kann aber auf engem Raum stark wechseln, manchmal bis zu 10 mg/l. Der Eisengehalt ist gesundheitlich im allgemeinen nicht bedenklich. Eisenhaltiges Wasser wird durch die Einwirkung der Luft trüb und setzt gelbbraune Flocken ab durch Oxidation des gelösten Eisens und Überführen in unlösliche Verbindungen. Das Wasser wird dadurch unappetitlich und schmeckt tintig. Eisenhaltiges Wasser macht Wäsche fleckig und ist für manche Gewerbebetriebe völlig ungeeignet. Durch Eisenschlammablagerungen und Ansiedeln von Eisenbakterien wird das Fördervermögen der Rohrleitungen stark vermindert.

Wasser mit einem höheren Gehalt als 0,05 mg/l sollte daher enteisent werden. Besonders ungünstig ist es, wenn das Eisen an organische Substanzen gebunden ist, z. B. Huminsäure, Moorwässer, was die Enteisenung sehr erschwert.

Der Grenzwert der TrinkwV ist 0,2 mg/l. Die Möglichkeiten der Enteisenung bei der Trinkwasseraufbereitung (siehe Abschn. 4.2.5.3) richten sich nach der Bindungsform des Eisens (zweiwertiges echt gelöstes, kolloidales, komplex gebundenes).

Beim Einsatz von Eisensalzen zur Wasseraufbereitung kann es bei ungenügender Abtrennung zum Anstieg des Eisengehaltes und einer Färbung/Trübung des Wassers kommen. Eine Stagnation des Trinkwassers in der Hausinstallation kann bei Eisenwerkstoffen zu erhöhten Eisenkonzentrationen führen.

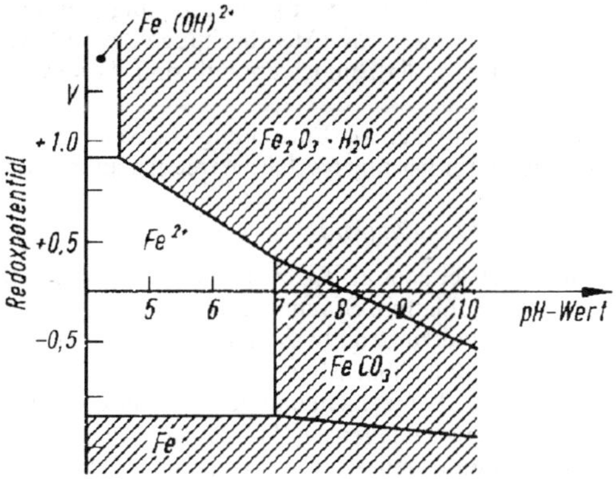

Abb. 4-10: Stabilitätsprogramm von Fe-Verbindungen nach [11] (dunkle Flächen = schwer lösliche Formen)

4.1.5.4.16 Kalium (K)

Das Metall Kalium K^+ hat ähnliche Eigenschaften wie Natrium, ist aber in der Natur seltener als Natrium, meist in der Verbindung Kaliumchlorid KCl = Kalisalz. Dieses wird vor allern als Kunstdünger verwendet, siehe auch Chloride.

Kalium ist ein essentieller Mineralstoff für alle Lebewesen, eine Mindestzufuhr ist für den Menschen erforderlich.

Grundwässer enthalten im allgemeinen 1 bis 5 mg/l ([2] – Kempf), in Oberflächenwässern wurden auch Werte weit über 30 mg/l ([4]-Nr. 48) gemessen. Hohe Konzentrationen in Gewässern sind zumeist die Folge von Abwassereinleitungen aus der Kali-Industrie.

Liegt der Kaliumgehalt im Wasser höher als der des Natriums, ist dies ein Hinweis auf Verunreinigung durch Fäkalien.

Der Grenzwert für Trinkwasser ist 12 mg/l, wobei geogen bedingte Überschreitungen bis 50 mg/l zugelassen sind. Eine Eliminierung ist bei der Trinkwasseraufbereitung durch (aufwendige) Entsalzungsverfahren möglich, aber kaum erforderlich.

Kalium ist in mehreren Formen als Zusatzstoff zur Trinkwasseraufbereitung zugelassen, z. B. als Kaliumpermanganat $KMnO_4$ zur Oxidation.

4.1.5.4.17 Kjeldahl-Stickstoff

Dieser Parameter wurde neu in die TrinkwV aufgenommen (Grenzwert 1 mg/l); es handelt sich um eine direkte Übernahme aus der EG-Richtlinie. Aus Sicht der deutschen Wasserversorgungsunternehmen sollte der Vollzug dieses Parameters unterbleiben, da die Anwendung des Analyseverfahrens mit Quecksilber umweltgefährdend ist, es für Routineuntersuchungen im geforderten niedrigen Grenzwertbereich keine praktikablen Verfahren gibt, die Reproduzierbarkeit unzureichend ist, das Ergebnis durch andere Stickstoffverbindungen verfälscht werden kann und schließlich eine ausreichende Kontrolle des organisch gebundenen Stickstoffs im Trinkwasser über andere vorhandene Parameter gegeben ist.

4.1.5.4.18 Magnesium (Mg)

Magnesium ist das Kation der Magnesiumsalze. Es gehört zu den Erdalkalien und bedingt gemeinsam mit den häufigeren Calciumionen die Wasserhärte (Summe Erdalkalien). Magnesium tritt meist gemeinsam mit Calcium auf. Das Magnesium-Calcium-Verhältnis beträgt natürlich ca. 1:5, im Dolomitgestein kann es bis 1:1 steigen. Geogen bedingt gelangt Magnesium in das Wasser durch die Lösung von Magnesiumverbindungen bei Anwesenheit von Kohlendioxid.
Magnesium ist für den menschlichen Körper erforderlich; Magnesiumsalze wirken laxierend.
Magnesium ist in verschiedenen Verbindungen als Zusatzstoff zur Trinkwasseraufbereitung zugelassen (siehe Abschn. 4.1.6), wobei eine Aufhärtung des Trinkwassers eintreten kann. Der Grenzwert für Magnesium im Trinkwasser beträgt 50 mg/l, geogen bedingte Überschreitungen werden aber bis 120 mg/l zugelassen. Nicht geogen bedingte erhöhte Magnesiumkonzentrationen können durch Abwassereinleitungen oder Auswaschung von mit Magnesiumsalzen gedüngten Feldern eintreten.
Im Trinkwasser der Bundesrepublik sind Werte von 0,5 bis 83 mg/l gemessen worden, der Mittelwert liegt bei 15 mg/l.
Eine Notwendigkeit zur Entfernung von Magnesium bei der Wasseraufbereitung besteht im allg. nicht, bei einigen Enthärtungsverfahren treten aber Reduzierungen von Magnesium mit ein.

4.1.5.4.19 Mangan (Mn)

Mangan ist seltener als Eisen und kommt gelegentlich in geringeren Mengen als Eisen im Boden als schwarzer Schlamm, Braunstein vor.
Bei wechselndem Grundwasserstand geht der Braunstein durch die Einwirkung der Luft in wasserlösliche Verbindung über. Mangan ist in der im Wasser üblichen Menge nicht gesundheitsschädlich. Es hat aber ähnliche Folgeerscheinungen wie der Eisengehalt, trüb, unangenehmer Geschmack, Fleckenbildung, Schlammablagerung. Wasser mit einem größeren Gehalt an Mangan als 0,05 mg/l muß aufbereitet werden (Grenzwert der TrinkwV). Um Ablagerungen im Rohrnetz (verstärkt durch Mangan-Bakterien) und Trübungen im Trinkwasser zu vermeiden, sollte eine Entfernung bis auf 0,01 mg/l angestrebt werden. Die Manganentfernung durch Wasseraufbereitung erfordert meist eine Oxidation des Mangans und pH-Anhebung und eingearbeiteten Filterkies (katalytische Wirkung des Braunsteins). Günstig ist die biologische Mitwirkung von Manganbakterien (siehe Entmanganung).
Bei der Bodenpassage von Oberflächenwasser (Uferfiltration) kann es zu einem Anstieg der Mangankonzentration kommen.

4.1.5.4.20 Natrium (Na)

Natrium ist in der Natur vor allem als Natriumchlorid NaCl = Steinsalz = Kochsalz vorhanden. Steinsalz ist stark löslich. Im Grund- und Quellwasser ist der Gehalt meist klein, im Bereich von Steinsalzablagerungen jedoch sehr groß, z. B. Kochsalzquellen Bad Reichenhall 224 g/l, Meerwasser 1030 g/l. Salz ist für die menschliche Ernährung in kleinen Mengen sehr wichtig, große Mengen erzeugen einen unerträglichen Salzgeschmack und sind bei Bluthochdruck sehr schädlich; der Grenzwert für Natrium ist 150 mg/l.
Bei Untersuchungen in Bayern wurden geogen bedingte Konzentrationen bis 435 mg/l festgestellt ([4]-Nr. 48).
Das Entfernen von Kochsalz aus dem Wasser ist wegen der großen Löslichkeit kompliziert und teuer, so daß Wasser mit zu hohem Salzgehalt i. a. nur ausnahmsweise für die Trinkwasserversorgung verwendet wird, siehe auch Chloride. Weniger häufig ist in der Natur Natriumsulfat $NaSO_4$ = Glaubersalz. Wässer mit Gehalt an Glaubersalz werden nur als Heilquellen genutzt, z. B. Bad Mergentheim.

Natrium ist in unterschiedlichen Verbindungen zum Zusatz bei der Trinkwasseraufbereitung zugelassen, z. B. als Natriumhypochlorit zur Desinfektion und Natriumphosphat zur Stabilisierung/Korrosionsverhütung. Der Einsatz von Natriumverbindungen zur Regenerierung von Ionenaustauschern wird durch die neue TrinkwV für den Anwendungsfall der Wasserenthärtung insofern eingeschränkt, als der Gehalt an Natriumionen im Trinkwasser nicht erhöht werden darf.

4.1.5.4.21 Phenole (C_6H_5OH)

Phenole können über Abwässer der chemsichen Industrie, von Gaswerken, Kokereien und Schwelereien in die Oberflächenwässer gelangen. Aber auch bei der Zersetzung von Holz und Laub sowie durch Algen können im geringen Umfang Phenole entstehen und eine natürliche Grundlast bilden, die im Mikrogrammbereich liegt und nicht toxisch ist. Der in der TrinkwV neu enthaltene Grenzwert von 0,0005 mg/l gilt deshalb nicht für natürliche Phenole, die nicht mit Chlor reagieren.
Phenolkonzentrationen über 0,1 mg/l führen zu beträchtlichen Geruchs- und Geschmacksbeeinträchtigungen, bei den durch Chlorung der Phenole entstehenden Chlorphenolen sind bereits Werte um 0,01 mg/l organoleptisch stark wahrnehmbar.
Toxische Wirkungen sind insbesondere beim technisch hergestellten bzw. durch Chlorung von Phenolen entstandenen Pentachlorphenol vorhanden. Vergiftungen bei Menschen, z. T. mit Symptomen einer Dioxinvergiftung, treten bei höheren Gehalten auf, es ist bakterizid und Fische können geschädigt werden, Daphnien bereits ab 1,8 μg/l.

4.1.5.4.22 Phosphor (P)

Phosphor ist für den Menschen ein lebenswichtiger Mineralstoff. Im Gewässer ist er meist als Orthophosphat (PO_4^{3-}), seltener als Polyphosphat oder in organischer Bindung vorliegend. In unbelasteten Wässern ist er nur in geringer Menge enthalten, meist unter 0,1 mg/l PO_4^{3-}, in Moorwässern auch bis 1,0 mg/l. Für die Pflanzen ist Phosphor essentieller Nährstoff und oft limitierender Wachstumsfaktor. Ist er im Überangebot vorhanden, insbesondere in Seen und Talsperren, kommt es zur Eutrophierung, zum Sauerstoffmangel, unter Umständen zum Fischsterben und zu wesentlichen Erschwernissen bei der Wasseraufbereitung. Höhere Gehalte in den Gewässern sind zumeist eine Folge von Verunreinigungen durch Abwässer (Fäkalien, Phosphat in Waschmitteln) und Phosphatdünger. Durch die Beschränkung des zulässigen Phosphatgehaltes in den Waschmitteln und erhöhte Forderungen an die Phosphateliminierung in Kläranlagen ist für die Bundesrepublik hier eine Besserung absehbar.
Im Trinkwasser sind die Phosphate kein Problemstoff, da sie in den im Wasser auftretenden Konzentrationen gesundheitlich unbedenklich sind. Ein geringer Phosphatgehalt im Wasser kann (je nach vorliegender Form) den Kalkausfall verhindern (Härtestabilisierung) oder die Schutzschichtbildung in den Leitungen fördern (Korrosionsverhinderung), weshalb die Zugabe von Phosphaten, zentral im Wasserwerk oder dezentral beim Verbraucher (siehe Trinkwasser-Nachbehandlung), zugelassen ist. Da dabei der Phosphateintrag (über das Abwasser) in die Gewässer erhöht wird und eine Wirkung nur bei exakter Dosierung gesichert ist, sollte eine Anwendung auf unbedingt notwendige Fälle beschränkt werden.
Der durch die TrinkwV neu eingeführte Grenzwert für Trinkwasser ist 6,7 mg/l (berechnet als PO_4^{3-}, entspricht 5 mg/l P_2O_5) und stellt primär eine Begrenzung für die Phosphatdosierung dar. Eine Eliminierung von Phosphaten ist keine Aufgabenstellung der Trinkwasseraufbereitung, wird aber angewandt bei Seen- und Talsperrenwasser zur Verhinderung der Eutrophierung (Wahnbachtalsperre, PEA Tegel) und zunehmend innerhalb der weitergehenden Abwasserreinigung.

4.1.5.4.23 Silber (Ag)

Das Metall Silber und seine Verbindungen werden vorrangig in der Fotoindustrie verwendet. Erhöhte Gehalte im Oberflächenwasser (bis 50 μg/l nach [2] – Dieter) sind deshalb meist durch entsprechende Abwässer verursacht. Die durchschnittlichen Konzentrationen im Roh- und Trinkwasser liegen aber nur um 2 μg/l. Ein nachweisbares Gesundheitsrisiko stellen die im Trinkwasser auftretenden Konzentrationen generell nicht dar, es wird für den Stoffwechsel aber auch nicht benötigt. Der Grenzwert ist 0,01 mg/l. Für den Menschen sind die meisten Silberverbindungen wenig toxisch, bekannt ist aber die blaugraue Verfärbung der Haut (Argyrie). Demgegenüber wirken schon geringe Silbermengen toxisch auf niedere Wasserorganismen und Fische, weshalb seine Minimierung in aquatischen Ökosystemen notwendig ist.

Zur Entfernung von Silber aus dem Wasser können die Fällung und evtl. der Ionenaustausch mit speziellen Chelatharzen in Frage kommen ([4]-Nr. 62, Jekel).
Der Zusatz von Silber zur Trinkwasseraufbereitung wird von der TrinkwV für die Konservierung im Ausnahmefall zugelassen, wobei dann im Trinkwasser bis 0,08 mg/l Ag gestattet sind.

4.1.5.4.24 Sulfat (SO_4^{2-})

Sulfat ist das zweiwertige Anion der Schwefelsäure. Als Gips, Anhydrit, Natrium- und Magnesiumsalz ist Sulfat weit verbreitet. In reinem Grundwasser sind durchschnittlich nur 10 bis 30 mg/l Sulfat enthalten ([4]-Nr. 48), in gips- und salzhaltigen Böden kann der Gehalt aber auch über 300 mg/l liegen. In Grubenwässern sind auch über 3000 mg/l gemessen worden. ([2] – Selenka). Die TrinkwV gibt den Grenzwert 240 mg/l vor, wobei geogen bedingte Überschreitungen bis 500 mg/l zugelassen sind.
Anthropogen bedingt können höhere Gehalte im Wasser durch die Düngung, Industrieabwässer, Deponiesickerwässer (auch aus Bauschutt) und Rauchgase verursacht sein.
Durch schwefelhaltige Niederschläge kann eine Zufuhr erfolgen; bei der Gewässerversauerung korrelieren pH-Wert-Rückgang und Sulfatzunahme annähernd [DVGW 57]. Eine Erhöhung des Sulfatgehaltes kann (nach Kölle) auch durch die Oxidation von Sulfidlagern infolge Nitrateintrag eintreten, ein Rückgang des Sulfatgehaltes im Untergrund weist auf anaerobe Prozesse hin. Durch Reduktion kann Schwefelwasserstoff entstehen.
Sulfathaltiges Wasser (Gips) greift Kalk und Eisen stark an. Ein Sulfatgehalt von 200 mg/l ist schwach, ein Gehalt $>$ 600 mg/l ist stark betonschädlich. So wird aus dem Beton der Kalk des Bindemittels gelöst, gußeiserne Rohre grafitieren (sie werden weich), bei Stahlrohren entsteht Lochfraß. Da stark sulfathaltiges Wasser für Trinkzwecke im allgemeinen nicht verwendet wird, kommt wesentlichere Bedeutung dem Rohrschutz und Bauwerksschutz gegen Angriff sulfathaltigen Wassers von außen zu, z. B. Verlegen von Rohrleitungen in Gipsböden.
Höhere Sulfatgehalte machen sich geschmacklich bemerkbar, ab 250 mg/l können Magen- und Darmstörungen (laxierende Wirkung) auftreten.
Eine Erniedrigung des Sulfatgehaltes ist durch die (aufwendigen) Entsalzungsverfahren, wie Ionenaustausch und Umkehrosmose, möglich (Umkehrosmose-Anlage in Duderstadt). Mehrere sulfathaltige Stoffe sind zum Zusatz bei der Trinkwasseraufbereitung zugelassen, wobei Auswirkungen auf pH-Wert und Salzgehalt gegeben sein können und nach der Aufbereitung einzuhaltende Grenzwerte nach Anlage 3 der TrinkwV zu beachten sind.

4.1.5.4.25 Gelöste oder emulgierte Kohlenwasserstoffe; Mineralöle

Dieser Parameter (Grenzwert 0,01 mg/l) erfaßt nur unspezifisch apolare organische Verbindungen, detaillierte Aussagen zu Einzelstoffen sind damit nicht möglich.
Durch die Wasserlöslichkeit der Kohlenwasserstoffe führen selbst kleinste Konzentrationen zu starken Geruchs- und Geschmacksbeeinträchtigungen des Wassers. 1 Liter in das Wasser gelangtes Mineralöl, Benzin, Kerosin u. a. Petroleumprodukte machen daher über 1 Million Liter dieses Wassers unbrauchbar für die Trinkwasserversorgung. Außerdem gelangen mit dem Mineralöl auch krebserregende Stoffe in das Wasser.
Der sorgsame Umgang mit Mineralölprodukten ist deshalb außerordentlich wichtig und es gilt, Mineralölunfälle, wie Überlaufen von Behältern, Tankwagenunfälle, Leckwerden von Behältern und Leitungen, unbedingt zu vermeiden. In den Trinkwasserschutzzonen gelten deshalb Verbote bzw. Beschränkungen zum Umgang mit diesen Stoffen (siehe Abschn. 3.3). Wenn solche Unfälle nicht völlig ausschließbar sind und ein weitgehend ungefilterter Eintritt dieser Stoffe in die Wasservorkommen eintreten könnte (z. B. Pipeline im Bodensee, Autobahn im Karstgebiet), ist in den Wasserwerken die Vorhaltung von Aktivkohle zur Adsorption erforderlich. An der Unfallstelle selbst gehören die Eingrenzung des ausgelaufenen Öls z. B. durch Balken oder Kunststoffschläuche in Gewässern und die Anwendung von Ölbindern zu den ersten Maßnahmen.
Gegen den Vollzug des Parameters in der TrinkwV wenden die Wasserversorgungsunternehmen ein, daß die vorgegebene Analysenmethode der Extraktion durch Petroläther ungeeignet ist, die verlangte Empfindlichkeit und Genauigkeit nur bei einem Probenvolumen von 50 l erreicht werden kann und außerdem über den Geruchsschwellenwert eine einfachere und ausreichend empfindliche Kontrolle gegeben ist. Für die gesundheitlich weitaus gefährlicheren polycycl. aromat. Kohlenwasserstoffe und chlorierten Kohlenwasserstoffe enthält die TrinkwV gesonderte Grenzwerte.

4.1.5.4.26 Mit Chloroform extrahierbare Stoffe

Über den neu in die TrinkwV aufgenommenen Chloroform-Extrakt können im Wasser enthaltene organische Stoffgruppen (unpolare und schwach polare Stoffe) ermittelt werden, womit insbesondere Verunreinigungen im Oberflächenwasser erkannt werden können. Der Grenzwert ist 1 mg/l, berechnet als Abdampfrückstand. Von den Wasserversorgungsunternehmen wird kritisiert, daß die Anwendung des Parameters die Verwendung des cancerogenen Chloroforms erfordert, geeignete Meßverfahren für den Bereich des Grenzwertes fehlen und somit der Aussagewert gering ist. Hinzu kommt, daß über den Parameter Oxidierbarkeit bereits eine ausreichende Kontrolle gegeben ist, weshalb die TrinkwV den Grenzwert für die mit Chloroform extrahierbaren Stoffe ohne Analyse als eingehalten ansieht, wenn der Grenzwert für die Oxidierbarkeit eingehalten wird.

4.1.5.4.27 Oberflächenaktive Stoffe

Mit diesem Parameter werden die anionischen und nichtionischen Tenside erfaßt. (Der Begriff Detergentien bezeichnet das fertige Handelsprodukt.) Die TrinkwV ist mit der Einbeziehung der nichtionischen Tenside in den Parameter über die EG-Richtlinie hinausgegangen, die nur die anionischen enthielt. Der summarische Grenzwert ist 0,2 mg/l. Nicht enthalten sind hierin die kationischen Tenside, wie sie z. B. in Weichspülern Verwendung finden und die amphoteren Tenside, die beide im Umfang ihrer Verwendung deutlich hinter den an- und nichtionischen Tensiden zurückstehen.
Tenside sind zwar im Sinne der Humantoxikologie weitgehend unbedenklich ([2] – Janicke), aber als synthetische Chemikalien und damit primär natur- und gewässerfremde Substanzen vom Trinkwasser weitestgehend fernzuhalten. Da sie als grenzflächenaktive, die Oberflächenspannung des Wassers aufhebende Verbindungen vorrangig in Wasch- und Reinigungsmitteln eingesetzt werden und so mit ungenügend gereinigtem Abwasser in die Gewässer gelangen können, stellen sie auch einen Verschmutzungsindikator dar. Hinzu kommt die Möglichkeit der Entstehung von toxischeren Abbauprodukten, die mit den üblichen Meßmethoden nicht erfaßt werden [14]. Da sie in den zur Trinkwasserversorgung genutzten Rohwässern nur im Mikrogramm-Bereich auftreten, ist ihre Entfernung bei der Wasseraufbereitung nicht relevant und wäre auch aufwendig.

4.1.5.5 Chemische Stoffe mit Richtwerten nach Anlage 7 der TrinkwV

4.1.5.5.1 Allgemein

Die Untersuchungen auf diese Stoffe sind nur auf Anordnung der zuständigen Behörde erforderlich. Die Richtwerte sollen nicht überschritten werden, stellen aber keinen verbindlichen Grenzwert dar.

4.1.5.5.2 Kupfer (Cu)

Das Metall Kupfer gehört für den Menschen zu den lebensnotwendigen Spurenelementen. Gehalte ab 3 bis 5 mg/l können sich aber im Trinkwasser geschmacklich bemerkbar machen (metallischer Geschmack). Die TrinkwV von 1990 gibt als Richtwert 3 mg/l an, die EU-Richtlinie von 1998 sieht einen Maximalwert von nur 2 mg/l vor.
Bei Säuglingen sind Fälle von Leberzirrhose z. T. mit Todesfolge aufgetreten durch Kupferintoxikation bei saurem Wasser (pH-Wert $< 6{,}5$) aus hauseigenen Brunnen und Kupferinstallationen.
Der Kupfergehalt in natürlichem Rohwasser und in dem von den Wasserwerken abgegebenen Trinkwasser ist fast immer sehr niedrig (unter 0,05 mg/l nach [4]-Nr. 48).
Eine wesentliche Erhöhung der Kupferkonzentration kann durch Hausinstallationen aus Kupfer eintreten, wenn der pH-Wert des weichen Wassers wesentlich unter dem (Gleichgewichts-)pH-Wert nach $CaCO_3$-Sättigung liegt und das Wasser in diesen Anlagen lange steht (Konzentrationen bis 10 mg/l). Nach Ablauf von ca. 10 l Wasser gehen die Kupfergehalte zumeist auf ca. ein Zehntel zurück (DVGW Nachrichten 10/88).
Bei älteren Kupferleitungen sind die Kupfergehalte deutlich niedriger als bei neuen. O. g. seltene Krankheitsfälle sind nur bei hauseigenen Brunnen aufgetreten, wobei weitere Faktoren, z. B. gestörter Metallmetabolismus, gegeben waren. Hausinstallationen aus Kupfer sollten gemäß DIN 50 930 nur erfolgen, wenn der Gehalt an gelöstem Kohlenstoffdioxid (Basekapazität $K_{B8,2}$) im Trinkwasser ≤ 44 mg/l (≤ 1 mmol/l) ist (siehe auch Tab. 4-39, S. 204).
In Oberflächenwasser kann Kupfer durch Abwässer der kupferverarbeitenden Industrie kommen, auch die Anwendung von Kupferverbindungen zur Algenbekämpfung kann den Kupfergehalt lokal erhöhen. Kupfer ist ein Fischgift.

4.1.5.5.3 Zink (Zn)

Das Metall Zink ist für den Menschen ein lebensnotwendiges Spurenelement. Bei Gehalten ab ca. 3 mg/l im Trinkwasser wird es geschmacklich spürbar (bitterer Geschmack). Sehr hohe Dosen können in seltenen Fällen zu Vergiftungen führen ([4]-Nr. 48).
Während die TrinkwV von 1990 noch einen Richtwert von 3 mg/l angibt, enthält die EU-Richtlinie von 1998 diesen Parameter nicht mehr.
Im natürlichen Rohwasser und in dem vom Wasserwerk abgegebenen Trinkwasser ist der Gehalt an Zink im allg. sehr niedrig, im Trinkwasser der Bundesrepublik 1977 im Durchschnitt 0,35 mg/l [DVGW 48]. Höhere Werte sind fast immer durch verzinkte Stahlrohre in der Hausinstallation verursacht. Insbesondere bei niedrigen pH-Werten (unterhalb des pH-Wertes nach $CaCO_3$-Sättigung), weichen und gering gepufferten Wässern und langer Stagnation kann es bei neueren Installationen zu Zinkgehalten im Wasser bis über 20 mg/l und bei nicht normgerechter Verzinkung zur Herauslösung ganzer Partikel aus der Verzinkung kommen (Zinkgeriesel). Mit zunehmender Nutzungsdauer der Installation geht der Zinkgehalt im Wasser zurück.

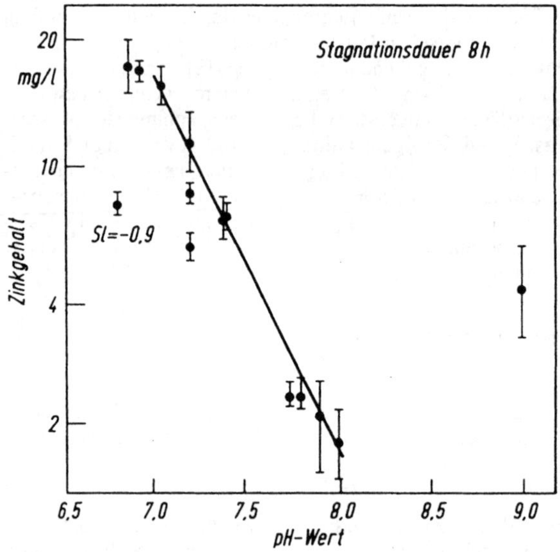

Abb. 4-11: Mittlere Zinkgehalte in unterschiedlichen Trinkwässern nach 8 Stunden Stagnation, aufgetragen gegen den pH-Wert des Wassers (nach Meyer, Roßkamp [2])

Gelegentlich wird eine erhöhte Zinkablösung mit hohen Nitratwerten in Zusammenhang gebracht.
Bei einer Basekapazität $K_{B8,2}$ über 0,5 mmol/l (> 22 mg/l an freier CO_2) und/oder pH-Werten unter 6,5 sollte verzinkter Stahl in der Trinkwasserinstallation nicht eingesetzt werden.

4.1.5.6 Parameter ohne Grenz- oder Richtwerte

4.1.5.6.1 Allgemein

Die TrinkwV gibt nicht für alle gesundheitlich relevanten Parameter des Trinkwassers Grenzwerte vor, sondern legt statt dessen in § 2 (2) fest, daß das Trinkwasser andere Stoffe als die mit Grenzwerten vorgegebenen sowie radioaktive Stoffe nicht in Konzentrationen enthalten darf, die die menschliche Gesundheit schädigen können.
Neben den in der TrinkwV enthaltenen Kenngrößen und Stoffen sind in der Praxis weitere Parameter üblich, insbesondere zur summarischen Erfassung von organischen Stoffen, zur Kontrolle u. Optimierung des Wasseraufbereitungsprozesses und zur Charakterisierung der korrosionschemischen und nutzungsbezogenen Beschaffenheit des Trinkwassers. Einige dieser Parameter werden nachfolgend näher dargestellt.

Abb. 4-12: Abhängigkeit des Zinkgehaltes im Trinkwasser von der Dauer der Stagnation in einem verzinkten Stahlrohr bei unterschiedlichen Betriebszeiten (nach Meyer, Roßkamp [2]

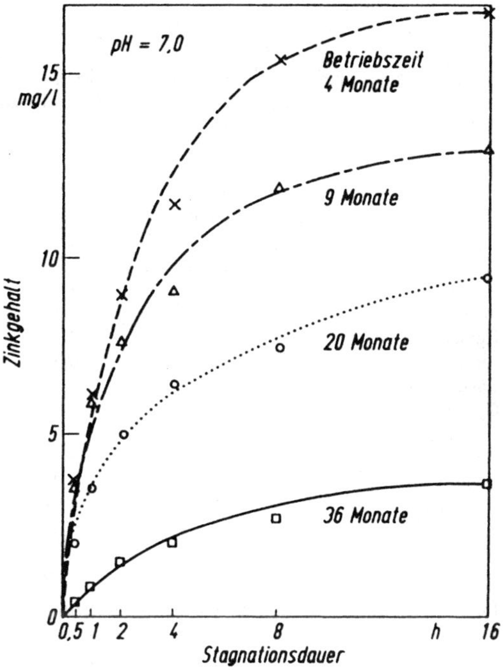

4.1.5.6.2 Radioaktive Stoffe

Die TrinkwV von 1990 enthält keine Grenzwerte für radioaktive Stoffe, sie gibt aber in § 2, Absatz 2 vor, daß diese im Trinkwasser nicht in Konzentrationen enthalten sein dürfen, die geeignet sind, die menschliche Gesundheit zu schädigen.

Die EU-Richtlinie von 1998 sieht als Indikatorparameter Tritium (Max.-Wert 100 Bq/l) und eine Gesamtrichtdosis von 0,10 mS_v/a vor. Die Weltgesundheitsorganisation (WHO) hat 1984 für natürliche und künstliche (anthropogene) radioaktive Stoffe im Trinkwasser nachstehende Richtwerte vorgeschlagen:

(1 Bq = Einheit der Aktivität einer radioaktiven Substanz = 1 Zerfallsakt pro Sekunde $2{,}7 \cdot 10^{-11}$ Ci [veraltete Maßeinheit], siehe auch DVGW-Arbeitsblatt W 253).

Gesamt α- Aktivität (ohne Radon) = 0,1 Bq/l

Gesamt β- Aktivität (ohne Tritium) = 1,0 Bq/l

In den USA sind neben vorhandenen Grenzwerten für Stoffgruppen und Radium jetzt auch Grenzwerte für weitere radioaktive Einzelstoffe, z. B. Radon und Uran, vorgesehen.

In Österreich ist die zulässige Aufnahme radioaktiver Stoffe über das Trinkwasser auf 100 Bq/Jahr begrenzt (ÖNORM M 6250), was bei der gegebenen Trinkwasser-Abgabe 0,122 Bq/l bedeuten würde.

Haberer [DVGW 62] hat von der Strahlenschutzverordnung ausgehend unter mehreren Annahmen die maximal zulässigen Werte im Trinkwasser für die wichtigsten Radionuklide errechnet.

Natürliche radioaktive Stoffe sind im Boden seit jeher vorhanden und teilweise vom Wasser aufgenommen worden oder stammen aus den höheren Schichten der Atmosphäre. Dazu gehören z. B. Uran 238, Thorium 232, Radium 226 und 228 und das Edelgas Radon 222.

Künstliche radioaktive Stoffe entstehen durch Aktivierung aus stabilen Atomkernen oder durch Kernspaltungen in Kernreaktoren und bei Kernwaffenexplosionen. Künstliche radioaktive Stoffe sind z. B. Strontium 90 und 89, Cäsium 137 und 134 und Jod 131. Solche Stoffe gelangen vorrangig diskontinuierlich in die Umwelt, z. B. durch Kernwaffenexplosionen und den Reaktorunfall in Tschernobyl 1986

und über die Luft und die Niederschläge auch in die Gewässer. Die Gefährlichkeit für das Wasser nimmt dabei, bedingt durch Schutzwirkung des Bodens, in folgender Reihenfolge ab:
- Regenwasser in Zisternen
- Oberflächenwasser (stehendes ist gefährdeter)
- Uferfiltrat und künstlich angereichertes Grundwasser
- Karst- und Kluftgrundwasser
- echtes Porengrundwasser.

Tab. 4-27: Abgeleitete Grenzwertefür Trinkwasser (Haberer)

Radionuklide	Bq/l
Strontium 89	7
Strontium 90	0,5
Ruthenium 106	3
Jod 131	0,5
Cäsium 134	3
Cäsium 137	6
Barium 140	9
Cer 144	3
Radium 226	0,06
Radium 228	0,08
Thorium 232	0,03
Uran 238	0,45

Die durch künstliche radioaktive Stoffe hervorgerufene Belastung des Trinkwassers in der Bundesrepublik ist aber bisher von untergeordneter Bedeutung gegenüber der Strahlenbelastung anderer Umweltkomponenten ([2] – Aurand/Gans, [4]-Nr. 62 – Haberer), wie Umgebungsstrahlung, Luft und Nahrung.
Natürliche radioaktive Stoffe, wie sie vor allem in Tiefengrundwässern auftreten, führen dagegen zu einer Dauerbelastung des Wassers und gehören zu den wesentlich radiotoxischeren α-Strahlern. Entgegen früheren Ansichten können bei einigen Rohwässern Belastungen gegeben sein, die für die Trinkwasserversorgung problematisch sind und evtl. eine gezielte Aufbereitung erfordern **(Tab. 4-28)**. Besonders kritisch ist Radon 222, da es beim Versprühen des Wassers (Duschen) austritt und so Belastungen von mehreren Tausend Bequerel pro m^3 Raumluft verursachen kann (nach Haberer, WAT Wiesbaden 3/91).
Für die USA wird erwartet, daß 10 bis 50 % der Grundwasserwerke zukünftig Radon durch Aufbereitung werden entfernen müssen. In Deutschland werden weitere Untersuchungen erforderlich sein, wenn das zur Trinkwasserversorgung verwendete Wasser aus uranhaltigen Bodenformationen stammt, wie in Teilen von Thüringen und Sachsen.

Tab. 4-28: Natürliche Radionukleide im Trinkwasser in Deutschland (nach Gans/Haberer)

Radionuklid	Anzahl der Meßwerte	Spannweite	Geometr. Mittel
		in mBq/l	
Rn 222	810		4900
Ra 226	1476		4,1
Ra 228	3	2,6– 25,3	6,0
U 234	16	3,7–150	12,4
U 238	16	< 3,7–100	8,8
Pb 210	9	4,8– 21,1	10,3
Po 210	17	0,4– 21,8	2,6
Ra 226	26	1,1– 85,5	6,6
Rn 222	12	$1500–4 \cdot 10^5$	$3,6 \cdot 10^4$

Zur Eliminierung von Radon bei der Trinkwasseraufbereitung ist das Gasaustauschverfahren (Belüftung/Strippen) und die Adsorption an Aktivkohle geeignet. Weitere Hinweise zur Eliminierung siehe:

Dekontaminierung. Weitere Literatur: Haberer: Umweltradioaktivität und Trinkwasserversorgung, Oldenbourg-Verlag 1989.

4.1.5.6.3 Pufferung, Säure- und Basekapazität

Mit Pufferung bezeichnet man das pH-Verhalten eines Wassers bei Säuren- oder Laugenzugabe. Je nach vorhandenen Puffersubstanzen, vorrangig die Kohlensäure mit ihren Anionen (siehe Kohlensäure), können gleiche Säuren- oder Laugenzugaben sehr unterschiedliche pH-Änderungen zur Folge haben. Bei einem hydrogencarbonatarmen Wasser z. B. führt ein Säurezusatz zu einer starken pH-Abnahme, während bei einem Wasser mit hohem Hydrogencarbonatgehalt die gleiche Säuremenge nur eine geringe pH-Änderung verursacht. Das Pufferungsvermögen eines Wassers ist aufbereitungstechnisch, korrosionschemisch und indirekt auch gesundheitlich von großer Bedeutung, da beispielsweise gering oder gar nicht gepufferte Wässer, wie u. a. Talsperrenwässer im Erzgebirge, keine schützenden Deckschichten bilden können und die Korrosion und damit auch den Eintrag von Schwermetallen sowie Asbestfasern bei Faserzementwerkstoffen in das Trinkwasser begünstigen. Hier führt dann auch das Entfernen der Kohlensäure durch Belüften des Wassers nicht zu dem gewünschten Ziel, da dabei der Hydrogencarbonatgehalt nicht erhöht wird und das evtl. eingestellte Gleichgewicht labil bleibt, sondern es ist vor allem eine Zugabe von Kalk bzw. eine Filtration über $CaCO_3$-haltige Stoffe notwendig, in Sonderfällen sogar mit CO_2-Begasung (siehe DVGW – Arbeitsblatt W 214).
Analytisch lassen sich über die pH-Wert-Pufferungskapazitäten die Konzentrationen der Kohlensäureformen ermitteln, auch für die Berechnung des Sättigungs-pH-Wertes sind sie erforderlich.
Die *Pufferungsintensität (PI)* ist die Bezeichnung für die Steigung der Titrationskurve, die den funktionellen Zusammenhang zwischen den zugesetzten Säure- oder Basemengen und dem pH-Wert wiedergibt. Ein Wasser mit einem bestimmten Gehalt an anorg. geb. Kohlenstoff hat beim pH-Wert 8,0 bis 8,5 ein Minimum in der Pufferungsintensität und bei pH 6,2 bis 6,5 ein Maximum. Eine pH-Wert-Erhöhung des Wassers durch Belüftung oder Natronlauge-Zusatz führt in diesem Bereich zu einem Rückgang der Pufferungsintensität.
PI wird üblicherweise für den gemessenen pH-Wert angegeben.
Näherungsweise kann im pH-Bereich 4,3 bis 8,2 gerechnet werden:

$$PI = \frac{(K_{S4,3} - 0{,}05) \cdot K_{B8,2}}{K_{S4,3} - 0{,}05 + K_{B8,2}} \cdot 2{,}3 \text{ [mmol/l]}$$

Die Pufferungsintensität sollte über 0,5 mmol/l liegen, mindestens aber 0,2 mmol/l betragen.
pH-Wert-Pufferungskapazität ist die auf das Wasservolumen bezogene Menge an Säure- bzw. Baseäquivalenten, die erforderlich sind, um die pH-Werte 4,3 bzw. 8,2 zu erreichen.

Die *Säurekapazität* wird bestimmt durch die Titration mit Salzsäure mit zumeist c (HCl) = 0,1 mol/l bis zum Erreichen des pH-Wertes 4,3 (= Säurekapazität bis pH 4,3 = $K_{S4,3}$) bzw. 8,2 (= Säurekapazität bis pH 8,2 = $K_{S8,2}$). Die Angabe erfolgt in mmol/l oder mol/m_3. Durchführung und Auswertung siehe DIN 38 409-H7-1. Das Titrationsergebnis von $K_{S4,3}$ ist mit dem Begriff „m-Wert" nahezu gleich, und gibt etwa den Hydrogencarbonatgehalt des Wassers wieder. $K_{S8,2}$ entspricht etwa dem „p-Wert". Die Begriffe Säureverbrauch, Alkalität und Acidität sollten nicht mehr verwendet werden, da sie auch falsch gedeutet werden können. Für die mögliche Ausbildung einer schützenden Deckschicht in Eisenwerkstoffen sollte $K_{S4,3} > 1$ mmol/l sein.
Die *Basekapazität* wird bestimmt durch Titration mit Natronlauge mit zumeist c (NaOH) = 0,1 mol/l bis zum Erreichen des pH-Wertes 4,3 (= Basekapazität bis pH 4,3 = $K_{B4,3}$) bzw. 8,2 (= Basekapazität bis pH 8,2 = $K_{B8,2}$). Die Angabe erfolgt in mmol/l oder mol/m_3. Durchführung und Auswertung siehe DIN 38 404-H7-2. Mit guter Näherung kann der „-p-Wert" zu $K_{B8,2}$ bestimmt werden (und entspricht etwa dem Gehalt des Wassers an freier Kohlensäure).

4.1.5.6.4 Summe Erdalkalien (Härte)

Die im Wasser gelösten Erdalkalien Calcium (Ca^{2+}), Magnesium (Mg^{2+}), Barium (Ba^{2+}) und Strontium (Sr^{2+}) verursachen die Härte des Wassers. Da Barium- und Strontiumionen sehr selten auftreten, wird praktisch der Gehalt an Calcium- und Magnesiumionen als Härte angesehen und darauf untersucht. (DIN 38 409, Teil 6 bzw. DEV, H6). Nur in Sonderfällen, z. B. bei Meerwasser, sind Barium und Strontium evtl. zu beachten.

Die DIN 32 625 sieht weitere Unterteilungen der Härte nicht mehr vor.
In der Vergangenheit wurde der Anteil an Erdalkaliionen, der den im Wasser gelösten Carbonat(CO_3^{2-}) und Hydrogencarbonationen (HCO_3^-) äquivalent ist, etwas irreführend als „Karbonathärte" bezeichnet. Auch der Begriff „temporäre Härte" war verbreitet, da diese Härte beim Kochen des Wassers ausfällt. Dementsprechend sprach man von „Nichtkarbonathärte" oder „permanenter Härte", wenn die Calcium- und Magnesiumionen an Sulfate, Nitrate, Chloride, Phosphate und andere Anionen gebunden waren und die Härte beim Kochen erhalten blieb. Die „Karbonathärte" wurde genähert ermittelt durch Titration des Wassers mit Säure bis zum pH 4,3 (entspricht m-Wert) und Multiplikation mit 2,8. Ein Mindestgehalt von ca. 2,8 °dH an „Karbonathärte" wird für die Ausbildung der sogenannten „Kalk-Rost-Schutzschicht" für erforderlich gehalten. Jetzt wird zumeist anstelle der „Karbonathärte" die Säurekapazität bis pH 4,3 oder der m-Wert herangezogen (siehe Abschn. 4.1.5.6).
Die Angabe der Härte hat nach dem „Gesetz über Einheiten im Meßwesen" als Stoffmengenkonzentration Summe Erdalkalien in mmol/l bzw. mol/m^3 zu erfolgen. (Eine Angabe als Massenkonzentration in mg/l ist nicht sinnvoll, da es sich um die Summe von Calcium und Magnesium handelt, deren Moleküle unterschiedliche Massen haben.) Die Angabe in deutschen Härtegraden ist, obwohl in der Praxis noch sehr verbreitet, ebenso veraltet wie die Einheit mval/l. Umrechnungen, auch für ältere ausländische Härteangaben, sind aus der **Tab. 4-29** ersichtlich.

Tab. 4-29: Umrechnung der Härtenangaben in mmol/l in ältere in- und ausländische Härteangaben (nach DEV H6)

	Härte c(Ca^{2+} + Mg^{2+}) in mmol/l	Härte in mval/l	$CaCO_3$ in ppm	° d	° e	° f	° a
Härte c (Ca^{2+} + Mg^{2+}) in mmol/l	1	2	100	5,6	7,0	10,00	5,85
Härte in mval/l	0,5	1	50	2,8	3,51	5,00	2,925
$CaCO_3$ in ppm	0,01	0,02	1	0,056	0,070	0,10	0,05828
1 deutscher Grad ° d	0,1786	0,357	17,85	1	1,250	1,786	1,041
1 englischer Grad ° e	0,1425	0,285	14,29	0,7999	1	1,429	0,8324
1 französischer Grad ° f	0,10	0,2	10,00	0,5599	0,700	1	0,5828
1 amerikanischer Grad ° a	0,1716	0,342	17,16	0,961	1,201	1,716	1

Weitere Angaben für Umrechnungen:
1 mmol/l an Ca^{2+} = 40,08 mg/l an Ca^{2+} = 56,08 mg/l an CaO
1 mmol/l an Mg^{2+} = 24,3 05 mg/l an Mg^{2+}
1 °dH = 7,1 mg/l an Ca^{2+} = 10 mg/l an CaO = 17,8 mg/l an $CaCO_3$
1 °dH = 4,28 mg/l an Mg^{2+} = 7,14 mg/l an MgO
Die in der Natur vorkommenden Wässer sind außerordentlich unterschiedlich in ihrem Gehalt an Erdalkaliionen (Härte). Reines Niederschlagswasser ist sehr weich, löst aber beim Durchfließen der Bodenschichten je nach geologischer Situation und Kohlensäuregehalt mehr oder weniger Härtebildner. Bodenformationen mit geringen härtebildenden Bestandteilen, Urgebirge, Granit, kieseliger Buntsandstein usw. liefern Wasser mit geringen Härtegraden (0–4), Bodenformationen aus Kalk, Dolomit, Weißjura, Alpen-Kalkschotter usw. mittelhartes bis ziemlich hartes Wasser (12–18 °dH), Bodenformationen, die viel Gips enthalten, z. B. mittlerer Muschelkalk, Gipskeuper usw. liefern Wasser mit Härtegraden bis über 100 °dH.
Müllhalden können neben sonstigen Verunreinigungen des Grundwassers auch zu einer starken Erhöhung der Wasserhärte führen.
Gemäß Waschmittelgesetz sind die Wasserversorgungsunternehmen verpflichtet, ihren Kunden den Härtebereich des abgegebenen Wassers zu nennen.
Damit sollen Überdosierungen von Waschmitteln mit den entsprechenden negativen Auswirkungen auf die Abwasserbelastung und die Gewässer vermieden werden.
Gesundheitlich bedenklich sind natürlich bedingte hohe Wasserhärten prinzipiell nicht. Es gibt im Gegenteil Hinweise, daß weiches Wasser Herzerkrankungen und Zahnschäden begünstigen könnte. Vom Verbraucher werden 10 °dH bis 15 °dH zumeist am angenehmsten empfunden, während sehr weiches Wasser fad schmeckt. Hartes Wasser hat im Haushalt den Nachteil, daß es beim Erhitzen über 60 °C Kesselstein (Kochtöpfe, Badeboiler, Kaffeemaschinen, Warmwasserheizungen) bildet, den Seifenverbrauch erhöht, Gewebe brüchig macht, Fleisch und Hülsenfrüchte beim Kochen nicht mehr

weich werden läßt. Für technische Zwecke ist häufig sehr weiches Wasser erforderlich, z. B. Kesselspeisung bei Kesseldrücken bis 40 bar Gesamthärte unter 0,05 °dH, Gerbereien, Färbereien, Wäschereien usw. Bei Brauereien ist dagegen härteres Wasser erwünscht.

Tab. 4-30: Härtebereich nach dem Waschmittelgesetz

Härtebereich	Bezeichnung der Härtestufe	Wasserhärte in °dH	Summe Erdalkalien mmol/l
1	weich	0 bis 7	0 bis 1,25
2	mittel	7 bis 14	1,25 bis 2,5
3	hart	14 bis 21	2,5 bis 3,75
4	sehr hart	über 21	über 3,75

Zur zentralen (im Wasserwerk) bzw. dezentralen (beim Verbraucher) *Enthärtung* des Wassers gibt es mehrere Verfahren, die im Abschnitt zur Trinkwasseraufbereitung (Abschn. 4.2.5.8) dargestellt sind. Vor dem Einsatz einer Enthärtung sollte bedacht werden, daß außer den Kosten je nach Enthärtungsverfahren u. U. andere Stoffe (z. B. Natrium) verstärkt in das Wasser eingetragen werden, die gesundheitlich bedenklicher sind als die Erdalkaliionen, daß die bei der Regenerierung der Enthärtungsanlagen eingesetzten Chemikalien für Abwasser und Gewässer problematisch sein können und zu weiches Wasser die Korrosion fördert bzw. Nachbehandlung erforderlich ist.
Das Umweltbundesamt und der Deutsche Verein des Gas- und Wasserfaches (DVGW) warnen deshalb vor der überzogenen Tendenz zur Enthärtung des Wassers.
Die Zweckmäßigkeit einer zentralen Enthärtung sollte geprüft werden, wenn die Summe Erdalkaliionen 3,8 mmol/l (entsprechend 21 °dH) übersteigt, in Sonderfällen (große Wasserwerke) evtl. auch schon ab 3 mmol/l.
Mischwasserprobleme bedürfen einer gesonderten Betrachtung (DVGW-Arbeitsblatt W 216).
Eine dezentrale Enthärtung beim Verbraucher ist, abgesehen von Sonderfällen, für den Kaltwasserbereich zumeist überflüssig. Im Warmwasserbereich können die Probleme minimiert werden, wenn Temperaturen von ca. +60 °C nicht überschritten werden.
In Betracht kommt gegen die Kesselsteinbildung auch die Dosierung von Chemikalien (Polyphosphaten), womit keine Enthärtung, sondern nur eine Stabilisierung der Härtebildner erreicht wird. Die negativen Auswirkungen des Phosphateintrags in das Abwasser und in die Gewässer dürfen dabei nicht übersehen werden.
In ihrer Wirkung sehr umstritten sind die zahlreich angebotenen Geräte zur physikalischen (magnetischen) Wasserbehandlung, die ebenfalls die Kesselsteinbildung verhindern sollen. Die DIN 1988, Teil 7, gibt bzgl. zweckmäßiger Maßnahmen gegen Steinbildung die Orientierung gemäß **Tab. 4-31**.

Tab. 4-31: Wasserbehandlungsmaßnahmen zur Vermeidung von Steinbildung in Abhängigkeit von Calcium-Massenkonzentration und Temperatur (nach DIN 1988, Teil 7)

Calcium-Massenkonzentration mg/ol	Maßnahmen bei ≦ 60 °C	Maßnahmen bei > 60 °C
< 80 (ca. Härtebereich 1 und 2)	keine	keine
80 bis 120 (ca. Härtebereich 3)	keine oder Stabilisierung oder Enthärtung	keine oder Stabilisierung oder Enthärtung
> 120 (ca. Härtebereich 4)	keine oder Stabilisierung oder Enthärtung	Stabilisierung oder Enthärtung

Weitere Hinweise enthält z. B. die „Verbrauchsinformation zur dezentralen Enthärtung“ des Bayerischen Landesamtes für Wasserwirtschaft.
Enthärtetes Wasser soll in der Trinkwasserversorgung noch mindestens einen Gehalt an Erdalkalien von 1,5 mol/m^3 (= 8,4 °dH) und eine Säurekapazität $K_{S4,3}$ von 1,5 mol/m^3 haben.

Bei sehr weichem Wasser kann eine Aufhärtung, meist im Zusammenhang mit der Entsäuerung, zweckmäßig sein, um die für die Deckschichtbildung bei Rohren aus Eisenwerkstoffen und verzinktem Stahl erforderlichen Mindestkonzentrationen an Calciumionen (> 20 mg/l) und Hydrogencarbonat ($K_{S4,3}$ > 1 mmol/l) zu erreichen.

4.1.5.6.5 Kohlensäure

Kohlensäure (H_2CO_3) ist die in natürlichen Wässern wichtigste Säure. Sie entsteht vorrangig beim Lösen von gasförmigen Kohlenstoffdioxid (CO_2) aus der freien Atmosphäre und der Bodenluft im Wasser. Auch beim Abbau organischer Stoffe, z. B. bei planktonreichem Oberflächenwasser, kann Kohlenstoffdioxid entstehen. Im Wasser liegt sie in freier und gebundener Form vor. Wenn sich Kohlendioxid (CO_2) im Wasser löst, wird zuerst durch Reaktion mit den Wassermolekülen (H_2O) Kohlensäure (H_2CO_3) gebildet. Diese dissoziiert, es entstehen Hydroniumionen (H_3O^+), vereinfacht zumeist als H^+-Ionen in Reaktionsgleichungen dargestellt, sowie Hydrogenkarbonationen (HCO_3^-), auch Bikarbonationen genannt und Karbonationen (CO_3^{2-}), auch als Monokarbonationen bezeichnet. Reaktionsgleichungen:

$$CO_2 + H_2O \leftrightarrows H_2CO_3$$
$$H_2CO_3 \leftrightarrows H^+ + HCO_3^-$$

→ *1. Dissoziationsstufe*

$$CO_2 + H_2O \leftrightarrows H^+ + HCO_3^- \qquad \frac{[H^+]\cdot[HCO_3^-]}{[CO_2]} = K_1$$

→ *2. Dissoziationsstufe*

$$HCO_3^- \leftrightarrows H^+ + CO_3^{2-} \qquad \frac{[H^+]\cdot[CO_3^{2-}]}{[HCO_3^-]} = K_2$$

Die Dissoziationskonstanten K sind abhängig von Temperatur, Ionenstärke und Druck.
Die Lage der Reaktionsgleichgewichte, d. h. der Anteil der einzelnen Kohlensäureformen CO_2, HCO_3^- und CO_3^{2-} an der Konzentrationssumme, ist für eine bestimmte Temperatur vorrangig vom pH-Wert abhängig. **Abb. 4-13** zeigt, daß bei sehr niedrigen pH-Werten (unter 5) praktisch nur gelöstes Kohlenstoffdioxid vorliegt. Mit zunehmenden pH-Werten nimmt der Anteil freier Kohlensäure ab und der HCO_3-Anteil zu, bei sehr hohen pH-Werten (größer 12) ist die Kohlensäure nur noch in Karbonatform vorhanden.

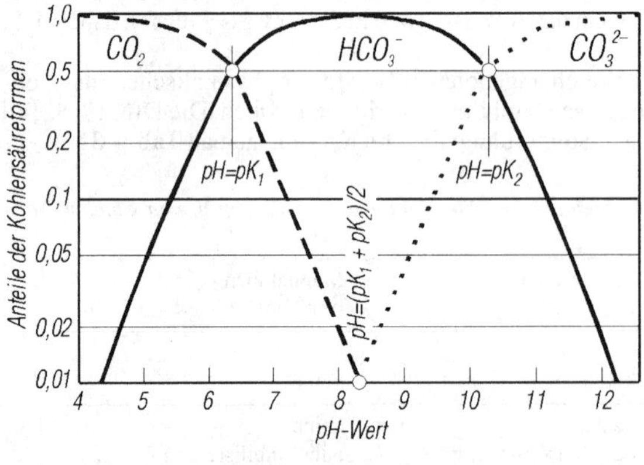

Abb. 4-13: Anteile der „Kohlensäureformen" CO_2, HCO_3^- und CO_3^{2-} an der Konzentrationssumme, berechnet für 25 °C (nach DVGW Nr. 205 – Rohmann)

Die Konzentration an freier Kohlensäure bestimmt (neben der Temperatur) in starkem Maße die Löslichkeit von Calciumcarbonat: $[Ca^{2+}]\cdot[CO_3^{2-}] = L_{CaCO_3}$
Ein Überschreiten dieses Löslichkeitsproduktes, dessen Wert für $CaCO_3$ bei einer Temperaturerhöhung des Wassers niedriger ausfällt, kann zu dem in Anlagen und Leitungen sehr störenden Kalkausfall führen und hat z. B. die Verkalkung von Kaffee- und Waschmaschinen zur Folge. Ein Unterschreiten macht das Wasser kalkaggressiv, d. h. es löst vorhandenes Calciumcarbonat. Zementhaltige Werkstoffe sind gefährdet, in metallischen Rohrleitungen wird die Ausbildung einer schützenden Deckschicht verhindert, wodurch die Korrosion insbesondere bei wenig gepuffertem Wasser mit höherem Kohlensäuregehalt stärker wirken kann. Dabei können auch gesundheitsgefährdende Stoffe aus den Werk-

stoffen in Lösung gehen, z. B. Schwermetalle, weshalb die TrinkwV die Einstellung eines pH-Wertes der Calciumcarbonatsättigung im Trinkwasser vorschreibt. Dieser Sättigungs-pH-Wert ist durch Berechnung zu ermitteln (siehe pH-Wert). Abweichungen des im Wasser vorliegenden pH-Wertes von diesem Sättigungs-pH-Wert können über den Delta- pH-Wert, den Sättigungsindex und die Calcitlösekapazität zum Ausdruck gebracht werden (siehe pH-Wert). Bei unzulässigen Abweichungen ($\Delta pH > 0{,}2$ bzw. Calcitlösekapazität > 12 mg/l) ist eine physikalische oder chemische Entsäuerung des Wassers notwendig (siehe Abschn. 4.2.5.2 und DVGW-Arbeitsblatt W 214).
Für den menschlichen Organismus sind die im Wasser vorhandenen Konzentrationen an Kohlensäure keinesfalls gesundheitsschädlich, der Genuß kohlensäurehaltigen Wassers wird zumeist als angenehm empfunden.
Tillmans hat bereits 1912 wesentliche Untersuchungen zum Kohlensäure-System durchgeführt, deren Ergebnisse in der Form des sog. „Kalk-Kohlensäure-Gleichgewichts" umfangreiche Verbreitung in der Praxis gefunden haben. Heute weiß man u. a., daß das KKG weder eine notwendige noch eine hinreichende Randbedingung für die Korrosionsvermeidung darstellt und die Tillmanskurven nur für Modellösungen gelten. Genähert gilt aber weiterhin, daß zum in Lösunghalten von einer bestimmten Menge an $CaCO_3$ auch eine bestimmte Menge an freier zugehöriger CO_2 erforderlich ist, und zwar zunehmend mit dem Gehalt des Wassers an Calciumhydrogencarbonaten und mit steigender Temperatur **(Abb. 4-14).** Die zugehörige Kohlensäure wird unter Beachtung der Ionenstärke, deren exakte Ermittlung eine Vollanalyse des Wassers mit übereinstimmender Ionenbilanz erfordert, nach der von Hässelbarth korrigierten Tillmansschen Gleichung berechnet. Ist nun weitere Kohlensäure vorhanden, wurde diese als „überschüssig" bzw. „aggressiv" bezeichnet. Kalkaggressiv ist nur ein Teil davon, da sich durch die Lösung von $CaCO_3$ beim Kalkangriff die erforderliche zugehörige CO_2 erhöht. Die in den Hydrogencarbonaten und Carbonaten enthaltene Kohlensäure ist „gebundene".
Ein Wasser, dessen Gehalt an freier Kohlensäure gleich der zugehörigen Menge ist, wurde als im KKG befindlich bezeichnet. Bei zu geringem Gehalt an freier Kohlensäure kann es zu Kalkausfall kommen, bis durch die dabei freiwerdende Kohlensäure der Gleichgewichtszustand wieder hergestellt ist. Ist mehr freie Kohlensäure als zugehörig vorhanden, dann ist das Wasser kalkaggressiv und strebt durch Lösung von Kalk wieder den Gleichgewichtszustand an.

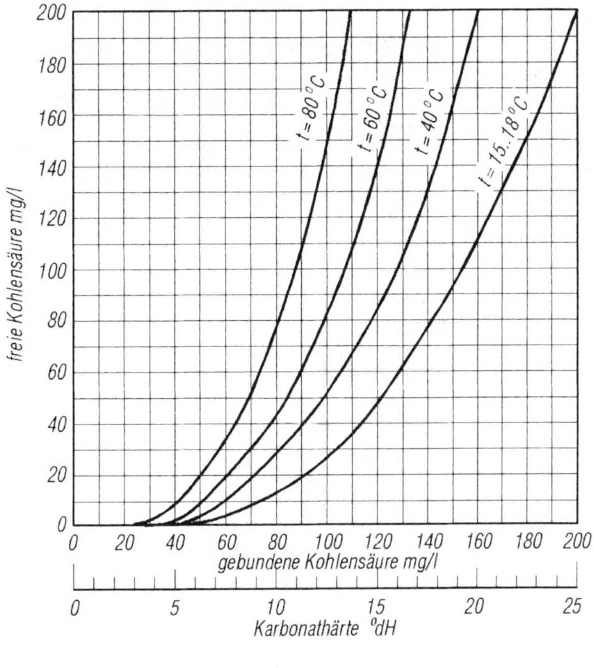

Abb. 4-14: Zugehörige freie Kohlensäure bei verschiedenen Temperaturen nach Tillmans (Modellwasser)

Wird im Gleichgewichtszustand befindliches Wasser erwärmt, fällt Kalk aus, da mehr zugehörige CO_2 erforderlich ist **(Abb. 4-14).** Erkaltet dieses Wasser wieder, ist der Gehalt an freier CO_2 zu hoch, es ist kalkaggressiv.
Bei der Mischung von Wässern unterschiedlicher Beschaffenheit ist zu beachten, daß aus zwei Gleichgewichts-Wässern ein Wasser entstehen kann, das sich nicht im Gleichgewicht befindet (siehe Abschn. 4.2.6.4 und DVGW-Arbeitsblatt W 216). Die Konzentrationen der Kohlensäureformen können näherungsweise wie folgt berechnet werden (siehe auch Abschn. 4.1.5.6.3):

– wenn der pH-Wert des Wassers zwischen 4,3 und 8,2 liegt:
  - sogenannte „freie" Kohlensäure
    $c(CO_2)$ in mmol/l $\cong -p \cong K_{B8,2}$
    in mg/l $\cong K_{B8,2} \cdot 44$
  - sogenannte „halbgebundene" Kohlensäure
    $c(HCO_3^-)$ in mmol/l $\cong m \cong K_{S4,3} - 0{,}05$
  - sogenannte „ganzgebundene" Kohlensäure
    $c(CO_3^{2-})$ in mmol/l $\cong O$

– wenn der pH-Wert des Wassers über 8,2 liegt:
  - $c(CO_2) \cong O$
  - $c(HCO_3^-)$ in mmol/l $\cong m - 2p \cong K_{S4,3} - 0{,}05 - 2K_{S8,2}$
  - $c(CO_3^{2-})$ in mmol/l $\cong p \cong K_{S8,2}$.

Die Summe des anorganisch gebundenen Kohlenstoffs im Wasser ergibt sich in mmol/l als

$$c(C) = c(CO_2) + c(HCO_3^-) + c(CO_3^{2-})$$

bzw. bei pH 4,3 bis 8,2 $\quad = K_{S4,3} + K_{B8,2} - 0{,}05$

4.1.5.6.6 Summen- und Gruppenparameter für organische Stoffe

Neben den in der TrinkwV mit Grenzwerten versehenen Parametern für organische Stoffe sind in der wasseranalytischen Praxis weitere Parameter üblich, die teils von höherer Rangigkeit für das Erkennen und Beurteilen organischer Verunreinigungen sind als der Parameter „Oxidierbarkeit mit $KMnO_4$" der TrinkwV. Da die genäherte Erfassung der organischen Stoffe mittels Summen- und Gruppenparametern oft weniger aufwendig und teils leichter automatisierbar ist als die Bestimmung der sehr zahlreichen unterschiedlichen organischen Einzelstoffe, werden diese Parameter auch gern zur Kontrolle und Bewertung von Verfahrensstufen der Wasseraufbereitung herangezogen.
TOC (*T*otal *O*rganic *C*arbon) in mg/l C: umfaßt den gesamten organisch gebundenen Kohlenstoff, also den echt gelösten, kolloidalen und suspendierten Anteil, der im Wasser vorhandenen organischen Stoffe. Die EU-Richtlinie von 1998 sieht den TOC als Indikatorparameter vor, ohne aber einen Maximalwert vorzugeben.
DOC (*D*issolved *O*rganic *C*arbon) in mg/l C erfaßt den Kohlenstoffanteil der im Wasser gelöst vorliegenden organischen Stoffe. Über den viel verwendeten Summenparameter DOC werden sowohl natürliche Wasserinhaltsstoffe als auch anthropogene Schadstoffe erfaßt, weshalb eine Aussage bzgl. eventueller Verunreinigungen erst nach weiteren Untersuchungen bzw. Vergleich mit bisherigen Werten möglich ist.
In dem in der Bundesrepublik zur Trinkwasserversorgung genutzten Grund- und Oberflächenwasser liegen die DOC-Konzentrationen zumeist zwischen 0,5 und 10 mg/l, wobei höhere Werte auf Huminstoffe oder Verunreinigungen hinweisen.
CSB (*C*hemischer *S*auerstoff-*B*edarf) in mg/l O_2 ist ein Maß für die chemisch oxidierbaren organischen Stoffe. Angegeben wird der zur Oxidation verbrauchte Sauerstoffanteil des Oxidationsmittels. Auf das Ergebnis nimmt neben der tatsächlichen Konzentration der organischen Stoffe auch die erreichbare Vollständigkeit der Oxidation Einfluß, d. h. Art dieser Stoffe und des Oxidationsmittels u. a. sowie mitoxidierter anorganischer Substanzen.
Als Oxidationsmittel kommen prinzipiell Kaliumpermanganat und Kaliumdichromat in Frage, wobei nach der durch die TrinkwV erfolgten Festlegung des Parameters „Oxidierbarkeit" auf $KMnO_4$, der „CSB" nur mit Kaliumdichromat ($K_2Cr_2O_7$) verknüpft werden sollte.
BSB (*B*iochemischer *S*auerstoff-*B*edarf) in mg/l O_2 ist ein Maß für die Summe der biochemisch abbaubaren organischen Wasserinhaltsstoffe und somit in der Abwasserreinigung von großer Bedeutung, während er in der Wasserversorgung kaum Anwendung findet. Angegeben wird der unter definierten Bedingungen von den Mikroorganismen zum Abbau der organischen Stoffe benötigte

Sauerstoff, wobei die Zeitdauer für die Reaktion (in Deutschland i. d. R. 5 Tage = BSB_5) mit anzugeben ist. Als Kriterien für die biologische Abbaubarkeit von Wasserinhaltsstoffen werden von Sontheimer CSB/BSB-Quotienten angegeben **(Tab. 4-32)**.

Tab. 4-32: Beurteilungskriterien für die biologische Abbaubarkeit von Wasserinhaltsstoffen (DVGW Nr. 205)

CSB/BSB	Charakterisierung
<1,7	Leicht und praktisch vollständig abbaubar
1,7–10	Unvollständiger Abbau Mögliche Ursachen: – verzögerte Abbaureaktion durch langsame mikrobielle Anpassungsvorgänge – Stoffgemische mit nicht abbaubaren Substanzen – Reaktionshemmung durch toxische Stoffe
>10	Kein Abbau wegen – persistenten Verbindungen – Abbauhemmung durch toxische Stoffe

SAK (*S*pektraler *A*bsorptions-*K*oeffizient) in m^{-1}; zur orientierenden Messung gelöster organischer Wasserverunreinigungen kann die Absorption im Bereich der UV-Strahlung herangezogen werden, da zahlreiche organische Stoffe Absorptionsbanden im ultravioletten Licht haben. Wegen der guten Reproduzierbarkeit wird zumeist die Wellenlänge der Quecksilberlampe von 254 nm gewählt, aber auch die Aufnahme von UV-Spektren bzw. anderen festeingestellten Wellenlängen ist möglich.
Da die Messung des SAK einfach und schnell durchführbar ist, wird dieser Charakterisierungsparameter in den Wasserlabors gern genutzt.
AOX (*A*dsorbierbare *o*rg. gebundene *H*alogene) meist in μg/l Cl angegeben; mit dieser Analysenmethode werden die an Aktivkohle adsorbierbaren organischen Halogenverbindungen erfaßt. Insbesondere zur Bewertung von Abwassereinleitungen – der AOX ist jetzt abgabepflichtiger Parameter gemäß Abwasserabgabengesetz –, aber auch zur Beurteilung von belasteten Fließgewässern ist dieser Parameter zunehmend relevant.
POX (*P*urgeable *O*rganic *H*alogen) stellt den Anteil der flüchtigen organischen Halogenverbindungen dar, die ausblasbar sind.
EOX (*E*xtrahierbare *o*rg. *H*alogene) sind die mit organischen Lösungsmitteln extrahierbaren org. Halogenverbindungen.
Weitere Parameter wie DOS (Org. gebundener Schwefel), DON (Org. gebundener Stickstoff) u. a. siehe Spezialliteratur.

4.1.5.6.7 Sauerstoff

Ein hoher Gehalt an freiem, gelöstem Sauerstoff, d. i. geringes Sauerstoffdefizit, zeigt eine gute hygienische Wasserbeschaffenheit an, denn es beweist, daß oxidierbare Stoffe wie Eisen, Mangan, Stickstoffverbindungen aus natürlichen und künstlichen Dungstoffen, Bakterien, organische Verunreinigungen u. a. bereits oxidiert sind. Eine allenfalls erforderliche Aufbereitung ist dann meist mit einfachen Mitteln möglich.
Für die Bildung einer schützenden Deckschicht ist ein Sauerstoffgehalt von über 6 mg/l erforderlich. Dies gilt jedoch nur für Kaltwasser. Bei Heißwasser ist ein Sauerstoffgehalt sehr schädlich, so daß bei Kesselspeisewässern der Sauerstoff entfernt werden muß. Auch wenn bei Kaltwasser die Voraussetzungen zur Schutzschichtbildung fehlen, ist ein Sauerstoffgehalt korrosionschemisch eher ungünstig.
Quellwässer und oberflächennahe Grundwässer, wenn sie eisen- und manganfrei sind, haben meist einen wesentlich größeren Gehalt an Sauerstoff bis zu 10 mg/l. Bei eisen- und manganhaltigem Grundwasser sowie bei reduzierten Wässern liegt der Sauerstoffgehalt meist unter 2 mg/l.
Sauerstoffarme Wässer haben mindestens Spuren von Eisen und Mangan oder können nach längerem Betrieb eisen- und manganhaltig werden. Bei sauerstoffarmen Wässern kann trotz Fehlens von Eisen durch Eisenlösung aus dem Rohrmaterial Wiedervereisenung eintreten.
In fließenden Gewässern soll der Sauerstoffgehalt wegen der Fische mind. 2,5 mg/l betragen. Bei der Feststellung des Sauerstoffgehalts ist die gleichzeitige Temperaturmessung wichtig, da hiervon der Sättigungswert abhängt (siehe „Temperatur“).

4.1.5.6.8 Redoxspannung (R.-potential)

Das Maß des Reduktionsvermögens bzw. Oxidationsvermögens des Wassers wird als Redoxspannung bezeichnet. Es wird in Volt oder mVolt gemessen und ist die elektrische Spannung einer Normal-Wasserstoffelektrode gegenüber dem Wasser bzw. der Lösung. Wenn die Spannung negativ ist, dann überwiegen die Reduktionsmittel, wenn positiv die Oxidationsmittel. Ein Stoff A, der ein höheres positives Redoxpotential hat als B, oxidiert diesen. Das Redoxpotential wird durch die Oxidation der oxidierbaren Inhaltsstoffe verändert. So ist z. B. ein positives Redoxpotential ein Maß für die Oxidation und keimtötende Wirkung des momentan vorhandener, freien und gebundenen Chlor unter Berücksichtigung der momentan vorhandenen Verunreinigungen. Es ist damit eine einfache Kontrolle von Schwimmbadwasser, Wasser in Rohrnetzen möglich, z. B. Redox < 300 mV Desinfektion nicht ausreichend, Redox > 600 mV Desinfektion ausreichend. Bekannt ist ferner, daß die biologische Brunnenverockerung u. a. ein positives Redoxpotential voraussetzt, z. B. Redoxpotential des quartären Grundwassers der Rednitz bei Fürth + 240 mV.
Eine einwandfreie Messung des Redox-Potentials ist nur bei sauberen, nicht durch Eisen oder sonstige Stoffe belegten Elektroden der Meßgeräte möglich. Dies ist besonders bei der automatischen kontinuierlichen Messung zu beachten.
Die Redoxspannung ist temperaturabhängig und kann sich mit dem pH-Wert ändern.
Eine Messung der Redoxspannung zur Desinfektionskontrolle ist dann sehr zu empfehlen, wenn mit einer Änderung des Chlorzehrungspotentials durch algenbürtige Stoffe (Talsperrenwasser) gerechnet werden muß. Weitere Hinweise zur Redoxspannung siehe DVGW-Schriftenreihe Nr. 49.

4.1.5.6.9 Schwefelwasserstoff

Wasser mit Schwefelwasserstoffgehalt (H_2S) hat einen unangenehmen Geruch und ist daher für Trinkwasser nicht ohne Aufbereitung geeignet. Die Entfernung gelingt leicht durch Belüften.
Schwefelwasserstoffgehalt kann ein Anzeichen für eine organische Verunreinigung sein. Meist ist der Gehalt aber geologisch-chemisch bedingt, so bei tiefem Grundwasser mit Eisengehalt und Fehlen von Sauerstoff.

4.1.5.6.10 Geschmack

Eine Prüfung des Wassers auf Geschmack ist nur zulässig, wenn keine Infektions- oder Vergiftungsgefahr besteht, und ist stets nach der Geruchsprüfung vorzunehmen.
Trinkwasser soll frisch, nicht fad, tintig, sauer, süß, bitter und salzig schmecken. Ein Gehalt an Mineralöl oder Benzin in einer Verdünnung von 1:250 000 macht ein Wasser ungenießbar, in einer Verdünnung von 1: 1 000 000 ist er noch wahrnehmbar. Ein höherer Gehalt an freier Kohlensäure schmeckt angenehm. Ein Gehalt an Huminsäure (Moorwasser), Eisen und Mangan gibt dem Wasser tintigen Geschmack, ein höherer Gehalt an Chloriden salzigen Geschmack, seuchenhygienisch ist dies zwar nicht bedenklich, die Appetitlichkeit des Wassers wird aber dadurch beeinträchtigt, außerdem sind Verschlammungen und Verkrustungen der Rohrleitungen zu erwarten.
Der Gehalt an Cl soll kleiner als 250 mg/l entsprechend 400 mg/l Kochsalz oder 500 mg/l Chlorcalcium sein. Meerwasser hat einen Gehalt von 18 000 mg/l Cl, Brackwasser entsprechend dem Anteil an Meerwasser weniger. Das Geschmacksempfinden hängt sehr wesentlich von der Gewöhnung ab. Wenn im allgemeinen Wasser mit Cl-Gehalt < 30 mg/l genossen wird, kann ein Gehalt von 250 mg/l bereits unangenehm empfunden werden. Bei dauerndem Genuß von Wasser mit hohem Cl-Gehalt wird ein solcher mit 500–600 mg/l (Bremen) noch als tragbar empfunden. Eine Gesamthärte von 10–15 °dH wird als angenehm empfunden.
Die Prüfung wird in der Regel bei einer Wassertemperatur von 8 bis 12 °C vorgenommen. Im Zweifelsfälle wird die Probe auf etwa 30 °C erwärmt, weil dann der Geruch deutlicher hervortritt. Die Angabe des Ergebnisses erfolgt qualitativ entsprechend DEV [3] nach:

1. **Intensität:**		2. **Art:** a) **allgemein:**		b) **differenziert:**	
Geschmack	ohne	Geschmack	fade	Geschmack nach	Chlor
	schwach		salzig		Seife
	stark		säuerlich		Fisch
			laugig		u. a.
			bitter		
			süßlich		

Tab. 4-33: Geschmack von Wasser mit besonderen Inhaltsstoffen

Geschmack	Wasserbeschaffenheit	Geschmack	Wasserbeschaffenheit
fade	weiche Wässer	metallisch	Blei, Kupfer, Zinkgehalt
salzig	hoher Kochsalzgehalt	faulig widerlich	Verunreinigung
bitterlich	hoher Magnesiumgehalt	moosig, muffig	Moorwasser
laugig	hoher pH-Wert	erdig	Blaualgen
säuerlich	niedriger pH-Wert	fischig	Kieselalgen
tintenartig	hoher Eisen- oder Alu.-gehalt		

4.1.6 Zusatzstoffe zur Trinkwasseraufbereitung

Bei der Wasseraufbereitung finden zahlreiche Zusatzstoffe Anwendung, hauptsächlich um die einwandfreie Beschaffenheit des Wassers bei der Trinkwasserabgabe gemäß TrinkwV zu sichern und um einer nachteiligen Beeinflussung des Trinkwassers bei der Wasserverteilung vorzubeugen. Dazu können weitere Zielsetzungen, wie Verbesserung bestimmter Eigenschaften, insbesondere für den technischen Gebrauch (z. B. Enthärtung), Verhinderung des Kalkausfalls und Verbesserung der korrosionschemischen Eigenschaften, kommen. In vielen Fällen erfolgt innerhalb der Aufbereitung wieder eine weitgehende Entfernung dieser Stoffe.
Als Zusatzstoffe dürfen verwendet werden:

- Zugelassene Stoffe gemäß Anlage 3 der TrinkwV (siehe **Tab. 4-34)**, wobei die Zugabemenge die dort angegebenen Werte nicht übersteigen darf und die Zugabe nur für den dort angegebenen Zweck zulässig ist. Zum Beispiel darf Chlor nur noch zur Desinfektion und nicht zur Oxidation eingesetzt werden, Wasserstoffperoxid nur zur Oxidation und nicht zur Desinfektion von Trinkwasser. Nach Abschluß der Aufbereitung darf der Gehalt dieser Zusatzstoffe und ihrer genannten Reaktionsprodukte im Trinkwasser die in Anlage 3 angegebenen Grenzwerte und die Grenzwerte der Anlagen 2 und 4 nicht überschreiten.
- Nicht zulassungspflichtige Zusatzstoffe nach § 11 (21) des Lebensmittel- und Bedarfsgegenständegesetzes, die aus dem Trinkwasser vollständig oder soweit entfernt werden, daß sie oder ihre Umwandlungsprodukte im Trinkwasser nur als technisch unvermeidbare und technologisch unwirksame Reste vorhanden sind, die gesundheitlich unbedenklich sind.
  Zu diesen Stoffen gehören z. B. Aluminium- und Eisensalze, Tone und Aktivkohle.
  Luft, Stickstoff und Kohlenstoffdioxid dürfen gemäß § 11 (2) auch zum Verbleib im Trinkwasser zugesetzt werden.

Tab. 4-34: Zur Trinkwasseraufbereitung zugelassene Zusatzstoffe (nach Anlage 3 d. TrinkwV [1])

Bezeichnung	Verwendungszweck	Zulässige Zugabe mg/l	Grenzwert nach Aufbereitung[1]) mg/l	berechnet als
Chlor		1,2[2])	0,3[2])	freies Chlor
Natrium-,				Trihalogenmethane
Calcium-,			0,01	
Magnesiumhypochlorit	Desinfektion			
Chlorkalk				
Chlordioxid		0,4	0,2	ClO_2^-
	Desinfektion	–	0,2	ClO_2
Ozon		10	0,05	O_3
	Desinfektion		0,01	Trihalogenmethane
	Oxidation			
Silber				
Silberchlorid	Konservierung; nur bei nicht			
Natriumsilberchloridkomplex	systematischem Gebrauch			
Silbersulfat	im Ausnahmefall		0,08	Ag

Bezeichnung	Verwendungszweck	Zulässige Zugabe mg/l	Grenzwert nach Aufbereitung[1]) mg/l	berechnet als
Wasserstoffperoxid Natriumperoxidsulfat Kaliummonopersulfat	Oxidation	17	0,1	H_2O_2
Kaliumpermanganat	Oxidation			
Sauerstoff	Oxidation Sauerstoffanreicherung			
Schwefeldioxid Natriumsulfit Calciumsulfit	Reduktion	5	2	SO_3^{2-}
Natriumthiosulfat	Reduktion	6,7	2,8	$S_2O_3^{2-}$
Natriumorthophosphat Kaliumorthophosphat Calciumorthophosphat Natrium- und Kaliumdiphosphat Natrium- und Kaliumtriphosphat Natrium- und Kaliumpolyphosphat Natrium-Calciumpolyphosphate Calciumpolyphosphate	Hemmung der Korrosion Hemmung der Steinlagerung			
Natriumsilikate in Mischung mit vorgen. Stoffen oder Natriumhydroxid oder Natriumcarbonat oder Natriumhydrogencarbonat	Hemmung der Korrosion		40	SiO_2
Calciumcarbonat Calciumoxid Calciumhydroxid Calciumsulfat Calciumchlorid Halbgebrannter Dolomit Magnesiumcarbonat Magnesiumoxid Magnesiumhydroxid Magnesiumchlorid Natriumcarbonat Natriumhydrogencarbonat Natriumhydroxid Natriumhydrogensulfat Salzsäure Schwefelsäure	Einstellen des pH-Wertes, des Salzgehaltes, des Calciumgehaltes, der Säurekapazität; Entzug von Selen Nitrat, Sulfat, Huminstoffen; Regeneration von Sorbentien			
Magnesium als Opferanode	kathodischer Korrosionsschutz			

[1]) Einschließlich der Gehalte vor der Aufbereitung und aus anderen Aufbereitungsschritten.
[2]) Die zulässige Höchstmenge der Zugabe darf bis auf 6 mg/l ≙ 170 mmol/m^3 erhöht werden, wenn die mikrobiologischen Anforderungen nach § 1 auf anderem Wege nicht eingehalten werden können oder wenn die Desinfektion zeitweise durch Ammonium beeinträchtigt wird. Der Gehalt an freiem Chlor darf in diesem Fall im aufbereiteten Trinkwasser höchstens 0,6 mg/l ≙ 17 mmol/m^3 betragen, der Grenzwert nach Aufbereitung für Trihalogenmethane beträgt in diesem Fall 0,025 mg/l mit einem zulässigen Fehler des Meßwertes von ± 0,01 mg/l.

Bei der Anwendung von zugelassenen Zusatzstoffen sind diese innerhalb der periodischen Trinkwasseruntersuchungen (siehe **Tab. 4-36**) mit zu analysieren.

4.1.7 Durchführung der Wasseruntersuchungen

4.1.7.1 Allgemein

In der TrinkwV ist festgelegt, auf welche Parameter und wie häufig ein Trinkwasser in gesundheitlicher Hinsicht zu untersuchen und mit welchen Einheiten das Ergebnis der Untersuchung anzugeben ist. Darüber hinaus können weitere Untersuchungen zur Kontrolle der Rohwasserbeschaffenheitsentwicklung (Vorfeldmessungen) und zur Beurteilung des Wassers aus aufbereitungstechnischer, korrosionschemischer und sonstiger versorgungstechnischer Sicht in Betracht kommen.
Die Untersuchungen für die gesundheitliche Beurteilung sind nach der DIN 2000 entsprechend den „Deutschen Einheitsverfahren zur Wasser-, Abwasser- und Schlammuntersuchung" (DEV) [3], herausgegeben von der Fachgruppe Wasserchemie in der Gesellschaft Deutscher Chemiker in Gemeinschaft mit dem Normenausschuß Wasserwesen im DIN durchzuführen. (Diese Verfahren werden sukzessive in DIN-Normen überführt, was zum großen Teil bereits erfolgt ist.) Dabei ist die jeweils letzte Lieferung der DEV heranzuziehen. Die 43. Lieferung (1999) enthält in fünf Bänden:

A	Allgemeine Angaben	
B	Geruch und Geschmack	Band I
C	Physikalische und physikalisch-chemische Kenngrößen	
D	Anionen	Band II
E	Kationen	
F	Gemeinsam erfaßbare Stoffe	
G	Gasförmige Bestandteile	Band III
H	Summarische Wirkungs- und Stoffkenngrößen	
K	Mikrobiologische Verfahren	
L	Testverfahren mit Wasserorganismen	Band IV
M	Verfahren der biologisch-ökologischen Untersuchung	
P	Einzelkomponenten	
S	Schlamm und Sedimente	Band V
T	Suborganismische Testverfahren	

Bei der Durchführung von Analysen sollten die Maßnahmen der „Analytischen Qualitätssicherung (AQS)" eingehalten werden [15].
Analysenverfahren lassen sich bzgl. der Aussagekraft und des erforderlichen Aufwandes etwa wie folgt unterteilen:

Referenzverfahren,	wozu die DIN-Verfahren, DEV-Verfahren und sonstige nationale und internationale Normen oder Richtlinien gehören.
Laborvergleichsverfahren,	die (überprüft) den Referenzverfahren gleichwertig sind.
Feldmethoden,	die außerhalb des Labors eingesetzt werden können und halbquantitative bis quantitative Ergebnisse liefern.
Orientierungstests	sind qualitative größenordnungsmäßige Nachweise mit subjektiver Beurteilung.

Mit der Vorgabe sehr niedriger Grenzwerte im Mikrogramm-Bereich durch die TrinkwV für Wasserschadstoffe wie PBSM, CKW und Schwermetalle ist der für die Analytik erforderliche Aufwand weiter gestiegen. Hier sind indessen notwendige Voraussetzung z. B. die Gaschromatografie (GC), Hochdruckflüssigkeitschromatografie (HPLC) und Atom-Absorsorptionsspektrometrie (AAS). Die entsprechenden Analysengeräte sind hinsichtlich Beschaffung wie Nutzung sehr aufwendig und kostenintensiv und im allg. nur noch in Zentrallaboratorien vorhanden. In Schwerpunktlaboratorien mit großen Probenserien sind automatisierbare Geräte hilfreich.
Schnellverfahren zur Untersuchung der physikalischen, chemischen Parameter von Wasser sind die kolorimetrischen Verfahren, bei welchen durch Farbvergleich unter Verwendung von Reagenzien-Testsätzen die Konzentration der Inhaltsstoffe ermittelt wird. Hierzu gehören die Teststreifen-Methoden mit relativ geringer Nachweisempfindlichkeit, die visuell kolorimetrischen Verfahren, mit etwas größerer Genauigkeit, und die ziemlich genauen photometrischen Verfahren. Für Voruntersuchungen sind die kolorimetrischen Verfahren gut geeignet, sie können aber die genauen Untersuchungen zumeist nicht ersetzen.

Zur Überwachung und teils auch zur Steuerung des Wasseraufbereitungsprozesses werden automatisch-kontinuierlich arbeitende, wartungsarme und störunanfällige Betriebsmeßgeräte, z. B. für pH-Wert, Trübung, Sauerstoff, Leitfähigkeit. Redoxspannung und UV-Absorption eingesetzt (siehe auch DVGW-Arbeitsblatt W 230 und **Tab. 4-35**).

Tab. 4-35: Beispiele für die Anwendung von Betriebsmeßgeäten in der Wasseraufbereitung (nach DVGW-W 643)

	1. Temperatur °C	2. pH-Wert	3. Sauerstoff mg/l	4. Trübung TE/F o. FNU	5. Färbung (436 nm) m^{-1} oder mg/l Pt	6. elektrische Leitfähigkeit (25 °C) µS/cm	7. UV-Absorption (254 nm) m^{-1}	8. Chlor, Chlordioxid mg/l	9. Ozon mg/l	10. Redox-Spannung mV	11. Eisen, Mangan, Aluminium mg/l	12. Ammonium mg/l	13. Nitrat mg/l	14. Phosphat, Silikat mg/l	15. TOC, DOC mg/l
Rohwasser-Beschaffenheit	×	×	×	×	(×)	×	×				(×)	×	×	(×)	(×)
Trinkwasser-Beschaffenheit	×	×	×	×		×	×	×		×			×	(×)	
Aufbereitungsverfahren															
1. Enteisenung und Entmanganung		×	×	×					(×)	(×)	×				
2. Belüftung	×	×	×												
3. pH-Korrektur mit Chemikalien-Zugabe		×													
4. Ca^{2+}-Verminderung (Enthärtung)		×		×		×									
5. Ca^{2+}-Zusatz (Aufhärtung)		×		(×)		×									
6. (Teil-)-Entcabonisierung		×		×		×									
7. (Teil)-Entsalzung		×				×									
8. Mikrosiebung				(×)											
9. Flockung und Filtration	×	×		×			×				(×)				(×)
10. Schnellfiltration (Sand)				×			×					(×)			
11. Langsamfiltration			×	×		(×)	×					×			×
12. Adsorption			×	×			×								×
13. Ozonung			(×)				×		×	(×)					(×)
14. Dosierung von Chlor oder Chlordioxid		×						×		(×)					
15. Phosphat- oder Silikatzusatz														×	
16. Nitrifizierung oder Nitratentfernung	×	×	×	×		(×)				(×)		×	×		×

Zur Beurteilung von Rohwässern und Abwässern insbesondere für die Planung und Optimierung von Aufbereitungsverfahren und -anlagen kommen immer häufiger Aufbereitbarkeitstests zur Anwendung, die mit einer analytischen Erfassung verbunden sind. Hierzu zählen z. B. seit langem Flock- und Filtrierbarkeitstests, in neuerer Zeit sind Stripping- und Adsorptionstests hinzugekommen. In allen Fällen ist aber, wie auch bei anderen Labor- und halbtechnischen Versuchen, die Übertragbarkeit der Ergebnisse auf die Großanlage kritisch zu prüfen.

4.1.7.2 Umfang und Häufigkeit der Untersuchungen, Formularbeispiel

Art, Umfang und Häufigkeit der Wasseranalysen sind abhängig von der Aufgabenstellung, der Wasserart, den örtlichen Randbedingungen usw. und somit sehr unterschiedlich. Für die Überwachung des Trinkwassers sieht die TrinkwV in der Anlage 5 laufende, periodische und besondere Untersuchungen

vor und gibt für die laufenden und periodischen Untersuchungen deren Anzahl und Umfang für den Regelfall in Abhängigkeit von der Wasserabgabe vor (Tab. 4-36).
Zur *laufenden Untersuchung* gehören im allg. die mikrobiologische Untersuchung auf E. coli, coliforme Keime und Koloniezahl sowie die Untersuchungen auf die Kenngrößen Geruch, Trübung und Leitfähigkeit und der Nachweis der Konzentration an Chlor oder Chlordioxid. Letzterer Nachweis ist bei Desinfektion mit diesen Stoffen zur Überwachung der Desinfektion täglich gefordert, was auch als fortlaufende Aufzeichnung erfolgen kann.
Bei der *periodischen Untersuchung* ist zusätzlich noch auf die gesundheitlich besonders relevanten chemischen Stoffe der Anlage 2.1 der TrinkwV wie toxische Schwermetalle, Stickstoffverbindungen Nitrat und Nitrit, polycycl. aromat. Kohlenwasserstoffe und organische Chlorverbindungen zu untersuchen sowie die Einhaltung der für einige Zusatzstoffe zur Trinkwasseraufbereitung in der Anlage 3 angegebenen Grenzwerte nachzuweisen. In kürzeren Abständen ist außerdem die pH-Wert-Messung gefordert.
Besondere Untersuchungen, insbesondere auf Pflanzenbehandlungs- und Schädlingsbekämpfungsmittel sowie Kenngrößen und Stoffe der Anlage 4 der TrinkwV, auf weitere Mikroorganismen und eventuell auch des Rohwassers, ordnet die zuständige Behörde bei Erfordernis im Einzelfall an. Von dieser werden dann Art, Umfang, Häufigkeit und evtl. auch einzuhaltende Werte vorgegeben.
Das in **Tab. 4-37** gegebene Formularbeispiel für Analysen von Grundwasser und Trinkwasser ist vom Anwender je nach Aufgabenstellung zu erweitern oder auch zu reduzieren.
Zur Feststellung der allgemeinen hygienischen Beschaffenheit eines Wassers werden zusätzlich zu den mikrobiologischen Parametern meist auch die Kenngrößen Temperatur, pH-Wert, Leitfähigkeit, Summe Erdalkalien (Härte), Säurekapazität bis pH 4,3 und die sogenannten Verschmutzungsindikatoren Nitrat, Nitrit, Ammonium, Chlorid und Oxidierbarkeit erfaßt.
Für die Wahl eines Wasservorkommens sind häufigere chem. Untersuchungen der wichtigsten Parameter erforderlich, da die Wasserbeschaffenheit je nach Quellschüttung oder bei verschiedenen Entnahmemengen bei Bohrbrunnen schwanken kann.
Zur Kenntnis des Verhaltens eines Wasservorkommens und zur eingehenden hygienischen Beurteilung sind zunächst häufigere mikrobiologische Untersuchungen notwendig, insbesondere zu Zeiten, die eine erhöhte Gefährdung der Wassergewinnungsanlage bedeuten können, wie nach starken Niederschlägen, Hochwasser, bei erhöhten Entnahmen und damit stärkerer Grundwasserbeanspruchung und zur Zeit der Düngung der Felder (siehe auch Tab. 4-38).

4.1.7.3 Probenentnahme, Untersuchungen vor Ort

Die Durchführung der Probenahme, die eventuelle Notwendigkeit der Untersuchung vor Ort und der Probenkonservierung sind vor allem abhängig von dem zu analysierenden Parameter.
Festlegungen zur Probenahme aus Trinkwässern im Wasserwerk und im Rohrnetz und aus Rohwässern sind in der DIN 38 402 Teil 14 bzw. DEV A 14 enthalten. Für einige Untersuchungen, speziell biologische oder mikrobiologische, die besondere Verfahren der Probenahme erfordern, sind weitere Angaben aus den Normen DIN 38 401 und 38 411, jeweils Teil 1, entnehmbar. Probenkonservierung und -transport sind dargestellt in der DIN 38 402, Teil 21. Einige grundsätzliche Hinweise zur Probenahme sollen nachfolgend gegeben werden:

- Der Probenahmeort ist so zu wählen, daß repräsentative Proben entnehmbar sind, die Probenahmestelle ist dauerhaft zu kennzeichnen.
- Vor der Entnahme der Probe muß das abgestandene Wasser bis zur Temperaturkonstanz ablaufen. (Ausnahmen können beabsichtigte Probenahmen nach Stagnation, z. B. bei der Kupfer- und Zinkbestimmung in der Hausinstallation sein.)
- Das Probenvolumen muß für die vorgesehenen Untersuchungen ausreichend sein, wobei bei mehreren vorgesehenen Untersuchungen auch mehrere Probengefäße verwendet werden sollten (z. B. für teilweise Konservierung). Im allgemeinen sind mind. 2 l aufgeteilt auf mind. 2 Probeflaschen erforderlich.
- Für die Aufbewahrung von Wasserproben sind absolut saubere Flaschen aus farblosem Glas, zweckmäßig aus Jenaer Glas, zu verwenden. Glasklare Kunststoffflaschen sind nur bedingt geeignet, da sie alle Kohlenwasserstoffe, wie Mineralöl, auch Pestizide, Kieselsäure, Phosphationen absorbieren können. Als Verschluß eignen sich am besten Glasstopfen. Korkstopfen müssen mit Stanniol umgeben oder in heißes Paraffin getaucht werden. Ungeeignet sind unbehandelte Korkstopfen und Gummiringe.

Tab. 4-36: Umfang und Häufigkeit der Untersuchungen (Anlage 5 d. Trinkw V [11)

	Untersuchung zur Überwachung der Desinfektion		laufende Untersuchung		periodische Untersuchung		besondere Untersuchung	
bei Trinkwasserabgabe	Anzahl der Untersuchungen	Umfang der Untersuchung	Anzahl der Untersuchungen[3])	Umfang der Untersuchung	Anzahl der Untersuchungen[1])	Umfang der Untersuchung	Anzahl der Untersuchungen	Umfang der Untersuchung
bis 1 000 m^3 pro Jahr	1 pro Tag oder nach § 11 Abs. 3 der TrinkwV	Chlor oder Chlordioxid[2])	–	–	1 pro Jahr oder nach § 11 Abs. 2 und 3 der TrinkwV	Geruch (qualitativ) Trübung (Aussehen) Leitfähigkeit[2]= Stoffe nach Anlage 2, Abschnitt I u. Anlage 3 E. coli coliforme Keime Koloniezahl	Auf Anordnung nach § 10 Abs. 2 oder § 11 der TrinkwV	Stoffe nach Anlage 2, Abschnitt II; Stoffe und Kenngrößen nach Anlage 4; von der zuständigen Behörde nach § 10 Abs. 2 oder bestimmte Stoffe, Kenngrößen und Mikroorganismen
					1 pro Monat oder nach § 11 Abs. 3	pH-Wert[2])		
bis 1 000 000 m^3 pro Jahr	1 pro Tag	Chlor oder Chlordioxid[2])	1 je 15 000 m^3 Abgabe 1 je 30 000 Abgabe, wenn nicht desinfiziert oder wenn der Gehalt an Desinfektionsmitteln fortlaufend aufgezeichnet wird	Geruch (qualitativ) Trübung (Aussehen) Leitfähigkeit[2]) Chlor oder Chlordioxid[2]) E. coli coliforme Keine Koloniezahl	1 pro Jahr oder nach § 11 Abs. 2 und der TrinkV	Geruch (qualitativ) Trübung (Aussehen) Leitfähigkeit[2]) Stoffe nach Anlage 2, Abschnitt I u. Anlage 3 E. coli coliforme Keime Koloniezahl	Auf Anordnung nach § 10 Abs. 2 oder § 11	Stoffe nach Anlage 2, Abschnitt II; Stoffe und Kenngrößen nach Anlage 4; von der zuständigen Behörde nach s. o. § 11 bestimmte Stcffe, Kenngrößen und Mikroorganismen
					1 pro Woche	pH-Wert		

	Untersuchung zur Überwachung der Desinfektion		laufende Untersuchung		periodische Untersuchung		besondere Untersuchung	
bei Trinkwasserabgabe	Anzahl der Untersuchungen	Umfang der Untersuchung	Anzahl der Untersuchungen[3])	Umfang der Untersuchung	Anzahl der Untersuchungen[1])	Umfang der Untersuchung	Anzahl der Untersuchungen	Umfang der Untersuchung
über 1 000 000 m^3	1 pro Tag	Chlor oder Chlordioxid[2]	1 je 15 000 m^3 Abgabe 1 je 30 000 Abgabe, wenn nicht desinfiziert oder wenn der Gehalt an Desinfektionsmitteln fortlaufend aufgezeichnet wird	Geruch (qualitativ) Trübung (Aussehen) Leitfähigkeit[2] Chlor oder Chloroxid E. coli coliforme Keime Koloniezahl	2 pro Jahr oder nach § 11 Abs. 2	Geruch (qualitativ) Trübung (Aussehen) Leitfähigkeit [2]) Stoffe nach Anlage 2, Abschnitt II u. Anlage 3 E. coli coliforme Keime Koloniezahl	Auf Anordnung nach § 10 Abs. 2 oder § 11	Stoffe nach Anlage 2, Abschnitt II; Stoffe und Kenngrößen nach Anlage 4; von der zuständigen Behörde nach s. o. § 11 bestimmte Stoffe, Kenngrößen und Mikroorganismen
					1 pro Woche	pH-Wert[2])		

[1]) Bei Wasser für Lebensmittelbetriebe darf die zuständige Behörde längere als jährliche Zeitabstände nicht zulassen.
[2]) Die Einzeluntersuchung entfällt bei fortlaufender Aufzeichnung.
[3]) Sind hiernach täglich Proben zu untersuchen und haben Untersuchungen während des Zeitraumes von 4 Jahren keinen Grund zu Beanstandungen ergeben, so kann die zuständige Behörde zulassen, daß die Zahl der täglichen Proben bis auf $^1/_3$ der geforderten Zahl herabgesetzt wird.

Tab. 4-37: Formularbeispiel für Grundwasser und Trinkwasser (DIN 38402, Teil 1) – Auszug

Firma/Institut Bearbeitungs-Nr Proben-Bezeichnung Probenahme-Datum	Datum Auftraggeber

Bennenung und Angabe		Einheit	Vefahrens-Kennzeichen	Probe
Geruch, qualitativ		°C		
Färbung, qualitativ				
Trübung, qualitativ				
Bodensatz qualitativ				
Wassertemperatur				
⋮		⋮	⋮	⋮
Färbung, Spektraler Absorptions koeffizient $\lambda = 436$ nm		1/m		
Spektraler Absorptionskoeffizient $\lambda = 254$ nm		1/m		
Elektrische Leitfähigkeit bei 25 °C		μS/cm		
pH-Wert bei ... °C				
pH-Wert nach $CaCO_3$-Sättigung bei ... °C				
Säurekapazität bis pH = 8,2 bis ... °C		mmol/l		
Säurekapazität bis pH = 4,3 bis ... °C		mmol/l		
Basekapazität bis pH = 8,2 bis ... °C		mmol/l		
Härtebereich				
⋮		⋮	⋮	⋮
Sauerstoff	O_2	mg/l		
Calcium	Ca	mg/l		
Magnesium	Mg	mg/l		
Kalium	K	mg/l		
Natrium	Na	mg/l		
Eisen, gesamt	Fe	mg/l		
Mangan, gesamt	Mn	mg/l		
Ammonium	NH_4	mg/l		
Nitrit	NO_2	mg/l		
Nitrat	NO_3	mg/l		
Phosphor, gesamt	P	mg/l		
Chlorid	Cl	mg/l		
Sulfat	SO_4	mg/l		
Silicat	Si	mg/l		
⋮		⋮	⋮	⋮
Gelöster organisch gebundener Kohlenstoff (DOC)	C	mg/l		
⋮		⋮	⋮	⋮
Escherichia coli		1/(100 ml)		
Coliforme Keime		1/(100 ml)		
Koloniezahl		1/ml		

Tab. 4-38: Formular für chemisch-technische Analysen des Bayerischen Landesamtes für Wasserwirtschaft (Auszug)

Wasseranalyse (Nr.)		
Bezeichnung (Unternehmensträger)		
Entnahmeort		
Landkreis		
Entnahmestelle		
Entnahmedatum		
Färbung (visuell)		
Trübung (visuell)		
Geruch (qualitativ)		
Geschmack (qualitativ)		
Volumenstrom (Q)	l/s	
Wassertemperatur (t)	° C	
Elektrische Leitfähigkeit (bei 20° C)	mS/m	
Redoxspannung	mV	
pH-Wert bei t (pH_t), gem.		
pH-Wert nach Calcit-Sätt. (pH_c ber.)		
Differenz $pH_{t\text{-gem.}} - pH_{c\text{-ber.}}$		
Sättigungsindex bei t (SI)		
Calcit-Lösekapazität bei t ($CaCO_3$)	mg/l	
Pufferungsintensität bei t (PI)	mmol/l	
Säurekapazität bis pH 4,3 ($K_{s\,4.3}$)	mmol/l	
Säurekapazität bis pH 8,2 ($K_{s\,8.2}$)	mmol/l	
Basekapazität bis pH 8,2 ($K_{B\,8.2}$)	mmol/l	
Kohlenstoffdioxid, gelöst (CO_2)	mg/l	
Kohlenstoffdioxid, ‚zugehörig' (CO_2)	mg/l	
Sauerstoff, gelöst (O_2)	mg/l	
Sauerstoffsättigung (bei t)	%	
Summe Erdalkalien (Härte)	mmol/l; ° d	
Härtebereich (Waschmittelgesetz)		
Calcium (Ca^{2+})	mg/l	
Magnesium (Mg^{2+})	mg/l	
Natrium (Na^+)	mg/l	
Kalium (K^+)	mg/l	
Mangan, gesamt (Mn)	mg/l	
Eisen, gesamt (Fe)	mg/l	
Arsen, gesamt (As)	mg/l	
Ammonium (NH_4^+)	mg/l	
Chlorid (Cl^-)	mg/l	
Sulfat (SO_4^{2-})	mg/l	
Nitrat (NO_3^-)	mg/l	
Nitrit (NO_2^-)	mg/l	
Orthophosphat (PO_4^{3-})	mg/l	
Fluorid (F^-)	mg/l	
Kieselsäure (SiO_2)	mg/l	
Oxidierbarkeit (Mn VII → II) (O_2)	mg/l	
Organisch geb. Kohleristoff (DOC)	mg/l	
Spektr. Absorptionskoeff. 436 nm	m^{-1}	
Spektr. Absorptionskoeff. 254 nm	m^{-1}	
Aluminium (Al)	mg/l	

Die Probeflaschen müssen sauber gereinigt, am besten ausgekocht sein und sollten mit dem zu beprobenden Wasser mehrfach ausgespült werden.

- Wasserproben aus gefaßten Quellen sind am Quellschacht zu entnehmen. Ungefaßte Quellen sind mind. 1 Tag vor der Probeentnahme sorgfältig zu reinigen und so herzurichten, daß die Probe unmittelbar am Quellaustritt ohne Verunreinigung durch Erde, Sand, Schlamm oder Pflanzen entnommen werden kann.
- Wasserproben aus Brunnen sind unmittelbar am Brunnenkopf zu entnehmen, so daß dort immer, auch bei der Vorbereitung zu Pumpversuchen, ein Entnahmehahn anzuordnen ist. Vor der Probeentnahme muß der Brunnen zum Entfernen des in der Steigleitung und im Brunnen stagnierenden Wassers abgepumpt werden, mind. aber auf die Dauer von 15 Minuten. I. a. erfolgt aber die Probeentnahme am Ende eines mehrstündigen Pumpversuchs.
- Wasserproben aus Oberflächenwässern, Flüssen, Seen, Talsperren, müssen mittels Spezialgeräten entnommen werden, da hier meist Proben aus verschiedenen Tiefen untersucht werden müssen.
- Das Füllen der Probeflaschen ist unter Luftabschluß durchzuführen. Hierzu wird über den Entnahmehahn ein klarer Plastikschlauch gezogen, der bis auf den Boden der Probeflasche reicht. Zunächst wird das Wasser etwa 15 Minuten lang frei ablaufen gelassen, dann die Probeflasche langsam ohne Luftblasenbildung so lange unter Überlaufen gefüllt, bis sich der Inhalt der Probeflasche mehrmals erneuert hat. Die Flasche wird so voll gefüllt, daß nach Aufbringen des Stopfens keine Luftblase in der Flasche ist.
  Bei großen Entnahmevorrichtungen wird zweckmäßig ein überstauter Trichter verwendet, an dessen Ende ein Plastikschlauch zum Füllen der Probeflasche angebracht ist.
- Die Probeflaschen müssen genau bezeichnet werden. Anzugeben sind mindestens:

Absender	Lufttemperatur ....
Entnehmer der Probe	Wassertemperatur ....
genaue Bezeichnung	Verwendungszweck ....
der Entnahmestelle	des Wassers ....
Tag, Stunde der Probeentnahme	

(Formularvorschlag siehe auch DIN 38402, Teil 14)

Mikrobiologische Probeentnahme

Die Proben müssen mit großer Sorgfalt entnommen werden, damit keine Verunreinigung durch die Entnahme selbst erfolgt. Vor der Entnahme muß der Entnahmehahn durch Abbrennen keimfrei gemacht werden, für den Transport der Wasserproben werden sterilisierte Glasflaschen verwendet, die beim Füllen am oberen Rand und am Glasverschluß nur mit einer steril gemachten Kneifzange gefaßt werden dürfen. Da bei normaler Temperatur die Keimzahlen rasch ansteigen, werden die Wasserproben gekühlt möglichst schnell zu der mikrobiologischen Untersuchungsanstalt transportiert. Die Entnahme von Wasserproben für die mikrobiologische Untersuchung sollte daher nur durch die Gesundheitsämter oder sonstige hygienische Sachverständige erfolgen.

Die mikrobiologische Untersuchung von Wasserproben aus Quellen vor deren sachgemäßer Fassung und aus Brunnen vor deren Ausbau oder unmittelbar nach dem Ausbau liefert keine verwertbaren Ergebnisse, da hier das Wasser noch unmittelbaren Verunreinigungen, z. B. durch den Bau selbst, ausgesetzt war. Vor Ausbau einer Wasserfassung muß sich die hygienische Beurteilung im wesentlichen auf die Geländebeurteilung unter Berücksichtigung der geo-hydrologischen Verhältnisse beschränken. Nach Ausbau der Fassung muß eine intensive Entkeimung aller Anlageteile zur Beseitigung der Bauverunreinigungen durchgeführt werden, nach deren Abklingen die mikrobiologische Untersuchung vorgenommen wird.

Anforderungen an medizinisch-mikrobiologische Laboratorien enthält die DIN 58956. Empfehlungen gibt auch die DVGW-Inf. Nr. 32 v. 6/92.

Untersuchungen am Probenahmeort

sind für Parameter erforderlich, die sich durch den Probentransport verändern könnten. Dies sind z. B. Temperatur, pH-Wert, elektr. Leitfähigkeit, gelöste Gase (Sauerstoff, Kohlenstoffdioxid, Schwefelwasserstoff), evtl. auch Redoxspannung, Säure- und Basekapazität bis pH 8,2. Außerdem sind bereits bei der Probenahme qualitativ die Wahrnehmungen bzgl. Färbung, Trübung, Geruch, Geschmack (nur bei Trinkwasserqualität) und evtl. Bodensatz festzuhalten.

4.1.7.4 Ergebnisangabe

Nach DIN 38 402, Teil 1, sind Ergebnisse von Wasseranalysen wie folgt anzugeben:

a) Qualitative Angaben: mit Ziffern

Ziffer	*Bedeutung*
1	nicht wahrnehmbar
2	wahrnehmbar
3	stark wahrnehmbar

b) Quantitative Angaben: in gesetzlichen Einheiten
- in der Regel als Massenkonzentration in mg/l oder μg/l (1 mg/l = 10^{-3} g/l; 1 μg/l = 10^{-6} g/l)
- anorganische Summenparameter wie Säure-, Basekapazität, Härte als Stoffmengenkonzentration in mmol/l
- oder nach Angabe in der Parameterliste der DEV (A2)

c) Nicht untersuchte Parameter: n. a. (nicht analysiert)

In der Praxis der Wasseranalytik sind weitere Kurzbezeichnungen gebräuchlich wie „n. b." für nicht bestimmt, „<" für kleiner als... (Bestimmungsgrenze des Verfahrens), „o. B." für ohne Befunde, Spuren u. a. Die Angabe „n. n." (nicht nachweisbar) sollte nur in Verbindung mit der Bestimmungsgrenze des Verfahrens erfolgen, z. B. „n. n." (< 0,01 mg/l), da diese verfahrensabhängig ist. Im Analysenformular sollte der für die Ergebnisangabe bei dem Parameter jeweils vorgesehene Raum nicht unausgefüllt bleiben.

4.1.7.5 Beurteilung

Die Beurteilung einer Wasseranalyse muß sich nach dem Zweck der Untersuchung richten. Bei der *Kontrolle der Trinkwasserbeschaffenheit nach den Vorschriften der TrinkwV* stehen im Vordergrund die mikrobiologischen Parameter (bei denen eine Grenzwert-Überschreitung generell unzulässig ist), die gesundheitlich relevanten chemischen Stoffe der Anlage 2 der TrinkwV, deren Grenzwerte nur in Notfällen mit behördlicher Zustimmung überschritten werden dürfen sowie eventuelle weitere (behördlich geforderte) Kenngrößen bzw. Stoffe der Anlage 4. Für letztere ist zu beachten, daß von den Landesregierungen Grenzwerte abweichend von denen der TrinkwV festgelegt sein können. Außerdem ist bei den periodischen Untersuchungen die Einhaltung der für Zusatzstoffe vorgegebenen Grenzwerte zu kontrollieren.
Die hygienische *Beurteilung eines Rohwassers* bzgl. der Eignung zur Trinkwasserversorgung sollte, besonders bei Oberflächenwasser, zusätzlich zu den mikrobiologischen und physikalisch-chemischen Parametern auch die biologische Beschaffenheit (Algen, Kleinlebewesen usw.) beinhalten. Der chemische Untersuchungsbefund gibt in hygienischer Hinsicht ein Durchschnittsbild der Beschaffenheit des Wassers, der mikrobiologische Befund ein Momentanbild, der biologische Befund ein Langzeitbild und ergänzt somit den mikrobiologischen Befund. Die Ortseinsichtnahme und die hydrogeologischen Angaben, wie: geologische Formation des Grundwasserleiters, Lage des Grundwasserspiegels unter Gelände, Fließrichtung und Fließgeschwindigkeit des Grundwassers, Filterwirkung der Deckschichten, ermöglichen die Beurteilung der Herkunft des Wassers und der im Wasser enthaltenen Stoffe. Zur hygienischen Beurteilung gehört auch die Festlegung der Schutzgebietsgröße.
Bei Untersuchungen an Vorfeldmeßstellen ist meist die längerfristige Tendenz von Schadstoffkonzentrationen im Rohwasser von Interesse, um rechtzeitig entsprechende Maßnahmen im Einzugsgebiet einleiten zu können bzw. den Erfolg laufender Sanierungsmaßnahmen zu kontrollieren. Schadstoffhavarien erfordern Untersuchungen des Wassers und Beurteilung in kürzeren Abständen.
Die *Beurteilung der Wasserbeschaffenheit aus technischer Sicht* bezieht sich insbesondere auf die korrosionschemischen Eigenschaften des Wassers und sonstige verwendungsbezogene Aspekte. Die Korrosivität, die bei einigen Werkstoffen aufgrund der erhöhten Schwermetall-Lösung u. eventuellen Freisetzung von Asbestfasern auch eine hohe gesundheitliche Relevanz hat, wird abschätzbar über Analysenparameter wie Calcitlösekapazität, pH-Wert, pH-Wert nach $CaCO_3$-Sättigung, Pufferung, Säurekapazität bis pH 4,3 und Basekapazität bis pH 8,2, Calciumgehalt, Leitfähigkeit, Neutralsalzgehalt (Chlorid- und Sulfationen), Temperatur, gelöster Sauerstoff, Stickstoffverbindungen, natürliche und künstliche Inhibitoren wie Huminstoffe und Phosphate aber auch kleine sich ablagernde Feststoffe (Eisen- und Manganausfällungen, Sand). Man weiß heute, daß das sogenannte Kalk-Kohlensäure-Gleichgewicht weder eine notwendige noch eine hinreichende Bedingung für die Vermeidung von Korrosion ist und die Ausbildung schützender Deckschichten auch beim Vorliegen des Gleichgewichtszustandes sowie ausreichender Calcium-Konzentrationen (> 20 mg/l), Sauerstoffgehalte

(mind. 6 mg/l) und Säurekapazitäten bis pH 4,3 (mind. 1,0 mmol/l) durchaus nicht eintreten muß. Es lassen sich für vorgenannte beeinflussende Wasserparameter auch kaum „Sollwerte“ vorgeben, da in Abhängigkeit von den eingesetzten Werkstoffen und den Betriebsbedingungen einzelne Parameter sehr rangig sein können oder fast bedeutungslos werden und sich Auswirkungen auch umkehren können, z. B. beim Sauerstoffgehalt. (Vergleiche auch DIN 50 930 und 4030, DVGW-Arbeitsblatt W 214, Teil 1.)
Höhere pH-Werte verringern zumeist die Gefährdung durch Korrosion, sie sollten aber nicht über dem pH-Wert der Calcit-Sättigung liegen, da dann Kalkausfall auftreten kann. Korrosionschemisch günstig zu bewerten ist im allg. ein gut gepuffertes, calcium- und hydrogencarbonatreiches Wasser, dessen pH-Wert etwa dem nach $CaCO_3$-Sättigung entspricht und das nahezu sauerstoffgesättigt ist (siehe auch „pH-Wert“). Ungünstig ist für metallische Werkstoffe zumeist ein hoher Neutralsalzgehalt. Aber auch völlig entsalztes Wasser ist, da ungepuffert, hochgradig korrosiv. Das Vorhandensein von sich ablagernden Feststoffen kann zur Bildung von korrosiven Elementen führen. Für zementgebundene Werkstoffe sind höhere Calcitlösekapazitäten (> 12 mg/l) sehr kritisch und auch höhere Sulfatgehalte ungünstig.

Tab. 4-39: Voraussetzungen für eine geringe Korrosionswahrscheinlichkeit bei metallischen Werkstoffen nach DIN 50 930

Werkstoff Kriterium	Unlegierte und niedriglegierte Eisenwerkstoffe	Feuerverzinkte Eisenwerkstoffe	Nichtrostende Stähle	Kupfer und Kupferwerkstoffe
Basekapazität $K_{B\,8,2}$ (freies CO_2)	k. A.	$< 0{,}5$ mmol/l (< 22 mg/l bzw.	k. A.	≤ 1 mmol/l (≤ 44 mg/l) bzw.
pH-Wert	$> 7{,}0$	$\geq 7{,}3$ (bei $K_{S4,3} \leq 5$ mmol/l)	k. A.	$\geq 7{,}0$ (bei $K_{S4,3} \leq 5$ mmol/l)
Säurekapazität $K_{S4,3}$ (Hydrogencarbonate)	> 2 mmol/l ($> 6\,°$ d)	> 1 mmol/l, besser > 2 mmol/l ($> 3\,°$ d, b. $> 6\,°$ d)	k. A.	mögl. hoch
Sauerstoff	$> 3{,}0$ mg/l (oder $< 0{,}1$ mg/l)	k. A.	k. A.	k. A.
Calcium	$> 0{,}5$ mmol/l (< 20 mg/l)	$> 0{,}5$ mmol/l (> 20 mg/l)	k. A.	k. A.
Sonstige	$\frac{c(Cl^-) + 2\,c(SO_4^{2-})}{K_{S4,3}} < 1$	$\frac{c(Cl^-) + 2\,c(SO_4^{2-})}{K_{S4,3}} < 1$ $\frac{c(Cl^-) + 2\,c(SO_4^{2-})}{c(NO_3^-)} > 2$ $Cu^{2+} \leq 0{,}06$ mg/l	$\frac{c(Cl^-)+2c(SO_4^{2-})}{K_{S4,3}} < 0{,}5$ wenig Cl^- niedriges Redoxpotential	$\frac{K_{S4,3}}{c(SO_4^{2-})} > 2$ wenig NO_3

Mit der in der DIN 50 930 v. 2/93 für verzinkte Eisenwerkstoffe und Kupfer erstmalig vorgenommenen Begrenzung des zulässigen Gehalts an freiem Kohlenstoffdioxid (≅ Basekapazität bis pH 8,2) soll eine korrosionsbedingte Beeinträchtigung der Trinkwasserbeschaffenheit in der Hausinstallation ausgeschlossen werden. **(Tab. 4-39)**
Besonderer Aufmerksamkeit bedarf die Mischung von Wässern unterschiedlicher Beschaffenheit (s. Abschn. 4.2.6 u. DVGW-Arbeitsblatt W 216), um Aggressivität zu vermeiden.
Die Beurteilung der Wasserbeschaffenheit für sonstige Nutzungen, z. B. Kesselspeisewasser, Reinstwasser, Dialysewasser, muß sich nach dem jeweiligen Verwendungszweck richten und führt teilweise zu von der Trinkwasserqualität weit abweichenden Anforderungen (siehe Spezialliteratur).

4.1.8 Schutz des Wassers und Sanierungsmaßnahmen

Gefährdung des Rohwassers
Der Rohstoff und das Lebensmittel Wasser sind zahlreichen Gefährdungen ausgesetzt, die zum überwiegenden Teil vom Menschen selbst verursacht werden, also anthropogen sind (siehe auch Abschn. 4.1.2.2 bis 4). In der Vergangenheit vorhandene Gefährdungen **(Abb. 4-15)**, z. B. durch Mineralöle, Phenole, Detergentien, schwermetallbelasteten Klärschlamm, sind durch entsprechende Gesetzgebungen, Anwendungsbeschränkungen, Vorsorgemaßnahmen usw. indessen weitgehend eingedämmt.

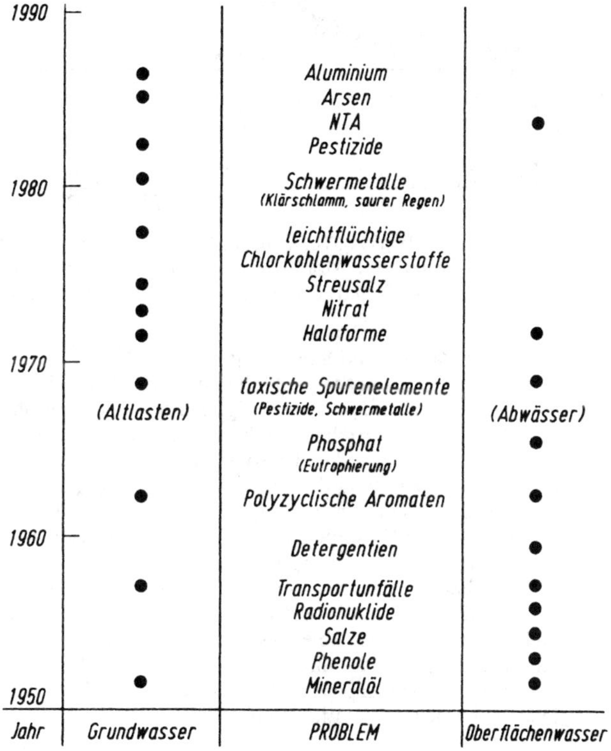

Abb. 4-15: Beispiele für aufgetretene Belastungen im Grund- und Oberflächenwasser (nach Haberer)

Weiterhin gibt es derzeit über den Ausbau der weitergehenden Abwasserreinigung erfolgversprechende (aber auch kostenaufwendige) Bemühungen, den Eintrag der Nährstoffe Phosphor und Stickstoff über die Kläranlagenabläufe in die Gewässer wesentlich zu reduzieren. Der in den letzten Jahren deutlich verringerte Einsatz von Streusalzen hilft, den Chlorideintrag in das Wasser nicht weiter zu verstärken. Dem (hausgemachten) Problem der Haloformbildung bei der Wasserchlorung ist begegnet worden durch Verzicht auf die Knickpunktchlorung und die zunehmende Umstellung von Chlor auf Chlordioxid bzw. auf andere Desinfektionsverfahren. Neu hinzugekommen bzw. in den letzten Jahren in ihren Auswirkungen erst richtig erkannt worden sind Belastungen, die vor allem das für die Trinkwasserversorgung vorrangig genutzte und so sicher geglaubte Grundwasser betreffen. Insbesondere sind dies:

- Steigende Nitratkonzentrationen infolge unsachgemäßer Stickstoffdüngung in der Landwirtschaft **(Abb. 4-16)**.
- Auftreten von Pflanzenbehandlungs- und Schädlingsbekämpfungsmittel im Wasser durch übermäßigen Einsatz dieser Stoffe vor allem in der Landwirtschaft.
- Zahlreiche nachgewiesene Grundwasserschadensfälle durch Chlorkohlenwasserstoffe, vorrangig durch umfangreichen und unsachgemäßen Umgang mit diesen Stoffen und deren Beseitigung einschließlich Altlasten.

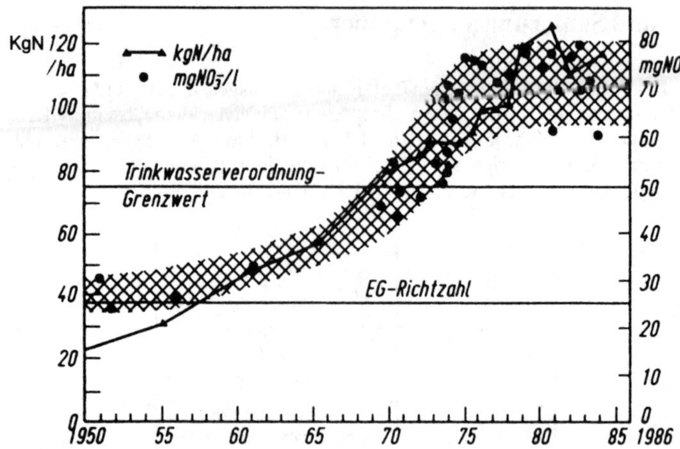

Abb. 4-16: Nitratanstieg im Grundwasser einer Wasserversorgung in Niederbayern mit Mais- und Zuckerrübenanbau im Einzugsgebiet im Vergleich zum Verbrauchsanstieg an Stickstoffmineraldünger in der Bundesrepublik Deutschland (nach Schmeing, Amann, Schuster)

– Absinken des pH-Wertes (Versauerung) der Gewässer einschließlich ansteigender Aluminiumgehalte im Wasser und evtl. Mobilisierung von Schwermetallen in Gebieten mit geringer Pufferkapazität des Untergrundes und sauren atmosphärischen Depositionen (saurer Regen).

Schutz des Rohwassers und Sanierung

Die Bereitstellung eines gesundheitlich unbedenklichen Trinkwassers erfordert bei Nutzung derartig belasteter Rohwässer zumeist aufwendige Aufbereitungsverfahren, die, soweit sie überhaupt mit der notwendigen Sicherheit großtechnisch anwendbar sind, erhebliche Kosten verursachen, analytisch kaum noch überwachbar sind und besonders kleinere Wasserwerke überfordern. Die „Reparatur" des Wassers durch Aufbereitung darf bei diesen anthropogen bedingten Belastungen deshalb nicht zur Regel werden, die Lösung der Probleme – und damit auch die Erhaltung einer intakten Umwelt – kann nur durch rechtzeitige Vorsorge und Beseitigung der Ursachen erfolgen. Die tragenden Prinzipien des Umweltschutzes, Vorsorgeprinzip und Verursacherprinzip, müssen strikt Anwendung finden. Dazu gehört beispielsweise die Umstellung auf eine *grundwasserschonende Landwirtschaft* **(Tab. 4-40)** generell, besonders aber in Wassereinzugsgebieten und mit aller Konsequenz in Wasserschutzgebieten. Auch außerhalb von Schutzgebieten sollten eingehalten werden:

– pflanzenbedarfsgerechte Düngung
– standortgerechte Nutzungen mit geeigneten Fruchtfolgen und angepaßter Bodenbearbeitung
– Grünlandumbruch nur im Einzelfall.

Tab. 4-40: Grundwasserbezogene Beurteilung von Nitratstickstoffwerten im Boden (gwf 3/89)

Grenzwerte für Nitratstickstoff (N_{min}) in Böden am Ende der Vegetationszeit als Basis für eine grundwasserschonende Landbewirtschaftung	
$N_{min} < 45$ kg N/ha	grundwasserschonende Landbewirtschaftung
→ *möglicher Tatbestand für die Gewährung von Ausgleichsleistungen*	
$45 < N_{min} < 90$ kg N/ha	aus landwirtschaftlicher Sicht meist „ordnungsgemäße Landbewirtschaftung"
→ *Bereich intensiver Beratungstätigkeiten*	
$N_{min} > 90$ kg N/ha	nicht ordnungsgemäße und grundwasserschädigende Landbewirtschaftung
→ *Tatbestand für die Erteilung von Bußgeldern*	

Zur Umsetzung und Kontrolle sind dabei erforderlich:
– intensive Beratung der Landwirtschaft
– das Führen von Schlagkarteien einschließlich Düngeplänen
– die Durchführung von Bodenuntersuchungen.

Zur Sanierung von *Nitrat*belastungen und langfristigen Sicherung der Rohwasserbeschaffenheit wird den Wasserversorgungsunternehmen u. a. empfohlen:
– Erhebung und Kartierung der (landwirtschaftlichen) Bodennutzung im Einzugsgebiet/Wasserschutzgebiet

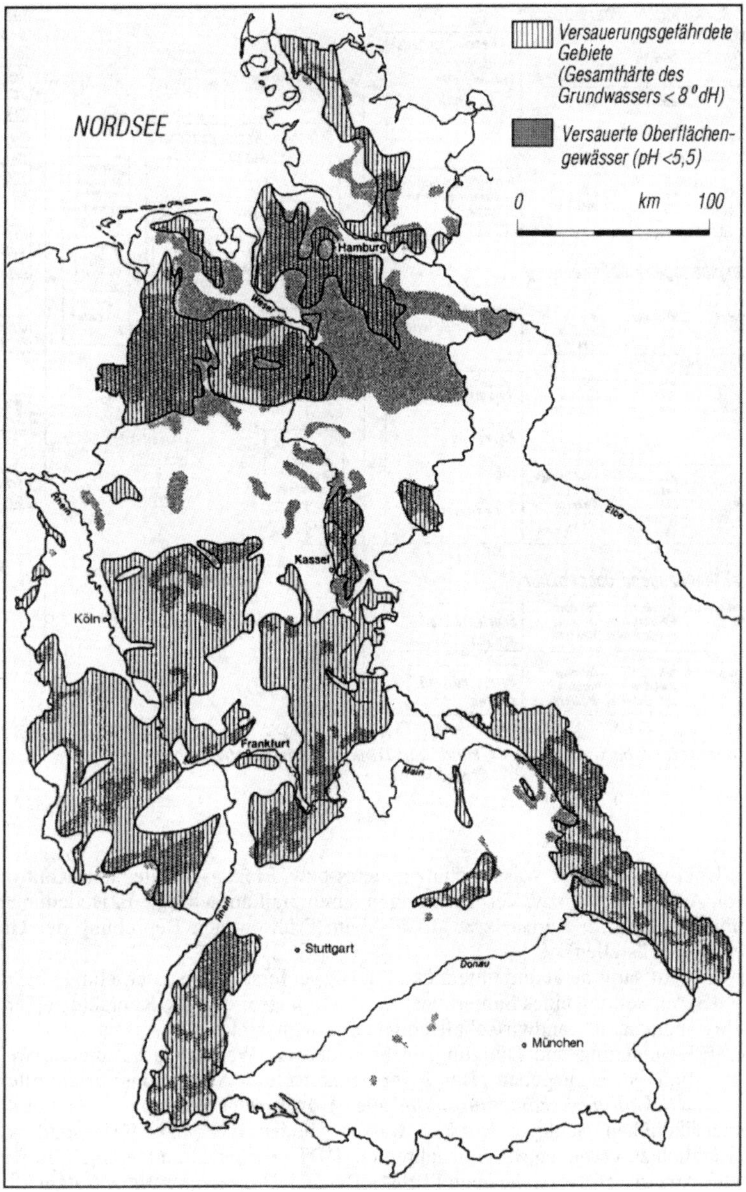

Abb. 4-17: Gewässerversauerung auf dem Gebiet der westlichen Bundesrepublik (nach Krieter, 1988)

- Vorschläge für die Ausdehnung der weiteren Schutzzone auf risikobelastete Bereiche des Einzugsgebietes mit entsprechenden Beschränkungen intensiver landwirtschaftlicher Nutzung (weitere Schutzzone III B)
- Grunderwerb oder Pacht von risikobelasteten Flächen im Wasserschutzgebiet bzw. Einzugsgebiet
- Abschluß von Vereinbarungen über Ausgleichszahlungen nach § 19 Abs. 4 WHG
- Abschluß freiwilliger Vereinbarungen mit Prämien auch für risikobelastete Flächen außerhalb des Wasserschutzgebietes

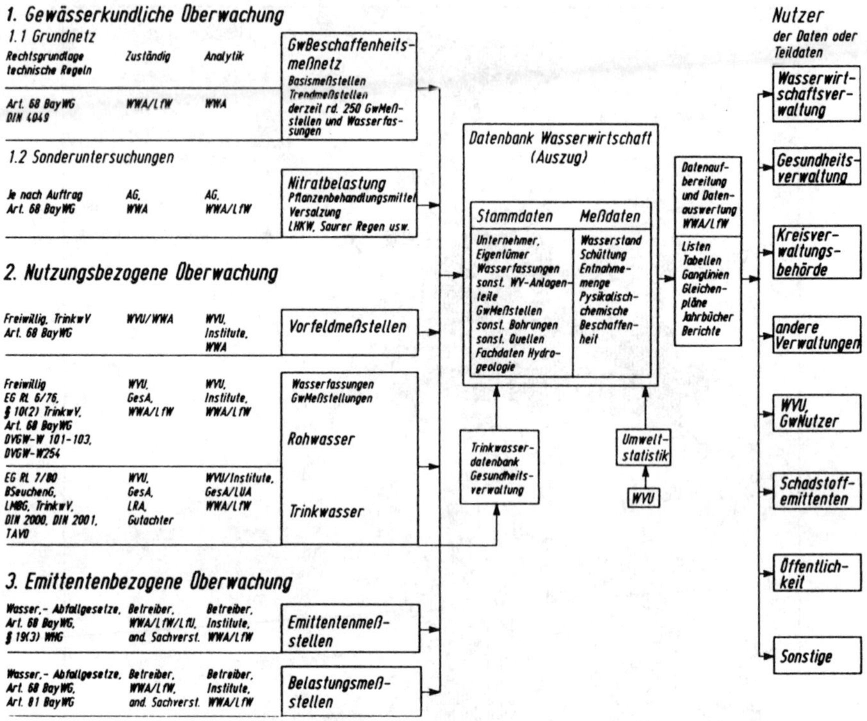

Abb. 4-18: Konzept zur Überwachung der Grund- und Trinkwasserbeschaffenheit in Bayern

- verstärkte Überwachung des Wasserschutzgebietes bzw. Einzugsgebietes und Kontrolle der Einhaltung von Anordnungen bzw. Verpflichtungen durch die Landwirte (z. B. Bodenuntersuchungen nach N-min-Methode im Herbst bzw. auf PSM im Frühsommer, Beprobung der Grundwasserbeschaffenheitsmeßstellen).

Das Wasserwirtschaftsamt berät und unterstützt die Wasserversorgungsunternehmen bei diesen Maßnahmen und der Aufstellung eines Sanierungsplanes und koordiniert die Kontakte zu den beteiligten Behörden wie Landratsamt, Landwirtschaftsamt, Gesundheitsamt.

Hinweise zu Bodennutzung und Düngung, insbesondere in Wasserschutzgebieten, werden in der DVGW-Information Nr. 35 gegeben. Bei Erfordernis ist die Anwendung bestimmter *Pflanzenbehandlungs- und Schädlingsbekämpfungsmittel* auch in größeren Entfernungen von Wasserfassungen (> 3 km) einzuschränken (Schleyer, Milde in wasser + boden 4/89), bzw. für besonders gefährliche Stoffe grundsätzlich zu verbieten, wie vor Jahren bei DDT geschehen und nunmehr in der Bundesrepublik auch für Atrazin erfolgt (siehe auch PBSM). Bei den *Chlorkohlenwasserstoffen,* die biologisch bis auf sehr wenige Ausnahmen nicht abbaubar sind, kann zumindest ein teilweiser Verwendungsverzicht durch technologische Änderungen bzw. Ersatz durch ungefährlichere Stoffe erreicht werden, wie der deutliche Rückgang der AOX-Belastung des Rheins nach entsprechenden Maßnahmen der Zellstoffindustrie gezeigt hat. Auf keinen Fall dürfen gesundheitlich bedenkliche Stoffe in die Gewässer gelangen, die mit den bewährten biologischen, chemischen und physikalischen Verfahren nicht sicher entfernt werden können. Diese trinkwasserrelevanten Stoffe, die weder biologisch abbaubar noch an Aktivkohle adsorbierbar sind, müssen bereits von dem Rohwasser konsequent ferngehalten werden. Bei der Erfassung und Quantifizierung dieser Stoffe im Ablauf von Industrieabwasserreinigungsanlagen kann der von Sontheimer und Völker entwickelte Testfilter hilfreich sein (DVGW-Schrift Nr. 60).

Es gilt in diesem Zusammenhang und auch bei der Ausweisung von Trinkwasserschutzgebieten (siehe Abschn. 3.3) die Forderung der DIN 2000 durchzusetzen, wonach dem Schutz des Trinkwassers Vorrang gebührt vor anderen konkurrierenden Nutzungen.
Beim Umgang mit wassergefährdenden Stoffen ist größte Sorgfalt erforderlich und die technische Sicherheit weiter zu erhöhen. Bei eingetretenen Schadensfällen ist die sofortige Eindämmung und Information der Wasserbehörden und Wasserwerke sowie die umgehende Sanierung entscheidend für die Sicherheit der Trinkwasserversorgung. Dabei ist zu beachten, daß diese persistenten und mobilen Schadstoffe sich längerfristig auch über große Entfernungen ausbreiten können. Bei der Sanierung eines Schadensfalles ist meist eine aufwendige Behandlung von Boden und Grundwasser notwendig. Hierzu kommen in Frage: (siehe auch Spezialliteratur, DVGW-Schrift 36, LAWA-Richtlinie).

- on-site-Verfahren, z. B. Behandlung des geförderten Wassers durch Strippen (Belüftung) und/oder Adsorption an Aktivkohle mit Wiederversickerung (oder Nutzung)
- in-situ-Verfahren, z. B. Eintrag von Luft in Wasser und/oder Boden und gleichzeitige Bodenluftabsaugung
- off-site-Verfahren, z. B. Förderung des verunreinigten Wassers bzw. Aushub des belasteten Bodens und Ableitung in die Kläranlage bzw. Transport zur Deponie.

Tab. 4-41: Güteüberwachung der Gewässer in Niedersachsen (nach Staschen 1989)

Oberirdische Gewässer		Küstengewässer	Grundwasser	Niederschlag	Einleitungen	
Güte	Radioaktivität	Güte	Güte	**Güte**	Güte	Radioaktivität
378	28	23	230	vorl. 45	rd. 1600	15
WWA NLW	NLW	NLW und andere	WWA NLW	NLW	Untere Wasserbehörden WWA NLW	NLW
Temperatur O_2, pH Leitfähigkeit BSB, CSB, PV, C, P, N, TS, Cl, K, Na, Ca, Mg, SO_A, HCO_3 Härte, Hg, Ni, Zn, Cu, Cr, Pb, Cd, Fe, Mn, As, PCB, Coli u.a.	Ges. -Gamma Tritium Strontium Cäsium Jod u.a.	Temperatur Leitfähigkeit pH-Wert Cl, N, P, O_2, BSB_5 DOC/TOC ungel. Stoffe, Hg, Cd, Pb, Ni, Cr, Zn, Cu, As, KW, PCB u.a.	Geruch Temperatur Färbung Trübung Leitfähigkeit pH-Wert Basekapazität, Säurekapazität O_2, CN, Abs. koeff. N, P, Cl, SO_4, Na, K, Mg, Ca, Fe, Mn, SiO_2, Al, B, Zn, Cu, Pb, Cd, Hg, As, Kohlen wasserstoffe und- verbindungen PSM	pH-Wert Leitfähigkeit Redox Basekapazität Rückstände SO_4, N, Cl, F, Zn, Pb, P, Cd, Cu, Na, K, PV,	CSB/BSB, Fischgiftigkeit Hg, Cd, KW, As, Cl, Pb, Zn, Fe, Cr, Cu, S, N, A, Co, Ni, AI, B, P, AOX u.a.	Ges. -Gamma Ges. Alpha Tritium, Strontium, Cäsium, Jod, u.a.
biolog. Wirktests u. Summentests		**Organohalogen-Verbindungen, weitere Organismen**			**biolog. Wirktests u. Summentests**	

In Frage kommen können auch der Betrieb von Sperrbrunnen oder bauliche Maßnahmen zur Ablenkung des Grundwasserstromes bzw. die Kapselung des Schadensherdes. Dabei werden zumeist auch objektkonkrete Modelle für Grundwasserströmung und Stofftransport gefordert sein.
Der weiteren *Versauerung* kann wirksam nur durch umgehende Reduzierung der Schwefeldioxid- und Stickoxid-Emissionen begegnet werden, da andernfalls das Puffervermögen der gefährdeten Gebiete **(Abb. 4-17)** weiter zurückgeht und durch den andauernden Säureeintrag über die Niederschläge der pH-Wert absinkt, während die Sulfat-, Nitrat- und Metallkonzentrationen im Gewässer ansteigen. In Sachsen sind Talsperren und Flußläufe im Erzgebirge und oberflächennahe Grundwasservorkommen in der Lausitz zum Teil so stark versauert, daß eine Regenerierung nur noch durch künstliche Sanierungsmaßnahmen möglich ist (Uhlmann, 1991).
Eine wichtige Hilfe können in Versauerungsgebieten zeitweise unterirdische und/oder oberirdische Kalkungen mit Dolomit (kein Branntkalk) sein (DVGW-Schrift 57). In versauerten Gewinnungsgebieten wurden von den Stadtwerken Bielefeld Flächenkalkungen sowie der Einbau halbgebrannten Dolomits in bis in die versauerten Grundwasserschichten reichenden Ringgräben um einen Brunnen durchgeführt, das Einbringen von Kalkmilch mittels Spüllanzen oder Schluckbrunnen ist geplant (Fischer – gwf 2/91).
Das rechtzeitige Erkennen von Änderungen der Beschaffenheit des Rohwassers, sowohl längerfristig als auch insbesondere zum Erkennen eingetretener Schadensfälle, ist eine Voraussetzung für die umgehende Einleitung von weiteren Maßnahmen zum Schutz und zur Sanierung der Wasservorkommen. Von der Länderarbeitsgemeinschaft Wasser (LAWA) wurde deshalb bereits 1983 ein Rahmenkonzept zur *Erfassung und Überwachung der Grundwasserbeschaffenheit* festgelegt (siehe auch Abschn. 4.1.2.2). In Anlehnung an dieses LAWA-Grundwasser-Überwachungskonzept wurden seitdem von den Bundesländern auf unterschiedlichem Wege Meßnetze und Datenbanken aufgebaut und betrieben **(Abb. 4-18)**.

Schutz des Trinkwassers
Der Schutz des Wassers muß selbstverständlich auch einschließen den Schutz des Trinkwassers vor Verunreinigung, z. B. durch Rücksaugen von Nicht-Trinkwasser oder Verschlechterung der Beschaffenheit, z. B. durch Stagnation oder lange Transportwege. Durch Auswahl geeigneter Werkstoffe, fachgerechte Verlegung und Verteilung eines korrosionschemisch unkritischen Trinkwassers sind Korrosionserscheinungen mit gesundheitlich bedenklichen Metall- und Asbestlösungen vermeidbar (siehe auch Abschn. 4.1.7.5). Besondere Aufmerksamkeit erfordert die Mischung von Wässern sehr unterschiedlicher Beschaffenheit (Abschn. 4.2.6). Der Gefahr der Wiederverkeimung des Trinkwassers läßt sich durch ausreichende Eliminierung der biologisch abbaubaren Stoffe innerhalb der Trinkwasseraufbereitung, der regelmäßigen Reinigung der Anlagenteile, der zeitweisen oder ständigen Desinfektion (möglichst mit Depotwirkung) u. a. begegnen (siehe auch Abschn. 4.1.5.2. 1). Bedenken bestehen teilweise bei Anlagen in der Hausinstallation zur Trinkwasserbehandlung vor und nach dem Zapfhahn (Abschn. 4.2.8). Erfahrungsgemäß größere Gefährdungen sind auch für Trinkwasser aus Einzelwasserversorgungen (Kap. 10.) vorhanden.
Unbedingt erforderlich ist in allen Fällen die Beachtung der entsprechenden Rechtsvorschriften, DIN-Normen und anderen Festschreibungen der Regeln der Technik sowie gesonderter Hinweise der zuständigen Behörden; empfehlenswert ist die laufende eigene Information durch Fachpublikationen und -veranstaltungen (siehe auch Abschn. 14.5-14.10).

4.2 Trinkwasseraufbereitung

Vorbemerkung:
In Anlehnung an frühere Auflagen dieses Buches wurde die Unterteilung in physikalische, chemische und biologische Aufbereitungsverfahren beibehalten, obwohl eine solche Zuordnung nicht in jedem Fall möglich bzw. sinnvoll ist und in der Praxis diese Vorgänge teilweise parallel ablaufen.

4.2.1 Anforderungen und Verfahren

Bei der Wahl von Wassergewinnungsstellen für zentrale Wasserversorgungsanlagen ist anzustreben, solche zu suchen und auszunützen, deren Wasserbeschaffenheit von Natur aus den Anforderungen eines Trinkwassers entspricht. Mit der Zunahme der zentralen Wasserversorgung, der Steigerung des

Wasserverbrauchs und leider auch infolge anthropogener Beeinträchtigung sind meist die günstig gelegenen und hygienisch, physikalisch und chemisch geeigneten Wasservorkommen bereits ausgenützt, so daß immer mehr Wasser verwendet werden muß, das nicht von Natur aus voll entspricht, so daß es vor seiner Verwendung entsprechend aufbereitet werden muß.

Tab. 4-42: In der Wasseraufbereitungstechnik verwendete Chemikalien

Gewerbliche Bezeichnung	Chemische Bezeichnung	Chemische Formel	Molare Masse g/mol
	Aluminiumsulfat	$Al_2(SO_4)_3 \cdot 18\,H_2O$	666,4
Alaun	Kaliumalum.sulfat	$K_2SO_4 + Al_2(SO_4)_3$	948,76
Ammoniak	Ammoniak	NH_3	17,03
Anhydrit	Calciumsulfat	$CaSO_4$	136,13
Ätzkali	Kaliumhydroxid	KOH	56,11
Bittersalz	Magnesiumsulfat	$MgSO_4 \cdot 7\,H_2O$	246,00
Braunstein	Mangandioxid	MnO_2	86,93
	Calciumbikarbonat	$Ca(HCO_3)_2$	162,1
	Chlor	Cl_2	70,91
	Chlordioxid	ClO_2	51,45
Chlorbleich-Lauge	Natriumhypochlorit	NaOCl	74,44
Chlorcalcium	Calciumchlorid wasserfr.	$CaCl_2$	110,98
Chlorkalk	Chlorkalk	CaCl(OCl)	126,98
	Magnesiumkarbonat	$MgCO_3$	84
Eisenchlorid	Eisen-III-chlorid	$FeCl_3$	162,21
Eisenchlorür	Eisen-II-chlorid	$FeCl_2 \cdot H_2O$	198,82
Eisensulfat	Eisen-III-sulfat	$Fe_2(SO_4)_3$	400
Eisensulfat	Eisen-II-sulfat	$FeSO_4 \cdot 7\,H_2O$	278
Eisenoxid	Eisenoxid	F_2O_3	159,68
Gips	Calciumsulfat	$CaSO_4 \cdot 2\,H_2O$	172,16
Glaubersalz	Natriumsulfat	Na_2SO_4	142,05
	Kaliumpermanganat	$KMnO_4$	158
Kalzinierte Soda	Natriumkarbonat wasserfrei	Na_2CO_3	105,99
Kalk gebrannt	Calciumoxid	CaO	56,07
Kalk gelöscht	Calciumhydroxid	$Ca(OH)_2$	74,1
Kalkstein	Calciumkarbonat	$CaCO_3$	100,07
Kochsalz	Natriumchlorid	NaCl	58,45
Kohlensäure	Kohlendioxid	CO_2	44,00
Kupfervitriol	Kupfersulfat	$CuSO_4 \cdot 5H_2O$	249,71
Magnesia	Magnesiumoxid	MgO	40,32
	Magnesiumkarbonat	$MgCO_4$	84,3
	Magnesiumsulfat	$MgSO_4$	120
Natron, doppelkohlensaures	Natriumbikarbonat	$NaHCO_3$	84,01
Natronlauge	Natriumhydroxid	NaOH	40
	Natriumphosphat	Na_3PO_4	164
	Ozon	O_3	48
	Sauerstoff	O_2	32
Pottasche	Kaliumcarbonat	K_2CO_3	138,21
Salpetersäure	Salpetersäure	HNO_3	63,02
Salzsäure	Salzsäure	HCl	36,47
Schwefelsäure	Schwefelsäure	H_2SO_4	98,08
Soda, kristall.	Natriumkarbonat	$Na_2CO_3 \cdot 10\,H_2O$	286,15
Soda, kalz.	Natriumkarbonat	Na_2CO_3	106
	Wasserstoffperoxid	H_2O_2	34
Wasserglas	Natriumsilikat	Na_2SiO_3	122
	Kaliumsilikat	oder K_2SiO_3	

Die Aufbereitung muß so erfolgen, daß die Beschaffenheit des Trinkwassers den Anforderungen der DIN 2000 (Abschn. 4.1.4) und der Trinkwasserverordnung (Abschn. 4.1.5) entspricht. Dabei können zwei Hauptzielsetzungen unterschieden werden:

1) Natürliche Parameter des Wassers so zu verändern, daß das Wasser für den menschlichen Gebrauch hygienisch unbedenklich und für den technischen Gebrauch geeignet ist. Dazu gehören beispielsweise die Einstellung des Gleichgewichts-pH-Wertes durch Entsäuerung des Wassers, der Eintrag von Sauerstoff, die Enteisenung und Entmanganung und eine eventuelle Reduzierung der Wasserhärte oder auch eine Aufhärtung.
2) Entfernung von anthropogen eingetragenen Stoffen. Ursprünglich war dies vor allem die Abtrennung oder Abtötung von Bakterien und Viren, also die Desinfektion. Dazu gekommen ist indessen leider, vor allem bedingt durch die Intensivierung von Landwirtschaft und Industrie, die Notwendigkeit, Nitrat, Pflanzenbehandlungs- und Schädlingsbekämpfungsmittel, organische Chlorverbindungen u. a. aus dem Wasser zu entfernen. Dazu sind vergleichsweise aufwendige und kostenintensive Verfahren wie Denitrifikation, Ionenaustausch, Adsorption und evtl. Umkehrosmose notwendig. Zuerst aber ist hier ein verbesserter Schutz des Rohwassers (Abschn. 4.1.8) gefordert.

Für die Trinkwasseraufbereitung stehen unterschiedliche praxisreife Verfahren zur Verfügung, die auf physikalischen, chemischen oder biologischen Vorgängen beruhen. Da diese Vorgänge teils parallel ablaufen, ist eine Einteilung der Verfahren nur näherungsweise möglich. Sehr naturnahe Verfahren, wie die Langsamfiltration und die einfache statische Sedimentation, erfordern vergleichsweise viel Raum im Gegensatz zu künstlich intensivierten Verfahren, wie die rückspülbare Schnellfiltration und die Parallelplattensedimentation. Bei letzteren Verfahren werden dem Wasser bei der Aufbereitung oft Stoffe künstlich zugesetzt (Beispiele in **Tab. 4-42)**, wodurch aber die Schlammentsorgung aufwendiger werden kann. Bei der Verwendung solcher Zusatzstoffe (siehe Abschn. 4.1.6) muß der Inhaber der Wasserversorgungsanlage dies den Verbrauchern bekanntgeben [1]. Zu beachten ist auch, daß bei einigen Verfahren und Zusatzstoffen neben der gewünschten Änderung der Wasserbeschaffenheit auch unerwünschte Auswirkungen, z. B. Erhöhung des Salzgehaltes und Entfernung von Korrosionsinhibitoren, Entstehung von THM, eintreten können.

Da kaum ein Wasservorkommen in der Natur einem anderen ähnelt, muß die Aufbereitung individuell, d. h. für jeden Einzelfall besonders entworfen werden. Bei schwierig aufzubereitenden Wässern, wie Wässer mit einem hohen Gehalt an Eisen und organischen Substanzen und Oberflächenwässer, kann das technisch und wirtschaftlich günstigste Aufbereitungsverfahren nur durch halb-technischen Versuch gefunden werden.

Hilfreich sind auch hier Aufbereitbarkeitstests, z. B. zur Flock- oder Filtrierbarkeit und zur Adsorption oder Strippbarkeit.

Mehr als bei jedem anderen Bauteil einer Wasserversorgungsanlage ist die Beratung durch Spezialisten, Hygieniker, Chemiker, Bakteriologen, Biologen, Aufbereitungstechniker und Bauingenieure unerläßlich.

Die weitergehenden Anforderungen mancher Industriebetriebe, z. B. Zellulose- und Papierindustrie, Textilindustrie, Lebensmittelindustrie, Chemische Industrie u. a., ferner die Anforderungen an Kesselspeisewasser, besonders für Hochdruckkessel, erfordern weitergehende Aufbereitungsverfahren, die hier aber nicht behandelt werden, siehe Spezialliteratur. Diese weitergehenden Verfahren werden in den Betrieben selbst und jeweils nur im Ausmaß der für die einzelnen Zwecke benötigten Wassermengen durchgeführt.

4.2.2 Physikalische Verfahren

4.2.2.1 Vorreinigung

4.2.2.1.1 Rechen

Rechen werden nur bei Oberflächengewässern eingesetzt und zwar:

Grobrechen, Durchgangsweite	3–10 cm
Mittelrechen, Durchgangsweite	1– 3 cm
Feinrechen, Durchgangsweite	0,3– 1 cm

Bei Flußwasserentnahmen werden meist Grobrechen mit elektrischem Fischabweiser und Mittelrechen mit automatischer Rechenreinigung verwendet. Der gesamte freie Durchflußquerschnitt A_R des Rechens wird etwa gleich dem Querschnitt des normalen Zulaufgerinnes gewählt. Die Durchflußgeschwindigkeit durch den Rechen darf nicht zu klein sein, damit der Rechen nicht als Sandfang wirkt, also etwa $v_R = 0{,}50$ m/s. Wegen des allmählich zunehmenden Durchflußwiderstands infolge der Anlagerungen am Rechen wird für die Berechnung ein verringerter Durchflußquerschnitt von $A_F = 0{,}75 \cdot A_R$ berücksichtigt. Der Druckverlust beträgt etwa 0,05–0,15 m. Die Eintrittsfläche wird so gelegt, daß sie abwärts oder höchstens senkrecht zur Fließrichtung des Flusses liegt, damit möglichst wenig Schwimmstoffe zuströmen können. In Seen und Trinkwassertalsperren werden Saugkörbe bzw. Feinrechen mit Abweisern gegen das Eindringen von Fischen angeordnet, da hier die Entnahme in großer Tiefe erfolgt und daher Schwimmstoffe fehlen.

4.2.2.1.2 Entsandung

Bei Flußwasserentnahmen sind immer Sandfänge erforderlich, manchmal auch bei sandführenden Quellen. Mit dem Sandfang sollen feste Inhaltsstoffe etwa der Korngröße über 0,2 mm, d. i. einschl. Mittelsand, zurückgehalten werden, jedoch Suspensionen, feine organische Inhaltsstoffe weiter transportiert werden. Die horizontale Fließgeschwindigkeit im Sandfang sollte deshalb nicht kleiner als $v_h = 0{,}25$–0,3 0 m/s gewählt werden.

Tab. 4-43: Absetzgeschwindigkeiten von Sandkörnern, Dichte 2,65 (nach Degrèmont)

Korndurchmesser	D mm	0,05	0,1	0,2	0,3	0,4	0,5	1,0	2,0	3,0	5,0	10,0
v_s (1)	cm/s	0,2	0,7	2,3	4,0	5,6	7,2	15	27	35	47	74
v_s (2)	cm/s	0	0,5	1,7	3,0	4,0	5,0	11	21	26	33	
v_s (3)	cm/s	0	0	1,6	3,0	4,5	6,0	13	25	33	45	65
v_h (Kr)	cm/s	15	20	27	32	38	42	60	83	100	130	190

Für die Bemessung des Sandfangs ist ferner die Absetzgeschwindigkeit v_s maßgebend. Da im Sandfang turbulente Strömung herrscht, ist die Absetzgeschwindigkeit beim Fließen kleiner als im stehenden Wasser. In **Tab. 4-43** sind die v_s-Werte für verschiedene Fließzustände und für Sandkorn-Dichte 2,65 angegeben. Die übliche Ausführung des Sandfanges ist die langgestreckte, rechteckige Form mit Länge L, Breite B, Tiefe H, sie wird bemessen für das kleinste zurückzuhaltende Korn nach:

$$L \cdot B = Q/v_s\,(3) \qquad v_h < v_h\,(\text{krit})$$

ferner: L : H : B = 3 : 1 : 1 bis 5 : 1 : 1

4.2.2.1.3 Entölung

Die Entölung ist bei der Verwendung von Oberflächenwasser für die Trinkwasserversorgung sehr selten, da solche Wässer nicht verwendet werden sollen. Zur Abtrennung des freien Öls und ähnlicher Stoffe wird der Sandfang mit Belüftung und Tauchwand ausgestattet, wobei durch Flotation die Stoffe an der Oberfläche gesammelt und vor der Tauchwand entfernt werden.

4.2.2.1.4 Sieben

Durch Siebe sollen bei Oberflächengewässern Schwebstoffe, welche die Feinrechen passieren können, entfernt werden, damit sie die Flockung, Sedimentation und Filtration nicht belasten. Bei der Makrosiebung, Maschenweite über 0,3 mm, sollen Feinsande, kleine pflanzliche Stoffe, Insekten u. a. zurückgehalten werden. Bei der Trinkwasseraufbereitung wird dies selten eingesetzt.

Häufiger ist die Verwendung von Mikrosieben, Maschenweite unter 100μm. Sie dienen zum Entfernen des größten Teiles von Plankton bei Aufbereitung von Wasser aus Seen mit sonst sehr guter Beschaffenheit. Hierfür werden i. a. offene Trommelfilter, **Abb. 4-19,** verwendet. Das Rohwasser durchfließt eine rotierende Siebtrommel von innen nach außen. Das auf der Siebfläche zurückgehaltene Material wird von oben mittels Spülwasser in eine innerhalb der Siebtromme befindliche Spülrinne gespült und von dort nach außen abgeleitet. Die Drehgeschwindigkeit und die Spülung wird in Abhängigkeit vom Druckverlust des Mikrosiebes gesteuert. Der Spülwasserverbrauch beträgt i. a. 1–5 v. H.

Beispiel: ZV Bodenseewasserversorgung, Durchmesser der Mikrosiebtrommel 3,10 m, Länge 4,28 m, Durchfluß Q je Trommel 0,675 m_3/s, Mikrosieb korrosionsfester Stahl V 4A, Maschenweite μm 40, bei 50 mm WS Druckverlust beginnt die Drehung der Siebtrommel mit 0,13 u/min, bei 250 mm WS Druckverlust beträgt die Drehzahl 0,39 u/Min, Spülwasserverbrauch 0,1 v. H.

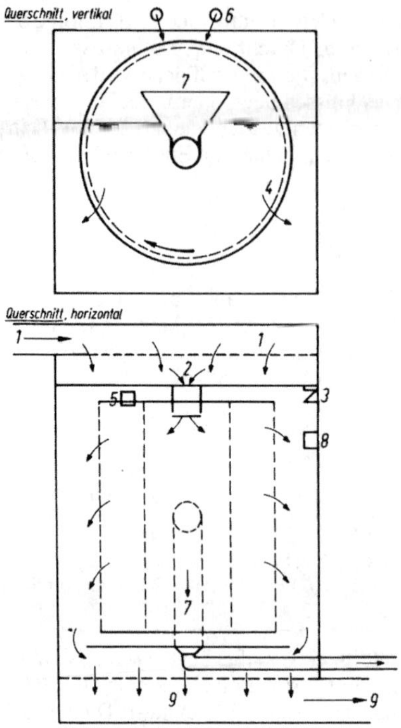

Abb. 4-19: Schema einer Mikrosiebanlage.
Erläuterung: 1 Zulauf Rohwasser
2 Zulaufschieber für Siebtrommel
3 Sicherheitsklappe
4 Mikrosiebtrommel
5 Antrieb der Siebtrommel
6 Spülleitung mit Düsen
7 Rinne und Leitungen für das Spül-Abwasser
9 Ablauf des gefilterten Wassers

4.2.2.2 Flockung, Sedimentation, Flotation

4.2.2.2.1 Allgemein

Zur Abtrennung von Wasserinhaltsstoffen kommen bei der Trinkwasseraufbereitung vorrangig Filter (siehe Abschn. 4.2.2.4), Absetzanlagen (Sedimentation) und in Ausnahmefällen Aufschwimmverfahren (Flotation) zur Anwendung. Sind die zu entfernenden Stoffe nur in geringer Menge vorhanden, reichen oft Filteranlagen allein, während bei höheren Gehalten meist Sedimentationsanlagen vorgeschaltet werden müssen. Liegen die Wasserinhaltsstoffe in kolloidaler oder feinsuspendierter Form vor, ist eine wirtschaftliche und qualitativ ausreichende Abtrennung fast immer nur bei zusätzlicher Zugabe von Flockungsmitteln möglich, da andernfalls unwirtschaftlich lange Aufenthaltszeiten bei den Sedimentationsanlagen (und somit große Räume) erforderlich wären (siehe **Abb. 4-20)**, bzw. die Filter aufgrund der in stabilisierter Form vorliegenden Stoffe nur unzureichend wirksam wären.
Durch Flockung lassen sich teilweise auch echt gelöste Stoffe entfernen, zumeist werden dafür aber andere Verfahren, z. B. die chemische Fällung (Abschn. 4.2.3.1), eingesetzt. Flockung und Fällung können durch die gleichen Zusatzstoffe bewirkt werden, laufen teils parallel ab und lassen sich in der Praxis nicht immer klar abgrenzen.

4.2.2.2.2 Flockung

Zahlreiche Wasserinhaltsstoffe, insbesondere im Oberflächenwasser und in vorbehandeltem Grundwasser, liegen in kolloidaler oder feinsuspendierter Form vor. Bei diesen dispergierten Teilchen wirken stabilisierende (abstoßende) Kräfte, zumeist elektrostatischer Art bei gleichsinniger Ladung. Damit bildet sich trotz des gleichzeitigen Wirkens der anziehenden (van-der-Waals) Oberflächenkräfte eine Barriere (Potentialschwelle) aus (siehe **Abb. 4-21**), eine Zusammenballung (Aggregation) der Teilchen kann nicht eintreten, die Sedimentation geschieht nur ungenügend, die Filter werden für diese Stoffe kaum wirksam. Durch Zugabe von *Flockungsmitteln,* wozu insbesondere die hydrolysierenden Aluminium und Eisensalze zählen, kann eine Entstabilisierung und damit Überwindung dieser Potentialschwelle bewirkt werden. Zum Einsatz kommen dafür vorrangig Aluminiumsulfat und -chlorid, Eisen-

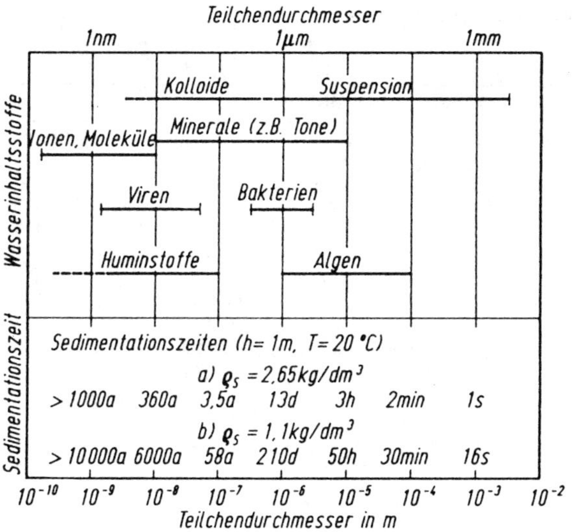

Abb. 4-20: Erforderliche Sedimentationszeiten für verschiedene Wasserinhaltsstoffe in Abhängigkeit von Größe und Dichte (nach DVGW-W 217)

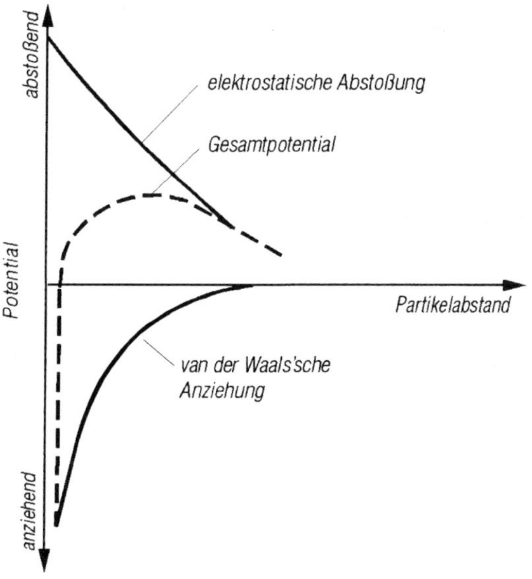

Abb. 4-21: Potentialschwelle bei kolloidalen Teilchen

III-sulfat und -chlorid sowie Mischungen dieser Salze (siehe DIN 19 600, 19 602, 19 634). Die Zugabemengen liegen je nach Randbedingungen in der Größenordnung von 0,03 bis 0,3 mmol/l, entsprechend 0,7 bis 7,0 mg/l an Al^{3+} bzw. 1,7 bis 17,0 mg/l an Fe^{3+}. Bei der Flockungsfiltration von gering belasteten Wässern können bereits Dosiermengen ab 0,2 mg/l Al ausreichend sein. Bei Zugabe von Al-Verbindung sollte der pH-Wert zwischen 6,0 und 7,2 liegen, da dann die Al-Restgehalte im Reinwasser unter 0,1 mg/l bleiben (DVGW-W 220). Zur Unterstützung der Flockung und Verbesserung der Flokkeneigenschaften werden manchmal außerdem *Flockungshilfsmittel* zugesetzt. Dies sind zumeist synthetische Polymere wie Polyacrylamide (DIN 19 622) mit unterschiedlicher Ladung. Der zeitliche Abstand zur Flockungsmittelzugabe muß mind. 30 s sein. Auch andere Zusatzstoffe können im Zusammenhang mit der Flockung zweckmäßig sein, wie z. B. Oxidationsmittel oder Chemikalien zur optimalen pH-Wert-Einstellung.

Der Ablauf der Flockung ist prinzipiell etwa folgender **(Tab. 4-44)**

Tab. 4-44: Verfahrensschritte der Flockung

	Verfahrensschritt	Hinweise zur Realisierung
	Speichern, Ansetzen und Lösen des Flockungsmittels	Je nach Handelsform des Flockungsmittels, siehe DVGW-Merkblatt W 622
Flockung	1. Dosierung und Mischung	Schnelle homogene Verteilung des Flockungsmittels erforderlich, zumeist hohe Turbulenz zweckmäßig (Rührer, Rohrvermischung, statische Mischer)
	2. Entstabilisierung	Meist gleichzeitig mit der Mischung und in dem gleichen Anlagenteil ablaufend
	3. Aggregation zu Mikroflocken	Brown'sche Molekularbewegung Einfluß durch Rühren kaum möglich
	4. Aggregation zu Makroflocken	Vergrößerung der Flocken bei verringertem Energieeintrag (Tab. 4-45). Evtl. Flockungshilfsmittelzugabe 0,1 – 1 g/m_3 (siehe auch DVGW-Arbeitsblatt W 219). Optimierung je nach Abtrennverfahren
	Abtrennen der vorhandenen Flocken	siehe 4.2.2.2.3

Die Verfahrensschritte der Flockung und Abtrennung können in derselben Anlage ablaufen oder aber, was zwar höhere Investitionskosten bringt aber evtl. einen anpassungsfähigeren Betrieb ermöglicht, in unterschiedlichen Anlagenteilen **(Abb. 4-22).** Den geringsten Aufwand, bei allerdings begrenzter Belastbarkeit, erfordert die Flockungsfiltration mit Flockenausbildung im Überstauraum des Filters und vorrangig erst im Filterbett selbst.

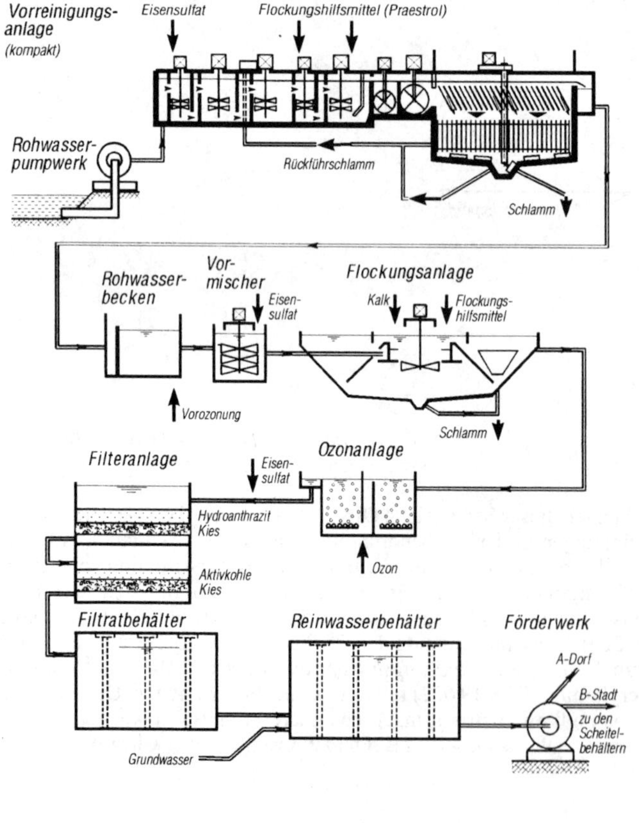

Abb. 4-22: Schema der Donauwasser-Aufbereitung im Wasserwerk Langenau mit Kompakt-Vorreinigungsanlage

Tab. 4-45: Anlagen zur Flockenbildung (nach Jekel in [4] Nr. 206)

Grundtyp	Details
Rührbecken	– Verweilzeiten von 2 bis 30 min – Schergefälle von 100 bis 10 s – zwei und mehr Becken in Reihe mit fallendem Schergefälle – Anpassungen an Durchsatz und Rohwasser
Statische Systeme	– durchströmte Kammern mit hydraulisch wirksamen Einbauten – durchflußabhängige Systeme – Fließgeschwindigkeiten 0,1 – 0,2 m/s – einfacher Bau
Rohre	– schnelle Flockenbildung bei Rohrlängen von mehr als 20 m – Begrenzungen des Durchsatzes nach unten und oben
Schlammschwebeschicht	– Kombination mit Sedimentation – Aufwärts strömendes Wasser – Flockenbildung in der Schwebeschicht – lange Anfahrzeiten

Tab. 4-46: Prozeßparameter
für die Flockung bei Flockenabtrennung durch Sedimentation, Filtration und Flotation (Klute in [4]-Nr. 42)

Flockenabtrennung	Erwünschte Flockeneigenschaften	Prozeßparameter
Sedimentation	Kompakte Flocken Flocken mit großer Dichte Großer mittlerer Flockendurchmesser U. U. breitere Flokkengrößenverteilung	$G = 50$ bis $100\ s^{-1}$ Bei mehrstufigen Flockungsreaktoren abgestufter Energieeintrag mit $G = 10$ bis $30\ s^{-1}$ in der letzten Stufe $t = 30$ min $G \cdot t = 90\,000$ bis $180\,000$ Flockungshilfsmittel zur Verbesserung der Sedimentationseigenschaften vorteilhaft
Filtration	Kompakte Flocken Geringerer mittlerer Flokkendurchmesser Enge Flokkengrößenverteilung Hohe Scherfestigkeit	$G = 40$ bis $60\ s^{-1}$ $t = 2$ bis 15 min $G \cdot t = 15\,000$ bis $25\,000$ Flockungshilfsmittel insbesondere bei organischen Suspensa und Flokkungsinhibitoren vorteilhaft
Flotation	Flocken geringerer Dichte U. U. breitere Flokkengrößenverteilung	$G = 50$ bis $100\ s^{-1}$ Mehrstufiger Reaktor vorteilhaft; kein abgestufter Energieeintrag $t = 15$ bis 30 min $G \cdot t = 50\,000$ bis $100\,000$ Flockungsmittel vorteilhaft; Dosierung u. U. über den isoelektrischen Punkt hinaus

Planung, Bemessung und Optimierung von Flockungsanlagen erfordern fast immer Versuchsdurchführungen, da Art und Menge des Flockungsmittels und evtl. Flockungshilfsmittels, günstiger pH-Wert, Zugabestelle, Energieeintrag, Aufenthaltsdauer u. a. auf die Rohwasserbeschaffenheit, das Abtrennverfahren und das Aufbereitungsziel abzustimmen sind.
Auch die Größe und personelle Besetzung der Anlage, die Möglichkeiten der Schlammbeseitigung u. a. sind bei der Verfahrenswahl zu beachten. Bei der Planung und Optimierung von Flockungsanlagen können großtechnische Pilotanlagen, halbtechnische Versuchsanlagen, Laboranlagen wie Reihenrührgeräte. mit Trübungsmessung und auch Zetapotentialmessungen hilfreich sein, wobei aber die Übertragbarkeit der Ergebnisse auf die Großanlage kritisch geprüft werden muß und der Aufwand wie aber auch der Aussagewert etwa in der genannten Reihenfolge abnehmen. Hinweise zu Flokkungstestverfahren gibt das DVGW-Merkblatt W 218.
Einige Prozeßparameter für die unterschiedlichen Anforderungen an die Flockeneigenschaften bei den verschiedenen Abtrennverfahren sind in **Tab. 4-46** genannt. Hinweise u. a. zur Berechnung des G- und $G \cdot t$-Wertes und zu Störungen der Flockung gibt auch das DVGW-Merkblatt W 217.
Bei Anwendung der Flockung darf nicht übersehen werden, daß sich die korrosionschemischen Eigenschaften des Wassers damit u. U. verschlechtern, da der Neutralsalzgehalt zu und der pH-Wert abnehmen und korrosionsvermindernde Inhibitoren mit entfernt werden können. Zu kontrollieren ist auch der Gehalt an Flockungsmitteln im Reinwasser.

4.2.2.2.3 Sedimentation

Suspendierte Stoffe, deren Dichte über der des Wassers liegt, können durch Absetzen entfernt werden. Die Formel von Stokes und weitere stellen Möglichkeiten zur Berechnung dar, helfen aber praktisch kaum weiter, da im Unterschied zu den idealisierten Annahmen die zu entfernenden Partikel nicht in Kugelform vorliegen, Größe, Form und Dichte unterschiedlich sind und sich während der Sedimentation zusätzlich verändern. Die tatsächlichen hydraulischen Verhältnisse lassen sich mathematisch nicht befriedigend erfassen, auch die Übertragung von Ergebnissen halbtechnischer Versuche auf die Großanlage ist schwierig und bleibt meist unsicher.
Wesentliche Einflußgrößen bei der Sedimentation sind:

- Art und Konzentration der zu entfernenden Stoffe
  Ist der Dichteunterschied zum Wasser gering oder liegen Kolloide mit elektrostatischer Ladung vor, so kann der Absetzvorgang sehr lange dauern, die Eliminierung unzureichend bleiben bzw. die Zugabe von Flockungsmitteln/Flockungshilfsmitteln erforderlich sein (siehe Abschn. 4.2.2.2.2).
  Die Anwendung von Sedimentationsverfahren erfolgt vorrangig beim Vorliegen hoher Konzentrationen, die den alleinigen Einsatz z. B. der Filtration nicht ermöglichen.
- Aufenthaltszeit
  Mit der Aufenthaltszeit steigt die Menge an sedimentierten Partikeln, aber auch die erforderliche Größe der Anlage. Aus wirtschaftlichen Gründen läßt man deshalb zu, daß ein Teil der Partikel, nämlich die schwerer sedimentierbaren, die Absetzanlage passiert und erst in der nachfolgenden Filterstufe entfernt wird. Die notwendigen Aufenthaltszeiten lassen sich durch konstruktive Maßnahmen, z. B. Einbau von Parallelplatten (Schrägklärer) in die Absetzbecken sowie durch häufigeren Kontakt der Partikel untereinander und somit bessere Agglomeration, z. B. durch Schlammrückführung, Schwebebett, Umwälzung u. a. deutlich verringern. Die Aufenthaltszeiten liegen, je nach diesen und anderen Randbedingungen, zwischen ca. 15 min und etwa 2 Stunden, wobei zwischen dem theoretisch berechneten Wert und den tatsächlichen Aufenthaltszeiten der verschiedenen Partikel erhebliche Unterschiede bestehen.
- Oberflächenbeschickung
  Der Quotient aus Wasserzufluß Q in m^3/h und Beckenoberfläche A in m^2 wird heute zumeist für die Bemessung der Sedimentationsanlagen herangezogen. In etwa kann man sich darunter bei einem vertikal durchströmten Becken die maximal zulässige Aufstiegsgeschwindigkeit in m/h vorstellen, die niedriger liegen muß als die Sinkgeschwindigkeit der zu entfernenden Partikel. Eine Ermittlung dieses Wertes über Messungen der Sinkgeschwindigkeit im Becherglas ist aber aufgrund der schon genannten weiteren wesentlichen Einflüsse und Abhängigkeiten nicht möglich. Dabei werden Erfahrungswerte von bestehenden Anlagen und Versuchsergebnisse genutzt.
  Angegebene Werte der Oberflächenbeschickung liegen zwischen $< 2\ m^3/m^2 \cdot h$ für einfache statische Absetzbecken und $> 30\ m^3/m^2 \cdot h$ für Kompaktanlagen mit Parallelplatten.

- Strömungsverhältnisse
  Günstig für den Absetzvorgang sind ein laminarer Strömungszustand, d. h. eine Reynolds-Zahl ($Re = \frac{4 \cdot v \cdot R}{\nu}$) von < 2320 sowie eine hohe Stabilität der Strömung, d. h. eine Froude-Zahl ($Fr = \frac{v}{g \cdot R}$) von > 10^{-5}. Da der Einfluß der Fließgeschwindigkeit für beide Kriterien gegenläufig ist, muß man sich mit Kompromissen begnügen, wobei bei Praxisanlagen die Reynolds-Zahl häufiger weit über *2320* und im turbulenten Bereich liegt.
- Sonstige konstruktive Einflüsse
  Schmale, lange und eher flache Becken (L:T-Verhältnis) wurden für horizontal durchströmte Rechteckbecken für günstig angesehen, was auch zur Entwicklung von Etagenbecken geführt hat. Die Tiefe der Becken darf aber nicht zu gering sein (zumeist ca. 2,5 m, häufig mit zum Zulauf geneigter Sohle) und die Fließgeschwindigkeit nicht zu hoch (bei Flocken < 1,0 cm/s), da andernfalls bereits abgelagerter Schlamm wieder mitgerissen werden kann. Entscheidend sind die gleichmäßige Verteilung des Zulaufes über die Beckenbreite und der gleichmäßige Klarwasserabzug. Der Ein- und Auslaufbereich der Becken ist zusätzlich zur nutzbaren Absetzlänge erforderlich und so auszubilden, daß der Absetzvorgang möglichst wenig gestört wird. Dazu kommen einlaufseitig Stengeleinläufe, Beruhigungsgitter u. a. zum Einsatz, der Ablauf in die Klarwasserabzugsrinnen sollte über gezahnte, höhenverstellbare und über die gesamte Beckenbreite bzw. -umfang angeordnete Überläufe erfolgen.

Tab. 4-47: Sedimentationsverfahren nach Eckhardt/Wölfel in [4] Nr. 206

	Verfahren	Beispiele
Verfahren ohne vorherige Flockung	Sedimentation in horizontal durchströmten Absetzbecken mit und ohne kontinuierliche Schlammräumung (Vorreinigung)	Wiesbaden, Witten-Bommern etc.
Verfahren mit vorheriger Flockung	Sedimentationsflockung in horizontal durchströmten Absetzbecken	Witten-Bommern
	Sedimentationsflockung in vertikal durchströmten Absetzbecken	Wiesbaden
Flockungsverfahren mit Schlammrückführung und Sedimentation	Sedimentationsflockung mit Schlammrückführung	
	Wirbelschichtflockung mit Aufwärtsströmung durch Schwebebett	Dahlemer Flocker Krefelder Flocker Pulsator etc.
	Flockung mit interner Flokkenkreislaufführung	Accelerator Koagulator Flocculator etc.
	Flockung mit Schlammrückführung und Phasentrennung imm Lamellenseperator etc.	Langenau

Bauarten von Sedimentationsanlagen: Sedimentationsanlagen können rechteckig oder rund ausgebildet sein und horizontal oder vertikal durchströmt werden. Je nachdem, ob eine Flockung erfolgt, wo sie stattfindet, ob eine Schlammrückführung gegeben ist u. a., sind sehr unterschiedliche Ausführungen existent **(Tab. 4-47).** Empfindlich gegen Belastungschwankungen. sind Anlagen mit Schwebebett, da dieses bei hydraulischen Unter- oder Überlastungen zusammenfallen oder ausgetragen werden kann. Bildliche Beispiele sind aus den **Abb. 4-23** und **4-24** ersichtlich.

Die auf Seite 216 in **Abb. 4-22** dargestellte sehr leistungsfähige und kompakte Sedimentationsanlage beinhaltet einen Parallelplattenabscheider (oben) und einen Eindicker (unten). Die Parallelplatten sind im Abstand von 50 mm angeordnet und bestehen aus 1,5 m breiten und 2,8 m langen PVC-Platten, die mögliche Aufstiegsgeschwindigkeit (Oberflächenbeschickung) liegt mit 36 m/h außerordentlich hoch, für Flockung und Flockenabtrennung sind nur 20 min Aufenthaltszeit erforderlich, wobei auf die Abtrennung nur ca. 3 Minuten entfallen. Die Nachschaltung weiterer Stufen ist natürlich erforderlich.

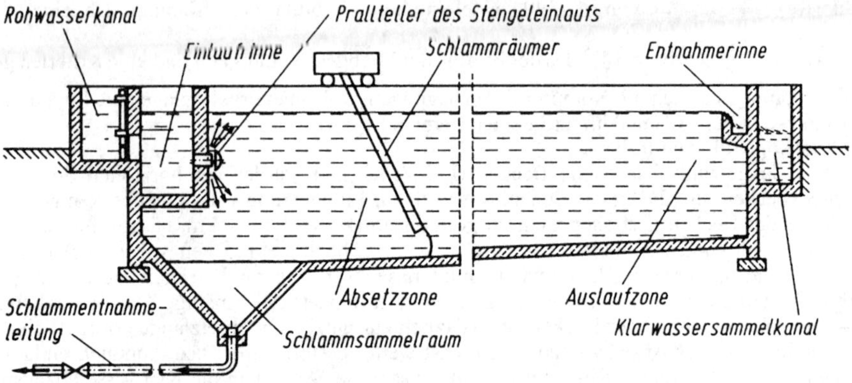

Abb. 4-23: Absetzbecken mit Räumer ohne Flockung

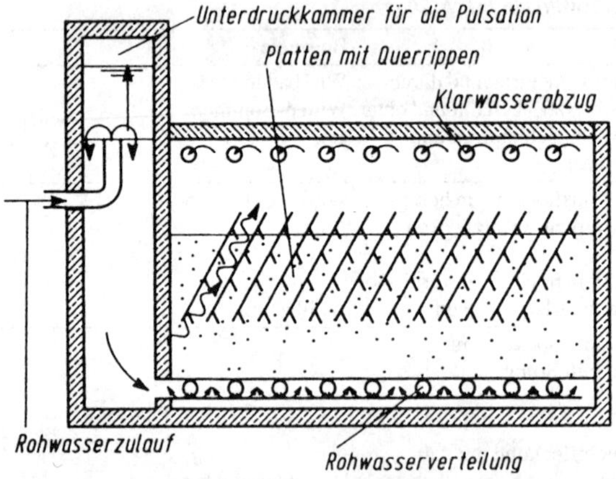

Abb. 4-24: Moderne Anlage mit eingebauten Parallelplatten und pulsierendem Schwebebett (nach [11])

Häufig kommen indessen ganze vorgefertigte Lamellenpakete aus PVC, glasfaserverstärktem Kunststoff oder auch Edelstahl mit runden, wellenförmigen oder eckigen Querschnitten zum Einbau.
Zur Schlammberäumung werden unterschiedliche Systeme angewandt. Häufig sind u. a. Räumschilder, evtl. mit Querfahrbühne, oder Bandkratzer sowie Absauganlagen.

4.2.2.2.4 Flotation

Mittels der Flotation – Aufschwimmverfahren – werden suspendierte Stoffe geringer Dichte durch Aufschwimmen zur Wasseroberfläche gebracht und von dort abgezogen. In der Abwasserbehandlung ist das Verfahren häufiger, in der Trinkwasseraufbereitung selten, hier z. B. bei Rohwässer mit geringer Trübung, stärkerer Farbe, welche bei der Aufbereitung nach Abschn. 4.2.2.2.2 sehr leichte Flocken bilden, die sich nur sehr langsam absetzen. Häufiger ist das Verfahren in England und in Skandinavien bei der Aufbereitung von schwach belastetem Seewasser.
Bei der Flotation werden Flockungsmittel dem Rohwasser zugegeben, in einem Flockulator die Bildung der Flocken angeregt, in einem Flotationsbecken werden durch Einblasen von feinen Luftblasen leichte Flocken-Luft-Teilchen gebildet, die nach oben aufschwimmen. Die Aufenthaltszeit im Flockulator beträgt 10–20 min, im Flotationsbecken etwa 10 min. Das Flotationsbecken hat eine Tiefe von etwa 1,5 m, die Aufschwimmgeschwindigkeit beträgt 8–12 m/h.

4.2.2.3 Gasaustausch

4.2.2.3.1 Allgemein und Grundlagen

Durch den Gasaustausch, auch mit Belüftung des Wassers bezeichnet, sollen unerwünschte Gase aus dem Wasser entfernt und/oder Sauerstoff (Ozon siehe „Oxidation") eingetragen werden. Der Gasaustrag zielt vorrangig auf die Entfernung der aggressiven Kohlensäure, wie sie z. B. in den Wässern der kalkarmen Böden des Bayerischen Waldes auftritt.
Der Austrag von Schwefelwasserstoff und anderen flüchtigen geruchs- und geschmacksbildenden Stoffen können ebenfalls Zielstellungen sein. In neuerer Zeit wird das Belüftungsverfahren auch zur Entfernung von flüchtigen organischen Halogenen (CKW) eingesetzt, die Anwendung zur Konzentrationserniedrigung beim Edelgas Radon ist für Sonderfälle absehbar.
Der Gasaustausch vollzieht sich nach dem Gesetz von Henry-Dalton:
$C_w = \alpha \cdot C_G$
C_w = Sättigungskonzentration des (gelösten) Gases im Wasser
C_G = Konzentration des gleichen Gases in der Umgebungsluft
α = Absorptionskoeffizient des Gases, abhängig von Druck und Temperatur.
Aus der Formel ist unmittelbar ersichtlich, daß ein Gasaustrag aus dem Wasser nur möglich ist, wenn die Konzentration des gleichen Gases in der Umgebungsluft niedrig gehalten wird, d. h., wenn genügend Frischluft herangeführt wird, um das notwendige Konzentrationsgefälle zu sichern. Je nach Art des zu entfernenden Gases und seines Absorptionskoeffizienten kann ein natürlicher Luftzutritt ausreichen oder eine Zwangsbelüftung erforderlich sein, besonders wenn sehr niedrige Konzentrationen erreicht werden sollen oder nur wenig Raum zur Verfügung steht. Verdüsung, Verrieselung des Wassers und Zuführung feinblasiger Luft erhöhen den Wirkungsgrad, da hierbei auch die Phasengrenzflächen Wasser/Luft vergrößert und laufend erneuert werden. Höhere Temperaturen und niedrige Drücke verstärken das Ausgasen, eine praktische Umsetzung dieser Erkenntnis ist hier aber kaum möglich.
Ein Sauerstoffeintrag bis zur Konzentration von mind. 5 mg/l kann zur Bildung schützender Deckschichten sowie zur Oxidation von Wasserinhaltsstoffen wie Eisen, Mangan und Ammonium erforderlich sein. Ausnahmen stellen Kesselspeisewasser und nicht zur Deckschichtbildung befähigte Wässer dar. Dieser Sauerstoffeintrag ist mit den verschiedenen Belüftungsanlagen unschwer möglich, problematischer ist zumeist der gewünschte Gasaustrag (siehe **Tab. 4-48).** Der Sauerstoffeintrag ist unter Druck noch leichter möglich, was bei Anwendung geschlossener „Oxidatoren" mit Druckluftzufuhr genutzt wird (Bemessungshinweise von Wingrich in [11]). Zu beachten ist, daß ein Gasaustrag, z. B. an CO_2, hier kaum eintritt und große Mengen evtl. störenden Stickstoffs mit eingetragen werden.
Der Gasaustausch verläuft nach der e-Funktion, d. h. die Konzentrationsänderungen sind anfangs sehr stark, nähern sich dann aber sehr langsam und asymptotisch den Endwerten. Die Einstellung des Sättigungs-pH-Wertes durch CO_2-Ausgasung ist deshalb bei manchen Rohwässern nicht möglich bzw. wirtschaftlich und erfordert u. U. eine chemische Restentsäuerung. Bei weichem, hydrogencarbonatarmem Wasser sollte außerdem eine Aufhärtung durch Filtration über alkalische Stoffe oder Kalkzugabe (siehe „Neutralisation" und „Entsäuerung") vorgenommen werden, da bei alleiniger Anwendung der Belüftung die erforderliche korrosionschemische Beschaffenheit des Wassers nicht erreicht wird und die Pufferungsintensität durch die pH-Anhebung sogar abnimmt.
Unterbleiben sollte aber auch eine zu intensive Belüftung harter Wässer, da dann der Sättigungs-pH-Wert überschritten wird und Kalkausfall eintritt. Ist diese intensive Belüftung zum „Strippen" der CKW aufgrund der sehr niedrigen Henry-Konstanten dieser Stoffe erforderlich, kann eine teilweise Kreislaufführung der Luft mit zwischengeschaltetem Abluftfilter hilfreich sein **(Abb. 4-28).**
Die Notwendigkeit einer eventuellen Zuluftbehandlung (Entstaubung usw.) zur Vermeidung von Schadstoffeinträgen in das Wasser ist von Fall zu Fall zu entscheiden.
Zu beachten ist, daß nach erfolgtem intensivem Lufteintrag Ausgasungen aus dem Wasser, z. B. durch Stickstoff, in nachfolgenden Anlagenteilen, z. B. Druckfiltern, stören können, weshalb vorher eine Trennung des Luft-/Wassergemisches erfolgen muß.
In Sonderfällen kann, wenn es nur um Sauerstoffeintrag geht, die Zugabe reinen Sauerstoffs erwogen werden.

4.2.2.3.2 Anlagen und Leistungsdaten

In der Praxis sind sehr unterschiedliche Belüftungsanlagen eingesetzt, wobei die Entwicklung zu immer höheren Wirkungsgraden der Ausgasung und vor allem wesentlich gesteigerten Flächenbelastungen geführt hat. Lösungen mit Drucklufteintrag (Inka-Belüftung) bzw. großen Förderhöhen (Turmverdüsung) haben einen hohen Energiebedarf im Vergleich zur möglichen Flächenbelastung. Ein gewisses Optimum stellen bei den offenen Anlagen derzeit wahrscheinlich Wellbahnbelüfter dar. Zum CO_2-Austrag im drucklosen Bereich, z. B. in Trinkwasserspeichern, werden insbesondere zur Nachrüstung Belüftungssysteme mit Hochdruckventilatoren und feinporigen Keramikrohren angeboten.

Einige Belüftungsanlagen sollen nachstehend etwas näher dargestellt und beispielhaft Leistungsdaten genannt werden. Sie stellen nur eine grobe Orientierung dar und sind durch Herstellerangaben, neuere Erfahrungen und evtl. Versuche zu erhärten oder zu korrigieren. Eine Auswahl der Anlage darf nicht nur nach diesen Leistungsangaben erfolgen, sondern muß auch die Art des zu entfernenden Gases, die sonstige Wasserbeschaffenheit, den verfügbaren Raum, die eventuelle Möglichkeit einer späteren Durchsatz- oder Rohwasserbeschaffenheits-Änderung, den vorhandenen Vordruck u. a. berücksichtigen.

Tab. 4-48: Beispiele für Leistungsdaten von Anlagen zum Gasaustausch

Anlage zum Gasaustausch	Flächenbelastung ca. $[m^3/m^2 \cdot h]$	Energiebedarf ca. $[Wh/m^3]$	CO_2-Austrag ca. [%]
Verdüsungsanlage von unten nach oben	10	75	70
Verdüsungsanlage von oben nach unten	30	25	65
Zerstäuberverdüsung	40	80	65
Verdüsungsanlage schräg zueinander	2–7	40	67
Turmverdüsung	45	130	80
Strahlapparat	nur zur Mischung von Wässern mit unterschiedlichem CO_2-Gehalt (und Teilentsäuerung)		
Dispergatoren	50	30	80
Intensivbelüft. n. Erben	225	25–75	80
Flachbelüfter m. Lochboden (Inka-Belüftung)	15–30	100	80–95
Flachbelüfter m. Kerzen	20	35	70
Kaskadenbelüftung	50–250	10–30	60–80
Wellbahnbelüftung im Gleichstrom	300–700	10	50–90
Wellbahnbelüftung im Gegenstrom	100 400	26 40	98 95
Mehrstufenwellbahnbelüftung im Kreuzstrom	600	je Stufe 8	90
Füllkörperkolonnen (geschlossene Anlage)	40–100 (bei CKW auch < 10)	25–55	70–95

1) *Verdüsung* – Die Verdüsung war früher die am meisten verbreitete Belüftungsanlage. Das Wasser wird hier mit Vordruck (0,5 ... 2,0 bar) über Kreiseldüsen senkrecht nach oben oder über Amsterdamer Düsen schräg gegeneinander fein verspritzt (Tropfendurchmesser < 1 mm). Bei der Verdüsung von oben nach unten sind entsprechende Fallhöhen und zur Zerstäubung Pralltellerdüsen erforderlich. Da der Raumbedarf erheblich ist, höhere Wirkungsgrade eine künstliche Belüftung erfordern und Korrosionsprobleme auftreten können, werden bei Neuanlagen Verdüsungen nicht mehr vorgesehen.

2) *Flachbelüfter m. Lochboden (Inka-Belüftung)* **(Abb. 4-25)** – Hier fließt das Wasser über ein horizontales Lochblech, durch welches von unten mittels Ventilator Luft in das Wasser eingetragen wird. Die Luftmenge muß so groß sein, daß ein Wasserdurchtritt verhindert wird. Da dem Wasser auf seinem Fließweg ständig neue Luft von unten zugeführt wird, werden hohe Wirkungsgrade erreicht, allerdings auch bei entsprechendem Energiebedarf.

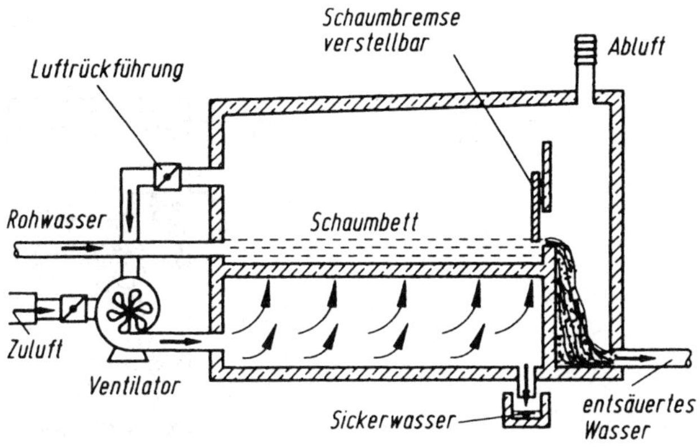

Abb. 4-25: Flachbelüfter m. Lochboden (Inka-Belüftung)

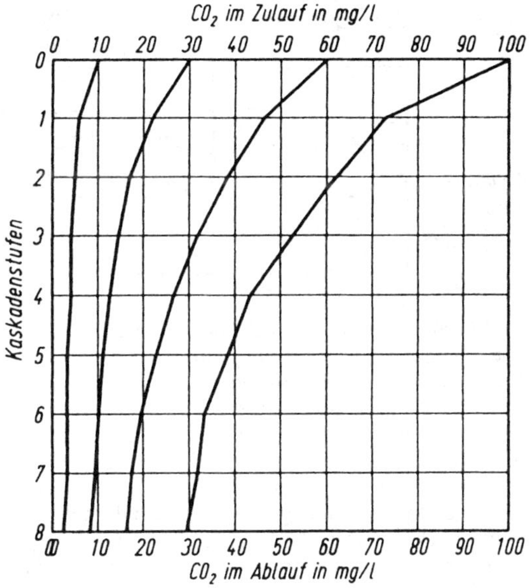

Abb. 4-26: Beispiel für die Wirksamkeit einer Kaskade bzgl. CO_2-Entfernung (nach Beyer – Münzel)

3) *Kaskaden* – Bei dieser Belüftungsanlage wird das Wasser über die Kaskadenfläche verteilt und fällt dann über die Stufen hinunter, wobei Luft vorrangig im Gleichstrom mitgerissen wird, sich aber auch auf den Stufen in feinen Blasen im Wasser verteilt. Entsprechend dem angestrebten Wirkungsgrad kann die Stufenzahl gewählt werden, bei Bedarf ist auch eine künstliche Luftzufuhr im Kreuz- oder Gegenstrom anordbar. Verbreitet sind auch Anlagen mit quer gelegten Rohren (Rohrgitterkaskade), bei denen eine höhere Flächenbelastung möglich ist.

Abb. 4-26 gibt eine Orientierung für die in Abhängigkeit von CO_2-Konzentration im Zulauf und Stufenzahl der Kaskade etwa erreichbaren Ablaufkonzentrationen bei einer im Gegenstrom belüfteten Kaskade.

4) *Wellbahnbelüfter* (**Abb. 4-27**) – Hier rieselt das Wasser in einem dünnen Film an zahlreichen senkrecht eingebauten gewellten Kunststoffbahnen (Höhe bis 5 m) herab. Wichtig ist, daß das Wasser von oberhalb gleichmäßig über ein Lochblech auf die Profilbahnen verteilt wird. Durch Injektorwirkung beim Herabfließen des Wassers wird die 3- bis 5fache Luftmenge im Gleichstrom mitgerissen, so daß schon nach etwa 1 m Fließweg ein ausreichender Sauerstoffeintrag gegeben ist. Zum weitgehenden Austrag von CO_2 oder anderen Gasen sind dagegen längere Fließwege notwendig, wobei der Wirkungsgrad durch mehrere Stufen mit jeweiliger Frischluftzufuhr, evtl. mit Zwangsbelüftung im Kreuz- oder Gegenstrom, deutlich gesteigert wird. Die Wellbahnbelüfter sind aufgrund der möglichen hohen

Grundflächenbelastungen (für O_2-Eintrag bis 1000 $m^3/m^2 \cdot h$, für CO_2-Austrag bis ca. 400 $m^3/m^2 \cdot h$) sehr raumsparend.

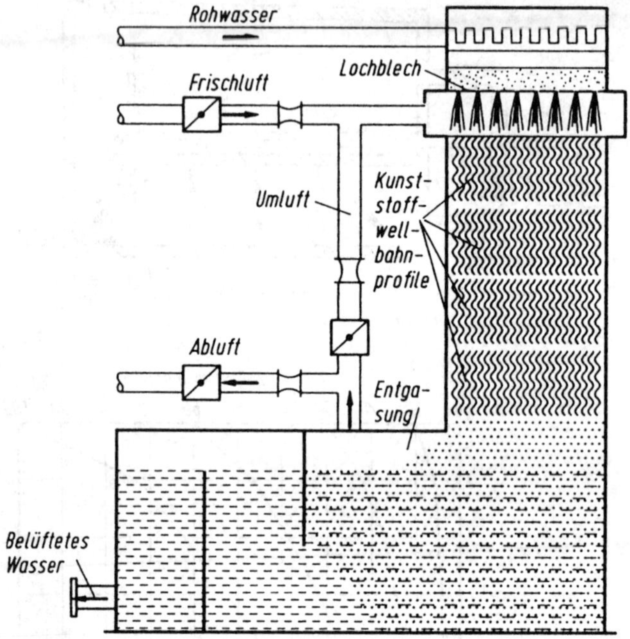

Abb. 4-27: Schemazeichnung eines Wellbahnbelüfters mit Gleichstrombelüftung

5) *Füllkörperkolonnen* – Hier sind in einem geschlossenen Reaktionsbehälter Füllkörper in regelmäßiger oder unregelmäßiger Schüttung auf einem Tragrost angeordnet. Als Füllkörper kommen verschiedenste Werkstoffe, z. B. Kunststoff oder Keramik, zum Einsatz, wobei die Körper einzeln in Größen von ca. 25 mm, z. B. Raschigringe, aber auch als zusammenhängende Füllkörperblöcke von ca. 0,5 m^3, z. B. Nor-Pac-Compact, vorliegen können. Das Wasser wird von oberhalb auf diese Füllkörper gleichmäßig verteilt und fließt in Form eines Rieselfilms an und in diesem nach unten. Eine Luftzufuhr erfolgt durch Zwangsbelüftung von oben (Gleichstrom) oder von unten (Gegenstrom). Dabei darf die Luftzuführung im Gegenstrom nicht übertrieben werden, da andernfalls der Rieselfilm gestört wird und der Wirkungsgrad zurückgeht. Die Abluft kann, z. B. bei CKW-Entfernung, über Aktivkohlefilter geleitet werden. Füllkörperkolonnen werden vorrangig zur CKW-Entfernung eingesetzt, wo sie, bei allerdings niedrigen Flächenbelastungen, im Wirkungsgrad anderen Anlagen überlegen sind **(Tab. 4-49).**

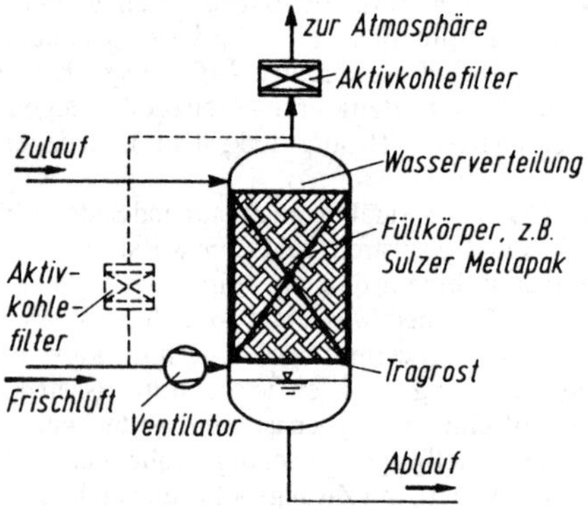

Abb. 4-28: Füllkörperkolonne mit teilweiser Kreislaufführung und Abluftfilter zum Ausgasen von CKW

Tab. 4-49: Wirksamkeit unterschiedlicher Gasaustauschanlagen bzgl. CKW-Entfernung (Trichlorethen nach Kühn in [4] Nr. 205)

	Wellbahnkolonne Gleichstrom ohne Zwangsbelüftung	Wellbahnkolonne Gleichstrom mit Zwangsbelüftung	Kaskade Gegenstrom	Füll-körperkolonne Gegenstrom
Luft/Wasser Verhältnis (m^3/m^3)	11–1,4	140- 10	20-50	16–177
Durchsatz (m^3/m^2h)	770–150	615–155	110–45	8,2–2,5
Entfernungs-wirksamkeit f. Trichlorethen in (%)	9- 58	49- 73	34–49	90–98,5

4.2.2.4 Filtration

4.2.2.4.1 Allgemein

Filter sind in der Wasseraufbereitung häufig eingesetzte Anlagen. In der Trinkwasseraufbereitung kommen zumeist Raumfilter zum Einsatz, d. h., die „Durchlaßweite" des Filterbettes ist größer als der Durchmesser der zu entfernenden Wasserinhaltsstoffe. Damit kann und soll die Rückhaltung nicht vorrangig durch Absieben erfolgen, was unwirtschaftlich kurze Filterlaufzeiten zur Folge hätte, sondern es müssen andere Filtrationsmechanismen gegeben sein. Dies sind zumeist van der Waalssche Oberflächenkräfte (Adsorption), je nach Wasserbeschaffenheit, Filtermaterial und sonstigen Betriebsbedingungen können aber auch chemische oder biologische Wirkungen wesentlich sein. Bei kolloidalen Wasserinhaltsstoffen kann es notwendig werden, die vorhandene Potentialschwelle durch Flockungsmittelzugabe abzubauen (Entstabilisierung – siehe Abschn. 4.2.2.2.2), um eine ausreichende Rückhaltung im Filter zu ermöglichen (Flockungsfiltration).

4.2.2.4.2 Einteilung der Filter

Die zur Trinkwasseraufbereitung eingesetzten Raumfilter lassen sich etwa unterscheiden:
1) nach Filtergeschwindigkeit – Langsamfilter, Schnellfilter
2) nach dem Druck – offene Filter **(Abb. 4-29)** und geschlossene (Druck-)Filter **(Abb. 4-30)**
3) nach Schichtaufbau – Einschichtfilter, Mehrschichtfilter
4) nach Fließrichtung – Abstromfilter, Aufstromfilter
5) nach Wasserspiegelhöhenlage – Naßfilter mit Überstau des Filterbettes, Trockenfilter
6) nach Rückspülung – rückspülbare und nichtrückspülbare Filter
7) nach Betriebsweise – Ein- und Mehrstufenfilter.

Weitere Unterscheidungen, z. B. in stehende und liegende Druckfilter, kontinuierlich und diskontinuierlich gespülte Filter sind möglich und üblich.

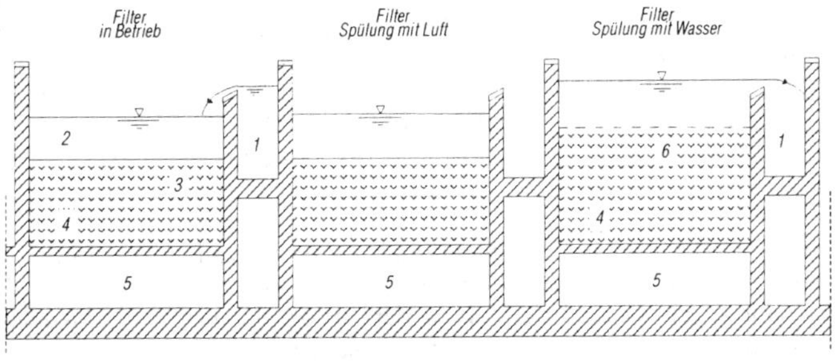

1 Rohwasserzulauf bzw. Schlammwasserablauf
2 Wasserüberstau
3 Filterbett(-material)
4 Filterboden
5 Filtratablauf bzw. Spülwasser u. -luft-Zulauf
6 Expandiertes Filterbett

Abb. 4-29: Schema eines offenen Schnellfilters

Zumeist kommen heute *Schnellfilter* gemäß DIN 19 605 zur Anwendung. Auf diese beziehen sich die nachfolgenden Ausführungen auch vorrangig.
Bei der Filtration von Oberflächenwasser bzw. der Flocken- und Flockungsfiltration werden zunehmend offene oder geschlossene Schnellfilter mit mehreren unterschiedlichen Filterschichten (= Mehrschichtfilter) eingesetzt, da sie eine bessere Raumausnutzung haben und so längere Laufzeiten bzw. höhere Filtergeschwindigkeiten ($v_F = Q:A_F$) ermöglichen.
Druckfilter haben gegenüber offenen Filtern den Vorteil, daß kein freier Wasserspiegel vorhanden ist, u. U. Pumpstufen gespart werden und größere Schichthöhen, höhere Filtergeschwindigkeiten und längere Laufzeiten möglich sind.
Nachteilig sind aber die fehlende optische Kontrolle bei der Rückspülung, die erforderlichen Korrosionsschutzmaßnahmen bei Stahlbehältern und die geringere Filterfläche bei stehenden Druckfiltern. Bei erforderlichen großen Filterflächen werden deshalb meist offene Filter vorgesehen. In jedem Fall ist die erforderliche Gesamtfilterfläche auf mehrere Filter aufzuteilen.

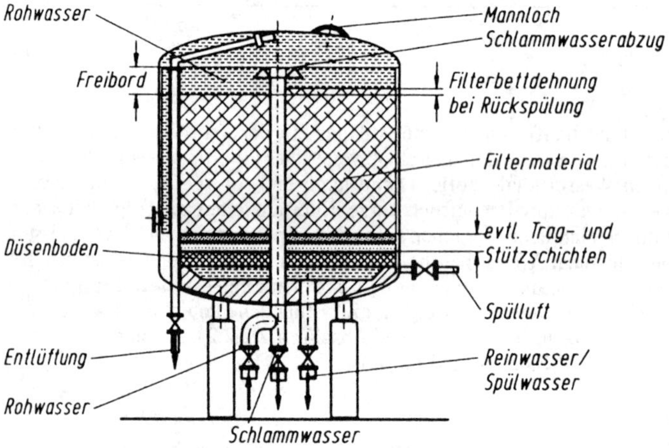

Abb. 4-30: Geschlossener Schnellfilter (Druckfilter)

4.2.2.4.3 Bestandteile des Filters

Schnellfilter bzw. Filteranlagen bestehen zumeist aus:
- Filterbehälter

Bei offenen Filtern mit rechteckiger Grundfläche (bis 3 m Breite und 20 m Länge) aus Stahlbeton, bei geschlossenen Druckfiltern mit meist kreisförmiger Grundfläche (bis max. 5 m Ø) als Stahlblechkessel mit Zugangsmöglichkeit (Mannlöcher).
- Filterboden, häufig aus Stahlbeton oder Metallplatten mit 64 bis 90 Polsterrohr-Düsen pro m^2; seltener aus düsenlosem Filterboden, der Probleme bringen kann. Unter dem Filterboden befindet sich die Filterkammer, die bei bekriechbarer Ausführung mind. 60 cm hoch sein soll. Die Filterdüsen müssen selbstentlüftend sein oder es sind bei Düsenböden zusätzliche Entlüftungsleitungen erforderlich. Der Filterboden muß waagerecht ausgerichtet sein, die Schlitzweite der Düsen sollte so gewählt werden, daß auch der feine Anteil des Filtermaterials sicher zurückgehalten wird, bei engen Schlitzen (< 0,6 mm) besteht aber u. U. die Gefahr des Zuwachsens. Bei vergleichenden Untersuchungen (bbr 7/98) haben sich Düsen mit horizontalen Schlitzen (0,4 mm) zwischen beweglichen Lamellen bei stark trübstoffhaltigem Wasser als weniger verstopfungsanfällig gezeigt.
- Filtermaterial(-medium)

Siehe Abschn. 4.2.2.4.4. Häufig wird zwischen dem eigentlichen Filtermaterial und dem Filterboden noch eine bis 40 cm hohe, teils abgestufte Stützschicht aus sehr grobem Kies angeordnet, um feines Filtermaterial zurückzuhalten und eine bessere Verteilung bei der Rückspülung zu bewirken. Die Lage dieser Schicht bleibt allerdings in der Praxis auf Dauer oft nicht bestehen.
Oberhalb des Filtermaterials ist zumeist ein Wasserüberstau vorhanden und ausreichend Freibordhöhe bis zur Spülwasserabzugsrinne zu sichern.

- Leitungen, Armaturen und Anlagenteile für die Rohwasserzuflührung (Filterzulauf) und seine gleichmäßige Verteilung (z. B. Überlaufkanten), zur Durchflußregelung, für den Filtratabzug (evtl. mit Filtratschleife gegen Leerlaufen), zur Filterentleerung und -entlüftung und evtl. zum Vorfiltratabzug.
- Einrichtungen zur Rückspülung wie Leitungen und Armaturen für Spülluft und -wasser sowie Schlammwasser, Spülluftgebläse und Spülwasserpumpen, Schlammwasserrinnen. Evtl. ist auch eine Spülwasservorlage, besonders bei großer einzelner Filterfläche und hoher Spülgeschwindigkeit, erforderlich.
- Meßeinrichtungen insbesondere für Volumenströme, Druck und Druckdifferenz, evtl. auch für Wasserqualität, mind. aber Probenahmestellen.

Weitere Hinweise, u. a. zum Korrosionsschutz. der Filterkessel, siehe auch „Zusätzliche technische Vorschriften für die Ausführung von Trinkwasser-Aufbereitungsanlagen“ der Staatsbauverwaltung Bayern.

4.2.2.4.4 Filtermaterialien

Die in Filtern eingesetzten *Materialien* richten sich vorrangig nach den zu entfernenden Wasserinhaltsstoffen. Zumeist sind Quarzsand bzw. Quarzkies (nach DIN 19 623) eingesetzt, der kostengünstig und mechanisch widerstandsfähig ist. Beim Einschichtfilter wird Quarzsand allein verwendet, beim Mehrschichtfilter als untere Feinkornschicht, auf die eine oder mehrere gröbere Schichten aus spezifisch leichterem Material (z. B. Anthrazit, Blähton, Bims u. a.) aufgebracht werden. Teilweise ist eine gute Filterwirkung erst gegeben, wenn eine Einarbeitung des Filters erfolgt ist, d. h. die katalytische Wirkung des Kiesbelages z. B. die Enteisenung und Entmanganung unterstützt (s. Abschn. 4.2.5.3 und 4.2.5.4). Basalt als Filtermaterial weist, bei allerdings höherem Preis, gewisse Vorteile aufgrund seiner Oberflächenstruktur bzgl. Filtratqualität und Laufzeit gegenüber Quarzsand auf. Zur Entfernung organischer Mikroverunreinigungen, z. B. CKW und PBSM, wird Aktivkohle als Filtermaterial eingesetzt (s. „Adsorption“). Alkalische Filtermaterialien (z. B. Jurakalk, halbgebrannter Dolomit) reagieren chemisch mit der überschüssigen Kohlensäure und entsäuern das Wasser; die eigentliche Filterwirkung ist hier sekundär und bzgl. Eisen, Mangan und Trübstoffen nur sehr begrenzt möglich (s. Abschn. 4.2.3.3). In Sonderfällen wird auch leichter Kunststoff (geschäumtes Polystyrol) als Filtermaterial, meist bei aufwärts durchflossenen Filtern, verwendet, z. B. bei automatisch rückspülenden Schwerkraftfiltern und in Verbindung mit pulverförmiger Aktivkohle bei der Pulverkohleeinlagerungsfiltration.

Alle Filtermaterialen sollten nur in Anlehnung an DIN 19 623 in engen Kornklassen und mit geringem Über- und Unterkornanteil sowie einer Ungleichförmigkeit $d_{60} : d_{10} < 1{,}5$ eingesetzt werden (Kontrolle über Siebanalyse), da andernfalls das Schlammaufnahmevermögen zurückgeht, durch negative Klassierung eine Oberflächenfiltration (Kuchenbildung) eintreten kann und die Laufzeit drastisch verkürzt wird.

4.2.2.4.5 Bemessung und Betrieb

Die Bemessung von Filteranlagen erfordert die Festlegung folgender Hauptparameter:
- zulässige Filtergeschwindigkeit
- erforderliche Filterfläche, Zahl der Filter
- Art des Filtermaterials, zweckmäßige Korngrößen/-klassen
- Schichthöhe des Materials/Einsatzmenge
- zulässige Filterlaufzeit (vorrangig von Filtrat- und Filterwiderstands-Entwicklung abhängig).

Dazu kommen die erforderlichen Festlegungen zu Art und Zyklus der Rückspülung, des Spülwasserbedarfs (evtl. Spülwasservorlage), der Leistung von Gebläse und Spülwasserpumpe sowie konstruktive Festlegungen zur Höhe des Wasserüberstaus und Freibords u. a. Manche Parameter lassen sich im späteren Betrieb noch leicht verändern und optimieren, z. B. Zeitpunkt und Dauer der Rückspülung, andere sind weitgehend fest, z. B. die Filterfläche, oder lassen sich nur mit erheblichem Aufwand ändern, z. B. die Korngröße des Filtermaterials.

Für die Bemessung werden oft Erfahrungswerte herangezogen, sicherer und zumindest bei größeren Anlagen auch wirtschaftlicher sind aber halbtechnische Filterversuche mit dem entsprechenden Rohwasser. Gerade bei Filteranlagen ist eine gute Übertragbarkeit der Ergebnisse auf die großtechnische

Anlage gegeben, wenn mit Filtersäulen von mind. 300 mm Durchmesser gearbeitet wird (s. auch DVGW-Merkblatt W 210 und 211).
Für mathematische Filtrations-Modelle wird zumeist die Exponentialfunktion von Iwasaki $C = C_0 \cdot e^{-\lambda L}$ genutzt. Das Problem liegt aber in der Ermittlung des Filterparameters λ, der sowohl von der Wasserbeschaffenheit und Filterkonstruktion als auch von der Zeit abhängig und somit nicht generell bestimmbar ist, weshalb universale Bemessungsgleichungen für die praktische Filterdimensionierung ohne Bedeutung blieben. Für ausgewählte Bereiche der Filtration, wie Enteisenung, Entmanganung, Flockungsfiltration und Filtration über dolomitisches Material sind in [11] semiempirische Bemessungsverfahren angegeben, deren Nutzung u. U. den Versuchsaufwand reduzieren kann.
Sowohl bei der Durchführung von Filterversuchen als auch zur Kontrolle des Filterbetriebes und für seine Optimierung ist die Messung der Filtratqualität und des Filterwiderstandes möglichst nicht nur am Filterablauf, sondern auch an mehreren unterschiedlichen Filterbettiefen wichtig. Eine graphische Darstellung z. B. der Filterwiderstandszunahme **(Abb. 4-32)** erleichtert die Analyse und Optimierung. Ersichtlich werden u. a. Unterdruckbereiche im Filter, die vermieden werden müssen.

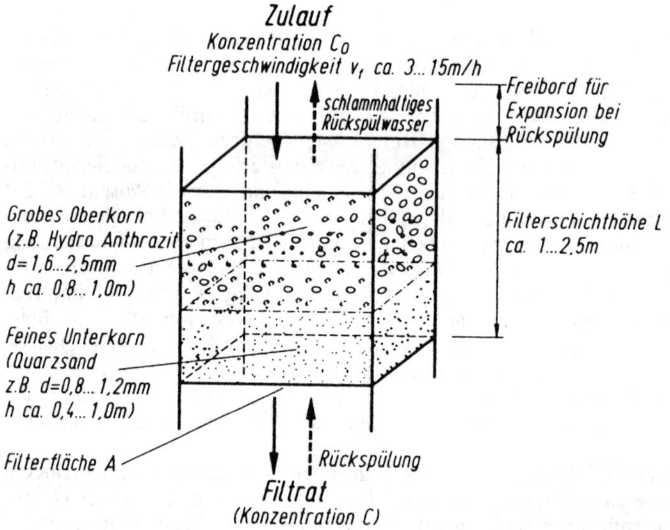

Abb. 4-1: Prinzip und Parameter der Filtration (Zwei-schicht-Schnellfilter)

Die Zunahme des Filterwiderstandes (Druckverlust) und das Verhalten der Filtratgüte über die Filterlaufzeit sind vorrangig abhängig von Art und Menge der abfiltrierten Wasserinhaltsstoffe und der Beschaffenheit (Korngröße, Ungleichförmigkeit) des Filtermaterials. Der Druckverlust steigt linear bis exponentiell, die Filtratgüte bleibt z. B. bei der Enteisenungs- und Entmanganungsfiltration praktisch konstant über die Laufzeit, während bei der Flocken- und Flockungsfiltration deutliche Phasen der Einarbeitung, der weitgehenden Konstanz während der Arbeitsphase und bei weiterer Fortsetzung des Filterbetriebes der Filtratverschlechterung und schließlich des Durchbruchs auftreten **(Abb. 4-34).** Für die Zeit der Einarbeitung muß bei nicht ausreichend gegebener Mischungsmöglichkeit u. U. ein Vor-(Erst-)filtratabschlag erfolgen.
Die möglichen Laufzeiten von Filtern sind je nach Randbedingungen sehr unterschiedlich, von unter einem Tag bei der Oberflächenwasser- und auch Flockungsfiltration bei hoher Belastung, etwa 14 Tagen bei der Entmanganungsfiltration bis zu über einem Jahr bei der A-Kohle-Filtration. Bei der Filtration nährstoffhaltigen Wassers sollte die Rückspülung mind. wöchentlich erfolgen, um Verkeimungen zu vermeiden.
Aus Sicht der Filtertheorie sollte ein Filter so beschaffen sein und betrieben werden, daß zum Zeitpunkt der eintretenden Güteverschlechterung (Filterdurchbruch – **Abb. 4-34)** auch der maximal zulässige Filterwiderstand (bei offenem Filter ca. 2 m und bei geschlossenem Filter ca. 5 bis 6 m) annähernd erreicht ist (Filteroptimum). Die in der Praxis häufig nicht gegebene Konstanz der Wasserbeschaffenheit, des Durchsatzes und anderer Betriebsbedingungen ermöglichen hier aber nur Annä-

herungen, wobei aus Gründen der hygienischen Sicherheit die Rückspülung vor der Filtratverschlechterung einzuleiten ist.

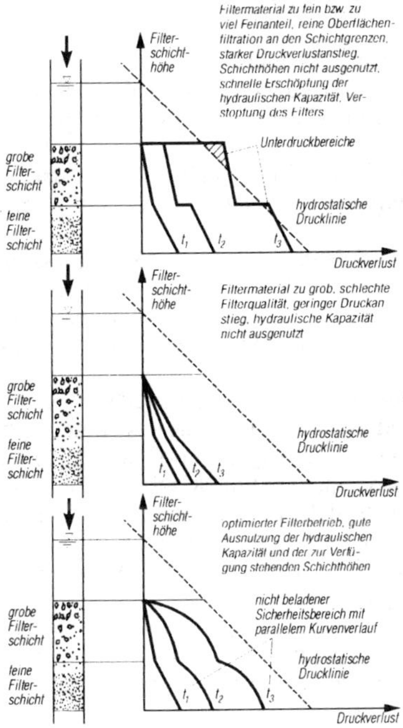

Abb. 4-32: Beispiel zur Beurteilung der Filterwiderstandsentwicklung

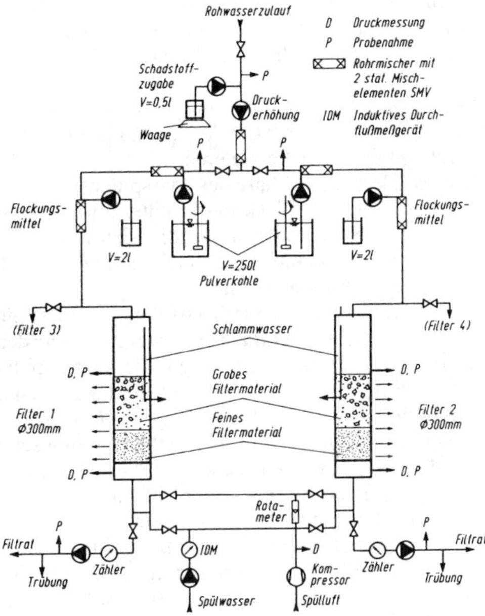

Abb. 4-33: Beispiel für eine Filterversuchsanlage mit 2 bis 4 parallelen Filtersäulen (Flockungsfiltration mit Pulverkohlenzugabe zur CKW- und Pestizid-Entfernung)

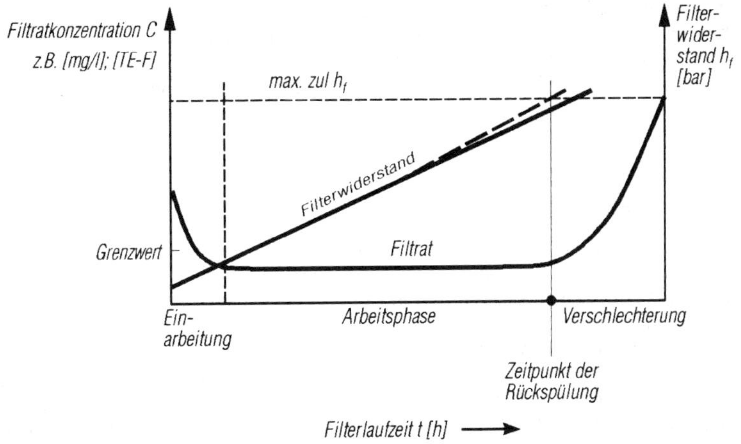

Abb. 4-4: Filtrat und Filterwiderstand bei der Flockungsfiltration

4.2.2.4.6 *Filterrückspülung*

Beim *Einschichtfilter* bringt erfahrungsgemäß die gemeinsame (simultane) Luft-Wasser-Spülung die besten Ergebnisse. Üblich ist etwa folgender Spülzyklus:
- Aufbruch des Filterbetts: ca. 2 min Luft mit 60 ... 90 $m^3/m^2 \cdot h$
- Ablösen der Schmutzstoffe: mind. 5 min Luft und Wasser (Luft ca. 60 ... 80 $m^3/m^2 \cdot h$, Wasser mind. 10 ... 15 $m^3/m^2 \cdot h$)
- Ausspülen der Schmutzstoffe und Luftaustrag: bis 5 min Wasser mit mind. 10 ... 20 $m^3/m^2 \cdot h$

Bei grobem und schwerem Filtermaterial können die Wasserspülgeschwindigkeiten auch höher liegen, bei sehr leichtem Material und auch Aktivkohle wird die gleichzeitige Luft-Wasser-Spülung nicht angewendet.
Der Schlammablauf sollte möglichst beobachtet werden. Nur bei neubefülltem Filter darf bei der Rückspülung ein gewisser Austrag an (sehr feinem) Filtermaterial eintreten, später ist u. U. die Spülgeschwindigkeit zu korrigieren.
Insbesondere die 3. Phase des Klarspülens kann durch Kontrolle der Trübung des Spülabwassers bzw. der absetzbaren Stoffe (Imhofftrichter) minimiert werden. Gemeinhin wird hier zu lange gespült. Es ist zumeist durchaus nicht notwendig, den Filter gänzlich sauber zu spülen, damit wird u. U. nur nach Wiederinbetriebnahme die Zeitdauer einer verschlechterten Filtratqualität (Vorfiltrat in der Einarbeitungsphase) unnötig verlängert.
Beim Mehrschichtfilter (MF) ist von der Rückspülung neben der Reinigung auch die Wiederherstellung der Schichtentrennung (Klassierung) gefordert, da andernfalls die Leistung des Filters wesentlich absinkt. Dabei muß insbesondere die letzte Spülphase in der Wasserzugabe ($m^3/m^2 \cdot h$) dem eingesetzten Filtermaterial (Größe, Dichte, Form) genau entsprechen, damit die Klassierung eintritt, ohne daß Materialverluste oder unnötiger Spülwasserverbrauch entstehen. Große und schwere Filtermaterialien erfordern hier deutlich höhere Spülgeschwindigkeiten, um die zur Klassierung notwendige Fluidisierung bzw. Expansion des Filterbetts (Oberkorn ca. 25%, Unterkorn ca. 15–20%) zu erreichen. Häufig wird nur mit getrennter Luft- und Wasser-Spülung gearbeitet, um dauerhafte Vermischungen der Schichten und Materialverluste zu vermeiden. Dabei sind aber langfristig zunehmende Verschmutzungen (Zunahme des Anfangsfilterwiderstandes) bzw. Verbackungen des Filtermaterials nicht immer ausschließbar. Anzustreben ist deshalb die gemeinsame Luft-Wasser-Spülung, etwa als Aufstauspülung bei entsprechendem Freibord, mit folgendem Zyklus:
- Absenken des Wasserspiegels bis Materialoberkante
- Aufbrechen des Filterbetts: ca. 2 min Luft mit 60–80 $m^3/m^2 \cdot h$
- Ablösen der Schmutzstoffe: ca. 3 min Luft und Wasser (Luft ca. 60 $m^3/m^2 \cdot h$, Wasser mind. 10 $m^3/m^2 \cdot h$)
- Ausspülen der Schmutzstoffe, Luftaustrag, Klassieren: ca. 5 min Wasserstarkstrom (je nach Filtermaterial mit 40 ... 90 $m^3/m^2 \cdot h$)

Je nach Aufnahmefähigkeit des Überstauraumes und Höhenlage des Schlammabzugs (Freibord) muß u. U. zwischenzeitlich eine Entleerung des Überstauraumes erfolgen.
Heute werden Filter häufig über automatisch ablaufende Spülprogramme gespült. Dabei, und auch bei der manuellen Spülung, sind die Filter einzeln nacheinander zu spülen (in Abhängigkeit von Filtratqualität,. Filterwiderstand und Laufzeit), damit sich die Filtergeschwindigkeit in den verbleibenden Filtern nicht zu stark erhöht. Besonders bieten sich dafür die verbrauchsarmen und oft energiekostengünstigen Nachtstunden an.

4.2.2.4.7 *Langsamfilter*

Die ersten Filter, die zur Wasseraufbereitung verwendet wurden, waren Langsamfilter, mit ihnen sollte die Reinigungswirkung der Bodenpassage nachgeahmt werden.
Langsam-Sandfilter besitzen oft eine Siebwirkung an der Oberfläche, eine Absetzwirkung in der Tiefe des Filterbettes durch Zurückhalten der Teilchen, die größer als die Poren des Filtersandes sind, und eine biologische Wirkung nach dem Einarbeiten des Filters durch Bildung eines biologischen Rasens. Die Filter werden mit Quarzsand, Körnung 0,5–1,00 mm, 0,70–1,20 m hoch gefüllt, mit Wasserstand über dem Filterkies von 0,60 m bei abgedeckten Filtern und 1,00 m bei Filtern im Freien. Bei kleinen Anlagen werden die einzelnen Filter bis zu 1000 m^2, bei großen bis zu 5000 m^2 ausgeführt. Die Filtergeschwindigkeit wird mit 0,1–0,2 m/h gewählt, bei rückspülbaren auch bis 0,7 m/h. Der Zulauf erfolgt seitlich im Überstauraum, bei der geringen Filtergeschwindigkeit ist eine gleichmäßige Bela-

stung des Filters gewährleistet. Zur Ableitung ist unterhalb des Filterbettes ein System aus Dränrohren innerhalb einer groben Filterkies-Stützschicht eingelegt. Der Filterwiderstand beträgt anfangs nur wenige cm und soll gegen Ende der Laufzeit 1 m nicht übersteigen. Die Laufzeit beträgt bei genügender Vorklärung 100–300 Tage. Bei Filterreinigung wird die obere Schmutzschicht 5–30 cm hoch abgeschält und gewaschen, dabei wird der Filter zumeist außer Betrieb genommen. Für 1–3 Betriebsfilter ist 1 Reservefilter erforderlich. Langsamfilter erreichen ein sehr klares Filtrat. Sie erfordern aber sehr viel Platz, außerdem ist der Arbeitsaufwand für das Reinigen des Sandes, Lockern, Waschen u. a. sehr hoch, auch wenn dies neuerdings weitgehend maschinell durchgeführt wird.
Bei starker Trübung, hohem Gehalt an organischen Stoffen sind Langsamfilter zur Reinigung von Oberflächenwasser nicht ausreichend. Früher wurden daher den Filtern große Absetzbecken vorgeschaltet. Wegen des großen Platzbedarfs der Langsamfilter werden heute fast ausschließlich Schnellfilter gewählt, denn die Filterfläche beträgt nur: $v_{sF} = 10$ m/h, $v_{LF} = 0{,}1$ m/h; $F_{SF} : F_{LF}$ 1:100. Wenn Langsamfilter vorhanden sind und der Platz nicht anderweitig benötigt wird, dann werden diese gerne beibehalten, da sie wirksam für die Schönung des Wassers und für die Zurückhaltung von Spurenstoffen, so auch von Schwermetallen sind und den Keimgehalt des Wassers deutlich senken.

4.2.2.5 Membranverfahren

4.2.2.5.1 Allgemein

Membranverfahren, seit längerem bei der Betriebswasseraufbereitung (z. B. Kesselspeisewasser, Reinstwasser) im Einsatz, werden in neuerer Zeit auch bei der Aufbereitung von Trinkwasser (Brack- und Meerwasserentsalzung, Enthärtung, Sulfat- und Nitratentfernung, Eliminierung organischer Stoffe wie Pestizide, Keimentfernung) zunehmend angewandt. Für Rohwässer, die eine Entfernung mehrerer verschiedener Stoffe erfordern, können die Membranverfahren u. U. wirtschaftlich sein. Je nach Art des Membranverfahrens und der Beschaffenheit des Rohwassers kann die notwendige Vor- und Nachbehandlung des Wassers aufwendig werden und insbesondere die Konzentratentsorgung erhebliche Probleme und Kosten verursachen.
Die Verfahren unterscheiden sich insbesondere bezüglich der Porösität der Membranen und somit der Durchlässigkeit gegenüber den verschiedenen Wasserinhaltsstoffen (nicht-poröse Membranen bei der Umkehrosmose, Elektrodialyse u. Nanofiltration; poröse Membranen bei der Ultra- und Mikrofiltration) und der beim Betrieb erforderlichen Drücke. **Abb. 4-36** zeigt die Abgrenzung der einzelnen Membranvefahren im Vergleich zur konventionellen Raum-/Oberflächenfiltration.
Die Schlauch- oder Flachmembranen können aus organischen – derzeit vielversprechend Polyacrylnitril – oder anorganischen Materialien gefertigt sein und zu unterschiedlichsten Modulen (Hohlfaser-, Rohr-, Wickel-, Platten-, Kissenmodul) zusammengefügt sein (siehe Spezialliteratur, z. B. [19].
Der Betrieb erfolgt entweder als „Cross-Flow" mit tangentialer Überströmung der konzentratseitigen Membranoberfläche und somit kontinuierlicher Ausspülung der zurückgehaltenen Stoffe bei allerdings hohem Energieaufwand oder als „Dead-End" mit orthogonaler Durchströmung der Membran und somit einer zunehmenden Deckschicht, was regelmäßige Spülungen erforderlich macht, aber bei trübstoffarmem Wasser energetisch günstiger ist.

4.2.2.5.2 Umkehrosmose (U0)

1) *Prinzip* – Das zulaufende Rohwasser wird mit 5 bis 100 bar gegen eine nur für das annähernd reine Wasser und gelöste Gase durchlässige (semipermeable) Membran gedrückt, letzteres fällt an der Niederdruckseite als Permeat an, während die zu entfernenden Wasserinhaltsstoffe vor der Membran konzentriert werden (Konzentrat). **(Abb. 4-37).**
2) *Vor- und Nachbehandlung des Wassers* – Eine Vorbehandlung soll Ablagerungen auf den Membranen (sogenanntes „Scaling", z. B. durch auskristallisierende Calciumsalze, und „Fouling". z. B. durch Eisen- und Manganhydroxide) sowie eventuelle biologische Beschädigungen verhindern. Dafür kommen, je nach Beschaffenheit des Rohwassers, der Membranart und der Anforderungen an das Reinwasser die bekannten Aufbereitungsverfahren wie Flockungsfiltration, Ionenaustausch usw. in Frage, aber auch die Konditionierung des Wassers durch Zugabe von stabilisierenden Chemikalien wie Polyphosphaten und Säuredosierung. Zur Verhinderung des biologischen Foulings stehen die üblichen Desinfektionsverfahren zur Verflügung. Hilfreich bei entstandenen Ablagerungen auf den Membranen sind auch Spülungen mit Reinigungsmitteln, z. B. verdünnter Salzsäure, die einmal wöchentlich bis jährlich durchgeführt werden.

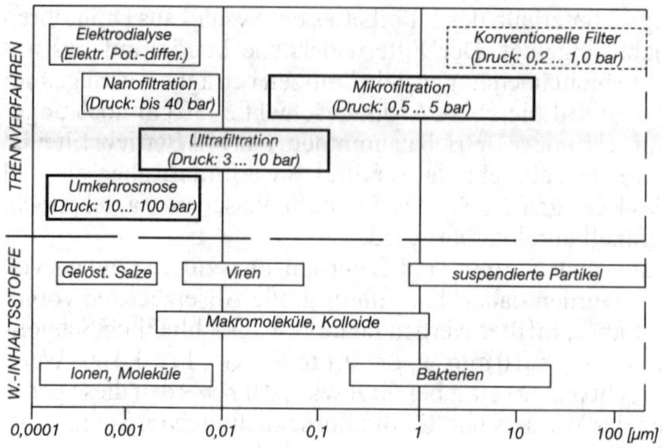

Abb. 4-36: Abgrenzung der Verfahren hinsichtlich der trennbaren Wasserinhaltsstoffe

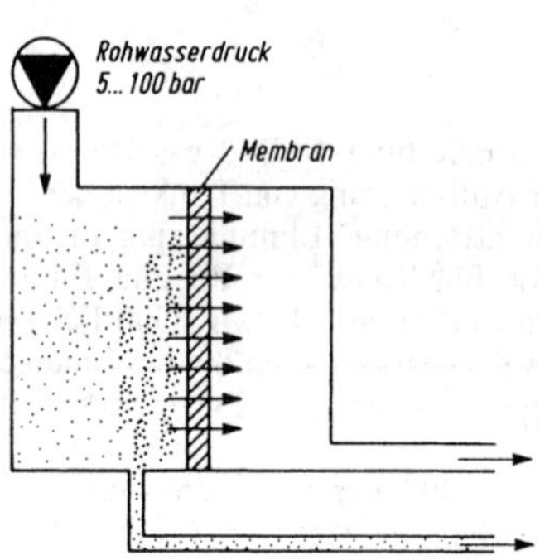

Abb. 4-37a: Prinzip der Umkehrosmose

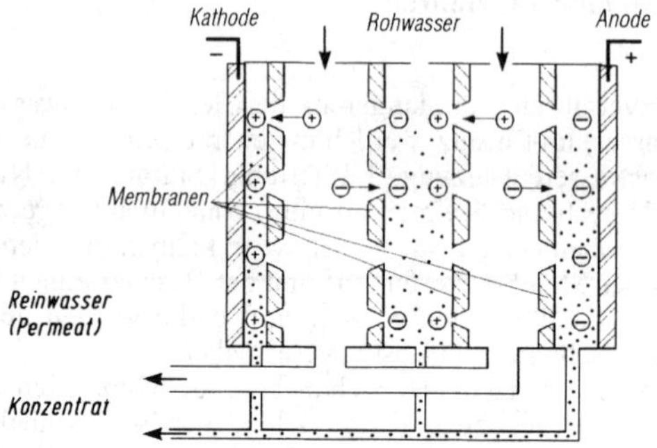

Abb. 4-37b: Prinzip der Elektrodialyse

Eine Nachbehandlung, mindestens durch Verschneiden mit Rohwasser zur Aufsalzung und pH-Wert-Einstellung, ist erforderlich, da das Permeat sonst den Anforderungen an Trinkwasser im allg. nicht genügt.
3) *Konzentratentsorgung* – An Abwasser fallen bei den Umkehrosmose-Anlagen ca. 20 % des Zulaufwassers an. Die Entsorgung der sehr salzhaltigen Konzentrate kann sehr kostenintensiv sein und das Verfahren unwirtschaftlich werden lassen. Die Kosten steigen dabei etwa wie folgt mit der Art der Entsorgung: direkte oder indirekte Einleitung in Gewässer (Erlaubnis erforderlich), Verwertung (z. B. als Dünger), Deponie.
4) *Beispielsanlagen* – Sulfatentfernung in Duderstadt, Wasserentsalzung auf Helgoland, Nitratentfernung in Melle-Sehlingdorf (Kosten: 4,70 DM/m^3).

4.2.2.5.3 Elektrodialyse

Eine Elektrodialyseanlage besteht aus zahlreichen Kammern, deren Wandungen von Membranen gebildet werden, die in abwechselnder Folge jeweils nur an- oder kationendurchlässig sind. In den beiden Endkammern befinden sich Elektroden. Beim Anlegen einer elektrischen Gleichspannung wandern von den im Zulaufwasser gelösten Salzen die Anionen (z. B. Cl^-) in Richtung Anode, die Kationen (z. B. Na^+) zur Kathode. Aufgrund der Sperrwirkung jeder zweiten Membran kommt es somit zu einer Aufkonzentrierung (z. B. von NaCl) in jeder zweiten Zelle, während aus den übrigen Zellen das (z. B. entsalzte) Reinwasser abläuft **(Abb. 4-37b).**
Im Vergleich mit der Umkehrosmose ist der Abwasseranfall hier mit etwa 2 % des Zulaufwassers nur ca. $^1/_{10}$ so hoch. Analog zur Umkehrosmose kann es durch Ausfällung von Ca-Verbindungen und durch kolloidale Wasserinhaltsstoffe zu störenden Blockierungen der Membranen kommen. Gegenmaßnahmen sind Vorbehandlung des Wassers sowie zeitweise Polumkehr und Elektrodenspülungen.
In der Regel werden bei der Elektrodialyse (wie auch bei der Umkehrosmose) alle gelösten Salze gleichermaßen zurückgehalten. Mit speziellen Membranen können bestimmte Ionen, z. B. NO_3^-, im

gewissen Umfang bevorzugt entfernt werden (**Abb. 4-60,** Seite 260). Die Anwendung der Elektrodialyse ist im Trinkwasserbereich in Deutschland aber vorrangig auf Pilotanlagen beschränkt geblieben.

4.2.2.5.4 Ultrafiltration und Mikrofiltration

Bei diesen Membranverfahren, deren Anwendung stark zunimmt, werden poröse Membranen eingesetzt, die es gestatten, je nach Trenngrenze nur einen bestimmten Teil der Wasserinhaltsstoffe zu entfernen (**Abb. 4-36**).
Mit der *Ultrafiltration (UF)* besteht die Möglichkeit, Bakterien, Viren und Parasiten sicher zu eliminieren und somit den ansonsten erforderlichen Einsatz an Desinfektionsmitteln deutlich zu reduzieren oder sogar gänzlich darauf zu verzichten. Ebenso sind Trübstoffe bis auf minimale Resttrübungen von unter 0,1 FNU entfernbar. Bei 1998 durchgeführten Versuchen des Bayer. Landesamtes für Wasserwirtschaft wurden auch bei Rohwässern mit bis zu 10 000 Coliformen Keimen pro ml die Keime sicher entfernt sowie Rohwassertrübungen von ca. 5 FNU auf Werte kleiner 0,05 FNU reduziert, wobei auch Trübungsstöße ohne Auswirkungen auf das Permeat blieben.
Anlagenbeispiele: 1. WW Neckarburg mit Karstwasser, 70 m^3/h, 2 · 8 Module zu je 70 m^2 Membranfläche, Druck 2,3 bar, Trenngrenze 0,01 µm, Inv.-kosten 0,8 Mio DM, vorauss. Betriebskosten 0,25 DM/m^3 (ZfK 10/98).
2. Pilotanlage mit Kissenmodul im Dead-End-Betrieb, Luft-Wasser-Spülung, Netto-Permeatfluß 120 l/m^2h, Dauer d. Filtrationsintervalls 120 min, Wasserausbeute 97 %, Energiebedarf < 0,15 kWh/m^3, Partikelzahl im Permeat < 1 pro ml (Rautenbach gwf 10/98).
Als ein Schwerpunkt der *Mikrofiltration* mit ihrer Trenngrenze von ca. 0,2 μm zeichnet sich im Trinkwasserbereich die Behandlung von wasserhaltigen Schlämmen aus der Grundwasseraufbereitung zur Rückgewinnung des Filterspülwassers ab, da aufgrund der Bakterienrückhaltung eine Aufkeimung nicht eintritt. Pilotanlage im WW Erlangen-Ost seit 4/99: Unterdruck-Membranverfahren, getauchte Plattenmodule in vorhandene Absetzbecken eingebaut, Membranreinigung vorauss. alle 3 Monate, vorauss. Kosten, 2,50 DM/m^3.

4.2.2.6 Adsorption

4.2.2.6.1 Allgemein

Praktisch wird hierunter vorrangig die Entfernung von organischen und teils auch anorganischen Spurenstoffen aus dem Wasser durch Adsorption an körnige oder pulverförrnige Aktivkohle verstanden. Die besondere Leistungsfähigkeit der Aktivkohle bzgl. der Adsorption hat ihre Ursache in der sehr großen (inneren) spezifischen Oberfläche von 500 bis 1500 m^2/g. Die Anwendung erfolgt zur Entfernung von
- Geruchs- und Geschmacksstoffen einschl. Entchlorung und Restozonentfernung
- Kohlenwasserstoffen
- organischen Chlorverbindungen, z. B. Lösungsmitteln
- Pflanzenschutzmitteln
- höhermolekularen Stoffen wie Huminstoffen

seltener zur Eliminierung von anorganischen Stoffen wie
- Radionukleiden
- toxischen Metallen.

Voraussetzung ist eine gute Vorreinigung des Wassers vor der Adsorptionsstufe, da andernfalls die Wirksamkeit der Aktivkohle bzgl. Spurenstoffentfernung durch Belegung mit Trübstoffen bzw. konkurrierender Adsorption anderer Wasserinhaltsstoffe deutlich zurückgeht. In Deutschland wird vorrangig Kornkohle in offenen und geschlossenen Filteranlagen (Abschn. 4.2.2.4) eingesetzt, weltweit dominiert aber Pulverkohle.
In der DIN 19 603 „Aktivkohlen zur Wasseraufbereitung“ sind Anforderungen an die Kohlen festgelegt, im DVGW-Arbeitsblatt W 240 werden außerdem anwendungsbezogene Tests und Beurteilungskriterien angegeben.
Die verschiedenen Wasserinhaltsstoffe sind sehr unterschiedlich adsorbierbar und die handelsüblichen Aktivkohlen haben unterschiedliche Adsorptionsleistungen bzgl. der verschiedenen Stoffe, so daß die Auswahl der für die jeweiligen Randbedingungen geeignetsten Kohle sehr entscheidend sein kann. Zur Beschreibung der Adsorptionskapazität wird zumeist die Adsorptionsisotherme herangezogen, die den Gleichgewichtszustand zwischen Restkonzentration des Spurenstoffes im Wasser und der erreichten Beladung der Kohle mit diesem Stoff als funktionellen Zusammenhang wiedergibt (**Abb. 4-38).**

Spätestens beim Erreichen dieses Gleichgewichtszustandes ist die Aktivkohle bzgl. der Entfernung des betrachteten Spurenstoffes nicht mehr wirksam, sie muß erneuert bzw. thermisch reaktiviert werden. In Kornkohlefiltern bilden sich sogenannte Adsorptionsfronten aus, die durch das Filterbett vom Zu- zum Ablauf wandern. Mittels der Adsorptionsisothermen kann theoretisch berechnet werden, nach welchem durchgesetzten Wasservolumen der Spurenstoff durch den Filter „durchbricht". Praktisch ist die Sachlage aber meist weitaus komplizierter, da meist mehrere zu entfernende Stoffe im Wasser vorliegen, teils eine Vorbeladung der unteren Filterschichten durch Huminstoffe erfolgt ist, bereits adsorbierte Stoffe durch leichter adsorbierbare wieder verdrängt werden können, die Zulaufqualität schwanken kann u. a. Literatur: Sontheimer u. a.: Adsorptionsverfahren zur Wasserreinigung (1985) und [6]-Heft 28 (1988).

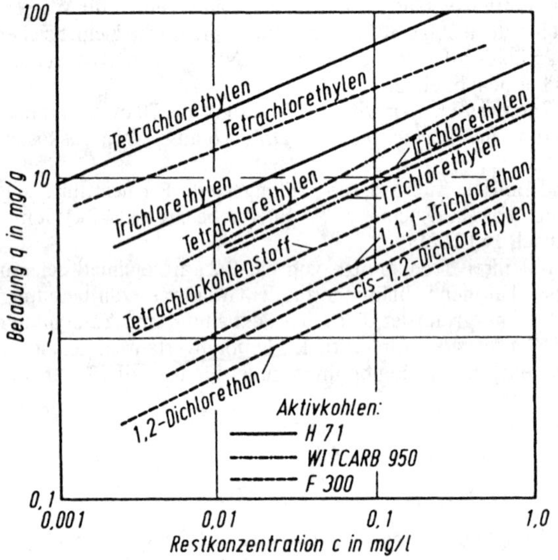

Abb. 4-38: Beispiele von Adsorptionsisothermen für verschiedene Aktivkohlen und Spurenstoffe in logarithmischer Darstellung (nach Frick)

4.2.2.6.2 Aktivkohlefilter

Der Einsatz von Kornkohlefiltern ist von Sontheimer u. a. umfangreich untersucht und gehört indessen zum Stand der Technik. Üblich sind dabei etwa die Parameter der **Tab. 4-50** und **4-51.** Zu den Filtergehäusen und Zubehör siehe Abschn. 4.2.2.4.3.

Tab. 4-50: Parameter der Aktivkohlefiltration

Kontaktzeit = $\frac{\text{Filterschichthöhe}}{\text{Filtergeschwindigkeit}}$	Mind. 10 min bis max. 30 min
Schichthöhe der Aktivkohle	1 bis 3 m
Filtergeschwindigkeit	5 bis 20 m/h
Korngrößen	0,5 bis 3 mm
Filterlaufzeit bis zum Kohlewechsel	2 bis 24 Monate

Längere Außerbetriebnahmen der gefüllten Filter sollten vermieden werden. Aktivkohle ist gut elektronenleitend, dem Korrosionsschutz kommt deshalb besondere Bedeutung zu. Dazu und auch zum Betrieb der Filter siehe auch DVGW-Merkblatt W 239.

Eine Rückspülung des Aktivkohlefilters sollte im allg. möglichst nur unmittelbar vor und nach dem Kohlewechsel erfolgen, da innerhalb der Filterlaufzeit die Schichtung erhalten bleiben soll. Für die Rückspülung ist ein Freibord für eine Expansion von mind. 20 % bis max. 50 % vorzusehen, Stützschichten im Filter sollten vermieden werden.

Tab. 4-51: Beispiele zur Bemessung von Aktivkohlefiltern (nach Sontheimer)

Aufbereitungs-Verfahren	Filter-geschwindigkeit m/h	Filterbetthöhe m	Regenerierung nach m^3 Durchfluß je m^3 Aktivkohle
Entchlorung	25–35	2	> 1 000 000
Entfernung von Geruch und Geschmack	20–30	2–3	100 000
Entfernung von organischen Inhaltsstoffen	10–15	2–3	25 000
Biologische Wirkung der Aktivkohlefilter	8–12	2–4	100 000

Durch thermische Reaktivierung unter Zusatz von Wasserdampf bei 700–850 °C wird die Beladung der Kohle beseitigt und die Adsorptionsfähigkeit wieder hergestellt. Dabei muß mit 10 % Verlust gerechnet werden. Bei großen zu reaktivierenden Kohlemengen (ca. > 500 t/a) kann eine wasserwerkseigene Reaktivierungsanlage wirtschaftlich sein.

4.2.2.6.3 Pulverkohleeinsatz

Pulverförmige Kohle weist durch ihre Mahlfeinheit (ca. < 50 μm) eine besonders große Oberfläche auf. Sie wird zumeist in den Zulauf zu Reaktionsbehältern oder Filtern dosiert, wobei die Zugaben je nach Randbedingung bei weniger als 5 bis zu über 50 g/m^3 liegen können und Kontaktzeiten von 10 bis 30 min notwendig sind. Zur Abtrennung aus dem Wasser kommen Sedimentationsanlagen und Filter in Frage. Oft muß zusätzlich Flockungsmittel dosiert werden, um eine ausreichende Rückhaltung der Kohle zu sichern. Bei erforderlichen höheren Kohlezugaben können die hohen Kohlekosten und u. U. bis auf einige Stunden zurückgehenden Filterlaufzeiten das Verfahren unwirtschaftlich machen.

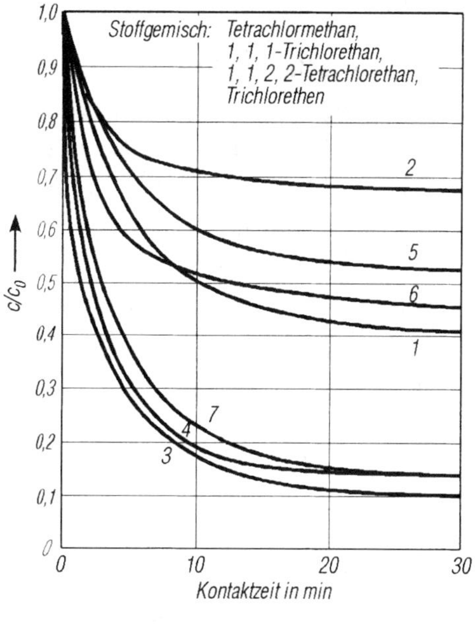

Abb. 4-39: Einfluß der Kontaktzeit auf die Schadstoffentfernung für sieben unterschiedliche Pulverkohlen

Da die Pulverkohle im Gegensatz zur Kornkohlefiltration nach jeweils kurzer Zeit aus der Anlage entfernt und ersetzt wird, tritt kaum Verdrängung auf, und es können auch schwerer adsorbierbare Substanzen entfernt werden, was z. B. bei Pflanzenschutzmitteln vorteilhaft ist.

Die Reaktivierung der Pulverkohle ist prinzipiell auch möglich aber schwieriger und wird bisher kaum praktiziert. Sinnvoll erscheint u. U. eine weitere Nutzung der im Wasserwerk nur teilweise beladenen Kohle in der Abwasserreinigung.

Eine interessante Sonderform der Pulverkohleanwendung stellt die Pulverkohle-Einlagerungsfiltration nach Haberer und Normann dar, bei der feine Pulverkohle in einem sog. Konditionierungsschritt in ein aufwärts durchströmtes Filterbett aus Styroporkugeln eingelagert wird und der Filter damit ca.

einen Tag betrieben wird. Damit wird bei verringertem Kohleverbrauch der Vorteil der feinen Pulverkohle genutzt.

4.2.2.7 Grundwasseranreicherung

Die Grundwasseranreicherung (siehe Abschn. 3.2) wird heute ebenfalls als komplex wirkendes Aufbereitungsverfahren angesehen, mit dem folgende Wirkungen verbunden sein können:
- mechanische Zurückhaltung von partikulären Substanzen (Schwebstoffe, Algen, Bakterien, Viren) an der Wasser/Boden-Kontaktzone,
- Sorption von Stoffen an der sich an der Wasser/Boden-Kontaktzone anreichernden Biomasse und Schwebstoffen,
- biologischer Abbau von Nährstoffen durch Aufbau von Algenbiomasse sowie von organischen Verbindungen bei deren Zersetzung durch Bakterien,
- Flockung und Fällung in der Folge der sich durch Anreicherung von organischen Stoffen und biologischen Prozessen verändernden Bedingungen (O_2-Haushalt, Redoxpotential, pH-Wert),
- Ionenaustausch an den humiden und Schluffbestandteilen des Untergrundes,
- biologische Prozesse bei der Untergrundpassage,
- bei ausreichender Verweildauer Angleichung an die Grundwassertemperatur.

Eine Vorreinigung des Oberflächenwassers vor der Versickerung, häufig durch Flockung, Sedimentation und Filtration, ist erforderlich, um eine Beeinträchtigung des Grundwassers und andere negative Auswirkungen zu vermeiden und wirtschaftliche Sickerleistungen zu erreichen. Eine weitere Aufbereitung des wieder gewonnenen Wassers, oft durch Aktivkohlefiltration und Desinfektion ist notwendig.
Siehe Literatur, z. B. Schmidt in [4] Nr. 45, Menschel/Genehr in gwf (1991 Nr. 5), Petersen in bbr (1991) Heft 4.

4.2.3 Chemische Verfahren

4.2.3.1 Fällung

Bei der chemischen Fällung werden dem aufzubereitenden Wasser Stoffe zugegeben, welche chemisch mit bestimmten gelösten Inhaltsstoffen reagieren und diese in unlösliche und damit abtrennbare Verbindungen überführen. Solche Fällmittel sind z. B.:
Kalk – bei der Enthärtung (Abschn. 4.2.5.8), Enteisenung durch Fällung (Abschn. 4.2.5.3),
Soda – Natriumkarbonat, bei der Enthärtung (Abschn. 4.2.5.8),
Bariumchlorid – zum Ausfällen von Sulfationen,
Natronlauge – zur Enteisenung durch Fällung (Abschn. 4.2.5.3).
Flockung (Abschn. 4.2.2.2.2) und Fällung sind in der Praxis nicht immer exakt abgrenzbar, da es je nach Randbedingungen (Zugabemenge, pH-Wert u. a.) zu Flockungs- wie Fällungserscheinungen kommen kann.

4.2.3.2 Oxidation

4.2.3.2.1 Allgemein

Oxidationsverfahren kommen zur Anwendung zur
- Desinfektion,
- Veränderung und Entfernung anorganischer Stoffe, z. B. Eisen, Mangan, Ammonium, Arsen,
- Veränderung und Entfernung organischer Stoffe.

Bei der chemischen Oxidation gibt das oxidierte Element oder die Verbindung Elektronen ab und geht in eine höhere Wertigkeitsstufe über, die zumeist leichter entfernbar ist. Oxidationsmittel sind somit Substanzen, die Elektronen aufnehmen und dabei selbst reduziert werden.
In der Praxis vorrangig angewandte Oxidationsmittel sind Chlor (Cl_2), Ozon (O_3), Chlordioxid (ClO_2), Kaliumpermanganat ($KMnO_4$) und zunehmend auch Wasserstoffperoxid (H_2O_2). Die Oxidationskraft dieser Stoffe wird häufig über das Redoxpotential ausgedrückt (Abschn. 4.1.5.6.8). Dieses liegt für Ozon sehr hoch, für Luftsauerstoff dagegen niedrig, weshalb dieser für die Desinfektion ungeeignet ist und auch bei Eisen und Mangan keine ausreichende Oxidation bewirkt, wenn diese anorganischen Stoffe an organische Stoffe gebunden sind. Sauerstoff soll deshalb hier auch nicht als Oxidationsmittel behandelt werden. Nur über das Redoxpotential sollte eine Auswahl der Oxidationsmittel allerdings

nicht erfolgen, da hier auch andere Faktoren, z. B. die Reaktionsgeschwindigkeit, maßgebend sind. Weiterhin ist zu beachten, daß die Trinkwasserverordnung [1], (siehe Abschn. 4.1.6), die zulässige Anwendung dieser Substanzen bei der Trinkwasseraufbereitung einschränkt. So sind Chlor und Chlordioxid nur noch für die Desinfektion zugelassen, nicht aber als Oxidationsmittel für andere Zwecke. Dagegen sind H_2O_2 und $KMnO_4$ nicht für die Desinfektion von Trinkwasser zugelassen.
Zunehmende Anwendung, insbesondere für die Desinfektion, hat die physikalisch-chemische Oxidation durch UV-Bestrahlung gefunden, da sie wartungsarm ist und ohne die Zugabe gefährlicher Stoffe auskommt.
Zur Entfernung bzw. Veränderung organischer Stoffe kommen einzelne Oxidationsmittel, insbesondere Ozon, zur Anwendung, aber auch Kombinationen wie Ozon + UV oder H_2O_2 + UV. Gerade in den letzten Jahren gibt es verstärkte Bemühungen, neben dem schon lange erfolgenden Einsatz in der Oberflächenwasseraufbereitung hiermit auch organische Stoffe, wie z. B. Pestizide und CKW, aus dem Grundwasser zu entfernen bzw. so zu verändern, daß eine schädigende Wirkung nicht mehr gegeben ist. Die dabei entstehenden Abbauprodukte bedürfen allerdings noch einer weiteren Untersuchung.
Nachfolgend sind einige Oxidationsmittel und -verfahren näher dargestellt, weitere, z. B. Chlor und UV, sind im Abschnitt „Desinfektion", Abschn. 4.2.5.14, behandelt. Sauerstoffzufuhr durch Belüften siehe Abschn. 4.2.2.3.

4.2.3.2.2 Ozon (O_3)

1) *Allgemein* – Das nichtstabile blaue Gas Ozon muß mittels Ozonerzeugungsanlagen **(Abb. 4-40)** am Verwendungsort hergestellt werden (DIN 19 627, DVGW-Merkblatt W 625). In höherer Konzentration ist Ozon stark giftig, die maximale Arbeitsplatzkonzentration (MAK-Wert) beträgt 0,2 mg/m^3 in der Luft. Beim Umgang mit Ozon müssen die Unfallverhütungsvorschriften, insbesondere ZH 1/474, unbedingt beachtet werden. Die Ozonzugabestelle und eventuelle weitere Anlagenteile müssen gasdicht abgeschlossen sein, zur Entfernung des Restozons werden zumeist Aktivkohlefilter eingesetzt, ebenso zur Abluftbehandlung.
Die mit ozonhaltigem Wasser in Berührung kommenden Werkstoffe müssen korrosionbeständig sein.
2) *Anwendung* – Vorteilhaft ist das hohe Oxidationsvermögen des Ozons mit starker Wirkung auf Bakterien und auch auf Viren sowie anorganische und organische Wasserinhaltsstoffe, außer Ammonium und Ammoniak. Auch bei komplexer Bindung des reduzierten Eisens und Mangans ist Ozon oxidativ wirksam. Die Ozonung ist auch ein geeignetes Verfahren zur Entfärbung von huminstoffhaltigen Wässern, zur Zerstörung von Geruchs- und Geschmacksstoffen, insbesondere phenolischen Verbindungen und Schwefelwasserstoff und teils zur Mikroflockung. Die durch eine Ozonung veränderten organischen Substanzen sind zumeist biologisch besser abbaubar, aber teilweise auch schlechter an Aktivkohle adsorbierbar. Die Reaktion des Ozons mit anthropogenen organischen Wasserinhaltsstoffen ist sehr unterschiedlich, je nach Ozonangebot werden einige organische Verbindungen sehr gut oxidiert, während andere kaum oxidativ angegriffen werden (siehe auch DVGW-Merkblatt W 225). Insbesondere die Untersuchungen zum kombinierten Einsatz von Ozon und H_2O_2 bzw. UV dauern hierzu noch an.
Als nachteilig können bei Ozon der erforderliche hohe Aufwand für die Ozonerzeugung einschl. Luftbehandlung, die Kapselung der Anlagen, die notwendige Nachbehandlung und der Energiebedarf für die Ozonerzeugung (ca. 15 kWh/kg an O_3) und Luftbehandlung (ca. 5 kWh/kg an O_3) gesehen werden. Erfahrungsgemäß steigt durch die mit der Ozonisierung erreichte bessere biologische Abbaubarkeit der Wasserinhaltsstoffe auch die Gefahr der Wiederverkeimung in nachfolgenden Anlagen und im Rohrnetz, weshalb die Ozonzugabe nicht der letzte Aufbereitungsschritt sein sollte – wie übrigens auch bei erzeugten Mikroflocken – und eine Sicherheitschlorung vor der Reinwasserabgabe empfehlenswert ist **(Tab. 4-52),** wobei der Chlorbedarf bei vorausgegangener Ozonzugabe dann sehr niedrig ist.
Bei bromidhaltigem Wasser ist auf die Gefahr einer erhöhten Bromatbildung bei der Ozonung zu achten. Die neue EU-Richtlinie [18] beschränkt die max. zul. Bromatkonzentation im Trinkwasser auf 0,01 mg/l.
3) *Zugabemengen* – Der erforderliche Ozoneintrag ist bei der Oxidation vorrangig proportional der Konzentration der oxidierbaren Wasserinhaltsstoffe. Bei anorganischen Stoffen existiert der stöchiometrische Zusammenhang, wobei eine etwas höhere Zugabe bei hohem Eisengehalt empfehlenswert ist. Zur Oxidation von organischen Stoffen sind zumeist 0,5 bis 1,5 mg O_3 pro mg DOC ausreichend, höhere Zugaben teils sogar nachteilig. Zur Desinfektion ist eine Zugabe von ca. 0,4 mg/l ausreichend, wobei eine Reaktionszeit von mind. 4 Minuten gesichert sein muß (nach DVGW-Merkblatt W 225).

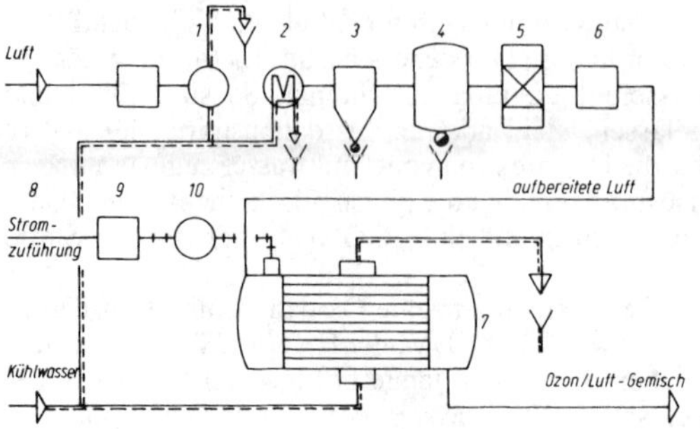

Abb. 4-40: Schema der Luftaufbereitung und Ozonerzeugung: 1 Verdichter, 2 Nachkühler, 3 Wasserabscheider, 4 Druckluftbehälter, 5 Lufttrockner, 6 Nachfilter, 7 Ozonerzeuger, 8 Gleichrichter, 9 Wechselrichter 600 Hz, 10 Transformator

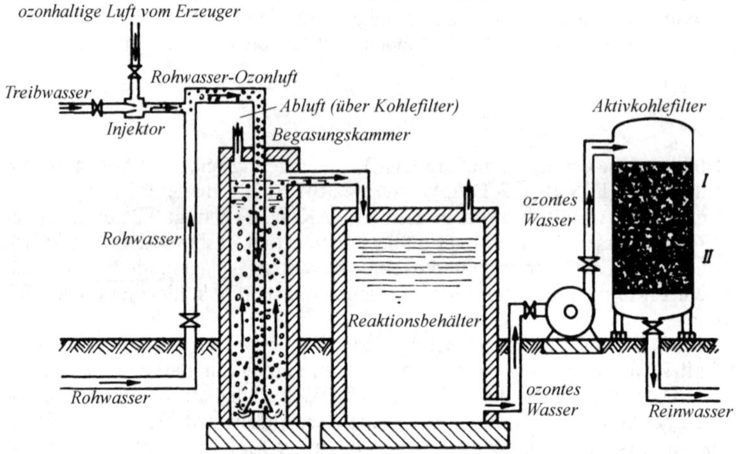

Abb. 4-41: Beispiel zur Ozoneinbringung mit Reaktionsraum und Restzonenentfernung im Aktivkohlefilter

Tab. 4-52: Beispiele für die Einbindung der Ozonung bei der Flußwasseraufbereitung

Flußwasser	Flußwasser	Flußwasser
Flockung	Uferfiltration	Ozonung
Sedimentation	Ozonung	Flockung
Ozonung	Flockungsfiltration	Sedimentation
Flockungsfiltration	Aktivkohlefilter	Ozonung
Aktivkohlefilter	Sicherheitschlorung	Filtration
Sicherheitschlorung		Aktivkohlefilter
		Sicherheitschlorung

Da aber auch die technischen Randbedingungen des Ozoneintrages Einfluß auf die Ozonwirksamkeit nehmen, ist die Optimierung im Betrieb zweckmäßig.

4) *Zumischung* – Diese muß sehr intensiv erfolgen, da Ozon um 1 Zehnerpotenz schwerer im Wasser löslich ist als Chlor. Die Löslichkeit ist kleiner bei kleiner Ozonkonzentration, bei niedrigem Druck, mit welchem Ozon in das Wasser eingebracht wird, und bei höherer Wassertemperatur. Für einen hohen Ozoneinbringungsgrad sind eine feinblasige Gaseinbringung verbunden mit starker Turbulenz notwendig.

Als Verfahren für die Ozoneinbringung stehen zur Verfügung:

– Teilstrombegasung mittels Injektor und nachfolgendem statischen Mischer,

- Begasung mittels poröser Kerzen, Platten oder Membranscheiben, die im Becken – nahe des Bodens – angeordnet werden,
- Gegenstrombegasung in Füllkörperkolonnen,
- Begasung durch rotierende Mischer.

Die Abluft der Mischkammern bzw. Reaktionsräume enthält Restozon, so daß die Entlüftung mit einer Ozonentfernung verbunden sein muß. Als Verfahren sind üblich:
- thermische Ozonentfernung bei ca. 350 °C,
- katalytische Ozonentfernung,
- chemische Reaktion mit Aktivkohle (1 g A-Kohle mit 2,7 g O_3).

Nach der Ozonentfernung sollte die Abluft nicht mehr als 0,02 mg/m^3 an Ozon enthalten.

4.2.3.2.3 Wasserstoffperoxid (H_2O_2)

Wasserstoffperoxid wird technisch aus Sauerstoff und Wasserstoff hergestellt. Es ist eine klare Flüssigkeit, die mit Wasser in jedem Verhältnis mischbar ist.
H_2O_2 unterliegt den Transportvorschriften für gefährliche Güter. Bei der Verwendung müssen die Arbeitsstoff-Verordnung und die berufsgenossenschaftlichen Sicherheitsbestimmungen beachtet werden, so das Merkblatt 009 der Berufsgenossenschaft der chemischen Industrie. Bei Lagerungs- und Dosieranlagen müssen Druckausgleichsmöglichkeiten bestehen.
Seit langem bekannt und durchaus vorteilhaft ist der Einsatz von H_2O_2 zur Desinfektion von Anlagenteilen der Wasserversorgung, insbesondere bei neuverlegten Rohrleitungen. (Siehe DVGW-Wasser-Informationen 22 von 4/90.)
Neu hinzugekommen ist der Einsatz bei der Aufbereitung von Trinkwasser. Gemäß Trinkwasserverordnung können zur Oxidation bis 17 mg/l an H_2O_2 zugegeben werden, wobei nach der Aufbereitung nur noch maximal 0,1 mg/l vorhanden sein dürfen. Einsatzmöglichkeiten sind hier:
- Oxidation von Eisen(II) bei pH < 7
  (theor. Bedarf 0,3 mg H_2O_2 pro mg Fe)
- Oxidation von Mangan(II) bei ca. pH > 9
  (theor. Bedarf 0,62 mg H_2O_2 pro mg Mn)
- Oxidation von Arsen(III) bei pH > 7
  (theor. Bedarf 0,45 mg H_2O_2 pro mg As)

Weitere Möglichkeiten sind die Oxidation von Sulfiden, die Unterstützung der mikrobiologischen Oxidation und evtl. die Abtötung höherer Wasserorganismen, z. B. Wandermuschellarven in Transportleitungen (DVGW-Wasser-Informationen 15 von 6/88).
Mehrere laufende Untersuchungen beschäftigen sich mit dem Abbau anthropogener organischer Stoffe durch kombinierten Einsatz von Waserstoffperoxid, z. B. mit UV-Bestrahlung.

4.2.3.2.4 Kaliumpermanganat ($KMnO_4$)

Kaliumpermanganat nach DIN 19619 hat ebenfalls ein hohes Oxidationsvermögen, das auch zum Nachweis oxidierbarer Inhaltsstoffe bei der Wasseranalyse ausgenutzt wird, für die Trinkwasserdesinfektion ist es aber nicht geeignet und auch nicht zugelassen. Eingesetzt wird es teilweise zur Oxidation bei der Enteisenung und Entmanganung, vor allem auch zur schnelleren Einarbeitung des Filtersandes. Zumeist wird es als 1-2 %ige Lösung in das Wasser mengenproportional dosiert, wobei eine intensive Vermischung wichtig ist. Bei der Entmanganung ist etwa das 2,1fache der Massenkonzentration des Mn^{2+} erforderlich, wobei die Reaktionen pH-Wert-abhängig sind. (Siehe auch Maier in [16].)
Auch zur Beseitigung von Schwefelwasserstoffgeruch und zur Verhinderung von Algenmassenentwicklungen in Infiltrationsanlagen (1 bis 5 mg/l) ist es geeignet, während es sonst als Oxidationsmittel für organische Wasserinhaltsstoffe dem Ozon deutlich unterlegen ist.

4.2.3.3 Neutralisation

4.2.3.3.1 Allgemein

Unter Neutralisation soll hier verstanden werden die Zugabe von Alkalien (Kalk, Natronlauge u. a.) in das Wasser bzw. der Kontakt des Wassers mit alkalischen Stoffen (Filtration über Kalkstein oder dolomitisches Material) mit dem Ziel, den pH-Wert auf den von der TrinkwV vorgegebenen Wert (siehe pH-Wert Abschn. 4.1.5.4.6) anzuheben. Dabei erfolgt eine Bindung der freien überschüssigen

Kohlensäure, weshalb auch von der chemischen Einstellung des Kalk-Kohlensäure-Gleichgewichtes gesprochen wurde. Vom Ergebnis her ähnlich ist das physikalische Verfahren des Gasaustausches (siehe dort), bei dem die Kohlensäure ausgast und bei hartem Wasser mit höherem Hydrogencarbonatgehalt ($K_{S\ 4,3}$) auch der Sättigungs-pH-Wert erreicht werden kann, während bei weichen Wässern eine chemische Restentsäuerung erforderlich ist. In der Anwendung werden die beiden unterschiedlichen Verfahren unter dem Begriff „Entsäuerung" zusammengefaßt (siehe Abschn. 4.2.5.2).
Je nach Verfahren bzw. eingesetzten Alkalien kann es auch zum Überschreiten des Sättigungs-pH-Wertes und damit zu störendem Kalkausfall kommen. Ist diese Calciumcarbonatübersättigung nicht vermeidbar – oder zur Entfernung anderer störender Wasserinhaltsstoffe erforderlich – muß vor der Reinwasserabgabe u. U. ein Verschneiden mit Wasser niedrigeren pH-Wertes oder Säurezugabe erfolgen.

4.2.3.3.2 Filtration über Kalkstein

1) *Grundlagen* – Die Filtration über Kalkstein ($CaCO_3$) gehört zu den ältesten Entsäuerungsverfahren und stellt einen Vorgang nach, der natürlich im Bereich der im Jura und Devon entstandenen Kalklagerstätten abläuft. Der dabei erforderliche lange Zeitraum wird bei der Wasseraufbereitung durch Einsatz von Calciumcarbonat mit spezieller Oberflächenstruktur und geringer Korngröße (unter 3 mm) auf unter eine Stunde verkürzt. Zur Verfügung stehen dichter feinkristalliner Jurakalk, dessen besonders geeignete Formation Weißjura-ε vorrangig in Süddeutschland abgebaut wird, dichter feinkristalliner devonischer Massenkalk, meist aus Nord- u. Westdeutschland sowie ein poröser Kalkstein, z. B. Muschelkalk. Es laufen folgende Reaktionen ab:

1. Lösung des Kalksteins $CaCO_3 \leftrightarrows Ca^{2+} + CO_3^{2-}$
2. Bindung der Kohlensäure bei Bildung von Hydrogencarbonat $CO_3^{2-} + CO_2 + H_2O \leftrightarrows 2HCO_3^-$

Diese Reaktionen laufen weiter, eine ausreichende Kontaktzeit vorausgesetzt, bis das Löslichkeitsprodukt des $CaCO_3$ erfüllt ist. Je mol CO_2 wird 1 mol $CaCO_3$ verbraucht, d. h. für die chemische Bindung von 1 g an CO_2 sind theoretisch 2,28 g an $CaCO_3$, praktisch ca. 2,5 g erforderlich. Dabei kommt es zu einer Aufhärtung von 0,023 mol entsprechend 0,13 °d.
2) *Vorteile des Verfahrens* – Eine Übersättigung des Wassers mit $CaCO_3$ kann nicht eintreten, weshalb in dieser Hinsicht nur ein sehr geringer Betriebs- und Überwachungsaufwand erforderlich ist. Bei weichem Wasser sind die Zunahme des Calciumgehalts (Aufhärtung) und der Säurekapazität bis 4,3 günstig für die Ausbildung schützender Deckschichten bei Rohren aus Eisenwerkstoffen und verzinktem Stahl.
Der oft hervorgehobene Vorteil des einfachen, stromlosen Aufbaus der Jurakalkfilter gilt nur bedingt, da nichtrückspülbare Anlagen z. T. Betriebsprobleme bringen und häufigeren Materialausbau erfordern. Das Material ist wesentlich billiger als halbgebrannter Dolomit.
3) *Nachteile des Verfahrens* – Kalkstein erfordert relativ lange Kontaktzeiten und somit um ein mehrfaches größeren Filterraum als halbgebrannter Dolomit. Die Verbrauchsmenge liegt ebenfalls etwa doppelt so hoch. Belegungen mit Eisen, Mangan, Aluminium und anderen Trübstoffen beeinträchtigen die Entsäuerungsleistung, insbesondere bei nichtrückspülbaren Filtern. Bei ungünstiger Rohwasserbeschaffenheit wird der pH-Wert der $CaCO_3$Sättigung u. U. nicht oder erst nach sehr langer Zeit erreicht bzw. es sind die Vorschaltung einer physikalischen Entsäuerung oder die Nachschaltung einer Restentsäuerung erforderlich. Poröser Kalkstein ist aufgrund der vorhandenen großen Oberfläche reaktionsfähiger und kommt mit deutlich kürzeren Kontaktzeiten aus (Vergleiche Abb. 4-42 und 4-43), neigt aber stark zu Verkeimungen und erfordert deshalb meist eine Desinfektion des Trinkwassers.
4) *Anwendungsbereich* – Die Filtration über Kalkstein ist wirtschaftlich bei weichen Wässern mit nicht zu hohen Gehalten an freier CO_2. Bei hohen Werten der Säurekapazität $K_{S4,3}$ und Basekapazität $K_{B8,2}$ steigen die zum Abbinden der CO_2 erforderlichen Kontaktzeiten stark an, d. h. es werden große Filter und Kalksteinmengen erforderlich bzw. der Sättigungs-pH-Wert wird nicht erreicht.
Höhere Konzentrationen an Eisen, Mangan, Aluminium und Trübstoffen können eine Voraufbereitung notwendig machen.
In Anlehnung an DVGW-W 214 T.2 und Liefererhinweisen gibt **Tab. 4-53** den empfohlenen Einsatzbereich wieder.

Abb. 4-42: Erforderliche Kontaktzeit für dichten Kalkstein
Aufbereitungsziel pH = 8,0 : Vollinie
Aufbereitungsziel pH = pHc : gestrichelte Linie

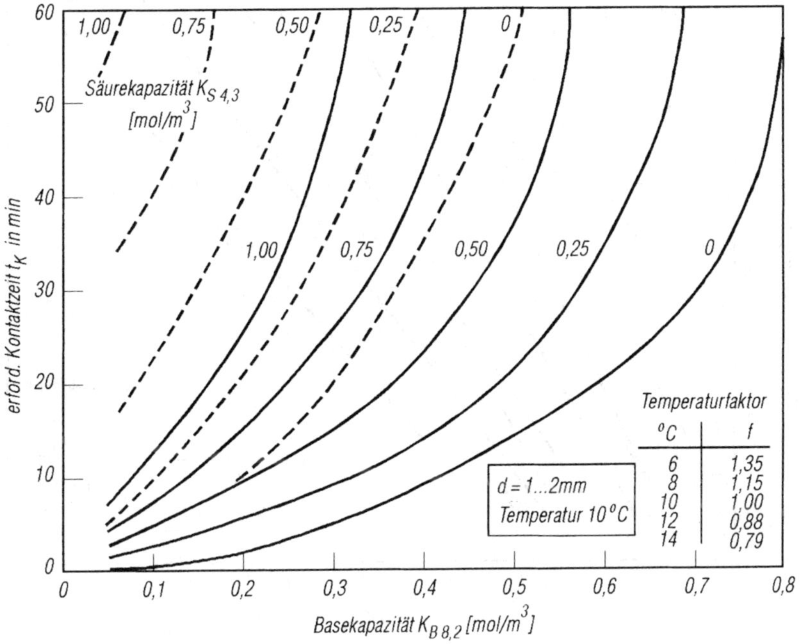

Tab. 4-53: Empfohlener Einsatzbereich für Kalkstein ($CaCO_3$)

Materialart	dichtes $CaCO_3$		poröses $CaCO_3$
Entsäuerungsziel	pH = 8,0	pH = pHc [2]	pH = pHc [2])
$K_{S4,3} + 2\,K_{B8,2}$ [1]	< 1,5 mmol/l	≤ 1,0 mmol/l	≤ 1,5 mmol/l
Calcium	30 mg/l		
Eisen	0,5 mg/l [3]		
Mangan	0,1 mg/l		
Aluminium	0,2 mg/l		

1) Erklärung in Abschn. 4.1.5.6.3
2) Erklärung in Abschn. 4.1.5.4.6
3) Bei sehr kleinen Anlagen sind höhere Eisenkonzentrationen bei erhöhter Einsatzmenge an Kalkstein evtl. noch tolerierbar

5) *Bemessung* – Die erforderliche Einsatzmenge (M_E) an Kalkstein ist die Summe von Reaktionsmenge (M_R), die von der notwendigen Kontaktzeit abhängt (siehe **Abb. 4-42 u. -43**) und die Anlagengröße vorrangig bestimmt, und Verbrauchsmenge (M_v) zwischen zwei Nachfüllungen. Bezieht man die Kontaktzeit auf den leeren Filterbettraum, errechnet sich das erforderliche Reaktionsvolumen in m³ zu:

$$M_R = \frac{Q \cdot t_K \cdot f}{60}$$

Q = Volumenstrom in m³/h
t_K = Kontaktzeit in min
f = Temperaturfaktor

Das Verbrauchsvolumen in m³ ergibt sich aus der Differenz der Calcitlösekapazitäten bzw. Basekapazitäten $K_{B8,2}$ (≙ freie CO_2) in mol/m³ zwischen Filterzu- und -ablauf zu:

Abb. 4:43 Erforderliche Kontaktzeit für porösen Kalkstein
Aufbereitungsziel pH = 8,0 : Vollinie
Aufbereitungsziel pH = pHc : gestrichelte Linie

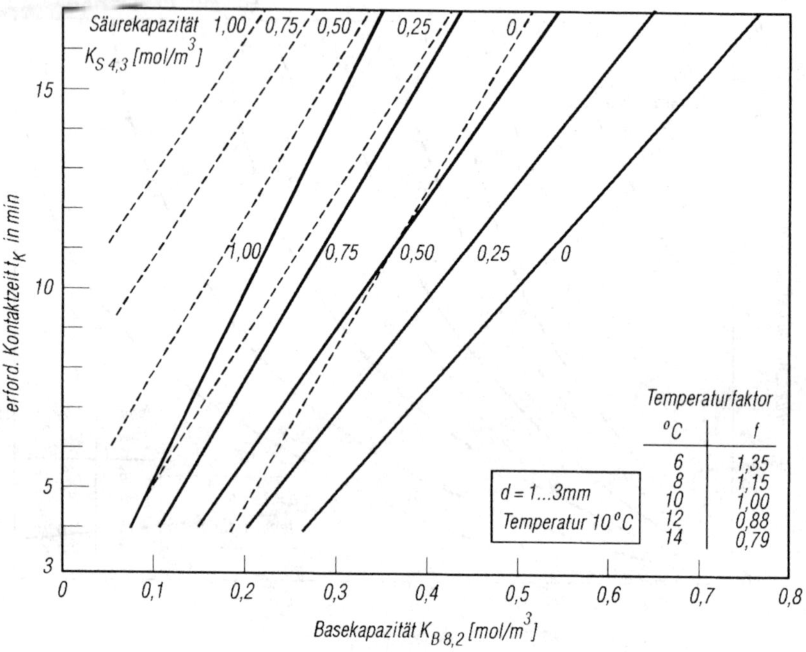

$$M_v = \frac{\Delta K_{B8,2} \cdot 0{,}11 \cdot Q \cdot t_B}{\rho_s}$$

t_B = Betriebsstunden zwischen zwei Nachfüllungen
p_s = Schüttdichte in kg/m³ (dichter Kalkstein ca. 1500, poröser Kalkstein ca. 1000)
0,11 = Verbrauch an $CaCO_3$ in kg pro mol $\Delta K_{B8,2}$) einschl. 10 % Spülverluste

Die Filterflächen werden so gewählt, daß sich bei offenem Filter v_f = 5 ... 15 m/h und bei Druckfiltern v_f ... 30 m/h ergeben. Die Schichthöhen liegen bei 1 ... 2 m bzw. 1,5 ... 3 m.

6) *Konstruktion* – Zur Aufnahme des Kalksteins kommen abwärts betriebene Filter in offener oder geschlossener Ausführung, meist in Abhängigkeit vom Vordruck, zum Einsatz. Diese Filter sollten mit Düsenboden, gröberer Stützschicht, Zugang unter dem Filterboden versehen werden und rückspülbar sein. Auch sollen Messung und Begrenzungsmöglichkeit des Wasserzulaufs nicht fehlen, um Überlastungen und damit zu geringe Kontaktzeiten zu vermeiden. Durch Filterauslaufregler bzw. belüftete Filtratschleife kann das Leerlaufen des Filters verhindert werden (siehe DIN 19 605).

Fast unzugängliche, nicht kontrollier- und regelbare Anlagen führen häufig zu Betriebsproblemen bzw. unzureichenden Entsäuerungsleistungen und sollten deshalb der Vergangenheit angehören.

Das Filtermaterial wird in Schichtdicken von 1–3 m, meist 1,5–2 m, eingebaut. Die Korngrößen des Filtermaterials liegen zwischen 0,71 und 3 mm, bei nichtrückspülbaren Filtern teils auch bis 6 mm, was aber nachteilig für die Entsäuerungsleistung ist. Das Filtermaterial ist als Kornklasse vorzusehen, z. B. 1 bis 2 mm bei dichtem und 1 bis 3 mm bei porösem Kalkstein. Kontrollmöglichkeiten (z. B. Höhenmarke) zur Abnahme des Materials infolge Verbrauch sollten nicht fehlen, um rechtzeitig nachzufüllen. Zwischen Oberkante Filtermaterial (nach Neufüllung) und Oberkante Schlammabzugsrinne muß bei rückspülbaren Filtern ein Freibord von mind. 400 mm eingehalten werden, um Materialverluste bei der Rückspülung zu vermeiden. Aus dem gleichen Grund und auch zur Sicherung einer ausreichenden Rückspülung sollten Volumenstrommessung und evtl. -regelung bei Spülluft und -wasser nicht fehlen.

7) *Betrieb* – Eine Nachfüllung des Filtermaterials soll erfolgen, wenn es um ca. 10 % abgenommen hat. Das ist zumeist nach 3 bis 6 Monaten der Fall.
Eine Rückspülung ist in Abhängigkeit von der Filterwiderstandszunahme und dem Rückgang der Filtratqualität (Belegung des Filtermaterials mit anderen Wasserinhaltsstoffen) vorzunehmen, meist einwöchentlich. Bei der Rückspülung findet der für Einschichtfilter übliche Zyklus Anwendung (siehe Abschn. 4.2.2.4), wobei die Hinweise der Materiallieferfirma zu beachten sind.
Bei älteren, nichtrückspülbaren Filtern sind je nach Rohwasserbeschaffenheit teilweises oder gänzliches Ausräumen und Reinigen bzw. Wechseln des Filtermaterials u. U. mehrmals jährlich nicht zu vermeiden.
Weitere Hinweise, auch zur Erstbefüllung, gibt DVGW-Arbeitsblatt W 214 Teil 2.

4.2.3.3.3 Filtration über dolomitische Materialien

1) *Anwendungsbereich* – Das Filtermaterial wird als halbgebranntes Dolomit ($CaCO_3 \cdot MgO$) hergestellt, bekannt unter den Firmenbezeichnungen Magno, Akdolit, Neutralit, Decarbolith. Das Verfahren ist wirtschaftlich bis $K_{S4,3} + 2\ K_{B8,2} \leq 2{,}5$ mmol/l. Darüber ist es zweckmäßig, zur Neutralisation Gasaustauschverfahren vorzuschalten. Die erforderliche Reaktionszeit ist erheblich kürzer als bei Jurakalk, wobei sie mit Zunahme der freien Kohlensäure nur wenig größer wird. Die erforderlichen Mengen an Filtermaterial sind daher kleiner, so daß an Baukosten gespart wird, dagegen ist das Filtermaterial teurer. Mit dem Verfahren kann in gewissem Umfang auch enteisent, entmangant werden. Bei gleichzeitiger Entsäuerung sollten dabei aber die Zulaufkonzentrationen an Eisen, Mangan und Aluminium nicht höher sein als die in Tab. 4-53, für Kalkstein angegebenen Werte. Für das Filtermaterial Decarbolith haben Böhler u. Wiegleb [11] Bemessungsgleichungen vorgeschlagen. Die Unterschreitung der spezifischen Filterbelastung um mehr als 30 v. H. muß vermieden werden, da sonst infolge Unterschreiten des Kalk-Kohlensäure-Gleichgewichts Kalk ausfallen kann, wodurch die Verbackungsgefahr des Filters erhöht wird. Bei der Inbetriebnahme von neuem Filtermaterial und nach längerem Stehen der Filter wird zunächst stark basisches Wasser erzeugt, so daß dieses Wasser abgelassen werden muß. Eine Kontrolle des pH-Wertes ist erforderlich.
2) *Filterkammer* – Es sind offene oder geschlossene Filteranlagen möglich. Offene Anlagen eignen sich besonders für kleine WVU, sie sind wegen der Zugänglichkeit leicht bedienbar, erfordern aber größeren Raumbedarf, größere Spülleistungen sowie Unterteilung in Vor- und Hauptförderung. Geschlossene Anlagen haben geringeren Raumbedarf, geringere Spülleistungen, die Förderung erfolgt in einem Arbeitsgang, Bedienung und Nachfüllung von Filtermaterial sind aufwendiger.

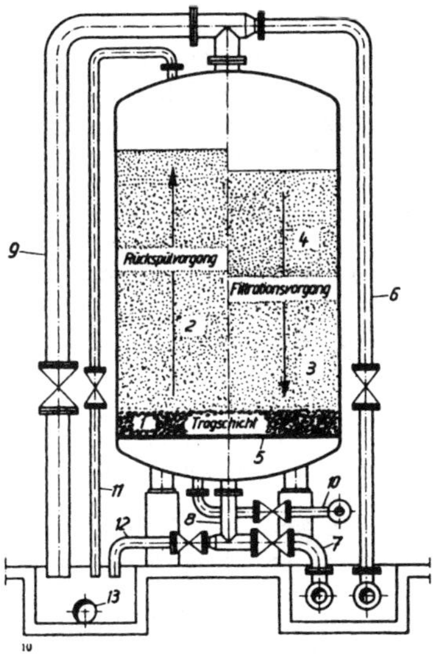

Abb. 4-44: Schema der geschlossenen Filtration über alkalische Filtermaterialien
Zeichenerklärung
1 = Tragschichtmaterial
2 = Filtermaterial
3 = Zone der Entsäuerung
4 = Zone der Enteisenung und mechanischen Reinigung
5 = Filterboden
6 = Rohwasserzulauf
7 = Reinwasserablauf
8 = Spülwasserzulauf
9 = Schlammwasserablauf
10 = Spülluftzuführung
11 = Entlüftung
12 = Entleerung
13 = Schlammabfluß

Tab. 4-54: Genäherte Einsatzmengen an dolomitischem Material (Kornklasse 0,5–2,5 mm) je m^3/h Durchfluß für $T = 10\,°C$

CO_2 in mg/l (~ $K_{B8,2} \cdot 44$)	> 0 bis 10	> 10 bis 20	> 20 bis 40
$K_{S4,3}$ bzw. m-Wert in mol/m^3 0 : 1	85 bis 130	115 bis 190	165 bis (270)
> 1 : 2	100 bis 165	130 bis 240	> 200 (Einsatz nicht zweckmäßig bzw. erst nach phys. Entsäuerung)

Temperaturfaktoren siehe Abb. 4-43

Bzgl. Filterfläche bzw. Filtergeschwindigkeit und Schichthöhe gelten die Ausführungen unter Abschn. 4.2.3.3.2. Zur Dämpfung von pH-Wert-Schwankungen sind mehrere Filter vorzusehen und möglichst Ausgleichbehälter nachzuschalten.

3) *Filtermaterial* – Die erforderliche Einsatzmenge steigt mit dem Gehalt des Wassers an abzubindendem CO_2 und der Säurekapazität $K_{S4,3}$. Eine genäherte Ermittlung ermöglicht **Tab. 4-54.** Material gemäß DIN 19 621. Die Hinweise der Lieferfirmen sind zu beachten. Ein Bemessungsdiagramm enthält DVGW-W 214, Teil 2.

Zur Berechnung des notwendigen Filterraumes ist eine Schüttmasse von 1200 kg/m^3 zu berücksichtigen. Die *Verbrauchsmenge* wird bei kleinen und mittleren Werken für meist 3 Monate gewählt, bei starker Zehrung kann die Nachfüllzeit noch kürzer werden. Für die chemische Bindung von 1 g CO_2 sind theoretisch 1,06 g an $CaCO_3 \cdot MgO$, praktisch ca. 1,3 g erforderlich. Dabei steigt die Härte um 0,09 ° d. Die Korngruppen liegen zwischen 0,5 und 7,0 mm; zumeist wird 0,5 ... 2,5 mm eingesetzt.

4) *Filterrückspülung* – Filter mit dolomitischem Filtermaterial müssen rückgespült werden, bei der Einarbeitung des Filters zur Ableitung des stark basischen Wassers, im Betrieb um die Verbackung zu verhindern und Ablagerungen zu entfernen. Die Spülung erfolgt gemäß Abschn. 4.2.2.4.6. Die Häufigkeit der Rückspülung ist abhängig von der Zunahme des Filterwiderstandes und der Verbackungsgefahr, die Rückspülung muß mind. 1mal wöchentlich durchgeführt werden.

4.2.3.3.4 Zugabe von Alkalien

Zur pH-Anhebung kommen vorrangig Kalkhydrat $Ca(OH)_2$ sowie Natronlauge NaOH und evtl. Soda Na_2CO_3 in Frage. Die Lieferbedingungen sind in den DIN-Normen 19 611 (Weißkalkhydrat), 19 616 (Natronlauge) und 19 612 (Soda) festgelegt. Hinweise zu Dosieranlagen zur Entsäuerung gibt DVGW-Arbeitsblatt W 214 Teil 4.

1) *Kalk* – Reaktion im üblichen pH-Bereich: $Ca(OH)_2 + 2CO_2 \rightarrow Ca^{2+} + HCO_3^-$.

Zur chemischen Bindung von 1 g CO_2 sind 0,84 g $Ca(OH)_2$ erforderlich, wobei die Härte um 0,064 °d zunimmt.

Die Dosierung des Kalks kann trocken (Pulver, Brocken), aufgeschwemmt (Kalkmilch) oder gelöst (Kalkwasser) erfolgen. Bei der Zugabe als Pulver oder Kalkmilch (ca. 5–10 %ig) können Probleme durch unlösliche Beimengungen (10–20 %) bzw. Kalkanlagerung in Leitungen und Dosieranlagen entstehen, häufige Reinigungen/Spülungen sind erforderlich. In der Praxis haben sich auch Kunststoffleitungen bzw. Schläuche bewährt, da sie nicht so schnell verstopfen. Die Zugabe in trockener oder aufgeschwemmter Form sollte nur vor Sedimentationsanlagen, mind. aber vor der Filtration erfolgen. Günstiger könnte hier eine sedimentationsstabile Kalkmilch sein, die über 20 %ig ohne Rühren verwendet werden kann.

Bei Herstellung eines ca. 0,1–0,2 %igen Kalkwassers ist die Dosierung genauer und störungsfreier möglich. Dafür ist der apparative Aufwand sehr groß, da zusätzlich konische Kalkwassersättiger mit Bauhöhen von 3–5 m erforderlich sind **(Abb. 4-45).**

Da Kalkhydratanlagen auch eine laufende Bedienung und Wartung benötigen, sind sie für große und mittlere Wasserwerke geeignet, wobei ihr Einsatz vorrangig dann erfolgt, wenn es nicht nur um

Entsäuerung geht, sondern auch eine Aufhärtung gewünscht ist. Weitere Anwendungsbereiche der Kalkzugabe sind die Enthärtung (siehe dort) und die Unterstützung der Flockung.
2) *Natronlauge* – Reaktion im üblichen pH-Bereich: $NaOH + CO_2 \rightarrow Na^+ + HCO_3^-$.
Zur chemischen Bindung von 1 g CO_2 sind 0,91 g NaOH erforderlich. Eine Aufhärtung tritt nicht ein. Die Zugabe von Natronlauge bedarf nur eines geringen apparativen Aufwandes **(Abb. 4-46).** Da der Umgang mit der ätzenden Natronlauge erhöhte Sorgfalt erfordert, die Materialkosten relativ hoch liegen, ein Natriumeintrag in das Trinkwasser nicht wünschenswert und durch die TrinkwV begrenzt ist, wird Natronlauge fast nur zur chemischen Restentsäuerung eingesetzt.
Die Natronlauge ist 25–50 %ig lieferbar, sie sollte aber vor der Zugabe auf 5–10 %ig verdünnt werden und an der Zugabestelle schnell und intensiv mit dem Wasser vermischt werden, da ansonsten durch das starke Ansteigen des pH-Wertes an der Dosierstelle unlösliches Carbonat entsteht und zu Störungen führen kann. Die bei tieferen Temperaturen noch vorhandene flüssige Konsistenz der niedrigprozentigen Natronlauge ist auch von Vorteil bei unbeheizten Räumen.

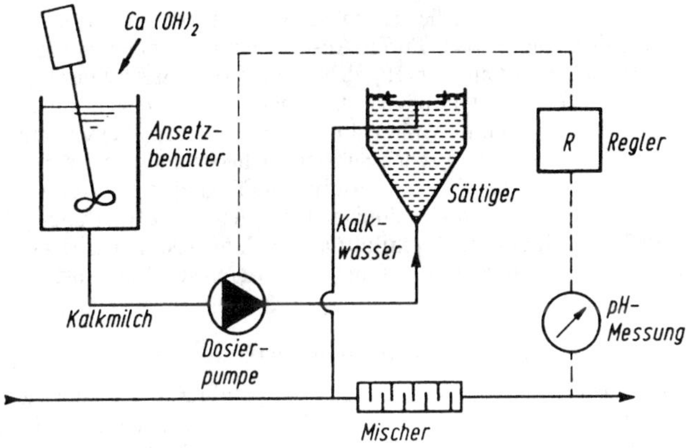

Abb. 4-45: Herstellung und Dosierung von Kalkwasser (nach [12])

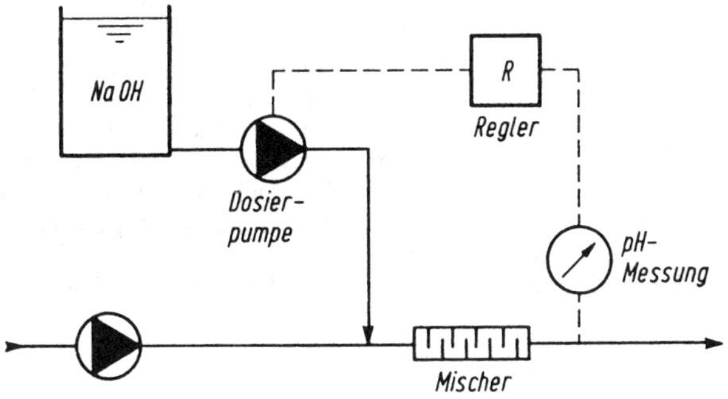

Abb. 4-46: Dosierung von Natronlauge (nach [12])

4.2.3.4 Ionenaustausch

4.2.3.4.1 Allgemein

Mittels Ionenaustausch kann ein Wasser nicht nur enthärtet, sondern auch voll entsalzt werden. Die ständig steigenden Forderungen nach weichem, manchmal salzfreiem Wasser für Heißwassergeräte im Haushalt und in der Industrie, für Kesselspeisewasser, für Lebensmittelbetriebe, Fotobetriebe u. ä. haben den Einsatz der Ionenaustauscher ansteigen lassen, zumal diese sich einer etwaigen schwankenden Belastung in gewissen Grenzen automatisch anpassen, verhältnismäßig einfach zu bedienen sind, im wesentlichen aber den Nachteil der verhältnismäßig hohen Betriebskosten für das Regenerieren des Austauschmaterials in Abhängigkeit von der Menge der zu entfernenden Härte bzw. Salze und der Ableitung der verursachenden Inhaltsstoffe haben. Zu berücksichtigen ist ferner die allenfallsige Aggressivität des so behandelten Wassers, insbesondere bei Druckkesseln, Rohrleitungen und Armaturen. Ein voll entsalztes Wasser ist für Trink- und Kochzwecke nicht geeignet, so daß z. B. durch Teilstromverfahren der gewünschte Härtegrad oder Salzgehalt eingestellt werden muß. Nur in seltenen Fällen werden die Ionenaustauschverfahren bei der zentralen Trinkwasserversorgung eingesetzt.

4.2.3.4.2 Prinzip des Ionenaustausches

Die elektrisch neutralen Moleküle der im Wasser gelösten Salze spalten sich in elektrisch geladene Teilchen, d. i. Ionen, auf – in Ionen mit positiver Ladung (= Kationen) und Ionen mit negativer Ladung (= Anionen). Bei dem Ionenaustausch werden die im Wasser vorhandenen Ionen bei Berühren mit bestimmten festen Körpern, den Ionenaustauschern, von den Austauschern aufgenommen und dafür andere Ionen in äquivalenter Menge ins Wasser abgegeben. Hierbei können nur Ionen gleicher Ladung ausgetauscht werden. Es gibt somit Kationenaustauscher (K) und Anionenaustauscher (A) in schwacher und starker Form, die je nach Aufbereitungszweck einzeln oder kombiniert eingesetzt werden. Bei kleinen Anlagen und als Puffer-Austauscher bei großen Anlagen nachgeschaltet, wird auch die Form des Mischbettaustauschers (P), d. h. K + A in einem Austauscher eingesetzt.
Die heute verwendeten Ionenaustauschermassen sind gekörnte, feste Kunstharze der Körnung 0,5 bis 2 mm, z. B. Permutit, Wofatit, Levatit u. ä., die im Wasser unlöslich sind, eine hohe Beständigkeit gegenüber vielen chemischen Substanzen haben und vor allem geeignet sind, Ionen bei Berührung mit Lösungen auszutauschen. Die Aufnahmefähigkeit eines Austauschers wird als *Kapazität* bezeichnet, die *nutzbare Kapazität* in äquivalenter Menge g CaO/l angegeben. Die *Volumenbelastung* ist das Verhältnis stündlicher Durchfluß Q_h zu Volumen des Austauschermaterials, der *Regenerationsgrad* die Chemikalienmenge, welche zum Regenerieren von 1 m^3 Austauschermaterial benötigt wird.

4.2.3.4.3 Betrieb eines Ionenaustauschers

Der Ionenaustauscher, mit Austauscher gefüllter druckfester Kessel, wird vor Betrieb mit dem zum Austausch dienenden Material, z. B. bei K-Austauscher mit NaCl = Kochsalz, HCl = Salzsäure, bei A-Austauscher mit NaOH = Natronlauge angereichert. Es folgt eine Reinspülung. Im Betrieb wird das aufzubereitende Wasser mit der vom Herstellerwerk vorgesehenen Durchflußgeschwindigkeit, etwa 2–10 m/h, von oben nach unten durch den Austauscher geleitet. Wenn der Austauscher erschöpft ist, d. h. zur Sicherheit etwas früher, bevor alle Ionen ausgetauscht sind, wird zunächst zur Auflockerung und eventuellen Reinigung der Austauschermasse mit Wasser rückgespült mit Durchlauf von unten nach oben. Je nach Austauschermaterial und Spülgeschwindigkeit beträgt die Ausdehnung des Filterbettes 30–100 v. H. Dann wird der Austauscher mit den erforderlichen Austauscherionen regeneriert und vor Wiederinbetriebnahme reingespült. Die gewünschte Zeit des Austauschvorganges und der Regenerierung, auch als Filterspiel bezeichnet, bestimmt die Größenauslegung der Austauscher.
Wichtig ist, daß vor dem Ionenaustausch alle den Austauscher verschmutzenden Stoffe, wie Schwebstoffe, organische Substanzen, Eisen, Mangan u. a. restlos entfernt sind. Hinsichtlich der Beseitigung der beim Regenerieren anfallenden Stoffe sind die Auflagen des Gewässerschutzes zu beachten.

4.2.3.4.4 Arten des Ionenaustausches

1) Allgemein – Von den verschiedenen Arten und Verfahren werden hier nur die 3 Grundarten mit festen, von oben nach unten betriebenen und regenerierbaren Filterbetten behandelt:
- die Enthärtung durch Neutralaustausch,
- die Enthärtung und Entcarbonisierung,
- die Vollentsalzung und Entkieselung.

2) Enthärtung durch Neutralaustausch
Im Kationen-Austauscher werden die Ca- und Mg-Ionen des Rohwassers durch Na-Ionen des Austauschers ersetzt. Die Regenerierung wird mit Kochsalz NaCl durchgeführt, wobei aus dem Austauscher Calciumchlorid und Magnesiumchlorid ausgeschieden werden. Im Reinwasser verbleiben: doppelkohlensaures Natron $NaHCO_3$, Glaubersalz Na_2SO_4, Kochsalz NaCl, Kieselsäure SiO_2, **Abb. 4-47.**
Gemäß neuer Trinkwasserverordnung [1] ist innerhalb der zentralen Wasserversorgung der Natriumeintrag in das Trinkwasser bei der Enthärtung durch Ionenaustausch nicht mehr zulässig.

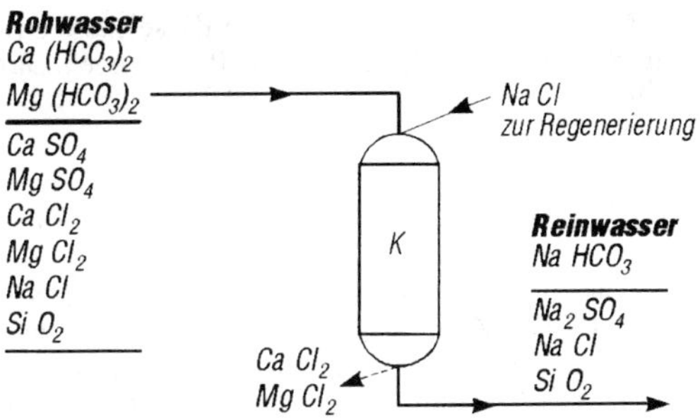

Abb. 4-47: Schema der Enthärtung mittels Kationenaustauscher

3) Enthärtung und Entcarbonisierung

Zweckmäßig werden 2 Kationen-Austauscher hintereinander geschaltet. Im 1., dem H-Kationen-Austauscher wird entcarbonisiert, im 2., dem Na-Kationen-Austauscher, wird die bleibende Härte beseitigt, anschließend muß die entstandene aggressive Kohlensäure entfernt werden. Die Regenerierung des H-Austauschers wird mit Salzsäure HCl, die des Na-Austauschers mit Kochsalz NaCl durchgeführt (siehe dazu *2*), wobei jeweils Calciumchlorid und Magnesiumchlorid ausgeschieden werden. Im Reinwasser verbleiben Glaubersalz Na_2SO_4, Kochsalz NaCl, Kieselsäure SiO_2, **Abb. 4-48.**

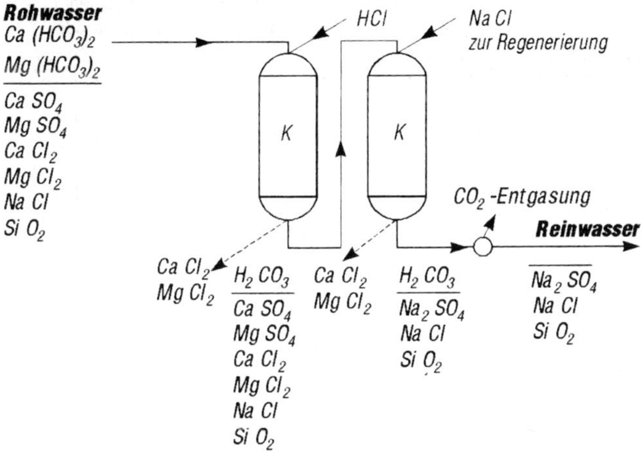

Abb. 4-48: Schema der Enthärtung mittels H- und Na-Austauscher

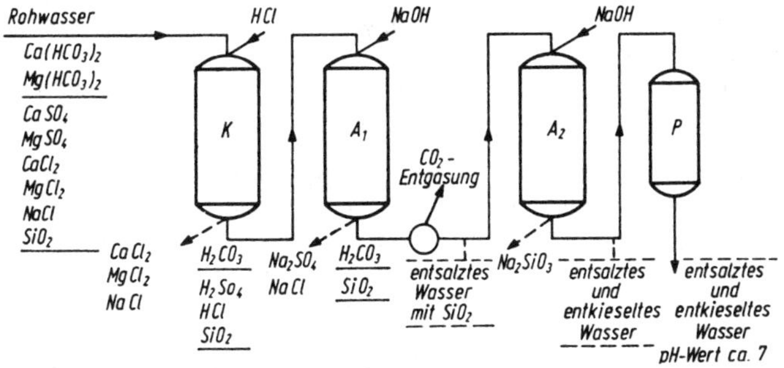

Abb. 4-49: Schema der Vollentsalzung und Entkieselung

4) Vollentsalzung mit Entkieselung

Hier wird mit mehreren Austauscher-Stufen gearbeitet. In der 1. Stufe, dem H-Kationen-Austauscher, werden alle Kationen durch H ersetzt, in der 2. Stufe, einem OH-Anionen-Austauscher, werden die entstandenen Säuren entfernt. Die dabei entstehende Kohlensäure muß mittels Entgasen beseitigt werden. In der 3. Stufe, einem stark basischen OH-Anionen-Austauscher, wird die Kieselsäure entfernt, die 4. Stufe als Mischbett-Austauscher dient als Sicherheit zum Entfernen von Restmengen. Das Reinwasser ist voll entsalzt und entkieselt, **Abb. 4-49.**

4.2.3.4.5 Carix-Verfahren

(Siehe auch Abschn. 4.2.5.7.2) Hier kommt ein Mischbettaustauscher zum Einsatz, der umweltfreundlich mit Kohlenstoffdioxid regeneriert wird.
Am Kationenaustauscher werden Calcium- und Magnesiumionen aus dem Wasser gegen Wasserstoffionen ausgetauscht, am Anionenaustauscher Sulfat-, Nitrat- und Chloridionen entnommen und Hydrogencarbonationen eingetragen. Aufgrund des hohen Gehalts an freiem CO_2 ist eine Entsäuerung des Wassers vor der Abgabe als Trinkwasser erforderlich. Das bei der Regenerierung anfallende Abwasser (Eluat) enthält nur die aus dem Rohwasser entnommenen Salze, führt somit der Kanalisation bzw. dem Vorfluter nicht derartig erhöhte Salzfrachten zu wie andere Ionenaustauschverfahren. Zumeist ist eine Einleitung ohne Nachbehandlung möglich.

Tab. 4-55: Beispielsdaten für eine großtechnische Carix-Anlage (nach Kretzschmar in [5] – Nr. 65) – Kostenstand 1985

Schwerpunkt	Volumenverhältnis der Austauscherharze	mittlere Konzentration		Kosten für Chemikalien und Energie insgesamt	Amortisation ohne Zuschuß für verschiedene Anlagengrößen	
		Rohwasser	Produktwasser nach 35 BV Durchsatz			
	K : A	mol/m³	mol/m³	DM/m³	m³/h	DM/m³
Nitratverminderung	1 : 3	1.23	0.60	0,20	170	0,40
Sulfatverminderung	1 : 2	2.60	0.83	0,20		
					300	0,28
Enthärtung + Nitrat	2 : 1	5.36	2.86	0,16		
					800	0,18
Enthärtung + Sulfat	3 : 1	5.2	2.67	0,14		

4.2.4 Biologische Verfahren

Eine Mitwirkung oder sogar Dominanz von biologischen Vorgängen ist unter bestimmten Randbedingungen bei verschiedenen Wasseraufbereitungsverfahren möglich, wie z. B. bei der Enteisenung und Entmanganung in Filtern, der Langsamfiltration, der Grundwasseranreicherung u. a. (siehe jeweils dort). Vorrangig bzw. ausschließlich biologisch erfolgen dagegen z. B. die Nitratentfernung durch Denitrifikation (siehe Abschn. 4.2.5.7.2) und die Ammoniumentfernung in Trockenfiltern (siehe Abschn. 4.2.5.7.4).
Prinzipiell sind biologische Verfahren wünschenswert, da damit eine naturnahe Schadstoffeliminierung weitgehend ohne Chemikalieneinsatz und bei geringem Energieeinsatz und teilweise verringertem Abwasser- und Schlammanfall möglich sein kann. Zum Teil gelingt es, die Aufbereitung in die Wasservorkommen selbst oder in den Boden zu verlegen, wie beispielsweise bei der unterirdischen Enteisenung/Entmanganung und Stickstoffentfernung. Es darf aber auch nicht übersehen werden, daß im Gegensatz zur indessen umfangreichen Nutzung der biologischen Vorgänge bei der Abwasserreinigung die Anwendung der Biologie bei der Trinkwasseraufbereitung auch zukünftig nur begrenzt möglich sein wird, da das zur Trinkwasserversorgung genutzte Rohwasser nur geringe Nährstoffmengen enthält, die eine zusätzliche Zugabe erforderlich machen, die Gefahr des Austritts von Biomasse und Nährstoffen mit Verkeimung nachfolgender Anlagen besteht, bzw. zusätzliche Aufbereitungsschritte notwendig macht und zahlreiche Wasserinhaltsstoffe nur ungenügend biologisch abbaubar sind, wie z. B. CKW und Schwermetalle. Hinzu kommt, daß die Übertragung biologischer

Vorgänge auf die großtechnische Anlage schwierig werden kann, oft eine lange Einarbeitung notwendig ist, der Prozeß labil und die Ablaufqualität schwankend bleiben können und eine Regelung meist nur begrenzt möglich ist.
In allen diesen Fällen wie auch bei der mikrobiologischen Überwachung der Trinkwasserbeschaffenheit, der Beurteilung von Wasservorkommen bzgl. ihrer Eignung zur Trinkwasserversorgung und der Vermeidung bzw. Behebung von biologisch bedingten Störungen in der Wasserversorgung ist die Mitwirkung des erfahrenen Biologen erforderlich.
(Zur biologischen Wasseraufbereitung siehe auch: Overath in [4]-Nr. 51 sowie Obst, Alexander, Mevius „Biotechnologie in der Wasseraufbereitung" 1990.)

4.2.5 Anwendung der Aufbereitungsverfahren

4.2.5.1 Allgemein

Für ein Aufbereitungsziel können oft mehrere unterschiedliche Verfahren für die Anwendung geeignet sein. Z. B. ist die häufig bei Grundwasser erforderliche Entsäuerung sowohl durch Gasaustausch als auch durch Filtration über alkalische Stoffe oder durch Zugabe von Alkalien erreichbar. Für die einzelnen Verfahren stehen dann jeweils noch unterschiedliche Anlagen für die technische Realisierung zur Verfügung, z. B. beim Gasaustausch Kaskaden oder Wellbahnbelüfter, bei der Filtration dolomitisches Material oder Jurakalk, bei der Alkalienzugabe Natronlauge oder Kalkwasser usw. Schließlich sind, was sehr zweckmäßig sein kann, auch noch Kombinationen möglich und teils notwendig, z. B. eine physikalische Belüftung mit nachgeschalteter chemischer Restentsäuerung. Die letztendliche Festlegung der Vorzugsvariante wird nur bei Beachtung weiterer Randbedingungen, wie sonstige Wasserbeschaffenheit, Anlagengröße, Kostensituation u. a., objektkonkret möglich sein und erfordert in jedem Fall eine gute Kenntnis zu den Verfahren der Wasseraufbereitung, ihren Anwendungsmöglichkeiten und der technischen Ausführung.

4.2.5.2 Entsäuerung

4.2.5.2.1 Allgemein

Liegt der pH-Wert eines Wassers unterhalb des Sättigungs-pH-Wertes (siehe Abschn. **4.1.5.4.6**), so ist freie Kohlensäure im Überschuß vorhanden (siehe Abschn. 4.1.5.6.5). Das Wasser wirkt kalklösend, kann bei faserzementhaltigen Werkstoffen Asbestfasern freisetzen, evtl. aus metallischen Werkstoffen Schwermetalle lösen und die Bildung schützender Deckschichten verhindern. Die TrinkwV fordert deshalb je nach Rohrwerkstoff in bestimmten pH-Bereichen die Einstellung des pH-Wertes der Calciumcarbonatsättigung mit einer zulässigen Abweichung von 0,2 pH-Einheiten **(Tab. 4-22,** S. 163).
Zur Beurteilung eines Wassers aus technischer Sicht sind aber aufgrund der sehr komplexen und oft nicht eindeutigen Zusammenhänge weitere Parameter unbedingt heranzuziehen (Abschn. 4.1.7.5).

4.2.5.2.2 Verfahren zur Entsäuerung

Zur Entsäuerung eines Wassers kommen die physikalische Entsäuerung durch Gasaustausch (siehe Abschn. 4.2.2.3) sowie die chemische Entsäuerung durch Filtration über alkalische Materialien und durch Zugabe von Alkalien (siehe Abschn. 4.2.3.3) in Frage.

4.2.5.2.3 Auswahl des Verfahrens

Bei der Wahl des zweckmäßigen Entsäuerungsverfahrens sind zu berücksichtigen: Rohwasserbeschaffenheit, Anforderungen an das Reinwasser (z. B. im Zusammenhang mit eingesetzten Rohrwerkstoffen oder gewünschtem Sauerstoffeintrag), Größe der Anlage, Gleichmäßigkeit des Betriebs der Aufbereitung, personelle Besetzung, Lage der Anlage (z. B. Transportkosten, Entsorgung von Rückspülwasser) u. a.
Eine besondere Bedeutung kommt der Beschaffenheit des Rohwassers zu. Ist viel freie Kohlensäure zu entfernen, wird man aus Kostengründen bei großen Anlagen auf die physikalische Entsäuerung nicht verzichten können. Gleiches gilt für Rohwasser mit größerem Gehalt an Erdalkalien (Härte) und höherer Säurekapazität $K_{S4,3}$ (m-Wert bzw. „KH"), bei dem eine weitere Aufhärtung nicht wünschenswert ist.

Abb. 4-50: Membrananlage mit Mikrofiltration zur Keim- und Trübstoffentfernung (Foto: Fritz GmbH)

Abb. 4-51: Physikalische Entsäuerungsanlage – Flachbelüfter mit automatischer Umluftregelung (Foto: WLA)

Möglich ist hier aber u. U. auch die Zugabe von (teurer) Natronlauge, die geringen apparativen und Wartungsaufwand bringt, aber den Natriumgehalt im Wasser erhöht.
Weiterhin muß man sich im klaren sein, daß ein sehr weiches Wasser mit geringem Calciumgehalt und niedriger Säurekapazität $K_{S4,3}$ allein durch Gasaustausch kaum den Sättigungs-pH-Wert erreicht, da der Kohlendioxidgehalt der Luft und der Wirkungsgrad der Verfahren hier begrenzend wirken. Hinzu kommt bei diesem Verfahren die ungünstige Erniedrigung der Pufferungsintensität. Bei solchem Wasser sind deshalb chemische Entsäuerungsverfahren, die zu einer Aufhärtung und besseren Pufferung führen, allein oder zusätzlich notwendig. Zusätzlich günstig ist, daß bei diesen Verfahren der Sättigungs-pH-Wert tiefer liegt als beim Ausgasen des CO_2. Die größte Aufhärtung wird bei der Filtration über Jurakalk erreicht, jedoch kann bei Wasser mit bereits höherer Säurekapazität $K_{S4,3}$ (m-Wert) und viel freier Kohlensäure (Basekapazität $K_{B8,2}$) die notwendige Kontaktzeit unwirtschaftlich groß werden. In den Abschnitten 4.2.3.3.2 und 4.2.3.3.3 sind dazu zur genäherten Abgrenzung der Einsatzbereiche Werte angegeben. Auswirkungen der Entsäuerungsverfahren auf verschiedene Wasserparameter enthält **Tab. 4-56.** Weitere Hinweise geben das DVGW-Arbeitsblatt W 214, Teil 1 bis 4 und die DVGW-Information Nr. 33 von 3/93.

Tab. 4-56: Auswirkung der einzelnen Entsäuerungsverfahren auf verschiedene Wasserparameter

Verfahren	Auswirkung auf				
	pH-Wert	freie CO_2 ($K_{B8,2}$)	Summe Kohlenstoff c(C)	Summe Erdalkalien („GH“)	$K_{S4,3}$ (HCO_3^-)
physik. Gasaustausch	+	–	–	O	O
chem. Verfahren:					
Filtration über $CaCO_3$	+	–	+	+	+
Filtration über dolom. Material	+	–	+	+	+
Zugabe von Ca $(OH)_2$	+	–	O	+	+
NaOH	+	–	O	O	+
Na_2CO_3	+	–	+	O	+

Zunahme: + Abnahme: – keine Veränd.: O

4.2.5.3 Enteisenung

4.2.5.3.1 Allgemein

Obwohl die TrinkwV bis 0,2 mg/l an Eisen zuläßt, sollte es bei Gehalten über 0,05 mg/l entfernt werden, da ansonsten Ablagerungen in Anlagenteilen der Wasserversorgung und evtl. Beeinträchtigungen bei der Verwendung des Wassers eintreten können (siehe Abschn. 4.1.5.4.15).
Die für die Enteisenung in Frage kommenden Verfahren richten sich nach Form und Menge des Eisens im Zulauf, der sonstigen Wasserbeschaffenheit und der damit auch in anderer Hinsicht evtl. geforderten Aufbereitung, der Größe und Besetzung der Anlage u. a.
Bei dem häufig verwendeten reduzierten Grundwasser ist kaum gelöster Sauerstoff vorhanden, die Redoxspannung ist niedrig und das Eisen tritt somit in zweiwertiger, echt gelöster Form auf. Unter diesen Randbedingungen sollte verfahrenstechnisch vorrangig der Prozeß der (aeroben) biologischen Enteisenung in Schnellfiltern durch sessile eisenoxidierende Bakterien ermöglicht werden, der hohe Filtergeschwindigkeiten bei dauerhaft guter Filtratqualität (Fe $< 0{,}02$ mg/l) ermöglicht und sich durch ein relativ geringes Schlammvolumen auszeichnet. Voraussetzungen sind eine hohe Sauerstoffzufuhr, kurze Reaktionszeiten zwischen O_2-Zufuhr und Filterbett, damit eine vorzeitige chemische Eisenoxidation vermieden wird; eingearbeitetes Filtermaterial und keine Zugabe sonstiger Oxidationsmittel und Alkalien vor der Filteranlage.

4.2.5.3.2 Sauerstoffzufuhr

Für die (aerobe) biologische Oxidation wird eine O_2-Zufuhr von 4 mg/l bis 11 mg/l als zweckmäßig angesehen (Czekalla bbr 4/97). Prinzipiell möglich ist aber auch nur eine „Sparbelüftung“ mit einer O_2-Zufuhr < 2 mg/l, wobei aber die mit dieser (mikroaeroben) biolog. Enteisenung erreichten Ergeb-

nisse denen der vorgenannten Variante nachzustehen scheinen und zumeist eine nachgeschaltete Entsäuerung notwendig wird.
In den meisten Fällen ist der Fe-Gehalt klein und nicht organisch gebunden, zur Oxidation wird dann der Gasaustausch (siehe Abschn. 4.2.2.3) herangezogen, früher Riesler und Verdüsungsanlagen, jetzt verstärkt Flachbelüfter und besonders Wellbahnbelüfter **(Abb. 4-54).** Hiermit ist gleichzeitig die meist erforderliche physikalische Entsäuerung des Wassers und die pH-Anhebung (mind. pH ≥ 6 im Filterzulauf für die biolog. Enteisenung) gegeben. Bei Einsatz der Druckbelüftung **(Abb. 4-55),** die bei geschlossenen Filtern die sonst notwendige zusätzliche Förderstufe erspart, ist zwar der Sauerstoffeintrag, nicht aber die Entsäuerung gegeben. Möglich, aber selten angewandt ist auch die Begasung mit reinem Sauerstoff.

4.2.5.3.3 Sedimentation

Bei hohen Eisengehalten (ca. > 12 mg/l), notwendiger Entfernung anderer Stoffe in größeren Mengen, Zugabe höherer Fäll-/Flockungsmittelmengen u. a. ist die Vorschaltung einer Sedimentationsanlage evtl. als Schlammkontaktanlage vor der Filteranlage zumeist zweckmäßig, da andernfalls die Filterlaufzeiten unwirtschaftlich kurz werden bzw. mehrere Filterstufen erforderlich sind. Hinweise siehe Abschn. 4.2.2.2.3.

4.2.5.3.4 Filtration

Fe(II)-Filtration findet statt, wenn das Eisen im Filterzulauf vorrangig als Fe^{2+} vorliegt. Je nach sonstigen Randbedingungen wird die Enteisenung aufgrund der höheren Geschwindigkeit des Bioprozesses hier fast ausschließlich biologisch erfolgen oder die Biologie nur mitwirken. Durch die feste Anlagerung der gebildeten Eisenoxidhydrate am Filterkorn bleibt die Filtratqualität nach der Einarbeitungsphase über die gesamte Laufzeit konstant und der Filterbetrieb wird zeitlich nur durch die Hydraulik (Zunahme des Druckverlustes) begrenzt. Zumeist reichen hier Einschichtfilter mit Quarzsandfüllung; nur bei höherer Belastung kommen Mehrschichtfilter in Frage. Das Filtermaterial muß eingearbeitet sein, d. h. es muß einen Biofilm von Eisenbakterien bzw. einen katalytisch beschleunigend wirkenden Überzug aus Fe(III)-Oxidhydrat aufweisen. Bei der Neufüllung von Filtern ist deshalb die zumindest teilweise Verwendung von eingearbeitetem Material (im frischen Zustand) empfehlenswert. Bei der Rückspülung muß ein völliges Ablösen dieses Belages vermieden werden. Bei biologischem Filterbetrieb darf keinesfalls gechlortes Wasser zur Rückspülung eingesetzt werden.
Die maximal mögliche Filtergeschwindigkeit wird begrenzt durch die zu erreichende Filtratqualität (Güte) und die angestrebte Laufzeit zwischen zwei Rückspülungen (Hydraulik). Bei ausreichendem Sauerstoffgehalt sind mit steigendem pH-Wert, Temperatur und Filterbettiefe bessere Filtratqualitäten und damit höhere Enteisenungsgeschwindigkeiten erreichbar, während sich der Eisengehalt im Zulauf und die Korngröße des Filtermaterials entgegengesetzt auswirken. Dagegen verkürzen sich die hydraulischen Laufzeiten bei gesteigerter Enteisenungsleistung, d. h. mit feinerem Filterkorn, größerer Zulaufkonzentration und höherem pH-Wert. Die mit größerem Vordruck betriebenen Druckfilter ermöglichen hydraulisch höhere Filtergeschwindigkeiten bzw. längere Laufzeiten als offene Filter, letztere werden bei großen Anlagen bevorzugt. Für die Bemessung größerer Anlagen sind Versuche unerläßlich; für überschlägige Betrachtungen können die **Abb. 4-52** u. **4-53** benutzt werden.
Fe(III)-Filtration liegt vor, wenn das Eisen im Filterzulauf vorrangig in Fe(III)-Verbindungen auftritt, z. B. bei vorausgegangener Alkalienzugabe, evtl. auch bei hocheffektiver physikalischer Entsäuerung mit langer Reaktionszeit und insbesondere nach Sedimentationsanlagen mit Fällung/Flockung. Hier finden im Filter weder biologische Prozesse noch eine katalytische Oxidation statt, sondern es erfolgt eine Flocken- oder Flockungsfiltration. Eingearbeitetes Filtermaterial ist deshalb nicht erforderlich, auch kann die Rückspülung mit gechlortem Wasser durchgeführt werden. Da aber bei der Fe(III)-Filtration die Filtratgüte nicht konstant bleibt sondern u. U. relativ zeitig Filtratverschlechterungen eintreten, die Filtergeschwindigkeiten bzw. Filtratkonzentrationen sowie die Schlammbeschaffenheit ungünstiger sind als bei der Fe(II)-Filtration, sollte die Anwendung auf die notwendigen Fälle beschränkt werden. Dann aber sind Mehrschichtfilter meist zweckmäßig.
Die Enteisenungsfiltration über dolomitisches Material findet bei kleinen Anlagen und gleichzeitig notwendiger Entsäuerung bei Säurekapazitäten $K_{S4,3} < 3$ mmol/l Anwendung, teils mit 2. Stufe. Eine biologische Wirkung ist hier nicht gegeben, aber eine katalytische Eisenoxidation, weshalb ein Sauerstoffeintrag erforderlich ist (siehe auch Abschn. 4.2.3.3.3).

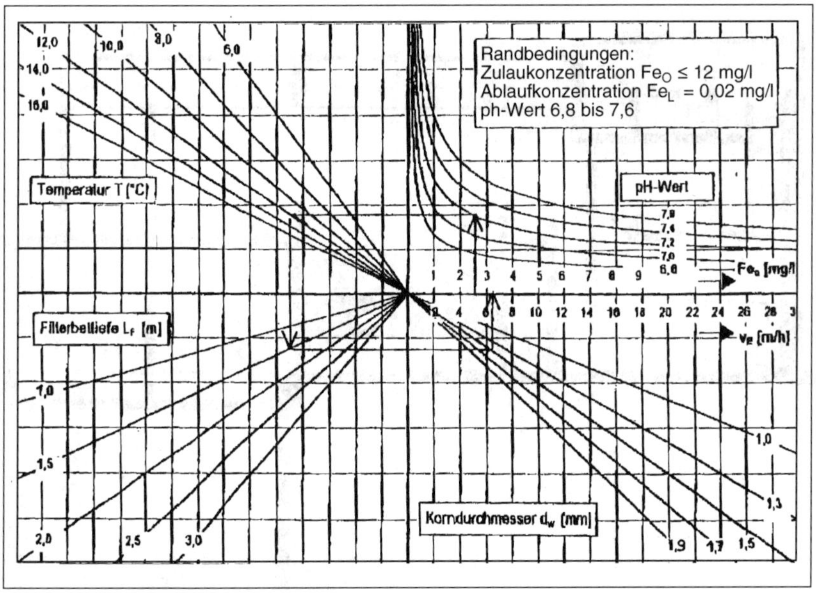

Abb. 4-52: Diagramm zur überschlägigen Ermittlung der Enteisenungsgeschwindigkeit v_E bei der Fe(II)-Filtration (nach Rott u. Meyerhoff)

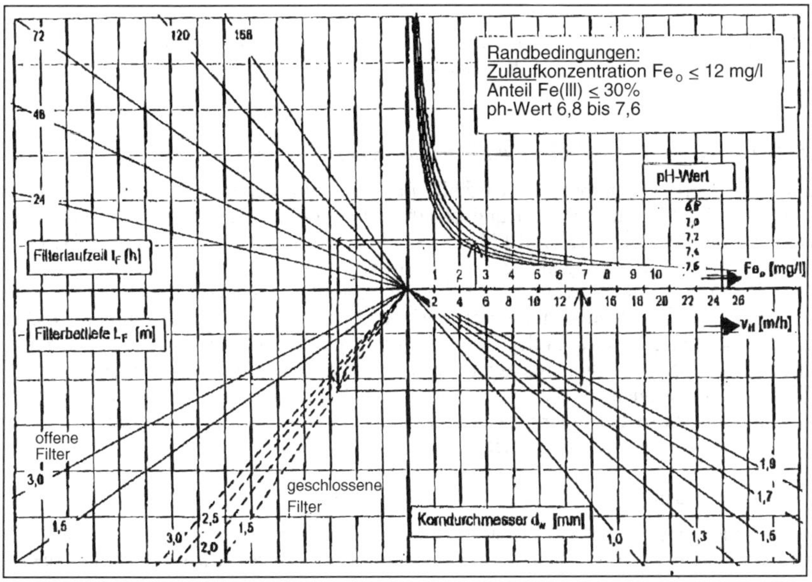

Abb. 4-53: Diagamm zur überschlägigen Ermittlung der hydraulisch zulässigen Filtergeschwindigkeit v_H bei der Fe(II)-Filtration (nach Rott u. Meyerhoff)

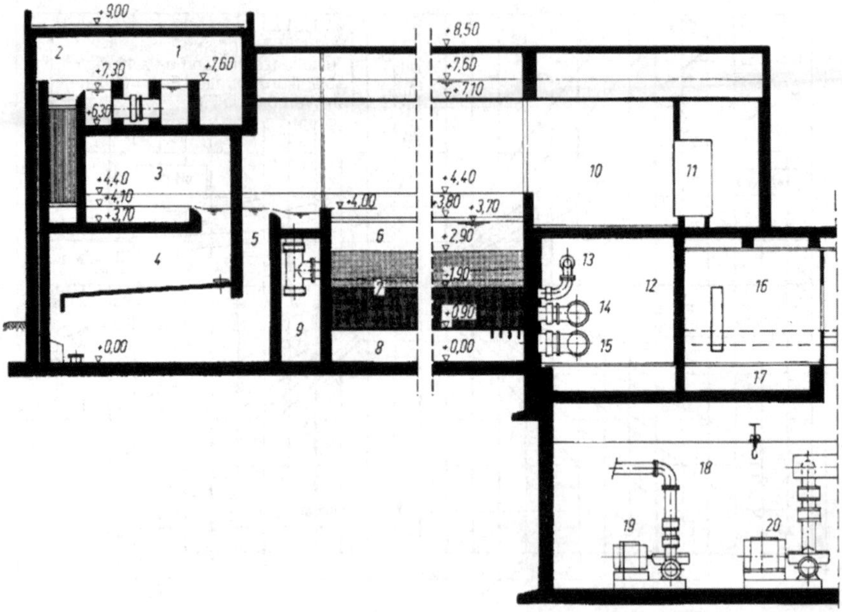

Abb. 4-54: Aufbereitung eines quartären Grundwassers, Wellbahnbelüftung, Ozonung, Zweischicht- Schnellfilter (nach Grombach)
Erläuterung:

1 Rohwasserkanal	*8 Filterablaufkammer*	*15 Spülwasser*
2 Wellbahnbelüftung	*9 Schlammwasserkanal*	*16 Warte*
3 Entgasungsstrecke	*10 Filterwarte*	*17 Kabelraum*
4 Ozonkontaktkammer	*11 Ozonerzeuger*	*18 Pumpwerk*
5 Verteilungskanal für ozontes Wasser	*12 Rohrkeller*	*19 Spülpumpen*
6 Filterüberstau	*13 Spülluft*	*20 Hauptpumpen*
7 Zweischicht-Schnellfilter	*14 Filtratleitung*	

4.2.5.3.5 Unterirdische Enteisenung (und Entmanganung)

Ein Teil des geförderten Grundwassers wird hier mit Sauerstoff angereichert und nach einer mind. 5-minütigen Verweilzeit in einem Ausgasungsbehälter über Schluckbrunnen wieder in den Untergrund eingebracht, wodurch ein Bereich mit höherem Redoxpotential entsteht. In diesem Bereich werden zweiwertiges Eisen zur dreiwertigen und zweiwertiges Mangan zur vierwertigen Form oxidiert und als schwerlösliches Oxidhydrat abgeschieden, wobei neben autokatalytischen Effekten auch die durch den Sauerstoffeintrag gesteigerte mikrobiologische Aktivität von wesentlicher Bedeutung ist. Das wiedergeförderte Wasser unterschreitet in der Eisen- u. Mangankonzentration deutlich die Grenzwerte der Trinkwasserverordnung. Für einen wirtschaftlichen Betrieb sollte diese Förderung mind. das Doppelte der Infiltrationsmenge ausmachen, kann in günstigen Fällen auch das 12-fache betragen. Für die Entmanganung muß mit einer mehrmonatigen Einarbeitungszeit gerechnet werden (siehe auch Rott/ Meyerhoff in Neue Deliwa-Zeitschrift, Heft 3, 1993 und gwf 4/1997).

4.2.5.4 Entmanganung

Mangan tritt in zweiwertiger Form meist gemeinsam mit Eisen im Grundwasser, in Uferfiltrat aber auch im Oberflächenwasser auf, wobei die Konzentrationen meist niedriger liegen als bei Eisen, im Talsperrenwasser aber auch hohe Werte (> 5 mg/l) vorhanden sein können. Gemäß Trinkwasserverordnung sind max. 0,05 mg/l zulässig, aber auch geringere Gehalte (> 0,02 mg/l) können schon stören und sind deshalb zu entfernen (siehe Abschn. 4.1.5.4.19).

Abb. 4-55: Schema einer geschlossenen Enteisenung und Entmanganung mit Voroxidator

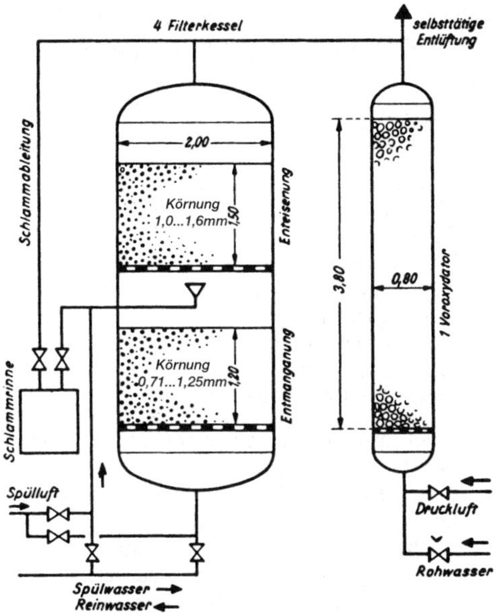

Bei sehr geringen Eisen- und Mangangehalten im Rohwasser ist die Entfernung in einem gemeinsamen Druckfilter möglich, wobei Eisen vorrangig im oberen und Mangan im unteren Filterbereich eliminiert wird. Bei höheren Konzentrationen ist eine zweistufige Filtration mit der Entmanganung in der 2. Stufe zweckmäßig, wobei aber keine völlige Eisenentfernung in der 1. Stufe erfolgen sollte, da andernfalls in den Filterdüsen dieser Stufe bereits störende Manganausscheidungen auftreten können.

Für die Entmanganung gilt, zumeist analog zur Enteisenung (siehe Abschn. 4.2.5.3), daß für eine vorrangig biologische Aufbereitung – die anzustreben ist – folgende Voraussetzungen erfüllt sein sollten:

- Ausreichende Sauerstoffzufuhr ($>$ 4 mg/l)
- Keine Zugabe von anderen Oxidationsmitteln
- Im Unterschied zur biolog. Enteisenung stört eine Alkalienzugabe die biolog. Entmanganung nicht, sondern kann manchmal zur pH-Anhebung sogar zweckmäßig sein. Zu vermeiden ist allerdings die Anhebung über den pH-Wert der Calciumcarbonatsättigung (s. Abschn. 4.1.5.4.6), es sei denn, eine solche Ausfällung der Härtebildner ist mit der Entmanganung beabsichtigt, was aber Sedimentationsanlagen vor der Filtration erfordert.
- pH-Wert $\geq$ 6,5; Redoxspannung $\geq$ 250 mV
- Eingearbeitetes Filtermaterial. Die Einarbeitung des Filtermaterials erfordert einen Zeitraum von mehreren Monaten, kann aber durch Zugabe bereits eingearbeiteten Filtermaterials oder Dosierung von $KMnO_4$ beschleunigt werden. Eingearbeiteter Filterkies ist leicht aus schon länger betriebenen Filtern gewinnbar, da durch den zunehmenden Belag das Filtermaterial hier „wächst", so daß Teilentnahmen möglich und sogar notwendig sind.

Entmanganungsfilter können mit feinem Filterkorn ausgestattet werden und haben Laufzeiten über 2 Wochen, da das zurückgehaltene Manganoxid sehr wasserarm ist und wenig Raum beansprucht. Die Rückspülung mit gechlortem Wasser muß unterbleiben, stärkere Schwankungen der Filtergeschwindigkeit und der O_2-Zufuhr sollten vermieden werden, da sie die Entmanganung stören. Aufbau der Filter, Betrieb und Rückspülung siehe auch Abschn. 4.2.2.4, unterirdische Entmanganung Abschn. 4.2.5.3.5.

4.2.5.5 Aufbereitung von reduzierten Wässern

Sogenannte reduzierte Wässer können bei allen Grundwassertypen auftreten, besonders häufig bei tertiären Tiefenwässern, selten bei Quellwasser. Hauptmerkmal reduzierter Wässer ist die Sauerstofffreiheit bzw. -armut (ca. $<$ 1 mg/l) und das niedrige Redoxpotential aufgrund des weitgehenden

Fehlens oxidierender Wasserinhaltsstoffe. Hinzu können weitere typische Merkmale kommen, wie sie in nachstehender Übersicht angegeben sind:

Merkmale reduzierter Wässer	*Beispiele* für reduzierte Wässer Rednitztal b. Fürth [mg/l]	Tertiärwasser Ldkr. Dingolfing
Sauerstofffrei oder -arm	1,6	< 0,1
erhöhter Eisengehalt	2,0	0,16
erhöhter Mangangehalt	0,5	0,02
erhöhter Ammoniumgehalt	0,15	0,85
erhöhter Nitritgehalt	0,15	< 0,005
erhöhte Oxidierbarkeit	3,0	0,6
Nitratfrei oder -arm	6,9	< 0,1
Auftreten von H_2S u. CH_4	n. b.	Geruch

Wie die Beispielsangaben zeigen, müssen nicht alle Merkmale gleichzeitig zutreffen, um von einem reduzierten Wasser sprechen zu können. Die Aufbereitung eines solchen Rohwassers hat sich deshalb nach der jeweiligen Beschaffenheit zu richten und setzt eine aussagefähige Wasseranalyse voraus. Praktisch immer sind erforderlich:

- Erhöhung des Sauerstoffgehalts durch offene Belüftung, wenn gleichzeitig eine Entsäuerung und/ oder ein Austrag von H_2S erforderlich ist bzw. durch geschlossene Druckbelüftung (Oxidator) oder Zugabe reinen Sauerstoffs, wenn bereits im Rohwasser der Sättigungs-pH-Wert vorliegt (siehe Abschn. 4.2.2.3).
  Evtl. Zugabe stärkerer Oxidationsmittel, z. B. Ozon, zur Oxidation weiterer Wasserinhaltsstoffe (siehe Abschn. 4.2.3.2)
- Filtration über Schnellfilter; je nach Art und Konzentration der zu entfernenden Stoffe über Sand-Einschichtfilter, Mehrschichtfilter oder 2stufige Filtration (siehe Abschn. 4.2.2.4).
  Zur Enteisenung und Entmanganung siehe auch Abschn. 4.2.5.3, bzw. Abschn. 4.2.5.4.

Bei einer notwendigen Ammoniumreduzierung steigen die Anforderungen an die Aufbereitung u. U. erheblich (s. Abschn. 4.1.5.4.10, und Abschn. 4.2.5.7.4).

4.2.5.6 Entfernen von organischen Inhaltsstoffen

4.2.5.6.1 Algen, Plankton

In Oberflächenwässern sind Algen und Plankton jahreszeitlich verschieden in sehr unterschiedlicher Menge vorhanden. Bei Trinkwassertalsperren kann bei starker Zufuhr von Algen-Nahrung, z. B. Phosphat, die Eutrophierung stark zunehmen, was nach *Bernhardt* für die Trinkwasseraufbereitung erhebliche Schwierigkeiten verursacht, z. B.:

1. Bildung von großen Mengen organischer Substanzen
2. Bildung von organischen Substanzen mit intensivem Geruch, Geschmack
3. Bildung von organischen Substanzen, welche die Flockung behindern
4. Bildung von biologisch schwer abbaubaren Substanzen, welche mit Chlor zu Trihalogenmethanen führen
5. Entwicklung von reduzierenden Bedingungen, dadurch Erhöhung des Eisen- und Mangangehalts, Reduktion von Sulfat zu Hydrogen-Sulfid mit Verstärkung der Algenbildung
6. Produktion von Methan
7. Erhöhung der Konzentration von Ammonium, mit der Gefahr der Bildung von Nitrit.

Bei der Wahnbach-Trinkwassertalsperre wurde daher im Zufluß eine Aufbereitungsanlage zum Entfernen des hohen Phosphatgehaltes eingebaut.

Bei stark befallenem Wasser wird meist das Rohwasser oxidiert und Algen und Plankton mit den Schwebstoffen in der Flockung und Sedimentation ausgeschieden. Bei Seewasserentnahmen mit geringem Gehalt an Schwebstoffen ist das Entfernen mittels Mikrosieben vorteilhaft (siehe Abschn. 4.2.2.1.4).

4.2.5.6.2 *Farbe, Geruch, Geschmack*

Wenn die Herkunft von Farbe, Geruch, Geschmack anorganisch ist, erfolgt das Entfernen durch Gasaustausch, Belüften, Enteisenung und Entmanganung.
Ein Salzgehalt kann nur durch Ionenaustausch oder Entsalzungsverfahren entfernt werden, was in der zentralen Trinkwasserversorgung aber aus wirtschaftlichen Gründen kaum einsetzbar ist.
Wenn die Herkunft der o. a. Inhaltsstoffe organisch ist, erfolgt das Entfernen durch starke Oxidationsmittel, z. B. Kaliumpermanganat, Ozon. Die Verwendung von Chlor ist wegen der cancerogenen Wirkung der entstehenden organ. Chlorverbindungen ungeeignet. Wegen der meist komplexen Herkunft dieser Inhaltsstoffe ist die Filtration über Aktivkohle immer empfehlenswert (s. Abschn. 4.2.2.6).

4.2.5.6.3 *Chlorierte Kohlenwasserstoffe*

Zur Gruppe der CKW gehören zahlreiche verschiedene Verbindungen, deren cancerogene oder toxische Wirkungen unterschiedlich sind und deren maximal zulässiger Gehalt im Trinkwasser für die Summe ausgewählter Stoffe und für Einzelstoffe durch die Trinkwasserverordnung begrenzt ist (siehe Abschn. 4.1.5.3.13).
Ist eine Entfernung bei der Trinkwasseraufbereitung erforderlich, kommen dafür je nach Art der Einzelstoffe und der vorliegenden Konzentration das Strippverfahren (Gasaustausch Abschn. 4.2.2.3) vorrangig über Füllkörperkolonnen und die Adsorption an Aktivkohle, zumeist als Filter (siehe Abschn. 4.2.2.6), in Frage. Dabei sind die in den vorgenannten Abschnitten angegebenen Anlagenparameter etwa zutreffend, objektkonkrete Versuche aber unbedingt erforderlich, insbesondere bei Schadstoffgemischen unbekannter Zusammensetzung.
Beim Vorliegen leicht flüchtiger, aber schwer adsorbierbarer CKW wie 1,1,1-Trichlorethen, Chloroform und 1,1-Dichlorethen ist, insbesondere bei höheren Konzentrationen, das Strippen zweckmäßig, da andernfalls diese Stoffe durch A-Kohle-Filter zeitig durchbrechen und u. U. eine häufige Reaktivierung der Kohle erforderlich machen.
Auch bei gut adsorbierbaren Stoffen aber hohen Schadstoffgehalten im Zulauf, z. B. bei Trichlorethen ab etwa 100 μg/l (Baldauf in [5]-Nr. 95), ist die Vorschaltung einer Strippkolonne empfehlenswert.
Eine bessere Ausnutzung der Adsorptionskapazität der A-Kohle-Filter kann durch die Reihenschaltung umschaltbarer Filter erreicht werden **(Abb. 4-56),** da hier der zulaufseitige Filter vollständig beladen werden kann, weil durchbrechende schlechter adsorbierbare Stoffe vom nachfolgenden Filter aufgefangen werden. Von Vorteil sind dabei auch die möglichen kleineren Filter und die somit geringere Vorbeladung und Huminstoffentfernung (siehe auch Bächle in gwf, H. 2, 1990).

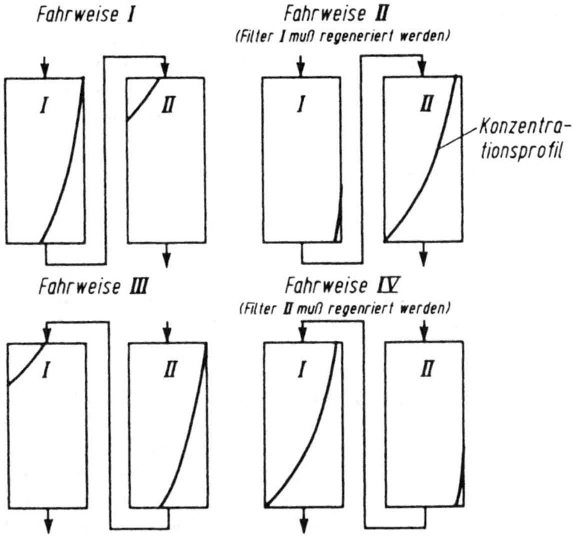

Abb. 4-56: Fahrweise von Aktivkohlefiltern in Reihenschaltung (nach Baldauf [5] – Nr. 95)

Für zeitweise erhöhte Schadstoffbelastungen, z. B. nach Havarien/Unfällen oder bei Niedrigwasserverhältnissen im Vorfluter ist auch der Pulverkohleeinsatz zur CKW-Entfernung möglich (siehe Huyeng/Weigelt in [5]-Nr. 95).

4.2.5.6.4 Pflanzenbehandlungs- und Schädlingsbekämpfungsmittel

Die hierzu zählenden zahlreichen Einzelstoffe sind in ihrem max. zulässigen Gehalt im Trinkwasser durch die Trinkwasserverordnung in der Summe und als Einzelstoff begrenzt (siehe Abschn. 4.1.5.3.14). Dem zunehmenden Auftreten dieser Stoffe im Wasser kann nur durch verbesserten Schutz des Wassers wirksam begegnet werden (siehe Abschn. 4.1.8). Bis zum Wirksamwerden von Sanierungsmaßnahmen können deshalb den Wasserversorgungsunternehmen zeitlich befristete Grenzwertüberschreitungen gestattet werden (siehe Abschn. 4.1.5.3.14). Ist eine Entfernung bei der Trinkwasseraufbereitung dennoch erforderlich oder beabsichtigt, kommen derzeit die Adsorption an Aktivkohle (siehe Abschn. 4.2.2.6) und evtl. zukünftig auch Membranverfahren (Abschn. 4.2.2.5) oder kombinierte Oxidationsverfahren (Abschn. 4.2.3.2) in Frage.
Bei der Adsorption an Aktivkohle erschweren die sehr niedrigen Konzentrationen, die eintretende Vorbeladung und Verdrängung den wirtschaftlichen Betrieb von Aktivkohlefiltern, weshalb für diese Stoffe Pulverkohle u. U. zweckmäßig ist, evtl. mit zweistufiger Anwendung. (Siehe auch Baldauf in [4] – Nr. 65 und Heymann/Nissing in gwf, H. 1, 1991.)

4.2.5.7 Entfernen der Stickstoffverbindungen

4.2.5.7.1 Allgemein

Je nach vorliegenden Stickstoffverbindungen geht es um die Entfernung von Ammonium (NH_4^+), Nitrit (NO_2^-) oder Nitrat (NO_3^-) (siehe dazu auch Abschn. 4.1.5.3.9 u. 4.1.5.3.10). In den allermeisten Fällen ist infolge vorhandener oder abzusehender Grenzwertüberschreitung (50 mg/l NO_3^-) hier die Nitratentfernung zu sehen. Bevor eine (aufwendige) Aufbereitungsanlage in Betracht gezogen wird, sind unbedingt die Möglichkeiten der Ursachenbeseitigung, der Sanierung des Einzugsgebietes, der Nutzung unbelasteter Wässer, der Fremdeinspeisung, der Vermischung und befristeter Ausnahmegenehmigungen zu nutzen (siehe Abschn. 4.1.8). Bei Anwendung der nachfolgenden Aufbereitungsverfahren ist zu beachten, daß neben der erwünschten Erniedrigung des Nitratgehaltes auch andere Veränderungen des Wassers, wie Mineralstoffverarmung, Natrium- und Keimeintrag (z. B. der fakultativ-pathogenen Pseudomonas aeruginosa), eintreten können und evtl. problematische Abwässer anfallen.

4.2.5.7.2 Nitratentfernung

Zur Nitratentfernung stehen zur Verfügung als
1) physikalisch-chemische Verfahren
   - Ionenaustausch (siehe auch 4.2.3.5)
   - Umkehrosmose (siehe auch 4.2.2.5.2)
   - Elektrodialyse (siehe auch 4.2.2.5.1)
2) das biologische Verfahren zur Nitratentfernung
   - Denitrifikation

Zu der Nitratentfernung liegen zahlreiche Veröffentlichungen vor, z. B.
Rohmann, Sontheimer: Nitrat im Grundwasser, DVGW-Forschungsstelle Karlsruhe 1985, DVGW-Schriftenreihe Nr. 38 (1984), 46 (1985) und 107 (1988)
Roennefahrt: Entwicklung, Planung und Inbetriebnahme der Denipor-Anlage in Langenfeld-Monheim – bbr 3/1989
Nitratelimination durch Umkehrosmose und/oder Elektrodialyse, gwf 130 H. 12 (1989)
Stickstoffkreislauf im Wasser – Oldenbourg-Verlag 1988.
Die Verfahren der Nitratentfernung sollen deshalb hier nur kurz dargestellt und mit einigen Anwendungsbeispielen belegt werden.
1) Nitratentfernung durch Ionenaustausch – Nitrat als Anion kann stöchiometrisch gegen andere Anionen (z. B. Chlorid- oder Hydrogencarbonationen) ausgetauscht werden. Durch die höhere Selektivität des Sulfatanions werden die (meist reichlich vorhandenen) Sulfationen aber vorrangig ausgetauscht. Der Anionenaustausch gegen Chlorid führt zu einer starken Chloridzunahme im Trinkwasser und zu einer hohen Salzbelastung im Abwasser durch den überstöchiometrischen Regeneriersalzbedarf. Der Eintrag von Hydrogencarbonaten kann bei hartem, zu Kalkausfall neigendem Wasser unerwünscht sein.

Günstiger sind insofern Kombinationen von Kationen- und Anionenaustauscher, z. B. das NITREX TE-Verfahren, bzw. Mischbettaustauscher, z. B. das CARIX-Verfahren. Beim Carix-Verfahren wird mit CO_2 regeneriert, der schwach saure Kationenaustauscher liegt danach in H^+-Form vor, der stark basische Anionenaustauscher in der Hydrogencarbonatform. Möglich ist mit diesem Austauscher die Teilentsalzung des Wassers in Verbindung mit einer Nitrat-, Sulfat- oder Härteverminderung **(Abb. 4-57** und **4-58).** Durch entsprechende Wahl der Mengenverhältnisse der beiden Austauscherharze ist eine gewünschte bevorzugte Eliminierung einstellbar, wobei hohe Sulfatgehalte auch hier die Nitratentfernung beeinträchtigen können. Nitratselektive Austauscherharze beseitigen dieses Problem. Auf die Einhaltung der mikrobiologischen Anforderungen an Trinkwasser muß, evtl. durch Desinfektion nach dem Ionenaustausch, besonders geachtet werden.

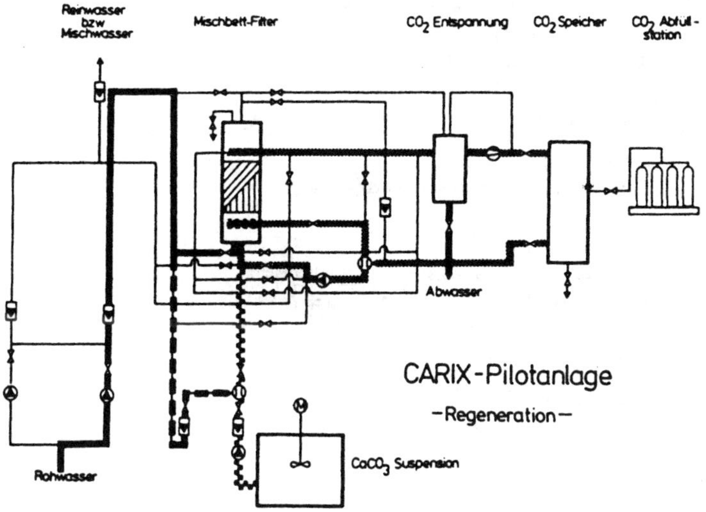

Abb. 4-57: Schema einer Carix-Pilotanlage (5 m³/h) in der Regenerationsphase (Wasserwerk Aminghausen) (nach Höll)

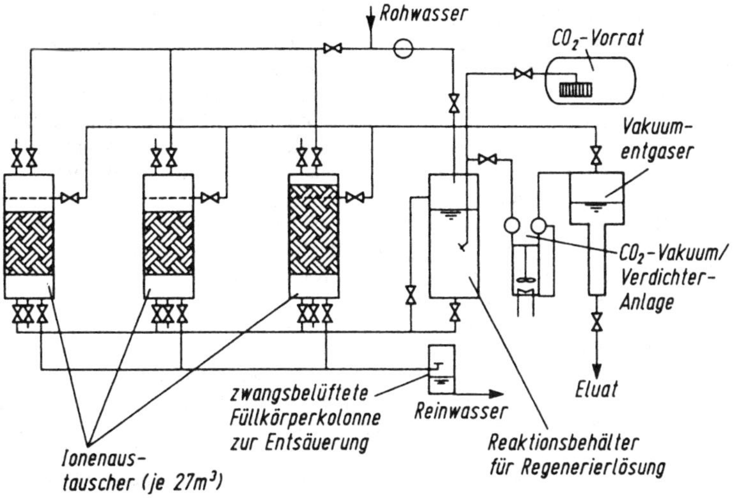

Abb. 4-58: Schema der Großanlage Bad Rappenau (170 m³/h) zur Teilentsalzung, -enthärtung und -entcarbonisierung nach dem Carix-Verfahren (nach Steeb – DVGW 107)

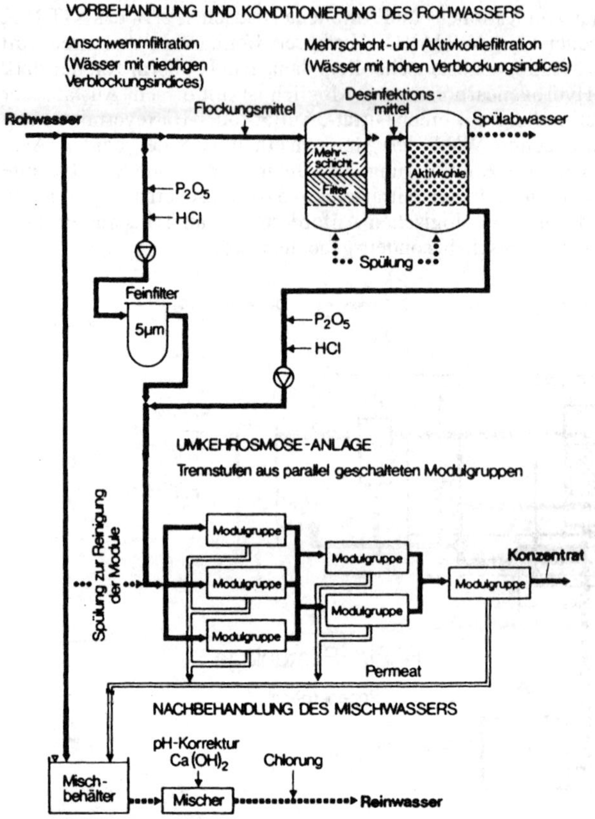

Abb. 4-59: Fließschema für Nitratentfernung durch Umkehrosmose mit Vor- und Nachbehandlung (nach Rohmann und Sontheimer)

2) Nitratentfernung durch Umkehrosmose – Ein Teilstrom des nitrathaltigen Rohwassers wird hier mit einem Druck bis 30 bar gegen eine semipermeable Membran gedrückt, die das Lösungsmittel Wasser hindurchläßt, einen Teil der Wasserinhaltsstoffe (z. B. ca. 85 % des Nitrats, 90 % des Sulfats und Calciums) aber zurückhält, also teilentsalzt. Das Permeat wird dann mit Rohwasser verschnitten.

Bei Rohwässern mit höheren Anteilen an kolloidalen und suspendierten Stoffen ist zur Vermeidung einer Membranverstopfung (Fouling) eine Vorreinigung des Wassers vor der Umkehrosmose-Anlage notwendig, z. B. durch Flockungsfiltration oder Enteisenung und Entmanganung. Um Membranverstopfungen durch Auskristallisieren (Scaling) z. B. der Calciumsalze zu verhindern, ist eine Konditionierung des Wassers vor der Umkehrosmose durch Zugabe von Säure, z. B. HCl, und stabilisierenden Phosphaten meist erforderlich **(Abb. 4-59).**

Nach dem Verschneiden des Permeats mit Rohwasser ist eine Nachbehandlung dieses Mischwassers (Calciumgehalt mind. 60 mg/l, pH-Einstellung, Desinfektion) meist unumgänglich.

Pilotanlage (2 m^3/h) im Wasserwerk Gatzweiler (siehe Rautenbach in DVGW-Schrift Nr. 105), Anlage in Melle-Schlingendorf (Kosten: 4 DM/m^3) (ndz H. 8, 1994).

3) Nitratentfernung durch Elektrodialyse – Bei diesem Membranverfahren werden durch Anlegen eines elektrischen Feldes die Wasserinhaltsstoffe (Ionen) durch die Membranen transportiert, während das Lösungsmittel Wasser zurückbleibt **(Abb. 4-60).** Ablagerungen von auskristallisierten Calciumsalzen lassen sich hier durch Polumschaltungen beseitigen. Die Elektrodialyse wurde innerhalb der Trinkwasseraufbereitung bisher zur Brackwasserentsalzung eingesetzt, über Pilotanlagen wird indessen auch die Eignung zur Nitrateliminierung untersucht (Rautenbach in gwf 130 (1989) H. 12).

4) Biologische Nitratentfernung (Denitrifikation) – Das aus der weitergehenden Abwasserreinigung bekannte Verfahren findet zunehmend Anwendung auch innerhalb der Trinkwasseraufbereitung. Vorhandenes Nitrat wird durch denitrifizierende Bakterien (autotrophe oder heterotrophe) in Bioreaktoren zu molekularem Stickstoff reduziert. Dabei wird eine äquivalente Menge an Hydrogencarbonationen produziert.

- Autotrophe Betriebsweise: Zugabe von Wasserstoff erforderlich
  vereinfachte Reaktionsgleichung: $5H_2 + 2H^+ + 2NO_3^- \rightarrow N_2 + 6H_2O$
- Heterotrophe Betriebsweise: Zugabe von Methanol oder Äthanol oder Essigsäure erforderlich
  vereinfachte Reaktionsgleichung bei Methanolzugabe: $6NO_3^- + 5CH_3OH \rightarrow 3N_2 + 5CO_2 + 7H_2O + 6OH^-$

In beiden Fällen ist außerdem eine Phosphatdosierung notwendig. Bei der autotrophen Denitrifikation kommt es zu einer pH-Erhöhung.

Für die Denitrifikationsstufe werden bei der Trinkwasseraufbereitung vorrangig Festbettreaktoren (meist Raumfilter mit unterschiedlicher Füllung) eingesetzt, da dann die überschüssige Biomasse mittels Filterspülungen kontrolliert entfernt werden kann, der laufende unkontrollierte Austrag geringer ist und somit die Nachreinigungsstufe weniger belastet wird. Die Nachreinigungsstufe beinhaltet

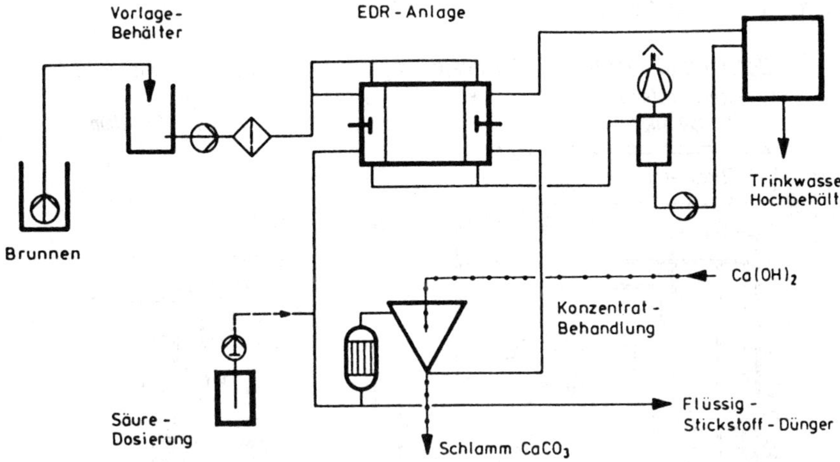

Abb. 4-60: Schema zur Nitratentfernung durch Umkehrelektrodialyse (nach Brunner, Wasserversorgungs- und Abwassertechnik, Handbuch, 2. Ausgabe)

Abb. 4-61: Schema der autotrophen Denitrifikationsanlage Mönchengladbach (Rutten in DVGW-Schrift Nr. 107)

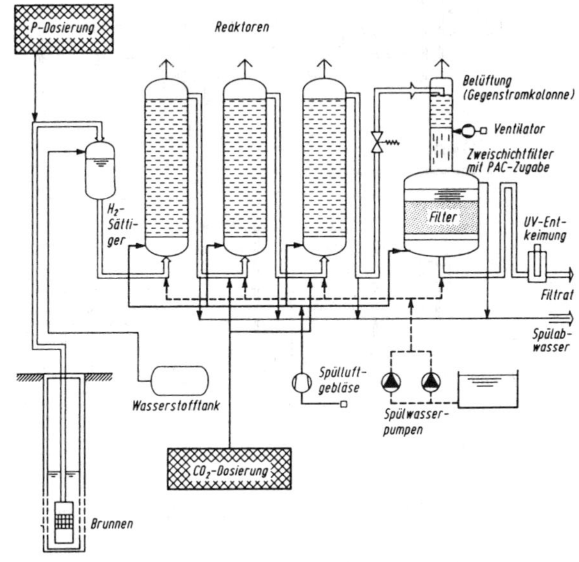

im allg. eine Belüftung, die Filtration und eine Desinfektion. Die verschiedenen Verfahren/Systeme unterscheiden sich insbesondere in der Art des Trägermaterials für die Denitrifikanten.

Beispiele für Anlagen zur biologischen Nitratentfernung:

1. Mönchengladbach (DENITROPUR-Verfahren der Fa. Sulzer, 1986)
   Volumenstrom: 50 m^3/h
   Betriebsweise: autotroph
   Dosierung von gasförmigem Wasserstoff (11 g // 10 // 0 g NO_3^- zzgl. 5 g/l O_2) und Orthophosphorsäure (P von 0,3 mg/l) pH-Wert-Regulierung durch CO_2-Zugabe auf 6,8 bis 7,0
   Trägermaterial: Sulzer Mischelemente – Mella Pak – aus Polypropylen, Oberfläche ca. 250 m^2/m^3
   NO_3-Konzentration im Zulauf: 80 mg/l
   NO_3-Konzentration im Ablauf: < 5 mg/l
   Nitratabbauleistung durchschnittlich 0,25 $kg/m^3 \cdot d$, bezogen auf N.
   Kosten (1987): 0,69 DM/m^3

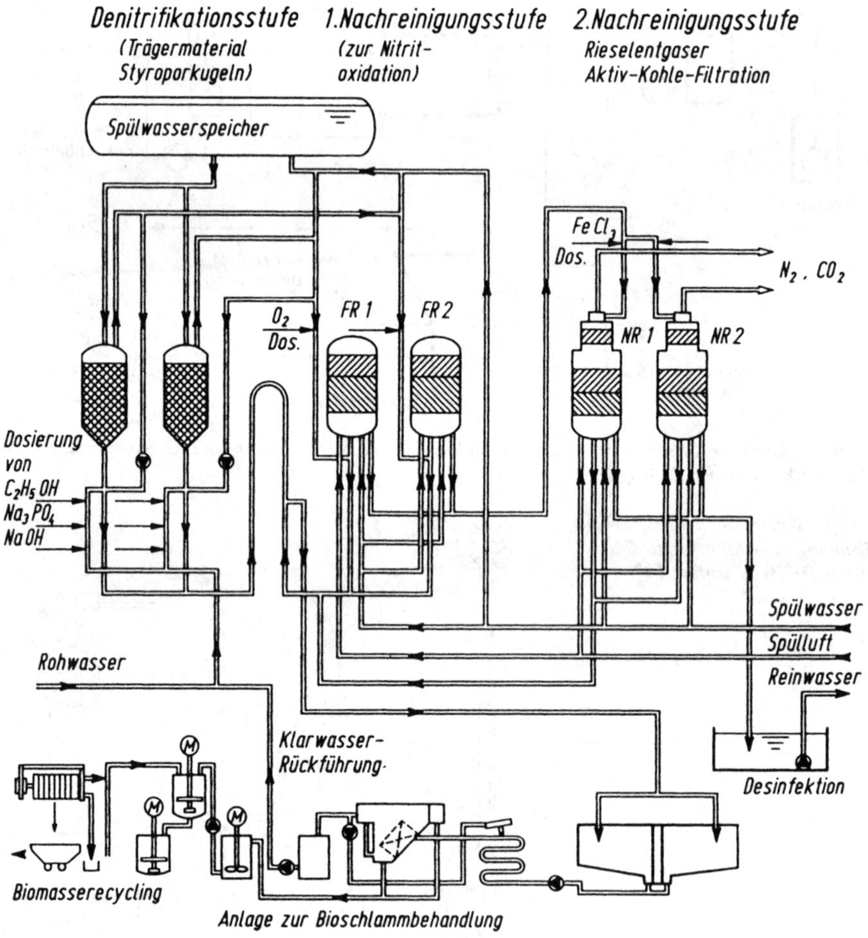

Abb. 4-62: Schema der heterotrophen Denitrifikationsanlage Langenfeld-Monheim (nach Preussag)

2. Langenfeld-Monheim (DENIPOR-Verfahren der Fa. Preussag, 1988)
   Volumenstrom: 300 m^3/h
   Betriebsweise: heterotroph

Dosierung von Äthanol (C_2H_5OH), Phosphaten (Na_3PO_4) und zur pH-Regulierung Natronlauge
Trägermaterial: Styroporkugeln 2–3 mm Ø
NO_3^-Konzentration im Zulauf 45 . . . 70 mg/l
NO_3^-Konzentration im Ablauf 2 . . . 3 mg/l
Nitratabbauleistung 0,7 kg/m^3 · d, bezogen auf N.
Kosten (1988): je nach Durchsatz und Nitratgehalt 0,20–1,00 DM/m^3

3. Kitzingen (System der Norddeutschen Seekabelwerke, 1991)
   Volumenstrom: 620 000 m^3/a
   Betriebsweise: heterotroph
   Dosierung von Äthanol, Phosphat und Chemikalien zur pH-Regulierung
   Trägermaterial: halbgetauchtes rotierendes Festbett mit Bewuchskörper aus gitterförmigen Kunststoffteilen (NOR-PAC)
   Nitrat-Konzentration im Zulauf: ca. 50 mg/l
   Nitrat-Konzentration im Ablauf: ca. 5 mg/l

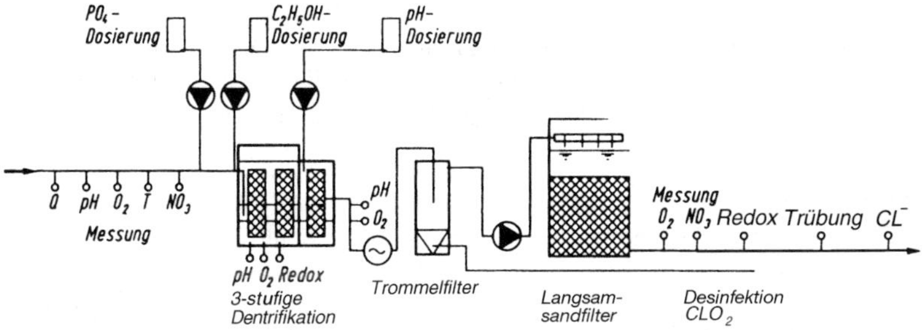

Abb. 4-63: Schema der heterotrophen Denitrifikations-Anlage Kitzingen

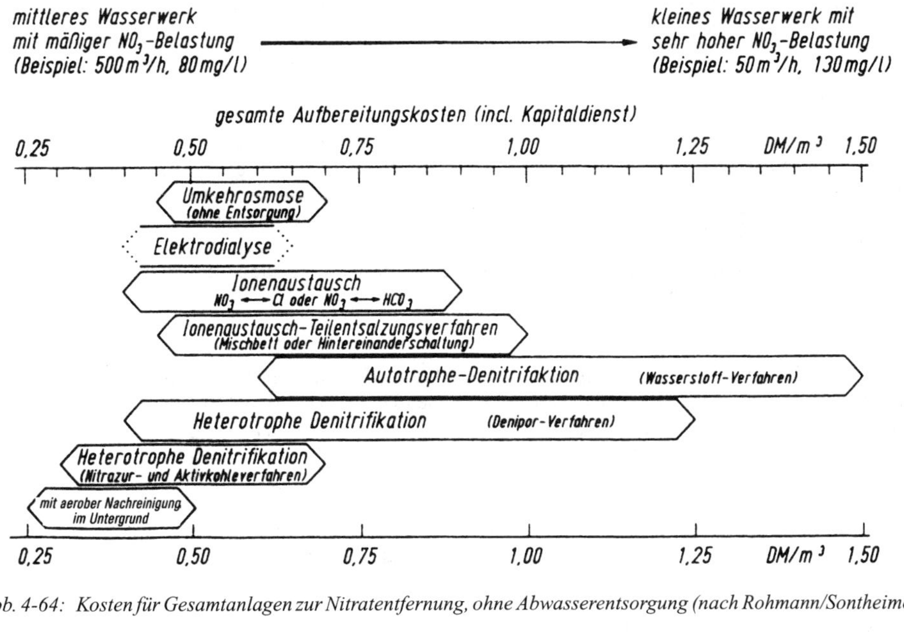

Abb. 4-64: Kosten für Gesamtanlagen zur Nitratentfernung, ohne Abwasserentsorgung (nach Rohmann/Sontheimer)

4. Broichhof (Stadtwerke Neuss, Pilotanlage, 1985)
   Entwicklung der DVGW-Forschungsstelle Karlsruhe

Volumenstrom: $10 m^3/h$
Hier handelt es sich nicht um eine Trinkwasseraufbereitung im Wasserwerk, sondern um eine Grundwassersanierung in dessen Vorfeld. Das geförderte nitratbelastete Grundwasser wird nach Nährstoffdosierung in einem Bioreaktor (A-Kohle-Filter, 1–3 mm, $v_F = 10$ m/h) aufbereitet, belüftet und zur aeroben Nachbehandlung wieder in den Untergrund infiltriert. Damit entfallen die Anlagen zur Nachbehandlung.
Nitratabbauleistung: $1{,}5–3 kg/m^3 \cdot d$, bezogen auf N.

Weitere Verfahren zur biologischen Nitratentfernung sind z. B. unter den Bezeichnungen NITRAZUR (Fa. Degremont/Fa. Philipp Müller) mit Blähton als Trägermaterial, Berko-MFT (Fa. Berkefeld) mit einem drucklosen Fließbett sowie dem Eppler-Verfahren mit Sauerstoffentzug und Wirbelbettreaktor existent.

Bei der Nitratentfernung ist mit folgendem Abwasseranfall zu rechnen (bezogen auf die Trinkwasserproduktion):

Ionenaustausch	ca. 10 %
Umkehrosmose	10–20 %
Biol. Denitrifikation	2–5 %

Besonders problematisch sind dabei die Abwässer aus dem reinen Anionenaustausch.

Kostenspannen werden von Rohmann und Sontheimer (1985) für die Nitratentfernung angegeben **(Abb. 4-64).** Die angegebenen Spannen berücksichtigen die Anlagengrößen.

4.2.5.7.3 Nitritentfernung

Nitrit ist im Wasser nicht stabil und tritt zumeist nur als Übergangsform bei der Oxidation oder Reduktion von Stickstoffverbindungen auf (siehe: Nitrit, Nitrat, Ammonium). Die Verhinderung der Nitritbildung im Trinkwasser setzt eine ausreichende Ammoniumentfernung (< 0,4 mg/l) voraus (siehe: Ammoniumentfernung, Beispiel Straubing). Die Oxidation des Nitrits zu Nitrat kann – bei ausreichender Sauerstoffzufuhr – biologisch erfolgen oder in gewissem Umfang auch chemisch durch Ozon. Wasserstoffperoxid (H_2O_2) hat sich bei einer Untersuchung des Bayer. Landesamtes für Wasserwirtschaft dafür nicht bewährt (nach Röder). Nitritakkumulationen können vorübergehend in den Bioreaktoren bei der Nitrifikation eintreten, wenn die dort vorhandenen nitritbildenden Bakterien (Nitrosomonas) gegenüber den nitratbildenden (Nitrobacter) deutlich in der Überzahl sind.

4.2.5.7.4 Ammoniumentfernung

Ammonium ist in den zurückliegenden 50 Jahren vorrangig durch Oxidation mit Chlor (Knickpunktchlorung) entfernt worden. Seit man von den dabei entstehenden organischen Halogenverbindungen weiß, wird dieses Verfahren in der Bundesrepublik nicht mehr angewandt (Umstellung z. B. in den Wasserwerken Langenau und Dohne auf biologische Ammoniumentfernung). Die TrinkwV läßt außerdem ab 1. 1. 1991 den Einsatz von Chlor (auch Chlordioxid) nur noch für die Desinfektion zu.

Die chemische Oxidation des Ammoniums ist in gewissem Umfang auch mit Ozon möglich entsprechend der Reaktionsgleichung.

$$NH_4^+ + 4\,O_3 \rightarrow NO_3^- + O_2 + H_2O + 2H^+$$

Nachteilig sind dabei der sehr hohe Sauerstoffbedarf (ca. 3 fach über dem stöchiometrisch erforderlichen Wert mit 10,7 mg/mg NH_4), der notwendige hohe pH-Wert (mind. pH 9), die geringe Reaktionsgeschwindigkeit und die entstehenden Nitratmengen (3,4 mg NO_3/mg NH_4).

Die biologische Ammoniumentfernung (Nitrifikation) stellt deshalb heute das bevorzugte Verfahren dar, obwohl Probleme durch die Biologie u. U. nicht ausbleiben (siehe Beispiel Straubing). Die Nitrifikation erfolgt durch die zu den chemolithoautotrophen Mikroorganismen gehörenden ammoniumoxidierenden Bakterien, die ihren Energiebedarf durch die Oxidation reduzierter anorganischer Stickstoffverbindungen decken. Dabei laufen zwei Teilreaktionen ab:

1. Stufe Nitritation (durch die Bakterien Nitrosomonas)
   $NH_4^+ + 1{,}5\,O_2 \rightarrow NO_2^- + H_2O + 2H^+$
2. Stufe Nitration (durch die Bakterien Nitrobacter)
   $NO_2^- + 0{,}5\,O_2 \rightarrow NO_3^-$

Die Reaktion kann über den pH-Wert kontrolliert werden, da dieser dabei abnimmt.

Die technische Realisierung des Verfahrens hängt ab von der Gesamtbeschaffenheit des aufzubereitenden Rohwassers, da neben der Ammoniumentfernung meist auch andere Aufbereitungsziele (z. B. Eliminierung von Fe, Mn und organischen Stoffen) gegeben sind. Immer notwendig wird ein Sauerstoffeintrag sein, da für 1 mg NH_4 ca. 3,6 mg O_2 benötigt werden. Dabei ist erfahrungsgemäß ab etwa 2 mg NH_4/l die einstufige Sättigung gegen Luft nicht mehr ausreichend zur Sauerstoffversorgung, und es muß eine mehrstufige Zufuhr erfolgen oder reiner Sauerstoff zugegeben werden (siehe hierzu DVGW-Merkblatt W 226 „Sauerstoff in der Wasseraufbereitung" v. 6/90).
Um eine hohe Konzentration an Biomasse realisieren zu können, werden zumeist Trägermaterialien als Bewuchsflächen eingesetzt. Dies können, je nach bereits vorhandenen Anlagen, z. B. Kies- oder A-Kohle-Filter sein, die als sogenannte Festbettreaktoren nach entsprechender Einarbeitungszeit (und evtl. Impfung mit Nitrifikanten) biologisch arbeiten. Hierbei weist evtl. der Trockenfilter (ohne Wasserüberstau) Vorteile auf, weil eine kontinuierlichere Sauerstoffzufuhr möglich ist (siehe Beispiel Hamburg-Baursberg). In Frage können in Sonderfällen aber auch Wirbelschichtreaktoren sowie die Ammoniumentfernung durch Gasaustausch (Strippen) oder selektiven Ionenaustausch kommen. Letztere Verfahren können vorteilhaft sein, wenn starke Nitratzunahmen vermieden werden sollen. Nachteilig ist, daß dabei höhere Kosten entstehen bzw. die Ammoniumentfernung nicht vollständig gegeben ist und eine biologische Stufe nachgeschaltet werden muß.
Zur Anwendung dieser Verfahren, wie auch der Nitrifikation im Untergrund, sind zur Trinkwasseraufbereitung evtl. weitere Untersuchungen erforderlich.

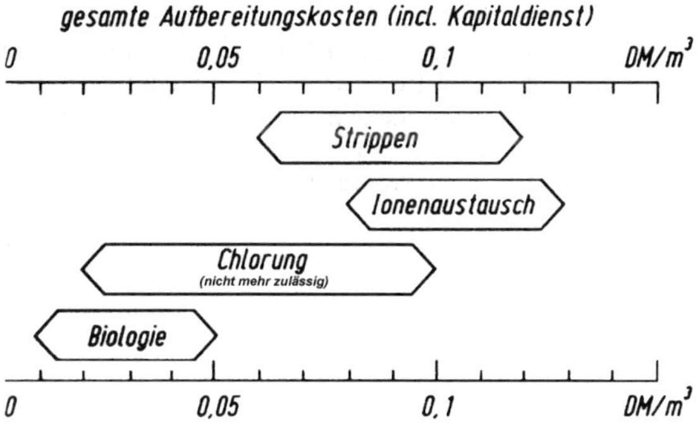

Abb. 4-65: Kosten der Ammoniumelimination nach [13]

Beispiele für Anlagen zur Ammoniumentfernung

1. Hamburg-Baursberg: Rohwasser mit 8 mg/l NH_4^+, 10 mg/l Eisen, 2,4 mg/l Mangan, 1,6 mg/l Methan, H_2S
   Verfahren der biologischen Ammoniumoxidation mit den Stufen **(siehe Abb. 4-66)**

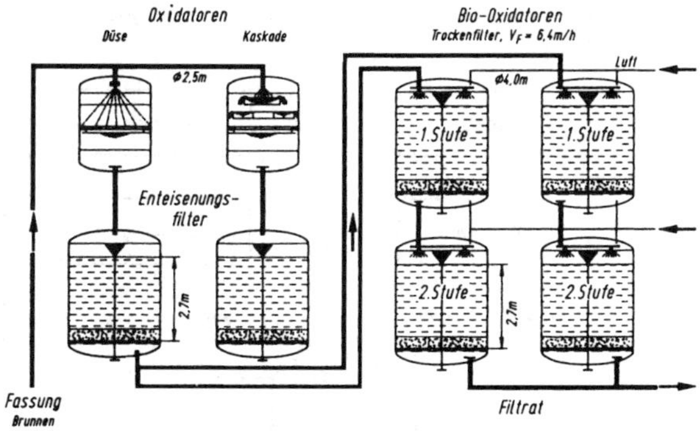

Abb. 4-66: Fließschema der Anlage Baursberg zur Ammoniumentfernung (nach Woldmann, DVGW 104)

- Belüftung: a) Düsen, b) Kaskade, Zugabe von technischem Sauerstoff ist außerdem möglich
- Naßfiltration zur Enteisenung und Entmethanung: a) Einschichtfilter mit Sand, b) Zweischichtfilter mit Hydroanthrazit und Kies
- Biooxidatoren (Trockenfilter) zur Nitrifikation und Entmanganung: a) Sand, b) Aktivkohle

Ergebnisse: Nach mehrfach erforderlicher Impfung mit nitrifizierenden Bakterien und langer Einarbeitungszeit wurde vollständige Nitrifikation ($NH_4^+ < 0{,}08$ mg/l), Enteisenung und Entmanganung erreicht. Bei der Filterrückspülung wird ein Teil der Bakterien ausgespült, wodurch ein zeitweiser Rückgang des Wirkungsgrades eintritt. Aktivkohle ist das geeignete Material für den Trockenfilter.

2. Straubing: Rohwasser mit 0,7 mg/l NH_4^+, 0,05 mg/l Mangan, pH-Wert 7,6, < 0,1 mg/l O_2, 3 bis 5 mg/l Methan, 0,1 mg/l H_2S
   Fließschema siehe **Abb. 4-67.**
   Ergebnisse:
   Die ursprünglich vorgesehene Variante I (geschlossene Belüftung und $KMnO_4$-Dosierung, Filtration über Quarzsand mit mikrobieller Nitrifikation bei Phosphatzugabe) brachte zwar nach ca. 4 Monaten Einarbeitung NH_4^+-Gehalte < 0,08 mg/l, aber auch kurzzeitige Spitzen des toxischen Nitrits. Deshalb wurde eine zusätzliche Oxidation durch Ozon (1 mg O_3 pro 1 mg NO_2^-) vorgesehen und zur Restozonvernichtung die photochemische Zerstörung des Ozons durch UV-Bestrahlung erprobt (statt der sonst üblichen Aktivkohlefiltration).
   Evtl. ausgetragene Nitrifikationsbakterien werden durch die UV-Bestrahlung ebenfalls inaktiviert und können somit im Trinkwassernetz keine Probleme hervorrufen. Die im Schema sichtbare Mikrofiltration über feinmaschige Gewebefilter wurde nach mehrmonatigem Betrieb der Anlage erforderlich, da im Reinwasser Makroorganismen (Glieder- und Fadenwürmer, Kleinkrebse u. a.) auftauchten, die anscheinend im biologisch arbeitenden Filter wachsen. Inbetriebnahme war 1989 für 1080 m^3/h im Endausbau. Weitere Optimierungen, insbesondere der Filterrückspülung zur Reduzierung der Makroorganismen, werden durchgeführt.

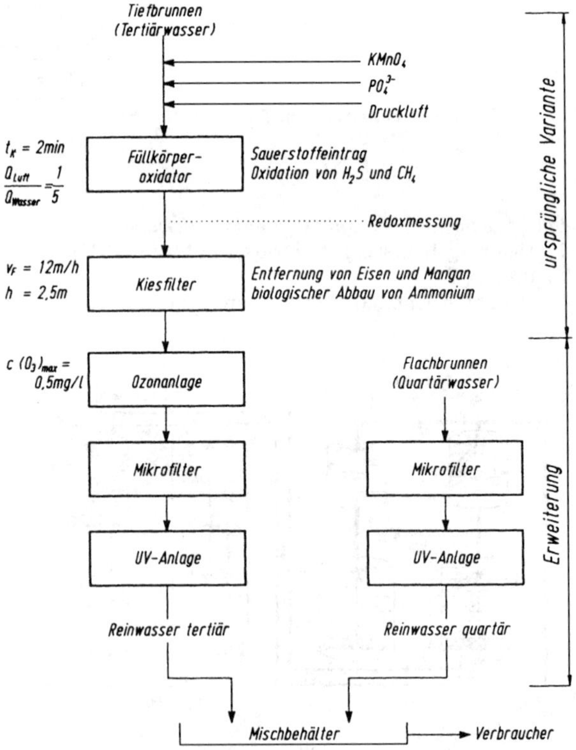

Abb. 4-67: Fließschema der Anlage Straubing (nach Röder, [5] Nr. 95]

3. Dohne (Mülheimer Verfahren)
   Ruhrwasser als Rohwasser mit bis 5 mg/l NH_4^+ (stark schwankend)
   Verfahren: Vorozonung, Flockung und Sedimentation, Hauptozonung, Filtration über Kies, Filtration über Aktivkohle, Bodenpassage
   Ergebnisse:
   Biologische Ammoniumentfernung vorrangig in den Kiesfiltern, bei höheren Zulaufbelastungen (> 2 mg/l NH_4) Eliminierung auch noch in den Aktivkohlefiltern und über die Bodenpassage erforderlich. Sichere Entfernung auch bei Rohwassertemperaturen von 4 °C.
4. Langenau
   Hier wirken die vorhandenen Accelatoren als nitrifizierende Bioreaktoren, wenn der Trübstoffgehalt im Zulauf unter 1 mg/l gehalten wird und somit ein ausreichend hohes (Bakterien-)Schlammalter im Accelator möglich ist (Aufenthaltszeit des Wassers ca. 4 Stunden). NH_4-Gehalte von ca. 2,2 mg/l werden auch bei Rohwassertemperaturen von 2,5 °C vollständig nitrifiziert.

4.2.5.8 Enthärten

4.2.5.8.1 Allgemein

Höhere Gehalte des Trinkwassers an den härtebildenden Erdalkalien Calcium und Magnesium sind gesundheitlich unbedenklich (siehe Abschn. 4.1.5.6.4), weshalb in der Vergangenheit die Enthärtung von Wasser vorrangig nur von der Industrie und dem Gewerbe für spezielle Wasserverwendungen durchgeführt wurde. Neuerdings wird auch Trinkwasser für den Haushaltsbedarf zentral verstärkt enthärtet. Dabei sprechen folgende Gründe mit:
1. Gestiegene Zahl von Warmwasseranlagen und wasserverbrauchenden Geräten im Haushalt mit störender Kesselsteinbildung bei hartem Wasser.
2. Anstieg der Härte im Rohwasser, z. B. durch Landwirtschaft, Bebauung und Nutzung anderer Wasservorkommen.
3. Einspeisung von Wasser unterschiedlicher Beschaffenheit in ein Versorgungsgebiet (siehe „Mischwasser“ Abschn. 4.2.6).
4. Enthärtung in Kombination mit der notwendigen Nitrat- und Sulfatentfernung.

Dabei sind die letzten Gründe gesundheitlich wesentlich rangiger als die vom Verbraucher unter 1. häufiger herangezogene Begründung. Teilweise entsteht ein indirekter Zwang zur zentralen Enthärtung für die Wasserversorgungsunternehmen aufgrund der zunehmenden Zahl privater dezentraler Enthärtungsanlagen mit ihren negativen Auswirkungen auf die Abwasserbeschaffenheit und somit Umwelt und der z. T. gegebenen hygienischen Bedenklichkeit (siehe Abschn. 4.2.8). So wurden z. B. im Ortsnetz Bad Rappenau bis zum Bau der zentralen Enthärtungsanlage bereits über 50 % des Wassers dezentral enthärtet.
Hinweise zum eventuellen Erfordernis einer Erhärtung und zu den von der TrinkwV gesetzten Grenzen siehe Abschn. 4.1.5.6.4.

4.2.5.8.2 Übersicht zu den Enthärtungsverfahren

Zur Enthärtung kommen sehr unterschiedliche Verfahren in Abhängigkeit von der Gesamtbeschaffenheit des Rohwassers, der bereits erfolgten Voraufbereitung, der Möglichkeiten zur Entsorgung und weiteren Randbedingungen in Frage, weshalb für jeden Einzelfall eine gesonderte Prüfung und Entscheidung erforderlich ist. Die **Tab. 4-57** gibt eine Übersicht über mögliche Verfahren zur Enthärtung.
Dabei ist u. a. zu beachten, daß vor der Enthärtung durch Ionenaustausch oder Membranverfahren eine gute Vorreinigung des Wassers erforderlich ist, während diese bei den Fällungsverfahren der Schnell- und Langsamentcarbonisierung und dem Kalk-Soda-Verfahren im allg. entfallen kann. Bei den Fällungsverfahren werden gleichzeitig an Hydrogencarbonat gebundenes Eisen und Mangan mit entfernt. Die Schnellentcarbonisierung arbeitet raumintensiver als die Langsamentcarbonisierung und bringt kaum Entsorgungsprobleme, erfordert aber eine sorgfältige Optimierung im Betrieb und zeigt häufig Störungen durch nachfolgend noch auftretende Trübstoffe. Bei der Dosierung von Phosphaten (Abschn. 4.2.5.11) erfolgt keine Enthärtung, sondern der Kesselstein wird durch Härtestabilisierung vermieden. Auch bei der (notwendigen) genauen Dosierung müssen die Auswirkungen des Phosphates im Abwasser auf die Gewässer kritisch gesehen werden.
Die dezentral eingesetzten Geräte zur physikalischen Wasserbehandlung, die nicht enthärten, sondern die Bildung festen Kesselsteins verhindern sollen, sind in ihrer Wirkung umstritten.

Tab. 4-57: Verfahren zur Enthärtung von Wasser

Verfahren	Bezeichnung	Hinweise
Fällungsverfahren	Langsamentcarbonisierung	siehe 4.2.5.8.3 und Schretzenmayr in [5] Heft Nr. 95
	Schnelle Langsamentcarb.	siehe Flinsbach in [4] Nr. 106
	Schnellentcarbonisierung	siehe 4.2.5.8.4 und [6] Heft Nr. 32
	Kalk-Soda-Verfahren	siehe 4.2.5.8.5
	Trinatrium-Verfahren	siehe z. B. [11]
Ionenaustausch	Na-Austauscher	Natriumeintrag in das Trinkwasser bei der zentralen Enthärtung nicht mehr zulässig
	H-Austauscher	siehe 4.2.3.4
	Carix-Verfahren	siehe 4.2.3.4.5
Membranverfahren	Umkehrosmose	siehe 4.2.2.5
	Elektrodialyse	siehe 4.2.2.5.3
Gasaustausch	Ausblasen von CO_2 bis zum Kalkausfall	siehe 4.2.2.3
Sonderverfahren	Thermische Enthärtung	gemeinsam mit Entsalzung (4.2.5.9)
	Säureimpfung	nur bei Kühlwasser (siehe [11])
	Phosphatdosierung	Härtestabilisierung, keine Enthärtung (siehe 4.2.5.11)
	Geräte zur physikalischen Wasserbehandlung	umstritten, keine Enthärtung, siehe 4.2.8.5

4.2.5.8.3 Langsamentcarbonisierung

Durch Zugabe alkalischer Stoffe, zumeist Calciumhydroxid in Form von Kalkmilch oder -wasser, werden die Hydrogencarbonationen und die freie Kohlensäure neutralisiert und als Calciumcarbonat ausgefällt. Die ablaufende Reaktion läßt sich vereinfacht wie folgt darstellen:

$$Ca(HCO_3)_2 + Ca(OH)_2 \rightarrow 2CaCO_3 \downarrow + 2H_2O$$
$$CO_2 + Ca(OH)_2 \rightarrow CaCO_3 \downarrow + H_2O$$

Für eine Härtereduzierung um 1 ° d sind 20,85 mg/l an $Ca(OH)_2$ erforderlich.

Diese Teilenthärtung führt nicht zu einer Aufsalzung. Durch erhöhte $Ca(OH)_2$-Zugabe kann auch Magnesium ausgefällt werden. Während die eigentliche Fällung innerhalb weniger Minuten abgeschlossen ist, beansprucht die Entfernung des wasserreichen Kalkschlammes durch Sedimentation mehrere Stunden, weshalb großräumige Anlagen erforderlich sind. Da eine vollständige Abtrennung hier zumeist nicht möglich ist, sind anschließend Schnellfilter erforderlich. Da das Wasser meist über dem pH-Wert der Calciumcarbonatsättigung liegt, ist auch eine pH-Absenkung durch Mischung mit unbehandeltem Wasser oder Säurezugabe erforderlich **(Abb. 4-68).**

Im Wasserwerk Langenau der Landeswasserversorgung Stuttgart ist durch die Nutzung einer vorhandenen Kompaktflockungsanlage die erforderliche Aufenthaltszeit wesentlich verkürzt worden, außerdem wird hier wiederverwendbares hochreines Calciumcarbonat gewonnen.

Bei Wässern mit geringem Carbonathärteanteil ist durch Zugabe von Natronlauge statt Calciumhydroxid bei gleicher Enthärtungswirkung eine Verringerung des Schlammanfalls auf etwa die Hälfte möglich. Allerdings steigt hierbei der Natriumgehalt im Wasser pro mmol/l Härtereduzierung (≅ 5,6 ° d) um 23 mg/l an, weshalb dies nur bei natriumarmen Wässern anzuwenden ist.

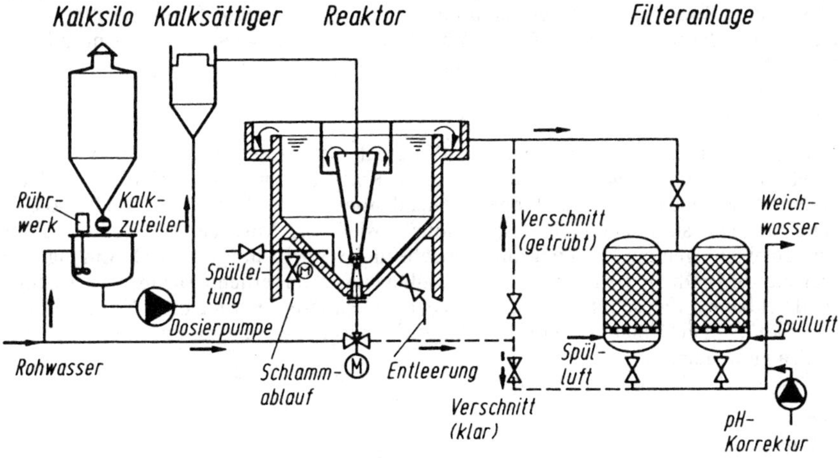

Abb. 4-68: Schema der Langsamentcarbonisierung (nach Soiné)

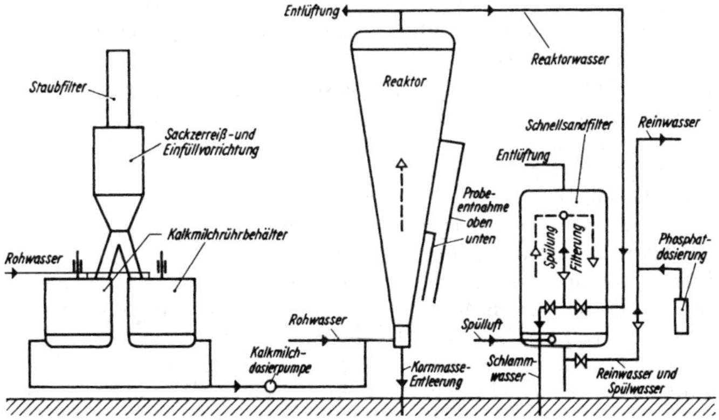

Abb. 4-69: Schema einer Schnellentcarbonisierung

4.2.5.8.4 Schnellentcarbonisierung

Bei dem Verfahren wird Kalkhydrat in Kalkmilchrührwerken zu 5prozentiger Kalkmilch gelöst und mittels Dosierpumpen dem Rohwasser zugesetzt. Rohwasser und Kalkmilch durchlaufen den Reaktor, einen auf die Spitze gestellten, kegelförmigen oder auch zylindrischen Behälter von unten nach oben, in dem das Wasser 10 bis 20 Minuten verbleibt. Die Durchlaufgeschwindigkeit im oberen Teil des Reaktors beträgt etwa 20 m/h. In den Reaktor wird Quarzsand der Körnung 0,5–1 mm etwa 10 l je m^3/h Durchlaufmenge als Kontaktmittel gegeben, auf den sich das ausscheidende unlösliche Calciumcarbonat in Form von Körnern aufbaut. Nach dem Reaktor durchläuft das Wasser einen Quarzsand-Schnellfilter üblicher Bauart, Höhe des Quarzkiesbettes 2-3 m, Durchlaufgeschwindigkeit 10–12 m/h. Eine ausreichende Luft-Wasser-Rückspülung ist vorzusehen. Wichtig ist die Verwendung eines für Aufbereitungszwecke geeigneten Kalkhydrats, da sich sonst leicht Verstopfungen der Dosierpumpe und Leitungen bei Stillstand der Anlage ergeben. Der in körniger Form anfallende Kalk wird aus dem Reaktor unten entnommen. Am Reaktor sind seitliche Entnahmevorrichtungen zur Kontrolle zweckmäßig. Wegen der Schwierigkeit der richtigen Dosierung der Kalkmilch empfiehlt sich zur Stabilisie-

rung eine Phosphatzugabe zum Reinwasser. Wichtig ist die laufende chemo-technische Überwachung des Betriebes **(Abb. 4-69).** Durchsatzschwankungen sind zu vermeiden. Eine durchgängige Automatisierung ist kaum möglich, eine Anwendung für kleine Wasserwerke deshalb nicht empfehlenswert. Huminstoffe, Phosphate, Sulfate, Magnesium sind für das Verfahren Störstoffe.
Verbrauch zum Entfernen von 15 °dH Carbonathärte: 6 l/h 5prozentige Kalkmilch je m^3/h Rohwasser, dabei Kalkanfall je m^3 Rohwasser: 680 g Kalk mit Korngröße 3–4 mm.

4.2.5.8.5 Kalk-Soda-Verfahren

Hier werden Kalk und Soda (Natriumkarbonat) als Fällmittel zugegeben, wodurch sowohl die an Hydrogenkarbonate gebundenen Ca- und Mg-Ionen („Karbonathärte") als auch die an Sulfate, Chloride und Nitrate gebundenen Erdalkaliionen („Nichtkarbonathärte") entfernbar sind, also eine Vollenthärtung möglich ist. Technologisch sind dafür Dosier- und Mischanlagen, Absetzbecken oder Schlammkontaktanlagen mit Flockungsmittelzugabe und Schnellfilter sowie CO_2-Eintrag oder Rohwasserzugabe zur Bindung des überschüssigen Kalkhydrats erforderlich. Da außerdem Chemikalienbedarf und Schlammanfall sehr hoch sind, z. B. bei einer Härtereduzierung um 18 ° d Chemikalienbedarf ca. 0,5 kg/m^3 und Schlammanfall etwa 1 kg/m^3 Wasser, wird dieses Verfahren in Deutschland kaum noch angewendet.

4.2.5.9 Entsalzen

Mit Entsalzung wird das Entfernen aller im Wasser gelösten Salze zur Gänze, oder, je nach Verwendungszweck, bis auf einen tragbaren Rest bezeichnet. Häufig ist die Anwendung des Teilstrom-Verfahrens betrieblich vorteilhaft, d. h. ein Teil des Wassers wird voll entsalzt und dem nicht entsalzten Wasser im gewünschten Mischungsverhältnis zugegeben. Alle Entsalzungsverfahren sind verhältnismäßig teuer und haben einen hohen Bauaufwand. Man rechnet mit etwa 2–4 DM/m^3 Betriebskosten für die Entsalzung von Meerwasser.
Die Entsalzung ist daher auf wenige Verwendungszwecke beschränkt, so auf die Vollentsalzung von Wasser mit üblicher Trinkwasserbeschaffenheit für Kesselspeisewässer und auf die Aufbereitung von Brackwasser, in besonders ungünstigen Fällen muß auch Meerwasser aufbereitet werden. Bei den Entsalzungsverfahren ist die jeweils hohe Aggressivität und das Ableiten der ausgeschiedenen Salze bei der Planung zu berücksichtigen.
Bei *Kesselspeisewasser,* insbesondere von Hochdruckkesseln, darf bei 40 bar Kesseldruck die Gesamthärte höchstens 0,05 °dH, bei 40–100 bar Kesseldruck höchstens 0,02 °dH betragen. Für die Entsalzung sind Ionenaustauschverfahren üblich. Wegen der aggressiven Wirkung müssen ferner Sauerstoff und Kohlensäure, z. B. durch thermische Entgasung und chem. Bindung, entfernt und der pH-Wert im alkalischen Bereich gehalten werden.
Die Aufbereitung von *Brackwasser und Meerwasser* wird in den küstennahen Gebieten in steigendem Umfang notwendig. Der Trockenrückstand solcher Wässer beträgt etwa:

Brackwasser:	1 000– 5 000 mg/l gelöste Stoffe
Mäßiges Salzwasser:	2 000–10 000 mg/l gelöste Stoffe, meist küstennäheres Grundwasser
Starkes Salzwasser:	10 000–30 000 mg/l gelöste Stoffe, meist küstennahes Grundwasser und in Mündungsgebieten von Flüssen.
Meerwasser:	30 000–36 000 mg/l gelöste Stoffe, Zusammensetzung **Tab. 4-58.**

Tab. 4-58: Normale Zusammensetzung von Meerwasser, nach hydrographischem Labor Kopenhagen

Kationen Bezeichnung	mg/l	Anionen Bezeichnung	mg/l
Na^+	11 035	Cl^-	19 841
Mg^{2+}	1 330	SO_4^{2-}	2 769
Ca^{2+}	418	HCO_3^-	147
K^+	397	Br^-	88
Sr^+	13,9	F^-	1,4

Nach dem derzeitigen Stand der Technik kommen für die Entsalzung folgende Verfahren in Betracht, die praxisreif sind und zum Teil schon verwendet werden, wobei im wesentlichen wegen der noch verhältnismäßig hohen Betriebskosten die Anwendung auf die unbedingt notwendigen Fälle beschränkt bleibt.

Rohwasser-Salzgehalt	*Verfahren*
1–3 v. H.	Destillation, mehrstufige Verdampfung, Gefrierverfahren
0,1–1 v. H.	Elektrodialyse, Umkehrosmose
$< 0{,}1$ v. H.	Ionenaustauschverfahren

Von den hauptsächlich angewendeten Verfahren Destillation und Umkehrosmose (siehe Abschn. 4.2.2.5) sind folgende Eigenschaften bemerkenswert:

Kriterium	Destillation	Umkehrosmose
Korrosion	problematisch, da hohe Temperatur	unproblematisch, da niedrige Temperatur
Steinbildung	problematisch	unproblematisch
Verschmutzung des Rohwassers	Kosten fast unabhängig vom Salzgehalt	Kosten stark abhängig vom Salzgehalt
Energiebedarf	rd. 10 KWh/m^3 bei fast jedem Salzgehalt	abhängig vom Salzgehalt, etwa 3 KWh/m^3 bei 4 000 mg/l 5 KWh/m^3 bei 20 000 mg/l 10 KWh/m^3 bei 40 000 mg/l

Auf Spezialliteratur wird verwiesen.

4.2.5.10 Aufhärten

Weiche Wässer mit einem geringen Gehalt an Erdalkalien ($<$ 20 mg/l an Ca), geringem Hydrogencarbonatgehalt ($K_{S4,3} < 1$ mmol/l) und fehlender Pufferung (PI $< 0{,}1$ mmol/l) bedürfen zur Einstellung der $CaCO_3$-Sättigung eines sehr hohen pH-Wertes, wobei auch dann der Gleichgewichtszustand sehr labil bleibt. Selbst bei ausreichendem O_2-Gehalt ($>$ 6 mg/l) sind bei einem solchen Wasser die Voraussetzungen zur Bildung schützender Deckschichten nicht gegeben. Wenn auch sonst die Bildung solcher Deckschichten nicht immer eintritt und auch nicht in jedem Fall erforderlich ist, muß ein Wasser mit dazu fehlenden Voraussetzungen als korrosionschemisch ungünstig beurteilt werden.
Eine Entsäuerung nur durch Gasaustausch löst das Problem nicht, da dabei o. g. Parameter in ihren Werten nicht verbessert werden. Auch Natronlauge ist hier ungeeignet, da sie keine Erdalkalien (Härtebildner) enthält. Für die Aufhärtung kommen in Frage (siehe Abschn. 4.2.3.3):

- Filtration über Jurakalk oder Marmor,
- Filtration über dolomitisches Material,
- Zugabe von Weißkalk.

Da die hierbei erreichbare Aufhärtung von dem Gehalt des Wassers an überschüssiger Kohlensäure abhängt und somit begrenzt ist, kann bei sehr weichem Wasser mit wenig Kohlensäure eine Zugabe von CO_2 vor der Aufhärtung zweckmäßig sein.
Z. B. kann bei einem sehr weichen Wasser mit 0,5 °dH und 10 mg aggressiver Kohlensäure (Trinkwassertalsperre Mauthaus) durch Neutralisation mittels Filtration über Jurakalk höchstens eine Erhöhung der Härte um $10\,\text{mg} \cdot 0{,}13 = 1{,}3$ Härtegrade erreicht werden. Für die gewünschte Mindesthärte von 4,5 °dH bei Einhalten des Kalk-Kohlensäure-Gleichgewichts ist eine weitere Erhöhung der Härte um 2,7 °dH erforderlich. Zweckmäßig wird dies dadurch erreicht, daß handelsübliches flüssiges CO_2 zugegeben und über Jurakalk gefiltert wird. Im Beispiel ist die Zugabe von $2{,}7/0{,}13 = 21$ g CO_2/m^3 Wasser erforderlich, der Verbrauch an Jurakalk beträgt $(10+21)$ g $CO_2/m^3 \cdot 2{,}3$ g Jurakalk/g $CO_2 = 71$ g Jurakalk/m^3. Die Aufhärtung kann auch analog der Neutralisation mittels CO_2-Zugabe und Kalkmilchdosierung erfolgen, hierbei wird jedoch die Dosierungsanlage komplizierter.

4.2.5.11 Dosierung von Phosphat und Silikat

Durch die Zugabe von Phosphaten, teils auch gemischt mit Silikaten u. a., können Korrosionsvorgänge an metallischen Leitungen reduziert und die Bildung schützender Deckschichten gefördert werden. Zum Einsatz kommen vorrangig Orthophosphate, z. T. auch Mischungen von Ortho- und Polyphosphaten, während die alleinige Zugabe von Polyphosphaten bzgl. Korrosion eher ungünstig ist. Die

Wirkung ist bei den einzelnen Werkstoffen unterschiedlich, detailliertere Hinweise gibt dazu das DVGW-Merkblatt W 215 „Zentrale Dosierung von Phosphaten“ von 5/1989.
Bei Phosphat ist eine Zugabe bis 6,7 mg/l an PO_4^{3-} (Grenzwert der Trinkwasserverordnung) und bei Silikat bis 40 mg/l an SiO_2 zulässig. Zur Sanierung von Korrosionsschäden ist es meist zweckmäßig, anfangs die maximal zulässige Phosphatzugabe anzuwenden, dann aber auf Werte unter 1 mg/l zurückzugehen. Eine Erfolgskontrolle ist an entsprechenden Stellen, z. B. in eingebauten Kontrollrohren, an Endsträngen, Probenahme über Hydranten und Zapfhähne u. a., vorzunehmen.
Eine Phosphatdosierung zur Korrosionsverhinderung soll aufgrund der damit evtl. verbundenen Nebenwirkungen (Gewässerbelastung, Verkeimung, Beeinträchtigung von Entcarbonisierungsanlagen) zentral nur erfolgen, wenn die korrosionschemische Beschaffenheit des Wassers durch aufbereitungstechnische Maßnahmen nicht verbessert werden kann. Auch auf die vorrangige Nutzung geeigneter Werkstoffe, z. B. durch die Installateure, ist hier hinzuweisen.

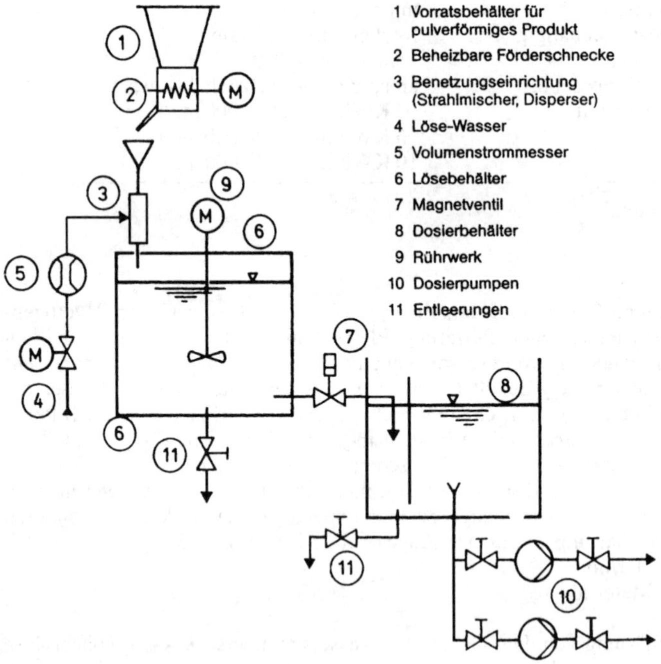

Abb. 4-70: Automatische Löseanlage für Phosphat (DVGW-Merkblatt W 215)

Die Zugabe von Phosphaten zur Stabilisierung von Eisen und Mangan sollte nur in Ausnahmefällen zeitweise in Betracht kommen, da hier geeignete Aufbereitungsverfahren verfügbar sind.
Eine Phosphatzugabe nur zur Kesselsteinverhinderung (Härtestabilisierung) soll zentral grundsätzlich nicht erfolgen.
Zur dezentralen Phosphat- und Silikatzugabe beim Verbraucher siehe Abschn. 4.2.8.

4.2.5.12 Entfernen von anorganischen toxischen Spurenstoffen

4.2.5.12.1 Allgemein

Für die anorganischen Spurenstoffe Arsen, Blei, Cadmium, Chrom, Cyanid, Nickel, Quecksilber, Antimon und Selen sind in der Anlage 2 der TrinkwV Grenzwerte im Mikrogramm-Bereich vorgegeben (siehe Abschn. 4.1.5.3), womit deren Toxizität Rechnung getragen wird. Eine geringe Grundlast im Wasser ist bei diesen Stoffen häufig natürlich (geogen) bedingt und gesundheitlich unbedenklich. Es gibt aber auch immer wieder Beispiele für, z. T. anthropogen bedingte, höhere Konzentrationen dieser Stoffe im Wasser, wobei auch die verstärkte Lösung infolge saurer atmosphärischer Depositionen (saurer Regen) eine Rolle spielt (siehe Abschn. 4.1.8).

Abgesehen vom Arsen sind es bisher aber nur seltene Sonderfälle, die eine gezielte Entfernung dieser Stoffe innerhalb der Trinkwasseraufbereitung erforderlich machen. Hinweise zu möglichen Aufbereitungsverfahren werden für die einzelnen Stoffe in Abschn. 4.1.5.3 gegeben, detailliertere Darlegungen sind aus der DVGW-Schriftenreihe Wasser Nr. 62 „Entfernung von anorganischen Spurenstoffen" entnehmbar.

4.2.5.12.2 Arsen

Arsengehalte sind zumeist geogen bedingt (siehe Abschn. 4.1.5.3.2), in Bayern sind z. B. mindestens 50 Anlagen betroffen. Der seit 1996 verbindliche Grenzwert von 0,01 mg/l macht in vielen Fällen eine Entfernung erforderlich, die besonders kleine Wasserwerke vor erhebliche Probleme stellt (siehe auch DVGW-Schrift Nr. 82). Forschungen zur Arsenentfernung dauern noch an, folgende Möglichkeiten werden bisher gesehen:

- Eine Oxidationsstufe, wenn dreiwertiges Arsen im Rohwasser auftritt, da das fünfwertige Arsen wesentlich besser entfernbar ist. Die Oxidation kann durch Zugabe von Wasserstoffperoxid (H_2O_2), Kaliumpermanganat oder – eingeschränkt – Ozon erfolgen, Chlor ist dafür nicht mehr zugelassen.
- Flockung/Fällung mit Eisensalzen, Abtrennung durch Filtration. Bei Versuchen an der TU München (Merkl, 1989) wurden bei Zulaufkonzentrationen von ca. 0,05 mg/l (As(V) Erniedrigungen bis zum Grenzwert erreicht durch Zugabe von 1,3 mg/l Fe^{3+} (als Eisen(III)chloridsulfat) bei pH $< 7{,}4$ und anschließende Schnellfiltration über Quarzsand (Körnung 1–2 mm, Filtergeschwindigkeit 4–8 m/h. Polyaluminiumchlorid erwies sich hier als ungeeignet, Dolomit als Filtermaterial als ungünstiger in der Wirkung und beeinträchtigt in der Entsäuerungsleistung. ([5], Heft Nr. 100)
  Durch mehrstufige Zugabe von Eisenchlorid vor mehreren in Reihe geschalteten Filtern erreicht Waniorek (bbr 3/88) bei Zulaufkonzentrationen um 1 mg/l Reduzierungen über 99 %.
- Adsorption an Eisen- oder Aluminiumoxid
  Bei orientierenden Versuchen mit in einem Dolomitfilter fixierten Eisenhydroxid ergaben sich ausgezeichnete Ergebnisse der Arsenentfernung (Merkl). Weitere Untersuchungen sind aber erforderlich. Für die Filtration über Aluminiumoxid (Hölzel, ndz 3/89) zeigen sich bei ersten Voruntersuchungen Grenzen bzgl. der Aufnahmekapazität und der Adsorptionskinetik. Die außerdem parallel durchgeführte Filtration über Aktivkohle ergab kaum Reduzierungen der Arsenkonzentration.
- Ionenaustausch
  Für den Anionenaustausch sind, nach Angaben von Jekel/Jekel (DVGW-Schrift Nr. 62), pH-Werte über 7 erforderlich. Die Wirkung ist aber von dem vorrangigen Austausch des Sulfations beeinträchtigt, außerdem liegen die erreichbaren Durchsätze unter denen mit Aluminiumoxid.
  Gewisse Möglichkeiten bei harten Wässern werden auch für die Entfernung durch Kalkfällung (Teilenthärtung bei pH $> 10{,}5$) gesehen. Prinzipiell müßte auch die Umkehrosmose zur Eliminierung von Arsenionen geeignet sein, jedoch liegen dazu bisher kaum Untersuchungen vor.
  Weitgehend offen ist derzeit auch noch die Beseitigung der bei der Aufbereitung anfallenden arsenhaltigen Schlämme.

4.2.5.13 Dekontamination

Wie in Abschn. 4.1.5.6.2 (Radioaktive Stoffe) dargelegt, stellen künstliche radioaktive Stoffe für die Trinkwasserversorgung der Bundesrepublik relativ gesehen kein wesentliches Problem dar, da bisher in Trinkwasser aufgetretene Belastungen hinter anderen Strahlungsquellen weit zurückstehen und besonders für das Grundwasser der Boden eine gute Schutzwirkung hat. Die künstliche Dekontamination ist, abgesehen von der Aufbereitung besonderer Abwässer aus Betrieben, die radioaktive Stoffe verwenden (Kernkraftwerke, Krankenhäuser), derzeit nur in besonderen Katastrophenfällen notwendig, wobei der Reaktorunfall von Tschernobyl auf die Trinkwasserversorgung der Bundesrepublik ohne kritische Auswirkungen blieb.

Bei Tiefengrundwässern aus uranhaltigen Formationen, wie sie in Deutschland gebietsweise in Thüringen, Sachsen, aber auch Baden-Württemberg, Bayern und Rheinland-Pfalz vorhanden sind, können dagegen die natürlichen radioaktiven Stoffe, insbesondere Radon 222, zu Belastungen führen, die eine Eliminierung bei der Wasseraufbereitung teilweise erforderlich machen (siehe Abschn. 4.1.5.6.2).

Für die Vielzahl der natürlichen und künstlichen Radionukliden gibt es kein Verfahren, das für die Entfernung aller dieser Stoffe aus dem Wasser gleich gut geeignet wäre. Die anzuwendenden Verfahren sind insbesondere vom Oxidationszustand und der Bindungsform der Radionuklide abhängig. Dabei gilt, daß die Radionuklide sich chemisch und damit auch bzgl. der Eliminierung durch Wasseraufbereitung ebenso verhalten, wie die entsprechenden inaktiven Substanzen (z. B. Fe und Fe 56). Damit kommen prinzipiell die bekannten Trinkwasseraufbereitungsverfahren der **Tab. 4-59** in Frage. Der Wirkungsgrad kann dabei allerdings sehr unterschiedlich sein, und die Optimierung/Veränderung einer schon vorhandenen Wasseraufbereitungsanlage für eine ausreichende Dekontaminierung erforderlich machen. Bei der Radon-Eliminierung durch Belüftung (z. B. Blasenbelüftung mit Keramiksteinen im Wassertank, Verdüsen) sind Wirkungsgrade bis über 95 % erreicht worden **(Abb. 4-71).** Dabei ist eine Abluftfilterung über Aktivkohle eventuell erforderlich. Deutliche Rückgänge der Radonkonzentration treten auch bereits in offenen Trinkwasserspeichern bei längeren Standzeiten ein.

Tab. 4-59: Verfahrensschritte für Radionuklide in der Trinkwasseraufbereitung (nach Haberer [4] Nr. 62)

Elementgruppe	Natürliche Wasserinhaltsstoffe	Radionuklide			TW-Aufbereitungsmethode
		Natürliche R.	Spaltprodukte	Aktivierungsprodukte	
Erdalkalien	Na^+, K^+,	K40 (Rb 86)	Cs 137	Cs 134	Kationenaustausch, Umkehrosmose
Erdalkalien	Mg^{++}, Ca^{++}	Ra 226, Ra 228	Ba 140		Enthärtung
Aktiniden		Th 228, U 238, U 234		Pu, Am	
Halogene	(F^-) Cl^- (Br^-)		(J 131, J 132)		
Edelgase		Rn 222, Rn 220 (Tn)	(Kr 85, Xe 133)		Strippen (Belüften) A-Kohle-adsorption
Kohlestoffgruppe		Pb 210, C 14		C 14	
Eisenmetalle	Fe, Mn			Cr 51, Mn 54 Fe 56, Co 60, Zn 65	Enteisenung, Entmanganung Fe-Al-Flockung

Bei der Adsorption an Aktivkohle ist für Radon eine Kontaktzeit von mind. 60 Minuten erforderlich. In Aktivkohlefiltern (Schichthöhe 1,60 m, Filtergeschwindigkeit 1,25 m/h, theor. Kontaktzeit ca. 1,3 Stunden) wurde eine Zulaufbelastung von ca. 9000 Bq/l auf ca. 100 Bq/l im Ablauf reduziert (nach Kinner).

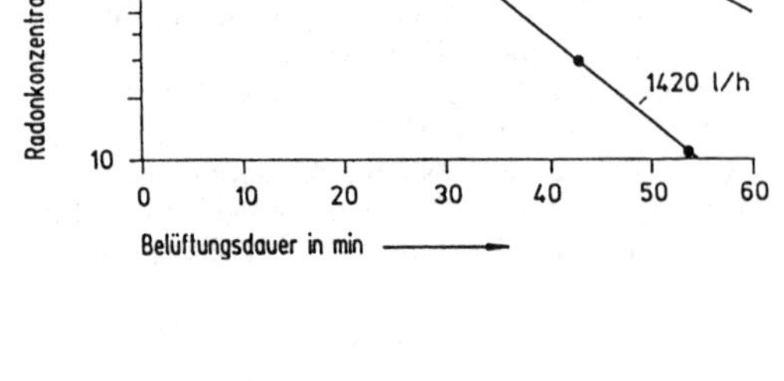

Abb. 4-71: Radon-Entfernung in Abhängigkeit von Belüftungsrate und -dauer (nach [4] Nr. 62)

Tab. 4-60 gibt Hinweise zu erreichbaren Dekontaminierungsgraden für künstliche radioaktive Stoffe bei verschiedenen Trinkwasseraufbereitungsverfahren. Nähere Angaben zu den Betriebsparametern macht Haberer in [4] – Nr. 62. Zu beachten ist, daß Schlamm, Spülwasser usw. radioaktiv sind und die Entsorgungsprobleme zunehmen. Eventuell sind auch Abschirmungen der Anlagen erforderlich.
Für die Notversorgung mit Trinkwasser in Katastrophenfällen entwickelte Kleingeräte zur Wasseraufbereitung sind meist Ionenaustauscher.

Tab. 4-60: Dekontaminierungsgrade verschiedener Trinkwasseraufbereitungsverfahren gegenüber Künstlichen Radionukliden (nach Lowry und Lowry, 1988).

Radionuklide	Flockung + Sediment.	Ton + Flockung + Sediment.	Sand-filtration	Kalk-Enthärtung	Ionenaustausch			Umkehr-Osmose
					Kationen	Anionen	Mischbett	
Phosphor-32	63–99+	97–99+	79–99+					
Phosphor-31,32	67–94		99–99+					
Scandium-46,48	62–98	66–98	94–99	90	96–87	99	99	
Chrom-51	0–60	73–98					90	
Mangan-54								99,9+
Cobalt-58								99,9+
Cobalt-60	8–23						90–99+	99,9+
Strontium-89	0–58	0–51	1–13	75–99+	99+	5–7	99–99+	
Strontium-89,90	2–5						99	
Sr-90 Yttrium–90	10–61		17–23				90	
Yttrium-91	40–99	34–99	84–99	90	86–93	94–98	98–99	
Zirkon-95								
Niob-95	2–99	95–99	91–96	90	58–75	96–99.9	99+	99,9+
Molybden-99	0–60						90	97
Ruthen-103	43–96							99,9
Ruthen-106								
Rhodium 106	82.1						90	
Cadmium-115		60–95	60–99	90	98.5	0	99+	
Iod–131	0–75	0–10	0–53	98+		99.9	96–98+	
Iod–131, 132, 133, 134, 135								96+
Cäsium-134								98+
Cäsium-137								
Barium-137 m	0–37	35–65	10–70		99.8	9	90–99+	98+
Barium-140								
Lanthan-140	1–84	28–84	40	90	98–99	35–42	99+	
Praseodym-142	83–99+							
Cer-144		85–96					90	99,9
Cer-144								
Praseodym-144	28–99		46–59					
Cer-141,144								
Praseodym-144	96–99							
Promethium-147	4–99							
Samarium-153	44–99							
Spaltprodukte 1		61–84						
Spaltprodukte 2		12–73						
Spaltprodukte 3		46						
Spaltprodukte 4		89						
Spaltprodukte 5		51–59					38	

4.2.5.14 Desinfektion

4.2.5.14.1 Allgemein

In der Trinkwasserverordnung von 1990 wird gefordert: Zahl der colifornen Keime, E. coli u. Fäkalstreptokokken 0/100 m/l, Richtwerte für Koloniezahl 100/ml und Koloniezahl nach Desinfektion

20/ml; Nachweis des freien Chlor 0,1 mg/l, wenn Desinfektion auf Chlorbasis bzw. 0,05 mg/l an Chlordioxid jeweils nach Abschluß der Aufbereitung.
Wasser für Trinkzwecke soll von Natur aus diesen Forderungen entsprechen, dementsprechend sind die Wassergewinnungsstellen zu wählen und durch Schutzgebiete hinsichtlich ihrer Reinheit zu sichern.
Wasser, das nicht dauernd mikrobiologisch einwandfrei ist, entweder weil es zeitweilig hohe Keimzahlen hat, oder weil es dauernd nicht einwandfrei ist, z. B. See-Talsperrenwasser, Flußwasser, Karstwasser, Grundwasser innerhalb oder in Nähe des Überschwemmungsbereichs von Flüssen, muß desinfiziert werden. Bei langen Zubringerleitungen ist zur Verhinderung einer Wiederverkeimung eine Sicherheitsdesinfektion mit Langzeitwirkung üblich. Es gibt verschiedene wirksame Verfahren der Entkeimung, bei allen ist sorgfältige Wartung unerläßliche Voraussetzung, besonders wenn der Keimgehalt stark schwankt. Bei kleinen WVU ist eine solche Wartung im allgemeinen nicht sichergestellt. Es ist hier wesentlich besser und sicherer, ein Wasservorkommen zu wählen, das dauernd mikrobiologisch einwandfrei ist. Bei allen nicht ländlichen und größeren ländlichen Anlagen ist stets die Einbaumöglichkeit einer Desinfektion vorzusehen, bei kleinen ländlichen Anlagen dann, wenn die Wasserbeschaffenheit es erfordert.
Gegen Rohrnetzverunreinigungen durch Bauvorgänge, Rücksaugen von verunreinigtem Wasser in die Rohrleitung kann wegen des dadurch auftretenden massierten Verunreinigungsstoßes die Desinfektion am Wassergewinnungsort keinen wirksamen Schutz bieten.
Die Wirkung der Desinfektion soll im Leitungsnetz länger anhalten. Durch die Desinfektion darf das Wasser nicht schädlich verändert werden, weshalb die neue EU-Richtlinie [18] die Kontrolle des Trinkwassers auf eventuell entstehende Desinfektionsnebenprodukte (Trihalomethane, Bromat, Chlorit) fordert und maximal zulässige Konzentrationen im Mikrogramm-Bereich vorgibt (siehe Abschn. 4.1.3).
Ein Wasser, das mit partikulären oder bestimmten gelösten Inhaltsstoffen belastet ist, muß vor der Desinfektion aufbereitet werden, da andernfalls eine stärkere Desinfektion erforderlich wird, die Wirkung der Desinfektion herabgesetzt sein kann und unerwünschte Desinfektionsnebenprodukte vermehrt auftreten können (siehe auch Abschn. 4.1.5.4.3 – Trübung).
Als Verfahren sind für Trinkwasser gebräuchlich: Erhitzen, Feinfiltern, Oxidationsmittel, Metallionen und UV-Bestrahlungen. Von den Oxidationsmitteln werden überwiegend die Halogene Chlor u. Chlordioxid, selten Brom und Jod verwendet. Chlor am häufigsten, Brom gelegentlich für Badewasseraufbereitung, Jod für kleine Anlagen. Ozon wird wegen der höheren Kosten im allgemeinen mehr als hochwirksames Oxidationsmittel (siehe Abschn. 4.2.3.22) angewendet. Wasserstoffsuperoxid ist zwar ein starkes Oxidationsmittel, hat aber nur geringe Desinfektionswirkung und ist deshalb zur Desinfektion von Trinkwasser nicht zugelassen.
Bei der Desinfektion mit Metallionen ist nur das Silberungsverfahren unter bestimmten Voraussetzungen verwendbar. Kupferionen haben zwar eine gute Wirkung zum Abtöten von Algen, eine geringe dagegen bei der Desinfektion. Auch eine Verzinkung eines Stahlrohres (Hausanschlußleitungen) bewirkt ein langsames Abtöten der Keime, ohne daß es als Desinfektionsverfahren verwendbar ist.
Die mikrobiologische Beschaffenheit des Trinkwassers muß laufend überwacht werden. In der Trinkwasserverordnung und in der EG-Richtlinie sind die entsprechenden Maßnahmen festgelegt (siehe Abschn. 4.1.5.2 u. 4.1.7).

4.2.5.14.2 Abkochen

Die im Wasser enthaltenen Bakterien werden durch 10minütiges Abkochen abgetötet. Das Verfahren wird im Haushalt beim Haltbarmachen von Lebensmitteln, Obst, Milch, in der Medizin beim Sterilmachen der ärztlichen Instrumente, Verbandsstoffe usw. angewendet. Bei plötzlicher Verseuchung eines Ortsnetzes einer zentralen Anlage ist bis zur Sanierung der Anlage die Anordnung des Abkochens des Wassers das am schnellsten wirksame und einfachste Mittel zur Verhütung eines Seuchenausbruches. Eine Dauerlösung ist das Anordnen des Abkochens nicht, da es außerordentlich energieaufwendig ist. Das Abkochen kommt ferner in Betracht, wenn vorübergehend Wasser aus nicht einwandfreien Brunnen verwendet werden muß, z. B. in Notstandsfällen.

4.2.5.14.3 Filtern

Durch langsame Filtration wird Wasser keimarm. In der Natur erfolgt dies in den Bodenschichten, meist in den alluvialen und diluvialen Talauffüllungen. Bei einer Aufenthaltsdauer des Wassers im

Boden von 50 bis 60 Tagen wird Wasser bereits in 3 m Tiefe keimarm, sofern die Bodenschichten eine ausreichende Filterwirkung haben. Diese natürliche Entkeimung wird bei der künstlichen Grundwasseranreicherung nachgeahmt, doch ist hier in der Regel noch eine weitere Desinfektion erforderlich. Beachtliche Keimreduzierungen werden mit der Langsamfiltration erreicht, ein sicheres Desinfektionsverfahren stellt sie aber dennoch nicht dar.

4.2.5.14.4 Chlorung

Chlorungsverfahren – In der Praxis werden im wesentlichen verwendet: Chlorgas, Chlordioxid, Natriumhypochlorit, flüssig als Chlorbleichlauge bezeichnet, Calciumhypochlorit, fest in Tablettenform. Die Verbindung von Chlorgas mit Ammoniak und Ammoniumsalzen, das früher gelegentlich eingesetzte Chloramin-Verfahren, wird heute nicht mehr gewählt. Der Gehalt an wirksamem Chlor der gebräuchlichen Chlorverbindungen ist in **Tab. 4-61** angegeben.

Tab. 4-61: Gehalt an wirksamem Chlor der gebräuchlichen Chlorverbindungen

Bezeichnung	Gehalt an wirksamem Chlor v. H.
Chlor	100
Chlorkalk	33–37
Natriumhypochlorit	15-16
Calciumhypochlorit	65–75

Die Chlorung ist für die zentrale Wasserversorgung noch immer das gebräuchlichste Desinfektionsverfahren, da sowohl die Kosten der erforderlichen Apparate als auch die laufenden Betriebskosten gering sind, die Wirkung der Desinfektion durch den einfach zu führenden Nachweis des Chlorgehalts, teilweise sogar nur über die Redoxspannung (die zur ausreichenden Desinfektion über ca. 30 min Werte über 700 mV aufweisen muß), geprüft werden kann und eine bei ordnungsgemäßer Durchführung gegebene Depotwirkung Wiederverkeimungen im Verteilungsnetz verhindert. Nicht mehr zugelassen ist die Chlorung zur Oxidation anorganischer und organischer Wasserinhaltsstoffe, ebenso sollte die Zugabe hoher Chlormengen bei der Desinfektion nach Möglichkeit unterbleiben, da die Gefahr der Bildung von krebserregenden Trihalogenmethanen besteht. Die zulässige Zugabe ist deshalb durch die Trinkwasserverordnung [1] für Chlor, Natrium-, Calcium- und Magnesiumhypochlorit sowie Chlorkalk auf 1,2 mg/l an freiem Chlor begrenzt worden, nur in Ausnahmefällen bei sonst gegebener hygienischer Gefährdung sind bis 6 mg/l gestattet. Im abgegebenen Reinwasser dürfen nach der Aufbereitung nur noch maximal 0,3 mg/l an freiem Chlor bzw. in Ausnahmefällen bis 0,6 mg/l nachweisbar sein. Einige Wasserwerke haben deshalb auf Chlordioxid, bei dessen Zugabe solche Haloforme nicht entstehen, oder andere Desinfektionsverfahren umgestellt.

Bei Anwendung der Chlorungsverfahren sind unbedingt die Unfallverhütungsvorschriften der Berufsgenossenschaft der Gas- und Wasserwerke, insbesondere UVV 24 a/VBG 65 einschl. Durchführungsanweisungen, zu beachten.

Eine sichere Desinfektion wird erreicht, wenn

1. eine gründliche Durchmischung des Desinfektionsmittels mit dem Wasser erfolgt,
2. eine ausreichend lange Einwirkungszeit des Desinfektionsmittels vorhanden ist,
3. ein Chlorgehalt von 0,1 mg/l an freiem Chlor dauernd nachgewiesen wird, bei Chlordioxid 0,05 mg/l an ClO_2.

Die Einwirkungszeit soll etwa 30 min betragen. Ist diese geringer, so muß die Chlorzugabe erhöht werden, **Tab. 4-62,** oder besser ein Verweilbehälter angeordnet werden.

Die Häufigkeit des Chlornachweises richtet sich nach den Verordnungen, den Anordnungen des Gesundheitsamtes und nach den örtlichen Verhältnissen, z. B. täglich bei der Wasserabgabe in das Rohrnetz bis kontinuierlich (siehe **Tab. 4-36** in Abschn. 4.1.7.2).

Der Chlorgehalt muß im Wasserwerk vor Abgabe an das Ortsnetz und im Ortsnetz an mehreren Stellen, Erstabnehmer, Verbraucherschwerpunkt, Endabnehmer, geprüft werden.

Die Messung des Chlorgehaltes muß gemäß Trinkwasserverordnung auf ± 0,05 mg/l (Chlordioxid ± 0,02 mg/l) genau erfolgen; die Analysenmethoden enthält für Chlor die DIN 38 408, Teil 4. Bestimmt wird titrimetrisch oder mittels Photometern mit DPD als Reagens bzw. bei kleineren Wasserwerken auch mit Kolorimetern, wobei aber der Meßbereich nicht zu breit sein sollte und nur die zugehörigen Reagentien zu verwenden sind, um die geforderte Meßgenauigkeit zu erreichen. Weitere Hinweise zur

Messung siehe [12]. Zunehmend werden für die Chlormessung auch kontinuierliche Betriebsmeßgeräte eingesetzt, meist mit Schreiber zur fortlaufenden Aufzeichnung, so daß gemäß Trinkwasserverordnung (Abschn. 4.1.7.2) die sonst geforderte tägliche Einzeluntersuchung entfallen kann.
Wegen der Einfachheit des Chlorgas-Verfahrens und des Nachweises des Chlorüberschusses wird es häufig mit geringer Dosierung als letzte Stufe vor der Wasserabgabe in das Rohrnetz oder als Sicherheitschlorung bei Fernleitungen eingesetzt, auch wenn bereits bei vorausgegangenen Aufbereitungsstufen eine Desinfektion, z. T. mit anderen Mitteln, erfolgt ist. Insbesondere ist dies der Fall, wenn Aktivkohlefilter verwendet werden, da in diesen leicht eine Wiederverkeimung eintritt.

Tab. 4-62: Erforderlicher Chlorüberschuß zur Keimabtötung in Trinkwasser, in Abhängigkeit von Wassertemperatur, Einwirkungszeit und pH-Wert, nach Holluta-Unger

Wasser-temperatur °C	Einwirkzeit min	erford. Chlorüberschuß mg/l bei pH 6	pH 7	pH 8	
10	5	0,5	0,7	1,2	
	10	0,3	0,4	0,7	
	15	0,2	0,25	0,4	
	30	0,1	0,12	0,2	
	45	0,07	0,07	*0,14*	
	60	0,05	0,05	0,1	
20	5	0,3	0,4	0,7	
	10	0,2	0,2	0,4	
	15	0,1	0,15	0,25	Anmerkung:
	30	0,05	0,06	0,12	Zwischenwerte
	45	0,04	0,04	0,06	sind zu
	60	0,03	0,03	0,06	interpolieren

Chlorgas (DIN 19 606 und 19 607):
Eigenschaften – Cl_2 ist ein gelb-grünliches Gas, das sehr giftig ist. In **Tab. 4-63** ist die Wirkung von Chlorgas bei verschiedenen Konzentrationen in 1 m^3 Luft auf den Menschen angegeben. Chlorgas ist etwa 2,5mal schwerer als Luft, seine spez. Masse beträgt 3,214 g/l bei 15 °C und 1013 mbar. Bei gleicher Temperatur und Druck entspricht 1 Liter flüssiges Chlor = 456 l Chlorgas, bzw. 1 kg Chlor erzeugt 314 l Chlorgas.

Tab. 4-63: Wirkungen von verschiedenem Chlorgehalt ml/m^3 Luft auf den Menschen

Bezeichnung	ml Chlorgas in m^3 Luft
zulässiger Chlorgehalt in Luft, während 8 Arbeitsstunden (MAK-Wert)	0,5 ≙ 1,58 mg/l
merkbarer Geruch	3,5
Reizungen im Hals, ab	15
Husten, ab	30
Maximalwert für einen kurzen Aufenthalt	40
Gefährlich, bereits bei kurzem Aufenthalt	40–60
Schnell tödlich	1 000

Reaktion des Chlor – Bei der Lösung von Chlorgas im Wasser reagiert das Chlor mit dem Wasser, es bildet sich unterchlorige Säure HClO und Salzsäure HCl. Der wirksame Bestandteil ist die unterchlorige Säure, deren Anteil mit steigendem pH-Wert abnimmt, während dementsprechend der Anteil an Hypochlorit-Ionen zunimmt, **Abb. 4-72.** Bei geringer Säurekapazität (Carbonathärte) erfolgt durch hohen Chlorzusatz eine Senkung des pH-Wertes.
Um ein freies wirksames Chlor im Wasser zur Desinfektion zu erhalten, muß der Chlorzusatz größer als die Chlorzehrung sein.
Da die Chlorzehrung von der Wasserbeschaffenheit, der Temperatur und der Einwirkzeit abhängt, ist es schwierig, die Dosiermenge von vornherein festzulegen. Die erforderliche Zugabemenge ist aber für ein bestimmtes Wasser durch Laborversuche abschätzbar, wobei der geforderte Restgehalt an freiem Chlor zu beachten ist. Im allg. ist ein Chlorzusatz von 0,2 bis 0,3 mg/l erforderlich.

Anwendung (siehe auch DVGW-Merkblatt W 623) – Das Chlorgas wird in flüssigem Zustand in Stahlflaschen mit 45 kg Chlor und 6 bar Druck bei kleinen Mengen, in Stahlfässern mit 200 bis 1000 kg Chlor und 6 bar Druck bei großem Bedarf angeliefert. Bei 6 bar Druck und 20 °C ist Chlor in flüssigem Zustand. Der Übergang von flüssigem zu gasförmigem Zustand ist abhängig von Druck und Temperatur, **Abb. 4-72a.** Erhöht sich die Temperatur des Chlors auf 50 °C, dann steigt der Druck auf 13,5 bar. Hieraus ist ersichtlich, wie wichtig das Einhalten einer gleichmäßigen Temperatur von etwa 20 °C im Chlorraum ist. Bei der Entnahme sinkt der Druck langsamer ab, als dem Chlorverbrauch entspricht. Der noch vorhandene Chlorinhalt kann aus der Manometeranzeige allein nicht ermittelt werden. Es muß daher der Verbrauch jeweils aus der Dosierungsmenge und der gechlorten Wassermenge errechnet oder besser das Gewicht der Chlorflasche durch eine Waage ständig gemessen werden.

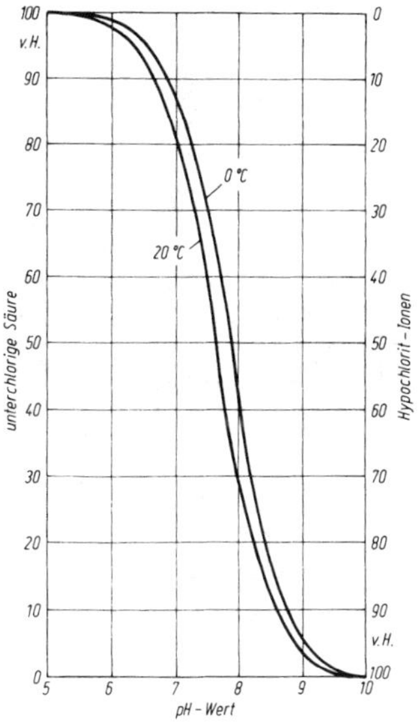

Abb. 4-72 (links): Anteile der unterchlorigen Säure bei verschiedenen pH-Werten

Abb. 4-72a (unten): Temperatur-Druck-Kurve für gesättigtes Chlorgas

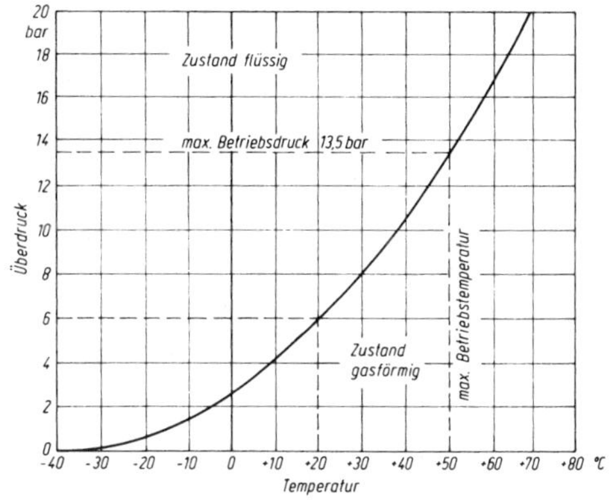

Als Dosiereinrichtungen werden heute zumeist Vakuum- und erweiterte Vakuumsysteme (**Abb. 4-73**) eingesetzt, bei denen bereits an der Chlorflaschenanschlußarmatur der Druck unter Atmosphärendruck abgesenkt wird und das gasförmige Chlor unter Vakuum von einem Wasserteilstrom angesaugt und darin gelöst wird.

Die Chlorlösung wird dem zu entkeimenden Wasser in offenen Behältern, Saugbehältern, in der Saugleitung der Pumpen oder in der Druckleitung zugeführt. Die Einführung vor den Pumpen hat den Vorteil der besseren Durchmischung, doch kann unter Umständen die Angriffslust auf Armaturen und Rohre erhöht werden. Neuerdings wird daher die Chlorzugabe auf der Druckseite der Pumpen bevorzugt. Die Chlorlösung wird mit einer kleinen Pumpe in die Druckleitung gepumpt. Bei mehreren Pumpen, und damit wechselnder Förderleistung, wird die Chlorzugabe über eine nach dem Venturiprinzip arbeitende Steuerung der jeweiligen Förderleistung angepaßt, oder für jeden Maschinensatz ein eigenes Chlorgerät mit konstanter Chlorabgabe aufgestellt.

Bei einem Wasser, das auch enteisent und entmangant werden muß, ist die Chlorzugabe für die Entkeimung nach den Schnellfiltern anzuordnen.

Die Chlorgasgeräte sind in einem gesonderten Raum mit Zugang nur von außen aufzustellen. Da Chlorgas schwerer als Luft ist, muß dieser Raum über Gelände liegen und eine ausreichende untere Belüftung erhalten. Die Temperatur im Chlorraum soll 15–25 °C betragen. Der Chlorraum darf nicht mit Öfen mit Feuerung, sondern muß mit Warmwasserheizung oder elektrisch beheizt werden, wobei die Chlorflasche nicht direkt von der Heizquelle angestrahlt werden darf. Wegen der großen Giftigkeit des Chlorgases muß im Werkraum, in der Nähe des Chlorraumes, nicht in diesem selbst, Schutzkleidung vorhanden sein, die auch laufend auf Betriebstauglichkeit zu prüfen ist. Hierzu gehört Gasmaske als Vollmaske mit Filtereinsatz B gegen Chlor, gegebenenfalls bei großen Anlagen Sauerstoffgerät, bei

Verwendung von Chlorverbindungen außerdem Schutzanzug, Schutzbrille, Handschuhe, Gummistiefel (siehe Unfallverhütungsvorschriften). Das Auswechseln der Chlorflaschen muß unter Anlegen der Gasmaske vorgenommen werden, da beim Abnehmen der leeren Flasche am ehesten Chlorgas aus undicht werdenden Ventilen austritt.
Größere Chlorvorräte werden zweckmäßig in einem gesonderten Raum gelagert.
Chlorgeruch, Chlorgeschmack – Sie treten bei dem in der Trinkwasserversorgung erforderlichen Chlorzusatz nur dann auf, wenn Chlor mit anderen Stoffen, z. B. Phenol, Kohlenwasserstoffen usw. Verbindungen eingeht, was einen intensiven, widerlichen Apothekengeruch erzeugt. Dieser wird durch Ozon mit Aktivkohlefilterung wirksam beseitigt. Zweckmäßig ist es, bei solchen Inhaltsstoffen andere Mittel zu verwenden, z. B. Chlordioxid oder Ozon.

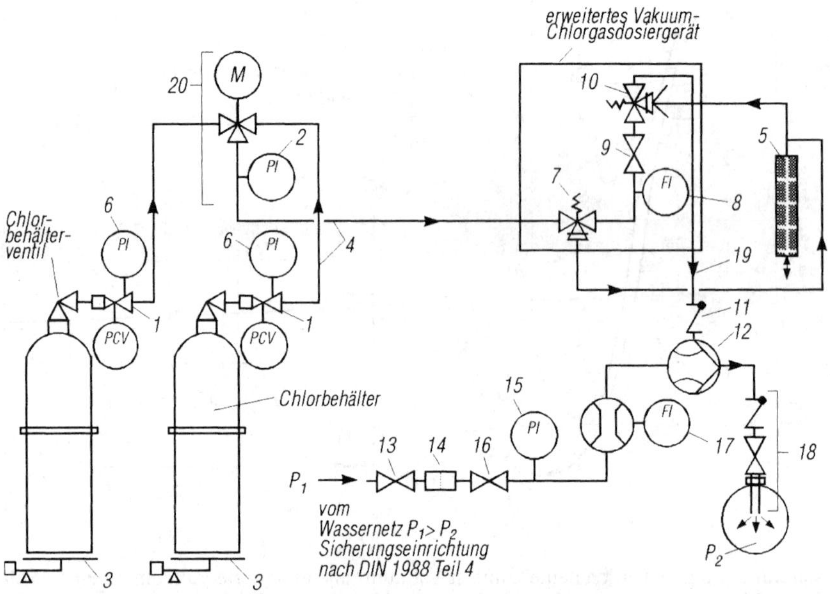

Abb. 4-73: Schema einer erweiterten Vakuum-Chlorgasdosieranlage (DVGW-W 623)
1 Chlorflaschenanschlußarmatur für Unterdruck mit Filter
2 Unterdruck-Anzeigegerät
3 Waage zur Leeranzeige des Chlorbehälters
4 Rohrleitung im Unterdruckbereich aus PVC-Rohr oder PE-Schlauch
5 Absorptionseinrichtung
6 Flaschendruck-Anzeigegerät
7 Entlüftungs- und Überdrucksicherheitsarmatur
8 Meßgerät für den Chlorgas-Massenstrom
9 Armatur zum manuellen oder automatischen Einstellen des Chlorgas-Massenstroms
10 Regeleinrichtung für konstanten Chlorgas-Massenstrom
11 Rückschlagarmatur
12 Injektor
13 Absperrarmatur
14 Feststoffabscheider
15 Druckmeßgerät
16 Einstellarmatur
17 Durchflußmeßgerät
18 Einführung der Chlorlösung mit Rückflußverhinderer Impfstück und Absperrarmatur
19 Verbindungsleitung
20 Automatischer Umschalter

Entfernen von Chlor – Es erfolgt durch starke Reduktionsmittel, wie Schwefeldioxid, Natriumsulfat, oder durch Aufspalten in Aktivkohlefilter. Antichlormittel dürfen erst nach 1-stündiger Einwirkungszeit des Chlors zugegeben werden, da sie die desinfizierende Wirkung des Chlors beenden.

Chlordioxid:
ClO_2 ist ein orangefarbenes Gas, dessen Oxidationskraft etwa 2,5mal größer als die von Chlor ist. Die desinfizierende Wirkung entspricht der von Chlor. Von Vorteil ist, daß bei Einsatz von Chlordioxid kein Chlorphenol und keine cancerogenen Verbindungen mit organischen Inhaltsstoffen entstehen, es reagiert nicht mit Ammonium, die Desinfektionswirkung ist im alkalischen Bereich ebenso gut wie im Neutralbereich. Nach Untersuchungen in den USA haben Zugabemengen bis 1 mg/l ClO_2 keine gesundheitsschädlichen Wirkungen, i. a. sind Zugaben unter 0,1 mg/l für die Desinfektion ausreichend, wobei es vorteilhaft ist, daß ClO_2 im Rohrnetz stabiler als Chlor ist.

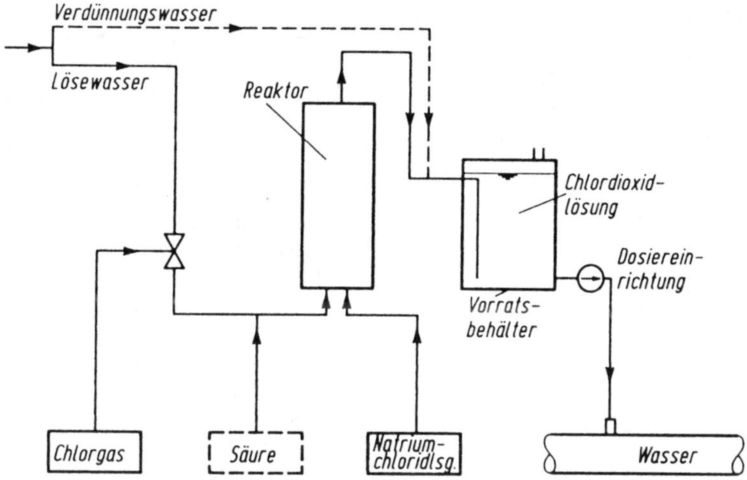

Abb.4-74: Schema einer Chlordioxidanlage (Chlorit-Säure-Anlage nach DVGW-W 224)

Chlordioxid ist explosiv, es wird nicht fertig angeliefert, sondern am Gebrauchsort hergestellt, entweder aus Natriumchlorit + Chlor oder besser zur Vermeidung der Handhabung von Chlor aus Natriumchlorit + Salzsäure. Das Chlordioxid wird im Wasser gelöst und als 8-v. H.-Lösung dem aufzubereitenden Wasser zugegeben. Es muß dabci verhindert werden, daß Natriumchlorit mit in das Wasser gelangt, da dies ähnlich gesundheitsschädlich wie Nitrit ist. Wegen der Vorteile gegenüber Chlor hinsichtlich Lagerung und Einsatz bei Gehalt an organischen Stoffen wird das Chlordioxidverfahren bei großen WVU zunehmend eingesetzt, besonders wenn ein Wasser verwendet wird, das mit organischen Stoffen belastet ist, wie oberflächennahes Grundwasser, Uferfiltration, Oberflächenwasser. Der Apparateaufwand ist allerdings wesentlich größer und teurer als beim Chlorgasverfahren, ebenfalls der Bedienungsaufwand, so daß der Einsatz nur bei größeren WVU zweckmäßig ist **(Abb. 4-74).** Gemäß Trinkwasserverordnung [1] können maximal 0,4 mg/l an ClO_2 bei der Desinfektion eingesetzt werden, wobei nach der Aufbereitung nur noch höchstens 0,2 mg/l nachweisbar sein dürfen, mindestens aber 0,05 mg/l gefordert sind. Bei Vorhandensein von reduzierenden organ. Stoffen sollte auch der Chloritgehalt im Trinkwasser überwacht werden, da bei höheren ClO_2-Dosierungen Überschreitungen des Grenzwertes (0,2 mg/l) auftreten können.
(Weitere Hinweise: DVGW-Arbeitsblatt W 224 und Neue Deliwa-Zeitschr. 9/93.)

Natriumhypochlorit (DIN 19 608):
Es ist im Handel als Lösung erhältlich, die nur etwa 150–170 g/l wirksames Chlor enthält; die alte Bezeichnung ist Chlorbleichlauge. Die Natriumhypochloritlösung ist eine gelb-grüne, stark nach Chlor riechende Flüssigkeit, stark alkalisch, ätzend und giftig. Von Vorteil ist die einfache Handhabung, da die Zugabe auch kontinuierlich mittels Tropfapparat oder Kippbecher ohne elektrischen Strom möglich ist. Von Nachteil sind die höheren Kosten gegenüber Chlorgas, die begrenzte Haltbarkeit, wobei

die Zersetzung durch Einwirkung von Licht, Wärme und Verunreinigungen beschleunigt wird. So beträgt der Verlust an wirksamem Chlor bei 20 °C rd. 1,1 g/l Chlor und Tag. Bei geringen Spuren von Metallen, z. B. auch von Eisen, tritt ebenfalls eine rasche Zersetzung ein unter Abgabe von gasförmigem Sauerstoff.
Das Hauptanwendungsgebiet ist die Verwendung bei der Desinfektion von Anlageteilen der Wasserversorgung und der Desinfektion von kleinen, entfernt gelegenen Quellen.
Ein schematisches Beispiel für eine Vorrats- und Dosieranlage zeigt **Abb. 4-75,** eine volumenstromproportionale Dosierung ist zu gewährleisten.

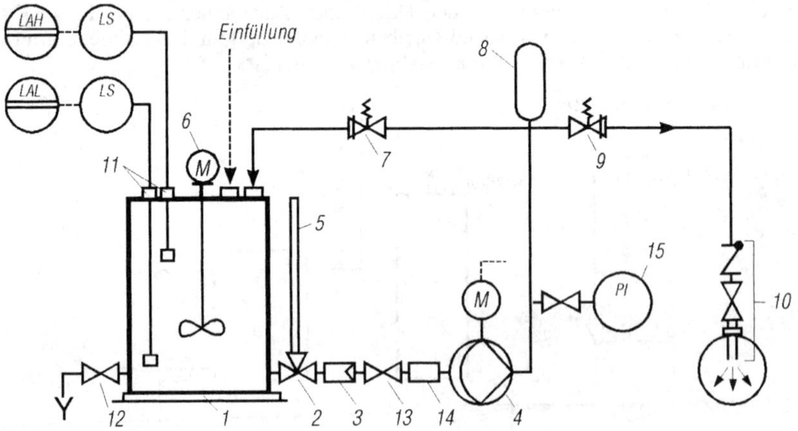

Abb.4-75: Vorrats-und Dosieranlage mit Dosierpumpe für Natriumhypochlorit (nach DVGW-W 623)
1 Behälter
2 Umschaltarmatur zum Auslitern
3 Filter
4 Dosierpumpe
5 Kontrollmeßrohr
6 Mischer
7 Überdruck-Sicherheitsarmatur
8 Pulsationsdämpfer
9 Druckhaltearmatur
10 Einführung mit Rückflußverhinderer und Impfstück
11 Niveau-Steuerung
12 Behälterentleerung
13 Absperrarmatur
14 Rohrerweiterung zur Entgasung
15 Druckmeßgerät

Die i. d. R. maximal zulässigen Zugaben und Grenzwerte im Trinkwasser entsprechen mit 1,2 mg/l und 0,3 mg/l, jeweils berechnet als freies Chlor, denen des Chlorgases.
Weitere Hinweise zum Umgang mit Hypochloritlösungen siehe DVGW-Wasser-Informationen 23 von 4/90, zur Herstellung von Natriumhypochlorit mit Elektrolyseanlagen s. bbr 7/1990.
Calciumhypochlorit:
Es ist im Handel in fester Form als Tabletten, Granulat oder Pulver erhältlich. Der Gehalt an aktivem Chlor beträgt 65–72 v. H. Calciumhypochlorit wird als 1 v. H. Lösung verwendet, die alkalisch und lange haltbar ist. Stärkere Lösungen sind weniger haltbar. Von Vorteil ist die einfache Handhabung, die gute Lagerfähigkeit, von Nachteil die rd. 10-fach höheren Kosten gegenüber Chlorgas. Der Einsatz ist daher vor allem vorteilhaft für die Bereithaltung von Desinfektionsmitteln, z. B. für Notstandsfälle (s. Kap. 9).

4.2.5.14.5 UV-Bestrahlung

Strahlen im Wellenlängenbereich von 240 bis 290 nm (Wirkungsmaximum ca. bei 260 nm) haben eine antibakterielle Wirkung, da die Strahlung die das Genmaterial enthaltenden Nukleinsäuren verändert. Diese Veränderungen können u. a. zum Verlust der Vermehrungsfähigkeit und zum Zelltod führen.
Die Anwendung der UV-Bestrahlung zur Trinkwasser-Desinfektion ist gemäß Lebensmittel-Bestrahlungs-Verordnung vom 19. 12. 1959 zugelassen.
Voraussetzung für die Inaktivierung von Bakterien im Wasser ist, daß die Strahlen die Keime erreichen, d. h., das Wasser muß weitgehend frei von anderen trübenden und färbenden Stoffen sein, es muß dicht

am Strahler vorbeifließen, die Quarzrohre dürfen keine Eisen- oder Manganbeläge aufweisen und es muß eine ausreichende Bestrahlungsstärke(E) über die Dauer (t) gesichert sein. Daraus resultieren Anforderungen an das zu behandelnde Wasser wie (Umweltbundesamt 12/95): Trübung < 0,3 FNU, spektraler Schwächungskoeffizient bei 254 nm < 8 m^{-1}, Eisengehalt < 0,03 mg/l, Mangangehalt < 0,02 mg/l. Als notwendige Bestrahlung ($H = E \cdot t$) werden in DVGW-Arbeitsblatt W 294 von 10/97 für die Trinkwasserdesinfektion 400 J/m^2 angegeben, wobei der Nachweis der geforderten mindestens 99,99 %-igen Keimabtötung nur biodosimetrisch mit Testkeimsuspensionen erfolgen kann.
Indessen bieten mehrere Hersteller UV-Anlagen entsprechender Eignung an. Diese Anlagen müssen über einen UV-Sensor verfügen, um im Wasserwerksbetrieb die vorhandene Bestrahlungsstärke – und damit das Desinfektionspotential – ständig überwachen und rechtzeitig Wartungsarbeiten und Strahlerwechsel (meist nach ca. 1 Jahr) vornehmen zu können. Auch sollten Betriebsstundenzähler und Volumenstromüberwachung bzw. -begrenzung nicht fehlen.

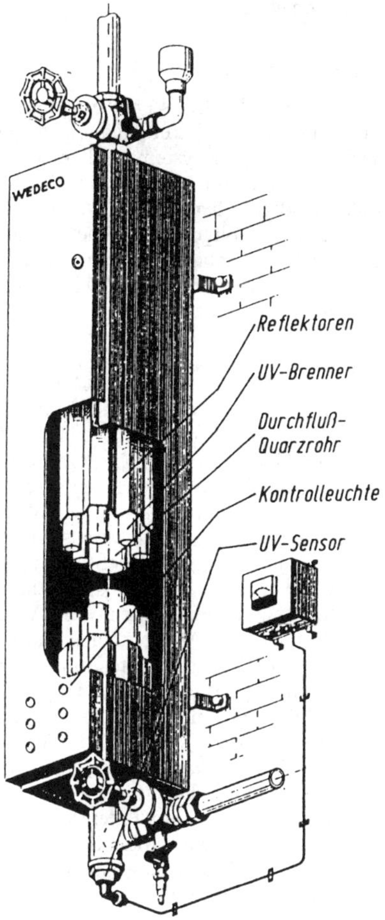

Abb. 4-76: Beispiel für ein UV-Entkeimungsgerät

Eingesetzt werden vorrangig Quecksilber-Niederdruck-UV-Strahler mit 254 nm, die eine lange Nutzungsdauer aufweisen; seltener Mitteldruck-Strahler mit 240 bis 280 nm, deren Regelbarkeit besser ist bei allerdings geringerer Nutzungsdauer (Mitt. d. FIGAWA Nr. 20/98). Die UV-Strahler können in einer druckfesten Bestrahlungskammer angeordnet sein und es kann somit das Gerät mittels Flanschverbindung einfach in die Wasserleitung eingebunden werden, aber auch die offene Ausführung ist möglich. In der Bestrahlungskammer kann der Einbau der UV-Strahler parallel, quer oder diagonal zur

Strömungsrichtung erfolgt sein. Auch können mehrere UV-Strahler konzentrisch um eine UV-durchlässiges Durchfluß-Quarzrohr angeordnet werden **(Abb. 4-76).**
UV-Anlagen sind in unterschiedlichen Größen je nach Volumenstrom erhältlich, wobei für große Durchflüsse Parallelschaltungen erfolgen.
Ein eventueller Nachteil der Desinfektion durch UV-Bestrahlung ist, daß keine Depotwirkung wie bei chemischen Mitteln möglich ist, also eine Wiederverkeimung im Verteilungsnetz eintreten kann; eine Erhöhung des Wiederverkeimungspotentials tritt im zur Desinfektion angewandten Spektralbereich aber nicht ein. Bei Quecksilber-Mitteldruckstrahlern kann es, wenn auch Strahlen unter 235 nm emittiert werden, zur Nitritbildung kommen, die sich bei hoher Bestrahlung, z. B. durch gedrosselten Volumenstrom oder Kreislaufführung des Wassers noch verstärkt und Konzentrationen erreichen kann, die die im Trinkwasser zulässigen Werte überschreiten.
Ein Entstehen von Stoffen mit mutagenen Eigenschaften kann dagegen bei der UV-Desinfektion im Trinkwasserbereich unter den üblicherweise vorliegenden Randbedingungen mit Sicherheit ausgeschlossen werden.

4.2.5.14.6 Silberung

Gemäß neuer Trinkwasserverordnung [1] dürfen Silber und Silberverbindungen zur Desinfektion bei der Trinkwasseraufbereitung nicht eingesetzt werden. Zugelassen ist nur die Verwendung zur Konservierung bei nicht systematischem Gebrauch im Ausnahmefall. Dies ist technisch möglich durch Dosieren von Silbersalzen oder elektrolytisch durch im Wasser befindliche Silberelektroden. Die entstehenden Silberionen bewirken bei genügend langer Einwirkzeit (etwa 6 h) und trübstofffreiem Wasser durch oligodynamische Wirkungen eine Desinfektion. Eine Belegung der Elektrode mit anderen Wasserinhaltsstoffen und damit ein Rückgang der Wirkung kann eintreten, weshalb Kontrollen und evtl. Reinigungen erforderlich sind. Nach der Aufbereitung durch Silberzugabe dürfen max. 0,08 mg/l nachweisbar sein.

4.2.5.14.7 Desinfektion von Anlageteilen der Wasserversorgung

Allgemein – Das Einhalten der in der Trinkwasser-Verordnung (siehe Abschn. 4.1.5.2) festgelegten Grenzwerte ist nur möglich, wenn außer der allenfalls notwendigen ständigen Desinfektion des Wassers vor Abgabe in das Rohrnetz alle vom Wasser benetzten Bauteile der Wasserversorgungsanlage sich in einem einwandfreien, sauberen, desinfizierten Zustand befinden und wenn kein Rücksaugen von verunreinigtem Wasser in das Rohrnetz möglich ist. Die Desinfektion ist um so leichter erreichbar, wenn die Bauwerke schmutzfrei sind. Zugängliche Teile, wie Wasserkammern, sind leichter zu reinigen als Bohrbrunnen und Rohrleitungen. Bei den Rohrleitungen ist es unerläßlich, daß bei Lagerung der Rohre vor dem Verlegen und während der Verlegearbeiten keine Schmutzstoffe und Kleintiere in die Rohre eindringen können. Wenn Verunreinigungen länger in den Rohren liegen bleiben, bilden sich sehr fest haftende Ablagerungen und Bakterienherde, die mit einfacher Spülung kaum zu entfernen sind. Bei den Verlegearbeiten müssen daher die Rohrenden durch Kappen fest verschlossen werden, keinesfalls ist das Anlehnen von Brettern ausreichend. Für die Desinfektion wird i. a. die auf der Baustelle leicht zu handhabende Natriumhypochloritlösung (Chlorbleichlauge) verwendet, auch Wasserstoffperoxid und in Sonderfällen $KMnO_4$ (siehe auch DVGW-Arbeitsblatt W 291).
Desinfektion von Wasserfassungen – Vor dem Ausbau sind die Wasserfassungen durch die Bauarbeiten stark verunreinigt. Um so mehr ist es notwendig, die zum Einbau vorgesehenen Teile wie Sperrohr, Filter- und Aufsatzrohre, Filterkies u. a. auf sauberer Unterlage zu lagern und abzudecken und vor dem Einbau mit einer sehr starken Chlorlösung zu desinfizieren, etwa 20 g wirksames Chlor auf 10 l Wasser. Das nach dem Brunnenausbau durchgeführte Entsandungspumpen und das Leistungspumpen bewirken eine sehr gute Spülung, die meist ausreicht, daß die Wasserfassung einwandfreies Wasser liefert. Wenn dies nicht der Fall ist, muß in die Fassung, z. B. in den Bohrbrunnen, eine Chlorlösung mit etwa 50 mg/l Chlor entweder direkt oder über Beobachtungsrohre im Filterkies eingebracht werden und nach einer Einwirkungszeit von 24 h das Spülpumpen wiederholt werden. Bei der Ableitung des chlorhaltigen Spülwassers müssen die Anordnungen der Wasseraufsichtsbehörde über das Einleiten in den Vorfluter beachtet werden, siehe auch biologische Brunnenverockerung. Bei Spülbohrungen sind in der Spülung ca. 0,5 mg/l an freiem Chlor vorzuhalten.
Desinfektion von Wasserkammern – Neue Wasserkammern werden zunächst trocken gesäubert, unter Druck abgespritzt und mit Schrubbern gereinigt. Die wasserbenetzten Flächen sind dann mit Wasser

unter Chlorzusatz 50 mg/l abzusprühen oder abzuwaschen. Beim Füllen der Wasserkammern wird eine Chlorung mit 10 mg/l vorgenommen und die Kammern 24 h gefüllt gehalten. Nach der Entleerung des chlorhaltigen Wassers, die Anordnungen über das zulässige Ableiten sind zu beachten, werden die Kammern mit Reinwasser gefüllt. Eine mikrobiologische Untersuchung wird erst nach 48 h vorgenommen, um eine evtl. Keimvermehrung mit zu erfassen.
Bei der Reinigung von bestehenden Wasserbehältern ist die Verwendung von Spezial-Reinigungsmitteln, die für Trinkwasser zugelassen sind und Desinfektionswirkung haben, üblich, wobei sorgfältig nachzuspülen ist, bis der pH-Wert nicht mehr unter dem des Reinwassers ist.
Desinfektion von Filtern – Filter in Aufbereitungsanlagen haben oft auch eine biologische Wirkung, die durch eine Desinfektion gestört wird. Eine Desinfektion erfolgt daher hier nur, wenn Filter grob verunreinigt sind und vor oder nach den Filtern keine Desinfektionsstufe im Aufbereitungsverfahren vorhanden ist. Bei Enteisenungs- und Entmanganungsfiltern wird die Desinfektion zweckmäßig mit Kaliumpermanganat durchgeführt, um die katalytische Wirkung der Filter zu erhalten.
Desinfektion von Rohrleitungen – siehe Abschn. *7.4.1.5.4*.
Möglichkeit, die Rohrleitung so sauber wie möglich zu halten, bei zugänglichen Leitungen besenrein, dann die Leitung über eine längere Betriebszeit mit erhöhter Sicherheitschlorung zu betreiben, wobei die Verwendung von Chlordioxid besonders vorteilhaft ist.
Bei Rohren aus Spannbeton und solchen mit Zementmörtelauskleidung wird das durchgeleitete Wasser anfangs stark basisch mit pH-Werten bis 12, so daß während dieser Zeit das Wasser keine Trinkwasserqualität hat und die Desinfektion mit Chlor stark herabgesetzt ist. Es ist daher erforderlich, das Füllungswasser länger stehen zu lassen, damit bei der Desinfektion der pH-Wert bereits stark abgesunken ist. Eine Kontrolle des pH-Wertes am Anfang und Ende der Leitung ist dabei zweckmäßig. Wenn dabei noch nicht eine völlige Desinfektion der Leitung erreicht wird, ist es notwendig, die Leitung eine längere Zeit mit großer Durchflußmenge und Dauerchlorung im Betrieb zu lassen, bis der pH-Wert am Anfang und Ende der Leitung gleich groß und die Desinfektionswirkung erreicht ist.

4.2.5.15 Schlammbehandlung

In den Anlagen der Trinkwasseraufbereitung fallen schlammhaltige Wässer und Schlämme an. Bei der Filterrückspülung rechnet man mit 1-3%, in Sonderfällen auch bis 10 % des durchgesetzten Rohwassers. Der Trockenrückstand des jährlich anfallenden Schlammes läßt sich näherungsweise berechnen zu:

$$S = \frac{Q}{1000}\,(AS + 2Fe + 3Al + 1{,}6Mn + f \cdot \Delta H + Z) + K$$

Es bedeuten:
S Schlammanfall (Trockenrückstand), in kg/a
Q Wasserdurchsatz in m^3/a
AS Gehalt an abfiltrierbaren Stoffen, in mg/l
Fe Eisengehalt (einschließlich evtl. zugegebener Eisenmengen), in mg/l Fe
Al Bei Flockung mit Aluminiumverbindungen: Zugesetzte Aluminiummenge in mg/l Al
Mn Mangangehalt (einschließlich evtl. zugegebener Manganmengen ($KMnO_4$), in mg/l Mn
ΔH Härtedifferenz in mg/l Ca
f Faktor: f = 5 bei Enthärtung mit Kalk;
f = 2,5 bei Enthärtung mit Natronlauge
Z Flockungshilfsmittel, Pulverkohle, in mg/l
K Mittel zur Schlammkonditionierung, in kg/a

Zu beachten ist, daß das Volumen der anfallenden unbehandelten schlammhaltigen Wässer bzw. Schlämme aufgrund ihres hohen Wassergehalts (meist über 99%) ein Vielhundertfaches des obigen Trockenrückstandes ausmachen kann.
Sowohl durch die große Menge als auch aufgrund der Art und Konzentration der Stoffe ist die schadlose Schlammentsorgung häufig ein Problem.
Prinzipiell kommen die in **Abb. 4-77** enthaltenen Möglichkeiten in Frage, wobei eine Entsorgung ohne Behandlung kostengünstiger ist, aber zunehmend seltener möglich sein wird. Das unkontrollierte Ableiten in den Vorfluter ist nicht mehr zulässig und deshalb in der Übersicht nicht enthalten. Der Anhang 31 zur Rahmen-AbwasserVwV enthält Grenzwerte für Direkteinleiter, weitere Verschärfun-

gen sind zu erwarten. Die Ableitung in die Kanalisation kann u. U. sogar für die Reinigungsleistung der Kläranlage günstig sein (z. B. durch Eisenhydroxidschlamm aus der Wasseraufbereitung günstige Wirkungen auf die Phosphat-Rückbelastung der KA und auf den H_2S im Faulgas – Korrespond. Abw. H. 3/1999), setzt aber die Zulässigkeit in der jeweiligen Entwässerungssatzung und die Einhaltung der Forderungen des ATV-Arbeitsblattes A 115 voraus. Eine entsprechende Absprache mit dem Kanalisations- und Kläranlagenbetreiber ist hier zweckmäßig und anzustreben (siehe auch DVGW-Wasser-Information 16 von 2/89 und DVGW-Arbeitsblatt W 221Teil IV).

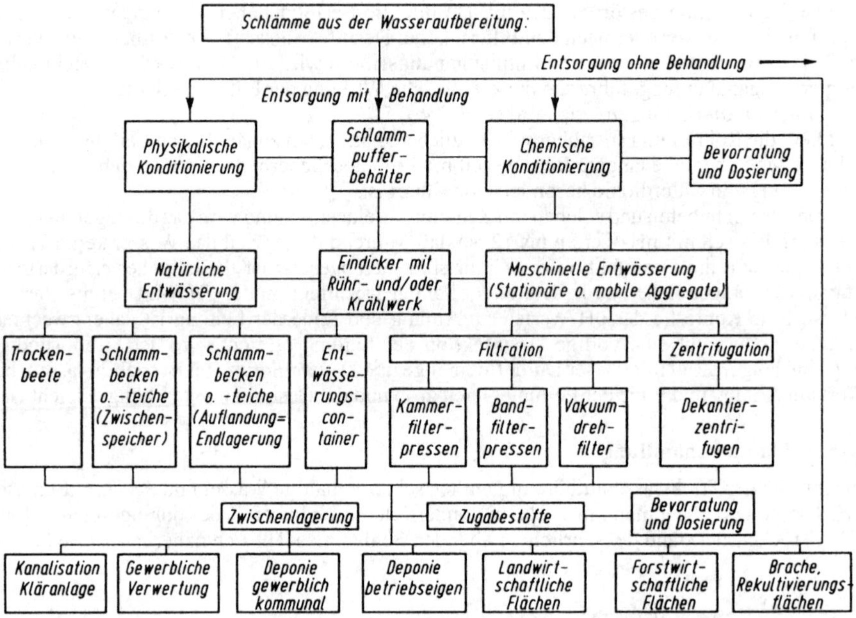

Abb. 4-77: Möglichkeiten zur Behandlung und Beseitigung von Wasserwerksschlämmen

Oft wird eine Behandlung, evtl. auch Zwischenspeicherung, nicht zu vermeiden sein. Für kleine Wasseraufbereitungsanlagen kann zur Klärung des Filterspülwassers ein Behälter gemäß **Abb. 4-78** ausreichend sein. Das erforderliche Speichervolumen V_I für das schlammhaltige Spülwasser läßt sich näherungsweise in m^3 zu

$$V_I = \frac{A_F \cdot v_{SP} \cdot t_{SP} \cdot n}{60}$$

ermitteln, wobei A_F die Fläche des Einzelfilters in m^2, v_{SP} die Wasser-Rückspülgeschwindigkeit in m/h, t_{SP} die Dauer der Spülung mit Wasserzugabe in min und n die Anzahl der in unmittelbarer Folge zu spülenden Filter darstellt. Zusätzlich ist das Schlamm-Speichervolumen V_{II}, vorzusehen, welches bei ca. wöchentlicher Spülung eines Filters mit $0{,}33 \cdot V_I$ ausgelegt werden kann. Ansonsten kommen zur Schlammbehandlung die aus der Abwassertechnik bekannten Verfahren und Anlagen wie Schlammabsetzbecken, Eindicker, Konditionierung, maschinelle Entwässerung mit Kammer- oder Bandfilterpressen bzw. Zentrifugen u. a. in Betracht. Dabei sind bereits für die Sedimentation leistungsfähige Verfahren wie z. B. Schrägklärer (siehe Abschn. 4.2.2.2.3) zu nutzen. In **Tab. 4-64** sind die in Absetzbecken bzw. Eindickern erreichbaren Feststoffgehalte (Trockenrückstand) in Abhängigkeit von der Schlammherkunft angegeben. In **Tab. 4-65** sind die mit einigen Anlagen erreichbaren Entwässerungsleistungen und sonstige Bewertungen enthalten. Weitere Hinweise gibt das DVGW-Arbeitsblatt W 221 Teil II und [4]-Nr. 68.

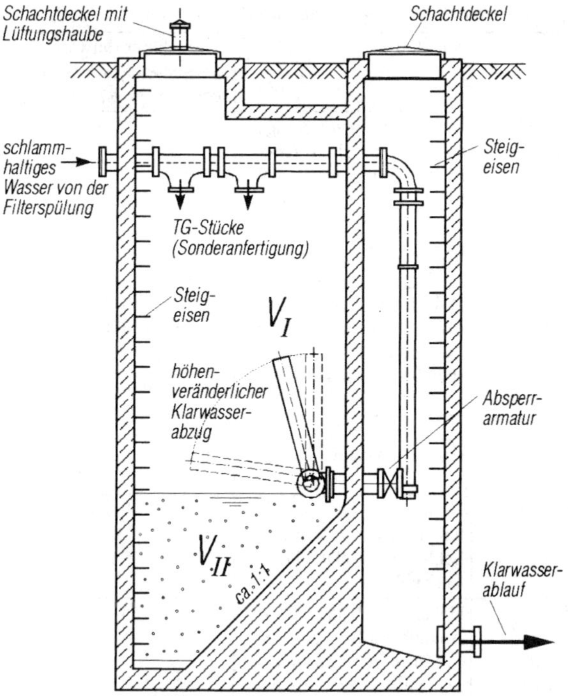

Abb. 4-78 Unterirdischer Behälter zur Klärung von Filterspülwasser bei kleinen Anlagen (nach Bayer. Landesamt für Wasserwirtschaft)

Tab. 4-64 In Absetzbecken und Eindickern erreichbare Schlamm-Feststoffgehalte (nach W 221 – T. II)

Schlammherkunft	Trockenrückstand [%]		
	Absetzbecken		stat. Eindicker
	ohne Flockungs-(hilfs)mittel	mit Flockungs-(hilfs)mittel	
Flockung	0,5 ... 2,0	0,5 ... 4,0	3 ... 15
Enteisenung/ Entmanganung	<1 ... 4	1 ... 5	2 ... 10
Entcarbonisierung	2 ... 10	5 ... 10	10 ... 30

Neuere Untersuchungen beschäftigen sich mit den Einsatz der Membranfiltration (siehe Abschn. 4.2.2.5.4) zur Behandlung des Filterspülwassers aus Grundwasserwerken zur Rückführung in das Rohwasser ohne Aufkeimung.
Die Schlammbeseitigung durch Rückgewinnung verwertbarer Stoffe stellt derzeit noch einen Ausnahmefall dar, die landwirtschaftliche Verwertung dürfte auch zukünftig kaum zunehmen, da der Anteil an verwertbaren Stoffen gegenüber dem kommunalen Abwasserschlamm gering ist und auch andere Inhaltsstoffe begrenzend wirken können.
Die Ablagerung auf Deponien stellt noch immer eine häufige Art der Beseitigung dar, wobei der für die Ablagerung maximal zugelassene Wassergehalt durch Behandlung und evtl. Zugabe weiterer Stoffe wie Asche, Kalk usw. erreicht werden muß. Die TA Siedlungsabfall ist bzgl. des zulässigen Anteils organ. Stoffe zu beachten.
Aufgrund des begrenzten Deponieraumes und der richtigerweise gestiegenen Anforderungen an Deponiebau und -betrieb sind hier aber wesentliche Kostensteigerungen abzusehen (> 100 DM/m^3 auf Fremddeponien). Siehe dazu auch die DVGW-Wasser-Information 20 von 11/89. Die Verringerung der anfallenden Schlamm-Mengen, z. B. durch Optimierung der Aufbereitung bei Minimierung der Chemikalienzugaben, stellt deshalb für die Wasserversorgungsunternehmen ein wesentliches Erfordernis dar. Möglichkeiten dazu nennt das DVGW-Arbeitsblatt W 221 Teil III.

Tab. 4-65: Bewertung einiger Behandlungsmöglichkeiten (nach DVGW-Arbeitsblatt W 221)

Anlagen	Vorteile	Nachteile	Erreichbarer Entwässerungsbereich (Trockenrückstand in %)
Trockenbeete	Niedrige Bau- und Betriebskosten; geringer Betriebsaufwand	Entwässerung witterungsabhängig; mögliche Geruchsbelästigungen; großer Flächenbedarf; lange Entwässerungszeiten; mögliche Grundwasserbeeinflussung	20–40
Kammerfilterpressen	Hoher Entwässerungsgrad; universeller Anwendungsbereich; geringer Fettstoffgehalt im Filtrat, hohe Betriebssicherheit	Hohe Investitionskosten; diskontinuierlicher Prozeß; Vorrats- und Zwischenspeicher erforderlich	30–50 (bei Kalkzugabe)
Bandfilterpressen	Niedrige Investitionskosten; kontinuierlicher Prozeß	Viele bewegte Teile, höherer Wartungsaufwand	15–30
(Vakuumdrehfilter)	Geringer Wartungsaufwand; kontinuierlicher Prozeß	Geringe Entwässerungsleitung bei hydroxidhaltigen Schlämmen, relativ hoher Energiebedarf	10–25
Zentrifugen	Gute und schnelle Anpassung an sich ändernde Schlammeigenschaften; kontinuierlicher Prozeß; geringer Wartungsaufwand; geringer Platzbedarf	Hoher Strombedarf beim Anlauf; empfingliche Reaktion auf schwankende Schlammeigenschaften; Wartungsaufwendig bei diskontinuierlichem Betrieb	15–35

4.2.6 Mischwasser

Allgemein – Zunehmend ist es notwendig, daß ein Versorgungsgebiet aus verschiedenen Wassergewinnungen, oft auch von verschiedenen Wasserversorgungsuntemehmen, versorgt werden muß, so z. B. bei zusätzlichem Wasserbezug eines Wasserversorgungsunternehmens mit eigener Wassergewinnung von einer Fernwasserversorgung. Bei der Versorgung mit unterschiedlichen Wässern können Mischwasserprobleme entstehen, denn auch bei einwandfreier Aufbereitung der einzelnen genutzten Wässer kann bei Mischung das Wasser aggressiv werden oder zum Kalkausfall neigen. Die Auswirkungen sind dann besonders ungünstig, wenn die Mischung der unterschiedlichen Wässer im Rohrnetz und mit stark schwankendem Mischungsverhältnis erfolgt. Als Gegenmaßnahmen sind geeignet: Zonentrennung, Mischung, Aufbereitung bei der Mischung, Angleichung durch Wasseraufbereitung.
Das DVGW-Arbeitsblatt W 216 gibt Kriterien an, wann Wässer von
- gleichmäßiger bzw. gleicher,
- zeitlich wechselnder,
- unterschiedlicher

Beschaffenheit sind. Dazu werden für 11 relevante Wasserparameter Skalen unterschiedlichen Maßstabs und eine maximal zulässige Differenz in den Werten der Parameter (Bereichsbreite) vorgegeben **(Abb. 4-79).**
Ein Wasser ist von *gleichmäßiger* Beschaffenheit, wenn in allen Parametern die gemessener minimalen und maximalen Werte innerhalb der Bereichsbreite liegen. Zwei oder mehrere Wässer sind von *gleicher* Beschaffenheit, wenn bei Betrachtung der einzelnen Parameter alle Meßwerte auf der entsprechenden Skala innerhalb der Bereichsbreite liegen. Eine *zeitlich wechselnde* bzw. *unterschiedliche* Beschaffenheit ist gegeben, wenn bei einem Wasser bzw. mehreren Wässern die in der Abbildung angegebene Bereichsbreite bei mind. einem Parameter überschritten wird.
Weiterhin werden in dem Arbeitsblatt Hinweise zur Berechnung von Mischungsverhältnissen gegeben.

Abb. 4-79: Parameterskalen und zulässige Bereichsbreite für Wässer von gleichmäßiger bzw. gleicher Beschaffenheit (nach DVGW-Arbeitsblatt W 216)

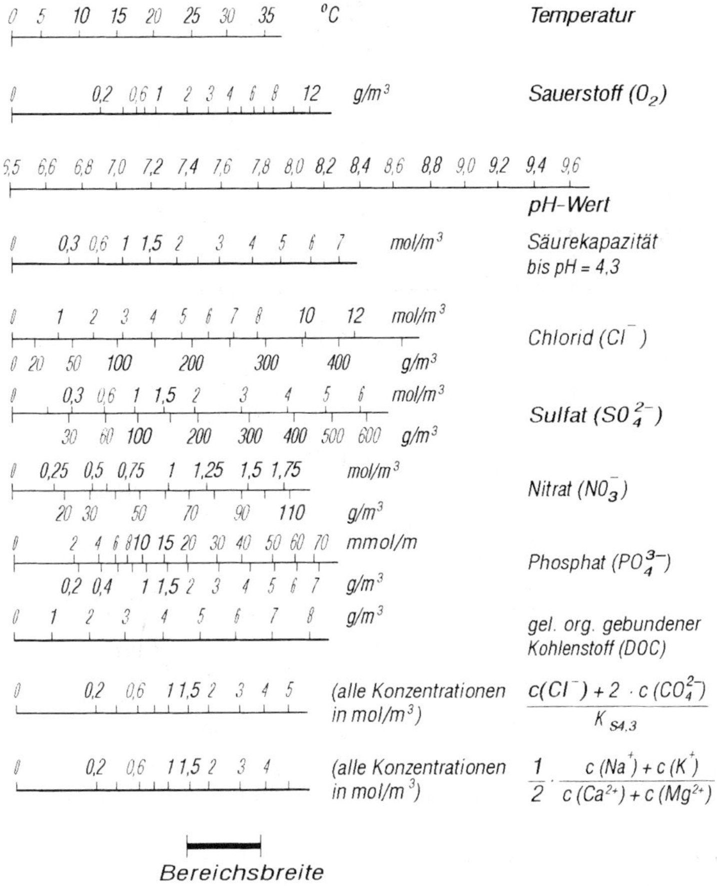

Zonentrennung – Betrieblich am einfachsten und kostenmäßig am günstigsten ist die Zonentrennung. Von Nachteil ist, daß u. U. Verbraucher nicht mit dem in ihrer Zone gelieferten Wasser einverstanden sind, ferner daß ein günstiges Wasservorkommen nicht besonders vorteilhaft ausgenützt werden kann. Allerdings kann an Spitzentagen vorübergehend ohne größeren Schaden auch eine Mischung in einem Behälter erfolgen, da wegen der höheren Fließgeschwindigkeit bei dem größeren Verbrauch die Aggressivität des Wassers sich weniger auswirkt. Oft gestatten aber die örtlichen Verhältnisse eine Zonentrennung nicht, insbesondere bei kleinen Versorgungsgebieten. Bei Zonentrennung muß durch Ringleitungen im Versorgungsgebiet, Spülauslässe u. a. eine Stagnation des Wassers mit Verkeimung verhindert werden.

Mischung – Wenn Wässer mit unterschiedlicher Beschaffenheit ohne weitere Aufbereitung verwendet werden müssen, dann ist die Mischung in einem Behälter vorzunehmen, um die zeitlich und örtlich verschiedene Wasserbeschaffenheit im Rohrnetz zu vermeiden. Die Mischung wird zweckmäßig in einer kleinen Mischkammer, Aufenthaltszeit 1 min, durchgeführt, die Energie des Ausflusses genügt für eine gute Durchmischung. Bei ausreichend vorhandener Vermischungsstrecke und konstantem Mischungsverhältnis kann eine Mischung im Rohr zweckmäßig sein. Die Anforderungen der Trinkwasserverordnung an den pH-Wert der Calcitsättigung sind dabei zu beachten.

Abb. 4-80: Beispiel für Mischung unterschiedlicher Wässer mit gleichzeitigem CO_2-Austrag aus einen Wasser (nach Oehler, gwf 2186)

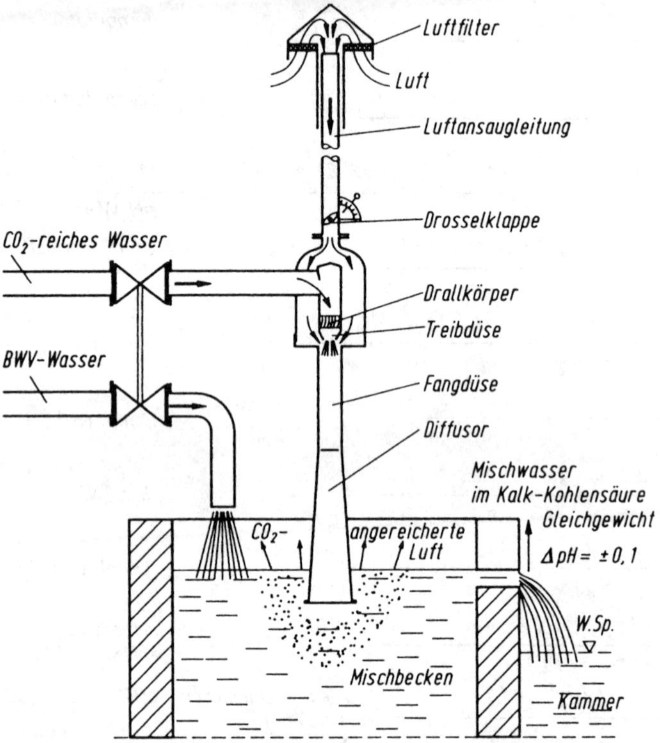

Aufbereitung bei der zentralen Mischung – Hierfür kommen vor der Mischung die Belüftung des Wassers, z. B. gemäß **Abb. 4-80,** sowie nach der Mischung die physikalische und chemische Entsäuerung in Frage.

Angleichung der Wasserbeschaffenheit durch Aufbereitung – Vorrangig durch Enthärtung bzw. Entcarbonisierung, in Sonderfällen auch durch Aufhärtung und Teilentsalzung können unterschiedliche Wässer zu Wässern gleicher Beschaffenheit aufbereitet werden. Der Aufwand dafür ist zumeist hoch.

4.2.7 Beispielschemata von Aufbereitungsanlagen

Je nach Herkunft und Beschaffenheit des für die Trinkwasserversorgung genutzten Rohwassers kann dieses direkt verwendet oder es muß aufbereitet werden. Die Aufbereitung reicht von einfachen Anlagen, wie Entsäuerung durch Belüften, bis zu sehr komplizierten Anlagen mit mehreren Stufen bei der Aufbereitung von Oberflächenwasser. Nachfolgend sind die Schemata einiger neuerer Aufbereitungsanlagen zusammengestellt, aus welchen ersichtlich ist, wie vielfältig die Verfahren sein können.

Gütersloh – Grundwasserwerk Quenhorn
Sauerstoffzufuhrt über Luftmischer
1. Filterstufe zur Enteisenung
Physikalische Entsäuerung und Belüftung
2. Filterstufe zur Entmanganung
Möglichkeit zur Bedarfschlorung

WW Langenau – Donauwasseraufbereitung
Siehe Abb. 4-22, Seite 216.

Fürth – WW Rednitztal (Grundwasser und Uferfiltrat)
Wellbahnbelüftung
Ozonzugabe
Möglichkeit zur Flockungsmittelzugabe
Offene Zweischicht-Schnellfilter
Sicherheitschlorung mit Chlordioxid

Essen – Grundwasseranreicherung mit Ruhrwasser
Wasserentnahme aus der Ruhr
Ozonzugabe mit Mikroflockung
Möglichkeit der Zugabe von Flockungs- und Flockungshilfsmitteln
Filtration über 3-Schicht-Schnellfilter (A-Kohle/Anthrazit/Quarzsand)
Möglichkeit der Zugabe von Kaliumpermanganat und Pulverkohle
Biologisch wirkende Langsamsandfilter und Bodenpassage
Entnahme über Brunnen
Desinfektion mit Chlordioxid.

Dresden – Grundwasseranreicherung mit Elbewasser im WW Hosterwitz
Wasserentnahme aus der Elbe mit Rechenanlage
Zugabe von Flockungsmitteln
Sedimentation in den Flockungs- u. Absetzbecken
Filtration über offene Mehrschichtfilter
Versickerung in den Untergrund über Infiltrationsbecken mit Untergrundpassage
Fassung über Brunnen
Entsäuerung/Belüftung über freiaufgestellte Rohrgitterkaskaden
Offene Aktivkohlefilter
Desinfektion durch Chlorung
Ph-Einstellung mit Kalkwasser

Aschaffenburg – Grundwasserwerk „Niedernberger Straße“
Vollentcarbonisierung nach dem OPUR-S-Verfahren
Denitrifikation nach dem DENITROPUR-Verfahren
Mehrschichtfiltration mit Aufstauspülung
Desinfektion durch UV-Bestrahlung
Aktivkohlefiltration zur PBSM-Entfernung

Südsachsen – saures und weiches Talsperrenwasser
Kaliumpermanganatzugabe zur Oxidation
Zugabe von Kohlenstoffdioxid und Kalkwasser zur Erhöhung der Pufferkapazität durch Aufhärtung
Dosierung von Flockungs- u. evtl. Flockungshilfsmittel
1. Filterstufe (Flockenfilter)
2. Filterstufe (Kalkstein) zur Aluminium- und Manganrestentfernung
Restentsäuerung mit Kalkwasser
Desinfektion mit Chlordioxid

Zürich – Seewasseraufbereitung im WW Moos
Voroxidation
Flockungsmittelzugabe
Alkalienzugabe zur Entsäuerung
Filtration über offene Zweischicht-Schnellfilter
Ozonzugabe
Aktivkohlefiltration
Langsamsandfiltration
Sicherheitschlorung mit Chlordioxid

4.2.8 Trinkwassernachbehandlung

4.2.8.1 Allgemein

Der Einsatz von Anlagen zur weiteren Behandlung des vom Wasserversorgungsunternehmen gelieferten Trinkwassers beim Verbraucher hat in den letzten Jahren stark zugenommen. Diese Anlagen werden in die Hausinstallation eingebaut oder nach dem Zapfhahn angeordnet. Während der Einbau von Hauswasserfiltern zur Rückhaltung ungelöster Stoffe bei metallischen Leitungen zur Korrosionsverringerung indessen zu den Regeln der Technik gehört, sind die anderen Anlagen nur in begründeten Ausnahmefällen, z. B. bei der Erwärmung sehr harten Wassers, einzusetzen und Geräte nach dem Zapfhahn aufgrund der u. U. gegebenen hygienischen Probleme möglichst gar nicht anzuwenden. Das von den Wasserversorgungsunternehmen abgegebene Trinkwasser entspricht den Anforderungen der Trinkwasserverordnung, ist gesundheitlich unbedenklich und bedarf in der Regel keiner weiteren Behandlung. Von der teils überflüssigen zusätzlichen Behandlung gehen oft unnötigerweise Gefährdungen und Probleme aus, insbesondere durch mangelnde Kontrolle und Wartung. In jedem Fall sollte darauf geachtet werden, daß nur Geräte mit einem DIN-DVGW-Prüfzeichen verwendet werden und Einbau und fachkundige Wartung durch qualifizierte Installationsfirmen erfolgen. Die Vorschriften der DIN 1988 und weiterer nachstehend genannter Normen sind einzuhalten. (Siehe dazu auch die DVGW-Wasser-Informationen 14 (von 5/88), 26 (von 10/90) und 27 (von 2/91).)

4.2.8.2 Mechanisch wirkende Filter

Diese Filter sind bei metallischen Rohrleitungen direkt nach der Wasserzähleranlage einzubauen, der Einbau soll vor der Inbetriebnahme der Hausinstallation erfolgen. Für Kunststoffleitungen wird der Einbau empfohlen.
Ihre Aufgabe ist die Rückhaltung von ungelösten Stoffen, wie Rost, Sand, Zinkgeriesel, Hanfteilen u. a., die in den Leitungen die Korrosion fördern und Brauseköpfe und Luftsprudler verstopfen könnten. Die Anforderungen an Beschaffenheit und Funktionsweise der Filter sind in der DIN 19 632 festgelegt, für den Einbau und Betrieb gelten DIN 1988 Teil 2 und 8.
Die verwendeten Filtereinsätze aus Metall, Kunststoff, Keramik u. a. halten Partikel zurück, die in ihrer Größe über der Durchlaßweite liegen. Es ist also eine Siebwirkung gegeben. Um Verkeimungen zu vermeiden, wird eine Mindestdurchlaßweite von 80–120 μm gefordert, die maximale ist mit 100–160 μm vorgegeben.
Die Regenerierung der Filter erfolgt durch automatische oder manuelle Rückspülung bzw. bei nicht rückspülbaren Filtern durch Wechsel des Filtereinsatzes. Eine Reinigung des Filtereinsatzes ist nicht mehr zulässig. Aus hygienischen Gründen ist die Rückspülung mind. alle 2 Monate, der Filtereinsatzwechsel mind. alle 6 Monate durchzuführen.

4.2.8.3 Dosiergeräte

Durch die Dosierung von Phosphaten und Silikaten sowie deren Mischungen soll die Korrosion bzw. die Steinablagerung in der Hausinstallation und angeschlossenen Anlagen verhindert werden. Insbesondere nach vorausgegangener dezentraler Enthärtung durch Ionenaustausch (siehe Abschn. 4.2.8.4) erfordert die gestiegene Korrosionsgefährdung u. U. solche Maßnahmen. Die gewünschte Wirkung tritt nur ein bei Verwendung geeigneter Geräte und Dosierlösungen (Ortho- oder Polyphosphate oder Mischungen), der Einhaltung bestimmter Dosiermengen (mind. 1 mg/l an P_2O_5 bzw. 6 mg/l an SiO_2, maximal 5 bzw. 40 mg/l) und regelmäßiger Inspektion und Wartung der Anlage nach DIN 1988, Teil 8 (mind. jährlich bzw. halbjährlich). Auch darf nicht übersehen werden, daß neben den entstehenden Kosten eine erhebliche Phosphatbelastung des Abwassers und damit auch eine Nährstoffzufuhr zu den Gewässern eintritt. Die Anwendung der Dosiergeräte sollte deshalb nur in Ausnahmefällen und für Teilwassermengen erfolgen, z. B. gegen die Steinbildung im Warmwasserbereich (> 60 °C) bei Wasser des Härtebereiches 4 (siehe Abschn. 4.1.5.6.4).
Die Anforderungen an die Größenbestimmung und Ausführung der Dosiergeräte enthält die DIN 19 635. Die Erneuerung des Dosiermittelvorrates darf nur durch Austausch des Dosiermittelbehälters mit fertig konfektionierter Lösung erfolgen.

4.2.8.4 Kationenaustauscher zur Enthärtung

Mit Ionenaustauschern können dem Wasser die härtebildenden Erdalkalien Calcium und Magnesium entzogen werden und die Kesselsteinbildung somit verhindert werden (siehe Abschn. 4.2.3.4). Bei den in der Hausinstallation vorrangig angewendeten NaCl-regenerierten Austauschern wird dafür eine äquivalente Menge an Natriumionen eingetragen. Erhöhte Natriumgehalte im Trinkwasser können aber gesundheitlich ungünstig sein, weshalb die Trinkwasserverordnung maximal 150 mg/l an Natrium im Trinkwasser zuläßt und für die öffentliche Trinkwasserversorgung Enthärtungen mit Natriumeintrag seit 1. Januar 1991 nicht mehr zugelassen sind. Da dagegen die Härtebildner auch in hohen Konzentrationen gesundheitlich völlig unbedenklich sind, sollte die Anwendung dieser Ionenaustauscher im Hausbereich auf Ausnahmefälle und die Behandlung von Teilmengen beschränkt werden, z. B. im Warmwasserbereich (> 60 °C) bei Wasser des Härtebereiches 4 (siehe Abschn. 4.1.5.6.4). In notwendigen Fällen wird außerdem indessen teilweise von den Wasserversorgungsunternehmen bereits eine zentrale Enthärtung durchgeführt (siehe Abschn. 4.2.5.8).
Anforderungen an diese Austauscher enthält die DIN 19 636, für Einbau und Wartung gilt DIN 1988 Teil 2 bzw. 8. Die maximale Größe der Anlage ist aus **Tab. 4-67** ersichtlich, wobei hier nur eine Behandlung des Warmwassers gesehen wird.
Die Anlagen müssen Verschneidevorrichtungen aufweisen, um Mindesthärten im Trinkwasser von 8,5 mmol/l (~ 8,4 °dH bzw. 60 mg/l an Ca) zu sichern **(Abb. 4-81).** Es sollen nur noch Anlagen mit Sparbesalzung betrieben werden, da das bei der Regenerierung im Überschuß anfallende Abwasser eine Umweltbelastung darstellt. Die Regenerierungen sollen automatisch in kurzen Abständen (max. 4 Tage) erfolgen, um Verkeimungen der Anlage zu vermeiden oder es müssen andere Maßnahmen gegen die u. U. vorhandene bakteriologische Gefährdung durchgeführt sein.
Durch die Enthärtung des Wassers kann die korrosive Wirkung zunehmen und eine zusätzliche nachfolgende Behandlung des Wassers durch Dosierung von Phosphaten/Silikaten (siehe Abschn. 4.2.8.3) erforderlich machen.
Beim Bayer. Landesamt für Wasserwirtschaft ist zur dezentralen Enthärtung eine schriftliche Verbraucherinformation erhältlich.

Tab. 4-67: Maximale Nennkapazität von Enthärtungsanlagen und entsprechende Harzmengen für einen Teilwasserbedarf von 80 l je Person und Tag (DIN 1988)

Einsatzbereich	maximale Nennkapazität mol	entsprechende Harzmenge*) ≈ l
Ein- und Zweifamilienhaus (bis 5 Personen)	1,6	4
Drei- bis Fünffamilienhaus (bis 12 Personen)	2,4	6
Sechs- bis Achtfamilienhaus (bis 20 Personen)	3,6	8
Neunfamilienhaus u. größer (> 20 Personen)	8,0	15

*) Nach dem gegenwärtigen Stand der Technik

4.2.8.5 Sonstige Anlagen zur Trinkwassernachbehandlung

Neben den vorgenannten Anlagen sind weitere, nicht durch entsprechende DIN-Normen erfaßte und nicht mit DIN-DVGW-Prüfzeichen versehbare Anlagen und Geräte im Handel. Dazu gehören insbesondere Geräte zur physikalischen Wasserbehandlung, bei denen über Permanentmagnete, elektrischen Strom u. a. ohne Chemikalienzusatz die Ablagerung festen Kalksteins vermieden werden soll. Der Wirkungsmechanismus ist bisher nicht bewiesen, ein hypothetisches Wirkungsmodell beschreibt Wagner in gwf 5/89. Trotz vorhandener Beispiele für eine anscheinende Wirkung ist insgesamt die Wirkung sehr umstritten. Vom DVGW wurden auf der Grundlage des Merkblattes W 512 indessen

zahlreiche Geräte getestet, wobei aber nur in wenigen Fällen eine ausreichende Wirkung nachweisbar war. Weitere seriöse Untersuchungen erscheinen erforderlich.
Andere Geräte zielen auf die Entfernung von Nitrat, Pestiziden, Schwermetallen, CKW, Keimen u. a. Dabei werden von den Anbietern teilweise Leistungen zugesagt, die mit der Art des Gerätes gar nicht erreichbar sein können. Insbesondere bei Geräten nach dem Zapfhahn sind Verschlechterungen der Wasserqualität, z. B. im Keimgehalt, nicht ausgeschlossen, und es können auch Überschreitungen der Grenzwerte für Trinkwasser bei anderen Parametern, z. B. im Silbergehalt, auftreten. Dies belegen durchgeführte Tests, u. a. im Öko-Test-Magazin.

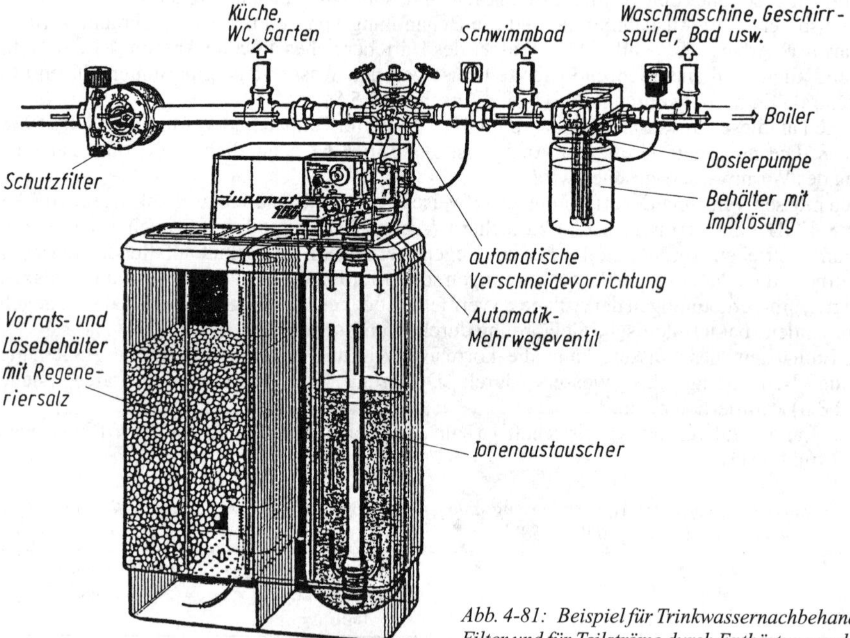

Abb. 4-81: Beispiel für Trinkwassernachbehandlung durch Filter und für Teilströme durch Enthärtung und Dosierung

4.2.9 Bauwerke der Wasseraufbereitung

4.2.9.1 Wahl des Verfahrens und des Standorts der Anlage

Für die Wahl des Aufbereitungsverfahrens und des Standorts der Aufbereitungsanlage sind im wesentlichen folgende Gesichtspunkte maßgebend:

1. Wasserbeschaffenheit des Rohwassers – Veränderungen innerhalb eines Jahres, mögliche spätere Änderungen infolge sekundärer Einflüsse
2. geforderte Wasserbeschaffenheit des Reinwassers, Bedürfnisse der Abnehmer
3. Gesetzliche Bestimmungen für die Beschaffenheit des Reinwassers
4. Verfahrenstechnik, Ausrüstung des Verfahrens, Chemikalientransport und -lagerung
5. Gesetzliche Bestimmungen zum Aufbereitungsverfahren
6. Steuerung, Automatik, Überwachung
7. Schlammanfall, Schlammbeseitigung
8. Erforderliche Bauwerke, Zufahrt, Objektschutz
9. Landschaftsschutz, Einbindung in die Umgebung
10. Wirtschaftlichkeit des Verfahrens – Kapitalkosten, Betriebskosten, Möglichkeit der Finanzierung

Vom Vergleich dieser Faktoren kann u. U. auch die Wahl des Wasservorkommens abhängen.
Wasseraufbereitungs-Bauwerke werden möglichst in der Nähe der Wassergewinnung angeordnet, damit nur wenige Teile der Wasserversorgungsanlage mit nichtaufbereitetem Wasser in Berührung kommen und keine langen Rohwasserleitungen ohne die Möglichkeit des Anschlusses von Verbrau-

chern vorhanden sind. Sie werden vorteilhaft mit Pumpwerken vereinigt, was den Betrieb und die Wartung vereinfacht, in seltenen Fällen bei Hochbehältern angeordnet, auf jeden Fall bei sonst wichtigen Betriebsstellen. Bei der Standortwahl muß die schadlose Abführung von Abwasser und Schlamm aus der Aufbereitung berücksichtigt werden. Die Bauwerke sind jedoch möglichst außerhalb der engeren Schutzzone anzuordnen.

4.2.9.2 Planung der Anlagenteile

Eine Wasseraufbereitungsanlage besteht aus den folgenden Anlageteilen, die meist getrennt ausgeschrieben, vergeben und ausgeführt werden:
1. Aufbereitungs- und maschinentechnischer Teil
2. Elektrotechnischer Teil
3. Meß- und Steuereinrichtungen
4. Bauliche Anlagen

Aufbereitungs- und maschinentechnischer Teil:
Grundlage für die Planung ist die Festlegung des Aufbereitungsverfahrens, wofür bei ungünstiger Wasserbeschaffenheit des Rohwassers, insbesondere bei Großanlagen, die technisch und wirtschaftlich beste Lösung aus halbtechnischem Versuch ermittelt wird. Nach Festlegen des Verfahrens und der Ausbaugröße wird der aufbereitungstechnische Teil entworfen. Wegen des hohen Kostenaufwandes für Bau und Betrieb von Aufbereitungsanlagen empfiehlt sich oft der stufenweise Ausbau in Abhängigkeit von der zu erwartenden Steigerung der Durchflußmenge, vorteilhaft ist dabei die Einteilung in gleiche Blöcke. Das gewählte Verfahren muß folgenden Forderungen entsprechen.
1. Betriebssicherheit, leichte Steuerbarkeit, Möglichkeit der Automatisierung, leichte Überwachung
2. Ausreichende Leistung im Dauerbetrieb und bei größeren Schwankungen der Durchflußmenge
3. Ausreichende Reserve und Schaltungsmöglichkeit im Falle einer Störung in einzelnen Aufbereitungsstufen oder in der Gesamtanlage
4. keine zu teuren Anlageteile, bewährte und unkomplizierte Aufbereitungsverfahren
5. nach Möglichkeit Durchlauf des Rohwassers durch die einzelnen Aufbereitungsstufen ohne Zwischenschalten von Pumpen, d. h. von Eingangsstufe bis Reinwasserbehälter.

Elektrotechnischer Teil:
Die Starkstromanlage ist für die Aufbereitungsanlage nicht umfangreich, leicht einzuordnen und wird i. a. in die elektrische Anlage des Pumpwerks einbezogen.

Meß- und Steuereinrichtungen:
Besonders wichtig und meist sehr umfangreich ist bei Aufbereitungsanlagen die Meß- und Steueranlage. Bei der Planung ist zu entscheiden, wo, was und wie gemessen und gesteuert werden soll, d. h. vor Ort von Hand, fern von Hand, automatisch.
Nur bei sehr kleinen einfachen Anlagen genügt die Messung und Bedienung der Absperrorgane vor Ort und von Hand.
Wenn dagegen bereits Filtration mittels Schnellfilter und Rückspülung, auch bei kleinen Anlagen, oder sonst kompliziertere Verfahren notwendig sind, müssen die Steuereinrichtungen auf einem Schaltpult in der Nähe der Aufbereitungsstufe übersichtlich zusammengefaßt werden.
Bekannt sind die vor jedem Filter befindlichen Steuerpulte. Die Übertragung des Steuerbefehls an die Schaltorgane wurden früher hydraulisch mit Druckluft oder Druckwasser ausgeführt, heute wird die elektrische Übertragung bevorzugt. Die Bedienung der Steuerpulte kann von Hand einzeln für jeden Vorgang, z. B. Absperren der Rohwasserzuleitung, Absperren der Filtratleitung, Öffnen der Spülluftleitung usw., erfolgen. Heute wird meist ein ganzer Ablauf, z. B. einer Filterspülung, fest programmiert, wie z. B. beim Einstellen von Fahrstraßen, und über Einschalten von Hand oder, in Abhängigkeit von Filterwiderstand, von Zeit oder von Parameter der Wasserbeschaffenheit, automatisch gesteuert. Auch für die Wasseraufbereitungsanlagen ist man zunehmend bestrebt, Automation einzuführen, nicht nur um Personal einzusparen, sondern auch um optimalen Betrieb zu erreichen und Fehlbedienungen auszuschalten. Für automatische Wasserwerke sind nach *Grombach* folgende Regeln zu beachten:
1. Das automatische Werk muß einfache Aufbereitungs-Verfahren verwenden
2. Für die Aufbereitung muß mehr als 1 Aufbereitungsstufe notwendig sein
3. Zu jedem Aufbereitungsaggregat muß ein Reserveaggregat zur Verfügung stehen
4. Betrieb und Steuerung der Aufbereitungsanlage müssen einfach sein
5. Mit der Qualität der Geberapparate steht und fällt jede Automatisierung
6. Jedes Aggregat überwacht sich selbst und schaltet bei Störungen selbständig ab

7. Die übergeordnete Steuerung des Gesamtwerkes ist von der internen Steuerung der Aufbereitungsstufen zu trennen
8. Ein zuverlässiger Bereitschaftsdienst für Störungsfälle ist Voraussetzung für jeden automatischen Betrieb
9. Das automatische Werk erfordert zahlreiche Überwachungsgeräte, die in einem handbedienten Werk nicht nötig sind
10. Automatische Feuermelder und Sicherung des Werkes gegen Sabotage sind ebenfalls Voraussetzung für den automatischen Betrieb.

Außer den Messungen der Durchflüsse und Wasserstände sind die Untersuchungen verschiedener Parameter der chemischen Wasserbeschaffenheit nach den einzelnen Aufbereitungsstufen, des Roh- und des Reinwassers durchzuführen. Dies erfordert die Einrichtung von Untersuchungsmöglichkeiten, vom einfachen Labortisch bis zu großen Labors für chemische, mikrobiologische und biologische Untersuchungen. Manche Messungen müssen nicht nur angezeigt, sondern, vor allem bei automatischem Betrieb, auch aufgezeichnet werden, um eine Auswertung des Betriebsablaufs und eine Rückkontrolle bei etwaigen Störungen zu ermöglichen. Bereits bei einer geringen Anzahl der Messungen ist die Auswertung von Schreibrollen der Meßgeräte sehr zeitaufwendig, so daß heute moderne Datenspeicher mit Auswertemöglichkeit eingesetzt werden. Es muß in jedem Einzelfall entschieden werden, welche Messungen und Untersuchungen für die Überwachung der Aufbereitungsanlage notwendig sind und wie diese am besten ausgeführt werden (siehe auch Abschn. 4.1.7.1).

Während die eingehenden Untersuchungen der Wasserbeschaffenheit zeitlich entsprechend den gesetzlichen Vorschriften diskontinuierlich durchgeführt werden, ist es zweckmäßig, wenn die Kontrolle der Wirkung der Aufbereitungsanlage, oft auch der einzelnen Aufbereitungsstufen, kontinuierlich erfolgt, auf jeden Fall bei größeren Aufbereitungsanlagen. Bei der automatischen Überwachung der Wasserbeschaffenheit ist ein Kontroll-, Eich- und Wartungsprogramm der Meßgeräte und Übertragungseinrichtungen wichtig.

Bauliche Anlage:

Mit dem aufbereitungs- und maschinentechnischen Teil sind gleichzeitig die erforderlichen baulichen Anlagen zu entwerfen, da beide Bereiche gegenseitige Rückwirkungen haben. Bei den Konstruktionen sind zu berücksichtigen: der hohe Feuchtigkeitsgehalt der Luft, die Aggressivität des Wassers, oft auch der Luft, die Aggressivität und toxische Wirkung der Dosiermittel, die Gefahr der Verschmutzung und des Einfrierens offener Wasserflächen. Räume mit offenem Wasserspiegel sind zur Vermeidung der Algenbildung fensterlos auszuführen. Wärmeisolierung, Luftentfeuchtung, Temperaturregelung entsprechend der in den einzelnen Räumen günstigen Temperatur sind wichtig, um Bauwerksschäden, Schwitzwasserbildung, Rosten von metallischen Teilen, Leistungsminderung elektrischer Kontakte u. a. zu verhindern. Nur in Räumen, in welchen sich ständig Personal aufhält, ist die Temperatur auf 19–21 °C zu halten, in Betriebsräumen mit Rohrleitungen und Pumpen ist die Lufttemperatur der des Wassers anzugleichen, für Chlorräume siehe Abschn. 4.2.5.14.4.

In Aufbereitungsanlagen sind viele Rohrleitungen und Armaturen der verschiedensten Größe und für sehr unterschiedliche Zwecke erforderlich. Für die Materialwahl ist die Aggressivität des Wassers der einzelnen Aufbereitungsstufen und der Dosiermittel maßgebend. Eine genaue hydraulische Berechnung ist durchzuführen. Die Rohrleitungen in Aufbereitungsanlagen haben viele Krümmer, Abzweige und Armaturen, so daß zur Vermeidung von hohen Druckverlusten zwischen den einzelnen Aufbereitungsstufen die Fließgeschwindigkeiten zu begrenzen sind, z. B. Freispiegelleitungen und Leitungen mit freiem Gefälle $v \leqq 0{,}50$ m/s, Druckleitungen $v \leqq 0{,}80$ bis 1,00 m/s. Hochpunkte sind zu vermeiden, da die Entlüftung schwierig ist, bei kleinen Drücken ist Entlüftung mittels kleinem Standrohr zweckmäßig. Die hydraulische Installation ist übersichtlich und leicht zugänglich anzuordnen. Besonders ist auf leichte Montage, mit ausreichendem Abstand von Wänden und Böden, $> 0{,}30$ m, und Anordnung von Ausbaustücken zu achten. Zum leichten Auffinden der einzelnen Leitungen auf Plan und vor Ort ist eine einheitliche Farbgebung der Rohre und Armaturen notwendig, etwa:

Rohwasser	grün	Spülwasser	hellblau
Dosiermittel	rot	Spülluft	gelb
Zwischenbehandeltes Wasser	hellgrün	Schlammwasser	braun
Reinwasser	blau		

Für die Lagerung und Dosiereinrichtungen der benötigten Chemikalien sind gesonderte Räume, meist in Nebengebäuden, vorzusehen. Hierbei sind die Hinweise der Lieferfirmen und der Unfallverhü-

tungsvorschriften für die Lagerung und Handhabung der oft giftigen oder ätzenden Chemikalien zu berücksichtigen. Diese Gebäude müssen eine gute, gegen Verunreinigung des Untergrundes gesicherte Zufahrt für die Anlieferung der Chemikalien haben. Besondere Vorschriften gelten z. B. für die Chloranlage und Chlorlagerung.
Je nach Größe und Art der Aufbereitungsanlage kann die bauliche Ausführung in Kompaktbauweise auch in Verbindung mit dem Pumpwerk vorteilhaft sein, mit kurzen Wegen, Rohrleitungen des Gesamtbereichs in Rohrkellern zugänglich. Große Anlagen, insbesondere solche, bei welchen stufenweiser Ausbau in kurzen Zeitabständen vorgesehen ist, werden meist getrennt für die einzelnen Aufbereitungsstufen ausgeführt.

4.2.9.3 Ausschreibung

Der Entwurf und der Bau von Aufbereitungsanlagen erfordern umfangreiche Fachkenntnisse und Erfahrungen, so daß nur erfahrene Ingenieurbüros und Fachfirmen für die Planung und Ausführung beizuziehen sind. Für die Bearbeitung der Angebote sind folgende Unterlagen erforderlich:

1. Beschreibung der Wassergewinnung
2. chemischer Untersuchungsbefund des Rohwassers, chemische Untersuchung muß an Ort und Stelle erfolgen, es ist Vollanalyse notwendig. Wesentlich sind die chemischen Befunde des Wassers bei der im Betrieb vorgesehenen Entnahme. Wünschenswert sind mehrere Befunde zu verschiedenen Jahreszeiten und verschiedenen Grundwasserständen.
3. mikrobiologischer Untersuchungsbefund
4. Beschreibung der Förderanlage
   max. und durchschnittliche Förderleistung m^3/h
   Druck vor und hinter den Pumpen
5. Pläne über den möglichen Aufstellungsort
6. Forderungen, die durch die Aufbereitungsanlage erfüllt werden müssen.

Die Firmenangebote haben außer den Kosten zu enthalten:

1. Beschreibung der Aufbereitungsanlage und deren Wirkung
2. Verbrauch an Chemikalien und Strom bei max. und durchschnittlicher Förderleistung
3. Angaben über Spülwasser- und Spülluftdurchsatz, Spüldauer und Laufzeit
4. Garantieerklärung über die Leistung der Anlage
5. Angaben über notfalls erforderliche Versuche
6. Angaben über den Platzbedarf und etwa erforderliche bauliche Maßnahmen
7. Angaben über Spülwasserbehandlung und Schlammableitung.

Bei der Prüfung der Angebote sind neben der Prüfung der Aufbereitungstechnik und der Garantieleistungen die Anlagekosten, der Platzbedarf und die laufenden Betriebskosten, insbesondere auch der Wartungsaufwand, zu vergleichen.
(Zu den Kosten der Wasseraufbereitung siehe Abschn. 12.3.2.2.)

4.2.9.4 Abnahme, Einweisung und Bedienungsvorschrift

Bei der Abnahmeprüfung muß festgestellt werden, ob die Anlage technisch einwandfrei ausgeführt ist und Behälter und Rohrleitungen dicht sind, ob die Anlage die vertraglich festgelegten Garantieleistungen erfüllt. Diese Überprüfung muß mind. vor Ablauf der Garantiezeit nochmals erfolgen. Bei Nichterfüllung der Garantieleistung muß die Anlage entsprechend geändert werden, da die Festlegung eines Wirkungsgrades wie bei den Fördermaschinen nicht möglich ist.
Das im Wasserwerk für die Bedienung verantwortliche Personal muß durch die Lieferfirma der Anlage genau eingewiesen werden. Für die allenfalls notwendige Einarbeitung von Filtern, z. B. Manganfilter, Filter mit dolomitischem Material usw., ist von der Lieferfirma ein Techniker oder Monteur abzustellen. Für den Betrieb ist von der Lieferfirma in Zusammenarbeit mit dem beratenden Chemiker und dem Wasserwerk eine Bedienungsvorschrift aufzustellen.

Muster einer Bedienungsvorschrift, Abb. 4-82.

Betrieb: Schieber 1, 2, 8, 9, geöffnet, alle anderen Schieber geschlossen.
Wenn der Filterwiderstand, gemessen am Widerstandsmesser 12, größer als 4 m [WS] ist, muß gespült werden.
Mindestens aber jede Woche einmal.
Filter nicht ohne Wasser stehenlassen.

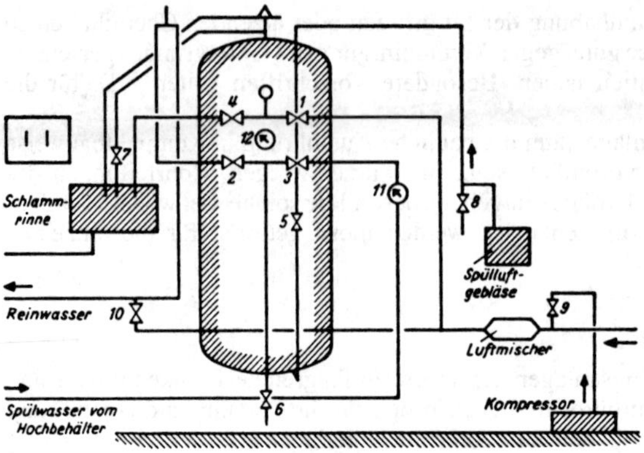

Abb. 4-82: Muster einer Bedienungsvorschrift für eine kleine Enteisenungsanlage mit Druckbelüftung für 11 m³/h Durchfluß, Betriebsdruck 3 bar

1 Rohwasser
2 Reinwasser
3 Spülwasser
4 Schlammwasser
5 Spülluft
6 Entleerung
7 Handentlüftung
8 Gebläseentwässerung
9 Kompressorluft
10 Rohwasser-Reinwasser
11 Durchflußanzeiger
12 Widerstandsanzeiger

Spülung: *1. Luftspülung:* Dauer 2 Minuten
Schieber 1, 2 schließen; Sch. 4, 7 öffnen; Wasser ablaufen lassen; Sch. 8 am Gebläse schließen; erst Gebläse einschalten, dann Sch. 5 öffnen.
2. Luft- und Wasserspülung: Dauer 8 Minuten
Das Filter wird mit Reinwasser vom Hochbehälter gespült. Sch. 3 langsam öffnen, bis Durchflußanzeiger 11 einen Durchfluß von 2 m^3/h anzeigt.
Dieser Durchsatz darf nicht überschritten werden, da sonst Filtermaterial herausgespült werden kann.
3. Wasserspülung: Dauer mind. 2 Minuten
Sch. 5 schließen; Gebläse abschalten; Sch. 8 öffnen;
Spülung mind. 2 Minuten, jedoch erst beendet, wenn Schlammwasser klar abläuft.
Sch. 4 schließen; das Auffüllen des Filterkessels ist beendet, wenn Wasser aus der Entlüftungsleitung Sch. 7 austritt.
Sch. 3, 7 schließen; Sch. 1, 2 öffnen; Filter ist betriebsbereit.

Zu Betrieb und Instandhaltung von Wasseraufbereitungsanlagen siehe auch Abschn. 13.3.4.

Literatur

[1] – Verordnung über Trinkwasser und über Wasser für Lebensmittelbetriebe (Trinkwasserverordnung – TrinkwV) vom 12. 12. 1990, BGBl I, 1990, Nr. 66, S. 2613–2629
[2] Aurand, K. u. a.: Die Trinkwasserverordnung – Einführung und Erläuterungen für Wasserversorgungsunternehmen und Überwachungsbehörden, 2. Aufl., Erich Schmidt Verlag, Berlin 1987
[3] – Deutsche Einheitsverfahren zur Wasser-, Abwasser- und Schlammuntersuchung, Verlag Chemie, Weinheim 1999
[4] – DVGW-Schriftenreihe-Wasser jeweilige Nr. siehe im Text), Vertrieb: Wirtschafts- und Verlagsgesellschaft Gas und Wasser mbH, Bonn
[5] – Berichte aus Wassergüte- und Abfallwirtschaft, TU München (jeweilige Nr. siehe im Text)
[6] – Veröffentlichungen des Bereichs und des Lehrstuhls für Wasserchemie und der DVGW-Forschungsstelle am Engler-Bunte-Institut der Universität Karlsruhe jeweilige Heft-Nr. siehe im Text)
[7] – Vom Wasser, Verlag Chemie, Weinheim üeweiliger Bd. siehe im Text)
[8] Aurand, K.: Die Trinkwasserverordnung – Einführung und Erläuterungen für Wasserversorgungsunternehmen und Überwachungsbehörden, 3. Aufl., Erich Schmidt Verlag, Berlin 1991
[9] Höll, K.: Wasser – Untersuchung, Beurteilung . . ., 7. Auflage (1986), de Gruyter-Verlag, Berlin
[10] Grombach, Haberer, Merkl, Trueb: Handbuch der Wasserversorgungstechnik, 2. Auflage, Oldenbourg-Verlag, München 1993
[11] Kittner, Starke, Wissel: Wasserversorgung, 6. Auflage (1988), Verlag für Bauwesen, Berlin
[12] Soiné, K. J. et al.: Handbuch für Wassermeister, 4. Auflage, Oldenbourg-Verlag, München 1998
[13] Rheinheimer (Hrsg.) et al.: Stickstoffkreislauf im Wasser, Oldenbourg-Verlag, München 1988
[14] Das Wasserbuch, Kiepenheuer & Witsch Verlag, Köln 1990
[15] – AQS-Merkblätter für die Wasser-, Abwasser- und Schlammuntersuchung, LAWA (Hrsg.), Erich Schmidt Verlag, Berlin 1996
[16] Autorenkoll.: Wasserchemie für Ingenieure, Oldenbourg-Verlag, München 1993
[17] Damrath, Cord-Landwehr: Wasserversorgung, 11. Auflage (1998), B. G. Teubner, Stuttgart

[18] 2. EU-Richtlinie über die Qualität von Wasser für den menschlichen Gebrauch (98/83/EG) vom 03. 11. 1998, Amtsblatt d. EG L 330/32
[19] Rautenbach, R.: Membranverfahren, Springer-Verlag 1997
(Weitere Literaturhinweise siehe im Text)

5. Wasserförderung

bearbeitet von Dipl.-Ing. **Gerhard Brendel**

Vorbemerkung: Es werden nur maschinelle und elektrotechnische Einrichtungen behandelt, die wesentliche Bestandteile von WV-Anlagen sind.
DVGW-Regelwerk, DIN-Normen, Gesetze, Verordnungen, Vorschriften, Richtlinien siehe Anhang: Kap. 14, S. 765 ff.
Literatur siehe S. 376 ff

5.1 Maschinenkunde

5.1.1 Wasserhebemaschinen

Wasserhebemaschinen dienen der Förderung von Wasser in höher gelegene Versorgungsgebiete sowie der Erhöhung seines Druckes und damit seiner Geschwindigkeit zur Vergrößerung des Förderstromes, wenn der vorhandene Druck zum Befördern eines bestimmten Durchsatzes nicht ausreicht.
Für die Wasserhebung kommen Pumpen in Betracht, deren Auswahl von mehreren Gesichtspunkten abhängt.

5.1.1.1 Betriebswerte von Pumpen

5.1.1.1.1 Förderstrom – Der Förderstrom, auch Volumenstrom genannt, ist die in der Zeiteinheit von der Pumpe gelieferte Wassermenge in l/s, m^3/h oder auch in m^3/s. Er wird mit Q bezeichnet.

5.1.1.1.2 Förderhöhe – Bei Wasserwerkspumpen wird die Förderhöhe h in Meter-Druckhöhe, also in m angegeben; auch topografische Höhen, Längenschnitte der Leitungen usw. sind in m aufgezeichnet.
Umrechnung in die gesetzliche Einheit „bar“:
1 m Druckhöhe = 0,0981 bar; 1 bar = 10, 197 m, also rd. 10,2 m Druckhöhe (früher „Wassersäule“).
Die auf die WV-Anlagen abzustimmende Gesamtförderhöhe h_{man} (manometrisch) von Pumpen setzt sich zusammen **(Abb. 5-1)** aus
- der geodätischen Förderhöhe h_g = Unterschied der Wasserspiegel auf der Saug- und Druckseite der Pumpe oder, falls diese Wasserspiegel in Behälter eingeschlossen sind, aus der Druckdifferenz der auf diesen Wasserspiegeln ruhenden Drücke,
- der Summe aller Strömungswiderstände h_r in den an die Pumpen anschließenden Rohrleitungen, Armaturen, Meßvorrichtungen usw. auf Saug- und Druckseite,
- der Geschwindigkeitsenergie, die mit Austritt des Wassers aus dem geschlossenen System verloren geht und die $e = v^2/2g$ beträgt, wenn v die Geschwindigkeit des Volumenstromes im Austrittsquerschnitt des Rohrsystems ist. e ist in der Regel vernachlässigbar klein, z. B. für v = 1 m/s ist e = 0,05 m.

Also ist $h_{man} = h_g + h_r + e$ in m.
Die geodätische Förderhöhe h_g wird gebildet aus der geodätischen Saughöhe $h_{g,s}$ und der geodätischen Druckhöhe $h_{g,d}$.
Erstere wird gemessen zwischen Saugwasserspiegel und
- Mitte Pumpenwelle an horizontalen Kreiselpumpen,
- unterster Laufradstufe an vertikalen Kreiselpumpen.
- Mitte Saugventil an Kolbenpumpen.

Läuft das Wasser der Pumpe zu, wie z. B. bei UP, so wird die geod. Saughöhe zur „Zulaufhöhe“ und daher negativ ($h_g = -h_{g,s} + h_{g,d}$).
Die geod. Druckhöhe $h_{g,d}$ ist der Unterschied zwischen den im vorhergehenden Absatz angegebenen Bezugspunkten an den Pumpen und dem Wasserspiegel auf der Druckseite, wenn das Wasser in ein Gefäß unterhalb dieses Wasserspiegels austritt (**Abb. 5-1a** links oben), bzw. der Mitte des Auslaufrohres, wenn freier Auslauf besteht (**Abb. 5-1a** rechts oben).

Abb. 5-1: Schema der Förderhöhen

$$h_{man} = h_s + h_d + a + \frac{v_A^2 - v_E^2}{2\,g}$$

$$h_{man} = hs'' - h' + h_g + h_r$$

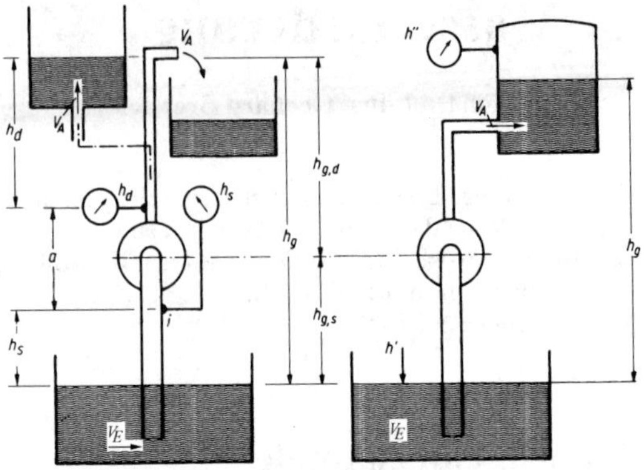

Abb. 5-1 a *Abb. 5-1b*

Im Betrieb wird gemessen

- die Saughöhe mittels Vakuummeter, dessen Anzeige sich auf den Anschlußpunkt i der Instrumentenleitung an die Saugleitung bezieht; sie beträgt einschließlich der mitgemessenen Widerstände in der Saugleitung bis zu diesem Punkt h_s, wenn – wie meistens – das Instrument höher liegt als der höchste Teil der Saugleitung (luftgefüllte Instrumentenleitung); im anderen Falle ist die Instrumentenmitte Bezugspunkt (wassergefüllte Instrumentenleitung),
- die Druckhöhe mittels Manometer, das die Summe aus geod. Höhe und Widerstandshöhe in der Druckleitung ab Instrument, also die Gesamtdruckhöhe h_d über Mitte Manometer, angibt; wenn in ein geschlossenes Gefäß gepumpt wird, ist der auf dessen Wasserfläche ruhende Luftdruck enthalten **(Abb. 5-1 b).**

Ist der Abstand zwischen dem Anschlußpunkt i des Vakuummeters und der Manometermitte a, so beträgt die im Betrieb gemessene manometrische Gesamtförderhöhe $h_{man} = h_s + h_d + a$ in m.

5.1.1.1.3 Arbeit – In Wasserwerken wird die Arbeit W gewöhnlich nicht in Nm (Newton-Meter) oder kWh ausgedrückt, sondern als Produkt der gehobenen Wassermenge m ($1\,m^3 \triangleq 1000\,kg = 1\,t$ Masse, wobei die Dichte vereinfachend $\varrho = 1\,kg/dm^3$ gesetzt wird) und der man. Gesamtförderhöhe h_{man} in der Dimension Metertonnen (mt) angegeben:

$$W = m \cdot h_{man} \text{ in mt}$$

5.1.1.1.4 Nutzleistung der Pumpe – Da 1 kWh = 367 mt (aus 3600 s/h: 9,81 m/s^2), wird die Nutzleistung der Pumpe

$$P_n = \frac{Q \cdot h_{man}}{367} \text{ in kW, wenn Q in } m^3/h$$

$$\text{oder} \quad P_n = \frac{Q \cdot h_{man}}{102} \text{ in kW, wenn Q in l/s gegeben ist.}$$

5.1.1.1.5 Leistungsbedarf an der Pumpenwelle – Der Leistungsbedarf an der Pumpenwelle P_e muß entsprechend dem Wirkungsgrad η_p der Pumpe, der immer kleiner als 1 ist, größer werden als P_n, nämlich

$$P_e = \frac{P_n}{\eta_p} = \frac{Q \cdot h_{man}}{102 \cdot \eta_p} \text{ in kW, wenn Q in l/s gegeben ist.}$$

Für die Berechnung der Größe der Antriebsmaschine ist der höchstmögliche Leistungsbedarf der Pumpe zugrunde zu legen und noch zu berücksichtigen, daß u. U. zwischen ihr und der Pumpe Übertragungsorgane (Riementriebe, Zahnradgetriebe) eingeschaltet sind, deren Wirkungsgrad entsprechend anzusetzen ist. Außerdem ändert sich der Wirkungsgrad bei Kreiselpumpen mit dem Förderstrom (s. S. 310).

5.1.1.2 Kolbenpumpen

5.1.1.2.1 Anwendungsgebiet – Kolbenpumpen sind serienmäßig nur mehr als kleine Hauswasserpumpen erhältlich, finden sich jedoch noch in Kleinwasserwerken für

- die Hebung kleiner Wasserströme auf große Förderhöhen, wenn das Verhältnis Q/h kleiner als etwa 1:50 ist (mit Q in l/s und h in m),
- langsamlaufende oder nicht mit ständig gleicher Drehzahl laufende Antriebsmaschinen, z. B. Wasserräder, Wasserturbinen ohne Feinregler,
- Anlagen, bei denen der Förderstrom unabhängig von einer schwankenden Förderhöhe konstant gehalten werden muß.

5.1.1.2.2 Bauarten und Förderstrom – Kolbenpumpen sind Verdrängerpumpen und werden als Scheiben- und Tauchkolben-(Plunger-)pumpen gebaut. Bei ersteren ist ein Kolben gegen die Zylinderwand abgedichtet, bei letzteren ragt ein Plunger frei in den Zylinderraum hinein, die Dichtung befindet sich am Plungereintritt (Stopfbüchse).

Abb. 5-2 zeigt den Schnitt einer stehenden, einzylindrigen und einfachwirkenden Plungerpumpe mit Riemenantrieb, **Abb. 5-3** eine liegende, einfachwirkende Drillingspumpe (drei Zylinder und drei Kolben).

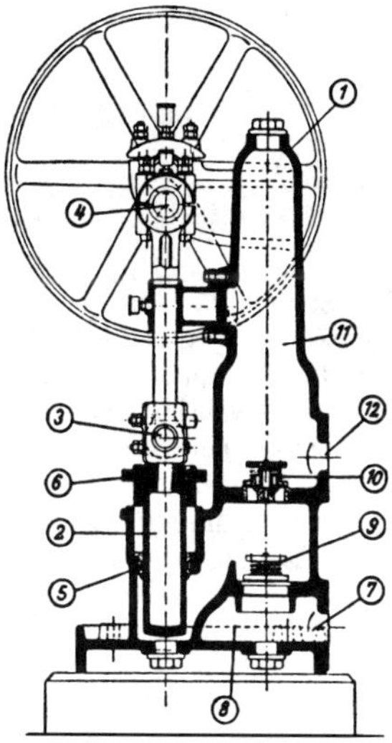

Abb. 5-2 Stehende, einzylindrige, einfachwirkende Plungerpumpe mit Riemenantrieb

1 = Pumpengestell
2 = Plunger
3 = Kreuzkopf
4 = Kurbel
5 = Grundbuchse
6 = Stopfbuchse
7 = Sauganschluß
8 = Unterdruckbehälter
9 = Saugventil
10 = Druckventil
11 = Druckbehälter
12 = Druckanschluß

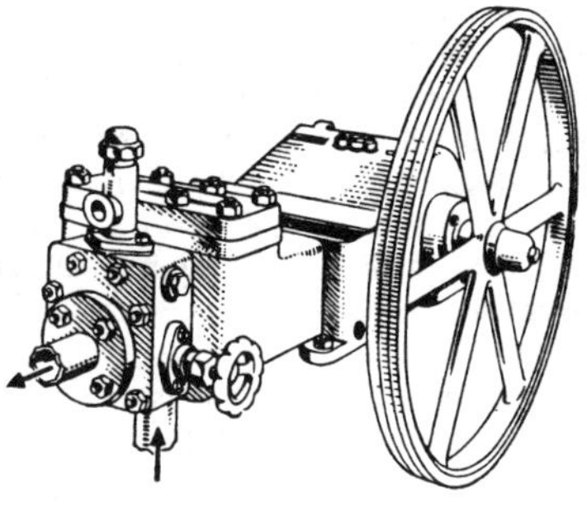

Abb. 5-3: Liegende, einfachwirkende Drillingspumpe

Daneben gab es mehrzylindrige einfach- oder doppeltwirkende (beide Seiten des Kolbens beaufschlagt) oder Differential- bzw. Stufenkolbenpumpen (fördern auf der einen Kolbenseite wie eine einfachwirkende Pumpe, auf der anderen wirkt nur eine kleinere Fläche auf das von der Gegenseite ankommende Wasser).

Werden beide Seiten des Kolbens zum Saugen und Drücken benutzt (doppeltwirkende Pumpe), so entspricht dies einer Pumpe mit z = 2 (Fläche der Kolbenstange ist abzurechnen).
Der Förderstrom ist abhängig vom Durchmesser der Zylinder d in m, dem Hub des Kolbens h in m, der Hubzahl = Wellendrehzahl n in $\min^{-1}$, dem Liefergrad λ (ohne Dimension) und der Zahl der Zylinder z (ebenfalls ohne Dimension).

$$Q = \frac{d^2 \pi}{4} \; h \cdot n \cdot \lambda \cdot z \cdot 60 \text{ in } m^3/h$$

5.1.1.2.3 Drehzahl – Einzylinderpumpen mit ihrer stoßweisen Förderung und ihren größeren hin- und hergehenden Massen werden kaum über die Drehzahl n = 100 $\min^{-1}$ gefahren. Bei Dreizylinder- oder Drillingspumpen bis zu etwa 4 l/s ≈ 15 m^3/h kann man, vorzügliche Ventilkonstruktion vorausgesetzt, unbedenklich bis n = 400 $\min^{-1}$ gehen, bei größeren etwa bis n = 150 $\min^{-1}$. Antrieb mittels Keilriemen (s. DIN 2215 bis DIN 2218).

5.1.1.2.4 Liefergrad – Der Liefergrad λ, auch Füllungsgrad oder volumetrischer Wirkungsgrad genannt, berücksichtigt den Umstand, daß sich beim Ansaugen infolge des Vakuums der Zylinderraum nicht ganz gefüllt hat, wenn der Kolben umkehrt, und daß durch Undichtheiten an den Stopfbuchsen Wasser verloren geht. Er beträgt für kaltes Wasser etwa 0,93 bis 0,98.

5.1.1.2.5 Wirkungsgrad (S. 302) – Der Wirkungsgrad η ist bei allen Drehzahlen gleich groß. Man kann ihn mit 0,6 bis 0,8 annehmen.

5.1.1.2.6 Leistungsbedarf – s. S. 302

5.1.1.2.7 Saug- und Druckhöhe – Wenn ein Unterdruckbehälter, früher Saugwindkessel genannt, vorhanden ist (meist im Pumpengestell), läßt sich für Wasser eine Saughöhe (= geodät. + Widerstandshöhe) von 6,9 (bei 20 °C Wassertemperatur) bis 7 m (bei 8 °C) verwirklichen (bis etwa 1000 m ü. NN). Man sollte jedoch 6 m nicht überschreiten, um eine Förderung sicher zu gewährleisten.
Die Druckhöhe ist nur durch die Werkstoffestigkeit (Sicherheitsventil erforderlich!) und die Leistung der Antriebsmaschine begrenzt **(Abb. 5-21).**
Im Augenblick des Einschaltens beginnt die Förderung in vollem Umfang, die gesamte Masse des in der Leitung stehenden Wassers muß aber erst beschleunigt werden. Die Antriebsmotoren sind also auf diesen „Schwerlastanlauf" auszulegen (Überdimensionierung!).

5.1.1.3 Kreiselpumpen (KrP)

Kreiselpumpen nutzen die Fliehkraft, die das Fördergut entlang den Schaufeln der Laufräder von innen nach außen und schließlich, je nach Bauart, über Spiralgehäuse oder Leiträder in die Druckleitung führt. Sie sind die am meisten verwendeten Wasserhebemaschinen. Leicht, einfach, betriebssicher und von geringem Platzbedarf, können sie mit schnellaufenden Antriebsmaschinen (i. allg. Elektromotoren) unmittelbar gekuppelt werden. Sie sind durch druckseitige Drosselung beliebig regulierbar und brauchen keine Ventile. Ihr Höchstdruck ist durch die Scheitelförderhöhe begrenzt, so daß keine Bruchgefahr besteht, also auch keine Sicherheitsventile nötig sind. Der Leistungsbedarf beim Anlauf ist gering (Leichtlastanlauf). Sie können als sehr große Einheiten gebaut werden.

5.1.1.3.1 Anwendungsgebiet – Mit Ausnahme der unter Kolbenpumpen (S. 303) genannten Fälle ist die KrP in der Wasserversorgung überall brauchbar. Sie hat nur wenige Nachteile: Empfindlichkeit gegen sandhaltige Wässer, ohne Sondereinrichtungen nicht selbstansaugend, d. h. Saugleitung und Laufrad (bzw. -räder) müssen für die Förderung bereits mit Wasser gefüllt sein, und geringerer Wirkungsgrad gegenüber Kolbenpumpen gleicher Größe, was aber durch Wegfall der Kraftübertragung (Riemen, Getriebe) ziemlich ausgeglichen wird.
Wegen der gen. Vorteile sind KrP heute ein so preiswertes Serienerzeugnis, daß sie sogar schon als Turbinen eingesetzt werden (s. Abschn. 5.1.3.2.3, S. 320).

5.1.1.3.2 Bauarten – Üblich sind Bauarten mit liegender oder stehender Welle in ein- oder mehrstufiger Ausführung. *Ein- oder mehrstufig* bedeutet, daß auf der Welle ein oder mehrere Laufräder fest aufgesetzt sind, zwischen denen sich die unbeweglichen Leiträder befinden. Das Wasser wird durch die Kreisel- oder Laufräder nach außen geschleudert und die Geschwindigkeit durch Umlenkung im Leitrad bzw. bei einstufigen Kreiselpumpen im Spiralgehäuse (durch Querschnittsvergrößerung) weitgehend in Druck umgewandelt. Je größer Laufraddurchmesser und Drehzahl, desto höher der Druckanstieg. Da der Durchmesser durch Wirtschaftlichkeit und Festigkeit begrenzt ist, werden mehrere Stufen hintereinandergeschaltet, wenn eine Stufe für den geforderten Druck nicht ausreicht.
Die Laufräder von KrP werden nach ihrer Form, die das Betriebsverhalten der Pumpe wesentlich mitbestimmt, eingeteilt in Radial-, Halbaxial- und Axialräder. Die Bezeichnung beruht auf der Austrittsrichtung des Fördergutes gegenüber der Wellenachse. In der Wasserversorgung kommen Axialräder praktisch nicht vor.
Einstufige KrP besitzen meist ein fliegend gelagertes Laufrad. Im Lagerblock befinden sich zwei Radiallager in Gleit- oder Wälzlagerausführung und ein Axialdrucklager. Der Ansaug- oder (besser) Eintrittsstutzen liegt axial **(Abb. 5.4).**

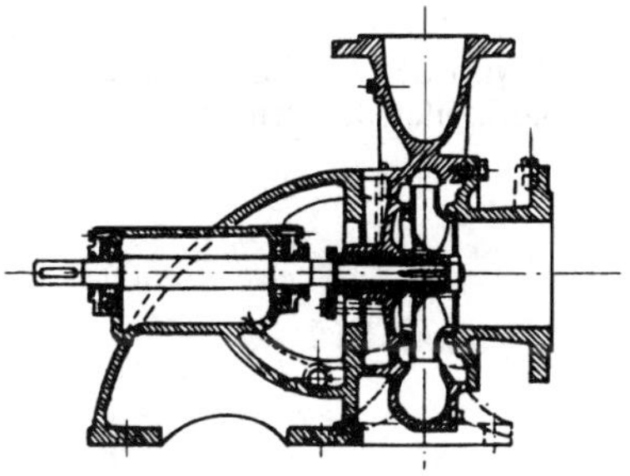

Abb. 5-4: Spiralgehäusepumpe nach DIN 24 255

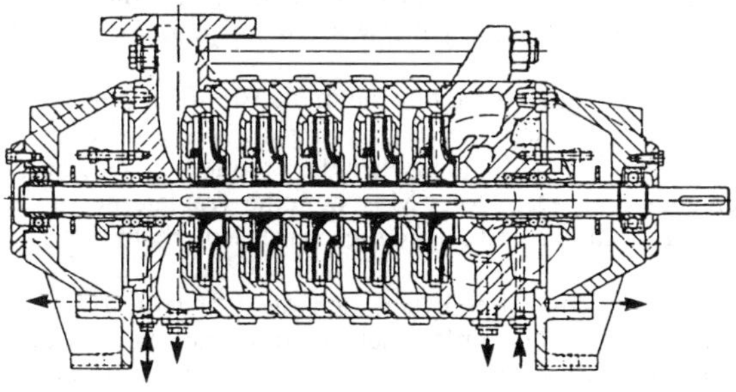

Abb. 5-5: Mehrstufige, horizontale Kreiselpumpe

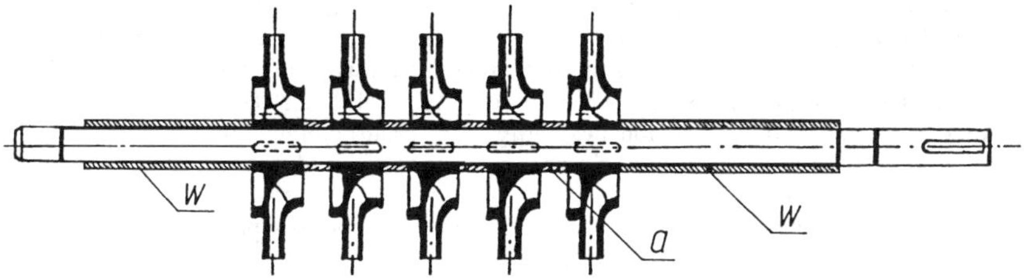

Abb. 5-6: Läufertell von obiger Pumpe (etwas vergrößert)

Bei der mehrstufigen Bauform wird die wesentlich längere Welle beidseitig gelagert **(Abb. 5-5).**
Der Läuferteil der Pumpe **(Abb. 5-6)** besteht aus der Welle, auf welcher die einzelnen Laufräder durch Abstandsbuchsen *a* untereinander und durch Wellenschutzhülsen *w* festgelegt sind. An den Laufrädern selbst sind auf beiden Seiten gegenüberliegend Dichtungsringe für berührungsfreie Abdichtung Lauf-

rad gegenüber Leitrad vorhanden (Labyrinthdichtung). Mehrstufige Anordnung ist im Grunde genommen nichts anderes als das Hintereinanderschalten mehrerer einstufiger Pumpen mit einem gemeinsamen Antrieb.
Zum *Ausgleich des Axialschubes,* der, ähnlich der Förderhöhe, mit zunehmendem Förderstrom abnimmt, werden verschiedene Möglichkeiten angewandt:
Entlastungsbohrungen durch die volle Laufradwand gegenüber dem Einlaufbereich sorgen für einen gewissen Druckausgleich; der verbleibende restliche Axialschub wird durch Axial-Rillenkugellager oder zweireihige Schrägkugellager aufgenommen *(Festlager).* Das andere Wellenende wird meistens in ein Zylinderrollenlager (*Loslager,* also keine Übernahme von Axialkräften) eingesetzt.
Entlastungsscheiben kommen bei höheren Pumpenenddrücken zum Einsatz **(Abb. 5-7):** Das Druckwasser fließt im Spalt *s* zwischen Laufrad und Gehäuse entlang der Abstandsbuchse in den Raum zwischen der auf der Pumpenwelle aufgekeilten Entlastungsscheibe *A* und der feststehenden Gegenscheibe *B;* zwischen diesen berührungsfrei laufenden Scheiben bildet sich ein dünner Wasserfilm. Das am Rand beider Scheiben austretende Wasser (Pfeil) wird geschlossen abgeführt und saugseitig wieder in die Pumpe zurückgeleitet. Die Einregulierung auf den richtigen Abstand der Scheiben geschieht von selbst, da bei weiterem Abheben der Entlastungsscheibe der Druck durch Steigen der Abflußmenge bei gleichbleibendem Zulaufdruck sinkt. Dadurch wandert *A* wieder gegen *B,* bis Druckausgleich herrscht.
Bei den für sehr große Förderung gebauten zweiströmigen KrP wird der Axialschub durch den gegenläufigen Wasserfluß ausgeglichen. Hier sind die Laufräder spiegelbildlich beschaufelt.

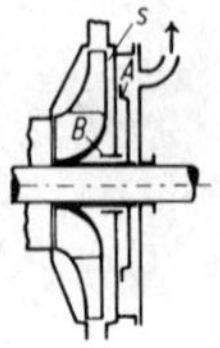

Abb. 5-7: Entlastungsvorrichtung

Bisher wurden die in Pumpwerken üblichen Ausführungen mit *liegender* Welle betrachtet; die *stehenden* Bauarten sind für den Einbau in Brunnen (Wellenpumpe, Unterwassermotorpumpe) oder bei Platzmangel bestimmt (s. Abschn. 5.2, S. 360).
Bohrloch-Wellenpumpen haben besonders kleine Durchmesser, damit sie in die Brunnenfilter eingesetzt werden können (**Abb. 5-8**). Die Antriebswelle führt durch die Steigleitung und ist etwa alle 2 m in wassergeschmierten Gleitlagern gehalten, welche zwischen die Flanschen der Steigleitung eingesetzt sind. Die Wellenstücke werden durch Hülsen gekuppelt. Der Motor M ist auf eine Traglaterne aufgelagert, in deren seitlicher Öffnung die Kupplung sichtbar und zugänglich wird. Unterhalb der Traglaterne geht die Druckleitung seitlich ab.
Für Brunnen finden sie heute kaum mehr Verwendung. Hier haben sich die Unterwassermotor-Kreiselpumpen, kurz U-Pumpen genannt, durchgesetzt. Sie werden mehrstufig gebaut und mit dem Elektromotor zu einer Einheit verbunden (**Abb. 5-9**). Besonders kleine und für den Einbau in Filterbrunnen geeignete Maschinen haben gekrümmte (halbaxiale) Laufräder (kleinerer $\varnothing$) und werden von der Steigleitung getragen. Unmittelbar über der Pumpe sitzt ein Rückschlagventil.
Der Motor ist ein Kurzschlußläufer mit direkter Einschaltung, Sterndreieck-Anlauf oder Anlaßtransformator (S. 329). Der Motorraum ist abgedichtet und mit Reinwasser gefüllt, das zur Kühlung und als Schmiermittel der (Gummi- oder Kunststoff-)Lager dient („Naßläufer“).
Der gewählte Werkstoff muß i. allg. korrosionsbeständig sein. Bestrebungen in jüngster Zeit, die Motorherstellung zu vereinfachen und seine Korrosionsbeständigkeit durch Zusätze, wie *Propylenglykol,* zu gewährleisten, sind *abzulehnen!*
Das Zuleitungskabel wird entlang der Steigleitung geführt, deren Flansche Aussparungen besitzen. Ab etwa 200 kW Leistung sind Spannungen bis 6 kV möglich.
Anm.: Die früher auch übliche Bezeichnung „Tauchmotorpumnpe“ sollte nicht mehr verwendet werden, da es sich hierbei um Pumpen mit tauchbarem, aber innen trockenem Motor handelt („Trokkenläufer“); sie werden vorwiegend zur Abwasserförderung eingesetzt.
Beim Einbau der U-Pumpen in einen Brunnen ist folgendes zu beachten (**Abb. 5-10**):
Zwischen Pumpe und Filterrohr sollen rundum noch wenigstens 20 mm Spiel sein, damit das Wasser am Pumpenkörper entlang zum Einlauf gelangen kann. Die Pumpe soll so eingesetzt werden, daß sie im Bereich vollwandiger Aufsatzrohre hängt, um das unmittelbare Beiziehen von Sand zur Pumpe zu verhindern.

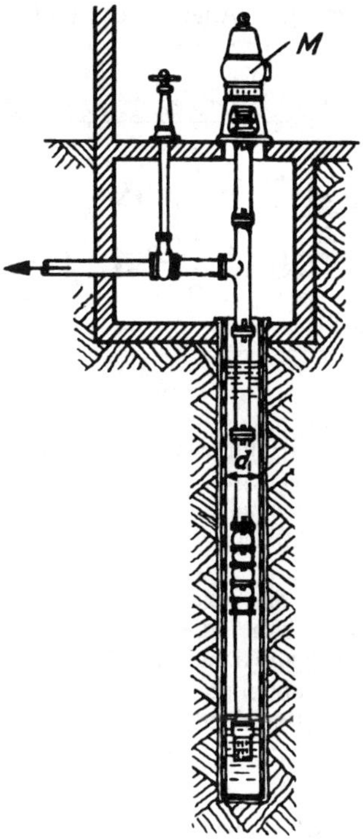

Abb. 5-8 (links): Bohrloch-Wellenpumpe

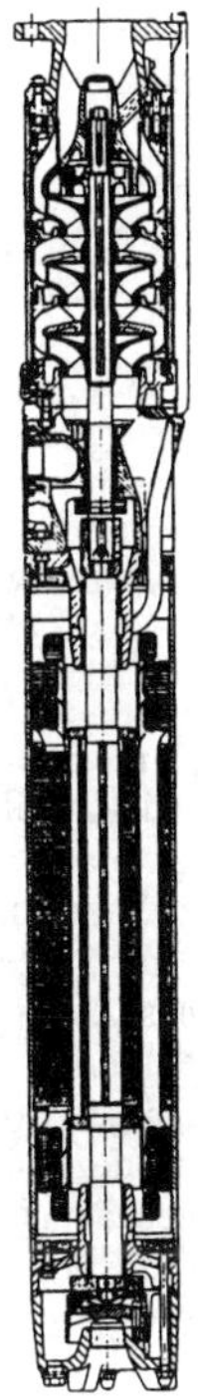

Abb. 5-9 (rechts): Unterwassermotorpumpe

Da die Brunnen nicht immer ganz lotrecht gebohrt sind, müssen zur Schonung von UP und Brunnenrohren häufig dämpfende Zentriervorrichtungen an Pumpe oder/und Steigleitung angebracht werden.

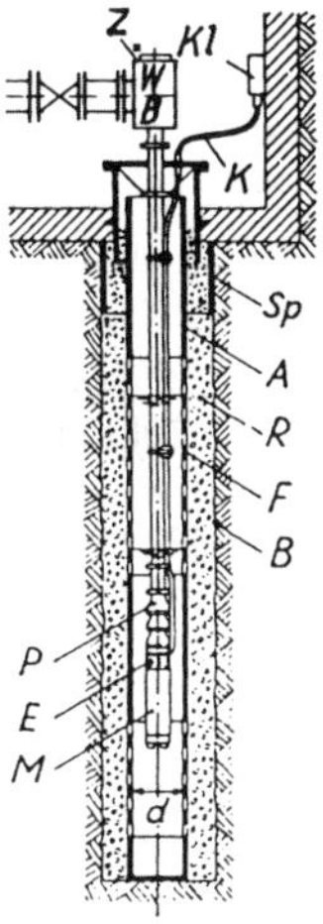

Abb. 5-10: Unterwassermotorpumpe (UP) im Brunnen

Kl = Klemmkasten für Stromanschluß
K = Unterwasserspezialkabel (vier- oder siebenadrig, letzteres für Y-Δ-Schaltung) s. S. 330
P = Pumpe
E = Einlaufseiher
M = Motor
B = Bohrlochwand
R = Filterkies
F = Brunnenfilter
A = Aufsatzrohr
Sp = Sperrohr (auch Schutzrohr)
Z = Wasserzähler (S. 355)

Sonderausführung: Die U-Pumpe wird auch als sog. „Rohrmantelpumpe“ (mit Rückschlagorgan) im Nebenschluß in die Rohrleitung eingebaut **(Abb. 5-11)** und zur Steigerung des normalen Netzdruckes, wenn dieser infolge hohen Bedarfs (Spitzenverbrauch) nicht ausreicht, oder zum Heben aus unteren in obere Zonen eingesetzt. Bei nur zeitweisem Betrieb ist eine Umgehungsleitung mit Rückflußverhinderer (z. B. Rückschlagklappe) – in Fließrichtung öffnend – vorzusehen.
Ersatz-Unterwassermotorpumpen sind (ebenfalls mit Rückschlagorgan und Stromkabel in voller Einbaulänge) trocken und geschützt liegend (etwa in haltbarer Holzkiste) zu lagern. Besonders vielstufige

Pumpen müssen u. U. stehend aufbewahrt werden (Wellenverbiegung!); Angaben des Lieferwerks beachten! Konservierung ab Herstellerwerk ist zweckmäßig.

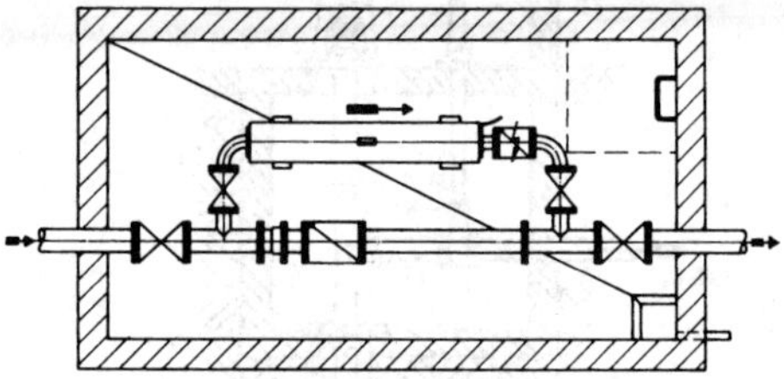

Abb. 5-11: Rohrmantelpumpe

5.1.1.3.3 Saugverhalten von KrP – Die Möglichkeit des Ansaugens von Pumpen ist bekanntlich darauf zurückzuführen, daß auf dem Wasserspiegel des Vorratsbehälters, aus dem die Pumpen Wasser entnehmen, der atmosphärische Luftdruck lastet und das Wasser in die Pumpengehäuse drückt, in denen ein Vakuum geschaffen worden ist. Die größte theoretische Saughöhe entspricht daher dem jeweils herrschenden Luftdruck.
Diese theoretische Saughöhe kann aber nicht ausgenützt werden, weil das Wasser – abhängig von der Temperatur – bei Erreichen des Verdampfungsdruckes Dampfblasen bildet, die nicht nur die gleichmäßige Förderung stören, sondern auch starke Geräusche hervorrufen und zum Metallabtrag an den Laufrädern und zu deren Zerstörung flühren (Kavitation oder Hohlraumbildung!).
Dies läßt sich vermeiden, wenn die Haltedruckhöhe (Net Positive Suction Head) der Pumpe kleiner ist als die der Anlage.

$$\text{NPSHR} < \text{NPSHA}$$

NPSHR: früher NPSH_p bzw. $\text{NPSH}_{erf.}$; NPSHA: früher NPSH_A bzw. $\text{NPSH}_{vorh.}$

Der Besteller einer KrP kann seinem Lieferanten die Haltedruckhöhe seiner vorhandenen oder geplanten Anlage NPSHA angeben oder ihm eine Zeichnung dieser Anlage überlassen, aus der er sie errechnen kann. Seine Aufgabe ist es, eine passende Pumpe anzubieten.
1) Die Haltedruckhöhe der Anlage NPSHA ergibt sich aus

$$\text{NPSHA} = z + \frac{p_e + p_b - p_D}{\varrho \cdot g} + \frac{V_e^2}{2 \cdot g} - h_r \text{ in m}$$

z in m	Abstand Saugwasserspiegel-Pumpenwelle für horiz. KrP Abstand Saugwasserspiegel-Oberkante 1. Laufrad für vert. KrP z ist positiv, wenn die Pumpe niedriger steht als der Saugwasserspiegel, und negativ im umgekehrten Fall. Bei + z kleinstes, bei – z größtes mögliches Maß für z berücksichtigen! **(Abb. 5-12)**
p_e in N/m^2	Überdruck (über Luftdruck), der auf dem Saugwasserspiegel ruht; bei freiem WSp ist $p_e = 0\ N/m^2$ (meistens).
p_b in N/m^2	Mittlerer (absoluter) Luftdruck am Aufstellungsort
p_D in N/m^2	Verdampfungsdruck, von der Temperatur des Wassers abhängig
ϱ in kg/m^3	Dichte des Wassers, von der Temperatur des Wassers abhängig
g in m/s_2	Fallbeschleunigung = 9,81 m/s^2
v_e in m/s	Wassergeschw. im Einlaufbauwerk $\approx$ 0 m/s
h_r in m	Widerstandshöhe (auch Verlusthöhe) in der Saugleitung.

Bleiben für ein Wasserwerk – wie wohl immer – der mittl. Luftdruck, die Höhenlage und die Wassertemperatur konstant und ändert sich auch z nicht, so wird das Ergebnis der Gleichung nur durch h_r verändert, und zwar wird mit zunehmendem Förderstrom auch v und damit h_r größer, so daß dann NPSHA kleiner wird.
In diesem Falle vereinfacht sich die Formel zu

$$\text{NPSHA} = z + \alpha - h_r; \quad \alpha \text{ aus } \textbf{Tab. 5-1}$$

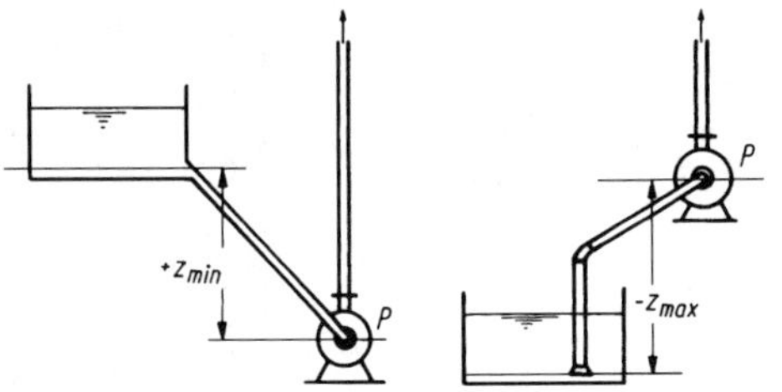

Abb. 5-12: +z und –z-Darstellung

Tab. 5-1: α-Werte für NPSHA-Berechnung

Höhe + NN	Temp. °C 5	10	15	20
0	10,24	10,19	10,16	10,11
250	9,95	9,90	9,87	9,81
500	9,65	9,60	9,57	9,51
1000	9,08	9,04	9,00	8,94
2000	8,02	7,97	7,94	7,88

2) Die Haltedruckhöhe der Pumpe NPSHR, die in jedem Betriebspunkt kleiner als die der Anlage sein soll, ändert sich mit den Pumpentypen, ist innerhalb dieser von Q abhängig und wird auf dem Kennlinienblatt der Pumpe dargestellt **(Abb. 5-14).** Sie liegt bei horiz. KrP mit Radialrädern im günstigen Betriebsbereich in der Regel nicht höher als 6 m, kann aber bei schlank gebauten UP mit gekrümmten Laufrädern 8 bis 9 m erreichen. Dies ist für deren Einbautiefe zu beachten!
3) Die beiden Kurven für NPSHA und NPSHR laufen also gegeneinander und schließen das zulässige Betriebsfeld (punktiert in **Abb. 5-13)** ein. Ihr Schnittpunkt zeigt das zulässige Q_{max} an.

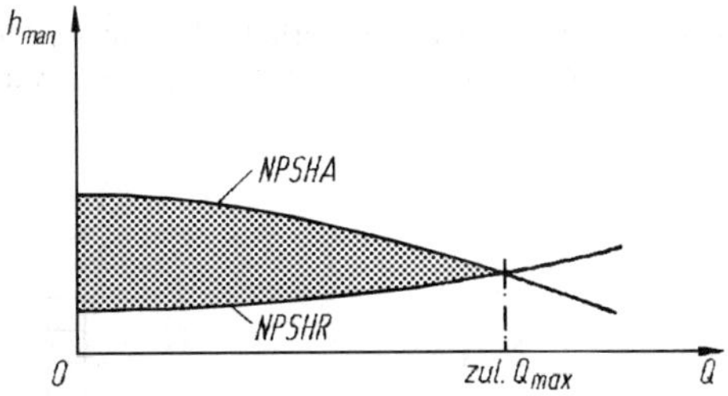

Abb. 5-13: NPSH-Betriebsfeld

In neu zu bauenden Pumpwerken sollten KrP so aufgestellt werden, daß das Wasser zufließt, schon weil der automatische Betrieb sicheres „Ansaugen" verlangt; damit wird man auch den Forderungen wegen der NPSH-Werte gerecht. Daß die Widerstandshöhe der Saugleitungen samt ihrer Armaturen möglichst niedrig gehalten wird, versteht sich von selbst (s. Abschn. 5.5.3.6, S. 363).

5.1.1.3.4 Kennlinien von KrP

1) Die Q-h-Kurve: Der Förderstrom von KrP ändert sich mit der Förderhöhe und der Drehzahl. Dies stellt man durch Kurven dar, die man Kennlinien nennt. Da die Kennlinie für Q und h auch durch Drosselung auf verschiedene Werte gewonnen werden kann, nennt man sie auch Drosselkurve, und weil sie über Q und h Auskunft gibt, auch Q-h-Kurve.
Die Q-h-Kurve einer neuen KrP wird im Herstellerwerk vorausberechnet und auf dem Prüfstand erprobt. Ihre Kenntnis ist bei der Bestellung unerläßlich. Der Kunde erhält deshalb auf Anforderung ein Kennlinienblatt, auf dem über Q sowohl h als auch andere Werte aufgetragen sind **(Abb. 5-14),** worauf noch eingegangen wird.
Die Q-h-Kurve gilt für eine ganz bestimmte Drehzahl und verschiebt sich mit steigender Drehzahl nach oben **(Abb. 5-15).** Durch Änderung der Drehzahl kann somit eine Änderung der Förderverhältnisse herbeigeführt werden. Es gelten folgende Beziehungen, wenn die Drehzahl von n auf n_1 geändert wird:

$$Q_1 = \frac{n_1}{n} \cdot Q$$

$$h = \left(\frac{n_1}{n}\right)^2 \cdot h$$

$$P_1 = \left(\frac{n_1}{n}\right)^3 \cdot P$$

(Wirkungsgradänderung vernachlässigt!)
P Leistungsbedarf an der Pumpenwelle

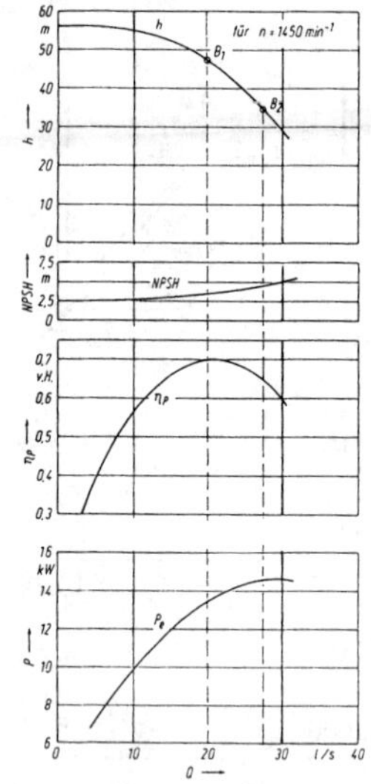

Abb. 5-14: Kennlinien von KrP (mit üblichem Radialrad)

Bei n = 1200 min^{-1} fördert die Pumpe bzw. eine Stufe einer Pumpe nach dem Diagramm **(Abb. 5-15)** 100 m^3/h auf 8 m; mit der 1,5 fachen Drehzahl n_1 = 1800 min^{-1} könnte sie

$$Q_1 = \frac{1800}{1200} \cdot 100\ \text{m}^3/\text{h} = 150\ \text{m}^3/\text{h auf}\ h_1 = \left(\frac{1800}{1200}\right)^2 \cdot 8\ \text{m} = 18\ \text{m}$$

heben – oder, wenn die Förderhöhe der Anlage 8 m bleibt (aus Diagramm zu entnehmen): 320 m^3/h. Der Förderstrom kann also wesentlich vergrößert werden.

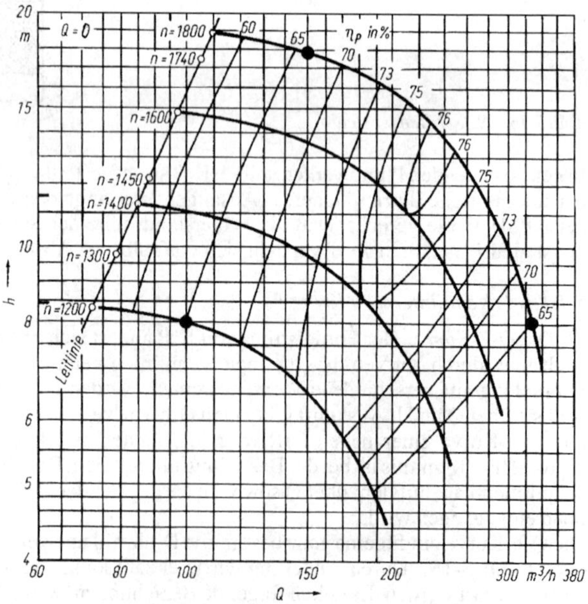

Abb. 5-15: Drehzahländerung bei KrP

Von der Drehzahländerung macht man Gebrauch, wenn man eine KrP, die unmittelbar in ein geschlossenes Netz, d. h. ohne Hochbehälter, fördert, an die Verbrauchsschwankungen anpassen will. (Drehzahlregelung von Elektromotoren Abschn. 5.2.2.1.5, S. 330.)
Die Laufräder einer KrP lassen sich so auslegen, daß sich eine steile oder eine flache Kennlinie ergibt. Bei ersterer genügt eine geringe Änderung von Q, um h stark zu ändern. Bei den flachen Kennlinien dagegen ändert sich Q sehr stark, wenn h nur geringfügig vergrößert oder verkleinert wird, was aus **Abb. 5-16** zu entnehmen ist. Soll z. B. der Netzdruck eines geschlossenen Netzes unabhängig von der Wasserabgabe möglichst gleichmäßig sein, so stellt man eine KrP mit flacher Kennlinie auf.
Hingewiesen sei auf den labilen Verlauf der dargestellten Kennlinien: Im hohen h- bzw. niedrigen Q-Bereich ergeben sich für *eine* bestimmte Förderhöhe *zwei* Förderströme (keine eindeutige Zuordnung mehr!): der Betriebspunkt schwankt zwischen beiden Q-Punkten hin und her (labil).
2) Die Kennlinie des Wirkungsgrades η_p ist in **Abb. 5-14** wie die h-Kurve über dem Förderstrom Q aufgetragen. η_p hat einen Bestwert, der möglichst mit dem Betriebspunkt zusammenfallen sollte (B_1 in **Abb. 5-14**). η_p hängt davon ab, ob es sich um eine Serienpumpe oder eine den Förderverhältnissen genau angepaßte KrP handelt und schwankt etwa zwischen 50 und 80 v. H., wobei große Maschinen die höheren η_p-Werte besitzen. Große Stufenzahlen mit ihren höheren mechanischen Verlusten in Lagern und Wellendichtungen mindern η_p.

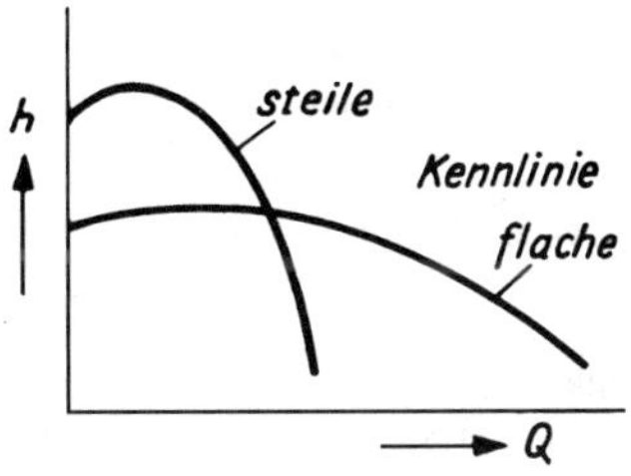

Abb. 5-16: Kennlinienarten

Der Gesamtwirkungsgrad η_{ges} einer KrP mit Elektromotor ist:

$$\eta_{ges} = \eta_M \cdot \eta_p$$

Für UP, bei denen nur η_{ges} meßbar ist, liegen die Werte zwischen 45 und 73 v. H., wobei auch hier größere Einheiten bessere Wirkungsgrade aufweisen.
Die η-Werte können beim Pumpenhersteller erfragt werden und müssen – wie in **Abb. 5-14** – in Kurvenblättern enthalten sein. Wird eine KrP mit mehreren Drehzahlen betrieben, so entsteht ein „Kennfeld", wenn man in dic Q-h-Kennlinien die zugehörigen η_p-Punkte einträgt und miteinander verbindet **(Abb. 5-15).** Die KrP sollte immer im „Kern" des Kennfeldes laufen.
3) Die Kennlinie für den Leistungsbedarf an der Pumpenwelle: Mit der Formel (vgl. S. 302)

$$P_e = \frac{Q \cdot h}{102 \cdot \eta_p} \text{ in kW mit Q in l/s und h in m}$$

kann der Leistungsbedarf nur jeweils für den *einen* Betriebspunkt berechnet werden, für den Q und h eingesetzt sind. Da der Wirkungsgrad nicht über den ganzen Arbeitsbereich gleichbleibt und auch das Produkt Q · h infolge der Krümmung der Q-Linie seinen Wert ändert, ergibt sich an jedem Punkt des Arbeitsbereiches ein anderes P_e. Die P_e-Linie steigt in der Regel (d. h. beim Radial- und – etwas weniger – beim Halbaxialrad) mit sinkender Förderhöhe und steigendem Förderstrom bis zu einem Höchstpunkt und fällt dann wieder ab. Vgl. die P_e-Linie in **Abb. 5-14.**
Um den Antriebsmotor richtig auslegen zu können, muß also der ungünstigste Betriebspunkt – in der Regel bei der kleinsten im Betrieb möglichen Förderhöhe – bekannt sein. Diesem größten zu erwartenden Bedarf muß die Antriebsleistung des Motors entsprechen. Zur Sicherheit wähle man den Antriebsmotor für KrP stets größer, als sich nach der Rechnung für den ungünstigsten Betriebspunkt ergibt, und zwar um etwa 15 v. H. bei Elektromotoren bis 40 kW und bei Dieselmotoren, um etwa 10 v. H. bei größeren Elektromotoren. Man ist dann sicher, daß die Antriebsmaschine auch bei vorübergehenden Leistungssteigerungen und bei sinkendem Wirkungsgrad von Pumpen und Antriebsmaschinen ausreicht.

5.1.1.3.5 Zusammenhang zwischen Kennlinie einer KrP und der Rohrleitung – Der Betriebspunkt einer KrP, deren Kennlinie bekannt ist, läßt sich ermitteln, wenn geodätische und Reibungshöhe in der anschließenden Druck- und Saugleitung bekannt sind. Man ermittelt zuerst die Kennlinie der Rohrleitung, besser Anlagenkennlinie genannt (es müssen auch Armaturen, Formstücke usw. berücksichtigt werden!), indem man zu einzelnen Förderströmen die zugehörigen Rohrreibungen berechnet. Der Nullpunkt der Anlagenkennlinie (a in **Abb. 5-17**) wird in derjenigen Höhe angesetzt, welche dem geodätischen Höhenunterschied h_g, zwischen dem Saugwasserspiegel und dem höchsten Auslaufpunkt entspricht. Nun wird die Anlagenkennlinie punktweise ermittelt, z. B. mit $k_i = 0{,}1$ mm nach DVGW-Arbeitsblatt W 302:

Tab. 5-2: Berechnung der Druckhöhenverluste

Förderstrom l/s	Druckhöhenverlust im Rohr in m 850 m DN 125	330 m DN 100	zus. m	Dr.-Verl. in Armat. usw. rd. m	Dr.-Verl. h_r der Ltg. m
3	0,55	0,64	1,19	0,16	1,35
5	1,40	1,64	3,04	0,18	3,22
8	3,35	3,97	7,32	0,21	7,53
10	5,08	6,06	11,14	0,25	11,39
15	10,94	13,16	24,10	0,50	24,60

Vorgehen: Nullpunkt a bei $h_g = 30$ m, über der Horizontalen a–b zu den Q-Werten die ermittelten h-Werte auftragen und die so gefundenen Punkte miteinander verbinden. Dies ergibt die Anlagenkennlinie.

In dieses Schaubild wird die im Pumpenangebot mitgelieferte Pumpenkennlinie Q-h eingetragen. Auf dem Schnittpunkt beider Kennlinien liegt der Betriebspunkt B, hier also bei 8,8 l/s Förderstrom und 38 m Förderhöhe.

Will man z. B. 6 l/s zum Hochbehälter pumpen, so kann man entweder eine andere Pumpe verwenden, deren Kennlinie diejenige der Anlage bei 6 l/s, also im Punkt B′ schneidet (gestrichelte Q-h-Linie), oder man verringert die Drehzahl der vorhandenen Pumpe, bis sie ebenfalls auf dem gewünschten Betriebspunkt B' arbeitet *(Drehzahlregelung)*. Voraussetzung für diese wirtschaftliche Lösung, bei der sowohl Erhöhung als auch Verringerung von Q möglich ist, ist aber, daß die Drehzahl des Antriebsmotors verändert werden kann (S. 318 u. 330). Scheidet dies aus, muß man den Anlagenwiderstand so erhöhen, daß die Anlagenkennlinie die Q-h-Kurve im Punkt B″ schneidet (strichpunktiert). Dies kann man durch kleinere lichte Durchmesser der Druckleitung mit höherer Rohrreibung, aber auch durch Drosseln des Druckschiebers erreichen *(Drosselregelung)*. Infolge der unnötig gedrosselten Pumpe fährt man dabei allerdings unwirtschaftlich; ein derartiger Betrieb kann nur eine vorübergehende Notlösung sein und ist auf Dauer unbedingt zu vermeiden! Außerdem kann Q immer nur verkleinert werden. Eine weitere Möglichkeit zur Änderung von Förderstrom und (damit) -höhe besteht im Abdrehen des Laufrades; die Kennlinie verschiebt sich ähnlich wie bei der Drehzahlregelung jedoch nur nach unten („Hindrehen" ist bekanntlich nicht möglich). (S. hierzu auch DVGW-Hinweisblatt W 611, Pkt. 2.1.4).

$$\text{Beziehung: } Q_1 = \left(\frac{d_1}{d}\right)^2 \cdot Q; \quad h_1 = \left(\frac{d_1}{d}\right)^2 \cdot h \text{ (vergl. S. 310)}$$

Liegen, wie in **Abb. 5-18,** zwischen Pumpe und Wasserspeicher (Hochbehälter) Verbraucher, so sinkt bei Entnahme und gleichzeitigem Pumpbetrieb die Pumpenförderhöhe, da ja ein Teil des Wassers, nämlich das im Ort verbrauchte, nicht mehr bis zum Hochbehälter gepumpt werden muß und sich daher die Rohrreibung vermindert. Dabei ändert sich also die Anlagenkennlinie z. B. von a–b nach c–d, und die Pumpe, die vorher in Punkt B mit 6 l/s auf 46 m arbeitete, fördert nun im Punkt B' mit 8,6 l/s auf 40 m.

Schwankungen der Förderhöhe haben bei gleichbleibender Drehzahl der Kreiselpumpen Schwankungen des Förderstromes zur Folge. Steigende Förderhöhe bedingt i. allg. sinkenden Förderstrom und umgekehrt.

Der *Leistungsbedarf* an der Pumpenwelle ist ebenfalls nicht konstant (S. 310).

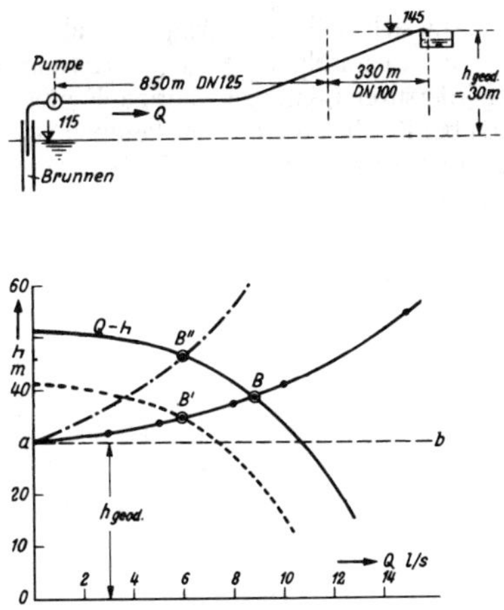

Abb. 5-17: *Anlagenkennlinie und Q-h-Kurve der Pumpe*

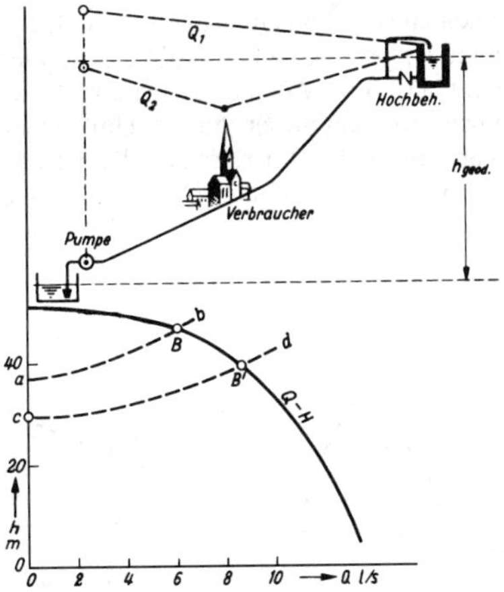

Abb. 5-18: *Veränderliche Anlagenkennlinie durch zwischenliegende Wasserabgabe*

Wächst der Rohrleitungswiderstand h_r z. B. durch größere Reibung infolge Verkrustung von W_1 auf W_2 und schließlich auf W_3, so sinkt dabei der Pumpenförderstrom von I auf II und III, entsprechend den Betriebspunkten 1, 2, und 3. Würde der Widerstand, z. B. durch Drosseln, so groß, daß 4 der Betriebspunkt wird, so kann Ausfall der Förderung, zumindest aber ein starker Abfall des Förderstroms eintreten **(Abb. 5.19).**

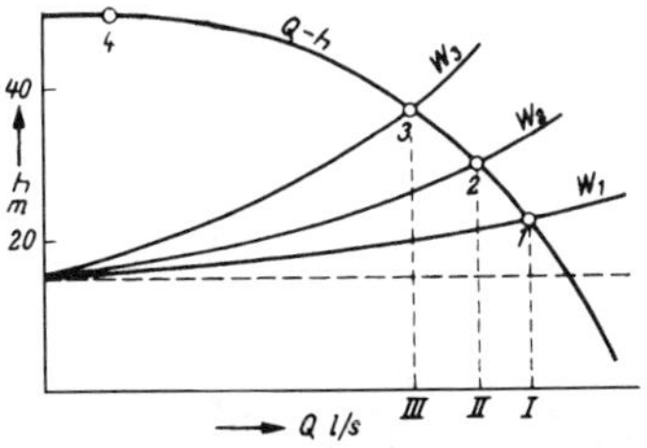

Abb. 5-19: *Verschiebung des Betriebspunktes durch Änderung von h_r*

Sollen zwei Kreiselpumpen parallel auf die gleiche Rohrleitung arbeiten, so untersucht man vorher aufgrund der Kennlinie, ob dies möglich ist. Die Kennlinien I und II beider Maschinen werden aufgetragen und durch punktweises Aneinandersetzen zur Kennlinie I+II gebracht, z. B.: Wird die Strecke b an die auf gleicher Höhe liegende Strecke a angesetzt, so ergibt sich Punkt P usw. Ist W_1 die Anlagenkennlinie, so würde die Pumpe I allein im Punkt B_I, die Pumpe II allein im Punkt B_{II} arbeiten, beide zusammen jedoch im Punkt B_{I+II}. Während nach **Abb. 5-20** Pumpe I allein 4,6 und II allein 6,2 l/s liefern würde, erbringen sie bei Parallelbetrieb nicht etwa 4,6 l/s + 6,2 l/s = 10,8 l/s, sondern nur 8,5 l/s. Dabei ist der Anteil beider Maschinen an der Förderung von 8,5 l/s auf einer Horizontalen durch B_{I+II} abzulesen, nämlich für I: 4,1 l/s und für II: 4,4 l/s.
Würde gegen eine Anlage mit der Kennlinie W_2 gefahren, so erbrächte der Parallelbetrieb etwa 4,2 l/s, während I allein noch 3,8 l/s und II allein 3,7 l/s liefern könnte. Der Parallelbetrieb wird hier sehr unwirtschaftlich, die Mehrung des Förderstromes ist kaum nennenswert.
Würde der Scheitel der Pumpenkurve II noch etwas niedriger liegen, käme eine Parallelförderung durch die Anlage mit der Kennlinie W_2 überhaupt nicht mehr in Frage, da die Pumpe II dann gar nichts mehr liefern könnte. Sie wird von Pumpe I völlig unterdrückt.
Bevor zu einer bestehenden Kreiselpumpe eine oder mehrere solcher Pumpen für gleichzeitigen Betrieb aufgestellt werden, sind die Förderverhältnisse sorgfältig zu überprüfen!
Soll z. B. bei einer Erweiterung eine Kreiselpumpe parallel zu einer Kolbenpumpe auf dieselbe Leitung arbeiten, so wird in **Abb. 5-21** ebenfalls beider Förderstrom aneinandergereiht. Dabei hat die Kolbenpumpe

gleichbleibend Q_1. Trägt man die Anlagenkennlinie W auf, so zeigt sich, daß die Kolbenpumpe allein mit Q_1 im Punkte B_1 gegen eine Förderhöhe h_1 arbeitet. Die Q-h-Kurve der Kreiselpumpe bei Q = 0 l/s angetragen ergibt mit der Linie W den Betriebspunkt B_2 und damit den Förderstrom Q_2 mit zugehöriger Förderhöhe h_2 bei Einzelförderung dieser Pumpe. Um den Betriebspunkt B_3 bei Parallelarbeit beider Pumpen zu finden, trägt man einfach die Q-h-Kurve der Kreiselpumpe an die Senkrechte S an (Parallelverschiebung) und erhält den gemeinsamen Förderstrom Q_3 mit der zugehörigen Förderhöhe h_3.

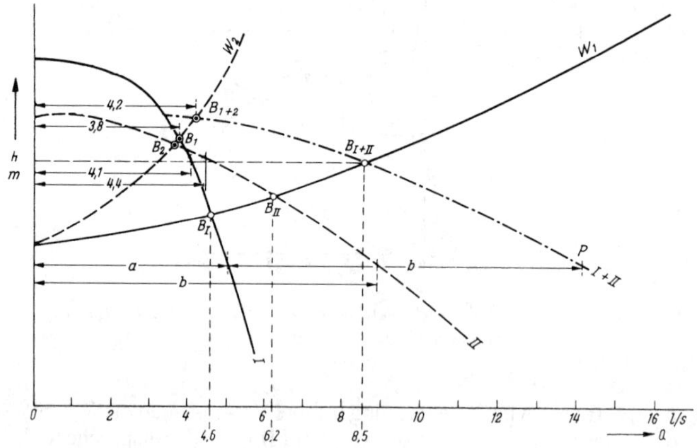

Abb. 5-20: Parallellauf von KrP

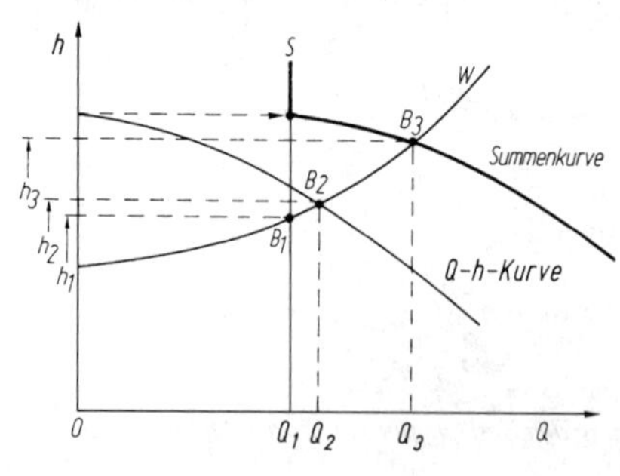

Abb. 5-21: Parallellauf von Kolben- und KrP

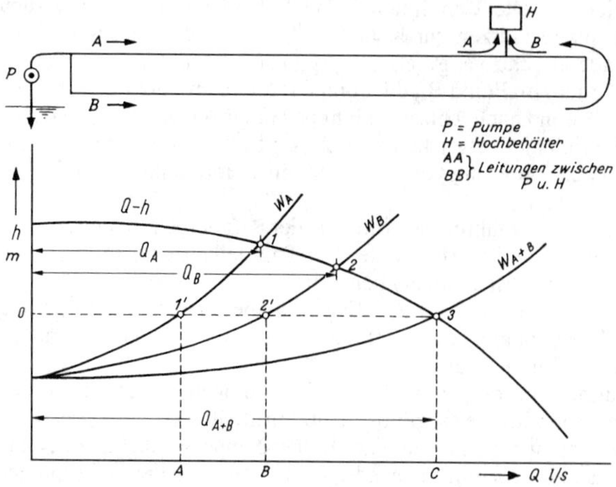

Abb. 5-22: Aufteilung des Förderstromes

Wie im Vorausgehenden dargetan, lassen sich die Betriebsvorgänge bei Kreiselpumpen am besten graphisch ermitteln. Man kann z. B. darstellen, wie sich der Förderstrom einer oder mehrerer Kreiselpumpen auf mehrere parallel geschaltete Rohrleitungen verteilt **(Abb. 5-22).**
Trage zunächst die Anlagenkennlinien der beiden im schematischen Lageplan eingezeichneten Leitungen A und B auf; sie sind W_A und W_B. Addiere sie punktweise zur gemeinsamen Kennlinie W_{A+B} (Querschnittsvergrößerung, daher flacher!). Trage ferner die Pumpenkennlinie Q-h ein (bei mehreren parallel laufenden Pumpen wird diese Q-h-Kurve aus der Addition der einzelnen Pumpenkurven gewonnen, wie in **Abb. 5-20).**
Die Pumpe fördert sodann
- durch die Leitung A allein den Wasserstrom Q_A,
- durch die Leitung B allein den Wasserstrom Q_B,
- durch die parallelen Leitungen A und B den Wasserstrom Q_{A+B}.

Auf der Horizontalen 0–3 sind in den Schnittpunkten mit W_A und W_B diejenigen Wasserströme abzulesen, die beim Parallelbetrieb beider Leitungen durch jede derselben fließen, nämlich 0–1' durch die Leitung A und 0–2' durch die Leitung B.

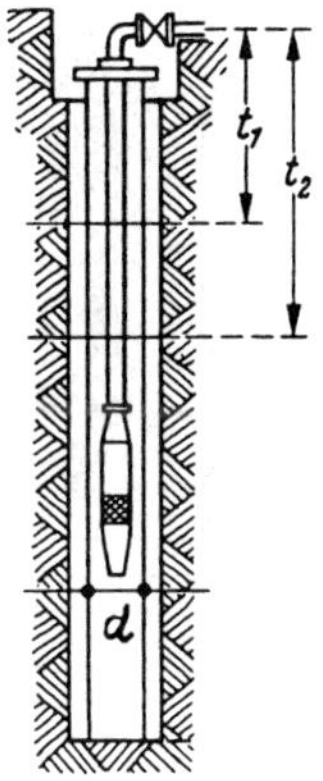

Abb. 5-23: Skizze zu Bestellangaben für UP

5.1.1.3.6 Bestellangaben für KrP – Bei Anfragen nach Kreiselpumpen und ihren Antriebsmaschinen sind folgende Angaben zu machen:
1) Gewünschter Betriebspunkt mit Förderstrom Q in l/s oder m^3/h und Förderhöhe h in m.
2) Niedrigste möglicherweise noch auftretende Förderhöhe. Unter Förderhöhe ist dabei die manometrische Gesamtförderhöhe zu verstehen, also die Saughöhe + Druckhöhe + Reibung in der Saug- und Druckleitung einschl. Armaturen usw. Die Geschwindigkeitshöhe kann i. allg. vernachlässigt werden (s. S. 301, 308).
3) Der höchste an der Pumpe eintretende Druck (dieser kann größer sein als die Förderhöhe, wenn das Wasser der Pumpe unter einem bestimmten Druck zuläuft, wie z. B. bei Druckerhöhungspumpen, S. 372).
4) Größte eintretende Saughöhe, also Abstand tiefster Saugwasserspiegel bis Pumpenwelle bei horiz. Pumpen bzw. unterste Stufe bei vertikalen Pumpen, dazu Reibung in der Saugleitung. Beigabe einer Skizze ist zu empfehlen.
5) Chemische Eigenschaften des Wassers, welche für die Wahl des Werkstoffes von Bedeutung sein können, insbes. Gehalt an aggress. Kohlensäure, Sauerstoff, Eisen, Chlor, Mangan oder Fehlen von Sauerstoff. Hat das zu fördernde Wasser Eigenschaften, welche auf Eisen und Stahl zerstörende Einflüsse ausüben können, so müssen Wellen sowie Lauf- und Leiträder der Pumpen, u. U. die ganzen Gehäuse, aus zinkfreien Bronzelegierungen oder Niro-Material gefertigt werden.
6) Aufstellungsraum für die Maschinen: trocken, feucht, staubig.
7) Antriebsart: unmittelbar, durch Kupplung oder durch Riemen.
8) Bei elektr. Antrieb: Stromart (Dreh-, Gleichstrom), Betriebsspannung (bei Drehstrom zwischen 2 Phasen, nicht zwischen Phase und Neutralleiter), Drehzahl, Drehzahlregelung (Umrichter-

betrieb?!), Vorschriften des EVU über die zulässigen Anlaufstromstärken und Anlaßarten (Sterndreieckanlauf o. ä.) s. S. 330, ferner Hand- oder automatische Schaltung.

9) Bei Bohrloch- und U-Pumpen sind zusätzlich noch anzugeben **(Abb. 5-23):** Lichter Durchmesser des Brunnens bzw. Brunnenfilters d an der Stelle, an welcher die Pumpe eingebaut werden soll, und die Einbautiefe.
Tiefe des Ruhe- (t_1) und Betriebswasserspiegels (t_2) unter Mitte der waagerecht abgehenden Rohrleitung.

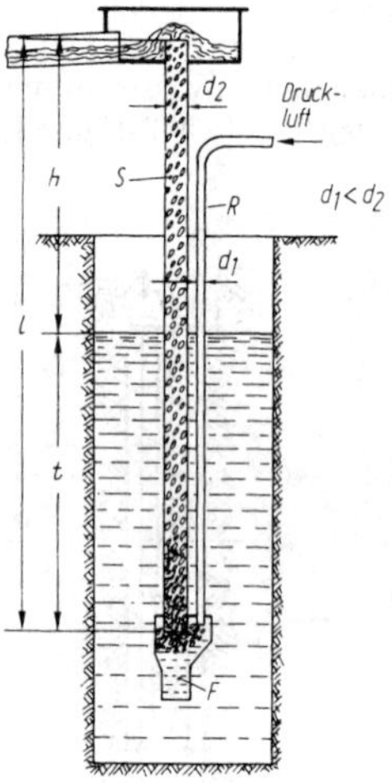

Abb. 5-24: Mischluftheber

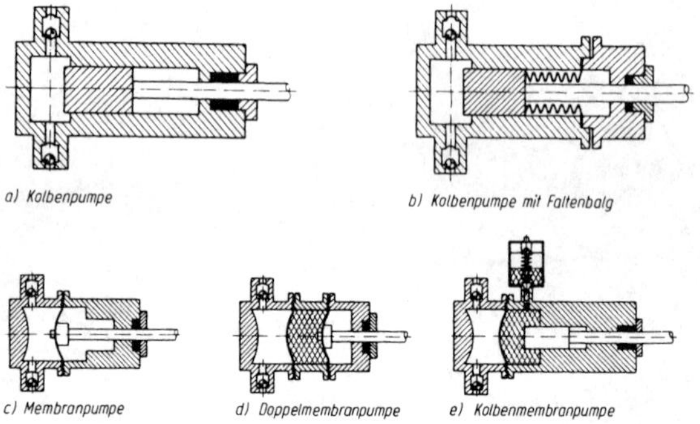

Abb. 5-25 a-e: Dosierpumpen

Wie im Abschnitt Maschinen-Abnahmeprüfung (S. 324) erwähnt, ist die gemeinsame Lieferung von Pumpe und Antriebsmotor durch ein und dieselbe Firma aus Gründen der Gewährleistung sehr zu empfehlen. Wird ein neues Wasserwerk gebaut, so läßt man zweckmäßig die ganze Pumpenanlage einschließlich der Rohrleitungen im Maschinenhaus mit allen Armaturen durch die Pumpenfirma mitliefern und hat dann i. allg. die Gewähr dafür, daß die Einzelteile einheitlich sind und zueinander passen. Auch kleine Schaltanlagen wird die Pumpenfabrik mitliefern und aufstellen können. Größere und komplizierte Schaltanlagen werden besser getrennt an die einschlägigen Elektrofirmen vergeben. In sehr großen Werken werden sogar Leitungen, Armaturen und Pumpen getrennt vergeben.

5.1.1.4 Sonstige Wasserhebevorrichtungen

5.1.1.4.1 Mischluftheber – Mischluftheber sind mehr unter der Bezeichnung Mammutpumpe bekannt **(Abb. 5-24).** Bei ihnen wird Druckluft eines Kompressors durch ein enges Rohr R in den Brunnen geführt und strömt dort in ein erweitertes Steigrohr S ein. Das Luft-Wasser-Gemisch ist leichter als das umgebende Wasser und steigt daher hoch (kein Saugen möglich!). Die Mischdüse F muß mindestens ebensoweit unter Wasser liegen, wie das Wasser über den Betriebswasserspiegel hochsteigen soll. Aus wirtschaftlichen Gründen soll das Verhältnis von Eintauchtiefe t zu Förderhöhe h zwischen 1:1 und 1:3 liegen (h_{max} etwa 10 m).
Ihr Wirkungsgrad liegt zwischen 20 und 40 v. H. Sie werden in der Wasserversorgung nicht mehr angewandt, nur bei Pumpversuchen in sandhaltigen und schlammigen Brunnen zur Schonung anderer Pumpen und zur Entschlammung von Brunnen anläßlich Instandhaltungsarbeiten (Regenerieren). In Betracht kommen die Mischluftheber aber auch besonders für Notwasserversorgungsanlagen (bis etwa 6 l/s), weil Preßluftaggregate leichter zu beschaffen sind, während es an Stromerzeugern zum Antrieb von UP mangeln kann.

5.1.1.4.2 Widder – Widder wurden eingesetzt für die Versorgung kleiner Orte, Weiler, Einöden und Berghütten. Voraussetzung für die Möglichkeit des Widderbetriebes ist, daß die verfügbare Wassermenge ein Vielfaches des Wasserbedarfes darstellt und daß geeignete Gefälleverhältnisse vorhanden sind.

5.1.1.4.3 Dosierpumpen – Sie werden häufig für den Zusatz von flüssigen Chemikalien gebraucht. Für viele Fälle sind Kolben- oder Membranpumpen geeignet. Die Stopfbuchse der einfachen Kolbenpumpe (**Abb. 5-25a**) kann unter dem Einfluß von längs des Kolbens durchgesickerten Säuren leiden; das vermeidet die Ausführung mit Faltenbalg **(b)** oder die Membran- **(c),** Doppelmembran- **(d)** und Kolbenmembran- **(e)** Pumpe. Letztere beide übertragen die Kolbenbewegung über ein Ölpolster auf die Membrane. Die Regelung kann über Verstellgetriebe (Hubverstellung) oder Elektromotoren mit Drehzahlregelung vorgenommen werden ($Q \sim \eta$). – S. S. 328.
Für größere Zugabemengen kommen auch Rotations-Dosierpumpen in Betracht, die als Verdränger- (z. B. Zahnrad-) Pumpen durch Änderung des Gegendruckes nicht beeinflußbar sind. Hersteller von Wasseraufbereitungsanlagen geben über die zweckmäßige Wahl der Dosierpumpen Auskunft und liefern sie auch mit der Anlage.

5.1.2 Luftverdichter und Gebläse

Luftverdichter und Gebläse werden in WV-Anlagen zum Rückspülen von Filtern für eine kombinierte Luft-Wasser-Spülung und zur Wasserbelüftung für die Oxidation störender Wasserbeimengungen (Eisen, Mangan) aufgestellt; außerdem dienen sie zur Erhaltung des Luftpolsters in Druckstoßausgleichs- und Druckbehältern. Seltener ist der Bedarf an Druckluft zum Steuern von Armaturen, für (pneumatische) Meßeinrichtungen und zum Anlassen von großen Dieselmotoren. Je nach Verwendungszweck werden unterschiedliche Austritts- („End"-)drücke und Luftströme benötigt und danach die Maschinentypen bestimmt (vergl. Förderhöhe und Förderstrom bei Pumpen). Die erforderlichen Luftströme werden im *Ansaugzustand* angegeben, d. h. ihr Durchsatz bezieht sich auf den mittleren barometrischen Luftdruck (1 bar abs).

Bauarten und Einsatz:
Flüssigkeitsringverdichter sind für Filterrückspülung, Oxidationsverfahren und Druckhaltung in Behältern sowie zur Entlüftung von Pumpensaugleitungen („Wasserringpumpen") geeignet. Das Flügelrad mit vorwärtsgekrümmten Schaufeln ist so außermittig (exzentrisch) im kreisrunden Gehäuse gelagert, daß sich sichelförmige Hohlräume bilden. Die Schaufeln schleudern die Sperrflüssigkeit (i. allg. Wasser) als Ring gegen das Gehäuse, wodurch sich Saug- und Druckraum ergeben, ihre Öffnungen sind im Gehäusedeckel. – Sie werden ein- (bis etwa 2 bar) und mehrstufig (bis 8 bar) ausgeführt und leisten Luftströme von 1 bis 600m^3/h und darüber.
Wälz- oder Drehkolbenverdichter (nach ihrem Erfinder auch *Roots-Gebläse* genannt) werden fast ausschließlich zum Rückspülen von Filtern eingesetzt und sind einstufige, zweiwellige Verdichter, deren acht-förmige Kolben gegenläufig und berührungsfrei in zwei Halbzylindern aneinander vorbeigleiten. – Ihr Austrittsdruck ist auf 2 (höchstens 3) bar begrenzt, übliche Luftströme sind 30 bis 800 m^3/h.
Vielzellen- oder Lamellenverdichter finden auch zum Filterrückspülen und als Vakuumpumpen Verwendung. In den Führungsschlitzen einer ebenfalls außermittig gelagerten Walze werden Schieber (auch als Lamellen bezeichnet) durch die Fliehkraft an schmale Laufringe gedrückt (dadurch berührungsfrei zum Gehäuse). Ein- und Auslaßöffnungen liegen auf der vollen Breite des ebenfalls sichelförmigen Arbeitsraumes. Üblich sind auch hier ein- (bis 4 bar) und zweistufige (bis 9 bar) Bauarten für Luftströme von 1 bis 500 m^3/h.
Kolbenkompressoren, am ehesten geeignet zur Rohwasser- und Druckbehälter-Belüftung und zur Erzeugung von Steuerdruckluft, ähneln in Aufbau und Wirkungsweise den Kolbenpumpen. Sie sind entweder mit dem Antriebsmotor starr verblockt oder auf gemeinsamer Grundplatte, werden durch Keilriemen angetrieben und zur Geräuschdämpfung auf Gummipuffer oder Schwingmetall gelagert. Ein- (bis 10 bar) und zweistufige (bis 15 bar) Ausführungen für 1 bis zu 200 m^3/h werden angeboten.
Wichtig für alle Verdichter ist das Freihalten der Druckluft oder des Luft-Wasser-Gemisches von Schmieröl und Öldunst.
Membrankompressoren trennen den ölgeschmierten Antrieb vom Luftstrom (vgl. Membrankolbenpumpe **Abb. 5-25 e,** s. o.); die Membrane muß innerhalb gewisser Zeitabstände gewechselt werden (Verschleiß). Ein- (bis 6 bar) und zweistufig (bis 12 bar) ausgeführt liefern sie 0,5 bis 18 m^3/h.

Die Größe der Kompressoren zur DB-Belüftung wird so festgelegt, daß stündlich etwa 20 v. H. des Luftinhaltes ergänzt werden können, z. B. DB-Inhalt I = 6 m^3; Luftraum im DB ungefähr 1/2 I = 3 m^3; hiervon 20 v. H. ≙ 0,6 m^3. Ausschaltdruck 7,5 bar abs. Verdichtung von 1 auf 7,5 bar, also um 6,5 bar. Ansaugvolumen $\dot{v}$ = 0,6 m^3/h · 6,5 = 3,9 m^3/h. Der Luftbedarf für Wasseraufbereitungsanlagen ist in Abschn. 4.2.2.3 angegeben.

5.1.3 Nichtelektrische Antriebsmaschinen

Pumpwerke für WV-Anlagen werden meistens durch Elektromotoren (Behandlung im Abschn. 5.2, s. S. 326) angetrieben; Dieselmotoren dienen vielfach als Antriebe für Stromerzeuger während des Ausfalls elektr. Energie, nur selten als Hauptantriebe. In einigen Wasserwerken sind Gasmotoren vorhanden, wenige arbeiten mit Dampfturbinen auf Kohlebasis. Für kleine und mittlere, aber auch für die meisten großen Werke wird es beim Elektroantrieb bleiben; ebenso werden selbst steigende Rohölpreise den Dieselmotor als *Reserve*antriebsmaschine nicht verdrängen (i. allg. nur kurze Betriebszeiten!).

5.1.3.1 Verbrennungsmotoren

5.1.3.1.1 Dieselmotoren – Dieselmotoren sind schnell einsatzbereit und zeigen günstiges Teillastverhalten bei gutem Wirkungsgrad. Aufgeladene Motoren können eingesetzt werden, wenn der Platz für eine Saugmaschine nicht ausreicht: Aufladung (d. i. Verbrennungsluftzufuhr mit Überdruck) bringt höhere Leistung bei gleicher Motorgröße. Nachträgliche Aufladung eines Saugmotors zur Leistungssteigerung hat sich nicht bewährt (neuen Motor verwenden!).
Um die Sicherheit der WV bei Stromunterbrechung zu gewährleisten, verfügen die meisten Pumpwerke über eine Diesel-Ersatz- (früher Not-)stromerzeugungsanlage (EStEA); unmittelbarer Antrieb einer KrP durch einen Dieselmotor ist, trotz der dann möglichen Drehzahlregelung (S. 310) und des besseren Wirkungsgrades (Umsetzung mech.-elektr.-mech. entfällt) selten und nur auf kleine Leistungen beschränkt. Grund: Das Aggregat liefert auch den Strom für alle Neben- und Hilfsantriebe, sowie die Beleuchtung. In sehr großen Werken kann die Unterteilung in ein großes Aggregat für den Pumpenstrom (bes. den Anlaufstrom!) und ein kleines für den „Hausbedarf" – ähnlich dem „Haustrafo" in Umspannstationen – vorteilhaft sein.
Ersatzstromerzeugungsaggregate sind bei den Herstellern weitgehend standardisiert, ebenso dazugehörige Schaltanlagen für Handbedienung oder mit vollautomatischer Anlauf-, Überwachungs- und Abstellsteuerung. Dieselmotor und Stromerzeuger sind zu einer festen Einheit verbunden. Sie werden unter Zwischenschaltung von Schwingmetall-Elementen auf das Fundament oder einen gemeinsamen Grundrahmen aufgesetzt. Für Drehstrom von 50 Hz können Drehzahlen von 1 500 und 3 000 min^{-1} gewählt werden; hohe Drehzahlen bedeuten geringere Abmessungen und niedrigere Investitionskosten, entwickeln aber mehr Geräusch; das Aggregat muß immer (auch bei niedriger Drehzahl) in einem besonderen Raum mit Schalldämmung aufgestellt werden; dies gilt besonders für bebaute Gebiete.
Die Motoren besitzen Luft- oder Wasserkühlung. Angewandt wird meist indirekte Luft-Wasserkühlung, wie beim wassergekühlten Kfz-Motor. Für die Zufuhr von Frischluft und die Abfuhr erwärmter Kühlluft sind eigene Öffnungen des Maschinenraumes nach außen bzw. Abluftkanäle notwendig. Windrichtung beachten!
In DB-Pumpwerken, in denen der Ausfall der Stromversorgung auch für wenige Minuten nicht hingenommen werden kann, sind selbsttätig anlaufende, u. U. mit thermostatisch geregelter elektrischer Heizung vorgewärmte Motoren erforderlich.
Zum Anlassen dienen Starterbatterien (richtiger „Akkumulatoren"!), die über ein selbsttätiges Ladegerät vom Netz her, aber auch über eine am Dieselmotor angebrachte Lichtmaschine aufladbar sind; letzteres scheidet aus, wenn nur Kurzzeitbetrieb vorhanden ist (EStEA): Keine Ladeerhaltung! Die Batterie ist reichlich auszulegen und möglichst unmittelbar neben den Motor zu setzen. Große Dieselmotoren (über 600 kW) werden mit Druckluft angelassen (Batterie würde zu groß). Wenn ein Verdichter fehlt, kann man sich mit Druckluft aus Flaschen helfen *(kein Sauerstoff! Explosionsgefahr!). Kraftstoffbevorratung s. Abschn. 5.5.3.1 (S. 362).*
Maßnahmen zur Energieeinsparung durch Abwärmenutzung (Wärmeinhalt von Kühlwasser und Abgas) sind nur bei Dauerbetrieb sinnvoll (kommt in WVU kaum vor).

Tab. 5-3: Ungefähre Größenangaben für Diesel-Ersatzstromerzeugungsaggregate mit 1 500 min^{-1}

Leistung kVA	Zylinder Zahl	Länge m	Breite m	Höhe m	Masse kg
kVA	Zahl	m	m	m	kg
20	2	1,6	0,8	1,1	500
35	3	1,7	0,8	1,1	550
45	4	1,9	0,8	1,1	700
70	6	2,3	0,9	1,4	900
100	6	2,6	0,9	1,4	1600
150	12	3,1	0,9	1,4	2300
200	12	3,5	0,9	1,5	2700

5.1.3.1.2 Benzinmotoren – Neben hohem Wartungsaufwand weisen Benzinmotoren eine verhältnismäßig geringe Lebensdauer auf. Außerdem verlangt die Bevorratung des teuren Kraftstoffs besondere feuerpolizeiliche Sicherheitsmaßnahmen (Explosionsgefahr), so daß sie im ständigen Wasserwerksbetrieb nicht oder nur für sehr kleine, ggf. auch für fahrbare Ersatzantriebe benützt werden.

5.1.3.1.3 Gasmotoren – Gas kann als Energieträger trotz strenger Sicherheitsbestimmungen dann zum Einsatz kommen, wenn das WVU gleichzeitig GVU (Gasversorgungsunternehmen) ist. Gasmotoren mit Leistungen bis 600 kW können zur elektrischen Energieerzeugung und zum unmittelbaren Kreiselpumpenantrieb eingesetzt werden. Größere Einheiten, d. s. Langsamläufer (300 und 500 min^{-1}) mit großen Abmessungen und Gewichten, erfordern Übersetzungsgetriebe und kommen in der WV praktisch nicht vor.
Es werden Gas-Otto-Motoren (Arbeitsweise wie Benzinmotoren) als reine Gasverbraucher und Gas-Diesel-Motoren (wie Dieselmotoren) als Zweistoffmotoren (Gas *und* Dieselkraftstoff!) gefertigt. Letztere sind dann vorteilhaft, wenn eine dauernde Gasversorgung nicht gesichert ist. Gasmotoren sind nur im Vollastbetrieb einigermaßen wirtschaftlich, da (im Gegensatz zum Dieselmotor) bei Teillast der an sich hohe Wirkungsgrad stark abfällt. Für Kühlung, Schalldämpfung, Aufladung und Abwärmenutzung gelten die gleichen Gesichtspunkte wie für Dieselmotoren.

5.1.3.2 Wasserkraftmaschinen

Wasserkräfte wurden zum Antrieb von Pumpwerken vor Ausbau der elektrischen Überlandnetze in großer Zahl herangezogen, insbesondere in Süddeutschland (Albwasserversorgung in Württemberg, Juragruppenwasserversorgung in Bayern). Wasserkraftwerke sind im Ausbau meist wesentlich teurer, im Betrieb aber billiger als Elektropumpwerke. Obwohl sie keine fossilen Brennstoffe verbrauchen, kommen sie nicht einmal bei Neuanlage kleiner Wasserwerke in Betracht. Für große Wasserwerke sind sie selten, da größere Gefällstufen an Flüssen und Seen der Stromerzeugung dienen.

5.1.3.2.1 Wasserräder – Vorteil: Unempfindlichkeit gegen stark schwankende Triebwassermengen und gegen Laubführung im Triebwasser (keine Rechenreinigung nötig). Die Räder werden bis zu Gefällen von 4 m (manchmal noch mehr) gebaut und mit langsamlaufenden Kolbenpumpen unmittelbar – manchmal auch mit Pumpen mittlerer Drehzahl durch Riemen oder Zahnräder – gekuppelt. Drehzahl der Wasserräder 4 bis 12 min^{-1}, Wirkungsgrad bei guter Lagerung und richtiger Wasserführung bis 0,7. Leistungen bis etwa 4 kW, selten mehr, da bei Triebwassermengen über 100 l/s Turbinen bevorzugt werden.

5.1.3.2.2 Wasserturbinen – Sie sind zum Antrieb von Kolbenpumpen geeignet, wobei Riemen, besser aber Zahn- oder Kegelradgetriebe zwischen Turbine und Pumpe gelegt werden. Peltonräder, für kleine Wasserströme und große Fallhöhen geeignet, lassen sich mit Kreiselpumpen unmittelbar kuppeln. Die bei geringeren Höhen wesentlich größere Wassermengen verarbeitenden Francis- und Kaplanturbinen dienen fast ausschließlich der Stromerzeugung in Kraftwerken. Dagegen sind Durchströmturbinen („Oßberger Turbinen") sog. Kleinturbinen (höchstens 200 kW); sie sind unempfindlich gegen Triebwasserverschmutzung (Laub, Heu) und geeignet für Drehzahlen von 60 bis 2 000 min^{-1} sowie für stark schwankende Triebwassermengen von 20 v. H. bis zur vollen Nennleistung.

5.1.3.2.3 Kreiselpumpen im Turbinenbetrieb – Kreiselpumpen als Turbinen zu betreiben, d. h. rückwärts durchströmen zu lassen und ihre Drehrichtung umzukehren, kann sich in Wasserversorgungen anbieten, in denen durch die gegebenen topografischen Verhältnisse größere Wasserströme dauernd oder wenigstens für längere Zeit abwärts fließen und dabei ihre Energie nutzbar abgeben sollen. Beispiele hierfür sind Wasserabgaben aus Scheitelbehältern (Bodenseewasserversorgung) und Talsperren (Wasserversorgung Bayer. Wald).
Der Einsatz einer Energierückgewinnung mittels Serienpumpe als Turbine lohnt bereits bei erzielbaren Leistungen von wenigen kW. Als Stromerzeuger wird ein Normmotor umgepolt und als Asynchron-Generator verwendet. Wegen des engen Betriebsbereiches der Turbine und ihres starken Wirkungsgradabfalles bei Teillast sind genaue hydraulische Auslegung und möglichst gleichmäßige Betriebsweise bei Vollast anzustreben. Zu beachten ist, daß die Pumpe im Turbinenbetrieb durch die sich ergebende höhere Leistungsdichte größeren hydraulischen und mechanischen Belastungen ausgesetzt ist als im Normalbetrieb.
Der erzeugte elektrische Strom wird selbst verbraucht oder, weniger ertragreich, ins Netz des zuständigen EVU eingespeist. Dies wird durch das sog. „Stromeinspeisungsgesetz" rechtlich und wirtschaftlich gefördert. Weiteres s. DVGW-Merkblatt W 613.

5.1.3.3 Sonstige Antriebsmaschinen

(Kolben-) Dampfmaschinen wurden bereits zu Beginn dieses Jahrhunderts von den Dampfturbinen verdrängt. Letztere sind aber wegen der aufwendigen Dampferzeugungsanlage auf große Werke (i. allg. in kohlenreviernahen Gebieten) beschränkt. Kleinere Turbinen können mit Kreiselpumpen unmittelbar gekuppelt werden (Drehzahlregelung möglich!), während bei großen Einheiten wegen der hohen Drehzahlen (bis 10 000min^{-1}) Untersetzungsgetriebe erforderlich werden. Dies gilt auch für Gasturbinen, die mit Leistungen bis 10 MW und für Zweistoffbetrieb (s. Gas-Diesel-Motoren) gebaut werden. Wegen ihrer hohen Leistungen werden aber auch sie vornehmlich zur Stromerzeugung für überörtliche Netze eingesetzt.

5.1.4 Anforderungen an den Entwurf

Ein vollständiger und brauchbarer Entwurf hat zu beinhalten
- Erläuterung; sie soll in knapper, klarer Form erschöpfend Auskunft geben über Vorhaben und dessen Veranlassung, Art, Zielsetzung und Umfang der Maßnahme, technischen Aufbau und Betriebsablauf, vorgesehene oder mögliche Erweiterungen, ggf. weitere Lösungen (Alternativen) und Rechtsfragen (z. B. Kraftstofflagerung),
- Kostenberechnung als Grundlage für die Ausschreibung; sie ist nach Gewerken und Bauteilen zu gliedern, hat Einzelpreise sowie Liefer- und Einbaukosten aufzuzeigen und die ermittelten Massen anzugeben,
- Planbeilagen und Entwurfszeichnungen, d. s. Übersichts- und Lagepläne, Bauwerkszeichnungen einschl. Erweiterungsmöglichkeiten, Schaltbilder sowie Schema- und Funktionspläne.

Insbes. ist darauf zu achten, daß die technischen Vorschriften und allg. anerkannten Regeln eingehalten werden. Berechnungen von Leistungsbedarf, Stromverbrauch, ggf. Druckstoßbelastung u. ä. sind ebenso erforderlich wie Angaben zur Stromversorgung einschl. Ersatzstromerzeugung, zum Stromlieferungsvertrag (Förderung möglichst auf Niedertarifzeit beschränken oder darüber hinaus ausdehnen?), zu Wasserverbrauchsschwankungen (welche Pumpenaufteilung?) und ggf. zur Fernwirkanlage. Die angedeuteten Gesichtspunkte werden in den weiteren Abschnitten genauer behandelt (Abschn. 5.2, Abschn. 5.3, Abschn. 5.5). Im übrigen wird auf das Kapitel 11 verwiesen.

5.1.5 Hinweise für Ausschreibung und Vergabe

5.1.5.1 Vorbemerkungen

Um dem Bieter, der in der Regel die örtlichen Verhältnisse nicht kennt, die Zusammenhänge zu erläutern, ist es notwendig, ihm den gewünschten Betriebsablauf zu schildern; hierbei wird auf Entwurfspläne Bezug genommen werden.
Die vorhandenen oder geplanten Gebäude zur Unterbringung der Maschinen- und Elektroanlagen sind ihm anzugeben. Er muß erkennen, wie die Maschinen gesteuert werden, welche Abhängigkeiten

bestehen (z. B. von Wasserständen, Drücken, Tarifzeiten) und welche Stromart und Spannung vorhanden sein werden.
Besondere Vorschriften für Werkstoffe sind anzugeben; es kann auch verlangt werden, daß die Werkstoffe dem chemischen Befund des Wassers angepaßt werden.

5.1.5.2 Leistungsverzeichnis

Sind mehrere, räumlich getrennte Pumpwerke anzubieten, ist das Leistungsverzeichnis wie die Kostenberechnung in diese zu gliedern, z. B. in Vor- und Hauptpumpwerk (S. 361).
Außerdem wird in hydraulische und elektrische bzw. Diesel-elektrische Ausrüstung getrennt. Dann folgen für jedes Pumpwerk die Einzelteile, z. B.
für ein Brunnenpumpwerk mit UP:

Brunnenkopf (Dieser muß zur Steigleitung passen, wird also zweckmäßig mit dieser geliefert. Ist er bereits von der Brunnenbaufirma angebracht, ist eine Zeichnung beizugeben.)
UP mit allem Zubehör (Einhängetiefe ab Brunnenkopf angeben!)
Steigleitung bis Brunnenkopf
Druckleitung mit Armaturen außerhalb des Brunnenkopfes
Wasserzähler/-messer
Wasserstandsmeßvorrichtung für den Brunnen
Druckmeßgeräte
Schaltanlage, soweit nicht im Hauptpumpwerk untergebracht
Einbau und erstmalige Inbetriebnahme (einschl. erforderlicher Werkzeuge).

für ein Hauptpumpwerk mit KrP:

Hydraulischer Teil:
Kreiselpumpen mit Motoren auf gemeinsamer Grundplatte mit Befestigung
Saug- und Druckleitungen mit Armaturen
Wasserzähler/-messer
Einbau der hydraul. Teile, erstmalige Inbetriebnahme (einschl. erforderlicher Werkzeuge)
Elektr. Teil (S. Abschn. 5.2):
Schaltanlage, ggf. getrennt in Mittel- und Niederspannung, mit den erforderlichen Anzeige- und Meßgeräten
Überwachungsanlage
Fernsteueranlage
Elektr. Leitungen in und außer Haus
Einbau des elektr. Teiles, erstmalige Inbetriebnahme (einschl. erforderlicher Werkzeuge).

Am Ende sind noch die Sätze für Stundenlohnarbeiten einschl. der Auslösungskosten und der etwa nötigen gesonderten An- und Abreise des Personals anzufordern. Trennung in Obermonteur, Monteur und Hilfsmonteur (oft „A-, B- und C-Monteur“)! Weiterhin: Kilometersätze für Lkw und Montage-Pkw, u. U. auch Bereitstellung besonderer Maschinen und Geräte, Einweisung des Bedienungspersonals sowie Angebot eines Wartungsvertrages.

5.1.5.3 Vergabe

Wie Bauleistungen werden auch Maschinenlieferungen für öffentliche Wasserwerke nicht frei, sondern aufgrund vergleichbarer Angebote vergeben. Grundlage ist i. allg. die Verdingungsordnung für Bauleistungen (VOB) oder (im Ausnahmefall) die Verdingungsordnung für Leistungen – ausgenommen Bauleistungen (VOL). Sollten sich hieraus Fragen ergeben, wende man sich an die VOB-Stellen der Bezirksregierungen.
Neben bestimmten Baustoffen und Ausstattungen wird die Einhaltung des gewünschten Förderstromes und der Förderhöhe sowie eines vom Lieferanten anzugebenden Wirkungsgrades gefordert.
Da bei der Auswahl aus den Angeboten mehrerer Firmen nicht allein das preisgünstigste, sondern eher das wirtschaftlichste Angebot zum Zuge kommen soll, ist es nötig, die Maschinen nach Einbau auf die Einhaltung der Forderungen und gewährleisteten Angaben zu überprüfen (Abnahmeprüfung). Außerdem soll die *Vergabe nur an sachkundige, zuverlässige und leistungsfähige Unternehmen* erfolgen. Dies ist jedoch bereits bei der *Auswahl* der einzuladenden Firmen zu bedenken! Bei weniger bekannten Herstellern sind Referenzanlagen zu besuchen, um zu einem Urteil über deren Arbeitsgüte zu kommen. Dann kann auch u. U. auf die nach BGB vorgesehene fünfjährige Gewährleistungszeit verzichtet und

die nach VOB übliche Verjährung von zwei Jahren zugrunde gelegt werden. Dies wird sich sicher nicht unerheblich im Preis bemerkbar machen! (Letzteres gilt auch für eine ggf. festgelegte Vertragsstrafe.)

Arten der Gewährleistung – Die in dem abgeschlossenen Liefervertrag festgelegte Gewähr bezieht sich auf
- die verwendeten Werkstoffe,
- die plan- und fachgemäße vollständige und betriebsfähige Lieferung und Aufstellung der Maschinen, Geräte und Zubehörteile gemäß Angebot und Bauplänen. Der fachgemäße Auf- und Einbau muß schon während der Aufstellung überwacht werden, da Fehler nach dem Zusammenbau häufig nicht mehr zu erkennen sind,
- die Einhaltung der Liefer- und Einbaufristen,
- die Einhaltung des Wirkungsgrades.

Siehe auch Kap. 11.

5.1.6 Maschinen-Abnahmeprüfung

5.1.6.1 Werkstoffprüfung

Auf eine chemisch-technische Werkstoffprüfung wird meist verzichtet, da sie am Aufstellungsort kaum möglich ist. U. U. wird sie im Herstellerwerk vereinbart. Jedoch sind Gußstücke (Pumpengehäuse) zu untersuchen, ob sie Risse oder Lunkerbildungen aufweisen, die ggf. mit Spachtelmasse verkittet sind. Für Druckbehälter ist nach den Druckbehälterrichtlinien eine Prüfbescheinigung eines technischen Überwachungsvereins zu verlangen, ausgenommen sind Kessel mit dem DIN-Zeichen (Normkessel). Außerdem ist die Bescheinigung einer anerkannten Prüfstelle beizubringen, daß die Starkstromanlagen nach VDE-Bestimmungen hergestellt und aufgebaut sind.

5.1.6.2 Prüfung auf Vollständigkeit und sachgemäße Aufstellung

Die angelieferten Teile sind schon vor dem Zusammenbau aufgrund der Versandanzeige (Lieferliste) und im Vergleich mit dem Angebot auf Vollständigkeit zu prüfen. Die Aufstellung der Maschinen und sonstigen Teile muß mit den Bauplänen übereinstimmen.
Bei Kreiselpumpen und Elektromotoren ist auf leichte Gängigkeit zu achten. Konzentrischer Aufbau zweier gekuppelter Maschinen wird geprüft, indem man über die Kupplungshälften ein Eisenlineal legt, das in jeder Stellung der Welle satt aufliegen muß. Ebenso muß der Zwischenraum zwischen den beiden Kupplungshälften am ganzen Umfang gleich sein; Prüfung mit einer Fühllehre („Spion"). Die Prüfung ist auch nach dem Untergießen der Grundplatte und Abbinden des Betons vorzunehmen. Die Monteure der Maschinenlieferanten besitzen entsprechende Prüfvorrichtungen.
Auf die Sicherung von Kupplungen, Riementrieben und anderen beweglichen Teilen ist gemäß den Unfallverhütungsvorschriften zu achten.
Elektrische Leitungen (S. 334) sind als Feuchtraumkabel zu verlegen, die mit Kunststoffschellen auf oder unter Putz verlegt werden. Soweit sie im Boden oder bei Durchbrüchen in Schutzrohren liegen, sind letztere reichlich groß und mit flachen Krümmungen zu verlegen, damit man die Kabel – wenn nötig – wieder ziehen kann.
An Hebezeugen muß die Tragfähigkeit gut sichtbar angeschrieben sein.

5.1.6.3 Feststellung der für die Abnahme wichtigen Größen

5.1.6.3.1 Manometrische Gesamtförderhöhe – Die meist aus Saug- und Druckhöhe zusammengesetzte manometrische Gesamtförderhöhe wird druckseitig immer mit einem geeichten (ggf. Kontroll-)Manometer (Genauigkeitsklasse 0,6), saugseitig mit einem Vakuummeter oder durch Abmessen festgestellt. Im letzteren Fall sind der geodätischen Saughöhe die Rohrreibung in der Saugleitung und die Verluste in Fußventilen usw. hinzuzuzählen. Bezugspunkte der Instrumente siehe S. 302.
Demnach ist die manometrische Gesamtförderhöhe h_{man} nach **Abb. 5-26** zusammengesetzt aus

Manometeranzeige	h_d
Abstand Manometer-Pumpenwelle	a
Vakuummeteranzeige	h_s

Für h_s kann auch gesetzt werden: Maß s + Gesamtwiderstände in der Saugleitung. Bei Zulauf des Wassers in die Saugleitung wird h_s negativ (S. 301). Sicherheitshalber vergleicht man die sich aus geodätischer Höhe und rechnerischer Druckverlusthöhe ergebende Gesamtförderhöhe mit den Manometerangaben; Unstimmigkeiten zwischen gemessener und gerechneter Höhe weisen auf Fehler hin (z. B. nur teilgeöffnete Abschlußorgane; offene Seitenstränge, Entleerungen, Hydranten; verstopfte Leitungen usw.).

5.1.6.3.2 Förderstrom – Der Förderstrom wird mit geeichtem Woltmann-Wasserzähler oder (in zunehmendem Maße) MID (s. Abschn. 5.4.3.5) in der (gemeinsamen) Druckleitung gemessen. Bei Druckbehälter-PW ist der Zähler zwischen Pumpe(n) und Behälteranschluß anzuordnen. Ist kein Zählereinsatz möglich, muß man sich mit Gefäßmessungen behelfen, die oft einen Umbau der Rohrleitung, Anschluß von Schläuchen usw. erfordern. Vorher ausgemessene Hoch- oder Saugbehälter können gleichfalls als Gefäße dienen, wenn der Anstieg oder das Sinken des Wasserspiegels lange genug beobachtet wird. (Wenigstens 30 bis 50 cm Spiegeländerung abwarten!) Für Gefäßmessungen kleiner Förderströme (< 3 l/s) gilt allgemein, daß die Meßzeit nicht unter 10 s betragen soll, um Ablesefehler auszuschalten. Mißt man während 36 s, so hat man durch Vervielfachen des Ergebnisses mit 100 bereits den Förderstrom in der Stunde.

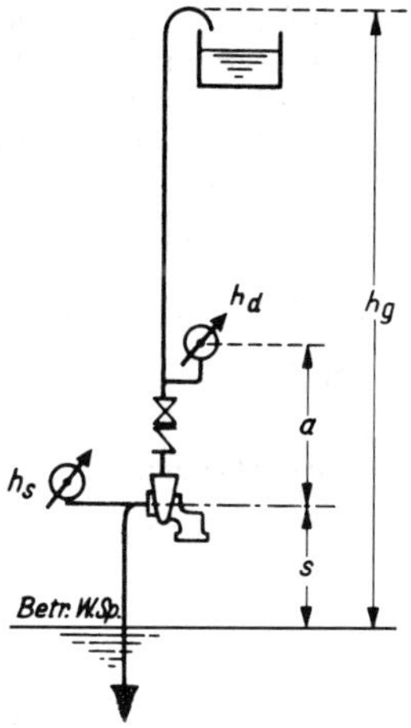

Abb. 5-26: Skizze zur Pumpenabnahme

5.1.6.3.3 Leistungsbedarf (Stromverbrauch) – Der Stromverbrauch wird am Zähler des Pumpwerks festgestellt. Da bei den verwendeten Rollenzählwerken nicht lange genug beobachtet werden kann, um ein genaues Ergebnis zu erhalten, wird die Umdrehungszahl der mit einer roten Marke versehenen Scheibe gestoppt und auf die Umdrehungszahl je Stunde umgerechnet. Diese teilt man dann durch die auf jedem Zähler vermerkte Zahl (1 kWh ≙ ... AU-Ankerumdrehungen) und erhält so den Stromverbrauch in der Stunde.

Bei Abnahmen auf Fabrikprüfständen werden feinere Meßmethoden (Zweiwattmetermethode) angewandt. Eine (wenn auch grobe) Nachprüfung ist auch mittels der Spannungs- und Strommesser möglich, da die Leistungsaufnahme des Elektromotors (s. Abschn. 5.2.1, S. 326) $P = U \cdot I \cdot 1{,}73 \cos \varphi$ ist (U = Spannung, I = Stromstärke, $\cos \varphi$ = Leistungsfaktor; er ist aus dem Motorenschild zu entnehmen. Der Wert ist, abgesehen davon, daß Betriebsinstrumente Toleranzen von 2,5 bis 5 v. H. haben, auch deshalb nicht genau, weil sich $\cos \varphi$ mit der Belastung in kleinen Grenzen ändert).

Der Kraftstoffverbrauch von Dieselmotoren ist in kg festzustellen. Es kann z. B. auf die abgenommene Brennstoffzuleitung ein Meßgefäß mit 1,5 bis 2 l Inhalt aufgesetzt werden, an dem ein Liter durch 2 Marken angezeichnet ist. Man stoppt den Spiegeldurchgang an diesen Marken. Durch Abwiegen oder Aräometer wird die Dichte des Kraftstoffes (i. allg. 0,85 kg/dm^3) ermittelt, aus der der verbrauchte Brennstoff berechnet werden kann. Die Maschine muß vor der Messung warm gelaufen sein, da sich während der Anfahrzeit ungünstigere Ergebnisse einstellen können.

5.1.6.3.4 Drehzahl – Die Drehzahl ist von Einfluß auf die Förderverhältnisse und muß daher gemessen werden. Weicht die Pumpenbetriebsdrehzahl von der garantierten ab, so können geringe Änderungen (10 v. H.) mit genügender Genauigkeit durch folgende Formeln korrigiert werden (vgl. S. 310):

$$Q_1 : Q_2 = n_1 : n_2 \qquad h_1 : h_2 = (n_1 : n_2)^2 \qquad P_1 : P_2 = (n_1 : n_2)^3$$

5.1.6.4 Prüfung auf den gewährleisteten Wirkungsgrad

Die Ermittlung nach „Abnahmeversuche an Kreiselpumpen“ (VDI-Kreiselpumpenregeln – DIN 1944) ist am Aufstellungsort meist nur schwer möglich, weil zur Bestimmung des Leistungsbedarfes der Pumpen ein geeichter Motor nötig ist. Für große Pumpen wird daher die Abnahme im Werk auf dessen Prüfstand vorgenommen werden müssen. Für kleinere Maschinensätze hat es sich als zweckmäßig erwiesen, Pumpe und Motor durch ein und dieselbe Firma liefern und sich mit dem Angebot Gewähr für den ganzen Maschinensatz geben zu lassen. Die Gewähr bezieht sich dabei am besten auf die Arbeit einer aufgewandten kWh elektr. Energie oder eines kg verbrauchten Dieselöles, wobei als effektive Pumpenarbeit das Produkt aus Fördermenge (Q in m^3) und Förderhöhe (h in m) in mt (Metertonnen) gilt.
1 kWh ≙ 367 mt (s. Abschn. 5.1.1.1.4, S. 302);
1 kg Dieselkraftstoff vom unteren Heizwert 42 000 kJ ≙ 4275 mt.
Ist die Leistungsaufnahme des Elektromotors mit P_i in kWh/h = kW oder der Brennstoffverbrauch des Dieselmotors mit B in kg/h festgestellt worden, so leistet (Q in m^3/h, h in m, P_i in kW)

$$\text{eine kWh} \ldots A_{el} = \frac{Q \cdot h}{P_i} \quad \text{(mt/kWh)}$$

$$\text{ein kg} \ldots A_D = \frac{Q \cdot h}{B} \quad \text{(mt/kg)}$$

A wird die Garantiezahl oder Güteziffer genannt.

Die Gesamtwirkungsgrade der Maschinensätze sind:

$$\eta_{el} = \frac{Q \cdot h}{367 \cdot P_i} \quad \text{bzw.} \quad \eta_D = \frac{Q \cdot h}{4275 \cdot B}$$

Die Garantiezahlen sind für *einen* Betriebspunkt zu verlangen. Daneben soll auch noch eine Gewähr dafür verlangt werden, daß die Antriebsmaschine auch bei der vermutlich geringsten auftretenden Förderhöhe der Kreiselpumpe nicht überlastet ist. Muster für Garantieerklärung (Gewährleistungsverpflichtung) S. 325.
Anm.: DIN 1944 wird ersetzt durch die DIN ISO-Norm 5199 – Klasse II – und DIN ISO-Norm 9908 – Klasse III –.

5.1.6.5 Betrieb während des Abnahmeversuches

Mit Messungen soll erst begonnen werden, wenn die Antriebsmaschinen ihre Betriebstemperatur erreicht haben. Es sind möglichst 5 bis 6 Betriebspunkte über den gesamten Bereich „Druckschieber geschlossen“ bis „voll offen“ zu fahren, um die Stetigkeit der Q-h-Kurve zu prüfen und diese und diejenige des Leistungsbedarfes mit den vom Pumpenhersteller gelieferten Prüfstandskennlinien zu vergleichen. Ggf. auftretende Abweichungen sind in der Prüfniederschrift festzuhalten (s. nächste S.).
Erreicht werden gewöhnlich 170 bis 220 mt/kWh und 700 bis 900 mt/kg.

5.1.6.6 Toleranz

Auf die in mt angegebene Nutzarbeit der Maschinensätze wird eine Toleranz zugestanden, die den Firmen bei der Ausschreibung bereits mitgeteilt werden muß. Zweckmäßig werden, wie in den VDI-Kreiselpumpenregeln auch, 5 v. H. der gewährleisteten Nutzarbeit eingeräumt (s. DIN 1944).

5.1.63 Folgen nicht erfüllter Gewährleistung

Es muß schon bei der Ausschreibung als Vertragsstrafe für nicht erreichte Gewähr ein Abzug von den Vertragspreisen oder die gänzliche Zurückweisung der Maschinen als Bedingung für die Lieferung festgelegt worden sein, z. B. Abzug von je 1 v. H. der Vertragssumme des Pumpenaggregats bei Minderung um je 1 v. H. der Gewährzahl zwischen 5 und 15 v. H. und gänzliche Verweigerung der Abnahme bei Minderung um mehr als 15 v. H. der garantierten Förderleistung.

5.1.6.8 Muster für eine Gewährleistungsverpflichtung

Maschinensatz A.	Zum Angebot vom ....
Hersteller der Pumpe	Hersteller der Schaltgeräte ....
Hersteller des Elektromotors	Hersteller des Wasserzählers ....

Die unterfertigte Lieferfirma leistet Gewähr
- für einwandfreie Werkarbeit und Montage unter Berücksichtigung der VDI-Richtlinien und VDE-Bestimmungen sowie der in der Ausschreibung genannten besonderen Bedingungen,
- für einen Förderstrom der Kreiselpumpe von ... l/s auf eine Förderhöhe von ... m bei einer Leistungsaufnahme des Elektromotors von ... kW und für eine zulässige Saughöhe ab Pumpeneinlaufstutzen von ... m, ohne daß Kavitation eintritt,
- für die Zulässigkeit des Rückganges auf eine Förderhöhe von ... m, ebenfalls kavitationsfrei und bis zu ... m Saughöhe, ohne daß der Elektromotor überlastet wird,
- für eine Nullförderhöhe (Scheitelförderhöhe) der Kreiselpumpe von ... m,
- dafür, daß der Elektromotor auch bei Überlastung, Spannungsrückgang und Ausbleiben der Spannung in einem Außenleiter keinen Schaden erleidet, wenn er in der Abschaltzeit gemäß den VDE-Bestimmungen für Schaltgeräte nach DIN VDE 0660, Teil 102 abgeschaltet wird,
- für eine Nutzarbeit des Maschinensatzes je kWh dem Elektromotor zugeführte elektrische Arbeit bei der o. g. Förderhöhe von ... mt in gehobenem Wasser, somit für einen Gesamtwirkungsgrad des Maschinensatzes von ... v. H.

................, den .... Die anbietende Firma ....

Bei Dieselmotoren tritt an Stelle der Arbeitsaufnahme in kWh der Kraftstoffverbrauch von höchstens ... kg, dazu der Schmierölverbrauch je Betriebsstunde oder je kWh.

5.1.6.9 Prüfniederschrift

Der liefernden Firma ist durch rechtzeitige Mitteilung Gelegenheit zur Teilnahme an der Abnahmeprüfung zu geben. Vom Abnahmebeauftragten ist eine Niederschrift zu fertigen. Diese soll folgendes enthalten:
1) Allgemeines – Tag der Prüfung, Teilnehmer seitens der Bauherrschaft und der Lieferfirma, Prüfender.
Liefer- und Leistungsvertrag vom ... Fertigstellungsmeldung der Lieferfirma vom ... Liefer- und Einbaufrist eingehalten?
2) Prüfung des Lieferumfanges und der Werkstoffe – Hier sind die Einzelteile mit Angabe von Type, Größe, Drehzahlen, Leistung usw. wie sie im Angebot stehen, auf dessen Grundlage zu prüfen und festzustellen, ob sie nicht oder nur unwesentlich vom Angebot abweichen.
Ist die Lieferung vollständig?
Entspricht sie nach Werkstoffen und Ausmaßen dem Angebot?
Müssen Teile ausgewechselt oder nachgeliefert werden?
3) Prüfung der Aufstellung – Sind die Teile fachgerecht aufgebaut?
Ist die Sicherheit von mechanischen (z. B. Riemenschutz, Kupplungsschutz) und elektrischen Einrichtungen (Erdung, Abstände in Hoch- und Mittelspannungsräumen usw., s. S. 363) gewährleistet? Sind die einschlägigen UVV und VDE-Bestimmungen beachtet? Sind die elektrischen Geräte im Einklang mit dem Schaltschema beschriftet? (S. 320)
4) Prüfung der Funktionstüchtigkeit – Lassen sich bewegliche Teile leicht bewegen? Spricht die Fehlerstromschutzeinrichtung an (S. 339)? Arbeitet die Schaltanlage gemäß den Forderungen des Leistungsverzeichnisses bzw. des Angebotes?

5) Leistungsprüfung von Pumpensätzen – Zweckmäßig werden die Werte der Gewährtabellen und die bei der Prüfung gemessenen tabellarisch verglichen; Bezugsgröße ist die garantierte Förderhöhe.

Beispiel 1: Horizontale KrP – Motor 37 kW

		Werte	
		gewährleistet	gemessen
Förderhöhe	(m)	104	104
Förderstrom	(l/s)	20	20,4
Leistungsaufnahme Motor	(kW)	29,8	30,0
Garantiezahl	(mt/kWh)	251,0	254,6
Ges.-Wirkungsgrad	(v. H.)	68,5	69,3

Die Gewährleistung ist erfüllt.

Beispiel 2: UP – Motor 18,4 kW

		Werte	
		gewährleistet	gemessen
Förderhöhe	(m)	60	60
Förderstrom	(l/s)	20	16
Leistungsaufnahme Motor	(kW)	18,85	18,6
Garantiezahl	(mt/kWh)	229,0	185,8
Ges.–Wirkungsgrad	(v. H.)	62,5	50,5
Minderung*	(v. H.)	–	18,8

*) bezogen auf die Garantiezahl 229 mt/kWh ≙ 100 v. H.
Die Minderleistung beträgt 18,8 v. H. Nach dem Vertrag ist der Maschinensatz bei einer Minderleistung von mehr als 15 v. H. auszuwechseln.

6) Prüfergebnis – Die Maschinenanlage entspricht dem Vertrag .../entspricht in folgenden Punkten nicht dem Vertrag ...; zur Vertragserfüllung ist folgendes zu veranlassen: ...
7) Unterschriften – Die Niederschrift wird vom Prüfenden unterzeichnet und jedem der Vertragsteile in einer Fertigung ausgehändigt.
S. auch Kapitel 11.

5.2 Elektrotechnik

5.2.1 Allgemeine Zusammenhänge

In Anlehnung an die (sichtbaren) Vorgänge bei der Wasserförderung werden die (unsichtbaren, nur an ihrer Wirkung erkennbaren) Zusammenhänge beim elektrischen Kreislauf erklärt: Dem Förderstrom Q entspricht der elektrische Strom (daher der Name!) I, der Druckhöhe h die elektrische Spannung U und den Druckverlusten h_r (h_g usw.) der elektrische Widerstand R.
Die wichtigsten Größen und ihre Zusammenhänge zeigen die **Tabellen 5-4** und **5-5.**

5.2.2 Elektromotoren

Elektromotoren besitzen überzeugende Vorteile, wie hohen Wirkungsgrad, gute Regel- und Bedienbarkeit, einfachen und robusten Aufbau, damit geringen Wartungsaufwand; ferner ist keine Kraftstoffbevorratung, zur Betriebssicherstellung bei Stromausfall jedoch ein Ersatzstromerzeugungsaggregat (S. 337), erforderlich. Deswegen sind sie die am meisten verwendeten Antriebsmaschinen geworden.

Tab. 5-4: Elektrotechnische Einheiten und Bezeichnungen

Bezeichnung	Einheit	Abk.	Formelzeichen
Spannung	Volt	V	U(E; EMK)
Stromstärke	Ampere	A	I
Widerstand	Ohm	Ω	R
Frequenz	Hertz	Hz	f
Wirkleistung	Watt	W	$P(P_w)$
Scheinleistung	Voltampere	VA	$S\ (P_S)$
Blindleistung	Var	var	Q (Pb)
Leistungsfaktor	–	–	$\cos\varphi$
Arbeit	Wattsekunde	Ws	W (A)
	Kilowattstunde	kWh	

Anm.: In Klammern sind die früher üblichen Formelzeichen angegeben
Var = „Voltampere reaktiv"

Tab. 5-5: Beziehung zwischen Strom, Spannung und Leistung bei Drehstrom

Strom
$$I = \frac{P}{1{,}73 \cdot U \cdot \cos\varphi}$$

Spannung
$$U = \frac{P}{1{,}73 \cdot I \cdot \cos\varphi}$$

Wirkleistung $P = 1{,}73 \cdot U \cdot I \cdot \cos\varphi$
Scheinleistung $S = 1{,}73 \cdot U \cdot I$
Blindleistung $Q = 1{,}73 \cdot U \cdot I \cdot \sin\varphi$

Leistungsfaktor
$$\cos\varphi = \frac{P}{S}$$

Für elektr. Leitungen:

Spannungs-(ab-)abfall
$$\Delta U = \frac{1{,}73 \cdot 1 \cdot I \cdot \cos.\ \varphi}{\kappa \cdot A}$$

Leistungsverlust
$$P_v = \frac{3 \cdot 1 \cdot I^2}{\kappa \cdot A}$$

Leistungsverlust in v. H. (bez. auf P)
$$P_p = \frac{100 \cdot 1 \cdot P}{\kappa \cdot A \cdot U^2 \cdot \cos\varphi}$$

Hierbei ist:

1 in m	einfach gemessene Leitungslänge
κ in m/mm² Ω	spez. Leitfähigkeit (z. B. Cu 58 m/mm² Ω, Al 35 m/mm² Ω)
A in mm²	Querschnitt der Leitung
P in W	Leistung

Anm.: $1{,}73 = \sqrt{3}$: Verkettungsfaktor (Drehstrom ist *drei*-fach verketteter Wechselstrom);

bei *Wechselstrom* wird der Verkettungsfaktor zu „1", also: $P = U \cdot I \cdot \cos\varphi$, bei *Gleichstrom* zusätzlich der Leistungsfaktor $\lambda = \cos\varphi$ ebenfalls zu „1", also: $P = U \cdot I$.

5.2.2.1 Grundgrößen

5.2.2.1.1 Stromarten – Es gibt Gleich-, Wechsel- und Drehstrom. Gleichstrom nur mehr in örtlichen Kleinversorgungen, in Überlandwerken ausschließlich Drehstrom.
Kennzeichen: auf Gleichstromzählern: =, auf Drehstromzählern: 3 ~. Auf den Motor-Schildern bedeutet G: Gleichstrom, D oder DMot.: Drehstrom.
Anm.: Neuerdings wird Gleichstrom auch mit „DC“ (Direct Current) und Wechselstrom mit „AC“ (Alternating Current) gekennzeichnet.
Damit ergeben sich folgende Motorarten:
Drehstromschleifringläufer haben auf der Welle drei voneinander unabhängige durchgehende Ringe. Auf ihnen liegen die meistens abhebbaren drei Bürsten auf. Kurzschlußläufer (Asynchronmotoren) besitzen nur ein Klemmbrett, aber keine schleifende Übertragung auf den (kurzgeschlossenen) Läuferteil (s. Abschn. 5.2.2.2.2, S. 330). Gleichstrommotoren haben zwar verschiedene Vorteile, wie hohes Anlaufdrehmoment und stufenlos regelbare Drehzahl, dem steht aber ein schwieriger Aufbau mit Schleifringen, Stromwendern u. ä. gegenüber. Sie sind daher wartungsaufwendig und in der WV nicht mehr anzutreffen.

5.2.2.1.2 Spannung – Maßgebend ist die Betriebsspannung am Aufstellungsort. Nur noch selten kommen Gleichstromnetze mit 220, 600 und 750 V vor. Üblich sind heute für Drehstromnetze Niederspannung 220, 380, (660) V und Mittelspannung (6000) 20 000 V. Nach der jetzt eingeführten IEC-Norm (Internationale Elektrotechnische Commission) DIN IEC 38 gelten 230, 400 und 690 V für Niederspannung, darüber 10, 20 und 35 kV. (Auch 66, 110, 132 und 220 kV sind noch genormt.) Letztlich wird – neben der Leistung – mit entscheiden, welche Netzspannung zum Einspeisen ansteht und/oder ob lange Kabelstrecken (z. B. zu Brunnengalerien) vorhanden sind. Erst über 450 kW wird man Mittelspannungsmotoren mit 6 kV einsetzen. Als Betriebsspannung gilt der Spannungsunterschied zwischen 2 der 3 Leiter (L1, L2, L3; früher RST), nicht jedoch der Spannungsunterschied zwischen einem der Leiter und dem (geerdeten) Mittelpunkt oder Neutral-, früher Mittelleiter N (bzw. Mp). In den Drehstromnetzen herrscht zwischen jedem der 3 Leiter und dem Neutralleiter eine kleinere Spannung als zwischen 2 der 3 Leiter, und zwar ist $E' = E/\sqrt{3}$, wenn E’ die Spannung zwischen Leiter und Neutralleiter und E die Spannung zwischen 2 Leitern, auch Betriebsspannung genannt, ist. Es ist also z. B.

(selten): $E = 690$ V... $E' = 400$ V oder
(meistens): $E = 400$ V... $E' = 230$ V

Da Verbraucher mit geringem Energiebedarf, z. B. Glühlampen, meist nicht an die Betriebsspannung, sondern zwischen Leiter und Mittelpunkt gelegt werden, wird mit 2 Spannungen gearbeitet, nämlich für Motoren E = 400 V, für Beleuchtung E’= 230 V **(Abb. 5-27).** Man erkundige sich aber vor Motorenbestellungen nach der Betriebsspannung.

5.2.2.1.3 Netzfrequenz in Drehstromnetzen – Üblich ist die Frequenz 50 Hz (Hertz), d. h. der Drehstrom wechselt sekundlich 100 = 2 · 50mal die Richtung. Gleichstrom hat keine Richtungsänderung („0 Hz“).

5.2.2.1.4 Wirkungsgrad – Der Wirkungsgrad von Elektromotoren η_M ist das Verhältnis von abgegebener mechanischer Leistung zu aufgenommener elektr. Wirkleistung. Er beträgt etwa:

Motorleistungeistg. P in kW	1	5	10	20	50	100
Wirkungsgrad η_M in v. H.	75	85	87	88	90	92

5.2.2.1.5 Drehzahl – Die Drehzahl richtet sich nach den anzutreibenden Maschinen. Bei sonst gleicher Leistung sind Motoren höherer Drehzahl billiger und kleiner. Bei Drehstrom von 50 Hz ergeben sich, je nach Anordnung von einem oder mehreren Polpaaren im feststehenden Teil (Ständer) des Motors, Nenn- bzw. Lastdrehzahlen (d. h. unter Belastung) nach der Beziehung

$n = (f/p) \cdot 60$, wobei n in min^{-1} Drehzahl
f in Hz ($= sec^{-1}$) Frequenz (60 sec = 1 min!)
p Polpaarzahl **(Abb. 5-28)**

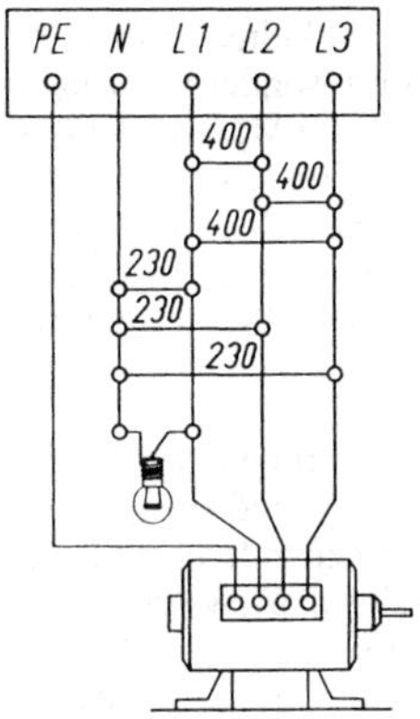

Abb. 5-27:
Netzspannungs-Schema

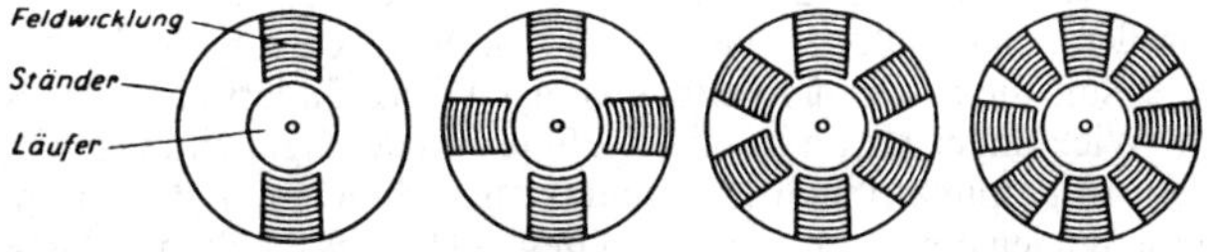

Polpaarzahl	1	2	3	4
Synchrondrehzahl	3000	1500	1000	750
Nenndrehzahl	2900	1450	970	730

Abb. 5-28: Schema der Polpaare

Anm.: Der Unterschied zwischen Synchron- und Nenndrehzahl ist der sog. Schlupf. Er beträgt bei Motoren mittlerer Größe bei Nennlast etwa 3 bis 5 v. H. der Synchrondrehzahl (= Nennschlupf).

Üblicherweise kommen nur die Nenndrehzahlen n = 2900 min^{-1} und 1450 min^{-1} in Betracht.
Neben den starren, von der Polpaarzahl abhängigen Drehzahlen lassen sich auch stufenlos veränderbare Drehzahlen erreichen. Dies geschieht durch
- *Gleichstrommotoren,* die mittels Gleichrichtern aus dem Drehstromnetz gespeist werden. Drehzahländerung erfolgt durch veränderliche Widerstände im Erreger- oder Ankerkreis oder durch elektronische Steuerungen.
- *Frequenzumrichter* (auch für UP geeignet). Änderung der Ständerfrequenz f (Formel s. o.) der Kurzschlußläufer über statische Gleich-, dann statische Wechselrichter, letztere mit Ausgang von 5 bis 50 Hz, entsprechend 10 v. H. bis zur vollen Nenndrehzahl (Umwandlung Wechselspannung mit 50 Hz vom Netz in Gleichspannung, dann wieder in Wechselspannung mit 5 bis 50 Hz). Die mögliche Frequenz-Steigerung auf nahezu 100 Hz ist nicht empfehlenswert, da die Eisenverluste stark ansteigen; unter 25 Hz wird die Eigenbelüftung sehr schwach (falls erforderlich, Fremdbelüftung einsetzen). Für Pumpenbetrieb ist der Bereich von 25 bis 55 Hz gebräuchlich. – Verluste durch Oberwellen, die auch das übrige Netz stören können (Abhilfe: Netzdrosseln), drücken den Wirkungsgrad auf rd. 85 v. H. (Antrieb auf etwa 118 v. H. auslegen!). Neben der stufenlosen Drehzahländerung sind als Vorteile zu nennen: Verlängerung der Hochlaufzeit, dadurch Vermeidung hoher Anlaufströme (s. folg. Abschn.) und Druckstöße (s. Abschn. 5.5.5, S. 370), sowie Verlängerung der Auslaufzeit zur Druckstoßvermeidung. Mit sinkenden Investitions- und steigenden Energiekosten wird diese Drehzahlregelung immer mehr angewendet werden.

5.2.2.1.6 Drehrichtung – Die Drehrichtung läßt sich ändern bei GStrom durch Umklemmen der Ständer- oder der Läuferwicklung, bei DStrom durch Vertauschen von 2 Außenleitern. *Beachte:* Besonders Motoren höherer Leistung sind wegen der dann verringerten Kühllüfterleistung nicht für Betrieb in Gegenrichtung geeignet.

5.2.2.2 Der Motor als Antriebsmaschine

5.2.2.2.1 Kraftübertragung und Antriebsart – Nur für Kolbenpumpen kommt eine Kraftübertragung durch Riemen oder Zahnräder in Betracht; für Hauswasser-(kolben-)pumpen meist Keilriemen. Wirkungsgrade für Riementriebe etwa 90 bis 92 v. H., Getriebe in Ölbad 95 v. H. KrP werden mit Elektromotoren in der Regel durch Kupplungen verbunden, die dann elastisch sein müssen, wenn beide Maschinen oder wenigstens eine mit Wälzlagern ausgerüstet ist. Die für eine starre Verbindung beim Ausrichten erforderliche Genauigkeit kann praktisch nicht erreicht werden.

5.2.2.2.2 Anlassen – GMot werden durch langsames Ausrücken vorgeschalteter Widerstände oder elektronisch angelassen.
DMot sind i. allg. Kurzschlußläufer, d. h. der sich drehende Läufer des Motors hat keine Verbindung mit dem Stromnetz, seine Wicklungen sind nicht aus der Maschine herausgeführt, sondern in seinem Inneren „kurzgeschlossen“. Für das Anlassen gibt es mehrere Möglichkeiten: Kleine Motoren – meist bis zu 3 (u. U. 5) kW Leistungsaufnahme – sind von den EVU in der Regel für direkte Einschaltung zugelassen, da der Einschaltstromstoß, der die 4,5- bis 6 fache Nennstromstärke des Motors beträgt, noch in Kauf genommen wird. Dies ist der Fall, wenn der Motor ohne oder mit nur geringer Last hochläuft, wie das bei Kreiselpumpen gegeben ist. In Betracht kommen hier Kurzschlußläufermotoren mit Stromdämpferwicklung, auch als Stromverdrängungsläufer bezeichnet. Sie besitzen in der Regel nur 3 Klemmen L1, L2, L3 und eine Schutzleiterklemme.
Größere, nicht unter Vollast anlaufende Motoren werden durch Stern-Dreieck-Schaltung angelassen. Hier sind die Enden der Feldwicklungen des Ständers zu einem Klemmbrett geführt, und zwar so, daß die Wicklungen entweder an einer Seite mit den 3 Zuleitungen L1, L2, L3 und auf der anderen Seite mit dem Mittelpunkt (auch „Sternpunkt“) verbunden sind – Sternschaltung – oder daß zwischen je 2 Zuleitungen eine Motorwicklung liegt – Dreieckschaltung – (**Abb. 5-29** und **5-30**).
Es sei z. B. ein Motor für eine Spannung von 400 V gewickelt, zwischen je 2 Klemmen L1, L2 oder L3 herrscht im Netz eine Spannung von 400 V. In der Sternschaltung liegen zwischen je 2 Klemmen 2 Motor-Wicklungen, so daß jede Wicklung nur die Spannung zwischen Klemme und Mittel- bzw. Sternpunkt, also 230 V, erhält. Sie nimmt also weniger Strom auf und bringt daher auch nur weniger (Anlauf-) Moment auf. Der Anlaufstrom beträgt dabei nur etwa 1/3 desjenigen bei Direktschaltung, also etwa das 1,5- bis 2 fache des Nennstromes.
In der Dreieckschaltung dagegen liegt nur eine Wicklung zwischen je 2 Klemmen, sie erhält damit die volle Spannung 400 V.

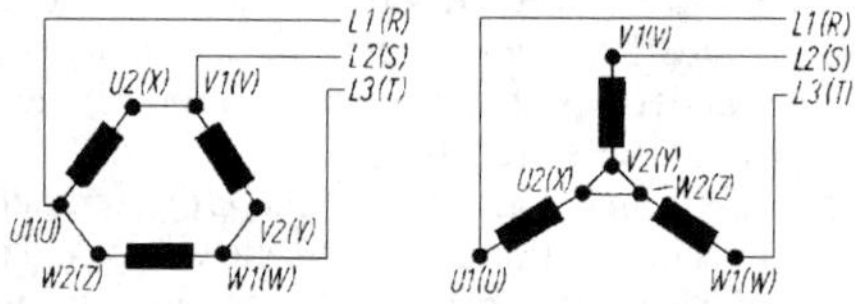

Abb. 5-29: Schema der Dreieck- (links) und der Stern-Schaltung (rechts)

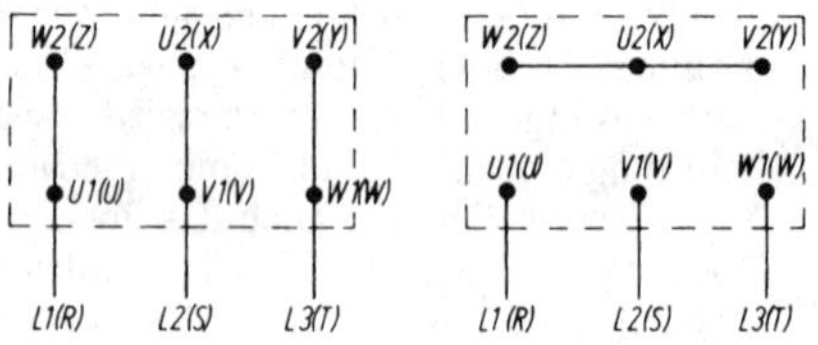

Abb. 5-30: Klemmbrett am DMot-Ständer (links Dreieck-, rechts Stern-Schaltung)

Um den Motor beim Anlauf zuerst in die Stern-, dann in die Dreieckschaltung zu bringen, sind die Enden der Ständerwicklung zu Klemmkästen geführt. Diese Klemmen werden durch 6 Leitungen mit einem Sterndreieckschalter verbunden, der 3 Stellungen besitzt: Nullstellung (ausgeschaltet), Anlaßstellung (Sternschaltung Y), Betriebsstellung (Dreieckschaltung Δ). Beim Anfahren muß der Schalter solange in Sternstellung stehen bleiben, bis der Motor nahezu auf seine Drehzahl hochgelaufen ist, erst dann darf auf Dreieck umgeschaltet werden **(Abb. 5-31).**
Beim Ausschalten erst Hauptschalter herausnehmen, dann Y-Δ-Schalter auf Nullstellung zurückschalten. Von einem Schütz wird dieser Schaltvorgang selbsttätig abgewickelt.
Ein Motor, der für Y-Δ-Schaltung gebaut ist, also 6 Klemmen besitzt, kann auch direkt eingeschaltet werden, also ohne Y-Δ-Schaltung, wenn das EVU den Stromstoß zuläßt. Man kann die Maschine auf Y oder Δ schalten, wenn man die Klemmen gemäß **Abb. 5-30** verbindet, muß aber auf folgendes achten: Ist der Motor für 230 V gewickelt, so darf man ihn an ein Netz mit 230 V Betriebsspannung in Δ-Schaltung legen, an ein Netz mit 400 V Betriebsspannung nur in Y-Schaltung.

Voraussetzung für die Einschaltung eines Motors mit Y-Δ-Schaltung: Die Ständerwicklung muß für die Betriebsspannung in Δ geschaltet sein. Es gilt also:

Motorschildbezeichnung:	230/400	230/400	400/690	400/690
Betriebsspannung:	230	400	400	690
Y-Δ-Anlauf möglich?	ja	nein	ja	nein
Grund:	230 in Δ	400 in Y	400 in Δ	690 in Y

Beim Y-Δ-Anlauf gibt der Motor während des Anlaufens selbst nur etwa ein Drittel des Nennmoments **(Abb. 5-31)** ab, daher ist kein Anlauf unter Vollast möglich.

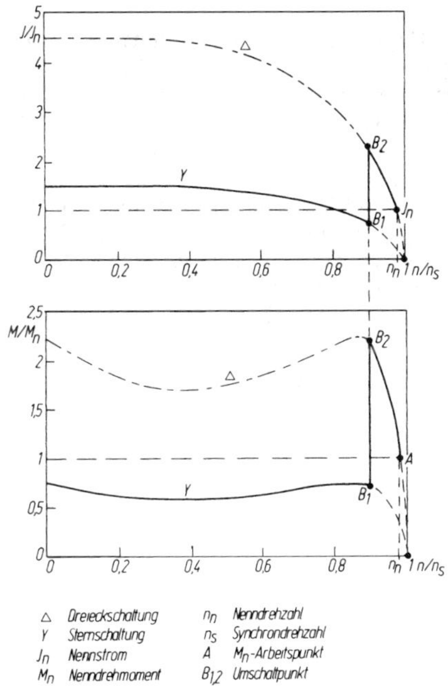

Abb. 5-31: Strom- und Momentenverlauf bei Stern-Dreieck-Schaltung

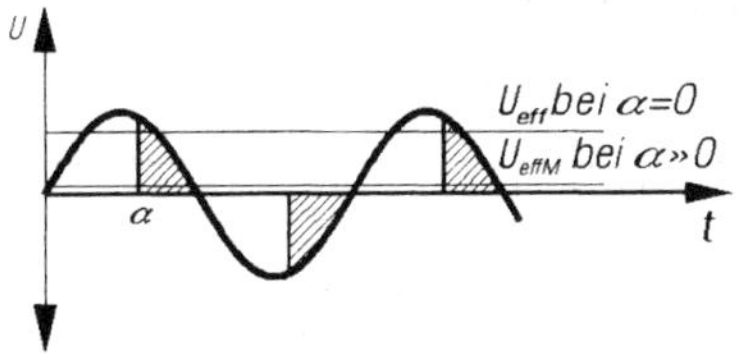

Abb. 5-32: Phasenanschnitt

Für Unterwassermotorpumpen wählt man ein 7adriges Kabel bei Y-Δ-Schaltung; ein 4adriges Kabel reicht bei direkter Einschaltung (jeweils 1 Ader für Schutzleiter) oder bei Verwendung eines Anlaßtransformators, der den Y-Δ-Schalter ersetzt und bei größerer Entfernung zwischen Schaltanlage und Motor angebracht ist. Er besitzt eine Anzapfung bei etwa 70 v. H. der Netzspannung, so daß der Anlaufstrom auf 49 v. H. (also rd. die Hälfte!) desjenigen bei direkter Einschaltung sinkt. Er beträgt dann etwa das 2fache des Motoren-Nennstromes.

Für Vollastanlauf, der in Wasserwerken kaum vorkommt, werden Schleifringläufermotoren verwendet. Bei diesen sind 3 Wicklungsenden des Läufers zu den 3 Schleifringen auf der Motorwelle geführt, auf welchen die Stromabnehmer (Bürsten) aufliegen. Diese sind mit stufenweise ausrückbaren Anlaßwiderständen verbunden.

Eine neuere Entwicklung stellt der elektronische Motor-Sanftanlauf dar: Ein steuerbarer Halbleiter (Thyristor) bewirkt durch Anschneiden eines Teils der Sinushalbwelle **(Abb. 5-32),** daß erst ab einem bestimmten, beliebig einstellbaren Zeitpunkt ein Teilbetrag der Spannung (schraffierte Fläche) an den Motor weitergegeben wird. In dem Augenblick, in dem die Phase negativ werden will, schließt das Halbleiterventil und läßt keine Spannung mehr durch. Daher ist ein zweiter, entgegengesetzt gepolter Halbleiter nötig, welcher mit der negativen Halbwelle ebenso verfährt. Wird nun jede Halbwelle in der beschriebenen Art „angeschnitten“, so ist am Motor nur noch eine geringere Effektivspannung wirk-

sam. Verschiebt man den Öffnungszeitpunkt α allmählich nach links gegen Null, so steigt die Spannung an, bis der Thyristor durchgesteuert ist und die volle Netzspannung zum Einsatz kommt.
Die Anlaufstrombegrenzung läßt sich bis auf etwa 2,0 bis 3,0 $\cdot$ I_n festlegen. Außerdem werden Sanft*aus*laufsätze angeboten. Vorteil ist die Vermeidung von Druckstößen und damit der Einsatz entsprechender Armaturen (s. S. 372).
Es sollten möglichst solche Geräte eingesetzt werden, die nach dem Hochlaufen des Motors durch einen Schütz überbrückt werden. So verhindert man zusätzliche Verlustleistung und Netzrückwirkung durch Oberwellen. Da sich auch Schwierigkeiten bei der Gleitlagerung, wie sie in U- und Tauchmotorpumpen vorkommt, *und* bei niedriger Drehzahl ergeben können, ist der untere Drehzahlbereich schnell zu durchfahren. Für Dauerbetrieb mit einer niedrigeren Drehzahl als der Nenndrehzahl ist dieses Verfahren nicht geeignet.

5.2.2.2.3 Bauformen und Schutzarten der Elektromotoren – Häufigste Bauform ist die mit horizontaler Welle, freiem Wellenende und mit Füßen = Bauform IM B3 (nach der internationalen DIN IEC 34/7; entspricht der früheren Bauform B3 der zwischenzeitlich ersetzten – nationalen – DIN 42 950), seltener die ohne Füße für Flanschanbau – Bauform IM B5, IM B10 und IM B14 (entsprechend B5, B10 und B14). Anbau- und Hüllmaße sowie Zuordnung der Leistungen für die Motoren der genannten Bauformen sind in DIN 42 669 bis DIN 42 681 zu finden.
Die Schutzarten beziehen sich auf Berührungs-, Fremdkörper- und Wasserschutz und sind durch die Buchstabenfolge „IP“ sowie zwei Kennziffern festgelegt. Die erste gibt den Schutzgrad von Berührungs- und Fremdkörperschutz, die zweite den gegen Eindringen von Wasser an. Steigende Ziffern bedeuten steigenden Schutzgrad. In Maschinenräumen ist „IP 23“ üblich (Schutz gegen Sprühwasser, schräg bis 30°), in Rohrkellern und Brunnenschächten „IP 44“ (Schutz gegen Spritzwasser, aus allen Richtungen) und in Räumen mit Überflutungsgefahr „IP 56“ (Schutz gegen Überfluten). Für U-Pumpenantriebe ist der höchste Schutzgrad – „IP 58“ (geeignet zum dauernden Untertauchen) – erforderlich, s. DIN VDE 0530/5.

Tab. 5-6: Kondensatorleistungen:

vorh.	gewünschter cos φ		
cos φ	0,90	0,93	0,96
0,74	0,43	0,52	0,62
0,82	0,22	0,31	0,40
0,88	0,06	0,15	0,25

5.2.2.2.4 Blindstromkompensation – Die meisten Elektrizitätswerke verlangen die Bezahlung der Blindleistung (ab 50 v. H. der Wirkleistung), die durch die Phasenverschiebung φ zwischen Strom und Spannung in Drehstromnetzen auftritt und die die magnetischen Felder aufbaut und erhält. Man kann den cos φ eines Motors, der in der Regel zwischen 0,8 und 0,85 liegt, dadurch verbessern, daß man einen (Leistungs-)Kondensator parallel zum Motor legt. Man kompensiert nicht ganz bis cos φ = 1,0, sondern auf 0,96 bis 0,98. Hierüber ist das EVU zu befragen. Die Anschaffungskosten für einen Blindstromkondensator werden oft schon durch die Senkung der Stromgebühren während eines Jahres ausgeglichen. In kleineren WVAnlagen kommt fast immer „Einzelkompensation“ in Frage, d. h. jedem Pumpenmotor wird ein eigener Kondensator zugeordnet. Um auch das Motorkabel von der Blindleistung Q zu entlasten, setzt man den Kondensator möglichst nahe an den Motor.
Bei großen WV-Anlagen kommt entweder vollautomatische Zentralkompensation oder Festkompensation auf etwa 90 v. H. für jeden Verbraucher mit geregelter Restkompensation in Frage.
Die Kondensator-Leistung ist aus **Tab. 5-6** zu entnehmen (Zwischenwerte geradlinig interpolieren!). Hat z. B. ein Motor 60 kW Leistungsaufnahme bei einem Leistungsfaktor von 0,82, so braucht man, um ihn auf cos φ = 0,96 zu verbessern, einen Kondensator von 0,40 $\cdot$ 60 kvar = 24 kvar.

5.2.2.2.5 Erwärmung der Motoren – Nach Einsetzen einer Belastung erwärmt sich der Motor durch diese nach einer e-Funktion. Damit wird sich nach längerer Zeit eine ziemlich unveränderliche

Temperatur einstellen, wenn sog. *Dauerbetrieb* vorliegt. Wird der Motor entlastet, sinkt die Temperatur, d. h. daß bei Betrieb mit (entsprechend langen) Pausen *(Aussetzbetrieb)* nur eine niedrigere Motortemperatur erreicht wird oder, während der kurzen Betriebszeiten, eine höhere Leistung abgegeben werden kann. Bei der Auslegung von WVAnlagen ist aber normalerweise von „Dauerbetrieb" auszugehen.
Eine Erhöhung der Lebensdauer erzielt man, wenn man höhere Isolierstoffklassen verwendet, die die zulässige Grenzübertemperatur ϑ_G (der eingesetzten Isolierstoffe) und damit die höchstzulässige Dauertemperatur ϑ_D (des Motors) bestimmen (s. DIN IEC 85 = VDE 0301/1):
$\vartheta_D = 40\,°C + \text{Zuschlag (etwa 5 bis 15 K)} + \vartheta_G$

Klasse	Y	A	E	B	F	H
ϑ_D in °C	90	105	120	130	155	180

Die frühere Klasse C für alle Temperaturen über 180 °C ist ersetzt worden durch die entsprechende Zahlenangabe, z. B. 200 ≙ 200 °C.

Zur Motorkühlung wird i. allg. Luft verwendet, die *durch* den Motor *(Innenkühlung)* oder, bei geschlossener Bauart, *über* seine Oberfläche *(Oberflächenkühlung)* geführt wird.
Schutz vor unzulässiger Erwärmung bieten Motorschutzschalter mit thermischer Auslösung; als Kurzschlußschutz werden Sicherungen oder Leistungsschalter mit Kurzschlußschnellauslösern eingesetzt.
Bei großen Motoren werden zur Temperaturüberwachung in den Lagern Kontaktthermometer und in den Wicklungen Widerstandselemente, z. B. Kaltleiter, vorgesehen.
Bei Ansprechen der Schutzeinrichtungen muß ein Alarmsignal abgehen, bzw. nach einiger Zeit ein selbsttätiges Stillsetzen der Maschine erfolgen.
Vgl. hierzu DIN VDE 0530/1

5.2.3 Energieverteilung

5.2.3.1 Schaltgeräte

Schaltgeräte verbinden oder unterbrechen Stromwege. Ihre Auswahl wird hauptsächlich bestimmt von Betriebsspannung und -strom, Schaltvermögen und -häufigkeit sowie Betätigungsart. Hochspannungsschaltgeräte mit Betriebsspannungen über 20 kV sind i. allg. in der Verfügungsgewalt der EVU, dagegen können Mittelspannungsschaltgeräte im WVU-Bereich liegen. Verbreitet sind Niederspannungsschaltgeräte.

5.2.3.1.1 Schaltgeräte für Mittelspannungsanlagen – In Mittelspannungsanlagen werden als Schaltgeräte eingesetzt
- Leistungsschalter zum Schalten großer Betriebs- und Kurzschlußströme; ihr Schaltvermögen wird in MVA angegeben. Bei hoher Schalthäufigkeit (z. B. Motoren) haben sich öllose SF_6-(Schwefelhexafluorid-) und Vakuum-Schalter bewährt,
- Lasttrennschalter zum Schalten nur begrenzter Betriebsströme (keine Kurzschlußströme!); sie stellen beim Ausschalten eine Trennstrecke dar (Erhöhung der Sicherheit),
- Trennschalter zum stromlosen Schalten, d. h. ohne Last; sie stellen eine sichtbare Trennung ausgeschalteter Anlagenteile dar und werden bes. bei Wartungsarbeiten betätigt.

5.2.3.1.2 Schaltgeräte für Niederspannungsanlagen – Bei den Niederspannungsschaltgeräten handelt es sich i. allg. um Einrichtungen zum Ein- und Ausschalten von Motoren, Lampen u. ä. und um solche, die ihre Zuleitungen gegen Überlast schützen.
Möglichkeiten:
- *Motorschutzschalter* werden in Wasserwerken heute i. allg. als *Motorschütze* eingesetzt, d. h. nahezu alle Motoren (auch für Gebläse u. dgl.) werden selbsttätig, also ferngeschaltet, und zwar durch Luftschütze (die Kontakte liegen in freien Lichtbogenlöschkammern, nicht unter Öl), denen 3polige thermische Überstromauslöser angefügt sind. Sie dürfen, um ein Durchbrennen der Motoren zu verhindern, höchstens auf deren Nennstromstärke eingestellt werden,
- *Motorsicherungen,* vor die Schütze gesetzt, dienen als Kurzschlußschutz, s. **Tab. 5-7**,
- *Stern-Dreieck-Schütze* nehmen das Einschalten der Motoren in Stern- und das Umschalten in Dreieckschaltung selbsttätig vor,
- *Thermistorgeräte* schützen häufig schaltende (i > 60/h) Motoren, z. B. in DB-Anlagen. Es sind Temperaturfühler in die Motor-Ständerwicklungen eingebettet, die über ein Auslösegerät bei zu

großer Erwärmung auf das Motorschütz wirken. Sie werden i. allg. als Kaltleiter, d. s. Halbleiter, deren elektrische Leitfähigkeit im kalten Zustand größer ist als im heißen, ausgeführt – Gegenteil: Heißleiter.

Über Schaltwarten in Wasserwerken s. S. 340.

5.2.3.1.3 Besondere Geräte für selbsttätige Steuerungen

1) Wasserstandsgeber sind Kontaktaufnehmer, welche aus einer Schwimmervorrichtung oder aus einem Druckaufnehmer bestehen und welche an die Grundablaßleitung des HB angeschlossen werden, um den Wasserstand anzuzeigen, die Schaltung der Pumpen zu bewirken und/oder eine Meldung abzusetzen.

2) Druckschalter schalten bei bestimmten Drücken ein bzw. aus und werden in DB-Anlagen zur Steuerung der Luftkompressoren benötigt. Die Ein- und Ausschaltgrenzen sind nur in bestimmtem Rahmen verstellbar (meist 1,2 bis 1,8 bar zwischen Ein- und Ausschaltdruck. Der Druckbereich läßt sich durch Wechseln der Druckfedern ändern).

3) Kontaktmanometer sind Manometer mit einem vom Wasserdruck bewegten und einem von Hand einstellbaren Zeiger, deren Kontakte sich berühren, wenn sich die Zeiger decken. Beim Berühren schließen sie einen Hilfsstromkreis, der den Motorschütz steuert (DBPW, S. 367).

4) Strömungsschalter werden als Trockenlaufschutz für Pumpen eingesetzt. Sie müssen während der Pumpenanlaufzeit überbrückt werden. Bei der mechanischen Bauart fällt ein durch die Wasserströmung gehaltener Hebel bei deren Stillstand und schaltet den Motor ab. Sie ist heute meist durch das kalorimetrische Prinzip abgelöst worden: zwei Temperaturfühler ragen geringfügig in die Strömung; einer mißt die Wassertemperatur, der andere – beheizte – wird je nach Strömungsgeschwindigkeit mehr oder weniger abgekühlt. Aus beiden Werten wird der mittels Potentiometer in weiten Grenzen einstellbare Schaltpunkt ermittelt. Vorteile: keine bewegten Teile und leicht einbaubar.

5) Speicherprogrammierbare Steuerungen (SPS) sind die zentralen Geräte der Automatisierungstechnik. Sie besitzen Ein- und Ausgänge für analoge und digitale Größen, also z. B. für Meßwerte und Schaltkontakte auf der Eingangsseite und für Befehle in Form von potentialfreien Kontakten auf der Ausgangsseite. Über ein Programm sind Ein- und Ausgangssignal miteinander verknüpft.

6) Meßumformer und Batterien s. Abschn. 5.3.2.1.4 (S. 342).

5.2.3.2 Leitungen und Zubehör

5.2.3.2.1 Stromleitungen – Die vom Netz des EVU zu den Wasserwerken verlaufenden Stromleitungen werden als Freileitungen oder Kabel erstellt; sie sind bestimmt durch Festigkeit (bei Freileitungen), Erwärmung und Spannungs- bzw. Leistungsverlust. In der Regel ist nur der letztere von Bedeutung. Wegen der größeren Betriebssicherheit sollen Stromzuführungen zu Wasserwerken nur als (Feuchtraum-)Kabel verlegt werden.

Üblicherweise werden vom Trafo des EVU bis zum Pumpwerk 5 v. H. Leistungsverlust zugelassen. Mit diesem Wert ist auch die Leitertafel **Abb. 5-33** ausgelegt, aus der die Leitungsquerschnitte für Kupfer- und Aluminiumleitungen entnommen werden können.

Mindestquerschnitt für Niederspannungs-Freileitungen: Cu 10 mm^2, Al 16 mm^2, Mastabstände: Holzmasten 35 m, bei größerem Leitungsquerschnitt Stahlbeton- oder Stahlrohrmasten: 40 bis 50 m. Mastlänge 9 bis 11 m. Zopfstärke (d. i. das obere Ende) der Holzmasten bis $4 \cdot 70$ mm^2. Leitungsquerschnitt: 16/18 cm. Eingrabtiefe 1/6 der Mastlänge, mindestens 1,6 m. Abstände der Leitungen untereinander 40 bis 50 cm, von Gebäuden 1,25 m, von OK Eisenbahnschienen 7,0 m, seitlich von Gleismitte 5,0 m, stets bei größtem Durchhang gemessen (gilt nur für Leitungen unter 1 000 V). Bahnen mit elektrischer Oberleitung dürfen nur mit Erdkabeln gekreuzt werden.

Müssen Leistungen über 25 bis 30 kW auf längere Strecken als 1 000 bis 1 200 m übertragen werden, so würden die Querschnitte von Niederspannungsleitungen zu groß werden, wenn der Leistungsverlust im erträglichen Rahmen bleiben soll. In diesem Fall ist Mittelspannungsübertragung zweckmäßig. Im oder neben dem Wasserwerk ist sodann Raum für Schaltgeräte und Transformatoren bereitzustellen (s. Abschn. 5.5.3.7, S. 363).

5.2.3.2.2 Motoranschlüsse und Sicherungen – In **Tab. 5-7** sind in Abhängigkeit von der Leistung des Motors P die auftretenden Nennstromstärken I sowie die erforderlichen Leitungsquerschnitte für

*Kupfer*leitungen A und die Größe der anzubringenden Sicherungen Si angegeben. Unter Zuleitung ist dabei die Leitung zwischen Schaltgeräten und Motoren bei einer Höchstlänge von 80 m bei Drehstrom 380 V zu verstehen (wegen des Spannungsverlustes, seit einigen Jahren auch „Spannungsfall"). Für stärkere Kabel (etwa ab 120 mm^2) werden, wegen der besseren Biegsamkeit, meist Einzelleiter vorgezogen.

Tab. 5-7: Stromstärken, Querschnitte, Sicherungen

Motorleistung P kW	Drehstrom, 380 V I A	1500 min^{-1} A mm^2	Si A	Sicherungen sind bemessen für
1,1	2,6	1,5	4	unmittelbare Einschaltung
1,5	3,5	1,5	6	
2,2	5,2	1,5	10	
3	6,8	2,5	16	
4	9	2,5	16	Einschaltung mit Y-Δ-Schalter, Anlaßtransformator oder Sanftanlauf
5,5	11,8	4	20	
7,5	15,6	6	25	
11	22,5	10	35	
15	30	10	35	
22	43	16	50	
30	55	25	63	
35	72	35	80	
45	85	50	100	
55	105	70	125	
75	142	95	160	
90	169	120	200	

5.2.3.3 Transformatoren (Umspanner)

Transformatoren sind genormt (DIN 42 500 bis DIN 42 523); deshalb ist die Bestimmung der erforderlichen Leistungsgrößen nicht besonders schwierig. Trotzdem ist es nötig, bei der Auswahl von Transformatoren doch einiges zu beachten: Nach dem Kühlmittel unterscheidet man Trocken- und Öltransformatoren. Die unbrennbaren (!), PCB-haltigen Kühlmittel (Askarel, Chlophen o. ä. Bezeichnungen) haben sich als äußerst gefährlich im Brandfall erwiesen (durch Brandlast von außen). Aufgrund dieser Umweltunverträglichkeit werden sie nicht mehr hergestellt; wegen des Austausches eines u. U. vorhandenen PCB-haltigen Transformators wende man sich an die Kreisverwaltungsbehörden. Einfacher Austausch der Füllung gegen Öl ist höchst gefährlich und deshalb unzulässig. Die Entsorgung ist von Spezialfirmen durchzuführen.
Somit kommt normalerweise, d. h. wenn keine Gefährdung des Grundwassers zu befürchten ist, der mit Mineral- oder Silikonöl (etwas teurer) gefüllte Transformator in Betracht. Bei seiner Aufstellung sind verschiedene bauliche Auflagen und Vorkehrungen zu erfüllen (s. Absch. 5.5.3.7, S. 363). Diese entfallen bei dem im Fassungsbereich und in der engeren Schutzzone vorgeschriebenen Trockentransformator. Bei Neuanschaffung empfiehlt sich die Gießharzausführung; sie ist zwar etwa doppelt so teuer wie die mit Lacktränkung, aber, im Gegensatz zu dieser, nicht überspannungsempfindlich, für Freiluftaufstellung (gekapselt) geeignet und ohne Wartungsansprüche. Wegen der elektrischen Auslegung bezüglich Kurzschlußbeanspruchung, Schaltgruppen, u. U. Parallelbetrieb (Grund- und Spitzenlastaufteilung, Erweiterung u. ä.) und bes. der gegebenen Netzspannung ist eine Abstimmung mit dem EVU erforderlich. Aus betriebswirtschaftlichen Gründen sollten Transformatoren reichlich ausgelegt werden (quadratischer Anstieg der Kupfer- oder Kurzschlußverluste). Es gibt auch sog. „Transformatoren mit verringerten Verlusten", die aber teurer sind (Rückfrage beim Hersteller).
Eine Sonderbauart stellen die Meßwandler dar, die es erlauben, hohe bis höchste Betriebsspannungen oder -ströme in einem bestimmten Übersetzungsverhältnis auf Werte herabzusetzen, die für Meßgeräte geeignet sind.

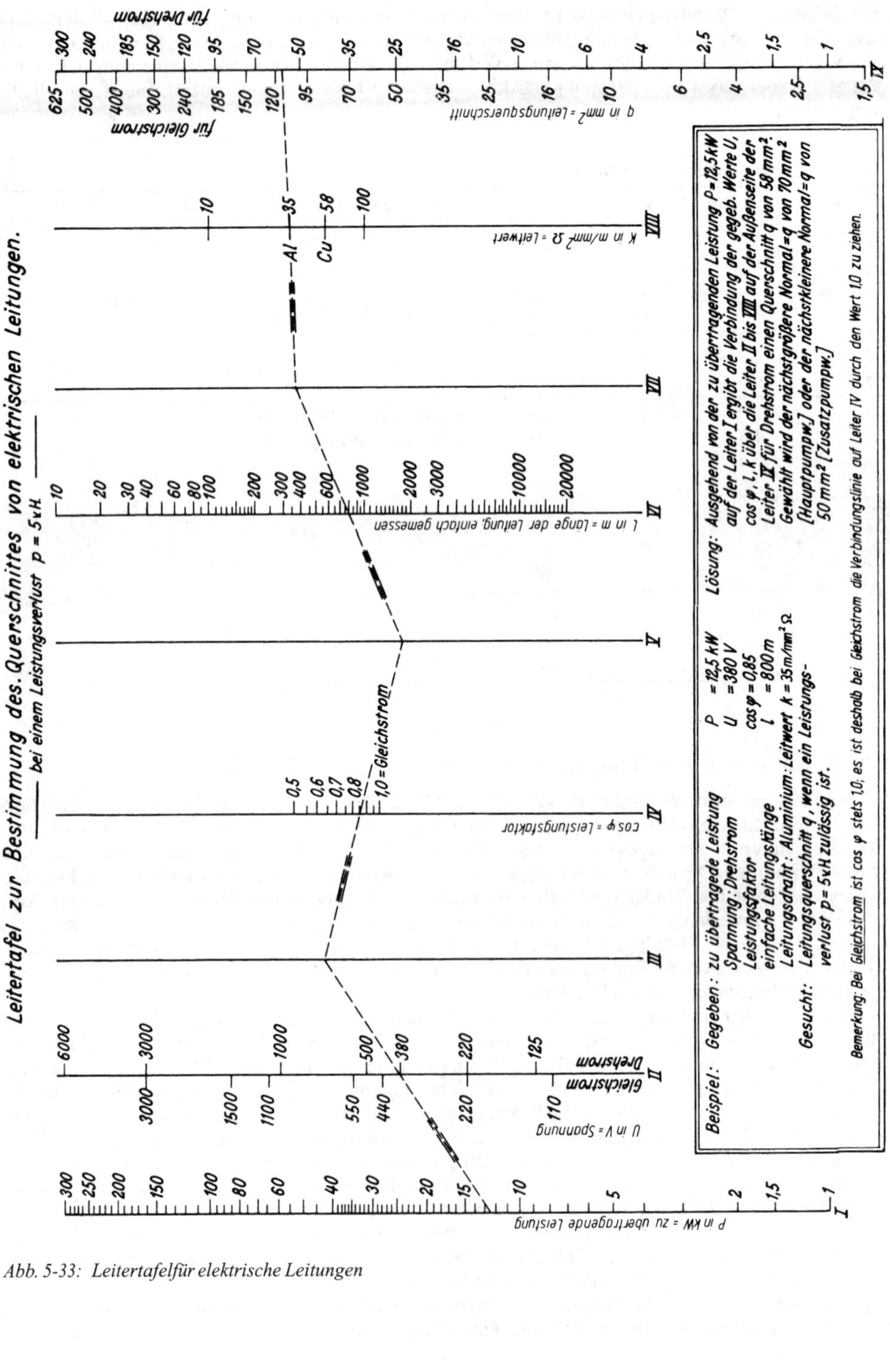

Abb. 5-33: Leitertafelfür elektrische Leitungen

5.2.3.4 Ersatzstromerzeugungsanlagen

Wie bereits dargelegt, werden Ersatzstromerzeugungsanlagen (EStEA) i. allg. durch Dieselmotoren angetrieben (s. Abschn. 5.1.3.1, S. 318). Als Stromerzeuger haben sich selbstregelnde Innenpolsynchron-Maschinen in Sternschaltung mit herausgeführtem Sternpunkt bewährt. Meistens genügt Selbsterregung, nur bei sehr großen Maschinen wird Fremderregung (durch gesonderte Erregermaschine) vorzusehen sein; auch der Einsatz von Mittelspannungsgeneratoren (z. B. 6 kV) ist dann zu überlegen.
Die Schaltanlagen sind so auszurüsten, daß Hand-, Automatik- und Probebetrieb möglich sind. Um hohe Einschaltstromspitzen bei einsetzender Ersatzstromversorgung (ggf. auch bei Netzwiederkehr) zu vermeiden, sollten einzelne Anlagenteile nacheinander zeitverzögert angeschaltet werden können. Für ausreichende Meß-, Überwachungs- und Regelgeräte ist zu sorgen (S. 340).
Die Anlagengröße sollte so bemessen sein, daß bei Druckbehälterpumpwerken 1/6 bis 1/8 von Q_{dmax} (maximaler Tagesbedarf) je Stunde gefördert werden kann; bei Überhebepumpwerken mit nur einseitigem Netzanschluß oder zweiseitigem Anschluß aber nur geringem Speicherraum sowie bei Gewinnungsanlagen ist 1/16 von Q_d (mittlerer Tagesverbrauch) je Stunde zugrunde zu legen.

5.2.4 Schutzmaßnahmen in elektrischen Anlagen

Schutzmaßnahmen schützen Mensch und Tier gegen Berührung spannungsführender Teile und gegen zu hohe, u. U. tödliche Berührungsspannung (DIN VDE 0100/410). Sie sind mit dem EVU abzustimmen.

5.2.4.1 Schutz gegen direktes Berühren

Vollständigen Schutz gegen direktes Berühren „aktiver", d. h. unter Spannung stehender Teile erreicht man durch Isolierung und Abdeckung oder Umhüllung derselben. Hindernisse oder Abstand bieten dagegen nur teilweisen Schutz, d. h. Schutz gegen *zufälliges Berühren.* Räume mit aktiven Teilen müssen gekennzeichnet werden (Warnschild) und dürfen nur mit Schlüssel oder Werkzeug zu öffnen sein.

5.2.4.2 Schutz bei indirektem Berühren

Unter dem Schutz bei indirektem Berühren sind Maßnahmen zu verstehen, die gegen Gefahren durch *Berührung im Fehlerfall* gerichtet sind.

5.2.4.2.1 Schutzisolierung – Zur sog. Grund- oder Betriebsisolierung wird eine zusätzliche isolierende Umhüllung geschaffen, durch die weder leitfähige Teile hindurchgehen noch an Schutzleiter angeschlossen werden dürfen. Ihre Anschlußleitungen sind deshalb ohne Schutzleiter, die Stecker ohne Schutzkontakt (Zeichen ⧈).

5.2.4.2.2 Schutztrennung – Durch schutzisolierte Trenntransformatoren, die außerhalb des gefährdeten Bereichs aufgestellt sein müssen, werden Gefahren vermieden, die beim Berühren von Geräten mit fehlerhafter Betriebsisolierung entstünden.
Setzt man ausgangsseitig die Spannung auf höchstens 24 V ~ („24 VAC") herab (z. B. für Handleuchten), spricht man von *Schutzkleinspannung.* Stecker für Kleinspannung dürfen nicht in Steckdosen für höhere Spannungen passen!

5.2.4.2.3 Schutzeinrichtungen im TN-Netz – Der Schutzleiter PE oder der Neutralleiter mit Schutzfunktion PEN muß mit dem Erdungspunkt des speisenden Netzes (üblicherweise der geerdete Sternpunkt) verbunden sein, wobei der Gesamterdungswiderstand R_{GE} höchstens 2 Ω betragen darf (ggf. zusätzliche Erdungsstellen vorsehen). Alle Metallteile und Geräte werden an PE bzw. PEN angeschlossen, so daß im Fehlerfall das *Abschalten durch Überstrom-Schutzeinrichtungen* (Sicherungen, Sicherheitsautomaten, s. **Tab. 5-7**) gewährleistet ist.
Es wird unterschieden zwischen TN-C-Netz, TN-S-Netz und TN-C-S-Netz **(Abb. 5-34).** Ein TN-C-Netz ist ein Netz mit einem kombinierten Schutz-/Neutralleiter (PEN-Leiter) und darf nur bei Leiterquerschnitten von mindestens 10 mm^2 Cu oder 16 mm^2 Al gewählt werden. Bei Querschnitten unter 10 mm^2 Cu (16 mm^2 Al) kommt am häufigsten das TN-CS-Netz mit Auftrennung des PEN-Leiters in Schutzleiter PE und Neutralleiter N innerhalb der Elektroanlage zur Anwendung. Es gibt auch das TN-S-Netz mit Auftrennung in PE und N ab Sternpunkt der Spannungsquelle.
Bei ortsveränderlichen Geräten (Heizöfen usw.) sind unverwechselbare Schutzleiter und -kontakte (Schuko-Steckdosen) zu verwenden und PE und N getrennt auszuführen. Die Maßnahme ähnelt der früheren *Nullung.*

5.2.4.2.4 Schutzeinrichtungen im TT-Netz – Beim TT-Netz sind Transformator-Sternpunkt (ersatzweise ein Außenleiter) und PE *getrennt* geerdet, damit müssen auch PE und N getrennt sein (**Abb. 5-35**). Alle nicht zum Stromkreis selbst gehörenden, leitfähigen Teile sind mit dem Schutzleiter gemcinsam geerdet. Auch hier darf R_{GE} höchstens 2 Ω betragen; das Abschalten wird ebenfalls durch Überstrom-Schutzeinrichtungen erreicht. Die Maßnahme ähnelt der früheren *Schutzerdung.*

5.2.4.2.5 Schutzeinrichtungen im IT-Netz – Im IT-Netz fehlt der Neutralleiter N, die aktiven Leiter L1, L2, L3 sind nicht geerdet, der die einzelnen leitfähigen Teile verbindende Schutzleiter PE natürlich schon (**Abb. 5-36**). Beim IT-Netz, das kein EVU- sondern nur ein abnehmereigenes Netz (ab Trafo-Sekundärseite oder bei EStEA-Versorgung) ist, wird als Schutzmaßnahme die Isolation überwacht. Es erfolgt *keine selbsttätige Abschaltung,* sondern *nur eine Meldung;* die Bedienungsfachkräfte haben dann entsprechend zu handeln! Das IT-Netz, bisher dort eingesetzt, wo kein Stromausfall hingenommen werden kann (Krankenhäuser, Bergbau), soll zukünftig für EStEA-Netze vorgeschrieben werden.

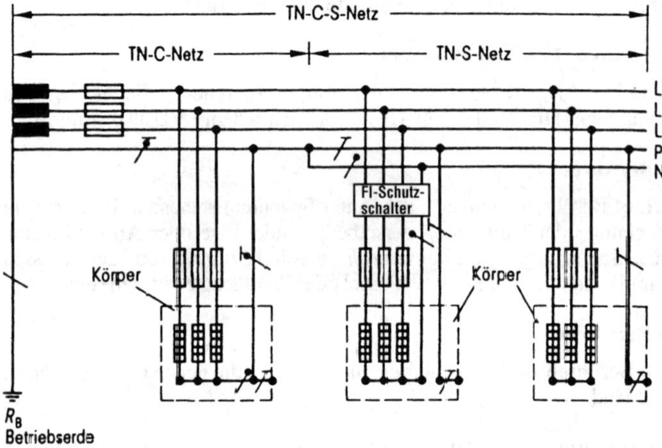

Abb. 5-34: Aufbau des TN-Netzes

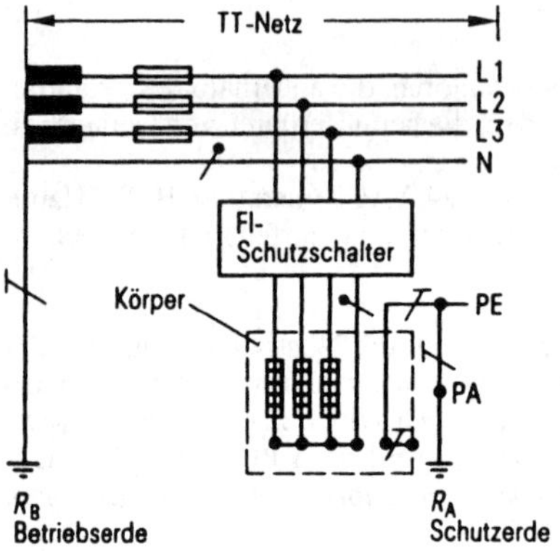

Abb. 5-35: Aufbau des TT-Netzes

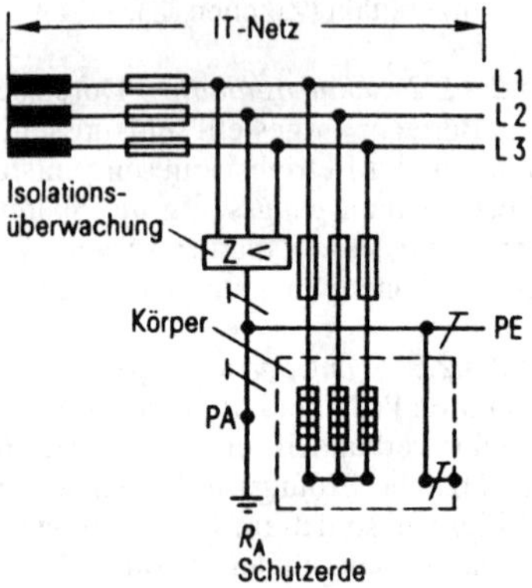

Abb. 5-36: Aufbau des IT-Netzes

(Leiter-Kennzeichnung —/— ≙ Schutzleiter PE; —/— ≙ PEN-Leiter; —/— ≙ Neutralleiter N)

5.2.4.2.6 Fehlerspannungs- und -strom-Schutzeinrichtung – Die Fehlerspannungs-(FU-) Schutzeinrichtung ist mit einem Schalter ausgerüstet, der dann innerhalb 0,2 s fällt, wenn die Berührungsspannung die Nennfehlerspannung (z. B. 24 V ~) übersteigt; sie ist auf Sonderfälle beschränkt.

Bei der normalerweise in Betracht kommenden Fehlerstrom-(FI-)Schutzeinrichtung wird beim Anstieg über den Nennfehlerstrom (z. B. 30 mA) ebenfalls innerhalb von 0,2 s, beim fünffachen Nennfehlerstrom sogar innerhalb von 0,04 s, abgeschaltet; sie kann in Netzen mit PEN-Leitern (TN-C-Netz) nicht verwendet werden (kein Abschalten bei Fehler!). Sind PE- und N-Leiter getrennt (TN-S-Netz), ist sie dagegen von Nutzen (s. **Abb. 5-34**). *Hinweis:* Von Zeit zu Zeit sollte die Schalterprüftaste betätigt werden (nur Funktionsprüfung, keine Aussage über Schutzwirkung!).
Bei der FI-Schutzeinrichtung (früher allg. als „FI-Schutzschaltung" bezeichnet) handelt es sich um eine Schutzmaßnahme *gegen indirekte* Berührung. Sie ist, außer der Schutzkleinspannung, die beste Schutzeinrichtung, ersetzt aber nicht die für den Kurzschlußschutz notwendigen Sicherungen.

5.2.4.3 Weitere Sicherheitsregeln

Der Betrieb elektrischer Einrichtungen umfaßt *Bedienen* und *Arbeiten.*
Laien ist nur Bedienen gestattet, d. h. Schalten, Steuern, Stellen und Beobachten sowie Wechseln von Sicherungen bis 25 A und Lampen bis 250 V. Zum Arbeiten gehören Reinigen, Instandhalten, Beseitigen von Störungen, Ändern und Erweitern; hierfür sind Fachleute oder wenigstens unterwiesene Personen einzusetzen (s. VBG 4/GUV 2.10; Abschn. 14.8.5).
Beim Arbeiten sind *die* 5 Sicherheitsregeln zu beachten:
- Freischalten
- gegen Wiedereinschalten sichern
- Spannungsfreiheit feststellen
- Erden und Kurzschließen
- benachbarte, unter Spannung stehende Teile abdecken oder abschranken!
  (s. DIN VDE 0105/1)

Auf strikte Trennung von EVU- (meist Mittelspannungs-)Teil und WVU-Teil ist zu achten, die Zuständigkeit für Schalthandlungen muß eindeutig festgelegt werden (s. **Abb. 5-66,** S. 364).

5.2.5 Meßprogramm und Meßwertdarstellung

5.2.5.1 Meßprogramm

Eine übersichtliche Betriebsführung verlangt die Feststellung der wichtigsten Werte der Anlage, um deren Wirkungsweise prüfen zu können.
1) In kleinen Wasserwerken mit Quellzulauf, also ohne Pumpwerk, muß der Zulauf bei reichlicher Wasserspende nicht laufend, sondern nur in wöchentlichen Abständen gemessen werden.
In größeren Werken mit Quellzulauf ist die ständige Darstellung der gewonnenen Wassermenge erforderlich. Wird in Abgangsleitungen von Hochbehältern gemessen, so ist wegen der Schwankungen ein Verbundzähler (S. 348/349) zu verwenden. Inwieweit Druckmessungen – z. B. an Netzpunkten mit besonders ungünstiger Lage – sowie Fernübertragungen dieser Meßergebnisse an die Zentrale nötig werden, hängt von den örtlichen Verhältnissen ab.
2) In kleinen Wasserwerken mit Pumpbetrieb sind zu messen:
Hydraulische Werte: Saug- und Druckhöhen der Pumpen durch Vakuum- und Manometer, Förderstrom und -menge (wenigstens des gesamten Werkes, wenn nicht der einzelnen Pumpen) – Elektrische Werte: Spannung und Stromaufnahme der Motoren durch Volt- und Amperemeter (besser: „Spannungsmesser" und „Strommesser", da Volt, Ampere *und* Meter *Einheiten* darstellen!), Energieaufnahme durch Stromzähler.
3) In mittleren Werken, etwa ab einer Förderung von 300 m^3/d sind *zusätzlich* zu messen: Momentanförderung der Pumpen und Wasserstände in Behältern, wobei letztere registriert werden sollten, Ruhe- und Betriebswasserstand in Brunnen, ferner die Netzfrequenz, die Leistungsaufnahme jedes einzelnen Pumpenmotors und, wenn eine Ersatzstrom-(erzeugungs-)anlage vorhanden, Spannung und Stromabgabe (= Belastung des Generators), Batteriespannung sowie Ladestromstärke der Batterie (eigentlich „Akkumulator").
4) Große Werke bedienen sich in der Regel einer Fernwirkanlage und lassen die Meßwerte in die zentrale Überwachungsstelle übertragen (Abschn. 5.3.2, S. 341). Hier werden auch noch Meldungen über den Betriebszustand („Pumpe läuft", „Schieber zu") aufgenommen und ggf. aufgezeichnet, die mittels eines sorgfältigen Meßprogrammes aufgelistet werden müssen (**Tab. 5-8,** S. 345).

5.2.5.2 Anzeigeinstrumente

Für elektrische Einheiten werden i. allg. quadratische (144 · 144 und 96 · 96 mm^2) Skalen **(Abb. 5-37),** für Wasserstände und -ströme rechteckige (95 · 220 oder 130 · 300 mm^2) Profilinstrumente **(Abb. 5-38)** eingesetzt. Analoge Meßgeräte bieten gegenüber den digitalen nach wie vor den Vorteil einer schnellen und sicheren Trenderkennung. Digitale Geräte dagegen liefern genau ablesbare Werte.
Zum Aufzeichnen der Meßwerte dienen Linien- und Bandschreiber mit einem oder mehreren Meßwertaufzeichnungen (z. B. Druck, Durchfluß), wobei der Registrierpapierstreifen mit Zeiteinteilung durch einen Elektromotor bewegt wird. Punktschreiber markieren mit einem Stift in Zeitabständen je einen Punkt für verschiedene Meßwerte. Die Punkte ergeben zusammen die Meßkurven. Papiervorschub der Schreiber mit 20 mm/h, aber auch 10, 60 und 120 mm/h durch Wechselräder oder Getriebe verstellbar. Viele Werte sind über lange Zeit uninteressant.

Abb. 5-37: Quadratisches Anzeigeinstrument

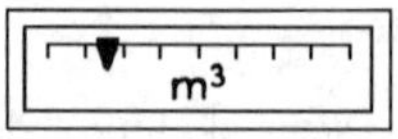

Abb. 5-38: Rechteckiges Anzeigeinstrument

Man sollte sie nur dann schreiben lassen, wenn kritische Punkte überschritten werden. Vgl. auch S. 344.
Über Wasserzählung und Wassermessung s. S. 347.
Bei größerem Datenanfall bieten sich neuzeitliche Mehrfachschreiber, sog. Hybridschreiber, an. Diese können nicht nur Kurven zeichnen, sondern, je nach Ausstattung, auch Tabellen ausdrucken, Protokolle erstellen, Zeitmarken setzen, Grenzwerte erfassen, Zählerstände aufschreiben u. ä. Sie verfügen über kleine Display-Anzeigen und eine zeit-, ereignis- oder systemabhängige Vorschubsteuerung, um den Papierverbrauch zu mindern. Ferner sind sie in der Lage, ohne Ansteuerung durch Rechner oder Personal-Computer (PC) Daten zu erfassen, festzuschreiben und zu verarbeiten. Sie stellen damit eine wirtschaftliche Alternative zu PC-Arbeitsplätzen dar.

5.2.5.3 Schaltwarten

Meß- und Anzeigeinstrumente sind übersichtlich auf der Vorderseite von Schaltschränken oder in einem eigenen Bedienungsraum unterzubringen. In feuchter Umgebung sollten auch Schrankober- und -rückseite geschlossen sein und im Innern keine Betriebsschalter aufweisen (sonst Arbeiten statt Bedienen!). Dazugehörige Schalter werden in größeren Werken in ein „Netzschaltbild" eingebunden, das bausteinartig aus kleinen Quadraten aufgebaut ist (Mosaik-System) und das hydraulische, ggf. auch das elektrische Schema der Anlage zeigt. Die Stellschalter (Kipp-, Dreh-, Hebelschalter), Tastschalter (Druck-, Schwenkschalter) und Meldeleuchten erhalten ihren Platz im Netzschaltbild entsprechend ihrer wirklichen Lage. Lampenprüftaster und ggf. Dunkelschaltung (mit halber Betriebsspannung) vorsehen! Vor dem Schaltbild befindet sich häufig ein Pult zur Aufnahme der Schalt- und Befehlseinrichtungen.
Bei größeren Anlagen mit Bildschirmarbeitsplatz sollte man sich auf ein „passives" Netzschaltbild, d. h. ohne Schalter, beschränken. Die Befehle werden hier ausschließlich über die Bildschirmtastatur eingegeben. Auf dem Netzschaltbild erscheinen nur noch einige wichtige Meßwerte und Sammelstörungen. Beim Erscheinen einer solchen kann dann mit dem Bildschirm der Fehler genau eingegrenzt und u. U. herausgefunden werden.

5.3 Fernwirkanlagen

5.3.1 Aufgaben und Ziele von Fernwirkanlagen

Die steigende Verknappung von gutem Trinkwasser erfordert immer großräumigere Wasserversorgungsanlagen, für deren geordneten Betrieb mit über viele Kilometer auseinanderliegenden Anlagenteilen Aufgaben entstehen, die durch Fernwirkanlagen gelöst werden können. Aber auch schon bei kleineren Anlagen mit geringerem Versorgungsgebiet können Fernwirkanlagen durchaus gerechtfertigt sein. Hauptaufgaben sind

- Istwerterfassung durch Messen und Zählen,
- Ist- und Sollwertvergleich durch Melden und Überwachen,
- Sollwertherstellung durch Steuern und Regeln.

Auf den Unterschied zwischen Messen und Zählen wird im Abschn. 5.4.1 (s. S. 347) eingegangen; Melden bedeutet reines Istwert-Mitteilen, während Überwachen bereits den Sollwertvergleich beinhaltet. Beim Steuern beeinflussen die Eingangsgrößen aufgrund einer eingeprägten Gesetzmäßigkeit die Ausgangsgrößen. Der Ablauf wird über offen aneinandergereihte Übertragungsglieder vollzogen: *Steuerkette.* Beim Regeln dagegen wird eine (Regel-)Größe fortlaufend erfaßt, mit der Führungsgröße (Sollwert) verglichen und, bei Abweichung, wieder nachgeführt. Der Wirkungsablauf ist geschlossen: *Regelkreis.* (Die Ampel steuert den Verkehr, der Polizist soll ihn regeln!) – S. auch DIN 19 226
Ziele, die mit Fernwirkanlagen erreicht werden sollen, sind bestmögliche Nutzung des Wasserdargebots bei geringsten Betriebskosten und die Verbesserung der Betriebssicherheit durch Überwachen der Gesamtanlage und damit rechtzeitiges Erkennen von Störungen (auch durch Laien) und Schäden (Begrenzung der Schadenshöhe!).

5.3.2 Technischer Aufbau

5.3.2.1 Anlagenformen und -bestandteile

5.3.2.1.1 Mögliche Formen – Je nach Größe der WV wird auch der Umfang der Fernwirkanlage verschieden sein. So wird eine Kleinanlage nur aus Zentrale und angeschlossenen Außenstellen bestehen **(Abb. 5-39),** während größere Anlagen zusätzliche Unterstationen aufweisen **(Abb. 5-40).** Bei ausgesprochenen Großanlagen wird man zusätzlich mehrere u. U. miteinander verknüpfte Bezirkssteuerstellen einfügen müssen.

Abb. 5-40, rechts: Großanlage mit Unterstation

A = Außenstelle
L = Leitwarte
U = Unterstation

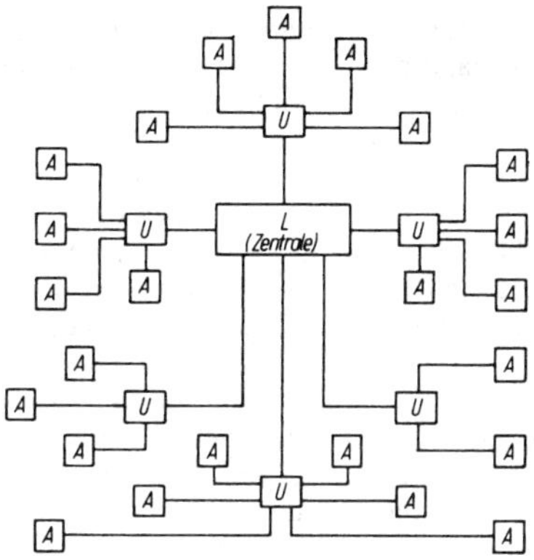

Abb. 5-39, unten: Kleinanlage ohne Unterstation

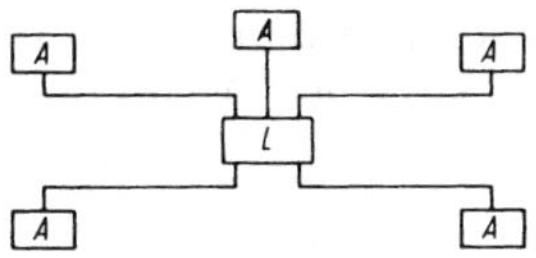

5.3.2.1.2 Zentrale – Der Zentrale fällt die gesamte Abstimmung des Betriebsablaufes zu; von hier aus muß jederzeit Einblick in den Betriebszustand möglich sein und in die Anlage eingegriffen werden können. Betriebsergebnisse sind selbsttätig festzuhalten.
Sie ist (ggf.) mit einem Rechner (PC) auszustatten. Aufbau s. Abschn. 5.2.5.3.

5.3.2.1.3 Unterstationen – In den Unterstationen sollten bereits weniger wichtige Daten zusammengefaßt, aber auch in das örtliche Betriebsgeschehen müßte, besonders in Störfällen, eingegriffen werden können. Hierfür sind Schaltpult und Wartentisch vorzusehen.

5.3.2.1.4 Meßumformer – Aufgabe der Meßumformer ist die Umformung der vor Ort durch einen Meßfühler gemessenen Größen (Durchflüsse, Mengen, Drücke, Temperaturen usw.) in elektrisch übertragbare (Spannung, Stromstärke, Frequenz), i. allg. in das Einheitssignal „4 bis 20 mA“ Gleichspannung (keine induktiven oder kapazitiven Störmöglichkeiten); ebenfalls gängig ist das Signal „0 bis 20 mA“, das einen größeren Meßbereich bietet, aber den Nachteil aufweist, daß „Null“ Meßwert *und* Stromausfall sein kann.
Die Güte der Messung hängt auch von der richtigen Wahl des Meßortes (Störeinflüsse?!) und der Erfassungs-, Übertragungs- und Ausgabegeräte ab. Oft sind Meßwertverstärker erforderlich. Wegen ihres geringen Energieverbrauchs können die Meßgeräte meistens aus 24-V wartungsfreien Pb-Batterien 2 h (Bedingung!) versorgt werden. Die Eingänge sind potentialfrei auszuführen; die damit erreichte Leitungsentkopplung bringt eine gute Voraussetzung für eine einfache aber wirksame Blitzschutzmaßnahme.

5.3.2.2 Übertragungsrichtung

5.3.2.2.1 Fernüberwachungseinrichtungen zur Übertragung von Meßwerten und Meldungen – Sie gehen *vom Objekt* aus, z. B. vom Betriebszustand einer Maschine, eines Schaltgerätes, einer Meß- oder Zählvorrichtung und führen – für Meßwerte über Meßumformer – *zu einem Ausgangspunkt* (Zentrale, Schaltwarte) hin und lösen dort eine Signaldarstellung aus.

5.3.2.2.2 Fernsteuereinrichtungen zur Übertragung von Stellenwerten und Befehlen – Sie gehen *von einer Steuerstelle* aus *zum Objekt* hin und beeinflussen dort – über einen Umformer (Relais, Motor, Magnet) – eine Apparatur, z. B. ein Schaltgerät oder ein Absperrorgan.

5.3.2.3 Übertragungsverfahren

5.3.2.3.1 Raum-Multiplex-Übertragung (RM) – Je Information (Meßwert, Meldung, Befehl) ist ein Adernpaar vorhanden. Die Übertragungsentfernung kann in der Regel 10 bis 15 km, d. h. Leitungslänge bis 30 km betragen. Die Wirtschaftlichkeit hängt von der Entfernung und der Zahl der benötigten Kabeladern ab.

5.3.2.3.2 Frequenz-Multiplex-Übertragung (FM) – Jede Information wird durch ein bestimmtes Tonfrequenzband dargestellt. Alle Frequenzen gehen gleichzeitig nebeneinander („simultan“) über ein einziges Adernpaar vom Sender zum Empfänger, werden dort entmischt und wieder in die einzelnen Informationen aufgelöst. Für die Sicherheit der Durchgabe sorgen besondere Schaltungen („Fehlersicherung“), wobei die Sicherheit für Befehle die höchste Priorität besitzt. Die FM-Übertragung kann im Vergleich zu der im folgenden dargestellten ZM-Übertragung für Kleinanlagen z. Z. noch wirtschaftlich sein, besonders wenn es sich um die Erweiterung einer bestehenden Anlage handelt (Kostenvergleich!). Übertragbar sind bis etwa 30 Informationen je Adernpaar, weitere Frequenzen sind für Zwischenräume (sonst gegenseitige Beeinflussung) und Fehlersicherung nötig.

5.3.2.3.3 Zeit-Multiplex-Übertragung (ZM) – Die auf der Senderseite vorliegenden Informationen werden zeitlich nacheinander („seriell“) in immer gleicher Reihenfolge mit festgelegtem Übertragungsplatz abgefragt und auf ein einziges Adernpaar gegeben, vom Empfänger synchron zum Sender aufgenommen und je einem Informationsspeicher zugeleitet, von dem aus sie weiterverarbeitet werden. Übertragbar sind nur digitale Informationen; beim Sender analog anfallende Informationen, z. B. Meßwerte, müssen erst in digitale umgewandelt werden (Analog-Digital-Umsetzer), was nur in Stufen möglich ist. Der Fehler ist gering, wenn die Stufenzahl groß genug ist. Eine Rückumwandlung beim Empfänger ist möglich. Im ZM-System lassen sich mehrere 1 000 Informationen auf einem Adernpaar übertragen; eine Einschränkung ist u. U. gegeben durch die „Telegrammlänge“, die sich neben den eigentlichen Meßwerten usw. aus Adresse-, Start- und Schluß- sowie verschiedenen Prüfzeichen zur Vermeidung von Fehlern zusammensetzt. Durch Fortschritte bei integrierten Schaltkreisen und damit billiger werdenden Geräten wird dieses Verfahren immer mehr angewendet.

5.3.2.3.4 Kombination des RM-, FM- und ZM-Systems – Eine Kombination ist möglich; man wird z. B. innerhalb einer Unterstation und ihrer engeren Umgebung das RM-System anwenden (geringe Kabellängen), zur Weitergabe an die entfernte Zentrale das FM- oder ZM-System. Eine Verbindung von FM- und ZM-Verfahren wird dagegen nicht vorgenommen, weil der Aufwand an den Nahtstellen durch Umsetzung von FM-Empfänger auf ZM-Sender beträchtlich ist.

5.3.2.3.5 Vergleich der Übertragungsverfahren – Die RM-Übertragung ist auf kleinere Entfernungen (max. 15 km) und eine geringe Informationszahl (wenig Parallel-Adern) beschränkt. Sie wird daher in kleinen Wasserwerken und zur Verbindung von Außenstellen zu naheliegenden Unterstationen auch in Zukunft die richtige Fernwirkart sein.
Die FM-Übertragung ist nur noch in Einzelfällen, wie Ersatz oder geringfügige Erweiterung anwendbar. Der ursprüngliche Vorteil der geringeren Gerätekosten gegenüber dem früher teureren ZM-System ist weitgehend weggefallen. (Kostenvergleich! s. o.!)
Die ZM-Übertragung hat wirtschaftliche Vorteile, bes. wenn es sich um sehr viele Informationen handelt. Zu prüfen wird aber sein, ob nicht die ZM-Übertragung auch aus folgenden Gründen schon dann gewählt wird, wenn zunächst das FM-System wirtschaftlicher erscheint: Die in der Unterstation (Sender) gebildeten Zählwerte lassen sich dort summieren und in Zeitabständen von der Zentrale (Empfänger) abfragen. Auch bei zeitweise unterbrochenem Übertragungsweg gehen die Zählwerte nicht verloren.
Die ZM-Ubertragung bietet eine höhere Übertragungssicherheit und ist nahezu unbeschränkt erweiterungsfähig. Die ZM-Anlage eignet sich am besten für die Zusammenschaltung mit Speicherprogrammierbaren Steuerungen (SPS) und PC.

5.3.2.4 Übertragungswege

5.3.2.4.1 Betriebseigene Übertragungswege – Wegen der Gefahr durch Überspannungen infolge Blitzeinschlags sind Freileitungen keine zweckmäßige Lösung. Nahezu ausschließlich werden Erdkabel angewendet, die mit Kleinspannung betrieben werden.
Regelausführung der Kabel: Cu-Adern, 0,8 mm ∅, unbedingt längswasserdicht und ggf. zugbewehrt mit höchstens 30 Doppeladern. Überspannungsableiter an beiden Kabelenden, Geräteblitzschutz für die i. allg. teuren und empfindlichen Geräte und Kabelüberwachung sind erforderlich.
Die Kabel sollten zusammen mit der Rohrleitung verlegt werden (Neubau).
Bei der Neuverlegung sehr langer Strecken, auf denen ein großer Datenverkehr betrieben werden soll, sind bereits heute Lichtwellenleiter eine wirtschaftlich und technisch brauchbare Alternative zu Kupferkabeln. Wesentliche Vorteile der Lichtwellenleiter sind größere Bandbreite, kleinere Dämpfungswerte und Unempfindlichkeit gegenüber Störfeldern.
Wahlweise zur leitungsgebundenen Übertragungstechnik bietet sich heute der Aufbau eigener Funknetze bzw. -strecken an. Sollen verhältnismäßig wenige Daten übertragen werden, bietet sich dic sogen. Zeitschlitztechnik im Bereich 447 bis 448 MHz an. Bei größeren Datenmengen kann der teurere digitale Richtfunk (21,2 bis 23,6 GHz) eingesetzt werden (s. u.).

5.3.2.4.2 Übertragungswege der Deutschen Telekom AG – Angeboten werden
- das öffentliche Wählnetz mit Fernsprech- und Datex-Dienst, wo nur im Bedarfsfall eine Verbindung aufgebaut wird;
- Festverbindungen (früher „Standleitungen") der Gruppen 0 bis 2 für analoge und digitale Übertragung und Datendirektverbindungen, früher HfD (Hauptanschluß für Direktruf).
- Funkverbindungen: Es besteht die Möglichkeit, die Bündelfunkdienste der Deutschen Telekom AG (Chekker 410 bis 418 MHz) oder Verbindungen mit Modacom (zellulares Mobilfunksystem) zur Datenübertragung mit schnellem Verbindungsaufbau und günstigen Betriebskosten zu nutzen. Beide Dienste sind z. Zt. aber noch nicht flächendeckend verfügbar! Das Nutzen des digitalen Richtfunks im Bereich 21,2 bis 23,6 GHz erfordert dagegen höhere Investitions- und Betriebskosten.
- Funkrufdienste z. B. „City"-Ruf zur Weiterleitung von Störungsmeldungen an den Bereitschaftsdienst. Hierfür eignen sich auch sog. „Handys" (schnurlose Funkfernsprechgeräte).

Bei der Auswahl geeigneter Dienste ist zunächst zu klären, ob eine ständige Nachrichtenverbindung erforderlich ist oder ob eine nur zeitweise vorhandene ausreicht. Bei Festverbindungen entfallen Wählvorgang und damit verbundene Nachteile, wie eingeschränkte Netzverfügbarkeit (Brand in Silvesternacht: Privatgespräche blockieren Leitungen).

Bei den wirtschaftlicheren Wählverbindungen dürfte meistens eine Fernsprechwählverbindung ausreichen.
Ein weiterer wichtiger Gesichtspunkt ist natürlich die benötigte Übertragungsgeschwindigkeit; hier wird eine Beratung durch die Deutsche Telekom AG empfohlen.

5.3.2.4.3 Vergleich der Übertragungswege – Bei kurzen Wegen und großen Datenmengen und/oder wenn hohe Übertragungsgeschwindigkeit und -sicherheit gefordert werden, kommen eigentlich nur betriebseigene Leitungen in Frage. Zweckmäßige Verlegung s. o. – Ob u. U. Übertragungswege der Deutschen Telekom AG wirtschaftlicher sind, hängt sehr vom Einzelfall ab, bes. von Gebührengrenzen und ihren möglichen Änderungen. Dazu kommt, daß gerade z. Z. die technischen und besonders die Gebührenvorschriften der Deutschen Telekom AG wieder im Fluß sind und auch nicht immer einheitlich ausgelegt werden. Für jede einzelne Baumaßnahme ist deshalb ein genauer Kostenvergleich unter Beteiligung der Deutschen Telekom AG zu erstellen. Grundsatz ist, daß es bei Fernwirkanlagen in der Wasserwirtschaft nicht auf Schnelligkeit des Verbindungsaufbaus, sondern auf günstige Investitions- und Betriebskosten ankommt.

5.3.3 Datenbehandlung

5.3.3.1 Datenerfassung und -verarbeitung

Zunächst stellt man in Frage kommende Meßorte und von dort einzuholende Werte listenmäßig zusammen. Die so erfaßten Größen werden vor Ort angezeigt, in wenigen Fällen gespeichert und, bei entsprechender Bedeutung, an die Zentrale weitergeleitet. Hier werden sie angezeigt, ggf. gespeichert und u. U. zur Summenbildung oder Feststellung von Grenzwertüberschreitungen herangezogen. Andere Werte dienen für die Steuerung der Anlage. Ein Beispiel für eine Anlage zur Wasserförderung zeigt **Tab. 5-8.**

5.3.3.2 Datendarstellung und -speicherung und elektronische -verarbeitung

Die in der Zentrale ankommenden Daten (Meßwerte, Zählwerte, Betriebsmeldungen und Störmeldungen) müssen zunächst angezeigt werden („Visualisierung"). Das kann z. B. mit Hilfe eines Übersichtsschaltbildes (Blindschaltbild) geschehen. Die Meßwerte werden über im Blindschaltbild eingebaute Meßgeräte angezeigt. Zählwerte können über Digitalinstrumente, Betriebs- und Störmeldungen durch Leuchten angezeigt werden.
Die Darstellung kann aber auch mit Hilfe eines PC erfolgen. Dieser erzeugt dann auf dem Bildschirm Anlagenbilder ähnlich wie ein Blindschaltbild. Die augenblicklichen Meßwerte, Meldungen usw. werden dabei eingeblendet. Diese Art der Anzeige hat mehrere Vorteile: Es können nacheinander verschiedene Anlagenbilder dargestellt werden, z. B. zunächst ein Übersichtsbild mit wenigen Daten zur groben Unterrichtung, dann das Heranholen nur eines bestimmten Anlagenteils mit nur einigen ausgewählten oder aber mit allen vorhandenen Werten. Auch die Änderung der Anlagenbilder, z. B. wegen Umbauten oder Ergänzungen in der Anlage, ist weniger aufwendig als bei einem Blindschaltbild. Dagegen ist letzteres groß und übersichtlich. Welche Lösung günstiger ist, muß von Fall zu Fall entschieden werden.
Die anwenderfreundliche Kostenentwicklung im Bereich der EDV hat zur Folge, daß bereits bei mittelgroßen Wasserversorgungsanlagen die Daten-Darstellung über PC erfolgt. Ein Blindschaltbild ohne Bedienungsmöglichkeiten mit nur noch den wichtigsten Anzeigen dient dann ausschließlich als Übersichtsbild in der Zentrale.
Der PC eignet sich natürlich auch sehr gut für die Weiterverarbeitung der gemeldeten Daten. Es können Meßgrößen verrechnet, Ganglinien erstellt und wichtige Größen gespeichert werden. Weitere Möglichkeiten sind die statistische Auswertung (Laufzeiten, Mengen, Durchflüsse, Spitzenwerte, Terminüberwachungen für Betrieb und Unterhalt) und die Fertigung von Verbrauchsvorhersagen sowie Optimierungsaufgaben (Verbrauchsspitzen begrenzen!) bei mehrfachen Betriebsmöglichkeiten. Auch verschiedenste Rechnungsaufgaben (Lohn- und Gehaltsbezieher) bewältigt ein PC. Einfachere Aufgaben, wie normale Steuerungsaufgaben (Hochbehälterbewirtschaftung), werden dagegen in der Regel unmittelbar vor Ort, z. B. durch eine SPS, abgearbeitet. Der PC dient dann in erster Linie dem Beobachten oder dem übergeordneten Eingreifen in die sonst selbsttätig ablaufenden Vorgänge oder auch dem Verändern von Sollwerten.

Tab. 5-8: Datenerfassung und Datenverarbeitung

Zeichenerklärung: S = Störungsmeldung (Warnmeldung) Ss = Sammelstörungsmeldung B = Betriebsmeldung M = Meßwert Z = Zählwert Be = Befehl () = wenn notwendig	vor Ort		Zentrale		
	Anzeige	Einbeziehung in Steuerung und Regelung	Anzeige	Speicherung für Protokolle	Fernbedienung (Einschaltbefehle)
Wasserförderung					
Behälter					
Wasserstand	M, B	B	(M)		
Min-Max-Wasserstand	S	S	S	S	
Pumpen					
Betriebszustand (ein-aus)	B		(B)	(B)	(Be)
Hand-Autom.-Fern	B	B	B		
Druck	M				
Vordruck (DPW) + (UPW)	M, S		S	S	
Strömungsschalter	S		S	S	
Durchfluß	M		M	M	
Volumen	Z		Z	Z	
Betriebszeit	Z				
Energieversorgung					
(Transformator)	S		Ss	Ss	
Netz	S		S	S	
Steuerspannung 230 V AC	S, M		S	S	
Steuerspannung 24 V DC	S, M		S	S	
Stromaufn. d. Pumpen	M				
Netzspannung	M				
Leistungsfaktor	M				
Arbeit (kWh)	M				
Ersatzstromaggregat					
Betriebszustand (ein-aus)	B		B		
Kraftstoffüllstand	M }				
Öldruck	S }				
Kühlwassertemperatur	M }	Ss	Ss	Ss	
Spannung	M }				
Strom	M }				
Frequenz	M }				
Gebäudeschutz/Objektschutz					
Störung	S		S	S	
Scharf-unscharf	B		B	B	
Einbruch	B		B	B	

Für die Speicherung von Daten eignen sich optische und auch magnetisch-optische (CD- oder MO-) Speicher.
Wichtig ist die Verarbeitung der Störmeldungen. Gleichzeitig zur Anzeige ist ein Alarmsignal erforderlich. Bei nicht besetzter Zentrale muß der Alarm an den Bereitschaftsdienst weitergemeldet werden. Das kann über Telefon-Wählgeräte, über Funkdienste („City-Ruf“) oder über „Handys“ verwirklicht werden.
Bei der Planung der EDV-Anlage („Hard- und Software“) ist darauf zu achten, daß genau festgelegt wird, welche Anforderungen an Darstellung und Verarbeitung der Daten zu stellen sind. Bei vielen Wasserversorgungen findet man doch sehr überzogene Lösungen! – Während man bei kleinen Anlagen mit einem aktiven Blindschaltbild und einem PC mit einfachem Programm für das Betriebstagebuch ohne Anlagenbilder auskommt, sind in großen Anlagen u. U. mehrere PC mit verschiedenen Sätzen von Anlagenbildern und Datenübertragungen erforderlich.

5.3.4 Betriebsweise der Wasserwerke

Je nachdem, ob die in der Zentrale ankommenden Meßwerte und Meldungen eine Steuerung der Werkanlagen von Hand, nur teilweise von Hand oder ganz selbsttätig bewirken, spricht man von Hand-, halbautomatischem oder vollautomatischem Betrieb.

5.3.4.1 Handbetrieb

Handbetrieb liegt vor, wenn in der Zentrale die Meßwerte und Meldungen vom Wartenpersonal an einer Meßwert- und Meldetafel aufgenommen werden und dann zu steuernden Eingriffen desselben an einem Schalt- oder Steuerpult führen.

5.3.4.2 Halbautomatischer Betrieb

Beim halbautomatischen Betrieb reagieren Teile der Anlage ohne Handeingriff auf ankommende Meßwerte oder Meldungen, z. B. werden Pumpen selbsttätig abgeschaltet, sobald die Meldung „Behälter voll" vorliegt. Neben dieser zustandsabhängigen Steuerung, bei der der nächste Programmpunkt erst nach Erreichen eines bestimmten Zustandes eingeleitet wird, gibt es noch die zeitabhängige. Die Verbindung von beiden ist zwar aufwendiger, aber erheblich sicherer. Bei halbautomatischem Betrieb kann die Anwesenheit von Wartenpersonal eingeschränkt werden, ein selbsttätiges Wiederanlaufen nach Stillsetzen der Anlage darf nicht eintreten.

5.3.4.3 Vollautomatischer Betrieb

Vollautomatischer Betrieb erfordert keine Anwesenheit von Personal in der Zentrale. Störungsmeldungen müssen jedoch mit Sicherheit an einen Diensthabenden weitergegeben werden. Halb- und vollautomatischer Betrieb erfordern Fernwirkanlagen. Abgelegene Außenstellen (Unterstationen) sollen, auch wenn eine Fernwirkanlage zwischen ihnen und der Zentrale vorhanden ist, mit einer „Lokalautomatik" (SPS) versehen sein, die ein Eingreifen der Zentrale nur in Störfällen erforderlich macht.
Hierzu werden die zusammengehörenden Betriebsabläufe in „Regelkreise" zusammengefaßt, die sich auch dann gegenseitig weitersteuern, wenn die Verbindung zur Zentrale abgerissen ist. Beispiel: **(Abb. 5-41)**

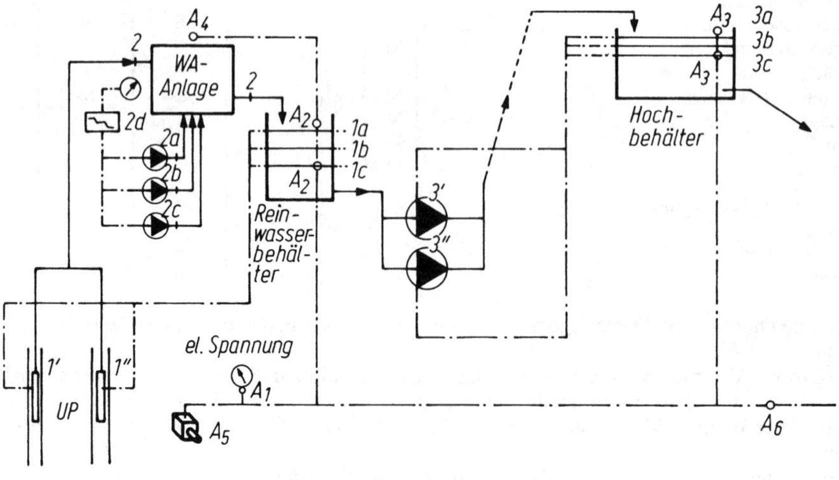

Abb. 5-41: Beispiel einer Lokalautomatik

Von der Zentralstelle abgelegene Unterstation mit 2 Br. und 2 UP, einer WA-Anlage mit nachgeschaltetem Reinwasserbehälter und anschließendem Pumpwerk zum Hochbehälter ist mit einer auf einfacher Relaistechnik aufgebauten Lokalautomatik ausgerüstet.

Regelkreis (1): Wasserstand im Reinwasserbehälter steuert die UP, die gestaffelt anlaufen und aussetzen.
Regelkreis (2): WA-Anlage ist, sobald die UP laufen, in Betrieb, Kompressor für Voroxidator läuft parallel zu den UP mit. Abhängig vom Filterwiderstand wird die Anlage samt UP abgeschaltet und der Reihe nach eine Spülung des Filters mit entsprechender Bedienung der Schieber und der Motoren für Spülpumpe und -gebläse durchgeführt. Nach Spülung steht die WA-Anlage wieder in Betriebsstellung und die Schieber vor und hinter ihr werden geöffnet; anschließend ist der Betrieb der UP wieder freigegeben.
Regelkreis (3): Der Hochbehälter steuert die KrP abhängig vom Wasserspiegel, ggf. gestaffelt. Diese KrP werden aber auch bei fast leerem Reinwasserbehälter stillgesetzt – Trockenlaufschutz – Koppelung von Regelkreis 1 und 3.
Alarm in die Zentrale wird gegeben, wenn
Strom ausfällt (A 1)
Wasserstand im Reinwasserbehälter zu niedrig oder zu hoch ist (A 2)
Wasserstand im Hochbehälter zu niedrig oder zu hoch ist (A 3)
Filterwiderstand ein Maximum überschreitet [Spülung ausgefallen oder ungenügend] (A 4)
die Räume durch Unbefugte betreten werden – Objektschutz – (A 5)
die Kabelverbindung unterbrochen ist (A 6).

5.3.4.4 Allgemeines zum Eingreifen in Betriebsabläufe

Jeder Eingriff bedarf einer Rückmeldung, die das wirkliche Betriebsgeschehen wiedergibt und nicht nur einen Einschaltbefehl. So muß auf den Befehl „Schieber zu" zuerst die Meldung „Schieber schließt" und erst entsprechend später „Schieber geschlossen" kommen. Ferner sind gewisse Abhängigkeiten von der Steuereinrichtung selbsttätig zu vollziehen; z. B. hat der Befehl „Pumpe ein" den Befehl „Schieber öffnen" zu beinhalten. Falsche oder ungewollte Befehle sollen zurückgewiesen werden, besonders dann, wenn Schäden an der Anlage entstehen können; so darf z. B. eine Drehzahlerhöhung, die zur Beschädigung des Pumpenlaufrades führen würde, nicht angenommen werden.

5.4 Wasserzählung und Wassermessung

5.4.1 Allgemeines

Die Begriffe Zählung und Messung bezeichnen trotz ihrer Ähnlichkeit nicht dasselbe. Zählen ist die Erfassung einer Menge innerhalb eines beliebigen Zeitabschnittes, Messen jedoch das Erfassen der Menge in der Zeiteinheit (Volumenstrom; Volumendurchfluß).
Zähler sind daher nur auf ein Mengenmaß geeicht, z. B. 1, m^3, kWh. Der Zeiger eines Zählers oder das Rollenzählwerk (z. B. beim Elektrizitäts- oder Kilometerzähler) läuft immer in der gleichen Richtung weiter. Der Zeiger eines Durchflußmessers jedoch pendelt je nach Durchfluß über die Skala hin und her, welche in l/s, l/min, m^3/h oder kW (= kWh/h) eingeteilt sein kann.
In Wasserversorgungsanlagen gibt es Wasserzähler und Durchflußmesser. Zähler werden zum Zählen oder Festhalten von in Pumpwerken geförderten oder an die Verbraucher gelieferten Wassermengen verwendet. Die Zähleranzeige bildet somit die Grundlage für die Berechnung der Wasserlieferung. Die Differenz zwischen einer vorherigen und einer neuen Ablesung des Zählers stellt den Verbrauch dar, der mit dem Preis der Mengeneinheit vervielfacht wird, um den Rechnungsbetrag für den Wasserbezieher zu ermitteln.
In Wasserwerken sind Zähler für einen ordnungsgemäßen technisch-wirtschaftlichen Betrieb notwendig. Zähler bei den Abnehmern sorgen für eine gerechte Verteilung der Kosten und beugen einer Wasservergeudung vor.
Durchflußmesser werden da eingebaut, wo z. B. die Momentanabgabe ins Rohrnetz erfaßt werden soll oder in Aufbereitungsanlagen, deren Durchfluß (Filterbelastung) kontrolliert werden muß.
Schließlich sind Kombinationen von Durchflußmessern mit Zählern möglich. Das Gerät zeigt in diesem Falle sowohl den Momentandurchfluß als auch die durchgeflossene Menge an.

5.4.2 Wasserzählung

5.4.2.1 Bauarten der Zähler

5.4.2.1.1 Flügelradzähler – Flügelradzähler sind meist Mehrstrahlapparate. Das Wasser tritt durch mehrere am Umfang des Flügelbechers tangential angebrachte Löcher ein, trifft auf den – dadurch vollbeaufschlagten – Flügel und tritt durch eine zweite, höher liegende Öffnungsreihe wieder aus **(Abb. 5-42).** Einstrahlzähler als Wohnungszähler für 1,5 m^3/h Durchfluß besitzen nur eine Ein- und eine Austrittsöffnung. Da das Flügelrad von der dynamischen Wirkung des Wassers (kinetische Energie = Geschwindigkeitsenergie) angetrieben wird, spricht man hier auch von Geschwindigkeitszählern. Die Flügelraddrehung wird über Zahnräder so untersetzt, daß auf dem Zifferblatt des in das Gehäuse eingesetzten „Meßbechers" die durchgeströmte Wassermenge durch ein Rollenzählwerk, zum Teil ergänzt durch Zeiger, angezeigt wird.

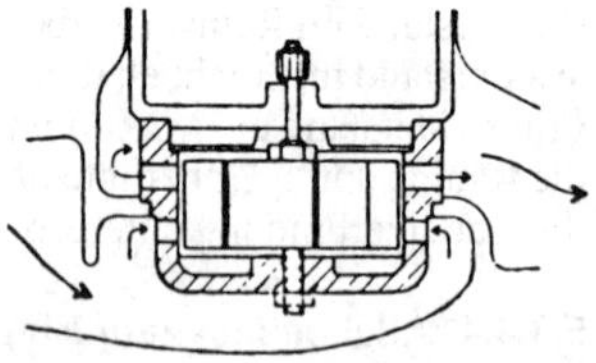

Abb. 5-42: Flügelradzähler

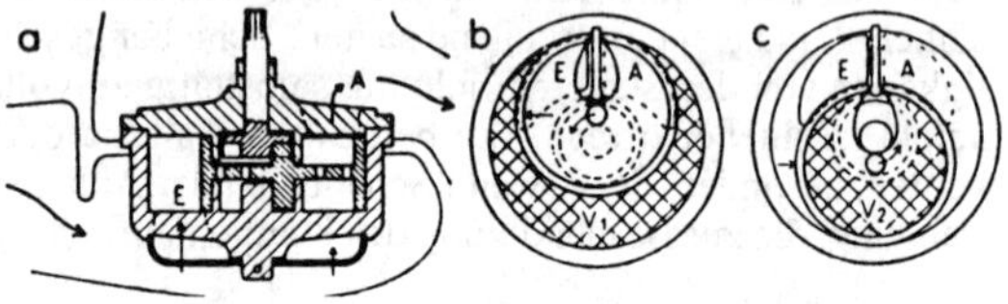

Abb. 5-43: Ringkolbenzähler

5.4.2.1.2 Ringkolbenzähler – Ringkolbenzähler besitzen statt des Flügelrades einen Ringkolben, der wechselweise Ein- und Austrittsöffnungen freigibt **(Abb. 5-43).** Es wird also nach dem Inhalt des Ringkolbens gezählt, daher auch die Bezeichnung „Volumenzähler". Für sandhaltige Wässer ist er nicht geeignet, da die Gleitflächen sich rasch abnutzen, undicht werden und die Anzeige dann fehlerhaft wird. Diese Zähler werden trotz der im Neuzustand etwas größeren Anzeigegenauigkeit nur mehr selten eingebaut.

5.4.2.1.3 Woltmannzähler – Diese von Prof. Woltmann 1829 berechneten Zähler sind wie Flügelradzähler Geschwindigkeitszähler und werden für Anschlußgrößen ab DN 50 bis 500 entsprechend eines Nenndurchflusses q_n von 15 bis 1 500 m^3/h gebaut. Vorübergehende Mehrbelastung ist zulässig, kurzfristig (d. s. 15 min/d) – z. B. im Brandfall – bis zum Doppelten. Der Flügel aus schraubenflächenartig verwundenen Schaufeln wird parallel zu seiner Achse durchströmt **(Abb. 5-44).** Der Rohrquerschnitt wird im Woltmannzähler ohne wesentliche Verengung beibehalten. Hierdurch tritt sehr geringer Druckverlust gegenüber dem Flügelradzähler auf (0,1 bis 0,25 bar statt 1 bar!). Es gibt:

Typ WP: Flügelachse parallel Rohrachse, kleiner Druckhöhenverlust; geeignet in Pumpwerken.

Typ WS: Flügelachse senkrecht Rohrachse, größerer Druckhöhenverlust, geeignet als Zähler in Abgabeschächten.

Typ WB: zum Einbau in die Steigleitung von Brunnen statt des oberen Abgangskrümmers – Brunnenwasserzähler –.

5.4.2.1.4 Woltmannverbundzähler **(Abb. 5-45)** – Verbundzähler (Bez. WPV bzw. WSV) vereinigen einen Woltmann- und einen Flügelradzähler und sind in der Lage, von sehr kleinen bis zu sehr großen Durchflußmengen zu zählen. Eine Umschalteinrichtung mit Feder- oder Gewichtsbelastung sorgt dafür, daß beim Unterschreiten eines gewissen Durchflusses der Woltmannzähler abgeschaltet wird, so daß die kleine Wassermenge nur durch den „Nebenzähler" läuft. Die durchgeflossene Menge erhält man durch Zusammenrechnen der in beiden Zählwerken erfaßten Menge.

5.4.2.1.5 Sonderzähler – Es gibt

- Sattelzähler für innerbetriebliche Kontrollen und nachträglichen Einbau in Rohre durch Einschweißen eines Vorschweißflansches in ein Stahlrohr; Meßflügel haben meist DN 80 und sind damit wesentlich kleiner als DN des Rohres,
- Flügelradzähler in Verbindung mit Standrohren für Wasserentnahme an Baustellen,
- Dosierzähler zum Zusetzen bestimmter Wasser- oder Chemikalienmengen.

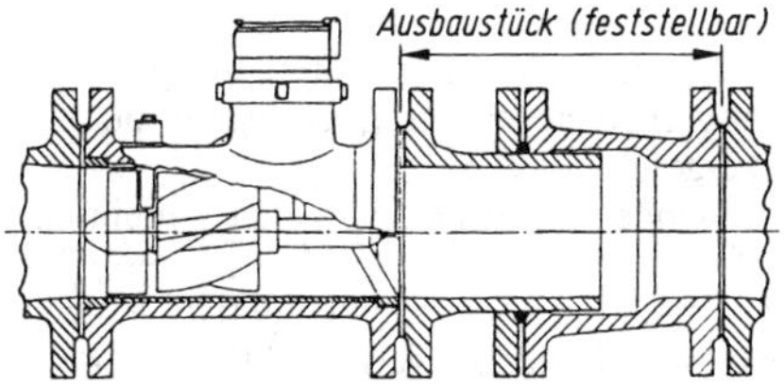

Abb. 5-44: Woltmannzähler

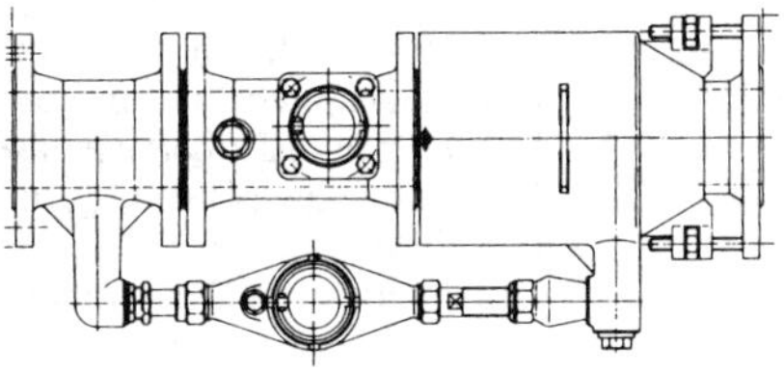

Abb. 5-45: Woltmannverbundzähler

5.4.2.1.6 Naß- und Trockenläufer

1) *Naßläufer* (für Hauswasserzähler häufigste Ausführung) sind Zähler, bei welchen Zählwerk und Zifferblatt im Wasser liegen (DIN-Bezeichnung „N“).

2) *Trockenläufer* sind solche, bei denen nur die Meßflügel und die Übersetzungsgetriebe im Wasser liegen, während das Zählwerk im dicht abgeschlossenen Trockenraum durch eine Magnetkupplung angetrieben wird. Durchgehende, mit Stopfbuchsen oder O-Ringen gedichtete Wellen sind auf Sonderfälle (z. B. bei hohem Drehwiderstand) beschränkt. Verwendung der Trockenläufer (DIN-Bezeichnung „T“) generell bei Großwasserzählern, fast immer bei Anschluß von Zusatzgeräten (Fernübertragung, Kontaktgeber usw.), ferner für Heißwasserzähler, damit keine Kalk- oder anderen Ablagerungen die Ablesbarkeit beeinträchtigen.

5.4.2.1.7 Wasserzähler mit Gebereinrichtungen – Solche Zähler können versehen werden mit

- elektromechanischen Kontaktgebern, die nach Durchfließen bestimmter Mengen einen elektrischen Impuls geben und damit z. B. die Wasserzufuhr über ein Elektroventil an- oder abstellen oder ein elektr. Fernzählwerk bzw. einen elektr. Durchflußschreiber oder Impulsdrucker betätigen,
- elektronischen Impulsgebern mit nachgeschaltetem Meßumformer für Durchflußmessung oder Registrierung. Hierbei wird die Zählung auch zur Messung,

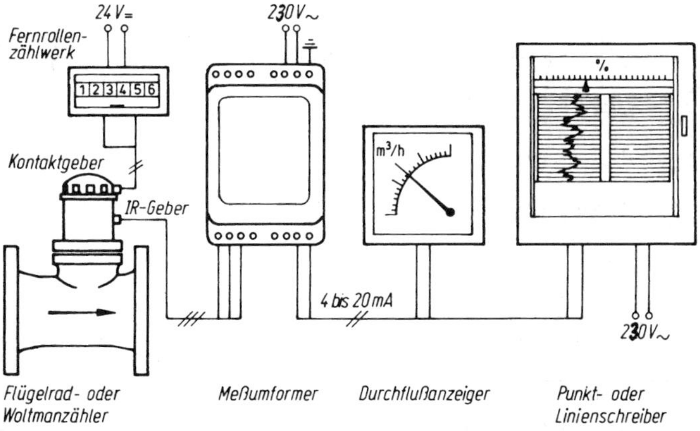

Abb. 5-46: Zähler mit aufgebautem Kontaktgeber

– Kombinationen von beiden, z. B. eine elektromechanische Fernübertragung des Zählerstandes durch aufgebaute Kontaktgeber und eine Fernmessung und -registrierung des Durchflusses mittels eines Infrarotgebers **(Abb. 5-46).**

5.4.2.2 Begriffe und Anforderungen

5.4.2.2.1 Maßgebende Begriffe

Q_{max} in m^3/h	größter Durchfluß, nur kurzzeitig zugelassen, d. h. etwa 15 min/d.
Q_n in m^3/h	Nenndurchfluß = 1/2 bis 1/3 Q_{max}. Der Wert dient gleichzeitig zur Kennzeichnung der Zähler.
Q_{min} in m^3/h	kleinster Durchfluß, von dem ab der Zähler die Fehlergrenzen einhalten muß.
Q_t in m^3/h	Übergangsdurchfluß (früher mit Trenngrenze bezeichnet); Übergangspunkt vom kleineren zum größeren zulässigen Anzeigefehler. Q_t teilt den zwischen Q_{min} und Q_{max} liegenden „Belastungsbereich" in eine untere und eine obere Zone.
h_{WZ} in bar	Druckverlust im Wasserzähler. Die Zähler sind in 4 Gruppen eingeteilt, je nachdem ihr Druckverlust im ganzen Belastungsbereich folgende Werte nicht überschreitet: 1 bar – 0,6 bar – 0,3 bar – 0,1 bar; z. B. Hauswasserzähler sind in Gruppe 1 bar.

5.4.2.2.2 Anforderungen

1) Fehlergrenzen – Der maximal zulässige Fehler beträgt
im unteren Belastungsbereich (Q_{min} bis < Q_t): ± 5 v. H.
im oberen Belastungsbereich (Q_t bis Q_{max}): ± 2 v. H.

2) Klasseneinteilung – Die Klassen A–B–C stehen in Beziehung zu den jeweiligen Werten Q_{min}/Q_n und Q_t/Q_n. Bei „Standardausführung" (Klasse B) gilt
für $Q_n < 15\ m^3/h$: $Q_{min} = 0{,}02\ Q_n$; $Q_t = 0{,}08\ Q_n$;
für $Q_n \geqq 15\ m^3/h$: $Q_{min} = 0{,}04\ Q_n$; $Q_t = 0{,}20\ Q_n$;
in Klasse A liegen die Verhältniszahlen höher, in Klasse C tiefer. Vgl. DIN ISO 4064/1!

5.4.2.3 Zählergrößen

5.4.2.3.1 Zähler mit Gewindeanschluß **(Abb. 5-47)**

Die Zähler werden mittels Verschraubungs-Stutzen an die Rohrleitungen, bzw. an die Wasserzähler-Ein- und -Ausgangsventile angeschlossen **(Abb. 5-48)**.

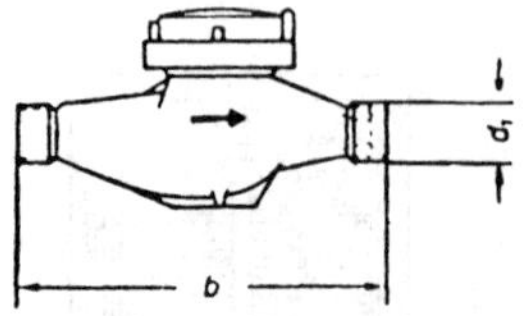

Abb. 5-47: Zähler mit Gewindeanschluß

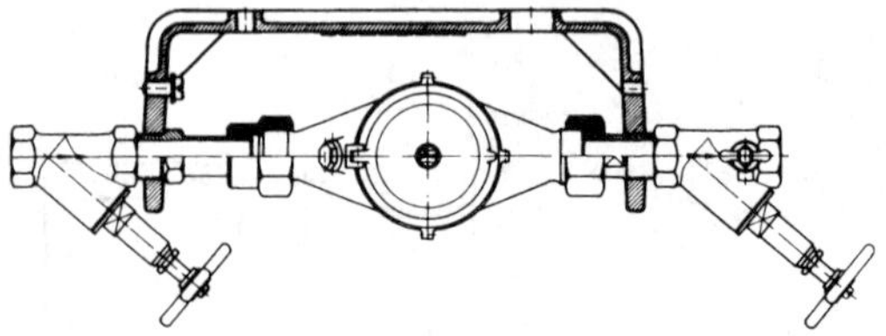

Abb. 5-48: Anschluß des Hauswasserzählers

Tab. 5-9: Zählergrößen (Gewindeanschluß)

Nenndurchfluß Q_n in m^3/h	Anschlußgewinde am Zähler d_1 in ″	Anschlußgewinde der Stutzen in ″	Baulänge b in mm
2,5	R 1	R 3/4	190
6	R 1 1/4	R 1	260
10	R 2	R 1 1/2	300

5.4.2.3.2 Zähler mit Flanschanschluß **(Abb. 5-49, 5-50, 5-51, 5-52)**

Die **Tab. 5-10** enthält für das Maß b nur noch die Werte aus DIN ISO 4064/1. Maße für Woltmannverbundzähler sind nicht enthalten; sie werden vom Platzbedarf der Umschalteinrichtung beeinflußt.

Tab. 5-10: Zählergrößen (Flanschanschluß)

Nenndurchfluß Q_n in m^3/h	DN des Anschlußflansches	Baulänge b in mm Typ WS	Typ WP	Typ WB
15	50	300	200	150
25	65	300	200	–
40	80	350	200	165
60	100	350	250	180
100	125	–	250	–
150	150	500	300	220

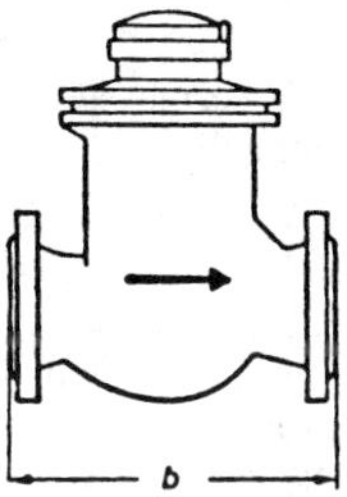

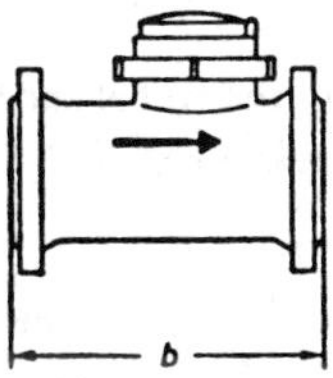

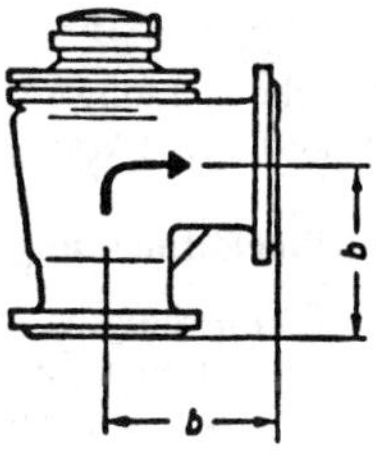

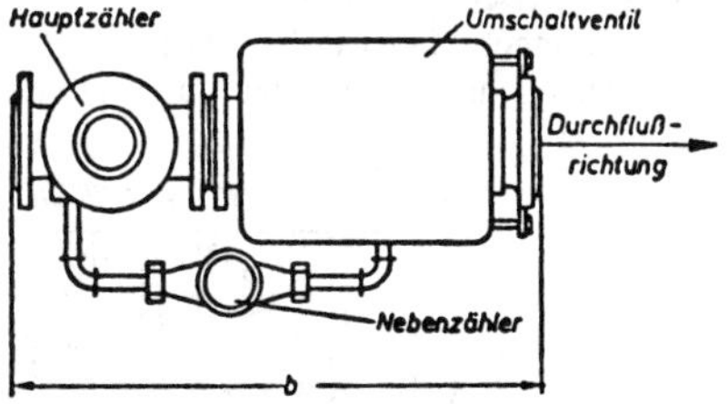

Abb. 5-49 (oben links): Woltmann-WS-Zähler

Abb. 5-50 (oben Mitte): Woltmann-WP-Zähler

Abb. 5-51 (oben rechts): Woltmann-WB-Zähler

Abb. 5-52 (unten rechts) Woltmann-WSV-Zähler

5.4.2.3.3 Größe von Flügelradzählern in Wohnanlagen – Bei der Zahl der anzuschließenden Wohneinheiten ist zu unterscheiden, ob in den Wohnungen Druckspüler oder Spülkästen eingebaut sind **(Tab. 5-11).** Sind in einem Gebäude mehr als 1/3 Druckspüler vorhanden, so ist der Zähler so auszuwählen, als wären alle Spüleinrichtungen Druckspüler.

Tab. 5-11: Zählergrößen nach Nenndurchfluß Q_n in Wohnanlagen

Q_n m^3/h	Q_{max} m^3/h	Wohnanlage hat	Zahl der Wohneinheiten
2,5	5	Druckspüler	bis 15
		Spülkästen	bis 30
6	12	Druckspüler	16– 85
		Spülkästen	31–100
10	20	Druckspüler	86–200
		Spülkästen	101–200

5.4.2.4 Sonstige Zähler

Bisher behandelte Zähler besitzen sich abnutzende Lager von Laufrädern. Beim Wirbel- und beim Drallzähler entfällt dieser Nachteil: An einem in der Strömung liegenden Störkörper bilden sich Wirbel

(Karmansche Wirbelstraße) bzw. Sekundärrotationen aus, deren Frequenz sich im Verhältnis zur Fließgeschwindigkeit und damit zum Durchsatz ändert. Ihre Ausbildung hängt stark von der Kantenschärfe des Störkörpers ab (häufige Wartung, wenn Ablagerungen möglich sind). Zur Frequenz-Bestimmung werden Piezoelemente, Thermistoren, induktive Abgriffe oder Dehnungsmeßstreifen verwendet. Nachteilig sind die notwendige (elektrische) Hilfsenergie und die erforderlichen langen ungestörten Ein- und Auslaufstrecken (20- bzw. 5 fache Zählernennweite) beim Wirbelzähler; der Drallzähler bedarf keiner Beruhigungsstrecken. Aufgrund ihrer technischen Wirkungsweise benötigen beide Zähler eine gewisse Strömungsgeschwindigkeit, so daß ihre Zählung nicht bei einem Durchfluß von 0 l/s beginnt. Ferner sind sie im unteren Geschwindigkeitsbereich (0,3 m/s) ungenau, in oberen (8 m/s) wird der Druckverlust sehr hoch, so daß ein brauchbarer Einsatz nur zwischen 0,5 und 3 m/s liegt.

5.4.3 Wassermessung

5.4.3.1 Kübelmessung

Jede einfache Messung einer Quellschüttung mit Kübel und Stoppuhr ist eine Wassermessung, denn sie stellt die geflossene Wassermenge in der Zeit dar; sie ist aber nicht mehr zeitgemäß!

5.4.3.2 Überfallmessung

Die Überfallmessung wurde früher meist bei Pumpversuchen angewandt, heute werden Wasserzähler in die Ablaufleitungen eingebaut. Mit dem Meßwehr (fest eingebaut) werden noch Quellbäche gemessen, deren Schüttung über längere Zeit beobachtet wird **(Abb. 5-53).** Der Ausschnitt, durch den das mittels Tauchwand beruhigte Wasser ausfließt, muß scharfkantig sein, so daß sich der Ausflußstrahl von der Meßvorrichtung ablöst. Die Meßskala muß mind. 3 h vom Ausfluß entfernt (hier also nahe der Tauchwand) angebracht werden, da die Kontraktion des Wassers in Ausflußnähe falsche Meßergebnisse ergäbe. Wichtig ist, daß der Nullpunkt der Skala auf gleicher Höhe mit der Überfallkante steht.

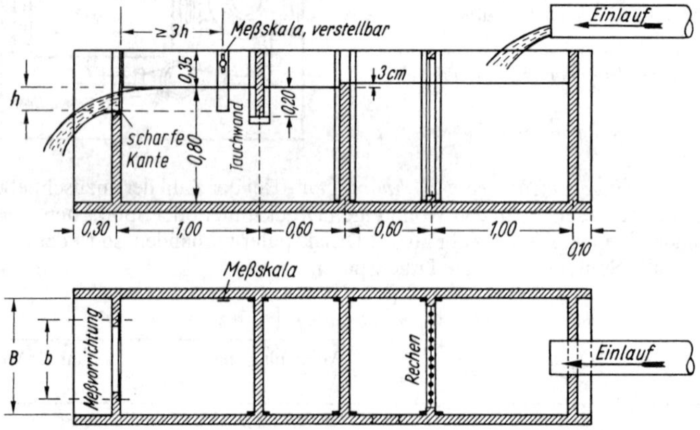

Abb. 5-53: Meßwehr rechteckig

Ist b in m die Breite des Wehres und h in m die an der Skala gemessene Wasserhöhe über dem Skalennullpunkt, so fließt durch den rechteckigen Ausschnitt aus:

$$Q = 1{,}86 \cdot b \cdot h \cdot \sqrt{h} \text{ wobei } Q \text{ in } m^3/s$$

Anm.: Bei kleinem Wehr mit Seitenzwängung ($b < B$) wird, mit steigendem Verhältnis B/b, der Faktor 1,86 entsprechend kleiner.

Mit dem dreieckigen Meßwehr können stark schwankende und kleine Wasserströme gemessen werden, weil der rechteckige Ausschnitt bei kleinem Durchfluß ungenaue Ergebnisse bringt.

Abb. 5-54: Meßwehr dreieckig

Für $\alpha = 90°$ **(Abb. 5-54)** gilt nach Thompson: $Q = 1{,}49\,h^2 \cdot \sqrt{h}$ (mit Q in m^3/s und h in m).

Meßskala wie oben anlegen, h ab Dreieckspitze messen!

5.4.3.3 Durchflußmessung nach dem Wirkdruckverfahren

In geschlossenen und völlig mit Wasser gefüllten Rohrleitungen wird der Durchfluß in bestehenden Anlagen manchmal noch nach dem Wirkdruckverfahren gemessen. Dieses beruht darauf, daß bei einer örtlichen Verengung des Rohrquerschnittes die Wassergeschwindigkeit steigt und dadurch der Druck an dieser Stelle sinkt. Die Größe dieser Druckabsenkung h ist ein Maß für den Durchfluß Q.

$Q = c \cdot \sqrt{h}$, c = Konstante.

Die Differenz zwischen dem Druck vor der Einschnürung und dem Druck an der engsten Stelle wird als Wirkdruck bezeichnet und mittels eines Differenzmanometers gemessen.
Eine Durchfluß-Meßeinrichtung besteht demnach aus dem Wirkdruckerzeuger, den Verbindungsleitungen und dem Wirkdruckmesser **(Abb. 5-55).**

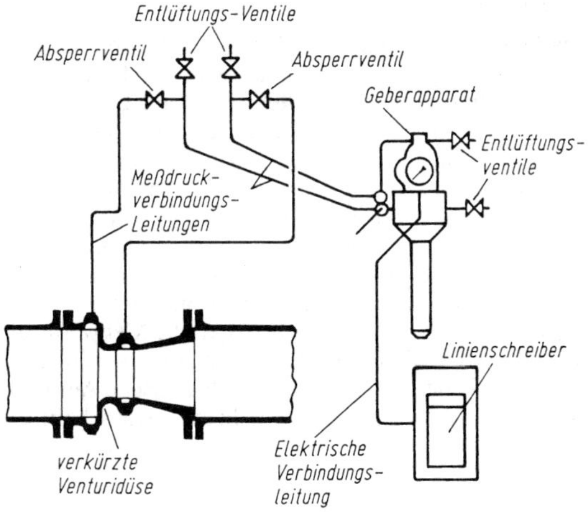

Abb. 5-55: Durchflußmessung nach dem Wirkdruckverfahren

Wirkdruckerzeuger können sein
- Normblenden: nur flache, mittig durchbohrte Scheiben, daher kurze Baulängen, aber bleibender Druckverlust zwischen 30 und 80 v. H. des Wirkdruckes,
- Normdüsen mit gerundetem Einlauf und in Strömungsrichtung verlängert, daher etwas größere Baulängen, aber kleinerer bleibender Druckverlust (20 bis 60 v. H.),
- Normventuridüsen mit zusätzlichem Auslauf-Diffusor, somit noch größere Baulänge, jedoch Druckverlust zwischen 7 und 18 v. H. des Wirkdruckes.

Wirkdruckmesser oder Differenzmanometer übertragen die Schwankungen einer Sperrflüssigkeit in einem U-Rohr auf ein Zeigerwerk mit Skala in m^3/h oder l/s. Die durchgeflossene Wassermenge läßt sich mittels Meßumformer auf ein Zählwerk, ein Fernzählwerk oder eine Schreibeinrichtung übertragen, so daß sich nicht nur der Durchfluß, sondern auch die aufaddierte Menge erfassen läßt.

5.4.3.4 Durchflußmessung mittels Wasserzähler mit Zusatzeinrichtungen (s. S. 349).

Diese Art wird heute bevorzugt. Sie ist auch für Registrier- und Steuerungsaufgaben geeignet.

5.4.3.5 Durchflußmessung nach dem magnetisch-induktiven Meßverfahren

Das Gerät besteht aus Durchflußgeber und Verstärker. Dem Wasserstrom wird durch zwei fremderregte Feldspulen ein getakteter Gleichstrom aufgeprägt, der ein Magnetfeld erzeugt. Die Meßspannung ist der Durchflußgeschwindigkeit proportional (Faradaysches Induktionsgesetz). Mögliche Elementbildung an Berührungsflächen der leitenden Flüssigkeiten und Metalle kann man durch Wechselstromerregung vermeiden. Dann entstehende Störwechselspannungen sind durch schaltungstechnische Maßnahmen zu beseitigen. Voraussetzung ist die Leitfähigkeit des Mediums (bei den meisten Geräten wenigstens 5 μS/cm), die aber bei natürlichem Wasser gegeben ist (für destilliertes Wasser ist das Gerät nicht geeignet). Die Vorteile sind: freier Rohrdurchgang, also kein Druckhöhenverlust, keine mechanisch bewegten Teile, also kein Verschleiß, und sehr hohe Meßgenauigkeit. Die Fließgeschwindigkeit soll möglichst nicht unter 1,0 m/s liegen. Es sind Größen bis DN 2000 lieferbar und Auskleidungen für aggressive Flüssigkeiten möglich. Das inzwischen eichamtlich zugelassene Verfahren wird, neben Abwasser- und Schlamm-, mehr und mehr für die Großwasserdurchflußmessung eingesetzt. Die u. U. vorhandene Drallströmung ist besonders bei Meßanlagen, die auch zu Steuerzwecken herangezogen werden, zu beachten.
Neben den bereits erwähnten zusätzlichen Gebereinrichtungen (Abschn. 5.4.2.1.7, S. 349) hat sich hier die Mikroprozessortechnik besonders durchgesetzt, bei der analoge Meßwerte in digitale Signale umgesetzt werden (s. Abschn. 5.3.2.3.3, S. 342). Damit werden Leistungsfähigkeit, Bedienbarkeit und Meßgenauigkeit (bis ± 0,25 v. H.) erhöht sowie Zuverlässigkeit und Störsicherheit verbessert. Außerdem ist eine Verbindung mit Prozeßleitsystemen oder PC (s. Abschn. 5.2.5.2, S. 340) möglich, die wiederum Vor- und Rücklaufmessung, Datenerhaltung ohne Hilfsenergie bei Netzausfall und Parameteränderung über bedienerfreundliche Einstellautomatik erlaubt.

5.4.3.6 Durchflußmessung mittels Ultraschallgeräten

Das Prinzip beruht auf der Messung der Schallgeschwindigkeit im strömenden Wasser mit und entgegen der Strömungsrichtung. Durch die Messung in beiden Richtungen wird der Einfluß von Störquellen im Wasser (Verunreinigungen, Ausgasungen u. ä.) ausgeschaltet. Dadurch ist dieses Verfahren auch zur Abwassermessung geeignet; anstelle vom Laufzeitverfahren, das für Reinwassermessungen besser geeignet ist, wird dann aber das Doppler-Prinzip eingesetzt (Reflexion an Feststoffteilen). Vorteile sind: keine Einengung der Rohrleitung, also kein Druckhöhenverlust, keine mechanisch bewegten Teile, also auch kein Verschleiß, und sehr hohe Meßgenauigkeit; u. U. nachträglicher Einbau ist möglich und, bei entsprechender Anordnung mehrerer Meßstellen, auch in offenen Gerinnen verwendbar. Eine elektrische Leitfähigkeit des Wassers ist hier nicht erforderlich (s. o.). Die Messung ist für Rohrnennweiten von 0,2 bis 6 m und Kanalbreiten bis 10 m geeignet. Nachteilig sind die erheblichen Ein- und Auslaufstrecken (bis 15 facher Rohr∅), da die Meßwerte nur bei rotationssymmetrischen Strömungsverläufen gültig sind. Sind diese Beruhigungsstrecken nicht zu verwirklichen, kann man sich mit zwei oder mehr Meßebenen helfen. Der gerätetechnische Aufwand wird dann allerdings wesentlich größer, ihr Einsatz in der Wasserversorgung nicht mehr wirtschaftlich.

5.4.3.7 Weitere Verfahren

5.4.3.7.1 Durchflußmessung mit Schwebekörper – Bei diesem auf kleine Förderströme und Sonderzwecke beschränkten Verfahren (Aufbereitungstechnik) wird ein kegelförmiger Schwebekörper vom aufwärtsströmenden Wasser in konisch erweiterten Rohreinsätzen so weit gehoben, bis der Durchflußquerschnitt dem jeweiligen Durchsatz entspricht, d. h. bis Gleichgewicht zwischen Auftriebs- und Gewichtskraft herrscht. Die Stellung des Körpers im Rohr zeigt den Durchfluß an, neuerdings sogar durch digitalen Signalausgang.
Nachteilig ist die hohe Empfindlichkeit gegen Rohrablagerungen, von Vorteil der äußerst leichte Ein- und Ausbau der Meßkonen zur Meßbereichsänderung.

5.4.3.7.2 Neuentwicklungen – Durchflußmesser mit Wirbelströmung, ähnlich den vorher beschriebenen Wirbelzählern (S. 351), oder mit Schwingkörper und sog. Dralldurchflußmesser haben in der Trinkwasserversorgung bisher keinen Eingang gefunden.

5.4.4 Anweisung für Einbau, Inbetriebnahme und Wartung von Zählern und Meßvorrichtungen

5.4.4.1 Hauswasserzähler

5.4.4.1.1 Einbau – Der Flügelradzähler wird in der Regel für waagerechten Einbau geliefert **(Abb. 5-56).** Für Bedarfsfälle, die einen waagerechten Einbau nicht zulassen, gibt es auch Zähler zum Einbau in senkrechte Steigleitungen **(Abb. 5-57)** und solche für senkrechte Falleitungen.
Der Ringkolbenzähler kann waagerecht, senkrecht (Steig- oder Falleitung) und schräg eingebaut werden.

Abb. 5-57: Zählereinbau senkrecht ▶

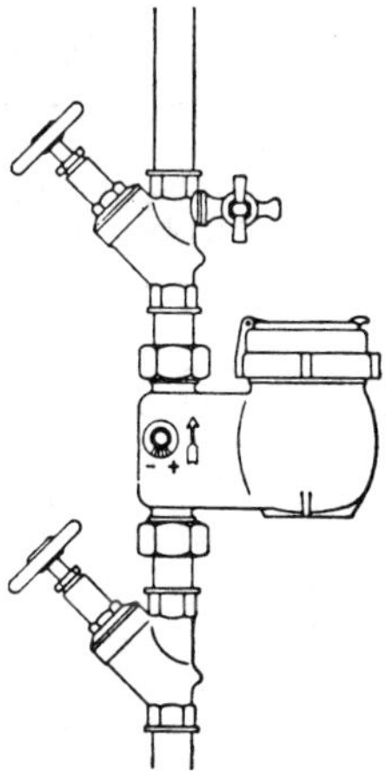

Abb. 5-56: Zählereinbau waagerecht ▼

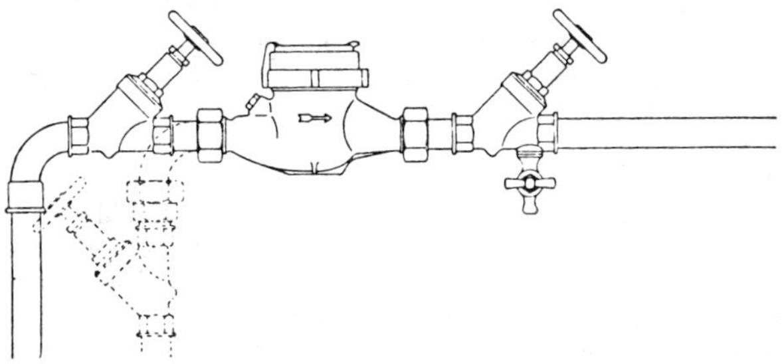

Die waagerechten Zähler werden mittels Anschlußbrücken an der Wand befestigt. Diese (zweckmäßig aus GGG) verbinden die Anschlußverschraubungen miteinander. Sie sind fest oder auch, zur Veränderung des Zählerabstandes zur Wand, verschiebbar anzubringen. Der Bügel, der durch eine Messing-Erdungsschraube auch mit der allgemeinen Erdung des Hauses verbunden wird, bildet auch beim Zählerwechsel eine elektr. Brücke zwischen Hausinnen- und Anschlußleitung – falls noch mittels metallischer Anschlußleitungen geerdet werden sollte **(Abb. 5-58)**.
Hauswasserzähler besitzen ein Mantelsieb vor dem Meßwerk, damit dieses nicht durch mitgeführte Ablagerungen im Rohrnetz gestört wird. Ein zusätzliches Sieb (Schmutzfänger) ist daher nicht nötig.
Der vorgeschriebene Rückflußverhinderer in der Hausleitung wird zweckmäßig unmittelbar hinter dem Zähler in die Hausleitung eingesetzt. Wasserzählerausgangsventile mit integriertem Rückflußverhinderer sind auf dem Markt.

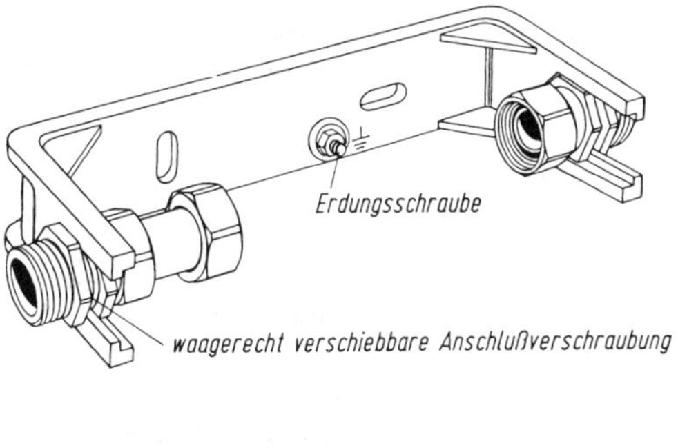

Abb. 5-58: Anschlußbrücke

5.4.4.1.2 Einbauort – Der Zähler sollte an einer frostgeschützten, gut beleuchteten und für die Ablesung möglichst leicht zugänglichen Stelle eingebaut werden (etwa 0,8 bis 1,2 m über Fußboden).

Steht kein Kellerraum zur Verfügung, ist ein durch Sickergrube entwässerter Zählerschacht vorzusehen (wenigstens 1 m ∅, 1,5 m tief). Ferner ist zu beachten, daß die Rohrleitung über eine Nachgiebigkeit von etwa 3 mm verfügen muß, um den Zähler an dem überstehenden Dichtungs-Führungsbund des Gewindestutzens vorbeiführen zu können (ggf. Längenausgleichsverschraubung). Vor und hinter dem Zähler wird je ein Absperrventil eingebaut, wobei das hinter dem Zähler angeordnete mit einem Ablaßventil für die Entleerung der Hauswasserleitung versehen sein soll. Eine gerade Rohrstrecke vor oder hinter dem Zähler ist nicht notwendig.
Das vor dem Zähler angeordnete Ventil ist vom Wasserwerk in geöffnetem Zustand zu plombieren, damit Unbefugte den Wasserzufluß vor dem Zähler nicht drosseln und damit seine Genauigkeit beeinflussen können.

5.4.4.1.3 Inbetriebnahme – Neuverlegte oder geänderte Leitungen müssen vor dem Einbau des Zählers gründlich durchgespült werden, um alle Installationsrückstände (Hanf, Späne usw.) zu entfernen. Zu diesem Zweck wird an Stelle des Zählers vorübergehend ein Zählerpaßstück in die Rohrleitung eingesetzt. Die Durchspülung soll mit möglichst großem Durchfluß erfolgen. Anschließend kann der Zähler, unter Beachtung des aufgegossenen Pfeiles, in Durchflußrichtung eingebaut werden, und zwar mit nach unten stehendem Zifferblatt zur Entlüftung des Einsatz- und Zählwerksraumes. Die Absperrvorrichtung ist langsam zu öffnen, um eine Überbelastung des anfänglich trocken laufenden Zählers zu vermeiden (durch eventuell in der Rohrleitung vorhandene größere Luftmengen kann Trockenlauf hervorgerufen werden). Nach Durchlauf einer Menge von 100 bis 200 l bringt man den Zähler wieder in die normale Lage. Der Zähler muß dabei immer mit Wasser gefüllt bleiben.

5.4.4.1.4 Wartung – Es empfiehlt sich, die Wasserzähler nach bestimmten Zeiträumen auszubauen. Diese richten sich nach der örtlichen Wasserbeschaffenheit. Praktisch werden Hauswasserzähler – seit die Nacheichung im Abstand von höchstens 6 (s. Abschn. 5.4.5.2, S. 359) Jahren gesetzlich gefordert ist – erst kurz vor Ablauf dieser Frist ausgewechselt. Nur bei Wasser mit stark absetzenden Stoffen, welche die Anzeigegenauigkeit schon in kürzerer Frist beeinträchtigen, kann ein früheres Auswechseln erforderlich sein. Vielfach hat es sich eingebürgert, gebrauchte Zähler bei den Herstellern zu einem Festpreis gegen andere einzutauschen, deren Meßwerke gegen neue ausgewechselt wurden. Die lohnintensive Instandsetzung durch Austausch einzelner Teile (Wellen, Zahnräder usw.) in eigenen Werkstätten ist nicht mehr wirtschaftlich. Auch große Versorgungsunternehmen mit eigenen zugelassenen und amtlich anerkannten Prüfeinrichtungen wechseln in den Zählerwerkstätten die ganzen, vom Hersteller bezogenen Meßwerke aus.

5.4.4.1.5 Lagerung und Beförderung – Die Zähler sind in frostgeschützten und staubfreien Räumen zu lagern. Der Lagerplatz muß die Gewähr bieten, daß die Zähler nicht über eine Temperatur von 30 bis 40 °C erwärmt werden (Heizkörper), da sonst eine Verformung der Kunststoff-Einsatzteile eintreten kann.
Die Zähler sind vorsichtig zu befördern; sie dürfen nicht fallen, damit die empfindlichen Meßorgane nicht beschädigt werden.

5.4.4.2 Woltmannzähler

Bauart WP kann senkrecht, waagerecht, schräg und um die Längsachse gedreht, eingebaut werden. Bei Bestellung ist die Einbaulage anzugeben, damit das Zifferblatt des Zählers für die Ablesung günstig angeordnet werden kann.
Bauart WS kann nur waagerecht eingebaut werden.
Bauart WB kann nur in Steigleitungen mit waagerechtem Abgang eingebaut werden (Brunnenköpfe).
Weicht die Rohrnennweite von der Zählernennweite D ab und müssen daher vor und hinter dem Zähler Übergangsstücke (FFR) gesetzt werden, so ist zwischen Zähler und Übergangsstück eine gerade Rohrstrecke der Nennweite D und der Länge L= 3 D zu legen. Zur Erleichterung des Ein- und Ausbaues der Zähler sind kraftschlüssige Ausbaustücke zweckmäßig **(Abb. 5-59** und **Abb. 5-44).**

Abb. 5-59: Zähler und feststellbares Ausbaustück

Trotz weitgehender Unempfindlichkeit der Woltmannzähler gegen Verschmutzung empfiehlt es sich, vor Einbau die Leitung zu spülen.
Bei Einbau von Woltmannzählern unmittelbar hinter Pumpen ist auf ausreichende Beruhigungsstrekken zu achten.
Wegen der unmittelbaren Wasserbeaufschlagung des Meßflügels ist der Woltmannzähler auch gegen unsymmetrisches Strömungsprofil empfindlich. Wirbelbildung, Drall und Spritzstrahl können durch unmittelbar vor dem Zähler eingebaute Armaturen und Formstücke hervorgerufen werden. Es sind daher bei den verschiedenen Einbaufällen folgende Richtlinien zu beachten:
1) Einbau hinter Schieber- oder Rückschlagklappe **(Abb. 5-60):**
Bleibt der Schieber mit vollem Durchgang stets ganz geöffnet, so kann der Zähler unmittelbar hinter diesem eingebaut werden. Bei Drosselstellung des Schiebers muß zwischen diesem und dem Zähler eine gerade Rohrstrecke L von mindestens 12 D (D = Zählernennweite) bei den Bauarten WP und WB, und 2 D bei der Bauart WS vorgesehen werden.

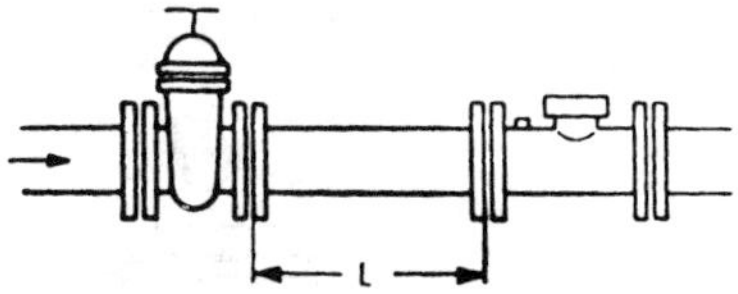

Abb. 5-60: Zählereinbau nach Armatur

2) Einbau hinter Krümmern und/oder T-Stücken:
Hinter einem Krümmer oder T-Stück soll die gerade Rohrstrecke vor einem WP-Zähler mindestens 10 D, vor einem WS-Zähler mindestens 3 D sein. Eine Verkürzung durch Strahlregler ist nicht möglich. Bei 2 Krümmern oder einem T-Stück mit Krümmer – wenn die Krümmer nicht in einer Ebene liegen – soll die gerade Rohrstrecke mindestens 25 D bei den Bauarten WP und WB und 2 D bei der Bauart WS betragen.
3) Freier Auslauf hinter dem Zähler (**Abb. 5-61**):
Der Auslauf ist so hoch zu führen bzw. der Zähler so tief einzubauen, daß letzterer stets mit Wasser gefüllt ist.
4) Zähler an Leitungshochpunkt (**Abb. 5-62**):
Luftansammlungen verfälschen die Zählwerte. Deshalb muß der Zähler so eingebaut werden, daß sich keine Luft in ihm ansammeln kann. Hinter dem Zähler soll eine gerade Rohrstrecke von 2 D vorhanden sein.
Die jeweils genannten geraden Rohrstrecken sind Mindestlängen!

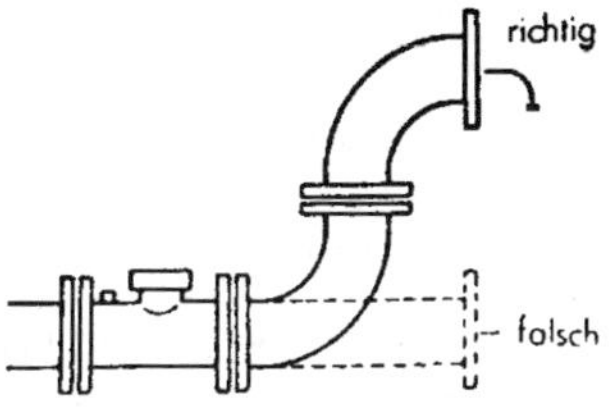

◀ *Abb. 5-61: Zähler vor freiem Auslauf*

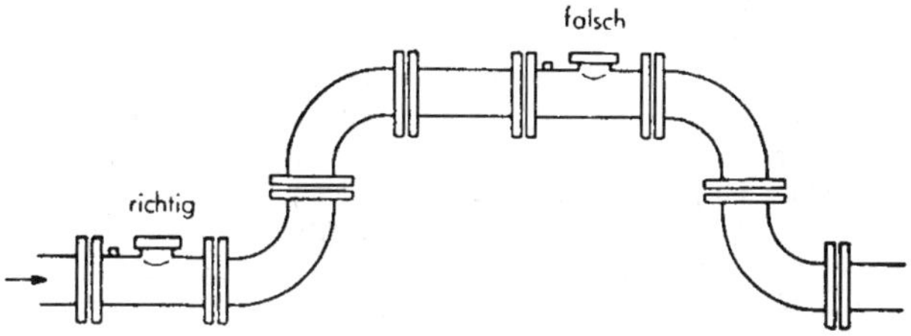

Abb. 5-62: Zähler an Hochpunkten der Rohrleitung ▶

5.4.4.3 Venturi- und Ultraschall-Meßanlagen

Venturi-Meßvorrichtungen sind empfindlich gegen Unregelmäßigkeiten der Zulaufströmung. Vor dem Wirkdruckgeber ist daher, ähnlich wie bei Zählern, eine gerade Rohrstrecke einzubauen, die nach den VDI-Durchflußmeßregeln (DIN 1952) zwischen 5 d und 80 d schwankt. Hinter dem Wirkdruckgeber soll die gerade Anschlußstrecke nicht unter 4 d sein. (d = $\varnothing$ des Leitungsrohres.)
Da die Differenzdruckmessung empfindlich gegenüber Ablagerungen ist, erfordert sie neben Sorgfalt bei Planung und Einbau auch eine regelmäßige Wartung.

Für Ultraschall-Meßgeräte müssen hinsichtlich Ein- und Auslaufstrecke die gleichen Bedingungen erfüllt werden wie bei Venturi-Meßvorrichtungen (vgl. Abschn. 5.4.3.6, S. 354).

5.4.4.4 Magnetisch-induktive Meßeinrichtungen

Beim Einbau eines eichamtlich zugelassenen Gerätes ist vor dem Aufnehmer wenigstens eine gerade Rohrstrecke der zehnfachen Nennweite vorzusehen, sofern nur Kalt- und Abwasser gemessen werden sollen (sonst das Doppelte!); hinter dem Aufnehmer ist noch die fünffache Nennweite einzuhalten.
Beim Einbau des Durchflußaufnehmers ist zu beachten, daß keine der Elektroden im höchsten Punkt steht, weil ggf. vorhandene Gasblasen die elektrische Verbindung zwischen Elektroden und Meßstoff unterbrechen. Am besten werden die Elektroden in Rohrhöhenmitte **(Abb. 5-63)** eingesetzt; außerdem ist sicherzustellen, daß das Meßrohr immer vollständig gefüllt ist.

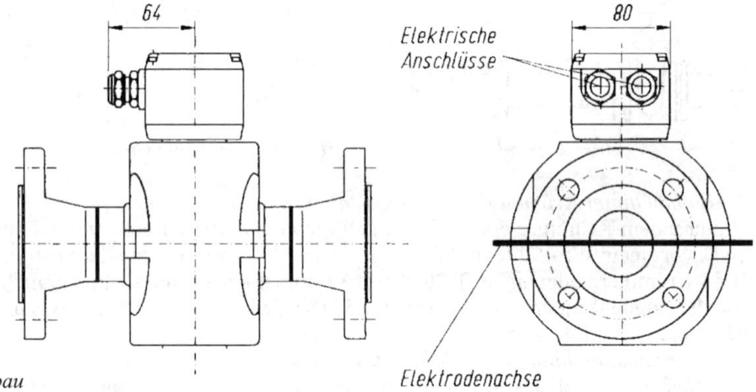

Abb. 5-63: Elektrodeneinbau

Aus Sicherheits- und Funktionsgründen ist die Erdung des Aufnehmers vorzusehen, wobei Schutzleiter- und Rohrleitungspotential gleich sein sollen (s. DIN VDE 0100/540). Für Kunststoffleitungen bzw. nichtleitend ausgekleidete Rohre sind Erdungsscheiben oder -elektroden vorzusehen.

5.4.5 Prüfung und Eichung der Zähler

5.4.5.1 Prüfung durch die Wasserwerke

Die richtige Anzeige der Wasserzähler ist für die Werke von großer wirtschaftlicher Bedeutung. Ein großer Teil der Differenz zwischen der verkauften und geförderten Wassermenge kann bei ungenügender Unterhaltung der Zähler auf deren Fehlanzeige zurückgeführt werden. Es ist daher dringend notwendig, die Zähler laufend auf genaue Anzeige zu überwachen. Die Hauswasserzähler werden wegen der hohen Personalkosten heute von den Wasserwerken meist nur in großen Zeitabständen – bis zu 1 Jahr – abgelesen. Dazwischen werden pauschalierte Wassergebühren erhoben. Das Ablesepersonal muß angehalten werden, fühlbare Abweichungen vom Verbrauch vergleichbarer vergangener Perioden zu melden, damit bei solchen Abnehmern die Zähler außer der Reihe überprüft werden.
Eine grobe Überprüfung von Hauswasserzählern, um Unregelmäßigkeiten festzustellen, ist auch am Einbauort möglich: Man sorgt dafür, daß aus der Verbrauchsleitung des betreffenden Hauses kein Wasser entnommen wird, läßt sodann am Entleerungshähnchen oder einer anderen Zapfstelle eine Wassermenge von 10 bis 20 l in ein Meßgefäß auslaufen und prüft dabei, ob der Zähler die Entnahme richtig angezeigt hat.
Auf Einzelprüfständen kann nur ein, auf Reihenprüfständen können gleichzeitig mehrere Zähler geprüft werden.
Besonders schnell kann man durch Drehzahlvergleich zwischen einem geeichten Mutterzähler und dem Prüfling auf elektronischem Wege prüfen.
Jede Beglaubigung eines bereits vorher verwendeten Zählers (Nacheichung) setzt in der Regel eine Überholung voraus.

5.4.5.2 Eichung der Wasserzähler

Für Zähler besteht aufgrund des Eichgesetzes (Gesetz über das Meß- und Eichwesen) Eichpflicht (s. Abschn. 14.8.5, S. 798). Die Eichgültigkeitsdauer ist in der Eichordnung festgelegt und betrug früher 8 Jahre für (Kalt-)Wasserzähler. Um geringere Abweichungen vom richtigen Wert, d. h. weniger Überschreitungen der zulässigen Verkehrsfehlergrenzen, zu gewährleisten, wurde in der 1992 geänderten und ab 1. 1. 1993 geltenden Fassung der Eichordnung die Gültigkeitsdauer auf nunmehr 6 (!) Jahre verkürzt. Damit endete die Eichgültigkeitsdauer für alle vor dem 1. 1. 1993 geeichten Zähler spätestens am 31. 12. 1998. Nur bei sog. Wohnungswasserzählern wurde eine Übergangsfrist bis zum 31. 12. 2000 festgelegt.
Zur Nacheichung kommen in Betracht:
- Prüfbeamte bei den Eichämtern, die auf eigenen Prüfständen arbeiten,
- große Versorgungsunternehmen mit eigenen Prüfständen,
- Zählerhersteller mit eigenen Prüfständen und vereidigten Prüfern.

Die Prüfstellen von Herstellern und WVU müssen staatlich anerkannt sein, sie führen Hoheitsaufgaben des Staates in dessen Auftrag aus.

5.5 Pumpwerke

5.5.1 Allgemeines

5.5.1.1 Zweck und Umfang von PW in der Wasserversorgung

Sinn und Zweck von PW ist die Förderung von Wasser i. allg. durch Leitungen, deren Gefälle für die natürliche Fortbewegung des Wassers nicht ausreicht oder dieser Fortbewegung entgegengesetzt ist.
Ein PW ist genau genommen eine Fördereinrichtung (Pumpe) mit ihrem Antrieb (Motor) und den zum Betrieb erforderlichen Nebeneinrichtungen (Schaltanlage). Im gewöhnlichen Sprachgebrauch wird als PW ein Wasserwerk bezeichnet, das auch mehrere Pumpen mit ihrem Zubehör und sonstigen Einrichtungen beherbergen kann.

5.5.1.2 Arten von Pumpwerken

5.5.1.2.1 Grundwasserpumpwerk (GPW) – Ein GPW schöpft unmittelbar aus dem Grundwasserstrom, meistens mittels in Brunnen eingehängter Unterwassermotorpumpen (s. S. 307).

5.5.1.2.2 Druckerhöhungspumpwerk (DPW) – Ein DPW verleiht dem in einer RL fließenden Wasser einen höheren Druck. Einsatz z. B. in Gefälleleitungen, um den Durchfluß zu vergrößern (s. S. 369).

5.5.1.2.3 Überhebepumpwerk (ÜPW) – Ein ÜPW entnimmt Wasser aus einem Rohrnetz und fördert es in ein anderes, dessen Drucklinien höher liegen als die des Entnahmenetzes. Das ÜPW bedient also eine andere Zone und wird deshalb auch *Zonen*-PW genannt.

5.5.1.2.4 Druckbehälterpumpwerk (DBPW) – Ein DBPW (s. auch S. 365/375) fördert Wasser in ein geschlossenes, also behälterloses Rohrnetz, wobei ein Druckbehälter (früher „Windkessel") als sehr kleiner Wasserspeicher und als Schaltorgan dient.

5.5.1.2.5 Weitere PW – Keine besondere Bezeichnung gibt es für PW, die aus Behältern Wasser entnehmen und in ein offenes, z. B. mit einem Hochbehälter ausgestattetes Rohrnetz fördern.
Außerdem werden noch unterschieden:
PW, welche Wasser einer Aufbereitungsanlage oder einem anderen PW zubringen, ggf. unter Zwischenschaltung von Behältern, werden als *Vor- oder Zubringerpumpwerke* bezeichnet. Mit *Haupt-PW* ist ein mit einer Schalt- oder Steueranlage für mehrere zugeordnete PW versehenes „Leitpumpwerk" gemeint.

5.5.1.3 Hauptdaten

Für die Planung eines PW müssen bekannt sein

- voraussichtliche höchste und mittlere tägliche Wasserförderung (s. a. Kap. 2),
- zulässiger Förderstrom; dieser kann abhängen von der zulässigen Belastung der Druckleitung, vom Wasserdargebot auf der Saugseite des PW und/oder von der verfügbaren Antriebsleistung,
- zulässige Betriebszeiten,
- Tarife des EVU.

5.5.2 Pumpen

5.5.2.1 Wahl der Pumpenbauart

5.5.2.1.1 U-Pumpen – Wenn das Rohwasser aus Brunnen entnommen wird, sind UP nahezu überall die geeignete Maschine, auch wenn der Betriebswasserspiegel in den Brunnen so hoch liegt, daß mit horizontalen KrP gefahren werden könnte. Die UP benötigt keinen Platz im PW-Gebäude und wird während der Betriebszeit (i. allg. mehrere Jahre) nicht gewartet („Pumpenziehen" – fast ausschließlich durch Autokran – ist teuer!). Ihr Wirkungsgrad steht dem von horizontalen KrP etwas nach.

5.5.2.1.2 Horizontale KrP – Horizontale KrP sollten nach Möglichkeit so aufgestellt werden, daß ihnen das Wasser zufließt. Andernfalls muß der in Strömungsrichtung hinter der KrP eingebaute Rückflußverhinderer mit einer Umgehungsleitung versehen sein **(Abb. 5-76,** S. 374); dann steht der Druck bis zum Fußventil an und verhindert das Eindringen von Luft in die Pumpe über die Stopfbuchsen.

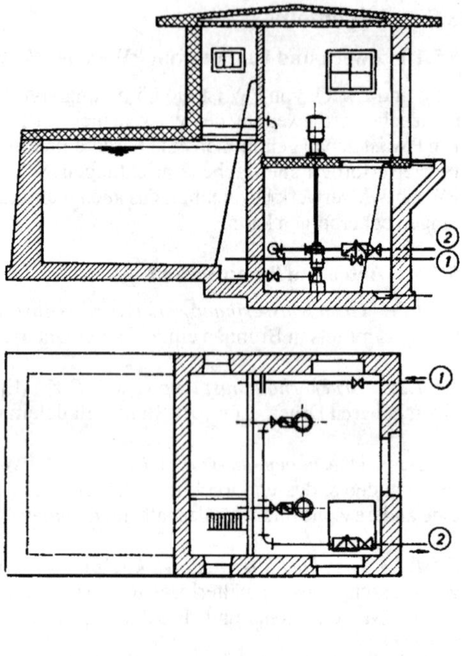

Abb. 5-64: Pumpwerk mit vertikalen Wellenpumpen
① Quellzuleitung
② Druckleitung

5.5.2.1.3 Vertikale KrP – Mit vertikalen Kreiselpumpen, sog. Wellenpumpen, läßt sich das Tiefstellen der KrP unter den Wasserspiegel eines Saugbehälters erreichen, wobei der Motorenraum im Erdgeschoß von dem immer etwas feuchten Rohrkeller getrennt ist, was in abgelegenen kleinen Zusatz-PW von Vorteil ist **(Abb. 5-64).** Nachteil ist z. B., daß die lange Welle sehr gut ausgewuchtet sein muß. Sie werden heute kaum mehr verwendet und ggf. durch Pumpenmotoren der Schutzart IP 54 ersetzt (s. S. 332).

5.5.2.2 Größe und Unterteilung der Pumpensätze

5.5.2.2.1 Größe der Pumpensätze –
Der Förderstrom, auf den eine Pumpe auszulegen ist, hängt ab

- vom Bedarf des Versorgungsgebietes, bei DBPW vom geforderten Spitzenvolumenstrom, entsprechend dem Momentanverbrauch des Versorgungsgebietes.
  Die Höchsttagesmenge muß in einer angemessenen Zeit gefördert werden. Aus Sicherheitsgründen sollten 20 Betriebsstunden je Tag nicht überschritten werden, soweit nicht der Tarif des EVU sowieso zur Beschränkung auf Nachtstunden bzw. Wochenendbetrieb zwingt. Dies gilt nicht für DBPW, die zwar intermittierend, aber 24 Stunden lang betriebsbereit sein müssen oder für PW mit mengengeregelten Pumpen, die in geschlossene Ortsnetze fördern,
- von der höchstzulässigen täglichen Betriebszeit,
- von den Tarifen des EVU.
  Wird ein Vergleich angestellt zwischen kleineren Pumpen mit längerer Betriebszeit und größeren Pumpen mit kürzerer Betriebszeit, so müssen auch die Grundgebühren des EVU für die Motoren und die Mehrkosten größerer Maschinen und RL in die Rechnung einbezogen werden. Noch vor Inbetriebnahme sind mit dem EVU wirklich langfristige Lieferverträge zu schließen, nicht daß durch Tarifänderungen die Planungsgrundlagen entzogen werden!
- von der Ergiebigkeit der Brunnen.
  Brunnen dürfen nicht überlastet werden. Ggf. ist die Anlage in ein Vor- (UP im Brunnen) und ein Hauptpumpwerk mit verschiedenen Betriebszeiten zu gliedern und mit einem Zwischenbehälter auszustatten **(Abb. 5-65)**,
- vom Fassungsraum von Speichern vor oder hinter dem PW.
  Können vorhandene Wasserspeicher nicht vergrößert werden (Wasserturm!), ist die Förderung so auszulegen, daß zwischen ihr und der Verbrauchssummenkurve nur die vom Behälter deckbaren Spitzen liegen. Extrem: DBPW mit seinem geringen Speicherraum,
- vom technisch und wirtschaftlich zulässigen Druckhöhenverlust in der Druckleitung.
  Die Summe aus Kapitaldienst (für die jeweils nötigen RL und Maschinen) und Betriebskosten soll ein Minimum sein. Dies kann erreicht werden, wenn man verschiedene Lösungen gegenüberstellt,
- von der möglichen Antriebsleistung.
  Auf beschränkte Antriebsleistungen (Wasserkraft) ist Rücksicht zu nehmen.

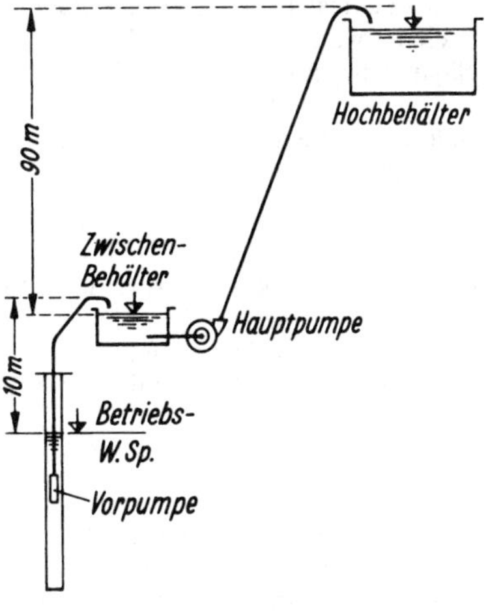

Abb. 5-65: Aufteilung in Vor- und Haupt-PW

5.5.2.2.2 Unterteilung der Pumpensätze – Eine Unterteilung der Pumpensätze ist aus Gründen von Betriebssicherheit und Wirtschaftlichkeit notwendig. In Zeiten geringen Bedarfes wird man mit kleineren Förderströmen und damit kleineren Druckverlusten und Motorgrundgebühren auskommen. Für jede Anlage sind mindestens 2 Pumpensätze aufzustellen, von denen jeder allein den gewünschten Förderstrom bringt. Da in Brunnen in der Regel nur *eine* UP eingehängt werden kann, sollte ein zweiter Brunnen angestrebt werden; wenigstens ist aber eine weitere gleichartige Maschine so betriebsbereit zu halten, daß sie in kürzester Zeit ausgewechselt werden kann.

Während man in kleinen PW mit den genannten 2 Pumpensätzen auskommen kann, wird man in größeren Werken noch weiter unterteilen, um sich dem schwankenden Bedarf anpassen zu können. Aufgrund der Jahresverbrauchslinie kann man die zweckmäßigste Stufung der Pumpengrößen bestimmen. Diese Pumpen müssen für Parallellauf geeignet sein (s. **Abb. 5-20,** S. 314) und sollen in dem Bereich, in dem sie am häufigsten laufen, den besten Wirkungsgrad aufweisen. Zu bedenken ist aber, daß jede weitere Unterteilung auch zusätzliche Saug- und Druckanschlüsse sowie Steuereinrichtungen und u. U. sogar umbauten Raum erfordert.

5.5.3 PW-Gebäude

5.5.3.1 Bauplatz

Ein PW-Gebäude soll gut erreichbar sein und – wegen der Heranbringung der Bau- und Kraftstoffe, der elektrischen Energie und der Maschinen, sowie wegen der Bedienung – an befestigten Straßen liegen. Ungeeignet sind Hochwassergebiete oder Stellen hohen Grundwasserstandes und/oder von wenig tragfähigem Boden.

Ist geplant, Dieselmotoren aufzustellen, so muß das PW wegen der Kraftstofflagerung außerhalb des Fassungsbereiches und der Engeren Schutzzonen von Wassergewinnungsanlagen gelegen sein. Dies gilt auch für Wohnungen des Betriebspersonals (Abwasser!). Lassen sich in besonders gelagerten und begründeten Fällen diese Einrichtungen in der Engeren Schutzzone nicht umgehen oder ersetzen (Gas statt Öl), sind verschiedene bauliche Vorkehrungen zu treffen: Die Kraftstoffbehälter, die den Wochen-, höchstens den Monatsbedarf beinhalten dürfen, müssen in dauernd dichten (d. h. ohne Ablauf) ölbeständigen Auffangwannen für die gesamte Lagermenge aufgestellt werden. Doppelwandbehälter mit Leckwarngeräten benötigen keine Wanne. Da immer Sichtkontrolle möglich sein muß, ist unterirdische Lagerung verboten. Besonderes Augenmerk ist auch auf die Füll- und Zuleitungen zu richten, Leck- und Bruchsicherungen sind vorzusehen. Tropf- und Restmengen müssen aufgefangen werden können.

Abwasser darf nicht in den Untergrund versickern, sondern muß in druckfesten, dichten Rohrleitungen (PN 6) abgeführt und am besten einem Entwässerungsnetz zugeleitet werden. Werden Abwasserleitungen in Schutzgebieten verlegt, sind besondere Schutzmaßnahmen gem. ATV-Merkblatt A 142 vorzusehen (s. Abschn. 14.6.5).

Bauwerke im Zusammenhang mit Brunnen sind an deren Standort gebunden. Bei der Wahl der Br-Stellen ist daher bereits auf Fragen der Bodentragfähigkeit einzugehen.

5.5.3.2 Raumprogramm

Bevor mit der zeichnerischen Darstellung begonnen wird, ist ein Raumprogramm aufzustellen. Die Größe und Form der einzelnen Räume läßt sich abschätzen aufgrund der Informationen von Herstellern der einzelnen Maschinen und Apparate, sowie nach Angaben des EVU, soweit für dessen Einrichtungen Platz vorzusehen ist. Die Größe von Nebenräumen, wie Werkstätten mit Bohrmaschinen, Drehmaschinen usw., ist ihrem Zweck entsprechend festzulegen.

5.5.3.3 Lage der Räume zueinander

Die einzelnen Gebäude oder Räume sollen gegeneinander eine funktionsgerechte Lage erhalten, gut zugänglich sein und leichte Wartung und Bedienung ermöglichen. Lange Wege sind zu vermeiden. Hydraulischer und elektrischer Teil – ausgenommen die Antriebsmotoren – sollen möglichst voneinander getrennt sein.

Für schwere Maschinen sind (elektrisch angetriebene) Hebezeuge vorzusehen und ausreichende Transportöffnungen einzuplanen, die ein Einbringen der Maschinen von außen her ermöglichen.

5.5.3.4 Raumhöhen

Die Raumhöhe hängt von der Größe der Maschinen ab und beträgt bei kleinen und mittleren Werken 3,5 bis 4,5 m; sobald Hebezeuge vorgesehen werden, ist die Raumhöhe zu vergrößern (Laufkranhöhe bis 6 m Spannweite etwa 1,5 m ab oberster Hakenstellung). – Bei der Gestaltung des Baukörpers ist oft auf Gesichtspunkte des Landschaftsschutzes zu achten.

5.5.3.5 Platzbedarf für die Pumpensätze

Die Maschinen werden auf Betonfundamente gelagert, und zwar so, daß die Wellenmitte kleiner und mittelgroßer Aggregate etwa 0,8 m über dem Fußboden liegt.
Zwischen den Maschinensätzen soll mindestens 0,8 m Zwischenraum frei bleiben, gemessen an den am meisten vorstehenden Teilen (Handräder, Flansche), Hauptwege sollen wenigstens 1,5 m breit sein. Die Aggregate stehen i. allg. mit ihrer Längsachse senkrecht zur Wand, zwischen Fundament und Wand soll noch etwa 0,5 m Platz bleiben und eine allseitige gute Zugänglichkeit sichergestellt werden. Die Druckleitung darf nicht in Pumpenlängsachse weitergeführt werden, damit über den Motoren keine Leitungen liegen (Tropfwasser!).

5.5.3.6 Anordnung der Rohrleitungen

Saugleitungen sollen möglichst kurz und müssen absolut dicht sein und zur Pumpe hin stetig steigen, damit sich keine Luftsäcke bilden. Beim Übergang auf andere Lichtweiten sind deshalb exzentrische Übergangsstücke einzubauen. Wenn möglich, soll für jede Pumpe eine eigene Saugleitung gelegt werden. Müssen mehrere Pumpen aus ein und derselben Saugleitung das Wasser entnehmen, so sind die Trennschieber nahe an den Abzweig zu setzen. Keilschieber in Saugleitungen sind, zur Vermeidung von Luftansammlungen in der Schieberhaube, waagerecht zu legen; stopfbuchsenlose Schieber oder Absperrklappen sind besser und heute üblich. Die Wassergeschwindigkeit in Saugleitungen soll bis DN 100 höchstens 1,0 m/s, über DN 100 höchstens 1,2 m/s betragen. Es ist aber zu prüfen, ob nicht wegen des Druckhöhenverlustes größere DN nötig werden.
Druckleitungen sind innerhalb der Pumpwerksanlagen für eine Wassergeschwindigkeit von 1,0 bis 2,0 m/s zu bemessen, vor allem, um an Kosten für Armaturen und Formstücke zu sparen.
Zur Anordnung von Rückflußverhinderern (RV) sei auf folgendes hingewiesen: Häufig wird ihr Einbau auf der Druckseite empfohlen (s. DVGW-Merkblatt 612), um bei Stillstand der Anlage den Hauptdruck von der Pumpe fernzuhalten. Dies setzt aber voraus, daß das Wasser der Pumpe saugseitig zuläuft; andernfalls sind Betriebsstörungen durch Luftansammlungen im Scheitel der Pumpenstufen zu erwarten. Dem kann vorgebeugt werden, indem die RV (mit möglichst geringem Widerstand) in die Saugleitung eingebaut werden; dadurch kann sich der von der Druckseite her anstehende Druck durch die Pumpe bis zum RV aufbauen und mögliche Lufteinschlüsse verdrängen.
RL in Bauwerken werden mit Guß- oder Stahl-Flanschverbindungen eingebaut. Sie sind in zweckmäßiger Zahl und Anordnung vorzusehen (Ein- und Ausbau!).
Alle Verbindungen müssen kraftschlüssig sein; deshalb sind stets kraftschlüssige Ausbau- statt nichtkraftschlüssiger Dehnungsstopfbuchsen zu verwenden.
Für Schrauben, Muttern und Beilagscheiben empfiehlt sich als Werkstoff nichtrostender Stahl, für wasserberührte Teile (z. B. Steigleitungen von UP) z. B. Nr. 1.4571 oder 1.4301 (DIN 17007/1), für die nicht benetzten Flanschverbindungen galvanisch verzinkter und gelb chromatierter Stahl (gal Fe/Zn 12 cC DIN 50961).
Der Innenschutz ist über die Schweißverbindungen sorgfältig hinwegzuführen. RL ohne Schweißverbindungen können im Lieferwerk mit einer äußeren Spritzverzinkung versehen werden, auf welche nach der Montage ein Deckanstrich aufgebracht wird.
Im Maschinenraum oder Rohrkeller sind die RL durch Betonfundamente oder Halterungen aus nichtrostendem Stahl zu unterstützen. Durch Mauern geführte RL werden einbetoniert; ein Mauerflansch ist zweckmäßig, aber nicht zwingend notwendig.
Ist das Gebäude in zwei Ebenen getrennt, so eignet sich das Untergeschoß häufig zur Unterbringung der RL. Vorteil: Der eigentliche Maschinenraum im Erdgeschoß bleibt vom unvermeidbaren Schwitzwasser frei. Druckbehälter und große Armaturen beeinträchtigen das Bild im eigentlichen Pumpenraum nicht. Die Kellersohle ist mit Gefälle herzustellen, für Ableitung von Wasser ist zu sorgen.

5.5.3.7 Unterbringung der elektrischen Anlagen

Schaltanlagen können in kleinen Werken in Schaltkästen, in mittelgroßen Werken in Schaltschränken unmittelbar im Maschinenraum untergebracht werden. Große Werke verlangen eigene Schalt- und Steuerwarten. S. Abschn. 5.2.5.3, S. 340.
Die Schaltanlagen für UP in Brunnen, die abseits einer Zentrale liegen, lassen sich entweder im Brunnenhäuschen oder, falls keines vorhanden, in einem Freiluftschrank aus Edelstahl oder glasfaser-

verstärktem Kunststoff mit eingebauten ISO-Kästen auf Betonsockel unterbringen. Gegen Feuchte ist eine elektrische Heizung kleiner Leistung erforderlich.
Inwieweit das EVU Räume für Mittel- und Niederspannungsanlagen benötigt, ist mit diesem zu klären; bei Niederspannungsanschluß (etwa bis 160 u. U. auch 220 kVA) genügt meist ein Raum für Einführung und Tarifzähler. Bei Mittelspannungsversorgung sind Schalt- und Umspannerzellen bereitzustellen. In Trafohäusern mit (ausreichend großer!) Luftzuleitung sind die Einführungen und Hochspannungsschalter im Obergeschoß, sonst in eigenen Zellen neben dem Trafo selbst unterzubringen. Einführungs- und Meßzelle sowie Schalt- und Trafozellen größerer Stationen müssen von außen zugänglich (Abtransport) sowie mit Luftzu- und -abführöffnungen und einer Ölgrube versehen sein. Größere Wasserwerke beziehen die Hochspannungs- und Traforäume in ihre eigenen Gebäude ein. Wegen der Sicherheit des Betriebes ist Ringeinspeisung anzustreben; sie muß so ausgelegt werden, daß jeder Ast für sich den Energiebedarf des Wasserwerkes decken kann; die Trennung der Stromwege ist so auszuführen, daß auch bei Störung einer Schiene der Betrieb auf der anderen aufrechterhalten werden kann.

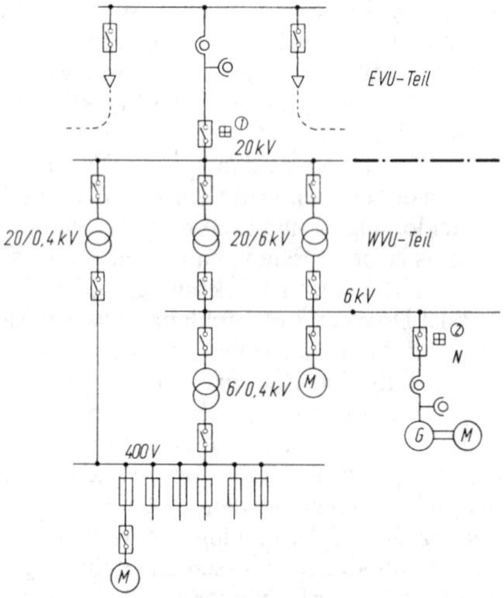

Abb. 5-66: Einspeisung aus EVU-Netz und EStEA

Ersatzstromerzeugungsanlagen könnten in diesem Falle als sog. „dritte Einspeisung" vorgesehen und aufgebaut werden **(Abb. 5-66).** Um lange Wege (Übertragungsverluste!) zu vermeiden, sollten sie möglichst nahe der Mittel- bzw. Niederspannungsverteilung aufgestellt werden. Die Schalter der einzelnen Einspeisungen müssen gegeneinander verriegelt sein!
Pumpenmotoren sehr großer Leistung erhalten in der Regel getrennte Transformatoren, falls sie nicht unmittelbar aus einem Mittelspannungsnetz gespeist werden. Dann muß allerdings eine entsprechende Reserve aus Trafo *und* Pumpenmotor vorhanden sein.

5.5.3.8 Belichtung und Beheizung

Für guten Tageslichteinfall in den Betriebsräumen ist zu sorgen, sofern dem nicht Gesichtspunkte des Objektschutzes entgegenstehen. Als Kunstlicht haben sich Leuchtstofflampen, ggf. hinter Rastern, bewährt. Aus Sicherheitsgründen ist eine Notbeleuchtung vorzusehen. Elektrische, thermostat-geregelte Speicheröfen werden für die Beheizung kleiner PW bevorzugt. Manchmal kann es genügen, frostgefährdete RL gut zu isolieren und in die Wärmedämmung Heizkabel einzulegen. Größere Gebäude erhalten Zentralheizungsanlagen, ggf. in Verbindung mit der Heizung nahegelegener Personalwohnungen.
Klimaanlagen sind nur für dauernd besetzte Warten vorzusehen, ihre Notwendigkeit ist von Fall zu Fall zu prüfen. (Fahrbare) Lufttrockengeräte zur Unterdrückung einer Schwitzwasserbildung haben sich dagegen gut bewährt.
Wärmepumpen lassen sich anwenden in Verbindung mit größeren Wasserbehältern. Der Grundsatz, daß Trinkwasser vorrangig Lebensmittel und nicht Wärmequelle ist, erfordert Sicherung der Wasser-

güte selbst bei Schäden in der Anlage (sog. Tertiärwärmetauscher), die den Wirkungsgrad herabsetzt. Die ursprünglich hohen Erwartungen wurden oft nicht erfüllt; selbst in Kläranlagen ist eine Wirtschaftlichkeit nur unter bestimmten Bedingungen möglich (s. Brendel, G.: Wirtschaftlichkeit des Einsatzes von Wärmepumpen auf Kläranlagen, Untersuchungen an Modellanlagen, St. Augustin, Korrespondenz Abwasser, Heft 12, 1982).

5.5.3.9 Sicherheit gegen Einbruch und Brand

Wasserwerke stehen oft in abgelegenen Gegenden. Sie sind daher gegen Einbruch zu sichern. Erdgeschoßfenster sind zu vermeiden oder wenigstens zu vergittern. Die Türen sollen keine Glasscheiben haben und aus Stahl bestehen. Schaltanlagen sollen von außen nicht sichtbar sein. Alarmanlagen, die bei unbefugtem Betreten der Räume ansprechen, und Rauchmelder in Räumen mit größeren elektrischen Einrichtungen und wichtigen, kostspieligen Steuer- und Schaltorganen vervollständigen die Sicherheit.
Bei der Bereitstellung von Löschgeräten ist zu beachten, daß hier kein Wasser und, wegen der Trinkwassergefährdung, keine synthetischen Löschmittel eingesetzt werden dürfen (Kohlensäurelöscher verwenden!). Feuerwehr über Gefahrenpunkte (Schaltanlagen u. ä.) aufklären! Spannung beachten (über oder unter 1000 V)!
Ergänzend sei noch auf Maßnahmen zum Schutz elektrischer und bes. elektronischer Einrichtungen gegen Überspannung durch äußeren und inneren Blitzschutz hingewiesen. Der äußere Blitzschutz umfaßt alle außerhalb eines Gebäudes verlegten Einrichtungen zum Auffangen, Ableiten und Erden des Blitzstromes (Blitzableiter). Innerer Blitzschutz beinhaltet Vorkehrungen gegen Blitzauswirkungen auf metallene Installationen, Meß-Steuer-Regel-Einrichtungen und elektrische Anlagen. Größte Bedeutung hat dabei ein einwandfreier Potentialausgleich (Beseitigen von Potentialunterschieden) durch tadellose Verbindung von Fundamenterdern (Anschlüsse an die Bauwerksbewehrung), Schutzleitern der Netzstromversorgung, Rohrleitungen und anderen leitenden Einrichtungen sowie der Blitzschutzanlage. Dabei ist bes. bei Fernwirkanlagen über die Anforderungen des sonstigen „normalen“ Potentialausgleichs (nach DIN VDE 0100/540) hinauszugehen. Dies wird durch den Einsatz von Überspannungsschutzgeräten und geschirmten Leitungen sowie durch die Vermeidung von „Näherungen“ (Blitzableiter – Wasser- bzw. Elektroleitung) erreicht. Werden Versorgungsleitungen mit der Blitzschutzanlage verbunden, sind gut sichtbare Trennfunkenstrecken vorzusehen. Isolierstücke, aber auch Meßeinrichtungen (z. B. Zähler), müssen durch Verbindungsleitungen überbrückt werden.

5.5.4 Besondere Pumpwerke

5.5.4.1 Druckbehälterpumpwerke (DBPW)

Druckbehälterpumpwerke, früher „Windkesselanlagen“, werden angewandt, wenn eine Versorgung mit Hochbehälter oder Wasserturm technisch und/oder wirtschaftlich nicht möglich ist. Sie erfordern sehr sorgfältige Planung, insbesondere bezüglich installierter Pumpenleistung, und ein technisch geschultes Personal für die Überwachung, das sich in Störfällen rasch helfen kann.
Nachteilig ist, daß die Versorgung sofort zusammenbricht, wenn die Maschinen auch nur kurzzeitig ausfallen und daß die Maschinengröße auf den Spitzenverbrauch (meist Feuerlöschbedarf) abgestellt sein muß, da ein Ausgleich der Verbrauchsschwankungen durch einen nennenswerten Wasservorrat nicht gegeben ist.
Mit Ausnahme von sehr kleinen DBPW (für ein Haus oder einige Häuser, sog. Hauswasseranlagen) wird bei DB-Betrieb immer eine Ersatzstromanlage einsatzbereit sein müssen. Diese muß bei Wegbleiben der Netzspannung selbsttätig anlaufen.
Druckerhöhungsanlagen in Grundstücken s. S. 370.

5.5.4.1.1 Größe der Pumpen – Da der Druckbehälter nicht als Speicher, sondern nur als Schaltorgan angesehen werden kann, müssen die Förderströme der KrP auf die größte Verbrauchsspitze ausgelegt werden (Abschn. 2.3.6.3).
Der nutzbare Inhalt des DB bedeutet nur eine sehr kleine Reserve, in der Regel nicht mehr als 30 v. H. des DB-Inhaltes.
Ein DBPW muß mindestens mit 2 Maschinensätzen ausgerüstet sein, die im Parallelbetrieb in der Lage sind, die Versorgung voll zu übernehmen. Hieraus ergibt sich die Forderung nach wenigstens 2 gleich großen Pumpen. Für Feuerlöschzwecke kann in kleinen DBPW daneben noch ein weiterer Satz

erforderlich werden, dessen Förderstrom den Löschwasseranforderungen entspricht. Diese Maschine muß i. allg. ebenso selbsttätig anlaufen, wie die der Normalversorgung dienenden Pumpen, sobald eine bestimmte Entnahme über- bzw. ein bestimmter Druck unterschritten ist.
Die Förderhöhe ist so auszulegen, daß im Moment des Einschaltens, also wenn der Netzdruck den geringsten zugelassenen Wert erreicht hat, die Abnehmer noch zufriedenstellend versorgt werden. In diesem Einschaltpunkt muß auch die Maschinenanlage den oben bezeichneten Förderstrom liefern können. Die Ausschalthöhe muß etwa 15 m über der Einschalthöhe liegen. Je kleiner die Differenz, desto größer muß der DB-Inhalt sein. Die Scheitelförderhöhe der Pumpen muß noch um wenigstens 10 m über dem Ausschaltpunkt liegen, um ein sicheres Ansprechen des Kontaktmanometers zu erreichen. Als Förderhöhe gilt dabei die Summe aus Saughöhe und Reibungsverlusten in der Saugleitung sowie in der Druckleitung zum DB zuzüglich der gewünschten Höhe über dem DB-Wasserspiegel.
Die Förderhöhe der Pumpen darf nicht ohne weiteres dem Ein- und Ausschaltdruck am DB gleichgesetzt werden. Es gibt Fälle, wo der DB wesentlich höher steht als die Pumpe (z. B. wenn die Pumpe in einem Brunnen mit tiefliegendem WSp hängt, der DB aber ebenerdig aufgestellt ist), so daß also der Manometeranzeige am DB noch die Differenz zum WSp im Brunnen mit der Rohrreibung der Brunnensteigleitung hinzugezählt werden muß.

5.5.4.1.2 Größe der Druckbehälter – Sie ist abhängig vom Förderstrom der Grundlastpumpe Q, dem Ein- und Ausschaltdruck und der Anzahl der in einer Stunde zugelassenen Schaltungen. Eine Begrenzung derselben schützt die elektrischen Schaltgeräte vor übermäßiger Erwärmung. Meist wird die stündliche Schaltzahl i = 6 angenommen. Man kann aber bei Luftschützen unbedenklich auf i = 10 gehen. Die Größe der DB (Wasser- und Luftraum) soll sein:

$$I = 1{,}2\ \frac{p_a}{p_a - p_e} \cdot \frac{Q}{i}$$

I in m^3	Gesamtinhalt des DB	p_e in bar	abs. Einschaltdruck
p_a in bar	abs. Ausschaltdruck (d. i. Überdruck in bar + 1 bar)	Q in l/s	mittl. Förderstrom d. Pumpe
		i in h^{-1}	stündliche Schaltzahl

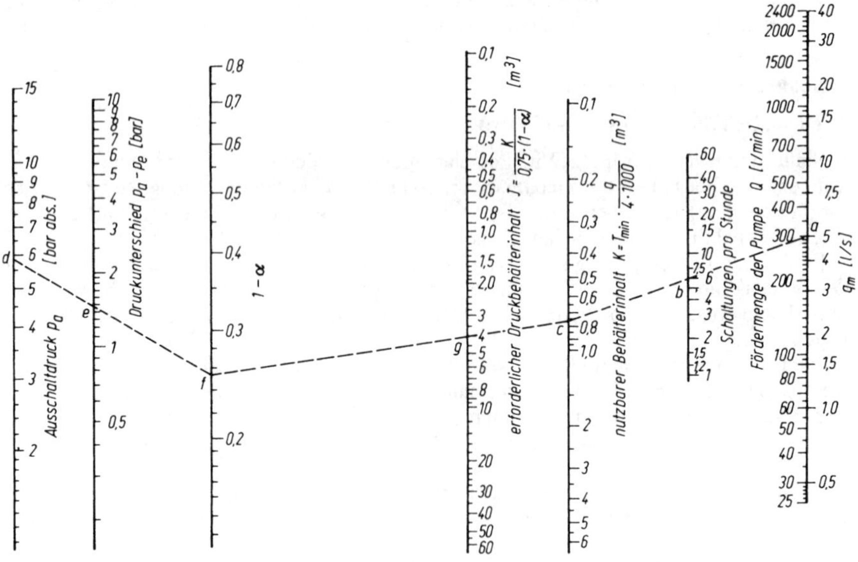

Abb. 5-67: Leitertafel zur Bestimmung des DB-Inhaltes

Die Leitertafel **(Abb. 5-67)** ermöglicht die rasche Bestimmung der DB-Größe (verlängere a–b bis c und d–e bis f. Verbinde c mit f. Schnittpunkt g ergibt I).

Der in der Leitertafel angegebene nutzbare Kesselinhalt K ist diejenige Wassermenge, welche zwischen den WSp beim Ein- und Ausschalten der Pumpe liegt, also die während des Pumpenstillstandes zur Versorgung verfügbare Wassermenge. Die Vorstellung, der ganze Inhalt des DB sei verwendbar, ist falsch. Der nutzbare DB-Inhalt läßt sich nur durch Luftvordruck vergrößern. Dabei wird durch Kompressoren so viel Luft eingepreßt, daß bei fast wasserleerem Kessel bereits der Einschaltdruck erreicht ist. Wird z. B. in den leeren DB I **(Abb. 5-68)** Wasser gedrückt, so muß man, um 4 bar zu erreichen, die Luft auf

$$V_4 = \frac{V_1 \cdot p_1}{p_4} = 100 \text{ v. H.} \cdot \frac{1}{4} = 25 \text{ v. H.}$$

zusammendrücken. Wäre 4 bar der Ausschaltdruck und 2 bar der Einschaltdruck, so läge zwischen ihnen ein Nutzinhalt von 25 v. H. des DB. Hat man aber bei DB II schon 2 bar Vordruck bei leerem Behälter, so genügt das Zusammenpressen auf

$$V_4 = \frac{100 \text{ v. H.} \cdot 2}{4} = 50 \text{ v. H.}$$

um 4 bar zu erreichen. Der Nutzinhalt zwischen 2 und 4 bar ist dann 50 v. H. des DB. Der Vordruck wird praktisch auf 80 bis 90 v. H. des Einschaltdruckes ausgelegt.-

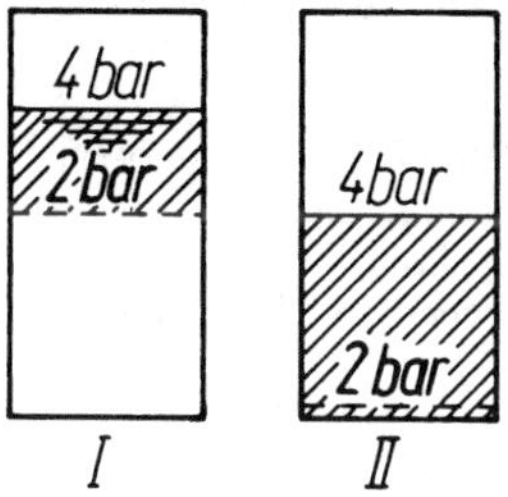

Abb. 5-68: DB-Inhalt und Vordruck ◀

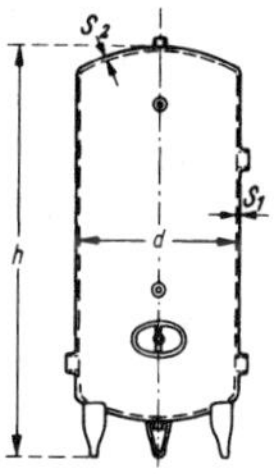

Abb. 5-69: DB nach DIN 4810 ▶

Tab. 5-12: Maße von DB (Auszug aus DIN 4810)

Inhalt l Betriebsdruck in bar	d mm	h mm	s_1 mm 4	 10	s_2 mm 4	 10	Masse kg 4	 10
150	450	1275	2,5	3	2,5	3,6	40	50
300	550	1625	2,5	3,5	2,8	4,2	62	85
500	650	1875	2,5	4	3	4,7	85	130
1000	800	2385	2,5	4,5	3,4	5,5	135	230
2000	1100	2535	3,5	5,5	4,2	7	304	470
3000	1150	3305	3,5	6	4,4	7,3	395	649

DB für Betriebsdrücke von 4, 6 bzw. 10 bar und 150 bis 3000 l Inhalt s. DIN 4810 **(Abb. 5-69).** Bei höheren Betriebsdrücken ist Sonderanfertigung mit größerer Blechstärke s_1 und s_2 erforderlich. Größere Druckbehälter erhalten den Rohranschluß am Boden. Die Durchmesser d der Zylindermäntel sind gestuft, die Zylinderhöhe h kann beliebig gewählt werden. Statt eines großen können auch mehrere kleine DB aufgestellt werden, die dann u. U., wegen eines kleineren „Druckinhaltsproduktes", in eine weniger strenge Prüfgruppe der DruckBehV (s. Abschn. 14.8.5, S. 797) fallen. Zu beachten ist die Größe der Einbringöffnungen in den Pumpwerken (Türen, Schachtdeckel usw.). Wegen des schwankenden Wasserspiegels ist dem Korrosionsschutz im Feuchtebereich besondere Aufmerksamkeit zu widmen (trinkwasser-geeignete Kunststoffauskleidung, Feuerverzinkung).

5.5.4.1.3 Schaltmöglichkeiten – Ein- und Ausschalten wird durch Kontaktmanometer mit verstellbaren Kontakten besorgt, die sich leichter variieren lassen als Druckschalter. Sie betätigen einen Steuerstromkreis. Für kleine Motorstromstärken (Hausanlagen) können auch direkt schaltende Druckschalter eingesetzt werden. Arbeiten mehrere Pumpen parallel, so sind die dazugehörigen Ein- und Aus-

schaltdrücke so zu staffeln, daß die nächste Maschine erst anspringt, wenn die vorher zugeschaltete den Bedarf allein nicht decken kann.
Um nicht ständig ein und dieselbe Pumpe als Grundlastmaschine zu haben, kann man durch einen Umschalter dafür sorgen, daß wechselweise immer eine andere Maschine zuerst anläuft. Der Umschalter vertauscht lediglich die von den Kontaktmanometern oder Druckschaltern zu den Schützen führenden Steuerleitungen.
Neben der geschilderten druckabhängigen Steuerung wird in großen DBPW die mengenabhängige Steuerung eingesetzt. Hier wird die erste Pumpe ebenfalls durch Druckschalter geregelt, die weiteren jedoch durch einen Mengenkontaktgeber gesteuert (Venturi-Einrichtung oder Wasserzähler mit Durchflußmessung mittels elektronischer Abtastung bzw. magn.-ind. Durchflußmeßgerät). In diesem Fall braucht für die Berechnung des DB-Inhaltes nur die Grundlastpumpe, also die zuerst anspringende Pumpe berücksichtigt zu werden. Diese Steuerung ermöglicht einen wirtschaftlicheren Betrieb, weil die Grundlastpumpe auf den niedrigeren Druck und erst die weiteren Pumpen auf einen höheren Druck gefahren werden müssen, während bei der reinen Druckschaltung die meist benutzte Grundlastpumpe immer auf den höchsten Druck eingestellt ist.
Wesentlich ist hier die Bestimmung der Größe der druckgesteuerten Pumpen = Teillastpumpen, die den Minimalbedarf z. B. nachts befriedigen müssen.
Mittels Verbrauchsumschaltern können nach Erreichen eines bestimmten Durchflusses die Teillastpumpen ab- und gleichzeitig die Hauptlastpumpen zuschalten. Zur Anpassung an die Verbrauchsschwankungen werden in größeren Netzen mehrere Hauptlastpumpen und wenigstens 2 Teillastpumpen aufzustellen sein.

5.5.4.1.4 Zubehör – Zur Belüftung der DB benötigt man ölfreie oder „Bio-Öl"-Kompressoren, die es ab etwa 1 m^3/h Ansaugvolumen für jede gewünschte Druckstufe gibt (S. 317).
Die Belüftung soll in mittleren und größeren DBPW vollautomatisch durch Steuerung des Kompressors in Abhängigkeit vom Wasserstand im DB geschehen. Hierzu dienen im DB in verschiedener Höhe eingehängte „Aus"- und „Ein"-Elektrodenschalter.
Luftsperrventile verhindern das Entweichen der Luft, falls das Werk ausfällt. Sie schließen den Ablauf vom DB, sobald der WSp im DB das Zu- und Ablaufrohr fast erreicht hat. Sicherheitsventile sind nötig, wenn die Scheitelförderhöhe der Pumpen über dem Betriebsdruck der Druckbehälter liegt. Kondenswasser- und ggf. Ölabscheider vorsehen!

5.5.4.1.5 Anschluß der Druckbehälter – Die DB müssen in Fließrichtung gesehen hinter dem Rückflußverhinderer und vor dem letzten Abschlußorgan der Druckleitung im Gebäude angeschlossen sein.

5.5.4.2 Pumpwerke mit drehzahlgeregelten Antriebsmotoren

In hochbehälterlosen Versorgungsnetzen bedient man sich gewöhnlich eines Druckbehälterpumpwerkes. Liegt dessen Einspeisestelle weit vom Verbrauchsschwerpunkt entfernt und handelt es sich um ein weit verzweigtes Netz (über 5000 Einwohner), so kann der Druckabfall in den vom Einspeisepunkt weit entfernten Versorgungssträngen zu groß werden, wenn die Schaltung des Pumpwerkes nur vom Druck in diesem selbst abhängt. Bessere Verhältnisse lassen sich durch Veränderung der Pumpendrehzahl in Abhängigkeit vom Netzdruck an einer bestimmten Stelle (Verbrauchsschwerpunkt) oder auch an mehreren ausgewählten Stellen schaffen.
Geeignet sind dafür z. B. bestehende Anlagen, die von einem früher genügend hoch, heute aber zu niedrig gelegenen Hochbehälter aus gespeist werden. Dieser wird nach Einbau des Pumpwerks in die Leitung zwischen Behälter und Versorgungsnetz zum Saugbehälter. Für Schwachlastzeiten wird eine kleine Pumpe I mit flacher Kennlinie und ohne Drehzahlregelung eingesetzt, die für etwa 0,25 Q_{max} ausreicht. Sobald der ferngemeldete Druck (Druckfühler mit Dämpfungseinrichtung, um nicht auf jede kleinste Schwankung anzusprechen) im Verbrauchsschwerpunkt unter eine bestimmte Marke absinkt, wird sie durch eine große Pumpe II für 1,2 Q_{max} im Umschaltpunkt U abgelöst, wo sich die Kennlinien der Pumpen I und II schneiden. Fällt der Druck im Schwerpunkt weiter, so wird P II drehzahlmäßig hochgefahren, bis die Druckmarke erreicht ist. Um diese Druckhöhe im Schwerpunkt pendelt der Druck mit Toleranzen von rd. $\pm$ 0,3 bar **(Abb. 5-70)**.
Wird ein größeres Versorgungsgebiet ohne Hochbehälter von mehreren, auch räumlich getrennt liegenden Pumpwerken aus bedient, so kann es zweckmäßig sein, von den einen Pumpwerken aus die Grundlast zu fahren – gestaffelt nach den Pumpensätzen – und die verbleibenden Spitzen durch ein

drehzahlgeregeltes Pumpwerk sozusagen als Druck-Fein-Regulierung zu decken, das vom Netzdruck an ausgewählten Stellen ferngesteuert wird.
Ob man für eine solche Versorgung eines geschlossenen Netzes drehzahlveränderliche KrP wählt oder ein DBPW mit mengenabhängiger Steuerung, das einen stets zwischen zwei Endwerten schwankenden Druck liefert, hängt von wirtschaftlichen Vergleichen ab, bei denen die Wirkungsgrade der KrP im hauptsächlichen Betriebsbereich die entscheidende Rolle spielen. Voraussetzung für eine solche Vergleichsberechnung ist in beiden Fällen die Kenntnis des Verbrauchsablaufes. Für kleine bis mittlere Verhältnisse (500 m^3/d) wird man eher zum einfacheren DBPW greifen.

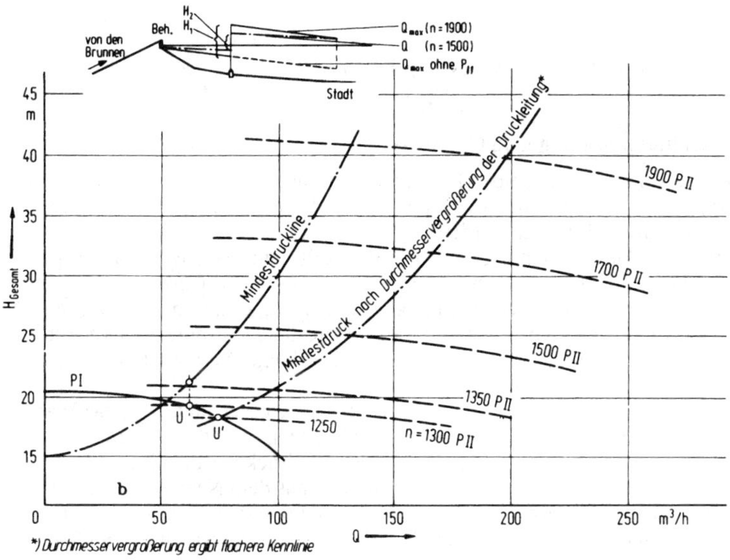

Abb. 5-70: Druckregelung durch Drehzahlregelung

5.5.4.3 Hintereinandergeschaltete Pumpen

5.5.4.3.1 Vor- und Hauptpumpen – Kann das Wasser nicht durch *eine* Pumpe vom Gewinnungsort zum Speicher gehoben werden, etwa weil sich eine Aufbereitungsanlage mit offenem WSp nicht umgehen läßt, so wird die Förderung auf 2 Stufen aufgeteilt. Dabei muß man die Förderströme einander anpassen oder einen entsprechenden Zwischenspeicher anordnen. Man kann diesen auch dazu benützen, um von seinem WSp aus die Pumpen mit Wasserstandsgebern zu bedienen.

5.5.4.3.2 Drucksteigerungspumpen – Das Pumpwerk P förderte bisher den Durchsatz Q_1 durch die Zubringerleitung Z zum Hochbehälter HB. Infolge Bedarfssteigerung soll der im Erschließungsgebiet vorhandene größere Förderstrom Q_2 gepumpt werden. Würde man dazu in P eine neue Pumpe aufstellen, so müßte man sie infolge der gesteigerten Rohrreibung für die Förderhöhe h_2 auslegen. Diese liegt jedoch so viel über h_1, daß der zulässige Rohrdruck wenigstens im ersten Leitungsteil überschritten würde **(Abb. 5-71)**.
Man teilt daher h_2 auf in h_1 und h_{12}, wobei man die erstere Höhe nach wie vor bei P erzeugt, die letztere jedoch näher an HB in einem eigenen Drucksteigerungspumpwerk D. Dabei ist zu beachten: Der Platz für D muß so gewählt werden, daß das Wasser dort nicht mit Unterdruck ankommt. (Theoretisch wären 0,7 bar Unterdruck noch zulässig. Wegen der Schwankungen und Sicherheiten bleibe man aber auf der Druckseite.) Der gemeinsame Betrieb ist so zu gestalten, daß D erst dann anläuft, wenn P schon in Betrieb ist. Von P her kommt dabei zunächst eine geringere Menge zu HB. Die Scheitelförderhöhe in P darf nicht höher liegen als für die Rohre zulässig ist, weil bei plötzlichem Ausfall von D die Pumpe in P sogleich ihren Betriebspunkt bei kleinerer Menge gegen den Scheitel zu verschiebt. Man prüfe, welche Druckstöße auf die Leitung bei plötzlichem Ausfall von D kommen, um sie durch Druckstoßaus-

gleichsbehälter abfangen zu können (s. u.). Fällt P aus, so muß die Abschaltung von D durch Unterdruckschalter gewährleistet sein.

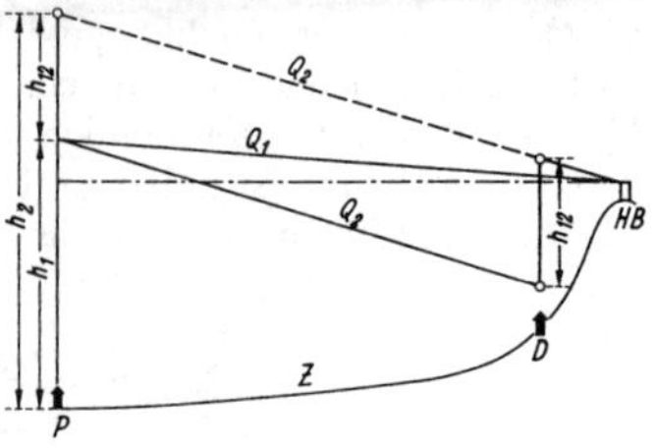

Abb. 5-71: Drucksteigerungspumpenanordnung

5.5.4.4 Druckerhöhungsanlagen in Grundstücken

Die Zahl der vielstöckigen Gebäude (Hochhäuser) nimmt auch in kleineren Städten zu. Für die Wasserversorgung der oberen Stockwerke reichen die Rohrnetzdrücke oft nicht aus. Daher müssen Druckerhöhungsanlagen eingebaut werden.
Da die ankommende Anschlußleitung meist in einen Kalt- und Warmwasserast aufgeteilt wird, ergibt sich in der Regel *eine* solche Anlage im Untergeschoß; nur wo die Warmwasserbereitung durch Gas- oder Elektrogeräte in den einzelnen Wohnungen stattfindet, könnte der untere, vom Netzdruck erreichbare Teil des Gebäudes vom Netz aus, der obere über ein eigenes Druckbehälterpumpwerk versorgt werden. Aufteilung so, daß der statische Druck an keiner Verbrauchsstelle 1,5 bar unter- oder 6 bar überschreitet (ggf. mehrere Druckzonen).
Wird vor die Druckerhöhungsanlage ein Zwischenbehälter geschaltet, dem das Wasser aus der Anschlußleitung zufließt (Abschluß durch Wasserstandsgeber), so entlastet man zwar die Anschlußleitung vom Spitzenvolumenstrom, verschenkt aber den Vordruck aus dem Netz **(Abb. 5-72).** Entnimmt aber die Druckerhöhungsanlage das Wasser unmittelbar aus dem Netz, so ist die Anschlußleitung für den Spitzenvolumenstrom (= größter Förderstrom der Pumpen) zu bemessen **(Abb. 5-73).** Zu prüfen ist, ob dieser Durchsatz an der Anschlußstelle aus der Versorgungsleitung entnehmbar ist, ohne daß deren Druck so weit abfällt, daß Störungen eintreten.
Zur Vermeidung von Wasserschlägen und Störgeräuschen durch den (negativen) Einschaltstoß empfiehlt es sich bei Ausführung nach **Abb. 5-73,** auch vor die Druckerhöhungsanlage Druckbehälter als Dämpfungsorgane einzuschalten. Ist Q_P in m^3/h der Förderstrom der größten im Druckerhöhungspumpwerk stehenden Pumpe, so ergibt sich der Gesamtinhalt des DB *vor* den Pumpen von etwa $Q_P/40$ in m^3. Für den DB *hinter* den Pumpen vgl. Abschn. 5.5.4.1 (S. 365). Für Luftersatz ist in beiden DB zu sorgen.
Der Spitzenvolumenstrom kann aus Kap. 2 entnommen werden. Siehe auch DIN 1988/5.

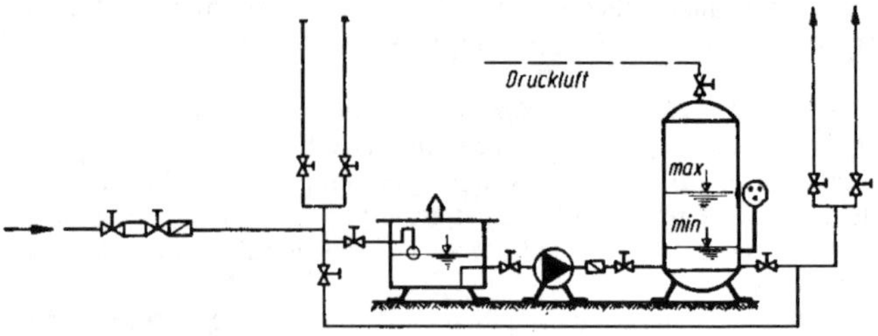

Abb. 5-72: Druckerhöhungsanlage mit drucklosem Vorspeicher

5.5.5 Druckstöße in Pumpwerksdruckleitungen

5.5.5.1 Ursachen der Druckstöße

Die rasche Änderung des Durchflusses und dadurch der Geschwindigkeit in einer Druckleitung, insbesondere durch schnelles Schließen oder Öffnen von Absperrorganen oder durch plötzlichen

Pumpenstillstand, erzeugt in den Leitungen Druckstöße. Der neue, höhere Druck pendelt dann um den Ausgangsdruck nach oben und unten. Am Leitungsende wird die Druckwelle zurückgeworfen kommt als negative Welle zum Anfangspunkt zurück und schwingt in mehrfachem Hin- und Rücklauf allmählich aus. Wird beim Zurückschwingen der Unterdruck in der Leitung größer als der Atmosphärendruck (1 bar abs), so reißt die Wassersäule ab und es kommt zum Zusammenprall der beiden nun unabhängig voneinander schwingenden Strömungen und dadurch zu besonders gefährlichen Druckstößen. Öffnungs- und Schließzeiten von Absperrorganen lassen sich zwar so lange ausdehnen, daß die Geschwindigkeitsänderung in einer unschädlichen Weise verläuft; doch ist plötzlicher Pumpenstillstand durch Stromausfall oder NOT-AUS des PW gefährlich.

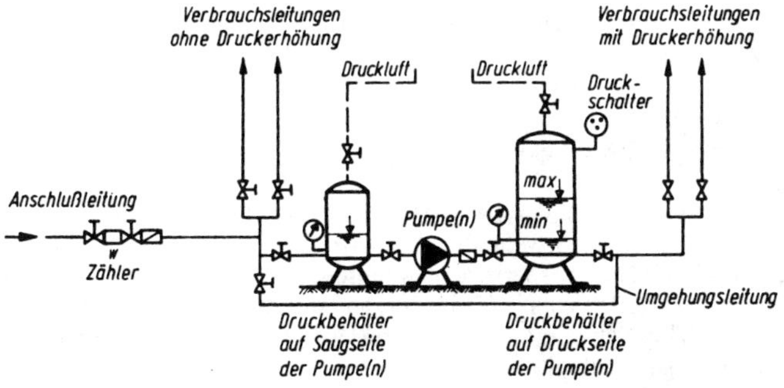

Abb. 5-73: Druckerhöhungsanlage mit unmittelbarer Netzentnahme

5.5.5.2 Größe der Druckstöße

Der Druckstoß in m beträgt nach Joukowsky

$$\Delta h = \frac{a}{g}\,(v_1 - v_2)$$

a in m/s ist die Fortpflanzungsgeschwindigkeit der Druckwelle

$$a = \frac{1425}{\sqrt{1 + \frac{d \cdot E_W}{s \cdot E}}}$$

(1425 m/s ist die Schallgeschwindigkeit im Wasser)

d in m	Durchmesser der RL
s in m	Wanddicke der RL
E_W	Elastizitätsmodul des Wassers = 2200 N/mm^2
E	Elastizitätsmodul des Rohrwerkstoffes
E für GG:	170 000 N/mm^2
St:	210 000 N/mm^2
AZ:	25 000 N/mm^2
SpB:	35 000 N/mm^2

v_1 und v_2 sind die Strömungsgeschwindigkeiten vor und nach der Geschwindigkeitsänderung. Die Laufzeit der Druckwelle T in s vom Anfangspunkt (Pumpe, bzw. Absperrorgan) bis zum Reflexionspunkt und zurück beträgt bei einer einfachen Leitungslänge L in m:

$$T = \frac{2 \cdot L}{a}$$

Der volle und daher gefährlichste Druckstoß tritt dann ein, wenn die Schließzeit gegen 0 s geht. Liegt sie und damit die Geschwindigkeitsänderung innerhalb der Laufzeit T, wird nur der entsprechende Teil der RL voll beaufschlagt. Bei plötzlichem Pumpenstillstand wird $v_2 = 0$ m/s und damit der Druckstoß $\Delta h = a/g \cdot v_1$. Da sich die Fortpflanzungsgeschwindigkeit a zwischen 1000 und 1200 m/s bewegt und a/g damit rund 100 beträgt, ergibt sich als Druckstoßhöhe etwa $\Delta h = 100 \cdot v_1$. Bei der häufig vorliegenden Geschwindigkeit von 0,8 m/s kommt also eine Druckstoßhöhe von 80 m zustande. Würde die RL mit 60 m Förderhöhe und mit Rohren PN 10 betrieben, so würde hier der zulässige Druck von 100 m um (60 + 80 – 100) m = 40 m überschritten. Sind Schließ- und Reflexionszeit gleich, entsteht die volle Druckwirkung nur an der auslösenden Stelle. Bei Schließzeiten, die länger als die Reflexionszeit sind, liegt der tatsächlich auftretende Druckstoß unter dem Joukowsky-Stoß.

Anm.: Druckstoßberechnung für erdverlegte Rohre s. Abschn. 7.3.8.2.

5.5.5.3 Abhilfemaßnahmen

Ob Abhilfemaßnahmen nötig sind, läßt sich überschlägig prüfen mit der Formel:

$$K = L \cdot v / \sqrt{h}$$

mit L in m Leitungslänge
v in m/s Strömungsgeschwindigkeit
h in m Förderhöhe

Ist $K > 70$, so sind Abhilfemaßnahmen nötig. Als solche kommen in Betracht:

- Betriebsanweisung, auch an Feuerwehr, daß Absperrorgane langsam zu betätigen sind.
- Pumpen gegen geschlossenes Absperrorgan anfahren lassen und dieses nur langsam betätigen; in gleicher Weise beim Abstellen zuerst Absperrorgan langsam schließen, dann erst Pumpe ausschalten. Man beachte, daß bei Schiebern und Absperrklappen erst etwa die letzten 10 v. H. des Schließweges eine wirksame Drosselung und damit Geschwindigkeitsänderung verursachen! Günstigere Verhältnisse werden durch Verwendung von Ringkolbenventilen erzielt (s. Abschn. 7.1.3, S. 479).
- Gesteuert schließende Armaturen – langsam schließende Rückschlagorgane, welche die Entlastungswassermenge durch die Pumpe zurücklaufen lassen. Zulässige Pumpen-Rücklauf-Drehzahl beachten!

Die oben angegebenen Maßnahmen greifen nicht, wenn die Pumpe durch Stromausfall oder NOT-AUS (nach DIN EN 60204/1 = DIN VDE 0113/1) plötzlich ausfällt. Für diesen Fall kommen folgende Maßnahmen in Betracht:

- Schwungrad – verwendbar bei horiz. KrP hoher Drehzahl, bei großen und mittleren Förderhöhen für RL bis etwa 2000 m Länge.
- Druckbehälter – wirtschaftlich bei mittleren Förderhöhen, bei RL mit DN $\leqq$ 800 und bei einem RL-Volumen bis etwa 1000 m^3. Überschlägig kann der Inhalt des DB mit 1 bis 2 v. H. des Volumens der Druckleitung bemessen werden. Eine genaue Berechnung unter Berücksichtigung aller örtlichen Faktoren wäre durch einen Hydraulik-Spezialisten (Pumpenfirma, Ingenieurbüro, Landesamt für Wasserwirtschaft) durchzuführen. Lt. *Gandenberger* (s. Lit.-Verz. S. 378) ist die in Versuchen festgestellte Dämpfung größer als die errechnete! Das Rückschlagorgan hinter der Pumpe ist mit weichem Schluß zu wählen. Der DB ist in Fließrichtung gesehen hinter diesem Rückschlagorgan anzuschließen. Die Verbindungsleitung zum DB ist so zu bemessen, daß sich, bezogen auf den maximalen Durchfluß in der Druckleitung, eine Fließgeschwindigkeit von 1,0 bis 1,5 m/s ergibt.
- Standrohr – für WV-Anlagen kaum verwendbar. Praktischer Anwendungsfall: Das PW steht unmittelbar neben einem Wasserturm.
- Nachsaugeleitung – die RL muß für den doppelten statischen Druck bemessen sein. Nur für kleine Förderhöhen – bis 50 m – geeignet.
- Nachsaugebehälter – die RL muß für den doppelten statischen Druck bemessen sein; bei großem Volumen der Druckleitung unwirtschaftlich, da Behälter groß und teuer wird.
- Belüftungsventil – komplizierte Einbauten in der RL, zusätzl. Rückschlagklappen, Umführungen.
- Nebenauslaß – Betriebssicherheit hängt ab von der Einstellung der Öffnungs- und Schließzeiten; großer Aufwand für hydraulische und elektrische Einrichtungen.

5.5.6 Ausführungsbeispiele

Abkürzungen in den Plänen

A	Aufbereitungsanlage	M	Motor
B	Batterieraum	N	Ersatzstromanlage
Ch	Chlorgasanlage	Ö	Kraftstoffbehälter

DB	Druckbehälter	P	Pumpe
El	Schaltanlage	SB	Saugbehälter
Gbl	Gebläse	WR	Werkstätte
L	Lagerraum	WZ	Wasserzähler (WB, WP, WPV)
LV	Luftverdichter	Z	Elektrozähler

Einfacher Schacht mit Leitereinstieg für Brunnen mit UP **(Abb. 5-74)**.
WB-Wasserzähler. Schaltanlage nicht in, sondern auf dem Schacht (Edelstahlschrank mit Isolierstoff-Verteilung). Kommt nur in Betracht, wenn es sich um mehrere Zubringerpumpwerke in der Nähe eines Haupt-PW handelt.
Schachtöffnung über dem Br größer als Br-Kopfdurchmesser. Decke und Einstiege mit Porenbetonplatten gegen Frost verkleidet.

Schacht mit Eingang über Treppe für Brunnen mit UP **(Abb. 5-75)**.
El-Anlage im Erdgeschoß des Häuschens, eigener Raum für EVU von außen zugänglich. Wärmedämmung des Gebäudes.

Abb. 5-75: Brunnenschacht für UP mit Treppenzugang ▶

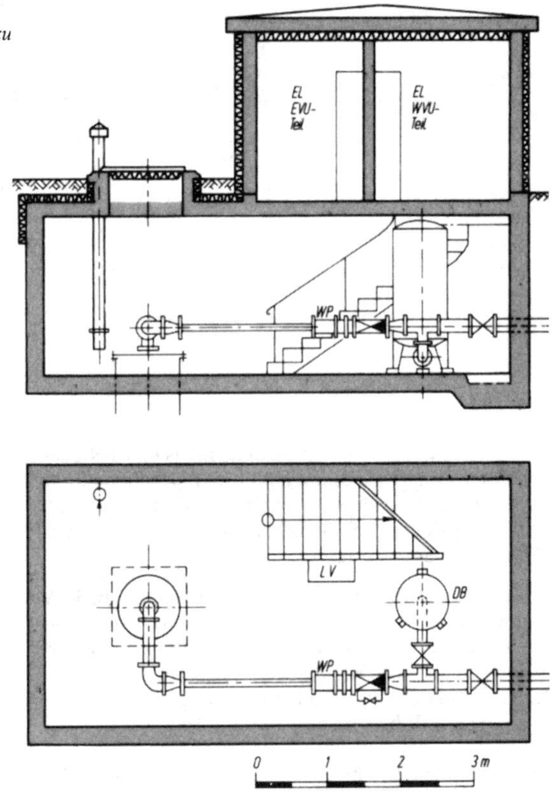

Abb. 5-74: Einfacher Brunnenschacht für UP ▼

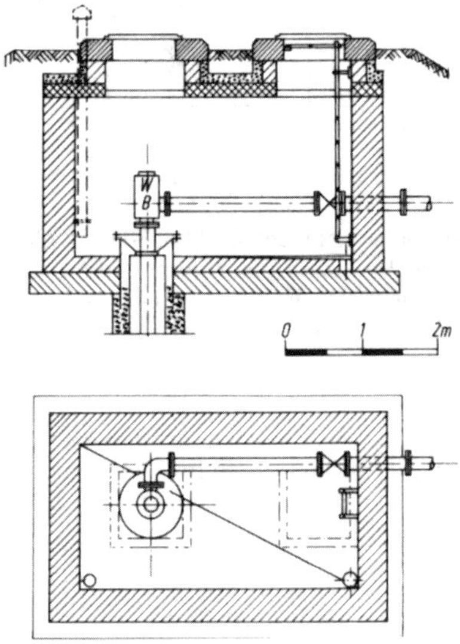

Anspruchsloses Zonen-PW für etwa 8 l/s, dem das Wasser über RL 1 mit Druck aus dem Niederzonennetz zufließt **(Abb. 5-76)**.
2 gleiche KrP für wechselweisen, vom Wasserstand des Hochzonenbehälters (zu ihm RL 2) gesteuerten Betrieb. Der Verbund-WZ erfaßt die Abgabe vom HB der Hochzone in das Hochzonennetz, zu dem RL 3 führt. Zwischen dem PW und dem Hochzonenbehälter keine Abnahme.
Keine Nebenräume, da automatischer Betrieb mit Fernüberwachung von einem Leitpumpwerk aus. El im Erdgeschoß.

Abb. 5-76: Kleines Zonen-PW

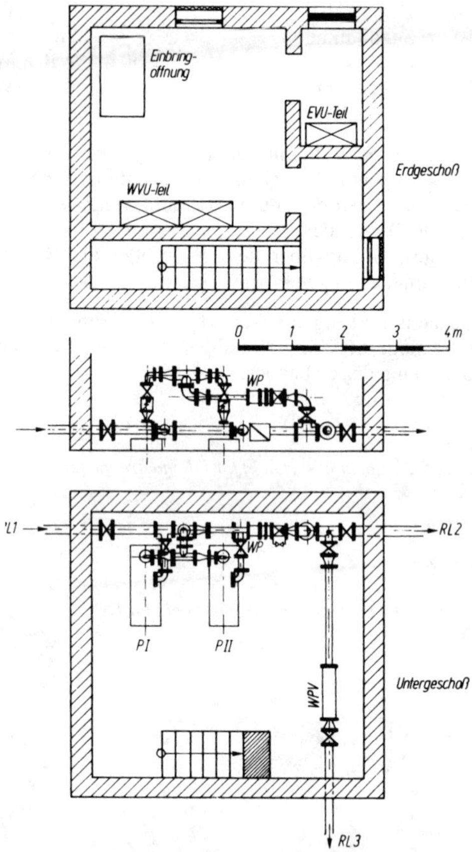

Zonenpumpwerk, in das Bedienungshaus eines Niederzonen-Behälters eingebaut **(Abb. 5-77)**. 2 gleiche KrP (etwa 12 l/s) ähnlich **Abb. 5-76,** jedoch mit eigenem Schalt- und Stromzählerraum des EVU. RL 1 Zu- und Entnahmeleitung der Niederzone, RL 2 Druckleitung zur Hochzone, RL 3 Überlauf- und Entleerungsleitung. St Standrohr für Schwimmer der Fernwirkanlage, EÖ Einbringöffnung, darüber Haken für Flaschenzug.

Kleinwasserwerk mit Aufbereitungsanlage **(Abb. 5-78)**.
Rohwasser von Br durch RL 1 zum Voroxidator und Filter (dessen Rückspülung aus dem Netz in Verbindung mit Gbl besorgt wird) und Entspannungsbehälter S. Zugang zu S durch Einsteig-Kammer K. – 2 gleiche KrP. RL 2 Schlammwasser aus A, RL 3 Überlauf und Entleerungsleitung für S, RL 4 Kellerentwässerung, RL 5 Druckleitung zum Netz und Hochbehälter. Im EG über S befindet sich WR (ggf. ArbStättV beachten; s. Abschn. 14.8.9).

Druckbehälter-PW mit Ersatzstromanlage **(Abb. 5-79)**.
Wasser läuft durch RL 1 unter Druck aus einem Behälter zu. Im Untergeschoß 2 gleiche KrP für den Normalbedarf, eine größere für Spitzen, statt Parallelbetrieb der kleinen KrP. 2 DB. Im Erdgeschoß Ersatzstromanlage 55 kVA mit Luft-Wasser-Kühlung. 2 Kraftstoffbehälter mit je 1000 l, EVU- und betriebseigener (WVU-) Schaltraum El.
Rohwasser aus 2 Br kommt über RL 1 zur geschlossenen A, deren Rückspülung ein zur Geräuschdämpfung getrennt untergebrachtes Gbl besorgt. Zwischenspeicherung des Reinwassers in 2 SB, die klein sind, da die Vorförderung aus den 2 (später 3) Br die Hauptförderung übersteigt. Ersatzstromanlage im Erdgeschoß 70 kVA in lärmgedämmtem Raum, Platte auf Säulen abgestützt und vom übrigen Bauwerk getrennt. Ö neben N.

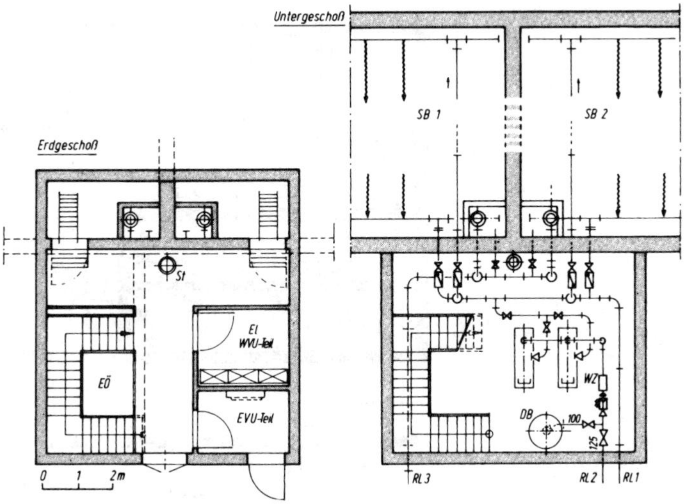

Abb. 5-77: Zonen-PW in Schieberkammer

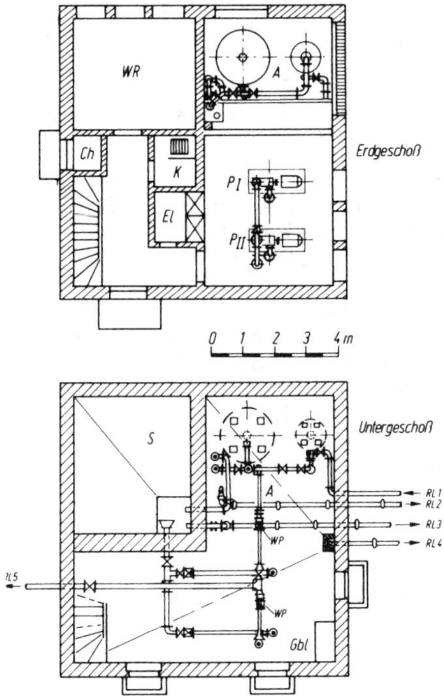

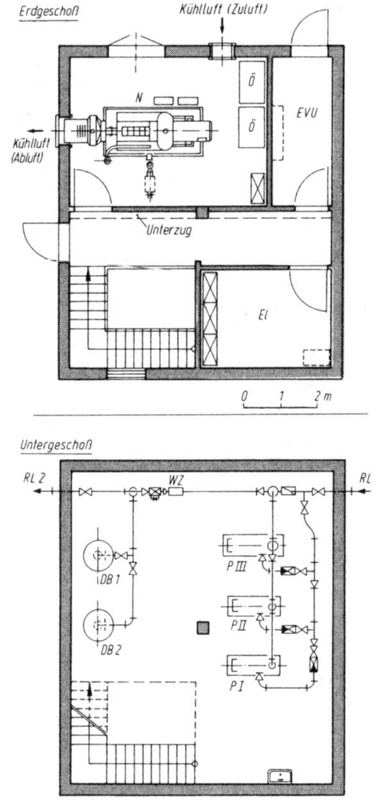

Abb. 5-78: PW mit Aufbereitungsanlage ▲

Abb. 5-79, rechts: PW mit Ersatzstromanlage ▶

Abb. 5-80: Mittelgroßes PW mit Aufbereitungsanlage

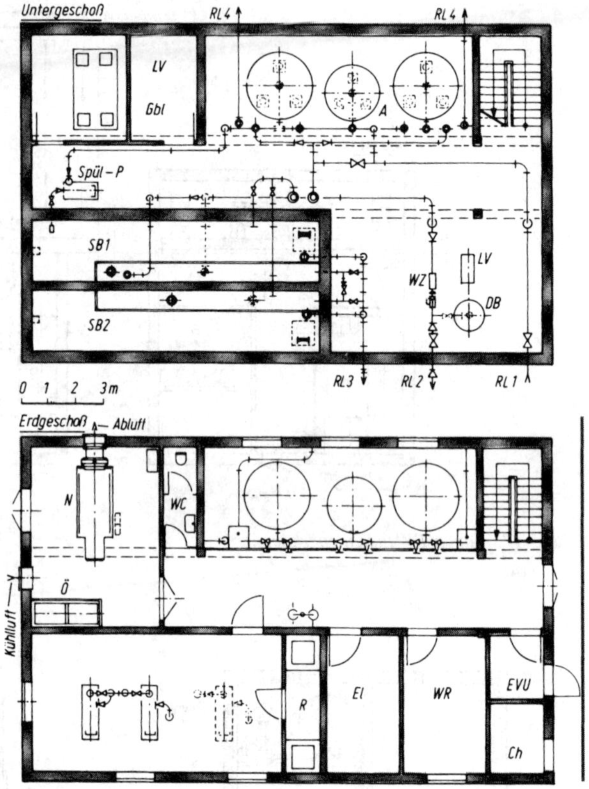

Mittelgroßes PW mit Aufbereitungsanlage **(Abb. 5-80)**.
Einstiege zu den SB in abgeschlossenem Raum R und mit Deckeln verschlossen. Weil das PW wegen der Bedienung der A öfter gewartet wird, ist ein auf Zimmertemperatur heizbarer Aufenthalts- und Werkraum vorgesehen (ArbStättV), die übrigen Räume nur mäßig beheizt (El-Speicheröfen). RL 2 zum Netz und Hochbehälter, RL 3 Überlauf und Entleerungsleitung, RL 4 Schlammwasser aus A.

Großes Zonenpumpwerk einer Fernwasserversorgung **(Abb. 5-81)**.
RL 1 und RL 2 durch das PW verlaufende Fernleitung DN 400 mit 2 fernbedienten Absperrklappen, RL 3 Druckleitung DN 250 zum Zonenbehälter, RL 4 Spülleitung. 4 KrP je 12,5 l/s auf 45 bar, für Parallelbetrieb geeignet. 2 Trafos 20/0,4 kV, Niederspannungs-(NS-) und Fernwirk-(FW-)anlage. Ersatzstromanlage 230 kVA im Erdgeschoß, daneben Tages- und Wochenkraftstoffbehälter in Wanne. Kein Druckstoßausgleichsbehälter: Da die Druckseite auf PN 64 ausgelegt wurde, keine Bruchgefahr. Im Normalbetrieb Anfahren und Abstellen bei geschlossenen Schiebern der Pumpen.

Gemeindliches DB-Pumpwerk **(Abb. 5-82)**.
2 Br liefern durch RL 1 und RL 2 Wasser in 2 Saugbehälter je 1000 m^3; Staffelung der KrP: 1 · 10 l/s und 3 · 40 l/s. Eine Pumpe wird druck-, die anderen werden durchflußabhängig geschaltet. Der Zähler vor den Druckbehälteranschlüssen dient zur Wasserzählung, der dahinter zur durchflußabhängigen Steuerung.

Anm.: Rückflußverhinderer und Druckstoßausgleichsbehälter nicht dargestellt; wegen ihrer Anordnung s. Abschn. 5.5.3.6, S. 363 und Abschn. 5.5.5, S. 370.

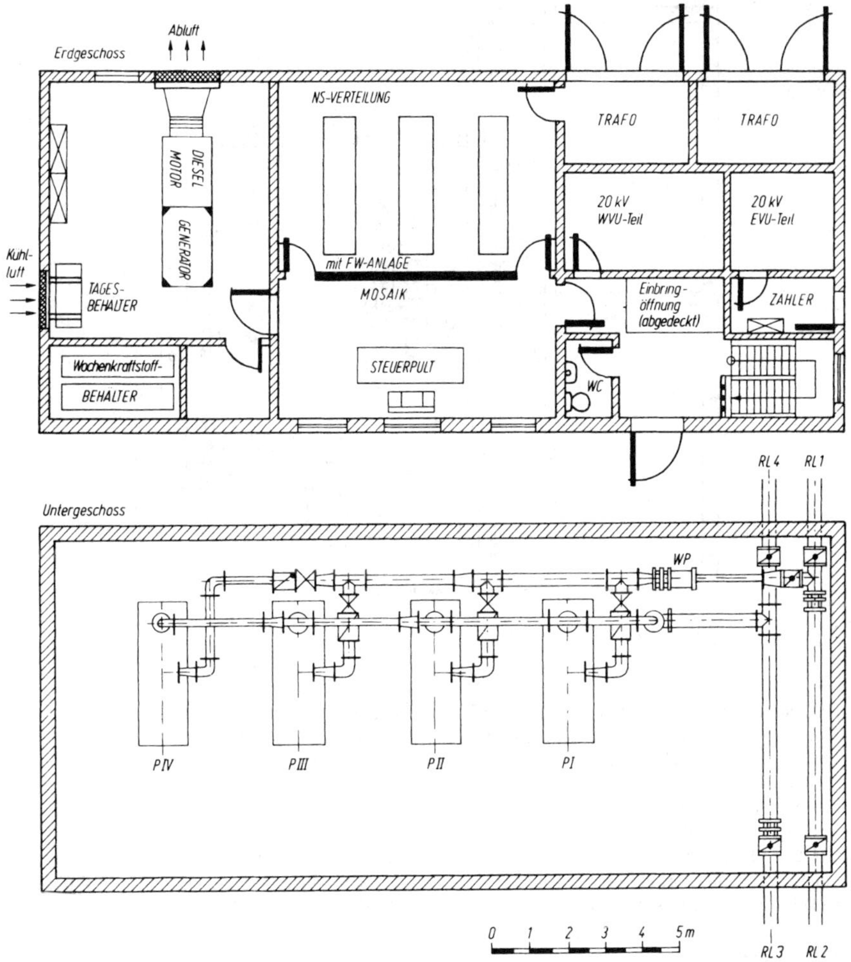

Abb. 5-81: Großes Zonen-PW

Literatur

zu Maschinenkunde:

Apfelbacher, R., Bahm, F., Brada, K.: Pumpen als Turbinen, 1. Aufl. Sulzbach; Faragallah 1993
Dubbel, H.: Taschenbuch für den Maschinenbau, 19. Aufl. Berlin u. a.; Springer 1997
Hütte, des Ingenieurs Taschenbuch: Bd. 2.1 Maschinenbau, 29. Aufl. Berlin u. a., Springer 1978
KSB: Kreiselpumpenlexikon, 3. Aufl. Frankenthal; KSB 1989
Pfleiderer, C., Petermann, H.: Strömungsmaschinen, 6. Aufl. Berlin u. a.; Springer 1991 [1996]
Ostermann, K.: Pumpentechnik in der Wasserversorgung, 3. Aufl. Köln; Müller 1992
SIHI-Halberg: Grundlagen für die Planung von Kreiselpumpenanlagen, 1. Aufl. Ludwigshafen Halberg 1978
Raabe, J.: Hydraulische Maschinen und Anlagen, 2. Aufl. Düsseldorf; VDI 1989
Sulzer-Pumpen: Kreiselpumpen-Handbuch, 4. Aufl. Essen; Vulkan 1997

zu Elektrotechnik:

AMEV (Arbeitskreis Maschinen- und Elektrotechnik staatlicher und kommunaler Verwaltungen): Leitfaden für Ersatzstromversorgungs-, Schnell- und Sofortbereitschaftsanlagen der öffentlichen Verwaltungen – Ersatzstrom 80 (2 Teile), Bonn; Seidl 1980

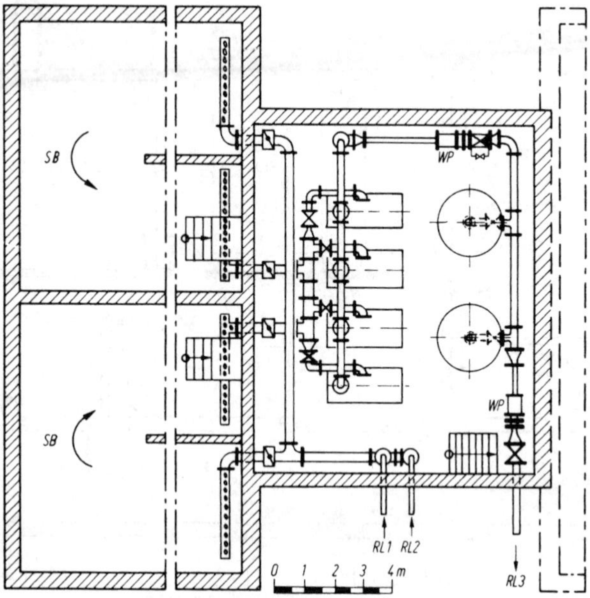

Abb. 5-82: Gemeindl. PW für bis zu 120 l/s

Boehle, B., Guthmann, O. u. a.: ABB-Taschenbuch für Schaltanlagen, 9. Aufl. Essen; Cornelsen 1992
Hösl, A., Ayx, R.: Die vorschriftsmäßige Elektroinstallation, 16. Aufl. Heidelberg; Hüthig 1995
Hütte, Taschenbuch der Technik; Elektrische Energietechnik, Bd. 1: Maschinen, 29. Aufl. Berlin; Springer 1978 – Bd. 2: Geräte – 1978 – Bd. 3: Netze, – 1988
Johannsen, K.: AEG-Hilfsbuch der Elektrotechnik, Bd. 1: Grundlagen, 3. Aufl. Heidelberg; Hüthig 1981; Bd. 2 Anwendungen, 11. Aufl. 1979
Lindner, H. u. a.: Taschenbuch der Elektrotechnik und Elektronik, 4. Aufl. Leipzig; Fachbuch 1991
Volkmann, P.: Taschenbuch Elektrotechnik und Elektronik, Bd. 1: Grundkenntnisse, 2. Aufl. Berlin, Offenbach; VDE 1993 – Bd. 2: Fachkenntnisse – 1996

zu Fernwirkanlagen:

Bergmann K.: Lehrbuch der Fernmeldetechnik, 7. Aufl. Berlin; Schiele und Schön 1999
Brendel, G.: Fernwirkanlagen bei Gruppenwasserversorgungsanlagen; bau-intern, Heft 4, 1976
Schubert S., Buchweitz G. u. a.: Automatisierungstechnik in der Wasserversorgung, (DVGW-Lehr- und Handbuch 7) 1. Aufl. München, Wien; Oldenbourg 1992

zu Wasserzählung und Wassermessung:

Bonfig, K.W.: Technische Durchflußmessung, 2. Aufl. Essen; Vulkan 1987

zu Pumpwerken:

Ebel, O.-G.: Maschinelle und elektrische Anlagen in Wasserwerken (DVGW-Lehr- und Handbuch 3), 1. Aufl. München, Wien; Oldenbourg 1995
Gandenberger, W.: Druckschwankungen beim Abschalten von Druckleitungen: Das Gas- und Wasserfach (gwf), Heft 5, 1947
Hasse, P., Wiesinger, J.: Bd. 1: Handbuch für Blitzschutz und Erdung, 4. Aufl. München; Pflaum, Offenbach; VDE 1993

6. Wasserspeicherung

bearbeitet von Dipl.-Ing. **Erwin Preininger**

DVGW-Regelwerk, DIN-Normen, Gesetze, Verordnungen, Vorschriften, Richtlinien
siehe Anhang Kap. 14, S. 767 ff.
Literatur siehe S. 450 ff.

6.1 Aufgaben der Wasserspeicherung

Fast bei jeder WV-Anlage ist ein Bauteil erforderlich, der zur Speicherung von Wasser dient. Hierfür werden im Durchschnitt ca. 5–10 v. H. der Gesamtkosten investiert, je nachdem, ob es eine große oder kleine WV-Anlage ist. Die Speicherung hat folgende Aufgaben einzeln oder z. T. gemeinsam zu erfüllen:

1. Ausgleich der Verbrauchsschwankungen und Abdeckung von Verbrauchsspitzen
2. Ausgleich zwischen Vor- und Hauptförderung
3. Einhalten der erforderlichen festgelegten Druckbereiche
4. Überbrücken von Betriebsstörungen
5. Bereithalten von Löschwasser
6. Druckzoneneinteilung
7. Verwendung als Misch-, Filter- und Absetzbecken
8. Ausgleich der Abflüsse eines oberirdischen Gewässers in einer Trinkwassertalsperre

6.1.1 Ausgleich der Verbrauchsschwankungen, Abdeckung von Verbrauchsspitzen

Der Wasserverbrauch in einem Versorgungsgebiet ist nicht gleichmäßig, sondern schwankt innerhalb einer Stunde, eines Tages und eines Jahres zum Teil erheblich (S. 16 ff.). Da es selten technisch oder wirtschaftlich zweckmäßig ist, die Wassergewinnungsanlagen nach den nur kurzzeitig auftretenden Verbrauchsspitzen zu bemessen, müssen Speicher den Ausgleich zwischen dem Wasserzulauf und dem ungleichförmigen Wasserablauf schaffen.
Damit können nicht nur die Wasserfassung, sondern auch die Förderanlage, Aufbereitungsanlage und insbesondere die Zubringerleitung für den gleichmäßigen durchschnittlichen Verbrauch an Spitzentagen bemessen werden, so daß lediglich die Haupt- und Versorgungsleitungen im Verbrauchsgebiet für den maximalen Stundenverbrauch bemessen werden müssen (S. 21).
Besonders notwendig ist die Speicherung, wenn die Wasserförderung nur zu bestimmten Zeiten, z. B. kurzfristig oder nur nachts zur Ausnützung des billigen Nachtstromes, erfolgt oder wenn – wie bei Quellen – das Dargebot über 24 Stunden konstant ist, während sich der Wasserverbrauch überwiegend auf die Tagesstunden verteilt.
Künstlich angelegte Grundwasserspeicher vermögen saisonale Verbrauchsschwankungen auszugleichen.

6.1.2 Ausgleich zwischen Vor- und Hauptförderung

Auch zum Ausgleich der oft verschiedenen Förderströme von Vorförderung und Hauptförderung sind Speicher notwendig z. B. bei Vorförderung aus Brunnen über eine Aufbereitungsanlage in einen Reinwasser- (Zwischen-)behälter und anschließend Hauptförderung aus diesem ins Netz oder in einen Hochbehälter. Auch bei Unterteilung von zu großen Förderhöhen können Zwischenbehälter sinnvoll sein.

6.1.3 Einhalten der Druckbereiche in Zubringerleitungen und Versorgungsleitungen

Der freie Wasserspiegel (WSp) eines hochgelegenen Wasserspeichers legt die Druckhöhe an diesem Standort fest; er bestimmt unter Berücksichtigung der Wasserspiegelschwankungen im Wasserspeicher und der Druckverluste im Rohrnetz die Versorgungsdrücke. Höchster und niedrigster WSp des Wasserspeichers sind die Ausgangspunkte für die hydraulischen Drucklinien.

6.1.4 Überbrücken von Betriebsstörungen

Der Wasserbezug soll bei kurzdauernden Betriebsstörungen, wie Stromunterbrechung, Maschinenschaden, Rohrbruch, nicht unterbrochen werden; insbesondere muß vermieden werden, daß Rohrnetzteile leerlaufen, da sonst die Gefahr des Rücksaugens von verunreinigtem Wasser besteht und das Füllen der Leitungen wegen der notwendigen Entlüftung langwierig und umständlich ist (Gefahr des Auftretens von Rohrbrüchen infolge von Druckstößen). Bei sparsamem Wasserverbrauch und richtiger Bemessung wird ein Wasserspeicher über kurzzeitige Störungen hinweghelfen.
Trinkwasserversorgung in Notstandsfällen (s. Kapitel 9).

6.1.5 Bereithalten von Löschwasser

Zu den Aufgaben einer zentralen WV-Anlage gehört in der Regel auch das Bereithalten einer angemessenen Löschwassermenge. Für die Brandbekämpfung werden Wassermengen innerhalb kurzer Zeit benötigt, die insbesondere bei kleinen und mittleren Anlagen im Vergleich zum Trinkwasserbedarf sehr erheblich sind. Da ein Brand am wirksamsten im Entstehen gelöscht werden kann, muß ständig ein entsprechender Wasservorrat bereitgehalten werden, damit die vorhandenen Hydranten im Ortsnetz eingesetzt werden können.

6.1.6 Druckzonenversorgung

Bei Versorgungsnetzen mit verschiedenen Druckzonen ist für jede Zone eine Speicherung des Wassers notwendig zum Einhalten eines gleichmäßigen Druckes in den einzelnen Zonen und zur Druckminderung für die tiefer gelegene Versorgungszone.

6.1.7 Misch- und Absetzbecken

Die Zwischenspeicherung von Wasser ist auch dann notwendig, wenn verschiedene Wässer gemischt werden oder Wässer nach der Aufbereitung noch ausreagieren müssen oder wenn durch längere Verweildauer erreicht werden soll, daß im Wasser enthaltene Bestandteile ausgeschieden werden.

6.1.8 Ausgleich der Abflüsse eines oberirdischen Gewässers in einer Trinkwassertalsperre

Eine unmittelbare Wasserentnahme aus einem für die Trinkwasserversorgung geeigneten Fließgewässer ist bei NNQ und wegen der Schwankungen in der Beschaffenheit in der Regel nicht möglich. Eine Trinkwassertalsperre gleicht die stark schwankenden Abflüsse für den Zeitraum eines Jahres, besser von zwei Jahren, aus und sichert die Wasserqualität.

6.2 Arten der Wasserspeicherung

6.2.1 Wasserbehälter in Hochlage

Am häufigsten und bei den meisten zentralen WV-Anlagen vorhanden ist die Wasserspeicherung in Hochbehältern. Es sind dies Wasserspeicher, deren WSp höher als das Versorgungsgebiet liegt und von dem aus das Wasser dem Versorgungsnetz mit natürlichem Gefälle zufließt. Sie dienen zum Ausgleich der Verbrauchsschwankungen, dem gleichmäßigen Einhalten des Druckes im Versorgungsnetz, der Notversorgung und der Speicherung eines Wasservorrates für Löschzwecke, bei Fernleitungen und Gruppen-WV-Anlagen als Unterbrecherbehälter und Zonenbehälter. Bei Wasserbehältern in Hochlage unterscheidet man zwischen Hochbehältern (Erdhochbehältern) und Wassertürmen.

6.2.1.1 Hochbehälter

Bei günstigen topographischen Verhältnissen bietet sich der Bau eines Hochbehälters an, der zum überwiegenden Teil unter Gelände eingebaut und mit Erde überdeckt wird. Ein Hochbehälter bietet eine hohe Versorgungssicherheit und gestattet eine wirtschaftliche Auslastung der Förderanlagen bei großem Nutzinhalt. Er erfordert einen geringen Instandhaltungsaufwand und meist kann man ihn später problemlos erweitern. Läßt sich ein Hochbehälter aus topographischen Gründen nicht in der Nähe der Verbrauchsschwerpunkte errichten, so schlagen die hohen Investitionen für die lange Zuleitung zum Versorgungsnetz nachteilig zu Buche.

6.2.1.2 Wasserturm

Wenn keine günstig gelegenen Geländepunkte vorhanden sind, wird die Wasserspeicherung in der Nähe des Versorgungsgebietes in Wasserkammern durchgeführt, die im oberen Teil eines turmartigen Bauwerks untergebracht werden. Auch ein Wasserturm bietet eine hohe Versorgungssicherheit. Gelegentlich wird der Wasserturm als Standrohrturm (Wassersilo) ausgeführt, wobei die Sohle der Wasserkammer gleichzeitig Gründungssohle ist. Die Kosten eines Wasserturmes sind erheblich höher als die eines Hochbehälters (bis zum Sechsfachen, bezogen auf den m^3 Nutzinhalt). Der WSp des Speichers wird daher meist nicht so hoch über dem Versorgungsgebiet wie beim Hochbehälter gelegt, sein Inhalt kleiner gehalten. Nachteilig ist die meist fehlende Erweiterungsmöglichkeit (Wasserturm S. 434).

6.2.2 Wasserbehälter in Tieflage

Der Wasserspiegel des Speichers liegt hier tiefer als es dem Versorgungsdruck entspricht. Für die Versorgung muß deshalb das Wasser aus dem Behälter hochgepumpt werden. Tiefbehälter sind daher Saugbehälter für Pumpwerksanlagen und dienen zum Ausgleich zwischen Quellzulauf oder Brunnenvorförderung und der Wasserhebung in das Versorgungsnetz. Oft sind sie Aufbereitungsanlagen nachgeschaltet. Bei Druckbehälterpumpwerken haben sie dazu Teilaufgaben des Hochbehälters, wie Ausgleich der Verbrauchsschwankungen, Speicherung des Löschwasservorrats, zu übernehmen.

6.2.3 Druckbehälter

Speicheranlagen mit dem kleinsten Inhalt werden in Form von druckfesten Behältern ausgeführt. Diese haben nur die Aufgabe, die Schalthäufigkeit von reinen Pumpwerksanlagen ohne dahinterliegenden Wasserspeicher zu verringern und speichern daher nur den Verbrauch von wenigen Minuten.

Da bei Stromausfall oder Störung in den Fördereinrichtungen der Druck im Versorgungsnetz nach Verbrauch des geringen nutzbaren Inhalts in kurzer Zeit bis auf Höhe des Pumpenvordruckes abfällt, läuft das Ortsnetz leer, wenn nicht Ersatzmaschinen sofort eingeschaltet werden. Ein Leerlaufen des Rohrnetzes muß aber aus betrieblichen und hygienischen Gründen vermieden werden. Druckbehälterpumpwerke erfordern daher sorgfältige Wartung und müssen mit Ersatzstromanlagen ausgerüstet werden. Wenn dies nicht gewährleistet ist, wie beispielsweise vielfach bei kleinen ländlichen Anlagen, ist für die Speicherung ein Hochbehälter vorzuziehen.

Bei sehr kleinen Anlagen, wie Einzelhöfen, Anschluß kleiner hochgelegener Siedlungen usw. muß trotz der erwähnten Nachteile ein Druckbehälterpumpwerk gewählt werden.

6.2.4 Lösungsmöglichkeiten

Um im Versorgungsnetz stets Wasser in ausreichender Menge und mit ausreichendem Druck zur Verfügung zu stellen, gibt es drei Möglichkeiten: Bau eines Hochbehälters oder eines Wasserturmes oder eines Tiefbehälters mit Druckbehälterpumpwerk. Entscheidend ist die Versorgungssicherheit und die Wirtschaftlichkeit (Bau, Betrieb, Wartung und Unterhaltung) bei Berücksichtigung des vorgegebenen Wasserversorgungssystems. Während man Versorgungssicherheit und städtebauliche bzw. landschaftsgestalterische Gesichtspunkte kaum monetär bewerten kann, lassen sich beim Wirtschaftlichkeitsvergleich die festen und beweglichen Jahreskosten der einzelnen Lösungen ermitteln und gegenüberstellen. Die voraussichtliche Entwicklung der Kosten ist für einen längeren Zeitraum in den Vergleich einzubeziehen. Die „Leitlinien zur Durchführung von dynamischen Kostenvergleichsrechnungen" der Länderarbeitsgemeinschaft Wasser (LAWA) aus dem Jahre 1998 enthalten auch ein Rechenbeispiel aus der Wasserversorgung mit einem begleitenden Software-Paket.

Tab. 6-1 zeigt die verschiedenen Lösungsmöglichkeiten mit ihren charakteristischen Vor- und Nachteilen auf.

Tab. 6-1: Lösungsmöglichkeiten mit charakteristischen Vor- und Nachteilen nach Haug

Lösungsmöglichkeiten

Charakteristische Vor- und Nachteile nur generell, nicht für den Einzelfall gültig	Speicherung in Hochlage mit		Druckerhöhungsanlage mit		Bemerkungen zur Bewertung
	Hochbehälter	Wasserturm	Druckbehälter	Drehzahlregelung	
• Zuverlässigkeit, Verfügbarkeit	++	++	○[1]	○[1]	[1] mit Ersatzstromanlage
• Ausgleich Zulauf/Verbrauch	++	+[2]	–	– –	[2] Wasserturm i. d. R. kleiner als Hochbehälter
• Löschwasservorrat	++	+[2]	– –	– –	
• Störfallvorrat	++	(+)[2]	– –	– –	
• Kontinuierlicher Ruhedruck	++	++	○[3]	– –[3]	[3] ohne Förderbetriebe
• Verbrauchsabhängige Druckschwankungen	+[4]	++	– –	++	[4] längere Zuleitung
• Energiekosten	++[5]	(+)[5]	– –	○	[5] bei Niedertarif-Ausnutzung
• Unterhaltungsaufwand	+	+	–	–	
• Personalaufwand	+	+	○	–	
• Baukosten Rohrleitungen	○[4]	+	–[6]	–[6]	[6] größere DN
Förderanlagen	○	+	–	– –	
• Lebensdauer Förderanlagen	○	○	–	+	
• Baukosten Speicherraum	○	– –	+	+	
• Erweiterungsfähigkeit	○	– –	+	++	
• Gestaltungsfreiheit	○	– –	++	++	
• Standortunabhängigkeit	– –	–	+	+	
• Energieeinsparung	– –[4]	–	+	++	

Bewertung: ++ sehr gut   + gut   ○ zufriedenstellend   – weniger günstig   – – ungünstig

6.2.5 Trinkwassertalsperren

Speicheranlagen mit sehr großem Inhalt werden in Form von Talsperren angelegt. Durch ein Sperrenbauwerk wird das Tal abgesperrt und das zufließende Wasser gesammelt. Trinkwassertalsperren sind meist Mehrzweckanlagen, d. h. sie dienen nicht nur der Wasserversorgung (Ausgleich der Jahres-Verbrauchsschwankungen, Absetzbecken und Abkühlen durch entsprechende Entnahmetiefe für Oberflächenwasser), sondern aus Kostengründen auch allgemeinen wasserwirtschaftlichen Interessen (wie z. B. Hochwasserschutz, Niedrigwasseraufhöhung der Vorflut für das unvermeidbare Einleiten von geklärtem Abwasser unterhalb der Talsperre, Erhöhung der Wasserführung für die Schiffahrt, Stromerzeugung).

6.2.6 Grundwasserspeicher

Die Sand- und Kiesablagerungen der alluvialen und diluvialen Talauffüllungen haben in den Hohlräumen je nach Kornzusammensetzung ein beträchtliches Speichervermögen. Natürliche unterirdische Grundwasserspeicher gibt es dort, wo Felsenschwellen den Grundwasserstrom aufstauen, z. B. im Illertal oberhalb von Immenstadt, im Lechtal oberhalb Füssen, im Loisachtal oberhalb Eschenlohe. Durch unterirdischen Einbau von künstlichen Staumauern, z. B. durch Spund- und Schlitzwände, können künstliche Grundwasserspeicher geschaffen werden, z. B. Mangfallgebiet für die Stadt München oder geplant bei der Grundwasserfassung Ursprung für die Stadt Nürnberg. Natürliche Grundwasserspeicher, besonders wenn sie wannenartige Eintiefungen haben, können künstlich als Speicher ausgenützt werden, indem zu Spitzenverbrauchszeiten unter Bildung von tieferen Absenkungstrichtern mehr Wasser entnommen wird als der natürlichen Grundwassererneuerung entspricht. Dabei ist aber sicherzustellen, daß in der verbrauchsschwächeren Zeit die Entnahme so weit vermindert wird, daß der infolge der befristeten Überbeanspruchung entstandene freie Grundwasserspeicherraum wieder aufgefüllt wird.

6.2.7 Löschwasserspeicher

Sehr häufig und bei kleinen Landgemeinden fast immer notwendig ist die Speicherung von Löschwasser in besonderen Löschwasserspeichern, z. B. wenn keine zentrale Wasserversorgung vorhanden ist oder der Wasservorrat im Hochbehälter für einen Brand nicht ausreicht oder die Verweilzeiten im Hochbehälter durch die Bevorratung von Löschwasser hygienisch unvertretbar lang werden. Im allgemeinen werden vorhandene Weiher mit den für eine Löschwasserentnahme erforderlichen Einrichtungen versehen oder künstliche Löschteiche (Feuerweiher) angelegt. In geschlossen bebauten Gebieten sind dagegen unterirdische Löschwasserbehälter zweckmäßig (Löschwasserbehälter S. 447 ff.).

6.3 Speicherinhalt

Der Speicherinhalt eines Behälters umfaßt nach **Abb. 6-1** das Volumen zwischen Überlauf-Wasserspiegel und Behältersohle. Der Nutzinhalt setzt sich zusammen aus dem Ausgleichsvolumen (fluktuierende Wassermenge) und einem Sicherheitsvorrat zur Überbrückung von Betriebsstörungen. Zusätzlich kann ein Löschwasservorrat in Frage kommen, der zwar auch zur Bevorratung zählt, aber nur im Brandfall genutzt wird.

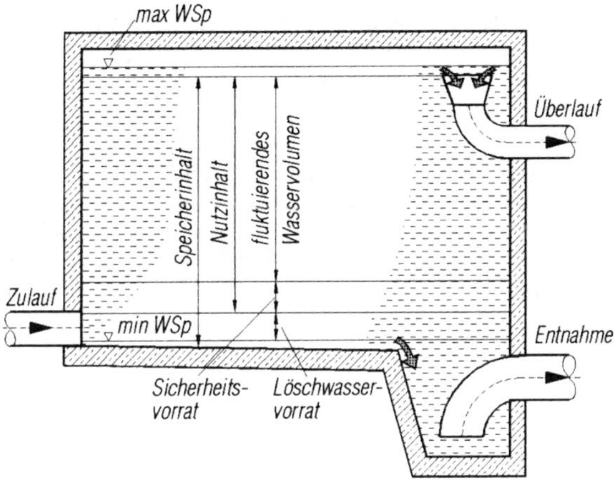

Abb. 6-1: Schema der Aufteilung des Behältervolumens (DVGW-Arbeitsblatt W 311).

6.3.1 Ausgleich der Verbrauchsschwankungen – Fluktuierendes Wasservolumen

6.3.1.1 Allgemein

Das erforderliche Ausgleichsvolumen hängt wesentlich davon ab, innerhalb welchen Zeitraumes der Ausgleich der Verbrauchsschwankungen durchgeführt werden soll, d. i. Tages-, Monats-, Jahresausgleich, und wie Wasserzulauf, Quellzulauf, Pumpenförderung den zeitlichen Verbrauchsentnahmen angepaßt ist. Die Ermittlung des Ausgleichvolumens kann rechnerisch oder graphisch durchgeführt werden. Dabei versteht man unter Ausgleich das Wiedererreichen der Ausgangs-Wasserspiegellage im entsprechenden Zeitraum.
Der Tagesausgleich ist bei Hochbehältern der Regelfall. Er wird insbesondere bei Hochbehältern mit zugeordnetem Versorgungsgebiet angewandt und entspricht weitgehend den Bedürfnissen der Versorgungssicherheit. Ein Über-Tagesausgleich kann z. B. vorteilhaft sein, wenn aus betrieblichen Gründen Wassergewinnung und Wasseraufbereitung über einen längeren Zeitraum mit gleichmäßiger Leistung betrieben werden sollen. Der wirtschaftliche Vorteil kann darin liegen, daß vorgeschaltete Anlageteile nicht für Spitzenlast ausgelegt werden müssen und Kapazitätserweiterungen später vorgenommen werden können.

6.3.1.2 Rechnerische Ermittlung

Es ist zweckmäßig, den Zulauf und den Verbrauch je Zeiteinheit in v. H. der Gesamtmenge einzusetzen:

$$Q_h = a \cdot Q_d$$

Als Fehlbetrag wird bezeichnet, wenn der Verbrauch größer als der Zulauf, als Überschuß, wenn der Zulauf größer als der Verbrauch ist. Es muß sein:
Summe Überschuß = Summe Fehlbetrag
Diese Summe entspricht i. a. der fluktuierenden Menge und damit dem erforderlichen Speicherraum zum Ausgleich der Verbrauchsschwankungen. In **Tab. 6-2** (S. 385) ist die Berechnung des erforderlichen Fassungsraumes V für den Tagesausgleich einer Landgemeinde, in **Tab. 6-3** die für eine Kleinstadt für 3 verschiedene Fälle des Zulaufs durchgeführt. Im praktischen Betrieb sind meist andere Pumpzeiten üblich, doch geben die hier gewählten einen besseren Überblick über den Rechnungsgang. So beträgt nach **Tab. 6-2** die fluktuierende Wassermenge = Fassungsraum V_d für Fall 2, 10stündiger Pumpbetrieb von 20–6 Uhr,

$$V_d = 0{,}705 \cdot Q_d.$$

Wenn jedoch während der betrachteten Zeit ein mehrmaliger Wechsel zwischen Fehlbetrag und Überschuß auftritt, dann vermindert sich V wegen der zwischenzeitlichen Auffüllung. Es ist dann übersichtlicher, die Veränderung von V bzw. des WSp im Speicher durch die laufende Summierung oder Minderung zu berechnen, wobei die Summe des größten und kleinsten Wertes maßgebend ist z. B.:
nach **Tab. 6-2,** Fall 1: $V = (+\,19{,}5 + |-5{,}2|)/100 \cdot Q_d = 0{,}247 \cdot Q_d$
nach **Tab. 6-2,** Fall 2: $V = (+\,52 + |-18{,}5|)/100 \cdot Q_d = 0{,}705 \cdot Q_d$

6.3.1.3 Grafische Ermittlung

Besonders anschaulich ist die grafische Ermittlung der fluktuierenden Wassermenge mittels der Summenlinie von Verbrauch und Zulauf je Zeiteinheit und die Darstellung der Schwankungen des WSp im Speicher. Dieses Verfahren wird vor allem im Wasserbau bei der Berechnung des erforderlichen Inhalts von Trinkwassertalsperren angewendet. In **Abb. 6-2** (S. 387) ist das Summenlinien-Verfahren für den Tagesausgleich in einer Landgemeinde nach **Tab. 6-2,** Seite 385 dargestellt. Die fluktuierende Wassermenge (V) ist die Summe der beiden größten Abstände der beiden Summenlinien, dabei ist:

y_a +, wenn Zulauflinie oberhalb Verbrauch
y_b +, wenn Zulauflinie unterhalb Verbrauch

somit ist in **Abb. 6-2**

$$V\,(\text{Fall 1}) = y_{1a} + y_{1b} = (19{,}5 + 5{,}2)/100 \cdot Q_d = 0{,}247 \cdot Q_d$$
$$V\,(\text{Fall 2}) = y_{2a} + y_{2b} = (89{,}5 - 19{,}0)/100 \cdot Q_d = 0{,}705 \cdot Q_d$$

6.3.1.4 Beurteilung

Aus den Tab. und Abb. ist ersichtlich, daß der erforderliche Fassungsraum zum Ausgleich der Verbrauchsschwankungen am kleinsten ist, wenn der Verbrauch wenig schwankt und der Zulauf weitgehend dem Verbrauch angepaßt ist, z. B. hier Kleinstadt, 24stündiger gleichmäßiger Zulauf, **Tab. 6-3,** Fall 1, $V = 19{,}3/100 \cdot Q_d$. Es ist deshalb anzustreben, vor allem bei knappem und teuerem Speicherraum (Wasserturm!), die Ganglinie des Zulaufes zum Behälter derjenigen des Ablaufes (Verbrauches) möglichst anzupassen, um das Speichervolumen zu verringern.
Das rechnerisch oder grafisch ermittelte Ausgleichsvolumen ist das für die Wasserversorgung zur Verfügung stehende Behältervolumen, jedoch ohne Sicherheitsvorrat bei Betriebsstörungen und ohne Löschwasservorrat. Bei der Bemessung ist der in 15–20 Jahren zu erwartende Bedarf zu berücksichtigen.
Je größer das Versorgungsgebiet ist, desto geringer sind die Verbrauchsschwankungen, desto besser lassen sich die Förderströme anpassen und desto geringer wird das Ausgleichsvolumen. Die Größenordnung des Tagesausgleichsvolumens in Abhängigkeit vom Spitzentagesverbrauch $Q_{d\,max}$, also von der Größe des Versorgungsgebietes, läßt sich aus **Tab. 6-4** (S. 386) entnehmen.

Tab. 6-2: Tabellarische Berechnung der fluktuierenden Wassermenge für den Tagesausgleich in einer Landgemeinde für: Fall 1: 24stündiger, gleichmäßiger Zulauf; Fall 2: 10stündiger Pumpbetrieb, 20-6 Uhr; Fall 3: 10stündiger Pumpbetrieb, 6-16 Uhr

Zeit	Verbrauch Q_h v. H.	ΣQ_h v. H.	Fall 1 Zulauf v. H.	Fall 1 Fehlbetrag v. H.	Fall 1 Überschuß v. H.	Fall 1 Wasserspiegel v. H.	Fall 2 Zulauf v. H.	Fall 2 Fehlbetrag v. H.	Fall 2 Überschuß v. H.	Fall 2 Wasserspiegel v. H.	Fall 3 Zulauf v. H.	Fall 3 Fehlbetrag v. H.	Fall 3 Überschuß v. H.	Fall 3 Wasserspiegel v. H.
1	0,5	0,5	4,2		3,7	+ 3,7	10		9,5	+ 9,5		0,5		− 0,5
2	0,5	1,0	4,2		3,7	+ 7,4	10		9,5	+ 19,0		0,5		− 1,0
3	0,5	1,5	4,2		3,7	+ 11,1	10		9,5	+ 28,5		0,5		− 1,5
4	0,0	1,5	4,2		4,2	+ 15,3	10		10,0	+ 38,5		0,0		− 1,5
5	0,0	1,5	4,2		4,2	+ 19,5	10		10,0	+ 48,5		0,0		− 1,5
6	6,5	8,0	4,2	2,3		+ 17,2	10		3,5	+ 52,0		6,5		− 8,0
7	12,5	20,5	4,2	8,3		+ 8,9		12,5		+ 39,5	10	2,5		− 10,5
8	8,5	29,0	4,2	4,3		+ 4,6		8,5		+ 31,0	10		1,5	− 9,0
9	3,5	32,5	4,2		0,7	+ 5,3		3,5		+ 27,5	10		6,5	− 2,5
10	3,0	35,5	4,2		1,2	+ 6,5		3,0		+ 24,5	10		7,0	+ 4,5
11	3,0	38,5	4,2		1,2	+ 7,7		3,0		+ 21,5	10		7,0	+ 11,5
12	4,5	43,0	4,2	0,3		+ 7,4		4,5		+ 17,0	10		5,5	+ 17,0
13	11,0	54,0	4,2	6,8		+ 0,6		11,0		+ 6,0	10	1,0		+ 16,0
14	10,0	64,0	4,2	5,8		− 5,2		10,0		− 4,0	10		0,0	+ 16,0
15	1,0	65,0	4,2		3,2	− 2,0		1,0		− 5,0	10		9,0	+ 25,0
16	1,5	66,5	4,2		2,7	+ 0,7		1,5		− 6,5	10		8,5	+ 33,5
17	1,5	68,0	4,2		2,7	+ 3,4		1,5		− 8,0		1,5		+ 32,0
18	2,0	70,0	4,2		2,2	+ 5,6		2,0		− 10,0		2,0		+ 30,0
19	3,0	73,0	4,2		1,2	+ 6,8		3,0		− 13,0		3,0		+ 27,0
20	5,5	78,5	4,2	1,3		+ 5,5		5,5		− 18,5		5,5		+ 21,5
21	9,0	87,5	4,2	4,8		+ 0,7	10		1,0	− 17,5		9,0		+ 12,5
22	8,5	96,0	4,2	4,3		− 3,6	10		0,5	− 16,0		8,5		+ 4,0
23	3,0	99,0	4,2		1,2	− 2,4	10		7,0	− 9,0		3,0		+ 1,0
24	1,0	100,0	3,4		2,4	0,0	10		9,0	0,0		1,0		0,0
	100		100	38,2	38,2		100	70,5	70,5		100	45,0	45,0	

Größte Differenz der Wasserspiegel = fluktuierende Wassermenge in v. H.

Fall 1	Fall 2	Fall 3
+ 19,5	+ 52,0	| − 10,5 |
| − 5,2 |	| − 18,5 |	+ 33,5
24,7	70,5	44,0

6.3.1.5 Vergleich der Tages-, Monats-, Jahresausgleichsmengen

Der Vergleich wird an einer kleinen WV-Anlage gezeigt. Folgende Verbrauchswerte liegen vor:

$$Q_{d\,max} = 1400\ m^3,\ Q_{Mt\,max} = 30\,000\ m^3,\ Q_{a\,max} = 275\,000\ m^3$$

Der mittlere Zulauf für den betrachteten Zeitraum genügt nur, wenn hierfür ein Fassungsraum zum Ausgleich der Verbrauchsschwankungen vorhanden ist. Aus den tägl. Verbrauchsschwankungen wurden folgende fluktuierende Wassermengen errechnet:

Tagesausgleich V_d	$= 0{,}264\ Q_{d\,max}$	$= 370\ m^3$
Monatsausgleich V_{Mt}	$= 0{,}116\ Q_{Mt\,max}$	$= 3\,500\ m^3$
Jahresausgleich V_a	$= 0{,}098\ Q_{a\,max}$	$= 27\,000\ m^3$

Dies ergibt folgende Vergleichswerte:	erf. Zulauf	erf. Speicherraum
Tagesausgleich	$1{,}0 \cdot Q_{d\,max}$	$0{,}264 \cdot Q_{d\,max}$
Monatsausgleich	$0{,}71 \cdot Q_{d\,max}$	$2{,}5 \cdot Q_{d\,max}$
Jahresausgleich	$0{,}54 \cdot Q_{d\,max}$	$19{,}3 \cdot Q_{d\,max}$

Einzelberechnung siehe Taschenbuch der Wasserversorgung, 7. Auflage.

Tab. 6-3: Tabellarische Berechnung der fluktuierenden Wassermenge für den Tagesausgleich in einer Kleinstadt für: Fall 1: 24stündiger, gleichmäßiger Zulauf; Fall 2: 10stündiger Pumpbetrieb, 20-6 Uhr; Fall 3: 10stündiger Pumpbetrieb, 6-16 Uhr

Zeit	Verbrauch		Fall 1				Fall 2				Fall 3			
	Q_h	ΣQ_h	Zu-lauf	Fehl-betrag	Über-schuß	Wasser-spiegel	Zu-lauf	Fehl-betrag	Über-schuß	Wasser-spiegel	Zu-lauf	Fehl-betrag	Über-schuß	Wasser-spiegel
	v. H.	v. H.	v. H.	v. H.	v. H.	v. H.	v. H.	v. H.	v. H.	v. H.	v. H.	v. H.	v. H.	v. H.
1	1,5	1,5	4,2		2,7	+ 2,7	10		8,5	+ 8,5		1,5		− 1,5
2	1,5	3,0	4,2		2,7	+ 5,4	10		8,5	+ 17,0		1,5		− 3,0
3	1,5	4,5	4,2		2,7	+ 8,1	10		8,5	+ 25,5		1,5		− 4,5
4	1,5	6,0	4,2		2,7	+ 10,8	10		8,5	+ 34,0		1,5		− 6,0
5	2,0	8,0	4,2		2,2	+ 13,0	10		8,0	+ 42,0		2,0		− 8,0
6	3,0	11,0	4,2		1,2	+ 14,2	10		7,0	+ 49,0		3,0		− 11,0
7	5,0	16,0	4,2	0,8		+ 13,4		5,0		+ 44,0	10		5,0	− 6,0
8	5,5	21,5	4,2	1,3		+ 12,1		5,5		+ 38,5	10		4,5	− 1,5
9	6,0	27,5	4,2	1,8		+ 10,3		6,0		+ 32,5	10		4,0	+ 2,5
10	5,5	33,0	4,2	1,3		+ 9,0		5,5		+ 27,0	10		4,5	+ 7,0
11	6,0	39,0	4,2	1,8		+ 7,2		6,0		+ 21,0	10		4,0	+ 11,0
12	6,0	45,0	4,2	1,8		+ 5,4		6,0		+ 15,0	10		4,0	+ 15,0
13	5,0	50,0	4,2	0,8		+ 4,6		5,0		+ 10,0	10		5,0	+ 20,0
14	5,5	55,5	4,2	1,3		+ 3,3		5,5		+ 4,5	10		4,5	+ 24,5
15	5,5	61,0	4,2	1,3		+ 2,0		5,5		− 1,0	10		4,5	+ 29,0
16	6,0	67,0	4,2	1,8		+ 0,2		6,0		− 7,0	10		4,0	+ 33,0
17	5,5	72,5	4,2	1,3		− 1,1		5,5		− 12,5		5,5		+ 27,5
18	6,0	78,5	4,2	1,8		− 2,9		6,0		− 18,5		6,0		+ 21,5
19	5,5	84,0	4,2	1,3		− 4,2		5,5		− 24,0		5,5		+ 16,0
20	5,0	89,0	4,2	0,8		− 5,0		5,0		− 29,0		5,0		+ 11,0
21	4,0	93,0	4,2		0,2	− 4,8	10		6,0	− 23,0		4,0		+ 7,0
22	3,0	96,0	4,2		1,2	− 3,6	10		7,0	− 16,0		3,0		+ 4,0
23	2,0	98,0	4,2		2,2	− 1,4	10		8,0	− 8,0		2,0		+ 2,0
24	2,0	100,0	3,4		1,4	0,0	10		8,0	0,0		2,0		0,0
	100		100	19,2	19,2		100	78,0	78,0		100	44,0	44,0	

Größte Differenz der Wasserspiegel = fluktuierende Wassermenge in v. H.

Fall 1	Fall 2	Fall 3
+ 14,2	+ 49,0	+ 33,0
|− 5,0|	|− 29,0|	|− 11,0|
19,2	78,0	44,0

Tab. 6-4: Tagesausgleichsvolumen in 24 Versorgungsgebieten der Bundesrepublik

Spitzentagesverbrauch $Q_{d\,max}$ m^3/d	*Tagesausgleichsvolumen V* % von $Q_{d\,max}$
bis 10 000	28
50 000	27
100 000	25
300 000	23
1 000 000	20

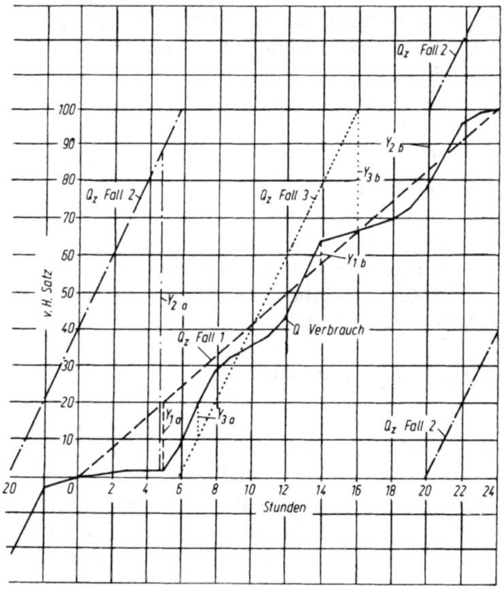

Abb. 6-2: Grafische Ermittlung der fluktuierenden Wassermenge für den Tagesausgleich in einer Landgemeinde, *Summenlinien-Verfahren, nach Tab. 6-2*

Abb. 6-3: Grafische Darstellung des stündlichen Wasserverbrauchs und der Wasserspiegelschwankungen in einem Wasserbehälter einer Landgemeinde *nach Tab. 6-2*

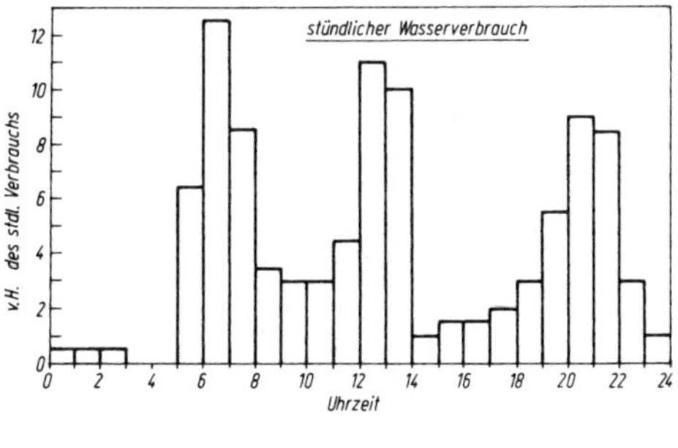

Abb. 6-3 a: Stündlicher Wasserverbrauch

Abb. 6-3 b: Dauer der Wasserförderung
Fall 1, Fall 2, Fall 3 wie Tab. 6-2

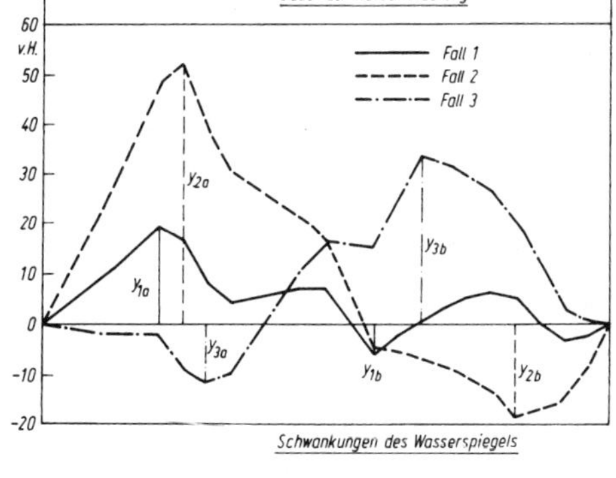

Abb. 6-3 c: Schwankungen des Wasserspiegels

Bei der grafischen Darstellung der Wasserspiegelschwankungen nach **Abb. 6-3** werden die Fehlbeträge (–) und die Überschüsse (+) lfd. summiert und die Werte über einer Nullinie aufgetragen. Die Summe der größten über und unter der Nullinie liegenden Abstände = V.

$$V\,(\text{Fall } 1) = y_{1\,a} + y_{1\,b}$$

Wegen der langen Verweildauer des Wassers in den Speichern an Tagen mit geringem Wasserverbrauch und der hohen Bau- und Betriebskosten sind Reinwasserbehälter in der Regel zum Ausgleich der täglichen Verbrauchsschwankungen an Spitzentagen zu bemessen. Damit ist es auch notwendig, daß die Wassergewinnungsanlagen für die Deckung von $Q_{d\,max}$ zu bemessen sind. Bei Großstädten und großen Fernwasserversorgungsanlagen sind die wöchentlichen Verbrauchsschwankungen nicht so groß, so daß gelegentlich ein Wochenausgleich durch die Reinwasserbehälter erreicht werden kann. Ein Jahresausgleich ist dagegen nur durch Trinkwassertalsperren möglich.

6.3.2 Ausgleich zwischen Vor- und Hauptförderung im Tiefbehälter

Wenn die Förderströme der Vorpumpe und Hauptpumpe gleich groß sind, wird theoretisch kein Speicherraum benötigt. Meist wird jedoch eine Trennung der hydraulischen Abhängigkeit aus anderen Gründen notwendig, z. B. unterschiedliche Zahl der Pumpen, unterschiedliche Leistung, unterschiedliche Betriebszeit oder Aufbereitungsanlage zwischen Vor- und Hauptförderung. Zum Ausgleich der Förderleistungen wird dann ein Speicher überwiegend als Tiefbehälter benötigt. Wenn die Laufzeiten der verschiedenen Vor- und Hauptpumpen sehr unterschiedlich sind, ist die tabellarische Berechnung nach **Tab. 6-2** und **6-3** am übersichtlichsten. Die grafische Ermittlung nach dem Summenlinien-Verfahren und mittels der Schwankungen der WSp im Speicher sind in **Abb. 6-4** dargestellt.

Abb. 6-4: Grafische Ermittlung des Ausgleichs zwischen Vor- und Hauptförderung

Tabelle Haupt- und Vorförderung

h	2	4	6	8	10	12	14	16	18	20	22	24
$Q_Z/2h$	12,5	12,5	12,5	12,5	12,5	12,5	12,5					12,5
$Q_A/2h$	8,4	8,4	8,4	8,4	8,4	8,4	8,4	8,4	8,4	8,4	8,4	7,6
WSp	4,1	8,2	12,3	16,4	20,5	24,6	28,7	20,3	11,9	3,5	-4,9	0

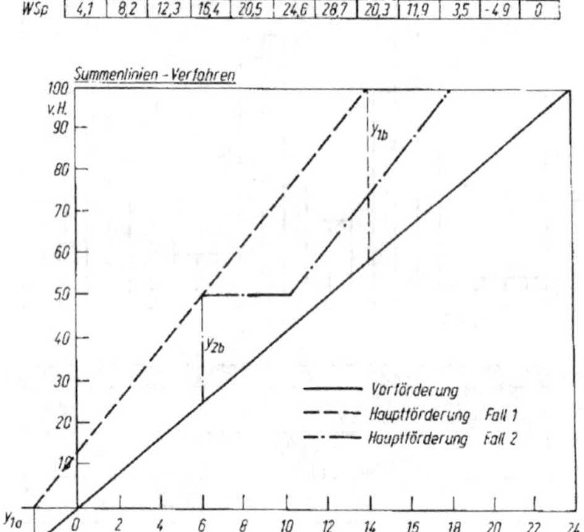

Abb. 6-4 a: Summenlinien-Verfahren

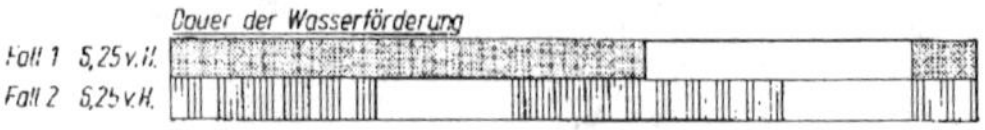

Abb. 6-4 b: Dauer der Wasserförderung

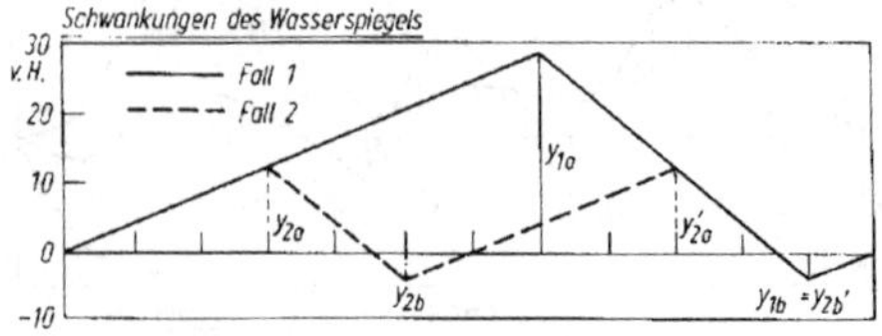

Abb. 6-4 c: Schwankungen des Wasserspiegels

6.3.3 Sicherheitsvorrat

Die Bemessung des Speicherinhalts nach der fluktuierenden Wassermenge, also nur nach dem Ausgleich der Verbrauchsschwankungen, umfaßt keine ausreichende Reserve für Betriebsstörungen. Dieser betriebliche Sicherheitsvorrat ist abhängig vom System der Zubringerleitungen, von der Wahrscheinlichkeit und Dauer von Betriebsstörungen sowie dem Zustand und der Leistung benachbarter Wasserversorgungsanlagen im Notverbund. Der Sicherheitszuschlag kann klein sein und im günstigsten Fall sogar entfallen, wenn mehrere Zubringerleitungen vorhanden sind, die Rohrbruchhäufigkeit gering ist bzw. ein leistungsfähiges Nachbarunternehmen mit guter Einspeisemöglichkeit existiert. Liegen diese Voraussetzungen nicht vor, so muß man die voraussichtliche Dauer einer Schadensbehebung abschätzen und danach den Sicherheitszuschlag festlegen. Dabei sollte über betriebliche Maßnahmen sichergestellt sein, daß die Ausfall- bzw. die Reparaturdauer möglichst kurz angesetzt werden kann.
Als Faustformel für die Größe des notwendigen Sicherheitsvorrats kann man ansetzen

$$V_{si}\,(m^3) = \frac{Q_d\,(m^3/d)}{\text{Anzahl der Zuleitungen}} \cdot \text{Ausfalldauer (d)}$$

Hier wurde nur der durchschnittliche Tagesbedarf herangezogen, weil es unwahrscheinlich ist, daß bei hier angenommen gleich leistungsfähigen Zubringerleitungen ein Schaden mit dem Spitzentagesbedarf zusammenfällt.

6.3.4 Löschwasservorrat

Die Wahl des Fassungsraumes für die Löschwassermenge hängt wesentlich von dem Löschwasserbedarf (S. 38) und der maximalen Förderleistung des Wasserwerks ab, unter Berücksichtigung der möglichen Löschwasserentnahme aus besonderen Löschwasserbrunnen und Entnahmen aus Oberflächengewässern.
Bei Wasserversorgungsanlagen mit Speicherung soll der Löschwasservorrat möglichst dem Löschwasserbedarf für 2 Std. entsprechen. Es ist dabei anzunehmen, daß bei kleinen WV-Anlagen ein nicht ständig besetztes Pumpwerk beim Zusammentreffen ungünstiger Umstände erst nach dieser Zeit einsatzbereit ist. Der Gesamtinhalt des Speichers ergibt sich aus fluktuierender Wassermenge + Sicherheitsvorrat + Löschwasservorrat.
Als Zuschlag für Löschwasser werden gemäß DVGW-Arbeitsblatt W 405 folgende Richtwerte empfohlen:

- Dorf- und Wohngebiete: 100 bis 200 m^3
- Kern-, Gewerbe-, Industriegebiete: 200 bis 400 m^3

In Versorgungsgebieten mit einem zukünftigen höchsten Tagesbedarf von mehr als etwa 2000 m^3 kann auf einen zusätzlichen Löschwasservorrat im Behälter verzichtet werden. Bei Kleinsiedlungen, abgelegenen Einzelanwesen, Wochenendhausgebieten und dgl. kann der Löschwasserbedarf aus hygienischen Gründen in der Regel nicht aus dem Trinkwasserbehälter gedeckt werden. Hierzu müssen Wasserläufe, Teiche, Löschwasserbrunnen oder -behälter herangezogen werden.
Für Wasserversorgungsanlagen ohne Speicheranlagen, z. B. bei Druckbehälterpumpwerken, ist die maximale Förderleistung des Pumpwerkes unter Berücksichtigung der Löschwasser-Förderströme nach Abschn. 5.5.4 festzulegen.

6.3.5 Speicherinhalt von Trinkwassertalsperren

Bei Trinkwassertalsperren wird im allgemeinen die gesamte zulaufende Wassermenge ausgenützt. Der Mehrverbrauch im Sommer ist durch den Überfluß im Winter auszugleichen. Häufig ist auch ein Ausgleich über 2 Jahre, um auch zwei aufeinander folgende Trockenjahre zu erfassen. Hierbei müssen neben der Entnahme für die Wasserversorgung die Verluste durch Verdunstung und Versickerung, ferner die ökologisch notwendige Abgabe an den Bach- oder Flußlauf, die Interessen der Unterlieger und der sonstige Bedarf für wasserwirtschaftliche Interessen, Hochwasserrückhalt, Stromerzeugung usw. berücksichtigt werden. Zu dem so ermittelten Speicherraum kommt noch die Berücksichtigung der Forderung, daß die Entnahme des Trinkwassers unter einer bestimmten Tiefe ab Wasserspiegel (mindestens 5 m) und in einer bestimmten Höhe über der Sohle (mindestens 5 m) erfolgen muß. Der Speicherinhalt wird meist grafisch als Summenlinie des Zu- und Ablaufes ermittelt (Abschn. 3.2.6.2).

6.4 Hochbehälter

6.4.1 Allgemeine Anforderungen

Beim Bau von Hochbehältern sind nachstehende Anforderungen zu berücksichtigen.
Liegen bei bestehenden Behältern, die erhaltungswürdig sind, bereits bauliche und betriebliche Mängel und Schäden vor, so sind diese entsprechend ihrer Bedeutung fachkundig zu beheben. Nur so können Betriebserschwernisse oder gar -störungen und insbesondere eine nachteilige Veränderung der Wasserbeschaffenheit vermieden und die Wasserversorgung gesichert werden. Hinweise zur Feststellung und Behebung von Mängeln und Schäden gibt das DVGW-Merkblatt W 312 „Wasserbehälter – Maßnahmen zur Instandhaltung“.

6.4.1.1 Versorgungstechnische Anforderungen

Hochbehälter sollen günstig zum Versorgungsschwerpunkt und möglichst in der Nähe von Zubringer- und Hauptleitungen liegen, um Leitungslängen und Rohrquerschnitte einzusparen. Bei Gruppen- und Fernwasserversorgungsanlagen sind möglichst ortsnahe Behälter in dieser Hinsicht besonders günstig. Behälterstandorte müssen für Bau und Betrieb gut erreichbar sein und geodätisch einen ausreichenden Versorgungsdruck gewährleisten.

6.4.1.2 Bautechnische Anforderungen

Wasserbehälter sind auf ausreichend tragfähigem, möglichst gleichmäßigem Untergrund zu errichten. Hierzu ist ein Bodengutachten erforderlich. Das Bauwerk muß standsicher, die Wasserkammern müssen dicht sein. Bauart und Baustoffe sind so zu wählen, daß möglichst lange Lebensdauer und möglichst geringe laufende Unterhaltskosten entstehen. Der Trinkwasserbehälter muß dauerhaft gebrauchsfähig sein. Eine spätere Erweiterungsmöglichkeit des Bauwerks sollte möglich sein.

6.4.1.3 Betriebliche Anforderungen

Wasserbehälter müssen so gestaltet und ausgeführt sein, daß die Bedeutung und der Wert des Lebensmittels „Trinkwasser“ hervorgehoben und Verunreinigungen oder sonstige nachteilige Veränderungen der Wasserbeschaffenheit in bakteriologischer, chemischer, physikalischer und biologischer Hinsicht vermieden werden. Die Erhaltung der Wasserbeschaffenheit verlangt die Verwendung gesundheitlich unbedenklicher Baustoffe für das Tragwerk und die vom Trinkwasser benetzten Flächen. Diese Baustoffe, Bauhilfsstoffe, z. B. Fugenmaterial, Anstriche, Beschichtungen, Trennmittel, müssen den Kunststoff-Trinkwasser-Empfehlungen (KTW-Empfehlungen) des Bundesgesundheitsamtes entsprechen. Außerdem muß ihre Eignung in mikrobieller und physiologischer Hinsicht nachgewiesen sein (DVGW-Arbeitsblatt W 270). Beton, Zementputz und Zementestrich erfüllen in der Regel diese Forderung, sofern sie zugelassene Zusatzmittel enthalten. Ihre Verwendung darf keinen schädigenden Einfluß auf die Trinkwassergüte haben. Der Verunreinigung des gespeicherten Wassers muß durch entsprechende Anordnung und Gestaltung der Zugänge und Lüftungseinrichtungen wirksam begegnet werden. Die Lüftungsöffnungen sind gegen das Eindringen von Vögeln, Insekten, Blättern und gegebenenfalls Staub zu sichern. Erforderlichenfalls ist die Luft zu filtern.
Eine entsprechende Wärmedämmung ist vorzusehen, damit sich nicht das gespeicherte Wasser – in Abhängigkeit von Betriebsweise und den örtlichen klimatischen Verhältnissen – durch Erwärmung, Abkühlung oder Tauwasserbildung nachteilig verändert. Dem Austausch der Luft in den Wasserkammern kommt aus hygienischen, aber auch aus geschmacklichen Gründen besondere Bedeutung zu. In der Regel genügt eine natürliche Belüftung durch ausreichend groß bemessene, stets funktionsfähige Öffnungen. Die Tauwasserbildung wird um so mehr vermieden, je mehr die einströmende Luft der Wassertemperatur angeglichen wird. Der dauernde Einfall von Tageslicht in die Wasserkammern ist zu vermeiden.
Inhalt und Form der Wasserkammern sowie Anordnung von Zulauf und Entnahme müssen eine gleichmäßige Erneuerung des gesamten Wasservolumens gewährleisten. Kurze Verweilzeiten des Wassers im Behälter sind günstiger als lange. Ausreichende Umwälzung und Durchmischung werden am besten erreicht durch Energieeintrag über einen entsprechend auszubildenden Einlauf. Häufig genügt dabei schon die Energie des von oben einfallenden Wassers oder die durch einen Richtstrahl unter Wasser erzeugte Strömung. Bei Einleitung über dem Wasserspiegel kann allerdings die Wasser-

beschaffenheit in chemischer Hinsicht beeinträchtigt werden (Entgasung oder Ausfällung durch Belüftung).
Das Bauwerk muß für Wartungs- und Bedienungszwecke leicht zugänglich sein. Bauart und Einrichtungen müssen den Unfallverhütungsvorschriften entsprechen. Überwachung und Betriebsmessungen müssen leicht und ohne besondere Vorbereitung und ohne Verunreinigung des Wassers möglich sein, so z. B. die Entnahme von Wasserproben an Zulauf- und Entnahmeleitungen.
Der Speicherinhalt ist möglichst in mehrere (mindestens zwei) Wasserkammern zu unterteilen, damit auch während Reinigungs- und Instandsetzungsarbeiten die Versorgung gewährleistet ist. Die Wasserkammern müssen restlos entleert werden können. Jede Wasserkammer muß mit einem Überlauf versehen sein, der in der Lage ist, bei vollem Behälter die zulaufende Menge schadlos abzuführen. Bei kleinem Zulauf und ausreichender Vorflut bereitet diese Forderung meist keine Schwierigkeiten. Andernfalls können Sondereinrichtungen erforderlich werden, z. B. Rückhaltebecken oder -räume, Reduzierung des Zulaufes vor Erreichen des Behälterhöchststandes.
Die Wasseroberfläche soll durch Anordnung eines auskragenden Podestes oder eines Mittelganges vollständig einsehbar sein. Als Zugang zu den Wasserkammern kommen in Frage Treppen oder Leitern oder dicht schließende Drucktüren in den Wänden der Wasserkammern. Bei allen Konstruktionen ist darauf zu achten, daß auch Geräte und Material zur Reinigung und Instandsetzung transportiert werden können. Montagehilfen sind vorzusehen, um auch die schwersten Einbauteile an den vorgesehenen Ort befördern zu können. Alle Rohrleitungen und Einbauteile müssen überschaubar angeordnet und gut zugänglich sein. Rohrbrücken, Stege, Treppen, Podeste und dergleichen können dies erleichtern.
Für jeden Trinkwasserbehälter ist ein Betriebshandbuch zu führen, das alle zu beachtenden Anweisungen und Handlungsweisen enthalten muß. Die betriebliche Kontrolle und Reinigung von Behältern wird in Kapitel 13 (S. 705 ff.) behandelt.

6.4.1.4 Sicherheitstechnische Anforderungen (Objektschutz)

Grundsätzlich gibt es bei Wasserbehältern – wie auch bei anderen Anlageteilen der Wasserversorgung – keinen absoluten und vollen Schutz im Sinne der Sicherheit. Im nachfolgenden werden einige vorbeugende Maßnahmen benannt gegen das Erschweren von Anschlägen, zum Überwachen der Anlage oder zum Erkennen von Störungen.
Eine Umzäunung der Bauwerke erschwert den Zutritt zur Anlage. Sie ist laufend auf einwandfreien Zustand zu überprüfen und soll mindestens 1,8 m hoch sein. Möglichst unauffällige Anordnung und Gestaltung der Bauwerke mindern von vorneherein das Risiko. Die Anzahl der Öffnungen soll auch zum Zwecke des Wärmeschutzes auf ein Mindestmaß beschränkt werden. Stabile Türen und Fenster aus Metall sind gegen mutwilliges und gewaltsames Öffnen sicherer als z. B. die Werkstoffe Holz oder Kunststoff. Bei Türen empfehlen sich Doppeltüren, grundsätzlich mit Sicherheitsblockschlössern. Die Fenster sollen von außen nicht zu öffnen und gegen mutwilliges Eindringen möglichst sicher sein. Vergitterung ist zweckmäßig. Fenster sollen stets geschlossen sein, wenn sich in der Anlage keine Personen befinden. Lichtschächte sind besonders zu sichern. Be- und Entlüftungsöffnungen und Einstiege über der freien Wasseroberfläche sollten unbedingt vermieden werden.
Abgelegene oder besonders wichtige Anlagen sind häufig und vor allem in unregelmäßigen Zeitabständen zu kontrollieren. Dabei kommt der einfachen und kurzen Zufahrt und Anbindung an Erschließungsstraßen große Bedeutung zu. Mit einer ausreichenden Fernwirkanlage ist im allgemeinen eine gute Überwachung der personell nicht besetzten Betriebsstellen gewährleistet, da in der Zentrale auffallende Wahrnehmungen über Veränderungen z. B. des Wasserstandes, Druckes, Durchflusses oder von Qualitätsmerkmalen erscheinen.
Sondereinrichtungen können in bestimmten Fällen sein:
- Tür- und Fensterkontakte, Glasbruchmelder;
- Infrarotschranken zur Überwachung des Geländes bzw. Bauwerks;
- Radarschranken und -keulen (im Freien oft problematisch, im Inneren von Gebäuden in der Regel einwandfrei funktionierend);
- Fernsehanlagen zur Überwachung der Zugänge (Nachteile bei Nacht und Nebel).

Auch die laufende Betriebsüberwachung ist eine sicherheitstechnische Anforderung. Hier müssen insbesondere die Behälterwasserstände erfaßt, angezeigt und möglichst an eine Betriebszentrale fernübertragen werden, um die Behälter optimal bewirtschaften zu können.

6.4.1.5 Gestalterische Anforderungen

Wasserbehälter werden häufig im Außenbereich errichtet und stellen z. B. an markanten Hochpunkten oder in freien Hanglagen einen gewissen Blickfang dar oder beeinflussen das Stadt- oder Landschaftsbild. Es ist erforderlich, die Bauwerke und Außenanlagen für den vorgesehenen Standort durch entsprechende Wahl von Bauform, Proportionen, Material, Fassaden und Außenanlagen entsprechend landschaftsgerecht zu gestalten. Dazu gehört auch eine landschaftsgärtnerische Gestaltung der Außenanlagen und der Erdüberdeckung. Bewährt haben sich ortsübliche Bauformen und -materialien.

6.4.1.6 Wirtschaftliche Anforderungen

Ein ingenieurmäßig optimal ausgewählter Standort, eine zweckmäßige Konstruktion und eine intensive Bauüberwachung sind entscheidend für die Wirtschaftlichkeit des Baues und des späteren Betriebes. Sorgfältige Bemessung und realistisches Ansetzen zukünftiger Verbrauchsänderungen haben vertretbare wirtschaftliche Nutzinhalte der Behälter zur Folge. Bei den Grundrißformen spielen wirtschaftliche Gründe eine besondere Rolle. Insbesondere ist dabei die Kreisform zur Rechtecksform ins Verhältnis zu setzen, bei letzterer wiederum das Seitenverhältnis zu beachten. Grundsätzlich soll die wasserbenetzte Innenfläche im Verhältnis zum Behälterinhalt klein gehalten werden. In Spannbeton erstellte große Behälter sind manchmal wirtschaftlicher als schlaff bewehrte Behälter. Besonders eignen sich dafür die Kreisform und die Rechteckform mit hohen Wänden. Auch Fertigteilbauweisen können, sofern die übrigen Forderungen wie Dichtheit, Hygiene, Fugenausbildung zuverlässig gelöst sind, durchaus zu wirtschaftlichen Lösungen führen; dies insbesondere bei kleinen Behältern. Wenn immer möglich, ist die fugenlose Bauweise anzustreben.
Generell soll bei Wasserbehältern die Summe aus Investitionskosten und laufenden Unterhaltungskosten ein Minimum sein, d. h. auch bei der Wahl der Baustoffe, der Außengestaltung und der technischen Ausrüstung spielen wirtschaftliche Fragen eine dominierende Rolle. Beton und andere zementgebundene Baustoffe sowie Edelstahl haben sich bewährt. Bei ihrer Verwendung ist die für Wasserbehälter übliche Abschreibung in 2 v. H./a gerechtfertigt.

6.4.2 Festlegen des Speicherinhalts in der Praxis

6.4.2.1 Allgemein

Der Mindestinhalt von Hochbehältern wird nach Abschn. 6.3 berechnet. In der Praxis wird der Inhalt jedoch meist größer gewählt, um die Unsicherheit der Berechnungsannahmen auszugleichen und bei kleinen Anlagen einen größeren Vorrat zur Überbrückung von Betriebsstörungen und für Löschzwecke zu speichern. Bei kleinen Anlagen muß ferner vermieden werden, daß nach kurzer Zeit eine Erweiterung erforderlich ist, daher wird hier der Fassungsraum nach dem Bedarf in ca. 20 Jahren bemessen. Bei großen Anlagen ist es aus wirtschaftlichen Gründen besser, den Speicherinhalt nicht zu groß zu wählen, sondern später bei Verbrauchssteigerung weitere Wasserspeicher zu bauen, hier kann also der Bedarf in 10 bis 15 Jahren der Bemessung zugrunde gelegt werden.
Aus Gründen der Rationalisierung und damit der Kostenersparnis empfiehlt es sich, für die Behälter nur wenige bestimmte Größen zu verwenden, zumal der künftige Bedarf auch nur angenähert ermittelt werden kann. Es hat sich in der Praxis eine gewisse Häufigkeit in der Größenstaffelung entwickelt: 100, 200, 500, 1000, 2000, 5000, 10 000 m^3.
Größere Behälter sind verhältnismäßig selten, so daß hierfür die Behältergröße jeweils nach den örtlichen Gegebenheiten gewählt werden kann. Auch bei kleineren soll die Staffelung keine feste Regel sein.
Die Festlegung der Behältergröße in der Praxis ist wegen der unterschiedlich notwendigen Sicherheitsreserven je nach Größe der WV-Anlage verschieden; etwa folgende Größeneinteilung kann zugrunde gelegt werden.

6.4.2.2 Kleine und mittelgroße Anlagen

Dies sind Anlagen mit einem zukünftigen höchsten Tagesbedarf bis etwa 4000 m^3.

6.4.2.2.1 Nutzinhalt

Bei einem größten Tagesbedarf bis etwa 2000 m^3 soll der Nutzinhalt genau so groß sein. Für Anlagen darüber, bis etwa 4000 m^3/d, können davon Abminderungen bis zu 20 % vorgenommen werden. Bemessungszeitraum jeweils ca. 20 Jahre; ein Sicherheitsvorrat ist damit enthalten.

6.4.2.2.2 Löschwasservorrat

Bei sehr kleinen Anlagen ist es unwirtschaftlich, den gesamten geforderten Löschwasservorrat (S. 38) im Speicher der WV-Anlage aufzunehmen, zumal sich sonst ein Stagnieren und eine Keimvermehrung im Wasser in verbrauchsarmen Zeiten ergibt. Vom Speicherinhalt wird mindestens die fluktuierende Wassermenge für Verbrauchszwecke benötigt, wobei anzunehmen ist, daß an verbrauchsreichen Tagen auch tagsüber Wasserzulauf und Pumpbetrieb vorhanden sind. Bei einer fluktuierenden Wassermenge von 0,3 $Q_{d\,max}$ steht für Löschzwecke somit auch 0,7 $Q_{d\,max}$ zur Verfügung, wenn der Speicher für V = $Q_{d\,max}$ bemessen wird.

Dennoch werden bei Anlagen bis zu etwa 2000 m^3/d als Zuschlag zur Erhöhung des Löschwasservorrats die Werte nach **Abschn. 6.3.4** als empfehlenswert und wirtschaftlich tragbar angesehen. Liegen keine genauen Angaben nach der Bau-Nutzungsverordnung vor, so können auch folgende Zahlen als Anhalt für den Löschwasservorrat dienen:

ländliche Orte bis 10 Anwesen	75 m^3
ländliche Orte bis 50 Anwesen mit kleinen Anwesen, oder in offener Bauweise	100 m^3
ländliche Orte bis 50 Anwesen mit großen Anwesen, oder in geschlossener Bauweise	125 m^3
ländliche Orte über 50 Anwesen in offener Bauweise	150 m^3
Orte über 50 Anwesen in geschlossener Bauweise	200 m^3
Kleinstädte mit eng bebauter Altstadt	300 m^3

Bei Anlagen über $Q_{d\,max}$ = 2000 m^3 wird im allgemeinen auf einen zusätzlichen Löschwasservorrat im Behälter verzichtet, eine großzügige Aufrundung des Inhalts vorausgesetzt.

6.4.2.3 Große Anlagen

Bei großen Anlagen mit einem künftigen Tageshöchstbedarf von mehr als 4000 m^3 sollte der Nutzinhalt des Hochbehälters nach der fluktuierenden Wassermenge ermittelt werden, zuzüglich eines Sicherheitszuschlages für Betriebsstörungen. Diese Forderung ist im allgemeinen erfüllt, wenn je nach Größe der Wasserversorgungsanlage der Nutzinhalt etwa 30 bis 80 % des größten Tagesbedarfes beträgt. Bemessungszeitraum ca. 15 Jahre; gesonderte Zuschläge für Löschwasser entfallen.

6.4.2.4 Sehr große Anlagen über 50 000 m³/d

Hier ist eine sehr große Sicherheit und Reserve in der Wassergewinnung vorhanden. Der Inhalt wird meist bemessen nach:

$$V = 0{,}5\ Q_{d\,max}^{n+15}\ (\text{in } m^3),\ \text{mindestens } Q_d^{n+15}\ (\text{in } m^3)$$

Die fluktuierende Wassermenge ist meist kleiner als 0,3 $Q_{d\,max}$, so daß als Sicherheitsvorrat noch 0,2 $Q_{d\,max}$ verfügbar sind. Ein besonderer Zuschlag für die Löschwasserversorgung ist nicht erforderlich.

6.4.2.5 Gruppenanlagen

Der Gesamtinhalt der Hochbehälter von sehr großen Gruppenanlagen ist weitgehend von den örtlichen Verhältnissen abhängig. Nach *Naber* ist bei der Bodenseewasserversorgung bei dem Gesamtinhalt von V = 0,5 $Q_{d\,max}$ sogar ein Wochenausgleich vorhanden.

Der Speicherraum bei Gruppenanlagen soll nach Möglichkeit in zentrale Scheitelbehälter und verbrauchernahe Versorgungsbehälter unterteilt sein. Der Gesamtnutzinhalt aller Behälter muß für den zukünftigen höchsten Tagesbedarf (ggf. zuzüglich des jeweiligen Löschwasservorrates) bemessen werden; Bemessungszeitraum ca. 15 Jahre.

6.4.3 Lage

6.4.3.1 Höhenlage

Hochbehälter sind so hoch über das Versorgungsgebiet zu legen, daß bei der Entnahme des Trink- und Brauchwassers (nicht Löschwassers!) auch bei stark abgesenktem Wasserspiegel im Behälter noch ein Druck vorhanden ist, der für eine einwandfreie Deckung des üblichen Bedarfs in dem betreffenden Versorgungsgebiet ausreicht. Diese Verpflichtung des Wasserversorgungsunternehmens ist in der Verordnung über Allgemeine Bedingungen für die Versorgung mit Wasser (AVBWasserV) festgelegt. Der niedrigste Betriebswasserstand wird durch die Forderung bestimmt, daß unter Berücksichtigung der hydraulischen Randbedingungen (Ruhedruck, Betriebsdruck, Druckverluste im Rohrnetz) sowie der örtlichen topographischen Verhältnisse der erforderliche Mindestdruck am ungünstigsten Punkt des Versorgungsgebietes sichergestellt ist.
Nach dem DVGW-Merkblatt W 403 und der AVBWasserV ist dies erreicht, wenn am Hausanschluß unmittelbar vor dem Wasserzähler die in **Tab. 6-5** angegebenen Mindestüberdrücke nicht unterschritten werden.

Tab. 6-5: Mindestüberdrücke in Ortsnetzen

Für Gebäude mit	Mindestüberdruck (für die Bemessung neuer Ortsnetze) bar (nach W 403)	Mindestversorgungsdruck (bei bestehenden Ortsnetzen) bar (nach AVBWasserV)
EG	2,0	2,0
EG + 1 OG	2,5	2,35
EG + 2 OG	3,0	2,7
EG + 3 OG	3,5	3,05
EG + 4 OG	4,0	3,4
EG + 5 OG	4,5	3,75

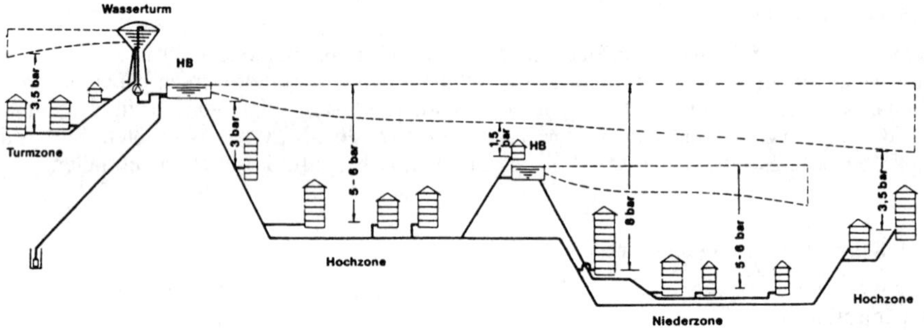

Abb. 6-5: Beispiel für die Teilung eines Versorgungsgebietes in drei Druckzonen (nach W 403)

Es ist anzustreben, daß der Druck an den Hydranten zum direkten Spritzen ausreicht. Am Hydrant darf im Brandfall ein Druck von 1,5 bar nicht unterschritten werden. Zu hohe Drücke sind zu vermeiden, da sonst die Wasserverluste durch Leckstellen, undichte Hähne usw. stark anwachsen, die Rohrbruchgefahr vergrößert und die Hausinstallation verteuert wird. Besonders zu beachten sind der hydrostatische Druck und der Druck bei Förderung ohne gleichzeitige Entnahme (Nachtpumpwerte).
Anzustreben ist eine Wasserspiegellage bei vollem Hochbehälter auf 40–60 m über dem Versorgungsgebiet. In Ausnahmefällen kann an den am ungünstigsten gelegenen Teilen des Versorgungsgebietes, also an den entferntesten oder höchstgelegenen Teilen, auf 30 m Druckhöhe bei Hochbehältern und auf 20 m bei Wassertürmen herabgegangen werden, wenn hierbei der *Versorgungsdruck* noch ausreicht. Wenn im Versorgungsgebiet größere Höhenunterschiede vorhanden sind, kann ein hydrostatischer Druck für Teile des Versorgungsgebietes bis 80 m zugelassen werden. Dabei sind Druckminderventile für einzelne Versorgungsbezirke oder Haus-Druckminderventile zum Schutze der Verbraucherein-

richtungen vorzusehen. Bei größeren Höhenunterschieden als 50 m (niedrigste Geländepunkte 0 + 80 m = 80 m, höchste 50 + 30 m = 80 m) muß das Versorgungsgebiet in einzelne Druckzonen geteilt werden **(Abb. 6-5).** Bei der Einteilung ist besonders bei Anlagen mit künstlicher Förderung darauf zu achten, daß das Wasser nicht unnötig hoch gepumpt wird.
Die Höhenlage der höchsten Entnahmestellen in Hochhäusern kann nicht bei der Standortwahl der Hochbehälter berücksichtigt werden. Hier müssen die Anschlußnehmer selbst den erforderlichen Druck an den Zapfstellen durch Sondereinrichtungen, z. B. eigene Druckerhöhungsanlagen, herstellen.
Bei kleinen und mittleren Anlagen sollten nach Möglichkeit mehrere Druckzonen vermieden werden, da sie den Betrieb verteuern und die Wartung erschweren. In Versorgungsgebieten mit größeren Höhenunterschieden ist daher eine genaue Höhenfestlegung des Bebauungsgebietes für die Wasserversorgung außerordentlich wichtig.

6.4.3.2 Lage zum Versorgungsgebiet

6.4.3.2.1 Entfernung

Hochbehälter sind so nah wie möglich am Verbrauchsschwerpunkt anzuordnen, um den Druckverlust und damit den Unterschied zwischen hydrostatischem und Versorgungsdruck gering zu halten, die Kosten der Hauptleitungen, die für den Spitzenverbrauch bemessen werden müssen, zu senken und die Gefahr der Unterbrechung des Wasserbezugs infolge Störungen am Rohrnetz durch kurze Zuleitung und baldige Verästelung im Versorgungsnetz zu vermindern.

6.4.3.2.2 Durchlaufbehälter

Durchlaufbehälter sind Wasserbehälter, bei denen die Wasserförderung vom Wasserwerk zuerst in den Wasserbehälter und nicht unmittelbar ins Ortsnetz erfolgt, **Abb. 6-6.** Solche Wasserbehälter können Haupthochbehälter sein, wie z. B. die bekannten Hochbehälter Kreuzpullach und Forstenrieder Park der Stadt München, aber auch Unterbrecher- und Zwischenbehälter (Zweckverband Bodenseewasserversorgung). Hochbehälter können als Durchlaufbehälter ausgeführt sein, Tiefbehälter sind immer Durchlaufbehälter.
Besondere Merkmale des Durchlaufbehälters sind: Mengen- und Druckänderungen am Wasserwerk wirken sich nur zwischen diesem und dem Behälter aus, die Druckänderungen im Ortsnetz sind nur abhängig von der Lage des WSp im Behälter. Ein besonderer Vorteil ist die ständige Wassererneuerung, vorausgesetzt, daß bei der Konstruktion des Behälters die gleichmäßige Durchströmung berücksichtigt wird, da das ganze geförderte Wasser durch den Durchlaufbehälter fließen muß. Müssen zur Versorgung „Wässer unterschiedlicher Beschaffenheit" im Sinne des DVGW-Arbeitsblattes W 216 herangezogen werden, so eignen sich als Mischpunkt vor Abgabe in das Rohrnetz Durchlaufbehälter, in denen ein bestimmtes Mischungsverhältnis eingestellt werden kann.
Als Nachteile sind zu werten: Einspeisung in das Ortsnetz nur von einer Seite aus, daher sind größere DN der Hauptleitungen erforderlich; Ausfall der Versorgung, wenn die Hauptleitung, d. i. die Fallleitung des Behälters, defekt ist; keine oder nur geringe selbsttätige Lufterneuerung in den Wasserkammern des Behälters, wenn Ablauf = Zulauf, da dann der WSp im Behälter dauernd auf gleicher Höhe bleibt, d. h. der Behälter nicht „atmet".

6.4.3.2.3 Gegenbehälter

Als Gegenbehälter wirken alle Wasserbehälter, bei denen der Wasserzulauf über das Ortsnetz erfolgt, **Abb. 6-7.** Aus diesem Grund sind Gegenbehälter auch nur als Hochbehälter möglich. Je mehr der Gegenbehälter von der genau der Wassergewinnungsanlage gegenüberliegenden Seite an die dem Förderwerk näher gelegene Seite rückt, um so stärker nimmt der Gegenbehälter die Eigenschaften des Durchlaufbehälters an.
Die besonderen Vorteile des Gegenbehälters liegen darin, daß die Wasserabgabe in das Ortsnetz von zwei Seiten aus erfolgt, nämlich vom Wasserwerk und vom Gegenbehälter aus, wodurch eine größere Sicherheit in der Versorgung erreicht wird, daß einige Hauptleitungen kleiner bemessen werden können, und daß die Druckverhältnisse im Ortsnetz verbessert werden. Beim Gegenbehälter wird ferner die Lufterneuerung in den Wasserkammern erzwungen, da jeder m^3 Wasserentnahme aus dem Behälter die Einströmung von 1 m^3 Luft bewirkt und umgekehrt.
Als besonderer Nachteil des Gegenbehälters ist zu werten, daß die Wassererneuerung und damit auch die selbsttätige Lufterneuerung nur möglich ist, wenn die Wasserförderung in das Ortsnetz kleiner als

der Verbrauch ist, so daß dadurch ein Abfließen aus dem Behälter erzwungen wird. Bei einem Betrieb ganz oder überwiegend mit Nachtstrom ist die Erneuerung des Wassers gegeben, da der Tagesverbrauch ganz aus dem Behälter entnommen wird. Bei vorwiegender Tagesförderung und reichlicher Auslegung der Pumpen muß durch betriebliche Anordnung dagegen sichergestellt werden, daß der Gegenbehälter, besonders in verbrauchsschwachen Zeiten, nicht ständig überdrückt ist. Häufig besteht nämlich beim Betriebspersonal das Bestreben, den Wasserbehälter aus Sicherheitsgründen ständig möglichst voll gefüllt zu haben, wobei dann kaum mehr eine Wassererneuerung stattfindet. Zu beachten ist ferner, daß die Förderhöhe der Pumpen nicht wie beim Durchlaufbehälter gleich bleibt, sondern in Abhängigkeit vom Wasserverbrauch und von den Rohrreibungsverlusten schwankt. Dies kann energiemäßige Vorteile haben, hat aber gewöhnlich auch stärkere Druckschwankungen im Ortsnetz zur Folge. Gegenbehälter eignen sich zur Mischung von „Wässern unterschiedlicher Beschaffenheit" nicht, weil kein konstantes oder eng begrenztes Mischungsverhältnis erreicht werden kann.

Abb. 6-6: Durchlaufbehälter

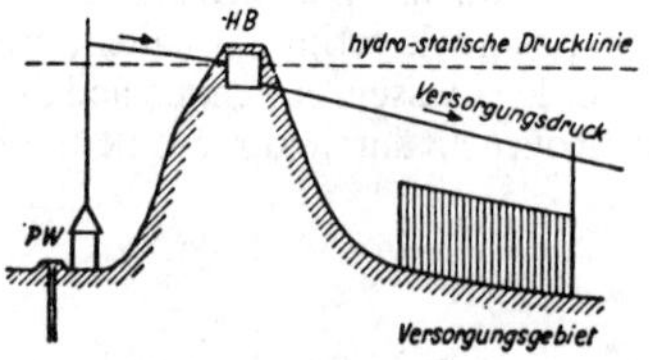

Abb. 6-7: Gegenbehälter

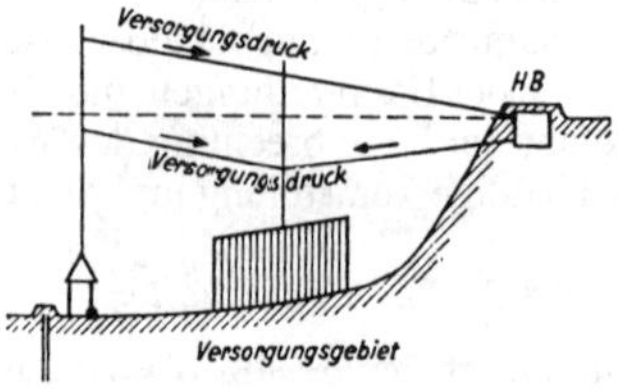

6.4.3.3 Mehrere Hochbehälter in der gleichen Druckzone

Die Anordnung mehrerer Hochbehälter in der gleichen Druckzone kann notwendig werden wegen der Vergrößerung des Speicherraums infolge Bedarfssteigerung oder wegen der großen räumlichen Ausdehnung des Versorgungsgebiets, um gleichmäßigere Druckverhältnisse zu erreichen.

6.4.3.3.1 Neuer Hochbehälter in unmittelbarer Nähe des bestehenden

Wenn der zusätzliche Hochbehälter in unmittelbarer Nähe des bestehenden Hochbehälters angeordnet werden kann, was kostensparend und betrieblich vorteilhafter ist, dann bestimmt die Höhenlage des WSp und der Sohle des bestehenden Hochbehälters die Bauform des neuen Behälters. Dabei sind folgende Forderungen zu beachten:

1. keiner der beiden Behälter darf vorzeitig überlaufen,
2. in keinem der beiden Behälter darf das Wasser stagnieren,
3. keiner der beiden Behälter darf ständig überdrückt sein,
4. keiner der beiden Behälter darf vorzeitig leerlaufen.

Im allgemeinen werden der WSp und die Höhe des Einlaufs des neuen Behälters auf die gleiche Höhe wie im bestehenden Behälter gelegt. Zu beachten ist, daß sich die kleineren Wasserkammern schneller füllen, wenn der Zulauf nicht entsprechend reguliert wird. Wenn die Zuleitung auch Ablaufleitung ist, also beim Gegenbehälter, findet ein Wasserausgleich nur bei Entnahme oder über eine gesonderte Verbindungsleitung statt. Erwünscht ist zwar gleiche Wassertiefe, jedoch sind ältere Wasserbehälter meist mit geringer Wassertiefe ausgeführt, während heute die wirtschaftliche Wassertiefe meist größer ist. Bei gleicher WSp-Lage läuft der Hochbehälter mit geringerer Wassertiefe früher leer, wobei die Gefahr besteht, daß Bodenablagerungen in das Leitungsnetz gelangen. Es ist daher zweckmäßig, in diesem Fall die Ablaufleitung im Behälter mit geringerer Tiefe etwas höher anzuordnen. Wird dagegen die Sohle in beiden Behältern auf gleicher Höhe angeordnet, dann muß verhindert werden, daß der Behälter mit geringerer Tiefe ständig überdrückt ist. Dies ist entweder durch betriebliche Regelung derart möglich, daß täglich der WSp soweit abgesenkt wird, daß auch der Behälter mit dem tiefer gelegenen WSp in Anspruch genommen wird, oder dadurch, daß mittels einer Umwälzanlage ein Wasseraustausch zwischen altem und neuem Behälter vorgenommen wird, der dann automatisch einsetzt, wenn der WSp in dem neuen Behälter höher liegt als in dem alten.

6.4.3.3.2 Neuer Hochbehälter in größerer Entfernung zum bestehenden

Bei räumlich getrennter Anordnung eines weiteren Behälters zum bestehenden Hochbehälter ist die bauliche Form der beiden Behälter, d. h. Tiefe und Inhalt nicht von so wesentlicher Bedeutung, dagegen ist bei der Festlegung der Höhenlage der WSp zu beachten:

1. bei geringer Entnahme im Versorgungsgebiet muß jedem Hochbehälter eine seiner Größe entsprechende Wassermenge zulaufen,
2. der Unterschied der Wasserspiegellage der beiden Behälter darf nicht so groß sein, daß der höher gelegene Behälter ganz in den tiefer gelegenen ausläuft oder im Betrieb nur der höher gelegene Behälter allein beansprucht wird, während der tiefer gelegene dauernd gefüllt und überdrückt ist,
3. künftige Bebauungsgebiete und damit eine etwaige Verlagerung der Verbrauchsschwerpunkte sind zu berücksichtigen.

Es sind zwei wesentliche Grenzfälle möglich:

Durchlaufbehälter + Gegenbehälter
Gegenbehälter + Gegenbehälter

Wenn bei dem Grenzfall bestehender Durchlaufbehälter + neuer Gegenbehälter kein Pumpwerk zwischengeschaltet ist, dann muß der Gegenbehälter so tief angeordnet werden, daß die aus dem Gegenbehälter in der verbrauchsreichen Zeit abfließende Wassermenge in verbrauchsarmer Zeit vom Durchlaufbehälter her zufließt. Es ergibt sich dabei das in **Abb. 6-8** dargestellte Fließschema. Dem Schema ist zugrunde gelegt, daß während 12 h verbrauchsreicher Zeit im Verbrauchsgebiet 2 q entnommen werden, wovon αq vom Gegenbehälter und (2-α) q vom Durchlaufbehälter zufließen. Während 12 h verbrauchsarmer Zeit müssen diese αq vom Durchlaufbehälter zum Gegenbehälter fließen, woraus sich der erforderliche Höhenunterschied Δh der beiden Behälter errechnet.

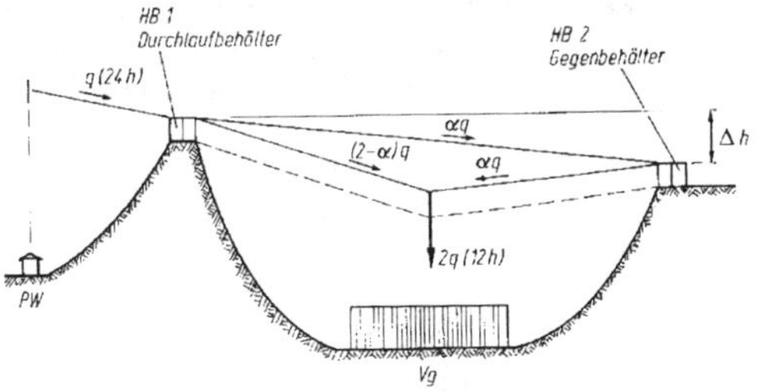

Abb. 6-8: Gegenseitige Höhenlage von Durchlaufbehälter und Gegenbehälter in der gleichen Druckzone

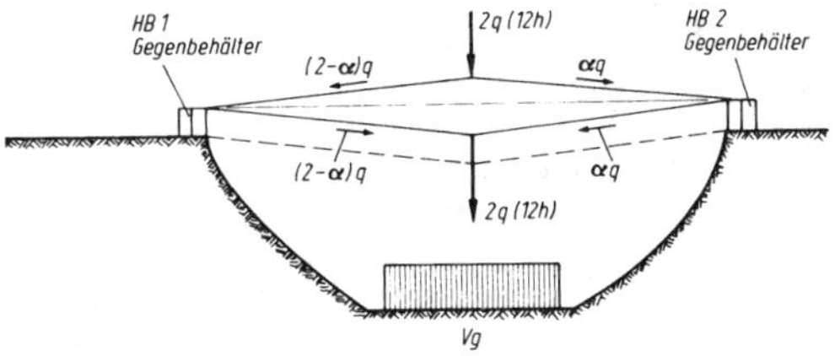

Abb. 6-9: Gegenseitige Höhenlage von zwei Gegenbehältern in der gleichen Druckzone

Günstig ist es, wenn der Zulauf zum Gegenbehälter nicht über dem höchsten WSp, sondern in Höhe der Sohle angeordnet wird, damit die jeweilige Höhendifferenz der WSp mit ausgenützt werden kann. Selbstverständlich kann auch durch Pumpbetrieb die Füllung des Gegenbehälters vorgenommen werden; dies sollte dann vorgesehen werden, wenn nicht eindeutige hydraulische Verhältnisse für die Ausnützung des Gegenbehälters vorhanden sind, wobei dann die WSp der beiden Behälter zweckmäßig auf gleiche Höhe gelegt werden. Die Förderkosten sind in diesem Fall ja sehr gering.

Bei dem Grenzfall bestehender Gegenbehälter + neuer Gegenbehälter ergeben sich die in **Abb. 6-9** dargestellten Druckverhältnisse. Je nach Lage der Einspeisung und des Verbrauchsschwerpunktes ändern sich die Zu- und Abflußanteile. Es empfiehlt sich hier meist, die WSp der beiden Behälter auf gleiche Höhe zu legen, wobei es zweckmäßig ist, die richtigen Zulaufanteile dem Verbrauch entsprechend durch elektrische Steuerung der Behälterzuläufe zu regeln.

6.4.3.4 Anforderungen an den Bauplatz

Mitentscheidend für die Wahl des HB-Standortes sind die örtlichen Verhältnisse des Bauplatzes. Dieser muß folgenden Anforderungen entsprechen:

1. gut ausgebaute und nicht zu steile Zufahrt für Bau und Betrieb. Der HB-Platz muß stets, auch bei ungünstiger Witterung, mit Pkw und Lkw angefahren werden können,
2. ausreichende Tragfähigkeit des Baugrundes,
3. ausreichende Flächen für die Baustelleneinrichtung,
4. Eignung als HB-Standort hinsichtlich der Landschaftsgestaltung,
5. Möglichkeit des Erwerbs des Grundstücks zu wirtschaftlich tragbarem Preis,
6. Möglichkeit der späteren Erweiterung.

6.4.4 Bauliche Anordnung

6.4.4.1 Allgemein

Ein Hochbehälter besteht aus den Wasserkammern und dem Bedienungshaus. Bei jedem Behälter ist ein Bedienungshaus (bei Kleinbehältern unter 100 m^3 Inhalt als Bedienungsschacht) vorzusehen. Dort werden die für den Betrieb erforderlichen Einrichtungen leicht zugänglich untergebracht, wie z. B. hydraulische Ausrüstung, elektrische Einrichtungen, Meßgeräte, Desinfektionsanlagen, Reinigungs- und sonstige Wartungsgeräte.

6.4.4.2 Wasserkammer

6.4.4.2.1 Anzahl

Im allgemeinen ist der Speicherraum in 2 Wasserkammern zu unterteilen, damit bei Reinigung oder Instandsetzungsarbeiten 1 Wasserkammer weiter für die Versorgung zur Verfügung steht. Aus baulichen und betrieblichen Gründen empfiehlt es sich, beide Kammern gleich groß und von gleicher Form und Bauart zu wählen.
Eine Kammer kann genügen, wenn noch ein anderer Behälter für dasselbe Versorgungsgebiet vorhanden ist oder durch betriebliche Maßnahmen die Versorgung während der Wartungs- oder Instandhaltungsarbeiten aufrecht erhalten werden kann.

6.4.4.2.2 Grundrißformen

1) Allgemein – Wesentliche Gesichtspunkte für die Festlegung der Grundrißform von Behältern sind Wirtschaftlichkeit von Bau und Betrieb und günstige Durchströmung, um eine ausreichende Wassererneuerung zu erreichen. Ferner sollen die wasserbenetzten Wandflächen im Verhältnis zum Fassungsraum der Wasserkammer möglichst klein sein, was zu Einsparungen an Oberflächenbearbeitung, Putz u. a. und zur Erleichterung der Reinigungsarbeiten führt; auch soll vom Wasserkammereingang bzw. -bedienungsgang möglichst die ganze Wasserkammer überschaubar sein. Diesen Forderungen entsprechen rechteckige und kreisförmige Grundrisse der Wasserkammern. Sondergrundrisse sind nur bei sehr großen Behältern oder bei besonderen Platzverhältnissen zweckmäßig.
2) Rechteckformen – Diese werden am häufigsten gewählt, weil sie wegen der ebenen Flächen (Schalung) baulich einfach sind. Wenn bei der Konstruktion auf gute Wassererneuerung geachtet wird, ist die Rechteckform für alle Behältergrößen anwendbar. Am meisten wird sie bei Behältern bis zu einem Speichervolumen von 5000 m^3 gewählt. Feste Regeln für Seitenverhältnisse lassen sich nicht angeben; ob mehr die quadratische Form oder Seitenverhältnisse bis zu 2 : 1 oder 3 : 1 gewählt werden, hängt vornehmlich von der Form des Geländes oder des Grundstücks ab. Bei Anordnung von Stützen sollten aus statischen und wirtschaftlichen Gründen die Spannweiten $l_x \cong l_y$ sein. Die **Abb. 6-10** zeigt Rechteckformen für kleinere, die **Abb. 6-11** solche für größere Inhalte.
Für Behälter mit einem Gesamtinhalt über 2000 m^3 ist die Form nach **Abb. 6-11** rechts mit getrennten Wasserkammern geeigneter, da im Mittelgang zwischen den beiden Kammern Betriebseinrichtungen untergebracht werden können. Der Zwischenraum zwischen den beiden Wasserkammern soll mind. 2,00 m breit sein, was den Bau und den Unterhalt erleichtert und genügend Platz für die Unterbringung der Betriebseinrichtungen bietet. Diese Form ist sowohl mit nur 1 Bedienungshaus als auch mit 2 Bedienungshäusern, z. B. auf einer Seite des Behälters für Zulauf, auf der anderen Seite für Ablauf, ausführbar, was besonders für sehr große Durchlaufbehälter vorteilhaft sein kann.

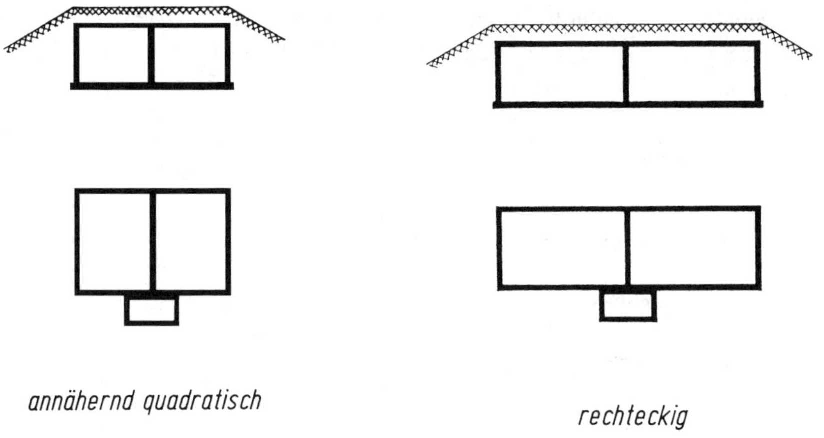

Abb. 6-10: Hochbehälter mit rechteckigem Grundriß, kleinere Inhalte

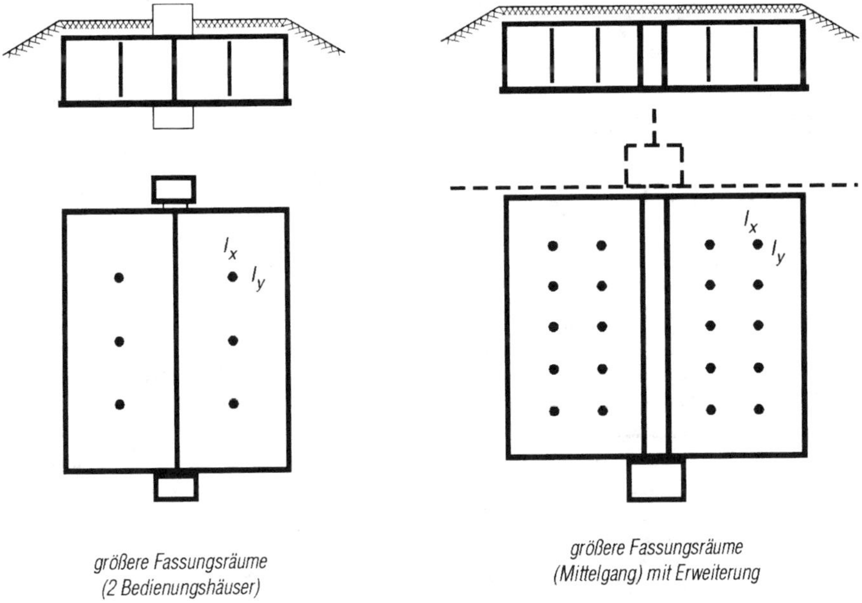

Abb. 6-11: Hochbehälter mit rechteckigem Grundriß, größere Inhalte

3) Kreisformen – Trotz der erhöhten Schalarbeit werden wegen statischer und wirtschaftlicher Vorteile größere Behälter auch in Kreisform ausgeführt. Die Form der konzentrisch angeordneten Wasserkammern nach **Abb. 6-12** (S. 400) erfordert den geringsten Platz und ist statisch besonders günstig, hat aber den Nachteil, daß für jede Wasserkammer eine andere Schalung erforderlich ist. Diese Form ist besonders bei Wassertürmen üblich.
Die Brillenform nach **Abb. 6-13** vermeidet diesen Nachteil, jedoch wird durch das meist dazwischenliegende Bedienungshaus die Symmetrie des äußeren Erddruckes auf die Wände gestört, was gegebenenfalls bei der statischen Berechnung zu berücksichtigen ist.
Nicht zu empfehlen ist dagegen, den Behälter in Kreisform zu erstellen und die Trennung in 2 Kammern mittels einer Querwand durchzuführen, da hierdurch die statischen Vorteile der Kreisform

völlig beseitigt werden, sich an den Einspannungen der Querwand komplizierte Spannungsverhältnisse ergeben und die Nachteile der erschwerten Schalarbeit bestehen bleiben.

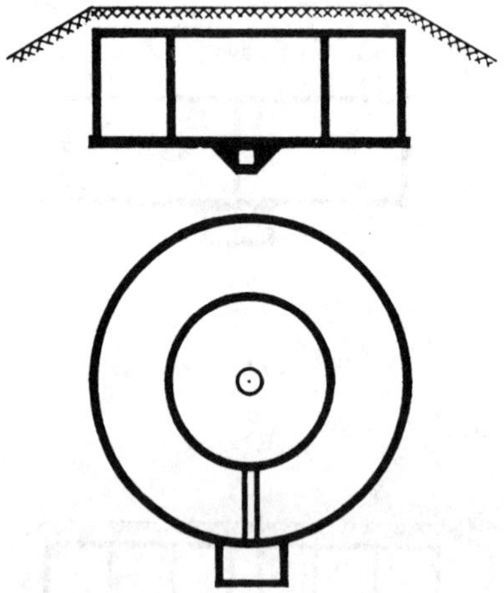

Abb. 6-12: Hochbehälter in Kreisform mit konzentrisch angeordneten Wasserkammern

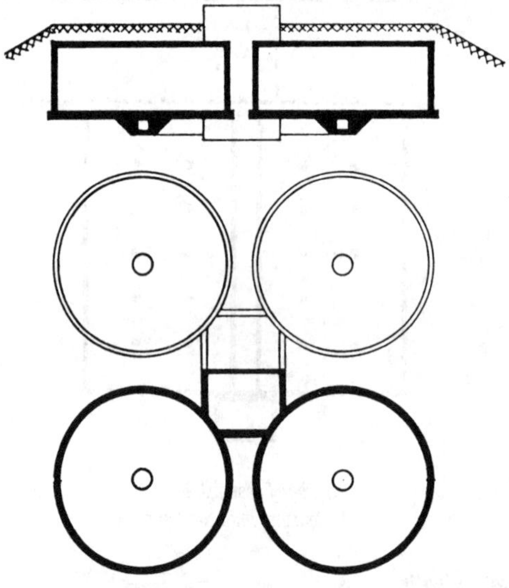

◀ Abb. 6-13: Hochbehälter in Brillenform

Abb. 6-14: Spiralwandbehälter nach Schmit
▼

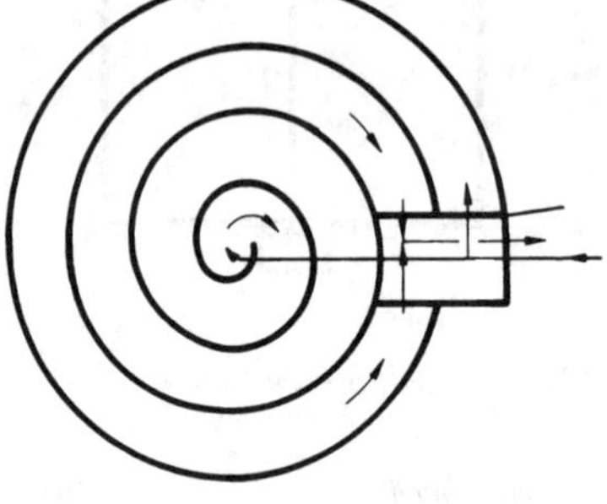

4) Spiralwandbehälter – Eine Abart der Kreisform ist der Spiralwandbehälter nach Schmit, **Abb. 6-14.** Vorteile sind die günstige Durchströmung, die Herstellung der Wände mittels Spritzbeton auf die einseitig erstellte Außenschalung, das Fehlen von Stützen, nachteilig die größere benetzte Wandfläche gegenüber dem Kreisbehälter und der damit verbundene höhere Wartungs- und Unterhaltungsaufwand sowie der beschränkte Einblick in die Wasserkammern.
Eine dem Spiralleitwandbehälter verwandte Behälterform ist der Wendedurchlaufbehälter.
5) Sonderformen – Nur bei sehr großen Behältern, etwa über 20 000 m^3 Inhalt, sind entsprechend den örtlichen Verhältnissen gegebenenfalls Sonderformen vorteilhaft, die besonders die Forderung der günstigen Durchströmung berücksichtigen müssen (z. B. Hochzonenbehälter Forstenrieder Park für die Münchner Wasserversorgung).

6.4.4.2.3 Wassererneuerung

Zur Vermeidung einer Geschmacksbeeinträchtigung und Keimvermehrung durch stagnierendes Wasser im Behälter ist eine wichtige hygienische Forderung die rechtzeitige und gleichmäßige Erneuerung des Wassers im Behälter; d. h. jedes Wasserteilchen soll möglichst eine gleichlange, aber nicht zu lange Verweildauer im Behälter haben, es sollen keine toten Ecken mit liegenden oder stehenden Wasserwalzen vorhanden sein. Forschungsergebnisse haben gezeigt, daß Standzeiten von 5–7 Tagen in Behältern mit auf Zementbasis hergestellten Innenflächen in der Regel keine Beeinträchtigung der Wasserbeschaffenheit verursachen.
Eine tägliche Erneuerung des Wassers im Behälter wird unabhängig von Grundrißform und Einbauten erreicht, wenn der Behälter an jedem Tag einmal ganz gefüllt und ganz entleert wird. Dieser Betriebszustand ist aber fast nie vorhanden, denn es soll ja für bestimmte Zwecke eine Reserve gespeichert sein, so daß vielmehr vom Betrieb aus gewünscht wird, den Behälter immer möglichst voll zu halten. Ferner ist die Durchströmung durch den Behälter fast nie stationär, im Gegensatz zu Absetzbecken von Kläranlagen, wo Zu- und Ablauf immer gleich groß sind, sondern instationär, da der Ablauf von der Entnahme abhängt und somit fast auf Null zurückgehen kann. Durchlaufbehälter sind hierbei noch erheblich günstiger als Gegenbehälter, da in letzteren bei Zulauf stets kein Ablauf vorhanden ist und bei Förderbetrieb nur die im Ortsnetz nicht verbrauchte Wassermenge in den Hochbehälter fließt.
Für die gleichmäßige Durchströmung wäre am besten eine totale Verdrängerströmung geeignet, die den ganzen Behälterinhalt dergestalt erfaßt, daß das einströmende Wasser gleichmäßig in horizontaler und vertikaler Richtung das abfließende Wasser verdrängt. Es wurden in den letzten Jahren zahlreiche Untersuchungen und Modellversuche durchgeführt, die zeigten, daß eine solche, den ganzen Behälterinhalt erfassende Verdrängerströmung in der Regel nicht möglich ist. Gleichzeitig war es aber auch ein wertvolles Ergebnis dieser Untersuchungen, daß auch mit einfachen Mitteln eine ausreichende Wassererneuerung im Behälter erreichbar ist, sofern ein genügender Energieeintrag gegeben ist.
Zunächst sollen Einlauf und Entnahme genügend weit voneinander entfernt sein (oben/unten, gegenüberliegend). Der Energieeintrag am Zulauf soll so groß sein, daß die für eine ausreichende Durchmischung erforderliche Turbulenz erzeugt wird. Ob der Zulauf über dem Wasserspiegel, darunter oder an der Sohle erfolgt, hängt im wesentlichen davon ab, ob das Wasser belüftet werden soll oder nicht. Die Kriterien für Einlauf über oder unter Wasserspiegel sind daher in der Regel Sättigungsindex und Sauerstoffgehalt **(Abb. 6-15,** S. 402).
Nach *Baur* und *Eisenbart* soll der Einlauf *unter* Wasser mit Richtstrahl durch ein gerades Rohr erfolgen, dessen Durchmesser für eine Eintrittsgeschwindigkeit von etwa 0,6 bis 1,0 m/s zu bemessen ist **(Abb. 6-16).** Bei großen Behältern kann die Richtung des Eintrittsstrahles in der Horizontalen und Vertikalen variiert werden. Er soll so gerichtet sein, daß sich die Turbulenz ausbilden kann. Der Einlauf *über* Wasser kann als Schwanenhals, Tulpe, Krümmer oder Überlaufschwelle ausgebildet werden. In allen Fällen wird das herabfallende Wasser die erforderliche Turbulenz bringen **(Abb. 6-17).** Der Zulauf über Wasserspiegel hat den Vorteil der optischen Kontrolle und ist z. B. bei Wasserübergabe von einem WVU zum anderen die Regel.

6.4.4.2.4 Wassertiefe

Maßgebend für die Wahl der Wassertiefe sind Speicherinhalt, Bauform, Baugrund, landschaftsgerechte Einbindung des Behälters und nicht zuletzt die zulässigen Wasserspiegelschwankungen bezüglich des Versorgungsgebietes. Aus Rationalisierungs- und Wirtschaftlichkeitsgründen sind neben einheitlichen Bauformen möglichst die in **Tab. 6-6** empfohlenen Wassertiefen, insbesondere bei Behältern bis 2000 m^3 Inhalt, anzuwenden.

Abb. 6-15: Sättigungsindex und Sauerstoffgehalt – Kriterien für den Einlauf unter oder über Wasser (nach vedewa)

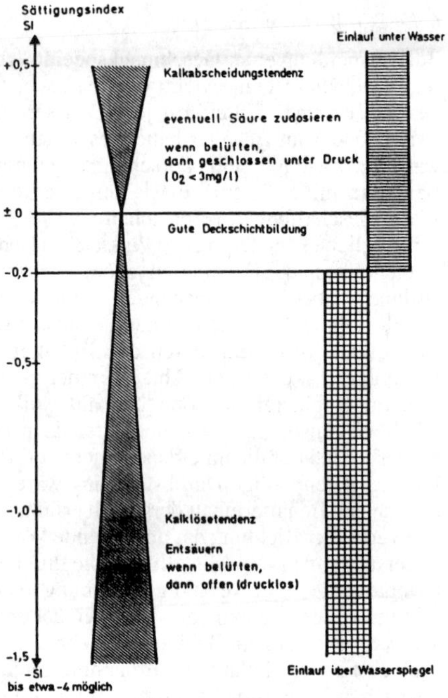

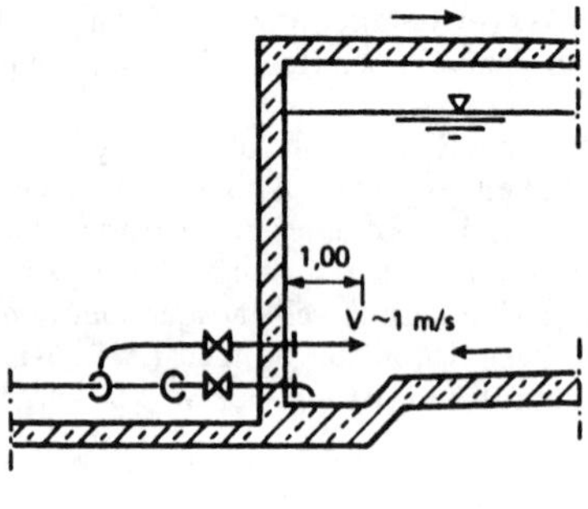

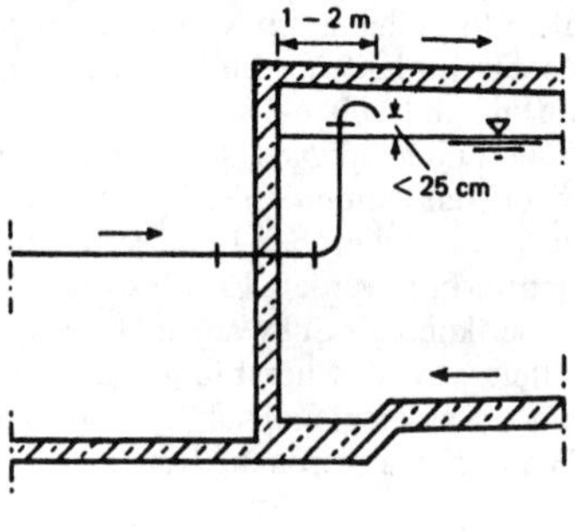

Abb. 6-16: Einlauf unter Wasser (nach Baur/Eisenbart) *Abb. 6-17: Einlauf über Wasser (nach Baur/Eisenbart)*

Tab. 6-6: Empfohlene Wassertiefen bei Hochbehältern

Nutzinhalt m^3	*Wassertiefe m*
bis 500	von 2,5 bis 3,5
über 500 bis 2 000	von 3,0 bis 5,0
über 2 000 bis 5 000	von 4,5 bis 6,0
über 5 000	von 5,0 bis 8,0

Höhere Werte kommen in Betracht bei großen Behältern und überwiegend ebenen Versorgungsgebieten sowie bei zentralen Hochbehältern der Fernwasserversorgungen.
Große Wassertiefen verringern die Querschnittfläche und damit den Wandumfang, erschweren aber die bauliche Ausführung durch das schwierige Einbringen und Verdichten des Betons in den hohen Schalungen. Der Erdaushub erfordert große Übertiefen. Bei Felsanfall muß daher die wirtschaftlichste

Wassertiefe besonders geprüft werden. Ferner kann bei geringer Höhenlage des Behälters über dem Versorgungsgebiet (kleiner 40 m) der Versorgungsdruck bei fast leerem Behälter nicht mehr ausreichend sein.
Der Mindestabstand zwischen höchstem Wasserspiegel und Unterkante Decke bei Plattendecken und Pilzdecken bzw. Unterkante Zugring bei Kuppeldecken beträgt 0,30 m. Ein größerer Abstand ist baulich und betrieblich nicht notwendig, zumal in der meisten Zeit der Behälter einen abgesenkten WSp hat; er verteuert daher nur das Bauwerk.

6.4.4.2.5 Wärmeschutz des Bauwerks

Maßgebend sind die klimatischen Verhältnisse. Wärmeschutz vermeidet schädliche Einflüsse auf das Bauwerk, auf das gespeicherte Wasser und auf die Ausrüstung des Behälters. Er kann erreicht werden durch Erdüberdeckung, künstliche Dämmstoffe oder kombinierte Lösungen. Ob ein Behälter erdüberdeckt, angeschüttet oder freistehend errichtet wird, entscheiden wirtschaftliche, gestalterische, bauliche und sicherheitstechnische Gesichtspunkte. Angeschüttete oder freistehende Behälter werden gewählt, wenn eine Erdüberdeckung aus wirtschaftlichen oder technischen Gründen nicht sinnvoll ist, z. B. bei felsigem Untergrund (Aushubkosten), mangelndem Massenausgleich, hohem Grundwasserstand oder infolge nicht ausreichender Höhenlage des Geländes.
In der Regel ist ein Massenausgleich zwischen Aushub einerseits und Verfüllung der Baugrubenwinkel und Überdeckung andererseits anzustreben. Je nach Wassertiefe ist dies der Fall, wenn der höchste Wasserspiegel zwischen 0,5 und 1,5 m über ursprünglichem Gelände liegt. Die Erdüberdeckung dient dem Wärmeschutz des gespeicherten Wassers und schützt das fertige Bauwerk vor Temperaturspannungen.
Bei kleinen Hochbehältern mit ebener Decke hat sich eine Erdüberdeckung von 1,00 m bewährt, bei Behältern mit mind. 1000 m^3 Inhalt in 1 Kammer kann die Erdüberdeckung auf 0,70 m wegen des größeren Wasser- und Wärmedurchlaufes verringert werden. Die Erdüberdeckung kann auf 0,40 m vermindert werden, wenn zusätzlich eine Wärmeisolierung angeordnet wird; dies wirkt sich günstig auf die Bemessung der Decke, Stützen, Wände und Fundamente aus. Als künstliche Dämmstoffe sind Materialien zu verwenden, die eine geringe Wasseraufnahme und ausreichende Druckfestigkeit aufweisen (z. B. Schaumplatten). Die Dicke der künstlichen Dämmstoffe (bei kombinierter Lösung mit Erdüberdeckung) kann aus **Abb. 6-18** (S. 404) entnommen werden; obwohl Innenfeuchten von 98 % wirklichkeitsnah sind, wird aus Wirtschaftlichkeitsgründen als Kompromiß empfohlen, eine relative Innenfeuchte von 95 % zugrunde zu legen. Ein Beispiel einer kombinierten Lösung zeigt die **Abb. 6-19**.
Zum Abführen des Tagwassers sind an den erdbedeckten Wänden Sickersteine oder eine Sickerpackung oder eine Kies- bzw. Schotterlage mit Anschluß an die Entwässerung, Sohldränung anzuordnen. Bei Wärmeisolierung und Verringerung der Erdüberdeckung ist eine besondere Entwässerung der Erdüberdeckung der Decke nicht erforderlich, da eine feuchte Deckschicht eher Temperaturspannungen vermindert. Die Erdbelastung muß dementsprechend berechnet werden. In jedem Fall sind der Überschüttungsvorgang und die hierfür erforderlichen Baugeräte festzulegen, um unzulässige Belastungen von Decken, Stützen und Wänden zu vermeiden. Über Bewuchs und Bepflanzung vgl. S. 429 (Außenanlagen).

6.4.4.2.6 Anbau weiterer Kammern

Bestehende Wasserkammern zu erweitern, ist aus betrieblichen und bautechnisch statischen Gründen nicht empfehlenswert. Im Bedarfsfall sind daher weitere Kammern zu erstellen. Es hängt von den örtlichen Verhältnissen ab, ob diese abseits vom bestehenden Behälter oder in unmittelbarer Nähe anzuordnen sind. Im letzteren Fall ist entsprechend den örtlichen Verhältnissen, wie Baugrund, Baukonstruktion des neuen und alten Behälters u. a. ein ausreichend großer Abstand des neuen Behälters vom bestehenden Bauwerk einzuhalten, um Setzungsrisse oder zusätzliche Belastungen des bestehenden Behälters zu vermeiden.

6.4.4.2.7 Konstruktive Hinweise

1) Allgemein – Die örtlichen Verhältnisse, wie Geländeform und Baugrund, ferner Abmessung, Form und Wassertiefe des Behälters, betriebliche und wirtschaftliche Gesichtspunkte sind bestimmend für die Konstruktion des Behälters. Wasserbehälter werden fast ausschließlich aus Stahlbeton in Ortbeton gebaut. Bei risseempfindlichen Behältern kann eine Vorspannung aus statischen und konstruktiven Gründen erforderlich sein.

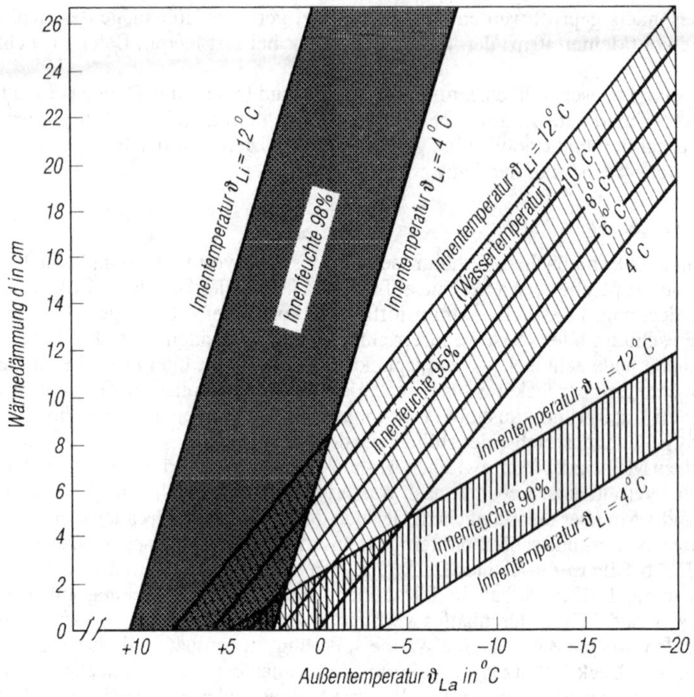

Abb. 6-18: Schichtdicken für eine künstliche Wärmedämmung ($\lambda = 0{,}045$) in Abhängigkeit von Außentemperatur, relativer Innenfeuchte und Innentemperatur (Wassertemperatur) (aus DVGW-W 311, nach Merkl)

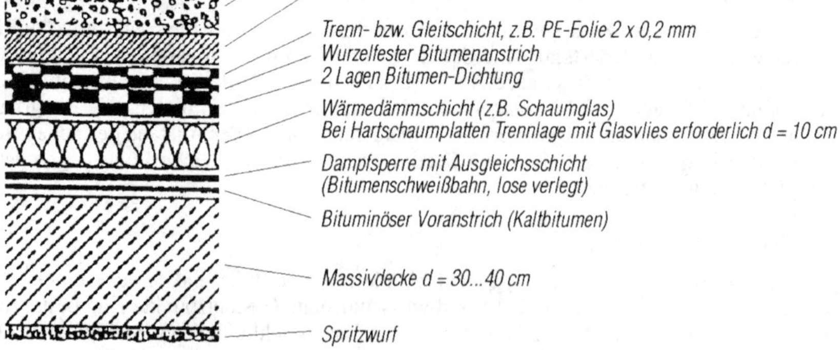

Abb. 6-19: Beispiel einer kombinierten Lösung zur Wärmedämmung

2) Gründung – Wasserbehälter erfordern eine besonders sorgfältige und sichere Gründung. Es ist ein gleichmäßig tragfähiger und nicht setzungsempfindlicher Baugrund anzustreben. Entsprechende Baugrunderkundungen sind für alle Behälterbauten notwendig; hierfür ist ein Gutachten eines bodenmechanischen Instituts einzuholen. Bei ungleichförmigen oder setzungsempfindlichen Böden sind neben der Herabsetzung der zulässigen Bodenbeanspruchung auch Verbesserungen des Untergrundes möglich durch Verdichtung, Bodenaustausch oder Füllbeton. Der Regelfall ist die Flachgründung als elastisch gebettete Platte.

3) Sohle – Diese muß besonders sorgfältig hergestellt werden, da Undichtheiten schwer erkennbar sind. Zur Vermeidung von Ausgleichsbeton für das Herstellen des Sohlengefälles empfiehlt es sich, das gegebenenfalls nachverdichtete Feinplanum bereits mit dem künftigen Sohlengefälle der Bodenplatte auszuführen. Damit der Baugrund nicht durch Luft und Niederschläge gelockert und aufgeweicht wird, sind die letzten 0,20 m des Aushubs erst unmittelbar vor dem Herstellen des Feinplanums und Einbringen der Sauberkeitsschicht aus Beton zu entfernen. Unerläßlich ist die sorgfältige Entwässerung der Baugrube zur Verhinderung des Aufweichens des Bodens, zweckmäßig durch das zeitliche Vorantreiben der Gräben für die Dränleitungen und für die Entleerungsleitungen des Behälters. Querende Leitungen unterhalb der Sohle sind zu vermeiden.
Bei bindigen oder wasserhaltenden Böden empfiehlt es sich, zwischen Feinplanum und Sauberkeitsschicht eine filterfeste Dränschicht einzubauen. Um bei größeren Sohlflächen die Reibungskraft aus der temperaturbedingten Längenänderung der Bodenplatte möglichst gering zu halten, ist es zweckmäßig, zwischen der Sauberkeitsschicht und der tragenden Bodenplatte eine ca. 5 mm starke Bitumenschweißbahn mit Glasvlieseinlage lose verlegt einzubauen.
Bei jedem Behälter, der nicht im Grundwasser liegt, muß in den Baugrubenwinkeln des gesamten Bauwerks eine Dränleitung eingelegt werden, damit Tagwasser und Wasser aus etwaigen undichten Stellen rasch und ohne Aufweichung des Untergrunds abfließen kann. Bei längeren Baukörpern sind etwa alle 20 m, möglichst an den Ecken des Bauwerks, Kontrollschächte für die Dränleitung vorzusehen. Die Dränleitungen mit einem Gefälle von etwa 0,5–1,0 v. H. müssen unter der Oberkante des Feinplanums liegen, damit nicht von der Dränleitung aus Wasser unter die Sohle zurückfließen kann. Der Graben für die Dränleitung muß einen der Druckverteilung der Fundamentbelastung im Boden entsprechenden Abstand vom Fundament einhalten. Die Dränleitungen sind sorgfältig vor Verschmutzung durch den Baubetrieb zu schützen.
Unter dem Sohlenbeton ist immer auf dem Feinplanum bzw. auf der Kiesentwässerungsschicht eine 5 bis 8 cm dicke Sauberkeitsschicht aus Beton vorzusehen.
Fundamente der Wände und der Stützen werden meist zusammen mit der Sohle betoniert. In der Praxis hat es sich auch als vorteilhaft erwiesen, bei in der Sohle eingespannten Wänden einen unteren, etwa 10 cm hohen Bereich der Wände zusammen mit der Sohle herzustellen. Die Wandschalung kann dann an diesem Sockel gut ausgerichtet werden und es kann ein an dieser Stelle ggf. einzubauendes Arbeitsfugenblech oder -band ohne Störung der oberen Bewehrung der Bodenplatte besser angeordnet werden. Die Fundamentkräfte der Wände und Stützen werden trotz häufigen Fehlens einer Fuge infolge Momentenumlagerung nur wenig auf die Sohle übertragen, wenn die Dicke der Fundamente erheblich größer als die der Sohle ist. In diesem Fall ist die statische Beanspruchung der Sohle verhältnismäßig gering; übliche Dicke der kreuzweise bewehrten Sohle ist etwa 20–25 cm. Der statische Nachweis wird in der Regel als elastisch gebettete Platte geführt. Für das Entleeren und Reinigen der Wasserkammern ist die Sohle mit mind. 2 v. H. Gefälle zu einem Entleerungssumpf oder zu Sammelrinnen auszuführen. Letztere sind bei großen Behältern baulich von Vorteil, da alle Fundamente auf gleicher Höhe ausgeführt werden können. Die endgültige Oberfläche der Sohle kann im Vakuumbetonverfahren mit Flügelglättern in einem Arbeitsgang hergestellt werden. Diese Art der Oberflächengestaltung vermeidet den sonst üblichen Estrich, bei dem es bei unsachgemäßer Herstellung leicht zu Schäden durch Hohlliegen kommen kann (**Abb. 6-20,** Seite 406).

4) Fugen – Fugen entstehen durch Arbeitsunterbrechungen (Betonierabschnitte) als Arbeitsfugen oder sie sind zur Festlegung des statischen Systems oder zur Unterteilung großer Bauabschnitte als Bewegungsfugen erforderlich.
Arbeitsfugen sind aus Gründen des Arbeitsablaufes notwendig. Ihre planmäßige Anordnung schafft überschaubare Betonierabschnitte. Sie sollen bereits im Entwurf an statisch wenig beanspruchten und leicht zugänglichen Stellen festgelegt werden. Die Kontaktflächen sind so vorzubereiten (reinigen, aufrauhen, nässen, schlämmen), daß beim Anbetonieren eine feste und dichte Verbindung zwischen altem und neuem Beton entsteht. Bei sachgerechter und sehr sorgfältiger Ausführung sind sie auch

ohne Fugenblech oder Fugenband dicht. Ein Profilieren des Fugenquerschnittes z. B. durch Dreikantleisten ist zweckmäßig. Senkrechte Fugenbleche haben sich in der Praxis besser bewährt als Fugenbänder, weil ein Umknicken des Bleches beim Betonieren kaum eintritt und somit die Fugendichtung ihre vorgeschriebene Lage beibehält. Die Bleche müssen an den Stößen verschweißt werden.

Abb. 6-20: Fernwasserversorgung Franken, zweikammeriger, fugenloser Tiefbehälter (Mischwasserbehälter hinter Aufbereitung) bei Sulzfeld am Main, 10 000 m³ Inhalt, Baujahr 1990. (Foto Gauff Ingenieure)

Bewegungsfugen haben die Aufgabe, Formänderungen aus Setzungen, Temperaturspannungen, Vorspannung etc. im Bauwerk zu ermöglichen bzw. sind dort erforderlich, wo Bauwerke oder Bauwerksteile deshalb untereinander nicht fest verbunden werden können. Dies ist regelmäßig der Fall zwischen den einzelnen Wasserkammern und zwischen Wasserkammer und Bedienungshaus, aber auch bei sehr großen und langen Betonkörpern. Bewegungsfugen werden mit mind. 2 cm Breite ausgeführt, erhalten ein elastisches Dehnungsfugenband und werden mit einer elastischen Fugenvergußmasse verschlossen. Das Fugenmaterial muß den KTW-Empfehlungen des Bundesgesundheitsamtes und den Anforderungen des DVGW-Arbeitsblattes W 270 entsprechen. Bei vorgespannten runden Behältern wird die senkrechte Zylinderschale der Wand durch Bewegungsfugen von Bodenplatte und Decke getrennt.
In der Praxis haben sich aber durchaus auch Behälter mit großen Abmessungen ohne Bewegungsfugen bewährt. Dies hat große Vorteile bezüglich dauerhafter Dichtheit, erhöhter Lebensdauer und verringertem Aufwand für Instandhaltung des Bauwerks, da z. B. hygienisch kritisches Fugenmaterial entfällt. Diese Bauweise ist daher anzustreben.

5) Wände

Rechteckbehälter – Aus Gründen der einfacheren Bauabwicklung werden die Wände im allgemeinen über die ganze Höhe in einheitlicher Wanddicke, und zwar – auch wenn statisch nicht erforderlich – in einer Mindestdicke von 25 cm (besser 30 cm) als wasserundurchlässige Bauteile hergestellt. Dies ist zum einwandfreien Einbringen und Verdichten des Betons erforderlich. Übliche Wanddicken sind d = 0,1 · h, wenn h die Wandhöhe ist. Im allgemeinen wird statisch die Einspannung der Wand in die Bodenplatte vorgesehen, weil die an der Sohle anzuordnende Arbeitsfuge relativ einfach hergestellt werden kann. Die Wände werden als einachsig oder zweiachsig gespannte Platten berechnet. Zusätzlich zu den Plattenmomenten müssen die Wände auch Scheibenkräfte, z. B. aus Wasserdruck und aus Zwang, aufnehmen. Wenn die Wände nicht zeitgleich mit der Sohle betoniert werden, treten beim Abkühlen der Wand Verkürzungen auf, die durch die Einspannung in der Sohlplatte behindert werden. Die häufig zu beobachtenden Rissebildungen an dieser Stelle können zwar nicht gänzlich verhindert werden, aber sie lassen sich durch folgende Maßnahmen verringern, bzw. es gelingt, daß die störenden breiten Risse vermieden werden und dafür schmale, Konstruktion und Dichtheit nicht beeinflussende, Risse entstehen: abschnittweises Betonieren der Wände (ca. 5 bis 8 m), Längsbewehrung im Bereich der Arbeitsfuge, Verringerung der Auskühlung der Wand durch längere Einschalzeit.

Behälter mit kreisförmigem Grundriß – Bei kleineren Rundbehältern (Wandhöhe 3–5 m, Durchmesser 15–20 m) gelten die gleichen Ausführungen wie für Rechteckbehälter. Sie werden auch meist als schlaff bewehrte Bauwerke hergestellt.

Bei Kreisbehältern mit größerem Durchmesser werden die erforderlichen Betonquerschnitte zum Einhalten der zulässigen Betonzugspannungen sehr groß, so daß die Membrantheorie der Zylinderschale nicht mehr zutrifft, ferner die Wand wegen der geringen Wandhöhe zum Durchmesser eher als zwischen Decke und Sohle gespannte Platte wirkt. Hier können vorteilhaft Vorspannverfahren eingesetzt werden, wobei die Wand bei allen Belastungsfällen nur auf Druck beansprucht werden soll. Aus statischen Gründen könnte die Wanddicke hier sehr klein sein, aus Herstellungsgründen muß wegen der Schwierigkeit des Einbringens und Verdichtens des Betons auch hier eine Mindestdicke von 25 cm eingehalten werden. Abweichungen nach unten sind nur bei Segmentschalen aus Betonfertigteilen möglich. Der verbindende Ortbeton ist dann aber dicker und wird zweckmäßigerweise nach außen vergrößert.

Alle Vorspannverfahren sind baulich schwierig und erfordern große Sorgfalt beim Herstellen. Ein wirtschaftlicher Vergleich mit konventionellen Bauweisen, d. h. mit üblichen Grundrißformen und schlaffer Bewehrung, ist immer ratsam. Vereinzelt wird für das Herstellen der Wände von kleinen Kreisbehältern bewehrtes Mauerwerk aus vorgefertigten Betonformsteinen vorgeschlagen, wie dies für Grünfuttersilos in der Landwirtschaft üblich ist. Für den Bau von Trinkwasserbehältern sollten jedoch immer monolithische Stahlbetonbauweisen angewendet werden, um die dauerhafte Dichtheit zu gewährleisten.

6) Decken und Stützen – Die Behälterdecken sollen eine ebene Unterschicht haben, um eine möglichst gleichmäßige Luftzirkulation in den Wasserkammern zu erreichen. Bei kleinen Behältern sind Plattendecken üblich, bei großen Behältern kommt fast immer die kopflose Pilzdecke zur Anwendung. Bei kleinen Behältern mit kreisförmigem Grundriß sind als Decken geeignet Kreisplatten ohne oder mit Mittelstütze, Kreisplatten mit ringförmiger Unterstützung durch Stützenreihen, bei großen Behältern kopflose Pilzdecken und Kuppeln. Kuppeldecken werden meist nach der Stützlinie oder als Kreisbogen mit Übergangsbogen konstruiert; der sehr große Gewölbeschub wird zur Entlastung der Behälterwände vorteilhaft durch einen vorgespannten Zugring aufgenommen, der verschieblich auf der Behälterwand aufliegt.

Für die Decke wird heute meist die punktförmig gestützte Flachdecke gewählt. Ebene Decken sind mit mind. 2 v. H. Gefälle zum Ablaufen des Tagwassers und Steigung in Richtung zu den hochliegenden Entlüftungen auszuführen. Die Verwendung von Fertigteilen für die Deckenkonstruktion ist wirtschaftlich sinnvoll, sie schont die Behältersohle und verkürzt die Bauzeit.

Bei Pilzdecken empfiehlt es sich, zur Verringerung der Schalarbeit die Stützen ohne Stützenkopfverstärkung auszuführen, oder die Kopfverstärkung über Deckenoberkante zu legen. Wegen der schwierigen Schal- und Putzarbeit von quadratischen Stützen ist der kreisförmige Querschnitt unter Verwendung von Spiralblechschalung günstiger. Rohre als verlorene Schalung sind nicht empfehlenswert, da der monolithische Verbund besonders am Stützenfuß nicht mehr kontrolliert werden kann. Bei quadratischen Stützen müssen die Kanten gebrochen werden. Die Ausführung und Reinigung von Stützen ist teuer und zeitraubend, so daß der Stützenabstand unter Beachtung der statischen Erfordernisse nicht zu klein sein soll. Bei einer Erdüberdeckung von 1,00 m und Stützenhöhen von 5 bis 6 in sind übliche Stützenabstände etwa 5–6 m, ansonsten von etwa 7–8 m; üblicher Stützendurchmesser ist 30 bis 40 cm. Mittelstützen von Kreisplatten sind erheblich stärker belastet, so daß hier Stützendurchmesser bis 50 cm erforderlich sein können.

6.4.4.3 Bedienungshaus

Bei jedem Hochbehälter ist ein Bedienungshaus vorzusehen, in welchem die für den Betrieb erforderlichen Einrichtungen leicht zugänglich untergebracht werden. Wichtig ist, daß alle Rohrleitungen aus den Wasserkammern durch das Bedienungshaus geführt werden, damit die Rohrdurchführungen durch die Wasserkammerwände jederzeit kontrolliert werden können.
Im allgemeinen wird wegen der Geländeform nur ein Bedienungshaus hangabwärts vor den aneinandergebauten Wasserkammern angeordnet. Bei sehr lang gestreckten großen Behältern in ebenem Gelände kann es vorteilhaft sein, für Zulauf und Entnahme je ein eigenes Bedienungshaus vorzusehen, wodurch die Rohrinstallation vereinfacht werden kann und baulich das Ausbilden einer gleichmäßigen Durchströmung durch die Wasserkammern erleichtert wird **(Abb. 6-11).** Das Bedienungshaus besteht i. a. aus dem Erdgeschoß und dem Rohrkeller. Es ist zweckmäßig, die Außentüre des EG mit einem Windfang abzuschließen. Unmittelbar neben dem Eingang ist ein Wartungsraum, evtl. mit sanitären Einrichtungen, anzuordnen, damit von dort aus der Behälter mit sauberer Arbeitskleidung begangen werden kann. Hier ist auch Platz vorzusehen für Desinfektionsmittel, Reinigungsgeräte, Hilfsgeräte, Handscheinwerfer u. a. (mit Farbmarkierung wegen der Verwendung in Wasserkammern) und ein Arbeitsplatz für Aufzeichnungen und zum Aufbewahren des europaweit vorgeschriebenen Betriebshandbuches. Im EG werden ferner die wesentlichen elektrischen Einrichtungen, insbesondere die Fernmelde- und Fernsteueranlage untergebracht. Sofern eine Chlorung des Wassers im Behälter laufend durchzuführen ist, muß ein gesonderter Chlorraum mit Zugang von außen entsprechend den Unfallverhütungsvorschriften vorgesehen werden. Unterhalb des Chlorraumes darf keine Lüftungsöffnung, z. B. für den Rohrkeller, angeordnet sein (Vergiftungsgefahr!). Vom EG aus erfolgt der Zugang zu den Wasserkammern.
Im Rohrkeller wird die hydraulische Ausrüstung untergebracht, ferner eine allenfalls notwendige Maschinenanlage. Eine klare Trennung der Funktionsbereiche ist erforderlich.
Das Bedienungshaus ist so zu gestalten, daß eine leichte Bedienung und Reinigung möglich sind. Entsprechend dem jetzigen und ggf. künftigen Rohrleitungsplan ist das Bedienungshaus ausreichend groß mit bequemem Zugang zu entwerfen.
Das Bedienungshaus bzw. ein Bedienungsschacht wird nur bei sehr kleinen Behältern unmittelbar mit den Wasserkammern betoniert. Bei Behältern bis 500 m^3 wird häufig das Bedienungshaus bei setzungsunempfindlichem Untergrund mit Arbeitsfuge an die Wasserkammern anbetoniert, so daß Wasserkammern und Bedienungshaus eine gemeinsame Wand haben. Ansonsten und insbesondere bei größeren Behältern wird zwischen den Wasserkammern und dem Bedienungshaus eine Bewegungsfuge mit Fugenband angeordnet, um ungleichmäßige Setzungen abzufangen.
Das Bedienungshaus ist einer der wenigen Teile einer Wasserversorgungsanlage, die auch von außen sichtbar sind. Die Bedeutung der Wasserversorgung sollte daher neben der technischen Zweckmäßigkeit auch durch besondere architektonische Gestaltung des Bedienungshauses zum Ausdruck gebracht werden. Das Bedienungshaus ist so hoch über Gelände herauszuführen, daß ein ebener Zugang möglich ist. Die Vorderfront ist vor die Böschungen der Wasserkammern vorzuziehen, um unschöne Böschungskegel, Flügelmauern, die gerne abreißen, oder lange Blendmauern vor Wasserkammerwänden zu vermeiden. Für die sichtbaren Außenwände sind Bauweisen anzuwenden, die wenig Unterhalt erfordern, z. B. Bruchsteinmauerwerk, Verblendmauerwerk. Große Glasfronten, etwa mit Glasbausteinen, sind aus Sicherheits- und Wärmeschutzgründen zu vermeiden. Bewährt hat sich eine an den örtlichen Baustil angepaßte Fassade.
Wichtig ist eine gute Wärmeisolierung der Außenwände, da sonst Frostschäden auftreten können. Das Einhalten einer Mindesttemperatur von + 10 °C durch elektrische Beheizung und Regelung mittels Thermostat und gegebenenfalls Luftentfeuchtung sollten, wenn irgend möglich, vorgesehen werden.
Als Dach des Bedienungshauses sind je nach den örtlichen Gegebenheiten Pultdach mit Blechabdekkung, Steildach mit Platten oder Dachziegeln üblich; eine Stahlbetonkonstruktion des Daches kann wegen des geringeren Unterhalts gegenüber einer Holzkonstruktion vorteilhaft sein. Wichtig sind eine gute Wärmedämmung und Feuchtigkeitsisolierung. Flachdächer sind wegen ihrer Reparaturanfälligkeit zu vermeiden.

Bei sehr kleinen Behältern, unter 100 m^3 Inhalt, wird oft aus Kostengründen auf einen Überbau des Bedienungshauses verzichtet und nur ein schachtartiger Einstieg zum Rohrkeller erstellt. Im Bedienungsschacht ist an den Wasserkammerwänden ein Podest anzuordnen, von dem aus die Wasserkammern besichtigt und bestiegen werden können. Für den Einstieg sind herausnehmbare Leitern aus korrosionsfestem Material üblich. Über dem Wasserspiegel dürfen keine Öffnungen liegen; ggf. sind solche Einstiege umzubauen. Die Einstieg- und die Montageöffnung sind mit dichtschließenden Schachtdeckeln zu verschließen; geeignet sind kreisförmige, gußeiserne Schachtdeckel mit Gummidichtung, die wegen Form und Gewicht einen besonders dichten Abschluß gewährleisten.

6.4.5 Bauausführung – Ortbetonbauweise

6.4.5.1 Allgemein

Hochbehälter werden fast ausschließlich in Stahlbeton nach DIN 1045 hergestellt, und zwar weitgehend in Ortbetonbauweise. Die Wasserkammern müssen wasserdicht sein, da Undichtheiten, abgesehen vom Wasserverlust, die Standfestigkeit des Bauwerks durch Rosten des Betonstahls und Aufweichen des Baugrunds gefährden sowie das gespeicherte Lebensmittel Wasser durch Eindringen von Stoffen verunreinigen können. Grundsätzlich muß gefordert werden, daß der Beton selbst wasserundurchlässig ist. Die Wasserdurchlässigkeit des Betons ist abhängig von Art und Menge des Zements, von der Kornzusammensetzung der Zuschlagstoffe, von der Menge und Qualität des Anmachwassers, vom Verdichtungsgrad, von der Betondicke und von der Betonnachbehandlung. Wasserundurchlässiger Beton für Bauteile mit einer Dicke von 20 bis 40 cm muß nach DIN 1045 so dicht sein, daß die größte Wassereindringtiefe bei der Prüfung nach DIN 1048 5 cm nicht überschreitet; W 311 empfiehlt sogar nur 3 cm. Die Wassereindringtiefe ist um so geringer, je geringer der Wasserzementwert (w/z-Wert) und je älter der Beton ist. Nach DIN 1045 gehört wasserundurchlässiger Beton zu den Betonen mit besonderen Eigenschaften. Wegen der hohen Anforderungen an die Dichtheit sollte der Beton beim Behälterbau unbedingt nach den Bedingungen für Beton B II hergestellt werden. Bei einer B II-Baustelle werden nämlich Betonzusammensetzung und Verarbeitung eigen- und fremdüberwacht. Auch ein Qualitätsmanagement gemäß DIN 9001 ist zweckmäßig.

6.4.5.2 Baustoffe

6.4.5.2.1 Bindemittel – Als hydraulische Bindemittel für Beton sind nur Zemente mit hoher Druckfestigkeit zu verwenden: nach DIN 1164 muß sie nach 28 Tagen mind. 25 N/mm^2 betragen. Grundsätzlich können alle genormten Zemente verwendet werden. Mit Rücksicht auf das Lösungsvermögen mancher Wässer empfiehlt sich die Verwendung von kalkarmen Zementen, wie Portland- oder vor allem Hochofenzement. Für die Herstellung von wasserundurchlässigem Beton soll ein Zementanteil von 330 kg/m^3 bei einem Zuschlag mit Größtkorn von 32 mm gewählt werden. Der Wasserzementwert soll $< 0{,}50$ betragen.

6.4.5.2.2 Betonzuschlag – Im Hinblick auf die Wasserundurchlässigkeit des Betons wird eine Sieblinie mit günstigem hohlraumarmem Kornaufbau nach A/B gemäß DIN 1045 empfohlen. Natursand ist dabei besser als Quetschsand. Das größte Korn soll kleiner als 1/5 der kleinsten Bauteildicke und kleiner als 3/4 des kleinsten Abstandes der Bewehrung sein.
Da die DIN 1045 einen relativ hohen Anteil an organischen Verunreinigungen zuläßt, die später zu mikrobiellem Wachstum führen können, wird dringend eine Sonderprüfung gemäß DVGW-Arbeitsblatt W 347 empfohlen.

6.4.5.2.3 Betonzusatzmittel – Betonverflüssiger (BV) und Fließmittel (FM) erzeugen eine gut verarbeitbare Betonkonsistenz mit guter Verdichtbarkeit. Hier ist nach DIN 1045 die sogenannte „Regelkonsistenz KR“ mit einem Ausbreitmaß von a = 42 bis 48 cm zu empfehlen. Durch die verflüssigenden Zusatzmittel wird Wasser eingespart und der empfohlene w/z-Wert $< 0{,}50$ erreicht. Auf Dichtungsmittel sollte ganz verzichtet werden. Die Zusatzmittel müssen bauaufsichtlich zugelassen sein.

6.4.5.2.4 Betonzusatzstoffe – Puzzolanische Zusatzstoffe mit Füllereigenschaften wie Flugaschen (FA) oder Silikastäube (SF) führen zusammen mit einem niedrigen w/z-Wert zu einem besonders dichten Betongefüge. Sie müssen bauaufsichtlich zugelassen sein.

6.4.5.2.5 Zugabewasser – Das Zugabewasser muß DIN 1045 entsprechen. Geeignet sind Trinkwässer oder trinkwasserähnliche Wässer sowie Restwässer gemäß DAfStb-Richtlinie „Herstellung von Beton unter Verwendung von Restwasser, Restbeton und Restmörtel" (Ausgabe 8.95), deren saurer Kaliumpermanganatverbrauch den im DVGW-Arbeitsblatt W 347 vorgegebenen Grenzwert nicht überschreitet. Bei Verwendung von Trinkwasser entfallen diese Prüfungen.

6.4.5.2.6 Betonrezeptur – Für die Herstellung eines hochwertigen wasserundurchlässigen Betons empfihelt *Vogt* folgende Rezeptur in kg Trockenmasse pro m^3 Beton: 705 kg Sand 0/2a, 223 kg Kies 2/8, 931 kg Kies 8/32, 160 kg Wasser, 330 kg Zement, 20 kg Flugasche, 1,32 kg Betonverflüsiger.

6.4.5.2.7 Betonstahl – Für die Bewehrung der Stahlbetonteile von Wasserbehältern wird Betonstahl verwendet, der hinsichtlich Durchmesser, Form, Festigkeitseigenschaften und Kennzeichnung der DIN 488 entsprechen muß. Zur Beschränkung der Rißbreite darf der Grenzdurchmesser der Bewehrung gemäß DIN 1045 nicht überschritten werden, der Abstand der Längsbewehrung in Sohle, Wänden und Decke nicht größer als 15 cm sein. Der Mindestdurchmesser der Längsbewehrung in den Wasserkammerwänden bei Biegung mit Längskraft ist mit d = 10 mm zu wählen, soweit diese nicht Druckglieder nach DIN 1045 sind.
Die Betondeckung der Bewehrung muß mind. 3,5 cm, besser 4 cm, bei der Sohle, den Wänden, der Decke und den Stützen der Wasserkammern betragen und ist durch sorgfältige Kontrolle der örtlichen Bauüberwachung strikt einzuhalten. Diese Maße sind sowohl auf der Innen- wie Außenseite dieser Bauteile anzuwenden. Beim Aufbringen eines wasserundurchlässigen Putzes kann die Betondeckung um die Putzdicke, jedoch höchstens um 1 cm verringert werden.

6.4.5.2.8 Andere Baustoffe – Kunststoffe haben eine wesentlich geringere Lebensdauer als zementgebundene Baustoffe; ihre Festigkeit und Elastizität nimmt mit zunehmendem Alter ab. Bei notwendigen Fugen müssen die eingesetzten Materialien die KTW-Empfehlungen erfüllen und in mikrobiologischer sowie physiologischer Hinsicht nach DVGW-Arbeitsblatt 270 einwandfrei sein. In Wasserkammern sollten sämtliche Stahlformstücke und sonstigen Einbauteile aus korrosionsfreiem Edelstahl nach DIN 17 440, Werkstoff Nr. 1.4571 bzw. 1.4581 hergestellt sein.

6.4.5.3 Statische Bearbeitung

Die statische Bearbeitung berücksichtigt die Grenzzustände und dient dem rechnerischen Nachweis der Standsicherheit und Gebrauchstauglichkeit (Dauerhaftigkeit und Dichtheit). Standsicherheit und Dauerhaftigkeit werden über DIN 1045 bzw. DIN 4227 nachgewiesen. Dabei ist die Rißbreite durch geeignete Wahl von Bewehrungsgehalt, Stahlspannung und Stabdurchmesser in dem Maß zu beschränken, wie es der Verwendungszweck und die örtlichen Verhältnisse erfordern. Der Nachweis der Dichtheit ist nach den Kriterien des DVGW-Arbeitsblattes W 311 zu erbringen. Der Nachweis wird entweder durch Einhalten einer Mindestdruckzonendicke oder durch Beschränken der Rißbreite geführt. Beträgt die rechnerische Druckzonendicke weniger als 5 cm, muß die Bewehrung so bemessen sein, daß die 95 %-Fraktile der rechnerischen Rißbreite an der Bauteiloberfläche 0,1 mm, bei Wässern mit Selbstheilung von Rissen 0,2 mm nicht überschreitet. Wenn auf wirtschaftliche Weise keine dieser Forderungen mit Stahlbeton erfüllt werden kann, besteht die Möglichkeit der Vorspannung.
Für die Schnittgrößen ist die Kombination aus Last (Lastannahmen in DIN 1055) und Zwang (z. B. Beanspruchung aus Temperaturänderung, Hydratationsvorgängen, Schwinden und Kriechen) maßgebend. Bewegungsfugen, selbst in kurzen Abständen, rechtfertigen keine Vernachlässigung der o. a. Einflüsse. Wenn im Einzelfall eine genaue Erfassung dieser Einflüsse nicht erfolgt, kann als Näherung unter Zugrundelegung von Zustand I mit Temperaturdifferenzen als operative Rechengrößen gearbeitet werden (W 311). Wird ein genauerer Nachweis nach Zustand II geführt, ist eine Mindestbewehrung zur Beschränkung der Rißbreiten auf 0,1 bzw. 0,2 mm notwendig.
Die Schnittgrößen aus Last und Zwang müssen unter Berücksichtigung der Schalen- und Scheibenwirkung und der Interaktion des Behälters mit dem Baugrund ermittelt werden. Nachweise an einem Rahmensystem genügen in der Regel nicht, weil dabei die Schubsteifigkeit unberücksichtigt bleibt.

6.4.5.4 Verarbeiten des Betons

Um einen wasserundurchlässigen Beton zu erhalten, ist folgendes zu beachten:

Die Schalung muß standsicher, formbeständig und dicht sein, da an undichten Schalungsstößen Feinmörtel mit Wasser austritt, was zu Kiesnestern führt. Wenn für die Schalung ein Trennmittel verwendet wird, muß über die KTW-Empfehlung und das DVGW-Arbeitsblatt W 270 nachgewiesen werden, daß dies zu keinen Verkeimungen führt. Sogenannte biologisch abbaubare Trennmittel können in die Betonoberfläche eindringen und dort im späteren Betrieb wegen ihrer organischen Bestandteile zu langwierigen Verkeimungen führen. Sie sind deshalb hier nicht zulässig.
Für das Herstellen einer weitgehend porenfreien Betonoberfläche hat sich der Einsatz einer wassersaugenden Schalung oder von saugenden wasserabführenden Kunststoffbahnen (Trennvliese) bewährt, die auf die Schalung gespannt werden. Durch die Dränwirkung kann sich ein optimaler w/z-Wert einstellen. Das Ergebnis ist eine dichte, porenarme, lunkerfreie Betonoberfläche. Die feuchten Kunststoffbahnen aus Polyprophylen werden nach dem Ausschalen nicht sofort abgezogen, sondern verbleiben noch einige Zeit auf der frischen Betonoberfläche zur wesenlichen Unterstützung der Betonnachbehandlung.
Besondere Aufmerksamkeit ist der Art der Beförderung des Betons zur Baustelle und dem Baustellentransport zu widmen. Es ist dafür Sorge zu tragen, daß der Beton sich nicht entmischt, nicht unzulässig austrocknet und sich nicht wesentlich abkühlt oder erwärmt und keine „Verstopfer" beim Transport durch Rohrleitungen bildet. Beim Transport vom Betonwerk zur Baustelle darf die Betonmischung nicht mehr durch Zugabe von Stoffen (z. B. Wasser) verändert werden. Der Beton sollte am besten sofort nach dem Mischen verarbeitet werden. Bei trockenem, warmem Wetter soll er innerhalb 1/2 Stunde, bei kühler und feuchter Witterung innerhalb 1 Stunde eingebaut und verdichtet sein.
Bei der Bewehrung muß ein fest zusammenhängendes Geflecht hergestellt werden, das seine Lage beim Einbringen und Verdichten des Betons nicht verändert. Die oben liegende Bewehrung ist durch Rundeisenböcke in ihrer Lage zu halten. Für die untere und seitliche Bewehrung kommen zur Gewährleistung der Betondeckung nur stabile Abstandhalter auf Zementbasis in Frage. PVC-Abstandhalter sind unbedingt zu vermeiden, da sie mangels Verbund mit dem Beton zu Umläufigkeiten führen können. Die zuverlässig einzuhaltende Betondeckung verhindert sicher die Bewehrungskorrosion.
Der Beton ist in Lagen von max. 0,50 m Höhe gleichmäßig einzubringen und mit geeigneten Rüttlern so zu verdichten, daß er möglichst porenfrei ist und daß keine Kiesnester entstehen. Daher darf der Beton nicht „im freien Fall" mit der Gefahr der Entmischung in die Schalung eingefüllt werden. Um eine gute Verbindung der einzelnen Schüttlagen zu erreichen, muß der Rüttler etwa 20 bis 25 cm tief in die bereits verdichtete untere Schicht eingeführt werden. Innenrüttler sind schnell in den Beton einzutauchen und langsam nach oben zu ziehen. Dadurch wird der Beton von unten nach oben verdichtet und eingeschlossene Luft kann entweichen. Das Verdichten wird zweckmäßig durch Außenrüttler unterstützt. Die für das Herstellen von Rüttelbeton geltenden Vorschriften sind zu beachten (DIN 4235). Schüttfugen infolge Arbeitsunterbrechungen sind zu vermeiden. Die nachfolgenden Schüttlagen müssen vor Erstarren der unteren Schicht aufgebracht werden. Unvorhergesehene Arbeitsfugen sind durch besondere Maßnahmen sorgfältig zu schließen.

6.4.5.5 Betonnachbehandlung

Hauptaufgabe der Nachbehandlung ist es, ausreichend Wasser und Wärme im Beton zu erhalten, bis er ausreichende Eigenfestigkeit hat. Die DAfStb-Richtlinie „Nachbehandlung und Schutz von Beton" ist zu beachten. Mangelhafte oder gänzlich unterbliebene Nachbehandlung ist oft Ursache von Schäden, wie Rißbildung, Absanden der Oberfläche oder geringere Festigkeit. Solange der Beton in der Schalung steht, ist er gegen Austrocknen hinreichend geschützt. Nach dem Ausschalen ist ein rasches Austrocknen und ein Wärmeverlust des Betons bis zum Alter von 3 Wochen durch Abhängen mit Planen oder Folien zu verhindern.
Unbedingt zu vermeiden ist das Berieseln und Abspritzen der Oberflächen. Hierbei wird dem Beton durch das kalte Wasser die Abbindewärme rasch entzogen, wodurch die dabei auftretenden Temperaturspannungen Risse verursachen.
Betonieren bei Frost ist zu vermeiden. Zusätze von chloridhaltigen Frostschutzmitteln sind wegen der Gefahr der Korrosion der Bewehrung und der farblichen Veränderung der Betonoberfläche unzulässig. Wenn während des Betonierens Frost auftritt, ist das Anmachwasser, erforderlichenfalls auch der Betonzuschlag, anzuwärmen. Keinesfalls darf gefrorener Betonzuschlag verwendet werden. Frisch hergestellte Betonteile sind gegen spätere Frosteinwirkung durch Abdecken, Beheizung u. ä. zu schützen. Besonders wichtig ist, durch Abdecken der erstellten Fundamente und Sohle zu verhindern,

daß durch Frosteinwirkung eine Frosthebung des Baugrundes entsteht, wodurch die Tragfähigkeit des Baugrundes, die Standsicherheit und Rissefreiheit des Bauwerks gefährdet werden.
Nur verantwortungsbewußte und gewissenhafte Bauleitungen sowohl des Auftraggebers als auch des Auftragnehmers können ordentliche Bauausführungen gewährleisten. Die Lieferung der Baustoffe und die Herstellung (z. B. Betoneinbau, Nachbehandlung) werden am wirksamsten durch vorbereitete Checklisten kontrolliert, die gleichzeitig Teil der späteren Abnahme sind.

6.4.5.6 Oberflächenbehandlung

6.4.5.6.1 Allgemein – Die Oberflächen der Betonteile sind so auszuführen, daß sie geringe Unterhaltsarbeit und leichte Reinigung gewährleisten.

6.4.5.6.2 Bedienungshaus – Im Erdgeschoß des Bedienungshauses sind Bodenplatten und frostbeständige Wandplatten üblich. Für die Wände sind auch hellfarbige Zement- oder Spezialputze auf Zementbasis geeignet. Kunstharzspachtelmassen sind nicht empfehlenswert, da sie Keimwachstum begünstigen. Im Rohrkeller sind Bodenplatten und Wandplatten oder hellfarbige Spezialputze auf Zementbasis üblich.

6.4.5.6.3 Wasserkammern – Innenflächen

1) Allgemein – Für die Reinigung der vom Wasser berührten Flächen ist es besonders wichtig, daß diese glatt und möglichst porenarm sind. Porenarmer, wasserundurchlässiger Beton bedarf im allgemeinen keines Putzes, keiner Beschichtung und keines Anstriches. Diese Ausführung sollte daher immer angestrebt und durch Einsatz von wasserabführenden Kunststoffbahnen auf der Schalung bereits in der Ausschreibung festgelegt werden.
Im übrigen können in Frage kommen:
2) Zementputz – Ein wasserundurchlässiger Zementputz gemäß DIN 18 550 besteht aus mehreren Lagen von zusammen 1,5 bis 2 cm Dicke. Die letzte Lage wird mit Zementschlämme geglättet. Das Herstellen eines wasserundurchlässigen, rissearmen und festhaftenden Zementputzes erfordert großes handwerkliches Können, so daß hierfür nur Spezial-Arbeitskolonnen eingesetzt werden sollten. Besonders wichtig ist, daß der Putzuntergrund ausreichend rauh ist, um gute Haftung zu erzielen. Empfehlenswert ist das Sandstrahlen oder Wasserstrahlen mit Höchstdruck. Alle losen Teile müssen entfernt werden. Der Putzuntergrund ist ausgiebig zu nässen. Trockener Beton entzieht dem Putz zuviel Wasser, so daß der Putz an der Betonoberfläche keine ausreichende Festigkeit erreicht, hohl liegt und früher oder später in Platten abfällt. Durch leichtes Abklopfen ist die Haftung zu prüfen. Trennmittel können Güte, Farbe und Haftbarkeit der Putze gefährden.
Für den Putz ist reiner, scharfkantiger und gemischtkörniger Sand der Körnung 0–3 mm für den Unterputz, Körnung 0–1 für den Oberputz und ein möglichst kalkarmer Zement ohne Dichtungszusätze zu verwenden. Der Anschluß des Wandputzes an den Sohlenputz ist besonders sorgfältig übergreifend herzustellen. Die Ecken müssen gut ausgerundet werden mit mindestens 10 cm Radius. Unerläßlich für eine einwandfreie Beschaffenheit sind entsprechend langes Feuchthalten des Putzes und möglichst baldige Wasserfüllung; auch eine geringe Wasserhöhe ist ausreichend. Putzarbeiten sind daher möglichst an Tagen mit kühler, feuchter Luft auszuführen.
Putzvorschriften für den Hochzonenbehälter München/Kreuzpullach (nach *Dr. Marquardt*):

1. Spritzwurf	Mischungsverhältnis 1:4	Sand 0–7
2. Rauhputz	Mischungsverhältnis 1:3	Sand 0–5
3. Schweiß-Schicht	Mischungsverhältnis 1:2	Dyckerhoff-Weiß-Quarzsand 0–1,5
4. Zementschlämme		1 RT Wasser 1 RT Dyckerhoff-Weiß

Maschinell angeworfene Spritzputze, wie Torkretputz, erreichen eine besonders gute und gleichmäßige Verdichtung. Die Putzoberfläche muß i. a. ähnlich wie beim Handputz nachbehandelt werden.
3) Beschichtungen – Für Wasserkammern eignen sich auch Beschichtungen auf Zementbasis, die auch farbig lieferbar sind. Diese werden in Form von Zementschlämmen auf die sandgestrahlte Betonoberfläche aufgespritzt oder aufgespachtelt. Die Schichtdicke muß hierbei mindestens 1 cm betragen, um abiotisch-biotische Korrosionen der Beschichtung zu vermeiden.
Da bereits geringe organische Bestandteile (z. B. Methylcellulose) der Beschichtung später zum Bakterienwachstum und zur biologischen Korrosion der Beschichtung führen können, ist es ratsam, vom Hersteller eine Bestätigung einzuholen, daß das Beschichtungsmaterial keine organischen Be-

standteile enthält. Die Verarbeitungsvorschriften der Hersteller sind genau zu beachten. Es ist sehr empfehlenswert, für jedes Bauwerk die Verarbeitungsvorschriften durch die Herstellerfirma an Ort und Stelle festlegen zu lassen, da Haftung und Farbbeständigkeit der Beschichtung von der Art und Beschaffenheit des Betons, sowie von seiner Oberflächenstruktur abhängen.
Innenbeschichtungen von Wasserkammern müssen die Bedingungen des neuen DVGW-Arbeitsblattes W 347 „Hygienische Anforderungen an zementgebundene Werkstoffe im Trinkwasserbereich" erfüllen. Im Interesse einer zweifelsfreien Aussagekraft des Prüfzeugnisses sollte bei der Erstbegutachtung unbedingt darauf geachtet werden, daß die Prüfkörper vom prüfenden Institut oder zumindest unter dessen Aufsicht hergestellt werden.

4) Spritzbeton –Vorteilhaft und wirtschaftlich ist die nachträgliche Vergütung der Betonoberfläche mit einem rein mineralischen, anorganischen, hydraulische abbindenden Spritzbeton. Empfehlenswert ist ein Microsilika-Spritzmörtel gemäß DIN 18 551 mit kleiner Körnung, der auf den vorher abgestrahlten Untergrundbeton in einer Mindestschichtdicke von ca. 1,5 cm aufgespritzt und geglättet wird, so daß eine dichte, homogene, porenfreie Betonoberfläche entsteht (KERASAL-Verfahren). Die Schichtdicke des Spritzbetonns kann als statisch wirksam berücksichtigt werden.

5) Anstriche – Bei aggressiven Wässern, zur Erleichterung der Reinigung oder aus optischen Gründen, wird manchmal ein Anstrich der Wasserkammern gewählt.
Hellfarbige Anstriche auf Zementbasis sind bei nichtaggressivem Wasser geeignet, zumal sie auf feuchtem Untergrund aufgebracht werden können. Die zu bestreichenden Flächen dürfen nicht zu glatt sein, z. B. darf bei Anstrich auf Zementputz dieser nur abgerieben, nicht aber mit Zementschlämme geglättet sein. Die Verarbeitungsvorschriften der Hersteller sind zu beachten. Gut bewährt hat sich der dreimalige farblose Fluatanstrich.
Von der Verwendung sonstiger, für den Trinkwasserbereich zugelassener Anstrichmittel, wie Chlorkautschuklacke und Beschichtungen auf Epoxidharzbasis u. ä. wird abgeraten. Die Voraussetzungen für die Haltbarkeit, nämlich dauernd trockener Untergrund, ist bei Betonbauwerken nicht erreichbar. Wie aus Beispielen bekannt ist, treten trotz sorgfältiger Austrocknung insbesondere an erdhinterfüllten Betonwänden oft bläschenartige Abhebungen des Anstrichs oder der Beschichtung infolge Porenwasserdruck auf. Hoher Keimgehalt im Wasser dieser Bläschen und stellenweiser Pilzbefall der Beschichtungen wurden bereits öfters festgestellt. Für Betonbehälter sind daher zementgebundene Anstriche und Putze, da artgleich, wesentlich geeigneter. Alte ungeeignete Kunststoffbeschichtungen lassen sich unter strenger Beachtung des erforderlichen Arbeitsschutzes nur mühsam durch Flammschälen oder/und Sandstrahlen entfernen.

6) Fliesen – Zur Erleichterung der Reinigung oder aus optischen Gründen können Verfliesungen der Wasserkammern in Frage kommen. Für keramische Auskleidungen von Wasserkammerwänden und -böden sind dichtgesinterte keramische Fliesen und Platten mit materialtechnologischen Güteeigenschaften nach DIN EN 176 (trockengepreßte Fliesen mit niedriger Wasseraufnahme) oder DIN 18 166 (keramische Spaltplatten) einzusetzen. Zum Verlegen der Fliesen dürfen keine kunststoffmodifizierten Kleber oder Mörtel verwendet werden, um Schleimbildung auf den Fugen zu vermeiden. Kleber und Mörtel müssen den KTW-Empfehlungen und den DVGW-Arbeitsblättern W 270 und W 347 entsprechen. Um einen bleibenden hohlraumfreien, festhaftenden und rissefreien Plattenbelag einschließlich der Fugen unter allen Betriebsbedingungen (wechselnde Belastung, wechselnder Wasserstand, Temperaturspannungen) zu erhalten, sind die werkstoffbedingten Verarbeitungshinweise zu beachten. Außerdem muß bereits bei der konstruktiven Gestaltung der Wasserkammern hierauf Rücksicht genommen werden. Für die Sohle ist eine rutschhemmende Fliesenoberfläche zu wählen.
Die einwandfreie Ausführung der Fliesenarbeiten ist prüfbar, z. B. durch Stichproben der hohlraumfreien Mörtelbettung während der Ausführung oder durch Haftzugfestigkeitsuntersuchungen nach 28 Tagen mit geeigneten Prüfgeräten oder durch Probefüllung und schnelles Entleeren der Wasserkammern.

7) Kunststoff-Folien – Als zeitlich begrenzte Sanierungsmaßnahme für undichte meist ältere Behälter kann in Ausnahmefällen das Einhängen von Kunststoff-Folien in Frage kommen. Die Folienbahnen sollen mindestens 5 mm dick sein, die Überlappung mindestens 5 cm betragen. Die Dichtheit der Schweiß- bzw. Klebenähte ist zu überprüfen. Der Zwischenraum zwischen Wand und Folie muß entlüftbar und mit Kontrolle entwässerbar sein. Das Material muß den KTW-Empfehlungen und dem DVGW-Arbeitsblatt W 270 entsprechen. Wegen der Verkeimungsgefahr und der Alterung wird abgeraten, Kunststoff-Folien als Behälterauskleidung zu verwenden, nicht zuletzt wegen späterer Entsorgungsprobleme.

8) Metallbleche – Besser geeignet zur nachträglichen Abdichtung von Wasserkammern sind Bleche aus rostfreiem Edelstahl nach DIN 17 440, Werkstoff-Nr. 1.457 l. Zunächst werden Wände und Sohle – soweit erforderlich – mechanisch entgratet und geglättet, damit sich die Unebenheiten später nicht „durchpausen". Dann wird waagerecht oberhalb des WSp ein 3 mm dickes Wand- und unten ein Bodenanschlußblech mit elektrisch trennenden Kunststoffdübeln und Alu-Leichtnägeln – um Kontaktkorrosion mit dem Bewehrungsstahl zu vermeiden – auf dem Betonuntergrund befestigt. Auf diese Tragkonstruktion werden die meist 1,5 · 6,0 m großen und 1,5 mm dicken Edelstahlbleche ca. 15 cm überlappend geheftet und mittels WIG-Schweißverfahren (Wolfram-Inert-Gas) wasserdicht verschweißt. Hierbei hat sich insbesondere in Rundbehältern die waagerechte Anordnung der Edelstahlbleche bewährt, weil sich dann die überwiegend waagerechten Überlappungsstöße leichter verschweißen lassen. Die Schweißanlauffarben werden durch feines Bürsten entfernt. Die Dichtheit der Schweißnähte läßt sich mit dem Farbeindring- und Nekal-Vakuum-Verfahren überprüfen. Eine sorgfältige Arbeit durch eine erfahrene Fachfirma vorausgesetzt ist als Sanierungsmaßnahme die Auskleidung von Wasserkammern mit Edelstahlblechen zwar sehr teuer, aber gut, insbesondere hinsichtlich Reinigungsverhalten und Hygiene. Manchmal werden bereits neue Behälter so ausgekleidet.

9) Glasauskleidung – Seit Mitte der 90er Jahre wurden einige Trinkwasserbehälter mit Glasplatten ausgekleidet. Verwendet wird Floatglas (Spiegelglas gemäß DIN 1249) mit 8 mm Dicke in üblichen Abmessungen von rd. 70 · 100 cm und 33 kg Gewicht, das von 1 Mann relativ gut handhabbar ist. Zum Aufkleben auf die notfalls ebenflächig vorbereitete Betonoberfläche erhalten die Glasplatten einen werkseitig aufgebrachten sog. Polytransmitter, eine Art kunststoffmodifizierter, zweikomponentiger Baukleber, der vollflächigen Kraftschluß zwischen Glasplatte und Betonuntergrund gewährleisten soll. Die Fugen werden mit einer Fugenverfüllmasse geschlossen. Die bisherigen Glasauskleidungen waren wegen Verkeimung der Fugen nicht zufriedenstellend. Baukleber und Fugenmasse müssen den KTW-Empfehlungen und dem DVGW-Arbeitsblatt W 270 entsprechen. Die Entwicklung der Glasauskleidung ist noch nicht abgeschlossen. Problematisch sind derzeit noch die glatte Glasoberfläche der Behältersohle und später ein umweltgerechtes Entsorgen der Auskleidung.

10) Stützen – Für die Oberflächenbehandlung der Stützen gilt das gleiche wie für die Innenwände aus Beton. Wegen der schmalen Form ist das Verputzen, besonders von quadratischen Stützen, schwierig.

11) Decke – Die Unterseite der Behälterdecke wird meist schalungsrauh belassen, wenn sie mit dichter, glatter Schalung hergestellt ist. Zweckmäßig ist ein Anstrich auf Zementbasis, um eine helle Fläche zu erhalten, oder ein stalagtitartiger Spritzwurf (Tropfsteinmuster), von dem Tauwasser ohne Aufkeimung schnell abtropfen kann. Durch einen gut haftenden Spritzwurf wird auch die Betondeckung verbessert.

12) Sohle – Für die Oberflächenbehandlung der Sohle gilt das gleiche wie für die Innenwände. Erstellt man die Sohle im Vakuum-Beton und glättet sie mit Flügelglättern, so entstehen porenfreie Oberflächen, die nicht mehr beschichtet oder nachbehandelt werden müssen. **Abb. 6-20.** Für die Kontrolle der Reinheit des Wassers und etwaiger Ablagerung auf der Sohle ist insbesonders eine helle Farbe der Sohle erwünscht. Auf der ebenen Sohle ist arbeitsmäßig das dichte Aufbringen von Fliesen einfach, so daß grundsätzlich keine Bedenken gegen das Fliesen der Sohle bestehen. Nachteilig ist die Rutschgefahr, wenn zu glatte Fliesen verwendet werden.

6.4.5.6.4 Wasserkammern – Außenflächen

1) Wände – Die erdbedeckten Flächen der Betonkörper sind gegen schädliche Einwirkung durch Bodensäuren, aggressives Wasser usw. zu schützen. Die Wände erhalten außen einen zweimaligen Schutzanstrich mit einem bewährten Isolieranstrichmittel. Unmittelbar am Baukörper ist kein bindiges oder humushaltiges Material, sondern eine Schicht aus Kies, Steinen oder vorgefertigten Sickersteinen in einer Dicke von ca. 20 cm einzubringen, um Sickerwasser schnell in die Sohldränung abzuleiten. Auch an die Außenwände angelegte Dränmatten aus Kunststoff sind üblich.

2) Decke – Die Außenseite der Behälterdecke muß immer eine Dichtung gegen eindringendes Fremdwasser erhalten. Bei kleinen Behältern, etwa unter 500 m^3 Inhalt, ist ein mind. 3 cm dicker, wasserundurchlässiger Zementestrich üblich, der durch Feuchthalten und Abdecken gegen Rissebildung geschützt werden muß. Der zweimalige Schutzanstrich, wie bei den Außenwänden, ist möglichst bald aufzubringen, da hierdurch ebenfalls das zu rasche Austrocknen des Estrichs verhindert wird.

Bei großen Behältern wird i. a. die Dichtung der Behälterdecke nach DIN 18 195, mind. jedoch mit 2 Lagen 500er Bitumenpappe mit anorganischer Einlage ausgeführt. Bei ungleicher Deckenoberfläche muß ein etwa 2 cm dicker Ausgleichestrich als Unterlage für die eigentliche Dichtung aufgebracht werden. Über der Isolierung, gegebenenfalls auf einer Schutzfolie, wird ein 5 cm dicker, konstruktiv bewehrter Schutzbeton angeordnet, der wie die Außenwände einen 2maligen Schutzanstrich erhält. Falls zur Verminderung der Höhe der Erdüberschüttung eine Wärmeisolierung vorgesehen wird, ist diese unter Beachtung der Vorschriften für Warmdachisolierung unter der Dichtung gegen Tagwasser einzulegen. Ein Beispiel zeigt **Abb. 6-19** (S. 404). An den Außenwänden ist die Isolierung bis auf Frosttiefe der Erdüberdeckung herabzuziehen.

6.4.6 Bauausführung – Fertigteilbauweise

6.4.6.1 Allgemein

Der Ausschreibung von Wasserbehältern ist meistens eine Ausführung in Ortbetonbauweise zugrunde gelegt. Es ist jedoch oft zweckmäßig, Sonderangebote in Form von Fertigteilbehältern zuzulassen, die bis etwa 10 000 m^3 Speicherraum wettbewerbsfähig sind.
Fertigteilbehälter müssen jedoch die gleichen Anforderungen wie Ortbetonbehälter (nach DVGW-Arbeitsblatt W 311) erfüllen, z. B. – um die wesentlichsten zu nennen – dauerhafte Dichtheit, möglichst glatte und porenarme Oberfläche der wasserbenetzten Teile, Übersicht auf die Wasseroberfläche, möglichst wenig Fugen. Ebenso sind bei der Herstellung der Betonteile die einschlägigen Normen einzuhalten. Bei der statischen Bemessung ist der Lastfall Transport und Montage zusätzlich zu berücksichtigen.
Die Erfahrungen mit Fertigteilbehältern in der ehemaligen DDR und der Anstoß durch das DVGW-Arbeitsblatt W 311 haben zwischenzeitlich zu erheblichen Verbesserungen in der Fertigteilbauweise geführt.
Die Vorteile der Fertigteilbauweise sind: witterungsunabhängige Herstellung von Bauteilen im Werk; hohe Qualität der Fertigteile bezüglich Betongüte, Betondeckung, Maßgenauigkeit und vor allem Betonoberfläche, deren Glattheit und Porenfreiheit die spätere Reinigung wesentlich erleichtern; gute Möglichkeit der gezielten Betonnachbehandlung, wobei Schwinden und Kriechen des Betons vor dem Transport bereits abgeklungen sind; wegen fehlender Anstriche oder Beschichtungen keine späteren Instandhaltungs- oder Sanierungsarbeiten an der Oberfläche der Wasserkammern; wirtschaftliche Herstellung der Fertigteile bei Typisierung; geringer Platzbedarf für die Baustelleneinrichtung vor Ort; kurze Bauzeit vor Ort bei entsprechender Organisation für Transport und Montage.
Nachteilig sind: schwieriger Transport (teils mit Sondergenehmigung) der schweren Fertigteile (bis 16 t); hohe Montagekosten mit teuren Hebefahrzeugen; für Schwerfahrzeuge entsprechend ausgebaute Zufahrt; aufwendige Verbindungen und ggf. vermehrte Arbeitsfugen der einzelnen Bauteile und damit größere Gefahr von Undichtheiten; aus Transportgründen beschränkte Wandhöhen; eingeschränkte Gestaltungsmöglichkeiten.
Nicht nur die Wasserkammern, sondern auch das Bedienungshaus können aus vorgefertigten Bauteilen bestehen, die über eine Bewegungsfuge an die Wasserkammern angebunden werden.
Nur ein Wirtschaftlichkeitsvergleich (Investitions- und Unterhaltungskosten) führt letztlich zur wirtschaftlichsten Lösung zwischen Ortbeton- und Fertigteilbauweise.

6.4.6.2 Fertigteil-Rundbehälter in Stahlbetonbauweise

Bei dieser traditionellen Bauweise wird bis auf die Bodenplatte fast alles aus Stahlbetonfertigteilen (B 35, B 45) hergestellt. Die Wände aus kreisförmig gebogenen rechteckigen Segmentplatten werden auf die vorbereitete und mit Anschlußbewehrung versehene Bodenplatte aufgestellt, wobei zwischen Bodenplatte und Wandfuß ein Zwischenraum vorgesehen ist, der später monolithisch mit Ortbeton ausgegossen wird. An den seitlichen Stoßfugen der Wandsegmente greifen Bewehrungsschlaufen übereinander, die jeweils durch senkrechte Bewehrungsstäbe gesichert und anschließend mit Vergußbeton B 35 wasserdicht geschlossen werden. Die Breite der Stoßfugen richtet sich nach der statisch erforderlichen Verankerungslänge der übergreifenden Bewehrung. Nach dem sorgfältigen Ausbetonieren der Wand-Sohlen-Verbindung **(Abb. 6-21)** und dem Aufstellen der Innenstütze(n) folgt die Montage der segment- oder sektorförmigen Deckenplatten. Bei kleineren Rundbehältern ist es eine Massivfertigteildecke. Bei größeren Behälterdurchmessern ruht eine polygonförmige oder kreisrunde Mittelplatte auf den Innenstützen; von dieser Platte reichen dann weitere Fertigteilsegmente bis zur Behälterwand. Durch den Verguß mit Ortbeton auf der Deckenoberseite (Druckbeanspruchung) und biegesteifer Ausbildung der Decken-Wand-Verbindung entsteht ein insgesamt monolithisches fugenloses Bauwerk. Bei allen nachträglichen Ortbetonverbindungen ist darauf zu achten, daß die Fertigteile werksseitig in diesem Bereich eine möglichst rauhe Anschlußfläche besitzen, um einen wasserdichten Verbund zu erreichen.

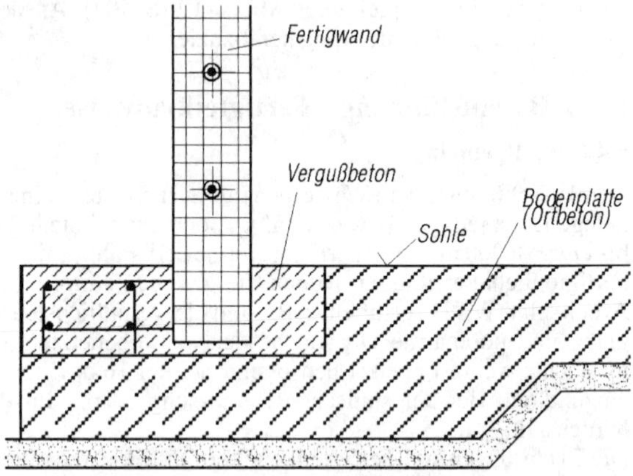

Abb. 6-21: Wand-Sohlen-Verbindung bei Fertigteilbauweise

Bis zu einem Speicherraum von etwa $2 \cdot 1000\,m^3$ für diesen sog. Brillenbehälter ist die Stahlbetonbauweise wirtschaftlich und es werden Behälter in perfektionierter Systembauweise sogar schlüsselfertig angeboten.

6.4.6.3 Fertigteil-Rundbehälter in Spannbetonbauweise

Rundbehälter eignen sich aufgrund der klaren Statik besonders gut für die Spannbetonbauweise, die für Speicherräume von etwa 1 000–10 000 m^3 pro Kammer eingesetzt wird.
Auf örtlich erstellten Ringfundamenten werden die etwa 3 m breiten, im Grundriß runden Stahlbetonelemente aufgestellt **(Abb. 6-22a).** Nach Fertigstellung des geschlossenen Wandringes wird die im Gefälle liegende Bodenplatte im Vakuumverfahren betoniert und mit Flügelglättern maschinell geglättet. Anschließend werden die senkrechten Fugen mit einem Injektionsgut nach DIN 4227 von unten nach oben injiziert, um eine sogenannte Nesterbildung auszuschließen **(Abb. 6-22b).**
Nach dem Abbindungsprozeß des Injektionsmaterials sowie der Bodenplatte werden der Behälter gespannt und die Fugen überdrückt. Die Spannglieder liegen entweder in horizontal angeordneten Hüllrohren in den einzelnen Segmenten oder werden manchmal im Wickelverfahren auf die äußere Wandfläche unter ständiger Vorspannung aufgebracht. Zum Korrosionsschutz des Spannstahls werden die Hohlräume der Hüllrohre mit Zement verpreßt bzw. auf die Außenfläche der Wand eine Spritzbetonschicht aufgebracht. Der Verbund zwischen Wand- und Bodenplatte wird durch eine Anschlußbewehrung und eine zusätzliche Vorspannung direkt oberhalb der Bodenplatte erreicht.
Bei dieser Bauweise können relativ große Behälterhöhen erreicht werden. Die Deckenkonstruktion ist ähnlich wie bei der vorgenannten Stahlbetonbauweise.

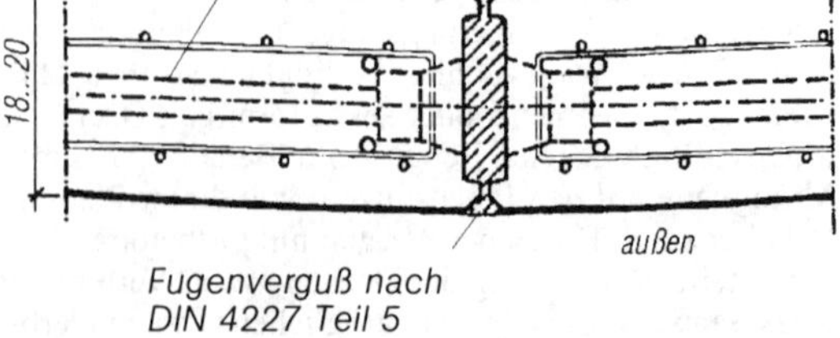

Abb. 6-22 b: Wandfuge bei einem vorgespannten Fertigteil-Rundbehälter

Abb. 6-22 a: Fertigteil-Rundbehälter in Spannbetonbauweise; Wasserversorgung Warmensteinach/OFr, 400 m³ Inhalt, vorgespannt ohne Verbund, Betongüte B 45 (Wandteile), Baujahr 1991 (Ausführung Fa. Zapf)

6.4.6.4 Fertigteil-Rechteckbehälter in Stahlbetonbauweise

Fertigteilhersteller entwickelten den Fertigteil-Rechteckbehälter meist als Sonderangebot zum in Ortbeton ausgeschriebenen Rechteckbehälter (**Abb. 6-23a,** S. 418). Die Speicherräume reichen etwa von 100–4000 m^3; die Mehrzahl liegt im Bereich 1000–2000 m^3. Ein Fertigteil-Rechteckbehälter wird ähnlich hergestellt wie ein Fertigteil-Rundbehälter; die statische Bemessung ist komplizierter, die Wasserdichtheit schwieriger zu erreichen. Eine Wandfuge mit profilierten Wandelementen im Verbindungsbereich zeigt **Abb. 6-23 b.** Durch geschickte Wahl des Sohlen- und Deckengefälles lassen sich gleichhohe Außenwandlängselemente erreichen. Das Sohlgefälle wird hier entgegengesetzt zum Dachprofil als Quergefälle von der Seitenwand zur Mittelwand hin ausgeführt, wobei längs der Mittelwand in Richtung Bedienungshaus eine Sammelrinne im Längsgefälle zum Pumpensumpf hin entwässert. Auch die Mittelwandelemente sind gleich hoch, nur die Stirnseitenelemente sind unterschiedlich hoch.

6.4.6.5 Fertigteil-Rechteckbehälter in Spannbetonbauweise

Je nach Kalkulation können auch vorgespannte Fertigteil-Rechteckbehälter insbesondere bei Speicherräumen bis etwa 1000 m^3 wirtschaftlich sein. Die Wandelemente weisen in der Höhe alle 80 cm Hüllrohre für den Spannstahl auf. Die Lücken zwischen den einzelnen Wandplatten werden nach Einführen von Zwischenhüllrohren und dem Spannstahl sorgfältig mit Ortbeton vergossen und nach einem Tag vorgespannt. Vorteilhaft ist, wenn nach dem Verguß der Wände zunächst nur die Bodenplatte armiert, die Decken in Fertigteilhalbzeug verlegt und mit Aufbeton versehen und erst dann die Bodenplatte der Wasserkammern unter der bereits vorhandenen Decke – vor Witterung geschützt – in Ortbeton im Vakuumverfahren gegossen und mit Flügelglättern im Gefälle geglättet wird. Das Ziel sind auch hier monolithische fugenlose Wasserkammern.

6.4.6.6 Fertigteil-Großrohrbehälter

Bei relativ kleinen Behältern bis max. 1000 m^3 können Großrohrbehälter eine wirtschaftliche Alternative sein. Die Wasserkammern bestehen aus parallel angeordneten Rohren von 2000 bis 4000 mm

Durchmesser aus Faserzement, Spannbeton oder glasfaserverstärktem Polyester und haben meist als gemeinsames „Bedienungshaus" ein querliegendes Großrohr. Voraussetzung für diese Bauart ist ein möglichst ebenes Baugrundstück. Von Vorteil ist die kurze Bauzeit, nachteilig kann die erschwerte Wartung und Unterhaltung sein.

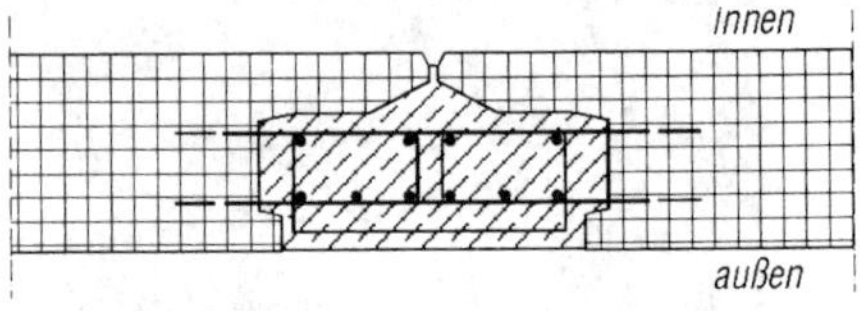

Abb. 6-23 b: Wandfuge mit Vergußtasche bei einem schlaff bewehrten Fertigteil-Rechteckbehälter

Abb. 6-23 a: Fertigteil-Rechteckbehälter in Stahlbetonbauweise; Wasserversorgung Stadt Neumarkt/OPf, 2 · 4000 m³ Inhalt, Betongüte B 35, Baujahr 1994 (Ausführung: Arge Bögl/Klebl)

6.4.7 Zugang

1) Außentüre des Bedienungshauses – Für den Zugang zum Bedienungshaus ist eine ausreichend breite, wärmeisolierte Stahltüre mit Anschlag nach außen zweckmäßig. Meist erhält diese Türe eine besondere architektonische Gestaltung.
2) Zugang Bedienungshaus-Wasserkammer – Die Wasserkammern sind immer vom Vorraum des Bedienungshauses durch eine Wand abzuschließen. Wegen der Gefahr der Algenbildung in den Wasserkammern sind in dieser Wand Fenster zu vermeiden, gegebenenfalls für diese farbige Gläser zu verwenden. Die Türe zum Bedienungspodest oder -gang in den Wasserkammern muß, mit Gummi gedichtet, absolut dicht schließen.
Bedienungspodeste bei kleinen Behältern und Bedienungsgänge entlang der Mittelwände der Wasserkammern bei großen Behältern erleichtern die Kontrolle der Wasserkammern im Betrieb, den Zugang zu den dort angeordneten Mittelentlüftungen, den Zugang und das Einbringen von Arbeitsgeräten bei Reinigungs- und Instandsetzungsarbeiten. Wegen des Unfallschutzes müssen Geländer und Brüstungen dieser Podeste und Gänge mind. 1,20 m hoch sein. Podeste und Gänge müssen ausreichend hohe Seitenborde haben, damit bei Reinigung kein verschmutztes Wasser in die Wasserkammern fließt. Werden Behälter häufig durch betriebsfremde Personen besichtigt, ist es aus hygienischen Gründen sehr empfehlenswert, die Wasserkammern durch Glaswände von den Bedienungsgängen abzutrennen.
3) Einstieg in die Wasserkammer – Bei kleinen und mittelgroßen Behältern sind Einsteigleitern üblich. Um die Dichtheit der Wasserkammerwände nicht zu gefährden, sollen die Leitern nur oberhalb des WSp herausnehmbar befestigt werden, wobei sie zur Vermeidung von Schwingungen beim Begehen mittels Gummipuffer gegen die Wand unter entsprechender Neigung abgestützt werden. Als Material wird Edelstahl empfohlen. Leitern aus Leichtmetall (Alu) scheiden wegen der Korrosionsgefahr aus. Die Leitern sind aus Gründen des Unfallschutzes ständig in den Wasserkammern zu belassen und dürfen nur zu Reinigungs- und Ausbesserungszwecken herausgenommen werden.
Bei großen Behältern und solchen mit großer Wassertiefe werden wegen des bequemeren Einstieges in die Wasserkammern häufig Stahlbetontreppen mit beidseitigem Handlauf oder Brüstung gewählt. Sie haben aber Nachteile; so ist die Putzarbeit sehr erschwert, das Herstellen ist teuer, die Reinigung zeitraubend. Aus der Sicht der Unfallverhütung und aus hygienischen Gründen sind an Stelle der Treppen Drucktüren aus rost- und säurefestem Stahl ca. 0,5 m über der Behältersohle zweckmäßig, wobei aus Sicherheitsgründen Einsteigleitern zusätzlich anzuordnen sind.
4) Zugang Bedienungshaus EG-Rohrkeller – Der Zugang ist bei entsprechender Geländeneigung ebenerdig oder vom EG aus als Stahlbetontreppe bzw. als gewendelte Fertigteiltreppe auszuführen; nur bei sehr kleinen Behältern mit Schachteinstieg sind korrosionsgeschützte Leitern ausreichend. Für den Transport der oft sehr schweren Rohre und Armaturen ist in der Decke des Rohrkellers eine ausreichend große Montageöffnung notwendig, die entweder mit Gitterrost abgedeckt oder mit unfallsicherem Geländer umgeben wird. Über der Montageöffnung ist mindestens ein Lasthaken zum Einhängen eines Flaschenzuges, bei großen Behältern eine Tragschiene mit Laufkatze oder eine Kranbahn anzuordnen. Bei der Planung und Bemessung der Zugänge, Treppen, Podeste, Decken müssen die möglichen Transportwege für die oft schweren Lasten vom Fahrzeug bis zum Einsatzort berücksichtigt werden.

6.4.8 Belichtung

6.4.8.1 Allgemein

Für Bedienung und Reinigung ist eine ausreichende Belichtung erforderlich. Nach Möglichkeit ist eine elektrische Beleuchtung einzurichten mit Anschluß an die öffentliche Stromversorgung, zumindest anschließbar an ein Ersatzstromaggregat. Für elektrisch betriebene Meßgeräte sind Akkumulatoren (i. a. fälschlich als Batterien bezeichnet) notwendig, möglichst mit ständiger Aufladung. Bereitstehen müssen ferner Akku-Handlampen und solche, die an vorhandene Steckereinrichtungen mit Spannung unter 42 V angeschlossen werden können. Die VDE-Vorschriften sind bei diesen Feuchträumen besonders zu beachten (DIN VDE 0100/737).

6.4.8.2 Wasserkammern

Wasserkammern sollen im normalen Betriebszustand grundsätzlich kein Tageslicht erhalten. Sie werden mittels Wand vom EG des Bedienungshauses abgeschlossen und nur künstlich belichtet. Der Einblick in die Wasserkammern erfolgt von einem Mittelgang oder von einem Podest an der Zugangstür. Gelegentlich werden in die Abschlußwand zum Bedienungshaus Fenster eingebaut, die im Normalbetrieb mit dichten Fensterläden verschlossen werden. Vorteilhaft ist, wenn die elektrische Beleuchtung der Wasserkammern so angeordnet ist, daß sie auch bei gefüllter Wasserkammer für Reparaturen zugänglich ist. Bei großen Behältern ist nicht nur für Besichtigungszwecke, sondern auch zur Kontrolle der Reinheit des Wassers und der Ablagerung auf der Sohle der Einbau von schwenkbaren Scheinwerfern über dem WSp vorteilhaft.

6.4.8.3 Bedienungshaus

Für das EG des Bedienungshauses ist neben der elektrischen Beleuchtung ein Mindestmaß an Beleuchtung mit Tageslicht angenehm. Aus Sicherheitsgründen sollen die Fensterflächen klein und unterbrochen sein und möglichst hoch angeordnet werden. Es werden Metallfenster mit Isolierglas oder Betonfenster verwendet. Im allgemeinen genügen unbewegliche Fenster, da die Belüftung gesondert erfolgt. Holzfenster sind ungeeignet. Aus Sicherheits- und Wärmeschutzgründen wird jedoch auf Belichtungsöffnungen zunehmend verzichtet.

6.4.9 Be- und Entlüftung

6.4.9.1 Allgemein

Die Luft in Wasserbehältern besitzt eine hohe Innenfeuchte, so daß sich stets Tauwasser bilden kann, im Winter an den gegenüber der Innenluft kälteren Außenmauern, Eingangstüren, Schachtdeckeln, wenn diese nicht ausreichend wärmeisoliert sind, im Sommer an den kälteren Wasserkammerwänden und -decken, sowie Rohrleitungen. Zur Vermeidung von negativen Einflüssen auf die Beschaffenheit des gespeicherten Wassers und der in den Behälteranlagen angeordneten Einrichtungen sind Maßnahmen für Be- und Entlüftung bzw. zur Verringerung oder Vermeidung von Tauwasserbildung zweckmäßig.

6.4.9.2 Wasserkammern

Eine Be- und Entlüftung ist zum Ausgleich des Luftinhalts bei den Wasserspiegelschwankungen notwendig. Bei der Belüftung muß verhindert werden, daß Staub oder Ungeziefer in die Wasserkammern gelangen, erforderlichenfalls sind kontrollierbare Luftfilter vorzusehen.
Im allgemeinen genügen für die Be- und Entlüftung die täglichen Wasserspiegelbewegungen, die in den Wasserkammern vorhandene Luft hinausdrücken oder Frischluft von außen ansaugen.
In der Behälterdecke sind über dem WSp Be- und Entlüftungsöffnungen, wie z. B. Dunsthüte oder Dunstkamine, unbedingt zu vermeiden; im vorhandenen Fall müssen sie so umgebaut werden, daß keine unmittelbare Verbindung mehr zwischen außen und freiem WSp besteht (Beispiele im DVGW-Merkblatt W 312).
Die Belüftungsöffnungen sind zweckmäßig so anzulegen, daß die zugeführte Luft vor Eintritt in die Kammer sich möglichst der Wasserkammertemperatur anpaßt. Bewährt hat sich eine geschlossene entwässerbare Lüftungsführung durch das Bedienungshaus mit ausreichendem Querschnitt (Lüftungsgeschwindigkeit max. 10 m/s unter Berücksichtigung der querschnittsverengenden Einbauten). Im Bedienungshaus läßt sich im Lüftungskanal problemlos ein leicht kontrollierbarer Luftfilter anordnen.
Maßnahmen zur Verminderung oder Vermeidung von Tauwasser, wie z. B. Klimatisierung der Wasserkammern, Zwangsbelüftung oder Beheizung der Behälterdecke, erfordern einen relativ hohen Betriebsaufwand und kommen nur in Sonderfällen in Betracht.

6.4.9.3 Bedienungshaus

Die Be- und Entlüftung des Bedienungshauses bereitet weniger Schwierigkeiten, wenn dieses von den Wasserkammern feuchtigkeits- und wärmeisoliert getrennt ist und Außenwände und Decken eine ausreichende Wärmeisolierung haben. Für EG und Rohrkeller genügen meist Be- und Entlüftungsöffnungen in der Frontwand unter Dach und/oder über Dach. Im Rohrkeller hat sich die Aufstellung eines Luftentfeuchtungsgerätes bewährt, um Korrosionen der Installation weitgehend zu vermeiden.

6.4.10 Hydraulische Ausrüstung

6.4.10.1 Allgemein

Die hydraulische Ausrüstung muß die betriebliche Funktion des Behälters gewährleisten; sie besteht aus den notwendigen Rohrleitungen für Zulauf, Entnahme, Überlauf und Entleerung, sowie aus den Armaturen und Meßgeräten. Die Funktion des Behälters bezüglich der Lage zum Netz und seine Betriebsweise bestimmen Art und Anordnung der Armaturen (**Abb. 6-24**).

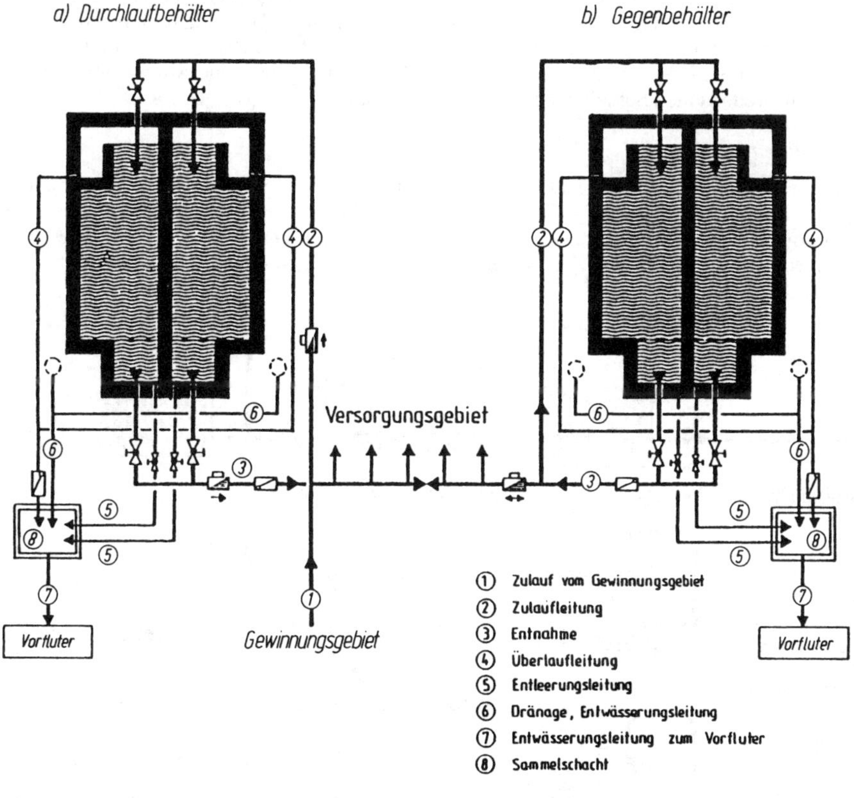

Abb. 6-24: Betriebsschema für Durchlaufbehälter (a) und Gegenbehälter (b) (nach W 311)

Durchflußmessungen erleichtern neben den Wasserstandsmessungen die Betriebsüberwachung größerer Behälter. Als Meßgeräte im eichpflichtigen Verkehr kommen Wasserzähler oder magnetisch-induktive Durchflußmesser (MID) in Frage. Für die Entnahme von Wasserproben sind Zapfstellen vorzusehen.

Alle Rohrleitungen sind übersichtlich und leicht erreichbar durch den Rohrkeller des Bedienungshauses zu führen. Die Kennzeichnung der Rohrleitungen durch Schilder und ggf. durch unterschiedliche Farbe erleichtert dem Betriebspersonal die Orientierung. Die Armaturen sind übersichtlich, sicher und leicht bedienbar anzuordnen. Stege, Podeste, Treppen und Rohrüberstiege helfen hierbei. Für die Erstmontage und spätere Auswechslung von Einzelteilen sind Transport- und Montagehilfen (Lasthaken, Ankerschienen, Laufträger für Flaschenzüge) einschließlich eventuell erforderlicher Deckenaussparungen vorzusehen.

Zweckmäßigerweise werden die Rohrleitungen samt Zubehör auf Sockeln aus Mauerwerk, Beton oder Betonfertigteilen aufgelagert; auftretende Kräfte müssen sicher aufgenommen und abgeleitet werden. Sind Setzungen oder dynamische Kräfte zu erwarten, so ist diesen mit Kompensatoren, Gelenken, Muffen o. ä. zu begegnen. Für den leichten Ein- und Ausbau und zur Vermeidung von Verspannungen

sind ausreichend Ausbaustücke oder Krümmer vorzusehen. Wegen Montage- und Instandhaltungsarbeiten sollte der allseitige Flanschabstand je nach Nennweite 15 bis 30 cm, von Wand und Boden mindestens 30 cm betragen.
Die Leitungen, Armaturen und sonstigen Einbauteile sind im Rahmen der Regeldruckstufen für den höchsten auftretenden Betriebsdruck zu bemessen.

6.4.10.2 Rohrleitungen

Für jede Wasserkammer sind erforderlich: Zulaufleitung, Entnahmeleitung (Falleitung, Ableitung), Überlaufleitung (Übereich) und Entleerungsleitung (Grundablaß). In der Wasserkammer sind Zu- und Entnahmeleitung so anzuordnen und zu gestalten, daß eine gute Wassererneuerung in der ganzen Kammer gewährleistet ist. Jede Leitung – außer der Überlaufleitung – erhält eine Absperrvorrichtung, bei kleineren Nennweiten einen Schieber, bei größeren eine Klappe.

6.4.10.2.1 Zulaufleitung

Bei Zulauf zum Behälter mit natürlichem Gefälle, z. B. von einer höher gelegenen Quelle oder einem höher gelegenen Behälter aus, muß der Zulauf bei vollem Behälter mittels Schwimmerventil, oder bei großen Behältern mittels Schwimmer oder elektrisch in Abhängigkeit vom Wasserspiegel gesteuerten Abschlußorganen abgesperrt werden. Zur Sicherung gegen Überfüllen des Behälters und nutzlosen

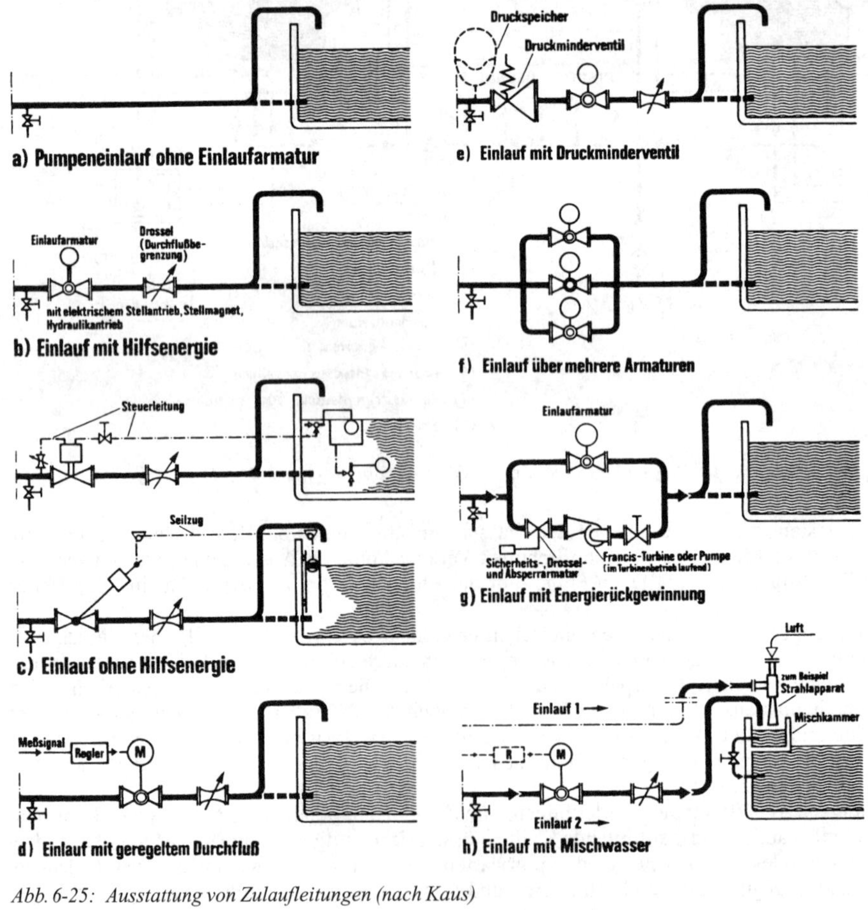

Abb. 6-25: Ausstattung von Zulaufleitungen (nach Kaus)

Abfließens von Wasser über die Überlaufvorrichtung wird bei Pumpenförderung meist die Fernübertragung des Wasserstands im Hochbehälter zum Pumpwerk mit automatischem Abschalten der Pumpen bei vollem Behälter gewählt (siehe Abschn. 5.2.3.1.3).
Dabei muß der Abschluß der selbsttätigen Schließorgane mit kurzer Schließzeit erfolgen, damit die Pumpen nicht über längere Zeit mit langsam steigender Drosselung des Zulaufs fördern. Bei Wahl von Schwimmerventilen oder Schwimmern für das Absperrorgan sind diese im Bedienungshaus in einem besonderen Gefäß oder einer kleinen Wasserkammer unterzubringen, deren Inhalt nach der gewünschten Schließzeit zu bemessen ist, die zwar kurz, aber zur Vermeidung von hohen Druckstößen ausreichend lang sein soll. Die Schwimmergefäße werden erst bei Überlauf des vollen Hochbehälters mit einer Füllzeit von meist 1 bis 2 Minuten gefüllt und entleeren sich mit sinkendem WSp des Behälters, wobei dies mit einem Hilfsschwimmer gesteuert wird (siehe Abschn. 7.1.3.6.3).
Die Zulaufleitung in die Wasserkammer kann man oberhalb oder unterhalb des maximalen Wasserspiegels einführen und zwar abhängig vom Wasserchemismus (S. 402). Die Zuführung von oben sollte etwa 20 cm über dem maximalen WSp mit Gerinne oder Zulaufformstücken erfolgen. Bei Einführung im Sohlbereich kann dies mit einem geraden Rohr geschehen, wobei der Tauchstrahl möglichst mit einer Austrittsgeschwindigkeit von etwa 1 m/s, die auch durch eine düsenartige Rohrverjüngung zu erreichen ist, in den Wasserkörper gerichtet wird. Hierbei ist in die Zulaufleitung ein Rückflußverhinderer einzubauen. Beim Zulauf unter Wasser kann sich bei mittelharten bis harten Wässern eine Kalkhaut auf der Wasseroberfläche bilden; sie wird vermieden, indem man einen kleinen Wasserstrahl über dem Wasserspiegel einführt.
Bei beiden Zuführungsarten wird in der Regel durch den Energieeintrag des einströmenden Wassers eine ausreichende Durchmischung erzielt. Bei besonderen Verhältnissen können Modellversuche hilfreich sein.
Ist der Behälter nur über *eine* Leitung für Zulauf und Entnahme angeschlossen (Gegenbehälter), wird diese innerhalb des Bedienungshauses so aufgeteilt und mit druckverlustarmen Rückflußverhinderern bestückt, daß das ankommende Wasser nur über die Zulaufleitung in die Wasserkammer gelangen kann. Ist ausreichender Vordruck vorhanden, so werden für betriebliche Zwecke, z. B. zum Reinigen der Wasserkammern oder zur Pflege der Außenanlagen, an der Zulaufleitung Anschlüsse vorgesehen. **Abb. 6-25** (S. 422) zeigt verschiedene Ausstattungen von Zulaufleitungen (nach *Kaus*). Behältereinlaufarmaturen sind in Kap. 7.1.3.6.3 beschrieben. Wegen des besseren Korrosionsschutzes und der leichteren Wartung sind diese Armaturen möglichst im Bedienungshaus und nicht in den Wasserkammern anzuordnen. Bei großen Zulaufvolumenströmen sei auf die Möglichkeit der Energierückgewinnung hingewiesen, die z. B. von den Zweckverbänden Bodenseewasserversorgung und Landeswasserversorgung erfolgreich angewendet wird.

6.4.10.2.2 Entnahmeleitung

Um den Behälterinhalt optimal nutzen zu können, wird die Sohle der Wasserkammer meist an der Wand zum Bedienungshaus in Form einer Rinne oder eines „Sumpfes" abgesenkt und dort die Entnahmeleitung installiert. Das Entnahmeformstück in der Wasserkammer muß durch günstige hydraulische Gestaltung eine tiefe Absenkung des Wasserspiegels ohne Ansaugen von Luft ermöglichen, z. B. durch einen nach oben gerichteten Trichter mit aufgeständerter Abdeckung, durch einen leicht nach unten gerichteten Bogen, durch eine nach oben geschlossene Halbschale. Die Entnahmeleitung stellt einen Hochpunkt im Versorgungsnetz dar und muß deshalb be- und entlüftet werden, entweder über ein automatisches Ventil oder einfach über eine Rohrleitung, die über dem WSp in die Wasserkammer eingeführt wird. Jede Entnahmeleitung erhält eine Absperrvorrichtung und eine Zapfstelle zur Kontrolle der Wasserbeschaffenheit. **Abb. 6-26** (S. 424). Der Einbau eines zusätzlichen Wasserzählers mit kleinem Nenndurchfluß in die Umführungsleitung ermöglicht die Messung des Nachtverbrauches und somit die Feststellung größerer Rohrnetzverluste.

6.4.10.2.3 Überlaufleitung

Die Überlaufleitung (Übereich) darf keine Absperrarmatur enthalten. Die Überlauf- und die Ablaufleitung sind für den höchsten Zufluß (Quellzulauf, Pumpenförderstrom) zu bemessen. Kann der höchste Zufluß z. B. wegen unzureichender Vorflut nicht abgeführt werden, so müssen Überlaufsicherungen eingebaut werden, z. B. wasserstandsabhängig gesteuerte Armaturen oder elektrisch angetriebene Regelorgane mit Ersatzstromanlage. Der Überlauf kann in Form einer Einlauftulpe oder bei größeren Wassermengen als Überlaufwehr. ausgebildet werden, über das auch Schwimmschichten abgezogen werden können. Die Überlaufleitung mündet in den Sammel- und Kontrollschacht. Dort ist eine Rückschlagklappe, Froschklappe oder eine Wasservorlage vorzusehen, um das Eindringen von Kleinlebewesen zu verhindern und eine unbeabsichtigte Belüftung zu vermeiden.

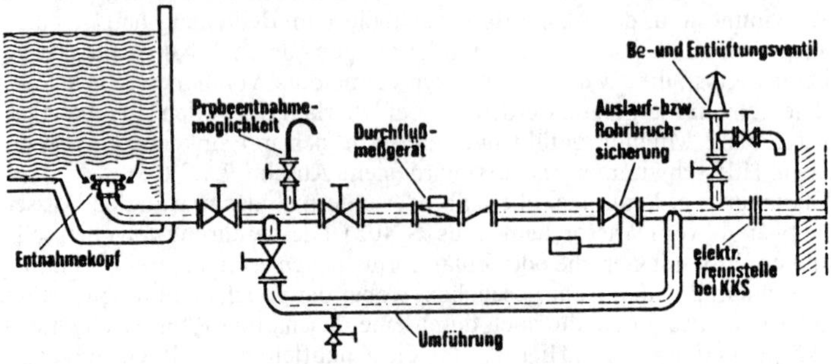

Abb. 6-26: Prinzipieller Aufbau einer Entnahmeleitung (nach Kaus).

6.4.10.2.4 Entleerungsleitung

Jede Wasserkammer muß mit einer absperrbaren Entleerungsleitung ausgestattet sein, die eine vollständige Entleerung des Behälters in einer angemessenen Zeit schadlos ermöglicht.

6.4.10.2.5 Rohrbruchsicherung

Rohrbruchsicherungen können eingebaut werden, wenn im Falle eines Rohrbruches ein Leerlaufen des Behälters verhindert werden muß. Es sind selbsttätige, hydraulisch in Abhängigkeit vom Durchfluß gesteuerte Abschlußorgane, meist in Form von Klappen oder Ringkolbenventilen, anzuordnen. Die Auslösung muß mit Sicherheit über dem im Betrieb auftretenden größten Durchfluß liegen; hierin liegt auch das nicht unerhebliche Risiko solcher Armaturen. Die Schließgeschwindigkeit dieser Armaturen muß auf den zulässigen Druckstoß abgestimmt sein. Hinter der Rohrbruchsicherung ist eine Belüftungsmöglichkeit vorzusehen (s. Kap. 7.1.3.3.1, S. 480).

6.4.10.2.6 Umführungsleitung

Beim Durchlaufbehälter, wo Zulauf- und Entnahmeleitung getrennt sind, ist es zweckmäßig, eine im normalen Betrieb gesperrte Umführungsleitung anzuordnen. Sie ermöglicht eine Notversorgung bei Reinigungs-, Wartungs- und Instandsetzungsarbeiten am Behälter. Eine Be- und Entlüftung ist erforderlich. Bei der Umführung können aus höher gelegenen Behältern höhere Betriebsdrücke und zusätzliche Druckstoßprobleme für den nachfolgenden Rohrleitungsbereich auftreten. Hier ist Abhilfe z. B. in Form eines Druckminderventils zu schaffen.

6.4.10.2.7 Löschwasserleitung

Um im Behälter eine Löschwasserreserve zu garantieren, hat man früher ab und zu im Rohrkeller die Entnahmeleitung bogenförmig hochgezogen und den besonders gekennzeichneten „Brandschieber" im eben gelegenen Verbindungsstück nur im Brandfall geöffnet. Dies hat sich betrieblich nicht bewährt. Besser ist es, den Löschwasservorrat in der Behälterbemessung zu berücksichtigen.

6.4.10.3 Rohrdurchführungen

Alle Durchführungen der Rohrleitungen durch die Wände der Wasserkammern und des Rohrkellers sind mit großer Sorgfalt herzustellen, da erfahrungsgemäß undichte Stellen besonders häufig hier zu finden sind. Bei kleinen und mittleren Behältern werden im allgemeinen die Rohre in die Wand einbetoniert. Zum Erreichen eines dichten Betonanschlusses erhalten die Rohre einen Mauerflansch, der jedoch aus Korrosionsschutzgründen nicht mit der Bewehrung in Berührung kommen darf. Häufig werden in den Wänden und Decken Aussparungen belassen, nach Beendigung der Rohbauarbeiten die

Behälterinstallation ausgeführt, die Rohre einbetoniert (Entlüftung des Füllmörtels ermöglichen!), anschließend die Behälter verputzt.

6.4.10.4 Rohrmaterial

In den Wasserkammern kommen wegen der Korrosionsbeständigkeit zunehmend Rohre aus Edelstahl rostfrei nach DIN 17 440 zum Einsatz. Bei gechlorten Wässern über 0,3 mg/l Chlor sowie bei Ozonung und erhöhten Chloridgehalten muß anstatt Werkstoff Nr. 1.4301 oder 1.4541 der höherwertige Werkstoff Nr. 1.4571 oder gar 1.4435 verwendet werden. Die Werkstoffwahl ist mit dem Herstellerwerk bzw. Lieferanten aufgrund der chemischen Wasseranalyse abzustimmen. Auf den Einbau von Isolierstücken beim Übergang auf anderes Rohrmaterial ist zu achten. Bei kleinen Behältern können sowohl in den Wasserkammern als auch im Bedienungshaus Rohre aus PVC hart eingesetzt werden.
Ansonsten kommen für die hydraulische Ausrüstung im nicht wasserbenetzten Teil eines Behälters Rohre und Formstücke aus Stahl oder aus duktilem Gußeisen mit Zementmörtelauskleidung in Frage, letztere bevorzugt bei kleinen Behältern mit einfacher Installation. Bei größeren Nennweiten haben sich Rohre und Formstücke aus Stahl bewährt, die sich gut den Raumverhältnissen im Rohrkeller anpassen lassen. Auf sorgfältigen und wirksamen Außenschutz ist zu achten, insbesondere wenn auf der Baustelle geschweißt wird.
Seit geraumer Zeit kommen Flanschenrohre und Formstücke aus Aluminium mit Rilsan-Beschichtung zum Einsatz. Die porenfreie thermoplastische Kunststoffbeschichtung aus der Gruppe der Hochleistungspolyamide wird als Korrosionsschutz im Herstellungswerk auf das Alu-Rohr bzw. -Formstück aufgesintert. Die Installation setzt eine exakte Planung voraus, da die Fertigung der Alu-Formstücke nur im Werk möglich ist. Die leichten Alu-Teile sind bei der Montage vorteilhaft. Die glatten Oberflächen vermitteln einen ästhetischen Eindruck.

6.4.10.5 Korrosionsschutz

Einbauteile aus Edelstahl nach DIN 17440 benötigen keinen Außenschutz. Alle anderen Rohrleitungen und Armaturen müssen als Korrosionsschutz einen dauerhaften, porenfreien Oberflächenschutz mit ausreichender Schichtdicke erhalten. Es empfehlen sich helle freundliche Farbtöne.
Für das Aufbringen von Anstrichen müssen die Rohre und Armaturen entsprechend vorbereitet werden. Alle Teile aus Stahl und Gußeisen müssen dazu metallisch blank nach SA – 21/2 DIN 55 928 Teil 4 sein; ferner müssen die Oberflächen trocken und fettfrei sein. Das wird am besten durch Sandstrahlen erreicht. Verzinkte Teile sind ebenfalls gut zu reinigen und zu entfetten. Folgende Anstrichsysteme für die Außenseite der Rohrleitungsteile haben sich bewährt: trinkwassergeeignete Anstriche auf Bitumenbasis, Chlorkautschukfarben, ferner zyklisierte Kautschukfarben, d. h. Einkomponentenanstriche, geeignete Zweikomponenten-Reaktionslacke. Vor allem bei Verwendung in den Wasserkammern müssen die Anstriche hygienisch einwandfrei sein und dürfen das Wachstum von Bakterien und Pilzen nicht begünstigen, sie müssen daher den KTW-Empfehlungen und dem DVGW-Arbeitsblatt W 270 entsprechen.
Es empfiehlt sich, den genauen Aufbau des Anstrichs, die Schichtdicke zum Erreichen der Porenfreiheit und die Verarbeitungsvorschrift vom Herstellerwerk festlegen zu lassen. Die Schichtdicke und Porenfreiheit ist mit elektrischen Meßgeräten zu überprüfen.

6.4.11 Entwässerungsanlage

In der Entwässerungsanlage muß das Wasser aus Überlauf und Entleerung der Wasserkammern, das Tropf- und Tauwasser, das Reinigungswasser der Wasserkammern, der Bedienungsgänge und des Bedienungshauses, das Wasser aus Handwaschbecken, das Wasser aus Dränleitungen um die Behälterfundamente und das Niederschlagswasser von Dach- und Verkehrsflächen abgeleitet werden. Die Menge und Beschaffenheit des anfallenden Wassers ist entsprechend der Herkunft verschieden; alle Entwässerungseinrichtungen sind aber so zu legen und zu bemessen, daß kein Rückstau, kein Eindringen von Kleinlebewesen und kein Geruch in den Behältern möglich sind.
Innerhalb oder besser außerhalb des Bedienungshauses ist ein Sammel-Entwässerungsschacht anzuordnen, in den alle Entwässerungsleitungen, ausgenommen des häuslichen Abwassers, einmünden. Die Überlaufleitung kann bereits im Rohrkeller in die Entleerungsleitung eingebunden werden. Die Dränleitungen und das Niederschlagswasser werden in den Schacht getrennt eingeführt, wobei durch entsprechende Sohlentiefe vermieden werden muß, daß ein Rückstau von Wasser in die Dränleitungen

erfolgt. Der Schacht muß mit den erforderlichen Einrichtungen versehen sein, die das Eindringen von Gerüchen und Tieren in den Behälter mit Sicherheit verhindern, z. B. durch Geruchsverschluß, Gitter, Rückstauklappe (Froschklappe). Vom Schacht führt die Ablaufleitung zum Vorfluter (DVGW-Arbeitsblatt W 356). Für das Einleiten in ein öffentliches Gewässer ist eine wasserrechtliche Erlaubnis erforderlich, für das Einleiten in eine Kanalisation eine satzungsrechtliche Genehmigung.
Fällt z. B. bei großen Behältern häusliches Abwasser aus WC-Anlagen an, so ist es entsprechend den örtlichen Verhältnissen gesondert zu behandeln, also Anschluß an eine Ortskanalisation oder Hauskläranlage mit Ab- bzw. Einleitung.

6.4.12 Elektrische Einrichtung

Wasserbehälter sollten immer einen Stromanschluß erhalten. Ansonsten sollte eine Versorgung des Bauwerks mit elektrischer Energie durch eine Eigenstromerzeugungsanlage möglich sein. Hierbei empfiehlt sich eine ortsfest verlegte elektrische Installation.

6.4.12.1 Stromversorgung

Für das Einrichten und den Betrieb von Starkstromanlagen mit Nennspannungen bis 1000 Volt im Wasserbehälter und Bedienungshaus sind die Bestimmungen der VDE 0100 für „feuchte und nasse Räume" (Teil 737) maßgebend; hiervon sind gesonderte trockene und heizbare Räume für Schalt- und Steuereinrichtungen ausgenommen.
Besonders zu beachten ist, daß das verwendete Leitungsmaterial den hier gegebenen betrieblichen Verhältnissen angepaßt ist, und daß Leuchten, die maximal eine Spannung bis zu 250 Volt haben dürfen, mindestens der Schutzart „Strahlwasserschutz", d. h. IPX 5 nach DIN VDE 0470/1 bzw. DIN VDE 0530/5 entsprechen. Für Handleuchten empfiehlt sich die Anwendung der Schutzkleinspannung nach DIN VDE 0100/410. Die Aufstellung und der Betrieb von Pumpen im Hochbehälter ist entsprechend den Grundsätzen für Pumpwerke zu gestalten (siehe Kapitel 5.5).
Es ist erforderlich, eine Prüfung der elektrischen Installation durch einen unabhängigen, anerkannten Sachverständigen vor Abnahme der Gesamtanlage durchführen zu lassen. Dies gilt auch für die Blitzschutzanlage, die bei exponierten Behältern empfohlen wird.

6.4.12.2 Meß-, Steuer- und Regeltechnik

Die wesentlichsten Messungen zur Überwachung und Steuerung eines Behälters, nämlich des Zulaufes und des Wasserstandes in den Wasserkammern, müssen auch vor Ort leicht und ohne Verschmutzung des Wassers ausführbar sein. Notwendig ist die Anordnung eines Bedienungspodestes. Im allgemeinen ist eine Einlaufkammer mit Wasserzähler vorzusehen. Die Ablaufmenge wird durch Messung der Wasserspiegelabsenkung in der Zeiteinheit, z. B. 1 Stunde, oder mittels Wasserzähler festgestellt. Wegen des unzureichenden Vordruckes werden hierfür anstatt Woltmann-Flügelrad-Wasserzähler magnetisch-induktive Durchflußmesser (MID) eingesetzt. Zur Messung des Wasserstandes sind in der Wasserkammer korrosionsbeständige Pegel mit Beschriftung, im Bedienungshaus Pegel mit Schwimmer einzubauen.
Zur Fernübertragung des Wasserstandes der Wasserkammern, die bei Behältern über 200 m^3 und Hochbehältern von Gruppenanlagen immer zu empfehlen ist, wurde bisher im Bedienungshaus ein mit der Wasserkammer durch Rohrleitung verbundenes Standrohr aus korrosionsbeständigem Faserzement- oder PVC-Rohr mit DN 400 bis 600 angeordnet, in welchem der Schwimmer für die Wasserstandsmessung und für die Fernübertragung geführt wird. Das Standrohr ist im Bedienungshaus frostsicher aufzustellen. Diese pegelabhängige Messung und Wasserstandsmessung und -steuerung ist robust und betriebssicher. Eine druckabhängige Messung und Steuerung ist kostengünstiger und wird heute überwiegend eingesetzt.

6.4.13 Dichtheitsprüfung

6.4.13.1 Forderung

Bei der Abnahme ist neben der Überprüfung der plangerechten und gütemäßigen Ausführung auch die Dichtheit der Wasserkammern zu prüfen. Die Prüfung ist für jede Kammer gesondert bei gleichzeitiger Entleerung benachbarter Wasserkammern durchzuführen. Die Dichtheitsprüfung gilt als bestanden, wenn

1. kein sichtbarer Wasseraustritt nach außen feststellbar ist,
2. keine bleibenden und sich vergrößernden Durchfeuchtungen auftreten,
3. der Wasserspiegel innerhalb der Prüfzeit von 48 Stunden nicht meßbar absinkt.

Etwaiges Absinken des Wasserspiegels bei der Prüfung kann folgende Ursachen haben:

1. Durchlässiger Beton, fehlerhafter Putz.
2. Undichte Stellen an den Fugen.
3. Undichte Stellen an den Rohrdurchführungen.
4. Aufsaugen von Wasser durch den Beton (Quellvorgang).
5. Nicht dicht schließende Abschlußschieber.
6. Verdunstung von Wasser.

6.4.13.2 Durchführen der Dichtheitsprüfung

Die Prüfung soll am „nackten“ Behälter, d. h. noch vor der Erdanschüttung und vor einer etwaigen Innenbeschichtung durchgeführt werden. Dieser Lastfall muß bei der statischen Berechnung berücksichtigt werden. Um Schwindrisse durch Austrocknen zu vermeiden, sollte das Bauwerk zumindest mit Jute o. ä. abgehängt werden. Die Wasserkammer muß langsam und möglichst mit Trinkwasser bis zum Überlauf gefüllt und die Wasserfüllung mindestens 1 Woche gehalten werden, damit der Beton Wasser für etwa noch einsetzende Quellvorgänge, die die Wasserundurchlässigkeit verbessern, ansaugen kann. Die Verdunstung ist bei abgeschlossenem Behälter vernachlässigbar gering, doch kann bei großen Behältern auch zusätzlich die Entlüftung geschlossen werden. Die Wasserkammer wird vor Beginn der Prüfung noch bis in Überlaufhöhe aufgefüllt. Zu messen sind vor und nach der Prüfung der Abstand des Wasserspiegels von einem gewählten Festpunkt bzw. auf einer Skala in mm, die Temperatur des Wassers und der Luft in der Kammer, die Temperatur der Außenluft. Die Schieber der Zu-, Entnahme- und Entleerungsleitungen und der Zugang zur Wasserkammer werden verschlossen und plombiert. Die Wasserkammer kann als dicht bezeichnet werden, wenn keine meßbare Absenkung (kleiner als 1 mm) innerhalb 48 Stunden festgestellt wird. Diese Messung wird ergänzt durch eine Sichtkontrolle der Außenwände samt Fugen sowie der Sohl- und Ringdrainagen in den Sammelschächten. Bei meßbarer Absenkung sind zunächst die Rohrleitungen durch Blindbleche abzuschließen und die Prüfung ist zu wiederholen. Wenn auch bei dieser Prüfung eine Absenkung vorhanden ist, liegt die Ursache an Bauwerksmängeln. Häufig ist bei undichten Behältern ein sichtbarer Wasserdurchgang entlang den Rohrdurchführungen, an den Arbeitsfugen zwischen Sohle und Wänden der Wasserkammern oder an beschädigten Fugenbändern. Ggf. sind Nachdichtungsarbeiten, z. B. durch Injektion von Expoxidharz, Polyurethanharz oder Zementleim, auszuführen und die Dichtheitsprüfung zu wiederholen.
Über die Dichtheitsprüfung ist eine Niederschrift etwa nach folgendem Muster anzufertigen.

Muster einer Niederschrift über die Prüfung der Wasserdichtheit

Wasserversorgungsunternehmen ....

Niederschrift Nr. ....

über die Prüfung der Wasserdichtheit des .... *behälters, Kammer* ....

1. Auftraggeber: ....
   Auftragnehmer: ....
2. Bauzeit von .... bis ....
3. Technische Angaben

Anzahl der Wasserkammern	....	
Speicherinhalt	....	m^3
Nutzinhalt	....	m^3
Wassertiefe	von .... bis	m
Wasseroberfläche	....	m^2
benetzte Fläche	....	m^2

Rohrdurchführungen

Zulauf DN ....
Entnahme DN ....
Entleerung DN ....
Überlauf DN ....

Oberflächenbeschaffenheit zum Zeitpunkt der Dichtheitsprüfung
Wände ....
Sohle ....
Decken ....
Stützen ....

4. Dichtheitsprüfung

Sicherungen gegen unbefugtes Betätigen

Bauteil	verschlossen	plombiert	blind geflanscht
Zugang	...	...	...
Zulaufarmaturen	...	...	...
Entnahmearmaturen	...	...	...
Überlaufarmaturen	...	...	...
Entleerungsarmaturen	...	...	...

Messungen
Maximale und minimale Temperaturen während der Prüfung
Außenluft: .... Innenluft: .... Wasser: ....

Probefüllung

	Beginn Datum	Uhrzeit	Ende Datum	Uhrzeit	Dauer
Wasserfüllung vor der Prüfung	....				Stunden
Prüfung			....		Stunden
Ablesung auf der Skala	.... mm;		.... mm;	Unterschied	.... mm
Abstichmaß vom Festpunkt	.... mm;		.... mm;	Unterschied	.... mm

5. Ergebnis der Sichtkontrolle: ....
....
....

Bemerkungen: (z. B. Orte, Ursache, Behebung von Undichtheiten, Wiederholungsprüfung)
....
....
....

6. Beurteilung:
   Die Prüfung auf Wasserdichtheit gilt als – nicht – bestanden.

Für den Auftraggeber | Für den Auftragnehmer

.... | ....

Ort Datum | Ort Datum

.... | ....

Unterschrift | Unterschrift

Für die Bauleitung

....

Ort Datum

....

Unterschrift

6.4.14 Außenanlagen

Wasserversorgungsanlagen stellen einen erheblichen materiellen Wert dar und liefern das lebenswichtige Trinkwasser. Der Bedeutung entsprechend sollten daher die wenigen sichtbaren Teile einer Wasserversorgungsanlage auch baulich und künstlerisch so gestaltet sein, daß sie ein Bild vom Wert und Reinheit des Wassers vermitteln. Bewährt haben sich ortsgebundene Bauformen unter Verwendung ortsüblicher Baustoffe mit eher zurückhaltender Fassadengestaltung.

Wasserbehälter sind oft Bauten im Außenbereich und deshalb landschaftsgerecht einzubinden. Der Plan über die Einbindung in die Landschaft muß Aussagen enthalten zum Standort, zur Geländemodellierung, zur Erschließung der Anlage (Wegenetz, Zufahrt, Parken, Einzäunung) und zur Gestaltung der Anlage mittels Bepflanzung.

Der Standort in der freien Landschaft ist unter Berücksichtigung der Geländeausbildung und vorhandener Gehölzbestände festzulegen, wie z. B. Anbinden der Anlagen an Talhänge, Terassenkanten, Höhenrücken, Wald, Gehölz. Gehölzgruppen und Einzelbäume sind durch entsprechende Maßnahmen während der Bauzeit zu sichern. Böschungen sind immer unter Beachtung der landschaftlichen Gegebenheiten auszuformen. Steile Böschungen sind zu vermeiden. Ausgerundete und abgeflachte Böschungen mit einer Neigung von 1:3 und flacher erlauben landschaftgerechtes Einbinden der Anlage, maschinelle Pflege der Böschungen und ihre Bewirtschaftung als Mähwiese zum Schutz vor Erosion.

Bei Pflanzungen ist auf betriebsnotwendige Bedürfnisse zu achten und der Pflegeaufwand möglichst gering zu halten. Zum Aufbau einer langlebigen, pflegeleichten Bepflanzung sind Bäume und Sträucher im geeigneten Mischungsverhältnis einzubringen. Aus ökologischen Überlegungen bietet sich bei der Mehrzahl der Pflanzungen die Verwendung artenreicher Mischungen an; für die Tierwelt sind Samen und früchtetragende Gehölze Futterplatz. Bäume sollen im oberen Bereich der Böschungen nicht angepflanzt werden.

Die nicht befestigten oder bepflanzten Flächen sind anzusäen, ebenso die Erdüberdeckung der Wasserkammern. Magerrasen bedarf nur geringer Pflege. Zierrasen ist wegen des hohen Pflegeaufwandes nicht empfehlenswert. Künftige Erweiterungsflächen können in ihrer bisherigen Nutzung belassen oder als Wiese bewirtschaftet werden.

Die Zufahrt sowie häufig benutzte Wege und Stellflächen im Grundstück selbst sind zu befestigen (Breite für Gehwege etwa 1,5 m, Fahrwege 3,0 m). Kaum benutzte Flächen können mit Rasengittersteinen oder Schotterrasen gesichert werden. Zäune sind von der Grundstücksgrenze abzusetzen (Nachbarrecht).

6.4.15 Ausführungsbeispiele

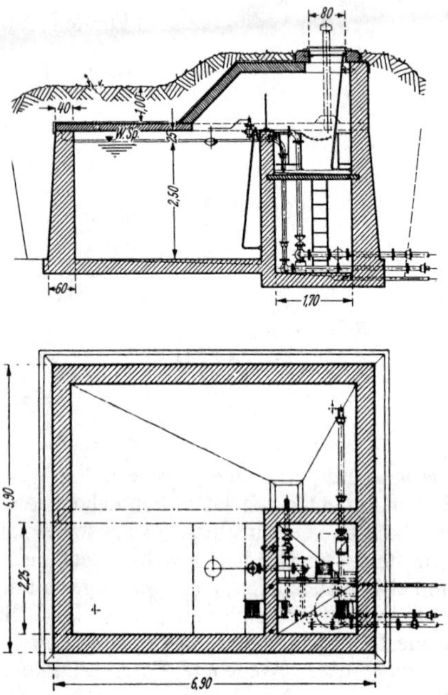

Abb. 6-27: Älterer einkammeriger, rechteckiger Hochbehälter, $V = 60\ m^3$, unbewehrte Betonwände, Stahlbetonplattenbalkendecke, Einstieg von oben

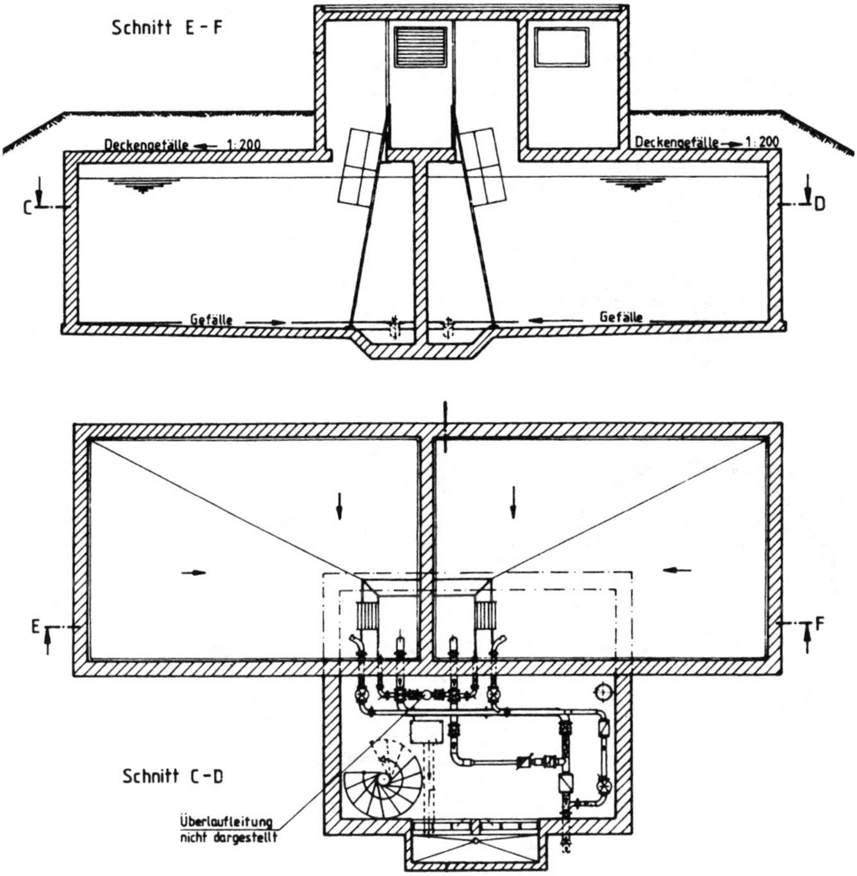

Abb. 6-28: Zweikammeriger rechteckiger Hochbehälter $V = 2 \cdot 100\,m^3$ in Stahlbetonweise (nach DVGW-Arbeitsblatt W 311)

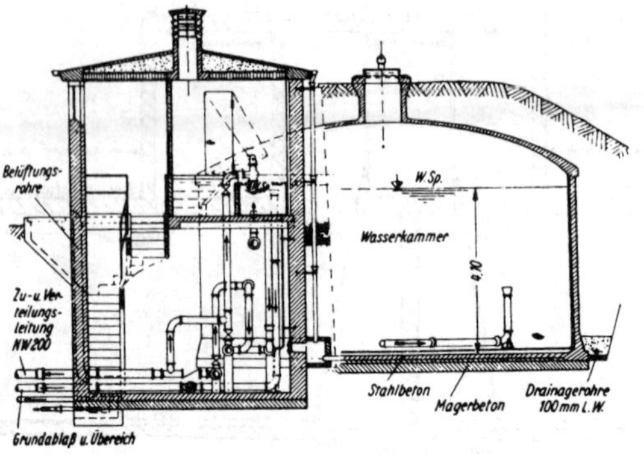

a) Querschnitt

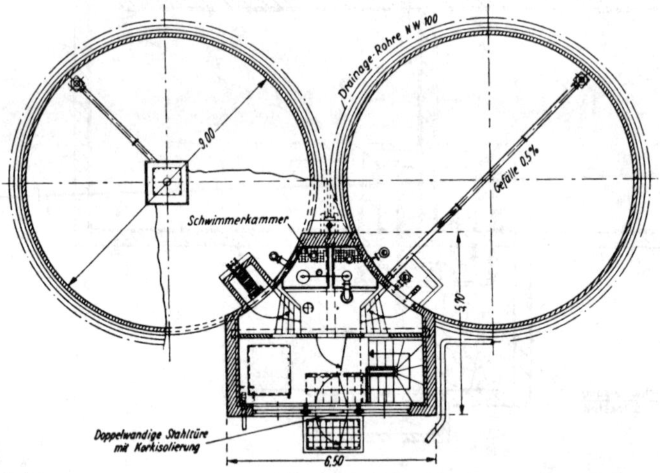

b) Grundriß

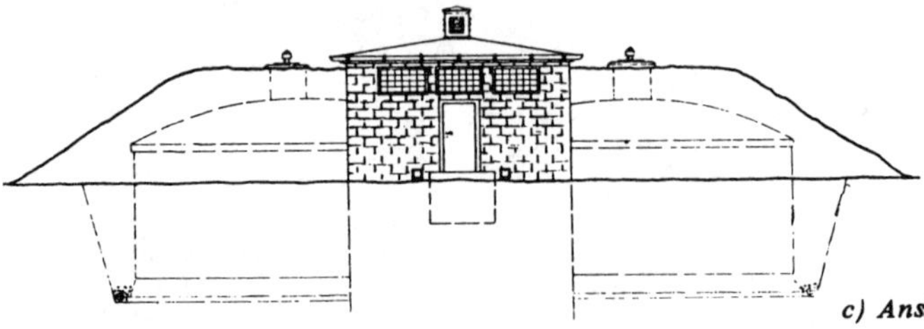

c) Ansicht Bedienungshaus

Abb. 6-29: Zweikammeriger älterer Hochbehälter in Rundform, $V = 2 \cdot 250\ m^3$, Stahlbetonwände mit Kuppeldecke, Bedienungshaus, abgeschlossene Einlauf- und Schwimmerkammer
Beachte: Lüftungsöffnung über der Kuppel durch Überbau (Laterne) sichern oder zubetonieren und neues Lüftungsrohr zum Bedienungshaus führen (s. DVGW-Arbeitsblatt W 312).

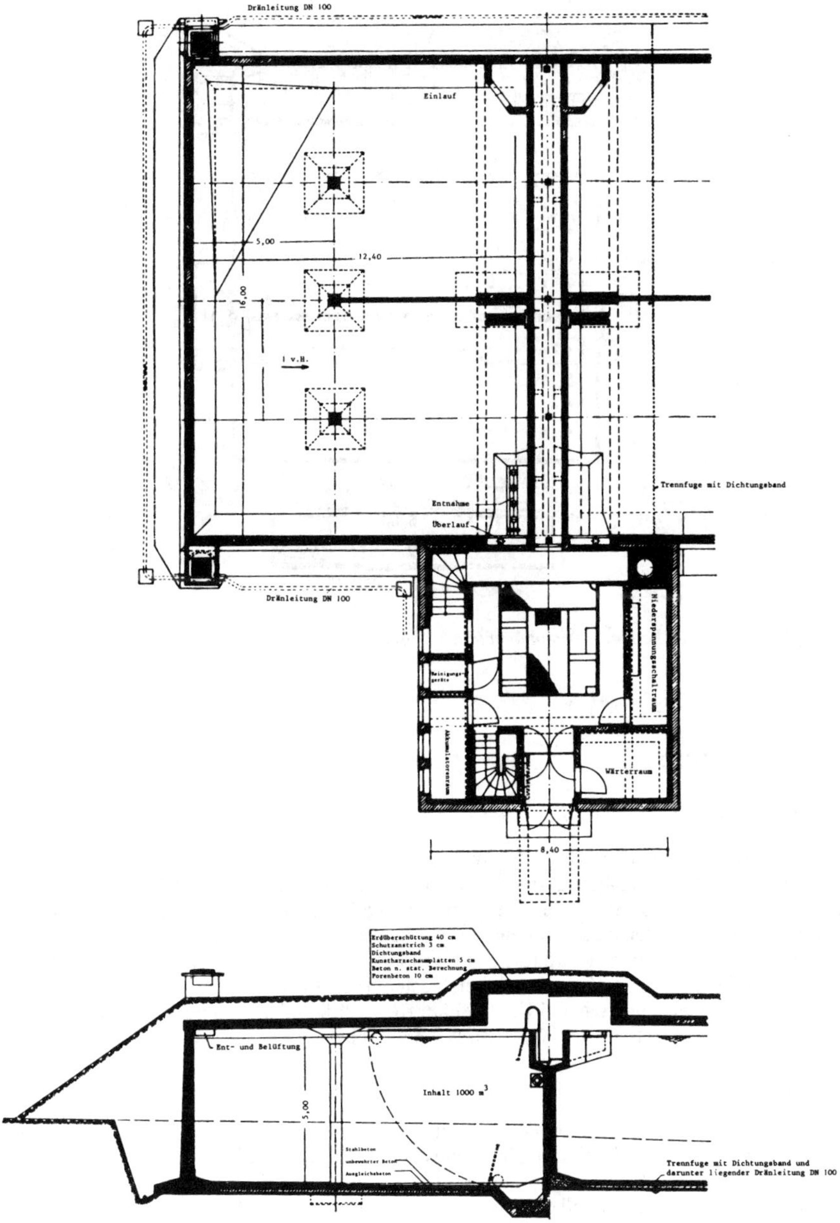

Abb. 6-30: Zweikammeriger, rechteckiger Hochbehälter, $V = 2 \cdot 1000\,m^3$, Stahlbetonwände, Pilzdecke, Wasserkammern mit Leitwänden, Bedienungssgang über Mitteltrennwand, Bedienungshaus mit Pumpwerk im Rohrkeller und Schaltwarte mit Bedienungsräumen im Erdgeschoß; neuerdings: ohne Vouten, kopflose Pilzdecken, gleichmäßige Wanddicke

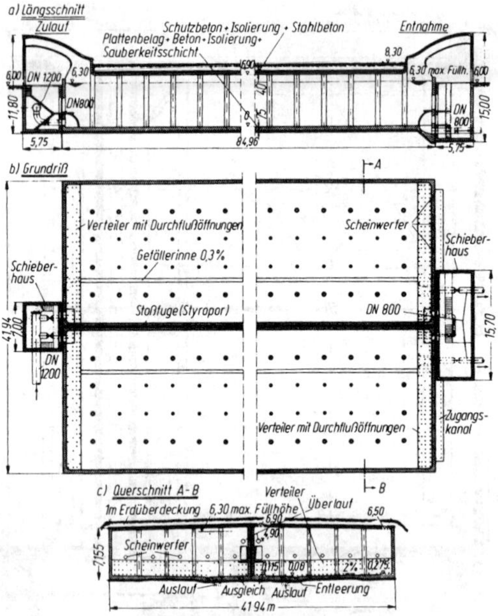

Abb. 6-31: Hochbehälter Rheinau II, Mannheim (nach Moser)

6.5 Wasserturm

6.5.1 Allgemein

Wassertürme (WT) sind je nach Höhe des WSp über Gelände und architektonischem Aufwand bis zu sechsmal teurer als Hochbehälter gleichen Inhalts. Sie stehen meist an weithin sichtbaren Geländehochpunkten, so daß nicht nur technische, sondern auch weitreichende architektonische und landschaftsgestalterische Forderungen eingehalten werden müssen. WT werden daher nur dann gewählt, wenn sie technisch unbedingt notwendig sind und keine technisch und wirtschaftlich gleichwertige Möglichkeit für den Bau eines Wasserspeichers besteht (vgl. Lösungsmöglichkeiten S. 381). Es gelten i. a. die gleichen Forderungen wie bei Hochbehältern. Im folgenden sind nur die davon abweichenden Gesichtspunkte für den Entwurf und Bau von WT angegeben.

6.5.2 Nutzinhalt

Aus Wirtschaftlichkeitsgründen wird der Nutzinhalt nur so groß wie unbedingt notwendig gewählt. Da eine Erweiterung meist nur durch ein ganz neues Bauwerk möglich ist, muß eine ausreichend große Bedarfsmehrung (30 bis 40 Jahre) berücksichtigt werden. Die Wasserförderung ist möglichst dem Verbrauch anzupassen (S. 384) und ein ausreichend großer Tiefbehälter (einschließlich Löschwasservorrat) anzuordnen. Bei kleinen WV-Anlagen ist die Aufstellung eines gesonderten Löschwasseraggregats und einer Ersatzstromanlage im Pumpwerk erforderlich.
Sind diese Voraussetzungen gegeben, so können für WV-Anlagen mit folgendem zukünftigem Tageshöchstbedarf $Q_{d\ max}$ folgende Nutzinhalte gewählt werden (ohne Löschwasservorrat).

max Qd(m^3/d)	Nutzinhalt (m^3)
bis 1000	$0{,}35 \cdot Q_{d\ max}$
1000 bis 4000	$0{,}25 \cdot Q_{d\ max}$
über 4000	$0{,}20 \cdot Q_{d\ max}$

Wenn im Brandfall Wasser aus dem WT zur Verfügung gestellt werden soll, ist bei Anlagen mit einem zukünftigen Tageshöchstbedarf bis 2000 m^3/d ein zusätzlicher Löschwasservorrat zum Nutzinhalt vorzusehen. Dieser Zusatz beträgt zwischen 75 m^3 (ländlicher Ort) und 150 m^3 (städtische Gebiete).
Wegen des großen Bedarfs an m^3 umbauten Raumes im Verhältnis zum Nutzinhalt sind WT mit einem Nutzinhalt unter 100 m^3 unwirtschaftlich; hier sind Tiefbehälter mit Druckbehälterpumpwerk vorzuziehen. Die Obergrenze liegt etwa bei Nutzinhalten in der Größenordnung von 5000 m^3. Je geringer der errechnete Nutzinhalt ist, desto großzügiger sollte er aufgerundet werden, da die Mehrkosten im Verhältnis zu den Gesamtkosten eine untergeordnete Rolle spielen.
Bei sehr großen Versorgungsgebieten ergibt die Berechnung des Nutzinhaltes auch bei verminderten Ansätzen noch sehr große Werte, so daß ein WT nicht nur sehr hohe Kosten erfordert, sondern auch dessen architektonische Gestaltung schwer befriedigend lösbar ist. Hier ist es dann besser, die Versorgung auf Tiefbehälter mit Pumpwerk aufzubauen, dabei einen WT als Schaltorgan und für die Einhaltung eines möglichst gleichmäßigen Druckes zu benutzen. Hierbei ist der Inhalt des Wasserturmes mit etwa $0{,}20 \cdot Q_{d\ max}$ ausreichend.

6.5.3 Lage

6.5.3.1 Höhenlage

Der abgesenkte WSp muß noch einen ausreichenden Versorgungsdruck an der höchsten Zapfstelle bei maximaler Entnahme gewährleisten **(Abb. 6-5; Tab. 6-5**; S. 394) Zur Verringerung der Höhe des WT sind die Rohrleitungen im Versorgungsnetz ausreichend groß zu bemessen, um den Druckverlust klein zu halten. Übliche Höhenlagen des WSp über Gelände sind 25 bis 40 m und mehr.

6.5.3.2 Lage zum Versorgungsgebiet

Der WT wird an einem möglichst hoch gelegenen Geländepunkt, aber so nah wie möglich am Verbrauchsschwerpunkt meist als Gegenbehälter angeordnet.

6.5.3.3 Bauplatz

Von wesentlicher Bedeutung ist tragfähiger Baugrund. Unerläßlich ist die Begutachtung durch ein bodenmechanisches Institut.

6.5.4 Allgemeine bauliche Anordnung

6.5.4.1 Allgemein

Ein WT besteht im wesentlichen aus den drei Bauelementen: Fundament, Schaft (Turmkonstruktion) und Behälter (Wasserkammern). Im Inneren liegen – von außen meist nicht sichtbar – die Bedienungsräume.

6.5.4.2 Behälter (Wasserkammern)

Um die auftretenden Lastfälle zu beherrschen, sind rotationssymmetrische Behälter besonders vorteilhaft. Bei mehreren Kammern ist es zweckmäßig, sie übereinander oder konzentrisch ineinander anzuordnen. Die Behälter-Grundformen sind in **Abb. 6-32** dargestellt.
Bis zu 150–200 m^3 Gesamtinhalt wird meist einkammerige Ausführung gewählt; bei größerem Inhalt empfiehlt sich die Ausführung von 2 Kammern, wenn nicht weitere Speicher in der gleichen Druckzone vorhanden sind.
Die günstigste Form ist der kreisförmige Zylinder. Bei zweikammeriger Ausführung wird die zweite Kammer zentrisch in der ersten angeordnet, damit bei jedem Lastfall (Wasserstand in den Behältern) der Turmschaft und das Fundament zentrisch belastet werden. Wenn beide Kammern gleichen Inhalt (gleiche Querschnittfläche) haben sollen, dann ist der Radius der äußeren Wand $r_a = r_i \cdot 1{,}45$. Bei zweikammerigem Wasserturm mit kleinem Inhalt muß aus Gründen der leichteren Bauausführung die äußere Ringkammer meist mit größerem Inhalt als die innere Kammer ausgeführt werden, wobei mindestens betragen soll: $r_a - (r_i + d) \geqq 2$ m. Bei zylindrischen Behältern wird der Behälterboden heute fast immer als ebener Boden ausgeführt.

Abb. 6-32: Grundformen von Wassertürmen (nach DVGW-Merkblatt W 315)

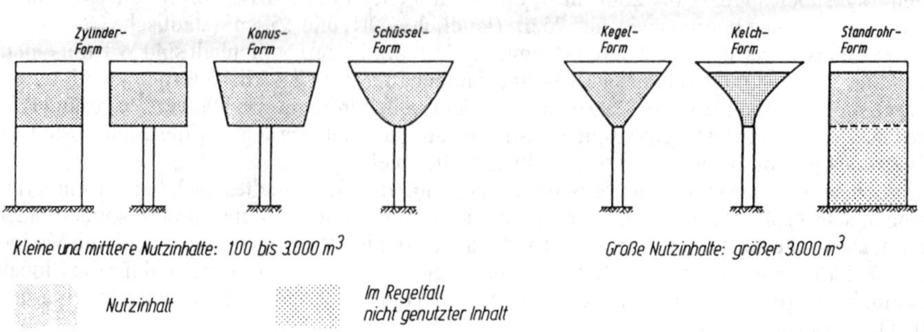

Die Wasserkammern von WT mit sehr großem Inhalt (> 5000 m^3) werden besonders in den nordischen Ländern aus architektonischen Gründen häufig mit nach unten abnehmendem Querschnitt ausgeführt, um einen guten Übergang auf den schmäleren Turmschaft zu haben. Auch statisch hat eine solche Form Vorteile. Die WSp-Schwankungen sind relativ gering. Wegen der schwierigen Schalarbeit sind solche Sonderformen nur bei sehr großen Behältern wirtschaftlich.
Die Wassertiefe wird möglichst groß gewählt, um den Turmdurchmesser klein zu halten; üblich sind 5–8 m. Größere Tiefen ergeben bei fast leerem WT einen oft zu niedrigen Versorgungsdruck.

6.5.4.3 Schaft (Turmkonstruktion)

Um die erforderliche Höhenlage des Behälters über Gelände zu erreichen, wird im allgemeinen ein zentraler Turmschaft angeordnet. Er dient als Tragkonstruktion für den Behälter und nimmt Aufgang und Einrichtungen für Ver- und Entsorgung auf.
Als konventionell können die Turmkonstruktionen bezeichnet werden, bei denen die gesamten Lasten der Wasserkammern, Decken usw. auf den Turmschaft übertragen werden. Die Grundrißform des Turmschafts kann rund, viereckig oder mehreckig sein, je nach architektonischer Vorstellung. Statisch und baulich am einfachsten ist die Kreisform, sie wird meist in Stahlbeton-Gleitbauweise hergestellt. Die schweren Lasten der Wasserkammern werden mittels radial oder kreuzweise angeordneten Rahmenträgern auf den Turmschaft übertragen.
Bei der *Stahlbeton-Skelettbauweise* werden die Lasten auf eine Rahmenkonstruktion übertragen, welche im Bereich des Turmschaftes ausgemauert wird. Bei einer anderen Lösung wird die Tragkonstruktion sichtbar gelassen und der Behälterzugang und die Rohrleitungen in einem Bedienungsschaft mit kleinem Durchmesser untergebracht. Diese Ausführung wird gelegentlich bei niedrigen WT mit kleinem Inhalt gewählt.
Wenn der Inhalt der Wasserkammern sehr groß ist, ergeben sich sehr plump wirkende Bauwerke. Auch die Tragkonstruktion wird dann statisch schwierig. Der WT wird dann vorteilhaft in *Kelch- oder Pilzform* ausgeführt, wobei der tragende Turmschaft mit kleinem Durchmesser in Stahlbeton-Gleitbauweise erstellt wird, von dem aus die Wasserkammern kegel- oder kelchförmig auskragen. Hierbei wird entweder die Schalung der Wasserkammern am Boden montiert und am fertigen Turmschaft hochgezogen, oder es werden die Wasserkammern am Boden betoniert und mit dem Betonieren des Turmschafts hochgehoben. Bei diesen Sonderformen sind Vorspannverfahren erforderlich.
Die *Kugelform* ist für einen Wasserbehälter in statischer Hinsicht besonders günstig, die Ausführung aber nur in Stahlbauweise wirtschaftlich. Hierbei wird dann der Turmschaft als Tragkonstruktion ebenfalls in Stahl ausgeführt. Diese Form ist in den USA häufig, vor allem bei Industriebetrieben. Auch in osteuropäischen Ländern sind mit Stahlseilen abgespannte Kugelbehälter, sog. Hydrogloben, mit meist kleinem Nutzinhalt anzutreffen. Wegen der Korrosionsgefahr und dem hohen Unterhaltsaufwand ist diese Form bei zentralen Anlagen hier nicht üblich.
In Sonderfällen werden *Türme als Standrohre* mit großem Durchmesser ausgeführt. Diese Ausführung ist billiger als die der üblichen WT mit hochliegenden Wasserkammem, da die Wasserkammer auf den gewachsenen Boden gegründet wird und der Turmschaft nicht durch die Wasserkammer belastet wird. Die Ausführung als Standrohrturm kommt in Betracht, wenn der Standort so hoch liegt, daß alle Anwesen und Hydranten auch bei niedrigstem Wasserstand noch Wasserzulauf, wenn auch mit gerin-

gem Druck, haben, und wenn der untere Teil der Wasserkammer für Löschzwecke gefüllt bleibt. Der WSp liegt oft nur etwa 20 m über Gelände. Von Vorteil ist es daher, wenn Standrohrtürme mit anderen Hochbehältern im Versorgungsgebiet korrespondieren.

6.5.4.4 Bedienungsräume

Unmittelbar unter den Wasserkammern ist ein Zwischengeschoß als Armaturengeschoß (sog. „Tropfboden") anzuordnen, in welchem die wesentlichen Armaturen untergebracht werden und von dem aus die Dichtheit der Wasserkammern sowie der Rohrdurchführungen kontrolliert werden kann. Besonders bei 2kammerigen WT ist es wegen der Vielzahl der Steigleitungen unzweckmäßig, diese Armaturen im Keller des Turmes unterzubringen. Wegen der starken Tauwasserbildung im Sommer und Frostgefahr im Winter empfiehlt es sich, die hydraulische Ausrüstung im Armaturengeschoß in einer besonderen, innen liegenden Kammer auf engem Raum anzuordnen und durch Wärmeisolierung und elektr. Heizung zu schützen.
Die Hauptabsperrungen und sonstigen hydraulischen Einrichtungen befinden sich im Rohrkeller. Im EG werden die übrigen Betriebsräume angeordnet, wie Raum für elektrische Einrichtungen, Lager, Werkraum, Chlorraum, Raum für das Bedienungspersonal, analog wie im Hochbehälter. Manchmal wird der WT auch stockwerkartig ausgenützt.

6.5.5 Konstruktive Hinweise

6.5.5.1 Gründung

Die Besonderheit des Bauwerks (große Höhe, kleine Querschnittsfläche, größte Last sehr hoch über Fundament) erfordert eine sehr sorgfältige Gründung zur Vermeidung von jeglicher, vor allem ungleicher Setzung. Daher sind Einzelfundamente ungeeignet, meist werden Ringfundamente ausgeführt, manchmal sind durchgehende Fundamentplatten erforderlich. Für WT sind daher nur Standorte mit gut tragfähigem Untergrund geeignet. Unerläßlich ist die Festlegung der zulässigen Bodenbeanspruchung durch ein bodenmechanisches Institut. Eine ausreichende Sicherheitsreserve gegenüber ungleicher Setzung muß berücksichtigt werden.

6.5.5.2 Wasserkammern

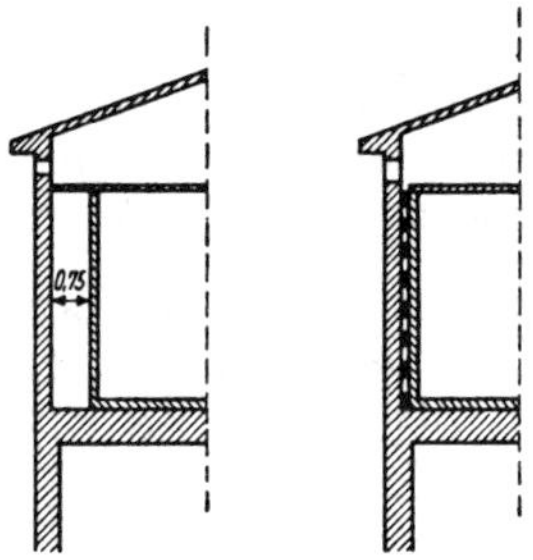

a b *Abb. 6-33: Anordnung der Wasserkammerwände*

Üblich ist die Ausführung in Stahlbeton, bei kleinen WT mit schlaffer Bewehrung, bei Sonderformen auch mit Vorspannverfahren. Bei kleinen und mittleren WT wird zwischen der äußeren Wasserkammerwand und dem Turmschaft i. a. ein mind. 0,75 m breiter Zwischenraum belassen, als Wärmeschutz der Wasserkammern, zur Unterbringung einer Treppe und zur Kontrolle der Dichtheit der Wasserkammern, **Abb. 6-33:** Aus Kostengründen wird bei großen WT meist auf einen solchen Zwischenraum verzichtet; die Wasserkammerwand ist dann Außenwand, die einen besonderen Schutz gegen Sonneneinstrahlung und Frost erhalten muß. Die Treppe für die Bedienung wird in einem schmalen Turmschacht in Turmmitte hochgeführt. Meist wird über der Decke der Wasserkammern ein geschlossener Raum angeordnet, von dem aus die Wasserkammern unabhängig von der Witterung bedient werden können. Die Dachkonstruktion ist dann unabhängig von den Wasserkammern und jederzeit zugänglich. Gelegentlich wird aus Kostengründen die Decke der Wasserkammern als Dach verwendet, was besondere Schutzmaßnahmen erfordert. Empfehlenswert ist diese Lösung nicht.

6.5.5.3 Besondere Beanspruchungen

Da bei WT spätere Ausbesserungsarbeiten zeitaufwendig und sehr teuer sind, ist es erforderlich, daß einfache, statisch bestimmte Konstruktionen gewählt werden. Besonders zu berücksichtigen sind die Beanspruchung aus Wind, Feuchtigkeit, hoher und niedriger Temperatur, Temperaturunterschiede von Tag zu Nacht und zwischen innen und außen, Tauwasserbildung, Auffrieren von Betonoberflächen, Sicherheit des Personals bei allen Witterungsverhältnissen. Insbesondere bei nicht verkleideten WT ist strikt darauf zu achten, daß eine Betondeckung der Bewehrung von 3,5–4 cm überall eingehalten wird, sonst ist später mit einer teueren Außenhautsanierung zu rechnen.

6.5.5.4 Fertigteilbauweise

Während das Fundament eines WT immer in Ortbeton hergestellt wird, können Schaft und Wasserkammern als Fertigteile montiert und dann an Ort und Stelle dauerhaft verbunden werden. Der Vorteil liegt in der witterungsunabhängigen werksseitigen Herstellung hochwertiger Stahlbetonteile mit hoher Paßgenauigkeit und in der relativ kurzen Bauzeit. Erforderlich sind eine detailliert durchgearbeitete Konstruktion, eine sorgfältige Montage, eine technisch hochwertige Ausführung der Ortbetonverbindungen und letztlich eine reiche Erfahrung in der Fertigteilbauweise. **Abb. 6-40** (S. 445) zeigt einen WT mit 600 m^3 Nutzinhalt in Fertigteilbauweise.

6.5.6 Zugang

Für die einwandfreie Wartung und Überprüfung der Wasserkammern ist es unerläßlich, daß die Begehung des hohen Turmes auch bei ungünstigen Witterungsverhältnissen, Schnee, Eis usw. ohne Erschwernis möglich ist. Es sind daher immer Treppen bis zur Decke der Wasserkammern, am zweckmäßigsten aus Stahlbeton, anzuordnen. Für den Behältereinstieg sind in der Decke der Wasserkammern Schachteinstiege mit gummigedichteten Schachtdeckeln üblich, **Abb. 6-34** (S. 439). Besser ist jedoch eine wärmeisolierte Bedienungskammer im Dachgeschoß über den Wasserkammern.

6.5.7 Hydraulische Ausrüstung

Zur Gewichtseinsparung werden überwiegend Stahlflanschrohre verwendet. Die Steigleitungen erhalten einzeln eine Wärmeisolierung; das Zusammenfassen in einem isolierten Blech- oder Beton-Kanal ist wegen der schwierigen Überwachung und Montage nicht empfehlenswert. Ausbau- und Dehnungsstücke sind vorzusehen. Besonders sorgfältig sind die Rohreinführungen in die Wasserkammersohlen herzustellen; sehr zweckmäßig sind hier Mauerbüchsen.
Die Entwässerung des Armaturengeschosses ist mit großem DN auszuführen, damit bei Rohrbruch oder sonstigem Wasseraustritt keine Bauwerksschäden entstehen. Sie wird unterhalb der Sohle in die Überlaufleitung eingeführt. Ansonsten gelten die Grundsätze wie für Hochbehälter (W 311).

6.5.8 Äußere Gestaltung

Die hohen WT stehen meist an weithin sichtbaren Geländepunkten. Es ist daher immer größter Wert auf entsprechende äußere Gestaltung des Bauwerks zu legen. Im freien Gelände ist es zweckmäßig, den WT an Waldrändern anzuordnen oder mit Baumgruppen zu umgeben. Im bebauten Gebiet ist der WT unter Berücksichtigung städtebaulicher Gesichtspunkte zu entwerfen. Bezüglich Zufahrt und Objektschutz sind ähnliche Maßnahmen wie beim Hochbehälter erforderlich.
Auf jedem WT ist eine Blitzschutzanlage (Blitzableiter) zu installieren und turnusmäßig zu überprüfen.

6.5.9 Mehrzweckbauwerke

WT stellen exponierte Bauwerke dar, die zu weiteren Nutzungen anreizen. Die Verwendung als Restaurant wird häufig gewünscht, wobei jedoch nicht unerhebliche Zusatzeinrichtungen erforderlich sind, z. B. zweiter Treppenaufgang, Fahrstuhl, Versorgungsgeschoß, Ver- und Entsorgung. Außerdem ist die mit dem unkontrollierten Zugang zur Behälteranlage verbundene hygienische Gefährdung nicht

zu vernachlässigen. Ähnliche Gesichtspunkte treffen bei der Nutzung als Aussichtsturm zu. Aus all diesen Gründen und nicht zuletzt wegen des erschwerten Objektschutzes sollte man im allgemeinen auf eine betriebsfremde Nutzung verzichten.
Gegen eigene Betriebseinrichtungen des WVU bestehen ebenso wenig Einwendungen wie gegen ähnliche und vergleichbare andere, z. B. Post- und Fernmeldeanlagen.

6.5.10 Ausführungsbeispiele

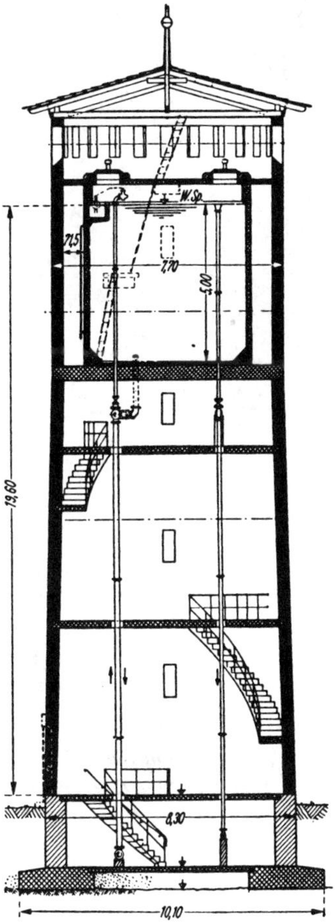

a

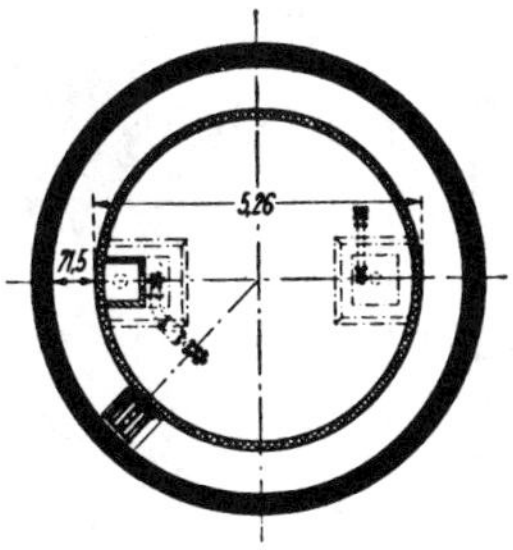

b

Schnitt Wasserkammer

Abb. 6-34: Einkammeriger Wasserturm, V = 100 m³, Theilenhofen, Lkr. Weißenburg, Gemauerter, ringförmiger Turmschaft auf Stahlbeton-Ringfundament, Stahlbeton-Rundbehälter auf Stahlbeton-Kreisplatte gelagert, WSp 19,60 m über Gelände, Wassertiefe in der Wasserkammer 5,00 m, Baujahr 1952.

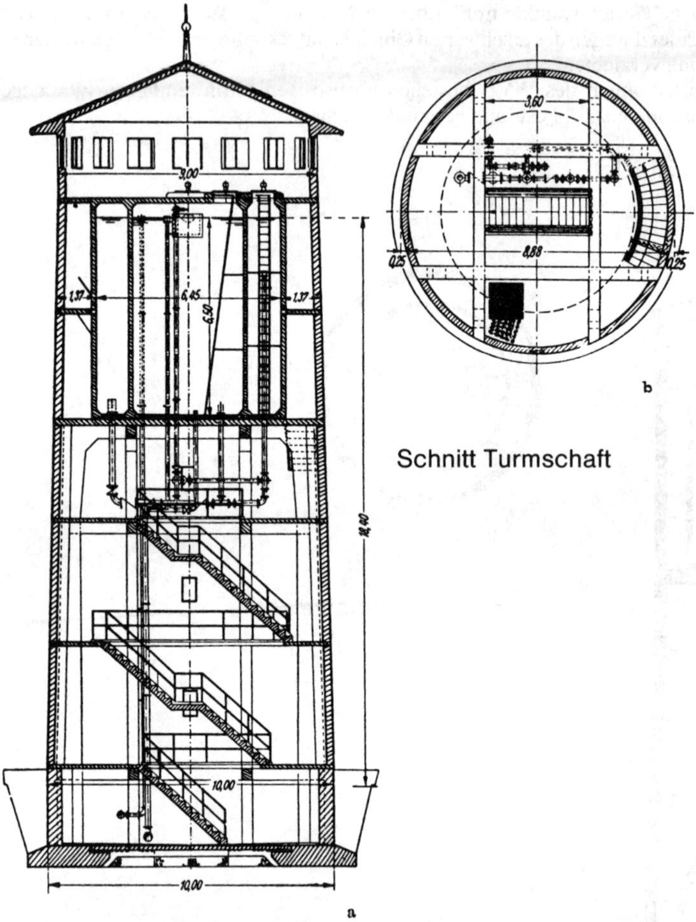

Abb. 6-35: Zweikammeriger Wasserturm, V = 200 m³, Unterpleichfeld, Lkr. Würzburg; Äußere Wasserkammer V = 125 m³, Innere Wasserkammer V = 75 m³, kreuzweises Stahlbeton-Rahmentragwerk mit ringförmiger Ausmauerung, WSp 18,40 m über Gelände, Wassertiefe in den Wasserkammern 6,50 m, Baujahr 1955.

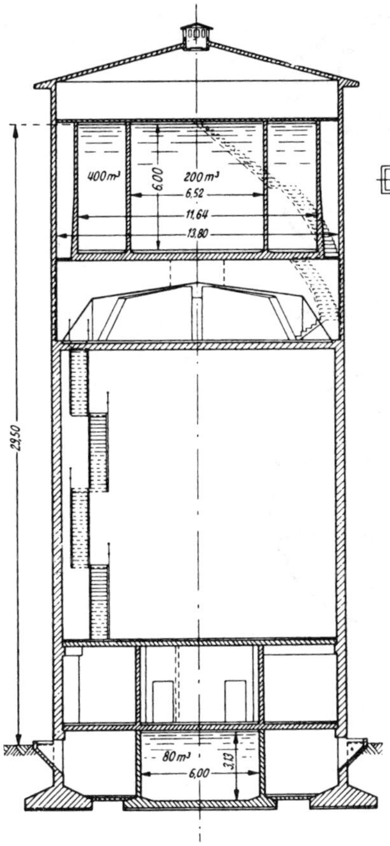

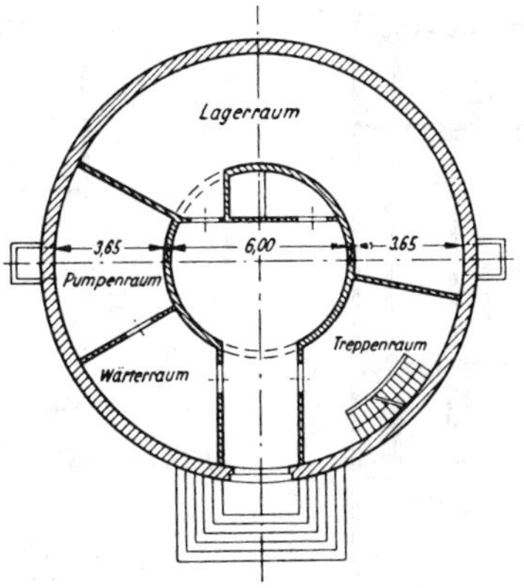

Grundriß EG

Abb. 6-36: Zweikammeriger Wasserturm, V = 600 m³, Aufstellen, Fernwasserversorgung Franken, Ringförmiger Stahlbeton-Turmschaft, Stahlbeton-Rundbehälter auf Scheibentragwerk abgestützt, WSp 29,50 m über Gelände, Wassertiefe in den Wasserkammern 6,00 m, im Turmkeller Saugbehälter V = 80 m³ für Drucksteigerungspumpwerk, Baujahr 1956.

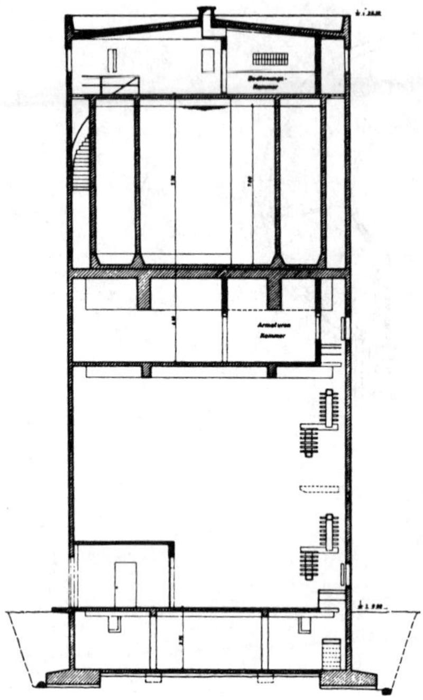

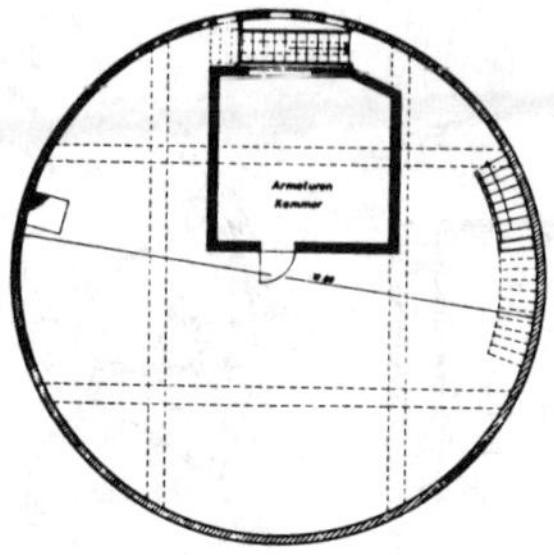

b) Grundriß Armaturenboden

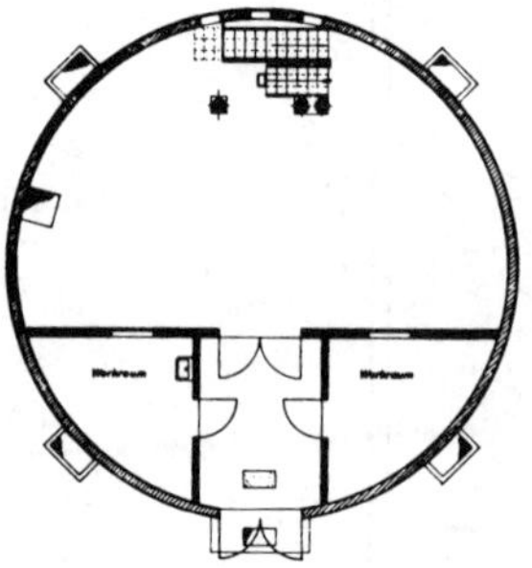

a) Aufriß ***c) Grundriß EG***

Abb. 6-37: Zweikammeriger Wasserturm, V = 500 m³, Weinberg, Fernwasserversorgung Franken; kreisförmiger Stahlbeton-Turmschaft, WSp 22,30 m über Gelände, Wassertiefe in den Wasserkammern 7,00 m, geschlossene Armaturenkammer und Bedienungskammer im Turm EG, Baujahr 1965.

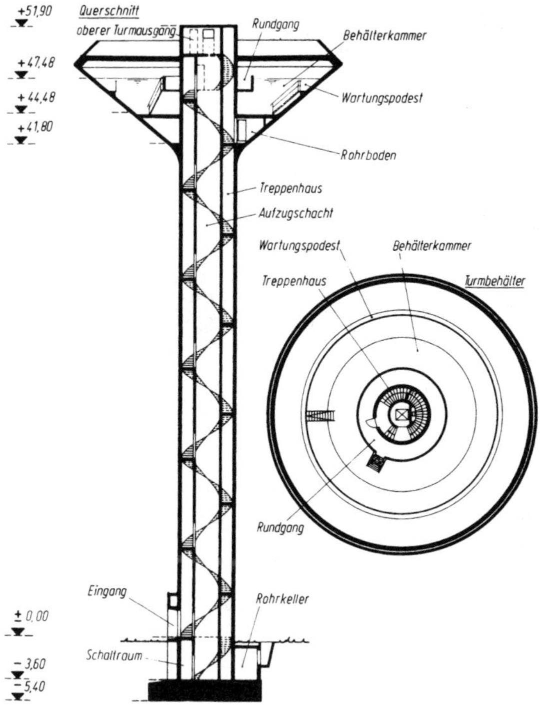

Abb. 6-38: Einkammriger Wasserturm Eichert der Stadt Göppingen, $V = 500\,m^3$, Übergabebehälter; zylindrischer Turmschaft mit Aufzug, Kegelstumpfschale für Wasserkammer, WSp 47,48 m ü. Gel., Wassertiefe 3,00 m, Baujahr 1975.

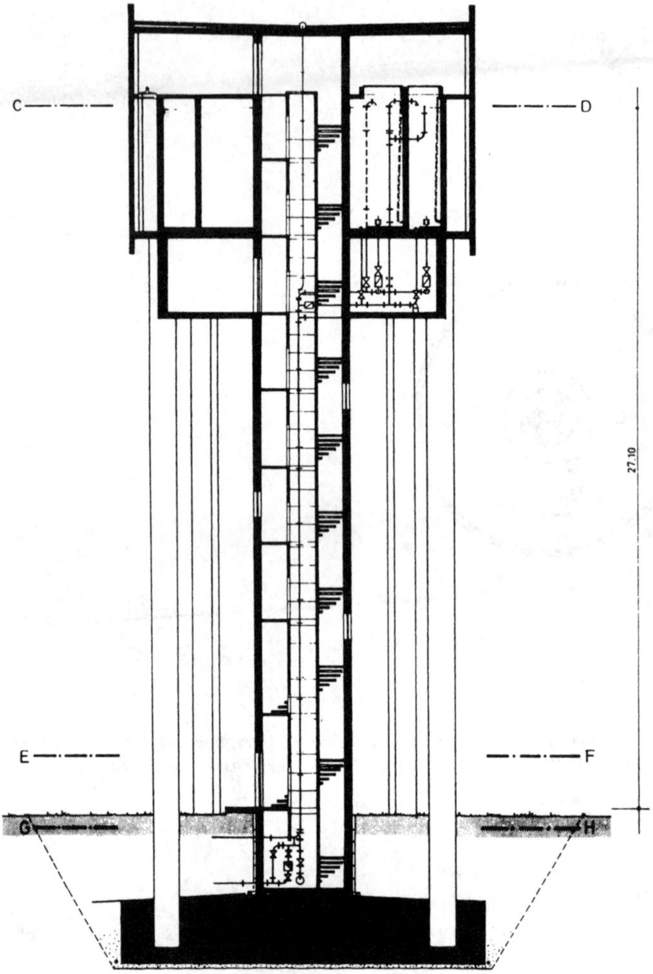

Abb. 6-39: Zweikammeriger Wasserturm, $V = 350\,m^3$, außenliegendes Stützensystem, WSp rd. 27 m über Gelände

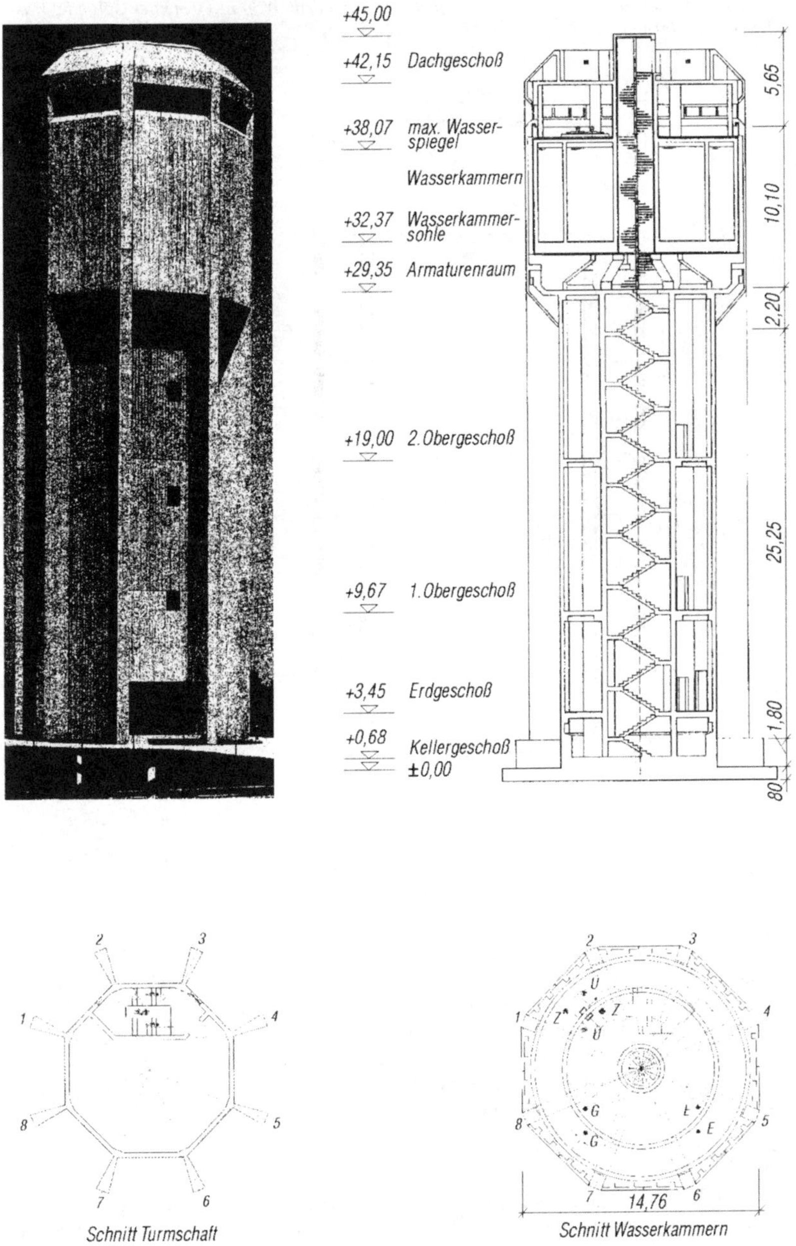

Abb. 6-40: Zweikammeriger Wasserturm bei Preith, Wasserversorgung Eichstätter Berggruppe; $V = 2 \cdot 300 = 600\ m^3$, auf Ortbeton-Kreisringfundament 8 konische Fertigteil-Stützen mit Fertigteil-Wandplatten, Fertigteil-Decken, Fertigteil-Wasserkammern, Fertigteil-Fassadenverkleidung, Höhe 45 m, WSp 38 m über Gelände, Wassertiefe in der Wasserkammer 5,70 m, Baujahr 1988. (Planung: Ing.-Büro Riedrich; Ausführung: Fa. Klebl.)

Abb. 6-41: Einkammeriger Standrohrturm, V = 300 m³, kreisförtniger Grundriß, WSp 11,00 m über Gelände, Wassertiefe in der Wasserkammer 13,00 m

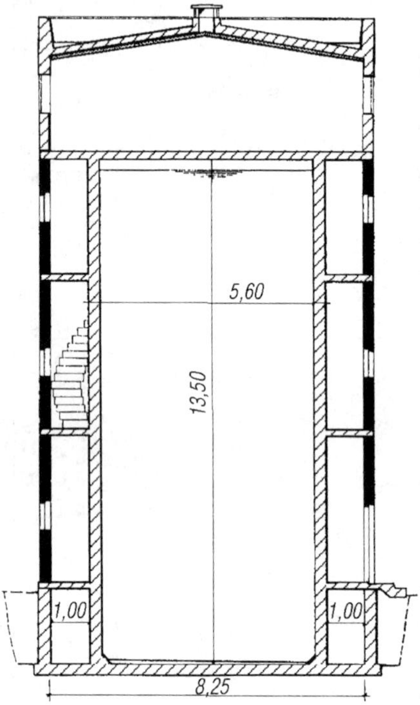

6.6 Tiefbehälter

6.6.1 Allgemein

Tiefbehälter sind Saugbehälter eines Pumpwerks für ein höher gelegenes Versorgungsgebiet. Sie sind im allgemeinen Durchlaufbehälter und können gleichzeitig Hochbehälter für ein tiefer gelegenes Gebiet sein. Auch im Fundamentteil eines Wasserturmes kann ein Tiefbehälter, z. B. zur Speicherung des Löschwasservorrates, integriert sein. Im allgemeinen gelten für den Bau von Tiefbehältern die gleichen Grundsätze wie für Hochbehälter. Im folgenden sind daher nur die von Hochbehältern abweichenden Gesichtspunkte für Entwurf und Bau von Tiefbehältern angegeben.

6.6.2 Speicherinhalt

Wenn in den zu versorgenden Druckzonen ein ausreichend groß bemessener Hochbehälter vorhanden ist, dient der Tiefbehälter nur zum Ausgleich der Vor- und Hauptförderung. Für den Betrieb von Brunnen und Aufbereitungsanlagen ist es sehr erwünscht, wenn diese möglichst gleichmäßig belastet werden. Die Hauptpumpen können dann besser den sonstigen betrieblichen Forderungen angepaßt werden, wie Ausnützung von Nachtstrom u. a. Hieraus errechnet sich dann die fluktuierende Wassermenge. Eine Sicherheitsreserve von $0{,}10 \cdot Q_{d\ max}$ zur fluktuierenden Wassermenge ist meist ausreichend.

Wenn kein ausreichend groß bemessener Hochbehälter vorhanden ist, muß der Tiefbehälter auch für den Ausgleich der Verbrauchsschwankungen, für einen Sicherheitsvorrat zur Überbrückung von Betriebsstörungen und für die Speicherung des Löschwasservorrates bemessen werden.

6.6.3 Lage

Wenn der Tiefbehälter zum Ausgleich der Brunnenförderung und der Hauptförderung dient, wird der Hauptteil der Förderhöhe den Hauptpumpen zugeordnet, da die Hauptpumpen einen besseren Wirkungsgrad als die Brunnenpumpen haben und leichter aufzustellen sind. Der Tiefbehälter wird nahe dem Brunnengelände angeordnet, er soll aber außerhalb der engeren Schutzzone (Zone II) liegen und möglichst so, daß den Hauptpumpen das Wasser aus dem Behälter mit Druck zuläuft.
Wesentlich für die Standortwahl sind die Tragfähigkeit des Baugrundes, Höhenlage des Grundwasserspiegels und HHW des Vorfluters. Der Tiefbehälter muß außerhalb des Überschwemmungsgebiets und soll möglichst nicht im Grundwasser liegen; der Baugrund muß tragfähig sein, damit keine Setzungsrisse auftreten. Um dies zu erreichen, ist auch eine größere Länge der Brunnendruckleitung in Kauf zu nehmen, die jedoch wirtschaftlicher als ein ungünstig gelegener Tiefbehälterstandort ist.

6.6.4 Bauliche Anordnung

Bei einem Speicherinhalt bis zu 100 m^3 ist eine einkammerige Ausführung üblich, darüber hinaus empfiehlt sich die Ausführung mit zwei Kammern. Wenn Tiefbehälter mit dem Maschinenhaus in baulicher Verbindung stehen, ist die rechteckige Form mit geringerer Tiefe, 2–4 m, zweckmäßig. Zur Sicherstellung der Reinhaltung des Wassers darf die Decke über den Wasserkammern nicht durchbrochen sein. Daher können über dem Tiefbehälter keine Maschinenräume, Werkstätten u. ä. angeordnet werden, dagegen z. B. Filterbecken von Aufbereitungsanlagen u. ä. Bei getrennter Anordnung sind auch die bei Hochbehältern üblichen Wassertiefen anwendbar, wenn die örtlichen Gründungsverhältnisse, insbesondere der Grundwasserstand, dies technisch und wirtschaftlich zulassen. Die Entleerung des Tiefbehälters ist meist nur mittels Pumpen möglich.
Im übrigen, insbesondere für Grundrißformen und Wassererneuerung bzw. Durchströmung, gelten die für Hochbehälter genannten Gesichtspunkte.

6.7 Löschwasserbehälter

6.7.1 Allgemein

Der Bau von besonderen Löschwasserbehältern ist bei kleinen WV-Anlagen dann erforderlich, wenn ein ausreichend großer Hochbehälter zur Speicherung des Löschwasservorrats zu teuer wird, dort und auch in den für den Brandschutz bemessenen langen Zuleitungen zu abgelegenen Anwesen die Gefahr der Stagnation des Wassers bestehen würde und wenn sonstige Entnahmestellen für Löschwasser wie Bäche, Flüsse, Seen, Weiher usw. nicht vorhanden sind. Bei Landgemeinden wurde hierfür früher im allgemeinen die Form des offenen Löschwasserteiches (Feuerweiher) nach DIN 14 210 gewählt. Zweckmäßiger und vorteilhafter ist jedoch der Bau unterirdischer Löschwasserbehälter nach DIN 14 230.
Löschwasserbehälter dürfen *nicht* mit der öffentlichen WV-Anlage verbunden sein.
Brandschutz s. Kap. 8.

6.7.2 Löschwasserteich

6.7.2.1 Fassungsvermögen

Als Mindestgröße ist bei Vorhandensein einer zentralen WV-Anlage mit nur unzureichender Speicherung folgender Löschwasservorrat anzunehmen:

Einzelgebäude, je nach Größe	50–150 m^3
Weiler, bis zu 3 landwirtschaftlichen Anwesen	150 m^3
Ort, bis zu 10 landwirtschaftlichen Anwesen	300 m^3
größere Orte	$\geqq$ 300 m^3

Im übrigen sollen Löschwasserteiche ein Fassungsvermögen von mindestens 1000 m^3 Löschwasser aufweisen.

6.7.2.2 Lage

Von der für den Brandschutz zuständigen Stelle ist die Lage nach einsatztaktischen und -technischen Gesichtspunkten festzulegen. Wichtige Gesichtspunkte sind hierbei: kurze Entfernung zu den zu schützenden Objekten, gute Zufahrt, keine Behinderung und Gefährdung des sonstigen Verkehrs.

6.7.2.3 Bauliche und betriebliche Anforderungen

Abb. 6-42 zeigt den Schnitt durch einen künstlich angelegten, offenen, geböschten Löschwasserteich mit 150 m^3 Fassungsvermögen, der über einen Zulauf aus einem Gewässer gespeist wird.
Die wesentlichen Forderungen und Empfehlungen nach DIN 14 210 sind: im Zulauf Sandfang mit Rechen; Wassertiefe des Löschwasserteiches 2–3 m, mindestens 2 m; dichter Teichboden und dichte stabile Böschungen bzw. Umfassungswände, die den von innen und außen einwirkenden Kräften (Eisschub und Erddruck) standhalten müssen; an der Wasserentnahmestelle mindestens 0,5 m breite Stufen vom Teichrand bis zum Teichboden; im Teichboden mindestens 50 cm tiefer Sumpf unterhalb der Öffnung des mindestens 300 mm großen Zulaufrohres zum dichten Saugschacht mit einer lichten Weite von mindestens 1 m; Überlauf im abgedeckten frostsicheren Saugschacht; anstelle eines Saugschachtes kann auch ein dichtes max. 10 m langes Saugrohr mit einem Mindestdurchmesser von 125 mm gewählt werden, das einen Löschwasser-Sauganschluß gemäß DIN 14244 haben muß; mindestens 1,25 m hohe Einfriedung, wobei zwischen Einfriedung und wasserseitiger Böschungskante ein mindestens 1 m breiter begehbarer Streifen bleiben muß; im Zufahrtsbereich mindestens 1 m breite verschließbare Tür in der Einfriedung; dauerhafte und gut sichtbare Beschilderung des Löschwasserteiches.
Eingezäunte Löschwasserteiche fügen sich nur schwer in das Ortsbild ein. Da sie meist auf die natürliche Wasserzuspeisung angewiesen sind, liegen sie oft ungünstig zu den Schutzobjekten. Trotz vorgeschaltetem Sand- und Schlammfang verschmutzen Löschwasserteiche sehr rasch; starkes Algenwachstum mit Fäulnisbildung ist die Folge. Wegen der beachtlichen Reinigungs-, Unterhaltungs- und Wartungskosten sind unterirdische Löschwasserbehälter zweckmäßiger.
Sollen im Rahmen der Dorferneuerung ehemalige Dorfweiher wieder aktiviert werden, so ist wegen einer möglichen Löschwassernutzung rechtzeitig die für den Brandschutz zuständige Stelle beizuziehen.

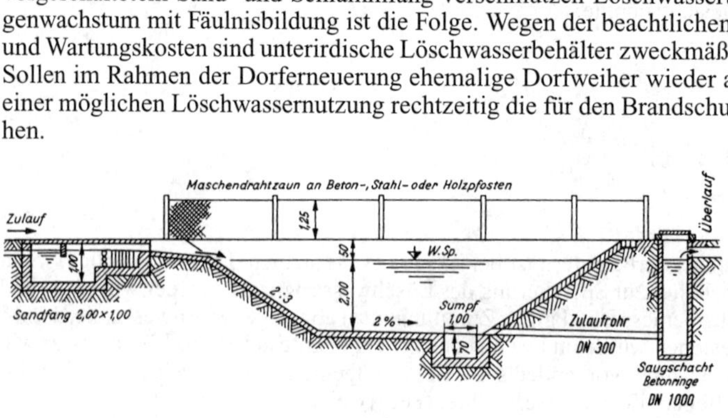

Abb. 6-42: Löschwasserteich 150 m^3, geböscht

6.7.3 Unterirdische Löschwasserbehälter

6.7.3.1 Fassungsvermögen

Je nach örtlichen Verhältnissen sind Behältergrößen von 75 bis 500 m^3 üblich. Für Löschwasserbehälter mit kleinerem Fassungsvermögen als 75 m^3 ist der Nachweis der erforderlichen Löschwassermenge zu erbringen. Löschwasserbehälter werden einkammerig ausgeführt, jedoch können es die örtlichen Verhältnisse erfordern, daß an mehreren Stellen des zu schützenden Gebietes Löschwasserbehälter angeordnet werden müssen, z. B. bei brandgefährdeten Objekten in Gewerbe- und Industriegebieten und bei Kaufhäusern. Vorratsräume mehrerer Behälter dürfen nicht miteinander verbunden sein.

6.7.3.2 Lage

Unterirdische Löschwasserbehälter (DIN 14 230) werden unter Freiflächen, Plätzen oder Höfen angelegt, so daß sie gut zugänglich und auch bei nächstgelegenem Brandherd noch benützbar bleiben (außerhalb des Trümmerkegels). Bauliche und wasserwirtschaftliche Gesichtspunkte bestimmen weiterhin die Lage.

6.7.3.3 Bauliche und betriebliche Anforderungen

Für unterirdische Löschwasserbehälter gelten nach DIN 14 230 folgende Forderungen und Empfehlungen:
Bei kleinen Behältern ist die viereckige Form üblich; bei Behältern aus Fertigteilen, die preisgünstiger sind, werden kreisförmige Grundrisse bevorzugt **(Abb. 6-43).** Der Behälter muß dauerhaft wasserdicht sein; Prüfung siehe DVGW-Arbeitsblatt W 311. Die Wassertiefe muß mindestens 2 m betragen. Die Behältersohle darf nicht tiefer als 5 m unter Gelände gelegt werden, damit das Ansaugen mit Feuerlösch-Kreiselpumpen nicht erschwert wird. In der Behältersohle muß senkrecht unter dem Saugrohr ein mindestens 15 cm tiefer Pumpensumpf vorhanden sein; als Flächenmaß werden 80 · 80 cm empfohlen.
Die Behälterdecke ist zum Schutz gegen das Einfrieren des gespeicherten Wassers mindestens 50 cm zu überdecken, wenn keine Wärmeisolierung gewählt wird. Die Behälterabdeckung muß neben der Erdauflast zusätzlich das Gewicht eines Feuerwehrfahrzeuges mit einem zulässigen Gesamtgewicht von 16 t aufnehmen können (Zufahrt nach DIN 14 090). Über dem höchsten WSp muß bis zur Behälterdecke ein Freiraum von mindestens 10 cm verbleiben. Das erforderliche Lüftungsrohr muß mindestens 100 mm Innendurchmesser aufweisen; es darf in der Schachtabdeckung oder in unmittelbarer Nähe des Saugrohres angebracht sein.

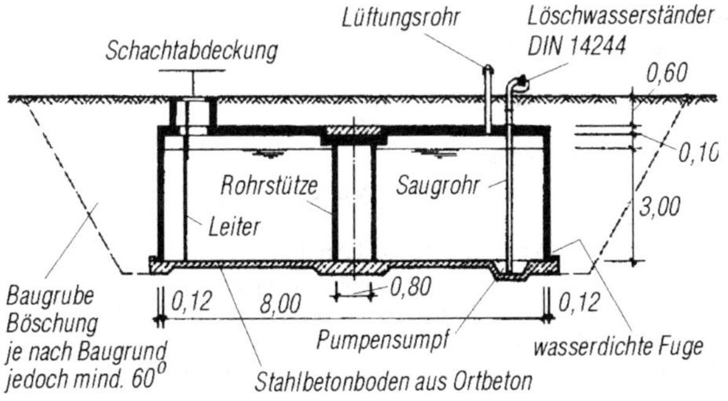

Abb. 6-43: Unterirdischer runder Löschwasserbehälter 150 m³ nach DIN 14 230 aus Betonfertigteilen mit zentraler Rohrstütze

Zur Wasserentnahme sind in Löschwasserbehältern bis 150 m³ Inhalt mindestens 1 Saugrohr, von 150 bis 300 m³ Inhalt mindestens 2 Saugrohre und bei mehr als 300 m³ Inhalt mindestens 3 Saugrohre einzubauen, die einen Innendurchmesser von 125 mm haben müssen und nicht länger als 10 m sein dürfen. Die Einlauföffnung muß im Pumpensumpf 8 cm unter der Behältersohle liegen; am oberen Ende des dichten Saugrohres muß ein Löschwasser-Sauganschluß nach DIN 14 244 – überflur oder unterflur – verwendet werden. Die Saugrohre müssen jederzeit eisfrei bleiben.
Der Saugschacht ist meist zugleich Einstiegschacht mit einer lichten Weite von mindestens 80 cm. Die Oberkante des Schachtes soll entweder mindestens 0,25 m über Gelände liegen und kann dann gleichzeitig das Lüftungsrohr in der Schachtabdeckung mit aufnehmen oder soll mit dem Gelände abschließen und befahrbar sein. Der Saug-/Einstiegschacht muß bis hinunter zur Behältersohle sicher besteigbar sein.
In den Löschwasserbehälter darf kein Schmutzwasser eingeleitet werden. Beim Befüllen aus dem WV-Rohrnetz muß der Mindestabstand von 15 cm zwischen höchstem Behälterwasserstand und Fülleitung gewährleistet sein. Eine Überlaufvorrichtung (Übereich) ist vorzusehen.
Der unterirdische Löschwasserbehälter muß als solcher dauerhaft und gut sichtbar nach DIN 4066 – B 3 beschildert sein und so gewartet werden, daß jederzeit Löschwasser entnommen werden kann.

Literatur:

1. Bücher

Deutscher Verein des Gas- und Wasserfaches e. V.: Durchströmung (Wasseraustausch) in Wasserbehältern, DVGW-Schriftenreihe Wasser, Band 27, Frankfurt 1981

Deutscher Verein des Gas- und Wasserfaches e. V.: Ausgewählte Kapitel zu Planung und Bau von Wasserbehältern, DVGW-Schriftenreihe Wasser, Band 33, Frankfurt 1983:

Bomhard, H.: Wasserbehälter aus Beton – Möglichkeiten und Wirklichkeiten, Entwurfs-, Planungs- und Bemessungskriterien

Damm, G.: Zugänge und Öffnungen des Bauwerks

Ebel, O.-G.: Baustoffe: Auswahl – Verarbeitung – Prüfung

Kaus, H.: Konstruktion und Ausstattung von Zu- und Ableitungen

Merkl, G.: Ausbildung von Wasserbehälterdecken

Müller, W.: Gestaltung von Außenanlagen

Preininger, E.: Oberflächen in Wasserkammern – technische Gesichtspunkte

Schubert, J.: Wasseraustausch – Auswirkungen und Grundrißformen sowie Gestaltung und Lage von Zu- und Ablauf

Schulze, D.: Kontrolle und Reinigung von Wasserbehältern – Vorstellung eines neuen DVGW-Merkblattes W 318

Thofern, E.: Das mikrobiologische Verhalten und die Beurteilung von Werkstoffen

Deutscher Verein des Gas- und Wasserfaches e. V.: DVGW-Fortbildungskurs Wasserversorgungstechnik für Ingenieure und Naturwissenschaftler, Kurs 2 Wasserverteilung, DVGW-Schriftenreihe Wasser, Band 202, Frankfurt 1985

Deutscher Verein des Gas- und Wasserfaches e. V.: Wasserfachliche Aussprachetagung 1989, Wasserverteilung, DVGW-Schriftenreihe Wasser, Band 64, Frankfurt 1990

Damm, G., Eisenbart, K.: Oberflächenbehandlung in Trinkwasserbehältern

Gesellschaft zur Förderung des Lehrstuhls für Wassergüte- und Abfallwirtschaft der Technischen Universität München e. V.:

– 2. Wassertechnisches Seminar „Wasserspeicherung", Berichte aus Wassergütewirtschaft und Gesundheitsingenieurwesen, Technische Universität München, Nr. 20, München 1978:

Baur, A.: Bauweisen und technische Ausrüstung von Wassertürmen

Bomhard, H.: Entwurf, Konstruktion und Bauverfahren von Wassertürmen

Ebel, O.-G.: Konstruktive und statische Bearbeitung von Erdhochbehältern

Klotz, K.: Sonderbauweisen von Erdhochbehältern

Müller, W.: Über die historische Entwicklung von Wasserbehältern

Poggenburg, W.: Innenbeschichtung von Trinkwasserbehältern in Massivbauweise

Schubert, J.: Erhaltung der Wassergüte in Erdhochbehältern

Simm, F., Stegmayer, U.: Architektonische Gestaltung von Wassertürmen und ihre Einbindung in die Landschaft

Vogt, M.: Schäden an Trinkwasserbehältern in Massivbauweise – Ursachen und Behebung

– 11. Wassertechnisches Seminar „Trinkwasserbereitstellung – Speicherung und Förderung", Berichte aus Wassergütewirtschaft und Gesundheitsingenieurwesen, Technische Universität München, Nr. 73, München 1987:

Bomhard, H.: Flüssigkeitsdichte Behälter aus Beton – Anforderungs-, Erfüllungs- und Prüfkriterien

Eisenbart, K.: Einfluß der Standzeit in Wasserbehältern auf die Wasserqualität

Haug, M.: Hochbehälter, Wasserturm oder Druckerhöhungsanlage – Entscheidungskriterien und Lösungsbeispiele

Hirner, W.: Kriterien für die Bemessung des Speichervolumens in der Wasserversorgung – Grundwasserspeicher und Hochbehälter

Merkl, G.: Lüftungs- und wärmetechnische Maßnahmen bei Wasserbehältern

– 17. Wassertechnisches Seminar „Wasserbehälter; Instandhaltung – Fertigteilbauweise", Berichte aus Wassergüte- und Abfallwirtschaft, Technische Universität München, Nr. 112, München 1992:

Cörper, H. J.: Sanierung zweier Wassertürme unter Berücksichtigung bauphysikalischer Fragestellungen

Damm, G.: Bauliche Maßnahmen bei der Instandhaltung von Trinkwasserbehältern

Ebel, O.-G.: Grundsätzliche Aspekte zur Instandhaltung von Wasserbehältern

Ebel, O.-G.: Einschätzungen zu künftigen Behälterbauweisen

Grübl, P.: Schließen von wasserführenden Rissen in Betonkonstruktionen

Haas, R.: Instandhaltung von Wassertürmen

Labitzky, W.: Mineralische Beschichtungen in Trinkwasserbehältern – Probleme und Lösungsansätze

Merkl, G.: Erhaltung von Wasserturm-Bauwerken durch Nutzungsänderung

Merkl, G.: Fertigteil-Trinkwasserbehälter – Systementwicklungen in Westdeutschland

Oestreich, G.: Fertigteilbauweisen von Wasserbehältern in der DDR

Schatz, O.: Planungsbedingte Mängel und Schäden bei Wasserbehältern

– 22. Wassertechnisches Seminar „Planung und Bau von Trinkwasserbehältern im Hinblick auf die europäische Normung“, Berichte aus Wassergüte- und Abfallwirtschaft, Technische Universität München, Nr. 144, München 1998:
Beros, M.: Ausführung von Trinkwasserbehältern in Frankreich
Herb, S.: Mikrobiologische Besiedelung von mineralischen Oberflächen – Vermeidung und Kontrolle
Kop, J. H.: Entwurf und Bau von Trinkwasserbehältern in den Niederlanden
Lindner, W.: Stand der Europäischen Normung in der Wasserversorgung
Merkl, G.: Praxis der Innenausführung von Wasserkammern
Roth, K.: Erhebungen zu Schäden an Trinkwasserbehältern – Auswertung und Vergleich der Umfragen des DVGW und des LfW
Schössner, H.: Hygienische Anforderungen an Werkstoffe in Trinkwasserbehältern – KTW-Empfehlungen, Entwurf ZTW-Empfehlungen (DVGW-Arbeitsblatt W 347) und DVGW-Arbeitsblatt W 270
Schulze, D.: Anforderungen an Systeme und Bestandteile der Wasserspeicherung aus europäischer Sicht
Vogt, V.: Betontechnische Ausführungen von Trinkwasserbehältern im Hinblick auf Qualitäts- und Kostenaspekte

Grombach, P., Haberer, K., Merkl, G., Trüeb, E. U.: Handbuch der Wasserversorgungstechnik, R. Oldenbourg-Verlag, München 1993

Hampe, E.: Flüssigkeitsbehälter, Bd. I Grundlagen, Bd. II Bauwerke, Verlag W. Ernst & Sohn, Berlin-München 1980 bzw. 1982

Kittner, H., Starke, W., Wissel, D.: Wasserversorgung (6. Auflage), VEB Verlag für Bauwesen, Berlin 1988

Länderarbeitsgemeinschaft Wasser (Hrsg.): Leitlinien zur Durchführung dynamischer Kostenvergleichsrechnungen (KVR-Leitlinien), 6. Auflage, Kulturbuchverlag, Berlin 1998

Leonhardt, F.: Vorlesungen über Massivbau, 4. Teil, Nachweis der Gebrauchsfähigkeit, 2. Auflage, Springer-Verlag, Berlin-Heidelberg-New York 1978

Merkl, G., Baur, A., Gockel, B., Mevius, W.: Historische Wassertürme – Beiträge zur Technikgeschichte von Wasserspeicherung und Wasserversorgung, R. Oldenbourg-Verlag, München – Wien 1985

Merkl, G., Huyeng, P.: Tauwasserbildung in Trinkwasserbehältern – Lüftungs- und wärmetechnische Maßnahmen, Berichte aus Wassergütewirtschaft und Gesundheitsingenieurwesen, TU München, Nr. 68, München 1986

Noakowski, P.: Eintragungslänge, Verformung, Rißbreite, Gleichzeitige Last- und Zwangbeanspruchung im Stahlbetonbau, Seminar der Technischen Akademie Wuppertal, 24. 11. 1983

Rostazy, F. S.: Rißbildung in dicken Betonbauteilen infolge Zwang. Bestimmung der wirksamen Betonzugfläche und der erforderlichen Oberflächenbewehrung, Forschungsbericht der Technischen Universität Braunschweig, Institut für Baustoffe, Massivbau und Brandschutz, Mai 1983

Schoenen, D., Schöler, H. F.: Trinkwasser und Werkstoffe; Praxisbeobachtungen und Untersuchungsverfahren, Deutscher Verein des Gas- und Wasserfaches e. V., DVGW-Schriftenreihe Wasser, Nr. 37, ZfGW-Verlag, Frankfurt 1983.

Schulze, D.: Die Wasserspeicherung, Vulkan-Verlag, Essen 1998

Soiné, K. J., Baur, A., Dietze, G., Müller, W., Weideling, D.: Handbuch für Wassermeister, R. OldenbourgVerlag, München 1992

Wasserversorgungs- und Abwassertechnik, Handbuch, Vulkan-Verlag, Essen 1989

2. Fachaufsätze

Alexander, I.: Das Verhalten von Trinkwasser im Behälter Forstenrieder Park in seuchenhygienischer Hinsicht, Schriftenreihe Verein Wasser-, Boden-, Lufthygiene, Berlin-Dahlem, H. 31, Stuttgart 1970

Baur, A., Eisenbart, K.: Untersuchungen über den Wasseraustausch in Wasserbehältern verschiedener Grundrißform und verschiedener Anordnung der Zu- und Entnahmeleitungen, gwf-Wasser/Abwasser 123 (1982), Nr. 10

Baur, A.: Aufgaben und Probleme der Wasserspeicherung – Rückblick und Ausblick, 3R international 24 (1985), Nr. 1/2

Baur, A.: Neue Erkenntnisse zum Bau von Wasserbehältern (zur Überarbeitung des DVGW-Arbeitsblattes W 311). gwf-Wasser/Abwasser 127 (1986), Nr. 10

Baur, A.: Wassertürme (1. und 2. Teil) – Aufgaben, Gestaltung und Ausrüstung, ndz-Neue DELIWA-Zeitschrift (1986), Nr. 11 u. 12

Baur, A., Eisenbart, K: Einfluß der Standzeit in Wasserbehältern auf die Wasserqualität – Bericht über ein F+E-Vorhaben, gwf-Wasser/Abwasser 129 (1988), Nr. 2

Baur, A.: Planung und Bau von Wasserbehältern – zur Einführung des neuen DVGW-Arbeitsblattes W 311, ndz-Neue DELIWA-Zeitschrift (1988), Nr. 3

DVGW: Wasserbehälter aus AZ-Großrohren, Stellungnahme des DVGW-Fachausschusses Wasserbehälter, gwf-Wasser/Abwasser 127 (1986), Nr. 2

DVGW: Einsatz von Betonfertigteilen beim Bau von Wasserbehältern, Wasser-Information Nr. 36. November 1993

Ernst, W., Flinspach, D.: 75 Jahre Behälterbau bei der Landeswasserversorgung, Schriftenreihe des Zweckverbandes Landeswasserversorgung (1989), H. 9

Flinspach, D.: Der neue Großbehälter Schönbühl der Landeswasserversorgung, Wasserwirtschaft 71 (1981), Nr. 3

Gronwald, E., Hatert, M., Küsel, K.: Sanierung eines Trinkwasserbehälters durch Edelstahlauskleidung, gwf-Wasser/Abwasser 128 (1987), Nr. 9

Hammer, D., Marotz, G.: Verhütung von thermischen Einschichtungen in Trinkwasserbehältern, Wasserwirtschaft 78 (1988), Nr. 4

Hampe, E.: Behälter, Beton-Kalender 1986, Teil II, Seite 671–833, Verlag W, Ernst & Sohn, Berlin 1986

Hennig, J.-D.: Anstrich- und Beschichtungsstoffe in der Trinkwasserversorgung: Problemlöser oder Problembereiter? (Teil 1 + 2) ndz-Neue DELIWA-Zeitschrift (1988), Nr. 3 + 4

Herb, S., Merkl, G., Flemming, H.-C.: Schäden an mineralischen Innenbeschichtungen von Trinkwasserbehältern, gwf-Wasser/Abwasser 138 (1997), Nr. 3

Herb, S., Schoenen, D., Flemming, H.-C.: Zur Verwendung biologisch abbaubarer Trennmittel im Trinkwasserbehälterbau, gwf-Wasser/Abwasser 140 (1999) Nr. 2

Hirner, W., Poss, Ch.: Aufgaben und Bemessung von Wasserbehältern, ndz-Neue DELIWA-Zeitschrift (1987), Nr. 2

Jungwirth, D.: Begrenzung der Rißbreite im Stahlbeton- und Spannbetonbau aus der Sicht der Praxis, Beton- und Stahlbetonbau 80 (1985), Nr. 7, S. 173–178 u. Nr. 8, S. 204–208

Leonhardt, F.: Das Bewehren von Stahlbetontragwerken, Beton-Kalender 1979, Teil II, Verlag W. Ernst & Sohn, Berlin 1979

Leonhardt, F.: Zur Behandlung von Rissen im Beton in den deutschen Vorschriften, Beton- und Stahlbetonbau 80 (1985), Nr. 7, S. 179–184 u. Nr. 8, S. 209–215

Merkl, G.: Bauphysikalische Aspekte bei Trinkwasserbehältern, Gas-Wasser-Wärme 37 (1983), Nr. 11

Merkl, G.: Fugenloser, schlaff bewehrter 8000-m^3-Trinkwasserbehälter der Stadtwerke Augsburg, gwf-Wasser/Abwasser 127 (1986), Nr. 10

Merkl, G.: Wärmeschutz und Lüftung bei Wasserbehältern im Hinblick auf die Verminderung der Tauwasserbildung, gwf-Wasser/Abwasser 128 (1987), Nr. 2

Merkl, G.: Rechteckförmige Trinkwasserbehälter in fugenloser Ausführung unter Berücksichtigung der Fertigteilbauweise, Betonwerk + Fertigteil-Technik (1989), Nr. 1

Noakowski, P.: Praxisgerechtes Verfahren für die Bemessung von Stahlbetonbauteilen bei Zwangbeanspruchung, Beton- und Stahlbetonbau 75 (1980), Nr. 4 und Nr. 5, Zuschrift und Berichtigung Nr. 5/1981

Noakowski, P.: Verbundorientierte, kontinuierliche Theorie zur Ermittlung der Rißbreite. Wirklichkeitsnaher und einfacher Nachweis unter Berücksichtigung der Verbundgesetze und der Betonzugfestigkeit sowie unter Verknüpfung des Erstriß- und Endrißzustandes. Beton- und Stahlbetonbau 80 (1985), Nr. 7 und Nr. 8

Poggenburg, W., Schubert, J., Uhlenberg, J.: 60 000 m^3 Trinkwasserbehälter der Stadtwerke Düsseldorf AG; Planung und Ausführung, gwf-Wasser/Abwasser 122 (1981), Nr. 10

Rostazy, F. S.: Zwang und Oberflächenbewehrung dicker Wände, Beton- und Stahlbetonbau 80 (1985), Nr. 4 und Nr. 5

Poss, Ch., e. a.: Tagesausgleichsvolumen in der Trinkwasserversorgung, gwf-Wasser/Abwasser 126 (1985), Nr. 4

Poss, Ch.: Spitzenbereitstellung in der Trinkwasserversorgung mit Hilfe von Grundwasserspeichern, Wasserwirtschaft 73 (1983), H. 6

Schäckeler, W. D.: Neue Behälterbauten der Bodenseewasserversorgung, Kristallklar, eine BWV-Information, Nr. 32, Bodenseewasserversorgung, Stuttgart Dez. 1980

Schatz, O.: Kriterien für die Instandsetzung von Wasserbehältern in bau- und betrieblicher Sicht. 3R international 31 (1992), Heft 1/2

Schatz, O.: Berechnung des Tagesausgleichsvolumens für die Bemessung von Trinkwasserbehältern. ndz – Neue DELIWA-Zeitschrift (1991), Heft 11

Schlaich, G., Schäfer, K.: Konstruieren im Stahlbeton, Beton-Kalender 1984, Teil II, Verlag W. Ernst & Sohn, Berlin 1984

Schießl, P., Wölffel, C.: Konstruktionsregeln zur Beschränkung der Rißbreite – Grundlage zur Neufassung DIN 1045, Abschnitt 17.6 (Entwurf 1985), Beton- und Stahlbetonbau 81 (1986), Nr. 1

Vogt, V.: Bau, Betrieb, Instandhaltung und Reparatur von Großbehältern im Bereich der Wasserversorgung, VDI-Bericht 1202, VDI-Verlag, Düsseldorf 1995

7. Wasserverteilung

bearbeitet von Dipl.-Ing. **Manfred Edenhofner**
Abschn. 7.1.3 von Dipl.-Ing. **Gerhard Brendel**

DVGW-Regelwerk, DIN-Normen, Gesetze, Verordnungen, Vorschriften, Richtlinien
siehe Anhang, Kap. 14, S. 765 ff.
Literatur siehe S. 633

7.1 Rohrnetzausrüstung

7.1.1 Allgemein

7.1.1.1 Hauptbestandteile der Rohrleitungen

Den wesentlichen Anteil an den Rohrleitungen machen die Rohre selbst aus; hinzu gehören noch die Verbindungsstücke, die manchmal aus mehreren Teilen bestehen, die Formstücke, mit denen in der Regel Krümmungen und Abzweige hergestellt werden, die aber auch zum Übergang verschiedener Rohrnennweiten oder Rohrwerkstoffe gebraucht werden, ,ferner zahlreiche Armaturen, von denen die Absperrvorrichtungen die wichtigsten sind, und schließlich die Vorrichtungen für den Feuerschutz.
Zur Rohrnetzausrüstung sind im folgenden auch diejenigen Einbauteile auf der Leitungsstrecke gezählt, die zwar nicht unmittelbar mit der Leitung selbst in Verbindung stehen, aber für die Sicherheit oder für die Bedienung der Leitung notwendig sind.
Es bedeuten:
DN = Diametre nominale (Nennweite)
PN = Pressure nominale (Nenndruck)

7.1.1.2 Werkstoffe

7.1.1.2.1 Grauguß (Gußeisen, GG) – ist der älteste Rohrwerkstoff im Wasserleitungsbau der letzten 200 Jahre. Er wurde vom *duktilen Gußeisen* (GGG) verdrängt, das in Europa seit 1951 und in der Bundesrepublik Deutschland seit 1956 hergestellt wird. Letzteres hat bessere mechanische Eigenschaften und das Rohr, wegen der geringeren Wanddicke, ein um etwa 25 V. H. niedrigeres Gewicht gegenüber Graugußrohren; es transportiert bei gleicher Nennweite vergleichbar mehr Wasser. GGG-Rohre müssen gegen Korrosion geschützt werden.

7.1.1.2.2 Stahlrohre – waren bei hohen Drücken preislich zwar den Graugußrohren überlegen, gegenüber duktilen Gußrohren mit ihren hohen Festigkeiten ist das aber im Rahmen der bei Wasserversorgungsanlagen üblichen Drücke nicht mehr der Fall. Vorteilhaft ist die Herstellung endloser Stahl-Leitungsstränge durch Schweißverbindungen. Stahlrohr-Fernleitungen sind kathodisch zu schützen.

7.1.1.2.3 Asbestzementrohre (Faserzementrohre, s. Abschn. 7.1.2.1.3) – besitzen ausreichende Festigkeiten gegen innere und äußere Beanspruchungen, ihr Verhalten gegenüber korrosiven Wässern und Böden ist fast durchwegs gut. Sie inkrustieren kaum und sind fast hydraulisch glatt.

7.1.1.2.4 Spannbetondruckrohre und Stahlbetonrohre – kommen nur für große Durchmesser (ab DN 800) in Betracht, wenngleich sie bereits ab DN 250 hergestellt werden. Der Nenndruck überschreitet in der Regel PN 16 nicht, Sonderherstellung für höhere Drücke ist möglich.

7.1.1.2.5 Kunststoffrohre – sind korrosionsunempfindlich und hydraulisch nahezu glatt. PVC = Polyvinylchloridrohre für Wasserversorgungsanlagen werden von 20 bis z. Zt. 400 mm DN hergestellt und ab DN 80 angewandt, während die elastischeren und „endlosen“ PE-(meist Polyethylen hart, selten PE weich)Rohre bei den kleineren Durchmessern hauptsächlich für Anschlußleitungen dienen oder aber mit größeren Durchmessern – kaum über DN 300 – als Dükerleitungen eingesetzt werden, ggf. in

Bündeln, falls **ein** Rohr querschnittsmäßig nicht ausreicht. Einspülen mit Spezialschiff, auch bündelweise in Flußsohlen, ist möglich.

7.1.1.2.6 UP-GF-Rohre – sind ebenfalls korrosionsunempfindlich und hydraulisch nahezu glatt (k = 0,01 mm). Sie werden als Druckrohre bis PN 35 in DN 200 bis 2400 und in Längen von 6 m hergestellt. Während diese Rohrart in Österreich, Holland und Schweden für den Trinkwassertransport seit Jahren Verwendung findet, liegt für die BRD noch keine Zulassung vor. Da aber mit einer solchen gerechnet werden kann und diese Rohre in DIN 16 868/16 869 erfaßt sind, finden sie im Taschenbuch Erwähnung.

7.1.1.3 Kurzbezeichnungen der Werkstoffe, z. B. in den Plänen:

AZ, (FZ)	Asbestzement, (Faserzement)
GG	Grauguß
GGG	duktiles Gußeisen
GGG ZM	duktiles Gußeisen mit Zementmörtelauskleidung
PE-LD	Polyethylen weich
PE-HD	Polyethylen hart
PVC-U	Polyvinylchlorid (hart)
SpB	Spannbeton
St	Stahl
StBiA	Stahl mit Außenschutz aus Bitumen
StBil	Stahl mit Innenschutz aus Bitumen
Stzm	Stahl mit Innenschutz durch Zementmörtelauskleidung
UP-GF	Glasfaserverstärktes Polyesterharz

7.1.1.4 Die Wahl der Werkstoffe

obliegt dem Planer der Anlage. Entscheidend sind die Festigkeit gegenüber Innendruck und äußerer Belastung, die Korrosionsbeständigkeit, die Verbindungsart und der Preis für die fertige Leitung einschl. der Erdarbeiten, deren Kosten von den Rohreigenschaften mit beeinflußt werden können.
Allgemeine Anhaltspunkte:
Fernleitungen DN > 700 mit höchsten Sicherh.-Anforderungen*)
über PN 16: StZM mit Schweißverb./GGGZM
bis PN 16: StZM mit Schweißverb./SpB/GGGZM
desgl. ohne bes. Anforderungen**)
über PN 16: StZM mit Schweißverb./GGGZM/UP-GF
bis PN 12,5: StZM/GGGZM/AZ(FZ)
Fernleitungen DN < 700
bis PN 12,5:AZ(FZ)/GGGZM/StZM/UP-GF
Versorgungsleitungen
PN 10: GGGZM/AZ(FZ)/PVC-U/UP-GF/PE-HD (PE 80, PE 100, PE-X_a)
Anschlußleitungen PE-HD, Stahl mit Sonderschutz

*) Leitung darf niemals ausfallen. Betriebsunterbrechungen nur bei programmierten Instandhaltungsarbeiten
**) Leitungsausfall kann für gewisse Instandsetzungsarbeiten hingenommen werden

7.1.1.5 Korrosionsschutz

7.1.1.5.1 Aggressivität des Bodens – Mit Korrosion wird die chemische Reaktion von Werkstoffen mit Stoffen aus der Umgebung bezeichnet, die zu einer Zerstörung von Leitungsteilen führen kann. Die Umgebungsstoffe (der Boden) um die Rohre besitzen eine mehr oder weniger große „Bodenaggressivität“; sie wird durch Bewertungszahlen für 12 zu betrachtende Eigenschaften des Bodens dargestellt, deren Summe ein Maß für die Korrosionswahrscheinlichkeit bildet (vgl. GW 9 und DIN 50 829).
Stark aggressiv gegen die äußere Rohroberfläche verhalten sich z. B. Torf, Schlick und Marschböden, Böden mit deutlichen Mengen an Schwefelwasserstoff (Gips!), Asche, Schlacke. Längere Rohrleitun-

gen liegen regelmäßig in verschiedenen Bodenarten. Man schützt daher in WV-Anlagen alle metallischen im Boden liegenden Rohrleitungen gegen Außenkorrosion.
Im allgemeinen ist bei allen Rohren aus metallischem Werkstoff, die zum Transport von Wasser vorgesehen sind, ein Innenschutz zu empfehlen. Entsprechend dem DVGW-Regelwerk erhalten heute alle in der Trinkwasserversorgung eingesetzten GGG- und St-Rohre eine Zementmörtelauskleidung.

Summe der Bewertungszahlen	Bodenaggressivität	Boden-Klasse	Korrosionswahrscheinlichkeit Lochkorrosion	Flächenkorrosion
> 0	praktisch nicht aggressiv	I a	sehr gering	sehr gering
0 bis -4	schwach aggressiv	I b	gering	sehr gering
-5 bis -10	aggressiv	II	mittel	gering
< -10	stark aggressiv	III	hoch	mittel

7.1.1.5.2 Arten des Korrosionsschutzes – Passive Schutzmaßnahmen (hauptsächlich Anstriche, Beschichtungen) trennen die Rohroberfläche von dem angreifenden „Elektrolyten“ (Boden, Wasser). *Aktiv* kann man durch den elektrochemischen (meist kathodisch genannten) Schutz in Außenkorrosionsvorgänge eingreifen. Jede dieser beiden Schutzmaßnahmen kann allein, in bestimmten Fällen können oder müssen beide gemeinsam angewandt werden. Der kathodische Schutz und die trennende Isolierung ergänzen einander.

1) Passiver Schutz
Hiermit sind äußere und innere Anstriche oder Beschichtungen der Rohroberfläche gemeint: Sie reichen von der Tauchbituminierung bis zum äußeren Schutz aus mehreren Beschichtungen, besitzen also verschiedene Schichtdicke.
Anforderungen an den passiven Rohrschutz:
a) Chemische und mechanische Beständigkeit
b) Haftung am Rohr
c) Geringe Sauerstoffdurchlässigkeit u. Wasserdampfdiffusion**)
d) Hohes elektr. Isolationsvermögen**)
e) Alterungs- und Temperaturbeständigkeit
f) Druck- und Schlagfestigkeit
g) Dehnbarkeit**)
**) gilt nicht für die ZM-Auskleidung.
Zum passiven Schutz gehört auch die Zementmörtelauskleidung. Zur Zeit sind folgende Verfahren üblich:
1. für Rohre aus GGG nach DIN 28 600/28 610:
(1) Außenschutz (dabei ist DIN 30 675/T 2 zu beachten).
a) Für Bodengruppen I und II erhalten die GGG-Rohre eine Spritzverzinkung (entsprechend DIN 30 674/T 3) mit Deckbeschichtung. Die Schutzwirkung beruht auf einem elektrochemischen Prozeß. An äußeren Beschädigungen wirkt das Zink als Opferanode, d. h. es geht an Stelle von Eisen in Lösung. Das in Lösung gehende Zink wird in Form schwerlöslicher Zinksalze wieder ausgeschieden. So bilden sich Deckschichten, die auch dann noch wirksam sind, wenn kein metallisches Zink mehr vorhanden ist.
b) für Bodengruppe III nach DVGW-Arbeitsblatt GW 9: Umhüllungen aus PE (nach DIN 30 674 T 1), ZM-Umhüllung (nach DIN 30 674 T 2) oder bei Schutz nach Bodengruppe II ein zusätzliches Aufziehen eines losen Polyethylenschlauches direkt bei der Verlegung auf das Rohr.

Bei Leitungstrassen, bei denen mit häufigem Wechsel der Bodengruppen zu rechnen ist, wird empfohlen, vor der Verlegung Bodenuntersuchungen durchführen zu lassen oder grundsätzlich die Schutzart b) zu wählen bzw. Schutzart a) mit Polyethylenschlauchfolie.
Formstücke werden dem Korrosionsschutz der Rohre angepaßt, damit die Kette der Rohre keine schwachen Glieder aufweist, Formstücke mit ZM-Auskleidung sind durchwegs gebräuchlich, Emaillierung in Sonderfällen.
(2) Innenschutz
a) Duktile Gußrohre werden serienmäßig innen mit Zementmörtel (ZM) entspr. DIN 2614 ausgeschleudert. Die Auskleidung hat eine aktive und passive Schutzwirkung. Die aktive Wirkung beruht auf einem elektrochemischen Prozeß. In die Poren des Zementmörtels dringt Wasser ein, dabei

nimmt es durch die Aufnahme von freiem Kalk aus dem Mörtel einen pH-Wert von über 12 an. In diesem pH-Bereich gibt es bei Gußeisen keine Korrosion. Die passive Wirkung ergibt sich durch die mechanische Trennung der gußeisernen Rohrwand vom Wasser. Für die Herstellung des Mörtels wird Hochofenzement (HOZ) verwendet, während bei extrem weichen, kohlensäurehaltigen Wässern, der kalkarme Tonerdezement (TZ) eingesetzt wird.

Die Dicke der ZM-Auskleidung ist nennweitenabhängig. Für DN 80–300 = 3 mm, DN 350-600 = 5 mm; DN 700-1200 = 6 mm.

Es ist nicht auszuschließen, daß beim Aushärten der ZM-Auskleidung infolge von Schwinden Haarrisse auftreten. Es hat sich gezeigt, daß bei Kontakt mit Wässern aller Art sich diese Risse wieder schließen. Von den Rißwänden ausgehend wachsen Kalkkristalle und schließen den Spalt (zusintern). Dieser Vorgang wird durch Quellvorgänge innerhalb des Zementmörtels unterstützt. Nach DIN 2614 können Rißbreiten bis 1,5 mm unbedenklich zugelassen werden.

b) Bitumenüberzug ist auf Verlangen herstellbar; es wird jedoch abgeraten, da unsicher bleibt, ob nicht später Wasser anderer Beschaffenheit durch die Leitung fließt.

2. für Stahlrohre

(1) Außenschutz (dabei ist DIN 30 675/T 1 zu beachten)

a) für alle Bodengruppen:
PE-Umhüllung nach DIN 30 670

b) bituminöse Umhüllungen nach DIN 30 673. Für WV-Anlagen kommt – wenn überhaupt – für die Bodengruppe I die Type A 3,5 in Betracht, wobei in die heiß aufgebrachte Bitumenmasse ein Träger aus Glasvlies eingelagert ist; Schichtdicke = 4 mm – oder für die Bodengruppen I und II die Type A 5,5, wobei eine zweite Wickelschicht aufgebracht wird; Gesamtdicke beider Schichten = 5,5 mm

c) für Installationsrohre (bis DN 50) in Gebäuden:
Verzinkung nach DIN 2444

(2) Innenschutz

a) ZM-Auskleidung nach DIN 2614 (Anlage 4) oder DVGW-Arbeitsblatt W 343

b) bituminöse Auskleidung, passend zu Ziff. 7.1.1.5.2.1.2 b

c) Verzinkung, passend zu Ziff. 7.1.1.5.2.2.1 c

Bemerkung zu Guß- und Stahlrohren, die ohne ZM-Auskleidung verlegt worden sind und eine stärkere Innenkorrosion oder Inkrustation aufweisen:

Die Rohre lassen sich nachträglich mit einer ZM-Auskleidung nach DVGW-Arb. Blatt W 343 versehen. Voraussetzung ist, daß die nach dem Durchreinigen und Entfernen von Inkrustationen verbliebene Rohrwanddicke noch ausreicht und daß ein wirtschaftlicher Vergleich zwischen Neuverlegung und nachträglicher ZM-Auskleidung zugunsten letzterer ausfällt.

Mit der Durchführung der nachträglichen ZM-Auskleidung von verlegten Rohren sollten nur Spezialfirmen beauftragt werden, die über das erforderliche Gerät und genügend Erfahrung verfügen.

3. für Spannbetonrohre (DIN 4035):

Außen- und Innenschutz sind gewöhnlich nicht nötig; ggf. können Rohre unter Zusatz von Sonderzementen hergestellt werden. Äußere Schutzüberzüge aus Kunststoff, Bitumen, Teerpech sind möglich.

4. für AZ-Rohre (DIN 19 800/2): (FZ-Rohre; für PN10 Rohre sind die Versuchsreihen z. Zt. eingestellt) Außen- und Innenschutz sind in nicht oder schwach aggressiven Böden, bzw. bei nicht aggressivem Wasser entbehrlich; üblich ist aber fast immer ein Anstrich mit Steinkohlenteerpech außen und Bitumen innen (wegen verringerter Wasseraufnahmefähigkeit bei der Druckprüfung). Auskleidung mit Epoxidharz gegen stark aggressives Wasser ist möglich.

5. für Kunststoffrohre aus PE und PVC (DIN 19 533 u. DIN 19 532) sowie UP-GF-Rohre (DIN 16 869):

Außen- und Innenschutz entfallen.

2) Aktiver Schutz

Das kathodische Schutzverfahren („KKS") wird für RL der WV aus GGG nur im besonderen Fall und für St als zusätzlicher Schutz für die äußere Rohroberfläche angewandt. Voraussetzungen für den KKS zum Schutze der Rohrleitungen sind:

a) durchgehende elektrische Längsleitfähigkeit der Rohrleitung (z. B. gummigedichtete Muffenverbindungen müssen je nach Schutzstrombedarf mittels isolierter Kupferkabel 20–50 mm^2 überbrückt werden);

b) elektrische Trennung der Leitung von niederohmig geerdeten Anlagen und Fremdinstallationen mittels mögl. zugänglichen Isolierstücken;

c) die Rohrumhüllung (Isolierung) muß ausreichenden Umhüllungswiderstand besitzen.
Bei der Korrosion geht an den anodischen Stellen Eisen als Eisenionen in Lösung, während Elektronen im Metall zurückbleiben. Werden diese Elektronen durch Sauerstoff oder andere Elektronennehmer weggenommen, geht der Korrosionsvorgang ständig weiter. Beim kath. Korrosionsschutz werden durch einen Verbund mit einer galvanischen Anode oder mittels einer Fremdstromquelle über eine Fremdstromanode so viele Elektronen dem zu schützenden Metallrohr zugeleitet, daß damit der kathodische Reduktionsvorgang vollständig befriedigt wird und so keine Möglichkeit für das Eisen besteht, weiterhin als positive Eisenionen in Lösung zu gehen.
Der KKS im Erdboden ist „Stand der Technik" und wird u. a. für Öl-, Chemie- und Gashochdruckleitungen durch techn. Regeln gefordert. Auch für Stahl-Wasserversorgungsleitungen sollte nach Möglichkeit neben einer guten Rohrisolierung der KKS Anwendung finden, weil unter der PE-Umhüllung, im Gegensatz zur Verzinkung bei Gußrohren, das blanke Stahlrohr vorliegt.
Für die Betriebs- und Erstellungskosten sind die Wahl der KKS-Art und der Schutzstrombedarf maßgebend. Dieser hängt besonders von der Güte der Rohraußenisolierung ab. Der Schutzstrompotentialbereich in wichtigen Systemen in Abhängigkeit von Werkstoff und Medium beträgt nach v. Baeckmann/Schwenk von +0,14 V bis –1,3 V.
Die KKS-Anlage ist gleichzeitig mit der Rohrleitung zu planen, um ca. alle 1–2 km an Wegen oder Straßen Meßstellen, mittels Bodenwiderstandsmessung längs der Rohrtrasse die günstigsten Einbaustellen für die Einspeiseanoden bzw. die Gleichrichter und schließlich die elektr. Trennstellen festzulegen. Dies erfordert umfangreiche Fachkenntnisse und sollte nur anerkannten Fachleuten übertragen werden.

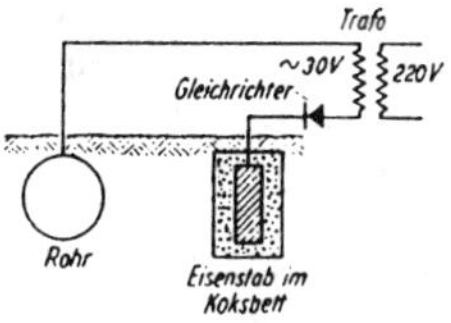

Abb. 7-1 a: Fremdstrom-Schutzverfahren, Schema

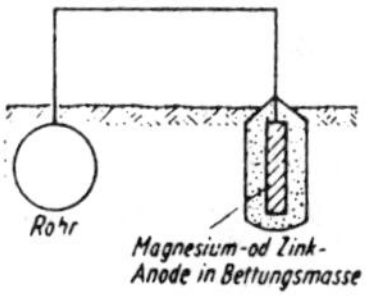

Abb. 7-1 b: Galvanisches Schutzverfahren, Schema

1. Fremdstromschutzverfahren **(Abb. 7-1 a)**
Wechselstrom aus dem öffentlichen Netz wird auf ca. 24 V heruntergespannt und gleichgerichtet. Die Anlage ist regulierbar. Als Anoden dienen anodisch passivierbare Werkstoffe wie z. B. Eisenschrott, Aluminium, Magnetit, Graphit. Diese Anlagen müssen mindestens alle 2 Monate an den Einspeisestellen, das Schutzpotential mind. jährlich an den Meßstellen und auf die vielfach möglichen Störungen kontrolliert werden. Diese Prüfungen auf Funktionsfähigkeit der Anlage sollten erstmalig und in den aufgezeigten Abständen durch einen Sachverständigen (z. B. TÜV) ausgeführt werden.
2. Galvanische Schutzverfahren **(Abb. 7-1 b)**
Der Schutzstrom wird durch Anoden erzeugt. Diese bestehen heute meist aus Aluminiumlegierungen wobei das aktivierende Legierungselement (Zn, In u. a.) die Schutzschichtbildung beim Aluminium verhindert.
Es gibt durchgehende Galv.-Anlagen. Bei nutzbarem Gelände werden nahe der zu schützenden Rohrleitung bei niedrigem spezifischem Bodenwiderstand in Gräben ca. 1,2 m tief Anoden eingebaut. Sie liegen in Koksbettung, in 5-10 m Abstand und sind mittels Cu-Kabel verbunden.
Einzelanoden: Der Schutzstrom wird wie vor durch Anoden erzeugt, die im Abstand von einigen Metern von der Rohrleitung alle 1 bis 2 km im Koksbett gelagert, eingegraben werden. Sie sollen für eine Lebensdauer von 10 bis 20 Jahre ausgelegt werden.
Nachteil der Einzelanoden: Geringe Triebspannung, eine im Betrieb notwendige Erhöhung der Stromabgabe von Anoden ist praktisch nur mit zusätzlicher Fremdspannung möglich. Aus diesen Gründen ist eine Anwendung für Rohrleitungen im Erdreich sehr begrenzt.

Abb. 7-2: Aufbau einer kathod. Schutzanlage

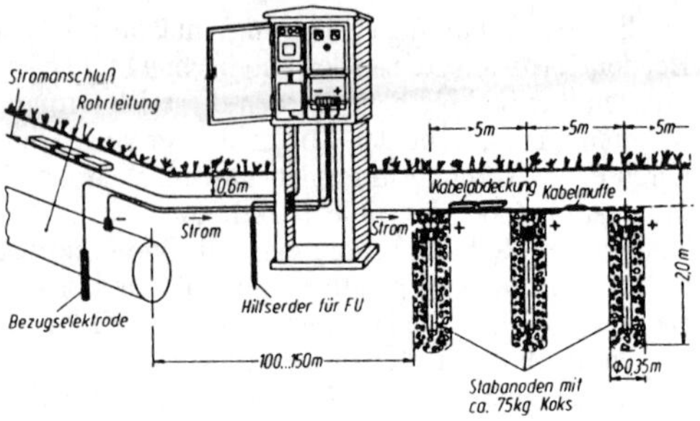

7.1.2 Einzelteile der Rohrleitungen

Siehe auch DIN EN 545, Januar 1995 sowie DVGW Wasser-Information Nr. 44 von 7/95

7.1.2.1 Rohre und Formstücke

7.1.2.1.1 Rohre aus duktilem Gußeisen (GGG)

Vorbemerkung: Graugußrohre (GG) werden heute nicht mehr hergestellt. Graugußformstücke gibt es noch, soweit sie in AZ- und PVC-Leitungen benötigt werden – vgl. die betr. Abschnitte.

1) Werkstoff – Duktiles Gußeisen ist ein Eisen-Kohlenstoff-Gußwerkstoff mit geringen Anteilen von Phosphor, Schwefel, Mangan und Magnesium, wobei der Kohlenstoff in kugeliger Form vorhanden ist, was durch Zusätze bewirkt wird. Charakteristische Eigenschaften: Zugfestigkeit mind. 420 N/mm^2, Streckgrenze mind. 300 N/mm^2, Bruchdehnung mind. 10 %. GGG verformt sich beim Überschreiten der Streckgrenze plastisch; es ist bedingt schweißbar.

2) Herstellung der Rohre – Die Rohre werden in rotierenden Metallformen (Kokillen) nach dem „De Lavaud"-Verfahren oder in Metallformen mit einer 0,5 mm dicken Quarzmehlauskleidung nach dem „Wetspray"-Verfahren gegossen. Das Schleudergußverfahren verfeinert das Gefüge, verhindert Lunkerbildung, erhöht die Festigkeit, beschleunigt die Herstellung. Entsprechend den Lieferbedingungen wird der Werkstoff auf seine Festigkeitseigenschaften und das fertige Rohr durch Wasserdruck geprüft (DIN 28 600).

Formstücke aus duktilem Gußeisen werden nach Metallmodellen in zweiteiligen Sandformen gegossen, die Schraubringe der Schraubmuffenverbindung werden auf Spezialmaschinen geformt, was maßhaltige Gewinde ohne Gußnaht ergibt.

3) Korrosionsschutz – Bester Außenschutz: PE- und ggf. ZM-Umhüllung. Im Inneren praktisch nur die ZM-Auskleidung. Deren Dicke: für DN 80–300: 3 mm; DN 350–600: 5 mm; DN 700-1200: 6 mm. Die Schutzwirkung der ZM-Auskleidung beruht darauf, daß der Zutritt korrosionsfördernder Stoffe zur Rohrwand im Wasser erschwert oder verhindert wird. Hierzu zählen Sauerstoff und Wasserstoff. Der Zutritt des Wassers selbst wird nicht verhindert, da Mörtel nicht wasserdicht ist. Die Rohroberfläche wird also durch Wasser benetzt. Das durch den Mörtel dringende Wasser reagiert aber mit dem Zement, löst z. B. $Ca(OH)_2$ und wird dadurch stark alkalisch, mit pH-Werten um 12. In derartigen Lösungen ist Eisen passiv und wird durch eine dünne Oxydhaut gegen Korrosion geschützt.

Es ist nicht auszuschließen, daß durch mechanische Beanspruchungen der Rohre beim Transport und Verlegen Risse in der ZM-Auskleidung eintreten. Diese können in allen Wässern, die Kalzium-Ionen und Hydrogenkarbonat-Ionen enthalten, durch Kalkbildung zuheilen. Von den Rißwänden ausgehend wachsen Kalkkristalle und schließen den Spalt.

Fehlen die genannten Ionen, so tritt wohl eine geringfügige Korrosion der Innenfläche des Rohres am Rißgrund ein. Die entstehenden Korrosionsprodukte bilden mit den aus den Spaltflächen gelösten Stoffen des Zementes eine Schutzschicht, die den Korrosionsfortgang unterbindet. Spaltbreiten von wenigen mm können unbedenklich zugelassen werden.

4) Druckstufen (DIN 2401)

Es bedeutet:

Nenndruck – PN	=	Druck, für den genormte RL-Teile ausgelegt sind
Betriebsdruck	=	Höchster im Betrieb zulässiger Druck
Werkprüfdruck	=	Druck, mit dem die RL-Teile im Werk abgedrückt werden

Prüfdruck = Druck, mit dem die fertige RL auf der Baustelle abgedrückt wird.

Tab. 7-1: Nenn-, Betriebs-, Werkprüf- und Baustellen-Prüfdruck für GGG-Rohre in bar

DN	PN K8	PN K9	PN K10	Werkprüfdruck K8	Werkprüfdruck K9	Werkprüfdruck K10	Prüfdruck auf der Baustelle
80							
100	40	40	40	60	60	60	Richtet sich
125							nach
150							DIN 4279/T.2
							oder T.3;
200	32						
250				50			
300							
	25	32					
350							
400				40	50	50	
500			32				
600		25					
700							
800	20		25	32	40	40	
900							
1000		20					
1200							

Wegen der mögl. Druckschwankungen bzw. -stöße muß der Betriebsdruck in aller Regel unter PN liegen.

5) Abmessungen der GGG-Rohre

Längen

für DN	40 bis	50:	3 m
		65:	6 m
	80 und	100:	6 m
	125 bis	600:	6 m
	700 bis	1200:	6 und 8 m
	1200 bis	2000:	8m

Kennzeichnung in Rohrmuffe:
Herstellerzeichen, DN, Herstell.-Jahr
Für dukt. Gußeisen stehen:
3 im Dreieck stehende erhöhte oder vertiefte Punkte – oder 3 parallele, rd. 3 mm tiefe, kerbförmige Einschnitte an der Muffenstirnfläche, Klasse K 8, 3 rote Farbstriche, K 9 2 rote Farbstriche, K 10 ohne Farbstriche an der Muffenstirn.
Von den bei der Fertigung anfallenden Kurzlängen dürfen bis zu 10 v. H. der Gesamtlieferung mitgeliefert werden, weitere 10 v. H. dürfen um 0,5 m in der Normallänge abweichen. Längen- und Durchmessertoleranzen siehe DIN 28 600 und 28 603.
Tab.7-2 bezieht sich auf Rohre der Klasse 10. Die Lieferung von Rohren geringerer Wanddicke ist auf Vereinbarung möglich und zwar ab DN 200 in Klasse 9 (Wanddicke s rd. 0,9 derjenigen in Kl. 10) und ab DN 350 in Klasse 8 oder 9 (s für Kl. 8 rd. 0,8 derj. in Kl. 10).
Der zul. Betriebsdruck ist dann niedriger – siehe DIN 28 610.
Empfohlen wird aber, immer Klasse 10 zu verwenden, um die Planungssicherheit für künftige höhere Betriebsdrücke zu haben, außer aus Kostengründen bei längeren Fernleitungen, die mit langfristigen Planungsdaten belegt sind.

Tab. 7-2: Außendurchmesser d_1, Wanddicke s und Masse G für Rohre aus GGG

DN	Klasse K 8 Außen Ø d_1	Wanddicke ZM s_2	Wanddicke GGG s_1	Massen 1 m Rohr mit Muffenanteil GGG	Massen 1 m Rohr mit Muffenanteil GGG/ZM	Klasse K 9 GGG s_1	Massen 1 m Rohr mit Muffenanteil GGG	Massen 1 m Rohr mit Muffenanteil GGG/ZM	Klasse K 10 GGG s_1	Massen 1 m Rohr mit Muffenanteil GGG	Massen 1 m Rohr mit Muffenanteil GGG/ZM
80	98	3	6	12,8	14,5	6	12,8	14,5	6	12,8	14,5
100	118	3	6	15,6	17,7	6	15,6	17,7	6	16,6	17,7
125	144	3	6	19,9	22,5	6	19,9	22,5	6,2	19,9	22,5
150	170	3	6	24,5	28	6	24,5	28	6,5	24,5	28
200	222	3	6	30,5	34,5	6,3	30	36	7	35	39,5
250	274	3	6	38	43	6,8	42,5	48	7,5	46,5	52
300	326	3	6,4	48,5	55	7,2	54	60,5	8	59,5	66
(350)	378	5	6,8	60	72,5	7,7	67,5	79,5	8,5	73,5	86
400	429	5	7,2	72,5	86,5	8,1	80,5	94,5	9	89	103
500	532	5	8	100	118	9	112	129	10	123	141
600	635	5	8,8	132	153	9,9	147	168	11	162	183
700	738	6	9,6	168	198	10,8	187	217	12	206	236
800	842	6	10,4	209	242	11,7	233	266	13	256	290
900	945	6	11,2	254	291	12,6	282	320	14	311	348
1000	1048	6	12	303	344	13,5	337	378	15	371	412
1200	1255	6	13,6	414	484	15,3	460	510	–	–	–

Schraubmuffen DIN 28 601 (DN 80 bis 400)

Steckmuffenverbindung DIN 28 603

Der Nenndurchmesser DN ≙ dem tatsächlichen Innendurchmesser

6) Verbindungen

(1) Steckmuffen-Verbindungen (DIN 28 603) **(Abb.7-3)**

Heute am meisten angewandte Verbindung mit den Vorteilen: In der Muffe festgehaltener Dichtring, einfache und schnelle Herstellung der Verbindung, trotzdem sichere Abdichtung. Der Dichtring besteht aus einem Hartgummiteil am Rande, der in der Haltenut der Muffe liegt, und einem weicheren Teil, der die eigentliche Abdichtung gegen das eingeschobene Spitzende bewirkt. Dieses ist zum leichten Einschieben abgerundet. Möglichkeit der Abwinkelung bis DN 300 bis zu 5 °, DN 400 bis 4 °, DN 500/600 bis 3 °. Für DN 80 bis 1400 Steckmuffe System Tyton, von DN 1000–2000 Steckmuffe System Standard.

a) System Tyton (Form A und B)
b) System Standard (Form C)

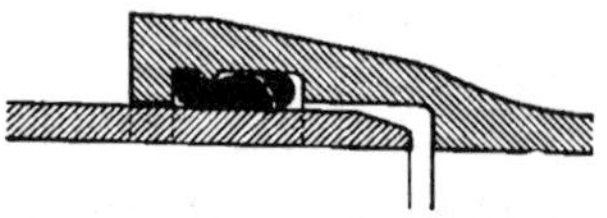

a)

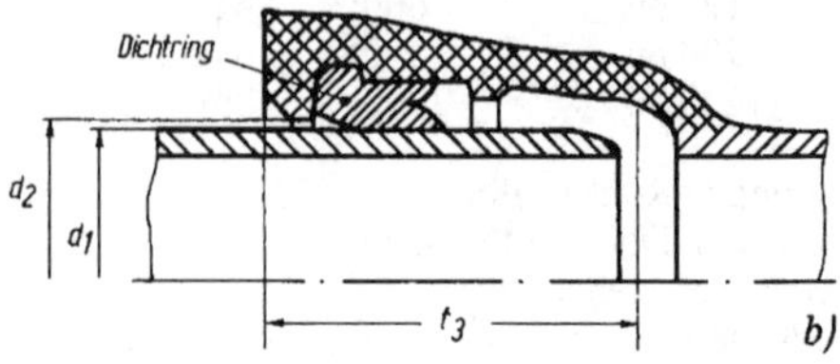

b)

Abb. 7-3: Steckmuffenverbindungen

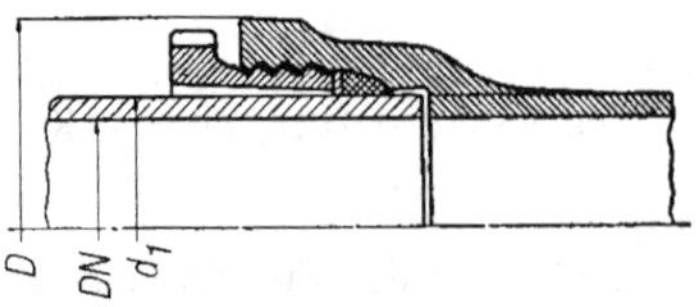

Abb. 7-4: Schraubmuffenverbindung

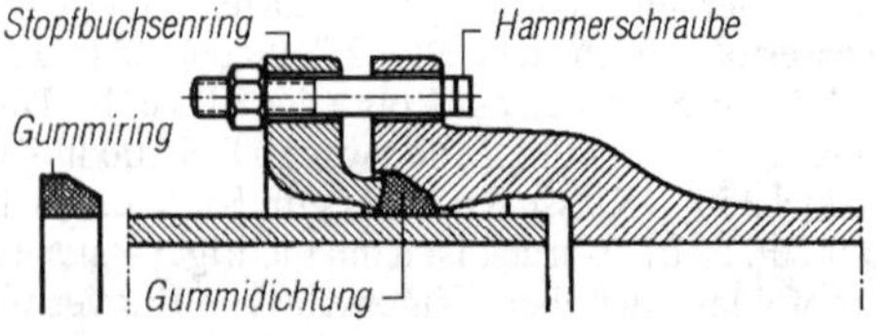

Abb. 7-5: Stopfbuchsenmuffen-Verbindung

In Bergsenkungsgebieten: „Tyton-Muffe Form B (Langmuffe)", welche Stauchungen und Zerrungen von mehreren cm auffängt.

(2) Schraubmuffenverbindung **(Abb. 7-4)**

Sie besteht aus der Muffe mit Innengewinde in Sägeform, dem Dichtring aus Gummi mit einer härteren Schutzkante vorne und hinten und dem Schraubring aus GGG mit Außengewinde. Es empfiehlt sich, noch einen Gleitring aus Stahl einzulegen, damit der Schraubring mit geringer Reibung auf dem Dichtring läuft. Der dichte Abschluß der Verbindung ohne Verquetschen und Nachfedern des Gummiringes hängt wesentlich von der Arbeit des Monteurs ab. Die Verbindung wird heute nicht mehr oft angewandt.

(3) Stopfbuchsenmuffenverbindung **(Abb. 7-5)**

Sie besteht aus der besonders geformten Muffe, dem Gummidichtring mit Hartgummispitze, dem Stopfbuchsenring und den Hammerschrauben, alle Teile (auch die Schrauben) aus GGG. Die Muffe ist als Langmuffe ausgebildet und erlaubt so Zerrungen und Stauchungen der Leitung von mehreren Zentimetern (Bergbaugebiete!), sowie Abwinkelungen, wie die TYTON-Muffe. Die Muffe wird für DN 500 bis 1200 geliefert, kommt aber praktisch nur mehr bei Formstücken vor.

(4) Flanschverbindungen **(Abb.7-6)**

Sie kommen hauptsächlich bei Formstücken vor, an welche Armaturen mit Flanschen angeschlossen werden, z. B. innerhalb von Bauwerken (Pumpwerke, Hochbehälter usw.); hier dienen sie auch der Aufnahme von Längszugkräften. Es gelten die DIN-Blätter 28 604 für Flansche PN 10, DIN 28 605 für PN 16, DIN 28 606 für PN 25 und DIN 28 607 für PN 40. Im allgemeinen besitzen sie glatte Dichtleisten; nur bei höheren Drücken werden Flansche mit Vor- und Rücksprungleisten gewählt, die ein Herausdrücken der Dichtung verhindern. Dichtungen aus Vollgummi mit Stahleinlage.

Abb. 7-6: Flanschverbindung

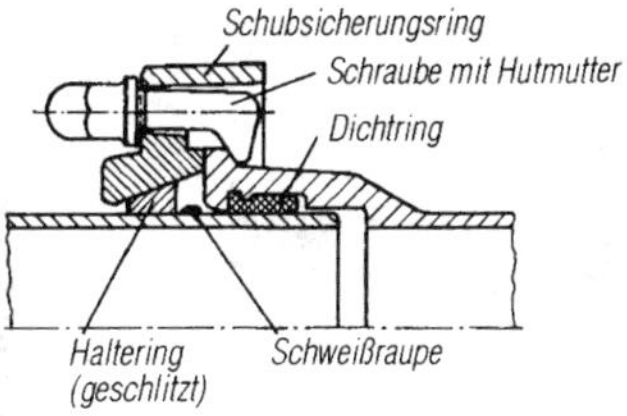

Abb. 7-7: TIS-Verbindung

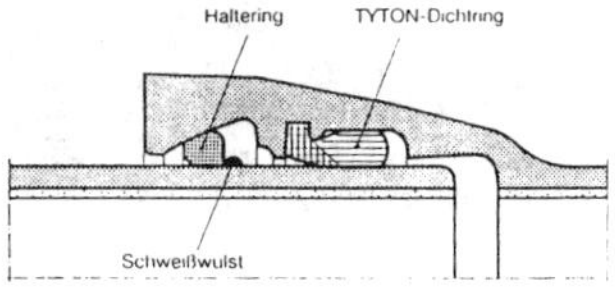

Abb. 7-8: TIS-K-Verbindung

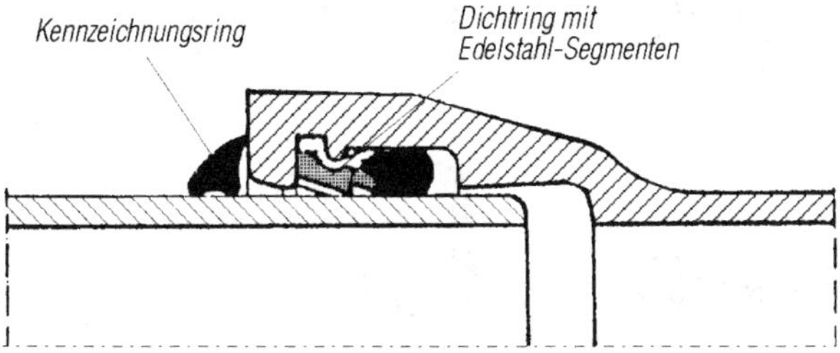

Abb. 7-9: TYTON-SIT

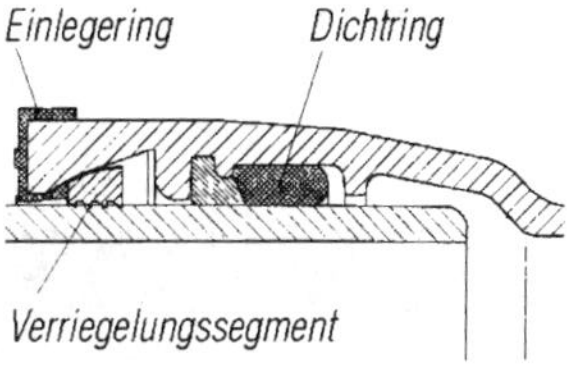

Abb. 7-10: NOVO-SIT

(5) Zugfeste TYTON-Verbindungen

- für Steilhänge, Fluß- und Seedüker, Straßen- und Bahnkreuzungen und überall da, wo sich Betonwiderlager für Krümmer nicht unterbringen lassen oder die Leitung sich nicht gegen Schachtwände abstützen kann.
- Verbindung TIS für DN 80 bis 1200

  Auf das Spitzende des Rohres wird werkseitig ein Schweißwulst aufgebracht, gegen den sich ein Schubsicherungsring mit einem Haltering stützt. Ersterer wird durch Hammerkopfschrauben gegen den Wulst der Muffe des Rohres gehalten **(Abb. 7-7).**

ANWENDUNGEN

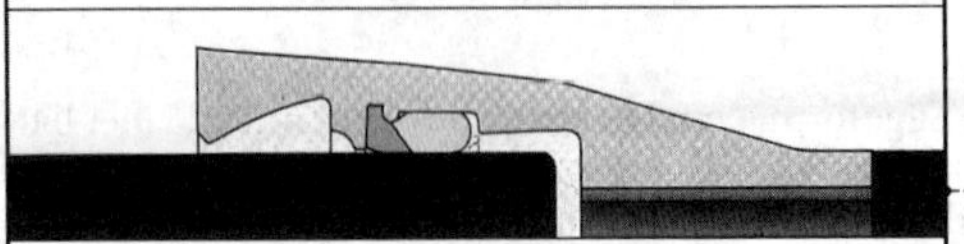

a.) **UNIVERSAL TYTON / DN 100-700**
Die einfach herzustellende Steckmuffen-Verbindung. Die TYTON Dichtung wird in die Dichtkammer der Universalmuffe eingelegt, die Haltekammer bleibt hier ohne Funktion. Danach wird das Folge-Rohr eingeschoben. Die besonders profilierte TYTON Dichtung sorgt für perfekte, dauerhafte Dichtheit. Eine Verbindung, die sich in den letzten 40 Jahren millionenfach bewährt hat.

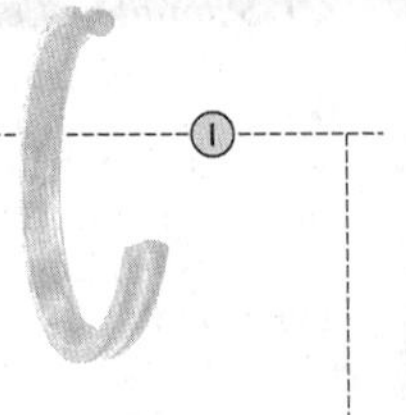

b.) **UNIVERSAL TYTON-SIT / DN 100-300**
Ist eine längskraftschlüssige Verbindung gefragt (etwa wenn bei erdverlegten Rohrleitungen kein Betonwiderlager möglich ist), wird der TYTON-SIT Ring in die Dichtkammer eingesetzt. Bei dieser Variante sind Haltezargen in die Dichtung einvulkanisiert, die für die Längskraftschlüssigkeit sorgen. Auch bei dieser Verbindung bleibt die Haltekammer unbenutzt.

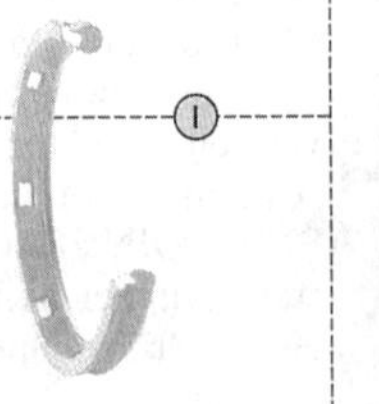

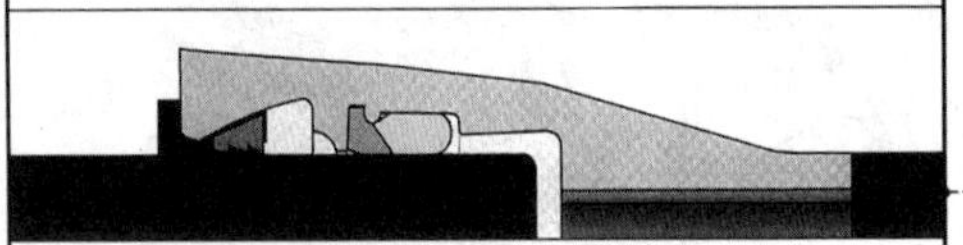

c.) **UNIVERSAL NOVO-SIT / DN 100-700**
Das System für längskraftschlüssige Verbindungen bei hohem Innendruck, das auch Abwinkelbarkeit unter Betriebsbedingungen erlaubt. Zum Abdichten wird zuerst eine TYTON Dichtung in die Dichtkammer eingesetzt. In die Haltekammer wird danach für die Übertragung der Axialkräfte der speziell entwickelte NOVO-SIT Haltering eingesetzt. Je nach Betriebsdruck und Nennweite sind in diesen Haltering mehrere Haltezargen einvulkanisiert. Nach der Montage wird die Verbindung gestreckt, damit es zur Verriegelung kommt.

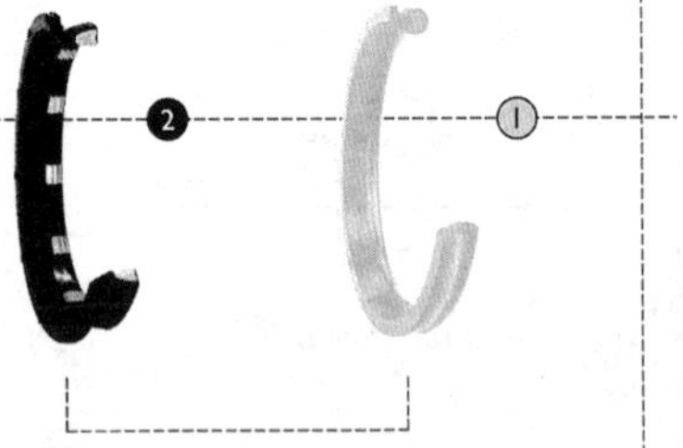

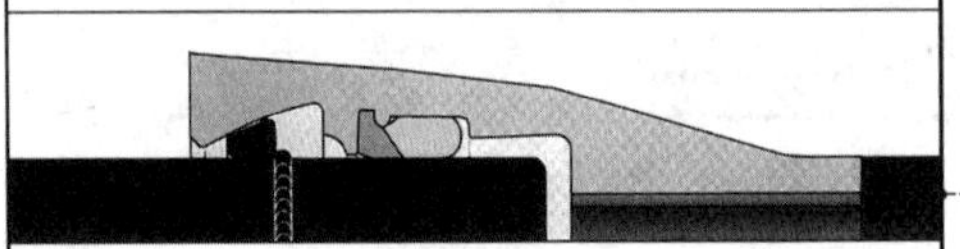

d.) **UNIVERSAL TIS-K / DN 100-700**
Dieses Verbindungssystem läßt optimale Nutzung zu: ob als Brückenleitung, Düker, Anwendung in der Horizontalspülbohrtechnik oder bei Fällen, in denen hohe Anforderungen an die Verbindungstechnik gestellt werden. Auch hier wird zuerst die TYTON Dichtung in die Dichtkammer, dann der TIS-K Haltering in die Haltekammer eingelegt. Die Längskräfte werden von einem Wulst, der auf das Folge-Rohr aufgeschweißt ist, auf den TIS-K Haltering übertragen. In Einzelfällen kann der Schweißwulst auch vor Ort aufgetragen werden.

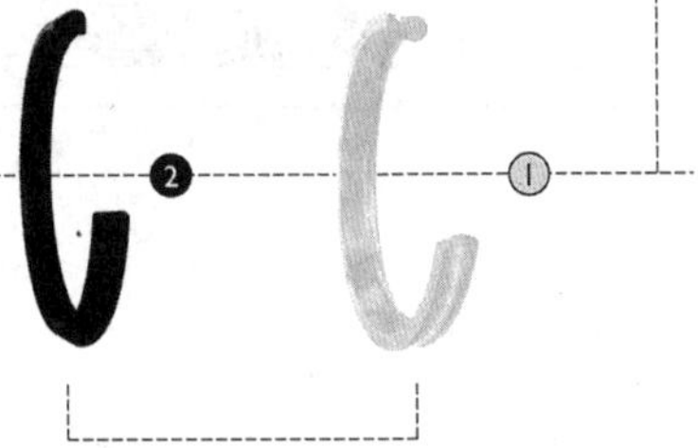

Abb. 7-11 a-d: Die Halberg Universal Rohrmuffe

Tab. 7-3: Formstücke aus duktilem Gußeisen für Rohre mit TYTON-, Schraub- und Stopfbuchsen-Muffen, PN 10 (Maße) (Auszug)

EU-Stück
DIN 28622

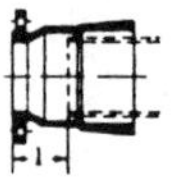

U-Stück
DIN 28625

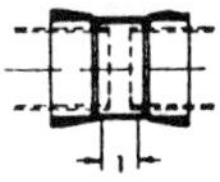

DN	l EU	l U
50... 65	125	155
80...100	130	160
125...150	135	165
200	140	170
250	145	175
300	150	180
350	155	185
400	160	190
500	170	200

F-Stück DIN 28612

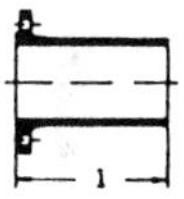

DN	l F-Stück
40	335
50	340
65	345
80	350
100	360
125	370
150	380
200	400
250	420
300	440
350	460
400	480

Maße in mm

Größere DN beim Hersteller erfragen

MMQ-Stück
DIN 28629

Q-Stück
DIN 28637

EN-Stück
DIN 28638

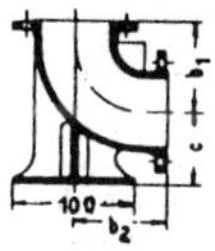

FFK-Stück 45°
DIN 28639

MMK-Stück
45° DIN 28626
30° DIN 28627

22° DIN 28628
11° DIN 28629

DN \ α°	b für MMQ u. MMK 90	45	30	$22^1/_2$	$11^1/_4$	b für Q u. EN	b für FFK	DN
40	–	–	–	–	–	140	115	40
50	70	40	35	30	25	150	120	50
65	85	50	40	35	30	165	125	65
80	100	55	45	40	30	165	130	80
100	125	65	50	45	35	180	140	100
125	150	75	55	50	35	200	150	125
150	175	85	65	55	40	220	160	150
200	225	110	80	65	45	260	180	200
250	280	130	95	75	50	350	350	250
300	330	155	110	90	60	400	400	300
350	–	175	125	100	65	450	298	350
400	–	200	140	110	70	500	324	400

X-Stücke (Blindflansche) DIN 28546
Wanddicken s (dukt. Gußeisen)

DN	s PN 10	s PN 16	Masse in kg PN 10	Masse in kg PN 16
80	16		4	3,9
100	16		4,6	
125	16		6	
150	16		7,6	
200	17		11,4	11,2
250	19		17,2	16,8
300	20,5		25	24,5

(Fortsetzung Seite 464)

350	20,5		22,5	30,5	34,5
400	20,5		24	38	46
500	22,5		27,5	56	79
600	25		31	86	123

Flanschabmessungen nach DIN 28604/05
Größtmögliche Gewinde-Bohrung: 2''

bis DN 250 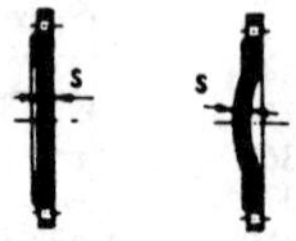 über DN 250

X-Stücke

EN-Stück
DIN 28648

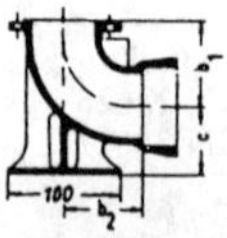

EN-Stück
DIN 28648

DN	b	c
80	165	110
100	180	125

MMA-Stück
DIN 28630

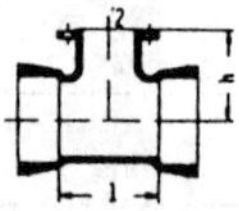

MMB-Stück
DIN 28632

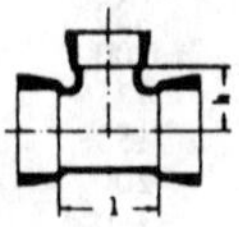

T-Stück
DIN 28643

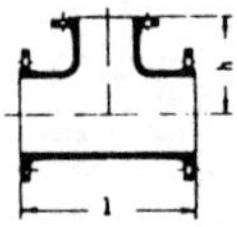

MMR-Stück
DIN 28634

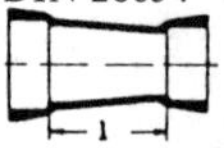

DN_1	DN_2	MMA MMB l	MMA T h	MMB h	T l	MMR l	FFR l
80	80	170	160 □	85	330	–	–
100	80	170	175	95	360	90	200
	100	190	180			–	
125	80	170	190	105		140	200
	100	195	195	110	400	100	
	125	225	200			–	–
150	80	170	205	120		190	
	100	195	210		440	150	200
	150	255	220	125		–	–
200	100	200	240	145		250	300
	150	255	250	150	520	200	
	200	315 ○	260	155 ○		–	–
250	100	200	270 ●	275 ×		–	–
	150	260	280 ●		700	250	–
	200	315	290 ●	325 ×		150	300
	250	375	300 ●	350 ×		–	–
300	100	205	300 ●	300 ×		–	–
	150	260	310 ●	–	800	350	–
	200	320	320 ●	350 ×		250	300
	300	435	340 ●	400 ×		–	–
350	100	205	330 ●	325 ×		–	–
	200	325	350 ●	325 ×	850	360	300
	300	495	380 ●	425 ×		–	–
400	100	210	360 ●	350 ×		–	–
	150	270	370 ●	–		–	–
	200	325	380 ●	350 ×	900	–	–
	300	440	400 ●	–		260	300
	400	560	420 ●	450 ×		–	–

Fortsetzung Seite 465

FFR-Stück
DIN 28645

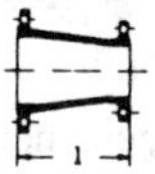

Bemerkung:
○ MMB nur bis
DN 200 u.f. DN 300
● gilt nur für MMA
× gilt nur für T
□ für T: 165

Wanddicken duktiler Formstücke

DN	gerade und *) Bogen	Abzweig-stücke **)
bis 80	7	8,1
100	7,2	8,4
125	7,5	8,8
150	7,8	9,1
200	8,4	9,8
250	9	10,5
300	9,6	11,2
350	10,2	11,9
400	10,8	12,6

*) Die Wand ist 20% dicker als beim K10-Rohr;
**) Die Wand ist 40% dicker als beim K10-Rohr

Durchmesser D der Flansche (GGG, DIN 28604/605), Anzahl n, Gewinde d und Länge L der Schrauben (mm)

DN	PN 10				PN 16			
	D	n	d	L	D	n	d	L
40	150	4	M 16	60	150	4	M 16	60
50	165	4	M 16	60	165	4	M 16	60
65	185	4	M 16	60	185	4	M 16	60
80	200	4	M 16	60	200	8	M 16	60
100	220	8	M 16	60	220	8	M 16	60
125	250	8	M 16	60	250	8	M 16	60
150	285	8	M 20	65	285	8	M 20	65
200	340	8	M 20	65	340	12	M 20	65
250	400	12	M 20	75	400	12	M 24	75
300	455	12	M 20	80	455	12	M 24	75
350	505	16	M 20	80	520	16	M 24	75
400	565	16	M 24	80	580	16	M 27	80
500	670	20	M 24	90	715	20	M 30	100

F- und FF-Rohre, DIN 28614
Max. Längen l von FF-Rohren (m), DIN 28614

DN	Flansche angegossen	angeschweißt	aufgeschraubt
40– 50	1	–	3
65	1	–	5
80– 250	2	5	5
300– 400	3	5	5
500– 600	3	–	5
700–1200	3	–	–

- Verbindung TYTON-SIT für DN 80 bis 300.
  Ein Spezialdichtring mit einvulkanisierten Verriegelungszargen übernimmt die Sicherung gegen Herausziehen des Spitzendes **(Abb.7-9)**.
- Verbindung NOVO-SIT
  Novo-Sit Schubsicherungsringe werden für DN 80–600 geliefert. Die Verbindung zeichnet sich dadurch aus, daß Dichtfunktion und Haltefunktion getrennt sind **(Abb.7-10)**.
- Verbindung TIS-K für DN 100 bis 800
  Der konstruktive Aufbau der TIS-K Verbindung ist von der TIS abgeleitet. Die Schubsicherungskammer ist an die Rohrmuffe angegossen. **(Abb. 7-8)**

(6) Die Halberg UNIVERSAL® Rohrmuffe

Dicht- und Haltekammer sind in einer Muffe integriert. Es lassen sich die vier erforderlichen Verbindungen mit einem Rohr herstellen: TYTON, TYTON-SIT, NOVO-SIT und TIS-K **(Abb. 7-11 a-d)**.

7) Formstücke aus duktilem Gußeisen

Formstücke dienen als Übergang von Rohren zu besonderen Einbauteilen, beim Nennweitenwechsel, bei Krümmungen und Abzweigen. Genormt sind die Formstücke nach DIN 28 622 bis 28 648 **(Tab. 7-3)**. Durch Einführung von Doppelmuffenformstücken ist die Typenzahl herabgesetzt und die Verwendung muffenloser Reststücke ermöglicht worden.

Die Formstücke sind wie die Rohre innen mit Zementmörtel ausgekleidet.

Da duktiler Guß schweißbar ist, lassen sich Abzweige usw. statt mit Formstücken auch durch Schweißen (im Werk und auf der Baustelle) fertigen. Hierfür stehen „Anschweiß-Stutzen“ mit Spitzend-, Muffen-, Gewinde- und Flansch-Anschluß zur Verflügung.

7.1.2.1.2 Rohre und Formstücke aus Stahl

1) Werkstoff

Für WV-Anlagen werden meist Rohre nach DIN 2460 verwendet. Mitgeltende Normen: DIN 1626-Geschweißte Rohre, Werkstoff USt 37.0, St 37.0, St 44.0 und St 52.0 sowie DIN 1629-Nahtlose Rohre, Werkstoff St 37.0, St 44.0 und St 52.0.

Im besonderen Falle, z. B. für Fernleitungen mit höchster Sicherheit können auch für Geschweißte Rohre nach DIN 1628 und für Nahtlose Rohre nach DIN 1630, die Werkstoffe St 34.4, St 44.4 und St 52.4 Verwendung finden.

DIN 2413-Berechnung gegen Innendruck, nach Geltungsbereich I oder II.

Rohraußenschutz nach DIN 30 670-Umhüllung mit PE, V 30671 Umhüllung mit Duroplasten, V 30 672-Umhüllung mit Korrosionsschutzbinden und V 30 673-Bituminöse Schutzumhüllung. Rohrinnenschutz nach DIN 2614 – ZM-Auskleidung.

2) Herstellung

Nahtlose Rohre (für WV-Anlagen selten):

Herstellen einer Luppe (gelochter Block) aus einem vollen Block und Walzen im Schrägwalzwerk. Auswalzen zum fertigen Rohr nach dem Stopfenwalz- oder dem Pilgerschrittverfahren. Ggf. Verändern des Durchmessers und der Wanddicke im Reduzierwerk. Bei teilweise automatisierten Hochleistungsanlagen mit Durchmessern unter DN 200 spricht man vom „Rohrkonti-Walzverfahren“ (konti ≙ kontinuierlich).

Tab. 7-4: Fertigungsgrößen einiger Verfahren für nahtlose Rohre

Fertigungsart	Außendurchmesser mm	Wanddicke mm
Schrägwalz-Pilgerschrittverfahren	60-660	3 –100
Stopfwalzverfahren	100–324	3,5 – 20
Rohrkonti-Walzverfahren	21–178	2 – 50
Kaltpilgerverfahren	10–170	0,5 – 20

Geschweißte Rohre (für WV-Anlagen üblich):

Sie werden aus gewalzten Blechen oder Bandstahl hergestellt durch

- UP-(Unterpulver-)Schweißung – elektr. Schmelz-Schweißverfahren (Längsnaht der zum Rohr gebogenen Bänder bzw. Bleche oder Spiralnaht eines endlosen Stahlbandes an den Bandkanten)

- Preßschweißen – Band, dessen Breite dem künftigen Rohrumfang entspricht, wird der Länge nach zum Schlitzrohr geformt und die in einem Ofen angewärmten Bänder gegeneinander gepreßt – Fretz-Moon-Verfahren
- Elektr. Widerstandsschweißen – ein Preßschweißen, bei dem die Kanten eines zum Schlitzrohr gebogenen Bandes oder Bleches durch Hochfrequenzstrom angewärmt und durch Druckwalzen gegeneinander gepreßt und verschweißt werden.

Tab. 7-5: Fertigungsgrößen der Verfahren für geschweißte Rohre

Fertigungsart	Außendurchmesser mm	Wanddicke mm
Fretz-Moon-Verfahren	14 – 90	1,8– 7
Hochfrequenzwiderstandsgeschweißt	33,7– 508	1 –12,7
Unterpulver-Längsnahtgeschweißt		
a) warm kalibriert	508 –2020	5,6–25
b) kalt expandiert	457 –1420	6,3–40
Unterpulver-Spiralnahtgeschweißt	508 –2020	5,6–15

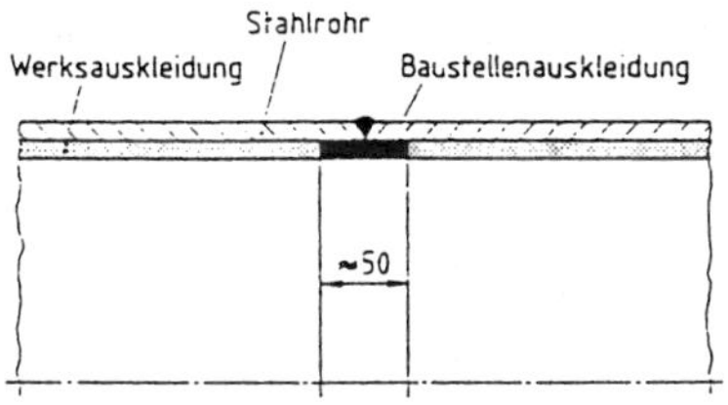

Abb. 7-12 a: Stumpfschweißverbindung an befahrbaren Rohren (Prinzipskizze)

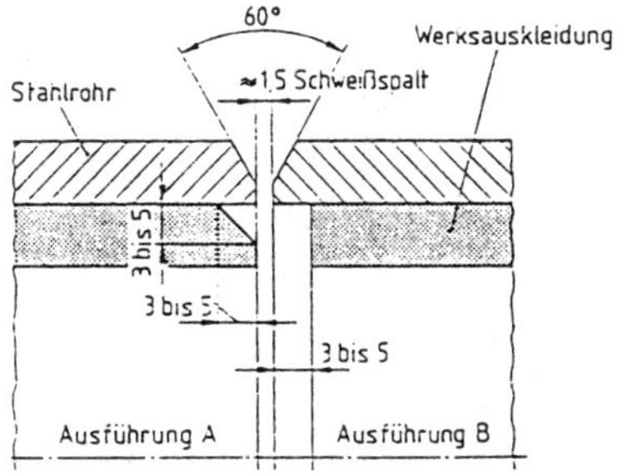

Abb. 7-12 b: Vorbereitung für Stumpfschweißverbindung an befahrbaren und nicht befahrbaren Rohren mit Zementmörtelauskleidung bis zum Rohrende (Prinzipskizze)

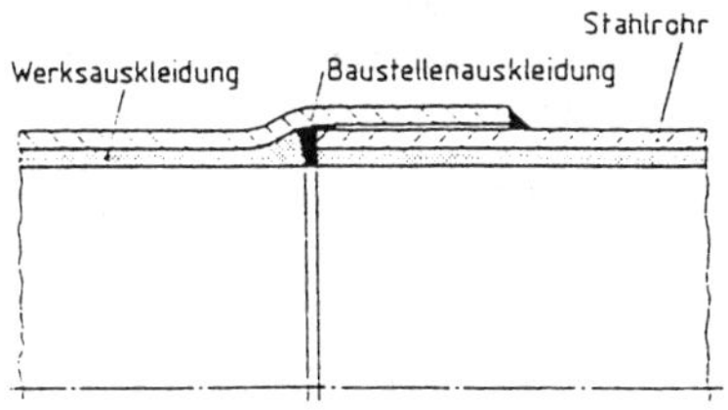

Abb. 7-13: Einsteckschweißmuffe

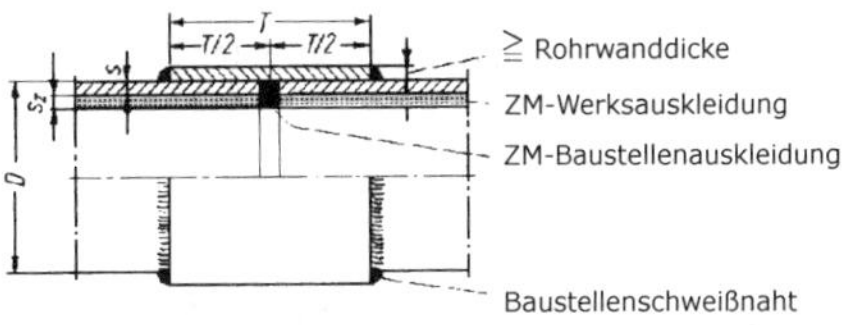

Abb. 7-14: Überschiebe-Schweißmuffe.

Entsprechend den Lieferbedingungen werden die Rohre vom Hersteller zerstörenden (Zerreiß- und Biegeproben) und zerstörungsfreien (Ultraschall- und Röntgen-) Prüfungen unterzogen.

3) Korrosionsschutz

Außenschutz auf Bitumenbasis wird nur noch ausnahmsweise angewendet. Durchgesetzt hat sich heute der 3-Schichtenkorrosionsschutz auf PE-Basis. Dabei wird die PE-Umhüllung entweder aus einer

Tab. 7-6: Maße und längenbezogene Massen der geschweißten Stahlrohre und Nenndrücke der Rohrleitungen

Nennweite DN	Rohraußendurchmesser d_a	Nenn-Wanddicke[1])	Längenbezogene Masse[2]) kg/m	Nenndruck PN der Rohrleitung [1]) Stahlsorte: St 37,0 [4]) $v_N = 0{,}9$ [3]) Werkszeugnis 2.2	Stahlsorte: St 37,0 [4]) $v_N = 0{,}9$ [3]) Abnahmeprüfzeugnis 3.1 B	Stahlsorte: St 52,0 [4]) $v_N = 0{,}9$ [3]) Abnahmeprüfzeugnis 3.1 B	Stahlsorte: St 37,0 [4]) $v_N = 1{,}0$ [3]) Abnahmeprüfzeugnis 3.1 B	Stahlsorte: St 52,0 [4]) $v_N = 1{,}0$ [3]) Abnahmeprüfzeugnis 3.1 B
80	88,9	3,2	6,76	63	80	125	100	125
100	114,3	3,2	8,77	50	63	100	63	100
125	139,7	3,6	12,1	50	63	80	63	100
150	168,3	3,6	14,6	40	50	63	50	80
200	219,1	3,6	19,1	32	40	50	40	63
250	273	4,0	26,5	25	32	50	40	50
300	323,9	4,5	35,4	25	32	50	32	50
350	355,6	4,5	39,0	25	32	40	32	50
400	406,4	5,0	49,5	25	32	40	32	50
500	508	5,6	69,4	25	25	40	25	40
600	610	6,3	93,8	20	25	32	25	40
700	711	6,3	109	16	20	32	20	32
800	813	7,1	141	16	20	32	20	32
900	914	8,0	179	16	20	32	20	32
1000	1016	8,8	219	16	20	32	20	32
1200	1219	11,0	328	16	20	32	20	32
1400	1422	12,5	435	16	20	32	20	32
1600	1626	14,2	564	16	20	32	20	32
1800	1829	16	715	16	20	32	20	32
2000	2032	17,5	869	16	20	32	20	32

[1]) Berechnung nach DIN 2413, Ausgabe Juni 1972, Geltungsbereich I, (vorwiegend ruhend beansprucht, bis 120 °C) mit folgenden Sicherheitsbeiwerten: S = 1,70 für St 37.0 mit Werkszeugnis 2.2, S = 1,50 für St 37.0 mit Abnahmeprüfzeugnis 3.1 B, S = 1,58 für St 52.0 mit Abnahmeprüfzeugnis 3.1 B ohne Zuschlag für Korrosion bzw. Abnutzung. Bei Rohren mit Auskleidung und Umhüllung ist in der Regel kein Korrosionszuschlag erforderlich. Der errechnete zulässige Betriebsüberdruck wurde auf die nächstniedrige Druckstufe nach DIN 2401 Teil 1 gerundet.
Der angegebene Nenndruck gilt für Rohrleitungen mit Schweißverbindung und zwar:
- bis DN 500 für eine Verkehrsbelastung bis zu SLW 60, einer Erdüberdeckung von 0,6 bis 6 m und zusätzlich einem möglichen Abfall des Innendrucks auf den absoluten Druck $P_{abs} = 0{,}2$ bar.
- über DN 500 für eine Verkehrsbelastung bis zu SLW 60, einer Erdüberdeckung von 0,6 bis 4 m und zusätzlich einem möglichen Abfall des Innendrucks auf den absoluten Druck $P_{abs} = 0{,}2$ bar.

[2]) Längenbezogene Massen ohne Berücksichtigung der Umhüllung der Auskleidung und der Muffenverbindung.
[3]) Ausnutzung der zulässigen Berechnungsspannung in der Schweißnaht v_N nach DIN 1626
[4]) Stahlsorte St 37.0 und St 52.0 nach DIN 1626

Ringdüse des „Extruder“ (Schneckenpresse) kommend über das mit einer Epoxidharz-Grundschicht und einem Kleber versehene Rohr schlauchartig gezogen oder aus einer Breitbanddüse kommend spiralig auf das vorbereitete Rohr gewickelt.
Das Pulveraufschmelzverfahren – PE-Pulver gegen das rotierende warme Rohr geworfen, bildet einen homogenen, geschmolzenen Überzug – wird seltener angewendet.
Das Vervollständigen aller von der PE-Umhüllung freigebliebenen Stellen auf der Baustelle ist mit großer Sorgfalt durchzuführen (vgl. Abschn. Rohrleitungsbau).
Innenschutz: Entsprechend DIN 2460 sind Rohre für Trinkwasserleitungen mit Zementmörtel auszukleiden. Vgl. hierzu die Ausführungen zu GGG-Rohren.

4) Druckstufen
Die in DIN 2460 genormten Rohre sind den Nenndrücken **PN** gemäß **Tab.7-6** zugeteilt. Rohre anderer Wanddicken können gefertigt werden.
5) Abmessungen
Herstellungsverfahren je nach Blechgrößen 6 bis 18 m; auch HFI- und spiralgeschweißte Rohre werden aus Transportgründen nicht länger gefertigt.
Durchmesser, Wanddicken, Massen der St-Rohre siehe **Tab.7-6.** Der Nenndurchmesser DN entspricht nicht dem tatsächlichen Innendurchmesser.
6) Verbindungen
Alle begehbaren, aber auch kleinere Rohre werden durch *Stumpfschweißung* **(Abb.7-12 a** und **7-12 b)** verbunden; für die nicht begehbaren Leitungen kann auch die *Einsteckschweißmuffe* oder eine *gummigedichtete Steckmuffenverbindung* (genormt bis DN 300) gewählt werden.
In begehbaren Rohren ist das Anbringen der ZM-Auskleidung an der Schweißstelle leicht möglich; läßt man an nicht begehbaren Rohren bereits werkseitig die ZM-Auskleidung bis zu den Rohrenden durchgehen, so verbleibt nach dem Schweißen zwar ein kleiner Spalt, in dem eine Korrosionsschädigung im Bereich der Stumpfschweißnaht jedoch nicht zu erwarten ist.
Die erwähnte Einsteckschweißmuffe **(Abb. 7-13)** ermöglicht ein gänzliches Verschließen der Schweißstelle; eine Abart ist die Überschiebe-Muffe, die zum Zusammenfügen zweier Spitzenden dient **(Abb. 7-14).**

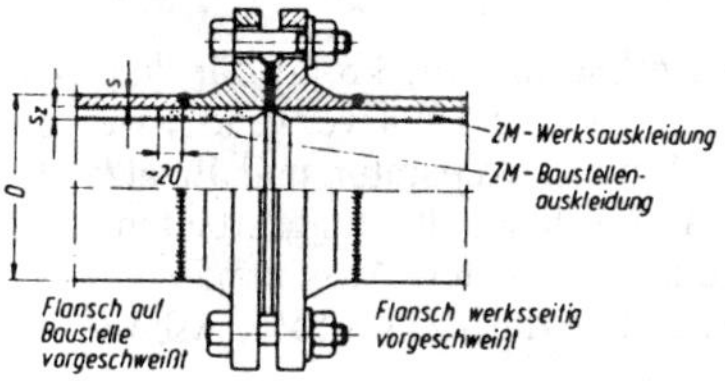

Abb. 7-15: Flansch-Verbindung St-Rohre

Stahlrohre können auch durch werkseitig oder auf der Baustelle vorgeschweißte Flansche verbunden werden **(Abb. 7-15).**
Das Herstellen der Verbindungen auf der Baustelle ist im Kap. RL-Bau behandelt, dsgl. das Anbringen des inneren und äußeren Korrosionsschutzes nach dem Verschweißen.
Die *Gewindeverbindung* wird im Wasserleitungsbau vornehmlich für DN < 50, also für Verbrauchs- oder Hausinnenleitungen (verzinkt oder PE-umhüllt) verwendet. Zwei mit Whitworth-Gewinde (DIN 2999) an den Enden versehene Rohre werden mittels Gewindemuffen zusammengefügt. Der durch das Gewinde unterbrochene Außenschutz ist sorgsam wiederherzustellen.
Die Muffen und die Formstücke, sog. Fittinge (engl. Fittings) bestehen aus dem weniger korrosionsempfindlichen Temperguß, sind aber bei Verlegung im Boden ebenfalls zu schützen.
Die hauptsächlich vorkommenden Formstücke sind im Kapitel Verbrauchsleitungen aufgeführt.

Tab. 7- 7: Gewinderohre mittelschwer (DIN 2440) und schwer (DIN 2441) – Dicke der PE- Umhüllung 2 mm

DN mm	Außendurchmesser des Stahlrohres d_a mm	Rohre DIN 2440 Rohrwanddicke s mm	Masse mit Umhüllung G kg/m	Rohre DIN 2441 Rohrwanddicke s	Masse mit Umhüllung G kg/m	
15	21,3	2,65	1,41	3,25	1,65	
20	26,9	2,65	1,82	3,25	2,15	
25	33,7	3,25	2,76	4,05	3,30	
32	42,4	3,25	3,54	4,05	4,25	
40	48,3	3,25	4,07	4,05	4,91	
50	60,3	3,65	5,70	4,50	6,79	
65	76,1	3,65	7,26	4,50	8,68	
80	88,9	4,05	9,38	4,85	11,0	Längen 6 m

7) Formstücke aus Stahl
In den Werken werden beliebige Formstücke aus Stahl hergestellt und mit dem gleichen Außen- und Innenschutz wie die dazugehörigen Rohre ausgerüstet. Für große DN werden auch T-Stücke und andere Abzweige mit eingeschweißten Rohrstutzen bis zum gleichen DN für Durchgangs- und Abzweigrohr hergestellt. Ferner werden Rohre warm zu Krümmern mit großem Radius oder in speziellen Biegemaschinen auch von engem Radius und für Winkel mit 45, 90 oder 180° als fertige Einschweißstücke gebogen. Auf der Baustelle müssen aber oft auch Abwinkelungen durch das Zusammenschweißen von Segmenten hergestellt werden, wobei dann auf die Wiederherstellung des Innen- und Außenschutzes geachtet werden muß. Segmentbögen liefern aber auch die Werke nach Angabe fertig zum Einbau einschl. Innen- u. Außenschutz.

7.1.2.1.3 Rohre aus Asbestzement (Faserzement) mit Formstücken aus Grauguß

Siehe auch DIN EN 512, November 1994

1) Werkstoff
Asbest, in feinsten Fasern (1/10 000 mm) kristallisiert, Zugfestigkeit bis 2,2 kN/mm^2, chemisch Magnesiumhydrosilikat, bildet die Armierung des mit Normenzementen hergestellten Asbestzementes. AZ ist beständig, dicht, chemisch und bakteriologisch unempfindlich; er läßt sich spanabhebend bearbeiten. Die Rohre besitzen ausreichende Festigkeiten und sind zähelastisch, die Oberfläche im Inneren ist hydraulisch glatt.
In der Bundesrepublik Deutschland durften asbesthaltige Erzeugnisse für Druckrohre für den Tiefbaubereich nur noch bis zum 31. 12. 1993 hergestellt und bis zum 31. 12. 1994 verwendet werden. „Verwendung" im Sinne der Gefahrstoffverordnung bedeutet Einbau, Reparatur und Ersatz. Der Betrieb einer Asbestzementrohrleitung stellt kein Verwenden dar. Für Instandhaltungsarbeiten, auch Reparaturen, an bestehenden Anlagen gilt allerdings eine generelle, unbefristete Ausnahme.
Für sie sind die einschlägigen Arbeitsschutzvorschriften, insbesondere die TRG S 519 „Asbest", zu beachten.
Da AZ-Rohre in großem Umfang verwendet worden sind, sind sie im Taschenbuch wie in den früheren Auflagen behandelt worden. Im Zuge der Entwicklung asbestfreier Faser-Zementrohre waren auch Druckrohre für die Wasserversorgung in Erprobung. Für sie würden alle für AZ gemachten Ausführungen in ähnlicher Weise zutreffen. Im November 1994 ist die Europäische Norm EN 512 Faserzementprodukte – Druckrohre und Verbindungen" erlassen worden. Sie umfaßt eine Asbest-Technologie für Produkte, deren Zusammensetzung Crysotyl-Asbest enthält, und eine asbestfreie Technologie für Produkte mit anderen Bewehrungsfasern, die keinen Asbest enthalten (für die BRD und weitere europäische Staaten, die keinen Asbest mehr zulassen).

2) Herstellung
Das angemachte Asbestzementgemisch wird als dünnes, endloses Vlies auf blanke Stahlkerne (d = Innendurchm. des Rohres) unter Druck gewickelt („Mazza-Verfahren"). Das Rohr härtet im Wasserbad spannungsfrei aus, wird abgelängt und an den Enden zur Aufnahme der Verbindungsteile (Kupplungen) abgedreht.
Jedes Rohr wird im Werk mit Wasserdruck geprüft.

3) Korrosionsschutz
Er ist nicht in jedem Falle nötig, wird aber als Bitumen werkseitig in der Regel auch bei nicht aggressiven Böden oder Wässern aufgebracht. (AZ-Rohre können sogar ohne Innenschutz zum Transport von Salzsole verwendet werden, ohne Schaden zu nehmen.)
Art des Korrosionsschutzes S. 468.

4) Druckstufen
Es wurdenn bzw. werden im übrigen Europa Rohre für PN 2,5, 6, 10, 12,5 u. 16 hergestellt. Für Wasserversorgungsanlagen kommen aber nur die Druckstufen 10, 12,5 u. 16 in Betracht, da Leitungen unter PN 10 grundsätzlich nicht zulässig sind. Ab DN 700 werden die Rohre nach den Belastungs- und Betriebsbedingungen gem. den Festigkeitsanforderungen der DIN 19 800 bemessen.

5) Abmessungen (Tab. 7-8).
Der Innendurchmesser d_1 entspricht dem DN.
Die Normung in DIN 19 800 umfaßt die Festigkeiten u. Maßabweichungen für alle DN und die Wanddicken bis DN 600. Hergestellt werden Rohre bis DN 2000. Maße sind bei den Herstellern zu erfragen.

Tab. 7-8: Außendurchmesser d_a (mm), Wanddicke s (mm) u. Masse G (kg/lfdm)

DN	PN 10			PN 12.5			PN 16		
d_1	d_a	s	G	d_a	s	G	d_a	s	G
100	120	10	9,5	124	12	11	130	15	13,5
125	149	12	13,5	153	14	15,5	159	17	18,5
150	178	14	18	182	16	20,5	190	20	25,5
200	234	17	28	240	20	33	252	26	42,5
250	286	18	36,5	296	23	46	308	29	58
300	342	21	52	352	26	63	368	34	80
350	400	25	70	410	30	84	428	39	109
400	456	28	89	470	35	110	488	44	138
450	510	30	109	524	37	132	546	42	171
500	564	32	128	582	41	161	606	53	207
600	678	39	182	698	49	226	726	63	291

Baulängen für DN 100–150: 4 m, für DN 200–600 5 m; auch halbe Baulängen sind lieferbar. 5 v. H. der bestellten Rohre dürfen Kurzlängen sein, jedoch nicht kürzer als 75 v. H. der bestellten Längen. Zulässige Abweichungen von den Außendurchmessern und Wanddicken nach DIN 19 800 Blatt 1.

6) Verbindungen (Abb. 7-16)

Die Rohre werden durch die genormte Reka-Kupplung miteinander verbunden, einem werkstoffgleichen Überschieber mit ausgefrästen Nuten zur Aufnahme eines Anschlag- oder Distanz-Gummiringes in der Mitte und zweier etwas konischer, gezahnter Dichtungsringe, deren Lippen sich beim Einschieben der maßgerecht bearbeiteten Rohrenden nach innen legen. Die Rohre können in dieser Kupplung etwas verschwenkt werden.

Sonderausführungen sind die Reka-Langkupplung mit großem axialem Spiel (Bergsenkungsgebiete), ferner Kupplungen zum Übergang auf Rohre anderen Werkstoffes und Außendurchmessers oder zur Verbindung zweier AZ-Rohre verschiedener DN (Kaliberwechsel ohne Zwischenformstück).

Als Abgang einer Hausanschlußleitung bis Nennweite DN 50 dient die Rekakupplung mit festeingebautem Abgangsstutzen mit Außengewinde. In diesem Falle ist kein Distanzring vorhanden. An den Stutzen lassen sich Absperrventile unmittelbar anschließen.

Ab DN 150 gibt es eine zugfeste Reka-Kupplung für Dükerleitungen, Leitungen in Schutzrohren, Hangleitungen usw. Durch 2 Nuten in der Kupplungshülse und an den Rohrenden, die sich gegenüberstehen, wird ein Stahlseil als Scherelement durch eine tangentiale Bohrung eingeschoben.

Die verschiedenen Verbindungen sind in **Abb. 7-16** schematisch dargestellt.

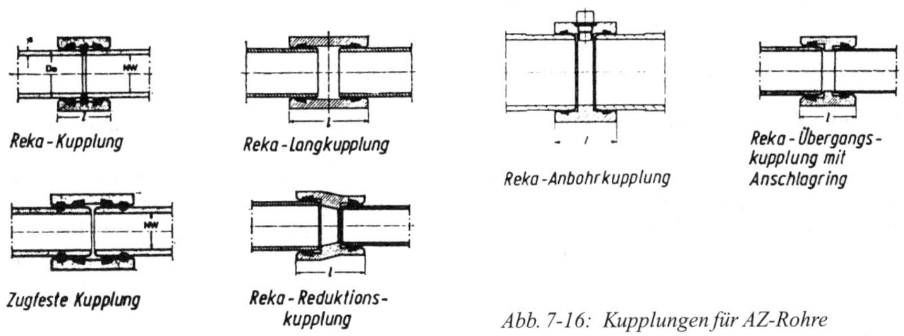

Abb. 7-16: Kupplungen für AZ-Rohre

7) Formstücke

Aus AZ bestehen bis DN 400 Winkelkupplungen von 11 1/4 ° und 12 1/2 °, nur für PN 10. Für größere DN und PN: Gußeisenbögen mit 2 Spitzenden, zur Rekakupplung passend.

Die übrigen Formstücke, ebenfalls aus Gußeisen, entsprechen – auch bezeichnungsmäßig – denen von Guß- oder Stahlleitungen. An die Stelle von Muffen treten kalibrierte Spitzenden, die in Rekakupplungen eingefahren werden (**Abb. 7-17,** dazu Maßtabelle **7-9**).

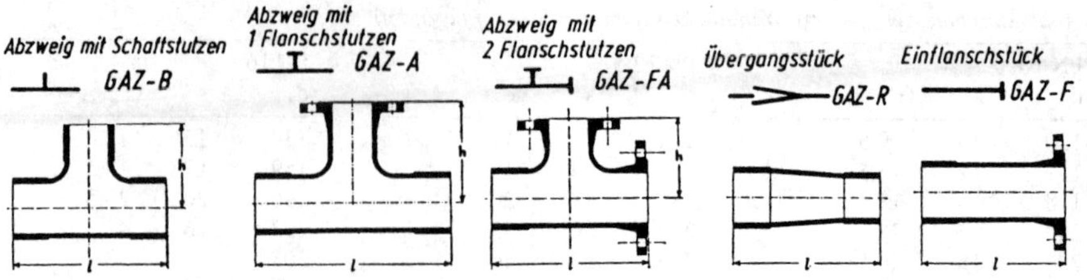

Abb. 7-17: Formstücke zu AZ-Rohren

Tab. 7-9: Formstücke für AZ-Rohre aus Grauguß (Auszug bis DN 400, Maße für größere DN bei den Herstellern erfragen)

DN^1	DN^2	A, B, FA l	A, B, FA h	R l	F l
100	100	380	190	–	250
125	100	415	210	300	
	125				
150	100	380		300	
	125	450	225		
	150			–	
200	100	380			
	125			300	
	150		260		
	200	520		–	300
250	100	380		–	
	125	450		–	
	150		295		
	200	590		400	
	250			–	
300	100	380		–	
	150	520			
	200		330	400	
	250	660			
	300			–	
350	100	470		–	
	150				
	200	610	375		
	250			500	
	300	750			
	350			–	350
400	100	470		–	
	150			–	
	200	610	410	–	
	250			500	
	300				
	400	820		–	

DN_1 = DN der durchgehenden Leitung; DN_2 = DN des Abzweiges

8) Schächte aus FZ-Rohren (Schächte werden nur mehr aus asbestfreien Faserzementrohren hergestellt).

Hierfür ist eine Reihe von Konstruktionen in stehender und liegender Anordnung entwickelt worden. Diese Fertigbauweise verkürzt das Offenstehen der Schachtbaugruben. Die Rohrdurchführungen können bereits werkseitig angebracht werden, lassen sich aber mit den auch beim Hersteller ausleihbaren Bohr- und Schneidewerkzeugen unschwer und sehr sauber passend auf der Baustelle anbringen.

7.1.2.1.4 Spannbetonrohre und Stahlbetonrohre, siehe auch DIN EN 639–642, Dezember 1994 – Diese Rohre werden in DN 250 bis 4000 hergestellt. Sie kommen in der Wasserversorgung meist nur von DN 500 an aufwärts in Frage. Es werden Typenrohre hergestellt, deren Bemessung bestimmte Belastungsannahmen (Erd- und Verkehrslast, Innendruck) zugrunde liegen (DVGW-Arbeitsblatt W 341). Für Fernleitungen ist es üblich, die Rohre jeweils nach den örtlichen Verhältnissen zu bemessen – DIN 4227. Für die Druckleitungen in Wasserversorgungsanlagen werden meist Spannbetonrohre verwendet, schlaff bewehrte Stahlbetonrohre nur für Leitungen geringer Drücke (Entleerungsleitungen, Zuleitungen im Gefälle der Drucklinie usw.).

1) Werkstoff
Beton mit dichtem Gefüge unter Verwendung von Normenzement, ggf. auch Sonderzement mit erhöhtem Widerstand gegen Sulfatangriffe. Spannstähle aus kalt gezogenen Drähten St 140/160 bis 160/180 (Streckgrenze/Bruchfestigkeit).
2) Herstellung
SpB-Druckrohre werden in einem oder in 3 Arbeitsgängen hergestellt. Im ersteren Verfahren entsteht eine einschalige, über die ganze Wanddicke gleichmäßig vorgespannte Rohrwand. Die Höhe der Vorspannung in Ring- und Längsrichtung wird entsprechend den Spannungen aus Innendruck und äußeren Lasten bestimmt. Die Glockenmuffe bildet mit dem Rohr eine Herstellungseinheit. Zunächst wird ein Spannbewehrungskorb gefertigt und in eine Außenform eingelegt, die als Spannbett für die Längsbewehrung dient. Die Außenform wird dann vertikal über einen Formenkern gestülpt. Der Zwischenraum zwischen Außenform und Formenkern – die Wanddicke – wird in einem Arbeitsgang im Rüttelverfahren betoniert, anschließend sofort der dehnbare Formenkern hydraulisch aufgeweitet, was den Beton gegen die Längsbewehrung preßt. Hierdurch wird diese gedehnt und vorgespannt. Die Außenform, durch Federelemente dehnbar gemacht, kann diese Aufweitungsbewegung mitmachen. Nach Erreichen der erforderlichen Betonfestigkeit, beschleunigt durch eine Warmbehandlung, wird die Aufweitung des Formenkerns rückgängig gemacht. Die Federkraft des Spannstahls erzeugt dann die Vorspannung des Betons über die ganze Rohrwand.
Beim mehrschaligen Verfahren werden Betonkernrohre durch Umwickeln mit gespannten Drähten vorgespannt. Diese Drähte werden dann mit einer der Korrosionsverhütung des Spannstahles dienenden Betondeckschicht umgeben, z. B. durch Torkretieren.
Das Stahlbetonblechmantelrohr in vorgespannter und nicht vorgespannter Ausführung wird in Deutschland in großem Umfang zur Formstückherstellung bei Spannbetonleitungen angewandt. Hier ist ein dünnwandiges Stahlformstück in eine Stahlbetonwand einbetoniert; mit dieser Konstruktion lassen sich beliebige Formstückarten herstellen.
3) Korrosionsschutz
ist wegen der hochwertigen Betonqualität im allgemeinen nicht notwendig. Für hochaggressive Böden oder Wässer kommen Sonderzemente in Betracht, auch lassen sich Schutzüberzüge aus Kunststoff, Bitumen (innen und außen) oder Teerpech (nur außen) aufbringen.
4) Druckstufen
Stahlbetonrohre werden in der Regel für innere Überdrücke bis 0,3 bar, Spannbetonrohre bis 16 bar verwendet. Für Spannbetonrohre ist auch die Herstellung für höhere Innendrücke möglich.
5) Abmessungen
Die Abmessungen werden der Konstruktion, Bemessung und dem Herstellungsverfahren angepaßt. Eigene Normen der Hersteller. Regellänge 5 m; Paßrohre in beliebiger Länge.
6) Verbindungen
Bei Stahl- und Spannbetonrohren werden bewegliche, elastomergedichtete Rohrverbindungen angewandt, z. B. die Regelverbindungen gem. **Abb. 7-18** Glockenmuffe mit Rollgummiring-Dichtung. Die Rohrenden besitzen große Maßgenauigkeit und verformen beim Zusammenfahren den runden Gummiring auf etwa halben Ausgangsquerschnitt. Der Gummiring nimmt nicht das Gewicht des eingeschobenen Rohres auf; er dichtet durch den Anpreßdruck (elastische Verformung des Gummis) sowie durch den Innen-Wasserdruck, der einen zusätzlichen Anpreßdruck hervorruft.
Andere Verbindungen: Kammerdichtung (Gummiring liegt in einer Nut), Überschieber, insbes. für nachträglichen Formstückeinbau und für Übergang auf Rohre anderen Werkstoffes.
7) Formstücke
für SpB-Leitungen werden aus Gußeisen oder in einer Stahlblechmantel-Konstruktion gefertigt.

Die Fertigung von Spannbetonrohren ist z. Zt. in Deutschland ausgesetzt.

7.1.2.1.5 PVC-U-Rohre (Kunststoff)
(Vgl. DVGW-Arbeitsblatt W 320)

Werkstoff
Polyvinylchlorid (PVC-U d. h. weichmacherfreies PVC) ist ein durch Polymerisation hergestellter Kunststoff unter Verwendung von Azetylengas und Salzsäuregas. Das Material ist in hohem Maße beständig gegen chemischen Angriff (pH = 2 bis 12) und bedarf keines Korrosionsschutzes. Die Dichte beträgt 1,4 kg/m^3, die Wärmedehnung $8 \cdot 10^{-5}$ (1/°C). Die Dauerstandfestigkeit sinkt im Laufe der Zeit.

Abb. 7-18: Glocken-Muffe zu SpB-Rohren

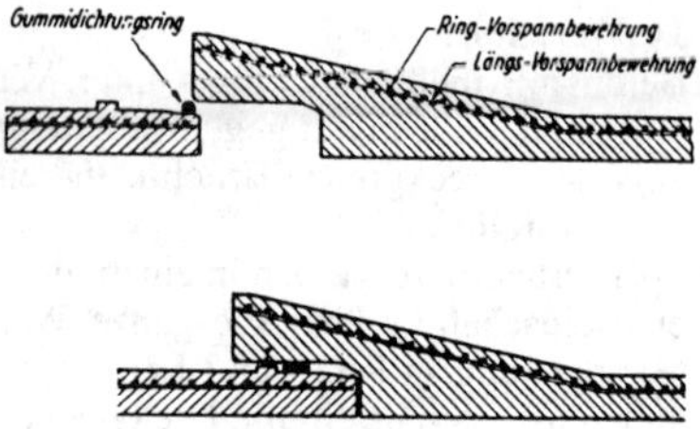

Das Rohr ist in größeren Längen biegsam, leidet jedoch an Kaltsprödigkeit, so daß es bei niedrigen Temperaturen (<0 °C) nicht verlegt werden sollte. Es ist hydraulisch fast glatt (k = 0,007 mm).
Der Wanddickenberechnung liegt die Forderung einer Mindestzugspannung von 25 N/mm² bei einer Dauerbelastung durch den Nenndruck PN bei 20 °C von 50 Jahren (= 4,4 · 10^5h) zugrunde. Die Berechnungsspannung berücksichtigt eine Sicherheit von S = 2,5 und ergibt sich damit zu σ_{zul} = 10 N/mm².
Die Wanddicke wird berechnet nach

$$s = \frac{d_a \cdot p}{20 \cdot \sigma_{zul} + p}$$

s = Wanddicke (mm)
p = Innendruck (bar)
σ_{zul} = Berechnungsspannung = 10 N/mm²

Einschlägige Normen DIN 8061–8067 und 19 532

2) Herstellung

Pressen des erwärmten PVC-Granulates oder -Pulvers durch eine Ringdüse mit anschließender Abkühlung (Maschine heißt Schneckenpresse, engl. Extruder). Die Rohre werden endlos angefertigt und bis DN 40 in Längen von 5 m, ab DN 50 in Längen von 6 und 12 m geliefert.

3) Druckstufen

Nach DIN 8062 werden 6 Reihen (4, 6, 10, 16 bar von Sonderreihen für Lüftung und chem. Industrie) unterschieden. Die Wahl hängt nicht allein vom Innendruck, sondern auch vom Durchflußmedium ab. Für Säureleitungen wird z. B. nur ein geringerer Innendruck zugelassen als für Wasserleitungen.

4) Abmessungen für Rohre PN 10 und PN 16 (DIN 19 532)

In der folgenden Tabelle sind Wasserleitungsrohre für PN 10 und PN 16 des Rohrtyps PVC 100 nach DIN 19 532 aufgeführt.

Tab. 7-10: d_a = Außendurchmesser, d_i = Innendurchmesser, s = Wanddicke, G = Masse

DN	d_a mm	PN 10 d_i mm	PN 10 s mm	PN 10 G kg/m	PN 16 d_i mm	PN 16 s mm	PN 16 G kg/m
10	16	–	–	–	13,6	1,2	0,090
15	20	–	–	–	17,0	1,5	0,137
20	25	–	–	–	21,2	1,9	0,212
25	32	–	–	–	27,2	2,4	0,342
32	40	–	–	–	34,0	3,0	0,525
40	50	–	–	–	42,5	3,7	0,809
50	63	57	3,0	0,854	40,6	4,7	1,29
65	75	67,8	3,6	1,22	63,8	5,6	1,82
80	90	81,4	4,3	1,75	76,6	6,7	2,61
100	110	99,4	5,3	2,61	93,6	8,2	3,90
125	140	126,6	6,7	4,18	119,2	10,4	6,27
150	160	144,6	7,7	5,47	136,2	11,9	8,17
200	225	203,4	10,8	10,8	191,6	16,7	16,1
250	280	253,2	13,4	16,6	238,4	20,8	24,9
300	315	285	15,0	20,9	268,2	23,4	31,5
400	450	407	21,5	42,7	–	–	–

Die Rohre tragen folgende Angaben: Herstellerzeichen/DVGW-Prüfzeichen mit Registernummer/ Werkstoff/Nennweite/Außendurchmesser · Wanddicke/Nenndruck/DIN-Nr./Herstellerdatum/Maschinen-Nr.
Rohrfarbe ist dunkelgrau (RAL 7011)
Der Nenndurchmesser DN weicht vom tatsächlichen Innendurchmesser ab.

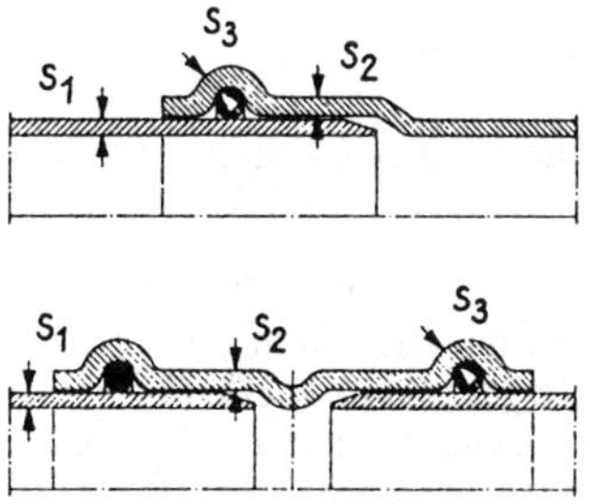

Abb. 7-19: Einsteckmuffe für PVC-Rohre

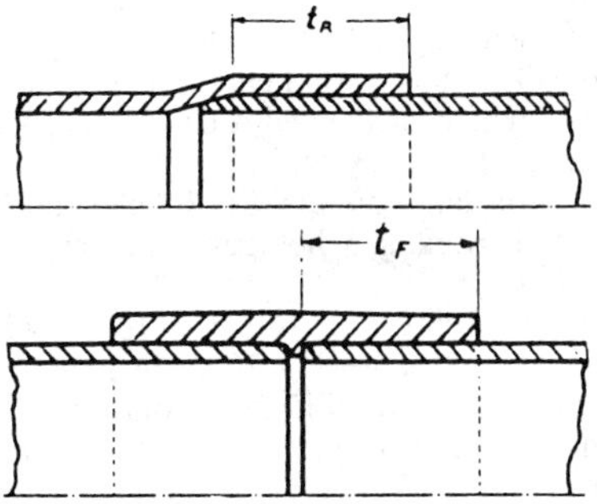

Abb. 7-20: Klebemuffe für PVC-Rohre
Angeformte Muffe und Überschieber

Angeformte Muffe mit Sicke für den Dichtring. Die Wanddicke der Muffe ist wegen der höheren Randzugspannung größer als die des Rohres. Desgleichen beim Überschieber.

5) Verbindungen

(1) Einsteckmuffen mit Gummiring: auf gleiche Weise Verbindung mit PVC-Formstücken und Übergangsstücken auf Metallrohre **(Abb. 7-19);** häufigste Verbindung

(2) Einkleben des Spitzendes in „Klebemuffe" durch Spezialkleber. Zylindrische kalibrierlose Verbindung mit einfachem Überschieber DN 10–200. Klebeverbindungen sind in der Werkstatt einfach, am Rohrgraben, der Witterung ausgesetzt, schwieriger herzustellen. Unter 5 °C ist das Kleben von PVC nicht mehr möglich. Kleben ist daher im erdverlegten Rohrleitungsbau nicht mehr gebräuchlich.

(3) Formstücke werden aus PVC-U in ausreichender Auswahl hergestellt, so daß alle Verbindungen mit Abzweigungen zusammengebaut werden können. Fast alle Formstücke besitzen Muffenenden. Zum Übergang auf metallische Rohre oder Armaturen gibt es besondere E- und F-Stücke mit Flanschen.

Tab. 7-11: PVC-Verbindungsarten in Abhängigkeit von DN

DN	10	15	20	25	32	40	50	65	80	100	125	200	250	300	400
Steckmuffen							×	×	×	×	×	×	×	×	×
Klebmuffen	×	×	×	×	×	×	×	×	×	×	×	×	×	×	
Flansche							×	×	×	×	×	×	×	×	×
Verschraubungen	×	×	×	×	×	×	×	×	×						
PVC-Rohrbogen u. Sonderformst.	×	×	×	×	×	×	×	×	×	×	×	×	×	×	×

7.1.2.1.6 Polyethylen-Rohre (Kunststoff) (Vgl. DVGW-Arbeitsblatt W 320)

1) Werkstoff

PE-LD, Polyethylen niederer Dichte (PE weich) (nicht für WV-Rohre gebräuchlich) und PE-HD, Polyethylen hoher Dichte (PE hart). Im Laufe der Zeit sinkt unter Belastung (Innendruck) die Dauerstandfestigkeit wie bei PVC-Rohren. Mindestfestigkeit für 50 Jahre und 20 °C = 8 N/mm^2. Mit einer Sicherheit S = 1,6 ergibt sich die Berechnungsspannung σ_{zul} = 5 N/mm^2. Wanddickenberechnung wie bei PVC-hart-Rohren. Die Rohre dürfen keine gesundheitsschädigenden Stoffe enthalten und dem Wasser keinen Geruch und Geschmack verleihen (KTW-Empfehlungen).

Die PE-HD-Rohre (für Trinkwasser nach DIN 19 533) sind leicht (Dichte 0,9 bis 1,0) und biegsam. Lieferlängen: gerade Längen 5, 6 und 12 m, Ringbunde bis DN 125 ca. 100 m, bei kleineren DN auf Stahltrommeln bis zu 2000 m. Zwischenzeitlich ist eine Unterteilung in PE 80 (schwarz RAL 9004 mit Streifen blau RAL 5012) und PE 100 (blau RAL 5005) sowie PE-X_a erfolgt. Die Kennzeichnung erfolgt in gleicher Weise wie bei den PVC-U-Rohren. Sie benötigen bei Biegungen keine Formstücke, sind widerstandsfähig gegen Säuren, immer glatt, weil keine Korrosion eintritt, daher auch geringe Rohrreibung, frostsicher, da sie sich beim Einfrieren dehnen und nach dem Auftauen wieder zusammenziehen, fast bruchsicher und unempfindlich gegen vagabundierende Ströme. Gegen Öle und Fette sind sie im allgemeinen empfindlich, in Benzin bei gewissen Temperaturen lösbar (Gasdiffusion) und z. T. brennbar, so daß man sie z. B. nicht mit der Lötlampe auftauen darf. Auch für elektrisches Auftauen sind sie ungeeignet, da nicht leitend, daher als Erder für elektr. Anlagen nicht brauchbar.

2) Herstellung

PE-Granulat wird durch die elektrisch beheizte Ringdüse einer Schneckenpresse („Extruder") gedrückt. Endlose Fertigung, beliebiges Ablängen.

3) Druckstufen

Gefertigt werden Rohre für PN 2,5–6–10, inzwischen gebräuchlich auch >10; für WV-Anlagen kommen Druckstufen unter PN 10 nicht in Frage. Für PE 80 gelten die Druckstufen PN 20 für Rohrreihe 6 SDR 7,25 und PN 12,5 für Rohrreihe 5 SDR 11.0. Für PE 100 gelten die Druckstufen PN 16 für Rohrreihe 5 SDR 11,0 und PN 10 für Rohrreihe 5 SDR 17.0. SDR ist das Durchmesser-Wanddikkenverhältnis.

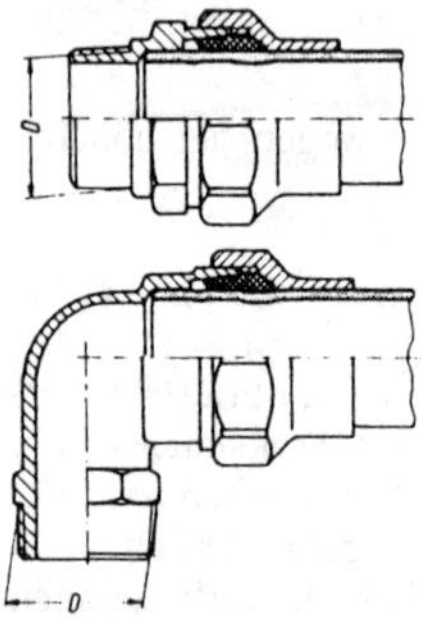

Abb. 7-21: Klemm-Verbindung für PE-Rohre

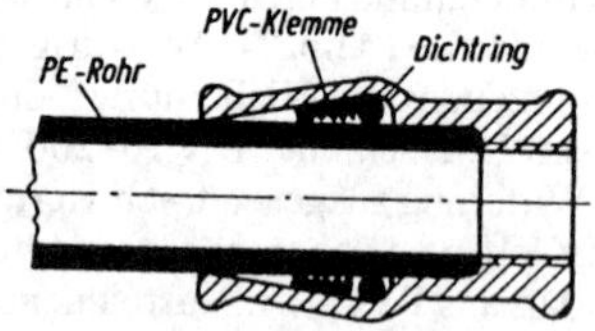

Abb. 7-22: Steck-Verbindung für PE-Rohre

4) Abmessungen (Tab.7-12).

5) Verbindungen

Bis DN 50 meist Klemmverbindung aus Messing **(Abb.7-21)** oder Steckverbindung aus beschichtetem Gußeisen **(Abb. 7-22).** Der Dichtring dichtet auch im drucklosen Zustand; die PVC-Klemme ist mit Korund beschichtet, so daß sich am Rohr keine Druckstellen (Riefen) bilden, die Verbindung jedoch die Zugbelastung aufnimmt. Diese wird nach Setzen des Erdreichs immer kleiner und spielt dann keine Rolle mehr.

Nachisolieren der Verbindungsstücke mit Kunststoffbinden! Für größeren DN: Flansch- oder Elektroschweißverbindung (siehe **Tab. 7-13).** Die Heizelement-Muffenschweißverbindung wird nur noch wenig eingesetzt.

Die Rohre tragen die Angaben: Herstellerzeichen/ DVGW-Prüfzeichen mit Register-Nr./ Werkstoff/ DN/ Außendurchmesser · Wanddicke/ PN/ DIN-Nr./ Herstellerdatum/ Maschinen-Nr.

DN weicht vom tatsächlichen Innendurchmesser ab.

Für PE 80/PE 100 kommen vorrangig das Heizwendelschweißverfahren und das Heizelementstumpfschweißverfahren zur Anwendung, während für PE – X_a nur das Heizwendelschweißverfahren geeignet ist.

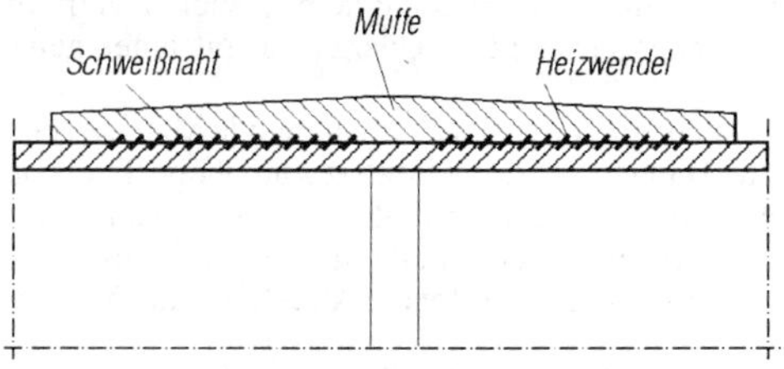

Elektroschweißmuffenverbindung / Heizwendelschweißverfahren

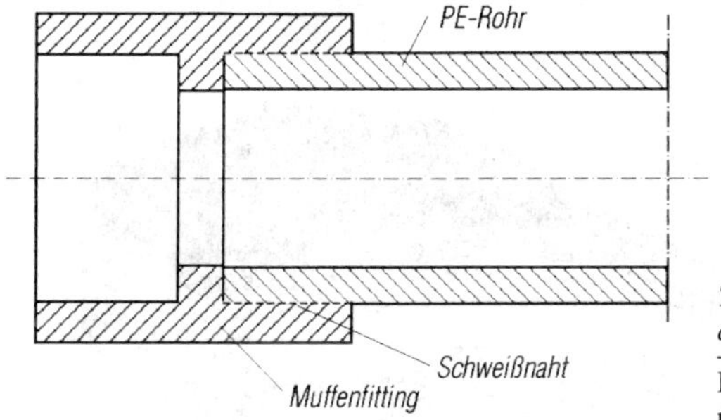

Heizelementmuffenschweißverbindung

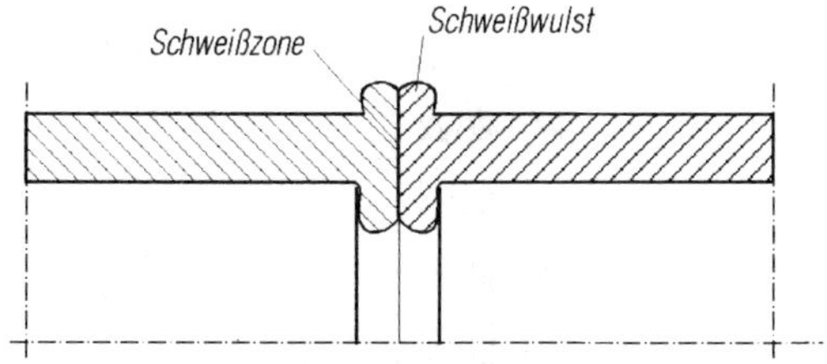

Heizelementstumpfschweißverbindung

Abb. 7-23 a-c: Schweißverbindungen für PE-Rohre

Tab. 7-12: Rohre aus PE-HD für PN 10
d_a *Außen-ϕ*, d_i Innen-ϕ, s Wanddicke, G Masse

DN mm	D_a mm	D_i mm	s mm	G kg/m
15	20	16	2,0	0,117
20	25	20,4	2,3	0,169
25	32	26	3,0	0,271
32	40	32,6	3,7	0,418
40	50	40,8	4,6	0,651
50	63	51,4	5,8	1,03
65	75	61,2	6,9	1,47
80	90	73,6	8,2	2,11
100	125	102,2	11,4	4,07
125	160	130,8	14,6	6,66
150	180	147,2	16,4	8,42
200	250	204,4	22,8	16,2
250	315	257,6	28,7	25,7
300	355	290,4	32,3	32,6

Tab. 7-13: Verbindungsarten bei PE-HD-Rohren in Abhängigkeit vom DN

DN	15	20	25	32	40	50	65	80	100	125	150	200	250	300
Klemmverschraubung aus Metall oder Kunststoff	×	×	×	×	×	×								
Flanschverbindung						×	×	×	×	×	×	×	×	×
Elektroschweiß-muffenverbindung	×	×	×	×	×	×	×	×	×	×				
Heizelement-Muffen-schweißverbindung	×	×	×	×	×	×	×	×	×					
Heizelement-Stumpf-schweißverbindung						×	×	×	×	×	×	×	×	×

7.1.2.1.7 UP-GF-Rohre (Rohre aus glasfaserverstärkten Kunststoffen)

Der duroplastische Verbundwerkstoff für diese Rohre besteht aus glasfaserverstärkten (GF) ungesättigten (U) Polyesterharzen (P) und Füllstoffen. Die Glasfasern aus alkalifreiem Aluminium-Bor-

Silikat-Glas besitzen einen Faserdurchmesser von ca. 10 μm u. werden mit einem speziellen Haftvermittler versehen. Als Füllmittel dient gewaschener, feuergetrockneter Quarzsand mit einer genau definierten Sieblinie.
Die Rohrfertigung erfolgt im Schleuderverfahren, wobei in die relativ langsam drehende Matrize Harz, Glas, Füllmittel und Linerharz eingespritzt werden. Danach wird die Matrize auf hohe Drehzahl gefahren und so das vorgen. Laminat verdichtet und entlüftet. Nach Abschluß dieses Vorgangs wird Heißwasser außen und heiße Luft innen durch die Matrize geblasen und damit der exotherme Polymerisationsvorgang eingeleitet. Nach Abschluß der Polymerisation erfolgt die Abkühlung der Matrize. Abschließend wird das fertige Rohr herausgepreßt.
Maße, allgemeine Güteanforderungen u. die Prüfung dieser Rohre sind in DIN 16 869 (1) vom Sept. 1984 und (2) vom Nov. 1986 festgelegt. Die Fertigung unterliegt der Kunststoffverein-Güteüberwachung. Die Rohre werden wie die anderen Kunststoffrohre mit allen wichtigen Daten gekennzeichnet.

Aufbau der Rohrwandung

1 Schutzschicht außen
2 Äußere Armierungsschicht (Glasfasern, Polyesterharz)
3 Übergangsschicht (Glasfasern, Polyesterharz, Sand)
4 Versteifungsschicht (Sand, Polyesterharz, Glasfasern)
5 Übergangsschicht (wie 3)
6 Innere Armierungsschicht (wie 2)
7 Harzreiche Deckschicht innen

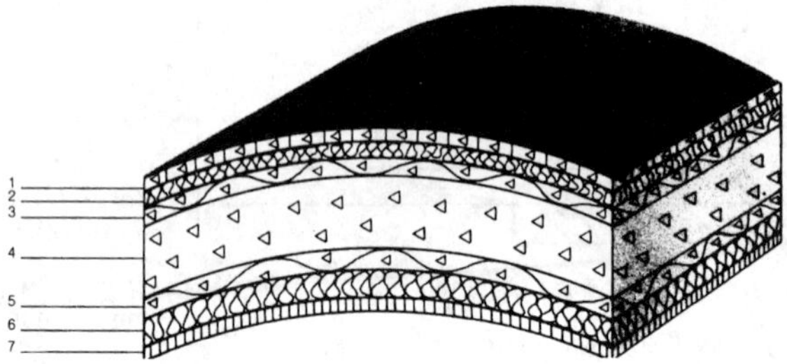

Abb. 7-24 a: Aufbau der Rohrwandung

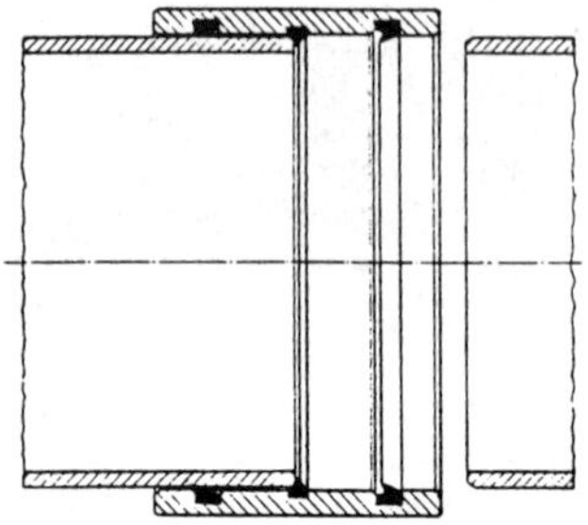

Abb. 7-24 b: DC-Kupplung

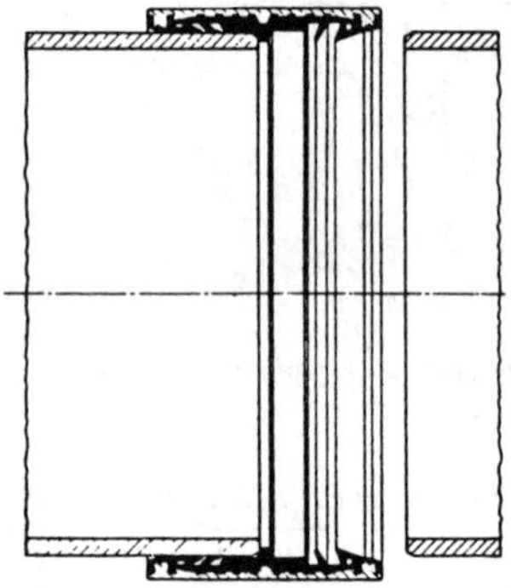

Abb. 7-24 c: FWC-Kupplung

Die Rohre werden je nach Verwendungszweck mit verschiedenen Nennsteifigkeiten hergestellt. Für solche mit PN 10 bzw. PN 16 bedarf es der Nennsteifigkeit SN 5000 bzw. SN 10 000.

Verbindungen:

Bis DN 400 für PN 10–PN 25 mittels DC-Kupplung, für DN >500 PN 10–PN 20 die FWC-Kupplung, **(siehe Abb.7-24 b-c)** Eine Abwinklung in den Kupplungen ist möglich.

Eigenschaften:

Die Rohre sind korrosionsbeständig, inkrustationsfrei, unempfindlich gegen Frost und höhere Temperaturen. Sie besitzen eine glatte Rohrinnenfläche (k = 0,01 mm) und eine einheitliche Rohrlänge von 6,0 m.
Wie schon erwähnt, liegt zum Zeitpunkt der Bearbeitung der 12. Auflage des Taschenbuches noch keine bundesdeutsche Genehmigung für den Einsatz dieser Rohre auf dem Gebiet der Trinkwasser-

versorgung vor, dagegen finden sie u. a. in Österreich, Belgien, Großbritannien, Holland, Frankreich, Schweden, Spanien usw. Verwendung.

Tab. 7-14: Außendurchmesser, Wanddicke und Masse

Nennsteifigkeit:		SN 5000		SN 10 000	
DN	Rohr-Außen-durchmesser	Wanddicke (mm)	Gewicht (kg/m)	Wanddicke (mm)	Gewicht (kg/m)
200	220,8	4,5	5	5,2	6
250	272,5	5,2	8	6,3	9
300	324,5	6	11	7,2	13
350	376,1	6,7	14	8,2	17
400	427,1	7,5	18	9,1	21
500	530,2	9,1	27	11,1	32
600	616,4	10,4	35	12,7	43
700	718,8	12	48	14,6	58
800	820,4	13,5	61	16,5	75
900	924,1	15	77	18,5	94
1000	1026,1	16,5	94	20,4	115
1200	1229	19,7	134	24,8	168

(>DN 1200 siehe DN 16869.)

7.1.3 Einbauteile in Rohrleitungen

Ausrüstungsstücke und Armaturen (Rohrschalter)
Die Armaturen müssen der gleichen Druckstufe entsprechen wie die RL selbst. Die Güte ihres Innen- und Außenschutzes darf der Güte der RL nicht nachstehen, um in die Kette der RL-Teile kein gegen Korrosion schwaches Glied einzubauen. Soweit Armaturen den Wasserstrom unterbrechen oder regeln können, werden ein dichter Abschluß und eine den Erfordernissen angepaßte Regelcharakteristik gefordert.

7.1.3.1 Werkstoffe

Die Gehäuse von Armaturen sind aus GG 25, für sehr hohe Drücke aus GGG 50 oder Stahl gefertigt. Teile der Armaturen sind aus Stahl, Niro-Stahl, Buntmetallen und Dichtungsstoffen hergestellt. Die Armaturen werden beim Hersteller auf Druck und Funktionstüchtigkeit geprüft.

7.1.3.2 Korrosionsschutz

Armaturen mit dem früher üblichen inneren und äußeren Bitumenüberzug sollten nicht mehr verwendet werden. Als Korrosionsschutz kommen heute, je nach Beanspruchung, verschiedene Verfahren in Betracht.

7.1.3.2.1 Geringe Beanspruchung – Für Erdeinbau in die Bodengruppe I (Abschn. 7.3.8.3.2) oder für Schachteinbau muß die Umhüllung der Armatur nach dem Sandstrahlen eine Mindestschichtdicke von 120 μm an ebenen und drucktragenden Flächen bzw. 80 μm an außen konvexen Kanten aufweisen. Außerdem sind Mindesthaftfestigkeit, Beständigkeit im Kondenswasser-Wechselklima und im Salzsprühnebel sowie eine bestimmte Schlagfestigkeit vorgeschrieben (DIN 30677/1). Sind diese Prüfungen für normale Anforderungen („N“) bis 30 °C („30“) erfüllt, muß die Armatur auf der Umhüllung die dauerhafte Kennzeichnung „DIN 30677/1-N-30“ erhalten.

7.1.3.2.2 Erhöhte Anforderungen – Für Erdeinbau in Böden mit erhöhten Korrosionsbelastungen, z. B. in die Bodenklassen II und III, gelten die Anforderungen für die Beschichtung mit Epoxydharz (EP), Polyurethan (PUR) und Polyurethan-Teer (PUR-Teer), wobei eine Mindestschichtdicke von 150 μm bis 1500 μm je nach Umhüllungsstoff und Fläche vorgeschrieben ist (DIN 30677/2). Außerdem werden Porenfreiheit nach dem Hochspannungs- oder Elektrolytverfahren, Schlagbeständigkeit, Eindruckswiderstand, Biegbarkeit, Reißdehnung, spez. Umhüllungswiderstand u. a. geprüft. Die so umhüllten Armaturen müssen die dauerhafte Kennzeichnung mit der Angabe „DIN 30 677/2- (z. B.) EP-30“

aufweisen, wobei „EP“ der Beschichtungsstoff und „30“ die zulässige Dauerbetriebstemperatur bedeuten.
Bei der Emaillierung wird Emaille auf das Gehäuse aus GGG 50 aufgesprüht und bei etwa 800 °C im Durchlaufofen eingebrannt.
Die Schrauben an den Gehäusen sollen aus nichtrostendem Stahl bestehen bzw. Schraubenlöcher zur Aufnahme der Schraubenköpfe vertieft ausgeführt und mit Dichtungsmasse vergossen sein. Die Flanschschrauben – ebenfalls aus CrNi-Stahl – sollten nach dem Einbau besonders geschützt werden. (Umhüllung der ganzen Flansche mit Binden und dgl.)

7.1.3.3. Armaturen im Zuge des Wasserdurchflusses in Zubringer- und Versorgungsleitungen

7.1.3.3.1 Absperreinrichtungen – Absperreinrichtungen dienen in Leitungen aller Art zum Abtrennen von RL-Strecken und in PW und WA-Anlagen als Schaltstellen für verschiedene Betriebszustände. Soweit sie nicht in Schächten angeordnet sind, müssen sie für den Erdeinbau geeignet und von der Erdoberfläche aus bedienbar sein.

1) Fast immer geöffnete Absperrvorrichtungen, z. B. Strecken- und Strangabtrennungen sowie Absperrungen in Hochbehältern

für DN bis (200) 300: „Weichdichtende“ Schieber und Klappen nach DIN 3547/1, DIN 3352/4, DIN 3352/13, DIN 3354/2-DIN EN 593 (s. Abschn. 14.7.7, S. 792).
Ausstattung mit Elastomer oder Weichstoffen: damit entfällt der bei metallisch dichtenden Schiebern unvermeidliche Schiebersack, der Ablagerungen fördern würde; somit ist freier Durchgang vorhanden. Das innenliegende Spindelgewinde aus CrNi-Stahl soll wenigstens 13 v. H. Cr aufweisen. Die Spindelmutter wird nach Wahl des Herstellers, die Spindelabdichtung mittels Elastomer oder Weichstoff wartungsfrei gestaltet **(Abb. 7-25 und 7-26)**.

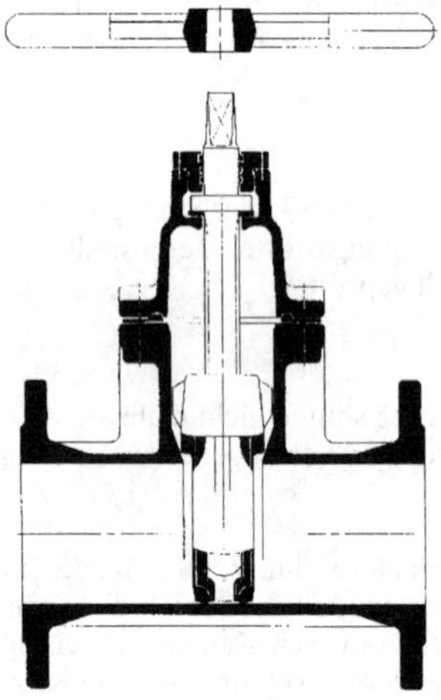

Abb. 7-25: Weichdichtender Schieber mit Flanschen

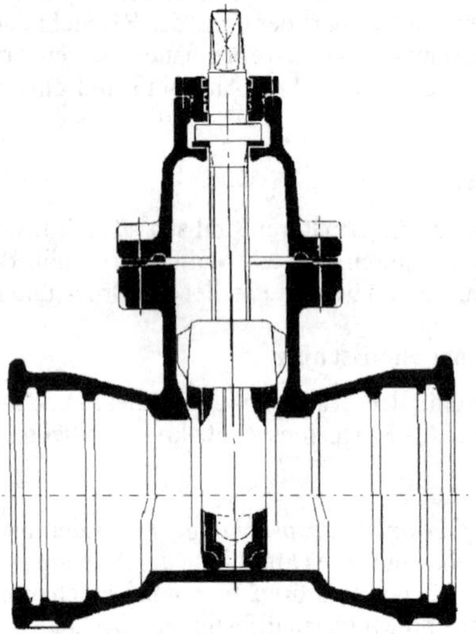

Abb. 7-26: Weichdichtender Schieber mit Steckmuffen

für DN (200) 300 und größer: Hier werden Absperrklappen **(Abb. 7-27)** eingesetzt.
Bei Bestellung sind Druckdifferenz vor und hinter der Klappe anzugeben. Vorteile: einfach, robust, verhältnismäßig geringes Gewicht, geringe Bauhöhen und -längen, mäßiger Kraftaufwand beim Bedienen. Von einfachen und leichten Ausführungen wird abgeraten, da deren Scheibe leicht flattert, wodurch die Dichtung herausgerissen werden kann. Eine gute Ausführung hat formgepreßte elastische Dichtringe in der Scheibe und emaillierten Gehäusesitz bzw. nichtrostenden Gehäusedichtring. Der seitlich angebrachte Getriebekasten muß für Erdeinbau wasserdicht gekapselt sein (IP67 – s. Abschn. 5.2.2.2.3 S. 332). Für Schacht- oder Gebäudeeinbau sind Gehäuse mit Füßen vorzusehen.

Für Anschlußleitungen empfehlen sich ebenfalls die oben genannten Schieber mit elast. Dichtelementen, die man auch für kleinere DN der AL mit DN 40 wählen sollte (hinter dem Schieber Übergangsstück 40/25 usw.), weil man dann nur eine Größe auf Vorrat halten muß.
Innerhalb von Gebäuden zum Absperren vor und nach den Wasserzählern eignen sich Freifluß-Schrägsitzventile.

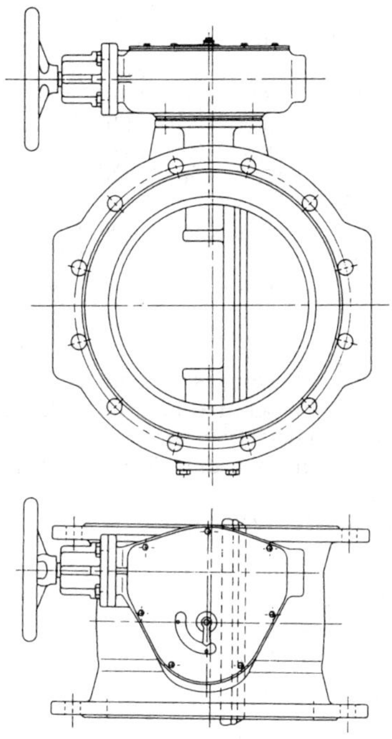

Abb. 7-27: Absperrklappe

Tab. 7-15: Abmessungen (l, h_2 in mm) u. Masse (G in kg) von Schiebern (Auszug aus DIN 3352/4) der Baulänge F 4 und F 5 sowie von Absperrklappen (Auszug aus DIN 3354/2)

Schieber PN 6 u. 10 Baulänge F 4				Schieber PN 10 u. 16 Baulänge F 5			Absperrklappen PN 10, 16 und 25			
DN	l	h_2	G	l	h_2	G	DN	l_F	h_2	G
40	140	250	10	240	250	12	150	210	450	60
50	150	270	11	250	270	14	200	230	550	80
65	170	310	16	270	310	20	250	250	600	95
80	180	335	19	280	335	25	300	270	650	120
100	190	385	25	300	385	31	350	290	700	175
125	200	445	37	325	445	44	400	310	750	200
150	210	480	45	350	480	52	450	330	800	260
200	230	610	70	400	610	120	500	350	850	310
250	250	740	100	450	740	170	600	390	900	450
300	270	800	140	500	800	220	700	430	950	650
350	290	940	165	550	940	250	800	470	1000	850
400	310	1030	230	600	1030	400	900	510	1050	1200

l und l_F = Länge von Flansch zu Flansch
h_2 = Höhenmaß von Mitte Rohrleitung bis Oberkante Handradmutter (Größtmaße!)
G = Gerundete Mittelwerte aus verschiedenen Fabrikaten

Tab. 7-16: Flanschanschlußmaße (mm)

DN	PN 10 DIN 28604 Flansch ϕ	Loch-kreis ϕ	Schrauben Zahl	M · L	PN 16 DIN 28605 Flansch ϕ	Loch-kreis ϕ	Schrauben Zahl	M · L
40					150	110	4	M16 · 65
50					165	125	4	M16 · 65
65					185	145	4	M16 · 65
80		wie PN 16			200	160	8	M16 · 65
100					220	180	8	M16 · 65
125					250	210	8	M16 · 70
150					285	240	8	M20 · 70
200	340	295	8	M20 · 75	340	295	12	M20 · 75
250	400	350	12	M20 · 80	400	355	12	M24 · 80
300	455	400	12	M20 · 80	455	410	12	M24 · 90
350	505	460	16	M20 · 90	520	470	16	M24 · 90
400	565	515	16	M24 · 90	580	525	16	M27 · 100

2) *Fast immer geschlossene Absperrvorrichtungen* wie z. B. Spül- und Entleerungsauslässe aus RL: Hier werden Kugelhähne für PN 10, 16, 25 und 40 und DN 80 bis 1400 eingesetzt **(Abb. 7-28).** Gehäuse und Kugel werden aus GG 25, ab PN 25 aus GGG 50 gefertigt. Der Spindelantrieb wird mit Handrad, Einbaugarnitur oder Stellmotor ausgestattet. Ab DN 200 werden Armaturen mit Füßen versehen. Außen- und Innenschutz sind wie bei Absperrklappen vorzusehen.
Vorteil gegenüber Keilschiebern: kein Verklemmen durch Steine usw., freier Durchgang.

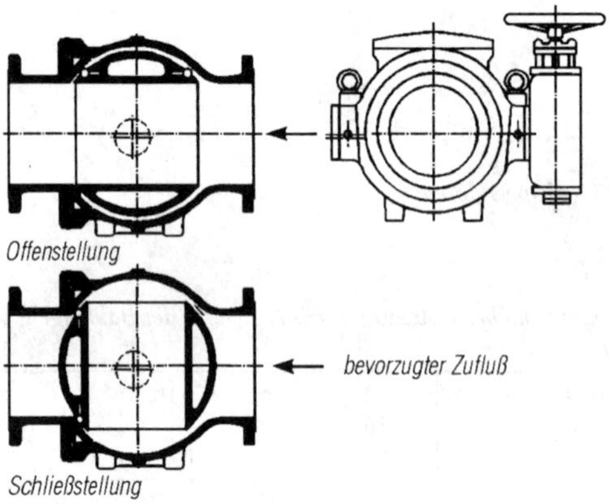

Abb. 7-28: Kugelhahn

Tab. 7-17: Längen L und Massen G für Kugelhähne (Auszug aus DIN 3357/2)

DN	L mm	G kg
80	310	58
100	350	72
125	400	103
150	450	143
200	550	290
250	650	310
300	750	445
350	850	750
400	950	970
450	1050	1300

3) *Regeleinrichtungen für DN 40 bis 150:*
Hier verwendet man Regelventile in Durchgangsform mit Handrad oder angebautem Stellmotor, der z. B. mit der Schaltung des Pumpen-Motors so gekoppelt ist, daß das Ventil erst nach P-Anlauf öffnet und vor P-Stillstand schließt (Vermeidung von Druckstößen) **(Abb. 7-29)**.
Der Kolben des Regelventils soll eine möglichst lange Führung haben. Werkstoffe: Kolben, Ventilsitz: nichtrostender Stahl, Kolbenführungsbüchse: Messing, Dichtringe: Perbunan. Zur Bestimmung der optimalen Ventilgröße sind dem Hersteller Druck und Durchflußmenge anzugeben.

für DN (125) 200 und größer:
Hier setzt man Ringkolbenventile **(Abb. 7-30** und **31)** für PN 10 bis 64 ein, wobei das Gehäuse aus GG 25 und (ab PN 25) GGG 50 und der Kolben bis DN 400 aus Rotguß, darüber aus nichtrostendem Stahl gefertigt werden. Zum Betätigen dient ein Schubkurbelantrieb. Außen- und Innenschutz sind wie bei den Absperrklappen vorzusehen.

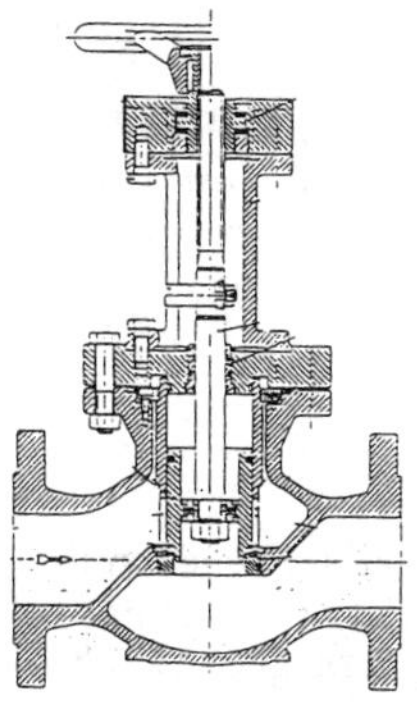

Abb. 7-29: *Regelventil*

Tab. 7-18: Längen L und Massen G von Ringkolbenventilen

DN	L mm	G kg
125	325	90
150	350	110
200	400	148
250	500	220
300	500	330
350	700	425
400	800	570
450	900	780

Vorteile der Ringkolbenventile: beliebig einstellbare Schließzeit lieferbar, schadlose Belassung in gedrosselter Stellung, geringer Kraftaufwand für die Betätigung, dichter und stoßfreier Abschluß, strömungstechnisch günstig. Geeignet für viele Aufgaben: Steuerung und Regelung von Behältereinläufen, Druck- und Durchflußregelung, druckstoßfreier P-Anfahr- und -Abfahrbetrieb, Abschluß einer Leitung bei Rohrbruch (Rohrbruchsicherung) und, in Verbindung mit angebauter Meßeinrichtung, Messung des Durchflusses („Meßringkolbenschieber"). Hinter einer Pumpe eingebaut kann die Armatur Pumpendruckschieber, Durchflußmeßgerät oder Rückschlagarmatur sein. Auch zum Öffnen eines Nebenauslasses zur Druckstoßsicherung ist sie geeignet. Der Antrieb erfolgt durch Hand, Stellmotor, hydraul. Kraftkolben oder Fallgewicht; letzteres, wenn das Ventil zur Rohrbruchsicherung eingebaut ist, um das Auslaufen langer Leitungen oder von Behältern und die dadurch möglichen Schäden im Gelände und an Bauwerken zu verhindern. In diesem Falle erfolgt mechanische Auslösung durch einen Grenzwertgeber, der auf einen Durchflußgrenzwert anspricht oder elektrisch durch Messen der Mengendifferenzen an 2 Punkten der Rohrleitung. Gegen Druckstöße durch zu schnelles Schließen ist am Fallgewicht eine einstellbare Verzögerung angebaut.

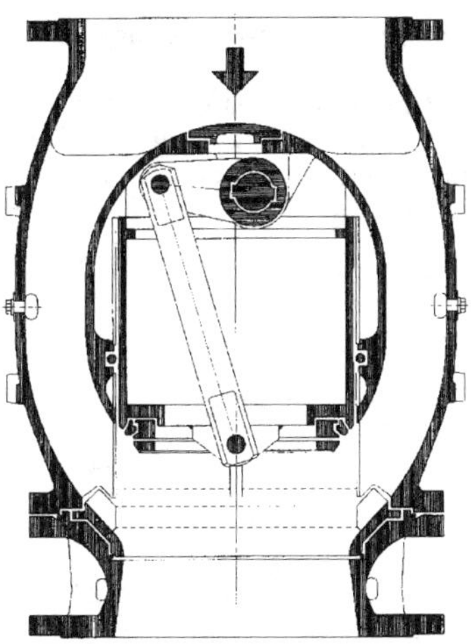

Abb. 7-30: Ringkolbenventil mit Schaufelkranz

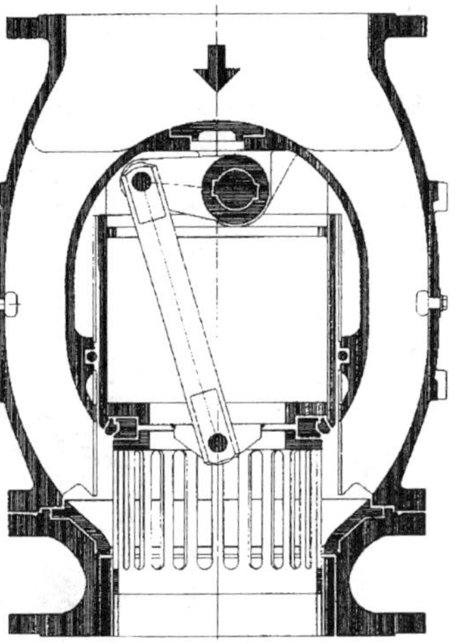

Abb. 7-31: Ringkolbenventil mit Schlitzzylinder

Vorsicht: Wenn der größte Betriebsdurchfluß nicht wesentlich kleiner ist als der zur Auslösung ermittelte Rohrbruchdurchfluß, ist für den Feuerlöschfall zusätzlich eine elektr. Auslösesperre not-

wendig. Sonst besteht die Gefahr, daß das Ventil bei großer Löschwasserentnahme anspricht und den Zulauf sperrt, wenn das Wasser am nötigsten gebraucht wird.
Die Fernregelung der Ringkolbenventile ist auch zur Aufrechterhaltung eines bestimmten Druckes an einer ausgewählten Stelle des Rohrnetzes möglich. Ihr Einsatz empfiehlt sich überall dort, wo eine Regelkennlinie mit möglichst geradliniger Wasserdurchflußdrosselung verlangt wird und wo hohe Betriebs- und Differenzdrücke sowie große Durchflußgeschwindigkeiten vorliegen (s. auch Abschn. 7.1.3.6.3, S. 491).

7.1.3.3.2 Sonderbauarten

1) Membranventile
Für DN 40 bis DN 100 und PN 10, für DN 125 bis DN 300 und PN 4 sind stopfbuchsenlose, weichdichtende Absperrarmaturen **(Abb.7-32)** in kleineren WV-Anlagen geeignet, da sie unempfindlich gegen Schlamm sind. Es sind reine „Auf und Zu"-Armaturen, die auch durch Magnet, Druckluft oder Druckflüssigkeit gesteuert werden können.
2) Ringförmige Gummimembranen
Diese sind um einen Strömungskörper gelegt, werden durch Druckluft oder Druckflüssigkeit gesteuert und arbeiten geräuschlos, ohne Stopfbuchsen und ohne gleitende Teile. Sie sind unempfindlich und daher ferngesteuert für größere Aufbereitungsanlagen geeignet **(Abb.7-33).**

7.1.3.3.3 Rückflußverhindernde Armaturen

Armaturen in Klappenform – Rückschlagklappen – sind dann zu verwenden, wenn die durchfließende Wassersäule nach dem Ausfall der sie öffnenden Kraft nicht schlagartig zum Stillstand kommt, z. B. wenn eine Pumpe vor der Klappe mit Schwungmassen ausgestattet ist und daher die Förderung verzögert auf Null zurückgeht. In kleinen Abmessungen – bis etwa DN 80 – können bei sonst nicht ungünstigen Verhältnissen solche Klappen auch dann eingesetzt werden, wenn die Förderung plötzlich ausfällt.
Eine übliche *Rückschlagklappe* für kleine Innendurchmesser zeigt **Abb. 7-34.** Ab DN 300 sollten Klappen mit exzentrisch gelagerter Scheibe gewählt werden. Sie benötigen in jeder Lage eine herausgeführte Welle mit Hebel und Gegengewicht **(Abb. 7-35).**
Bei größeren Klappen ist ihr dynamisches Verhalten zu berücksichtigen und ihre Schließzeit mit der Zeit bis zum Stillstand der Wasserbewegung in der RL zu vergleichen. Ggf. sind Bremsen (Öl, Druckluft) anzubringen, um das Schließen zu verzögern, wobei während der Schließzeit ein Rückfluß durch die Armatur eintritt.
Für solche Zwecke eignen sich auch mit Verzögerung eingerichtete Ringkolben-Rückschlagventile. Lieferbar ab DN 150.
Bei Rückschlagklappen in Wasserbehältern ist zu beachten: Sind die Behälter als Gegenbehälter installiert, so besitzen sie nur eine einzige Zu- und Entnahmeleitung, die im Behälter aufgespalten ist. Im Entnahmeteil der RL wird, um die Wasserzirkulation im Behälter zu erzwingen, eine Rückschlagklappe eingesetzt. Hierfür eignen sich nur druckverlustarme, also normale Klappen, keinesfalls Rückflußverhinderer mit Membranen.

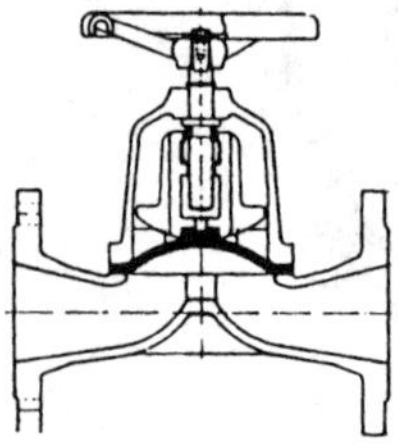

Abb. 7-32: Membran-Ventil

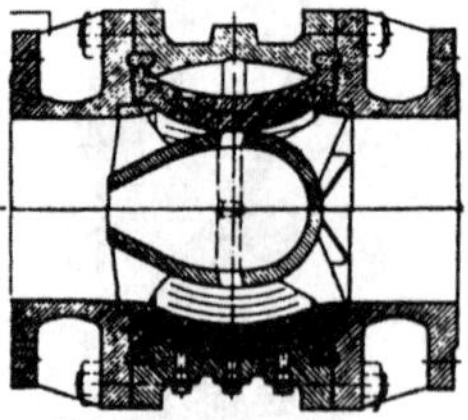

Abb. 7-33: Membran-Ventil steuerbar

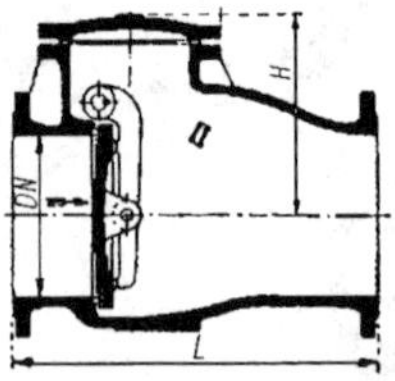

Abb. 7-34: Rückschlagklappe

Der Membranrückflußverhinderer nach **Abb. 7-36** ist ein Verschluß, bei dem sich ein ringförmiger Gummi um einen Strömungskörper legt. Er wird in DN 40 bis DN 400 hergestellt und schließt massefrei, also ohne harten metallischen Schlag, läßt sich aber nicht verzögern. Wegen der Vorspannung der Gummimanschette bedarf es zum Öffnen eines Druckes von 0,1 bis 0,15 bar, das bedeutet: beim Einsatz in einem Hochbehälter würden also die untersten 1,5 m nicht entleert werden können (siehe oben).

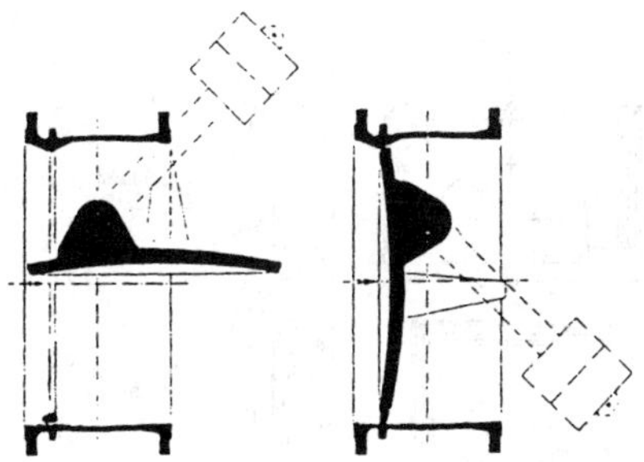

Abb. 7-35: Rückschlagklappe mit doppelexzentrisch gelagerter Klappenscheibe

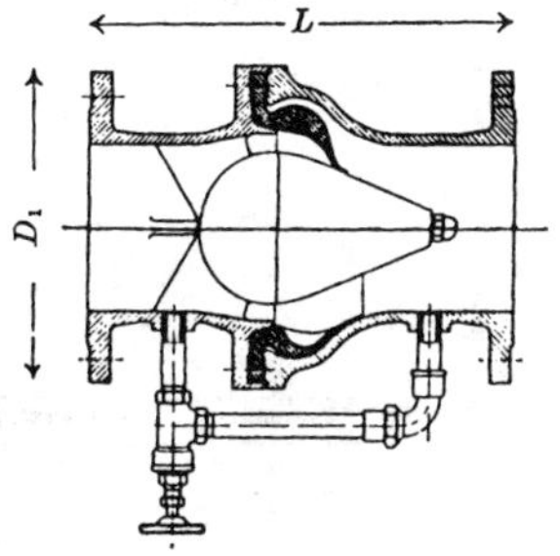

Abb. 7-36: Membran-Rückflußverhinderer (oben zu, unten offen)

7.1.3.4 Einbau von Absperr- und Regelarmaturen

In den Armaturen treten – besonders im geschlossenen Zustand – axiale Kräfte auf, die sich auf die anschließende RL übertragen; an Abzweigungen entstehen – bezogen auf die Hauptleitung – auch Seitenkräfte. Es ist daher durch Rechnung zu prüfen, ob diese Kräfte durch geeignete Vorkehrungen (Betonwiderlager, zugfeste Verbindungen der anschließenden Leitungen) abgefangen werden müssen. Auch an Schacht- und Gebäudemauern, die von RL mit Absperrorganen durchdrungen werden, sind die Axialkräfte zu berücksichtigen; sie lassen sich z. B. nach **Abb. 7-37** auf die Schachtwand übertragen. Die Festigkeit der Schachtwand ist durch Rechnung nachzuweisen.
Sind diese Axialkräfte groß und nicht auf die Mauern übertragbar, sind die RL durch Mauerdurchführungen zu verlegen, so daß eine gewisse Beweglichkeit besteht. Beiderseits des Schachtes muß dann die RL kraftschlüssig sein.
Um Armaturen aus gestreckten RL ausbauen zu können (z. B. in Schächten), sind auf einer Seite der Armatur Ausbaustücke vorzusehen **(Abb. 7-38).** S. auch Abb. 5-44, S. 349.

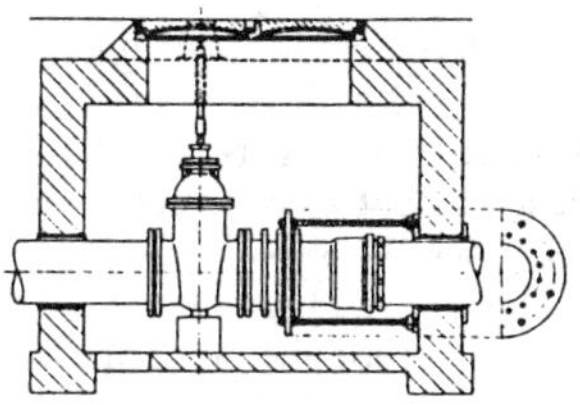

Abb. 7-37: Verankerung d. RL in der Schachtwand

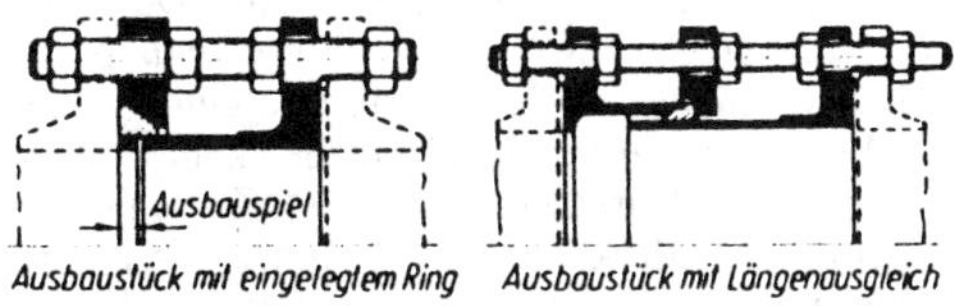

Abb. 7-38: Ausbaustücke

7.1.3.5 Bedienung von Absperrarmaturen

In Gebäuden und Schächten werden die Armaturen durch Handräder (für Großarmaturen auch mit Untersetzungsgetrieben), durch Stellmotore oder durch Druckluft oder Druckflüssigkeit angetrieben. Erdverlegte Armaturen benötigen einen „Einbausatz" **(Abb. 7-39).** Solche Armaturen sollen nicht unter freies Land (Äcker, Wiesen) gesetzt werden, weil die Straßenkappen dort schon bald nicht mehr auffindbar sind. In nicht befestigten Wegen sind armierte, gerüttelte Betonplatten **(Abb.7-40)** um die Straßenkappen zu legen!

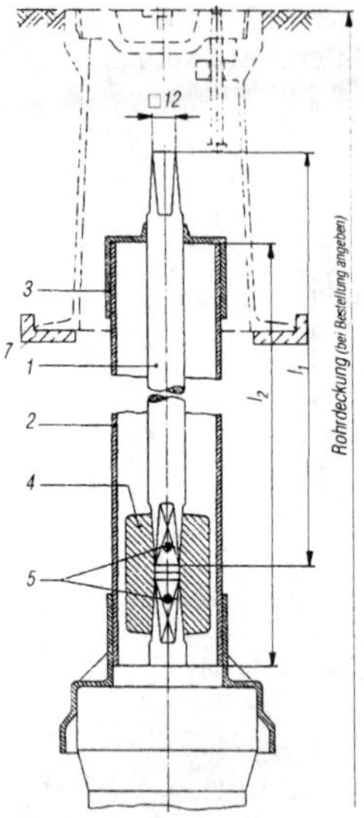

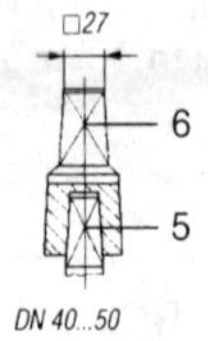

Teil	Benennung	Werkstoff
1	Schlüsselstange	St37-2
2	Hülsrohr	PE
3	Hülsrohrdeckel	PE
4	Kuppelmuffe	GG
5	Verbindungsstift	Cr-Ni-Stahl
6	Vierkantschoner	GG
7	Tragplatte	Beton

Abb. 7-39: Einbausatz

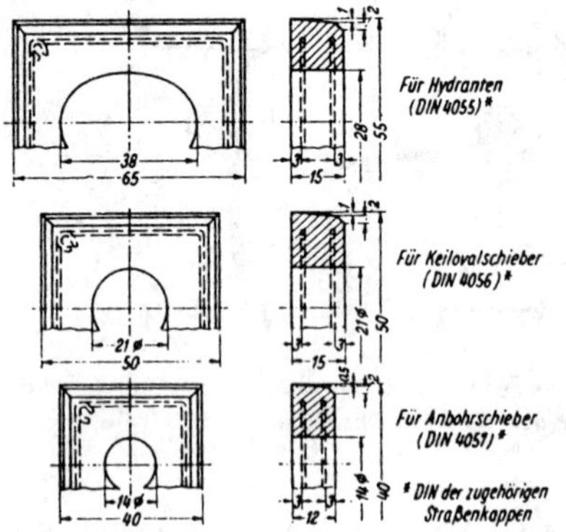

Abb. 7-40: Betoneinfassung für Straßenkappen

7.1.3.6 Sonstige Armaturen

7.1.3.6.1 Ent- und Belüftungen

Bei den üblichen Betriebsbedingungen wird in den Leitungen ungelöste Luft mitgeführt. Temperatur- und Druckänderungen können ein laufendes Ausscheiden von meist kleinen Luftmengen bewirken. Schließlich können betriebliche Störungen größere Luftmengen der RL zuführen. Beim Entleeren von Leitungsabschnitten werden die Leitungen mit Luft befüllt. Die Ansammlung der mitgeführten Luft erfolgt an geodätischen und hydraulischen Hochpunkten der Leitung sowie an Leitungsstellen, an denen sich die Schleppkraft des Wassers und die Auftriebskraft der Luftblasen im Gleichgewicht befinden. Ferner kann sie sich hinter Drosselstellen (wie z. B. Armaturen) und hinter Leitungsquerschnittsänderungen sammeln.

Luftansammlungen in Leitungen können den Durchflußquerschnitt vermindern, unzulässige dynamische Druckänderungen verursachen und Durchflußmessungen verfälschen.

Maßnahmen gegen störende Luftansammlungen in Leitungen: In Fernwasser-, Zubringer- und Hauptleitungen sind störende Luftansammlungen während des normalen Betriebs nicht zu erwarten, wenn die Luft stets selbständig entweichen kann und die Schleppkraft des fließenden Wassers ausreicht, die Luftblasen mitzureißen **(Abb.7-41).** Zu den beiden Kurvenscharen ist folgendes zu bemerken (vergl. auch DVGW-Merkblatt W 334 Anh. 2 – z. Zt. noch E): Die Kurvenschar a beruht auf den Untersuchungen von Gandenberger an einer Rohrleitung mit 45 mm bzw. 100 mm Innendurchmesser und Rohrneigungen von 5°, 10°, 45°, 60° und 90° *(Gandenberger, W.:* über die wirtschaftliche und betriebssichere Gestaltung von Fernleitungen, München 1957). Diese Ergebnisse wurden von Kittner u. a. *(Kittner, H.; Starke, W.; Wissel, D.:* Wasserversorugng, 6. Aufl., Berlin 1988) in der vorliegenden Form modifiziert dargestellt.

Neuere Untersuchungen der Universität der Bundeswehr München (UniBwM), Institut für Wasserwesen, ergaben, daß Abweichungen zur Kurvenschar a nach W 403 vor allem im kleinen Neigungsbereich vorhanden sind *(Walther, G.; Günthert, F. W.:* Neue Untersuchungen zur Selbstentlüftungsgeschwindigkeit in Trinkwasserleitungen. gwf-Wasser/Abwasser). Es wurden umfangreiche Versuche an einem Kunststoffrohr (PE-HD, 63 · 5,8) durchgeführt. Der Neigungsbereich konnte von 0° bis 34° verändert werden. In die Rohrleitungen wurden Luftblasten unterschiedlicher Größe (25 ml – 200 ml) eingebracht und mittels digitaler Meßtechnik die Selbstentlüfungsgeschwindigkeit gemessen. Aus den

Meßergebnissen wurde Kurvenschar b abgeleitet. Bei einem Vergleich der beiden Scharen wird deutlich, daß

- im Vergleich zu Kurvenschar a bis zu einem Rohrleitungsgefälle von 40 v. H. höhere Selbstentlüftungsgeschwindigkeiten notwendig sind;
- nach Kurvenschar b die zur Selbstentlüftung der einzelnen Rohrdurchmesser und Rohrleitungsgefälle notwendige Fließgeschwindigkeit in einem wesentlich engeren Bereich liegt als nach Kurvenschar a. So wird z. B. nach Kurvenschar b ein Rohr mit 100 mm Durchmesser für den dargestellten Gefällebereich mit einer Fließgeschwindigkeit von 0,7 m/s bis 0,9 m/s entlüftet. Dagegen wird nach Kurvenschar a für den selben Rohrdurchmesser und Gefällebereich eine Fließgeschwindigkeit von 0,3 m/s bis 0,88 m/s zur Selbstentlüftung benötigt.

An Orten, an denen eine störende Luftansammlung möglich ist, sind selbsttätige Entlüfter in Verbindung mit einem ausreichend bemessenen Entlüftungsdom zu setzen. Ausreichende Schleppkraft des Wassers ist gegeben, wenn täglich mindestens einmal die Fließgeschwindigkeit des Wassers die Mindestwerte der **Abb. 7-41** erreicht. Ist Luft in erheblichem Umfang zu erwarten, so können vorgesteuerte Entlüftungsarmaturen mit einem ausreichenden Entlüftungsdom in Betracht kommen.

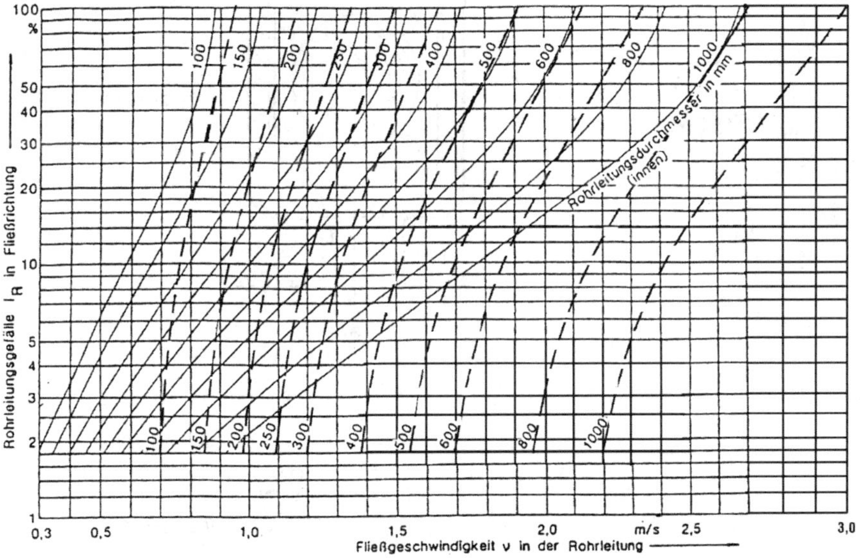

Abb. 7-41: Kleinste Fließgeschwindigkeit und größtes Rohrleitungsgefälle zur Selbstentlüftung: Durchgezogene Linien (Kurvenschar a) nach DVGW-Merkblatt W 403, gestrichelte Linien (Kurvenschar b) nach UniBwM (s. Text).

Aussetzend, aber selbsttätig arbeitende Entlüftungsarmaturen mit großen Öffnungen (nicht vorgesteuert) können die Luft, die bei dynamischen Druckänderungen auftritt, abführen.

Das Zu- und Abführen von großen Luftmengen, die z. B. bei Entleerung einer Leitung erforderlich bzw. vorhanden sind, geschieht in der Regel durch handbetätigte Belüftungsarmaturen. Der Einbau einer solchen Einrichtung ist auch bei vorhandenem Be- und Entlüfter von Vorteil, weil damit der Be- und Entlüfterquerschnitt ganz wesentlich vergrößert wird **(Abb. 7-42).**

Die Gefährdung der Rohre durch Unterdruckbildung ist klein, wenn das Rohrmaterial für einen kurzzeitigen Unterdruck von 0,8 bar geeignet ist.

Das betriebsmäßige Entlüften der Versorgungs- und Anschlußleitungen erfolgt in der Regel über die Anschlußleitungen.

Bauarten der selbsttätigen Be- und Entlüftungsarmaturen:

a) Ventile mit Schwimmkörper

Einkammerventile besitzen einen großen Lüftungsquerschnitt mit einem Absperrkörper und gleichzeitig einen kleinen Lüftungsquerschnitt im Absperrkörper **(Abb.7-43).**

Zwei- oder Doppelkammerventile: Die der größeren Öffnung zugeordnete Kugel übernimmt die wechselnde Be- u. Entlüftung, die andere Kugel dient der laufenden Entlüftung unter Betriebsdruck **(Abb. 7-44).**

b) Federbelastete Tellerventile sind nur geeignet für das automatische Belüften großer Luftmengen. Sie werden vom Rohrleitungsdruck gesteuert und bei Unterdruck geöffnet **(Abb. 7-45).**
c) Vorgesteuerte Kolbenventile können große Luftmengen unter Betriebsüberdruck entlüften. Mit einer verstellbaren Drossel kann die Schließzeit in gewissen Grenzen verändert werden.

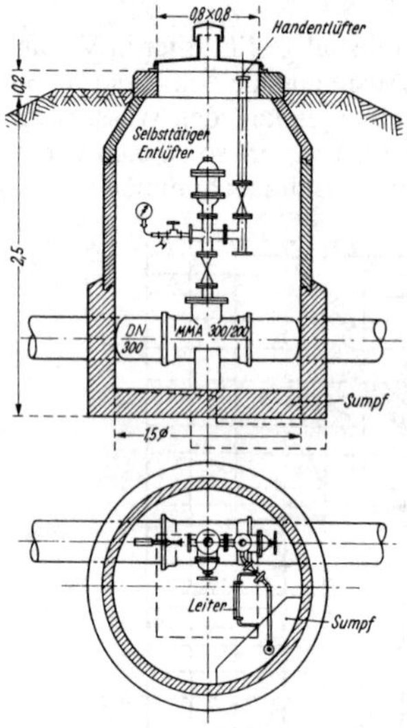

Abb. 7-42: Entlüftungs-Ventil im Schacht

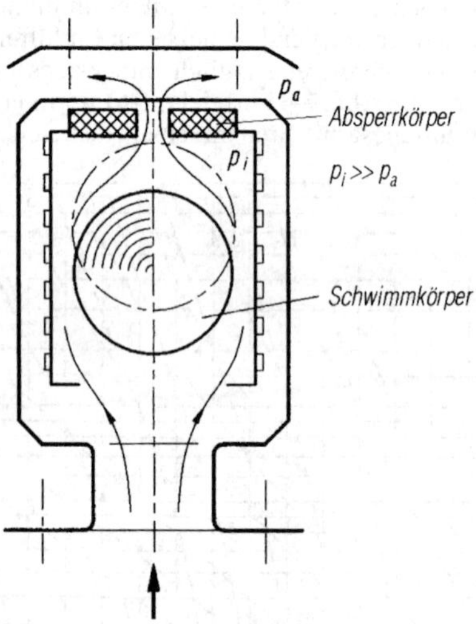

Abb. 7-43: Entlüftungs-Einkammer-Ventil

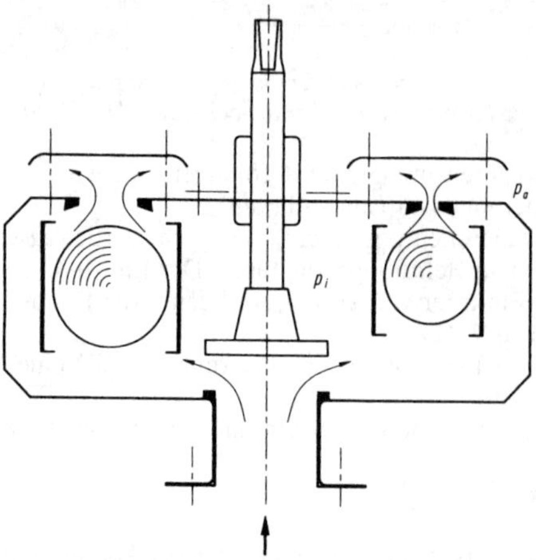

Abb. 7-44: Entlüftungs-Zweikammer-Ventil

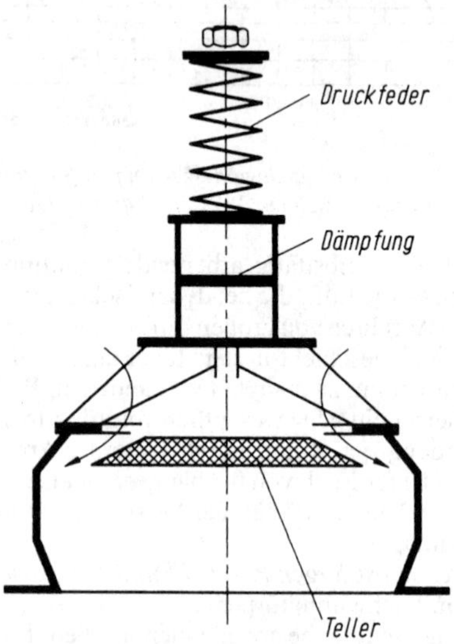

Abb. 7-45: Federbelastetes Tellerventil

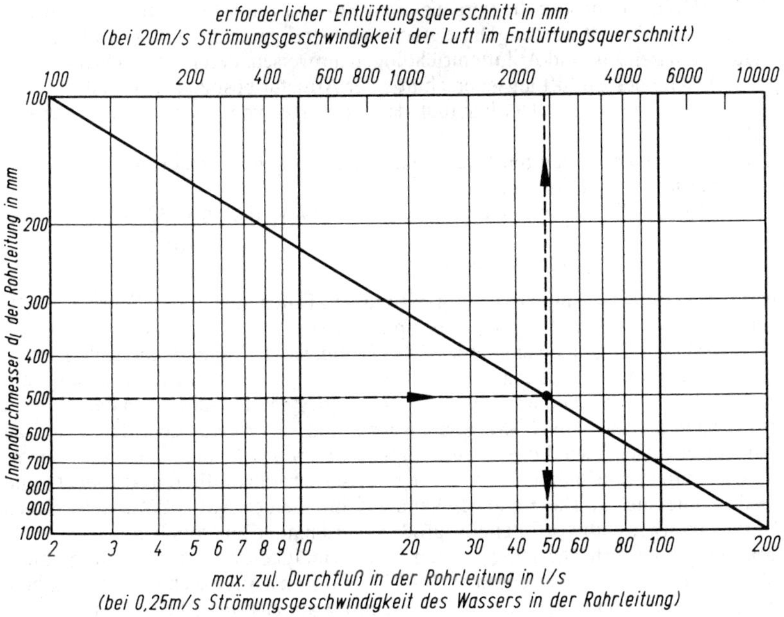

Abb. 7-46: erforderlicher Entlüftungsquerschnitt

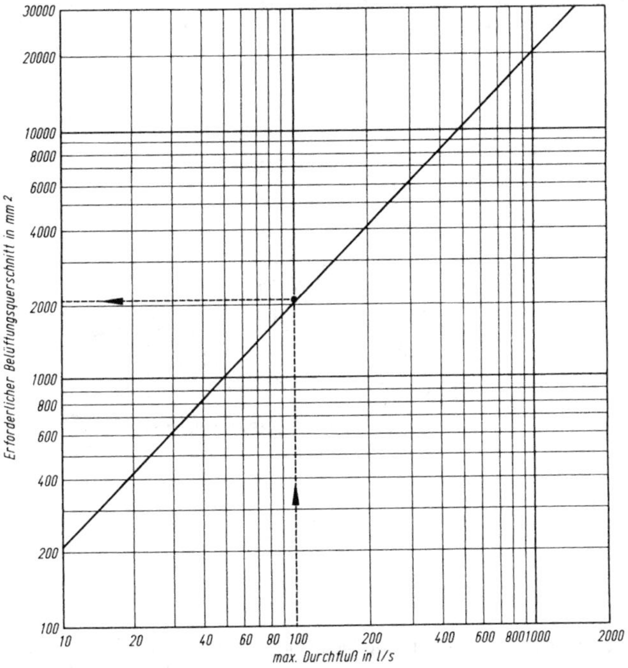

Abb. 7-47: erforderlicher Belüftungsquerschnitt

Aus funktionstechnischen Gründen müssen die vorgenannten Be- und Entlüfterarmaturen in ausreichend großen Schächten untergebracht werden. Diese Armaturen sind senkrecht auf der Rohrleitung anzuordnen. Die Schächte müssen Zu- und Ablufteinrichtungen aufweisen, deren lichte Querschnitte mindestens die doppelte Fläche des Entlüftungsquerschnitts der Armatur besitzen. Wärmedämmung und Frostschutz müssen ausreichend sein; außerdem muß das Eindringen von Kleinlebewesen verhindert werden **(Abb. 7-42).**
Die Überwachung der vorgenannten Armaturen-Einrichtungen erfolgt gemäß den örtlichen Betriebsverhältnissen, jedoch mindestens einmal im Jahr.
Berechnung (dazu **Abb.7-46** und **47)** und weitere Einzelheiten DVGW-Merkblatt W 334 (z. Zt. Entw.).

7.1.3.6.2 Spülauslässe und Entleerungsvorrichtungen

An Tiefpunkten müssen die Leitungen spülbar sein, in besonderen Fällen auch nur entleerbar. In RL kleinerer DN genügen manchmal Unterflurhydranten als Spülauslässe.
Größere Spülabzweige werden in Schächten angeordnet. Zur Leitungs- und Betriebskontrolle können in diesen Schächten auch Manometer, Probehähne usw. angebracht sein. Für Luftwechsel sorgt ein ziemlich tief in den Schacht hineinreichendes Lüftungsrohr (am besten bis Fußbodennähe) und ein ebensolches auf dem Schachtdeckel **(Abb.7-48).** Spülauslässe sind so zu bemessen, daß in der zu spülenden Leitungsstrecke eine Geschwindigkeit von wenigstens 1,5 m/s auftritt, um eine Entschlammung zu erreichen. Um das anfallende Spül- und Entleerungswasser schadlos abführen zu können, sind die Vorflutverhältnisse zu untersuchen. Das Entleeren kann ggf. mit kleinen Auslaufvolumenströmen stattfinden (längere Entleerzeit), um im Vorfluter eine größere Verdünnung zu erreichen.
Beim Spülen sind aber wegen der erforderlichen großen Geschwindigkeit höhere Auslaufvolumenströme unvermeidlich. Daher ist die Ableitung nicht nur hydraulisch (Auswaschung von Gräben, Flurschäden!), sondern auch vom Standpunkt des Gewässerschutzes aus zu prüfen, bes. wenn anläßlich Rohrnetzentkeimungen Desinfektionslösungen in den Vorfluter gelangen (Fischsterben).
Zu den Entleerungsleitungen gehören auch diejenigen von Wasserbehältern aller Art.
Am Ende jeder Entleerungs- oder Spülleitung ist eine Froschklappe vorzusehen, damit kein Schmutz und keine Kleinlebewesen eindringen können. Die Froschklappe ist durch ein Auslaufbauwerk vor Unbefugten (spielende Kinder!) zu schützen **(Abb.7-49).** Die Ausführung ist auch mit Gitter möglich. Die Klappenachse („Dorn") aus Messing ist stets beweglich zu halten. Muster für Auslaufbauwerke vgl. DVGW-Arbeitsblatt W 356.

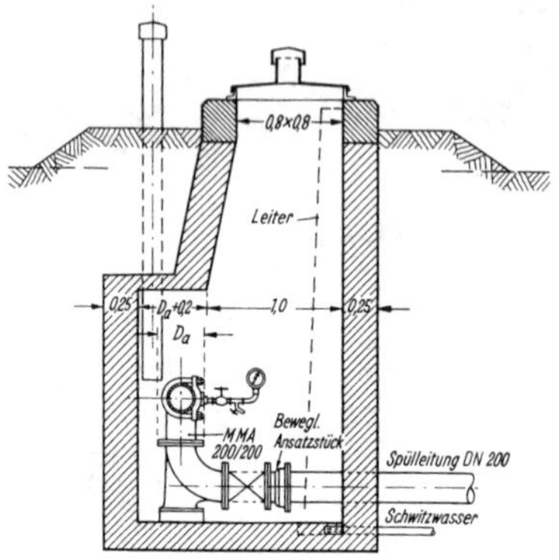

Abb. 7–48: Spülschacht

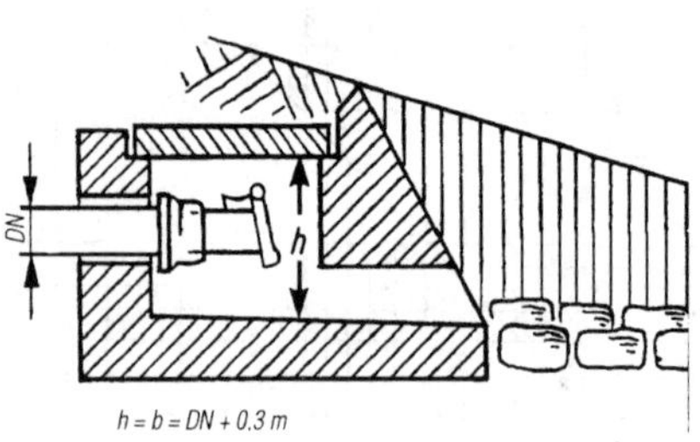

Abb. 7–49: Auslaufbauwerk

7.1.3.6.3 Behältereinlaufarmaturen

Die Wasserzufuhr zu einem Behälter erfolgt i. allg. über eine Fern- oder eine Pumpendruckleitung. Das ankommende Wasser muß sicher und zuverlässig in die Behälterkammer geleitet werden. Die darin vorhandene Restenergie muß schadfrei für Rohrleitung und Armatur in Wärme und/oder Schall umgewandelt werden. Damit ergeben sich die Anforderungen an Behältereinlaufarmaturen: Möglichst geringe Druckstöße beim Öffnen und Schließen der Armatur, zuverlässiges Öffnen und Schließen der Zulaufleitung und Einspeisung über und unter der Wasseroberfläche, d. h. mit und ohne Rückdruck.

1) Direktgesteuerte Einlaufarmaturen
Das Öffnen und Schließen der Armaturen erfolgt unmittelbar über Seilzug oder Hebel und Schwimmer in Abhängigkeit von der Wasserspiegelhöhe. Der Öffnungsgrad der Armatur steht im gleichen Verhältnis zur Änderung des Wasserhubes, d. h. der Wasserhub im Behälter ist von der Armatur abhängig. Diese Armaturen werden in Durchgangs- oder Eckform **(Abb.7-50)** von DN 50 bis DN 150 gebaut. Die Einspeisung erfolgt hier über der Wasseroberfläche. Abgestufte Regelschlitze erlauben ein sanftes (druckstoßarmes) Öffnen und Schließen.

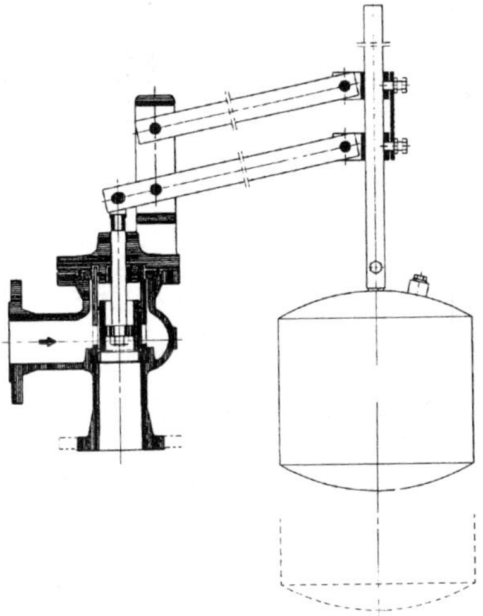

Abb. 7-50: Direktgesteuertes Eckventil

Als Einlaufarmatur kann auch ein Ringkolbenventil mit Schwimmersteuerung für DN 150 bis DN 1200 verwendet werden. Erfolgt die Einspeisung über der Wasseroberfläche, ist Schaufelkranzausführung (Abb. 7-30) mit ausreichender Luftzufuhr zu wählen, bei Einspeisung unter der Wasseroberfläche dagegen die Schlitzzylinderausführung (Abb. 7-31); bei letzterer ist eine Führung des Schwimmers notwendig **(Abb.7-51).** Ein innerer Schubkurbelantrieb sorgt für ein weiches (druckstoßarmes) Schließen kurz vor der Endstellung.

2) Intervallgesteuerte Einlaufarmaturen
Sie erlauben das Abfahren des Behälters bis zu einem bestimmten Wasserspiegel. Nach Unterschreitung dieses Pegels öffnet die Armatur vollständig und füllt mit höchstmöglichem Durchfluß den Behälter. Die Armatur ist entweder „Auf“ oder „Zu“, der Wasserhub im Behälter frei wählbar. Es kommen direkt gesteuerte Schwimmerventile mit Schwimmerbehälter und Hilfsschwimmerventil in Durchgangs- oder Eckform oder Ringkolbenventile mit Schwimmersteuerung mit Schwimmerbehälter und Hilfsschwimmerventil **(Abb.7-52)** in Frage.
Bei hydraulisch vorgesteuerten Schwimmerventilen kann die Steuereinheit weitgehend unabhängig von der Armatur im Behälter eingebaut werden. Um ein sicheres Arbeiten zu gewährleisten, ist eine Mindestdruckdifferenz an der Armatur erforderlich. Eine einstellbare Schließdrossel verhindert Druckstöße in der Zuleitung.
Die Direktsteuerung ist angebracht, wenn
- die Einlaufarmatur wenigstens einmal wöchentlich ganz geöffnet wird
- kleine Behälter sehr schnell und stark schwankende Wasserspiegel haben. Die Direktsteuerung wirkt sich mit ihrem stetigen Öffnen und Schließen vorteilhaft auf das Druckstoßverhalten aus.

Die Lebensdauer der Armatur kann verlängert werden, wenn Dauerbetrieb in Teilöffnung vermieden wird.

Die Intervallsteuerung wird angewendet, wenn
- über längere Zeit (Jahre) der gewöhnliche Durchfluß kleiner ist als der Feuerlöschbedarf, d. h. die Armatur nur über einen kleinen Bereich des Hubes betätigt wird. Es besteht dann die Gefahr von Ablagerungen (Kalk): Wird die Armatur im Brandfall aufgerissen, kann sie blockieren
- sehr hohe Druckdifferenzen, die in Teilöffnung zu sehr hohen Spaltgeschwindigkeiten und damit zu Verschleiß führen, zu erwarten sind.

Die Intervallsteuerung (Auf-Zu) sorgt dafür, daß Verschleißgefahr verringert und die Armatur über den ganzen Hub betätigt wird.

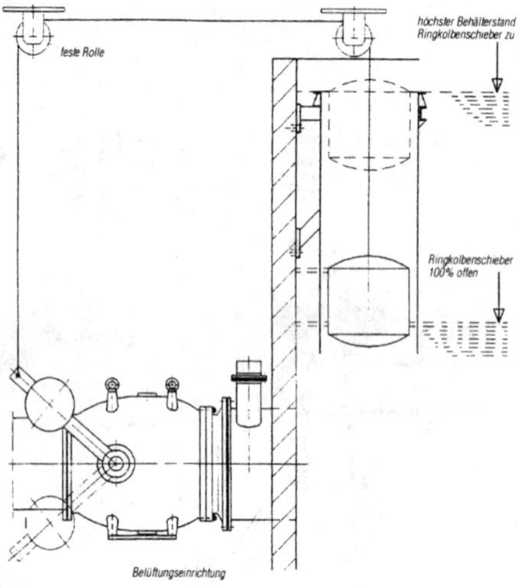

Abb. 7-51: Schwimmersteuerung ohne Hilfsschwimmerventil

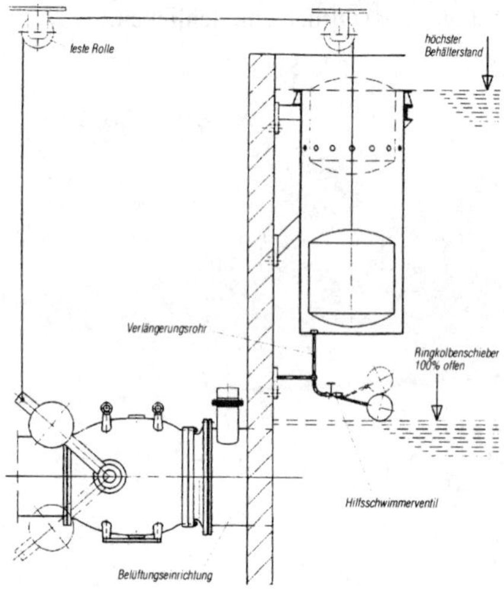

Abb. 7-52: Schwimmersteuerung mit Hilfsschwimmerventil

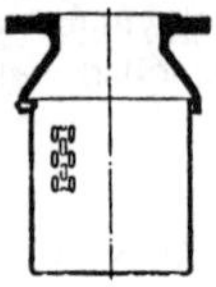

Abb. 7-53: Flansch-Sieb

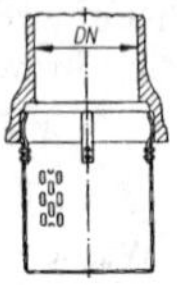

Abb. 7-54: Muffen-Sieb

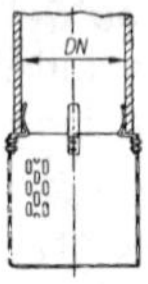

Abb. 7-55: Einsteck-Sieb

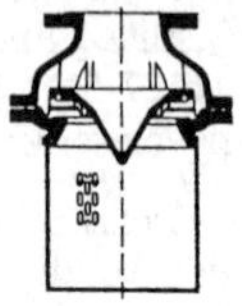

Abb. 7-56: Fußventil

7.1.3.6.4 Siebe

Siebe werden an Saugleitungen, seltener am Beginn von Behälterentnahmeleitungen gegen das Eindringen von groben Verunreinigungen eingebaut. Man unterscheidet Flansch- **(Abb.7-53),** Muffen- **(Abb.7-54)** und Einsteck- **(Abb.7-55)** Siebe, wobei letztere mit 3 Federn festgehalten und meist an Entleerungsleitungen angesetzt werden, da sie eine gänzliche Entleerung der Behälter, Schächte usw. ermöglichen. Die Siebe werden aus verzinktem Stahlblech bzw. nichtrostendem Stahl, in Sonderfällen aus Messing oder Kupferblech hergestellt. Der Gesamtquerschnitt der nicht über 7 mm breiten Schlitze soll aus strömungstechnischen Gründen nicht geringer sein als der 2,5 fache Rohrquerschnitt.

Die Siebe für Saugleitungen sind unmittelbar an die Fußventile angebaut **(Abb.7-56).** Der Flanschdurchmesser gilt für PN 10.

7.1.3.6.5 Hydranten

Hydranten (PN 16) sind für Feuerlöschzwecke, Betriebsmaßnahmen der WVU und für sonstige Benutzungszwecke (z. B. Bauwasserentnahme) bestimmt. Anforderungen u. Anerkennungsprüfungen für Hydranten sind in DIN 3321, die Abmessungen der Unterflurhydranten sind in DIN 3221 und die der Überflurhydranten in DIN 3222 genormt. Im DVGW-Arbeitsblatt W 331 „Auswahl, Einbau und Betrieb von Hydranten" sind u. a. die Einbaugrundsätze und die Betriebshinweise enthalten. Hydranten, die den Normvorschriften und den sonstigen einschlägigen Prüfvorschriften entsprechen, werden mit dem DIN/DVGW-Prüfzeichen gekennzeichnet und sind gegenüber anderen vorzuziehen.

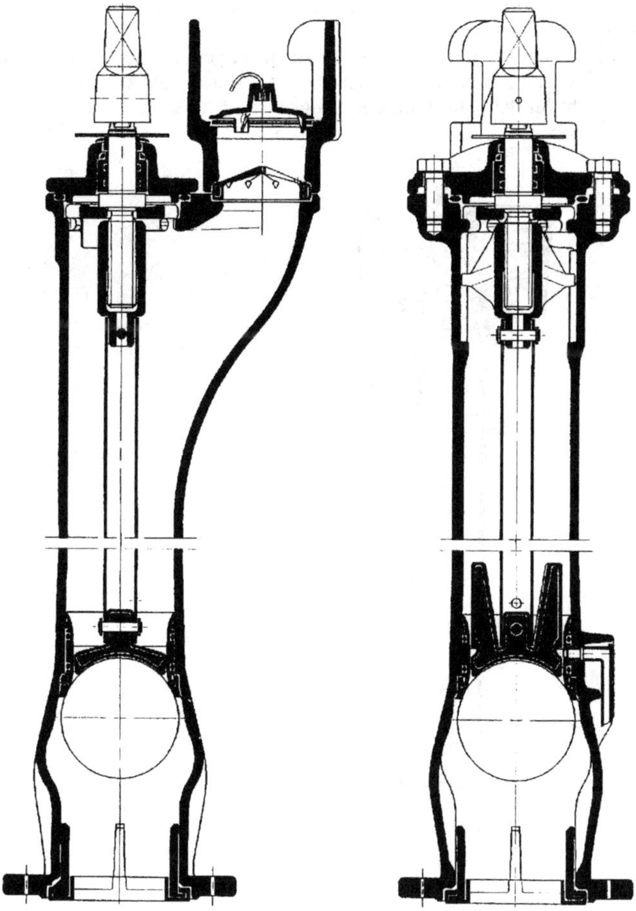

Abb. 7-57: Unterflurhydrant

1) Unterflurhydranten (siehe **Abb.7-57**) haben den Vorteil, daß sie neben den geringeren Anschaffungskosten keine Behinderung des Straßenverkehrs verursachen und durch ihn nicht beschädigt werden können. Sie sind einfach einzubauen, die Innenteile lassen sich leicht auswechseln.
Nachteilig ist, daß sie bei Dunkelheit, bei Schnee oder wegen parkender Fahrzeuge schlecht zu finden sind. Deshalb sind für sie Hinweisschilder (s. Abschn. 7.1.3.8.4, S. 516) notwendig. Für die Inbetriebnahme wird mehr Zeit benötigt als bei den Überflurhydranten. Ferner werden Undichtheiten schlechter erkannt und die Hydranten durch den Straßenschmutz verunreinigt. Auch haben sie einen geringeren Durchfluß (ca. 110 m^3/h bei 1 bar Druckdifferenz) als Überflurhydranten.
Unterflurhydranten können einen seitlichen Anschluß haben (z. B. Form AD 2).

In Wasserrohrnetzen der WVU werden vorrangig (etwa $^2/_3$) Unterflurhydranten DN 80 eingesetzt. Diese Hydranten können auch auf innerhalb der Fahrbahn liegende Rohrleitungen direkt aufgesetzt werden. Werden Unterflurhydranten mit Doppelabsperrung (Form AD) verwendet, kann die Hydrantenrevision und der Austausch des Mantelrohrs mit Hauptabsperrung ohne Unterbrechung der Wasserversorgung erfolgen. Unterflurhydranten DN 100 dürfen nicht in öffentlichen Wasserversorgungsnetzen und nicht für öffentliche Feuerwehren, sondern ausschließlich in Betrieben für Werkfeuerwehren eingebaut werden.

2) Überflurhydranten (Ausführungsbeispiel s. **Abb.7-58)** sind schnell einsetzbar, bei Schnee leicht auffindbar und ohne Verwendung von Zusatzteilen (z. B. Standrohre) sofort benutzbar. Sie haben höhere Durchflüsse (140 m^3/h bei DN 80, 200 bzw. 210 m^3/h bei DN 100 und 1 bar Druckdifferenz sowie 2 geöffneten oberen Abgängen) als Unterflurhydranten.

Früher wurden gelegentlich Überflurhydranten mit 2 oberen C-Abgängen verwendet. Heute haben alle (neuen) Überflurhydranten oben 2 B-Abgänge; ab DN 100 ist noch ein unterer A-Abgang vorgeschrieben. Der untere A-Abgang ist nicht für den Anschluß von Saugschläuchen, sondern ausschließlich für Druckschläuche bestimmt.

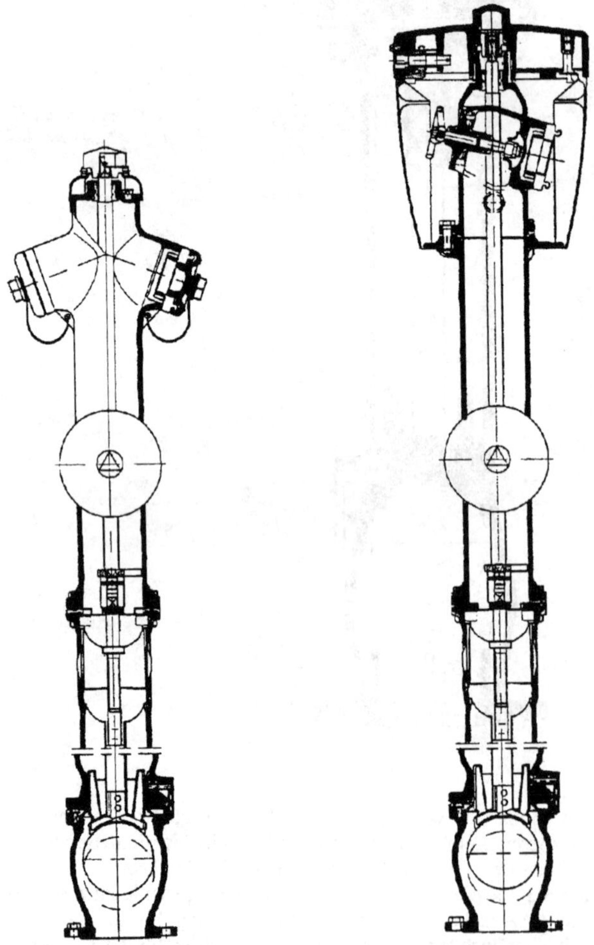

a) ohne Fallmantel   *b) mit Fallmantel*

Abb. 7-58: Überflurhydrant (Fabr. Erhard)

Das Öffnen des Fallmantelhydranten ist leichter, da der Kopf zum Drehen verwendet werden kann. Als Nachteile sind neben den höheren Anschaffungskosten vor allem die mögliche Behinderung und Gefährdung durch den Verkehr zu nennen. Überflurhydranten werden deshalb nur noch mit einer Sollbruchstelle geliefert, damit bei einem Umfahren die Hauptabsperrung oder die Rohrleitung nicht beschädigt wird. Höhere Kosten fallen auch beim Einbau an, da Verankerung oder Absteifungen notwendig sind. Für die Wartung des Überflurhydranten sind ebenfalls höhere Kosten anzusetzen.

Es gibt folgende Hydrant-Bauformen:
Unterflurhydranten DN 80 (DIN 3221): A 1, AD 1, AD 2, B 1, BD 1 und BD 2
Überflurhydranten DN 80, DN 100 und DN 150 (DIN 3222): AU, AUD, AFU, AFUD, BU, BUD, BFU und BFUD
dabei bedeuten: A mit selbsttätiger Entleerung und Druckwasserschutz
B ohne selbsttätige Entleerung
D mit zusätzlicher Absperrung
1 mit unterem, 2 mit seitlichem Anschluß (nur bei Unterflurhydranten)
F mit Fallmantel (nur bei Überflurhydranten)
Die Entleerungszeiten betragen bei Unterflurhydranten 100 bis 300 s, bei Überflurhydranten 200 bis 900 s. Bei den neueren Bauarten wurde die Restwassermenge bis auf vernachlässigbare Werte ($<50\ cm^3$) verringert.

7.1.3.6.6 Druckminderventile

Druckminderventile werden da angewandt, wo Rohrnetzteile unter einen bestimmten, nicht zu überschreitenden Rohrnetzdruck kommen sollen, also z. B. für tiefliegende Rohrnetzstränge, die eine eigene Druckzone bilden.
Vor Druckminderventilen ist ein Schmutzfänger einzubauen, dessen Sieb von Zeit zu Zeit herausgenommen und gereinigt werden muß.
Die Druckminderventile sind so auszulegen, daß der Hinterdruck, d. i. der Druck auf der Seite der niederen Druckzone, einen Höchstwert nicht überschreitet, daß aber durch das Ventil der gewünschte Höchstdurchfluß hindurchgeht, ohne einen unerwünschten Druckhöhenverlust hervorzurufen. Soll der Hochbehälter HB **(Abb. 7-59)** nicht nur das 50 m tiefere Gebiet A, sondern auch die 140 m tiefere Siedlung B versorgen, so würde in letzterer zu hoher Druck herrschen. Wird der Hinterdruck auf 135 NN eingestellt, so kann in B kein größerer Druck als 13,5 bar – 6 bar = 7,5 bar entstehen. Während man bei größeren Versorgungsgebieten in diesem Falle von einer Druckunterbrechung durch Zwischenschalten eines Unterbrecherschachtes oder Niederzonenbehälters Gebrauch macht, wird man bei kleinen Zonen oder wenn ein Hochpunkt für diesen Unterbrecherschacht fehlt, das billigere Druckminderventil bevorzugen. Dieses ist grundsätzlich in einen Schacht zu setzen. Dort ist auch ein Sicherheitsventil im Niederdruckteil einzubauen, das bei Versagen des Druckminderventils so viel Wasser abführt, daß in der Tiefzone kein zu hoher Druck auftritt. Von Bedeutung ist die Kenntnis des Druckverlustes abhängig vom Durchfluß. Die Hersteller halten Leistungskurven der Ventile bereit. **Abb. 7-60** zeigt den Schnitt eines Druckminderventils mit Vorsteuerventil. Kleine Durchflüsse fließen durch das Vorsteuerventil (A), wächst der Durchfluß und damit die Geschwindigkeit, so entlastet die Blende (B) den Kolbenraum (C), so daß das Ventil durch den Vordruck geöffnet wird. **Abb. 7-61** zeigt eine Einbauempfehlung für ein Druckminderventil.

7.1.3.7 Armaturen für Hausanschlußleitungen (Anbohrschellen, Anbohrschieber)

Die von den Versorgungsleitungen (VL) zu den einzelnen Anwesen oder Verbrauchern führenden Hausanschlußleitungen (AL) werden am Hauptrohr in der Regel mittels Anbohrung angeschlossen. Hierzu dient die Ventilanbohrschelle, welche das Anschluß- und Absperrorgan in sich vereint **(Abb. 7-62).** Für die Bedienung ist ein Einbausatz erforderlich.
Es ist vielerorts üblich oder nötig, das Absperrorgan der AL nicht unmittelbar an der VL anzubringen, sondern z. B. aus der Straßenfahrbahn in den Gehweg zu legen. In diesem Fall ist an der VL nur eine Schelle mit Übergang auf die AL nötig. Damit bei Schäden an der AL vor dem Absperrorgan auch das Zwischenstück abgesperrt werden kann, empfiehlt sich eine Anbohrschelle mit Sperre in Form einer Steckscheibe, die durch einen O-Ring abgedichtet ist; sie ist zwar erst nach dem Aufgraben bedienbar, aber freigelegt muß die defekte AL ja auf jeden Fall werden. Die Sperre kann auf eine Anbohrschelle aufschraubbar **(Abb. 7-63)** oder in sie eingebaut **(Abb. 7-64)** sein. Zwischen dem Sattel der Schelle und dem Hauptrohr werden Gummidichtungen in verschiedenen Paßformen eingepreßt.

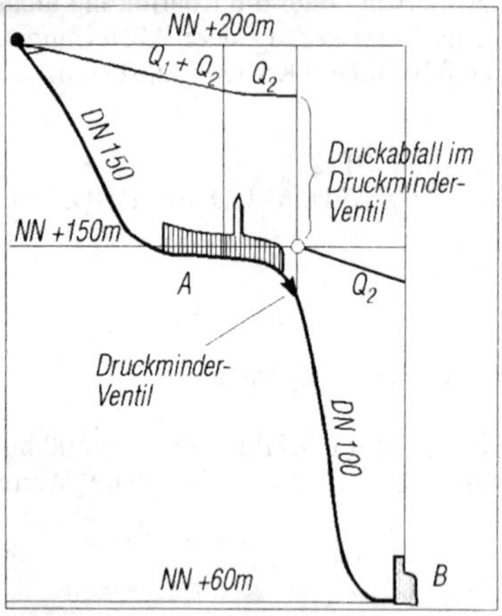

Abb. 7-59: Anwendungsfall für ein Druckminder-Ventil

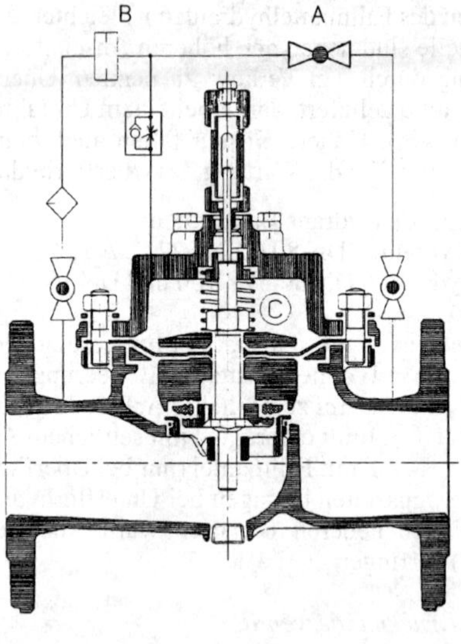

Abb. 7-60: Schema eines vorgesteuerten Druckminder-Ventils (Fabr. Erhard)

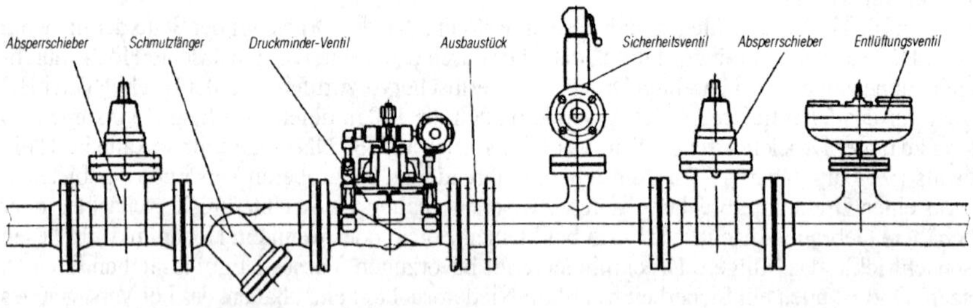

Abb. 7-61: Einbauempfehlung für ein Druckminder-Ventil

Asbest-(Faser-)zement- und PVC-Rohre lassen sich ebenso anbohren wie Guß- u. Stahlrohre. Der Bügel oder das Haltestück muß hier aber breiter sein, um den Flächendruck herabzusetzen. AZ-(FZ-)Rohre werden jedoch meist nicht angebohrt, die Anschlüsse erfolgen an den Überschubkupplungen, welche mit Gewindeabgangsstutzen versehen sind, und zwar mit

1″	für VL von DN 100 bis 150
$1^1/_2$″	für VL von DN 100 bis 400
2″	für VL von DN 300 bis 600

Neben der herkömmlichen Bauart nach **Abb. 7-62** wurde eine Reihe von Ventil- oder Schieberarmaturen entwickelt, die mit einem Einbausatz von der Bodenfläche aus bedienbar ist; von diesen sind hier nur einige genannt:

7.1.3.7.1 Drehscheibenverschlüsse:

Ein vom Gestänge angetriebenes Ritzel bewegt die Öffnung einer Niro-Zahnscheibe vor dem Gehäusedurchgang; die Abdichtung der Zahnscheibe wird durch einen O-Ring **(Abb. 7-65)** oder durch einen Zapfen, der ein Schließblech verschiebt **(Abb. 7-66),** bezweckt.

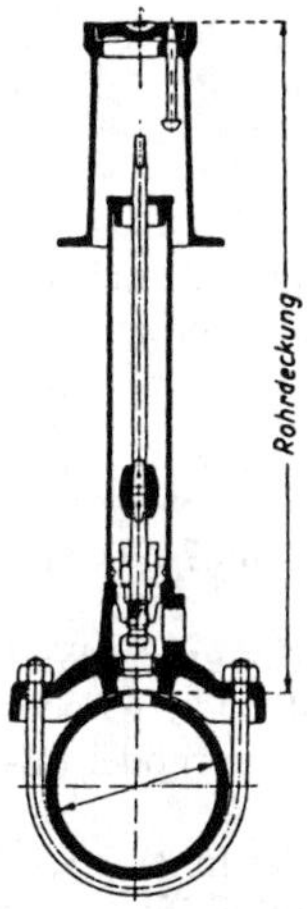

Abb. 7-62: Ventilanbohrschelle

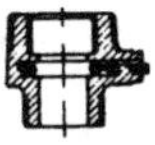

Abb. 7-63: Steckscheibensperre aufschraubbar

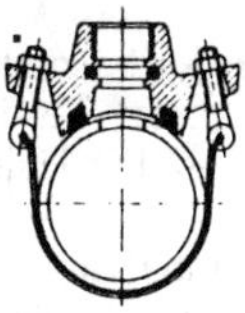

Abb. 7-64: Steckscheibensperre eingebaut

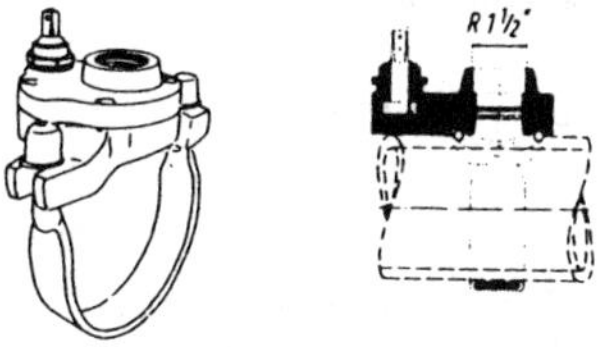

Abb. 7-65: Drehscheiben-Verschluß

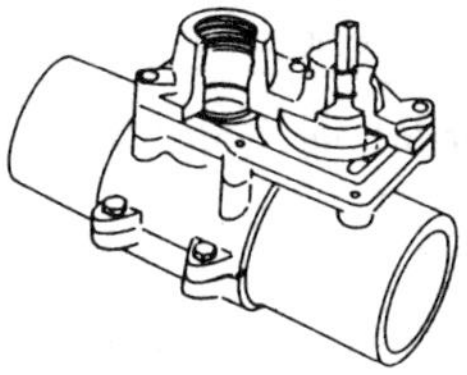

Abb. 7-66: Schließblech-Verschluß

7.1.3.7.2 Anbohrbrücken

Die eingebaute Betriebsabsperrung erfolgt bei Anbohrbrücken durch einen Kükenhahn, der durch die Antriebsspindel gedreht wird **(Abb.7-67).**

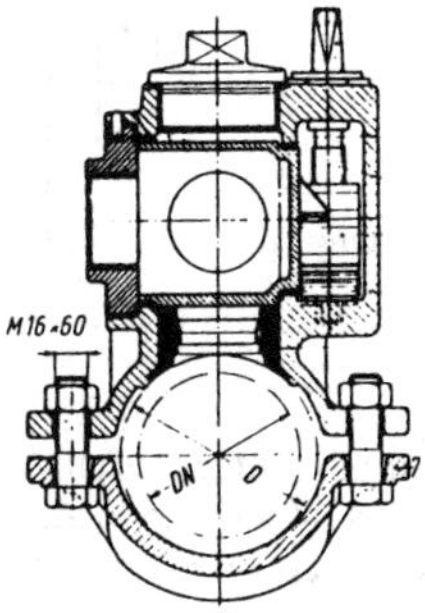

Abb. 7-67: Kükenhahn

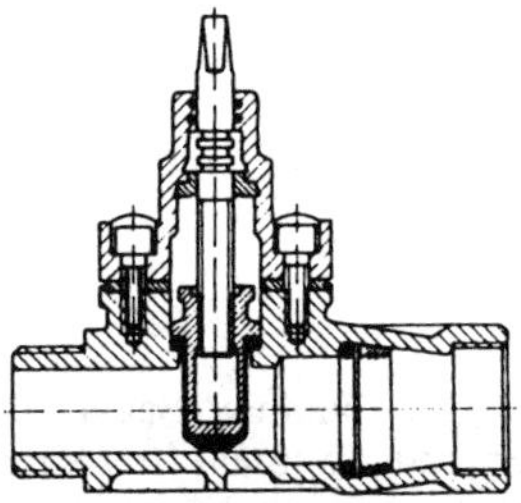

Abb. 7-68: Absperrschieber mit Gewinde

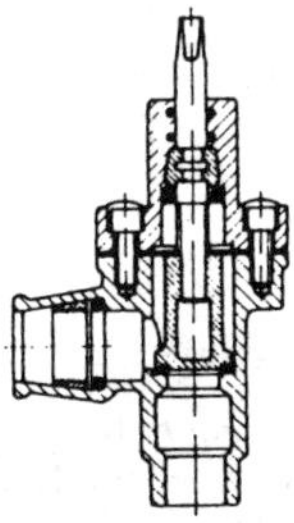

Abb. 7-69: Eckventil mit Gewinde und Steckverbindung

7.1.3.7.3 Bewegliche Steckscheiben

Der Verschluß wird durch bewegliche Steckscheiben mit O-Ringdichtungen bewirkt.

7.1.3.7.4 Weichdichtende Absperrschieber

Zum Anschluß an Rekakupplungen von AZ-(FZ-)Rohren auf der einen Seite und Gewindeanschlüsse oder Steckfittings für PE-Rohre auf der anderen, gibt es weichdichtende Schieberbauarten nach **Abb.7-68.**

7.1.3.7.5 Einfache Eckventile

Eckventile werden in Anbohrschellen mit Gewinde- oder Steckfitting-Abgang **(Abb.7-69)** eingeschraubt.
Auf den Korrosionsschutz dieser gerne etwas stiefmütterlich behandelten Armaturen wird großer Wert gelegt; vgl. die versenkten und vergossenen Schrauben an den Gehäusen der **Abb. 7-68** und **7-69** oder die Schutzkappen über den Muttern in **Abb. 7-65** und **7-66.** Die Haltebügel sollen gummiert oder PE-beschichtet sein.
Bei Bestellung ist der DN der anzubohrenden Hauptleitung, deren Werkstoff sowie der Innendurchmesser der Anschlußleitung anzugeben, ferner bei Anbohrschellen, ob Gewindeanschluß (für Rohranschluß) oder Flansch (für Schieberanschluß) gewünscht wird.
Um die Lagerhaltung zu vereinfachen, kann man generell DN 40-Armaturen wählen und nach ihnen entsprechend reduzieren (vgl. Hinweis unter Abschn. 7.1.3.3.1).
Damit sich an den beweglichen Teilen keine Stoffe aus dem Wasser ansetzen und die Ventile schwergängig oder gar funktionsunfähig werden, sind sie – je nach Wasserbeschaffenheit – öfter zu bedienen, mindestens einmal jährlich auch bei nichtkorrosivem oder nichtabsetzendem Wasser.

7.1.3.8 Sonstige Einbauteile längs Rohrleitungen (ohne Verbindung mit diesen)

7.1.3.8.1 Entlüftungsrohre

Entlüftungs-, auch Ventilationsrohre **(Abb. 7-70)** genannt, für Behälter, Schächte usw. müssen eine nur mit Werkzeug abnehmbare Dunsthaube und ein Nylongewebe als Sieb besitzen, durch das auch Kleintiere (Fliegen) nicht eindringen können. Der Siebquerschnitt muß den doppelten Rohrquerschnitt betragen. Entlüftungsrohre dürfen nicht über offenen Wasserspiegeln angebracht werden, da sie ggf. beschädigt und dann Stoffe in das Wasser eingeworfen werden können. Die Wirkungsweise wird meist überschätzt. Den Luftumsatz beschleunigen sie nur, wenn zwei Rohre vorhanden sind (vgl. **Abb. 7-48).**
Für besonders große Entlüftungsöffnungen in Schächten usw. werden Lüfteraufsätze aus Beton mit Beton-Jalousiebrettern verwendet, hinter denen Fliegengitter aus Nylongewebe angebracht sind.
Ent- und Belüftungsvorrichtungen für Wasserkammern siehe Abschn. 6.4.8.2.

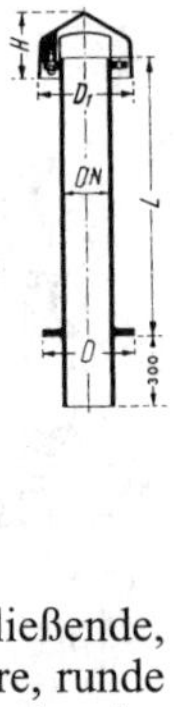

Abb. 7-70: Entlüftungsrohr

7.1.3.8.2 Schachtdeckel

Für Schächte mit offenem Wasserspiegel (Quellsammler, Saugbehälter usw.) sollen dichtschließende, mit Gummileisten versehene Deckel verwendet werden. Hier eignen sich am besten schwere, runde Graugußdeckel, lichter Durchstieg 0,8 m. Im Deckelrahmen ist ein rechteckiger, oben überstehender Profilgummi, auf den sich der Deckel satt auflegt, erforderlich. Der Verschluß muß sicher gegen unbefugtes Öffnen sein und darf nicht anrosten (Rotguß) **(Abb. 7-71).** Gewicht insgesamt ca. 150 kg,

Deckel allein 100 kg. Deckel unmittelbar über offenen Wasserspiegeln sind aus hygienischen Gründen nicht erlaubt.

Für Schächte ohne offenen Wasserspiegel (Schieber-, Entlüftungs- usw. Schächte) verwendet man die leichteren Stahldeckel, Ausführung meist aus rostfreiem Stahl. Um auch hier das Eindringen von Kleinlebewesen zu verhindern, ist eine Gummidichtung unerläßlich. Diese Deckel, die schon durch einen Windstoß zugeworfen werden können, müssen eine mit Sicherheit frei einfallende Haltevorrichtung besitzen **(Abb. 7-72** bis **7-74).** Ihr Gewicht beträgt etwa 50 kg. Ihre Belastbarkeit wird nach DIN EN 124 geprüft.

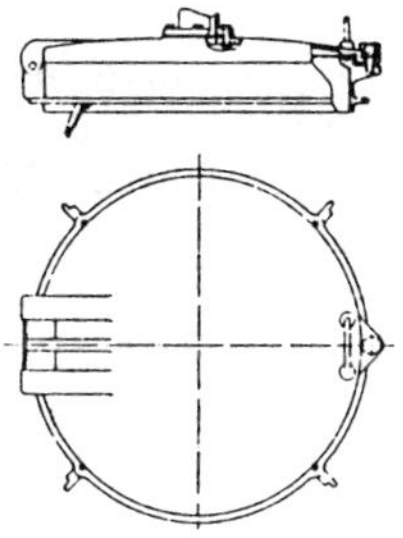

Abb. 7-71: Schachtdeckel (Gußeisen)

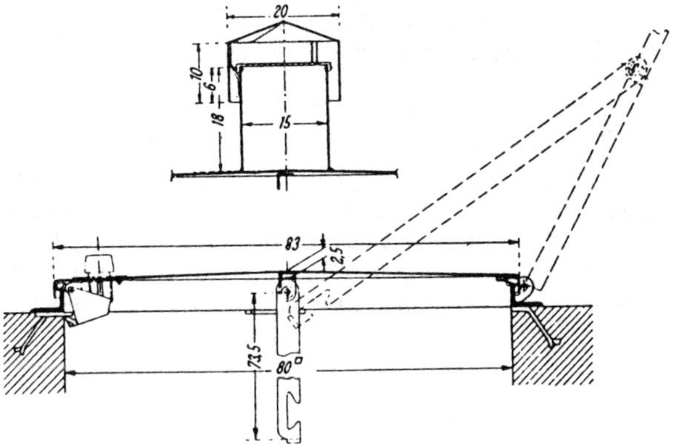

Abb. 7-72: Schachtdeckel (Stahlblech)

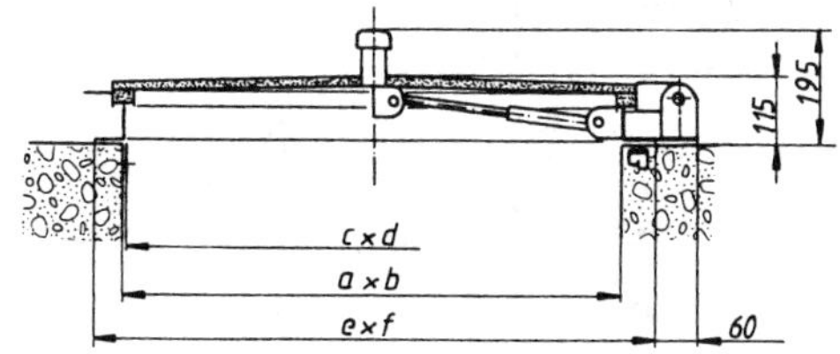

Abb. 7-73: Schachtdeckel rund, überflutungssicher u. isoliert (Fabr. Huber)

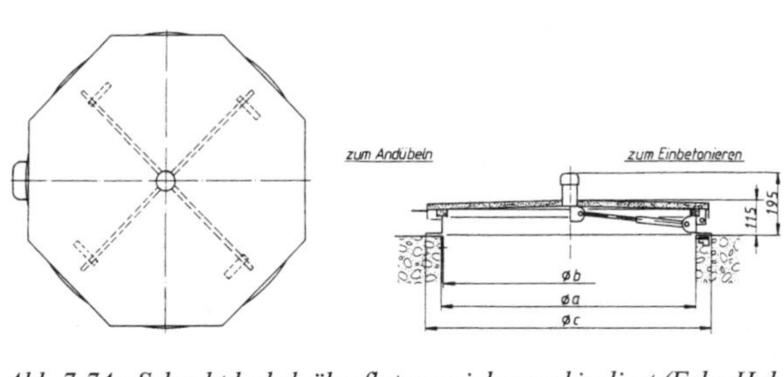

Abb. 7-74: Schachtdeckel, überflutungssicher und isoliert (Fabr. Huber)

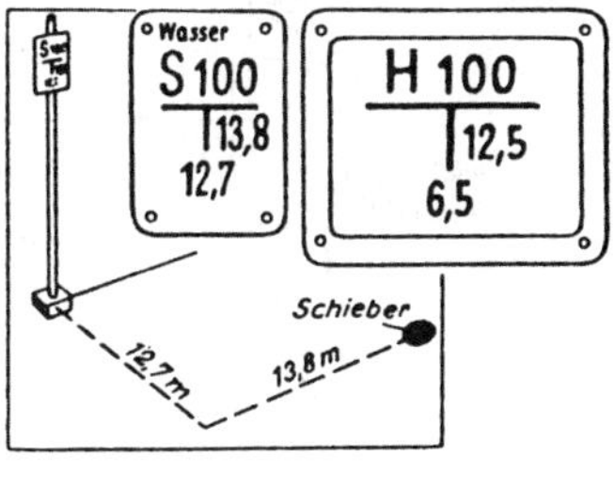

Abb. 7-75: Hinweisschilder

Es werden auch Deckel aus glasfaserverstärktem Polyester hergestellt, die sehr leicht sind und keinen Anstrich brauchen. Wegen ihres geringen Gewichtes erlauben sie die wünschenswerte Öffnungsweite von 1,0 statt nur 0,8 m.

Beide Deckelarten können auch mit Lüftungshaube und Sieb ausgerüstet werden.

7.1.3.8.3 Hinweisschilder

Hinweisschilder geben die Lage von Schiebern und Hydrantenstraßenkappen an. Sie sind in gut sichtbarer Höhe an Häusern, Pfosten, Säulen usw. so anzubringen, daß die links oder rechts des T-Balkens stehenden Ziffern die seitliche Entfernung der Straßenkappe vom Schild, die unter dem T-Balken stehenden Ziffern die Entfernung senkrecht zum Schild zeigen. Die Schilder nach DIN 4067 für Schieber (S), Entleerungsschieber (ES), Entlüfter (LS) sind hochkant 140 · 200 mm, die für Hausanschlußschieber (A) 100 · 140 mm, sämtliche Farbe blau mit weißer Schrift. Die Hydrantenhinweisschilder (H) sind in DIN 4066 genormt: roter Rand mit weißem Feld, quer, 200 · 250 mm. Die Zahl nach dem Buchstaben (S, ES, LS, A oder H) gibt den DN der Rohrleitung an. Werkstoff: Metall emailliert oder Kunststoff gemalt oder bedruckt. Die Ziffern sind manchmal auswechselbar **(Abb.7-75).**

7.1.3.8.4 Leitern

Die in **Abb.7-76** dargestellte Leiter besitzt oben einen ausklappbaren Bügel. Er verhindert ein Hineinstürzen beim Öffnen des Deckels und gibt beim Einsteigen einen festen Halt. Üblich ist die Ausführung aus verzinktem Stahl. In Wasserbehältern sind keine Halteeisen unter dem Wasserspiegel nötig, die oft Undichtheiten verursachen. Aluminiumleitern sind aus Korrosionsgründen in Wasserkammern ungeeignet; statt dessen werden dort Leitern aus nichtrostendem Stahl verwendet.

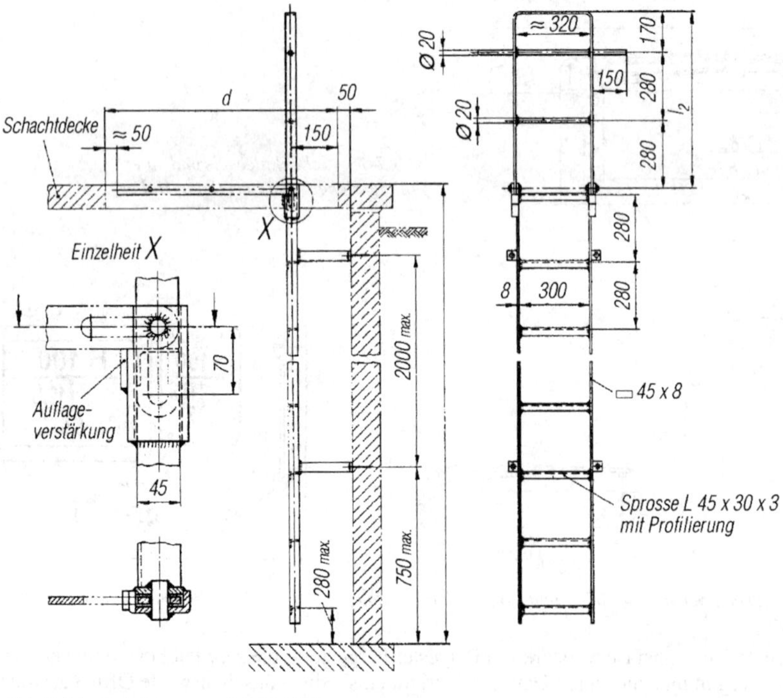

Abb. 7-76: Steigleitern nach DIN 3620

7.2 Planung von Rohrleitungen und Rohrnetzen

7.2.1 Allgemein

Der Baukostenanteil eines Rohrnetzes beträgt bei Fernwasserversorgungsanlagen 55 bis 65 v. H., bei Einzelortsanlagen 45 bis 60 v. H. der Gesamtkosten ohne Hausanschlußleitungen.
RL liegen im Erdboden, vielfach in bebauten Gebieten, unter Straßen und Gehwegen. Ihre Auswechslung ist kostenaufwendig. Falsche Planungen des Rohrnetzes wären daher nur unter hohem Arbeits- und Finanzaufwand korrigierbar.
Daher ist es notwendig, das Trassieren und Bemessen der Rohrnetze sowie die Werkstoffwahl für die Rohre sorgfältig vorzunehmen. Das Einhalten bestimmter Grundsätze beim Entwurf und eine übersichtliche Darstellung der Rohrnetze in den Plänen vermindert die möglichen Fehlerquellen.

7.2.2 Grundsätzliches

Zur Planung eines Rohrnetzes gehört:
die Erkundung der Trasse (das Trassieren)
die bildhafte Darstellung (das Zeichnen von Plänen)
das Bemessen der RL
die Wahl der Rohrart und der Art der Einbauteile

7.2.3 Trassieren

Unter Trassieren versteht man die technisch und wirtschaftlich günstigste Einordnung der RL im Gelände. Selten ist die kürzeste Verbindung zwischen den Hauptteilen einer WV-Anlage (Brunnen, Pumpwerk, Hochbehälter usw.) die günstigste Trasse.

7.2.3.1 Geländeaufnahmen zu den Lageplänen

7.2.3.1.1 für Fernwasserleitungen und Zubringerleitungen

Zum Trassieren dieser Leitungen gehört ziemlich viel Erfahrung, weil viele Gesichtspunkte zu beachten sind. Große Schwierigkeiten können neben der Geländegestalt Einsprüche betroffener Grundstückseigner oder anderer Wasserleitungsgegner bringen, die sich manchmal auch zu Bürgerinitiativen zusammenschließen, obwohl eine eingeerdete RL gewöhnlich keinerlei dauernde Beeinträchtigung darstellt und vorübergehende Bauschäden abgegolten werden. Es ist daher zweckmäßig, in einer Vorplanung unter Zuhilfenahme von Karten mit Höhenschichtlinien (1 : 25 000) eine Trasse zu suchen (s. auch DVGW-Hinweis GW 121), wobei die Grundstücke vorläufig nicht betreten werden, und dabei folgendes zu beachten:

1) Fern- und Zubringerleitungen sind *außerhalb von Ortschaften* zu führen; diese sind über Wasserzähler zur Verbrauchskontrolle anzuschließen. Dies erleichtert die Betriebsüberwachung und spart Betriebskosten und Überwachungspersonal. Ausnahmen: Weitauseinanderliegende Einzelanwesen oder Weiler, für die jedoch neben der Fernleitung ebenfalls ein Schacht mit Zähler vorgesehen werden muß. Auszuweichen ist auch solchen Flächen, die für künftige Bebauung oder andere Nutzung vorgesehen sind.
2) Fernleitungen sind *nicht in Verkehrsstraßen* einzulegen, ausgenommen Feldwege. Spätere mögliche Verbreiterung oder Begradigung von Straßen verlangt ausreichende Abstände.
3) Nasse und sumpfige Stellen, Talsohlen mit hohem Grundwasserstand sind wegen der Wasserhaltung beim RG-Bau, der Setzungsgefährdung und der möglichen Korrosionsgefährdung metallischer Leitungen durch das Grundwasser zu meiden. Länger offengehaltene Grabenstrecken sollten zur Einsparung von Pumpkosten der Wasserhaltung im natürlichen Gefälle entwässerbar sein.
4) Steilhänge müssen in der Fallinie überwunden werden, weil bei schräger Querung des Hanges Rutschgefahr besteht.
5) Felsige Strecken sind wegen der hohen Kosten (Felsausbruch, Sprengen, Sandumhüllung der Rohre, langsamer Baufortschritt) zu meiden.
6) Waldschneisen für eine RL zu schlagen ist zumindest unerwünscht, vielfach aus Gründen des Natur- und Landschaftsschutzes unmöglich. Der *Leitungsbau im Wald* ist wegen der Wurzelstöcke

erschwert und kostspielig. Anlehnung der Trasse an vorhandene Schneisen oder Wege ist manchmal möglich.

7) Die *hydraulische Drucklinie* soll möglichst hoch über der RL liegen, jedoch ist auf den für die gedachten Rohre zulässigen Höchstdruck zu achten. Wegen des sicheren Ansprechens von automatischen Entlüftungsvorrichtungen müssen auch Hochpunkte genügend tief unter der Drucklinie liegen. Rohrgefälle $< 0{,}5$ v. H. sind nicht zweckmäßig, weil sie bei der Bauausführung Schwierigkeiten bereiten, nur unter günstigen Voraussetzungen einzuhalten sind und die Entlüftung der Leitung verhindern; stark ausgeprägte Hoch- und Tiefpunkte sind für Entlüften und Entleeren besser als flachgeführte Leitungen.
8) Für die *Mindestüberdeckung* gilt die **Tab. 7-19.** Die Überdeckung kann in Ausnahmefällen bis auf 1 m vermindert werden, wenn ausreichende Wasserbewegung zur Verminderung des Einfrierens gewährleistet ist und die RL besonders sorgfältig verlegt wird, um Schäden durch äußere Belastung zu verhindern.
   In Gegenden mit besonders tief eindringendem Bodenfrost sind die RL entsprechend tiefer zu legen. Der Wetterdienst kann Angaben zur Bodenfrosttiefe machen.
9) Abwinkelungen der geradeaus zu führenden RL sind durch Krümmerformstücke herzustellen. Ausnahmsweise ist, wenn eine Geradeführung nicht möglich ist, die Verlegung in schlanken Bögen zulässig, soweit die Rohrverbindungen oder die Rohrelastizität dies zulassen. Steckmuffen sind in diesem Falle durch längskraftschlüssige Verbindungen zu sichern, wenn nicht jede Verbindung durch Betonwiderlager abgestützt wird.
10) Armaturen in der freien Strecke sind in Schächten unterzubringen, die möglichst mit Fahrzeugen erreichbar sind. In Grundstücken wähle man einen Standort nahe der Grenze, um die Bewirtschaftung des Grundstückes nicht zu erschweren.
11) Für *Straßenkreuzungen* sind Stellen zu suchen, an denen das Wasser bei einem Rohrbruch ohne Gefährdung der Straße abgeleitet werden kann. Die Bedingungen der Straßenbauverwaltung sind anläßlich der Trassierung einzuholen.
12) Gewässerkreuzungen sind im allgemeinen in Form von Dükern zu planen. Kreuzungsstellen unterhalb von Wehren, Brückenpfeilern usw. sind wegen der Gefahr der Kolkbildung ungeeignet. Die Trasse sollte unter Wasser keinen Fels anschneiden (hohe Kosten für Felsbeseitigung!). Probebohrungen sind meist nötig. Die Aufhängung der RL an Brücken ist – abgesehen von den statischen Erfordernissen und der Tragfähigkeit des Brückenbauwerkes – nur dann zulässig, wenn eine Notwasserversorgung des jenseitigen Gebietes ausreichend gesichert ist und eine Unterfahrung des Gewässers untragbare Kosten verursachen würde. Die Bedingungen der Wasserwirtschafts- oder Wasserstraßenverwaltungen sind anläßlich der Trassierung einzuholen.
13) Bahnkreuzungen müssen nach den Kreuzungsrichtlinien der Bundesbahn und des DVGW, die auch für Privatbahnen zutreffen, ausgeführt werden (Vgl. DVGW-Arbeitsblatt W 305, Hinweis H 306 und Arbeitsblatt W 307). Günstig sind Punkte, an denen die Bahnlinie in Geländehöhe oder auf einem kleinen Damm verläuft.

Tab. 7-19: Mindestüberdeckung von RL

DN	Mindestüberdeckung m
80–200	1,5
–250	1,45
300–350	1,4
400	1,35
500	1,3
600	1,25
700	1,2
800	1,15

Um das Gelände möglichst gut kennenzulernen und auf die zu erwartenden Fragen und Einwände eingehen zu können, ist es nötig, die gefundene Trasse mehrmals und in beiden Richtungen zu begehen.

Anschließend wird sie mit dem Bauträger und den betroffenen Grundbesitzern zu besprechen sein, die man zweckmäßig in Gruppen einlädt (für je 2 bis 3 km Leitungsstrecke) und deren Zustimmung zum Betreten ihrer Grundstücke, zum Schlagen von Pflöcken für das Nivellement und zur späteren Bestellung der unbedingt erforderlichen Grunddienstbarkeiten zweckmäßig listenmäßig eingeholt wird. Auch die Straßen-, Bahn- und Wasserwirtschafts-Dienststellen sollten an Ort und Stelle Gelegenheit haben, sich zu der Trasse zu äußern.
Erst dann wird die Trasse in das vor allen anderen Tätigkeiten durchzuflührende Raumordnungsverfahren eingebracht werden, das für Fernleitungen obligatorisch ist.

7.2.3.1.2 für Ortsnetze

Innerhalb des bebauten Gebietes werden die RL im Bereich der öffentlichen Verkehrswege verlegt. Die Straße ist hier auch Träger der Versorgung. Einsprüche privater Grundeigentümer sind daher nicht zu befürchten, es sei denn, diese halten als Anlieger der zu berohrenden Straßen Schäden an Gebäuden usw. für möglich.
Zu beachten ist folgendes:
1) Einordnen der RL in den Straßenkörper
Hierfür gilt DIN 1998 – Richtlinien für die Einordnung und Behandlung der Gas-, Wasser-, Kabel- und sonstigen Leitungen und Einbauten bei der Planung öffentlicher anbaufähiger Straßen. Auch künftig mögliche Versorgungsleitungen, z. B. Verkabelung des Fernsprechnetzes, Fernheizrohrsysteme sind zu berücksichtigen.
Abstand zu halten ist von Kanälen, insbes. hochliegenden Straßen-Entwässerungskanälen, die Kaltluft führen. Von anderen Leitungen ist mindestens so weit abzurücken, daß die RL nicht in den Bereich des Setzungskeiles kommt. Näheres s. DVGW-Merkblatt W 403, Ziff. 12 u. 13.
Die RL ist möglichst im Gehweg seitlich der Fahrbahn oder in der Fahrbahn nahe am Straßenrand zu verlegen. Die Straßenseite soll nicht gewechselt werden; ist das unvermeidbar, so ist die Straße rechtwinklig zu kreuzen.
Von nicht unterkellerten Gebäuden und von Stützmauern ist ausreichender Abstand zu halten.
2) Zahl der RL in einer Straße
Im allgemeinen genügt *eine* RL in einer Straße, die man auf diejenige Straßenseite legt, bei der möglichst wenige Straßenkreuzungen für Versorgungs- und Anschlußleitungen notwendig werden. In breiten Straßen sind beide Seiten zu berohren, die eine mit einem Rohrquerschnitt, der auch für die Hydrantenversorgung nötig ist, die andere lediglich für die Wasserabgabe an die Abnehmer. In sehr breiten Straßen werden beiderseits RL auch für die Brandbekämpfung verlegt.
3) Ring- und Endstränge
Zusammengeschlossene Ringstränge sind zu bevorzugen, weil sich in Endsträngen bei nur geringer Entnahme Verunreinigungen absetzen. Daher müssen Endstränge spülbar sein, z. B. durch einen Unterflurhydranten. Kommt später ihre Verlängerung in Betracht, müssen die Enden zur Weiterführung ausgebildet sein.
4) Tiefenlage
Die Überdeckung soll 1,5 m betragen, das Gefälle wenigstens 5 v. T. Hochpunkte sind so zu legen, daß sie durch Hausanschlußleitungen entlüftet werden, Tiefpunkte müssen durch Hydranten spülbar sein.
5) Lage der Absperrorgane
An den Knotenpunkten müssen nicht *alle* abgehenden Leitungen ein Absperrorgan erhalten; die Haupt-Versorgungsleitungen sind immer so abzusichern, daß sich Störungen in den abgehenden RL nicht auf die Haupt-RL auswirken können. In Stadtstraßen mit größerem Verkehr setzt man die Absperrorgane an Knotenpunkten zweckmäßig nicht in Form des früher üblichen „Schiebernestes“, sondern vom Abzweigpunkt so weit entfernt, daß beim Aufgraben nicht beide Fahrbahnen gestört werden **(Abb. 7-77).**

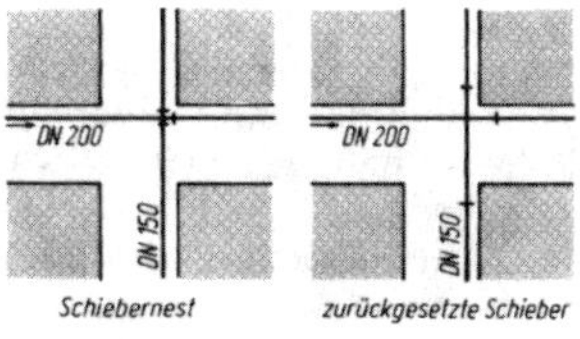

Abb. 7-77: Schieberstandort an Straßenkreuzungen

6) Lage der Hydranten
Der Standort für Hydranten ist im Benehmen mit der Feuerwehr zu bestimmen. Der Abstand soll im allgemeinen bei offener Bauweise nicht über 140 m, in Wohngebieten ca. 120 m, in Geschäftsstraßen u. Industriegebieten 100 m, möglichst nicht überschreiten. Für die Überflurhydranten sind Punkte ohne Verkehrsgefährdung zu wählen.
Gewöhnlich werden $^2/_3$ Unterflur- und $^1/_3$ Überflurhydranten vorgesehen, bei hoher Schneelage mehr Überflurhydranten.
7) Begehen der Trasse
Die Trasse wird in vorläufiger Weise in einen Plan eingetragen, sie kann auch in der Natur kenntlich gemacht werden; sie ist dann noch mit der Bauherrschaft und den Betriebs- oder Planungsstellen für andere den Straßenraum bereits oder künftig beanspruchende Unternehmen zu begehen, nach deren Zustimmung sie endgültig festgelegt wird.

7.2.3.2 Höhenaufnahmen für die Längsschnitte

7.2.3.2.1 Zweck der Längsschnitte

1) Festlegen der Höhenlage der Rohrgrabensohle und der RL-Überdeckung
2) Darstellen der RL-Längen
3) Ermitteln der vertikalen RL-Brechpunkte, insbes. der Entlüftungshochpunkte und der Spül- und Entleerungstiefpunkte
4) Berechnen der Aushubmengen (für Kostenvoranschläge usw.)
5) Darstellen der Drücke in der RL bei verschiedenen Betriebszuständen durch die eingetragenen Drucklinien und zum Prüfen, ob sich nicht RL-Strecken über die Drucklinien erheben; ist dies der Fall, ist die Trasse zu ändern.

7.2.3.2.2 In den Längsschnitten festzuhaltende Punkte

1) Anfangs- und Endpunkte der RL-Strecken, insbes. Anschluß der RL an Bauwerke
2) Hoch- und Tiefpunkte der RL, sowie Brechpunkte in vertikaler und horizontaler Richtung (Winkelpunkte)
3) Markante Punkte im Gelände entlang der RL, z. B. Kuppen, Einschnitte, Dämme, Gräben, Gewässer, Straßen- und Bahnkörper
4) Zwischenpunkte im Gelände ohne oder mit nur geringfügig sich ändernder Neigung; diese Zwischenpunkte sollen gewöhnlich nicht weiter als 50 m, ausnahmsweise 80 m voneinander oder vom nächsten Meßpunkt entfernt sein, da die Genauigkeit des Nivellements mit der Länge der jeweiligen Meßstrecke abnimmt.

7.2.3.2.3 Arten der Längsschnitte

1) Skizzenhafter Längsschnitt
   Zur vorläufigen hydraulischen Berechnung werden für Fernleitungen vielfach Längsschnitte aufgrund von Schichtlinienkarten entworfen.
2) Durch Vermessung in der Natur hergestellte Längsschnitte. Die einzumessenden Punkte – siehe voriger Absatz – werden durch Pflöcke markiert. Das Nivellement schließt an das Festpunktnetz der Landesvermessung an.

7.2.4 Zeichnerische Darstellung

Da die Rohrnetzpläne, insbes. die Lagepläne, häufig auch von Nichttechnikern benutzt werden, müssen sie übersichtlich und leicht verständlich sein. Zur Übersichtlichkeit gehört die Beschränkung auf handliche Größen. Das Ausmaß von 0,8 · 0,8 m soll nicht überschritten werden. Zur Verständlichkeit gehört die Anwendung der Sinnbilder (DIN 2425, siehe **Tab. 7-20**.
Die plangemäße Darstellung des Rohrnetzes umfaßt gewöhnlich folgende Lagepläne und Längsschnitte (im Sprachgebrauch auch als Höhenpläne bezeichnet):

7.2.4.1 Lagepläne

7.2.4.1.1 Berechnungslagepläne, auch Rohrnetzpläne genannt – Sie stellen das Rohrnetz in vereinfachter Form dar und erleichtern so das Berechnen der einzelnen Netzabschnitte. Für vermaschte Netze sind sie unbedingt nötig, gleichgültig, ob die Nennweiten der RL mit Tabellen oder Rechnern ermittelt werden. Die Berechnungslagepläne **(Abb. 7-78)** entsprechen den Entwurfslageplänen, jedoch wird nur das Rohrnetz allein gezeichnet. Für Fernleitungen, die strangweise betrachtet werden, genügen Skizzen.
In diesen Plänen werden die Knotenpunkte der Hauptfließrichtung des Wassers folgend alphabetisch mit großen Buchstaben bezeichnet. Knotenpunkte in Seitensträngen erhalten den Buchstaben des Abzweigpunktes mit Indexzahl, z. B. A_1, A_2...

7.2.4.1.2 Übersichtslagepläne – meist 1 : 25 000 – Aus ihnen ist die Einordnung des ganzen Bauvorhabens im Gelände und zu anderen vorhandenen oder geplanten Bauten, z. B. Straßen, Bahnen, Gewässern, Siedlungsgebieten, Natur-, Landschafts-, Wasserschutzgebieten, ersichtlich. Für Fernleitungen sind sie unentbehrlich.

7.2.4.1.3 Entwurfs-Lagepläne

1) Fern- und Zubringerleitungen **(Abb. 7-79)** – *M. 1 : 5000.* Strichstärke für die RL: 0,5 mm. Längs der RL sind einzutragen:
1. die Kilometrierung in 100 m-Abständen
2. horizontale Winkelpunkte mit Bezifferung
3. Bauwerke im Zuge der RL, z. B. Armaturenschächte
4. die Flurstücknummern, soweit die Flurstücke durch die WV-Anlage berührt sind; ggf. Gemeinde- und Landkreisgrenzen
5. Geländehöhen an wichtigen Punkten
6. Wasserspiegel von Erd- und Turmbehältern
7. benutzte Fixpunkte der Landesvermessung

2) Ortsnetze **(Abb. 7-80)** – *M. 1 : 2500,* auch 1 : 1000 und 1 : 500. – Strichstärke für die RL: 0,5 mm. Einzutragen sind:
1. Bezeichnung der Knotenpunkte gleichlaufend mit dem Berechnungsplan
2. Standort und Art der Hydranten
3. Geländehöhe an wichtigen Punkten
4. eingemessene, z. B. auf Gebäude bezogene Winkelpunkte der RL
5. Bauwerke im Zuge der RL, z. B. Armaturenschächte
6. Wasserspiegel von Erd- und Turmbehältern
7. Flurstücknummern, soweit die Flurstücke berührt sind.

7.2.4.1.4 Bestands-Lagepläne **(Abb. 7-81**) - *M. 1 : 500* – für wenig berohrte Gebiete 1 : 1000 – Sie werden erst nach Fertigstellung der RL gezeichnet und basieren meist auf Verlegeskizzen, die während der Bauzeit angefertigt wurden. Sie enthalten:
1) die wesentlichen Einzelheiten der RL, auch deren Teile innerhalb von Schächten
2) die Anschlußleitungen mit ihren Einbaumaßen, bezogen auf deutliche Punkte im Gelände, z. B. Hausecken, Grenzsteine, Geländefluchtlinien
3) Straßennamen und Hausnummern

Ein Exemplar dieser auf handliche Größe zu beschränkenden Bestands-Lagepläne wird zweckmäßigerweise für die Leute des Rohrnetzbetriebes in Folie eingeschweißt, damit die Pläne auch unter Schlechtwetterbedingungen anläßlich von RL-Arbeiten nicht beschädigt werden.

7.2.4.1.5 Ausführungs- und Verlegeskizzen – nicht maßstäblich, während der Bauzeit anfallend, z. B. die skizzenhafte Darstellung von Anschlußleitungen, die auch zur Fertigung der Bestands-Lagepläne dienen.

Tab. 7-20: Sinnbilder für Wasserversorgungsanlagen nach DIN 2425 (1 u.3) und DIN 30 600

a) Rohrnetz: Planzeichen als vereinfachte Darstellung und Bildzeichen

Gemeinsam für Gas- und Wasserleitungen

Leitungskreuzung (die höherliegende Leitung wird durchgezeichnet)		
Abzweig	einseitig	
	beidseitig	
Über-gang	im Rohrwerkstoff	GG / St
	in der Nennweite	100 / 200
	in der Verbindungsart	Sm / Sr
Fremdleitungen, die nicht zum dargestellten Rohrnetz gehören		
Einbaustelle einer Absperrarmatur	Schieber	S
	Klappe	K
	Hahn	H
Leitungsabschluß		
Entlüftung (Ausblasestutzen)		7) *)
Längenausgleicher		
Zähler	für Gas	G
	für Wasser	W
Rückschlagklappe (z. B. Durchfluß von links nach rechts)		8) *)
Druckregler (Druckminderer) (z. B. Eingangsdruck 100 mbar Ausgangsdruck 45 mbar)		9) *) 100 45
Mantelrohr		
Isolierstück (z. B. Isolierflansch)		
Meß-kontakt	auf der Rohrleitung	MK
	verzogen	MK
Kathodische Korrosionsschutzanlage		KKS
Hinweis- (Markierungs)stein (z. B. 2 m Abstand)		2

Zusätzlich für Wasserleitungen

Unterflur-hydrant	auf dem Rohr	
	neben dem Rohr	
	seitlich des Rohres	
Überflur-hydrant	auf dem Rohr	
	neben dem Rohr	
	seitlich des Rohres	
Schachthydrant		
Rohrreinigungskasten		
Garten-hydrant	auf dem Rohr	
	neben dem Rohr	
	seitlich des Rohres	
Wasserständer		
Springbrunnen		
Entleerung mit Schieber		

*) nach DIN 30 600

Fortsetzung Tab. 7-20

Rohrleitungen

Leitungskreuzung (die höherliegende Leitung wird durchgezeichnet)		Leitungsabzweig	
Fremdleitung		Übergang im Werkstoff in der Nennweite in der Verbindungsart	GGG Sl 600 500 Sm Sw

Rohrverbindungen

Lage der Rohrverbindung		Überschiebrohr	
Flanschverbindung, allgemein		Muffenverbindung	
Reduzierstück		lösbare Verankerung nicht längskraftschlüssiger Rohrverbindungen (hier einer Muffenverbindung)	

Längenausgleicher

Stopfbuchsendehner, -langmuffe		U-Bogen-Ausgleicher	
U-Stück-Ausgleicher		Wellrohrausgleicher	

Armaturen

Absperrarmatur, allgemein		Absperrarmatur, mit stetigem Stellverhalten	
Absperrarmatur, mit motorischem Stellantrieb	M	Absperrschieber	
Durchgangshahn		Absperrventil, Durchgangsventil	
Absperrklappe		Rückschlagklappe	
Be- und Entlüftung, Auslaß in die Atmosphäre		Entleerung	

b) Fernleitungen:

Einbauteile

Leitungsabschluß		Wasserbehälter	Wbh
Molchschleuse		Blindflansch	
Durchflußmessung		Isolierkupplung, einbaufertig	
Isolierflansch		Mantelrohr	
elektrische Überbrückung (hier Isolierflansch)		Riechrohr, Revisionsstelle	R
Kondensatsammler	KS	Meßstelle für mechanische Dehnungsmessungen	MM

Fortsetzung Tab. 7-20

Meßstelle für kathodischen Korrosionsschutz	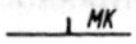	Molchmelder	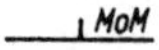
Meßstelle für elektrische Dehnungsmessungen		Schilderpfahl (hier auf der Leitung)	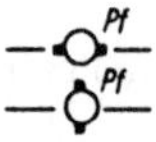
Meldesonde	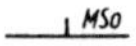	Pfahl mit Kabeltelefonstecker (hier neben der Leitung)	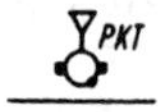
Pfahl mit Meßstelle für kathodischen Korrosionsschutz (hier neben der Leitung)	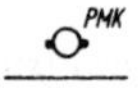	Schacht	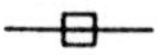
Hinweis-(Markierungs)stein (z.B. 2 m Abstand)	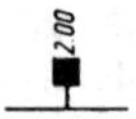	Kathodische Korrosionsschutzanlage	
Widerlager			
Betonwiderlager am Bogen		Betonwiderlager mit Druckstütze am Bogen	
Widerlager am Bogen		Betonwiderlager am geraden Rohr	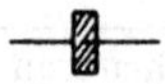
Erdanker (nur für Längsschnitt)	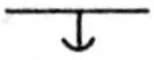		

7.2.4.2 Längsschnitte

Sie werden über einer Bezugsebene aufgebaut, die einer durch 10 teilbaren Zahl der Höhe über Normal-Null (+NN) entspricht.

7.2.4.2.1 Übersichts-Längsschnitte; **(Abb. 7-82);** – *M. 1 : 25 000/500* – Strichstärke für die RL: 0,5 mm, für die Drucklinie statisch 0,4 mm, für die Drucklinien der Betriebszustände 0,2 mm. Die Pläne dienen im wesentlichen zur Darstellung der hydraulischen Zusammenhänge von Fern- und Zubringerleitungen. Für kleine WV-Anlagen sind sie meist entbehrlich, weil die Drucklinien dort im Entwurfs-Längsschnitt – möglichst auf einem Blatt – eingetragen werden können. Einzuzeichnen sind

1) markante Geländepunkte in NN + m, insbes. ausgeprägte Hoch- und Tiefpunkte
2) deren Verbindungslinie in Form einer Geraden
3) die Drucklinien für Ruhedruck und verschiedene Betriebszustände
   An jeder Drucklinie ist anzugeben: Berechnungswassermenge in l/s, Fließgeschwindigkeit in m/s, Druckgefälle in v. T., Höhe der Drucklinie über besonderen Punkten, mindestens über allen Knoten- und Brechpunkten der Drucklinie in NN + m
4) Anschlußpunkte der RL an Pumpwerke und Behälter und deren WSp
5) Abzweige zu Ortsnetzen und anderen Zweigleitungen

Ferner unter der Bezugslinie:

6) Kilometrierung in 100 m-Abständen
7) Länge der Abschnitte zwischen Schächten u. dgl.
8) Rohrnennweite (DN), Rohrwerkstoff, Druckstufe der RL (PN)
9) Höhe der RG-Sohle an den vertikalen Brechpunkten
10) bei großen Anlagen: Bauabschnitts- und Losnummer, Gemeinde- und Landkreisgrenzen.

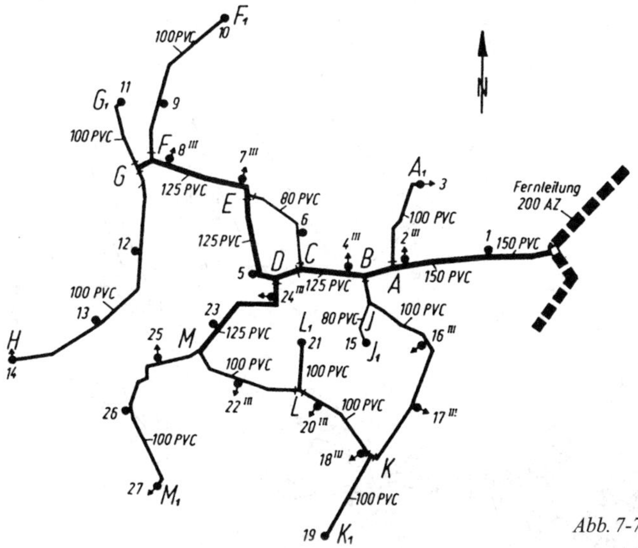

Abb. 7-78: Berechnungslageplan

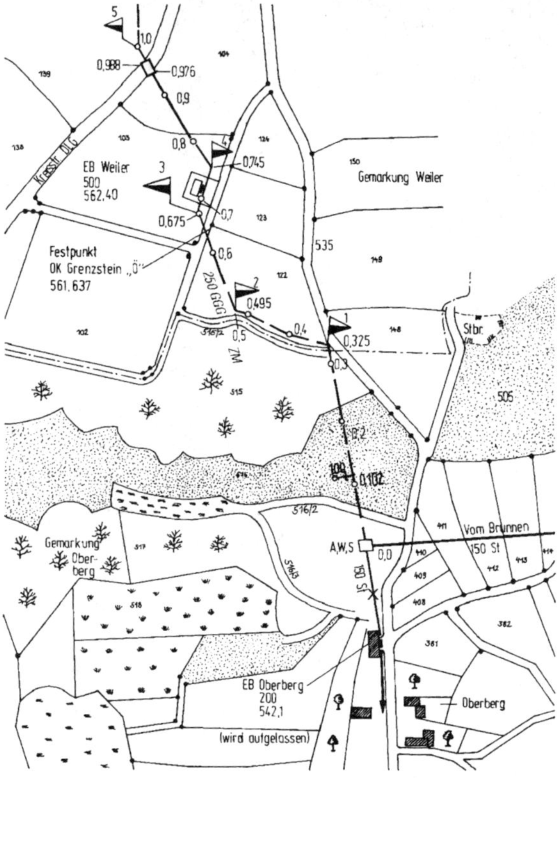

Abb. 7-79: Entwurfslageplan einer Fernleitung

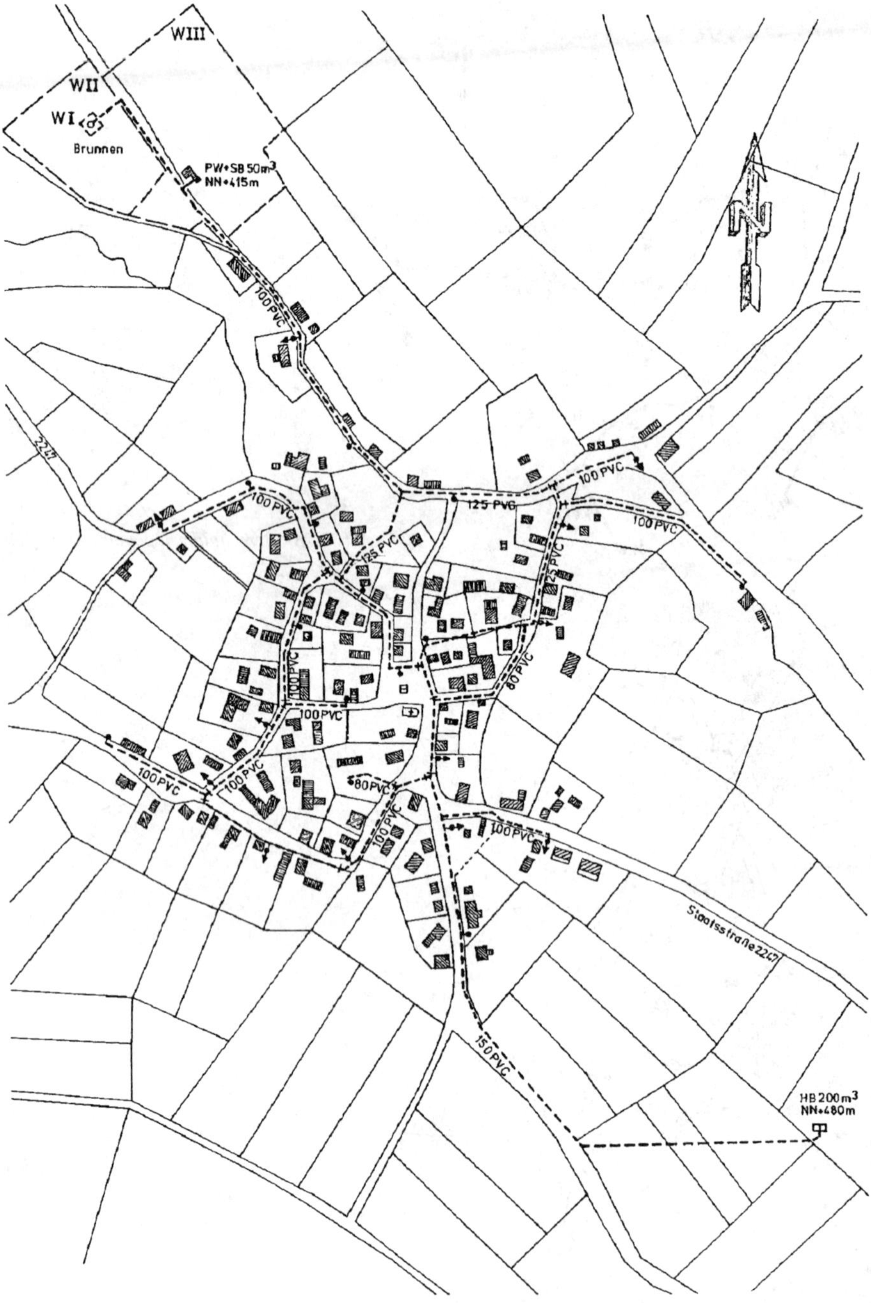

Abb. 7-80: Entwurfslageplan eines Ortsnetzes

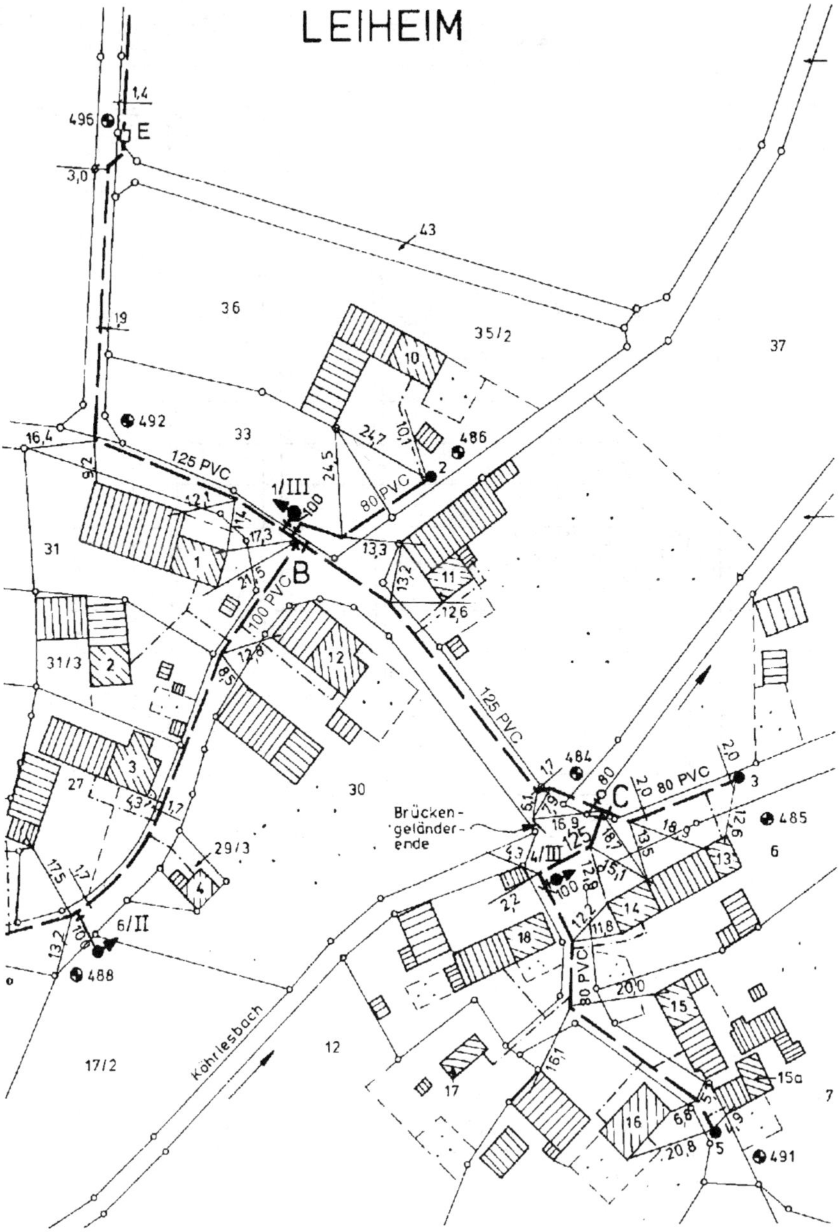

Abb. 7-81: Bestandslageplan

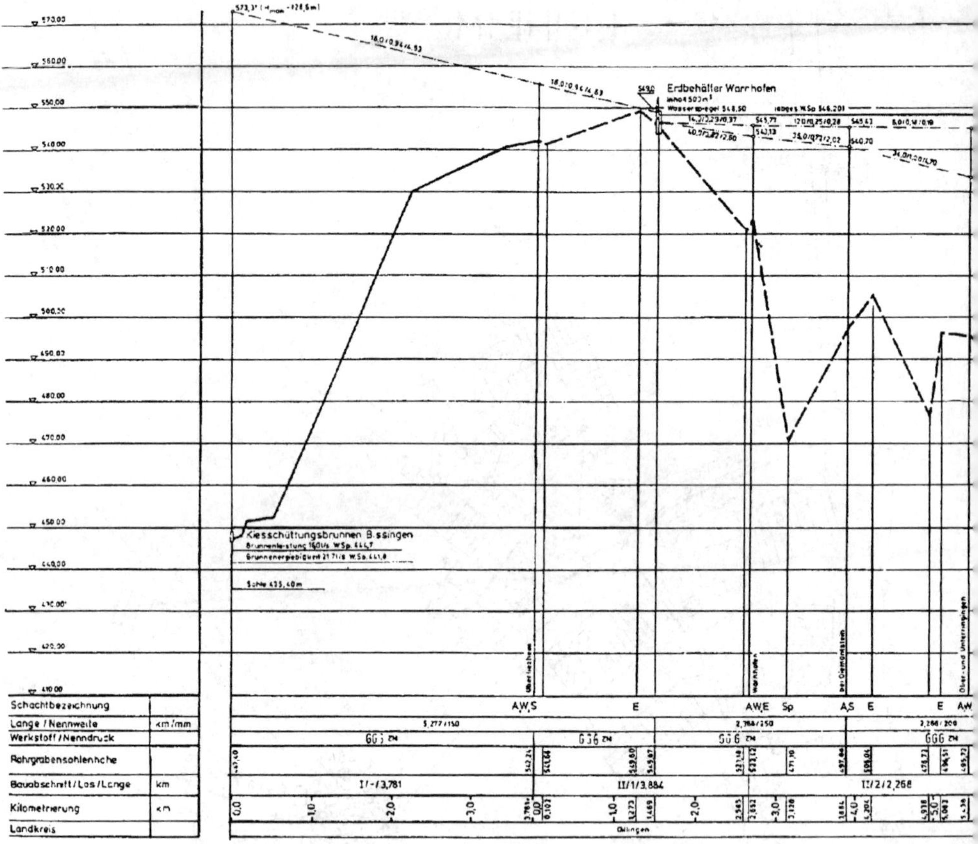

Abb. 7-82: Übersichts-Längsschnitt einer Fernleitung

7.2.4.2.2 Entwurfs-Längsschnitte

1) Fern- und Zubringerleitungen – M. 1 : 2500/250 – Strichstärke für die RL: 0,5 mm, für die vertikalen Bezugslinien, die von der untersten horizontalen bis zur Geländelinie durchzuziehen sind 0,2 mm. Eingetragen werden alle für die Baudurchführung erforderlichen Angaben, also

1. Höhe der RG-Sohle an den Brechpunkten, an denen die „RG-Profile“ aufzustellen sind, auch an Zwischenpunkten, wenn die Brechpunkte mehr als rd. 50 m weit entfernt sind.
2. Höhenlage der Schächte, bezogen auf RL-Mitte
   Unter der horizontalen Bezugsebene sind die Angaben wie bei Übersichts-Längsschnitten zu machen. Ist das Gefälle der RG-Sohle kleiner als 5 v. T., so ist es anzuschreiben.
3. Winkelpunktnummern der horizontalen Brechpunkte, Schachtbezeichnungen sowie die Namen von gekreuzten Gewässern, Bahnstrecken und die Nummern von gekreuzten Straßen.

2) Ortsnetz **(Abb. 7-83)** *– M. 1 : 2500/250* – Strichstärke für die RL: 0,5 mm, für die statische Drucklinie 0,4 mm, für die Drucklinien von Betriebszuständen 0,2 mm. Die Darstellung entspricht denjenigen für Fern- und Zubringerleitungen, jedoch sind die Drucklinien wie im Übersichts-Längsschnitt anzugeben. Die Hydranten mit ihrer Nummer sind einzutragen.

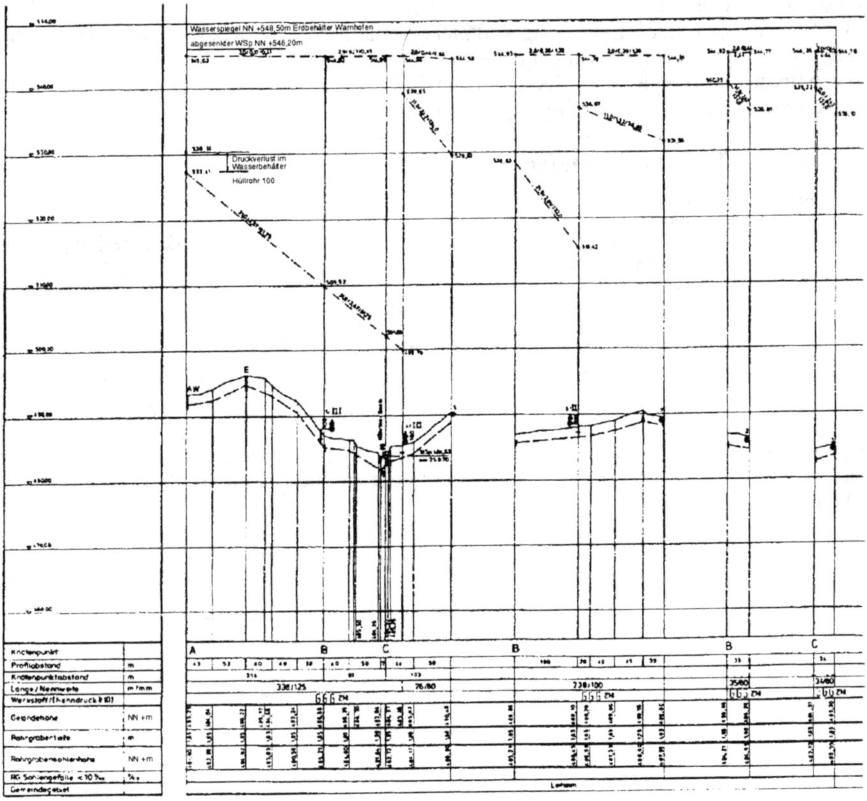

Abb. 7-83: Entwurfslängsschnitt eines Ortsnetzes

7.3 Berechnung von Rohrleitungen und Rohrnetzen

7.3.1 Allgemein

Nach DIN 4044 ist Hydraulik die angewandte Hydromechanik, wobei die Hydrostatik die Lehre vom Gleichgewicht der im Wasser und auf das Wasser einwirkenden Kräfte, die Hydrodynamik die Lehre von der Bewegung des Wassers und den dabei wirksamen Kräften ist. Im Folgenden werden nur die für das Wasserversorgungswesen wesentlichen Grundlagen und Berechnungsverfahren behandelt, im übrigen wird auf die Spezialliteratur verwiesen. Die Berechnungsaufgaben und -verfahren für die Strömung des Grundwassers, Geohydraulik, als Grundlage für die Planung und den Bau von Grundwassererschließungen sind in Abschn. 3.1 enthalten, die physikalischen, chemischen Eigenschaften des Wassers im Abschn. 4.1.

Für die hydraulischen Berechnungen werden allgemein Vereinfachungen verwendet, die für die meisten Fälle ausreichende Genauigkeit ergeben, dies sind:

1. Das Wasser ist nicht zusammendrückbar. Das geringe Maß der Zusammendrückbarkeit von 0,05 v. T. bei Druckänderung um 1 bar ist jedoch bei der Berechnung von Druckstößen nicht zu vernachlässigen.
2. Die Wassertemperatur ist konstant, meist mit 10 oder 15 °C angenommen. In besonderen Fällen muß die durch die Temperatur bedingte Änderung der Zähigkeit für das Fließen des Wassers berücksichtigt werden.

3. Das Wasser ist reibungsfrei.
4. Dampfbildung und Oberflächenspannung sind nicht vorhanden. Diese Kräfte sind bei der Kavitation im Bereich sehr geringen Druckes vorhanden.
5. Die Berechnungen für Standorte in Meereshöhe und 1013 mbar (1013 hPa) Luftdruck werden für alle europäischen Verhältnisse als gültig angesehen.

7.3.2 Hydrostatische Berechnungen

7.3.2.1 Hydrostatischer Druck

Der Wasserdruck p_W von Wasser, als idealer reibungsfreier Flüssigkeit, ist an jedem beliebigen Ort ortsbedingt und reibungslos. Er beträgt in h m Tiefe:

$$p_W = g \cdot \varrho \cdot h \ (\text{KN/m}^2)$$

$g = 9{,}81 \cong 10\ \text{m/s}^2$, Dichte des Wassers $\varrho = 1000\ \text{kg/m}^3$, h = m Tiefe
Der früher übliche Begriff γ = Wichte mit $\gamma = g \cdot \varphi$ ist keine gesetzliche Einheit mehr. Somit ist:

$$p_W = 10 \cdot 1000 \cdot h\ (\text{kg/ms}^2)\text{, da } 1\ \text{bar} = 10^5\ (\text{kg/ms}^2),\ p_W = 0{,}1\ h\ (\text{bar}).$$

Die Wassersäule von 1 m Höhe erzeugt in h m Tiefe den Wasserdruck p_W = 0,1 bar oder eine Druckhöhe von h m, der Druck nimmt mit der Tiefe linear zu, die Druckverteilungsfläche ist ein Dreieck, **Abb. 7-84.**

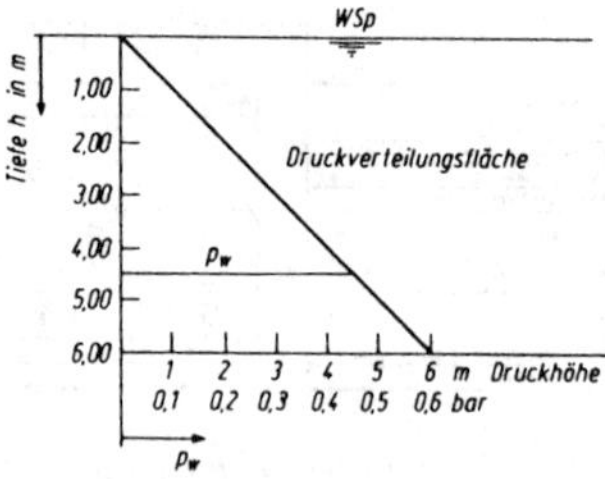

Abb. 7–84: Druckverteilung des hydrostatischen Druckes p_W

Beispiel: Wasserdruck in 5 m Tiefe
$p_W = 0{,}1 \cdot 5 = 0{,}5$ bar, oder 5 m Wassersäule (WS) = 5 m Druckhöhe.
Im Wasserversorgungswesen ist es üblich, die Berechnung des hydrostatischen Druckes und der hydrostatischen Druckkraft mit 1 bar = 1 da N/cm², die Berechnung von Druckhöhen und Druckhöhenverlusten in Rohrleitungen jedoch mit h m Druckhöhe durchzuführen.

7.3.2.2 Hydrostatische Druckkraft

Die auf ein Flächenelement dA in h m Tiefe unter dem WSp wirkende Druckkraft W ist normal, d. i. senkrecht, auf das Flächenelement gerichtet und beträgt:

$$W\ (\text{daN}) = p_W\ (\text{daN/cm}^2) \cdot dA\ (\text{cm}^2).$$

Beispiel 1: Wasserdruckkraft W auf eine horizontale Fläche $A = 1\ \text{m}^2 = 10\,000\ \text{cm}^2$ in 5 m Tiefe:
$p_W = 0{,}1 \cdot 5{,}0 = 0{,}5\ \text{bar} = 0{,}5\ \text{daN/cm}^2$
$W = 0{,}5\ (\text{daN/cm}^2) \cdot 10\,000\ (\text{cm}^2) = 5000\ \text{daN} = 50\,000\ \text{N} = 50\ \text{kN}$
Beispiel 2: Wasserdruckkraft W auf eine unter 45 ° geneigte Fläche A mit L = 7,07 m, B = 1,00 m, Fußpunkt 5 m unter WSp, **Abb. 7-85**
Wasserdruck in 5 m Tiefe: $p_W = 0{,}1 \cdot 5 = 0{,}5$ bar
Gesamte Wasserdruckkraft $W = 0{,}5 \cdot p_W \cdot A = 0{,}5 \cdot 0{,}5 \cdot 7{,}07 \cdot 1{,}00 \cdot 10\,000 = 177$ kN
Die Resultierende der Wasserdruckkraft W_R hat einen Abstand vom unteren Ende der Fläche von $^1/_3$ = 2,36 m. W_R kann in eine horizontale und eine vertikale Komponente zerlegt werden:
$W_R\ (\text{hor})\ 0{,}5 \cdot p_W \cdot L_{vert} = 0{,}5 \cdot 0{,}5 \cdot 5{,}00 \cdot 1{,}00 \cdot 10\,000 = 125\ \text{kN}$
$W_R\ (\text{vert})\ 0{,}5 \cdot p_W \cdot L_{hor} = 0{,}5 \cdot 0{,}5 \cdot 5{,}00 \cdot 1{,}00 \cdot 10\,000 = 125\ \text{kN}$
$\text{ges } W_R = \sqrt{W_{R(hor)^2} + W_{R(vert)^2}} = \sqrt{125^2 + 125^2} = 177\ \text{kN}$

7.3.2.3 Auftrieb

Die Berechnung der Auftriebskraft ist im Wasserbau häufig erforderlich, z. B. Schacht im Grundwasser, leere Rohrleitungen in einem mit Wasser gefüllten Rohrgraben u. a. Für den Auftrieb eines festen Körpers im Wasser sind nur die vertikalen Druckkräfte wirksam, denn die Summe der horizontalen Kräfte ist i. a. gleich Null. Die Auftriebskraft W_A wird errechnet aus:
W_A = Summe der nach oben gerichteten Wasserdruckkräfte abzüglich der Summe der nach unten gerichteten Wasserdruckkräfte.
Der Auftrieb ist dann: Auftriebskraft abzüglich Lastkraft. Der Auftrieb ist positiv, wenn nach oben gerichtet, negativ, wenn nach unten gerichtet.
Mit den früheren Bezeichnungen lautet die Gleichung: Die Größe des Auftriebs = Gewicht der vom eingetauchten Körper verdrängten Flüssigkeit – Prinzip des Archimedes.
Die Auftriebskraft ist nach oben durch den Schwerpunkt der Verdrängung gerichtet, die Lastkraft des eingetauchten Körpers nach unten durch den Schwerpunkt des Körpers.
Beispiel 3: eintauchender Körper, Masse 10 000 kg, Breite B = 2 m, Länge L= 3 m, Eintauchtiefe 2 m, **Abb. 7-86**
Wasserdruck in Sohlentiefe: $p_W = 0{,}1 \times 2{,}00 = 0{,}2$ bar
Wasserdruckkraft auf Sohle des Körpers: $W_A = p_W \cdot A$, nach oben gerichtet
$W_A = 0{,}2 \cdot 2{,}0 \cdot 3{,}0 \cdot 10\,000 = 12\,000$ daN = 120 kN

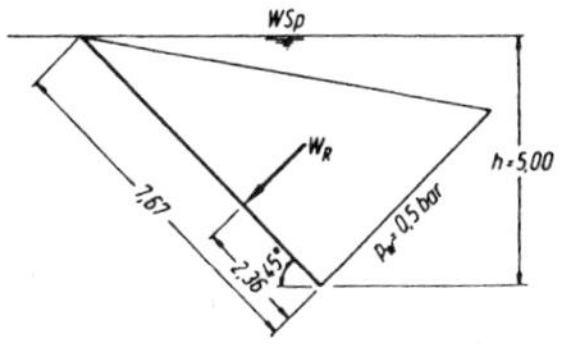

Abb. 7-85: Wasserdruckkraft W auf eine geneigte Fläche

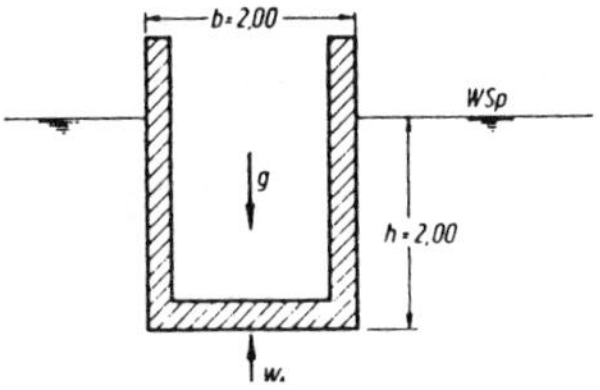

Abb. 7-86: Auftrieb eines eingetauchten Körpers

Lastkraft nach unten gerichtet: $G = g \cdot 10\,000 = 100\,000\ \mathrm{mkg/s^2} = 100$ kN
Auftrieb = $W_A - G = 120 - 100 = 20$ kN, positiv daher nach oben gerichtet.
Der Körper wird bei dieser Eintauchtiefe nach oben gedrückt. Wenn er in der ursprünglichen Lage bleiben soll, muß die Lastkraft um 20 kN erhöht werden, d. h. die Masse um 20 kN/g = 2000 kg.

7.3.3 Hydrodynamische Berechnungen

7.3.3.1 Grundlagen

7.3.3.1.1 Bewegungsarten des Wassers

Die Bewegung des Wassers ist i. a. räumlich dreidimensional und zeitabhängig. Die Bahn eines Flüssigkeitsteilchens wird als Stromlinie bezeichnet. Für die Berechnungen sind Vereinfachungen notwendig und üblich, welche durch Beiwerte in den Berechnungsverfahren berücksichtigt werden. Nach DIN 4044 werden folgende Bewegungsarten unterschieden:
1) Fließen – das Wasser bewegt sich laminar oder turbulent auf fester Sohle innerhalb fester Wandungen.
1.1 Laminares Fließen – die Stromlinien verlaufen parallel, es findet keine Durchmischung statt. Diese Bewegungsart ist nur bei sehr kleinen Fließgeschwindigkeiten vorhanden.
1.2 Turbulentes Fließen – die Stromlinien verlaufen unregelmäßig und durchsetzen sich, es findet eine Durchmischung statt. Dies ist die übliche Bewegungsart des Wassers.

1.3 Stationär gleichförmiges Fließen – die Geschwindigkeit ist im betrachteten Strömungsgebiet über die betrachtete Zeit gleich groß, z. B. Durchfluß durch ein Rohr mit gleichbleibendem Durchmesser bei gleichbleibender Druckhöhe am Rohranfang und Rohrende.
1.4 Stationär ungleichförmiges Fließen – die Geschwindigkeit im betrachteten Strömungsgebiet ist an verschiedenen Stellen verschieden, dort aber immer gleich groß, z. B. Durchfluß durch ein Rohr mit veränderlichem Querschnitt, aber bei gleichbleibender Druckhöhe am Rohranfang und Rohrende.
1.5 Instationäres Fließen – die Geschwindigkeit im betrachteten Strömungsgebiet ist an verschiedenen Stellen verschieden und dort auch nicht gleichbleibend, z. B. Abfluß aus einem Behälter durch eine Rohrleitung bei Veränderung der Druckhöhe infolge Schwankungen der Entnahme.
2) Stürzen – das Wasser bewegt sich im gas-luftgefüllten Raum, z. B. Wasserfall, freier Überfall über Wehr.

7.3.3.1.2 Geschwindigkeitsverteilung

Die Fließgeschwindigkeit ist im gesamten Querschnitt nicht gleich groß, sie steigt von Null im mehr oder weniger großen Grenzbereich an den Rändern auf einen Größtwert in der Hauptströmung. In der Praxis wird i. a. mit der mittleren Fließgeschwindigkeit gerechnet, d. h. $v = v_m$. Das Verhältnis v_m/v_{max} beträgt:
1. Freispiegelgerinne: $v_m/v_{max} = 0{,}50 - 0{,}90$.
Je größer die Rauhigkeit der Wände und je größer der hydraulische Radius ist, um so kleiner ist das Verhältnis.
2. Druckrohrleitungen: bei laminarem Fließen ist $v_m/v_{max} = 0{,}5$, bei turbulentem Fließen $v_m/v_{max} = 0{,}8$
Geschwindigkeitsverteilung siehe **Abb. 7-87.**

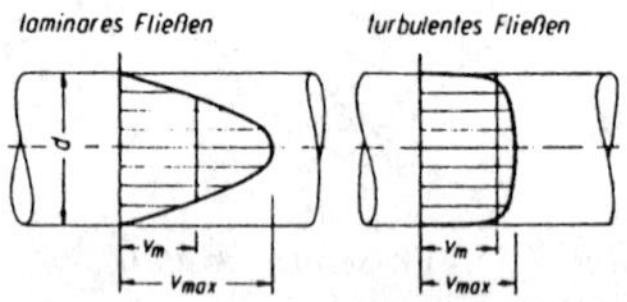

Abb. 7-87: Geschwindigkeitsverteilung in einer Druckrohrleitung

7.3.3.1.3 Reynolds'sche Zahl

Geschwindigkeit, Größe und Form des Durchflußquerschnitts bestimmen die Grenze von laminarem zu turbulentem Fließen, ferner im glatten und im Übergangsbereich vom hydraulisch glatten zum rauhen Bereich auch den Druckhöhenverlust des Fließens. Die Auswirkung der 3 Faktoren ist in der dimensionslosen Reynolds Zahl R_e zusammengefaßt:

$$R_e = v \cdot R/\upsilon, \text{ wobei } R = A/U$$

mit: v = Geschwindigkeit m/s, R = hydraulischer Radius m, A = Durchflußquerschnitt m^2, U = benetzter Umfang m, υ kinematische Zähigkeit m^2/s
Beim Kreisquerschnitt wird für R = D gesetzt, so daß $R_e = v \cdot D/\upsilon$
In Freispiegelgerinnen ist bei den in der Natur vorkommenden Rauhigkeiten der Wände und Sohle und bei den Reynolds Zahlen immer turbulentes Fließen vorhanden. Bei Rohrleitungen liegt die untere Grenze zwischen laminarem und turbulentem Fließen bei den kritischen Reynolds Zahlen von

$$R_e\,(\text{krit}) = v \cdot D/\upsilon = 2320$$

Beispiel 4: DN 300, v (krit) = $2320 \cdot 1{,}14 \cdot 10^{-6}/0{,}3 = 0{,}01$ m/s (t = 10 °)
Nach dem dynamischen Ähnlichkeitsgesetz gilt ferner:
$v_1 \cdot D_1/\upsilon_1 = v_2 \cdot D_2/\upsilon_2$.
Hiermit lassen sich die Strömungsverhältnisse bei anderer Zähigkeit, z. B. anderer Temperatur, berechnen.

7.3.3.1.4 Kontinuitätsgleichung

Für das stationäre Fließen gilt die Kontinuität, d. h. durch jeden Querschnitt des Strömungsgebiets fließt in der Zeiteinheit die gleiche Wassermenge.

$$Q_1 = v_1 \cdot A_1 = Q_2 = v_2 \cdot A_2 \text{ m}^3/\text{s}$$

7.3.3.1.5 Gleichung der Erhaltung der Energie

Der um den Druckhöhenverlust erweiterte Energiesatz – Bernoullische Gleichung – lautet für die ideale, reibungslose Flüssigkeit (Wasser):

$$z + p_W/g \cdot \rho + v^2/2\,g + h_v = \text{konst.}$$

z = Höhe über Nullinie, $p_W/g \cdot \rho$ = Druckhöhe, $v^2/2\,g$ = Geschwindigkeitshöhe, h_v = Druckverlust m, **Abb. 7-88.**

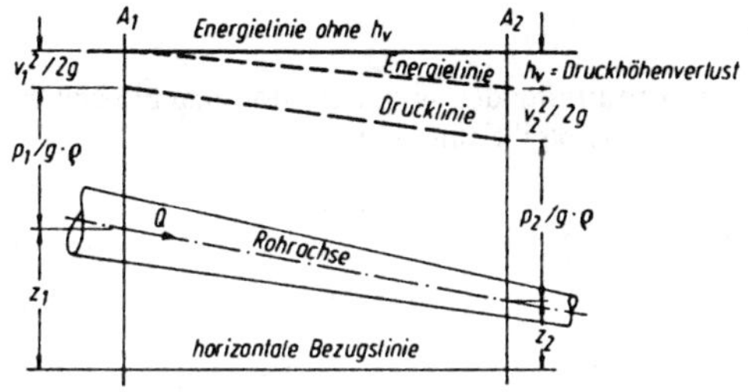

Abb. 7-88: Energielinie und Drucklinie für eine Druckrohrleitung nach dem Energiesatz

Für die Berechnung der Druckhöhen in einem Rohrnetz wird i. a. von NN als Bezugslinie ausgegangen, nur Druckhöhe und Druckhöhenverlust werden berücksichtigt, jedoch nicht die sehr kleine Geschwindigkeitshöhe $v^2/2\,g$. Bei der Berechnung des Druckhöhenverlustes in Leitungen mit geringen Druckhöhen, z. B. Pumpensaugleitungen, Leitungen in Aufbereitungsanlagen u. a. ist jedoch die Geschwindigkeitshöhe wichtig, da hieraus die Druckhöhenverluste in Formstücken und Armaturen berechnet werden.

7.3.3.1.6 Allgemein gültige Geschwindigkeitsformel

Grundlage für die Berechnung der Fließgeschwindigkeit, bzw. des Druckhöhenverlustes h_v von Wasser in Freispiegelgerinnen und in Druckrohrleitungen ist die Gleichung von Brahms – de Chezy:

$$v = C \cdot R^{0,5} \cdot J^{0,5}$$

C = Beiwert, R = hydraulischer Radius, J = Druckhöhengefälle

7.3.3.2 Druckhöhenverlust in Freispiegelgerinnen

Für die Geschwindigkeitsformel von Chezy haben Ganguillet und Kutter eine Formel zur Berechnung des Beiwertes C aufgestellt. In der Praxis wird heute meist mit der sehr brauchbaren Formel von Manning – Gauckler – Strickler (Schweiz) gerechnet:

$$v = k_{st} \cdot R^{2/3} \cdot J^{1/2}$$

v = mittlere Geschwindigkeit = Q/A, k_{St} = Rauhigkeitsbeiwert Strickler nach **Tab. 7-21,** R = hydraulischer Radius = A/U, J = Druckhöhengefälle = h_v/l, Q = Volumenstrom = Durchfluß, A = Durchflußquerschnitt, U = benetzter Umfang.

Tab. 7-21: Rauhigkeitsbeiwert k_{St} für verschiedene Wandrauhigkeiten nach Strickler

Wandbeschaffenheit	k_{St}	Wandbeschaffenheit	k_{St}
Fels sehr grob	15–20	verwilderter Fluß mit Geschiebe	25
Fels, mittel	20–28	Fluß mit grobem Schotter	28
kopfgroße Steine	25–30	Fluß mit Geschiebe u. Wasserpflanzen	36
Kies, grob, 50–150 mm	35	Rhein bei Basel	28–35
Kies, mittel, 20–60 mm	40	Rhein in Holland	35–40
Kies, fein, 10–30 mm	45		
Bruchsteinmauerwerk	60		
Beton	60		
geglätteter Beton	90		
Zement-Glattstrich	100		

7.3.3.3 Druckhöhenverlust in geraden Druckrohrleitungen

7.3.3.3.1 Formel Darcy-Weisbach

1) Druckhöhenverlust – wird mit der physikalisch einwandfreien Formel von Darey-Weisbach berechnet:

$$h_v = \lambda \cdot L/D \cdot v^2/2\,g$$

2) Widerstandszahl λ – die Schwierigkeit liegt in der Ermittlung der dimensionslosen Widerstandszahl λ, für die es je nach Wandrauhigkeit verschiedene Formeln gibt, und zwar:
hydraulisch glatt: Formel Prandtl-Kármán

$$1/\sqrt{\lambda} = 2 \cdot \lg\,(R_e \cdot \sqrt{\lambda}/2{,}51)$$

hydraulisch rauh: Formel Prandtl-Kármán

$$1/\sqrt{\lambda} = 2 \cdot \lg\,(3{,}71 \cdot D/k)$$

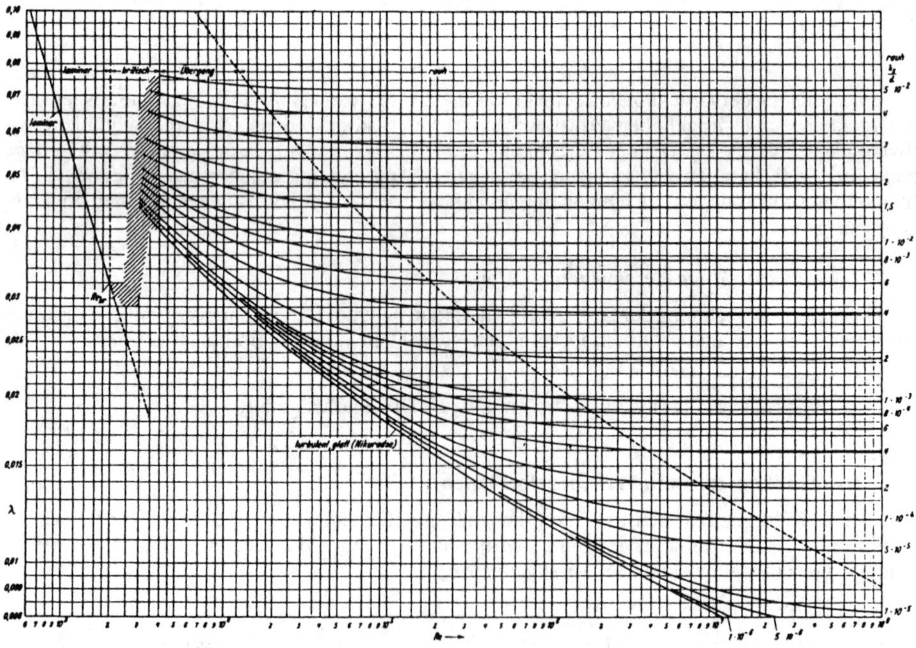

Abb. 7-89: Reibungsziffern λ von Rohren in Abhängigkeit von der Rauhigkeit k der Rohrwand und der Reynolds Zahl R_e nach Moody

Übergangsbereich: Formel Colebrook und White

$$1/\sqrt{\lambda} = -2 \cdot \lg(2{,}51/R_e \cdot \sqrt{\lambda}) + k/(3{,}71 \cdot D)).$$

R_e = Reynolds Zahl, D (m) = lichter Rohrdurchmesser, k (m) = wirksame Wandrauhigkeit. In **Abb. 7-89** ist das Diagramm nach Moody, Widerstandszahl λ in Abhängigkeit von der Wandrauhigkeit k und der Reynolds Zahl dargestellt.

3) Colebrook-Formel

Da die Colebrook-Formel die Grenzen des Übergangsbereichs zum glatten und rauhen Bereich mit erfaßt, wird allgemein für die Berechnung des Druckhöhenverlustes in Druckrohrleitungen diese Formel verwendet. Der Wert λ ist in der Gleichung implizit vorhanden,
so daß die Berechnung umständlich ist, es wird iterativ an den wirklichen Wert herangerechnet. Durch den Einsatz von PCs und den von verschiedenen Software-Herstellern angebotenen Programmen ist die Lösung jedoch einfach.

4) Rauhigkeitswert k – streng genommen ist der Beiwert k nur abhängig von der Beschaffenheit der Rohrwand. Für neue Rohre in geraden Leitungen hat der technische Ausschuß der IWSA 1955 die in **Tab. 7-22** enthaltenen Werte für k empfohlen.

Tab. 7-22: Rauhigkeitswert k für gerade Rohre ohne Formstücke und Armaturen nach dem Techn. Ausschuß des 3. Internationalen Wasserkongresses London 1955

Rohrmaterial	k mm	Rohrmaterial	k mm
unisoliertes Gußrohr	0,25	geschleuderte Zementisol.	0,01
isoliertes Gußrohr	0,125	geschleuderte Bitumenisol.	0,01
isoliertes Schleudergußrohr	0,05	Kunststoffrohr PVC, PE	0,01
verzinktes Stahlrohr	0,125	Spannbetonrohr	0,25–0,04
schmiedeeisernes Stahlrohr	0,05	Rohre mit Zementnachisolierung	0,5
isoliertes Stahlrohr	0,05		
unisoliertes Stahlrohr	0,04		
unisoliertes AZ-Rohr	0,025		
isoliertes AZ-Rohr	0,01		

In der Praxis werden bei der Berechnung des Druckhöhenverlustes i. a. die zusätzlichen Druckhöhenverluste aus Formstücken und Armaturen und auch aus unvermeidbaren Ablagerungen in den Rohren durch einen höheren k-Wert mit berücksichtigt. Der DVGW hat im Arbeitsblatt W 302 für Wasser mit 10 °C folgende k-Werte empfohlen:

Zubringer- und Hauptleitungen aus GGG u. Stahl, ohne ZM	$k = 0{,}1 \cdot 10^{-3}$ m
Versorgungsleitungen aus GGG u. St,	$k = 0{,}4 \cdot 10^{-3}$
Leitungen aus Kunststoff und AZ	$k = 0{,}1 \cdot 10^{-3}$

5) Tabellen der Druckverlusthöhen nach Prandtl-Colebrook – im Auftrag des Bayer. Landesamtes für Wasserwirtschaft (LfW) hat *Bazan* Tabellen über die Druckverluste in Rohrleitungen aufgestellt. Grundlage bilden die Colebrook-Gleichung, die wirklichen lichten Durchmesser von neuen Rohren unter Berücksichtigung allenfallsiger Auskleidungen und folgende k-Werte:

	Zubringer- und Hauptleitungen	**Versorgungsleitungen**
PVC, PE	$k = 0{,}01 \cdot 10^{-3}$ m	$k = 0{,}04 \cdot 10^{-3}$
AZ	$k = 0{,}05 \cdot 10^{-3}$	
St, GG, GGG, mit Bit, oder ZM	$k = 0{,}1 \cdot 10^{-3}$	$k = 0{,}4 \cdot 10^{-3}$
SpB	$k = 0{,}1 \cdot 10^{-3}$	

In **Tab. 7-23 (1 bis 20)** sind die LfW-Tabellen z. T. etwas gekürzt angegeben.

Druckverlust-Tabellen für Anschluß- und Verbrauchsleitungen der DN 10 bis DN 50 sind in Abschn. 7.3.7 aufgeführt.

6) Colebrook-Kurzformel nach Kottmann – bei großen Strömungsgeschwindigkeiten und damit großem R_e wird in der genauen Formel das 1. Glied der Klammer: $2{,}51 / (R_e \cdot \sqrt{\lambda})$ gegen 0.
Etwaige Ungenauigkeiten durch Entfall dieser Klammer werden durch einen sich ergebenden höheren k-Wert ausgeglichen. Damit ergibt sich die einfachere Colebrook-Kurzformel für λ bzw. Q:
$\lambda = 1 / (2 \cdot \lg(D/k) + 1{,}14)^2$.

und aus $h_v = \lambda \cdot L/D \cdot v^2/2\,g$ wird:
$h_v = \lambda \cdot 0{,}0826 \cdot L/D^5 \cdot Q^2$, oder $Q^2 = h_2 / \lambda \cdot 0{,}0826 \cdot L/D^5$
Beispiel: DN 300, L= 1000 m, Q = 0,070 m^3/s,
Die Kurzformel ergibt für k = 0,1 mm h_v = 2,54 m, für k = 0,2 mm h_v = 2,97 m.
Die genaue Formel ergibt nach **Tab. 7-23/14** für k = 0,1 mm h_v = 2,94 m.

Tab. 7-23/1: DN 25, A = 0,049 dm²

Q [l/s]	J_V [m/km] PE-HD 32 · 2,9 D = 26,2 k = 0,01	PVC 32 · 1,8 D = 28,4 k = 0,01	St 32 · 2,9 D = 26,2 k = 0,1	v [m/s] für D = DN
0,10	2,76	1,88	2,97	0,20
0,15	5,55	3,79	6,12	0,31
0,20	9,09	6,20	10,2	0,41
0,25	13,5	9,15	15,4	0,51
0,30	18,4	12,6	21,4	0,61
0,35	24,2	16,5	28,5	0,71
0,40	30,6	20,8	36,4	0,81
0,45	37,7	25,6	45,4	0,92
0,50	45,4	30,8	55,3	1,02
0,60	62,8	42,6	77,9	1,22
0,70	82,7	56,1	104	1,42
0,80	105	71,2	135	1,63
0,90	130	87,9	168	1,83
1,00	157	106	206	2,04
1,2	218	148	293	2,44
1,4	289	195	394	2,85

Tab. 7-23/2: DN 32, A = 0,080 dm²

Q [l/s]	J_V [m/km] PE-HD 40 · 3,6 D = 32,8 k = 0,01	PVC 40 · 2 D = 36,6 k = 0,01	St 42,4 · 3,25 D = 35,9 k = 0,1	v [m/s] für D = DN
0,20	3,13	2,02	2,20	0,25
0,25	4,61	2,96	3,26	0,31
0,30	6,33	4,06	4,52	0,37
0,35	8,28	5,31	5,97	0,44
0,40	10,5	6,71	7,61	0,50
0,45	12,9	8,25	9,43	0,56
0,50	15,5	9,92	11,5	0,62
0,60	21,4	13,7	16,0	0,75
0,70	28,1	18,0	21,3	0,87
0,80	35,6	22,8	27,3	1,00
0,90	43,9	28,0	34,0	1,12
1,00	53,0	33,8	41,5	1,24
1,2	73,5	46,9	58,5	1,49
1,4	97,0	61,8	78,4	1,74
1,6	123	78,6	101	1,99
1,8	153	97,2	127	2,23
2,0	185	118	155	2,49
2,2	220	140	187	2,73
2,4	258	164	221	2,98

Tab. 7-23/3: DN 40, A = 0,126 dm²

Q [l/s]	J_V [m/km] PE-HD 50 · 4,5 D = 41 k = 0,01	PVC 50 · 2,4 D = 45,2 k = 0,01	AZ D = DN k = 0,05	St 48,3 · 3,25 D = 41,8 k = 0,1	v [m/s] für D = DN
0,25	1,64	1,04	1,92	1,61	0,20
0,50	5,34	3,35	6,51	5,40	0,40
0,75	10,9	6,85	13,5	11,4	0,60
1,00	18,1	11,4	22,0	19,3	0,79
1,2	25,1	15,7	31,2	27,1	0,95
1,4	33,0	20,6	41,0	36,3	1,11
1,6	41,9	26,2	52,5	46,7	1,27
1,8	51,8	32,4	65,4	58,3	1,43
2,0	62,6	39,1	79,7	71,3	1,59
2,5	93,8	58,4	120	109	1,99
3,0	131	81,3	167	155	2,39

Tab. 7-23/4: DN 50, A = 0,196 dm²

Q [l/s]	J_V [m/km] PE-HD 63 · 5,7 D = 51,6 k = 0,01	PVC 63 · 3 D = 57 k = 0,01	AZ D = DN k = 0,05	St is 60,3 · 2,3 D = 51,7 k = 0,1	v [m/s] für D = DN
0,5	1,79	1,12	2,15	1,91	0,26
0,6	2,46	1,53	2,97	2,65	0,31
0,7	3,22	2,00	3,92	3,50	0,36
0,8	4,07	2,53	4,97	4,46	0,41
0,9	5,00	3,11	6,14	5,52	0,46
1,0	6,02	3,74	7,43	6,70	0,51
1,2	8,31	5,16	10,3	9,37	0,61
1,4	10,9	6,78	13,7	12,5	0,71
1,6	13,9	8,60	17,5	16,0	0,81
1,8	17,1	10,6	21,7	20,0	0,92
2,0	20,6	12,8	26,3	24,3	1,02
2,5	30,9	19,1	39,9	37,1	1,28
3,0	42,8	26,5	56,0	54,2	1,53
3,5	56,6	35,0	74,8	70,5	1,79
4,0	72,0	44,5	96,2	91,0	2,04
4,5	89,3	55,1	120	114	2,30
5,0	108	66,7	147	140	2,55

Tab. 7-23/5: DN 65, A = 0,332 dm²

Q [l/s]	J_V [m/km] PE-HD 75 · 6,8 D = 61,4 k = 0,01	PVC 75 · 3,6 D = 67,8 k = 0,01	AZ D = DN k = 0,05	St is 76,1 · 2,6 D = 66,9 k = 0,1	v [m/s] für D = DN
0,5	0,78	0,49	0,61	0,55	0,15
0,6	1,08	0,67	0,84	0,76	0,18
0,7	1,41	0,88	1,11	1,00	0,21
0,8	1,78	1,11	1,40	1,26	0,24
0,9	2,18	1,36	1,73	1,56	0,27
1,0	2,63	1,64	2,08	1,89	0,30
1,2	3,62	2,26	2,88	2,63	0,36
1,4	4,75	2,96	3,80	3,48	0,42
1,6	6,02	3,75	4,84	4,44	0,48
1,8	7,42	4,61	5,98	5,52	0,54
2,0	8,95	5,56	7,25	6,70	0,60
2,5	13,4	8,28	10,9	10,2	0,75
3,0	18,5	11,5	15,2	14,3	0,90
3,5	24,4	15,5	20,3	19,1	1,05
4,0	31,0	19,2	25,9	24,5	1,21
4,5	38,4	23,8	32,9	30,7	1,36
5,0	46,5	28,7	39,3	37,5	1,51
5,5	55,2	34,2	47,0	45,0	1,66
6,0	64,7	40,0	55,4	53,2	1,81
8,0	110	67,5	95,5	92,5	2,41
9,0	136	83,8	120	116	2,71

Tab. 7-23/6: DN 80, A = 0,503 dm²

Q [l/s]	PVC 90 · 4,3 D = 81,4 k = 0,01	AZ D = DN k = 0,05	J_V [m/km] GG D = DN k = 0,1	GGG 98 · 6 D = 86 k = 0,1	St is 88,9 · 2,9 D = 79,1 k = 0,1	D = DN k = 0,4	v [m/s] für D = DN
0,7	0,38	0,41	0,42	0,34	0,42	0,46	0,14
0,8	0,47	0,52	0,53	0,38	0,56	0,59	0,16
0,9	0,57	0,64	0,66	0,46	0,69	0,74	0,18
1,0	0,69	0,77	0,79	0,56	0,84	0,90	0,20
1,2	0,94	1,06	1,10	0,77	1,16	1,25	0,24
1,4	1,24	1,39	1,45	1,02	1,53	1,62	0,28
1,6	1,56	1,77	1,84	1,29	1,95	2,10	0,32
1,8	1,93	2,18	2,28	1,60	2,42	2,62	0,36
2,0	2,32	2,64	2,77	1,94	2,93	3,25	0,40
2,5	3,45	3,95	4,18	2,94	4,42	4,88	0,50
3,0	4,76	5,49	5,84	4,08	6,18	7,30	0,60
3,5	6,27	7,28	7,78	5,43	8,23	10,0	0,70
4,0	7,96	9,30	9,99	6,96	10,6	12,8	0,80
4,5	9,83	11,5	12,5	8,67	13,2	16,0	0,90
5,0	11,9	14,0	15,2	10,6	16,1	19,8	0,99
5,5	14,1	16,7	18,2	12,7	19,3	23,5	1,09
6,0	16,5	19,7	21,5	14,9	22,7	28,3	1,19
6,5	19,1	22,9	25,0	17,4	26,5	32,6	1,29
7,0	21,8	26,2	28,8	20,0	30,5	38,5	1,39
7,5	24,7	29,9	32,8	22,8	34,8	42,5	1,49
8,0	27,8	33,7	37,2	25,8	39,4	49,5	1,59
8,5	31,2	37,8	41,7	28,9	44,2	54,5	1,69
9,0	34,4	42,1	46,6	32,2	49,3	62,0	1,79
9,5	38,0	46,6	51,7	35,8	54,8	68,5	1,89
10	41,7	51,3	57,0	39,5	60,4	77,0	1,99
11	49,6	61,5	68,6	47,4	72,6	93,0	2,19
12	58,2	72,5	81,1	56,0	86,0	110	2,39
13	67,4	84,5	94,7	65,4	100	127	2,59
14	77,2	97,3	109	75,5	116	145	2,79

GGG mit ZM (D = 76 mm), J_V = rd:
bei k = 0,1: Werte der Spalte GGG mit 1,85 vervielfachen
bei k = 0,4: Werte der Spalte GGG mit 2,50 vervielfachen

Tab. 7-23/7: DN 100, A = 0,785 dm²

Q [l/s]	PVC 110 · 5,3 D = 99,4 k = 0,01	AZ D = DN k = 0,05	J_V [m/km] GG D = DN k = 0,1	GGG 118 · 6,1 D = 105,8 k = 0,1	St is 114,3 · 3,2 D = 103,9 k = 0,1	D = DN k = 0,4	v [m/s] für D = DN
1,0	0,27	0,26	0,27	0,21	0,22	0,30	0,13
1,2	0,37	0,36	0,37	0,28	0,31	0,43	0,15
1,4	0,48	0,48	0,49	0,37	0,41	0,57	0,18
1,6	0,60	0,60	0,62	0,47	0,52	0,72	0,20
1,8	0,74	0,74	0,77	0,59	0,64	0,91	0,23
2,0	0,89	0,90	0,93	0,71	0,77	1,08	0,26
2,5	1,36	1,33	1,43	1,09	1,19	1,68	0,32
3,0	1,83	1,85	1,94	1,47	1,61	2,32	0,38
3,5	2,41	2,45	2,57	1,95	2,13	3,23	0,45
4,0	3,05	3,12	3,29	2,49	2,73	4,00	0,51
4,5	3,76	3,86	4,09	3,10	3,39	5,10	0,57
5,0	4,54	4,68	4,98	3,76	4,12	6,20	0,64
5,5	5,39	5,57	5,95	4,49	4,92	7,52	0,70
6,0	6,30	6,54	7,00	5,28	5,78	9,01	0,76
6,5	7,27	7,58	8,13	6,13	6,72	10,5	0,83
7,0	8,31	8,69	9,35	7,05	7,72	12,0	0,89
7,5	9,41	9,87	10,7	8,02	8,78	13,8	0,96
8,0	10,6	11,1	12,0	9,05	9,92	15,5	1,02
8,5	11,8	12,5	13,5	10,2	11,1	17,4	1,08
9,0	13,1	13,9	15,0	11,3	12,4	19,6	1,15
9,5	14,4	15,3	16,7	12,5	13,7	21,6	1,21
10	15,8	16,9	18,4	13,8	15,1	24,5	1,27
11	18,8	20,1	22,0	16,6	18,1	29,7	1,40
12	22,0	23,7	26,0	19,6	21,4	35,2	1,53
13	25,5	27,6	30,3	22,8	25,0	41,1	1,66
14	29,2	31,7	35,0	26,3	28,8	47,3	1,78
16	37,2	40,8	45,2	33,9	37,2	61,0	2,04
18	46,2	51,0	56,7	42,6	46,7	77,1	2,29
20	56,1	62,3	69,6	52,2	57,2	95,0	2,55
22	66,8	74,8	83,7	62,7	68,8	115	2,80

GGG mit ZM (D = 95,8 mm), J_V = rd:
bei k = 0,1: Werte der Spalte GGG mit 1,65 vervielfachen
bei k = 0,4: Werte der Spalte GGG mit 2,10 vervielfachen
St mit ZM (D = 99,9), k = 0,05, J_V = rd. Spalte AZ

Tab. 7-23/8: DN 125, A = 1,227 dm²

Q [l/s]	PVC 140 · 6,7 D = 126,6 k = 0,01	AZ D = DN k = 0,05	J_V [m/km] GG D = DN k = 0,1	GGG 144 · 6,2 D = 131,6 k = 0,1	St is 139,7 · 3,6 D = 128,5 k = 0,1	D = DN k = 0,4	v [m/s] für D = DN
2,0	0,28	0,31	0,32	0,25	0,28	0,36	0,16
2,5	0,42	0,46	0,47	0,37	0,41	0,54	0,20
3,0	0,58	0,63	0,65	0,51	0,57	0,77	0,25
3,5	0,76	0,83	0,86	0,67	0,75	1,02	0,29
4,0	0,96	1,06	1,10	0,85	0,96	1,32	0,33
4,5	1,18	1,30	1,36	1,06	1,19	1,64	0,37
5	1,42	1,58	1,65	1,28	1,44	2,02	0,41
6	1,97	2,20	2,31	1,79	2,02	2,82	0,49
7	2,60	2,91	3,07	2,38	2,68	3,80	0,57
8	3,30	3,71	3,94	3,05	3,43	4,91	0,65
9	4,07	4,61	4,91	3,80	4,28	6,18	0,73
10	4,92	5,59	5,98	4,63	5,21	7,70	0,82
12	6,84	7,84	8,43	6,51	7,34	10,8	0,98
14	9,04	10,4	11,3	8,72	9,82	14,6	1,14
16	11,5	13,4	14,6	11,2	12,7	19,0	1,30
18	14,3	16,7	18,2	14,1	15,9	23,6	1,47
20	17,3	20,4	22,3	17,2	19,4	29,6	1,63
22	20,6	24,4	26,8	20,6	23,3	34,8	1,79
24	24,1	28,7	31,7	24,4	27,5	41,2	1,96
26	27,9	33,4	37,0	28,4	32,1	47,9	2,12
28	32,0	38,5	42,6	32,8	37,0	55,2	2,28
30	36,3	43,9	48,7	37,5	42,3	65,0	2,45
32	40,9	49,6	55,2	42,5	48,0	73,4	2,61
35	48,3	59,0	65,8	50,6	57,1	87,5	2,85

GGG mit ZM (D = 121,6 mm), J_V = rd.:
bei k = 0,1: Werte der Spalte GGG mit 1,48 vervielfachen
bei k = 0,4: Werte der Spalte GGG mit 1,95 vervielfachen
St mit ZM (D = 124,5), k = 0,05, J_V = rd. Spalte AZ

Tab. 7-23/9: DN 150, A = 1,767 dm²

Q [l/s]	PVC 160 · 7,7 D = 144,6 k = 0,01	AZ D = DN k = 0,05	J_V [m/km] GG D = DN k = 0,1	GGG 170 · 6,5 D = 157 k = 0,1	St is 168,3 · 4 D = 156,3 k = 0,1	D = DN k = 0,4	v [m/s] für D = DN
3,0	0,31	0,26	0,27	0,22	0,22	0,30	0,17
3,5	0,40	0,35	0,36	0,29	0,29	0,41	0,20
4,0	0,51	0,44	0,45	0,36	0,37	0,52	0,23
4,5	0,63	0,54	0,56	0,45	0,46	0,65	0,25
5,0	0,75	0,65	0,68	0,54	0,55	0,79	0,28
6	1,04	0,91	0,94	0,75	0,77	1,12	0,34
7	1,37	1,20	1,25	1,00	1,02	1,50	0,40
8	1,74	1,52	1,60	1,28	1,30	1,95	0,45
9	2,15	1,89	1,99	1,59	1,62	2,45	0,51
10	2,60	2,29	2,41	1,93	1,97	2,98	0,57
12	3,60	3,20	3,39	2,70	2,76	4,28	0,68
14	4,76	4,25	4,52	3,60	3,69	5,80	0,79
16	6,05	5,43	5,82	4,63	4,74	7,40	0,91
18	7,49	6,76	7,27	5,78	5,91	9,40	1,02
20	9,07	8,22	8,87	7,06	7,22	11,4	1,13
22	10,8	9,83	10,6	8,45	8,65	13,9	1,25
24	12,6	11,6	12,6	9,97	10,2	16,3	1,36
26	14,6	13,4	14,6	11,6	11,9	19,2	1,47
28	16,8	15,5	16,9	13,4	13,7	22,1	1,59
30	19,0	17,6	19,3	15,3	15,6	25,3	1,70
32	21,4	19,9	21,8	17,3	17,7	28,8	1,81
34	23,9	22,3	24,5	19,4	19,9	32,1	1,92
36	26,5	24,8	27,4	21,7	22,2	36,1	2,04
38	29,3	27,5	30,4	24,1	24,6	40,0	2,15
40	32,2	30,3	33,5	26,6	27,2	44,0	2,26
42	35,2	33,3	36,8	29,2	29,9	49,0	2,38
45	40,1	38,0	42,1	33,4	34,2	56,0	2,55

GGG mit ZM (D = 147 mm), J_V = rd.:
bei k = 0,1: Werte der Spalte GGG mit 1,4 vervielfachen
bei k = 0,4: Werte der Spalte GGG mit 1,8 vervielfachen
St mit ZM (D = 152,3), k = 0,05, J_V = rd. Spalte AZ

Tab. 7-23/10: DN 200, A = 3,142 dm²

Q [l/s]	PVC 225 · 10,8 D = 203,4 k = 0,01	AZ D = DN k = 0,05	J_V [m/km] GG D = DN k = 0,1	GGG 222 · 7 D = 208 k = 0,1	St is 219,1 · 4,5 D = DN k = 0,1	D = DN k = 0,4	v [m/s] für D = DN
6	0,20	0,23	0,23	0,19	0,20	0,27	0,19
8	0,34	0,38	0,39	0,32	0,34	0,46	0,25
10	0,51	0,57	0,59	0,48	0,51	0,70	0,32
12	0,70	0,79	0,82	0,68	0,71	0,98	0,38
14	0,92	1,04	1,09	0,90	0,94	1,28	0,45
16	1,17	1,33	1,39	1,15	1,20	1,66	0,51
18	1,45	1,65	1,73	1,42	1,49	2,10	0,57
20	1,75	2,00	2,10	1,73	1,82	2,60	0,64
22	2,08	2,38	2,52	2,07	2,17	3,14	0,70
24	2,43	2,79	2,96	2,44	2,55	3,72	0,77
26	2,81	3,24	3,45	2,83	2,97	4,35	0,83
28	3,21	3,71	3,96	3,26	3,41	5,02	0,89
30	3,64	4,22	4,51	3,71	3,88	5,80	0,95
35	4,81	5,63	6,05	4,97	5,20	7,85	1,11
40	6,13	7,22	7,79	6,39	6,70	10,2	1,27
45	7,61	9,01	9,78	8,01	8,39	12,8	1,43
50	9,21	11,0	11,9	9,80	10,3	15,7	1,59
55	11,0	13,1	14,3	11,8	12,3	18,9	1,75
60	12,9	15,5	17,0	13,9	14,6	22,4	1,91
65	14,9	18,0	19,8	16,2	17,0	26,0	2,07
70	17,1	20,8	22,8	18,7	19,6	30,3	2,23
75	19,4	23,7	26,1	21,4	22,4	34,4	2,39
80	21,9	26,8	29,6	24,2	25,4	39,0	2,54
90	27,2	33,5	37,2	30,4	31,9	48,6	2,86
100	33,0	41,4	45,6	37,3	39,1	59,5	3,18

GGG mit ZM (D = 198 mm), J_V = rd.:
bei k = 0,1: Werte der Spalte GGG mit 1,28 vervielfachen
bei k = 0,4: Werte der Spalte GGG mit 1,65 vervielfachen
Für Rohre aus Stahl mit Zementmörtelauskleidung (D = 200,1 mm) können bei k = 0,1 die Werte aus der Spalte GG benützt werden.
St mit ZM (D = 200,1), k = 0,05, J_V = rd. Spalte AZ

Tab. 7-23/11: DN 250, A = 4,909 dm²

Q [l/s]	PVC 280 · 13,4 D = 253,2 k = 0,01	AZ D = DN k = 0,05	J_V [m/km] GG D = DN k = 0,1	GGG 274 · 7,5 D = 259 k = 0,1	D = DN k = 0,4	v [m/s] für D = DN
10	0,18	0,19	0,20	0,17	0,22	0,20
12	0,25	0,27	0,28	0,23	0,32	0,24
14	0,32	0,35	0,36	0,31	0,42	0,29
16	0,41	0,45	0,46	0,39	0,55	0,33
18	0,51	0,56	0,58	0,49	0,68	0,37
20	0,61	0,67	0,70	0,59	0,83	0,41
25	0,91	1,01	1,06	0,89	1,29	0,51
30	1,26	1,41	1,48	1,25	1,82	0,61
35	1,67	1,87	1,98	1,66	2,46	0,71
40	2,13	2,40	2,54	2,13	3,20	0,81
45	2,63	2,98	3,18	2,66	3,95	0,92
50	3,19	3,63	3,88	3,25	4,95	1,02
55	3,79	4,34	4,65	3,89	5,81	1,12
60	4,45	5,10	5,48	4,59	7,00	1,22
65	5,14	5,93	6,39	5,35	8,15	1,32
70	5,89	6,81	7,36	6,16	9,40	1,43
75	6,68	7,76	8,40	7,03	10,8	1,53
80	7,52	8,76	9,51	7,95	12,2	1,63
90	9,34	11,0	11,9	9,97	15,4	1,83
100	11,3	13,4	14,6	12,2	19,0	2,04
110	13,5	16,0	17,6	14,7	22,5	2,24
120	15,8	18,9	20,8	17,4	26,7	2,44
130	18,4	22,0	24,3	20,3	31,0	2,65
140	21,1	25,4	28,1	23,4	35,9	2,85

GGG mit ZM (D = 249 mm), J_V = rd.:
bei k = 0,1: Werte der Spalte GGG mit 1,25 vervielfachen
bei k = 0,4: Werte der Spalte GGG mit 1,55 vervielfachen
Für Rohre aus Stahl mit Zementmörtelauskleidung (D = 253 mm) können die Werte aus der Spalte AZ benützt werden.
St is (D = 259), k = 0,1, J_V = Spalte GGG.
St mit ZM (D = 253), k = 0,05, J_V = rd. Spalte AZ

Tab. 7-23/12: DN 300, A = 7,069 dm²

Q [l/s]	PVC 315 · 15 D = 285 k = 0,01	AZ D = DN k = 0,05	J_V [m/km] GG D = DN k = 0,1	GGG 326 · 8 D = 310 k = 0,1	St is 223,9 · 5,6 D = 308,7 k = 0,1	D = DN k = 0,4	v [m/s] für D = DN
30	0,72	0,58	0,60	0,51	0,52	0,71	0,42
35	0,95	0,77	0,80	0,68	0,70	0,96	0,50
40	1,20	0,98	1,03	0,87	0,89	1,28	0,57
45	1,49	1,22	1,28	1,09	1,11	1,61	0,64
50	1,80	1,48	1,56	1,33	1,35	1,91	0,71
60	2,51	2,07	2,20	1,87	1,91	2,78	0,85
70	3,32	2,76	2,94	2,05	2,55	3,74	0,99
80	4,24	3,54	3,79	3,22	3,29	4,83	1,13
90	5,25	4,42	4,75	4,02	4,11	6,08	1,27
100	6,37	5,39	5,80	4,92	5,03	7,40	1,41
110	7,59	6,44	6,97	5,80	6,03	8,85	1,56
120	8,91	7,59	8,23	6,98	7,13	10,4	1,70
130	10,3	8,84	9,61	8,14	8,31	12,2	1,84
140	11,8	10,2	11,1	9,38	9,59	14,2	1,98
160	15,2	13,1	14,4	12,2	12,4	18,4	2,26
180	18,8	16,4	18,0	15,3	15,6	23,3	2,55
200	22,9	20,1	22,1	18,7	19,1	29,0	2,83

GGG mit ZM (D = 300 mm), J_V = rd.:
bei k = 0,1 die Werte der Spalte GG
bei k = 0,4 die Werte der letzten J_V – Spalte (D = DN, k = 0,4)
Für Rohre aus Stahl mit Zementmörtelauskleidung (D = 302,7) können ebenfalls die Werte aus der Spalte GG benützt werden.
St mit ZM (D = 302,7), k = 0,05, J_V = rd. Spalte AZ

Tab. 7-23/13: DN 350, A = 9,621 dm²

Q [l/s]	PVC 400 · 19,1 D = 361,8 k = 0,01	AZ D = DN k = 0,05	J_V [m/km] GG D = DN k = 0,1	GGG 378 · 8,5 D = 361 k = 0,1	St is 368 · 5,6 D = 352,8 k = 0,1	St ZM 368 · 5,6 D = DN k = 0,1	v [m/s] für D = DN
40	0,38	0,46	0,48	0,41	0,46	0,52	0,42
50	0,57	0,70	0,73	0,62	0,70	0,78	0,52
60	0,79	0,97	1,02	0,88	0,98	1,10	0,62
70	1,05	1,29	1,36	1,17	1,31	1,47	0,73
80	1,34	1,66	1,75	1,50	1,69	1,89	0,83
90	1,65	2,06	2,19	1,88	2,11	2,36	0,94
100	2,00	2,51	2,67	2,29	2,57	2,88	1,04
110	2,38	3,00	3,21	2,74	3,08	3,46	1,14
120	2,80	3,53	3,78	3,24	3,64	4,08	1,25
130	3,24	4,10	4,41	3,77	4,24	4,75	1,35
140	3,71	4,72	5,08	4,35	4,88	5,48	1,46
160	4,73	6,07	6,56	5,61	6,30	7,08	1,66
180	5,88	7,58	8,23	7,04	7,91	8,88	1,87
200	7,14	9,26	10,1	8,62	9,69	10,9	2,08
220	8,51	11,1	12,1	10,4	11,7	13,1	2,29
240	10,0	13,1	14,4	12,3	13,8	15,5	2,50
260	11,6	15,3	16,8	14,3	16,1	18,1	2,70
280	13,3	17,6	19,4	16,6	18,6	20,9	2,91
300	15,1	20,1	22,2	18,9	21,3	23,9	3,12

GGG mit ZM (D = 348 mm), J_V = rd.:
bei k = 0,1: Werte der Spalte GGG mit 1,20 vervielfachen
bei k = 0,4: Werte der Spalte GGG mit 1,53 vervielfachen
Für Rohre mit D = DN und k = 0,4 können die mit 1,25 vervielfachten Werte der Spalte GG benützt werden (bis v = 1,5 m/s).

Tab. 7-23/14: DN 400, A = 12,566 dm^2

Q [l/s]	AZ D = DN k = 0,05	J_V [m/km] GG/SpB D = DN k = 0,1	GGG 429 · 9 D = 411 k = 0,1	St is 419 · 6,3 D = 402,4 k = 0,1	StZM 419 · 6,3 D = 394,4 k = 0,1	v [m/s] für D = DN
60	0,51	0,53	0,46	0,51	0,57	0,48
70	0,67	0,70	0,62	0,68	0,75	0,56
80	0,86	0,90	0,79	0,88	0,97	0,64
90	1,07	1,33	0,98	1,09	1,21	0,72
100	1,30	1,37	1,20	1,33	1,47	0,80
120	1,83	1,94	1,69	1,88	2,08	0,96
140	2,43	2,60	2,27	2,52	2,79	1,12
160	3,13	3,35	2,92	3,25	3,59	1,27
180	3,90	4,19	3,66	4,07	4,50	1,43
200	4,76	5,13	4,47	4,98	5,51	1,59
220	5,70	6,16	5,37	5,98	6,62	1,75
240	6,72	7,29	6,35	7,07	7,83	1,91
260	7,82	8,51	7,41	8,25	9,14	2,07
280	9,01	9,82	8,55	9,52	10,6	2,23
300	10,3	11,2	9,78	10,9	12,1	2,39
320	11,6	12,7	11,1	12,3	13,7	2,55
340	13,1	14,3	12,5	13,9	15,4	2,71
360	14,6	16,0	13,9	15,5	17,2	2,87
380	16,2	17,8	15,5	17,2	19,1	3,02
400	17,8	19,6	17,1	19,0	21,1	3,18

GGG mit ZM (D = 398 mm), J_V = rd.:
bei k = 0,1: Werte der Spalte GGG mit 1,18 vervielfachen
bei k = 0,4: Werte der Spalte GGG mit 1,52 vervielfachen
Für Rohre mit D = DN und k = 0,4 können die mit 1,28 vervielfachten Werte der Spalte GG benützt werden.

Tab. 7-23/15: DN 500, A = 19,635 dm²

Q [l/s]	AZ D = DN k = 0,05	GG/SpB D = DN k = 0,1	J_V [m/km] GGG 532 · 10 D = 512 k = 0,1	St is 508 · 6,3 D = 491,4 k = 0,1	StZM 508 · 6,3 D = 483,4 k = 0,1	v [m/s] für D = DN
100	0,44	0,45	0,40	0,50	0,54	0,51
120	0,61	0,64	0,57	0,70	0,75	0,61
140	0,81	0,85	0,76	0,93	1,01	0,71
160	1,04	1,10	0,97	1,19	1,30	0,82
180	1,29	1,37	1,22	1,49	1,62	0,92
200	1,58	1,67	1,48	1,82	1,98	1,02
220	1,88	2,00	1,78	2,19	2,37	1,12
240	2,22	2,36	2,10	2,58	2,80	1,22
260	2,58	2,76	2,45	3,01	3,26	1,32
280	2,96	3,17	2,82	3,46	3,76	1,43
300	3,37	3,62	3,22	3,96	4,30	1,53
320	3,81	4,10	3,64	4,48	4,86	1,63
340	4,27	4,61	4,09	5,03	5,47	1,73
360	4,76	5,15	4,56	5,62	6,10	1,83
380	5,28	5,71	5,07	6,24	6,78	1,94
400	5,82	6,31	5,59	6,89	7,48	2,04
420	6,38	6,93	6,14	7,57	8,23	2,14
440	6,97	7,58	6,72	8,28	9,00	2,24
460	7,59	8,26	7,33	9,03	9,81	2,34
480	8,23	8,98	7,96	9,80	10,7	2,45
500	8,90	9,72	8,61	10,6	11,5	2,55
520	9,60	10,5	9,29	11,5	12,5	2,65
540	10,3	11,3	10,0	12,3	13,4	2,75
560	11,1	12,1	10,7	13,2	14,4	2,85
580	11,8	13,0	11,5	14,2	15,4	2,95
600	12,6	13,9	12,3	15,1	16,5	3,06

GGG mit ZM (1) (D = 499 mm), k = 0,05, Werte aus Spalte AZ
Für Rohre mit D = DN und k = 0,4 können die mit 1,26 vervielfachten Werte der Spalte GG/SpB benützt werden.

Tab. 7-23/16: DN 600, A = 28,274 dm²

Q [l/s]	AZ D = DN k = 0,05	GG/SpB D = DN k = 0,1	J_V [m/km] GGG 635 · 11 D = 613 k = 0,1	St is 609,6 · 6,3 D = 593 k = 0,1	StZM 609,6 · 6,3 D = 581 k = 0,1	v [m/s] für D = DN
100	0,18	0,19	0,17	0,20	0,22	0,35
120	0,25	0,26	0,23	0,28	0,30	0,42
140	0,33	0,35	0,31	0,37	0,41	0,50
160	0,43	0,44	0,40	0,47	0,52	0,57
180	0,53	0,55	0,50	0,59	0,65	0,64
200	0,64	0,67	0,61	0,71	0,79	0,71
220	0,77	0,81	0,72	0,85	0,95	0,78
240	0,90	0,95	0,85	1,01	1,12	0,85
260	1,05	1,11	0,99	1,17	1,30	0,92
280	1,20	1,27	1,14	1,35	1,49	0,99
300	1,37	1,45	1,30	1,54	1,70	1,06
320	1,54	1,64	1,47	1,74	1,93	1,13
340	1,73	1,84	1,65	1,95	2,16	1,20
360	1,92	2,05	1,84	2,18	2,41	1,27
380	2,13	2,28	2,04	2,41	2,68	1,34
400	2,35	2,51	2,25	2,66	2,95	1,41
420	2,57	2,76	2,47	2,92	3,24	1,49
440	2,81	3,01	2,71	3,20	3,55	1,56
460	3,06	3,28	2,95	3,48	3,86	1,63
480	3,31	3,56	3,20	3,78	4,19	1,70
500	3,58	3,85	3,46	4,09	4,54	1,77
550	4,29	4,32	4,16	4,92	5,46	1,95
600	5,06	5,48	4,92	5,82	6,45	2,12
650	5,89	6,40	5,74	6,79	7,53	2,30
700	6,79	7,39	6,63	7,84	8,70	2,48
800	8,77	9,58	8,59	10,2	11,3	2,83
900	11,0	12,1	10,8	12,8	14,2	3,18

GGG mit ZM (D 600), k = 0,05, J_V = Spalte AZ.
Für Rohre mit D = DN und k = 0,4 können die mit 1,24 vervielfachten Werte der Spalte GG/SpB benützt werden.

Tab. 7-23/17: DN 700, A = 38,485 dm²

Q [l/s]	AZ D = DN k = 0,05	J_V [m/km] GG/SpB D = DN k = 0,1	St is 711,2 · 7,1 D = 693 k = 0,1	StZM 711,2 · 7,1 D = 681 k = 0,1	v [m/s] für D = DN
100	0,09	0,09	0,09	0,10	0,26
120	0,12	0,12	0,13	0,14	0,31
140	0,16	0,16	0,17	0,19	0,36
160	0,20	0,21	0,22	0,24	0,42
180	0,25	0,26	0,27	0,30	0,47
200	0,30	0,32	0,33	0,36	0,52
250	0,47	0,49	0,50	0,55	0,65
300	0,64	0,68	0,71	0,77	0,78
350	0,87	0,91	0,95	1,04	0,91
400	1,09	1,17	1,22	1,33	1,04
450	1,38	1,47	1,53	1,67	1,17
500	1,66	1,80	1,87	2,04	1,30
550	2,01	2,16	2,24	2,44	1,43
600	2,35	2,55	2,65	2,88	1,56
650	2,75	2,97	3,08	3,37	1,69
700	3,14	3,43	3,56	3,88	1,82
750	3,59	3,92	4,07	4,44	1,95
800	4,05	4,44	4,61	5,03	2,08
900	5,07	5,58	5,79	6,32	2,34
1000	6,20	6,84	7,10	7,75	2,60
1200	8,80	9,76	10,1	11,1	3,12
1400	11,9	13,2	13,7	15,0	3,64

GGG (D = 714), k = 0,1, J_V wie Spalte AZ
GGG mit ZM (D = 698), k = 0,1, J_V wie Spalte GG/SpB

Tab. 7-23/18: DN 800, A = 50,266 dm²

Q [l/s]	AZ D = DN k = 0,05 und GGG 842 · 13 k = 0,1	J_V [m/km] GG/SpB D = DN k = 0,1 und GGG-ZM 842 · 13 k = 0,1	St is 812,8 · 8 D = 792,8 k = 0,1	StZM 812,8 · 8 D = 776,8 k = 0,1	v [m/s] für D = DN
160	0,11	0,11	0,11	0,13	0,32
180	0,13	0,13	0,14	0,16	0,36
200	0,16	0,16	0,17	0,19	0,40
250	0,24	0,25	0,26	0,29	0,50
300	0,33	0,35	0,36	0,40	0,60
350	0,44	0,46	0,48	0,54	0,70
400	0,57	0,60	0,62	0,69	0,80
450	0,71	0,74	0,78	0,86	0,90
500	0,86	0,91	0,95	1,05	1,00
550	1,03	1,09	1,14	1,26	1,10
600	1,21	1,28	1,35	1,49	1,19
650	1,41	1,50	1,57	1,74	1,29
700	1,62	1,73	1,81	2,00	1,39
800	2,08	2,23	2,33	2,59	1,59
900	2,60	2,80	2,93	3,24	1,79
1000	3,18	3,43	3,59	3,98	1,99
1200	4,50	4,88	5,11	5,66	2,39
1400	6,05	6,58	6,89	7,64	2,79
1600	7,81	8,54	8,94	9,92	3,18
1800	9,81	10,7	11,3	12,5	3,58
2000	12,0	13,2	13,8	15,4	3,98

Tab. 7-23/19: DN 1000, A = 78,54 dm²

Q [l/s]	J_V [m/km] AZ D = DN k = 0,05 und GGG 1048 · 15 D = 1018 k = 0,1	GG/SpB D = DN k = 0,1 und GGG-ZM 1048 · 15 D 1002 k = 0,1	St is 1016 · 10 D = 992 k = 0,1	StZM 1016 · 10 D = 972 k = 0,1	v [m/s] für D = DN
300	0,11	0,12	0,12	0,13	0,38
400	0,19	0,20	0,21	0,23	0,51
500	0,29	0,30	0,31	0,35	0,64
600	0,40	0,42	0,44	0,49	0,76
700	0,54	0,57	0,59	0,65	0,89
800	0,69	0,73	0,76	0,84	1,02
900	0,86	0,91	0,95	1,05	1,15
1000	1,05	1,11	1,16	1,28	1,27
1100	1,25	1,34	1,39	1,54	1,40
1200	1,48	1,58	1,64	1,82	1,53
1300	1,72	1,84	1,92	2,13	1,66
1400	1,98	2,12	2,21	2,45	1,78
1600	2,55	2,75	2,86	3,17	2,04
1800	3,20	3,45	3,60	3,99	2,29
2000	3,91	4,24	4,41	4,89	2,55
2200	4,70	5,10	5,31	5,89	2,80
2400	5,55	6,04	6,29	6,98	3,06
2600	6,47	7,06	7,36	8,16	3,31
2800	7,47	8,16	8,50	9,44	3,57
3000	8,53	9,34	9,73	10,8	3,82

Tab. 7-23/20: DN 1200, A = 113,1 dm²

Q [l/s]	J_V [m/km] AZ D = DN k = 0,05 und GGG 1256 · 17 D = 1222 k = 0,1	GG/SpB D = DN k = 0,1 und GGG-ZM 1256 · 17 D 1206 k = 0,1	St is 1220 · 12,5 D = 1191 k = 0,1	StZM 1220 · 12,5 D = 1167 k = 0,1	v [m/s] für D = DN
500	0,12	0,12	0,13	0,14	0,44
600	0,16	0,17	0,18	0,20	0,53
700	0,22	0,23	0,24	0,26	0,62
800	0,28	0,29	0,31	0,34	0,71
900	0,35	0,37	0,38	0,42	0,80
1000	0,43	0,45	0,47	0,52	0,89
1200	0,60	0,63	0,66	0,73	1,06
1400	0,80	0,85	0,88	0,98	1,24
1600	1,03	1,10	1,14	1,26	1,42
1800	1,29	1,38	1,43	1,58	1,59
2000	1,57	1,68	1,75	1,94	1,77
2200	1,89	2,02	2,10	2,33	1,95
2400	2,23	2,40	2,49	2,76	2,12
2600	2,59	2,80	2,91	3,22	2,30
2800	2,99	3,23	3,35	3,72	2,48
3000	3,41	3,69	3,84	4,25	2,65
3200	3,86	4,19	4,35	4,82	2,83
3400	4,34	4,71	4,90	5,43	3,01
3600	4,84	5,27	5,47	6,07	3,18
3800	5,37	5,85	6,08	6,75	3,36
4000	5,93	6,47	6,72	7,46	3,54

7) Druckhöhenverlust in gebrauchten Rohrleitungen – ist nur selten gleich oder nur geringfügig größer als der in neuen Leitungen. Ablagerungen, Inkrustationen usw. vergrößern den Druckhöhenverlust und zwar häufig sehr unterschiedlich, abhängig von Durchflußgeschwindigkeit, Wasserbeschaffenheit und Betriebsalter. Ferner wird der Druckhöhenverlust unterschiedlich erhöht durch die verschiedenen Einbauten, wie Formstücke und Armaturen. Es ist üblich, diese erhöhten Widerstände in einem höheren scheinbaren Rauhigkeitswert k_i zusammenzufassen. Bei dem Bemessen und Berechnen von Rohrleitungen ist im Folgenden für den k-Wert immer dieser scheinbare k_i-Wert zugrunde gelegt. Schwing gibt für Rohrleitungen bei Gelsenwasser mit gutem Durchfluß folgende Zunahme der Rauhigkeit abhängig vom Betriebsalter an:

Alter (a)	10	20	30	40	50	60
DN 300 k (mm)	0,13	0,33	0,82	2,0	5,0	12,5
DN 600 k (mm)	0,35	0,88	2,20	5,4	13,4	33,3

Es ist daher nicht ausreichend, wenn für gebrauchte Leitungen bei Wässern, die zu Ablagerungen und Inkrustationen neigen, einheitlich über ein großes Gebiet ein fester Rauhigkeitswert, etwa k = 0,4 mm gewählt wird. Vielmehr ist es notwendig, durch Druckverlustmessungen der verschiedenen Rohrleitungen, unter Berücksichtigung von Rohrmaterial, Alter, Durchfluß, die wirklichen Rauhigkeitswerte zu ermitteln und bei den Berechnungen zu berücksichtigen. Manchmal ist der so ermittelte k-Wert fehlerhaft erhöht, etwa wegen nicht ganz geöffneter Absperrorgane u. a. Bei sehr hohen k-Werten ist es unerläßlich, die Leitung auf solche Fehler zu untersuchen und diese zu beheben. Der Druckhöhenverlust in gebrauchten Leitungen ist somit mit den wirklich vorhandenen k-Werten (k_i) zu berechnen. Die Colebrook-Formel und die modernen Rechenhilfsmittel ermöglichen die genauen Berechnungen, vorteilhaft ist dann der Vergleich mit den Tabellenwerten der **Tab. 7-23.**

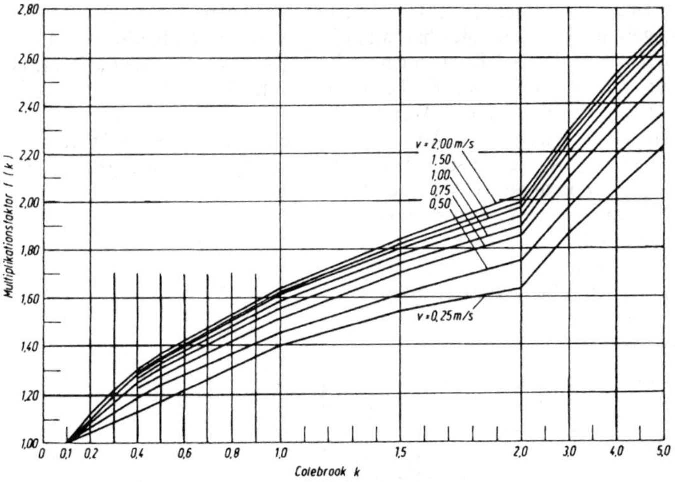

Abb. 7-90: Grafikon der Multiplikationsfaktoren f (k), für DN 300, k = 0,1

Der Vergleich zwischen den verschiedenen h_v-Werten bei verschiedenen k-Werten ist aus **Abb. 7-90** ersichtlich. Hierin ist für DN 300 bei verschiedenen v der Multiplikationsfaktor f_k aufgetragen, mit welchem der Druckhöhenverlust h_v berechnet aus k = 0,1 (f_k = 1,00), multipliziert werden muß, um h_v bei anderen k-Werten zu erhalten. Dies ist z. B. dann vorteilhaft, wenn bei einer Leitung der Druckhöhenverlust h_v gemessen wird und schnell hieraus der vorhandene k-Wert festgestellt werden soll. Die Faktoren der Abb. können angenähert auch für andere DN verwendet werden.
Beispiel: GG, DN 250, Q = 0,030 m^3/s, h_v gemessen = 2,90 m (1000 m), v = 0,61 m/s für k = 0,1, L= 1000 m, **Tab. 7-23/11,** h_v = 1,48 m
f_k = h_v (gem) / h_v (Tab.) = 2,90 / 1,48 = 1,96, aus **Abb.7-90:** k (vorh) 2,60 gerechnet nach Coolebrook: für k = 2,60 h_v = 2,95 m

7.3.3.3.2 Potenzformeln

1) Allgemein – Potenzformeln zur Berechnung des Druckhöhenverlustes sind einfach aufgebaut und eignen sich daher besonders gut für die schnelle Berechnung mittels programmierbarer Taschenrechner. Bekannt sind vor allem die Formel von Manning, Gauckler, Strickler (Schweiz), von Williams-Hazen (englischsprachiger Raum) und von Ludin.
2) Formel von Strickler – Die in Abschn. 7.3.3.2 aufgeführte Formel wird auch für die Berechnung des Druckhöhenverlustes in Druckrohrleitungen verwendet.

$$v = k_s \cdot R^{2/3} \cdot J^{1/2} = k_s \cdot R^{0,667} \cdot J^{0,5}$$

mit A/U = D/4, J = h_v/L, v = Q/A = Q/D^2 · π/4 umgeformt ergibt:

$$h_v = L \cdot 10{,}293 \cdot Q^2 / (k_s^2 \cdot D^{5,33})$$

Beispiel: DN = 300, k_s = 100, L= 1000 m, Q = 0,070 m^3/s
ergibt h_v = 3,10 m
Nach **Tab. 7-23/12** mit k = 0, 1 ist h_v = 2,94 m. Somit wird ein k_s (Strickler) = 98 etwa den gleichen Druckverlust wie nach Colebrook k = 0,1 ergeben.
3) Formel von Williams-Hazen – lautet:

$$v = 1{,}318 \cdot 140 \cdot R^{0,65} \cdot J^{0,54}\ \text{(ft/s)}$$

Die Formel ist im englischsprachigen Raum üblich, sie wird hier nicht weiter behandelt.
4) Formel von Ludin – aufgrund von Versuchen an AZ-Rohren hat Ludin (1932) folgende Potenzformel aufgestellt:
$v = C \cdot R^{0,65} \cdot J^{0,54}$ m/s.

Ursprünglich hatte Ludin den Beiwert C unterteilt in C = 122 für v <0,60 m/s und C = 134 für v >0,60 m/s. Nach Versuchen an gebrauchten Leitungen hat Ludin vorgeschlagen, einheitlich C = 134 zu verwenden, wobei angenommen wurde, daß AZ-Rohre auch nach längerer Betriebsdauer keine Erhöhung der Wandrauhigkeit erfahren. Umgeformt lautet die Formel für h_v (L= 1000 m):
$h_v = k_L \cdot Q^{1,85}/D^{4,9}$. Dabei entspricht: k_L= 0,961 einem Wert C = 134.
Die Formel ergibt mit k_L= 1,10 ausreichend genaue Werte für h_v, entsprechend einem k-Wert (Colebrook) 0,1. In **Abb. 7-91** ist für DN 300 k_L für verschiedene k (Colebrook) und v angegeben. Diese Werte können ausreichend genau auch für andere DN verwendet werden.
Beispiel: GG, DN 250, Q = 0,030 m^3/s, h_v gemessen = 2,90 m, v = 0,61 m/s
für k = 0, 1 aus **Tab. 7-23/11** h_v = 1,48 m
für k_L= 1,1 aus Formel Ludin h_v = 1,49 m
ferner zur Ermittlung des vorhandenen k_i bei gemessenem h_v:
h_v (gemess.) 2,90/h_v (Ludin) 1,49 = 1,95,
nach **Tab. 7-23/11** für 1,95 ist k_{vorh} =2,60

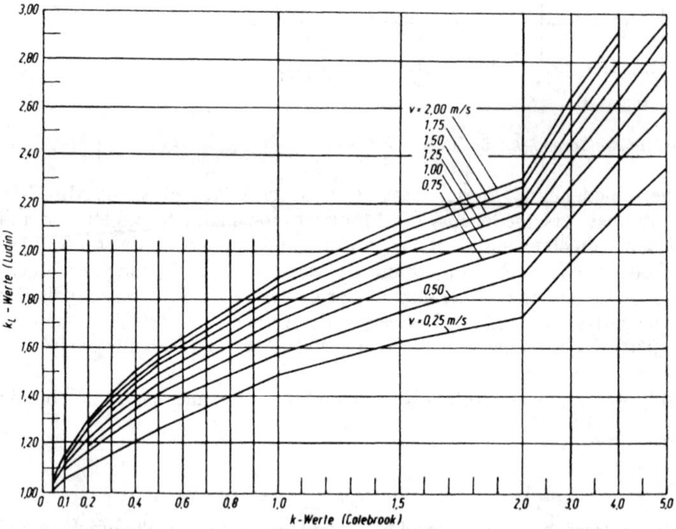

Abb. 7-91: Grafikon: Verhältnis k_L-Werte (Ludin) zu k-Werte (Colebrook) bei verschiedenen v bei DN 300

7.3.3.4 Druckhöhenverlust in Rohrleitungseinbauten

7.3.3.4.1 Allgemein

Der Druckhöhenverlust durch Rohrleitungseinbauten setzt sich zusammen aus dem Anteil infolge Wandrauhigkeit und dem infolge Beeinflussung der Strömung. Der Anteil infolge Wandrauhigkeit wird durch Übermessen der Rohrleitungseinbauten bei der Berechnung des Druckhöhenverlustes der geraden Leitung berücksichtigt. Entsprechend der Formel Darcy-Weisbach (Abschn. 7.3.3.3.1) wird der Druckhöhenverlust der Rohrleitungseinbauten berechnet aus: h_v = Konstante · Geschwindigkeitshöhe = $h_v \cdot v^2/2\,g$.
Da z. B. für v = 1 m/s die Geschwindigkeitshöhe rd. 0,05 m beträgt, Rohrleitungen auf der freien Strecke große Längen und einen großen Betriebsdruck haben sowie der Anteil an Rohrleitungseinbauten relativ gering ist, wird hier allgemein der Druckhöhenverlust durch Rohrleitungseinbauten nicht besonders berechnet, sondern im k_i-Wert mit erfaßt. Bei niedrigen Drücken und großem Anteil an Rohrleitungseinbauten, wie bei Heberleitungen, Saugleitungen, Zu- und Ablauf von Behältern, Verbrauchsleitungen u. a. sind jedoch diese Druckhöhenverluste gesondert zu berechnen, insbesondere bei der hydraulischen Ausrüstung von Pumpwerken, da hier oft eine große Fließgeschwindigkeit gewählt wird, um an Kosten und Platz für die Vielzahl an Formstücken und Armaturen zu sparen.

Im Folgenden sind die ζ-Werte für häufig vorkommende Einbauten in Rohrleitungen angegeben. Manchmal werden in den Druckhöhenberechnungen die Widerstände der Einbauten durch Einsetzen von Mehrlängen berücksichtigt, dies wird hier für die o. a. Sonderfälle nicht empfohlen.

7.3.3.4.2 ζ-Wert für Einlauf in eine Rohrleitung

Für den Einlauf in eine Rohrleitung mit v_2, aus einer Wasserkammer mit v_1 = O m/s muß zunächst die Geschwindigkeitshöhe $v^2/2\,g$ erzeugt werden. Zusätzlich ist ein Druckhöhenverlust vorhanden in Abhängigkeit von der Ausbildung des Einlaufs:

trompeten- oder kegelförmiger Einlauf	$\zeta = 0{,}05 - 0{,}15$
gebrochene Kanten	0,25
scharfkantig	0,50

7.3.3.4.3 ζ-Wert für Erweiterungen

1) Plötzliche Erweiterung – Abb. 7-92: nach Borda-Carnot $\zeta\ (A_2/A_1 - 1)^2$, dies ergibt für verschiedene Werte A_2/A_1:

A_2/A_i	1,0	1,25	1,50	1,75	2,00	3,00	4,00
ζ	0	0,06	0,25	0,56	1,00	4,00	9,00

Diese Werte sind auch bei Querschnittserweiterungen nach düsenförmiger Einschnürung, z. B. Kurz-Venturirohre, vorhanden.

2) Allmähliche Erweiterung – Abb. 7-93: die ζ-Werte sind um so kleiner, je langgestreckter die Erweiterung, d. h. je kleiner der Winkel α ist

$$\zeta = \eta\ (A_2/A_1 - 1)^2, \text{ mit} \qquad \eta = 0 \text{ für } \alpha < 8^\circ$$
$$\eta = 1 \text{ für } \alpha \geqq 30^\circ$$

7.3.3.4.4 ζ-Wert für Verengungen

1) Plötzliche Verengung – Abb. 7-94: nach Franke ist $\zeta = 0{,}4 - 0{,}5\ (1 - A_2/A_1)$; dies ergibt für den Faktor 0,4:

A_2/A_1	0,20	0,25	0,50	0,75	1,0
ζ	0,32	0,30	0,20	0,10	0

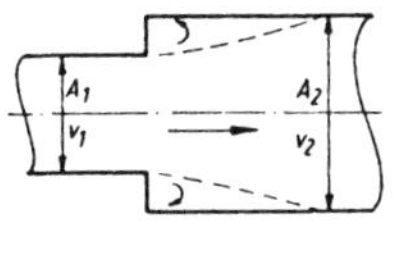

Abb. 7-92: Plötzliche Erweiterung

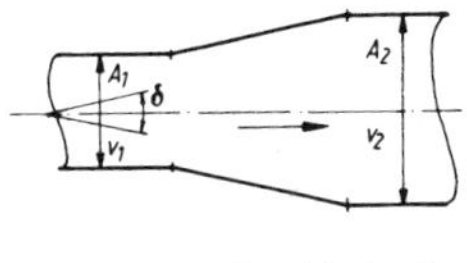

Abb. 7-93: Allmähliche Erweiterung

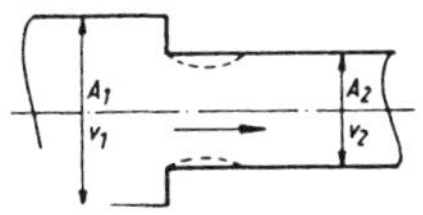

Abb. 7-94: Plötzliche Verengung

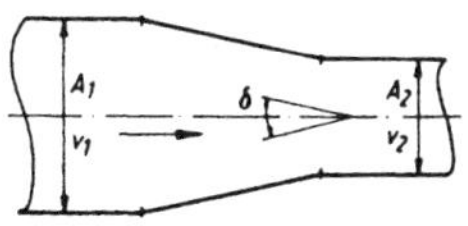

Abb. 7-95: Allmähliche Verengung

2) Allmähliche Verengung – Abb. 7-95: hier ist eine Senkenströmung vorhanden mit starker Führung der Strömungsfäden, so daß die Verluste sehr klein sind, etwa wie beim trompetenförmigen Einlauf.

$$\text{Für } \Delta \leqq 8^\circ \text{ ist } \zeta = 0 \qquad \Delta \leqq 20^\circ \text{ ist } \zeta = 0{,}04$$

7.3.3.4.5 ζ-Wert für Krümmer

Der ζ-Wert für Krümmer **Abb. 7-96** ist abhängig vom Verhältnis Krümmerradius zu Rohrdurchmesser und vom Krümmerwinkel. In **Tab. 7-24** sind die ζ-Werte für die gebräuchlichen Krümmer für glatte Strömung angegeben. Für rauhe Strömung sind die 2-fachen Werte der Tab. zu nehmen.

Tab. 7-24: ζ-Werte für Krümmer

r/D	1	2	4	6	10
Δ = 15 °	0,03	0,03	0,03	0,03	0,03
22,5	0,045	0,045	0,045	0,045	0,045
45	0,14	0,09	0,08	0,075	0,07
60	0,19	0,12	0,10	0,09	0,07
90	0,21	0,14	0,11	0,09	0,08

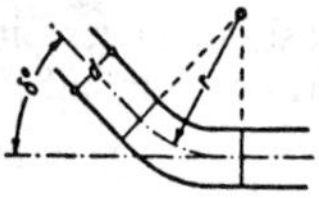

Abb. 7-96: Krümmer

7.3.3.4.6 ζ-Wert für Kniestücke

Kniestücke sind vor allem dann vorhanden, wenn die hydraulische Ausrüstung in Pumpwerken und Schächten in Stahl ausgeführt wird und die Formstücke für die Abwinkelungen am Einbauort aus geraden Rohren geschweißt werden, **Abb.7-97.** Die ζ-Werte für Einfach-Kniestücke sind um so größer gegenüber denen von Krümmern, je stärker die Abwinkelung ist.

Tab. 7-25: ζ-Werte für Einfach-Kniestück, nach Franke

Knickwinkel °	5	10	15	22,5	30	45	60	90
ζ glatt	0,014	0,029	0,044	0,075	0,120	0,245	0,470	1,15
ζ rauh	0,021	0,045	0,064	0,105	0,165	0,325	0,600	1,30

Für Mehrfach-Kniestücke = Polygonkrümmer kann angenähert ζ gesamt errechnet werden aus:
$\zeta_n = \zeta_{(Einzel)} \cdot \sqrt{n}$,
wobei ζ Einfach-Kniestück mit Knickwinkel α, n = Anzahl der Kniestücke

Beispiel: α = 10 °, Anzahl der Kniestücke n = 9, gesamte α = 90 °
$\zeta_n = 0{,}029\,\sqrt{9} = 0{,}087$, zum Vergleich: Krümmer 90 ° für r/D = 10 : ε = 0,08

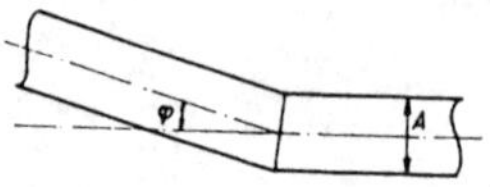

Abb. 7-97: Einfaches Kniestück

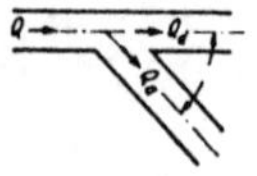

Abb. 7-98: Abzweig bei Trennung des Durchflusses

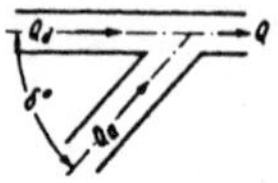

Abb. 7-99: Abzweig bei Vereinigung des Durchflusses

7.3.3.4.7 ζ-Wert für Abzweige

Der ζ-Wert ist abhängig von Strömungsrichtung und Winkel des Abzweigs. In **Tab. 7-26** sind die ζ-Werte für die Trennung des Wasserstroms bei 90 ° und 45 ° Abzweigwinkel mit ζ_d-Wert für die gerade durchlaufende Leitung und ζ_d-Wert für die abzweigende Leitung, **Abb. 7-98,** in **Tab. 7-27** die ζ-Werte für die Vereinigung des Wasserstroms, **Abb. 7-99,** angegeben.

Tab. 7-26: ζ-Werte für Abzweig bei Trennung des Durchflusses

Q_a/Q		0	0,2	0,4	0,6	0,8	1,0
Δ = 90 °	ζ_a	0,95	0,88	0,89	0,95	1,10	1,28
	ζ_d	0,04	–0,08	–0,05	0,07	0,21	0,35
Δ = 45 °	ζ_a	0,90	0,68	0,50	0,38	0,35	0,48
	ζ_d	0,04	–0,06	–0,04	0,07	0,20	0,33

Tab. 7-27: ζ-Werte für Abzweig bei Vereinigung des Durchflusses

Q_a/Q		0	0,2	0,4	0,6	0,8	1,0
Δ = 90 °	ζ_a	–1,2	–0,4	0,08	0,47	0,72	0,91
	ζ_d	0,04	0,17	0,30	0,41	0,51	0,60
Δ = 45 °	ζ_a	–0,92	–0,38	0,00	0,22	0,37	0,37
	ζ_d	0,04	0,17	0,19	0,09	–0,17	–0,54

7.3.3.4.8 ζ-Wert für Armaturen

1) Armaturen mit selbsttätigem Schließen bei v = 0 m/s – Rückschlagklappe, Hydrostop, Fußventil, die ζ-Werte, **Tab. 7-28,** sind abhängig von der Fließgeschwindigkeit und damit vom Öffnungswinkel der Armatur. Je kleiner v ist, um so stärker ist die Drosselung des Durchflusses.

Tab. 7-28: Druckhöhenverluste in Armaturen: Tabelle für die ζ-Werte

v	Rückschl.	Klapp.		Hydrostop			Fußventile	
		DN			DN			DN
m/s	50	200	500	100	200	300	50 ... 80	100 ... 350
1	3,05	2,95	2,85				4,1	3
2	1,35	1,30	1,15	6	7	6	3	2,25
3	0,86	0,76	0,66	4	3,5	1,8	2,8	2,25

	Schieber offen			Durchg. Ventile			Freifluß Ventile		
DN		DN					DN		
100	200	300	500	25	50	80	25	50	80
0,28	0,25	0,22	0,13	4	4,5	4,8	1,7	1,0	0,8

2) Armaturen zum gesteuerten Schließen – Keilschieber, Schieber mit glattem Durchgang, Klappen, Hähne – die ζ-Werte **Tab. 7-29** gelten für volle Öffnung der Armatur. Die ζ-Werte für Zwischenstellungen des Schließvorgangs sind abhängig von der Charakteristik der betreffenden Armatur und sehr unterschiedlich. Im Bedarfsfall sind die Werte bei den Herstellern zu erfragen.

Tab. 7-29: ζ-Werte für gesteuerte Armaturen

DN	50	100	200	300	500	800
Keil-Schieber	0,25	0,25	0,25	0,22	0,15	
Schieber mit glattem Durchgang	0,10	0,06	0,06	0,06	0,06	
Klappe				0,25	0,25	0,25
Durchgangshahn	0,28	0,25				
Kugelhahn		0,22	0,17	0,077	0,030	

Tab. 7-30: ζ-Werte für Klein-Armaturen

DN	10–15	20–25	32–40	50
Absperrschieber	1,0	0,5	0,3	0,3
Eckventil				1,35
Schrägsitzventil	3,5	2,5	2,0	2,0
Durchgangsventil	10	8,5	6,0	5,0
Freiflußventil	2,0	1,7	1,3	1,0

7.3.3.4.9 ζ-Wert für Kleinformstücke und -armaturen

Die ζ-Werte für die Rohrleitungseinbauten in Anschlußleitungen und Verbrauchsleitungen sind wegen der sehr kleinen Krümmungsradien und der Gestaltung der Armaturen relativ groß, so daß es wichtig ist, die Geschwindigkeiten in diesen Leitungen klein zu halten, was auch die Geräusche vermindert.

7.3.3.4.10 ζ-Wert für Wasserzähler

Der ζ-Wert für Venturirohre, Kurzventurirohre und Meßblenden kann aus Abschn. 7.3.3.4.2–4 überschlägig entnommen werden, zweckmäßig ist es jedoch, Angaben im Einzelfall vom Hersteller einzuholen. Der ζ-Wert für Wasserzähler ist in Abschn. 5.4 angegeben. Mit Ausnahme vom Venturirohr sind die Druckhöhenverluste der Wasserzähler bei den üblichen Fließgeschwindigkeiten relativ groß, so daß sie bei max. Durchfluß nicht vernachlässigt werden dürfen.

7.3.3.5 Freier Ausfluß aus einer Wasserkammer bzw. Rohrleitung

Für den Auslauf aus einem Behälter in eine Rohrleitung gilt der ζ-Wert nach Abschn. 7.3.3.4.2. Bei freiem Auslauf aus einer Wasserkammer, **Abb. 7-100,** ist die Auslaufmenge abhängig von der vorhandenen Druckhöhe h, dem Öffnungsquerschnitt A und dem Beiwert infolge Kontraktion des austretenden Strahles. Nach Weisbach-Franke hat die Form der Ausflußöffnung keinen wesentlichen Einfluß auf den Beiwert. Dieser beträgt 0,60–0,66. Die Ausflußmenge pro Sekunde errechnet sich aus:

$$Q = \mu \cdot A \cdot \sqrt{2 \cdot g \cdot h}$$

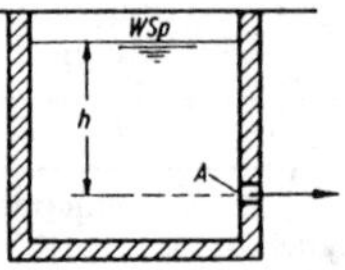

Abb. 7-100: Ausfluß aus einer Wasserkammer

Beispiel 1: h = 5 m, Durchmesser der kreisförmigen Öffnung 2,5 cm, $A = 4{,}91 \cdot 10^{-4}\,m^2$

$$Q = 0{,}63 \cdot 4{,}91 \cdot 10^{-4} \cdot \sqrt{2 \cdot 10 \cdot 5} = 0{,}003\,m^3/s = 3\,l/s$$

Beispiel 2: freier Ausfluß aus einer Rohrleitung h = 50 m, Durchmesser der kreisförmigen Öffnung 2,5 cm, $A = 4{,}91 \cdot 10^{-4}\,m^2$

$$Q = 0{,}63 \cdot 4{,}91 \cdot 10^{-4} \cdot \sqrt{2 \cdot 10 \cdot 50} = 0{,}0098\,m^3/s = 9{,}8\,l/s.$$

Wenn die Rohrleitung erdverlegt ist, kann die freie Austrittsöffnung durch die anliegende Erde verkleinert sein, so lange, bis sie freigespült ist.

7.3.3.6 Verschiedene hydraulische Hilfsrechnungen

7.3.3.6.1 Umrechnung von Rohrlängen mit verschiedenem DN

Für manche Rechnungen ist es vorteilhaft, die Rohrleitungslängen auf solche mit gleichem Durchmesser umzurechnen. Für diese Näherungsrechnungen ist es ausreichend, wenn hierfür mittleres h_v und k = 0,1 zugrunde gelegt werden. In **Tab. 7-31** sind die Umrechnungswerte r_{100} und r_{300} angegeben, welche für gleiche Q dem Verhältnis der Längen entsprechen, und zwar r_{100} bezogen auf DN 100, d. h. z. B. 30,33 m DN 200 entsprechen hinsichtlich des Druckhöhenverlustes für gleiches Q einer Länge von 1 m DN 100, analog r_{300} bezogen auf DN 300. Somit ist: $L_2 = L_1 \cdot r_2/r_1$

Tab. 7-31: Faktor r zur Umrechnung auf Längen gleichen DN

DN	80	100	125	150	200	250	300	400	500	600	700
r_{100}	0,33	1,00	3,07	8,10	30,33	98,00	245,7	1153,3			
r_{300}							1,0	4,7	13,6	34,2	74,5

Beispiel: GG, $DN_1 = 300$, $L_1 = 1000$ m, gesucht L_2 für DN 200,
$L_2 = 1000 \cdot 30{,}33 / 245{,}7 = 123{,}4$ m

Druckverlusthöhe h_v für Q = 50 l/s
DN 300, L_1 = 1000 m h_{v1} = 1,56 m **(Tab. 7-23/12)**
DN 200, L_2 = 123,4 m h_{v2} = 1,47 m **(Tab. 7-23/10)**

7.3.3.6.2 Leitungsverzweigungen

Die Aufteilung des Durchflusses Q auf 2 Rohrstränge einer Leitungsverzweigung **Abb. 7-101** kann wie folgt berechnet werden:

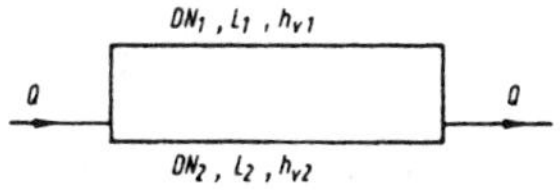

Abb. 7-101: Leitungsverzweigung

1) mittels Umrechnung auf Rohrlängen mit gleichem DN:
Gegeben: GG, Q = 40 l/s, DN_1 = 200, L_1 = 2450 m, r_1 = 30,33
DN_2 = 250, L_2 = 2600 m, r_2 = 98,00
Umrechnung auf DN 100
$L'_1 = 2450 \cdot 1/30{,}33 = 80{,}78$ m, $L'_2 = 2600 \cdot 1/98{,}00 = 26{,}53$ m
bei gleichem λ ist: $Q_1^2/Q_2^2/L_1'$

somit: $Q_1 = Q_2 \cdot \sqrt{26{,}53 / 80{,}78} = Q_2 \cdot 0{,}573$,
da $Q_1 + Q_2 = 0{,}573\ Q_2 + Q_2 = Q$, $Q_2 = Q/1{,}573$
$Q_2 = 40/1{,}573 = 25{,}3$ l/s, $Q_1 = 40 - 25{,}3 = 14{,}7$ l/s
Kontrolle: h_{v2} = DN 250, k = 0,1, $h_{v2} = 1{,}09 \cdot 2{,}6 = 2{,}83$ m **(Tab. 7-23/11)**
DN 200, k = 0,1, $h_{v1} = 1{,}18 \cdot 2{,}45 = 2{,}89$ m **(Tab. 7-23/10)**

2) graphisch mittels Rohrleitungskennlinien – in einem Koordinatensystem wird links einer senkrechten 0-Achse die Rohrleitungskennlinie für Rohrstrang 2, d. i. die Kurve h_{v2} für L_2 und verschiedene Q_2, rechts der 0-Achse sinngemäß die Rohrleitungskennlinie für Rohrstrang 1 aufgetragen, **Abb. 7-102.** Das horizontale Maß Q = 40 l/s wird nun nach oben und unten bzw. links und rechts so lange verschoben, bis die Endpunkte der Strecke auf den Rohrleitungskennlinien liegen. Hieraus kann abgelesen werden: Q_1 und Q_2, h_{v1} und h_{v2}.

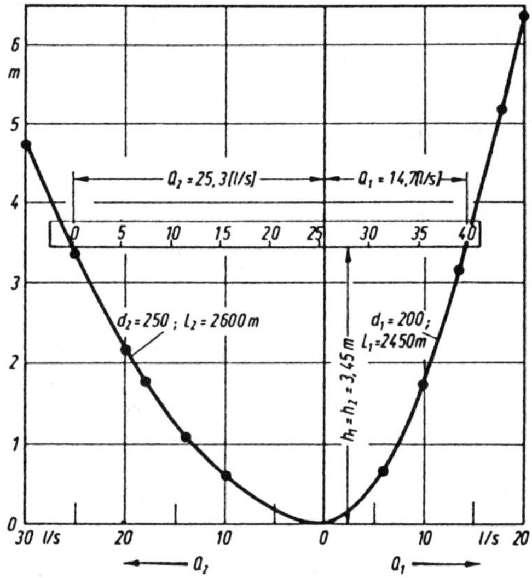

Abb. 7-102: Grafische Ermittlung der Aufteilung des Durchflusses Q bei einer Leitungsverzweigung mittels Rohrleitungskennlinien für vorstehendes Beispiel 1

3) mittels Verfahren nach Cross – Erläuterung des Verfahrens (S. 550), die Leitungsverzweigung ist eine Masche. Die Aufteilung Q = 40 l/s wird geschätzt zu Q_1 = 16 l/s, Q_2 = 24 l/s. Es ist:

$h_{v1} + 1{,}39 \cdot 2{,}45 = \; 3{,}41$ $\qquad h_{v1} / Q_1 = 3{,}41 / 16 = 0{,}2131$
$h_{h2} - 0{,}99 \cdot 2{,}60 = -2{,}57$ $\qquad h_{v2} / Q_2 = 2{,}57 / 24 = 0{,}1071$

$\Sigma h_v \quad +0{,}84$ $\qquad \Sigma h_v / Q \quad = 0{,}3202$

Verbesserungswert $\Delta Q = -\Sigma h_v / 2 \cdot \Sigma h_v / Q$
$= -0{,}84 / 2 \cdot 0{,}3202 = -1{,}3$ l/s
$Q_1 = 16 - 1{,}3 = 14{,}7$ l/s, $Q_2 = 24 + 1{,}3 = 25{,}3$ l/s.
Die Näherungslösung nach Cross führt bei der sehr nahegelegenen Schätzung bereits beim 1. Schritt zum endgültigen Resultat.

7.3.3.6.3 Einteilung einer Rohrleitung in verschiedene DN

Diese Aufgabe liegt z. B. vor, wenn zu ermitteln ist, welche Leitungslänge von DN_1 durch eine Leitung DN_2 ausgewechselt werden muß, um einen größeren Durchfluß zu erreichen.
Beispiel: GG, $DN_1 = 200$, $L_1 = 4$ km, verfügbarer Druckhöhenverlust 20 m, $Q_{erf} = 40$ l/s, $DN_2 = 250$
1) Lösung rechnerisch $h_v = 20\,m = h_{v1} + h_{v2}$
$h_{v1} = 7{,}79 \cdot L_1$ **(Tab. 7-23/10)**
$h_{v2} = 2{,}54 \cdot (4\,km - L_1)$ **(Tab. 7-23/11)**
$7{,}79 \cdot L_1 + 2{,}54\,(4 - L_1) = 20\,m$, $L_1 = (20 - 2{,}54 \cdot 4) / (7{,}79 - 2{,}54)$
$L_1 = 1{,}87$ km, $L_2 = 2{,}13$ km
2) Lösung graphisch – in **Abb. 7-103** wird vom linken Ende der 4 km langen Leitung die Druckhöhenverlustlinie für DN 200 und Q = 40 l/s aufgetragen, vom rechten Ende die Druckhöhenverlustlinie für DN 250 mit Ausgangspunkt 20 m tiefer. Der Schnittpunkt der beiden Linien ergibt die Teilung in DN 200 und DN 250.

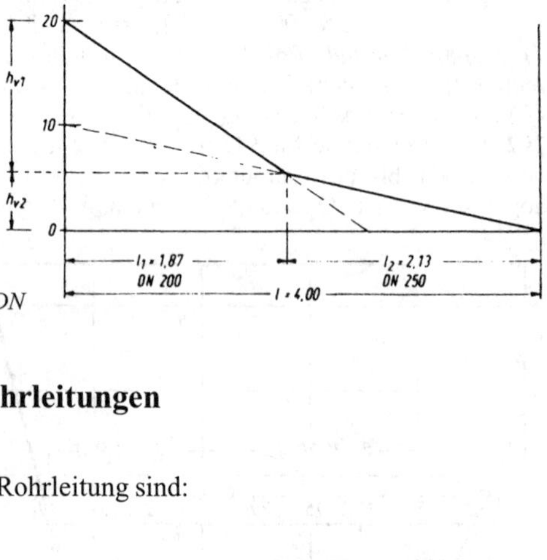

Abb. 7-103: Einteilung einer Rohrleitung in verschiedene DN

7.3.4 Bemessung und Berechnung von Rohrleitungen

7.3.4.1 Allgemein

Grundlagen für das Bemessen und Berechnen einer Rohrleitung sind:
1. Durchfluß = Volumenstrom Q in m^3/h, l/s
2. Fließgeschwindigkeit v in m/s
3. Rauhigkeit k in mm
4. zulässige bzw. vorhandene Druckhöhe entlang der Rohrleitung h

Es ist zu unterscheiden das Bemessen von neu zu verlegenden Leitungen und das Berechnen der hydrodynamischen Verhältnisse in verlegten neuen oder gebrauchten Leitungen. Die zu erfüllenden Bedingungen sind etwas unterschiedlich zwischen Zubringerleitungen, Haupt- und Versorgungsleitungen in Rohrnetzen.

7.3.4.2 Bemessen von Zubringer- und Fernleitungen

7.3.4.2.1 Allgemein

Zubringer- und Fernleitungen verbinden Pumpwerke mit Hochbehälter, oder Scheitel-Hochbehälter mit End-Hochbehälter. Entlang der Leitung sind keine Versorgungsleitungen angeschlossen. Allenfallsige Wasserabgaben erfolgen über Abgabeschächte in Orts- oder Gruppenhochbehälter. Die Aufgabe der Bemessung besteht daher darin, für einen benötigten größten Durchfluß Q eine Rohrleitung zwischen 2 lage- und höhenmäßig gegebenen Punkten wirtschaftlich zu bemessen und danach die Förderhöhen von Pumpen oder die Standorte von Hochbehältern zu bestimmen.

7.3.4.2.2 Durchfluß Q

Der Spitzen-Volumenstrom $Q_{h\,max}$ ist durch die geforderte Förderleistung des Pumpwerks oder der Verbindungsleitung zwischen den Hochbehältern festgelegt. Zur Vermeidung, daß eine Auswechslung der meist sehr langen Leitungen oder das Neuverlegen einer 2. Leitung nach kurzer Zeit erforderlich ist, muß Q nach dem künftigen Bedarf festgelegt werden. Wenn die Möglichkeit hinsichtlich der zulässigen Druckhöhe besteht, später durch Auswechslung der Pumpen eine größere Förderhöhe zu erreichen oder Druckerhöhungspumpwerke einzubauen, was bei langen Fernleitungen oft sehr wirtschaftlich ist, kann Q für den Bedarf in 15 Jahren, andernfalls sollte er für den Bedarf in 30 Jahren festgelegt werden.

Tab. 7-32: Wirtschaftliche Fließgeschwindigkeit und wirtschaftlicher Durchfluß der verschiedenen DN

DN	v m/s	Q l/s	h_v m/km
80	0,80	4,0	10,0
100	0,80	6,3	7,5
125	0,80	9,8	5,8
150	0,85	15,0	5,1
200	0,90	28,3	4,0
250	0,95	46,6	3,7
300	1,00	70,7	2,8
350	1,05	101	2,7
400	1,10	138	2,5
500	1,20	236	2,3
600	1,30	368	2,2
700	1,40	539	2,1
800	1,55	779	2,1
900	1,65	1150	2,1
1000	1,75	1375	2,1

7.3.4.2.3 Fließgeschwindigkeit

Große Fließgeschwindigkeit v und damit kleines DN senkt die Kosten der Rohrleitung und Armaturen, erhöht aber die Förderkosten und vergrößert das Druckstoßproblem. Je höher und je näher die Wassergewinnung gegenüber dem Versorgungsgebiet liegt, um so mehr kann man an die obere Grenze von v gehen. Bei Leitungen mit großem DN und damit hohen Kosten sind eingehende Vergleichsrechnungen entsprechend den örtlichen Verhältnissen und den Preisgrundlagen erforderlich. Einen Anhaltspunkt für die wirtschaftliche Fließgeschwindigkeit gibt **Tab.7-32.** Sie entspricht in etwa auch der bekannten Formel:

$$DN_{wirtsch.} = \mu \cdot \sqrt{Q m^3/s}$$

mit $\mu = 1{,}3$ für kleines Q und $\mu = 1{,}0$ für großes Q.

7.3.4.2.4 Rauhigkeit

Die Werte k (Colebrook) der **Tab. 7-23** entsprechen neuen Rohrleitungen mit geringen Einbauten. Bei Neuverlegung und großen Leitungslängen können diese Werte noch gering unterschritten werden. Es muß aber berücksichtigt werden, daß neuverlegte Leitungen auch in 15 Jahren, je nach Planung, den Bedarf ohne Änderungen liefern müssen. Nach *Schwing* verändert sich bei Gelsenwasser der k-Wert nach n Jahren:

$k = 1{,}095^n \cdot 0{,}0001777 \cdot DN$

z. B. DN 300 in 15 Jahren: $k = 0{,}21$ mm

Nach *Kraut* wurde im Versorgungsgebiet Stuttgart in 80 v. H. der Fälle die scheinbare Rauhigkeit mit k = 1,0 mm, häufig k bis 3,0 mm gemessen. Die Zunahme der Rauhigkeit ist sehr unterschiedlich, abhängig von den örtlichen Verhältnissen und dem Rohrmaterial. Bei Verwendung von modernem Rohrmaterial, d. i. GGG oder St Rohre mit ZM oder nichtmetallischen Rohren sollte k_i für das Bemessen von Zubringerleitungen mit mind. 0,2 mm gewählt werden.

7.3.4.2.5 Druckhöhe

Die Druckhöhe in Zubringer- und Fernleitungen wird i. a. nicht von einem Versorgungsdruck bestimmt. Maßgebend sind die Höhen des WSp am Anfang und Ende der Leitung, dabei muß über den Hochpunkten eine ausreichende Druckhöhe vorhanden sein, damit die Entlüfter gut funktionieren und Druckwellen die Rohrachse nicht unterschreiten. Bei den Druckhöhen muß zusätzlich die Druckerhöhung aus Druckstößen berücksichtigt werden, meist wird hierfür 2 bar = 20 m Druckhöhe angesetzt und dementsprechend die Druckstoßsicherung bemessen. Die größte Druckhöhe einschl. Druckstoß darf PN der Rohrleitung nicht übersteigen. Bei großen Druckhöhen werden die Kosten der Armaturen sehr hoch und der Betrieb schwieriger. Der größte Druck sollte im Betrieb i. a. 16 bar nicht überschreiten.

7.3.4.2.6 Beispiel

Eine 20 km lange Zubringerleitung soll für $Q_{n=15} = 0{,}200\ m^3/s$ wirtschaftlich bemessen werden.
Nach **Tab. 7-32:** v_w gewählt 1,20 m/s, gewählt SpB DN 500, k = 0,2 mm, ergibt $h_v = 36{,}60$ m.
Bei der Abnahme der Zubringerleitung muß die Druckverlusthöhe kleiner als $h_v = 33{,}40$ m (für k = 0,1) sein.

7.3.4.3 Berechnen von Zubringer- und Fernleitungen

Das Berechnen der hydrodynamischen Verhältnisse von gebrauchten Zubringer- und Fernleitungen ist meist einfach, weil Durchflüsse, Druckhöhen am Anfang, Ende und an Zwischenstellen leicht meßbar sind. Aus den Meßwerten errechnet sich die scheinbare Rauhigkeit ki und damit der Alterungsgrad der Leitung. Somit sind die Unterlagen für die Berechnung auch von anderen Durchflußmengen gegeben.

7.3.5 Bemessen von Rohrnetzen

7.3.5.1 Allgemein

Der Neubau von großräumigen Rohrnetzen für große Orte und Städte ist in der BRD heute nicht mehr gegeben, da diese vorhanden sind. Vielmehr handelt es sich bei dem Neubau von Rohrnetzen um solche für kleinere Versorgungsgebiete, wie Landgemeinden, Siedlungen, evtl. mittlere Trabantenstädte.
Die Einteilung des Rohrnetzes in Hauptleitungen, d. i. ohne Anschlüsse, und Versorgungsleitungen mit Anschlußleitungen ist meist erst bei größeren Rohrnetzen mit Leitungen über DN 250 zweckmäßig.
Das Bemessen des Rohrnetzes erfolgt am einfachsten nach dem Verästelungssystem, gegebenenfalls mit Nachkontrolle als Maschensystem. Größere Rohrnetze werden sofort nach dem Maschensystem bemessen.

7.3.5.2 Geforderte Leistung des Rohrnetzes

7.3.5.2.1 Bemessungsdurchfluß

Als Spitzen-Volumenstrom wird der größte gleichmäßige Verbrauch von 1 Std. Zeitdauer eingesetzt, ausgenommen Spitzenverbrauch ohne Gleichzeitigkeitsfaktoren, wie Pumpenförderung, Löschwasserentnahme u. a. Gefordert wird, daß der größte Stundenbedarf am Tag des größten Bedarfs $Q_{h\,max}$ ($Q_{d\,max}$) mit ausreichendem Druck an die Abnehmer, der Löschwasserbedarf mit ausreichendem Druck an die Hydranten geliefert wird. Für das ganze Rohrnetz sind größte und kleinste Druckhöhen zu berechnen, außer der statischen Druckhöhe, d. i. WSp des Hochbehälters oder größte Druckhöhe eines Druckbehälter-Pumpwerks ohne Verbrauch, sind i. a. mindestens folgende 3 Betriebszustände zu untersuchen:
Betriebszustand 1 – größte Förderung des Pumpwerks Q_p, bei kleinstem Verbrauch $Q_{h\,min}$, bei höchstem WSp im Hochbehälter
Betriebszustand 2 – größter Stundenverbrauch am Tag mit größtem Verbrauch $Q_{h\,max}$ ($Q_{d\,max}$), ohne Förderung des Pumpwerks, bei niedrigstem WSp im Hochbehälter bzw. niedrigstem Einschaltdruck eines Druckbehälter-Pumpwerks.

Betriebszustand 3 – Löschwasserförderung Q_L, bei Orten unter 300 E ohne Abnehmerverbrauch, sonst mit größtem Stundenverbrauch an Tagen mit mittlerem Verbrauch $Q_{h\,max}$ ($Q_{d\,max}$), bei niedrigstem WSp im Hochbehälter, ohne Förderung des Pumpwerks.

7.3.5.2.2 Löschwasserbedarf

Der Berechnungs-Löschwasserbedarf richtet sich nach Bebauung und Brandempfindlichkeit. Er ist im Benehmen mit der örtlichen Feuerwehr festzulegen, Grundlagen hierzu (Abschn. 2.7.4).

7.3.5.2.3 Druckhöhe

Bei der größten Druckhöhe, einschl. 20 m für Druckstoß, darf der gewählte PN des Rohrmaterials und die zulässige Druckhöhe in den Verbrauchsleitungen nicht überschritten werden. Bei den kleinsten Druckhöhen muß an der höchsten Entnahmestelle noch ein ausreichender Fließdruck von i. a. 10 m = 1 bar, bei Druckspülern von 12 m = 1,2 bar vorhanden sein.
Nach DVGW-Merkblatt W 403 sollte der Ruhedruck im Schwerpunkt einer Druckzone 50-60 m betragen. Die Druckhöhe sollte nicht über 80 m (ohne Druckstoß) liegen. Im Hinblick auf die Beanspruchung der Haushaltsgeräte empfiehlt es sich bei Druckhöhen über 50 m Druckminderer in die Verbrauchsleitungen einzubauen, die Angaben der Gerätehersteller sind zu beachten. Liegt in einem größeren Gebiet der Druck über 60 m, dann ist es zweckmäßig, für das ganze Gebiet einen Druckminderer im Rohrnetz oder einen Zonenbehälter vorzusehen.
Es ist ferner unwirtschaftlich, die Druckhöhe im Rohrnetz nach der höchsten Entnahmestelle in einzelnen Hochhäusern festzulegen. Wenn hier die normale Druckhöhe der Versorgungsleitungen nicht ausreicht, sind Druckerhöhungsanlagen in solchen Hochhäusern einzurichten. Die hierfür geltenden Grundsätze DIN 1988 T. 5 sind zu beachten.
Für die Löschwasserbereitstellung wird von der Feuerwehr eine Druckhöhe von 40 m am Strahlrohr gefordert. Dies erfordert eine Druckhöhe am Hydranten von mind. 50 m, wenn die Hydranten zum direkten Spritzen verwendet werden sollen. Die Bemessung für diese Druckhöhe bei Betriebszustand 3 ist bei kleinen und mittleren Anlagen aus wirtschaftlichen Gründen meist nicht möglich. In diesem Fall dienen die Hydranten als Wasserzubringer zu den Motorspritzen der Feuerwehr. Es ist dann ein Mindestdruck am Hydranten von 15 m zu fordern, damit Unterdruck im Zulauf durch die Motorspritzen vermieden wird.

7.3.5.3 Bemessungsunterlagen

7.3.5.3.1 Rohrnetzplan

Im Rohrnetzplan, **Abb. 7-104,** wird entsprechend den geplanten oder vorhandenen Straßen, Bebauung und Abnehmern der Verlauf und die Länge der erforderlichen Versorgungsleitungen mit Absperrorganen, Hydranten und sonstigen Leitungseinbauten, ohne Angabe DN, eingetragen. Die Leitungsverzweigungen und Ecken werden als Knoten K_n, die entstehenden Maschen als M_n fortlaufend numeriert.

7.3.5.3.2 Belastungsplan

Im Belastungsplan, **Abb.7-105,** werden die einzelnen Durchfluß = Bedarfswerte wie folgt eingetragen:

$$K_n \;\Big|\; \frac{Q_A \text{ Abnahme l/s} + Q_D \text{ Durchfluß l/s}}{+\,Q_L \text{ Löschwasser l/s} = \text{Strangbelastung } \Sigma\, Q_{n-(n+1)}^{\text{l/s}}} \;\Big|\; K_{n+1}$$

Die Abnahme Q_A des Stranges $K_n - K_{n+1}$ ($Q_{h\,max}$) wird aus dem Wasserbedarf der Einwohner, die flächenmäßig entsprechend der dachförmig geteilten Gesamtfläche auf den Strang entfallen, berechnet (S. 549). Die Einwohnerzahl wird entweder aus den vorhandenen oder geplanten Wohngebäuden ermittelt, z. B. bei sehr unterschiedlicher Bebauung, oder überschlägig aus Wohndichte und Flächenanteil:

$$E = D/10^4 m^2 \cdot F_{(Kn - Kn+1)} \cdot 10^4\, m^2 \quad \textbf{(Tab. 2-14)}$$

somit: $Q_A = Q_{h\,max}$ ($Q_{d\,max}$) = E · Einheitsverbrauch l/Ed · $f_{s(h)}$/86 400
Beispiel: Wohndichte Klasse III 300 E/10^4 m², $F_{/Kn - Kn+1)} = 2 \cdot 10^4\, m^2$
$f_{s(h)} = 5{,}0$ mittl. Einheitsverbrauch 200 l/Ed.

$E = 300 \cdot 2 = 600\,E$, $Q_A = 600 \cdot 200 \cdot 5{,}0 / 86\,400 = 6{,}94$ l/s
Meist wird jedoch vereinfacht die Abnahme Q_A des Stranges $K_n - K_{n+1}$ aus der gleichmäßigen Aufteilung des gesamten Haushaltsbedarfs im Verhältnis der Stranglänge zu Gesamtlänge der Versorgungsleitungen berechnet:

$$Q_A = \text{gesamt } Q_{h\,max}\,(Q_{d\,max}) \cdot L_{(Kn - Kn+1)}/L \text{ gesamt.}$$

Der Wasserbedarf der Großabnehmer wird entsprechend den örtlichen Verhältnissen im einzelnen erhoben und zum Haushaltsbedarf hinzugerechnet.
Die Abnahme Q_A des Stranges $K_n - K_{n+1}$ wird mehr oder weniger gleichmäßig entlang des Stranges verbraucht, dies wird dadurch berücksichtigt, daß für die Berechnung des Druckhöhenverlustes angenähert $0{,}60 \cdot Q_A$ eingesetzt wird.

7.3.5.3.3 Bemessungsplan und Bemessungstabelle

Das Bemessen der Leitungsstränge und das Berechnen der Druckhöhenverluste und der Druckhöhen für die in Betracht kommenden Betriebszustände wird zweckmäßig in Form einer Tabelle in Verbindung mit einem Bemessungsplan durchgeführt. Für das Beispiel der **Abb. 7-104** Rohrnetzplan, bzw. **Abb. 7-105** Belastungsplan, ist die **Tab. 7-33,** Bemessung und Berechnung des Druckhöhenverlustes, Betriebszustand 3 nach dem Verästelungssystem erstellt. Im Beispiel wurde der Strang 2-3 am Knoten 3, der Strang 5-6 am Knoten 6 geschnitten. Nachdem aus dem Belastungsplan die Strangbelastung bekannt ist, berechnet in **Tab. 7-34** Sp. 4-6, wird das Rohrmaterial gewählt, hier GGG-ZM. Der k-Wert wird entsprechend den örtlichen Verhältnissen, wie Zahl der Rohrleitungseinbauten, Wasserbeschaffenheit gewählt, hier z. B. Strang HB-K_1 und PW-K_6 mit k = 0,2 mm, für die Versorgungsleitungen k = 0,4 mm. In diesen Werten soll auch der Einfluß des geringeren Rohrquerschnitts von GGG-ZM gegenüber GGG enthalten sein, so daß mit D = DN gerechnet wird. Für die Bemessung nach dem Betriebszustand 1 und 2 wird die wirtschaftliche Fließgeschwindigkeit nach **Tab. 7-32** zugrunde gelegt. Bei Versorgungsleitungen somit für DN < 250 v = 0,80–0,95 m/s, wenn der Durchfluß für größte Abnahme bzw. größte Förderung des Pumpwerks größer ist als Löschwasser + $Q_{h\,max}$ (Q_d). Bei kleinen Rohrnetzen überwiegen jedoch die Strangdurchflüsse für Betriebszustand 3, hier kann v für die Berechnung je nach den örtlichen Verhältnissen etwas erhöht werden, z. B. v = 0,80–1,20 m/s, da für die Betriebszustände ohne Löschwasser v weit darunter liegt. Mit diesen Werten ist die **Tab. 7-33** gerechnet und die Ergebnisse im Bemessungsplan **Abb. 7-106** eingetragen. An den Knoten werden die maßgeblichen Höhenangaben, wie Druckhöhe, Geländehöhe und Druckhöhe über Gelände, angegeben. Die Lage der Druckhöhenlinie ist dann aus dem Längsschnitt der Leitungsstränge ersichtlich.

Tab. 7-33: Bemessung und Berechnung des Druckhöhenverlustes Betriebszustand 3 eines Rohrnetzes nach dem Verästelungssystem

Nr.	Strang-Bez.	Länge L	Strangbelastung Abnahme Q_a	$0{,}6 \cdot Q_A$	Durchfluß Q_D	Löschwasser Q_L	Strangbelast. 5+6+7	Werkstoff	Bemessung DN	k	v	Druckhöhenverlust 1000	Strang-	Druckhöhe Anfangknoten	Endknoten
		m	l/s	l/s	l/s	l/s	l/s		mm	mm	m/s	m	m	NN	NN
1	2	3	4	5	6	7	8	9	10	11	12	13	14	15	16
1	HB–1	500	-	-	10,5	26,6	37,1	GGG	200	0,2	1,18	7,52	3,75	500,00	496,25
2	1-2	200	1,50	0,9	4,5	26,6	32,0	GGG	200	0,4	1,02	6,48	1,30	496,25	494,95
3	2-5	200	1,50	0,9	1,5	26,6	29,0	GGG	200	0,4	0,92	5,35	1,07	494,95	493,88
4	5-6	200	1,50	0,9	-	13,3	14,2	GGG	125	0,4	1,16	15,16	3,03	493,88	490,85
5	2-3	200	1,50	0,9	-	26,6	27,5	GGG	200	0,4	0,88	4,82	0,96	494,95	493,99
6	1-4	200	1,50	0,9	3,0	26,6	30,5	GGG	200	0,4	0,97	5,91	1,18	496,25	495,07
7	4-3	200	1,50	0,9	1,5	26,6	29,0	GGG	200	0,4	0,92	5,35	1,07	495,07	493,90
8	3-6	200	1,50	0,9	-	26,6	27,5	GGG	200	0,4	0,88	4,82	0,96	493,90	492,94
9	6–PW	300	-	-	-	26,6	26,6	GGG	200	0,2	0,85	3,96	1,19	492,94	491,75

7.3.5.3.4 Nachteile des Verästelungssystems

Wenn das Rohrnetz dauernd wie im Verästelungssystem getrennt bleibt, ist es richtig bemessen und die hydraulischen Verhältnisse sind richtig dargestellt. Die Sicherheit der Versorgung erfordert aber nach

Möglichkeit die 2-seitige Versorgung, d. h. soweit als möglich die Stränge zu Maschen zu verbinden. Bei der Berechnung nach dem Verästelungssystem ergeben sich an den Trennstellen Unterschiede der Druckhöhen, im Beispiel **Abb. 7-106** am K_6 $H_{3\text{-}6}$ 492,94 und $H_{5\text{-}6}$ 490,85. Werden die Stränge hier verbunden, muß gleiche Druckhöhe vorhanden sein, d. h. der Durchfluß verteilt sich anders, als nach dem Verästelungssystem errechnet wurde. Der Ausgleich und die Berichtigung der Strangdurchflüsse und Druckhöhen kann mit dem Δh Verfahren nach Mutschmann gwf 32/1958 durchgeführt werden. Das Verfahren ist im Taschenbuch der Wasserversorgung 7. Aufl. ausführlich dargestellt, siehe dort. Mit den modernen Rechenhilfsmitteln ist jedoch das Maschensystem nach dem Hardy-Cross Verfahren übersichtlich und schnell zu berechnen.

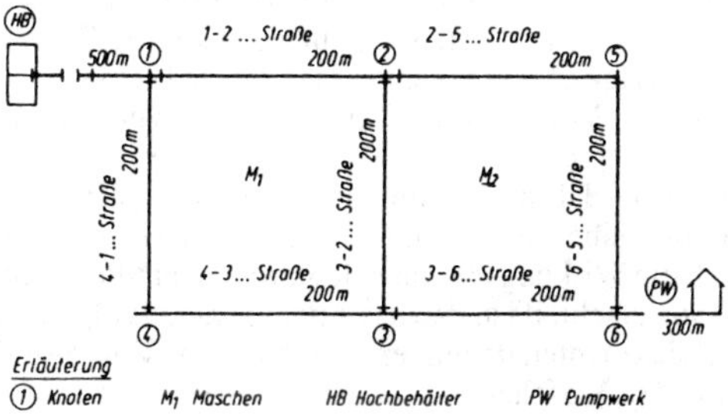

Abb. 7-104: Rohrnetzplan

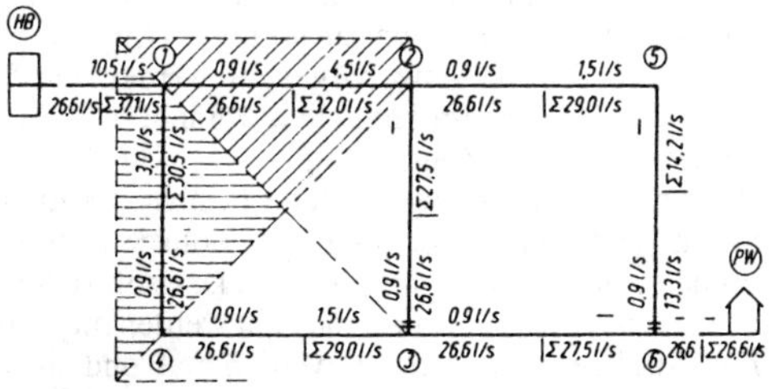

Abb. 7-105: Belastungsplan Betriebszustand 3, Rohrnetz Verästelungssystem

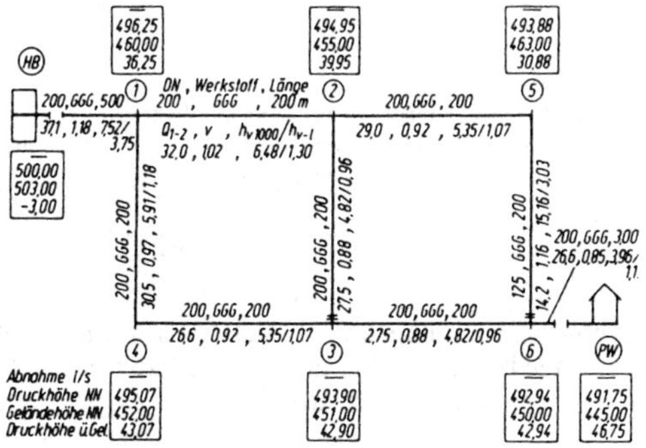

Abb. 7-106: Bemessungsplan für Betriebszustand 3, Rohrnetz Verästelungssystem

7.3.6 Berechnen von Rohrnetzen

7.3.6.1 Grundlage

Bei dem Berechnen von Rohrnetzen sind meist das Rohrnetz vorhanden und die Leitungen mehr oder weniger lange gebraucht, oder ein neu geplantes Rohrnetz wird nach dem Verästelungssystem vorläufig bemessen und soll dann als vermaschtes Rohrnetz berechnet und berichtigt werden. Grundlage für das Berechnen von vermaschten Rohrnetzen bilden die Kirchhoff'schen Gesetze der Elektrotechnik und das Widerstandsgesetz:

1) Knotenbedingung – die Summe der Zuflüsse und Abflüsse an jedem Knoten $\Sigma Q = 0$, hierbei Zufluß positiv, Abfluß negativ.

2) Maschenbedingung – die Summe der Druckhöhenverluste der Rohrstränge einer Masche $\Sigma h_v = 0$, hierbei Q und h_v positiv, wenn Fließrichtung in der Masche im Uhrzeigersinn, negativ wenn Gegen-Uhrzeigersinn.

3) Knotenzahl-Bedingung – im vermaschten Rohrnetz gilt K – n + m = 1. K = Anzahl der Knoten, n = Anzahl der Stränge, m = Anzahl der Maschen. In **Abb. 7-106:** 6 – 7 + 2 = 1.
4) Widerstandsgesetz – gilt für das Berechnen der Druckhöhenverluste.
Die Ermittlung der gesuchten Werte Strangdurchflüsse, Strang-Druckverlusthöhen und Druckhöhen an den Knoten ist durch Analog-Modelle oder durch Rechenverfahren möglich.

7.3.6.2 Analog-Modelle

Bei den heute überwiegend verwendeten elektrischen Analog-Verfahren werden die Ähnlichkeit des Widerstandsgesetzes einer Rohrströmung mit dem Ohm'schen Gesetz und die Kirchhoff'schen Gesetze benutzt. Es wird ein elektrisches Modell erstellt, wobei die Rohrleitungen durch elektrische Elemente mit ähnlichen Veränderungen des Widerstandes in Abhängigkeit vom Durchfluß, der Wasserdurchfluß Q durch den Strom I, die Druckverlusthöhe h_v durch den Spannungsverlust, die Druckhöhe durch die Spannung dargestellt werden. Die Schwierigkeit besteht darin, elektrische Elemente zu finden, welche einem ähnlichen Veränderungsgesetz des Widerstandes folgen wie die hydraulische Strömung in einer Rohrleitung.
Der Vorteil der Analog-Modelle besteht vor allem darin, daß die Strömungsverhältnisse durch die Strom- und Spannungsmessungen optisch sichtbar sind, eine Veränderung im Leitungssystem, z. B. Einbau einer Leitung mit größerem DN, sofort optisch die Wirkung erkennen läßt, wobei nur die davon betroffenen Elemente ausgetauscht werden müssen. Von Nachteil ist, daß das Analog-Modell für jeden Einzelfall besonders erstellt werden muß und nur für diese Untersuchungen einsetzbar ist. Von Vorteil sind sie bei räumlich ausgedehnten Rohrnetzen mit vielen Maschen, bei welchen häufig Veränderungen zu untersuchen sind. Die Analog-Modelle sind daher verhältnismäßig teuer, so daß heute vorwiegend die Rechenverfahren benutzt werden, da die Rechenanlagen vielseitig verwendbar sind.

7.3.6.3 Rechenverfahren, Digital-Modelle

7.3.6.3.1 Allgemein

Heute wird allgemein das iterative Rechenverfahren nach Hardy-Cross angewendet. Für die vorhandenen bzw. vorher bemessenen Rohrleitungen sind noch unbekannt Durchfluß Q und Druckhöhenverlust h_v. Diese Werte können mittels zweier verschiedener aber ähnlicher Verfahren ermittelt werden, dem Druckhöhenausgleich bzw. dem Durchflußausgleich.

7.3.6.3.2 Verfahren mit Druckhöhenausgleich

Die Strangdurchflüsse müssen zunächst unter der Knoten-Bedingung $\Sigma\, Q = 0$ geschätzt werden. Mit diesen Werten werden die Druckhöhenverluste der Stränge berechnet. Wenn die geschätzten Werte Q der Stränge noch nicht die Maschen-Bedingung $\Sigma\, h_v = 0$ erfüllen, wird eine Korrektur ΔQ für jede Masche berechnet aus:

$$\Delta Q = -\Sigma\, h_v / 2 \cdot \Sigma\, h_v/Q.$$

Zu beachten sind die Vorzeichen von Q und h_v entsprechend von Q, so daß h_v/Q immer positiv ist. Mit diesen Korrekturwerten werden die Strangdurchflüsse berichtigt. Bei Strängen, welche zu 2 Maschen gehören, muß der Korrekturwert der berechneten Masche in der Nachbarmasche mit dem umgekehrten Vorzeichen eingesetzt werden.
Bei Rohrnetzen mit wenig Maschen unter Benützung von programmierbaren Taschenrechnern ist es übersichtlicher, wenn zunächst im 1. Schritt alle Maschen einmal durchgerechnet werden, dann die ΔQ Korrekturen aller Stränge und aller Maschen vorgenommen werden. Bei der Prüfung der Rechenschritte ist es notwendig, immer die Knoten-Bedingung zu prüfen, d. h. $\Sigma\, Q = 0$ an jedem Knoten.
Es gibt verschiedene Vorschläge, wie die Ausführung der Korrekturen vorzunehmen ist, um die Konvergenz der Näherungsrechnung schneller zu erreichen. Diese betreffen jedoch mehr große Rohrnetze, die mit großen Rechenanlagen berechnet werden. Hierzu wird auf die Spezial-Literatur verwiesen.

7.3.6.3.3 Verfahren mit Durchflußausgleich

Bei diesem Verfahren werden die Druckhöhen an den Knoten geschätzt, hieraus die Druckhöhenverluste h_v berechnet, wobei die Maschen-Bedingung $\Sigma\, h_v = 0$ erfüllt sein muß. Es ist dann noch nicht die Knoten-Bedingung erfüllt, $\Sigma\, Q = 0$. Der Korrekturwert wird errechnet aus:

$$\Delta h_v = 2 \cdot \Sigma Q / \Sigma Q / h_v$$

Das Verfahren verläuft sonst wie beim Druckhöhenausgleich, jedoch meist langwieriger, so daß fast immer das Verfahren mit Druckhöhenausgleich gewählt wird.

7.3.6.3.4 Berechnungsunterlagen

1) Rohrnetzplan – ist die 1. Grundlage für die Berechnung, **Abb.7-104.** Bei bestehenden Rohrnetzen muß geprüft werden, ob die vorhandenen Rohrnetzpläne dem letzten Stand hinsichtlich Material, DN und L entsprechen. Ferner muß geprüft werden, ob alle Abschlußorgane bewegbar und offen sind. Bei Planung eines neuen Rohrnetzes ist zunächst die Leitungsführung der Rohrstränge festzulegen, dann sind an Hand der vorläufigen Schätzung der Strangdurchflüsse die Stränge vorläufig zu bemessen.
2) Belastungsplan – entgegen dem Verfahren des Verästelungssystems wird beim vermaschten Rohrnetz der Verbrauch den Knoten zugeordnet. Die Zuflüsse Q_z an den Knoten werden so auf die Abflüsse = Strangabfluß + Abnahme verteilt, daß die Knotenbedingung $\Sigma Q = 0$ erfüllt ist, woraus sich die 1. Schätzung der Strangdurchflüsse Q_{a-b} ergibt. Für diese Schätzung gibt folgende Formel brauchbare Werte, wobei r aus **Tab. 7-31** entnommen wird.

$$Q_{a-b} = Q_z \cdot 1 / \sqrt{L/r_{a-b}} / \Sigma\, 1 \sqrt{L/r};$$

Beispiel: Aufteilung $Q_z = 100$ l/s am Knoten K_1 auf Strang 1-2 und Strang 1-4 ergibt für **Abb. 7-107:**

$$Q_{1-2} = 100 \cdot 1 / \sqrt{500/30{,}33} / \Sigma\,(1 / \sqrt{500/30.33} + 1 / \sqrt{400/245{,}7})$$
$Q_{1-2} = 23{,}9$ l/s, $Q_{1-4} = 74{,}1$ l/s

Für das gleiche Beispiel des Rohrnetzplanes **Abb. 7-104** mit den Strängen DN der **Abb. 7-106,** Betriebszustand 3 mit einer Strangabnahme $Q_A = 1{,}5$ l/s und einer Löschwasserentnahme von $Q_L = 13{,}3$ l/s an K_5 und 13,3 l/s an K_6 ist der Belastungsplan **Abb.7-108** und die **Tab.7-34** Schätzung der Strangdurchflüsse erstellt. Aus dem Vergleich der Belastungspläne **Abb.7-104** und **Abb.7-108** ist ersichtlich, daß die Strangbemessung nach dem Verästelungssystem das Löschwasser an jeder Stelle des Rohrnetzes berücksichtigt, bei der Berechnung des vermaschten Rohrnetzes können dagegen jeweils nur die bestimmten, festgelegten Entnahmestellen des Löschwassers berücksichtigt werden, im Beispiel an K_5 und K_6. Dafür sind aber reale Fließzustände und Druckhöhenverluste errechenbar. Wenn die Bemessung nach den Belastungen des vermaschten Rohrnetzes erfolgen soll, müssen alle Belastungsfälle mit den denkbaren Löschwasserentnahmen berechnet werden. Die Größtwerte der Strangbelastungen bilden dann die Bemessungsgrundlagen.
3) Rechennetzplan – **Abb. 7-109** bildet mit dem Belastungsplan **Abb. 7-108** die Grundlage für die Berechnung der Strangdurchflüsse und Druckhöhenverluste. Der Rechennetzplan ist ein vereinfachter Rohrnetzplan, denn je nach den Schwerpunkten des Belastungsplanes werden endgültig die zu berücksichtigenden Knoten festgelegt, Doppelstränge zu Einfachsträngen zusammengelegt, unbedeutende Nebenstränge mit kleinem DN weggelassen.
Üblich ist etwa ein Verhältnis: Größter Rohrquerschnitt/kleinster zu berücksichtigender Rohrquerschnitt =

$$A_1 / A_2 = 4/1 \text{ oder } DN_1 / DN_2 = 2/1.$$

Größter DN	250	300	350	400
Im allgemeinen nicht mehr zu berücksichtigende DN	80	100	125	150

Im Rechennetzplan werden die Berechnungsgrundlagen eingetragen, d. i. DN, Rohrmaterial, k-Wert, Länge, später das Ergebnis der Berechnung **(Abb.7-109,** Seite 566).
4) Vergleichsrechnung – Schwierig ist die richtige Ermittlung der scheinbaren k-Werte in einem Rohrnetz, die einen wesentlichen Einfluß auf die Berechnung von h_v hat. Bei gebrauchten Leitungen in Ortsnetzen großer Ausdehnung kann der k-Wert sehr unterschiedlich und z. T. sehr hoch sein. Nach *Kraut* wurden für Stuttgarter Verhältnisse bei rd. 80 v. H. der untersuchten Rohrnetze der k-Wert mit 1,0 mm festgestellt, bei den übrigen lag der k-Wert noch höher. Bei Rohrnetzen geringer Ausdehnung und gleichem Alter der Leitungen kann die erste Annahme von einem einheitlich erhöhten k-Wert ausgehen. Bei großen Rohrnetzen ist meist ein unterschiedlich hoher Ansatz der k-Werte erforderlich. Notwendig ist die Durchführung einer Vergleichsrechnung zum Vergleich der gemessenen und be-

rechneten Druckhöhen, um daraus die örtlich vorhandenen k-Werte zu ermitteln. In GW 303 ist die Meßanordnung und die Durchführung der Druckmessungen angegeben, mit denen die örtlich vorhandenen Druckhöhen festzustellen sind. Die Mindestanzahl der Druckmessungen ist je nach Aufgabenstellung und Anzahl der Knoten etwa wie folgt anzusetzen:

Anzahl der Knoten	bis 100	bis 200	bis 1 000	über 1 000
erf. Druckmeßpunkte i. v. H. d. Knoten	25	15	10	mehr als 100 Druckmeßpunkte

Tab. 7-34: Grunddaten der Stränge und Schätzung des Strangdurchflusses eines vermaschten Rohrnetzes (Abb. 7-108)

Knoten	Strang	DN mm	Rauhigkeit k_C	 k_L	L m	r 100	Knoten Abfluß Zufluß l/s	Abnahme l/s	Summe Strang- Durch- fluß	Einzel- Strang- Durch fluß l/s	v m/s
1	Q_Z/Q_A						37,1	– 1,5	35,6		
	1–2	200	0,4	1,3	200	30,33				– 17,8	0,57
	1–4	200	0,4	1,3	200	30,33				– 17,8	0,57
2	Q_Z/Q_A						17,8	– 2,2	– 15,6		
	2–5	200	0,4	1,3	200	30,33				– 7,8	0,25
	2–3	200	0,4	1,3	200	30,33				– 7,8	0,25
4	Q_Z/Q_A						17,8	– 1,5	– 16,3		
	4–3	200	0,4	1,3	200	30,33				– 16,3	0,52
3	Q_Z/Q_A						16,3	– 2,3	– 21,8		
	3–6	200	0,4	1,3	200	30,33	+ 7,8			– 21,8	0,69
5	Q_Z/Q_A						7,8	– 14,8	+ 7,0		
	5–6	125	0,4	1,3	200	3,17				+ 0,7	0,22
6	Q_Z/Q_A						21,8	– 14,8	– 7,0		
	5–6	125	0,4	1,3	200	3,17				– 7,0	0,22

Erläuterung: k_C (Colebrook), k_L (Ludin)

Die Druckmessungen sind mit überprüften schreibenden Geräten von einem sachkundigen Meßtrupp auszuführen. Als Druckmeßpunkte werden vor allem Hydranten, dann Anschlußleitungen in Gebäuden, falls dort keine Entnahme, gewählt. Die geodätische Höhe der Druckmeßpunkte muß mit mind. ± 0,10 m Genauigkeit gemessen werden. Ferner werden alle Zuflüsse in das Rohrnetz, Durchflüsse im Rohrnetz wenn möglich, Abnahme der Großverbraucher möglichst mit Schreibgeräten gemessen. Die Auswertung der Messung gibt dann gute Resultate, wenn große Druckunterschiede vorhanden sind und Zuflüsse und Abnahme genau gemessen werden. GW 303 fordert einen möglichst über das ganze Rohrnetz verteilten Druckabfall von 20 v. H. des Ruhedrucks, mind. jedoch von 15 m.

Vorteilhaft ist *das Stuttgarter Verfahren.* Hierbei werden festgelegte, mit WZ gemessene Abnahmen aus über das Rohrnetz verteilten Hydranten in Zeiten des geringsten Verbrauchs, etwa ab 23.30 Uhr, auf die Dauer von $^1/_2$ Stunde für jeden Belastungsfall derart entnommen, daß Druckabsenkungen von 3 bar und mehr erreicht werden. Gemessen werden dabei alle Zuflüsse, die für die Untersuchung festgelegten Abnahmen und solche von Großabnehmern, ferner WSp der Zufluß-Behälter. Durch Wechsel der Abnahmemengen und der Entnahmestellen sind verschiedene Belastungsfälle darstellbar.

Nach GW 303 ist die zulässige Einzelabweichung a = ± 2 v. H. des Ruhedrucks, bzw. 2 m WS, ferner muß die Bedingung erfüllt sein:

$$-a/\sqrt{n} \leqq U \leqq a/\sqrt{n} + a/\sqrt{n}, \text{ mit } U = \Sigma_i^n (p_m - p_e)/n$$

U = Erwartungswert der Druckabweichung, n = Anzahl der Druckmeßstellen, p_m = gemessener Druck, p_e = errechneter Druck, a = zulässige Abweichung der Einzelmessung.

Mit den bei der Druckmessung erhaltenen Werten werden die Vergleichsrechnungen durchgeführt, um daraus die k_i Werte des Rohrnetzes bzw. der Stränge zu erhalten. Sind große Abweichungen vorhanden, muß geprüft werden, ob die eingegebenen Grunddaten des Rohrnetzes richtig sind, z. B. Fehler in DN, L, Höhenlage, ferner ob der k_i Wert durch nicht erkannte Betriebsunterschiede, wie geschlossene oder teilgeschlossene Schieber, unterschiedliche Ablagerungen in den Strängen, schadhafte Armaturen, unbekannte Abnahmen und Leckstellen beeinflußt ist. Diese Fehler müssen zunächst behoben werden, dann ist der k_i Wert zu verändern, bis eine ausreichende Übereinstimmung zwischen Rechnung und Messung vorhanden ist.

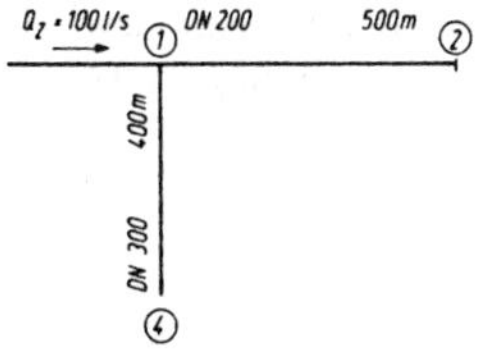

Abb. 7-107: Aufteilung der Zu- und Abflüsse an einem Knoten

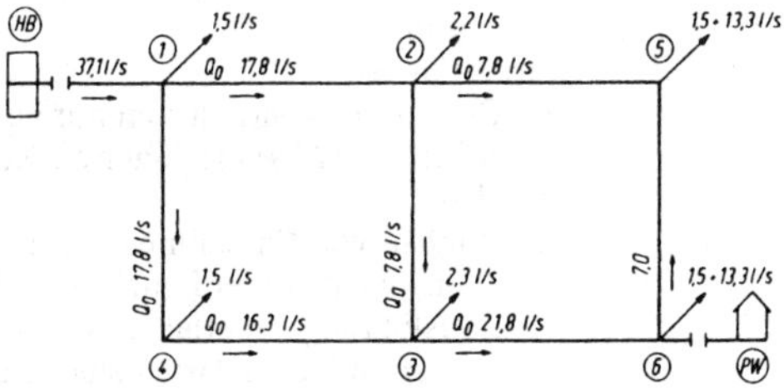

Abb. 7-108: Belastungsplan, Betriebszustand 3, vermaschtes Rohrnetz

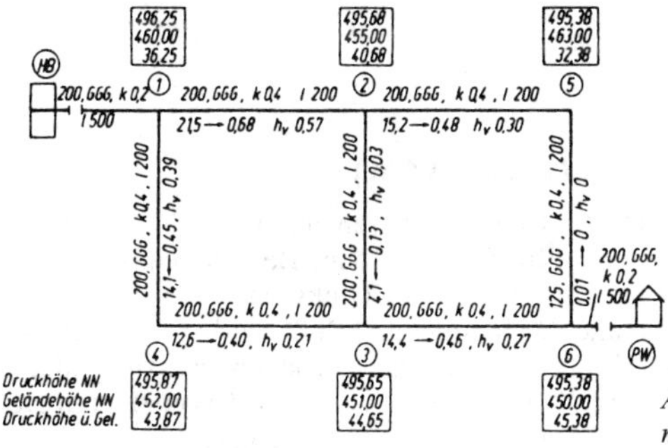

Abb. 7-109: Rechennetzplan, Betriebszustand 3, vermaschtes Rohrnetz

5) Planungsrechnung – mit den aus der Vergleichsrechnung erhaltenen Werten ist der hydraulische Zustand eines Rohrnetzes bestimmt. Hieraus kann entnommen werden, ob für die vorhandene Belastung des Rohrnetzes oder für geplante zusätzliche Belastungen Mängel vorhanden sind, wie unzureichender Druck an einzelnen Stellen, zu große Geschwindigkeit, Stagnieren des Wassers, ferner wie zweckmäßig Erweiterungen durchzuführen sind, z. B. zur Verbesserung der Druckverhältnisse, zur Versorgung zusätzlicher Großabnehmer, Erhöhung der Druckverhältnisse bei erhöhter Löschwasserbereitstellung, Versorgung neuer Wohngebiete u. a. Die der Planungsrechnung eingegebenen Daten und die errechneten Werte werden in Listen zusammengestellt, die für jeden Betriebszustand erhaltenen Werte werden in den Rechennetzplan, **Abb. 7-109,** bzw. Belastungsplan, **Abb. 7-108,** eingetragen, und zwar:
am Strang: Durchfluß Q/l/s, Fließrichtung, v m/s, Druckverlust h_v m
am Knoten: Druckhöhe NN, Geländehöhe NN, Druckhöhe über Gelände m.
Hydrotechnische Berechnungen erfolgen mittels EDV auf der Grundlage der Formeln von Prandtl–Colebrook iterativ nach dem Hardy-Cross-Verfahren. Es kommen durchwegs PCs zum Einsatz. Die Programme werden von verschiedenen Software-Herstellern angeboten.
Mit ihnen kann auch die Eingabe aller Daten von bestehenden Anlagen bis hin zur Eingabe von Pumpen mit ihren Kennlinien erfolgen.

7.3.7 Bemessen und Berechnen von Anschlußleitungen und Verbrauchsleitungen

(Trinkwasser-Installation-TRWI)
(s. auch DVGW-Merkblatt W 404 vom März 1998 – Wasseranschlußleitungen)

7.3.7.1 Allgemein

DIN 1988 Teil 2 und Beiblatt 1 zu Teil 2 beinhalten die Planungsgrundlagen und die für den Bau von *Trinkwasseranlagen in Grundstücken und Gebäuden* geeigneten Bauteile, Apparate und Werkstoffe. Solche Anlagen sind so auszuführen, daß eine sparsame Wasserverwendung möglich ist. Ferner sind die Rohrleitungen so zu bemessen, daß einerseits der Mindestversorgungsdruck an allen Entnahmestellen und andererseits, zur Erhaltung der Trinkwasserqualität, der dazu nötige Wasseraustausch gewährleistet sind.
Einbau und Betrieb von Produkten können, wie nachfolgende Beispiele zeigen, an bestimmte Voraussetzungen gebunden sein:
Trinkwassererwärmer für 6 bar;
PVC- und PE-Rohre dürfen nur als Kaltwasserleitungen verwendet werden, Gewinde nach DIN ISO 228 (1) können als Rohrgewinde nur mit besonderer Dichtung verwendet werden,
der Einbau von Entnahmearmaturen darf nur unter Beachtung der Angaben zur Vermeidung unzulässiger Druckstöße erfolgen usw.
Die Planungs- und Ausführungsunterlagen sollen bestehen aus:
einem verbindlichen Grundstücks-Lageplan
den Keller u. Geschoßgrundrissen mit eingezeichneten Leitungen u. Schnitten,
einer Ermittlung der Rohrdurchmesser nach DIN 1988 Teil 3 und der schematischen Darstellung der Leitungsführungen mit den entspr. Details.

7.3.7.2 Verfahren nach DIN 1988 Teil 3 – Dez. 1988 – (TR. des DVGW)

Die *Ermittlung der Rohrdurchmesser* erfolgt nach DIN 1988 Teil 3. Er beruht auf den in den Leitungen entstehenden Druckverlusten, die insbesondere von der Rohrlänge u. dem Berechnungsdurchfluß abhängig sind. An der hydraulisch ungünstigsten Entnahmestelle einer Trinkwasseranlage soll beim rechnerischen Spitzenverbrauch der „Mindest-Entnahme-Armaturendurchfluß“ vorhanden sein. Die DIN 1988 unterscheidet hierfür den **vereinfachten** (z. B. im Wohnbau ohne Größenbegrenzung, kleine Hotelgebäude u. a.), nur wenn diese Berechnungsart nicht ausreichend ist, den **differenzierten Berechnungsgang** (z. B. zum Nachweis der Notwendigkeit einer Druckerhöhungsanlage).
Für die *Bemessung der Anschluß- und Verbrauchsleitungen* ist folgender Berechnungsgang einzuhalten:
1. Feststellen des Mindestversorgungsüberdruckes in der Versorgungsleitung am Abzweig der Anschlußleitung (Angabe des WVU). Wurde die Anschlußleitung durch das WVU erstellt, Angabe des WVU für den Mindestdruck am Ende der Anschlußleitung.
2. Feststellung der Druckdifferenz (Δp_{geod}) aus dem geodätischen Höhenunterschied zwischen der Versorgungsleitung und der höchsten Entnahmestelle.
3. Ermittlung der Druckverluste im Wasserzähler (ggf. für Filter, Dosieranlagen etc.) und des Mindestfließdruckes (P_{minFl}) an der Entnahmestelle und damit der verfügbaren Differenz für Rohrreibung und Einzelwiderstände.
Die Auswahl des Wasserzählers bestimmt das WVU.
Für Wasserzähler und auch für andere Apparate wie z. B. Filter, Dosieranlagen etc. berechnet sich der Druck nach der Formel:

$$p_s = p_g \cdot \frac{V_S^2}{V_g^2} \text{ (mbar)};$$

wobei der Index g für gegebene Werte und s für den errechneten Spitzendurchfluß gilt. Für Pauschalansätze werden folgende Einzelabzüge empfohlen:
Wasserzähler (Nenndurchfl. $<15\ m^3/h$ ohne Rückflußverhinderer 400 mbar
Wasserzähler (Nenndurchfl. $<15\ m^3/h$ mit Rückflußverhinderer 700 mbar
Filter im Gebrauchszustand 300 mbar.
Weitere Werte siehe DIN 1988 (3).

Tab. 7-35: Anschluß, Nenndurchfluß und maximaler Durchfluß nach DIN ISO 4064(1) sowie Normwerte für Druckverluste (DIN 19 88) von Wasserzählern:

Zählerart	Anschluß Gewinde nach DIN ISO 226(1)	DN des Anschlußflansches:	Nenndurchfluß m³/h	Maxim. Durchfluß m³/h	Druckverlust mbar
Volumetrische Zähler und Flügelradzähler	G 1/2 B	–	0,6	1,2	1 000
	G 1/2 B	–	1	2	1 000
	G 3/4 B	–	1,5	3	1 000
	G 1 B	–	2,5	5	1 000
	G 1 1/4 B	–	3,5	7	1 000
	G 1 1/2 B	–	6	12	1 000
	G 2 B	–	10	20	–
Woltmann-Zähler	–	50	15	30	300/600*
	–	65	25	50	300/600*
	–	80	40	80	300/600*
	–	100	60	120	300/600*
	–	150	150	300	300/600*
	–	200	250	500	300/600*

*) Verluste von Woltmann-Zähler senkrecht (WS)

Tab. 7-36: Vorzugsreihe f. d. Auswahl der Wasserzähler in Wohnanlagen

Nenndurchfluß V_n m³/h	maximaler Durchfluß V_{max} m³/h	Spülklosett mit	Zahl der Wohneinheiten
2,5	5	Druckspüler	bis 15
		Spülkästen	bis 30
6	12	Druckspüler	16 bis 85
		Spülkästen	31 bis 100
10	20	Druckspüler	86 bis 200
		Spülkästen	101 bis 200

4. Ermittlung der Entnahmearmaturendurchflüsse (V_R), der Summendurchflüsse (ΣV_R) der Teilstrecken und daraus der Spitzendurchflüsse (V_S). Der Spitzenvolumenstrom V_S errechnet sich für *Wohngebäude*

a) mit Einzelarmaturen $V_R < 0{,}5$ l/s und für ΣV_R von 0,7 bis 20 l/s nach der Formel (= Linie **B** in **Abb. 7-110):**

$$V_S = 0{,}682 \cdot (\Sigma V_R)^{0{,}45} - 0{,}14 \text{ (l/s)}$$

b) mit Einzelarmaturen > 0,5 l/s für $\Sigma V_R = 0{,}5$ bis 1,0 l/s

$$V_S = V_R$$

und für den Bereich $\Sigma V_R > 1$ l/s nach der Formel (= Linie **A** in **Abb. 7-110):**

$$V_S = 1{,}7 \cdot (\Sigma V_R)^{0{,}21} - 0{,}7 \text{ l/s}$$

Für Büro- und Verwaltungsgebäude mit $V_R < 20$ l/s gelten die Linien **A** und **B;** für $\Sigma V_R > 20$ l/s gilt die Linie **C** der **Abb. 7-110** bzw. die Gleichung:

$$V_S = 0{,}4 \cdot (\Sigma V_R)^{0{,}54} + 0{,}48 \text{ (l/s)}.$$

Entsprechende Gleichungen für Hotelbetriebe, Kaufhäuser, Krankenhäuser usw. können der DIN 1988 (3) entnommen werden. Für obige Formeln sind die Werte in **Abb.7-110** graphisch dargestellt.

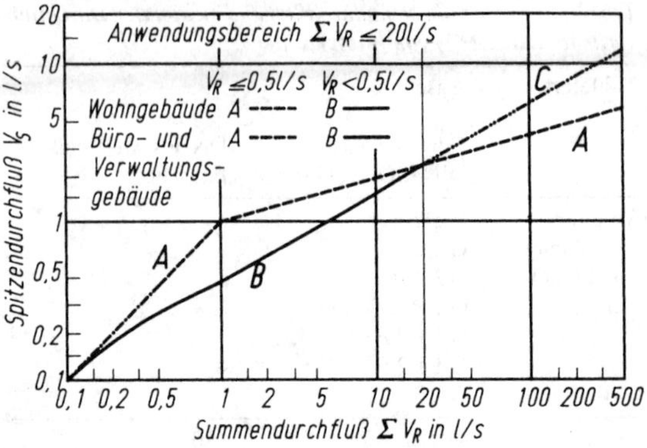

Abb. 7-110: Spitzendurchfluß in Abhängigkeit von V_R

5) Durch Abzug des (geschätzten) Anteils (Erfahrungswert nach DIN 1988 (3) 40–60 %), der Druckdifferenz für Einzelwiderstände von der verfügbaren Druckdifferenz – berechnet nach 3) –, wird das für die Rohrreibung zur Verfügung stehende Druckgefälle ermittelt.
6) Dimensionierung der Leitungen und Berechnung der Druckverluste aller Teilstrecken. Vergleich mit dem nach 5) ermittelten Druckgefälle und ggf. mit geändertem Rohrdurchmesser nachrechnen. –

7.3.7.3 Anschlußleitungen

Die Berechnung der Anschlußleitung erfolgt i. d. R. durch das WVU.
Bemessungsgrundlagen sind der Spitzenvolumenstrom V_S und die technisch wirtschaftlich günstigste Fließgeschwindigkeit. Als Mindest-DN ist DN 25 einzuhalten. Im Hinblick auf die meist hohen Kosten für Rohrgraben, Straßenaufbruch und Wiederherstellen, Mauerdurchführung usw. sind die Materialkosten der Rohrleitung gering, so daß sich Einsparungen durch Wahl von kleinem DN kostenmäßig nicht lohnen. Die Druckhöhenverluste der Formstücke werden berechnet aus:

$$h_v = \zeta \cdot v^2/2\,g$$

Für eine Ventilanbohrschelle + Wasserzählereingangsventil (Schrägsitz) + Wasserzählerausgangsventil mit Rückflußverhinderer ergibt sich die Summe der Verlustbeiwerte nach **(Tab.7-41)** zu:

$$\zeta = 5 + 2 + 5 = 12$$

Für Formstücke meist mind. 2 · 90° Bogen:

$$\zeta = 2 \cdot 0{,}3 = 0{,}6;$$

somit: $$h_v = \zeta \cdot v^2/2\,g = (12+0{,}6) \cdot 1{,}44^2/(2 \cdot 9{,}81) = 1{,}332 = 133 \text{ mbar};$$

Zur Vereinfachung wird für ein *Eigenheim mit Einliegerwohnung und zentraler Trinkwassererwärmung* (gem. DIN 1988 (3) Bbl. 1/Seite 2 bzw. der im nachfolgenden Abschnitt 7.3.7.4 aufgeführten Berechnung) ein Spitzendurchfluß von 1,22 l/s (= 4,39 m^3/h) die Anschlußleitungs-Länge von 12,5 m sowie der Mindestversorgungsdruck am Anschluß an die Versorgungsleitung von 4000 mbar zugrunde gelegt. Gewählt wird ein Wasserzähler mit Nenndurchfluß 2,5 m^3/h (max Durchfl. = 5 m^3/h) damit V_S nach **Tab.7-35.** Der Druckverlust im WZ beträgt:

$$\Delta\, pw_z = p_g\, \frac{V_S^2}{V_g^2} = 700\, \frac{4{,}39^2}{5^2} = 540 \text{ mbar};$$

Druckverlust für den Filter, gewählt Nenndurchfluß V = 1,4 l/s = V_g und dem zugehörigen Druckverlust Δ_p = 200 mbar;

$$\Sigma\, p_{Fil} = p_g\, \frac{V_S^2}{V_g^2} = 200 \cdot \frac{1{,}22^2}{1{,}4^2} = 152 \text{ mbar};$$

Zusammenstellung Beispiel Anschlußleitung:

1. Spitzenvolumenstrom V_S = 1,22 l/s
2. Für v <2 m/s gewählt PE-HD DN 32 **(Tab.7-23/2)** 7,54 mbar/m
   somit Druckhöhenverlust Δp = 12,5 · 7,54 = 95 mbar;
3. Wasserzähler (siehe oben) Δpw_z = 540 mbar;
4. Filter (siehe oben) h_v = 152 mbar;
5. Formstücke und Armaturen (siehe oben) 133 mbar;

$\Sigma\, p_{anschl.}$ = 920 mbar;

Sofern für die nachfolgende Trinkwasserinstallation keine Angaben vorliegen, schlägt DIN 1988 einen pauschalen Ansatz von 200 mbar für die Anschlußleitung vor. Davon ist für die Einzelwiderstände 40 % in Abzug zu bringen, so daß ein Restwiderstand von insgesamt 120 mbar zur Verfügung steht und schließlich für die Leitungslänge von 1 m ein:

$$R_{verf} = \frac{\text{Restwid.}}{\text{AL-Länge}} = \frac{120}{12,5} = 9,6 \text{ mbar/m}$$

Das ergibt nach **Tab. 7-23/2,** für PE-HD DN 32 einen Spitzendurchfluß von rd. 1,4 l/s bei R = 9,7 mbar.

Rohrreibungsgefälle „R" und Fließgeschwindigkeit „v" für Anschluß- und Verbrauchsleitungen (Auszug aus DIN 1988 (3) für DN 10 bis DN 50 in Tab. 7-37/1 bis 7)

*Tab. 7-37/1: DN 10 (V/l = 0,12 l/m)**

Q	R = J_v (mbar/m)					
	St – DIN 2440		Nichtrostender Stahl ABI. W 541		Kupferrohre nach DIN 1786	
	d_i 12,5 mm*)			d_i = 13 mm		d_i = 13 mm
	k = 0,15		k = 0,1		k = 0,0015	
l/s	R mbar/m	v m/s	R mbar/m	v m/s	R mbar/m	v m/s
0,01	0,2	0,1			0,2	0,08
0,05	3,4	0,4	2,2	0,4	2,2	0,38
0,10	12,3	0,8	7,3	0,8	7,3	0,8
0,15	26,6	1,2	14,8	1,1	14,8	1,1
0,20	46,2	1,6	24,5	1,5	24,5	1,5
0,25	71,2	2,0	36,2	1,9	36,2	1,9
0,30	101,6	2,4	49,9	2,3	49,9	2,3
0,35	137,3	2,9	65,6	2,6	65,6	2,6
0,40	178,3	3,3	83,1	3,0	83,1	3,0
0,45	224,8	3,7	102,4	3,4	102,4	3,4
0,50	276,5	4,1	123,6	3,8	123,6	3,8
0,55	333,7	4,5	146,5	4,1	146,5	4,1
0,60	396,1	4,9	171,1	4,5	171,1	4,5
0,65	464,0	5,3	197,5	4,9	197,5	4,9

*Tab. 7-37/2: DN 15 (V/l = 0,20 l/m)**

Q	St – DIN 2440		Nichtrostender Stahl ABI. W 541		Kupferrohre nach DIN 1786	
	R = J_v (mbar/m)					
	d_i 16 mm*)		d_i = 16 mm*)		d_i = 16 mm*)	
	k = 0,15		k = 0,1		k = 0,0015	
l/s	R mbar/m	v m/s	R mbar/m	v m/s	R mbar/m	v m/s
0,05	1,0	0,25	0,8	0,25	0,8	0,25
0,10	3,5	0,5	2,7	0,5	2,7	0,5
0,15	7,5	0,7	5,5	0,7	5,5	0,7
0,20	12,9	1,0	9,1	1,0	9,1	1,0
0,30	28,0	1,5	18,5	1,5	18,5	1,5
0,40	43,8	2,0	30,8	2,0	30,8	2,0
0,50	75,4	2,5	45,7	2,5	45,7	2,5
0,60	107,7	3,0	63,2	3,0	63,2	3,0
0,70	145,7	3,5	83,2	3,5	83,2	3,5
0,80	189,5	4,0	105,6	4,0	105,6	4,0
0,90	239,0	4,5	130,3	4,5	130,3	4,5
1,00	294,2	5,0	157,4	5,0	157,4	5,0

*Tab. 7-37/3: DN 20 (V/l = 0,31 l/m)**

Q	St – DIN 2440		Nichtrostender Stahl ABI. W 541		Kupferrohre nach DIN 1786	
	R = J_v (mbar/m)					
	d_i = 21,6 mm		d_i = 25,6 mm		d_i = 20 mm*)	
	k = 0,15		k = 0,1		k = 0,0015	
l/s	R mbar/m	v m/s	R mbar/m	v m/s	R mbar/m	v m/s
0,05	0,2	0,14	0,3	0,2	0,3	0,16
0,10	0,8	0,3	1,0	0,3	1,0	0,3
0,20	2,8	0,5	3,3	0,6	3,2	0,6
0,30	6,0	0,8	6,5	1,0	6,4	1,0
0,40	10,3	1,1	10,8	1,3	10,6	1,3
0,50	15,8	1,4	16,0	1,6	15,7	1,6
0,60	22,5	1,6	22,2	1,9	21,7	1,9
0,70	30,3	1,9	29,1	2,2	28,5	2,2
0,80	39,3	2,2	37,0	2,5	36,2	2,5
0,90	49,4	2,5	45,6	2,9	44,6	2,9
1,00	60,7	2,7	55,1	3,2	53,9	3,2
1,10	73,2	3,0	65,3	3,5	63,9	3,5
1,20	86,8	3,3	76,3	3,8	74,7	3,8
1,30	101,6	3,5	88,1	4,1	86,2	4,1
1,40	117,5	3,8	100,6	4,5	98,4	4,5
1,50	134,6	4,1	113,9	4,8	111,4	4,8
1,60	152,8	4,4	127,9	5,1	125,1	5,1
1,85	203,5	5,0				

*Tab. 7-37/4: DN 25 (V/l = 0,49 l/m)**

Q	St – DIN 2440		Nichtrostender Stahl ABI. W 541		Kupferrohre nach DIN 1786	
	R = J_v (mbar/m)					
	d_i = 27,2 mm k = 0,15		d_i = 25,6 mm k = 0,1		d_i = 25 mm*) k = 0,0015	
l/s	R mbar/m	v m/s	R mbar/m	v m/s	R mbar/m	v m/s
0,10	0,3	0,2	0,3	0,2	0,3	0,2
0,20	0,9	0,3	1,1	0,4	1,1	0,4
0,30	1,9	0,5	2,1	0,6	2,2	0,6
0,40	3,2	0,7	3,6	0,8	3,7	0,8
0,50	4,8	0,9	5,3	1,0	5,4	1,0
0,70	9,2	1,2	9,5	1,4	9,8	1,4
1,0	18,3	1,7	17,9	2,0	18,5	2,0
1,25	28,2	2,15	26,7	2,5	27,5	2,5
1,5	40,2	2,6	37,0	3,1	38,1	3,1
1,75	54,5	3,0	46,3	3,5	50,2	3,6
2,0	70,7	3,4	62,0	4,1	63,9	4,1
2,25	83,2	3,9	76,5	4,6	82,1	4,7
2,5	109,7	4,3	92,5	5,1	95,4	5,1
2,75	132,5	4,7				
3,0	157,2	5,2				

*Tab. 7-37/5: DN 32 (V/l = 0,80 I/m)**

Q	St – DIN 2440		Nichtrostender Stahl ABI. W 541		Kupferrohre nach DIN 1786	
	R = J_v (mbar/m)					
	d_i = 35,9 mm k = 0,15		d_i = 32 mm*) k = 0,1		d_i = 32 mm*) k = 0,0015	
l/s	R mbar/m	v m/s	R mbar/m	v m/s	R mbar/m	v m/s
0,2	0,2	0,2	0,3	0,2	0,3	0,2
0,5	1,2	0,5	1,7	0,6	1,7	0,6
1,0	4,4	1,0	5,7	1,2	5,7	1,2
1,5	9,5	1,5	11,7	1,9	11,7	1,9
2,0	16,7	2,0	19,5	2,5	19,5	2,5
2,5	25,7	2,5	29,1	3,1	29,1	3,1
3,0	36,7	3,0	40,4	3,7	40,4	3,7
3,5	49,7	3,5	53,4	4,4	53,4	4,4
4,0	64,7	4,0	67,8	5,0	67,8	5,0
4,5	81,4	4,4				
5,0	100,4	4,9				

Tab. 7-37/6: DN 40 (V/l = 1,19 l/M) *

Q	St – DIN 2440 d_i = 41,8 mm k = 0,15		R = J_v (mbar/m) Nichtrostender Stahl ABI. W 541 d_i = 39 mm*) k = 0,1		Kupferrohre nach DIN 1786 d_i = 39 mm*) k = 0,0015	
l/s	R mbar/m	v m/s	R mbar/m	v m/s	R mbar/m	v m/s
0,2	0,1	0,1	0,1	0,2	0,1	0,2
0,5	0,6	0,4	0,7	0,4	0,7	0,4
1,0	2,0	0,7	2,2	0,8	2,2	0,8
1,5	4,4	1,1	4,6	1,3	4,6	1,3
2,0	7,6	1,5	7,6	1,7	7,6	1,7
2,5	11,7	1,8	11,3	2,1	11,3	2,1
3,0	16,7	2,2	15,6	2,5	15,6	2,5
3,5	22,5	2,6	20,6	2,9	20,6	2,9
4,0	29,2	2,9	26,2	3,3	26,2	3,3
4,5	36,8	3,3	32,3	3,8	32,3	3,8
5,0	45,3	3,6	39,1	4,2	39,1	4,2
5,5	54,6	4,0	46,5	4,6	46,5	4,6
6,0	64,8	4,4	54,4	5,0	54,4	5,0
6,8	83,0	5,0				

Tab. 7-37/7: DN 50 (V/l = 1,96 l/m) *

Q	St – DIN 2440 d_i = 53 mm k = 0,15		R = J_v (mbar/m) Nichtrostender Stahl ABI. W 541 d_i = 51 mm k = 0,1		Kupferrohre nach DIN 1786 d_i = 50 mm k = 0,0015	
l/s	R mbar/m	v m/s	R mbar/m	v m/s	R mbar/m	v m/s
0,5	0,2	0,2	0,3	0,3	0,2	0,3
1,0	0,6	0,5	0,7	0,5	0,7	0,5
1,5	1,3	0,7	1,4	0,8	1,4	0,8
2,0	2,3	0,9	2,3	1,0	2,3	1,0
2,5	3,4	1,1	3,4	1,3	3,5	1,3
3,0	4,9	1,4	4,6	1,5	4,7	1,5
3,5	6,6	1,6	6,2	1,8	6,3	1,8
4,0	8,5	1,8	7,7	2,0	7,9	2,0
4,5	10,7	2,0	9,6	2,3	9,0	2,2
5,0	13,2	2,3	11,6	2,5	11,8	2,5
6,0	18,8	2,7	16,1	3,1	16,4	3,1
7,0	25,4	3,2	22,3	3,7	21,7	3,6
8,0	33,1	3,6	27,0	4,1	27,6	4,1
9,0	41,7	4,1	33,5	4,6	34,2	4,6
10,0	51,3	4,5	40,6	5,1	41,4	5,1
11,0	61,9	5,0				

7.3.7.4 Verbrauchsleitungen

Der allgemeine Berechnungsgang ist in 7.3.7.2. aufgezeigt:
Berechnungsbeispiel:
Folgend werden die Verbrauchsleitungen für ein *Eigenheim mit Einliegerwohnung und zentraler Trinkwassererwärmung* **(siehe Abb.7-111),** nach dem **vereinfachten Rechnungsgang** ermittelt. Die Berechnung erfolgt i. d. R., wie nachfolgend aufgezeigt, tabellarisch.

4) Berechnung der Druckverluste aus Formstücken u. Armaturen Z nach Formel:

$$Z = \zeta \cdot v^2/2\,g$$

Richtwerte für die Verlustbeiwerte ζ: **Tab. 7-41**

1.) Gegebenheiten: Anschlußleitung mit Armaturen u. Wasserzähler vom WVU geplant und ausgeführt, (Bestimmung, siehe 7.3.7.3).

Der Mindestversorgungsdruck beträgt nach Angabe des WVU am Anschluß an die Versorgungsleitung = 4000 mbar.

Geodätische Höhenunterschiede siehe **Abb. 7-111.**

Entnahmestellen und Leitungslängen siehe **Abb. 7-111 und Tab. 7-42**

Verbrauchsleitungen: Kupferrohre nach DIN 1786.

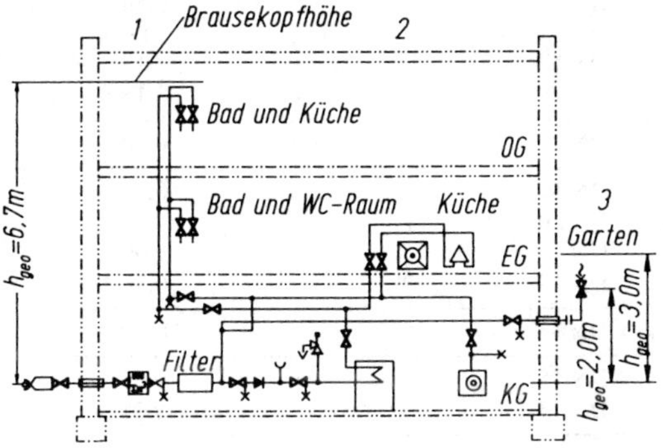

Abb. 7-111: Berechnungsplan zum Beispiel

2.) Zusammenstellung der Entnahmestellen und Zuordnung des entspr. Berechnungsdurchflusses (V_R) nach **Tab. 7-38** und daraus Ermittlung des Spitzendurchflusses (V_S) nach den Formeln in Abschnitt 7.3.7.2. Hier. Wohngebäude u. $V_R > 1{,}0$ l/s:

$$V_S = 0{,}682 \cdot (\Sigma\, V_R)^{0{,}45} - 0{,}14\ \text{(l/s)};$$

Dabei ist zu beachten, daß Dauerentnahmen (> 15 Min.), wie im Beispiel der Auslaufarmatur mit Schlauchverschraubung für den Gartenschlauch, dem Spitzendurchfluß voll hinzuzurechnen ist. **(Tab.7-42)**.

3.) *Das verfügbare Rohrreibungsdruckgefälle* R_{verf} wird ebenfalls, **(siehe Tab.7-43)**, tabellarisch berechnet. Das Rohrreibungsgefälle R und die Fließgeschwindigkeit v können den **Tab. 7-37/1-7** entnommen werden.

Für das hier behandelte Beispiel wurden die in **Tab. 7-43** unter Nr. 3 genannten Druckverluste für WZ, Filter, Formstücke, Armaturen und für die Rohre der Anschlußleitung in Abschnitt 7.3.7.3 gesondert behandelt und die dort errechneten Werte in der vorgen. **Tab. 7-43** unter **Nr. 3** berücksichtigt.

Tab. 7-38: Mindestfließdrücke u. Berechnungsdurchflüsse (Richtwerte)

Mindest-fließ-druck p_{min} Fl bar	Art der Trinkwasserentnahme		Berechnungsdurchfluß bei der Entnahme von Mischwasser*) V_R kalt l/s	V_R warm l/s	nur Kalt oder Warmwasser V_R l/s
	Auslaufventile				
0,5	ohne Luftsprudler **)	DN 15	–	–	0,30
0,5		DN 20	–	–	0,50
0,5		DN 25	–	–	1,00
1,0	mit Luftsprudler	DN 10	–	–	0,15
1,0		DN 15	–	–	0,15
1,0	Brauseköpfe für Reinigungsbrausen	DN 15	1,0	0,10	0,20
1,2	Druckspüler nach DIN 3265 Teil 1	DN 15	–	–	0,70
1,2	Druckspüler nach DIN 3265 Teil 1	DN 20	–	–	1,00
0,4	Druckspüler nach DIN 3265 Teil 1	DN 25	–	–	1,00
1,0	Druckspüler für Urinalbecken	DN 15	–	–	0,30
0,5	Eckventil für Urinalbecken	DN 15	–	–	0,30
1,0	Haushaltsgeschirrspülmaschine	DN 15	–	–	0,15
1,0	Haushaltswaschmaschine	DN 15	–	–	0,25
	Mischbatterie für				
1,0	Brausewannen	DN 15	0,15	0,15	–
1,0	Badewannen	DN 15	0,15	0,15	–
1,0	Küchenspülen	DN 15	0,07	0,07	–
1,0	Waschtische	DN 15	0,07	0,07	–
1,0	Sitzwaschbecken	DN 15	0,07	0,07	–
1,0	Mischbatterie	DN 20	0,30	0,30	–
0,5	Spülkasten nach DIN 19 542	DN 15	–	–	0,13
1,0	Elektro-Kochendwassergerät	DN 15	–	–	0,10***)

*) Mischwasser für kaltes Trinkwasser mit 15°C u. für erwärmtes mit 60°C.

**) Bei diesen Auslaufventilen mit Schlauchverschraubung wird der Druckverlust im angeschl. 10 m langen Schlauch u. im Apparat (z. B. Rasensprenger), pauschal über höheren Mindestfließdruck (1,5 bar) berücksichtigt.

***) Bei voll geöffneter Drosselschraube.

Nicht erfaßte Entnahmen u. Apparate sind nach Angabe d. Herstellers zu berücksichtigen.

Tab. 7-39: Richtwerte für Druckverluste Δp_{St} in Stockwerksleitungen und Einzelzuleitungen (aus Stahl, nichtrostendem Stahl, Kupfer, PVC)

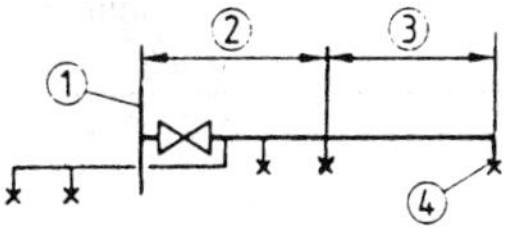

Erläuterung des längsten Fließweges

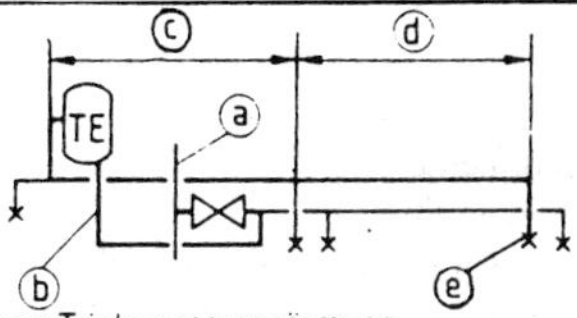

Bei zentraler Trinkwassererwärmung

(1) Steigleitung TW oder TWW
(2) Stockwerksleitung
(3) Einzelzuleitung
(4) von der Steigleitung entfernteste Entnahmearmatur

Bei Gruppen-Trinkwassererwärmung

(a) Steigleitung TW
(b)(c) Stockwerksleitung TW und TWW
(d) Einzelzuleitung
(e) von der Steigleitung entfernteste Entnahmearmatur

	Stockwerksleitung			Einzelzuleitung				Druckverlust Δp_{St}*) bei 10 m hydraulisch ungünstigster Leitungslänge. In Klammern: Abzugsfähige Druckdifferenz je m Leitungslänge $l_{St} + l_{EZ} < 10$ m								
	längster Fließweg $l_{St} = 7$ m			längster Fließweg $l_{EZ} = 3$ m				Bei zentraler Trinkwassererwärmung						Bei Gruppen-Trinkwassererwärmung TW und TWW		
								TW			TWW					
	Berechnungsdurchfluß der größten Entnahmearmatur			Entnahmearmatur mit $\dot{V}_R < 0.5$ l/s		Entnahmearmatur mit $\dot{V}_R \geq 0.5$ l/s		Kolbenschieber	Schrägsitzventil	Geradsitzventil	Kolbenschieber	Schrägsitzventil	Geradsitzventil	Kolbenschieber	Schrägsitzventil	Geradsitzventil
	$\dot{V}_R$ l/s	DN	d_i mm	DN	d_i mm	DN	d_i mm	mbar (mbar/m)	mbar (mbar/m)	mbar (mbar/m)	mbar (mbar/m)	mbar (mbar/m)	mbar (mbar/m)	mbar (mbar/m)	mbar (mbar/m)	mbar (mbar/m)
Nr	1	2	3	4	5	6	7	8	9	10	11	12	13	14	15	16
1	< 0,5	12	13	15	13	–	–	1100 (90)	–	–	400 (30)	450 (30)	550 (30)	1200 (80)	–	–
2				10	10	–	–	1500 (90)	–	–	500 (30)	550 (30)	650 (30)	1600 (80)	–	–
3		15	16	15	13	–	–	600 (40)	700 (40)	850 (40)	200 (15)	250 (15)	300 (15)	700 (30)	–	–
4				10	10	–	–	950 (40)	1000 (40)	1200 (40)	350 (15)	400 (15)	450 (15)	1000 (30)	–	–
5		20	20	15	13	–	–	300 (20)	350 (20)	400 (20)	100 (5)	150 (5)	200 (5)	350 (15)	400 (15)	450 (15)
6				10	10	–	–	600 (20)	650 (20)	700 (20)	200 (5)	250 (5)	300 (5)	700 (15)	750 (15)	850 (15)
7	≥ 0,5	20	20	15	13	20	20	1100 (80)	1200 (80)	–	–	–	–	1200 (80)	1300 (80)	–
8				10	10	20	20	1300 (80)	1400 (80)	–	–	–	–	1400 (80)	1500 (80)	–
9		25**)	25**)	15	13	25	25	400 (20)	450 (20)	600 (20)	–	–	–	450 (20)	500 (20)	650 (20)
10				10	10	25	25	750 (20)	800 (20)	950 (20)	–	–	–	800 (20)	850 (20)	950 (20)

*) Der Mindestfließdruck, Druckverluste in Trinkwassererwärmern und Wohnungswasserzählern sind in den Werten nicht enthalten.

**) Teilstrecken bis zum Anschluß von Entnahmearmaturen mit $\dot{V}_R \geq 0.5$ l/s. Daran anschließende Teilstrecke DN 20 oder $d_i = 20$ mm.

Tab. 7-40: Maximale rechn. Fließgeschwindigkeit bei dem zugeordneten V_s

Leitungsabschnitt	max. rechn. Fließgeschwindigkeit bei Fließdauer ≦ 15 min in m/s	> 15 min in m/s
Anschlußleitungen	2	2
Verbrauchsleitungen		
a) bei Verwendung von druckverlustarmen Armaturen (< 2,5)	5	2
b) bei Verwendung von Armaturen mit erhöhtem Verlustbeiwert	2,5	2

Tab. 7-41:

Armatur	DN	Verlustbeiwert ζ
Absperrventile		
Geradsitzventile	15	10,0
	20	8,5
	25	7,0
	32	6,0
	40 – 100	5,0
Schrägsitzventile	15	3,5
	20	2,5
	25 – 50	2,0
	65	0,7
Durchgangsventil mit Rückflußverhinderer	20	6,0
	25 – 50	5,0
Ventilanbohrschelle	25 – 80	5,0
Druckminderer		30,0
Absperrschieber	10– 15	1,0
	20 – 25	0,5
	32 – 150	0,3
Bogen 90°		0,3
Winkel 90°		1,3
Winkel 45°		0,4
Reduzierstück		0,4
Abzweig		
Stromtrennung		0,9
Durchgang bei Stromtrennung		0,3
Gegenlauf bei Stromvereinigung		3,0
Gegenlauf bei Stromtrennung		1,5
Abzweig bogenförmig		
Stromtrennung		0,9
Stromvereinigung		0,4
Weitere Werte siehe DIN 1988 Teil 3		

Tab. 7-42: Zusammenstellung der Entnahmestellen und Ermittlung des Spitzendurchflusses V_S für das Berechnungsbeispiel:

Steig-ltg.	Geschoß	Anzahl	Entnahmearmatur	Mindestfließdruck	Berechnungsdurchfluß		Summendurchfluß Stockwltg.		Summendurchfluß Steigltg.	
					TW	TWW	TW	TWW	TW	TWW
				mbar	l/s	l/s	l/s	l/s	l/s	l/s
1	EG/Bad	1	MB Badewanne	1 000	0,15	0,15				
		1	MB Waschtisch	1 000	0,07	0,07				
		1	Spülkasten	500	0,13					
	EG/WC	1	Spülkasten	500	0,13					
		1	MB Waschtisch	1 000	0,07	0,07				
							0,55	0,29		
	OG/Einlieger-wohng.	1	MB Badewanne	1 000	0,15	0,15				
		1	MB Waschtisch	1 000	0,07	0,07				
		1	Spülkasten	500	0,13					
		1	Waschmaschine	1 000	0,25					
		1	Geschirrsplm.	1 000	0,15					
		1	MB Spültisch	1 000	0,07	0,07				
							0,82	0,29	1,37	0,58
2	EG	1	Geschirrsplm.	1 000	0,15					
		1	MB Spültisch	1 000	0,07	0,07				
							0,22	0,07		
	KG	1	Waschmaschine	1 000	0,25					
		1	Auslf.-Armat. DN 15 m. L.	1 000	0,15					
							0,40	–	0,62	0,07
	KG/Garten	1	Auslf.-Armat. m. Schlchvrschrbg. + Schlauch u. Rasensprenger	1 500	0,30*)				0,30*)	

Summendurchfluß V_R = Trinkw. kalt (TW) 1,99
Trinkw. warm (TWW) 0,65

$\Sigma V_R =$ 2,64

Spitzendurchfl. $V_S = 0{,}682 \cdot (2{,}64)^{0{,}45} - 0{,}14 = 0{,}92$ l/s
+ Dauerdurchfluß 0,30 l/s

Somit Gesamt-Spitzendurchfluß 1,22 l/s

*) Dauerdurchfluß

4.) Zeile Nr. 4: *Der Mindestfließdruck* ($p_{min\ Fl}$)kann der **Tab. 7-38** entnommen werden. Unter Nr. 5 ist der Druckverlust (ΔP_{st}) der Stockwerk- und Einzelzuleitungen einzutragen. Dazu kann aus **Tab. 7-39** der Normwert wie folgt entnommen werden: Da sich im Stockwerk eine Entnahmestelle $V_R > 0{,}5$ l/s befindet, kommen nur die Zeilen 7–10 der **Tab. 7-39** in Frage u. weil Geradsitzventile vorgesehen sind, nur die Spalte 10 (bzw. bei TWW die Sp. 13). Aus vorgen. Gründen muß ferner die Stockwerksleitung in DN 25 ausgeführt werden. Der Druckverlust für die gegenüber der Normlänge von 10 m tatsächlich geringere Leitungslänge ergibt sich damit zu:

$$\Delta p_{st} = 600 - 20\,(10 - 6{,}5 - 2{,}5) = 580\text{ mm};$$

und bei Wahl von DN 10 zu:

$$\Delta p_{st} = 950 - 20\,(10 - 6{,}5 - 2{,}5) = 930\ \text{mbar}.$$

5.) *Der geschätzte Anteil für Einzelwiderstände* (Zeile 8 der **Tab. 7-43** beträgt nach DIN 1988 = 40–60 %. Hier wurden 40 % gewählt.

6.) Das Ergebnis Zeile 9 der **Tab. 7-43** zeigt das *verfügbare Rohrreibungs-Druckgefälle* in den einzelnen Strängen auf. Mit diesen Werten kann der DN-Ansatz für die **Tabelle 7-44,** unter Beachtung der zulässigen Fließgeschwindigkeit erfolgen.

Tab. 7-43: Berechnung des verfügbaren Rohrreibungsdruckgefälles R_{verf} für das Berechnungsbeispiel.

Nr.:	Benennung:	Strang TW 1 mbar	Strang TW 2 mbar	Strang TW 3 mbar	Strang TWW (warm) 1 mbar	Strang TWW (warm) 2 mbar
1)	Mindestversorgungsdruck am Abzweig der Versorgungsleitung ($p_{min\,V}$)	4 000	4 000	4 000	4 000	4 000
2)	Geodätischer Höhenunterschied ($\Delta\, p_{geo}$)	670	300	200	670	300
3)	Druckverlust im					
	Wasserzähler (siehe 7.3.7.3)	540	540	540	540	540
	Filter (siehe 7.3.7.3)	152	152	152	152	152
	Formstücke usw. (siehe 7.3.7.3)	133	133	133	133	133
	Anschlltg. PE-HD DN 32 (siehe 7.3.7.3)	95	95	95	95	95
4)	Mindestfließdruck ($P_{min\,Fl}$)	1 000	1 000	1 500	1 000	1 000
5)	Druckverl. der Stockwerks- und Einzelzuleitung. ($\Delta\, p_{st}$)	560			260	
6)	Summe d. Druckverl. aus Nr. 2 bis 5 (Σ p)	3 150	2 220	2 620	2 850	2 220
7)	Verfügb. Druckverlust aus Rohrreibung u. Einzelwiderstände: Nr. 1–6 ($\Delta\, p_{verf}$)	850	1 780	1 380	1 150	1 780
8)	Geschätzt. Anteil (40%) f. Einzelwiderst.	340	712	552	460	712
9)	Verfügb. Rohrreib.-Druckgef. (Nr. 7 u. 8)	510	1 068	828	690	1 068
10)	Leitungslänge (l_{ges}) in m	26	32	33	32	28
11)	Verfügbares Rohrltgs.-Druckgefälle (R_{verf}), in mbar/m	20	33	25	22	38

7.) Der Vergleich des rechnerischen Druckverlustes im Strang **(siehe Tab. 7-44)** zeigt, ob eine Änderung des Rohrdurchmessers notwendig ist. Im Beispiel sind die Rohrdurchmesser im Strang 1 /TWW für die Teilstrecken 8 und 9 und im Strang 2 /TW für die Teilstrecke 11 reduziert worden.

Tab. 7-44: Ermittlung der Rohrdurchmesser, vereinfachter Berechnungsgang, für das Berechnungsbeispiel.

Teil-strecke	Rohr-ltgs.-länge l (m)	Summen-durchfl. ΣV_R (l/s)	Spitzen-durchfl. V_S (l/s)	Nenn-weite DN	Rechn. Fließ-geschw. v (m/s)	Rohr-reibgs.-gefälle R (mbar/m)	Druck-verlust a. Rohrrbg. l · R (mbar)
Strang l/TW (Verfügb. RRgef.: Aus Tab.: 7-43 für TStr. 1–6 = 510 mbar)							
1	Anschlußltg. gesondert berechnet in 7.3.7.3 u. berücksichtigt in Tab. 7-43						
2	4	2,64	1,2*)	25	2,4	25,6	102
3	3	1,99	1,1*)	25	2,2	21,9	66
4	1	1,99	0,8	20	2,5	36,2	36
5	5	1,37	0,6	20	1,9	21,7	109
6	3	0,82	0,5	15	2,5	45,7	137
Sa: 16 m							Sa: 450 < 510

*) Einschließlich 0,3 l/s Dauerdurchfluß

(Fortsetzung Seite 567)

Tab. 7-44 Fortsetzung

Strang l/TWW (Verfügb. RRgef.: Aus Tab. 7-43 für TWW 2 = 690–(TS 1–2 =) 102 = 588 mbar;							
7	4	0,65	0,45	20	1,4	13,1	52
8	3	0,65	0,45	20	1,4	13,1	39
			geändert!	15	2,2	37,9	114
9	8	0,58	0,40	20	1,3	10,6	85
			geändert!	15	2,0	30,8	246
10	3	0,29	0,25	12	1,9	36,2	109
Sa: *18* m						Sa: 285 < 588	
mit geändertem Rohrdurchmesser in 8 u. 9:						Sa: 521 < 588	
Strang 2/TW (Verfügb. RRgef.: Aus Tab. 7-43 für TW 2 = 1068–(TS 1–4 =) 204 = 864 mbar;							
11	7	0,62	0,40	15	2,0	30,8	216
			geändert!	12	3,0	83,1	582
12	5	0,22	0,20	12	1,5	24,5	123
13	2	0,07	0,07	10	0,9	15	30
Sa: 14 m						Sa: (1 · R) = 369 ≪ 864	
mit geändertem Rohrdurchmesser in 11:						Sa: 735 < 864	

7.3.8 Statische Beanspruchung von Rohren

7.3.8.1 Allgemein

Rohre im Wasserleitungsbau werden beim Transport, bei der Verlegung und in der endgültigen Lage statisch beansprucht. Die statischen Beanspruchungen der Rohre durch den Transport und die Verlegearbeiten sind i. a. kleiner als die im Betrieb, wenn Transport und Verlegung sachgemäß ausgeführt werden. In Sonderfällen, z. B. für den Transport dünnwandiger Großrohre, kann ein statischer Nachweis für die Transportlagerung und Sicherung gegen Deformierung erforderlich werden. Das frei verlegte Rohr, z. B. in Rohrkellern, bei der Anhängung an Brücken u. a., wird durch den Innendruck, durch die Rohrlast und Wasserlast beansprucht, beim erdverlegten Rohr kommen die Belastung aus der Erdüberfüllung, der Verkehrslast und gegebenenfalls durch das Grundwasser hinzu.
Weitere statische Beanspruchungen können durch Temperatur hervorgerufen werden, z. B. Spannungen infolge Verhinderung der Längenausdehnung, Erhöhung der Belastung durch Bodenfrost, Hebung von frostgefährdeten Böden. Diese Temperaturbeanspruchungen sollen aber durch ausreichende Erdüberdeckung, Wärmeisolierung und Einbau von Dehnungsstücken klein gehalten werden. Sie werden im folgenden nicht weiter berücksichtigt.
Bei den metallischen Rohren ist heute die Auskleidung mit Zementmörtel als innerer Korrosionsschutz üblich. Es wird aber empfohlen, diese ZM-Schicht bei der statischen Beanspruchung der Rohre nicht als statisch mitwirkend zu berücksichtigen.

7.3.8.2 Beanspruchung durch Innendruck

7.3.8.2.1 Größe der Belastung

Maßgebend für die Beanspruchung durch den Innendruck ist der größte auftretende Innendruck, dies ist der Prüfdruck, z. B. bei Rohren PN 10 beträgt der Prüfdruck 15 bar. Es ist zu beachten, daß der größte Betriebsdruck + Druckstoß kleiner als PN sein soll.
Bei Änderung des Durchflusses (z. B. durch beabsichtigte Schalt- oder Regelvorgänge oder durch unbeabsichtigte Störungsfälle), werden durch die Massenträgheit des Wassers Druckstöße erzeugt. Druckstöße sind Wellenerscheinungen, deren Ausbreitungsgeschwindigkeit als Druckwellengeschwindigkeit a bezeichnet wird. Die Druckwellengeschwindigkeit für Rohre mit verhinderter Längsdehnung (= erdverlegte Rohre) errechnet sich zu:

a) für dünnwandige Rohre mit s/d ≦ 0,04:

$$a = \sqrt{\frac{1}{\gamma F} \cdot \frac{g}{\frac{1}{E_W} + \frac{d_i}{s \cdot E_R} \cdot (1-\mu^2)}}$$

b) für dickwandige Rohre mit s/d > 0,04:

$$a = \sqrt{\frac{1}{\gamma F} \cdot \frac{g}{\frac{1}{E_W} + \frac{2}{E_R} \cdot \frac{(1-\mu)\, d_a^2 + (1-2\mu)\, d_i^2}{d_a^2 - d_i^2}}}$$

Tab. 7-45: Vergleich der Fortpflanzungsgeschwindigkeit a für Rohre DN 500 aus verschiedenen Werkstoffen und mit behinderter Längsdehnung

Rohrart:	$d_a \cdot s$	s/d	a
Stahl	508 · 6,3	0,01	1 096 m/s
GGG (K10)	532 · 10	0,02	1 306 m/s
SpB	610 · 55	0,09	1 209 m/s
AZ PN 10	564 · 32	0,06	1 060 m/s
PVC	560 · 26,7	0,05	511 m/s

In kürzeren Leitungen wird die Ausbildung des maximalen Druckstoßes am Wellenkopf („Joukowsky-Stoß“) durch bereits vor dem Totalabschluß eintreffende Reflexionen verhindert.
Bei verzweigten Leitungen verringert sich der Druckstoß um den Druckstoßfaktor s (= Verhältnis des durchfließenden Druckstoßanteils zum einlaufenden Druckstoß) nach der Formel:

$$s = \frac{2 \cdot \frac{f_k}{p_k \cdot d_k}}{\sum_{i=1}^{n} \frac{f_i}{p_i \cdot d_i}}$$

wobei f = lichter Durchmesser, die Indizes k das Rohr betreffen, in dem der Druckstoß einläuft, und i alle einlaufenden Rohre, also auch das von k beinhaltet.
Aus diesen Gründen kann für die vorgen. Rohranlagen im Regelfall auf eine besondere hydraulische Untersuchung verzichtet werden. Es empfiehlt sich aber, wegen der unvermeidbaren Druckschwankungen, den Berechnungsdruck 2 bis 3 bar über den höchsten Druck im stationären Betrieb anzusetzen. Bei langen Fernleitungen kann dagegen wegen der langen Laufzeit der Reflexionen der Joukowsky-Stoß erreicht und danach in einen steten allmählichen Druckanstieg übergehen. Wie auch **Abb. 7-112** zeigt, überlagern sich die Druckstöße dem stationären Betriebsüberdruck so, daß es durch hohe Spannungsspitzen zu kritischen Rohrbelastungen kommt oder daß sie das Druckniveau so absenken, daß es zum Abreißen der Flüssigkeitssäule kommen kann. Bei längeren Rohrfernleitungen bedarf es deshalb, schon im Rahmen der Planung, einer Druckstoßberechnung zur Beurteilung der möglichen Druckänderungen und nach Fertigstellung der Rohrleitungsanlage einer Messung der Druckänderungen. Über Art und Umfang der Berechnung und der Messung der Druckänderungen gibt das DVGW-Merkblatt W 303 („Dynamische Druckänderungen in Wasserversorgungsanlagen“) Auskunft.
Die möglichen Druckänderungen beanspruchen das Rohr ggf. auf seine Schwellfestigkeit. Für Stahlrohre kann diese nach DIN 2413 – Geltungsbereich III – rechnerisch nachgewiesen werden (siehe Beispiel S. 570). Für andere Rohrwerkstoffe sollte vom Rohrhersteller ein entsprechender Nachweis gefordert werden.

7.3.8.2.2 Spannungen durch die Radialkräfte

Der jeweils senkrecht und damit radial auf die Rohrinnenwand wirkende Innendruck erzeugt Zugspannungen in der Rohrwand, etwas größere an der Rohr-Außenwandfaser gegenüber der Innenwandfaser. Da bei den Rohren für die Wasserversorgung die Wanddicke s verhältnismäßig klein gegenüber dem Rohrdurchmesser ist, wird i. a. vereinfacht für die Berechnung der Zugkraft in der Wand $D = D_a$ gewählt. Die Ringzugspannung σ_R errechnet sich:

$$\sigma_R = W/A = p \cdot D_a \cdot L / (2 \cdot s \cdot L)$$

wobei: p = Innendruck in N/mm^2 (mit 1 N/mm^2 = 10 bar), D_a = tatsächlicher Außendurchmesser mm, s = Wanddicke mm, L= betrachtete Rohrlänge mm.
Beispiel: GGG – K 9, DN 400, Da= 429 mm, s = 8,1 mm, ausgelegt für PN 10 mit Prüfdruck 15 bar, $p = 1{,}5\ N/mm^2$
$\sigma_R = 1{,}5 \cdot 429 / (2 \cdot 8{,}1) = 39{,}72\ N/mm^2$
Die Berstfestigkeit beträgt bei GGG 300 N/mm^2
Beispiel: AZ-Rohr. DN 400, $D_a = 456$, s = 28 mm, ausgelegt für PN 10 mit Prüfdruck 15 bar, $p = 1{,}5\ N/mm^2$
$\sigma_R = 1{,}5 \cdot 456 / (2 \cdot 28) = 12{,}21\ N/mm^2$
Ringzugfestigkeit nach DIN 19 800 (siehe Abschn. 7.3.8.2.3/3)

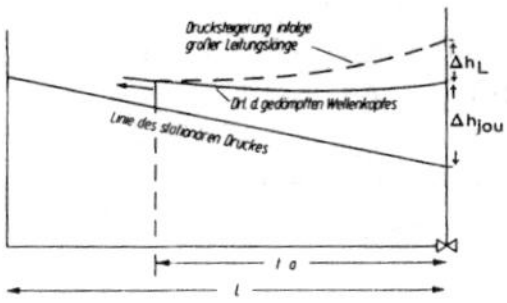

Abb. 7-112: Druckverlauf nach plötzlichem Abschluß am Leitungsende

7.3.8.2.3 Bemessung der Wanddicken von Druckrohren

Für die Bemessung der Wanddicken von Druckrohren wird von dem Nenndruck PN, der Berstfestigkeit, oder Ringzugfestigkeit, oder Streckgrenze ausgegangen und ein Sicherheitsbeiwert berücksichtigt. In der Regel werden zu dieser so errechneten Wanddicke noch Zuschläge gemacht, wie bei GGG-Rohren für Maß-Toleranzen und Gußhaut, bei geschweißten Stahlrohren für Wertigkeit der Schweißnaht, Maß-Toleranzen, Korrosion und Abnutzung usw. Die Wanddicke wird berechnet:
1) GGG-Rohre –

$$s = p \cdot D_a/(2 \cdot \sigma_B \cdot 1/S + p) + (1{,}3 + 0{,}001\ DN) + 1{,}5\ [mm]$$

mit: s = Wanddicke mm, p = Innendruck N/mm^2, σ_B = Berstfestigkeit 300 N/mm^2, S = Sicherheitsbeiwert = 2,3, (1,3 + 0,001 DN) = Zuschlag für Wanddickentoleranz, 1,5 mm = Zuschlag für Gußhaut.
Beispiel: GGG – K 9, DN 400, $D_a = 429$, p = PN 25 bar = 2,5 N/mm^2, $\sigma_B = 300\ N/mm^2$ $s = 2{,}5 \cdot 429/(2 \cdot 300 \cdot 1/2{,}3 + 2{,}5) + (1{,}3 + 0{,}001 \times 400) = 7{,}27$ mm
Das GGG-Rohr K 9 hat s = 8,1 mm, ist also weit ausreichend, das GGG-Rohr K 8 hat s = 7,2 mm und ist deshalb für PN 25 ausreichend.
Nach DIN 28 610 wird die Wanddicke vereinfacht berechnet aus:

GGG – K 10: s = 5 + 0,01 DN,	mind. 6 mm
GGG – K 9: s = 4,5 + 0,009 DN,	mind. 6 mm
GGG – K 8: s = 4 + 0,008 DN,	mind. 6 mm
GGG – drucklos: s nach DIN 19 691	

Die GGG-Rohre sind bei diesen Wanddicken für die in **Tab. 7-46** angegebenen Druckbereiche PN sowie die Erdüberdeckungsbereiche + Verkehrslast SLW 60 anwendbar, ohne weitere statische Nachweise. Dieser Nachweis für die Belastung durch äußere Kräfte wurde von den Rohrherstellern bzw. in der Norm nach der ATV-Richtlinie-A 127 bereits geführt (S. 570).
2) Stahlrohre – die Wanddicke wird nach DIN 2413 berechnet.
a) für vorwiegend ruhende Beanspruchung und bis 120°C (Geltungsbereich I):

$$s = D_a - p/(2\sigma_{zul} \cdot v_n) + c_1 + c_2$$

wobei σ_{zul} = K/S; K= Festigkeitskennwert (= Streckgrenze des Werkstoffes;) S = Sicherheitsbeiwert (abhängig von der Werkstoffart, Rohrabnahme u. Betriebssicherheit); v_n, = Wertigkeit der Schweißnaht (Rohre für die Wasserversorgung sollten mind. 0,9, im besonderen Falle 1,0 aufweisen); c_1 = zul. Wanddickentoleranz und c_2 = Zuschlag für Korrosion und Abnützung, (für Wasserrohrleitungen wird i. d. Regel $c_1 + c_2 = 10$ mm gewählt.)

b) für schwellende Belastung (Geltungsbereich III):

$$s = \frac{D_a}{\frac{2\,\sigma_{zul}}{\hat{p} - \check{p}} - 1} + c_1 + c_2$$

Tab. 7-46: Anwendungsbereich der GGG-ZM Rohre-DN für die Beanspruchung durch Innendruck PN, Erdüberdeckung und Verkehrslast (nach Halbergerhütte)

GGG-Klasse	anwendbar für DN Bereich bei					äußere Belastung	
	PN 40 DN	PN 32 DN	PN 25 DN	PN 20 DN	PN 16 DN	Erdüber-deckungs-höhe m	Ver-kehrs-last SLW
K 10	80–300	(350)–600	700–1 000	–	–	0,6–10	60
K 9	80–200	250–(350)	400– 800	800–2 000		0,6– 8	60
K 8	80–150	200	250– 400	500–1 200	1 400–2 000	0,6– 6	60
drucklos	–	–	–	–	–	0,8– 6	60

Anmerkung: Die DN der Rohrklassen für PN 40 usw. sind selbstverständlich auch für die jeweils niedrigeren PN verwendbar, dann aber reichlich bemessen.

Stahlrohre für längere Wasserfernleitungen sollten mindestens für eine Zeitschwingfestigkeit von 50 Betriebsjahren berechnet werden. $\sigma_{zul} = \sigma_{sch}/S$; σ_{sch} kann für Zeitschwing- bzw. Dauerschwellfestigkeit, entsprechend der Stahlsorte und Schweißart der DIN 2413 entnommen werden, ebenso der Wert s. $\hat{p} - \check{p}$ ist die Schwellbreite, der im Betrieb vorkommenden Druckschwankungen.

Beispiel: Stahlrohr D_a = 508 mm; St 37.4 (K = 235 N/mm^2); UP-geschweißt; Berechnungsdruck 25 bar (2,5 N/mm^2); bei 3 Schaltvorgängen/Tag Druckschwankungen max. 25–15 bar u. abklingender Schwingbreite.

a) Geltungsbereich 1:

$\sigma_{zul} = 235/1{,}5 = 157$ N/mm^2 (S = lt. DIN 2413)

$s = 508 \cdot 2{,}5/(2 \cdot 157 \cdot 1{,}0) + 1{,}0 = 5{,}04$ mm;

nächste Normwanddicke (DIN 2458) = 5,6 mm;

b) Geltungsbereich III:

mögliche Bruchlastspielzahl $n_B = S_L \cdot n = 10 \cdot 3 \cdot 365 \cdot 50 = 5{,}5 \cdot 10^5$ wobei S_L = 10 für Lastspiele unterschiedl. Schwingbreite (DIN 2413). Für n_B u. St 37.4 nach DIN 2413 (Wöhlerkurve, UP-geschw. Rohre) ergibt sich für Zeitschwingbruch $\sigma_{Sch} = \sigma_{zul} = 105$ N/mm^2; damit

$$s = \frac{508}{\frac{2 \cdot 105}{1{,}5} - 1} + 1{,}0 = 4{,}65 \text{ mm}$$

Das nach Geltungsbereich I berechnete St-Rohr 508 · 5,6 ist auch für die geforderte Zeitschwingbeanspruchung ausreichend bemessen.

3) AZ-Rohre – die Wanddicke s wird nach DIN 19 800 bemessen:

Bei Rohren DN < 700 muß der Berstdruck größer als 3 · PN sein. Unter Berücksichtigung der Mindest-Ringzugfestigkeit σ_{rz} errechnet sich die Wanddicke s:

$$s = 3 \cdot PN \cdot Di/(2 \cdot \sigma_{rz} - 3 \cdot PN) \text{ (in mm bzw. N/mm}^2\text{)}$$

Die Mindest-Ringzugfestigkeit σ_{rz} beträgt:

bis DN 400: 22 N/mm^2 (bis PN 6), 24 N-/mm^2 (üb. PN 6)

üb. DN 400: 23 N/mm^2 (bis PN 6), 25 N/mm^2 (üb. PN 6)

Die Mindest-Ringbiegezugfestigkeit:
45 N/mm^2 (bis PN 6), 49 N/mm^2 (üb. PN 6)
47 N/mm^2 (bis PN 6), 51 N/mm^2 (üb. PN 6)
Beispiel: AZ DN 600 PN 10
$s = 3 \cdot 1{,}0 \cdot 600/(2 \cdot 25 - 3 \cdot 1{,}0) = 38{,}3$ mm
nach DIN 19 800 Bl. 1 $s_1 = 39$ mm, s_1 mind. = 38,5 mm
4) PVC-Rohre – die Wanddicke s wird berechnet nach DIN 8061:
$s = p \cdot D_i/(2 \cdot \sigma_{zul} + p) + c$
σ_{zul} bei PVC 100 = 10 N/mm^2
c = Zuschlag für zul. Abweichung der Wanddicke = $0{,}1 \cdot s + 0{,}2$ mm
Beispiel: PVC DN 200, PN 10
$s = 1 \cdot 200/(2 \cdot 10 + 1) + c$
$s = 9{,}52 + 0{,}95 + 0{,}20 = 10{,}67$ mm
Die Wanddicke beträgt nach DIN s = 10,8 mm.
Analog werden Rohre aus anderem Rohrwerkstoff mit den hierfür geltenden Festigkeiten, Sicherheitsbeiwerten und Zuschlägen bemessen, die in den zuständigen DIN-Normen enthalten sind.

7.3.8.2.4 Beanspruchung durch Axialkräfte

Der allseitig wirkende Wasserdruck erzeugt außer den Radialkräften auch beidseits gerichtete Axialkräfte, die sich auf Rohrabschlüsse, wie Blindflansche, geschlossene Absperrorgane, Drosselstellen, aber auch auf jede Abweichung von der Geraden, wie horizontale und vertikale Krümmer auswirken. Die Berechnung dieser Kräfte und die erforderlichen Maßnahmen zur Aufnahme dieser Kräfte, wie Krümmersicherungen, längskraftschlüssige Rohrverbindungen u. a. sind in Abschn. 7.4.1.2.7 beschrieben.

7.3.8.3 Beanspruchung erdverlegter Rohre durch äußere Kräfte

7.3.8.3.1 Allgemein

Das erdverlegte Rohr wird durch Eigenlast, Wasserfüllung, Erdlast, Wasserauftrieb bzw. Wasserdruck von außen bei hohem Grundwasser und durch Lasten auf der Erdoberfläche, allgemein als Verkehrslasten bezeichnet, belastet. Diese Lasten wirken quer zur Rohrachse auf den Rohrquerschnitt und erzeugen Momente und Normalkräfte, woraus die Spannungen an den jeweils ungünstigsten Punkten, meist Scheitel, Kämpfer oder Sohle, berechnet werden. Die Lasten erzeugen in Längsrichtung des Rohres Biegebeanspruchungen, wenn das Rohr nicht völlig gleichmäßig eben auf der Rohrgrabensohle aufliegt, z. B. bei Untergrabungen von erdverlegten Rohrleitungen, Lagerung der Rohre auf Pfahljochen bei nichttragfähigen Böden oder unsachgemäßem Verlegen der Rohre, wenn die Rohre nur an einzelnen Stellen auf gewachsenem Boden aufliegen, die Zwischenstrecken aber zu tief ausgehoben und unsachgemäß verfüllt wurden. Hieraus ist ersichtlich, wie wichtig das gleichmäßige Aufliegen der Rohre ist und daß manchmal eine Sandbettung notwendig ist.
Die statische Berechnung des erdverlegten Rohres ist kompliziert, weil die Belastungen und Beanspruchungen von vielen, sehr unterschiedlichen Faktoren abhängen. Die statische Berechnung ist in erster Linie für Freispiegelleitungen d. h. für drucklose Rohre notwendig, da sie geringere Wanddicken als die Druckrohre besitzen. Die für die Wasserversorgung benutzten genormten Rohre benötigen i. d. R. für die Verkehrsbelastung SLW 60 (höchster Belastungswert für Verkehr) und für normale Verlegungstiefen von mindestens 1,20 m bis höchstens 4,0 m Erdüberdeckung keine Überprüfung der Außendruckfestigkeit. Die Mindest- und die Höchstüberdeckung bei Verkehrslast SLW 60 ist für GGG-Rohre in DIN 28 100 (z. B. für Klasse 8 Überdeckung von 0,60 m bis 6,0 m) für Stahlrohre im VdTÜV-Merkbl. 1063 festgelegt.
Die früheren Berechnungsverfahren beruhten auf den Untersuchungen von Marston, die neueren Berechnungsverfahren sind im wesentlichen von den Untersuchungen von Wetzorke abgeleitet. Vom Unterausschuß Fernleitungen des deutschen Ausschusses für brennbare Flüssigkeiten wurde die „Technische Richtlinie zur statischen Berechnung eingeerdeter Stahlrohre“ erstellt, welche für Fernleitungen zur Beförderung gefährdender Flüssigkeiten gilt (1975). Zur Zeit liegt ferner das Berechnungsverfahren der statischen Berechnung erdverlegter Kanalisationsrohre nach der Schweizer SIA-Norm 190 vor (siehe 3R 1/2/82 Heierli und Yang: Die statische Berechnung erdverlegter Kanalisationsrohre), ferner die Richtlinie für die statische Berechnung von Entwässerungskanälen und -leitun-

gen, ATV-Regelwerk, Arbeitsblatt A 127 v. Dez. 88. Der DVGW hat für diesen Bercich noch kein eigenes Arbeitsblatt herausgegeben, es ist daher zweckmäßig, vorerst das ATV-Arbeitsblatt A 127 zu verwenden. Heierli hat darauf hingewiesen, daß die Berechnung nach SIA Norm 190 ähnliche Werte liefert. Allgemein besteht die Tendenz, von dem früher üblichen Nachweis der Tragfähigkeit abzugehen und, wie im Ingenieurbau allgemein üblich, Spannungen und Sicherheiten im Rohrmaterial nachzuweisen. Im folgenden wird daher im wesentlichen vom Arbeitsblatt A 127 ausgegangen und die Berechnung gleichzeitig an einem Beispiel dargestellt. Im Bedarfsfall ist es unerläßlich, das ATV-Arbeitsblatt A 127 beizuziehen.

7.3.8.3.2 Grundformen der Belastung des erdverlegten Rohres

1) Allgemein

Die Belastung des erdverlegten Rohres ist abhängig von der Bodenart, der Art der Herstellung und Verfüllung des Rohrgrabens und der Art der Rohrlagerung. Nach A 127 werden die verschiedenen Möglichkeiten jeweils in 4 Grundformen zusammengefaßt.

2) Bodenarten (Kurzzeichen nach DIN 18196)

Gruppe 1: Nichtbindige Böden (GE, GW, Gl, SW, SI)
Gruppe 2: Schwachbindige Böden (GU, GT, SU, ST)
Gruppe 3: Bindige Mischböden, Schluff, bindiger Sand und Kies, bindiger steiniger Verwitterungsboden (GU2, GT2, SU2, ST2, UL, UM)
Gruppe 4: Bindige Böden (z. B. Ton) (TL, TM, TA, OU, OT, OH, OK)

3) Einbettungsbedingungen für die Rohrleitung

B 1: Lagenweise gegen den gewachsenen Boden bzw. lagenweise in der Dammschüttung verdichtete Einbettung (ohne Nachweis des Verdichtungsgrades – im Wasserleitungsbau häufig der Fall –); gilt auch für Trägerbohlwände (Berliner Verbau).

B 2: Senkrechter Verbau innerhalb der Leitungszone mit Kanaldielen oder Leichtspundprofilen (bis zu einer Profilhöhe von 80 mm), die erst nach dem Verfüllen gezogen werden. Verbauplatten und -geräte unter der Voraussetzung, daß die Verdichtung des Bodens nach dem Ziehen des Verbaues sichergestellt ist.

B 3: Senkrechter Verbau innerhalb der Leitungszone mit Spundwänden und Verdichtung gegen den Verbau.

B 4: Lagenweise gegen den gewachsenen Boden bzw. lagenweise in der Dammschüttung verdichtete Einbettung mit Nachweis des nach ZTVE-StB erforderlichen Verdichtungsgrades. Die Einbettungsbedingung B 4 ist nicht anwendbar bei Böden der Gruppe G 4.

4) Rohr-Lagerungsfälle

Lagerungsfall I: Auflager im Boden ergibt vertikal und rechteckförmig verteilte Reaktionen. Dies gilt für biegesteife u. biegeweiche Rohre.

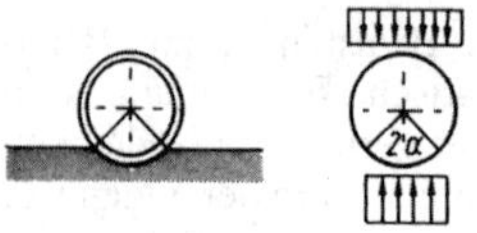

◄ Abb. 7-113: Lagerungsfall I, Schema und Druckverteilung

Abb. 7-114: Lagerungsfall II, Schema und Druckverteilung ►

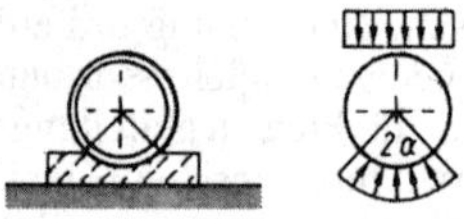

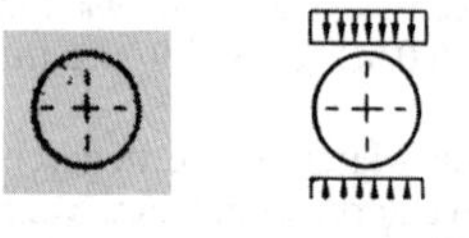

Abb. 7-115: Lagerungsfall III, Schema und Druckverteilung

Lagerungsfall II: Festes Auflager (z. B. Beton) nur für biegesteife Rohre. Radial gerichtete und rechteckförmig verteilte Reaktionen.
Lagerungsfall III: Auflager und Einbettung im Boden für biegeweiche Rohre. Vertikal gerichtete und rechteckförmig verteilte Reaktionen.

7.3.8.3.3 Kennwerte der Belastungen

1) Bodenarten – wenn keine genauen örtlichen Ermittlungen durchgeführt werden, sind die Werte aus **Tab.7-47** zu verwenden.

Tab. 7-47: Kennwerte der Bodengruppen

Gruppe	γ_B [kN/m³]	innerer Reibungswinkel φ' [°]	Verformungsmodul E_B [N/mm²] bei Verdichtungsgrad D_{pr} [%] Dpr = 85	90	92	95	97	100
1	20	35,0	2,4	6	9	16	23	40
2	20	30,0	1,2	3	4	8	11	20
3	20	25,0	0,8	2	3	5	8	13
4	20	20,0	0,6	1,5	2	4	6	10

2) Verkehrslasten: Straßen und Wege – Die Lasten der Regelfahrzeuge nach DIN 1072 sind aus **Tab. 7-48** zu entnehmen. In Autobahn- und Schnellverkehrsflächen ist i. d. Regel der **SLW 60** (damit sind auch Fahrzeuge gem. 85/3/EWG erfaßt), auf sonstigen Verkehrs- und anderen Flächen der **SLW 30,** außerhalb der Verkehrsflächen zumindest Last des **LKW 12** anzusetzen.

Tab. 7-48: Kenn- und Stoßbeiwerte der Regelfahrzeuge

Regelfahrzeug	Gesamtlast [kN]		Radlast [kN]	Aufstandsfläche eines Rades Breite [m]	Länge [m]	Stoßbeiwert [–]
SLW 60	600		100	0,60	0,20	1,2
SLW 30	300		50	0,40	0,20	1,4
LKW 12	120	hinten	40	0,30	0,20	1,5
		vorn	20	0,20	0,20	

3) Verkehrslasten: Schiene – Maßgebend ist das Belastungsbild UIC 71 der DV 804 der Deutschen Bundesbahn. Bei Ermittlung der vertikalen Spannungen im Boden infolge Schienenlasten wird die lastverteilende Wirkung von Schienen und Schwellen berücksichtigt. Gerechnet wird mit einer vertikalen Bodenspannung p aus Verkehrslast in Rohrscheitelebene in Abhängigkeit von der Überdeckung h (bis Oberkante Schwelle): Zwischen den angegebenen Werten darf geradlinig interpoliert werden. Die Werte gelten unabhängig von der Anzahl der Gleise.

	h [m]	p [kN/m²]
	1,5	48
≦	5,5	30

Die Mindestüberdeckung beträgt: h = 1,50 m bzw. $h = D_i$
Für Rohre unter Gleisen beträgt der Stoßfaktor ψ
$= 1{,}40 - 0{,}1\,(h - 0{,}50) \geqq 1{,}10$
4) Flugzeugverkehrslasten – Maßgeblich hierfür sind die von der ARGE Deutscher Verkehrsflughäfen (ADV) festgelegten Belastungsbilder BFZ 90 bis BFZ 750 oder die Angaben der betreffenden Flughafenverwaltung.
5) Sonstige Verkehrslasten – Verkehrslasten unter Baustellenbedingungen sind zu beachten.
Bei Belastungen z. B. durch speziellen Verkehr in Industriebetrieben sind Einzelerhebungen der Belastungen erforderlich.
6) Flächenlasten – Schüttgüter, Bauwerksgründungen u. a. sind als Flächenlasten ggf. auch als Punktlasten zu berücksichtigen.
Verdichtete Dammschüttungen und unverdichtete Auffüllungen gelten nicht als Flächenlasten, sie sind wie Erdüberdeckungen anzusetzen.

7.3.8.3.4 Kennwerte der Rohrwerkstoffe

Die Kennwerte der Rohrwerkstoffe sind aus **Tab. 7-49** zu entnehmen. Die zul. Biegezugspannungen sind aus den jeweiligen DIN bzw. der „Studie über erdverlegte Trinkwasserleitungen aus verschiedenen Werkstoffen" des DVGW zu entnehmen.

Tab. 7-49: Kennwerte der Rohrwerkstoffe

Werkstoff	Elastizitätsmodul[1] E_R [N/mm²]	γ_R [kN/m³]	Biegezugspannung Rechenwert ^{s}R
Asbestzement	25 000	20	siehe DIN 19 850
Beton	30 000	24	siehe DIN 4032
Gußeisen (duktil)	170 000	70,5	siehe DIN 19 690
Polyethylen PE-HD	1 000/150[2]	9,5	siehe DIN 19 537
Polyvinylchlorid (PVC)-U	3 600/1 750[2]	13,8	siehe DIN 19 534
Stahl mit ZM-Auskleidung	210 000	77	siehe DIN 1629 siehe DIN 1626
Stahlbeton	30 000	25	siehe DIN 4035
Spannbeton	39 000	25	siehe DIN 4227
Steinzeug	50 000	22	siehe DIN 1230
UP-GF	7 000/1 400[2]	17,5	siehe DIN 16869

Anmerkung:

1 Die Zahlenangaben sind Richtwerte und werden – soweit erforderlich – für die verschiedenen Rohrarten anhand eines zweckmäßigen Prüfverfahrens ermittelt.

2 Erste Zahl Kurzzeitwert, zweite Zahl Langzeitwert (Kriechmodul).

7.3.8.3.5 Kennwerte des Beispiels einer Berechnung

Zur Erläuterung des Rechnungsganges für die Ermittlung der vertikalen und horizontalen Gesamtbelastung, der Schnittkräfte, der vorhandenen Ringzugspannung und der Sicherheit wird in den folgenden Abschnitten der Rechnungsgang gleichzeitig an einem Beispiel mit folgenden Kennwerten dargestellt:
1) Rohrmaterial – AZ-Rohr DN 600, DIN 19 800, PN 10
$D_a = 678$ mm, $s = 39{,}0$ mm, $r_m = 319{,}5$ mm, $A = 39{,}0$ mm²/mm, W 253,5 mm³/mm
$E_R = 25\,000$ N/mm², $\gamma_R = 20$ kN/m³
2) Einbaubedingungen – nach **Abb.7-116,** Überdeckung h = 2,00 m, Breite des Rohrgrabens in Scheitelhöhe des Rohres b = 1,75 m, Winkel der Grabenwand zur Horizontalen ß = 60°, Einbettungsbedingung, Sandauflager, Verteilwinkel $2\alpha = 60°$, Ausladung a = Höhe des Rohrscheitels über dem festen Auflager / $D_a = 1{,}0$, relative Ausladung $a' = a \cdot E_1/E_2$, hier $E_1 = E_2$ und $a' = 1{,}0$

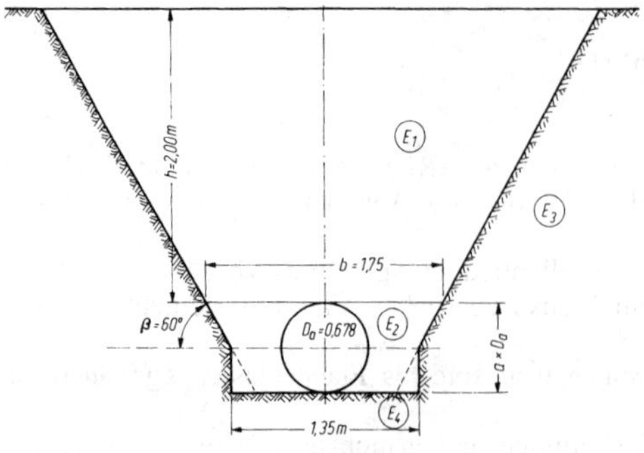

Abb. 7-116: Systemskizze des Berechnungsbeispiels

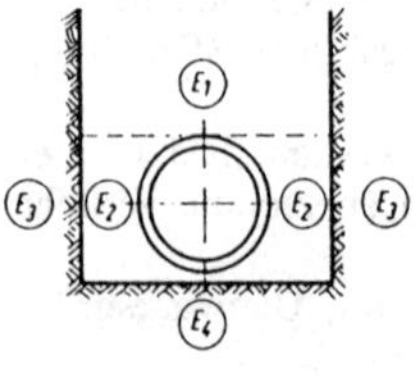

Abb. 7-117: Bezeichnung der Verformungsmoduln für die verschiedenen Bodenzonen

3) Boden – Bodengruppe 3, $g \cdot \varrho = 20\,kN/m^3$, $\varphi' = 25°$, $E_1 = 3\,N/mm^2$ (nach **Tab. 7-50)**, $E_3 = 11\,N/mm^2$ und $E_{20} = E_2 = E_1 = 3\,N/mm^2$ (Annahme gleichwertige Verdichtung um u. über dem Rohr.)
Die Verformungsmoduln E des Bodens werden nach **Abb.7-117** wie folgt bezeichnet:
E_1 = Verfüllung über Rohrscheitel
E_2 = Verfüllung seitlich vom Rohr
E_3 = gewachsener Boden neben dem Rohrgraben
E_4 = gewachsener Boden unter dem Rohrgraben.
4) Verkehrslast – SLW 60, $\varphi = 1{,}2$

Tab. 7-50: Verformungsmoduln E_1 und E_{20}

Überschüttungsbedingungen		A_1		A_2 und A_3		A_4	
Einbettungsbedingungen		B_1		B_2 und B_3		B_4	
Verdichtungsgrad D_{Pr} in % Verformungsmodul E_1, E_{20} in N/mm^2		D_{Pr}	E_1, E_{20}	D_{Pr}	E_1, E_{20}	D_{Pr}	E_1, E_{20}
	G 1	95	16	90	6	97	23
	G 2	95	8	90	3	97	11
	G 3	92	3	90	2	95	5
	G 4	92	2	90	1,5	–	–

Bei gleichwertiger Verdichtung des Bodens neben und über dem Rohr ist $E_1 = E_{20}$; E_{20} darf nicht > E_1 angenommen werden, ausgenommen bei Bodenaustausch in der Leitungszone oder Einbettungsbedingung B 4. D_{Pr} ist entspr. dem Tabellenwert für die jeweilige Einbettungsbedingung einzusetzen.

7.3.8.3.6 Berechnung der Beanspruchung durch die Erdlast
1) mittlere vertikale Spannung infolge Erdlast p_E – beträgt in einem horizontalen Schnitt im Abstand h von der Oberfläche:

$$p_E = \kappa \cdot \gamma_B \cdot h$$

κ ist ein Abminderungsfaktor der Erddruckspannung, der berücksichtigt werden kann, wenn innerhalb von vorhandenen Grabenwänden die Abminderung des Druckes infolge Silowirkung möglich ist. Maßgebend für den Abminderungsfaktor sind: h / b, der Seitendruck auf die Grabenwände, ausgedrückt durch das Verhältnis K_1 von horizontalem zu vertikalem Erddruck, und der wirksame Wandreibungswinkel Δ. K_1 und Δ sind aus **Tab. 7-51** entsprechend dem vorhandenen Einbaufall, der Abminderungsfaktor κ aus **Tab.7-52** zu entnehmen.

Tab. 7-51: Werte K_1 und Δ beim Einfüllen nach Abschn. 7.3.8.3.2

Fall	K_1	Δ
1	0,5	$0{,}67\ \varphi'$
2	0,5	$0{,}33\ \varphi'$
3	0,5	0
4	0,5	$1{,}0\ \varphi'$

Wird zum Verfüllen oberhalb der Leitungszone anderer als der ausgehobene Boden verwendet, so ist der jeweils kleinere Reibungswinkel maßgebend.
Beispiel: $h/b = 2{,}00 / 1{,}75 = 1{,}14$, $K_1 = 0{,}5$, $\Delta = 1/3\ \varphi$ = für Bodengruppe 2, $\varphi' = 30°$, aus **Tab. 7-52** $\kappa = 0{,}91$.
Aus der Tab. ist ersichtlich: Je größer b im Verhältnis zu h wird, desto mehr nähert sich κ gegen 1,0, d. h. bei Dammbedingung ist $\kappa = 1{,}0$. Ein besonderer Unterschied in der Berechnung für Graben- bzw. Dammbedingungen, wie dies früher notwendig war, ist bei dem neuen Berechnungsverfahren nicht mehr notwendig.

Die Werte der **Tab. 7-52** gelten für vertikale Grabenwände, sie müssen für geböschte Grabenwände entsprechend dem Böschungswinkel β zur Horizontalen linear erhöht werden, derart, daß bei $\beta = 0°$ $\kappa = 1$ wird. Somit:
$\kappa b = 1 - \beta/90 + \kappa 90 \cdot \beta/90$,
jedoch ist $\kappa = 1{,}0$, wenn $\beta \leqq \varrho'$
Beispiel: $\beta = 60°$, $\kappa_{60} = 1 - 60/90 + 0{,}91 \cdot 60/90 = 0{,}94$ (statt 0,91).
Die mittlere vertikale Spannung in Scheitelhöhe des Rohres beträgt somit:
$p_E = \kappa_{60} \cdot \gamma_R \cdot h = 0{,}94 \cdot 20 \cdot 2{,}0 = 37{,}6\ kN/mm^2 = 0{,}037\ N/mm^2$

Tab. 7-52: Abminderungsfaktor κ für Grabenlast nach der Silotheorie (Auszug aus Tab. T_1 des A 127)

	$\Delta = \varphi'$		$K_1 = 0{,}5$			$\Delta = {}^2/_3\,\varphi'$		$K_1 = 50$			$\Delta = {}^2/_3\,\varphi'$		$K_1 = 50$	
Δ	20,0°	25,0°	30,0°	35,0°	Δ	13,3°	16,7°	20,0°	23,3°	Δ	6,7°	8,3°	10,0°	11,7°
h/b					h/b					h/b				
0,0	1,00	1,00	1,0	1,00	0,0	1,00	1,00	1,00	1,00	0,0	1,0	1,0	1,0	1,0
0,1	0,98	0,98	0,97	0,97	0,1	0,99	0,99	0,98	0,98	0,1	0,99	0,99	0,99	0,99
0,2	0,96	0,95	0,94	0,93	0,2	0,98	0,97	0,96	0,96	0,2	0,99	0,99	0,98	0,98
0,3	0,95	0,93	0,92	0,90	0,3	0,97	0,96	0,95	0,94	0,3	0,98	0,98	0,97	0,97
0,4	0,93	0,91	0,89	0,87	0,4	0,95	0,94	0,93	0,92	0,4	0,98	0,97	0,97	0,96
0,5	0,91	0,89	0,87	0,84	0,5	0,94	0,93	0,91	0,90	0,5	0,97	0,96	0,96	0,95
0,6	0,90	0,87	0,85	0,82	0,6	0,93	0,92	0,90	0,88	0,6	0,97	0,96	0,95	0,94
0,7	0,88	0,85	0,82	0,79	0,7	0,92	0,90	0,88	0,86	0,7	0,96	0,95	0,94	0,93
0,8	0,87	0,83	0,80	0,77	0,8	0,91	0,89	0,87	0,85	0,8	0,95	0,94	0,93	0,92
0,9	0,85	0,82	0,78	0,74	0,9	0,90	0,88	0,85	0,83	0,9	0,95	0,94	0,92	0,91
1,0	0,84	0,80	0,76	0,72	1,0	0,89	0,86	0,84	0,81	1,0	0,94	0,93	0,92	0,90
1,2	0,81	0,77	0,72	0,68	1,2	0,87	0,84	0,81	0,78	1,2	0,93	0,92	0,90	0,89
1,4	0,78	0,73	0,69	0,64	1,4	0,85	0,82	0,78	0,75	1,4	0,92	0,90	0,89	0,87
1,6	0,76	0,70	0,65	0,60	1,6	0,83	0,79	0,76	0,72	1,6	0,91	0,89	0,87	0,85
1,8	0,73	0,68	0,62	0,57	1,8	0,81	0,77	0,73	0,70	1,8	0,90	0,88	0,86	0,84
2,0	0,71	0,65	0,59	0,54	2,0	0,80	0,75	0,71	0,67	2,0	0,89	0,87	0,84	0,82
2,2	0,69	0,63	0,57	0,51	2,2	0,78	0,73	0,69	0,65	2,2	0,88	0,85	0,83	0,80
2,4	0,67	0,60	0,54	0,48	2,4	0,76	0,71	0,67	0,62	2,4	0,87	0,84	0,82	0,79
2,6	0,65	0,58	0,52	0,46	2,6	0,75	0,69	0,65	0,60	2,6	0,86	0,83	0,80	0,77
2,8	0,63	0,56	0,50	0,44	2,8	0,73	0,68	0,63	0,58	2,8	0,85	0,82	0,79	0,76
3,0	0,61	0,54	0,48	0,42	3,0	0,72	0,66	0,61	0,56	3,0	0,84	0,81	0,78	0,75
4,0	0,53	0,45	0,39	0,34	4,0	0,65	0,58	0,53	0,48	4,0	0,80	0,76	0,72	0,68
5,0	0,46	0,39	0,33	0,28	5,0	0,59	0,52	0,46	0,41	5,0	0,76	0,71	0,66	0,62
6,0	0,41	0,34	0,28	0,23	6,0	0,53	0,46	0,41	0,36	6,0	0,72	0,67	0,62	0,57
7,0	0,36	0,29	0,24	0,20	7,0	0,49	0,42	0,36	0,32	7,0	0,68	0,63	0,57	0,53
8,0	0,32	0,26	0,21	0,18	8,0	0,45	0,38	0,32	0,28	8,0	0,65	0,59	0,54	0,49
9,0	0,29	0,23	0,19	0,16	9,0	0,41	0,35	0,29	0,25	9,0	0,62	0,56	0,50	0,45
10,0	0,27	0,21	0,17	0,14	10,0	0,38	0,32	0,27	0,23	10,0	0,59	0,52	0,47	0,42

2) *Umlagerung der mittleren Spannung* p_E – infolge der unterschiedlichen Verformung des Rohres und des umgebenden Bodens lagern sich die mittleren Spannungen P_E um, und zwar entsteht in idealisierter Form über dem Rohr auf Breite D_a eine Konzentration der Spannung mit dem Faktor γ_R, also $p_e = \lambda_R \cdot P_E$, seitlich des Rohres auf Breite $D_a \cdot {}^3/_2$ eine verminderte Spannung, wiederum seitlich hiervon beträgt die Spannung $p_e = p_E$.
3) *Konzentrationsfaktor* λ_R – ist abhängig vom Steifigkeitsverhältnis V_s von Rohr zu Boden, von der wirksamen relativen Ausladung a′ und vom Erddruckverhältnis. $K_2 \cdot V_s$ ist abhängig von der Rohrsteifigkeit S_R, von der vertikalen Bettungssteifigkeit des Bodens seitlich vom Rohr S_{Bv} sowie vom Beiwert der vertikalen Durchmesserveränderung c_v', bzw. c_{vl}, gegebenenfalls von der Steifigkeit einer Deformationsschicht. $S_D \cdot V_S$ wird nach folgenden Gleichungen berechnet:
$V_S = S_R / (c_v' \cdot S_{Bv})$, bei Berücksichtigung des horizontalen Reaktionsdruckes
$V_S = S_R / (c_{ve} \cdot S_{Bv})$, ohne Berücksichtigung des horizontalen Reaktionsdruckes
$V_S = S_D / (S_{Bv})$, bei Berücksichtigung einer Deformationsschicht.
Hierin ist: $S_R = E_R \cdot s^3 / (r_m^3 \cdot 12) = E_R \cdot I^3 / r_m^3$
$S_{Bv} = E_2 / a$

Die horizontale Systemsteifigkeit $V_{RB} = S_R/S_{Bh}$
Die horizontale Bettungssteifigkeit $S_{Bh} = 0{,}6 \cdot \zeta \cdot E_2$
Der Faktor ζ ist eine Funktion von E_2/E_3 und b/D_a, er ist aus **Abb. 7-118** zu entnehmen. Die Verformungsbeiwerte c_v und c_h, für die vertikale und horizontale Verformung Δd_v, Δd_h infolge q_v mit c_1, infolge q_h mit c_2 bezeichnet, sind für die Lagerungsfälle I und III (näherungsweise auch für II) in **Tab.7-53** angegeben.

ζ rechnerisch:

$$\zeta = \sqrt{\frac{1{,}44}{\Delta f\,(1{,}44 - \Delta f) \cdot \dfrac{E_2}{E_3}}}$$

$$\text{mit } \Delta f = \frac{\dfrac{b}{D_a} - 1}{1{,}154 + 0{,}444\left(\dfrac{b}{D_a} - 1\right)} \geqq 1{,}44$$

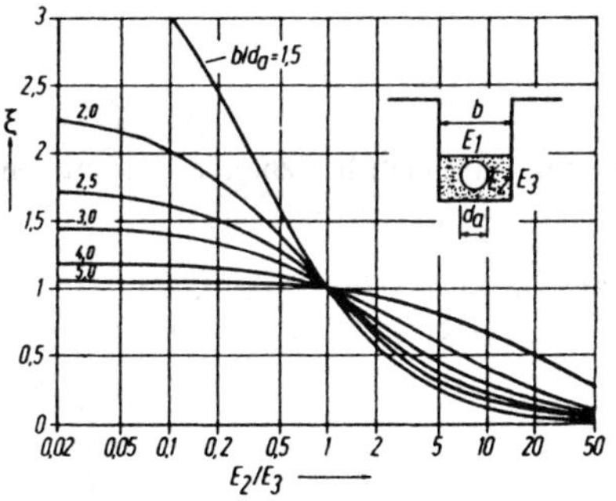

Abb. 7-118: Diagramm zur Ermittlung von ζ aus b/D_a und E_2/E_3

Tab. 7-53: Verformungsbeiwerte

Auflagerwinkel	c_{v1}	c_{v2}	c_{h1}	c_{h2}
60°	–0,1053	+0,0640	+0,1026	–0,0658
90°	–0,0966	+0,0640	+0,0956	–0,0658
120°	–0,0893	+0,0640	+0,0891	–0,0658
180°	–0,0833	+0,0640	+0,0833	–0,0658

Beispiel:
$S_R = 25\,000 \cdot 1 \cdot 39{,}0^3 / (319{,}5^3 \cdot 12) = 3{,}79$ N/mm^2
$S_{Bv} = E_2/a = 3 / 1 = 3$ N/mm^2
$S_{Bh} = 0{,}6 \cdot \zeta \cdot e_1$
für $b / D_a = 1{,}75/0{,}678 = 2{,}58$
aus **Abb. 7-118** ζ 1,42
S_{Bh} $0{,}6 \cdot 1{,}42 \cdot 3 = 2{,}56$ N /mm^2
$V_{RB} = S_R / S_{Bh} = 3{,}79 / 2{,}56 = 1{,}48$
Das Erddruckverhältnis K_2 wird nach **Tab. 7-54** entspr. den Bodenarten und V_{RB} gewählt, hier G 2 und $V_{RB} > 0{,}1$; $K_2 = 0{,}5$;
V_S: hier ohne Berücksichtigung des horizontalen Reaktionsdruckes, mit c_{vl} für Lagerungsfall 2 $\alpha = 60°$ nach **Tab.7-53.**

$V_S = S_R/(c_{vl} \cdot S_{Bv}) = 3{,}79 / (0{,}1053 \cdot 3) = 12{,}0$
Konzentrationsfaktor λ_R errechnet sich nach der Gleichung

$$\lambda_R = \frac{\max\lambda \cdot V_s + a' \cdot \frac{4 \cdot K_2}{3} \cdot \frac{\max\lambda - 1}{a' - 0{,}25}}{V_s + a' \cdot \frac{3 + K_2}{3} \cdot \frac{\max\lambda - 1}{a' - 0{,}25}} \leqq 4;$$

Die in dieser Gleichung enthaltenen Werte werden wie folgt ermittelt: max. λ · aus **Abb. 7-119** in Abhängigkeit von h/D_a und a;
Beispiel: $h / D_a = 2{,}00 / 0{,}678 = 2{,}95$; a = 1:max $\lambda = 1{,}376$;
$V_{S1} = (1 - K_2) / (1 - {}^1/_4 \cdot 1) = 0{,}667$;

$$\text{somit } \lambda_R = \frac{1{,}376 \cdot 11{,}99 + 1 \cdot \frac{4 \cdot 0{,}5}{3} \cdot \frac{1{,}376 - 1}{1 - 0{,}25}}{11{,}99 + 1 \cdot \frac{3 + 0{,}5}{3} \cdot \frac{1{,}376 - 1}{1 - 0{,}25}} = 1{,}403 < 4;$$

Die Erddruckspannung über dem Rohr beträgt somit nach Abschn. 7.3.8.3.6/1 und 7.3.8.3.6/2:
$p_e = \lambda_R \cdot \kappa \cdot \gamma_B \cdot h$
Beispiel: $1{,}405 \cdot 0{,}0376 = 0{,}053$ N/mm^2

7.3.8.3.7 Berechnung der Beanspruchung durch eine Flächenlast

1) Mittlere vertikale Spannung infolge Flächenlast p_e – beträgt in einem horizontalen Schnitt im Abstand h von der Oberfläche:
$p_{Eo} = p_0 \cdot \kappa_o$
Der Abminderungsfaktor κ_0 infolge der Wirkung der Silotheorie ist aus **Tab. 7-55** zu entnehmen. Analog zu Abschn. 7.3.8.3.6, Abs. 1 gilt dieser Wert für vertikale Grabenwände, er ist hier wie dort in gleicher Weise für geböschte Grabenwände zu erhöhen.

Tab. 7-54: Erddruckverhältnis K_2

Boden Gruppe	K_2 $V_{RB} < 0{,}1$	$V_{RB} \leqq 0{,}1$
G 1	0,5	0,4
G 2	0,5	0,3
G 3	0,5	0,2
G 4	0,5	0,1
Bettungs-reaktions-druck	$q_h' = 0$	$q_h' > 0$

2) Einfluß der relativen Grabenbreite: Die Spannungsumlagerung erstreckt sich auf die Breite $4 \cdot D_a \leqq 4$; für den Konzentrationsfaktor λ_{RG} im Graben mit geringer Breite gilt folgende Annahme:

$$1 \leqq b/D_a \geqq 4 \text{ wird } \lambda_{RG} = \frac{\lambda_R - 1}{3} \cdot \frac{b}{D_a} \cdot \frac{4 - \lambda_R}{3}$$

und für größere Grabenbreite:

$4 \leqq b/D_a \leqq \infty$; $\lambda_{RG} = \lambda_R = \text{Const.}$

Der Konzentrationsfaktor R_B ist unabhängig von der Grabenbreite.

Beispiel (Fortsetzung):

$$\frac{b}{D_a} = \frac{1{,}75}{0{,}678} = 2{,}581 \leqq 4 \text{ bzw.} > 1$$

$$\text{somit: } \lambda_{RG} = \frac{1{,}405 - 1}{3} \cdot 2{,}581 + \frac{4 - 1{,}405}{3} = 1{,}213;$$

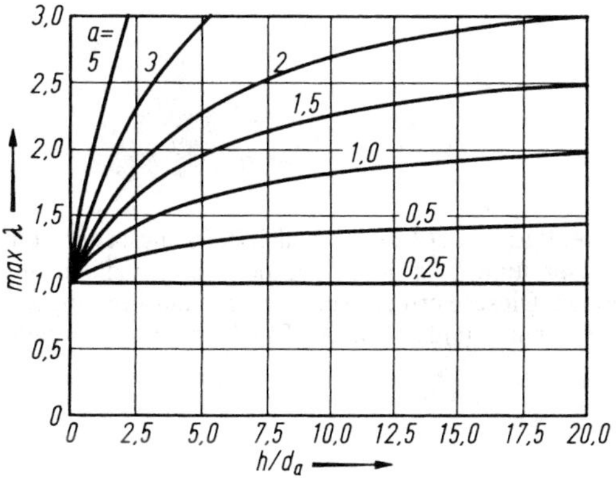

Abb. 7-119: Konzentrationsfaktor max λ für $b/d_3 = \infty$ und $E_4 = 10 \cdot E_1$

Tab. 7-55: Abminderungsfaktor κ_0 für Oberflächenlast nach der Silotheorie (Auszug aus A 127)

	$\Delta = \varphi'$		$K_1 = 0{,}5$			$\Delta = {}^2/_3\,\varphi'$		$K_1 = 50$			$\Delta = {}^1/_3\,\varphi'$		$K_1 = 50$	
Δ	20,0°	25,0°	30,0°	35,0°	Δ	13,3°	16,7°	21,7°	23,3°	Δ	6,7°	8,3°	10,0°	11,7°
h/b					h/b					h/b				
0,0	1,00	1,00	1,00	1,00	0,0	1,00	1,00	1,00	1,00	0,0	1,00	1,00	1,00	1,00
0,1	0,96	0,95	0,94	0,93	0,1	0,98	0,97	0,96	0,96	0,1	0,99	0,99	0,98	0,98
0,2	0,93	0,91	0,89	0,87	0,2	0,95	0,94	0,93	0,92	0,2	0,98	0,97	0,97	0,96
0,3	0,90	0,87	0,84	0,81	0,3	0,93	0,91	0,90	0,88	0,3	0,97	0,96	0,95	0,94
0,4	0,86	0,83	0,79	0,76	0,4	0,91	0,89	0,86	0,84	0,4	0,95	0,94	0,93	0,92
0,5	0,83	0,79	0,75	0,70	0,5	0,89	0,86	0,83	0,81	0,5	0,94	0,93	0,92	0,90
0,6	0,80	0,76	0,71	0,66	0,6	0,87	0,84	0,80	0,77	0,6	0,93	0,92	0,90	0,88
0,7	0,78	0,72	0,67	0,61	0,7	0,85	0,81	0,78	0,74	0,7	0,92	0,90	0,88	0,87
0,8	0,75	0,69	0,63	0,57	0,8	0,83	0,79	0,75	0,71	0,8	0,91	0,89	0,87	0,85
0,9	0,72	0,66	0,59	0,53	0,9	0,81	0,76	0,72	0,68	0,9	0,90	0,88	0,85	0,83
1,0	0,69	0,63	0,56	0,50	1,0	0,79	0,74	0,69	0,65	1,0	0,89	0,86	0,84	0,81
1,2	0,65	0,57	0,50	0,43	1,2	0,75	0,70	0,65	0,60	1,2	0,87	0,84	0,81	0,78
1,4	0,60	0,52	0,45	0,38	1,4	0,72	0,66	0,60	0,55	1,4	0,85	0,81	0,78	0,75
1,6	0,56	0,47	0,40	0,33	1,6	0,68	0,62	0,56	0,50	1,6	0,83	0,79	0,75	0,72
1,8	0,52	0,43	0,35	0,28	1,8	0,65	0,58	0,52	0,46	1,8	0,81	0,77	0,73	0,69
2,0	0,48	0,39	0,32	0,25	2,0	0,62	0,55	0,48	0,42	2,0	0,79	0,75	0,70	0,66
2,2	0,45	0,36	0,28	0,21	2,2	0,59	0,52	0,45	0,39	2,2	0,77	0,72	0,68	0,63
2,4	0,42	0,33	0,25	0,19	2,4	0,57	0,49	0,42	0,36	2,4	0,76	0,70	0,65	0,61
2,6	0,39	0,30	0,22	0,16	2,6	0,54	0,46	0,39	0,33	2,6	0,74	0,68	0,63	0,58
2,8	0,36	0,27	0,20	0,14	2,8	0,51	0,43	0,36	0,30	2,8	0,72	0,66	0,61	0,56
3,0	0,34	0,25	0,18	0,12	3,0	0,49	0,41	0,34	0,27	3,0	0,70	0,64	0,59	0,54
4,0	0,23	0,15	0,10	0,06	4,0	0,39	0,30	0,23	0,18	4,0	0,63	0,56	0,49	0,44
5,0	0,16	0,10	0,06	0,03	5,0	0,31	0,22	0,16	0,12	5,0	0,56	0,48	0,41	0,36
6,0	0,11	0,06	0,03	0,01	6,0	0,24	0,17	0,11	0,08	6,0	0,50	0,42	0,35	0,29
7,0	0,08	0,04	0,02	0,01	7,0	0,19	0,12	0,08	0,05	7,0	0,44	0,36	0,29	0,24
8,0	0,05	0,02	0,01	0,01	8,0	0,15	0,09	0,05	0,03	8,0	0,39	0,31	0,24	0,19
9,0	0,04	0,02	0,01	0,00	9,0	0,12	0,07	0,04	0,02	9,0	0,35	0,27	0,20	0,16
10,0	0,03	0,01	0,00	0,00	10,0	0,09	0,05	0,03	0,01	10,0	0,31	0,23	0,17	0,13

7.3.8.3.8 Berechnung der Beanspruchung aus Verkehrslast

Die Druckspannung im Boden p_v unter den Regelfahrzeugen berechnet sich zu $p_v = \varphi \cdot p$ wobei $p = a_F \cdot p_F$ ist.

$$p_F = \frac{F_A}{r_A^2 \cdot \pi} \cdot \left\{ 1 - \left(\frac{1}{1 + \left(\frac{r_A}{h}\right)^2} \right)^{3/2} + \frac{3 \cdot F_E}{2 \cdot \pi h^2} \left(\frac{1}{1 + \left(\frac{r_E}{h}\right)^2} \right)^{5/2} \right.$$

$$a_f = 1 - \frac{0{,}9}{0{,}9 + \frac{4\,h^2 + h^6}{1{,}1\,D_m^{2/3}}} \quad ; \quad D_m = \frac{D_a + D_i}{2}$$

p_F ist eine Näherung für die maximale Spannung unter Radlasten **(Tab.7-48)** nach Boussinesq; a_F ist ein Korrekturfaktor zur Berücksichtigung der Druckausbreitung über dem Rohrquerschnitt und der mittragenden Rohrlänge bei kleinen Überdeckungshöhen. Dieser Formel liegt eine Druckausbreitung 2:1 zugrunde. Die Hilfslasten F_A und F_E sowie die Hilfsradien r_A und r_E sind der **Tab. 7-56,** zu entnehmen:

Tab. 7-56:

Regelfahrzeug	F_A (kN)	F_E (kN)	r_A (m)	r_E (m)
SLW 60	100	500	0,25	1,82
SLW 30	50	250	0,18	1,82
LKW 12	40	80	0,15	2,26

Die Gleichung für a_F gilt für $h \geqq 0{,}5$ m und $D_m \leqq 5{,}0$ m;
die horizontalen Spannungen im Boden infolge Verkehrslasten werden nicht berücksichtigt. Beispiel (Fortsetzung):

$$p_F = \frac{100}{(0{,}25)^2 \cdot \pi} \cdot \left\{ 1 - \left(\frac{1}{1 + \left(\frac{0{,}25}{2{,}00}\right)^2} \right)^{3/2} \right\} + \frac{3 \cdot 500}{2 \cdot \pi \cdot (2{,}0)^2} \cdot \left(\frac{1}{1 + \left(\frac{1{,}82}{2{,}0}\right)^2} \right)^{5/2} = 24{,}90 \text{ kN/m}^2$$

$$a_F = 1 - \frac{0{,}9}{0{,}9 + \frac{4 \cdot 2{,}0^2 + 2{,}0^6}{1{,}1 \cdot 0{,}639^{2/3}}} = 0{,}991;$$

$p = 0{,}991 \cdot 24{,}90 = 24{,}68$ kN/m²;
$p_v = \psi \cdot p = 1{,}2 \cdot 24{,}68 = 29{,}62$ kN/m²; wobei ψ = Stoßbeiwert für SLW 60 **(Tab. 7-48).**

7.3.8.3.9 Vertikale Gesamtbelastung des Rohres

Die vertikale Gesamtbelastung des Rohres durch äußere Belastungen setzt sich zusammen aus der Erdlast und Verkehrslast,

$$q_v = \lambda_{RG} (\kappa \cdot \gamma_B \cdot h + \kappa_0 \cdot p_0) + 66 \cdot p$$

Beispiel: Fortsetzung
$q_v = 1{,}213\,(0{,}94 \cdot 20 \cdot 2{,}0 + 0) + 1{,}2 \cdot 24{,}68 = 0{,}0752$ N/mm²
Die Belastungen durch äußeren Wasserdruck, d. h. bei Lage des Rohres im Grundwasser, sind gesondert zu berechnen.

7.3.8.3.10 Horizontale Gesamtbelastung des Rohres

Der horizontale Seitendruck auf das Rohr setzt sich zusammen aus dem Anteil q_h infolge der vertikalen Erdlast und gegebenenfalls aus dem Reaktionsdruck q_h' infolge einer Rohrverformung. Bei Rohren mit $V_RB > 0{,}1$ kann q_h' unberücksichtigt bleiben.

$$q_h = K_2 \cdot \left(\lambda_B \cdot p_E + \gamma_B \cdot \frac{D_a}{2} \right)$$

K_2 nach **Tab.7-54**
λ_B errechnet sich entsprechend der Spannungsumlagerung zu

$$\lambda_B = (4 - \lambda_R) / 3$$

Beispiel: $K_2 = 0{,}5$, $\lambda_B = (4 - 1{,}405) / 3 = 0{,}865$

$$q_n = 0{,}5 \cdot \left(0{,}865 \cdot 0{,}053 + 0{,}00002 \cdot \frac{678}{2} \right) = 0{,}026 \text{ N/mm}^2$$

7.3.8.3.11 Sicherheiten gegen Verformung, Beulen und Beanspruchung durch äußeren Wasserdruck

Die Berechnung für diese Sonder-Beanspruchungen sind im ATV-Arbeitsblatt A 127 angegeben, siehe auch Spezialliteratur.

7.3.8.3.12 Schnittkräfte und Spannungen des radial belasteten Rohres

1) Schnittkräfte – Von den 4 möglichen Lagerungsfällen des Abschn. 7.3.8.3.2 wird hier nur der bei Wasserleitungen übliche Lagerungsfall I behandelt, d. h. loses Auflager mit $V_RB > 0{,}1$. Die Beiwerte zur Berechnung der Momente und Normalkräfte aus der vertikalen Belastung, der horizontalen Belastung, der Rohr-Eigenlast und der Last aus der Wasserfüllung sind in **Tab. 7-57** angegeben, sie gelten nur für Rohre mit kreisförmigem Querschnitt und über den Umfang gleicher Wanddicke. Die Berechnung der Momente und Normalkräfte wird zweckmäßig in Tabellenform durchgeführt, **Tab.7-58.** Hierin sind die Formeln zur Berechnung und die Werte des Berechnungsbeispiels eingetragen. Für das Beispiel wurde die Lagerung I mit Auflagerwinkel $2\,\alpha = 60°$ gewählt, mit der max. Beanspruchung am Sohle-Querschnitt, somit:
$M_{Sohle} = +\,2\,434{,}36$ Nmm/mm, $N_{Sohle} = 294{,}83$ N/mm einschließlich N aus Innendruck.
2) Spannungen – errechnen sich aus der Formel:

$$\sigma = \frac{N}{A} \pm \frac{M}{W} \cdot \alpha_k$$

Tab. 7-57: Beiwerte zur Berechnung der Momente und Normalkräfte eines Rohres mit Kreisform und konstanter Wanddicke, bei losem Auflager, $V_{RB} > I$, infolge radialer Belastung (nach Tab. T 3 I A 127)

Lage-rungs-fall I 2 α	Schnitt-stelle	Momentenbeiwerte				Normalkraftbeiwerte			
		m_{qv}	m_{qh}	m_g, m_g	m_w, m_w	n_{qv}	n_{qh}	n_g, n_g	n_w, n_w
60°	Scheitel	+0,286	–0,250	+0,459	+0,229	0,080	–1,000	+0,417	+0,708
				+0,073	+0,073			+0,066	+0,225
	Kämpfer	–0,293	+0,250	–0,529	–0,264	–1,000	0	–1,571	+0,215
				–0,084	–0,084			–0,250	+0,068
	Sohle	+0,377	–0,250	+0,840	+0,420	0,080	–1,000	–0,417	+1,292
				+0,134	+0,134			–0,066	+0,411
90°	Scheitel	+0,274	–0,250	+0,419	+0,210	0,053	–1,000	+0,333	+0,667
				+0,067	+0,067			+0,053	+0,212
	Kämpfer	–0,279	+0,250	–0,485	–0,243	–1,000	0	–1,571	+0,215
				–0,077	–0,077			–0,250	+0,068
	Sohle	+0,314	–0,250	+0,642	+0,321	–0,053	–1,000	–0,333	+1,333
				+0,102	+0,102			–0,053	+0,424
120°	Scheitel	+0,261	–0,250	+0,381	+0,190	0,027	–1,000	+0,250	+0,625
				+0,061	+0,061			+0,040	+0,199
	Kämpfer	–0,265	+0,250	–0,440	–0,220	–1,000	0	–1,571	+0,215
				–0,070	–0,070			–0,250	+0,068
	Sohle	+0,275	–0,250	+0,520	+0,260	–0,027	–1,000	–0,250	+1,375
				+0,083	+0,083			–0,040	+0,438

Erläuterung:
q_v = vertikale Belastung, q_h = horizontale Belastung, g = Rohr-Eigenlast, w = Last aus der Wasserfüllung

Tab. 7-58: Berechnung der Schnittkräfte mit Beispiel

Bez.	Formel	Faktor	q_v/h_h N/mm²	r_m $\cdot 10^{-6}$	γ mm KN/m³	s	M Nmm/mm
M_{qv}	$m_{qv} \cdot q_v \cdot rm^2$	+ 0,377	0,0752	319,5			+2894,02
M_{qh}	$m_{qh} \cdot q_h \cdot rm^2$	–0,250	0,026	319,5			– 663,52
M_g	$m_g \cdot rm^2 \cdot \lambda_R \cdot S$	+0,840	–	319,5	20	39	+ 66,88
M_W	$m_w \cdot rm^3 \cdot \lambda_W$	+0,420	–	319,5	10		+ 136,98
M_i (= Moment aus Innendruck) bleibt grundsätzlich unberücksichtigt!						Σ M	+2434,36
N_{qv}	$n_{qv} \cdot q_v \cdot r_m$	+ 0,080	0,0572	319,5			+ 1,922
N_{qh}	$n_{qh} \cdot q_h \cdot r_m$	–1,000	0,026	319,5			– 8,307
N_g	$n_g \cdot r_m \cdot \lambda_R \cdot S$	–0,417	–	319,5	20	39	– 0,104
N_w	$n_w \cdot rm^2 \cdot \lambda_W$	+1,292	–	319,5	10		+ 1,319
N_i (= N aus Innendruck) = $p_i \cdot \frac{D_i}{2} = 10 \cdot 0,1 \cdot \frac{600}{2} =$							+ 300,000
						Σ N	+ 294,830

α_k ist ein Korrekturfaktor zur Berücksichtigung der Krümmung der inneren und äußeren Randfaser der Rohrwand, er beträgt:

$$\alpha_{ki} = 1 + \frac{1}{3} \cdot \frac{S}{r_m} = \frac{3\,Di + 5 \cdot S}{3\,Di + 3 \cdot s}$$

$$\textit{Beispiel: } \alpha_{ki} = \frac{3 \cdot 600 + 5 \cdot 39}{3 \cdot 600 + 3 \cdot 39} = 1{,}041$$

Die Ringbiegezugspannung σ_R beträgt mit den Werten A und W nach Abschn. 7.3.8.3.5

$$\Delta_R = \frac{+\,294{,}8}{39{,}0} \pm \frac{2434{,}4}{253{,}5} \cdot 1{,}041 = \begin{matrix} +\,17{,}56\ \text{N/mm}^2 \\ -\ \ 2{,}44\ \text{N/mm}^2 \end{matrix}$$

Die Ringbiegezugfestigkeit beträgt nach DIN 19 800 $\sigma = 51{,}0$ N/mm^2, im Beispiel beträgt die Sicherheit S somit:
$S = 51{,}0 / 17{,}56 \cong 3$

Tab. 7-59: Sicherheitsbeiwerte S nach A 127

Rohrart	S A	S B
Rohre mit plastischer Versagensart		
Stahlbeton, Spannbeton, duktile Gußrohre, Stahl, Kunststoff	1,5	1,75
Rohre mit spröder Versagensart		
unbewehrter Beton, Steinzeug, Asbestzement	1,5	2,3
Versagen durch Instabilität		
Kunststoff, Stahl, duktiles Gußeisen	1,5	2,0

3) **Sicherheitsbeiwerte** – in **Tab.7-59** sind die in A 127 vorgeschlagenen Werte für S aufgeführt. Im Beispiel würde die Sicherheit für die Klasse B (und damit auch für A) ausreichen.

7.3.8.3.13 Schnittkräfte und Spannungen des axial belasteten Rohres

1) Allgemein – Wenn ein Rohr in Längsrichtung nicht gleichmäßig gelagert ist, wird es in Längsrichtung auf Biegung beansprucht, Abschn. 7.3.8.3.1. Das Rohr wirkt dann als durchlaufender Träger, wenn die Rohrverbindungen kraftschlüssig sind, als freiaufliegender Träger, wenn die Rohrverbindungen beweglich sind, z. B. bei Steckverbindungen. Für eine festgelegte Stützweite der Auflager wird die Spannung und die vorhandene Sicherheit oder für die gegebene zulässige Spannung die zulässige größte Stützweite berechnet.
2) Belastung – besteht aus den vertikalen Lasten: Erdlast, Verkehrslast, Rohrlast und Wasserlast, sie wird berechnet:
Erdlast: nach Abschn.7.3.8.3.6 unter Berücksichtigung der Spannungskonzentration aus Spannung N/mm^2 · Rohrbreite:

$$p_e = (\lambda_R \cdot \kappa \cdot \gamma \cdot h) \cdot D_a \text{ N/mm}$$

Beispiel: $p_e = 0{,}053 \cdot 678 = 35{,}93$ N/mm
Verkehrslast: nach 7.3.8.3.8 $p_v = 66$
$\cdot\, p \cdot D_A$
Beispiel: $p_v = 1{,}2 \cdot 0{,}0247 \cdot 678 = 20{,}10$ N/mm^2
Rohrlast: aus Firmentabellen:
Beispiel: AZ 500 PN 10 DIN 19 800 = 182 kg · 10 m/sec^2 = 1 820 kg/m/sec^2 – je m = 1,82 N/mm^2
Wasserlast: $G_w = D_i^2 \cdot \pi/4 \cdot 10$

Beispiel: $G_w = 0{,}60 \cdot \pi/4 \cdot 10 = 2{,}83$ kN/m = 2,83 N/mm
Gesamtlast: $q = p_e + p_v + G_R + G_w$
Beispiel: $q = 35{,}93 + 20{,}10 + 1{,}82 + 2{,}83 = 60{,}68$ N/mm²
3) Schnittkräfte: Durch die Belastung q wird in Längsrichtung ein Moment M erzeugt. Je nach Auflagerungsart ist M:
Durchlaufträger: $M = q \cdot L^2/12$
frei aufliegend: $M = q \cdot L^2/7$
Beispiel: freiaufliegend, Stützweite 3,00 m
$M = 60{,}68 \cdot 3\,000^2/8 = 68{,}3 \cdot 10^6$ Nmm/mm
4) Spannung in Längsrichtung:
$\sigma = M/W$, mit $W = \pi \cdot (D_a^4 - D_i^4) / (32 \cdot D_a)$
Beispiel: $\sigma = 68{,}3 \cdot 10^6/11{,}8 \cdot 10^6 = 5{,}79$ N/mm²)
5) Durchbiegung – unter der Belastung muß kleiner als die zulässige Durchbiegung sein.
Beispiel: freiaufliegend auf L= 4,0 m;
$f = 5 \cdot q \cdot L^4 / (384 \cdot E \cdot I)$
$f = 5 \cdot 60{,}68 \cdot 4\,000^4 / (384 \cdot 25\,000 \cdot 4{,}94 \cdot 10^9) = 1{,}64$ mm

7.3.8.4 Beanspruchung des Rohres beim Vortrieb

1) Vorpreßkraft – Manchmal müssen Wasserleitungsrohre, häufig Schutzrohre für die Kreuzung von Wasserleitungen mit Bahnen und Straßen, ohne Herstellen eines Rohrgrabens durch Vorpressen eingebracht werden, siehe auch DVGW-Merkblatt GW 304. Die Vorpreßkraft P_{Pr} ist abhängig von der Mantelreibung und vom Widerstand der Anpreßfläche des Rohranfangs. Die Mantelreibung wird verursacht durch die Druckspannungen auf das Rohr infolge Erddruck und gegebenenfalls Verkehrslast sowie durch die Eigenlast des Rohres. Die Anpreßfläche am Rohranfang kann sehr verschieden sein, je nachdem, ob das Rohr mit stumpfer Rohrwand oder mit Schneidschuh vorgepreßt wird. Allgemein kann P_{Pr} überschlägig berechnet werden:

$$P_{Pr} = ((g \cdot p \cdot h + p_v) \cdot (D_a \cdot \pi \cdot L) + G_R) \cdot \mu + (s \cdot D_a \cdot \pi) \cdot k_0$$

hierin ist: μ = Reibungsbeiwert, hier mit 0,5 angenommen, k_0 = Beiwert für den Preßwiderstand am Rohranfang, hier mit 0,5 N/mm² angenommen. Bei der Erdbelastung ist wegen des Fehlens eines Rohrgrabens keine Verminderung infolge Silotheorie und keine Erhöhung der Konzentration über dem Rohr vorhanden.
Beispiel: AZ-Rohr DN 600, PN 10, s = 39 mm, D_a = 678 mm, D_m = 639 mm, Masse 182 kg/m, Vorpressen unter Straße, h = 3,00 m, L= 10 m, p = 17,92 kN/m² für SLW 60 bei h = 3,00 m, alle Werte in kN und m
$P_{Pr} = ((20 \cdot 3{,}00 + 17{,}92) \cdot (0{,}678 \cdot \pi \cdot 10) + 1{,}82 \cdot 10) \cdot 0{,}5 + (0{,}039 \cdot 0{,}639 \cdot \pi) \cdot 500 = 878{,}10$ kN
2) Spannung – Bei der Beanspruchung des Rohres durch die Vorpreßkraft ist ein Zuschlag W für die Knickbeanspruchung zu berücksichtigen. Dieser wird aus **Tab. 7-60** entnommen, wobei vereinfacht $W_{AZ} = W_{Gußrohr}$ angenommen wird. Es ist: Schlankheitsgrad λ S_k/i, Knicklänge S_k = angen. 0,67 L
Trägheitsradius $i = \sqrt{I/A}$, $I = \pi\,(D_a^4 - D_i^4) / 64$, $A = s \cdot D_m \cdot \pi$, $I = (0{,}676^4 - 0{,}600^4) / 64 = 0{,}003889$ m⁴,
$S = 0{,}07829$ m², $i = \sqrt{0{,}003889 / 0{,}07829}$ d = 0,2229
$\lambda = 0{,}67 \cdot 10 / 0{,}2229 = 30$, aus Tab. 7-60 w = 1,11
Spannung $\sigma = w \cdot P_{PR}/A = 1{,}11 \cdot 878{,}10 / 0{,}07829 = 12\,450$ kN/m²
$\sigma = 12{,}5$ N/mm²

3) Einrichten für das Vorpressen – bestehend aus der Preßvorrichtung für den Vortrieb, Widerlager für die Pressen usw., sind für den ermittelten Vorpreßdruck zu bemessen.
4) Für Stahlrohre kann zur statischen Berechnung das, gegenüber der ATV 127, einfachere Verfahren der „Technischen Richtlinie zur statischen Berechnung eingeerdeter Stahlrohre“ (VdTÜV-Merkblatt 1063 vom Mai 1978 „Rohrfernleitungen“), angewandt werden.

Tab. 7-60: Knickzahlen w

Schlankheitsgrad λ	Knickzahlen w							
	0	10	20	30	40	60	80	100
Holz	1,00	1,04	1,08	1,15	1,26	1,62	2,20	3,00
Stahl St 37	1,00	1,00	1,04	1,08	1,14	1,30	1,55	1,90
Gußeisen	1,00	1,01	1,05	1,11	1,22	1,67	3,50	5,45
Rundrohr St 37	1,00	1,00	1,00	1,03	1,07	1,19	1,39	1,70

7.4 Rohrleitungsbau

7.4.1 Hauptleitungen (HW), Versorgungsleitungen (VW)

7.4.1.1 Herstellen des Rohrgrabens (RG)

Gräben für Leitungen erfordern eine sorgfältige Vorbereitung und Ausführung. Deshalb dürfen (DIN 4124) nur solche Fachleute und Unternehmer diese Arbeiten durchführen, die über die notwendigen Kenntnisse und Erfahrungen verfügen und eine einwandfreie Ausführung sicherstellen.

74.1.1.1 Vorarbeiten – Unbekannter Baugrund ist nach seiner Beschaffenheit durch Erschließungsbohrungen oder Schürfungen zu erkunden, die eine möglichst genaue Auskunft über die Bodenschichten, ihre Standfestigkeit und über die Grundwasserverhältnisse erbringen sollen, daneben auch über etwaige Bodenaggressivitäten gegenüber dem Rohrwerkstoff.
Die Tiefenlage trassennaher Gebäudefundamente ist festzustellen; ggf. sind Verfahren für eine Beweissicherung einzuleiten.
Aufgrund dieser Erkenntnisse ist zu entscheiden, wie der RG gestaltet und gesichert werden muß und welche Geräte für seine Herstellung einzusetzen sind.
Im Benehmen mit den Betreibern anderer Versorgungsleitungen (Post, Elektrizitäts-, Gas-, Kanalwerke usw.) ist deren Lage im Bereich der geplanten RL möglichst genau festzustellen und zu markieren, damit dort besonders vorsichtig gearbeitet und ihre Beschädigung vermieden wird.
Die Erlaubnis zum Betreten und zur Nutzung (z. B. Ablagern des Aushubes) von Privatgrundstücken ist vor Baubeginn einzuholen.

7.4.1.1.2 Arbeitsstreifenbreite – Sie setzt sich zusammen aus der oberen Breite des eigentlichen RG, den beiderseits anschließenden, vorgeschriebenen, lastfreien Schutzstreifen von wenigstens 0,6 m Breite, dem Lagerplatz für den Aushub und ggf. einer oder mehrerer Baustraßen, wenn Transport- und Verlegefahrzeuge für großkalibrige RL längs des RG fahren müssen bzw. wenn die Aufstellung von Schweißgeräten notwendig ist **(Abb.7-120).**
Nach DVGW-Arbeitsblatt W 403 ergeben sich im offenen Gelände und bei geböschten Grabenwänden Arbeitsstreifenbreiten nach **Tab.7-61,** zu deren Einhaltung der Auftragnehmer vertraglich angehalten werden sollte. Daß erheblich größere Bauplatzbreiten nötig werden können, zeigt **Abb.7-121.**

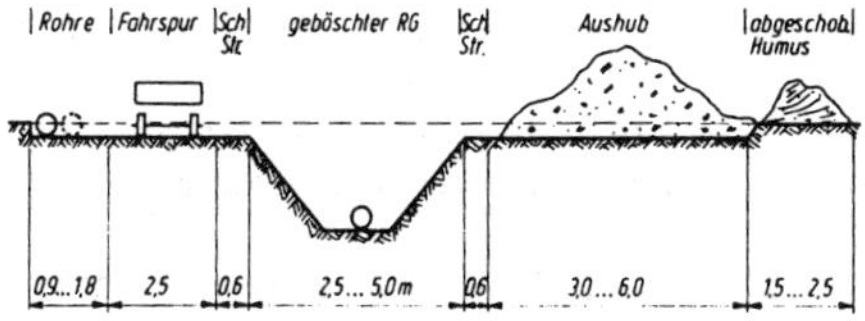

Abb. 7-120: Baustellen-Regelquerschnitt

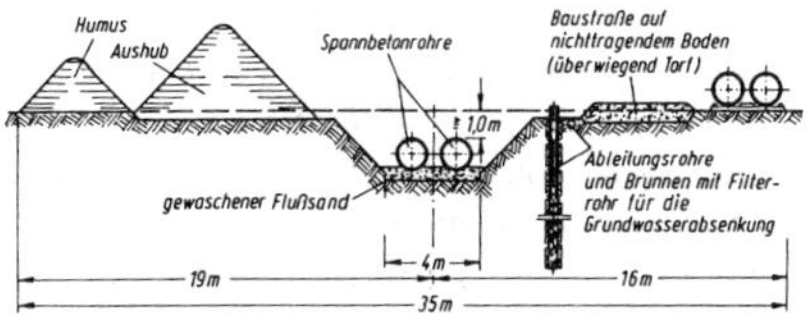

Abb. 7-121: Baustellen-Querschnitt f. Doppel-Leitung

Tab. 7-61: Arbeitsstreifenbreite

DN der Rohre	RG-Tiefe ≦ 3,0	(m) > 3,0
≦ 200	14	16
> 200 ≦ 400	16	18
> 400 ≦ 600	18	20
> 600 ≦ 1200	20	22

In Ortsstraßen oder bei sonstwie beengten Verhältnissen muß der Planende aber mit wesentlich geringeren Bauplatzbreiten auskommen; der RG ist dann senkrecht auszuheben und vorschriftsmäßig zu verbauen, um ihn so schmal, als *erlaubt* anzulegen. An Breite kann auch gespart werden, wenn der Aushub hinter gut verankerten Bohlen gestapelt wird, die gegen Erddruck gesichert sind.
Reicht das nicht aus, so ist der Aushub teilweise bis ganz ab- und zum Verfüllen des RG wieder anzufahren.

7.4.1.1.3 Tiefe – Die Erdüberdeckung der Rohre t richtet sich nach Frosttiefe und DN. In Deutschland gelten gewöhnlich folgende Mindestüberdeckungen t in m:

Tab. 7-62: Mindestüberdeckung t

DN	t	DN	t	DN	t	DN	t
bis 200	1,50	350	1,40	600	1,25	900	1,15
250	1,45	400	1,35	700	1,20	1 000	1,10
300	1,40	500	1,30	800	1,15	> 1 000	≧ 1,00

Über Bodenfrosttiefen geben die Wetterdienststellen Auskunft. Für RL mit gesichertem ständigem Durchfluß (Quellzuleitungen) genügt von der Temperaturseite her betrachtet 1,0 m Deckung über Rohrscheitel. Die Regel-Grabentiefe T ist somit, wenn D_a = äußerer Rohrdurchmesser, $T = D_a + t$, wobei zur Sicherung der Rohrleitung gegen Beschädigungen von oben, t mind. 1,00 m sein sollte.
RL können aber nicht allen Unebenheiten der Erdoberfläche folgen; sie müssen flüssig nach Profilen verlegt werden. Daher läßt sich die Grabentiefe T nicht längs der ganzen Strecke genau einhalten, sie soll im allgemeinen nicht unterschritten, muß aber – je nach Gelände – streckenweise überschritten werden. Kurze und unerhebliche Mindertiefen schaden nicht. Die Grabensohle muß – und dies ist auch wegen der RL nötig – nivellitisch festgelegt werden. Dabei sind mindestens alle Hoch- und Tiefpunkte der Strecken anzuvisieren, auch flache Mulden und geringe Erhebungen. Zweckmäßig wird alle 20 m ein Geländepunkt eingemessen, dazwischen markante Abweichungen, z. B. Bahndamm, Bach.
Die Höhenlage der geplanten RL ist in Längenschnitten einzutragen. Für die Längenschnitte des Baustellenplanes wählt man in Längen 1:1 000, ggf. noch 1:2 500 und Höhen 1:100, ggf. 1:250. In kleineren Maßstäben lassen sich die Höhen und insbesondere die Grabentiefen nicht mehr genau genug ermitteln. Die Maßstäbe 1:1 000/100 sind auch für die Abrechnung zweckmäßig: Baustellenplan ist damit zugleich Abrechnungsgrundlage und für den späteren Betrieb auch Bestandsplan.
Nach dem Auftragen der Geländeoberfläche wird die Grabensohle so eingezeichnet, daß an den Geländebrechpunkten T eingehalten ist. Eine zur Grabensohle im Abstand T gelegte Parallele zeigt Minder- und Übertiefen an und kann zur Korrektur der ersten Eintragung führen.
In **Abb. 7-122** wurden zunächst das Gelände aufgetragen und darunter die Geländehöhen alle 20 m – beim Damm rechts schon bei 19 m Abstand am Dammfuß – angeschrieben. Da Gußrohre DN 125 verlegt werden sollen, wird die Grabentiefe T = 1,5 + 0,144 = rund 1,64 m. Dieser Wert wird an den Hauptbrechpunkten ab Gelände nach unten aufgetragen und gibt dort die Kote der Grabensohle. Parallel dazu zeigt die gestrichelte Linie im Abstand von 1,64 m die Übertiefen und Mindertiefen. Letztere beträgt nur 0, 15 m im Mittel und wird zugelassen. Wollte man sie vermeiden, so müßte man entweder die Grabensohle nochmals brechen oder bei km 0,1 mit ihr so tief gehen, daß bei km 0,06 eine Grabentiefe von 1,64 m eintritt.
Für die Grabensohle und damit für das Rohr ist nicht das Gelände maßgebend, das gewissen Veränderungen unterworfen sein kann, sondern allein die festgelegten Koten im Höhenplan. Nach ihnen werden die Visiere geschlagen!

Abb. 7-122: Baustellen-Längenschnitt

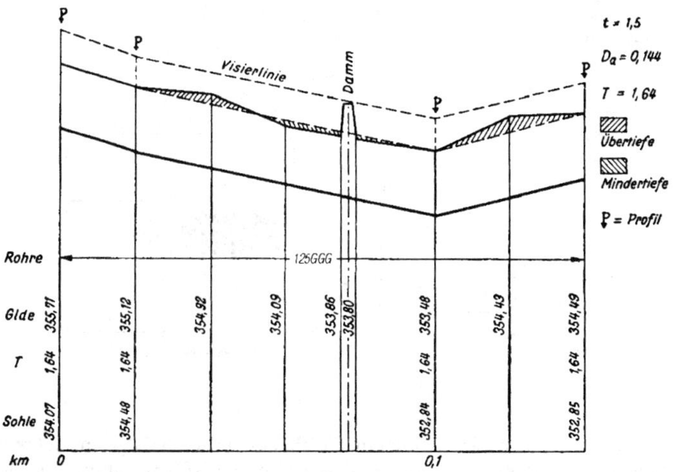

Bei normaler Deckung (1,5 m) und Rohren bis ~ DN 500 nimmt man eine Visierlinie parallel zur Grabensohle im Abstand von 2,5 m an. Diese Linie liegt also um etwa 1 m über Gelände. An allen Brechpunkten, das sind im obigen Höhenplan alle Punkte, an denen T angeschrieben ist, wird in der Natur ein „Profil" erstellt, das aus 2 Pflöcken neben dem Graben und einer darübergenagelten Latte besteht. Die waagerechte Oberkante der Latte ist genau auf die Höhe „Grabensohle + 2,5 m" einzumessen. In außergewöhnlich tiefen Grabenstrecken (T ≧ 2 m) legt man die Oberkante der Profile um 3 oder 3,5 m über Grabensohle, jedenfalls so hoch, daß die Visierlinie noch über dem Gelände liegt.
Die Vermessungspflöcke, die allgemein alle 20 m geschlagen waren, können nun entfernt werden mit Ausnahme derjenigen neben den Profilen, die man seitlich des geplanten Grabens stehen läßt und möglichst sichert. Ihre Oberkante entspricht der am Profil gemessenen Geländekote, von ihnen aus wird die Oberkante des Profils gemessen (Veränderungen durch Bodenfrost möglich. Daher ggf. Nachprüfung vor Arbeitsbeginn). Beim Ausheben des Grabens wird mit dem „Grabenkreuz" geprüft, ob der Graben auf der Strecke zwischen 2 Profilen die richtige Tiefe hat. Zu diesem Zweck setzt ein im Graben stehender Arbeiter das „Grabenkreuz" von der Länge 2,5 m + D_a (wenn die Visierlinie 1,0 m über dem Gelände liegt, sonst länger) auf die Grabensohle auf, während ein anderer von Profil zu Profil visiert **(Abb. 7-123).** Schneidet die Visierlinie mit Oberkante Grabenkreuz ab, so stimmt die Tiefe. Das Grabenkreuz muß in Abständen von höchstens 3 m auf der zu untersuchenden Strecke aufgesetzt werden. Der Visierende ruft, je nachdem, „Auf" oder „Ab". Im ersteren Fall ist der Graben schon zu tief, im letzteren noch zu seicht. Der leichteren Sichtbarkeit halber, wird jede Profillatte weiß, das Grabenkreuz rot gestrichen. Bei Aushub mit Bagger müssen die Profillatten seitlich des Grabens sitzen, weil der Bagger den Durchblick über dem Graben unmöglich macht.

Abb. 7-123: Visieren

Vielfach findet zur genauen Festlegung der Grabensohle und der Kontrolle der Rohrlage – besonders beim Kanalbau – ein Bau-Laser-Gerät Verwendung.

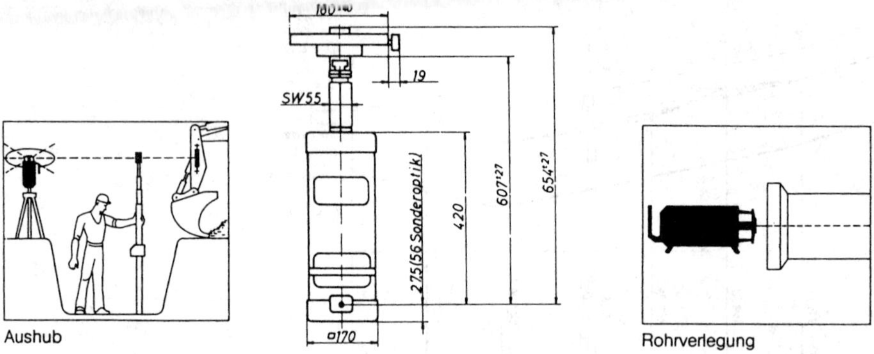

Abb. 7-124: Bau-Laser

Diese Geräte, meist vom Typ He-Ne-Dauerstrich/2 mW mit einer Wellenlänge von 632,8 mm, sichtbar rot, besitzen einen Strahldurchmesser von 10 mm am Gerät und von 15 mm in 100 m Entfernung. Ihr automatischer Nivellierbereich beträgt insges. 10 % und sie besitzen einen einstellbaren Steigungsbereich von bis zu 21 % und einen ebenso großen Neigungseinstellbereich. Die digitale Ablesegenauigkeit beträgt 0,01 %. Diese Geräte bedürfen einer Stromversorgung von 12 V/0,8 A mittels eines Akkus. Ihr Einsatz erfolgt, wie in **Abb. 7-124** aufgezeigt, für die Rohrverlegung mit Hilfe von Zieltafeln auf dem Rohrscheitel oder auf der inneren Rohrsohle. Diese „Bau-Laser" finden im Baubereich noch für verschiedene andere meßtechnische Zwecke Verwendung.
Zu tiefes Ausheben des Grabens ist zu vermeiden, da die Rohre satt aufliegen müssen. Ist versehentlich zu tief ausgehoben worden, so ist mit lehmfreiem Sand, Feingut usw. aufzufüllen, der gut gestampft werden muß, bevor die Rohre eingebracht werden. Unterstampfen der eingelegten Rohre allein genügt zur Schaffung einer festen Unterlage in diesem Falle nicht.

7.4.1.1.4 Rohrgrabenbreite – In erster Linie ist auf die Sicherheit der Arbeiter zu achten. Die Unfallverhütungsvorschrift „Bauarbeiten" (VBG 37) vom 1.82 fordert: Leitungsgräben bis höchstens 1,25 m Tiefe dürfen ohne besondere Sicherungen mit senkrechter Wand hergestellt werden, wenn die anschließende Geländeoberfläche bei nichtbindigen Böden nicht stärker als 1:10, bei bindigen Böden nicht stärker als 1:2 geneigt ist.
In mindestens steifen bindigen Böden sowie bei Fels, darf bis zur Tiefe von 1,75 m ausgehoben werden, wenn der über 1,25 m liegende Bereich der Wand unter einem Winkel ≦ 45° abgeböscht **(Abb. 7-125)** oder durch eine Saumbohle gesichert wird **(Abb. 7-126)** und die Geländeoberfläche nicht stärker als 1:10 ansteigt.
Bei Leitungsgräben von mehr als 1,25 m bzw. 1,75 m Tiefe müssen die Grabenwände mit dem Aushub fortschreitend – den Bodenverhältnissen, den Grundwasserverhältnissen und den Auflasten entsprechend – entweder ausreichend abgeböscht oder fachgerecht verbaut werden.
Der Böschungswinkel kann im allgemeinen, ohne rechnerischen Nachweis (DIN 4084) betragen:

in nicht bindigen oder weichen bindigen Böden	höchstens 45°
in steifen oder halbfesten bindigen Böden	höchstens 60°
in Fels	höchstens 80°

Geringere Wandhöhen oder Böschungsneigungen sind vorzusehen, wenn besondere Einflüsse (wie z. B. Grundwasserabsenkung, Zufluß von Wasser, Störungen des Bodengefüges oder einfallende Schichten bei nichtentwässerten Fließböden, bei Frost und bei starken Erschütterungen aus Verkehr, Ramm- oder Verdichtungsarbeiten) die Standsicherheit der Rohrgrabenwände gefährden.
Bei Leitungsgräben, die verbaut werden, sind die Wände unabhängig von der Tiefe senkrecht herzustellen. Werden solche Wände von mehr als 1,25 m Tiefe maschinell ausgehoben, so darf die Grabensohle erst betreten werden, nachdem ein Grabenverbau eingebracht ist, der zur Sicherung der Graben-

wände ausreicht oder der eine gefahrlose Herstellung oder Fertigstellung eines fachgerechten endgültigen Verbaues zuläßt.
Bei Gräben bis zu einer Tiefe von 1,25 m, die zwar betreten werden, aber keinen betretbaren Arbeitsraum zum Verlegen oder Prüfen von Leitungen haben müssen, sind mindestens die in **Tab. 7-63** angegebenen lichten Grabenbreiten einzuhalten:

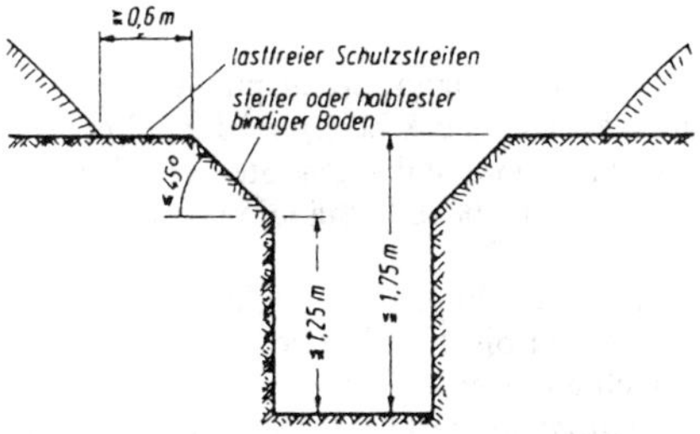

Abb. 7-125: Graben mit abgeböschten Kanten

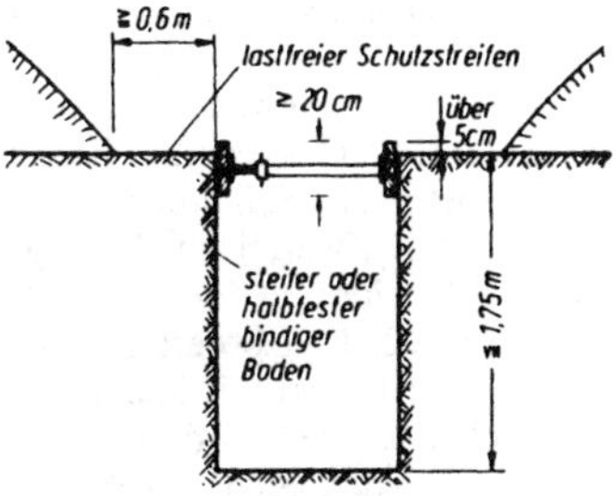

Abb. 7-126: RG mit Saumbohle

Tab. 7-63: Lichte Mindestbreiten für Gräben ohne betretbaren Arbeitsraum:

Regelverlegetiefe	bis 0,70 m	über 0,70 m bis 0,90 m	über 0,90 m bis 1,00 m	über 1,00 m bis 1,25 m
Lichte Grabenbreite	0,30 m	0,40 m	0,50m	0,60 m

Bei Gräben, die einen betretbaren Arbeitsraum zum Verlegen oder Prüfen von Leitungen haben müssen, sind **die in Tab. 7-64 angegebenen** lichten Grabenbreiten einzuhalten.

Tab. 7-64: Lichte Mindestbreiten für Gräben mit betretbarem Arbeitsraum

Äußerer Leitungs- bzw. Rohrschaft-durchmesser d_a in m	Lichte Mindestbreite b in m verbauter Graben		Nicht verbauter Graben	
	Regelfall	Umsteifung	≦ 60°	≧ 60°
bis 0,40	b = d + 0,40	b = d + 0,70	b=d + 0,40	
über 0,40 bis 0,80	b = d + 0,70			
über 0,80 bis 1,40	b = d + 0,85		b = d + 0,40	b = d + 0,70
über 1,40	b = d + 1,00			

Die vorgenannten Grabenbreiten gelten nicht für Gräben, die bei dem vorgesehenen Arbeitsablauf (endlos verlegte Rohrstränge z. B. Stahlschweißrohr- oder geschweißte Kunststoff-Rohrleitungen) nicht betreten werden müssen.
Als lichte Breite gelten in geböschten RG die Sohlenbreiten, in verbauten RG der lichte Abstand der Bohlen.
An der oberen Kante eines Leitungsgrabens muß auf jeder Seite ein mindestens 60 cm breiter unbelasteter Schutzstreifen freigehalten werden. Ist das nicht möglich, muß der Graben gegen Einsturz besonders gesichert werden, nötigenfalls durch Verbau auch schon nach geringen Tiefen; auch ist ein Schutz gegen das Abrutschen des ausgehobenen Bodens usw., z. B. durch verankerte Bohlen, zu schaffen. Die aufgehäuften Bodenmassen müssen dann so eingeebnet werden, daß die vorgeschriebenen Schutzstreifen entstehen.
Aushubmassen, die nicht genügend gesichert werden können, sind abzufahren, auch wenn sie zur Verfüllung später wieder angefahren werden müssen.
Man achte darauf, daß die Gräben nicht breiter als nötig werden, da die Beanspruchung der Rohre durch Erddruck mit der Breite des Grabens wächst.
Zweckmäßig vereinbaren Auftraggeber und Auftragnehmer eine Abrechnungsbreite, um das Aufmessen des doch immer – besonders bei Maschinenbetrieb – in der Breite schwankenden Grabens zu

vereinfachen. Die Abrechnungsbreite kann abhängig gemacht werden von der Rohrgrabentiefe. Für geböschte, durch Maschinen ausgehobene Gräben kann als Ersatz für den Grabenverbau durch Böschung eine größere Abrechnungsbreite vereinbart werden, als den Mindestforderungen der Unfallverhütungsvorschriften entspricht.
Durch die vertraglich festgelegte Abrechnungsbreite gehen unnötige Mehrbreiten, Grabeneinstürze durch mangelhaften Verbau zu Lasten des Auftragnehmers.
Zur Vereinfachung wird oft nur nach laufendem Meter abgerechnet unter stufenweiser Berücksichtigung der Grabentiefe, z. B. bis 1,5 m, 1,51 bis 2,00 m usw.

7.4.1.1.5 Arbeitsvorgang beim RG-Aushub – Handaushub kommt nur mehr an Zwangspunkten vor, wo ein Gerät nicht einsetzbar ist. Hier ist besondere Vorsicht am Platze, weil die Arbeiter bei der Seltenheit des Verfahrens die Gefahren nicht kennen. Schutz vor abbrechenden Grabenkanten, Steinschlag usw. beachten! Bei Zweifel an der Standfestigkeit des Bodens sofort verbauen! Ständige, im Erdbau erfahrene Aufsicht!
Maschinenaushub erfordert geeignetes Gerät und geübte Mannschaft. Im offenen Gelände kann der Oberboden (Humus) mit leichten bis mittelschweren Planierraupen bis zum Rande des Bauplatzes abgeschoben werden. Er darf nicht mit anderem Aushub überschüttet werden. Straßendecken müssen mit Preßluftwerkzeugen aufgebrochen oder in leichteren Fällen mit dem Tieflöffelbagger aufgeschürft werden. Das aufgebrochene, zum Verfüllen untaugliche Material wird abgefahren.
Aus Naturschutzgründen, z. B. zur Schonung schützenswerter Pflanzendecken, ist es manchmal nötig, den Aushub vom Bodenbewuchs vollständig zu trennen. Hierzu eignet sich ein Kunststoff-Vlies, das auch zwischen dem Oberboden und dem Grabenaushub eingelegt werden kann **(Abb. 7-131** Vliesmatte**)**.
Zum Ausheben des RG sind auf der Grabenachse rückwärts fahrende Tieflöffelbagger zweckmäßig, die mit Raupen- oder Luftreifenfahrwerk ausgerüstet sind.
Grableistung eines Tieflöffelbaggers mit einem Gefäßinhalt von 0,8 m^3 loser Masse in leichtem Boden bis 50 m^3/h, in mittlerem Boden bis 30 m^3/h, in schwerem Boden bis 20 m^3/h – bei günstiger Witterung und im freien Gelände. In Straßen mit Behinderungen durch Verkehr, bei Inanspruchnahme des Baggers auch für Verbauarbeiten, für Rohrtransport und Rohrverlegen wesentlich weniger.

7.4.1.1.6 Bodenarten – Nach DIN 18300 sind sie unterschieden in die in **Tab.7-65** aufgeführten Bodenklassen.
Im RG tritt häufig ein Wechsel der Bodenklassen ein, und es entsteht leicht Streit zwischen Auftraggeber und Auftragnehmer über die Zugehörigkeit zu den einzelnen BA. Dies läßt sich vermeiden, wenn die BA 3 bis 5 zusammengezogen und dafür ein „Mittelpreis“ vereinbart wird. Nach wirklichem Anfall bleiben dann die übrigen, leicht erkennbaren BA zu vergüten.

Tab. 7-65:

Ziff.	Bezeichnung	Beschreibung der Bodenarten (BA)
1	Oberboden (Mutterboden)	oberste Schicht, neben anorganischen Stoffen Humus und Bodenlebewesen, BA von flüssiger bis breiiger Beschaffenheit,
2	fließende BA	die das Wasser schwer abgeben, z. B. Schlamm und Schluff
3	leicht lösbare BA	nicht bindige bis schwach bindige BA, Korngröße < 60 mm, höchstens 30 Gew. % Steine > 63 mm Korngr.: organische BA mit geringem Wassergehalt
4	mittelschwer lösbare BA	Gemische von Sand, Kies, Schluff, Ton mit einem Anteil von mehr als 15 Gew. % der Korngr. < 60 mm; bindige BA von leichter bis mittlerer Plastizität, höchstens 30 Gew. % Steine > 63 mm Korngr. (Schotter und Gerölle)
5	schwer lösbare BA	wie Klasse 3 und 4 jedoch mehr als 30 Gew. % Steine > 63 mm Korngr. bis zu 0,01 m^3 Rauminhalt, ausgeprägt plastische Tone
6	leicht lösbarer Fels	BA, die stark klüftig, bröckelig, brüchig, schieferig oder verwittert sind; nicht bindige und bindige BA mit mehr als 30 Gew. % Steinen von 0,01 bis 0,1 m^3 Rauminhalt
7	schwer lösbarer Fels	BA mit hoher Gefügefestigkeit, die nur wenig geklüftet und verwittert sind; Nagelfluhe; Steine von mehr als 0,1 m^3 Rauminhalt

7.4.1.1.7 Grabenverbau

1) Die Verbauarten

Ein Verbau (Absteifung, Schalung) ist nötig, sobald der Boden nicht standfest ist und wenn der RG nicht geböscht werden kann.

Nicht geböschte Gräben über 1,25 m Tiefe müssen

- in einwandfrei standfestem Boden eine Saumbohle erhalten, die mindestens 20 cm breit ist und 5 cm über die Geländeoberfläche übersteht
- in Böden mit ungenügender Standfestigkeit, mit Einsturzgefahr und fließenden Bestandteilen einen waagerechten Verbau erhalten
- bei Fließsand oder starkem Wasserauftritt in nicht gebundenen Böden einen senkrechten Verbau, ggf. Spundwände erhalten.

Voraussetzung für einen waagerechten Verbau sind so standfeste Böden, daß sie auf Bohlenbreite frei stehen bleiben und der bereits angeschnittene Boden nicht in den RG ausbricht. Ein senkrechter Verbau ist dann nötig, wenn die Bohlen eines waagerechten Verbaus nicht ohne Ausbrechen oder Einsturz der Grabenwand während des Vertiefens des RG eingebracht werden können. Das ist bei fließenden Bodenarten und wenn im Grundwasser ausgehoben wird, regelmäßig der Fall. Bei senkrechtem Verbau müssen die Bohlen dem Aushub um mindestens 0,3 m vorauseilend in die Grabensohle eingetrieben werden, was häufig mit dem Baggerlöffel geschieht; in Gräben über 2,5 m Tiefe durch eine Ramme.

Geböschte Gräben sind z. B. immer dann wirtschaftlicher als ein Verbau, wenn Stahlrohre neben dem RG zusammengeschweißt und in längerer Strecke abgelassen werden, weil im verbauten RG viel Umsetzen von Spreizen erforderlich wäre.

Beim Zuschütten der Rohrgräben dürfen die Absteifungen erst dann entfernt werden, wenn sie durch das Auffüllen entbehrlich geworden sind. Man löse bei liegender Schalung von unten her Bohlenpaar um Bohlenpaar vorsichtig erst nach Umsetzen der Spreizen nach oben und erst dann, wenn die Verfüllung die Unterkante der zu entfernenden Bohlen schon erreicht hat. Senkrechte Spundbohlen ziehe man mit einer Winde hoch im Tempo der Zufüllarbeiten.

Verbau von Rohrgräben verlangt besondere Kenntnisse und darf daher nur von fachlich geschultem Personal vorgenommen werden. Auf die Verantwortung und Sorgfaltspflicht der Bauleiter, Betriebsleiter usw. wird hingewiesen. Der Grabenverbau ist lohnintensiv. Geböschte Gräben sind fast immer billiger.

Nach längerem Offenstehen des RG infolge von Arbeitsunterbrechung, nach anhaltendem Regen oder nach Sprengungen muß der Verbau auf seine Standfestigkeit überprüft werden. Die Sicherung maschinell ausgehobener RG mit Grabenverbaugeräten, wie im Kanalbau häufig, ist in der WV wenig angewandt.

2) Der Normverbau

Um nicht in allen Fällen einen statischen Nachweis für die Sicherheit des Verbaus führen zu müssen, läßt DIN 4124 einen genormten Verbau bis 5 m Höhe der Grabenwand zu; Voraussetzung dafür ist

a) die Geländeoberfläche verläuft annähernd waagerecht
b) der Boden weist eine steife oder halbfeste Konsistenz auf
c) Gebäudelasten beeinflussen Größe und Verteilung des Erddruckes nicht
d) die nach § 34 der Straßenverkehrszulassungsverordnung allgem. zugelassenen Fahrzeuge halten einen Abstand von mind. 0,60 m, schwerere Fahrzeuge mit höheren Achslasten einen Abstand von mind. 1,0 m zur Hinterkante der Bohlen ein.

2.1) Der waagerechte Normverbau

In **Abb. 7-127** ist er speziell für einen RG dargestellt; ein zusätzliches Brustholz schafft unter den untersten Spreizen Raum für das Verlegen der Rohre. Ob die Brusthölzer 8 · 16 oder 12 · 16 cm und ob die Rundholzsteifen (Spreizen) 10 oder 12 cm im Durchmesser gewählt werden müssen, hängt von der Grabenbreite und damit von der Knicklänge der Steifen ab. Die einzelnen Maße für den waagerechten Normverbau sind der **Tab. 7-66** zu entnehmen.

2.2) Der senkrechte Normverbau

Gemäß **Abb. 7-128** wird im Wasserleitungsbau der senkrechte Verbau bei RG-Tiefen bis etwa 4 m wie der waagerechte Verbau mit Holzbohlen, bei größeren Tiefen mit Kanaldielen durchgeführt. Werden statt hölzerner Steifen sog. Spindelsteifen mit verstellbarer Länge verwendet, so sind diese entsprechend der in der Tabelle angegebenen Steifenkräfte statisch nachzuweisen.

Tab. 7-66: Waagerechter Normverbau (Maße)

Brusth. cm	Steifen cm ∅	Bemessung		Bohlendicke s cm 5		6		7
		hmax	m	3,00	3,00	4,00	5,00	5,00
		l_1 max	m	1,90	2,10	2,00	1,90	2,10
		l_2 max	m	0,50	0,50	0,50	0,50	0,50
8 · 16	10	l_3 max	m	0,70	0,70	0,65	0,60	0,60
		l_4 max	m	0,30	0,30	0,30	0,30	0,30
		l_u max	m	0,60	0,60	0,55	0,50	0,50
		s_k max	m	1,65	1,55	1,50	1,45	1,35
		Max. Steifenkraft (kN)		31	34	37	40	43
12 · 16	12	l_3 max	m	1,10	1,10	1,00	0,90	0,90
		l_4 max	m	0,40	0,40	0,40	0,40	0,40
		l_u max	m	0,80	0,80	0,75	0,70	0,70
		s_k max	m	1,95	1,85	1,80	1,75	1,65
		Max. Steifenkraft (kN)		49	54	57	59	64

S_k= max. Knicklänge der Holzsteifen

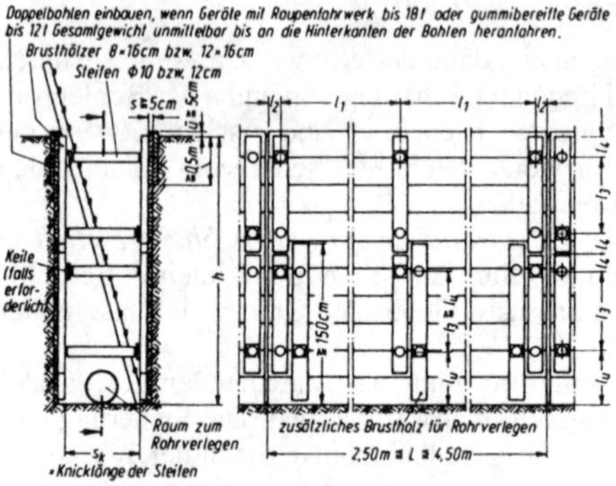

Abb. 7-127: Waagerechter Normverbau

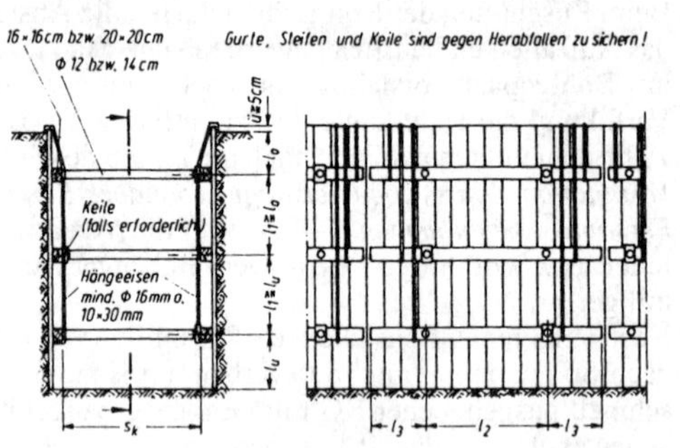

Abb. 7-128: Senkrechter Normverbau

Tab. 7-67: Senkrechter Normverbau (Maße)

Brusth. cm	Steifen cm ∅	Bemessung		Bohlendicke s cm 5		6		7
		hmax	m	3,00	3,00	4,00	5,00	5,00
		l_0 max	m	0,50	0,60	0,60	0,60	0,70
		l_1 max	m	1,80	2,00	1,90	1,80	2,00
		l_u max	m	1,20	1,40	1,30	1,20	1,40
		l_2 max	m	1,60	1,50	1,40	1,30	1,20
16 · 16	12	l_3 max	m	0,80	0,75	0,70	0,65	0,60
		s_k	m	1,70	1,65	1,50	1,30	1,25
		Max. Steifenkraft (kN)		61	62	70	79	80
		l_2 max	m	2,30	2,20	2,00	1,80	1,70
20 · 20	14	l_3 max	m	1,50	1,10	1,00	0,90	0,85
		s_k	m	1,90	1,85	1,65	1,45	1,40
		Max. Steifenkraft (kN)		88	91	100	111	114

s_k = max. Knicklänge der Holzsteifen

Die Überstandsmaße l_0 und l_u dürfen nicht größer sein als die Gurtabstände l_1

Der „gepfändete Verbau“ mit Kanaldielen kommt beim Bau von WV-Anlagen nur bei sehr großen Tiefen und RG-Breiten vor (vgl. DIN 4124, 7.2.4).
Kann ausnahmsweise kein Normverbau verwendet werden, so ist der Verbau nach DIN 2124, 10 zu berechnen.
2.3) Anstelle der Holzsteifen werden heute meist *stählerne Aussteifungsmittel (Kanalstreben sowie Spindelköpfe für Rundhölzer und für Stahlträger)* verwendet. Diese Teile müssen u. a. aus St 37-2 gefertigt, sowie einen Festigkeitsnachweis, die Rohre einen Außendurchmesser von mind. 40 mm und eine Wanddicke von mind. 3 mm besitzen. Sie müssen geprüft und gekennzeichnet sein und dürfen nur bestimmungsgemäß verwendet werden. Insbesondere darf die angegebene Gebrauchslast nicht überschritten werden. (Siehe Literatur: „Arbeitssicherheit im Leitungsgrabenbau“.)
2.4) Für die vorgen. Verbauarten führen sich immer mehr die sogen. *„Graben-Verbaugeräte“* ein. Sie bestehen aus vorgefertigten Einbauteilen aus Holz oder Stahl, die, in den Graben gebracht, den endgültigen Grabenverbau bilden. Sie stellen heute einen bemerkenswerten Rationalisierungsfaktor dar und sind auch mit angelernten Arbeitskräften zu handhaben.
Berufsgenossenschaftlich anerkannte Verbaugeräte werden, wie die vorerwähnten stählernen Aussteifungsmittel, in einer von der Tiefbauberufsgenossenschaft herausgegebenen Liste aufgeführt. Die Prüfung neuartiger Verbaugeräte erfolgt durch die Prüfstelle des FA „Tiefbau“ entsprechend den „Grundsätzen für die Prüfung der Arbeitssicherheit von Grabenverbaugeräten“.
Die Haupteinsatzbedingungen sind folgende:
Grabenverbaugeräte dürfen zur Sicherung von maschinell ausgehobenen Leitungsgräben nur in solchen Bodenarten eingesetzt werden, die vorübergehend standfest sind.
Der maschinell ausgehobene Graben muß maßhaltig sein und senkrecht stehende Grabenwände haben.
Die Ausschachtung des RG darf dem vorher eingebrachten Verbau höchstens um eine Verbaufeldlänge voraus sein.
Grabenverbaugeräte zur Herstellung von waagerechtem oder senkrechtem Verbau müssen gleichzeitig an beiden Seiten mit Verbaumaterial besetzt werden.

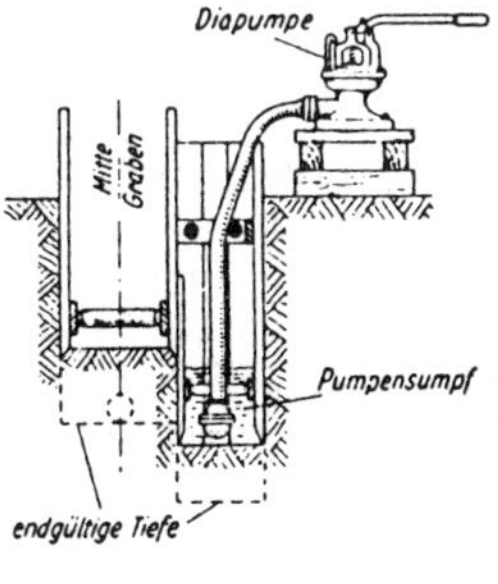

Abb. 7-129: Wasserhaltung mit Handpumpe

7.4.1.1.8 Wasserhaltung – ist im RG bei Auftreten von Wasser stets nötig, da zur Kontrolle der Grabensohle, zum Verlegen und insbesondere zum Verbinden der Rohre ein trockener Graben geschaffen werden muß. Die einzige Ausnahme bilden Fluß- oder Bachunterführungen, die in „Nasser Baugrube“ hergestellt werden. Folgende Arten der Wasserhaltung sind möglich:
1) Ausschlitzgräben, d. s. an Tiefpunkten des RG seitlich herausgeführte Abflußgräben. Sie sind nur da möglich, wo vom RG-Tiefpunkt aus noch ein Gefälle ins Gelände, zu einem Vorfluter besteht.
2) Schöpfen von Hand mit Schöpfgefäß – nur bei geringem Wasserandrang. Ein Mann bewältigt dabei etwa 1,5 l/s mit einem 5-Liter-Gefäß am Stiel.
3) Pumpen mit Handbedienung. Mit einer „Diaphragmapumpe“ werden etwa 2 l/s bewältigt von einem Mann.
4) Pumpen mit Motorantrieb in praktisch unbeschränkter Wassermenge.
Für Schöpfen von Hand genügt die Anlage einer Schöpfgrube am Tiefpunkt der zu entwässernden Strecke; bei Pumpeneinsatz wird ein Pumpensumpf hergestellt, der jeweils um 0,6 bis 0,8 m tiefer vorzutreiben ist als die anschließende Grabensohle, die dadurch schon während des Aushebens ziemlich trocken gehalten werden kann **(Abb.7-129).** Die Länge des zu entwässernden Grabenstückes soll bei Pumpenwasserhaltung 300 m keinesfalls überschreiten, bei Gräben im Gefälle wähle man wegen

der spülenden Wirkung des Wassers möglichst kurze Strecken, bei Handwasserhaltung richtet sich die Länge nach dem noch zu bewältigenden Wasserandrang.
Als Handpumpen kommen die gegen Verschmutzung und Sandführung ziemlich unempfindlichen Membran-(„Diaphragma"-)pumpen in Betracht. Die Saughöhe beträgt nicht über 6 m. Die Gummidichtungen an den Schlauchverbindungen müssen sehr sauber gehalten werden. Motorpumpen haben meist Dieselmotoren, da am Rohrgraben oft kein Strom verfügbar ist. Kleine Maschinensätze bis etwa 20 m^3/h haben auch unmittelbar gekuppelte Benzinmotoren.
Sehr praktisch sind elektrische Schmutzwasserpumpen bis zu etwa 30 l/s, die einfach in den Graben gestellt werden und auch bei Trockenlauf keinen Schaden erleiden.
Bei großem Wasserandrang, wenn etwaige Unterbrechung der Wasserhaltung unerwünscht ist, muß für genügende Maschinenreserve gesorgt werden.
5) Grundwasserabsenkung
Wenn der Wasserandrang sehr groß ist, wenn z. B. der Grundwasserspiegel knapp unter Gelände steht und das Gebirge sehr durchlässig ist, kann eine Grundwasserabsenkung erforderlich werden, wobei längs des RG mehrere Brunnen hergestellt und mit Einzelpumpen oder mit gemeinsamer Saugleitung und einer Pumpe abgepumpt werden. In Feinsanden oder Schluffen, die ihr Wasser nur sehr schwer abgeben und daher zum Fließen und Grabeneinsturz neigen, wird zweckmäßig das Vacuumverfahren angewandt. Man entzieht dem Boden das Wasser durch Reihen von eingespülten „Lanzen" beiderseits des Grabens. Dies sind kleine Brunnen, unterhalb des Wasserspiegels mit Filtern versehene Rohre von 40–50 mm Lichte (ähnlich den Schlagbrunnen) in 1 bis 1,5 m Abstand, die luftdicht meist mit Schläuchen an Sammelleitungen angeschlossen sind, in denen durch Vacuumpumpen ein Unterdruck erzeugt wird. Spezielle Pumpensätze für diesen Zweck, gegliedert in Vacuum- und Schmutzwasserpumpe; Schaltung durch Automatik, so daß entweder die Luft- oder die Wasserpumpe oder auch beide Pumpen in Betrieb sind.

7.4.1.1.9 Sohlenbefestigung – Die Tragfähigkeit des Bodens ist längs einer Strecke nicht immer gleich. Treten wesentliche Unterschiede auf, so ist beiderseits der Übergangsstelle von der einen zur anderen Bodenart der RG um 15 cm tiefer auszuheben und eine Schüttung von korrosionsfreiem Sand über mehrere Rohrlängen einzubringen. Hierdurch erhält die Grabensohle eine gewisse Elastizität, und Spannungen im Rohr werden vermieden **(Abb. 7-130 a).**
Bei wenig tragfähiger Sohle des Grabens wird die RL dadurch gestützt, daß in den um etwa 35 cm tiefer ausgehobenen Graben zunächst eine Steinpackung von etwa 20 cm Höhe eingebracht wird, auf welche, wie oben, 15 cm Sandbettung geschüttet werden **(Abb.7-130 b).** Kann dem Boden eine Belastung durch die RL überhaupt nicht zugemutet werden, so ist die aus bruchsicheren Rohren hergestellte Leitung auf Pfahlroste zu legen. Dies ist in der Regel in Moor, Schlick und Fließsand nötig. Jedes Pfahljoch besteht aus 2 Pfählen, dem mit Holznagel darüber befestigten Kappholz, 2 Keilen zum Festlegen des Rohres. Die Pfähle werden eingerammt. Die Rammtiefe richtet sich in der Regel nach der Tiefenlage festerer Bodenschichten und Proberammung. Man ordnet bei Muffenrohren für jede Muffe ein Pfahljoch an **(Abb. 7-130 c).**

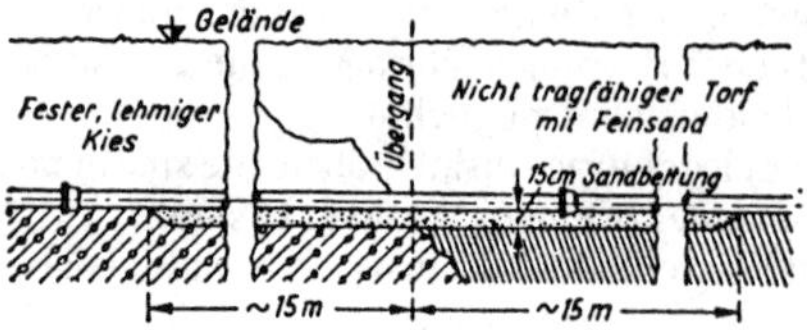

a)

b)

c)
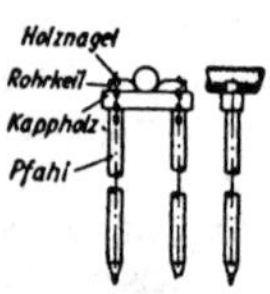

Abb. 7-130: Solhlenbefestigungen a–c

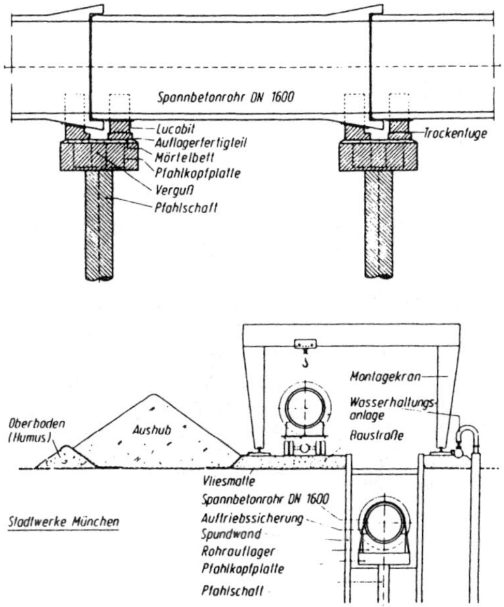

Abb. 7-131: Sohlenbefestigungen d

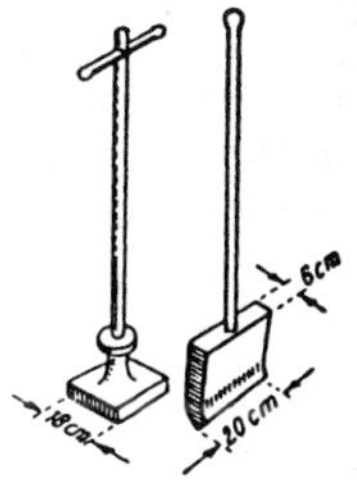

Abb. 7-132: Handstampfer

Schwere RL werden auch durch Betonpfähle mit darüberliegendem Betonriegel getragen, wenn wenig tragfähiger Baugrund vorliegt **(Abb.7-131).** Man lasse sich nicht durch festere Zwischenlagerungen des Untergrundes täuschen; diese könnten sehr dünn sein. Man untersuche daher die tieferen Schichten. Durch gewissenhaftes Unterstampfen der Rohre gerade in solchen Böden muß vermieden werden, daß sich unter den Rohren Hohlräume bilden.
Die Sicherheit der Rohrauflage muß in diesen Fällen jeweils nachgewiesen werden.

7.4.1.1.10 Wiedereinfüllen des RG nach dem Einlegen der Rohre – Der verfüllte RG soll nicht nachsacken; dadurch werden in Straßen Verkehrsgefahren verringert und ebenso Stoßbeanspruchungen der RL durch den Verkehr vermindert.
Das Wiedereinfüllen in der sogen. „Leitungszone", das ist der Rohrgrabenbereich von der Bettung bis ca. 30 cm über dem Rohrscheitel, muß sehr sorgfältig geschehen. Es darf dazu nur verdichtungsfähiges und steinfreies Material verwendet werden, eingebracht möglichst in Lagen von 20–30 cm und mittels Handstampfer von etwa 300 cm^2 Grundfläche und etwa 6 kg Gewicht **(Abb. 7-132)** oder geeigneter dynamischer Verdichtungsgeräte verdichtet.
Eine maschinelle Verdichtung mit Geräten bis 100 kg ist in der Regel erst über 75 cm über dem Rohrscheitel zulässig. Auch in diesem Bereich sollte die Verfüllung in Schichten nicht über 50 cm erfolgen.
Wichtig ist das Verdichten des Auflagerzwickels von beiderseits etwa 60°, um ein nachträgliches Setzen der RL zu vermeiden. Hierzu muß genügend feines Verfüllmaterial vorhanden sein, das u. U. besonders beigefahren werden muß.
In Straßen, deren Untergrund aus bindigen Böden besteht, muß anstelle des Aushubmaterials Kies, Steingrus oder Sand eingefüllt werden, da bindige Böden sich nicht in angemessener Zeit verdichten lassen und es bei ihnen zu späteren Setzungen kommen kann, die den Verkehr gefährden. Die Straßenbauverwaltung verlangt für die in ihrem Bereich verlegten Leitungen, daß bei nichtbindigen Böden dabei eine Lagerungsdichte von 97 % der einfachen Proctordichte erreicht werden muß. Entscheidungshilfe für das einzusetzende Gerät und die Arbeitsweise kann das „Merkblatt für das Zufüllen von Leitungsgräben" der Forschungsgesellschaft für Straßen- und Verkehrswesen, Postfach 50 13 62,

50973 Köln, sein. Es enthält u. a. eine Gerätetabelle über alle Verdichtungsgeräte mit Angabe der lockeren Schütthöhen.

7.4.1.2 Herstellen der Rohrleitungen

7.4.1.2.1 Abnahme der Rohre und Rohrnetzteile – Die Prüfung hat sich zu erstrecken auf äußere Beschaffenheit, insbesondere auf den Rohrinnen- und Außenschutz, auf Maßabweichungen (s. Tabellen im Abschnitt Rohrnetzausrüstung), auf die saubere Bearbeitung der Dichtungsflächen von Flanschen sowie auf die Kennzeichen (Druckstufe, DIN, Hersteller usw.). Man prüfe zunächst wenigstens 10 v. H. der angelieferten Rohre, Forrnstücke und Armaturen stichprobenweise, bei kleinen Sendungen mehr. Werden Mängel festgestellt, prüfe man die ganze Sendung. Beanstandete Rohrleitungsteile sind unverzüglich und mit Sicherheit von jeder Verwendung auszuschließen. Über die Abnahme wird eine Niederschrift angefertigt.
Die Prüfung an der Übergabestelle oder Baustelle geschieht durch: Messen der Wandstärke an verschiedenen Stellen des Umfanges mit der Schieblehre; Prüfen des Innen- und Außenschutzes mit einem Dickemeßgerät; Prüfen, ob nicht Gewindegänge der Schraubmuffen einseitig voll Bitumen gelaufen sind und ob der Dichtring sauber ist; Prüfen, ob Rohre rissefrei und unbeschädigt sind; Prüfen des Außenschutzes ggf. mit dem Porenprüfgerät, dessen Bügel oder Bürste mit einer der Rohrisolierungsart bzw. Isolierungsdicke entspr. Prüfspannung (z. B. 25 kV) über das Rohr geführt wird; Funkenüberschlag bedeutet ungenügenden Außenschutz (löcherig oder beschädigt).

Abb. 7-133: Abladen

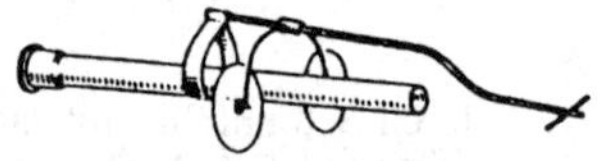

Abb. 7-134: Rohrwagen

7.4.1.2.2 Transport – Dabei muß sehr vorsichtig mit den Rohrnetzteilen umgegangen werden. Die RL stellen den Hauptwert der Wasserversorgungsanlagen dar, ihre Lebensdauer darf nicht durch Transportschäden gemindert werden. Rohre sind keine Baumstämme! Sie dürfen nicht vom Eisenbahn- oder Lastwagen herabgeworfen, auch nicht auf schiefen Ebenen frei abgerollt werden, so daß sie gegen den Boden oder gar gegeneinander prallen. Schutzanstriche oder Umhüllungen dürfen nicht beschädigt werden. Jedes Schleifen der Rohre am Boden (etwa durch Anhängen an einen Schlepper) ist verboten! Das Abladen geschah früher durch langsames Abrollen über 2 an den Wagen gelegte Balken mit gebrochenen Kanten unter Umschlingen der Rohre mit Gurten, an denen sie von 2 Mann gehalten wurden **(Abb. 7-133),** es sei denn, es handelte sich um so leichte Rohre, daß sie von 2 Mann vom Wagen gehoben werden konnten, oder um so schwere Rohre, daß Hebezeuge erforderlich waren; auch hier Rohre nur in Gurte hängen! Schwere Rohre können mittels besonderer, zangenartiger Geräte am Bagger angehängt werden. Längs der Baustelle transportiert man schwere Rohre mit dem Rohrwagen, in dem sie mit einem flexiblen, breiten Band hängen **(Abb. 7-134),** soweit nicht mit dem LKW längs der Trasse verfahren werden kann. Querbewegungen von Rohren dürfen nur durch Abrollen auf untergelegten Balken mit abgeschrägten Kanten ausgeführt werden.
Müssen Rohre zwischengelagert werden, so sind zunächst auf dem Boden Kanthölzer mit gebrochenen Kanten auszulegen und nach jeder Rohrlage ebensolche dazwischenzugeben, wobei die äußeren Rohre gegen Herausrollen (Vorsicht, spielende Kinder!) durch festgenagelte Keile zu sichern sind. Rohrverschlüsse sind während des gesamten Transportes bis zur Verlegung obligatorisch.

7.4.1.2.3 Ausbessern von Schäden und Anbringen eines zusätzlichen Außenschutzes – Beschädigungen des Außenschutzes an den einzelnen Rohren sind grundsätzlich vor dem Ablassen der Rohre in den RG zu beheben. Rost muß entfernt und darauf das Rohr mit geeignetem Schutzmittel nachbehandelt

werden. Eine nochmalige Prüfung auf der Baustelle nachgebesserter Außenhüllen mit dem Porenprüfgerät vor dem Ablassen empfiehlt sich sehr, weil leider gerade auf den Baustellen in der Hast des Betriebes nicht genügend sorgfältig gearbeitet wird. Wegen der im Einzelfall zu wählenden Schutzmittel wende man sich an den Rohrhersteller, der sie in der Regel auch mit den Rohren anliefert. Zum Korrosionsschutz von Baustellen-Schweißnähten ist eine auf die Zahl der Verbindungen abgestellte Menge von Isoliermaterial anliefern zu lassen.
Punktförmige Schadenstellen können durch Überkleben mit ausreichend übergreifenden Flicken aus einem dem Außenschutz entsprechenden Werkstoff ausgebessert werden.
Folienschläuche für GGG-Rohre lassen sich leicht anbringen, wenn das Rohr in einer Vorrichtung ähnlich einem liegenden U oder einem Hebeband hängt.
Für die Verwendung von Schlauchfolien gilt:
1. Folien dürfen nicht beschädigt sein
2. Folien nicht in der Sonne lagern!
3. Geringe Fehlerstellen mit Kunststoffband ausbessern (wird mitgeliefert)
4. Dreischichtige Falte nach oben legen
5. Rohre müssen sauber und trocken sein
6. An den Verbindungsstellen müssen die Folien gegenseitig wirksam abgedichtet werden

Arbeitsgang zum Anbringen der Folien:
a) Für Folien mit Schlauchdurchmesser-Muffen = Außendurchmesser
1. Schlauch 0,6 bis 0,7 m länger als Rohr abschneiden
2. Schlauch vom Spitzende des Rohres her überschieben
3. Rohrmuffe und Spitzende auflagern, Hebeband abnehmen
4. Schlauch ausstrecken, Längsfalte umlegen und mit Klebeband festhalten; Rohrenden bleiben noch frei
5. Hebeband über dem Schlauch anlegen
6. Schlauch bis Muffenende ausziehen, mit Klebeband anheften
7. Schlauch am Spitzende ausziehen, sobald Rohrverbindung hergestellt ist; Schlauch über die Muffe des vorher verlegten Rohres und deren Schlauch ziehen und beide Schläuche verkleben

b) Für Folien mit Schlauchdurchmesser-Rohr = Außendurchmesser
1. Schlauch auf Rohrschaftlänge abzüglich Muffeneinstecktiefe abschneiden
2. Wie a) 2. Schlauch bleibt gerafft
3. Rohr verlegen und verbinden
4. Rohr an Muffe anheben, soweit es abwinkelbar ist, Schlauch ausziehen und am Muffenhals und Spitzende verkleben
5. Freigebliebene Muffe mit einer Flachfolie überdeckend umhüllen, die vor der Muffenstirn durch einen kunststoffummantelten Bindedraht gehalten wird.

Einfacher, aber kosteninensiver ist es, von vorneherein einen so guten Außenschutz zu wählen, daß es des Zusatzschutzes durch Folien auf der Baustelle nicht bedarf.

7.4.1.2.4 Verlegen der Rohre – Das Ablassen in den Graben hat sorgfältig, ohne Verwendung von Seilen oder gar Ketten, tunlichst mit Gurten, ohne Hast und möglichst waagerecht zu geschehen. Großrohre verlangen Dreiböcke, Kranwagen oder Portalkran. Bei Schraub- und Einsteckmuffen wird in der Regel an Tiefpunkten begonnen, wobei die Muffen hangaufwärts zu legen sind, so daß das Spitzende in die Muffe abwärts eingeführt wird. Leichte Rohre, z. B. PVC-Rohre, lassen sich auch „bergab" verlegen.
Unmittelbar vor dem Ablassen und Verlegen der Rohre ist die Höhenlage der RG-Sohle zu prüfen und ggf. durch Einfüllen von Sand zu korrigieren.
In lehmigen, tonigen Böden wird die RG-Sohle bei längerem Offenhalten des Grabens durch Niederschlag- und Sickerwasser weich und verliert an Tragfähigkeit. Daher öffnet man gewöhnlich den RG nur auf die Strecke einer Tagesleistung und verlegt – ggf. nach der Verbaukolonne – sogleich die RL.
Etwa nötiger Ablauf für Tag- oder Sickerwasser ist an der RG-Sohle *seitlich* der Rohre anzulegen, um ein Aufweichen des Auflagers zu verhindern.
Jedes Rohr ist satt *auf seine ganze Länge,* jedoch nicht auf etwaige Muffen aufzulegen, für welche „Muffenlöcher" etwas tiefer auszuheben sind.
Der Rohrleger hat den RG abzunehmen und für ebene Grabensohle und, wenn nötig, für Einbringen von Sand zur ausreichenden Rohrbettung zu sorgen.

Die verlegte RL ist schließlich nach Seite und Höhe einzufluchten. Seitlich wird nach dem Auge ausgerichtet, der Höhe nach durch das Aufsetzen des Rohrkreuzes und Visieren über die RG-Profile. Das Rohrkreuz ist um den Außendurchmesser der Rohre kürzer als das Grabenkreuz. Mit dem Rohrkreuz wird die Höhenlage bei Muffenrohren schon nach dem Verlegen jedes einzelnen Rohres geprüft, bei geschweißten St-Rohren etwa alle 10 m. Für Fernleitungen großer Dimension und in langen Geradeausstrecken mit geringem Rohrgefälle kann das Verlegen mit Hilfe eines Baulasers vorteilhaft sein.

7.4.1.2.5 Verbinden der Rohre – Dafür haben die Lieferwerke Vorschriften herausgegeben. Im folgenden sind nur die am meisten verwendeten Verbindungsarten beschrieben. Zur Herstellung der Verbindungen dürfen nur geschulte und erfahrene Fachkräfte eingesetzt werden.
Zum Schutze der Leitung gegen Liegenbleiben von Fremdkörpern ist eine Rohrbürste mit einem um 1 m längeren Stiel, als einer Rohrlänge entspricht, dem Arbeitsfortschritt entsprechend nachzuziehen. Die Bürste muß satt in das Rohr passen und länger sein als DN. Ab DN 400 werden zweckmäßig dreigliedrige Bürsten verwendet. Die Bürstenkörper dürfen nicht zu schwer sein, da sonst die unteren Borsten abgeknickt werden und dadurch die oberen nicht mehr satt an der Rohrwand anliegen.
Wird die Verlegearbeit unterbrochen, so sind alle Rohröffnungen durch Verschlüsse zu sichern, um das Eindringen von Fremdkörpern, Kleintieren usw. sicher zu verhindern.
Kann Schmutz, Oberflächenwasser usw. in das Rohr eindringen, oder bleiben Bierflaschen, Monteurhandschuhe, Jacke u. dgl. im Rohr liegen, so wird der Erfolg der späteren Spülung und Entkeimung in Frage gestellt.

1) Verbindungen von Rohren aus duktilem Gußeisen

1. TYTON-Muffe

1. Muffe mit Stahlbürste gut reinigen, etwa in den Nuten zusammengelaufenes Bitumen entfernen. Desgleichen Spitzende mit Stahlbürste oder Schaber reinigen.
2. Dichtringsitz in der Muffe mit dem vom Rohrwerk mitgelieferten Gleitmittel einstreichen (Pinsel).
3. Dichtring reinigen, herzförmig zusammendrücken, in die Haltenut richtig einsetzen und glatt andrücken.
4. Dichtring dünn mit Gleitmittel streichen.
5. Spitzende mit Gleitmittel streichen und bis zum Dichtring in die Muffe einführen. Dann Rohr einfluchten und mit einem Hebel (bis DN 125) und Druck gegen die Muffe des einzuschiebenden Rohres oder mit einem Gabelwerkzeug (DN 150 bis 300) oder einer Zugratsche, einem Hub- oder Kettenzug (DN 350 bis 600) in die Muffe so weit einführen, daß der erste rote Markierungsstrich gerade verschwindet, der zweite aber noch vollständig sichtbar bleibt. Sitz des Dichtringes mit Taster prüfen.

Erst nach Herstellung der Verbindung dürfen die Rohre – wenn nötig – abgewinkelt werden (bis DN 300 um 5°, DN 400 um 4°, DN 500/600 um 3°).
Sind Rohre auf der Baustelle auseinandergeschnitten worden, und sollten die Stücke wieder verwendet werden, so sind die Schnittflächen der neu entstandenen Spitzenden mit grober Feile oder Handschleifmaschine gut zu runden, mit Bitumen nachzustreichen und die Strichmarkierungen wie an einem normalen Rohrende anzubringen.
Abschneiden von Rohren am besten mittels Trennscheibe – Rohre mit ZM-Auskleidung mittels Gestein-Trennscheibe.

2. Stopfbuchsenmuffe

1. Muffe und Spitzende reinigen wie oben. Abstandsmaß gemäß **Tab. 7-68** mittels Anschlaglehre und Körner auf dem Spitzende einschlagen und mit Ölkreide markieren **(Abb. 7-135).** Durch das Einhalten des Abstandes wird erreicht, daß das Spitzende nicht am Muffengrund anliegt, um Zwängen der Verbindung zu vermeiden, besonders beim Abwinkeln.
2. Stopfbuchsen- und Dichtring reinigen und ohne Gleitmittel hinter die Körnermarke auf das Spitzende schieben.
3. Spitzende mit Hebevorrichtung in die Muffe einschieben und einfluchten, Dichtring gleichmäßig tief in die Muffe schieben.
4. Mit Abstandsmaß 100 mm prüfen, ob Spitzende richtig sitzt.
5. Stopfbuchsenring vor den Dichtring schieben und mit zwei am oberen Umfang eingelegten Hartholzkeilen zentrieren.
6. Hammerschrauben und Muttern – die vorher mit Bitumenlack überstrichen wurden, einsetzen und der Reihe nach stets zwei gegenüberliegende Muttern mit Ringschlüssel anziehen.

Tab. 7-68: Abstandsmaß L mm

DN	L
500	208
600	213
700	219
800	224
900	230
1 000	235
1 200	246

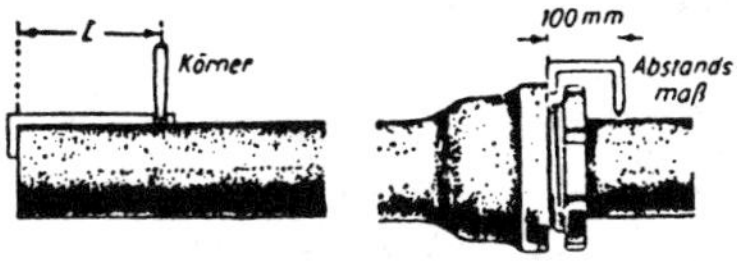

Abb. 7-135: Abstand f. Stopfbuchsenmuffen

7. Dichtring sitzt dann richtig, wenn sich der Stopfbuchsenring gleichmäßig am Umfang wenigstens 6 mm tief in den Dichtring eingequetscht hat. Am Umfang mindestens 3 Messungen.
8. Erst dann – wenn erforderlich – Rohr abwinkeln, maximal 3°.

3. Schraubmuffe

1. Rohrspitzende und Muffe gründlich reinigen.
2. Abstandsmarke gemäß **Tab.7-69** mit Lehre und Körner am Spitzende einschlagen und markieren (wie **Abb.7-135).**

Tab. 7-69: Abstandsmaß mm für SMU und SLM (Langmuffe)

DN	40	50	65	80	100	125	150	200	250	300	350	400	500
SMU	169	172	175	179	183	186	189	195	201	206	208	211	
SLM					222		227	231	233	235		240	

3. Schraubringgewinde und Druckfläche reinigen, den Schraubring ggf. mit Druckring über das Spitzende bis über die Körnermarke und den Gummidichtring bis vor die Marke schieben, Gewinde samt Druckfläche dünn mit Gleitmittel bestreichen, desgl. die Muffe im Inneren.
4. Spitzende in die Muffe einführen und zentrieren. Bei kleinem DN mit Hand, bei großen – ab 150 – bleibt das Rohr im Hebezeug. Gummiring, ggf. mit Gleitring, mittels Holzstäbchen in die Muffe bis Anschlag einschieben. Sitztiefe des Spitzendes mit Abstandsmaß 100 mm prüfen.
5. Schraubring von Hand eindrehen, dann mit Hakenschlüssel und von Hand, schließlich durch Hammerschläge auf den Hakenschlüssel oder durch Holzramme **(Abb.7-136)** anziehen.
6. Abstandsmaß nochmals nachprüfen.
7. Erst dann, wenn erforderlich, Abwinkeln des Rohres, maximal 3°.
8. Rohr sofort satt unterfüllen und durch Erdauflast beschweren, damit für die Herstellung der nächsten Muffe ein fester Halt vorhanden ist.

4. Flanschverbindung (gegenüber dem herkömmlichen Flanschsystem bieten die längskraftschlüssigen Steckmuffenverbindungen dem Anwender überzeugende technische und wirtschaftliche Vorteile) GGG-Rohre mit angegossenen oder mit aufgeschraubten Flanschen kommen hauptsächlich in Bauwerken vor (FF-Stücke verschiedener Längen). Auf der Strecke wird der Übergang von Rohren auf Flansche, z. B. bei Armaturen, durch E- oder F-Stücke hergestellt.

Zur Dichtung der Flansche sind Vollgummidichtungen zu verwenden. Eingeerdete Schrauben und Muttern sollen aus rostfreiem Stahl bestehen, aber trotzdem sehr sorgfältig mit Schutzbinden umhüllt werden. Am besten ist es, die beiden Flansche einer Verbindung samt Schrauben in ein und dieselbe Hülle einzubetten. Es sind heute Binden auf dem Markt, die bei sachgemäßer Anwendung auch im Kaltverfahren einen vollwertigen Schutz gegen Korrosion bieten.

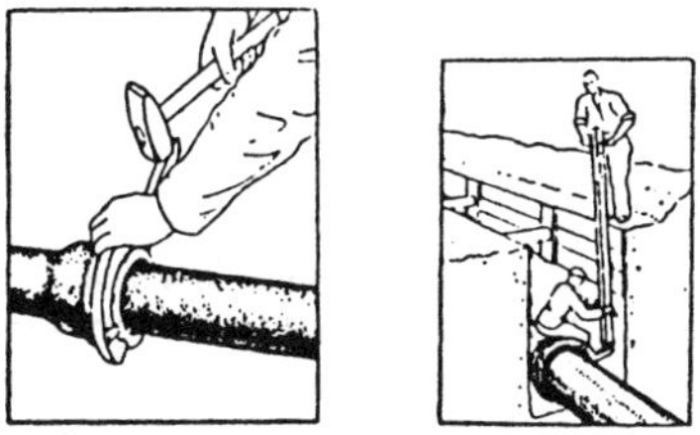

Abb. 7-136: Anziehen von Schraubmuffen

Tab. 7-70: Gewicht f. Hammer und Ramme

DN bis	100	150	300	400
Hammer (kg)	2	3	–	–
Ramme (kg)	–	–	25	40
Querschnitt der Ramme cm · cm	–	–	12 · 12	15 · 15

Die Schrauben von Flanschverbindungen sind jeweils „über Kreuz" anzuziehen, um eine gleichmäßige Anpressung zu erreichen; am Schluß sind sie alle nochmals nachzuziehen.
Über Flanschverbindungen in Behältern, Pumpwerken usw. siehe die einschlägigen Kapitel.

2) Verbindungen von Stahlrohren

1. Schraubmuffe

Die Verbindung wird hergestellt wie an Schraubmuffenrohren aus GGG. Sie kommt nur noch in Reparaturfällen in Betracht.

2. Schweißverbindungen

a) Hinweise für die Schweißarbeiten

Leitungen mit Schweißverbindungen können sowohl im Graben zusammengebaut werden, als auch oberhalb desselben, und zwar entweder zur kontinuierlichen Verlegung – Leitung hängt an 4 bis 5 Seitenbaumraupen und wird am Grabenrand geschweißt, bezüglich des Korrosionsschutzes nachbehandelt und dann laufend abgelassen **(Abb. 7-137)** – oder in Strängen von größerer Länge zum Ablassen des Stranges und Anschweißen an den vorher abgesenkten Strang mit einer im Graben herzustellenden Naht. Beim Ablassen ist zu achten, daß die zulässigen Materialspannungen nicht überschritten werden.

Abb. 7-137: Ablassen mit Seitenbaumraupen

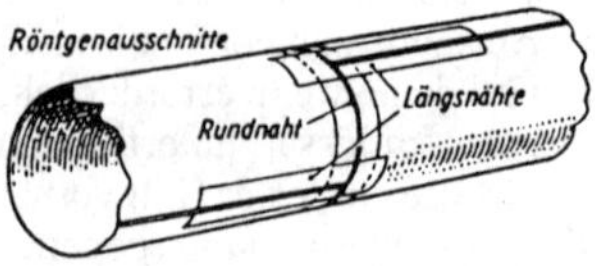

Abb. 7-138: Nahteinteilung zum Durchstrahlen

Die Längsnähte geschweißter Rohre sind so gegeneinander zu versetzen, daß sich die Längsnähte und die Rundnaht nicht kreuzen **(Abb.7-138).**
Bei Regenwetter sollte nur unter Zelten geschweißt werden. Der fertig verschweißte Strang kann zur Vorprüfung vor dem Versenken mit Druckluft – etwa 2 bar abgedrückt werden, wobei man die Schweißnähte mit Seifenwasser bestreicht, so daß Undichtheiten an der Blasenbildung erkannt werden. Es ist elektrisch zu schweißen. Die Schweißer müssen ihre Eignung gem. DIN 8560 oder 2471 nachweisen, und zwar Gruppe R Ia bis Wanddicke 6, R Ib für Wanddicke 6 ... 16 mm. Auch die Arbeit geprüfter Schweißer muß laufend überwacht werden; für jeden Schweißer ist eine Aufzeichnung über die von ihm hergestellten Nähte und ihre Güte zu führen. Nach Arb.-Blatt GW 1 können Schweißnähte geprüft werden

1. durch Besichtigen und Messen (alle Nähte)
2. mittels Durchstrahlung (5 bis 10 v. H. aller Nähte, was vertraglich festzuhalten ist)
3. mittels Ultraschallprüfung

zu 1: Einbrandkerben an der Rohraußenfläche und neben der Wurzel an der Innenseite dürfen höchstens 1,0 mm tief und 50 mm lang und nicht an Ober- und Unterseite des gleichen Nahtquerschnittes vorhanden sein;
Risse in der Naht sind unzulässig;

die Nahtüberhöhung an Stumpfnähten darf höchstens 3,0 mm sein; die Nahtfuge muß vollständig mit Schweißgut ausgefüllt sein; die Raupenbreite soll möglichst gering sein, jedoch 1 bis 2 mm über die Schweißfugenkanten hinausreichen;
die Nahtwurzel bei Stumpfschweißung darf bis 3 mm ins Innere hineinreichen; die Oberfläche der Schweißraupe muß fein- bis mittelschuppig sein;
zu 2: Hat keine Werksabnahme stattgefunden, so empfiehlt es sich, auch die Längsnähte von längsgeschweißten Rohren etwa 1 m ab Rohrende zu prüfen **(Abb.7-138).**
Die Schweißgüte wird klassifiziert nach „Collection of Reference Radiograph of Welds" mit Gütegraden Schwarz, Blau, Grün, Braun und Rot (Nähte Braun und Rot sind zu verwerfen), nur durch Schweißfachingenieure, Personen mit ausreichender Erfahrung und Prüfanstalten. Vor der Auftragserteilung an die Schweißfirma ist zu regeln, wieviel v. H. der Nähte geprüft werden, wie viele anstelle einer verworfenen Naht zusätzlich geprüft werden, bei welcher Fehlerhaftigkeit Schweißer abzulösen sind und wer die Kosten der Prüfung zu tragen hat. Meistens übernimmt der Bauherr diese Kosten und ist dann wegen der Zahl der Prüfstücke frei. Nur für verworfene Nähte und für Wiederholungsprüfungen sollten die Kosten dem Auftragnehmer aufgebürdet werden.
zu 3: Ultraschallprüfungen auf Baustellen der WV dienen im allgemeinen zur Prüfung der Nähte auf Längsfehler.

b) Stumpfschweißung

Die mit abgeschrägten Enden gelieferten Rohre werden stumpf gestoßen und zuerst geheftet, wobei man durch besondere Zentrierschellen die beiden Rohrenden in der richtigen Lage festhält. Sodann folgt die von außen herzustellende V-Naht, wobei durch die ganze Blechstärke durchgeschweißt wird. Die ZM-Auskleidung am Rohr vom Werk reicht nur etwa auf 20 mm an die Nahtstelle heran und wird nicht beeinträchtigt. Sodann wird von innen her der etwa 40 mm breite Raum zwischen den Enden der beiderseitigen ZM-Werksauskleidung mit einer Nachspachtelmasse gefüllt. Zement, Kunststoffdispersion und Sand werden vom Rohrhersteller in entsprechender Mischung mitgeliefert. (Bei Frostgefahr im Rohrinneren nicht nachspachteln!) Die zu verspachtelnde Rohrwand ist vorher zu säubern, auch von Schlacke, Schweißzunder und Schweißperlen, sodann mit Wasser anzufeuchten. Die Schweißnaht ist auf S. 467 dargestellt **(Abb.7-12 und 7-13).**
Müssen Rohre geschnitten werden, auch zur Herstellung von Segmentkrümmern, so kann dies mit dem „Autogen-Fugenhobler" geschehen. Durch die Temperatur reißt die ZM-Schicht an der Trennstelle richtig ab. Verwendet man einen umlaufenden Schneidstahl, so kerbt dieser die ZM-Auskleidung nach dem Durchschneiden der Stahlrohrwand ein: sie bricht an der Trennfuge ab. Mit einer Perlonscheibe können Stahl und ZM glatt durchgeschnitten werden.
Leitung frühestens 24 Stunden nach dem Spachteln füllen!
Wird eine durchgehende Zementmörtelauskleidung gewünscht, so können auch Rohre kleineren DN stumpf verschweißt werden, deren ZM-Auskleidung dann bis zum Rohrende reicht. Nur unmittelbar am Rohrende bleibt eine kleine Nut im ZM zur Abfuhr der Schweißgase **(Abb. 7-12 b).** Der Spalt zwischen den stumpf gestoßenen ZM-Auskleidungen beider Rohre wächst in hinreichender Weise zu (zusintern).

c) Einsteckschweißmuffe

Diese Verbindung paßt für kleine, nicht begehbare DN, weil das Ausbessern der ZM-Auskleidung von außen her möglich ist. (**Abb.7-13**). Sie bietet einen lückenlosen Innenschutz, der auch für aggressives Wasser geeignet ist. Die erforderliche Schweißnaht ist eine Sonderform der Kehlnaht. Sie stellt hohe Anforderungen an die Ausführung.
Einbringen des Mörtels: In den Muffenkopf wird vor dem Zusammenbau der Rohre Mörtelmasse eingebracht. Wulstbildungen, die nach dem Zusammenschieben der Rohre durch zuviel eingebrachten Mörtel entstehen, werden durch einen Molch **(Abb. 7-139)** entfernt. Hierdurch entsteht eine gleichmäßige durchgehende ZM-Auskleidung im ganzen Rohrstrang.

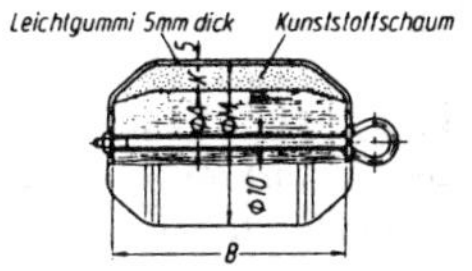

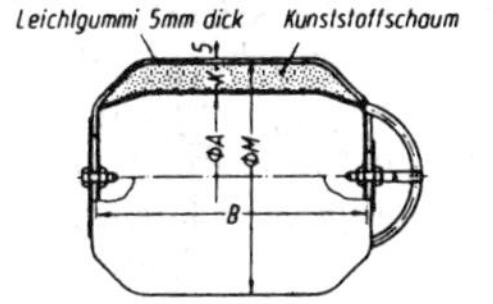

Abb. 7-139: Molche (groß und klein)

Tab. 7-71: Maße für Molche in mm

Rohrabmessungen DN	Außendurchm.	Holzkern A	B	Dicke des Kunststoffs	Durchmesser d. Molches
150	159	60	250	40	143
	168,3	70	250	40	152
200	219,1	125	300	40	203
250	273	160	300	50	254
300	323,9	219,1	300	40	302
350	355,6	273	300	30	334
400	406,4	323,9	300	30	383
450	457,2	355,6	350	40	434

Gut geeignet sind auch Molche aus Kunststoffschaum, die man allgemein für die Entwässerung oder Reinigung einer Leitung benutzt. Es wird empfohlen, diese Molche jedoch um eine DN geringer zu wählen, damit sie ohne Schwierigkeiten durch die ZM-Stahlrohre zu ziehen sind.
Es hat sich auch ein in den Kunststoffschaum eingelegter aufblasbarer Schlauch gut bewährt, der erst vor dem Zusammenfahren der Rohre aufgeblasen wird. Nach dem Anrichten der Muffen kann die Luft wieder abgelassen werden, so daß der Molch ohne großen Kraftaufwand und schonend an die nächste Verbindung vorgezogen werden kann, was die Lebensdauer der Molche erhöht.
Arbeitsgang des Verschweißens:
Befestigen je einer Rohrschelle an Muffenkopf und Einsteckende. Stoßfläche der ZM-Auskleidung im Muffenkopf mit Wasser benetzen und unter etwa 60° gleichmäßig mit Nachspachtelmasse füllen. Den vorher eingeführten Molch vorziehen.
Einfahren des ebenfalls benetzten Einsteckendes und Zusammenziehen der beiden Rohrenden durch eine Spannvorrichtung. Zwischen Muffe und Einsteckende Zentrierkeile stecken **(Abb. 7-140).**

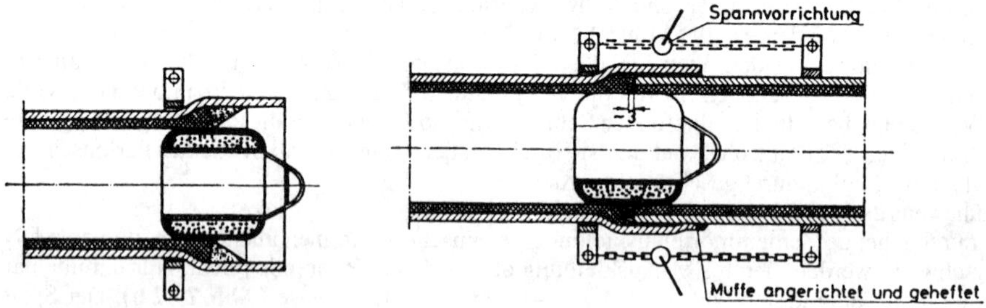

Abb. 7-140: Das Nachziehen der Molche

Muffenende an 3 bis 4 Stellen falls erforderlich warm anrichten und durch Elektroschweißung heften. Entfernen der Abstandshalter (Zentrierkeile). Spannvorrichtung lösen. Muffenende falls erforderlich vollständig warm anrichten. Molch aus dem Bereich der Verbindungsstelle herausziehen bis zur nächsten Verbindungsstelle. Verbindung mittels Elektroschweißung fertig verschweißen.
d) Überschiebemuffe
Diese Verbindung ist wie eine Einsteckschweißmuffe zu behandeln **(Abb. 7-13)**. Sie kommt für Anschlüsse oder Reparaturen in Betracht.
3. Flanschverbindung: Diese Verbindung wird hauptsächlich zum Einbinden von Armaturen verwendet. Flanschen können an die Rohre im Werk und auf der Baustelle angeschweißt werden. Die ZM-Auskleidung läßt sich vor dem Zusammenflanschen von Hand ausbessern oder vervollständigen.
3) Verbinden von Asbestzementrohren mit Überschubmuffe (Rekakupplung) (künftig Faserzementrohre, mit ähnlicher Handhabung)
1. Unter jeder Kupplung ein Muffenloch so ausheben, daß das Rohr auf seiner ganzen Länge satt aufliegt und die Muffe frei ist (bei Aufliegen der Muffen und freiem Rohr Bruchgefahr!). Grabensohle muß gleichmäßige Rohrlagerung ermöglichen, keine Steine! Falls Sohle felsig oder steinig (auch sehr grober Kies), 15 cm Sandbettung einbauen!
2. Rohrenden und Kupplungen säubern.

3. Dichtungsringe von Hand in die Kammern der Kupplungen einlegen. An der Rekakupplung müssen die Lippen zur Kupplungsmitte zeigen **(Abb.7-141).**
4. Kupplung von Hand oder mit Brechstange bis zum Anschlag auf das Rohrende aufschieben.
5. Ende des nächsten Rohres in die einseitig montierte Kupplung einführen und bis zum Anschlag einschieben. Wegen des geringen Gewichtes lassen sich die Bewegungen bis zu etwa DN 150 von Hand ausführen, bei größerer DN gemäß **Abb.7-142.**
6. Wenn Abwinkeln der Rohre erforderlich, darf dies erst geschehen, nachdem sie koaxial zusammengefügt sind. Höchstabwinkelung gemäß **Tab.7-72.**

Tab. 7-72: Abwinkeln von AZ-Rohren

DN	Grad	DN	Grad
50–100	6	450– 500	3
125–200	5	600–1 000	2
250-400	4	1 100–1 800	1

7. Werden Rohre getrennt (abgelängt), sind die Enden zu kalibrieren. Zum Trennen und Bearbeiten stehen Spezialgeräte der Hersteller zur Verfügung.
Von den Bestimmungen zum Arbeitsschutz ist vorrangig die TRGS (Technische Regeln für Gefahrstoffe) 519 Asbest zu beachten.

4) Verbinden von Spannbetonrohren

1. Bei dem großen Gewicht der Rohre lassen sie sich – wie auch andere Großrohre – nur mit geeigneten Hebezeugen verlegen, z. B. Kranbagger mit Spezialrohrzange oder mit Traverse und Seilschlingen. Da die Hebezeuge am Graben entlang fahren, ist dieser besonders gut abzusteifen oder so abzuböschen, daß keine Rutschungen eintreten können.
2. Während das an Spitzende und Muffe gereinigte Rohr noch im Hebezeug hängt, wird der Gummidichtring auf das Spitzende aufgerollt und dann das Rohr mit einem Hubzug eingefahren.
3. Der richtige Sitz des Gummiringes läßt sich mit einem einfachen Tastgerät prüfen.
4. Abwinkelungen sind erst jetzt in geringem Umfang möglich bei gleichzeitigem Aufsetzen des Rohres auf die Tragsohle.
5. Die Rohre müssen auf ihrer ganzen Länge satt aufliegen, die Muffe muß jedoch frei sein, der Einbettungswinkel soll wenigstens 60° betragen. Ungleich tragender Boden ist mit einem Sandbett, ggf. vorgeformt, zu versehen. In schlecht tragenden Böden ist eine Betonsohle im Rohrgraben einzubringen und darauf die Rohrleitung in einem Mörtelbett zu verlegen.

5) Verbinden von Kunststoffrohren aus PVC

In den meisten Fällen wird die Steckverbindung gewählt, die sich ähnlich den TYTON-Muffen bei Gußrohren verbinden läßt. Soll eine kraftschlüssige PVC-Leitung hergestellt werden, z. B. in Kanälen und Schächten sowie bei Düker u. Brückenleitungen, verwendet man die Klebeverbindung. Bei ihr sitzt das Spitzende des einen Rohres genau passend in der Gegenmuffe, und ein Spezialkleber übernimmt die feste und dauerhafte Verbindung.

Abb. 7-141: Dichtringe der Rekakupplung (links richtig, rechts falsch)

Abb. 7-142: Zusammenschieben von AZ-Rohren

Die zu verklebenden Flächen müssen trocken und schmutzfrei sein, der Rohrleger (er muß die Fachzulassung besitzen), muß also die Rohrenden mit Tüchern oder Putzwolle säubern, bevor er den Kleber aufträgt. Der Kleber wird vom Rohrhersteller geliefert; er muß der DIN 19 670, der DIN 19 532 und der Richtlinie 1.1.7 der Gütegem. Kunststoffrohre e. V. entsprechen. Im Erdeinbau ist die Klebeverbindung bei PVC zu vermeiden.
Infolge ihrer Elastizität können die Rohre auch in schlanken Bögen verlegt werden.
Da sie druckempfindlich sind, ist für Steinfreiheit des Auflagers im RG zu sorgen. Dauernd wirkende Druckstellen mindern die Zeitstandsfestigkeit des Werkstoffes.

6) Verbinden von Kunststoffrohren aus PE

a) Lösbare Verbindungen

Die Verbindungselemente bestehen z. T. aus 2teiligen Messing-Klemm-Vorrichtungen, die miteinander verschraubt werden.

Zum anderen Teil werden Fittinge aus GG mit zylindrischen Anschlüssen verwendet, die durch mehrere konische Rillen in der Muffe das Herausziehen des einmal eingeschobenen Rohres verhindern; neuerdings wird in die Innenzylinderfläche der Muffe auch ein Haltering aus Korund und ein dichtender O-Ring eingelegt. Trotz des zugfesten und völlig dichten Sitzes läßt sich die Verbindung mit Hilfe von Abziehschalen zerstörungsfrei lösen.

Die GG-Stücke sind durch Epoxydharzbeschichtung korrosionsfest geschützt.

b) Nicht lösbare Verbindungen

sind Schweißverbindungen, wie sie vor allem bei Rohren größerer DN, z. B. bei langen Dükern ausgeführt werden. Durch elektrische Heizelemente werden die Rohrenden in einen schweißbaren Zustand versetzt und dann aneinandergepreßt. Die Enden müssen vorher eingespannt und ausgerichtet werden; für das ausreichende Aneinanderpressen sind Geräte für Werkstatt und Baustelle entwickelt worden.

Für kleinere DN eignen sich Elektroschweißfittinge, d. s. Formstücke aus PE-LD, in deren Muffen Heizdrähte eingelegt sind. Ein Transformator mit Thermogerät schaltet den Strom ab, sobald die Schweißhitze erreicht und die Schweißung fertig ist.

7.4.1.2.6 Vervollständigen des Außenschutzes nach dem Verbinden der Rohre – Schäden am Rohraußenschutz sind schon vor dem Verlegen auszubessern. Wegen des manchmal doch rauhen Umgangs mit den Werkstücken sind die Leitungen aber auch nach dem Verlegen nochmals auf Schäden zu untersuchen.

Erdverlegte Armaturen ohne besonderen Außenschutz müssen vor dem Verfüllen des RG mit Schutzanstrichen nachbehandelt werden, was nicht einfach ist. Daher die Empfehlung, mit Kunststoff oder Emaille beschichtete Armaturen und solche mit versenkten Schrauben zu verwenden, die durch Ausfüllen der Vertiefungen mit Kitt oder durch Aufsetzen von Gummihülsen oder Gummistopfen abgeschlossen werden; das gilt auch für Anbohrbrücken oder -schellen samt Zubehör.

Die Schrauben der Flanschverbindungen werden durch Umhüllen der ganzen Flanschpartie mit Schutzbinden, meist aus Kunststoffen, geschützt. Speziell geformte Fertighüllen werden als Schutzsysteme, passend zu den einzelnen Größen der Armaturen, hergestellt.

7.4.1.2.7 Sicherung der Krümmer und Abzweige gegen Ausweichen – Die in den Leitungen auftretenden Axialkräfte erzeugen an Krümmern und Abzweigungen resultierende Schubkräfte, die eine Leitung auseinanderziehen, es sei denn, die Rohre sind kraftschlüssig miteinander verbunden. Daher müssen die Leitungen an solchen Stellen abgestützt werden.

Dies geschieht in der Regel mit Beton, der zwischen Rohr und Grabenwand eingebracht wird und das Rohr so weit umfassen muß, daß es nicht ausweichen kann.

Die sich gegen die Grabenwand abstützende Betonfläche soll symmetrisch zur Rohrachse liegen; das Widerlager ist also ggf. tiefer als die Grabensohle und das Rohrauflager zu gründen. Liegt die Krümmung in der Vertikalen, so ist bei erdwärts gerichteter Resultierender der Beton unter das Rohr zu geben, bei aufwärts gerichteter Resultierender so viel Beton um und über das Rohr zu bringen, daß das Betongewicht um mindestens 20 v. H. größer ist als die resultierende Kraft.

Ist der Boden nicht genügend tragfähig, um die Drücke aufzunehmen, so sind kraftschlüssige Verbindungen zu wählen (DVGW-Merkblatt GW 368), die gewöhnlich auch kostengünstiger sind. Insbesondere das neue HALBERG Universal Rohrverbindungssystem erfordert nur das Einlegen des Tyton-Sit-Ringes anstelle des Tyton-Ringes oder das zusätzliche Einlegen des Novo-Sit-Halteringes zur Zugsicherung. Lediglich bei Verwendung des TIS-K-Ringes müssen Rohre mit Schweißwulst verwendet werden, der aber im Einzelfall auch vor Ort noch aufgetragen werden kann.

Die Sicherungen sind nicht für den Betriebs-, sondern für den Prüfdruck zu bemessen.

Ist d_a der Außendurchmesser des Rohres (der Wasserdruck wirkt auch auf die Stirnfläche des Rohres) in cm und p der Prüfdruck in bar, so beträgt der Axialschub

$$P = p \cdot d_a^2 \cdot \frac{\pi}{4}$$

Tab. 7-73: Axialschub P in daN (Deka-Newton). Gerundete Zahlenwerte. d_a für GGG-Rohre

DN		80	100	125	150	200	250	300	350	400	500
d_a (mm)		98	118	144	170	222	274	326	378	429	532
Prüf-druck (bar)	10	750	1 100	1 630	2 270	3 870	5 900	8 300	11 200	14 500	22 200
	15	1 130	1 640	2 450	3 400	5 800	8 840	12 500	16 800	21 700	33 300
	21	1 580	2 300	3 420	4 760	8 100	12 440	17 500	23 600	30 300	46 700

Maßgebend für die senkrecht zur Rohrachse wirkende Schubkraft S ist der Winkel, in dem das Rohr verlegt ist. Aus diesem ergibt sich

$$S = 2 \sin \frac{\alpha}{2} \cdot P \text{ (daN)},$$

wenn α der Krümmungswinkel ist (**Abb. 7-143**)

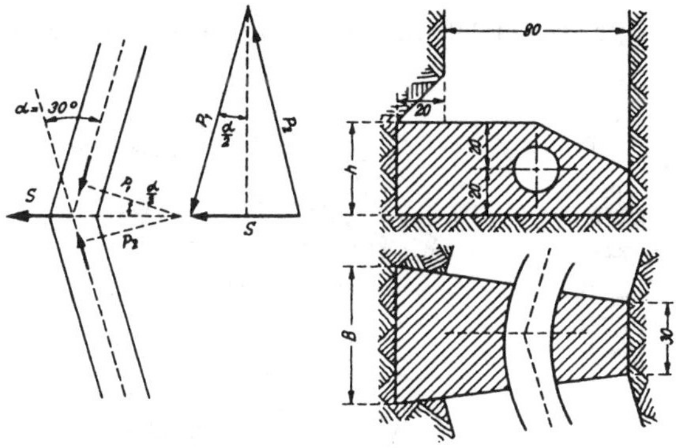

Abb. 7-143: Systemskizze zu Krümmersicherungen

Tab. 7-74: Gebräuchliche –Winkel

Winkel	$2 \cdot \sin \frac{\alpha}{2}$	oder ungefähr
$11^1/_4°$	0,196	0,2
$22^1/_2°$	0,390	0,4
30°	0,518	0,5
45°	0,77	0,8
60°	1,0	1,0
90°	1,414	1,5

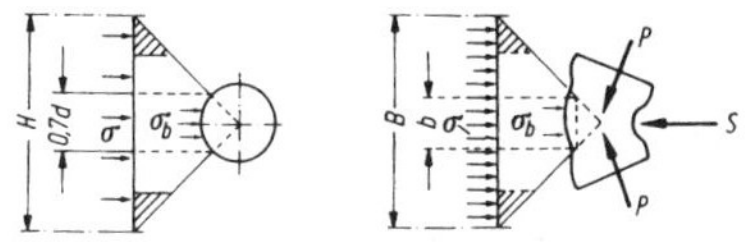

Abb. 7-144: Verteilung der Schubkraft

Für gebräuchliche Winkel sind die Werte in **Tab. 7-74** enthalten.

Das DVGW-Merkblatt GW 310 enthält Tabellen für die resultierenden Schubkräfte der hier angegebenen Winkel. Dort sind auch die erforderlichen Betonmaße für verschiedene zulässige Bodenpressungen σ_b zu entnehmen.

Das Widerlager wird so gestaltet, daß die Schubkraft sich unter 90° verteilt und zwar senkrecht und waagerecht zum Krümmungsmittelpunkt des Rohres **(Abb. 7-144).**

Hieraus ergibt sich die theoretische Breite B und Höhe H der Anlagefläche an die Grabenwand, die praktisch kleiner ist, weil die schraffierten Dreiecke bei der Ausführung wegfallen. Zu prüfen ist noch, ob die zulässige Druckbeanspruchung des Betons σ_b nicht überschritten wird (für B 160 ist σ_b = 48 daN/cm^2 und für B 225 ist σ_b = 65 daN/cm^2) , doch soll nur σ_b = 20 daN/cm^2 angenommen werden, da der Beton in der Regel zur Zeit der Druckprüfung noch nicht endgültig abgebunden hat. Die Fläche, auf welcher der Beton am Rohr anliegt, beträgt rd. 0,7 d · b (cm^2) (**Abb. 7-144,** das Maß b kann aus Formstückzeichnungen herausgemessen werden).

Beispiel:
GGG-Rohre DN 200, Bogen 30°, Prüfdruck 15 bar, zuläss. $\sigma = 1$ daN/cm^2
Axialkraft aus **Tab. 7-65:** P = 5800 daN
Schubkraft: S = 0,5 P = 2 900 daN
Erforderl. Anschlußfläche an der Grabenwand:

$$A = \frac{S}{\sigma} = \frac{2\,900}{1} = 2\,900 \text{ cm}^2$$

Bei H = 40 cm der Anschlußfläche wird B = 72 cm.
Anlagefläche des Betons am Rohr: f = 0,7 d · b = 14 · 22,5 = 315 cm^2

$$\sigma_b = \frac{S}{f} = \frac{2\,900}{315} = 9{,}2 \text{ daN/cm}^2$$

Abb. 7-145 zeigt einige Beispiele für Widerlager, auch für luftseitig gerichtete Schubkraft (Betongewicht mit 2,2 t/m^3 annehmen!).

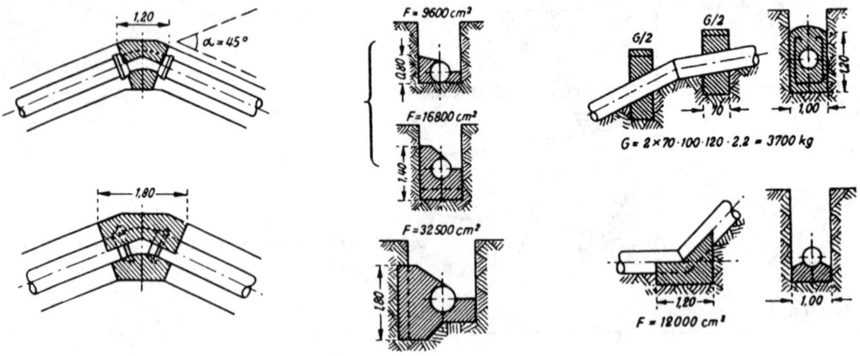

Abb. 7-145: Beispiele f. Krümmersicherungen

Da die Bögen für GGG-Rohre kurz sind, müssen die Widerlager größeren Ausmaßes etwa nach **Abb. 7-146** ausgebildet werden. Reicht der Raum am Bogen selbst nicht aus, so können beiderseits desselben an den Rohren noch zusätzliche Widerlager angebracht werden (**Abb. 7-147**). Fehlt eine tragfähige Grabenwand, z. B. in aufgeschüttetem Boden, so müßte die Schubkraft in die Grabensohle abgeleitet werden, woraus sich eine Betonmasse von

$$G = \frac{1}{\mu} \cdot S$$

ergibt (μ = Reibungszahl = 0,65 bei hartem, festem Boden, 0,45 bei mittlerem Boden, 0,3 bei nassem, lettigen Boden). Im Grundwasser liegende Betonsicherungen müßten noch dazu um den Auftrieb vergrößert werden. Da sich dabei verhältnismäßig große Betonmassen ergeben, sind in diesen Fällen die Schubkräfte besser immer mittels längskraftschlüssiger Rohrverbindungen aufzunehmen. In GW 310 ist z. B. für eine RL von DN 500 und einen Bogen von 45° bei 15 bar Prüfdruck ein G = 40 t errechnet! Hinweise für Herstellung und Einbau von zugfesten Verbindungen zur Sicherung nicht längskraftschlüssiger Rohrverbindungen gibt GW 368. Zugfeste, längskraftschlüssige Rohrverbindungen sichern auch RL in Steilhängen; werden – um die Dränwirkung des RG in Steilhängen und damit die Unterspülung der RL zu verhindern – Betonriegel in den RG eingelassen, so sind die RL in oder auf diesen beweglich zu lagern, damit sie nicht durch die Betonriegel belastet werden. Am oberen Knickpunkt von Steilstrecken ist die Schubkraft luftwärts gerichtet.

Abb. 7-146: Widerlager stark verbreitet

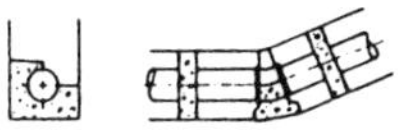

Abb. 7-147: Widerlager aufgelöst in 3 Teile

7.4.1.2.8 Abnahme der Verlegearbeit – Vor dem Verfüllen des RG sollte der Auftraggeber zur Besichtigung der RL beigezogen werden. Folgendes ist zu prüfen:

1. Sind die Rohre nach Seite (mit den Augen erkennbar) und Höhe (durch Aufsetzen des Rohrkreuzes feststellbar) ausgerichtet?
2. Liegen die Rohre satt auf der RG-Sohle (mit dem erforderl. Auflagerwinkel) auf?
3. Lassen sich Schäden an den Rohren oder dem Außenschutz erkennen?

Das früher übliche Offenlassen der Verbindungen beim Verfüllen des RG bis nach der Druckprobe läßt sich heute wegen des Maschinenbetriebes mit seiner kontinuierlichen Arbeitsweise kaum mehr durchführen. Daher muß die RL sorgfältig gebaut und kontrolliert werden, um späteres Aufgraben von Fehlerstellen zu vermeiden.

7.4.1.3 Druckprüfung

Rohrleitungen müssen vor ihrer Ab- und Inbetriebnahme einer Innendruckprüfung unterworfen werden, damit Wasserverluste vermieden werden. Haarrisse, Lunkerbildungen, Dichtungsfehler lassen sich von außen her nicht ohne weiteres erkennen. Ihrer Aufdeckung dient die Druckprobe mit Wasserdruck.

7.4.1.3.1 Prüfstrecken – Man unterscheidet Einzelprüfstrecken von meist < 500 m Länge, mit denen sich etwaige Fehler leicht eingrenzen lassen, und Gesamtprüfstrecken, d. s. mehrere aneinander anschließende Einzelprüfstrecken, in der Regel Abschnitte zwischen 2 Bauwerken, an denen die Leitung endet (Sammler, Hochbehälter) oder leicht getrennt und an der Trennungsstelle gut überwacht werden kann (Entlüftungs- oder Spülschächte).

7.4.1.3.2 Verspannen – An den Prüfstreckenenden müssen die RL so verspannt werden, daß keine axiale Bewegung möglich ist. Ist der Axialschub nicht sehr groß oder gestattet der Boden, gegen den die RL abgestützt wird, hohe Pressungen, so kann es genügen, die RL gegen Bohlen in der Stirnseite des RG abzustützen; das Zwischenschalten von Bockwinden **(Abb. 7-148)** oder hydraulischen Pressen ist besser als das Einsetzen von Sprießen oder Keilen. Die RL werden durch E- oder F-Stücke oder durch eine aufgeschweißte Blechscheibe verschlossen.
Für große Axialkräfte sind die Absteifungen zu berechnen (mindestens ab DN 200 bei Prüfdruck 15 bar).

7.4.1.3.3 Füllen – Das Füllen soll mit Trinkwasser oder Wasser von Trinkwasserqualität mit Chlorzusatz sorgfältig so durchgeführt werden, daß die Leitung völlig luftfrei ist. Man füllt daher von unten nach oben und überzeugt sich davon, daß die autom. Entlüfter nach dem Entweichen der Luft dicht schließen. Um der Luft das Austreten zu ermöglichen, darf nicht zu rasch gefüllt werden, weil sonst Luftstöße entstehen. Als Füllvolumenströme kommen daher höchstens in Betracht:

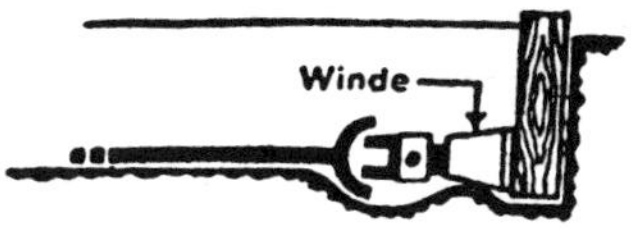

Abb. 7-148: Verspannen mit Bockwinde

Tab. 7-75: Füllvolumenströme

DN	Füllvol. str.	DN	Füllvol. str.	DN	Füllvol. str. l/S
40	0,1	100	0,3	300	3
50	0,1	150	0,7	400	6
65	0,15	200	1,5	500	9
80	0,2	250	2	600	14

7.4.1.3.4 Schutz gegen Temperatureinflüsse – Gegen starke Sonnenbestrahlung sind die Leitungen, soweit sie noch nicht mit Erdreich überfüllt sind, mit Stroh- oder Rohrmatten zu schützen, da sonst Verspannungen durch Längsdehnung eintreten könnten.

7.4.1.3.5 Anordnung der Preßpumpe – Die Preßpumpe, die einen mit Handhebel betätigten Druckkolben besitzt, wird mit einer Stahlrohrleitung von DN 19 bis 25 oder einem Druckschlauch in der Regel am tiefsten Punkt der zu prüfenden Strecke angeschlossen. Die Pumpe muß mit einem dicht schließenden Rückschlagventil und Absperrhahn sowie einem ausreichend genau anzeigenden Druckmesser (z. B. Feinmeßmanometer der Kl. 0,6) ausgerüstet sein. Der Abnehmende muß die Möglichkeit besitzen, ein Kontrollmanometer und ein Druckschreibgerät anzuschließen. Überwindet die zu prüfende Strecke große Höhenunterschiede, so ist die Prüfstrecke so zu wählen, daß der gesamte Streckenteil mit ausreichendem Druck geprüft werden kann.

7.4.1.3.6 Arten der Druckprüfung – Die Vorprüfung ist immer nötig bei SpB-, AZ(FZ)-, PVC- und PE-Rohren, soweit nicht für PVC- und PE-Rohre eine Kurzprüfung zulässig ist. Die Vorprüfung dient auch der Sättigung der Rohrwand von SpB- und AZ(FZ)-Rohren sowie der ZM-Auskleidung von GGG- und St-Rohren mit Wasser und der Restentlüftung.
Die Hauptprüfung schließt an eine Vorprüfung ohne Fehler unmittelbar an. Bei geänderten Prüfbedingungen – vgl. **Tab. 7-76** – kann sie auch ohne Vorprüfung durchgeführt werden, z. B. um Verkehrsbehinderungen abzukürzen.
Die Gesamtdruckprüfung mehrerer Einzelprüfstrecken bezieht sich auf deren Kupplungsstellen und soll mit einem den künftigen Betriebsdruck um 2 bar übersteigenden Prüfdruck ausgeführt werden.

7.4.1.3.7 Rohrwerkstoffe in der Druckprüfung **(Tab. 7-76)**

Die für die Druckprüfung maßgebliche DIN 4279 steht derzeit für den Teil 7 (Kunststoffrohre) in Überarbeitung. Dieser Teil enthält dann ein vollständig überarbeitetes Prüfverfahren.
1) GGG- und St-Rohre ohne ZM-Auskleidung werden gleichartig geprüft und haben auch den gleichen Bedingungen zu genügen.
2) GGG- und St-Rohre mit ZM-Auskleidung können außer im Normalverfahren mit Vor- und Hauptprüfung (Dauer zusammen 27 bzw. 30 Stunden) auch im Sonderverfahren (Dauer in der Regel unter 6 Stunden) ohne Vorprüfung geprüft werden.
Sonderverfahren: Prüfdruck $P_{Prüf}$ herstellen. Er sinkt infolge Wasseraufnahme des ZM ab. Nach 0,5 Std. (bei DN < 400) und 1 Std. (bei DN ≧ 400) Druck messen – p_1 –.
$p_{Prüf}$ wieder herstellen und die hierzu erforderl. Nachfüllmenge Q_1 messen.
Nach **gleichen** Zeitabständen Δ_t diesen Vorgang wiederholen.

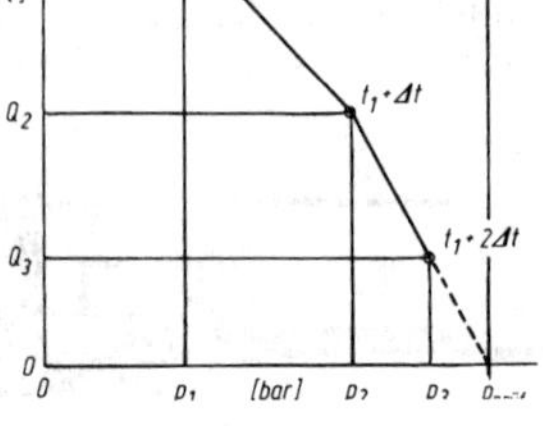

Abb. 7-149: Sonderprüfungsverfahren

Meßwerte $p_1, p_2 \ldots Q_1, Q_2 \ldots$ in ein Diagramm eintragen **(Abb. 7-149)**.
Messungen wiederholen, bis im Diagramm die Verlängerung der Verbindungslinie der beiden letzten Meßpunkte die Abszisse im Punkt $p_{Prüf}$ schneidet oder der Meßpunkt bereits mit $p_{Prüf}$ zusammenfällt.
Dies bedeutet: Prüfung bestanden: siehe **Tab. 7-76**:

Tab. 7-76: Innendruckprüfung – Übersicht gem. DIN 4279

Rohrwerkstoff		GGG	GGG und St mit ZM	St mit Bit.	SpB	AZ (FZ)	PVC	PE-HD und PE-LD
			Vorprüfung					
Prüfdruck (bar) für PN	10	15	15	15	1,5 PN	15	15	15
	16	21	21	21	PN + 5	21	21	–
	> 16	PN + 5	PN + 5	PN + 5		PN + 5	–	–
Prüf-dauer (h) für DN	bis 200	3		3				mit Verb. 12
	250 bis 400	6	24	6	≧24	≧ 24	≧ 12	
	> 400	12		12				ohne Verb. 4
			Hauptprüfung					
Prüfdruck (bar) für PN	10	15	15	15	1,4 PN	15	15	13
	16	21	21	21	PN + 5	21	21	–
	> 16	PN + 5	PN + 5	PN + 5		–	–	–
Prüfdauer (h) n. Vorpr. für DN	bis 150		3		–	3	3	3
	200	3		3				6
	250 bis 300		6			6	6	
	400				12			
	500 bis 700	12	18	12		18	–	–
	> 700	24	24	24	18	24	–	–
Prüf-dauer (h) ohne Vorpr. für DN	bis 200	3	nach	3		für diese Rohrarten		
	250 bis 400	6	Sonder-	6		muß eine Vorprüfung		
	500 bis 700	18	verfah-	18		durchgeführt werden		
	> 700		ren	24				
Zuläss. Druck-abfall (bar) am Prüfzeitende für PN	10	0,1	0,1	0,1	–	–	0,2	0,1 je h PE-HD
	16	0,15	0,15	0,15	–	–	–	0,2 je PE-LD
	> 16	0,2	0,2	0,2			–	–
Zul. Wasser-zugabe l/m^2 h					0,02	siehe Tab. 7-77		
				Kurzprüfung				
Prüfdruck (bar)							1,5 PN	1,5 PN
Prüfdauer (h)							1	1
Zul. Druckabfall (bar)							0,5	0,1 je 5 Min.

3) AZ-Rohre (FZ-Rohre) sind immer einer Vor- und Hauptprüfung zu unterziehen.
Prüfdruck stündlich wiederherstellen und die Wasserzugabe sowie die Lufttemperatur messen. Die Prüfung ist bestanden, wenn die zulässige Wasseraufnahme (für die meist verwendeten AZ-Rohre mit Innenanstrich) nicht überschritten wird.
Bei Prüfdruck 21 bar sind die Werte mit 1,19 zu vervielfachen. Für Rohre ohne Innenanstrich ist bei 15 bar die 1,44 fache, bei 21 bar die 1,7 fache Wasseraufnahme dieser Tabelle zulässig.

4) SpB-Rohre
Prüfdruck stündlich wiederherstellen und Wasserzugabe messen. Die Prüfung ist bestanden, wenn die zulässige Wasseraufnahme je m^2 Rohrinnenwand und je Stunde (0,02 l) nicht überschritten wird. Dies wird um so eher der Fall sein, je länger die Vorprüfung zur Wassersättigung gedauert hat.
Ist die Leitung während der Prüfung nicht überdeckt, sollte diese zwischen Abend und Morgen oder bei bedecktem Himmel stattfinden, um Sonneneinstrahlung mit der Folge von Verfälschung der Meßergebnisse zu vermeiden. Umrechnung der zuläss. Wasseraufnahme auf 100 m Leitungslänge in **Tab.7-78.**

Tab. 7-77: Zul. Wasseraufnahme (l/h) nach DIN 4279/6 bei Prüfdruck 15 bar je 100 m Leitungslänge. AZ(FZ)-Rohre mit Innenanstrich

DN über Std.	bis Std.	100	125	150	200	250	300	350	400	450	500
	1	0,72	0,90	1,08	1,45	1,80	2,17	2,52	2,89	3,25	3,61
1	2	1,16	1,45	1,74	2,32	2,91	3,49	4,07	4,65	5,23	5,81
2	3	1,54	1,92	2,31	3,08	3,85	4,62	5,39	6,16	6,93	7,70
3	4	1,85	2,32	2,78	3,71	4,63	5,56	6,49	7,41	8,34	9,27
4	5	2,10	2,63	3,16	4,21	5,26	6,31	7,37	8,42	9,47	10,52
5	6	2,28	2,85	3,42	4,56	5,70	6,84	7,98	9,12	10,26	11,40

Tab. 7-78: Zul. Wasseraufnahme (l/h) je 100 m Leitungslänge, SpB-Rohre

DN	500	600	700	800	900	1000	1200	1600	2000
l/h	3,14	3,76	4,40	5,02	5,66	6,28	7,54	10,04	12,56

5) PVC-U-Rohre
Versorgungsleitungen werden einer Vor- und Hauptprüfung unterworfen. Eine Kurzzeitprüfung ist auf Längen bis etwa 30 m und auf DN $\leqq$ 50 beschränkt, also nur selten.

6) PE-Rohre
Die Vorprüfung unterscheidet sich hinsichtlich der Prüfzeit, ob die Leitung aus einem Stück besteht oder Verbindungen enthält (4 bzw. 12 Stunden). Die Kurzzeitprüfung dient der raschen Abwicklung bei Anschlußleitungen: Längen bis 30 m, DN $\leqq$ 50. Wegen der Temperaturempfindlichkeit des Werkstoffes darf die Rohrwandtemperatur während des Prüfens nicht höher als 292 K = 19°C sein. Ggf. ist die Leitung vorher einzudecken.

7.4.1.3.8 Ablaßtest – Soll Sicherheit darüber bestehen, daß die Prüfstrecken während der Prüfung praktisch luftfrei waren und das Prüfergebnis nicht durch Lufteinschlüsse (z. B. in flachen Strecken) verfälscht wurde, kann ein Ablaßtest vereinbart werden.
Hierzu läßt man eine Wassermenge ΔV (1) aus der noch unter Druck stehenden Leitung entweichen und stellt die eingetretene Druckänderung Δp (bar) fest. Mit Hilfe der aus **Tab. 7-79 a** und **Tab. 7-79 b** zu entnehmenden Druckkonstante a ermittelt man rechnerisch die theoretische Volumenänderung in 1 nach der Formel:

$$\Delta V_{theor} = a \cdot \Delta p \cdot \frac{L}{100}$$ (L= Länge der Prüfstrecke in m) für Gußrohre GGG bzw.

$$\Delta V_{theor} = a \cdot \Delta p \cdot L$$ für PE-Rohre

Die gemessene Volumenänderung ΔV darf den Wert ΔV_{theor} um nicht mehr als 50 v. H. überschreiten. Mit diesem V-Wert sind auch die unvermeidlichen Luftsäckchen in den Muffen miterfaßt. Ist ΔV größer als 1,5 ΔV_{theor}, so wird man die Leitung neu entlüften und die Druckprobe wiederholen müssen.

Tab. 7-79a: Druckkonstante a für den Ablaßtest für GGG-Rohre

DN	a	DN	a
80	0,03	400	0,96
100	0,04	500	1,56
125	0,08	600	2,32
150	0,12	700	3,23
200	0,21	800	4,32
250	0,35	900	5,57
300	0,52	1 000	6,97
350	0,71	1 200	10,33

Tab. 7-79b: Druckkonstante a für den Ablaßtest für PE-Rohre

DN	a	DN	a
15	0,16	100	7,24
20	0,29	125	11,85
25	0,48	150	15,04
32	0,76	200	28,96
40	1,18	250	46,03
50	1,86	300	58,59
65	2,63		
80	3,76		

Für den Ablaßtest bei PVC-Rohren dient folgende Formel:

$$\Delta V_{theor} = (56{,}0\ \frac{ri}{s} + 45{,}8) \cdot \Delta p \cdot \frac{V_R}{1\,000}$$

V_R = Gesamtinhalt der Prüfstrecke in m^3
ri = Innenradius des Rohres in mm
s = Wanddicke in mm
und für den Ablaßtest bei AZ-Rohren (FZ-Rohren) die Formel:

$$\Delta V_{theor} = (8 \cdot \frac{ri}{s} + 45{,}8) \cdot \Delta p \cdot \frac{V_k}{1\,000}$$

7.4.1.3.9 Gesamtdruckprüfung größerer Leitungsabschnitte (mehrerer Einzelprüfstrecken) ist notwendig, damit die Verbindungen zwischen mehreren Abschnitten und die etwaigen, dazwischenliegenden Einbauteile (Entlüfter usw.) mitgeprüft sind.
DIN 4279 fordert hierfür mindestens den Nenndruck der RL; ein höherer Prüfdruck (meist 1,2 PN) kann vereinbart werden.

7.4.1.4 Abnahme

Über die Druckprobe soll eine Niederschrift angefertigt werden, die vom Auftraggeber und Auftragnehmer anerkannt wird und für die im folgenden Hinweise gegeben werden:

Muster für die Niederschrift über Druckprüfungen an Wasserleitungen
Allgemeine Angaben für alle Rohrwerkstoffe:

1. Beschreibung der geprüften Leitung
   Bezeichnung der Leitung (Zu-, Verteilungs-, Druckleitung usw.)
   Prüfstrecke Nr. ... von ... km bis km ...; Gesamtlänge ... m
   DN ...; Werkstoff, Rohrlieferwerk ....
   Art der Rohrverbindung .... Anzahl der Verbindungen ....
2. Prüfdaten
   Einbaustelle des Druckmessers bei km .... NN Höhe ....
   Höchster künftiger Betriebsdruck an der Einbaustelle .... bar ....
   Vorgeschriebener Prüfdruck .... bar und Prüfzeit .... Std.
3. Durchführung der Druckprüfung
   Füllen der Leitung: Beginn .... Ende .... (Uhrzeit)

Besondere Angaben, nach Rohrwerkstoffen getrennt
– GGG- und St-Rohre (DIN 4279/1 bis 4)
Vorprüfung:
Beginn Ende Temp. Luft .... Temp. Wasser .... Prüfdruck ....
Prüfdauer ....

Meßdaten

Druck (bar)		Wasserzugabe (1)
von	bis	
von	bis	
von	bis	
von	bis	
usw.		

Ergebnis der Vorprüfung
....

War Wiederholung nötig? Zeigten sich Undichtheiten? Wie behoben?

Hauptprüfung im Normalverfahren:
Aufzeichnungen wie bei Vorprüfung, jedoch Prüfdauer verschieden (vgl. **Tabelle 7-76**)
Hauptprüfung im Sonderverfahren:

Meßdaten

Messung Nr.	Tag	Zeit	Druck bar	Druckabfall bar	W. Zugabe 1	Temp. °C Luft	Wasser
1							
2							
3							
usw.							

Diagramm einzeichnen

Feststellungen
am Druckmesser, an Rohren und
Armaturen, Verbindungen usw.

Ergebnis der Hauptprüfung

Zusätzlich für geschweißte St-Rohre:
Schweißbuchauszug

Name des Schweißers

Zahl d. Verbindungen

davon beanstandet

– SpB- und AZ(FZ)-Rohre (DIN 4279/1, 5, 6)
Vorprüfung:
Beginn Ende Temp. Luft Temp. Wasser Prüfdruck
Prüfdauer
Meßdaten wie bei GGG-Rohren

Ergebnis der Vorprüfung

Hauptprüfung:
Beginn usw. wie bei Vorprüfung

Meßdaten:

über	bis Std.	W. Zugabe 1	Temp. °C Luft	Wasser
0	1	...	...	
1	2	...	...	
usw.				
5	6	...	...	
Summe (1)				
Mittel 1/h				

– PVC- und PE-Rohre (DIN 4279/7,8)
Vorprüfung:

Leitungen über 30 m Länge

Meßdaten

Dauer Std.	Druck bar	Temp. °C Luft	Wasser	
2	...	...		
4	...	...		Ergebnis
6	...	...		
usw.				Feststellungen

Hauptprüfung (schließt sofort an Vorprüfung an):

Meßdaten, wie Vorprüfung – Prüfdauer verschieden von Vorprüfung
Kurzzeitprüfung:

es handelt sich meist um Anschlußleitungen unter 30 m Länge. Die Prüfungsergebnisse werden daher in der Regel in Listen zusammengefaßt und erst später auf die für diese Leitungen anzulegenden Karteiblätter oder Bestandspläne übertragen.

Liste für die Druckprüfung an Anschlußleitungen:

Straße	Haus-Nr.	Länge	DN	Dauer	Druck	Druckabfall	
		m		Std.		zuläss.	gemessen

(zuläss. für PVC-Rohre Druckabf. in 1 Std. 0,5 bar
zuläss. für PE-Rohre Druckabf. 0,1 bar/5 min
in beiden Fällen mit Prüfdruck = 1,5 PN)

Die Abnahmeniederschrift endet mit dem Abnahmevermerk; Auftraggeber und Auftragnehmer erhalten je eine Fertigung der Niederschrift.

7.4.1.5 Nacharbeiten

7.4.1.5.1 Endgültiges Überfüllen der Leitungen – Nach abgenommener Druckprobe sind die noch offen gebliebenen Verbindungsstellen der Leitungen einzufüllen.
Das Einschlämmen der Leitungen soll nur im Ausnahmefall und nur bei kiesigen und stark sandhaltigen Böden, keinesfalls in stark quellenden Tonböden gestattet werden.
Um die in die Leitung ohne Schächte eingesetzten Einbauteile und um die Entleerungen der Hydranten sind Sickerungen aus hartem Grobgeschläge oder grobem Kies einzusetzen, welche das austretende Wasser zunächst aufnehmen und langsam an das umgebende Erdreich abgeben. Für Hydranten sind auch fertige Formsteine aus porösem Gestein zulässig. An den Auslässen von Spülleitungen usw. sind die Auslaufbauwerke zu setzen. Die Froschklappen am Ende der Spül- und Entleerungsleitungen sind auf guten Gang zu prüfen; häufig ist der Dorn, um den die Klappe schwenkt, zu dick und rostet ein, so daß ein Rückstau in den Leitungen entsteht.
Auch die Schieber- und Hydrantenkappen sind sogleich wenigstens in behelfsmäßiger Weise zu setzen, um ein Auffahren von Fahrzeugen auf die Gestänge zu verhindern. In nicht mit festen Decken versehenen Straßen und Wegen ist die Umpflasterung, aus einzelnen Natursteinen oder aus einer Betonplatte bestehend, einzusetzen.
In befestigten Straßen, hauptsächlich in Verkehrsstraßen, sind die RG so gut zu verdichten, daß sie sich nicht mehr setzen (Gefahr für Fahrzeuge! Haftung!). In solchen Straßen wird die Oberfläche möglichst bald, oft noch vor Freigabe für den Verkehr, durch eine provisorische Asphaltauflage angeglichen. Dabei werden die Kappen der Armaturen so gesetzt, daß sie mit der Asphaltoberfläche bündig liegen.

7.4.1.5.2 Reinigung der Leitungsteile, Anstrich – Die in Schächten, Sammlern, Behältern usw. sichtbar bleibenden Leitungsteile sind nunmehr gründlich zu reinigen.
Überflurhydranten sind über dem Boden mit gut deckender Ölfarbe nach Wunsch der Feuerwehr zu streichen (z. B. rot oder grau, mit rotweißem Ring usw., neuerdings auch mit Leuchtfarben), soweit nicht bereits Hydranten in Edelstahlausführung verwendet werden.
Für den Anstrich der RL in Schächten, Bedienungskammern von Behältern, in Pumpwerken und Aufbereitungsanlagen wählt man freundliche Farbtöne. Geeignet sind hier Chlorkautschukfarben. Der Untergrund für die Anstriche muß sauber, staubfrei und trocken sein. Die Gebrauchsanweisungen der Farbenhersteller geben über die Behandlung Auskunft.
Auch hier kommt, bis auf die Schächte, praktisch nur noch Edelstahl zur Ausführung.

7.4.1.5.3 Hinweise zum Auffinden der Einbauten und Leitungen – Hydranten, Spül-, Entlüftungs- und Absperrschieber der Haupt- und der weiter unten noch behandelten Anschlußleitungen werden ihrer Lage nach durch Hinweisschilder gekennzeichnet. Wo Gebäude, massive Mauern und Zäune vorhanden sind, lassen sich diese Schilder dort anbringen. Ist keine Möglichkeit vorhanden, so müssen besondere Säulen aus U-Eisen (es eignet sich das Profil U 5) oder verzinkten Rohren aufgestellt werden. Die Säulen sind einzubetonieren und mit Rostschutz- und Ölfarbe zu streichen. Es empfiehlt sich, die Schilder, insbesondere für Hydranten, nicht höher als 2 m über Boden zu setzen, damit sie im Scheinwerferlicht der Feuerwehrautos gesehen werden.

Wo die Leitung über freies Feld führt und Knickpunkte aufweist, sind zum späteren Auffinden Hinweissteine zu setzen aus Naturstein (Granit) oder Beton, die etwa 35 cm über Flur herausstehen und auf deren Scheitel die Fluchtlinien des Leitungsverlaufes eingemeißelt sind. Kennbuchstaben wie W, WL= Wasser, Wasserleitung usw. werden auf der vorderen Sichtfläche angebracht **(Abb.7-150).** Der Standort ist so zu wählen, daß der Verkehr und landwirtschaftliche Arbeiten nicht behindert werden.

Abb. 7-150: Hinweisstein

7.4.1.5.4 Spülung und Entkeimung der fertigen Rohrleitung:

Nach § 11 des Bundesseuchengesetzes wird gefordert, daß das „Trinkwasser so beschaffen sein muß, daß durch seinen Genuß oder Gebrauch eine Schädigung der menschlichen Gesundheit, insbesondere durch Krankheitserreger, nicht zu besorgen ist". Das WVU muß deshalb das Trinkwasser in hygienisch einwandfreier Beschaffenheit liefern.

Um die beim Verlegen unvermeidbar in die Leitung gelangten feineren Bestandteile (Sand, Schlick, Schlamm) – größere konnten bei sorgfältiger Anwendung der Rohrbürste sowie Verwendung der von den Rohrherstellern mitgelieferten Rohrkappen nicht in die Rohre eindringen – und um jede bakterielle Verunreinigung zu entfernen, ist die Leitung zu spülen und ggf. gleichzeitig, meist aber anschließend, zu entkeimen.

1) Die Spülung

Zum Spülen darf nur einwandfreies Wasser von Trinkwasserqualität Verwendung finden. Die Ablagerungen in den Rohren werden nur dann ausgespült, wenn im Rohr eine Wassergeschwindigkeit von wenigstens 1,5 m/s erreicht wird. Die Leitung kann beim Spülen in Abschnitte unterteilt werden, wenn der einzelne Abschnitt einen eigenen Spülauslaß besitzt. Bei Gefällsleitungen ist grundsätzlich von oben nach unten zu spülen. Es ist so lange zu spülen, bis das Wasser die Spülausläufe völlig klar verläßt. Als Mindestspülwassermenge muß der 3- bis 5 fache Inhalt der zu spülenden Strecke bei DN $\leqq$ 150 und der 2- bis 3 fache Inhalt bei DN $\geqq$ 200 gefordert werden.

Lange im Rohr lagernder Schmutz, feiner Lehm, besonders wenn angetrocknet, ist durch einfache Spülverfahren und vorgenannte Wassergeschwindigkeiten nicht zu entfernen. Hier muß mittels Molchen gereinigt werden, ein oft kostspieliges Verfahren (entspricht etwa einer Rohrnetzreinigung). Daher: Rohre sorgfältig lagern, vor Einbau reinigen und vor dem Eindringen schmutzigen Wassers aus dem Rohrgraben schützen; entsprechende Anweisung an Rohrleger und Überwachung beim Bau.

2) Die Entkeimung:

Die zur Entkeimung verwendeten Desinfektionsmittel sind in Abschn. 4.2.5.14.4 im einzelnen beschrieben. Die Wahl des anzuwendenden Desinfektionsmittels muß nach den örtlichen Gegebenheiten getroffen werden.

2.1 Dosierung zur Leitungsentkeimung nach einem Neubau: 30 g freies Chlor je 1 m^3 Wasser, also rd. 200 cm^3 Chlorbleichlauge oder 87 g Para-Caporit oder 100 g frischen Chlorkalk je m^3 Wasser. Mit dieser Dosis werden normal verschmutzte Rohrleitungen wirksam entkeimt. Ist die Leitung sehr stark verschmutzt, so ist in der Regel eine Wiederholung der Entkeimung wirksamer als eine Heraufsetzung der Lösungskonzentration.

2.2 Die Dauer der Chloreinwirkung muß mindestens 3 Stunden betragen, besser 12 Stunden und wenn möglich einen ganzen Tag. Die Frist ist zu rechnen von dem Zeitpunkt ab, wo sämtliche zu entkeimenden Teile des Rohrnetzes gefüllt sind.

2.3 Berechnung der Chlormenge: Inhalt I des zu entkeimenden Netzes oder Netzteiles überschlägig berechnen. Da Verluste unvermeidbar sind, soll Lösung für etwa 2 · I bereitgestellt werden, z. B. Rohrnetzinhalt I = 18 m^3, anzusetzende Lösung für 40 m^3, also

Chlorbleichlauge	40 · 0,2 = 8 l
Para-Caporit	40 · 87 = 3480 g
Chlorkalk	40 · 100 = 4 000 g

2.4 Durchführung der Entkeimung

2.4.1 In eine Leitung über eine Pumpe ohne vorgeschalteten größeren Behälter:

Chlorlösung bei laufender Pumpe am Fußventil oder an den Ansaugöffnungen (Unterwasserpumpe) zusetzen. Förderstrom Q(m^3/h). Erforderl. Chlormenge/Zeit für einen Chlorgehalt der Lösung von 30 g/m^3; Cl = 30 · Q(g/h), Bedarf an Chlorbleichlauge 30 Q/150 (l/h) oder an Para-Caporit 30 Q/350 (g/h), z. B. Q = 10 l/s = 36 m^3/h. Bedarf an Chlorbleichlauge 30 · 36/150 = 7,2 (l/h). Da es fast unmöglich ist, eine so kleine Menge wie 7,2 l innerhalb einer Stunde gleichmäßig verteilt aus einem Gefäß zur Saugleitung zu bringen, verdünnt man die Chlorbleichlauge mit der 9 fachen Wassermenge auf 72 l und gibt die 10fache Menge – hier 72 l/h – zu.

Ansetzen muß man so viel Lösung, daß sie für die zum vollständigen Füllen der zu entkeimenden Leitungen nötige Betriebszeit ausreicht, wobei man – wie oben gesagt – etwa den doppelten Inhalt rechnet. In dem Zeitpunkt, in dem die Pumpe abgestellt wird, beendet man auch die Chlorzugabe.

2.4.2 In einen Behälter vor der Pumpe (Saugbehälter) oder in einen Hochbehälter, von dem aus in die zu entkeimenden Leitungen eingespeist werden kann:

Reicht der Behälterinhalt zum Füllen der Leitungen aus, so setzt man die Chlorbleichlauge oder das Para-Caporitpulver keinesfalls dem mit Wasser gefüllten Behälter zu, sondern laufend während des Füllens des Behälters, damit eine innige Mischung eintritt. Erst wenn der zum Füllen der Leitungen nötige Vorrat bereitsteht, befördert man dieses Desinfektionswasser in die Leitung – ab Saugbehälter durch die Pumpe, ab Hochbehälter durch Schieberöffnung. Da in der Regel in der Leitung noch Spülwasser ansteht, muß dieses durch das Desinfektionswasser erst verdrängt werden. Man öffnet also zunächst der Reihe nach ab Behälter die Hydranten, Entlüftungen oder Spülauslässe so lange, bis dort der Chlorgeruch deutlich wahrnehmbar ist. In gleicher Weise werden auch Anschlußleitungen mit entkeimt, an denen der Reihe nach alle Zapfstellen geöffnet werden, bis Chlorgeruch auftritt.

2.4.3 In eine Freilaufleitung ohne vorgeschalteten ausreichenden Behälter, z. B. in eine Quellzuleitung: Hier muß man, wie in 2.4.1, die Chlormenge der in die Leitung ablaufenden Wassermenge anpassen. Beispiel:

Quellzulauf Q = 2 1/ls = 7,2 m^3/h, Leitung DN 80, Länge 700 m. Leitungsinhalt 1 = 3,5 m^3. Zeit zum Füllen der Leitung t = 1 : Q = 0,5 h. Erforderl. Chlormenge: 30 (g/m^3) · 3,5 m^3 = 105 g, entsprechend 105/150 = 0,7 l Chlorbleichlauge. Sicherheitshalber wird 1 l Chlorbleichlauge beschafft und auf 10 l verdünnt. Diese Lösung wird aus einem neben dem Quellensammler stehenden Eimer oder Glasballon mittels Schlauchheber in den Quellsammler nahe am Auslauf gegeben. Einreguliert wird mit einem Schraubquetschhahn so, daß in 0,5 h 7 l der verdünnten Lösung zugeführt werden, also in der Minute 0,23 l. Den Quetschhahn stellt man vorher durch einen Versuch mit Wasser allein auf diesen Durchlauf ein.

2.4.4 In einzelne Rohrstrecken:

Muß innerhalb eines Rohrnetzes nur ein Teil der Leitungen entkeimt werden (z. B. bei Erweiterungen, Rohrauswechslungen) und kann man nicht vom Behälter oder den Pumpen her durch die anderen Netzteile die Desinfektionslösung heranführen, weil diese Teile nicht außer Betrieb genommen werden können, so kann man den zu entkeimenden Leitungsteil am besten über einen Hydranten mit einer Tragkraftspritze füllen, während gleichzeitig am anderen Ende ebenfalls an einem Hydranten Wasser abgelassen wird **(Abb. 7-151).** Zugabe der Bleichlauge durch Ansetzen in einem Gefäß unter Verdünnung mit Wasser oder mit dem für das Schaumlöschverfahren in die neueren Spritzen eingebauten „Zumischer".

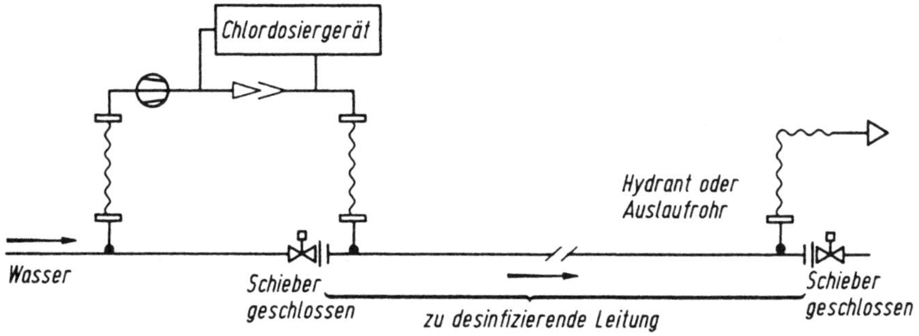

Abb. 7-151: Chlorung einer Rohrleitung bei Leitungstrennung (nach DVGW-Arbeitsblatt W 291)

3. Allgemeines
Beim Umgang mit Chlor und Chlorlösungen ist Vorsicht geboten; sie haben eine ätzende Wirkung, besonders auf die Luftwege und die Augenschleimhaut. Die Arbeitskräfte sind zu belehren, die etwaigen Wasserabnehmer davor zu warnen, die Desinfektionslösung zu verwenden.
Nach der Desinfektion sind die Leitungen gründlich mit Frischwasser zu spülen.
Beseitigung von Wässern, die Desinfektionsmittel enthalten:
Die wäßrige Desinfektionslösung muß so beseitigt werden, daß keine Schäden in der Natur entstehen können. Das kann entweder dadurch geschehen, daß die Konzentration des Desinfektionsmittels durch entsprechende Verdünnung so herabgesetzt wird, daß keine Schädigung mehr zu besorgen ist oder daß dieses Oxidationsmittel durch Einwirkung von Reduktionsmitteln unschädlich gemacht wird.
Für die Beseitigung dieser Wässer kommen drei Möglichkeiten in Betracht:
3.1 Einleitung in ein öffentliches Kanalnetz (Schmutzwasserkanalisation), wobei die Auflagen des Betreibers des Kanalnetzes einzuhalten sind. Im besonderen Fall, z. B. bei größeren Mengen, ist dessen Zustimmung einzuholen.
3.2 Einleitung in einen Vorfluter: Um schädigende Wirkungen im Gewässer zu vermeiden, sind insbesondere die Wasserführung und die abzuleitende Wassermenge zu beachten. Zur Vermeidung einer Schädigung des Fischbestandes sollte durch Verdünnung eine Konzentration von 0,02 mg/l freiem Chlor im Vorfluter nicht überschritten werden. Das kann erreicht werden mittels einer Einleitung über eine möglichst lange Fließstrecke oder durch eine chemische Beseitigung des gefährdenden Desinfektionsmittels mittels einer 10%igen Natriumthiosulfatlösung. Dabei ist je g Chlor ein Zusatz von ca. 2 g (+ 10 % als Sicherheitszuschlag), Natriumthiosulfat ($Na_2S_2O_3 \cdot 5\,H_2O$) notwendig.
3.3 Versickerung im Erdreich oder auch Verrieselung im geeigneten Gelände (Brachflächen, Ödland, u. U., unter Beachtung der Schädlichkeit gegenüber von Pflanzen, auch auf Wiesen, Acker- oder Waldgelände). Aus chlorhaltigen Lösungen entstehen dabei Chloridionen, so daß nach Bodenpassage keine Grundwasserschädigung mehr zu besorgen ist. (Vgl. DVGW-Arbeitsblatt W 291 „Desinfektion von Wasserversorgungsanlagen“.)
Der Erfolg der Desinfektion ist schließlich durch eine bakteriologische Untersuchung des Wassers nachzuweisen.

7.4.1.5.5 Durchflußprüfung – Quellzulauf-, Pumpendruck- und soweit möglich auch die Verteilungsleitungen sind nach ihrer Fertigstellung auf ihren Durchfluß, auf ihr „Fördervermögen“ zu prüfen.
Bei Freifalleitungen werden am oder in der Nähe des unteren Endes verschiedene Durchflüsse zum Auslaufen gebracht und mittels Druckmesser der zu den einzelnen Auslaufvolumenströmen gehörige Druck festgestellt und gegebenenfalls graphisch aufgetragen. Ist die Leitung neu und frei von Fremdkörpern, so ergibt sich eine stetige Kurve, die ungefähr den Werten von J_v mit $k = 0,1$ in den Druckverlusttabellen entsprechen muß (auf 1000 m Länge umgerechnet); z. B. DN 200, L = 3,2 km, GGG-Rohre.

Tab. 7-80: Vergleich des Druckabfalls

1 Auslauf l/s	2 Druck m	3 Druckabfall in m auf 3,2 km	4 auf 1 km	5 Druckabfall in m nach Tabelle auf 1 km
0	54	0	0	0
10	52,3	1,7	0,53	0,48
16	50	4,0	1,25	1,15
24	46	8,0	2,5	2,44
40	32,5	21,5	6,7	6,39

Die etwas höheren Werte der Spalte 4 gegenüber Spalte 5 sind auf Krümmer- und Armaturenverluste zurückzuführen.
Die Leitung ist also in Ordnung. Der Durchfluß darf nur so weit gesteigert werden, daß die gesamte Leitung noch voll läuft, d. h. daß der Wasserspiegel am Anfang auf der Höhe des Ruhedruckes gehalten wird.
Für Druckleitungen wird der Durchfluß durch Drosseln der Pumpe auf verschiedene an einem Zähler abzulesende Werte eingestellt und der Druck am unteren Leitungsende – also an der Pumpe – gemessen.

7.4.2 Anschlußleitungen AW (auch Grundstückszuleitungen genannt)

(s. auch DVGW-Merkblatt W 404 „Wasseranschlußleitungen“)

7.4.2.1 Zubehörteile

1. Die Anbohrschelle oder – bei Abzweig von der Versorgungsleitung (VW) mittels Formstück dieses – sowie die Absperrvorrichtung.
2. Die Rohrleitung von der Anbohrung oder einem Abzweigstück bis zum Wasserzählereingangsventil. Sie wird hergestellt aus PE-HD, St-, selten aus GGG- oder PVC-Rohren.
3. Die Wasserzählerein- und -ausgangsventile,
4. der zwischen den Ventilen sitzende Wasserzähler.
Nach dem Wasserzählerausgangsventil beginnt die Verbrauchsleitung.

7.4.2.2 Verlegungstiefe und Lage

Sie richten sich nach der VW, von der die AW abzweigt. Bei der in der Regel gewählten oberen Anbohrung beträgt sie, wenn die Rohrdeckung der VW 1,5 m ist, 1,35 m und bei seitlicher Anbohrung $1{,}5 + {}^1/_2$ DN der VW. Gewöhnlich kann die AW von der VW zum Verbraucher steigend verlegt werden, so daß sie sich bei oberer Anbohrung dorthin entlüftet. Muß sie ausnahmsweise – weil das zu versorgende Gebäude tiefer als die VW liegt – fallend zum Verbraucher eingebaut werden, so ist sie zur Vermeidung eines Luftsackes mit seitlicher Anbohrung abzuzweigen.
Die Lage des Abzweigpunktes richtet sich im allgemeinen nach der Einführungsstelle der Leitung in ein Gebäude, nach der Möglichkeit, die Straßenkappe für die Schieberbetätigung leicht auffindbar unterzubringen. Die Anbohrstelle soll mindestens 0,4 m vom Spitzende gemuffter Rohre entfernt sein, um die Anbohrschelle noch gut unterbringen zu können. Krümmer und Formstücke in der VW sind nicht anzubohren.

7.4.2.3 Nennweite (s. Abschn. 7.3.7.3)

AW unter DN 25 (1 “) sollen nicht eingebaut werden. Soll der Abgang der AW von der VW mittels Anbohren hergestellt werden, was die Regel ist, so ist deren DN wegen der gängigen Anbohrschellen auf DN 50 (2 “) begrenzt. Größere Abgänge erfordern ein eigenes Abzweigstück, das bei GGG- und St-Rohren auch nachträglich aufgeschweißt werden kann, gewöhnlich wird ein MMA-Stück in die VW eingezogen. Rekaanbohrkupplungen in AZ(FZ)-Leitungen gibt es ebenfalls nur bis DN 50.
Um möglichst wenige Größen von Anbohrschellen auf Lager halten zu müssen, beschränken sich manche Werke auf die Größe DN 40 und reduzieren bei kleinerer AW nach der Anbohrschelle.

7.4.2.4 Verlegen

7.4.2.4.1 Kunststoffrohre aus Polyethylen

1) PE-HD Rohre lassen sich nur nach vorsichtiger Erwärmung stärker biegen (beim Lieferwerk anfragen!).
Zwischen Anbohrschelle und Hauseinführung gibt es keine Verbindungen.
2) Kunststoffrohre sind wärme- und fettempfindlich, schmelz- und brennbar. Keine fetthaltigen Wickel zum Nachisolieren verwenden! Anweisungen der Lieferwerke befolgen! Im Innern von Gebäuden werden Polyethylenrohre kaum angewandt. Ist dies doch einmal der Fall, so sind sie in der Waagerechten alle 30 cm, in der Senkrechten alle 70 cm mit Schellen an der Wand zu befestigen. Die Schellen sind mit plastischen Unterlagen (Kunststoff) zu unterlegen, um Kerbwirkung auszuschließen.

7.4.2.4.2 Stahlrohre mit bituminösem Außenschutz bestehend aus Grund- u. Wickelschicht (Gewindeverbindung nach DIN2999) – Sie werden nur selten verwendet.
1. Beschädigungen des Außenschutzes vorher durch Umwickeln mit plastischen Schutzbinden ausbessern. Diese müssen eine schmierige Oberfläche besitzen und von Hand angedrückt und glattgestrichen werden. Sie müssen mindestens 10 cm über die Schadenstelle hinaus über den unbeschädigten Werkaußenschutz gewickelt werden.

2. Rohre dürfen keinesfalls gebogen werden, da sonst der Außenschutz abplatzt oder gar das Rohr einknickt und an Durchflußquerschnitt einbüßt. Verziehen in ganz flachen Bögen ist gestattet, wenn der Graben entsprechend angelegt wird.
3. Rohre sind nur mit der Eisensäge oder dem Rohrschneider, nicht mit dem Schweißbrenner abzuschneiden, Schnittflächen mit Bitumen nachzustreichen.
4. Beim Aufschneiden der Gewinde Rupfen oder Filz in die Schraubbacken des Pionierschraubstockes einlegen, damit Außenschutz nicht beschädigt wird.
5. Formstücke (Fittinge, Gewindemuffen, Abzweige usw.) müssen aus Stahl oder schmiedbarem Guß bestehen und sind wie unter 1. mit plastischen Binden zu schützen **(Abb. 1-152).**

7.4.2.4.3 Stahlrohre mit extrudiertem Kunststoffaußenschutz

1. Beschädigungen mit vom Rohrwerk gelieferten Binden umhüllen.
2. wie Ziff. 2, 3 und 4 von Abschn. 7.4.2.4.2

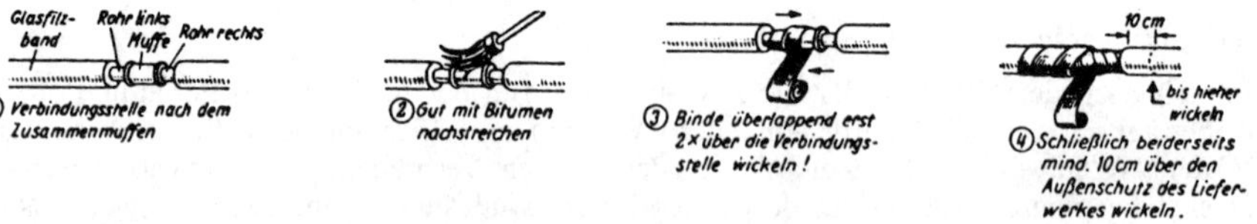

Abb. 7-152: Anbringen plastischer Schutzbinden

3. Spezialbinden für die Muffen verwenden (z. b. Densolen-System = Doppelumhüllung)
4. PE-Mantel zum Gewindeaufschneiden nicht entfernen.
5. Einspannen nur mit dünner, innen mit Schmirgelleinen beklebter Blechschale, desgl. Rohrzange schützen.
6. Freiliegende Gewindegänge mit Knetmasse (Kunststoff) und Binden schützen.

7.4.2.4.4 GGG-Rohre DN 50 u. 65 (z. B. für große Wasserverbraucher) werden mit Abzweigstücken unter Zwischenschalten von Flanschschiebern angeschlossen.

7.4.2.5 Hauseinführung

Stahlleitungen sind in Schutzrohre zu legen und nicht einzumauern. Der Zwischenraum ist mit Dichtungsstrick und einem dauernd plastisch bleibenden Dichtungsmittel abzuschließen, damit weder Wasser noch Gase durchdringen können. Das Schutzrohr kann aus Stahl oder aus Bitumen sein **(Abb. 7-153).**
Für PE-Leitungen sind verschiedene Hauseinführungen entwickelt worden, welche gleichzeitig einen geschützten Übergang auf die verzinkte Stahlleitung im Hausinneren ermöglichen **(Abb. 7-154).** In **Abb. 7-154 b** ist das Schutzrohr gleichzeitig Transportrohr aus GGG; damit liegt in der Mauer kein PE-Rohr. Das PE-Rohr wird durch eine Steckverbindung gehalten.

7.4.2.6 Druckprobe

Leitung und dichter Sitz der Anbohrschelle auf dem Hauptrohr werden mit 15 bar 15 Minuten lang geprüft, bei Kunststoffrohren gemäß S. 610. Vor der Prüfung ist die VW noch nicht angebohrt. Der Druckschlauch der Preßpumpe wird im Haus beim Gewinde für das Wasserzählereingangsventil angeschlossen.

7.4.2.7 Anbohren

Das Anbohren von Guß-, Stahl-, PVC- und AZ(FZ)-Leitungen geschieht mit einem Anbohrapparat **(Abb. 7-155)** gewöhnlich unter Druck der VW. Durch einen Hahn kann der Wasseraustritt während des Wechsels des Bohrers mit dem in die Schelle einzusetzenden Verschlußstopfen oder dem Ventil verhindert werden. Bohrspäne durch Spülen entfernen! Ist die Anlage noch nicht in Betrieb und kann auch behelfsmäßig die Versorgungsleitung nicht unter Druck gesetzt werden, so kann auch „trocken“

angebohrt werden. Metallspäne dann mit Magnet entfernen, ob eine Ventilanbohrschelle (= Schelle + Absperrventil) oder nur eine Anbohrschelle mit von ihr getrenntem Absperrorgan gewählt wird, hängt von der gewünschten Lage derselben ab. Diese wird im Gehweg bevorzugt, wegen der sonstigen Gefahr der Beschädigung durch Auffahren von Fahrzeugen auf die Straßenkappe und wegen der den Verkehr nicht beeinträchtigenden Möglichkeit des Aufgrabens.
Als Absperrapparate sind entsprechend den Schellen verschiedene Ausführungen entwickelt worden.

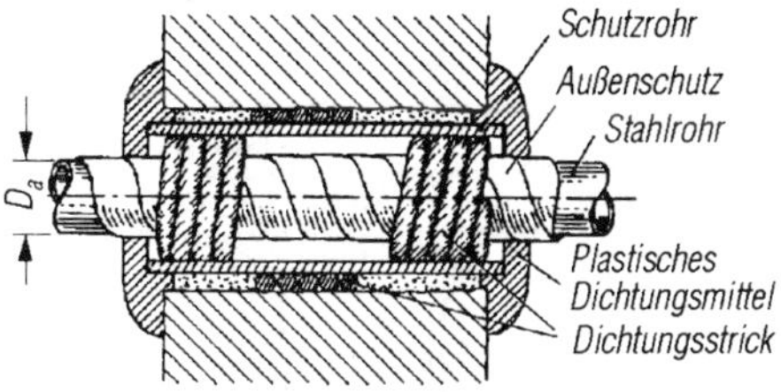

Abb. 7-153: Hauseinführung Stahlrohr

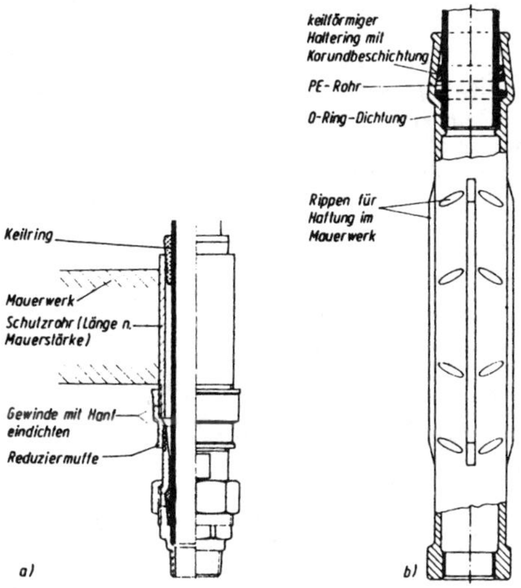

Abb. 7-154: Hauseinführungen PE-Rohr

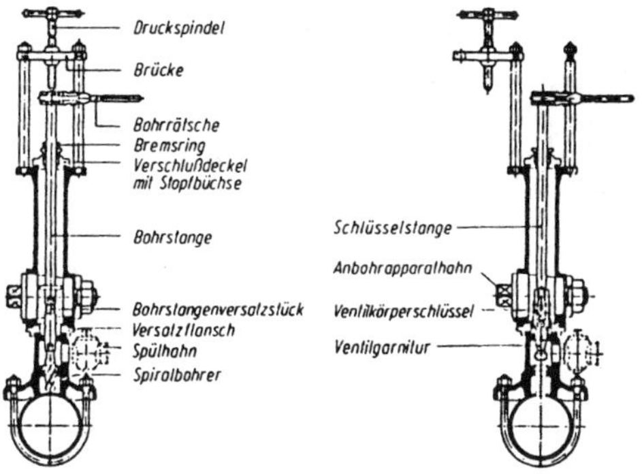

Abb. 7-155: Anbohrapparat

7.4.2.8 Wasserzählereinbau

Die Verordnung über Allgemeine Bedingungen für die Versorgung mit Wasser (AVBWasserV) vom 20. 6. 1980 fordert grundsätzlich die Messung von Wasser. Diese Forderung gilt auch, wenn Wasser nur für vorübergehende Zwecke (Baumaßnahmen, Messen etc.) entnommen wird. Das Wasserversorgungsunternehmen (WVU) bestimmt Art, Zahl und Größe des Wasserzählers sowie den Anbringungsort der Meßeinrichtung. Es ist ferner verantwortlich für die Überwachung, Unterhaltung und Entfernung bzw. Auswechselung (auch unter Beachtung der Eichordnung) der Wasserzählereinrichtung (siehe Abschn. 7.3.7.2.)

Wasserzähler dürfen erst nach gründlichem Spülen des Hauptrohrstranges eingebaut werden, damit etwa noch nachträglich ausgespülte Sandkörnchen u. dgl. sich nicht in den Flügeln und im Getriebe festsetzen. Die Zwischenzeit bis zum Zählereinbau wird durch eingebaute Zwischen- oder Paßstücke überbrückt, welche nach Länge und Gewindeanschluß mit dem Zähler übereinstimmen. Die Zähler sind in der Längs- und Querachse waagerecht einzubauen, in der Regel mittels Anschlußbrücken. Das unbefugte Öffnen der Zähler verhindern die Zählerplomben, die bei neuen Zählern vom Lieferwerk aus angebracht sind; bei überholten Zählern sind neue Plomben anzubringen.
Kommen ausnahmsweise keine Zähler zum Einbau, so wird nur das Wasserzählerausgangsventil gesetzt; in diesem Falle ist vor diesem ein etwa 60 cm langes Rohrstück mit Verschraubung einzubauen, das so weit von der Wand absteht, daß später ein Zähler Platz findet.
Als Platz für die Zähler wählt man mit Sicherheit frostfreie Räume, da aufgefrorene Zähler hohe Instandhaltungskosten erfordern. Ist ein Anwesen nicht unterkellert oder ist ein frostfreier Raum nicht vorhanden, so muß vor dem Gebäude oder im Haus ein besteigbarer Zählerschacht eingebaut werden, wenn es nicht gelingt, den Zähler z. B. in die Küche oder einen anderen, mit Sicherheit immer genügend warmen Raum zu setzen. Auch in reinen Gartengrundstücken sind Wasserzählerschächte erforderlich **(Abb.7-156),** die auch als Fertigteile aus FZ erhältlich sind **(Abb.7-157).**

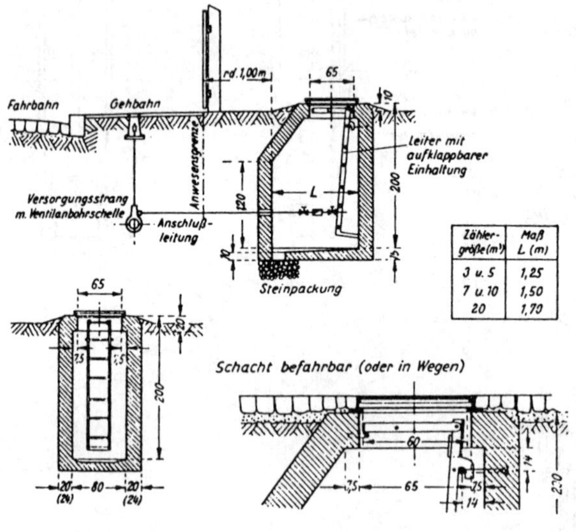

Abb. 7-157: Wasserzählerschächte gemauert oder Ortbeton

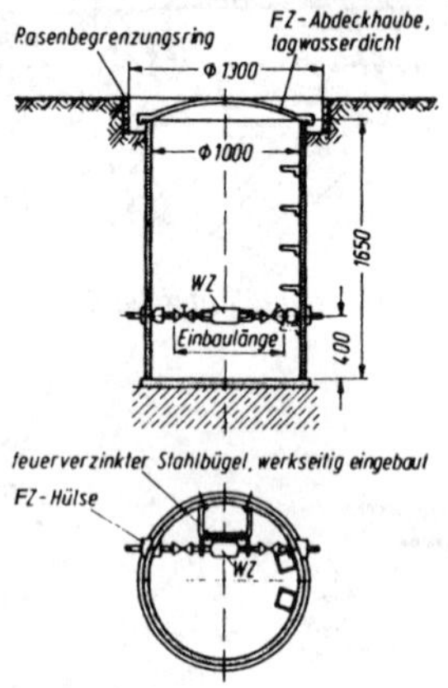

Abb. 7-156: Wasserzählerschächte aus Fertigteilen

7.4.3 Besondere Bauwerke

7.4.3.1 Straßenkreuzungen

Innerhalb des bebauten Gebietes erhalten RL, welche die Straßen kreuzen, ebensowenig einen besonderen Schutz gegen Druckbelastung und Erschütterungen wie die längs der Straßen verlaufenden RL. Wichtig ist, daß das Schließen des Rohrgrabens querender RL sorgfältig und unter besonders gutem Verdichten des Bodens geschieht, damit sich keine den Verkehr gefährdenden Querrillen in den Straßen bilden.
Sind die Ortsstraßen sehr breit, so ist schon bei der Planung zu überlegen, ob es nicht zweckmäßig ist, beiderseits der Straße eine RL zu verlegen, um Straßenkreuzungen zu sparen, was auch dann wirtschaftlicher sein kann, wenn die Gesamtlänge der Doppelleitung größer ist, als die Summe der Kreuzungsleitungen.

Außerhalb des bebauten Gebietes werden nur in untergeordneten, nicht befestigten Straßen, z. B. Feldwegen, keine schützenden Vorkehrungen getroffen. In allen anderen Fällen wird von den Straßenbauverwaltungen zur Sicherheit des Verkehrs ein Schutzrohr um das Wasserleitungsrohr gefordert. Bei einem etwaigen Bruch der RL soll damit das Unterspülen der Straße durch austretendes Wasser verhindert werden.
Handelt es sich um noch nicht befestigte Straßen (z. B. in neuen Siedlungsgebieten), so kann das Aufgraben der Straße und das Einlegen von Schutzrohren für querende RL das wirtschaftlichste Verfahren sein; in diesem Falle können z. B. Betonrohre als Schutzrohre eingelegt werden, die aber gut ausgerichtet auf eine Betonsohle aufgelegt und auch bis 20 cm über dem Scheitel mit Beton überdeckt sein müssen, um Setzungen zu vermeiden. Über ihnen ist der Rohrgraben bestens zu verdichten, um auf der Straßenoberfläche keine Rillenbildung entstehen zu lassen.
Die RL kann dann, wie in **Abb. 7-158,** auf Gleitschuhen in die Betonschutzrohre eingezogen werden. Das Schutzrohr muß wenigstens auf einer Seite offen sein, damit Rohrbruchwasser austreten kann; es ist zu Entwässerungsgräben oder Kanälen zu führen (vgl. auch Bahnkreuzungen).

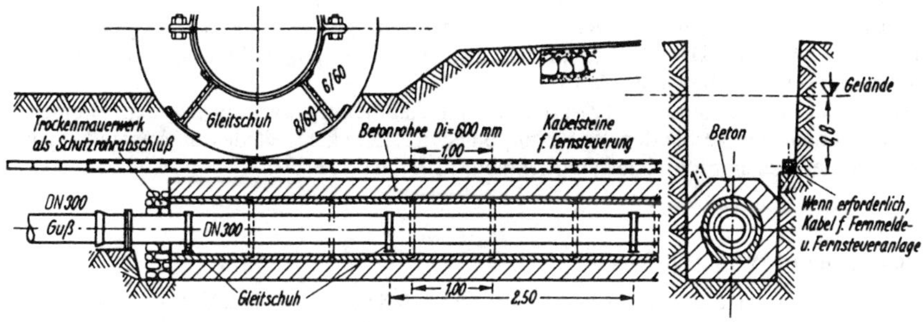

Abb. 7-158: Straßenkreuzung in Betonrohr

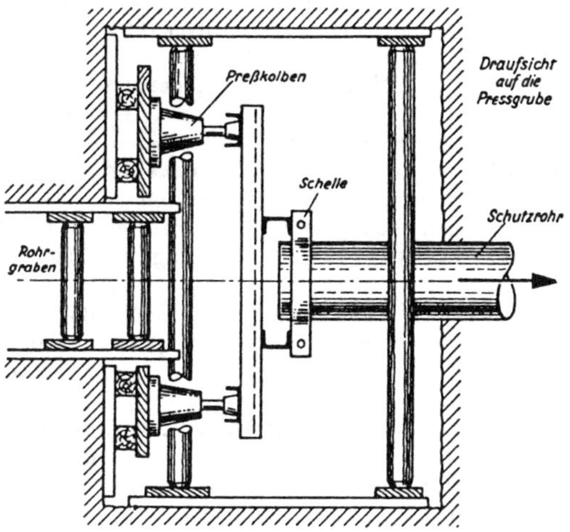

Abb. 7-159: Preßgrube für Einbringen von Schutzrohren

In viel befahrenen befestigten Straßen wird, um die Straßendecke nicht zu zerstören, und wegen der Aufrechterhaltung des Verkehrs von der Straßenbauverwaltung häufig das Durchpressen des Schutzrohres gefordert. Ein Schutzrohr wird hier immer für nötig gehalten. Als Schutzrohre können Stahl-, duktile Guß- oder Spannbetonrohre in Betracht kommen. Für die Wasserleitungsrohre sind alle Rohrwerkstoffe möglich, soweit sie längskraftschlüssig verbunden werden können, weil der Rohrstrang eingezogen werden muß.

Am Beginn der Schutzrohrstrecke wird eine Grube für die hydraulischen Pressen ausgehoben, die aus zwei Druckkolben bestehen, die sich gegen die gut verbaute Grabenwand abstützen **(Abb. 7-159).** Dem Schutzrohranfang wird ein Schneidschuh vorgesetzt, dessen Außendurchmesser nur um weniges größer sein soll, als derjenige des Schutzrohres, damit möglichst wenig Hohlräume entstehen. Stahlschutzrohre werden mit Rundnähten verbunden, sobald eine Rohrlänge überschritten wird. Der Korrosionsschutz der Schweißnähte ist sorgfältig innen und außen wieder herzustellen. GGG-Rohre kommen, weil ihre Muffen den Rohraußendurchmesser überragen, nur in Frage, wenn eine Rohrlänge ausreicht. Weitere Angaben hierüber finden sich im DVGW-Merkblatt GW 368, wo auch Verbindungen für SpB- und AZ(FZ)-Rohre beschrieben sind.
Während des Durchpressens wird an der Stirnseite der Durchpressung das Gebirge mit Haken und Kratzern herausgeholt, in langen Schutzrohren auch durch motorisch angetriebene Tellerschnecken.
Die längskraftschlüssigen Wasserleitungsrohre werden in die Schutzrohre eingezogen. Damit der Rohrschutz beider Rohre nicht beschädigt wird, erhalten die Wasserleitungsrohre Schellen mit angesetzten Kunststoffrollen.
Steuerkabel liegen am besten in eigenen Schutzrohren aus PE-Schläuchen, die in das große Schutzrohr erst dann eingezogen werden, wenn das Wasserrohr bereits fertig eingebracht ist.
Durchlaufender kathodischer Schutz des Wasserrohres erfordert das Verfüllen des Ringraumes zwischen Wasser- und Schutzrohr. Das Schutzrohr darf in den kath. Schutz des Wasserrohres nicht mit einbezogen werden (DVGW-Arbeitsblatt W 307).
Die Mitbenutzungsverhältnisse sind seit 1974 durch einen Rahmenvertrag zwischen dem Bundesministerium für Verkehr und den Verbänden der Versorgungswirtschaft geregelt, dessen Anwendung auch auf Straßen der Länder u. a. empfohlen ist. (Verkehrsblatt 1975, H. 1, S. 69).

7.4.3.2 Kreuzungen mit Wasserläufen

Kleine Bäche mit geringer Tiefe – Sohle noch mindestens 0,8 m über Rohrscheitel – können ohne besondere Vorrichtungen und ohne Ablenkung des Rohres nach unten gekreuzt werden. Muffen sollten nicht im Kreuzungsbereich liegen. Über dem RG wird während der Arbeiten gewöhnlich ein Gerinne aus Bohlen oder in Form einiger Rohre hergestellt.
In tieferen Gewässern ist die RL so weit nach unten abzuwinkeln, daß die Deckung über Rohrscheitel bis Flußsohle mindestens 0,8 m beträgt. Wasserwirtschafts- oder Wasserstraßenverwaltung fordern meist größere Tiefen. Dies ist auch zum Schutze des Dükers notwendig. Kreuzungsstellen sollen nicht unterhalb von Wehren und dgl. liegen, um ein Auskolken der Sohle und ein Unterspülen des Dükers zu vermeiden.
Die eigentliche Dükerform hängt vom Flußprofil ab, das zu vermessen ist.
DN der Dükerrohre soll nicht größer sein, als daß die Spülgeschwindigkeit von 1,5 m/s erzielt werden kann, nachdem ein Spülauslaß nicht am Tiefpunkt unter dem Flußbett, sondern erst am Ufer möglich ist, Ablagerungen also durch einen der Schenkel des Dükers hochgespült werden müssen. Hilfreich kann dazu die Wahl eines Doppel- oder Mehrfachdükers mit kleineren Rohren sein, was auch aus Sicherheitsgründen zu empfehlen ist.
Die Ausnutzung einer Dükeranlage für verschiedene Zwecke (Abwasser, Gas, Elektrizitäts- und Fernmeldekabel) wirkt sich kostengünstig aus; anläßlich der Planung sollten daher die einschlägigen Verwaltungen wegen ihres Bedarfes und ihrer Kostenbeteiligung an einem Mehrzweckdüker befragt werden **(Abb. 7-160).**
Grundsätzlich endet ein Düker an beiden Ufern in einem mindestens über Mittelwasser des Flusses anzulegenden Schacht mit Absperrorganen; hier werden auch Mehrfachdüker zusammengefügt, Rohrbe- und -entlüfter oder Spülauslässe angebracht und ggf. die Leitungen von Mehrzweckdükern in verschiedenen Richtungen auseinandergeführt **(Abb. 7-161).**
Als Zeitpunkt für die Verlegung eines Dükers wählt man eine Periode der Niedrigwasserführung des Flusses (geringe Strömungsgeschwindigkeit, große Länge der beobachtbaren Strecke). Er ist mit der Wasserwirtschaftsverwaltung und ggf. Wasserstraßenverwaltung abzuklären.
Für das Einbringen eines Dükers kommen folgende Verfahren in Betracht.
1. Einbau in Baugrube zwischen Spundwänden in mehreren Abschnitten, meist unter großer Wasserhaltung. Kostspielig, daher selten.
2. Düker bis etwa 30 m Länge können einschließlich der Schenkelstücke von einem oder zwei Kränen in die vorbereitete Flußsohlrinne eingehoben werden.

3. Düker lassen sich von im Fluß gebauten Montagestegen über seitliche Rutschen in die Sohlrinne ablassen. Wegen der meist unvermeidbaren ungleichmäßigen Durchbiegung kommen hier hauptsächlich St-Rohre in Betracht. Mehrfachdüker scheiden aus.
4. Ist die Strömungsgeschwindigkeit des Gewässers klein, lassen sich Düker auch Einschwimmen, z. B. sind durch Seen mit flach verlaufenden Sohlen Düker aus AZ-Rohren mit zugfester Verbindung dadurch verlegt worden, daß man die Leitung schwimmend an Ort brachte und dann erst durch Fluten absenkte (ohne ausgebaggerte Dükerrinne).
5. Einziehen des am Ufer vorbereiteten Dükers mittels Winde und Drahtseil. Die Leitung wird auf ein Ziehblech montiert, das an einem „Kopfschlitten" hängt; dieser kann auch ein Gerüst für den aufsteigenden Dükerschenkel tragen, desgl. auch das Ziehblechende **(Abb. 7-162).**

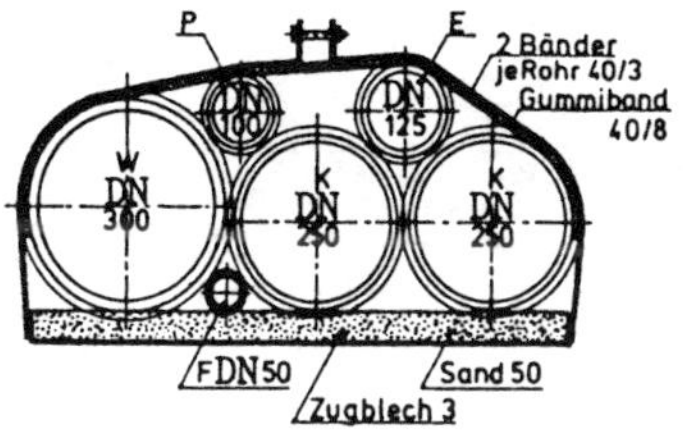

Abb. 7-160: Mehrzweckdüker

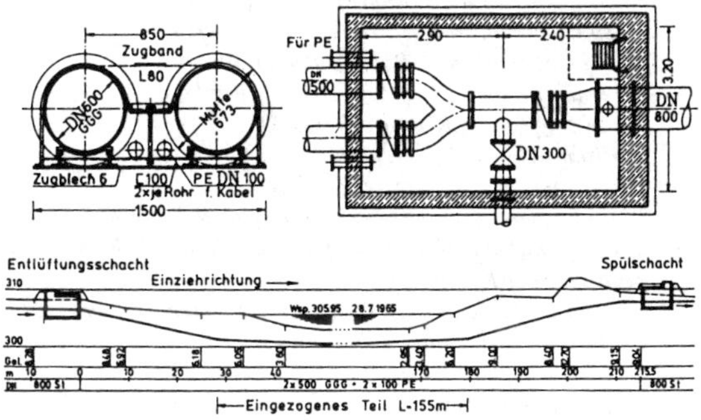

Abb. 7-161: Doppeldüker

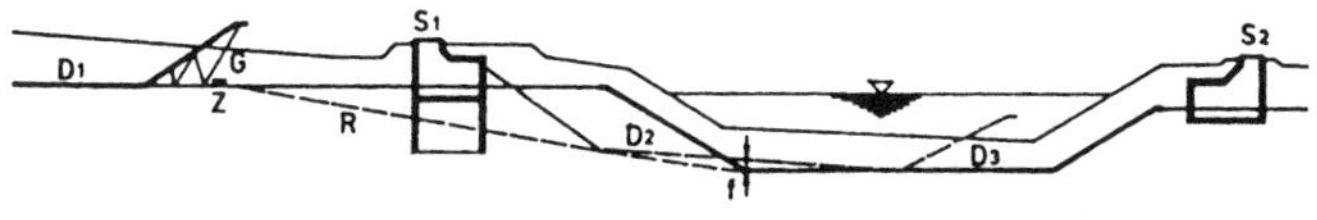

Düker in
D_1 = Uferlage, Montage auf Gerüst G
D_2 = halbeingezogen, größte Duchbiegung f
D_3 = Endlage

Abb. 7-162: Einziehvorgang

Bestehen die Leitungen aus GGG-Rohren, ist die Sohlrinne entsprechend der zulässigen Durchbiegung (Abwinkelung der Muffen) zu gestalten (f in der Abb.). Kann die ganze Dükerlänge am Ufer nicht montiert werden, so werden Teilstücke nebeneinandergelegt und nach Einziehen des vorhergehenden Teiles an dieses angehängt. Als Belastung gegen Auftrieb dient Trockenbeton in Jute- oder Nylonsäcken.
6. Einspülen von Mehrfachdükern aus PE-Rohren mittels Spezialspülschiff. Voraussetzung: Der Boden bis zur Rinnensohle besteht aus lockerem, durch das Spülrohr mit seinem aufgesetzten Vibrator lösbarem Boden. Unbedingt erforderlich ist vor dem Einspülen ein Probendurchgang. Hindernisse oder teilweise zu harter Boden können durch kleine Sprengungen in Bohrlöchern von etwa 1 m Abstand beseitigt werden. In der Regel werden mehrere PE-Rohre gleichzeitig und übereinander liegend eingespült **(Abb. 7-163).** Da diese Rohre meist DN 200 bis 300 haben und daher nicht auftrommelbar sind, ist der Antransport bei den für ein solches Verfahren in Betracht kommenden Längen von über 200 m schwierig, z. B. nur mittels eines Sonderzuges der DB aus Rungenwagen bis zu einer geeigneten Entladestelle am Fluß möglich, wo sie ins Wasser abgezogen und dann zur Einbaustelle geschwommen werden. Das Verfahren kommt da in Frage, wo bei großer Flußbreite eine Ufermontage für einen Einziehdüker nicht möglich ist. Die Schiffahrt wird hier kaum gestört.
7. Unterfahren eines Flusses durch Vorpreßrohre von Vertikalschächten vom Ufer aus. Möglich, wenn das Gebirge in Höhe der RL aus dichten Bodenarten besteht, aus denen kein Grundwasser austritt und die für die Durchpressung standfest genug sind.

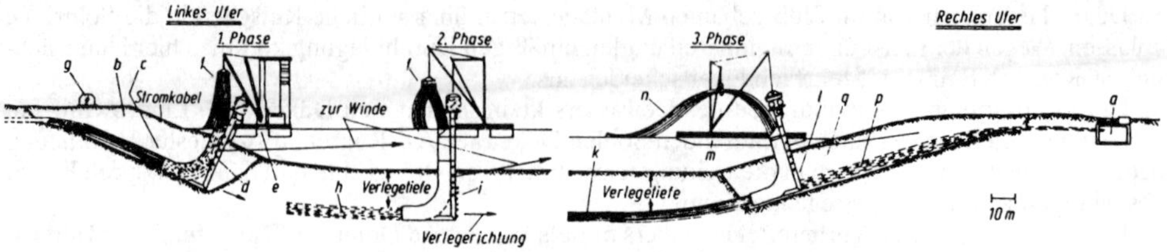

Abb. 7-163: Einspülen eines Dükers 4 · DN 300 PE

a = Entleerungs- bzw. Übergangsschacht zwischen K-Rohrdüker und Wasserleitungstrasse
b = Grube zum Einsetzen d. Spülrohres; darin die K-Rohre v. d. Senkrechten in die Waagerechte verschwenkt
c = 1. Phase; K-Rohre bereits in der endgültigen Lage
d = Spülrohr im Ansatz, K-Rohre bereits eingebaut; nach Verfüllung eines Teiles von „b" Beginn der Einspülung
e = Einspülschiff mit Wasserdruckpumpen (←) und Winden ausgerüstet.
f = Noch nicht eingesp. K-Rohre auf dem Wasser schwimmend, gehalten durch Rollenbogen
g = Dieseldrehstromagg. zum Antrieb des Rüttlers
h = Fertig eingespülte K-Rohre der 2. Phase
i = Spülrohr in der waagerechten Verlegung, fest auf Tiefe eingestellt
k = Fertig eingesp. K-Rohre der 3. Phase
l = Spülrohr in der Endphase; wird hier vom K-Rohr gelöst und abgebaut
m = Einspülschiff um 90° gedreht, um Spülrohr möglichst weit landwärts zuführen
n = Restlänge der K-Rohre
p = Rest der K-Rohre in Uferböschung verlegt und verschwenkt
q = Grube zum Ausbauen des Spülrohres

7.4.3.3 Rohrüberführungen über Flüsse (Brückenleitungen)

Gegenüber der Unterdükerung kann die Aufhängung an Brücken die billigere Lösung sein, wenn eine geeignete Brücke in der Nähe der Trasse liegt. Der Eigentümer der Brücke muß seine Zustimmung geben. Maßgebend ist die Belastung der einzelnen Auflagerpunkte, welche der Brückenverwaltung anzugeben ist (Rohrgewicht + Wassergewicht). Eiserne Brücken bieten häufig Gelegenheit, an ihren Konstruktionen Unterstützungen in Form von Kragträgern, Bügeln anzubringen **(Abb.7-164).** In Stahlbetonbrücken ist manchmal bereits beim Bau ein Rohrkanal mit vorgesehen, oder die Leitung läßt sich unter der Fahrbahntafel an Zugeisen anhängen, die mit Muttern und Platte festgehalten sind **(Abb. 7-165).** In Kastenträgern müssen Öffnungen für Wasserablauf bei Leckwerden oder Rohrbruch vorhanden sein. Muffenleitungen sind gegen Ausknicken zu fixieren.

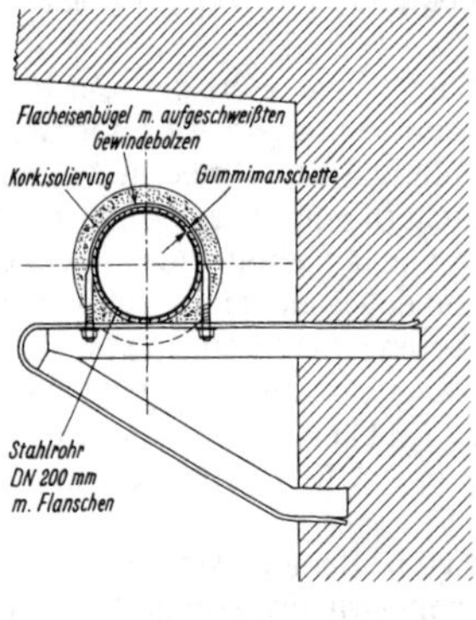

Abb. 7-164: Abstützung auf Kragträger

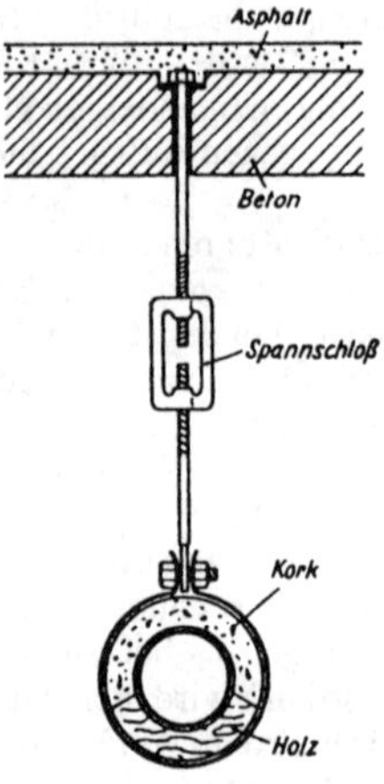

Abb. 7-165: Hängevorrichtung

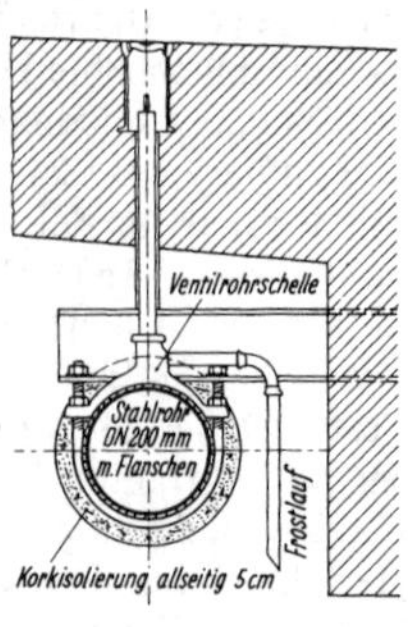

Abb. 7-166: Scheitelentlüftung

Brückenleitungen müssen mit Wärmedämmung versehen werden. Trotzdem wird in Leitungen mit geringem Wasserwechsel an dem der gewöhnlichen Fließrichtung des Wassers abgewandten Brükkenende ein „Frostlauf" eingebaut, durch den bei strenger Kälte so viel Wasser austritt, daß die Bewegung im Rohr ein Einfrieren verhindert. An den Auflagerpunkten liegt das Rohr nicht etwa mit der Dämmerschicht oder dem Blechmantel auf, sondern mit einem zwischen Rohr und Auflager eingeschobenen Eichenholzbock.
Bei Brücken mit Bogenbauweise entsteht am Brückenscheitel ein Hochpunkt, an dem eine Entlüftungsmöglichkeit nicht vergessen werden darf. Oft reicht die Bauhöhe für eine normale Entlüftungsvorrichtung nicht aus; man setze eine Anbohrsschelle oder, falls auch für diese kein Platz, schweiße einen Rohrwinkel auf und führe das Röhrchen nach abwärts zum Ventil, das wegen ungenügenden Luftsammelraumes oft geöffnet werden muß **(Abb. 7-166).** Wegen der Schwingungen und Temperaturschwankungen muß ein Dehnungsstück eingesetzt werden, auch muß die Leitung auf längeren Brücken beweglich gelagert werden (Pendelaufhängung, Rollenauflager und dgl.).

7.4.3.4 Bahnkreuzungen

7.4.3.4.1 Grundregeln – Siehe „Prinzipskizzen u. Musterentwürfe für die Kreuzung von DB-Gelände mit Wasserleitungen" im DVGW-Arbeitsblatt W 305.
Bahn-Kreuzungen und Längsführungen erfordern wegen der Sicherheit des Bahnbetriebes besondere Vorkehrungen, insbes. den vorherigen Abschluß eines Vertrages zwischen der DB (jetzt Deutsche Bahn AG) und dem WVU. Kreuzungen und Längsführungen müssen den „DB-Richtlinien für die Kreuzung von DB-Gelände mit Gas- und Wasserleitungen" (veröffentlicht im Anhang zu W 305) entsprechen.
Die DB unterscheidet dabei

a) Bahngelände, das sind die Grundflächen, auf denen sich Betriebs- oder Verkehrsanlagen befinden und
b) sonstiges DB-Gelände, das sind Grundflächen außerhalb des Bahngeländes und unter Eisenbahnbrücken.

Zu beachten sind folgende Grundregeln:

1) Kreuzende Leitungen sind möglichst in vorhandene Unterführungen zu legen.
2) Die Kreuzungen sollen rechtwinkelig zu den Gleisen verlegt werden.
3) In der Längsrichtung sind Leitungen unter Gleisen sowie in Damm- und Einschnittsböschungen nicht erlaubt.
4) Eine Längsführung ist möglichst zu vermeiden, auch wenn durch die Längsführung Vorteile für das WVU bestehen. Sie bedeutet für die DB eine über die Kreuzung hinausgehende Beanspruchung. Eine „Längsführung" liegt vor, wenn eine Leitung in einem Abstand von weniger als 20 m vom Außenrand der Bahnanlage verläuft und entweder
a) im Zusammenhang mit einer einfachen Kreuzung notwendig wird und länger als 100 m,
b) in anderen nicht vermeidbaren Fällen, länger als 30 m ist.
Die Längsführung muß außerhalb des Druckbereiches des Bahnoberbaues erfolgen und eine Abführung von etwaigem Rohrbruchwasser muß ohne Gefährdung der Bahnanlage möglich sein. Der Mindestabstand ab Gleisachse beträgt 7,5 m bei Haupt- und 3,5 m bei Nebengleisen.
5) Bei Kreuzungen außerhalb von Kunstbauten (Normalfall) soll die Rohrdeckung gemessen ab Schwellenoberkante bis Oberkante Schutzrohr mind. 1,5 m betragen.
6) Rohrverbindungen (Muffen, Flansche) dürfen nur dann unter Gleisen liegen, wenn Schutzrohre vorgesehen sind.
7) Als Werkstoff für die in Schutzrohren liegenden Wasserleitungsrohre ist St, GGG, AZ (FZ), PVC und PE zugelassen. Schweißen ist nur dann zulässig, wenn der Rohrschutz nach dem Schweißen zuverlässig erneuert werden kann.

7.4.3.4.2 Einlegen der Wasserleitung in Bahnunterführungen – Die Brückenfundamente sind gegen die unterspülende Wirkung austretenden Rohrbruchwassers zu sichern durch

1) Spundwände oder gemauertem oder betoniertem Kanal, unter den Rohren Betonsohle; der Raum zwischen den Spund- oder Kanalwänden ist nach dem Einbringen der Wasserleitungsrohre mit Sand aufzufüllen und zu verdichten **(Abb. 7-167).**
2) Betonummantelung der Wasserleitungsrohre mit einer Wanddicke von mind. 0,2 m bis DN 300, 0,25 m für DN 300 bis 400, 0,3 m für DN > 400 (seltene Ausführung).

3) Schutzrohre, wie in folgendem Abschn. 7.4.3.4.3 (häufig).
Der in der Unterführung geöffnete RG muß oberhalb der Drucklinie der Brückenfundamente liegen und von diesem mind. 2 in Abstand halten. Die Schutzbauten sind mind. 3 m, Schutzrohre mind. 1,5 m über die Brückenfundamente hinaus vorzusehen.

7.4.3.4.3 Einlegen der RL unter den Gleiskörper – Zum Schutze gegen Unterspülung der Bahnanlagen werden die Wasserleitungsrohre in Schutzrohre eingebaut, die etwaiges Rohrbruchwasser außerhalb des Bahnkörpers nach einer oder nach beiden Seiten abfließen lassen.
Die Schutzrohre können in offener Baugrube oder im Durchpreßverfahren eingebracht werden. Die Wasserleitungsrohre werden auf anmontierten Kufen mit Kunststoffrollen in die Schutzrohre eingezogen (ähnlich Straßenkreuzungen, **Abb.7-158**).
1) Baustoff der Schutzrohre
in offener Baugrube eingebracht: St, GGG, AZ (FZ)
im Durchpreßverfahren eingebracht: St ohne Muffe, stumpf geschweißt, Stahlbeton und AZ (FZ) mit besonderen Verbindungen, die den Außendurchmesser nicht überragen

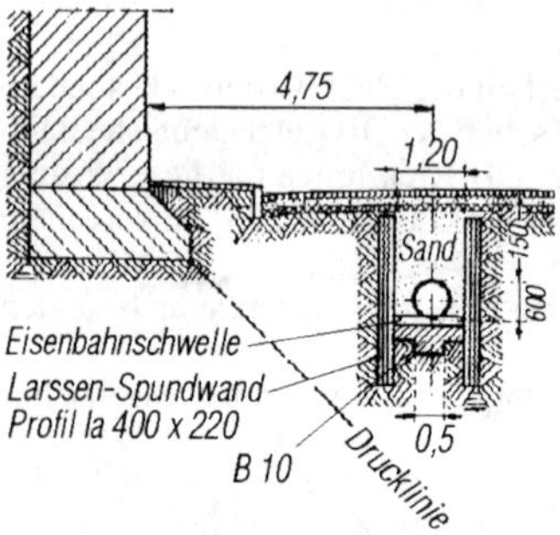

Abb. 7-167: Spundwand in Bahnunterführung

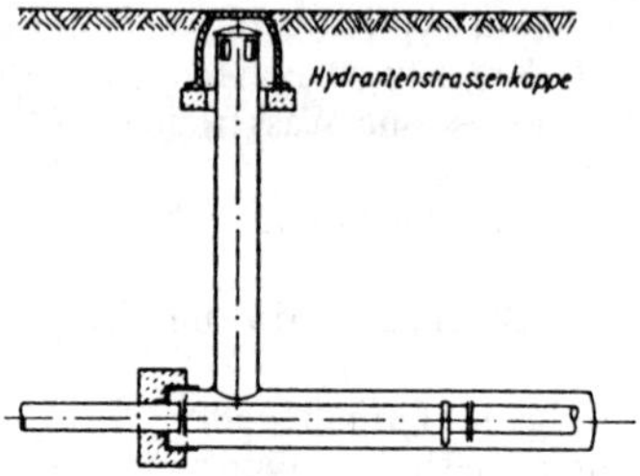

Abb. 7-168: Ableitungsstutzen für kleine DN

2) Mindestlichtweite der Schutzrohre – Der verbleibende Ringraum muß mindestens haben: bei Entwässerung nach beiden Seiten das 0,5 fache des Wasserleitungsquerschnittes; bei einseitiger Entwässerung das 1fache dieses Querschnittes. Für den Querschnitt gilt der größte Rohraußendurchmesser, bei Flanschrohren also der Flanschdurchmesser. Bei längskraftschlüssigen St-Rohren mit Schweißverbindung und besonderen Gütebedingungen kann der Ringraum ausnahmsweise kleiner sein. Dies gilt auch, wenn der Ringraum durch Dämmer verpreßt wird, wie bei kathodisch geschützten RL.
3) Ableitung des Rohrbruchwassers aus den Schutzrohren
Läßt es sich auf beiden Seiten des Bahnkörpers schadlos abführen, wählt man eine zweiseitige Ableitung, sonst eine einseitige. Für Wasserleitungen kleiner DN (etwa bis DN 150) und geringstmöglichem Wasseraustritt im Bruchfall können Ableitungsstutzen nach **Abb. 7-168** genügen, die auf das Schutzrohr aufgeschweißt sind und an der Geländeoberfläche mit Straßenkappen abschließen.
Die Regel sind jedoch Betonschächte nach **Abb. 7-169,** in denen auch Absperrorgane Platz finden. Das Abfließen des Rohrbruchwassers aus den Schächten muß gesichert sein.
4) Absperrmöglichkeit
Beiderseits der Bahnkreuzung sind Absperrschieber einzubauen, die nicht überflutet werden und leicht bedienbar sind. In überflutbaren Schächten ist das Schiebergestänge über den möglichen WSp hochzuführen.
5) Technische Ausführung von Bahnkreuzungen in Schutzrohren
1. Vor allem ist mit der DB ein Kreuzungsvertrag aufgrund von Plänen abzuschließen, der auch das jährliche Entgelt beinhaltet.
2. Das Einlegen der Schutzrohre in offener Baugrube erfordert eine „Gleisaufhängung" durch Fachkräfte, einen soliden Verbau des RG und ein sorgfältiges Verdichten des Bodens über den Schutzrohren. Die Nebenkosten durch diese Maßnahmen, durch die Stellung von Bahnaufsichten und ggf. die

Langsamfahrt von Zügen können erheblich sein. Diese Bauart kommt daher meist nur für wenig befahrene Gleise in Betracht.

3. Regelausführung der Kreuzung ist das Durchpressen der Schutzrohre. Hier gilt das zur Kreuzung von Straßen auf S. 620 Ausgeführte. In besonderen Fällen kann auch ein Bohr-, Schild- oder Stollenvortrieb vorteilhaft sein. Der Ringspalt zwischen Boden und Schutzrohr ist durch Injektionen zu füllen (Verpressen).

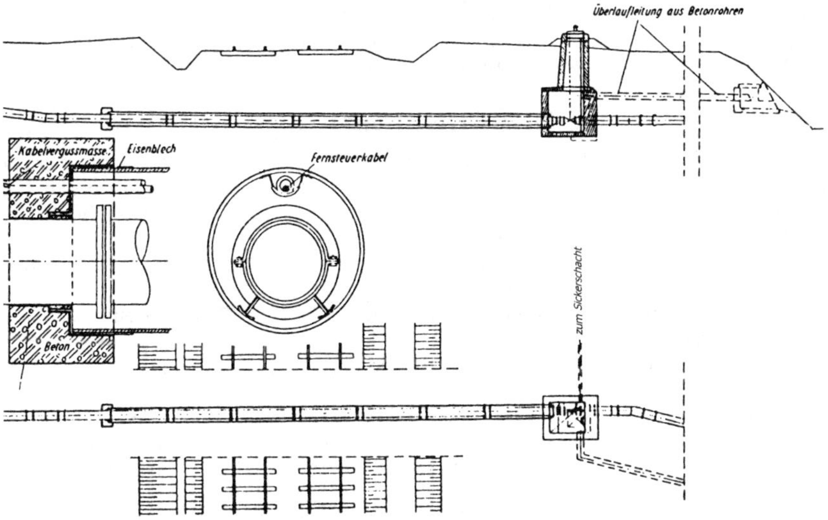

Abb. 7-169: Zweiseitige Ableitung mit Schächten

4. Für Durchpressungen bis zu 25 m (= 2 Streckengleise) kann nach Zustimmung des DBZA Minden, bei Einhaltung der besonderen Bedingungen für Werkstoff und Rohr (lt. Anhang VI der DB-Richtlinie) für Stahlrohre mit ZM-Auskleidung und abriebfester PE-Außenumhüllung auf das Schutzrohr verzichtet werden. Schutzrohre bedeuten für kathod. geschützte Stahlrohrleitungen vielfach eine Sicherheitsminderung und Betriebserschwerung für das WVU.

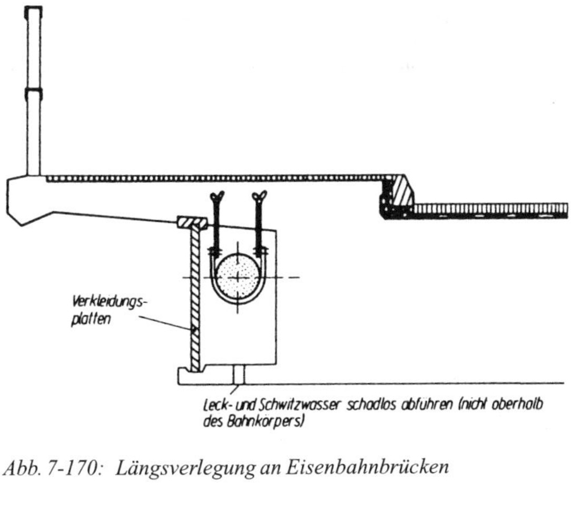

Abb. 7-170: Längsverlegung an Eisenbahnbrücken

7.4.3.4.4 Überführen von Wasserleitungen über Bahngleise

Wegen der durch Temperaturänderungen und durch die Belastung auftretenden Brückenbewegungen sind bewegliche Aufhängungen oder Auflagerungen erforderlich. Die Entwässerungsmöglichkeit der anzubringenden Schutzrohre ist zu berücksichtigen. Wichtig: Fahrleitungen elektrischer Bahnen sind besonders gegen Rohrbruchwasser zu schützen!

7.4.3.4.5 Verlegung von Wasserleitungen an Eisenbahnbrücken

Wasserleitungen sind außerhalb des Gleisbereichs unter den Seitenwegen oder an besonderen Vorkragungen anzubringen. Sie sind gegen Winddruck zu sichern und so anzubringen, daß sämtliche Brückenbauteile für die Überwachung und Unterhaltung zugänglich bleiben.

7.4.4 Grabenlose Rohrverlegung (Einpflügen, Einfräsen)

Im Rahmen von Kostendämpfungsmaßnahmen beim Bau von Wasserversorgungsleitungen wurden vom Freistaat Bayern Pilotprojekte durchgeführt, um die von der Kabelverlegung und dem Bau von Abwasserdruckleitungen her bekannten Verfahren des Einpflügens und Einfräsens hinsichtlich der Anwendbarkeit für Trinkwasserdruckleitungen zu prüfen.
Zusätzlich wurde von der Universität der Bundeswehr, München, ein 2-jähriges Forschungsvorhaben zu diesen automatisierten Verlegeverfahren abgewickelt.
Das Forschungsvorhaben ist erfolgreich abgeschlossen worden. Für Planung, Bau und Betrieb konnten Hinweise erarbeitet werden.
Als nächster Schritt ist eine Einarbeitung der Erkenntnisse in das technische Regelwerk des DVGW erforderlich.
Es ist beantragt und vom DVGW auch angenommen, „Verfahren und Anwendungsgrenzen des Einpflügens“ und „Verfahren und Anwendungsgrenzen des Einfräsens“ in dieselbe Reihe des DVGW-Regelwerkes wie das Spülbohrverfahren (GW 321/I) oder das Horizontalbohrverfahren (GW 321/II) aufzunehmen.
Auch das Einpflügen von längskraftschlüssigen, ZM-umhüllten duktilen Gußrohren mittels Raketenpflug ist bereits erfolgreich getestet worden.

7.4.5 Grabenlose Erneuerung und Sanierung von Druckrohrleitungen

An diese alternativen Verfahren müssen die gleichen strengen Qualitäts- und Sicherheitsanforderungen gestellt werden, wie sie bei konventioneller Bauweise angewendet werden. Es ist daher folgerichtig, daß für die Arbeiten nur fachlich qualifizierte Firmen tätig werden dürfen. Als Mindestanforderung ist eine Zulassung gemäß DVGW-Arbeitsblatt GW 301 zu stellen.

7.4.5.1 Reinigung

Mit Hilfe von entsprechendem mechanischen, hydraulischen, thermischen oder chemischen Reinigungsgerät werden die Ablagerungen und Inkrustierungen der alten Leitungen beseitigt.
Die Zustandsverbesserung der Leitung beschränkt sich auf die Zurückgewinnung des alten Rohrquerschnittes.
Als Verfahrensarten stehen derzeit zur Verfügung:
- Mechanisches Reinigungsgerät
- Hochdruck-Spülgerät
- Pulsator
- Hydromolch
- Spülverfahren
- Thermogerät
- Lösungsmittel.

7.4.5.2 Sanierung

Diese Arbeiten haben das Ziel, die bestehenden Rohrleitungen zu erhalten, die in ihren hydraulischen Eigenschaften und ihrer technischen Bewertung neuen Rohrleitungen in gleicher Dimension nahe kommen.

Als Verfahrensarten stehen derzeit zur Verfügung:

Tab. 7-81: Sanierungsverfahren

Muffenverschweißung BTR Silverkit Encapress Thermofit	Muffenaußendichtung
Innenverschweißung Amex®-10-Manschettendichtung Weco-Manschettendichtung Je-Joint-Interne digalit® k	Muffeninnendichtung
ZM-Verfahren digalit® V	Beschichtung
Amex 32-400 Neo-Linck Sanilinck	Auskleidung (Folie)
Paltem Process Phoenix® starline®-2000	Auskleidung (Gewebeschlauch)

7.4.5.3 Erneuerung

Diese Arbeiten haben zum Ziel, eine neue Rohrleitung aus selbsttragendem Werkstoff herzustellen; je nach Erfordernis in neuer oder alter Trasse, mit oder ohne Dimensionsänderung.
Als Verfahrensarten stehen derzeit zur Verfügung:

Tab. 7-82: Erneuerungsverfahren

Rammung mit offenem Rohr Vortrieb mit Bodenverdrängungshammer Preßbohrverfahren	Vortrieb (ungesteuert)
Pilotbohrverfahren ohne Spülhilfe Pilotbohrverfahren mit Spülhilfe Horizontales Richtbohren mit Spülhilfe Rohrvortrieb mit Schneckenförderung Rohrvortrieb mit Spülförderung	Vortrieb (gesteuert)
Langrohrrelining Rohrstrangrelining	Neues Innenrohr (mit Ringraumverfüllung)
U-Liners® Rolldown Swage-Lining	Neues Innenrohr (ohne Ringraumverfüllung)
Cracking-Berstlining	Neues Innenrohr (Rohraufspaltverfahren)
hydros®-Verfahren	Rohrauswechselverfahren

7.5 Verbrauchsleitungen (Anschlußleitung und Trinkwasser-Installation)

7.5.1 Bemessung

Die Nennweite der Hausinnenleitungen (Steigleitungen, Stockwerksleitungen) wird mit derjenigen der Anschlußleitungen gem. Abschn. 7.3.7.3 berechnet. Für die Stichleitungen zu den einzelnen Zapfstellen ermittelt man die Nennweite gem. **Tab. 7-44**, wobei man die Fließgeschwindigkeit möglichst unter 2 m/s hält. Zu einzelnen Zapfstellen werden meist Leitungen von DN 15, zum Anschluß von Waschanlagen, Garagen DN 20, selten DN 25 verlegt.

7.5.2 Anordnung der Absperrvorrichtungen und Armaturen

Nach dem Eintritt der Leitung in das Gebäude (Keller) folgt, in der Regel noch vom Wasserwerk angebracht, das Hauptabsperrventil, auch Wasserzählereingangsventil genannt, dann der Wasserzähler; an ihn schließt sich ein weiteres Ventil (WZ-Ausgangsventil) an, das mit einem Entleerungshahn ausgerüstet ist.

Teilt sich die Verbrauchsleitung in mehrere Steigstränge auf, so wird jeder für sich absperrbar und entleerbar angeordnet, damit bei Reparaturen nur jeweils ein Teil der Leitungen vom Netz getrennt werden muß.

Nach dem Wasserzähler ist eine Armatur zu setzen, die das Rückfließen von Wasser aus der Hausinnenleitung in die Anschluß- oder in die Versorgungsleitung verhindert, um ein Rücksaugen von Wasser sicher zu verhindern, falls das Versorgungsnetz drucklos wird. Der Rückflußverhinderer kann in das WZ-Ausgangsventil integriert sein. Am oberen Ende jeden Steigstranges ist ein Rohrbe- und -entlüfter aufzusetzen, um bei Druckabfall das Einsaugen von unreinem Wasser aus Gefäßen (Badewannen) zu unterbinden, in die von der Zapfstelle her Schläuche eingehängt sind. Da die Rohrbelüfter gelegentlich tropfen, sind dort Auffangtrichter mit Ableitungen vorzusehen.

7.5.3 Werkstoffe

Es dürfen nur Werkstoffe und Geräte verwendet werden, die den anerkannten Regeln der Technik entsprechen; zugelassene Geräte und Armaturen sind am DIN/DVGW oder DVGW-Zeichen zu erkennen.

In Gebäuden werden meist verzinkte Gewindestahlrohre verwendet **(Tab.7-83),** die nicht gebogen und nicht verschweißt werden dürfen. Zu ihrer Verbindung dienen Gewindeformstücke (Fittinge, engl. Fittings) aus verzinktem Temperguß mit Verstärkungswulsten, als Dichtmittel Hanf und Installationskitt. Vgl. die Fitting-Übersicht **Tab. 7-84**. Die Nennweitenbezeichnung der Fittinge richtet sich nach dem zugehörigen Rohr. Lösbare Verbindungen stellt man durch Verschraubungen her.

Kupferrohre, DIN 1786, sind vorzüglich haltbar, aber teuer; sie können – auch mit dem weißen Kunststoffaußenschutz – gebogen und entweder fest durch Hartlöten oder Weichlöten mit Lötfittingen oder lösbar durch verschiedene Verschraubungen verbunden werden. (Beachte DVGW-Arbeitsblatt GW 392.) Edelstahlrohre mit Preßfittingverbindungen aus nichtrostendem austhenitischem Stahlwerkstoff Nr. 1.4401/1.4571 nach DIN 17455 stellen eine bewährte, weitgehend korrosionsbeständige und hygienische, jedoch etwas teurere Alternative dar.

Kunststoffrohre gewinnen immer mehr an Bedeutung.

Zur Anwendung kommen:

PVC-C – chloriertes Polyvinylchlorid (DIN 8079/8080)
PE-Xa – vernetztes Polyethylen (DIN 16892)
PB – Polybuten (DIN 19968/19969)
MP – Mehrschichtrohr Metall-Plastik (–)
PP-R – Polypropylen (DIN 8077/8078)

Erdleitungen in Höfen, Gärten usw. bestehen aus Stahlrohren mit Kunststoffmantel, aus PVC- oder auch PE-Rohren.

Tab. 7-83: Mittelschwere Gewinderohre (Auszug aus DIN 2440)

DN	Außendurchmesser	Wanddicke	Masse des glatten Rohres 7,85 kg/dm^3	Zugehörige Muffe nach DIN 2986
mm	d_1	s	kg/m	Mindestlänge
6	10,2	2	0,407	17
8	13,5	2,35	0,650	25
10	17,2	2,35	0,852	26
15	21,3	2,65	1,22	34
20	26,9	2,65	1,58	36
25	33,7	3,25	2,44	43
32	42,4	3,25	3,14	48
40	48,3	3,25	3,61	48
50	60,3	3,65	5,10	56
65	76,1	3,65	6,51	65
80	88,9	4,05	8,47	71
100	114,3	4,5	12,1	83
125	139,7	4,85	16,2	92
150	165,1	4,85	19,2	92

Tab. 7-84: Fittinge f. Gewinderohre

TVSG — Übersicht über die wichtigsten Temperguß-Fittinge, Auszug aus DIN 2951

Gruppenbezeichnung	Form	Bezeichnung	DIN	Gruppenbezeichnung	Form	Bezeichnung	DIN
Winkel		Winkel mit Innengewinde	2952	Muffe		Muffe mit Innengewinde	2900
		Winkel mit Innengewinde, reduziert	2953				
		Winkel 45° mit Innengewinde	2952			Muffe mit Innengewinde, reduziert	2900
		Winkel mit Innen- und Außengewinde	2952			Muffe mit Innen- und Außengewinde	2900
		Winkel 45° mit Innen- und Außengewinde	2952			Muffe m. Innen- u. Außengewinde, reduziert	2960
Te		Te mit Innengewinde	2954	Nippel		Reduziernippel mit Außen- und Innengewinde	2960
		Te mit Innengewinde, reduziert	2955				
Kreuz		Kreuz mit Innengewinde	2956			Doppelnippel mit Außengewinde	2960
		Kreuz mit Innengewinde, reduziert	2957				
Kurzer Bogen		Kurzer Bogen mit Innengewinde	2958	Mutter		Überwurfmutter für Rohrverschraubung	2969
		Kurzer Bogen mit Innen- und Außengewinde	2958			Rohrmutter	2970

TVSG Übersicht über die wichtigsten Temperguß-Fittinge
Auszug aus DIN 2951

Gruppenbezeichnung	Form	Bezeichnung	DIN	Gruppenbezeichnung	Form	Bezeichnung	DIN
Bogen-Te		Bogen-Te mit Innengewinde	2958	Kappe Stopfen	 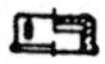	Kappe, kantig Kappe, rund	2967
		Zwei-Bogen-Te mit Innengewinde	2958			Stopfen mit Rand und Vier- oder Sechskant	2968
Bogen		Bogen mit Innengewinde	2959	Rohrverschraubung		Rohrverschraubung mit Bunddichtung	2971
		Bogen 45° mit Innengewinde	2959			Rohrverschraubung mit Kegeldichtung	2972
		Bogen mit Innen- und Außengewinde	2959		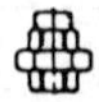	reduziert	
		Bogen 45° mit Innen- und Außengewinde	2959	Winkelverschraubung		Winkelverschraubung mit Bunddichtung	
						Winkelverschraubung mit Kegeldichtung	
		Bogen mit Außengewinde	2959			reduziert	

7.5.4 Verlegen

Die Rohre sind geradlinig und rechtwinkelig zu verlegen, immer etwas steigend zu den letzten Zapfstellen eines Stranges, damit sie sich dort entlüften und damit ein vollständiges Entleeren möglich ist. „Auf Putz" (in Kellern und Nebenräumen) sind die Rohre mit Schellen zu befestigen und mit 10 mm Abstand von der Wand zu führen. „Unter Putz" in Mauerschlitzen müssen sie durch Umhüllen mit Glas- oder Mineralwolle, Styropormörtel oder Kunstschaum gedämmt und gegen Korrosion geschützt werden. In Decken- oder Wanddurchführungen sind sie nicht fest einzumauern, sondern mit Wellpappe oder besonderen Rohrhülsen beweglich und geschützt durchzuführen. Die Dämmstoffe dienen auch dem Lärmschutz, weil sie die Geräuschübertragung auf das Bauwerk und damit auf benachbarte Räume mindern.

7.5.5 Prüfung

Installationsleitungen sind nach Fertigstellung wie Anschlußleitungen einer Druckprüfung nach den jeweiligen Bedingungen des Wasserwerkes zu unterziehen, meist 12 bar, 10 min Dauer.

7.5.6 Frostschutz

An und in Außenwänden sollen Rohre wegen der Frostgefahr überhaupt nicht verlegt werden, ausgenommen in dauerbeheizten Gebäuden. Nebenleitungen, die während der Frostperiode nicht immer gebraucht werden (Waschküchen, Gartenleitungen) sind gesondert absperr- und entleerbar einzurichten. Isolierung von Leitungen in Räumen mit unter 0°C kann das Einfrieren verzögern, nicht verhindern. Das Laufenlassen eines Endhahnes einer Leitung im Winter führt zur Wasserverschwendung.

7.5.7 Tauwasserbildung

Sie läßt sich, wenn die Leitungen von kaltem Wasser durchströmt sind, in Räumen mit sehr hoher Luftfeuchtigkeit (Küchen, Waschküchen, Bäder) oder auch im Sommer bei feuchter warmer Luft nicht vermeiden, es sei denn, die Rohre enthalten eine ausreichende Wärmedämmung.

7.5.8 Druckerhöhungsanlagen in Grundstücken

Besonders für Hochhäuser, deren obere Stockwerke mit dem Netzdruck nicht mehr erreicht werden, müssen einzelne Druckerhöhungsanlagen eingerichtet werden: Meist sind hierfür von den Wasserwerken besondere Vorschriften aufgestellt. Es gilt DIN 1988.

Literatur

1) Fachbücher:

Altmeyer: Kunststoffrohr-Handbuch, Vulkan-Verlag Essen, 1984;

Baeckmann/Schwenk/Prinz: Handbuch des kathodischen Korrosionsschutzes. Theorie und Praxis der elektrochemischen Schutzverfahren, VCH-Verlag, Weinheim 1989;

Bayer. Landesamt für Wasserwirtschaft/Bazan: Tabelle über die Druckverluste in Rohrleitungen, 3. Aufl., J. Gotteswinter GmbH., München, 1970;

Boger/Heinzmann/Otto/Radscheit: Kommentar zu DIN 1988 T. 1-9; Beuth-Verlag GmbH, Berlin u. Gentner-Verlag, Stuttgart, 1989;

Bundesverb. Deutsche Beton- u. Fertigteilindustrie e. V. Bonn: Handbuch für Rohre aus Beton, Stahlbeton, Spannbeton, Bauverlag GmbH, Wiesbaden 1978 (nicht mehr lieferbar);

Eternit AG: Tiefbau-Taschenbuch: Eternit-Rohrsysteme für Wasser und Abwasser, Eigenverlag, Berlin 1987;

Halberg: Duktile Gußrohre für Wasser, Eigenverlag: Halbergerhütte GmbH. Saarbrücken-Brebach, 1993;

Rahmel/Schwenk: Korrosion und Korrosionsschutz von Stählen, Verlag Chemie, Weinheim 1977;

Stradtmann: Stahlrohr-Handbuch, Vulkan-Verlag, Essen 1990;

2) Schriften:

Heim/Gras: Beeinflussung von Rohrleitungen aus GGG durch Gleich- und Wechselströme, fgr. 18-2.83;

Neue Technologien der grabenlosen Erneuerung und Sanierung von Druckrohrleitungen, Rohrleitungsbauverband e. V., Köln 1/94.

Polte/Schreiter/Herrmann: Extrudieren von Rohren, Profilen, Schläuchen und Ummantelungen; Hüls-Publikationen, Hüls AG Marl, 1991;

Saunus, Ch.: Trinkwasser-Versorgungssysteme in der Gebäudeinstallation, Neue DELIWA-Zeitschrift, Heft 2/92;

Tiefbauberufsgenossenschaft: Informationsschrift Nr. 706 „Leitungsgrabenbau und Rohrleitungsbau, Eigenverlag, München 1986;

8. Brandschutz

bearbeitet von Dipl.-Ing. **Manfred Edenhofner**

DVGW-Regelwerk, DIN-Normen, Gesetze, Verordnungen, Vorschriften, Richtlinien siehe Anhang, Kap. 14, S. 765 ff.
Literatur: siehe S. 641

8.1 Allgemein

Zentrale Wasserversorgungsanlagen sollen nicht nur der Versorgung der Bevölkerung mit ausreichendem und gesundem Trink- sowie Brauchwasser dienen, sondern auch dem Brandschutz und damit dem Erhalt von Volksvermögen.
Bei Orten von etwa 20 000 Einwohnern an aufwärts spielt der Brandschutz bei der Dimensionierung von Hauptrohrleitungen, Hochbehältern und Maschinenanlagen keine ausschlaggebende Rolle, da in diesen Orten der Löschwasserbedarf bereits von den Momentanspitzen überschritten wird, so daß die Anlagenteile nicht eigens für den Brandschutz ausgelegt werden müssen. Hier kommen also nur zusätzlich noch die Hydranten hinzu und die Vergrößerung der Rohre in untergeordneten Seitensträngen, in denen für die Wasserversorgung ohne Brandschutz nur kleine DN nötig wären.
In kleineren Orten jedoch müssen Behälterraum und Rohrnetz besonders auf Bereithalten und Durchfluß des anteiligen Löschwasserbedarfs ausgerichtet werden. In Orten von etwa 3000 Einwohnern liegt der ausschließlich dem Brandschutz dienende Teil der Anlage bei etwa 30 v. H. der Gesamtbaukosten, wenn man eine Wasserleitung ohne Berücksichtigung des Brandschutzes zum Vergleich heranzieht. Die Bereitstellung und Speicherung der anteiligen Löschwassermengen sowie die Zuführung des Löschwassers zu den Hydranten ist in den Abschnitten Wasserbedarf, Wasserspeicherung und Rohrnetzberechnung behandelt.

8.2 Löschwasserversorgung allgemein

Nur mit einer ausreichenden Löschwasserversorgung kann – neben der Beachtung der Vorschriften für den vorbeugenden Brandschutz – ein Löscherfolg durch die Feuerwehren erzielt werden.
Die kleinste „taktisch selbständige" Einheit der Feuerwehr ist die Löschgruppe, bestehend aus einem Gruppenführer und 8 Mann (einschließlich Melder und Maschinist). Im Regelfall werden von den 3 Trupps (Angriffs-, Wasser- und Schlauchtrupp) der Löschgruppe beim Brandeinsatz 3 C-Strahlrohre (siehe Abschn. 8.5) eingesetzt, das bedeutet – Mundstück abgeschraubt – einen Löschwasserbedarf von $3 \cdot 200 = 600$ l/min (für 2 h = 72 m^3). In besonderen Fällen (Brände mit hohem Brandpotential, wie z. B. Holzlagerplätzen, zur Kühlung von Behältern mit brennbaren Gasen und Flüssigkeiten usw.) kann der Löschwasserbedarf der Löschgruppe (Annahme 1 B- und 2 C-Strahlrohre) bis auf 1200 l/min ansteigen. Zum Einsatz von Wasserwerfern für den Objektschutz bei besonderen Objekten kann darüber hinaus noch ein wesentlich höherer Löschwasserbedarf notwendig werden.
Für den Löschwasserbedarf kann davon ausgegangen werden, daß – abgesehen von besonderen Großbränden – die Brandbekämpfung in der Regel innerhalb 2 h abgeschlossen werden kann (die Nachlöscharbeiten mit wesentlich geringerem Löschwasserbedarf können sich noch über einen wesentlich längeren Zeitraum, u. U. sogar mehrere Tage, hinziehen). Beim normalen Brandeinsatz geht man von einer durchschnittlichen „Deckungsbreite" einer Löschgruppe von 30 m aus, d. h. mit den 3 Strahlrohren der Löschgruppe ist eine „Brandfront" (Gebäudefront, Waldfront usw.) von ca. 30 m Breite zu beherrschen. Insofern richtet sich der Löschwasserbedarf auch nach Art und Dichte der Bebauung des zu schützenden Gebiets (siehe auch Abschnitt 2.7.4).
Bei der Feuerwehr werden unterschieden
- die abhängige Löschwasserversorgung (Wasserversorgung des WVU),
- die unabhängige Löschwasserversorgung (offene Gewässer, Brunnen, Behälter usw.).

Bei der unabhängigen Löschwasserversorgung ist noch die Unterteilung in „erschöpfliche“ (z. B. Behälter, Teiche) und „unerschöpfliche“ (z. B. Fluß, See) gebräuchlich.
Für eine ausreichende Versorgung mit Löschwasser aus der Wasserversorgungsanlage ist für die Feuerwehr ein *Ringleitungssystem* wesentlich besser geeignet als das Verästelungssystem. Die Nennweite der Rohrleitungen muß mindestens 100 mm betragen. Insgesamt ist bei der Auslegung des Rohrnetzes zu beachten, daß bei Entnahme des jeweils anteiligen Löschwasserbedarfs der Druck am einzelnen Hydranten mindestens 1,5 bar (Fließdruck!) betragen muß (sonst Gefahr einer Unterbrechung der Löschwasserversorgung).
In normalen *Wasserversorgungsanlagen* (in geschlossenen Ortschaften) sollte das Verhältnis der Überflur- zu Unterflurhydranten etwa 1/3 : 2/3 betragen. In schneereichen Gebieten sollten möglichst ausschließlich Überflurhydranten eingebaut werden. Die Abstände der Hydranten (ca. 140 m offene Bebauung, ca. 120 m geschlossene Wohnbebauung, ca. 100 m Geschäftsstraßen, ca. 80 m Industrie) sollten den örtlichen Verhältnissen angepaßt sein; so decken Hydranten im Kreuzungsbereich 4 Straßenstücke ab.
Die Hydranten, insbesondere Vor- und Nachteile, sind in Abschnitt 7.1.3.6.5, die Löschwasserteiche und unterirdische Behälter in Abschnitt 6.7 behandelt.
In Gebieten mit hohem Grundwasserstand und ausreichender Ergiebigkeit kann es notwendig oder zweckmäßig sein, Brunnen ausschließlich für die Löschwassergewinnung bereitzustellen. In manchen Fällen kann auf Brunnen für die Feldberegnung zurückgegriffen werden. Diese *Löschwasserbrunnen* müssen den Forderungen der DIN 14220 entsprechen und sind ähnlich wie die Entnahmebrunnen für die Wasserversorgung ausgebaut. Das Löschwasser kann durch Saugbetrieb (bis ca. 7,5 m Saughöhe bei Entnahme des notwendigen Löschwasserbedarfs – Pumpenleistungen siehe Abschnitt 8.5.2) oder mittels einer Tiefpumpe entnommen werden. Auf dem Hinweisschild nach DIN 4066 ist auf die Art des Brunnens hinzuweisen (Löschwasserbrunnen für Saugbetrieb – Schild DIN 4066-BI -Löschwasserbrunnen mit Tiefpumpe – Schild DIN 4066-C).
Die Löschwasserbrunnen werden nach ihrer Ergiebigkeit (mindestens für 3 h Betriebszeit) unterteilt in

klein	400– 800 l/min
mittel	800–1 600 l/min
groß	über 1 600 l/min

Für die Zufahrt gelten die in Abschnitt 6.7 aufgeführten Forderungen sinngemäß (Befestigung, Anordnung usw.).

8.3 Feuerlöschanlagen

8.3.1 Anlagen mit offenen Düsen

Anlagen mit offenen Düsen (Sprühwasser-Löschanlagen) werden zum Schutz von Räumen oder Objekten (z. B. Theatern, Spänesilos, Müllbunkern, Schaumstofflagern, Flugzeughallen) eingesetzt, bei denen mit schneller Brandausweitung zu rechnen und Wasser als Löschmittel anwendbar ist. Sie können auch zum Kühlen von Behältern und Anlagen verwendet werden.
Sprühwasser-Löschanlagen (DIN 14 494) bestehen im wesentlichen aus festverlegten Rohrleitungen mit offenen Löschdüsen, Ventilstationen, Auslöseeinrichtungen und der Wasserversorgung.
Im Brandfall wird die gesamte Anlage – oder einzelne Gruppen – selbsttätig und/oder von Hand ausgelöst. Dabei strömt sofort der Spitzendurchfluß von der Wasserversorgung in die Anlage.
Für Planung, Errichtung und Betrieb sind die Anforderungen des Normblatts DIN 14494 und – bei Anschluß an die Trinkwasserleitungsanlage – außerdem die DIN 1988 Teil 6 zu beachten.
Für die Berieselung von ortsfesten Behältern gemäß VbF/TRbF 100 zur Lagerung brennbarer Flüssigkeiten sind die Anforderungen nach DIN 14 495 einzuhalten.

8.3.2 Anlagen mit geschlossenen Düsen

Anlagen mit geschlossenen Düsen (Sprinkleranlagen) werden zur selbsttätigen Brandbekämpfung in baulichen Anlagen eingesetzt
- in denen sich viele Personen befinden (z. B. Versammlungsstätten, Warenhäuser)
- wo hohe Sachwerte zu schützen sind (z. B. Lagerhallen, Hochregallager) oder

- wo Vorschriften des vorbeugenden baulichen Brandschutzes nicht erfüllt werden konnten (z. B. übergroße Brandabschnitte).

Sprinkleranlagen (DIN 14489) bestehen im wesentlichen aus festverlegten Rohrleitungen mit geschlossenen Löschdüsen (Sprinklern), Ventilstationen (Alarmventil) und der Wasserversorgung.

Die einzelnen Sprinkler öffnen bei Erreichen einer bestimmten Temperatur (meistens ca. 30°C über Umgebungstemperatur). Dadurch entsteht im Rohrnetz ein Druckabfall, der eine Alarmierung der Feuerwehr auslöst, das Alarmventil öffnet und die Wasserversorgung steuert (z. B. Einschalten der Sprinklerpumpen).

Spinkleranlagen werden untergliedert in

- Naßanlagen, bei denen das Rohrnetz bis zu den einzelnen Sprinklern ständig mit Wasser gefüllt ist,
- Trockenanlagen, bei denen zwischen Alarmventil und Sprinklern das Rohrnetz mit Luft gefüllt ist. Erst beim Öffnen eines Sprinklers (Druckabfall) wird das Alarmventil geöffnet und Wasser in das Rohrnetz gegeben. Diese Anlagen werden vorwiegend in frostgefährdeten Bereichen installiert.
- Trockenschnellanlagen, die als Trockenanlagen installiert wurden. Hier wird das Alarmventil durch Sprinkler **und** Rauch- oder Flammenmelder gesteuert. Diese Anlagen werden vorwiegend in Hochregallagern eingesetzt.
- Tandemanlagen, bei denen eine Trockenanlage an eine Naßanlage angeschlossen ist (z. B. Verladerampe).
- Vorgesteuerte Anlagen, die als Trockenanlagen installiert wurden. Hier wird das Alarmventil **ausschließlich** durch automatische Brandmelder gesteuert. Das Öffnen eines Sprinklers bewirkt noch kein Öffnen des Alarmventils. Diese Anlagen werden vorwiegend in EDV-Bereichen eingesetzt.

Zur Versorgung von Sprinkleranlagen können Wasserleitungsnetze, Hochbehälter, Druckluftbehälter sowie Pumpenanlagen in Verbindung mit Wasserleitungsnetzen, Vorratsbehältern oder natürlichen Wasservorräten verwendet werden. Auch hier ist nach unerschöpflichen und erschöpflichen Wassermengen zu unterscheiden. Nur wenn mit dem Wasserleitungsnetz jederzeit das Doppelte des Wasserbedarfs sichergestellt werden kann, wird die Wasserleitung als unerschöpfliche Wasserversorgung bezeichnet.

Für Planung, Errichtung und Betrieb sind die Anforderungen der DIN 14489, der DIN 1988 Teil 6 und der „Richtlinie für Sprinkleranlagen“ des Verbandes der Sachversicherer zu beachten.

8.3.3 Schaumlöschanlagen

Ortsfeste Schaumlöschanlagen (DIN 14 493) werden zur Bekämpfung vor allem in Bereichen der Verarbeitung und Lagerung brennbarer Flüssigkeiten oder in Bereichen eingesetzt, wo mit möglichst wenig Wasser gelöscht werden muß.

Die Anlagen bestehen im wesentlichen aus festverlegten Rohrleitungen mit Schaumaufgabestellen, Pumpen, der Wasserversorgung, dem Vorratsbehälter für Schaummittel, der Zumischeinrichtung, Schaumerzeugern und Auslösevorrichtungen. Unter dem Begriff „Zumischung“ versteht man den prozentualen Anteil Schaummittel an der Gemischmenge (aus Wasser und Schaummittel). Die Beimischung erfolgt mit Zumischern. Die „Verschäumungszahl“ ist der Quotient aus Schaumvolumen und verschäumter Gemischmenge. Die Verschäumung erfolgt im Schaumerzeuger (Schaumstrahlrohre, Schaumgeneratoren) und ist abhängig von der Bauart. Man unterscheidet Schwerschaum-Löschanlagen mit einer Zumischung zwischen 3–5 % und einer Verschäumung zwischen 4 und 20 (also hoher Wasseranteil im Schaum), Mittelschaum-Löschanlagen mit einer Zumischung von 2–3 % und einer Verschäumung zwischen 20 und 200 sowie Leichtschaum-Löschanlagen mit einer Zumischung von 2–3 % und einer Verschäumung zwischen 200 und 1 000.

Für die Herstellung von Schwerschaum können Proteinschaummittel und Mehrbereich-Schaummittel, für Mittel- und Leichtschaum nur Mehrbereich-Schaummittel verwendet werden (Anforderungen an Schaummittel siehe DIN 14272).

Die Wasserversorgung muß – wie bei anderen Löschanlagen – für mindestens 2 h ausreichen. Für den Schaummittelvorrat muß das Doppelte der Schaummittelmenge bereitgestellt werden, die notwendig ist, um das größte Einzelobjekt 30 Minuten lang zu beschäumen.

Für Planung, Errichtung und Betrieb sind die Anforderungen der DIN 14 493 Teil 1–4 und der DIN 1988 Teil 6 zu beachten.

Schaum ist für bestimmte Bedarfsfälle ein unverzichtbares Löschmittel. Da Schaummittel wassergefährdende Stoffe enthalten, sind Übungen und Erprobungen nach Schaummittelmenge und Übungs-/Erprobungshäufigkeit auf das unbedingt notwendige Maß zu beschränken.
Dabei ist folgendes zu beachten:

1. In Wasserschutzgebieten und im Grundwassereinzugsgebiet von öffentlichen und privaten Trinkwassergewinnungsanlagen müssen Löschübungen und Erprobungen mit Schaum unterbleiben.
2. Im Zuflußbereich von und auf Oberflächengewässern sowie in sonstigen, wasserwirtschaftlich empfindlichen Bereichen, wie Vorbehaltsgebieten für die öffentliche Wasserversorgung, Karstgebieten, Gebieten mit flurnahem Grundwasser, Überschwemmungsgebieten und Feuchtbiotopen, sollen Übungen und Erprobungen mit Schaum unterbleiben.
3. Der Einsatz von Schaummitteln für Löschvorführungen ohne Übungs- und Erprobungscharakter muß aus Gründen des Gewässerschutzes unterbleiben.
4. Schaummittel sollen auf befestigten Flächen mit Ablauf zu biologischen Kläranlagen zum Einsatz kommen. Eine Beeinträchtigung biologischer Kläranlagen ist bei Vorliegen eines Verdünnungsverhältnisses „Schaumabwasser (Schaummittel-Wasser-Gemisch) zu Kläranlagengesamtzulauf, von mindestens 1 : 250 nicht zu erwarten. Die Zustimmung des Kläranlagenbetreibers ist einzuholen.
5. Die Verwendung von Schaummitteln, bei der die Nummern 1–4 nicht einzuhalten sind, bedarf der Zustimmung der zuständigen Wasserrechtsbehörde.

8.3.4 Sonstige stationäre Löschanlagen

Neben den bisher aufgeführten Löschanlagen, die alle mit Wasser arbeiten, werden zum Schutz besonderer Objekte auch stationäre Löschanlagen mit Pulver, Halon oder CO_2 verwendet.

8.4 Löschwasserleitungen

Löschwasserleitungen (Steigleitungen) sind besonders in baulichen Anlagen festverlegte Rohrleitungen mit Feuerlösch-Schlauchanschlußeinrichtungen. Begriffe und schematische Darstellungen sind DIN 14462 Teil 1 zu entnehmen.

8.4.1 Löschwasserleitungen „naß" (DIN 14461 Teil 1)

Löschwasserleitungen (Steigleitungen) „naß" sind Verbrauchsleitungen, die ständig unter Druck stehen und von Trinkwasser durchflossen werden. An die Schlauchanschlußventile (DIN 14461 T.3) im Wandhydranten sind betriebsbereit angekuppelte Schlauchleitungen mit Strahlrohren angeschlossen. Die Ausführung 1 umfaßt einen C-Schlauch mit CM-Strahlrohr, während bei der Ausführung 2 ein 1"-formbeständiger Schlauch (mit C-Anschluß) und ein D-Strahlrohr vorgesehen sind. Bei der Ausführung 2 braucht im Einsatz nicht der gesamte Schlauch von der Haspel abgewickelt zu werden.
Die Löschwasserleitung „naß" dient in erster Linie der Selbsthilfe (z. B. der Bewohner) bei der Brandbekämpfung. Die Feuerwehr kann bei der Ausführung 2 nach ihrem Eintreffen den 1"-Schlauch abkuppeln und ihre C-Schläuche anschließen (geringere Druckverluste).
Aus einer Löschwasserleitung werden normalerweise höchstens 3 Anschlüsse gleichzeitig benutzt, so daß mit einem Wasserverbrauch von ca. 300 l/min gerechnet werden kann. Für die Löschwasserleitungen sind (z. B. bei Hochhäusern) ggf. Druckerhöhungsanlagen (DIN 1988 T.5) erforderlich. Für den Einbau ist DIN 1988 T.6 zu beachten.

8.4.2 Löschwasserleitungen „naß/trocken" (DIN 14 461 Teil 1)

Löschwasserleitungen (Steigleitungen) „naß/trocken" sind Verbrauchsleitungen, die erst im Bedarfsfall selbsttätig mit Trinkwasser gespeist werden. Mit dieser Anlage soll erreicht werden, daß Löschwasser aus der normalen Wasserversorgung ohne oder mit nur geringer Verzögerung zur Verfügung steht, ohne daß abgestandenes, als Trinkwasser nicht mehr geeignetes Wasser in den Leitungen verbleibt oder Wasserleitungen einfrieren.

Im Bedarfsfall wird durch Öffnen eines Schlauchanschlußventils (DIN 14 461 T.3) mit Grenztaster die Entleerung geschlossen, die fernbetätigte Füll- und Entleerungsstation (DIN 14463) automatisch geöffnet und das Leitungssystem mit Wasser gefüllt. Erst beim Schließen des letzten Schlauchanschlußventils schließt automatisch die Ventilstation und die Entleerung öffnet zwangsweise.
Die Ausstattung der Wandhydranten ist wie bei der Löschwasserleitung „naß" (siehe Abschnitt 8.4. 1), nur daß hier die Schlauchanschlußventile mit Grenztaster ausgestattet sein müssen.
Für den Einbau sind auch die Anforderungen der DIN 1988 T.6 zu beachten.

8.4.3 Löschwasserleitungen „trocken" (DIN 14 461 Teil 2)

Löschwasserleitungen „trocken" dienen nicht der Selbsthilfe, sondern sind ausschließlich für die Feuerwehr zur Einspeisung und Entnahme von Löschwasser ohne zeitraubendes Verlegen von Schläuchen bestimmt. Sie können auch zusätzlich zu Löschwasserleitungen „naß" oder „naß/trocken" gefordert werden (siehe z. B. „Richtlinie über die bauaufsichtliche Behandlung von Hochhäusern", Bayer. MABL 18/1983 S. 495).
Die Löschwasserleitung „trocken" darf keine unmittelbare Verbindung mit anderen Wasserversorgungssystemen besitzen. Werden in einem Gebäude mehrere Steigleitungen eingebaut, so ist jede Steigleitung getrennt zu führen und mit einer eigenen Einspeisung zu versehen. Die Leitungen müssen DN 80 sein.
Damit die Anschlüsse nicht von Unbefugten geöffnet werden können, werden für diese Ausführung Schlauchanschlußarmaturen nach DIN 14461 T.5 (ohne Handräder) verwendet. Die Einspeisung erfolgt über eine Einspeisearmatur nach DIN 14 461 T.4.
Weitere Anforderungen an Löschwasserleitungen „trocken" sind in DIN 14 461 T.2 und DIN 14462 T.2 enthalten.

8.5 Ausrüstung der Feuerwehr

In diesem Abschnitt werden nur die wichtigsten Ausrüstungsgruppen, die in Verbindung mit der Löschwasserentnahme, -fortleitung und -abgabe durch die Feuerwehr wichtig sind, behandelt.

8.5.1 Feuerwehrfahrzeuge

Das sind für den Einsatz der Feuerwehr besonders gestaltete Kraftfahrzeuge und Anhänger, die – entsprechend dem Verwendungszweck – zur Aufnahme der Besatzung (Mannschaft), der feuerwehrtechnischen Beladung (Geräte) sowie der Lösch- und sonstigen Einsatzmittel eingerichtet sind. Sie werden untergliedert in Löschfahrzeuge, Hubrettungsfahrzeuge (Drehleitern), Rüst- und Gerätewagen, Schlauchwagen, Sanitätsfahrzeuge und sonstige Feuerwehrfahrzeuge.
Die allgemeinen Anforderungen an Feuerwehrfahrzeuge sind in DIN 14502 T.2 enthalten. Für Löschfahrzeuge sind weitergehende Anforderungen in DIN 14530 zusammengestellt. Die auf einzelnen Löschfahrzeugen mit Löschwasserbehältern mitgeführte Löschwassermenge ermöglicht nur die Einleitung eines Löschangriffs (z. B. zur Menschenrettung), bis die Löschwasserversorgung hergestellt ist. Mit der Ausrüstung der Feuerwehren kann zwar Löschwasser in begrenzter Menge (in der Regel 600 bis maximal 1200 l/min je Förderleitung) auch über längere Strecken (bis zu einigen hundert Metern) herangeführt werden. Eine solche „Löschwasserförderung über lange Schlauchstrecke" erfordert jedoch einen sehr hohen Personal-, Material- und Zeitaufwand und ist deshalb nur als äußerste Notlösung anzusehen.
Auch eine Löschwasserförderung mit Tanklöschfahrzeugen „im Pendelverkehr" ist sehr aufwendig (u. a. auch Verkehrsproblem mit Großfahrzeugen) und kann deshalb einsatzmäßig auch nur als Notlösung angesehen werden.
Weder die (Lösch-)Wasserbehälter der Feuerwehrfahrzeuge noch die Schläuche und Armaturen der Feuerwehr sind hygienisch unbedenklich und können deshalb nicht ohne weiteres für eine provisorische Trinkwasserversorgung verwendet werden (abgesehen von der Schwächung der Einsatzbereitschaft). Die wichtigsten feuerwehrtechnischen Daten der Löschfahrzeuge sind der **Tab. 8-1** zu entnehmen.

Tab. 8-1: Löschfahrzeuge – Übersicht der wichtigsten feuerwehrtechnischen Daten (Auszug aus DIN 14 530)

Typ			Pumpe						Druckschläuche								Max. Abmessungen					
	DIN 14530 Teil	Besatzung	eingebaut	eingeschoben	– Löschwasser	Löschpulver	Schaumrohr (S = Schwerschaum, M = Mittelschaum)	– Schaummittel	B	C	S	Preßluftatmer	Steckleiterteile	3teilige Schiebeleiter	Sprungtuch	Antrieb	Länge m	Breite m	Höhe m	Wendekreis-durchmesser m	Höchstgewicht nach Norm kg	Führerschein-Klasse
LF 8	7	1/8	FP 8/8	TS 8/8	–	–	S 4	60	14	12	–	4	4	–	–	Str./Allr.	7,5	2,5	3,0	16	6 000	3
leicht			(Front-)				M 4															
Lf 8	7	1/8	FP 8/8	TS 8/8	–	–	S 4	60	14	12	–	4	4	–	–	Str.	7,5	2,5	3,0	16	7 500	3
mittel			(Front-)				M 4															
LF 8	7	1/8	FP 8/8	TS 8/8	–	–	S 4	40	14	12	–	4	4	–	–	Str./Allr.	7,5	2,5	3,0	16	9 000	2
schwer			(Front-)				M 4															
LF 16-TS	8	1/8	FP 8/8	T 8/8	–	–	S 4	120	120	30	–	4	4	1	1	Str./Allr.	8,6	2,5	3,1	18,5	9 000	2
Beladepl. 1			(Front-)				M 4															
LF 16-TS	8	1/8	FP 16/8	TS 8/8	–	–	S 4	120	30	16	–	4	4	1	1	Str./Allr.	8,6	2,5	3,1	18,5	12 000	2
Beladepl. 2			(Front-)				M 4															
LF 16	9	1/8	FP 16/8	–	1 200	–	S 4	120	14	16		4	4	1	1	Str./Allr.	8,6	2,5	3,1	18,5	12 000	2
			(Heck-)				M 4															
TSF	16	1/5	–	TS 8/8	–	–	–	–	8	12	–	–	2	–	–	Str.	5,3	2,2	2,6	12	3 500	3
TLF 8/18	18	1/2	FP 8/8	–	2 400	–	S 4	60	4	6	1	2	2	–	–	Str./Allr.	7,5	2,5	3,0	16	9 000	2
			(Heck-)				M 4															
TLF 16/25	20	1/5	FP 16/8	–	2 400	–	S 4	120	6	7	1	4	4	–	–	Str./Allr.	7,5	2,5	3,1	16	12 000	2
			(Heck-)				M 4															
TLF 24/50	21	1/2	FP 24/8	–	4 800	–	S/M 4	500	6	3	1	–	–	–	–	Str./Allr.	8,0	2,5	3,3	20	17 000	2
			(Heck-)				S 8															
TroTIF 16	28	1/5	FP 16/8	–	1 800	750	S 4	80	6	7	1	4	4	–	–	Allr.	8,0	2,5	3,1	18,5	12 000	2
			(Heck-)				M 4															
Tragkraftspritzen-Anhänger (Auszug aus DIN 14 520)																						
TSA	–			TS 8/8					5	8							3,5	1,8	2,0	–	1 000	–

8.5.2 Feuerwehrpumpen

Die Feuerwehrpumpen werden unterteilt in:

FP 2/5	eingebaut in	TS 2/5
FP 4/5	eingebaut in	TS 4/5
FP 8/8	eingebaut in	TS 8/8 und in Löschfahrzeuge
FP 16/8	eingebaut in	Löschfahrzeuge
FP 24/8	eingebaut in	Löschfahrzeuge
FP 32/8	eingebaut in	Löschfahrzeuge
LP 24/3	eingebaut in	TS 24/3

FP bedeutet Feuerlösch-Kreiselpumpe; TS = Tragkraftspritze; LP bedeutet Lenz-Kreiselpumpe.
Die Zahlen bedeuten: Zahl vor dem Schrägstrich · 100 = Förderstrom in l/min, Zahl hinter dem Schrägstrich Nennförderdruck bei 1,5 m geodätischer Saughöhe bei den FP 2/5 und 4/5 bzw. 3,0 m geodätischer Saughöhe bei den übrigen genannten Pumpen.
Die Feuerlösch-Kreiselpumpen sind mit einer Entlüftungseinrichtung ausgestattet, die das Ansaugen bis ca. 7,5 m geod. Saughöhe ermöglicht. Bei dieser Saughöhe halbiert sich etwa der Förderstrom bei Nennförderdruck.
Als Entlüftungseinrichtungen werden u. a. Gasstrahler, Flüssigkeitsringpumpen, Trockenringpumpen oder Doppelkolbenpumpen verwendet.

8.5.3 Schläuche

Sie werden im wesentlichen unterteilt in (formbeständige) Saugschläuche (DIN 14 810) und Druckschläuche (DIN 14 811). Folgende Schlauchgrößen finden Verwendung:
Die A-Größe wird fast ausschließlich als Saugleitung für die größeren Pumpen (ab FP 8/8), die B-Schläuche für die Wasserförderung vom Hydranten zur Pumpe und von der Pumpe bis zum Verteiler und die C-Schläuche als Verbindung zwischen Verteiler und Strahlrohren verwendet.

Tab. 8-2: Schlauchgrößen

Innendurchmesser	Größenbezeichnung
25 mm	D
42 oder 52 mm	C
75 mm	B
110 mm	A

Die Reibungsverluste betragen für 100 m B-Leitung bei
600 l/min Förderstrom ca. 0,7 bar,
800 l/min Förderstrom ca. 1,2 bar,
1000 l/min Förderstrom ca. 1,7 bar,
1200 l/min Förderstrom ca. 2,4 bar.

Da die C-Schläuche nur für relativ kurze Strecken eingesetzt werden, wird auf die Angabe von Reibungsverlusten verzichtet.

8.5.4 Strahlrohre

Die Feuerwehr verwendet Mehrzweckstrahlrohre nach DIN 14365, bei denen durch Abschrauben des Mundstücks der Durchfluß etwa verdoppelt werden kann.

Tab. 8-3: Strahlrohr-Durchfluß (l/min) in Abhängigkeit vom vorhandenen Druck

Druck unmittelbar vor dem Strahlrohr		5	6	7	8 bar
DM-Strahlrohr	Mundstück	24	26	28	30 l/min
	Düse	53	58	63	67 l/min
CM-Strahlrohr	Mundstück	120	130	140	150 l/min
	Düse	215	235	250	270 l/min
BM-Strahlrohr	Mundstück	380	415	450	480 l/min
	Düse	715	785	845	905 l/min

Literatur

„Die roten Hefte", Verlag W. Kohlhammer, Stuttgart
Kaufhold/Rempe, „Feuerlöschmittel", Verlag W. Kohlhammer, Stuttgart

9. Trinkwasserversorgung in Notstandsfällen

bearbeitet von Dipl.-Ing. **Manfred Edenhofner**

DVGW-Regelwerk, DIN-Normen, Gesetze, Verordnungen, Vorschriften, Richtlinien
siehe Anhang, Kap. 14, S. 765 ff.

9.1 Ursachen von Notstandsfällen

Die Trinkwasserversorgung aus einer öffentlichen WV-Anlage kann in Notstandsfällen gefährdet, beeinträchtigt oder sogar unterbrochen werden. Ursachen können sein:
1) Betriebsstörungen größeren Umfanges – z. B. Rohrbruch in Zubringer- oder Fernleitungen an schwer zugänglichen Stellen, längerer Ausfall der Energieversorgung, Brand in Wasserwerksgebäuden, Bedienungsfehler.
2) Naturkatastrophen – z. B. Überschwemmung der Wasserfassung
3) Unglücksfälle – wie Transportunfälle, Bruch von Leitungen mit wassergefährdenden Flüssigkeiten, fahrlässiges Einleiten von Fäkalien, Giftstoffen, radioaktiven Stoffen in Grundwasser und Oberflächengewässer.
4) Sabotageakte – wie vorsätzliche Verunreinigung des Wassers oder Beschädigung von Wasserwerksanlageteilen.
5) Kriegerische Handlungen – durch Kriegseinwirkung verursachte Verunreinigung des Wassers oder Beschädigung von Wasserwerksanlageteilen.

9.2 Vorsorgemaßnahmen

9.2.1 Allgemein

Die einwandfreie Wasserversorgung des Versorgungsgebiets durch ein WVU darf bei kurzzeitigen Betriebsstörungen nicht unterbrochen werden, dies muß durch ausreichende Bemessung der Anlageteile, z. B. Wasserspeicherung und durch Reserven an Bohrbrunnen, Pumpen, Ersatzstromaggregaten sichergestellt sein. Aber auch längere Betriebsstörungen dürfen das WVU nicht unvorbereitet treffen. Es sind daher Vorsorgemaßnahmen zu planen und auszuführen, um im Notstandsfall eine Wasserversorgung so gut wie möglich zu gewährleisten. Näheres hierzu enthält der DVGW-Hinweis W 801.

9.2.2 Rechtsgrundlagen

Die WVU haben i. a. bisher schon Vorsorgemaßnahmen für Notstandsfälle getroffen. Durch neuere Gesetzgebung sind einheitliche Grundlagen für die Vorsorgemaßnahmen geschaffen worden; diese sind zwar grundsätzlich für den Verteidigungsfall vorgesehen, aber auch für andere Notstandsfälle anwendbar.
Grundlage ist das Wassersicherstellungsgesetz – WasSG v. 24. 8. 65 = Gesetz über die Sicherstellung von Leistungen auf dem Gebiet der Wasserwirtschaft für Zwecke der Verteidigung, in welchem angegeben sind: Maßnahmen zur Sicherung der Wasserversorgung, Wasserbeschaffung und Wasserbeseitigung im Verteidigungsfall, Verpflichtung von Anlageninhabern zum Bau, zur Änderung und zur Erhaltung von Anlagen für genannte Zwecke, Aufwendungsersatz, Ermächtigung für Rechtsverordnungen zur Regelung von Einzelfragen.
Die 1. Wassersicherstellungsverordnung – 1. WasSV v. 31. 3. 70 enthält Bestimmungen über die Bemessung des lebensnotwendigen Bedarfs an Trinkwasser und des Bedarfs an Betriebs- und Löschwasser sowie über die Beschaffenheit von Trink- und Betriebswasser im Verteidigungsfall.
Die 2. WasSV v. 11. 9. 73 mit Änderung v. 25. 4. 78 enthält technische Bestimmungen über den Bau von Notbrunnen und Quellfassungen, die der Notstandsversorgung im Verteidigungsfall dienen.

Zur Durchführung des Wassersicherstellungsgesetzes sind verschiedene Rundschreiben erlassen worden. Sie wurden im April 1990 durch die Bestimmungen des Bundes zur Ausführung des Wassersicherstellungsgesetzes – WasSGAB – ersetzt.
Ferner: Gesetz über die Erweiterung des Katastrophenschutzes v. 9. 7. 68, geändert durch Gesetz zur Änderung und Ergänzung des Gesetzes zur Errichtung des Bundesamtes für zivilen Bevölkerungsschutz und des Gesetzes über die Erweiterung des Katastrophenschutzes v. 10. 7. 74, sowie die einschlägigen Landesgesetze über den Katastrophenschutz.

9.2.3 Wasserbedarf in Notstandsfällen

Für jedes Versorgungsgebiet sind die erforderlichen Bedarfsmengen in einem Wasserbedarfsplan zusammenzustellen. Nach dem Votum des Bundesgesundheitsrates v. 5. 3. 70 sind Mindestwerte zu berücksichtigen **(Tab. 2-15).**

9.2.4 Deckung des Wasserbedarfs in Notstandsfällen

9.2.4.1 Notversorgung aus der öffentlichen Wasserversorgung

9.2.4.1.1 Allgemein

Es ist anzustreben, in Notstandsfällen die öffentliche WV so lange wie möglich aufrecht zu erhalten, auch wenn infolge Verseuchung das Wasser nur mehr zum Ableiten der Fäkalien oder für Löschzwecke verwendet werden kann. Ferner sind Neubauten so zu planen, daß sie weitgehend geschützt sind, um auch in Notstandsfällen betriebsbereit zu sein; bestehende Anlagen sollen entsprechend geändert werden, soweit dies wirtschaftlich vertretbar ist.

9.2.4.1.2 Maßnahmen zur Verbesserung der Betriebsbereitschaft in Notstandsfällen

1) Dezentralisierung der Wassergewinnung – Die Versorgung aus mind. 2 voneinander unabhängigen Wassergewinnungsgebieten ist anzustreben. Bei großen WVU ist dies meist aus hydrogeologischen Gründen bereits gegeben. Vorteilhaft ist der stationäre Verbund benachbarter WVU. Dieser Verbund kann zwingend notwendig sein, wenn aus hydrogeologischen Gründen die Trinkwasser-Notstandsversorgung aus Notbrunnen nach Abschn. 9.2.4.2.2 nicht möglich ist.
2) Desinfektion – Da in Notstandsfällen fast immer eine Beeinträchtigung der mikrobiologischen Wasserbeschaffenheit eintritt, sind insbesondere die Anlagen zur Desinfektion gegen Ausfall zu sichern. Zusätzlich sind bewegliche Chlorungsanlagen bereitzuhalten, die örtlich an etwaigen Schadensstellen und gegen hohen Betriebsdruck einsetzbar sind. Ein angemessener Vorrat an Chlortabletten ist notwendig.
3) Reservebrunnen – Bei geeigneten hydrogeologischen Verhältnissen sind Geräte und Materialien zum schnellen Niederbringen von Rammbrunnen und geeignete Entnahmegeräte, Handpumpen bereitzuhalten.
4) Stromversorgung – Anzustreben ist die Versorgung aus verschiedenen, unabhängigen Netzen. Ortsfeste Ersatzstromaggregate sind einsatzbereit zu halten, bewegliche Ersatzstromaggregate sind zum Einsatz für Zwischenförderung und Notbrunnen mit Stromanschluß vorteilhaft.
5) Speicherraum – Dieser soll entsprechend groß, DVGW-Arbeitsblatt W 311, und möglichst auf mehrere Behälter verteilt sein.
6) Transportraum – In manchen Notstandsfällen kann es notwendig sein, das betroffene Versorgungsgebiet aus transportablen Behältern zu versorgen. Beim WVU sind deshalb Behälter und Transportfahrzeuge bereitzuhalten, für größeren Einsatz sind diese über die zuständige Behörde zu beschaffen. Befüllung, Entleerung, Reinigung und Desinfektion sind sicherzustellen.
7) Schutzbauwerke – Brunnen, Pumpwerke und Speicheranlagen in Gebieten, die im Verteidigungsfall besonders gefährdet sind, sollen in geeigneter Schutzbauart ausgeführt werden.
8) Rohrnetz – Dieses soll möglichst ein vermaschtes Ringnetz, DVGW-Merkblatt W 403, sein, eingeteilt in abtrennbare Versorgungsbezirke. Die Kreuzungen von Rohrleitungen mit Oberflächengewässern und Verkehrswegen sind unterirdisch auszuführen. Für Rohrdurchführungen durch Wände ist eine elastische Bauart zu wählen. Bei Bauwerken sind Umgehungsleitungen vorzusehen.
9) Warn- und Fernmeldeeinrichtungen – Die WVU sollen an bestehende Warndienste angeschlossen sein. Für den Ausfall von Fernmeldeanlagen sind Sprechfunkanlagen bereitzuhalten.

10) Lagerhaltung – Betriebsstoffe, Chemikalien, Ersatzteile für maschinelle und elektrische Anlagen, Rohre und Armaturen, insbesondere leicht zu transportierende und verlegbare für fliegende Leitungen, sind in ausreichender Menge an geschützten und gut erreichbaren Stellen zu lagern.
11) Fahrzeuge und Geräte – In Notstandsfällen reichen die des WVU i. a. nicht aus, zusätzliche sind über die zuständige Behörde des Katastrophenschutzes anzufordern.
12) Personal – Das WVU ist über die Maßnahmen bei Notstandsfällen in regelmäßigen Abständen zu unterrichten. Wenn in Notstandsfällen zusätzliches Personal benötigt wird, ist dieses bei der zuständigen Behörde anzufordern. Zur Durchführung von Instandsetzungsarbeiten in Notstandsfällen stehen auch in Städten und Landkreisen bei den Ortsverbänden der Bundesanstalt Technisches Hilfswerk entsprechende mit Fachpersonal besetzte Instandsetzungszüge zur Verfügung.
13) Alarm- und Einsatzplan – Die erforderlichen Maßnahmen bei Auftreten der als möglich erscheinenden Notstandsfälle sind in einem Alarm- und Einsatzplan festzulegen. Hierzu gehört auch das Bereithalten aller erforderlichen Pläne, Listen über den Bestand und Lagerplätze der bereitgehaltenen Materialien und Geräte, Merkblätter und Richtlinien der zuständigen Behörde.

9.2.4.2 Notversorgung aus Einzel-Versorgungen

9.2.4.2.1 Gebiete ohne zentrale Wasserversorgung

Die normale Wasserversorgung erfolgt hier bereits aus Einzel-Wasserversorgungsanlagen. In Notstandsfällen werden sicherlich nicht alle Einzelanlagen gleichzeitig ausfallen, so daß die Mindestversorgung i. a. sichergestellt werden kann.

9.2.4.2.2 Gebiete mit zentraler Wasserversorgungsanlage

Da damit gerechnet werden muß, daß in Notstandsfällen besonders im Verteidigungsfall, die ganze zentrale Wasserversorgung für längere Zeit ausfällt, ist für gefährdete Gebiete die Mindestversorgung aus Einzel-WV-Anlagen sicherzustellen. Hierzu sind folgende Maßnahmen notwendig:
1) Erfassen vorhandener Einzel-WV-Anlagen – hinsichtlich Entnahmemenge, Wasserbeschaffenheit, Zustand der Anlage, uneingeschränkte Verwendbarkeit oder Verwendbarkeit bei Einsatz einfacher Desinfektion, wie Abkochen, Chloren des Wassers. Die Erhebungen sind in eine Kartei aufzunehmen, siehe 1. WasSGVwV (1. Allgemeine Verwaltungsvorschrift zur Durchführung des Wassersicherstellungsgesetzes).
2) Instandsetzung vorhandener Einzel-WV-Anlagen – wenn die Maßnahmen nach 1 nicht ausreichen. Dabei ist die Ausführung im Rahmen des WasSG zu prüfen.
3) Neubau von Trinkwasser-Notbrunnen – wenn die Mindest-Notversorgung aus vorhandenen Einzel-WV-Anlagen nicht gesichert ist, müssen neue erstellt werden, in erster Linie Trinkwasser-Notbrunnen, z. B. im Schwerpunktprogramm des Bundes. Für den Bau und die Ausstattung dieser Brunnen sind vom BMdI insgesamt 11 Arbeitsblätter herausgegeben worden. Acht Arbeitsblätter (1–6, 9 und 10) wurden hinsichtlich einheitlicher Terminologie und gegenwärtigem Stand der Normen und Regelwerke (DIN und DVGW) überarbeitet und im September 1987 zu einem Regelwerk Wassersicherstellungsgesetz – RWWasSG -zusammengefaßt. Die Arbeitsblätter

- 7 – Planung und Anwendung von Wasserstrahlpumpen
- 8 – Hinweise für Planung, Bau und Betrieb von Verbundleitungen und -systemen im Rahmen der Trinkwasser-Notversorgung
- 11 – Vorläufiges Merkblatt für die Planung wasserwirtschaftlicher Vorsorgemaßnahmen in ländlichen Räumen

wurden nicht in das Regelwerk aufgenommen und bleiben nebenher bestehen.
Für die Planung der Zahl und Standorte der Notbrunnen wird i. a. von folgenden Grundlagen ausgegangen:
Betriebsdauer der Notbrunnen 15 h/d, Entnahme 6 m^3/h, Wasserbedarf 15 l/Ed, versorgbare Personenzahl aus 1 Notbrunnen 6000 E, je Brunnen 1 Entnahmevorrichtung für 8 bzw. 10 Zapfstellen, zumutbare Entfernung für das Wassertragen mit Eimer i. M. 750 m, d. i. 500–2 000 m, kein Schutzgebiet, jedoch Sicherung der unmittelbaren Umgebung der Notbrunnen gegen Verunreinigung und Beschädigung, Desinfektion des Wassers mittels Chlortabletten.
Aufgrund der durch die Wiedervereinigung eingetretenen politischen Situation wird kein Neubau von Trinkwasser-Notbrunnen mehr verfolgt, sondern nur der Umbau und die Instandsetzung vorhandener Einzel-WV-Anlagen bzw. aufzulassender Brunnen und Quellen.

4) Wartung und Unterhalt der Einzel-WV-Anlagen – sind notwendig, um sie stets einsatzbereit zu halten. Die zuständige Behörde legt fest, von wem dies auszuführen ist.

9.3 Maßnahmen bei Anzeigen über das Eintreten eines Notstandes

Die Maßnahmen richten sich nach Art und Umfang der möglichen Gefährdung. Sie bestehen i. a. aus:

1. Einweisung des Personals gemäß Alarm- und Einsatzplan
2. Überprüfung der Einsatzfähigkeit der vorhandenen Einrichtungen
3. Durchführung von Arbeiten, je nach Art der Gefährdung, wie

3.1 Auffüllen der festen und beweglichen Speicherbehälter
3.2 Auffüllen der Vorräte an Betriebsstoffen und Chemikalien
3.3 Verstärkung der Desinfektion des abgegebenen Wassers
3.4 personeller und materieller Schutz der gefährdeten Anlageteile z. B. Abwehrmaßnahmen gegen die Verunreinigung der Wasserfassung und des Schutzgebietes

4. Unterrichtung der Bevölkerung durch Lautsprecherwagen, Rundfunk, Fernsehen über die mögliche Gefährdung, deren Ursache, voraussichtliche Dauer der Gefährdung, mit Anweisungen über:

4.1 sparsamen Wasserverbrauch
4.2 hausinterne Wasserbevorratung
4.3 Angabe der zugeteilten, benutzbaren Wasserentnahmestellen, Notbrunnen, Tankwagen
4.4 Verhalten bei Verdacht auf Vergiftung oder radioaktiver Verunreinigung des Wassers
4.5 Verhalten bei mikrobiologischer Verunreinigung, z. B. Abkochen, Verwendung von Chlortabletten.

9.4 Maßnahmen bei eingetretenen Notständen

Es ist sofort Art und Umfang des Notstandes festzustellen, insbesondere welche wichtigen Bereiche der WV-Anlage gefährdet, beschädigt oder völlig ausgefallen sind. Die zuständige Behörde ist zu verständigen. Von der Beurteilung des Notstandes ist es abhängig, welche Maßnahmen nach 9.3 noch durchgeführt werden müssen. Der weitere Einsatz richtet sich nach dem Alarm- und Einsatzplan. In der Reihenfolge der Dringlichkeit sind i. a. zu prüfen und entsprechende Maßnahmen durchzuführen:
1) ob hygienisch einwandfreies Wasser geliefert werden kann – Dies ist auch dann noch zutreffend, wenn durch Desinfektion, z. B. mit erhöhter Chlorzugabe, mit Sicherheit die mikrobiologischen Grenzwerte der TrinkwV eingehalten werden. Andernfalls muß das gelieferte Wasser als Nicht-Trinkwasser bezeichnet, oder die Wasserlieferung bei Verseuchung mit Giften oder radioaktiven Stoffen eingestellt werden. Es sind dann andere Wassergewinnungen einzusetzen, wie Notbrunnen, Tankwagen, Verbundlieferung. Die Verseuchung des Wassers durch mikrobiologische Stoffe, Gifte, radioaktive Stoffe u. a. ist meist nicht durch eigene Untersuchungen des WVU feststellbar; es sind daher unverzüglich Fachleute einzusetzen, um die Untersuchungen durchführen zu lassen und dementsprechend die Abwehrmaßnahmen festzulegen.
2) ob Menge ausreichend ist – Maßgebend sind die Werte nach Abschn. 9.2.3. Wenn nicht durch die zentrale WV-Anlage möglich, sind die anderen Wassergewinnungen nach 1 einzusetzen.
3) ob Druck ausreichend ist – In Notständen kann selten der normale Betriebsdruck eingehalten werden. Um wenigstens überall die Versorgung in den Untergeschossen zu ermöglichen, ist es zweckmäßig, den Druck in den Versorgungsbezirken zu senken, Bezirke mit großen Wasserverlusten abzutrennen.
4) Behebung der Schäden – Nach Ermittlung der Art und des Umfangs des Notstandes sind die Schäden zu beheben, erforderlichenfalls unter zusätzlichem Einsatz von Feuerwehr, Technischem Hilfswerk und Firmen. Wenn die Instandsetzungsarbeiten an wasserbenetzten Anlageteilen beendet sind, müssen diese vor Inbetriebnahme gespült und desinfiziert werden. Je nach Umfang des Schadens und der Anlageteile kann die Desinfektion als Stoßchlorung oder als Dauerchlorung über einen längeren Zeitraum ausgeführt werden. Das Füllen von entleerten Rohrleitungen muß sehr sorgfältig,

d. i. langsam und mit völliger Entlüftung aller Hochpunkte, durchgeführt werden, um Rohrbrüche durch Druckstöße zu vermeiden.
Die Verbraucher der vom Notstand betroffenen Gebiete sind laufend mittels Lautsprecherwagen über den Stand des Notstandes und der Behebungsmaßnahmen sowie über notwendige zusätzliche hausinterne Maßnahmen zur Sicherstellung der lebensnotwendigen Versorgung zu unterrichten. Wenn mit Sicherheit der Notstand behoben ist, d. h. die einwandfreie Versorgung nach der TrinkwV und DIN 2000 wieder gewährleistet ist, sind die Verbraucher und die zuständige Behörde unverzüglich zu verständigen. Der Notstand ist formell aufzuheben.

10. Eigen- und Einzeltrinkwasserversorgung

bearbeitet von Dipl.-Ing. **Manfred Edenhofner**

DVGW-Regelwerk, DIN-Normen, Gesetze, Verordnungen, Vorschriften, Richtlinien
siehe Anhang, Kap. 14, S. 765 ff.

10.1 Wasserbeschaffenheit

Pumpbrunnen und Quellen für Einzelanwesen müssen ebenso wie die öffentl. WV-Anlagen einwandfreies Wasser liefern. Der Verbraucherkreis, der von einer solchen Anlage bedient wird, ist zwar beschränkt, aber durch ansteckende Krankheiten in einer Familie können doch weitere Bevölkerungskreise in Mitleidenschaft gezogen werden, insbes. wenn Möglichkeiten der Übertragung von Krankheitserregern bestehen, wie über die Milch aus landwirtschaftlichen Anwesen.
Der Boden, dem durch einen Einzelbrunnen oder durch eine Quellfassung Trinkwasser entnommen wird, muß frei sein von Verunreinigungen durch menschliche oder tierische Abfallstoffe, Aborte und Abortgruben, Versitzgruben, Düngerstätten, Jauchegruben, Küchen- und Stallabwässer, Abwasserkanäle, Schuttablagerungen und sonstige zur Aufnahme oder Wegleitung von Abfallstoffen und Schmutzwässern dienende Einrichtungen; auch dürfen in unmittelbarer Nähe keine offenen Gewässer vorhanden sein.
Während man für zentrale WV-Anlagen ein Schutzgebiet festsetzt, dessen Größe Sicherheit gegen ein Eindringen von Schmutzstoffen bietet, müssen die Forderungen für die Einzeltrinkwasserversorgung schon mit Rücksicht auf die technisch-finanziellen Möglichkeiten zurückgesteckt werden (vgl. DIN 2001).
Maßgebend bleibt natürlich auch hier zunächst der Aufbau der Bodenschichten. Sind Deckschichten von mindestens einem Meter Mächtigkeit in flächenhafter Ausdehnung von mindestens 25 m um einen Brunnen oder in 25 m Breite beiderseits einer Quelle quer zur Grundwasserströmungsrichtung und in 50 m Entfernung grundwasserstromaufwärts nachzuweisen und ergeben mehrmalige Wasseruntersuchungen einen günstigen Befund, so wird man keine Bedenken zu hegen brauchen. Daß innerhalb der angegebenen Zone eine landwirtschaftliche Düngung mit Stalldünger oder Jauche zu unterbleiben hat, versteht sich von selbst. Sind die Bodenschichten aber schon von oben her durchlässig (Kies, lehmfreier Sand, klüftiger Fels), so muß ein weit größerer Schutzbereich gefordert werden. Er ist von Fall zu Fall unter Hinzuziehung der Abteilung Gesundheitswesen der Kreisverwaltungsbehörde und eines hydrogeologischen Fachmannes festzulegen. Auf alle Fälle müssen in solchen Bodenschichten die Brunnenmauer von Schachtbrunnen oder die geschlossenen Schutz- oder Sperrohre von Bohrbrunnen bis mindestens 8 m unter Gelände reichen, damit wenigstens diese vertikale Filtrationsstrecke erzwungen wird.

10.2 Technische Hinweise

1) Innerhalb von Gebäuden dürfen Schlag- oder Bohrbrunnen nur in Ausnahmefällen und nur dann angelegt werden, wenn der den Brunnen umgebende Boden im Kellerraum wasserdicht hergestellt ist und wenn das Gefälle des Bodens vom Brunnen wegweist und etwaiges Planschwasser sicher weit genug weggeleitet wird. Voraussetzung ist selbstverständlich, daß nicht neben dem Gebäude, in dem der Brunnen steht, Schmutzstoffe in das Grundwasser gelangen können, was wohl nur selten gewährleistet ist.
2) Quellstuben, Quellfassungen, Sammler sind so anzulegen, daß kein Oberflächenwasser und keine Kleintiere usw. zum gesammelten Wasser gelangen können. Sie sind sauber mit Zementputz zu glätten und mit dichtschließenden Deckeln oder Türen zu versehen. Belüftungsöffnungen sind mit Fliegengittern zu verschließen.

3) Die Oberkante der geschlitzten Filterrohre von Bohrbrunnen muß mindestens 3 m unter Gelände liegen, wenn günstige Bodenverhältnisse vorliegen. Im weniger günstigen Fall gilt das in Abschn. 10.1, Abs. 4 genannte Maß von 8 m.

4) In Schachtbrunnen ist der untere Teil mit Löchern zu versehen, um den seitlichen Wassereintritt zu ermöglichen. Hinsichtlich der Entfernung der obersten Lochreihe vom Gelände gilt das in Abschn. 10.2.3 geforderte. Der obere Teil des Schachtbrunnens ist wasserdicht herzustellen, was bei Verwendung von Zementringen häufig versäumt wird. Etwaiger Zwischenraum zwischen dem Brunnenmauerwerk oder den Zementringen und dem natürlichen Boden ist von der Brunnensohle bis zum Wasserspiegel mit sauberem Kies aufzufüllen, durch den das Wasser zum Brunnen strömen kann. Über dem Wasserspiegel ist fetter und gut knetbarer Ton fest einzustampfen, damit kein Oberflächenwasser eindringen kann.

5) In Schachtbrunnen sind aus Sicherheitsgründen Einsteigleitern aus Stahl (Profilstahl oder Rohren), mindestens aber Steigeisen einzubauen, die bis zur Brunnensohle reichen müssen; in Brunnen mit mehr als 6 m Tiefe sind Zwischenpodeste aus Stahlträgern mit Riffelblech- oder Gitterrostabdeckungen einzubauen, um das Hineinstürzen in den Brunnen zu verhindern. Die Einsteigleitern sind an den Zwischenpodesten zu unterbrechen und stockwerksweise gegeneinander zu versetzen.

6) Brunnenschächte oder Aufsatzrohre bzw. Schutz-(Sperr-)rohre von Bohrbrunnen sind mindestens 0,3 m über Geländeoberfläche oder Vorschachtsohle zu führen und dort mit einem sicher schließenden, durch Unbefugte nicht zu öffnenden Deckel zu verschließen. Holz darf weder für den Deckel noch irgendwelche Einrichtungen im Brunnen verwendet werden, da es fault und dann Träger von Schimmelbakterien wird.

7) Die Umgebung aller Brunnen, auch der Schlagbrunnen, ist im Umkreis von wenigstens 3 m mit Gefälle vom Brunnen weg zu pflastern (Fugen ausgießen!) oder zu betonieren, damit kein Oberflächen- und Planschwasser zum Brunnen gelangen kann. Wenn möglich ist das Planschwasser durch eine Leitung vom Brunnen wegzuleiten.

8) Pumpenteile oder Rohrleitungen sind wasserdicht durch Brunnenrand oder Deckel zu führen. Wird eine Handpumpe auf dem Deckel selbst aufgestellt, so ist sie so nahe an den Deckelrand zu rücken, daß der Pumpende nicht auf dem Deckel stehen muß. Das Auslaufrohr der Handpumpe muß den Brunnenrand so überragen, daß das ausfließende Wasser nicht auf den Deckel auftrifft. Offene Zieh- oder Schöpfbrunnen sind nicht zulässig.

Wird ein Pumpwerk mit elektrischem Antrieb vorgesehen – ausgenommen U-Pumpen –, so vermeide man, es in den feuchten Brunnenschacht zu stellen, da die Maschinen, insbes. der Motor, stark leiden. Wenn möglich, wähle man zur Aufstellung einen trockenen Kellerraum in Brunnenähe oder einen eigenen, gut belüfteten Schacht. Die VDE-Vorschriften für feuchte Räume sind zu beachten (s. DIN VDE 0100 Teil 737).

Druckbehälter können wohl immer abseits des Brunnens im Gebäude aufgestellt werden. Damit sind auch die besonders empfindlichen Druckschalter, Motorschütze und Sicherungskästen in trockenem Raume unterzubringen.

9) Das Saugleitungsende (Fußventil) muß einen Mindestabstand von 0,3 m von der Brunnensohle haben, damit kein Schlamm mit angesaugt werden kann. Die Brunnensohle ist mit Kies in der Körnung zwischen 3 und 10 mm 15 cm hoch zu bedecken.

Hinweis: Anlagen zur eventuellen Behandlung von Wässern aus Eigen- und Einzeltrinkwasserversorgungsanlagen s. DIN 1988, Teil 2.

Bauabwicklung und Betrieb von Wasserversorgungsanlagen

11. Planung und Baudurchführung

bearbeitet von Dipl.-Ing. **Manfred Edenhofner**

DVGW-Regelwerk, DIN-Normen, Gesetze, Verordnungen, Vorschriften, Richtlinien
siehe Anhang, Kap. 14, S. 765 ff.

11.1 Aufgaben

11.1.1 Allgemein

Die Baudurchführung von WV-Anlagen, von dem Entschluß zu bauen bis zur Inbetriebnahme der gebrauchsfertigen Anlage, erfordert eine Vielzahl von Arbeiten und das Einschalten einer Reihe von Spezialisten auf den verschiedensten Gebieten. Eine sorgfältige Vorbereitung und eine enge Zusammenarbeit aller Beteiligten ist unerläßliche Voraussetzung für eine reibungslose Abwicklung des Baues und für das Vermeiden von Fehlplanungen und Fehlinvestitionen. Hierbei ist es notwendig, daß alle Beteiligten Kenntnis von der Art aller anfallenden Aufgaben und der zweckmäßigen Reihenfolge der Abwicklung dieser Aufgaben haben.
Zweckmäßig ist die Besichtigung anderer neu erstellter WV-Anlagen ähnlicher Art und Größe und die Beteiligung der Ingenieure, Wassermeister und Wasserwarte des WVU bei der Baudurchführung.
Der Aufgabenbereich für die Durchführung einer WV-Baumaßnahme ist vom Betriebsbereich zu trennen, er besteht aus einem Technischen- und einem Verwaltungs-Bereich.

11.1.2 Technischer-Bereich

Der Technische- Bereich hat alle technischen Unterlagen für die Baudurchführung und für den späteren Betrieb zu liefern, wie:

1. Vorgabe der technischen Forderungen des Betriebs und der betrieblichen Zwangspunkte, welche bei Planung und Baudurchführung zu berücksichtigen sind.
2. Erstellung der technischen Gutachten (GA), hydrogeologischen GA, Vorplanung/Vorentwurf (VE), Entwurfsplanung/Entwurf (E), Übernahme der Bauoberleitung (BO) und örtlichen Bauüberwachung (BÜ).
3. Erstellen der technischen Unterlagen für den Verwaltungsbereich für die wasserrechtlichen, baurechtlichen und sonstigen Genehmigungsverfahren, z. B. für die Beanspruchung bzw. Kreuzung von Verkehrswegen, Gewässern usw., für die privatrechtlichen Regelungen, wie Grundstückskäufe, Grunddienstbarkeiten u. a.
4. Klären und Sichern vorhandener Rohrleitungen, Kabelleitungen, Kanäle, Dränrohre, Grundwassernutzungen.
5. Technischer Abschluß der Baumaßnahme und Übergabe an den Betrieb.

11.1.3 Verwaltungs-Bereich

Zum Verwaltungs-Bereich gehören folgende Arbeiten, wobei technische Unterlagen vom Technischen Bereich geliefert werden:

1. Finanzierung des Bauvorhabens mit Anträgen, Abwicklung und Verwendungsnachweisen
2. Wasserrechtliche, baurechtliche und sonstige Genehmigungsverfahren
3. Verträge über Kreuzungen mit Verkehrswegen, Gewässern usw.
4. Verträge über Lieferung von Strom, Gas, Chemikalien u. a.
5. Privatrechtliche Regelungen, wie Grundstückskauf, Grunddienstbarkeiten
6. Verdingungen, Vergabe, Bauverträge
7. Abwicklung der Bauabrechnung.

11.1.4 Weitergabe von Teilaufgaben

Ein Wasserversorgungsunternehmen (WVU), welches über entsprechendes Personal verfügt, wird die Aufgaben des Technischen-Bereichs bei kleinen Baumaßnahmen ganz übernehmen können. Große WVU lassen auch große Baumaßnahmen durch eigene Planungs- und Baubüros ausführen und schalten nur von Fall zu Fall Sondergutachter ein. Im allgemeinen werden aber die Ingenieurleistungen für VE, E, BO, BÜ an Ingenieurbüros (IB) vergeben, wobei gelegentlich Vorgutachten vom eigenen WVU oder Sondergutachtern erstellt werden. Wesentlich ist aus Haftungsgründen, daß E + BO + BÜ vom gleichen IB ausgeführt werden. Bei Baumaßnahmen, welche staatliche Finanzierungsmittel in Anspruch nehmen, ist zusätzlich eine fachlich zuständige, technische staatliche Verwaltung (baufachlich mitwirkendes Amt) eingeschaltet, das Wasserwirtschaftsamt. Die baufachliche Mitwirkung ist beschränkt auf die stichprobenweise Überwachung der wirtschaftlichen und sparsamen Verwendung der Zuwendungen. Sie entlastet den Ingenieur nicht von seiner Verantwortung für die ordnungsgemäße Ausführung des Vorhabens. Die Bauarbeiten werden i. a. vom WVU als Auftraggeber (AG) an Firmen, Auftragnehmer (AN), vergeben. Nur in seltenen Fällen werden sie vom WVU selbst, meist nur für kleine Teilbereiche, übernommen, besonders wenn sie sehr stark mit dem laufenden Betrieb zusammenhängen.

11.2 Mitwirkung eines Ingenieurbüros

11.2.1 Allgemein

Kleine und mittlere Gemeinden haben in der Regel kein technisches Personal, das über eine entsprechende Ausbildung und Erfahrung in der Planung und im Bau von WV-Anlagen verfügt. Bei bestehenden WVU ist ferner das vorhandene Betriebspersonal i. a. durch den Betrieb voll ausgelastet, so daß die umfangreichen Aufgaben der Planung und Baudurchführung nicht neben den Betriebsaufgaben geleistet werden können. Es ist daher hier mehr als bei einer sonstigen Bauaufgabe notwendig, daß der Entwurf und die Bauberatung einem von den Ausführungsfirmen unabhängigen, beratenden Ingenieur übertragen werden. Da das Gebiet des Wasserversorgungswesens umfangreiche Spezialkenntnisse erfordert, sind nur anerkannte Fachingenieure mit der technischen Beratung zu beauftragen.
Von dem IB sind alle technischen Fragen, die mit dem Bau der WV zusammenhängen, zu klären, und die erforderlichen Unterlagen für die bauliche und verwaltungsmäßige Durchführung und für den späteren Betrieb zu liefern. Insbesondere besteht die Aufgabe aus Erstellung des VE, E, Übernahme BO, BÜ. In den folgenden Abschnitten sind die hierfür zu erledigenden Arbeiten im einzelnen beschrieben.
Die Aufgaben VE + E + BO + BÜ hängen sehr stark zusammen, so daß es i. a. sehr vorteilhaft ist, wenn damit nur 1 Ingenieurbüro beauftragt wird, wodurch schnelle Entscheidungen möglich sind und Streitigkeiten über die Schuld bei Mängeln in der Bauausführung nicht zu Lasten des WVU gehen.
Meinungsverschiedenheiten und Streitfälle zwischen WVU und IB werden dann um so eher vermieden, wenn folgende Voraussetzungen gegeben sind:

1. Beauftragung eines anerkannten, fachlich auf dem Spezialgebiet Wasserversorgung erfahrenen IB.
2. Ingenieurvertrag nach Mustervertrag (z. B. nach HIV-KOM von 9/88, zuletzt ergänzt 1994).
3. Voll durchgearbeitete Entwürfe und Leistungsverzeichnisse, so daß Änderungen, Ergänzungen und Preisvereinbarungen nicht erforderlich werden.

11.2.2 Ingenieurauftrag

Ingenieurleistungen sind technisch-geistige Leistungen und sollen daher nicht in förmlichen Verfahren der öffentlichen Ausschreibung, etwa entsprechend der VOB, vergeben werden. Da aber für öffentliche Auftraggeber die Haushaltsgrundsätze der Wirtschaftlichkeit und Sparsamkeit gelten, sind in der Regel bei der Vergabe der Ingenieurleistungen vergleichbare Angebote einzuholen, aufgrund derer die Entgelte für die Ingenieurleistungen zu vereinbaren sind. Die geforderten Ingenieurleistungen müssen nach Art, Umfang und Zeitdauer eindeutig beschrieben und die vom Auftraggeber zur Verfügung zu stellenden Unterlagen angegeben werden.

Der Auftrag ist in Form eines schriftlichen Vertrags zu erteilen, in welchem insbesondere die gesamten vom Ingenieurbüro zu erbringenden Leistungen, die hierfür geltenden Termine und Fristen und die Vergütung festzulegen sind.
Durch die Verordnung der Bundesregierung über die Honorare für Leistungen der Architekten und Ingenieure, HOAI v. 17. 9. 1976, in der zuletzt ab 21. 9. 1995 gültigen Fassung ergeben sich Änderungen hinsichtlich der vertraglichen Regelungen zwischen dem Auftraggeber und dem Ingenieurbüro sowie in der Berechnung der Honorare. Das kommunale Handbuch für Ingenieurverträge (HIV-KOM vom Sept. 1988) enthält entsprechende Richtlinien für den Abschluß von Ingenieurverträgen. Das folgende Muster, das sich in Bayern bewährt hat, wird zur Verwendung empfohlen.
Sofern der Auftragswert 200 000 ECU oder mehr beträgt, wird zusätzlich auf die Verdingungsordnung für freiberufliche Leistungen (VOF) verwiesen, die am 1. 11. 1997 in Kraft getreten ist und nur nicht vorab und erschöpfend beschreibbare freiberufliche Leistungen umfaßt.

Muster 11-1

Ingenieurvertrag
zwischen ....

vertreten durch .... in ....
nachstehend Auftraggeber AG genannt,

und ....
nachstehend Auftragnehmer AN genannt,
wird folgender Ingenieurvertrag für die Baumaßnahme .... geschlossen:

Inhalt
§ 1 *Gegenstand des Vertrages*
1.1 Gegenstand dieses Vertrages sind Leistungen für ....
(genaue Bezeichnung der Baumaßnahme)
1.2 Die Baumaßnahme unterliegt ....
(öffentlich-rechtliche Verfahren)

§2 *Grundlagen des Vertrages*
Grundlagen des Vertrages sind:
2.1 Die Allgemeinen Vertragsbestimmungen für Ingenieurleistungen, Ausgabe 1986 AVB-ING (Fassung 1994, die auf die neueste Rechtsprechung eingeht)
2.2 Die zusätzlichen Vertragsbestimmungen für Ingenieurleistungen in der Wasserwirtschaft – ZVB-Ing/Was 1985 (Fassung 1992)
2.3 Die HOAI in der bei Vertragsabschluß geltenden Fassung
2.4 Die Bestimmungen für den Werkvertrag (§§ 631 ff. BGB)
2.5 Folgende Technische Bedingungen
2.5.1 Richtlinien für den Entwurf von wasserwirtschaftlichen Vorhaben – REWas 1983, i. d. F. v. 1. 9. 1987 –
2.5.2 Verordnung über Pläne und Beilagen im wasserrechtlichen Verfahren vom 18. 5. 1983 (GVBl S. 283) – WPBV –
2.5.3 Vergabehandbuch für die Durchführung von Bauaufgaben im Bereich der Bayer. Staatsbauverwaltung – VHB Bayern –
2.5.4 Zusätzliche Technische Vorschriften für wasserwirtschaftliche Vorhaben gemäß HIV-KOM, Anhang 2, Abschnitt 2.1 – ZTV –

§ 3 *Leistung des Auftragnehmers*
3.1 Der Auftraggeber überträgt dem Auftragnehmer folgende Leistungen:
3.1.1 Vorplanung/Vorentwurf (Phase 2)
3.1.2 Entwurfsplanung/Entwurf (Phase 3) mit Mitwirkung im Zuwendungsverfahren
3.1.3 Genehmigungsplanung (Phase 4)
Die vom Ingenieur zu erbringenden Leistungen sind eindeutig und erschöpfend zu beschreiben, die in den Leistungsbildern der HOAI vorgegebenen Gliederungen sind zu berücksichtigen.
3.2 Der Auftraggeber beabsichtigt zu übertragen die folgenden weiteren Leistungen

3.2.1 Vorbereitung der Vergabe (Phase 6)
3.2.2 Mitwirkung bei der Vergabe (Phase 7)
3.2.3 Bauoberleitung (Phase 8)
3.2.4 Objektbetreuung und Dokumentation (Phase 9)
3.2.5 Örtliche Bauüberwachung
3.3 Die vorzulegenden Zeichnungen, Beschreibungen und Berechnungen sind dem Auftraggeber in pausfähiger Ausführung zu übergeben.
3.4 Der AG beabsichtigt, die in 3.2 genannten Leistungen dann in Auftrag zu geben, wenn die Entwurfsplanung genehmigt und die Finanzierung gesichert ist, ohne daß hierauf ein Rechtsanspruch besteht. Die Übertragung erfolgt schriftlich.
Der AG behält sich eine abschnittsweise Beauftragung vor.
Der AN ist verpflichtet, die weiteren Leistungen zu erbringen. Aus der abschnittsweisen Beauftragung kann er keine Erhöhung des Honorars ableiten, außer § 21 der HOAI bestimmt dies.
3.5 Der AN hat die von ihm angefertigten Unterlagen als „Verfasser" zu unterzeichnen.

§ 4 Leistungen fachlich Beteiligter
Folgende Leistungen werden von den nachstehend genannten fachlich Beteiligten erbracht und sind vom Auftragnehmer mit seinen Leistungen abzustimmen und in diese einzuarbeiten.
....

Für die Leistungen nach § 3 gelten folgende Termine und Fristen

§ 5 Termine und Fristen
5.1 Der VE ist spätestens .... (5) Monate nach Auftragserteilung beim AG einzureichen
5.2 Der E ist spätestens .... (6) Monate nach Genehmigung des VE, bzw. Auftragserteilung zum E beim AG einzureichen.
5.3 BO und BÜ beginnen mit der Auftragserteilung zur Vorbereitung der Vergabe. Die Verdingungsunterlagen sind innerhalb von ... (20) Arbeitstagen nach Übertragung der BO dem AG zu übermitteln.
5.4 Der Verwendungsnachweis ist innerhalb eines halben Jahres nach Abschluß der Arbeiten zu erstellen.

§ 6 Vergütung
6.1 *Allgemein* – Die Vergütung erfolgt gem. Ermittlung der anrechenbaren Kosten. Dabei sind sämtliche Kosten, die sich nach REWas sowie § 3 Leistungen des Auftragnehmers ergeben, einzurechnen (ohne Kosten nach § 52/6 HOAI).
6.2 *Honorarermittlung*
6.2.1 *Grundlage* – ist die HOAI v. 21. 9. 1995
6.2.2 *Honorarzone* – das Objekt gem. § 1 wird der Honorarzone .... zugeordnet
6.2.3 *Anrechenbare Kosten* – zugrunde gelegt werden die durch Abrechnung ermittelten anrechenbaren Kosten ohne Umsatzsteuer. Soweit diese noch nicht vorliegen, wird von folgenden Kosten ausgegangen:
1. Teilleistung 2 nach der Kostenberechnung, solange diese nicht vorliegt, nach der Kostenschätzung
2. Teilleistungen 3–4 nach der Kostenberechnung, solange diese nicht vorliegt, nach der Kostenschätzung.
3. Teilleistungen 5–7 nach dem Kostenanschlag, solange dieser nicht vorliegt, nach der Kostenberechnung.
4. Teilleistung 8 und 9 nach der Kostenfeststellung, solange diese nicht vorliegt, nach dem Kostenanschlag.

6.2.4 *Honorar für die Grundleistungen* – es ist nach HOAI v. 21. 9. 1995 zu ermitteln. Es gilt der Mindestsatz der Honorartafel nach § 56/1 HOAI.
6.2.5 *Leistungsumfang und Bewertung*
Die Grundleistungen nach § 3 werden bewertet für:

1. Vorentwurf (Teilleistung 2)	15 v. H.
2. Entwurf mit Genehmigungsplanung (Teilleistung 3 und 4)	35 v. H.
3. Bauoberleitung (Teilleistung 6–9)	33 v. H.

6.2.6 Nebenkosten werden pauschal erstattet mit .... DM
Daneben erhält der Ingenieur zusätzlich die Entschädigung für die Verdingungsunterlagen nach § 20 VOB/A.
Die Kosten für das Baustellenbüro trägt der AG unmittelbar.
Dies ist bei der Vergütung der Nebenkosten berücksichtigt.

6.2.7 Sonderleistungen, z. B. Mitwirkung im Zuwendungsverfahren 3 v. H.

6.2.8 Örtliche Bauüberwachung 2 v. H.
der anrechenbaren Kosten

§ 7 Haftpflichtversicherung des Auftragnehmers

Die Deckungssummen der Haftpflichtversicherung nach § 10 AVB-ING müssen mindestens betragen:

a.) für Personenschäden 1 000 000DM

b.) für sonstige Schäden 150 000DM
bei Herstellkosten
< 1,5 Mio. DM
300 000DM
bei Herstellkosten
> 1,5 Mio. DM

§ 8 Ergänzende Vereinbarungen

8.1 Ergänzende Bestimmungen hinsichtlich der Zahlungen

8.2 Festlegung einer Vertragsstrafe, wenn die Überschreitung von Terminen dem Auftraggeber erhebliche Nachteile verursachen kann

Rechtsverbindliche Unterschriften

Auftraggeber	Auftragnehmer
Ort, Datum	Ort, Datum
(Unterschrift, Dienstsiegel)	(Unterschrift)

Bisher im Musteringenieurvertrag enthaltene weitere Vereinbarungen sind nunmehr in den „Allgemeinen Vertragsbestimmungen für Ingenieurleistungen – (AVB-ING) neben zusätzlichen Bestimmungen generell geregelt. Es handelt sich um:

§ 1 Allgemeine Pflichten des Auftragnehmers
§ 2 Zusammenarbeit zwischen Auftraggeber, Auftragnehmer und anderen fachlich Beteiligten
§ 3 Vertretung des Auftraggebers durch den Auftragnehmer
§ 4 Auskunftspflicht des Auftragnehmers
§ 5 Herausgabeanspruch des Auftraggebers
§ 6 Urheberrecht
§ 7 Zahlungen
§ 8 Kündigung
§ 9 Haftung und Verjährung
§ 10 Haftpflichtversicherung
§ 11 Erfüllungsort, Streitigkeiten, Gerichtsstand
§ 12 Arbeitsgemeinschaft
§ 13 Werkvertragsrecht
§ 14 Schriftform
§ 15 Kostenbegriffe

Zusätzlich wird auf das „Handbuch für Ingenieurverträge in der Wasserwirtschaft HIV-Was“ von 4/95 verwiesen, das von der Länderarbeitsgemeinschaft Wasser (LAWA) mit weiteren Institutionen herausgegeben wurde und vergleichbare Regelungen enthält.

11.2.3 Honorare für Leistungen der Ingenieure

11.2.3.1 Allgemein

Die Bauwerke und Anlagen des Wasserbaus und der Wasserwirtschaft sind Ingenieurbauwerke, für welche die Berechnung des Honorars für Ingenieurleistungen in HOAI v. 21. 9. 1995 Teil VII § 51 ff. geregelt ist. Die Ingenieurleistungen sind in Leistungsbildern erfaßt und gliedern sich in *Grundleistungen* – die i. a. zur ordnungsgemäßen Erfüllung eines Auftrages erforderlich sind und in *Besondere Leistungen* – z. B. bei besonderen Anforderungen an die Ausführung des Auftrags, die über die Grundleistungen hinausgehen oder diese ändern.
In der HOAI v. 21. 9. 1995 sind in § 56 die Mindest- und Höchstsätze der Honorare für die Grundleistungen entsprechend der Höhe der anrechenbaren Kosten und dem Grad der Planungsanforderungen durch Einteilung in 5 Honorarzonen festgelegt.

11.2.3.2 Ermittlung des Honorars für die Grundleistungen

Nach der HOAI v. 21. 9. 1995 sind für die Ermittlung des Honorars maßgebend:

11.2.3.2.1 Anrechenbare Kosten des Objekts – diese sind die Herstellungskosten des Objekts ohne Umsatzsteuer. Nicht anrechenbar sind z. B. die Kosten für Erwerb der Grundstücke, Vermessung und Vermarkung, Baunebenkosten, ferner die Kosten für solche Arbeiten, die das IB weder plant noch überwacht, z. B. öffentliche Erschließung, Außenanlagen, verkehrsregelnde Maßnahmen, Winterschutzvorkehrungen, Entschädigungen u. ä. (§ 52 HOAI, Anlage Ing 5 zum Mustervertrag nach HIV-KOM).

11.2.3.2.2 Honorarzonen – denen die Objekte entsprechend den Planungsanforderungen (bzw. Bewertungsmerkmalen) angehören:

Bewertungspunkte – BW

Honorarzone I	sehr geringe Planungsanforderungen	10
Honorarzone II	geringe Planungsanforderungen	11–17
Honorarzone III	durchschnittliche Planungsanforderungen	18–25
Honorarzone IV	überdurchschnittliche Planungsanforderungen	26–33
Honorarzone V	sehr hohe Planungsanforderungen	34–40

Die Bewertungsmerkmale für den Schwierigkeitsgrad der Planungsanforderungen sind:

1. Geologische und baugrundtechnische Gegebenheiten, Bewertungs-Punkte (BW) bis 5
2. Technische Ausrüstung, BW bis 5
3. Anforderungen an die Einbindung in die Umgebung, BW bis 5
4. Konstruktive und technische Anforderungen, BW bis 10
5. Fachspezifische Bedingungen, BW bis 15.

Die Anlageteile der Wasserversorgungsanlagen können demnach i. a. folgenden Honorarzonen zugeordnet werden:
Honorarzone I – Zisternen, Leitungen für Wasser ohne Zwangspunkte.
Honorarzone II – einfache Anlagen zur Gewinnung und Förderung von Wasser, zum Beispiel Quellfassungen, Schachtbrunnen; einfache Anlagen zur Speicherung von Wasser, zum Beispiel Behälter in Fertigbauweise, Feuerlöschbecken; Leitungen für Wasser mit geringen Verknüpfungen und wenigen Zwangspunkten, einfache Leitungsnetze für Wasser.
Honorarzone III – Tiefbrunnen, Speicherbehälter; einfache Wasseraufbereitungsanlagen und Anlagen mit mechanischen Verfahren; Leitungen für Wasser mit zahlreichen Verknüpfungen und zahlreichen Zwangspunkten, Leitungsnetze mit mehreren Verknüpfungen und mehreren Zwangspunkten und mit einer Druckzone.
Honorarzone IV – Brunnengalerien und Horizontalbrunnen, Speicherbehälter in Turmbauweise, Wasseraufbereitungsanlagen mit physikalischen und chemischen Verfahren, einfache Grundwasserdekontaminierungsanlagen, Leitungsnetze für Wasser mit zahlreichen Verknüpfungen und zahlreichen Zwangspunkten.

Honorarzone V – Bauwerke und Anlagen mehrstufiger oder kombinierter Verfahren der Wasseraufbereitung; komplexe Grundwasserdekontaminierungsanlagen.

11.2.3.2.3 Mindest- und Höchstsätze des Honorars nach HOAI v. 21. 9. 1995 § 56/1 – für die Grundleistungen der Ingenieure in den einzelnen Honorarzonen sind in **Tab. 11-1** angegeben, entsprechend der Honorartafel der HOAI. Die Mindestsätze des Honorars können in Ausnahmefällen nach schriftlicher Vereinbarung unterschritten, die Höchstsätze bei außergewöhnlichen und ungewöhnlich lange dauernden Leistungen überschritten werden. Wenn nichts besonderes schriftlich vereinbart ist, gelten die Mindestsätze.

Tab. 11-1: Honorartafel zu § 56 Abs. 1 (Anwendungsbereich des § 51 Abs. 1) HOAI

Anrechenbare Kosten	Zone I		Zone II		Zone III		Zone IV		Zone V	
	von	bis	von	bis	von	bis	von	bis	von	bis
DM	DM		DM		DM		DM		DM	
50 000	4 650	5 850	5 850	7 040	7 040	8 240	8 240	9 430	9 430	10 630
60 000	5 400	6 760	6 760	8 120	8 120	9 490	9 490	10 850	10 850	12 210
70 000	6 110	7 630	7 630	9 160	9 160	10 680	10 680	12 210	12 210	13 730
80 000	6 790	8 470	8 470	10 150	10 150	11 820	11 820	13 500	13 500	15 180
90 000	7 470	9 290	9 290	11 120	11 120	12 940	12 940	14 770	14 770	16 590
100 000	8 140	10 110	10 110	12 080	12 080	14 040	14 040	16 010	16 010	17 980
150 000	11 290	13 920	13 920	16 550	16 550	19 170	19 170	21 800	21 800	24 430
200 000	14 240	17 470	17 470	20 700	20 700	23 920	23 920	27 150	27 150	30 380
300 000	19 750	24 060	24 060	28 370	28 370	32 680	32 680	36 990	36 990	41 330
400 000	24 910	30 200	30 200	35 490	35 490	40 770	40 770	46 060	46 060	51 350
500 000	29 820	36 010	36 010	42 210	42 210	48 400	48 400	54 600	54 600	60 790
600 000	34 530	41 580	41 580	48 640	48 640	55 690	55 690	62 750	62 750	69 800
700 000	39 100	46 970	46 970	54 840	54 840	62 700	62 700	70 570	70 570	78 440
800 000	43 560	52 200	52 200	60 850	60 850	69 490	69 490	78 140	78 140	86 780
900 000	47 890	57 290	57 290	66 690	66 690	76 080	76 080	85 480	85 480	94 880
1 000 000	52 130	62 260	62 260	72 380	72 380	82 510	82 510	92 630	92 630	102 760
1 500 000	72 290	85 770	85 770	99 250	99 250	112 730	112 730	126 210	126 210	139 690
2 000 000	91 170	107 670	107 670	124 180	124 180	140 680	140 680	157 190	157 190	173 690
3 000 000	126 440	148 370	148 370	170 300	170 300	192 240	192 240	214 170	214 170	236 100
4 000 000	159 460	186 280	186 280	213 100	213 100	239 930	239 930	266 750	266 750	293 570
5 000 000	190 880	222 230	222 230	253 570	253 570	284 920	284 920	316 260	316 260	347 610
6 000 000	221 110	256 700	256 700	292 290	292 290	327 890	327 890	363 480	363 480	399 070
7 000 000	250 370	289 990	289 990	329 610	329 610	369 220	369 220	408 840	408 840	448 460
8 000 000	278 850	322 320	322 320	365 780	365 780	409 250	409 250	452 710	452 710	496 180
9 000 000	306 630	353 800	353 800	400 970	400 970	448 130	448 130	495 300	495 300	542 470
10 000 000	333 820	384 560	384 560	453 300	453 300	486 050	486 050	536 790	536 790	587 530
15 000 000	462 910	530 060	530 060	597 210	597 210	664 360	664 360	731 510	731 510	798 660
20 000 000	583 780	665 630	665 630	747 480	747 480	829 330	829 330	911 180	911 180	993 030
30 000 000	809 550	917 620	917 620	1 025 680	1 025 680	1 133 750	1 133 750	1 241 810	1 241 810	1 349 880
40 000 000	1 020 930	1 152 410	1 152 410	1 283 890	1 283 890	1 415 380	1 415 380	1 546 860	1 546 860	1 678 340
50 000 000	1 222 200	1 375 230	1 375 230	1 528 250	1 528 250	1 681 280	1 681 280	1 834 300	1 834 300	1 987 330

11.2.3.3 Ermittlung des Honorars für Besondere Leistungen

Nach HOAI v. 21. 9. 1995 darf für Besondere Leistungen, welche zu den Grundleistungen hinzukommen, ein Honorar nur berechnet werden, wenn die Besonderen Leistungen im Verhältnis zu den Grundleistungen einen nicht unwesentlichen Arbeits- und Zeitaufwand gegenüber den entsprechenden Grundleistungen verursachen. Das Honorar muß vorher schriftlich vereinbart werden. Für vergleichbare Leistungen mit einer Grundleistung gelten die Sätze nach Abschn. 11.2.3.2, wenn kein Vergleich möglich ist, wird das Honorar nach Zeitaufwand berechnet.
Die Besondere Leistung „Mitwirken im Zuwendungsverfahren“ bei Maßnahmen, für die staatliche Zuwendungen in Anspruch genommen werden, kann mit bis zu 3 v. H. des Honorarsatzes angemessen vergütet sein.

11.2.3.4 Ermittlung des Honorars nach Zeitaufwand

Zeithonorare sind nach Möglichkeit durch Vorausschätzung des Zeitbedarfs und Festlegung eines Stundensatzes als Fest- oder Höchstbetrag zu berechnen, sonst entsprechend dem nachgewiesenen Stundenaufwand.
Als Stundensatz kann für Leistungen von Architekten oder Ingenieuren ein Stundensatz von 70 bis 155 DM/h, für Mitarbeiter, welche technische oder wirtschaftliche Aufgaben erfüllen, ein Stundensatz von 65 bis 110 DM/h und für technische Zeichner und sonstige Mitarbeiter 55 bis 80 DM/h vereinbart werden.

11.2.3.5 Nebenkosten

Zu den Nebenkosten gehören insbesondere: Post- und Fernsprechgebühren, Kosten für Vervielfältigung von Zeichnungen und schriftlichen Unterlagen, für Baustellenbüro, für Reisekosten, für Trennungsentschädigungen u. ä.
Je nach schriftlicher Vereinbarung können die Nebenkosten pauschal oder nach Einzelnachweis abgerechnet werden. Für Pauschalvergütung der Nebenkosten sind 0,5 bis 1,5 v. H. der anrechenbaren Kosten üblich.

11.2.3.6 Teilleistungssätze des Honorars

Die Grundleistungen des Ingenieurs werden nach HOAI v. 21. 9. 1995 in folgende Teilleistungen (Leistungsphasen) aufgeteilt und in v. H. des Honorars bewertet:

		v. H.
1.	*Grundlagenermittlung* – Ermittlung der Voraussetzungen zur Lösung der Aufgabe	2
2.	*Vorplanung* – Erarbeiten der wesentlichen Teile der Planung und des statisch-konstruktiven Konzepts	15
3.	*Entwurfsplanung* – Erarbeiten der endgültigen Lösung	30
4.	*Genehmigungsplanung* – Vorlagen für die öffentlich-rechtlichen Verfahren	5
5.	*Ausführungsplanung* – Erarbeiten der ausführungsreifen Planungslösung	15
6.	*Vorbereitung der Vergabe* – Ermitteln der Mengen und Erstellen der Ausschreibungsunterlagen	10
7.	*Mitwirkung bei der Vergabe* – Einholen und Werten von Angeboten	5
8.	*Bauoberleitung* – Aufsicht über die BÜ, Abnahme und Übergabe des Objekts	15
9.	*Objektbetreuung* – Überwachen der Mängelbehebung, Dokumentation des Gesamtergebnisses	3
	zus.	100

Wird die Anfertigung der Vorplanung oder der Entwurfsplanung als Einzelleistung in Auftrag gegeben, so können hierfür bis zu 17 v. H. bzw. bis zu 45 v. H. vereinbart werden.

11.2.3.7 Honorar für örtliche Bauüberwachung

Das Honorar kann mit 2,0 bis 3,0 v. H. der anrechenbaren Kosten, oder als Festbetrag aufgrund der anrechenbaren Kosten und der geschätzten Bauzeit vereinbart werden.

11.2.3.8 Erhöhung des Honorars

1. Bei Umbauten oder Modernisierung kann eine Erhöhung des Honorars für Ingenieurleistungen und örtl. Bauüberwachung um 20 bis 33 v. H. vereinbart werden.
2. Bei Instandhaltung und Instandsetzung kann eine Erhöhung der Sätze für Bauoberleitung und örtl. Bauüberwachung um bis zu 50 v. H. vereinbart werden.

11.2.3.9 Bau- und landschaftsgestalterische Beratung

Die Leistung für bau- und landschaftsgestalterische Beratung ist, wenn sie dem Ingenieur übertragen wird, im Rahmen der für die entsprechenden Grundleistungen festgesetzten Mindest- und Höchstsätze der Honorarzone zu berücksichtigen.

11.2.3.10 Sonstige Leistungen

Neben den Leistungen bei Ingenieurbauwerken und Verkehrsanlagen (Teil VII der HOAI) ist in der HOAI vom 21. 9. 1995 ferner die Berechnung des Honorars für andere Leistungen von Architekten und Ingenieuren enthalten, diese sind:

Teil II	Leistungen bei Gebäuden, Freianlagen und raumbildenden Ausbauten
Teil III	Zusätzliche Leistungen (zu Teil II)
Teil IV	Gutachten und Wertermittlungen
Teil V	Städtebauliche Leistungen
Teil VI	Landschaftsplanerische Leistungen
Teil VIII	Leistungen bei der Tragwerksplanung
Teil IX	Leistungen bei der Technischen Ausrüstung
Teil X	Leistungen für Thermische Bauphysik
Teil XI	Leistungen für Schallschutz und Raumakustik
Teil XII	Leistungen für Bodenmechanik, Erd- und Grundbau
Teil XIII	Vermessungstechnische Leistungen

11.3 Verantwortlichkeit der am Bau Beteiligten

11.3.1 Allgemein

Bei mangelhaften Leistungen und Nichterfüllen der Vereinbarungen, Bestimmungen und Verträge können haftbar gemacht werden:

Auftraggeber (Unternehmensträger)	– AG
Der Entwurfsfertiger	– JB
Die Bauoberleitung	– BO
Die örtliche Bauüberwachung	– BÜ
Der Auftragnehmer (Firma)	– AN

Rechtliche Grundlagen der Vertragshaftung hierzu sind die Bauverträge, Vertrag mit dem IB, die VOB, die Bestimmungen des BGB, Bauordnung.
Die außervertragliche Haftung ist im BGB, Strafgesetzbuch, Gewerbeordnung und in einer Anzahl Verordnungen der Aufsichtsbehörde festgelegt.

11.3.2 Verantwortlichkeit des Auftraggebers

Einholen der Baugenehmigungen, rechtzeitige Übergabe der für den Entwurf und die Ausführung erforderlichen Unterlagen, Angabe aller preisbeeinflussenden Umstände, privatrechtliche Sicherung der Baugrundstücke und deren rechtzeitige zur Verfügungstellung, Eingreifen bei Verzögern des Baufortschrittes, rechtzeitige Abnahme, Mängelrüge.

11.3.3 Verantwortlichkeit des Entwurfsfertigers

Vollständigkeit und Richtigkeit der Pläne und technischen Berechnungen unter Beachtung der anerkannten Regeln der Technik, einwandfreie und erschöpfende Aufstellung des Leistungsverzeichnisses und der Kostenberechnung.

11.3.4 Verantwortlichkeit der Bauoberleitung

Plan- und sachgemäße Herstellung des Bauwerkes, soweit dies nicht der BÜ und dem AN obliegt, Kostenkontrolle.

11.3.5 Verantwortlichkeit der örtlichen Bauüberwachung

Verantwortlich für alle Folgen aus mangelhafter Aufsicht und ungenauer Prüfung. Materialabnahmen, Aufmessungen, Überwachung der plan- und bedingungsgemäßen Bauausführung, fehlerhafte Anordnungen, mitverantwortlich bei Überprüfen der Sicherheit der Bauausführung, Einhalten der baurechtlichen Vorschriften und Anordnungen, Einhalten der Unfallverhütungsvorschriften sowie Rechnungsprüfung.

11.3.6 Verantwortlichkeit des Auftragnehmers

Der Auftragnehmer ist dafür verantwortlich, daß die von ihm übernommenen Arbeiten nach den genehmigten Bauvorlagen und den entsprechenden Einzelzeichnungen, Einzelberechnungen und Anweisungen gemäß den öffentlich-rechtlichen Vorschriften und den anerkannten Regeln der Technik ordnungsgemäß ausgeführt werden. Er ist ferner verantwortlich für die ordnungsgemäße Einrichtung und den sicheren Betrieb der Baustelle und der Einhaltung der Arbeitsschutzbestimmungen.

11.4 Vorplanung/Vorentwurf (VE)

11.4.1 Zweck

Der VE faßt, aufbauend auf der Grundlagenermittlung, die Ergebnisse der Vorplanung zusammen. Der VE ist die erste Grundlage für die Beratung und die Entscheidung des Vorhabensträgers, ob und wie das Vorhaben durchgeführt werden soll. Er soll aufzeigen und darstellen

- wie das Vorhaben am zweckmäßigsten verwirklicht werden kann, welche Wahllösungen möglich sind
- welche wasserwirtschaftlichen, bautechnischen und wirtschaftlichen Ziele erreicht werden können
- wie sich das Vorhaben in die Ziele der Raumordnung und Landesplanung, der wasserwirtschaftlichen Rahmen- und Fachplanung und sonstiger Programme und Pläne einfügt
- wie sich das Vorhaben auf Natur und Landschaft auswirkt
- welche einmaligen und laufenden Kosten durch den Bau und Betrieb voraussichtlich entstehen (Kostenschätzung)
- in welchen Baustufen das Vorhaben nach dem Bedarf ausgeführt werden soll.

Der VE dient auch dazu, die untere Naturschutzbehörde über das Vorhaben zu unterrichten und anzuhören, das Vorhaben der zuständigen Landesplanungsbehörde mitzuteilen und gegebenenfalls das Raumordnungsverfahren zu beantragen sowie Zweckverbände zu gründen.
Die Erstellung eines VE ist fast für jede Baumaßnahme notwendig, ausgenommen einfache Vorhaben, für die gleich ein Entwurf erstellt werden kann und soweit nicht über mehrere Wahllösungen zu entscheiden ist.

11.4.2 Vorerhebungen

Hierzu gehört vor allem: gemeinsame Geländebegehung, Feststellen der vorhandenen Wasserversorgung und Feuerlöscheinrichtungen, Bedarfsermittlung, Prüfen der Wasserbeschaffungsmöglichkeit, Hinzuziehen von Hydrogeologen und der Abteilung Gesundheitswesen der Kreisverwaltungsbehörde. Wenn Wasservorkommen bereits erschlossen, dann Beiziehen des Chemikers und Bakteriologen. Generelles Festlegen und Bemessen der Anlageteile, Prüfen mehrerer Varianten, Berücksichtigung des gesamten Versorgungsbereiches, Überprüfen der Wasserversorgung der Nachbarorte und Berücksichtigung der wasserwirtschaftlichen Rahmen- und Fachplanung.
Für die Durchführung der Erhebungen und das Aufstellen der Entwürfe empfiehlt sich die Verwendung des „DVGW-Merkblattes W 402, Planung einer Wasserversorgung“ und von eingeführten Planungsmustern wie z. B. den Richtlinien für den Entwurf von wasserwirtschaftlichen Vorhaben REWas 1983 – Fassung vom 1. 9. 1987, herausgegeben von der Obersten Baubehörde im Bayer. Staatsministerium des Innern. Diese Richtlinien dienen dazu, die Entwürfe zur Erleichterung der Bearbeitung und der Prüfung zweckmäßig und gleichartig zu gestalten.

11.4.3 Bestandteile des Vorentwurfs

Der VE soll i. a. folgende Bestandteile enthalten:

1. Verzeichnis der Unterlagen
2. Erläuterung
3. Übersichtslageplan

4. Lageplan
5. Kostenschätzung

Zusätzliche Bestandteile können sein:

6. Übersichtslängsschnitt
7. Fragebogen zur Wasserversorgung
8. Hydrogeologische Gutachten und sonstige Stellungnahmen Dritter.

Zu 2. Erläuterung – zweckmäßig wird die gleiche Gliederung wie beim Erläuterungsbericht zum E, Muster (S. 665) angewendet. Ausführlich sind darzustellen die bestehenden Wasserversorgungsverhältnisse, der Wasserbedarf, die vorgeschlagene Deckung des Wasserbedarfs, die Einordnung der geplanten Baumaßnahme in die Wasserversorgung der angrenzenden Gebiete, die Grundzüge der technischen Gestaltung der Baumaßnahme, Jahreseinnahmen- und -ausgabenrechnung. Für die einzelnen Bauteile genügt eine kurze Beschreibung.
Zu 3. Übersichtslageplan – dieser, meist im M = 1:25 000, soll vor allem zeigen, wie das Bauvorhaben sich in die weitere Umgebung, zu anderen Wasserversorgungsanlagen und zu benachbarten vorhandenen und geplanten Schutzgebieten aller Art einordnet.
Zu 4. Lageplan – soll das Bauvorhaben umfassend darstellen, als Maßstab ist 1:5 000 üblich.
Zu 5. Kostenschätzung – Zweckmäßig wird die gleiche Gliederung wie bei der Kostenberechnung des E, verwendet. Für den VE genügt es, die Einheitskosten aufgrund von Erfahrungswerten bei Ausschreibungen etwa wie folgt zu ermitteln:

5.1 *Wasserfassung* – nach Baustelleneinrichtung, lfdm Bohrung einschl. Ausbau, Pumpversuchsstunden
5.2 *Bauwerke* – nach m^3 umbauter Raum oder Nutzraum, Rohrinstallation
5.3 *Rohrnetz* – nach DN und m Länge, Armaturen nach DN, Art und Zahl
5.4 *Unvorhergesehenes* – im VE mit 10 v. H. (im E 5 v. H.)
5.5 *Baunebenkosten* – üblich 3 v. H.
5.6 *Anschlußleitungen* – nach Stck, mittlere Länge, Werkstoff und DN
6. *Übersichtslängsschnitt* – Dieser meist im M = 1:25 000/500 soll im wesentlichen die Druckverhältnisse der Fern- und Zubringerleitungen aufzeigen und damit die Kontrolle der Bemessung dieser Leitungen ermöglichen.

Zu 7. Fragebogen – Dieser dient dem Entwurfsfertiger als wichtige Angabe des AG für die Ermittlung des Wasserbedarfs und möglichen Wasserverkaufs. Es genügt meist, die Hauptwerte beim AG örtlich zu erheben.

11.4.4 Weiterbehandlung des Vorentwurfs

Bei bestehenden WV-Anlagen ist der VE durch die Betriebsleitung hinsichtlich der Belange des bestehenden und künftigen Betriebes zu prüfen.
Vom AG ist über den VE unter Hinzuziehung des Entwurfsfertigers zu beraten und zu entscheiden, ob auf der Grundlage des VE das Bauvorhaben vorbereitet werden soll. Ferner sind die weiteren Vorarbeiten festzulegen.
Hierzu gehört insbesondere der Nachweis der Deckung des Wasserbedarfs. Vor Erstellung des E müssen die Wasserfassungen fertiggestellt sein, mindestens aber die Vorarbeiten soweit durchgeführt, daß Standort, Bauart, Entnahmemenge festliegen. Die wesentlichen Grundlagen für die Gestaltung der Wasserfassungen müssen deshalb bereits vor Erstellung des VE in einem hydrogeologischen Gutachten vorliegen.
Von dem Ergebnis des VE müssen Kenntnis erhalten: die Aufsichtsbehörde (Kreisverwaltungsbehörde), die Abteilung Gesundheitswesen der Kreisverwaltungsbehörde, die Landesplanungsbehörde, das Wasserwirtschaftsamt und Straßenbauamt.

11.5 Entwurfsplanung/Entwurf (E)

11.5.1 Zweck

Der E faßt, aufbauend auf der Grundlagenermittlung und Vorplanung, die Ergebnisse der Entwurfs- und regelmäßig auch der Genehmigungsplanung zusammen und stellt sie dar. Der E ist die Grundlage für die Entscheidung des Vorhabensträgers über das Vorhaben. Er muß die Art der Ausführung und die Kosten des Vorhabens aufzeigen. Er dient auch dazu, die öffentlich-rechtlichen Verfahren zu beantragen, Grundstücke oder Dienstbarkeiten zu erwerben, die Leistungen „Ausführungsplanung" und „Vorbereitung der Vergabe" zu veranlassen sowie staatliche Zuwendungen zu beantragen. Je sorgfältiger der E erstellt wird, um so einfacher und wirtschaftlicher verläuft die Bauausführung. Dem Entwurfsfertiger muß daher eine ausreichend lange Zeit für die Erstellung des E zur Verfügung gestellt werden. Der E muß das geplante Unternehmen vollständig und leicht prüfbar darstellen. Die gewählten technischen Lösungen sind in der Erläuterung ausreichend zu begründen, Hinweise auf vorgängige, nicht beiliegende Gutachten und VE sind nicht ausreichend, vielmehr muß der E alle erforderlichen Angaben selbst enthalten.

11.5.2 Vorerhebungen

Die bei VE und Grundwassererschließung getätigten Erhebungen sind durch eingehende Einzelerhebungen zu ergänzen. Es sind dies insbesondere: Trassierung und Nivellement der Rohrleitungen, Wahl und Flächennivellement der Grundstücke für die einzelnen Bauwerke, Bodenuntersuchungen hinsichtlich Aggressivität (Rohrschutz und Bauwerksschutz) sowie Tragfähigkeit des Baugrundes, Grundwasserstand, anfallende Bodenarten insbesondere Fels, Klären der Stromzuführung, Ableiten von Spülwasser, Schlammwasser, häusliches Abwasser, Anfahrtswege, Bahnstation, Verzeichnis der beteiligten Grundstücke.

11.5.3 Bestandteile des Entwurfs

Der E muß das geplante Unternehmen vollständig darstellen; die gewählten technischen Lösungen sind ausreichend zu begründen.
Er soll das Bauvorhaben schriftlich und zeichnerisch in solcher Durcharbeitung darstellen, daß danach die Genehmigungs- und Finanzierungsverfahren betrieben werden und die Massenberechnung, die Bauvorlagen und die Ausschreibungsunterlagen angefertigt werden können. Der E umfaßt auch die erforderlichen fachtechnischen Berechnungen und die etwa erforderlichen statischen Vorberechnungen, soweit sie die Festlegung der Hauptabmessungen betreffen.
Der E hat im allgemeinen folgende Bestandteile:

1. Verzeichnis der Unterlagen
2. Erläuterung
3. Übersichtslageplan
4. Lagepläne der Fern- und Zubringerleitungen und der Ortsnetze
5. Längsschnitte der Fern- und Zubringerleitungen und der Ortsnetze
6. Bauzeichnungen der baulichen Anlage
7. Hydraulischer Nachweis
8. Kostenberechnung
9. Fragebogen zur Wasserversorgung
19. Stellungnahmen Dritter

Zusätzliche Bestandteile können insbesondere sein:

11. Einzeluntersuchungen zur Wasserbedarfsermittlung
12. Nachweis der Brunnenergiebigkeit oder Quellschüttung
13. Hydrogeologische Gutachten
14. Übersichtslängsschnitt
15. Rohrnetzplan
16. Standsicherheitsnachweis
17. Bauwerksverzeichnis
18. Grundstücksverzeichnis
19. Bohrprofile
20. Landschaftspflegerischer Begleitplan
21. Lichtbilder

Zu 2. Erläuterung.
Zweckmäßig wird die Gliederung nach Muster 11-2 eingehalten, da hierbei vermieden wird, daß wichtige Punkte übersehen werden, ferner wird die Prüfung der E erleichtert.

Muster 11-2

Gliederung der Erläuterung für Wasserversorgungsanlagen

1. Vorhabensträger
   Name und Sitz – Tag der Antragstellung, Antrag – Satzung, Verträge, Zweckvereinbarungen
2. Zweck des Vorhabens
   Versorgungsgebiet – neu oder besser zu versorgende Gemeinden und Gemeindeteile
3. Bestehende Verhältnisse

3.1 Gemeinde/Versorgungsgebiet
Geographische, topographische, geologische Verhältnisse – Niederschlagsverhältnisse (kleinst und langjährige Mittelwerte von h_N) – Siedlungsstruktur und Nutzungsarten (Bauleitpläne) – Bevölkerung, Bevölkerungsverteilung, voraussichtliche Entwicklung – Fremdenverkehr – gewerbliche und industrielle Struktur, voraussichtliche Entwicklung

3.2 Bestehende Wasserversorgung

3.2.1 Art
Trinkwasser – Betriebswasser – Löschwasser

3.2.2 Beurteilung
Menge – physikalisch/chemische Beschaffenheit – mikrobiologische Beschaffenheit – technischer Stand, baulicher Zustand

3.3 Abwasserverhältnis
Kanalnetz – Kläranlage – Kleinkläranlagen

4. Art und Umfang des Vorhabens

4.1 Wasserbedarfsberechnung
Das Ergebnis der Einzelerfassung mit Fragebögen ist, ggf. unterteilt nach Versorgungszonen, für jede Gemeinde und jeden Gemeindeteil zweckmäßig in Tabellen zusammenzustellen. Die zukünftigen Bedarfswerte sind für eine absehbare Entwicklung auf der Grundlage der Bauleitplanung und gemeindlichen Entwicklungsplanung zu schätzen.

4.1.1 Derzeitiger gemessener Wasserverbrauch mittlerer Tagesverbrauch – größter Tagesverbrauch

4.1.2 Mit Erfahrungswerten errechneter, derzeitiger und künftiger Wasserbedarf mittlerer Wasserbedarf – größter Wasserbedarf – Jahreswassermengen

Tab. 11-2: Ermittlung des Wasserbedarfs

	derzeit (1999)			in ... Jahren d. i. 20 ...	
Gemeinde (Ort)	Einwohner	Wasserbedarf l/Ed	m^3/d	Einwohner l/Ed	Wasserbedarf m^3/d

4.1.3 Wasserbedarfswerte für die Bemessung
- Wasserfassung (l/s, m^3/d, m^3/a)
- Wasseraufbereitung (l/s, m^3/h)
- Wasserförderung (l/s)
- Wasserspeicherung (m^3 /d)
- Wasserverteilung (Stundenspitze, l/s)
- Wirtschaftlichkeitsberechnung (m^3/a)
- Wasserrechtliche Erlaubnis/Bewilligung (l/s, m^3/d, m^3/a)

4.2 Deckung des Wasserbedarfs

4.2.1 Möglichkeiten der Wasserbedarfsdeckung und deren Beurteilung, Begründung der gewählten Lösung

4.2.2 hydrogeologische Verhältnisse

4.2.3 wasserwirtschaftliche Bilanz

4.2.4 Begründung der Arbeiten zur Wassererschließung, Menge – chemische Beschaffenheit – bakteriologische Beschaffenheit

4.2.5 Wasserschutzgebiet

4.2.6 Anlagen und Nutzungen im Wasserschutzgebiet und Wassereinzugsgebiet, die eine Gefährdung des Wasservorkommens besorgen lassen, Sanierung

4.3 Beschreibung und Begründung der erforderlichen Bauten

4.3.1 Darstellung der Wahllösungen und Begründung der gewählten Lösung für die Gesamtanlage

4.3.2 Wasserfassung

4.3.3 Wasserentkeimung
4.3.4 Wasseraufbereitung
4.3.5 Wasserförderung
Maschinenhaus – Saugbehälter
Betriebsgebäude – Pumpen und Antriebsmotore, insbesondere Förderstrom, Förderhöhe, Strombedarf – Rohrinstallation, Absperrorgane, Druckstoßsicherung – Stromzuführung, Transformatoren, Notstromversorgung – Starkstromanlage – Meßvorrichtungen, Fernmeß- und Fernsteueranlage, Fernsprechanschluß – Beleuchtung, Beheizung
4.3.6 Wasserspeicher
Inhalt – Lage, Höhenlage, Standort – bauliche Anordnung – Rohrinstallation, Absperrorgane, Rohrbruchsicherung – Betriebsweisen – Meßvorrichtungen
4.3.7 Wasserverteilung
Es sind jeweils anzugeben und zu begründen: Rohrwerkstoffe, Druckstufen, Entlüftungs- und Spüleinrichtungen, Absperrorgane für – Fernleitungen, Zubringerleitungen, Hauptleitungen, Versorgungsleitungen – Meßvorrichtungen – Einrichtungen für die Löschwasserentnahme, Löschwasservorrat, Löschwassermengen, Drücke an den wichtigsten Hydranten – Druckverhältnisse, es sind die Drücke an den wichtigsten Punkten des Rohrnetzes aus der Berechnungstabelle anzugeben
4.3.8 Anschlußleitungen
Anzahl, durchschnittliche Länge, Werkstoff, Anschlußorgan, Meßvorrichtung, ggf. Hausdruckminderer
4.3.9 Höhenlage und Festpunkte
5. Auswirkung des Vorhabens auf das Grundwasser – die Abwasserverhältnisse – Natur- und Landschaft – bestehende Rechte
6. Rechtsverhältnisse
Baurechtliche Verfahren – Erlaubnis/Bewilligung der Wasserableitung – Festsetzung des Wasserschutzgebietes – Privatrechtliche Verfahren, Grunderwerb, Grunddienstbarkeiten usw. – Beweissicherung
7. Kostenzusammenstellung
8. Durchführung des Vorhabens
Einteilung in Bauabschnitte – beabsichtigte Ausschreibungsart, Aufteilung in Baulose – geschätzte Bauzeit – Besondere Vorkehrungen – Abstimmung mit anderen Vorhaben
9. Wartung und Verwaltung der Anlage

Entwurfsfertiger

Name — Datum des Entwurfs

....

Zu 4. Lagepläne der Fern- und Zubringerleitungen und der Ortsnetze.
Die Lagepläne der Fern- und Zubringerleitungen werden zur besseren Übersichtlichkeit im M = 1:5 000 gefertigt. Für die Ortsnetze empfiehlt es sich, die Lagepläne in 2 Maßstäben zu erstellen, und zwar im M = 1:5 000 oder 1:2 500 für die übersichtliche Darstellung, und im
M = 1:1 000 für die Darstellung der Einordnung der Rohrleitungen und Armaturen in den Straßen des bebauten Gebiets.

Zu 7. Hydraulischer Nachweis.
Der hydraulische Nachweis der für die Bemessung maßgebenden Betriebszustände wird zweckmäßig tabellarisch durchgeführt. Für die Anwendung von EDV-Anlagen gelten besondere Bedingungen.

Zu 8. Kostenberechnung. Bei der Baudurchführung sind für verschiedene Zwecke Zusammenstellungen der Baukosten erforderlich, wie für Kostenschätzung, Kostenanschlag, Kostenberechnung, Zuwendungsverfahren bei staatlicher Förderung, Angebote, Rechnungen. Der Vergleich der Kostenermittlungen, der Angebotspreise und der Abrechnungen wird erleichtert, wenn die Kostenzusammenstellungen immer nach der gleichen Gliederung entsprechend Muster 11-3 aufgestellt werden:

Muster 11-3
Kostengliederung Wasserversorgungsanlagen

A	Wasserverteilung	B	Bauwerke der Wasserversorgung
1.	Kosten der Baugrundstücke; Grundstückswert, Erwerbskosten, Kosten für das Freimachen des Grundstücks (Ablösung), Entschädigungen	1.	dto
2.	Kosten der Erschließung; Öffentliche Erschließung, Nichtöffentliche Erschließung, Andere einmalige Abgaben	2.	dto
3.	Kosten der Anlagen der Wasserverteilung	3.	Kosten der Bauwerke der Wasserversorgung
3.1	Rohrnetz Schürfe und Bohrungen Herrichten der Baufläche, Rohrgraben, Rohrleitung (erdverlegt) Material/-Verlegen, Grundstücksanschlüsse (überlang), Sonstige Kosten	3.1	Wassererschließung Versuchsbohrungen/Herrichten der Baufläche, Brunnen/Quellen, Brunnen-/Quellschächte, Baulicher Teil/Installation, Maschinen- und elektrotechnische Einrichtung, Sonstige Kosten
3.2	Schächte Schürfe und Bohrungen/Herrichten der Baufläche, Baulicher Teil, Installation, Sonstige Kosten	3.2	Wasserförderung und Aufbereitung Schürfe und Bohrungen/Herrichten der Baufläche, Maschinen und Aufbereitungsgebäude, Baulicher Teil/Installation, Maschinen, Elektrische Anlage, Stromzuführung, Aufbereitungsanlage, Sonstige Kosten
3.3	Sonderbauwerke im Rohrnetz Schürfe und Bohrungen/Herrichten der Baufläche, Baulicher Teil, Installation, Sonstige Kosten	3.3	Fernmelde- und Steueranlage Kabel erdverlegt, Fernmelde- und Fernwirkeinrichtung, Sonstige Kosten
		3.4	Wasserspeicherung Schürfe und Bohrungen/Herrichten der Baufläche, Baulicher Teil, Installation, Sonstige Kosten
4.	Nebenanlagen und Leistungen für Dritte Grundstücksanschlüsse, Sonstige Kosten	4.	Kosten für Nebenanlagen und Leistungen für Dritte Betriebsgebäude, Wärterwohnung, Verwaltungsgebäude
5.	Landschaftspflegerische Maßnahmen und Außenanlagen Einfriedungen, Geländebearbeitung und Gestaltung, Verkehrsanlagen, Landschaftpflegerische Gestaltung, Sonstige Außenanlagen	5.	Landschaftspflegerische Maßnahmen und Außenanlagen Einfriedungen, Landschaftspflegerische Gestaltung, Straßen/Wege, Sonstige Außenanlagen
6.	Zusätzliche Maßnahmen	6.	dto
7.	Baunebenkosten Architekten- und Ingenieurleistungen, Abgaben/ Prüf- und Genehmigungsgebühren von Behörden/Sonstige Bearbeitungsgebühren, Sonstige Nebenkosten (Baugrundgutachten, Vermessungen, Wasseruntersuchungen, Finanzierungskosten, besondere Materialprüfungen, Grundsteinlegungen, Richtfest, Bewachung der Baustelle usw.)	7.	dto
	Gesamtkosten Wasserverteilung Summe 1–7 Objekt A		Gesamtkosten Bauwerke der Wasserversorgung Summe 1–7 Objekt B

Gesamtkosten Wasserversorgungsanlage
Summe 1–7
Objekt A + Objekt B

Bauwerke sind dabei Anlagen zur Speicherung und Förderung einschließlich ihrer Zuleitung. Die Ziffer 3 aus der Wasserverteilung ist beim Vorliegen von Zuleitungen dann auch in die Kostengliederung der Bauwerke zu übernehmen.

Zu 9. Fragebogen.
Dieser soll die amtlichen Unterlagen des Unternehmensträgers für die Ermittlung des Wasserbedarfs liefern und daher auch durch die zuständige Aufsichtsbehörde (Kreisverwaltungsbehörde) geprüft werden. Er soll durch Angaben über die derzeitige Wasserförderung ergänzt werden, nach Muster 11-4.

Muster 11-4
Fragebogen zur Wasserversorgung der Gemeinde .... *Landkreis* ....
1) Angaben der Gemeinde
1.1 Nach dem Stand vom ....
besteht die Gemeinde aus folgenden Orten

Ort (Name)	Anwesen (Zahl)	Personen (Anzahl)	Großvieh (Stück)	Kleinvieh (Stück)

1.2 Von den unter 1.1 angegebenen Orten sollen an die Wasserversorgung ganz oder teilweise angeschlossen werden (nur die zu versorgenden Zahlen angeben).

Ort (Name)	Anwesen (Zahl)	Personen (Anzahl)	Großvieh (Stück)	Kleinvieh (Stück)

1.3 Angaben über die voraussichtliche Entwicklung der Einwohner- und Viehzahlen in den nächsten Jahren.
1.4 Bei der Ermittlung des Wasserbedarfs ist zu berücksichtigen:

Gewerblicher Gartenbau	– m^2 Gartenfläche
Hausgärten	– m^2 Gartenfläche
Güllewirtschaft	– Stück Großvieh
Weinbau	– ha Weinbaufläche
Hopfenbau	– Stck Hopfenstöcke
Kleinmolkereien	– hl Milchumsatz/Jahr
Kleinbrauereien	– hl Bierausstoß/Jahr
Fremdenverkehr	– Übernachtungen/Jahr
hiervon Sommer	– Übernachtungen/Jahr
hiervon Winter	– Übernachtungen/Jahr
Krankenhäuser, Heilanstalten	– Betten
Großverbraucher (Fabriken, Brauereien)	– m^3 Jahresbedarf

Ist in den nächsten Jahren mit weiterer Ansiedlung von Großverbrauchern zu rechnen?
1.5 Gemessener Jahreswasserverbrauch der Gemeinde.
2) Stellungnahme der Aufsichtsbehörde Unterschrift

11.5.4 Weiterbehandlung des Entwurfs

Durch den AG ist über den E, zweckmäßig unter Hinzuziehen des Entwurfsfertigers, zu beraten und über die Baudurchführung zu beschließen. Wenn der AG bereits eine zentrale Wasserversorgungsanlage besitzt, ist der E vom Betriebsleiter hinsichtlich der Übereinstimmung mit den bestehenden und angestrebten Betriebsverhältnissen zu überprüfen. Änderungswünsche des AG sind rechtzeitig zu bringen, so daß sie noch vor Einleiten der Bauarbeiten geprüft und berücksichtigt werden können. Wird die Baudurchführung aufgrund des E beschlossen, so ist gleichzeitig die BO zu bestimmen und zu beauftragen. Für den Fall der Gewährung von öffentlichen Mitteln (Bundes-, Landeszuwendungen usw.) wird im allgemeinen gefordert, daß ein staatliches Bauamt baufachlich mitwirkt.
Von wesentlicher Bedeutung ist die Festlegung des zeitlichen Ablaufs des Bauvorhabens in Abhängigkeit von der technischen Durchführbarkeit und Finanzierungsmöglichkeit. Hieraus ergibt sich die Einteilung in Jahresbauabschnitte und Finanzierungsabschnitte als Grundlage für die Ausschreibung.

11.6 Bauoberleitung (BO)

11.6.1 Allgemein

Für die Bauausführung ist der geprüfte E maßgebend. Entwurfsänderungen bedürfen der vorherigen Zustimmung des AG, bei Finanzierung mit öffentlichen Mitteln auch des Zuwendungsgebers. Für die Bauausführung ist sowohl eine BO wie auch eine BÜ erforderlich. Beide haben besondere Aufgabenbereiche, die BO mehr weisungsgebend, prüfend und feststellend, die BÜ mehr mit örtlichen Kontrollen und Abnahmen beauftragt. Zur besseren Kontrolle der Baumaßnahme soll in der Regel der Sachbearbeiter der BO nicht gleichzeitig die Aufgaben der BÜ mitübernehmen.

11.6.2 Aufgaben

Die BO umfaßt im allgemeinen folgende Aufgaben:

1. Vorbereitung der Vergabe
1.1 Mengenermittlung und Aufgliederung nach Einzelpositionen
1.2 Aufstellen der Verdingungsunterlagen, insbesondere der Leistungsverzeichnisse sowie der besonderen Vertragsbedingungen und Koordinieren der fachlich Beteiligten
1.3 Festlegen der wesentlichen Ausführungsphasen
2. Mitwirkung bei der Vergabe
2.1 Einholen von Angeboten, Prüfen und Werten der Angebote, Preisspiegel, Preisvereinbarungen
2.2 Mitwirken bei Verhandlungen mit Bietern und bei der Auftragserteilung
2.3 Fortschreiben der Kostenberechnung
3. Bauoberleitung
3.1 Aufsicht über die BÜ, Koordinieren der fachlich Beteiligten, Baueinweisung, Prüfung, daß alle öffentlich-rechtlichen Genehmigungen vorliegen, rechtzeitige Plananforderungen von fachlich Beteiligten, die BÜ auf alle öffentlich-rechtlichen und privatrechtlichen Bedingungen ausdrücklich hinweisen.
3.2 Aufstellen und Überwachen eines Zeitplans, Inverzugsetzen der AN
3.3 Abnahme von Leistungen und Lieferungen unter Mitwirkung der BÜ mit Abnahmeniederschrift, in die etwaige Mängel und Vertragsstrafen aufzunehmen sind sowie Antrag auf behördliche Abnahme und Teilnahme, der AG ist einzuladen
3.4 Zusammenstellen von Wartungsvorschriften und Überwachen der Prüfungen der Funktionsfähigkeit der Gesamtanlage
3.5 Übergabe des Objekts mit allen Unterlagen in Form einer Schlußvorlage, Auflisten der Verjährungsfristen der Gewährleistungsansprüche
3.6 Kostenkontrolle mit Baustandsberichten und Führen eines Bauausgabebuches
4. Objektbetreuung und Dokumentation
4.1 Objektbegehung zur Mängelfeststellung, der AG ist einzuladen, eine Niederschrift ist zu fertigen; Überwachen der Beseitigung von Mängeln innerhalb der Verjährungsfristen der Gewährleistungsansprüche
4.2 Mitwirken bei der Freigabe von Sicherheitsleistungen
4.3 Systematische Zusammenstellung der Ergebnisse des Objekts.

11.6.3 Dauer der Bauoberleitung

Die BO beginnt mit der Auftragserteilung zur Übernahme der BO bzw. zur Ausschreibung der Baumaßnahme. Sie erstreckt sich über die Baudauer und auf den Zeitraum, der mit der Feststellung und Behebung von Mängeln innerhalb der Gewährleistungspflicht der AN zusammenhängenden Arbeiten und endet, unbeschadet einer Auskunftspflicht bis zum Abschluß einer Rechnungsprüfung und etwaigen mit dem Bau zusammenhängenden Rechtsstreitigkeiten, mit dem Ablauf der letzten Gewährleistungsfrist der am Bau beteiligten AN. Der AG kann bei Ende der Gewährleistungsfrist eine Schlußbegehung verlangen.

11.7 Örtliche Bauüberwachung (BÜ)

11.7.1 Personal

Für jedes Bauvorhaben ist es unerläßlich, daß zur Leitung des Baues an Ort und Stelle neben der BO geeignetes, auf dem Spezialgebiet Wasserversorgung erfahrenes technisches Personal zur örtlichen Bauüberwachung bestellt wird. Die mit Überwachungs- und Prüfaufgaben betrauten Bearbeiter müssen regelmäßig eine einschlägige Ingenieurausbildung besitzen. Hilfskräfte dürfen nur mit Arbeiten beschäftigt werden, für die sie die erforderliche Sachkunde besitzen. Sie müssen laufend vom verantwortlichen Ingenieur überwacht werden. Die BÜ ist auf der Baustelle Vertreter des AG und hat die örtliche und spezielle Aufsicht über die Ausführung des Bauvorhabens. Ihr obliegt nach den Weisungen der BO die Wahrung der Interessen des AG gegenüber dem AN.
Die BÜ ist in technischer Hinsicht der BO unterstellt und verpflichtet, deren Weisungen gewissenhaft zu erfüllen. Beginn und Ende der BÜ wird durch den AG im Benehmen mit der BO festgelegt.

11.7.2 Aufgaben

Die BÜ umfaßt im allgemeinen folgende Aufgaben:

1. Überwachen der Ausführung des Objekts auf Übereinstimmung mit den zur Ausführung genehmigten Unterlagen, dem Bauvertrag sowie den anerkannten Regeln der Technik und den einschlägigen Vorschriften.
   Hierzu vertritt sie den AG auf der Baustelle gegenüber dem AN, nimmt teil an der Baueinweisung und Baukontrolle durch BO oder AG, übergibt dem AN die von der BO bereitgestellten Pläne. Sie vergewissert sich vor Baubeginn jeder Bauleistung, daß die erforderlichen privatrechtlichen Gestattungen vorliegen. Sie fordert den Unternehmer zur Abstellung festgestellter Verstöße gegen die Unfallverhütungsvorschriften auf. Sie unterrichtet die BO über den Baustand, insbesondere zeigt sie rechtzeitig an, den Beginn von Teilleistungen, Baubehinderungen und -unterbrechungen, Fristüberschreitungen, Mängel bei der Ausführung; bei schwerwiegenden Vorkommnissen und bei Gefahr im Verzug sind BO und AG unverzüglich zu verständigen. Sie wirkt mit bei der Kontrolle der Bautermine, erfaßt etwaige Abweichungen von den Ausführungsplänen im Detail und teilt sie der BO mit.
2. Hauptachsen für das Objekt von objektnahen Festpunkten abstecken sowie Höhenfestpunkte im Objektbereich herstellen, soweit nicht besondere vermessungstechnische Anforderungen gestellt werden; Baugelände örtlich kennzeichnen.
3. Führen eines Bautagebuchs
4. Gemeinsames Aufmaß mit den ausführenden Unternehmen, Überwachung der Ausführung – soweit erforderlich – durch Kontrollmessungen.
5. Mitwirken bei der Abnahme von Leistungen und Lieferungen. Sie sorgt für vorgeschriebene Material- und sonstige Prüfungen und für notwendige Zwischenabnahmen, überprüft und veranlaßt die Überprüfung der angelieferten Baustoffe nach Menge, Güte und Übereinstimmung mit dem Liefervertrag. Sie nimmt teil an der Schlußbegehung und erstellt die Schlußvorlagen nach Weisung der BO.
6. Rechnungsprüfung
   Die BÜ fordert die Abrechnungsunterlagen, Rechnungen und die zur Prüfung notwendigen Unterlagen, wie Aufmaßblätter, Mengenberechnungen, Regiezettel für den AG an. Sie bestätigt den Eingang durch einen Eingangsvermerk, prüft fachtechnisch und rechnerisch, bestätigt die Prüfung auf den Rechnungen mit „Richtig und festgestellt" sowie auf den sonstigen Abrechnungsunterlagen mit „Fachlich und rechnerisch geprüft und mit den in den Unterlagen ersichtlichen Änderungen für richtig befunden". Nach der Festlegung notwendiger Sicherheitsleistungen übergibt sie die Rechnungen mit den Abrechnungsunterlagen der BO. Sie nimmt Stellung zu Preisvereinbarungen und legt sie der BO zur Genehmigung vor.
7. Mitwirken bei behördlichen Abnahmen
8. Mitwirken beim Überwachen der Prüfung der Funktionsfähigkeit der Anlageteile und der Gesamtanlage (Druckprüfungen, Dichtigkeitsprüfungen, tatsächliches Durchflußvermögen).
9. Überwachen der Beseitigung der bei der Abnahme der Leistungen festgestellten Mängel.

11.7.3 Anwesenheit auf der Baustelle

Die örtliche Bauüberwachung ist so zu organisieren und auszustatten, daß die eingesetzten Mitarbeiter und deren Arbeitszeit auf der Baustelle ausreichen, die Aufgaben sorgfältig und zügig zu erledigen. Für eine geregelte Vertretung im Urlaubs- und Krankheitsfall ist zu sorgen.

11.8 Bauverwaltung (fachlich zuständige technische staatliche Verwaltung)

11.8.1 Allgemein

Unter Bauverwaltung oder baufachlicher Mitwirkung wird die Tätigkeit einer Fachbehörde im Zusammenhang mit der Gewährung von Zuwendungen des Bundes oder der Länder für den Bau einer öffentlichen Wasserversorgungsanlage bezeichnet. Diese Mitwirkung ist beschränkt auf die stichprobenweise Überwachung der wirtschaftlichen und sparsamen Verwendung der Zuwendungen nach den dem Bescheid zugrundeliegenden Unterlagen. Sie entlastet den Ingenieur nicht von seiner Verantwortung für die ordnungsgemäße Ausführung des Vorhabens.

11.8.2 Aufgaben

Das baufachlich mitwirkende Amt hat die Aufgabe, zu überwachen, daß die Zuwendungen wirtschaftlich und sparsam verwendet und die Zuwendungsbedingungen beachtet werden. Hierzu gehören im wesentlichen folgende Tätigkeiten:
1) Prüfung des Entwurfs – insbesondere hinsichtlich der Einordnung in die wasserwirtschaftlichen Rahmen- und Fachpläne sowie auf Wirtschaftlichkeit und Sparsamkeit in Planung und Konstruktion.
2) Prüfung des Zuwendungsantrags – Das Vorhaben ist nach Abwägung der Gegebenheiten in technischer und wirtschaftlicher Hinsicht die günstigste Lösung; es fügt sich in das Planungskonzept für die dortige Region ein. Die Kosten entsprechen dem derzeitigen Preisstand.
3) Prüfung der Baudurchführung – Prüfung der Ausführung des Vorhabens auf Einhaltung des Zuwendungsbescheids, insbesondere entsprechend dem geprüften Entwurf und den in der baufachlichen Stellungnahme festgelegten technischen Auflagen. Die erstmalige Ausschreibung und Vergabe, der Baubeginn und die Beendigung des Vorhabens sind durch den AG mitzuteilen.
4) Anforderung von Zuwendungen – aufgrund von Baustandsberichten von BO/AG.
5) Prüfung des Verwendungsnachweises – Vom Unternehmensträger ist der Nachweis über die Verwendung der Mittel zu führen, hierbei ist zu prüfen und zu bestätigen, daß das Vorhaben nach den Bauunterlagen wirtschaftlich und sparsam ausgeführt wurde und die Angaben im Verwendungsnachweis mit der Baurechnung und der Örtlichkeit übereinstimmen.
6) Prüfung der Schlußvorlagen der BO – im Rahmen der Prüfung des Verwendungsnachweises.

11.8.3 Auftrag

Die Aufgaben der Bauverwaltung werden bei Gewährung von Zuwendungen von der hierfür zuständigen Behörde dem baufachlich mitwirkenden Amt (Wasserwirtschaftsamt) übertragen. Für alle Maßnahmen, die nicht von Fernversorgungsunternehmen abgewickelt werden, ist dabei das Wasserwirtschaftsamt zweckmäßigerweise auch Zuwendungsbehörde. Diese Tätigkeit ist dann gebührenfrei.

11.9 Üblicher Ablauf einer Wasserversorgungs-Baumaßnahme

11.9.1 Vorbereiten der Bauausführung

11.9.1.1 Allgemein

Vor Beginn des Baues sind vom AG eine Reihe von rechtlichen und verwaltungsmäßigen Fragen zu klären, insbesondere die Genehmigungen einzuholen. Die dazu erforderlichen technischen Unterlagen sind vom Entwurfsplaner im Rahmen der Genehmigungsplanung zu erstellen und werden nach HOAI vergütet.

11.9.1.2 Privatrechtliche Regelungen

11.9.1.2.1 Inanspruchnahme privater Grundstücke

Kauf der Grundstücke für die Wasserfassungen und der erforderlichen Fassungsbereiche (Schutzgebiet), für Bauwerke der Anlage, wie Maschinenhäuser, Hochbehälter, Quellsammelschächte, Schächte in Sonderfällen, bleibende neue Zufahrtswege usw.
Schriftliche Vereinbarung zur vorübergehenden Benutzung von Grundstücken für die Ablagerung von Aushub, Lagerung von Baumaterial, Benutzung von Zufahrtswegen.
Bestellung von Grunddienstbarkeiten (beschränkt persönliche Dienstbarkeiten) für das Einlegen der Haupt-Rohrleitungen auf privaten Grundstücken. Auf diese rechtliche Sicherung darf nicht verzichtet werden. Durch die Eintragung der Grunddienstbarkeit ist die Genehmigung zu erwirken für:
1. Die Grundstücke mit Leitungen (Bezeichnung) samt Zubehör zu durchqueren, Dulden der damit verbundenen Rohrgrabenarbeiten, Inanspruchnahme bis zu den für die zu verlegenden Rohrnennweiten erforderlichen Arbeitsbreiten von ... m Breite.
2. Die Anlagen und Leitungen samt Zubehör dauernd zu belassen, auch wenn diese mit zutage liegenden, sichtbaren Deckeln oder sonstigen Einbauten versehen sind.
3. Die zum Betrieb der Anlage nötigen Begehungen zu Kontrollzwecken durch die Aufsichtsorgane vorzunehmen.
4. Die erforderlichen Instandsetzungs- und Auswechslungsarbeiten durchzuführen.
5. Der Eigentümer des Grundstücks verpflichtet sich, alle Maßnahmen zu unterlassen, welche den Bestand und Betrieb der unter Ziff. 1 bezeichneten Leitung gefährden können, insbesondere dafür zu sorgen, daß z. B. Bäume und Bauwerke irgendwelcher Art nicht auf der Leitung oder innerhalb des in Abhängigkeit vom Rohrleitungsdurchmesser festzulegenden Schutzstreifens angepflanzt bzw. errichtet werden.

11.9.1.2.2 Inanspruchnahme öffentlicher Grundstücke

Vom AG sind rechtzeitig die Anträge auf Genehmigung der Inanspruchnahme unter Beigabe der Pläne bei den zuständigen Behörden einzureichen, z. B.:

Staatsforst	– Forstverwaltung
Bahnkreuzung	– Deutsche Bahn AG
Bundesstraßen und Staatsstraßen	– Straßenbauamt
Kreisstraßen und gemeindliche Verbindungsstraßen	– Kreisverwaltungsbehörde soweit nicht Straßenbauamt zuständig
Flußkreuzung	– Wasser- und Schiffahrtsamt – Wasserwirtschaftsamt

Keine Genehmigung, aber rechtzeitige Verständigung ist erforderlich: bei Kreuzung mit Kabeln – Bundespost, Dränleitungen – Wasserwirtschaftsamt, Bauwerken unter Denkmalschutz – Landesamt für Denkmalspflege.

11.9.1.2.3 Sicherung der Energieversorgung

Die Energieversorgung muß rechtzeitig gesichert werden. Die Kosten für den Anschluß sind in den E mit aufzunehmen.

11.9.1.3 Wasserrechtliche Verfahren

11.9.1.3.1 Genehmigung der Entnahme von Wasser

Die Entnahme/Ableitung von Wasser für zentrale WV-Anlagen ist genehmigungspflichtig. Es wird eine Erlaubnis oder Bewilligung ausgesprochen.
Dem Antrag auf Entnahme bzw. Zutageförderung von Wasser für WV sind ausführliche Unterlagen beizugeben, die in Länder-Verordnungen über Pläne und Beilagen in wasserrechtlichen Verfahren benannt sind.
Die Antragsunterlagen sollen i. a. bestehen aus:
1. Verzeichnis der Unterlagen
2. Erläuterung des Vorhabens

2.1 Wasserbedarfsberechnung – an verbrauchsreichen Tagen/im Jahresdurchschnitt
2.2 Wassergewinnung aus Brunnen
2.2.1 Wasserentnahme
größte momentane Entnahme in l/s und m^3/h
größte tägliche Entnahme in m^3/d
jährliche Entnahme in m^3/a
2.2.2 Art des Brunnenausbaus und der Fördereinrichtungen
2.3 Wassergewinnung aus Quellen
2.3.1 Quellschüttung, niedrigste und höchste mit Beobachtungsdatum
2.3.2 Art der Wasserfassung
2.4 Überwasser
2.5 Abwasser/Rückspülwasser
2.6 Sonstige Wasserbezugsmöglichkeiten
3. Übersichtslageplan mit Wassergewinnungsgebiet, Einzugsgebiet, Versorgungsgebiet, Zuleitung zum Versorgungsgebiet, benachbarte Wassergewinnungsanlagen und Abwasseranlagen, Grundwassermodelle und Grundwasserbilanz mit hydrogeologischen Gutachten sowie Schutzgebiete
4. Lageplan der Wassergewinnungsanlage
5. Bauplan der Wassergewinnungsanlage
mit Ausbau, Bodenprofil und Pumpversuchsauftragung oder Quellschüttungstabelle
6. Grundstücksverzeichnis
7. Amtlicher Untersuchungsbefund der physikalischen, chemischen und mikrobiologischen Wasserbeschaffenheit.

Im Verfahren werden von der Aufsichtsbehörde die zuständigen amtl. Sachverständigen zur Beurteilung in wasserrechtlicher und hygienischer Hinsicht und Prüfung der wasserwirtschaftlichen Belange beigezogen.

11.9.1.3.2 Genehmigung der Einleitung von Wasser

Das Einleiten von Wasser, wenn dies nicht in eine bestehende Kanalisation erfolgt, ist ebenfalls genehmigungspflichtig. Dies gilt insbesondere für das Abwasser aus sanitären Anlagen der Bauwerke, für das Rückspülwasser von Aufbereitungsanlagen und für Spülauslässe der Rohrleitungen.

11.9.1.3.3 Ausnahmegenehmigungen

Manche Bauteile einer WV-Anlage müssen gelegentlich in bereits festgesetzten Schutzgebieten der Wasserfassungen angeordnet werden. Im Einzelfall ist zu prüfen, ob hierfür eine Ausnahmegenehmigung von der Schutzgebietsverordnung erforderlich ist.

11.9.1.3.4 Wasserwirtschaftliche Rahmenplanung

In den Genehmigungsverfahren wird i. a. auch zu prüfen sein, ob und wie die geplante Baumaßnahme in bestehende wasserwirtschaftliche Rahmen- und Fachpläne eingeordnet werden kann.

11.9.1.3.5 Festsetzen eines Schutzgebiets

Bei Neubau oder Erweiterung einer Wassergewinnungsanlage ist nach § 19 WHG ein Schutzgebiet festzusetzen oder zu ändern.

11.9.1.4 Baurechtliche Verfahren

Soweit die einzelnen Anlageteile nach der Bauordnung baurechtlich genehmigungspflichtig sind, müssen die Anträge rechtzeitig gestellt werden. Form und Art der Anträge und der Eingabepläne sind in der Bauordnung festgelegt. Auch während des Baues selbst sind die baurechtlichen Vorschriften genau zu beachten, insbesondere Anzeige des Baubeginns, Benennung des Bauleiters, Bauende.
Bei größeren Bauwerken wie Pumpwerk, Aufbereitungsanlage u. a., ist es zweckmäßig, auf der Grundlage eines VE eine Bauvoranfrage an die Baugenehmigungsbehörde zu richten, damit grundsätzlich geklärt wird, ob das Bauwerk an der vorgesehenen Stelle überhaupt und unter welchen

voraussichtlichen Auflagen errichtet werden kann. Der E muß das Ergebnis dieser Bauvoranfrage berücksichtigen.
Bei diesem Verfahren wird auch zu prüfen sein, welche sonstigen zusätzlichen Verfahren erforderlich sind, etwa wegen der Lage im Außenbereich, in Landschaftsschutzgebieten u. a.

11.9.1.5 Finanzierung

Eine wesentliche Aufgabe des AG ist die Beratung und Beschlußfassung über die Finanzierung des Bauvorhabens. Sie hat im engen Einvernehmen mit der Aufsichtsbehörde zu erfolgen.
Bereits nach Vorliegen des VE sollte soweit möglich geklärt werden, wie die Finanzierung des Bauvorhabens möglich ist. Die endgültigen Finanzierungsverhandlungen sind jedoch erst nach Vorliegen des E mit Kostenberechnung möglich. Finanzierungsschwierigkeiten werden am ehesten vermieden, wenn

1. die Kostenberechnung ausreichend kalkuliert und an tatsächlichen Angebotspreisen orientiert ist.
2. größere Baumaßnahmen nach technischen und wirtschaftlichen Gesichtspunkten in Jahresbauabschnitte aufgeteilt und deren Kosten unter Berücksichtigung der Preisgrundlage des E sowie der voraussichtlichen Preissteigerungen ermittelt werden. Aus der Summe dieser berichtigten Kosten ergibt sich die zu erwartende Herstellungssumme.
3. der Finanzierungsplan auf die Jahresbauabschnitte und deren berichtigte Kosten abgestellt wird, woraus sich auch die mitzufinanzierenden Bauzinsen ergeben.

Zur Finanzierung werden i. a. bereitgestellt:
1) Eigenmittel – Aus Rücklagen, Abschreibungen des Wasserwerkes. Aus gemeindlichem Haushalt, unter Umständen durch Rücklagebildung im außerordentlichen Haushalt unter Verteilung auf mehrere Jahre. Aus der Inanspruchnahme der Anwesensbesitzer durch Einheben von einmaligen Herstellungsbeiträgen sowie Kostenerstattung des Baues der Anschlußleitung.
2) Darlehen – Entsprechend den gegebenen Möglichkeiten auf dem freien Kapitalmarkt, zweckgebundene öffentliche Darlehen; der Kapitaldienst ist in die Ausgaberechnung des Wasserwerkes aufzunehmen.
3) Zuwendungen – im wesentlichen des Bundes und der Länder. Zweck der Zuwendungen ist nach Inanspruchnahme der zumutbaren Eigenleistungen des AG, den Wasserpreis und die Jahresbelastung je Wasseranteil tragbar zu halten. Hierfür gelten meist besondere Richtlinien der für die Gewährung der Zuwendungen zuständigen Behörde.

11.9.2 Verdingung

11.9.2.1 Allgemein

Die Kalkulation und die Abrechnung werden einfacher und übersichtlicher, auch Meinungsverschiedenheiten zwischen AG, BO, AN werden eher vermieden, wenn die Verdingung nach einheitlichen Verfahren durchgeführt wird. Wesentliche Grundlage ist die weitgehende Verwendung von Standardtexten für die Leistungsverzeichnisse, hier das Standardleistungsbuch für das Bauwesen (StLB) des Gemeinsamen Ausschusses Elektronik im Bauwesen (GAEB) sowie das Standardleistungsheft Kanalisation und Wasserversorgung StLH-KaWa 98 des Verbandes unabhängiger Bayerischer Ingenieurbüros für Wasserwirtschaft e. V (VIWA). Dadurch werden gleiche Leistungen immer gleichartig beschrieben. Die Standardtexte sind auch datenverarbeitungsgerecht sowohl für Planung wie für Abrechnung.
Wichtig ist ferner eine einheitliche Gestaltung der Vertragsunterlagen für die Bauleistungen (entsprechend VOB) und für die Ausführung von Leistungen (entsprechend VOL). Solche Unterlagen sind z. B. in Bayern in einem Vergabehandbuch zusammengefaßt, deren Anwendung den Ämtern der Bayer. Staatsbauverwaltung vorgeschrieben ist, den Gemeinden und Körperschaften des öffentlichen Rechts empfohlen wird. Dadurch wird vermieden, daß jede BO, abgesehen von der Berücksichtigung der örtlichen Verhältnisse, völlig verschiedene und z. T.der VOB und VOL widersprechende Vertragsunterlagen erstellt, was die Kalkulation der Firmen sehr erschwert und damit auch höhere Preise bedingt; erschwert wird auch die Prüfung. Die wesentlichen Unterlagen, wie Zusätzliche und Besondere Vertragsbedingungen, Technische Vorschriften und Verdingungsformblätter sind im Abschnitt 11.2.3 und im Kap. 14 benannt.

11.9.2.2 Ausschreibung

Die Arbeiten werden i. a. vom AG ausgeschrieben, die Verdingungsunterlagen liefert die BO in der erforderlichen Anzahl. Öffentliche Ausschreibung ist obligatorisch. Für Spezialarbeiten kann beschränkte Ausschreibung erfolgen, gegebenenfalls nach öffentlicher Aufforderung, Teilnahmeanträge zu stellen (beschränkte Ausschreibung nach öffentlichem Teilnahmewettbewerb).
Freihändige Vergabe ist abzulehnen. Umfangreiche Bauleistungen sollen möglichst in Lose geteilt und nach Losen vergeben werden (Teillose), z. B. Grundwassererschließung an Bohrfirmen, Rohrgraben – Rohrleitung an Rohrleitungsfirmen, Hochbehälter – Wassertürme an Stahlbetonfirmen, Maschinenhäuser – Wohngebäude an Baufirmen, Maschinenanlagen an Maschinenfirmen, elektrische Einrichtung – Schaltgeräte – Fernmeß- und Steuereinrichtungen an Firmen der Stark- und Schwachstromtechnik. Bauleistungen verschiedener Handwerks- oder Gewerbezweige sind in der Regel nach Fachgebieten oder Gewerbezweigen getrennt zu vergeben (Fachlose), z. B. für die Zimmerer-, Metallbau-, Glaser- und Installationsarbeiten usw.

11.9.2.3 Angebote

Die Öffnung der Angebote erfolgt beim AG zum Angebotstermin, die Endsummen werden bekanntgegeben. Die BO prüft, rechnet nach und wertet die Angebote und gibt einen Vorschlag über die Zuschlagserteilung mit Begründung an den AG. Nach Öffnen der Angebote sind Verhandlungen über Preisnachlässe zwischen Bieter und AG unzulässig.

11.9.2.4 Zuschlag

Der AG beschließt über den Zuschlag. Die Termine, bis zu denen die Bieter an ihr Angebot gebunden sind, sind zu beachten. Durch die BO werden die Entwürfe für die Lieferungs- und Leistungsverträge erstellt, daraufhin die Verträge zwischen AG und AN abgeschlossen.
Auf das zum 1. 1. 1999 in Kraft getretene Gesetz zur Änderung der Rechtsgrundlagen für die Vergabe öffentlicher Aufträge (Vergaberechtsänderungsgesetz – VgRÄG) vom 26. 8. 1998 wird hingewiesen. Mit dem VgRÄG wurden europäische Vergaberichtlinien in nationales Recht umgesetzt. Das VgRÄG macht das Vergabeverfahren transparenter, gibt dem Bieter neuerdings Rechtsschutz und bringt wesentliche Änderungen für das Nachprüfungsverfahren bei Vergaben.

11.9.3 Bauausführung einer Wasserfassung

11.9.3.1 Allgemein

Die Bauausführung einer Wasserfassung, insbesondere von Grundwassererschließungen, unterscheidet sich im Ablauf von den sonstigen Bauarbeiten, weil sie i. a. vor der Fertigung des E erfolgen muß. Meist wird die Arbeit von einem IB als BO und einem vom AG beauftragten Hydrogeologen als Sondergutachter überwacht.
Zur Vorbereitung der Arbeiten gehören: Klären der privatrechtlichen Fragen, wie schriftliche Vereinbarung über die Benutzung des Grundstücks für die Bohrversuche mit der Möglichkeit des Erwerbs bei Fündigwerden, vorübergehende Benutzung von Grundstücken für Bauzwecke, Anfahrtswege.

11.9.3.2 Ablauf der Arbeiten

Örtliche Einweisung der Bohrfirma,
Festlegen des Bohrprogramms,
laufende Überwachung der Bohrung, Wochenberichte der Bohrfirmen,
Anordnen der Zwischenpumpversuche,
Festlegen und Genehmigung des Ausbauplanes,
Überwachen des Ausbaues und des Hauptpumpversuches,
Prüfen der Auswirkungen auf andere Gewässerbenutzer,
Anordnen der chem. und mikrobiologischen Untersuchung,
Abnahme der Arbeiten,
Prüfen der Firmenrechnung, sachliche und rechnerische Feststellung und Weitergabe an den AG zur Auszahlung,

Übergabe an den Bauträger zur Wartung und Sicherung des Bohrbrunnens bis zur Erstellung der Anlage.
Das Ergebnis der Arbeiten ist in einem hydrogeologischen Schlußgutachten zusammenzufassen.

11.9.3.3 Schlußbericht

Der Schlußbericht hat zu enthalten:
Lage der Bohrstelle, Lageplanskizze
Bodenprofil
Körnungslinie von Lockergesteinen
Geophysikalische Bohrlochmessungen, Flowmeter
Brunnenausbau mit Plan
Hydrologische Ergebnisse, Auswertung und graphische Darstellung der Pumpversuche, Angabe der möglichen Höchstentnahme
Chem. u. mikrobiologischer Befund des Wassers
Angabe weiterer Erhebungen für das wasserrechtliche Verfahren, wie laufende Einmessungen von Grundwasserspiegel, pflanzensoziologische Kartierung, Schätzung der Ernteerträge usw.
Schutzgebietsvorschlag
Bauausgabebuch

11.9.4 Ausführung der Bauarbeiten

11.9.4.1 Baueinweisung

Durch die BO werden die beteiligten Firmen, vertreten durch die Bauleiter und Aufsichtsorgane der AN auf der Baustelle, und die BÜ anhand des E bzw. der Ausführungsplanung an Ort und Stelle eingewiesen.

11.9.4.2 Vorbereitende Arbeiten der Firmen

Für die Rohrleitung ist durch den AN der Abrechnungshöhenplan aufzunehmen und im Maßstab 1:1000/100 aufzutragen. In diesen wird durch die BO die endgültige Grabensohle eingetragen. Dieser Bauhöhenplan dient sowohl als Grundlage für die Bauausführung, das Schlagen der Profile, wie auch als Abrechnungsplan. Unter Hinzuziehung der BÜ sind der Bauzeitenplan und die Formstückliste für die Rohrleitung aufzustellen und der BO zur Genehmigung vorzulegen.
Die statische Berechnung der Bauwerke ist eine gesonderte Leistung nach HOAI.

11.9.4.3 Bauarbeiten

Grundlage bilden Ausführungspläne, Leistungsverzeichnisse, Vertragsbestandteile. Die anerkannten Regeln der Bautechnik sind zu beachten. Einzuhalten sind die geltenden Gesetze, Verordnungen, Bestimmungen, Unfallverhütungsvorschriften, Richtlinien für Verlegung, VOB, besondere Richtlinien der BO. Bei Änderungen sind rechtzeitig Planunterlagen bereitzustellen und Preisvereinbarungen abzuschließen.

11.9.4.4 Kontrolle der Bauausführung

Für den AG übernimmt die Überwachung der Arbeiten die BO und BÜ, für den AN der Bauleiter.

11.9.4.5 Abrechnung

Die Leistungen des AN werden entsprechend dem Fortgang der Arbeiten von der BÜ und vom Bauleiter des AN gemeinsam aufgemessen, erforderlichenfalls Abrechnungsskizzen und -pläne gefertigt. Die Rechnungen sind vom AN übersichtlich aufzustellen und dabei die Reihenfolge der Pos. gemäß Leistungsverzeichnis einzuhalten; die Massenberechnungen sind beizugeben. Jede Abschlagsrechnung hat die gesamten bisher geleisteten Arbeiten zu umfassen, von dem Rechnungsbetrag sind Sicherheitsleistungen und die bereits erhaltenen Abschlagszahlungen abzuziehen. In einem Beiblatt sind die Massen der einzelnen Pos. für die bisher getätigten Aufmessungen zusammenzustellen, gem. Muster 11-5 auf der folgenden Seite.

Muster 11-5

	Pos. 1	Pos. 2	Pos. 3	Pos. 4	Pos. 5
	m^3	m^3	m^3	m^3	Std.
1. Aufmessung	165	50	20	50	10
2. Aufmessung	130	–	5	–	30
Summe	295	50	25	50	40

Rechnung und Aufmaß sind 3fach der BÜ zur fachtechnischen und rechnerischen Prüfung der geleisteten Arbeiten, Vergleich mit den Aufmessungen, zu geben. Die BÜ prüft die Rechnungen mit dem Vermerk – Richtig und festgestellt – und die sonstigen Abrechnungsunterlagen mit – Fachlich und rechnerisch geprüft – und übergibt sie an die BO. Hierzu gehört die Überprüfung hinsichtlich der vertraglichen Leistungen und Preise. Nach Feststellung geht Erstschrift an den AG, der bei seiner Kasse die Überweisung anordnet. Zweitschrift geht an die BO zur Führung des Bauausgabebuches und Drittschrift geht als Rücklauf an den AN.

11.9.4.6 Abnahme

Die Leistungen des AN müssen abgenommen werden. Grundlagen hierfür bilden die laufende Überwachung der Arbeiten durch die BÜ und die Baukontrollen der BO hinsichtlich der sachgemäßen und einwandfreien Ausführung und die einzelnen Prüfungen, wie Einzeldruckproben und Gesamtdruckproben längerer Rohrleitungen, Feststellen des Fördervermögens der Leitungen, Dichtheitsprüfungen der Wasserbehälter, Prüfen der Maschinenleistungen und der Wirkung von Aufbereitungsanlagen. Die Prüfungen werden unter Überwachung der BO und Mitwirkung der BÜ in Anwesenheit von Vertretern des AG durchgeführt und Niederschriften gefertigt.
Nach Abschluß der Arbeiten wird von BO und BÜ mit AG und AN eine vorläufige Schlußbegehung durchgeführt, etwaige Mängel festgestellt und Termin für die Behebung der Mängel gestellt. Nach Mitteilung des AN, daß die Mängel behoben sind, wird die Abnahme der Leistungen durch die BO in Anwesenheit von AG, BÜ und AN in einer Schlußbegehung durchgeführt. Wenn nur kleine Mängel festgestellt werden, sind die Arbeiten abzunehmen, mit Terminstellung für die Fertigstellung der Restarbeiten. Bei größeren Mängeln sind die Arbeiten nicht abzunehmen. Mit der Abnahme sind die vertraglich vereinbarten Gewährleistungsfristen festzusetzen.
Zu beachten ist VOB, Teil B, wonach eine Leistung als abgenommen gilt nach Ablauf von 12 Werktagen nach schriftlicher Mitteilung über die Fertigstellung und nach Ablauf von 6 Werktagen nach Benutzung durch den AG, wenn nicht eine besondere Vereinbarung getroffen wird. Die Abnahme ist bei Wasserversorgungsanlagen jedoch immer erforderlich (vergleiche auch Abschnitt 5.1.6).

11.9.4.7 Schlußvorlagen

Mit dem Abschluß der Bauarbeiten sind von der BÜ die Schlußvorlagen zusammenzustellen und an die BO zur Prüfung zu geben. Sie werden dann mit einem Schlußbericht dem AG zugeleitet. Es ist unerläßlich, daß die erforderlichen Unterlagen bereits während der Bauzeit vorbereitet werden. Aus Gründen der Übersichtlichkeit und leichten Prüfbarkeit empfiehlt es sich, das Muster 11-6 für die Zusammenstellung der Schlußvorlagen zu verwenden:

Muster 11-6
Zusammenstellung der Schlußvorlagen über die Baumaßnahme . . .
Auftraggeber. . .
Bauoberleitung . . .
Örtliche Bauüberwachung . . .

1)	*Allgemeine Angaben*	
1.1	Entwurf der Baumaßnahme	Datum:
	Entwurfsfertiger	
	Baufachliche Stellungnahme des . . .	Datum:
1.2	Bauoberleitung	Datum des Auftrags:
	Name	
1.3	Örtliche Bauüberwachung	Datum des Auftrags:
	Name	Anschrift
	Beginn der Bauüberwachung	Ende der Bauüberwachung

1.4 Verzeichnis der am Bauvorhaben durch Verträge und Aufträge beteiligten Firmen, mit Angaben der Arbeiten bzw. Lieferungen
1.5 Angabe der am Bauvorhaben beteiligten Bauleiter
Name Dienstbezeichnung Anschrift
Firma
Übernahme Ende
1.6 Bauzeit: Beginn Ende
Dauer der Unterbrechungen
Dauer der Überschreitung
1.7 Inbetriebnahme der Anlage
Beginn der Wasserförderung Wasserbezug
Wasserabgabe
2) Beschreibung der Baumaßnahme
2.1 Beschreibung entsprechend der Ausführung
2.2 Besondere Vorkommnisse
2.3 Eignung der beteiligten Firmen
3) Vertragsunterlagen
3.1 Lieferungs- und Leistungsverträge, Bestellungen, Auftragsbestätigungen
3.2 Abruf, Lieferanzeigen
3.3 Preisvereinbarungen
3.4 Aufträge für Stundenlohnarbeiten
3.5 Gestattungsverträge mit Deutsche Bahn AG, Straßenbauämtern, Wasserwirtschaftsämtern u. a.
3.6 Grunddienstbarkeiten
3.7 Baurechtliche Genehmigungsverfahren
3.8 Wasserrechtliche Genehmigungsverfahren
4) Unterlagen über durchgeführte Prüfungen
4.1 Materialprüfungen, Betonkontrollen u. a.
4.2 Pumpversuche
4.3 Dichtheitsprüfungen von Behältern
4.4 Prüfung des Wirkungsgrades der Maschinen
4.5 Prüfung der Wirkungsweise der Aufbereitungsanlage
4.6 Druckprüfungen der Rohrleitungen und Anschlußleitungen, Prüfung des Fördervermögens der Rohrleitungen
5) Baurechnung
5.1 Schlußrechnungen mit Schlußanerkennung durch die AN
5.2 Bauausgabebuch mit Abschlußvermerk der BO
5.3 Zweitschriften der Abrechnungsnachweise mit Rechnungen, Belegen und Aufmaßen u. a.
5.4 Materialnachweis über die vom AG beigestellten Materialien Lieferung – Einbau – Rückgabe – Materiallager – Fehlmengen
5.5 Aufstellung der übermessenen Rohrlängen
5.6 Aufmaßskizzen der Hausanschlußleitungen
5.7 Namensliste der angeschlossenen Anwesen mit Nr. der eingebauten Hauswasserzähler.
6) Finanzierung
6.1 Finanzierungsplan, Verwendungsnachweis
6.2 Zusammenstellung der Baukosten und der Finanzierung, Vergleich mit Kostenberechnung des E
7) Niederschriften und Erklärungen
7.1 Vorläufige Schlußbegehung
7.2 Schlußbegehung und Abnahme
Wassergewinnung, Aufbereitungsanlage, Maschinenanlage, Bauwerke, Rohrleitung, ggf. mit Anhang über Nachberichtigungen
7.3 Festsetzung der Gewährleistungsfristen
7.4 Erklärung der Baufirmen über die Beseitigung aller bei der Abnahme festgestellten Mängel, mit Bestätigung durch BO und AG
7.5 Niederschrift über Einweisung des AG, des Bedienungspersonals und der örtlichen Feuerwehr

7.6 Bestätigung des AG über den Empfang von Planunterlagen, Betriebsvorschriften, Reservematerial u. a.
7.7 Schriftwechsel mit AG und AN
7.8 Übergabeniederschrift.
8) Untersuchungen
8.1 Organoleptischer Befund
8.2 Chemischer Befund
8.3 Mikrobiologischer Befund
8.4 Spülung und Desinfektion der Bauwerke und Rohrleitungen
8.5 Stellungnahme und Freigabe der Anlage durch die Abteilung Gesundheitswesen der Kreisverwaltungsbehörde
9) Berichte und Schriftwechsel zwischen Bauoberleitung und örtl. Bauüberwachung
9.1 Bautagebuch
9.2 Wochenberichte
9.3 Monatliche Baustands- und Kostenberichte (nach Muster Kostenzusammenstellung)
9.4 Sonstiger Schriftwechsel der BO
9.5 Sonstiger Schriftwechsel der BÜ
10) Pläne
10.1 Baufachlich geprüfte Entwurfspläne des E
10.2 Zusätzlich notwendig gewordene Entwurfspläne, Skizzen und Ausführungszeichnungen
10.3 Höhenaufnahmen, Vermessungsunterlagen
10.4 Bauzeitenplan nach tatsächlichem Ablauf berichtigt
10.5 Bestandspläne der Bauwerke
10.6 Bestandspläne der Rohrleitung
   1. Zubringer- und Fernleitungen mit Kabel M 1:5000
   2. Ortsnetz- und Übersichtsplan M 1:2500
   3. Ortsnetzplan M 1:1000
10.7 Bestandshöhenpläne, mit berichtigten Längenangaben
10.8 Berichtigte Verlegeskizzen
10.9 Quellschüttungstabellen, Ganglinien des Grundwasserspiegels der Brunnen

Unterschrift Datum

11.9.5 Inbetriebnahme

Häufig beabsichtigt der AG, die Anlage so bald wie möglich in Betrieb zu nehmen, auch wenn die Arbeiten noch nicht ganz abgeschlossen und abgenommen sind. Der Termin der Inbetriebnahme ist zwischen AG, BO und AN zu vereinbaren und schriftlich festzulegen. Durch die BO ist der AG schriftlich darauf hinzuweisen, daß dieser mit der Inbetriebnahme der in Betracht kommenden Anlageteile die Verantwortung für die sorgfältige Wartung dieser Anlageteile übernimmt. Das Bedienungspersonal muß anhand der Bedienungsvorschriften durch BO und BÜ eingewiesen sein.
Der AG ist ferner darauf hinzuweisen, daß die Freigabe des Wassers zur allgemeinen Benutzung erst erfolgen darf, wenn die in Betrieb genommenen Anlageteile gründlich gespült sind und nach Durchführung einer Desinfektion des Rohrnetzes die mikrobiologische Untersuchung von Wasserproben aus den Zapfstellen einwandfreie Befunde ergibt. Bis zu dieser Freigabe durch die Abteilung Gesundheitswesen der Kreisverwaltungsbehörde darf das Wasser nur in abgekochtem Zustand für Trinkzwecke verwendet werden.
Gleichzeitig sind auch die beteiligten AN schriftlich von der Inbetriebnahme zu verständigen und anzuweisen, daß etwaige Restarbeiten an den in Betrieb befindlichen Anlageteilen nur nach vorheriger Verständigung des AG ausgeführt werden dürfen. Besonders sind die AN darauf hinzuweisen, daß mit der Inbetriebnahme noch nicht die Abnahme erfolgt ist, die in einer besonderen Schlußbegehung durchgeführt wird.
Mit der Inbetriebnahme sind durch den AG die Wasserabgabesatzung, Gebührenordnung für die Abgabe von Wasser, aufzustellen und in Kraft zu setzen, wenn nicht bereits vorhanden. Die Mitwirkung der BO sowie der Rechtsaufsichtsbehörde ist hierbei zweckmäßig. Gleichzeitig sind die Bedienungsvorschriften, Betriebsanweisungen aufzustellen.

11.9.6 Übergabe

Mit der Übersendung der Schlußvorlagen und der Inbetriebnahme der Anlage ist die Tätigkeit der BO im wesentlichen beendet. Die Übergabe der Anlage durch die BO und Übernahme durch den AG ist aus Gründen der Verantwortlichkeit und Haftung schriftlich in Form einer Übergabeniederschrift zu bestätigen.

Die Sachbehandlung schwebender mit der Ausführung zusammenhängender Fragen untergeordneter Bedeutung durch die BO wird durch die Übergabe nicht berührt. Bei schwerwiegenden betrieblichen Mängeln wird dagegen der AG die Übernahme zurückstellen bis zur Behebung dieser Mängel.

12. Baukosten von Wasserversorgungsanlagen

bearbeitet von Dipl.-Ing. **Manfred Edenhofner**

DVGW-Regelwerk, DIN-Normen, Gesetze, Verordnungen, Vorschriften, Richtlinien
siehe Anhang, Kap. 14, S. 765 ff.
Literatur siehe S. 704

12.1 Allgemein

Sowohl der Techniker als auch der Verwaltungsfachmann muß sich während der Planung, der Bauausführung und des Betriebes ständig mit den Baukosten von WV-Baumaßnahmen beschäftigen. Je nach Erfordernis genügt dabei die Kenntnis der ungefähren Baukosten, oder es ist die Ermittlung der genauen Kosten erforderlich.
1) Vorentwurf/Vorplanung – hierfür ist eine Kostenschätzung ausreichend, um dem Unternehmensträger ein ungefähres Bild vom Umfang und den Kosten des Unternehmens zu geben.
2) Entwurf/Entwurfsplanung – benötigt als Grundlage der Bauausführung und Finanzierung eine möglichst genaue Berechnung der Baukosten = Kostenberechnung, wobei der Entwurfsfertiger anhand des Leistungsverzeichnisses die aufgrund seiner Erfahrung angenommenen Einheitspreise einsetzt.
3) Angebot des Unternehmers – wird errechnet aus der genauen Ermittlung der Angebotspreise für die zu erwartenden Arbeiten unter Berücksichtigung der örtlichen Verhältnisse und der jeder Firma eigenen Leistungsfähigkeit = Kostenangebot.
4) Schlußrechnung – enthält dann die tatsächlichen Baukosten = Kostenfeststellung.
5) Wert der Anlage – im Laufe des Betriebes verändert sich der Wert der Anlage durch Werterhöhung infolge Baupreissteigerungen (Wiederbeschaffungswert), durch Wertminderung infolge Abnützung (Abschreibung) und durch Wertzuwachs infolge Erweiterungen. Auch bei der Wertermittlung von bestehenden älteren Anlagen genügen wieder Kostenschätzungen, da infolge der groben Annahme der Abschreibungssätze eine bis ins einzelne gehende Erfassung der Baukosten keinen Sinn hat.
Kostenschätzung und Kostenberechnung durch AG und IB, Erstellen des Angebots durch AN, wie auch das Prüfen von Angeboten durch AG, BO, BÜ setzen eine große Erfahrung und Baupraxis voraus. Sie erfordern eine genaue Kenntnis der Arbeitsvorgänge, der Unternehmerleistungen und deren Unkosten sowie der Regeln für die Ermittlung der Angebotspreise.

12.2 Ermittlung der Angebotspreise (Kalkulation)

12.2.1 Vertragsarten

Maßgebend ist die Verdingungsordnung für Bauleistungen VOB, siehe auch Kap. 11.
1) Leistungsvertrag – Die Regel ist die Vergabe nach Einheitspreisen (Einheitspreisvertrag). Für Leistungen, die bei Aufstellung des Leistungsverzeichnisses nicht eindeutig erfaßt werden konnten, ist zwischen Auftragnehmer und Auftraggeber noch vor Ausführung eine Preisvereinbarung nach Einheitspreisen abzuschließen. In seltenen Fällen kann für eine Leistung von genau bestimmter Ausführungsart und Umfang aufgrund eines Angebots mit Einheitspreisen (zur Preisprüfung erforderlich) ein Pauschalvertrag abgeschlossen werden. Für öffentliche und mit öffentlichen Mitteln finanzierte Bauaufträge sind Baupreisverordnungen und die jeweils gültigen Tarifvereinbarungen einzuhalten.
2) Stundenlohnvertrag – Bauleistungen von geringem Umfang, die überwiegend Lohnkosten erfordern, können im Stundenlohn vergeben werden. Ihr Anteil ist um so geringer, je genauer das Leistungsverzeichnis aufgestellt ist. Vergütet werden die vereinbarten Stundenlohnsätze, wenn nichts vereinbart, die tatsächlich gezahlten Löhne, mit einem Zuschlag für: Gemeinkosten, Gewinn, Wagnis, Umsatzsteuer, besondere Aufwendungen für Urlaub, Feiertage, Krankheit, Kosten für Kleingerät und kleine Gerüste. Der Zuschlag für Stundenlohnarbeiten zu den tatsächlichen Löhnen unterliegt wie die Angebotspreise dem Wettbewerb. Bei außergewöhnlich hohen Zuschlägen können diese vor der

Zuschlagserteilung von der zuständigen Preisprüfungsbehörde geprüft werden. Stoffe oder Bauteile, Bauhilfs- und Betriebsstoffe werden nach Vereinbarung oder nach den zur Zeit der Lieferung gültigen Tagespreisen berechnet.
3) Selbstkostenerstattungsvertrag – Bauleistungen größeren Umfanges können ausnahmsweise nach Selbstkosten vergeben werden, wenn sie vor der Vergabe nicht eindeutig und so erschöpfend bestimmt werden können, daß eine einwandfreie Preisermittlung möglich ist.

12.2.2 Vorbereiten der Kalkulation

12.2.2.1 Bedingungen und Richtlinien für die Angebotsabgabe

Vor der Kalkulation sind im Titelblatt der Kalkulation die wesentlichen Bedingungen und Richtlinien des Auftraggebers für die Angebotsabgabe aus der Aufforderung zur Angebotsabgabe, den zusätzlichen Vertragsbedingungen, den Besonderen Vertragsbedingungen und den Zusätzlichen Technischen Vorschriften festzuhalten, vor allem: Auftraggeber, Angebotsfrist, Zuschlagsfrist, Art der Vergabe: öffentlich, beschränkt, freihändig, Einheitspreisvertrag, Fertigstellungstermin, Vertragsstrafen für Bauzeitüberschreitung, Sicherheitsleistung, Zahlungsbedingungen, besondere Bedingungen für die Baudurchführung, z. B. Winterarbeit usw. Diese Angaben beeinflussen weitgehend die Kalkulation.

12.2.2.2 Erhebungen

1) Durcharbeiten der Ausschreibungsunterlagen – und Einsichtnahme in die Ausführungsplanung.
2) Besichtigung der Baustelle – hinsichtlich Bodenarten, Grundwasserverhältnisse, Anfahrtswege, Lagerplätze, Stromanschluß, Bauwasser, Fernsprechanschluß.
3) Feststellen des Arbeits- und Materialaufwandes – hinsichtlich Materialbedarf, Stundenaufwand, Geräteeinsatz, Baustellenorganisation. Die in Kalkulationsbüchern enthaltenen Angaben sind nur Anhaltswerte. Von ausschlaggebender Bedeutung sind die eigene Leistungsfähigkeit des Unternehmers, die Erfahrungswerte aus den Tagebüchern der Baustellen und die Auswertung von Zwischen- und Nachkalkulation zur Schaffung von eigenen Erfahrungswerten für die Selbstkostenermittlung.
4) Feststellen der Kostengrundlagen – Erheben der Tariflöhne, Materialpreise frei Baustelle, Arbeitsbedingungen, Zuweisung von ortsansässigen oder auswärtigen Arbeitern, Unterbringung, Transport.
5) Festlegen des Ablaufs der Bauarbeiten – Baustelleneinrichtung, Organisationsplan, Baubetriebsplan, Ablauf der Rohbauarbeiten u. a.

12.2.2.3 Berechnungsgrundlagen

Die Angebotspreise setzen sich zusammen aus Lohnkosten, Stoffkosten und Gerätekosten. Als Grundlage für die Ermittlung der Angebotspreise werden errechnet:
1) Mittellohn – für die hauptsächlich vorkommenden Arbeiten wie Rohrgraben, Rohrverlegung, Beton- und Stahlbetonarbeiten, Maurerarbeiten, Bohrarbeiten u. a.
2) Ermittlung der einzelnen Baustoffkosten
3) Kosten der Beton- und Mörtelmischungen – und des sonstigen zusammengesetzten Materials nach Materiallohn und Materialkosten
4) Geräteeinsatz – des eigenen Geräteparks oder der Leihgeräte nach der Geräteliste.

12.2.3 Preisermittlung der Angebotssumme

12.2.3.1 Gliederung der Preisermittlung

Um eine übersichtliche, genaue und einwandfreie Ermittlung der Angebotspreise und der Einheitspreise zu erhalten, wird zweckmäßig die Kalkulation in nachstehender Gliederung durchgeführt.

1) Unmittelbare Selbstkosten der Bauarbeiten
Nach den Ordnungszahlen (OZ) bzw. Positionen des Leistungsverzeichnisses sind zu berechnen:
1.1 Lohnkosten LK
1.2 Stoffkosten StK – Baustoffe, Betriebsstoffe, Bauhilfsstoffe hiervon Lohnkosten unter LK
1.3 Gerätekosten GK – für Großgerät und Kleingerät: Abschreibung, Verzinsung, Transport, Auf- und Abbau, Instandhaltung, Instandsetzung – hiervon Lohnkosten unter LK

2) Zuschläge zu den unmittelbaren Selbstkosten
2.1 Soziale Abgaben
2.2 Gemeinkosten der Baustelle

3) Betriebskostenzuschläge
3.1 Allgemeine Geschäftsunkosten
3.2 Wagnis und Gewinn

4) Angebotssumme ohne Umsatzsteuer – ergibt sich aus Summe 1–3

5) Einheitspreise – Ermittlung aus 1 mit den Zuschlägen aus 2 und 3 nach besonderen Regeln der Verteilung, siehe folgende Abschnitte.

6) Umsatzsteuer – Berechnung aus Summe Ziff. 4 mit der jeweils geltenden Umsatzsteuer
7) Angebotssumme einschl. Umsatzsteuer – Summe aus 4 + 6
In den Abschnitten 12.2.3.2–4 sind Hinweise zur Höhe und Aufteilung der Zuschläge gegeben.

12.2.3.2 Unmittelbare Selbstkosten der Bauarbeiten

12.2.3.2.1 Allgemein

Wegen der sachlichen Übersicht werden bei der praktischen Preisberechnung für jede Position des Leistungsverzeichnisses die preisbildenden Hauptkostenarten: Lohnkosten, Stoffkosten für Baustoffe und Bauhilfsstoffe, sowie Gerätekosten grundsätzlich getrennt ermittelt und in der Summe der unmittelbaren Selbstkosten der Bauarbeiten zusammengefaßt.

12.2.3.2.2 Einzelkosten

1) Lohnkosten (LK) – sie enthalten reine Löhne der Arbeiter, Vorarbeiter, Schachtmeister, Poliere und Lohnnebenkosten, d. i. tarifliche Zuschläge wie: Auslösungen, Wegezulagen, Fahrtkosten, Zuschläge für Überstunden, Nacht- und Sonntagsarbeit, Wasser-, Tiefen-, Druckluftzulagen usw. Die Lohnnebenkosten werden jedoch nicht in die Einzelpreise aufgenommen, wenn für sie eine gesonderte Position im Leistungsverzeichnis vorgesehen ist.
2) Stoffkosten (StK) – es werden die Baustoffe mit ihrem Preis frei Baustelle eingesetzt. Diese setzen sich zusammen aus: Reiner Einkaufspreis, Fracht, Um- und Ausladen, Anfuhr, Abladen, Stapeln, Verlust, Streuverlust, Verschnitt, Schwinden, Bruch, Diebstahl usw. Die im Preis frei Baustelle enthaltenen Materiallöhne sind für die Berechnung der sozialen Abgaben in LK zu berücksichtigen. Zu StK gehören auch die Betriebsstoffe wie Strom, Benzin, Öl, Putzwolle, Bauwasser und die Bauhilfsstoffe. Diese werden bei der Baudurchführung nicht verbraucht, erleiden aber bei der Verwendung eine Wertminderung wie Schalholz, Gerüste usw.
3) Gerätekosten (GK)
3.1 Großgerät – Abschreibung und Verzinsung nach Geräteliste für Bestand oder Neuanschaffung, Spezialgeräte, Miete für Leihgeräte unter GK.
3.2 Kleingerät und Werkzeug – werden je nach Länge der Baudauer häufig fast voll aufgebraucht, ihr Anteil ist schwer erfaßbar, meist angenommen 2–5 v. H. der Lohnsumme oder 50–100 v. H. Abschreibung, eingesetzt in StK.
3.3 Transport – Frachten für An- und Abfuhr unter StK, Auf- und Abbau, Auf- und Abladen unter LK gegebenenfalls Anteil unter StK.
3.4 Instandsetzungen – Werkstättenbetrieb, Ersatzteile, Löhne unter LK, Betriebsstoffe und Ersatzteile unter StK. Angemessene Reparaturkosten 66 v. H. des Abschreibungssatzes, hiervon etwa:

Instandhaltung	Schlußinstandsetzung	Grundüberholung	Summe	
LK	10 v. H.	10 v. H.	10 v. H.	30 v. H.
StK	10–13 v. H.	10–13 v. H.	10–13 v. H.	30–39 v. H.

12.2.3.3 Zuschläge zu den unmittelbaren Selbstkosten

12.2.3.3.1 Soziale Abgaben

In den sozialen Abgaben für das Aufsichtspersonal und die Arbeiter, unter LK einzusetzen, werden die verschiedenen Zuschläge für gesetzliche und tarifliche Lohnfortzahlungen, Sozialbeiträge und Abgaben zusammengefaßt. Z. T.sind sie betriebsindividuell verschieden, Mittelwerte sind in **Tab. 12-1** angegeben.

12.2.3.3.2 Gemeinkosten der Baustelle

1) Baustelleneinrichtung und Räumung – Bauhütten, Wohn- und Bürocontainer nebst Einrichtungen, Material, Maschinenschuppen, Bauzäune, allgemeine Betriebseinrichtungen ohne laufende Betriebskosten (wie Stromversorgung, Wasserversorgung, Fernsprechanschluß), Baugerüste, Behelfsbrücken, Transportanlagen, Nebenkosten wie Geländepacht für Lager- und Arbeitsplätze, Herrichten und Wiederinstandsetzen der Plätze und Zufahrtsstraßen, Gebühren. Bei größeren Bauvorhaben ist hierfür gewöhnlich eine eigene Position im Leistungsverzeichnis vorgesehen. Einzugliedern Löhne unter LK, verbrauchtes Material und Vorhalten unter StK.
2) Laufende Ausgaben der Baustelle – Personalkosten der Bauleiter, Bauführer, Kaufleute, Schreibkräfte einschließlich Reisespesen und sozialer Abgaben, freiwillige Unfall- und Haftpflichtversicherung, Bauzulagen dieser Angestellten, besondere Personalkosten für Planbearbeitung, statische Berechnungen, für die Baustelle anfallende Reisen, Unkostenlöhne, die für die gesamte Baustelle gemeinsam anfallen, wie Materialverwaltung, Bürohilfskräfte, Meßgehilfe, Wachpersonal, Bürobedarf, Miete für Baubüro, Schreibbedarf, Porto, Fernsprechgebühren, Büroreinigung, Heizung, Beleuchtung. Betrieb besonderer Anlagen, wie Wasserversorgung, Verkehrskosten: PKW, Motorrad, Fahrrad, sonstige Material- und Betriebsstoffkosten, die in den Positionen des Leistungsverzeichnisses nicht enthalten sind, wie Beleuchtung der Baustelle, Baustoff-, Bodenuntersuchungen, Probebelastungen, Dichtheitsprüfungen usw., einzugliedern unter LK bzw. StK.
3) Besondere Bauzinsen unter StK – vorgelegtes Betriebskapital für Einrichten, Lohn- und Materialkosten bis zum Eingang der entsprechenden Zahlungen des Auftraggebers, Sicherheitsleistung.
4) Wagnisse besonderer Art unter StK – wenn sie in der Ausschreibung besonders auferlegt und genau umschrieben sind.
5) Überschlägige Ermittlung der Gemeinkosten – bei größeren Baustellen werden die Gemeinkosten der Baustelle (Ziff. 1 bis 4) einzeln kalkuliert, bei kleineren häufig nur ein bestimmter Anteil zu den Einzelkosten genommen, etwa 15 v. H. zu den Lohnkosten, 5 v. H. zu den Stoffkosten.

12.2.3.4 Betriebskostenzuschläge

1) Allgemeine Geschäftsunkosten – Sie bestehen aus: Gehälter und Gewinnbeteiligung der Angestellten, Reisekosten der Geschäftsleitung, Unkosten des Zentralbüros, Miete, Licht, Heizung, Zeichen- und Schreibbedarf, Porto, Fernsprechgebühren, Fachbücher und Zeitschriften, Inserate, Ausschreibungsunterlagen, Verzinsung des Eigen- und Fremdkapitals, Betriebskosten der Bauhöfe und Werkstätten, Beiträge zu Verbänden und Vereinen, Steuern und Versicherungen. Die allgemeinen Geschäftsunkosten sind verhältnismäßig stetig, das Verhältnis zum Gesamtauftrag ändert sich, je besser die Beschäftigung und die Organisation ist. Der v. H.-Zuschlag ist aus den Erfahrungen der vergangenen Betriebsjahre zu wählen, er beträgt je nach Auftragslage und Größe des Unternehmens 6–12 v. H. Es ist üblich, den Materialanteil nicht so hoch wie den Lohnanteil zu belasten, z. B. auf Material 4 v. H., auf Rest 8 v. H. der Selbstkosten aufzuteilen.
2) Wagnis und Gewinn – Um die Lebens- und Leistungsfähigkeit des Unternehmens sicherzustellen und Investitionen zu ermöglichen, muß der Zuschlag dem Gesamtumsatz der Firma entsprechen, im allgemeinen 5-8 v. H. der Selbstkosten, gleichmäßig auf LK, StK und GK verteilt.

12.2.3.5 Umsatzsteuer

Sie richtet sich nach den geltenden Steuersätzen 16 v. H. (1999)

12.2.4 Zusammenstellung des Angebots

In **Tab. 12-2** ist an einem Beispiel mit angenommenen Einzelkosten und Gerätekosten dargestellt, wie die Angebotssumme, ohne Umsatzsteuer, und die erforderlichen Zuschläge zu den Einzelkosten der einzelnen OZ des Leistungsverzeichnisses ermittelt werden. Es ist dabei zweckmäßig, den Zuschlag zu den Stoffkosten und den Gerätekosten gleich hoch aus deren Summe zu berechnen.

Tab. 12-1: Mittelwerte der gesetzlichen und tariflichen Sozialbeiträge und Abgaben (Zuschlagssatz für Lohnzusatzkosten)

Bezeichnung				1. 1. 1999 v. H.
1	Grundlöhne (Fertigungslöhne) = Tariflohn und Bauzuschlag, Leistungs- und Prämienlöhne, übertarifliche Bezahlung, vermögenswirksame Leistungen, Überstunden, Erschwerniszuschläge			100
2	Soziallöhne			
2.1	Feiertage	3.52		
2.2	Ausfalltage	1.01		
2.3	Krankheitstage mit Lohnfortzahlung	5.03		
2.4	13. Monatseinkommen	7.86	17.42	17.42
2.5	Betriebliche Soziallöhne, Lohnausgleich		2.05	
		19.47	19.47	
2.6	Urlaub, zusätzliches Urlaubsgeld	19.86		
		39.33		
	Bruttolohn als Basis für Sozialkosten und lohnbezogene Kosten 100 + 39.33 = 139.33			
3.	Sozialkosten			
3.1	Gesetzliche Sozialkosten	10.15		
	Rentenversicherung allgemein			
	für WAG Empfänger		0.29	
	Arbeitslosenversicherung	3.25		
	Krankenversicherung allgemein	6.85		
	für WAG Empfänger		0.19	
	Pflegeversicherung allgemein	0.85		
	für WAG Empfänger		0.02	
	Unfallversicherung	5.95		
	Konkursausfallgeld, Rentenlastausgleich, Arbeitsmedizinischer Dienst	0.40		
	Schwerbehindertenausgleich		0.36	
	Arbeitsschutz und -sicherheit		1.12	
	Betriebliche Sozialkosten	27.45	1.98	
	27.45 % · 139,33		38,25	
3.2	Winterbauumlage	1.70		
3.3	Tarifliche Sozialkosten	19.00		
	Beitrag zu den Sozialkassen			
	Summe 3.2 + 3.3	20.70		
	Umrechung auf Basis Bruttolohn (139,33 – 7,86) · 20,70 %		27.21	
	AG Beitrag zur ZVK			0.48
	Sozialkosten		67.44	67.44
	Lohngebundene Kosten			85.34

In **Tab. 12-3** ist als Beispiel der Einheitspreis einer OZ mit den Zuschlägen der **Tab. 12-2** berechnet. Wenn im Angebot die Einheitspreise getrennt für LK und StK anzugeben sind, wird der Kostenanteil GK zu dem Kostenanteil StK hinzugerechnet.

12.2.5 Aufgliederung der Angebotssumme

Für die Angebotsabgabe wird von den öffentlichen Auftraggebern meist die Aufgliederung der Angebotssumme gefordert. Nach dem Muster des BStI ist im folgenden diese Aufgliederung mit den Werten der **Tab. 12-2** durchgeführt.

Tab. 12-2: Ermittlung der Angebotssumme und der Zuschläge zu den Einzelkosten, Beispiel

Zeile	Bezeichnung	LK	StK	GK	Gesamt
		DM	DM	DM	DM
1	Einzelkosten (angenommen)	100 000	400 000	5 000	505 000
2	Gerätekosten (angenommen)	10 000	10 000	30 000	50 000
3	Summe 1 + 2	110 000	410 000	35 000	555 000
4	Gemeinkosten der Baustelle rd. Zuschlag zu Zeile 3, 15 v. H. auf LK, 5 v. H. auf je StK u. GK	16 500	20 500	1 750	38 750
5	Selbstkosten ohne soziale Abgaben	126 500	430 500	36 750	593 750
6	Soziale Abgaben, 85,34 v. H. zu Z.5	107 955	–	–	107 955
7	Selbstkosten einschl. soziale Abgaben	234 455	430 500	36 750	701 705
8	Allgemeine Geschäftsunkosten Zuschlag 8 v. H. der Σ 7 auf LK 4 v. H. der Σ 7 auf StK + GK	18 756	17 220	1 470	37 446
9	Zwischensumme	253 211	447 720	38 220	739 151
10	Wagnis und Gewinn, je 5 v. H. der Zeile 9	12 660	22 386	1 911	36 958
11	Angebotssumme ohne USt	265 871	470 106	40 131	776 109
12	erforderliche Zuschläge auf Zeile 1, LK und Σ StK + GK	2,65	1,26	1,26	

Anmerkung zu Zeile 12:
Zuschlag zu StK. u. GK (470 106 + 40 131)/405 000 = 1,26

13	Umsatzsteuer 16 v. H. aus Z. 11	124 177
14	Angebotssumme einschl. USt	900 286

Tab. 12-3: Berechnung der Einheitspreise, nach Beispiel Tab. 12-2

OZ	Bezeichnung	Einzelkosten			Einzelkosten · Zuschläge			Einheitspreis
					2,65	1,26	1,26	
		LK	St K	GK	LK	St K	GK	Σ
–	–	80,–	300,–	30,–	212,–	378,–	37,80	627,80

01	Bezeichnung des Bauvorhabens	
02	Name und Anschrift des Bieters	
1	Summe der Einzellohnkosten der Teilleistungen (einschl. vermögenswirksamer Leistungen) ohne Sozialabgaben	110000,–
2	Summe der Einzelstoffkosten der Teilleistungen	410 000,–
3	Gerätevorhaltekosten einschl. Reparaturkosten, ohne Betriebsstoffe und Bedienung	35 000,–
4	Gesetzliche und tarifliche Sozialabgaben, Kosten der Lohnfortzahlung, Sozialkassenbeiträge, Winterbauumlage (85,34) v. H. der Einzellohnkosten	107 955,–
5	Lohnnebenkosten (-) v. H. der Einzellohnkosten	–
6	Summe der übrigen Baustellen-Gemeinkosten	38 750,–
7	Entwurfskosten, Statik, Prüfungsgebühren, Lizenzgebühren u. a., so-— weit sie in besonderen OZ anzubieten sind (sonst in 2.6 enthalten)	
8	Zwischensumme Z. 02.1–02.7	701 705,–
9	Allgemeine Geschäftsunkosten (8) v. H. auf LK, (4) v. H. auf StK und GK der Zwischensumme 02.8	37 446,–
10	Zwischensumme Z. 02.7 + 02.8	739 151,–
11	Wagnis und Gewinn (5) v. H. der Zwischensumme Z. 02.9	36 958,–
12	Netto-Angebotssumme	776 109,–

Die Zuschläge zu den Einzelkosten der OZ betragen:

	Lohnkosten (2,65) v. H., Stoffkosten (1.26) v. H. Gerätekosten (1,26) v. H., Fremdleistungen (-) v. H.	
13	Umsatzsteuer (16) v. H.	124 177,–
14	Angebotssumme einschl. USt	900 286,–

12.3 Kostenschätzung (Preisgrundlage April 1999)

12.3.1 Allgemein

Die im folgenden angegebenen Preise für Kostenschätzungen in Vorentwürfen/Vorplanungen und Gutachten sind Mittelwerte auf der Preisgrundlage April 1999. Nach einem Preistief in den vergangenen Jahren ist inzwischen eine relative Konjunkturberuhigung insoweit eingetreten, daß 1999 auf einer vergleichbaren Basis wie 1994 gearbeitet werden kann. Ungleiche Preissteigerungen der verschiedenen Anlageteile von Wasserversorgungsanlagen und die örtlich stark schwankende Konjunktur auf dem Bausektor können erhebliche Unterschiede in den Kostenschätzungen ergeben. Es ist daher auch bei Kostenschätzungen empfehlenswert, besonders bei größeren Baumaßnahmen, Voranfragen über Preise der kostenentscheidenden OZ zu machen. In den Werten der folgenden Tabellen sind nicht enthalten: Kosten der Baugrundstücke, Baunebenkosten und Umsatzsteuer. Diese werden mit v. H.-Sätzen als Zuschlag gesondert berechnet und i. a. auch gesondert ausgewiesen.
Der Entwurf/die Entwurfsplanung als Grundlage der Finanzierung und Ausschreibung erfordert demgegenüber eine Kostenberechnung mit den OZ des Leistungsverzeichnisses. Die in der Kostenberechnung eingesetzten Preise müssen entweder nach Abschn. 12.2 kalkuliert oder aus Angeboten und Abrechnungen ähnlicher Baumaßnahmen unter Berücksichtigung der örtlichen Verhältnisse entnommen werden.
Für Kostenschätzung und Kostenberechnung ist immer der Zeitpunkt der Preisgrundlage festzulegen und anzugeben. Wenn mit Preissteigerungen zu rechnen ist, dann ist es vorteilhaft, die geplante Baumaßnahme in ausführungstechnisch mögliche und finanzierbare Jahresbauabschnitte aufzuteilen und entsprechend den zu erwartenden Preissteigerungen die zu erwartenden Kosten der Jahresbauabschnitte und der Gesamtkosten zu ermitteln.

12.3.2 Rohbaukosten

12.3.2.1 Wasserfassung

12.3.2.1.1 Quellfassungen

1) Schürfarbeiten – werden meist im Stundenlohn ausgeführt, da der Umfang vorher schwer abschätzbar ist. Insgesamt je nach örtlichen Verhältnissen: DM/Quelle 2000 / 10 000DM
2) Schichtquelle – Sickergalerie, PVC-Rohr DN 150 halbseitig gelocht, 2,5 m Überdeckung, Steinpackung, Beton- und Lettendichtung:
DM/m: 600,–
3) Stauquelle – Aushub, Betonringe DN 1000, Steinpackung, Beton- und Lettendichtung, ohne Überbau für Bedienungsschacht:
DM/m Tiefe: 3300,–
4) Sammelschacht – auch Unterbrecherschacht, mit Wasser- und Bedienungskammer, mit Meßüberfall und hydraulischer Ausrüstung, Einstieg von oben, u. R. je nach Ableitungsmenge 10–20 m^3:
DM/m^3 u. R.: 2 000,–

12.3.2.1.2 Bohrbrunnen

Für das Niederbringen der Bohrung werden meist für jede Tiefe gleiche oder nur wenig mit der Tiefe abnehmende Preise angeboten, da die festen Ausgaben der Bohrung wegen der Möglichkeit, daß die Bohrung in geringerer Tiefe endet, mehr auf die oberen Bohrmeter verteilt werden, während die Preise für die tieferen Bohrmeter dann nur die dort notwendigen Mehraufwendungen mit enthalten. Bei Saugbohrverfahren sind die Bohrkosten je m Tiefe bei Lockergestein etwa um 200,– DM niedriger als in der Tab., bei Festgesteinen nur wenig niedriger. Der Zeitaufwand für das Niederbringen der Bohrung im Lockergestein beträgt nur etwa 1/5 von dem einer Trockenbohrung, die Kosten der Bohrstelleneinrichtung sind etwa 20 v. H. höher. In den Preisen der Tab. sind Zubehörteile wie Zentriervorrichtungen, Rohrboden, Probenentnahmen usw. enthalten.

1) Herstellen der Bohrung – nach **Tab. 12-4**

Tab. 12-4: Bohrstelleneinrichtung und Bohrung

Bezeichnung	Grundwasser-meßstelle		Brunnen zur Wassergewinnung					
Gesteinsarten	Locker-gestein	Fest-gestein	Lockergestein			Festgestein		Zuschlag bes. fest
Endlichtweite der Bohrung mm	300	300	600	1 000	1 500	600	800	
Bohrstelleneinrichtung in T. DM bei Bohrtiefen < 50 m	6	8	11	16	22	20	25	6
50–100 m	8	14	18	25	30	30	35	6
> 100 m	10	20	26	30	32	40	45	6
Umstellen der Bohrstelleneinrichtung i. T.DM	5	10	20	20	20	25	25	
Bohrung DM/m	300	450	600	800	1 000	800	1 000	200

2) Liefern und Einbau von Filter- und Aufsatzrohren – nach **Tab. 12-5**

Tab. 12-5: Filter- und Vollwandrohre (Aufsatzrohre) L + E in DM/m

Rohrart	Filterrohre					Vollwandrohre				
DN	50	150	300	400	500	50	150	300	400	500
Stahl mit Schlitzbrücken, mit Kunststofflüberzug	100	220	450	560	670	70	190	420	530	670
Stahl mit Schlitzbrücken aus rostfreiem Stahl	300	450	750	850	950	200	350	650	750	900
PVC	60	130	350	440	630	60	150	370	470	580

3) Sperrohre – nach **Tab. 12-6**

Tab. 12-6: Sperrohre, s = 0,01 · DN mm, L + E, DM/m

DN	150	300	500	600	700	800	900
Stahl	100	250	400	500	540	650	785

4) wasserdichter Brunnenkopf – nach **Tab. 12-7**

Tab. 12-7: Wasserdichter Brunnenkopf, bestehend aus Brunnenkopfrohr DM/m und Brunnenkopfdeckel DM/St. L + E

	Brunnenkopfrohr, 1 m					Brunnenkopfdeckel				
	50	300	500	600	700	50	300	500	600	700
Stahl, verzinkt	50	1 100	1 900	2 300	2 700	100	1 300	2 000	2 400	3 000
Stahl, rostfrei	160	1 600	2 500	3 000	3 600	200	2 200	3 400	4 100	4 900

5) Filterkies

einfache Schüttung: DM/m³: 320,–

zweifache Schüttung: DM/m³: 460,–

6) Abdichten zwischen Bohrlochwand und Sperrohr –

plastischer Beton: DM/m³: 520,–

Ton: DM/m³ : 550,–

Kugelton: DM/m³: 1 200,–

Mischung aus 1000 l Wasser, 700 kg Dämmer, 250 kg Zement, 1 kg Bentonit: DM/m³ 645,–

7) Pumpversuch – Vorhalten der Geräte und Durchführung der Pumpversuche einschl. Messungen am Brunnen und an bis zu 6 Grundwassermeßstellen nach **Tab. 12-8**

Tab. 12-8: Pumpversuch

max. Förderleistung der Pumpe	l/s	25	50	100	150
Transport, Vorhalten der Pumpe, Steigleitung und Antriebskraft	DM/St	3 500	6 000	8 000	10 000
Ein- und Ausbau der Pumpe, Tiefe	< 20 m	1 800	1 800	2 700	2 700
DM/St	> 20 m	3 600	3 600	4 000	4 000
Abschnittsweises Entsandungspumpen, einschl. Vorhalten, Ein- und Ausbau der Geräte	DM/h	195	220	260	300
Leistungspumpen einschl. Messungen	DM/h	150	160	180	190
Messung mittels induktivem Meßgerät	DM/St	1 700	1 800	2 000	2 200
Messung mittels Meßwehr, einschl. Vorhaltung	DM/St	1 500	1 500	1 800	1 800
Einrichtungen zur Ableitung des Wassers	DM/m	16	28	40	50

8) Brunnenschacht
baulicher Teil, mind. 15 m^3 u. R. – DM/m^3 u. R. 2 400,–
hydraulische Ausrüstung, ohne Pumpe und Steigleitung – DM/l/s 450,–

9) Maschinentechnische Ausrüstung – nach **Tab. 12-9**.

12.3.2.1.3 Horizontalfilterbrunnen

Die Angaben beziehen sich auf die Ausführung nach dem Preussag-Verfahren, für andere Ausführungsarten sind die Kosten analog zu schätzen.

1) Brunnenschacht – nach **Tab. 12-10**.

2) Filterstränge – nach **Tab. 12-11**, je nach Ausführung mit oder ohne Einspülung von Filterkies ist der dem Filterdurchmesser entsprechende Bohrdurchmesser zu wählen.

Tab. 12-9: Maschinentechnische Ausrüstung von Brunnen

max. Förderleistung der Pumpe	l/s	10	25	50	100
Unterwassermotorpumpe, H 20 m,	i. T. DM/St	7	9	14	18
H 100 m	i. T. DM/St	11	17	24	29
Einbau Pumpe + Steigleitung	DM/St	2 000	3 000	5 500	6 800
Steigleitung, L + E, DN		80	100	150	200
Stahl, kunststoffbeschichtet	DM/m	100	120	150	200
PVC	DM/m	80	100	120	140
Niederspannungsanschluß	i. T. DM/St	5	5	5	5

Tab. 12-10: Horizontalfilterbrunnen, Brunnenschacht

	Fertigschacht			Ortbeton
Schachtdurchmesser D_i	m	2,50	3,00	4,00
Baustelleneinrichtung	i. T. DM	70	80	170
Brunnenschacht stg m.	i. T. DM	6	8	15
Senkschneide, Unterbeton, Schachtsohle	i. T. DM	14	18	55

Tab. 12-11: Horizontalfilterbrunnen, Herstellen der Filterstränge

Bohrung DN	mm	250–300	350–400	450–500
	DM/m	400	500	800
Ausbau DN	mm	150–200	200–250	300–350
Filterrohr	DM/m	210	270	370
Stahl mit Kunststoffüberzug				
Stahl rostfrei		300	350	500
PVC		170	230	320
Vollwandrohr		200	260	360
Stahl mit Kunststoffüberzug				
Stahl rostfrei		275	325	490
PVC		160	220	300
Filterkieseinspülung		60	80	
Spezialdurchführung Strangzubehör		2 000	2 700	5 000
Spezialschieber mit Spindel		4 000	4 200	5 000
Strangentsandung/Strang		1 350	1 600	1 900

3) Pumpversuch – nach **Tab. 12-12**

Tab. 12-12: Horizontalfilterbrunnen, Pumpversuch

max. Entnahme	l/s	250	400	1 000
Auf- und Abbau, je PV	i. T. DM	6	10	20
Leistungspumpen einschl. Messungen am Brunnen, ohne Messung am Beobachtungsnetz	DM/h	140	160	190

4) Bedienungshaus – der Überbau des Horizontalbrunnens wird meist als Maschinenhaus ausgeführt, selten als einfacher Brunnenschacht.
Baulicher Teil, Maschinenhaus bei Schachtdurchmeser 4,00 m, etwa 800 m^3 u. R. DM/m^3 u. R. 700,–
hydraulische Ausrüstung, ohne Pumpen und Steigleitung – DM/l/s 300,– bis 450,–

12.3.2.1.4 Oberflächenwasserfassung – Für Talsperren, Fluß-Wasserentnahmen sind immer auf den jeweiligen Einzelfall gerichtete Erhebungen erforderlich.

12.3.2.2 Wasseraufbereitung

1) Raumbedarf – nach **Tab. 12-13**

Tab. 12-13: Wasseraufbereitung, Raumbedarf

Anlageteil	m^3 u. R.
1. Belüftung, Entgasung, je m^2 Riesler, Wellbahn	20–30
2. Offene Schnellfilter, je m^2 Filterfläche	15–20
3. Geschlossene Schnellfilter, je m^2 Filterfläche	40–50
4. Ozonung, Erzeugung je kg/h Ozon, mind. 40 m^3 u. R.	20
Reaktionsraum je kg/h Ozon	40
5. Chlorung, Erzeugung je Gerät	15
Lager, Größe nach Bedarf	
6. Chlordioxidanlage, Erzeugung + Lager je 50 g/h Erzeugung	50
7. Flockung, je l/s	20

2) Baulicher Teil – DM/m^3 u. R. 650,–

3) Aufbereitungstechnische Ausrüstung – nach **Tab. 12-14**

Tab. 12-14: Aufbereitungstechnische Ausrüstung

max. Durchfluß	l/s	50	100	500
1. Belüftung, Entgasung	i. T. DM	90	110	320
2. Offene Schnellfilter	i. T. DM	650	1000	2100
3. Geschlossene Schnellfilter	i. T. DM	680	1000	2100
4. Ozonung	i. T. DM	150	200	900
5. Chloranlage	i. T. DM	30	35	40
6. Chlordioxidanlage	i. T. DM	60	80	150
7. Spülschlammbehandlung	i. T. DM	100	150	500

4) Filtermaterial – nach **Tab. 12-15**

Tab. 12-15: Filtermaterial

Filtermaterial	Quarzsand	Hydroanthrazit	Aktivkohle	Jurakalk	dolomitisches Material
DM/m^3	270	470	1700	300	500

12.3.2.3 Wasserförderung

1) Bauliche Anlage – nach **Tab. 12-16**

Tab. 12-16: Pumpwerk, Raumbedarf, Kosten der baulichen Anlage

max. Förderstrom	l/s	50	100	500
umbauter Raum	m^3 u. R./l/s	30	20	15
umbauter Raum	m^3 u. R.	1500	2000	7500
Kosten	DM/m^3 u. R.	800	700	600

2) Nebenräume – der Raumbedarf kann sehr unterschiedlich groß sein, bei kleinen, nicht besetzten Maschinenhäusern können manchmal solche ganz fehlen, wenn z. B. Werkstatt u. a. bei anderen Betrieben zusammengefaßt sind. Bei größeren Pumpwerken beträgt der Raumbedarf etwa:

Meisterbüro	15 m^2	WC	10 m^2
Labor	20 m^2,	Trockenraum	10 m^2
Werkstatt + Lager	100 m^2,	Aufenthaltsraum	30 m^2
Waschraum	25 m^2,	Sanitärraum	15 m^2

DM/m^3 u. R. 550,–

3) Maschinentechnische Ausrüstung –nach **Tab. 12-17**

4) Hydraulische Ausrüstung – nach **Tab. 12-17**

5) Elektrotechnische Ausrüstung – nach **Tab. 12-17** und **18**

Tab. 12-17: Pumpwerk, maschinentechnische Ausrüstung

Förderstrom	l/s	10	25	50	100	200
horiz. Hochdruck-Kreiselpumpe (1450 l/min)						
h 50m	i. T. DM/St	8	12	17	29	37
h 100 m	i. T. DM/St	11	16	22	39	45
Montage je Maschinensatz	i. T. DM/St	4	6	8	13	30
hydraulische Ausrüstung je Masch. Satz	i. T. DM/St	12	25	50	100	200
elektrische Ausrüstung für Gesamtausbauleistung in l/s des Pumpwerks	i. T. DM/St	37	58	74	127	255
Schaltwarte, Fernmeß-, Fernsteuerung						
Hoch-, Niederspannung, Trafo	i. T. DM/St	27	37	42	64	110

Tab. 12-18: Pumpwerk, elektrische Ausrüstung

Leistung	KW	22	45	90	160	350
E mot.	i. T. DM	3	6	10	14	37
Ersatzstromanlage	i. T. DM	38	55	80	120	240
Niederspannung Stromzuführung	mm^2	35	50	70	120	
Freileitung	DM/m	50	60	70	90	
Kabel mit Graben	DM/m	70	75	80	105	
Hochspannung	KV	6	20			
Freileitung	DM/m	55	85			
Kabel mit Graben	DM/m	80	90			

Übertragung Wasserstand	i. T. DM	9	Fernsteuerung 1 Maschinensatz	i. T. DM	4
Übertragung Durchfluß	i. T. DM	12	Schaltschrank 1 Feld	i. T. DM	8
Übertragung Druck	i. T. DM	5	Steuerkabel (ohne Kabelgraben)	DM/m	15
Übertragung Störung	i. T. DM	1,3			

6) Installationen – in v. H. der Rohbaukosten der Gebäude

Wasserversorgung	2 v. H.	Klimaanlage	2 v. H.
Abwasser	1 v. H.	Beleuchtung	1 v. H.
Heizung	1 v. H.	Schutzmaßnahmen	1 v. H.

7) Außenanlagen

Bodenplanierung	40 DM/ m^2	Verkehrsflächen	150 DM/ m^2
Zaun	150 DM/ m^2	Grünflächen	25 DM/ m^2

12.3.2.4 Wasserspeicherung

12.3.2.4.1 Hochbehälter

Die Kosten sind wesentlich von der baulichen Gestaltung und von den Bauplatzverhältnissen abhängig und können in Abhängigkeit von der Konjunktur in großen Grenzen schwanken. Der umbaute Raum der Wasserkammer beträgt etwa 115–125 v. H. des Nutzinhalts, der umbaute Raum des Bedienungshauses, evtl. Bedienungsganges eines allein stehenden Behälters etwa 50 v. H. des Nutzinhalts. Raumbedarf und Kosten sind in **Tab. 12-19** angegeben.
Tiefbehälter sind meist mit Pumpwerken oder Aufbereitungsanlagen verbunden, so daß der u. R. für das Bedienungshaus meist erheblich kleiner ist. Er muß im Einzelfall gesondert ermittelt werden, dies trifft auch für die hydraulische Ausrüstung zu.

Tab. 12-19: Hochbehälter in Stahlbetonausführung

Nutzinhalt der Wasserkammern	m^3	100	200	500	1000	5000	10 000
Wasserkammern	m^3 u. R.	125	240	580	1150	5700	11 500
	DM/m^3 u. R.	630	570	560	550	450	400
Bedienungshaus	m^3 u. R.	55	120	300	700	3000	4000
	DM/m^3 u. R.	750	700	690	650	550	480
hydraulische Ausrüstung	i. T. DM	70	80	100	120	280	450

hydraulische Ausrüstung oder: 2000 DM/l/s des max. Zu- bzw. Ablaufes

12.3.2.4.2 Wasserturm

Die Kosten sind weitgehend abhängig von dem gewählten Tragwerk, der Höhe des Turmschaftes und der architektonischen Gestaltung. Für mittlere Ausführung bei 20 m Höhe des WSp. üb. Gelände, Wasserbehälter in Stahlbeton, Turmschaft in Ringform und Stahlbetonausführung mit Gleitschalung, sind die Kosten in Tab. 12-20 angegeben. Durch Sonderkonstruktionen bei größeren Turmbehältern können geringere Kosten je m^3 u. R. erreicht werden.

Eine besonders preisgünstige Form ist die Ausführung als Standrohrturm, da hier die Wasserkammern unmittelbar auf den gewachsenen Boden gegründet werden, der u. R. somit verhältnismäßig klein gegenüber dem Wasserturm ist.

Tab. 12-20: Wasserturm, WSp. 20 m über Gelände

	Standrohr-turm	1kammerig	Wasserturm 2kammerig	
Nutzinhalt der Wasserkammern m^3	300	100	200	500
m^3 u. R.	800	1050	1450	3000
DM/m^3 u.R.	500	550	600	550
hydraulische Ausrüstung i. T. DM	70	70	80	120

hydraulische Ausrüstung oder: 5000 DM/l/s des max. Zu- bzw. Ablaufes

12.3.2.5 Wasserverteilung

12.3.2.5.1 Rohrgraben

1) Aushub, Verfüllen und Verdichten – einschl. Nebenarbeiten, wie Krümmersicherungen u. a. nach **Tab. 12-21.** Als Abrechnungsbreite gilt unabhängig von der tatsächlichen Ausführungsbreite die Berechnungsbreite Bg nach **Tab. 12-22,** als Abrechnungstiefe die tatsächliche Ausführungstiefe = Überdeckung + D_a Rohr (nach ZTV – WA Erdarbeiten des LfW; diese werden vom LfW nicht mehr aktualisiert. Eine eventuelle Weiterbearbeitung ist den Ingenieurverbänden freigestellt).
Die Bodenklassen werden nach DIN 18 300 bezeichnet.

Tab. 12-21: Rohrgraben, Aushub, Verfüllen, Verdichten

Bodenklasse Bodenart		1 Oberboden	2 wasserhaltender Boden	3–5 leichter, fester Boden	6 leichter Fels	7 schwerer Fels
Oberboden	DM/m^2	4				
Maschineneinsatz	DM/m^3		60	30	60	120
Handschacht, Zulage	DM/m^3		60	70	100	140

Schalung 30 DM/m^2, Kanaldielen 60 DM/m^2, Kanaldielen bleibend 135 DM/m^2

Beispiel: Rohrgraben, Bodenklasse 4, GGG K 10, DN 300, Überdeckung 2,00 m, Maschineneinsatz
Nach **Tab. 12-22**: $Bg = d_a + 0{,}8 = 1{,}13$ m, $t_g = 2{,}33$ m
Kosten je m Rohrgraben: $= (1{,}13 \cdot 2{,}33) \cdot 30{,}- = 78{,}99$ DM/m

2) Sandbettung, Sandumhüllung – zum Schutze der Rohrleitung bei felsigem Untergrund, aggressivem Boden, zur Vermeidung von Setzungen in Straßen, Kreuzungen mit schwer verdichtbaren Bodenklassen, Abrechnungsbreite nach **Tab. 12-22,** Abrechnungstiefe nach Ausführungstiefe, Kosten stark abhängig von der Entfernung der Sandbeifuhr.

Tab. 12-22: Abrechnungsbreite Bg für Rohrgräben (nach ZTV – WA des LfW)

DN bis einschließlich	50	250	400	800	1400	> 1400
Bg für alle Rohrgrabentiefen m	0,70	1,00	$d_a + 0{,}8$	$d_a + 0{,}9$	$d_a + 1{,}1$	$d_a + 1{,}3$

Materialbedarf
Sandbettung: nach DIN 15 cm oder 10 cm + 0,1 DN
Sandumhüllung: $Bg \cdot (d_a + 0{,}30$ Überdeckung$) - [D_a^2 \cdot \pi/4]\ m^3$
[. . .] sehr klein, kann vernachlässigt werden, $D_a \cong$ DN
Kosten: Sandbettung 23,– DM/m^3, Sandumhüllung 15,– DM/m^3
Sandlieferung, je nach Transportweg 30–40,– DM/m^3

3) Straßen-Aufbruch und -Wiederherstellung – es wird i. a. nur die Abrechnungsbreite Bg (nach **Tab. 12-22)** + mind. $2 \cdot 0{,}15$ m, bei Rohrgrabentiefen > 2,00 m + mind. $2 \cdot 0{,}20$ m, vergütet (ZTVA-StB

89). Unter Zugrundelegung besonderer Vorschriften des Landes Bayern können zusatzlich je 0, 10 m vergütet werden.

Straßen-Aufbruch		Straßen-Wiederherstellung	
Bitumendecke	130 DM/m^3	Bitumendecke 10 cm	36 DM/ m^2
Betondecke	165 DM/m^3	Betondecke	55DM/ m^2
Großpflaster	25 DM/m^3	Großpflaster	95 DM/ m^2
		Gehwegplatten	45 DM/m^2
		Kiestragschicht	45 DM/m^3

4) Wasserhaltung – i. a. nach tatsächlichem Anfall mit Betriebsstundenzähler und Messung der Fördermenge,
10–30 m^3/h 25,– DM/h, 30–60 m^3/h 28,– DM/h, 60–100 m^3/h 33,– DM/h
oder bei geringem Wasserandrang Zuschlag je m Rohrgraben
DM/m 5,–

12.3.2.5.2 Rohrleitung

1) Duktile Gußrohre GGG – ZM, spritzverzinkt, bituminiert, mit Tytonverbindung, Mengen üb. 10 t, Kosten nach **Tab. 12-23,** kleinere Mengen etwas höhere Kosten.

2) Stahlrohre – ZM, außen Kunststoffüberzug, Schweißverbindung, Mengen über 10 t, Kosten nach **Tab. 12-24,** kleinere Mengen etwas höhere Kosten.
Stahlrohre, ZM, außen verzinkt und Farbanstrich, Flanschverbindung für die hydraulische Ausrüstung von Schächten, Pumpwerken u. a. nach **Tab. 12-25.**

3) Asbestzementrohre AZ (FZ) – PN 10, mit Reka-Kupplung, Kosten nach **Tab. 12-26.** Die Asbestzementdruckrohre müssen durch asbestfreie Faserzementrohre ersetzt werden, die in Entwicklung stehen.

4) PVC-Rohre – PN 10, mit Steckverbindung, Kosten nach **Tab. 12-27.**

Tab. 12-23: Duktile Gußrohre GGG, K 10, ZM, mit Tytonverbindung, Abnahmemengen über 10 t, Liefern und Verlegen

DN	80	100	150	200	250	300	400	500	600
Gewicht mit ZM kg	14,5	17,7	28	39,5	52	66	103	141	183
L + V DM/m	65	73	105	140	185	225	340	450	575

GGG K	9, ZM	Minderpreis L:	– 2,5 v. H.
GGG K	8, ZM	Minderpreis L:	– 5 v. H.
GGG K	10, ZM, mit Flanschverbindung	Mehrpreis L:	+ 15 v. H.

Tab. 12-24: Stahlrohre, ZM, PE-Überzug, Schweißverbindung, Liefern und Verlegen

DN	100	150	200	250	300	400	500	600
Gewicht mit ZM kg	13,7	23,5	34,5	46,5	59,9	87,9	107	137
L + V DM/m	80	110	150	190	230	320	420	485

Tab. 12-25: Stahlrohre, ZM, verzinkt, Flanschverbindung, Liefern und Verlegen

DN	80	100	150	200	250	300	400	500	600
L + V DM/m	80	100	130	190	290	370	450	540	650

Tab. 12-26: Faserzementrohre, PN 10, Liefern und Verlegen

DN	100	150	200	250	300	400	500
Gewicht kg/m	9,5	18	28	36,5	52	89	128
L + V DM/m	60	95	128	175	220	300	385

Es sind die nach derzeitigem Kenntnisstand für die in Entwicklung stehenden PN 10 Rohre zu erwartenden Kosten angegeben.

Tab. 12-27: PVC-Rohre, Liefern und Verlegen

DN	80	100	150	200	250	300
Gewicht kg/m	1,7	2,6	5,5	10,8	16,0	20,9
L + V DM/m	28	35	48	75	130	220

5) Formstücke – Die Kosten für Formstücke sind stark abhängig von den örtlichen Verhältnissen. Nach ZTV – WA (vom Landesamt für Wasserwirtschaft nicht mehr fortgeschrieben und offiziell zurückgezogen) werden für die Abrechnung die Formstücke übermessen und je Muffe oder Flansch ein Formstückszuschlag von 2 m bei GGG und von 4 m bei PVC vergütet. Entsprechend der Abschätzung der Zahl der Formstücke beträgt der Kostenanteil der Formstücke etwa:
Zubringer- und Fernleitungen 2–5 v. H.
Haupt- und Versorgungsleitungen 10–30 v. H.

12.3.2.5.3 Armaturen

1) Absperrarmaturen – es werden vorwiegend Schieber mit glattem Durchgang ohne Schiebersack, z. B. Betaschieber (VAG), Multamedschieber (Erhard), verwendet, Kosten nach **Tab. 12-28.**
Automatisch wirkende Rückschlagklappe, mit Gewicht und Umführung, Kosten nach **Tab. 12-29.**
Bei größeren DN (ab DN 250) ist der Einsatz von Klappen üblich, Kosten nach **Tab. 12-30**.
Für Spezialarmaturen wie Kugelhähne, Ringkolbenschieber u. ä., sind jeweils Preisvoranfragen bei den Herstellern zu empfehlen.

Tab. 12-28: Schieber mit glattem Durchgang (Beta, Multamed), Liefern und Verlegen

DN	80	100	150	200	250	300
Gewicht	25	31	51	80	118	177
L + V DM/St	580	665	1100	1650	2600	3500
Einbaugarnitur + Straßenkappe + Umpflasterung DM/St	160	160	180	200	220	220

Tab. 12-29: Rückschlagklappe mit Hebel und Gewicht, Liefern und Verlegen

DN	80	100	150	200	250	300	400
Gewicht kg	29	44	76	130	185	270	480
L + V DM/St	1150	1500	1800	3250	3800	4400	5600

Tab. 12-30: Klappen, Ausbaustück, Liefern und Verlegen

DN		200	250	300	400	500	600
Klappe	Gewicht kg	90	110	125	255	360	535
	DM/St	3000	3400	4400	5700	7400	9200
Ausbaust.	DM/St	1100	1300	1800	3200	4500	6700

Tab. 12-31: Hydranten, einschl. Fußkrümmer u. Straßenkappe, Liefern und Verlegen

Hydrant	Unterflurhydrant		Überflurhydrant		Überflur mit Fallmantel	
DN	80	100	100	150	100	150
L + V: DM/St	1120	2250	4200	6250	5800	8300

Tab. 12-32: Be- und Entlüfter, Druckminderer- und Sicherheitsventil, Liefern und Verlegen

DN		25	50	80	100	150	200
Be- und Entlüftungsventil	DM	520	1250	2500	3200	5600	7200
Druckminderventil	DM		1000	1700	2800	5600	8200
Sicherheitsventil	DM		950	1380	2100	3700	

4) Armaturenschächte
Baulicher Teil:
Entlüfterschacht 7–10 m^3 u. R., Spülschacht 7–10 m^3 u. R., Abzweigschacht 20–25 m^3 u. R. DM/m^3 u. R. 1100,–
Hydraulische Ausrüstung: Kosten entsprechend den eingebauten Armaturen und Rohrlängen mit Formstückzuschlägen.

12.3.2.5.4 Sonder-Bauwerke

1) Straßen- und Bahnkreuzung in offener Bauweise
1.1 Baustelleneinrichtung – abhängig von der Länge der Kreuzung, pauschal 2000–5000,DM, mind. 10 v. H. der Rohbaukosten.
1.2 Kosten je m Kreuzungslänge – einschl. Rohrgraben, Aussteifung, Betonrohr als Schutzrohr, Betonummantelung, Einziehvorrichtung, ohne Produktenleitung und Kontrollschacht, nach **Tab. 12-33.**

Tab. 12-33: Straßen- und Bahnkreuzung, in offener Bauweise ohne Produktenleitung und Kontrollschächte, Liefern und Verlegen

DN	Schutzrohr	400	500	600	700	800
mögl.	DN GGG-Rohr	150	200	300	400	500
	D_a Flansch	285	340	455	465	670
	DM/m	450	550	700	850	1050

2) Straßen- und Bahnkreuzung, Durchpressen
2.1 Baustelleneinrichtung – einschl. Preßschacht, abhängig von DN des Preßrohres und Länge der Kreuzung, pauschal:
5000–12 000,– DM, mind. 8 v. H. der Rohbaukosten.
2.2 Vorpressen – einschl. Preßrohr, Einziehvorrichtung, Vorpressen, ohne Produktenleitung und Kontrollschacht, nach **Tab. 12-34.**

3) Kreuzung mit offenen Wasserläufen in offener Bauweise
3.1 Baustelleneinrichtung – abhängig von der Größe und Art des Wasserlaufes und Länge der Kreuzung 2000–10 000,– DM, mind. 10 v. H. der Rohbaukosten
3.2 Kosten je m Kreuzung – einschl. Rohrgraben, Aussteifung, Betonummantelung, Wasserhaltung, ohne Produktenleitung und Kontrollschächte, nach Tab. **12-35.**

Tab. 12-34: Straßen- und Bahnkreuzung, Durchpressen, ohne Produktenleitung und Kontrollschächte, Liefern und Verlegen

DN	Schutzrohr	400	500	600	700	800
mögl.	DN GGG-Rohr	150	200	300	400	500
	D_a Flansch	285	340	455	465	670
	DM/m	850	1300	1500	1750	2000

Tab. 12-35: Kreuzung mit offenen Wasserläufen, ohne Produktenleitung und Kontrollschächte

DN	Rohrleitung	100	200	300	400	500
	DM/m	520	720	1050	1450	1650

4) Düker – Kosten sind weitgehend abhängig von den örtlichen Verhältnissen. Einzelerhebungen und Kosten-Voranfragen sind unerläßlich (z. B. DN 500 8000,–/m einschl. Rohrleitung).

5) Anhängen der Rohrleitung an Brücken – Kosten der Rohrleitung einschl. Befestigungen, Isolierung gegen Frost, ohne Brückenkonstruktion, Bedienungsstege und Kontrollschächte, nach **Tab. 12-36.**

Tab. 12-36: Anhängen der Rohrleitung an Brücken, ohne Brückenkonstruktion und Kontrollschächte

DN	Rohrleitung	100	150	200	300	400
	DM/m	520	850	1050	1550	2100

Tab. 12-37: Gesamtkosten von 1 m Zubringerleitung im freien Gelände ohne Kosten für Schieber-, Entlüfter-, Spül- und Abzweigschächte und 1 m Versorgungsleitung im bebauten Gebiet, Bodenklasse 3–5, Überdeckung 1,50 m, GGG K 10, DN 100–300

Leitungsart	Zubringerleitung (ZW)				Versorgungsleitung (VW)			
DN	100	150	200	300	100	150	200	300
Oberboden, 12 m Breite	48	48	48	48	–	–	–	–
Rohrgraben	53	55	56	67	53	55	56	67
Schalung	–	–	–	–	30	30	30	30
Sandbettung 30 cm	12	12	12	14	12	12	12	14
Sandumhüllung 50–v. H.–Anteil					22	24	26	34
Wasserhaltung, Anteil	5	5	5	5	5	5	5	5
Straßenaufbruch, Bitu 10 cm 1,50 m^2/M (für alle DN)	–	–	–	–	20	20	20	20
Straßenwiederherstellung, Bitu 10 cm	–	–	–	–	54	54	54	54
Kiestragschicht, 30 cm	–	–	–	–	20	20	20	20
GGG–Rohr	73	105	140	225	73	105	140	225
Formstücke, ZW 5 v. H., VW 10 v. H.	4	5	7	11	7	10	14	23
Schieber VW 0,01 St/m	–	–	–	–	6	8	15	30
Ü. Hydrant, VW 0,005 St/m	–	–	–	–	18	18	18	18
U. Hydrant, VW 0,01 St/m	–	–	–	–	22	22	22	22
Kreuzungen, ZW 0,001 St/m	20	20	23	24	–	–	–	–
Spülen, Entkeimen	4	4	6	7	4	4	6	7
Druckprüfung	3	3	4	5	3	3	4	5
Summe, Einzelkosten	222	257	301	406	349	390	442	574
Baustelleneinrichtung 8 v. H.	18	21	24	32	28	31	35	46
Unvorhergesehenes 5 v. H.	11	13	15	20	17	19	22	29
Baunebenkosten 10 v. H.	22	26	30	40	34	39	44	57
Rohbaukosten	273	317	370	498	428	479	543	706
Umsatzsteuer 16 v. H.	44	51	59	80	68	77	87	113
	317	368	429	578	496	556	630	819

12.3.2.5.5 Spülen und Entkeimen

Bei Bereitstellen des Wassers durch den AG betragen die Kosten:
Grundbetrag: 5000,– DM/km + 30 DM/m^3 Rohrinhalt/km
Beispiel:
1 km DN 200 K = 5000 + 30 · 31,5 = 5 945 DM/km = 5,95 DM/m
1 km DN 500 K = 5000 + 30 · 183 = 10 490 DM/km = 10,50 DM/m

12.3.2.5.6 Druckprüfung

Die Druckprüfung besteht aus Teilstreckenprüfung, Vorprüfung und Gesamtdruckprüfung, bei Bereitstellung des Wassers durch den AG betragen die Kosten:

Grundbetrag: 1500,–/Prüfstrecke + 3 DM/m Gesamtstrecke
Beispiel: Gesamtstrecke 5 km, geprüft in 5 Teilstrecken, 1 Gesamtdruckprüfung
K = 6 · 1500,– + 5000 · 3,– = 24 000 DM/5 km = 4,80 DM/m

12.3.2.5.7 Gesamtkosten je m Zubringer- bzw. Versorgungsleitung

In **Tab. 12-37** sind zum Vergleich gegenübergestellt die Kosten je m Zubringgleitung im freien Gelände und je m Versorgungsleitung im bebauten Gebiet, bei 1,50 m Überdeckung, Bodenklasse 3–5, geringe Wasserhaltung und sonst mittleren Verhältnissen.

12.3.2.5.8 Anschlußleitung

Der Kostenanteil des Rohrmaterials ist bei Anschlußleitungen gering, das Rohrmaterial wird daher hinsichtlich Lebensdauer und Beständigkeit bei Aggressivität gewählt, heute meist PE-HD. Auch DN der Anschlußleitung braucht zur Vermeidung großer Druckverluste nicht klein bemessen zu werden, Kosten nach **Tab. 12-38** (durch die vergleichsweise geringen Längen sind z. T. etwas höhere Einheitspreise zugrunde gelegt).

Tab. 12-38: Baukosten von 10 m Anschlußleitung bei örtlichen Verhältnissen wie Tab. 12-37

Ausführungsart		Herstellen mit Durchpressung und Einziehen			Herstellen mit Rohrgraben		
DN		25	32	40	25	32	40
Rohrgraben, L 10 m					400	400	400
Schalung					300	300	300
Sandumhüllung, L 5 m					70	70	70
Straßenaufbruch, L 5 m					75	75	75
Straßenwiederherstellen, L 5 m					350	350	350
Durchpressen und Einziehen, L 10 m		900	900	900			
	Σ 1	900	900	900	1195	1195	1195
Rohrleitung PE-HD; L 10 m		150	190	230	150	190	230
Ventilanbohrschellen GGG 100		350	350	370	350	350	370
Mauerdurchbruch mit Schutzrohr		180	220	275	180	220	275
Stahlrohrverzinkt im Haus, L 3 m		130	145	160	130	145	160
Hauswasserzähler 5, Ein- und Auslaßventil, Normanschluß		600	650	700	600	650	700
Summe Einzelkosten	Σ 2	2310	2455	2635	2605	2750	2930
Baustelleneinrichtung	8 v. H.	185	196	210	208	220	234
Unvorhergesehenes	5 v. H.	116	123	132	130	138	147
Baunebenkosten	10 v. H.	231	246	264	261	275	293
Rohbaukosten	Σ 3	2842	3020	3241	3204	3383	3604
Umsatzsteuer	16 v. H.	455	483	519	513	541	577
Gesamtkosten		3297	3503	3760	3717	3924	4181

12.3.2.6 Außenanlagen

1. Einzäunung

Maschendrahtzaun	2 m hoch	80 DM/m
Einfahrtstor	4,00 · 1,75 m	6000 DM/St
Eingangstüre	1,00 · 1,75	1500 DM/St.

2. Bepflanzung
Rasensaat 1,50 DM/m^2
Sträucher und Bäume, je nach Größe, Anfrage erforderlich
3. Straßen und Wege nach S. 694

12.3.2.7 Objektschutz

Kleine Wasserwerke 12 000–55 000 DM
Mittlere Wasserwerke 25 000–115 000 DM

12.3.2.8 Baustelleneinrichtung, mit Auf- und Abbau, sowie Vorhalten

Die Baustelleneinrichtung ist abhängig von der Größe und Schwierigkeit der Baumaßnahme. Soweit ihre Kosten nicht bereits bei den einzelnen Bauteilen angegeben sind, betragen sie etwa:
Summe der Einzelkosten < 1 Mio. DM – Baustelleneinrichtung 8 v. H.
Summe der Einzelkosten < 3 Mio. DM – Baustelleneinrichtung 6,5 v. H.
Summe der Einzelkosten > 3 Mio. DM – Baustelleneinrichtung 5 v. H.

12.3.2.9 Sonstige Kosten

12.3.2.9.1 Allgemein

Zu den nach Abschn. 12.3.2 ermittelten Summen der Einzelkosten kommen verschiedene Kostenanteile hinzu, die für die Baudurchführung anfallen, wie Unvorhergesehenes, Ingenieurleistungen, Nebenkosten. Sie werden i. a. in v. H. Sätzen der Summe der Einzelkosten bei der Kostenschätzung eingesetzt.

12.3.2.9.2 Unvorhergesehenes

Ein bis ins Kleinste ausgearbeiteter Entwurf unter Berücksichtigung aller Preissteigerungen erfordert eigentlich keine Kostenart Unvorhergesehenes. Dies ist jedoch selten erreichbar. Bei Gutachten und Vorentwürfen sind die Unsicherheiten der Kostenschätzung noch größer. Als Unvorhergesehenes werden i. a. 10 v. H. beim VE, 5 v. H. beim E entsprechend der Summe der Einzelkosten eingesetzt.

12.3.2.9.3 Ingenieurleistungen

Der Kostenanteil wird nach den Sätzen der **Tab. 11-1** entsprechend der Summe der Einzelkosten ermittelt.

12.3.2.9.4 Nebenkosten

Hierunter versteht man die Kosten für Grunderwerb, z. B. für Bauwerke, Fassungsbereich der Wasserschutzgebiete u. a., die im Einzelfall entsprechend den örtlichen Verhältnissen zu schätzen sind, ferner für Grunddienstbarkeiten, z. B. für das Einlegen von Rohrleitungen in landwirtschaftlich genutzten Grundstücken sowie Kosten für Sondergutachten, sonstige Entschädigungen, Gebühren, Finanzierungskosten u. a. Diese Kosten betragen etwa 3–5 v. H. der Summe der Einzelkosten. Sie werden nicht als zuwendungsfähig für staatliche Zuwendungen anerkannt.
Hinzu kommen gegebenenfalls die Kosten für Bauverwaltung des AG, besonders bei großen Baumaßnahmen.

12.3.3 Umsatzsteuer

Die Umsatzsteuer, nach dem jeweils gültigen Steuersatz, ist immer als Kostenfaktor einzusetzen, sie muß im Gesamtwert der Anlage enthalten sein. Sie wird jeweils am Schluß der Rechnung bzw. Zusammenstellung der Kosten ausgeworfen und ist nicht bereits im Einzelpreis enthalten, Steuersatz 16 v. H. 1999.

12.3.4 Verbrauchsleitungen (Hausinstallation)

Die Verbrauchsleitungen gehören nicht zu den Anlageteilen der zentralen öffentlichen Wasserversorgungsanlage. Sie sind von den Anschlußnehmern selbst entsprechend ihren Bedürfnissen und der Wahl der sanitären Ausstattung erstellen zu lassen, etwaige besondere Vorschriften des WVU sind dabei zu beachten. In **Tab. 12-39** sind die Kosten einiger, meist benötigter Anlageteile, ohne Kosten der hierfür erforderlichen Abwasserleitungen, zusammengestellt.

Tab. 12-39: Kosten von Anlageteilen einer Verbrauchsleitung, mittlere sanitäre Ausstattung

Bezeichnung		DM			
Doppelspülbecken		650			
Handwaschbecken, mit Ablage und Handtuchhalter		800			
Einbaubadewanne, ohne Verkleidung		850			
Duschbadewanne, mit Kabine		800			
Spülklosett mit Spülkasten		700			
Mischbatterie		350			
Kaltwasserleitung, Stahl verzinkt,	DN	1/2"	3/4"	1"	5/4"
im Einfamilienhaus etwa 35 m erf.	mm	15	20	25	32
	DM/m	25	30	37	43
Auslaufhahn, verchromt	DM/St	17	22	33	45
Kunststoffabflußrohr	DN	40	50	70	100
	DM/m	13	20	28	39

12.4 Baukosten je Einheit

Die früher vielfach verwendeten Größen, Baukosten je Einwohner, je Wasseranteil, je Anwesen, haben an Bedeutung verloren, da mit der weitgehend zentralen Wasserversorgung nicht mehr der Neubau ganzer zentraler Wasserversorgungsanlagen, sondern der Umbau, der Teilausbau, die Erweiterung oder Sanierung durchzuführen sind und ein Vergleich zwischen verschiedenen Anlagen wegen der oft erheblichen Unterschiede in den einzelnen Anlageteilen und Baujahren wenig aussagekräftig ist.
Bei reinen Wohnsiedlungen mit niedriger Bauweise betragen die Kosten der Versorgungsleitungen etwa 6000–10 000 DM/Anwesen.

12.5 Kostenanteil der Anlageteile an den Gesamtkosten

Der Kostenanteil des Rohrnetzes wird um so größer, je größer das Versorgungsgebiet ist. Für ländliche Wasserversorgungsanlagen sind die v. H.-Kostenanteile der Anlageteile an den Gesamtkosten im Mittel:

Tab. 12-40: Kostenanteil der Anlageteile an den Gesamtbaukosten in v. H. der Gesamtkosten

	Einzelanlage ländlicher Ort	kleine ländliche Gruppenanlage			große ländliche Gruppenanlage		
		Fernleitg. v. H.	Ortsnetz v. H.	Gesamt v. H. v. H.	Fernleitg. v. H.	Ortsnetz v. H.	Gesamt v. H.
Wasserfassung	6	4	–	3	3	–	2
Maschinenhaus	6	7	–	5	5	–	4
Maschinenanlage	3	6	–	5	2	–	2
Stromzuführung + Fernmeldeanlage	2	3	–	3	5	–	4
Wasseraufbereitung	2	3	–	3	2	–	1
Wasserspeicherung	15	19	–	14	9	–	6
Rohrgraben	15	16	22	17	21	22	22
Rohrleitung	36	42	46	42	53	40	49
Anschlußleitungen	15	–	32	8	–	38	10
Summe	100	100	100	100	100	100	100

12.6 Wertberechnung bestehender Anlagen

12.6.1 Allgemein

Häufig werden Angaben über Herstellungskosten, Wiederbeschaffungswerte, Abschreibungen, Buchwerte u. ä. von WV-Anlagen benötigt, z. B. für Kostenschätzungen von neuen Baumaßnahmen aufgrund früherer Angebote oder Herstellungskosten, für eine kostengerechte Wasserpreisgestaltung, für die Jahresbilanz. Der Neuwert einer bestehenden Anlage kann mittels 2 Verfahren ermittelt werden:

1) Index-Verfahren – wenn die Herstellungskosten K_o und das Herstellungsjahr bekannt sind, wird der Neuwert K_n mittels Kostenindex zum Berechnungszeitpunkt I_n, und Index im Herstellungsjahr I_o berechnet aus:

$$K_n = K_o \cdot (I_n/I_o)$$

2) Preisspiegel-Verfahren – wenn die Herstellungskosten nicht bekannt sind, müssen die Bestände der einzelnen Anlageteile erfaßt werden. Der Neuwert K_n wird mittels der zum Neuwert-Zeitpunkt erzielten mittleren Einheitspreise (Preisspiegel) berechnet. Die ursprünglichen Herstellungskosten K_o werden dann rückläufig berechnet aus:

$$K_o = K_n/(I_n/I_o)$$

12.6.2 Kostenindex

Vom Statistischen Bundesamt werden für WV-Anlagen keine besonderen Kostenindices aufgestellt. Sehr große WVU führen jährlich mehr oder weniger große Bauvorhaben aus und können daraus für die örtlichen Verhältnisse eigene Kostenindices ermitteln. Bei kleinen und mittleren WVU ist dies meist nicht der Fall. Ersatzweise wurden daher bisher für diesen Bereich Kostenindices entwickelt, wobei für die Herstellungskosten in den verschiedenen Jahren Unterlagen des Bayer. Landesamtes für Wasserwirtschaft und von einigen Ingenieurbüros zur Verfügung standen. Zur Vereinfachung wurden die Einzel-Kostenindices nur für die Teile der WV-Anlage mit den größten Kostenanteilen, nämlich Rohrgraben I_G, Rohrleitung I_R, und Hochbehälter I_{HB} aufgestellt, und bei den Misch-Indices die fehlenden Kostenanteile, wie Wasserfassung, Wasserförderung, Wasseraufbereitung u. a., entsprechend dem sachlichen Wert den o. a. Anteilen hinzugerechnet. Wegen der Unterschiede in den örtlichen Verhältnissen und in der Preisgestaltung sind genauere Werte weder möglich noch erforderlich.
WV-Anlagen können entsprechend den örtlichen Verhältnissen sehr verschieden große Anteile an G, R, HB haben, dementsprechend sind auch verschiedene Misch-Indices möglich, sie können aus den Einzel-Indices etwa in folgender Weise gebildet werden:

Einzelortsanlage	$M_1 : 0{,}246\ I_G + 0{,}565\ I_R + 0{,}189\ I_{HB}$
Zubringerleitung	$M_2 : 0{,}262\ I_G + 0{,}739\ I_R$
Rohrnetz	$M_3 : 0{,}450\ I_G + 0{,}550\ I_R$
Gruppenanlage	$M_4 : 0{,}285\ I_G + 0{,}630\ I_R + 0{,}085\ I_{HB}$
Fernleitung	$M_5 : 0{,}230\ I_G + 0{,}650\ I_R + 0{,}120\ I_{HB}$
Rohrnetz bei Gruppenanlagen	$M_6 : 0{,}450\ I_G + 0{,}550\ I_R$

In den folgenden Tabellen **Tab. 12-41, Tab. 12-42, Tab. 12-43** sind die Indices auf die Basisjahre 1954 = 100, 1962 = 100, 1970 = 100, 1980 = 100 (analog Stat. BA) bezogen. Zum Vergleich sind ab 1950 der Tariflohn Berufsgruppe III b Ortskl. A (Maurerfacharbeiter) und der Kostenindex für Wohngebäude (nach Stat. BA) ab 1970 der für Ortskanäle und für Wassergebühren mit angegeben.
Für die Jahre 1978–1981 sind Kostenindices für WV-Anlagen kaum aufstellbar, da die Erstellung solcher Anlagen infolge fehlender Mittel stark zurückgegangen war und wegen der ungünstigen Konjunktur auf dem Bausektor stark unterschiedliche Preise, z. T. sehr niedrig, angeboten wurden. Die größere Bautätigkeit bei den Ortskanälen und beim Wohnungsbau gibt besser die mögliche mittlere Preislage an, so daß angenähert mit diesen Indices auch für WV-Anlagen gerechnet werden kann.
Dies soll deshalb auch für die Jahre ab 1985 so fortgesetzt werden.
Für den Zeitraum von 1990–1994, **Tab. 12-44**, ist das Basisjahr 1985 = 0.
Der Umbasierungsfaktor von 1980 auf 1985 beträgt für I_{M1} und I_K 1,03711 und für I_W 1,17588.

Tab. 12-41: Index der Baukosten von Wasserversorgungsanlagen und Wohngebäuden 1910–1962, Basisjahr 1954 = 100

Jahr	Wohn-gbde. ges.	Wasser-versor-gung	Jahr	Wohn-gbde. ges.	Wasser versor-gung	Jahr	Wohn-gbde. ges.	Wasser-versor-gung
1910			1928	58	43	1946	61	45
1911			1929	59	45	1947	71	52
1912			1930	57	43	1948	94	76
1913	33	33	1931	52	41	1949	87	70
1914	36	36	1932	44	36	1950	84	68
1915	40	40	1933	42	34	1951	97	83
1916	44	44	1934	44	35	1952	103	87
1917	55	55	1935	44	35	1953	100	93
1918	76	76	1936	44	35	1954	100	100
1919	125	125	1937	45	37	1955	105	104
1920	357	357	1938	45	37	1956	108	106
1921	600	600	1939	46	37	1957	112	108
1922			1940	47	39	1958	116	116
1923			1941	49	41	1959	122	125
1924	46	36	1942	53	42	1960	132	143
1925	57	42	1943	54	43	1961	145	150
1926	55	42	1944	55	43	1962	156	163
1927	56	42	1945	57	43			

Tab. 12-42: Index des Tariflohns Berufsgruppe III b, Ortsklasse A (Maurerfacharbeiter I_L) der Baukosten von Rohrgraben (I_G), von Rohrleitungen (I_R), von Hochbehältern (I_{HR}), Mischindex (I_{M1}) von Wasserversorgungsanlagen für Einzelortsversorgung, (I_{M3}) von Rohrnetzen sowie nach Angaben Stat. BA von Wohngebäuden und Entgelte für Wasser, Zeitraum 1950–1970, Basisjahr 1962 = 100

Jahr	Tariflohn I_L	Rohrgraben I_G	Rohrleitung I_R	Hochbehälter I_{HB}	WV-Anlage I_{M1}	Rohrnetz I_{M3}	Wohngebäude I_W	Wasser I_V
1950	40,1	28,2	51,9	39,4	43,7	41,2	54,6	
1951	48,8	38,2	63,4	47,5	54,2	52,0	63,6	
1952	51,5	39,4	67,9	47,5	57,1	55,0	67,4	
1953	53,4	41,1	74,3	51,2	61,9	59,0	65,2	
1954	54,5	42,0	81,4	54,7	66,9	63,7	65,2	
1955	58,9	42,0	84,0	59,0	69,0	65,1	68,9	
1956	61,0	43,4	85,0	59,7	70,0	66,3	70,5	
1957	67,0	43,9	87,2	59,7	71,6	67,7	73,5	
1958	71,1	49,6	89,3	73,0	76,5	71,4	75,8	
1959	73,8	59,4	90,9	80,3	81,3	76,7	79,6	
1960	81,2	83,8	91,0	86,2	88,3	87,8	86,0	94
1961	94,2	92	94	91	93	93	92	99
1962	100	100	100	100	100	100	100	100
1963	108	100	101	111	103	101	106	101
1964	118	124	102	133	114	112	109	117
1965	128	85	96	128	100	91	113	133
1966	135	100	127	122	122	120	116	141
1967	140	86	98	95	95	93	114	152
1968	144	91	107	111	104	100	119	169
1969	153	109	113	124	114	111	125	169
1970	184	86	127	150	122	109	143	175

Tab. 12-43: Index des Tariflohns Berufsgruppe III b, Ortsklasse A (I_L), der Baukosten von Rohrgraben (I_G), Rohrleitung (I_R), Hochbehälter (I_{HB}), Wasserversorgungsanlagen für Einzelortsversorgung (Mischindex I_{M1}), sowie nach Angaben des Stat. BA von Ortskanälen (I_K), Wohngebäuden (I_W), und Entgelte für Wasser (I_V)
Zeitraum 1970–1980, Basisjahr 1970 = 100
Zeitraum 1980–1990, Basisjahr 1980 = 100

Jahr	Tarif-lohn I_L	Rohr-graben I_G	Rohr-leitung I_R	Hochbe-hälter I_{HB}	WV-Anlage I_{M1}	Orts-kanäle I_K	Wohn-gebäude I_W	Wasser-gebühren I_V
1970	100	100	100	100	100	100	100	100
1971	108	103	101	104	102	108	111	115
1972	115	107	103	107	105	111	119	129
1973	125	114	105	111	108	112	128	138
1974	139	118	112	95	110	117	137	148
1975	140	104	114	108	113	119	141	165
1976	152	137	160	113	145	123	146	182
1977	162	132	168	122	151	128	153	186
1978	179				160	136	163	191
1979	192				165	156	177	196
1980	209				170	169	197	201
1980	100	100	100	100	100	100	100	100
1981	104	103	106	106	101	103	106	106
1982	108	101	120	102	101	101	109	114
1983	112	101	116	109	101	101	111	119
1984	115	103	116	112	103	103	114	122
1985	118	105	120	121	105	105	117	
1986					107	107	121	
1987					110	110	123	
1988					112	112	126	
1989					116	116	132	
1990					124	124	141	

Tab. 12-44: Index der Baukosten von Wasserversorgungsanlagen für Einzelortsversorgung (Mischindex I_{M1}) sowie nach Angaben des Stat. BA von Ortskanälen (I_K) und Wohngebäuden (I_w) Zeitraum 1990–1994, Basisjahr 1985 = 100

Jahr	WV-Anlage I_{M1}	Ortskanäle I_K	Wohngebäude I_W
1990	120	120	120
1991	128	128	128
1992	136	136	135
1993	141	141	140
1994 (Mai)	143	143	142

Im August 1994 erfolgte eine erneute Umstellung des Basisjahres auf 1991 = 100 entsprechend:

1994	112	112	113
1995	114	114	115
1996	111	111	113
1997	109	109	113
1998 (Febr.)	108	108	112

Der Umbasierungsfaktor von 1985 auf 1991 beträgt für I_{M1} und I_K 1,27232 und für I_W 1,26494.
Im Mai 1998 erfolgte eine weitere Umstellung des Basisjahres auf 1995 = 100 entsprechend

1998	95	95	98

Der Umbasierungsfaktor von 1991 auf 1995 beträgt für I_{M1} und I_K 1,13865 und für I_W 1,14738.

12.6.3 Beispiel einer Wertberechnung

1) Berechnung des Neuwertes – Herstellungskosten einer Wasserversorgungsanlage (I_{M1})
K_{54} = 2 Mio. DM, Baujahr 1954, gesucht Neuwert 1977:
I_{54} (Basis 62) = 66,9, I_{70} = 122, I_{77} (Basis 70) = 151
$K_{77} = K_{54} \cdot I_{70}/I_{54} \cdot I_{77}/I_{70} = 2$ Mio. $\cdot$ 122/66,9 $\cdot$ 151/100 = 5,51 Mio. DM

2) Berechnung des Herstellungswertes – Neuwert eines Rohnetzes (I_{M3}) im Jahre *1977*
K_{77} = 1 Mio. DM, gesucht Herstellungswert 1957:
I_{77} = 152, I_{70} = 109, I_{57} = 67,7
$K_{57} = K_{77}/((I_{77}/I_{70}) \cdot (I_{70}/I_{57}))$
= 1 Mio./((152/100) $\cdot$ (109/67,7)) = 0,41 Mio. DM
Für Berechnungen, die Werte ab 1985 beinhalten, ist jeweils der Mischindex I_{M1} zugrunde zu legen.

3) Abschreibung (**Abschn. 13.4.3.4**).

12.7 Lohn- und Materialanteil an den Gesamtkosten

In **Tab. 12-45** sind Mittelwerte der Kostenanteile von Lohnkosten und Stoffkosten an den Summen der Einzel-Kosten, d. i. Netto-Angebote der Ausführungsfirmen (**Tab. 12-2,** Zeile 11), somit einschl. der Gemeinkosten und Betriebskostenzuschläge, jedoch ohne Kosten für Ingenieurleistungen, Nebenkosten, Umsatzsteuer angegeben. Die Zahl der Tagschichten errechnet sich aus dem Kostenteil Lohn geteilt durch den Wert der Tagschicht, einschl. der Zuschläge.

Tab. 12-45: Mittelwerte der v. H. Kostenanteile von Lohn und Material an den Rohbaukosten

Bauteil	Lohnkosten-anteil v. H.	Stoffkosten-anteil v. H.	Bauteil	Lohnkosten-anteil v. H.	Stoffkosten-anteil v. H.
Quellfassung	55	45	Rohrgraben		
Bohrbrunnen	30	70	von Hand	85	15
Brunnenschacht	40	60	mit Bagger	30	70
Maschinenhaus	40	60	Rohrleitung	20	80
Maschinen	8	92	Anschlußleitung	35	65
Fernmeldeanlage	8	92	Unvorhergesehenes	40	60
Stromzuführung	8	92	überschlägig		
Hochbehälter	40	60	Gesamtanlage	33	67

Literatur

Lavsen, Zahn: Kalkulation im Bauwesen, Schiele und Schön, 1971
Mitteilungen des Landesverbandes Bayerischer Bauinnungen
Statistische Berichte, Baukostenindex, lfd. Veröffentlichungen des Bayer. Landesamtes für Statistik und Datenverarbeitung, München

13. Betrieb, Verwaltung und Überwachung

bearbeitet von Dipl.-Ing. **Helmut Gaschler**
DVGW-Regelwerk, DIN-Normen, Gesetze, Verordnungen, Vorschriften, Richtlinien
siehe Anhang, Kap. 14, S. 765
Literatur siehe S. 763

13.1 Allgemein

Die Aufgaben des Betriebes und der Verwaltung von Wasserversorgungsunternehmen (WVU) werden bestimmt durch die Forderungen der hygienisch, technisch und wirtschaftlich einwandfreien Versorgung des Versorgungsgebietes mit Trinkwasser unter Beachtung der einschlägigen Rechtsvorschriften und technischen Regelwerke. Als technische Regelwerke = anerkannte Regeln der Technik gelten dabei vor allem die einschlägigen DIN, die DVGW-Arbeitsblätter, die Unfallverhütungsvorschriften. Wesentliche Bestimmungen dieser Gesetze und Verordnungen sind i. a. von den Länderbehörden in Mustersatzungen und Richtlinien für die Praxis umgesetzt. Da zwischen den Ländern infolge der Mitwirkung der LAWA keine wesentlichen Unterschiede bestehen, wird hier erforderlichenfalls auf solche des Freistaates Bayern Bezug genommen.
Betrieb und Verwaltung müssen die Technik der Wasserversorgung berücksichtigen, wie auch der Betrieb die für das jeweilige WVU zweckmäßige Verwaltung berücksichtigen muß. Da das Taschenbuch im wesentlichen die technischen Aufgaben der Wasserversorgung behandelt, wird der Bereich Verwaltung nur zusammengefaßt dargestellt, soweit er für den Techniker wesentliche Bedeutung und Auswirkungen auf seine Arbeit hat.
Fachliche Unkenntnis, grobe Fahrlässigkeit und falsche Sparsamkeit des WVU können dazu führen, daß auch ursprünglich einwandfreie zentrale WV-Anlagen Mängel aufweisen. Die Folgen eines mangelhaften Betriebes sind z. B.:
1) Gesundheitliche Gefährdung der Bevölkerung – nicht einwandfreie Wasserbeschaffenheit, fehlerhafter baulicher Zustand, keine Sauberkeit, Fehlen eines Schutzgebietes oder Nichteinhalten der Schutzgebietsauflagen, verbotswidrige Verbindung von zentraler Trinkwasserversorgungsanlage mit privaten Eigenversorgungsanlagen.
2) Wassermangel – bei stärkerem Verbrauch, häufig damit verbunden Wassersperrmaßnahmen, dadurch Gefahr des Leerlaufens des Rohrnetzes und damit Rücksaugen von verunreinigtem Wasser durch Leckstellen und eingehängte Schläuche.
3) Versagen in Brandfällen – leerer Hochbehälter, eingerostete Schieber und Hydranten, überdeckte Straßenkappen, Fehlen von Hinweisschildern, Fehlen eines Rohrnetzplanes und nicht ausreichende Unterweisung der Feuerwehr.
4) Unrentabler Betrieb – Wasserverluste, schlechter Wirkungsgrad der Maschinen und damit hohe Förderungs- und Stromkosten. Überbemessung von Anlageteilen, unzureichende Wassergebühren.
5) Hohe Kosten für Erneuerung – Vernachlässigung der Wartung, nicht rechtzeitige Durchführung von Reparaturen, falsche Sparsamkeit, zu wenig fachkundiges Personal, zu geringe Bezahlung, fehlende Überprüfung durch den Unternehmensträger.

13.2 Organisation

13.2.1 Arten der Wasserversorgung

Trinkwasser ist ein „für den menschlichen Genuß und Gebrauch geeignetes Wasser mit Güteeigenschaften nach den geltenden gesetzlichen Bestimmungen sowie nach DIN 2000 und DIN 2001."
Betriebswasser ist demgegenüber ein „gewerblichen, industriellen, landwirtschaftlichen oder ähnlichen Zwecken dienendes Wasser mit unterschiedlichen Güteeigenschaften, worin Trinkwassereigenschaft eingeschlossen sein kann".
Die Versorgung der Bevölkerung mit Trinkwasser kann erfolgen durch:

1) Öffentliche Wasserversorgung – Sie dient der Versorgung der Allgemeinheit (Dritter) unabhängig von der Art des Rechtsträgers.
2) Eigenwasserversorgung – Sie dient der Allgemeinheit und wird mit eigenen Anlagen betrieben. Für den Betrieb und die Wartung von größeren Eigenwasserversorgungsanlagen, z. B. Betriebswasserversorgung von Industriebetrieben, ist im allgemeinen ein verantwortlicher Betriebsbeauftragter einzusetzen. Neben der eigentlichen Betriebsleitung der WV-Anlage obliegt ihm vor allem die Verantwortlichkeit gegenüber der Wasserrechtsbehörde für das Einhalten der wasserrechtlichen Gestattungen. Die Bestellung eines Betriebsbeauftragten ist vor allem dann notwendig, wenn der Unternehmensträger eine Mehrheit von Personen ist. Die zivilrechtliche Haftung gegenüber Dritten bleibt von der Bestellung eines Betriebsbeauftragten unberührt.
3) Notwasserversorgung – In Notfällen, bei denen eine normale Versorgung mit Wasser gefährdet, eingeschränkt oder unmöglich ist.
Für geschlossene Orte ist nur die
Zentrale Wasserversorgung, bei der das Wasser durch ein Rohrnetz einem größeren Verbraucherkreis zugeführt wird, in hygienischer, technischer und wirtschaftlicher Hinsicht befriedigend und immer anzustreben.
Für Einzelanwesen etc. kommt die
Einzelwasserversorgung, eine Eigenwasserversorgung, bei der das Wasser nur durch Verbrauchsleitungen verteilt wird und die nur einem kleinen Verbraucherkreis dient, in Frage. Die Verantwortung für den ordnungsgemäßen Betrieb liegt beim Anwesensbesitzer.
Bezüglich ihrer Ausdehnung wird unterschieden in
Gruppenwasserversorgung, d. h. eine gemeinsame zentrale WV mehrerer Verbraucherkreise, *Verbundwasserversorgung,* das sind mehrere zentrale WV, deren Rohrnetze miteinander verbunden sind, *Fernwasserversorgung,* bei der das Wasser durch Leitungen über größere Entfernungen einem oder mehreren WV-Gebieten zugeführt wird.
Ungünstige hydrogeologische Verhältnisse können zu Gruppenwasserversorgungsanlagen führen. Ferner ist der Zusammenschluß von kleinen Orten und Gemeinden zu Gruppenwasserversorgungsanlagen von solcher Größe zweckmäßig, damit geeignetes Fachpersonal hauptamtlich beschäftigt werden kann. Kleine Einzelanlagen mit nebenamtlich beschäftigten Wasserwarten können die neuzeitlichen Anforderungen nicht erfüllen, weil weder das erforderliche Fachpersonal vorhanden ist, noch die Einnahmen für die Einstellung von Fachpersonal ausreichen. Möglichst sind solche kleine Einzelanlagen durch entsprechende Verbände oder nahe gelegene große WVU auf vertraglicher Grundlage zu betreuen oder die kleinen WVU kooperieren mit größeren WVU.
Gruppenanlagen werden meist durch Zweckverbände der Gemeinden, die übliche Regelung bei kleinem Versorgungsgebiet, oder durch Zweckverbände der Landkreise und Gemeindeverbände bei großen Versorgungsgebieten, z. B. Fernwasserversorgungen betrieben.
Bei sehr großen, weiträumigen Gruppenanlagen empfiehlt es sich, nur die gemeinsamen Anlagenteile wie Wassergewinnung, Aufbereitung, Förderung, Speicherung und Zuleitung zu den Verbraucherorten von einem Zweckverband betreiben zu lassen, während die einzelnen Ortsnetze von jeder einzelnen Gemeinde oder von kleinen Untergruppen selbst erstellt und betrieben werden. Das Wasser wird vom Zweckverband über einen Orts-Wasserzähler an die Gemeinden oder Untergruppen geliefert. Damit wird der Zweckverband nicht zu sehr durch die Vielzahl der kleinen Aufgaben der einzelnen Ortsnetze belastet. Die Gemeinden sind auch rechtlich besser in der Lage, die Ortsnetze aufgrund von Wasserleitungssatzungen, Strafbestimmungen, Ortsvorschriften zu verwalten und hinsichtlich widerrechtlicher Anschlüsse, Wasserdiebstahl, Wasserverschwendung, Beschädigung von Anlageteilen usw. zu überwachen. Wesentlich ist auch, daß die einzelnen Orte sich selten gleichzeitig erweitern. Die Finanzierung solcher Erweiterungen ist daher besser durch die einzelnen Gemeinden möglich. Zweckmäßig ist, wenn die Wartung oder Betriebsleitung in den einzelnen Orten von der Betriebsleitung des Zweckverbandes mindestens überwacht oder gegen Kostenerstattung übernommen wird (Betriebsvertrag).
Der Betrieb von Fernleitung und Ortsnetzen und damit die Wasserlieferung an die Endabnehmer durch den Zweckverband ist nur bei kleinen und mittleren Gruppenanlagen mit wenigen Orten, mit annähernd gleicher Größe und Entwicklungstendenz, zweckmäßig.

13.2.2 Pflichtaufgabe Wasserversorgung – betriebliche Kooperation

Die Versorgung der Bevölkerung mit Trink- und Betriebswasser zählt zu den Pflichtaufgaben des eigenen Wirkungskreises, z. B. in Bayern nach Art. 57 Abs. 2 der Gemeindeordnung. Danach sind die Gemeinden unbeschadet bestehender Verbindlichkeiten Dritter in den Grenzen ihrer Leistungsfähigkeit verpflichtet, die aus Gründen des öffentlichen Wohls erforderlichen Einrichtungen zur Versorgung mit Trinkwasser zu errichten und zu unterhalten.
Die öffentliche Trinkwasserversorgung gehört zum Bereich der Daseinsvorsorge.
Wasserversorgungsunternehmen können Aufgaben, zu denen sie berechtigt oder verpflichtet sind, gemeinsam mit anderen erfüllen. Es bestehen grundsätzlich folgende Möglichkeiten der betrieblichen Kooperation:

- Kooperation durch Verbindung gleichartiger Tätigkeiten *ohne Ausgliederung von Funktionen,* d. h. eine Zusammenarbeit von Unternehmen in bestimmten gleichartigen Bereichen, wie gegenseitige Hilfeleistung, Erfahrungsaustausch, Absprachen im Rechnungswesen, zur Lagerhaltung. Als Rechtsformen kommen z. B. Arbeitsgemeinschaften, Vereine, BGB-Gesellschaften in Frage.
- Kooperation *durch Ausgliederung und Übertragung,* d. h. die kooperierenden Unternehmen gliedern einen oder mehrere gleichartige Tätigkeitsbereiche aus ihren Unternehmen aus und übertragen sie einem der kooperierenden Unternehmen oder einer von den Partnern neu gegründeten Rechtsperson. Übliche Rechtsformen sind GmbH, KG, Zweckvereinbarungen und Gründung von Zweckverbänden.

13.2.3 Unternehmensformen der öffentlichen Wasserversorgung

13.2.3.1 Allgemein

Im Vergleich mit einigen Mitgliedsstaaten der EU, wie Niederlande, Frankreich, England, stellt sich die Versorgungsstruktur in Deutschland völlig anders dar. Ca. 6700 WVU, davon mehr als 4000 in Bayern und Baden-Württemberg, versorgen die Bevölkerung mit Trinkwasser. Die Gesamtförderung der WVU in den verschiedensten Rechts- und Organisationsformen belief sich 1997 auf rd. 5,8 Milliarden m^3 Wasser. Dabei fördern 70 v. H. der WVU zusammen nur rd. 7,5 v. H. der Wassermenge.
Die deutsche kommunale Versorgungswirtschaft befindet sich in einem Veränderungsprozeß, überwiegend verursacht durch äußere wirtschaftliche Zwänge wie zunehmender Wettbewerb, abnehmende Erlöse und zunehmende Finanznot der Kommunen. Die derzeitige Struktur der Wasserversorgung muß nicht mit allen Mitteln aufrecht erhalten werden. Es ist zu wünschen, daß über unterschiedliche Formen der Kooperation eine Strukturveränderung auf freiwilliger Basis eintritt.

12.2.3.2 Organisationsformen des öffentlichen Rechts

13.2.3.2.1 Regiebetrieb

Bei sehr kleinen Gemeinden wird die WV noch als unselbständiger Betrieb ohne eigene Vermögensverwaltung betrieben. Die Werke sind in die allgemeine Verwaltung eingegliedert. Es gibt keinen eigenen Wirtschaftsplan. Die Rechnungslegung erfolgt über den Gemeindehaushalt. Für den Kreditbedarf gilt das Gesamtdeckungsprinzip. Keine Steuerpflicht.

13.2.3.2.2 Eigenbetrieb

Der kommunale Eigenbetrieb ist die häufigste Unternehmensform der WVU. Gesetzliche Grundlage bilden die entsprechenden Bestimmungen in den Gemeindeordnungen (z. B. Art. 95 GO für Bayern) und die Eigenbetriebsgesetze bzw. Eigenbetriebsverordnungen der Länder. Kommunale Eigenbetriebe sind im Gegensatz zum Regiebetrieb wirtschaftliche Unternehmen der Gemeinde, aber ohne eigene Rechtspersönlichkeit. Der Eigenbetrieb ist organisatorisch und wirtschaftlich vom Behördenapparat getrennt und wird nach kaufmännischen Gesichtspunkten mit eigener Vermögensverwaltung geführt. Der Gemeinderat bestellt die Werkleitung und einen Werkausschuß, die über die laufenden Geschäfte des Eigenbetriebes (z. B. Stadtwerke) entscheiden. Einzelheiten werden in einer Betriebssatzung festgelegt. Die Wirtschaftsführung und das Rechnungswesen sind in den Eigenbetriebsgesetzen bzw. -verordnungen und in hierzu ergangenen Länderverordnungen geregelt. Grundsätzlich haben Eigenbetriebe die Eigenbetriebsverordnung anzuwenden. Danach stellen die Eigenbetriebe einen Wirtschaftsplan auf (Erfolgs-, Vermögens-, Stellenplan und Stellenübersicht). Die Ergebnisse des Wirtschaftsjahres sind im Jahresabschluß (Bilanz, Gewinn- und Verlustrechnung) darzustellen. Wirtschaftsplan und Jahresabschlüsse werden dem Haushaltsplan der Stadt oder der Gemeinde angefügt. Eigenbetriebe, die nicht unter die EBV fallen, werden unmittelbar von der Gemeinde verwaltet. Alle Einnahmen und Ausgaben des Eigenbetriebes werden im Haushalt der Gemeinde geführt. Keine Steuerpflicht und Vorsteuerabzugsmöglichkeiten.

13.2.3.2.3 Zweckverband

Gemeinden, Landkreise und Bezirke können Aufgaben, zu denen sie berechtigt oder verpflichtet sind – also auch die WV – gemeinsam erfüllen. Sie können sich dafür – z. B. in Bayern gemäß dem „Gesetz über die kommunale Zusammenarbeit – KommZG“ – zu Zweckverbänden zusammenschließen. Die Mitglieder eines Zweckverbandes übertragen die mit dem Zweck Wasserversorgung zusammenhängenden Aufgaben ganz oder teilweise dem Zweckverband. Das Recht und die Pflicht, die dem Zweckverband übertragenen Aufgaben zu erfüllen und die dazu notwendigen Befugnisse auszuüben, gehen auf den Zweckverband über. Zweckverbände haben eine Satzung. Sie sind Körperschaften des öffentlichen Rechts und juristische Personen, die im eigenen Namen klagen, aber auch verklagt werden können. Sie sind an das kommunale Haushaltsrecht gebunden. Keine Steuerpflicht und Vorsteuerabzugsmöglichkeiten.

13.2.3.2.4 Wasser- und Bodenverband

Auch Wasserverbände, Wasserbeschaffungsverbände und Wassergenossenschaften. Sie sind Körperschaften des öffentlichen Rechts. Gesetzliche Grundlage ist das „Gesetz über Wasser- und Bodenverbände“ (Wasserverbandsgesetz – WVG). Die Wasser- und Bodenverbände haben einen Vorstand und einen Verbandsausschuß; sie geben sich mit der Versammlung eine Satzung. Die Verbände unterliegen der behördlichen Aufsicht. Keine Steuerpflicht und Vorsteuerabzugsmöglichkeiten.

13.2.3.3 Organisationsformen des Privatrechts

13.2.3.3.1 Kapitalgesellschaft

Die Rechtsform der Kapitalgesellschaft ist die einer juristischen Person, die der Kapitalgesellschaft Rechtsfähigkeit verleiht und für Vertretung und Geschäftsführung besondere Organe, z. B. Vorstand bzw. Geschäftsführung erfordert. Die für die WV wichtigsten Kapitalgesellschaften sind die Aktiengesellschaften – AG (gem. Aktiengesetz) und die Gesellschaft mit beschränkter Haftung – GmbH (gem. GmbH-Gesetz). Je nach der Art der Beteiligung an der Gesellschaft unterscheidet man die
Eigengesellschaft – beteiligt eine öffentlich-rechtliche Körperschaft (z. B. Stadt, Gemeinde),
Öffentliche Gesellschaft – beteiligt mehrere öffentlich-rechtliche Körperschaften *Gemischt-Öffentlich-Privatwirtschaftliche Gesellschaft*
Privatwirtschaftliche Gesellschaft – beteiligt ausschließlich Private.
Umsatzsteuer-, körperschaftssteuer- und gewerbesteuerpflichtig, volle Vorsteuerabzugsfähigkeit.

13.2.3.3.2 Sonstige Organisationsformen des privaten Rechts

Neben den o. g. Kapitalgesellschaften kommen z. B. *Betriebsführungsmodelle* (private Gesellschaft wird mit der Betriebsführung von der Kommune beauftragt), *Betreibermodelle* (Vergabe der kompletten Dienstleistung Wasserversorgung) oder *Consulting Modelle* (Fremdeinkauf von Planungs- und Finanzierungsleitungen, ansonsten wie Eigenbetrieb) in Frage. Die günstigste Organisationsform ist jeweils für den Einzelfall zu prüfen.

13.2.3.4 Beispiel für die Anteile der verschiedenen Unternehmensformen

Die **Abb. 13-1** zeigt die Anteile der verschiedenen Unternehmensformen *in Bayern* an der Gesamtzahl von rd. 3000 WVU, aufgeschlüsselt in drei Wasserabgabegruppen. Dabei ist zu berücksichtigen, daß es in Bayern rd. 700 WVU gibt, die von privatrechtlich organisierten *Genossenschaften, Gemeinschaften, Vereinen* oder von *Privatleuten* als „öffentliche“ WV betrieben werden. Nicht selten nehmen dabei mehrere Unternehmen die Pflichtaufgabe der Gemeinde im Gemeindegebiet wahr. Diese meist kleinen Unternehmen haben den Nachteil, daß sie an keine Versorgungspflicht gebunden sind und größtenteils nicht in der Lage sind, Fachpersonal in ausreichender Zahl zu beschäftigen.

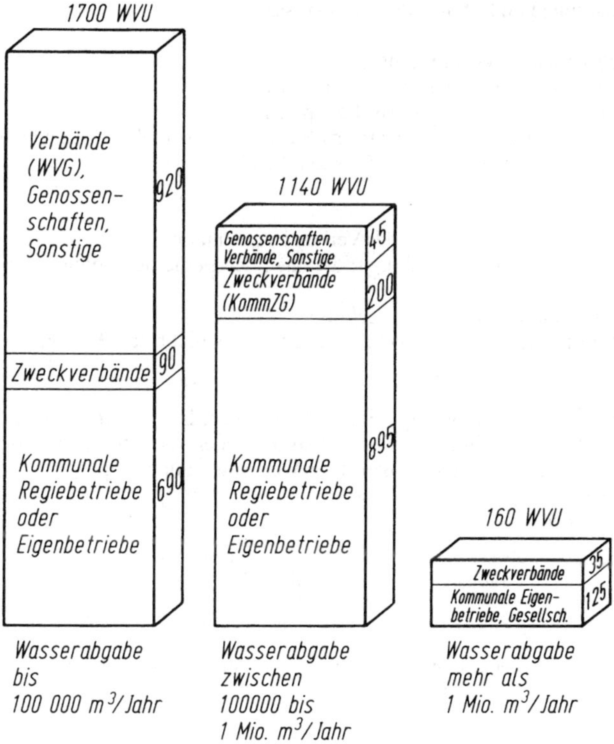

Abb. 13-1: Anteile der Unternehmensformen in Bayern

13.2.4 Unternehmensaufbau

13.2.4.1 Unternehmensleitung

Bei allen Unternehmensformen ist eine 4stufige Gliederung der Unternehmensleitung üblich, **Tab. 13-1.** Die Aufgaben der einzelnen Organe werden in den Satzungen sowie in Dienstordnung, Geschäftsordnung und Betriebsordnung festgelegt, meist in Anlehnung an bewährte Muster. Die wesentlichen Aufgaben, am *Beispiel eines Zweckverbandes* dargestellt (sinngemäß auch bei den anderen Unternehmensformen vorhanden), sind:

Stufe 1 – Verbandsversammlung

1. Entscheidung über die Errichtung und Änderung der Verbandsanlage
2. Erlaß und Änderung der Verbandssatzung, von sonstigen Satzungen und Ordnungen, wie Wasserabgabesatzung u. a.
3. Beschlußfassung über die jährliche Haushaltssatzung mit Wirtschaftsplan, Finanzplan und Stellenplan
4. Feststellung und endgültige Anerkennung des Jahresabschlusses mit Bilanz, Jahreserfolgsrechnung, Anlagennachweis, Anlagenzugänge, Aufstellung der Darlehen, der sonstigen Vermögensgegenstände, sonstigen Verbindlichkeiten, Jahresbericht und Abschlußbericht
5. Wahl des Verbandsvorsitzenden und seiner Stellvertreter sowie der Mitglieder des Verbandsausschusses (Werkausschuß)
6. Erlaß und Änderung der Geschäftsordnung
7. Erlaß und Änderung der Betriebsordnung
8. Anstellung der Werkleitung, i. a. bestehend aus einem Betriebsleiter = Technischer Geschäftsführer, und einem Geschäftsleiter = Kaufmännischer Geschäftsführer.

Stufe 2 – Verbandsausschuß, i. a. = Werkausschuß

1. Einstellung der Dienstkräfte des Verbandes im Rahmen des Stellenplans

2. Vergabe von Lieferungen und Leistungen im Rahmen der Haushaltssatzung
3. Entwurf der Haushaltssatzung
4. Vorbereiten der Beschlüsse für die Verbandsversammlung
5. Prüfen des Kassen- und Rechnungswesens sowie des Jahresabschlusses
6. Beschluß über Darlehensaufnahmen im Rahmen des Wirtschaftsplans
7. Laufende Überwachung der vom Verbandsvorsitzenden zur Erfüllung seiner Aufgaben ausgeübten Tätigkeiten und laufende Überwachung der Dienstkräfte des Zweckverbands

Stufe 3 – Verbandsvorsitzender

1. Vertretung des Zweckverbandes nach außen
2. Vollzug der Beschlüsse der Verbandsversammlung und des Verbandsausschusses
3. Erledigung aller Angelegenheiten in eigener Zuständigkeit, die nach der Gemeindeordnung dem ersten Bürgermeister zukommen
4. Vorsitz in der Verbandsversammlung und im Verbandsausschuß
5. Führung der laufenden Geschäfte und des Schriftverkehrs, soweit dieser nicht der Werkleitung übertragen ist.

Stufe 4 – Werkleitung

Die Aufgaben der Werkleitung werden in Dienstordnung, Dienstanweisungen, Betriebsordnung und Geschäftsordnung entsprechend den örtlichen Verhältnissen festgelegt. Je größer das Unternehmen ist, um so mehr werden Aufgaben im Rahmen des Wirtschaftsplanes der Werkleitung übertragen.

Tab. 13-1: Gliederung der Unternehmensleitung

Stufe	Regiebetrieb	Eigenbetrieb	Zweckverband (Wasser- und Bodenverband)	Kapitalgesellschaft
1	Gemeinderat	Gemeinderat bzw. Stadtrat	Verbandsversammlung	Vertreter der Kapitaleigner
2	Beigeordneter = Referent für die Wasserversorgung	Werkausschuß	Verbandsausschuß und Werkausschuß	Aufsichtsrat
3	1. Bürgermeister	1. Bürgermeister	Vorsitzender	Aufsichtsratsvorsitzender
4	Wassermeister	Werkleitung	Werkleitung	Vorstand

13.2.4.2 Innerer Aufbau eines Unternehmens

13.2.4.2.1 Allgemein

Die innere Gliederung eines WVU ist, je nach Größe, örtlichen Verhältnissen, Einzelbetrieb oder Teilbetrieb eines Stadtwerkes mit mehreren Teilbetrieben, etwas verschieden. Gleichbleibend ist immer die Trennung in Betrieb = Technische Abteilung und Verwaltung = kaufmännische Abteilung (**s. Abb. 13-2**). Die Organisation des WVU, die Tätigkeit und Zuständigkeit der einzelnen Organe werden in der *Geschäftsordnung,* die Aufgaben und die Organisation des Betriebes des WVU in der *Betriebsordnung* festgelegt. Maßgebend für die Geschäfts- und Betriebsordnung sind die Stellenübersicht, die Stellenbeschreibung und die Arbeitsplatzbeschreibung.

13.2.4.2.2 Gliederung des technischen Betriebes

1) Kleinere WVU

Das Wasserwerkspersonal muß alle Aufgaben des technischen Betriebes erledigen. Dies erfordert sehr vielseitige Kenntnisse. Von Vorteil ist, daß es den gesamten Betrieb übersehen kann. Voraussetzung ist, daß das kleinere WVU auch fachkundiges Personal beschäftigt.

2) Größere WVU (Beispiel)

Betriebsleitung

1. Abt. Wassergewinnung: zuständig für Wasserfassungen, Wasseraufbereitung, Wasserförderung, Wasserspeicherung, Fern- und Zubringerleitungen
2. Abt. Wasserverteilung: Wasserrohrnetz mit Anschlußleitungen
Bei Stadtwerken oft in Verbindung mit der Rohrnetzabt. des Gaswerkes
3. Abt. Maschinen- und Elektrotechnik
Bei Stadtwerken oft in Verbindung mit den gleichartigen Abt. der anderen Betriebe

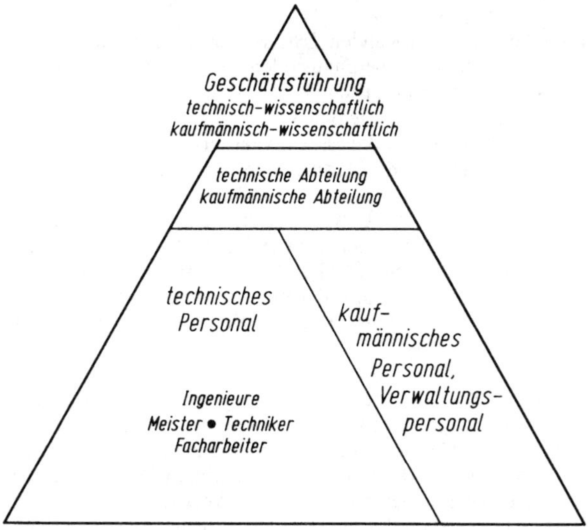

Abb. 13-2:
Personalaufbau in den WVU

4. Abt. Bauwesen
   Bei kleineren Stadtwerken meist vom städtischen Bauamt wahrgenommen
5. Abt. Gewässergüte – Labor
   Bei kleinen Stadtwerken in Verbindung mit der gleichen Abt. des Gaswerkes
6. Abt. Planung und Bauausführung
   Nur bei sehr großen WVU üblich. Die Aufgaben werden sonst von den vorgenannten Abteilungen übernommen.

13.2.4.2.3 Gliederung der Verwaltung

Verwaltungsleitung
1. Abt. Allgemeine Verwaltung – mit Angelegenheiten des Eigenbetriebes oder des Verbandes, Rechtswesen, Vergabewesen, Statistik
2. Abt. Grundstücksverwaltung
3. Abt. Personal
4. Abt. Finanzverwaltung – mit Haushalt, Buchhaltung, Kasse
5. Abt. Wasserverkauf – mit Kundenbetreuung

13.3 Betrieb

Gemeint ist hier vorwiegend der technische Betrieb der Anlagen.

13.3.1 Anforderungen

13.3.1.1 an das Trinkwasser

Alle am Betrieb einer WV-Anlage Beteiligten (Unternehmensleitung, Verwaltung, techn. Personal) haben dafür zu sorgen, daß bestimmte Anforderungen an das Trinkwasser erfüllt werden. Die Anforderungen sind in den Abschnitten 4.1.3 bis 4.1.5 ausführlich beschrieben.

13.3.1.2 an den Unternehmer

Wasserversorgungsunternehmen haben die Aufgabe, den Kunden Trinkwasser jederzeit in einwandfreier Qualität, ausreichender Menge und unter dem Druck bereitzustellen, der für eine einwandfreie Deckung des üblichen Bedarfs im Versorgungsgebiet erforderlich ist. Hierzu müssen die WVU über eine angemessene personelle und technische Ausstattung sowie eine Organisation verfügen, die eine sichere, zuverlässige und wirtschaftliche Versorgung mit Trinkwasser gewährleistet.
Nähere Hinweise gibt das DVGW-Arbeitsblatt W 1000 „Anforderungen an Trinkwasserversorgungsunternehmen“.
Kleinere gemeindliche und privatrechtlich organisierte WVU weisen selten eine festgeschriebene, detaillierte Unternehmensgliederung auf. Auch ist es bei diesen Unternehmen aus wirtschaftlichen Gründen oft nicht möglich, die Betriebsführung ausreichend fachkundigem Personal zu übertragen. Hier obliegt der Unternehmensleitung (Bürgermeister, Vorsitzender einer Genossenschaft etc.) die besondere Verantwortung, technische Leitungsaufgaben insoweit zu delegieren, wie es der Ausbildungsstand des technischen Personals zuläßt.
Aus dem öffentlich-rechtlichen Benutzungs- und Leistungsverhältnis zwischen Gemeinde und Bürger können sich Schadenersatzansprüche ergeben. Wenn durch Fehler in der Organisation Personen oder Sachen geschädigt werden, so können die WVU wegen eines sog. Organisationsverschuldens unmittelbar zum Schadenersatz herangezogen werden. Die Gerichte nehmen ein Organisationsverschulden an, wenn die Unternehmensleitung das Unternehmen oder einen Teil davon nicht ordnungsgemäß organisiert hat und aus diesem Grunde jemand einen Schaden erlitten hat. Der Vorwurf richtet sich also nicht gegen einzelne Mitarbeiter, für deren Fehlverhalten das Unternehmen einstehen muß, sondern gegen die Unternehmensleitung selbst.
Aus dem Bundesseuchengesetz und der Trinkwasserverordnung (TrinkwV) ergeben sich zudem strafrechtliche Folgen, wenn das abgegebene Trinkwasser den Anforderungen der Trinkwasserverordnung nicht entspricht. Viele Unternehmer sind sich dieser Folgen nicht bewußt.
Pflichten des Unternehmers oder sonstigen Inhabers einer WV-Anlage (Auswahl):

- Der Unternehmer hat die erforderlichen technischen Einrichtungen und Geräte bereitzustellen.
- Die Anlagen sind so zu betreiben, daß das an den Verbraucher abgegebene Wasser den Anforderungen an das Trinkwasser gemäß Abschn. 4.1.3 bis 4.1.5 entspricht.
- Der Unternehmer hat die organisatorischen, personellen und finanziellen Voraussetzungen für einen ordnungsgemäßen Betrieb und eine umfassende werkseitige Überwachung (Eigenüberwachung) zu schaffen. Für die techn. Leitung und den Betrieb von WV-Anlagen ist in ausreichender Zahl Personal zu beschäftigen, das die erforderliche Ausbildung und nötige Fachkenntnis besitzt. Der Unternehmer trägt die Verantwortung, Aufgaben, die besondere Fachkunde voraussetzen, nur an solche Mitarbeiter zu übertragen, die eine entsprechende Qualifikation nachweisen. Die für die Stellenbesetzung zuständigen Gremien oder Personen müssen sich ihrer Mitverantwortung bewußt sein und hohe Anforderungen an die Bewerber stellen.
- Für die Fortbildung des Personals ist zu sorgen. Hierzu gehört z. B. die Bereitstellung des nötigen Fachschrifttums und die Entsendung zu Fortbildungsveranstaltungen.
- Aufgaben- und Verantwortungsbereiche des Betriebspersonals sind in einer Dienstanweisung festzulegen (Muster siehe Abschn. 13.3.2.4); die Anlagenteile und Einrichtungen sowie die betrieblichen Abläufe, die Störungsmöglichkeiten und Störungsbeseitigungen sind in einer Betriebsanweisung zu beschreiben. Die Anweisungen sind auf die Größe und den Technisierungsgrad der WV-Anlage abzustimmen.
- Der Unternehmer bestellt ggf. vorgeschriebene Beauftragte (z. B. Sicherheits-, Betriebs-, Gefahrgutbeauftragte).
- Der Unternehmer hat das Wasser nach Maßgabe der gesetzlichen Vorschriften zu untersuchen oder untersuchen zu lassen. Grenzwertüberschreitungen oder grobsinnlich wahrnehmbare Veränderungen des Wassers sowie außergewöhnliche Vorkommnisse in der engeren und weiteren Umgebung des Wasservorkommens oder an der WV-Anlage, die Auswirkungen auf die Beschaffenheit des Wassers haben können, sind dem jeweils zuständigen Gesundheitsamt unverzüglich anzuzeigen. Außerdem sind unverzüglich Untersuchungen zur Aufklärung und Maßnahmen zur Abhilfe durchzuführen.
- Das mit dem Trinkwasser oder den wassergefährdenden Teilen des Versorgungssystems regelmäßig und direkt in Berührung kommende Personal sollte bei der Einstellung und später möglichst alle 3 Jahre beim Gesundheitsamt untersucht werden. Insbesondere den Werken, die keine eigene bakteriologische Überwachung des Trinkwassers vornehmen, muß dies dringend geraten werden.

- Der Unternehmer hat zur Verhütung von Arbeitsunfällen Anordnungen und Maßnahmen zu treffen, die den Bestimmungen der Allgemeinen Unfallverhütungsvorschriften (UVV) und den für ihn sonst geltenden UVV und im übrigen den allgemein anerkannten sicherheitstechnischen und arbeitsmedizinischen Regeln entsprechen. Er hat die für das Unternehmen geltenden UVV an geeigneter Stelle auszulegen. Geeignete persönliche Schutzausrüstungen sind zur Verfügung zu stellen und in ordnungsgemäßem Zustand zu halten. Darüber hinaus ist – mindestens einmal jährlich – für Belehrungen über Unfallgefahren zu sorgen.
- Die Öffentlichkeit ist über die Aufgabe und Bedeutung der Wasserversorgung zu informieren. Hierzu sind geeignet: Pressemitteilungen, Vorträge, „Tage der offenen Tür", „Wasserwanderungen" etc.; der Öffentlichkeit sind außerdem Informationen über den Zustand der Umwelt, z. B. durch die regelmäßige Veröffentlichung von Meß- und Analysenwerten zur Beobachtung der Grund- und Trinkwasserbeschaffenheit, zur Verfügung zu stellen (s. a. Umweltinformationsgesetz – UIG – vom 8. 7. 1994).

13.3.1.3 an das technische Personal

Bei all der täglichen Routinearbeit ist sich stets in Erinnerung zu rufen:

Trinkwasser ist das wichtigste
Lebensmittel.
Es kann nicht ersetzt werden!

- Die Aufgaben- und Verantwortungsbereiche des technischen Personals sind in der Dienstanweisung beschrieben.
- Das Personal ist verpflichtet, dem Unternehmer der WV-Anlage unverzüglich anzuzeigen, wenn eine der Anforderungen an das Trinkwasser – auch vorübergehend – nicht erfüllt werden kann. Die Ursachen der Verschlechterung der Wasserqualität sind festzustellen und so schnell wie möglich zu beseitigen.
- Das Personal muß körperlich und geistig für dieses verantwortungsvolle Aufgabengebiet geeignet sein; es muß Sinn für peinliche Sauberkeit und sorgfältiges und gewissenhaftes Arbeiten haben. Handwerkliche Geschicklichkeit, technisches Verständnis für die Wirkungsweise der Anlagen, die anzustellenden Beobachtungen und Messungen und umweltschutztechnisches Verständnis sollten vorhanden sein.
- Keimträger, Dauerausscheider oder sonst kranke und seuchenverdächtige Personen dürfen WV-Anlagen nicht bedienen.
- Das Personal hat alle der Arbeitssicherheit dienenden Maßnahmen zu unterstützen. Es ist verpflichtet, Weisungen des Unternehmers zum Zwecke der Unfallverhütung zu befolgen, es sei denn, es handelt sich um Weisungen, die offensichtlich unbegründet sind. Es hat die zur Verfügung gestellten persönlichen Schutzausrüstungen zu benutzen.

13.3.1.4 an die Anlagenteile, Arbeitsgeräte und Materialien

- Das Betreten aller der WV unmittelbar dienenden Anlagen ist Unbefugten zu untersagen. Alle Anlagen sind unter Aufsicht oder unter Verschluß zu halten. Insbesondere Werksanlagen mit offenem Trinkwasserspiegel dürfen nur zu betriebsnotwendigen Aufgaben und nur von den beauftragten Personen betreten werden.
- Beim Begehen von trinkwasserführenden Anlagen ist desinfizierte Schutzkleidung (Gummistiefel, Gummihandschuhe) zu tragen. Für andere Personen (Besucher, Behördenvertreter etc.) ist ebenfalls Schutzkleidung bereit zu halten.
- Alle Arbeiten an den Anlagen sind mit größter Sauberkeit auszuführen. Bei den Teilen der Anlagen, die mit dem Trinkwasser unmittelbar in Berührung kommen, dürfen nur saubere Geräte und Werkzeuge benutzt und nur für diesen Zweck verwendet werden (z. B. Reinigungsbürsten).
- In allen Fällen, in denen die Möglichkeit einer Verunreinigung von trinkwasserberührten Anlageteilen durch ausgeführte Arbeiten nicht mit Sicherheit ausgeschlossen werden kann, muß nach Abschluß der Arbeiten eine Desinfektion der betreffenden Werksanlagen vorgenommen werden. Arbeitsgeräte sind ebenfalls zu desinfizieren. Ob eine Untersuchung des Trinkwassers nach Aus-

führung der Arbeiten und vor Inbetriebnahme der Anlagenteile durchzuführen ist, ist mit dem jeweils zuständigen Gesundheitsamt abzusprechen.

- Grundsätzlich müssen alle mit dem Trinkwasser in Kontakt kommenden Materialien gesundheitlich unbedenklich sein. Sie dürfen die Beschaffenheit des zu fördernden und zu speichernden Wassers nicht nachteilig verändern. Alle Kunststoffe und anderen nichtmetallischen Werkstoffe müssen den geltenden Vorschriften entsprechen.

13.3.2 Technisches Personal

Die folgenden Hinweise beziehen sich insbesondere auf mittlere und kleinere WVU mit eigener Wassergewinnung. Auf die zahlreichen Angebote für die Aus- und Fortbildung von Anlagenmechanikern, Fachrichtung Versorgungstechnik (früher Rohrnetzbauer), Rohrleitungsbauern, Rohrnetzmeistern sowie die Gruppe der Techniker, Ingenieure und Naturwissenschaftler kann hier nicht ausführlich bzw. nicht eingegangen werden. Auskunft hierüber erteilen u. a. die Fachverbände und -behörden.

13.3.2.1 Qualifikation und Personalbedarf

Trinkwasser ist das wichtigste Lebensmittel. An seine Qualität werden höchste Anforderungen gestellt. Der Betrieb eines Wasserwerkes ist deshalb eine Aufgabe mit besonderer Verantwortung.
Die Betriebssysteme zur Gewinnung, Aufbereitung, Speicherung und Verteilung des Trinkwassers werden im Zuge des technischen Fortschritts ständig verfeinert und verbessert, dadurch aber auch komplexer und technisch anspruchsvoller. Diesen Herausforderungen können sich die WVU nur stellen, wenn sie in ausreichender Zahl qualifizierte, also gut aus- und fortgebildete Fachleute beschäftigen, die durch Weiterbildung ihr berufliches Wissen und Können aktualisieren, erweitern und vertiefen. Auch das für kleine WVU verantwortliche technische Personal braucht eine Mindestqualifikation.
Einschlägige Rechtsvorschriften zur Qualifikation des technischen Personals in den Wasserwerken gibt es nur vereinzelt in der BRD (z. B. Eigenüberwachungsverordnung in Bayern). Gelegentlich finden sich auch Hinweise zur Fachkunde in den Gemeindeordnungen, in wasserrechtlichen Bescheiden und in Merkblättern verschiedener Institutionen.
Insbesondere für die Facharbeiterebene des Bereiches WV ist eine deutliche Orientierung nicht immer zu erkennen. Zwar werden in der WV eine Fülle von Berufen eingesetzt, die meisten Facharbeiter wurden aber bisher in nicht spezifischen Berufen in fremden Unternehmen ausgebildet. Sie wurden und werden von den WVU vom Arbeitsmarkt geholt und durch gezielte Unterweisung in ihre Aufgaben eingeführt. Besonders geeignet zum Einsatz in der WV sind dabei offensichtlich die Gas- und Wasserinstallateure sowie Elektroinstallateure. Aber auch Betriebsschlosser, Hochdruckrohrschlosser, Tiefbaufacharbeiter, Vermessungstechniker und Kfz-Schlosser kommen zum Einsatz.
Hier muß den Verantwortlichen Hilfestellung hinsichtlich der Personalqualifikation gegeben werden. Im bereits genannten DVGW-Arbeitsblatt W 1000 werden die Anforderungen in der DVGW-Wasserinformation Nr. 18 (vom Mai 1989) fortgeschrieben.
In den WVU mit eigener Wassergewinnung sollen demnach als technisch-verantwortliches Personal eingesetzt werden:
Ver- und Entsorger, Fachrichtung Wasserversorgung, Geprüfte Wassermeister/Techniker und Ingenieure.
Anmerkung: Alle genannten Berufe stehen auch Frauen offen. Soweit nur die männliche Berufsbezeichnung gewählt wurde, hat dies ausschließlich redaktionelle Gründe.

13.3.2.1.1 Kleinere WVU

Ver- und Entsorger, Fachrichtung Wasserversorgung, übernehmen in kleineren WVU die technische Überwachung aller Einrichtungen, die Wartung und Pflege der Anlagen und Maschinen, die verfahrenstechnische Überwachung der Arbeitsabläufe und das Führen des Betriebstagebuches selbständig und eigenverantwortlich. In größeren Betrieben kommen sie wegen der dort notwendigen Arbeitsteilung in einem Teilbereich an verantwortungsvoller Stelle zum Einsatz. Die erforderlichen Kenntnisse und Fertigkeiten sind in der „Ver- und Entsorger-Ausbildungsverordnung" aufgeführt.
Sollen Facharbeiter artverwandter Berufe (z. B. Anlagenmechaniker, Fachrichtung Versorgungstechnik, Installateure) als techn. Leiter eingesetzt werden, so ist die zusätzliche Ablegung der einschlägigen Facharbeiterprüfung (Ver- und Entsorger) zu fordern.

Fachleute, die die oben genannten Abschlüsse nicht erworben haben, sollen nicht mehr als technisch Verantwortlicher bestellt werden. Sogenannte Wasserwarte mit langjähriger Erfahrung im Betrieb von WV-Anlagen, die derzeit schon für kleinere WVU technisch verantwortlich sind, können auch weiterhin in dieser Funktion beschäftigt bleiben (Bestandsschutz).

13.3.2.1.2 Mittlere und größere WVU

Geprüfte Wassermeister sind die zum Ausbildungsberuf Ver- und Entsorger, Fachrichtung Wasserversorgung, gehörenden Meister. Sie führen selbständig den Betrieb mittlerer Wasserwerke bzw. leiten Betriebsteile größerer Werke. Die erforderlichen Kenntnisse und Fertigkeiten sind in der „Ver- und Entsorgung-Meisterprüfungsverordnung" aufgeführt.
Werden Meister artverwandter Berufe als techn. Leiter eingesetzt (z. B. Handwerksmeister), so ist die zusätzliche Ablegung der einschlägigen Meisterprüfung (Wassermeister) erforderlich.
Rohrnetzmeister Wasser (bzw. Gas/Wasser) sind die zum Ausbildungsberuf *Anlagenmechaniker, Fachrichtung Versorgungstechnik* (früher Rohrnetzbauer), gehörenden Meister. Sie werden in sehr großen WVU mit ausgedehnten Rohrnetzen als Leiter des Teilbereiches Wasserverteilung eingesetzt.
Einen Überblick über die Anforderungen an das technisch verantwortliche Personal in Abhängigkeit von der Anlagengröße gibt die **Tab. 13-2**

Tab. 13-2: Anforderungen an das technisch verantwortliche Personal im WVU

WVU mit eigener Wassergewinnung	Anlagengröße: Jahreswasserabgabe	Qualifikation	Bemerkungen
kleinere	bis etwa 250 000 m^3	*Ver- und Entsorger, Fachrichtung Wasserversorgung* oder gleichwertig	– ggf. Wassermeister bei hohem Technisierungsgrad
mittlere bis größere	250 000 bis etwa 1 Mio m^3	*Geprüfter Wassermeister* oder gleichwertig/*Techniker*	– ggf. Ingenieur bei hohem Technisierungsgrad
größere bis große	Größer als etwa 1 Mio m^3	*Ingenieur*	Dem Einzelfall anzupassen

Details siehe DVGW-Arbeitsblatt W 1000.
Die angegebenen Grenzen sind nicht eng auszulegen, da Anlagenart (z. B. einfache oder weitergehende Aufbereitung), Ausrüstung, Alter, Flächenausdehnung und Zahl der Betriebspunkte eine Rolle spielen. Ältere Anlagen brauchen mehr Instandhaltungsaufwand als neuere. Kleine WVU sollten zur besseren Personalauslastung gemeinsam einen Ver- und Entsorger, Fachrichtung Wasserversorgung oder Geprüften Wassermeister beschäftigen (siehe Abschnitt 13.2.2).

13.3.2.2 Aus- und Fortbildung in der Ver- und Entsorgung

In diesem Abschnitt werden die Möglichkeiten aufgeführt, um die in Abschnitt 13.3.2.1 geforderten Qualifikationen erlangen zu können.

13.3.2.2.1 Wasserwart

Wasserwart ist kein anerkannter Ausbildungsberuf. Wasserwarte können die ihnen zugewiesenen Tätigkeiten nur ausüben, wenn sie entweder eine einschlägige (z. B. Ver- und Entsorger) oder artverwandte Ausbildung (z. B. Installateur, Betriebsschlosser) nachweisen können oder – falls sie aus artfremden Berufen kommen bzw. angelernt werden müssen – entsprechende Kenntnisse und Fertigkeiten erworben haben.
Unerläßlich für jeden Wasserwart ist die Teilnahme an Einführungs- oder Grundkursen („Grundausbildung") und an den laufenden Weiterbildungsveranstaltungen (s. Abschnitt 13.3.2.3). Nur in wenigen Bundesländern werden sog. Einführungskurse angeboten (z. B. in Bayern: Bayer. Gemeindetag, Dreschstraße 8, 80805 München, 2mal jährlich 1 Woche).
Teilnahmevoraussetzung am Einführungskurs: Für Anfänger 14 Tage Praktikum in einem mittleren oder größeren Wasserwerk, ansonsten 3 Monate Wasserwerkspraxis. Am Schluß des Kurses sollte eine schriftliche Kenntnisprüfung durchgeführt werden.

13.3.2.2.2 Ver- und Entsorger, Anlagenmechaniker

Seit 1984 verfügt das Wasserfach über den neuen Ausbildungsberuf *Ver- und Entsorger/Ver- und Entsorgerin.* Er beinhaltet die drei Fachrichtungen Wasserversorgung, Abwasser und Abfall. Immer noch ist eine deutliche Zurückhaltung in der Fachrichtung WV festzustellen. Es sind Überlegungen im Gange, die bestehende Ausbildungsverordnung von 1984 zu überarbeiten.
Mit der Neuordnung der industriellen Metallberufe und mit der Überführung des Rohrnetzbauers in den neuen Beruf des *Anlagenmechanikers, Fachrichtung Versorgungstechnik,* in dem auch noch die alten Berufe des Hochdruckschlossers, des Rohrinstallateurs und Teile der Betriebsschlosser aufgegangen sind, sind auch in diesem Beruf die Ausbildungszahlen zurückgegangen.
Informationen zu den Berufsausbildungen, zur Eignung von Ausbildungsstätten und Ausbildern etc. erhalten alle Interessenten bei den sog. zuständigen Stellen der Länder und bei den Fachverbänden (z. B. DELIWA, DVGW, RBV). Sie erteilen auch Auskunft über die Möglichkeit, als sog. *Externe* (Personen, die sich Erfahrungen und Fertigkeiten durch mehrjährige Praxis in einem Wasserwerk erworben haben und sich die theoretischen Kenntnisse z. B. in Lehrgängen aneignen) die Facharbeiterabschlüsse zu erlangen.

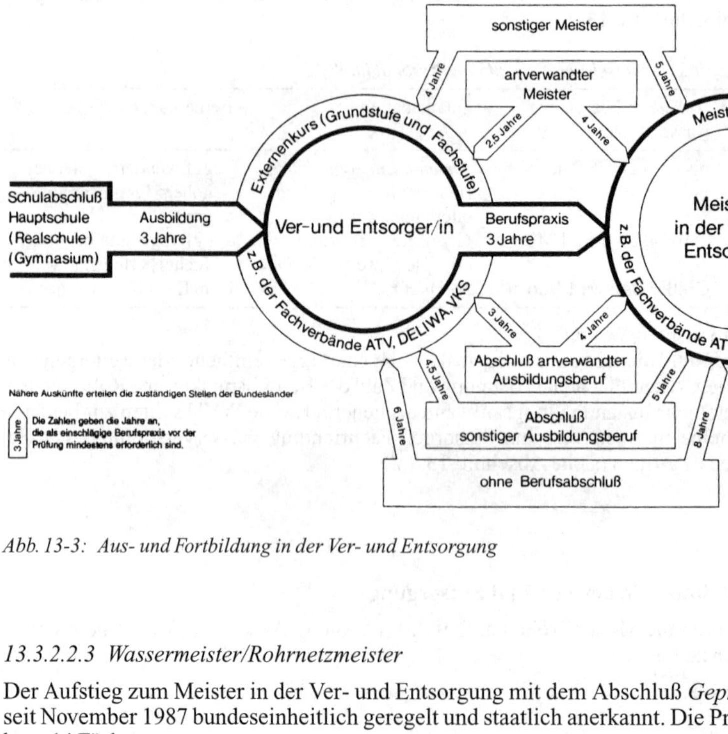

Abb. 13-3: Aus- und Fortbildung in der Ver- und Entsorgung

13.3.2.2.3 Wassermeister/Rohrnetzmeister

Der Aufstieg zum Meister in der Ver- und Entsorgung mit dem Abschluß *Geprüfter Wassermeister* ist seit November 1987 bundeseinheitlich geregelt und staatlich anerkannt. Die Prüfung umfaßt drei Teile bzw. 14 Fächer.
Sowohl für die Prüfung zum Wassermeister als auch zum *Rohrnetzmeister* bieten insbesondere die Fachverbände Vorbereitungslehrgänge (Tages-, Block- oder Fernlehrgang) an. Die DVGW-Wassermeisterlehrgänge in Lübeck, Rosenheim und Dresden (mit DELIWA) die Rohrnetzmeisterlehrgänge in Karlsruhe, Hamburg, Halle, Essen (DELIWA), Berlin, Dresden und Köln sowie die jeweiligen Fernlehrgänge sind weitestgehend ausgelastet. Auskünfte zur Vorbereitung auf die Prüfung, zur Zulassung zur Prüfung und zur Prüfung erteilen die Fachverbände (z. B. DVGW, DELIWA, RBV) bzw. die zuständigen Stellen der Länder.
Einen Überblick über die Aus- und Fortbildung in der Ver- und Entsorgung zeigt **Abb. 13-3.** Sie zeigt auf der Grundlage des Ausbildungsberufes Ver- und Entsorger den „normalen" Weg über den Ausbildungsberuf zum Meister und die vielfältigen Möglichkeiten für andere, zu fachspezifischen, staatl. anerkannten Abschlüssen zu kommen.

13.3.2.3 Berufliche Weiterbildung

Während Ausbildung und Aufstiegsfortbildung staatlichen Regelungen unterliegen, die den Rahmen für den zu vermittelnden Inhalt und die Grundsätze für Inhalt und Durchführung der jeweiligen Prüfungen festlegen, gibt es für das weite Feld der beruflichen Weiterbildung keine verbindlichen Festschreibungen. Inhalt, Dauer und Intensität werden von temporären Bedürfnissen von Unternehmen und deren Mitarbeitern bestimmt. Leider handeln noch nicht alle Verantwortlichen nach der Forderung des DVGW-Arbeitsblattes W 1000: „Das Personal ist zur beruflichen Weiterbildung verpflichtet. Es ist sicherzustellen, daß alle Mitarbeiter entsprechend ihrem Aufgabengebiet über den jeweils gültigen Stand der für sie relevanten Rechtsvorschriften, Unfallverhütungsvorschriften, Technischen Regeln und unternehmensinternen Anweisungen informiert und unterwiesen werden."

13.3.2.3.1 Angebote allgemein (Auszug)

Wichtige Weiterbildungsangebote:
- Fachschulungen in Bezirksgruppen (DELIWA)
- Seminare für Ausbilder Ver- und Entsorger (DELIWA z. T. mit Dritten)
- Seminare für Ausbilder Anlagenmechaniker, FR Versorgungstechnik (DELIWA)
- Fortbildungsseminare für Wassermeister und berufserfahrene Wasserwarte (BAYER. GEMEINDETAG)
- Wassermeister-Erfahrungsaustausch (DELIWA/DVGW)
- Rohrnetzmeister-Seminare (DELIWA)
- Verschiedene Fachseminare (FACHVERBÄNDE, SONSTIGE)
- Jahres-, Aussprache-, Werkleitertagungen (FACHVERBÄNDE)
- Sonstige Informationsveranstaltungen (ARBEITSGEMEINSCHAFTEN etc.)

Berufsbildungsprogramme für das jeweilige Kalenderjahr geben die jeweiligen Veranstalter heraus.

13.3.2.3.2 Ortsnahe Fortbildung des techn. Personals (Nachbarschaften)

Neben einer bestmöglichen Ausbildung ist es aufgrund der unterschiedlichen örtlichen und versorgungstechnischen Gegebenheiten geboten, die vielfältigen Probleme in regelmäßigen Abständen *vor Ort* zu besprechen und dem unterschiedlich ausgebildeten techn. Personal (z. B. Wasserwarte, Ver- und Entsorger, Wassermeister) Gelegenheit zu geben, Erfahrungen mit Nachbarkollegen auszutauschen.
DVGW/DELIWA haben im Bundesgebiet mit der sog. *Wasserwerksschulung (WWS)* begonnen (außer Baden-Württemberg und Bayern; siehe Sonderformen unten). Die WWS besteht aus einem Grundseminar (2–3 Tage) mit anschließenden Schwerpunktseminaren und der Gründung von Nachbarschaften.
In Baden-Württemberg gibt es seit 1973 flächendeckend die sog. *Wasserwärter-Fortbildung (DVGW/VEDEWA)* in 34 Wasserwerksnachbarschaften. Sie hat sich hervorragend bewährt. Die Kenntnisvermittlung in den Nachbarschaftstagen wird durch Lehrhefte unterstützt.
Darauf aufbauend, haben die kommunalen Spitzenverbände, die Wasserwirtschaftsverwaltung und die Fachverbände *in Bayern* 1986 beschlossen, flächendeckend *Wasserwerksnachbarschaften* anzubieten. Dabei sollen insbesondere aktuelle Probleme, praxisbezogene Wartungsaufgaben, meßtechnische und rechtliche Anforderungen besprochen und die Zusammenarbeit mit den berührten Fachbereichen (Gesundheit, Landwirtschaft, Wasserwirtschaft) gepflegt werden. Die Wasserwerksnachbarschaften werden unter Beteiligung insbesondere des Gesundheitsamtes vom örtlichen Wasserwirtschaftsamt veranstaltet und vom Bayer. Städtetag, Bayer. Gemeindetag und Bayer. Landkreistag sowie den Fachverbänden unterstützt. Jährlich finden ein bis zwei Nachbarschaftstage statt. Die Themen werden so gewählt, daß den Teilnehmern sowohl praxisgerechte Grundkenntnisse für die wichtigsten Bereiche der WV als auch Informationen zu aktuellen Problemen und Entwicklungen vermittelt werden. Die Nachbarschaftstage werden von einem erfahrenen Praktiker als „Leiter" durchgeführt und fallweise von Gastreferenten unterstützt.
In den rd. 70 Wasserwerksnachbarschaften in Bayern werden jährlich rd. 4 500 Mitarbeiter erreicht. Dies eröffnet für die aktuelle Information und den Erfahrungsaustausch (Erhebungen, Umfragen etc.) völlig neue Möglichkeiten.
Auskunft erteilen u. a. das Bayer. Landesamt für Wasserwirtschaft, München (technische Leitung) und der DVGW, Landesgruppe Bayern (Geschäftsleitung).

13.3.2.4 Dienstanweisung

13.3.2.4.1 Allgemein

Sinn und Zweck einer Dienstanweisung ist es, Rechte und Pflichten z. B. des Wasserwerkspersonals näher festzulegen. Es ist zweckmäßig, spezielle Arbeitsanweisungen für den Betrieb öffentlicher WV-Anlagen in besonderen Betriebsanleitungen zusammenzufassen. Derartige Betriebsanleitungen sollten von den Wasserwerken entsprechend den vorliegenden Bedingungen und den vorhandenen Betriebseinrichtungen erstellt werden.

Das technische Personal der Wasserwerke muß im Rahmen dieser Dienstanweisung selbständig handeln und hierzu auch die Möglichkeiten erhalten.

Dies setzt insbesondere voraus, daß

- das eingesetzte Personal die notwendige Qualifikation besitzt (s. Abschnitt 13.3.2.1)
- dem Personal die Teilnahme an Weiterbildungsveranstaltungen regelmäßig ermöglicht wird
- ein fachkundiger, eingewiesener Stellvertreter benannt ist
- dem eingesetzten Personal ausreichend qualifizierte Mitarbeiter und Betriebsmittel für einen geordneten Betriebsablauf zur Verfügung stehen
- dem eingesetzten Personal alle erforderlichen Unterlagen (z. B. wasserrechtliche Gestattungen, Schutzgebietsverordnungen, Betriebsanleitungen und Wartungsvorschriften, Unfallverhütungsvorschriften, technische und gesetzliche Vorschriften) zur Verfügung stehen
- das Beschäftigungsverhältnis in einem Arbeitsvertrag geregelt ist.

13.3.2.4.2 Muster einer Dienstanweisung (Auszug)

Der DVGW hat in der Wasser-Information 24 (Ausgabe 5/90) ein Muster einer Dienstanweisung für Wassermeister herausgegeben. Sinngemäß gilt diese Dienstanweisung auch für das technisch verantwortliche Personal niedrigerer oder höherer Qualifikationsebenen. Das Muster 13-1 ist den jeweiligen örtlichen Verhältnissen anzupassen:

Muster 13-1 Dienstanweisung für Wassermeister

1. Dienstverhältnis
   - Arbeitsvertrag (arbeitsrechtl. Verhältnis ist geregelt im Arbeitsvertrag vom ...)
   - Zuständigkeit (zuständig für Betrieb, Überwachung und Unterhaltung folgender Anlagen: ...)
   - Befugnisse (Weisungs-, Unterschriftsberechtigung)
   - Hausrecht (Betretungsrechte, Schlüsselbefugnis)
   - Arbeitszeit (Normal- und Ausnahmezeiten)
   - Stellvertreter
   - Informationspflicht (Vorgesetzteninformation)
   - Weiterbildung (Verpflichtung zur Teilnahme)
2. Fachspezifische rechtliche Grundlagen
   - Beachtung der einschlägigen Rechtsvorschriften (Aufzählung)
3. Betrieb
   - Betriebsanleitungen
   - Aufzeichnungen (Betriebstagebuch)
   - Wasseruntersuchungen (Aufbewahrung der Ergebnisse)
   - Überwachung der WV-Anlagen
   - Wechsel der Wassermeßgeräte (Wasserzähler)
   - Überörtliche Betriebsbetreuung
   - Bestandsplanführung
4. Wartungsarbeiten
5. Instandsetzung
6. Vorsorge und Lagerhaltung
   - Geräte und Werkzeuge (Vorhaltung, Gebrauchsfähigkeit)
   - Ersatzteile (Beschaffung, Aufbewahrung, Pflege)
   - Verbrauchsstoffe (Lagerung, Ergänzung)
   - Betriebsmittelverzeichnis, Inventarverzeichnis
7. Außergewöhnliche Vorkommnisse
   - Allgemeine Maßnahmen (Abwehrmaßnahmen, Benachrichtigungspflicht)

- Beeinträchtigung der Wasserqualität (Grenzwertüberschreitungen, Abhilfemaßnahmen)
- Brandschutz in den Wasserwerksanlagen
- Brände im Bereich des Versorgungsgebietes (Beratung)
- Hochwasser (Vorsorge- und Abwehrmaßnahmen)
- Wassermangel (Benachrichtigungspflicht)

8. Arbeitsschutz und Unfallverhütung (Vorschriften)
9. Hygiene (Arbeitsmittel, Anlagenteile, Untersuchungen)
10. Besondere Anweisungen
11. Unterschriften des Dienstvorgesetzten und des Mitarbeiters

Die DVGW-Wasser-Information 24 enthält auch ein Kurzmuster eines Arbeitsvertrages für Wassermeister.

13.3.3 Rechtsvorschriften, Technische Regelwerke

13.3.3.1 Allgemein

Deutschland ist ein Bundesstaat, in dem die Zuständigkeiten für Gesetzgebung und Verwaltung unterschiedlich auf Bund und Länder verteilt sind. Da Umweltprobleme an Staatsgrenzen nicht haltmachen, ist das nationale Recht eingebunden in das Völkerrecht und in das übernationale Recht der Europäischen Gemeinschaft.

Rechtsvorschriften sind im wesentlichen:

- *Gesetze*
  Sie werden durch die verfassungsmäßigen Organe des Staates (z. B. Parlament) in vorgeschriebener Form erlassen, z. B. Wasserhaushaltsgesetz (WHG).
- *Verordnungen* (Rechtsverordnungen)
  Sie enthalten Vollzugshinweise und allgemeinverbindliche Rechtsnormen. Sie werden von den Verwaltungsbehörden aufgrund gesetzlicher Ermächtigung erlassen und regeln auch Rechte und Pflichten des einzelnen Bürgers, z. B. Trinkwasserverordnung (TrinkwV).
- *Verwaltungsanordnungen* (Verwaltungsvorschriften, Erlasse)
  Sie wenden sich nicht an die Allgemeinheit, sondern nur intern an die Behörden.
- *Satzungen*
  Sie werden von Städten, Gemeinden oder Verbänden erlassen und regeln im Rahmen staatlich zuerkannter Selbstverwaltung deren eigene Angelegenheiten, z. B. Wasserabgabesatzung.

Technische Regelwerke für das Bauwesen, das sind z. B. Normen, Richtlinien, Arbeits-, Merkblätter und Hinweise, sollen insbesondere darstellen, wie die Bauten technisch einwandfrei funktionell sowie wirtschaftlich geplant, hergestellt, betrieben und unterhalten werden und den Anforderungen der Sicherheit und Ordnung genügen können.

So legen z. B. Fachbehörden oder Fachverbände Richtlinien über die Anwendung technischer Maßnahmen fest, z. B. Regelwerk Wasser des DVGW. Die Angaben in den technischen Regelwerken machen eine sorgfältige planerische Abwägung im Einzelfall nicht entbehrlich. Dies gilt insbesondere hinsichtlich der Wirtschaftlichkeit und der Bewältigung von Umweltbeziehungen. Technische Regelwerke lassen regelmäßig einen Ermessens- und Beurteilungsspielraum offen.

Die wichtigsten Rechtsvorschriften und Regelwerke siehe Anhang, Kap. 14.

Der Bereich WV wird vorwiegend vom sogenannten „öffentlichen Recht" berührt. In ihm besteht ein Über- und Unterordnungsverhältnis, d. h. der einzelne ist dem Staat, der das Gemeinwohl vertritt, untergeordnet. Dem Staat ist die Möglichkeit eines Zwangseingriffes eingeräumt. Als weitere Beispiele sind das Strafrecht, das Steuerrecht, das Verkehrsrecht und das Baurecht zu nennen.

Dagegen regelt das „private" oder „bürgerliche" Recht die Rechtsbeziehungen einzelner und Gleichberechtigter untereinander. Wesentliche Grundlage ist das Bürgerliche Gesetzbuch (BGB). Beispiele sind hier das Vertragsrecht (= Schuldrecht), das Familienrecht, das Grundstücksrecht und das Handelsrecht.

Beispiele für Berührungspunkte Rechtsvorschriften und Anlagenteile eines Wasserwerkes zeigt **Abb. 13-4.**

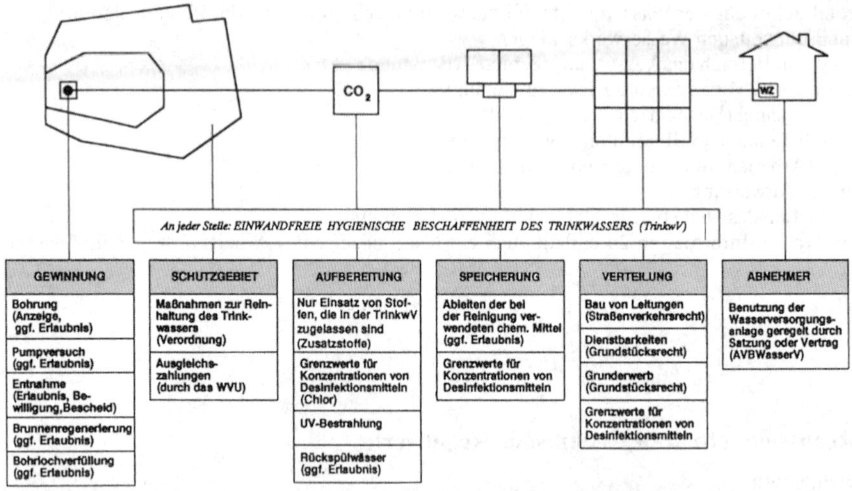

Abb. 13-4: Berührungspunkte Wasserversorgungsanlage und Rechtsvorschriften (Auszug)

13.3.3.2 Wasserrecht

13.3.3.2.1 Allgemein

Der Bund hat im Wasserrecht die Befugnis zur Rahmengesetzgebung (Art. 75 Nr. 4 Grundgesetz – GG). Ein Rahmengesetz ist durch Landesgesetze auszufüllen. In diesen Landesgesetzen werden vor allem geregelt:

– Fragen der Zuständigkeit und des Verfahrensablaufs, z. B. eines wasserrechtlichen Verfahrens
– Eigentum am Gewässer
– Aufgaben der technischen Gewässeraufsicht.

Das Rahmengesetz des Bundes ist das Gesetz zur Ordnung des Wasserhaushalts *(Wasserhaushaltsgesetz – WHG),* das für alle oberirdischen Gewässer, das Grundwasser und die Küstengewässer gilt.
Die Bundesländer haben über *Landeswassergesetze (LWG),* Verordnungen und Verwaltungsvorschriften die Rahmenvorschriften des Bundes ausgefüllt, z. B. Bayerisches Wassergesetz (BayWG).

13.3.3.2.2 Wasserrechtliches Verfahren

Die wichtigsten wasserrechtlichen Tatbestände innerhalb der WV-Anlage sind
1. die *Gewässerbenutzung* für die Wassergewinnung, meist die Wasserentnahme aus einem Brunnen oder die Ableitung einer Quelle
2. Die *Festsetzung von Wasserschutzgebieten.*

Die Zuständigkeiten und die Verfahren sind in den Landeswassergesetzen geregelt. Den schematischen Ablauf eines Wasserrechtsverfahrens zeigt **Abb. 13-5.**
Stellt ein WVU einen Antrag, z. B. auf Entnahme von Grundwasser, so werden die Bestimmungen des WHG und des LWG unter Beachtung der besonderen Umstände des Einzelfalles angewendet. Die zuständige Wasserbehörde (z. B. Landratsamt) führt ein Wasserrechtsverfahren durch und erläßt einen Bescheid bzw. eine Verordnung (Verwaltungsakt). Werden Benutzungen rechtswidrig ohne die erforderliche Gestattung ausgeübt, so kann die Behörde verlangen, daß ein entsprechender Antrag gestellt wird. Damit die Auswirkungen des Vorhabens beurteilt werden können, sind vom Antragsteller Erläuterungen, Pläne und Berechnungen vorzulegen. Inhalt und Form der Antragsunterlagen sind meist in speziellen Landesverordnungen vorgeschrieben. Die Ausarbeitung der Planung erfolgt i. d. R. von einem Ingenieurbüro im Auftrag des WVU. Die Wasserbehörde beteiligt im Genehmigungsverfahren „Betroffene" und Fachbehörden bzw. private Sachverständige. Die Fachbehörden prüfen, ob das Verfahren allen wasserrechtlichen Vorschriften entspricht. Sie geben – meist als sog. Amtliche Sachverständige – Gutachten ab. Nach der Prüfung wird entschieden, ob Änderungen an der Planung

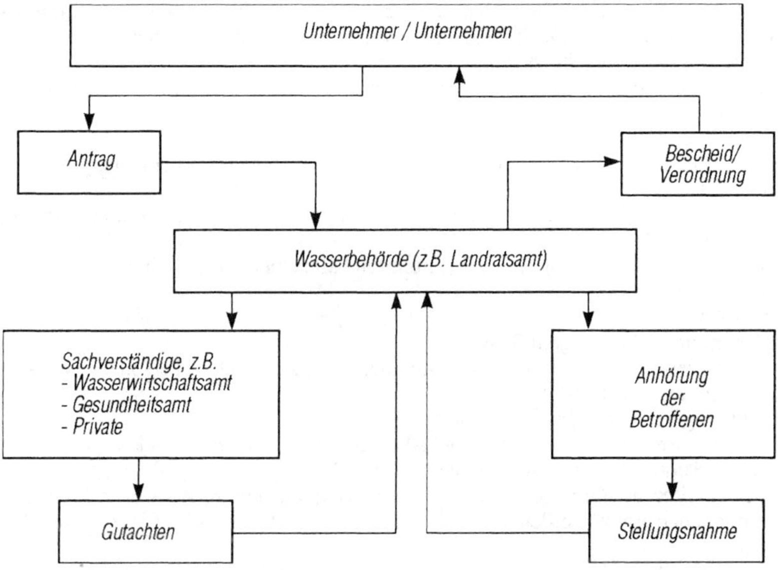

Abb. 13-5: Ablauf eines Wasserrechtsverfahrens (schematisch)

notwendig sind, welche Auflagen festgelegt werden müssen oder ob das Vorhaben abzulehnen ist. Das Verfahren wird von der Wasserbehörde abgeschlossen durch Erlaß eines Wasserrechtsbescheides bzw. einer Schutzgebietsverordnung.

13.3.3.2.3 Die Entnahme, der wasserrechtliche Bescheid

§ 2 (1) WHG: Eine Benutzung der Gewässer bedarf der behördlichen Erlaubnis (§ 7) oder Bewilligung (§ 8) . . . !

Jede Benutzung z. B. von Grundwasser ist grundsätzlich verboten, es sei denn, die Benutzung ist vom Gesetz ausdrücklich erlaubt (nur wenige Benutzungen sind erlaubnisfrei).

Wichtige Benutzungen gemäß § 3 WHG für die WV sind:

Absatz 1 Nr. 1 Entnehmen und Ableiten von Wasser aus oberirdischen Gewässern (Flußwasserentnahme, Seewasserentnahme, Talsperrenwasserentnahme).

Absatz 1 Nr. 6 Entnehmen, Zutagefördern, Zutageleiten und Ableiten von Grundwasser (Brunnen-, Quellwasserentnahme).

Absatz 2 Als Benutzungen gelten auch folgende Einwirkungen:
1. Aufstauen, Absenken und Umleiten von Grundwasser durch Anlagen, die hierzu bestimmt oder hierfür geeignet sind,
2. Maßnahmen, die geeignet sind, dauernd oder in einem nicht nur unerheblichen Ausmaß schädliche Veränderungen der physikalischen, chemischen oder biologischen Beschaffenheit des Wassers herbeizuführen.

Die Landeswassergesetze unterscheiden teilweise in *Gehobene Erlaubnis, Beschränkte Erlaubnis* (für Nutzungen zu vorübergehenden Zwecken) und *Beschränkte Erlaubnis im vereinfachten Verfahren.* Das WVU wird im allgemeinen für die Entnahme von Grundwasser bzw. von oberirdischem Wasser zu Trinkwasserzwecken die Erteilung einer *Bewilligung* beantragen und anstreben.

Die Unterscheidung zwischen Bewilligung und Erlaubnis liegt in der rechtlichen Qualifikation (die Bewilligung gewährt das Recht zur Gewässerbenutzung und stellt damit die stärkere Rechtsposition dar, die Erlaubnis gewährt „nur" die stets widerrufliche Befugnis zur Gewässerbenutzung) und in ihrer Rechtswirkung, insbesondere in ihrer Wirkung auf Dritte.

Eine (beschränkte) Erlaubnis kommt z. B. in Frage für
- Pumpversuche, die als Einzelpumpversuche eine gewisse Stundenzahl überschreiten,
- die Brunnenregenerierung mit chemischen Mitteln,

– Bohrlochverfüllungen, z. B. wenn die Nutzung eines Brunnens aufgegeben wird. Ein Verfüllungsvorschlag ist vor Beginn der Arbeiten bei der Kreisverwaltungsbehörde einzureichen,
– das Ableiten von Aufbereitungsrückständen und Reinigungsmitteln.

Die beantragte Erlaubnis oder Bewilligung wird schriftlich in einem *wasserrechtlichen Bescheid* erteilt. Er gliedert sich im allgemeinen wie folgt:

A) Erlaubnis oder Bewilligung (Bescheidstenor)

I. Gegenstand der Erlaubnis oder Bewilligung, Zweck und Plan der Gewässerbenutzung

II. Bedingungen und Auflagen (Nebenbestimmungen)

II.1 Bedingungen (von der Bedingung hängt die Wirksamkeit des gesamten Verwaltungsaktes ab, nur mit ganzem Bescheid anfechtbar)
- Dauer der Erlaubnis/Bewilligung (nur in bestimmten Fällen mehr als 30 Jahre)
- Beginn der Benutzung
- Rechtsnachfolge
- Umfang der erlaubten/bewilligten Benutzung:
  (Mindestens dieser Teil des Bescheides sollte auch dem technischen Personal – Wassermeister, Wasserwart – vorliegen)
  „Die Bewilligung berechtigt dazu,. . .“ oder
  „Die Erlaubnis gewährt die stets widerrufliche Befugnis auf dem Grundstück . . . bis zu z. B. 1 l/s, 86 m^3/d, 25 000 m^3/a Grundwasser zu entnehmen!
  (Jedes Überschreiten der Grenzwerte macht die Wasserentnahme rechtswidrig. Muß z. B. die Entnahmemenge erhöht werden, ist eine neue Erlaubnis oder Bewilligung erforderlich = neues Verfahren.)

II.2 Auflagen (zusätzliche Anforderungen an den Unternehmer = Verwaltungsakt; jede Auflage ist aber gesondert durchsetzbar und anfechtbar).
Durch diese zusätzlichen Anforderungen sollen nachteilige Wirkungen verhindert oder ausgeglichen werden, z. B.
- Anzeige von Baubeginn und Bauvollendung, Bauabnahme
- Auflagen über die Bauausführung
- Auflagen über den Betrieb, die Unterhaltung, über Messungen, Untersuchungen, Anzeige- und Betriebspflichten (z. B. Monatliche Messungen, Entnahme, Wasserstände)
- Auflagen zugunsten beteiligter Dritter, z. B. Fischerei
- Bestellung von Betriebsbeauftragten (Fachpersonal)
- Wasserschutzgebiet
- Auflagenvorbehalt.

III. Kostenentscheidung

B) Begründung
- Darstellung des Sachverhalts (z. B. Ablauf des Verfahrens)
- Rechtliche Würdigung (Zuständigkeit, Rechtsgrundlage, materiell rechtliche Begründung aller getroffenen Entscheidungen)

C) Rechtsbehelfsbelehrung
Wird Grundwasser unerlaubt entnommen, haftet der Benutzer, d. h. der Unternehmer
- öffentlich-rechtlich; d. h. die Behörde kann z. B. anordnen, die Wasserentnahme zu unterlassen
- zivilrechtlich; d. h. der Unternehmer haftet Dritten gegenüber für Schäden, die aus der unerlaubten Entnahme entstehen (der Brunnen eines Nachbarn fällt durch unerlaubt hohe Entnahme trocken)
- bußgeldrechtlich; d. h. der Unternehmer macht sich durch die unerlaubte Wasserentnahme einer Ordnungswidrigkeit schuldig.

13.3.3.2.4 Die Festsetzung von Schutzgebieten, die Schutzgebietsverordnung

Ein Wasserschutzgebiet besteht aus zusammenhängenden Grundflächen, auf denen zum Schutz der dort befindlichen Gewässer bestimmte Handlungen verboten oder zu dulden sind. Wasserschutzgebiete werden in großer Zahl für Grundwasservorkommen festgesetzt, sie können aber auch zum Schutz oberirdischer Gewässer, z. B. Trinkwassertalsperren, festgesetzt werden. Wasserschutzgebiete können auch der künftigen WV dienen, selbst wenn ein konkreter Träger der WV noch nicht feststeht, sondern nur Planungen über die Nutzung des Gewässers vorhanden sind.

Schutzgebiete werden festgesetzt, um Gewässer vor nachteiligen Einwirkungen zu schützen. Nachteilig ist jede Einwirkung, die das Wasser oder die Wassergewinnung für die öffentliche WV beeinträchtigt, z. B. die die Ergiebigkeit eines Brunnens verschlechtert, das Wasser chemisch oder physikalisch verändert. Im Wasserschutzgebiet können auch Handlungen verboten werden, um lediglich Gefahren abzuwehren und Möglichkeiten einer Schädigung vorzubeugen. Schutzgebiete sind somit eine unverzichtbare Vorsorgemaßnahme.

Wichtigste Rechtsgrundlage ist § 19 WHG in Verbindung mit den Bestimmungen der LWG. In den Schutzgebieten können

- bestimmte Handlungen verboten oder für nur beschränkt zulässig erklärt werden und
- die Eigentümer und Nutzungsberechtigten von Grundstücken zur Duldung bestimmter Maßnahmen verpflichtet werden. Dazu gehören auch Maßnahmen zur Beobachtung des Gewässers und des Bodens.

Bei Enteignungen ist dafür eine Entschädigung zu leisten.

Werden erhöhte Anforderungen festgesetzt, die die ordnungsgemäße land- und forstwirtschaftliche Nutzung eines Grundstücks beschränken, so ist ein angemessener Ausgleich zu leisten (z. B. Ausgleichszahlungen für Landwirte und Waldbesitzer in WSG).

Die Festsetzung des Wasserschutzgebietes erfolgt in einem förmlichen Verfahren (s. Abschnitte 3.3.2.4 und 13.3.3.2.2).

Wasserschutzgebiete werden durch *Rechtsverordnung* der jeweils zuständigen Behörden (z. B. Landratsamt) festgesetzt. Die Verordnung besteht im allgemeinen aus einem Textteil und einem Lageplan. Sie enthält folgende wichtige Teile:

a) Die Festsetzung des Wasserschutzgebietes

In diesem Teil werden bestimmte Grundstücke oder Flächen einzeln aufgeführt und zum Wasserschutzgebiet erklärt. Wasserschutzgebiete nach § 19 Abs. 1 Nr. 1 WHG erhalten gewöhnlich drei Schutzzonen: Zone 1 (Fassungsbereich), Zone II (engere) und Zone III (weitere Schutzzone), in denen Schutzanordnungen mit jeweils verschiedenem Gewicht und Umfang gelten. Die Zone III kann weiter unterteilt werden.

Wichtiger Bestandteil der Verordnung ist der Schutzgebietsplan mit den eingetragenen Grenzen des Schutzgebietes. Zur Klarheit der Verordnung gehört die Feststellbarkeit der Grenzen in der Natur. Beginn und Ende der Zone II, ggf. auch der Zone III, sind durch Hinweisschilder auf Straßen und Wegen zu kennzeichnen.

b) Der Erlaß von Schutzanordnungen

In der Verordnung muß konkret aufgeführt werden, welche Handlungen verboten oder nur beschränkt zugelassen sind. Die Verbote richten sich an jedermann, auch wenn häufig nur der Grundstücksnutzer zuwiderhandeln kann.

c) Die Pflicht zur Duldung bestimmter Maßnahmen

Diese werden von Dritten getroffen, z. B. dem Träger der WV; Eigentümer und Nutzungsberechtigte müssen die Maßnahmen jedoch hinnehmen (z. B. Beseitigung von Anlagen, Beobachtungsmaßnahmen, Bepflanzungen).

d) Entschädigungen

e) Ordnungswidrigkeiten

A

B

Abb. 13-6: Hinweiszeichen für Wasserschutzgebiete (A für öffentliche Straßen, B für nichtöffentliche Straßen und Wege)

Aufgaben der WVU:
Das WVU hat u. a. die für das Schutzgebiet erforderlichen Planungsunterlagen zu erstellen, die Schutzgebietsgrenzen in der Natur durch Hinweiszeichen **(Abb. 13-6)** kenntlich zu machen und das Einhalten der Schutzgebietsauflagen zu überwachen.

13.3.3.3 Gesundheitsrecht

13.3.3.3.1 Allgemein

Trinkwasser ist das wichtigste Lebensmittel. Es darf z. B. beim Trinken, beim Gebrauch in der Küche, bei der Körperpflege oder beim Flaschenspülen zu keiner gesundheitlichen Gefährdung der Bevölkerung kommen.
Es ist zu bedenken, daß beim Auftreten von Krankheitserregern oder akut giftigen Stoffen in der Versorgungsanlage alle Bewohner einer Stadt schlagartig schwer oder gar tödlich erkranken können.
Gesetze, die zur Verhinderung von Seuchen und für Lebensmittel erlassen wurden, gelten deshalb auch für Trinkwasser. Dies sind:

- Das Gesetz zur Verhütung und Bekämpfung übertragbarer Krankheiten beim Menschen *(Bundesseuchengesetz);* es dient der Verhütung von Epidemien. Typhus, Ruhr, Salmonellose können auch über das Trinkwasser übertragen werden.
  Wichtigster Grundsatz: Durch Trinkwasser dürfen keine Krankheitserreger übertragen werden.
- Gesetz über den Verkehr mit Lebensmitteln, Tabakerzeugnissen, kosmetischen Mitteln und sonstigen Bedarfsgegenständen *(Lebensmittel- und Bedarfsgegenständegesetz).* Im Sinne dieses Gesetzes sind Lebensmittel „Stoffe, die dazu bestimmt sind, in unverändertem, zubereitetem oder verarbeitetem Zustand von Menschen verzehrt zu werden". Dazu gehört logischerweise auch Trinkwasser, auch wenn es nicht gesondert aufgeführt ist.
  Wichtigster Grundsatz: Durch den Verzehr von Lebensmitteln darf keine gesundheitliche Schädigung eintreten.

Das Lebensmittel- und Bedarfsgegenständegesetz beinhaltet auch Bedarfsgegenstände, das sind Gegenstände, die mit den Lebensmitteln in Berührung kommen oder auf diese einwirken. In der WV-Anlage müssen alle Anstriche und Innenflächen, Beschichtungen und Werkstoffe, Filterkessel und ähnliche Einrichtungen, die mit dem Wasser in Berührung kommen, lebensmittelgerecht sein, d. h. sie dürfen die Wasserqualität nicht beeinflussen oder wesentlich verändern.

13.3.3.3.2 Die Trinkwasserverordnung (TrinkwV)

Auf der Grundlage der beiden o. g. Gesetze und aufgrund der Vorgaben in der jeweils gültigen EU-Trinkwasserrichtlinie wird die Verordnung über Trinkwasser und über Wasser für Lebensmittelbetriebe (Trinkwasserverordnung – TrinkwV) erlassen, die für die betriebliche Praxis besondere Bedeutung hat.
Sie ist die wichtigste Vorschrift zur Überwachung der Trinkwasserqualität. Der Vollzug liegt im wesentlichen bei den jeweiligen Gesundheits- und Kreisverwaltungsbehörden.
Das Gesundheitsamt überwacht die Wasserversorgungsanlagen in hygienischer Sicht durch Prüfungen und Kontrollen (Besichtigung, Wasserproben etc.). Wer die Vorschriften der Verordnung nicht einhält, begeht eine Ordnungswidrigkeit, u. U. eine Straftat.
Die Anforderungen der Trinkwasserverordnung sind in Abschnitt 4.1.5 ausführlich beschrieben.

13.3.3.4 Rechtsformen für die Wasserabgabe an den Kunden

13.3.3.4.1 Allgemeine Versorgungsbedingungen – AVBWasserV

Den Kommunen steht es grundsätzlich frei, ob sie die Benutzung der kommunalen Einrichtungen öffentlich-rechtlich durch Satzung oder privatrechtlich durch Vertrag regeln. Der Bundesminister für Wirtschaft hat mit der „Verordnung über allgemeine Bedingungen für die Versorgung mit Wasser" *(AVBWasserV)* einen Leitfaden für die Ausgestaltung des Benutzerverhältnisses bei WVU erlassen. Sie erfaßt sowohl öffentlich-rechtliche wie privatrechtliche Benutzerverhältnisse. Damit greift die AVB-WasserV tief in die bisher bestehende gemeindliche Gestaltungsfreiheit der Kommunen ein. Die Regelungen der AVBWasserV über Art und Umfang der Versorgung, Benachrichtigung bei Versorgungsunterbrechungen, Haftung bei Versorgungsstörungen, Hausanschlüsse, Kundenanschlüsse, Verwendung des Wassers, Einstellung der Versorgung u. ä. sind deshalb allgemein und ungeachtet der rechtlichen Ausgestaltung des Benutzungsverhältnisses anzuwenden. Soweit kommunale Satzungen diesen Regelungen der AVBWasserV nicht entsprachen, waren sie entsprechend anzupassen. Die AVBWasserV ist am 1. April 1980 in Kraft getreten.

13.3.3.4.2 Öffentlich-rechtliche Regelung durch Satzung

Bei der öffentlich-rechtlichen Regelung kommt das Benutzungsverhältnis nicht durch die Abgabe zweier sich deckender Willenserklärungen (Vertrag), sondern durch hoheitliche Regelung zustande. Dies erfolgt bei kommunalen WV-Anlagen im Wege des kommunalen Satzungsrechts. Dabei ist den Kommunen in den Gemeindeordnungen der Länder die Möglichkeit eingeräumt, den Anschluß und die Benutzung kommunaler Einrichtungen zur Pflicht zu machen. Die Satzungen sind den Bestimmungen der AVBWasserV entsprechend zu gestalten. Ausgenommen davon sind die Regelungen über das Verwaltungsverfahren sowie die gemeinderechtlichen Vorschriften zur Regelung des Abgabenrechts. In den Bundesländern gibt es Mustersatzungen für die Gestaltung der gemeindlichen *„Wasserabgabesatzungen (WAS)"*. Einige wichtige Inhalte der WAS sind

- Anschluß- und Benutzungsrecht bzw. -zwang
- Befreiungen
- Grundstücksanschluß
- Anlage des Grundstückseigentümers
- Überprüfung der Anlage
- Abnehmerpflichten, Haftung
- Art und Umfang der Versorgung
- Haftung bei Versorgungsstörungen
- Meßeinrichtungen
- Einstellung der Wasserlieferung
- Ordnungswidrigkeiten

Wieviel der Kunde für die Herstellung und den laufenden Betrieb der Anlage zu bezahlen hat, wird in einer eigenen *„Beitrags- und Gebührensatzung"* (BGS-WAS) zur WAS geregelt.
Der Beitrag ist im allgemeinen einmalig nach Fertigstellung der Anlage bzw. beim Anschluß zu entrichten. Die Höhe der Gebühr ist abhängig z. B. von der Höhe des gewählten Beitrages, vom Wasserverbrauch und von der Grundstücksgröße. Sie soll die laufenden Betriebskosten, eine angemessene Abschreibung und eine angemessene Verzinsung des Anlagekapitals enthalten.

13.3.3.4.3 Privatrechtlicher Vertrag

Der privatrechtliche (schriftlich abzuschließende) Versorgungsvertrag beruht auf Bestimmungen des Bürgerlichen Gesetzbuches (BGB) und der AVBWasserV.
In technischer Hinsicht decken sich die Forderungen in einem Versorgungsvertrag mit den Regelungen in der WAS. Grundsätzlich besteht auch bei privatrechtlicher Regelung eine allgemeine Anschluß- und Versorgungspflicht durch das WVU (Ausnahmen, wenn Anschluß oder Versorgung wirtschaftlich nicht zumutbar sind). Der Abschluß eines Versorgungsvertrages verpflichtet aber z. B. einen Kunden nicht, seinen gesamten Wasserbedarf aus der öffentlichen Anlage zu decken, wie dies bei Anwendung des satzungsmäßigen Benutzungszwanges der Fall ist. Die Entnahmepflicht beschränkt sich somit auf den vereinbarten Bedarf. Allein aufgrund der Monopolstellung des WVU wird sich jedoch für den Abnehmer in der Praxis oft keine Alternative zum Anschluß und zur Abnahme ergeben. Verpflichtet wird der Kunde als Grundstückseigentümer, die Verlegung von Rohrleitungen zum Zwecke der örtlichen Versorgung entschädigungslos zuzulassen, soweit dies zumutbar ist. Beim Abschluß des Versorgungsvertrages sind mit dem Kunden auch die Einzelheiten der Entgeltleistungen (Baukostenzuschuß, Wasserpreis) zu vereinbaren. Der Vertrag kommt im allgemeinen durch den Antrag (Formblatt des WVU) des Abnehmers und die Annahme durch das WVU zustande.

13.3.3.5 Baurecht

13.3.3.5.1 Bauplanungsrecht

Nach dem *Baugesetzbuch (BauGB)* haben die Gemeinden Bauleitpläne aufzustellen und diese den Zielen der Raumordnung und Landesplanung anzupassen. Die Bauleitpläne sind in zwei Stufen zu erarbeiten:

1. der vorbereitende Flächennutzungsplan für das gesamte Gemeindegebiet

2. der Bebauungsplan für Teilflächen (Regelung der baulichen Nutzung im einzelnen).

Bei der Aufstellung der Bauleitpläne sind die Träger öffentlicher Aufgaben, also auch die WVU, zu hören. Die Werke haben in ihren Stellungnahmen eigenen Flächenbedarf, z. B. neue Grundwassergewinnungsanlagen, Hochbehälterstandorte, anzumelden und die Grenzen der Ver- und Entsorgungsmöglichkeit in den geplanten Baugebieten aufzuzeigen.

13.3.3.5.2 Bauordnungsrecht

Maßgebend ist die jeweilige *Landesbauordnung*. Das Errichten oder Ändern baulicher Anlagen – dazu gehören Maschinenhäuser, Behälter, größere Schächte – bedarf im allgemeinen der Genehmigung der Bauaufsichtsbehörde (z. B. Landratsamt). Dem Bauantrag sind neben einer entsprechenden Beschreibung vor allem Bauwerkspläne und hinreichende Standsicherheitsnachweise (statische Berechnung) beizufügen. Die Baugenehmigung muß vor Arbeitsbeginn vorliegen.

Baumaßnahmen, einschl. Rohr- und Kabelverlegungen in Natur- oder Landschaftsschutzgebieten, bedürfen zusätzlich der naturschutzrechtlichen Erlaubnis durch die untere Naturschutzbehörde (z. B. Landratsamt); die dabei zur Schonung der Natur getroffenen Auflagen sind besonders sorgfältig zu beachten.

In Waldgebieten ist zusätzlich das zuständige Forstamt einzuschalten.

13.3.3.6 Grundstücks- und Straßenbenutzungsrecht

13.3.3.6.1 Allgemein

Die Durchführung der leitungsgebundenen Versorgungsaufgaben kann nur dann gewährleistet werden, wenn es dem WVU rechtzeitig gelingt, den erforderlichen Bedarf an Grundstücken oder die notwendigen Rechte zur Verlegung von Leitungen zu sichern.

Den WVU steht nur in wenigen Bundesländern ein Enteignungsrecht zu. Alle übrigen Landeswassergesetze begründen lediglich ein Zwangsrecht zur Durchleitung von Wasser durch fremde Grundstücke.

Ein eigenes Enteignungsrecht ist auch einigen sondergesetzlichen Verbänden verliehen. Wasser- und Bodenverbände dürfen die zum Verband gehörenden Grundstücke für ihre Unternehmen benutzen.

Da sowohl Enteignungen als auch zwangsweise Gestattungen regelmäßig den Nachweis voraussetzen, daß der angestrebte Zweck auf keinem anderen Wege – also auch nicht durch gütliche Vereinbarungen – erreicht werden kann, sind immer Verhandlungen mit den Grundstückseigentümern zu führen. Der Verhandlungsführende wird auch die Ansatzpunkte ausnützen, die sich aus den in den AVBWasserV bzw. in der Wasserabgabesatzung enthaltenen Bestimmungen zur Benutzung der Kunden- und Anschlußnehmergrundstücke ergeben.

Da Wasserleitungen nicht nur über Privatgrundstücke geführt, sondern vor allem in Straßen und Wegen verlegt werden, sind auch straßenrechtliche Bestimmungen von Bedeutung.

13.3.3.6.2 Grundstücksrecht

13.3.3.6.2.1 Allgemein

Voraussetzung für Arbeiten auf einem Grundstück ist die privatrechtliche Verfügungsbefugnis. Diese Befugnis kann in verschiedenen Formen vorliegen. Die umfassendste ist der Grunderwerb (Eigentum), eine andere die freiwillige oder zwangsweise Gestattung.

13.3.3.6.2.2 Grundbuch

Das Grundbuch ist ein amtliches Grundstücksverzeichnis; es wird beim Grundbuchamt, einer Abteilung des zuständigen Amtsgerichtes, in Form einer Akte geführt. Für jedes Grundstück ist gewöhnlich ein eigenes Blatt angelegt; die Blätter werden nach Gemarkung in Bänden geordnet. Damit ergibt sich als genaue Bezeichnung: Amtsgericht . . ., Grundbuch von . . ., Band . . ., Blatt . . .

Das Grundbuchblatt umfaßt außer dem „Bestandsverzeichnis" mit der Bezeichnung, Lage, Wirtschaftsart und Größe des Grundstückes drei Abteilungen mit folgenden Eintragungen:

Abt. I: Eigentümer und Grundlage der Eintragung (z. B. Erwerb durch Kaufvertrag vom . . .)
Abt. II: Veränderungen und Löschungen (z. B. Erbbaurecht, Dienstbarkeiten)
Abt. III: Hypotheken, Grundschulden, Rentenschulden.

Die vom Notar beurkundete Eintragsbewilligung wird dem Grundbuchamt mit einem formlosen Antrag zugeleitet.
Im Grundbuchamt wird neben den Grundakten mit allen aufzubewahrenden Urkunden auch ein Eigentümerverzeichnis in alphabetischer Reihenfolge geführt.

13.3.3.6.2.3 Liegenschaftskataster

Die planliche Ergänzung des Grundbuches ist das Liegenschaftskataster, das vom zuständigen Kataster- oder Vermessungsamt geführt wird. Es besteht aus einem Flurkartenwerk in der Regel im Maßstab 1:5000 und den dazugehörenden Katasterbüchern mit erläuternden Angaben über die Eigentümer usw. Aus den Flurkarten sind insbesondere die Grenzlinien der einzelnen Grundstücke zu entnehmen. Als „Amtlicher Lageplan" werden vom Vermessungsamt gefertigte Auszüge aus der Flurkarte bezeichnet.

13.3.3.6.2.4 Grunderwerb

Die hierfür maßgebenden gesetzlichen Bestimmungen enthält das BGB. Das Gesetz unterscheidet zwischen beweglichen und unbeweglichen Sachen; Grundstücke gehören zu den unbeweglichen Sachen. Für den Eigentumsübergang von Grundstücken wurde eine besondere Rechtsregelung geschaffen: die *„Auflassung"*. Es ist dies die notariell beurkundete Einigung des Veräußerers und des Erwerbers über den Eigentumsübergang einschl. Kaufpreis und über die Eintragung dieser Rechtsänderung ins Grundbuch.
Der tatsächliche Eigentumsübergang an den Käufer erfolgt erst mit Vollzug der Eintragung im Grundbuch. Bei schwierigen Verhältnissen kann in dem notariellen Vertrag als Vorstufe auch eine „Auflassungsvormerkung" vereinbart werden; durch deren Eintragung ins Grundbuch ist eine gewisse Sicherung vor betrügerischen Maßnahmen (z. B. Doppelverkauf) zu erreichen.

13.3.3.6.2.5 Dienstbarkeit

Die Verlegung von Rohrleitungen in fremden Grundstücken und deren Bestand muß rechtlich gesichert sein.
Grundstückseigentümer, die in einem Versorgungsverhältnis zu einem WVU stehen, sind verpflichtet, die Verlegung von Rohrleitungen für Zwecke der örtlichen Versorgung ohne besonderes Entgelt zu dulden.
Bei der Beanspruchung anderer fremder Grundstücke, das gilt vor allem für Fernleitungen, ist die Leitungsverlegung durch Eintragung einer beschränkten persönlichen Dienstbarkeit in das Grundbuch abzusichern.
Damit wird das am Grundstück haftende Recht (dingliches Recht) begründet, eine Wasserleitung zu verlegen, sie zu betreiben, zu unterhalten sowie Reparaturen daran auszuführen; in der Regel wird gleichzeitig auch die Einhaltung eines beidseitigen Schutzstreifens – z. B. je 3 m – festgelegt. Dieses dingliche Recht ist nicht durch Kündigung seitens des Grundstückseigentümers auflösbar, sondern kann nur durch eine Erklärung des berechtigten WVU aufgehoben werden.
Die Bestellung der Dienstbarkeit ist meistens mit einer gewissen Entschädigungszahlung verbunden; zusätzlich ist eine verursachte Aufwuchsbeeinträchtigung zu entschädigen. Die Dienstbarkeitsbewilligung samt Lageplan ist notariell zu beglaubigen und dem Grundbuchamt zur Eintragung zuzuleiten. Weigert sich ein Grundstückseigentümer, die Verlegung einer Leitung zu gestatten oder ist er nur unter unannehmbaren Bedingungen dazu bereit, so räumen die Landeswassergesetze die Möglichkeit ein, die Verlegung zwangsweise durchzuführen. Für Entschädigungszahlungen gelten auch in diesem Fall die vorgenannten Gesichtspunkte.

13.3.3.6.3 Straßenbenutzungsrecht

Bei Leitungsverlegungen in öffentlichen Straßen ist statt einer Dienstbarkeitseintragung in das Grundbuch mit der zuständigen Straßenbehörde, überwiegend den Straßenbauämtern, ein *Gestattungsvertrag* abzuschließen. Er erübrigt sich nur dann, wenn der Unternehmensträger (z. B. die Stadt) auch Träger der Straßenbaulast ist.
Im Gestattungsvertrag werden neben den rein rechtlichen Vereinbarungen auch technische Auflagen für die Bauausführung (Rohrgrabenverdichtung, Straßenwiederinstandsetzung, Überschubrohr bei Kreuzungen u. ä.) festgelegt. Nach den Straßengesetzen ist die Benutzung der Kreisstraßen, Landes- oder Staatsstraßen sowie der Bundesfernstraßen einschl. der Autobahnen unentgeltlich. Bei Straßen-

baumaßnahmen sind die WVU verpflichtet, die Leitungsführung den veränderten Verhältnissen anzupassen (Folgepflicht). Die Tragung der hierbei anfallenden „Folgekosten“ ist nicht einheitlich geregelt. Neben den Straßenverwaltungen verlangen auch andere Sondervermögen wie die Deutsche Bundesbahn oder die staatlichen Forstverwaltungen statt einer Dienstbarkeitsbewilligung den Abschluß eines Gestattungsvertrages.

13.3.3.7 Arbeitssicherheit

Der Arbeitsschutz in Deutschland ruht auf zwei Säulen:
den staatlichen und den berufsgenossenschaftlichen Vorschriften.

– *Staatliche* Vorschriften

Beispiele für staatl. Vorschriften sind Gewerbeordnung, Arbeitsstättenverordnung, Arbeitssicherheitsgesetz und zahlreiche Verordnungen.

– *Berufsgenossenschaftliche* Vorschriften *(Unfallverhütungsvorschriften – UVV).*

Die gesetzliche Grundlage findet sich in der Reichsversicherungsordnung. Die Unfallverhütungsvorschriften beinhalten ein Recht und eine Verpflichtung für die Berufsgenossenschaften bzw. die Gemeindeunfallversicherungsverbände (GUV), Bau-, Betriebs- und Bedienungs- (Verhaltens-) Vorschriften zur Verhinderung von Arbeitsunfällen herauszugeben. Darüber hinaus haben die Berufsgenossenschaften im Rahmen der ihnen übertragenen Überwachung der gesamten Unfallverhütung auch für die Durchführung dieser Vorschriften zu sorgen.
Die Unfallverhütungsvorschriften stellen die Summe der Erfahrungen aus dem Unfallgeschehen des betreffenden Sachgebietes dar. Sie sind immer nur als Mindestforderung zu betrachten.
Ordnungsgemäß beschlossene, genehmigte und bekanntgegebene Unfallverhütungsvorschriften sind autonome Rechtsnormen und für die bei den Berufsgenossenschaften bzw. beim GUV versicherten Betriebe verbindlich, d. h., von Unternehmern und Versicherten, für die sie gelten, verpflichtend zu beachten.
Die Nichtbeachtung von UVV kann für den Verantwortlichen, aber auch für die Arbeitnehmer, straf-, zivil-, arbeits-, bußgeld- und gewerberechtliche Folgen haben, wenn der Verstoß gegen eine UVV vorsätzlich oder fahrlässig erfolgt.

13.3.4 Betriebsaufgaben

13.3.4.1 Allgemein

Der Betrieb hat die Aufgabe der Betriebsführung für die Lieferung des Trinkwassers an die Verbraucher, der Wartung und Kontrolle der Funktionstüchtigkeit der Anlage und der Instandhaltung der Anlageteile sowie der Bearbeitung aller technischen Angelegenheiten bei der Planung, Herstellung und dem Betrieb der Anschlußleitungen mit den Wasserzählern, z. T. auch der Kontrolle der Verbrauchsleitungen.
Nicht zu den primären Aufgaben des Betriebes gehören i. a. die Planung, Bauoberleitung oder die Bauausführung von Anlageteilen der WV-Anlage, abgesehen von kleineren Reparaturen, da die Personalstärke des Betriebes i. a. nicht auf den hierfür schwankenden Personalbedarf abgestellt ist. Jedoch gehört zu den Betriebsaufgaben die Mitwirkung bei der Planung und Bauausführung, insbesondere die Festlegung der besonderen Betriebsforderungen und die Koordinierung der Bauausführung mit dem laufenden Betrieb, um einen störungsfreien Betrieb zu gewährleisten.
In Sonderfällen, besonders bei großen WVU, bei welchen ständig eine größere Bautätigkeit vorhanden ist, wird gelegentlich eine eigene Bauabteilung für Planung und Bauoberleitung eingerichtet, oder das Betriebspersonal übernimmt in Personalunion solche Aufgaben. Eine genaue Trennung der Bereiche Bau und Betrieb ist immer erforderlich.

13.3.4.2 Betriebsführung, Betriebsaufzeichnungen

13.3.4.2.1 Allgemein

Der Betriebsablauf muß so geführt werden, daß die Versorgung der Verbraucher mit Trinkwasser in der erforderlichen Güte, jederzeit, mit ausreichender Menge und Druck, unter Einhaltung der geltenden Gesetze, Verordnungen und Bescheide wirtschaftlich optimal erfolgt. Wassergewinnung, Wasseraufbereitung, Wasserförderung, Wasserspeicherung und Wasserverteilung müssen dabei den jeweiligen stündlich, täglich und jährlich stark unterschiedlichen Bedarfsanforderungen optimal angepaßt wer-

den. Dementsprechend sind für die einzelnen Anlageteile bzw. Betriebsstellen eingehende Bedienungsanweisungen unter Berücksichtigung der Vorschläge der Herstellerfirmen aufzustellen und zu beachten. Diese Bedienungsanweisungen müssen eindeutig und klar sein, damit Vertretungspersonal ohne Verzögerung die Bedienung übernehmen kann.
Wichtigste Messungen sind: Leistung der Wasserfassung, z. B. bei Brunnen Entnahme mit Wasserständen in Ruhe und abgesenkt und zugehöriger Förderstrom, Wirkungsgrad der Anlageteile, Leistungsminderung oder Ausfall von Anlageteilen, Wasserverluste, Erreichen der Leistungsgrenze.
Die erforderlichen Betriebsmessungen werden ausgeführt bei:
Kleineren Anlagen – vor Ort und von Hand, und zwar:
wöchentlich (14tägig, monatlich): Quellschüttung, Bohrbrunnen-Entnahme, RWSp, abgesenkter WSp
täglich: Betriebsmessungen im Pumpwerk und in der Aufbereitungsanlage. Es sollte immer erreicht werden, daß Gesamtwasserabgabe und WSp in den Wasserspeichern zur Betriebszentrale, z. B. Pumpwerk, Rathaus usw. fernübertragen und lfd. aufgeschrieben werden.
Großen Anlagen – lfd. für wichtige Messungen und zur Zeit- und Personaleinsparung mittels Fernübertragung und Schreibgeräten oder moderner Datenerfassungsgeräte und Rechner. Bei Großanlagen erfolgt dann der Einsatz von Prozeßrechnern mit Optimierungsprogrammen. Die wichtigsten Auswertungen sind in Vierteljahres- und Jahresberichten zusammenzustellen. Dabei sind graphische Darstellungen zur besseren Anschaulichkeit für die Aufsichtsorgane des WVU vorteilhaft. Es ist zweckmäßig, an die örtlichen Verhältnisse angepaßte Muster und Tabellen zu verwenden, um den Vergleich zu erleichtern.
Bei Großanlagen mit automatischer Überwachung übernehmen einschlägige EDV-Programme die Erstellung der gewünschten Berichte, Tabellen und Grafiken. Eine wichtige Aufgabe ist ferner das Führen einer Betriebsstatistik und daraus die Aufstellung und laufende Berichtigung der Prognose der Entwicklung des Wasserbedarfs und der notwendigen Erweiterungen der WV-Anlage.

13.3.4.2.2 Betriebsaufzeichnungen

Die Betriebsmessungen sind in geeigneter Form aufzuzeichnen und aufzubewahren. In Bayern wird in § 4 der Eigenüberwachungsverordnung (EÜV) ausführlich aufgeführt, was aus den Betriebsaufzeichnungen hervorgehen muß. Einheitliche Betriebstagebücher für alle Anlagenteile gibt es – wegen der unterschiedlichen Anlagenstrukturen – nicht. Die Behörden, die Fachverbände und die WVU selbst stellen aber Betriebstagebuchblätter (z. B. für Brunnen) zur Verfügung bzw. verwenden auf ihren Bedarf abgestimmte Formulare. Der F. Hirthammer Verlag, München, bietet ein Betriebstagebuch für Wasserversorgungsanlagen für den Bereich der Wassergewinnung an (Bücher jeweils für Brunnen und Quellen). PC-Betriebstagebücher sind bei mehreren Anbietern in Vorbereitung bzw. schon im Handel.
Im folgenden werden rein schematische Muster aufgeführt.
1) Wasserabgabe an das Rohrnetz – Die Niederschrift über die Wasserabgabe je Tag an das Rohrnetz liefert mit der Zusammenstellung der Messungen des Wasserverbrauchs bei den Abnehmern die Grundlage für die Verbrauchskontrolle und Verbrauchsstatistik, **Muster 1, Tab. 13-3.**

Tab. 13-3: Muster 1, Wasserabgabe an das Rohrnetz ... Monat, ... Jahr

Tag	Gesamtgewinnung m^3/d	Eigenverbrauch m^3/d	Wasserförderung m^3/d	Abgabe aus Hochbehälter Stand m	Inhalt m^3	+ Abgabe – Zulauf	Abgabe an das Rohrnetz m^3/d
1	10 000	500	9 500		8 000	–	9 500
2	10 000	500	9 500		7 000	+ 1 000	10 500

2) Wasserverbrauch – Die Ablesungen der WZ bei den Verbrauchern sind zusammenzustellen. Häufig wird heute nur mehr eine jährliche bis vierteljährliche Ablesung durchgeführt. Der Verbrauch je Monat, bzw. je Tag kann dann nur aufgrund der Messungen der Wasserabgabe in das Rohrnetz hochgerechnet werden.
3) Wassergewinnung – Die Niederschrift der Wasserentnahme aus Quellen, **Muster 2, Tab. 13-4** und aus Brunnen, **Muster 3, Tab. 13-5** werden zur Kontrolle der Beanspruchung der Wasserfassungen in hydrologischer und wasserrechtlicher Hinsicht benötigt, ferner die Zusammenstellung **Muster 4, Tab. 13-6** zur Gesamtdarstellung der Rohwassergewinnung.

Tab. 13-4: Muster 2, Wasserentnahme aus Quellen .... Monat, Jahr

Tag	Temperatur Luft °C	Wasser °C	Quelle (1) Gesamt-Schüttung l/s	Entnahme Zählerstand	Menge m^3/d	Quelle (2) dto.	Bemerkungen z. B. chem. mikrobiolog. Untersuchung
1							
2							

Tab. 13-5: Muster 3, Wasserentnahme aus Brunnen ... (1) ... Monat, ... Jahr

Tag	Temperatur Luft °C	Wasser °C	Entnahme Zähler-stand m^3/d	Betriebszeit Zähler-stand h	Strom-verbrauch Zähler-stand kWh	Wasserspiegel Ent-nahme l/s	RWSp unter Meßpkt. m	abg. WSp unter Meßpkt. m	Absenk. unter RWSp m
1									
2									

Tab. 13-6: Muster 4, gesamte Rohwasserentnahme aus Quellen und Brunnen ... Monat, ... Jahr

Tag	Quelle 1 m^3/d	2 m^3/d	3 m^3/d	Brunnen 1 m^3/d	2 m^3/d	3 m^3/d	4 m^3/d	Gesamt-entnahme m^3/d	Gesamt-strom-verbrauch kWh	Bemer-kungen
1										
2										

4) Wasseraufbereitung – Die Beanspruchung der Filter wird nach **Muster 5, Tab. 13-7,** die Chlorzugabe nach **Muster 6, Tab. 13-8** eingetragen. In ähnlicher Weise wie Muster 6 können die Tabellen für die Zugabe anderer Chemikalien aufgestellt werden.

Tab. 13-7: Muster 5, Wasseraufbereitung-Filter (1), Filterfläche ... m^2, ... Monat, ... Jahr

Tag	Durchflußmenge m^3/d	m^3/h	Spülung Dauer min	Spülwasser m^3/h	Spülluft m^3/h	Filterwiderstand vor Spülung m	nach Spülung m	Strom-verbrauch kWh	Bemer-kungen
1									
2									

Tab. 13-8: Muster 6, Wasseraufbereitung – Chlorung, ... Monat, ... Jahr

Tag	Temperatur im Chlor-raum °C	im Wasser °C	Durchfluß m^3/h	m^3/d	Chlor verbrauch g/h	g/d	g/m^3	angeschlossen Chlorflasche Nr.	Druck bar	Ge-wicht kg	Chlornachweis bei Ab-gabe g/m^3	Pkt. A g/m^3	Pkt. B g/m^3	Bemerk.
1														
2														

5) Wasserförderung – Die Niederschrift nach **Muster 7, Tab. 19-9,** dient zur Kontrolle der einzelnen Pumpenaggregate. Die gesamte Reinwasserförderung wird nach **Muster 8, Tab. 13-10,** zusammengestellt.

Tab. 13-9: Muster 7, Wasserförderung, Pumpe 1, ... Monat, ... Jahr

Tag	Menge Zählerstand	m^3/d	Förderung Betriebszeit Zählerstand	h	Stromverbrauch Zählerstand	kWh	Wirkungsgrad Fördermenge m^3/h	Förderhöhe m	Stromverbrauch kWh	Bemerkung
1										
2										

Tab. 13-10: Muster 8, Gesamte Reinwasserförderung, ... Monat, ... Jahr

Tag	Einzelfördermengen P1 m^3/d	P2 m^3/d	P3 m^3/d	P4 m^3/d	Gesamte Fördermenge m^3/d	Stromverbrauch HT kWh	NT KWh	Sonstige Betriebsstoffe	Bemerkung
1									
2									

6) Störungsmeldungen – Über jede Störung ist eine Niederschrift zu fertigen, aus welcher die Art der Störung bzw. des Schadens, Ursache und Behebung ersichtlich ist, etwa nach **Muster 9, Tab. 13-11.**

Tab. 13-11: Muster 9, Störungs- bzw. Schadensmeldung (nach ZV-WBW-Betrieb)

1. Meldung des Schadens:

Tag / Datum / Uhrzeit der Meldung: ....

Schadensort: ....

Gemeldeter Schaden: ....

Absender: ....

Erreichbarkeit: Anschrift: ....

Telefon: ....

2. Feststellung und Behebung des Schadens:

Name: .... Tag / Datum / Uhrzeit: ....

Baulos: .... Baufirma / Abnahmejahr ....

Art und Ursache des Schadens:

Liegt Garantieschein vor: ja / nein

Schadensgruppe: Steuerkabelnetz / Elektroanlage / Rohrleitung / Maschinenanlage / Armaturen / Druckminder- und Sicherheitsventile / Korrosion / Chloranlage / Sonstiges

Folgeschäden

Unterbrechung der / des ....

von: .... bis: .... Wasserverluste: ....m^3

Schadensbehebung durch: .... Benötigte Stunden: ....

Rechnungsbetrag: ....

Materialbedarf: ....

Nichtzutreffendes streichen!

13.3.4.2.3 Auswertung der Messungen

Es ist unerläßlich, daß die Betriebsmessungen ausgewertet werden, damit rechtzeitig Mängel im Betrieb erkannt und Abhilfemaßnahmen durchgeführt werden können. Die Auswertungen dienen ferner zur Fertigung der Berichte an die Organe des WVU zur Darstellung des Leistungsstandes. Wichtige Auswertungen sind vor allem:

1) *Bestand der Wasserversorgungsanlage* – Die Bestandspläne sind auf dem laufenden zu halten, die Bestandszahlen der Anlageteile sind jährlich im Jahresabschluß festzustellen, **Muster 10, Tab. 13-12** (Anlagenverzeichnis eines Zweckverbandes).

Tab. 13-12: Beispiel Anlagenverzeichnis

Vorhandene Einrichtungen	Anlagenstand	
	1994	1998
1) Brunnen + Quellen		
(Anlagenzahl)		
Horizontalbrunnen	2	2
Vertikalbrunnen	5	5
Quellsammler m. Entsäuerung	1	1
Entsäuerung im HB, Pw	7	7
2) Aufbereitung		
(Stückzahl)		
Enteisenung	2	2
3) Chloranlagen		
(eingesetzte Geräte)		
Chlorgas	1	1
Ammoniak	1	1
Dosiergeräte (Chlor)	12	
4) Verteilernetz insges.	578	732
(Leitungslänge in km)		
AZ	312	338
St ZM	200	217
GGG ZM	26	121
PVC	40	56
5) Schächte insges.	1320	1610
(Stückzahl)		
Abgabe in Betrieb	268	348
Abgabe nicht in Betrieb	175	189
sonstige	877	1073
6) Saug- u. Hochbehälter	35	40
(Stückzahl in Betrieb)		
davon je 5000 m^3	–	1
4000 m^3	5	5
3000 m^3	3	3
2000 m^3	4	4
1000 m^3	6	7
750 m^3	1	1
500 m^3	4	6
300 m^3	1	1
200 m^3	4	3
u. w. 150 m^3	7	9
7) Pumpwerke insges.	24	26
(Stückzahl in Betrieb)		
Überhebepumpwerke	12	13
Drucksteigerungspw.	7	7
Windkesselpumperk	5	6
8) Armaturen		
8.1 Absperrarmaturen	4187	4900
8.2 Sicherheitsarmaturen		
(eingebaute Stückzahl)		
Sicherheitsventile	165	204
Druckminderventile	170	243
8.3 Zähler	306	407
(eingebaute Stückzahl)		
9) E-Anlagen (Stückzahl)		
(einschl. Steuerteil)		
Stromübergabestellen	52	58
20 kV Schaltanlagen	6	6
6 kV Schaltanlagen	2	2
400 V Schaltanlagen	20	26
Kleinverteilungen	15	18
10) Notversorgung		
(Stückzahl)		
Notstromanlage	5	6
Dieselpumpe	4	4
11) Pumpen insges.	85	96
(Stückzahl in Betrieb)		
davon Kreiselpumpen	64	74
U-Pumpen	15	18
Rohrmantelpumpen	6	4
Kompressoren	15	18
Spülluftgebläse	3	3
Druckstoßbehälter	21	25
12) Funkanlage	2	2
Richtfunkstrecken		
Rundstrahler	2	2
Bew. Funkanlagen	14	15
13) Batterieanlagen	15	18
(mit Ladegeräten)		
14) Steuerkabel insges.	358	411
(Kabellänge in km)		
PLE 2 YST 16·2·0,8	283	339
PLE 2 YST 30·2·0,8	29	35
A 2 YST 2 Y 10·2·0,8	46	37
15) Kath. Schutzanlagen	6	10
16) Fernwirkanlagen		
ZM Stationen	–	59

2) Wasserabgabe an das Rohrnetz
Wasserabgabe / Jahr Q_a = ... m^3/a
Wasserverbrauch / Jahr Q_a^V = ... m^3/a
Wasserverlust / Jahr Q_V = $Q_a - Q_a^V$ = ... m^3/a
Wasserverlust in v. H. von Q_a = ...
größte Wasserabgabe / Tag = $Q_{d\ max}$ = ... m^3/d
mittlere Wasserabgabe / Tag = mQ_d = ... m^3/d
kleinste Wasserabgabe / Tag = $Q_{d\ min}$ = ... m^3/d
größte Wasserabgabe / Std. am Tag der größten Wasserabgabe = $Q_{h\ max}$ ($Q_{d\ max}$) = ... m^3/h
mittlere Wasserabgabe / Std. am Tag der größten Wasserabgabe = Q_h ($Q_{d\ max}$) = ... m^3/h

3) Spitzenfaktoren
Tagesspitzenfaktor f_d = $Q_{d\ max}/Q_d$ = ...
Stundenspitzenfaktor f_h = $Q_{h\ max}$ ($Q_{d\ max}$) / Q_h ($Q_{d\ max}$) ...
Stundenspitzenfaktor bezogen auf $Q_d = f_h (Q_d) = f_d \cdot f_h$ = ...

4) Einwohnerbezogene Wasserabgabe
$Q_{d\ max}$ / E = ... 1/Ed, Q_d / E = ... 1/Ed

5) Niederschlagshöhen
Jahresniederschlagshöhe ... mm
Summe der Niederschlagshöhen der Monate Mai bis August, einschl ... mm

6) Wasserverbrauch / Jahr

Haushalt und Kleinverbraucher	... m^3/a
Industrie und Großverbraucher	... m^3/a
Sonstiger Verbrauch	... m^3/a
Eigenverbrauch	... m^3/a
Gesamtverbrauch	... m^3/a

7) Ausnützungsgrad
Wassergewinnung
α_1 = max. Entnahmemenge Q_d / genehmigte Ableitungsmenge Q_d = ...
α_1 = max. Entnahmemenge Q_a / genehmigte Ableitungsmenge Q_a = ...
Wasseraufbereitung
β_1 = max. Durchfluß Q_h / Bemessungs-Durchfluß Q_h = ...
β_2 = Durchfluß Q_a / Bemessungs-Durchfluß Q_a = ...
β_3 = max. Durchfluß Q_h / Filterfläche m^2 = ... m/h
β_4 = Spülwasserverbrauch Q_a / Durchfluß Q_a =
Wasserspeicherung
Δ_1 = Gesamtinhalt m^3 / Q_d = ...
Δ_2 = Gesamtinhalt m^3 / $Q_{d\ max}$ = ...

8) Grafische Darstellungen
Jahres-Ganglinie der Wasserabgabe je Tag, Q_d
Jahres-Dauerlinie der Wasserabgabe je Tag, Q_d
Jahres-Ganglinie der Wasserabgabe je Monat Q_{Mt}
Tages-Ganglinie der Wasserabgabe je Stunde am Tag $Q_{d\ max}$
Jahres-Ganglinie der Lufttemperatur und Niederschlagshöhe im Versorgungs- und Wassergewinnungsgebiet
Jahres-Ganglinie der Quellschüttungen
Jahres-Ganglinie des Grundwasserspiegels im ungestörten Bereich, des RWSp und abges. WSp ausgewählter Betriebsbrunnen

9) Statistik der Störungen – die Auswertung der Störungsmeldungen nach Schadensgruppen, Art und Ursache des Schadens gibt wichtige Hinweise für Instandhaltung, Planung, Bau und Wahl von Materialien.

13.3.4.2.4 Labor

Die Betriebsführung muß das Einhalten der nach der Trinkwasserverordnung geforderten Wassergüte sicherstellen und zwar durch die Ausführung der dort geforderten Untersuchungen, durch die Kontrolle der Wirkung der ggf. vorhandenen Wasseraufbereitung durch chemische und mikrobiologische Untersuchung des Roh- und des Reinwassers. Verantwortlich für die Untersuchungen ist das WVU, das die Untersuchungen entweder durch ein eigenes Labor oder durch geeignete Untersuchungsstellen durchzuführen hat. Kontrolluntersuchungen durch die Gesundheitsämter entbinden das WVU nicht von der Durchführung eigener Untersuchungen.

13.3.4.3 Instandhaltung

13.3.4.3.1 Allgemein

Instandhaltung ist der Oberbegriff für alle Maßnahmen zur Bewahrung und Wiederherstellung des Sollzustandes sowie zur Feststellung und Beurteilung des Istzustandes von technischen Mitteln eines Systems (DIN 31051). Dabei ist unterstellt, daß alle technischen Anlagen einer Alterung – chemisch/physikalische Änderung von Werkstoffeigenschaften – und einem Verschleiß – Veränderungen durch unterschiedliche Arten von Beanspruchung – unterliegen.
Instandhaltung faßt die Begriffe Kontrollen (Inspektion), Wartung und Instandsetzung zusammen, wobei mit
- *Kontrollen* Maßnahmen zur Feststellung und Beurteilung des Istzustandes (z. B. Lecksuche, Zustandskontrollen)
- *Wartung* Maßnahmen zur Bewahrung des Sollzustandes (z. B. Reinigung, Pflege)
- *Instandsetzung* Maßnahmen zur Wiederherstellung des Sollzustandes (z. B. Reparatur, Auswechslung).

definiert sind **(Abb. 13-7).**
Die Arbeiten in den drei Instandhaltungssparten Kontrollen, Wartung und Instandsetzung gehen zum Teil fließend ineinander über und sind nicht immer scharf zu trennen. Zum Beispiel: Wird bei der Kontrolle eine fehlende Ziffer auf einem Hinweisschild festgestellt, ist das Anbringen der neuen Ziffer nach Definition bereits Instandsetzung, obwohl das gleich bei der Kontrolle miterledigt werden mag. Es ergeben sich aus Maßnahmen der einen Sparte häufig Aufgaben für eine andere.
Für die Bewältigung der Instandhaltungsaufgaben bedarf es einer entsprechenden betrieblichen Organisation. Das betrifft den Einsatz qualifizierten Personals bzw. leistungsstarker Fachfirmen für die jeweilig anfallende Arbeit.
Dazu gehört aber auch die Vorhaltung der notwendigen Betriebseinrichtungen, wie Fahrzeuge, Arbeitsmaschinen und -geräte, Werkzeuge, Funk, Arbeitsschutzausrüstungen (Sicherheitskleidung) und Meßgeräte.
Ein ständig auf dem laufenden gehaltenes Kartenwerk (anzustreben über eine EDV), in das auch Veränderungen aus Instandhaltungsmaßnahmen einfließen, ist unabdingbar. Aber auch die Dokumentation der einzelnen Ereignisse und Maßnahmen, z. B. Anlegen einer Schadensdatei, Festhalten von Veränderungen, hat Auswirkungen auf die Planung weiterer Kontrollen, Wartungen und vorbeugender Instandsetzungen.
Der Instandhaltungsbereich erfordert eine jederzeitige Verfügbarkeit von Ersatzmaterial für die eingebauten Leitungsteile und damit eine entsprechende Lagerhaltung. Eine Wareneingangskontrolle hilft, künftige Instandsetzungen geringer zu halten.
Mit einer den einzelnen Arbeiten zugeordneten Auftragsabrechnung lassen sich die Instandhaltungskosten für jeden gewünschten Bereich auswerten. Sie dienen mit als Grundlage für die Steuerung weiterer Instandhaltungsmaßnahmen.
Der effektive Einsatz von Arbeitskräften und Betriebsmitteln erfordert eine sorgfältige Planung und Vorbereitung der Instandhaltungsarbeiten.

13.3.4.3.2 Kontrollen und Wartung der Anlagenteile

Die *Häufigkeit von Kontrollen und der Wartung* richten sich nach dem in den Bedienungsvorschriften festgelegten Turnus, gegebenenfalls in Verbindung mit erforderlichen Betriebsmessungen, und nach der möglichen Gefährdung der Funktion bei nicht rechtzeitiger Kontrolle. Je besser die Anlagenteile in bezug auf mögliche Wartungsfreiheit konstruiert und ausgeführt sind, z. B. Korrosionsschutz, Sicherung gegen Gefährdung durch Dritte usw., und je weitgehender die Anlage fernüberwacht ist, um so

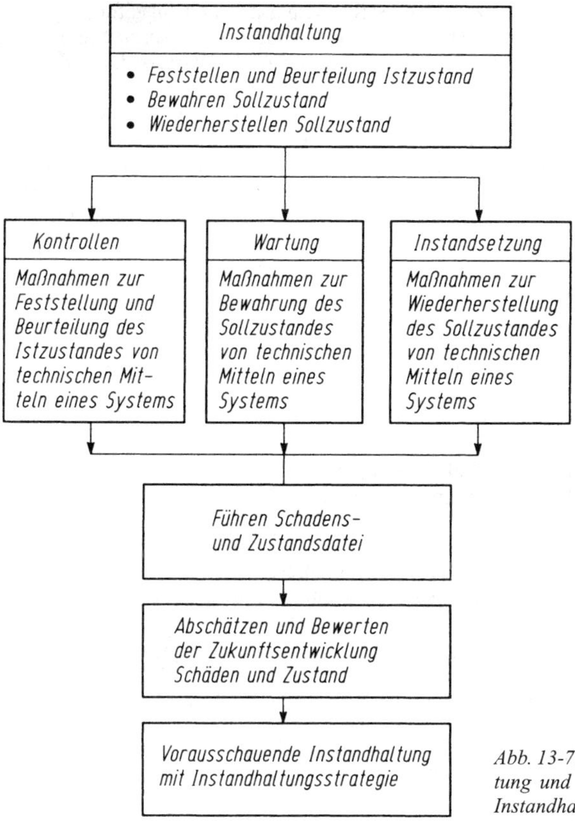

Abb. 13-7: Definition und Maßnahmen der Instandhaltung und der darauf aufbauenden vorausschauenden Instandhaltung (nach DIN 31051)

weniger häufig ist eine Besichtigung vor Ort erforderlich. Fehlendes Personal darf jedoch kein Grund sein, notwendige Ortsbegehungen und Wartungsarbeiten einzuschränken, vielmehr ist die Personalstärke nach den bei den örtlichen Verhältnissen notwendigen Wartungsarbeiten festzulegen. Im folgenden sind zweckmäßige Termine der Kontrollen und Wartungsarbeiten *bei kleinen bis mittleren Anlagen mit geringer Fernsteuerung und Fernüberwachung* angegeben. Halbjährliche Besichtigungen werden zweckmäßig im Frühjahr nach der Frostperiode und Schneeschmelze und im Herbst nach der Spitzenbeanspruchung durchgeführt.

Bei der *Ortsbegehung* werden die in den Bedienungsvorschriften turnusmäßig festgelegten Arbeiten, wie Spülung, Reinigung, Kontrollen usw., erledigt, kleine Mängel sofort behoben. Bei größeren Mängeln ist eine Schadensmeldung an die Betriebsleitung notwendig, die dann über die Behebung entscheidet.

Alle Arbeiten an den Anlagen sind mit größter *Sauberkeit* auszuführen. An Teilen der Anlage, die mit dem Trinkwasser unmittelbar in Berührung kommen, dürfen nur saubere Geräte und Werkzeuge benutzt werden (z. B. Reinigungsbürsten).

Zum Einsteigen in Quellfassungen, Schächte, Speicherbehälter und dgl. müssen besondere, saubere Gummistiefel getragen werden, die auf dem Anmarschweg nicht benützt werden dürfen. In besonderen Fällen, z. B. auf Anordnung der Gesundheitsbehörden, ist beim Betreten von Anlagen auch *Schutzkleidung* zu tragen, die nicht für andere Zwecke benutzt werden darf (z. B. Gummi-Übermäntel in Quellstollen).

Für andere Personen (Vorgesetzte, Amtsärzte, Besucher) sind ebenfalls Gummistiefel und gegebenenfalls Schutzkleidung bereitzuhalten.

Sind an wasserberührten Anlageteilen Instandsetzungs- oder Reinigungsarbeiten ausgeführt worden, so sind diese Teile vor der Wiederinbetriebnahme gründlich zu spülen und *zu desinfizieren.* Sie sind erst nach mikrobiologischer Untersuchung bei einwandfreier Beschaffenheit des Wassers durch das Gesundheitsamt zur Benützung freizugeben.
Für alle *Anstriche,* die mit dem Trinkwasser in Berührung kommen, dürfen keine gesundheitsschädlichen Entrostungsmittel und Farben (z. B. Bleimennige) verwendet werden.
Der Zutritt fremder Personen zu den Betriebsräumen, Behältern, Schächten und dgl. ist auf das unbedingt notwendige Maß zu beschränken und nur mit Genehmigung der Betriebsleitung zu gestatten. Die Besucher sind auf die Verunreinigungsgefahr hinzuweisen, erforderlichenfalls ist Schutzkleidung anzulegen.

13.3.4.3.2.1 Wasserfassungen

1) Quellen
monatliche Kontrollen
1. dichter Verschluß der Schachtdeckel
2. Wasseraustritte neben der Fassung
3. Feststellen der Ursache eines Überlaufs oder Hochstaus der Quelle
4. freier Auslauf der Überlauf- und Entleerungsleitung
5. Messung der Quellschüttung

halbjährliche Kontrollen
1. Zustand der Sickerleitungen, Einwachsen von Wurzeln (Fuchsschwanz)
2. Beweglichkeit und dichter Abschluß der Froschklappen, Zustand des Entleerungsbauwerks
3. Zustand des Ablaufgrabens zum Vorfluter
4. Reinigen des Quellschachtes von Sand- und Schlammablagerungen, von Würmern, Ameisen und Algen, Feststellen der Ursachen der Verunreinigungen
5. Schachtbauwerk: baulicher Zustand, Wasserdichtheit des Schachtes, der Wasserkammern und der Rohrdurchführungen
6. Zustand der Ent- und Belüftung: dichter Sitz, Verstopfung oder Beschädigung der Fliegengitter
7. Schachtdeckel: Korrosion, Beschädigung, dichter Sitz, Gummidichtung, Verschluß, unfallsichere Halterung
8. Einsteigleiter: Korrosion, Anstrich, unfallsichere Halterung
9. Rohrleitungen und Armaturen: Wasserdichtheit, Korrosionsschäden, Anstrich, Beweglichkeit der Abschlußorgane.
10. Entfernen von Bäumen und Sträuchern in der Nähe der Fassung.

2) Brunnen
monatliche Kontrollen
1. dichter Verschluß der Schachtdeckel
2. dichter Abschluß des Brunnenkopfes
3. Messung der Wasserstände

viertel- bzw. halbjährliche Kontrollen
1. Reinigen des Brunnenschachtes
2. Schachtbauwerk: baulicher Zustand, Wasserdichtheit
3. Ent- und Belüftung: dichter Sitz, Verstopfung oder Beschädigung der Fliegengitter
4. Schachtdeckel: Korrosion, Beschädigung, dichter Sitz, Gummidichtung, Verschluß, unfallsichere Halterung
5. Einsteigleiter: Korrosion, Anstrich, unfallsichere Halterung
6. Gelände um den Brunnen hinsichtlich Setzungen
7. Füllhöhe des Filterkieses
8. Rohrleitungen und Armaturen: Wasserdichtheit, Korrosionsschäden, Beweglichkeit
9. Zustand und Funktion der elektrischen Anlage
10. Brunnenverockerung: Vergleichsmessung des WSp im Brunnen und im Kontrollpegel
11. Messung der Entnahme und der Wasserstände.

3) Schutzgebiet

monatliche Kontrollen im Fassungsbereich

1. Einhalten der Schutzanordnungen
2. Einzäunung und Einfahrten
3. landwirtschaftliche Bewirtschaftung, kurzgehaltene Grasnarbe
4. häufigere Kontrollen sind erforderlich bei Gefährdung durch Hochwasser oder in den Fassungsbereich fließendes Niederschlagswasser bei Starkregen

vierteljährliche Kontrollen in der engeren Schutzzone

1. Einhalten der Schutzgebietsauflagen, insbesonders hinsichtlich Veränderungen der Bodenoberfläche, Veränderung an mit Ausnahmegenehmigung verbliebenen Bauwerken
2. Verkehrswege, insbesonders hinsichtlich Ableitung des Oberflächenwassers, Verkehrsdichte, Transport wassergefährdender Stoffe und Flüssigkeiten
3. landwirtschaftliche Nutzung, insbesonders hinsichtlich der Menge an Dünger, Verwendung von Pestiziden
4. häufigere Kontrolle ist erforderlich, wenn die engere Schutzzone bei Hochwasser überflutet werden kann

halbjährliche Kontrollen in der weiteren Schutzzone

1. Einhalten der Schutzgebietsanordnungen. Dies ist meist durch Befahren des Gebietes und Befragen der zuständigen Gemeindeverwaltungen und Polizeidienststellen durchführbar.
2. Kennzeichnungen der Schutzgebiete.

13.3.4.3.2.2 Gebäude

Hierzu gehören Maschinenhaus, Aufbereitungsgebäude, Werkstätten, Nebengebäude mit Chemikalienstationen, Bürogebäude, Wohnungen.

monatliche Kontrollen

1. Reinigung, soweit nicht durch Arbeitsverunreinigungen sofortige Reinigung erforderlich ist

halbjährliche, mindestens jährliche Kontrollen

1. allgemeiner baulicher Zustand, Risse, z. B. infolge Setzungen, Temperatur usw., aufsteigende Feuchtigkeit in Fundamenten und Wänden
2. Verputz und Anstrich
3. Dacheindeckung: Dichtheit, Anschlüsse an Kamine und Dachfenster, Dachrinnen
4. Türen, Fenster und Fensterläden: Sitz, Beweglichkeit, Verschluß
5. Zustand und Dichtheit der Verglasung
6. Fußböden, Treppen, Geländer, Schutzgitter
7. Beleuchtung, Heizung, Entfeuchtung, Lüftung
8. Sanitäre Anlagen
9. Hofflächen, Parkplätze, Gehwege, Zufahrten, Einzäunung
10. Einrichtungsgegenstände
11. Unfallschutzeinrichtungen
12. Objektschutz

13.3.4.3.2.3 Maschinen- und Elektroanlagen

Außer den erforderlichen Betriebsmessungen ist i. a. eine tägliche Kontrolle erforderlich. Ein wöchentlicher Turnus ist dann ausreichend, wenn die Anlage automatisch ferngesteuert und ausreichend fernüberwacht wird. Im Maschinenraum müssen Bedienungsanweisungen und Bedienungsschemata vorhanden sein. Die Stellung der Abschlußorgane sollte an diesen kenntlich sein.

wöchentliche Kontrollen

1. Funktion der Maschinen- und Elektroanlage, Armaturen
2. Laufgeräusch, Erwärmung, Vibration der im Betrieb befindlichen Aggregate
3. Schmierung der beweglichen Teile
4. Wasserdichtheit der Pumpen, Ventile, Armaturen, Stopfbüchsen, Rohrleitungen
5. Luftfüllung der Druck- und Druckstoßbehälter
6. Entlüftungen

7. Funktion der elektrischen Schaltanlagen, Steuerimpulsgeber, Strömungsschalter, Schaltuhren

monatliche Kontrollen

1. Probelauf der Ersatzmaschinen und Hilfsaggregate
2. Funktion der Sonderarmaturen, wie Druckminderventile, Sicherheitsventile, Strömungsschalter, Rückschlagklappen
3. Funktion und richtige Anzeige der Fernmelde- und Fernsteueranlage
4. Antriebsbatterien
5. Vollzähligkeit der Bedienungsanweisungen, Planunterlagen, Unfallverhütungsvorschriften, Anleitungen für Erste Hilfe, Warntafeln u. ä.
6. Betriebsstoffe
7. Prüfen und evtl. Reinigung der Kontaktstücke von elektrischen Schaltgeräten

jährliche Kontrollen

1. Hauptüberprüfung der gesamten Elektroanlage, insbesondere Schaltgeräte, Isolationszustand gegen Erde, Motorwicklungen, durch einen Elektrofachmann
2. Hauptüberprüfung von Verbrennungskraftmaschinen und Notstromaggregaten
3. Ölwechsel, Neufetten von Lagern, soweit erforderlich
4. Sitz der Fundamentschrauben
5. Reinigen der Tropfwasserleitungen
6. Korrosionsschutz, Anstrich
7. Meßeinrichtungen: je nach Empfindlichkeit, entsprech. den Anweisungen der Hersteller.
8. Hauptwasserzähler.

2- bis 4jährliche Kontrollen

entsprechend den Bedienungsvorschriften der Lieferwerke und den gesetzlichen Vorschriften i. a.

1. Generalüberholung der Pumpen, gegebenenfalls im Herstellerwerk
2. Generalprüfung und -überholung der Elektromotoren
3. Generalprüfung der Elektroanlage durch zugelassene Prüfämter und Institute
4. Überprüfung der überwachungspflichtigen Druckbehälter durch den TÜV, o. a. zugelassene Institute.

13.3.4.3.2.4 Wehranlagen und Triebwerke

Vereinzelt sind Wehranlagen und Triebwerke bei kleinen Pumpwerken noch vorhanden. Hier werden nur solche angesprochen, nicht Wasserkraftanlagen und Entnahmeanlagen von großen Trinkwassertalsperren und Seewasserentnahmen.

tägliche bis wöchentliche Kontrollen

1. Säuberung des Rechens
2. Stauhöhe, Eichpfahl
3. Kolkbildung am Wehr
4. Verschlammung und Verkrautung am Ober- und Unterwasser
5. Beweglichkeit von Schützen und Wehrklappen
6. Betriebsgefälle, Betriebswassermenge, Umdrehungszahl der Wasserkraftmaschine
7. Sicherheitsvorrichtungen an den Zugängen und Stegen am Wehr.

jährliche Kontrollen

1. baulicher Zustand
2. Korrosionsschutz

13.3.4.3.2.5 Aufbereitungsanlagen

1) Filtration über Jurakalk

wöchentliche Kontrollen

1. Sauberkeit der Anlage, Schimmelpilze, Algen, Schlammablagerung.
2. Be- und Entlüftung, Raumtemperatur nicht unter 8 °C. Temperaturen unter 0 °C sind möglichst zu vermeiden, wenn nötig, Schließen der Lüftungsklappen, Außerbetriebnahme der Riesler.
3. Gleichmäßige Verteilung des Wassers auf Filter und Riesler.

4. Füllhöhe des Filtermaterials, erforderlichenfalls Nachfüllen von Jurakalk entsprechend der Bedienungsanweisung. Im allgemeinen muß nachgefüllt werden, wenn die Oberkante der Filterschicht mehr als 10 cm unter die Füllmarke gesunken ist.
5. Filterwiderstand: Bei der höchstzulässigen Durchlaufmenge darf noch kein Überlauf vorhanden sein. Bei Überschreiten des Filterwiderstandes, mindestens aber alle 2 Jahre, sind die verschlammten Schichten, wenigstens die obere Schicht von 30 cm Höhe, auszuräumen, zu waschen und vor Wiedereinfüllen mit Chlorwasser zu desinfizieren.
6. Zulaufmenge, nicht größer als der Bemessung der Aufbereitungsanlage zugrunde gelegt, sonst muß Zulauf gedrosselt werden.
7. Gängigkeit der Armaturen

halbjährliche Kontrollen

1. Leistungsfähigkeit der Aufbereitungsanlage durch chemische Untersuchung des Wassers vor und nach der Aufbereitung, soweit nicht ein kürzerer Termin durch VO vorgeschrieben wird bzw. für den Betrieb erforderlich ist.
2. Reinigung
3. baulicher Zustand, Wasserdichtheit
4. Be- und Entlüftung: Zustand, dichter Sitz, Verstopfung oder Beschädigung der Fliegengitter
5. Dichtheit der Wasserbehälter
6. Rohrinstallation: Dichtheit, Korrosion, Anstrich
7. Armaturen: Beweglichkeit, dichter Abschluß
8. Funktion der Fernmeldung
9. Filtermaterial: Reinigen, Erneuerung nach Bedienungsanweisung

2) Filtration über dolomitisches Filtermaterial

wöchentliche Kontrollen

1. Rückspülung nach Bedienungsanweisung, 1 mal wöchentlich, bei einem Hydrogenkarbonatgehalt (Säurekapazität $K_{s4.3}$ über 5 °dH (rd. 1 mmol/1) 2 mal wöchentlich
2. Filterwiderstand vor und nach der Rückspülung sonst wie bei Filtration über Jurakalk

halbjährliche Kontrollen

wie bei Filtration über Jurakalk

3) Offene Belüftungs- und Entgasungsanlagen

z. B. Riesler, Kaskaden, Wellbahnen, Verdüsungen

wöchentliche Kontrollen

1. Funktion der Belüftungsanlage
2. Funktion, Zustand, Anstrich der Maschinen, Rohrleitungen, Armaturen, Be- und Entlüftung, Meßgeräte

halbjährliche Kontrollen

1. Leistung der Anlage
2. baulicher Zustand, Korrosionsschutz, wichtig wegen der großen Aggressivität des Wassers und der Luft

4) Offene Quarz-Schnellfilter

wöchentliche Kontrollen

1. Aussehen des über der Filterschicht stehenden Wassers
2. Höhe des Überstaus vor und nach der Rückspülung
3. Filterwiderstand
4. Funktion der Drossel- und Regeleinrichtungen
5. Funktion, Zustand, Anstrich der Maschinen, Rohrleitungen, Armaturen, Be- und Entlüftung, Meßgeräte
6. Rückspülungseinrichtungen, Rückspülungen nach Bedienungsanweisung, mind. jedoch 1 mal wöchentlich

halbjährliche Kontrollen

1. Funktion, Reinigen von Druckminder-, Sicherheits- und Entlüftungsventilen
2. Rückspülen der Voroxidatoren
3. Leistungsprüfung
4. bauliche Anlage

5) Chloranlage
wöchentliche Kontrollen
1. Funktion, dichter Abschluß der Geräte, kein Chlorgas im Raum
2. Funktion der Schutzeinrichtung
3. Be- und Entlüftung
4. Temperatur im Chlorraum, nicht unter 15 °C
5. Chlorvorrat
6. baulicher Zustand
7. Führen des Chlorbuches
8. Schutzgeräte

6) Sonstige Aufbereitungsanlagen
Festlegen der Kontrollen entsprechend den örtlichen Verhältnissen im Benehmen mit der Herstellerfirma.

13.3.4.3.2.6 Wasserspeicherung

Hierzu gehören: Hochbehälter, Wassertürme, Tiefbehälter, Wasserkammern von Wasserfassungen und Aufbereitungsanlagen.
monatliche Kontrollen
1. Türen, Einstiege, Fenster: dichter Abschluß, Beschädigungen
2. Ent- und Belüftungen: dichter Sitz, Verstopfung oder Beschädigung der Fliegengitter
3. Böschungen der Erdüberdeckung, Treppen
4. Ablagerungen in Wasserkammern, Trübung des Wassers, Geruchsbildungen
5. Objektschutz
6. Sohldränagen, Überläufe

jährliche Kontrollen
1. baulicher Zustand, Risse
2. Ent- und Belüftungen: Sitz, Verstopfung oder Beschädigung der Fliegengitter, Staubfilter
3. Entleerungsleitung, Entleerungsbauwerk: Beweglichkeit und dichter Abschluß der Froschklappen, Reinigen
4. Rohrleitungen, Armaturen: Dichtheit, Gängigkeit, Zustand, Anstrich
5. Reinigen der Wasserkammer
6. 24stündige Dichtheitsprüfung der Wasserkammern
7. Wasserablauf aus dem Hochbehälter in den Nachtstunden, etwa 1–3 Uhr, bei Ausschalten der Wasserförderung, zur Feststellung von Rohrnetzverlusten und zum Vergleich der Meßgeräte
8. Reinigen des Bauwerkes, zusätzlich jeweils nach jeder Arbeitsverunreinigung

Ausführliche Hinweise geben das DVGW-Merkblatt W 318 bzw. die DIN EN 1508 (12/98). Es unterscheidet zwischen der Kontrolle und Reinigung vor der Erstinbetriebnahme, während des laufenden Betriebes und anläßlich turnusmäßiger Außerbetriebnahmen.

13.3.4.3.2.7 Wasserverteilungsanlagen

monatliche Kontrollen
1. Geländeoberfläche entlang der Zubringerleitungen: Setzungen, Wasseraustritte, Bauarbeiten in der Nähe der Leitung
2. Schächte und Bedienungshäuser: Zustand, dichter Abschluß der Schachtdeckel und Türen, Beschädigungen
3. Kreuzungsbauwerke: Wasseraustritte aus Schutzrohren, Setzungen

halbjährliche Kontrollen
1. Schächte und Bedienungshäuser: baulicher Zustand, Wasserdichtheit, Reinigen
2. Druckminder-, Sicherheits- und Entlüftungsventile: Funktion, Zustand, Dichtheit
3. Rohrleitungen und Armaturen in Schächten: Funktion, Zustand, Dichtheit

jährliche Kontrollen
1. Abschlußorgane, Rohrbruchsicherungen: Funktion, Zustand, Dichtheit, Gängigkeit, Stellung des Abschlusses, Hinweisschilder
2. Druckminder-, Sicherheits- und Entlüftungsventile: Öffnen und Reinigen

3. Hydranten: Funktion, Zustand, Entleerung, Hinweisschilder, Vorhandensein von Schlüsseln und Standrohren
4. Rohrleitung: Dichtheit durch Feststellen der Wasserverluste mittels Nachtbeobachtung des Wasserablaufes aus Hochbehältern
5. Markierung der Leitung
6. Spülen der Rohrleitungen, mind. 1 mal jährlich, insbesondere der Neben- und Endstränge
7. Straßenkappen: Setzungen, Umpflasterung
8. Fördervermögen der Zubringer- und Hauptleitungen durch Druckmessungen

2- bis 3jährliche Kontrollen (bzw. nach Bedarf)

1. Lecksuche durch Abhorchen oder mittels sonstiger Lecksuch-Verfahren

bei Anschlußleitungen:
halbjährliche Kontrollen

1. Straßenkappen der Anbohrschieber
2. Gängigkeit der Anbohrschieber
3. Dichtheitsprüfung durch Abhorchen
4. Prüfen hinsichtlich unzulässiger Verbindungen von Verbrauchsleitung mit Eigenwasserversorgungsanlagen
5. keine elektrischen Erdungen

jährliche Kontrollen

1. Wasserzähler: meist in Verbindung mit der Zählerablesung, richtiger Einbau des WZ, Nummer und Plomben am WZ, Reinigen des Siebes, Auswechslung des WZ wenn ungenau, sonst entsprechend Turnus nach dem Eichgesetz
2. Führen der WZ-Kartei
3. Beraten des Abnehmers: z. B. Hinweis auf höheren Wasserverbrauch, Freihalten des Anbohrschiebers und des WZ, Frostschutzmaßnahmen.

13.3.4.3.3 Instandsetzung

13.3.4.3.3.1 Allgemein

Unter Instandsetzung, auch als Erneuerung bezeichnet, ist die Ursachenermittlung und die Behebung von Schäden durch Reparaturen und Ersatzvornahmen zu verstehen, die bei den Kontrollen und der Wartung festgestellt werden, ohne daß am Bestand und an der Leistungsfähigkeit der bestehenden Anlage gegenüber dem Neuzustand etwas verändert wird. Maßnahmen, die zu einer Veränderung des Bestandes führen, sind Neubaumaßnahmen und in der Abt. Bau getrennt vom Betrieb abzuwickeln.
Die Instandsetzungsarbeiten an den sichtbaren, zugänglichen Anlageteilen sind wegen der leicht erkennbaren Mängel klar zu bestimmen. Hierauf wird hier nicht weiter eingegangen, die Arbeiten sind entsprechend der Technik der Wasserversorgung auszuführen. Hier werden daher nur die schwer erkennbaren und beurteilbaren Mängel und Maßnahmen behandelt, wie Wassermangel, Brunnenregenerierung, Verminderung der Fördermenge der Rohrleitungen, Rohrleitungsspülung, Rohrreinigung, Aufsuchen von Leitungen und Straßenkappen, Rohrnetzverluste, Schutz gegen Frostschäden.

13.3.4.3.3.2 Wassermangel

Eine erhebliche Gefährdung der Trinkwasserversorgung tritt ein, wenn an Spitzenverbrauchstagen die Wasserabgabe an das Rohrnetz kleiner ist als der von den Abnehmern gewünschte Wasserverbrauch. Wenn keine Maßnahmen ergriffen werden, entleert sich zunächst der Hochbehälter, dann die höher gelegenen Rohrstränge, wobei die höher gelegenen Anwesen überhaupt kein Wasser, die tiefer gelegenen dagegen unbegrenzt Wasser entnehmen können. Es besteht dann die Gefahr des Rücksaugens von verunreinigtem Wasser in das Rohrnetz. Eine weitere Gefährdung entsteht, wenn zu bestimmten Zeiten die Wasserförderung ganz eingestellt und der Hochbehälter abgesperrt wird. Hierbei läuft ebenfalls das Ortsnetz ganz leer mit der o. a. Rücksauggefahr, und es wird Luft nachgesaugt. Wenn dann die Wasserförderung unkontrolliert wieder einsetzt, entstehen durch das rasche Füllen der Leitungen Druckstöße, die erhebliche Rohrschäden verursachen können. Das erforderliche langsame Füllen und Entlüften einer leergelaufenen Leitung kann unter Umständen mehrere Tage dauern.
Der Wassermangel muß durch laufende Auswertung der Betriebsmeldungen und rechtzeitige Erweiterung der WV-Anlage verhindert werden. Wenn diese Maßnahmen fehlen oder nicht ausreichend

ausgeführt wurden, dann ist es besser, statt der Sperrungen von Anlageteilen durch Anordnungen der Einschränkung des Wasserverbrauchs den Wassermangel zu verhindern. Die angestrebte Wirkung wird dann am ehesten erreicht, wenn eine laufende Unterrichtung der Verbraucher über die Leistungsfähigkeit der WV-Anlage erfolgt. Bei Erkennen eines bevorstehenden Wassermangels sind die beabsichtigten Maßnahmen täglich wiederholt über Rundfunk und Lautsprecherwagen den Verbrauchern mitzuteilen. Als Maßnahmen kommen in Betracht:

Stufe 1 – Anordnung des freiwilligen Einstellens des Wasserverbrauchs für folgende Zwecke:
1. Gartenbewässerung
2. Füllen oder Nachfüllen von Schwimmbädern
3. Mechanisches Wagenwaschen
4. allgemeines Wagenwaschen, ausgenommen Krankenwagen
5. Reinigung außerhalb von Gebäuden
6. Betrieb von Springbrunnen und automatischen Spüleinrichtungen
7. Wannenbenutzung, dafür Duschbenutzung

Stufe 2 – Verbot und Bußgeld, bei Nichtbefolgung der Verbrauchseinstellung für die in Stufe 1 aufgeführten Verbrauchszwecke.

Bei diesen Verbrauchseinschränkungen kann nach engl. Untersuchungen etwa folgende Verbrauchsminderung erreicht werden:

1. freiwillige Einschränkung nach Stufe 1:	20 v. H.
2. Herabsetzung des Versorgungsdruckes um 25 v. H.	10 v. H.
3. angeordnete Einschränkung nach Stufe 2	
dabei Haushalt und öffentlicher Bedarf	30 v. H.
Prozeßwasser der Industrie	20 v. H.
Bürogebäude	35 v. H.
Bewässerung außerhalb des bebauten Gebiets	60 v. H.

13.3.4.3.3.3 Brunnenregenerierung

Der Rückgang der Entnahmemenge aus Brunnen kann verursacht sein durch Änderung der hydrologischen Verhältnisse, z. B. Absinken des RWSp, Beeinflussung durch andere Entnahmen usw. oder durch Inkrustation oder Verockerung der Filter und Einrichtungen zur Wasserentnahme. Die Inkrustation infolge Aggressivität des Wassers erfordert von Zeit zu Zeit eine Brunnenregenerierung, wobei eine mechanische Grobreinigung, dann eine chemische Reinigung durchgeführt wird. Die biologische Verockerung wird ähnlich entfernt, sie kann aber durch turnusmäßige Chlorung zur Abtötung der Eisen- und Manganbakterien meist verhindert werden. Je nach Schnelligkeit dieser Verockerung ist die Chlorung in Abständen von 1–2 Monaten durchzuführen. Dieses Verfahren ist billiger und schneller als die mechanische und chemische Brunnenregenerierung.

13.3.4.3.3.4 Fördervermögen der Rohrleitung

Häufig geht bei älteren Rohrleitungen das Fördervermögen stark zurück, gelegentlich wird bei neuen Leitungen das rechnerisch ermittelte Fördervermögen nicht erreicht. Die Folgen sind höhere Stromkosten und ungenügende Druckverhältnisse. Das Fördervermögen der Leitungen ist daher häufig zu prüfen durch:
1. Berechnung des Stromverbrauchs pro m^3 bei möglichst gleichbleibendem Betriebszustand, z. B. Förderung in den Hochbehälter in den Nachtstunden.
2. Feststellen der max. Förderhöhe am Pumpwerk bei verschiedenen Förderströmen im Vergleich zum Ruhedruck.
3. Messung der Druckhöhe an einzelnen Hydranten oder Zapfstellen bei verschiedenen Entnahmen, gegebenenfalls unter Verwendung von Schreibgeräten.

Die Ursache des Rückgangs des Fördervermögens können sein:
1. Fremdkörper in der Leitung: Holz, Steine usw., die beim Verlegen der Leitung oder bei Instandsetzungsarbeiten in die Leitung gelangten. Dies ist häufiger der Fall, als man oft annimmt. Daher

größte Sorgfalt, Rohrbürste, dichter Abschluß der Rohrenden bei Unterbrechung der Rohrlegearbeiten.
2. Ablagerung von Schlamm, Eisen, Mangan, Algenwuchs.
3. Inkrustation, Rostknollenbildung infolge Aggressivität des Wassers, Kalkansatz bei nicht richtiger Wirkung der Aufbereitungsanlage infolge Störung des Kalk-Kohlensäuregleichgewichtes.
4. Luftansammlung an Hochpunkten.
5. Rohrverengungen durch eingerostete Schieber in Drosselstellung, vorschriftswidrig abgebogene Stahlrohre.

Wenn der Verdacht besteht, daß das Fördervermögen zurückgegangen ist, sind folgende Verfahren anzuwenden:
1. Prüfen, ob die gesamte Leitung vollständig entlüftet ist.
2. Spülen der Rohrleitung.
3. Besichtigung zugänglicher Rohrleitungsteile auf Inkrustation.
4. Druckmessung entlang der Rohrleitung und Auftragen der Drucklinie bei verschiedenen Entnahmen.

Die Ursachen des Rückgangs des Fördervermögens sind sofort zu beseitigen, da sie den Betrieb gefährden und unwirtschaftlich gestalten. Insbesondere sind die Drosselstellen zu beseitigen. Die Fremdkörper wandern meist zu den Tiefpunkten, bleiben in den Keilschiebern liegen und verhindern den dichten Abschluß. Die Inkrustationen werden durch mechanische oder chemische Rohrreinigung entfernt.

Eine wesentliche Erleichterung der Untersuchung des Zustandes der Innenwand von Rohrleitungen, wie auch von Brunnenfiltern, ist durch die Verwendung von Unterwasser- und Rohrleitungs-Fernsehanlagen gegeben.

13.3.4.3.3.5 Spülung

Leichte Ablagerungen, insbesonders wenn sie noch nicht durch Alterung verbacken sind, können durch Spülung entfernt werden. Eine Spülung mit Wasser ist jedoch nur dann wirksam, wenn sie mit hoher Fließgeschwindigkeit, etwa 1,5 m/s, durchgeführt wird. Die Möglichkeit der Zuleitung, besonders der Ableitung des Spülwassers begrenzt jedoch wegen der großen Durchflußmengen sehr schnell den Anwendungsbereich, wie aus **Tab. 13-13** ersichtlich ist.

Tab. 13-13: Erforderliche Spülwasserströme bei $v = 1,5$ m/s

DN	100	150	200	250	300	400
Q_{Sp} l/s	15	26	47	75	105	190

Wenn diese Spülwasserströme nicht eingesetzt werden können, kann die erforderliche Spülung mit wenig Wasser und Druckluft, bei pulsierendem Öffnen und Schließen verschiedener Entnahmeöffnungen (Hydranten) ausgeführt werden. Eine weitere Möglichkeit ist die Verwendung von Kunststoffpfropfen D = 1,25 · DN, Länge rd. (1,5–2,5) · DN (englisches Verfahren). Durch den Wasserdruck wird der Propfen mit v = 0,4–1,0 m/s vorwärts bewegt, je nach Verschmutzung werden mehrere Pfropfen hintereinander eingesetzt.

13.3.4.3.3.6 Rohrreinigung

Wenn durch die Spülung die Rohrleitungen nicht frei werden, sind mechanische oder chemische Verfahren der Rohrreinigung anzuwenden. Es ist aber zu beachten, daß es bei Auftreten von Inkrustationen und Verockerungen unerläßlich ist, deren Ursachen zu beheben, z. B. durch Wasseraufbereitung, da die Zeitspanne für die Zunahme der Verockerung nach den Rohrreinigungen immer kürzer wird.

13.3.4.3.3.7 Ortung von Rohrleitungen und Straßenkappen

Für die ordnungsgemäße Instandhaltung eines Rohrnetzes ist es unerläßlich, daß der Leitungsverlauf, die Lage der Hydranten, Armaturen, Straßenkappen, Schieber usw. genau bekannt sind. Die Rohrnetzpläne sind daher ständig auf dem neuesten Stand zu halten. Manchmal fehlen bei bestehenden

Anlagen für Teilgebiete, manchmal auch für das gesamte Versorgungsgebiet genaue Planunterlagen. An Hand der Lage von sichtbaren Anlageteilen, wie Hydranten, Schieber u. a., kann der Leitungsverlauf ermittelt werden. Die Nennweite der Leitungen muß durch Aufgraben festgestellt werden. Das Aufsuchen von Leitungen wird durch moderne elektronische Ortungsgeräte sehr erleichtert.
Manchmal werden die Straßenkappen der Schieber durch Straßenbauarbeiten überdeckt und nicht mehr rechtzeitig gehoben. Zum Aufsuchen der Straßenkappen werden an Stelle der früher üblichen 3-Nadel-Kappensucher mit einer Tiefenwirkung von 15 cm heute magnetische und elektronische Kappensucher verwendet. Die magnetischen Kappensuchgeräte haben eine Reichweite bis zu 40 cm Tiefe, die elektronischen eine solche bis zu 80 cm Tiefe. Die magnetischen Kappensucher reichen für die meisten Fälle aus, von Vorteil ist die robuste Ausführung, die Wartungsfreiheit und die leichte Bedienung.
Zur Ortung von Kabeln und Rohrleitungen werden galvanische und induktive Verfahren angewendet. Bei dem galvanischen Verfahren wird die zu suchende Rohrleitung an einer bekannten Stelle mit einem Tongenerator leitend verbunden und die Rohrleitung mit einem Wechselstrom niederer bis mittlerer Frequenz beschickt. Dabei baut sich konzentrisch um die Rohrleitung ein elektromagnetisches Kraftfeld auf, das an der Oberfläche mittels Suchspule und Empfänger im Kopfhörer wahrnehmbar und auch optisch sichtbar gemacht wird. Seitlich der Leitung tritt durch Induktion ein Maximum der Lautstärke, genau über der Leitung ein Minimum ein. Durch Verdrehen der Suchspule um 45 ° läßt sich die Tiefenlage der Rohrleitung bestimmen. Der Leitungsverlauf wird auf der Geländeoberfläche sofort gekennzeichnet und eingemessen. Bei dem induktiven Verfahren wird der Tongenerator nicht mit der zu suchenden Leitung verbunden, sondern genau über die zu suchende Leitung an einer bekannten Stelle aufgestellt. Man benutzt also die induktive Ankopplung an die zu suchende Leitung über eine schwenkbare Rahmenspule. Bei Nachlassen der Tonstärke im Empfänger wird jeweils der Sender nachgeholt.
Von den örtlichen Verhältnissen ist es abhängig, welches Verfahren schnellere und bessere Ergebnisse liefert. Im allgemeinen arbeitet man mit dem induktiven Verfahren bei normalen Verhältnissen und freien Suchstrecken besser, während in Städten wegen der Vielzahl der Leitungen das galvanische Verfahren zweckmäßiger ist.
Mit den elektronischen Suchgeräten lassen sich alle metallischen und elektrisch leitfähigen Leitungssysteme suchen, nicht also Leitungen aus PVC, Polyethylen, Asbestzement, Steinzeug usw. Bei diesen Rohren muß im Bedarfsfall der Leitungsinhalt durch Ansäuern elektrisch leitfähig gemacht werden oder ein Draht eingezogen werden. Auch das Verlegen eines Kabels mit 2–4 mm^2 neben dem Rohr ist zweckmäßig.
Die für das Aufsuchen von Straßenkappen und erdverlegten Leitungen erforderlichen Geräte gehören zur Standardausrüstung der Wasserwerke. Bei schwierigen Fällen sind für das Aufsuchen von Leitungen und Erstellen von Rohrnetzplänen geeignete Fachfirmen beizuziehen.

13.3.4.3.3.8 Wasserverluste

1) Die Wasserabgabe an das Rohrnetz – Der Anteil des in die Verteilungsanlage eingespeisten Wasservolumens, dessen Verbleib im einzelnen volumenmäßig nicht erfaßt wird und zum Teil verloren geht, wird als *Wasserverlust* bezeichnet. Der Wasserverlust setzt sich aus *tatsächlichen* und *scheinbaren* Wasserverlusten zusammen (s. DVGW-Merkblatt W 391).
Das Wasservolumen, das durch Mängel und Schäden in Verteilungsanlagen ungenutzt verlorengeht, wird als *tatsächlicher* Verlust bezeichnet.
Das Wasservolumen, das infolge von Fehlanzeigen der eingebauten Meßeinrichtungen (Meßfehler) und (oder) infolge Nicht- und Fehlschätzungen bei fehlenden Meßeinrichtungen (Schätzfehler) nicht erfaßt wird, wird als *scheinbarer* Verlust bezeichnet.
Die Wirtschaftlichkeit und die Betriebssicherheit erfordern es, daß die Wasserverluste möglichst gering sind. Bei einer Anlage für 10 000 Einwohner mit einem mittleren Verbrauch von 150 l/Ed, somit einer Jahresförderung von 547 500 m^3, beträgt die Einsparung bei Senkung der Verluste um 1 v. H. und bei einem Wasserpreis von 2,00 DM/m^3 rund 11 000,– DM/Jahr. Es ist erforderlich, daß die Fördermenge und auch der Verbrauch genau durch Wasserzähler gemessen werden. Die tatsächlichen (echten) Verluste werden um so besser erfaßt, je genauer der sonstige Verbrauch, wie Eigenverbrauch des Wasserwerkes, öffentlicher Bedarf usw. erfaßt werden, so daß auch dieser Verbrauch durch WZ, Standrohr WZ usw. zu messen ist. Der Verbrauch gliedert sich nach **Tab. 13-14** auf.

Tab. 13-14: Aufgliederung der Wasserabgabe in das Rohrnetz in Verbrauch und Verluste

Verbrauch der Abnehmer	öffentlicher Verbrauch	Eigenverbrauch des Wasserwerks	Verluste
Haushalt + Kleingewerbe, Industrie + Großverbrauch	*feste WZ* öffentl. Brunnen öffentl. Gebäude Friedhof Badeanstalt Gaswerk Elektrizitätswerk *Standrohr WZ* Straßensprengen Kanalspülen Bauzwecke Feuerwehrübungen Brandfälle	Reinigungen Spülwasser Frostläufe Bauwasser für Erweiterungen der Anlage	*tatsächliche Verluste* Rohrbrüche, Undichtheit an Schiebern Hydranten Rohrverbindungen Speicheranlagen *scheinbare Verluste* WZ-Minderanzeige bei Verbrauchern, Wasserzählermehranzeige d. Wasserabgabe im Rohrnetz, Schätzungsfehler, widerrechtliche Wasserentnahme

Der Gesamtverlust bei Fernleitungen (ohne Ortsnetze) soll unter 5 v. H. der Jahreswasserabgabe liegen, wenn alle Abzweige und Armaturen in Schächten verlegt sind und Förder- und Abgabemengen durch WZ gemessen werden. Der Gesamtverlust in Ortsnetzen soll normal nicht größer als 10 v. H. des mittleren Verbrauches sein. Er kann unter 10 v. H. liegen, wenn der gesamte Verbrauch genau erfaßt wird, die Hauswasserzähler turnusmäßig nachgeeicht und alle Rohrschäden sofort behoben werden, d. h. die Wartungsvorschriften genau befolgt werden. Kleine Wasserverluste unter folgenden Grenzwerten sind durch Suchen und Reparaturen wirtschaftlich kaum behebbar:

Wasserverlust insgesamt:	< 3 l/min je km
davon:	
Schleichende Verluste bei den Abnehmern	< 2 l/min je km
Rohrnetz, undichte Verbindungen	< 1 l/min je km

Bei größerem Verlust muß die Ursache festgestellt werden, in der Reihenfolge sind zu prüfen:

1. Ist der Eigenverbrauch des Wasserwerkes, der öffentl. Verbrauch genau gemessen oder notfalls richtig geschätzt?
2. Haben die Wasserzähler bei allen Abnehmern ausreichende Meßgenauigkeit?
3. Ermittlung der tatsächlichen Verluste, Anschlußleitungen – öffentl. Anlage.

2) Ursachen der tatsächlichen Wasserverluste

2.1 Rohrbrüche infolge Materialfehler – bei Gußrohren Lunkerbildung, ungleiche Wandstärken, damit innere Spannungen, bei Asbestzementrohren zu geringe Lagerungszeit.

2.2 Rohrbrüche infolge Verlegefehler – Hohlliegen der Rohre infolge Felsauflage, Bodensetzungen. Ausspülen der Sandbettung an Steilhängen, Steine auf Rohrleitung, zu große Erd- und Verkehrsbelastung infolge übergroßer Rohrgrabenbreiten in Scheitelhöhe des Rohres, Transportschäden, bei Gußrohren Schwanzrisse, bei Asbestzementrohren Schalenbrüche, Zusammenschieben der Rohre beim Verlegen und Nichteinhalten des freien Zwischenraumes des Schwanzendes im Muffengrund, Einfrieren bei zu geringer Verlegetiefe, Frosthebung von Hydranten und Schiebergestängen.

2.3 Rohrbrüche infolge Betriebsfehler – Druckstöße durch mangelhafte Entlüftung, zu schnelles Füllen, zu schnelles Schließen von Schiebern.

2.4 Lochbildung – Durchrosten der umwickelten Stahlrohre und isolierten Gußrohre infolge mangelhafter Isolierung, mangelhaftes Nachisolieren der Rohrverbindungen, Graphitieren der Gußrohre bei sulfathaltigen Böden. Lochfraß von innen durch aggressives Wasser.

2.5 Undichte Rohrverbindungen – Mangelhaftes Herstellen der Verbindung, Hohlliegen der Rohre, zu starke Abwinkelung in den Muffen, ungenügende Sicherung der Krümmer gegen Verschieben, Herausschieben der Verstemmung bei alten Gußrohren bei häufig wiederkehrenden Druckstößen.

2.6 Undichte Armaturen – Brüchigwerden und Abnützen der Stopfbüchsendichtungen, Verhindern des dichten Abschlusses durch eingedrungene Steine, Spülschlamm, Inkrustierung, Bruch der Spindel bei gewaltsamem Öffnen von eingerosteten Schiebern, Umfahren der Schiebergestänge infolge schlechten Einbaues der Straßenkappe, Auffrieren der Schieberhaube, Auffrieren der Hydranten bei mangelhafter Entleerung, mangelhafter Sitz der Anbohrschellen.

2.7 Undichte Speicherbehälter – Rißbildungen infolge Setzungen, Bemessungsfehler, Beschädigung des wasserdichten Putzes durch aggressives Wasser.
2.8 Auslaufmengen – Schon aus kleinen Öffnungen fließen erhebliche Wassermengen aus. Die Auslaufmengen sind abhängig von der Größe der Öffnung und dem vorhandenen Betriebsdruck. Einen Überblick der Auslaufmengen bei 5 bar Betriebsdruck geben die **Tab. 13-15** und **16,** bei denen angenommen ist, daß die Öffnung frei, also nicht zum Teil durch Steine und Erde (bei erdverlegten Leitungen) verlegt ist.

Tab. 13-15: Auslaufraten aus Öffnungen bei 5 bar Wasserdruck

Durchmesser der Öffnung	Auslaufraten		
mm	l/min	l/s	m^3/d
1,0	1,0		1,4
2,0	3,2		4,6
3,0	8,2		11,8
4,0	14,8		21,4
5,0	22,3	0,37	32,0
10,0	90,0	1,5	129
20,0	360,0	6,0	520
30,0	810,0	13,5	1170

Tab. 13-16: v. H.-Sätze der Auslaufmengen bei Wasserdruck x bar im Verhältnis zum Wasserdruck von 5 bar

Verhältniszahlen der Auslaufmengen bei anderen Betriebsdrücken	
bar	v. H.
10	141
9	134
8	127
7	118
6	110
5	100
4	89
3	77
2	68
1	45

3) Ursachen der scheinbaren Verluste
3.1 Zählerträgheit – Schleichende Verluste infolge laufender Klosettspülungen bis zu 1000 l/d je Anschluß, Tropfverluste an den Zapfstellen bis zu 250 l/d.
3.2 Zählergenauigkeit – Ablagerungen von Schlamm und Beschädigung durch losgerissene Inkrustierungen, Luftansammlung und -bewegung im Wasserzählerbereich, Rücklauf bei Leerlaufen des Rohrnetzes, bei undichten Rückschlagklappen u. a.
3.3 Widerrechtliche Entnahmen – aus Hydranten, widerrechtliche Anschlüsse an der Anschlußleitung vor dem WZ-Eingangsventil.
3.4 Netzabgaben – ungemessene oder fehlerhaft abgeschätzte Netzabgaben (z. B. bei Netzspülungen, Entleerungen).

4) Maßnahmen zur Verminderung der Verluste
4.1 Tatsächliche und scheinbare Verluste – Zunächst ist festzustellen, ob der Unterschied zwischen Abgabe und Verkauf durch echte Schäden am Rohrnetz oder scheinbare Verluste (Nichterfassen von bezogener Menge) verursacht ist. Bei kleinen und mittleren Anlagen ist der Nachtverbrauch zwischen 1 und 3 Uhr durch Beobachtung der Wasserspiegelabsenkung im Hochbehälter festzustellen und mit dem für den Ort anzunehmenden normalen Nachtverbrauch zu vergleichen:
Zum Beispiel Hochbehälterfläche 75 m^2, Absenkung in 2 Std. 20 cm, Abgabe an das Ortsnetz $75 \cdot 0{,}20 \cdot 1/2 = 7{,}5$ m^3/h = 2,1 l/s. Bei einem ländlichen Ort beträgt normal der Nachtverbrauch von 1–3 Uhr 1,5–2 v. H. des Tagesverbrauchs, hier angenommen 2 v. H. von 300 m^3 =

$$0{,}02 \cdot 300 / 2\,\text{h} = 3\,\text{m}^3/\text{h} = 0{,}83\,\text{l/s}$$

Somit kann geschätzt werden, daß ein Verlust von 1,27 l/s vorhanden ist. Bei Abstellung des öffentlichen Bedarfes während der Nachtbeobachtung dürfte der tragbare Verlust 10 v. H. von 300 m^3 = 30 m^3/Tag = 1,25 m^3/Std. = 0,35 l/s betragen. Somit hat die Anlage tatsächliche Verluste, denen nachgegangen werden muß.
Ist dagegen die nächtliche Abnahme gering und liegt sie in den üblichen Grenzen, dann kann eine große Differenz zwischen Abgabe und Verkauf nur durch unzureichendes Erfassen der abgegebenen Menge verursacht sein.
4.2 Wasserverluste in Speicheranlagen – In erster Linie sind Dichtheitsprüfungen der Speicheranlagen durchzuführen, ferner die sichtbaren Rohrleitungen zu besichtigen und bei Pumpwerksanlagen zu prüfen, ob die Fußventile und Rückschlagklappen dicht schließen. Häufig läuft durch mangelhaften Abschluß bereits gefördertes Wasser in die Brunnen oder Saugbehälter zurück.

4.3 Tatsächliche Wasserverluste – Die zur Verminderung der tatsächlichen Wasserverluste zu treffenden Maßnahmen sind dem DVGW-Merkblatt W 391 zu entnehmen. Zur Ortung der jeweiligen Schadensstellen in *Rohrleitungen* werden diese durch Abgehen, Abhorchen, Druckmessungen, unter Umständen durch Wassermessung überprüft. Voraussetzung für die Lecksuche ist, daß die genaue Leitungslage bekannt ist. Es ist daher unerläßlich, daß die Rohrnetzpläne stets auf dem neuesten Stand gehalten werden oder vor Lecksuche der genaue Leitungsverlauf ermittelt wird.
Das Überwachen der Rohrleitungen hinsichtlich der Wasserverluste ist eine wichtige Aufgabe. Die je nach Größe des Werkes erforderlichen Arbeitsgeräte sollte daher jedes Werk besitzen. Da für die eingehende Lecksuche entsprechende Erfahrungen erforderlich sind, ist es zweckmäßig, das gesamte Ortsnetz, oder im Turnus Teile hiervon, durch geeignete Fachfirmen untersuchen zu lassen.
4.3.1 Aufsuchen von Leckstellen durch Abgehen – Beim Abgehen der Rohrleitung wird geprüft, ob sichtbare Wasseraustritte vorhanden sind: feuchte, sumpfige Stellen, die sonst normal trocken waren, Schmelzen von Schnee, Senkungen im Boden infolge Wegspülens, Zunahme des Wasserablaufes in Gräben in Nähe der Leitung, Auftreten sogenannter neuer Quellen, Zunahme des Wasserablaufes in Ortskanälen mit besonders klarem Wasser.
4.3.2 Aufsuchen von Leckstellen durch Abhorchen – Allgemein – Das Austreten von Wasser aus engen Öffnungen mit großer Geschwindigkeit erzeugt ein sausendes Geräusch, das durch die Stahlteile der Rohrleitung, in stark geschwächter Lautstärke auch durch die Bodenschichten weitergeleitet wird. Das Geräusch ist um so stärker, je näher man sich an der Austrittsstelle befindet.
Die Lecksuche mittels Abhorchen wird zweckmäßig in den ruhigen Abend- und Nachtstunden durchgeführt, um Störgeräusche durch Verkehrslärm und Wasserentnahme der Verbraucher auszuschalten. Die Hausanschlußleitungen werden abgesperrt und die einzelnen Rohrstränge bei Absperren der anderen Hauptleitungen überprüft. Die Schadenssuche wird in 2 Arbeitsgängen durchgeführt:

1. Vorbestimmen (Einkreisen) der Schadensstelle über vorhandene Kontaktstellen der Rohrleitung,
2. Genaues Einorten der Schadensstelle.

Zum Abhorchen der Leitungen werden mechanisch-akustische Geräte, wie Defekthörer, Handhorchdosen, Geophon und elektronische Geräte verwendet.
Mechanisch-akustische Abhorchgeräte – Mit dem einfachen Defekthörer, der Handhorchdose, einem Kupferrohr mit angelöteter Dose, ist das Abhorchen nur über direkt zugängliche Kontaktstellen der Rohrleitung, somit also nur eine Grobortung möglich. Die Abhorchgeräte werden auf Absperrorgane, Hydranten, Durchgangsventile der Hausanschlußleitungen, freie Leitungsteile u. a. aufgesetzt, um die Körperschallschwingungen aufzunehmen. Festgestellte Geräusche werden auf ihre Ursache überprüft. Läßt das Geräusch eine Leckstelle vermuten, wird das Abhorchen in Richtung des stärkeren Geräusches fortgesetzt, bis der Geräuschherd durch 2 Kontaktstellen eingekreist ist. Wenn keine besonders feinen Abhorchgeräte vorhanden sind, muß die Schadensstelle durch Aufgraben der Leitung zwischen den beiden Kontaktstellen gesucht werden.
Eine genauere Ortung der Schadensstelle ist mit dem Ambronn'schen Geophon möglich. Hier werden 2 extrem große, gewichtsbelastete Membrane auf der Geländeoberfläche über der Leitung aufgestellt. Die Ausströmgeräusche werden über dünne Gummischläuche auf ein Stethoskop ins Ohr übertragen. Das binaurale Hören mit 2 Membrantöpfen entspricht etwa dem Stereohören.
Elektronische Abhorchgeräte – Diese Geräte unterscheiden sich im Prinzip nicht von dem Defekthörer und dem Geophon, nur werden zur Geräuschaufnahme Mikrofone verwendet, wobei die Geräusche über wenig rauschanfällige Transistorverstärker verstärkt und Kopfhörer in besonders leichter Ausführung mit Gummiolive verwendet werden.
Zur Grobortung einer Leckstelle wird ein Taststab benützt, der an Stelle der Horchdose ein Mikrofon besitzt. Besonders bewährt hat sich die Kombination der akustischen und optischen Anzeige, weil sich Unterschiede in der Geräuschstärke eher über einen optisch sichtbaren Meßwert miteinander vergleichen lassen als akustische Signale über das Gehör.
Die genaue Ortung der Leckstelle wird durch schrittweises Vorwärtssetzen der Bodenmikrofone durchgeführt. Bei besonders starkem Geräusch wird das Bodenmikrofon mehrmals vor- und rückwärts geführt und so die Schadensstelle eingekreist. Zu Vergleichsmessungen ist das Bodenmikrofon auch seitlich der Leitung aufzustellen. Wird am Transistorempfänger mit separat regelbarer Einstellung für akustische und optische Anzeige bei auftretendem Geräusch ein bestimmter Wert eingestellt, lassen sich Vergleiche über eine Annäherung oder Entfernung von der Leckstelle beurteilen. Durch grafische Auftragung der Meßwerte läßt sich die Lage der Leckstelle auch annähernd zeichnerisch ermitteln, wenn gleiche Verhältnisse an den Meßstellen vorhanden sind.

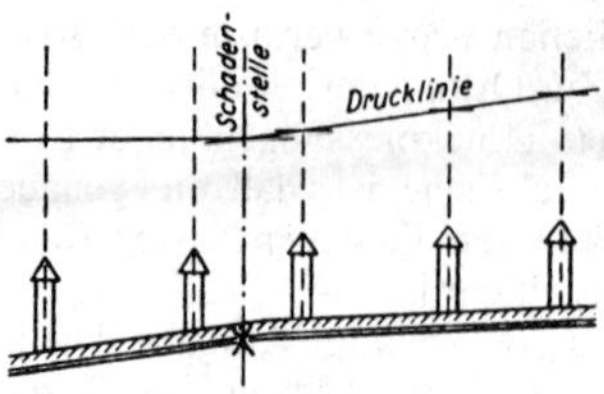

Abb. 13-8: Verlauf der Drucklinie bei einem Rohrbruch

4.3.3 Aufsuchen von Leckstellen durch Druckmessung – Die Schadenssuche durch Druckmessung wird notwendig, wenn die Bruchstelle eine große Öffnung hat, bei der das Wasser nahezu ohne Druck abläuft. Hierbei wird der Leitungsdruck an verschiedenen Stellen des Ortsnetzes, am einfachsten an mehreren Zapfstellen der Anschlußleitungen gemessen und der vorhandene Druck in den Längsschnitt eingetragen. Am Knickpunkt der Drucklinie muß die Wasserentnahme, d. i. also die Bruchstelle, sein, **Abb. 13-8.**

4.3.4 Korrelations-Meßtechnik – Das Verfahren beruht auf der Messung und rechnerischen Auswertung der Laufzeitunterschiede, mit welchen die von einer Leckstelle ausgehenden Schallwellen die Meßpunkte zu beiden Seiten des Lecks erreichen. Von Vorteil ist, daß die Meßergebnisse nicht durch Umweltgeräusche beeinflußt werden.

4.3.5 Kontrolle der Schadenssuche – Die ermittelten Schadensstellen werden markiert. Die Schäden sind sofort zu beheben. Anschließend ist die Leitung durch nochmaliges Abhorchen zu überprüfen, ob nicht noch weitere kleinere Defekte vorhanden sind.

4.3.6 Wasserverluste in den Anschlußleitungen – Die Ermittlung ist durch Abhorchen oder Prüfen der Rücksaugung möglich.

Beim Abhorchen sind alle Zapfstellen im Anwesen und den benachbarten Anwesen zu schließen. Das Abhorchrohr wird am WZ-Eingangsventil aufgesetzt. Wenn kein Geräusch vorhanden ist, kann angenommen werden, daß die Leitung dicht ist. Bei Vorhandensein von Geräuschen ist das Wasserzählventil zu schließen. Wenn das Geräusch dadurch aufhört, liegt der Fehler in der Hausleitung. Anschließend ist der Anbohrschieber zu schließen. Wenn hierdurch das Geräusch aufhört, liegt der Fehler an der Anschlußleitung. Ist trotzdem noch Geräusch vorhanden, dann ist die Schadensstelle entweder an der Hauptleitung oder an benachbarten Anschlußleitungen, vorausgesetzt, daß der Anbohrschieber dicht schließt. Derartige Geräuschübertragungen sind nur bei Stahlrohren, Gußrohren vorhanden. Bei Verwendung von Kunststoffrohren z. B. Polyethylenrohren ist das Geräusch stark vermindert, so daß hier andere Methoden der Schadenssuche erforderlich sind, z. B. Rücksaugen.

Beim Prüfen durch Rücksaugen wird ein Glas mit Wasser so an der obersten Zapfstelle gehalten, daß der Hahn oder ein Gummischlauch in das Wasser eintaucht. Dann wird der Anbohrschieber geschlossen. Bei Rohrdefekt entleert sich die Leitung und das Wasser wird aus dem Glas ausgesaugt. Die Stopfbüchse des Hahnes muß dicht sein, da sonst infolge Luftzutritt kein Unterdruck und damit keine Heberwirkung entsteht. Die Prüfung ist ferner dadurch möglich, daß bei Schließen des Anbohrschiebers ein Teil Wasser an der Schadensstelle ausläuft und bei geöffnetem obersten Zapfhahn sich die Leitung mit Luft füllt. Bei Öffnen des Anbohrschiebers wird bei undichter Leitung zunächst die eingedrungene Luft, bei dichter Leitung sofort Wasser ausströmen.

Mit den genannten Verfahren können etwa 20 Anschlußleitungen am Tag überprüft werden.

4.4 Scheinbare Wasserverluste – Scheinbare Verluste durch Meßfehler der Meßeinrichtungen können dadurch eingeschränkt werden, daß die Meßeinrichtungen genau dimensioniert und in ausreichenden Zeitabständen überprüft werden.

Zur Verringerung der scheinbaren Verluste ist es notwendig, ungemessene Entnahmen – je nach Häufigkeit und Umfang – durch geeignete Meßeinrichtungen zu erfassen (z. B. Standrohrzähler bei Entnahme aus Hydranten). Ist eine Messung nicht möglich (z. B. bei Entnahmen zur Brandbekämpfung), sind die Abgabemengen möglichst genau zu schätzen und protokollmäßig festzuhalten. Es ist dabei zu berücksichtigen, daß Schätzungen, auch von geübtem Personal, in der Regel mit großen Unsicherheiten behaftet sind. Genauere Schätzungen erfordern Messungen vergleichbarer Wasserentnahmen.

4.4.1 Prüfen der Hauswasserzähler – An der Einbaustelle wird geprüft der richtige Einbau, richtige Größe, Pfeilrichtung, genaue waagerechte Lage, frostsicher, zugänglich, Gängigkeit der WZ, Ein- und Ausgangsventile, Sauberkeit des Siebes, Ausbau und Reinigen, örtliche Prüfung der Anzeigegenauigkeit im unteren Belastungsbereich.

Eine Mehranzeige des WZ durch Beschädigung ist selten, in der Regel liegen Minderanzeigen vor. Mehranzeige tritt auch ein, wenn durch Luftansammlung in der Hausleitung bei Druckschwankungen im Ortsnetz Wasser in die Hauptleitung wieder zurückfließt. Die Luftansammlung wirkt dabei wie ein Windkessel. Abhilfe ist durch Einbau eines Entlüftungsventiles in der Hausleitung möglich. Ferner wird Mehranzeige verursacht, wenn nach zeitweiligem Leerlaufen der Rohrleitung, z. B. an Hochpunkten, die Luft durch die Hausanschlußleitung wieder herausgepumpt wird.

13.3.4.3.3.9 Schutz der Wasserversorgungsanlagen gegen Frostschäden

1) Allgemein – Da eingefrorene Rohrleitungen den lebenswichtigen Wasserbezug ganz unterbrechen und Bauwerke durch Frosteinwirkungen erhebliche Schäden erleiden können, sind die Wasserversorgungsanlagen besonders gegen Frosteinwirkung zu schützen. Wegen der starken Ausdehnung des Wassers beim Gefrieren werden Rohre, Armaturen, Pumpengehäuse, Wasserbehälter u. a. aus weniger dehnbarem Material wie Guß, Stahl, Beton, Asbestzement, PVC gesprengt. Nur Polyethylen übersteht die Ausdehnung ohne Bruch. Wegen der großen spezifischen Wärme des Wassers gefriert Wasser, das in Bewegung ist und daher immer einen gewissen Wärmenachschub erhält, wesentlich langsamer als stehendes Wasser. Das im Boden befindliche Porenwasser erleidet beim Gefrieren ebenfalls eine Ausdehnung und verursacht eine Hebung des Bodens und nach dem Auftauen ein Setzen an den einzelnen Punkten, meist zeitlich und räumlich verschieden stark. Es können daher Hebungs- und Setzungsrisse an den Bauwerken entstehen. Frostgefährdet sind hier besonders Lehm- und Tonböden. An Frosttagen werden die Außenmauern der Gebäude stark abgekühlt, so daß an den Innenseiten Schwitzwasser- und Eisbildung entstehen kann.
In extrem kalten und langen Wintern muß mit Temperaturmitteln (Dez./Feb.) von –6 bis –7 °C und ca. 60 Eistagen gerechnet werden.
Hierbei sind Eistage solche Tage, an denen die Temperatur zu keiner Stunde über 0 °C steigt.
Die Eindringtiefe des Frostes in den Boden kann an wenig schneebedeckten Stellen, wie schneegeräumten Straßen, bei Lehm- und Tonböden 1,20 bis 1,40 m, bei Sand-Kiesböden 1,40 bis 1,60 m, an stark schneebedeckten und windgeschützten Stellen etwa 0,20 bis 0,40 m weniger, betragen. In der Umgebung von metallischen Wärme- bzw. Kältebrücken, wie Hydranten, Schiebergestängen, ferner über Kanälen, Regenauslässen u. a. dringt der Frost besonders schnell und tief ein. Das natürliche Auftauen des Bodens erfolgt vorwiegend von der Geländeoberfläche her, wegen der geringen Temperaturunterschiede anfangs langsamer. In Bayern war 1963 der gefrorene Boden 4 Wochen nach dem letzten Frosttag von oben her erst um etwa 1,00 m unter Gelände aufgetaut. Das weitere Auftauen erfolgte dann sehr rasch. Das Bayerische Landesamt für Wasserwirtschaft hat Schadensfälle der besonders strengen Winter 1962/63 und 1984/85 ausgewertet. Die **Tab. 13-17** zeigt die gemeldeten Schäden.

Tab. 13-17: Gemeldete Schäden an Leitungen und Armaturen in Bayern

	Schäden insgesamt	Bruch der Leitung	Schäden am Überflur-hydranten	Schäden am Unterflur-hydranten	Schäden an Schiebern
Versorgungsleitung außerhalb Ortsnetz	17	13	1	3	–
Versorgungsleitung innerhalb Ortsnetz	327	234	4	79	10
Hausanschlußleitungen	255	221	–	1	33

2) Zubringerleitungen, Hauptleitungen, Versorgungsleitungen
Entsprechend den allgemeinen Folgeerscheinungen beim Gefrieren des Wassers sind folgende Anlagenteile besonders gefährdet:
2.1 Leitungen mit geringerer DN als 150.
2.2 Leitungen mit zu geringer Erdüberdeckung – Die normal übliche Erdüberdeckung von 1,50 m ist ausreichend. Bei sehr großer Frosttiefe ist für geringe Wasserbewegung, Laufenlassen eines festgelegten Frosthahnes an den Endsträngen zu sorgen.
2.3 Leitungen im Bereich von Kanälen oder Lüftungsöffnungen, die Kaltluft führen – nach Möglichkeit andere Trasse wählen, sonst Abhilfe wie bei 2.2.

2.4 Bei Straßentieferlegungen müssen auch vorhandene Wasserleitungen tiefer gelegt werden.
2.5 Endstränge – nach Möglichkeit Ringstränge bilden, sonst Abhilfe wie bei 2.2
2.6 Brückenleitungen – möglichst geschützte Rohrlage, ausreichende Wärmeisolierung und Laufenlassen eines Frosthahnes an Frosttagen.
2.7 Hydranten – vor der Frostperiode prüfen, ob frei von Wasser. Häufig ist das Abreißen von Flanschen und Fußkrümmern durch Frosthebung des an Unterflurhydranten angefrorenen Bodens. Hydranten sind daher mit wenig frostempfindlichern Einfüllmaterial wie Sand und Kies oder mit Kunststoffschalen zu umgeben. Im Bereich der Hydrantenentleerung sind Sickerpackungen oder Sickersteine einzubauen.
2.8 Aufsteigende Entleerungen und Spülauslässe – vor der Frostperiode prüfen, ob frei von Wasser. Häufig ist der Vorflutgraben verschlammt und zugewachsen.
2.9 Armaturenschächte – Schachthals mit Wärmeisolierung ausführen, insbesondere bei Schächten, deren Armaturen höher heraufgeführt werden müssen (Entlüfterschächte etc.). Vor der Frostperiode innen 2. Schutzdeckel mit besonderer Wärmeisolierung anbringen. Ausnützen der Wärmezufuhr des fließenden Wassers der Rohrleitung, häufige Kontrollen.

3) Anschlußleitungen
Wegen der gegenüber dem Hauptrohrnetz etwas geringeren Rohrüberdeckung von rd. 1,30 bis 1,40 m, dem geringen Wasserinhalt der kleinen Leitungen und der fehlenden Wasserbewegung bei Fehlen einer Wasserentnahme im Anwesen sind Anschlußleitungen stärker gefährdet. Meist geht auch das Einfrieren der Versorgungsleitungen von eingefrorenen Anschlußleitungen aus. Besonders zu beachten sind:
3.1 Leitungen mit geringerer Erdüberdeckung – Die Überdeckung von 1,30 bis 1,40 m ist ausreichend. Es ist wirtschaftlicher, bei großer Frosttiefe durch Laufenlassen eines Frosthahnes das Einfrieren zu verhindern, als das gesamte Rohrnetz um 0,20 bis 0,30 m tiefer zu verlegen. Das Laufenlassen ist innerhalb des Hauses meist schon zur Verhinderung des Einfrierens der Verbrauchsleitung erforderlich. Dicke des Auslaufs etwa eine Bleistiftmine.
Dies entspricht etwa der Entnahme von 0,5 l/min. Bei einer Laufzeit während der Nacht von 20 bis 6 Uhr = 10 Stunden ist die Gesamtentnahme dabei 0,3 m^3, während der Inhalt einer 15 m langen Anschlußleitung DN 25 7,4 l beträgt. Wenn das Laufenlassen eines Frosthahnes nicht möglich ist, muß die Leitung im Keller abgesperrt und entleert werden. Zu beachten ist, daß in mit geringem Gefälle verlegten und nicht vollaufenden Entleerungsleitungen bei starker Kälteeinwirkung Frostpfropfen sich langsam aufbauen können. Besonders seicht verlegte Sommer- und Gartenleitungen sind sorgfältig zu entleeren. Beim Verlegen ist auf entsprechendes Gefälle zu achten.
3.2 Leitungen in kalten Räumen – Die Leitungen sind möglichst nicht im Bereich undichter Fenster und an Außenmauern zu verlegen, sie sind gegen Zugluft zu schützen. Fenster sind geschlossen zu halten, erforderlichenfalls durch Wärmedämmstoffe abzudichten.
3.3 Hauswasserzähler – Erfahrungsgemäß sind die häufigsten Frostschäden bei Wasserversorgungsanlagen das Auffrieren von Hauswasserzählern. In kalten, frostgefährdeten Räumen sind sie an Innenwänden, nicht im Bereich von Fenstern zu verlegen und mit Isolierstoffen zu umhüllen.
3.4 Anschlußschieber – Infolge der metallischen Kältebrücke des Schiebergestänges beginnt häufig das Einfrieren der Anschlußleitung am Anschlußschieber. Zum Verhindern eines Rohrbruches durch Frosthebung des Bodens sind die Schiebergestänge mit Sand und Kies zu umgeben. Da eine Schneedecke das Eindringen des Frostes stark vermindert, ist das früher oft geforderte Schneefreihalten der Anschlußschieber nicht zweckmäßig und nicht erforderlich, wenn deren Lage durch Hinweisschilder genau festgelegt ist.

4) Bauwerke
Die Bauwerke von WV-Anlagen sind gefährdet durch Frosthebung des Bodens unter den Fundamenten und Sohlen, durch Schwitzwasser und Eisbildung an den Außenwänden und durch Einfrieren der Leitungen, Pumpen, Wasserstandsrohre, Kessel bei fehlender oder geringer Wasserbewegung. Wenn eine Baudurchführung in die Frostperiode kommt, sind möglichst die Baugrubenwinkel zu hinterfüllen, die Kelleröffnungen mit Wärmedämmstoffen abzudichten (Bretterverschalung genügt nicht) und die Sohlen mit Dämmstoffen abzudecken.
Im einzelnen ist zu beachten:
4.1 Brunnen- und Quellsammelschächte – Die Schachthälse sind mit Wärmedämmstoffen zu isolieren. Während der Frostperiode ist ein 2. Deckel mit Wärmeisolierung anzubringen.

4.2 Pumpwerke – Da bei Stillstand der Pumpen keine Wasserbewegung in den Anlageteilen stattfindet, sind alle Räume mit Rohrleitungen, Pumpen, geschlossenen Aufbereitungsanlagen, Schaltgeräten u. dgl. mit Heizung auszurüsten. Es genügt, wenn eine Temperatur von +5 bis +10 °C eingehalten wird. Bei Riesler- und Verdüsungsräumen sind die Belüftungsöffnungen so weit zu schließen, daß keine Eisbildung möglich ist. Bei starkem Frost sind die Anlagen besser ganz außer Betrieb zu nehmen, zumindest die Anlagen ohne Einblasen von Kaltluft zu betreiben. Bei Desinfektion mit Chlorgas ist eine Temperatur des Chlorraumes von mindestens +15 °C erforderlich.
4.3 Hochbehälter – Wasserkammern mit 1,00 m Erdüberdeckung sind ausreichend frostgeschützt. Kältebrücken sind z. B. Belüftungsöffnungen. Zweckmäßig werden diese so geführt, daß Temperaturausgleichungen der Luft möglich sind, z. B. über das Bedienungshaus (Schieberkammer). Stark gefährdet ist das Bedienungshaus, das meist ohne Erdüberdeckung frei steht. Bei großen Hochbehältern ist eine Beheizung auf +5 bis +10 °C empfehlenswert. Bei Fehlen einer Heizung muß bei der architektonischen Gestaltung vor allem die ausreichende Wärmeisolierung berücksichtigt werden.
Da Frostschäden besonders stark bei Tauwasser- und Eisbildung und Durchfeuchtung der Wände auftreten, müssen die Wasserkammern vom Eingangsteil des Bedienungshauses durch Zwischenwände abgesperrt werden. Im Eingangsteil dürfen keine frostempfindlichen Wand- und Bodenplatten verwendet werden. Die Wände sind mit besonderer Wärmeisolierung auszuführen, große Glasflächen sind zu vermeiden, andernfalls sind besonderes Isolierglas und Heizung vorzusehen. Wasserstandsrohre zur Fernübertragung des Wasserstandes sind besonders wärmegeschützt aufzustellen. Vorteilhaft ist die Verwendung moderner Druckmeßgeräte ohne Wasserstandsrohr. Bei größeren Behältern ist die Anordnung der Nebenräume entlang der Außenmauern aus wärmetechnischen Gründen zweckmäßig.
4.4 Wassertürme – Die hohen, freistehenden Bauwerke sind besonders frostgefährdet. Der normal übliche Umgang zwischen Wasserkammern und Turmschaft ist zum Schutz der Wasserkammern ausreichend, da diese durch das Wasser ein großes Wärmespeichervermögen besitzen. Erforderlich ist aber ein Abtrennen mit Zwischendecken und Türen bei Rohrkeller, Armaturenboden unter den Wasserkammern, Bedienungsboden über den Wasserkammern.
Zweckmäßig ist, im Armaturen- und Bedienungsboden die Rohrinstallation auf engem Raum in einem von den Außenwänden getrennten Raum anzuordnen und diesen mit automatischer Heizung zu versehen.

5) Auftauen von eingefrorenen Rohrleitungen

Eingefrorene Leitungen sind so rasch wie möglich wieder aufzutauen, nicht nur um den Wasserbezug wieder zu ermöglichen, sondern auch um das Weiterwachsen des Eispfropfens und möglichst die Sprengwirkung des Eises zu verhindern.
5.1 Erwärmen von außen – Dies ist nur möglich bei metallischen, wärmeleitenden Rohren, also Stahlrohren, Gußrohren, nicht bei Kunststoffrohren aus PVC und Polyethylen. Die Rohre werden von außen mit heißen Tüchern, Heißluft-Ventilator, Dampf, Lötlampe angewärmt. Bei starkem Erhitzen, z. B. mit der Lötlampe, muß langsam und vorsichtig gearbeitet werden, da sich zwischen zwei stehengebliebenen Eispfropfen Wasserdampf bilden kann, der die Rohre sprengt (Unfallgefahr). Zum Ablaufen des aufgetauten Eiswassers ist der nächste Hahn offen zu lassen, meist der Entleerungshahn am WZ-Auslaufventil.
Diese Arbeiten können auch vom Wasserabnehmer selbst ausgeführt werden. Falls dadurch die Leitung nicht aufgetaut wird, muß das Wasserwerk verständigt werden.
5.2 Auftauen mittels Auftautransformator – Durch elektrischen Strom mittels Auftautransformator werden metallische, elektrisch leitende Rohre erwärmt und aufgetaut; zweckmäßige Spannung nicht über 40 Volt, meist 10 Volt, Stromstärke 200–1 500 Ampere, Ausführung nur durch Fachleute unter Beachtung der VDE-Schutzvorschriften. Bei Anschlußleitungen aus Stahlrohren ist dieses Verfahren das übliche. Grundsätzlich ist dabei der Hauswasserzähler auszubauen, vorhandene Erdungen zu entfernen. Benachbarte Leitungen, z. B. Gasleitungen, sind dabei hinsichtlich Erwärmung zu prüfen. Kunststoffrohre aus PVC und Polyethylen können elektrisch nicht aufgetaut werden. Auch Gußrohre mit Gummiverbindung sind wenig elektrisch leitend und daher elektrisch kaum auftaubar.
Die Dauer des Auftauens einer 30 m langen Gußrohrleitung DN 150 beträgt rd. 6 Stunden.
5.3 Auftauen durch Einleiten von Dampf, Heißwasser – Bei Versorgungsleitungen ist das Auftauen durch Einleiten von Dampf mittels Dampfgeräte, z. B. Zwergdampfkessel mit Propanheizung (fahrbar), am geeignetsten. Bei Anbringen einer Düse am Dampfschlauch in Form eines Dampfspießes können Ventilsitze und auch gefrorene Bodenschichten gut aufgetaut werden.

Bei Anschlußleitungen aus nichtmetallischen Werkstoffen wird am besten Heißwasser zum Auftauen verwendet. Hierbei wird bei Anschlußleitungen der Anbohrschieber geschlossen, wenn er nicht auch eingefroren ist, das WZ-Eingangsventil entfernt und vom Keller aus eine kleine schmiegsame Kunststoffleitung, etwa 10 mm Außendurchmesser, in das eingefrorene Rohr eingeschoben, mittels Pumpe Heißwasser eingeführt, wobei im Zwischenraum das Auftauwasser mit dem Tauwasser in den Keller zurückläuft; entsprechend dem Auftaufortschritt wird das Heißwasser-Auftaurohr nachgeschoben. Die Dauer des Auftauens einer 15 m langen Anschlußleitung DN 25 beträgt rd. 1 Stunde.

6) Hinweise an Anschlußnehmer
Alljährlich ist vor Eintreten der Frostperiode durch das WVU durch öffentliche Bekanntmachung und Merkblätter, durch Presse und Rundfunk wiederholt auf die Gefahren des Frostes für die Wasserleitungen und auf die oft hohen Instandsetzungskosten hinzuweisen, die auch die Anschlußnehmer treffen können, wenn sie ihre Anschlußleitungen und Verbrauchsleitungen nicht genügend schützen. Zweckmäßig werden die Anschlußnehmer bei den Wasserzählerablesungen vom Wasserwerkspersonal über einen geeigneten Frostschutz beraten.

13.3.4.4 Anschlußleitungen

Zu den Betriebsaufgaben gehört i. a. die Planung, Bauoberleitung und örtliche Bauführung beim Herstellen der Anschlußleitungen, nur bei großen Neubaumaßnahmen wird dies einem Ingenieurbüro übertragen. Nach der Verordnung über allgemeine Bedingungen für die Versorgung mit Wasser (AVBWasserV) beginnt der Hausanschluß an der Abzweigstelle des Verteilungsnetzes und endet mit der Hauptabsperrvorrichtung. Die Hausanschlüsse gehören zu den Betriebsanlagen des WVU und stehen vorbehaltlich abweichender Vereinbarungen in dessen Eigentum; sie werden ausschließlich von diesem hergestellt, unterhalten, erneuert, geändert, abgetrennt und beseitigt.
Wenn die Zahl der Anschlüsse gering ist, werden die hierfür anfallenden Arbeiten vom Betrieb der öffentlichen Anlage übernommen. Bei großen WVU mit vielen Anschlußleitungen wird oft eine eigene Betriebsabteilung für Anschlußleitungen eingerichtet, welche alle technischen Aufgaben des Baues und Betriebes der Anschlußleitungen und die technische Beratung der Abnehmer ausführt.

13.3.4.5 Besondere Schutzmaßnahmen

13.3.4.5.1 Allgemein

Planung, Bau und Betrieb müssen so erfolgen, daß ein weitgehender Schutz der WV-Anlage und des Trinkwassers gegeben ist. Besondere Schutzmaßnahmen sind Schutzmaßnahmen bei Unfällen mit wassergefährdenden Stoffen und der Objektschutz.

13.3.4.5.2 Schutzmaßnahmen bei Unfällen mit wassergefährdenden Stoffen

WV-Anlagen, insbesondere die Wasserfassungen, können durch Unfälle, Betriebsstörungen, technische Mängel oder fahrlässiges Verhalten beim Transport, Lagern und Arbeiten von bzw. mit wassergefährdenden Stoffen gefährdet werden. Bei einer solchen Gefährdung ist unverzüglich die zuständige Gemeindeverwaltung unter dem Kennwort „Öl-Unfall" zu verständigen, damit sofort nach den einschlägigen Rechts- und Verwaltungsvorschriften die geeigneten Abwehrmaßnahmen eingeleitet werden können.
1) Sofortmaßnahmen – Es muß das weitere Auslaufen der wassergefährdenden Stoffe verhindert, Ersatz-Auffangraum bereitgestellt, der Auslaufbereich eingedämmt und ölbindende und aufsaugende Materialien auf die Auslauffläche gestreut werden.
2) Folgemaßnahmen – Sie werden in der Regel vom zuständigen Landratsamt mit den beigezogenen Sachverständigen und im Benehmen mit dem Betriebsleiter des betroffenen WVU angeordnet. Es kommen in Frage:
Intensivierung der Sofortmaßnahmen, Warnung der möglicherweise betroffenen Anlieger – auch Abwasseranlagen, landwirtschaftliche Betriebe, Gebäudefundamente, Kabel, Rohrleitungen, sonstige Wasserbenutzer können geschädigt werden –, erforderlichenfalls Stillegungen der Wasserentnahme, laufende Kontrolle der Wasserbeschaffenheit, Aufnehmen der wassergefährdenden Stoffe am Unfallort und evtl. an Ufern, Oberflächengewässern und Abtransport, Entfernen des öldurchtränkten Bodens und der Aufsaugmaterialien, Anlegen von Schürfgruben oder Bohrungen zur Ermittlung der Ausdeh-

nung der Verunreinigung, Abpumpen des Öls aus dem Grundwasser, Anlegen und Abpumpen von Abwehrbrunnen, Bodenluftabsaugeverfahren.
Besonders wichtig ist eine genaue Sammlung aller Anordnungen und Ausgabenbelege für die finanzielle Schadensregulierung.
3) Vorsorgemaßnahme – Jedes WVU hat zu klären, wo Behälter und Transportfahrzeuge für das Umfüllen zur Verfügung stehen, wo Ölbindemittel lagern und sofort beschafft werden können, welche Firmen für das Abbaggern von verunreinigtem Boden und das Niederbringen von Schürfgruben und Brunnen jederzeit einsatzbereit sind. Vom WVU sind die hydrogeologischen Verhältnisse der Wasserfassungen mit Plänen schriftlich festzulegen, damit diese sofort den Sachverständigen bekannt gemacht werden können. Im Einzugsgebiet der Fassungen sind alle oberirdisch verlaufenden Bäche und Gräben lage- und höhenmäßig einzumessen, damit sofort der voraussichtliche Verlauf eines etwaigen Abfließens bekannt ist. Je nach Größe des Wasserwerks ist eine Ölwehr-Ausstattung bereitzuhalten.

13.3.4.5.3 Objektschutz

Der Objektschutz wird von einer Fachfirma im Benehmen mit dem WVU festgelegt und erstellt; eine Beratung durch die zuständige Polizei ist empfehlenswert. Die Funktion des Objektschutzes muß im Bereich der Wartung laufend kontrolliert werden. Nur bei sehr kleinen Anlagen ist i. a. der einwandfreie Verschluß, evtl. mit mechanischen Verschlußsicherungen für Türen, Fenster und Schachtdeckel, und eine Umzäunung ausreichend. Meist sollten aber mindestens Verschlußkontakte, dann Licht- und Schallschleusen mit Fernmeldung, bei großen Anlagen Fernsehkameras eingesetzt werden. Der Objektschutz muß um so weitreichender sein, je stärker die WV-Anlage auf automatischen Betrieb eingestellt ist.

13.3.4.6 Baumaßnahmen

13.3.4.6.1 Mitwirkung des Betriebes bei Baumaßnahmen

Da die Zahl des Betriebspersonals i. a. nach den örtlich vorhandenen Betriebserfordernissen bemessen ist, können zusätzliche Aufgaben der Planung, Bauoberleitung und örtlichen Bauführung von größeren Baumaßnahmen nicht vom Betrieb übernommen werden; sie werden daher an fachkundige Ingenieurbüros vergeben. Dabei ist eine intensive Mitwirkung des Betriebes unerläßlich. Wesentliche Arbeiten sind dabei:
1. Festlegen der Zielsetzung der Baumaßnahme
2. Festlegen des Ingenieurauftrages
3. Abstimmung der Planung und Bauausführung auf die Belange des störungsfreien Betriebes
4. Mitwirkung bei der Ausschreibung, insbesondere bei der Festlegung der zusätzlichen Vertragsbedingungen und Technischen Vorschriften
5. Beurteilung der Angebote und Zuschlagsvorschläge an den zuständigen Ausschuß des WVU
6. Abnahme der Baumaßnahmen und Übernahme.

13.3.4.6.2 Planung und Bauoberleitung durch Angehörige des WVU

Wenn aus besonderen Gründen das WVU die Planung und Bauoberleitung durch eigenes Personal ausführen lassen will, ist diese Tätigkeit gesondert vom Betrieb in einer eigenen Bauabteilung auszuführen und abzurechnen, gegebenenfalls in Personalunion mit Betriebsangehörigen. Empfehlenswert ist dies jedoch nur dann, wenn die betreffenden Betriebsangehörigen eine ausreichende Erfahrung in Planung und Bauoberleitung von WV-Anlagen haben. Zu beachten ist, daß der Betrieb und die Betriebsangehörigen selbst damit eine erhebliche Haftung übernehmen.

13.3.4.6.3 Bauausführung durch das WVU

Die Ausführung von Bauarbeiten durch das WVU ist selten zweckmäßig und wirtschaftlich. Zu der Bereitstellung des erforderlichen Personals kommt das Bereithalten der Baugeräte und Baustelleneinrichtung, die Verantwortlichkeit und Haftungsfrage. Es ist daher zweckmäßig, Bauarbeiten, auch größere Reparaturen, von Fachfirmen ausführen zu lassen.

13.4 Verwaltung

13.4.1 Anforderungen

Die Verwaltung muß sicherstellen, daß
1. die für Betrieb und Verwaltung geltende Satzung des WVU, die Betriebsordnung und Geschäftsordnung sowie die Wasserabgabe – und Beitrags- und Gebührensatzung eingehalten werden,
2. das WVU wirtschaftlich arbeitet,
3. das für Betrieb und Verwaltung erforderliche Personal nach Zahl und Fachkunde zur Verfügung steht,
4. die für Planung, Bau, Betrieb und Verwaltung einschlägigen Gesetze, Verordnungen und anerkannten Regeln der Technik eingehalten werden, soweit dies nicht in der Zuständigkeit des Betriebes liegt.

13.4.2 Verwaltungspersonal

Der Personalbedarf der Verwaltung ist sehr unterschiedlich und abhängig davon, ob das WVU ein Einzelbetrieb, z. B. WV-Zweckverband mit Gemeinden als Großabnehmer, ein Teilbetrieb innerhalb eines Eigenbetriebes mit mehreren Sparten, z. B. Stadtwerke, ist und ob viel Bautätigkeit anfällt, wie z. B. bei einer im Aufbau begriffenen Großraumversorgung. Die oft geringe Personalstärke erfordert weitgehende selbständige Arbeit und daher eine sehr sorgfältige Ausbildung auf den vielseitigen Gebieten des Verwaltungs-, Kassen-, Rechnungs- und Rechtswesens.

13.4.3 Verwaltungsaufgaben

13.4.3.1 Allgemeine Verwaltungsaufgaben

13.4.3.1.1 Allgemein

Dieser Bereich, meist vom Geschäftsleiter selbst geleitet, umfaßt im allgemeinen die Sachbearbeitung von:
1. Organisation und Satzung des WVU
2. Betriebsordnung
3. Geschäftsordnung
4. Wasserabgabe- und Beitrags- und Gebührensatzung
5. Statistik, Archiv, Registratur mit Akteneinteilung etwa nach dem Einheitsaktenplan
6. Geschäftsverteilungsplan mit Zuordnung der einzelnen Aufgabenbereiche zu Sachgebieten
7. Öffentlichkeitsarbeit und Leitung der übrigen Sachgebiete.

Das Rechts- und Vergabewesen soll hier bei den Allgemeinen Verwaltungsaufgaben betrachtet werden. Je nach Größe des WVU werden die einzelnen Aufgabenbereiche von selbständigen Sachgebieten bearbeitet oder bei kleinen Anlagen in wenigen Sachgebieten zusammengefaßt. Da im Taschenbuch nur die wesentlichen Aufgabenbereiche der Verwaltung dargestellt werden, wird auf die Spezialliteratur verwiesen.

13.4.3.1.2 Rechts-, Vertrags- und Versicherungswesen

Es ist zweckmäßig, wenn die Rechtsangelegenheiten bei der Verwaltung zusammengefaßt sind, auch wenn im wesentlichen Planung, Bau und Betrieb von den Rechtsangelegenheiten betroffen sind und der Betrieb die meisten Unterlagen für die Rechtsangelegenheiten liefern muß.
Die einschlägigen Rechtsvorschriften und Technischen Regelwerke sind in Abschn. 13.3.3 aufgeführt. Die Verwaltung unterstützt das technische Betriebspersonal bei der Erstellung der jeweiligen Antragsunterlagen, der Durchführung der rechtlichen Verfahren, der Beachtung von Terminen und Fristen und der Einhaltung von Auflagen und Bedingungen.
Daneben sind von der Verwaltung die Vertragsangelegenheiten im Hinblick auf eine rechtliche und wirtschaftliche Optimierung der Verhältnisse zu bearbeiten und in Widerspruchsverfahren mitzuwirken. Bei Haftungs- und Schadensfällen unterstützt die Verwaltung den technischen Betrieb.

13.4.3.1.3 Vergabewesen

Die Ausschreibungen und die Beurteilung der Angebote bzw. die Mitwirkung bei der Ausführung von Ingenieurleistungen, Bauleistungen und Leistungen im technischen Bereich werden i. a. vom Betrieb, für den Verwaltungsbereich von der Verwaltung vorbereitet. Die Ausschreibung, die Verträge und Auftragserteilungen werden von der Verwaltung erstellt und vom Unterschriftsberechtigten unterzeichnet (s. Kap. 11).

13.4.3.2 Grundstückswesen

Die Arbeit dieses Sachgebiets ist um so umfangreicher, je zahlreicher und größer die Neubaumaßnahmen sind und je mehr private Grundstücke durch die WV-Anlage in Anspruch genommen werden. Dies gilt insbesonders für die Zubringer- und Fernleitungen und für die Trinkwasserschutzgebiete. Als wesentliche Arbeiten fallen an:

1. Kauf von Grundstücken für die Bauwerke wie Maschinenhaus, Aufbereitungsgebäude, Hochbehälter, Schächte, und für den Fassungsbereich der Trinkwasserschutzgebiete
2. Grunddienstbarkeiten für das Einlegen der Rohrleitungen in private Grundstücke.
3. Vereinbarungen über das zeitweilige Überlassen von Grundstücken für Baustelleneinrichtungen und Baufeldbreiten
4. Abschluß von Gestattungsverträgen über Kreuzungen von Rohrleitungen mit Straßen, Bahnlinien, Oberflächengewässer
5. Regelung der Entschädigungen für die Inanspruchnahme von Grundstücken und Flurschäden
6. Vermietung und Verpachtung

13.4.3.3 Personalwesen

Die wesentlichen Aufgaben sind:

1. die Vorbereitung der Einstellung und des Abschlusses der Dienstverträge des Personals
2. die Aufstellung einer Dienstordnung, meist wird die ADO = allgemeine Dienstordnung der Staatsbehörden übernommen, und die Aufstellung der Dienstanweisungen im Benehmen mit dem Betrieb
3. die Sachbehandlung der Löhne, Gehälter, Reisekosten des Personals und die Vergütungen und Aufwandsentschädigungen z. B. für Vorsitzende, Ausschußmitglieder, Verbands- und Stadträte
4. Fortbildung des Personals.

13.4.3.4 Finanzwesen

13.4.3.4.1 Allgemein

Für das Finanzwesen sind maßgebend die jeweiligen Verordnungen über das Haushalts-, Kassen- und Rechnungswesen der Gemeinden, der Landkreise und Bezirke. Für größere Versorgungsgebiete sind Eigenbetriebsverordnungen (EBV) anzuwenden. Die Verbände und Zweckverbände sind einbezogen. Für die als AG oder GmbH betriebenen WVU gelten die entsprechenden Gesetze.

13.4.3.4.1.1 Regiebetrieb

1) Kameralistische Buchführung – Bei kleinen Gemeinden <3000 E (< 10 000) wird das WVU als unselbständiger Betrieb ohne eigene Vermögensverwaltung geführt. Die Rechnungslegung erfolgt nach kameralistischen Grundsätzen im gemeindlichen Verwaltungshaushalt (bisher ordentlicher Haushalt), die Abrechnung erfolgt nach Einnahmen und Ausgaben.
Es ist jedoch notwendig, die auf die WV entfallenden Teile gesondert herauszustellen. Die Wassergebühren sind so festzulegen, daß die Ausgaben durch die Einnahmen der WV gedeckt werden, so daß keine sonstigen gemeindlichen Mittel für die WV in Anspruch genommen werden müssen.
2) Ausgabenrechnung – In dieser werden die tatsächlich angefallenen Ausgaben des Betriebes und der Verwaltung der WV-Anlage zusammengestellt. Sie bestehen aus:
Betriebskosten – d. s. Kosten für Stromverbrauch, sonstige Energiekosten, Schmiermittel, Verbrauchsmaterial für Aufbereitungsanlagen u. a. Für die Finanzplanung werden die Betriebsausgaben geschätzt aus

voraussichtliche Wasserabgabe m^3/a · bisherige Betriebskosten/m^3,
oder aus: Q_a · Stromverbrauch kWh je m^3 bei H m Förderhöhe · Stromtarif · 1,2 (als Zuschlag für sonstige Betriebsstoffe).

Tab. 13-18: Durchschnittliche Nutzungsdauer und Abschreibungssätze für Wasserwerke nach der AfA-Tabelle des Bundesministers der Finanzen

Gegenstand	Nutzungsdauer (Jahre)	Abschr.-Satz (v. H.)
Betriebsgebäude	50	2
Gemauerte Brunnen	50	2
Bohrbrunnen	20	5
Schachtbrunnen	50	2
Hochbehälter	–	–
a) Bauwerke	50	2
b) Behälter	25	4
c) Rohre	25	4
d) Schieber	25	4
Kesselanlagen	20	5
Maschinen	15	7
Pumpen		
a) Kolben	15	7
b) Kreisel	10	10
Rohrleitungen	33–50	3–2
Wasseraufbereitung	20	5
Wasserzähler (Haupt-)	15	7

Personalkosten – für das technische Personal und anteilige Kosten der Gemeindeverwaltung. Für die Finanzplanung geschätzt aus bisherigem Aufwand, oder aus: Zahl der Einwohner · Jahreskosten eines Wassermeisters einschl. sozialer Abgaben/1200 · 1,2 (als Zuschlag für sonstige Personalausgaben), da Personalbedarf bei kleinen Anlagen etwa 1 je 1200 E.
Instandhaltung – Kosten der Reparaturen. Für die Finanzplanung etwa 0,8–1,2 v. H. Neuwert der WV-Anlage je nach Störanfälligkeit der WV-Anlage.
Zinsen – entsprechend Anfall
Tilgung, Erneuerungsrücklage – die Tilgung wird entsprechend dem aufgenommenen und noch aufzunehmenden Darlehen eingesetzt. Die Erneuerungsrücklage soll etwa der jährlichen Abschreibung entsprechen, wenn die Darlehen getilgt sind, somit: Tilgung + Erneuerungsrücklage = Abschreibung. Abschreibungssätze und Nutzungsdauer **Tab. 13-18.**
3) Einnahmerechnung – die Einnahmen ergeben sich aus dem Wasserverkauf und sonstigen kleineren Einnahmen, z. B. Baukostenzuschüsse, Erstattung der Herstellungskosten der Hausanschlüsse.

13.4.3.4.1.2 Eigenbetrieb

1) Kaufmännische Buchführung – Das WVU wird nach betriebswirtschaftlichen Grundsätzen geführt, Eigenbetriebs VO und Kommunale Haushalts VO sind zu beachten. Die Wirtschaftsführung eines Haushaltsjahres wird in einer Haushaltssatzung festgelegt und vom Unternehmensträger beschlossen. Betrieb und Verwaltung müssen im Rahmen der Haushaltssatzung geführt werden. Die Wirtschaftsführung eines abgelaufenen Haushaltsjahres wird im Jahresabschluß festgestellt. Es entsprechen:

Planung des nächsten Haushaltsjahres	Jahresabschluß
Wirtschaftsplan	Bilanz
Erfolgsplan	Erfolgsrechnung
Vermögensplan	
Finanzplanung	
Stellenplan	Stellenübersicht
	Anlagenverzeichnis
	Jahresbericht
	Geschäftsbericht

2) Bilanz – hierin wird das Vermögen des WVU dargestellt bestehend aus:
Aktivseite – vorhandenes Anlagevermögen mit Jahreszugang, Umbuchung, Abschreibung und Umlaufvermögen (Vorräte, Forderungen, Kassenbestand, Guthaben etc.)
Passivseite – Stammkapital, Einlagen, Zuschüsse, Wertberichtigungen zu Sachanlagen, Rückstellungen, Verbindlichkeiten gegenüber Kreditinstituten und aus Lieferungen und Leistungen
3) Gewinn- und Verlustrechnung – Es werden die Jahreserträge und Jahresaufwendungen nach kaufmännischen Gesichtspunkten, d. h. unter Berücksichtigung von Abschreibung, Wertberichtigungen, etwa wie folgt zusammengestellt (Beispiel eines bayer. Zweckverbandes):

1. Umsatzerlöse
   - Verbrauchsgebühren
   - Umsatzerl. Reparaturen, Umbauten
   - Ertragszuschüsse
2. Andere aktivierte Eigenleistungen
   - Aktivierte Löhne
   - Gemeinkosten
   - Fuhrparkleistungen
3. Sonstige betriebliche Erträge
   - Erträge aus dem Abgang von Gegenständen und des Anlagevermögens
   - Erträge aus der Auflösung v. Rückstellungen
   - Pachteinnahmen
   - Mieten
   - • Summe 1.–3.
4. Materialaufwand
   a) Aufwendungen für Roh-, Hilfs-, Betriebsstoffe und für bezogene Waren
   - Fremdbezug Strom
   - Fremdbezug Wasser
   - Treibstoffe
   - Hilfs- u. Betriebsstoffe
   - Material

   b) Aufwendungen für bezog. Leistungen
   - Aufwendungen für bez. Leistungen (z. B. Fuhrpark, Wasseruntersuchungen)
   - • Summe Materialaufwand
5. Personalaufwand
   a) Löhne und Gehälter
   b) Soziale Abgaben und Aufwendungen für Altersversorgung/Unterstützung
   • Summe Personalaufwand
6. Abschreibungen
   a) Auf Sachanlagen und Vollabschreibung geringwertiger Vermögensgegenstände
   b) Auf Gegenstände des Umlaufvermögens, soweit diese die im Unternehmen üblichen Abschreibungen überschreiten.
   • Summe Abschreibungen
7. Sonstige betrieblichen Aufwendungen (nur Auswahl)
   - Verluste Abgang von Gegenständen des Anlage- und Umlaufvermögens
   - Mieten, Pachten, Gebühren, Verbandsbeiträge, Versicherungen, Bürobedarf
   - Zeitungen, Zeitschriften, Bücher, Material für Büro-/Datengeräte
   - Postaufwand (Telefon), Sonstige Frachten etc., Werbung und Inserate
   - Reiseaufwand, Prüfungs- u. Beratungskosten
   - Gerichts- und Notarkosten
   - Fremdleistung Büro- und Datengeräte, Service
   - Sonstige Aufwendungen
   - Ausgleichsleistungen Wasserschutzgebiete
   - Aus- u. Fortbildungskosten
   - Gesundheitsdienst
   - Aufwandsentschädigung für Verbandsvorsitzende
   - Soz. Aufwend. für Mitarbeiter
   - Haus- und Grundstücksaufwendungen

- Nicht verrechenbare Vorsteuer
- Haftpflichtleistungen (Flurschäden)
- Aufwendungen für den Zahlungsverkehr
- • Summe 4.–7.

8. Erträge aus Beteiligungen
9. Sonstige Zinsen und ähnliche Erträge
   • Summe 8.–9.
10. Zinsen und ähnliche Aufwendungen
11. Ergebnis der gewöhnlichen Geschäftstätigkeit (Summe 1.–10.)
12. Sonstige Steuern
13. Jahresgewinn/-verlust

Der Überblick über die wirtschaftlichen Verhältnisse des WVU wird vereinfacht, wenn folgende Unterteilungen beachtet werden:
Laufender Betrieb – neue Baumaßnahmen Betrieb – Verwaltung
Wassergewinnung – Wasseraufbereitung – Wasserförderung – Elektrische Anlagen – Fernmeldeanlage – Wasserspeicherung – Wasserverteilung – Hausanschlüsse – Sonstiges
Betriebsführung – Instandhaltung – Bau (Mitwirkung).
4) Steuern und Abgaben – Es ist notwendig, daß im Einzelfall ein Steuerberater eingeschaltet wird, da das Steuerrecht sich infolge der Gesetzgebung oft ändert. Hier soll nur angedeutet werden, welche Steuern und Abgaben einschlägig sein können.
4.1 Körperschaftsteuer
Im allgemeinen gehören WVU zu den „Betrieben gewerblicher Art" von Körperschaften des öffentlichen Rechts und sind damit körperschaftsteuerpflichtig. Die Absicht, Gewinn zu erzielen, ist nicht erforderlich. Der Besteuerung nach dem Körperschaftsteuergesetz wird das zugrunde gelegt, was nach dem Einkommensteuergesetz als Einkommen gilt; hierbei sind auch verdeckte Gewinnausschüttungen zu berücksichtigen. Für die Ermittlung des Einkommens ist es ohne Bedeutung, ob das Einkommen verteilt wird, d. h. an die Kapitaleigner ausgeschüttet wird oder nicht.
Kleine WVU können bei bestimmten Voraussetzungen von einer Veranlagung zur Körperschaftssteuer ausgenommen werden.
Inwieweit Wasserwerke wegen Gemeinnützigkeit von der Körperschaftsteuer befreit werden können, bedarf eingehender Prüfung des Einzelfalles. Etwaige Gewinne dürfen nur für die satzungsmäßigen Zwecke verwendet werden. Eigentümer oder Rechtsträger dürfen keine Gewinnanteile und in dieser Eigenschaft auch keine sonstigen Zuwendungen aus Mitteln des Betriebes erhalten.
Das für die Bemessung der Steuer zugrunde zu legende Einkommen ist der Gewinn des Kalenderjahres, dem die steuerlich nicht abzugsfähigen Ausgaben hinzugerechnet und von dem steuerlich berücksichtigungsfähige Beträge abgezogen werden. Der Gewinn ergibt sich als Unterschiedsbetrag zwischen dem Betriebsvermögen am Anfang und Schluß eines Wirtschaftsjahres zuzüglich Entnahmen, abzüglich Einlagen. Als jeweiliges Betriebsvermögen gelten alle Wirtschaftsgüter, die dem Betrieb tatsächlich dienen. Der Begriff des Wirtschaftsgutes umfaßt nicht nur Sachen und Rechte, sondern sämtliche Vor- und Nachteile (negative Wirtschaftsgüter), die einer selbständigen Bewertung fähig sind. Die Bewertung der einzelnen Wirtschaftsgüter ist im § 6 EStG geregelt. Danach sind Wirtschaftsgüter des Anlagevermögens, die der Abnutzung unterliegen, mit den Anschaffungs- oder Herstellungskosten, vermindert um die Absetzung für Abnutzung (AfA = Abschreibung), oder dem niedrigeren Teilwert anzusetzen, die übrigen Wirtschaftsgüter mit den Anschaffungs- bzw. Herstellungskosten oder mit dem niedrigeren Teilwert. Für die Höhe der Abschreibungssätze dient die amtliche AfA-Tabelle (S. 756) als Anhalt; deren Sätze werden von den Finanzämtern in der Regel anerkannt. Kürzere Lebensdauer und damit höhere Abschreibungssätze werden nur bei besonderer Begründung anerkannt werden, z. B. für Rohrleitungen mit sehr aggressivem Wasser.
Geringwertige Wirtschaftsgüter mit Anschaffungskosten bis 800,– DM können im Beschaffungsjahr voll abgeschrieben werden; dies gilt nicht für Wasserzähler, die sich im Leitungsnetz oder im unmittelbaren Anschluß an dieses Leitungsnetz befinden, z. B. für Ortswasserzähler, Zähler in Pumpwerken, Aufbereitungsanlagen, Hochbehältern usw. Dagegen gelten die Wasserzähler, die sich in der dem Hauseigentümer gehörenden Leitung befinden, als geringwertige Wirtschaftsgüter, die im Beschaffungsjahr voll abgeschrieben werden dürfen. Bei der Gewinnermittlung sind angemessene Verwal-

tungskostenbeiträge und Konzessionsabgaben abzugsfähig. Letztere richten sich bisher nach der Konzessionsabgabe-Anordnung und den Körperschaftsteuerrichtlinien.
Bei Vorliegen ordnungsgemäßer Buchführung können die Verluste der 5 vorangegangenen Veranlagungszeiträume abgezogen werden.

4.2 Gewerbesteuer

Voraussetzung ist Gewinnerzielungsabsicht. Ihrer Berechnung liegen Steuermeßbeträge zugrunde, die nach Gewerbeertrag (= Einkommen vermehrt und vermindert um verschiedene Zurechnungen und Kürzungen) und Gewerbekapital (= Einheitswert des gewerblichen Betriebes unter Hinzurechnung und Kürzung verschiedener Beträge) festgesetzt werden. Beide werden zu einem einheitlichen Steuermeßbetrag zusammengerechnet. Durch Ansatz des von der hebeberechtigten Gemeinde festgelegten Hebesatzes auf den einheitlichen Steuermeßbetrag ergibt sich die Steuer; sie fließt den Gemeinden zu.

4.3 Grundsteuer

Die Betriebsgrundstücke der Gemeindebetriebe unterliegen der Grundsteuer. Grundlage ist der Einheitswert, auf den ein Steuermeßbetrag festgesetzt wird (im allgemeinen 10 v. T. des Einheitswertes); für bebaute Grundstücke (Gebäude) sind Abstufungen vorgesehen (Altbauen, Neubauten), die sich nach der Einwohnerzahl richten. Der Jahresbetrag der Steuer wird nach einem Hundertsatz des Steuermeßbetrages (Hebesatz) berechnet. Die Grundsteuer ist eine Gemeindesteuer.

4.4 Umsatzsteuer (Mehrwertsteuer)

Die Lieferung von Wasser durch die Gemeinden, öffentlich-rechtlichen Verbände und privaten Unternehmungen, gleichgültig, ob selbsterzeugt oder erworben, unterliegt der Mehrwertsteuer (Umsatzsteuergesetz). Der Unternehmer eines Wasserwerkes kann die von anderen Unternehmen gesondert in Rechnung gestellte Steuer für Lieferungen und Leistungen, die für sein Unternehmen ausgeführt worden sind, sowie die entrichtete Einfuhrumsatzsteuer für Gegenstände, die für sein Unternehmen eingeführt worden sind, als Vorsteuer abziehen.

4.5 Grunderwerbsteuer

Sie wird vom Wert der Gegenleistung (z. B. Kaufpreis, Tauschleistung) berechnet, ausnahmsweise vom Einheitswert des Grundstückes. Die Eintragung ins Grundbuch darf erst dann erfolgen, wenn eine Bescheinigung des zuständigen Finanzamtes vorgelegt wird, daß der Eintragung steuerliche Bedenken nicht entgegenstehen (Unbedenklichkeitsbescheinigung).

4.6 Vermögensteuer

Unternehmen sind von der Vermögensteuer befreit, wenn die Anteile an ihnen ausschließlich dem Bund, einem Land, einer Gemeinde, einem Gemeindeverband oder einem Zweckverband gehören und die Erträge ausschließlich diesen Körperschaften zufließen.

4.7 Konzessionsabgabe

Sie ist vom Wegerecht abgeleitet, bedeutet also ein Entgelt für die Benutzung gemeindlicher Wege für Rohre, Kabel usw.

4.8 Verwaltungskostenbeiträge

Sie können an die Gemeinden insoweit gezahlt werden, als durch sie Aufwendungen abzugelten sind, die auf Verlangen oder zum Vorteil des Wasserwerkes durch die Gemeinde gemacht worden sind. Dabei kann es sich um Kosten handeln, die mit ihrem Anteilsbetrag genau errechnet werden können, und um solche, bei denen der Anteilsbetrag geschätzt werden muß. Der Ansatz eines Pauschalbetrages ohne rechnerische Begründung läßt nicht erkennen, ob er den tatsächlichen Verhältnissen gerecht wird.

Das Wasserwerk ist beispielsweise belastbar mit anteiligen Versicherungsprämien (Wasser-, Feuer-, Unfall-, Haftpflichtversicherung), Organisationsbeträgen (Gemeindetag, Prüfungsverbände), Mietbeträgen für mitbenutzte Räume, Gehälter und Löhne für gemeindliches Personal, das für die Werke tätig ist (Ableser, Kassier), Zinsen für Darlehen, welche von den Gemeinden für das Wasserwerk aufgenommen wurden, sowie für innere Darlehen der Gemeinden an ihre Werke, Kosten des gemeindlichen Bauamtes, soweit es für das Wasserwerk tätig ist, Reisekosten für gemeindliches Personal anläßlich einer Tätigkeit für das Wasserwerk, Pensionslasten früherer Werksangehöriger, Gesundheitsüberwachungen. Als Verwaltungskostenbeitrag gilt auch die anteilige Tätigkeit des Bürgermeisters (jedoch nicht für seine Aufsichtstätigkeit), Gemeinderates, Werkausschusses, der Kämmereiverwaltung, der allgemeinen Verwaltung (z. B. Rechtsberatung, durch den Stadtrechtsrat), der Tätigkeit einer gemeindlichen Rechnungsprüfstelle oder des Einziehungsamtes bei Gebührenbeitreibung.

5) Anlagennachweis – Für die einzelnen Anlagenteile des WVU werden zusammengestellt: Anschaffungswerte: Anfangsstand, Zugang, Abgang, Endstand

Abschreibungen, Wertberichtigungen: Anfangsstand, Zugang, Abgang, Endstand Restbuchwerte: (Ende des Jahres)
6) Jahresbericht – Es wird kurz die Tätigkeit des Betriebes und der Verwaltung beschrieben, insbesondere hinsichtlich Betriebsstatistik, Durchführung größerer Reparaturen und neuer Baumaßnahmen, Änderung von Satzungen, Betriebs- und Geschäftsordnung und Geschäftsverteilungsplan.
7) Jahres-Geschäftsberichte – Es werden Bilanz und Erfolgsrechnung erläutert und die Unterschiede dargestellt zwischen:
Wirtschaftsplan und Bilanz
Erfolgsplan und Erfolgsrechnung des Berichtsjahres und des Vorjahres.

13.4.3.4.2 Buchhaltung

Das Sachgebiet Buchhaltung bearbeitet im wesentlichen die gesamte Buchführung mit der Sachbehandlung der Rechnungen, wobei die Bestätigung der sachlichen Richtigkeit und die Feststellung je nach Zuständigkeit dem Betrieb oder der Verwaltung obliegt.
In der Buchhaltung erfolgt die Aufteilung der Einnahmen und Ausgaben auf die einzelnen Bereiche. Je eingehender diese Unterteilung ist, um so besser können Wirtschaftlichkeit, Engpässe usw. der einzelnen Anlagenteile beurteilt und Verbesserungsvorschläge und Vorausplanungen erstellt werden.

13.4.3.4.3 Kasse

Die Kasse wickelt die Kassengeschäfte ab, wobei Zahlungsanordnung durch den hierfür Beauftragten getrennt von der Ausführung der Zahlung sein muß.

13.4.3.4.4 Überwachung des Kassen- und Rechnungswesens

Am Beispiel eines Zweckverbandes wird die Überwachung des Kassen- und Rechnungswesens dargestellt, bei WVU mit anderen Organisationsformen sind ähnliche Regelungen vorhanden. Für das WVU einer Gemeinde ist der Entwurf der Haushaltssatzung, Bilanz und Jahresabschluß unter Mitwirkung des für das Finanzwesen der Gemeinde zuständigen Gemeindebeamten (Kämmerer) zu erstellen.
1) Kassenaufsicht – es wird vom Verbandsausschuß ein Kassenaufsichtsbeamter bestimmt, meist der Leiter der Verwaltung
2) Regelmäßige Kassenprüfungen – durch Kassenaufsicht, mind. vierteljährlich, davon 2 unvermutet, hierüber Niederschriften
3) Unregelmäßige Kassenprüfungen – durch Vorsitzenden, mind. 1 mal jährlich
4) Haushaltssatzung – Vorlage bei der Rechtsaufsichtsbehörde
5) Jahresabschluß –
5.1 Vorprüfung durch Vorprüfungskommission des Verwaltungsrates
5.2 örtliche Prüfung durch den Verwaltungsrat
5.3 Feststellung durch die Verbandsversammlung
5.4 Überörtliche Prüfung der Bilanz und des Kassen- und Rechnungswesens je nach Organisationsform des WVU, z. B. durch staatliche Rechnungsprüfungsstelle des Landratsamtes bei gemdl. Regiebetrieben, Bayer. Prüfungsverband öffentlicher Kassen bei Eigenbetrieben, zugelassene und von der Verbandsversammlung bestimmte Wirtschaftsprüfer bei Zweckverbänden
5.5 Aufgrund der überörtlichen Prüfung nach 5.4 Beschluß der Verbandsversammlung über die Anerkennung des Jahresabschlusses.

13.4.3.5 Wasserverkauf, Kundenbetreuung

13.4.3.5.1 Wasserverkauf

Die Einnahmen eines WVU werden im wesentlichen aus dem Wasserverkauf erzielt, daher ist dieses Sachgebiet besonders wichtig für die Wirtschaftlichkeit des WVU. Die Rechtsformen für die Benutzung der WV-Anlage sind in Abschnitt 13.3.3.4 beschrieben (Vertrag oder Satzung).
Eine wesentliche Aufgabe für die Verwaltung ist der Vollzug der *Beitrags- und Gebührensatzung*. In der Beitrags- und Gebührensatzung werden die Grundsätze für die Höhe der Entgelte, die Abrechnung und Fälligkeit festgelegt. Die Einnahmen sind i. a. nicht auf die Erzielung eines Gewinns ausgerichtet.

Manchmal wird in der Satzung (z. B. Zweckverbandssatzung) die Gemeinnützigkeit festgelegt. Allerdings wird die Gemeinnützigkeit eines WVU von den Finanzämtern steuerlich i. a. nicht anerkannt.
Das Entgelt für die Wasserlieferung wird nach Wahl des WVU monatlich oder in größeren Zeitabständen, jedoch nicht wesentlich über 12 Monate, abgerechnet. Abschlagszahlungen gegen Ende einer Periode können verlangt werden. Nach AVBWasserV müssen die Vordrucke der Rechnungen und Abschläge verständlich sein; die für die Forderung maßgeblichen Berechnungsfaktoren sind vollständig und in allgemein verständlicher Form auszuweisen.
Die Höhe des Entgeltes soll so bemessen sein, daß die erforderlichen Einnahmen erzielt werden. Die Entgelte als öffentlich-rechtliche oder als privatrechtliche Forderungen werden i. a. eingeteilt in:

1. Arbeitsbetrag = gemessener Verbrauch · Arbeitspreis je Einheit
2. Bereitstellungs- bzw. Grundbetrag je Anschluß.

Das WVU ist berechtigt, zur Sicherstellung der Einnahmen die Bezahlung von Mindestwassermengen zu fordern, doch darf der Grundsatz der Berechnung nach Verbrauchsmengen nicht völlig aufgehoben sein. Je nach Versorgungsaufgabe des WVU, z. B. volle Wasserlieferung an die Endverbraucher, bis Zusatzwasserlieferung eines Zweckverbandes an WVU mit eigenen Wassergewinnungsanlagen, sind entsprechend den örtlichen Verhältnissen erhebliche Unterschiede in der Regelung des Entgeltes möglich und notwendig.
Zu den Aufgaben des Sachgebietes gehören außerdem die Festlegung von *Baukostenzuschüssen* zur teilweisen Abdeckung (bis zu 70 v. H.) der Kosten der für die örtliche Versorgung dienenden Verteilungsleitungen, wobei einbezogen werden können: Haupt- und Versorgungsleitungen, die Behälter, Druckerhöhungsanlagen, nicht jedoch Gewinnungsanlagen und überregionale Transportleitungen. Der Baukostenzuschuß kann nach Frontmeterlänge, mit einer Mindestfrontmeterlänge von 15 m, oder nach Grundstücksgröße, Geschoßfläche, Zahl der Wohneinheiten oder nach Kombinationsmaßstäben bemessen werden. Für bestehende Verteilungsnetze können bisherige Regelungen beibehalten werden.
Das Sachgebiet bearbeitet außerdem die für das WVU mögliche *Erstattung der Herstellungskosten der Hausanschlüsse* und die *Verträge zwischen dem WVU und den Anschlußnehmern* über Herstellung und Änderung der Anschlußleitungen, Wasserlieferung, Ablesung der WZ und Übergabe der Messungen an die Buchhaltung zur Erstellung der Rechnungen.

13.4.3.5.2 Kundenbetreuung

Eine wichtige Aufgabe der Verwaltung ist im Rahmen der Öffentlichkeitsarbeit die Betreuung der Abnehmer, also der Kunden („Optimierung des Ansehens, nicht nur des Umsatzes"). Die Verbraucher sollen nicht nur über die unmittelbar den Hausanschluß betreffenden technischen und wirtschaftlichen Fragen, sondern auch über solche der öffentlichen WV-Anlage unterrichtet werden. Nur dadurch ist das Verständnis der Verbraucher für zusätzliche technische Maßnahmen, Finanzierungen und notwendige Gebührenerhöhungen zu erreichen. Bei Störungen, Spülungen, Unterbrechungen sind die Verbraucher rechtzeitig zu verständigen, sehr zu empfehlen unter Angabe, weshalb die Maßnahme notwendig ist. Viele WVU nützen heute die Möglichkeiten der Öffentlichkeitsarbeit, z. B. durch „Tage der offenen Tür", „Wasserwanderungen", Messen und Ausstellungen, Kundenzeitschriften, Anzeigen. Die Fachverbände bieten einschlägige Seminare an.

13.5 Überwachung

13.5.1 Allgemein

Die lebenswichtige Bedeutung der Trinkwasserversorgung und die mögliche Gefährdung der einwandfreien Versorgung durch Mängel in der WV-Anlage, in der Betriebsführung und in der Verwaltung erfordert eine eingehende Überwachung. Wegen der möglichen Gefährdung der Allgemeinheit ist eine Überwachung durch Behörden notwendig. Dies entbindet den Unternehmensträger jedoch nicht davon, eine eingehende eigene Überwachung durchzuführen, denn die finanzielle, privatrechtliche und strafrechtliche Haftung aus Mängeln beim WVU bleibt beim WVU. In diesem Abschnitt soll nur die Überwachung des technischen Bereiches behandelt werden. Gerade bei der Eigenüberwachung besteht ein enormer Nachholbedarf bei den WVU. Die Überwachung des Verwaltungsbereiches (Rechtsaufsicht z. B. durch Landratsämter) funktioniert hingegen zufriedenstellend.

Überwachen ist mehr als Messen; Meßergebnisse sind mit dem nötigen Sachverstand in die Überwachung einzubringen.
Folgende Stellen üben Überwachungstätigkeiten aus:

- Unternehmensträger (Eigenüberwachung der WVU)
- Städte, Gemeinden, Zweckverbände (gemäß Satzung)
- Kreisverwaltungsbehörden (allgemeine Gewässeraufsicht)
- Wasserwirtschaftsverwaltung (technische Gewässeraufsicht)
- Gesundheitsverwaltung (Vollzug der TrinkwV)
- Sonstige Aufsichtsbehörden (z. B. Gewerbeaufsicht, TÜV, Berufsgenossenschaften).

Notwendig ist, daß sich jede Stelle an ihre Zuständigkeiten hält, um Überschneidungen in der Überwachung zu vermeiden. Hierfür sind enge Kontakte, bei Bedarf auch schriftliche Festlegungen (wer, was, wann überwacht) hilfreich. Gleichgeartete Überwachungen, z. B. Begehungen der WV-Anlage durch Wasserwirtschafts- und Gesundheitsverwaltung sollten möglichst gemeinsam durchgeführt werden.

13.5.2 Eigenüberwachung

Die Eigenüberwachung ist eine ständige, eigenverantwortliche Aufgabe des Unternehmensträgers (z. B. Gemeinde, Zweckverband, Betrieb, Privatperson) bzw. dessen Personal oder dessen Betriebsbeauftragten.
Die Eigenüberwachung von Wasserversorgungsanlagen wird in fast allen Bundesländern in den Landeswassergesetzen unter Begriffen wie „Eigenkontrolle“, „Eigenüberwachung“, „Schutz der Wasservorkommen“ oder „Erfassen der Wasserentnahme“ geregelt. Fast immer sind aber Rohwasseruntersuchungen gemeint. Die Vorschriften enthalten meistens Ermächtigungen, in Rechtsverordnungen die Anforderungen näher zu bestimmen. Die Länder Hessen und Nordrhein-Westfalen haben diese Ermächtigung genutzt und eine Rohwasseruntersuchungsverordnung bzw. eine Rohwasserüberwachungsrichtlinie erlassen.
Im Freistaat Bayern hat das Staatsministerium für Landesentwicklung und Umweltfragen 1995 eine „Verordnung zur Eigenüberwachung von Wasserversorgungs- und Abwasseranlagen (Eigenüberwachungsverordnung (EÜV)“ erlassen, die für den Bereich Wasserversorgung für Anlagen für die öffentliche Trinkwasserversorgung mit einer Entnahme von mehr als 1 000 m^3 im Jahr und für zu diesen Anlagen gehörende Wasserschutzgebiete, für Betriebswasserversorgungsanlagen mit einer Entnahme von mehr als 100 000 m^3 im Jahr und für Heilquellen einschließlich der Heilquellenschutzgebiete gilt. In der Verordnung werden u. a. die Eigenüberwachungspflichten mit Umfang, Betriebstagebuch, Jahresbericht, Untersuchungsverfahren geregelt. In einem Anhang sind die Überwachungspflichten für Entnahmemengen und Wasserstände der Wasserfassungen, Rohwasseruntersuchungen und Wasserschutzgebiete aufgeführt.
Die Eigenüberwachung umfaßt grundsätzlich die Kontrolle, daß die Anlagen in Ordnung sind und Umfang, Auflagen und Bedingungen von Gestattungen eingehalten werden, z. B. durch

- Betriebs- und Funktionskontrollen
- Kontrolle der Wartung und Unterhaltung
- Gewinnen, Aufzeichnen und Auswerten von Meßergebnissen
- Leistungskontrolle und Vergleich mit Grenz- und Richtwerten
- Melden von Störungen und Veranlassen von Abhilfemaßnahmen
- Dokumentieren aller wesentlichen Betriebsvorgänge (Betriebstagebuch, Jahresbericht)
- Beweissicherung in besonderen Fällen (z. B. zum Nachweis vermuteter Veränderungen und Auswirkungen von Maßnahmen).

Die Eigenüberwachung soll sich auf alle Anlagen des Wasserwerkes, das Wasservorkommen, die Entwicklungen im Einzugs- und Gewinnungsgebiet (insbesondere im Wasserschutzgebiet) und auf sich dort ereignende Vorfälle mit wassergefährdenden Stoffen und nicht zuletzt auf das abzugebende Wasser erstrecken. Der Umfang der Überwachung richtet sich nach den örtlichen Gegebenheiten.
Die überwachende Stelle muß mit entsprechendem wissenschaftlich und technisch vorgebildetem Personal besetzt sein und unmittelbaren Zugang zur Werksleitung haben.
Zwischen der Überwachungsstelle und den Betriebsstellen ist ein ständiger Informationsaustausch unumgänglich. Änderungen und Störungen im Betriebsablauf müssen der Überwachungsstelle sofort mitgeteilt werden, damit sie für die Sicherung der erforderlichen Trinkwasserbeschaffenheit gegebenenfalls Maßnahmen veranlassen kann.

Kleinere Werke, die diese Überwachung nicht selbst durchführen können, sollen sich zur Bestellung von Fachkräften zusammenschließen oder durch entsprechende Verträge die Überwachung durch benachbarte größere Wasserwerke oder andere qualifizierte Institutionen sicherstellen.
Zur Durchführung der Überwachung sind dem Stand der Technik entsprechende Meß- und Untersuchungsgeräte bzw. Meßeinrichtungen einzusetzen.
Die Ergebnisse der werkseitigen Überwachung sollen übersichtlich dargestellt werden, um der Werksleitung die Beurteilung und den Behörden die Prüfung zu erleichtern.
Diese Aufzeichnungen sollen unabhängig von gesetzlichen Vorschriften oder behördlichen Auflagen so lange aufbewahrt werden, wie sie für die Beurteilung der Wasservorkommen und die Entwicklung des Betriebes von Bedeutung sein können.

13.5.3 Staatliche Überwachung

Damit ist die hoheitliche Tätigkeit des Staates aufgrund gesetzlicher Aufträge (z. B. Allgemeine und technische Gewässeraufsicht gemäß LWG, Gewerbeaufsicht, Staatl. Gesundheitsaufsicht gemäß TrinkwV) gemeint.
Wichtige staatliche Überwachungen für den Bereich der WV-Anlagen sind die *technische Gewässeraufsicht,* z. B. durch die Wasserwirtschaftsverwaltung und die *Gesundheitsaufsicht* durch die Gesundheitsverwaltung.
Die Aufsicht wird stichprobenartig, objektbezogen, nach pflichtgemäßem Ermessen durchgeführt und zwar durch
- Kontrolle der Rechtssituation, insbesondere nach Bescheid bzw. Verordnung
- örtliche Kontrolle mit und ohne Probenahmen und Kontrollmessungen
- Kontrolle der Eigenüberwachung (auch Beweissicherung) und ihrer Nachweise (z. B. Betriebstagebuch)
- Beraten
- Auswerten und Dokumentieren der Ergebnisse, Vergleich mit Grenz- und Richtwerten
- Veranlassen von weitergehenden Messungen und Untersuchungen
- Behandeln festgestellter Mängel und Verstöße.

Hilfsmittel bei der staatlichen Überwachung sind
- Überwachungsakten (Überwachungsblätter, Bescheide, EDV-Ausdrucke etc.)
- Überwachungspläne (Kartenmaterial)
- Überwachungsprogramme
- Terminpläne
- Nachkontrollen
- Tätigkeitsberichte (Erfolgskontrolle)

Festgestellte *Mängel und Verstöße* werden z. B. behandelt als
- mündliche Beanstandung
- Unterrichten der Kreisverwaltungsbehörde
- Mitteilung an die Staatsanwaltschaft bei Verdacht einer strafbaren Handlung.

Sowohl bei der Eigenüberwachung durch die WVU als auch bei der staatlichen Überwachung fallen wichtige Meß- und Analysendaten an.
Bei der Datenübertragung (z. B. der Jahresberichte EÜV) und Datenauswertung, z. B. für die systematische Beobachtung der Grund- und Trinkwasserbeschaffenheit, müssen WVU und staatl. Stellen noch enger zusammenarbeiten. Es wurde deshalb vereinbart (u. a. in einer „Gemeinsamen Erklärung" von Vertretern der Obersten Wasserbehörden der Länder und der Wasserversorgungswirtschaft im Mai 1994), daß im Regelfall der Staat Datenbanken errichtet und betreibt. Die verschiedenen Dateien mit Daten, z. B. des gewässerkundlichen Meßwesens des Staates, aus dem Vollzug der Trinkwasserverordnung, aus der Eigenüberwachung der WVU oder der behördlichen Kontrolle der Eigenüberwachung, sollen im Interesse eines effizienten Mitteleinsatzes und zur Optimierung des Untersuchungsaufwandes miteinander verknüpft und anschließend ausgewertet und bekanntgegeben werden. Ein gegenseitiger Datenaustausch der Beteiligten (z. B. WVU, Wasserwirtschaftsverwaltung, Gesundheitsverwaltung) soll gewährleistet werden.

Literatur:

Bayer. Landesamt für Wasserwirtschaft: Hinweise und Informationen zum Ausbildungsberuf Ver- und Entsorger/ Ver- und Entsorgerin, München, 1991

Berufsgenossenschaft der Gas- und Wasserwerke, Düsseldorf: Sicherheit bei der Reinigung von Wasserbehältern in der Trinkwasserversorgung, Neue DELIWA-Zeitschrift, Heft 5/94

DELIWA: Rechtsfragen in der Ver- und Entsorgung, Fernlehrgangsheft 8.09, Hannover

Soiné, K. J., Baur, A., Dietze, G., Müller, W., Weideling, G.: Handbuch für Wassermeister, R. Oldenbourg-Verlag, München-Wien

VKU: Praxis der Kooperation, Handbuch für kommunale Versorgungsunternehmen, herausgegeben vom Verband kommunaler Unternehmen e. V., Köln-Marienburg, 1979

Anhang

14. Gesetzliche Einheiten, Zahlenwerte, DVGW-Regelwerk, DIN-Normen u. ä.

bearbeitet von Dipl.-Ing. **Gerhard Brendel**

14.1 Gesetzliche Einheiten

Gesetz über Einheiten im Meßwesen (MeßEinhG) vom 2. 7. 1969 i. d. F.v. 22. 2. 1985 (s. Abschn. 14.8.2)

14.1.1 Allgemein

Die gesetzlichen Einheiten sind: die *Basiseinheiten des SI* (Système International d'Unités = Internationales Einheitensystem) und die von ihnen mit dem Zahlenfaktor 1 (kohärent) gebildeten Einheiten (z. B. m^3, kg/m^3), von denen einige Eigennamen haben; *weitere gesetzliche Einheiten,* gebildet als dezimale Vielfache oder Teile von Einheiten; *abgeleitete Einheiten,* gebildet mit von 1 verschiedenem Zahlenfaktor (z. B. cm^2, Winkeleinheiten).

14.1.2 Basiseinheiten

Basisgröße	*Basiseinheit*	*Einheitenzeichen*
Länge	Meter	m
Masse	Kilogramm	kg
Zeit	Sekunde	s
Elektrische Stromstärke	Ampere	A
Thermodynamische Temperatur	Kelvin	K
Stoffmenge	Mol	mol
Lichtstärke	Candela	cd

14.1.3 Dezimale Vielfache und dezimale Teile von Einheiten

Dezimale Vielfache				Dezimale Teile		
Vorsatz	Vorsatzzeichen	Vielfache	Bezeichnung	Vorsatz	Vorsatzzeichen	Teile
Deka	da	10^1	Zehn	Dezi	d	10^{-1}
Hekto	h	10^2	Hundert	Zenti	c	10^{-2}
Kilo	k	10^3	Tausend	Milli	m	10^{-3}
Mega	M	$10^6 = 10^{1 \cdot 6}$	Million	Mikro	μ	10^{-6}
Giga	G	10^9	Milliarde	Nano	n	10^{-9}
Tera	T	$10^{12} = 10^{2 \cdot 6}$	Billion	Piko	p	10^{-12}
Peta	P	10^{15}	Billiarde	Femto	f	10^{-15}
Exa	E	$10^{18} = 10^{3 \cdot 6}$	Trillion	Atto	a	10^{-18}

14.1.4 Gesetzlich abgeleitete Einheiten (kohärente Einheiten des SI)

Größe	SI-Einheit	Einheiten-zeichen	Einheitengleichung
1. Fläche, Flächeninhalt	Quadratmeter	m^2	$1\ m^2 = 1\ m \cdot 1\ m$
2. Volumen, Rauminhalt	Kubikmeter	m^3	$1\ m^3 = 1\ m \cdot 1\ m \cdot 1\ m$
	Kubikdezimeter	dm^3	$1\ dm^3 = 1\ dm \cdot 1\ dm \cdot 1\ dm$
	Liter	l	$1\ l = 1\ dm^3 = 0{,}001\ m^3$
3. Ebener Winkel	Radiant	rad	$(1\ rad = 180°/\pi)$
	Vollwinkel		$2\pi \cdot rad$

Größe	SI-Einheit	Einheiten-zeichen	Einheitengleichung
	Rechter Winkel		AL= $\pi/2 \cdot$ rad
	Grad	°	1 ° = $\pi/180 \cdot$ rad
	Minute	′	1′ 1/60°
	Sekunde	″	1″ = 1/60‘
	Gon (Neugrad)	gon	$1^{gon} = \pi/200 \cdot$ rad
4. Räumlicher Winkel	Steradiant	sr	–
5. Masse	Kilogramm	kg	1 kg = 1000 g
	Megagramm = Tonne	Mg	1 t = 1 Mg = 1000 kg
6. Längenbezogene Masse	Kilogramm je Meter	kg/m	–
7. Flächenbezogene Masse	Kilogramm je Quadratmeter	kg/m^2	–
8. Dichte, volumenbezogene Masse	Kilogramm je Kubikmeter	kg/m^3	–
9. Zeit	Minute	min	1 min = 60 s
	Stunde	h	1 h = 60 min = 3600 s
	Tag	d	1 d = 24 h = 86 400 s
10. Frequenz	Hertz	Hz	1 Hz = 1/s
11. Geschwindigkeit	Meter je Sekunde	m/s	–
12. Beschleunigung	Meter je Quadratsekunde	m/s^2	–
13. Winkelgeschwindigkeit	Radiant je Sekunde	rad/s	1 rad/s = 1/s
14. Winkelbeschleunigung	Radiant je Quadratsekunde	rad/s^2	1 rad/s^2 = 1/s^2
15. Volumenstrom	Kubikmeter je Sekunde	m^3/s	–
16. Massenstrom	Kilogramm je Sekunde kg/s	kg/s	–
17. Kraft	Newton	N	1 N = 1 kgm/s^2
18. Druck, mechanische Spannung	Pascal, Newton je Quadratmeter	Pa	1 Pa = 1 N/m^2 = 1 kg/ms^2
	Megapascal	MPa	1 MPa = 10^6 Pa
	Bar	bar	1 bar = 10^5 Pa = 10^5 kg/ms^2 = 0,1 N/mm^2
19. Dynamische Viskosität	Pascalsekunde	Pas	1 Pas = 1 Ns/m^2 = 1 kg/ms
20. Kinematische Viskosität	Quadratmeter je Sekunde	m^2/s	1 m^2/s = 1 Pas m^3/kg
21. Arbeit, Energie, Wärmemenge	Joule	J	1 J = 1 Nm = 1 Ws = 1 kg m^2/s^3
22. Leistung, Energiestrom, Wärmestrom	Watt	W	1 W = 1 J/s = 1 Nm/s = 1 kg m^2/s^3
23. Elektrische Spannung, elektr. Potential	Volt		1 V = 1 W/A = 1 kgm^2/s^3 A
24. Elektrischer Widerstand	Ohm	Ω	1 Ω = 1 V/A = 1 kgm^2/s^3 A 2
25. Elektrischer Leitwert	Siemens	S	1 S = 1/Ω = 1 A/V = 1 s^3 A^2 /kg m^2
26. Elektrizitätsmenge, elektrische Ladung	Coulomb	C	1 C = 1 As
27. Elektrische Kapazität	Farad	F	1 F= 1 C/V = 1 CA/W = 1 s^4 A^2 /kg m^2
28. Elektrische Flußdichte, Verschiebungsdichte	Coulomb je Quadratmeter	C/m^2	1 C/m^2 = 1 As/m^2
29. Elektrische Feldstärke	Volt je Meter	V/m	1 V/m = 1 kg m/s^3 A
30. Magnetischer Fluß	Weber	Wb	1 Wb = 1 V s
31. Magnetische Flußdichte, magnetische Induktion	Tesla	T	1 T = 1 Wb/m^2 = 1 Vs/m^2 1 kg/s^2 A
32. Induktivität	Henry	H	1 H = 1 Wb/A = 1 Vs/A 1 kg m^2/s^2 A^2

Größe	SI-Einheit	Einheiten-zeichen	Einheitengleichung
33. Magnetische Feldstärke	Ampere je Meter	A/m	–
34. Temperatur	Kelvin; Grad Celsius	K; °C	1 °C = 1 K
35. Leuchtdichte	Candela je Quadratmeter	cd/m^2	–
36. Lichtstrom	Lumen	lm	1 lm = 1 cd · sr
37. Beleuchtungsstärke	Lux	lx	1 lx = 1 lm/m^2
38. Aktivität einer radioaktiven Substanz	Becquerel	Bq	1 Bq = 1/s
39. Energiedosis, spez. Energie	Gray	Gy	1 Gy = 1 J/kg = 1 m^2/s^2
40. Äquivalentdosis	Sievert	Sv	1 Sv = 1 J/kg = 1 m^2/s^2
41. Energiedosisrate, Energiedosisleistung; Äquivalentdosisrate oder -leistung	Watt je Kilogramm	W/kg	1 W/kg = 1 m^2/s^3
42. Ionendosis	Coulomb je Kilogramm	C/kg	1 C/kg = 1 As/kg
43. Ionendosisrate oder -leistung	Ampere je Kilogramm	A/kg	–
44. Molare Masse (stoffmengenbezogen)	Kilogramm je Mol	kg/mol	–
45. Stoffmengenkonzentration, Molarität	Mol je Kubikmeter	mol/m^3	–
46. Masse in der Atomphysik	atomare Masseneinheit	u	1 u = $1{,}66 \cdot 10^{-27}$ kg
47. Energie in der Atomphysik	Elektronenvolt	eV	1 eV = $1{,}6 \cdot 10^{-19}$ J

14.1.5 Anwendungshinweise für das SI

1) Wichtige physikalische Gesetze
Das SI beruht auf folgenden physikalischen Gesetzen:

Kraft (1 N)	=	Masse (1 kg) · Beschleunigung (1 m/s^2)
Druck (1 Pa = 1 N/m^2)	=	Kraft (1 N) : Fläche (1 m^2)
Arbeit (1 J)	=	Kraft (1 N) · Weg (1 m)
Leistung (1 W)	=	Arbeit (1 J) : Zeit (1 s)
Arbeit (1 J)	=	Leistung (1 W) · Zeit (1 s)

2) Massengrößen
Masse kennzeichnet die Eigenschaft eines Körpers, die sich sowohl als Trägheit gegenüber einer Änderung seines Bewegungszustandes als auch in der Anziehung zu anderen Körpern äußert. Die Masse eines Körpers wird durch Vergleich mit Körpern bestimmter Massen mittels Hebelwaagen bestimmt. Die Größe der Masse ist ortsunabhängig.
Gewichtseinheiten im geschäftlichen Verkehr bei der Angabe von Warenmengen sind Masseneinheiten.
3) Last, Belastung, Tragfähigkeit sind Benennungen von Massengrößen in der technischen Mechanik.
4) Kraftgrößen sind Gewichtskraft, Belastungskraft, Bruchkraft, Tragkraft, Windkraft, Stabkraft (Normalkraft). Die Kraft wird durch die Federwaage gemessen. Die Größe der Kraft ist vom Ort abhängig. Kraft = Masse · Beschleunigung.
5) Umrechnungsfaktor β beträgt: $9{,}80665 \approx 9{,}81$. In technischen Berechnungen (Maschinenbau und Bauwesen) kann $\beta = 10$ eingesetzt werden, wenn eine Abweichung von 2 v. H. keine Rolle spielt, was meist der Fall ist (Ortslagen in Deutschland außerhalb Hochgebirge).

14.1.6 Umrechnungstabellen

Tab. 14-1. Umrechnungstabelle für Einheiten der mechanischen Spannung (Druck)

	Pa	N/mm^2	daN/cm^2	daN/mm^2	kp/cm^2	kp/mm^2
1 Pa = (= 1 N/m^2)	1	10^{-6}	10^{-5}	10^{-7}	$0{,}102 \cdot 1^{-4}$	$0{,}102 \cdot 10^{-6}$
1 N/mm^2 = (= 1 Mpa)	1 000 000	1	10	0,1	10,2	0,102
1 daN/cm^2 = (= 1 bar)	100 000	0,1	1	0,01	1,02	0,0102
1 daN/mm^2 = (= 1 hbar)	10 000 000	10	100	1	102	1,02
1 kp/cm^2 = (= 1 at)	98 000	0,0981	0,981	0,00981	1	0,01
1 kp/mm^2 =	9 810 000	9,81	98,1	0,981	100	1

Tab. 14-2: Umrechnungstabelle für Druckeinheiten von Gasen, Flüssigkeiten

	Pa	bar	kp/m^2	at	atm	Torr
1 Pa = (= 1 N/m^2)	1	10^{-5}	0,102	$0{,}102 \cdot 10^{-4}$	$0{,}987 \cdot 10^{-5}$	0,0075
1 bar = (= 0,1 MPa)	100 000	1	10 200	1,02	0,987	750
1 kp/m^2 = (= 1 mm Ws)	9,81	$9{,}81 \cdot 10^{-5}$	1	10^{-4}	$0{,}968 \cdot 10^{-4}$	0,0736
1 at = (= 1 kp/cm^2)	98 100	0,981	10 000	1	0,968	736
1 atm = (= 760 Torr)	101 325	1,013	10 330	1,033	1	760
1 Torr = (= 1/760 atm)	133	0,00133	13,6	0,00136	0,00132	1

Tab. 14-3: Umrechnungstabelle für Druckhöhen, Flüssigkeitssäulen

	μbar	mbar	bar	Pa (= N/m^2)	m WS
1 mm WS = (= 1 kp/m^2 $\approx$ 1 daN/m^2)	100	0,1	0,0001	10	0,001
1 m WS = (= 0,1 at = 0,1 kp/cm^2 $\approx$ 0,1 daN/cm^2)	100 000	100	0,1	10 000	1
10 m WS = (= 1 at = 1 kp/cm^2 $\approx$ 1 daN/cm^2)	1 000 000	1 000	1	100 000	10
1 mm Hg (mm QS) = (= 1 Torr)	1 330	1,33	0,00133	133	0,0133

Tab. 14-4: Umrechnungstabelle für Leistung, Energiestrom, Wärmestrom

	W	kW	kcal/s	kcal/h	kp m/s	PS
1 W = (= 1 Nm/s = 1 J/s)	1	0,001	$2{,}39 \cdot 10^{-4}$	0,860	0,102	0,00136
1 kW =	1 000	1	0,239	860	102	1,36
1 kcal/s =	4 190	4,19	1	3 600	427	5,69
1 kcal/h =	1,16	0,00116	1/3600	1	0,119	0,00158
1 kp m/s =	9,81	0,00981	0,00234	8,43	1	0,0133
1 PS =	736	0,736	0,176	632	75	1

Tab. 14-5: Umrechnungstabelle für Arbeit, Energie, Wärmemenge

	J	kJ	kWh	kcal	PS h	kp m	MWs
1 J = (= 1 N m = 1 Ws)	1	0,001	$2{,}78 \cdot 10^{-7}$	$2{,}39 \cdot 10^{-4}$	$3{,}77 \cdot 10^{-7}$	0,102	10^{-6}
1 kJ =	1 000	1	$2{,}78 \cdot 10^{-4}$	0,239	$3{,}77 \cdot 10^{-4}$	102	0,001
1 kWh =	3 600 000	3 600	1	860	1,36	367 000	3,6
1 kcal =	4 200	4,2	0,00116	1	0,00158	427	0,0042
1 PS h =	2 650 000	2 650	0,736	632	1	270 000	2,650
1 kp m =	9,81	0,00981	$2{,}72 \cdot 10^{-6}$	0,00234	$3{,}7 \cdot 10^{-6}$	1	$9{,}81 \cdot 10^{-6}$

14.2 Umrechnung von Maßeinheiten aus dem amerikanischen („[US]“) und englischen („[E]“) ins metrische Maßsystem

1) Längen

1 inch (in.) = 25,4 mm
1 foot (ft.) = 12 inches = 0,3048 m
1 yard (yd.) = 3 feet = 0,9144 m
1 statute mile (mile) = 1,60934 km
1 nautical mile (n.mile) = 1,85318 km

2) Flächen

1 square inch (sq. in.) = 6,4516 cm²
1 square foot (sq. ft.) = 0,0929 m²
1 square yard (sq. ya.) = 0,8361 m²
1 acre (acre) = 4 046,8 m²
1 square mile (sq. mile) = 2,59 km²

3) Körper und Hohlmaße

1 cubic inch (cu. in.) = 16,387 cm³
1 cubic foot (cu. ft.) = 0,0283 m³
1 cubic yard (cu. yd.) = 0,7646 m³

Handelsmaße für flüssige Stoffe

1 pint (pt.) [US] = 0,4732 l;
[E] = 0,568 l
1 quart (qt.) [US] = 2 pt.
= 0,9464 l;
[E] = 1,136 l
1 gallon (gal.) [US] = 3,7854 l;
[E] = 4,546 l
1 barrel = 117 l

Handelsmaß für trockene Stoffe

1 quart [US] = 1,101 l;
[E] = 1,137 l
1 bushel [US] = 35,24 l;
[E] = 36,37 l
1 quarter [US] = 281,9 l;
[E] = 290,94 l

4) Masse

1 ounce (oz.) = 28,35 g
1 pound (lb.) = 16 oz. = 453,59 g
1 quarter (qr.) [US] = 11,340 kg
[E] = 12,701 kg
1 hundred weight (cwt.) [US] = 45,359 kg
[E] = 50,802 kg
1 short ton (sh. tn) [US] = 907,185 kg
1 long ton (l. tn.) [US] = 1 016,047 kg
= 1 ton (tn.) [E]

5) Geschwindigkeit
1 foot per sec (ft. p. sec) = 0,305 m/s
1 yard per sec (yd. p. sec) = 0,914 m/s
1 mile per hour (m. p. h.) = 0,447 m/s

6) Volumenstrom
1 cubic (cu.) ft. p. sec = 102 m^3/h
1 cubic (cu.) ft. p. min = 1,70 m^3/h
1 US gallon per min = 0,227 m^3/h
= 1 g. p. m. = 0,063 l/s

7) Dichte
1 lb p. cu. in. = 2,77 g/cm^3
1 oz. p. cu. ft. = 1,0 kg/m^3
1 lb. p. cu. ft. = 16,0 kg/m^3
1 lb. p. g. = 100,0 kg/m^3

8) Druck
1 oz. p. sq. m. = 4,4 mbar
1 lb. p. sq. in. (psi) = 0,0689 bar
1 lb. p. sq. ft. = 0,4788 mbar

9) Leistung, Energiestrom
1 ft. lb. p. sec = 1,36 W
1 hp. = 0,746 kW

10) Arbeit, Energie
1 ft. lb. = 1,36 Ws
1 hp. h = 2,68 MWs

11) Häufig vorkommende US-Einheiten bei der Wasserversorgung
1 cu. ft. p. sec = 28 l/s
1 cu. ft. p. min. = 0,47 l/s
1 MGD = = 3 785 m^3/d
1 000 000 gal/d = 43,8 l/s
1 gpd = 3,785 l/d
1 gpdc = 3,785 l/E d
1 ppm = 1 part per million
= 1 mg/l = 1 g/m^3

12) Temperatur
Umrechnungsformeln K = °C + 273;
°F = 32 ± a (°C) · 1,8

	Absoluter Nullpunkt		Gefrierpunkt Wasser		Siedepunkt Wasser
Celsius °C	- 273	- 17,8	0	20	100
Kelvin K	0	255,2	273	293	373
Fahrenheit ,F	- 459,4	0	32	68	212

14.3 Häufig benötigte Zahlenwerte und Gleichungen

1) π = Ludolfsche Zahl = 3,14159
2) e = Grundzahl des natürlichen Logarithmus = 2,718 282
3) g = Erdbeschleunigung = 9,806 056 – 0,025 028 cos 2 φ – 0,000 003 h
g in m/s^2, (φ = geografische Breite, h = Meereshöhe in m
= 9,781 m/s^2 am Äquator in Meereshöhe
= 9,831 m/s^2 am Pol in Meereshöhe
= 9,80616 m/s^2 Paris
= 9,81 m/s^2 i. M. in Deutschland (s. Abschn. 14.1.5)

4) Mittelwertbildung

arithmetisches Mittel:	$m_a = (a + b) / 2$	$m_a = (5 + 10) / 2 = 7{,}5$
geometrisches Mittel:	$m_g = \sqrt{a \cdot b}$	$m_g = \sqrt{5 \cdot 10} = 7{,}67$
harmonisches Mittel:	$m_h = 2 \cdot a \cdot b / (a + b)$	$m_h = 2 \cdot 5 \cdot 10 / (5 + 10) = 6{,}667$

5) Logarithmen
$\log_b a = c$ bedeutet log a zur Basis b = c, somit $b^c = a$
$\log_{10} a = \lg a$ bedeutet log a zur Basis 10 = c, somit $10^c = a$
lg 2 = 0,30103, somit $10^{0,30103} = 2$
$\log_e a = \ln a$ bedeutet log a zur Basis e = c, somit $e^c = a$
ln 2 = 0,69315, somit $2{,}718282^{0,69315} = 2$
ln a = 2,30259 · lg a, somit
ln 2 = 2,30259 · 0,30103 = 0,69315

6) Zinseszinsrechnung
Verwendbar z. B. für die Berechnung des neuen Wertes bei gleichem jährlichen prozentualen Wertzuwachs, Berechnung von Indizes, Ermittlung der künftigen Einwohnerzahlen u. a.
$K_n = K_a \cdot (1 + z/100)^n$
K_a = Anfangswert, K_n = Wert nach n Jahren, z = Zinssatz in v. H.
Beispiel: $K_a = 100$, z = 6 v. H., n = 10 Jahre
$K_n = 100 \cdot (1 + 6/100)^{10} = 179$

7) Trigonometrische Funktionen
Im rechtwinkeligen Dreieck ist c die Hypothenuse, a die Gegenkathete, b die Ankathete **(Abb. 14-1).** Es gelten folgende Beziehungen:

$$\sin\alpha = a/c; \cos\alpha = b/c;$$
$$\tan\alpha = a/b; \cot\alpha = b/a;$$

Die Werte sin α, cos α, tan α, cot α können am Einheitskreis abgelesen werden, dessen Radius gleich der Längeneinheit ist, d. h. r = 1 **(Abb. 14-2).**

Tab. 14-5: Werte sin, cos, tan, cot der Grundwinkel

	0°	30°	45°	60°	90°
sin	0	1/2	$(1/2)\sqrt{2}$	$(1/2)\sqrt{3}$	1
cos	1	$(1/2)\sqrt{3}$	$(1/2)\sqrt{2}$	1/2	0
tan	0	$(1/3)\sqrt{3}$	1	$\sqrt{3}$	∞
cot	∞	$\sqrt{3}$	1	$(1/3)\sqrt{3}$	0

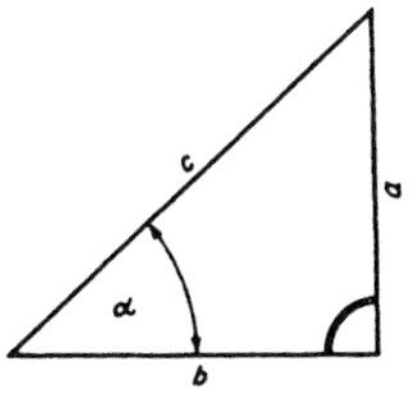

Abb. 14-1: Trigonometrische Funktionen im rechtwinkeligen Dreieck

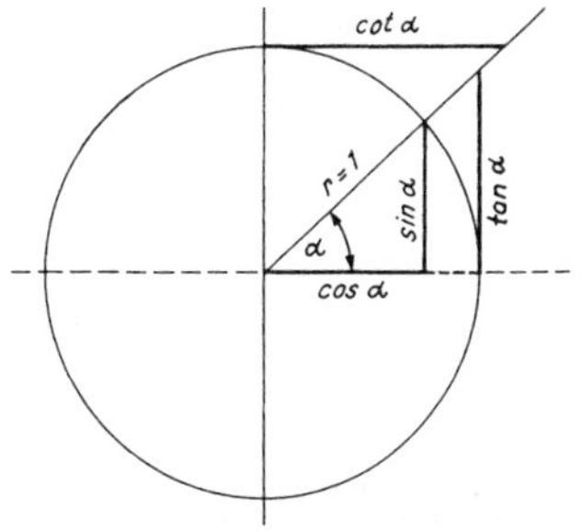

Abb. 14-2: Trigonometrische Funktionen am Einheitskreis

8) Gerade –
Scheitelgleichung: x / y = a

9) Kegelschnitte – Mittels der Mittelpunktsgleichung oder der Scheitelgleichung können die einzelnen Punkte der Kurven berechnet und damit die Kurven gezeichnet werden. Die Berechnung wird beschleunigt, wenn dies mit programmierbarem Taschenrechner ausgeführt wird, wobei die Gleichungen nach y aufgelöst werden und dafür ein Programm aufgestellt wird. Es gibt aber auch verschiedene grafische Verfahren zur Konstruktion der Kurven.

9.1 Kreis– **Abb. 14-3**
Mittelpunktsgleichung: $x^2 + y^2 = r^2$
Inhalt der Kreisfläche: $A = r^2 \cdot \pi$
Umfang der Kreisfläche: $U = 2 \cdot r \cdot \pi$
Inhalt Kreissegment oder -abschnitt: $A_s = r^2/2 \cdot (\pi \cdot \alpha/180° - \sin\alpha)$
Inhalt Kreisring: $A_r = \pi\,(r_a^2 - r_i^2)$

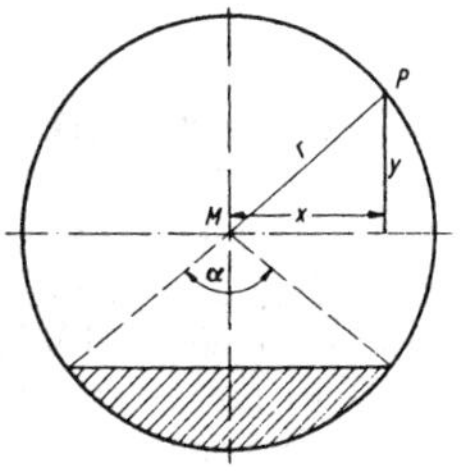

Abb. 14-3: Kreis

9.2 Ellipse – **Abb. 14-4**
Mittelpunktsgleichung: $x^2/a^2 + y^2/b^2 = 1$
Abstand Brennpunkt B von Mittelpunkt M: $\overline{BM} = \sqrt{a^2 - b^2}$
Abstand Ellipsenpunkt P von den Brennpunkten: $r_1 + r_2 = 2a$
Inhalt der Ellipsenfläche: $A = a \cdot b \cdot \pi$
Umfang der Ellipsenfläche: $U \approx \pi\,[3\,(a+b)/2 - \sqrt{ab}]$

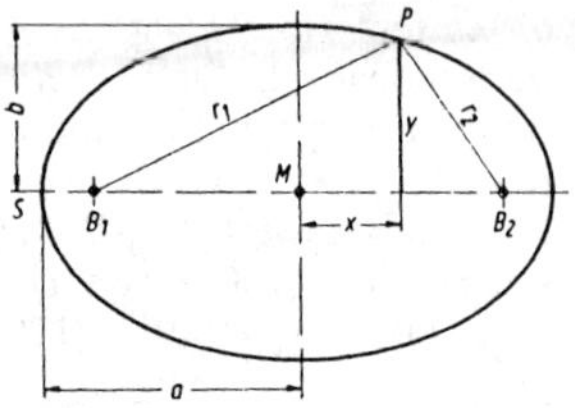

Abb. 14-4: Ellipse

9.3 Hyperbel – **Abb. 14-5**
Mittelpunktsgleichung: $x^2/a^2 - y^2/b^2 = 1$
Abstand Brennpunkt B von Mittelpunkt M : $\overline{BM} = \sqrt{a^2 + b^2}$
Abstand Hyperbelpunkt P von den Brennpunkten:
$r_1 - r_2 = \pm 2\,a$ („+“ bzw. „–“ ergeben je einen Hyperbelast)

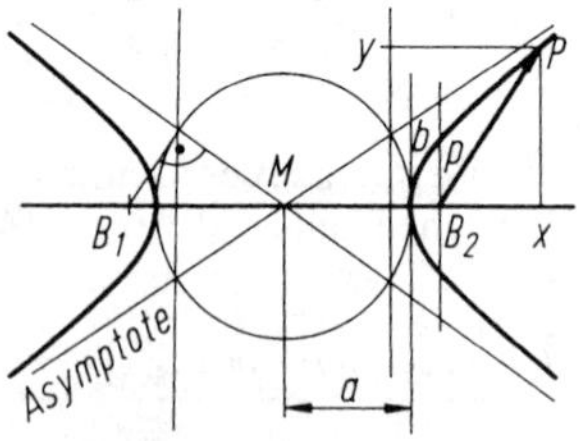

Abb. 14-5: Hyperbel

9.4 Parabel – **Abb. 14-6**
Scheitelgleichung: $y^2 = 2\,p\,x$
Abstand Brennpunkt B von Scheitel S: $\overline{BS} = p/2$
Inhalt der Parabelfläche SP_1P_2: $A = 2/3\,(x \cdot 2y) = 4/3\,h \cdot \sqrt{2ph}$

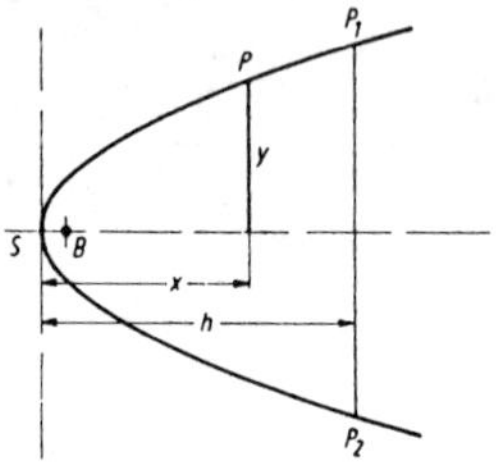

Abb. 14-6: Parabel

14.4 Griechisches Alphabet

Α α alpha	Β β beta	Γ γ gamma	Δ δ delta	Ε ε epsilon	Ζ ζ zeta	Η η eta	Θ ϑ theta
Ι ι jota	Κ κ kappa	Λ λ lambda	Μ μ my	Ν ν ny	Ξ ξ xi	Ο ο omikron	Π p pi
Ρ ρ rho	Σ σ sigma	Τ τ tau	Y u ypsilon	ϕ φ phi	Χ χ chi	Ψ ψ psi	Ω ω omega

14.5 Verbände und Vereine

Mit dem Aufgabenbereich des Wasserversorgungswesens befassen sich besonders folgende Verbände und Vereine. Als Anschrift ist die jeweilige Hauptgeschäftsstelle angegeben, bei den mit × bezeichneten Verbänden und Vereinen bestehen in den Bundesländern Landesgruppen. Ein ausführliches Verzeichnis ist in dem in 2-Jahres-Abständen herausgegebenen Jahrbuch Gas und Wasser des BGW-DVGW enthalten. (Für die folgenden Anschriften und Ruf-Nrn. gilt der Stand von Mitte 1999)

1. × DVGW – Deutscher Verein des Gas- und Wasserfaches e. V.
Josef-Wirmer-Str. 1–3, 53123 Bonn, T: (02 28) 9 18 8-5 Fax -900
2. × BGW – Bundesverband der Deutschen Gas- und Wasserwirtschaft e. V.
Josef-Wirmer-Str. 1–3, 53123 Bonn, T: (02 28) 52 98-0 Fax -1 20
3. × DELIWA – Berufsverein für das Energie- und Wasserfach e. V.
Am Listholze 78, 30177 Hannover, T: (05 11) 9 09 92-0 Fax -69
4. × ATV – Abwassertechnische Vereinigung e. V.
Theodor-Heuss-Allee 17, 53 773 Hennef, T: (0 22 42) 8 72-0 Fax -1 35
5. × BGGW – Berufsgenossenschaft der Gas-, Fernwärme- und Wasserwirtschaft
Auf'm Hennekamp 74, 40225 Düsseldorf, T: (02 11) 93 35-0 Fax -1 99
6. BI – Hauptverband der Deutschen Bauindustrie e. V.; Fachabteilung Wasserwerks-, Rohr- und Spezial-Grundbau
Kurfürstenstr. 129, 10285 Berlin, T: (0 30) 2 12 86-0 Fax -2 40
7. × ZDB – Zentralverband des Deutschen Baugewerbes e. V.; Fachgruppe Brunnen-, Wasserwerks- und Rohrleitungsbau
Godesberger Allee 99, 53175 Bonn, T: (02 28) 81 02-0 Fax -1 21
8. DIN Deutsches Institut für Normung e. V.
Burggrafenstr. 6, 10787 Berlin, T: (0 30) 26 01-0 Fax -12 31
9. × DVWK – Deutscher Verband für Wasserwirtschaft und Kulturbau e. V.
Gluckstr. 2, 53115 Bonn, T: (02 28) 9 83 87-0 Fax -33
10. GDCh – Gesellschaft Deutscher Chemiker e. V.; Fachgruppe Wasserchemie
Varrentrappstr. 40–42, 60486 Frankfurt/M.; T: (0 69) 79 17-1 Fax -3 22
11. DGG – Deutsche Geologische Gesellschaft, Fachsektion Hydrogeologie
Stilleweg 2, 30655 Hannover, T: (05 11) 6 43-25 07
12. FIGAWA – Bundesvereinigung der Firmen im Gas- und Wasserfach e. V.
Marienburger Straße 15, 50968 Köln, T: (02 21) 37 2-0 37 ÷ 39 Fax -8 06
13. × INGEWA – Ingenieurverband Wasser- und Abfallwirtschaft e. V.
Walramstr. 9, 53175 Bonn, T: (02 28) 37 30-97 Fax -90
14. RBV – Rohrleitungsbauverband e. V.
Marienburger Straße 15, 50968 Köln, T: (02 21) 37 2-0 37 ÷ 39 Fax -8 06
15. × VdTÜV – Verband der Technischen Überwachungs-Vereine e. V.
Kurfürstenstr. 56, 45138 Essen, T: (02 01) 89 87-0 Fax -1 20
16. VBI – Verband Beratender Ingenieure e. V.
Am Fronhof 10, 53177 Bonn, T: (02 28) 9 57 18-0 Fax -40
17. VDI – Verein Deutscher Ingenieure
Graf-Recke-Straße 84, 40239 Düsseldorf, T: (02 11) 62 14-0 Fax -5 75
18. × VKU – Verband kommunaler Unternehmen e. V.
Brohler Straße 13, 50968 Köln, T: (02 21) 37 70-0 Fax -2 55
19. × VDE – Verband Deutscher Elektrotechniker e. V.
Stresemannallee 15, 60596 Frankfurt/M., T: (0 69) 63 08-0 Fax -2 73

14.6 DVGW-Regelwerk

14.6.1 Vorbemerkungen

Das DVGW-Regelwerk enthält alle vom DVGW (Deutscher Verein des Gas- und Wasserfaches e. V.) herausgegebenen Arbeitsblätter (A), Merkblätter (M) und Hinweise (H), die von der Wirtschafts- und Verlagsgesellschaft Gas und Wasser mbH, Pf. 14 01 51 in 53056 Bonn bezogen werden können. Neben den im folgenden genannten Blättern der Regelwerke Wasser und Gas/Wasser gibt es noch ein hier nicht aufgeführtes Werk Gas. Nach dem Stand von Mitte 1999 liegen nachstehende Ausgaben vor, dabei bedeutet „*“ hinter dem Ausgabedatum „in Überarbeitung“, „*“ ohne Datum „in Vorbereitung“.

14.6.2 Wasserversorgung – allgemein

Nummer	Ausgabe	Titel
W 391 (M)	10.86	Wasserverluste in Wasserverteilungsanlagen; Feststellung und Beurteilung (wird W 392)
W 403 (M)	1.88	Planungsregeln für Wasserleitungen und Wasserrohrnetze
W 404 (M)	3.98	Wasseranschlußleitungen; Planung und Errichtung
W 405 (A)	7.78	Bereitstellung von Löschwasser durch die öffentliche Trinkwasserversorgung
W 410 (M)	1.95	Wasserbedarfszahlen
(W 900 (A)	8.85/ 6/94	Verfahren zur Erteilung des DIN/DVGW- und des DVGW-Prüfzeichens für Erzeugnisse in der Wasserversorgung) ersetzt durch DVGW-Geschäftsordnung
GW 100 (A)	E 5.98	Grundsätze für das DVGW-Regelwerk
GW 110 (M)	12.76	Einheiten im Gas- und Wasserfach
GW 315 (H)	5.79	Hinweise für Maßnahmen zum Schutz von Versorgungsanlagen bei Bauarbeiten
aus der DVGW-Schriftenreihe		
DSW 44	1984	Internationales Symposium Wasserbedarf, Igls/Tirol
DSW 81	1993	Ermittlung des Wasserbedarfes
DSW 88	1997	21. Internat. Wasserversorgungskongreß, Madrid

14.6.3 Wassergewinnung

Nummer	Ausgabe	Titel
W 101 (A)	2.95	Richtlinien für Trinkwasserschutzgebiete; 1. Teil: Schutzgebiete für Grundwasser
W 102 (A)	2.75*	–; II. Teil: Schutzgebiete für Trinkwassertalsperren
W 103 (A)	2.75*	–; III. Teil: Schutzgebiete für Seen
W 105 (M)	12.81*	Behandlung des Waldes in Schutzgebieten für Trinkwassertalsperren
W 106 (M)	4.91	Militärische Übungen und Liegenschaften der Streitkräfte in Wasserschutzgebieten
W 110 (M)	6.90	Geophysikalische Untersuchungen in Bohrlöchern und Brunnen zur Erschließung von Grundwasser; Zusammenstellung von Methoden
W 111 (A)	3.97	Planung, Durchführung und Auswertung von Pumpversuchen bei der Wassererschließung
W 112 (M)	4.83*	Entnahme von Wasserproben bei der Wassererschließung
W 113 (M)	4.83*	Ermittlung, Darstellung und Auswertung der Korngrößenverteilung wasserleitender Lockergesteine für geohydrologische Untersuchungen und für den Bau von Brunnen
W 114 (M)	6.89	Gewinnung und Entnahme von Gesteinsproben bei Bohrarbeiten zur Grundwassererschließung
W 115 (M)	2.77*	Bohrungen bei der Wassererschließung
W 116 (M)	4.98	Verwendung von Spülungszusätzen in Bohrspülungen bei Bohrarbeiten im Grundwasser
W 117 (M)	12.75	Entsanden und Entschlammen von Bohrbrunnen (Vertikalbrunnen) im Lockergestein und Verfahren zur Feststellung überhöhten Eintrittswiderstandes
W 119 (M)	2.82	Über den Sandgehalt in Brunnenwasser; Bestimmung von Sandmengen im geförderten Wasser, Richtwerte für den Restsandgehalt

W 120 (A)	2.91*	Verfahren für die Erteilung der DVGW-Bescheinigung für Bohr- und Brunnenbauunternehmen
W 121 (M)	10.88*	Bau und Betrieb von Grundwasserbeschaffenheitsmeßstellen
W 122 (A)	8.95	Abschlußbauwerke für Brunnen der Wassergewinnung
W 123 (A)	*	Bau von Vertikalfilterbrunnen für die Wassergewinnung
W 124 (M)	11.98	Kontrollen und Abnahmen beim Bau von Vertikalfilterbrunnen
W 130 (M)	4.92*	Brunnenregenerierung
W 131 (M)	1.70*	Hinweise zur Verhütung der biologischen Brunnenverockerung
W 132 (M)	12.80	Algen-Massenentwicklung in Langsamsandfiltern und Anlagen zur künstlichen Grundwasseranreicherung – Möglichkeiten zu ihrer Vermeidung
W 135 (A)	11.98	Sanierung und Rückbau von Bohrungen, Grundwassermeßstellen und Brunnen
W 203 (M)	5.78*	Begriffe der Chlorung
W 351 (A)	8.79*	Quellfassungen, Sammelschächte, Druckunterbrechungsschächte
W 391 (M)	(s. Abschn. 14.6.2)	
W 403 (M)	1.88	Planungsregeln für Wasserleitungen und Wasserrohrnetze
aus der DVGW-Schriftenreihe		
DSW 57	1988	Gefährdung der Trinkwasserversorgung in der Bundesrepublik Deutschland durch „Saure Niederschläge"
DSW 58	1988	Wasserfachliche Aussprachetagung, Mannheim; Wassergewinnung – Gewässerschutz
DSW 201	1989	DVGW-Fortbildungskurse Wasserversorgungstechnik für Ingenieure und Naturwissenschaftler Kurs 1: Wassergewinnung; 2. Aufl.

14.6.4 Wasseraufbereitung

Nummer	Ausgabe	Titel
W 203 (M)	5.78*	Begriffe der Chlorung
W 210 (A)	8.83*	Filtration in der Wasseraufbereitung; Teil 1: Grundlagen
W 211 (A)	9.87*	–; Teil 2: Planung und Betrieb von Filteranlagen
W 212 (A)	E 5.92*	–; Teil 3. Beurteilung und Anwendung von gekörnten Filtermaterialien
W 214/1 (A)	9.92*	Entsäuerung von Wasser; pH-Wert und Calcit-Sättigung
/2 (A)	E 2.93	–; Grundsätze für Planung, Betrieb und Unterhaltung von Filteranlagen
/3 (A)	E 10.98	–, – von Anlagen zum Ausgasen von Kohlenstoffdioxid
/4 (A)	E 10.98	–; – von Dosieranlagen
W 215 (M)	5.89	Zentrale Dosierung von Phosphaten
W 216 (A)	6.83 (E 7.96)	Versorgung mit unterschiedlichen Wässern
W 217 (M)	9.87	Flockung in der Wasseraufbereitung; Teil 1: Grundlagen
W 218 (A)	11.98	–; Teil 2: Flockungstestverfahren
W 219 (A)	6.90	Einsatz von polymeren Flockungshilfsmitteln bei der Wasseraufbereitung
W 220 (A)	8.94	Aluminium bei der Wasseraufbereitung
W 221 (A)	4.86	Behandlung und Beseitigung von Schlämmen, schlammhaltigen Wässern, Abwässern und Abfällen aus Wasserversorgungsanlagen
W 221/1 (A)	E 3.98	Nebenprodukte und Rückstände aus Wasseraufbereitungsanlagen; Grundsätze und Planungsgrundlagen
/2 (A)	E 3.98	–; Behandlung
/3 (A)	E 8.98	–; Vermeidung, Verwendung und Beseitigung

/4 (A)	E 8.98	–; Einleiten und Einbringen von Rückständen aus Anlagen der Wasserversorgung in Abwasseranlagen
W 224 (A)	4.86	Chlordioxid in der Wasseraufbereitung
W 225 (M)	12.87*	Ozon in der Wasseraufbereitung; Begriffe, Reaktionen, Anwendungsmöglichkeiten
W 226 (M)	6.90	Sauerstoff in der Wasseraufbereitung
W 227 (M)	4.97	Kaliumpermanganat in der Wasseraufbereitung
W 230 (A)	*	Überwachung von Wasseraufbereitungsanlagen mittels Trübungs- und Partikelmessung
W 239 (M)	7.91*	Planung und Betrieb von Aktivkohlefiltern für die Wasseraufbereitung
W 240 (A)	12.87*	Beurteilung von Aktivkohlen für die Wasseraufbereitung
W 251 (M)	8.96	Eignung von Wasser aus Fließgewässern als Rohstoff für die Trinkwasserversorgung
W 253 (M)	7.93	Trinkwasserversorgung und Radioaktivität
W 254 (H)	4.88	Grundsätze für Rohwasseruntersuchungen
W 255 (H)	6.96	Wichtige Hinweise für Wasserversorgungsunternehmen in Falle einer durch radioaktive Stoffe bedingten Notfallsituation
W 270 (A)	12.90 (E 4.98)	Vermehrung von Mikroorganismen auf Materialien für den Trinkwasserbereich; Prüfung und Bewertung
W 271 (H)	2.97	Tierische Organismen in Wasserversorgungsanlagen
W 291 (A)	E 10.98	Reinigung und Desinfektion von Wasserverteilungsanlagen
W 292 (A)	2.79	Einrichtung und Einsatz mobiler Desinfektionsanlagen (wird W 291)
W 293 (M)	10.94	UV-Anlagen zur Desinfektion von Trinkwasser
W 294 (A)	10.97	UV-Desinfektionsanlagen für die Trinkwasserversorgung – Anforderungen und Prüfung
W 295 (A)	8.97	Ermittlung von Trihalogenmethanbildungspotentialen von Trink-, Schwimmbecken- und Badebeckenwässern
W 296 (M)	*	Vermindern oder Vermeiden der Trihalogenmethanbildung bei der Wasseraufbereitung und Trinkwasserverteilung
W 512 (A)	9.96	Verfahren zur Beurteilung der Wirksamkeit von Wasserbehandlungsanlagen zur Verminderung von Steinbildung
W 620 (M)	5.81	Offene und geschlossene Behälter in Wasser-Aufbereitungsanlagen
W 622 (M)	7.86	Dosieranlagen für Flockungsmittel und Flockungshilfsmittel
W 623 (M)	9.91	Dosieranlagen für Desinfektions- bzw. Oxidationsmittel; Dosieranlagen für Chlor
W 624 (M)	10.96	Dosieranlagen für Desinfektionsmittel und Oxidationsmittel; Dosieranlagen für Chlordioxid
W 625 (M)	E 3.98	Anlagen zur Erzeugung und Dosierung von Ozon
W 628 (M)	9.90	Innenbeschichtung und Auskleidung von Stahlbehältern in Wasserwerken
W 643 (M)	9.95	Einsatz von Betriebsmeßgeräten zur Kontrolle der Wassergüte

aus der DVGW-Schriftenreihe

DSW 38	1984	Nitrat – ein Problem für unsere Trinkwasserversorgung?
DSW 61	1989	Statusberichte Wasseraufbereitung: Membranverfahren, Ionenaustauschverfahren
DSW 67	1990	Wasserfachliche Aussprachetagung Essen: Wassergüte und Wasseraufbereitung
DSW 110	1994	Neue Technologien in der Trinkwasserversorgung – 9. Statusseminar Nürnberg
DSW 205	1989	DVGW-Fortbildungskurse Wasserversorgungstechnik für Ingenieure und Naturwissenschaftler Kurs 5: Wasserchemie für Ingenieure

DSW 206	1987	–; Kurs 6: Wasseraufbereitungstechnik für Ingenieure, 3. Aufl.

Ergänzung aus dem DVWK-Regelwerk:

DVWK 128	1992	Entnahme und Untersuchungsumfang von Grundwasserproben
DVWK 227/1	1993	Aussagekraft von Gewässergüteparametern in Fließgewässern; Allgemeine Kenngrößen, Nährstoffe, Spurenstoffe und anorganische Schadstoffe, Biologische Kenngrößen

14.6.5 Wasserförderung

Nummer	Ausgabe	Titel
W 406 (M)	*	Wassermessung – Messung von strömendem kaltem Wasser in Druckrohrleitungen
W 407 (M)	E 5.95	Wohnungswasserzähler
W 420 (A)	9.90*	Magnetisch-Induktive Durchflußmessung; MID-Geräte
W 610 (M)	5.81	Förderanlagen; Bau und Betrieb
W 611 (H)	10.96	Energieoptimierung und Kostensenkung in Wasserwerken
W 612 (M)	5.89	Planung und Gestaltung von Förderanlagen
W 613 (M)	8.94	Energierückgewinnung durch Wasserkraftanlagen in der Trinkwasserversorgung
W 614 (M)	*	Überwachung und Instandhaltung von Förderanlagen
W 621 (M)	10.93	Entfeuchtung, Lüftung, Heizung in Wasserwerken
W 628 (M)	(s. Abschn. 14.6.4)	
W 630 (M)	10.96	Elektrische Antriebe in Wasserwerken
W 631 (M)	8.84	Hochspannungs- und Niederspannungsanlagen in Wasserwerken; Planungsgrundlagen
W 632 (M)	9.94	–; Schaltanlagen
W 633 (M)	5.86	–; Transformatoren
W 634 (M)	4.89	–; Kabel und Leitungen (mit Beiblatt)
W 635 (M)	E 3.98	Hochspannungsanlagen und Niederspannungsanlagen in Wasserwerken; Ersatzstromversorgungsanlagen mit Stromerzeugungsaggregaten, Batterieanlagen, unterbrechungsfreie Stromversorgungsanlagen
W 636 (M)	*	–; Erdungsanlagen und Potentialausgleich
W 640 (M)	4.86	Überwachungs-, Meß-, Steuer- und Regeleinrichtungen in Wasserwerken
W 641 (M)	3.91	Automatisierung in Wasserwerken
W 642 (M)	E 3.98	Grundausstattung an Einrichtungen zum Messen, Steuern und Regeln in der Wasserversorgung
GW 306 (A)	8.82	Verbinden von Blitzschutzanlagen mit metallenen Gas- und Wasserleitungen in Verbrauchsanlagen (mit Beiblatt)
GW 309 (A)	11.86	Elektrische Überbrückung bei Rohrtrennungen

aus der DVGW-Schriftenreihe

DSW 21	1979	Fernwasserversorgung
DSW 55	1987	Wasserfachliche Aussprachetagung, Stuttgart: Maschinelle und elektrische Anlagen in Wasserwerken
DSW 203	1990	DVGW-Fortbildungskurse Wasserversorgungstechnik für Ingenieure und Naturwissenschaftler Kurs 3: Maschinelle und elektrische Anlagen in Wasserwerken; 2. Aufl.
DSGW 3	1988	Fernwirktechnik in der Gas- und Wasserversorgung
DSGW 18	1995	11. Kolloquium für leitendes Prüfstellenpersonal für Gas- und Wassermeßtechnik, Hannover

aus dem ATV-Regelwerk Abwasser-Abfall

A 142	10.92	Abwasserkanäle und -leitungen in Wassergewinnungsgebieten

14.6.6 Wasserspeicherung

Nummer	Ausgabe	Titel
W 216 (A)	6.83 (E 7.96)	Versorgung mit unterschiedlichen Wässern
W 270 (A)	(s. Abschn. 14.6.4)	
W 291 (A)	E 10.98	Reinigung und Desinfektion von Wasserverteilungsanlagen
W 311 (A)	2.88	Planung und Bau von Wasserbehältern; Grundlagen und Ausführungsbeispiele
W 312 (M)	11.93	Wasserbehälter; Maßnahmen zur Instandhaltung
W 315 (M)	2.83	Bau von Wassertürmen; Grundlagen und Ausführungsbeispiele
W 318 (M)	2.83	Wasserbehälter; Kontrolle und Reinigung
W 319 (M)	5.90	Reinigungsmittel für Trinkwasserbehälter; Einsatz, Prüfung und Beurteilung
W 347 (A)	E 10.98	Hygienische Anforderungen an zementgebundene Werkstoffe im Trinkwasserbereich
W 403 (M)	1.88	Planungsregeln für Wasserleitungen und Wasserrohrnetze
W 405 (A)	(s. Abschn. 14.6.2)	

Hinweis: Die DVGW-Blätter W 311, W 312, W 315, W 318 und W 319 werden im Hinblick auf die DIN EN 1508 überarbeitet und bilden mit dieser DIN umfassende „Technische Regeln für die Trinkwasserspeicherung“ (s. S. 791)

aus der DVGW-Schriftenreihe

DSW 27	1981	Durchströmung (Wasseraustausch) in Wasserbehältern; Forschungsberichte
DSW 33	1983	Ausgewählte Kapitel zu Planung und Bau von Wasserbehältern

14.6.7 Wasserverteilung

Nummer	Ausgabe	Titel
W 302 (A)	8.91	Hydraulische Berechnung von Rohrleitungen und Rohrnetzen; Druckverlust-Tabellen für Rohrdurchmesser von 40 bis 2000 mm (mit Beiblatt) (wird GW 303)
W 303 (M)	9.94*	Dynamische Druckänderungen in Wasserversorgungsanlagen
W 305 (H)	8.81*	Prinzipskizzen und Musterentwürfe für die Kreuzung von DB-Gelände mit Wasserleitungen
W 306 (H)	10.86*	Prinzipskizzen und Musterentwürfe für die Kreuzung von NE-Gelände mit Wasserleitungen
W 307 (A)	9.77*	Richtlinien für das Verfüllen des Ringraumes zwischen Druckrohr und Mantelrohr bei Wasserleitungskreuzungen mit Bahngelände (wird GW 307)
W 320 (A)	9.81*	Herstellung, Gütesicherung und Prüfung von Rohren aus PVC hart (Polyvinylchlorid hart), HDPE (Polyethylen hart) und LDPE (Polyethylen weich) für die Wasserversorgung und Anforderungen an Rohrverbindungen und Rohrleitungsteile (mit Beiblatt) (wird GW 335)
W 331 (A)	E 4.98	Auswahl, Einbau und Betrieb von Hydranten
W 332 (A)	2.68 (E 4.98)	Hinweise und Richtlinien für Absperr- und Regelarmaturen in der Wasserversorgung
W 333 (M)	5.97	Anbohrarmaturen und Anbohrvorgang in der Wasserversorgung
W 334 (M)	E 5.97	Be- und Entlüften von Wassertransport- und verteilungsanlagen

W 338 (A)	11.67*	Hinweise und Richtlinien für den Frostschutz und das Auftauen von Rohrnetzanlagen
W 341 (A)	7.90	Rohre aus Spannbeton und Stahlbeton in der Trinkwasserversorgung
W 343 (A)	12.81*	Zementmörtelauskleidung von erdverlegten Guß- und Stahlrohrleitungen; Einsatzbereiche, Anforderungen und Prüfungen
W 345 (A)	1.62	Schutz des Trinkwassers in Wasserrohrnetzen vor Verunreinigung
W 355 (A)	8.79*	Leitungsschächte
W 356 (A)	8.79*	Auslaufbauwerke
W 367 (H)	7.73*	Übergangsverbindungen von genormten auf nicht mehr genormte Nennweiten für gußeiserne Druckrohre
W 375 (A)	11.75	Bau und Prüfung von Druckminderern bis NW 50
W 390 (A)	2.83	Überwachen von Trinkwasserrohrnetzen (wird W 392)
W 391 (M)	10.86	Wasserverluste in Wasserverteilungsanlagen; Feststellung und Beurteilung (wird W 392)
W 401 (H)	9.97	Entscheidungshilfen für Rehabilitation von Wasserrohrnetzen
W 403 (M)	1.88	Planungsregeln für Wasserleitungen und Wasserrohrnetze
W 404 (n)	3.98	Wasseranschlußleitungen
W 405 (A)	(s. Abschn. 14.6.2)	
W 453 (M)	4.78	Musterleistungsverzeichnis Wasserhaltungsarbeiten
W 521 (A)	12.95	Gewindeschneidestoffe für die Trinkwasser-Installation; Anforderungen und Prüfung
W 531 (A)	3.84	Herstellung, Gütesicherung und Prüfung von Rohren aus VPE (vernetztes HDPE) für die Trinkwasser-Hausinstallation (wird ersetzt durch W 544)
(W 532 (A)	9.88	Klemmverbinder aus Metall für Rohre aus VPE (vernetztes PE-HD) für die Trinkwasser-Installation; Anforderungen und Prüfung) ersetzt durch W 534
W 534 (A)	9.95*	Rohrverbinder und -verbindungen für Rohre in der Trinkwasser-Installation; Anforderungen und Prüfung
W 541 (A)	6.96	Rohre aus nichtrostenden Stählen und Titan für die Trinkwasser-Installation; Anforderungen und Prüfung
GW 1 (A)	5.84	Zerstörungsfreie Prüfung von Baustellenschweißnähten an Stahlrohrleitungen und ihre Beurteilung
GW 4 (A)	3.86	Technische Regeln für Straßenkappen
GW 9 (A)	3.86	Beurteilung von Böden hinsichtlich ihres Korrosionsverhaltens auf erdverlegte Rohrleitungen und Behälter aus unlegierten und niedriglegierten Eisenwerkstoffen
GW 10 (A)	4.84 (E 8.91)	Inbetriebnahme und Überwachung des kathodischen Korrosionsschutzes erdverlegter Lagerbehälter und Stahlrohrleitungen
GW 12 (A)	4.84	Planung und Errichtung kathodischer Korrosionsschutzanlagen für erdverlegte Lagerbehälter und Stahlrohrleitungen
GW 120 (H)	7.98	Planwerke für die Rohrnetze der öffentlichen Gas- und Wasserversorgung
GW 121 (H)	2.90	Fernleitungen und Verteilungsnetze; Leistungsbilder für Vermessungsarbeiten
GW 122 (H)	2.90	Netzinformationssystem; Aufbau und Fortführung mit Hilfe der grafischen Datenverarbeitung (GDV)
GW 303 (A)	12.86*	Berechnung von Rohrnetzen mit elektronischen Datenverarbeitungsanlagen
GW 304 (M)	5.98	Rohrvortrieb
GW 309 (A)	11.86	Elektrische Überbrückung bei Rohrtrennungen
GW 310/1 (M)	7.71*	Hinweise und Tabellen für die Bemessung von Betonwiderlagern an Bogen und Abzweigen mit nicht längskraftschlüssigen Verbindungen

GW 310/II (M)	9.73*	Hinweise und Tabellen für die Bemessung von Betonwiderlagern an Bogen, Abzweigen und Reduzierstücken mit nicht längskraftschlüssigen Rohrverbindungen (ab NW 500)
GW 316 (H)	8.82	Orten von erdverlegten Rohrleitungen und Straßenkappen
GW 368 (M)	4.73*	Hinweise für Herstellung und Einbau von zugfesten Verbindungsteilen zur Sicherung nicht längskraftschlüssiger Rohrverbindungen
GW 392 (A)	12.97	Nahtlos gezogene Rohre aus Kupfer für Gas- und Wasserinstallationen; Anforderungen und Prüfbestimmungen
aus der DVGW-Schriftenreihe		
DSW 64	1989	Wasserfachliche Aussprachetagung, Berlin: Wasserverteilung
DSW 202	1985	DVGW-Fortbildungskurse Wasserversorgungstechnik für Ingenieure und Naturwissenschaftler Kurs 2: Wasserverteilung (2 Bände)

14.6.8 Brandschutz und Trinkwasser-Notversorgung

Nummer	Ausgabe	Titel
W 311 (A)	(s. Abschn. 14.6.6)	
W 331 (A)	E 4.98	Auswahl, Einbau und Betrieb von Hydranten
W 403 (M)	1.88	Planungsregeln für Wasserleitungen und Wasserrohrnetze
W 405 (A)	(s. Abschn. 14.6.2)	
GW 308 (H)	10.83*	Mobile Ersatzstromerzeuger und deren Betrieb bei Arbeiten an Rohrleitungen; Anforderungen (mit Beiblatt)

14.6.9 Bauabwicklung und Betrieb

Nummer	Ausgabe	Titel
W 312 (M)	11.93	Wasserbehälter; Maßnahmen zur Instandhaltung
W 318 (M)	2.83	Wasserbehälter; Kontrolle und Reinigung
W 338 (A)	(s. Abschn. 14.6.7)	
W 345 (A)	1.62	Schutz des Trinkwassers in Wasserrohrnetzen vor Verunreinigung
W 390 (M)	2.83	Überwachen von Trinkwasserrohrnetzen (wird W 392)
W 621 (M)	10.93	Entfeuchtung, Lüftung, Heizung in Wasserwerken
GW 10 (A)	(s. Abschn. 14.6.7)	
GW 100 (A)	E 5.98	Grundsätze für das DVGW-Regelwerk
GW 110 (M)	12.76	Einheiten im Gas- und Wasserfach
GW 120 (H)	7.98	Planwerke für die Rohrnetze der öffentlichen Gas- und Wasserversorgung
GW 315 (H)	(s. Abschn. 14.6.2)	
GW 316 (H)	8.82	Orten von erdverlegten Rohrleitungen und Straßenkappen
GW 330 (M)	9.88*	Schweißen von Rohren und Rohrleitungsteilen aus PE-HD für Gas- und Wasserleitungen; Lehr- und Prüfplan
GW 331 (M)	10.94	PE-Schweißaufsicht; Lehr- und Prüfplan

14.7 DIN-Normen

14.7.1 Vorbemerkungen

Im folgenden Abschnitt sind diejenigen DIN-Normen aufgeführt, die für die Wasserversorgung von Bedeutung sind. Das vollständige Normenverzeichnis ist im DIN-Katalog, herausgegeben vom Deutschen Informationszentrum für technische Regeln (DITR) im DIN Deutsches Institut für Normung e. V., abgedruckt. Zu beziehen ist dieser, ebenso wie die Normen selbst, von Beuth Verlag GmbH, Burggrafenstr. 6 in 10787 Berlin. Stand auch dieses Verzeichnisses ist Mitte 1999.

14.7.2 Wasserversorgung – allgemein

Nummer	Ausgabe	Titel
1988/1	12.88	Techn. Regeln für Trinkwasser-Installationen (TRWI); Allgemeines; Techn. Regel des DVGW
/2	12.88	–; Planung und Ausführung; Bauteile, Apparate, Werkstoffe; Techn. Regel des DVGW
/2 Bbl 1	12.88	–; Zusammenstellung von Normen und anderen Techn. Regeln über Werkstoffe, Bauteile und Apparate; Techn. Regel des DVGW
/3	12.88	Ermittlung der Rohrdurchmesser, Techn. Regel des DVGW
/3 Bbl 1	12.88	–; Berechnungsbeispiele; Techn. Regel des DVGW
/4	12.88	–; Schutz des Trinkwassers, Erhaltung der Trinkwassergüte; Techn. Regel des DVGW
/5	12.88	–; Druckerhöhung und Druckminderung; Techn. Regel des DVGW
/6	12.88	–; Feuerlösch- und Brandschutzanlagen; Techn. Regel des DVGW
/7	12.88	–:; Vermeidung von Korrosionsschäden und Steinbildung; Techn. Regel des DVGW
/8	12.88	–; Betrieb der Anlagen, Techn. Regel des DVGW
2000	11.73	Zentrale Trinkwasserversorgung; Leitsätze für Anforderungen an Trinkwasser; Planung, Bau und Betrieb der Anlagen
2001	2.83	Eigen- und Einzeltrinkwasserversorgung; Leitsätze für Anforderungen an Trinkwasser; Planung, Bau und Betrieb der Anlagen. Techn. Regel des DVGW
4046	9.83	Wasserversorgung; Begriffe. Techn. Regel des DVGW
4049/1	12.92	Hydrologie; Grundbegriffe
/2	4.90	–; Begriffe der Gewässerbeschaffenheit
/3	10.94	–; Begriffe zur quantitativen Hydrologie
/5	E 4.90	–; Begriffe; Unterirdische Gewässer
/103	E 2.92	–; Quantitative Begriffe; Oberirdische Gewässer (ohne Küstengebiet)

14.7.3 Wassergewinnung

Nummer	Ausgabe	Titel
1239	2.99	Schachtabdeckungen für Brunnenschächte und Quellfassungen und andere Bauwerke der Wasserversorgung; Baugrundsätze
3620	4.87	Steigleitern für Kleinbauwerke der Wasserversorgung
4021	10.90	Baugrund; Aufschluß durch Schürfe und Bohrungen sowie Entnahme von Proben
4022/1	9.87	Baugrund und Grundwasser; Benennen und Beschreiben von Boden und Fels; Schichtenverzeichnis für Bohrungen ohne durchgehende Gewinnung von gekernten Proben im Boden und im Fels
/2	3.81	–; –; Schichtenverzeichnis für Bohrungen im Fels (Festgestein)

/3	5.82	–; –; Schichtenverzeichnis für Bohrungen mit durchgehender Gewinnung von gekernten Proben im Boden (Lockergestein)
4023	3.84	Baugrund- und Wasserbohrungen; Zeichnerische Darstellung der Ergebnisse
4918	9.89	Nahtlose Bohrrohre mit Gewindeverbindung für verrohrte Bohrungen
4920	7.83	Stahlfilterrohre für Bohr- und Rammbrunnen mit Langlochung und Gewindeverbindung; DN 32 bis DN 100
4922/1	2.78*	Stahlfilterrohre für Bohrbrunnen; mit Schlitzbrückenlochung und Laschenverbindung
/2	4.81*	–; mit Gewindeverbindung DN 100 bis DN 500
/3	12.75*	–; Flanschverbindung NW 500 bis NW 1000
4923	7.72	Drahtgewebe im Brunnenbau
4924	8.98	Sande und Kiese für den Brunnenbau; Anforderungen und Prüfungen
4925/1	11.90 (E 2.97)	Filter- und Vollwandrohre aus weichmacherfreiem Polyvinylchlorid (PVC-U) für Bohrbrunnen mit Querschlitzung und Gewinde; DN 40 bis DN 100
/2	11.90 (E 2.97)	–; DN 125 bis DN 200
/3	11.90 (E 2.97)	–; DN 250 bis DN 400
4926	10.95	Brunnenköpfe aus Stahl; DN 400 bis DN 1200
4927	10.95	Flanschensteigrohre aus Stahl zur Wasserförderung, DN 50 bis DN 200
4928	*	Gewindesteigrohre
4935	*	Wickeldrahtfilter
4940	2.65	Nahtlose Gestängerohre; für Wasser- und Gesteinsbohrungen nach dem Schlag- und Kernbohrverfahren
4941	1.65	Gestängerohrgewinde für nahtlose Gestängerohre für Wasser- und Gesteinsbohrungen nach dem Schlag- und Kernbohrverfahren
18123	11.96	Baugrund; Untersuchung von Bodenproben; Bestimmung der Korngrößenverteilung

14.7.4 Wasseraufbereitung

Nummer	Ausgabe	Titel
1988/1–8	(s. Abschn. 14.7.2)	
2000	(s. Abschn. 14.7.2)	
2001	(s. Abschn. 14.7.2)	
4046	9.83	Wasserversorgung; Begriffe, Techn. Regel des DVGW
19600	5.87	Aluminiumsulfat zur Wasseraufbereitung; Tech. Lieferbedingungen (s. auch DIN EN 878)
19601	3.87	Natriumaluminat zur Wasseraufbereitung; Techn. Lieferbedingungen (s. auch DIN EN 882)
19602	2.87	Eisen(III)-salze zur Wasseraufbereitung; Techn. Lieferbedingungen
19603	5.69	Aktivkohlen zur Wasseraufbereitung; Techn. Lieferbedingungen
19604	3.91	Natriumchlorid zur Wasseraufbereitung; Techn. Lieferbedingungen
19605	4.95	Festbettfilter zur Wasseraufbereitung; Aufbau und Bestandteile
19606	2.83	Chlorgasdosieranlagen zur Wasseraufbereitung; Anlagenaufbau und Betrieb
19607	3.87	Chlor zur Wasseraufbereitung; Techn. Lieferbedingungen

19608	6.76	Natriumhypochlorit zur Wasseraufbereitung; Techn. Lieferbedingungen
19609	2.87	Eisen(II)-sulfat zur Wasseraufbereitung; Techn. Lieferbedingungen
19610	11.75	Salzsäure zur Wasseraufbereitung für Betriebswasser; Techn. Lieferbedingungen
19611	4.83	Weißkalk zur Wasseraufbereitung; Techn. Lieferbedingungen
19612	7.88	Soda zur Wasseraufbereitung; Techn. Lieferbedingungen
19615	10.71	Natriumhydroxid zur Wasseraufbereitung; Techn. Lieferbedingungen
19616/1	10.71 (E 1.92)	Natronlauge zur Wasseraufbereitung, nicht zum Regenerieren von Ionenaustauschern; Techn. Lieferbedingungen
/2	12.71 (E 1.92)	–, zum Regenerieren von Ionenaustauschern; Techn. Lieferbedingungen
19618	6.84	Schwefelsäure zur Wasseraufbereitung; Techn. Lieferbedingungen (s. auch DIN EN 899)
19619	2.75	Kaliumpermanganat zur Wasseraufbereitung; Techn. Lieferbedingungen
19620	8.72	Trinatriumphosphat zur Wasseraufbereitung; Techn. Lieferbedingungen
19621	10.73	Dolomitisches Filtermaterial zur Wasseraufbereitung; Techn. Lieferbedingungen (s. auch DIN EN 1017)
19622	12.77	Polyacrylamide zur Wasseraufbereitung; Techn. Lieferbedingungen (s. auch DIN EN 1407)
19623	1.78	Filtersande und Filterkiese für Wasserreinigungsfilter; Techn. Lieferbedingungen
19624	6.76	Anschwemmfilter zur Wasseraufbereitung
19627	3.93	Ozonerzeugungsanlagen zur Wasseraufbereitung
19632	4.87	Mechanisch wirkende Filter in der Trinkwasser-Installation; Anforderungen, Prüfungen; Techn. Regel des DVGW
19634	3.85	Aluminiumhydroxidchloride für die Wasseraufbereitung; Techn. Lieferbedingungen (s. auch DIN EN 881)
19635	11.92	Dosiergeräte zur Behandlung von Trinkwasser; Anforderungen, Prüfung, Betrieb; Techn. Regel des DVGW
19636	7.89	Enthärtungsanlagen (Kationenaustauscher) in der Trinkwasser-Installation; Anforderungen, Prüfungen; Techn. Regel des DVGW
19643/1	4.97	Aufbereitung von Schwimm- und Badebeckenwasser; Allgemeine Anforderungen
/2	4.97	–; Verfahrenskombination: Adsorption
/3	4.97	–; –: Flockung, Filtration, Ozonung, Sorptionsfiltration, Chlorung
/4	2.99	–, –: Flockung, Ozonung, Mehrschichtfiltration, Chlorung
38402 bis 38412	12.76/2.99	Deutsche Einheitsverfahren zur Wasser-, Abwasser- und Schlammuntersuchung; . . .
EN 805	E 11.92	Wasserversorgung; Anforderungen an Wasserversorgungssysteme außerhalb von Gebäuden und Bauteile
EN 878	11.97	Produkte zur Aufbereitung von Wasser für den menschlichen Gebrauch; Aluminiumsulfat
EN 881	9.97	–; Aluminiumchlorid, Aluminiumhydroxidchlorid und Aluminiumhydroxidchloridsulfat (monomer)
EN 882	9.97	–; Natriumaluminat
EN 899	3.97	–; Schwefelsäure
EN 1017	8.98	–; Halbgebrannter Dolomit
EN 1018	8.98	–; Calciumcarbonat
EN 1019	12.95	–; Schwefeldioxid
EN 1278	01.99	–; Ozon
EN 1302	E 5.94	–; Flockungsmittel auf Aluminiumbasis; Analytische Methoden
EN 1407	10.98	–; Anionische und nichtionische Polyacrylamide

EN 1410	10.98	–; Kationische Polyacrylamide
EN 25667/2	7.93	Wasserbeschaffenheit; Probenahme, Anleitung zur Probenahmetechnik

14.7.5 Wasserförderung

Nummer	Ausgabe	Titel
1944	10.68	Abnahmeversuche an Kreiselpumpen (VDI-Kreiselpumpenregeln)
1945/1	11.80	Verdrängerkompressoren; Thermodynamische Abnahme- und Leistungsversuche
1952	7.82	Durchflußmessung mit Blenden, Düsen und Venturirohren in voll durchströmten Rohren mit Kreisquerschnitt (VDI-Durchflußmeßregeln) (s. auch DIN EN ISO 5167/1)
2215	8.98	Endlose Keilriemen, Maße
2216	10.72	Endliche Keilriemen, Maße
2217/1	2.73	Antriebselemente; Keilriemenscheiben; Maße, Werkstoff
/2	2.73	–; –; Prüfung der Rillen
2218	4.76	Endlose Keilriemen für den Maschinenbau; Berechnung der Antriebe, Leistungswerte
4810	9.91	Druckbehälter aus Stahl für Wasserversorgungsanlagen
5035/1	6.90	Beleuchtung mit künstlichem Licht; Begriffe und allgemeine Anforderungen
/2	9.90	–; Richtwerte für Arbeitsstätten in Innenräumen und im Freien
/5	12.87	Innenraumbeleuchtung mit künstlichem Licht; Notbeleuchtung
/6	12.90	Beleuchtung mit künstlichem Licht; Messung und Bewertung
17007/1	4.59	Werkstoffnummern; Rahmenplan
18014	2.94	Fundamenterder
(19201	1.89	Durchflußmeßtechnik; Begriffe, Formelzeichen) ersetzt durch DIN EN 24006
(19202	4.74	–; Beschreibung und Untersuchung von Wirkdruck-Meßgeräten) ersetzt durch DIN EN 29104
19214/4	7.85	–; Drosselgeräte mit Flansch-Druckentnahme; Meßstrecken – Nennweite 10 bis 200
/5	11.83	–; Drosselgeräte mit Meßflanschen, Länge der Entnahmestutzen und Einbaumaße zur Ermittlung des Platzbedarfs
19222	3.85	Messen, Steuern, Regeln; Leittechnik, Begriffe
19226/1-5	2.94	Leittechnik, Regelungstechnik und Steuerungstechnik; ...
19235	3.85	Messen, Steuern, Regeln; Meldung von Betriebszuständen
(19237	2.80	–; Steuerungstechnik; Begriffe) ersetzt durch DIN 19226/1-5
19240	7.85	–; Peripherieschnittstellen elektronischer Steuerungen; Stromversorgung und binäre Schnittstellen
19648/1	7.82	Zähler für kaltes Wasser; Eckwasserzähler
/2	7.82	–; Standrohrwasserzähler
/3	7.82	–; Steigrohrwasserzähler
24250	1.84	Kreiselpumpen; Benennung und Benummerung von Einzelteilen
24251	8.73	Mehrstufige Kreiselpumpen; Wasserhaltungspumpen bei Nenndrehzahl 1500 l/min mit Förderhöhe bis 1000 m
24255	11.78	Kreiselpumpen mit axialem Eintritt PN 10 mit Lagerträger, Bezeichnung, Nennleistung, Hauptmaße (s. auch DIN EN 733)
(24256	11.78	– PN 16 mit Lagerträger, Bezeichnung, Nennleistung, Hauptmaße) ersetzt durch DIN EN 22858
(24259/2	3.79	Pumpen; Grundplatten für Maschinen; Auswahlreihe für Kreiselpumpen nach DIN 24256; Maße; Zuordnungen) ersetzt durch DIN EN 23661

24260/1	9.86	Flüssigkeitspumpen; Kreiselpumpen und Kreiselpumpenanlagen; Begriffe, Formelzeichen, Einheiten
24293	5.89	Kreiselpumpen; Techn. Unterlagen, Begriffe, Lieferumfang, Ausführung (s. auch DIN EN 12262)
24295	3.81	Pumpen und Pumpenaggregate für Flüssigkeiten; Sicherheitstechn. Anforderungen (s. auch DIN EN 809)
24299/1	5.85	Fabrikschilder für Pumpen; Allgemeine Festlegungen
40008/1–6 + 31 + 32	2.85/ 8.94	Sicherheitsschilder für die Elektrotechnik;
40009	11.82	Elektrotechnik; Leiterkennzeichnung; Schilder
(40050	7.80	IP-Schutzarten; Berührungs-, Fremdkörper- und Wasserschutz für elektrische Betriebsmittel) ersetzt durch DIN VDE 0470/1
40108	5.78	Elektrische Energietechnik; Stromsysteme; Begriffe, Größen, Formelzeichen
42005	2.77	Umlaufende elektrische Maschinen; Begriffe
42500/1	12.93	Drehstrom-Öl-Verteilungstransformatoren; 50 Hz, 50 bis 2500 kVA; Allgemeine Anforderungen und Anforderungen für Transformatoren, U_m bis 24 kV
42500 bis 42513	11.71/ 11.98	Transformatoren; . . .
42523/1	12.93	Trockentransformatoren; 50 Hz, 100 bis 2500 kVA; Allgemeine Anforderungen und Anforderungen für Transformatoren, U_m bis 24 kV
42669	3.75	Wassergekühlte Drehstrommotoren mit Käfigläufer, Bauform B 3, B 5 für Bergbau unter Tage; Anbaumaße und Zuordnung der Leistungen bei Ausführung in Zündschutzart (Sch)d
42681	11.83	Oberflächengekühlte Drehstrommotoren mit Schleifringläufer für Aussetzbetrieb, Bauform IM B 3, mit Wälzlagern; Anbaumaße und Zuordnung der Leistungen
42961	6.80	Leistungsschilder für elektrische Maschinen, Ausführung
44302	2.87	Informationsverarbeitung; Datenübertragung, Datenübermittlung, Begriffe
48801 bis 48852	3.85/ 8.89	Blitzschutzanlage; . . .
50961	6.87	Galvanische Überzüge; Zink- und Cadmiumüberzüge auf Eisenwerkstoffen; Chromatierung der Zink- und Cadmiumüberzüge
57100/100	5.82	Errichten von Starkstromanlagen mit Nennspannungen bis 1000 V; Anwendungsbereich; Allgemeine Anforderungen (VDE-Bestimmung 0100/100)
57185/1	11.82	Blitzschutzanlage; Allgemeines für das Errichten (VDE-Richtlinie 0185/1)
EN 733	8.95	Kreiselpumpen mit axialem Eintritt PN 10 mit Lagerträger; Nennleistung; Hauptmaße, Bezeichnungssystem
EN 809	10.98	Pumpen und Pumpaggregate für Flüssigkeiten; allgemeine sicherheitstechnische Anforderungen
EN 10027/2	9.92	Bezeichnungssysteme für Stähle; Nummernsystem
EN 12262	2.99	Kreiselpumpen; Technische Unterlagen, Begriffe, Lieferumfang; Ausführung
EN 22858	7.93	Kreiselpumpen mit axialem Eintritt PN 16; Bezeichnung, Nennleistung und Abmessungen
EN 23661	8.94	Kreiselpumpen mit axialem Eintritt; Grundplatten und Einbau-Maße
EN 24006	8.93	Durchflußmessung von Fluiden in geschlossenen Leitungen; Begriffe und Formelzeichen
EN 29104	8.93	–; Verfahren zur Beurteilung des Betriebsverhaltens von magnetisch-induktiven Durchflußmeßgeräten für Flüssigkeiten

EN ISO 5167/1	11.95	Durchflußmessung von Fluiden mit Drosselgeräten; Blenden, Düsen und Venturirohren in voll durchströmten Rohren mit Kreisquerschnitt
IEC 34/7	4.83	Umlaufende elektrische Maschinen; Kurzzeichen für Bauformen und Aufstellung von umlaufenden elektrischen Maschinen
IEC 38	5.87	IEC-Normspannungen
ISO 3046/1-7	8.82/12.94	Hubkolben-Verbrennungsmotoren; Anforderungen; . . .
IS04064/1	1.81	Durchflußmessung von Wasser in geschlossenen Leitungen; Zähler für kaltes Trinkwasser, Spezifikation
VDE 0100 Bbl. 2	10.92	Errichten von Starkstromanlagen mit Nennspannungen bis 1000 V; Verzeichnis der einschlägigen Normen.
/200	6.98	–; Begriffe
/410	1.97	–; Schutzmaßnahmen; Schutz gegen elektrischen Schlag
/430	11.91	–; Schutzmaßnahmen; Schutz von Kabeln und Leitungen bei Überstrom
/510	1.97	–; Auswahl und Errichtung elektrischer Betriebsmittel; Allgemeine Bestimmungen
/520	1.96	–; –; Kabel- und Leitungssysteme (-anlagen) – mit Änderung: A 1 (1.99)
/537	10.88	–; –; Geräte zum Trennen und Schalten
/540	11.91	–; –; Erdung, Schutzleiter, Potentialausgleichsleiter
(/600	11.87	–; Erstprüfungen) ersetzt durch VDE 0100/610
/610	4.94	–; Prüfungen; Erstprüfungen
/737	11.90	–; Feuchte und nasse Bereiche und Räume; Anlagen im Freien
VDE 0101	5.89	Errichten von Starkstromanlagen mit Nennspannungen über 1 kV
VDE 0105/1	10.97	Betrieb von elektrischen Anlagen
VDE 0113/1 = EN 60204/1	11.98	Sicherheit von Maschinen; Elektrische Ausrüstung von Maschinen; Allgemeine Anforderungen
VDE 0132	11.89	Brandbekämpfung im Bereich elektrischer Anlagen
(VDE 0190	5.86	Einbeziehen von Gas- und Wasserleitungen in den Hauptpotentialausgleich von elektrischen Anlagen; Techn. Regel des DVGW) ersetzt durch VDE 0100/540
VDE 0199	9.97	Codierungsgrundsätze für Anzeigegeräte und Bedienteile; Grund- und Sicherheitsregeln für die Mensch-Maschine-Schnittstelle, Kennzeichnung
VDE 0298 /1–300	11.82/12.92	Verwendung von Kabeln und isolierten Leitungen für Starkstromanlagen; . . .
VDE 0301/1 = IEC 85	3.93	Bewertung und Klassifikation von elektrischen Isolierungen nach ihrem thermischen Verhalten
VDE 0411/500 = EN 61 131–2	5.95	Speicherprogrammierbare Steuerungen; Betriebsmittelanforderungen und Prüfungen
VDE 0470/1 = EN 60529	11.92	Schutzarten durch Gehäuse (IP-Code)
VDE 0530/1 = EN 60034/7	2.99	Drehende elektrische Maschinen; Bemessung und Betriebsverhalten
/5 = EN 60034/5	4.88	–; Einteilung der Schutzarten durch Gehäuse für umlaufende Maschinen
VDE 0660/102 = EN 60947-4-1	7.92	Niederspannungsschaltgeräte; Elektromechanische Schütze und Motorstarter mit Änderungen A 1 (1.96) und A 2 (11.97)
VDE 0664/1	10.85	Fehlerstrom-Schutzeinrichtungen; Fehlerstrom-Schutzschalter für Wechselspannung bis 500 V und bis 63 A
VDE 0800/1	5.89	Fernmeldetechnik; Allgemeine Begriffe, Anforderungen und Prüfungen für die Sicherheit der Anlagen und Geräte
/2	7.85	–; Erdung und Potentialausgleich
VDE 0804	5.89	Fernmeldetechnik; Zusatzfestlegungen für Herstellung und Prüfung der Geräte

VDE 0815	9.85	Installationskabel und -leitungen für Fernmelde- und Informationsverarbeitungsanlagen
VDE 0855/10	11.88	Antennenanlagen; Baueinheiten zum Empfang und/oder zur Verteilung von Ton- und Fernseh-Rundfunksignalen

(Anm.: Bei Überarbeitung werden alle DIN 57100 ff. zu DIN VDE 0100 ff.)

Auswahl aus der VDE-Schriftenreihe (erschienen im VDE-Verlag GmbH, Bismarckstr. 33, 10625 Berlin)

Bd. 1	1999	Wo steht was im VDE-Vorschriftenwerk?
Bd. 2	1999	VDE-Vorschriftenwerk; Katalog der Normen
Bd. 9	1998	Schutzmaßnahmen gegen elektrischen Schlag nach DIN VDE 0100, Teil 410, 470 und 540 (11. Aufl.) – Verfasser: Hotopp, R.; Kammler, M.; Lange-Hüsken, M.,
Bd. 10	1997	Drehende elektrische Maschinen; Erläuterungen zu DIN VDE 0530 (6. Aufl.) – Verfasser: Mitarbeiter des DKE-Komitees 311 der DKE
Bd. 11	1990	Errichten von Starkstromanlagen mit Nennspannungen über 1 kV. Erläuterungen zu DIN VDE 0101 (7. Aufl.) – Verfasser: Hügin, K.-H.; Pointner, E.: Wollenberg, K.-J.
Bd. 13	1999	Betrieb von elektrischen Anlagen – Erläuterungen zu DIN VDE 0105 Teil 100 (10.97) (8. Aufl.) – Verfasser: Mitarbeiter des Komitees 224 der DKE
Bd. 32	1992	Schutz von Kabeln und Leitungen bei Überstrom (3. Aufl.) – Verfasser: Haufe, H.; Nienhaus, H.; Vogt, D.
Bd. 35	1996	Potentialausgleich, Fundamenterder, Korrosionsgefährdung – DIN VDE 0100, DIN 18014 und viele mehr – (4. Aufl.) – Verfasser: Vogt, D.
Bd. 39	1999	Einführung in die DIN VDE 0100: Elektrische Anlagen in Gebäuden – Verfasser: Rudolph, W.
Bd. 41	1986	Lexikon der Nachrichtentechnik – Definition der Begriffe der Nachrichtentechnik in den NTG-Empfehlungen – Verfasser: Dietrich, P.; Endres, W.
Bd. 44	1983	Blitzschutzanlagen; Erläuterungen zu DIN 57185/VDE 0185 – Verfasser: Neuhaus, H. †, Herausgeber: ABB im VDE
Bd. 48	1996	Arbeitsschutz in elektrischen Anlagen – DIN VDE 0105, 0680, 0681, 0682 und 0683 (3. Aufl.) – Verfasser: Hasse, P.; Kathrein, W.
Bd. 54	1991	Sicherheit in der Fernmelde- und Informationstechnik – Kommentare zu DIN VDE 0800 und 0804 – Herausgeber: Rolle, H.
Bd. 99	1999	Jahrbuch zum VDE-Vorschriftenwerk – Neues über VDE-Bestimmungen und VDE-Leitlinien auf der Grundlage von EN, HD, IEC und VDE (16. Jahrgang) – Verfasser: Warner, A.
Bd. 100	1998	Stichwörter zu DIN VDE 0100 – Elektrische Anlagen in Gebäuden (2. Aufl.) – Verfasser: Schröder, B.
Bd. 143	1999	Schutz bei Überlast und Kurzschluß in elektrischen Anlagen – Erläuterungen zu DIN VDE 0100/430 und 0298/4 – Verfasser: Nienhaus, H.; Vogt, D.

14.7.6 Wasserspeicherung

Nummer	Ausgabe	Titel
488/1	9.84	Betonstahl; Sorten, Eigenschaften, Kennzeichen
/2	6.86	–; Betonstabstahl; Maße und Gewichte
/3	6.86	–; –; Prüfungen
/4	6.86	–; Betonstahlmatten und Bewehrungsdraht; Aufbau, Maße und Gewichte

/5	6.86	–; –; Prüfungen
/6	6.86	–; Überwachung (Güteüberwachung)
/7	6.86	–; Nachweis der Schweißeignung von Betonstabstahl
1045	7.88	Beton und Stahlbeton; Bemessung und Ausführung
1048/1	6.91	Prüfverfahren für Beton; Frischbeton
/2	6.91	–; Festbeton in Bauwerken und Bauteilen
/4	6.91	–; –; Anwendung von Bezugsgeraden und Auswertung mit besonderen Verfahren
/5	6.91	–; Festbeton, gesondert hergestellte Probekörper
1055/1	7.78	Lastannahmen für Bauten; Lagerstoffe, Baustoffe und Bauteile, Eigenlasten und Reibungswinkel
/2	2.76	–; Bodenkenngrößen, Wichte, Reibungswinkel, Kohäsion, Wandreibungswinkel
/3	6.71	–; Verkehrslasten
/4	8.86	–; Verkehrslasten, Windlasten bei nicht schwingungsanfälligen Bauwerken
/4A1	6.87	–; –; Änderung 1; Berichtigungen
/5	6.75	–; Verkehrslasten, Schneelast und Eislast
/5A1	4.94	–; –; (neue Deutschlandkarte)
/6	5.87	–; Lasten in Silozellen
/6 Bbl 1	5.87	–; –; Erläuterungen
1084/1	12.78	Überwachung (Güteüberwachung) im Beton- und Stahlbetonbau; Beton II auf Baustellen
/2	12.78	–; Fertigteile
/3	12.78	–; Transportbeton
1164/1	10.94	Zement; Zusammensetzung, Anforderungen – mit Änderung A 1 (1.99)
/2	11.96	–; Übereinstimmungsnachweis
/8	11.78	Portland-, Eisenportland-, Hochofen- und Traßzement; Bestimmung der Hydratationswärme mit dem Lösungskalorimeter
/31	3.90	–; Bestimmung des Hüttensandanteils
4030/1	6.91	Beurteilung betonangreifender Wässer, Böden und Gase; Grundlagen und Grenzwerte
/2	6.91	–; Entnahme und Analyse von Wasser- und Bodenproben
4046	9.83	Wasserversorgung; Begriffe, Techn. Regel des DVGW
4099	11.85	Schweißen von Betonstahl; Ausführung und Prüfung
(/1	E 2.98	–; Ausführung)
(/2	E 2.98	–; Qualitätssicherung)
4149/1	4.81	Bauten in deutschen Erdbebengebieten; Lastannahmen, Bemessung und Ausführung üblicher Hochbauten – mit Änderung A 1 (12.92)
4226/1	4.83	Zuschlag für Beton; Zuschlag mit dichtem Gefüge; Begriffe, Bezeichnung und Anforderungen
/2	4.83	–; Zuschlag mit porigem Gefüge (Leichtzuschlag); Begriffe, Bezeichnung und Anforderungen
/3	4.83	–; Prüfung von Zuschlag mit dichtem oder porigem Gefüge
/4	4.83	–; Überwachung (Güteüberwachung)
4227/1	7.88	Spannbeton; Bauteile aus Normalbeton, mit beschränkter oder voller Vorspannung – mit Änderung A 1 (12.95)
/4	2.86	–; Bauteile aus Spannleichtbeton
4235/1	12.78	Verdichten von Beton durch Rütteln; Rüttelgeräte und Rüttelmechanik
/2	12.78	–; Verdichten mit Innenrüttlern
/3	12.78	–; Verdichten bei der Herstellung von Fertigteilen mit Außenrüttlern
/4	12.78	–; Verdichten von Ortbeton mit Schalungsrüttlern
/5	12.78	–; Verdichten mit Oberflächenrüttlern

14210	11.82	Löschwasserteiche
14230	4.91	Unterirdische Löschwasserbehälter
14244	1.74	Löschwasser-Sauganschlüsse, Überflur und Unterflur
17440	9.96	Nichtrostende Stähle; Techn. Lieferbedingungen für Blech, Warmband, und gewalzte Stäbe für Druckbehälter, gezogenen Draht und Schmiedestücke
18195/1–10	8.83/9.98	Bauwerksabdichtungen;...
18500	4.91	Betonwerkstein
18550/1	1.85	Putz; Begriffe und Anforderungen
/2	1.85	–; Putz aus Mörteln mit mineralischen Bindemitteln; Ausführung
18551	3.92	Spritzbeton; Herstellung und Güteüberwachung
48801 bis 48852	3.85/8.89	Blitzschutzanlage;...
52170/1–4	2.80	Bestimmung der Zusammensetzung von erhärtetem Beton;...
55928/1–9	5.91/7.94	Korrosionsschutz von Stahlbauten durch Beschichtungen und Überzüge;...
EN 121	12.91	Stranggepreßte keramische Fliesen und Platten mit niedriger Wasseraufnahme (E ≦ 3 %) – Gruppe A I
EN 176	1.92	Trockengepreßte keramische Fliesen und Platten mit niedriger Wasseraufnahme, E ≦ 3 %; Gruppe B I
EN V 206	10.90	Beton; Eigenschaften, Herstellung, Verarbeitung, Gütenachweis
EN 450	1.95	Flugasche für Beton; Definitionen, Anforderungen, Güteüberwachung
pr EN 805	96	Wasserversorgung; Anforderungen an Wasserversorgungssysteme und deren Bauteile außerhalb von Gebäuden
EN 1508	12.98	Wasserversorgung; Anforderungen an Systeme und Bestandteile der Wasserspeicherung

Hinweis: Im Hinblick auf diese Norm werden die DVGW-Blätter W 311, W 312, W 315, W 318 und W 319 überarbeitet und bilden mit der DIN EN 1508 umfassende „Technische Regeln für die Trinkwasserspeicherung" (s. S. 780).

14.7.7 Wasserverteilung

Nummer	Ausgabe	Titel
(1229	3.86	Aufsätze und Abdeckungen für Verkehrsflächen; Klassifizierung, Baugrundsätze, Prüfung, Überwachung und Kennzeichnung) ersetzt durch DIN EN 124
1239	(s. Abschn. 14.7.3)	
1626	10.84	Geschweißte kreisförmige Rohre aus unlegierten Stählen für besondere Anforderungen; Techn. Lieferbedingungen
1628	10.84	Geschweißte kreisförmige Rohre aus unlegierten Stählen für besonders hohe Anforderungen; Techn. Lieferbedingungen
1629	10.84	Nahtlose kreisförmige Rohre aus unlegierten Stählen für besondere Anforderungen; Techn. Lieferbedingungen
1630	10.84	Nahtlose kreisförmige Rohre aus unlegierten Stählen für besonders hohe Anforderungen; Techn. Lieferbedingungen
1988/1–8	(s. Abschn. 14.7.2)	
2401/1	9.91	Innen- oder außendruckbeanspruchte Bauteile, Druck- u. Temperaturangaben; Begriffe, Nenndruckstufen (s. auch DIN EN 764 und 1333)
2406	4.68	Rohrleitungen; Kurzzeichen, Rohrklassen
2410/1	1.68	Rohre; Übersicht über Normen für Stahlrohre (s. auch DIN EN 764 und 1333)
/2	2.77	–; – für Rohre aus duktilem Gußeisen (s. auch DIN EN 764 und 1333)
/3	3.78	–; –für Rohre aus Beton, Stahlbeton und Spannbeton

/4	11.94	–; – für Rohre, Schächte u. a. aus Faserzement
2440	6.78	Stahlrohre; mittelschwere Gewinderohre
2441	6.78	Stahlrohre, schwere Gewinderohre
2448	2.81	Nahtlose Stahlrohre, Maße, längenbezogene Massen
2458	2.81	Geschweißte Stahlrohre, Maße, längenbezogene Massen
2460	1.92	Stahlrohre für Wasserleitungen
2614	2.90	Zementmörtelauskleidungen für Gußrohre, Stahlrohre u. Formstücke; Verfahren, Anforderungen, Prüfungen
3221	1.86	Unterflurhydranten PN 16
3222	1.86	Überflurhydranten PN 16
3321	6.87	Anforderungen und Anerkennungsprüfungen für Hydranten
3352/1	5.79	Schieber; allgemeine Angaben
/2	8.88	–; aus Gußeisen; metallisch dichtend, mit innenliegendem Spindelgewinde
/4	1.86	–; –; weich dichtend, mit innenliegendem Spindelgewinde
/13	10.87	–; –; –, mit innenliegendem Spindelgewinde, beiderseits mit Steckmuffenanschluß
3354/2	6.82	Klappen; Absperrklappen, dicht schließend, weich dichtend aus Gußeisen mit Flanschen (s. auch DIN EN 593)
3357/2	12.81	Kugelhähne aus Stahl mit Volldurchgang
3389	8.84	Einbaufertige Isolierstücke für Hausanschlußleitungen in der Gas- und Wasserversorgung; Anforderungen und Prüfungen
3543/1	8.84	Anbohrarmaturen aus metallischen Werkstoffen; Anforderungen, Prüfung
/2	5.84	–; mit Betriebsabsperrung; Maße
3547/1	6.90	Gas- und Wasser-Absperrarmaturen PN 4 bis PN 16; Anforderungen und Anerkennungsprüfung
3580	2.92	Straßenkappen und Tragplatten; Anforderungen und Prüfungen; Techn. Regel des DGVW
3620	4.87	Steigleitern für Kleinbauwerke der Wasserversorgung
4035	8.95	Stahlbetonrohre und zugehörige Formstücke; Maße, Techn. Lieferbedingungen
4055	2.92	Wasserleitungen; Straßenkappe für Unterflurhydranten; Techn. Regel des DVGW
4056	2.92	–; Straßenkappen für Absperrarmaturen; Techn. Regel des DVGW
4057	2.92	–; Straßenkappe für Anbohrarmaturen; Techn. Regel des DVGW
4066	7.97	Hinweisschilder für die Feuerwehr
4067	11.75	Wasser; Hinweisschilder, Orts-Wasserverteilungs- und Wasserfernleitungen
4124	8.81	Baugruben und Gräben; Böschungen, Arbeitsraumbreiten, Verbau
4227/1	(s. Abschn. 14.7.6)	
8063/1	12.86	Rohrverbindungen und Rohrleitungsteile für Druckrohrleitungen aus weichmacherfreiem Polyvinylchlorid (PVC-U), Muffen und Doppelmuffenbogen; Maße
8076/1	3.84	Druckrohrleitungen aus thermoplastischen Kunststoffen; Klemmverbinder aus Metall für Rohre aus Polyethylen (PE); Allgemeine Güteanforderungen; Prüfung
16450	6.94	Formstücke für Druckrohrleitungen aus weichmacherfreiem Polyvinylchlorid (PVC-U); Benennungen, Kurzzeichen; Vereinfachte Darstellungen
16451/1	6.94	Formstücke aus duktilem Gußeisen (GGG) für Druckrohrleitungen aus weichmacherfreiem Polyvinylchlorid (PVC-U); Techn. Lieferbedingungen
/2	6.94	–; Maße
16970	12.70	Klebestoffe zum Verbinden von Rohren und Rohrleitungsteilen aus PVC hart; Allgemeine Güteanforderungen und Prüfungen

19532	7.79	Rohrleitungen aus weichmacherfreiem Polyvinylchlorid (PVC hart, PVC-U) für die Trinkwasserversorgung; Rohre, Rohrverbindungen, Rohrleitungsteile; Techn. Regel des DVGW
19533	3.76	Rohrleitungen aus PE hart (Polyäthylen hart) und PE weich (Polyäthylen weich) für die Trinkwasserversorgung; Rohre, Rohrverbindungen, Rohrleitungsteile
19630	8.82	Richtlinien für den Bau von Wasserrohrleitungen; Techn. Regel des DVGW
19720	2.91	Tragplatten aus Beton für Straßenkappen; Maße, Formen
19800/1	1.73	Asbestzementrohre und -formstücke für Druckrohrleitungen; Rohre, Maße
(/2	1.73	–; Rohre, Rohrverbindungen und Formstücke, Techn. Lieferbedingungen) ersetzt durch DIN EN 512
/3	3.79	–; Rohrverbindungen, Maße
19802 bis 19808	9.77	Gußeiserne Formstücke für Asbestzement-Druckrohrleitungen; ...
28600	1.83	Druckrohre und Formstücke aus duktilem Gußeisen für Gas- und Wasserleitungen; Techn. Lieferbedingungen (s. auch DIN EN 545)
28603	11.82	Rohre und Formstücke aus duktilem Gußeisen; Steckmuffen Verbindungen, Anschlußmaße und Massen (s. auch DIN EN 545)
28604	1.90	Druckrohre und Formstücke aus duktilem Gußeisen für Gas- und Wasserleitungen; Flansche PN 10; Anwendung, Konstruktionsmaße und Massen (Gewichte) (s auch DIN EN 1092/2)
28605	1.90	–; Flansche PN 16; Anwendung, Konstruktionsmaße und Massen (Gewichte) (s. auch DIN EN 1092/2)
28610/1	1.83	Druckrohre aus duktilem Gußeisen mit Muffe; mit Zementmörtelauskleidung, für Gas- und Wasserleitungen; Maße, Massen und Anwendungsbereiche (s. auch DIN EN 545)
28614	1.90	Druckrohre aus duktilem Gußeisen mit angegossenen Flanschen für Gas- und Wasserleitungen; FFG-Rohre; Anwendungsbereich, Maße und Massen (Gewichte) (s. auch DIN EN 545)
28617	5.76	Dichtringe für Druckrohre und Formstücke aus Gußeisen für Wasserleitungen; Anforderungen und Prüfung
28627 bis 28648	1.90	Formstücke aus duktilem Gußeisen für Gas- und Wasserleitungen; ... (s. auch DIN EN 545 und 1092/2)
30670	4.91	Umhüllung von Stahlrohren und -formstücken mit Polyethylen
30671	6.92	Umhüllung (Außenbeschichtung) von erdverlegten Stahlrohren mit Duroplasten
30672/1	9.91	Umhüllungen aus Korrosionsschutzbinden und wärmeschrumpfendem Material für Rohrleitungen für Dauerbetriebstemperaturen bis 50°C (wird teilweise ersetzt durch DIN EN 12068)
30673	12.86	Umhüllung und Auskleidung von Stahlrohren, -formstücken und -behältern mit Bitumen
30674/1	9.82	Umhüllung von Rohren aus duktilem Gußeisen; Polyethylen-Umhüllung
/2	10.92	–; Zementmörtel-Umhüllung
/3	9.82	–; Zink-Überzug mit Deckbeschichtung
/4	5.83	–; Beschichtung mit Bitumen
/5	3.85	–; Polyethylen-Folienumhüllung
30675/1	9.92	Äußerer Korrosionsschutz von erdverlegten Rohrleitungen; Schutzmaßnahmen und Einsatzbereiche bei Rohrleitungen aus Stahl
/2	4.93	–; – aus duktilem Gußeisen
30677/1	2.91	Äußerer Korrosionsschutz von erdverlegten Armaturen; Umhüllung (Außenbeschichtung) für normale Anforderungen
/2	9.88	–; Umhüllung aus Duroplasten (Außenbeschichtung) für erhöhte Anforderungen

EN 124	8.94	Aufsätze und Abdeckungen für Verkehrsflächen; Baugrundsätze, Prüfungen, Kennzeichnung, Güteüberwachung
EN 512	11.94	Faserzementprodukte; Druckrohre und Verbindungen
EN 545	1.95	Rohre, Formstücke, Zubehörteile aus duktilem Gußeisen und ihre Verbindungen für Wasserleitungen; Anforderungen und Prüfverfahren
EN 593	3.98	Industriearmaturen; metallische Klappen
EN 764	11.94	Druckgeräte; Terminologie und Symbole; Druck, Temperatur, Volumen
EN 1092/2	6.97	Flansche und ihre Verbindungen, runde Flansche für Rohre, Armaturen, Formstücke und Zubehörteile, nach PN bezeichnet; Gußeisenflansche
EN 1333	10.96	Rohrleitungsteile, Definition und Auswahl von PN
VDE 0100/540	(s. Abschn. 14.7.5)	

14.7.8 Brandschutz

Nummer	Ausgabe	Titel
1988/6	12.88	TRWI, Feuerlösch- und Brandschutzanlagen, Techn. Regel des DVGW
3221	1.86	Unterflurhydranten PN 16
3222	1.86	Überflurhydranten PN 16
4066	7.97	Hinweisschilder für die Feuerwehr
14090	6.77	Flächen für die Feuerwehr auf Grundstücken
14200	6.79	Wasserdurchfluß von Strahlrohrmundstücken oder Düsen
14210	11.82	Löschwasserteiche
14220	4.91	Löschwasserbrunnen
14230	4.91	Unterirdische Löschwasserbehälter
14244	1.74	Löschwasser-Sauganschlüsse; Überflur und Unterflur
14375/1	9.79	Standrohr PN 16; Standrohr 2 B
14410	11.91	Tragkraftspritzen; Anforderungen, Typ- und Abnahmeprüfung
14420/1	2.86	Feuerwehrpumpen; Allgemeine Anforderungen, Prüfung
/2	4.89	–; Feuerlösch- und Lenz-Kreiselpumpen, Anforderungen, Prüfung
14422	5.78	Wasserstrahlpumpe für Feuerwehrzwecke
14424	9.88	Feuerwehrwesen; Explosionsgeschützte, tragbare Umfüllpumpe mit Elektromotor, Anforderungen, Typ- und Abnahmeprüfung
14425	6.92	–; Tragbare Tauchpumpen mit Elektromotor (Tauchmotorpumpen)
14426	1.85	–; Tragbare Turbotauchpumpen
14461/1	2.98	Feuerlösch-Schlauchanschlußeinrichtungen; Wandhydrant mit formstabilem Schlauch
/2	1.89	–; Einspeiseeinrichtung und Entnahmeeinrichtung für Steigleitung „trocken“
/3	4.96	–; Schlauchanschluß-Ventile PN 16
/4	1.89	–; Einspeisearmatur PN 16 für Steigleitung „trocken“
/5	6.84	–; Schlauchanschlußarmatur PN 16 für Steigleitung „trocken“
14462/1	1.88	Löschwasserleitungen; Begriffe, Schematische Darstellungen
/2	1.88	–; festverlegte Steigleitungen „trocken“ PN 16 in baulichen Anlagen
14493/1	7.77	Ortsfeste Schaum-Löschanlagen; Allgemeines
/2	7.77	–; Schwerschaum-Löschanlagen
/3	7.77	–; Mittelschaum-Löschanlagen
/4	7.77	–; Leichtschaum-Löschanlagen
14494	3.79	Sprühwasser-Löschanlagen; ortsfest mit offenen Düsen
14495	7.77	Berieselung von oberirdischen Behältern zur Lagerung brennbarer Flüssigkeiten im Brandfalle

14502/1	1.89	Feuerwehrfahrzeuge; Übersicht (s. auch DIN EN 1846/1)
/2	8.87	–; Allgemeine Anforderungen
14530/1	1.89	Löschfahrzeuge; Typen, Anforderungen an löschtechnische Einrichtungen
14810	12.89	Saugschläuche; Anforderungen, Prüfung, Behandlung
14811/1	1.90	Druckschläuche; Anforderungen, Prüfung, Behandlung
/2	11.77	–; Ermittlung des Druckverlustes
EN 1846/1	2.98	Feuerwehrfahrzeuge, Nomenklatur und Bezeichnung
VDE 0132	11.89	Brandbekämpfung im Bereich elektrischer Anlagen

14.7.9 Bauabwicklung und Betrieb

Nummer	Ausgabe	Titel
199/1	5.84	Begriffe im Zeichnungs- und Stücklistenwesen; Zeichnungen
1960	12.92	VOB, Verdingungsordnung für Bauleistungen, Teil A: Allgemeine Bestimmungen für die Vergabe von Bauleistungen
1961	5.98	VOB, Verdingungsordnung für Bauleistungen, Teil B: Allgemeine Vertragsbedingungen für die Ausführung von Bauleistungen
1988/1–8	(s. Abschn. 14.7.2)	
2000	(s. Abschn. 14.7.2)	
2001	(s. Abschn. 14.7.2)	
2425/1	8.75	Planwerke für die Versorgungswirtschaft, die Wasserwirtschaft und für Fernleitungen; Rohrnetzpläne der öffentlichen Gas- und Wasserversorgung
/3	5.80	–; Pläne für Rohrfernleitungen; Techn. Regel des DVGW
/5	10.83	–; Karten und Pläne der Wasserwirtschaft
/7	4.83	–; Leitungspläne für Stromversorgungs- und Nachrichtenanlagen
4046	9.83	Wasserversorgung; Begriffe, Techn. Regel des DVGW
18299 bis	9.88/	VOB, Verdingungsordnung für Bauleistungen, Teil C:
18451	5.98	Allgemeine Techn. Vertragsbedingungen für Bauleistungen (ATV)
18920	9.90	Vegetationstechnik im Landschaftsbau; Schutz von Bäumen, Pflanzenbeständen und Vegetationsflächen bei Baumaßnahmen
19630	(s. Abschn. 14.7.7)	

14.8 Gesetze, Verordnungen, Richtlinien

14.8.1 Vorbemerkungen

Im folgenden werden Gesetze, Verordnungen und Richtlinien sowie Bestimmungen und Vorschriften, bes. Unfallverhütungsvorschriften aufgeführt, die für den Bereich der Wasserversorgung und die in diesem Taschenbuch angesprochenen Gebiete wichtig sind. Entsprechend dieser Vielfalt kann ein Anspruch auf Vollständigkeit nicht erhoben werden. Zur Vertiefung wird auf den bereits erwähnten DIN-Katalog (Abschn. 14.7) verwiesen. Stand der Zusammenstellung ist Anfang 1999.

14.8.2 Wasserversorgung – allgemein

AVBWasV: Verordnung über Allgemeine Bedingungen für die Versorgung mit Wasser vom 20. 6. 1980 (BGBl I S. 750–757 + 1067)

EinhV: Ausführungsverordnung zum Gesetz über Einheiten im Meßwesen (Einheitenverordnung) vom 13. 12. 1985 (BGBl I S. 2272–2275); geändert durch 1. Verordnung zur Änderung der Ausführungsverordnung zum MeßEinG vom 22. 3. 1991 (BGBl I S. 836)

GSG: Gesetz über technische Arbeitsmittel (Gerätesicherheitsgesetz) vom 23. 10. 1992 (BGBl I S. 1794–1800); zuletzt geändert durch Art. 3 Gesetz zur Neuregelung des Energiewirtschaftsrechts vom 24. 4. 1998 (BGBl I S 730–736)

1. GSGV: 1. Verordnung zum GSG: s. Abschn. 14.8.5

MeßEinhG: Gesetz über Einheiten im Meßwesen vom 22. 2. 1985 (BGBl I S. 409–410)

MinTafelWV: Verordnung über natürliches Mineralwasser, Quellwasser und Tafelwasser (Mineral- und Tafelwasser-Verordnung) vom 1. 8. 1984 (BGBl I S. 1036–1045), zuletzt geändert durch Art. 16 Verordnung zur Neuordnung lebensmittelrechtlicher Vorschriften über Zusatzstoffe vom 29. 1. 1998 (BGBl I . 230–309)

PlanzV: Verordnung über die Ausarbeitung der Bauleitpläne und die Darstellung des Planinhalts (Planzeichenverordnung) vom 18. 12. 1990 (BGBl I [1991] S. 58)

ProdHaftG: Gesetz über die Haftung für fehlerhafte Produkte (Produkthaftungsgesetz) vom 15. 12. 1989 (BGBl I S. 2198–2200); zuletzt geändert durch Art. 12 Markenrechtsreformgesetz vom 25. 10. 1994 (BGBl I S. 3117)

TrinkwV: Verordnung über Trinkwasser und über Wasser für Lebensmittelbetriebe (Trinkwasserverordnung) vom 5. 12. 1990 (BGBl I S. 2613–2629 + [1991] 227), geändert durch TrinkwVÄndV (Verordnung zur Änderung der TrinkwV) vom 1. 4. 1998 (BGBl I S. 699)

UStatG: Gesetz über Umweltstatistiken (Umweltstatistikgesetz) vom 21. 9. 1994 (BGBl I S. 2530–2536) zuletzt geändert durch Art. 12 3. StatBerG (Statistikbereinigungsgesetz) vom 19. 12. 1997 (BGBl. I S. 3160)

UVPG: Gesetz über die Umweltverträglichkeitsprüfung vom 12. 2. 1990 (BGBl I S. 205–214); zuletzt geändert durch Art. 7 BauROG (Bau- und Raumordnungsgesetz 1998) vom 18. 8. 1997 (BGBl I S. 2081–2112)

WasWiPlanVV: Verwaltungsvorschrift über Richtlinien für die Aufstellung von wasserwirtschaftlichen Rahmenplänen vom 30. 5. 1984 (GMBI S. 239–275)

WHG: Gesetz zur Ordnung des Wasserhaushalts (Wasserhaushaltsgesetz) vom 12. 11. 1996 (BGBl I S. 1695–1711), zuletzt geändert durch Hohe-See-Abfall-Einbringungsgesetz vom 21. 9. 1998 (BGBl I S. 2944–3012)

hierzu Wassergesetze der Bundesländer mit Vollzugsverordnungen, z. B.: BayWG: Bayerisches Wassergesetz vom 19. 7. 1994 (BayGVB1 S. 822–852); zuletzt geändert durch Art. 4 GVwReform (Verwaltungsreformgesetz) vom 26. 7. 1997 (BayGVBl. I S. 311–322)

VwVBayWG: Verwaltungsvorschriften zum Vollzug des Wasserrechts; Teil: Zuständigkeit und Verfahren vom 29. 9. 1991 (MABI S. 587–594); zuletzt geändert durch 3. Änderung der VwVBayWG vom 4. 12. 1995 (BayAllMBI S. 1000/1001)

EWGRL 83/98: Richtlinie des Rates über die Qualität von Wasser für den menschlichen Gebrauch vom 3. 11. 1998 (ABl EG Nr. L 330 S. 32–54)

EWGRL 337/85: Richtlinie des Rates über die Umweltverträglichkeitsprüfung bei bestimmten öffentlichen und privaten Projekten vom 27. 6. 1985 (ABl EG Nr. L 175 S. 40–48); geändert durch EWGRL 11/97 = Richtlinie zur Änderung der EWGRL 337/85 vom 3. 3. 1997 (ABl EG Nr L 73 S. 5–15)

EWGRL 692/91: Richtlinie des Rates zur Vereinheitlichung und zweckmäßigen Gestaltung der Berichte über die Durchführung bestimmter Umweltschutzrichtlinien vom 31. 12. 1991 (ABl EG Nr. L 377, S. 48–54)

14.8.3 Wassergewinnung

WHG und WG der Bundesländer: s. Abschn. 14. 8. 2;

Unfallverhütungsvorschriften (UVV) des Hauptverbandes der gewerblichen Berufsgenossenschaften e. V. und des Bundesverbandes der Unfallversicherungsträger der öffentlichen Hand e. V., als „VBG"-Vorschriften bzw. „GUV"-Regelwerk herausgegeben:

VBG 1 – 2.98/GUV0.1 – 10.96 Allgemeine Vorschriften
VBG 9 – 1.97/GUV4.1 – 1.93 Krane
VBG 15 – 1.97/GUV3.8 – 1.97 Schweißen, Schneiden und verwandte (Arbeits-) Verfahren
VBG 37 – 1.97/GUV6.1 – 1.97 Bauarbeiten
VBG 40 – 1.97/GUV3.50 – zu Bagger, Lader, Planiergeräte, Schürfgeräte und Spezialmaschinen des Erdbaues (Erdbaumaschinen)

VBG 46 – 1.97/GUV9.1 – zu Sprengarbeiten
VBG 74 – 1.97/GUV6.4 – 1.97 Leitern und Tritte
VBG 121 – 1.97/GUV9.20 – 1.97 Lärm

14.8.4 Wasseraufbereitung

WHG und WG der Bundesländer, AVBWasV, TrinkwV, EWGRL 778/80, EWGRL 692/91: s. Abschn. 14. 8. 2
TrinkwVVw: Allgemeine Verwaltungsvorschrift zur TrinkwV vom 17. 12. 1992 (BAnz S. 9704)
ergänzende Ländervorschriften:
RUV: Verordnung über die Untersuchung des Rohwassers von Wasserversorgungsanlagen (Rohwasseruntersuchungsverordnung) vom 19. 5. 1991 (GVBl He 1 S. 200–206)
TrinkwVGrenzwübV: Verordnung über Grenzwerte nach der TrinkwV vom 13. 12. 1991 (BayGVBl S. 512)
TrinkwVGrenzwübV2: 2. Verordnung über Grenzwerte nach der TrinkwV vom 3. 3. 1994 (BayGVBl S. 178)
EWGRL 440/75: Richtlinie des Rates über die Qualitätsanforderungen an Oberflächenwasser für die Trinkwassergewinnung in den Mitgliedstaaten vom 16. 6. 1975 (ABl EG Nr. L 194 S. 34–39), zuletzt geändert durch EWGRL 692/91 (s. Abschn. 14.8.2)
EWGRL 869/79: Richtlinie des Rates über die Meßmethoden sowie über die Häufigkeit der Probenahmen und der Analysen des Oberflächenwassers für die Trinkwassergewinnung in den Mitgliedstaaten vom 9. 10. 1979 (ABl EG Nr. L 271 S. 44–53), zuletzt geändert durch EWGRL 692/91 (s. Abschn. 14.8.2)
EWGRL 676/91: Richtlinie des Rates zum Schutz der Gewässer vor Verunreinigung durch Nitrat aus landwirtschaftlichen Quellen vom 12. 12. 1991 (ABl EG Nr. L 375 S. 1–8)
LAWA-AQS-Merkblätter für die Wasser-, Abwasser- und Schlammuntersuchung (Loseblattsammlung)
UVV (s. Abschn. 14. 8. 3), dazu:
VBG 65–1.93/GUV8. 15–1.93 Chlorung von Wasser

14.8.5 Wasserförderung

MeßEinhG, EinhV: s. Abschn. 14. 8. 2
AVBEltV: Verordnung über Allgemeine Bedingungen für die Elektrizitätsversorgung von Tarifkunden vom 21. 6. 1979 (BGBl I S. 684–692)
26. BImSchV: 26. Verordnung zur Durchführung des BImSchG (Bundesimmissionsschutzgesetz) = Verordnung über elektromagnetische Felder vom 16. 12. 1996 (BGBl I S. 1966–1968)
DruckbehV: Verordnung über Druckbehälter, Druckgasbehälter und Füllanlagen (Druckbehälterverordnung) vom 21. 4. 1989 (BGBl I S. 843–869), zuletzt geändert durch Art. 2 DruckLVÄnd V1 (1. Verordnung zur Änderung der Druckluftverordnung vom 19. 6. 1997 (BGBl. I S. 1702)
EichG: Gesetz über das Meß- und Eichwesen (Eichgesetz) vom 23. 3. 1992 (BGBl I S. 711–718), geändert durch FertPackVÄnd V4 (4. Verordnung zur Änderung der Fertigpackungsverordnung) vom 26. 11. 1993 (BGBl I S. 1333–1334)
EichO: Eichordnung vom 12. 8. 1988 (BGBl I S. 1657–1684), zuletzt geändert durch MedPBetreibV (Medizinproduktebetreiberverordnung) vom 29. 6. 1998 (BGBl I S. 1762–1770),
hierzu 23 Anlagen vom 12. 8. 1988
ElexV: Verordnung über elektrische Anlagen in explosionsgefährdeten Bereichen vom 13. 12. 1996 (BGBl I S. 1931–1936)
EMVG: Gesetz über elektromagnetische Verträglichkeit von Geräten vom 18. 9. 1998 (BGBl I S. 2882–2892)
EnWG: Gesetz über die Elektrizitäts- und Gasversorgung (Energiewirtschaftsgesetz) vom 24. 4. 1998 (BGBl I S. 730–736)
1. GSGV: 1. Verordnung zum GSG = Verordnung über das Inverkehrbringen elektrischer Betriebsmittel zur Verwendung innerhalb bestimmter Spannungsgrenzen vom 11. 6. 1979 (BGBl I S. 629–630); geändert durch Art. 1 2. GSGV vom 28. 9. 1995 (BGBl. I S. 1213–1219)
6. GSGV: 6. Verordnung zum GSG = Verordnung über das Inverkehrbringen von einfachen Druckbehältern vom 25. 6. 1992 (BGBl. I S. 1171–1173); zuletzt geändert durch Art. 4 2. GSGV (s. o)

9. GSGV: 9. Verordnung zum GSG = Maschinenverordnung vom 12. 5. 1993 (BGBl I S. 704–707); zuletzt geändert durch Art. 6 2. GSGV (s. o.)
MedGV: Verordnung über die Sicherheit medizinisch-technischer Geräte (Medizingeräteverordnung) vom 14. 1. 1985 (BGBl I S. 93–99), zuletzt geändert durch MedPBetreibV (s. o.)
MeßGerEichRL: Richtlinien für die Eichung von Meßgeräten für die Volumenmessung von strömendem Wasser vom 27. 7. 1982 (BAnz Nr. 145a Beil. 37/82) S. 4–11
StromeinspG: Gesetz über die Einspeisung von Strom aus erneuerbaren Energien in das öffentliche Netz (Stromeinspeisungsgesetz) vom 7. 12. 1990 (BGBl I S. 2633–2634); zuletzt geändert durch Gesetz zur Neuregelung des Energiewirtschaftsrechts (s. GSG, Abschn. 14.8.2)
TKG: Telekommunikationsgesetz vom 25. 7. 1996 (BGBl I S. 1120–1150); geändert durch Art. 2 TKBegleitG (Telekommunikationsbegleitgesetz) vom 17. 12. 1997 (BGBl. I S. 3108–3120)
TKZulV: Telekommunikationszulassungsverordnung vom 20. 8. 1997 (BGBl I S. 2117–2135)
EWGRL 33/75: Richtlinie des Rates zur Angleichung der Rechtsvorschriften der Mitgliedstaaten über Kaltwasserzähler vom 17. 12. 1974 (ABl EG Nr. L 14 S. 1–14)
ergänzende Ländervorschriften, z. B.:
EltBauV: Verordnung über den Bau von Betriebsräumen für elektrische Anlagen vom 13. 4. 1977 (BayGVBl S. 421–423), zuletzt geändert durch Verordnung zur Änderung der Bautechnischen Prüfungsverordnungen, ... vom 8. 12. 1997 (BayGVBl S. 827–840)
ferner:
TAB: Technische Anschlußbedingungen für Starkstromanlagen mit Nennspannungen bis 1000 V des zuständigen EVU

UVV (s. Abschn. 14. 8. 3), dazu:

VBG 4 –	1.97/GUV2.10	–	4.96	Elektrische Anlagen und Betriebsmittel
VBG 5 –	1.93/GUV3.0	–	1.93	Kraftbetriebene Arbeitsmittel
VBG 8 –	1.97/GUV4.2	–	1.93	Winden, Hub- und Zuggeräte
VBG 14 –	1.97/GUV4.5	–	1.97	Hebebühnen
VBG 53 –	12.51			Wasserwerke
	GUV19.8	–	6.96	Explosionsschutz-Richtlinien für die Vermeidung der Gefahren durch explosionsflähige Atmosphäre, mit Beispielsammlung

14.8.6 Wasserspeicherung

TrinkwV, AVBWasV s. Abschn. 14. 8. 2
DAfStb-RiLi: Richtlinien des Deutschen Auschusses für Stahlbeton, – verschiedene Themen zum Betonbau –, Berlin 1984–1996
KTW: Gesundheitliche Beurteilung von Kunststoffen und anderen nichtmetallischen Werkstoffen im Rahmen des Lebensmittel- und Bedarfsgegenständegesetzes für den Trinkwasserbereich (KTW-Empfehlungen) von 1977 ff. (BundesgesundhB 1977 S. 10–13 u. 124–129, 1979 S. 213–216 u. 264–265, 1985 S. 371–374, 1987 S. 178)
Merkblatt Betondeckung und Bewehrung, Deutscher Beton-Verein e. V., Wiesbaden 1997
Richtlinien für die Erteilung von Zulassungen für Betonzusatzmittel (Zulassungsrichtlinien), Deutsches Institut für Bautechnik, Berlin 1996
UVV: wegen der UVVen s. Abschn. 14.8.3–14.8.5.

14.8.7 Wasserverteilung

TrinkwV, AVBWasV, EGWRL 778/80: s. Abschn. 14.8.2; DruckbehV: s. Abschn. 14.8.5; KTW: s. Abschn. 14.8.6
EGWRL 767/76: Richtlinie des Rates zur Angleichung der Rechtsvorschriften der Mitgliedstaaten über gemeinsame Vorschriften für Druckbehälter sowie über Verfahren zu deren Prüfung vom 27. 7. 1976 (ABl EG Nr. L 262 S. 153–168)
EWGRL 404/87: Richtlinie des Rates zur Angleichung der Rechtsvorschriften der Mitgliedstaaten für einfache Druckbehälter vom 25. 6. 1987 (ABl EG Nr. L 220 S. 48–59)
EWGRL 23/97: Richtlinie des Rates zur Angleichung der Rechtsvorschriften der Mitgliedstaaten über Druckgeräte vom 29. 5. 1997 (ABl EG Nr. L 181 S. 1–55)

AfK: Technische Richtlinien der Arbeitsgemeinschaft DVGW/VDE für Korrosionsfragen beim DVGW, bes.:
AfK 3 vom 5.82: Maßnahmen beim Bau und Betrieb von Rohrleitungen im Einflußbereich von Hochspannungs-Drehstromanlagen und Wechselstrom-Bahnanlagen
AfK 6 vom 9.85: Errichtung von Fremdstromanlagen für den kathodischen Korrosionsschutz, Schutz gegen gefährliche Körperströme
UVV: wegen der UVVen s. Abschn. 14. 8. 3 u. 14. 8. 5.

14.8.8 Brandschutz und Trinkwasser-Notversorgung

Für den Brandschutz sind verschiedene Ländervorschriften vorhanden, z. B.:
FwG: Feuerwehrgesetz (für Baden-Württemberg) vom. 6. 2. 1956 i.d.F. vom 27. 11. 1978 (GBl BW 1979 S. 1–12), geändert durch Gesetz zur Änderung des Feuerwehrgesetzes (FwGÄndG) vom 15. 12. 1986 (GBl BW S. 468–474)
FBV: Verordnung über die Feuerbeschau (in Bayern) vom 12. 12. 1980 (BayGVBl S. 734–735)
FeuerlMV: Verordnung über Feuerlöschgeräte und Feuerlöschmittel vom 3. 5. 1982 (BayGVBl S. 339)
VVB: Verordnung über die Verhütung von Bränden vom 29. 4. 1981 (BayGVBl S. 101–105), geändert durch VVBÄndV (Verordnung zur Änderung der Verordnung über die Verhütung von Bränden) vom 25. 11. 1982 (BayGVBl S. 1114)
Für die Trinkwasser-Notversorgung gelten folgende Bundes-Vorschriften:
WasSG: Gesetz über die Sicherstellung von Leistungen auf dem Gebiet der Wasserwirtschaft für Zwecke der Verteidigung (Wassersicherstellungsgesetz) vom 24. 8. 1965 (BGBl I S. 1225–1231 + 1817), zuletzt geändert durch Art. 12 Abs. 62 PTNeuOG (Postneuordnungsgesetz) vom 14. 9. 1994 (BGBl. I S. 2391)
WasSGAB: Bestimmungen des Bundes zur Ausführung des WasSG vom 4.1990 (herausgegeb. vom BMdI)
WasSV1: 1. Wassersicherstellungsverordnung vom 31. 3. 1970 (BGBl I S. 357–358)
WasSV2: 2. Wassersicherstellungsverordnung vom 11. 9. 1973 (BGBl I S. 1313–1314), geändert durch WasSV2ÄndV1 (1. Verordnung zur Änderung der 2. WasSV) vom 25. 4. 1978 (BGBl I S. 583)
RWWasSG: Regelwerk für Maßnahmen zur Sicherstellung der Trinkwasser-Notversorgung nach dem Wassersicherstellungsgesetz (Regelwerk Wassersicherstellungsgesetz) vom 9. 87 (herausgegeb. vom BMdI)

14.8.9 Bauabwicklung und Betrieb

WHG und WG der Bundesländer, AVBWasV, TrinkwV, EWGRL 778/80: s. Abschn. 14. 8. 2; EWGRL 440/75, EWGRL 869/79 und EWGRL 692/91: s. Abschn. 14. 8. 4; DruckbehV, ElexV: s. Abschn. 14. 8. 5; KTW-Empfehlungen: s. Abschn. 14.8.6
AbfG: Gesetz über die Vermeidung und Entsorgung von Abfällen (Abfallgesetz) vom 27. 8. 1986 (BGBl I S. 1410–1420), zuletzt geändert durch Art. 2 GenBeschlG (Genehmigungsverfahrensbeschleunigungsgesetz) vom 12. 9. 1996 (BGBl I S. 1354–1357)
AbfKlärV: Klärschlammverordnung vom 15. 4. 1992 (BGBl I S. 912–934); geändert durch AbfKlärVÄndV1 (1. Verordnung zur Änderung der AbfKlärV) vom 6. 3. 1997 (BGBl I S. 446)
ArbStättV: Verordnung über Arbeitsstätten (Arbeitsstättenverordnung) vom 20. 3. 1975 (BGBl I S. 729–742), zuletzt geändert durch Art. 4 ArbStättVÄndV 1998 (Änderung der Verodnung über Arbeitsstätten = Verordnung zur Umsetzung von EG-Einzelrichtlinien zur EG-Rahmenrichtlinie Arbeitsschutz) vom 4. 12. 1996 (BGBl I S. 1841–1845)
ASiG: Gesetz über Betriebsärzte, Sicherheitsingenieure und andere Fachkräfte für Arbeitssicherheit (Arbeitssicherheitsgesetz) vom 12. 12. 1973 (BGBl I S. 1885–1890), zuletzt geändert durch Gesetz zu Korrekturen in der Sozialversicherung und zur Sicherung der Arbeitnehmerrechte vom 19. 12. 1998 (BGBl I S. 3843–3852)
BauGB: Baugesetzbuch vom 27. 8. 1997 (BGBl I S. 2142–2211), zuletzt geändert durch Art. 2 Abs. 6 TKBegleitG (s. TKG, Abschn. 14.8.5)
BSeuG: Gesetz zur Verhütung und Bekämpfung übertragbarer Krankheiten beim Menschen (Bundes-Seuchengesetz) vom 18. 12. 1979 (BGBl I S. 2262–2281), zuletzt geändert durch Art. 17 AFRG (Arbeitsförderungsreformgesetz) vom 24. 3. 1997 (BGBl I S. 594–721)

ChemG: Gesetz zum Schutz vor gefährlichen Stoffen (Chemikaliengesetz) vom 25. 7. 1994 (BGBl I S. 1704–1732), zuletzt geändert durch 2. Verordnung zur Änderung chemierechtlicher Verordnungen vom 22. 12. 1998 (BGBl I S. 3956–3959)
GefStoffV: Verordnung zum Schutz vor gefährlichen Stoffen (Gefahrstoffverordnung) vom 26. 10. 1993 (BGBl I S. 1782–1810), zuletzt geändert durch Verordnung zur Umsetzung von EG-Richtlinien über den Schutz der Beschäftigten gegen Gefährdung durch biologische Arbeitsstoffe bei der Arbeit vom 27. 1. 1999 (BGBl I S. 50–60)
GewO: Gewerbeordnung vom 22. 2. 1999 (BGBl I S. 202–238)
HOAI: Verordnung über die Honorare für Leistungen der Architekten und der Ingenieure (Honorarordnung für Architekten und Ingenieure) vom 4. 3. 1991 (BGBl I S. 533–615); geändert durch HOAIÄndV5 (5. Verordnung zur Änderung der HOAI) vom 21. 9. 1995 (BGBl I S. 1174–1189)
JArbSchG: Gesetz zum Schutz der arbeitenden Jugend (Jugendarbeitsschutzgesetz) vom 12. 4. 1976 (BGBl I S. 965–984), zuletzt geändert durch Art. 4 Abs. 11 6. StrRG (Strafrechtsreformgesetz) vom 26. 1. 1998 (BGBl I S. 64)
LMBG: Gesetz über den Verkehr mit Lebensmitteln, Tabakerzeugnissen, kosmetischen Mitteln und sonstigen Bedarfsgegenständen (Lebensmittel- und Bedarfsgegenständegesetz) vom 9. 9. 1997 (BGBl I S. 2296–2319), zuletzt geändert durch 3. Gesetz zur Änderung des AMG (Arzneimittelgesetz) vom 9. 9. 1997 (BGBl I S. 374–379)
StrlSchV: Verordnung über den Schutz vor Schäden durch ionisierende Strahlen (Strahlenschutzverordnung) vom 30. 6. 1989 (BGBl I S. 1321–1375), zuletzt geändert durch StrlSchVÄndV 4 (4. Verordnung zur Änderung der StrlSchV vom 18. 8. 1997 (BGBl I S. 2113–2114)
UIG: Gesetz zur Umsetzung der Richtlinie 313/90 des Rates vom 7. 6. 1990 über den freien Zugang zu Informationen über die Umwelt (Umweltinformationsgesetz) vom 8. 7. 1994 (BGBl I S. 1490–1492)
VgRÄG: Gesetz zur Änderung der Rechtsgrundlagen für die Vergabe öffentlicher Aufträge (Vergaberechtsänderungsgesetz) vom 26. 8. 1998 (BGBl I S. 2512–2520)
VOB: s. DIN 1960, 1961 und 18 299 ff. (s. Abschn 14.7.9)
VOF: Verdingungsordnung für freiberufliche Leistungen vom 12. 5. 1997 (BAnz Nr. 164 a)
VOL: Verdingungsordnung für Leistungen – ausgenommen Bauleistungen – z. B. in BayAllMBl 1994 (s. 360–422)
WRMG: Gesetz über die Umweltverträglichkeit von Wasch- und Reinigungsmitteln (Wasch- und Reinigungsmittelgesetz) vom 20. 8. 1975 i.d.F. vom 5. 3. 1987 (BGBl I S. 875–879), zuletzt geändert durch Art. 9 31StrÄndG – 2 UKG (2. Gesetz zur Bekämpfung der Umweltkriminalität) vom 27. 6. 1994 (BGBl I S. 1444)
WVG: Gesetz über Wasser- und Bodenverbände (Wasserverbandsgesetz) vom 12. 2. 1991 (BGBl I S. 405–418)
Bauordnungen der Bundesländer, z. B.:
BayBO: Bayerische Bauordnung vom 4. 8. 1997 (BayGVBl S. 433–471), geändert durch Gesetz zur Änderung der BayBO vom 24. 7. 1998 (BayGVBl S. 439)
BayAbfAltG: Gesetz zur Vermeidung, Verwertung und sonstigen Entsorgung von Abfällen und zur Erfassung und Überwachung von Altlasten in Bayern (Bayerisches Abfallwirtschafts- und Altlastengesetz) vom 9. 8. 1996 (BayGVBl S. 396–403)
hierzu ergänzende Vorschriften, z. B.:
REWas 1983: Richtlinien für den Entwurf von wasserwirtschaftlichen Vorhaben vom 25. 10. 1983 i. d. F. vom 1. 9. 1987, eingef. durch Bek vom 25. 10. 1983 (BayMABl S. 892)
RZWas 1991: Richtlinien für Zuwendungen zu wasserwirtschaftlichen Vorhaben vom 19. 12. 1991 (BayAllMBl [1992] S. 18)
VHB-Hochbau: Vergabehandbuch für die Durchführung von Bauaufgaben des Freistaates Bayern und des Bundes im Zuständigkeitsbereich der Staatlichen Hochbauverwaltung vom 10. 4. 1997 (AllMBl S. 269–270)
WPBV: Verordnung über Pläne und Beilagen im wasserrechtlichen Verfahren vom 18. 5. 1983 (BayGVB1 S. 283–290), zuletzt geändert durch 2.Verordnung zur Änderung der WPBV vom 6. 8. 1990 (BayGVBl S. 314)
weitere Ländergesetze und -verordnungen; z. B.:
BayKommZG: (Bayerisches) Gesetz über die kommunale Zusammenarbeit vom 20. 6. 1994 (BayGVBl S. 555–567):

EBVBay: Eigenbetriebsverordnung (für Bayern) vom 29. 5. 1987 (BayGVBl S. 195–200), zuletzt geändert durch Verordnung zur Änderung der EBV vom 5. 8. 1993 (BayGVBl S. 607)
GOBay: Gemeindeordnung für den Freistaat Bayern i. d. F. der Bek vom 6. 1. 1993 (Bay GVB1 S. 66–92), zuletzt geändert durch 2. Gesetz zur Vereinfachung und Beschleunigung baurechtlicher Verfahren vom 26. 7. 1997 (BayGVBl S. 323–341)
KAGBay: Kommunalabgabengesetz (für Bayern) vom 4. 4. 1993 (BayGVBl S. 264–270), geändert durch Gesetz zur Änderung des KAGBay vom 27. 12. 1996 (BayGVBl S. 541);
zusätzliche technische Vorschriften:
StLB: Standardleistungsbuch für das Bauwesen, aufgestellt vom Gemeinsamen Ausschuß Elektronik im Bauwesen (GAEB) in Verbindung mit dem Deutschen Verdingungsausschuß für Bauleistungen (DVA) (herausgegeb. vom DIN)
ferner:
HIV-KOM: Kommunales Handbuch für Ingenieur-Verträge und ingenieurtechnische Grundlagen (Loseblattsammlung)
UVV (s. Abschn. 14. 8. 3), dazu:

VBG100–1.97/GUV0.6–1.97	Arbeitsmedizinische Vorsorge
VBG109–1.97/GUV0.3–1.97	Erste Hilfe
VBG122–2.97/GUV0.5–7.89 VBG123–4.97/	Betriebsärzte, Sicherheitsingenieure und andere Fachkräfte für die Arbeitssicherheit
VBG125–1.97/GUV0.7–1.97	Sicherheits- und Gesundheitsschutzkennzeichnung am Arbeitsplatz

Für die Berufsausbildung gelten folgende Gesetze und Verordnungen:
BBiG: Berufsbildungsgesetz vom 14. 8. 1969 (BGBl I S. 1112–1137), zuletzt geändert durch Art. 6 2. Gesetz zur Änderung der HandwO (Handwerksordnung) vom 25. 3. 1998 (BGBl I S. 596–606)
BerBiFG: Gesetz zur Förderung der Berufsausbildung durch Planung und Forschung (Berufsbildungsförderungsgesetz) vom 12. 1. 1994 (BGBl I S. 79–83), geändert durch § 7 Abs. 1 Buchst. h Gesetz zur Umsetzung des Beschlusses des Deutschen Bundestages vom 20. 6. 1991 zur Vollendung der Einheit Deutschlands vom 26. 4. 1994 (BGBl I S. 920)
POVerEntMeister: Verordnung über die Prüfung zum Meister/zur Meisterin in der Ver- und Entsorgung mit den anerkannten Abschlüssen Geprüfter Wassermeister/Geprüfte Wassermeisterin, Geprüfter Abwassermeister/Geprüfte Abwassermeisterin, Geprüfter Städtereinigungsmeister/Geprüfte Städtereinigungsmeisterin (Ver- und Entsorgungs-Meisterprüfungsverordnung) vom 23. 11. 1987 (BGBl I S. 2415–2431)
VerEntAusbV: Verordnung über die Berufsausbildung zum Ver- und Entsorger/zur Ver- und Entsorgerin (Ver- und Entsorger-Ausbildungsverordnung) vom 30. 5. 1984 (BGBl I S. 731–746)
des weiteren:
Ausbilder-Eignungsverordnung vom 16. 2. 1999 (BGBl I S. 157–158)
POVerEnt: Prüfungsordnung für die Abschlußprüfung im Ausbildungsberuf Ver- und Entsorger/Ver- und Entsorgerin (z. B.) in Bayern vom 2. 12. 1986 (BayGVBl 1987 S. 1–5)
VPSW: Verordnung über private Sachverständige in der Wasserwirtschaft vom 10. 8. 1994 (BayGVBl S. 885–887)
VÜAA: Verordnung über die Übertragung von Aufgaben in den Ausbildungsberufen „Ver- und Entsorger" und „Ver- und Entsorgerin" des öffentlichen Dienstes nach dem Gesetz zur Ausführung des BBiG vom 19. 8. 1994 (BayGVBl S. 924)

14.9 Zeitschriften des Wasserversorgungsfaches

Ein ausführliches Verzeichnis, auch der einschlägigen Zeitschriften des Auslandes, ist im Jahrbuch Gas und Wasser des BGW-DVGW enthalten.

1.	gwf. Wasser/Abwasser	München	R. Oldenbourg
2.	bbr Wasser- und Rohrleitungsbau	Köln	R. Müller
3.	Deliwa Energie-Wasser-Praxis	Hannover	DELIWA-Verlag
4.	Wasserwirtschaft–Wassertechnik mit Abwassertechnik	Berlin	Verlag Bauwesen
5.	3 R – International	Essen	Vulkan-Verlag
6.	Gesundheitsingenieur	München	R. Oldenbourg

7.	Wasser und Boden	Hamburg	P. Parey
8.	Wasserwirtschaft	Wiesbaden	Vieweg
9.	Zeitschrift für Wasser- und Abwasserforschung	München	VCH-Verlag
10.	Kommunalwirtschaft	Wuppertal	Deutscher Kommunalverlag
11.	ZfK – Zeitung für kommunale Wirtschaft	München	Sigillum-Verlag
12.	Gas, Wasser, Wärme	Wien	Lorenz
13.	Österreichische Wasser- und Abfallwirtschaft	Wien	Springer
14.	Gas, Wasser, Abwasser	Zürich	Schweiz. VGW

14.10 Weitere Schriftenreihen und technische Mitteilungen

1. DVGW-Schriftenreihe Wasser und DVGW-Schriftenreihe Gas/Wasser mehrere Bände, darunter Berichte über die Wasserfachlichen Aussprachetagungen des DVGW und DVGW-Fortbildungskurse (s. Abschn. 14.6)
2. GWF-Sonderdrucke Korrosionsfragen – Rohrnetz
3. Sonderveröffentlichungen Gas und Wasser
4. Schriftenreihe Wasserchemie Karlsruhe
   Veröffentlichungen des Bereichs und des Lehrstuhls der Wasserchemie und der DVGW-Forschungsstelle am Engler-Bunte-Institut der Universität Karlsruhe
5. Technische Mitteilungen der FIGAWA
   Merkblätter, Richtlinien, technische Regeln u. ä. (abgedruckt in „bbr“, s. Abschn. 14. 9)

15. Stichwortverzeichnis

Notizen

Notizen